Martin Mittag

**Ausschreibungshilfe Ausbau**

## Aus dem Programm Bauingenieurwesen

**Bauentwurfslehre**
von E. Neufert

**Gekonnt planen, richtig bauen**
von P. Neufert und L. Neff

**Baukonstruktionslehre**
von M. Mittag

**Ausschreibungshilfe Rohbau**
von M. Mittag

**Ausschreibungshilfe Ausbau**
von M. Mittag

**Hochbaukosten – Flächen – Rauminhalte**
von W. Winkler und P. J. Fröhlich

**VOB Gesamtkommentar**
von W. Winkler und P. J. Fröhlich

**Bauordnung für Berlin**
von D. Wilke, H.-J. Dageförde, A. Knuth und Th. Meyer

**Bauaufnahme**
von G. Wangerin

**Stahlbau**
von Ch. Petersen

**Statik und Stabilität der Baukonstruktionen**
von Ch. Petersen

**Dynamik der Baukonstruktionen**
von Ch. Petersen

**Lehmbau Regeln**
vom Dachverband Lehm e. V. (Hrsg.)

**Bausanierung**
von M. Stahr (Hrsg.)

**Schlüsselfertiger Hochbau**
von V. Gossow

**vieweg**

Martin Mittag

# Ausschreibungshilfe Ausbau

Standardleistungsbeschreibungen – Baupreise – Firmenverzeichnis

Die Deutsche Bibliothek – CIP-Einheitsaufnahme
Ein Titeldatensatz für diese Publikation ist bei
Der Deutschen Bibliothek erhältlich.

1. Auflage März 2002

Alle Rechte vorbehalten
© Friedr. Vieweg & Sohn Verlagsgesellschaft mbH, Braunschweig/Wiesbaden, 2002

Der Verlag Vieweg ist ein Unternehmen der Fachverlagsgruppe BertelsmannSpringer.
www.vieweg.de

Das Werk einschließlich aller seiner Teile ist urheberrechtlich geschützt. Jede Verwertung außerhalb der engen Grenzen des Urheberrechtsgesetzes ist ohne Zustimmung des Verlags unzulässig und strafbar. Das gilt insbesondere für Vervielfältigungen, Übersetzungen, Mikroverfilmungen und die Einspeicherung und Verarbeitung in elektronischen Systemen.

Konzeption und Layout des Umschlags: Ulrike Weigel, www.CorporateDesignGroup.de
Druck und buchbinderische Verarbeitung: Lengericher Handelsdruckerei, Lengerich
Gedruckt auf säurefreiem Papier
Printed in Germany

ISBN 3-528-02567-0

# Vorwort

Das vorliegende Handbuch Ausschreibungshilfe Ausbau ist ein Hilfsmittel für die Bearbeitung von Leistungsbeschreibungen entsprechend dem neuesten Stand der Technischen Baubestimmungen (ETB-Normen), der neuen Verdingungsordnung für Bauleistungen (VOB 2000) und der aktuellen Produktangebote mit Baupreisen 2001.

Hilfsmittel ähnlicher Art sind die Ausschreibungshilfen Rohbau, Haustechnik und Außenanlagen.

Die Standard-Leistungsbeschreibungen sind an die geänderten EG-Vergaberichtlinien angepasst und für elektronische Angebote geeignet.

Die Baupreise 2001 sind für Auswahlpositionen aus den Standard-Leistungsbeschreibungen mit Lohnanteil und Stoffanteil angegeben und entsprechen dem Bedarf aus der Umstellung von nationalen Währungen auf den EURO. Gerade dieser Anlass der Einführung einer gemeinsamen europäischen Währung ist ein wichtiger Grund für die vorliegende Neubearbeitung von Kalkulationshilfen und Kostenoptimierungsdaten.

Die vorliegenden Ausschreibungshilfen sind für Bauplaner und für Bauausführende bestimmt und sollen für die Kostenermittlung im Bauwesen einheitliche Grundlagen bereitstellen.

In den Ausschreibungstexten sind die neuen Regeln der deutschen Rechtschreibung berücksichtigt.

Martin Mittag

# Inhaltsverzeichnis

| | | |
|---|---|---|
| 14 | | Korrekturfaktoren für Abweichungen vom Mittelwert der Bauleistungspreise |

**LB 023** — **Putz- und Stuckarbeiten**

- 15 STLB 023 — Putz- und Stuckarbeiten, Standard-Leistungsbeschreibungen
- 35 AW 023 — Putz- und Stuckarbeiten, Auswahlpositionen aus Standard-Leistungsbeschreibungen mit Einheitspreisen, Lohnanteilen, Stoffanteilen
  - 35 Vorbereitung, Putzträger, Gerüstdübel
  - 36 Eckschutzschienen
  - 37 Putzprofile
  - 38 Fugenprofile und Leisten
  - 39 Außenputz
  - 42 Innenputz
  - 44 Wärmedämmputzsysteme
  - 45 Wärmedämm-Verbundsysteme
  - 46 Akustik-, Drahtputze, Sanierputzsysteme
  - 47 Trockenputz
  - 49 Stuck
  - 50 Bauunterhaltung, sonstige Putzarbeiten

**LB 024** — **Fliesen- und Plattenarbeiten**

- 53 STLB 024 — Fliesen- und Plattenarbeiten, Standard-Leistungsbeschreibungen
- 83 AW 024 — Fliesen- und Plattenarbeiten, Auswahlpositionen aus Standard-Leistungsbeschreibungen mit Einheitspreisen, Lohnanteilen, Stoffanteilen
  - 83 Vorbereiten des Untergrundes
  - 83 Vorbereiten des Untergrundes, Dämmschichten
  - 86 Überspannungen für Unterputz
  - 86 Vorbereiten des Untergrundes, Spritzbewurf, Abdichtung
  - 87 Wandbekleidung
  - 88 Wandbekleidung, einschließlich Fliesen
  - 89 Bodenbeläge (nur verlegen)
  - 90 Bodenbeläge, einschließlich Fliesen
  - 91 Bodenbelag, Klinkerplatten
  - 91 Sockel (nur verlegen)
  - 92 Sockel, einschließlich Fliesen
  - 93 Fensterbänke, Abdeckungen
  - 93 Stufenbeläge
  - 94 Sonstige Leistungen, Zulagen
  - 95 Trennschienen, Fugen
  - 96 Bauteile für Schwimmbecken
  - 97 Wandbekleidung, chemisch beständig
  - 98 Bodenbeläge, chemisch beständig
  - 99 Sockel, chemisch beständig
  - 99 Instandsetzungsarbeiten
  - 100 Schutzabdeckungen

**LB 025** — **Estricharbeiten**

- 101 STLB 025 — Estricharbeiten, Standard-Leistungsbeschreibungen
- 113 AW 025 — Estricharbeiten, Auswahlpositionen aus Standard-Leistungsbeschreibungen mit Einheitspreisen, Lohnanteilen, Stoffanteilen
  - 113 Vorbereiten des Untergrundes
  - 114 Trennschichten
  - 115 Randstreifen
  - 116 Trittschalldämmschichten
  - 117 Wärmedämmschichten
  - 120 Trittschall- und Wärmedämmschichten
  - 121 Schüttungen
  - 122 Anhydritestrich
  - 123 Gussasphaltestrich
  - 124 Magnesiaestrich
  - 125 Zementestrich
  - 126 Hartstoffestrich
  - 127 Kunstharzestrich
  - 128 Heizestrich
  - 128 Fertigteilestrich
  - 129 Sockel, Aussparungen, Anschlüsse

|     |         | 130 | Bewegungsfugen |
|---|---|---|---|
|     |         | 131 | Einbauteile |
|     |         | 132 | Oberflächenbehandlung |
|     |         | 134 | Besonderer Schutz der Beläge |
|     |         | 134 | Instandsetzungsarbeiten |

### LB 027 — Tischlerarbeiten

| 135 | STLB 027 | Tischlerarbeiten, Standard-Leistungsbeschreibungen |
|---|---|---|
| 149 | AW 027 | Tischlerarbeiten, Auswahlpositionen aus Standard-Leistungsbeschreibungen mit Einheitspreisen, Lohnanteilen, Stoffanteilen |

|  | 149 | Einfachfenster (Holz, Kunststoff) |
|---|---|---|
|  | 151 | Einfachfenster (Holz – Alu) |
|  | 151 | Verbundfenster (Holz, Kunststoff) |
|  | 153 | Kastenfenster (Holz, Kunststoff) |
|  | 154 | Einfachfenster (Holz, Kunststoff), komplett mit Verglasung und Beschlag |
|  | 155 | Fenstertüren (Holz, Kunststoff) |
|  | 155 | Fensterelemente (Holz) |
|  | 156 | Fensterbänke |
|  | 156 | Fensterläden |
|  | 157 | Zimmertüren |
|  | 158 | Wohnungseingangstüren |
|  | 159 | Hauseingangstüren |
|  | 159 | Zulagen Türen |
|  | 160 | Renovierung, Instandsetzung Fenster, Türen |
|  | 160 | Ausbauen Fenster |
|  | 161 | Ausbauen Türen |
|  | 161 | Verkleidungen Heizkörper, Klimageräte |
|  | 162 | Einbauschränke |
|  | 163 | Einbauregale |
|  | 163 | Einbauschrankwände |
|  | 164 | Füllen und Abdichten von Fugen |
|  | 164 | Besonderer Schutz der Bauteile |

### LB 028 — Parkett- und Holzpflasterarbeiten

| 165 | STLB 028 | Parkett- und Holzpflasterarbeiten, Standard-Leistungsbeschreibungen |
|---|---|---|
| 177 | AW 028 | Parkett- und Holzpflasterarbeiten, Auswahlpositionen aus Standard-Leistungsbeschreibungen mit Einheitspreisen, Lohnanteilen, Stoffanteilen |

|  | 177 | Vorbereiten des Untergrundes |
|---|---|---|
|  | 177 | Schüttungen, Dämmschichten |
|  | 179 | Parkettunterlagen |
|  | 179 | Schwingboden |
|  | 180 | Parkettfußboden |
|  | 181 | Randstreifenüberstände |
|  | 182 | Oberflächenbehandlung Parkett |
|  | 182 | Zusätzliche Leistungen Parkett |
|  | 182 | Leisten |
|  | 182 | Einbauteile |
|  | 182 | Bauunterhaltung Parkett |
|  | 183 | Schutzabdeckungen Parkett |
|  | 183 | Holzpflaster |
|  | 184 | Oberflächenbehandlung Holzpflaster |
|  | 184 | Zusätzliche Leistungen Holzpflaster |
|  | 184 | Bauunterhaltung Holzpflaster |

| | **LB 029** | **Beschlagarbeiten** |
|---|---|---|
| 185 | STLB 029 | Beschlagarbeiten, Standard-Leistungsbeschreibungen |
| 213 | AW 029 | Beschlagarbeiten, Auswahlpositionen aus Standard-Leistungsbeschreibungen mit Einheitspreisen, Lohnanteilen, Stoffanteilen |
| | 213 | Bänder für Türen und Tore |
| | 213 | Bänder für einfache Türen und Tore |
| | 214 | Schlösser |
| | 215 | Türdrücker, Türschilder |
| | 216 | Türzubehör |
| | 217 | Türdichtungen |
| | 217 | Türschließer |
| | 218 | Schließzylinder |
| | 218 | Drehkippbeschläge, Holz-/ Kunststofffenster |
| | 219 | Beschläge , Holz-/ Kunststoff-Fenstertüren |
| | 219 | Belüftungen für Fenster |
| | 219 | Fensterdichtungen |
| | 220 | Fensterbänke |
| | 220 | Fensterladenbeschläge |

| | **LB 030** | **Rollladenarbeiten, Rollabschlüsse, Sonnenschutz- und Verdunklungsanlagen** |
|---|---|---|
| 221 | STLB 030 | Rollladenarbeiten, Standard-Leistungsbeschreibungen |
| 241 | AW 030 | Rolladenarbeiten, Auswahlpositionen aus Standard-Leistungsbeschreibungen mit Einheitspreisen, Lohnanteilen, Stoffanteilen |
| | 241 | Rollläden (Holzpanzer) |
| | 241 | Rollläden (PVC-Panzer) |
| | 243 | Rollläden (Alu-Panzer) |
| | 246 | Rollläden, Zulagen |
| | 246 | Rolltore |
| | 246 | Rollgitter |
| | 247 | Sektionaltore |
| | 247 | Jalousien, innen |
| | 248 | Jalousien, außen |
| | 248 | Vertikallamellenstores |
| | 249 | Faltstores |
| | 250 | Verdunkelungen |
| | 250 | Rollmarkisen |

| | **LB 031** | **Metallbauarbeiten, Schlosserarbeiten** |
|---|---|---|
| 251 | STLB 031 | Metallbauarbeiten, Schlosserarbeiten, Standard-Leistungsbeschreibungen |
| 277 | AW 031 | Metallbauarbeiten, Schlosserarbeiten, Auswahlpositionen aus Standard-Leistungsbeschreibungen mit Einheitspreisen, Lohnanteilen, Stoffanteilen |
| | 277 | Einfachfenster für Isolierverglasung, Aluminium |
| | 278 | Einfachfenster für Isolierverglasung, Stahl |
| | 279 | Hauseingangstüren Einfachverglasung, Aluminium |
| | 279 | Hauseingangstüren mit Füllung , Aluminium |
| | 280 | Rahmentüren mit Isolierverglasung |
| | 280 | Rahmentüren als Kühlraumtüren, Edelstahl |
| | 281 | Rahmentüren mit Füllung, Edelstahl |
| | 281 | Garagen-Schwingtore mit Füllung, Rolltore |
| | 282 | Drehflügeltore, Stahl |
| | 283 | Decken-Sektionaltore |
| | 284 | Außenfensterbänke, Aluminium |
| | 285 | Gitter mit Rahmen als Wetterschutzgitter |
| | 286 | Gitter |
| | 286 | Vordächer, Überdachungen |
| | 287 | Schaukästen und Vitrinen |
| | 287 | Sonnenschutzanlagen |
| | 288 | Türzargen, Stahl |
| | 289 | Türzargen, Aluminium |
| | 289 | Türblätter, Stahl |
| | 290 | Feuerschutztüren, einflügelig, T 90 |
| | 291 | Feuerschutztüren, einflügelig, T 30 |
| | 291 | Feuerschutztüren, zweiflügelig, T 30 |
| | 292 | Feuerschutztüren, zweiflügelig, T 90 |
| | 292 | Feuerschutztore |
| | 292 | Drucktüren |
| | 293 | Strahlenschutztüren für Zivilschutzräume |
| | 293 | Stahltreppen als Geschosstreppe |

|  |  | 294 | Stahltreppen als Industrietreppe, gerade |
|---|---|---|---|
|  |  | 295 | Industrietreppen Stahl, gewendelt |
|  |  | 297 | Zwischenpodest Spindeltreppen, Viertelkreis |
|  |  | 297 | Gurtgeländer, innen, vorgefertigt |
|  |  | 298 | Gurtgeländer, außen, vorgefertigt |
|  |  | 298 | Gurt- und Füllungsgeländer |
|  |  | 299 | Handläufe |
|  |  | 299 | Leitern aus Stahl |
|  |  | 299 | Leitern aus Aluminium |
|  |  | 300 | Kellerfenster, einflügelig, Stahl |
|  |  | 301 | Kellerfenster, einflügelig, Kunststoff |
|  |  | 302 | Kellerfenster, zweiflügelig, Stahl |
|  |  | 303 | Waschküchenfenster, zweiflügelig, Stahl, Kunststoff |
|  |  | 303 | Gitterroste |
|  |  | 305 | Gitterroste für Treppenstufen |
|  |  | 306 | Zulagen Gitterroste |
|  |  | 307 | Geländer und Gitter, handgeschmiedet |
|  |  | 308 | Kleinteile, Einbauteile |
|  |  | 308 | Kleinteile, Winkelrahmen für Gitterroste |
|  | **LB 032** |  | **Verglasungsarbeiten** |
| 309 | STLB 032 |  | Verglasungsarbeiten, Standard-Leistungsbeschreibungen |
| 319 | AW 032 |  | Verglasungsarbeiten, Auswahlpositionen aus Standard-Leistungsbeschreibungen mit Einheitspreisen, Lohnanteilen, Stoffanteilen |
|  |  | 319 | Verglasung, Gezogenes Flachglas |
|  |  | 320 | Verglasung, Floatglas |
|  |  | 320 | Verglasung, Gartenbauglas |
|  |  | 321 | Verglasung, Ornamentglas |
|  |  | 321 | Verglasung, Drahtspiegelglas |
|  |  | 321 | Verglasung, Floatglas, farbig |
|  |  | 322 | Verglasung, Struktur-Spiegelglas |
|  |  | 322 | Verglasung, Einscheiben-Sicherheitsglas |
|  |  | 323 | Verglasung, Verbund-Sicherheitsglas |
|  |  | 323 | Verglasung, Alarmglas |
|  |  | 324 | Verglasung, Brandschutzglas |
|  |  | 324 | Verglasung, Mehrschicht-Isolierglas, Wärmeschutz |
|  |  | 326 | Verglasung, Mehrschicht-Isolierglas, Wärme- / Schallschutz |
|  |  | 327 | Verglasung, Mehrschicht-Isolierglas, Wärmeschutz / Sicherheit |
|  |  | 328 | Verglasung, Mehrschicht-Isolierglas, Sonnenschutz |
|  |  | 328 | Verglasung, Kunststoff-Lichtplatten |
|  |  | 329 | Ganzglastüren |
|  |  | 329 | Bearbeitung der Gläser |
|  |  | 330 | Instandsetzungsarbeiten |
|  | **LB 033** |  | **Gebäudereinigungsarbeiten** |
| 331 | AW 033 |  | Gebäudereinigungsarbeiten, Auswahlpositionen aus Standard-Leistungsbeschreibungen mit Einheitspreisen, Lohnanteilen, Stoffanteilen |
|  |  | 331 | Schuttsammelbehälter, Schuttabwurfschächte |
|  |  | 331 | Reinigen während der Bauzeit |
|  |  | 331 | Feinreinigung zur Bauübergabe |
|  |  | 332 | Feinreinigung Fassaden |
|  |  | 333 | Feinreinigung Fenster, Glaswände |
|  |  | 333 | Feinreinigung Böden |
|  |  | 334 | Feinreinigung Treppen |
|  |  | 334 | Feinreinigung Wände, Stützen |
|  |  | 335 | Feinreinigung Türen, Klappen |
|  |  | 336 | Feinreinigung Heizkörper, Rohrleitungen, Kanäle |
|  |  | 336 | Feinreinigung Raumausstattungen |
|  |  | 336 | Schutzabdeckungen, Schutzwände |

|     | **LB 034** | **Maler- und Lackierarbeiten** |
| --- | --- | --- |
| 337 | STLB 034 | Maler- und Lackierarbeiten, Standard-Leistungsbeschreibungen |
| 361 | AW 034 | Maler- und Lackierarbeiten, Auswahlpositionen aus Standard-Leistungsbeschreibungen mit Einheitspreisen, Lohnanteilen, Stoffanteilen |
|     | 361 | Reinigen Oberflächen, allgemein |
|     | 361 | Beschichtungen auf Putz entfernen |
|     | 362 | Reinigen von Stahloberflächen |
|     | 363 | Reinigen von Holzoberflächen |
|     | 363 | Reinigen von Holz-Fensterflächen |
|     | 364 | Entfernen von Wandbekleidungen |
|     | 364 | Vorarbeiten Innenputzflächen |
|     | 365 | Vorarbeiten Außenputzflächen |
|     | 365 | Vorarbeiten Betonoberflächen |
|     | 365 | Vorarbeiten Metalloberflächen |
|     | 365 | Vorarbeiten Holzoberflächen |
|     | 366 | Grundanstriche auf Putz |
|     | 366 | Grundanstriche auf Holz |
|     | 366 | Grundanstriche auf Metall |
|     | 367 | Anstriche auf Raufasertapeten |
|     | 367 | Anstriche auf Innenputz |
|     | 368 | Anstriche auf Außenputz |
|     | 369 | Anstriche auf Holzbekleidungen / Holztüren |
|     | 369 | Anstriche auf Fußbodenleisten aus Holz |
|     | 370 | Anstriche auf Holzfenster |
|     | 370 | Anstriche auf Metall |
|     | 371 | Anstriche auf Rohrleitungen, Innenräume |
|     | 371 | Anstriche auf Rohrleitungen, außen |
|     | 372 | Anstriche auf Dachrinnen, Regenfallrohre |
|     | 373 | Brandschutzbeschichtungen, Stahl |
|     | 374 | Brandschutzbeschichtungen, Kabel, -leitern, -pritschen |
|     | 375 | Brandschutzbeschichtungen, Holz |
|     | 375 | Anstrich für besondere Anforderungen, Beton |
|     | 376 | Beschichtungen Fliesen und Platten, außen |
|     | 377 | Beschichtungen Beton oder Zementestrich |
|     | 377 | Sonstige Leistungen |
|     | **LB 035** | **Korrosionsschutzarbeiten an Stahl- und Aluminiumbaukonstruktionen** |
| 379 | STLB 035 | Korrosionsschutzarbeiten an Stahl- und Aluminiumbaukonstruktionen, Standard-Leistungsbeschreibungen |
| 397 | AW 035 | Korrosionsschutzarbeiten an Stahl- und Aluminiumbaukonstruktionen, Auswahlpositionen aus Standard-Leistungsbeschreibungen mit Einheitspreisen, Lohnanteilen, Stoffanteilen |
|     | 397 | Artfremde Verunreinigungen |
|     | 397 | Vorbereiten der unbeschichteten Oberfläche |
|     | 398 | Vorbereiten der beschichteten Oberfläche |
|     | 398 | Vorübergehender Schutz von Metallüberzügen |
|     | 399 | Metallüberzüge durch Feuerverzinken |
|     | 400 | Grundbeschichtungen |
|     | 401 | Zwei Grundbeschichtungen |
|     | 402 | Drei Grundbeschichtungen |
|     | 403 | Deckbeschichtungen |
|     | 404 | Oberflächenschutz mit Bitumenbinden |
|     | 404 | Oberflächenschutz mit Petrolatumbinden |
|     | 405 | Oberflächenschutz mit Füllmasse / Petrolatumbinden |
|     | 405 | Oberflächenschutz mit Kunststoffbinden |
|     | 406 | Oberflächenschutz mit Einband-/Zweibandsystem |

|     | **LB 036**   | **Bodenbelagarbeiten** |
| --- | --- | --- |
| 407 | STLB 036 | Bodenbelagarbeiten, Standard-Leistungsbeschreibungen |
| 427 | AW 036   | Bodenbelagarbeiten, Auswahlpositionen aus Standard-Leistungsbeschreibungen mit Einheitspreisen, Lohnanteilen, Stoffanteilen |
|     | 427 | Aufnehmen vorhandener Bodenbelag |
|     | 427 | Vorbereiten Untergrund |
|     | 428 | Unterlagen für Bodenbeläge |
|     | 428 | Schüttungen unter Unterboden |
|     | 429 | Dämmschichten |
|     | 430 | Fußbodenverlegeplatten |
|     | 430 | Bodenbelag aus PVC |
|     | 432 | Bodenbelag, allgemein |
|     | 432 | Bodenbelag aus Linoleum |
|     | 433 | Bodenbelag aus Kautschuk |
|     | 434 | Textiler Bodenbelag |
|     | 438 | Leisten, Einbauteile, Treppenformteile |
|     | 439 | Fußmatten |
|     | 440 | Schutzabdeckungen, Oberflächenbehandlung |

|     | **LB 037**   | **Tapezierarbeiten** |
| --- | --- | --- |
| 441 | STLB 037 | Tapezierarbeiten, Standard-Leistungsbeschreibungen |
| 447 | AW 037   | Tapezierarbeiten, Auswahlpositionen aus Standard-Leistungsbeschreibungen mit Einheitspreisen, Lohnanteilen, Stoffanteilen |
|     | 447 | Tapezierung, Wandbekleidung, Bespannungen entfernen |
|     | 448 | Beschichtungen entfernen |
|     | 448 | Vorbereiten des Untergrundes |
|     | 449 | Risse/Fugen schließen, Flächenarmierung |
|     | 449 | Putzgrundbeschichtung, Fluate, Absperrmittel |
|     | 450 | Flächenspachtelungen |
|     | 451 | Unterlagsstoffe |
|     | 451 | Tapezierungen ohne Tapetenlieferung |
|     | 452 | Wandtapezierung einschließlich Tapetenlieferung |
|     | 454 | Deckentapezierung einschließlich Tapetenlieferung |
|     | 454 | Deckenbekleidung mit PS-Hartschaumplatten |

|     | **LB 039**   | **Trockenbauarbeiten** |
| --- | --- | --- |
| 455 | STLB 039 | Trockenbauarbeiten, Standard-Leistungsbeschreibungen |
| 507 | AW 039   | Trockenbauarbeiten, Auswahlpositionen aus Standard-Leistungsbeschreibungen mit Einheitspreisen, Lohnanteilen, Stoffanteilen |
|     | 507 | Wandbekleidungen, komplett |
|     | 508 | Vorsatzschalen, komplett |
|     | 509 | Stützen-/Trägerbekleidung, komplett |
|     | 510 | Wandbekleidungen, Sonstiges und Zulagen |
|     | 511 | Drempel-/Dachschrägenbekleidung, komplett |
|     | 512 | Deckenbekleidungen, komplett |
|     | 513 | Unterdecken Gipskarton, komplett |
|     | 515 | Sonstige Unterdecken, komplett |
|     | 516 | Unterdecken, Einbauteile |
|     | 517 | Deckenbekleidungen, Sonstiges und Zulagen |
|     | 518 | Montagewände, komplett |
|     | 519 | Montagewände, Umfassungszargen |
|     | 521 | Montagewände, Traggerüste |
|     | 521 | Montagewände, Sonstiges und Zulagen |
|     | 522 | Unterkonstruktion Wandbekleidungen/Vorsatzschalen |
|     | 523 | Unterkonstruktion Stützen |
|     | 523 | Unterkonstruktion Decken/ Deckenbekleidungen |
|     | 524 | Unterkonstruktion Montagewände |
|     | 524 | Abschottungen |
|     | 525 | Dämmschichten Mineral-/Naturfaser, Wände |
|     | 526 | Dämmschichten Mineralfaser, Unterdecken |
|     | 527 | Dämmung Hartschaum, HWL-Platten, Wände |
|     | 529 | Wandbekleidung, Holz |
|     | 530 | Deckenbekleidung, Holz |
|     | 532 | Wandbekleidung, Dekor-/Edelholzpaneele |
|     | 533 | Deckenbekleidung, Dekor-/Edelholzpaneele |
|     | 534 | Paneele, Abschlussleisten/Federn |
|     | 535 | Wandbekleidung, Gipskarton-/Gipsvliesplatten |

| | | |
|---|---|---|
| | 537 | Deckenbekleidung, Gipskartonplatten |
| | 538 | Stützenbeplankung |
| | 539 | Wandbekleidung, sonstige Platten |
| | 540 | Trockenputz |
| | 542 | Deckenbekleidung, sonstige Platten |
| | 543 | Allgemeine Leistungen und Zulagen |
| | 544 | Trockenunterböden |
| | 545 | Allgemeine Leistungen für Trockenunterböden |
| | 545 | Installationsdoppelböden |
| | 546 | Trennwände aus Gips-Wandbauplatten |
| | 547 | Trennwandanlagen für Sanitärräume |
| | 547 | Bewegliche Trennwände |
| | 547 | Schutzabdeckungen |

**549** Zuordnung der Positionen der Standard-Leistungsbeschreibungen (LB) zu den Firmencodes der Produkthersteller

**563** **Firmenverzeichnis mit Firmencode, Internet- und e-mail- Adressen**

## Korrekturfaktoren für Abweichungen vom Mittelwert der Bauleistungspreise

**Zum Arbeiten mit Korrekturfaktoren**

Die Preisangaben sind, soweit nicht anders angegeben, Bundes-Mittelwerte nach dem Preisstand Mitte 2000.

In der Praxis bedürfen diese Mittelwerte einer Korrektur
- nach Regionaleinfluss (Bundesländer)
- nach Ortsgröße
- nach Mengeneinfluss, Serieneinfluss.

Diese Korrekturen erfolgen durch Multiplikation der Mittelwerte mit den Korrekturfaktoren.

Beim Zusammentreffen mehrerer Korrekturfaktoren sind diese zu multiplizieren,
z.B. Regionaleinfluss Bayern (Korrekturfaktor 1,09),
Ortsgröße München (Korrekturfaktor 1,11 für 1,3 Mio. EW),
Korrekturfaktor München = 1,09 x 1,11 = 1,21.

**Regionaleinfluss nach Bundesländern gegenüber Bundes-Mittelwert (1,00)**

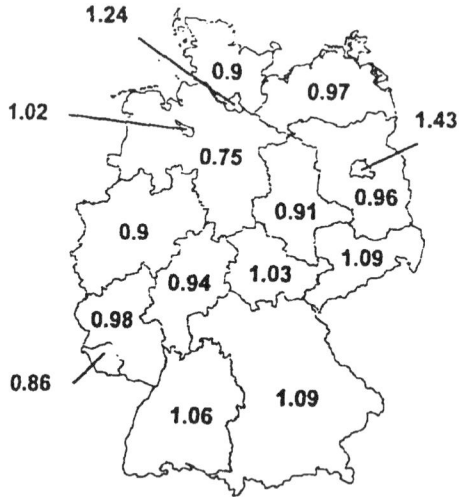

**Hinweis:** Die Länder-Querschnittswerte sind Mittelwerte aus Wohnbau, Kommunalbau und Gewerbebau (Wirtschaftsbau)

**Einfluss Ortsgröße gegenüber Bundes-Mittelwert (= 1,00)** ausgenommen Berlin Bremen, Hamburg (siehe Regionaleinfluss)

- Großstädte mit mehr als 500.000 bis 1.500.000 EW
  1,05 bis 1,12
- Städte mit mehr als 50.000 bis 500.000 EW
  0,98 bis 1,05
- Orte bis 50.000 EW
  0,92 bis 0,98

Zwischenwerte interpolieren

**Einfluss Mehrwertsteuer**

Sämtliche Preisangaben erfolgen **ohne Mehrwertsteuer.**

**Einfluss Mengen, Mehrfachausführung**

- Mindermengen, Bauleistungen
  nach Fläche bis 50 m², nach Rauminhalt bis 50 m³  1,10 bis 2,50
- Großmengen, Bauleistungen
  nach Fläche über 500 m², nach Rauminhalt über 500 m³ 0,80 bis 0,95
- mehrere Ausführungen, Bauleistungen
  z.B. Taktverfahren, Mehrfachverwendung Schalung,
  Einsatz 2 bis 10 mal, 0,70 bis 0,95

**Regionale Konjunktureinflüsse**

Gegenüber den angegebenen Mittelpreisen können regionale **Konjunktureinflüsse** eine erhebliche Rolle spielen; die angegebenen Mittelpreise können dabei um bis zu 25 % überschritten und bis zu 10 % unterschritten werden.
Neue Bundesländer:   1,8 % (geschätzt)

# LB 023 Putz- und Stuckarbeiten
## Putz, Vorarbeiten

STLB 023

Ausgabe 06.01

**Hinweis:** Nach DIN 18350 sind folgende Vorarbeiten Nebenleistungen ohne besondere Vergütung:
- Säubern des Putzgrundes von Staub und losen Teilen (Abs. 4.1.3);
- Vornässen von stark saugendem Putzgrund und Feuchthalten der Putzflächen bis zum Abbinden (Abs. 4.1.4).

Folgende Vorarbeiten sind Besondere Leistungen und Hauptleistungen gegen Vergütung:
- Beseitigung grober Verunreinigungen (Abs. 3.1.1, 4.2.5, 4.2.8);
- Beseitigung von Ausblühungen (Abs. 3.1.1, 4.2.5);
- Vorbehandlung zu glatter Flächen, z.B. durch Spritzbewurf (Abs. 3.1.1, 4.2.5);
- Vorbehandlung (Reinigung) verölter Flächen (Abs. 3.1.1, 4.2.5, 4.2.8);
- Vorbehandlung ungleich saugender Flächen, z.B. durch Spritzbewurf (Abs. 3.1.1, 4.2.5);
- Auftauen gefrorener Flächen auf mind. + 5 Grad Celsius (Abs. 3.1.1, 4.2.5);
- Vorbehandlung (Egalisieren) verschiedenartiger Stoffe des Untergrundes, z.B. durch Grundierung, Haftbrücke (Abs. 3.1.1, 4.2.5);
- Vorbehandlung (Egalisieren) sonstiger ungeeigneter Beschaffenheit des Untergrundes, z.B. durch Überspannen mit Putzträger (Abs. 3.1.1, 4.2.5);
- Trocknung zu hoher Baufeuchtigkeit;
- Ausgleichen größerer Unebenheiten als nach DIN 18202 zulässig, z.B. durch Abgleichen (Abs. 3.1.1, 4.2.5);
- Ergänzung von Verankerungen, z.B. von Leichbauplatten (Abs. 3.1.1, 4.2.5);
- Herstellen von Fugenüberspannungen, Streifenbewehrungen und Streifenputzträgern bis 1 m Breite (Abs. 0.5.2, 4.2.18);
- flächige Bewehrungen und Putzträger (Abs. 0.5.1);
- Folien, Pappen, Dampfsperren (Abs. 0.5.1);
- Dichtungsbänder, Dichtungsprofile, Eckschutzschienen, Putzanschlussprofile, Putzabschlussprofile, Dehnungsfugenprofile, Einputzleisten, Einputzschienen (Abs. 0.5.2, 0.5.3, 4.2.24, 4.2.25, 4.2.26);
- Füllen der Hohlräume von Schlitzen, Ausspritzungen (Abs. 0.5.1, 4.2.13).

010 **Putzhaftbrücke auf organischer Basis,**
011 **Putzhaftbrücke auf mineralischer Basis,**
012 **Grundieren auf organischer Basis,**
013 **Nicht volldeckender Spritzbewurf,**
014 **Volldeckender Spritzbewurf,**
015 **Ausgleichen von unebenen Flächen mit einem Ausgleichsputz,**
**Hinweis:** Vorbereitung des Putzuntergrundes siehe DIN 18550 Teil 1, Abs. 3.5.2, DIN 18550 Teil 2, Abs. 6.2 einschl. Erläuterungen zu Abs. 6.2, DIN 18558, Abs. 3.4.2.
**Einzelangaben nach DIN 18350 zu Pos. 010 bis 015**
- Lage der Vorarbeiten
  - – auf Wände,
  - – auf Decken,
  - – auf Leibungen von Öffnungen über 2,5 m²,
   **Hinweis:** Öffnungen, Aussparungen und Nischen bis 2,5 m² Einzelgröße werden übermessen, **über** 2,5 m² Einzelgröße gesondert gerechnet.
  - – auf Unterzüge,
  - – auf Treppenläufen, –podesten einschl. Wangen,
  - – auf Pfeiler und Stützen,
  - – auf Brüstungen,
  - – auf Nischen,
  - – auf .......
- Putzhöhe / Höhe der Deckenunterseite
  **Hinweis:** Putzgerüste, deren Arbeitsbühnen nicht höher als 2 m über Gelände oder Fußboden liegen (= Putzhöhe bis zu 4 m über Gelände oder Fußboden), sind als Nebenleistung ohne besondere Vergütung aufzubauen, vorzuhalten und abzubauen. Angaben zur Putzhöhe sind deshalb erst bei Putzhöhen über 4 m erforderlich. Werden entsprechende Putzhöhen angegeben, ist mit dem Einheitspreis das Putzgerüst abgegolten. Alternativ kann der Hinweis erfolgen: "Putzgerüst wird gesondert vergütet".
  - – Putzhöhe bis 2 m,
  - – Putzhöhe bis 2,75 m,
  - – Putzhöhe bis 3,5 m,
  - – Putzhöhe bis 5 m,
  - – Putzhöhe bis 8 m,
  - – Putzhöhe in m ....... ,
  - – Putzhöhe ab / bis ....... ,
  - – Höhe der Deckenunterseite bis 2 m,
  - – Höhe der Deckenunterseite bis 2,75 m,
  - – Höhe der Deckenunterseite bis 3,5 m,
  - – Höhe der Deckenunterseite bis 5 m,
  - – Höhe der Deckenunterseite bis 8 m,
  - – Höhe der Deckenunterseite in m ....... ,
  - – Höhe der Deckenunterseite bis ....... ,
- Putzdicke
  - – Dicke im Mittel  5 mm,
  - – Dicke im Mittel 10 mm,
  - – Dicke im Mittel 15 mm,
  - – Dicke im Mittel 20 mm,
  - – Dicke im Mittel in mm ....... ,
- Mörtelart
  **Hinweis:** Mörtelarten siehe DIN 18550 und DIN 18558
  - – aus Putzmörtel P I,
  - – aus Putzmörtel P II,
  - – aus Putzmörtel P III,
  - – aus Putzmörtel P IV,
  - – aus Putzmörtel P V,
  - – auf organischer Basis,
  - – ....... ,
- Putzgrund
  - – Putzgrund Mauerwerk, saugfähig, rauflächig,
  - – Putzgrund Mauerwerk, saugfähig, glatt,
  - – Putzgrund Mauerwerk, wenig saugend, glatt,
  - – Putzgrund Beton, schalungsrau,
  - – Putzgrund Beton, glatt,
  - – Putzgrund Gipsbaustoffe,
  - – Putzgrund vorhandene Leichtbauplatten,
  - – Putzgrund vorhandene Putzträger,
  - – Putzgrund ....... ,
- Maße ....... (Angaben nur bei Berechnungseinheiten m und Stück)
- Berechnungseinheit m², m (mit Angabe Breite, z. B. von Leibungen), Stück (mit Angabe Maße)

020 **Putzträger,**
**Einzelangaben nach DIN 18350**
- Verwendungsbereich
  - – für Überdeckung von Öffnungen,
  - – für Überdeckung von Schlitzen,
  - – für Überdeckung von Fugen und wechselnden Werkstoffen,
  - – für Ummantelung von Stahlunterzügen,
  - – für Ummantelung von Stahlstützen,
  - – für Ummantelung von Rohren,
  - – für Bekleidung von Wänden,
  - – für Bekleidung von Decken,
  - – für ....... ,
- Art des Putzträgers
  - – aus Gipskarton–Putzträgerplatten GKP DIN 18180,
  - – aus Gipskarton–Bauplatten GKB DIn 18180,
    - – – Dicke 9,5 mm – 12,5 mm – in mm ....... ,
  - – aus Holzwolle-Leichtbauplatten DIN 1101,
    - – – Dicke 15 mm – 25 mm – 35 mm – 50 mm – 80 mm – in mm ....... ,
  - – aus Mehrschicht-Leichtbauplatten DIN 1101,
    - – – dreischichtig, Dicke 25 mm – 35 mm – 50 mm – in mm ....... ,
    - – – Anzahl der Schichten ....... ,
      Dicke in mm ....... ,
  - – aus Polystyrol-Hartschaumplatten DIN 18164–1,
  - – aus Polyurethan-Hartschaumplatten DIN 18164–1,
    - – – Dicke 20 mm – 30 mm – 40 mm – 50 mm – in mm ....... ,
  - – aus Drahtziegelgewebe,
  - – aus verzinkten Drahtmatten mit Kartonabdeckung,
  - – aus Flachrippenstreckmetall,
  - – aus Rippenstreckmetall,
    - – – lackiert,
    - – – verzinkt,
    - – – nichtrostender Stahl,
  - – aus ....... ,
- Unterkonstruktion (falls erforderlich)
  - – einschl. der tragenden Unterkonstruktion,
  - – einschl. des tragenden Ansetzmörtels,
  - – einschl. ....... ,

# LB 023 Putz- und Stuckarbeiten
## Putz, Vorarbeiten

**Einzelangaben** zu Pos. 020
- Breite des überdeckten Streifens
  - – Breite bis 20 cm – bis 40 cm – bis 60 cm – bis 80 cm – ....... ,
  - – Breite abgewickelt bis 40 cm – bis 60 cm – bis 80 cm – ....... ,
  **Hinweis:** Angaben nur bei Berechnungseinheit m
- Putzhöhe / Höhe der Deckenunterseite
  **Hinweis:** Putzgerüste, deren Arbeitsbühnen nicht höher als 2 m über Gelände oder Fußboden liegen (= Putzhöhe bis zu 4 m über Gelände oder Fußboden), sind als Nebenleistung ohne besondere Vergütung aufzubauen, vorzuhalten und abzubauen. Angaben zur Putzhöhe sind deshalb erst bei Putzhöhen über 4 m erforderlich. Werden entsprechende Putzhöhen angegeben, ist mit dem Einheitspreis das Putzgerüst abgegolten. Alternativ kann der Hinweis erfolgen: "Putzgerüst wird gesondert vergütet".
  - – Höhe bis 2 m – bis 2,75 m – bis 3,5 m – bis 5 m,
  - – Höhe in m ....... ,
  - – Höhe der Deckenunterseite bis 2 m,
  - – Höhe der Deckenunterseite bis 2,75 m,
  - – Höhe der Deckenunterseite bis 3,5 m,
  - – Höhe der Deckenunterseite in m ....... ,
- Befestigungsuntergrund
  - – an Beton befestigen,
  - – an Mauerwerk befestigen,
  - – an Stahl befestigen,
  - – an Holz befestigen,
  - – befestigen,
- Abhängung (bei Deckenputz)
  - – Abhängung bis 25 cm – über 25 bis 50 cm – ....... ,
- Form der Fläche (Angaben soweit erforderlich)
  - – Fläche geneigt – gewölbt,
- Ausführung ....... (Angaben soweit erforderlich),
- Berechnungseinheit m², m (mit Angabe Streifenbreite)

**Beispiel 1 für Ausschreibungstext zu Position 020**
Putzträger für die Überdeckung von Schlitzen,
aus Drahtziegelgewebe,
Breite bis 40 cm,
Befestigung an Mauerwerk.
Einheit m

**Beispiel 2 für Ausschreibungstext zu Position 020**
Putzträger für Bekleidung von Decken,
aus Mehrschicht-Leichtbauplatten aus Hartschaum und Holzwolle DIN 1104, dreischichtig, Dicke 50 mm,
Befestigen an Beton, Höhe der Deckenunterfläche über 4 m bis 6 m.
Einheit m²

030 **Putzbewehrung**
**Einzelangaben nach DIN 18350**
- Art der Bewehrung
  - – aus verzinktem Drahtgeflecht,
  - – aus Gittergewebe, alkalibeständig,
  - – aus Gittergewebe, nicht alkalibeständig,
  - – aus .......
- Maße
  - – Breite in cm ....... ,
  - – Maße in cm ....... ,
- Ausführung .......
- Berechnungseinheit m², m (mit Angabe der Breite), Stück (mit Angabe der Maße)

031 **Eckschutzschiene**
**Einzelangaben nach DIN 18350**
- Werkstoff
  - – aus verzinktem Stahl,
  - – aus verzinktem Stahl, kunststoffbeschichtet,
  - – aus verzinktem Drahtrichtwinkel,
  - – aus nichtrostendem Stahl,
  - – aus Aluminium,
  - – aus Aluminiumband,
  - – aus PVC,
  - – aus ....... ,
- Profil ....... , Maße ....... ,
  - – L 20 x 3 – L 25 x 3 – L 25 x 4 – L 30 x 3 – L 30 x 4 – L 35 x 4 – L 40 x 4 – L 45 x 4 – L 50 x 4 – L 55 x 5 – L 60 x 5 – L 65 x 6 – L 70 x 6 – L 75 x 6 – L 80 x 7 – L 90 x 8 – L 100 x 8 – ....... ,
- Einzellänge 0,75 m – 1,00 m – 1,25 m – 1,50 m – 1,75 m – 2,00 m – 2,25 m – 2,50 m – ....... ,
  **Hinweis:** Angabe nur bei Berechnungseinheit Stück.
- Einbauort
  - – einbauen in Wandputz,
  - – einbauen in Deckenputz,
  - – einbauen in Drahtputzkonstruktion,
  - – einbauen in ....... ,
- Berechnungseinheit m, Stück (mit Angabe der Maße)

**Beispiel für Ausschreibungstext zu Position 031**
Eckschutzschiene aus Stahl, kunststoffbeschichtet,
L 40 x 4, Einzellänge 1,50 m,
Einbauen in Wandputz.
Einheit Stück

032 **Gewebeeckschutzwinkel,**
**Einzelangaben nach DIN 18350**
- Profil .......
- Maße in cm .......
- Einzellänge in cm .......
- Einbauort
  - – einbauen in Wandputz – in Deckenputz – in Drahtputzkonstruktion – in ....... ,
- Berechnungseinheit m, Stück

033 **Putzanschlussprofil,**
**Einzelangaben nach DIN 18350**
- Werkstoff
  - – aus verzinktem Stahl,
  - – aus nichtrostendem Stahl,
  - – aus PVC mit elastischer Zwischenlage und Abtrennschutzleiste für Folienbefestigung,
  - – aus ....... ,
- Verwendungsbereich
  - – für Anschluss an Türfutter,
  - – für Anschluss an Stahlzargen,
  - – für Anschluss an Sockel,
  - – für Anschluss an Außenfenster und Türen,
  - – für Anschluss....... ,
- Profil ....... , Maße ....... ,
- Einzellänge .......
- Einbauort
  - – einbauen in Wandputz – in Deckenputz – in Drahtputz – in ....... ,
- Ausführung .......
- Erzeugnis
  - – Erzeugnis ....... (oder gleichwertiger Art)
  - – Erzeugnis ....... (vom Bieter einzutragen)
- Berechnungseinheit m, Stück (mit Angabe der Einzellänge)

034 **Putzabschlussprofil,**
035 **Putzleiste für erhöhte Anforderungen DIN 18202**
**Einzelangaben nach DIN 18350 zu Pos. 034, 035**
- Werkstoff
  - – aus verzinktem Stahl,
  - – aus nichtrostendem Stahl,
  - – aus Aluminium,
  - – aus Messing,
  - – aus PVC,
  - – aus ....... ,
- Profil ....... , Maße ....... ,
- Profilhöhe 20 mm – 25 mm – 30 mm – ....... ,
- Überdeckungsbreite 25 mm – 30 mm – 35 mm – 40 mm – 50 mm – ....... ,
- Einzellänge ....... ,
  **Hinweis:** Angabe nur bei Berechnungseinheit Stück.
- Einbauort
  - – einbauen in Wandputz – in Deckenputz – in ....... ,
- Ausführung .......
- Erzeugnis
  - – Erzeugnis ....... (oder gleichwertiger Art)
  - – Erzeugnis ....... (vom Bieter einzutragen)
- Berechnungseinheit m, Stück (mit Angabe der Einzellänge)

**Beispiel für Ausschreibungstext zu Position 034**
Putzabschlussprofil aus Aluminium,
Profilhöhe 25 mm, Überdeckungsbreite 25 mm,
einbauen in Wandputz,
Erzeugnis ....... (vom Bieter einzutragen).
Einheit m

# LB 023 Putz- und Stuckarbeiten
## Putz, Vorarbeiten

STLB 023

Ausgabe 06.01

036 Bewegungsfugenprofil, einteilig,
037 Bewegungsfugenprofil, zweiteilig,
038 Bewegungsfugenprofil ....... ,
Einzelangaben nach DIN 18350 zu Pos. 036 bis 038
- Werkstoff
  - – aus verzinktem Stahl,
  - – aus verzinktem Stahl, kunststoffbeschichtet,
  - – aus nichtrostendem Stahl,
  - – aus Aluminium,
  - – aus PVC,
  - – aus ....... ,
- Einlage
  - – mit Einlageschnur aus Moosgummi,
  - – mit Einlageschnur aus Moosgummi, Farbton ....... ,
  - – mit Einlage aus PVC,
  - – mit elastischem Mittelteil,
  - – mit .......
- Fugenbreite 10 mm – 15 mm – 20 mm – 25 mm – 30 mm – 35 mm – 40 mm – ....... 
- Profilhöhe 10 mm – 15 mm – 20 mm – 25 mm – 30 mm – 40 mm – 50 mm – ....... 
- Einzellänge in cm .......
  Hinweis: Angabe nur bei Berechnungseinheit Stück.
- Einbauort
  - – einbauen in Wandputz,
  - – einbauen in Deckenputz,
  - – ....... ,
- Ausführung .......
- Erzeugnis
  - – Erzeugnis ....... (oder gleichwertiger Art)
  - – Erzeugnis ....... (vom Bieter einzutragen)
- Berechnungseinheit m, Stück (mit Angabe der Einzellänge)

**Beispiel für Ausschreibungstext zu Position 034**
Dehnungsfugenprofil aus Aluminium,
mit Einlageschnur aus Moosgummi,
Fugenbreite 40 mm, Profilhöhe 25 mm,
einbauen in Wandputz,
Erzeugnis ....... (vom Bieter einzutragen).
Einheit m

039 Einputzsockelleiste,
040 Einputzkehlsockel,
Einzelangaben nach DIN 18350 zu Pos. 039, 040
- Werkstoff
  - – aus verzinktem Stahl – aus Aluminium – aus PVC – aus PVC, Farbton ......., aus ....... ,
- Sockeldicke .......
- Sockelhöhe 50 mm – 60 mm – 70 mm – 80 mm – 100 mm – .......
- Einzellänge .......
- Einbauort
  - – einbauen in Wandputz – ....... ,
- Ausführung .......
- Erzeugnis
  - – Erzeugnis ....... (oder gleichwertiger Art)
  - – Erzeugnis ....... (vom Bieter einzutragen)
- Berechnungseinheit m, Stück (mit Angabe der Einzellänge)

041 Vorhangeinputzschiene
Einzelangaben nach DIN 18350
- Werkstoff
  - – aus Aluminium,
  - – aus PVC,
  - – aus .......
- Form
  - – einläufig,
  - – zweiläufig,
  - – dreiläufig,
  - – .......
- Einbauort
  - – unter Massivdecken,
  - – unter Hohlkörperdecken,
  - – unter Putzträger,
  - – unter Drahtputzdeckenkonstruktionen,
  - – unter ....... ,
- Einbauart
  - – putzbündig einbauen,
  - – einbauen .......
- Einzellänge .......
  Hinweis: Angabe nur bei Berechnungseinheit Stück.
- Formteile, Zubehör
  - – ohne Zubehör
  - – mit Formteilen / Zubehör, bestehend aus
    - – – Endstück,
    - – – abgerundetes Endstück,
    - – – Überläufer,
    - – – Blende ....... ,
    - – – ....... ,
- Ausführung ....... gemäß Zeichnung Nr. ......., Einzelbeschreibung Nr. .......
- Erzeugnis
  - – Erzeugnis ....... (oder gleichwertiger Art)
  - – Erzeugnis ....... (vom Bieter einzutragen)
- Berechnungseinheit m, Stück (mit Angabe der Einzellänge)

**Beispiel für Ausschreibungstext zu Position 041**
Vorhangeinputzschiene
aus Aluminium, zweiläufig,
unter Massivdecken putzbündig einbauen,
ohne Zubehör,
Erzeugnis MHZ ZET-01-4012
oder gleichwertiger Art.
Einheit m

042 Einputzbilderleiste
Einzelangaben nach DIN 18350
- Werkstoff
  - – aus Aluminium,
  - – aus PVC,
  - – aus ....... ,
- Profil .......
- Einbauart
  - – putzbündig einbauen ,
  - – einbauen ....... ,
- Einzellänge ....... ,
- Zubehör
  - – ohne Zubehör,
  - – mit Zubehör, bestehend aus
    - – – ....... Stück Bilderhaken,
    - – – ....... 
- Ausführung ....... ,
- Erzeugnis
  - – Erzeugnis ....... (oder gleichwertiger Art)
  - – Erzeugnis ....... (vom Bieter einzutragen)
- Berechnungseinheit m, Stück (mit Angabe der Einzellänge)

043 Füllen der Hohlräume von Schlitzen
Einzelangaben nach DIN 18350
- Bauteil
  - – in Wänden,
  - – ....... ,
- Werkstoff
  - – mit Mineralfasermatten,
  - – mit Perlitemörtel,
  - – mit Polyurethan-Ortschaum,
  - – mit .......
- Schlitzbreite bis 20 cm – über 20 bis 30 cm – über 30 bis 40 cm – ....... ,
- Schlitztiefe bis 10 cm – bis 15 cm – bis 20 cm – .......
- Berechnungseinheit m

**Beispiel für Ausschreibungstext zu Position 043**
Füllen der Hohlräume von Schlitzen in Wänden
mit Polyurethan-Ortschaum,
Schlitzbreite über 20 bis 30 cm,
Schlitztiefe bis 15 cm.
Einheit m

**STLB 023**

## LB 023 Putz- und Stuckarbeiten
### Außenputz

Ausgabe 06.01

080 Außenwandputzsystem DIN 18550, mineralisch gebunden,
090 Außenwandputzsystem DIN 18550, mineralisch gebunden, Unterputz aus Leichtmörtel,
100 Außenwandputzsystem DIN 18550, Unterputz mineralisch, Oberputz organisch gebunden,
110 Außenwandputzsystem DIN 18550 und DIN 18558 ohne Unterputz, Oberputz organisch gebunden, auf Beton mit geschlossenem Gefüge als Putzgrund, Einzelangaben nach DIN 18350 zu Pos. 080 bis 110
- Art des Bauteiles
  - – ohne weitere Angaben
  - – auf Leibungen von Öffnungen über 2,5 m$^2$ ,
  - – auf Sockeln,
  - – auf Wänden im Erdreich,
  - – auf Stützen,
  - – auf Brüstungen,
  - – auf ....... ,
- Putzhöhe
  **Hinweis:** Putzgerüste, deren Arbeitsbühnen nicht höher als 2 m über Gelände oder Fußboden liegen (= Putzhöhe bis zu 4 m über Gelände oder Fußboden), sind als Nebenleistung ohne besondere Vergütung aufzubauen. Angaben zur Putzhöhe sind deshalb erst bei Putzhöhen über 4 m erforderlich. Werden entsprechende Putzhöhen angegeben, ist mit dem Einheitspreis das Putzgerüst abgegolten. Alternativ kann der Hinweis erfolgen: "Putzgerüst wird gesondert vergütet".
  - – Putzhöhe bis 2 m – 2,75 m – 3,5 m – 5 m – 8 m – ,
  - – ab / bis ....... ,
  - – in m ....... ,
- Putzart
  - – als gefilzter Putz,
  - – als geglätteter Putz,
  - – als geriebener Putz,
  - – als Kellenwurfputz,
  - – als Kellenstrichputz,
  - – als Spritzputz,
  - – als Kratzputz,
  - – als Waschputz,
  - – als ....... ,
- besondere Anforderungen
  - – ohne besondere Anforderungen – wasserhemmend – wasserabweisend – mit erhöhter Festigkeit – Anforderungen ....... ,
- Putzgrund
  - – Putzgrund Mauerwerk, saugfähig, rauflächig,
  - – Putzgrund Mauerwerk, saugfähig, glatt,
  - – Putzgrund Mauerwerk, wenig saugend, glatt,
  - – Putzgrund Beton, schalungsrau,
  - – Putzgrund Beton, glatt,
  - – Putzgrund Gipsbaustoffe,
  - – Putzgrund vorhandene Leichtbauplatten,
  - – Putzgrund vorhandene Putzträger,
  - – Putzgrund ....... ,
- Unterputz
  - – Unterputz aus Putzmörtel P I,
  - – Unterputz aus Putzmörtel P II,
  - – Unterputz aus Leichtmörtel entsprechend Mörtelgruppe P II,
  - – Unterputz aus Putzmörtel P III,
  - – Unterputz aus Putzmörtel P IV,
  - – Unterputz ....... ,
  **Hinweis:** Mörtelgruppen P I ....... P V siehe DIN 18550/18558.
- Oberputz
  - – Oberputz aus Putzmörtel P I,
  - – Oberputz aus Putzmörtel P I, auf Leichtmörtel abgestimmt,
  - – Oberputz aus Putzmörtel P II,
  - – Oberputz aus Putzmörtel P II, auf Leichtmörtel abgestimmt,
  - – Oberputz aus Putzmörtel P IV,
  - – Oberputz aus Putzmörtel P Org. 1,
  - – Oberputz aus Putzmörtel P Org. 2,
  - – Oberputz ....... ,
    - – – Körnung ....... ,
    - – – Farbton ....... ,
  **Hinweis:** Mörtelgruppen P 1 ....... P IV, P Org. 1, P Org. 2 siehe DIN 18550 / 18558.
- Erzeugnis (ggf. getrennt für Unterputz und Oberputz)
  - – Erzeugnis ....... (oder gleichwertiger Art)
  - – Erzeugnis ....... (vom Bieter einzutragen)
- Maße .......
  **Hinweis:** Angaben nur bei Berechnungseinheiten m, Stück.
- Berechnungseinheit m$^2$, m (mit Angabe der Breite, z.B. von Leibungen) Stück (mit Angabe der Maße, z.B. von Schornsteinköpfen)

**Beispiel für Ausschreibungstext zu Position 080**
Außenwandputzsystem DIN 18550,
mineralisch gebunden,
Putzhöhe bis 8 m,
als Reibeputz, wasserhemmend,
Putzgrund Mauerwerk, saugfähig, glatt,
Unterputz aus Putzmörtel P II,
Oberputz aus Putzmörtel P II.
Einheit m$^2$

# LB 023 Putz- und Stuckarbeiten
## Außenputz

STLB 023

Ausgabe 06.01

120 Außendeckenputzsystem DIN 18550, mineralisch gebunden,
130 Außendeckenputzsystem DIN 18550 und DIN 18558, Unterputz mineralisch, Oberputz organisch gebunden,
140 Außendeckenputzsystem DIN 18550 und DIN 18558, ohne Unterputz, Oberputz organisch gebunden, auf Beton mit geschlossenem Gefüge als Putzgrund,
Einzelangaben nach DIN 18350 zu Pos. 120 bis 140
- Art des Bauteiles
  - – ohne weitere Angaben,
  - – auf Leibungen von Öffnungen über 2,5 m$^2$ ,
  - – auf Unterzügen,
  - – auf Treppenläufen, –podesten einschl. Wangen,
  - – auf Decken mit Putzträgern,
  - – auf ....... 
- Höhe der Deckenunterseite
  **Hinweis:** Putzgerüste, deren Arbeitsbühnen nicht höher als 2 m über Gelände oder Fußboden liegen (= Putzhöhe bis zu 4 m über Gelände oder Fußboden), sind als Nebenleistung ohne besondere Vergütung aufzubauen, vorzuhalten und abzubauen. Angaben zur Putzhöhe sind deshalb erst bei Putzhöhen über 4 m erforderlich. Werden entsprechende Putzhöhen angegeben, ist mit dem Einheitspreis das Putzgerüst abgegolten. Alternativ kann der Hinweis erfolgen: "Putzgerüst wird gesondert vergütet".
  - – Höhe der Deckenunterseite bis 2 m,
  - – Höhe der Deckenunterseite bis 2,75 m,
  - – Höhe der Deckenunterseite bis 3,5 m,
  - – Höhe der Deckenunterseite bis 5 m,
  - – Höhe der Deckenunterseite bis 8 m,
  - – Höhe der Deckenunterseite in m ....... ,
- Putzart
  - – als gefilzter Putz,
  - – als geglätteter Putz,
  - – als geriebener Putz,
  - – als Kellenwurfputz,
  - – als Kellenstrichputz,
  - – als Spritzputz,
  - – als Kratzputz,
  - – als ....... ,
- besondere Anforderungen
  - – ohne besondere Anforderungen,
  - – Anforderungen ....... ,
- Putzgrund
  - – Putzgrund Mauerwerk, saugfähig, rauflächig,
  - – Putzgrund Mauerwerk, saugfähig, glatt,
  - – Putzgrund Mauerwerk, wenig saugend, glatt,
  - – Putzgrund Beton, schalungsrau,
  - – Putzgrund Beton, glatt,
  - – Putzgrund Gipsbaustoffe,
  - – Putzgrund vorhandene Leichtbauplatten,
  - – Putzgrund vorhandene Putzträger,
  - – Putzgrund ....... ,
- Unterputz
  - – Unterputz aus Putzmörtel P I,
  - – Unterputz aus Putzmörtel P II,
  - – Unterputz aus Leichtmörtel entsprechend Mörtelgruppe P II,
  - – Unterputz aus Putzmörtel P III,
  - – Unterputz aus Putzmörtel P IV,
  - – Unterputz ....... ,
  **Hinweis:** Mörtelgruppen P I ....... P V siehe DIN 18550/18558.
- Oberputz
  - – Oberputz aus Putzmörtel P I,
  - – Oberputz aus Putzmörtel P I, auf Leichtmörtel abgestimmt,
  - – Oberputz aus Putzmörtel P II,
  - – Oberputz aus Putzmörtel P II, auf Leichtmörtel abgestimmt,
  - – Oberputz aus Putzmörtel P IV,
  - – Oberputz aus Putzmörtel P Org. 1,
  - – Oberputz aus Putzmörtel P Org. 2,
  - – Oberputz ....... ,
    - – – Körnung ....... ,
    - – – – Farbton ....... ,
  **Hinweis:** Mörtelgruppen P 1 ....... P IV, P Org. 1, P Org. 2 siehe DIN 18550 / 18558.
- Erzeugnis (ggf. getrennt für Unterputz und Oberputz)
  - – Erzeugnis ....... (oder gleichwertiger Art)
  - – Erzeugnis ....... (vom Bieter einzutragen)
- Maße .......
  **Hinweis:** Angabe nur bei Berechnungseinheit m.
- Berechnungseinheit m$^2$, m (mit Angabe der Breite, z.B. von Unterzügen)

**Beispiel für Ausschreibungstext zu Position 120**
Außendeckenputzsystem DIN 18550,
mineralisch gebunden,
auf Decken mit Putzträgern,
Höhe der Deckenunterseite bis 8 m,
als geriebener Putz,
ohne besondere Anforderungen,
Putzuntergrund vorhandene Putzträger,
Unterputz aus Putzmörtel P II,
Oberputz aus Putzmörtel P II.
Einheit m$^2$

**STLB 023**

## LB 023 Putz- und Stuckarbeiten
### Innenputz

Ausgabe 06.01

150 Innenwandputzsystem DIN 18550, mineralisch gebunden,
160 Innenwandputzsystem DIN 18550 und DIN 18558, Unterputz mineralisch, Oberputz organisch gebunden,
170 Innenwandputzsystem DIN 18550 und DIN 18558, ohne Unterputz, Oberputz organisch gebunden, auf Beton mit geschlossenem Gefüge als Putzgrund,
180 Innenwandputz,
Einzelangaben nach DIN 18350 zu Pos. 150 bis 180
- Art des Bauteiles
  - – ohne weitere Angaben,
  - – auf Leibungen von Öffnungen über 2,5 m$^2$ ,
  - – auf Sockeln,
  - – auf Stützen,
  - – auf Brüstungen,
  - – auf ....... ,
- Putzhöhe
  **Hinweis:** Putzgerüste, deren Arbeitsbühnen nicht höher als 2 m über Gelände oder Fußboden liegen (= Putzhöhe bis zu 4 m über Gelände oder Fußboden), sind als Nebenleistung ohne besondere Vergütung aufzubauen, vorzuhalten und abzubauen. Angaben zur Putzhöhe sind deshalb erst bei Putzhöhen über 4 m erforderlich. Werden entsprechende Putzhöhen angegeben, ist mit dem Einheitspreis das Putzgerüst abgegolten. Alternativ kann der Hinweis erfolgen: "Putzgerüst wird gesondert vergütet".
  - – Putzhöhe bis 2 m,
  - – Putzhöhe bis 2,75 m,
  - – Putzhöhe bis 3,5 m,
  - – Putzhöhe bis 5 m,
  - – Putzhöhe bis 8 m,
  - – Putzhöhe ab/bis ....... – Putzhöhe in m ....... ,
- Putzart
  - – als gefilzter Putz,
  - – als geglätteter Putz,
  - – als geriebener Putz,
  - – als Kellenwurfputz,
  - – als Kellenstrichputz,
  - – als Kratzputz,
  - – als Dünnputz, Dicke bis 5 mm,
  - – als ....... ,
- besondere Anforderungen
  - – geringe Beanspruchung – übliche Beanspruchung,
  - – für erhöhte Anforderungen DIN 18202 einschl. Herstellen der Lehren,
  - – ....... ,
- Putzgrund
  - – Putzgrund Mauerwerk, saugfähig, rauflächig,
  - – Putzgrund Mauerwerk, saugfähig, glatt,
  - – Putzgrund Mauerwerk, wenig saugend, glatt,
  - – Putzgrund Beton, schalungsrau,
  - – Putzgrund Beton, glatt,
  - – Putzgrund Gipsbaustoffe,
  - – Putzgrund vorhandene Leichtbauplatten,
  - – Putzgrund vorhandene Putzträger,
  - – Putzgrund ....... ,
- Unterputz
  - – einlagiger Putz aus Putzmörtel P II,
  - – einlagiger Putz aus Putzmörtel P IV,
  - – einlagiger Putz aus Putzmörtel P V,
  - – einlagiger Putz ....... ,
  - – Unterputz aus Putzmörtel P I,
  - – Unterputz aus Putzmörtel P II,
  - – Unterputz aus Leichtmörtel entsprechend Mörtelgruppe P II,
  - – Unterputz aus Putzmörtel P III,
  - – Unterputz aus Putzmörtel P IV,
  - – Unterputz ....... ,
  **Hinweis:** Mörtelgruppen P I ....... P V siehe DIN 18550/18558.
- Oberputz
  - – Oberputz aus Putzmörtel P I,
  - – Oberputz aus Putzmörtel P I, auf Leichtmörtel abgestimmt,
  - – Oberputz aus Putzmörtel P II,
  - – Oberputz aus Putzmörtel P II, auf Leichtmörtel abgestimmt,
  - – Oberputz aus Putzmörtel P IV,
  - – Oberputz aus Putzmörtel P Org. 1,
  - – Oberputz aus Putzmörtel P Org. 2,
  - – Oberputz ....... ,
    - – – Körnung ....... ,
    - – – – Farbton ....... ,
  **Hinweis:** Mörtelgruppen P 1 ....... P IV, P Org. 1, P Org. 2 siehe DIN 18550 / 18558.
- Erzeugnis (ggf. getrennt für Unterputz und Oberputz)
  - – Erzeugnis ....... (oder gleichwertiger Art)
  - – Erzeugnis ....... (vom Bieter einzutragen)
- Maße .......
  **Hinweis:** Angabe nur bei Berechnungseinheit m.
- Berechnungseinheit m$^2$, m (mit Angabe der Breite, z.B. von Leibungen.

**Beispiel für Ausschreibungstext zu Position 150**
Innenwandputzsystem DIN 18550, mineralisch gebunden,
als gefilzter Putz,
übliche Beanspruchung,
Putzgrund Mauerwerk, saugfähig, rauflächig,
einlagiger Putz aus Putzmörtel P IV.
Einheit m$^2$

# LB 023 Putz- und Stuckarbeiten
## Innenputz; Wischputz, Schlämmputz, Bestiche

STLB 023

Ausgabe 06.01

**190** Innendeckenputzsystem DIN 18550, mineralisch gebunden,
**200** Innendeckenputzsystem DIN 18550 und DIN 18558, Unterputz mineralisch, Oberputz organisch gebunden,
**210** Innendeckenputzsystem DIN 18550 und DIN 18558, ohne Unterputz, Oberputz organisch gebunden, auf Beton mit geschlossenem Gefüge als Putzgrund,
**220** Innendeckenputz,
Einzelangaben nach DIN 18350 zu Pos. 190 bis 220
- Art des Bauteiles
  - – ohne weitere Angaben,
  - – auf Leibungen von Öffnungen über 2,5 m² ,
  - – auf Unterzügen,
  - – auf Treppenläufen, –podesten einschl. Wangen,
  - – auf Decken mit Putzträgern,
  - – auf ....... ,
- Höhe der Deckenunterseite
  **Hinweis:** Putzgerüste, deren Arbeitsbühnen nicht höher als 2 m über Gelände oder Fußboden liegen (= Putzhöhe bis zu 4 m über Gelände oder Fußboden), sind als Nebenleistung ohne besondere Vergütung aufzubauen, vorzuhalten und abzubauen. Angaben zur Putzhöhe sind deshalb erst bei Putzhöhen über 4 m erforderlich. Werden entsprechende Putzhöhen angegeben, ist mit dem Einheitspreis das Putzgerüst abgegolten. Alternativ kann der Hinweis erfolgen: "Putzgerüst wird gesondert vergütet".
  - – Höhe der Deckenunterseite bis 2 m,
  - – Höhe der Deckenunterseite bis 2,75 m,
  - – Höhe der Deckenunterseite bis 3,50 m,
  - – Höhe der Deckenunterseite bis 5 m,
  - – Höhe der Deckenunterseite bis 8 m,
  - – Höhe der Deckenunterseite in m ....... ,
- Putzart
  - – als gefilzter Putz,
  - – als geglätteter Putz,
  - – als geriebener Putz,
  - – als Reibeputz,
  - – als Kellenwurfputz,
  - – als Kellenstrichputz,
  - – als ....... ,
- besondere Anforderungen
  - – nur geringe Beanspruchung,
  - – übliche Beanspruchung,
  - – für erhöhte Anforderungen DIN 18202 einschl. Herstellen der Lehren,
  - – ....... ,
- Putzgrund
  - – Putzgrund Mauerwerk, saugfähig, rauflächig,
  - – Putzgrund Mauerwerk, saugfähig, glatt,
  - – Putzgrund Mauerwerk, wenig saugend, glatt,
  - – Putzgrund Beton, schalungsrau,
  - – Putzgrund Beton, glatt,
  - – Putzgrund Gipsbaustoffe,
  - – Putzgrund vorhandene Leichtbauplatten,
  - – Putzgrund vorhandene Putzträger,
  - – Putzgrund ....... ,
- Unterputz
  - – einlagiger Putz aus Putzmörtel P II,
  - – einlagiger Putz aus Putzmörtel P IV,
  - – einlagiger Putz aus Putzmörtel P V,
  - – einlagiger Putz ....... ,
  - – Unterputz aus Putzmörtel P I,
  - – Unterputz aus Putzmörtel P II,
  - – Unterputz aus Leichtmörtel entsprechend Mörtelgruppe P II,
  - – Unterputz aus Putzmörtel P III,
  - – Unterputz aus Putzmörtel P IV,
  - – Unterputz ....... ,
  **Hinweis:** Mörtelgruppen P I ....... P V siehe DIN 18550/18558.
- Oberputz
  - – Oberputz aus Putzmörtel P I,
  - – Oberputz aus Putzmörtel P I, auf Leichtmörtel abgestimmt,
  - – Oberputz aus Putzmörtel P II,
  - – Oberputz aus Putzmörtel P II, auf Leichtmörtel abgestimmt,
  - – Oberputz aus Putzmörtel P IV,
  - – Oberputz aus Putzmörtel P Org. 1,
  - – Oberputz aus Putzmörtel P Org. 2,
  - – – Oberputz ....... ,
    - – – – Körnung ....... ,
    - – – – – Farbton ....... ,
  **Hinweis:** Mörtelgruppen P 1 ....... P IV, P Org. 1, P Org. 2 siehe DIN 18550 / 18558.
- Erzeugnis (ggf. getrennt für Unterputz und Oberputz)
  - – – Erzeugnis ....... (oder gleichwertiger Art)
  - – – Erzeugnis ....... (vom Bieter einzutragen)
- Maße .......
  **Hinweis:** Angabe nur bei Berechnungseinheit m.
- Berechnungseinheit m², m (mit Angabe der Breite, z.B. von Unterzügen)

**Beispiel für Ausschreibungstext zu Position 190**
Innendeckenputzsystem DIN 18550,
mineralisch gebunden,
auf Decken mit Putzträgern,
Höhe der Deckenunterseite bis 6 m,
als gefilzter Putz,
übliche Beanspruchung,
Putzuntergrund vorhandene Putzträger,
Unterputz aus Putzmörtel II,
Oberputz aus Putzmörtel II.
Einheit m²

**250** Wischputz,
**251** Schlämmputz,
**252** Bestich (Rappputz),
Einzelangaben nach DIN 18350 zu Pos. 250 bis 252
- Art des Bauteiles
  - – ohne weitere Angaben,
  - – auf Außenwänden,
  - – auf Außendecken,
  - – auf Innenwänden,
  - – auf Innendecken,
  - – auf Leibungen von Öffnungen über 2,5 m² ,
  - – auf ....... ,
- Putzhöhe / Höhe der Deckenunterseite
  **Hinweis:** Putzgerüste, deren Arbeitsbühnen nicht höher als 2 m über Gelände oder Fußboden liegen (= Putzhöhe bis zu 4 m über Gelände oder Fußboden), sind als Nebenleistung ohne besondere Vergütung aufzubauen, vorzuhalten und abzubauen. Angaben zur Putzhöhe sind deshalb erst bei Putzhöhen über 4 m erforderlich. Werden entsprechende Putzhöhen angegeben, ist mit dem Einheitspreis das Putzgerüst abgegolten. Alternativ kann der Hinweis erfolgen: "Putzgerüst wird gesondert vergütet".
  - – Putzhöhe bis 2 m – 2,75 m – 3,5 m – 5 m – 8 m – in m ....... ,
  - – Putzhöhe ab / bis ....... ,
  - – Höhe der Deckenunterseite bis 2 m – 2,75 m – 3,5 m – 5 m – 8 m – in m ....... ,
  - – Höhe der Deckenunterseite ab/bis ....... ,
- Putzgrund
  - – Putzgrund Mauerwerk, saugfähig, rauflächig,
  - – Putzgrund Mauerwerk, saugfähig, glatt,
  - – Putzgrund Mauerwerk, wenig saugend, glatt,
  - – Putzgrund Beton, schalungsrau,
  - – Putzgrund Beton, glatt,
  - – Putzgrund Gipsbaustoffe,
  - – Putzgrund vorhandene Leichtbauplatten,
  - – Putzgrund vorhandene Putzträger,
  - – Putzgrund ....... ,
- Mörtelart nach DIN 18550 / 18558
  - – Putzmörtel P I – P II – P III – P IV – ....... ,
  - – Putz mit organischen Bindemitteln P Org 1 – P Org 2 – Putz .......
- Maße .......
  **Hinweis:** Angaben nur bei Berechnungseinheiten m und Stück.
- Erzeugnis (Angaben i.d.R. nur bei Fertigmörtel)
  - – Erzeugnis ....... (oder gleichwertiger Art),
  - – Erzeugnis ....... (vom Bieter einzutragen),
- Berechnungseinheit m², m (mit Angabe der Breite, z.B. bei Leibungen),
  Stück (mit Angabe der Maße)

**Beispiel für Ausschreibungstext zu Position 251**
Schlämmputz
auf Innenwänden und Innendecken,
Putzgrund Beton, schalungsrau,
Putzmörtel P I.
Einheit m²

# LB 023 Putz- und Stuckarbeiten
## Wärmedämmende Außenputzsysteme

**300** Wärmedämmendes Außenwandputzsystem DIN 18550 Teil 3 oder nach Zulassung,

**301** Wärmedämmendes Außendeckenputzsystem DIN 18550 Teil 3 oder nach Zulassung,

**302** Wärmedämmendes Außendeckenputzsystem DIN 18550 Teil 3 oder nach Zulassung, auf Putzträger,

Einzelangaben nach DIN 18350 zu Pos. 300 bis 302
- Art des Bauteiles
  - – ohne weitere Angaben
  - – auf Leibungen von Öffnungen über 2,5 m$^2$,
  - – auf Sockeln
  - – auf Stützen,
  - – auf Brüstungen
  - – auf Treppenanlagen, –podesten einschl. Wangen,
  - – auf ....... ,
- Putzhöhe / Höhe der Deckenunterseite
  **Hinweis:** Putzgerüste, deren Arbeitsbühnen nicht höher als 2 m über Gelände oder Fußboden liegen (= Putzhöhe bis zu 4 m über Gelände oder Fußboden), sind als Nebenleistung ohne besondere Vergütung aufzubauen, vorzuhalten und abzubauen. Angaben zur Putzhöhe sind deshalb erst bei Putzhöhen über 4 m erforderlich. Werden entsprechende Putzhöhen angegeben, ist mit dem Einheitspreis das Putzgerüst abgegolten. Alternativ kann der Hinweis erfolgen: "Putzgerüst wird gesondert vergütet".
  - – Putzhöhe bis 2 m,
  - – Putzhöhe bis 2,75 m,
  - – Putzhöhe bis 3,5 m,
  - – Putzhöhe bis 5 m,
  - – Putzhöhe bis 8 m,
  - – Putzhöhe in m ....... ,
  - – Putzhöhe ab / bis ....... ,
  - – Höhe der Deckenunterseite bis 2 m,
  - – Höhe der Deckenunterseite bis 2,75 m,
  - – Höhe der Deckenunterseite bis 3,5 m,
  - – Höhe der Deckenunterseite bis 5 m,
  - – Höhe der Deckenunterseite bis 8 m,
  - – Höhe der Deckenunterseite in m ....... ,
- Putzart
  - – als Kratzputz
  - – als strukturierter Putz mit Ausgleichsputz,
  - – als strukturierter Putz mit Ausgleichsputz und Gewebeeinlage,
  - – als ....... ,
- Putzgrund
  - – Putzgrund Mauerwerk, saugfähig, rauflächig,
  - – Putzgrund Mauerwerk, saugfähig, glatt,
  - – Putzgrund Mauerwerk, wenig saugend, glatt,
  - – Putzgrund Beton, schalungsrau,
  - – Putzgrund Beton, glatt,
  - – Putzgrund vorhandener Unterputz,
  - – Putzgrund vorhandene Leichtbauplatten,
  - – Putzgrund vorhandene Putzträger,
  - – Putzgrund ....... ,
- Unterputz
  - – Unterputz als Wärmedämmputz nach Zulassung mit mineralischen Leichtzuschlägen, Dicke in mm ....... ,
  - – Unterputz als Wärmedämmputz DIN 18550 Teil 3 mit organischen Leichtzuschlägen, Dicke in mm ....... ,
  - – Unterputz ....... ,
    - – – Erzeugnis ....... (oder gleichwertiger Art),
    - – – Erzeugnis ....... (vom Bieter einzutragen),
- Oberputz
  - – Oberputz DIN 18550 Teil 3 oder nach Zulassung, auf den Unterputz abgestimmt, Erzeugnis ....... ,
  - – Oberputz ....... ,
    - – – Körnung ....... ,
      - – – – Farbton ....... ,
        - – – – – Erzeugnis ....... (oder gleichwertiger Art),
        - – – – – Erzeugnis ....... (vom Bieter einzutragen),
- Maße .......
  **Hinweis:** Angaben nur bei Berechnungseinheiten m und Stück.
- Berechnungseinheit m$^2$, m (mit Angabe der Streifenbreite, z.B. bei Leibungen),
  Stück (mit Angabe der Maße).

**350** Wärmedämm–Verbundsystem für Außenwände DIN 18559,

**360** Wärmedämm–Verbundsystem für Außendecken DIN 18559,

Einzelangaben nach DIN 18350 zu Pos. 350, 360
- Art des Bauteiles
  - – ohne weitere Angaben,
  - – auf Leibungen von Öffnungen über 2,5 m$^2$ ,
  - – auf Sockeln,
  - – auf Brüstungen,
  - – auf Treppenläufen, –podesten einschl. Wangen,
  - – auf Unterzügen,
  - – auf ....... ,
- Putzhöhe / Höhe der Deckenunterseite
  **Hinweis:** Putzgerüste, deren Arbeitsbühnen nicht höher als 2 m über Gelände oder Fußboden liegen (= Putzhöhe bis zu 4 m über Gelände oder Fußboden), sind als Nebenleistung ohne besondere Vergütung aufzubauen, vorzuhalten und abzubauen. Angaben zur Putzhöhe sind deshalb erst bei Putzhöhen über 4 m erforderlich. Werden entsprechende Putzhöhen angegeben, ist mit dem Einheitspreis das Putzgerüst abgegolten. Alternativ kann der Hinweis erfolgen: "Putzgerüst wird gesondert vergütet".
  - – Putzhöhe bis 2 m – 2,75 m – 3,5 m – 5 m – 8 m – in m ....... ,
  - – Putzhöhe ab / bis ....... ,
  - – Höhe der Deckenunterseite bis 2 m – 2,75 m – 3,5 m – 5 m – 8 m – in m ....... ,
  - – Höhe der Deckenunterseite ab/bis ....... ,
- Putzart
  - – Oberputz mit systemzugehörigem Armierungsputz,
  - – Oberputz mit systemzugehörigem Armierungsputz, doppelt armiert,
  - – Unterputz mineralisch gebunden, Oberputz mit systemzugehörigem Armierungsputz in Kratzputzstruktur,
  - – Unterputz mineralisch gebunden, Oberputz mit systemzugehörigem Armierungsputz in Kratzputzstruktur, doppelt armiert,
  - – Unterputz mineralisch gebunden, Oberputz mit systemzugehörigem Armierungsputz als Reibeputz,
  - – Unterputz mineralisch gebunden, Oberputz mit systemzugehörigem Armierungsputz als Reibeputz, doppelt armiert,
  - – Unterputz mineralisch gebunden, Oberputz ....... mit systemzugehörigem Armierungsputz,
  - – Unterputz mineralisch gebunden, Oberputz ....... mit systemzugehörigem Armierungsputz, doppelt armiert,
    - – – Oberputz Körnung in mm ....... ,
    - – – Oberputz Farbton ....... ,
    - – – Oberputz Körnung in mm ....... , Farbton ....... ,
    - – – Oberputz ....... ,
- Putzgrund
  - – Putzgrund Mauerwerk, saugfähig, rauflächig,
  - – Putzgrund Mauerwerk, saugfähig, glatt,
  - – Putzgrund Mauerwerk, wenig saugend, glatt,
  - – Putzgrund Beton, schalungsrau,
  - – Putzgrund Beton, glatt,
  - – Putzgrund vorhandener Unterputz,
  - – Putzgrund Holzkonstruktion,
  - – Putzgrund ....... ,
- Wärmedämmschicht
  - – Wärmedämmschicht aus Polystyrol-Hartschaumplatten DIN 18164-1,
  - – Wärmedämmschicht aus Polyurethan-Hartschaumplatten DIN 18164-1,
  - – Wärmedämmschicht aus Mineralfaserdämmstoffplatten DIN 18165-1,
  - – Wärmedämmschicht aus Mineralfaserdämmstoffplatten mit senkrecht stehenden Fasern,
  - – Wärmedämmschicht aus Schaumglasplatten DIN 18174,
  - – Wärmedämmschicht aus Korkplatten DIN 18161-1,

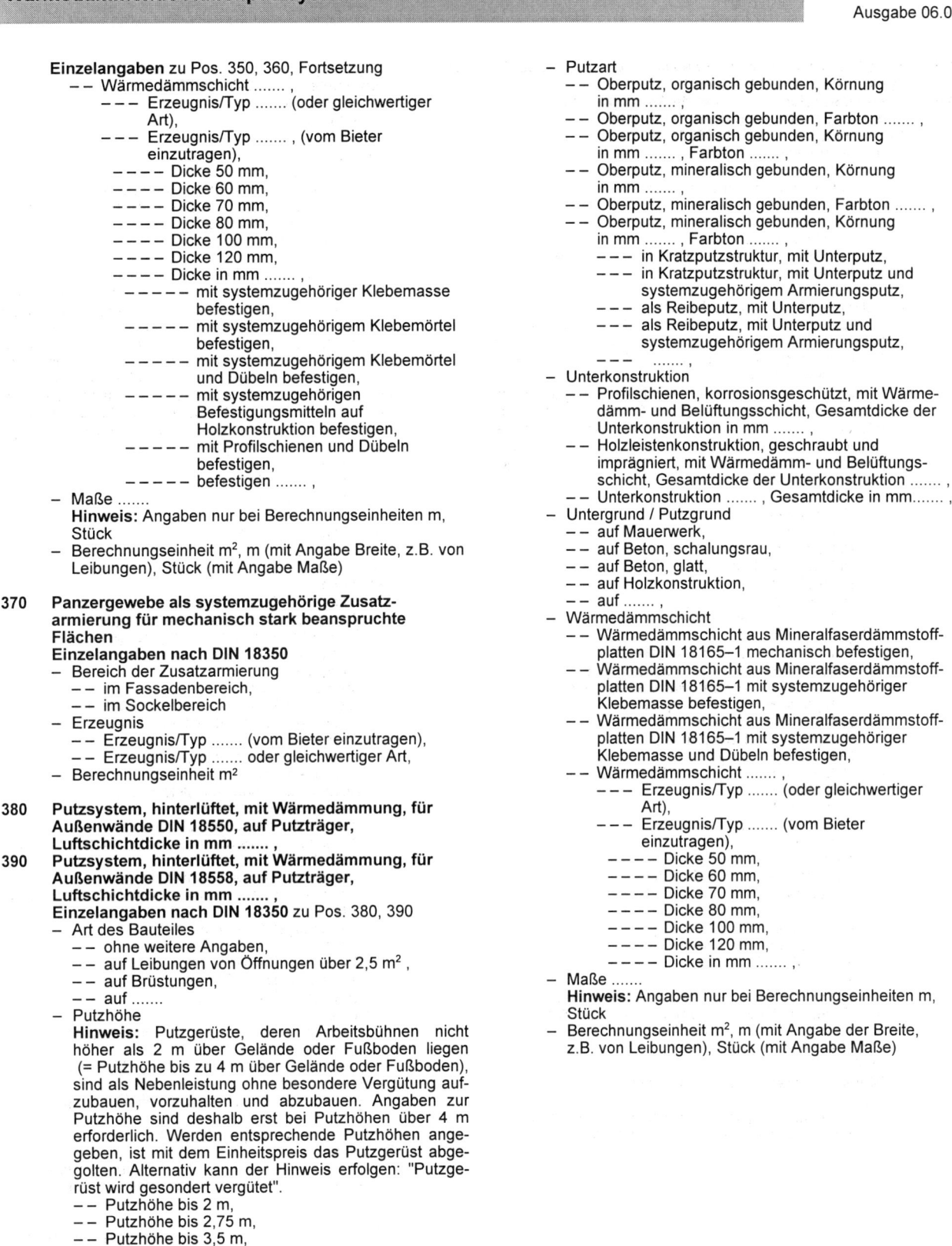

# LB 023 Putz- und Stuckarbeiten
## Wärmedämmende Außenputzsysteme

Ausgabe 06.01

Einzelangaben zu Pos. 350, 360, Fortsetzung
- – Wärmedämmschicht ....... ,
  - – – Erzeugnis/Typ ....... (oder gleichwertiger Art),
  - – – Erzeugnis/Typ ....... , (vom Bieter einzutragen),
    - – – – Dicke 50 mm,
    - – – – Dicke 60 mm,
    - – – – Dicke 70 mm,
    - – – – Dicke 80 mm,
    - – – – Dicke 100 mm,
    - – – – Dicke 120 mm,
    - – – – Dicke in mm ....... ,
      - – – – – mit systemzugehöriger Klebemasse befestigen,
      - – – – – mit systemzugehörigem Klebemörtel befestigen,
      - – – – – mit systemzugehörigem Klebemörtel und Dübeln befestigen,
      - – – – – mit systemzugehörigen Befestigungsmitteln auf Holzkonstruktion befestigen,
      - – – – – mit Profilschienen und Dübeln befestigen,
      - – – – – befestigen ....... ,
- Maße .......
  Hinweis: Angaben nur bei Berechnungseinheiten m, Stück
- Berechnungseinheit m², m (mit Angabe Breite, z.B. von Leibungen), Stück (mit Angabe Maße)

370 Panzergewebe als systemzugehörige Zusatzarmierung für mechanisch stark beanspruchte Flächen
Einzelangaben nach DIN 18350
- Bereich der Zusatzarmierung
  - – – im Fassadenbereich,
  - – – im Sockelbereich
- Erzeugnis
  - – – Erzeugnis/Typ ....... (vom Bieter einzutragen),
  - – – Erzeugnis/Typ ....... oder gleichwertiger Art,
- Berechnungseinheit m²

380 Putzsystem, hinterlüftet, mit Wärmedämmung, für Außenwände DIN 18550, auf Putzträger, Luftschichtdicke in mm ....... ,
390 Putzsystem, hinterlüftet, mit Wärmedämmung, für Außenwände DIN 18558, auf Putzträger, Luftschichtdicke in mm ....... ,
Einzelangaben nach DIN 18350 zu Pos. 380, 390
- Art des Bauteiles
  - – – ohne weitere Angaben,
  - – – auf Leibungen von Öffnungen über 2,5 m²,
  - – – auf Brüstungen,
  - – – auf ....... 
- Putzhöhe
  Hinweis: Putzgerüste, deren Arbeitsbühnen nicht höher als 2 m über Gelände oder Fußboden liegen (= Putzhöhe bis zu 4 m über Gelände oder Fußboden), sind als Nebenleistung ohne besondere Vergütung aufzubauen, vorzuhalten und abzubauen. Angaben zur Putzhöhe sind deshalb erst bei Putzhöhen über 4 m erforderlich. Werden entsprechende Putzhöhen angegeben, ist mit dem Einheitspreis das Putzgerüst abgegolten. Alternativ kann der Hinweis erfolgen: "Putzgerüst wird gesondert vergütet".
  - – – Putzhöhe bis 2 m,
  - – – Putzhöhe bis 2,75 m,
  - – – Putzhöhe bis 3,5 m,
  - – – Putzhöhe bis 5 m,
  - – – Putzhöhe bis 8 m,
  - – – Putzhöhe in m ....... ,
  - – – Putzhöhe ab / bis ....... ,
- Putzart
  - – – Oberputz, organisch gebunden, Körnung in mm ....... ,
  - – – Oberputz, organisch gebunden, Farbton ....... ,
  - – – Oberputz, organisch gebunden, Körnung in mm ....... , Farbton ....... ,
  - – – Oberputz, mineralisch gebunden, Körnung in mm ....... ,
  - – – Oberputz, mineralisch gebunden, Farbton ....... ,
  - – – Oberputz, mineralisch gebunden, Körnung in mm ....... , Farbton ....... ,
    - – – – in Kratzputzstruktur, mit Unterputz,
    - – – – in Kratzputzstruktur, mit Unterputz und systemzugehörigem Armierungsputz,
    - – – – als Reibeputz, mit Unterputz,
    - – – – als Reibeputz, mit Unterputz und systemzugehörigem Armierungsputz,
    - – – – ....... ,
- Unterkonstruktion
  - – – Profilschienen, korrosionsgeschützt, mit Wärmedämm- und Belüftungsschicht, Gesamtdicke der Unterkonstruktion in mm ....... ,
  - – – Holzleistenkonstruktion, geschraubt und imprägniert, mit Wärmedämm- und Belüftungsschicht, Gesamtdicke der Unterkonstruktion in mm ....... ,
  - – – Unterkonstruktion ....... , Gesamtdicke in mm ....... ,
- Untergrund / Putzgrund
  - – – auf Mauerwerk,
  - – – auf Beton, schalungsrau,
  - – – auf Beton, glatt,
  - – – auf Holzkonstruktion,
  - – – auf ....... ,
- Wärmedämmschicht
  - – – Wärmedämmschicht aus Mineralfaserdämmstoffplatten DIN 18165–1 mechanisch befestigen,
  - – – Wärmedämmschicht aus Mineralfaserdämmstoffplatten DIN 18165–1 mit systemzugehöriger Klebemasse befestigen,
  - – – Wärmedämmschicht aus Mineralfaserdämmstoffplatten DIN 18165–1 mit systemzugehöriger Klebemasse und Dübeln befestigen,
  - – – Wärmedämmschicht ....... ,
    - – – – Erzeugnis/Typ ....... (oder gleichwertiger Art),
    - – – – Erzeugnis/Typ ....... (vom Bieter einzutragen),
      - – – – – Dicke 50 mm,
      - – – – – Dicke 60 mm,
      - – – – – Dicke 70 mm,
      - – – – – Dicke 80 mm,
      - – – – – Dicke 100 mm,
      - – – – – Dicke 120 mm,
      - – – – – Dicke in mm ....... ,
- Maße .......
  Hinweis: Angaben nur bei Berechnungseinheiten m, Stück
- Berechnungseinheit m², m (mit Angabe der Breite, z.B. von Leibungen), Stück (mit Angabe Maße)

# LB 023 Putz- und Stuckarbeiten
## Schallschluckputze; Sanierputzsysteme

400 Schallabsorbierendes Innenwandputzsystem einschl. systemzugehöriger Haftbrücke,
410 Schallabsorbierendes Innendeckenputzsystem einschl. systemzugehöriger Haftbrücke,
Einzelangaben nach DIN 18350 zu Pos. 400, 410
- Art des Bauteiles
  - – – ohne weitere Angaben,
  - – – auf Leibungen von Öffnungen über 2,5 m²,
  - – – auf Säulen,
  - – – auf Brüstungen,
  - – – auf Unterzügen,
  - – – auf Treppenläufen, –podesten einschl. Wangen,
  - – – auf Rippendecken,
  - – – auf ........,
- Putzhöhe / Höhe der Deckenunterseite
  **Hinweis:** Putzgerüste, deren Arbeitsbühnen nicht höher als 2 m über Gelände oder Fußboden liegen (= Putzhöhe bis zu 4 m über Gelände oder Fußboden), sind als Nebenleistung ohne besondere Vergütung aufzubauen, vorzuhalten und abzubauen. Angaben zur Putzhöhe sind deshalb erst bei Putzhöhen über 4 m erforderlich. Werden entsprechende Putzhöhen angegeben, ist mit dem Einheitspreis das Putzgerüst abgegolten. Alternativ kann der Hinweis erfolgen: "Putzgerüst wird gesondert vergütet".
  - – – Putzhöhe bis 2 m,
  - – – Putzhöhe bis 2,75 m,
  - – – Putzhöhe bis 3,5 m,
  - – – Putzhöhe bis 5 m,
  - – – Putzhöhe bis 8 m,
  - – – Putzhöhe in m ........,
  - – – Putzhöhe ab / bis ........,
  - – – Höhe der Deckenunterseite in m ........,
- Putzgrund, Untergrund
  - – – Putzgrund Mauerwerk, saugfähig, rauflächig,
  - – – Putzgrund Mauerwerk, saugfähig, glatt,
  - – – Putzgrund Mauerwerk, wenig saugend, glatt,
  - – – Putzgrund Beton, schalungsrau,
  - – – Putzgrund Beton, glatt,
  - – – Putzgrund Leichtbauplatten,
  - – – Putzgrund Putzträger,
  - – – Putzgrund Putzträger mit Unterputz P II und Vorbehandlung,
  - – – Putzgrund Putz,
  - – – Putzgrund Gipskartonplatten,
  - – – Putzgrund ........,
- Oberputz, Oberfläche
  - – – schallabsorbierender Oberputz,
  - – – schallabsorbierender Oberputz, Farbton ........,
    - – – – Oberfläche feinkörnig,
    - – – – Oberfläche grobkörnig,
    - – – – Oberfläche abgestoßen,
    - – – – Oberfläche ........,
- Erzeugnis
  - – – Erzeugnis /Typ ........ (vom Bieter einzutragen),
  - – – Erzeugnis /Typ ........ oder gleichwertiger Art,
- Ausführung ........ gemäß Zeichnung Nr. ........, Einzelbeschreibung Nr. ........
- Maße ........
  **Hinweis:** Angaben nur bei Berechnungseinheiten m, Stück
- Berechnungseinheit m², m, (mit Angabe der Breite, z.B. von Leibungen), Stück (mit Angabe Maße)

440 Sanierputzsystem
Einzelangaben nach DIN 18350
- Art des Bauteiles
  - – – auf Wänden,
  - – – auf Decken,
  - – – auf Gewölben,
  - – – auf Sockeln,
  - – – auf Leibungen von Öffnungen über 2,5 m²,
  - – – auf Treppenläufen, –podesten einschl. Wangen,
  - – – auf Pfeilern und Stützen,
  - – – auf Brüstungen,
  - – – auf ........,
- Putzhöhe / Höhe der Deckenunterseite
  **Hinweis:** Putzgerüste, deren Arbeitsbühnen nicht höher als 2 m über Gelände oder Fußboden liegen (= Putzhöhe bis zu 4 m über Gelände oder Fußboden), sind als Nebenleistung ohne besondere Vergütung aufzubauen, vorzuhalten und abzubauen. Angaben zur Putzhöhe sind deshalb erst bei Putzhöhen über 4 m erforderlich. Werden entsprechende Putzhöhen angegeben, ist mit dem Einheitspreis das Putzgerüst abgegolten. Alternativ kann der Hinweis erfolgen: "Putzgerüst wird gesondert vergütet".
  - – – Putzhöhe bis 2 m,
  - – – Putzhöhe bis 2,75 m,
  - – – Putzhöhe bis 3,5 m,
  - – – Putzhöhe bis 5 m,
  - – – Putzhöhe bis 8 m,
  - – – Putzhöhe in m ........,
  - – – Putzhöhe ab / bis ........,
- Putzgrund
  - – – Putzgrund Mauerwerk, saugfähig, rauflächig,
  - – – Putzgrund Mauerwerk, saugfähig, glatt,
  - – – Putzgrund Mauerwerk, wenig saugend, glatt,
  - – – Putzgrund Putzträger,
  - – – Putzgrund ........,
- Untergrundvorbehandlung
  - – – netzartiger Spritzbewurf als Haftvermittler,
  - – – volldeckender Spritzbewurf als Haftvermittler,
- Ausgleichsputz
  - – – systemzugehöriger Ausgleichsputz, Dicke bis 10 mm,
  - – – systemzugehöriger Ausgleichsputz, Dicke über 10 bis 20 mm,
  - – – systemzugehöriger Ausgleichsputz, Dicke über 20 bis 30 mm einschl. Putzbewehrung DIN 18550,
  - – – systemzugehöriger Ausgleichsputz, Dicke über 30 bis 40 mm einschl. Putzbewehrung DIN 18550,
  - – – systemzugehöriger Ausgleichsputz, Dicke ........,
- Sanierputz
  - – – Sanierputz, Dicke 20 mm,
  - – – Sanierputz, Dicke 25 mm,
  - – – Sanierputz, Dicke ........,
- Oberputz
  - – – systemzugehöriger Oberputz als Feinputz, Dicke bis 5 mm,
  - – – systemzugehöriger Oberputz, grobkörnig, Dicke 5 mm,
  - – – systemzugehöriger Oberputz als Strukturputz, Dicke 5 mm,
  - – – systemzugehöriger Oberputz ........,
- Erzeugnis
  - – – Erzeugnis/System ........ (vom Bieter einzutragen),
  - – – Erzeugnis/System ........ oder gleichwertiger Art,
- Gesamtputzdicke
- Maße ........
  **Hinweis:** Angaben nur bei Berechnungseinheiten m, Stück
- Berechnungseinheit m², m (mit Angabe der Breite, z.B. von Leibungen), Stück (mit Angabe Maße)

# LB 023 Putz- und Stuckarbeiten
## Ausgleichs-, Egalisierungsbeschichtungen

STLB 023

Ausgabe 06.01

460 Ausgleichs-, Egalisierungsbeschichtung aus Dispersionssilikatfarbe, im Farbton des Oberputzes, Einzelangaben nach DIN 18350
- Art des Bauteils
  - – auf Wänden,
  - – auf Decken,
  - – auf Gewölben,
  - – auf Sockeln,
  - – auf Leibungen von Öffnungen über 2,5 m²,
  - – auf Treppenläufen, –podesten einschl. Wangen,
  - – auf Pfeilern und Stützen,
  - – auf Brüstungen,
  - – auf ......,

  **Hinweis:** Putzgerüste, deren Arbeitsbühnen nicht höher als 2 m über Gelände oder Fußboden liegen (= Putzhöhe bis zu 4 m über Gelände oder Fußboden), sind als Nebenleistung ohne besondere Vergütung aufzubauen, vorzuhalten und abzubauen. Angaben zur Putzhöhe sind deshalb erst bei Putzhöhen über 4 m erforderlich. Werden entsprechende Putzhöhen angegeben, ist mit dem Einheitspreis das Putzgerüst abgegolten. Alternativ kann der Hinweis erfolgen: "Putzgerüst wird gesondert vergütet".
- Putzhöhe
  - – Putzhöhe bis 2 m,
  - – Putzhöhe bis 2,75 m,
  - – Putzhöhe bis 3,5 m,
  - – Putzhöhe bis 5 m,
  - – Putzhöhe bis 8 m,
  - – Putzhöhe in m ......,
  - – Putzhöhe ab / bis ......,
- Maße in cm ......
- Erzeugnis
  - – Erzeugnis /Typ ...... (vom Bieter einzutragen),
  - – Erzeugnis /Typ ...... oder gleichwertiger Art,
- Berechnungseinheit m², m (mit Angabe der Breite, z.B. von Leibungen), Stück (mit Angabe Maße)

# LB 023 Putz- und Stuckarbeiten
## Drahtputze

480 Hängende Drahtputzdecke DIN 4121, Putz DIN 18550, (ohne weitere Angaben),
481 Hängende Drahtputzdecke DIN 4121, Putz DIN 18550, Fläche eben,
482 Hängende Drahtputzdecke DIN 4121, Putz DIN 18550, Fläche geneigt,
483 Hängende Drahtputzdecke DIN 4121, Putz DIN 18550, Fläche geneigt, Neigung .......,
484 Hängende Drahtputzdecke DIN 4121, Putz DIN 18550, Fläche gekrümmt,
485 Hängende Drahtputzdecke DIN 4121, Putz DIN 18550, Fläche gewölbt,
486 Hängende Drahtputzdecke DIN 4121, Putz DIN 18550, Fläche gegliedert,
487 Hängende Drahtputzdecke DIN 4121, Putz DIN 18550, Fläche .......,
490 Drahtputzschürze gemäß DIN 4121 mit einseitigem Putz DIN 18550,
491 Drahtputzschürze gemäß DIN 4121 mit zweiseitigem Putz DIN 18550,
500 Drahtputzkanal gemäß DIN 4121 mit außenseitigem Putz DIN 18550,
501 Drahtputzkanal gemäß DIN 4121 mit .......,
Einzelangaben nach DIN 18350 zu Pos. 480 bis 501
- Höhe der Deckenunterseite (Fertigdecke)
  **Hinweis:** Putzgerüste, deren Arbeitsbühnen nicht höher als 2 m über Gelände oder Fußboden liegen (= Putzhöhe bis zu 4 m über Gelände oder Fußboden), sind als Nebenleistung ohne besondere Vergütung aufzubauen, vorzuhalten und abzubauen. Angaben zur Putzhöhe sind deshalb erst bei Putzhöhen über 4 m erforderlich. Werden entsprechende Putzhöhen angegeben, ist mit dem Einheitspreis das Putzgerüst abgegolten. Alternativ kann der Hinweis erfolgen: "Putzgerüst wird gesondert vergütet".
  - – Höhe der Deckenunterseite (Fertigdecke) bis 2,75 m,
  - – Höhe der Deckenunterseite (Fertigdecke) bis 3,5 m,
  - – Höhe der Deckenunterseite (Fertigdecke) bis 5 m,
  - – Höhe der Deckenunterseite (Fertigdecke) bis 8 m,
  - – Höhe der Deckenunterseite (Fertigdecke) in m .....,
- Putzträger
  - – Putzträger aus verzinktem Drahtgeflecht,
  - – Putzträger aus Drahtziegelgewebe,
  - – Putzträger aus Rippenstreckmetall, lackiert, mit vollwandigen Rippen,
  - – Putzträger aus Rippenstreckmetall, lackiert, mit durchbrochenen Rippen,
  - – Putzträger aus Rippenstreckmetall, verzinkt, mit vollwandigen Rippen,
  - – Putzträger aus Rippenstreckmetall, verzinkt, mit durchbrochenen Rippen,
  - – Putzträger aus Rippenstreckmetall, nichtrostender Stahl,
  - – Putzträger aus verzinkten Drahtmatten und Kartonabdeckung,
  - – Putzträger .......,
- Befestigung
  - – an Beton befestigen,
  - – an Stahl befestigen,
  - – an Holz befestigen,
  - – an vorhandener Aufhängevorrichtung befestigen,
  - – befestigen ....... ,
- Abhängung
  - – Abhängung bis 25 cm,
  - – Abhängung über 25 bis 50 cm,
  - – Abhängung über 50 bis 75 cm,
  - – Abhängung über 75 bis 100 cm,
  - – Abhängung über 100 bis 125 cm,
  - – Abhängung über 125 bis 150 cm,
  - – Abhängung in cm ....... ,
- Putzart, Mörtelart nach DIN 18550 / 18558
  **Hinweis:** Mörtelgruppen P I .......P VI siehe DIN 18550/18558.
  - – Putz mehrlagig, mit Einsatzmörtel,
  - – Putz mehrlagig, .......,
    - – – Unterputz P II, Oberputz P I,
    - – – Unterputz P II, Oberputz P II,
    - – – Unterputz P II, Oberputz P IV,
    - – – Unterputz P IV, Oberputz P I,
    - – – Unterputz P IV, Oberputz P IV,
    - – – Unterputz P V, Oberputz P I,
    - – – Unterputz P V, Oberputz P IV,
    - – – Unterputz / Oberputz .......,
      - – – – Oberfläche gerieben – gefilzt – geglättet – aufgeraut – .......,
- Maße .......
  **Hinweis:** Angaben nur bei Berechnungseinheiten m, Stück
- Ausführung gemäß Zeichnung Nr. ......., Einzelbeschreibung Nr. .......
- Berechnungseinheit m², m (mit Angabe der Breite), Stück (mit Angabe Maße)

510 Überbrückungskonstruktion bei großen Spannweiten, Einzelangaben nach DIN 18350
- Ausführung gemäß Zeichnung Nr. ......., Einzelbeschreibung Nr. .......,
- Berechnungseinheit m².

**Beispiel für Ausschreibungstext zu Position 483**
Hängende Drahtputzdecke DIN 4121, Putz DIN 18550,
Fläche geneigt, Neigung 5 %,
Höhe der Unterfläche bis 6 m,
Putzträger aus Rippenstreckmetall, verzinkt,
mit durchbrochenen Rippen,
Befestigung an Beton,
Abhängung über 100 bis 150 cm,
Putz mehrlagig, Unterputz P II, Oberputz P I,
Oberfläche gefilzt.
Einheit m²

# LB 023 Putz- und Stuckarbeiten
## Drahtputze

STLB 023

Ausgabe 06.01

520 **Drahtputz als Brandschutzbekleidung DIN 18550, Feuerwiderstandsklasse F 30 DIN 4102 Teil 2,**
530 **Drahtputz als Brandschutzbekleidung DIN 18550, Feuerwiderstandsklasse F 60 DIN 4102 Teil 2,**
540 **Drahtputz als Brandschutzbekleidung DIN 18550, Feuerwiderstandsklasse F 90 DIN 4102 Teil 2,**
550 **Drahtputz als Brandschutzbekleidung DIN 18550, Feuerwiderstandsklasse F 120 DIN 4102 Teil 2,**
560 **Drahtputz als Brandschutzbekleidung DIN 18550, Feuerwiderstandsklasse F 180 DIN 4102 Teil 2,**
Einzelangaben nach DIN 18350 zu Pos. 520 bis 560
- Einbauort
  - -- unter Stahlträgerdecken DIN 4102 Teil 4,
  - -- unter Holzbalken- oder Holztafeldecken DIN 4102 Teil 4,
  - -- unter Dächern aus Holzwerkstoffen DIN 4102 Teil 4,
  - -- unter Betondecken DIN 4102 Teil 4,
  - -- unter Decken aller Art, mit eigenständiger Feuerwiderstandsklasse DIN 4102 Teil 4,
  - -- an Stahlträgern und Unterzügen DIN 4102 Teil 4,
  - -- an Stahlstützen DIN 4102 Teil 4,
  - -- .......,
- Höhe der Deckenunterseite (Fertigdecke)
  **Hinweis:** Putzgerüste, deren Arbeitsbühnen nicht höher als 2 m über Gelände oder Fußboden liegen (= Putzhöhe bis zu 4 m über Gelände oder Fußboden), sind als Nebenleistung ohne besondere Vergütung aufzubauen, vorzuhalten und abzubauen. Angaben zur Putzhöhe sind deshalb erst bei Putzhöhen über 4 m erforderlich. Werden entsprechende Putzhöhen angegeben, ist mit dem Einheitspreis das Putzgerüst abgegolten. Alternativ kann der Hinweis erfolgen: "Putzgerüst wird gesondert vergütet".
  - -- Höhe der Deckenunterseite (Fertigdecke) bis 2,75 m,
  - -- Höhe der Deckenunterseite (Fertigdecke) bis 3,5 m,
  - -- Höhe der Deckenunterseite (Fertigdecke) bis 5 m,
  - -- Höhe der Deckenunterseite (Fertigdecke) bis 8 m,
  - -- Höhe der Deckenunterseite (Fertigdecke) in m .....,
- Putzträger
  - -- Putzträger aus verzinktem Drahtgeflecht,
  - -- Putzträger aus Drahtziegelgewebe,
  - -- Putzträger aus Rippenstreckmetall, lackiert,
  - -- Putzträger aus Rippenstreckmetall, verzinkt,
  - -- Putzträger .......,
- Befestigung
  - -- an Beton befestigen,
  - -- an Stahl befestigen,
  - -- an Holz befestigen,
  - -- an vorhandener Aufhängevorrichtung befestigen,
  - -- befestigen ....... ,
- Abhängung
  - -- Abhängung bis 25 cm,
  - -- über 25 bis 50 cm,
  - -- über 50 bis 75 cm,
  - -- über 75 bis 100 cm,
  - -- über 100 bis 150 cm,
  - -- über 150 bis 200 cm,
  - -- .......,
- Putzart / Mörtelart
  **Hinweis:** Mörtelgruppen P II, P IVa, P IVb, P IVc siehe DIN 18550.
  - -- Mörtelgruppe P II und P IVc, Dicke .......,
  - -- Mörtelgruppe P IVa und P IVb, Dicke .......,
  - -- Putz aus Vermiculite-Zementmörtel, zweilagig, Dicke .......,
  - -- Putz aus Vermiculite-Gipsmörtel, zweilagig, Dicke .......,
  - -- Putz aus Perlite-Zementmörtel, zweilagig, Dicke .......,
  - -- Putz aus Perlite-Gipsmörtel, zweilagig, Dicke .......,
  - -- Putz aus Gipsmörtel, Dicke .......,
  - -- Putz ......., Dicke .......,
    - --- einschl. Putzbewehrung DIN 4102 Teil 4,
      - ---- Oberfläche gerieben,
      - ---- Oberfläche gefilzt,
      - ---- Oberfläche geglättet,
      - ---- Oberfläche aufgeraut,
      - ---- Oberfläche .......,
- Maße .......
  **Hinweis:** Angaben nur bei Berechnungseinheiten m, Stück
- Ausführung gemäß Zeichnung Nr. ......., Einzelbeschreibung Nr. .......
- Form der Putzfläche .......
- Berechnungseinheit m$^2$, m (mit Angabe der Breite), Stück (mit Angabe Maße)

**Beispiel für Ausschreibungstext zu Position 530**
Drahtputz als Brandschutzbekleidung DIN 18550,
Feuerwiderstandsklasse F 60 DIN 4102,
unter Holzbalkendecken,
Höhe der Deckenunterseite bis 6 m,
Putzträger aus Rippenstreckmetall, verzinkt,
Befestigung an vorhandenen Abhängevorrichtungen,
Abhängung bis 25 cm,
Putz aus Vermiculite-Zementmörtel, Dicke 25 mm,
Oberfläche gerieben.
Einheit m$^2$

**STLB 023**
Ausgabe 06.01

## LB 023 Putz- und Stuckarbeiten
### Putzträgerplattendecken

**600** Putzträgerplattendecke,
Einzelangaben nach DIN 18350
- Deckenform / Form der Putzfläche
  - – Fläche eben,
  - – Fläche geneigt,
  - – Fläche geneigt, Neigung ....... ,
  - – Fläche gegliedert,
  - – Fläche ....... ,
- Höhe der Deckenunterseite (Fertigdecke)
  **Hinweis:** Putzgerüste, deren Arbeitsbühnen nicht höher als 2 m über Gelände oder Fußboden liegen (= Putzhöhe bis zu 4 m über Gelände oder Fußboden), sind als Nebenleistung ohne besondere Vergütung aufzubauen, vorzuhalten und abzubauen. Angaben zur Putzhöhe sind deshalb erst bei Putzhöhen über 4 m erforderlich. Werden entsprechende Putzhöhen angegeben, ist mit dem Einheitspreis das Putzgerüst abgegolten. Alternativ kann der Hinweis erfolgen: "Putzgerüst wird gesondert vergütet".
  - – Höhe der Deckenunterseite (Fertigdecke) bis 2,75 m,
  - – Höhe der Deckenunterseite (Fertigdecke) bis 3,5 m,
  - – Höhe der Deckenunterseite (Fertigdecke) bis 5 m,
  - – Höhe der Deckenunterseite (Fertigdecke) bis 8 m,
  - – Höhe der Deckenunterseite (Fertigdecke) in m ..... ,
- Putzträger
  - – Putzträger aus Gipskarton-Putzträgerplatten GKP, DIN 18180, Dicke 9,5 mm, einschl. einfachem Lattenrost,
  - – Putzträger aus Gipskarton-Putzträgerplatten GKP, DIN 18180, Dicke 9,5 mm, einschl. doppeltem Lattenrost,
  - – Putzträger aus Gipskarton-Putzträgerplatten GKP, DIN 18180, Dicke 9,5 mm, mit einfachem Schienenrost,
  - – Putzträger aus Gipskarton-Putzträgerplatten GKP, DIN 18180, Dicke 9,5 mm, mit doppeltem Schienenrost,
- Befestigung
  - – an Beton befestigen,
  - – an Stahl befestigen,
  - – an Holzbalken befestigen,
  - – an vorhandener Aufhängevorrichtung befestigen,
  - – befestigen ....... ,
- Abhängung
  - – Abhängung bis 25 cm,
  - – Abhängung über 25 bis 50 cm,
  - – Abhängung über 50 bis 75 cm,
  - – Abhängung über 75 bis 100 cm,
  - – Abhängung über 100 bis 125 cm,
  - – Abhängung über 125 bis 150 cm,
  - – Abhängung in cm.......,
- Putzart / Mörtelart
  **Hinweis:** Mörtelgruppe P IV siehe DIN 18550.
  - – Putz einlagig P IV,
  - – Putz einlagig ....... ,
  - – Putz einschl. systembedingter Haftbrücke,
- Putzdicke/Oberfläche
  - – Putzdicke 10 mm, Oberfläche gefilzt,
  - – Putzdicke 10 mm, Oberfläche geglättet,
  - – Putzdicke 12 mm, Oberfläche gefilzt,
  - – Putzdicke 12 mm, Oberfläche geglättet,
  - – Putzdicke 15 mm, Oberfläche gefilzt,
  - – Putzdicke 15 mm, Oberfläche geglättet,
  - – Putzdicke in mm ....... , Oberfläche ....... ,
- Erzeugnis
  - – Erzeugnis /Typ ....... (vom Bieter einzutragen),
  - – Erzeugnis /Typ ....... oder gleichwertiger Art,
- Ausführung gemäß Zeichnung Nr. ......., Einzelbeschreibung Nr. .......
- Berechnungseinheit m²

**Beispiel für Ausschreibungstext zu Position 600**
Putzträgerplattendecke, Fläche eben,
Putzträger aus Gipskarton-Putzträgerplatten,
Typ GKP DIN 18180, Dicke 9,5 mm,
einschl. einfachem Lattenrost,
Befestigung an Holzbalken,
Putz einlagig P IV, Putzdicke 12 mm,
Oberfläche gefilzt.
Berechnungseinheit m²

**620** Putzträgerplattendecke als Brandschutzbekleidung DIN 18550 / DIN 18181,
Feuerwiderstandsklasse F 30 DIN 4102 Teil 2,
**630** Putzträgerplattendecke als Brandschutzbekleidung DIN 18550 / DIN 18181,
Feuerwiderstandsklasse F 60 DIN 4102 Teil 2,
**640** Putzträgerplattendecke als Brandschutzbekleidung DIN 18550 / DIN 18181,
Feuerwiderstandsklasse F 90 DIN 4102 Teil 2,
Einzelangaben nach DIN 18350 zu Pos. 620 bis 640
- Einbauort
  - – unter Stahlträgerdecken DIN 4102–4 Bauart I,
  - – unter Stahlträgerdecken DIN 4102–4 Bauart II,
  - – unter Stahlträgerdecken DIN 4102–4 Bauart III,
  - – unter Holzbalken- oder Holztafeldecken DIN 4102–4,
  - – unter Dächern aus Holzwerkstoffen DIN 4102–4,
  - – unter .......,
- Höhe der Deckenunterseite
  **Hinweis:** Putzgerüste, deren Arbeitsbühnen nicht höher als 2 m über Gelände oder Fußboden liegen (= Putzhöhe bis zu 4 m über Gelände oder Fußboden), sind als Nebenleistung ohne besondere Vergütung aufzubauen, vorzuhalten und abzubauen. Angaben zur Putzhöhe sind deshalb erst bei Putzhöhen über 4 m erforderlich. Werden entsprechende Putzhöhen angegeben, ist mit dem Einheitspreis das Putzgerüst abgegolten. Alternativ kann der Hinweis erfolgen: "Putzgerüst wird gesondert vergütet".
  - – Höhe der Deckenunterseite bis 2 m,
  - – Höhe der Deckenunterseite bis 2,75 m,
  - – Höhe der Deckenunterseite bis 3,5 m,
  - – Höhe der Deckenunterseite bis 5 m,
  - – Höhe der Deckenunterseite bis 8 m,
  - – Höhe der Deckenunterseite in m ....... ,
- Putzträger
  - – Putzträger aus Gipskarton-Putzträgerplatten GKP, DIN 18180, Dicke 9,5 mm, einschl. einfachem Lattenrost,
  - – Putzträger aus Gipskarton-Putzträgerplatten GKP, DIN 18180, Dicke 9,5 mm, einschl. einfachem Lattenrost und Dämmschicht aus Mineralfaserplatten oder –matten DIN 4102–4, Dicke in mm ....... ,
  - – Putzträger aus Gipskarton-Putzträgerplatten GKP, DIN 18180, Dicke 9,5 mm, einschl. doppeltem Lattenrost,
  - – Putzträger aus Gipskarton-Putzträgerplatten GKP, DIN 18180, Dicke 9,5 mm, einschl. doppeltem Lattenrost und Dämmschicht aus Mineralfaserplatten oder –matten DIN 4102–4, Dicke in mm ....... ,
  - – Putzträger aus Gipskarton-Putzträgerplatten GKP, DIN 18180, Dicke 9,5 mm, mit einfachem Schienenrost,
  - – Putzträger aus Gipskarton-Putzträgerplatten GKP, DIN 18180, Dicke 9,5 mm, mit einfachem Schienenrost und Dämmschicht aus Mineralfaserplatten oder –matten DIN 4102–4, Dicke in mm ....... ,
  - – Putzträger aus Gipskarton-Putzträgerplatten GKP, DIN 18180, Dicke 9,5 mm, mit doppeltem Schienenrost,
  - – Putzträger aus Gipskarton-Putzträgerplatten GKP, DIN 18180, Dicke 9,5 mm, mit doppeltem Schienenrost und Dämmschicht aus Mineralfaserplatten oder –matten DIN 4102–4, Dicke in mm ....... ,
- Befestigung
  - – an Beton befestigen,
  - – an Stahl befestigen,
  - – an Holzbalken befestigen,
  - – an vorhandener Aufhängevorrichtung befestigen,
  - – befestigen ....... ,
- Abhängung
  - – Abhängung bis 25 cm,
  - – Abhängung über 25 bis 50 cm,
  - – Abhängung in cm.......,

# LB 023 Putz- und Stuckarbeiten
## Putzträgerplattendecken; Trockenputz

STLB 023

Ausgabe 06.01

Einzelangaben zu Pos. 620 bis 640, Fortsetzung
- Putzart / Mörtelart
  **Hinweis:** Mörtelgruppen P IVa, P IVb siehe DIN 18550.
  - – Mörtelgruppe P IVa und PVb,
  - – Putz aus Vermiculite-Gipsmörtel,
  - – Putz aus Perlite-Gipsmörtel,
  - – Putz ........,
- Putzdicke/Oberfläche
  - – Putzdicke 10 mm, Oberfläche gefilzt,
  - – Putzdicke 10 mm, Oberfläche geglättet,
  - – Putzdicke 12 mm, Oberfläche gefilzt,
  - – Putzdicke 12 mm, Oberfläche geglättet,
  - – Putzdicke 15 mm, Oberfläche gefilzt,
  - – Putzdicke 15 mm, Oberfläche geglättet,
  - – Putzdicke in mm ......., Oberfläche ........,
- Erzeugnis
  - – Erzeugnis /Typ ....... (vom Bieter einzutragen),
  - – Erzeugnis /Typ ....... oder gleichwertiger Art,
- Ausführung gemäß Zeichnung Nr. .......,
  Einzelbeschreibung Nr. .......
- Berechnungseinheit m²

**660** Trockenputz aus Gipskarton-Bauplatten GKB DIN 18180,
**661** Trockenputz aus Gipskarton-Bauplatten imprägniert GKBI DIN 18180,
**662** Trockenputz aus Gipskarton-Feuerschutzplatten GKF DIN 18180,
**663** Trockenputz aus Gipskarton-Feuerschutzplatten imprägniert GKFI DIN 18180,
**664** Trockenputz aus Gipsfaserplatten,
**665** Trockenputz aus ....... ,
Einzelangaben nach DIN 18350 zu Pos. 660 bis 665
- Kaschierung
  - – mit Alufolie kaschiert,
  - – mit Alufolie und Natronkraftpapier kaschiert,
- Plattendicke
  - – Plattendicke 9,5 mm – 10 mm – 12,5 mm – .......,
- Anzahl der Lagen, Dämmschicht
  - – einlagig,
  - – als Verbundplatte DIN 18184 mit Dämmschicht aus Hartschaumstoff, Dämmschichtdicke 20 mm – 30 mm – 40 mm – 50 mm – 60 mm – 80 mm – in mm .......,
  - – als Verbundplatte mit Dämmschicht aus Mineralfaserdämmstoffen DIN 18165–1 Dämmschichtdicke 20 mm – 30 mm – 40 mm – 50 mm – 60 mm – 80 mm – in mm .......
- Art der Verarbeitung
  - – ansetzen im Dünnbettverfahren auf ebenem Untergrund, an Wänden,
  - – ansetzen mit Klebemörtelbatzen auf unebenem Untergrund, an Wänden,
  - – ansetzen mit Plattenstreifen auf stark unebenem Untergrund, Beplankung im Dünnbettverfahren, an Wänden,
  - – ansetzen im Dünnbettverfahren auf ebenem Untergrund, an Leibungen, Tiefe in cm ....... ,
  - – ansetzen mit Klebemörtelbatzen auf unebenem Untergrund, an Leibungen, Tiefe in cm ....... ,
  - – ansetzen mit Plattenstreifen auf stark unebenem Untergrund, Beplankung im Dünnbettverfahren, an Leibungen, Tiefe in cm ....... ,
- Putzhöhe
  **Hinweis:** Putzgerüste, deren Arbeitsbühnen nicht höher als 2 m über Gelände oder Fußboden liegen (= Putzhöhe bis zu 4 m über Gelände oder Fußboden), sind als Nebenleistung ohne besondere Vergütung aufzubauen, vorzuhalten und abzubauen. Angaben zur Putzhöhe sind deshalb erst bei Putzhöhen über 4 m erforderlich. Werden entsprechende Putzhöhen angegeben, ist mit dem Einheitspreis das Putzgerüst abgegolten. Alternativ kann der Hinweis erfolgen: "Putzgerüst wird gesondert vergütet".
  - – Höhe bis 2,5 m – 3 m – 3,5 m – 4 m – 4,5 m – 5 m – in m ......., ab/bis .......,
- Erzeugnis
  - – Erzeugnis /Typ ....... (vom Bieter einzutragen),
  - – Erzeugnis /Typ ....... oder gleichwertiger Art,
- Ausführung ....... gemäß Zeichnung Nr. .......,
  Einzelbeschreibung Nr. .......
- Berechnungseinheit m², m (mit Angabe Breite, z.B. Tiefe von Leibungen),

**Beispiel für Ausschreibungstext zu Position 660**
Trockenputz aus Gipskartonplatten GKB DIN 18180,
Plattendicke 12,5 mm, einlagig,
ansetzen mit Klebemörtelbatzen auf unebenem
Untergrund, an Wänden
Einheit m²

# LB 023 Putz- und Stuckarbeiten
## Stuckarbeiten

**700** Stuck auf tragfähigem, fluchtrechtem Untergrund,
**701** Stuck auf Drahtputzkonstruktion
  Einzelangaben nach DIN 18350 zu Pos. 700, 701
  - Bauteil
    - - als Fensterumrahmung,
    - - als Türumrahmung,
    - - als Kehle,
    - - als Gesims,
    - - als Voute,
    - - als Lichtvoute,
    - - als Flächenornament,
    - - als Rosette,
    - - als Flächenstuck,
    - - als Fries,
    - - als .......,
      - - - Ecken, Verkröpfungen und Endungen ausarbeiten
  - Abwicklung bis 15 cm – bis 30 cm – bis 50 cm – .......
  - Stuckart / Mörtelart
    **Hinweis:** Mörtelgruppe P IV siehe DIN 18550.
    - - Ausführung in Putzmörtel P IV,
    - - Ausführung .......
  - Einbauhöhe
    **Hinweis:** Putzgerüste, deren Arbeitsbühnen nicht höher als 2 m über Gelände oder Fußboden liegen (= Putzhöhe bis zu 4 m über Gelände oder Fußboden), sind als Nebenleistung ohne besondere Vergütung aufzubauen, vorzuhalten und abzubauen. Angaben zur Putzhöhe sind deshalb erst bei Putzhöhen über 4 m erforderlich. Werden entsprechende Putzhöhen angegeben, ist mit dem Einheitspreis das Putzgerüst abgegolten. Alternativ kann der Hinweis erfolgen: "Putzgerüst wird gesondert vergütet".
    - - Einbauhöhe bis 2 m,
    - - Einbauhöhe bis 2,75 m,
    - - Einbauhöhe bis 3,5 m,
    - - Einbauhöhe bis 5 m,
    - - Einbauhöhe in m ....... ,
    - - Einbauhöhe ab / bis ....... ,
  - Maße .......
    **Hinweis:** Angabe nur bei Berechnungseinheit Stück.
  - Ausführung ....... gemäß Zeichnung Nr. .......,
    Einzelbeschreibung Nr. .......
  - Berechnungseinheit m², m (mit Angabe Abwicklung/Breite), Stück (mit Angabe Maße)

**Beispiel für Ausschreibungstext zu Position 700**
Stuck auf tragfähigem, fluchtrechtem Untergrund,
als Gesims,
Abwicklung bis 30 cm,
Ausführung in Putzmörtel P IV,
Einbauhöhe bis 5 m,
Ausführung nach Zeichnung Nr. ........ .
Einheit m

**710** Vorgefertigter Trockenstuck
**711** Vorgefertigter Trockenstuck, gegossen
**712** Vorgefertigter Trockenstuck, gezogen
**713** Trockenstuckmarmor, geformt
  Einzelangaben nach DIN 18350 zu Pos. 710 bis 713
  - Bauteil
    - - als Kassettendecke,
    - - als Flächenstuck auf Wänden,
    - - als Flächenstuck auf Decken,
    - - als Flächenstuck auf Gewölben,
    - - als Flächenstuck an Treppenuntersichten,
    - - als Fenster- und Türumrahmung,
    - - als Säulenkapitell,
    - - als Säulenfuß,
    - - als .......,
  - Oberfläche
    - - matt – poliert – .......,
  - Befestigung
    - - Befestigung an Beton,
    - - Befestigung an Leichtbeton,
    - - Befestigung an Mauerwerk,
    - - Befestigung an vorhandener Holzunterkonstruktion,
    - - Befestigung an vorhandenem aufgerautem Unterputz,
    - - Befestigung an vorhandener vorgeputzter Drahtputzkonstruktion,
    - - Befestigung an .......,
      - - - mit Dübeln und Schrauben,
      - - - Befestigung mit Nägeln und Verspannungen aus verzinkten, gezwirnten Drähten,
      - - - nach Wahl des AN,
      - - - nach Wahl des AN einschl. Abhängekonstruktion, Höhe der Abhängung,
      - - - mit .......,
  - Einbauhöhe
    **Hinweis:** Putzgerüste, deren Arbeitsbühnen nicht höher als 2 m über Gelände oder Fußboden liegen (= Putzhöhe bis zu 4 m über Gelände oder Fußboden), sind als Nebenleistung ohne besondere Vergütung aufzubauen, vorzuhalten und abzubauen. Angaben zur Putzhöhe sind deshalb erst bei Putzhöhen über 4 m erforderlich. Werden entsprechende Putzhöhen angegeben, ist mit dem Einheitspreis das Putzgerüst abgegolten. Alternativ kann der Hinweis erfolgen: "Putzgerüst wird gesondert vergütet".
    - - Einbauhöhe bis 2 m – 2,75 m – 3,5 m – 5 m – in m ....... ,
    - - Einbauhöhe ab / bis ....... ,
  - Maße .......
    **Hinweis:** Angabe nur bei Berechnungseinheit Stück.
  - Ausführung ....... gemäß Zeichnung Nr. .......,
    Einzelbeschreibung Nr. .......
  - Berechnungseinheit m², m (mit Angabe Abwicklung/Breite), Stück (mit Angabe Maße)

# LB 023 Putz- und Stuckarbeiten
## Besondere Leistungen, Einbauteile

STLB 023

Ausgabe 06.01

720 Eckige Aussparung,
721 Runde Aussparung,
722 Vorspringendes Putzband,
723 Zurückspringendes Putzband,
724 Fensterumrahmung,
725 Türumrahmung,
726 Schrägschnitt,
727 Kehle,
728 Grat,
729 Öffnungsabschluss bei Öffnungen über 2,5 m² mit unverputzter Leibung,
730 Putzanschluss / Putzabschluss,
731 Verstärkte Unterkonstruktion,
732 Kante,
733 Fasche,
734 Bauteil ....... ,
   Einzelangaben nach DIN 18350 zu Pos. 720 bis 734
   – Zuordnung
     – – in Putz,
     – – in Trockenputz,
     – – zu vorbeschriebenem Putz,
   – Ausführung ....... gemäß Zeichnung Nr. .......,
     Einzelbeschreibung Nr. .......
   – Maße in cm
   – Berechnungseinheit m², m (mit Angabe Abwicklung/ Breite), Stück (mit Angabe Maße)

735 Einputzrahmen,
736 Einputzrahmen für Einbauleuchte,
737 Lüftungsgitter,
738 Revisionsklappe,
739 Einbauteil ....... ,
   Einzelangaben nach DIN 18350 zu Pos. 735 bis 739
   – Zuordnung
     – – beigestellt, in Putz einsetzen,
     – – beigestellt, in Trockenputz einsetzen,
     – – ....... ,
   – Ausführung ....... gemäß Zeichnung Nr. .......,
     Einzelbeschreibung Nr. .......
   – Erzeugnis
     – – Erzeugnis ....... (oder gleichwertiger Art),
     – – Erzeugnis ....... (vom Bieter einzutragen),
   – Maße in cm
   – Berechnungseinheit Stück

740 Vorgezogenes Putzen von Teilflächen nach besonderer Anordnung des AG,
741 Nachträgliches Putzen von Teilflächen nach besonderer Anordnung des AG,
   Einzelangaben nach DIN 18350 zu Pos. 740, 741
   – Ausführung gemäß Zeichnung Nr. ....... ,
     Einzelbeschreibung Nr. .......
   – Maße in cm
   – Berechnungseinheit m², m (mit Angabe Abwicklung/ Breite), Stück (mit Angabe Maße)

742 Nachträgliche Ein–, Zu– und Beiputzarbeiten, die nicht im Zuge der allgemeinen Putzarbeiten ausgeführt werden können,
   Einzelangaben nach DIN 18350
   – Bauteil
     – – an Fenstern,
     – – an Türen,
     – – an Fliesen– und Plattenflächen,
     – – an Fuß- und Sockelleisten,
     – – an Treppenwangen,
     – – an .......
   – Streifenbreite .......,
     Hinweis: Angabe nur bei Berechnungseinheit m
   – Berechnungseinheit m², m, Stück (mit Angabe Maße)

743 Nachträgliches Anputzen an Durchführungen,
   Einzelangaben nach DIN 18350
   – Bauteil
     – – in Wänden,
     – – in Decken,
     – – in .......,
   – Durchmesser bis 10 cm – bis 20 cm – bis 30 cm – bis 40 cm – bis 50 cm – .......,
   – Berechnungseinheit Stück

744 Mehrdicke an Wänden als Zulage zu vorbeschriebenem Putz,
745 Mehrdicke an Decken als Zulage zu vorbeschriebenem Putz,
   Einzelangaben nach DIN 18350 zu Pos. 744, 745
   – je 5 mm Dicke – je 10 mm Dicke – je .......,
   – Berechnungseinheit m², m, Stück

746 Abstucken von Wänden als Zulage zu vorbeschriebenem Putz,
747 Abstucken von Decken als Zulage zu vorbeschriebenem Putz,
748 Anputzen an über die Putzoberfläche vorstehende Einbauteile als Zulage zu vorbeschriebenem Putz,
   – Berechnungseinheit m², m, Stück

# LB 023 Putz- und Stuckarbeiten
## Bauunterhaltungsarbeiten

800 Putzflächen abschlagen
801 Drahtputzflächen abschlagen
802 Putzverbundsysteme abschlagen
 Einzelangaben nach DIN 18350 zu Pos. 800 bis 802
 – Putzart
 – – Außenputz,
 – – Innenputz,
 – – – an Decken,
 – – – an Wänden,
 – – – an .......
 – – – – Putz P I,
 – – – – Putz P II,
 – – – – Putz P III,
 – – – – Putz P IV,
 – – – – Putz P V,
 – – – – Putz ....... ,
 – – – – – einschl. Putzträger aus Gipskartonplatten,
 – – – – – einschl. Putzträger aus Leichtbauplatten,
 – – – – – einschl. Putzträger aus Hartschaumplatten,
 – – – – – einschl. Putzträger aus Drahtziegelgewebe,
 – – – – – einschl. Putzträger aus Rippenstreckmetall,
 – – – – – einschl. Putzträger ....... ,
 – – – – – – Gesamtdicke in mm ....... ,
 – Schuttbeseitigung
 – – anfallende Stoffe entsorgen,
 – – anfallende Stoffe in vom AG gestellten Container sammeln, Entsorgung wird gesondert vergütet,
 – – anfallende Stoffe in vom AN gestellten Container sammeln, Entsorgung wird gesondert vergütet,
 – – anfallende Stoffe, schadstoffbehaftet mit ......., in vom AG gestellten Container sammeln, Entsorgung wird gesondert vergütet,
 – – anfallende Stoffe, schadstoffbehaftet mit ......., in vom AN gestellten Container sammeln, Entsorgung wird gesondert vergütet,
 – Berechnungseinheit m$^2$

803 Gesims,
804 Bauteil ....... ,
 Einzelangaben nach DIN 18350 zu Pos. 803, 804
 – Putzart
 – – aus Gips abschlagen,
 – – aus ....... abschlagen,
 – Bauteil
 – – an Decken,
 – – an Wänden,
 – – an Decken und Wänden,
 – – an .......,
 – Maße .......,
 – Schuttbeseitigung
 – – anfallende Stoffe entsorgen,
 – – anfallende Stoffe in vom AG gestellten Container sammeln, Entsorgung wird gesondert vergütet,
 – – anfallende Stoffe in vom AN gestellten Container sammeln, Entsorgung wird gesondert vergütet,
 – – anfallende Stoffe, schadstoffbehaftet mit ......., in vom AG gestellten Container sammeln, Entsorgung wird gesondert vergütet,
 – – anfallende Stoffe, schadstoffbehaftet mit ......., in vom AN gestellten Container sammeln, Entsorgung wird gesondert vergütet,
 – Berechnungseinheit m

805 Schlitze in Putzflächen,
 Einzelangaben nach DIN 18350
 – Ausführungsart
 – – stemmen,
 – – fräsen,
 – Putzart
 – – Putz P I,
 – – Putz P II,
 – – Putz P III,
 – – Putz P IV,
 – – Putz P V,
 – – Putz ....... ,
 – Schlitzbreite bis 3 cm – bis 5 cm – bis 10 cm – bis 15 cm – .......
 – Schlitztiefe bis 1 cm – bis 2 cm – .......
 – Schuttbeseitigung
 – – anfallende Stoffe entsorgen,
 – – anfallende Stoffe in vom AG gestellten Container sammeln, Entsorgung wird gesondert vergütet,
 – – anfallende Stoffe in vom AN gestellten Container sammeln, Entsorgung wird gesondert vergütet,
 – – anfallende Stoffe, schadstoffbehaftet mit ......., in vom AG gestellten Container sammeln, Entsorgung wird gesondert vergütet,
 – – anfallende Stoffe, schadstoffbehaftet mit ......., in vom AN gestellten Container sammeln, Entsorgung wird gesondert vergütet,
 – Berechnungseinheit m

806 Schlitze,
 Einzelangaben nach DIN 18350
 – Bauteil, Werkstoff
 – – in Mauerwerk,
 – – in Verblendmauerwerk/Sichtmauerwerk,
 – – in leichten Trennwänden,
 – – in Wänden,
 – – in .......,
 – – – aus Mauerziegeln,
 – – – aus Kalksandsteinen,
 – – – aus Porenbetonblocksteinen,
 – – – aus Leichtbeton-Vollsteinen,
 – – – aus Leichtbeton-Hohlblocksteinen,
 – – – aus Schwerbeton-Hohlblocksteinen,
 – – – aus Beton,
 – – – aus Stahlbeton,
 – – – aus .......,
 – Ausführungsart
 – – stemmen,
 – – fräsen,
 – Schlitzbreite bis 5 cm – bis 15 cm – bis 25 cm – bis 40 cm – .......,
 – Schlitztiefe bis 5 cm – bis 15 cm – bis 25 cm – bis 40 cm – .......,
 – Schuttbeseitigung
 – – anfallende Stoffe entsorgen,
 – – anfallende Stoffe in vom AG gestellten Container sammeln, Entsorgung wird gesondert vergütet,
 – – anfallende Stoffe in vom AN gestellten Container sammeln, Entsorgung wird gesondert vergütet,
 – – anfallende Stoffe, schadstoffbehaftet mit ......., in vom AG gestellten Container sammeln, Entsorgung wird gesondert vergütet,
 – – anfallende Stoffe, schadstoffbehaftet mit ......., in vom AN gestellten Container sammeln, Entsorgung wird gesondert vergütet,
 – Berechnungseinheit m

# LB 023 Putz- und Stuckarbeiten
## Bauunterhaltungsarbeiten

STLB 023

Ausgabe 06.01

807 **Öffnung herstellen,**
808 **Nische herstellen,**
Einzelangaben nach DIN 18350 zu Pos. 807, 808
- Bauteil, Werkstoff
  - – in Mauerwerk
  - – in Verblendmauerwerk/Sichtmauerwerk
  - – in leichten Trennwänden
  - – in Wänden,
  - – in ........,
    - – – aus Mauerziegeln,
    - – – aus Kalksandsteinen,
    - – – aus Porenbetonblocksteinen,
    - – – aus Leichtbeton-Vollsteinen,
    - – – aus Leichtbeton-Hohlblocksteinen,
    - – – aus Beton,
    - – – aus Stahlbeton,
    - – – aus ........,
- Maße / Größe
  - – Größe bis 50 cm²,
  - – Größe bis 250 cm²,
  - – Größe in cm² ........ ,
    - – – Tiefe bis 15 cm,
    - – – Tiefe bis 25 cm,
    - – – Tiefe bis 40 cm,
    - – – Tiefe in cm ........ ,
  - – Maße in cm ........,
- Ausführung ........ gemäß Zeichnung Nr. ........,
  Einzelbeschreibung Nr. ........
- Schuttbeseitigung
  - – anfallende Stoffe entsorgen,
  - – anfallende Stoffe in vom AG gestellten Container sammeln, Entsorgung wird gesondert vergütet,
  - – anfallende Stoffe in vom AN gestellten Container sammeln, Entsorgung wird gesondert vergütet,
  - – anfallende Stoffe, schadstoffbehaftet mit ........, in vom AG gestellten Container sammeln, Entsorgung wird gesondert vergütet,
  - – anfallende Stoffe, schadstoffbehaftet mit ........, in vom AN gestellten Container sammeln, Entsorgung wird gesondert vergütet,
- Berechnungseinheit m², m, Stück

809 **Tapete entfernen,**
Einzelangaben nach DIN 18350
- Anzahl der Lagen
  - – einlagig,
  - – mehrlagig,
  - – Anzahl der Lagen ........ ,
- Nacharbeit
  - – Fläche ausbessern bzw. abstucken,
  - – Fläche ........ ,
- Schuttbeseitigung
  - – anfallende Stoffe entsorgen,
  - – anfallende Stoffe in vom AG gestellten Container sammeln, Entsorgung wird gesondert vergütet,
  - – anfallende Stoffe in vom AN gestellten Container sammeln, Entsorgung wird gesondert vergütet,
  - – anfallende Stoffe, schadstoffbehaftet mit ........, in vom AG gestellten Container sammeln, Entsorgung wird gesondert vergütet,
  - – anfallende Stoffe, schadstoffbehaftet mit ........, in vom AN gestellten Container sammeln, Entsorgung wird gesondert vergütet,
- Berechnungseinheit m²

810 **Putzflächen,**
811 **Mauerwerksflächen,**
812 **Betonflächen,**
Einzelangaben nach DIN 18350 zu Pos. 810 bis 812
- Bauteil
  - – an Decken,
  - – an Wänden,
  - – an ........,
- Ausführungsart
  - – abwaschen und abbürsten,
  - – mit Stahlbesen abbürsten,
  - – dampfstrahlen,
  - – sandstrahlen,
  - – aufrauen,
  - – verfestigen mit Tiefgrund,
  - – ........,
- Schuttbeseitigung
  - – anfallende Stoffe entsorgen,
    - – – einschl. der Wasser– und Schlammrückstände,
  - – anfallende Stoffe in vom AG gestellten Container sammeln, Entsorgung wird gesondert vergütet,
  - – anfallende Stoffe in vom AN gestellten Container sammeln, Entsorgung wird gesondert vergütet,
  - – anfallende Stoffe, schadstoffbehaftet mit ........, in vom AG gestellten Container sammeln, Entsorgung wird gesondert vergütet,
  - – anfallende Stoffe, schadstoffbehaftet mit ........, in vom AN gestellten Container sammeln, Entsorgung wird gesondert vergütet,
- Berechnungseinheit m²

813 **Beiputzen,**
Einzelangaben nach DIN 18350
- Bauteil
  - – von Fliesen,
  - – von Sockeln,
  - – von Fenstersimsen,
  - – von Leibungen,
  - – von Leisten,
  - – von ........,
    - – – Breite bis 5 cm – bis 15 cm – bis 25 cm – bis 40 cm – ........
  - – von kleineren Wandflächen,
  - – von kleineren Deckenflächen,
    - – – Einzelfläche ........,
    - – – Maße ........,
- Berechnungseinheit m, m², Stück

814 **Schlitze,**
Einzelangaben nach DIN 18350
- Leistungsumfang
  - – zuputzen – schließen und zuputzen,
- Werkstoff
  - – mit Mörtel MG II,
  - – mit Mörtel MG IV,
  - – mit Mörtel MG II und Steinen,
    - – – einschl. Dämmstoff – mit Dämmstoff ........,
- Putzträger
  - – überspannen mit Putzträger – überspannen ........,
- Schlitzbreite bis 5 cm – bis 15 cm – bis 25 cm – bis 40 cm – ,
- Schlitztiefe bis 5 cm – bis 15 cm – bis 25 cm – bis 40 cm – ........,
- Berechnungseinheit m

815 **Öffnungen,**
Einzelangaben nach DIN 18350
- Leistungsumfang
  - – zuputzen – schließen und zuputzen,
- Werkstoff
  - – mit Mörtel MG II,
  - – mit Mörtel MG IV,
  - – mit Mörtel MG II und Steinen,
    - – – einschl. Dämmstoff – mit Dämmstoff ........,
- Putzträger
  - – einseitig überspannen mit Putzträger,
  - – beidseitig überspannen mit Putzträger,
  - – überspannen ........,
- Maße
  - – Größe bis 50 cm² – bis 250 cm² – ........,
    - – – Tiefe bis 15 cm – bis 25 cm – bis 40 cm – ........,
  - – Maße ........
- Berechnungseinheit m², Stück

816 **Technische Staubschutzmaßnahmen: Erfassen und Niederschlagen des Staubes an der Entstehungsstelle mit berufsgenossenschaftlich oder behördlich anerkannten Verfahren und Geräten,**
- Berechnungseinheit pauschal
**Hinweis:** Technische Staubschutzmaßnahmen sind auszuschreiben, wenn sie für die Leistungen zum Schutz anderer AN erforderlich sind.

# LB 023 Putz- und Stuckarbeiten
## Schutzabdeckungen; Verwertung, Entsorgung

**850** Schutzabdeckung als besonderen Schutz
oberflächenfertiger Bauteile,
**Hinweis:** Besondere Maßnahmen zum Schutz von Bauteilen sind nach DIN 18350, Abs. 4.2.7 Besondere Leistungen gegen zusätzliche Vergütung.
**Einzelangaben nach DIN 18350**
- Bauteil
  - – vor Wänden,
  - – auf Fußböden,
  - – vor Fenstern/Türen,
  - – auf Fensterbänken,
  - – um Säulen,
  - – um Stützen,
  - – um Heizkörper,
  - – .......,
- Leistungsumfang
  - – herstellen,
  - – herstellen und für die Dauer der Bauarbeiten vorhalten,
  - – bauseits beigestellt, herstellen,
    - – – einschl. der laufenden Unterhaltung, Vorhaltedauer .......,
      - – – – einschl. der späteren Beseitigung,
      - – – – die Beseitigung wird durch andere AN ausgeführt,
        - – – – – Ausführung und Unterhaltung nur nach besonderer Anordnung des AG,
- Werkstoff / Ausführungsart
  - – Abdeckung nach Wahl des AN,
  - – Abdeckung aus Kunststofffolie,
  - – Abdeckung aus Pappe,
  - – Abdeckung aus Hartfaserplatten,
  - – Abdeckung .......,
    - – – einlagig,
    - – – zweilagig,
    - – – zweilagig, 2. Lage aus .......,
      - – – – überlappt verlegen, Ränder kleben,
      - – – – überlappt verlegen, Ränder hochziehen und kleben,
    - – – .......,
- zusätzliche Abdeckung
  - – zusätzliche Abdeckung mit Brettern,
  - – zusätzliche Abdeckung mit Bohlen,
  - – zusätzliche Abdeckung mit Bohlen und Kanthölzern,
  - – zusätzliche Abdeckung .......
- Berechnungseinheit m$^2$, Stück (mit Maßangaben)
  - – Die Unterhaltung wird nach den vertraglich vereinbarten Stundenlohnsätzen und Materialkosten vergütet.

**900** Stoffe,
**901** Stoffe, schadstoffbelastet,
Einzelangaben nach DIN 18350 zu Pos. 900, 901
- Art/Zusammensetzung der Stoffe
  - – Art/Zusammensetzung .......,
  - – Art/Zusammensetzung ......., Art und Umfang der Schadstoffbelastung .......,
  - – Art/Zusammensetzung ......., Art und Umfang der Schadstoffbelastung ......., Abfallschlüssel gemäß TA–Abfall .......,
  - – .......,
    - – – Deponieklasse,
- Leistungsumfang
  - – in Behälter geladen, transportieren,
  - – .......,
- Ort der Verwertung/Entsorgung
  - – zur Recyclinganlage in .......,
  - – zur zugelassenen Deponie/Entsorgungsstelle in .......,
  - – zur Baustellenabfallsortieranlage in .......,
  - – zur Recyclinganlage in ......., oder einer gleichwertigen Recyclinganlage in ....... (vom Bieter einzutragen),
  - – zur zugelassenen Deponie/Entsorgungsstelle in ......., oder einer gleichwertigen Deponie/Entsorgungsstelle in ....... (vom Bieter einzutragen),
  - – zur Baustellenabfallsortieranlage in ......., oder einer gleichwertigen Baustellenabfallsortieranlage in ....... (vom Bieter einzutragen),
  - – .......,
- Nachweise
  - – der Nachweis der geordneten Entsorgung ist unmittelbar zu erbringen,
  - – der Nachweis der geordneten Entsorgung ist zu erbringen durch .......,
- Entsorgungsgebühren
  - – die Gebühren der Entsorgung werden vom AG übernommen,
  - – die Gebühren werden gegen Nachweis vergütet,
- Transport
  - – Transportentfernung in km .......,
    - – – Transportweg .......,
      - – – – die Beförderungsgenehmigung ist vor Auftragserteilung einzureichen,
- Berechnungseinheit m$^3$, t, kg
  Stück Container, Fassungsvermögen in m$^3$

# LB 023 Putz- und Stuckarbeiten
## Vorbereitung, Putzträger, Gerüstdübel

AW 023

Preise 06.01

Sämtliche Preise sind **Mittelpreise ohne Mehrwertsteuer** zum Zeitpunkt des Ausgabedatums.
**Korrekturfaktoren** für Regionaleinfluss, Mengeneinfluss, Konjunktureinfluss siehe Vorspann.
**Abkürzungen:** EP = Einheitspreis, LA = Lohnanteil, ST = Stoffanteil

### Vorbereitung, Putzträger, Gerüstdübel

023.-----.-

|  |  |  |
|---|---|---|
| 023.01401.M | Außenputz, reinigen und Spritzbewurf | 9,87 DM/m2 / 5,05 €/m2 |
| 023.01402.M | Innenputz, reinigen und Spritzbewurf | 7,54 DM/m2 / 3,86 €/m2 |
| 023.02001.M | Putzträger aus HWL-Platten, D= 25 mm | 16,68 DM/m2 / 8,53 €/m2 |
| 023.02002.M | Putzträger aus HWL-Platten, D= 35 mm | 18,72 DM/m2 / 9,57 €/m2 |
| 023.02003.M | Putzträger aus HWL-Platten, D= 50 mm | 21,91 DM/m2 / 11,20 €/m2 |
| 023.02004.M | Putzträger aus Drahtziegelgewebe, B= 40 cm | 7,45 DM/m / 3,81 €/m |
| 023.02005.M | Putzträger aus Drahtziegelgewebe, B= 60 cm | 11,17 DM/m / 5,71 €/m |
| 023.02006.M | Putzträger aus Drahtziegelgewebe, B= 80 cm | 14,90 DM/m / 7,62 €/m |
| 023.02007.M | Putzträger Rohrschlitze, Kunststoffgewebe | 8,38 DM/m2 / 4,29 €/m2 |
| 023.02008.M | Putzträger Rohrschlitze, Rippenstreckmetall | 15,04 DM/m2 / 7,69 €/m2 |
| 023.03001.M | Putzbewehrung, Gittergewebe | 13,08 DM/m2 / 6,69 €/m2 |
| 023.04301.M | Rohrschlitzfüll. B= 10-20 cm, T= 10 cm, Perlitemörtel | 14,21 DM/m / 7,26 €/m |
| 023.04302.M | Rohrschlitzfüll. B= 10-20 cm, T= 15 cm, Perlitemörtel | 17,94 DM/m / 9,17 €/m |
| 023.04303.M | Rohrschlitzfüll. B= 10-20 cm, T= 15 cm, Glaswolle | 23,36 DM/m / 11,94 €/m |
| 023.04304.M | Rohrschlitzfüll. B= 10-20 cm, T= 15 cm, Mineralwolle | 23,98 DM/m / 12,26 €/m |
| 023.04305.M | Rohrschlitzfüll. B= 20-30 cm, T= 10 cm, Perlitemörtel | 23,71 DM/m / 12,12 €/m |
| 023.04306.M | Rohrschlitzfüll. B= 20-30 cm, T= 15 cm, Perlitemörtel | 29,92 DM/m / 15,30 €/m |
| 023.04307.M | Rohrschlitzfüll. B= 20-30 cm, T= 15 cm, Glaswolle | 38,91 DM/m / 19,89 €/m |
| 023.04308.M | Rohrschlitzfüll. B= 20-30 cm, T= 15 cm, Mineralwolle | 39,95 DM/m / 20,43 €/m |
| 023.04309.M | Rohrschlitzfüll. B= 30-40 cm, T= 10 cm, Perlitemörtel | 33,20 DM/m / 16,97 €/m |
| 023.04310.M | Rohrschlitzfüll. B= 30-40 cm, T= 15 cm, Perlitemörtel | 41,75 DM/m / 21,35 €/m |
| 023.04311.M | Rohrschlitzfüll. B= 30-40 cm, T= 15 cm, Glaswolle | 54,49 DM/m / 27,86 €/m |
| 023.04312.M | Rohrschlitzfüll. B= 30-40 cm, T= 15 cm, Mineralwolle | 55,98 DM/m / 28,62 €/m |
| 023.73901.M | Gerüstdübel aus Edelstahl f. Fass. m. Verblend. 200 mm | 31,45 DM/St / 16,08 €/St |
| 023.73902.M | Gerüstdübel aus Edelstahl f. Fass. m. Verblend. 300 mm | 39,52 DM/St / 20,21 €/St |
| 023.73903.M | Gerüstdübel aus Edelstahl f. Fass. o. Verblend. 200 mm | 17,43 DM/St / 8,91 €/St |
| 023.73904.M | Gerüstdübel aus Edelstahl f. Fass. o. Verblend. 300 mm | 20,45 DM/St / 10,46 €/St |

**Hinweis:** Vorarbeiten siehe auch LB 034 Anstricharbeiten

Abkürzungen: D = Dicke
B = Breite
T = Tiefe

023.01401.M  KG 335 DIN 276
Außenputz, reinigen und Spritzbewurf
EP 9,87 DM/m2  LA 8,14 DM/m2  ST 1,73 DM/m2
EP 5,05 €/m2   LA 4,16 €/m2   ST 0,89 €/m2

023.01402.M  KG 345 DIN 276
Innenputz, reinigen und Spritzbewurf
EP 7,54 DM/m2  LA 6,32 DM/m2  ST 1,22 DM/m2
EP 3,86 €/m2   LA 3,23 €/m2   ST 0,63 €/m2

023.02001.M  KG 345 DIN 276
Putzträger aus HWL-Platten, D= 25 mm
EP 16,68 DM/m2  LA 7,32 DM/m2  ST 9,36 DM/m2
EP  8,53 €/m2   LA 3,74 €/m2   ST 4,79 €/m2

023.02002.M  KG 345 DIN 276
Putzträger aus HWL-Platten, D= 35 mm
EP 18,72 DM/m2  LA 7,14 DM/m2  ST 11,58 DM/m2
EP  9,57 €/m2   LA 3,65 €/m2   ST  5,92 €/m2

023.02003.M  KG 345 DIN 276
Putzträger aus HWL-Platten, D= 50 mm
EP 21,91 DM/m2  LA 6,73 DM/m2  ST 15,18 DM/m2
EP 11,20 €/m2   LA 3,44 €/m2   ST  7,76 €/m2

023.02004.M  KG 345 DIN 276
Putzträger aus Drahtziegelgewebe, B= 40 cm
EP 7,45 DM/m  LA 3,93 DM/m  ST 3,52 DM/m
EP 3,81 €/m   LA 2,01 €/m   ST 1,80 €/m

023.02005.M  KG 345 DIN 276
Putzträger aus Drahtziegelgewebe, B= 60 cm
EP 11,17 DM/m  LA 5,85 DM/m  ST 5,32 DM/m
EP  5,71 €/m   LA 2,99 €/m   ST 2,72 €/m

023.02006.M  KG 345 DIN 276
Putzträger aus Drahtziegelgewebe, B= 80 cm
EP 14,90 DM/m  LA 7,79 DM/m  ST 7,11 DM/m
EP  7,62 €/m   LA 3,98 €/m   ST 3,64 €/m

023.02007.M  KG 345 DIN 276
Putzträger Rohrschlitze, Kunststoffgewebe
EP 8,38 DM/m2  LA 6,14 DM/m2  ST 2,24 DM/m2
EP 4,29 €/m2   LA 3,14 €/m2   ST 1,15 €/m2

023.02008.M  KG 345 DIN 276
Putzträger Rohrschlitze, Rippenstreckmetall
EP 15,04 DM/m2  LA 10,54 DM/m2  ST 4,50 DM/m2
EP  7,69 €/m2   LA  5,39 €/m2   ST 2,30 €/m2

023.03001.M  KG 345 DIN 276
Putzbewehrung, Gittergewebe
EP 13,08 DM/m2  LA 9,43 DM/m2  ST 3,65 DM/m2
EP  6,69 €/m2   LA 4,82 €/m2   ST 1,87 €/m2

023.04301.M  KG 345 DIN 276
Rohrschlitzfüll. B= 10-20 cm, T= 10 cm, Perlitemörtel
EP 14,21 DM/m  LA 11,13 DM/m  ST 3,08 DM/m
EP  7,26 €/m   LA  5,69 €/m   ST 1,57 €/m

023.04302.M  KG 345 DIN 276
Rohrschlitzfüll. B= 10-20 cm, T= 15 cm, Perlitemörtel
EP 17,94 DM/m  LA 16,21 DM/m  ST 1,73 DM/m
EP  9,17 €/m   LA  8,29 €/m   ST 0,88 €/m

023.04303.M  KG 345 DIN 276
Rohrschlitzfüll. B= 10-20 cm, T= 15 cm, Glaswolle
EP 23,36 DM/m  LA 19,44 DM/m  ST 3,92 DM/m
EP 11,94 €/m   LA  9,94 €/m   ST 2,00 €/m

023.04304.M  KG 345 DIN 276
Rohrschlitzfüll. B= 10-20 cm, T= 15 cm, Mineralwolle
EP 23,98 DM/m  LA 19,44 DM/m  ST 4,54 DM/m
EP 12,26 €/m   LA  9,94 €/m   ST 2,32 €/m

023.04305.M  KG 345 DIN 276
Rohrschlitzfüll. B= 20-30 cm, T= 10 cm, Perlitemörtel
EP 23,71 DM/m  LA 18,56 DM/m  ST 5,15 DM/m
EP 12,12 €/m   LA  9,49 €/m   ST 2,63 €/m

023.04306.M  KG 345 DIN 276
Rohrschlitzfüll. B= 20-30 cm, T= 15 cm, Perlitemörtel
EP 29,92 DM/m  LA 26,46 DM/m  ST 3,46 DM/m
EP 15,30 €/m   LA 13,53 €/m   ST 1,77 €/m

023.04307.M  KG 345 DIN 276
Rohrschlitzfüll. B= 20-30 cm, T= 15 cm, Glaswolle
EP 38,91 DM/m  LA 32,38 DM/m  ST 6,53 DM/m
EP 19,89 €/m   LA 16,55 €/m   ST 3,34 €/m

023.04308.M  KG 345 DIN 276
Rohrschlitzfüll. B= 20-30 cm, T= 15 cm, Mineralwolle
EP 39,95 DM/m  LA 32,38 DM/m  ST 7,57 DM/m
EP 20,43 €/m   LA 16,55 €/m   ST 3,88 €/m

023.04309.M  KG 345 DIN 276
Rohrschlitzfüll. B= 30-40 cm, T= 10 cm, Perlitemörtel
EP 33,20 DM/m  LA 25,93 DM/m  ST 7,27 DM/m
EP 16,97 €/m   LA 13,26 €/m   ST 3,71 €/m

023.04310.M  KG 345 DIN 276
Rohrschlitzfüll. B= 30-40 cm, T= 15 cm, Perlitemörtel
EP 41,75 DM/m  LA 36,88 DM/m  ST 4,87 DM/m
EP 21,35 €/m   LA 18,86 €/m   ST 2,49 €/m

023.04311.M  KG 345 DIN 276
Rohrschlitzfüll. B= 30-40 cm, T= 15 cm, Glaswolle
EP 54,49 DM/m  LA 45,31 DM/m  ST 9,18 DM/m
EP 27,86 €/m   LA 23,17 €/m   ST 4,69 €/m

# LB 023 Putz- und Stuckarbeiten
## Vorbereitung, Putzträger, Gerüstdübel; Eckschutzschienen

Preise 06.01

Sämtliche Preise sind **Mittelpreise ohne Mehrwertsteuer** zum Zeitpunkt des Ausgabedatums.
**Korrekturfaktoren** für Regionaleinfluss, Mengeneinfluss, Konjunktureinfluss siehe Vorspann..
**Abkürzungen:** EP = Einheitspreis, LA = Lohnanteil, ST = Stoffanteil

023.04312.M   KG 345 DIN 276
Rohrschlitzfüll. B= 30-40 cm, T= 15 cm, Mineralwolle
EP 55,98 DM/m   LA 45,31 DM/m   ST 10,67 DM/m
EP 28,62 €/m    LA 23,17 €/m    ST  5,45 €/m

023.73901.M   KG 335 DIN 276
Gerüstdübel aus Edelstahl f. Fass. m. Verblend. 200 mm
EP 31,45 DM/St  LA 5,85 DM/St   ST 25,60 DM/St
EP 16,08 €/St   LA 2,99 €/St    ST 13,09 €/St

023.73902.M   KG 335 DIN 276
Gerüstdübel aus Edelstahl f. Fass. m. Verblend. 300 mm
EP 39,52 DM/St  LA 8,78 DM/St   ST 30,74 DM/St
EP 20,21 €/St   LA 4,49 €/St    ST 15,72 €/St

023.73903.M   KG 335 DIN 276
Gerüstdübel aus Edelstahl f. Fass. o. Verblend. 200 mm
EP 17,43 DM/St  LA 4,69 DM/St   ST 12,74 DM/St
EP  8,91 €/St   LA 2,40 €/St    ST  6,51 €/St

023.73904.M   KG 335 DIN 276
Gerüstdübel aus Edelstahl f. Fass. o. Verblend. 300 mm
EP 20,45 DM/St  LA 5,85 DM/St   ST 14,60 DM/St
EP 10,46 €/St   LA 2,99 €/St    ST  7,47 €/St

## Eckschutzschienen

023.-----.-

|  |  |  |
|---|---|---|
| 023.03101.M | Eckschutzschiene aus verz. Stahlblech L 40 x 4 | 8,44 DM/m / 4,32 €/m |
| 023.03102.M | Eckschutzschiene aus Aluminium für 3 mm Putz | 7,03 DM/m / 3,60 €/m |
| 023.03103.M | Eckschutzschiene aus Aluminium für 7 mm Putz | 7,21 DM/m / 3,69 €/m |
| 023.03104.M | Eckschutzschiene aus Aluminium für 12 mm Putz | 8,81 DM/m / 4,51 €/m |
| 023.03105.M | Eckschutzschiene aus Drahtwinkel für 8 mm Putz | 5,67 DM/m / 2,90 €/m |
| 023.03106.M | Eckschutzschiene aus Drahtwinkel für 15 mm Putz | 6,58 DM/m / 3,37 €/m |
| 023.03107.M | Eckschutzschiene aus Edelstahl für 3 mm Putz | 8,76 DM/m / 4,48 €/m |
| 023.03108.M | Eckschutzschiene aus Edelstahl für 8 mm Putz | 8,26 DM/m / 4,22 €/m |
| 023.03109.M | Eckschutzschiene aus Edelstahl für 15 mm Putz | 16,43 DM/m / 8,40 €/m |
| 023.03110.M | Eckschutzschiene aus PVC-Hart für 10 mm Putz | 6,53 DM/m / 3,34 €/m |
| 023.03111.M | Eckschutzschiene aus Stahlbl.+PVC für 10 mm Putz | 9,76 DM/m / 4,99 €/m |
| 023.03112.M | Eckschutzschiene aus Stahlbl.+PVC für 12 mm Putz | 8,85 DM/m / 4,53 €/m |
| 023.03113.M | Eckschutzschiene aus Stahlbl.+PVC für 15 mm Putz | 11,43 DM/m / 5,84 €/m |
| 023.03114.M | Eckschutzschiene aus Stahlbl.+PVC für 20 mm Putz o.P. | 11,26 DM/m / 5,76 €/m |
| 023.03115.M | Eckschutzschiene aus Stahlbl.+PVC für 20 mm Putz m.P. | 12,98 DM/m / 6,64 €/m |
| 023.03116.M | Eckschutzschiene aus Stahlbl.+PVC für 50 mm Putz | 15,35 DM/m / 7,85 €/m |
| 023.03117.M | Eckschutzschiene aus Stahlbl.+PVC für 70 mm Putz | 17,88 DM/m / 9,14 €/m |
| 023.03118.M | Eckschutzschiene aus Stahlblech für 10 mm Putz | 7,72 DM/m / 3,95 €/m |
| 023.03119.M | Eckschutzschiene aus Stahlblech für 12 mm Putz | 7,17 DM/m / 3,67 €/m |
| 023.03120.M | Eckschutzschiene aus Stahlblech für 15 mm Putz | 9,61 DM/m / 4,91 €/m |
| 023.03121.M | Eckschutzschiene aus Stahlblech für 40 mm Putz | 14,07 DM/m / 7,19 €/m |
| 023.03122.M | Eckschutzschiene aus Stahlblech für 60 mm Putz | 15,66 DM/m / 8,01 €/m |
| 023.03123.M | Eckschutzschiene aus Stahlblech für 80 mm Putz | 17,98 DM/m / 9,19 €/m |

**Hinweis:** Einbauteile für Putzarbeiten siehe auch LB 039 Trockenbauarbeiten

Abkürzungen:  o.P.= ohne Polyesterbeschichtung
              m.P.= mit Polyesterbeschichtung

023.03101.M   KG 345 DIN 276
Eckschutzschiene aus verz. Stahlblech L 40 x 4
EP 8,44 DM/m    LA 5,97 DM/m    ST 2,47 DM/m
EP 4,32 €/m     LA 3,05 €/m     ST 1,27 €/m

023.03102.M   KG 345 DIN 276
Eckschutzschiene aus Aluminium für 3 mm Putz
EP 7,03 DM/m    LA 5,26 DM/m    ST 1,77 DM/m
EP 3,60 €/m     LA 2,69 €/m     ST 0,91 €/m

023.03103.M   KG 345 DIN 276
Eckschutzschiene aus Aluminium für 7 mm Putz
EP 7,21 DM/m    LA 5,26 DM/m    ST 1,95 DM/m
EP 3,69 €/m     LA 2,69 €/m     ST 1,00 €/m

023.03104.M   KG 345 DIN 276
Eckschutzschiene aus Aluminium für 12 mm Putz
EP 8,81 DM/m    LA 6,44 DM/m    ST 2,37 DM/m
EP 4,51 €/m     LA 3,29 €/m     ST 1,22 €/m

023.03105.M   KG 345 DIN 276
Eckschutzschiene aus Drahtwinkel für 8 mm Putz
EP 5,67 DM/m    LA 4,69 DM/m    ST 0,98 DM/m
EP 2,90 €/m     LA 2,40 €/m     ST 0,50 €/m

023.03106.M   KG 345 DIN 276
Eckschutzschiene aus Drahtwinkel für 15 mm Putz
EP 6,58 DM/m    LA 5,26 DM/m    ST 1,32 DM/m
EP 3,37 €/m     LA 2,69 €/m     ST 0,68 €/m

023.03107.M   KG 345 DIN 276
Eckschutzschiene aus Edelstahl für 3 mm Putz
EP 8,76 DM/m    LA 5,85 DM/m    ST 2,91 DM/m
EP 4,48 €/m     LA 2,99 €/m     ST 1,49 €/m

023.03108.M   KG 345 DIN 276
Eckschutzschiene aus Edelstahl für 8 mm Putz
EP 8,26 DM/m    LA 5,85 DM/m    ST 2,41 DM/m
EP 4,22 €/m     LA 2,99 €/m     ST 1,23 €/m

023.03109.M   KG 345 DIN 276
Eckschutzschiene aus Edelstahl für 15 mm Putz
EP 16,43 DM/m   LA 10,54 DM/m   ST 5,89 DM/m
EP  8,40 €/m    LA  5,39 €/m    ST 3,01 €/m

023.03110.M   KG 345 DIN 276
Eckschutzschiene aus PVC-Hart für 10 mm Putz
EP 6,53 DM/m    LA 5,26 DM/m    ST 1,27 DM/m
EP 3,34 €/m     LA 2,69 €/m     ST 0,65 €/m

023.03111.M   KG 345 DIN 276
Eckschutzschiene aus Stahlbl.+PVC für 10 mm Putz
EP 9,76 DM/m    LA 7,61 DM/m    ST 2,15 DM/m
EP 4,99 €/m     LA 3,89 €/m     ST 1,10 €/m

023.03112.M   KG 345 DIN 276
Eckschutzschiene aus Stahlbl.+PVC für 12 mm Putz
EP 8,85 DM/m    LA 7,61 DM/m    ST 1,24 DM/m
EP 4,53 €/m     LA 3,89 €/m     ST 0,64 €/m

023.03113.M   KG 345 DIN 276
Eckschutzschiene aus Stahlbl.+PVC für 15 mm Putz
EP 11,43 DM/m   LA 8,78 DM/m    ST 2,65 DM/m
EP  5,84 €/m    LA 4,49 €/m     ST 1,35 €/m

023.03114.M   KG 345 DIN 276
Eckschutzschiene aus Stahlbl.+PVC für 20 mm Putz o.P.
EP 11,26 DM/m   LA 9,37 DM/m    ST 1,89 DM/m
EP  5,76 €/m    LA 4,79 €/m     ST 0,97 €/m

023.03115.M   KG 345 DIN 276
Eckschutzschiene aus Stahlbl.+PVC für 20 mm Putz m.P.
EP 12,98 DM/m   LA 9,95 DM/m    ST 3,03 DM/m
EP  6,64 €/m    LA 5,09 €/m     ST 1,55 €/m

023.03116.M   KG 345 DIN 276
Eckschutzschiene aus Stahlbl.+PVC für 50 mm Putz
EP 15,35 DM/m   LA 10,54 DM/m   ST 4,81 DM/m
EP  7,85 €/m    LA  5,39 €/m    ST 2,46 €/m

023.03117.M   KG 345 DIN 276
Eckschutzschiene aus Stahlbl.+PVC für 70 mm Putz
EP 17,88 DM/m   LA 11,13 DM/m   ST 6,75 DM/m
EP  9,14 €/m    LA  5,69 €/m    ST 3,45 €/m

023.03118.M   KG 345 DIN 276
Eckschutzschiene aus Stahlblech für 10 mm Putz
EP 7,72 DM/m    LA 6,44 DM/m    ST 1,28 DM/m
EP 3,95 €/m     LA 3,29 €/m     ST 0,66 €/m

# LB 023 Putz- und Stuckarbeiten
## Eckschutzschienen; Putzprofile

AW 023

Preise 06.01

Sämtliche Preise sind **Mittelpreise ohne Mehrwertsteuer** zum Zeitpunkt des Ausgabedatums.
**Korrekturfaktoren** für Regionaleinfluss, Mengeneinfluss, Konjunktureinfluss siehe Vorspann.
**Abkürzungen:** EP = Einheitspreis, LA = Lohnanteil, ST = Stoffanteil

023.03119.M     KG 345 DIN 276
Eckschutzschiene aus Stahlblech für 12 mm Putz
EP 7,17 DM/m    LA 6,44 DM/m    ST 0,73 DM/m
EP 3,67 €/m    LA 3,29 €/m    ST 0,38 €/m

023.03120.M     KG 345 DIN 276
Eckschutzschiene aus Stahlblech für 15 mm Putz
EP 9,61 DM/m    LA 8,20 DM/m    ST 1,41 DM/m
EP 4,91 €/m    LA 4,19 €/m    ST 0,72 €/m

023.03121.M     KG 345 DIN 276
Eckschutzschiene aus Stahlblech für 40 mm Putz
EP 14,07 DM/m    LA 9,95 DM/m    ST 4,12 DM/m
EP 7,19 €/m    LA 5,09 €/m    ST 2,10 €/m

023.03122.M     KG 345 DIN 276
Eckschutzschiene aus Stahlblech für 60 mm Putz
EP 15,66 DM/m    LA 10,54 DM/m    ST 5,12 DM/m
EP 8,01 €/m    LA 5,39 €/m    ST 2,62 €/m

023.03123.M     KG 345 DIN 276
Eckschutzschiene aus Stahlblech für 80 mm Putz
EP 17,98 DM/m    LA 11,13 DM/m    ST 6,85 DM/m
EP 9,19 €/m    LA 5,69 €/m    ST 3,50 €/m

### Putzprofile

023.------.-

|  |  |  |
|---|---|---|
| 023.03301.M | Anschlussschiene für Dach aus Aluminium für 90 mm Putz | 21,79 DM/m<br>11,14 €/m |
| 023.03302.M | Anschlussschiene für Dach aus Stahlbl. für 23 mm Putz | 14,25 DM/m<br>7,28 €/m |
| 023.03303.M | Anschlussschiene für Dach aus Stahlbl. für 60 mm Putz | 15,16 DM/m<br>7,75 €/m |
| 023.03304.M | Putzanschlussprofil aus Stahl+PVC für 16 mm Putz | 10,44 DM/m<br>5,34 €/m |
| 023.03305.M | Putzanschlussprofil aus Stahlbl. für 6 mm Putz | 7,62 DM/m<br>3,90 €/m |
| 023.03306.M | Putzanschlussprofil aus Stahlbl. für 13 mm Putz | 7,76 DM/m<br>3,97 €/m |
| 023.03307.M | Putzanschlussprofil für äußere Fensterleibungen | 12,77 DM/m<br>6,53 €/m |
| 023.03401.M | Putzabschlussprof. am Sturz aus Stahl+PVC für 30 mm Putz | 15,16 DM/m<br>7,75 €/m |
| 023.03402.M | Putzabschlussprof. am Sturz aus Stahl+PVC für 60 mm Putz | 17,61 DM/m<br>9,01 €/m |
| 023.03403.M | Putzabschlussprof. aus Aluminium für 14 mm Putz | 9,13 DM/m<br>4,67 €/m |
| 023.03404.M | Putzabschlussprof. aus Edelstahl für 8 mm Putz | 10,49 DM/m<br>5,36 €/m |
| 023.03405.M | Putzabschlussprof. aus Edelstahl für 14 mm Putz | 11,76 DM/m<br>6,01 €/m |
| 023.03406.M | Putzabschlussprof. aus Stahl+PVC für 14 mm Putz | 9,81 DM/m<br>5,02 €/m |
| 023.03407.M | Putzabschlussprof. aus Stahl+PVC für 60 mm Putz | 12,67 DM/m<br>6,48 €/m |
| 023.03408.M | Putzabschlussprof. aus Stahlbl. für 6 mm Putz | 6,48 DM/m<br>3,31 €/m |
| 023.03409.M | Putzabschlussprof. aus Stahlbl. für 12 mm Putz | 7,72 DM/m<br>3,95 €/m |
| 023.03410.M | Putzabschlussprof. am Sockel aus Stahl+PVC | 12,67 DM/m<br>6,48 €/m |
| 023.03411.M | Putzabschlussprof. am Sockel aus Stahlbl. | 16,49 DM/m<br>8,43 €/m |

**Hinweis:** Einbauteile für Putzarbeiten siehe auch LB 039 Trockenbauarbeiten

023.03301.M     KG 335 DIN 276
Anschlussschiene für Dach aus Aluminium für 90 mm Putz
EP 21,79 DM/m    LA 10,54 DM/m    ST 11,25 DM/m
EP 11,14 €/m    LA 5,39 €/m    ST 5,75 €/m

023.03302.M     KG 335 DIN 276
Anschlussschiene für Dach aus Stahlbl. für 23 mm Putz
EP 14,25 DM/m    LA 8,78 DM/m    ST 5,47 DM/m
EP 7,28 €/m    LA 4,49 €/m    ST 2,79 €/m

023.03303.M     KG 335 DIN 276
Anschlussschiene für Dach aus Stahlbl. für 60 mm Putz
EP 15,16 DM/m    LA 8,78 DM/m    ST 6,38 DM/m
EP 7,75 €/m    LA 4,69 €/m    ST 3,26 €/m

023.03304.M     KG 345 DIN 276
Putzanschlussprofil aus Stahl+PVC für 16 mm Putz
EP 10,44 DM/m    LA 7,61 DM/m    ST 2,83 DM/m
EP 5,34 €/m    LA 3,89 €/m    ST 1,45 €/m

023.03305.M     KG 345 DIN 276
Putzanschlussprofil aus Stahlbl. für 6 mm Putz
EP 7,62 DM/m    LA 5,26 DM/m    ST 2,36 DM/m
EP 3,90 €/m    LA 2,69 €/m    ST 1,21 €/m

023.03306.M     KG 345 DIN 276
Putzanschlussprofil aus Stahlbl. für 13 mm Putz
EP 7,76 DM/m    LA 5,85 DM/m    ST 1,91 DM/m
EP 3,97 €/m    LA 2,99 €/m    ST 0,98 €/m

023.03307.M     KG 335 DIN 276
Putzanschlussprofil für äußere Fensterleibungen
EP 12,77 DM/m    LA 8,78 DM/m    ST 3,99 DM/m
EP 6,53 €/m    LA 4,49 €/m    ST 2,04 €/m

023.03401.M     KG 335 DIN 276
Putzabschlussprof. am Sturz aus Stahl+PVC für 30 mm Putz
EP 15,16 DM/m    LA 10,54 DM/m    ST 4,62 DM/m
EP 7,75 €/m    LA 5,39 €/m    ST 2,36 €/m

023.03402.M     KG 335 DIN 276
Putzabschlussprof. am Sturz aus Stahl+PVC für 60 mm Putz
EP 17,61 DM/m    LA 11,71 DM/m    ST 5,90 DM/m
EP 9,01 €/m    LA 5,99 €/m    ST 3,02 €/m

023.03403.M     KG 335 DIN 276
Putzabschlussprof. aus Aluminium für 14 mm Putz
EP 9,13 DM/m    LA 7,02 DM/m    ST 2,11 DM/m
EP 4,67 €/m    LA 3,59 €/m    ST 1,08 €/m

023.03404.M     KG 335 DIN 276
Putzabschlussprof. aus Edelstahl für 8 mm Putz
EP 10,49 DM/m    LA 6,44 DM/m    ST 4,05 DM/m
EP 5,36 €/m    LA 3,29 €/m    ST 2,07 €/m

023.03405.M     KG 335 DIN 276
Putzabschlussprof. aus Edelstahl für 14 mm Putz
EP 11,76 DM/m    LA 7,61 DM/m    ST 4,15 DM/m
EP 6,01 €/m    LA 3,89 €/m    ST 2,12 €/m

023.03406.M     KG 335 DIN 276
Putzabschlussprof. aus Stahl+PVC für 14 mm Putz
EP 9,81 DM/m    LA 7,02 DM/m    ST 2,79 DM/m
EP 5,02 €/m    LA 3,59 €/m    ST 1,43 €/m

023.03407.M     KG 335 DIN 276
Putzabschlussprof. aus Stahl+PVC für 60 mm Putz
EP 12,67 DM/m    LA 7,61 DM/m    ST 5,06 DM/m
EP 6,48 €/m    LA 3,89 €/m    ST 2,59 €/m

023.03408.M     KG 335 DIN 276
Putzabschlussprof. aus Stahlbl. für 6 mm Putz
EP 6,48 DM/m    LA 5,26 DM/m    ST 1,22 DM/m
EP 3,31 €/m    LA 2,69 €/m    ST 0,62 €/m

023.03409.M     KG 335 DIN 276
Putzabschlussprof. aus Stahlbl. für 12 mm Putz
EP 7,72 DM/m    LA 5,85 DM/m    ST 1,87 DM/m
EP 3,95 €/m    LA 2,99 €/m    ST 0,96 €/m

023.03410.M     KG 335 DIN 276
Putzabschlussprof. am Sockel aus Stahl+PVC
EP 12,67 DM/m    LA 9,37 DM/m    ST 3,30 DM/m
EP 6,48 €/m    LA 4,79 €/m    ST 1,69 €/m

023.03411.M     KG 335 DIN 276
Putzabschlussprof. am Sockel aus Stahlbl.
EP 16,49 DM/m    LA 9,84 DM/m    ST 6,65 DM/m
EP 8,43 €/m    LA 5,03 €/m    ST 3,40 €/m

AW 023

## LB 023 Putz- und Stuckarbeiten
### Fugenprofile und Leisten

Preise 06.01

Sämtliche Preise sind **Mittelpreise ohne Mehrwertsteuer** zum Zeitpunkt des Ausgabedatums.
**Korrekturfaktoren** für Regionaleinfluss, Mengeneinfluss, Konjunktureinfluss siehe Vorspann.
**Abkürzungen:** EP = Einheitspreis, LA = Lohnanteil, ST = Stoffanteil

### Fugenprofile und Leisten

023.-----.-

|  |  |  |
|---|---|---|
| 023.03701.M | Bewegungsfugenprof. senk. aus Aluminium für 14 mm Putz | 17,44 DM/m / 8,92 €/m |
| 023.03702.M | Bewegungsfugenprof. senk. aus Edelstahl für 11 mm Putz | 39,40 DM/m / 20,15 €/m |
| 023.03703.M | Bewegungsfugenprof. senk. aus Edelstahl für 14 mm Putz | 23,17 DM/m / 11,85 €/m |
| 023.03704.M | Bewegungsfugenprof. senk. aus Stahl+PVC für 20 mm Putz | 18,84 DM/m / 9,63 €/m |
| 023.03705.M | Bewegungsfugenprof. senk. aus Stahl+PVC für 40 mm Putz | 19,08 DM/m / 9,76 €/m |
| 023.03706.M | Bewegungsfugenprof. senk. aus Stahlbl. für 6 mm Putz | 13,31 DM/m / 6,80 €/m |
| 023.03707.M | Bewegungsfugenprof. senk. aus Stahlbl. für 60 mm Putz | 48,96 DM/m / 25,03 €/m |
| 023.03708.M | Bewegungsfugenprof. senk. Eck.aus Edelst. f.11 mm Putz | 40,08 DM/m / 20,49 €/m |
| 023.03709.M | Bewegungsfugenprof. senk. aus Stahlbl. für 14 mm Putz | 14,85 DM/m / 7,59 €/m |
| 023.03710.M | Bewegungsfugenprof. waag. aus Aluminium für 80 mm Putz | 36,54 DM/m / 18,68 €/m |
| 023.03711.M | Bewegungsfugenprof. waag. aus Edelstahl für 80 mm Putz | 41,62 DM/m / 21,28 €/m |
| 023.03712.M | Bewegungsfugenprof. waag. aus Stahl+PVC für 20 mm Putz | 17,71 DM/m / 9,06 €/m |
| 023.03901.M | Einputzsockelleiste aus Aluminium für WDVS 40 mm Dämm. | 11,40 DM/m / 5,83 €/m |
| 023.03902.M | Einputzsockelleiste aus Aluminium für WDVS 90 mm Dämm. | 16,27 DM/m / 8,32 €/m |
| 023.03903.M | Einputzsockelleiste aus Edelstahl für 12 mm Putz | 11,62 DM/m / 5,94 €/m |
| 023.03904.M | Einputzsockelleiste aus Edelstahl für WDVS 40 mm Dämm. | 13,85 DM/m / 7,08 €/m |
| 023.03905.M | Einputzsockelleiste aus Edelstahl für WDVS 70 mm Dämm. | 24,25 DM/m / 12,40 €/m |
| 023.03906.M | Einputzsockelleiste aus Edelstahl für WDVS 90 mm Dämm. | 23,07 DM/m / 11,79 €/m |
| 023.03907.M | Einputzsockelleiste aus Stahl+PVC für 12 mm Putz | 10,03 DM/m / 5,13 €/m |
| 023.03908.M | Einputzsockelleiste aus Stahl+PVC für 30 mm Putz | 11,66 DM/m / 5,96 €/m |
| 023.03909.M | Einputzsockelleiste aus Stahl+PVC für 70 mm Putz | 19,57 DM/m / 10,01 €/m |
| 023.03910.M | Einputzsockelleiste aus Stahlbl. für 15 mm Putz | 7,72 DM/m / 3,95 €/m |
| 023.04101.M | Vorhang-Einputzschiene aus Stahlbl., zweiläufig | 17,15 DM/m / 8,77 €/m |
| 023.04201.M | Einputzbilderleiste aus Stahlbl. für 12 mm Putz | 8,85 DM/m / 4,53 €/m |
| 023.04202.M | Bilderhaken für Einputzbilderleiste | 1,77 DM/St / 0,90 €/St |

**Hinweis:** Einbauteile für Putzarbeiten siehe auch LB 039 Trockenbauarbeiten

Abkürzung: WDVS= Wärmedämm-Verbundsystem

023.03701.M    KG 335 DIN 276
Bewegungsfugenprof. senk. aus Aluminium für 14 mm Putz
EP 17,44 DM/m    LA 12,88 DM/m    ST 4,56 DM/m
EP  8,92 €/m     LA  6,58 €/m     ST 2,34 €/m

023.03702.M    KG 335 DIN 276
Bewegungsfugenprof. senk. aus Edelstahl für 11 mm Putz
EP 39,40 DM/m    LA 11,71 DM/m    ST 27,69 DM/m
EP 20,15 €/m     LA  5,99 €/m     ST 14,16 €/m

023.03703.M    KG 335 DIN 276
Bewegungsfugenprof. senk. aus Edelstahl für 14 mm Putz
EP 23,17 DM/m    LA 12,88 DM/m    ST 10,29 DM/m
EP 11,85 €/m     LA  6,58 €/m     ST  5,27 €/m

023.03704.M    KG 335 DIN 276
Bewegungsfugenprof. senk. aus Stahl+PVC für 20 mm Putz
EP 18,84 DM/m    LA 12,88 DM/m    ST 5,96 DM/m
EP  9,63 €/m     LA  6,58 €/m     ST 3,05 €/m

023.03705.M    KG 335 DIN 276
Bewegungsfugenprof. senk. aus Stahl+PVC für 40 mm Putz
EP 19,08 DM/m    LA 10,54 DM/m    ST 8,54 DM/m
EP  9,76 €/m     LA  5,39 €/m     ST 4,37 €/m

023.03706.M    KG 335 DIN 276
Bewegungsfugenprof. senk. aus Stahlbl. für 6 mm Putz
EP 13,31 DM/m    LA 10,54 DM/m    ST 2,77 DM/m
EP  6,80 €/m     LA  5,39 €/m     ST 1,41 €/m

023.03707.M    KG 335 DIN 276
Bewegungsfugenprof. senk. aus Stahlbl. für 60 mm Putz
EP 48,96 DM/m    LA 11,71 DM/m    ST 37,25 DM/m
EP 25,03 €/m     LA  5,99 €/m     ST 19,04 €/m

023.03708.M    KG 335 DIN 276
Bewegungsfugenprof. senk. Eck.aus Edelst. f.11 mm Putz
EP 40,08 DM/m    LA 11,71 DM/m    ST 28,37 DM/m
EP 20,49 €/m     LA  5,99 €/m     ST 14,50 €/m

023.03709.M    KG 335 DIN 276
Bewegungsfugenprof. senk. aus Stahlbl. für 14 mm Putz
EP 14,85 DM/m    LA 11,71 DM/m    ST 3,14 DM/m
EP  7,59 €/m     LA  5,99 €/m     ST 1,60 €/m

023.03710.M    KG 335 DIN 276
Bewegungsfugenprof. waag. aus Aluminium für 80 mm Putz
EP 36,54 DM/m    LA 12,30 DM/m    ST 24,24 DM/m
EP 18,68 €/m     LA  6,29 €/m     ST 12,39 €/m

023.03711.M    KG 335 DIN 276
Bewegungsfugenprof. waag. aus Edelstahl für 80 mm Putz
EP 41,62 DM/m    LA 12,88 DM/m    ST 28,74 DM/m
EP 21,28 €/m     LA  6,58 €/m     ST 14,70 €/m

023.03712.M    KG 335 DIN 276
Bewegungsfugenprof. waag. aus Stahl+PVC für 20 mm Putz
EP 17,71 DM/m    LA 10,54 DM/m    ST 7,17 DM/m
EP  9,06 €/m     LA  5,39 €/m     ST 3,67 €/m

023.03901.M    KG 335 DIN 276
Einputzsockelleiste aus Aluminium für WDVS 40 mm Dämm.
EP 11,40 DM/m    LA 7,61 DM/m    ST 3,79 DM/m
EP  5,83 €/m     LA 3,89 €/m     ST 1,94 €/m

023.03902.M    KG 335 DIN 276
Einputzsockelleiste aus Aluminium für WDVS 90 mm Dämm.
EP 16,27 DM/m    LA 10,54 DM/m    ST 5,73 DM/m
EP  8,32 €/m     LA  5,39 €/m     ST 2,93 €/m

023.03903.M    KG 335 DIN 276
Einputzsockelleiste aus Edelstahl für 12 mm Putz
EP 11,62 DM/m    LA 7,02 DM/m    ST 4,60 DM/m
EP  5,94 €/m     LA 3,59 €/m     ST 2,35 €/m

023.03904.M    KG 335 DIN 276
Einputzsockelleiste aus Edelstahl für WDVS 40 mm Dämm.
EP 13,85 DM/m    LA 8,78 DM/m    ST 5,07 DM/m
EP  7,08 €/m     LA 4,49 €/m     ST 2,59 €/m

023.03905.M    KG 335 DIN 276
Einputzsockelleiste aus Edelstahl für WDVS 70 mm Dämm.
EP 24,25 DM/m    LA 13,47 DM/m    ST 10,78 DM/m
EP 12,40 €/m     LA  6,89 €/m     ST  5,51 €/m

023.03906.M    KG 335 DIN 276
Einputzsockelleiste aus Edelstahl für WDVS 90 mm Dämm.
EP 23,07 DM/m    LA 11,71 DM/m    ST 11,36 DM/m
EP 11,79 €/m     LA  5,99 €/m     ST  5,80 €/m

023.03907.M    KG 335 DIN 276
Einputzsockelleiste aus Stahl+PVC für 12 mm Putz
EP 10,03 DM/m    LA 7,02 DM/m    ST 3,01 DM/m
EP  5,13 €/m     LA 3,59 €/m     ST 1,54 €/m

023.03908.M    KG 335 DIN 276
Einputzsockelleiste aus Stahl+PVC für 30 mm Putz
EP 11,66 DM/m    LA 7,61 DM/m    ST 4,05 DM/m
EP  5,96 €/m     LA 3,89 €/m     ST 2,07 €/m

# LB 023 Putz- und Stuckarbeiten
## Fugenprofile und Leisten; Außenputz

AW 023

Preise 06.01

Sämtliche Preise sind **Mittelpreise ohne Mehrwertsteuer** zum Zeitpunkt des Ausgabedatums.
**Korrekturfaktoren** für Regionaleinfluss, Mengeneinfluss, Konjunktureinfluss siehe Vorspann.
Abkürzungen: EP = Einheitspreis, LA = Lohnanteil, ST = Stoffanteil

023.03909.M  KG 335 DIN 276
Einputzsockelleiste aus Stahl+PVC für 70 mm Putz
EP 19,57 DM/m   LA 11,71 DM/m   ST 7,86 DM/m
EP 10,01 €/m    LA 5,99 €/m     ST 4,02 €/m

023.03910.M  KG 335 DIN 276
Einputzsockelleiste aus Stahlbl. für 15 mm Putz
EP 7,72 DM/m    LA 5,85 DM/m    ST 1,87 DM/m
EP 3,95 €/m     LA 2,99 €/m     ST 0,96 €/m

023.04101.M  KG 345 DIN 276
Vorhang-Einputzschiene aus Stahlbl., zweiläufig
EP 17,15 DM/m   LA 11,71 DM/m   ST 5,44 DM/m
EP 8,77 €/m     LA 5,99 €/m     ST 2,78 €/m

023.04201.M  KG 345 DIN 276
Einputzbilderleiste aus Stahlbl. für 12 mm Putz
EP 8,85 DM/m    LA 5,85 DM/m    ST 3,00 DM/m
EP 4,53 €/m     LA 2,99 €/m     ST 1,54 €/m

023.04202.M  KG 345 DIN 276
Bilderhaken für Einputzbilderleiste
EP 1,77 DM/St   LA 0,59 DM/St   ST 1,18 DM/St
EP 0,90 €/St    LA 0,30 €/St    ST 0,60 €/St

## Außenputz

023.-----.-

|  |  |  |
|---|---|---|
| 023.08001.M | AW-putz, min., gerieben, 2-lagig, auf MW, P II | 31,91 DM/m2 / 16,31 €/m2 |
| 023.08002.M | AW-putz, min., gerieben, 2-lagig, auf MM, P II | 38,47 DM/m2 / 19,67 €/m2 |
| 023.08003.M | AW-putz, min., gerieben, 1-lagig, auf Be, P III | 33,03 DM/m2 / 16,89 €/m2 |
| 023.08004.M | AW-putz, min., gerieben, 1-lagig, auf AP, P II | 22,49 DM/m2 / 11,50 €/m2 |
| 023.08005.M | AW-putz, min., Reibeputz, 5 mm K. auf MW, P II, w | 40,74 DM/m2 / 20,83 €/m2 |
| 023.08006.M | AW-putz, min., Reibeputz, 5 mm K. auf MW, P II, f | 48,98 DM/m2 / 25,04 €/m2 |
| 023.08007.M | AW-putz, min., Reibeputz, 5 mm K. auf LP, P II, w | 49,92 DM/m2 / 25,52 €/m2 |
| 023.08008.M | AW-putz, min., Reibeputz, 5 mm K. auf LP, P II, f | 58,74 DM/m2 / 30,03 €/m2 |
| 023.08009.M | AW-putz, min., Kellenwurf, 7 mm K. auf MW, P II, w | 42,23 DM/m2 / 21,59 €/m2 |
| 023.08010.M | AW-putz, min., Kellenwurf, 7 mm K. auf MW, P II, f | 52,50 DM/m2 / 26,84 €/m2 |
| 023.08011.M | AW-putz, min., Kellenwurf,18 mm K. auf MW, P II, w | 49,86 DM/m2 / 25,49 €/m2 |
| 023.08012.M | AW-putz, min., Kellenwurf,18 mm K. auf MW, P II, f | 61,96 DM/m2 / 31,68 €/m2 |
| 023.08013.M | AW-putz, min., Kellenstr., 3 mm K. auf MW, P II, w | 42,29 DM/m2 / 21,62 €/m2 |
| 023.08014.M | AW-putz, min., Kellenstr., 3 mm K. auf MW, P II, f | 53,65 DM/m2 / 27,43 €/m2 |
| 023.08015.M | AW-putz, min., Spritzputz, 2 mm K. auf Be, P II, w | 21,78 DM/m2 / 11,14 €/m2 |
| 023.08016.M | AW-putz, min., Spritzputz, 2 mm K. auf Be, P II, f | 31,91 DM/m2 / 16,31 €/m2 |
| 023.08017.M | AW-putz, min., Kratzputz, 4 mm K. auf MW, P II, w | 44,64 DM/m2 / 22,82 €/m2 |
| 023.08018.M | AW-putz, min., Kratzputz, 4 mm K. auf MW, P II, f | 51,43 DM/m2 / 26,29 €/m2 |
| 023.08019.M | AW-putz, min., Kratzputz, 7 mm K. auf MW, P II, w | 58,33 DM/m2 / 29,82 €/m2 |
| 023.08020.M | AW-putz, min., Kratzputz, 7 mm K. auf MW, P II, f | 63,03 DM/m2 / 32,23 €/m2 |
| 023.08021.M | AW-putz, min., Kratzputz, 7 mm K. auf LP, P II, w | 68,10 DM/m2 / 34,82 €/m2 |
| 023.08022.M | AW-putz, min., Kratzputz, 7 mm K. auf LP, P II, f | 72,83 DM/m2 / 37,24 €/m2 |
| 023.08023.M | AW-putz, min., Waschputz, 7 mm K. auf MW, P III | 79,42 DM/m2 / 40,61 €/m2 |
| 023.09001.M | AW-putz, m+LM, gerieben, 2-lagig, auf MW, P II | 33,04 DM/m2 / 16,89 €/m2 |
| 023.09002.M | AW-putz, m+LM, Reibeputz, 5 mm K. auf MW, P II, w | 40,37 DM/m2 / 20,64 €/m2 |
| 023.09003.M | AW-putz, m+LM, Kellenwurf, 7 mm K. auf MW, P II, w | 41,74 DM/m2 / 21,34 €/m2 |
| 023.09004.M | AW-putz, m+LM, Kellenstr., 3 mm K. auf MW, P II, w | 41,81 DM/m2 / 21,38 €/m2 |
| 023.09005.M | AW-putz, m+LM, Spritzputz, 2 mm K. auf MW, P II, w | 35,56 DM/m2 / 18,18 €/m2 |
| 023.10001.M | AW-putz, org., Reibeputz, 2 mm K. auf MW, P Org 1, w | 40,98 DM/m2 / 20,95 €/m2 |

023.-----.-

|  |  |  |
|---|---|---|
| 023.10002.M | AW-putz, org., Reibeputz, 2 mm K. auf MW, P Org 1, f | 42,74 DM/m2 / 21,85 €/m2 |
| 023.10003.M | AW-putz, org., Reibeputz, 2 mm K. auf AP, P Org 1, w | 42,51 DM/m2 / 21,73 €/m2 |
| 023.10004.M | AW-putz, org., Reibeputz, 2 mm K. auf AP, P Org 1, f | 43,67 DM/m2 / 22,33 €/m2 |
| 023.10005.M | AW-putz, org., Kellenstr., 2 mm K. auf MW, P Org 1, w | 41,51 DM/m2 / 21,22 €/m2 |
| 023.10006.M | AW-putz, org., Kellenstr., 2 mm K. auf MW, P Org 1, f | 43,32 DM/m2 / 22,15 €/m2 |
| 023.10007.M | AW-putz, org., Kellenstr., 2 mm K. auf AP, P Org 1, w | 43,03 DM/m2 / 22,00 €/m2 |
| 023.10008.M | AW-putz, org., Kellenstr., 2 mm K. auf AP, P Org 1, f | 44,25 DM/m2 / 22,62 €/m2 |
| 023.10009.M | AW-putz, org., Spritzputz, 2 mm K. auf MW, P Org 1, w | 42,32 DM/m2 / 21,64 €/m2 |
| 023.10010.M | AW-putz, org., Spritzputz, 2 mm K. auf MW, P Org 1, f | 44,17 DM/m2 / 22,58 €/m2 |
| 023.10011.M | AW-putz, org., Spritzputz, 2 mm K. auf AP, P Org 1, w | 43,84 DM/m2 / 22,41 €/m2 |
| 023.10012.M | AW-putz, org., Spritzputz, 2 mm K. auf AP, P Org 1, f | 45,09 DM/m2 / 23,06 €/m2 |
| 023.11001.M | AW-putz, o.Be, Reibeputz, 2 mm K. auf Be, P Org 1, w | 23,33 DM/m2 / 11,93 €/m2 |
| 023.11002.M | AW-putz, o.Be, Reibeputz, 2 mm K. auf Be, P Org 1, f | 24,92 DM/m2 / 12,74 €/m2 |
| 023.11003.M | AW-putz, o.Be, Kellenstr., 2 mm K. auf Be, P Org 1, w | 23,87 DM/m2 / 12,20 €/m2 |
| 023.11004.M | AW-putz, o.Be, Kellenstr., 2 mm K. auf Be, P Org 1, f | 25,48 DM/m2 / 13,03 €/m2 |
| 023.11005.M | AW-putz, o.Be, Spritzputz, 2 mm K. auf Be, P Org 1, w | 24,68 DM/m2 / 12,62 €/m2 |
| 023.11006.M | AW-putz, o.Be, Spritzputz, 2 mm K. auf Be, P Org 1, f | 26,34 DM/m2 / 13,47 €/m2 |
| 023.12001.M | AD-putz, min., gerieben, 2-lagig, auf ZD, P II | 36,59 DM/m2 / 18,71 €/m2 |
| 023.12002.M | AD-putz, min., Reibeputz, 5 mm K. auf ZD, P II, w | 46,59 DM/m2 / 23,82 €/m2 |
| 023.12003.M | AD-putz, min., Reibeputz, 5 mm K. auf LP, P II, w | 56,95 DM/m2 / 29,12 €/m2 |
| 023.12004.M | AD-putz, min., Spritzputz, 2 mm K. auf Be, P II, w | 24,12 DM/m2 / 12,33 €/m2 |
| 023.12005.M | AD-putz, min., Kratzputz, 7 mm K. auf ZD, P II, w | 66,52 DM/m2 / 34,01 €/m2 |
| 023.13001.M | AD-putz, org., Reibeputz, 2 mm K. auf ZD, P Org 1, w | 46,25 DM/m2 / 23,65 €/m2 |
| 023.13002.M | AD-putz, org., Reibeputz, 2 mm K. auf LP, P Org 1, w | 58,35 DM/m2 / 29,83 €/m2 |
| 023.13003.M | AD-putz, org., Spritzputz, 2 mm K. auf ZD, P Org 1, w | 47,59 DM/m2 / 24,33 €/m2 |
| 023.13004.M | AD-putz, org., Spritzputz, 2 mm K. auf LP, P Org 1, w | 59,71 DM/m2 / 30,53 €/m2 |
| 023.14001.M | AD-putz, o.Be, Reibeputz, 2 mm K. auf Be, P Org 1, w | 26,07 DM/m2 / 13,33 €/m2 |
| 023.14002.M | AD-putz, o.Be, Spritzputz, 2 mm K. auf Be, P Org 1, w | 27,42 DM/m2 / 14,02 €/m2 |

Abkürzungen:
AW-putz  = Außenwandputz
AD-putz  = Außendeckenputz
min.     = Putz mineralisch
m+LM     = Unterputz Leichtmörtel, Oberputz mineralisch
org.     = Unterputz mineralisch, Oberputz organisch
o.Be     = Putz organisch auf Beton, ohne Unterputz
MW       = Putzgrund Mauerwerk
MM       = Putzgrund Mischmauerwerk (Altbau)
PB       = Putzgrund Porenbeton
Be       = Putzgrund Beton
UP       = Putzgrund Unterputz
LP       = Putzgrund Leichtbauplatten (HWL)
AP       = Putzgrund Altputz
ZD       = Putzgrund Ziegeldecke
w        = Gruppe weiß
f        = Gruppe farbig
.. mm K  = .. mm Körnung

023.08001.M  KG 335 DIN 276
AW-putz, min., gerieben, 2-lagig, auf MW, P II
EP 31,91 DM/m2   LA 25,17 DM/m2   ST 6,74 DM/m2
EP 16,31 €/m2    LA 12,87 €/m2    ST 3,44 €/m2

023.08002.M  KG 335 DIN 276
AW-putz, min., gerieben, 2-lagig, auf MM, P II
EP 38,47 DM/m2   LA 29,86 DM/m2   ST 8,61 DM/m2
EP 19,67 €/m2    LA 15,27 €/m2    ST 4,40 €/m2

# LB 023 Putz- und Stuckarbeiten
## Außenputz

Sämtliche Preise sind **Mittelpreise ohne Mehrwertsteuer** zum Zeitpunkt des Ausgabedatums.
**Korrekturfaktoren** für Regionaleinfluss, Mengeneinfluss, Konjunktureinfluss siehe Vorspann.
**Abkürzungen:** EP = Einheitspreis, LA = Lohnanteil, ST = Stoffanteil

023.08003.M  KG 335 DIN 276
AW-putz, min., gerieben, 1-lagig, auf Be, P III
EP 33,03 DM/m2   LA 24,60 DM/m2   ST 8,43 DM/m2
EP 16,89 €/m2    LA 12,58 €/m2    ST 4,31 €/m2

023.08004.M  KG 335 DIN 276
AW-putz, min., gerieben, 1-lagig, auf AP, P II
EP 22,49 DM/m2   LA 15,80 DM/m2   ST 6,69 DM/m2
EP 11,50 €/m2    LA  8,08 €/m2    ST 3,42 €/m2

023.08005.M  KG 335 DIN 276
AW-putz, min., Reibeputz, 5 mm K. auf MW, P II, w
EP 40,74 DM/m2   LA 30,45 DM/m2   ST 10,29 DM/m2
EP 20,83 €/m2    LA 15,57 €/m2    ST  5,26 €/m2

023.08006.M  KG 335 DIN 276
AW-putz, min., Reibeputz, 5 mm K. auf MW, P II, f
EP 48,98 DM/m2   LA 35,13 DM/m2   ST 13,85 DM/m2
EP 25,04 €/m2    LA 17,96 €/m2    ST  7,08 €/m2

023.08007.M  KG 335 DIN 276
AW-putz, min., Reibeputz, 5 mm K. auf LP, P II, w
EP 49,92 DM/m2   LA 36,88 DM/m2   ST 13,04 DM/m2
EP 25,52 €/m2    LA 18,86 €/m2    ST  6,66 €/m2

023.08008.M  KG 335 DIN 276
AW-putz, min., Reibeputz, 5 mm K. auf LP, P II, f
EP 58,74 DM/m2   LA 42,16 DM/m2   ST 16,58 DM/m2
EP 30,03 €/m2    LA 21,55 €/m2    ST  8,48 €/m2

023.08009.M  KG 335 DIN 276
AW-putz, min., Kellenwurf, 7 mm K. auf MW, P II, w
EP 42,23 DM/m2   LA 30,27 DM/m2   ST 11,96 DM/m2
EP 21,59 €/m2    LA 15,48 €/m2    ST  6,11 €/m2

023.08010.M  KG 335 DIN 276
AW-putz, min., Kellenwurf, 7 mm K. auf MW, P II, f
EP 52,50 DM/m2   LA 35,13 DM/m2   ST 17,37 DM/m2
EP 26,84 €/m2    LA 17,96 €/m2    ST  8,88 €/m2

023.08011.M  KG 335 DIN 276
AW-putz, min., Kellenwurf,18 mm K. auf MW, P II, w
EP 49,86 DM/m2   LA 32,21 DM/m2   ST 17,65 DM/m2
EP 25,49 €/m2    LA 16,47 €/m2    ST  9,02 €/m2

023.08012.M  KG 335 DIN 276
AW-putz, min., Kellenwurf,18 mm K. auf MW, P II, f
EP 61,96 DM/m2   LA 36,88 DM/m2   ST 25,08 DM/m2
EP 31,68 €/m2    LA 18,86 €/m2    ST 12,82 €/m2

023.08013.M  KG 335 DIN 276
AW-putz, min., Kellenstr., 3 mm K. auf MW, P II, w
EP 42,29 DM/m2   LA 31,03 DM/m2   ST 11,26 DM/m2
EP 21,62 €/m2    LA 15,86 €/m2    ST  5,76 €/m2

023.08014.M  KG 335 DIN 276
AW-putz, min., Kellenstr., 3 mm K. auf MW, P II, f
EP 53,65 DM/m2   LA 36,30 DM/m2   ST 17,35 DM/m2
EP 27,43 €/m2    LA 18,56 €/m2    ST  8,87 €/m2

023.08015.M  KG 335 DIN 276
AW-putz, min., Spritzputz, 2 mm K. auf Be, P II, w
EP 21,78 DM/m2   LA 13,47 DM/m2   ST 8,31 DM/m2
EP 11,14 €/m2    LA  6,89 €/m2    ST 4,25 €/m2

023.08016.M  KG 335 DIN 276
AW-putz, min., Spritzputz, 2 mm K. auf Be, P II, f
EP 31,91 DM/m2   LA 18,74 DM/m2   ST 13,17 DM/m2
EP 16,31 €/m2    LA  9,58 €/m2    ST  6,73 €/m2

023.08017.M  KG 335 DIN 276
AW-putz, min., Kratzputz, 4 mm K. auf MW, P II, w
EP 44,64 DM/m2   LA 27,52 DM/m2   ST 17,12 DM/m2
EP 22,82 €/m2    LA 14,07 €/m2    ST  8,75 €/m2

023.08018.M  KG 335 DIN 276
AW-putz, min., Kratzputz, 4 mm K. auf MW, P II, f
EP 51,43 DM/m2   LA 27,52 DM/m2   ST 23,91 DM/m2
EP 26,29 €/m2    LA 14,07 €/m2    ST 12,22 €/m2

023.08019.M  KG 335 DIN 276
AW-putz, min., Kratzputz, 7 mm K. auf MW, P II, w
EP 58,33 DM/m2   LA 42,75 DM/m2   ST 15,58 DM/m2
EP 29,82 €/m2    LA 21,86 €/m2    ST  7,96 €/m2

023.08020.M  KG 335 DIN 276
AW-putz, min., Kratzputz, 7 mm K. auf MW, P II, f
EP 63,03 DM/m2   LA 42,75 DM/m2   ST 20,28 DM/m2
EP 32,23 €/m2    LA 21,86 €/m2    ST 10,37 €/m2

023.08021.M  KG 335 DIN 276
AW-putz, min., Kratzputz, 7 mm K. auf LP, P II, w
EP 68,10 DM/m2   LA 49,77 DM/m2   ST 18,33 DM/m2
EP 34,82 €/m2    LA 25,45 €/m2    ST  9,37 €/m2

023.08022.M  KG 335 DIN 276
AW-putz, min., Kratzputz, 7 mm K. auf LP, P II, f
EP 72,83 DM/m2   LA 49,77 DM/m2   ST 23,06 DM/m2
EP 37,24 €/m2    LA 25,45 €/m2    ST 11,79 €/m2

023.08023.M  KG 335 DIN 276
AW-putz, min., Waschputz, 7 mm K. auf MW, P III
EP 79,42 DM/m2   LA 53,87 DM/m2   ST 25,55 DM/m2
EP 40,61 €/m2    LA 27,54 €/m2    ST 13,07 €/m2

023.09001.M  KG 335 DIN 276
AW-putz, m+LM, gerieben, 2-lagig, auf MW, P II
EP 33,04 DM/m2   LA 25,17 DM/m2   ST 7,87 DM/m2
EP 16,89 €/m2    LA 12,87 €/m2    ST 4,02 €/m2

023.09002.M  KG 335 DIN 276
AW-putz, m+LM, Reibeputz, 5 mm K. auf MW, P II, w
EP 40,37 DM/m2   LA 30,45 DM/m2   ST 9,92 DM/m2
EP 20,64 €/m2    LA 15,57 €/m2    ST 5,07 €/m2

023.09003.M  KG 335 DIN 276
AW-putz, m+LM, Kellenwurf, 7 mm K. auf MW, P II, w
EP 41,74 DM/m2   LA 30,27 DM/m2   ST 11,47 DM/m2
EP 21,34 €/m2    LA 15,48 €/m2    ST  5,86 €/m2

023.09004.M  KG 335 DIN 276
AW-putz, m+LM, Kellenstr., 3 mm K. auf MW, P II, w
EP 41,81 DM/m2   LA 31,03 DM/m2   ST 10,78 DM/m2
EP 21,38 €/m2    LA 15,86 €/m2    ST  5,51 €/m2

023.09005.M  KG 335 DIN 276
AW-putz, m+LM, Spritzputz, 2 mm K. auf MW, P II, w
EP 35,56 DM/m2   LA 23,42 DM/m2   ST 12,14 DM/m2
EP 18,18 €/m2    LA 11,97 €/m2    ST  6,21 €/m2

023.10001.M  KG 335 DIN 276
AW-putz, org., Reibeputz, 2 mm K. auf MW, P Org 1, w
EP 40,98 DM/m2   LA 26,34 DM/m2   ST 14,64 DM/m2
EP 20,95 €/m2    LA 13,47 €/m2    ST  7,48 €/m2

023.10002.M  KG 335 DIN 276
AW-putz, org., Reibeputz, 2 mm K. auf MW, P Org 1, f
EP 42,74 DM/m2   LA 27,52 DM/m2   ST 15,22 DM/m2
EP 21,85 €/m2    LA 14,07 €/m2    ST  7,78 €/m2

023.10003.M  KG 335 DIN 276
AW-putz, org., Reibeputz, 2 mm K. auf AP, P Org 1, w
EP 42,51 DM/m2   LA 24,60 DM/m2   ST 17,91 DM/m2
EP 21,73 €/m2    LA 12,58 €/m2    ST  9,15 €/m2

023.10004.M  KG 335 DIN 276
AW-putz, org., Reibeputz, 2 mm K. auf AP, P Org 1, f
EP 43,67 DM/m2   LA 25,17 DM/m2   ST 18,50 DM/m2
EP 22,33 €/m2    LA 12,87 €/m2    ST  9,46 €/m2

023.10005.M  KG 335 DIN 276
AW-putz, org., Kellenstr., 2 mm K. auf MW, P Org 1, w
EP 41,51 DM/m2   LA 26,34 DM/m2   ST 15,17 DM/m2
EP 21,22 €/m2    LA 13,47 €/m2    ST  7,75 €/m2

# LB 023 Putz- und Stuckarbeiten
## Außenputz

AW 023

Preise 06.01

Sämtliche Preise sind **Mittelpreise ohne Mehrwertsteuer** zum Zeitpunkt des Ausgabedatums.
**Korrekturfaktoren** für Regionaleinfluss, Mengeneinfluss, Konjunktureinfluss siehe Vorspann.
**Abkürzungen:** EP = Einheitspreis, LA = Lohnanteil, ST = Stoffanteil

023.10006.M KG 335 DIN 276
AW-putz, org., Kellenstr., 2 mm K. auf MW, P Org 1, f
EP 43,32 DM/m2　LA 27,52 DM/m2　ST 15,80 DM/m2
EP 22,15 €/m2　LA 14,07 €/m2　ST 8,08 €/m2

023.10007.M KG 335 DIN 276
AW-putz, org., Kellenstr., 2 mm K. auf AP, P Org 1, w
EP 43,03 DM/m2　LA 24,60 DM/m2　ST 18,43 DM/m2
EP 22,00 €/m2　LA 12,58 €/m2　ST 9,42 €/m2

023.10008.M KG 335 DIN 276
AW-putz, org., Kellenstr., 2 mm K. auf AP, P Org 1, f
EP 44,25 DM/m2　LA 25,17 DM/m2　ST 19,08 DM/m2
EP 22,62 €/m2　LA 12,87 €/m2　ST 9,75 €/m2

023.10009.M KG 335 DIN 276
AW-putz, org., Spritzputz, 2 mm K. auf MW, P Org 1, w
EP 42,32 DM/m2　LA 26,34 DM/m2　ST 15,98 DM/m2
EP 21,64 €/m2　LA 13,47 €/m2　ST 8,17 €/m2

023.10010.M KG 335 DIN 276
AW-putz, org., Spritzputz, 2 mm K. auf MW, P Org 1, f
EP 44,17 DM/m2　LA 27,52 DM/m2　ST 16,65 DM/m2
EP 22,58 €/m2　LA 14,07 €/m2　ST 8,51 €/m2

023.10011.M KG 335 DIN 276
AW-putz, org., Spritzputz, 2 mm K. auf AP, P Org 1, w
EP 43,84 DM/m2　LA 24,60 DM/m2　ST 19,24 DM/m2
EP 22,41 €/m2　LA 12,58 €/m2　ST 9,83 €/m2

023.10012.M KG 335 DIN 276
AW-putz, org., Spritzputz, 2 mm K. auf AP, P Org 1, f
EP 45,09 DM/m2　LA 25,17 DM/m2　ST 19,92 DM/m2
EP 23,06 €/m2　LA 12,87 €/m2　ST 10,19 €/m2

023.11001.M KG 335 DIN 276
AW-putz, o.Be, Reibeputz, 2 mm K. auf Be, P Org 1, w
EP 23,33 DM/m2　LA 13,65 DM/m2　ST 9,68 DM/m2
EP 11,93 €/m2　LA 6,98 €/m2　ST 4,95 €/m2

023.11002.M KG 335 DIN 276
AW-putz, o.Be, Reibeputz, 2 mm K. auf Be, P Org 1, f
EP 24,92 DM/m2　LA 14,64 DM/m2　ST 10,28 DM/m2
EP 12,74 €/m2　LA 7,48 €/m2　ST 5,26 €/m2

023.11003.M KG 335 DIN 276
AW-putz, o.Be, Kellenstr., 2 mm K. auf Be, P Org 1, w
EP 23,87 DM/m2　LA 13,65 DM/m2　ST 10,22 DM/m2
EP 12,20 €/m2　LA 6,98 €/m2　ST 5,22 €/m2

023.11004.M KG 335 DIN 276
AW-putz, o.Be, Kellenstr., 2 mm K. auf Be, P Org 1, f
EP 25,48 DM/m2　LA 14,64 DM/m2　ST 10,84 DM/m2
EP 13,03 €/m2　LA 7,48 €/m2　ST 5,55 €/m2

023.11005.M KG 335 DIN 276
AW-putz, o.Be, Spritzputz, 2 mm K. auf Be, P Org 1, w
EP 24,68 DM/m2　LA 13,65 DM/m2　ST 11,03 DM/m2
EP 12,62 €/m2　LA 6,98 €/m2　ST 5,64 €/m2

023.11006.M KG 335 DIN 276
AW-putz, o.Be, Spritzputz, 2 mm K. auf Be, P Org 1, f
EP 26,34 DM/m2　LA 14,64 DM/m2　ST 11,70 DM/m2
EP 13,47 €/m2　LA 7,48 €/m2　ST 5,99 €/m2

023.12001.M KG 353 DIN 276
AD-putz, min., gerieben, 2-lagig, auf ZD, P II
EP 36,59 DM/m2　LA 29,86 DM/m2　ST 6,73 DM/m2
EP 18,71 €/m2　LA 15,27 €/m2　ST 3,44 €/m2

023.12002.M KG 353 DIN 276
AD-putz, min., Reibeputz, 5 mm K. auf ZD, P II, w
EP 46,59 DM/m2　LA 36,30 DM/m2　ST 10,29 DM/m2
EP 23,82 €/m2　LA 18,56 €/m2　ST 5,26 €/m2

023.12003.M KG 353 DIN 276
AD-putz, min., Reibeputz, 5 mm K. auf LP, P II, w
EP 56,95 DM/m2　LA 43,92 DM/m2　ST 13,03 DM/m2
EP 29,12 €/m2　LA 22,45 €/m2　ST 6,67 €/m2

023.12004.M KG 353 DIN 276
AD-putz, min., Spritzputz, 2 mm K. auf Be, P II, w
EP 24,12 DM/m2　LA 15,80 DM/m2　ST 8,32 DM/m2
EP 12,33 €/m2　LA 8,08 €/m2　ST 4,25 €/m2

023.12005.M KG 353 DIN 276
AD-putz, min., Kratzputz, 7 mm K. auf ZD, P II, w
EP 66,52 DM/m2　LA 50,94 DM/m2　ST 15,58 DM/m2
EP 34,01 €/m2　LA 26,04 €/m2　ST 7,97 €/m2

023.13001.M KG 353 DIN 276
AD-putz, org., Reibeputz, 2 mm K. auf ZD, P Org 1, w
EP 46,25 DM/m2　LA 31,62 DM/m2　ST 14,63 DM/m2
EP 23,65 €/m2　LA 16,17 €/m2　ST 7,48 €/m2

023.13002.M KG 353 DIN 276
AD-putz, org., Reibeputz, 2 mm K. auf LP, P Org 1, w
EP 58,35 DM/m2　LA 41,57 DM/m2　ST 16,78 DM/m2
EP 29,83 €/m2　LA 21,25 €/m2　ST 8,58 €/m2

023.13003.M KG 353 DIN 276
AD-putz, org., Spritzputz, 2 mm K. auf ZD, P Org 1, w
EP 47,59 DM/m2　LA 31,62 DM/m2　ST 15,97 DM/m2
EP 24,33 €/m2　LA 16,17 €/m2　ST 8,16 €/m2

023.13004.M KG 353 DIN 276
AD-putz, org., Spritzputz, 2 mm K. auf LP, P Org 1, w
EP 59,71 DM/m2　LA 41,57 DM/m2　ST 18,14 DM/m2
EP 30,53 €/m2　LA 21,25 €/m2　ST 9,28 €/m2

023.14001.M KG 353 DIN 276
AD-putz, o.Be, Reibeputz, 2 mm K. auf Be, P Org 1, w
EP 26,07 DM/m2　LA 16,39 DM/m2　ST 9,68 DM/m2
EP 13,33 €/m2　LA 8,38 €/m2　ST 4,95 €/m2

023.14002.M KG 353 DIN 276
AD-putz, o.Be, Spritzputz, 2 mm K. auf Be, P Org 1, w
EP 27,42 DM/m2　LA 16,39 DM/m2　ST 11,03 DM/m2
EP 14,02 €/m2　LA 8,38 €/m2　ST 5,64 €/m2

AW 023

# LB 023 Putz- und Stuckarbeiten
## Innenputz

Preise 06.01

Sämtliche Preise sind **Mittelpreise ohne Mehrwertsteuer** zum Zeitpunkt des Ausgabedatums.
**Korrekturfaktoren** für Regionaleinfluss, Mengeneinfluss, Konjunktureinfluss siehe Vorspann.
**Abkürzungen:** EP = Einheitspreis, LA = Lohnanteil, ST = Stoffanteil

### Innenputz

023.-----.-

|  |  |
|---|---|
| 023.15001.M IW-putz, min., gefilzt, 2-lagig, auf MW, P II | 25,78 DM/m2 / 13,18 €/m2 |
| 023.15002.M IW-putz, min., gefilzt, 2-lagig, auf MW, P IV | 25,70 DM/m2 / 13,14 €/m2 |
| 023.15003.M IW-putz, min., gerieben, 1-lagig, auf MW, P II | 16,92 DM/m2 / 8,65 €/m2 |
| 023.15004.M IW-putz, min., gerieben, 1-lagig, auf PB, P IV | 21,46 DM/m2 / 10,97 €/m2 |
| 023.15005.M IW-putz, min., gerieben, 1-lagig, auf MW, P III | 21,22 DM/m2 / 10,85 €/m2 |
| 023.15006.M IW-putz, min., gerieben, 2-lagig, auf MW, P I | 21,51 DM/m2 / 11,00 €/m2 |
| 023.15007.M IW-putz, min., gerieben, 2-lagig, auf MM, P II | 31,79 DM/m2 / 16,25 €/m2 |
| 023.15008.M IW-putz, min., Reibeputz, 5 mm K. auf MW, P II, w | 38,49 DM/m2 / 19,68 €/m2 |
| 023.15009.M IW-putz, min., Reibeputz, 5 mm K. auf MW, P II, f | 46,56 DM/m2 / 23,81 €/m2 |
| 023.15010.M IW-putz, min., Kellenwurf, 7 mm K. auf MW, P II, w | 40,84 DM/m2 / 20,88 €/m2 |
| 023.15011.M IW-putz, min., Kellenwurf, 7 mm K. auf MW, P II, f | 49,81 DM/m2 / 25,47 €/m2 |
| 023.15012.M IW-putz, min., Kellenwurf,18 mm K. auf MW, P II, w | 47,86 DM/m2 / 24,47 €/m2 |
| 023.15013.M IW-putz, min., Kellenwurf,18 mm K. auf MW, P II, f | 58,53 DM/m2 / 29,93 €/m2 |
| 023.15014.M IW-putz, min., Kratzputz, 4 mm K. auf Be, P II, w | 59,54 DM/m2 / 30,44 €/m2 |
| 023.15015.M IW-putz, min., Kratzputz, 4 mm K. auf Be, P II, f | 70,21 DM/m2 / 35,90 €/m2 |
| 023.15016.M IW-putz, min., Kratzputz, 10 mm K. auf Be, P II, w | 74,47 DM/m2 / 38,59 €/m2 |
| 023.15017.M IW-putz, min., Kratzputz, 10 mm K. auf Be, P II, f | 89,65 DM/m2 / 45,84 €/m2 |
| 023.15018.M IW-putz, min., unter Fliesen, auf MW, P III | 21,08 DM/m2 / 10,78 €/m2 |
| 023.15019.M IW-putz, Torkret, 20 mm | 43,70 DM/m2 / 22,34 €/m2 |
| 023.15020.M IW-putz, Torkret, 30 mm | 56,47 DM/m2 / 28,87 €/m2 |
| 023.16001.M IW-putz, org., Waschputz, 3 mm K. auf UP, P Org 1, f | 52,52 DM/m2 / 26,85 €/m2 |
| 023.16002.M IW-putz, org., Reibeputz, 2 mm K. auf MW, P Org 1, w | 41,61 DM/m2 / 21,27 €/m2 |
| 023.16003.M IW-putz, org., Reibeputz, 2 mm K. auf MW, P Org 1, f | 42,19 DM/m2 / 21,57 €/m2 |
| 023.16004.M IW-putz, org., Spritzputz, 2 mm K. auf MW, P Org 1, w | 42,16 DM/m2 / 21,55 €/m2 |
| 023.16005.M IW-putz, org., Spritzputz, 2 mm K. auf MW, P Org 1, f | 42,78 DM/m2 / 21,87 €/m2 |
| 023.17001.M IW-putz, o.Be, Reibeputz, 2 mm K. auf Be, P Org 1, w | 22,16 DM/m2 / 11,33 €/m2 |
| 023.17002.M IW-putz, o.Be, Reibeputz, 2 mm K. auf Be, P Org 1, f | 22,73 DM/m2 / 11,62 €/m2 |
| 023.17003.M IW-putz, o.Be, Spritzputz, 2 mm K. auf Be, P Org 1, w | 23,45 DM/m2 / 11,99 €/m2 |
| 023.17004.M IW-putz, o.Be, Spritzputz, 2 mm K. auf Be, P Org 1, f | 24,12 DM/m2 / 12,33 €/m2 |
| 023.18001.M Antikondensations-Wandputz | 58,68 DM/m2 / 30,00 €/m2 |
| 023.19001.M ID-putz, min., gefilzt, 2-lagig, auf Be, P II | 37,05 DM/m2 / 18,94 €/m2 |
| 023.19002.M ID-putz, min., gefilzt, 2-lagig, auf Be, P IV | 31,02 DM/m2 / 15,86 €/m2 |
| 023.19003.M ID-putz, min., gefilzt, 2-lagig, auf LP, P II | 39,40 DM/m2 / 20,15 €/m2 |
| 023.19004.M ID-putz, min., gefilzt, 2-lagig, auf LP, P IV | 30,35 DM/m2 / 15,52 €/m2 |
| 023.19005.M ID-putz, min., gerieben, 1-lagig, auf ZD, P II | 20,59 DM/m2 / 10,53 €/m2 |
| 023.19006.M ID-putz, min., gerieben, 1-lagig, auf Be, P IV | 18,87 DM/m2 / 9,65 €/m2 |
| 023.19007.M ID-putz, min., gerieben, 2-lagig, auf ZD, P II | 29,98 DM/m2 / 15,33 €/m2 |
| 023.19008.M ID-putz, min., gerieben,, 2-lagig, auf ZD, P IV | 35,61 DM/m2 / 18,21 €/m2 |
| 023.19009.M ID-putz, min., Reibeputz, 3 mm K. auf Be, P II | 41,77 DM/m2 / 21,36 €/m2 |
| 023.19010.M ID-putz, min., Reibeputz,, 3 mm K. auf LP, P II | 53,19 DM/m2 / 27,19 €/m2 |
| 023.19011.M ID-putz, Torkret, 20 mm | 46,95 DM/m2 / 24,01 €/m2 |
| 023.19012.M ID-putz, Torkret, 30 mm | 61,11 DM/m2 / 31,24 €/m2 |
| 023.20001.M ID-putz, org., Reibeputz, 2 mm K. auf Be, P Org 1, w | 52,08 DM/m2 / 26,63 €/m2 |
| 023.20002.M ID-putz, org., Spritzputz, 2 mm K. auf Be, P Org 1, w | 53,38 DM/m2 / 27,29 €/m2 |
| 023.21001.M ID-putz, o.Be, Reibeputz, 2 mm K. auf Be, P Org 1, w | 24,54 DM/m2 / 12,54 €/m2 |
| 023.21002.M ID-putz, o.Be, Spritzputz, 2 mm K. auf Be, P Org 1, w | 25,82 DM/m2 / 13,20 €/m2 |
| 023.25101.M IW-putz, Schlämmputz, P I | 10,30 DM/m2 / 5,27 €/m2 |
| 023.25102.M ID-putz, Schlämmputz, P I | 11,12 DM/m2 / 5,68 €/m2 |
| 023.25201.M IW-putz, Spritzbewurf | 4,23 DM/m2 / 2,16 €/m2 |
| 023.25202.M ID-putz, Spritzbewurf | 4,93 DM/m2 / 2,52 €/m2 |

Abkürzungen:
IW-putz = Innenwandputz
ID-putz = Innendeckenputz
min. = Putz mineralisch
org. = Unterputz mineralisch, Oberputz organisch
o.Be = Putz organisch auf Beton, ohne Unterputz
MW = Putzgrund Mauerwerk
MM = Putzgrund Mischmauerwerk (Altbau)
PB = Putzgrund Porenbeton
Be = Putzgrund Beton
UP = Putzgrund Unterputz
LP = Putzgrund Leichtbauplatten (HWL)
ZD = Putzgrund Ziegeldecke
w = Gruppe weiß
f = Gruppe farbig
.. mm K = .. mm Körnung

023.15001.M     KG 345 DIN 276
IW-putz, min., gefilzt, 2-lagig, auf MW, P II
EP 25,78 DM/m2   LA 21,67 DM/m2   ST 4,11 DM/m2
EP 13,18 €/m2   LA 11,08 €/m2   ST 2,10 €/m2

023.15002.M     KG 345 DIN 276
IW-putz, min., gefilzt, 2-lagig, auf MW, P IV
EP 25,70 DM/m2   LA 21,67 DM/m2   ST 4,03 DM/m2
EP 13,14 €/m2   LA 11,08 €/m2   ST 2,06 €/m2

023.15003.M     KG 345 DIN 276
IW-putz, min., gerieben, 1-lagig, auf MW, P II
EP 16,92 DM/m2   LA 13,47 DM/m2   ST 3,45 DM/m2
EP  8,65 €/m2   LA  6,89 €/m2   ST 1,76 €/m2

023.15004.M     KG 345 DIN 276
IW-putz, min., gerieben, 1-lagig, auf PB, P IV
EP 21,46 DM/m2   LA 17,56 DM/m2   ST 3,90 DM/m2
EP 10,97 €/m2   LA  8,98 €/m2   ST 1,99 €/m2

023.15005.M     KG 345 DIN 276
IW-putz, min., gerieben, 1-lagig, auf MW, P III
EP 21,22 DM/m2   LA 17,56 DM/m2   ST 3,66 DM/m2
EP 10,85 €/m2   LA  8,98 €/m2   ST 1,87 €/m2

023.15006.M     KG 345 DIN 276
IW-putz, min., gerieben, 2-lagig, auf MW, P I
EP 21,51 DM/m2   LA 14,64 DM/m2   ST 6,87 DM/m2
EP 11,00 €/m2   LA  7,48 €/m2   ST 3,52 €/m2

023.15007.M     KG 345 DIN 276
IW-putz, min., gerieben, 2-lagig, auf MM, P II
EP 31,79 DM/m2   LA 24,60 DM/m2   ST 7,19 DM/m2
EP 16,25 €/m2   LA 12,58 €/m2   ST 3,67 €/m2

023.15008.M     KG 345 DIN 276
IW-putz, min., Reibeputz, 5 mm K. auf MW, P II, w
EP 38,49 DM/m2   LA 31,03 DM/m2   ST 7,46 DM/m2
EP 19,68 €/m2   LA 15,86 €/m2   ST 3,82 €/m2

023.15009.M     KG 345 DIN 276
IW-putz, min., Reibeputz, 5 mm K. auf MW, P II, f
EP 46,56 DM/m2   LA 35,71 DM/m2   ST 10,85 DM/m2
EP 23,81 €/m2   LA 18,26 €/m2   ST  5,55 €/m2

023.15010.M     KG 345 DIN 276
IW-putz, min., Kellenwurf, 7 mm K. auf MW, P II, w
EP 40,84 DM/m2   LA 30,45 DM/m2   ST 10,39 DM/m2
EP 20,88 €/m2   LA 15,57 €/m2   ST  5,31 €/m2

023.15011.M     KG 345 DIN 276
IW-putz, min., Kellenwurf, 7 mm K. auf MW, P II, f
EP 49,81 DM/m2   LA 35,13 DM/m2   ST 14,68 DM/m2
EP 25,47 €/m2   LA 17,96 €/m2   ST  7,51 €/m2

023.15012.M     KG 345 DIN 276
IW-putz, min., Kellenwurf,18 mm K. auf MW, P II, w
EP 47,86 DM/m2   LA 32,21 DM/m2   ST 15,65 DM/m2
EP 24,47 €/m2   LA 16,47 €/m2   ST  8,00 €/m2

# LB 023 Putz- und Stuckarbeiten
## Innenputz

AW 023

Preise 06.01

Sämtliche Preise sind **Mittelpreise ohne Mehrwertsteuer** zum Zeitpunkt des Ausgabedatums.
**Korrekturfaktoren** für Regionaleinfluss, Mengeneinfluss, Konjunktureinfluss siehe Vorspann.
Abkürzungen: EP = Einheitspreis, LA = Lohnanteil, ST = Stoffanteil

023.15013.M  KG 345 DIN 276
IW-putz, min., Kellenwurf, 18 mm K. auf MW, P II, f
EP 58,53 DM/m2   LA 36,88 DM/m2   ST 21,65 DM/m2
EP 29,93 €/m2    LA 18,86 €/m2    ST 11,07 €/m2

023.15014.M  KG 345 DIN 276
IW-putz, min., Kratzputz, 4 mm K. auf Be, P II, w
EP 59,54 DM/m2   LA 42,75 DM/m2   ST 16,79 DM/m2
EP 30,44 €/m2    LA 21,86 €/m2    ST  8,58 €/m2

023.15015.M  KG 345 DIN 276
IW-putz, min., Kratzputz, 4 mm K. auf Be, P II, f
EP 70,21 DM/m2   LA 47,42 DM/m2   ST 22,79 DM/m2
EP 35,90 €/m2    LA 24,25 €/m2    ST 11,65 €/m2

023.15016.M  KG 345 DIN 276
IW-putz, min., Kratzputz, 10 mm K. auf Be, P II, w
EP 75,47 DM/m2   LA 49,77 DM/m2   ST 25,70 DM/m2
EP 38,59 €/m2    LA 25,45 €/m2    ST 13,14 €/m2

023.15017.M  KG 345 DIN 276
IW-putz, min., Kratzputz, 10 mm K. auf Be, P II, f
EP 89,65 DM/m2   LA 54,46 DM/m2   ST 35,19 DM/m2
EP 45,84 €/m2    LA 27,84 €/m2    ST 18,00 €/m2

023.15018.M  KG 345 DIN 276
IW-putz, min., unter Fliesen, auf MW, P III
EP 21,08 DM/m2   LA 14,64 DM/m2   ST 6,44 DM/m2
EP 10,78 €/m2    LA  7,48 €/m2    ST 3,30 €/m2

023.15019.M  KG 345 DIN 276
IW-putz, Torkret, 20 mm
EP 43,70 DM/m2   LA 35,71 DM/m2   ST 7,99 DM/m2
EP 22,34 €/m2    LA 18,26 €/m2    ST 4,08 €/m2

023.15020.M  KG 345 DIN 276
IW-putz, Torkret, 30 mm
EP 56,47 DM/m2   LA 44,50 DM/m2   ST 11,97 DM/m2
EP 28,87 €/m2    LA 22,75 €/m2    ST  6,12 €/m2

023.16001.M  KG 345 DIN 276
IW-putz, org., Waschputz, 3 mm K. auf UP, P Org 1, f
EP 52,52 DM/m2   LA 35,13 DM/m2   ST 17,39 DM/m2
EP 26,85 €/m2    LA 17,96 €/m2    ST  8,89 €/m2

023.16002.M  KG 345 DIN 276
IW-putz, org., Reibeputz, 2 mm K. auf MW, P Org 1, w
EP 41,61 DM/m2   LA 27,52 DM/m2   ST 14,09 DM/m2
EP 21,27 €/m2    LA 14,07 €/m2    ST  7,20 €/m2

023.16003.M  KG 345 DIN 276
IW-putz, org., Reibeputz, 2 mm K. auf MW, P Org 1, f
EP 42,19 DM/m2   LA 27,52 DM/m2   ST 14,67 DM/m2
EP 21,57 €/m2    LA 14,07 €/m2    ST  7,50 €/m2

023.16004.M  KG 345 DIN 276
IW-putz, org., Spritzputz, 2 mm K. auf MW, P Org 1, w
EP 42,16 DM/m2   LA 27,52 DM/m2   ST 14,64 DM/m2
EP 21,55 €/m2    LA 14,07 €/m2    ST  7,48 €/m2

023.16005.M  KG 345 DIN 276
IW-putz, org., Spritzputz, 2 mm K. auf MW, P Org 1, f
EP 42,78 DM/m2   LA 27,52 DM/m2   ST 15,26 DM/m2
EP 21,87 €/m2    LA 14,07 €/m2    ST  7,80 €/m2

023.17001.M  KG 345 DIN 276
IW-putz, o.Be, Reibeputz, 2 mm K. auf Be, P Org 1, w
EP 22,16 DM/m2   LA 13,47 DM/m2   ST 8,69 DM/m2
EP 11,33 €/m2    LA  6,89 €/m2    ST 4,44 €/m2

023.17002.M  KG 345 DIN 276
IW-putz, o.Be, Reibeputz, 2 mm K. auf Be, P Org 1, f
EP 22,73 DM/m2   LA 13,47 DM/m2   ST 9,26 DM/m2
EP 11,62 €/m2    LA  6,89 €/m2    ST 4,73 €/m2

023.17003.M  KG 345 DIN 276
IW-putz, o.Be, Spritzputz, 2 mm K. auf Be, P Org 1, w
EP 23,45 DM/m2   LA 13,47 DM/m2   ST 9,98 DM/m2
EP 11,99 €/m2    LA  6,89 €/m2    ST 5,10 €/m2

023.17004.M  KG 345 DIN 276
IW-putz, o.Be, Spritzputz, 2 mm K. auf Be, P Org 1, f
EP 24,12 DM/m2   LA 13,47 DM/m2   ST 10,65 DM/m2
EP 12,33 €/m2    LA  6,89 €/m2    ST  5,44 €/m2

023.18001.M  KG 345 DIN 276
Antikondensations-Wandputz
EP 58,60 DM/m2   LA 43,04 DM/m2   ST 15,64 DM/m2
EP 30,00 €/m2    LA 22,00 €/m2    ST  8,00 €/m2

023.19001.M  KG 353 DIN 276
ID-putz, min., gefilzt, 2-lagig, auf Be, P II
EP 37,05 DM/m2   LA 31,03 DM/m2   ST 6,02 DM/m2
EP 18,94 €/m2    LA 15,86 €/m2    ST 3,08 €/m2

023.19002.M  KG 353 DIN 276
ID-putz, min., gefilzt, 2-lagig, auf Be, P IV
EP 31,02 DM/m2   LA 25,76 DM/m2   ST 5,26 DM/m2
EP 15,86 €/m2    LA 13,17 €/m2    ST 2,69 €/m2

023.19003.M  KG 353 DIN 276
ID-putz, min., gefilzt, 2-lagig, auf LP, P II
EP 39,40 DM/m2   LA 33,38 DM/m2   ST 6,02 DM/m2
EP 20,15 €/m2    LA 17,07 €/m2    ST 3,08 €/m2

023.19004.M  KG 353 DIN 276
ID-putz, min., gefilzt, 2-lagig, auf LP, P IV
EP 30,35 DM/m2   LA 25,76 DM/m2   ST 4,59 DM/m2
EP 15,52 €/m2    LA 13,17 €/m2    ST 2,35 €/m2

023.19005.M  KG 353 DIN 276
ID-putz, min., gerieben, 1-lagig, auf ZD, P II
EP 20,59 DM/m2   LA 17,56 DM/m2   ST 3,03 DM/m2
EP 10,53 €/m2    LA  8,98 €/m2    ST 1,55 €/m2

023.19006.M  KG 353 DIN 276
ID-putz, min., gerieben, 1-lagig, auf Be, P IV
EP 18,87 DM/m2   LA 15,80 DM/m2   ST 3,07 DM/m2
EP  9,65 €/m2    LA  8,08 €/m2    ST 1,57 €/m2

023.19007.M  KG 353 DIN 276
ID-putz, min., gerieben, 2-lagig, auf ZD, P II
EP 29,98 DM/m2   LA 25,76 DM/m2   ST 4,22 DM/m2
EP 15,33 €/m2    LA 13,17 €/m2    ST 2,16 €/m2

023.19008.M  KG 353 DIN 276
ID-putz, min., gerieben, 2-lagig, auf ZD, P IV
EP 35,61 DM/m2   LA 28,10 DM/m2   ST 7,51 DM/m2
EP 18,21 €/m2    LA 14,37 €/m2    ST 3,84 €/m2

023.19009.M  KG 353 DIN 276
ID-putz, min., Reibeputz, 3 mm K. auf Be, P II
EP 41,77 DM/m2   LA 35,13 DM/m2   ST 6,64 DM/m2
EP 21,36 €/m2    LA 17,96 €/m2    ST 3,40 €/m2

023.19010.M  KG 353 DIN 276
ID-putz, min., Reibeputz,, 3 mm K. auf LP, P II
EP 53,19 DM/m2   LA 43,33 DM/m2   ST 9,86 DM/m2
EP 27,19 €/m2    LA 22,15 €/m2    ST 5,04 €/m2

023.19011.M  KG 353 DIN 276
ID-putz, Torkret, 20 mm
EP 46,95 DM/m2   LA 38,99 DM/m2   ST 7,96 DM/m2
EP 24,01 €/m2    LA 19,94 €/m2    ST 4,07 €/m2

023.19012.M  KG 353 DIN 276
ID-putz, Torkret, 30 mm
EP 61,11 DM/m2   LA 49,18 DM/m2   ST 11,93 DM/m2
EP 31,24 €/m2    LA 25,15 €/m2    ST  6,09 €/m2

023.20001.M  KG 353 DIN 276
ID-putz, org., Reibeputz, 2 mm K. auf Be, P Org 1, w
EP 52,08 DM/m2   LA 38,06 DM/m2   ST 14,02 DM/m2
EP 26,63 €/m2    LA 19,46 €/m2    ST  7,17 €/m2

023.20002.M  KG 353 DIN 276
ID-putz, org., Spritzputz, 2 mm K. auf Be, P Org 1, w
EP 53,38 DM/m2   LA 38,06 DM/m2   ST 15,32 DM/m2
EP 27,29 €/m2    LA 19,46 €/m2    ST  7,83 €/m2

# LB 023 Putz- und Stuckarbeiten
## Innenputz; Wärmedämmputzsystem

AW 023
Preise 06.01

Sämtliche Preise sind **Mittelpreise ohne Mehrwertsteuer** zum Zeitpunkt des Ausgabedatums.
**Korrekturfaktoren** für Regionaleinfluss, Mengeneinfluss, Konjunktureinfluss siehe Vorspann.
**Abkürzungen:** EP = Einheitspreis, LA = Lohnanteil, ST = Stoffanteil

023.21001.M KG 353 DIN 276
ID-putz, o.Be, Reibeputz, 2 mm K. auf Be, P Org 1, w
EP 24,54 DM/m2  LA 15,80 DM/m2  ST 8,74 DM/m2
EP 12,54 €/m2   LA  8,08 €/m2   ST 4,46 €/m2

023.21002.M KG 353 DIN 276
ID-putz, o.Be, Spritzputz, 2 mm K. auf Be, P Org 1, w
EP 25,82 DM/m2  LA 15,80 DM/m2  ST 10,02 DM/m2
EP 13,20 €/m2   LA  8,08 €/m2   ST  5,12 €/m2

023.25101.M KG 353 DIN 276
IW-putz, Schlämmputz, P I
EP 10,30 DM/m2  LA 8,43 DM/m2  ST 1,87 DM/m2
EP  5,27 €/m2   LA 4,31 €/m2   ST 0,96 €/m2

023.25102.M KG 353 DIN 276
ID-putz, Schlämmputz, P I
EP 11,12 DM/m2  LA 9,60 DM/m2  ST 1,52 DM/m2
EP  5,68 €/m2   LA 4,91 €/m2   ST 0,77 €/m2

023.25201.M KG 353 DIN 276
IW-putz, Spritzbewurf
EP 4,23 DM/m2  LA 3,34 DM/m2  ST 0,89 DM/m2
EP 2,16 €/m2   LA 1,71 €/m2   ST 0,45 €/m2

023.25202.M KG 353 DIN 276
ID-putz, Spritzbewurf
EP 4,93 DM/m2  LA 4,04 DM/m2  ST 0,89 DM/m2
EP 2,52 €/m2   LA 2,06 €/m2   ST 0,45 €/m2

## Wärmedämmputzsysteme

023.-----.-

|  |  |  |
|---|---|---|
| 023.30001.M | AWD-putz, min, 20 mm, Kratzputz, 4 mm K. auf MW, w | 65,82 DM/m2 / 33,66 €/m2 |
| 023.30002.M | AWD-putz, min, 30 mm, Kratzputz, 4 mm K. auf MW, w | 72,35 DM/m2 / 36,99 €/m2 |
| 023.30003.M | AWD-putz, min, 40 mm, Kratzputz, 4 mm K. auf MW, w | 79,98 DM/m2 / 40,89 €/m2 |
| 023.30004.M | AWD-putz, min, 50 mm, Kratzputz, 4 mm K. auf MW, w | 86,51 DM/m2 / 44,23 €/m2 |
| 023.30005.M | AWD-putz, min, 60 mm, Kratzputz, 4 mm K. auf MW, w | 93,60 DM/m2 / 47,86 €/m2 |
| 023.30006.M | AWD-putz, min, 20 mm, Reibeputz, 3 mm K. auf MW, w | 66,04 DM/m2 / 33,77 €/m2 |
| 023.30007.M | AWD-putz, min, 30 mm, Reibeputz, 3 mm K. auf MW, w | 71,99 DM/m2 / 36,81 €/m2 |
| 023.30008.M | AWD-putz, min, 40 mm, Reibeputz, 3 mm K. auf MW, w | 79,61 DM/m2 / 40,70 €/m2 |
| 023.30009.M | AWD-putz, min, 50 mm, Reibeputz, 3 mm K. auf MW, w | 86,14 DM/m2 / 44,04 €/m2 |
| 023.30010.M | AWD-putz, min, 60 mm, Reibeputz, 3 mm K. auf MW, w | 93,24 DM/m2 / 47,67 €/m2 |
| 023.30101.M | ADD-putz, min, 20 mm, Kratzputz, 4 mm K. auf Be, w | 88,87 DM/m2 / 45,44 €/m2 |
| 023.30102.M | ADD-putz, min, 30 mm, Kratzputz, 4 mm K. auf Be, w | 96,55 DM/m2 / 49,37 €/m2 |
| 023.30103.M | ADD-putz, min, 40 mm, Kratzputz, 4 mm K. auf Be, w | 104,78 DM/m2 / 53,57 €/m2 |
| 023.30104.M | ADD-putz, min, 20 mm, Reibeputz, 3 mm K. auf Be, w | 89,67 DM/m2 / 45,85 €/m2 |
| 023.30105.M | ADD-putz, min, 30 mm, Reibeputz, 3 mm K. auf Be, w | 96,78 DM/m2 / 49,48 €/m2 |
| 023.30106.M | ADD-putz, min, 40 mm, Reibeputz, 3 mm K. auf Be, w | 104,99 DM/m2 / 53,68 €/m2 |

**Abkürzungen:**
AWD   = Außenwanddämmputz
ADD   = Außendeckendämmputz
min   = Putz mineralisch
..mmK = .. mm Körnung für Oberputz
MW    = Putzgrund Mauerwerk
Be    = Putzgrund Beton
w     = Farbton weiß

023.30001.M KG 335 DIN 276
AWD-putz, min, 20 mm, Kratzputz, 4 mm K. auf MW, w
EP 65,82 DM/m2  LA 44,50 DM/m2  ST 21,32 DM/m2
EP 33,66 €/m2   LA 22,75 €/m2   ST 10,91 €/m2

023.30002.M KG 335 DIN 276
AWD-putz, min, 30 mm, Kratzputz, 4 mm K. auf MW, w
EP 72,35 DM/m2  LA 45,67 DM/m2  ST 26,68 DM/m2
EP 36,99 €/m2   LA 23,35 €/m2   ST 13,64 €/m2

023.30003.M KG 335 DIN 276
AWD-putz, min, 40 mm, Kratzputz, 4 mm K. auf MW, w
EP 79,98 DM/m2  LA 48,01 DM/m2  ST 31,97 DM/m2
EP 40,89 €/m2   LA 24,55 €/m2   ST 16,34 €/m2

023.30004.M KG 335 DIN 276
AWD-putz, min, 50 mm, Kratzputz, 4 mm K. auf MW, w
EP 86,51 DM/m2  LA 49,77 DM/m2  ST 36,74 DM/m2
EP 44,23 €/m2   LA 29,45 €/m2   ST 18,78 €/m2

023.30005.M KG 335 DIN 276
AWD-putz, min, 60 mm, Kratzputz, 4 mm K. auf MW, w
EP 93,60 DM/m2  LA 51,53 DM/m2  ST 42,07 DM/m2
EP 47,86 €/m2   LA 26,35 €/m2   ST 21,51 €/m2

023.30006.M KG 335 DIN 276
AWD-putz, min, 20 mm, Reibeputz, 3 mm K. auf MW, w
EP 66,04 DM/m2  LA 45,08 DM/m2  ST 20,96 DM/m2
EP 33,77 €/m2   LA 23,05 €/m2   ST 10,72 €/m2

023.30007.M KG 335 DIN 276
AWD-putz, min, 30 mm, Reibeputz, 3 mm K. auf MW, w
EP 71,99 DM/m2  LA 45,67 DM/m2  ST 26,32 DM/m2
EP 36,81 €/m2   LA 23,35 €/m2   ST 13,46 €/m2

023.30008.M KG 335 DIN 276
AWD-putz, min, 40 mm, Reibeputz, 3 mm K. auf MW, w
EP 79,61 DM/m2  LA 48,01 DM/m2  ST 31,60 DM/m2
EP 40,70 €/m2   LA 24,55 €/m2   ST 16,15 €/m2

023.30009.M KG 335 DIN 276
AWD-putz, min, 50 mm, Reibeputz, 3 mm K. auf MW, w
EP 86,14 DM/m2  LA 49,77 DM/m2  ST 36,37 DM/m2
EP 44,04 €/m2   LA 25,45 €/m2   ST 18,59 €/m2

023.30010.M KG 335 DIN 276
AWD-putz, min, 60 mm, Reibeputz, 3 mm K. auf MW, w
EP 93,24 DM/m2  LA 51,53 DM/m2  ST 41,71 DM/m2
EP 47,67 €/m2   LA 26,35 €/m2   ST 21,32 €/m2

023.30101.M KG 335 DIN 276
ADD-putz, min, 20 mm, Kratzputz, 4 mm K. auf Be, w
EP 88,87 DM/m2  LA 66,16 DM/m2  ST 22,71 DM/m2
EP 45,44 €/m2   LA 33,83 €/m2   ST 11,61 €/m2

023.30102.M KG 335 DIN 276
ADD-putz, min, 30 mm, Kratzputz, 4 mm K. auf Be, w
EP 96,55 DM/m2  LA 68,50 DM/m2  ST 28,05 DM/m2
EP 49,37 €/m2   LA 35,02 €/m2   ST 14,35 €/m2

023.30103.M KG 335 DIN 276
ADD-putz, min, 40 mm, Kratzputz, 4 mm K. auf Be, w
EP 104,78 DM/m2  LA 71,43 DM/m2  ST 33,35 DM/m2
EP  53,57 €/m2   LA 36,52 €/m2   ST 17,05 €/m2

023.30104.M KG 335 DIN 276
ADD-putz, min, 20 mm, Reibeputz, 3 mm K. auf Be, w
EP 89,67 DM/m2  LA 67,33 DM/m2  ST 22,34 DM/m2
EP 45,85 €/m2   LA 34,43 €/m2   ST 11,42 €/m2

023.30105.M KG 335 DIN 276
ADD-putz, min, 30 mm, Reibeputz, 3 mm K. auf Be, w
EP 96,78 DM/m2  LA 69,09 DM/m2  ST 27,69 DM/m2
EP 49,48 €/m2   LA 35,33 €/m2   ST 14,15 €/m2

023.30106.M KG 335 DIN 276
ADD-putz, min, 40 mm, Reibeputz, 3 mm K. auf Be, w
EP 104,99 DM/m2  LA 72,02 DM/m2  ST 32,97 DM/m2
EP  53,68 €/m2   LA 36,82 €/m2   ST 16,86 €/m2

# LB 023 Putz- und Stuckarbeiten
## Wärmedämm-Verbundsystem

AW 023

Preise 06.01

Sämtliche Preise sind **Mittelpreise ohne Mehrwertsteuer** zum Zeitpunkt des Ausgabedatums.
**Korrekturfaktoren** für Regionaleinfluss, Mengeneinfluss, Konjunktureinfluss siehe Vorspann.
Abkürzungen: EP = Einheitspreis, LA = Lohnanteil, ST = Stoffanteil

### Wärmedämm-Verbundsysteme

023.-----.-

|  |  |  |
|---|---|---|
| 023.35001.M | AW-WDS, MF, 50 mm, Kratzputz, 4 mm K, w | 114,38 DM/m2 / 58,48 €/m2 |
| 023.35002.M | AW-WDS, MF, 60 mm, Kratzputz, 4 mm K, w | 118,12 DM/m2 / 60,39 €/m2 |
| 023.35003.M | AW-WDS, MF, 80 mm, Kratzputz, 4 mm K, w | 124,82 DM/m2 / 63,82 €/m2 |
| 023.35004.M | AW-WDS, MF, 100 mm, Kratzputz, 4 mm K, w | 132,10 DM/m2 / 67,54 €/m2 |
| 023.35005.M | AW-WDS, MF, 120 mm, Kratzputz, 4 mm K, w | 139,97 DM/m2 / 71,57 €/m2 |
| 023.35006.M | AW-WDS, MF, 140 mm, Kratzputz, 4 mm K, w | 147,83 DM/m2 / 75,59 €/m2 |
| 023.35007.M | AW-WDS, MF, 160 mm, Kratzputz, 4 mm K, w | 155,70 DM/m2 / 79,61 €/m2 |
| 023.35008.M | AW-WDS, PS, 50 mm, Kratzputz, 4 mm K, w | 101,57 DM/m2 / 51,93 €/m2 |
| 023.35009.M | AW-WDS, PS, 60 mm, Kratzputz, 4 mm K, w | 103,37 DM/m2 / 52,85 €/m2 |
| 023.35010.M | AW-WDS, PS, 80 mm, Kratzputz, 4 mm K, w | 107,24 DM/m2 / 54,83 €/m2 |
| 023.35011.M | AW-WDS, PS, 100 mm, Kratzputz, 4 mm K, w | 112,08 DM/m2 / 57,30 €/m2 |
| 023.35012.M | AW-WDS, PS, 120 mm, Kratzputz, 4 mm K, w | 117,01 DM/m2 / 59,83 €/m2 |
| 023.35013.M | AW-WDS, PS, 140 mm, Kratzputz, 4 mm K, w | 121,80 DM/m2 / 62,27 €/m2 |
| 023.35014.M | AW-WDS, PS, 160 mm, Kratzputz, 4 mm K, w | 126,45 DM/m2 / 64,65 €/m2 |
| 023.36001.M | AD-WDS, MF, 50 mm, Kratzputz, 4 mm K, w | 132,51 DM/m2 / 67,75 €/m2 |
| 023.36002.M | AD-WDS, MF, 60 mm, Kratzputz, 4 mm K, w | 136,25 DM/m2 / 69,67 €/m2 |
| 023.36003.M | AD-WDS, MF, 80 mm, Kratzputz, 4 mm K, w | 142,95 DM/m2 / 73,09 €/m2 |
| 023.36004.M | AD-WDS, MF, 100 mm, Kratzputz, 4 mm K, w | 152,57 DM/m2 / 78,01 €/m2 |
| 023.36005.M | AD-WDS, PS, 50 mm, Kratzputz, 4 mm K, w | 118,88 DM/m2 / 60,78 €/m2 |
| 023.36006.M | AD-WDS, PS, 60 mm, Kratzputz, 4 mm K, w | 120,69 DM/m2 / 61,71 €/m2 |
| 023.36007.M | AD-WDS, PS, 80 mm, Kratzputz, 4 mm K, w | 124,56 DM/m2 / 63,68 €/m2 |
| 023.36008.M | AD-WDS, PS, 100 mm, Kratzputz, 4 mm K, w | 131,15 DM/m2 / 67,06 €/m2 |

Abkürzungen:
AW-WDS = Außenwand-Wärmedämm-Verbundsystem
AD-WDS = Außendecken-Wärmedämm-Verbundsystem
PS..mm = Polystyrol-Hartschaumplatten .. mm dick
MF..mm = Mineralfaserdämmstoffplatten .. mm dick
..mm K = .. mm Körnung für Oberputz
w = Farbton weiß

**023.35001.M** KG 335 DIN 276
AW-WDS, MF, 50 mm, Kratzputz, 4 mm K, w
EP 114,38 DM/m2  LA 61,48 DM/m2  ST 52,90 DM/m2
EP  58,48 €/m2   LA 31,43 €/m2   ST 27,05 €/m2

**023.35002.M** KG 335 DIN 276
AW-WDS, MF, 60 mm, Kratzputz, 4 mm K, w
EP 118,12 DM/m2  LA 61,48 DM/m2  ST 56,64 DM/m2
EP  60,39 €/m2   LA 31,43 €/m2   ST 28,96 €/m2

**023.35003.M** KG 335 DIN 276
AW-WDS, MF, 80 mm, Kratzputz, 4 mm K, w
EP 124,82 DM/m2  LA 61,48 DM/m2  ST 63,34 DM/m2
EP  63,82 €/m2   LA 31,43 €/m2   ST 32,39 €/m2

**023.35004.M** KG 335 DIN 276
AW-WDS, MF, 100 mm, Kratzputz, 4 mm K, w
EP 132,10 DM/m2  LA 62,07 DM/m2  ST 70,03 DM/m2
EP  67,54 €/m2   LA 31,73 €/m2   ST 35,81 €/m2

**023.35005.M** KG 335 DIN 276
AW-WDS, MF, 120 mm, Kratzputz, 4 mm K, w
EP 139,97 DM/m2  LA 63,24 DM/m2  ST 76,73 DM/m2
EP  71,57 €/m2   LA 32,33 €/m2   ST 39,24 €/m2

**023.35006.M** KG 335 DIN 276
AW-WDS, MF, 140 mm, Kratzputz, 4 mm K, w
EP 147,83 DM/m2  LA 64,41 DM/m2  ST 83,42 DM/m2
EP  75,59 €/m2   LA 32,93 €/m2   ST 42,66 €/m2

**023.35007.M** KG 335 DIN 276
AW-WDS, MF, 160 mm, Kratzputz, 4 mm K, w
EP 155,70 DM/m2  LA 65,57 DM/m2  ST 90,13 DM/m2
EP  79,61 €/m2   LA 33,53 €/m2   ST 46,08 €/m2

**023.35008.M** KG 335 DIN 276
AW-WDS, PS, 50 mm, Kratzputz, 4 mm K, w
EP 101,57 DM/m2  LA 62,07 DM/m2  ST 39,50 DM/m2
EP  51,93 €/m2   LA 31,73 €/m2   ST 20,20 €/m2

**023.35009.M** KG 335 DIN 276
AW-WDS, PS, 60 mm, Kratzputz, 4 mm K, w
EP 103,37 DM/m2  LA 62,07 DM/m2  ST 41,30 DM/m2
EP  52,85 €/m2   LA 31,73 €/m2   ST 21,12 €/m2

**023.35010.M** KG 335 DIN 276
AW-WDS, PS, 80 mm, Kratzputz, 4 mm K, w
EP 107,24 DM/m2  LA 62,07 DM/m2  ST 45,17 DM/m2
EP  54,83 €/m2   LA 31,73 €/m2   ST 23,10 €/m2

**023.35011.M** KG 335 DIN 276
AW-WDS, PS, 100 mm, Kratzputz, 4 mm K, w
EP 112,08 DM/m2  LA 63,24 DM/m2  ST 48,84 DM/m2
EP  57,30 €/m2   LA 32,33 €/m2   ST 24,97 €/m2

**023.35012.M** KG 335 DIN 276
AW-WDS, PS, 120 mm, Kratzputz, 4 mm K, w
EP 117,01 DM/m2  LA 64,41 DM/m2  ST 52,60 DM/m2
EP  59,83 €/m2   LA 32,93 €/m2   ST 26,90 €/m2

**023.35013.M** KG 335 DIN 276
AW-WDS, PS, 140 mm, Kratzputz, 4 mm K, w
EP 121,80 DM/m2  LA 65,57 DM/m2  ST 56,23 DM/m2
EP  62,27 €/m2   LA 33,53 €/m2   ST 28,74 €/m2

**023.35014.M** KG 335 DIN 276
AW-WDS, PS, 160 mm, Kratzputz, 4 mm K, w
EP 126,45 DM/m2  LA 66,16 DM/m2  ST 60,29 DM/m2
EP  64,65 €/m2   LA 33,83 €/m2   ST 30,82 €/m2

**023.36001.M** KG 335 DIN 276
AD-WDS, MF, 50 mm, Kratzputz, 4 mm K, w
EP 132,51 DM/m2  LA 76,11 DM/m2  ST 56,40 DM/m2
EP  67,75 €/m2   LA 38,92 €/m2   ST 28,83 €/m2

**023.36002.M** KG 335 DIN 276
AD-WDS, MF, 60 mm, Kratzputz, 4 mm K, w
EP 136,25 DM/m2  LA 76,11 DM/m2  ST 60,14 DM/m2
EP  69,67 €/m2   LA 38,92 €/m2   ST 30,75 €/m2

**023.36003.M** KG 335 DIN 276
AD-WDS, MF, 80 mm, Kratzputz, 4 mm K, w
EP 142,95 DM/m2  LA 76,11 DM/m2  ST 66,83 DM/m2
EP  73,09 €/m2   LA 38,92 €/m2   ST 34,17 €/m2

**023.36004.M** KG 335 DIN 276
AD-WDS, MF, 100 mm, Kratzputz, 4 mm K, w
EP 152,57 DM/m2  LA 79,04 DM/m2  ST 73,53 DM/m2
EP  78,01 €/m2   LA 40,41 €/m2   ST 37,60 €/m2

**023.36005.M** KG 335 DIN 276
AD-WDS, PS, 50 mm, Kratzputz, 4 mm K, w
EP 118,88 DM/m2  LA 76,11 DM/m2  ST 42,77 DM/m2
EP  60,78 €/m2   LA 38,92 €/m2   ST 21,86 €/m2

**023.36006.M** KG 335 DIN 276
AD-WDS, PS, 60 mm, Kratzputz, 4 mm K, w
EP 120,69 DM/m2  LA 76,11 DM/m2  ST 44,58 DM/m2
EP  61,71 €/m2   LA 38,92 €/m2   ST 22,79 €/m2

**023.36007.M** KG 335 DIN 276
AD-WDS, PS, 80 mm, Kratzputz, 4 mm K, w
EP 124,56 DM/m2  LA 76,11 DM/m2  ST 48,45 DM/m2
EP  64,68 €/m2   LA 38,92 €/m2   ST 24,76 €/m2

**023.36008.M** KG 335 DIN 276
AD-WDS, PS, 100 mm, Kratzputz, 4 mm K, w
EP 131,15 DM/m2  LA 79,04 DM/m2  ST 52,11 DM/m2
EP  67,06 €/m2   LA 40,41 €/m2   ST 26,65 €/m2

AW 023

# LB 023 Putz- und Stuckarbeiten
## Akustik-, Drahtputze, Sanierputzsysteme

Preise 06.01

Sämtliche Preise sind **Mittelpreise ohne Mehrwertsteuer** zum Zeitpunkt des Ausgabedatums.
**Korrekturfaktoren** für Regionaleinfluss, Mengeneinfluss, Konjunktureinfluss siehe Vorspann.
**Abkürzungen:** EP = Einheitspreis, LA = Lohnanteil, ST = Stoffanteil

### Akustik-, Drahtputze, Sanierputzsysteme

023.-----.-

|  |  |  |
|---|---|---|
| 023.40001.M | IW-Akustikputz, Unterputz + 1x gespritzt, auf MW, w | 53,08 DM/m2 |
| | | 27,14 €/m2 |
| 023.40002.M | IW-Akustikputz, Unterputz + 2x gespritzt, auf MW, w | 75,61 DM/m2 |
| | | 38,66 €/m2 |
| 023.40003.M | IW-Akustikputz, 1x gespritzt, auf Beton, w | 38,25 DM/m2 |
| | | 19,56 €/m2 |
| 023.40004.M | IW-Akustikputz, 2x gespritzt, auf Beton, w | 61,49 DM/m2 |
| | | 31,44 €/m2 |
| 023.41001.M | ID-Akustikputz, 1x gespritzt, auf Beton, w | 41,18 DM/m2 |
| | | 21,05 €/m2 |
| 023.41002.M | ID-Akustikputz, 2x gespritzt, auf Beton, w | 65,59 DM/m2 |
| | | 33,54 €/m2 |
| 023.44001.M | San-putz, o.Ausgl., 20 mm, Reibepu., 3 mm K, auf MW, w | 51,04 DM/m2 |
| | | 26,10 €/m2 |
| 023.44002.M | San-putz, o.Ausgl., 30 mm, Reibepu., 3 mm K, auf MW, w | 70,89 DM/m2 |
| | | 36,24 €/m2 |
| 023.44003.M | San-putz, o.Ausgl., 40 mm, Reibepu., 3 mm K, auf MW, w | 90,70 DM/m2 |
| | | 46,37 €/m2 |
| 023.44004.M | San-putz, o.Ausgl., 20 mm, Filzputz, 1 mm K, auf MW, b | 48,10 DM/m2 |
| | | 24,59 €/m2 |
| 023.44005.M | San-putz, o.Ausgl., 30 mm, Filzputz, 1 mm K, auf MW, b | 67,95 DM/m2 |
| | | 34,74 €/m2 |
| 023.44006.M | San-putz, o.Ausgl., 40 mm, Filzputz, 1 mm K, auf MW, b | 88,35 DM/m2 |
| | | 45,17 €/m2 |
| 023.53001.M | Drahtputz als Brandschutzbekleidung F 60 | 79,67 DM/m2 |
| | | 40,73 €/m2 |

Abkürzungen:
IW = Innenwandputz
ID = Innendeckenputz
San-pu = Sanierputzsystem
o.Ausgl = ohne Ausgleichputz
MW = Putzgrund Mauerwerk
..mm K = .. mm Körnung für Oberputz
w = Farbton weiß
b = Farbton beige

023.40001.M KG 345 DIN 276
IW-Akustikputz, Unterputz + 1x gespritzt, auf MW, w
EP 53,08 DM/m2   LA 24,60 DM/m2   ST 28,48 DM/m2
EP 27,14 €/m2    LA 12,58 €/m2    ST 14,56 €/m2

023.40002.M KG 345 DIN 276
IW-Akustikputz, Unterputz + 2x gespritzt, auf MW, w
EP 75,61 DM/m2   LA 33,96 DM/m2   ST 41,65 DM/m2
EP 38,66 €/m2    LA 17,36 €/m2    ST 21,30 €/m2

023.40003.M KG 345 DIN 276
IW-Akustikputz, 1x gespritzt, auf Beton, w
EP 38,25 DM/m2   LA 13,47 DM/m2   ST 24,78 DM/m2
EP 19,56 €/m2    LA  6,89 €/m2    ST 12,67 €/m2

023.40004.M KG 345 DIN 276
IW-Akustikputz, 2x gespritzt, auf Beton, w
EP 61,49 DM/m2   LA 23,42 DM/m2   ST 38,07 DM/m2
EP 31,44 €/m2    LA 11,97 €/m2    ST 19,47 €/m2

023.41001.M KG 353 DIN 276
ID-Akustikputz, 1x gespritzt, auf Beton, w
EP 41,18 DM/m2   LA 16,39 DM/m2   ST 24,79 DM/m2
EP 21,05 €/m2    LA  8,38 €/m2    ST 12,67 €/m2

023.41002.M KG 353 DIN 276
ID-Akustikputz, 2x gespritzt, auf Beton, w
EP 65,59 DM/m2   LA 27,52 DM/m2   ST 38,07 DM/m2
EP 33,54 €/m2    LA 14,07 €/m2    ST 19,47 €/m2

023.44001.M KG 335 DIN 276
San-putz, o.Ausgl., 20 mm, Reibepu., 3 mm K, auf MW, w
EP 51,04 DM/m2   LA 33,38 DM/m2   ST 17,66 DM/m2
EP 26,10 €/m2    LA 17,07 €/m2    ST  9,03 €/m2

023.44002.M KG 335 DIN 276
San-putz, o.Ausgl., 30 mm, Reibepu., 3 mm K, auf MW, w
EP 70,89 DM/m2   LA 46,84 DM/m2   ST 24,05 DM/m2
EP 36,24 €/m2    LA 23,95 €/m2    ST 12,29 €/m2

023.44003.M KG 335 DIN 276
San-putz, o.Ausgl., 40 mm, Reibepu., 3 mm K, auf MW, w
EP 90,70 DM/m2   LA 60,31 DM/m2   ST 30,39 DM/m2
EP 46,37 €/m2    LA 30,84 €/m2    ST 15,53 €/m2

023.44004.M KG 335 DIN 276
San-putz, o.Ausgl., 20 mm, Filzputz, 1 mm K, auf MW, b
EP 48,10 DM/m2   LA 31,03 DM/m2   ST 17,07 DM/m2
EP 24,59 €/m2    LA 15,86 €/m2    ST  8,73 €/m2

023.44005.M KG 335 DIN 276
San-putz, o.Ausgl., 30 mm, Filzputz, 1 mm K, auf MW, b
EP 67,95 DM/m2   LA 44,50 DM/m2   ST 23,45 DM/m2
EP 34,74 €/m2    LA 22,75 €/m2    ST 11,99 €/m2

023.44006.M KG 335 DIN 276
San-putz, o.Ausgl., 40 mm, Filzputz, 1 mm K, auf MW, b
EP 88,35 DM/m2   LA 58,55 DM/m2   ST 29,80 DM/m2
EP 45,17 €/m2    LA 29,94 €/m2    ST 15,24 €/m2

023.53001.M KG 345 DIN 276
Drahtputz als Brandschutzbekleidung F 60
EP 79,67 DM/m2   LA 69,68 DM/m2   ST  9,99 DM/m2
EP 40,73 €/m2    LA 35,63 €/m2    ST  5,10 €/m2

# LB 023 Putz- und Stuckarbeiten
## Trockenputz

AW 023

Preise 06.01

Sämtliche Preise sind **Mittelpreise ohne Mehrwertsteuer** zum Zeitpunkt des Ausgabedatums.
**Korrekturfaktoren** für Regionaleinfluss, Mengeneinfluss, Konjunktureinfluss siehe Vorspann.
Abkürzungen: EP = Einheitspreis, LA = Lohnanteil, ST = Stoffanteil

**Hinweis:**
GKB = Gipskarton-Bauplatte
GKBI = Gipskarton-Bauplatte, imprägniert
GKF = Gipskarton-Feuerschutzplatte
GKFI = Gipskarton-Feuerschutzplatte, imprägniert
GF = Gipsfaserplatte

### Trockenputz

023.-----.-

|  |  |  |
|---|---|---|
| 023.66001.M | Trockenputz, GKB 9,5 mm | 25,16 DM/m2 / 12,87 €/m2 |
| 023.66002.M | Trockenputz, GKB 12,5 mm | 27,49 DM/m2 / 14,06 €/m2 |
| 023.66003.M | Trockenputz, GKB 12,5 mm + MIN 20 mm | 45,67 DM/m2 / 23,35 €/m2 |
| 023.66004.M | Trockenputz, GKB 12,5 mm + MIN 30 mm | 50,33 DM/m2 / 25,73 €/m2 |
| 023.66005.M | Trockenputz, GKB 12,5 mm + MIN 50 mm | 41,46 DM/m2 / 21,20 €/m2 |
| 023.66006.M | Trockenputz, GKB 12,5 mm + MIN-Al 20 mm | 47,36 DM/m2 / 24,22 €/m2 |
| 023.66007.M | Trockenputz, GKB 12,5 mm + MIN-Al 30 mm | 52,12 DM/m2 / 26,65 €/m2 |
| 023.66008.M | Trockenputz, GKB 12,5 mm + MIN-Al 50 mm | 61,63 DM/m2 / 31,51 €/m2 |
| 023.66009.M | Trockenputz, GKB 9,5 mm + PS 20 mm | 29,13 DM/m2 / 14,89 €/m2 |
| 023.66010.M | Trockenputz, GKB 9,5 mm + PS 30 mm | 30,89 DM/m2 / 15,79 €/m2 |
| 023.66011.M | Trockenputz, GKB 12,5 mm + PS 20 mm | 31,51 DM/m2 / 16,11 €/m2 |
| 023.66012.M | Trockenputz, GKB 12,5 mm + PS 30 mm | 33,19 DM/m2 / 16,97 €/m2 |
| 023.66013.M | Trockenputz, GKB 12,5 mm + PS 40 mm | 34,51 DM/m2 / 17,64 €/m2 |
| 023.66014.M | Trockenputz, GKB 12,5 mm + PS 50 mm | 36,13 DM/m2 / 18,47 €/m2 |
| 023.66015.M | Trockenputz, GKB 12,5 mm + PS 60 mm | 37,62 DM/m2 / 19,24 €/m2 |
| 023.66016.M | Trockenputz, GKB 12,5 mm + PS 80 mm | 39,09 DM/m2 / 19,99 €/m2 |
| 023.66017.M | Trockenputz, GKB 9,5 mm + PS-Al 20 mm | 30,19 DM/m2 / 15,44 €/m2 |
| 023.66018.M | Trockenputz, GKB 9,5 mm + PS-Al 30 mm | 32,10 DM/m2 / 16,41 €/m2 |
| 023.66019.M | Trockenputz, GKB 12,5 mm + PS-Al 20 mm | 32,86 DM/m2 / 16,80 €/m2 |
| 023.66020.M | Trockenputz, GKB 12,5 mm + PS-Al 30 mm | 34,67 DM/m2 / 17,72 €/m2 |
| 023.66021.M | Trockenputz, GKB 12,5 mm + PS-Al 40 mm | 36,18 DM/m2 / 18,50 €/m2 |
| 023.66022.M | Trockenputz, GKB 12,5 mm + PS-Al 50 mm | 37,40 DM/m2 / 19,12 €/m2 |
| 023.66023.M | Trockenputz, GKB 12,5 mm + PS-Al 60 mm | 39,55 DM/m2 / 20,22 €/m2 |
| 023.66024.M | Trockenputz, GKB 12,5 mm + PS-Al 80 mm | 41,46 DM/m2 / 21,20 €/m2 |
| 023.66101.M | Trockenputz, GKBI 12,5 mm | 29,61 DM/m2 / 15,14 €/m2 |
| 023.66201.M | Trockenputz, GKF 12,5 mm | 28,52 DM/m2 / 14,58 €/m2 |
| 023.66202.M | Trockenputz, GKF 15,0 mm | 29,68 DM/m2 / 15,18 €/m2 |
| 023.66203.M | Trockenputz, GKF 18,0 mm | 31,34 DM/m2 / 16,02 €/m2 |
| 023.66301.M | Trockenputz, GKFI 12,5 mm | 30,78 DM/m2 / 15,74 €/m2 |
| 023.66302.M | Trockenputz, GKFI 15,0 mm | 32,06 DM/m2 / 16,39 €/m2 |
| 023.66303.M | Trockenputz, GKFI 18,0 mm | 32,73 DM/m2 / 16,73 €/m2 |
| 023.66401.M | Trockenputz, GF 10,0 mm | 31,50 DM/m2 / 16,10 €/m2 |
| 023.66402.M | Trockenputz, GF 12,5 mm | 33,32 DM/m2 / 17,03 €/m2 |
| 023.66403.M | Trockenputz, GF 10,0 mm + PS 15 mm | 35,47 DM/m2 / 18,14 €/m2 |
| 023.66404.M | Trockenputz, GF 10,0 mm + PS 20 mm | 36,45 DM/m2 / 18,64 €/m2 |
| 023.66405.M | Trockenputz, GF 10,0 mm + PS 30 mm | 38,52 DM/m2 / 19,70 €/m2 |
| 023.66406.M | Trockenputz, GF 10,0 mm + PS 40 mm | 39,40 DM/m2 / 20,15 €/m2 |
| 023.66407.M | Trockenputz, GF 10,0 mm + PS 50 mm | 40,35 DM/m2 / 20,63 €/m2 |
| 023.66408.M | Trockenputz, GF 10,0 mm + PS-Al 15 mm | 40,04 DM/m2 / 20,47 €/m2 |
| 023.66409.M | Trockenputz, GF 10,0 mm + PS-Al 20 mm | 42,20 DM/m2 / 21,58 €/m2 |
| 023.66410.M | Trockenputz, GF 10,0 mm + PS-Al 30 mm | 43,41 DM/m2 / 22,19 €/m2 |
| 023.66411.M | Trockenputz, GF 10,0 mm + PS-Al 40 mm | 45,22 DM/m2 / 23,12 €/m2 |
| 023.66412.M | Trockenputz, GF 10,0 mm + PS-Al 50 mm | 46,44 DM/m2 / 23,75 €/m2 |

---

**023.66001.M**    KG 345 DIN 276
Trockenputz, GKB 9,5 mm
EP 25,16 DM/m2    LA 20,02 DM/m2    ST 5,14 DM/m2
EP 12,87 €/m2    LA 10,24 €/m2    ST 2,63 €/m2

**023.66002.M**    KG 345 DIN 276
Trockenputz, GKB 12,5 mm
EP 27,49 DM/m2    LA 21,67 DM/m2    ST 5,82 DM/m2
EP 14,06 €/m2    LA 11,08 €/m2    ST 2,98 €/m2

**023.66003.M**    KG 345 DIN 276
Trockenputz, GKB 12,5 mm + MIN 20 mm
EP 45,67 DM/m2    LA 21,61 DM/m2    ST 24,06 DM/m2
EP 23,35 €/m2    LA 11,05 €/m2    ST 12,30 €/m2

**023.66004.M**    KG 345 DIN 276
Trockenputz, GKB 12,5 mm + MIN 30 mm
EP 50,33 DM/m2    LA 21,96 DM/m2    ST 28,37 DM/m2
EP 25,73 €/m2    LA 11,23 €/m2    ST 14,50 €/m2

**023.66005.M**    KG 345 DIN 276
Trockenputz, GKB 12,5 mm + MIN 50 mm
EP 41,46 DM/m2    LA 23,13 DM/m2    ST 18,33 DM/m2
EP 21,20 €/m2    LA 11,82 €/m2    ST  9,38 €/m2

**023.66006.M**    KG 345 DIN 276
Trockenputz, GKB 12,5 mm + MIN-Al 20 mm
EP 47,36 DM/m2    LA 21,61 DM/m2    ST 25,75 DM/m2
EP 24,22 €/m2    LA 11,05 €/m2    ST 13,17 €/m2

**023.66007.M**    KG 345 DIN 276
Trockenputz, GKB 12,5 mm + MIN-Al 30 mm
EP 52,12 DM/m2    LA 21,96 DM/m2    ST 30,16 DM/m2
EP 26,65 €/m2    LA 11,23 €/m2    ST 15,42 €/m2

**023.66008.M**    KG 345 DIN 276
Trockenputz, GKB 12,5 mm + MIN-Al 50 mm
EP 61,63 DM/m2    LA 22,54 DM/m2    ST 39,09 DM/m2
EP 31,51 €/m2    LA 11,52 €/m2    ST 19,99 €/m2

**023.66009.M**    KG 345 DIN 276
Trockenputz, GKB 9,5 mm + PS 20 mm
EP 29,13 DM/m2    LA 20,02 DM/m2    ST 9,11 DM/m2
EP 14,89 €/m2    LA 10,24 €/m2    ST 4,65 €/m2

**023.66010.M**    KG 345 DIN 276
Trockenputz, GKB 9,5 mm + PS 30 mm
EP 30,89 DM/m2    LA 20,67 DM/m2    ST 10,22 DM/m2
EP 15,79 €/m2    LA 10,57 €/m2    ST  5,22 €/m2

**023.66011.M**    KG 345 DIN 276
Trockenputz, GKB 12,5 mm + PS 20 mm
EP 31,51 DM/m2    LA 21,55 DM/m2    ST 9,96 DM/m2
EP 16,11 €/m2    LA 11,02 €/m2    ST 5,09 €/m2

**023.66012.M**    KG 345 DIN 276
Trockenputz, GKB 12,5 mm + PS 30 mm
EP 33,19 DM/m2    LA 21,96 DM/m2    ST 11,23 DM/m2
EP 16,97 €/m2    LA 11,23 €/m2    ST  5,74 €/m2

**023.66013.M**    KG 345 DIN 276
Trockenputz, GKB 12,5 mm + PS 40 mm
EP 34,51 DM/m2    LA 22,25 DM/m2    ST 12,26 DM/m2
EP 17,64 €/m2    LA 11,38 €/m2    ST  6,26 €/m2

**023.66014.M**    KG 345 DIN 276
Trockenputz, GKB 12,5 mm + PS 50 mm
EP 36,13 DM/m2    LA 22,54 DM/m2    ST 13,59 DM/m2
EP 18,47 €/m2    LA 11,52 €/m2    ST  6,95 €/m2

**023.66015.M**    KG 345 DIN 276
Trockenputz, GKB 12,5 mm + PS 60 mm
EP 37,62 DM/m2    LA 22,84 DM/m2    ST 14,78 DM/m2
EP 19,24 €/m2    LA 11,68 €/m2    ST  7,56 €/m2

# LB 023 Putz- und Stuckarbeiten
## Trockenputz

AW 023
Preise 06.01

Sämtliche Preise sind **Mittelpreise ohne Mehrwertsteuer** zum Zeitpunkt des Ausgabedatums.
**Korrekturfaktoren** für Regionaleinfluss, Mengeneinfluss, Konjunktureinfluss siehe Vorspann.
**Abkürzungen:** EP = Einheitspreis, LA = Lohnanteil, ST = Stoffanteil

023.66016.M KG 345 DIN 276
Trockenputz, GKB 12,5 mm + PS 80 mm
EP 39,09 DM/m2 LA 23,13 DM/m2 ST 15,96 DM/m2
EP 19,99 €/m2 LA 11,82 €/m2 ST 8,17 €/m2

023.66017.M KG 345 DIN 276
Trockenputz, GKB 9,5 mm + PS-Al 20 mm
EP 30,19 DM/m2 LA 20,02 DM/m2 ST 10,17 DM/m2
EP 15,44 €/m2 LA 10,24 €/m2 ST 5,20 €/m2

023.66018.M KG 345 DIN 276
Trockenputz, GKB 9,5 mm + PS-Al 30 mm
EP 32,10 DM/m2 LA 20,61 DM/m2 ST 11,49 DM/m2
EP 16,41 €/m2 LA 10,54 €/m2 ST 5,87 €/m2

023.66019.M KG 345 DIN 276
Trockenputz, GKB 12,5 mm + PS-Al 20 mm
EP 32,86 DM/m2 LA 21,55 DM/m2 ST 11,31 DM/m2
EP 16,80 €/m2 LA 11,02 €/m2 ST 5,78 €/m2

023.66020.M KG 345 DIN 276
Trockenputz, GKB 12,5 mm + PS-Al 30 mm
EP 34,67 DM/m2 LA 21,96 DM/m2 ST 12,71 DM/m2
EP 17,72 €/m2 LA 11,23 €/m2 ST 6,49 €/m2

023.66021.M KG 345 DIN 276
Trockenputz, GKB 12,5 mm + PS-Al 40 mm
EP 36,18 DM/m2 LA 22,25 DM/m2 ST 13,93 DM/m2
EP 18,50 €/m2 LA 11,38 €/m2 ST 7,12 €/m2

023.66022.M KG 345 DIN 276
Trockenputz, GKB 12,5 mm + PS-Al 50 mm
EP 37,40 DM/m2 LA 22,54 DM/m2 ST 14,86 DM/m2
EP 19,12 €/m2 LA 11,52 €/m2 ST 7,60 €/m2

023.66023.M KG 345 DIN 276
Trockenputz, GKB 12,5 mm + PS-Al 60 mm
EP 39,55 DM/m2 LA 22,84 DM/m2 ST 16,71 DM/m2
EP 20,22 €/m2 LA 11,68 €/m2 ST 8,54 €/m2

023.66024.M KG 345 DIN 276
Trockenputz, GKB 12,5 mm + PS-Al 80 mm
EP 41,46 DM/m2 LA 23,13 DM/m2 ST 18,33 DM/m2
EP 21,20 €/m2 LA 11,82 €/m2 ST 9,38 €/m2

023.66101.M KG 345 DIN 276
Trockenputz, GKBI 12,5 mm
EP 29,61 DM/m2 LA 21,67 DM/m2 ST 7,94 DM/m2
EP 15,14 €/m2 LA 11,08 €/m2 ST 4,06 €/m2

023.66201.M KG 345 DIN 276
Trockenputz, GKF 12,5 mm
EP 28,52 DM/m2 LA 21,67 DM/m2 ST 6,85 DM/m2
EP 14,58 €/m2 LA 11,08 €/m2 ST 3,50 €/m2

023.66202.M KG 345 DIN 276
Trockenputz, GKF 15,0 mm
EP 29,68 DM/m2 LA 21,96 DM/m2 ST 7,72 DM/m2
EP 15,18 €/m2 LA 11,23 €/m2 ST 3,95 €/m2

023.66203.M KG 345 DIN 276
Trockenputz, GKF 18,0 mm
EP 31,34 DM/m2 LA 22,25 DM/m2 ST 9,09 DM/m2
EP 16,02 €/m2 LA 11,38 €/m2 ST 4,64 €/m2

023.66301.M KG 345 DIN 276
Trockenputz, GKFI 12,5 mm
EP 30,78 DM/m2 LA 21,67 DM/m2 ST 9,11 DM/m2
EP 15,74 €/m2 LA 11,08 €/m2 ST 4,66 €/m2

023.66302.M KG 345 DIN 276
Trockenputz, GKFI 15,0 mm
EP 32,06 DM/m2 LA 21,96 DM/m2 ST 10,10 DM/m2
EP 16,39 €/m2 LA 11,23 €/m2 ST 5,16 €/m2

023.66303.M KG 345 DIN 276
Trockenputz, GKFI 18,0 mm
EP 32,73 DM/m2 LA 22,25 DM/m2 ST 10,48 DM/m2
EP 16,73 €/m2 LA 11,38 €/m2 ST 5,35 €/m2

023.66401.M KG 345 DIN 276
Trockenputz, GF 10,0 mm
EP 31,50 DM/m2 LA 21,96 DM/m2 ST 9,54 DM/m2
EP 16,10 €/m2 LA 11,23 €/m2 ST 4,87 €/m2

023.66402.M KG 345 DIN 276
Trockenputz, GF 12,5 mm
EP 33,32 DM/m2 LA 22,25 DM/m2 ST 11,07 DM/m2
EP 17,03 €/m2 LA 11,38 €/m2 ST 5,65 €/m2

023.66403.M KG 345 DIN 276
Trockenputz, GF 10,0 mm + PS 15 mm
EP 35,47 DM/m2 LA 21,37 DM/m2 ST 14,10 DM/m2
EP 18,14 €/m2 LA 10,93 €/m2 ST 7,21 €/m2

023.66404.M KG 345 DIN 276
Trockenputz, GF 10,0 mm + PS 20 mm
EP 36,45 DM/m2 LA 21,67 DM/m2 ST 14,78 DM/m2
EP 18,64 €/m2 LA 11,08 €/m2 ST 7,56 €/m2

023.66405.M KG 345 DIN 276
Trockenputz, GF 10,0 mm + PS 30 mm
EP 38,52 DM/m2 LA 21,96 DM/m2 ST 16,56 DM/m2
EP 19,70 €/m2 LA 11,23 €/m2 ST 8,47 €/m2

023.66406.M KG 345 DIN 276
Trockenputz, GF 10,0 mm + PS 40 mm
EP 39,40 DM/m2 LA 22,25 DM/m2 ST 17,15 DM/m2
EP 20,15 €/m2 LA 11,38 €/m2 ST 8,77 €/m2

023.66407.M KG 345 DIN 276
Trockenputz, GF 10,0 mm + PS 50 mm
EP 40,35 DM/m2 LA 22,54 DM/m2 ST 17,81 DM/m2
EP 20,63 €/m2 LA 11,52 €/m2 ST 9,11 €/m2

023.66408.M KG 345 DIN 276
Trockenputz, GF 10,0 mm + PS-Al 15 mm
EP 40,04 DM/m2 LA 21,37 DM/m2 ST 18,67 DM/m2
EP 20,47 €/m2 LA 10,93 €/m2 ST 9,54 €/m2

023.66409.M KG 345 DIN 276
Trockenputz, GF 10,0 mm + PS-Al 20 mm
EP 42,20 DM/m2 LA 21,67 DM/m2 ST 20,53 DM/m2
EP 21,58 €/m2 LA 11,08 €/m2 ST 10,50 €/m2

023.66410.M KG 345 DIN 276
Trockenputz, GF 10,0 mm + PS-Al 30 mm
EP 43,41 DM/m2 LA 21,96 DM/m2 ST 21,45 DM/m2
EP 22,19 €/m2 LA 11,23 €/m2 ST 10,96 €/m2

023.66411.M KG 345 DIN 276
Trockenputz, GF 10,0 mm + PS-Al 40 mm
EP 45,22 DM/m2 LA 22,25 DM/m2 ST 22,97 DM/m2
EP 23,12 €/m2 LA 11,38 €/m2 ST 11,74 €/m2

023.66412.M KG 345 DIN 276
Trockenputz, GF 10,0 mm + PS-Al 50 mm
EP 46,44 DM/m2 LA 22,54 DM/m2 ST 23,90 DM/m2
EP 23,75 €/m2 LA 11,52 €/m2 ST 12,23 €/m2

# LB 023 Putz- und Stuckarbeiten
## Stuck

AW 023

Preise 06.01

Sämtliche Preise sind **Mittelpreise ohne Mehrwertsteuer** zum Zeitpunkt des Ausgabedatums.
**Korrekturfaktor Korrekturfaktoren** für Regionaleinfluss, Mengeneinfluss, Konjunktureinfluss siehe Vorspann.
Abkürzungen: EP = Einheitspreis, LA = Lohnanteil, ST = Stoffanteil

### Stuck

023.-----.-

|  |  |  |
|---|---|---|
| 023.70001.M | Stuckantragarbeit, Fenster- u. Türumrahmung | 14,60 DM/m |
| | | 7,46 €/m |
| 023.70002.M | Stuckantragarbeit, Kehle | 5,46 DM/m |
| | | 2,79 €/m |
| 023.70003.M | Stuckantragarbeit, einfaches Traufgesims, Abw= 50 cm | 62,51 DM/m |
| | | 31,96 €/m |
| 023.70004.M | Stuckantragarbeit, einfaches Traufgesims, Abw= 70 cm | 87,53 DM/m |
| | | 44,75 €/m |
| 023.71001.M | Trockenstuck, Leisten, B= 3- 5 cm | 42,73 DM/m |
| | | 21,85 €/m |
| 023.71002.M | Trockenstuck, Leisten, B= 5-10 cm | 47,73 DM/m |
| | | 24,41 €/m |
| 023.71003.M | Trockenstuck, Leisten, B= 10-15 cm | 69,74 DM/m |
| | | 35,66 €/m |
| 023.71004.M | Trockenstuck, Leisten, B= 15-20 cm | 99,73 DM/m |
| | | 50,99 €/m |
| 023.71005.M | Trockenstuck, Leisten, B= 20-25 cm | 120,34 DM/m |
| | | 61,53 €/m |
| 023.71006.M | Trockenstuck, Pilaster, B= 13-30 cm | 183,01 DM/m |
| | | 93,57 €/m |
| 023.71007.M | Trockenstuck, Pilasterbasis, B= 13-30 cm | 180,56 DM/St |
| | | 92,32 €/St |
| 023.71008.M | Trockenstuck, Pilasterkapitell, B= 13-30 cm | 267,91 DM/St |
| | | 136,98 €/St |
| 023.71009.M | Trockenstuck, Säulenbasis, D= 7-23 cm | 211,70 DM/St |
| | | 108,24 €/St |
| 023.71010.M | Trockenstuck, Säulenkapitell, D= 7-23 cm | 377,82 DM/St |
| | | 193,18 €/St |
| 023.71011.M | Trockenstuck, Säulensockel, D= 18-23 cm, 4-eckig | 202,02 DM/St |
| | | 103,29 €/St |
| 023.71012.M | Trockenstuck, Säulensockel, D= 18-23 cm, 8-eckig | 236,91 DM/St |
| | | 121,13 €/St |
| 023.71013.M | Trockenstuck, Säulenschaft, D= 7-12 cm, zylindrisch | 194,41 DM/m |
| | | 99,40 €/m |
| 023.71014.M | Trockenstuck, Säulenschaft, D= 19-23 cm, zylindrisch | 407,49 DM/m |
| | | 208,35 €/m |
| 023.71015.M | Trockenstuck, Konsol, V= 0- 1 dm3 | 54,24 DM/St |
| | | 27,73 €/St |
| 023.71016.M | Trockenstuck, Konsol, V= 1- 5 dm3 | 89,51 DM/St |
| | | 45,77 €/St |
| 023.71017.M | Trockenstuck, Konsol, V= 5-10 dm3 | 149,00 DM/St |
| | | 76,18 €/St |
| 023.71018.M | Trockenstuck, Konsol, V= 10-15 dm3 | 276,19 DM/St |
| | | 141,22 €/St |
| 023.71019.M | Trockenstuck, Rosette, D= 5-10 cm | 23,91 DM/St |
| | | 12,22 €/St |
| 023.71020.M | Trockenstuck, Rosette, D= 10-20 cm | 40,79 DM/St |
| | | 20,86 €/St |
| 023.71021.M | Trockenstuck, Rosette, D= 20-30 cm | 54,81 DM/St |
| | | 28,02 €/St |
| 023.71022.M | Trockenstuck, Rosette, D= 30-40 cm | 72,97 DM/St |
| | | 37,31 €/St |
| 023.71023.M | Trockenstuck, Rosette, D= 40-50 cm | 93,73 DM/St |
| | | 47,92 €/St |
| 023.71024.M | Trockenstuck, Rosette, D= 50-60 cm | 107,36 DM/St |
| | | 54,89 €/St |
| 023.71025.M | Trockenstuck, gegossen, Spiegel | 1294,29 DM/St |
| | | 661,76 €/St |

Abkürzungen:  Abw = Abwicklung
V = Volumen
B = Breite
D = Durchmesser

**023.70001.M**    KG 345 DIN 276
Stuckantragarbeit, Fenster- u.Türumrahmung
EP 14,60 DM/m    LA 12,88 DM/m    ST 1,72 DM/m
EP  7,46 €/m    LA  6,58 €/m    ST 0,88 €/m

**023.70002.M**    KG 345 DIN 276
Stuckantragarbeit, Kehle
EP 5,46 DM/m    LA 4,98 DM/m    ST 0,48 DM/m
EP 2,79 €/m    LA 2,54 €/m    ST 0,25 €/m

**023.70003.M**    KG 345 DIN 276
Stuckantragarbeit, einfaches Traufgesims, Abw= 50 cm
EP 62,51 DM/m    LA 53,87 DM/m    ST 8,64 DM/m
EP 31,96 €/m    LA 27,54 €/m    ST 4,42 €/m

**023.70004.M**    KG 345 DIN 276
Stuckantragarbeit, einfaches Traufgesims, Abw= 70 cm
EP 87,53 DM/m    LA 75,53 DM/m    ST 12,00 DM/m
EP 44,75 €/m    LA 38,62 €/m    ST  6,13 €/m

**023.71001.M**    KG 345 DIN 276
Trockenstuck, Leisten, B= 3- 5 cm
EP 42,73 DM/m    LA 29,28 DM/m    ST 13,45 DM/m
EP 21,85 €/m    LA 14,97 €/m    ST  6,88 €/m

**023.71002.M**    KG 345 DIN 276
Trockenstuck, Leisten, B= 5-10 cm
EP 47,73 DM/m    LA 29,28 DM/m    ST 18,45 DM/m
EP 24,41 €/m    LA 14,97 €/m    ST  9,44 €/m

**023.71003.M**    KG 345 DIN 276
Trockenstuck, Leisten, B= 10-15 cm
EP 69,74 DM/m    LA 40,99 DM/m    ST 28,75 DM/m
EP 35,66 €/m    LA 20,96 €/m    ST 14,70 €/m

**023.71004.M**    KG 345 DIN 276
Trockenstuck, Leisten, B= 15-20 cm
EP 99,73 DM/m    LA 58,55 DM/m    ST 41,18 DM/m
EP 50,99 €/m    LA 29,24 €/m    ST 21,05 €/m

**023.71005.M**    KG 345 DIN 276
Trockenstuck, Leisten, B= 20-25 cm
EP 120,34 DM/m    LA 70,26 DM/m    ST 50,08 DM/m
EP  61,53 €/m    LA 35,92 €/m    ST 25,61 €/m

**023.71006.M**    KG 345 DIN 276
Trockenstuck, Pilaster, B= 13-30 cm
EP 183,01 DM/m    LA 99,54 DM/m    ST 83,47 DM/m
EP  93,57 €/m    LA 50,89 €/m    ST 42,68 €/m

**023.71007.M**    KG 345 DIN 276
Trockenstuck, Pilasterbasis, B= 13-30 cm
EP 180,56 DM/St    LA 87,83 DM/St    ST 92,73 DM/St
EP  92,32 €/St    LA 44,91 €/St    ST 47,41 €/St

**023.71008.M**    KG 345 DIN 276
Trockenstuck, Pilasterkapitell, B= 13-30 cm
EP 267,91 DM/St    LA 128,81 DM/St    ST 139,10 DM/St
EP 136,98 €/St    LA  65,86 €/St    ST  71,12 €/St

**023.71009.M**    KG 345 DIN 276
Trockenstuck, Säulenbasis, D= 7-23 cm
EP 211,70 DM/St    LA 117,10 DM/St    ST 94,60 DM/St
EP 108,24 €/St    LA  59,87 €/St    ST 48,37 €/St

**023.71010.M**    KG 345 DIN 276
Trockenstuck, Säulenkapitell, D= 7-23 cm
EP 377,82 DM/St    LA 175,65 DM/St    ST 202,17 DM/St
EP 193,18 €/St    LA  89,81 €/St    ST 103,37 €/St

**023.71011.M**    KG 345 DIN 276
Trockenstuck, Säulensockel, D= 18-23 cm, 4-eckig
EP 202,02 DM/St    LA 146,38 DM/St    ST 55,64 DM/St
EP 103,29 €/St    LA  74,84 €/St    ST 28,45 €/St

**023.71012.M**    KG 345 DIN 276
Trockenstuck, Säulensockel, D= 18-23 cm, 8-eckig
EP 236,91 DM/St    LA 158,09 DM/St    ST 78,82 DM/St
EP 121,13 €/St    LA  80,83 €/St    ST 40,30 €/St

**023.71013.M**    KG 345 DIN 276
Trockenstuck, Säulenschaft, D= 7-12 cm, zylindrisch
EP 194,41 DM/m    LA 105,39 DM/m    ST 89,02 DM/m
EP  99,40 €/m    LA  53,89 €/m    ST 45,51 €/m

**023.71014.M**    KG 345 DIN 276
Trockenstuck, Säulenschaft, D= 19-23 cm, zylindrisch
EP 407,49 DM/m    LA 175,65 DM/m    ST 231,84 DM/m
EP 208,35 €/m    LA  89,81 €/m    ST 118,54 €/m

**023.71015.M**    KG 345 DIN 276
Trockenstuck, Konsol, V= 0- 1 dm3
EP 54,24 DM/St    LA 29,28 DM/St    ST 24,96 DM/St
EP 27,73 €/St    LA 14,97 €/St    ST 12,76 €/St

**023.71016.M**    KG 345 DIN 276
Trockenstuck, Konsol, V= 1- 5 dm3
EP 89,51 DM/St    LA 32,21 DM/St    ST 57,30 DM/St
EP 45,77 €/St    LA 16,47 €/St    ST 29,30 €/St

# LB 023 Putz- und Stuckarbeiten
## Stuck; Bauunterhaltung, sonstige Putzarbeiten

Preise 06.01

Sämtliche Preise sind **Mittelpreise ohne Mehrwertsteuer** zum Zeitpunkt des Ausgabedatums.
**Korrekturfaktoren** für Regionaleinfluss, Mengeneinfluss, Konjunktureinfluss siehe Vorspann..
**Abkürzungen:** EP = Einheitspreis, LA = Lohnanteil, ST = Stoffanteil

|  |  | | |
|---|---|---|---|
| 023.71017.M | KG 345 DIN 276 Trockenstuck, Konsol, V= 5-10 dm3 | | |
| EP 149,00 DM/St | LA 49,77 DM/St | ST 99,23 DM/St | |
| EP 76,18 €/St | LA 25,45 €/St | ST 50,73 €/St | |
| 023.71018.M | KG 345 DIN 276 Trockenstuck, Konsol, V= 10-15 dm3 | | |
| EP 276,19 DM/St | LA 93,69 DM/St | ST 182,50 DM/St | |
| EP 141,22 €/St | LA 47,90 €/St | ST 93,32 €/St | |
| 023.71019.M | KG 345 DIN 276 Trockenstuck, Rosette, D= 5-10 cm | | |
| EP 23,91 DM/St | LA 14,64 DM/St | ST 9,27 DM/St | |
| EP 12,22 €/St | LA 7,48 €/St | ST 4,74 €/St | |
| 023.71020.M | KG 345 DIN 276 Trockenstuck, Rosette, D= 10-20 cm | | |
| EP 40,79 DM/St | LA 14,64 DM/St | ST 26,15 DM/St | |
| EP 20,86 €/St | LA 7,48 €/St | ST 13,38 €/St | |
| 023.71021.M | KG 345 DIN 276 Trockenstuck, Rosette, D= 20-30 cm | | |
| EP 54,81 DM/St | LA 17,56 DM/St | ST 37,25 DM/St | |
| EP 28,02 €/St | LA 8,98 €/St | ST 19,04 €/St | |
| 023.71022.M | KG 345 DIN 276 Trockenstuck, Rosette, D= 30-40 cm | | |
| EP 72,97 DM/St | LA 20,49 DM/St | ST 52,48 DM/St | |
| EP 37,31 €/St | LA 10,48 €/St | ST 26,83 €/St | |
| 023.71023.M | KG 345 DIN 276 Trockenstuck, Rosette, D= 40-50 cm | | |
| EP 93,73 DM/St | LA 29,28 DM/St | ST 64,45 DM/St | |
| EP 47,92 €/St | LA 14,97 €/St | ST 32,95 €/St | |
| 023.71024.M | KG 345 DIN 276 Trockenstuck, Rosette, D= 50-60 cm | | |
| EP 107,36 DM/St | LA 29,28 DM/St | ST 78,08 DM/St | |
| EP 54,89 €/St | LA 14,97 €/St | ST 39,92 €/St | |
| 023.71025.M | KG 345 DIN 276 Trockenstuck, gegossen, Spiegel | | |
| EP 1294,29 DM/St | LA 292,76 DM/St | ST 1001,53 DM/St | |
| EP 661,76 €/St | LA 149,68 €/St | ST 512,08 €/St | |

## Bauunterhaltung, sonstige Putzarbeiten

023.-----.-

|  |  |  |
|---|---|---|
| 023.72401.M | Außenputz, Tür- und Fensterrahmen beiputzen | 13,49 DM/m / 6,90 €/m |
| 023.72402.M | Umrahmung für Türen und Fenster, Abw= 200 mm | 21,48 DM/m / 10,98 €/m |
| 023.72701.M | Anschlüsse Kellerfenster einschl. Sohlbank | 23,10 DM/m2 / 11,81 €/m2 |
| 023.72702.M | Anschlüsse einschneiden (Kellenschnitt) | 2,44 DM/m / 1,25 €/m |
| 023.73101.M | Beiputz an Einbauteilen | 4,20 DM/m / 2,15 €/m |
| 023.73102.M | Beiputz an großen Einbauteilen | 19,64 DM/m2 / 10,04 €/m2 |
| 023.73103.M | Beiputz an kleinen Einbauteilen | 7,20 DM/St / 3,68 €/St |
| 023.73104.M | Mörtelabdeckung Kellerfensterschräge | 80,88 DM/m2 / 41,35 €/m2 |
| 023.73105.M | Mörtelabdeckung Mauerkranz | 68,45 DM/m2 / 35,00 €/m2 |
| 023.80001.M | Putz abschlagen, KM, 15 mm | 6,37 DM/m2 / 3,26 €/m2 |
| 023.80002.M | Putz abschlagen, KZM, 15 mm | 9,38 DM/m2 / 4,80 €/m2 |
| 023.80003.M | Putz abschlagen, UP KZM, OP KM, 25 mm | 13,75 DM/m2 / 7,03 €/m2 |
| 023.80004.M | Putz abschlagen, ZM, 15 mm | 16,22 DM/m2 / 8,30 €/m2 |
| 023.81101.M | Fugen auskratzen | 16,36 DM/m2 / 8,37 €/m2 |
| 023.81201.M | Betonwände 1x sandstrahlen | 18,34 DM/m2 / 9,38 €/m2 |
| 023.81202.M | Betonwände abspitzen | 23,84 DM/m2 / 12,19 €/m2 |
| 023.81301.M | Beiputzen, kleine Deckenflächen | 56,21 DM/m2 / 28,74 €/m2 |
| 023.81302.M | Beiputzen, kleine Wandflächen | 53,16 DM/m2 / 27,18 €/m2 |
| 023.81303.M | Innenwandputz an Leibungen, nachträglich ausführen | 54,70 DM/m2 / 27,97 €/m2 |
| 023.81304.M | Innenwandputz, Fußleiste beiputzen | 6,20 DM/m / 3,17 €/m |
| 023.81305.M | Innenwandputz, Treppenwange beiputzen | 13,97 DM/m2 / 7,14 €/m2 |
| 023.81306.M | Innenwandputz, Ausbessern in Teilflächen | 40,24 DM/m2 / 20,57 €/m2 |
| 023.81307.M | Innenwandputz, Pflege bis Schlüsselübergabe | 1,53 DM/m2 / 0,78 €/m2 |
| 023.81308.M | Außenputz ausbessern, Oberputz als Reibeputz | 28,15 DM/m2 / 14,39 €/m2 |
| 023.81309.M | Außenputz ausbessern, Oberputz als Strukturputz | 34,25 DM/m2 / 17,51 €/m2 |
| 023.81310.M | Außenputz ausbessern, Unterputz | 33,93 DM/m2 / 17,35 €/m2 |
| 023.81311.M | Eckschutzschiene einsetzen, beiputzen | 22,27 DM/m / 11,39 €/m |
| 023.81312.M | Innendeckenputz, Ausbessern in Teilflächen | 47,14 DM/m2 / 24,10 €/m2 |
| 023.81401.M | Beiputzen, Schlitze usw, B= 5 - 10 cm | 3,81 DM/m / 1,95 €/m |
| 023.81402.M | Beiputzen, Schlitze usw, B= 10 - 15 cm | 5,38 DM/m / 2,75 €/m |
| 023.81403.M | Beiputzen, Schlitze usw, B= 15 - 20 cm | 6,89 DM/m / 3,52 €/m |
| 023.81404.M | Beiputzen, Schlitze usw, B= 20 - 25 cm | 8,98 DM/m / 4,59 €/m |

Abkürzungen:
- Abw = Abwicklung
- UP = Unterputz
- OP = Oberputz
- KM = Kalkmörtel
- ZM = Zementmörtel
- KZM = Kalkzementmörtel

023.72401.M  KG 335 DIN 276
Außenputz, Tür- und Fensterrahmen beiputzen
EP 13,49 DM/m   LA 12,06 DM/m   ST 1,43 DM/m
EP  6,90 €/m    LA  6,17 €/m    ST 0,73 €/m

023.72402.M  KG 335 DIN 276
Umrahmung für Türen und Fenster, Abw= 200 mm
EP 21,48 DM/m   LA 20,32 DM/m   ST 1,16 DM/m
EP 10,98 €/m    LA 10,39 €/m    ST 0,59 €/m

# LB 023 Putz- und Stuckarbeiten
## Bauunterhaltung, sonstige Putzarbeiten

AW 023

Preise 06.01

Sämtliche Preise sind **Mittelpreise ohne Mehrwertsteuer** zum Zeitpunkt des Ausgabedatums.
**Korrekturfaktoren** für Regionaleinfluss, Mengeneinfluss, Konjunktureinfluss siehe Vorspann.
**Abkürzungen:** EP = Einheitspreis, LA = Lohnanteil, ST = Stoffanteil

023.72701.M    KG 335 DIN 276
Anschlüsse Kellerfenster einschl. Sohlbank
EP 23,10 DM/m2   LA 21,67 DM/m2   ST 1,43 DM/m2
EP 11,81 €/m2   LA 11,08 €/m2   ST 0,73 €/m2

023.72702.M    KG 345 DIN 276
Anschlüsse einschneiden (Kellenschnitt)
EP 2,44 DM/m   LA 2,11 DM/m   ST 0,33 DM/m
EP 1,25 €/m   LA 1,08 €/m   ST 0,17 €/m

023.73101.M    KG 345 DIN 276
Beiputz an Einbauteilen
EP 4,20 DM/m   LA 3,87 DM/m   ST 0,33 DM/m
EP 2,15 €/m   LA 1,98 €/m   ST 0,17 €/m

023.73102.M    KG 345 DIN 276
Beiputz an großen Einbauteilen
EP 19,64 DM/m2   LA 18,21 DM/m2   ST 1,43 DM/m2
EP 10,04 €/m2   LA 9,31 €/m2   ST 0,73 €/m2

023.73103.M    KG 345 DIN 276
Beiputz an kleinen Einbauteilen
EP 7,20 DM/St   LA 6,67 DM/St   ST 0,53 DM/St
EP 3,68 €/St   LA 3,41 €/St   ST 0,27 €/St

023.73104.M    KG 335 DIN 276
Mörtelabdeckung Kellerfensterschräge
EP 80,88 DM/m2   LA 75,53 DM/m2   ST 5,35 DM/m2
EP 41,35 €/m2   LA 38,62 €/m2   ST 2,73 €/m2

023.73105.M    KG 335 DIN 276
Mörtelabdeckung Mauerkranz
EP 68,45 DM/m2   LA 62,89 DM/m2   ST 5,56 DM/m2
EP 35,00 €/m2   LA 32,15 €/m2   ST 2,85 €/m2

023.80001.M    KG 345 DIN 276
Putz abschlagen, KM, 15 mm
EP 6,37 DM/m2   LA 5,15 DM/m2   ST 1,22 DM/m2
EP 3,26 €/m2   LA 2,64 €/m2   ST 0,62 €/m2

023.80002.M    KG 345 DIN 276
Putz abschlagen, KZM, 15 mm
EP 9,38 DM/m2   LA 7,61 DM/m2   ST 1,77 DM/m2
EP 4,80 €/m2   LA 3,89 €/m2   ST 0,91 €/m2

023.80003.M    KG 345 DIN 276
Putz abschlagen, UP KZM, OP KM, 25 mm
EP 13,75 DM/m2   LA 10,01 DM/m2   ST 3,74 DM/m2
EP 7,03 €/m2   LA 5,12 €/m2   ST 1,91 €/m2

023.80004.M    KG 345 DIN 276
Putz abschlagen, ZM, 15 mm
EP 16,22 DM/m2   LA 12,24 DM/m2   ST 3,98 DM/m2
EP 8,30 €/m2   LA 6,26 €/m2   ST 2,04 €/m2

023.81101.M    KG 335 DIN 276
Fugen auskratzen
EP 16,36 DM/m2   LA 15,80 DM/m2   ST 0,56 DM/m2
EP 8,37 €/m2   LA 8,08 €/m2   ST 0,29 €/m2

023.81201.M    KG 345 DIN 276
Betonwände 1x sandstrahlen
EP 18,34 DM/m2   LA 9,95 DM/m2   ST 8,39 DM/m2
EP 9,38 €/m2   LA 5,09 €/m2   ST 4,29 €/m2

023.81202.M    KG 345 DIN 276
Betonwände abspitzen
EP 23,84 DM/m2   LA 21,37 DM/m2   ST 2,47 DM/m2
EP 12,19 €/m2   LA 10,93 €/m2   ST 1,26 €/m2

023.81301.M    KG 353 DIN 276
Beiputzen, kleine Deckenflächen
EP 56,21 DM/m2   LA 45,08 DM/m2   ST 11,13 DM/m2
EP 28,74 €/m2   LA 23,05 €/m2   ST 5,69 €/m2

023.81302.M    KG 345 DIN 276
Beiputzen, kleine Wandflächen
EP 53,16 DM/m2   LA 47,72 DM/m2   ST 5,44 DM/m2
EP 27,18 €/m2   LA 24,40 €/m2   ST 2,78 €/m2

023.81303.M    KG 345 DIN 276
Innenwandputz an Leibungen, nachträglich ausführen
EP 54,70 DM/m2   LA 48,01 DM/m2   ST 6,69 DM/m2
EP 27,97 €/m2   LA 24,55 €/m2   ST 3,42 €/m2

023.81304.M    KG 345 DIN 276
Innenwandputz, Fußleiste beiputzen
EP 6,20 DM/m   LA 5,38 DM/m   ST 0,82 DM/m
EP 3,17 €/m   LA 2,75 €/m   ST 0,42 €/m

023.81305.M    KG 345 DIN 276
Innenwandputz, Treppenwange beiputzen
EP 13,97 DM/m2   LA 11,83 DM/m2   ST 2,14 DM/m2
EP 7,14 €/m2   LA 6,05 €/m2   ST 1,09 €/m2

023.81306.M    KG 345 DIN 276
Innenwandputz, Ausbessern in Teilflächen
EP 40,24 DM/m2   LA 33,44 DM/m2   ST 6,80 DM/m2
EP 20,57 €/m2   LA 17,10 €/m2   ST 3,47 €/m2

023.81307.M    KG 345 DIN 276
Innenwandputz, Pflege bis Schlüsselübergabe
EP 1,53 DM/m2   LA 1,35 DM/m2   ST 0,18 DM/m2
EP 0,78 €/m2   LA 0,69 €/m2   ST 0,09 €/m2

023.81308.M    KG 335 DIN 276
Außenputz ausbessern, Oberputz als Reibeputz
EP 28,15 DM/m2   LA 24,48 DM/m2   ST 3,67 DM/m2
EP 14,39 €/m2   LA 12,51 €/m2   ST 1,88 €/m2

023.81309.M    KG 335 DIN 276
Außenputz ausbessern, Oberputz als Strukturputz
EP 34,25 DM/m2   LA 29,98 DM/m2   ST 4,27 DM/m2
EP 17,51 €/m2   LA 15,33 €/m2   ST 2,18 €/m2

023.81310.M    KG 335 DIN 276
Außenputz ausbessern, Unterputz
EP 33,93 DM/m2   LA 29,80 DM/m2   ST 4,13 DM/m2
EP 17,35 €/m2   LA 15,24 €/m2   ST 2,11 €/m2

023.81311.M    KG 345 DIN 276
Eckschutzschiene einsetzen, beiputzen
EP 22,27 DM/m   LA 16,04 DM/m   ST 6,23 DM/m
EP 11,39 €/m   LA 8,20 €/m   ST 3,19 €/m

023.81312.M    KG 353 DIN 276
Innendeckenputz, Ausbessern in Teilflächen
EP 47,14 DM/m2   LA 39,05 DM/m2   ST 8,09 DM/m2
EP 24,10 €/m2   LA 19,97 €/m2   ST 4,13 €/m2

023.81401.M    KG 345 DIN 276
Beiputzen, Schlitze usw, B= 5 - 10 cm
EP 3,81 DM/m   LA 3,40 DM/m   ST 0,41 DM/m
EP 1,95 €/m   LA 1,74 €/m   ST 0,21 €/m

023.81402.M    KG 345 DIN 276
Beiputzen, Schlitze usw, B= 10 - 15 cm
EP 5,38 DM/m   LA 4,86 DM/m   ST 0,52 DM/m
EP 2,75 €/m   LA 2,48 €/m   ST 0,27 €/m

023.81403.M    KG 345 DIN 276
Beiputzen, Schlitze usw, B= 15 - 20 cm
EP 6,89 DM/m   LA 6,20 DM/m   ST 0,69 DM/m
EP 3,52 €/m   LA 3,17 €/m   ST 0,35 €/m

023.81404.M    KG 345 DIN 276
Beiputzen, Schlitze usw, B= 20 - 25 cm
EP 8,98 DM/m   LA 8,02 DM/m   ST 0,96 DM/m
EP 4,59 €/m   LA 4,10 €/m   ST 0,49 €/m

# LB 024 Fliesen- und Plattenarbeiten
## Standardbeschreibungen

**Hinweis:** Die nachfolgenden Standardbeschreibungen werden der Leistungsbeschreibung als Vorbemerkung vorangestellt.

### Besondere Ausführungsbedingungen

Die Ausführung erfolgt
- in Räumen,
- im Freien,
- .......,

Die Installationsauslässe sind bauseits für eine Bekleidung auf Kreuzfuge vorgerichtet.
Die Bekleidungen und Beläge sind nach den Verlegeplänen des AG auszuführen.

### Verschleißklassen für glasierte Bodenbeläge

Für den glasierten Bodenbelag wird gefordert:
- Verschleißklasse I    DIN EN 154,
- Verschleißklasse II   DIN EN 154,
- Verschleißklasse III  DIN EN 154,
- Verschleißklasse IV   DIN EN 154,
- Verschleißklasse V    ISO 10545–7,
- Verschleißklasse .......

**Hinweis:** Bei der Verwendung von glasierten Fliesen und Platten als Bodenbelag wird die Angabe der Verschleißklasse nach DIN EN 154 und ISO 10545–7 gefordert.
Die Verschleißklasse ist von der Beanspruchungsgruppe abhängig:

- Beanspruchungsgruppe I (= Verschleißklasse (I)
  Bodenbeläge in Bereichen, die im wesentlichen ohne kratzende Verschmutzungen mit weich besohltem Schuhwerk oder barfuß begangen werden, z.B. Sanitärräume im Wohnbereich.

- Beanspruchungsgruppe II (= Verschleißklasse (II)
  Bodenbeläge in Bereichen, die mit weich besohltem oder normalem Schuhwerk bei allenfalls gelegentlicher und gering kratzender Verschmutzung begangen werden, z.B. Wohnräume.

- Beanspruchungsgruppe III (= Verschleißklasse (III)
  Bodenbeläge in Bereichen, die mit normalem Schuhwerk häufiger mit gering kratzender Verschmutzung begangen werden, z.B. Dielen, Flure, Balkone, Loggien, Terrassen.

- Beanspruchungsgruppe IV und V (= Verschleißklasse (IV, V)
  Bodenbeläge in Bereichen, die Belastungsbedingungen ausgesetzt sind, die die obere Grenze für die Anwendung glasierter Bodenfliesen darstellen, z.B. Eingänge, Flure, Terrassen, Sanitär- und Wirtschaftsräume.

Die Definitionen gelten für die beschriebenen Anwendungen bei normalen Bedingungen. Die Beläge sollten an den Gebäudeeingängen durch die Zwischenschaltung von Schmutzschleusen angemessen geschützt werden.
In Fällen, wo glasierte keramische Bodenbeläge ungeeignet sind, weil zu intensive Verkehrsbelastungen und kratzende Verschmutzung nicht ausgeschlossen werden können, sollten unglasierte Steinzeugbodenfliesen eingesetzt werden.

### Rutschhemmende Eigenschaften

Für den Bodenbelag wird gefordert:
- Rutschhemmende Eigenschaften in Arbeitsräumen und Arbeitsbereichen,
  - – Bewertungsgruppe R  9,
  - – Bewertungsgruppe R 10,
  - – Bewertungsgruppe R 11,
  - – Bewertungsgruppe R 12,
  - – Bewertungsgruppe R 13,
    - – – V 04,
    - – – V 06,
    - – – V 08,
    - – – V 10,
- Rutschhemmende Eigenschaften in nassbelasteten Barfußbereichen,
  - – Bewertungsgruppe A,
  - – Bewertungsgruppe B,
  - – Bewertungsgruppe C,
- Rutschhemmende Eigenschaften .......,

**Hinweis:** Nach der Arbeitsstättenverordnung, den Arbeitsstättenrichtlinien und der Unfallverhütungsvorschrift, Allgemeine Vorschriften (VBG 1), sind in Räumen mit Rutschgefahr durch Wasser, Eis, Fett, Öl und andere Stoffe rutschhemmende Bodenbeläge vorzusehen.

1. Eingruppierungen von Arbeitsräumen und Arbeitsbereichen in Bewertungsgruppen der Rutschgefahr siehe Merkblatt ZH 1/571.
   Die Bewertung der Arbeitsbereiche erfolgt in den Gruppen R 9, R 10, R 11, R 12 und R 13. Zusätzlich sind die Arbeitsräume und Arbeitsbereiche, in denen wegen des Anfalls besonders gleitfördernder Stoffe ein Verdrängungsraum unterhalb der Gehebene erforderlich ist, mit den Gruppen V 04, V 06, V 08 und V 10 gekennzeichnet.

2. Eingruppierungen von nassbelasteten Bereichen, die barfuß begangen werden, in Bewertungsgruppen der Rutschgefahr erfolgen nach den Vorschriften der Bundesarbeitsgemeinschaft der Unfallversicherungsträger der öffentlichen Hand e.V. (BAGUV) in die Gruppen A, B und C.

Bewertungsgruppe A:
Barfußgang, Einzel- und Sammelumkleiden.

Bewertungsgruppe B:
Vorreinigung, Duschen, Beckenumgang, Beckenböden, Treppen außerhalb des Beckenbereiches.

Bewertungsgruppe C:
Ins Wasser führende Treppen, Durchschreitebecken, geneigte Beckenränder.

Auskunft über die Zuordnung der Bodenbeläge zu den einzelnen Bewertungsgruppen der Rutschhemmung erteilen die Herstellerwerke.

### Chemische, thermische, mechanische Beanspruchungen
Für die Wandbekleidung
Für den Bodenbelag
- wird Beständigkeit gefordert gegen
  - – chemische Beanspruchung durch Säuren,
  - – chemische Beanspruchung durch Alkalien,
  - – chemische Beanspruchung durch Lösungsmittel,
  - – chemische Beanspruchung durch .......,
    - – – Art und Konzentration .......,
- wird Widerstandsfähigkeit gefordert gegen
  - – Dauertemperatur von mehr als 30 Grad C,
  - – Dauertemperatur von weniger als 5 Grad C,
  - – Dauertemperatur in Grad C .......,
  - – thermische Wechselbeanspruchung .......,
  - – thermische Schockbeanspruchung .......,
    - – – mechanische Beanspruchung durch Druckwasserstrahlen bis 100 bar,
    - – – mechanische Beanspruchung durch rollende Schwerlasten,
    - – – mechanische Beanspruchung durch Gabelstapler,
    - – – mechanische Beanspruchung durch Hubwagen,
    - – – mechanische Beanspruchung durch rollende Fässer,
    - – – mechanische Beanspruchung .......,
      - – – – Häufigkeit und Dauer der Einwirkungen .......,

**STLB 024**

## LB 024 Fliesen- und Plattenarbeiten
### Vorbereiten des Untergrundes

Ausgabe 06.01

Reinigen, Putzüberstände entfernen

010 Reinigen des Untergrundes von grober
Verschmutzung nach besonderer Anordnung des AG,
Einzelangaben nach DIN 18352
- Art / Umfang der Verschmutzung .......
 - von haftungsmindernden Schichten, Art .......,
- Schuttbeseitigung
 - - einschl. Schutt beseitigen,
 - - .......,
- Berechnungseinheit m²
Hinweis: Schuttbeseitigung gegen Vergütung siehe
LB 000 Baustelleneinrichtung.
Reinigen von grober Verschmutzung ist nach DIN 18352,
Abs. 4.2.5, besondere Leistung gegen Vergütung.
Normale Reinigung von Staub u.dgl. ist nach DIN 18352,
Abs. 4.1.4, Nebenleistung ohne besondere Vergütung.

011 Entfernen von Putzüberständen,
Einzelangaben nach DIN 18362
- Höhe
 - - Höhe bis 5 cm,
 - - Höhe bis 10 cm,
 - - Höhe in cm .......,
- Schuttbeseitigung
 - - einschl. Schutt beseitigen,
 - - einschl. .......,
- Berechnungseinheit m

Aufrauen

015 Aufrauen des Untergrundes nach besonderer
Anordnung des AG,
Einzelangaben nach DIN 18352
- Arbeitsweise für das Aufrauen
 - - durch Strahlen mit festen Strahlmitteln,
 - - durch Kugelstrahlen,
 - - durch Dampfstrahlen,
 - - durch .......,
- Aufrautiefe bis 2 mm – 5 mm – 10 mm – .......
- Art des Untergrundes
 - - Untergrund Beton,
 - - Untergrund Zementestrich,
 - - Untergrund .......,
- Schuttbeseitigung
 - - einschl. Schutt beseitigen,
 - - .......,
- Berechnungseinheit m²

**Beispiel für Ausschreibungstext zu Position 015**
Aufrauen des Untergrundes
nach besonderer Anordnung des AG,
durch Strahlen mit festen Strahlmitteln,
Aufrautiefe bis 2 mm,
Untergrund Beton,
einschl. Schutt beseitigen.
Einheit m²

Anschleifen, Haftbrücken, Grundieren, Spachteln

020 Anschleifen des Untergrundes nach besonderer
Anordnung des AG,
Einzelangaben nach DIN 18352
- Untergrund
 - - Untergrund Anhydritestrich,
 - - Untergrund .......,
- Berechnungseinheit m²

021 Haftbrücke nach besonderer Anordnung des AG,
Einzelangaben nach DIN 18352
- Art des Untergrundes
 - - auf glattem Untergrund,
 - - auf .......,
- Art des Belages
 - - für Bodenbeläge im Dünnbettverfahren
 - - für Wandbekleidungen im Dünnbettverfahren
 - - für .......
- Höhe der Bekleidungsfläche
 - - bis 2 m,
 - - über 2 bis 3,5 m,
 - - .......,
 Hinweis: Angaben nur bei Wandbekleidungen
- Erzeugnis
 - - Erzeugnis .......(oder gleichwertiger Art),
 - - Erzeugnis .......(vom Bieter einzutragen),
- Berechnungseinheit m²

022 Grundieren nach besonderer Anordnung des AG,
Einzelangaben nach DIN 18352
- Art des Untergrundes
 - - auf saugendem Untergrund aus Gipsbaustoff,
 - - auf saugendem Untergrund aus Leichtbeton,
 - - auf .......,
- Art des Belages
 - - für Bodenbeläge im Dünnbettverfahren
 - - für Wandbekleidungen im Dünnbettverfahren
 - - für .......
- Höhe der Bekleidungsfläche
 - - bis 2 m,
 - - über 2 bis 3,5 m,
 - - .......,
 Hinweis: Angaben nur bei Wandbekleidungen
- Erzeugnis
 - - Erzeugnis .......(oder gleichwertiger Art),
 - - Erzeugnis .......(vom Bieter einzutragen),
- Berechnungseinheit m²

023 Ausgleichen des Untergrundes durch Spachteln
bis 3 mm Dicke nach besonderer Anordnung des AG,
Einzelangaben nach DIN 18352
- Art des Untergrundes
 - - Untergrund Beton,
 - - Untergrund Leichtbeton,
 - - Untergrund Gipsbaustoff,
 - - Untergrund Putz,
 - - Untergrund Estrich,
 - - Untergrund .......,
- Art des Belages
 - - für Bodenbeläge im Dünnbettverfahren
 - - für Wandbekleidungen im Dünnbettverfahren
 - - für .......
- Höhe der Bekleidungsfläche
 - - bis 2 m,
 - - über 2 bis 3,5 m,
 - - .......,
 Hinweis: Angaben nur bei Wandbekleidungen
- Erzeugnis
 - - Erzeugnis .......(oder gleichwertiger Art),
 - - Erzeugnis .......(vom Bieter einzutragen),
- Berechnungseinheit m²

Hinweis: Weitere Arbeiten zur Vorbereitung des
Untergrundes siehe
- LB 023 Putz- und Stuckarbeiten,
- LB 025 Estricharbeiten.
Arbeiten zum Abdichten des Untergrundes siehe
- LB 018 Abdichtungsarbeiten gegen Wasser.

## LB 024 Fliesen- und Plattenarbeiten
### Vorbereiten des Untergrundes

STLB 024

Ausgabe 06.01

**Feuchtigkeitsmessung**

025 Feuchtigkeitsmessung nach dem CM-Verfahren auf besondere Anordnung des AG,
- Berechnungseinheit Stück

**Beispiel für Ausschreibungstext zu Position 023**
Ausgleichen des Untergrundes durch Spachteln,
bis 3 mm Dicke
nach besonderer Anordnung des AG;
Untergrund Estrich,
für Bodenbeläge im Dünnbettverfahren,
Erzeugnis ....... (vom Bieter einzutragen).
Einheit m²

**Trittschalldämmschichten**

030 Trittschalldämmschicht,
Einzelangaben nach DIN 18352
- Dämmstoffart
  - - aus Polystyrol-Hartschaum als Partikelschaum DIN 18164-2, Typ TK,
    - - - Steifigkeitsgruppe 30,
    - - - Steifigkeitsgruppe 20,
    - - - Steifigkeitsgruppe 15,
    - - - Steifigkeitsgruppe .......,
  - - aus mineralischem Faserdämmstoff DIN 18165-2, Typ TK,
  - - aus pflanzlichem Faserdämmstoff DIN 18165-2, Typ TK,
    - - - Steifigkeitsgruppe 50,
    - - - Steifigkeitsgruppe 40,
    - - - Steifigkeitsgruppe 30,
    - - - Steifigkeitsgruppe 20,
    - - - Steifigkeitsgruppe 15,
    - - - Steifigkeitsgruppe .......,
  - - aus .......,
- Wärmeleitfähigkeitsgruppe 025 – 030 – 035 – 040 – .......
- Baustoffklasse A1 – A2 – B1 – B2 – .......
- Form
  - - in Platten,
  - - in Bahnen,
  - - in Matten,
  - - als Filz,
- Dämmschichtdicke
  - - Dämmschichtdicke unter Belastung 10 mm,
  - - Dämmschichtdicke unter Belastung 15 mm,
  - - Dämmschichtdicke unter Belastung 20 mm,
  - - Dämmschichtdicke unter Belastung 25 mm,
  - - Dämmschichtdicke unter Belastung 30 mm,
  - - Dämmschichtdicke unter Belastung 40 mm,
  - - Dämmschichtdicke unter Belastung in mm .......,
- Erzeugnis
  - - Erzeugnis/Typ ....... (oder gleichwertiger Art),
  - - Erzeugnis/Typ ....... (vom Bieter einzutragen),
- Berechnungseinheit m²

**Wärmedämmschichten**

035 Wärmedämmschicht,
036 Wärmedämmschicht auf Trittschalldämmung,
Einzelangaben nach DIN 18352
- Dämmstoff
  - - aus Polystyrol-Hartschaum als Partikelschaum DIN 18164-1,
  - - aus Polystyrol-Hartschaum als Extruderschaum DIN 18164-1,
  - - aus Polyurethan-Hartschaum DIN 18164-1,
    - - - Typ WD,
    - - - Typ WS,
  - - aus mineralischem Faserdämmstoff DIN 18165-1,
  - - aus pflanzlichem Faserdämmstoff DIN 18165-1,
    - - - Typ WD,
  - - aus Weichholzfaserplatte, Dicke 20 mm, für Gussasphalt-Heizestrich,
  - - aus Schaumglas DIN 18174,
  - - aus geblähtem Mineralstoff,
  - - aus .......,
- Wärmeleitfähigkeitsgruppe
  - - Wärmeleitfähigkeitsgruppe 025,
  - - Wärmeleitfähigkeitsgruppe 030,
  - - Wärmeleitfähigkeitsgruppe 035,
  - - Wärmeleitfähigkeitsgruppe 040,
  - - Wärmeleitfähigkeitsgruppe .......,
- Baustoffklasse A1 – A2 – B1 – B2 – .......
- Form
  - - in Platten,
  - - in Bahnen,
- Anzahl Lagen
  - - einlagig,
  - - zweilagig mit versetzten Fugen,
  - - .......,
- Dämmschichtdicke
  - - Dämmschichtdicke unter Belastung 20 mm,
  - - Dämmschichtdicke unter Belastung 30 mm,
  - - Dämmschichtdicke unter Belastung 40 mm,
  - - Dämmschichtdicke unter Belastung 50 mm,
  - - Dämmschichtdicke unter Belastung 60 mm,
  - - Dämmschichtdicke unter Belastung 80 mm,
  - - Dämmschichtdicke unter Belastung 100 mm,
  - - Dämmschichtdicke unter Belastung 120 mm,
  - - Dämmschichtdicke unter Belastung in mm .......,
- Erzeugnis
  - - Erzeugnis/Typ ....... (oder gleichwertiger Art),
  - - Erzeugnis/Typ ....... (vom Bieter einzutragen),
- Berechnungseinheit m²

**Kombinierte Trittschall- und Wärmedämmschichten**

040 Kombinierte Trittschall- und Wärmedämmschicht,
Einzelangaben nach DIN 18352
- Dämmstoffart Trittschalldämmschicht
  - - Trittschalldämmschicht aus Polystyrol-Hartschaum als Partikelschaum DIN 18164-2, Typ TK,
    - - - Steifigkeitsgruppe 30,
    - - - Steifigkeitsgruppe 20,
    - - - Steifigkeitsgruppe 15,
    - - - Steifigkeitsgruppe .......,
  - - Trittschalldämmschicht aus mineralischem Faserdämmstoff DIN 18165-2, Typ TK,
  - - Trittschalldämmschicht aus pflanzlichem Faserdämmstoff DIN 18165-2, Typ TK,
    - - - Steifigkeitsgruppe 50,
    - - - Steifigkeitsgruppe 40,
    - - - Steifigkeitsgruppe 30,
    - - - Steifigkeitsgruppe 20,
    - - - Steifigkeitsgruppe 15,
    - - - Steifigkeitsgruppe .......,
  - - Trittschalldämmschicht .......,
    - - - Dämmschichtdicke unter Belastung
      10 mm – 15 mm – 20 mm – 25 mm –
      30 mm – 40 mm – in mm .......
    - - - - Wärmeleitfähigkeitsgruppe .......,
- Dämmstoffart Wärmedämmschicht
  - - Wärmedämmschicht aus Polystyrol-Hartschaum als Partikelschaum DIN 18164-1, Typ WD,
  - - Wärmedämmschicht aus Polystyrol-Hartschaum als Extruderschaum DIN 18164-1, Typ WD,
  - - Wärmedämmschicht aus Polyurethan-Hartschaum DIN 18164-1, Typ WD,
  - - Wärmedämmschicht aus mineralischem Faserdämmstoff DIN 18165-1, Typ WD,
  - - Wärmedämmschicht aus Schaumglas DIN 18174,
  - - Wärmedämmschicht aus geblähtem Mineralstoff,
  - - Wärmedämmschicht .......,
    - - - Dämmschichtdicke 20 mm – 30 mm –
      40 mm – 50 mm – 60 mm – 80 mm –
      100 mm – in mm .......,
    - - - - Wärmeleitfähigkeitsgruppe .......,
- Form
  - - in Platten,
  - - in Bahnen,
  - - in Matten,
  - - als Filz,
- Erzeugnis
  - - Erzeugnis/Typ ....... (oder gleichwertiger Art),
  - - Erzeugnis/Typ ....... (vom Bieter einzutragen),
- Berechnungseinheit m²

**STLB 024**

Ausgabe 06.01

## LB 024 Fliesen- und Plattenarbeiten
### Vorbereiten des Untergrundes

**Schüttungen**

045 Schüttung,
Einzelangaben nach DIN 18352
- Dämmstoffart
  - - aus Perlite,
  - - aus Schaumglas-Granulat,
  - - aus .......,
- Dicke der Schüttung
  - - Dicke 10 mm,
  - - Dicke 20 mm,
  - - Dicke 30 mm,
  - - Dicke 40 mm,
  - - Dicke 50 mm,
  - - Dicke in mm .......,
- verdichten (sofern vorgeschrieben)
  - - einschl. verdichten,
- Abdeckung
  - - mit 8 mm dicker Weichholzfaserplatte abdecken,
  - - Abdeckung .......,
- Erzeugnis
  - - Erzeugnis/Typ ....... (oder gleichwertiger Art),
  - - Erzeugnis/Typ ....... (vom Bieter einzutragen),
- Berechnungseinheit
  - - m²,
  - - m³ Abrechnung nach loser Masse,
  - - kg

046 Mehrdicke der Schüttung,
047 Minderdicke der Schüttung,
- bis 5 mm
- bis 10 mm
- Berechnungseinheit m²

**Trennschichten, Abdeckungen, Randstreifen**

050 Trennschicht,
Einzelangaben nach DIN 18352
- Untergrund
  - - auf vorhandener Abdichtung,
  - - auf .......,
- Werkstoff, Lagen, Verlegeart
  - - aus PE-Folie, Dicke 0,1 mm,
  - - aus PE-Folie, Dicke 0,2 mm,
  - - aus kunststoffbeschichtetem Papier,
    mind. 100 g/m²,
    - - - einlagig,
    - - - zweilagig,
      - - - - Stöße 8 cm überlappen,
      - - - - Stöße verkleben oder verschweißen,
      - - - - Stöße der oberen Lage verkleben oder verschweißen,
  - - aus bitumengetränktem Papier, mind. 100 g/m²,
  - - aus Rohglasvlies, mind. 50 g/m²,
  - - aus Rohfilzpappe,
  - - aus .......,
    - - - einlagig,
    - - - zweilagig,
      - - - - Stöße 8 cm überlappen,
- Berechnungseinheit m²

051 Trennschicht als Drainage,
Einzelangaben nach DIN 18352
- Werkstoff
  - - aus .......,
    (Sofern nicht vorgeschrieben, vom Bieter einzutragen)
- Verlegeart
  - - lose verlegen,
  - - punkt- oder streifenweise kleben,
  - - zweilagig lose verlegen,
  - - .......,
    - - - mit Nahtüberdeckungen,
    - - - mit vollflächig geklebten Nahtüberdeckungen,
    - - - mit .......,
- Erzeugnis
  - - Erzeugnis/Typ ....... (oder gleichwertiger Art),
  - - Erzeugnis/Typ ....... (vom Bieter einzutragen),
- Berechnungseinheit m²

052 Abdeckung,
Einzelangaben nach DIN 18352
- Untergrund
  - - von Dämmschichten,
  - - von Schüttungen,
- Werkstoff, Verlegeart
  - - aus PE-Folie, Dicke 0,1 mm,
  - - aus PE-Folie, Dicke 0,2 mm,
  - - aus kunststoffbeschichtetem Papier,
    mind. 100 g/m²,
    - - - Stöße 8 cm überlappen,
    - - - Stöße verkleben oder verschweißen,
  - - aus bitumengetränktem Papier, mind. 100 g/m²,
  - - aus Rippenpappe,
  - - aus Rohfilzpappe,
  - - aus .......,
    - - - Stöße 8 cm überlappen,
- Berechnungseinheit m²

053 Randstreifen,
Einzelangaben nach DIN 18352
- Werkstoff
  - - aus PE-Schaum,
  - - aus Mineralwolle,
  - - aus Rippenpappe,
  - - aus Rippenpappe mit Polystyrolschaum,
  - - aus Rippenpappe mit PE-Schaum,
  - - aus Rohfilzpappe,
  - - aus .......,
- Ausführung
  - - mit Fuß,
  - - mit Folienlasche,
  - - mit Fuß und Folienlasche,
- Dicke 3 mm – 5 mm – 8 mm – 10 mm – 12 mm – 15 mm – in mm .......
- Höhe (ohne Fuß) 50 mm – 80 mm – 100 mm – 120 mm – 130 mm – 150 mm – in mm .......
- Berechnungseinheit m

054 Abschneiden des Überstandes von Randstreifen der Dämmschicht und der Abdeckung anderer AN, einschl. Entfernen der Abschnitte, Entsorgung wird gesondert vergütet,
- Berechnungseinheit m

**Überspannen, Spritzbewurf, Unterputz**

060 Überspannen der Innenwandflächen,
061 Überspannen der Innenwandflächen, mit Dämmstoff bekleidet,
062 Überspannen der Außenwandflächen,
063 Überspannen der Außenwandflächen, mit Dämmstoff bekleidet,
Einzelangaben nach DIN 18352
- Art des Untergrundes
  - - aus Mauerwerk,
  - - aus Mauerwerk und Beton,
  - - aus Mauerwerk und Leichtbeton,
  - - aus Mauerwerk, Beton und Leichtbeton,
  - - aus Beton,
  - - aus Leichtbeton,
  - - aus Leichtbeton und Beton,
  - - aus Gipsbauplatten,
  - - aus .......,
- Ausmaß der Überspannung
  - - ganzflächig,
  - - in Streifen, Streifenbreite in cm .......,
- Werkstoff, Befestigungsart, Spritzbewurf
  - - mit Baustahlgitter 50 mm x 50 mm x 2 mm,
  - - mit Baustahlgitter 75 mm x 75 mm x 3 mm,
  - - mit Baustahlgitter .......,
    - - - verzinkt,
  - - mit Streckmetall,
    - - - verzinkt,
    - - - lackiert,
      - - - - Befestigung mit verzinkten Ankern,
      - - - - Befestigung mit Ankern aus nichtrostendem Stahl,
      - - - - Befestigung .......,
      - - - - Befestigung gemäß Zeichnung Nr. ....... , Einzelbeschreibung Nr. .......,

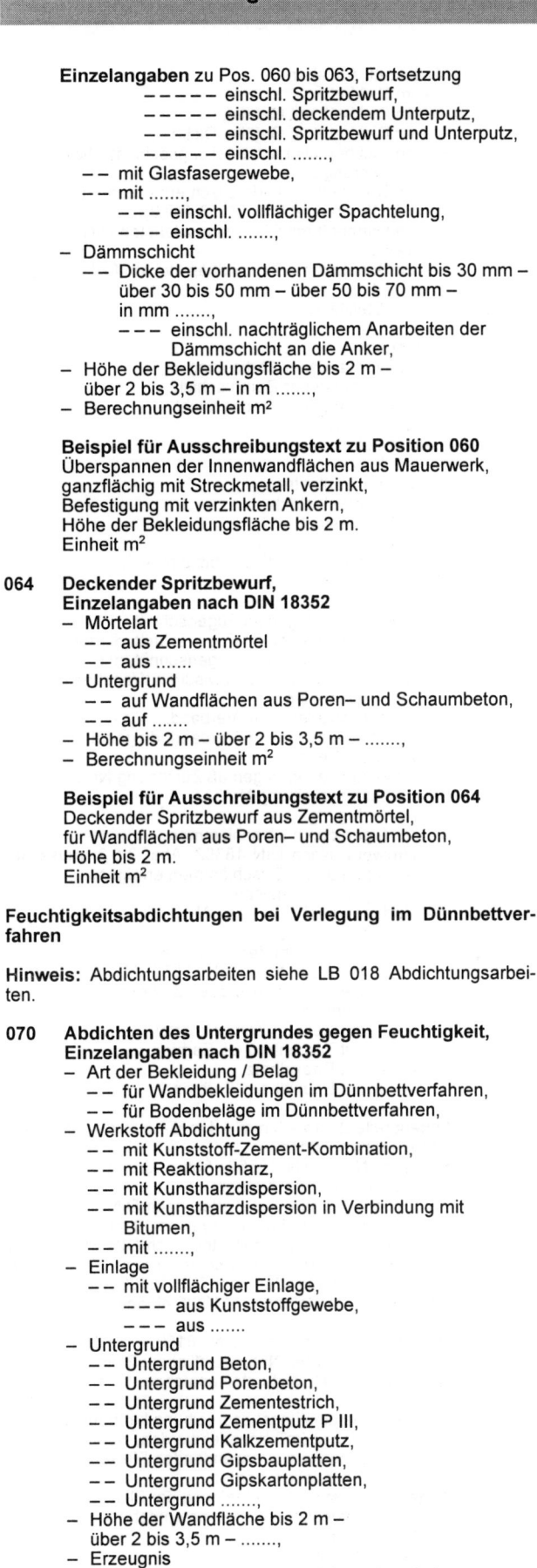

# LB 024 Fliesen- und Plattenarbeiten
## Vorbereiten des Untergrundes

Einzelangaben zu Pos. 060 bis 063, Fortsetzung
– – – – – einschl. Spritzbewurf,
– – – – – einschl. deckendem Unterputz,
– – – – – einschl. Spritzbewurf und Unterputz,
– – – – – einschl. .......,
– – mit Glasfasergewebe,
– – mit .......,
– – – einschl. vollflächiger Spachtelung,
– – – einschl. .......,
– Dämmschicht
– – Dicke der vorhandenen Dämmschicht bis 30 mm – über 30 bis 50 mm – über 50 bis 70 mm – in mm .......,
– – – einschl. nachträglichem Anarbeiten der Dämmschicht an die Anker,
– Höhe der Bekleidungsfläche bis 2 m – über 2 bis 3,5 m – in m .......,
– Berechnungseinheit m²

**Beispiel für Ausschreibungstext zu Position 060**
Überspannen der Innenwandflächen aus Mauerwerk, ganzflächig mit Streckmetall, verzinkt,
Befestigung mit verzinkten Ankern,
Höhe der Bekleidungsfläche bis 2 m.
Einheit m²

**064** Deckender Spritzbewurf,
Einzelangaben nach DIN 18352
– Mörtelart
– – aus Zementmörtel
– – aus .......
– Untergrund
– – auf Wandflächen aus Poren– und Schaumbeton,
– – auf .......
– Höhe bis 2 m – über 2 bis 3,5 m – .......,
– Berechnungseinheit m²

**Beispiel für Ausschreibungstext zu Position 064**
Deckender Spritzbewurf aus Zementmörtel,
für Wandflächen aus Poren– und Schaumbeton,
Höhe bis 2 m.
Einheit m²

**Feuchtigkeitsabdichtungen bei Verlegung im Dünnbettverfahren**

Hinweis: Abdichtungsarbeiten siehe LB 018 Abdichtungsarbeiten.

**070** Abdichten des Untergrundes gegen Feuchtigkeit,
Einzelangaben nach DIN 18352
– Art der Bekleidung / Belag
– – für Wandbekleidungen im Dünnbettverfahren,
– – für Bodenbeläge im Dünnbettverfahren,
– Werkstoff Abdichtung
– – mit Kunststoff-Zement-Kombination,
– – mit Reaktionsharz,
– – mit Kunstharzdispersion,
– – mit Kunstharzdispersion in Verbindung mit Bitumen,
– – mit .......,
– Einlage
– – mit vollflächiger Einlage,
– – – aus Kunststoffgewebe,
– – – aus .......
– Untergrund
– – Untergrund Beton,
– – Untergrund Porenbeton,
– – Untergrund Zementestrich,
– – Untergrund Zementputz P III,
– – Untergrund Kalkzementputz,
– – Untergrund Gipsbauplatten,
– – Untergrund Gipskartonplatten,
– – Untergrund .......,
– Höhe der Wandfläche bis 2 m – über 2 bis 3,5 m – .......,
– Erzeugnis
– – Erzeugnis .......(oder gleichwertiger Art),
– – Erzeugnis .......(vom Bieter einzutragen),
– Berechnungseinheit m²

**071** Anschlussfuge in vorbeschriebener Abdichtung verstärken mit Bändern,
Einzelangaben nach DIN 18352
– Werkstoff
– – aus Kunststoffgewebe,
– – aus .......
– Breite
– – Breite .......,
– – Breite ......., mit Schlaufenausbildung in Fugenbreite,
– Erzeugnis
– – Erzeugnis .......(oder gleichwertiger Art),
– – Erzeugnis .......(vom Bieter einzutragen),
– Berechnungseinheit m

**072** Durchdringung in vorbeschriebener Abdichtung anschließen,
Einzelangaben nach DIN 18352
– Anschluss
– – an Flansch,
– – an Manschette,
– – an Manschette aus .......
– Maße
– – Durchmesser .......,
– – Querschnitt .......,
– Berechnungseinheit Stück

**073** Anschlussschiene aus Metall mit Reaktionsharz eindichten,
Einzelangaben nach DIN 18352
– Profil .......,
– Berechnungseinheit Stück

**Mehrdicken beim Dickbettverfahren**

**050** Mehrdicke beim Dickbettverfahren nach besonderer Anordnung des AG,
Einzelangaben nach DIN 18352
– Art der Bekleidung / Belag
– – für Wandbekleidungen,
– – für Bodenbeläge,
– – für .......
– Mehrdicke bis 5 mm – bis 10 mm – bis 15 mm – bis 20 mm – bis 25 mm – bis 30 mm – .......
– Berechnungseinheit m²

Hinweis: Weitere Arbeiten zum Ausgleichen von Unebenheiten des Untergrundes:
– Ausgleichen größerer Unebenheiten des Untergrundes siehe LB 013 Beton– und Stahlbetonarbeiten.
– Mehrdicken des Mörtelbettes für Wandbeläge siehe LB 023 Putz– und Stuckarbeiten.
**Ergänzender Hinweis:** Nach DIN 18352, Abs. 3.2.2.1 sind bei Bekleidungen oder Belägen, die im Dickbett anzusetzen oder zu verlegen sind, folgende Mörtelbettdicken herzustellen:
– bei Wandbekleidungen 15 mm,
– bei Bodenbelägen 20 mm,
– bei Bodenbelägen auf Trennschicht innen 30 mm,
– bei Bodenbelägen auf Trennschicht außen 50 mm,
– bei Bodenbelägen auf Dämmschicht innen 45 mm,
– bei Bodenbelägen auf Dämmschicht außen 50 mm.

# STLB 024
## LB 024 Fliesen- und Plattenarbeiten
### Bekleidungen, Beläge
Ausgabe 06.01

**Übersicht Keramische Fliesen und Platten für Bodenbeläge und Wandbekleidungen**

Feinkeramische Fliesen waren früher in DIN 18155, grobkeramische Fliesen und Platten in DIN 18166, genormt. Diese Normen wurden 1991 durch Europäische Normen ersetzt. Danach werden unterschieden:

– Stranggepresste Platten (Formgebungsverfahren A)
– Trockengepresste Fliesen und Platten (Formgebungsverfahren B)
– Gegossene Fliesen und Platten (Formgebungsverfahren C)

Die Klassifizierung erfolgt nach dem Herstellungsverfahren (Formgebung A – B – C) und der Wasseraufnahme (Gruppe I – IIa – IIb – III).

**Klassifizierung der keramischen Fliesen und Platten nach ihren Gruppen und einzelnen Produktnormen entsprechend DIN EN 87, Tabelle 2**

| Wasser-aufnahme / Form-gebung | Gruppe I $E \leq 3\%$ | Gruppe IIa $3\% < E \leq 6\%$ | Gruppe IIb $6\% < E \leq 10\%$ | Gruppe III $E > 10\%$ |
|---|---|---|---|---|
| A | Gruppe A I EN 121 | Gruppe A IIa EN 186 | Gruppe A IIb EN 187 | Gruppe A III EN 188 |
| B | Gruppe B I EN 176 | Gruppe B IIa EN 177 | Gruppe B IIb EN 178 | Gruppe B III EN 159 |
| C | Gruppe C I EN ... | Gruppe C IIa EN ... | Gruppe C IIb EN ... | Gruppe C III EN ... |

**Bezeichnung der Fliesen und Platten nach DIN EN 87, Abschnitt 6.2**
a) Beschreibung der Fliese und Platte, z. B. Spaltplatte oder trockengepresste Fliese und Platte
b) Nummer der entsprechenden Norm, z. B. EN 121
c) die Klassifizierung nach dieser Norm (Siehe Tabelle 2)
d) Nenn– und Werkmaß
e) Oberflächenbeschaffenheit: glasiert oder unglasiert

**Kennzeichnung der Fliesen und Platten nach DIN EN 87, Abschnitt 6.1**
Keramische Fliesen und Platten und / oder ihre Verpackung sind wie folgt zu kennzeichnen:
a) Handelszeichen des Herstellers und / oder entsprechende Herstellungszeichen und das Erzeugerland
b) Zeichen der Güteklasse
c) Hinweis auf die beachteten europäischen / nationalen Normen
d) Nennmaße und Werkmaße modular (M) oder nichtmodular z.B. M 100 mm x 100 mm (W–98 mm x 98 mm) oder M 152 mm x 152 mm (W–152,4 mm x 152,4 mm)
e) Oberflächenbeschaffenheit, z. B. glasiert oder unglasiert

**Wandbekleidungen, Bodenbeläge**

090 Wandbekleidung,
100 Bodenbelag,
110 Bodenbelag, Konstruktionsdicke ......,
120 Bekleidung an Säulen, Durchmesser in mm ......,
130 Bekleidung an Pfeilern, Querschnitt ......,
140 Bekleidung an Unterzügen/Überzügen/Balken,
150 Bekleidung an Unterzügen/Überzügen/Balken, Querschnitt in mm ......,
160 Bekleidung an Einzelfundamenten,
170 Fassadenbekleidung DIN 18515,
180 Bekleidung ......,
190 Belag ......,
   **Einzelangaben nach DIN 18352 zu Pos. 090 bis 190**
   – Untergrund
   – – Untergrund waagerecht,
   – – Untergrund geneigt,
   – – Untergrund geneigt, Neigung ......,
   – – Untergrund gekrümmt,
   – – Untergrund geneigt und im Grundriss gekrümmt,
   – – Untergrund gewölbt,
   – – Untergrund ......,
   – Mörtelbett, Auflager
   – – im Dickbett,
   – – im Dickbett, mit Gefälle,
   – – im Dickbett, mit Gefälle, Dicke ......,
   – – im Dickbett als Lastverteilungsschicht, Dicke ......, Bewehrung ......,
   – – im Dünnbett mit hydraulisch erhärtendem Dünnbettmörtel DIN 18156 Teil 2,
   – – im Dünnbett mit Dispersionsklebstoff DIN 18156 Teil 3,
   – – im Dünnbett mit Expoxidharzklebstoff DIN 18156 Teil 4,
   – – auf Stelzlager,
   – – ......,
   – Untergrund
   – – auf vorhandener Abdichtung,
   – – auf vorhandener Dämmschicht,
   – – auf vorhandener Trennschicht,
   – – auf Mauerwerk,
   – – auf Beton,
   – – auf Putz,
   – – auf Anhydritestrich,
   – – auf Zementestrich,
   – – auf Heizestrich,
   – – auf ......,
   – Höhe der Bekleidungsfläche bis 2 m – über 2 bis 3,5 m – ......,
   – Verlegeart
   – – ansetzen/verlegen im Fugenschnitt,
   – – ansetzen/verlegen im Fugenschnitt, diagonal
   – – ansetzen/verlegen im Fugenschnitt, mit durchlaufenden Fugen zwischen Wandbekleidung und Bodenbelag,
   – – ansetzen/verlegen im Verband,
   – – ansetzen/verlegen im Verband, diagonal,
   – – ansetzen/verlegen ......,
   – – ansetzen/verlegen gemäß Zeichnung Nr. ......, Einzelbeschreibung Nr. ......,
   – Art der Verfugung
   – – Verfugen durch Einschlämmen,
      **Hinweis:** Nach DIN 18352, Abs. 3.5.3, muss das Verfugen durch Einschlämmen erfolgen.
   – – Verfugen mit Fugeisen,
   – – Verfugen nach Wahl des AN,
   – – Verfugen ......,
      – – – mit grauem Zementmörtel,
         **Hinweis:** Nach DIN 18352, Abs. 3.5.4, ist für das Verfugen grauer Zementmörtel zu verwenden.
      – – – mit weißem Zementmörtel,
      – – – mit Zementmörtel, Farbton ......,
      – – – mit Epoxidharz,
      – – – mit Epoxidharz, Farbton ......,
      – – – mit ......,
   – Fugenbreite 2 mm – 3 mm – 4 mm – 5 mm – 6 mm – 7 mm – 8 mm – 9 mm – ......,
     **Hinweis:** Nach DIN 18352, Abs. 3.5.2, sind folgende Fugenbreiten vorgeschrieben:
     Keramische Fliesen und Platten nach DIN EN 159 und EN 176 bis zu einer Seitenlänge von 10 cm: 1 bis 3 mm
     Keramische Fliesen und Platten nach DIN EN 159 und EN 176 über einer Seitenlänge von 10 cm: 2 bis 8 mm
     Keramische Spaltplatten nach DIN 18166: 4 bis 10 mm
     Keramische Spaltplatten mit Kantenlängen über 30 cm: min. 10 mm
     Bodenklinkerplatten nach DIN 18158: 8 bis 15 mm
     Solnhofener Platten, Natursteinfliesen: 2 bis 3 mm
     Natursteinmosaik, Natursteinriemchen: 1 bis 3 mm

     **Hinweis:** Die Leistungsbeschreibung kann mit der Berechnungseinheit (m²) beendet werden, wenn in einer Textergänzung die zu verwendenden Fliesen/ Platten eindeutig beschrieben werden.
     Anderenfalls ist die Beschreibung der Fliesen/Platten mit den Unterbeschreibungen entsprechend Pos. 300 bis 420 fortzusetzen:
   – Fliesen/Platten wie folgt:

# LB 024 Fliesen- und Plattenarbeiten
## Bekleidungen, Beläge

STLB 024

Ausgabe 06.01

Sockel

200 Sockel,
201 Kehlsockel,
202 Kehle als Sockel,
203 Ausgerundete Kehle als Sockel,
   Einzelangaben nach DIN 18352 zu Pos. 200 bis 203
   - Form des Untergrundes
     - - an im Grundriss gekrümmten Flächen,
     - - .......,
   - Mörtelbett
     - - im Dickbett,
     - - im Dickbett, mit Gefälle,
     - - im Dünnbett mit hydraulisch erhärtendem Dünnbettmörtel DIN 18156 Teil 2,
     - - im Dünnbett mit Dispersionsklebstoff DIN 18156 Teil 3,
     - - im Dünnbett mit Epoxidharzklebstoff DIN 18156 Teil 4,
     - - .......,
   - Untergrund
     - - auf vorhandener Abdichtung,
     - - auf vorhandener Dämmschicht,
     - - auf vorhandener Trennschicht,
     - - auf Mauerwerk,
     - - auf Beton,
     - - auf Putz,
     - - auf Anhydritestrich,
     - - auf Zementestrich,
     - - auf .......
   - Sockelhöhe 50 mm – 52 mm – 60 mm – 80 mm – 100 mm – 150 mm – .......,
   - Art der Verfugung
     - - verfugen durch Einschlämmen
       **Hinweis:** Nach DIN 18352, Abs. 3.5.3, muss das Verfugen durch Einschlämmen erfolgen.
     - - verfugen mit Fugeisen,
     - - verfugen nach Wahl des AN,
     - - verfugen .......,
       - - - mit grauem Zementmörtel
         **Hinweis:** Nach DIN 18352, Abs. 3.5.4, ist für das Verfugen grauer Zementmörtel zu verwenden.
       - - - mit weißem Zementmörtel,
       - - - mit Kunstharz,
       - - - mit .......,
   - Fugenbreite 2 mm – 3 mm – 4 mm – 5 mm – 6 mm – 7 mm – 8 mm – 9 mm – ....
     **Hinweis:** Auf Angaben zur Art der Verfugung und zur Fugenbreite kann verzichtet werden, wenn die Ausführung entsprechend DIN 18352, Abs. 3.5.2 bis 3.5.4 erfolgen soll.
     **Hinweis:** Die Leistungsbeschreibung kann mit der Berechnungseinheit (m²) beendet werden, wenn in einer Textergänzung die zu verwendenden Fliesen/ Platten eindeutig beschrieben werden.
     Anderenfalls ist die Beschreibung der Fliesen/Platten mit den Unterbeschreibungen entsprechend Pos. 300 bis 420 fortzusetzen:
   - Fliesen/Platten wie folgt:

Fensterbank-, Mauer-, Brüstungsabdeckungen

210 Fensterbankabdeckung außen, mit Bekleidung der Ansichtsfläche,
211 Fensterbankabdeckung außen, mit Bekleidung der Ansichts– und Untersichtsfläche,
220 Fensterbankabdeckung innen, mit Bekleidung der Ansichtsfläche,
221 Fensterbankabdeckung innen, mit Bekleidung der Ansichts– und Untersichtsfläche,
230 Mauerabdeckung,
231 Brüstungsabdeckung,
232 Abdeckung .......,
   Einzelangaben nach DIN 18352 zu Pos. 210 bis 232
   - Neigung
     - - mit Neigung bis 1 : 10,
     - - mit Neigung .......,
     - - mit .......,
   - Mörtelbett
     - - im Dickbett,
     - - im Dickbett, mit Gefälle,
     - - im Dünnbett mit hydraulisch erhärtendem Dünnbettmörtel DIN 18156 Teil 2,
     - - im Dünnbett mit Epoxidharzklebstoff DIN 18156 Teil 4,
     - - .......,
   - Tiefe 5 cm – 10 cm – 15 cm – 18 cm – 20 cm – 25 cm – 28 cm – 30 cm – .......,
   - Höhe der Ansichtsfläche 5 cm – 6 cm – 7 cm – 8 cm – 9 cm – .......,
   - Länge der Abdeckung .......,
     **Hinweis:** Angaben nur bei Berechnungseinheit Stück
   - Art der Verfugung
     - - verfugen durch Einschlämmen
       **Hinweis:** Nach DIN 18352, Abs. 3.5.3, muss das Verfugen durch Einschlämmen erfolgen.
     - - verfugen mit Fugeisen,
     - - verfugen nach Wahl des AN,
     - - verfugen .......,
       - - - mit grauem Zementmörtel
         **Hinweis:** Nach DIN 18352, Abs. 3.5.4, ist für das Verfugen grauer Zementmörtel zu verwenden.
       - - - mit weißem Zementmörtel,
       - - - mit Zementmörtel, Farbton .......,
       - - - mit Epoxidharz, Farbton .......,
       - - - mit .......,
   - Fugenbreite 2 mm – 3 mm – 4 mm – 5 mm – 6 mm – 7 mm – 8 mm – 9 mm – ....
     **Hinweis:** Auf Angaben zur Art der Verfugung und zur Fugenbreite kann verzichtet werden, wenn die Ausführung entsprechend DIN 18352, Abs. 3.5.2 bis 3.5.4 erfolgen soll.
   - Berechnungseinheit m², m, Stück (mit Angabe Länge)

   **Hinweis:** Die Leistungsbeschreibung kann mit der Berechnungseinheit beendet werden, wenn in einer Textergänzung die zu verwendenden Fliesen/ Platten eindeutig beschrieben werden.
   Anderenfalls ist die Beschreibung der Fliesen/Platten mit den Unterbeschreibungen entsprechend Pos. 300 bis 420 fortzusetzen:
   - Fliesen/Platten wie folgt:

**STLB 024**

Ausgabe 06.01

## LB 024 Fliesen- und Plattenarbeiten
### Bekleidungen, Beläge

Stufenbeläge

- 240 Belag für Trittstufe,
- 250 Belag für Setzstufe,
- 260 Belag für schräge Setzstufe,
- 270 Belag für Tritt- und Setzstufe,
- 280 Belag für Tritt- und schräge Setzstufe,
- 290 Belag ......., 
  Einzelangaben nach DIN 18352 zu Pos. 240 bis 290
  - Treppenform
    - – gerade – gewendelt – im Grundriss gekrümmt – .......,
  - Steigungsverhältnis .......,
  - Stufenlänge .......,
    **Hinweis:** Angaben nur bei Berechnungseinheit Stück
  - Trittstufenüberstand
    - – ohne Trittstufenüberstand
    - – Trittstufenüberstand 2 cm – 3 cm – 4 cm – .......,
  - Mörtelbett
    - – im Dickbett, Dicke 20 mm,
    - – im Dickbett, Dicke 20 mm, mit Gefälle,
    - – im Dünnbett mit hydraulisch erhärtendem Dünnbettmörtel DIN 18156-2,
    - – im Dünnbett mit Epoxidharzklebstoff DIN 18156-4,
    - – im .......,
  - Verlegeart
    - – verlegen im Fugenschnitt,
    - – verlegen im Verband,
    - – verlegen .......,
    - – gemäß Zeichnung Nr. ......., Einzelbeschreibung Nr. .......,
  - Art der Verfugung
    - – verfugen durch Einschlämmen
      **Hinweis:** Nach DIN 18352, Abs. 3.5.3, muss das Verfugen durch Einschlämmen erfolgen.
    - – verfugen mit Fugeisen,
    - – verfugen nach Wahl des AN,
    - – verfugen .......,
      - – – mit grauem Zementmörtel
        **Hinweis:** Nach DIN 18352, Abs. 3.5.4, ist für das Verfugen grauer Zementmörtel zu verwenden.
      - – – mit weißem Zementmörtel,
      - – – mit Zementmörtel, Farbton .......,
      - – – mit Epoxidharz, Farbton .......,
      - – – mit .......,
  - Fugenbreite 2 mm – 3 mm – 4 mm – 5 mm – 6 mm – 7 mm – 8 mm – 9 mm – ....
    **Hinweis:** Auf Angaben zur Art der Verfugung und zur Fugenbreite kann verzichtet werden, wenn die Ausführung entsprechend DIN 18352, Abs. 3.5.2 bis 3.5.4 erfolgen soll.
  - Berechnungseinheit m², m, Stück (mit Angabe Länge)

  **Hinweis:** Die Leistungsbeschreibung kann mit der Berechnungseinheit beendet werden, wenn in einer Textergänzung die zu verwendenden Fliesen/Platten eindeutig beschrieben werden.
  Anderenfalls ist die Beschreibung der Fliesen/Platten mit den Unterbeschreibungen entsprechend Pos. 300 bis 420 fortzusetzen:
  - Fliesen/Platten wie folgt:

Glasierte keramische Fliesen und Platten DIN EN 159 und DIN EN 188,
Wasseraufnahme über 10 %, nicht frostbeständig

- 300 Glasierte keramische Fliesen/Platten DIN EN 159 und EIN EN 188 (Steingut, nicht frostbeständig),
  Einzelangaben nach DIN 18352
  - Maße, Fliesenform
    - – Nennmaß (cm) 10 x 10,
    - – Nennmaß (cm) 10 x 20,
    - – Nennmaß (cm) 15 x 15,
    - – Nennmaß (cm) 20 x 15,
    - – Nennmaß (cm) 20 x 20,
    - – Nennmaß (cm) 20 x 25,
    - – Nennmaß (cm) 20 x 30,
    - – Nennmaß (cm) 25 x 25,
    - – Nennmaß (cm) 25 x 33,
    - – Nennmaß (cm) 30 x 30,
    - – Nennmaß (cm) 40 x 30,
    - – Nennmaß (cm) .......,
    - – Werkmaß (cm) .......,
    - – Fliesenform ......., Maße in cm .......,
  - Oberfläche
    - – Oberfläche eben,
    - – Oberfläche profiliert,
    - – Oberfläche dekoriert,
    - – Oberfläche .......,
  - Glasur
    - – Glasur glänzend,
    - – Glasur matt,
    - – Glasur .......,
  - Dekor, Struktur
    - – uni,
    - – geflammt,
    - – mit Dekor,
    - – .......,
  - Farbton
    - – Farbton weiß,
    - – Farbton .......,
  - Erzeugnis
    - – Erzeugnis/Typ ....... (oder gleichwertiger Art),
    - – Erzeugnis/Typ ....... (vom Bieter einzutragen),

# LB 024 Fliesen- und Plattenarbeiten
## Bekleidungen, Beläge

STLB 024

Ausgabe 06.01

Keramische Fliesen und Platten DIN EN 176,
Wasseraufnahme bis 3 %, frostbeständig

**Unglasierte Fliesen und Platten**

305 Unglasierte keramische Fliesen/Platten DIN EN 176
(Steinzeug, frostbeständig),
Einzelangaben nach DIN 18352
- Form, Maße
  - – ohne Fase,
    - – – Nennmaß (cm) 10 x 10,
    - – – Nennmaß (cm) 15 x 7,5,
    - – – Nennmaß (cm) 15 x 10,
    - – – Nennmaß (cm) 15 x 15,
    - – – Nennmaß (cm) 20 x 10,
    - – – Nennmaß (cm) 20 x 20,
    - – – Nennmaß (cm) 25 x 25,
    - – – Nennmaß (cm) 30 x 15,
    - – – Nennmaß (cm) 30 x 20,
    - – – Nennmaß (cm) 30 x 30,
    - – – Nennmaß (cm) 40 x 30,
    - – – Nennmaß (cm) .......,
    - – – Werkmaß (cm) .......,
    - – – Fliesenform ......., Maße in cm .......,
  - – mit Fase,
    - – – Nennmaß (cm) 10 x 15,
    - – – Nennmaß (cm) .......,
  - – mit Hohlkehle,
  - – mit Hohlkehle und Fase,
    - – – Nennmaß (cm) 10 x 10,
    - – – Nennmaß (cm) 10 x 15,
    - – – Nennmaß (cm) 10 x 20,
    - – – Nennmaß (cm) 15 x 15,
    - – – Nennmaß (cm) 15 x 20,
    - – – Nennmaß (cm) .......,
  - – als Kehlleiste,
    - – – Nennmaß (cm) 10 x 3,
    - – – Nennmaß (cm) 15 x 3,
    - – – Nennmaß (cm) .......,
  - – als Treppenfliese,
    - – – Nennmaß (cm)  5 x 5,
    - – – Nennmaß (cm) 10 x 30,
    - – – Nennmaß (cm) 15 x 30,
    - – – Nennmaß (cm) 20 x 30,
    - – – Nennmaß (cm) 30 x 30,
    - – – Nennmaß (cm) 30 x 35,
- Oberfläche
  - – Oberfläche eben,
  - – Oberfläche eben, vordere Auftrittsfläche gerillt,
  - – Oberfläche eben, vordere Auftrittsfläche gerillt, vordere Kante gerundet,
  - – Oberfläche poliert,
  - – Oberfläche profiliert,
  - – Oberfläche genockt,
  - – Oberfläche gerillt,
  - – Oberfläche gekörnt,
  - – Oberfläche mit Spitzkorn,
  - – Oberfläche mit Schieferstruktur,
  - – Oberfläche mit Stegen,
  - – Oberfläche .......,
- Dekor, Struktur
  - – uni,
  - – geflammt,
  - – porphyr,
  - – mit Dekor,
  - – .......,
- Farbton
  - – Farbton weiß,
  - – Farbton hellgrau,
  - – Farbton grau,
  - – Farbton rot,
  - – Farbton gelb,
  - – Farbton beige,
  - – Farbton .......,
- Erzeugnis
  - – Erzeugnis/Typ ....... (oder gleichwertiger Art),
  - – Erzeugnis/Typ ....... (vom Bieter einzutragen),

**Glasierte Fliesen und Platten**

310 Glasierte keramische Fliesen/Platten DIN EN 176
(Steinzeug, frostbeständig)
Einzelangaben nach DIN 18352
- Form, Maße
  - – Nennmaß (cm) 10 x 10,
  - – Nennmaß (cm) 15 x 7,5,
  - – Nennmaß (cm) 15 x 10,
  - – Nennmaß (cm) 15 x 15,
  - – Nennmaß (cm) 20 x 10,
  - – Nennmaß (cm) 20 x 20,
  - – Nennmaß (cm) 25 x 25,
  - – Nennmaß (cm) 30 x 15,
  - – Nennmaß (cm) 30 x 20,
  - – Nennmaß (cm) 30 x 30,
  - – Nennmaß (cm) 40 x 30,
  - – Nennmaß (cm) .......,
  - – Werkmaß (cm) .......,
  - – Fliesenform ......., Maße in cm .......,
- Oberfläche
  - – Oberfläche eben,
  - – Oberfläche profiliert,
  - – Oberfläche genockt,
  - – Oberfläche mit Spitzkorn,
  - – Oberfläche mit Schieferstruktur,
  - – Oberfläche mit Stegen,
  - – Oberfläche .......,
- Glasur
  - – Glasur glänzend,
  - – Glasur matt,
  - – Glasur .......,
- Dekor, Struktur
  - – uni,
  - – geflammt,
  - – mit Dekor,
  - – farbstrukturiert,
  - – .......,
- Farbton
  - – Farbton weiß,
  - – Farbton elfenbein,
  - – Farbton grün,
  - – Farbton blau,
  - – Farbton rot,
  - – Farbton grau,
  - – Farbton gelb,
  - – Farbton braun,
  - – Farbton .......,
- Erzeugnis
  - – Erzeugnis/Typ ....... (oder gleichwertiger Art),
  - – Erzeugnis/Typ ....... (vom Bieter einzutragen),

311 Glasierte keramische Fliesen/Platten DIN EN 176
(Steinzeug, frostbeständig) als Kehlleiste
Einzelangaben nach DIN 18352
- Maße
  - – Nennmaß (cm) 10 x 3,
  - – Nennmaß (cm) 15 x 3,
  - – Nennmaß (cm) .......,
- Oberfläche
  - – Oberfläche eben,
  - – Oberfläche .......,
- Glasur
  - – Glasur glänzend,
  - – Glasur matt,
  - – Glasur .......,
- Dekor, Struktur
  - – uni,
  - – .......,
- Farbton
  - – Farbton weiß,
  - – Farbton .......,
- Erzeugnis
  - – Erzeugnis/Typ ....... (oder gleichwertiger Art),
  - – Erzeugnis/Typ ....... (vom Bieter einzutragen),

# LB 024 Fliesen- und Plattenarbeiten
## Bekleidungen, Beläge

312 Glasierte keramische Fliesen/Platten DIN EN 176 (Steinzeug, frostbeständig) als Treppenfliese, Einzelangaben nach DIN 18352
- Maße
  - - Nennmaß (cm) 5 x 5,
  - - Nennmaß (cm) 7,5 x 7,5,
  - - Nennmaß (cm) 10 x 10,
  - - Nennmaß (cm) 10 x 30,
  - - Nennmaß (cm) 15 x 30,
  - - Nennmaß (cm) 20 x 30,
  - - Nennmaß (cm) 30 x 30,
  - - Nennmaß (cm) 30 x 35,
  - - Nennmaß (cm) .......,
- Oberfläche
  - - Oberfläche eben,
  - - Oberfläche eben, vordere Auftrittsfläche gerillt,
  - - Oberfläche eben, vordere Auftrittsfläche gerillt, vordere Kante gerundet,
  - - Oberfläche profiliert,
  - - Oberfläche mit Stegen,
  - - Oberfläche .......,
- Glasur
  - - Glasur glänzend,
  - - Glasur matt,
  - - Glasur .......,
- Dekor, Struktur
  - - uni,
  - - farbstrukturiert,
  - - .......,
- Farbton
  - - Farbton weiß,
  - - Farbton elfenbein,
  - - Farbton grün,
  - - Farbton blau,
  - - Farbton rot,
  - - Farbton grau,
  - - Farbton gelb,
  - - Farbton braun,
  - - Farbton .......,
- Erzeugnis
  - - Erzeugnis/Typ ....... (oder gleichwertiger Art),
  - - Erzeugnis/Typ ....... (vom Bieter einzutragen),

**Unglasiertes Mosaik**

315 Steinzeugmosaik aus unglasierten keramischen Fliesen/Platten DIN EN 176 (frostbeständig), Einzelangaben nach DIN 18352
- Maße, Mosaikform
  - - Nennmaß (cm) 2,5 x 2,5
  - - Nennmaß (cm) 5 x 5,
  - - Nennmaß (cm) 7,5 x 7,5,
  - - Nennmaß (cm) 10 x 10,
  - - Nennmaß (cm) .......,
  - - als Kombimosaik, Nennmaß (cm) .......,
  - - als Rundmosaik, Nennmaß (cm) 5,
  - - als Rundmosaik, Nennmaß (cm) .......,
  - - Mosaikform .......,
- Oberfläche
  - - Oberfläche eben,
  - - Oberfläche profiliert,
  - - Oberfläche mit Stegen,
  - - Oberfläche .......,
- Dekor, Struktur
  - - uni,
  - - mit porphyr,
  - - .......,
- Farbton
  - - Farbton weiß,
  - - Farbton hellgrau,
  - - Farbton grau,
  - - Farbton rot,
  - - Farbton gelb,
  - - Farbton beige,
  - - Farbton .......,
- Lieferform
  - - Tafel vorderseitig geklebt,
  - - Tafel rückseitig geklebt,
- Erzeugnis
  - - Erzeugnis/Typ ....... (oder gleichwertiger Art),
  - - Erzeugnis/Typ ....... (vom Bieter einzutragen),

**Glasiertes Moasik**

318 Steinzeugmosaik aus glasierten keramischen Fliesen/Platten DIN EN 176 (frostbeständig), Einzelangaben nach DIN 18352
- Maße, Mosaikform
  - - Nennmaß (cm) 2,5 x 2,5
  - - Nennmaß (cm) 5 x 5,
  - - Nennmaß (cm) 7,5 x 7,5,
  - - Nennmaß (cm) 10 x 10,
  - - Nennmaß (cm) .......,
  - - als Kombimosaik, Nennmaß (cm) 7,5 x 7,5 / 2,5 x 2,5,
  - - als Kombimosaik, Nennmaß (cm) 7,5 x 7,5 / 7,5 x 3,75 / 3,75 x 3,75,
  - - als Kombimosaik, Nennmaß (cm) 10,8 x 10,8 / 2,4 x 2,4,
  - - als Kombimosaik, Nennmaß (cm) .......,
  - - als Rundmosaik, Nennmaß (cm) .......,
  - - Mosaikform .......,
- Oberfläche
  - - Oberfläche eben,
  - - Oberfläche profiliert,
  - - Oberfläche .......,
- Glasur
  - - Glasur glänzend,
  - - Glasur matt,
  - - Glasur .......,
- Dekor, Struktur
  - - uni,
  - - geflammt,
  - - mit Dekor,
  - - farbstrukturiert,
  - - .......,
- Farbton
  - - Farbton weiß,
  - - Farbton grün,
  - - Farbton blau,
  - - Farbton rot,
  - - Farbton grau,
  - - Farbton gelb,
  - - Farbton braun,
  - - Farbton .......,
- Lieferform
  - - Tafel vorderseitig geklebt,
  - - Tafel rückseitig geklebt,
- Erzeugnis
  - - Erzeugnis/Typ ....... (oder gleichwertiger Art),
  - - Erzeugnis/Typ ....... (vom Bieter einzutragen),

## LB 024 Fliesen- und Plattenarbeiten
### Bekleidungen, Beläge

STLB 024

Ausgabe 06.01

Keramische Fliesen und Platten DIN EN 177,
Wasseraufnahme von 3 bis 6 %

**Unglasierte Fliesen und Platten**

320 Unglasierte keramische Fliesen/Platten DIN EN 177
(Steinzeug, frostbeständig),
Einzelangaben nach DIN 18352
- Form, Maße
  - - ohne Fase,
    - - - Nennmaß (cm) 10 x 10,
    - - - Nennmaß (cm) 15 x 7,5,
    - - - Nennmaß (cm) 15 x 10,
    - - - Nennmaß (cm) 15 x 15,
    - - - Nennmaß (cm) 20 x 10,
    - - - Nennmaß (cm) 20 x 20,
    - - - Nennmaß (cm) 25 x 25,
    - - - Nennmaß (cm) 30 x 15,
    - - - Nennmaß (cm) 30 x 20,
    - - - Nennmaß (cm) 30 x 30,
    - - - Nennmaß (cm) 40 x 30,
    - - - Nennmaß (cm) .......,
    - - - Werkmaß (cm) .......,
    - - - Fliesenform ......., Maße in cm .......,
  - - mit Fase,
    - - - Nennmaß (cm) 10 x 15,
    - - - Nennmaß (cm) .......,
  - - mit Hohlkehle,
  - - mit Hohlkehle und Fase,
    - - - Nennmaß (cm) 10 x 10,
    - - - Nennmaß (cm) 10 x 15,
    - - - Nennmaß (cm) 10 x 20,
    - - - Nennmaß (cm) 15 x 15,
    - - - Nennmaß (cm) 15 x 20,
    - - - Nennmaß (cm) .......,
  - - als Kehlleiste,
    - - - Nennmaß (cm) 10 x 3,
    - - - Nennmaß (cm) 15 x 3,
    - - - Nennmaß (cm) .......,
  - - als Treppenfliese,
    - - - Nennmaß (cm)  5 x  5,
    - - - Nennmaß (cm) 10 x 30,
    - - - Nennmaß (cm) 15 x 30,
    - - - Nennmaß (cm) 20 x 30,
    - - - Nennmaß (cm) 30 x 30,
    - - - Nennmaß (cm) 30 x 35,
    - - - Nennmaß (cm) .......,
- Oberfläche
  - - Oberfläche eben,
  - - Oberfläche eben, vordere Auftrittsfläche gerillt,
  - - Oberfläche eben, vordere Auftrittsfläche gerillt,
    vordere Kante gerundet,
  - - Oberfläche poliert,
  - - Oberfläche profiliert,
  - - Oberfläche genockt,
  - - Oberfläche gerillt,
  - - Oberfläche gekörnt,
  - - Oberfläche mit Spitzkorn,
  - - Oberfläche mit Stegen,
  - - Oberfläche mit Schieferstruktur,
  - - Oberfläche .......,
- Dekor, Struktur
  - - uni,
  - - geflammt,
  - - porphyr,
  - - mit Dekor,
  - - .......,
- Farbton
  - - Farbton weiß,
  - - Farbton hellgrau,
  - - Farbton grau,
  - - Farbton rot,
  - - Farbton gelb,
  - - Farbton beige,
  - - Farbton .......,
- Erzeugnis
  - - Erzeugnis/Typ ....... (oder gleichwertiger Art),
  - - Erzeugnis/Typ ....... (vom Bieter einzutragen),

**Glasierte Fliesen und Platten**

330 Glasierte keramische Fliesen/Platten DIN EN 177
(Steinzeug, frostbeständig)
Einzelangaben nach DIN 18352
- Form, Maße
  - - Nennmaß (cm) 10 x 10,
  - - Nennmaß (cm) 15 x 7,5,
  - - Nennmaß (cm) 15 x 10,
  - - Nennmaß (cm) 15 x 15,
  - - Nennmaß (cm) 20 x 10,
  - - Nennmaß (cm) 20 x 20,
  - - Nennmaß (cm) 25 x 25,
  - - Nennmaß (cm) 30 x 15,
  - - Nennmaß (cm) 30 x 20,
  - - Nennmaß (cm) 30 x 30,
  - - Nennmaß (cm) 40 x 30,
  - - Nennmaß (cm) .......,
  - - Werkmaß (cm) .......,
  - - Fliesenform ......., Maße in cm .......,
- Oberfläche
  - - Oberfläche eben,
  - - Oberfläche profiliert,
  - - Oberfläche genockt,
  - - Oberfläche mit Spitzkorn,
  - - Oberfläche mit Schieferstruktur,
  - - Oberfläche mit Stegen,
  - - Oberfläche .......,
- Glasur
  - - Glasur glänzend,
  - - Glasur matt,
  - - Glasur .......,
- Dekor, Struktur
  - - uni,
  - - geflammt,
  - - mit Dekor,
  - - farbstrukturiert,
  - - .......,
- Farbton
  - - Farbton weiß,
  - - Farbton elfenbein,
  - - Farbton grün,
  - - Farbton blau,
  - - Farbton rot,
  - - Farbton grau,
  - - Farbton gelb,
  - - Farbton braun,
  - - Farbton .......,
- Erzeugnis
  - - Erzeugnis/Typ ....... (oder gleichwertiger Art),
  - - Erzeugnis/Typ ....... (vom Bieter einzutragen),

331 Glasierte keramische Fliesen/Platten DIN EN 177
(Steinzeug, frostbeständig) als Kehlleiste,
Einzelangaben nach DIN 18352
- Maße
  - - Nennmaß (cm) 10 x 3,
  - - Nennmaß (cm) 15 x 3,
  - - Nennmaß (cm) .......,
- Oberfläche
  - - Oberfläche eben,
  - - Oberfläche .......,
- Glasur
  - - Glasur glänzend,
  - - Glasur matt,
  - - Glasur .......,
- Dekor, Struktur
  - - uni,
  - - .......,
- Farbton
  - - Farbton weiß,
  - - Farbton .......,
- Erzeugnis
  - - Erzeugnis/Typ ....... (oder gleichwertiger Art),
  - - Erzeugnis/Typ ....... (vom Bieter einzutragen),

**STLB 024**

**LB 024 Fliesen- und Plattenarbeiten**
**Bekleidungen, Beläge**

Ausgabe 06.01

332 Glasierte keramische Fliesen/Platten DIN EN 177 (Steinzeug, frostbeständig) als Treppenfliese, Einzelangaben nach DIN 18352
- Maße
  - – Nennmaß (cm) 5 x 5,
  - – Nennmaß (cm) 7,5 x 7,5,
  - – Nennmaß (cm) 10 x 10,
  - – Nennmaß (cm) 10 x 30,
  - – Nennmaß (cm) 15 x 30,
  - – Nennmaß (cm) 20 x 30,
  - – Nennmaß (cm) 30 x 30,
  - – Nennmaß (cm) 30 x 35,
  - – Nennmaß (cm) .......,
- Oberfläche
  - – Oberfläche eben,
  - – Oberfläche eben, vordere Auftrittsfläche gerillt,
  - – Oberfläche eben, vordere Auftrittsfläche gerillt, vordere Kante gerundet,
  - – Oberfläche profiliert,
  - – Oberfläche mit Stegen,
  - – Oberfläche .......,
- Glasur
  - – Glasur glänzend,
  - – Glasur matt,
  - – Glasur .......,
- Dekor, Struktur
  - – uni,
  - – farbstrukturiert,
  - – .......,
- Farbton
  - – Farbton weiß – elfenbein – grün – blau – rot – grau – gelbe – braun – ......,
- Erzeugnis
  - – Erzeugnis/Typ ....... (oder gleichwertiger Art),
  - – Erzeugnis/Typ ....... (vom Bieter einzutragen),

**Keramische Fliesen und Platten DIN EN 178, Wasseraufnahme von 6 bis 10 %**

**Unglasierte Fliesen und Platten**

340 Unglasierte Fliesen/Platten DIN EN 178 (Steingut), Einzelangaben nach DIN 18352
- Form, Maße
  - – ohne Fase,
    - – – Nennmaß (cm) 10 x 10,
    - – – Nennmaß (cm) 15 x 7,5,
    - – – Nennmaß (cm) 15 x 10,
    - – – Nennmaß (cm) 15 x 15,
    - – – Nennmaß (cm) 20 x 10,
    - – – Nennmaß (cm) 20 x 20,
    - – – Nennmaß (cm) 25 x 25,
    - – – Nennmaß (cm) 30 x 15,
    - – – Nennmaß (cm) 30 x 20,
    - – – Nennmaß (cm) 30 x 30,
    - – – Nennmaß (cm) 40 x 30,
    - – – Nennmaß (cm) .......,
    - – – Werkmaß (cm) .......,
    - – – Fliesenform ......., Maße in cm .......,
  - – mit Fase,
    - – – Nennmaß (cm) 10 x 15,
    - – – Nennmaß (cm) .......,
  - – mit Hohlkehle,
  - – mit Hohlkehle und Fase,
    - – – Nennmaß (cm) 10 x 10,
    - – – Nennmaß (cm) 10 x 15,
    - – – Nennmaß (cm) 10 x 20,
    - – – Nennmaß (cm) 15 x 15,
    - – – Nennmaß (cm) 15 x 20,
    - – – Nennmaß (cm) .......,
  - – als Kehlleiste,
    - – – Nennmaß (cm) 10 x 3,
    - – – Nennmaß (cm) 15 x 3,
    - – – Nennmaß (cm) .......,
  - – als Treppenfliese,
    - – – Nennmaß (cm)   5 x  5,
    - – – Nennmaß (cm) 10 x 30,
    - – – Nennmaß (cm) 15 x 30,
    - – – Nennmaß (cm) 20 x 30,
    - – – Nennmaß (cm) 30 x 30,
    - – – Nennmaß (cm) 30 x 35,
    - – – Nennmaß (cm) .......,
- Oberfläche
  - – Oberfläche eben,
  - – Oberfläche eben, vordere Auftrittsfläche gerillt,
  - – Oberfläche eben, vordere Auftrittsfläche gerillt, vordere Kante gerundet,
  - – Oberfläche poliert,
  - – Oberfläche profiliert,
  - – Oberfläche genockt,
  - – Oberfläche gerillt,
  - – Oberfläche gekörnt,
  - – Oberfläche mit Spitzkorn,
  - – Oberfläche mit Schieferstruktur,
  - – Oberfläche mit Stegen,
  - – Oberfläche .......,
- Dekor, Struktur
  - – uni,
  - – geflammt,
  - – porphyr,
  - – mit Dekor,
  - – .......,
- Farbton
  - – Farbton weiß,
  - – Farbton hellgrau,
  - – Farbton grau,
  - – Farbton rot,
  - – Farbton gelb,
  - – Farbton beige,
  - – Farbton .......,
- Erzeugnis
  - – Erzeugnis/Typ ....... (oder gleichwertiger Art),
  - – Erzeugnis/Typ ....... (vom Bieter einzutragen),

**Glasierte Fliesen und Platten**

350 Glasierte keramische Fliesen/Platten DIN EN 178 (Steingut), Einzelangaben nach DIN 18352
- Form, Maße
  - – Nennmaß (cm) 10 x 10,
  - – Nennmaß (cm) 15 x 7,5,
  - – Nennmaß (cm) 15 x 10,
  - – Nennmaß (cm) 15 x 15,
  - – Nennmaß (cm) 20 x 10,
  - – Nennmaß (cm) 20 x 20,
  - – Nennmaß (cm) 25 x 25,
  - – Nennmaß (cm) 30 x 15,
  - – Nennmaß (cm) 30 x 20,
  - – Nennmaß (cm) 30 x 30,
  - – Nennmaß (cm) 40 x 30,
  - – Nennmaß (cm) .......,
  - – Werkmaß (cm) .......,
  - – Fliesenform ......., Maße in cm .......,
- Oberfläche
  - – Oberfläche eben,
  - – Oberfläche profiliert,
  - – Oberfläche genockt,
  - – Oberfläche mit Spitzkorn,
  - – Oberfläche mit Schieferstruktur,
  - – Oberfläche mit Stegen,
  - – Oberfläche .......,
- Glasur
  - – Glasur glänzend,
  - – Glasur matt,
  - – Glasur .......,
- Dekor, Struktur
  - – uni,
  - – geflammt,
  - – mit Dekor,
  - – farbstrukturiert,
  - – .......,
- Farbton
  - – Farbton weiß,
  - – Farbton elfenbein,
  - – Farbton grün,
  - – Farbton blau,
  - – Farbton rot,
  - – Farbton grau,
  - – Farbton gelb,
  - – Farbton braun,
  - – Farbton .......,
- Erzeugnis
  - – Erzeugnis/Typ ....... (oder gleichwertiger Art),
  - – Erzeugnis/Typ ....... (vom Bieter einzutragen),

## LB 024 Fliesen- und Plattenarbeiten
### Bekleidungen, Beläge

STLB 024
Ausgabe 06.01

**351** Glasierte keramische Fliesen/Platten DIN EN 178 (Steinzeug) als Kehlleiste, Einzelangaben nach DIN 18352
- Maße
  - – Nennmaß (cm) 10 x 3,
  - – Nennmaß (cm) 15 x 3,
  - – Nennmaß (cm) .......,
- Oberfläche
  - – Oberfläche eben,
  - – Oberfläche .......,
- Glasur
  - – Glasur glänzend,
  - – Glasur matt,
  - – Glasur .......,
- Dekor, Struktur
  - – uni,
  - – .......,
- Farbton
  - – Farbton weiß,
  - – Farbton .......,
- Erzeugnis
  - – Erzeugnis/Typ ....... (oder gleichwertiger Art),
  - – Erzeugnis/Typ ....... (vom Bieter einzutragen),

**352** Glasierte keramische Fliesen/Platten DIN EN 178 (Steingut) als Treppenfliese, Einzelangaben nach DIN 18352
- Maße
  - – Nennmaß (cm) 5 x 5,
  - – Nennmaß (cm) 7,5 x 7,5,
  - – Nennmaß (cm) 10 x 10,
  - – Nennmaß (cm) 10 x 30,
  - – Nennmaß (cm) 15 x 30,
  - – Nennmaß (cm) 20 x 30,
  - – Nennmaß (cm) 30 x 30,
  - – Nennmaß (cm) 30 x 35,
  - – Nennmaß (cm) .......,
- Oberfläche
  - – Oberfläche eben,
  - – Oberfläche eben, vordere Auftrittsfläche gerillt,
  - – Oberfläche eben, vordere Auftrittsfläche gerillt, vordere Kante gerundet,
  - – Oberfläche profiliert,
  - – Oberfläche mit Stegen,
  - – Oberfläche .......,
- Glasur
  - – Glasur glänzend,
  - – Glasur matt,
  - – Glasur .......,
- Dekor, Struktur
  - – uni,
  - – farbstrukturiert,
  - – .......,
- Farbton
  - – Farbton weiß,
  - – Farbton elfenbein,
  - – Farbton grün,
  - – Farbton blau,
  - – Farbton rot,
  - – Farbton grau,
  - – Farbton gelb,
  - – Farbton braun,
  - – Farbton .......,
- Erzeugnis
  - – Erzeugnis/Typ ....... (oder gleichwertiger Art),
  - – Erzeugnis/Typ ....... (vom Bieter einzutragen),

**Labortischfliesen**

**360** Keramische Labortischfliesen DIN 12912, Einzelangaben nach DIN 18352
- Form, Maße
  - – Viereckplatte, Nennmaß (cm) 15 x 15,
  - – Viereckplatte, Nennmaß (cm) 30 x 30,
  - – Randplatte mit Wulst, Nennmaß (cm) 15 x 10,
  - – Randplatte mit Wulst, Nennmaß (cm) 30 x 30,
  - – Randplatte mit Wulst, Nennmaß (cm) 15 x 7,5,
  - – Randplatte mit Wulst, Nennmaß (cm) 30 x 7,5,
  - – Winkelplatte mit Wulst, Nennmaß (cm) 30 x 7,5,
  - – .......,

- Glasur, Farbton
  - – – unglasiert,
    - – – – Farbton rot,
    - – – – Farbton rotbraun,
    - – – – Farbton grau,
    - – – – Farbton .......,
  - – – glasiert,
    - – – – Farbton weiß,
    - – – – Farbton hellgrau,
    - – – – Farbton .......,
- Erzeugnis
  - – – Erzeugnis/Typ ....... (oder gleichwertiger Art),
  - – – Erzeugnis/Typ ....... (vom Bieter einzutragen),

**Keramische Spaltplatten DIN EN 121, Wasseraufnahme bis 3 %, frostbeständig**

**Unglasierte Spaltplatten**

**365** Unglasierte keramische Spaltplatten DIN EN 121 (Steinzeug, frostbeständig), Einzelangaben nach DIN 18352
- Form, Maße
  - – Nennmaß (cm) 30 x 30,
  - – Nennmaß (cm) 25 x 25,
  - – Nennmaß (cm) 25 x 6,2,
  - – Nennmaß (cm) 25 x 12,5,
  - – Nennmaß (cm) 20 x 20,
  - – Nennmaß (cm) 20 x 15,
  - – Nennmaß (cm) 20 x 10,
  - – Nennmaß (cm) 20 x 5,
  - – Nennmaß (cm) 15 x 15,
  - – Nennmaß (cm) 10 x 10,
  - – Nennmaß (cm) .......,
  - – Werkmaß (cm) .......,
  - – Plattenform ......., Maße in cm .......,
    - – – Dicke 6 mm,
    - – – Dicke 8 mm,
    - – – Dicke 10 mm,
    - – – Dicke 12 mm,
    - – – Dicke 15 mm,
    - – – Dicke 18 mm,
    - – – Dicke in mm .......,
- Oberfläche
  - – Oberfläche eben,
  - – Oberfläche profiliert,
  - – Oberfläche strukturiert,
  - – Oberfläche .......,
- Dekor, Struktur
  - – uni,
  - – geflammt,
  - – mit Dekor,
  - – .......,
- Farbton
  - – Farbton beige,
  - – Farbton gelb,
  - – Farbton rot,
  - – Farbton weißgrau,
  - – Farbton dunkelbraun,
  - – Farbton rotbunt,
  - – Farbton gelbbunt,
  - – Farbton braunbunt,
  - – Farbton .......,
- Erzeugnis
  - – Erzeugnis/Typ ....... (oder gleichwertiger Art),
  - – Erzeugnis/Typ ....... (vom Bieter einzutragen),

# LB 024 Fliesen- und Plattenarbeiten
## Bekleidungen, Beläge

**366** Unglasierte keramische Spaltplatten DIN EN 121 (Steinzeug, frostbeständig), Einzelangaben nach DIN 18352
- Form, Maße
  - – mit Hohlkehle,
    - – – Länge 12,5 cm, sichtbare Höhe 8 cm,
    - – – Länge 25 cm, sichtbare Höhe 8 cm,
    - – – Länge in cm ......., sichtbare Höhe in cm .......,
  - – als Kehlleiste,
    - – – Länge 12,5 cm, Radius 3 cm,
    - – – Länge 25 cm, Radius 3 cm,
    - – – Länge in cm ......., Radius in cm .......,
  - – als Treppenplatte,
    - – – Maße 12,5 cm x 30 cm,
    - – – Maße 25 cm x 30 cm,
    - – – Maße 25 cm x 35 cm,
    - – – Maße 30 cm x 30 cm,
    - – – Maße 35 cm x 35 cm,
    - – – Maße in cm .......,
  - – als Schenkelplatte,
    - – – mit Kopfschenkel,
    - – – mit Längsschenkel,
    - – – mit .......,
      - – – – Maße 25 cm x 10 cm,
      - – – – Maße 25 cm x 12,5 cm,
      - – – – Maße in cm .......,
- Oberfläche
  - – – Oberfläche eben,
  - – – Oberfläche eben, vordere Auftrittsfläche gerillt,
  - – – Oberfläche profiliert,
  - – – Oberfläche strukturiert,
  - – – Oberfläche .......,
- Dekor, Struktur
  - – – uni,
  - – – geflammt,
  - – – .......,
- Farbton
  - – – Farbton beige,
  - – – Farbton gelb,
  - – – Farbton rot,
  - – – Farbton weißgrau,
  - – – Farbton dunkelbraun,
  - – – Farbton rotbunt,
  - – – Farbton gelbbunt,
  - – – Farbton braunbunt,
  - – – Farbton .......,
- Erzeugnis
  - – – Erzeugnis/Typ ....... (oder gleichwertiger Art),
  - – – Erzeugnis/Typ ....... (vom Bieter einzutragen),

**Glasierte Spaltplatten**

**368** Glasierte keramische Spaltplatten DIN EN 121 (Steinzeug, frostbeständig), Einzelangaben nach DIN 18352
- als Standardplatten
  - – – Nennmaß (cm) 30 x 30,
  - – – Nennmaß (cm) 25 x 25,
  - – – Nennmaß (cm) 25 x 6,2,
  - – – Nennmaß (cm) 25 x 12,5,
  - – – Nennmaß (cm) 20 x 20,
  - – – Nennmaß (cm) 20 x 15,
  - – – Nennmaß (cm) 20 x 10,
  - – – Nennmaß (cm) 20 x 5,
  - – – Nennmaß (cm) 15 x 15,
  - – – Nennmaß (cm) 10 x 10,
  - – – Nennmaß (cm) .......,
  - – – Werkmaß (cm) .......,
  - – – Plattenform ......., Maße in cm .......,
- mit Hohlkehle,
  - – – Länge 12,5 cm, sichtbare Höhe 8 cm,
  - – – Länge 25 cm, sichtbare Höhe 8 cm,
  - – – Länge in cm ......., sichtbare Höhe in cm .......,
- als Kehlleiste,
  - – – Länge 12,5 cm, Radius 3 cm,
  - – – Länge 25 cm, Radius 3 cm,
  - – – Länge in cm ......., Radius in cm .......,
- als Treppenplatte,
  - – – Maße 12,5 cm x 30 cm,
  - – – Maße 25 cm x 30 cm,
  - – – Maße 25 cm x 35 cm,
  - – – Maße 30 cm x 30 cm,
  - – – Maße 35 cm x 35 cm,
  - – – Maße in cm .......,
- als Schenkelplatte,
  - – – mit Kopfschenkel,
  - – – mit Längsschenkel,
  - – – mit .......,
    - – – – Maße 25 cm x 10 cm,
    - – – – Maße 25 cm x 12,5 cm,
    - – – – Maße in cm .......,
- Oberfläche
  - – – Oberfläche eben,
  - – – Oberfläche eben, vordere Auftrittsfläche gerillt,
  - – – Oberfläche profiliert,
  - – – Oberfläche strukturiert,
  - – – Oberfläche .......,
- Glasur
  - – – Glasur glänzend,
  - – – Glasur matt,
  - – – Glasur .......,
- Dekor, Struktur
  - – – uni,
  - – – geflammt,
  - – – mit Dekor,
  - – – farbstrukturiert,
  - – – .......,
- Farbton
  - – – Farbton weiß,
  - – – Farbton .......,
- Erzeugnis
  - – – Erzeugnis/Typ ....... (oder gleichwertiger Art),
  - – – Erzeugnis/Typ ....... (vom Bieter einzutragen),

## LB 024 Fliesen- und Plattenarbeiten
### Bekleidungen, Beläge

STLB 024

Ausgabe 06.01

**Keramische Spaltplatten DIN EN 186,
Wasseraufnahme von 3 bis 6 %**

**Unglasierte Spaltplatten**

370 Unglasierte keramische Spaltplatten DIN EN 186 (Steinzeug),
Einzelangaben nach DIN 18352
- frostbeständig
- als Standardplatten
  - – Nennmaß (cm) 30 x 30,
  - – Nennmaß (cm) 25 x 25,
  - – Nennmaß (cm) 25 x 6,2,
  - – Nennmaß (cm) 25 x 12,5,
  - – Nennmaß (cm) 20 x 20,
  - – Nennmaß (cm) 20 x 15,
  - – Nennmaß (cm) 20 x 10,
  - – Nennmaß (cm) 20 x 5,
  - – Nennmaß (cm) 15 x 15,
  - – Nennmaß (cm) 10 x 10,
  - – Nennmaß (cm) ......,
  - – Werkmaß (cm) ......,
  - – Plattenform ......, Maße in cm ......,
    - – – Dicke 6 mm – 8 mm – 10 mm – 12 mm – 15 mm – 18 mm – in mm ......,
- mit Hohlkehle,
  - – Länge 12,5 cm, sichtbare Höhe 8 cm,
  - – Länge 25 cm, sichtbare Höhe 8 cm,
  - – Länge in cm ......, sichtbare Höhe in cm ......,
- als Kehlleiste,
  - – Länge 12,5 cm, Radius 3 cm,
  - – Länge 25 cm, Radius 3 cm,
  - – Länge in cm ......, Radius in cm ......,
- als Treppenplatte,
  - – Maße 12,5 cm x 30 cm,
  - – Maße 25 cm x 30 cm,
  - – Maße 25 cm x 35 cm,
  - – Maße 30 cm x 30 cm,
  - – Maße 35 cm x 35 cm,
  - – Maße in cm ......,
- als Schenkelplatte,
  - – mit Kopfschenkel,
  - – mit Längsschenkel,
  - – mit ......,
    - – – Maße 25 cm x 10 cm,
    - – – Maße 25 cm x 12,5 cm,
    - – – Maße in cm ......,
- Oberfläche
  - – Oberfläche eben,
  - – Oberfläche eben, vordere Auftrittsfläche gerillt,
  - – Oberfläche profiliert,
  - – Oberfläche strukturiert,
  - – Oberfläche ......,
- Dekor, Struktur
  - – uni,
  - – geflammt,
  - – mit Dekor,
  - – ......,
- Farbton
  - – Farbton beige,
  - – Farbton gelb,
  - – Farbton rot,
  - – Farbton weißgrau,
  - – Farbton dunkelbraun,
  - – Farbton rotbunt,
  - – Farbton gelbbunt,
  - – Farbton braunbunt,
  - – Farbton ......,
- Erzeugnis
  - – Erzeugnis/Typ ....... (oder gleichwertiger Art),
  - – Erzeugnis/Typ ....... (vom Bieter einzutragen),

**Glasierte Spaltplatten**

380 Glasierte keramische Spaltplatten DIN EN 186 (Steinzeug),
Einzelangaben nach DIN 18352
- frostbeständig
- als Standardplatten
  - – Nennmaß (cm) 30 x 30,
  - – Nennmaß (cm) 25 x 25,
  - – Nennmaß (cm) 25 x 6,2,
  - – Nennmaß (cm) 25 x 12,5,
  - – Nennmaß (cm) 20 x 20,
  - – Nennmaß (cm) 20 x 15,
  - – Nennmaß (cm) 20 x 10,
  - – Nennmaß (cm) 20 x 5,
  - – Nennmaß (cm) 15 x 15,
  - – Nennmaß (cm) 10 x 10,
  - – Nennmaß (cm) ......,
  - – Werkmaß (cm) ......,
  - – Plattenform ......, Maße in cm ......,
- mit Hohlkehle,
  - – Länge 12,5 cm, sichtbare Höhe 8 cm,
  - – Länge 25 cm, sichtbare Höhe 8 cm,
  - – Länge in cm ......, sichtbare Höhe in cm ......,
- als Kehlleiste,
  - – Länge 12,5 cm, Radius 3 cm,
  - – Länge 25 cm, Radius 3 cm,
  - – Länge in cm ......, Radius in cm ......,
- als Treppenplatte,
  - – Maße 12,5 cm x 30 cm,
  - – Maße 25 cm x 30 cm,
  - – Maße 25 cm x 35 cm,
  - – Maße 30 cm x 30 cm,
  - – Maße 35 cm x 35 cm,
  - – Maße in cm ......,
- als Schenkelplatte,
  - – mit Kopfschenkel,
  - – mit Längsschenkel,
  - – mit ......,
    - – – Maße 25 cm x 10 cm,
    - – – Maße 25 cm x 12,5 cm,
    - – – Maße in cm ......,
- Oberfläche
  - – Oberfläche eben,
  - – Oberfläche eben, vordere Auftrittsfläche gerillt,
  - – Oberfläche profiliert,
  - – Oberfläche strukturiert,
  - – Oberfläche ......,
- Glasur
  - – Glasur glänzend,
  - – Glasur matt,
  - – Glasur ......,
- Dekor, Struktur
  - – uni,
  - – geflammt,
  - – mit Dekor,
  - – farbstrukturiert,
  - – ......,
- Farbton
  - – Farbton weiß,
  - – Farbton ......,
- Erzeugnis
  - – Erzeugnis/Typ ....... (oder gleichwertiger Art),
  - – Erzeugnis/Typ ....... (vom Bieter einzutragen),

# LB 024 Fliesen- und Plattenarbeiten
## Bekleidungen, Beläge

Keramische Spaltplatten DIN EN 187,
Wasseraufnahme von 6 bis 10 %

390 Unglasierte keramische Spaltplatten DIN EN 187,
Einzelangaben nach DIN 18352
- als Standardplatten
  - – Nennmaß (cm) 30 x 30,
  - – Nennmaß (cm) 25 x 25,
  - – Nennmaß (cm) 25 x 6,2,
  - – Nennmaß (cm) 25 x 12,5,
  - – Nennmaß (cm) 20 x 20,
  - – Nennmaß (cm) 20 x 15,
  - – Nennmaß (cm) 20 x 10,
  - – Nennmaß (cm) 20 x 5,
  - – Nennmaß (cm) 15 x 15,
  - – Nennmaß (cm) 10 x 10,
  - – Nennmaß (cm) ......,
  - – Werkmaß (cm) ......,
  - – Plattenform ......, Maße in cm ......,
    - – – Dicke 6 mm – 8 mm – 10 mm – 12 mm – 15 mm – 18 mm – in mm ......,
- mit Hohlkehle,
  - – Länge 12,5 cm, sichtbare Höhe 8 cm,
  - – Länge 25 cm, sichtbare Höhe 8 cm,
  - – Länge in cm ......, sichtbare Höhe in cm ......,
- als Kehlleiste,
  - – Länge 12,5 cm, Radius 3 cm,
  - – Länge 25 cm, Radius 3 cm,
  - – Länge in cm ......, Radius in cm ......,
- als Treppenplatte,
  - – Maße 12,5 cm x 30 cm,
  - – Maße 25 cm x 30 cm,
  - – Maße 25 cm x 35 cm,
  - – Maße 30 cm x 30 cm,
  - – Maße 35 cm x 35 cm,
  - – Maße in cm ......,
- als Schenkelplatte,
  - – mit Kopfschenkel,
  - – mit Längsschenkel,
  - – mit ......,
    - – – Maße 25 cm x 10 cm,
    - – – Maße 25 cm x 12,5 cm,
    - – – Maße in cm ......,
- Oberfläche
  - – Oberfläche eben,
  - – Oberfläche eben, vordere Auftrittsfläche gerillt,
  - – Oberfläche profiliert,
  - – Oberfläche strukturiert,
  - – Oberfläche ......,
- Dekor, Struktur
  - – uni,
  - – geflammt,
  - – mit Dekor,
  - – ......,
- Farbton
  - – Farbton beige,
  - – Farbton gelb,
  - – Farbton rot,
  - – Farbton weißgrau,
  - – Farbton dunkelbraun,
  - – Farbton rotbunt,
  - – Farbton gelbbunt,
  - – Farbton braunbunt,
  - – Farbton ......,
- Erzeugnis
  - – Erzeugnis/Typ ...... (oder gleichwertiger Art),
  - – Erzeugnis/Typ ...... (vom Bieter einzutragen),

Glasierte Spaltplatten

395 Glasierte keramische Spaltplatten DIN EN 187,
Einzelangaben nach DIN 18352
- als Standardplatten
  - – Nennmaß (cm) 30 x 30,
  - – Nennmaß (cm) 25 x 25,
  - – Nennmaß (cm) 25 x 6,2,
  - – Nennmaß (cm) 25 x 12,5,
  - – Nennmaß (cm) 20 x 20,
  - – Nennmaß (cm) 20 x 15,
  - – Nennmaß (cm) 20 x 10,
  - – Nennmaß (cm) 20 x 5,
  - – Nennmaß (cm) 15 x 15,
  - – Nennmaß (cm) 10 x 10,
  - – Nennmaß (cm) ......,
  - – Werkmaß (cm) ......,
  - – Plattenform ......, Maße in cm ......,
- mit Hohlkehle,
  - – Länge 12,5 cm, sichtbare Höhe 8 cm,
  - – Länge 25 cm, sichtbare Höhe 8 cm,
  - – Länge in cm ......, sichtbare Höhe in cm ......,
- als Kehlleiste,
  - – Länge 12,5 cm, Radius 3 cm,
  - – Länge 25 cm, Radius 3 cm,
  - – Länge in cm ......, Radius in cm ......,
- als Treppenplatte,
  - – Maße 12,5 cm x 30 cm,
  - – Maße 25 cm x 30 cm,
  - – Maße 25 cm x 35 cm,
  - – Maße 30 cm x 30 cm,
  - – Maße 35 cm x 35 cm,
  - – Maße in cm ......,
- als Schenkelplatte,
  - – mit Kopfschenkel,
  - – mit Längsschenkel,
  - – mit ......,
    - – – Maße 25 cm x 10 cm,
    - – – Maße 25 cm x 12,5 cm,
    - – – Maße in cm ......,
- Oberfläche
  - – Oberfläche eben,
  - – Oberfläche eben, vordere Auftrittsfläche gerillt,
  - – Oberfläche profiliert,
  - – Oberfläche strukturiert,
  - – Oberfläche ......,
- Glasur
  - – Glasur glänzend,
  - – Glasur matt,
  - – Glasur ......,
- Dekor, Struktur
  - – uni,
  - – geflammt,
  - – mit Dekor,
  - – farbstrukturiert,
  - – ......,
- Farbton
  - – Farbton weiß,
  - – Farbton ......,
- Erzeugnis
  - – Erzeugnis/Typ ...... (oder gleichwertiger Art),
  - – Erzeugnis/Typ ...... (vom Bieter einzutragen),

# LB 024 Fliesen- und Plattenarbeiten
## Bekleidungen, Beläge

STLB 024

Ausgabe 06.01

**Bodenklinkerplatten, frostbeständig**

400 **Bodenklinkerplatten DIN 18158 (frostbeständig), Einzelangaben nach DIN 18352**
 - als Standardplatten
   - - Nennmaß (cm) 20 x 10,
   - - Nennmaß (cm) 25 x 12,5,
   - - Nennmaß (cm) 20 x 20,
   - - Nennmaß (cm) 30 x 30,
   - - Nennmaß (cm) ......,
   - - Plattenform ......, Maße in cm ......,
 - als Treppenplatte
 - als ......
   - - Maße 20 cm x 10 cm,
   - - Maße 25 cm x 12,5 cm,
   - - Maße in cm ......,
 - Dicke
   - - Dicke 1 cm,
   - - Dicke 1,5 cm,
   - - Dicke 2 cm,
   - - Dicke 2,5 cm,
   - - Dicke 3 cm,
   - - Dicke 3,5 cm,
   - - Dicke 4 cm,
   - - Dicke in cm ......,
 - Oberfläche
   - - Oberfläche eben,
   - - Oberfläche profiliert,
   - - Oberfläche strukturiert,
   - - Oberfläche ......,
 - Dekor, Struktur
   - - uni,
   - - geflammt,
   - - ......,
 - Farbton
   - - Farbton rot,
   - - Farbton ......,
 - Erzeugnis
   - - Erzeugnis/Typ ...... (oder gleichwertiger Art),
   - - Erzeugnis/Typ ...... (vom Bieter einzutragen),

**Großformatige keramische Platten**

405 **Großformatige Platten aus glasiertem Steingut (frostbeständig),**
406 **Großformatige Platten aus ......, Einzelangaben nach DIN 18352**
 - Flächenmaße
   - - Nennmaß (cm) 60 x 30,
   - - Nennmaß (cm) 60 x 60,
   - - Nennmaß (cm) 90 x 60,
   - - Nennmaß (cm) 160 x 125,
   - - Nennmaß (cm) ......,
 - Dicke
   - - Dicke 0,6 cm,
   - - Dicke 0,8 cm,
   - - Dicke in cm ......,
 - Oberfläche
   - - Oberfläche eben,
   - - Oberfläche ......,
 - Glasur
   - - Glasur glänzend,
   - - Glasur matt,
   - - Glasur ......,
 - Dekor, Struktur
   - - uni,
   - - geflammt,
   - - mit Dekor,
   - - farbstrukturiert,
   - - ......,
 - Farbton
   - - Farbton weiß,
   - - Farbton ......,
 - Erzeugnis
   - - Erzeugnis/Typ ...... (oder gleichwertiger Art),
   - - Erzeugnis/Typ ...... (vom Bieter einzutragen),

**Solnhofener Natursteinplatten**

410 **Solnhofener Natursteinplatten, Einzelangaben nach DIN 18352**
 - Breite, Flächenmaße
   - - Breite 100 mm,
   - - Breite 150 mm,
   - - Breite 200 mm,
   - - Breite 250 mm,
   - - Breite 300 mm,
   - - Breite 350 mm,
   - - Breite 400 mm,
   - - Breite in mm ......,
   - - Maße 100 mm x 200 mm,
   - - Maße 100 mm x 300 mm,
   - - Maße 100 mm x 400 mm,
   - - Maße 150 mm x 150 mm,
   - - Maße 200 mm x 200 mm,
   - - Maße 125 mm x 250 mm,
   - - Maße 150 mm x 250 mm,
   - - Maße 150 mm x 300 mm,
   - - Maße 200 mm x 300 mm,
   - - Maße 200 mm x 400 mm,
   - - Maße 250 mm x 250 mm,
   - - Maße 275 mm x 275 mm,
   - - Maße 300 mm x 300 mm,
   - - Maße 350 mm x 350 mm,
   - - Maße 375 mm x 375 mm,
   - - Maße 400 mm x 400 mm,
   - - Maße 450 mm x 450 mm,
   - - Maße 500 mm x 500 mm,
   - - Maße 550 mm x 550 mm,
   - - Maße 600 mm x 600 mm,
   - - Maße in mm ......,
 - Dicke
   - - Dicke 9 bis 12 mm,
   - - Dicke 13 bis 20 mm,
   - - Dicke 7 mm für Verlegung im Dünnbettverfahren,
   - - Dicke 10 mm für Verlegung im Dünnbettverfahren,
   - - Dicke 13 mm,
   - - Dicke 16 mm,
   - - Dicke 20 mm,
   - - Dicke in mm ......,
 - Oberfläche
   - - Oberfläche bruchrau,
   - - Oberfläche bruchrau, sortiert nach Farbe,
   - - Oberfläche angeschliffen,
   - - Oberfläche feingeschliffen,
   - - Oberfläche matt poliert,
   - - Oberfläche ......,
 - Erzeugnis
   - - Erzeugnis/Typ ...... (oder gleichwertiger Art),
   - - Erzeugnis/Typ ...... (vom Bieter einzutragen),

411 **Sockelleiste aus Solnhofener Naturstein, Einzelangaben nach DIN 18352**
 - Höhe
   - - Höhe 60 mm,
   - - Höhe 80 mm,
   - - Höhe in mm ......,
 - Dicke
   - - Dicke 7 bis 12 mm,
   - - Dicke 7 mm,
   - - Dicke 10 mm,
   - - Dicke in mm ......,
 - Form obere Fläche
   - - obere Fläche waagerecht,
   - - obere Fläche gefast,
   - - obere Fläche gerundet,
 - Oberfläche
   - - Oberfläche bruchrau,
   - - Oberfläche bruchrau, sortiert nach Farbe,
   - - Oberfläche angeschliffen,
   - - Oberfläche feingeschliffen,
   - - Oberfläche matt poliert,
   - - Oberfläche ......,
 - Erzeugnis
   - - Erzeugnis/Typ ...... (oder gleichwertiger Art),
   - - Erzeugnis/Typ ...... (vom Bieter einzutragen),

**STLB 024**

Ausgabe 06.01

## LB 024 Fliesen- und Plattenarbeiten
### Bekleidungen, Beläge

412  **Blockleiste aus Solnhofener Naturstein,
Einzelangaben nach DIN 18352**
- Höhe
  - – Höhe 30 mm,
  - – Höhe 40 mm,
  - – Höhe 50 mm,
  - – Höhe in mm .......,
- Dicke in mm .......
- Länge
  - – in Werkslängen,
  - – Länge 300 mm,
  - – Länge 400 mm,
  - – Länge 500 mm,
  - – Länge in mm .......,
- Oberfläche
  - – Oberfläche bruchrau,
  - – Oberfläche bruchrau, sortiert nach Farbe,
  - – Oberfläche angeschliffen,
  - – Oberfläche feingeschliffen,
  - – Oberfläche matt poliert,
  - – Oberfläche .......,
- Erzeugnis
  - – Erzeugnis/Typ ....... (oder gleichwertiger Art),
  - – Erzeugnis/Typ ....... (vom Bieter einzutragen),

**Naturwerksteinfliesen**

415  **Naturwerksteinfliesen,
Einzelangaben nach DIN 18352**
- Flächenmaße
  - – Maße 150 mm x 300 mm,
  - – Maße 300 mm x 300 mm,
  - – Maße 300 mm x 600 mm,
  - – Maße in mm .......,
- Dicke
  - – Dicke 7 mm,
  - – Dicke 10 mm,
  - – Dicke in mm .......,
- Ausführung der Kanten
  - – Kanten gesägt,
  - – Kanten gefast,
  - – Kanten .......,
- Oberfläche
  - – Oberfläche bruchrau,
  - – Oberfläche angeschliffen,
  - – Oberfläche feingeschliffen,
  - – Oberfläche poliert,
  - – Oberfläche .......,
- Gesteinsart .......
- Grundfarbton .......
  (Sofern nicht vorgeschrieben, vom Bieter einzutragen)
- Ursprungsort .......
  (Sofern nicht vorgeschrieben, vom Bieter einzutragen)
- Erzeugnis
  - – Erzeugnis/Typ ....... (oder gleichwertiger Art),
  - – Erzeugnis/Typ ....... (vom Bieter einzutragen),

**Glasierte Schallschlucksteine, frostbeständig**

420  **Glasierte keramische Schallschlucksteine
entsprechend DIN EN 121 (frostbeständig),
Einzelangaben nach DIN 18352**
- Maße
  - – Maße 24 cm x 11,5 cm x 5,2 cm,
  - – Maße 24 cm x 24 cm x 5,2 cm,
  - – Maße 24 cm x 24 cm x 8 cm,
  - – Maße in cm .......,
- Oberfläche
  - – Oberfläche gelocht,
  - – Oberfläche .......,
- Glasur
  - – Glasur glänzend,
  - – Glasur matt,
  - – Glasur .......,
- Farbton
  - – Farbton weiß,
  - – Farbton .......,
- Einbauart
  - – Einbau mit Ankern aus Stahl,
  - – Einbau mit Ankern aus verzinktem Stahl,
  - – Einbau mit Ankern aus nichtrostendem Stahl,
  - – Einbau .......,
- Erzeugnis
  - – Erzeugnis/Typ ....... (oder gleichwertiger Art),
  - – Erzeugnis/Typ ....... (vom Bieter einzutragen),
- Berechnungseinheit m$^2$, Stück .......
  (entsprechend Pos. 090 bis 190)

# LB 024 Fliesen- und Plattenarbeiten
## Sonstige Leistungen

STLB 024

Ausgabe 06.01

Einstreuungen

430 **Einstreuung,**
431 **Fries,**
432 **Bordüre,**
Einzelangaben nach DIN 18352 zu Pos. 430 bis 432
- Bauteil
  - – in Wandbekleidung,
  - – in Bodenbelag,
- Werkstoff aus .......
- Maße in cm .......
- Erzeugnis
  - – Erzeugnis/Typ ....... (oder gleichwertiger Art),
  - – Erzeugnis/Typ ....... (vom Bieter einzutragen),
- Ausführung gemäß Zeichnung Nr. .......,
  Einzelbeschreibung Nr. .......
- als Zulage
  - – in vorbeschriebener Wandbekleidung,
  - – in vorbeschriebenem Bodenbelag,
- Berechnungseinheit Stück, m

Formteile

435 **Innenecke,**
436 **Außenecke,**
Einzelangaben nach DIN 18352 zu Pos. 435, 436
- Ausführung
  - – mit Formstücken,
  - – mit Winkelstücken,
  - – mit .......,
- Radius 3 cm – 4 cm – 5 cm – 6 cm – 7 cm – 8 cm – 9 cm – .......,
- als Zulage
  - – zu vorbeschriebener Wandbekleidung,
  - – zu vorbeschriebenem Bodenbelag,
- Berechnungseinheit Stück

437 **Kehlleiste,**
438 **Zierleiste,**
Einzelangaben nach DIN 18352 zu Pos. 437, 438
- Maße .......,
- als Zulage
  - – zu vorbeschriebener Wandbekleidung,
  - – zu vorbeschriebenem Bodenbelag,
- Berechnungseinheit m

439 **Gehrungspaar,**
Einzelangaben nach DIN 18352
- Bauteil
  - – für Innenecke,
  - – für Außenecke,
- als Zulage
  - – zu vorbeschriebener Wandbekleidung,
  - – zu vorbeschriebenem Bodenbelag,
- Berechnungseinheit Stück

440 **Balkonrandplatte,**
Einzelangaben nach DIN 18352
- Formstücke .......,
- Maße .......,
- als Zulage .......,
- Berechnungseinheit m

441 **Treppenrandplatte mit Aufkantung,**
Einzelangaben nach DIN 18352
- Lage
  - – links,
  - – rechts,
- als Zulage zu vorbeschriebenem Treppenbelag
- Berechnungseinheit m

442 **Revisionsrahmen,**
443 **Revisionstür mit Rahmen,**
444 **Revisionsklappe mit Rahmen,**
Einzelangaben nach DIN 18352 zu Pos. 442 bis 444
- Ausführung, Verschluß
  - – mit geschlossener Platte,
  - – mit Magnetverschluß,
  - – mit Schnappverschluß,
  - – mit .......
- Werkstoff
  - – verchromt,
  - – aus nichtrostendem Stahl,
  - – aus Kunststoff,
  - – aus .......,
- Maße
  - – Maße 15 cm x 15 cm,
  - – Maße 20 cm x 20 cm,
  - – Maße 30 cm x 20 cm,
  - – Maße 30 cm x 30 cm,
  - – Maße in cm .......,
- als Zulage zu vorbeschriebener Wandbekleidung
- Berechnungseinheit Stück

445 **Formteil .......,**
Einzelangaben nach DIN 18352
- Ausführung .......,
- Werkstoff .......,
- Maße .......,
- als Zulage
  - – zu vorbeschriebenem Bodenbelag,
  - – zu vorbeschriebener Wandbekleidung,
- Berechnungseinheit Stück, m

446 **Wannenuntertritt,**
Einzelangaben nach DIN 18352
- mit seitlichen Pfeilern,
- Maße .......,
- als Zulage zu vorbeschriebener Wandbekleidung
- Berechnungseinheit Stück

447 **Abschrägen von Randplatten,**
Einzelangaben nach DIN 18352
- als Zulage,
- Berechnungseinheit m

448 **Aussparung für elektrische Installation einstemmen und Dose einsetzen,**
Einzelangaben nach DIN 18352
- als Zulage,
- Berechnungseinheit Stück

449 **Bekleidung,**
Einzelangaben nach DIN 18352
- Flächenart
  - – an geneigten Flächen,
  - – an gebogenen Flächen,
  - – an Unterseiten von Stürzen,
  - – an Unterseiten von Decken,
  - – an Unterseiten von Gewölben,
  - – an Dachschrägen,
  - – an Wannenschrägen,
  - – an .......,
- Einzelfläche in m² .......
- als Zulage zu vorbeschriebener Wandbekleidung
- Berechnungseinheit m²

450 **Ausbilden einer Rinne,**
Einzelangaben nach DIN 18352
- Rinnenform, Rinnenquerschnitt
  - – Rinnenform .......,
  - – Rinnenquerschnitt .......,
- Rinnenausbildung
  - – Rinnenausbildung wie Bodenbelag,
  - – Rinnenausbildung mit .......,
  - – Rinnenwandauskleidung .......,
    Rinnenbodenauskleidung mit .......,
- Rinnenabdeckung .......
- Ausführung gemäß Zeichnung Nr. .......,
  Einzelbeschreibung Nr. .......
- Einzellänge .......
  **Hinweis:** Angaben nur bei Berechnungseinheit Stück
- als Zulage zu vorbeschriebenem Bodenbelag
- Berechnungseinheit m, Stück (mit Angabe Einzellänge)

# LB 024 Fliesen- und Plattenarbeiten
## Sonstige Leistungen

**STLB 024** — Ausgabe 06.01

451 **Ausbilden einer Muldenrinne,**
Einzelangaben nach DIN 18352
- Rinnenform, Rinnenausbildung
  - – aus Plattenbändern,
  - – aus Rinnenformplatten einschl. End- und Gehrungsstücke,
  - – aus Rinnenformplatten einschl. End-, Loch- und Gehrungsstücke,
  - – aus .......,
- Rinnenbreite/Rinnentiefe in mm .......
- Einzellänge in m .......
  Hinweis: Angaben nur bei Berechnungseinheit Stück
- Erzeugnis (Hersteller/Typ)
  - – Erzeugnis ....... (oder gleichwertiger Art),
  - – Erzeugnis ....... (vom Bieter einzutragen),
- als Zulage zu vorbeschriebenem Bodenbelag
- Berechnungseinheit m, Stück (mit Angabe Einzellänge)

452 **Seifenschale,**
Einzelangaben nach DIN 18352
- Werkstoff
  - – aus Keramik,
  - – aus Glas,
- Einbau
  - – vorstehend,
  - – vertieft,
- Maße 11,5 cm x 24 cm – 15 cm x 15 cm – 19,8 cm x 9,8 cm – 20 cm x 20 cm – .......
- als Zulage zu vorbeschriebener Wandbekleidung
- Berechnungseinheit Stück

453 **Schwammschale aus Keramik,**
Einzelangaben nach DIN 18352
- Einbau
  - – vorstehend,
  - – vertieft,
  - – vertieft, mit Griff,
- Maße 30 cm x 15 cm – .......
- als Zulage zu vorbeschriebener Wandbekleidung
- Berechnungseinheit Stück

454 **Papierrollenhalter aus Keramik,**
Einzelangaben nach DIN 18352
- Einbau
  - – vorstehend,
  - – vertieft,
- Maße 15 cm x 15 cm – 19,8 cm x 9,8 cm – .......
- als Zulage zu vorbeschriebener Wandbekleidung
- Berechnungseinheit Stück

455 **Zigarettenablage aus Keramik,**
Einzelangaben nach DIN 18352
- Maße 15 cm x 15 cm – .......
- als Zulage zu vorbeschriebener Wandbekleidung
- Berechnungseinheit Stück

**Anarbeiten, Herstellen von Löchern**

460 **Anarbeiten,**
Einzelangaben nach DIN 18352
- Bekleidung/Belag
  - – der vorbeschriebenen Wandbekleidung,
  - – des vorbeschriebenen Bodenbelages,
- Bauteil
  - – an Waschbecken,
  - – an Spülbecken,
  - – an Wannen,
  - – an Brausewannen,
  - – an Bodenentwässerungen,
  - – an Bodentürschließer,
  - – an Labortischbecken,
  - – an Lüftungsschieber,
  - – an das Gefälle des Bodenbelages,
  - – an das Gefälle von Rinnen,
  - – an Öffnungen,
  - – an Fundamentsockel,
  - – an Pfeiler,
  - – an Pfeilervorlagen,
  - – an Rohrdurchführungen,
  - – an .......,

Hinweis: Nach DIN 18352, Abs. 4.1.7, ist das Anarbeiten von Belägen an angrenzende Bauteile, z.B. an Zargen, Bekleidungen, Anschlagschienen, Schwellen u.dgl. Nebenleistung ohne besondere Vergütung.

Nach DIN 18352, Abs. 4.1.8 ist das Anarbeiten an Aussparungen im Belag, z.B. an Fundamentsockel, Pfeiler, Säulen bis 0,1 m² Einzelgröße Nebenleistung ohne besondere Vergütung.

Nach DIN 18352, Abs. 4.2.21, ist das Anarbeiten an Aussparungen von mehr als 0,1 m² Einzelgröße Besondere Leistung gegen zusätzliche Vergütung.

Nach DIN 18352, Abs. 4.2.14, ist das Anarbeiten der Beläge an Waschtische, Spülbecken, Wannen, Brausewannen, Wannenuntertritte, schräge Wannenschürzen u.dgl. Besondere Leistung gegen zusätzliche Vergütung.

- Maße .......
  Hinweis: Angaben nur bei Berechnungseinheit Stück
- Berechnungseinheit m, Stück (mit Angabe Maße)

461 **Herstellen von Löchern,**
Einzelangaben nach DIN 18352
- Bekleidung / Belag
  - – in vorbeschriebener Wandbekleidung,
  - – in vorbeschriebenem Bodenbelag,
- Bauteil
  - – für Schalter, Rohrdurchführungen und Dübel,
  - – .......,
- Berechnungseinheit Stück

462 **Sichtbar scharfes Anschneiden,**
Einzelangaben nach DIN 18352
- Bekleidung / Belag
  - – von Wandbekleidungen – von Bodenbelägen,
- Art der Begrenzung
  - – an rechtwinklige Begrenzungen – an schiefwinklige Begrenzungen – an gekrümmte Begrenzungen – an .......,
- Berechnungseinheit m

463 **Sichtbar scharfes, höhengerechtes Anschneiden von Sockeln,**
Einzelangaben nach DIN 18352
- Bauteil
  - – an Futterrohre,
  - – an Einbauteile,
  - – an Stahlprofile,
  - – an Stahlprofile einschl. Hinterfütterung,
  - – an .......,
- Berechnungseinheit m

# LB 024 Fliesen- und Plattenarbeiten
## Sonstige Leistungen

STLB 024

Ausgabe 06.01

464 Abschneiden von überstehenden Dämmstreifen,
Einzelangaben nach DIN 18352
– Berechnungseinheit m
Hinweis: Nach DIN 18352, Abs. 4.2.17, gilt das Abschneiden des Überstandes von Randstreifen anderer Unternehmer als Besondere Leistung gegen zusätzliche Vergütung. Verlegt der AN die Dämmstreifen selbst, sind evtl. Überstände ohne zusätzliche Vergütung abzuschneiden.

465 Nachträgliches Anarbeiten,
Einzelangaben nach DIN 18352
– Bekleidung / Belag .......
– Bauteil .......,
– Berechnungseinheit m, Stück
Hinweis: Nach DIN 18352, Abs. 4.2.19, gilt das nachträgliche Anarbeiten an Bauteile unabhängig von der Größe des Bauteiles als Besondere Leistung gegen zusätzliche Vergütung.

**Einbauteile**

470 Jolly-Schiene,
471 Stoßschiene,
472 Trennschiene,
473 Kantenschutzschiene,
474 Eckschutzschiene,
475 Schiene ....... ,
Einzelangaben nach DIN 18352 zu Pos. 470 bis 475
– Werkstoff
– – aus Stahl,
– – aus verzinktem Stahl,
– – aus kunststoffbeschichtetem Stahl,
– – aus nichtrostendem Stahl,
– – aus Messing,
– – aus PVC hart,
– – aus Aluminium,
– – aus .......,
– Maße
– – Querschnitt .......,
– – Profil .......,
– – Maße .......,
– – Maße/Profil .......,
– Befestigung
– – einschl. Befestigungsanker,
– – einschl. Befestigungsanker, Einzellänge .......,
– Ausführung gemäß Zeichnung Nr. .......,
Einzelbeschreibung Nr. .......
– Leistungsumfang
– – liefern und einbauen,
– – vom AG beigestellt, einbauen,
– – vom AG beigestellt, abladen und einbauen,
– – auf der Baustelle gelagert, einbauen,
– – .......,
– Erzeugnis (Hersteller/Typ)
– – Erzeugnis .......(oder gleichwertiger Art),
– – Erzeugnis .......(vom Bieter einzutragen),
– Berechnungseinheit m, Stück

476 Mattenrahmen,
477 Mattenrahmen, Mattenboden mit Estrich ausgleichen,
478 Revisionsrahmen,
479 Rahmen .......,
480 Einbauteil .......
481 Schachtabdeckung mit Rahmen, gas– und wasserdicht,
482 Schachtabdeckung mit Rahmen, gas– und wasserdicht, für Fliesenbelag,
Einzelangaben nach DIN 18352 zu Pos. 476 bis 482
– Werkstoff
– – aus Stahl,
– – aus verzinktem Stahl,
– – aus kunststoffbeschichtetem Stahl,
– – aus nichtrostendem Stahl,
– – aus Stahl, mit Messingabdeckwinkel,
– – aus Messing,
– – aus Aluminium,
– – aus .......,
– Maße
– – Profil .......,
– – Maße in cm .......,
– – Maße/Profil .......,
– Befestigung
– – einschl. Befestigungsanker,
– – .......,
– Leistungsumfang
– – vom AG beigestellt, einbauen,
– – vom AG beigestellt, abladen und einbauen,
– – auf der Baustelle gelagert, einbauen,
Transportentfernung in m .......,
– – .......,
– Erzeugnis (Hersteller/Typ)
– – Erzeugnis .......(oder gleichwertiger Art),
– – Erzeugnis .......(vom Bieter einzutragen),
– Berechnungseinheit m, Stück

**Liefern von Reservefliesen, -platten**

485 Reservefliesen und –platten,
Einzelangaben nach DIN 18352
– Bekleidung / Belag
– – der vorbeschriebenen Wandbekleidung,
– – des vorbeschriebenen Bodenbelages,
– Leistungsumfang
– – nur liefern,
– – .......,
– Berechnungseinheit Stück

# LB 024 Fliesen- und Plattenarbeiten
## Formteile und Zubehör für Schwimmbecken

**Formteile DIN EN 176**

**500** Keramisches Formteil aus Steinzeug entsprechend DIN EN 176, System Finnland,
Einzelangaben nach DIN 18352
- Art des Formteiles, Maße
  - – Griffleiste,
    - – – Nennmaß (cm) 20 x 7 x 2,5
    - – – Nennmaß (cm) .......,
  - – Mittelplatte,
  - – Mittelplatte, gerillt,
    - – – Nennmaß (cm) 20 x 10,
    - – – Nennmaß (cm) .......,
  - – Randplatte, einseitig gerundet, mit Sicherheitsmarkierung,
  - – Randplatte mit Schenkel, mit Sicherheitsmarkierung,
  - – Randplatte ......., mit Sicherheitsmarkierung,
    - – – Nennmaß (cm) 20 x 6 x 2,5,
    - – – Nennmaß (cm) .......,
  - – als .......,
    - – – Maße in cm .......,
- Fortsetzung Einzelangaben siehe Pos. 504

**501** Keramische Überflutungsrinne aus glasiertem Steinzeug entsprechend DIN EN 176,
Einzelangaben nach DIN 18352
- System/Modell, Maße
  - – System Wiesbaden für tiefliegenden Wasserspiegel,
    - – – Nennmaß (cm) 20 x 14,5 x 10,
    - – – Nennmaß (cm) 20 x 22,5 x 15,
    - – – Nennmaß (cm) .......,
  - – System Wiesbaden für hochliegenden Wasserspiegel,
    - – – Nennmaß (cm) 20 x 15 x 22,5,
    - – – Nennmaß (cm) 20 x 20 x 30,
    - – – Nennmaß (cm) .......,
  - – Modell .......,
    - – – Maße in mm .......,
- Fortsetzung Einzelangaben siehe Pos. 504

**502** Keramischer Beckenrandstein mit tiefliegendem Auflager für Bodenbelag aus Steinzeug entsprechend DIN EN 176,
Einzelangaben nach DIN 18352
- Überhang, Maße
  - – mit glasiertem Überhang,
  - – mit unglasiertem Überhang,
    - – – Nennmaß (cm) 20 x 18 x 7,5,
    - – – Nennmaß (cm) 20 x 18 x 15,
    - – – Nennmaß (cm) .......,
- Fortsetzung Einzelangaben siehe Pos. 504

**503** Keramischer Überflutungsrandstein aus Steinzeug entsprechend DIN EN 176 mit glasierter Stirnseite,
Einzelangaben nach DIN 18352
- Maße
  - – Nennmaß (cm) 20 x 18 x 7,5,
  - – Nennmaß (cm) .......,
- Fortsetzung Einzelangaben siehe Pos. 504

**504** Keramische Steigleiterstufe aus glasiertem Steinzeug entsprechend DIN EN 176, einschl. Bewehrung aus nichtrostendem Stahl,
Einzelangaben nach DIN 18352
- Anzahl Steigleitersteine
  - – aus 3 Steigleitersteinen,
  - – aus 4 Steigleitersteinen,
  - – aus .......,
- Maße
  - – Nennmaß (cm) 20 x 15 x 15,
  - – Nennmaß (cm) .......,

Fortsetzung Einzelangaben zu Pos. 500 bis 504
- Farbton
  - – Farbton weiß,
  - – Farbton blau,
  - – Farbton .......,
- Höhe der Bekleidungsfläche
  - – Höhe der Bekleidungsfläche bis 2 m,
  - – Höhe der Bekleidungsfläche über 2 bis 3,5 m,
  - – Höhe der Bekleidungsfläche in m .......,
- Verlegeart
  - – verlegen in Mörtelbett,
  - – verlegen .......,
- Verfugungsart
  - – verfugen mit Kunstharz,
  - – verfugen mit grauem Zementmörtel,
  - – verfugen .......,
- Ausführung gemäß Zeichnung Nr. ......., Einzelbeschreibung Nr. .......
- Erzeugnis
  - – Erzeugnis/Typ ....... (oder gleichwertiger Art),
  - – Erzeugnis/Typ ....... (vom Bieter einzutragen),
- Berechnungseinheit m, Stück

**Formteile DIN EN 121**

**510** Keramisches Formteil aus Steinzeug entsprechend DIN EN 121, System Finnland,
Einzelangaben nach DIN 18352
- Art des Formteiles, Maße
  - – Griffleiste,
    - – – Nennmaß (cm) 25 x 12,5 x 3,
    - – – Nennmaß (cm) 25 x 15 x 3,
    - – – Nennmaß (cm) .......,
  - – Mittelplatte,
  - – Mittelplatte, gerillt,
    - – – Nennmaß (cm) 25 x 12,5,
    - – – Nennmaß (cm) 25 x 15,
    - – – Nennmaß (cm) .......,
  - – Randplatte, einseitig gerundet, mit Sicherheitsmarkierung,
  - – Randplatte mit Schenkel, mit Sicherheitsmarkierung,
  - – Randplatte ......., mit Sicherheitsmarkierung,
    - – – Nennmaß (cm) 25 x 12,5 x 2,
    - – – Nennmaß (cm) 25 x 14 x 2,
    - – – Nennmaß (cm) .......,
  - – als .......,
    - – – Nennmaß (cm) .......,
- Fortsetzung Einzelangaben siehe Pos. 514

**511** Keramische Überflutungsrinne aus Steinzeug entsprechend DIN EN 121,
Einzelangaben nach DIN 18352
- System/Modell, Maße
  - – System Wiesbaden für tiefliegenden Wasserspiegel,
    - – – Nennmaß (cm) 25 x 22,5 x 15,
    - – – Nennmaß (cm) 25 x 15 x 10,
    - – – Nennmaß (cm) .......,
  - – System Wiesbaden für hochliegenden Wasserspiegel,
    - – – Nennmaß (cm) 25 x 30 x 20,
    - – – Nennmaß (cm) 25 x 22,5 x 15,
    - – – Nennmaß (cm) .......,
  - – Modell .......,
    - – – Maße in mm .......,
- Fortsetzung Einzelangaben siehe Pos. 514

# LB 024 Fliesen- und Plattenarbeiten
## Formteile und Zubehör für Schwimmbecken

Ausgabe 06.01

512 Keramischer Beckenrandstein mit tiefliegendem Auflager für Bodenbelag aus Steinzeug entsprechend DIN EN 121,
Einzelangaben nach DIN 18352
- Überhang, Maße
  - - mit glasiertem Überhang,
  - - mit unglasiertem Überhang,
    - - - Nennmaß (cm) 25 x 18 x 12,5,
    - - - Nennmaß (cm) .......,
Fortsetzung Einzelangaben siehe Pos. 514

513 Keramischer Beckenrandstein aus Steinzeug entsprechend DIN EN 121,
Einzelangaben nach DIN 18352
- Auftritt/Überhang, Maße
  - - mit sichtbarem, unglasiertem Auftritt und glasiertem Überhang,
  - - mit sichtbarem, rutschhemmend glasiertem Auftritt und glasiertem Überhang,
    - - - Nennmaß (cm) 25 x 18 x 12,5,
    - - - Nennmaß (cm) .......,
Fortsetzung Einzelangaben siehe Pos. 514

514 Keramische Steigleiterstufe aus glasiertem Steinzeug entsprechend DIN EN 121, mit unglasiertem Auftritt, einschl. Bewehrung aus nichtrostendem Stahl,
Einzelangaben nach DIN 18352
- Anzahl Steigleitersteine
  - - aus 2 Steigleitersteinen,
  - - aus 3 Steigleitersteinen,
  - - aus 4 Steigleitersteinen,
  - - aus .......,
- Maße
  - - Nennmaß (cm) 25 x 16 x 5,
  - - Nennmaß (cm) 25 x 8 x 5,
  - - Nennmaß (cm) .......,

Fortsetzung Einzelangaben zu Pos. 512 bis 514
- Farbton
  - - Farbton weiß,
  - - Farbton blau,
  - - Farbton .......,
- Höhe der Bekleidungsfläche
  - - Höhe der Bekleidungsfläche bis 2 m,
  - - Höhe der Bekleidungsfläche über 2 bis 3,5 m,
  - - Höhe der Bekleidungsfläche in m .......,
- Verlegeart
  - - verlegen in Mörtelbett,
  - - verlegen .......,
- Verfugungsart
  - - verfugen mit Kunstharz,
  - - verfugen mit grauem Zementmörtel,
  - - verfugen .......,
- Ausführung gemäß Zeichnung Nr. .......,
  Einzelbeschreibung Nr. .......
- Erzeugnis
  - - Erzeugnis/Typ ....... (oder gleichwertiger Art),
  - - Erzeugnis/Typ ....... (vom Bieter einzutragen),
- Berechnungseinheit m, Stück

## Ablaufrinnen

520 Keramische Ablaufrinne, mehrteilig,
Einzelangaben nach DIN 18352
- Einzelteile
  - - glasierte Schenkelplatte,
    - - - Nennmaß (cm) 25 x 12,5 x 2,
    - - - Nennmaß (cm) .......,
  - - glasierte Hohlkehle,
    - - - Nennmaß (cm) 25, Radius 3 cm,
    - - - Nennmaß (cm) .......,
  - - Steinzeughalbschale, Länge 100 cm,
    - - - Durchmesser 15 cm,
    - - - Durchmesser 20 cm,
    - - - Durchmesser 25 cm,
    - - - Durchmesser in cm .......,
  - - glasierte Wandplatte,
    - - - Nennmaß (cm) 10 x 20,
    - - - Nennmaß (cm) 25 x 12,5,
    - - - Nennmaß (cm) 25 x 5,2,
    - - - Nennmaß (cm) .......,
  - - glasierte Bodenplatte
    - - - Nennmaß (cm) 10 x 20,
    - - - Nennmaß (cm) 25 x 12,5,
    - - - Nennmaß (cm) 25 x 5,2,
    - - - Nennmaß (cm) .......,
- Ausführung gemäß Zeichnung Nr. .......,
  Einzelbeschreibung Nr. .......
- Erzeugnis
  - - Erzeugnis/Typ ....... (oder gleichwertiger Art),
  - - Erzeugnis/Typ ....... (vom Bieter einzutragen),
- Berechnungseinheit m

**Formsteine, Markierungen**

530 Ablaufformstein mit Stutzen,
531 Ablaufformstein ohne Stutzen,
532 Ablaufformstein .......,
533 Inneneckformstein,
534 Außeneckformstein,
535 Inneneck–Gehrungspaar,
536 Außeneck–Gehrungspaar,
537 Endstückformstein,
538 Auftrittformstein,
539 Auftrittformstein mit Handgriff,
540 Rinnenformstein mit Abdeckung (Rinnenauftrittstein),
541 Überlaufkantenstein mit Trittstufe,
542 Formstein .......,
- als Zulage zur Überflutungsrinne
- als Zulage zu Beckenrandsteinen
- als Zulage zu Steigleiterstufen
- Berechnungseinheit Stück

543 Endstück für Steigleitersprosse, als Zulage,
544 Eckstück mit Handgriff für Steigleiterstufe als Zulage,
- Berechnungseinheit Stück

545 Stehstufenband, als Zulage,
546 Vertieftes Stehstufenband, als Zulage,
Einzelangaben nach DIN 18352 545, 546
- Tiefe 12 cm – 15 cm – ....... cm
- Berechnungseinheit m

547 Rückwand und Schrägplatte zum vertieften Stehstufenband als Zulage,
- Berechnungseinheit m

548 Steigleiternische einschl. Leibungen als Zulage,
- Berechnungseinheit m$^2$

549 Fliese/Platte als Zulage,
550 Formstein als Zulage
- mit Beschriftung
- mit Spielfeldmarkierung
- mit Beschriftung gemäß Zeichnung Nr. .......
- mit .......,
- Berechnungseinheit Stück

551 Schwimmbahnmarkierung als Zulage,
Einzelangaben nach DIN 18352
- Breite
  - - Breite eine Fliese/Platte,
  - - Breite zwei Fliesen/Platten,
  - - Breite in cm .......,
- Farbton
  - - Farbton schwarz,
  - - Farbton dunkelblau,
  - - Farbton .......,
- Berechnungseinheit m

**STLB 024**

Ausgabe 06.01

## LB 024 Fliesen- und Plattenarbeiten
### Chemisch beständige Bekleidungen, Beläge

**Hinweis:** Der Leistungsbeschreibung sind die Anforderungen an die Bekleidung/den Belag wie folgt voranzustellen:

555 Anforderungen an chemisch beständige Bekleidungen/Beläge auf Dichtschichten und deren Ausführung für Anlagen zum Umgang mit wassergefährdenden Stoffen gemäß WHG Paragraph 19 g
 – nach den AGI–Arbeitsblättern S 10–1 bis S 10–4,
 – nach DIN 28052,
 – nach ......,

**Wandbekleidungen, Bodenbeläge, Labortischbeläge**

560 Chemisch beständige Wandbekleidung,
570 Chemisch beständige Bekleidung an Säulen, Durchmesser in cm ......,
580 Chemisch beständige Bekleidung an Pfeilern, Querschnitt ......,
590 Chemisch beständige Bekleidung an Einzelfundamenten,
600 Chemisch beständiger Bodenbelag,
610 Chemisch beständiger Belag auf Labortischen,
620 Chemisch beständiger Belag auf Labortischen, Maße in mm ......,
630 Chemisch beständiger Plattenstreifen auf Labortischbelag, Breite in mm ......,
640 Chemisch ......,
650 Chemisch beständige Verfugung der Wandbekleidung,
660 Chemisch beständige Verfugung der Säulenbekleidung,
670 Chemisch beständige Verfugung der Pfeilerbekleidung,
680 Chemisch beständige Verfugung der Fundamentbekleidung,
690 Chemisch beständige Verfugung des Bodenbelages,
700 Chemisch beständige Verfugung des Labortischbelages,
710 Chemisch beständige Verfugung ......,
**Einzelangaben nach DIN 18352** zu Pos. 560 bis 710
 – Form und Lage des Untergrundes
  – – Untergrund waagerecht,
  – – Untergrund einseitig geneigt,
  – – Untergrund zweiseitig geneigt,
  – – Untergrund vierseitig geneigt,
  – – Untergrund senkrecht,
  – – Untergrund geneigt und im Grundriss gekrümmt,
  – – Untergrund gewölbt,
  – – Untergrund ......,
 – Einbauhöhe bis 1,60 m – bis 1,80 m – bis 2,00 m – bis 2,20 m – bis 2,75 m – bis 3,50 m – bis 4,00 m – ......,
 – Art der Verlegung
  – – in Zementmörtel im Dickbett,
  – – in Kunstharzkitt, Dicke 7 bis 10 mm – ......,
  – – in Wasserglaskitt, Dicke 7 bis 10 mm – ......,
  – – in Bitumenverlegemasse, Dicke 5 bis 15 mm – ......,
  – – in Dünnbettmörtel DIN 18156–2,
  – – in Kunstharzkitt in Dünnbett – ......,
  – – in ......,
   – – – Erzeugnis ...... (oder gleichwertiger Art),
   – – – Erzeugnis ...... (vom Bieter einzutragen),
 – Abdichtung des Untergrundes
  – – auf vorhandene Abdichtung aus Dichtungsbahn,
  – – auf vorhandene Abdichtung aus Blei,
  – – auf vorhandene Abdichtung aus Kupfer,
  – – auf vorhandene Abdichtung aus Bitumen,
  – – auf vorhandenem Schutzestrich über der Abdichtung,
  – – auf ......,
 – Verlegeart
  – – Verlegung im Fugenschnitt,
  – – Verlegung im Verband,
  – – Verlegung im Läuferverband,
  – – Verlegung im Läuferverband, senkrecht
  – – Verlegung im Läuferverband, waagerecht
  – – Verlegung ......, gemäß Zeichnung Nr. ......, Einzelbeschreibung Nr. ......,
 – Fugenausbildung
  – – hohlfugig,
  – – hohlfugig, freie Fugentiefe 15 bis 20 mm,
  – – hohlfugig ......,
  – – vollfugig,
  – – ......,
 – Fugenbreite
  – – Fugenbreite 2 mm,
  – – Fugenbreite 3 mm,
  – – Fugenbreite 5 mm,
  – – Fugenbreite 8 mm,
  – – Fugenbreite 9 mm,
  – – Fugenbreite 10 mm,
  – – in mm ......,
**Hinweis:** Nach DIN 18352, Abs. 3.5.2, sind Bekleidungen und Beläge mit folgenden Fugenbreiten anzulegen:
Trockengepresste keramische Fliesen und Platten bis zu einer Seitenlänge von 10 cm: 1 bis 3 mm,
Trockengepresste keramische Fliesen und Platten bis zu einer Seitenlänge über 10 cm: 2 bis 8 mm,
Stranggepresste keramische Fliesen und Platten: 4 bis 10 mm,
Stranggepresste keramische Fliesen und Platten mit Kantenlängen über 30 cm: min. 10 mm,
Bodenklinkerplatten nach DIN 18158: 8 bis 15 mm,
Solnhofener Platten, Natursteinfliesen: 2 bis 3 mm,
Natursteinmosaik, Natursteinriemchen: 1 bis 3 mm,
 – Fugenwerkstoff, Verfahren
  – – verfugen mit Kunstharzkitt, mit der Fugkelle,
  – – verfugen mit Kunstharzkitt, mit der Fugkelle, Kittfuge mit der Plattenoberfläche bündig schleifen,
  – – verfugen mit Kunstharzkitt, im Gießverfahren,
  – – verfugen mit Kunstharzkitt, im Spritzverfahren,
  – – verfugen mit Kunstharzkitt, im Schlämmverfahren,
  – – verfugen mit Wasserglaskitt, mit der Fugkelle,
  – – verfugen mit Heißbitumen, im Gießverfahren,
  – – verfugen mit ......
   – – – Erzeugnis ...... (oder gleichwertiger Art),
   – – – Erzeugnis ...... (vom Bieter einzutragen),
 – Konstruktionsdicke ......,
 – Fliesen / Platten wie folgt:
**Fortsetzung Einzelangaben** zu Fliesen und Platten siehe Pos. 300 bis 420
 – Berechnungseinheit m², m, Stück

# LB 024 Fliesen- und Plattenarbeiten
## Chemisch beständige Bekleidungen, Beläge

STLB 024

Ausgabe 06.01

Sockel

720 Chemisch beständige Sockel,
721 Chemisch beständige Kehlsockel,
722 Chemisch beständige Kehlen als Sockel,
723 Chemisch beständige ausgerundete Kehlen als Sockel,
724 Chemisch beständige Verfugung der Sockel,
725 Chemisch beständige Verfugung der Kehlsockel,
726 Chemisch beständige Verfugung der Kehlen als Sockel,
727 Chemisch beständige Verfugung der ausgerundeten Kehlen als Sockel,
728 Chemisch beständige(r) .......,
**Einzelangaben nach DIN 18352** zu Pos. 720 bis 728
- Form im Grundriss
  - - (ohne Angaben),
  - - an im Grundriss gekrümmten Flächen,
  - - an .......,
- Art der Verlegung
  - - in Zementmörtel im Dickbett,
  - - in Kunstharzkitt, Dicke 7 bis 10 mm,
  - - in Wasserglaskitt, Dicke 7 bis 10 mm,
  - - in Bitumenverlegemasse, Dicke 5 bis 15 mm,
  - - in Dünnbettmörtel DIN 18156–2,
  - - in Kunstharzkitt im Dünnbett,
  - - in .......,
    - - - Erzeugnis ....... (oder gleichwertiger Art),
    - - - Erzeugnis ....... (vom Bieter einzutragen),
- Abdichtung des Untergrundes
  - - auf vorhandene Abdichtung aus Dichtungsbahn,
  - - auf vorhandene Abdichtung aus Blei,
  - - auf vorhandene Abdichtung aus Kupfer,
  - - auf vorhandene Abdichtung aus Bitumen,
  - - auf .......,
- Sockelhöhe 100 mm – 120 mm – 250 mm – .......,
- Fugenausbildung
  - - hohlfugig,
  - - hohlfugig, freie Fugentiefe 15 bis 20 mm,
  - - hohlfugig .......,
  - - vollfugig,
  - - .......,
- Fugenbreite
  - - Fugenbreite 2 mm,
  - - Fugenbreite 3 mm,
  - - Fugenbreite 5 mm,
  - - Fugenbreite 8 mm,
  - - Fugenbreite 9 mm,
  - - Fugenbreite 10 mm,
  - - in mm .......,
  **Hinweis:** Nach DIN 18352, Abs. 3.5.2, sind Bekleidungen und Beläge mit folgenden Fugenbreiten anzulegen:
  Trockengepresste keramische Fliesen und Platten
  bis zu einer Seitenlänge von 10 cm: 1 bis 3 mm,
  Trockengepresste keramische Fliesen und Platten
  bis zu einer Seitenlänge über 10 cm: 2 bis 8 mm,
  Stranggepresste keramische Fliesen und Platten: 4 bis 10 mm,
  Stranggepresste keramische Fliesen und Platten
  mit Kantenlängen über 30 cm: min. 10 mm,
  Bodenklinkerplatten nach DIN 18158: 8 bis 15 mm,
  Solnhofener Platten, Natursteinfliesen: 2 bis 3 mm,
  Natursteinmosaik, Natursteinriemchen: 1 bis 3 mm,
- Fugenwerkstoff, Verfahren
  - - verfugen mit Kunstharzkitt, mit der Fugkelle,
  - - verfugen mit Kunstharzkitt, mit der Fugkelle, Kittfuge mit der Plattenoberfläche bündig schleifen,
  - - verfugen mit Kunstharzkitt, im Spritzverfahren,
  - - verfugen mit Wasserglaskitt, mit der Fugkelle,
  - - verfugen mit .......,
    - - - Erzeugnis ....... (oder gleichwertiger Art),
    - - - Erzeugnis ....... (vom Bieter einzutragen),
- Konstruktionsdicke .......,
- Fliesen / Platten wie folgt:
  **Fortsetzung Einzelangaben** zu Fliesen und Platten siehe Pos. 300 bis 420
- Berechnungseinheit m

Stufenbeläge

730 Chemisch beständiger Belag für Trittstufe,
740 Chemisch beständiger Belag für Setzstufe,
750 Chemisch beständiger Belag für Tritt– und Setzstufe,
760 Chemisch beständige Verfugung des Trittstufenbelages,
770 Chemisch beständige Verfugung des Setzstufenbelages,
780 Chemisch beständige Verfugung des Tritt– und Setzstufenbelages,
**Einzelangaben nach DIN 18352** zu Pos. 730 bis 780
- Stufenform, Treppenform
  - - gerade,
  - - gewendelt,
  - - im Grundriss gekrümmt,
  - - .......,
- Art der Verlegung
  - - in Zementmörtel im Dickbett,
  - - in Kunstharzkitt, Dicke 7 bis 10 mm,
  - - in Wasserglaskitt, Dicke 7 bis 10 mm,
  - - in Bitumenverlegemasse, Dicke 5 bis 15 mm,
  - - in Dünnbettmörtel DIN 18156–2,
  - - in Kunstharzkitt im Dünnbett,
  - - in .......,
    - - - Erzeugnis ....... (oder gleichwertiger Art),
    - - - Erzeugnis ....... (vom Bieter einzutragen),
- Abdichtung des Untergrundes
  - - auf vorhandene Abdichtung aus Dichtungsbahn,
  - - auf vorhandene Abdichtung aus Blei,
  - - auf vorhandene Abdichtung aus Kupfer,
  - - auf vorhandene Abdichtung aus Bitumen,
  - - auf vorhandenem Schutzestrich über der Abdichtung,
  - - auf .......,
- Steigungsverhältnis .......,
- Verband
  - - verlegen im Fugenschnitt,
  - - verlegen im Verband,
  - - verlegen im Läuferverband,
  - - verlegen gemäß Zeichnung Nr. .......,
    Einzelbeschreibung Nr. .......,
- Fugenausbildung
  - - hohlfugig,
  - - hohlfugig, freie Fugentiefe 15 bis 20 mm,
  - - hohlfugig .......,
  - - vollfugig,
  - - .......,
- Fugenbreite
  - - Fugenbreite 2 mm – 3 mm – 5 mm – 8 mm – 9 mm – 10 mm,
  - - in mm .......,
  **Hinweis:** Nach DIN 18352, Abs. 3.5.2, sind Bekleidungen und Beläge mit folgenden Fugenbreiten anzulegen:
  Trockengepresste keramische Fliesen und Platten
  bis zu einer Seitenlänge von 10 cm: 1 bis 3 mm,
  Trockengepresste keramische Fliesen und Platten
  bis zu einer Seitenlänge über 10 cm: 2 bis 8 mm,
  Stranggepresste keramische Fliesen und Platten: 4 bis 10 mm,
  Stranggepresste keramische Fliesen und Platten
  mit Kantenlängen über 30 cm: min. 10 mm,
  Bodenklinkerplatten nach DIN 18158: 8 bis 15 mm,
  Solnhofener Platten, Natursteinfliesen: 2 bis 3 mm,
  Natursteinmosaik, Natursteinriemchen: 1 bis 3 mm,
- Fugenwerkstoff, Verfahren
  - - verfugen mit Kunstharzkitt, mit der Fugkelle,
  - - verfugen mit Kunstharzkitt, im Gießverfahren,
  - - verfugen mit Kunstharzkitt, im Spritzverfahren,
  - - verfugen mit Kunstharzkitt, im Schlämmverfahren,
  - - verfugen mit Wasserglaskitt, mit der Fugkelle,
  - - verfugen mit Heißbitumen, im Gießverfahren,
  - - verfugen mit .......,
    - - - Erzeugnis ....... (oder gleichwertiger Art),
    - - - Erzeugnis ....... (vom Bieter einzutragen),
- Konstruktionsdicke .......,
- Fliesen / Platten wie folgt:
  **Fortsetzung Einzelangaben** zu Fliesen und Platten siehe Pos. 300 bis 420
- Berechnungseinheit m

# LB 024 Fliesen- und Plattenarbeiten
## Chemisch beständige Bekleidungen, Beläge

STLB 024
Ausgabe 06.01

Auskleidungen für abgedeckte Rinnen

790 Chemisch beständiger Belag für Rinnen aus Fliesen/Platten, Rinnenbreite in mm ......,
800 Chemisch beständiger Belag für Rinnenwände, beidseitig aus Fliesen/Platten, Rinnenbreite in mm ......,
810 Chemisch beständige Verfugung der Rinnen aus Fliesen/Platten, Rinnenbreite in mm ......,
820 Chemisch beständige Verfugung der Rinnenwände, beidseitig aus Fliesen/Platten, Rinnenbreite in mm ......,
831 Chemisch beständiger Belag für Rinnenboden aus Rinnenschalen, lichte Weite 150 mm,
832 Chemisch beständiger Belag für Rinnenboden aus Rinnenschalen, lichte Weite 250 mm,
833 Chemisch beständiger Belag für Rinnenboden aus Rinnenschalen, lichte Weite 350 mm,
834 Chemisch beständiger Belag für Rinnenboden aus Rinnenschalen, lichte Weite 400 mm,
835 Chemisch beständiger Belag für Rinnenboden aus ......,
841 Chemisch beständige Verfugung des Rinnenbodens aus Rinnenschalen, lichte Weite 150 mm,
842 Chemisch beständige Verfugung des Rinnenbodens aus Rinnenschalen, lichte Weite 250 mm,
843 Chemisch beständige Verfugung des Rinnenbodens aus Rinnenschalen, lichte Weite 350 mm,
844 Chemisch beständige Verfugung des Rinnenbodens aus Rinnenschalen, lichte Weite 400 mm,
845 Chemisch beständige Verfugung des Rinnenbodens aus ......,
851 Chemisch beständige Rinnenrandausbildung aus Kanalrandsteinen,
852 Chemisch beständige Rinnenrandausbildung aus Wandrandsteinen,
853 Chemisch beständige Rinnenrandausbildung aus versetzten Plattenbändern,
854 Chemisch beständige Rinnenrandausbildung aus versetzten Plattenbändern, Breite in mm ......,
855 Chemisch beständige Rinnenrandausbildung aus ......,
861 Chemisch beständige Verfugung der Rinnenrandausbildung aus Kanalrandsteinen,
862 Chemisch beständige Verfugung der Rinnenrandausbildung aus Wandrandsteinen,
863 Chemisch beständige Verfugung der Rinnenrandausbildung aus versetzten Plattenbändern,
864 Chemisch beständige Verfugung der Rinnenrandausbildung aus versetzten Plattenbändern, Breite in mm ......,
865 Chemisch beständige Verfugung der Rinnenrandausbildung aus ......,
870 Chemisch beständige(r) ......,
Einzelangaben nach DIN 18352 zu Pos. 790 bis 870
- Rinnentiefe
  - - Rinnentiefe bis 300 mm,
  - - Rinnentiefe bis 400 mm,
  - - Rinnentiefe bis 500 mm,
  - - Rinnentiefe bis 600 mm,
  - - Rinnentiefe bis 700 mm,
  - - Rinnentiefe bis 800 mm,
  - - Rinnentiefe in mm ......,
- Art der Verlegung
  - - in Zementmörtel im Dickbett,
  - - in Kunstharzkitt, Dicke 7 bis 10 mm,
  - - in Wasserglaskitt, Dicke 7 bis 10 mm,
  - - in Bitumenverlegemasse, Dicke 5 bis 15 mm,
  - - in Dünnbettmörtel DIN 18156-2,
  - - in Kunstharzkitt im Dünnbett,
  - - in ......,
    - - - Erzeugnis ...... (oder gleichwertiger Art),
    - - - Erzeugnis ...... (vom Bieter einzutragen),
- Abdichtung des Untergrundes
  - - auf vorhandene Abdichtung aus Dichtungsbahn,
  - - auf vorhandene Abdichtung aus Blei,
  - - auf vorhandene Abdichtung aus Kupfer,
  - - auf vorhandene Abdichtung aus Bitumen,
  - - auf vorhandene Abdichtung ......,
  - - auf vorhandenem Schutzestrich über der Abdichtung,
  - - auf ......,
- Verlegeart
  - - verlegen im Fugenschnitt,
  - - verlegen im Verband,
  - - verlegen ......,
  - - verlegen gemäß Zeichnung Nr. ......,
    Einzelbeschreibung Nr. ......,
- Fugenausbildung
  - - hohlfugig,
  - - hohlfugig, freie Fugentiefe 15 bis 20 mm,
  - - hohlfugig, freie Fugentiefe in mm ......,
  - - vollfugig,
  - - Fugen ......,
- Fugenbreite
  - - Fugenbreite 2 mm,
  - - Fugenbreite 3 mm,
  - - Fugenbreite 5 mm,
  - - Fugenbreite 8 mm,
  - - Fugenbreite 9 mm,
  - - Fugenbreite 10 mm,
  - - in mm ......,
  Hinweis: Nach DIN 18352, Abs. 3.5.2, sind Bekleidungen und Beläge mit folgenden Fugenbreiten anzulegen:
  Trockengepresste keramische Fliesen und Platten
  bis zu einer Seitenlänge von 10 cm: 1 bis 3 mm,
  Trockengepresste keramische Fliesen und Platten
  bis zu einer Seitenlänge über 10 cm: 2 bis 8 mm,
  Stranggepresste keramische Fliesen und Platten:
  4 bis 10 mm,
  Stranggepresste keramische Fliesen und Platten
  mit Kantenlängen über 30 cm: min. 10 mm,
  Bodenklinkerplatten nach DIN 18158: 8 bis 15 mm,
  Solnhofener Platten, Natursteinfliesen: 2 bis 3 mm,
  Natursteinmosaik, Natursteinriemchen: 1 bis 3 mm,
- Fugenwerkstoff, Verfahren
  - - verfugen mit Kunstharzkitt, mit der Fugkelle,
  - - verfugen mit Kunstharzkitt, im Gießverfahren,
  - - verfugen mit Kunstharzkitt, im Spritzverfahren,
  - - verfugen mit Kunstharzkitt, im Schlämmverfahren,
  - - verfugen mit Wasserglaskitt, mit der Fugkelle,
  - - verfugen mit Heißbitumen, im Gießverfahren,
  - - verfugen mit ......,
    - - - Erzeugnis ...... (oder gleichwertiger Art),
    - - - Erzeugnis ...... (vom Bieter einzutragen),
- Konstruktionsdicke ......
- Fliesen / Platten wie folgt:
  **Fortsetzung Einzelangaben** zu Fliesen und Platten siehe Pos. 300 bis 420
- Berechnungseinheit m

# LB 024 Fliesen- und Plattenarbeiten
## Sonstige Leistungen für chemisch beständige Bekleidungen, Beläge

STLB 024

Ausgabe 06.01

Abdeckungen von Platten, Plattenbändern, Muldenrinnen

880 Schräge obere Abdeckung von Sockelplatten,
881 Schräge obere Abdeckung von Wandplatten,
Einzelangaben nach DIN 18352 zu Pos. 880, 881
- Werkstoff
  - - aus Verlegekitt,
  - - aus Fugenkitt,
  - - aus Bitumenmasse,
  - - aus Zementmörtel,
  - - aus .......,
- Abdeckbreite .......
- Berechnungseinheit m

882 Plattenband,
Einzelangaben nach DIN 18352
- Bauteil
  - - an Sinkkästen/Bodenabläufen,
  - - an Wänden, Pfeilern, Öffnungen, Einzelfundamenten,
  - - an Graten, Kehlen,
  - - an .......,
- Maße .......
- als Zulage
- Berechnungseinheit m, Stück

883 Diagonal verlaufendes Plattenband,
Einzelangaben nach DIN 18352
- Bauteil
  - - an Kehlen,
  - - an Graten,
  - - an .......,
- Maße .......
- als Zulage
- Berechnungseinheit m, Stück

884 Muldenrinne,
Einzelangaben nach DIN 18352
- Anzahl Plattenbänder
  - - aus 3 Plattenbändern,
  - - aus 5 Plattenbändern,
  - - aus .......,
- Rinnenbreite in mm .......
- Rinnentiefe in mm .......
- als Zulage
- Berechnungseinheit m

Laboreinbauteile

890 Labortisch-Einlauftrichter,
891 Labortisch-Einlaufbecken,
Einzelangaben nach DIN 18352 zu Pos. 890, 891
- Werkstoff
  - - aus chemisch beständigem Steinzeug, glasiert, mit geschliffenem Rand,
  - - aus .......,
- Maße 145 mm x 145 mm – 145 mm x 295 mm – 145 mm x 445 mm – .......
- Erzeugnis (Hersteller/Typ)
  - - Erzeugnis ....... (oder gleichwertiger Art),
  - - Erzeugnis ....... (vom Bieter einzutragen),
- Leistungsumfang
  - - liefern und einsetzen,
  - - vom AG beigestellt, einsetzen,
  - - vom AG beigestellt, abladen und einsetzen,
- Berechnungseinheit Stück

892 Laborbecken,
Einzelangaben nach DIN 18352
- Werkstoff, Maße
  - - aus Edelfeuerton,
    - - - Maße 454 mm x 334 mm – 910 mm x 610 mm – .......,
  - - aus nichtrostendem Stahl, Werkstoff-Nr. ....... (Sofern nicht vorgeschrieben, vom Bieter einzutragen)
    - - - Maße .......,
- Erzeugnis (Hersteller/Typ)
  - - Erzeugnis ....... (oder gleichwertiger Art),
  - - Erzeugnis ....... (vom Bieter einzutragen),
- Leistungsumfang
  - - liefern und einsetzen,
  - - vom AG beigestellt, einsetzen,
  - - vom AG beigestellt, abladen und einsetzen,
- Berechnungseinheit Stück

893 Lüftungsschieber,
Einzelangaben nach DIN 18352
- Werkstoff
  - - aus Steinzeug,
  - - aus Porzellan,
  - - aus PVC,
  - - aus .......,
- Maße .......
- Erzeugnis (Hersteller/Typ)
  - - Erzeugnis ....... (oder gleichwertiger Art),
  - - Erzeugnis ....... (vom Bieter einzutragen),
- Leistungsumfang
  - - liefern und einsetzen,
  - - vom AG beigestellt, einsetzen,
  - - vom AG beigestellt, abladen und einsetzen,
- Berechnungseinheit Stück

894 Rohre für Abluftkanal,
Einzelangaben nach DIN 18352
- Werkstoff
  - - aus Feuerton,
  - - aus .......,
- Maße .......
- Erzeugnis (Hersteller/Typ)
  - - Erzeugnis ....... (oder gleichwertiger Art),
  - - Erzeugnis ....... (vom Bieter einzutragen),
- Leistungsumfang
  - - liefern und einsetzen,
  - - vom AG beigestellt, einsetzen,
  - - vom AG beigestellt, abladen und einsetzen,
- Berechnungseinheit Stück

Formteile

900 Rinnenschale,
901 Rinnenformstein,
Einzelangaben nach DIN 18352 zu Pos. 900, 901
- Art des Formstückes
  - - als Endstück,
  - - als Eckstück,
  - - als T-Stück,
  - - als Ablaufstück,
  - - als Gehrungsstück,
- als Zulage zu vorbeschriebenem, chemisch beständigem Rinnenbelag
- Berechnungseinheit Stück

902 Kanalrandstein,
903 Wandrandstein,
Einzelangaben nach DIN 18352 zu Pos. 902, 903
- Art des Formstückes
  - - als Inneneckstück,
  - - als Außeneckstück,
  - - als Innen-/Außeneckstück,
- als Zulage zu vorbeschriebenem, chemisch beständigem Bodenbelag
- Berechnungseinheit Stück

# LB 024 Fliesen- und Plattenarbeiten
## Sonstige Leistungen; Rüttelverfahren; Elektr. ableitfähige Bekleidungen, Beläge

STLB 024
Ausgabe 06.01

**904** Labortischformfliese DIN 12912,
Einzelangaben nach DIN 18352
- Art des Formstückes, Maße
- – als Eckplatte mit Wulst,
- – – Maße 145 mm x 145 mm –
295 mm x 295 mm –
295 mm x 145 mm – .......,
- – als Gehrungsplatte mit Wulst,
- – als Winkelplatte mit Wulst und Gehrung,
- – – Maße 145 mm x 72,5 mm – .......,
- – als Lochplatte,
- – – Maße 145 mm x 145 mm, Lochdurchmesser 35 mm – .......,
- – als .......,
- als Zulage zu vorbeschriebenem, chemisch beständigem Labortischbelag
- Berechnungseinheit Stück

**905** Formteil .......,
Einzelangaben nach DIN 18352
- Zulage
- – als Zulage zu vorbeschriebener chemisch beständiger Wandbekleidung,
- – als Zulage zu vorbeschriebenem, chemisch beständigem Bodenbelag,
- – als Zulage zu vorbeschriebenem, chemisch beständigem Labortischbelag
- Berechnungseinheit Stück

**Spachteln auf Dichtungsbahnen**

**910** Spachteln auf Dichtungsbahnen,
**911** Spachteln,
Einzelangaben nach DIN 18352 zu Pos. 910, 911
- Anwendungsbereich
- – als Haftschicht,
- – als Schutzschicht,
- – als Ausgleichsschicht,
- – als .......
- – – auf Bodenflächen,
- – – auf Wandflächen,
- – – .......,
- Werkstoff
- – mit Kunstharzkitt,
- – mit Wasserglaskitt,
- – mit .......,
- Dicke 2 mm – 3 mm – 5 mm – .......
- einschl. besanden mit Quarzsand
- Erzeugnis (Hersteller/Typ)
- – Erzeugnis ....... (oder gleichwertiger Art),
- – Erzeugnis ....... (vom Bieter einzutragen),
- Berechnungseinheit m²

**915** Belag aus Fliesen DIN EN 176,
**916** Belag aus Klinkerplatten DIN 18158,
Einzelangaben nach DIN 18352 zu Pos. 915, 916
- Maße
- – Nennmaß (cm) ......., Dicke in mm .......,
- Farbton .......
- Oberfläche .......
- Herstellungsverfahren
- – nach Verarbeitungsrichtlinien – Herstellung keramischer Bodenbeläge im Rüttelverfahren,
- – – im Verbund in Mörtelbett, Dicke mind. 40 mm, verlegen und verfugen,
- – – auf Trennschicht in Mörtelbett, Dicke mind. 60 mm, verlegen und verfugen,
- Erzeugnis
- – Erzeugnis/Typ ....... (oder gleichwertiger Art),
- – Erzeugnis/Typ ....... (vom Bieter einzutragen),
- Berechnungseinheit m²

**920** Elektrisch ableitfähige Wandbekleidung,
**921** Elektrisch ableitfähiger Bodenbelag,
**922** Elektrisch ableitfähiger Labortischbelag,
**923** Elektrisch ableitfähiger Belag .......,
Einzelangaben nach DIN 18352 zu Pos. 920 bis 923
- Werkstoff / Belagart
- – aus keramischen Fliesen/Platten DIN EN 176, mit elektrisch ableitfähiger Glasur,
- – aus keramischen Fliesen/Platten DIN EN 176, elektrisch ableitfähig, unglasiert,
- – – Nennmaß (cm) 15 x 15, Farbton graublau,
- – – Nennmaß (cm) ......., Farbton .......,
- – aus keramischen Spaltplatten DIN EN 121, mit elektrisch ableitfähiger Glasur,
- – aus keramischen Spaltplatten DIN EN 121, elektrisch ableitfähig, unglasiert,
- – – Nennmaß (cm) 25 x 12,5, Farbton grau,
- – – Nennmaß (cm) ......., Farbton .......,
- – aus keramischen Spaltplatten DIN EN 186, mit elektrisch ableitfähiger Glasur,
- – aus keramischen Spaltplatten DIN EN 186, elektrisch ableitfähig, unglasiert,
- – – Nennmaß (cm) 25 x 12,5, Farbton rotbraun,
- – – Nennmaß (cm) 25 x 12,5, Farbton grau,
- – – Nennmaß (cm) ......., Farbton .......,
- – aus .......,
(Sofern nicht vorgeschrieben, vom Bieter einzutragen), elektrisch ableitfähig, Nennmaß (cm) ......., Farbton .......,
- Art der Verlegung
- – im Dünnbett mit Dünnbettmörtel DIN 18156–2, elektrisch ableitfähig,
- – im Dünnbett mit leitfähigen Reaktionsharzen,
- – im .......,
- Fugenwerkstoff
- – verfugen mit nicht leitfähigem Zementmörtel,
- – verfugen mit leitfähigem Zementmörtel,
- – verfugen mit nicht leitfähigem Reaktionsharz,
- – verfugen mit leitfähigem Reaktionsharz,
- – verfugen .......,
- Anforderungen an die elektrische Leitfähigkeit:
- – Erdableitwiderstand $R_E$ DIN 51953 mind. 10 hoch 6 Ohm,
- – je 30 m² eine Ableitung aus Kupferbandfahnen, Potentialanschluss durch andere AN,
- – Ableitung aus durchlaufenden Kupferbändern 10 mm x 0,08 mm, Potentialanschluss durch andere AN,
- Erzeugnis Fliesen/Platten (Hersteller/Typ)
- – Erzeugnis ....... (oder gleichwertiger Art),
- – Erzeugnis ....... (vom Bieter einzutragen),
- Berechnungseinheit m²

# LB 024 Fliesen- und Plattenarbeiten
## Bewegungsfugen; Besonderer Schutz der Bauteile

STLB 024

Ausgabe 06.01

930 Feldbegrenzungsfuge in der Wandbekleidung,
931 Feldbegrenzungsfuge im Bodenbelag,
932 Randfuge in der Wandbekleidung,
933 Randfuge im Bodenbelag,
934 Gebäudetrennfuge in der Wandbekleidung,
935 Gebäudetrennfuge im Bodenbelag,
 Einzelangaben nach DIN 18352 zu Pos. 930 bis 935
 – Fugenbreite 5 mm – 10 mm – 15 mm – 20 mm – 25 mm – 30 mm – 35 mm – .......
 – Fugentiefe 10 mm – 20 mm – 30 mm – 40 mm – 50 mm – .......
 – Leistungsumfang
  – – ausbilden,
  – – ausbilden und füllen,
  – – ausbilden mit Kantenschutzprofil und füllen,
 – Werkstoff
  – – mit Bewegungsfugenprofil,
  – – mit PVC–Hohlkastenprofil,
   – – – Erzeugnis,
    – – – – Erzeugnis/Typ ....... (oder gleichwertiger Art),
    – – – – Erzeugnis/Typ ....... (vom Bieter einzutragen),
  – – mit Fugendichtstoff DIN 18540,
  – – mit Fugendichtstoff DIN 18540, frühbeständig,
  – – mit Fugendichtstoff DIN 18540, natursteingeeignet,
  – – mit Schaumkunststoff DIN 18164 Teil 2,
  – – mit Mineralfaserdämmstoff DIN 18165 Teil 2,
  – – mit Fugenfüllstoff ....... (Sofern nicht vorgeschrieben, vom Bieter einzutragen),
  – – mit .......,
   – – – beständig gegen Öle und Fette,
   – – – beständig gegen Säuren,
   – – – beständig gegen .......,
 – Fugenunterfüllung/Vorbehandlung
  – – Fugenunterfüllung und Fugenvorbehandlung nach Angaben des Dichtstoffherstellers,
  – – .......,
 – Fugendeckprofil
  – – Fugendeckprofil aus PVC weich,
  – – Fugendeckprofil aus PVC hart,
  – – Fugendeckprofil aus Stahl,
  – – Fugendeckprofil aus nichtrostendem Stahl,
  – – Fugendeckprofil aus kunststoffbeschichtetem Stahl,
  – – Fugendeckprofil aus Messing,
  – – Fugendeckprofil aus Aluminium,
  – – Fugendeckprofil .......,
   – – – Erzeugnis,
    – – – – Erzeugnis/Typ ....... (oder gleichwertiger Art),
    – – – – Erzeugnis/Typ ....... (vom Bieter einzutragen),
 – Ausführung gemäß Zeichnung Nr. ......., Einzelbeschreibung Nr. .......,
 – Berechnungseinheit m

**Hinweis:** Detaillierte Beschreibungen zum Schutz vorhandener Bauteile siehe LB 382 Bauen im Bestand, Schutz vorhandener Bausubstanz.

940 Abdeckung,
950 Abdeckung, begehbar,
960 Abdeckung, befahrbar,
 Einzelangaben nach DIN 18352 zu Pos. 940 bis 960
 – Lage der Abdeckung
  – – als besonderer Schutz der Bodenbeläge,
  – – als besonderer Schutz der Bodenbeläge .......,
  – – als besonderer Schutz der Treppenbeläge,
  – – als besonderer Schutz der Treppenbeläge ......., Treppe gerade,
  – – als besonderer Schutz der Treppenbeläge ......., Treppe gewendelt,
  – – als besonderer Schutz der Wandbekleidungen,
  – – als besonderer Schutz der Wandbekleidungen .......,
  – – als besonderer Schutz .......,
 – Art der Abdeckung
  – – Abdeckung nach Wahl des AN,
  – – Abdeckung aus Kunststoff-Folie,
   – – – Dicke 0,2 mm – 0,3 mm – 0,5 mm – .......
  – – Abdeckung aus Pappe,
  – – Abdeckung aus Rohfilzpappe
   – – – Gewicht 200 g/m$^2$ – 250 g/m$^2$ – 300 g/m$^2$ – .......,
  – – Abdeckung aus selbstklebendem Spezialfilz,
  – – Abdeckung aus .......,
 – Anzahl der Lagen
  – – einlagig,
  – – zweilagig,
  – – zweilagig, 2. Lage aus .......,
 – Art der Verlegung
  – – Verlegung lose überlappt,
  – – Verlegung lose überlappt, Ränder geklebt,
  – – Verlegung lose überlappt, Ränder hochgezogen und geklebt,
  – – Verlegung .......,
 – zusätzliche Abdeckung
  – – zusätzlich abdecken mit Hartfaserplatten,
  – – zusätzlich abdecken mit Hartfaserplatten und Brettern,
  – – zusätzlich abdecken mit Brettern,
  – – zusätzlich abdecken mit Bohlen,
  – – zusätzlich abdecken mit Bohlen und Kanthölzern,
  – – zusätzlich .......,
 – Leistungsumfang
  – – herstellen,
  – – herstellen und vorhalten,
  – – herstellen und später beseitigen,
  – – herstellen, vorhalten und später beseitigen,
  – – .......,
   – – – einschl. der laufenden Unterhaltung, Vorhaltedauer .......,
 – Ausführung gemäß Zeichnung Nr. ......., Einzelbeschreibung Nr. .......
 – Art der Berechnung
  – – Berechnungseinheit m$^2$, Stück (mit Angabe der Maße)

# LB 024 Fliesen- und Plattenarbeiten
## Abbrucharbeiten, Demontagen; Verwertung, Entsorgung

**STLB 024**
Ausgabe 06.01

**970** Entfernen von Putz,
Einzelangaben nach DIN 18352
- Bauteil
  - – an Außenwänden – an Innenwänden – an ......,
- Mörtelart
  - – aus Gipsmörtel – aus Kalkmörtel – aus Kalk-zementmörtel – aus Zementmörtel – aus ......,
- Höhe der Wandfläche
  - – Höhe der Wandfläche bis 2 m,
  - – Höhe der Wandfläche über 2 bis 3,5 m,
  - – Höhe der Wandfläche in m ......,
- Schuttbeseitigung
  - – anfallende Stoffe in vom AG gestellten Container sammeln,
  - – anfallende Stoffe im Container des AN sammeln,
  - – anfallende Stoffe ......,
- Berechnungseinheit m²

**971** Entfernen von Fliesen-/Plattenbekleidung,
**972** Entfernen von Fliesen-/Plattenbelag,
**973** Entfernen von Fliesen-/Platten,
**974** Entfernen von Sockeln aus Fliesen-/Platten,
**975** Entfernen von ......,
Einzelangaben nach DIN 18352 zu Pos. 971 bis 975
- Verlegeart
  - – Verlegeart ......, einschl. Mörtelbett,
  - – Verlegeart ......, einschl. Mörtelbett, bewehrt,
  - – Verlegeart ......, einschl. Anhydritestrich,
  - – Verlegeart ......, einschl. Zementestrich,
  - – Verlegeart ......, einschl. Zementestrich, bewehrt,
  - – Verlegeart ......, einschl. Gußasphalt,
  - – Verlegeart ......, einschl. Steinholz,
  - – Verlegeart ......, einschl. Magnesiaestrich,
  - – Verlegeart ......, einschl. ......,
- Gesamtdicke in cm ......
- Höhe der Wandfläche
  - – Höhe der Wandfläche bis 2 m,
  - – Höhe der Wandfläche über 2 bis 3,5 m,
  - – Höhe der Wandfläche in m ......,
- Schuttbeseitigung
  - – anfallende Stoffe in vom AG gestellten Container sammeln,
  - – anfallende Stoffe im Container des AN sammeln,
  - – anfallende Stoffe getrennt in vom AG gestellten Container sammeln,
  - – anfallende Stoffe getrennt im Container des AN sammeln,
  - – anfallende Stoffe ......,
- Berechnungseinheit m², m (mit Maßangaben)

**976** Entfernen von Dämmschicht,
Einzelangaben nach DIN 18352
- Dämmschichtart
  - – aus mineralischem Faserdämmstoff,
  - – aus pflanzlichem Faserdämmstoff,
  - – aus Polystyrol–Hartschaum,
  - – aus Schaumglas,
  - – aus Perlite,
  - – aus Kork,
  - – aus ......,
- Dicke in mm ......
- einschl. Randstreifen
- Höhe der Wandflächen
  - – Höhe der Wandfläche bis 2 m,
  - – Höhe der Wandfläche über 2 bis 3,5 m,
  - – Höhe der Wandfläche in m ......,
- Schuttbeseitigung
  - – anfallende Stoffe in vom AG gestellten Container sammeln,
  - – anfallende Stoffe im Container des AN sammeln,
  - – anfallende Stoffe getrennt in vom AG gestellten Container sammeln,
  - – anfallende Stoffe getrennt im Container des AN sammeln,
  - – anfallende Stoffe ......,
- Berechnungseinheit m²

**977** Entfernen der Abdichtung,
Einzelangaben nach DIN 18352
- Werkstoff
  - – aus Bitumen – aus Blei – aus Kunststoff – aus Dichtungsbahnen – aus ......,
- Anzahl Lagen
  - – einlagig – zweilagig – ......,
- Dicke in mm ......
- Schuttbeseitigung
  - – anfallende Stoffe in vom AG gestellten Container sammeln,
  - – anfallende Stoffe im Container des AN sammeln,
  - – anfallende Stoffe getrennt in vom AG gestellten Container sammeln,
  - – anfallende Stoffe getrennt im Container des AN sammeln,
  - – anfallende Stoffe ......,
- Berechnungseinheit m²

**978** Entfernen von Trennschichten,
Einzelangaben nach DIN 18352
- Werkstoff
  - – aus Bitumenpapier – aus PE–Folie – aus Vlies – aus ......,
- Schuttbeseitigung
  - – anfallende Stoffe in vom AG gestellten Container sammeln,
  - – anfallende Stoffe im Container des AN sammeln,
  - – anfallende Stoffe getrennt in vom AG gestellten Container sammeln,
  - – anfallende Stoffe getrennt im Container des AN sammeln,
  - – anfallende Stoffe ......,
- Berechnungseinheit m²

**980** Stoffe,
**981** Stoffe, schadstoffbelastet,
**982** Bauteile,
**983** Bauteile, schadstoffbelastet,
Einzelangaben nach DIN 18352 zu Pos. 980 bis 983
- Art/Zusammensetzung der Stoffe und Bauteile
  - – Art/Zusammensetzung ......,
  - – Art und Umfang der Schadstoffbelastung ......,
  - – Art/Zusammensetzung ......, Art und Umfang der Schadstoffbelastung ......,
  - – Art/Zusammensetzung ......, Abfallschlüssel ......,
  - – Art/Zusammensetzung ......, Art und Umfang der Schadstoffbelastung ......, Abfallschlüssel ......,
  - – ......,
- Deponieklasse
- Art der Entsorgung
  - – transportieren – laden und transportieren – in Behältern geladen, transportieren – ......,
    - – – zur Recyclinganlage in ......,
    - – – zur zugelassenen Deponie/Entsorgungs-stelle in ......,
    - – – zur Baustellenabfallsortieranlage in ......,
    - – – zur Recyclinganlage in ......, oder zu einer gleichwertigen Recyclinganlage in ...... (vom Bieter einzutragen),
    - – – zur zugelassenen Deponie/Entsorgungs-stelle in ......, oder zu einer gleichwertigen Deponie/Entsorgungsstelle in ...... (vom Bieter einzutragen),
    - – – zur Baustellenabfallsortieranlage in ......, oder zu einer gleichwertigen Baustellenabfallsortier-anlage in ..... (vom Bieter einzutragen),
    - – – ......,
- besondere Vorschriften bei der Bearbeitung ......
- Nachweis der Entsorgung
  - – der Nachweis der geordneten Entsorgung ist unmittelbar zu erbringen,
  - – der Nachweis der geordneten Entsorgung ist zu erbringen durch ......,
- Gebühren der Entsorgung
  - – die Gebühren der Entsorgung werden vom AG übernommen,
  - – die Gebühren werden gegen Nachweis vergütet,
- Transport
  - – Transportentfernung in km ......,
    Transportweg ......,
    Die Beförderungsgenehmigung ist vor Auftrags-erteilung einzureichen,
- Berechnungseinheit m³, t
  Stück Behälter, Fassungsvermögen in m³ ......,

# LB 024 Fliesen- und Plattenarbeiten
## Vorbereiten des Untergrundes; Vorbereiten Untergrund, Dämmschichten

AW 024

Preise 06.01

Sämtliche Preise sind **Mittelpreise ohne Mehrwertsteuer** zum Zeitpunkt des Ausgabedatums.
**Korrekturfaktoren** für Regionaleinfluss, Mengeneinfluss, Konjunktureinfluss siehe Vorspann.
Abkürzungen: EP = Einheitspreis, LA = Lohnanteil, ST = Stoffanteil

### Vorbereiten des Untergrundes

024.-----.-

|  |  |  |
|---|---|---|
| 024.01001.M | Wand, entölen und abwaschen | 3,68 DM/m2 / 1,88 €/m2 |
| 024.01501.M | Untergrund aufrauen, Sandstrahlen, Beton, 2 mm | 19,79 DM/m2 / 10,12 €/m2 |
| 024.01502.M | Untergrund aufrauen, Fräsen, Beton, 5 mm | 10,66 DM/m2 / 5,45 €/m2 |
| 024.02101.M | Haftbrücke, Bodenbelag | 10,43 DM/m2 / 5,33 €/m2 |
| 024.02102.M | Haftbrücke, Wandbelag | 12,58 DM/m2 / 6,43 €/m2 |
| 024.02201.M | Wand, grundieren | 2,27 DM/m2 / 1,16 €/m2 |
| 024.02301.M | Boden, spachteln | 7,20 DM/m2 / 3,68 €/m2 |
| 024.02302.M | Wand, spachteln | 8,07 DM/m2 / 4,12 €/m2 |

**024.01001.M**    KG 345 DIN 276
Wand, entölen und abwaschen
EP 3,68 DM/m2    LA 2,81 DM/m2    ST 0,87 DM/m2
EP 1,88 €/m2    LA 1,43 €/m2    ST 0,45 €/m2

**024.01501.M**    KG 345 DIN 276
Untergrund aufrauen, Sandstrahlen, Beton, 2 mm
EP 19,79 DM/m2    LA 18,91 DM/m2    ST 0,88 DM/m2
EP 10,12 €/m2    LA 9,67 €/m2    ST 0,45 €/m2

**024.01502.M**    KG 345 DIN 276
Untergrund aufrauen, Fräsen, Beton, 5 mm
EP 10,66 DM/m2    LA 7,63 DM/m2    ST 3,03 DM/m2
EP 5,45 €/m2    LA 3,90 €/m2    ST 1,55 €/m2

**024.02101.M**    KG 352 DIN 276
Haftbrücke, Bodenbelag
EP 10,43 DM/m2    LA 8,24 DM/m2    ST 2,19 DM/m2
EP 5,33 €/m2    LA 4,21 €/m2    ST 1,12 €/m2

**024.02102.M**    KG 345 DIN 276
Haftbrücke, Wandbelag
EP 12,58 DM/m2    LA 9,94 DM/m2    ST 2,64 DM/m2
EP 6,43 €/m2    LA 5,08 €/m2    ST 1,35 €/m2

**024.02201.M**    KG 345 DIN 276
Wand, grundieren
EP 2,27 DM/m2    LA 1,40 DM/m2    ST 0,87 DM/m2
EP 1,16 €/m2    LA 0,72 €/m2    ST 0,44 €/m2

**024.02301.M**    KG 352 DIN 276
Boden, spachteln
EP 7,20 DM/m2    LA 5,18 DM/m2    ST 2,02 DM/m2
EP 3,68 €/m2    LA 2,65 €/m2    ST 1,03 €/m2

**024.02302.M**    KG 345 DIN 276
Wand, spachteln
EP 8,07 DM/m2    LA 5,79 DM/m2    ST 2,28 DM/m2
EP 4,12 €/m2    LA 2,96 €/m2    ST 1,16 €/m2

### Vorbereiten des Untergrundes, Dämmschichten

024.-----.-

|  |  |  |
|---|---|---|
| 024.03501.M | Wärmedämmschicht, Innendämmung, PS 40 mm | 26,65 DM/m2 / 13,63 €/m2 |
| 024.03502.M | Wärmedämmschicht, Innendämmung, PS 50 mm | 30,75 DM/m2 / 15,72 €/m2 |
| 024.03503.M | Wärmedämmschicht, Innendämmung, PS 60 mm | 35,22 DM/m2 / 18,01 €/m2 |
| 024.03504.M | Wärmedämmschicht, Innendämmung, PS 80 mm | 45,32 DM/m2 / 23,17 €/m2 |
| 024.03505.M | Wärmedämmschicht, Innendämmung, PS 100 mm | 54,42 DM/m2 / 27,82 €/m2 |
| 024.03506.M | Wärmedämmschicht, Fassadendämmung, MIN 40 mm | 14,34 DM/m2 / 7,33 €/m2 |
| 024.03507.M | Wärmedämmschicht, Fassadendämmung, MIN 50 mm | 16,58 DM/m2 / 8,48 €/m2 |
| 024.03508.M | Wärmedämmschicht, Fassadendämmung, MIN 60 mm | 18,83 DM/m2 / 9,63 €/m2 |
| 024.03509.M | Wärmedämmschicht, Fassadendämmung, MIN 80 mm | 23,04 DM/m2 / 11,78 €/m2 |
| 024.03510.M | Wärmedämmschicht, Fassadendämmung, MIN 100 mm | 28,44 DM/m2 / 14,54 €/m2 |
| 024.03511.M | Wärmedämmschicht, Bodenflächen, MIN 30 mm | 24,02 DM/m2 / 12,28 €/m2 |
| 024.03512.M | Wärmedämmschicht, Bodenflächen, MIN 40 mm | 34,22 DM/m2 / 17,50 €/m2 |
| 024.03513.M | Wärmedämmschicht, Bodenflächen, MIN 50 mm | 37,86 DM/m2 / 19,36 €/m2 |
| 024.03514.M | Wärmedämmschicht, Bodenflächen, MIN 60 mm | 53,58 DM/m2 / 27,39 €/m2 |
| 024.03515.M | Wärmedämmschicht, Bodenflächen, MIN 70 mm | 58,44 DM/m2 / 29,88 €/m2 |
| 024.03516.M | Wärmedämmschicht, Bodenflächen, PS 40 mm | 18,18 DM/m2 / 9,29 €/m2 |
| 024.03517.M | Wärmedämmschicht, Bodenflächen, PS 50 mm | 20,57 DM/m2 / 10,52 €/m2 |
| 024.03518.M | Wärmedämmschicht, Bodenflächen, PS 60 mm | 25,71 DM/m2 / 13,15 €/m2 |
| 024.03519.M | Wärmedämmschicht, Bodenflächen, PS 80 mm | 29,25 DM/m2 / 14,95 €/m2 |
| 024.03520.M | Wärmedämmschicht, Bodenflächen, PS 100 mm | 34,56 DM/m2 / 17,67 €/m2 |
| 024.03001.M | Trittschalldämmschicht, Polystyrol, Dicke 17/15 mm | 9,02 DM/m2 / 4,61 €/m2 |
| 024.03002.M | Trittschalldämmschicht, Polystyrol, Dicke 22/20 mm | 9,44 DM/m2 / 4,83 €/m2 |
| 024.03003.M | Trittschalldämmschicht, Polystyrol, Dicke 27/25 mm | 9,99 DM/m2 / 5,11 €/m2 |
| 024.03004.M | Trittschalldämmschicht, Polystyrol, Dicke 33/30 mm | 10,50 DM/m2 / 5,37 €/m2 |
| 024.03005.M | Trittschalldämmschicht, Polystyrol, Dicke 38/35 mm | 11,20 DM/m2 / 5,73 €/m2 |
| 024.03006.M | Trittschalldämmschicht, Polystyrol, Dicke 43/40 mm | 13,79 DM/m2 / 7,05 €/m2 |
| 024.03007.M | Trittschalldämmschicht, Mineralfaser, Dicke 12/10 mm | 16,06 DM/m2 / 8,21 €/m2 |
| 024.03008.M | Trittschalldämmschicht, Mineralfaser, Dicke 22/20 mm | 23,36 DM/m2 / 11,94 €/m2 |
| 024.03009.M | Trittschalldämmschicht, Mineralfaser, Dicke 27/25 mm | 27,38 DM/m2 / 14,00 €/m2 |
| 024.03010.M | Trittschalldämmschicht, Mineralfaser, Dicke 32/30 mm | 31,06 DM/m2 / 15,88 €/m2 |
| 024.03011.M | Trittschalldämmschicht, Mineralfaser, Dicke 42/40 mm | 38,60 DM/m2 / 19,73 €/m2 |
| 024.03012.M | Trittschalldämmschicht, Mineralfaser, Dicke 52/50 mm | 45,41 DM/m2 / 23,22 €/m2 |
| 024.03013.M | Trittschalldämmschicht, Mineralfaser, Dicke 62/60 mm | 53,56 DM/m2 / 27,38 €/m2 |
| 024.03014.M | Trittschalldämmschicht, Mineralfaser, Dicke 72/70 mm | 60,37 DM/m2 / 31,02 €/m2 |
| 024.04001.M | Trittschall- und Wärmedämmsch., MIN 20/15 mm, MIN 20 mm | 32,15 DM/m2 / 16,44 €/m2 |
| 024.04002.M | Trittschall- und Wärmedämmsch., MIN 20/15 mm, MIN 30 mm | 39,04 DM/m2 / 19,96 €/m2 |
| 024.04003.M | Trittschall- und Wärmedämmsch., MIN 20/15 mm, MIN 40 mm | 45,94 DM/m2 / 23,49 €/m2 |
| 024.04004.M | Trittschall- und Wärmedämmsch., MIN 20/15 mm, MIN 50 mm | 52,87 DM/m2 / 27,03 €/m2 |
| 024.04005.M | Trittschall- und Wärmedämmsch., MIN 20/15 mm, MIN 60 mm | 60,05 DM/m2 / 30,70 €/m2 |
| 024.04006.M | Trittschall- und Wärmedämmsch., MIN 20/15 mm, MIN 70 mm | 67,12 DM/m2 / 34,32 €/m2 |
| 024.04007.M | Trittschall- und Wärmedämmsch., MIN 20/15 mm, PS 30 mm | 20,03 DM/m2 / 10,24 €/m2 |
| 024.04008.M | Trittschall- und Wärmedämmsch., MIN 20/15 mm, PS 40 mm | 21,13 DM/m2 / 10,80 €/m2 |
| 024.04009.M | Trittschall- und Wärmedämmsch., MIN 20/15 mm, PS 50 mm | 22,14 DM/m2 / 11,32 €/m2 |
| 024.04010.M | Trittschall- und Wärmedämmsch., MIN 20/15 mm, PS 60 mm | 23,24 DM/m2 / 11,88 €/m2 |
| 024.04011.M | Trittschall- und Wärmedämmsch., MIN 25/20 mm, MIN 20 mm | 33,07 DM/m2 / 16,91 €/m2 |
| 024.04012.M | Trittschall- und Wärmedämmsch., MIN 25/20 mm, MIN 30 mm | 39,96 DM/m2 / 20,43 €/m2 |
| 024.04013.M | Trittschall- und Wärmedämmsch., MIN 25/20 mm, MIN 40 mm | 46,97 DM/m2 / 24,02 €/m2 |
| 024.04014.M | Trittschall- und Wärmedämmsch., MIN 25/20 mm, MIN 50 mm | 53,77 DM/m2 / 27,49 €/m2 |
| 024.04015.M | Trittschall- und Wärmedämmsch., MIN 25/20 mm, MIN 60 mm | 60,97 DM/m2 / 31,17 €/m2 |
| 024.04016.M | Trittschall- und Wärmedämmsch., MIN 25/20 mm, MIN 70 mm | 68,03 DM/m2 / 34,78 €/m2 |
| 024.04017.M | Trittschall- und Wärmedämmsch., MIN 25/20 mm, PS 30 mm | 21,01 DM/m2 / 10,74 €/m2 |
| 024.04018.M | Trittschall- und Wärmedämmsch., MIN 25/20 mm, PS 40 mm | 22,03 DM/m2 / 11,27 €/m2 |
| 024.04019.M | Trittschall- und Wärmedämmsch., MIN 25/20 mm, PS 50 mm | 23,07 DM/m2 / 11,79 €/m2 |
| 024.04020.M | Trittschall- und Wärmedämmsch., MIN 25/20 mm, PS 60 mm | 24,22 DM/m2 / 12,38 €/m2 |
| 024.04021.M | Trittschall- und Wärmedämmsch., MIN 35/30 mm, MIN 20 mm | 34,94 DM/m2 / 17,86 €/m2 |
| 024.04022.M | Trittschall- und Wärmedämmsch., MIN 35/30 mm, MIN 30 mm | 33,39 DM/m2 / 17,07 €/m2 |
| 024.04023.M | Trittschall- und Wärmedämmsch., MIN 35/30 mm, MIN 40 mm | 48,72 DM/m2 / 24,91 €/m2 |
| 024.04024.M | Trittschall- und Wärmedämmsch., MIN 35/30 mm, MIN 50 mm | 55,65 DM/m2 / 28,45 €/m2 |
| 024.04025.M | Trittschall- und Wärmedämmsch., MIN 35/30 mm, MIN 60 mm | 62,84 DM/m2 / 32,13 €/m2 |
| 024.04026.M | Trittschall- und Wärmedämmsch., MIN 35/30 mm, MIN 70 mm | 69,91 DM/m2 / 35,74 €/m2 |
| 024.04027.M | Trittschall- und Wärmedämmsch., MIN 35/30 mm, PS 30 mm | 22,95 DM/m2 / 11,73 €/m2 |
| 024.04028.M | Trittschall- und Wärmedämmsch., MIN 35/30 mm, PS 40 mm | 23,98 DM/m2 / 12,26 €/m2 |
| 024.04029.M | Trittschall- und Wärmedämmsch., MIN 35/30 mm, PS 50 mm | 24,98 DM/m2 / 12,77 €/m2 |
| 024.04030.M | Trittschall- und Wärmedämmsch., MIN 35/30 mm, PS 60 mm | 26,08 DM/m2 / 13,34 €/m2 |

AW 024

Preise 06.01

## LB 024 Fliesen- und Plattenarbeiten
### Vorbereiten Untergrund, Dämmschichten

Sämtliche Preise sind **Mittelpreise ohne Mehrwertsteuer** zum Zeitpunkt des Ausgabedatums.
**Korrekturfaktoren** für Regionaleinfluss, Mengeneinfluss, Konjunktureinfluss siehe Vorspann.
**Abkürzungen:** EP = Einheitspreis, LA = Lohnanteil, ST = Stoffanteil

024.03501.M KG 352 DIN 276
Wärmedämmschicht, Innendämmung, PS 40 mm
EP 26,65 DM/m2   LA 8,54 DM/m2   ST 18,11 DM/m2
EP 13,63 €/m2    LA 4,36 €/m2    ST  9,27 €/m2

024.03502.M KG 352 DIN 276
Wärmedämmschicht, Innendämmung, PS 50 mm
EP 30,75 DM/m2   LA 8,60 DM/m2   ST 22,15 DM/m2
EP 15,72 €/m2    LA 4,40 €/m2    ST 11,32 €/m2

024.03503.M KG 352 DIN 276
Wärmedämmschicht, Innendämmung, PS 60 mm
EP 35,22 DM/m2   LA 8,72 DM/m2   ST 26,50 DM/m2
EP 18,01 €/m2    LA 4,46 €/m2    ST 13,55 €/m2

024.03504.M KG 352 DIN 276
Wärmedämmschicht, Innendämmung, PS 80 mm
EP 45,32 DM/m2   LA 8,85 DM/m2   ST 36,47 DM/m2
EP 23,17 €/m2    LA 4,52 €/m2    ST 18,65 €/m2

024.03505.M KG 352 DIN 276
Wärmedämmschicht, Innendämmung, PS 100 mm
EP 54,42 DM/m2   LA 8,97 DM/m2   ST 45,45 DM/m2
EP 27,82 €/m2    LA 4,59 €/m2    ST 23,23 €/m2

024.03506.M KG 352 DIN 276
Wärmedämmschicht, Fassadendämmung, MIN 40 mm
EP 14,34 DM/m2   LA 6,71 DM/m2   ST 7,63 DM/m2
EP  7,33 €/m2    LA 3,43 €/m2    ST 3,90 €/m2

024.03507.M KG 352 DIN 276
Wärmedämmschicht, Fassadendämmung, MIN 50 mm
EP 16,58 DM/m2   LA 7,31 DM/m2   ST 9,27 DM/m2
EP  8,48 €/m2    LA 3,74 €/m2    ST 4,74 €/m2

024.03508.M KG 352 DIN 276
Wärmedämmschicht, Fassadendämmung, MIN 60 mm
EP 18,83 DM/m2   LA 7,93 DM/m2   ST 10,90 DM/m2
EP  9,63 €/m2    LA 4,05 €/m2    ST  5,58 €/m2

024.03509.M KG 352 DIN 276
Wärmedämmschicht, Fassadendämmung, MIN 80 mm
EP 23,04 DM/m2   LA 9,15 DM/m2   ST 13,89 DM/m2
EP 11,78 €/m2    LA 4,68 €/m2    ST  7,10 €/m2

024.03510.M KG 352 DIN 276
Wärmedämmschicht, Fassadendämmung, MIN 100 mm
EP 28,44 DM/m2   LA 10,98 DM/m2  ST 17,46 DM/m2
EP 14,54 €/m2    LA  5,61 €/m2   ST  8,93 €/m2

024.03511.M KG 352 DIN 276
Wärmedämmschicht, Bodenflächen, MIN 30 mm
EP 24,02 DM/m2   LA 7,44 DM/m2   ST 16,58 DM/m2
EP 12,28 €/m2    LA 3,81 €/m2    ST  8,47 €/m2

024.03512.M KG 352 DIN 276
Wärmedämmschicht, Bodenflächen, MIN 40 mm
EP 34,22 DM/m2   LA 7,63 DM/m2   ST 26,59 DM/m2
EP 17,50 €/m2    LA 3,90 €/m2    ST 13,60 €/m2

024.03513.M KG 352 DIN 276
Wärmedämmschicht, Bodenflächen, MIN 50 mm
EP 37,86 DM/m2   LA 7,75 DM/m2   ST 30,11 DM/m2
EP 19,36 €/m2    LA 3,96 €/m2    ST 15,40 €/m2

024.03514.M KG 352 DIN 276
Wärmedämmschicht, Bodenflächen, MIN 60 mm
EP 53,58 DM/m2   LA 7,81 DM/m2   ST 45,77 DM/m2
EP 27,39 €/m2    LA 3,99 €/m2    ST 23,40 €/m2

024.03515.M KG 352 DIN 276
Wärmedämmschicht, Bodenflächen, MIN 70 mm
EP 58,44 DM/m2   LA 7,99 DM/m2   ST 50,44 DM/m2
EP 29,88 €/m2    LA 4,08 €/m2    ST 25,80 €/m2

024.03516.M KG 352 DIN 276
Wärmedämmschicht, Bodenflächen, PS 40 mm
EP 18,18 DM/m2   LA 7,69 DM/m2   ST 10,49 DM/m2
EP  9,29 €/m2    LA 3,93 €/m2    ST  5,36 €/m2

024.03517.M KG 352 DIN 276
Wärmedämmschicht, Bodenflächen, PS 50 mm
EP 20,57 DM/m2   LA 7,87 DM/m2   ST 12,70 DM/m2
EP 10,52 €/m2    LA 4,02 €/m2    ST  6,50 €/m2

024.03518.M KG 352 DIN 276
Wärmedämmschicht, Bodenflächen, PS 60 mm
EP 25,71 DM/m2   LA 8,12 DM/m2   ST 17,59 DM/m2
EP 13,15 €/m2    LA 4,15 €/m2    ST  9,00 €/m2

024.03519.M KG 352 DIN 276
Wärmedämmschicht, Bodenflächen, PS 80 mm
EP 29,25 DM/m2   LA 8,42 DM/m2   ST 20,83 DM/m2
EP 14,95 €/m2    LA 4,30 €/m2    ST 10,65 €/m2

024.03520.M KG 352 DIN 276
Wärmedämmschicht, Bodenflächen, PS 100 mm
EP 34,56 DM/m2   LA 8,66 DM/m2   ST 25,90 DM/m2
EP 17,67 €/m2    LA 4,43 €/m2    ST 13,24 €/m2

024.03001.M KG 352 DIN 276
Trittschalldämmschicht, Polystyrol, Dicke 17/15 mm
EP 9,02 DM/m2    LA 7,13 DM/m2   ST 1,89 DM/m2
EP 4,61 €/m2     LA 3,65 €/m2    ST 0,96 €/m2

024.03002.M KG 352 DIN 276
Trittschalldämmschicht, Polystyrol, Dicke 22/20 mm
EP 9,44 DM/m2    LA 7,13 DM/m2   ST 2,31 DM/m2
EP 4,83 €/m2     LA 3,65 €/m2    ST 1,18 €/m2

024.03003.M KG 352 DIN 276
Trittschalldämmschicht, Polystyrol, Dicke 27/25 mm
EP 9,99 DM/m2    LA 7,25 DM/m2   ST 2,74 DM/m2
EP 5,11 €/m2     LA 3,71 €/m2    ST 1,40 €/m2

024.03004.M KG 352 DIN 276
Trittschalldämmschicht, Polystyrol, Dicke 33/30 mm
EP 10,50 DM/m2   LA 7,25 DM/m2   ST 3,25 DM/m2
EP  5,37 €/m2    LA 3,71 €/m2    ST 1,66 €/m2

024.03005.M KG 352 DIN 276
Trittschalldämmschicht, Polystyrol, Dicke 38/35 mm
EP 11,20 DM/m2   LA 7,44 DM/m2   ST 3,76 DM/m2
EP  5,73 €/m2    LA 3,81 €/m2    ST 1,92 €/m2

024.03006.M KG 352 DIN 276
Trittschalldämmschicht, Polystyrol, Dicke 43/40 mm
EP 13,79 DM/m2   LA 7,44 DM/m2   ST 6,35 DM/m2
EP  7,05 €/m2    LA 3,81 €/m2    ST 3,24 €/m2

024.03007.M KG 352 DIN 276
Trittschalldämmschicht, Mineralfaser, Dicke 12/10 mm
EP 16,06 DM/m2   LA 6,83 DM/m2   ST 9,23 DM/m2
EP  8,21 €/m2    LA 3,49 €/m2    ST 4,72 €/m2

024.03008.M KG 352 DIN 276
Trittschalldämmschicht, Mineralfaser, Dicke 22/20 mm
EP 23,36 DM/m2   LA 6,83 DM/m2   ST 16,53 DM/m2
EP 11,94 €/m2    LA 3,49 €/m2    ST  8,45 €/m2

024.03009.M KG 352 DIN 276
Trittschalldämmschicht, Mineralfaser, Dicke 27/25 mm
EP 27,38 DM/m2   LA 7,25 DM/m2   ST 20,13 DM/m2
EP 14,00 €/m2    LA 3,71 €/m2    ST 10,29 €/m2

024.03010.M KG 352 DIN 276
Trittschalldämmschicht, Mineralfaser, Dicke 32/30 mm
EP 31,06 DM/m2   LA 7,25 DM/m2   ST 23,81 DM/m2
EP 15,88 €/m2    LA 3,71 €/m2    ST 12,17 €/m2

024.03011.M KG 352 DIN 276
Trittschalldämmschicht, Mineralfaser, Dicke 42/40 mm
EP 38,60 DM/m2   LA 7,63 DM/m2   ST 30,97 DM/m2
EP 19,73 €/m2    LA 3,90 €/m2    ST 15,83 €/m2

024.03012.M KG 352 DIN 276
Trittschalldämmschicht, Mineralfaser, Dicke 52/50 mm
EP 45,41 DM/m2   LA 7,63 DM/m2   ST 37,78 DM/m2
EP 23,22 €/m2    LA 3,90 €/m2    ST 19,32 €/m2

# LB 024 Fliesen- und Plattenarbeiten
## Vorbereiten Untergrund, Dämmschichten

AW 024

Preise 06.01

Sämtliche Preise sind **Mittelpreise ohne Mehrwertsteuer** zum Zeitpunkt des Ausgabedatums.
**Korrekturfaktoren** für Regionaleinfluss, Mengeneinfluss, Konjunktureinfluss siehe Vorspann.
**Abkürzungen:** EP = Einheitspreis, LA = Lohnanteil, ST = Stoffanteil

024.03013.M    KG 352 DIN 276
Trittschalldämmschicht, Mineralfaser, Dicke 62/60 mm
EP 53,56 DM/m2    LA 8,05 DM/m2    ST 45,51 DM/m2
EP 27,38 €/m2    LA 4,11 €/m2    ST 23,27 €/m2

024.03014.M    KG 352 DIN 276
Trittschalldämmschicht, Mineralfaser, Dicke 72/70 mm
EP 60,67 DM/m2    LA 8,05 DM/m2    ST 52,62 DM/m2
EP 31,02 €/m2    LA 4,11 €/m2    ST 26,91 €/m2

024.04001.M    KG 352 DIN 276
Trittschall- und Wärmedämmsch., MIN 20/15 mm, MIN 20 mm
EP 32,15 DM/m2    LA 11,71 DM/m2    ST 20,44 DM/m2
EP 16,44 €/m2    LA 5,99 €/m2    ST 10,45 €/m2

024.04002.M    KG 352 DIN 276
Trittschall- und Wärmedämmsch., MIN 20/15 mm, MIN 30 mm
EP 39,04 DM/m2    LA 11,83 DM/m2    ST 27,21 DM/m2
EP 19,96 €/m2    LA 6,05 €/m2    ST 13,91 €/m2

024.04003.M    KG 352 DIN 276
Trittschall- und Wärmedämmsch., MIN 20/15 mm, MIN 40 mm
EP 45,94 DM/m2    LA 11,95 DM/m2    ST 33,99 DM/m2
EP 23,49 €/m2    LA 6,11 €/m2    ST 17,38 €/m2

024.04004.M    KG 352 DIN 276
Trittschall- und Wärmedämmsch., MIN 20/15 mm, MIN 50 mm
EP 52,87 DM/m2    LA 12,07 DM/m2    ST 40,80 DM/m2
EP 27,03 €/m2    LA 6,17 €/m2    ST 20,86 €/m2

024.04005.M    KG 352 DIN 276
Trittschall- und Wärmedämmsch., MIN 20/15 mm, MIN 60 mm
EP 60,05 DM/m2    LA 12,50 DM/m2    ST 47,55 DM/m2
EP 30,70 €/m2    LA 6,39 €/m2    ST 24,31 €/m2

024.04006.M    KG 352 DIN 276
Trittschall- und Wärmedämmsch., MIN 20/15 mm, MIN 70 mm
EP 67,12 DM/m2    LA 12,81 DM/m2    ST 54,31 DM/m2
EP 34,32 €/m2    LA 6,55 €/m2    ST 27,77 €/m2

024.04007.M    KG 352 DIN 276
Trittschall- und Wärmedämmsch., MIN 20/15 mm, PS 30 mm
EP 20,03 DM/m2    LA 11,77 DM/m2    ST 8,26 DM/m2
EP 10,24 €/m2    LA 6,02 €/m2    ST 4,22 €/m2

024.04008.M    KG 352 DIN 276
Trittschall- und Wärmedämmsch., MIN 20/15 mm, PS 40 mm
EP 21,13 DM/m2    LA 11,95 DM/m2    ST 9,18 DM/m2
EP 10,80 €/m2    LA 6,11 €/m2    ST 4,69 €/m2

024.04009.M    KG 352 DIN 276
Trittschall- und Wärmedämmsch., MIN 20/15 mm, PS 50 mm
EP 22,14 DM/m2    LA 12,07 DM/m2    ST 10,07 DM/m2
EP 11,32 €/m2    LA 6,17 €/m2    ST 5,15 €/m2

024.04010.M    KG 352 DIN 276
Trittschall- und Wärmedämmsch., MIN 20/15 mm, PS 60 mm
EP 23,24 DM/m2    LA 12,25 DM/m2    ST 10,99 DM/m2
EP 11,88 €/m2    LA 6,27 €/m2    ST 5,61 €/m2

024.04011.M    KG 352 DIN 276
Trittschall- und Wärmedämmsch., MIN 25/20 mm, MIN 20 mm
EP 33,07 DM/m2    LA 11,71 DM/m2    ST 21,36 DM/m2
EP 16,91 €/m2    LA 5,99 €/m2    ST 10,92 €/m2

024.04012.M    KG 352 DIN 276
Trittschall- und Wärmedämmsch., MIN 25/20 mm, MIN 30 mm
EP 39,96 DM/m2    LA 11,83 DM/m2    ST 28,13 DM/m2
EP 20,43 €/m2    LA 6,05 €/m2    ST 14,38 €/m2

024.04013.M    KG 352 DIN 276
Trittschall- und Wärmedämmsch., MIN 25/20 mm, MIN 40 mm
EP 46,97 DM/m2    LA 12,07 DM/m2    ST 34,90 DM/m2
EP 24,02 €/m2    LA 6,17 €/m2    ST 17,85 €/m2

024.04014.M    KG 352 DIN 276
Trittschall- und Wärmedämmsch., MIN 25/20 mm, MIN 50 mm
EP 53,77 DM/m2    LA 12,07 DM/m2    ST 41,70 DM/m2
EP 27,49 €/m2    LA 6,17 €/m2    ST 21,32 €/m2

024.04015.M    KG 352 DIN 276
Trittschall- und Wärmedämmsch., MIN 25/20 mm, MIN 60 mm
EP 60,97 DM/m2    LA 12,50 DM/m2    ST 48,47 DM/m2
EP 31,17 €/m2    LA 6,39 €/m2    ST 24,78 €/m2

024.04016.M    KG 352 DIN 276
Trittschall- und Wärmedämmsch., MIN 25/20 mm, MIN 70 mm
EP 68,03 DM/m2    LA 12,81 DM/m2    ST 55,22 DM/m2
EP 34,78 €/m2    LA 6,55 €/m2    ST 28,23 €/m2

024.04017.M    KG 352 DIN 276
Trittschall- und Wärmedämmsch., MIN 25/20 mm, PS 30 mm
EP 21,01 DM/m2    LA 11,83 DM/m2    ST 9,18 DM/m2
EP 10,74 €/m2    LA 6,05 €/m2    ST 4,69 €/m2

024.04018.M    KG 352 DIN 276
Trittschall- und Wärmedämmsch., MIN 25/20 mm, PS 40 mm
EP 22,03 DM/m2    LA 11,95 DM/m2    ST 10,08 DM/m2
EP 11,27 €/m2    LA 6,11 €/m2    ST 5,16 €/m2

024.04019.M    KG 352 DIN 276
Trittschall- und Wärmedämmsch., MIN 25/20 mm, PS 50 mm
EP 23,07 DM/m2    LA 12,07 DM/m2    ST 11,00 DM/m2
EP 11,79 €/m2    LA 6,17 €/m2    ST 5,62 €/m2

024.04020.M    KG 352 DIN 276
Trittschall- und Wärmedämmsch., MIN 25/20 mm, PS 60 mm
EP 24,22 DM/m2    LA 12,32 DM/m2    ST 11,90 DM/m2
EP 12,38 €/m2    LA 6,30 €/m2    ST 6,08 €/m2

024.04021.M    KG 352 DIN 276
Trittschall- und Wärmedämmsch., MIN 35/30 mm, MIN 20 mm
EP 34,94 DM/m2    LA 11,71 DM/m2    ST 23,23 DM/m2
EP 17,86 €/m2    LA 5,99 €/m2    ST 11,87 €/m2

024.04022.M    KG 352 DIN 276
Trittschall- und Wärmedämmsch., MIN 35/30 mm, MIN 30 mm
EP 33,39 DM/m2    LA 11,83 DM/m2    ST 21,56 DM/m2
EP 17,07 €/m2    LA 6,05 €/m2    ST 11,02 €/m2

024.04023.M    KG 352 DIN 276
Trittschall- und Wärmedämmsch., MIN 35/30 mm, MIN 40 mm
EP 48,72 DM/m2    LA 11,95 DM/m2    ST 36,77 DM/m2
EP 24,91 €/m2    LA 6,11 €/m2    ST 18,80 €/m2

024.04024.M    KG 352 DIN 276
Trittschall- und Wärmedämmsch., MIN 35/30 mm, MIN 50 mm
EP 55,65 DM/m2    LA 12,07 DM/m2    ST 43,58 DM/m2
EP 28,45 €/m2    LA 6,17 €/m2    ST 22,28 €/m2

024.04025.M    KG 352 DIN 276
Trittschall- und Wärmedämmsch., MIN 35/30 mm, MIN 60 mm
EP 62,84 DM/m2    LA 12,50 DM/m2    ST 50,34 DM/m2
EP 32,13 €/m2    LA 6,39 €/m2    ST 25,74 €/m2

024.04026.M    KG 352 DIN 276
Trittschall- und Wärmedämmsch., MIN 35/30 mm, MIN 70 mm
EP 69,91 DM/m2    LA 12,81 DM/m2    ST 57,10 DM/m2
EP 35,74 €/m2    LA 6,55 €/m2    ST 29,19 €/m2

024.04027.M    KG 352 DIN 276
Trittschall- und Wärmedämmsch., MIN 35/30 mm, PS 30 mm
EP 22,95 DM/m2    LA 11,89 DM/m2    ST 11,06 DM/m2
EP 11,73 €/m2    LA 6,08 €/m2    ST 5,65 €/m2

024.04028.M    KG 352 DIN 276
Trittschall- und Wärmedämmsch., MIN 35/30 mm, PS 40 mm
EP 23,98 DM/m2    LA 12,01 DM/m2    ST 11,97 DM/m2
EP 12,26 €/m2    LA 6,14 €/m2    ST 6,12 €/m2

024.04029.M    KG 352 DIN 276
Trittschall- und Wärmedämmsch., MIN 35/30 mm, PS 50 mm
EP 24,98 DM/m2    LA 12,13 DM/m2    ST 12,85 DM/m2
EP 12,77 €/m2    LA 6,20 €/m2    ST 6,57 €/m2

024.04030.M    KG 352 DIN 276
Trittschall- und Wärmedämmsch., MIN 35/30 mm, PS 60 mm
EP 26,08 DM/m2    LA 12,32 DM/m2    ST 13,76 DM/m2
EP 13,34 €/m2    LA 6,30 €/m2    ST 7,04 €/m2

AW 024

Preise 06.01

## LB 024 Fliesen- und Plattenarbeiten
### Vorbereiten Untergrund: Überspannen, Unterputz; Spritzbewurf, Abdichtung

Sämtliche Preise sind **Mittelpreise ohne Mehrwertsteuer** zum Zeitpunkt des Ausgabedatums.
**Korrekturfaktoren** für Regionaleinfluss, Mengeneinfluss, Konjunktureinfluss siehe Vorspann.
**Abkürzungen:** EP = Einheitspreis, LA = Lohnanteil, ST = Stoffanteil

### Vorbereiten des Untergrundes, Überspannungen f. Unterputz

024.-----.-

| | |
|---|---|
| 024.06001.M Wand, überspannen Streckmetall | 27,52 DM/m2 |
| | 14,07 €/m2 |
| 024.06002.M Wand, überspannen Drahtgeflecht | 18,52 DM/m2 |
| | 9,47 €/m2 |

**024.06001.M**    KG 345 DIN 276
Wand, überspannen Streckmetall
EP 27,52 DM/m2    LA 18,91 DM/m2    ST 8,70 DM/m2
EP 14,07 €/m2    LA  9,67 €/m2    ST 4,45 €/m2

**024.06002.M**    KG 345 DIN 276
Wand, überspannen Drahtgeflecht
EP 18,52 DM/m2    LA 12,81 DM/m2    ST 5,71 DM/m2
EP  9,47 €/m2    LA  6,55 €/m2    ST 2,92 €/m2

### Vorbereiten des Untergrundes, Spritzbewurf, Abdichtung

024.-----.-

| | |
|---|---|
| 024.06401.M Wand, Spritzbewurf | 2,99 DM/m2 |
| | 1,53 €/m2 |
| 024.07001.M Boden, Abdichtung 1 Lage R 333 N | 8,03 DM/m2 |
| | 4,10 €/m2 |
| 024.07002.M Wand, Abdichtung 2 Bitumenkaltanstriche, 500 g | 11,38 DM/m2 |
| | 5,82 €/m2 |
| 024.07003.M Streichisolierung, Latex-Bitumen, an Wände, 1lagig | 9,78 DM/m2 |
| | 5,00 €/m2 |
| 024.07004.M Streichisolierung, Latex-Bitumen, an Wände, 2lagig | 19,60 DM/m2 |
| | 10,02 €/m2 |
| 024.07005.M Streichisolierung, Kunstharzdisp, an Wände, 1lagig | 10,38 DM/m2 |
| | 5,31 €/m2 |
| 024.07101.M Anschlussfuge, Kautschuk-Bitumen-Band, 10 cm breit | 7,25 DM/m |
| | 3,71 €/m |
| 024.07102.M Anschlussfuge, Kautschuk-Bitumen-Band, 25 cm breit | 13,46 DM/m |
| | 6,88 €/m |
| 024.07103.M Anschlussfuge, Acrylharz-Band, 10 cm breit | 7,60 DM/m |
| | 3,88 €/m |
| 024.07104.M Anschlussfuge, Acrylharz-Band, 25 cm breit | 14,30 DM/m |
| | 7,31 €/m |
| 024.07201.M Durchdringung der Abdichtung | 6,95 DM/St |
| | 3,56 €/St |
| 024.08001.M Boden, ausgleichen, Mehrdicke je 10 mm | 3,38 DM/m2 |
| | 1,73 €/m2 |

**024.06401.M**    KG 345 DIN 276
Wand, Spritzbewurf
EP 2,99 DM/m2    LA 2,43 DM/m2    ST 0,56 DM/m2
EP 1,53 €/m2    LA 1,24 €/m2    ST 0,29 €/m2

**024.07001.M**    KG 352 DIN 276
Boden, Abdichtung 1 Lage R 333 N
EP 8,03 DM/m2    LA 4,27 DM/m2    ST 3,76 DM/m2
EP 4,10 €/m2    LA 2,18 €/m2    ST 1,92 €/m2

**024.07002.M**    KG 345 DIN 276
Wand, Abdichtung 2 Bitumenkaltanstriche, 500 g
EP 11,38 DM/m2    LA 6,71 DM/m2    ST 4,67 DM/m2
EP  5,82 €/m2    LA 3,43 €/m2    ST 2,39 €/m2

**024.07003.M**    KG 345 DIN 276
Streichisolierung, Latex-Bitumen, an Wände, 1lagig
EP 9,78 DM/m2    LA 1,80 DM/m2    ST 7,95 DM/m2
EP 5,00 €/m2    LA 0,92 €/m2    ST 4,06 €/m2

**024.07004.M**    KG 345 DIN 276
Streichisolierung, Latex-Bitumen, an Wände, 2lagig
EP 19,60 DM/m2    LA 3,66 DM/m2    ST 15,94 DM/m2
EP 10,02 €/m2    LA 1,87 €/m2    ST  8,15 €/m2

**024.07005.M**    KG 345 DIN 276
Streichisolierung, Kunstharzdisp, an Wände, 1lagig
EP 10,38 DM/m2    LA 1,83 DM/m2    ST 8,55 DM/m2
EP  5,31 €/m2    LA 0,94 €/m2    ST 4,37 €/m2

**024.07101.M**    KG 345 DIN 276
Anschlussfuge, Kautschuk-Bitumen-Band, 10 cm breit
EP 7,25 DM/m    LA 3,05 DM/m    ST 4,20 DM/m
EP 3,71 €/m    LA 1,56 €/m    ST 2,15 €/m

**024.07102.M**    KG 345 DIN 276
Anschlussfuge, Kautschuk-Bitumen-Band, 25 cm breit
EP 13,46 DM/m    LA 3,66 DM/m    ST 9,80 DM/m
EP  6,88 €/m    LA 1,87 €/m    ST 5,01 €/m

**024.07103.M**    KG 345 DIN 276
Anschlussfuge, Acrylharz-Band, 10 cm breit
EP 7,60 DM/m    LA 3,05 DM/m    ST 4,55 DM/m
EP 3,88 €/m    LA 1,56 €/m    ST 2,32 €/m

**024.07104.M**    KG 345 DIN 276
Anschlussfuge, Acrylharz-Band, 25 cm breit
EP 14,30 DM/m    LA 3,66 DM/m    ST 10,64 DM/m
EP  7,31 €/m    LA 1,87 €/m    ST  5,44 €/m

**024.07201.M**    KG 345 DIN 276
Durchdringung der Abdichtung
EP 6,95 DM/St    LA 4,88 DM/St    ST 2,07 DM/St
EP 3,56 €/St    LA 2,49 €/St    ST 1,07 €/St

**024.08001.M**    KG 352 DIN 276
Boden, ausgleichen, Mehrdicke je 10 mm
EP 3,38 DM/m2    LA 2,01 DM/m2    ST 1,37 DM/m2
EP 1,73 €/m2    LA 1,03 €/m2    ST 0,70 €/m2

# LB 024 Fliesen- und Plattenarbeiten
## Vorbereiten Untergrund, Dämmschichten

AW 024

Preise 06.01

Sämtliche Preise sind **Mittelpreise ohne Mehrwertsteuer** zum Zeitpunkt des Ausgabedatums.
**Korrekturfaktoren** für Regionaleinfluss, Mengeneinfluss, Konjunktureinfluss siehe Vorspann.
**Abkürzungen:** EP = Einheitspreis, LA = Lohnanteil, ST = Stoffanteil

### Wandbekleidung (nur verlegen)

024.-----.-

|  |  |  |
|---|---|---|
| 024.09001.M | Wandbekleid. 10 x 10 cm, Dünnb. (nur verlegen) | 75,62 DM/m2 / 38,66 €/m2 |
| 024.09002.M | Wandbekleid. 10 x 20 cm, Dünnb. (nur verlegen) | 63,92 DM/m2 / 32,68 €/m2 |
| 024.09003.M | Wandbekleid. 15 x 15 cm, Dünnb. (nur verlegen) | 60,36 DM/m2 / 30,86 €/m2 |
| 024.09004.M | Wandbekleid. 15 x 20 cm, Dünnb. (nur verlegen) | 60,04 DM/m2 / 30,70 €/m2 |
| 024.09005.M | Wandbekleid. 20 x 20 cm, Dünnb. (nur verlegen) | 61,66 DM/m2 / 31,53 €/m2 |
| 024.09006.M | Wandbekleid. 20 x 25 cm, Dünnb. (nur verlegen) | 63,70 DM/m2 / 32,57 €/m2 |
| 024.09007.M | Wandbekleid. 25 x 25 cm, Dünnb. (nur verlegen) | 70,28 DM/m2 / 35,93 €/m2 |
| 024.09008.M | Wandbekleid. 30 x 30 cm, Dünnb. (nur verlegen) | 81,44 DM/m2 / 41,64 €/m2 |
| 024.09009.M | Wandbekleid. 10 x 10 cm, Dickb. (nur verlegen) | 110,10 DM/m2 / 56,29 €/m2 |
| 024.09010.M | Wandbekleid. 10 x 20 cm, Dickb. (nur verlegen) | 94,72 DM/m2 / 48,43 €/m2 |
| 024.09011.M | Wandbekleid. 15 x 15 cm, Dickb. (nur verlegen) | 91,64 DM/m2 / 46,86 €/m2 |
| 024.09012.M | Wandbekleid. Kleinmos. 2 x 2 cm, Dünnb. (nur verlegen) | 107,12 DM/m2 / 54,77 €/m2 |
| 024.09013.M | Wandbekleid. Mittelmos. 5 x 5 cm, Dünnb. (nur verlegen) | 99,21 DM/m2 / 50,72 €/m2 |

**Hinweis:**
Die Kosten des Mörtelbettes/Klebers/Fugenmörtels sind in den Verlegekosten enthalten.

024.09001.M KG 345 DIN 276
Wandbekleid. 10 x 10 cm, Dünnb. (nur verlegen)
EP 75,62 DM/m2    LA 71,36 DM/m2    ST 4,26 DM/m2
EP 38,66 €/m2     LA 36,49 €/m2     ST 2,17 €/m2

024.09002.M KG 345 DIN 276
Wandbekleid. 10 x 20 cm, Dünnb. (nur verlegen)
EP 63,92 DM/m2    LA 59,16 DM/m2    ST 4,76 DM/m2
EP 32,68 €/m2     LA 30,25 €/m2     ST 2,43 €/m2

024.09003.M KG 345 DIN 276
Wandbekleid. 15 x 15 cm, Dünnb. (nur verlegen)
EP 60,36 DM/m2    LA 55,50 DM/m2    ST 4,86 DM/m2
EP 30,86 €/m2     LA 28,38 €/m2     ST 2,48 €/m2

024.09004.M KG 345 DIN 276
Wandbekleid. 15 x 20 cm, Dünnb. (nur verlegen)
EP 60,04 DM/m2    LA 54,89 DM/m2    ST 5,15 DM/m2
EP 30,70 €/m2     LA 28,06 €/m2     ST 2,64 €/m2

024.09005.M KG 345 DIN 276
Wandbekleid. 20 x 20 cm, Dünnb. (nur verlegen)
EP 61,66 DM/m2    LA 56,11 DM/m2    ST 5,55 DM/m2
EP 31,53 €/m2     LA 28,69 €/m2     ST 2,84 €/m2

024.09006.M KG 345 DIN 276
Wandbekleid. 20 x 25 cm, Dünnb. (nur verlegen)
EP 63,70 DM/m2    LA 57,95 DM/m2    ST 5,75 DM/m2
EP 32,57 €/m2     LA 29,63 €/m2     ST 2,94 €/m2

024.09007.M KG 345 DIN 276
Wandbekleid. 25 x 25 cm, Dünnb. (nur verlegen)
EP 70,28 DM/m2    LA 64,03 DM/m2    ST 6,25 DM/m2
EP 35,93 €/m2     LA 32,74 €/m2     ST 3,19 €/m2

024.09008.M KG 345 DIN 276
Wandbekleid. 30 x 30 cm, Dünnb. (nur verlegen)
EP 81,44 DM/m2    LA 74,41 DM/m2    ST 7,03 DM/m2
EP 41,64 €/m2     LA 38,04 €/m2     ST 3,60 €/m2

024.09009.M KG 345 DIN 276
Wandbekleid. 10 x 10 cm, Dickb. (nur verlegen)
EP 110,10 DM/m2   LA 98,41 DM/m2    ST 11,69 DM/m2
EP 56,29 €/m2     LA 50,31 €/m2     ST 5,98 €/m2

024.09010.M KG 345 DIN 276
Wandbekleid. 10 x 20 cm, Dickb. (nur verlegen)
EP 94,72 DM/m2    LA 86,10 DM/m2    ST 8,62 DM/m2
EP 48,43 €/m2     LA 44,02 €/m2     ST 4,41 €/m2

024.09011.M KG 345 DIN 276
Wandbekleid. 15 x 15 cm, Dickb. (nur verlegen)
EP 91,64 DM/m2    LA 81,80 DM/m2    ST 9,84 DM/m2
EP 46,86 €/m2     LA 41,83 €/m2     ST 5,03 €/m2

024.09012.M KG 345 DIN 276
Wandbekleid. Kleinmos. 2 x 2 cm, Dünnb. (nur verlegen)
EP 107,12 DM/m2   LA 97,79 DM/m2    ST 9,33 DM/m2
EP 54,77 €/m2     LA 50,00 €/m2     ST 4,77 €/m2

024.09013.M KG 345 DIN 276
Wandbekleid. Mittelmos. 5 x 5 cm, Dünnb. (nur verlegen)
EP 99,21 DM/m2    LA 90,41 DM/m2    ST 8,80 DM/m2
EP 50,72 €/m2     LA 46,23 €/m2     ST 4,49 €/m2

AW 024

## LB 024 Fliesen- und Plattenarbeiten
### Wandbekleidung, einschl. Fliesen

Preise 06.01

Sämtliche Preise sind **Mittelpreise ohne Mehrwertsteuer** zum Zeitpunkt des Ausgabedatums.
**Korrekturfaktoren** für Regionaleinfluss, Mengeneinfluss, Konjunktureinfluss siehe Vorspann.
**Abkürzungen:** EP = Einheitspreis, LA = Lohnanteil, ST = Stoffanteil

### Wandbekleidung, einschl. Fliesen

024.-----.-

|  |  |  |
|---|---|---|
| 024.09014.M | Wandbekleid. 10 x 10 cm, Dünnb. einschl. Fliesen | 120,22 DM/m2 / 61,47 €/m2 |
| 024.09015.M | Wandbekleid. 10 x 20 cm, Dünnb. einschl. Fliesen | 113,47 DM/m2 / 58,01 €/m2 |
| 024.09016.M | Wandbekleid. 15 x 15 cm, Dünnb. einschl. Fliesen | 96,03 DM/m2 / 49,10 €/m2 |
| 024.09017.M | Wandbekleid. 15 x 20 cm, Dünnb. einschl. Fliesen | 99,68 DM/m2 / 50,97 €/m2 |
| 024.09018.M | Wandbekleid. 20 x 20 cm, Dünnb. einschl. Fliesen | 103,29 DM/m2 / 52,81 €/m2 |
| 024.09019.M | Wandbekleid. 20 x 25 cm, Dünnb. einschl. Fliesen | 108,29 DM/m2 / 55,37 €/m2 |
| 024.09020.M | Wandbekleid. 25 x 25 cm, Dünnb. einschl. Fliesen | 119,83 DM/m2 / 61,27 €/m2 |
| 024.09021.M | Wandbekleid. 30 x 30 cm, Dünnb. einschl. Fliesen | 135,95 DM/m2 / 69,51 €/m2 |
| 024.09022.M | Wandbekleid. 10 x 10 cm, Dickb. einschl. Fliesen | 154,42 DM/m2 / 78,95 €/m2 |
| 024.09023.M | Wandbekleid. 10 x 20 cm, Dickb. einschl. Fliesen | 143,45 DM/m2 / 73,34 €/m2 |
| 024.09024.M | Wandbekleid. 15 x 15 cm, Dickb. einschl. Fliesen | 127,14 DM/m2 / 65,01 €/m2 |
| 024.09025.M | Wandbekleid. 30 x 30 cm, Dickb. einschl. Fliesen | 162,07 DM/m2 / 82,87 €/m2 |
| 024.09026.M | Wandbekleid. Kleinmos. 2 x 2 cm, Dünnb. einschl.Flies. | 164,90 DM/m2 / 84,31 €/m2 |
| 024.09027.M | Wandbekleid. Mittelmos. 5 x 5 cm, Dünnb. einschl.Flies. | 157,08 DM/m2 / 80,32 €/m2 |
| 024.09028.M | Wandbekleid. über 2,0 Höhe, als Zulage | 5,23 DM/m2 / 2,67 €/m2 |

**Hinweis:**
Preisgruppen für Wandfliesen und Wandplatten ergeben sich aus Sortierung, Format, Dekor und Eigenschaften. Sie liegen zwischen 15 und 110 DM/m2 - 7,60 und 56,20 €/m2.

In den Positionen für Wandbeläge sind mittlere Preisgruppen verwendet:

|  |  | |
|---|---|---|
| Format 10 x 10 cm | Preisgruppe 45,00 DM/m2 | 23,00 €/m2 |
| Format 10 x 20 cm | Preisgruppe 50,00 DM/m2 | 26,00 €/m2 |
| Format 15 x 15 cm | Preisgruppe 36,00 DM/m2 | 18,00 €/m2 |
| Format 30 x 30 cm | Preisgruppe 55,00 DM/m2 | 28,00 €/m2 |
| Mosaik | Preisgruppe 59,00 DM/m2 | 30,00 €/m2 |

024.09014.M  KG 345 DIN 276
Wandbekleid. 10 x 10 cm, Dünnb. einschl. Fliesen
EP 120,22 DM/m2   LA 71,36 DM/m2   ST 48,86 DM/m2
EP  61,47 €/m2    LA 36,49 €/m2    ST 24,98 €/m2

024.09015.M  KG 345 DIN 276
Wandbekleid. 10 x 20 cm, Dünnb. einschl. Fliesen
EP 113,47 DM/m2   LA 59,16 DM/m2   ST 54,31 DM/m2
EP  58,01 €/m2    LA 30,25 €/m2    ST 27,76 €/m2

024.09016.M  KG 345 DIN 276
Wandbekleid. 15 x 15 cm, Dünnb. einschl. Fliesen
EP 96,03 DM/m2    LA 55,50 DM/m2   ST 40,53 DM/m2
EP 49,10 €/m2     LA 28,38 €/m2    ST 20,72 €/m2

024.09017.M  KG 345 DIN 276
Wandbekleid. 15 x 20 cm, Dünnb. einschl. Fliesen
EP 99,68 DM/m2    LA 54,89 DM/m2   ST 44,79 DM/m2
EP 50,97 €/m2     LA 28,06 €/m2    ST 22,91 €/m2

024.09018.M  KG 345 DIN 276
Wandbekleid. 20 x 20 cm, Dünnb. einschl. Fliesen
EP 103,29 DM/m2   LA 56,11 DM/m2   ST 47,18 DM/m2
EP  52,81 €/m2    LA 28,69 €/m2    ST 24,12 €/m2

024.09019.M  KG 345 DIN 276
Wandbekleid. 20 x 25 cm, Dünnb. einschl. Fliesen
EP 108,29 DM/m2   LA 57,95 DM/m2   ST 50,34 DM/m2
EP  55,37 €/m2    LA 29,63 €/m2    ST 25,74 €/m2

024.09020.M  KG 345 DIN 276
Wandbekleid. 25 x 25 cm, Dünnb. einschl. Fliesen
EP 119,83 DM/m2   LA 64,04 DM/m2   ST 55,79 DM/m2
EP  61,27 €/m2    LA 32,74 €/m2    ST 28,53 €/m2

024.09021.M  KG 345 DIN 276
Wandbekleid. 30 x 30 cm, Dünnb. einschl. Fliesen
EP 135,95 DM/m2   LA 74,41 DM/m2   ST 61,54 DM/m2
EP  69,51 €/m2    LA 38,04 €/m2    ST 31,47 €/m2

024.09022.M  KG 345 DIN 276
Wandbekleid. 10 x 10 cm, Dickb. einschl. Fliesen
EP 154,42 DM/m2   LA 98,41 DM/m2   ST 56,01 DM/m2
EP  78,95 €/m2    LA 50,31 €/m2    ST 28,64 €/m2

024.09023.M  KG 345 DIN 276
Wandbekleid. 10 x 20 cm, Dickb. einschl. Fliesen
EP 143,45 DM/m2   LA 86,10 DM/m2   ST 57,35 DM/m2
EP  73,34 €/m2    LA 44,02 €/m2    ST 29,32 €/m2

024.09024.M  KG 345 DIN 276
Wandbekleid. 15 x 15 cm, Dickb. einschl. Fliesen
EP 127,14 DM/m2   LA 81,80 DM/m2   ST 45,34 DM/m2
EP  65,01 €/m2    LA 41,83 €/m2    ST 23,18 €/m2

024.09025.M  KG 345 DIN 276
Wandbekleid. 30 x 30 cm, Dickb. einschl. Fliesen
EP 162,07 DM/m2   LA 96,56 DM/m2   ST 65,51 DM/m2
EP  82,87 €/m2    LA 49,37 €/m2    ST 33,50 €/m2

024.09026.M  KG 345 DIN 276
Wandbekleid. Kleinmos. 2 x 2 cm, Dünnb. einschl.Flies.
EP 164,90 DM/m2   LA 97,79 DM/m2   ST 67,11 DM/m2
EP  84,31 €/m2    LA 50,00 €/m2    ST 34,31 €/m2

024.09027.M  KG 345 DIN 276
Wandbekleid. Mittelmos. 5 x 5 cm, Dünnb. einschl.Flies.
EP 157,08 DM/m2   LA 90,41 DM/m2   ST 66,67 DM/m2
EP  80,32 €/m2    LA 46,23 €/m2    ST 34,09 €/m2

024.09028.M  KG 345 DIN 276
Wandbekleid. über 2,0 Höhe, als Zulage
EP 5,23 DM/m2     LA 5,23 DM/m2    ST 0,00 DM/m2
EP 2,67 €/m2      LA 2,67 €/m2     ST 0,00 €/m2

# LB 024 Fliesen- und Plattenarbeiten
## Bodenbeläge (nur verlegen)

AW 024

Preise 06.01

Sämtliche Preise sind **Mittelpreise ohne Mehrwertsteuer** zum Zeitpunkt des Ausgabedatums.
**Korrekturfaktoren** für Regionaleinfluss, Mengeneinfluss, Konjunktureinfluss siehe Vorspann.
**Abkürzungen:** EP = Einheitspreis, LA = Lohnanteil, ST = Stoffanteil

### Bodenbeläge (nur verlegen)

024.-----.-

|  |  |  |
|---|---|---|
| 024.10001.M | Bodenbelag, 10 x 10 cm, Dünnb. (nur verlegen) | 79,88 DM/m2 / 40,84 €/m2 |
| 024.10002.M | Bodenbelag, 10 x 20 cm, Dünnb. (nur verlegen) | 70,61 DM/m2 / 36,10 €/m2 |
| 024.10003.M | Bodenbelag, 15 x 15 cm, Dünnb. (nur verlegen) | 68,88 DM/m2 / 35,22 €/m2 |
| 024.10004.M | Bodenbelag, 20 x 20 cm, Dünnb. (nur verlegen) | 60,32 DM/m2 / 30,84 €/m2 |
| 024.10005.M | Bodenbelag, 25 x 25 cm, Dünnb. (nur verlegen) | 57,68 DM/m2 / 29,49 €/m2 |
| 024.10006.M | Bodenbelag, 30 x 30 cm, Dünnb. (nur verlegen) | 54,92 DM/m2 / 28,08 €/m2 |
| 024.10007.M | Bodenbelag, 33 x 33 cm, Dünnb. (nur verlegen) | 55,12 DM/m2 / 28,18 €/m2 |
| 024.10008.M | Bodenbelag, 40 x 40 cm, Dünnb. (nur verlegen) | 55,32 DM/m2 / 28,28 €/m2 |
| 024.10009.M | Bodenbelag, 42 x 42 cm, Dünnb. (nur verlegen) | 55,42 DM/m2 / 28,34 €/m2 |
| 024.10010.M | Bodenbelag, 60 x 60 cm, Dünnb. (nur verlegen) | 55,47 DM/m2 / 28,36 €/m2 |
| 024.10011.M | Bodenbelag, 10 x 10 cm, Dickb. (nur verlegen) | 88,77 DM/m2 / 45,39 €/m2 |
| 024.10012.M | Bodenbelag, 10 x 20 cm, Dickb. (nur verlegen) | 79,91 DM/m2 / 40,86 €/m2 |
| 024.10013.M | Bodenbelag, 15 x 15 cm, Dickb. (nur verlegen) | 84,09 DM/m2 / 42,99 €/m2 |
| 024.10014.M | Bodenbelag, 20 x 20 cm, Dickb. (nur verlegen) | 76,69 DM/m2 / 39,21 €/m2 |
| 024.10015.M | Bodenbelag, 25 x 25 cm, Dickb. (nur verlegen) | 73,07 DM/m2 / 37,36 €/m2 |
| 024.10016.M | Bodenbelag, 30 x 30 cm, Dickb. (nur verlegen) | 70,89 DM/m2 / 36,25 €/m2 |
| 024.10017.M | Bodenbelag, Kleinmos. 2 x 2 cm, Dickb. (nur verlegen) | 81,48 DM/m2 / 41,66 €/m2 |
| 024.10018.M | Bodenbelag, Mittelmos. 5 x 5 cm, Dickb. (nur verlegen) | 79,88 DM/m2 / 40,84 €/m2 |
| 024.10019.M | Bodenbelag, Mittelmos. 5 x 5 cm, Dünnb. (nur verlegen) | 72,82 DM/m2 / 37,23 €/m2 |

**Hinweis:**
Die Kosten des Mörtelbettes/Klebers/Fugenmörtels sind in den Verlegekosten enthalten.

024.10001.M  KG 352 DIN 276
Bodenbelag, 10 x 10 cm, Dünnb. (nur verlegen)
EP 79,88 DM/m2   LA 75,63 DM/m2   ST 4,25 DM/m2
EP 40,84 €/m2    LA 38,67 €/m2    ST 2,17 €/m2

024.10002.M  KG 352 DIN 276
Bodenbelag, 10 x 20 cm, Dünnb. (nur verlegen)
EP 70,61 DM/m2   LA 65,87 DM/m2   ST 4,74 DM/m2
EP 36,10 €/m2    LA 33,68 €/m2    ST 2,42 €/m2

024.10003.M  KG 352 DIN 276
Bodenbelag, 15 x 15 cm, Dünnb. (nur verlegen)
EP 68,88 DM/m2   LA 64,04 DM/m2   ST 4,84 DM/m2
EP 35,22 €/m2    LA 32,74 €/m2    ST 2,48 €/m2

024.10004.M  KG 352 DIN 276
Bodenbelag, 20 x 20 cm, Dünnb. (nur verlegen)
EP 60,32 DM/m2   LA 54,89 DM/m2   ST 5,43 DM/m2
EP 30,84 €/m2    LA 28,06 €/m2    ST 2,78 €/m2

024.10005.M  KG 352 DIN 276
Bodenbelag, 25 x 25 cm, Dünnb. (nur verlegen)
EP 57,68 DM/m2   LA 51,84 DM/m2   ST 5,84 DM/m2
EP 29,49 €/m2    LA 26,51 €/m2    ST 2,98 €/m2

024.10006.M  KG 352 DIN 276
Bodenbelag, 30 x 30 cm, Dünnb. (nur verlegen)
EP 54,92 DM/m2   LA 48,80 DM/m2   ST 6,12 DM/m2
EP 28,08 €/m2    LA 24,95 €/m2    ST 3,13 €/m2

024.10007.M  KG 352 DIN 276
Bodenbelag, 33 x 33 cm, Dünnb. (nur verlegen)
EP 55,12 DM/m2   LA 48,80 DM/m2   ST 6,32 DM/m2
EP 28,18 €/m2    LA 24,95 €/m2    ST 3,23 €/m2

024.10008.M  KG 352 DIN 276
Bodenbelag, 40 x 40 cm, Dünnb. (nur verlegen)
EP 55,32 DM/m2   LA 48,80 DM/m2   ST 6,52 DM/m2
EP 28,28 €/m2    LA 24,95 €/m2    ST 3,33 €/m2

024.10009.M  KG 352 DIN 276
Bodenbelag, 42 x 42 cm, Dünnb. (nur verlegen)
EP 55,42 DM/m2   LA 48,80 DM/m2   ST 6,62 DM/m2
EP 28,34 €/m2    LA 24,95 €/m2    ST 3,39 €/m2

024.10010.M  KG 352 DIN 276
Bodenbelag, 60 x 60 cm, Dünnb. (nur verlegen)
EP 55,47 DM/m2   LA 48,80 DM/m2   ST 6,67 DM/m2
EP 28,36 €/m2    LA 24,95 €/m2    ST 3,41 €/m2

024.10011.M  KG 352 DIN 276
Bodenbelag, 10 x 10 cm, Dickb. (nur verlegen)
EP 88,77 DM/m2   LA 81,18 DM/m2   ST 7,59 DM/m2
EP 45,39 €/m2    LA 41,51 €/m2    ST 3,88 €/m2

024.10012.M  KG 352 DIN 276
Bodenbelag, 10 x 20 cm, Dickb. (nur verlegen)
EP 79,91 DM/m2   LA 71,95 DM/m2   ST 7,96 DM/m2
EP 40,86 €/m2    LA 36,79 €/m2    ST 4,07 €/m2

024.10013.M  KG 352 DIN 276
Bodenbelag, 15 x 15 cm, Dickb. (nur verlegen)
EP 84,09 DM/m2   LA 75,03 DM/m2   ST 9,06 DM/m2
EP 42,99 €/m2    LA 38,36 €/m2    ST 4,63 €/m2

024.10014.M  KG 352 DIN 276
Bodenbelag, 20 x 20 cm, Dickb. (nur verlegen)
EP 76,69 DM/m2   LA 68,89 DM/m2   ST 7,80 DM/m2
EP 39,21 €/m2    LA 35,22 €/m2    ST 3,99 €/m2

024.10015.M  KG 352 DIN 276
Bodenbelag, 25 x 25 cm, Dickb. (nur verlegen)
EP 73,07 DM/m2   LA 65,81 DM/m2   ST 7,26 DM/m2
EP 37,36 €/m2    LA 33,65 €/m2    ST 3,71 €/m2

024.10016.M  KG 352 DIN 276
Bodenbelag, 30 x 30 cm, Dickb. (nur verlegen)
EP 70,89 DM/m2   LA 61,50 DM/m2   ST 9,39 DM/m2
EP 36,25 €/m2    LA 31,45 €/m2    ST 4,80 €/m2

024.10017.M  KG 352 DIN 276
Bodenbelag, Kleinmos. 2 x 2 cm, Dickb. (nur verlegen)
EP 81,48 DM/m2   LA 76,26 DM/m2   ST 5,22 DM/m2
EP 41,66 €/m2    LA 38,99 €/m2    ST 2,67 €/m2

024.10018.M  KG 352 DIN 276
Bodenbelag, Mittelmos. 5 x 5 cm, Dickb. (nur verlegen)
EP 79,88 DM/m2   LA 75,03 DM/m2   ST 4,85 DM/m2
EP 40,84 €/m2    LA 38,36 €/m2    ST 2,48 €/m2

024.10019.M  KG 352 DIN 276
Bodenbelag, Mittelmos. 5 x 5 cm, Dünnb. (nur verlegen)
EP 72,82 DM/m2   LA 68,99 DM/m2   ST 3,93 DM/m2
EP 37,23 €/m2    LA 35,22 €/m2    ST 2,01 €/m2

AW 024

## LB 024 Fliesen- und Plattenarbeiten
### Bodenbeläge, einschl. Fliesen

Preise 06.01

Sämtliche Preise sind **Mittelpreise ohne Mehrwertsteuer** zum Zeitpunkt des Ausgabedatums.
**Korrekturfaktoren** für Regionaleinfluss, Mengeneinfluss, Konjunktureinfluss siehe Vorspann.
**Abkürzungen:** EP = Einheitspreis, LA = Lohnanteil, ST = Stoffanteil

### Bodenbeläge, einschl. Fliesen

024.-----.-

|  |  |  |
|---|---|---|
| 024.10020.M | Bodenbelag, 10 x 10 cm, Dünnb. einschl. Fliesen | 117,42 DM/m2 / 60,04 €/m2 |
| 024.10021.M | Bodenbelag, 10 x 20 cm, Dünnb. einschl. Fliesen | 117,04 DM/m2 / 59,84 €/m2 |
| 024.10022.M | Bodenbelag, 15 x 15 cm, Dünnb. einschl. Fliesen | 110,37 DM/m2 / 56,43 €/m2 |
| 024.10023.M | Bodenbelag, 20 x 20 cm, Dünnb. einschl. Fliesen | 111,70 DM/m2 / 57,11 €/m2 |
| 024.10024.M | Bodenbelag, 25 x 25 cm, Dünnb. einschl. Fliesen | 109,05 DM/m2 / 55,76 €/m2 |
| 024.10025.M | Bodenbelag, 30 x 30 cm, Dünnb. einschl. Fliesen | 111,24 DM/m2 / 56,88 €/m2 |
| 024.10026.M | Bodenbelag, 33 x 33 cm, Dünnb. einschl. Fliesen | 108,47 DM/m2 / 55,46 €/m2 |
| 024.10027.M | Bodenbelag, 40 x 40 cm, Dünnb. einschl. Fliesen | 112,62 DM/m2 / 57,58 €/m2 |
| 024.10028.M | Bodenbelag, 42 x 42 cm, Dünnb. einschl. Fliesen | 113,71 DM/m2 / 58,14 €/m2 |
| 024.10029.M | Bodenbelag, 60 x 60 cm, Dünnb. einschl. Fliesen | 119,69 DM/m2 / 61,20 €/m2 |
| 024.10030.M | Bodenbelag, 10 x 10 cm, Dickb. einschl. Fliesen | 125,74 DM/m2 / 64,29 €/m2 |
| 024.10031.M | Bodenbelag, 10 x 20 cm, Dickb. einschl. Fliesen | 126,12 DM/m2 / 64,49 €/m2 |
| 024.10032.M | Bodenbelag, 15 x 15 cm, Dickb. einschl. Fliesen | 125,69 DM/m2 / 64,26 €/m2 |
| 024.10033.M | Bodenbelag, 20 x 20 cm, Dickb. einschl. Fliesen | 127,54 DM/m2 / 65,21 €/m2 |
| 024.10034.M | Bodenbelag, 25 x 25 cm, Dickb. einschl. Fliesen | 123,91 DM/m2 / 63,35 €/m2 |
| 024.10035.M | Bodenbelag, 30 x 30 cm, Dickb. einschl. Fliesen | 126,35 DM/m2 / 64,60 €/m2 |
| 024.10036.M | Bodenbelag, Kleinmos. 2 x 2 cm, Dickb. einschl.Fliesen | 118,46 DM/m2 / 60,57 €/m2 |
| 024.10037.M | Bodenbelag, Mittelmos. 5 x 5 cm, Dickb. einschl.Fliesen | 116,86 DM/m2 / 59,75 €/m2 |
| 024.10038.M | Bodenbelag, Mittelmos. 5 x 5 cm, Dünnb. einschl.Fliesen | 105,79 DM/m2 / 54,09 €/m2 |
| 024.10039.M | Bodenbelag, Gefälle, als Zulage | 9,94 DM/m2 / 5,08 €/m2 |

**Hinweis:**
Preisgruppen für Bodenfliesen und Bodenplatten ergeben sich aus Sortierung, Format, Dekor und Eigenschaften. Sie liegen zwischen 15 und 110 DM/m2.

In den Positionen für Bodenbeläge sind mittlere Preisgruppen verwendet:

|  |  | |
|---|---|---|
| Format 10 x 10 cm | Preisgruppe 38,00 DM/m2 | 19,00 €/m2 |
| Format 10 x 20 cm | Preisgruppe 47,00 DM/m2 | 24,00 €/m2 |
| Format 15 x 15 cm | Preisgruppe 42,00 DM/m2 | 22,00 €/m2 |
| Format 20 x 20 cm | Preisgruppe 52,00 DM/m2 | 27,00 €/m2 |
| Format 25 x 25 cm | Preisgruppe 52,00 DM/m2 | 27,00 €/m2 |
| Format 30 x 30 cm | Preisgruppe 57,00 DM/m2 | 29,00 €/m2 |
| Mosaik 2 x 2 cm | Preisgruppe 37,00 DM/m2 | 19,00 €/m2 |
| Mosaik 5 x 5 cm | Preisgruppe 38,00 DM/m2 | 19,00 €/m2 |

024.10020.M KG 352 DIN 276
Bodenbelag, 10 x 10 cm, Dünnb. einschl. Fliesen
EP 117,42 DM/m2   LA 75,63 DM/m2   ST 41,79 DM/m2
EP  60,04 €/m2    LA 38,67 €/m2    ST 21,37 €/m2

024.10021.M KG 352 DIN 276
Bodenbelag, 10 x 20 cm, Dünnb. einschl. Fliesen
EP 117,04 DM/m2   LA 65,87 DM/m2   ST 51,17 DM/m2
EP  59,84 €/m2    LA 33,68 €/m2    ST 26,16 €/m2

024.10022.M KG 352 DIN 276
Bodenbelag, 15 x 15 cm, Dünnb. einschl. Fliesen
EP 110,37 DM/m2   LA 64,04 DM/m2   ST 46,33 DM/m2
EP  56,43 €/m2    LA 32,74 €/m2    ST 23,69 €/m2

024.10023.M KG 352 DIN 276
Bodenbelag, 20 x 20 cm, Dünnb. einschl. Fliesen
EP 111,70 DM/m2   LA 54,89 DM/m2   ST 56,81 DM/m2
EP  57,11 €/m2    LA 28,06 €/m2    ST 29,05 €/m2

024.10024.M KG 352 DIN 276
Bodenbelag, 25 x 25 cm, Dünnb. einschl. Fliesen
EP 109,05 DM/m2   LA 51,84 DM/m2   ST 57,21 DM/m2
EP  55,76 €/m2    LA 26,51 €/m2    ST 29,25 €/m2

024.10025.M KG 352 DIN 276
Bodenbelag, 30 x 30 cm, Dünnb. einschl. Fliesen
EP 111,24 DM/m2   LA 48,80 DM/m2   ST 62,44 DM/m2
EP  56,88 €/m2    LA 24,95 €/m2    ST 31,93 €/m2

024.10026.M KG 352 DIN 276
Bodenbelag, 33 x 33 cm, Dünnb. einschl. Fliesen
EP 108,47 DM/m2   LA 48,80 DM/m2   ST 59,67 DM/m2
EP  55,46 €/m2    LA 24,95 €/m2    ST 30,51 €/m2

024.10027.M KG 352 DIN 276
Bodenbelag, 40 x 40 cm, Dünnb. einschl. Fliesen
EP 112,62 DM/m2   LA 48,80 DM/m2   ST 63,82 DM/m2
EP  57,58 €/m2    LA 24,95 €/m2    ST 32,63 €/m2

024.10028.M KG 352 DIN 276
Bodenbelag, 42 x 42 cm, Dünnb. einschl. Fliesen
EP 113,71 DM/m2   LA 48,80 DM/m2   ST 64,91 DM/m2
EP  58,14 €/m2    LA 24,95 €/m2    ST 33,19 €/m2

024.10029.M KG 352 DIN 276
Bodenbelag, 60 x 60 cm, Dünnb. einschl. Fliesen
EP 119,69 DM/m2   LA 48,80 DM/m2   ST 70,89 DM/m2
EP  61,20 €/m2    LA 24,95 €/m2    ST 36,25 €/m2

024.10030.M KG 352 DIN 276
Bodenbelag, 10 x 10 cm, Dickb. einschl. Fliesen
EP 125,74 DM/m2   LA 81,18 DM/m2   ST 44,56 DM/m2
EP  64,29 €/m2    LA 41,51 €/m2    ST 22,78 €/m2

024.10031.M KG 352 DIN 276
Bodenbelag, 10 x 20 cm, Dickb. einschl. Fliesen
EP 126,12 DM/m2   LA 71,95 DM/m2   ST 54,17 DM/m2
EP  64,49 €/m2    LA 36,79 €/m2    ST 27,70 €/m2

024.10032.M KG 352 DIN 276
Bodenbelag, 15 x 15 cm, Dickb. einschl. Fliesen
EP 125,69 DM/m2   LA 75,03 DM/m2   ST 50,66 DM/m2
EP  64,26 €/m2    LA 38,36 €/m2    ST 25,90 €/m2

024.10033.M KG 352 DIN 276
Bodenbelag, 20 x 20 cm, Dickb. einschl. Fliesen
EP 127,54 DM/m2   LA 68,89 DM/m2   ST 58,65 DM/m2
EP  65,21 €/m2    LA 35,22 €/m2    ST 29,99 €/m2

024.10034.M KG 352 DIN 276
Bodenbelag, 25 x 25 cm, Dickb. einschl. Fliesen
EP 123,91 DM/m2   LA 65,81 DM/m2   ST 58,10 DM/m2
EP  63,35 €/m2    LA 33,65 €/m2    ST 29,70 €/m2

024.10035.M KG 352 DIN 276
Bodenbelag, 30 x 30 cm, Dickb. einschl. Fliesen
EP 126,35 DM/m2   LA 61,50 DM/m2   ST 64,85 DM/m2
EP  64,60 €/m2    LA 31,45 €/m2    ST 33,15 €/m2

024.10036.M KG 352 DIN 276
Bodenbelag, Kleinmos. 2 x 2 cm, Dickb. einschl.Fliesen
EP 118,46 DM/m2   LA 76,26 DM/m2   ST 42,20 DM/m2
EP  60,57 €/m2    LA 38,99 €/m2    ST 21,58 €/m2

024.10037.M KG 352 DIN 276
Bodenbelag, Mittelmos. 5 x 5 cm, Dickb. einschl.Fliesen
EP 116,86 DM/m2   LA 75,03 DM/m2   ST 41,83 DM/m2
EP  59,75 €/m2    LA 38,36 €/m2    ST 21,39 €/m2

024.10038.M KG 352 DIN 276
Bodenbelag, Mittelmos. 5 x 5 cm, Dünnb. einschl.Fliesen
EP 105,79 DM/m2   LA 65,81 DM/m2   ST 39,98 DM/m2
EP  54,09 €/m2    LA 33,65 €/m2    ST 20,44 €/m2

024.10039.M KG 352 DIN 276
Bodenbelag, Gefälle, als Zulage
EP 9,94 DM/m2     LA 9,23 DM/m2    ST 0,71 DM/m2
EP 5,08 €/m2      LA 4,72 €/m2     ST 0,36 €/m2

# LB 024 Fliesen- und Plattenarbeiten
## Bodenbelag, Klinkerplatten; Sockel (nur verlegen)

Preise 06.01

Sämtliche Preise sind **Mittelpreise ohne Mehrwertsteuer** zum Zeitpunkt des Ausgabedatums.
**Korrekturfaktoren** für Regionaleinfluss, Mengeneinfluss, Konjunktureinfluss siehe Vorspann.
**Abkürzungen:** EP = Einheitspreis, LA = Lohnanteil, ST = Stoffanteil

### Bodenbelag, Klinkerplatten

024.-----.-

|  |  |  |
|---|---|---|
| 024.10040.M | Bodenbelag, Klinkerpl., 9,4x19,4 cm, eben, Dickbett | 114,61 DM/m2 / 58,60 €/m2 |
| 024.10041.M | Bodenbelag, Klinkerpl., 9,4x19,4 cm, eben, Dünnbett | 104,67 DM/m2 / 53,52 €/m2 |
| 024.10042.M | Bodenbelag, Klinkerpl., 11,5x24,0 cm, eben, Dickbett | 109,07 DM/m2 / 55,77 €/m2 |
| 024.10043.M | Bodenbelag, Klinkerpl., 11,5x24,0 cm, eben, Dünnbett | 99,64 DM/m2 / 50,94 €/m2 |
| 024.10044.M | Bodenbelag, Klinkerpl., 9,4x19,4 cm, genarbt, Dickbett | 117,26 DM/m2 / 59,96 €/m2 |
| 024.10045.M | Bodenbelag, Klinkerpl., 9,4x19,4 cm, genarbt, Dünnbett | 107,31 DM/m2 / 54,87 €/m2 |
| 024.10046.M | Bodenbelag, Klinkerpl., 11,5x24,0 cm, genarbt, Dickbett | 111,73 DM/m2 / 57,13 €/m2 |
| 024.10047.M | Bodenbelag, Klinkerpl., 11,5x24,0 cm, genarbt, Dünnbett | 102,30 DM/m2 / 52,31 €/m2 |

**Hinweis:**
Preisgruppen für Klinkerplatten ergeben sich aus Format und Oberfläche.
Sie liegen zwischen 30 und 60 DM/m2.

In den Positionen für Bodenbeläge aus Klinkerplatten sind mittlere Preisgruppen verwendet:
- ebene Platten  Preisgruppe 36,00 DM/m2  18,00 €/m2
- genarbte Platten  Preisgruppe 39,00 DM/m2  20,00 €/m2

**024.10040.M** KG 352 DIN 276
Bodenbelag, Klinkerpl., 9,4x19,4 cm, eben, Dickbett
EP 114,61 DM/m2  LA 70,73 DM/m2  ST 43,88 DM/m2
EP 58,60 €/m2  LA 36,16 €/m2  ST 22,44 €/m2

**024.10041.M** KG 352 DIN 276
Bodenbelag, Klinkerpl., 9,4x19,4 cm, eben, Dünnbett
EP 104,67 DM/m2  LA 62,74 DM/m2  ST 41,93 DM/m2
EP 53,52 €/m2  LA 32,08 €/m2  ST 21,44 €/m2

**024.10042.M** KG 352 DIN 276
Bodenbelag, Klinkerpl., 11,5x24,0 cm, eben, Dickbett
EP 109,07 DM/m2  LA 65,81 DM/m2  ST 43,26 DM/m2
EP 55,77 €/m2  LA 33,65 €/m2  ST 22,12 €/m2

**024.10043.M** KG 352 DIN 276
Bodenbelag, Klinkerpl., 11,5x24,0 cm, eben, Dünnbett
EP 99,64 DM/m2  LA 58,43 DM/m2  ST 41,21 DM/m2
EP 50,94 €/m2  LA 29,87 €/m2  ST 21,07 €/m2

**024.10044.M** KG 352 DIN 276
Bodenbelag, Klinkerpl., 9,4x19,4 cm, genarbt, Dickbett
EP 117,26 DM/m2  LA 70,73 DM/m2  ST 46,53 DM/m2
EP 59,96 €/m2  LA 36,16 €/m2  ST 23,80 €/m2

**024.10045.M** KG 352 DIN 276
Bodenbelag, Klinkerpl., 9,4x19,4 cm, genarbt, Dünnbett
EP 107,31 DM/m2  LA 62,74 DM/m2  ST 44,57 DM/m2
EP 54,87 €/m2  LA 32,08 €/m2  ST 22,79 €/m2

**024.10046.M** KG 352 DIN 276
Bodenbelag, Klinkerpl., 11,5x24,0 cm, genarbt, Dickbett
EP 111,73 DM/m2  LA 65,81 DM/m2  ST 45,92 DM/m2
EP 57,13 €/m2  LA 33,65 €/m2  ST 23,48 €/m2

**024.10047.M** KG 352 DIN 276
Bodenbelag, Klinkerpl., 11,5x24,0 cm, genarbt, Dünnbett
EP 102,30 DM/m2  LA 58,43 DM/m2  ST 43,87 DM/m2
EP 52,31 €/m2  LA 29,87 €/m2  ST 22,44 €/m2

### Sockel (nur verlegen)

024.-----.-

|  |  |  |
|---|---|---|
| 024.20001.M | Sockel 60 mm, Dickb. (nur verlegen) | 7,68 DM/m / 3,92 €/m |
| 024.20002.M | Sockel 60 mm, Dünnb. (nur verlegen) | 6,29 DM/m / 3,22 €/m |
| 024.20003.M | Sockel 80 mm, Dickb. (nur verlegen) | 8,42 DM/m / 4,30 €/m |
| 024.20004.M | Sockel 80 mm, Dünnb. (nur verlegen) | 6,43 DM/m / 3,29 €/m |
| 024.20005.M | Sockel 100 mm, Dickb. (nur verlegen) | 9,19 DM/m / 4,70 €/m |
| 024.20006.M | Sockel 100 mm, Dünnb. (nur verlegen) | 7,21 DM/m / 3,69 €/m |
| 024.20101.M | Kehlsockel 60 mm, Dickb. (nur verlegen) | 8,98 DM/m / 4,59 €/m |
| 024.20102.M | Kehlsockel 60 mm, Dünnb. (nur verlegen) | 7,03 DM/m / 3,60 €/m |
| 024.20103.M | Kehlsockel 80 mm, Dickb. (nur verlegen) | 9,71 DM/m / 4,96 €/m |
| 024.20104.M | Kehlsockel 80 mm, Dünnb. (nur verlegen) | 7,72 DM/m / 3,94 €/m |
| 024.20105.M | Kehlsockel 100 mm, Dickb. (nur verlegen) | 9,89 DM/m / 5,06 €/m |
| 024.20106.M | Kehlsockel 100 mm, Dünnb. (nur verlegen) | 8,51 DM/m / 4,35 €/m |

**024.20001.M** KG 345 DIN 276
Sockel 60 mm, Dickb. (nur verlegen)
EP 7,68 DM/m  LA 7,22 DM/m  ST 0,46 DM/m
EP 3,92 €/m  LA 3,69 €/m  ST 0,23 €/m

**024.20002.M** KG 345 DIN 276
Sockel 60 mm, Dünnb. (nur verlegen)
EP 6,29 DM/m  LA 6,02 DM/m  ST 0,27 DM/m
EP 3,22 €/m  LA 3,08 €/m  ST 0,14 €/m

**024.20003.M** KG 345 DIN 276
Sockel 80 mm, Dickb. (nur verlegen)
EP 8,42 DM/m  LA 7,83 DM/m  ST 0,59 DM/m
EP 4,30 €/m  LA 4,00 €/m  ST 0,30 €/m

**024.20004.M** KG 345 DIN 276
Sockel 80 mm, Dünnb. (nur verlegen)
EP 6,43 DM/m  LA 6,02 DM/m  ST 0,41 DM/m
EP 3,29 €/m  LA 3,08 €/m  ST 0,21 €/m

**024.20005.M** KG 345 DIN 276
Sockel 100 mm, Dickb. (nur verlegen)
EP 9,19 DM/m  LA 8,43 DM/m  ST 0,76 DM/m
EP 4,70 €/m  LA 4,31 €/m  ST 0,39 €/m

**024.20006.M** KG 345 DIN 276
Sockel 100 mm, Dünnb. (nur verlegen)
EP 7,21 DM/m  LA 6,62 DM/m  ST 0,59 DM/m
EP 3,69 €/m  LA 3,39 €/m  ST 0,30 €/m

**024.20101.M** KG 345 DIN 276
Kehlsockel 60 mm, Dickb. (nur verlegen)
EP 8,98 DM/m  LA 8,43 DM/m  ST 0,55 DM/m
EP 4,59 €/m  LA 4,31 €/m  ST 0,28 €/m

**024.20102.M** KG 345 DIN 276
Kehlsockel 60 mm, Dünnb. (nur verlegen)
EP 7,03 DM/m  LA 6,62 DM/m  ST 0,41 DM/m
EP 3,60 €/m  LA 3,39 €/m  ST 0,21 €/m

**024.20103.M** KG 345 DIN 276
Kehlsockel 80 mm, Dickb. (nur verlegen)
EP 9,71 DM/m  LA 9,03 DM/m  ST 0,68 DM/m
EP 4,96 €/m  LA 4,62 €/m  ST 0,35 €/m

**024.20104.M** KG 345 DIN 276
Kehlsockel 80 mm, Dünnb. (nur verlegen)
EP 7,72 DM/m  LA 7,22 DM/m  ST 0,50 DM/m
EP 3,94 €/m  LA 3,69 €/m  ST 0,25 €/m

**024.20105.M** KG 345 DIN 276
Kehlsockel 100 mm, Dickb. (nur verlegen)
EP 9,89 DM/m  LA 9,03 DM/m  ST 0,86 DM/m
EP 5,06 €/m  LA 4,62 €/m  ST 0,44 €/m

**024.20106.M** KG 345 DIN 276
Kehlsockel 100 mm, Dünnb. (nur verlegen)
EP 8,51 DM/m  LA 7,83 DM/m  ST 0,68 DM/m
EP 4,35 €/m  LA 4,00 €/m  ST 0,35 €/m

**AW 024**

Preise 06.01

## LB 024 Fliesen- und Plattenarbeiten
### Sockel, einschl. Fliesen

Sämtliche Preise sind **Mittelpreise ohne Mehrwertsteuer** zum Zeitpunkt des Ausgabedatums.
**Korrekturfaktoren** für Regionaleinfluss, Mengeneinfluss, Konjunktureinfluss siehe Vorspann.
**Abkürzungen:** EP = Einheitspreis, LA = Lohnanteil, ST = Stoffanteil

**Sockel, einschl. Fliesen**

024.-----.-

|  |  |  |
|---|---|---|
| 024.20007.M | Sockel 60 mm, Dickb., einschl. Fliesen | 19,00 DM/m / 9,71 €/m |
| 024.20008.M | Sockel 60 mm, Dünnb., einschl. Fliesen | 17,62 DM/m / 9,01 €/m |
| 024.20009.M | Sockel 80 mm, Dickb., einschl. Fliesen | 24,26 DM/m / 12,40 €/m |
| 024.20010.M | Sockel 80 mm, Dünnb., einschl. Fliesen | 22,26 DM/m / 11,38 €/m |
| 024.20011.M | Sockel 100 mm, Dickb., einschl. Fliesen | 27,30 DM/m / 13,96 €/m |
| 024.20012.M | Sockel 100 mm, Dünnb., einschl. Fliesen | 25,31 DM/m / 12,94 €/m |
| 024.20107.M | Kehlsockel 60 mm, Dickb., einschl. Fliesen | 31,60 DM/m / 16,16 €/m |
| 024.20108.M | Kehlsockel 60 mm, Dünnb., einschl. Fliesen | 29,66 DM/m / 15,16 €/m |
| 024.20109.M | Kehlsockel 80 mm, Dickb., einschl. Fliesen | 34,70 DM/m / 17,74 €/m |
| 024.20110.M | Kehlsockel 80 mm, Dünnb., einschl. Fliesen | 32,63 DM/m / 16,68 €/m |
| 024.20111.M | Kehlsockel 100 mm, Dickb., einschl. Fliesen | 37,10 DM/m / 18,97 €/m |
| 024.20112.M | Kehlsockel 100 mm, Dünnb., einschl. Fliesen | 35,67 DM/m / 18,24 €/m |

**024.20007.M**    KG 345 DIN 276
Sockel 60 mm, Dickb., einschl. Fliesen
EP 19,00 DM/m    LA 7,22 DM/m    ST 11,78 DM/m
EP   9,71 €/m    LA 3,69 €/m    ST   6,02 €/m

**024.20008.M**    KG 345 DIN 276
Sockel 60 mm, Dünnb., einschl. Fliesen
EP 17,62 DM/m    LA 6,02 DM/m    ST 11,60 DM/m
EP   9,01 €/m    LA 3,08 €/m    ST   5,93 €/m

**024.20009.M**    KG 345 DIN 276
Sockel 80 mm, Dickb., einschl. Fliesen
EP 24,26 DM/m    LA 7,83 DM/m    ST 16,43 DM/m
EP 12,40 €/m    LA 4,00 €/m    ST   8,40 €/m

**024.20010.M**    KG 345 DIN 276
Sockel 80 mm, Dünnb., einschl. Fliesen
EP 22,26 DM/m    LA 6,02 DM/m    ST 16,24 DM/m
EP 11,38 €/m    LA 3,08 €/m    ST   8,30 €/m

**024.20011.M**    KG 345 DIN 276
Sockel 100 mm, Dickb., einschl. Fliesen
EP 27,30 DM/m    LA 8,43 DM/m    ST 18,87 DM/m
EP 13,96 €/m    LA 4,31 €/m    ST   9,65 €/m

**024.20012.M**    KG 345 DIN 276
Sockel 100 mm, Dünnb., einschl. Fliesen
EP 25,31 DM/m    LA 6,62 DM/m    ST 18,69 DM/m
EP 12,94 €/m    LA 3,39 €/m    ST   9,55 €/m

**024.20107.M**    KG 345 DIN 276
Kehlsockel 60 mm, Dickb., einschl. Fliesen
EP 31,60 DM/m    LA 8,43 DM/m    ST 23,17 DM/m
EP 16,16 €/m    LA 4,31 €/m    ST 11,85 €/m

**024.20108.M**    KG 345 DIN 276
Kehlsockel 60 mm, Dünnb., einschl. Fliesen
EP 29,66 DM/m    LA 6,62 DM/m    ST 23,04 DM/m
EP 15,16 €/m    LA 3,39 €/m    ST 11,77 €/m

**024.20109.M**    KG 345 DIN 276
Kehlsockel 80 mm, Dickb., einschl. Fliesen
EP 34,70 DM/m    LA 9,03 DM/m    ST 25,67 DM/m
EP 17,74 €/m    LA 4,62 €/m    ST 13,12 €/m

**024.20110.M**    KG 345 DIN 276
Kehlsockel 80 mm, Dünnb., einschl. Fliesen
EP 32,63 DM/m    LA 7,22 DM/m    ST 25,41 DM/m
EP 16,68 €/m    LA 3,69 €/m    ST 12,99 €/m

**024.20111.M**    KG 345 DIN 276
Kehlsockel 100 mm, Dickb., einschl. Fliesen
EP 37,10 DM/m    LA 9,03 DM/m    ST 28,07 DM/m
EP 18,97 €/m    LA 4,62 €/m    ST 14,35 €/m

**024.20112.M**    KG 345 DIN 276
Kehlsockel 100 mm, Dünnb., einschl. Fliesen
EP 35,67 DM/m    LA 7,83 DM/m    ST 27,84 DM/m
EP 18,24 €/m    LA 4,00 €/m    ST 14,24 €/m

# LB 024 Fliesen- und Plattenarbeiten
## Fensterbänke, Abdeckungen; Stufenbeläge

AW 024

Preise 06.01

Sämtliche Preise sind **Mittelpreise ohne Mehrwertsteuer** zum Zeitpunkt des Ausgabedatums.
**Korrekturfaktoren** für Regionaleinfluss, Mengeneinfluss, Konjunktureinfluss siehe Vorspann.
**Abkürzungen:** EP = Einheitspreis, LA = Lohnanteil, ST = Stoffanteil

### Fensterbänke, Abdeckungen

024.-----.-

|  |  |  |
|---|---|---|
| 024.21001.M | Fensterbankbelag, Klinker mit Wassernase 25 x 6 cm | 39,21 DM/m / 20,05 €/m |
| 024.21002.M | Fensterbankbelag, Spaltplatten 25 x 5 cm | 38,50 DM/m / 19,68 €/m |
| 024.21003.M | Fensterbankbelag, Keramik mit Wassernase 24 x 2 cm | 42,21 DM/m / 21,58 €/m |
| 024.21004.M | Fensterbankbelag, Keramik mit Wassernase 19,8 x 2 cm | 47,88 DM/m / 24,48 €/m |
| 024.21005.M | Fensterbankbelag, Solnh. Naturst., bruchr., < 1500 mm | 155,85 DM/m / 79,69 €/m |
| 024.21006.M | Fensterbankbelag, Solnh. Naturst., bruchr., < 2000 mm | 182,38 DM/m / 93,25 €/m |
| 024.21007.M | Fensterbankbelag, Solnh. Naturst., bruchr., > 2000 mm | 211,15 DM/m / 107,96 €/m |
| 024.21008.M | Fensterbankbelag, Solnh. Naturst., geschl., < 1500 mm | 161,33 DM/m / 82,49 €/m |
| 024.21009.M | Fensterbankbelag, Solnh. Naturst., geschl., < 2000 mm | 187,89 DM/m / 96,06 €/m |
| 024.21010.M | Fensterbankbelag, Solnh. Naturst., geschl., > 2000 mm | 216,65 DM/m / 110,77 €/m |
| 024.21011.M | Fensterbankbelag, Solnh. Naturst., poliert, < 1500 mm | 165,55 DM/m / 84,64 €/m |
| 024.21012.M | Fensterbankbelag, Solnh. Naturst., poliert, < 2000 mm | 192,10 DM/m / 98,22 €/m |
| 024.21013.M | Fensterbankbelag, Solnh. Naturst., poliert, > 2000 mm | 220,87 DM/m / 112,93 €/m |
| 024.23001.M | Mauerabdeckung, keramische Platte, 30 x 11,5 cm | 68,16 DM/m / 34,85 €/m |

**024.21001.M**    KG 334 DIN 276
Fensterbankbelag, Klinker mit Wassernase 25 x 6 cm
EP 39,21 DM/m    LA 27,06 DM/m    ST 12,15 DM/m
EP 20,05 €/m    LA 13,84 €/m    ST 6,21 €/m

**024.21002.M**    KG 334 DIN 276
Fensterbankbelag, Spaltplatten 25 x 5 cm
EP 38,50 DM/m    LA 25,83 DM/m    ST 12,67 DM/m
EP 19,68 €/m    LA 13,21 €/m    ST 6,47 €/m

**024.21003.M**    KG 334 DIN 276
Fensterbankbelag, Keramik mit Wassernase 24 x 2 cm
EP 42,21 DM/m    LA 27,68 DM/m    ST 14,53 DM/m
EP 21,58 €/m    LA 14,15 €/m    ST 7,43 €/m

**024.21004.M**    KG 334 DIN 276
Fensterbankbelag, Keramik mit Wassernase 19,8 x 2 cm
EP 47,88 DM/m    LA 33,83 DM/m    ST 14,05 DM/m
EP 24,48 €/m    LA 17,30 €/m    ST 7,18 €/m

**024.21005.M**    KG 334 DIN 276
Fensterbankbelag, Solnh. Naturst., bruchr., < 1500 mm
EP 155,85 DM/m    LA 48,59 DM/m    ST 107,26 DM/m
EP 79,69 €/m    LA 24,84 €/m    ST 54,85 €/m

**024.21006.M**    KG 334 DIN 276
Fensterbankbelag, Solnh. Naturst., bruchr., < 2000 mm
EP 182,38 DM/m    LA 64,58 DM/m    ST 117,80 DM/m
EP 93,25 €/m    LA 33,02 €/m    ST 60,23 €/m

**024.21007.M**    KG 334 DIN 276
Fensterbankbelag, Solnh. Naturst., bruchr., > 2000 mm
EP 211,15 DM/m    LA 76,88 DM/m    ST 134,27 DM/m
EP 107,96 €/m    LA 39,31 €/m    ST 68,65 €/m

**024.21008.M**    KG 334 DIN 276
Fensterbankbelag, Solnh. Naturst., geschl., < 1500 mm
EP 161,33 DM/m    LA 48,59 DM/m    ST 112,74 DM/m
EP 82,49 €/m    LA 24,84 €/m    ST 57,65 €/m

**024.21009.M**    KG 334 DIN 276
Fensterbankbelag, Solnh. Naturst., geschl., < 2000 mm
EP 187,89 DM/m    LA 64,58 DM/m    ST 123,31 DM/m
EP 96,06 €/m    LA 33,02 €/m    ST 63,04 €/m

**024.21010.M**    KG 334 DIN 276
Fensterbankbelag, Solnh. Naturst., geschl., > 2000 mm
EP 216,65 DM/m    LA 76,88 DM/m    ST 139,77 DM/m
EP 110,77 €/m    LA 39,31 €/m    ST 71,46 €/m

**024.21011.M**    KG 334 DIN 276
Fensterbankbelag, Solnh. Naturst., poliert, < 1500 mm
EP 165,55 DM/m    LA 48,59 DM/m    ST 116,96 DM/m
EP 84,64 €/m    LA 24,84 €/m    ST 59,80 €/m

**024.21012.M**    KG 334 DIN 276
Fensterbankbelag, Solnh. Naturst., poliert, < 2000 mm
EP 192,10 DM/m    LA 64,58 DM/m    ST 127,52 DM/m
EP 98,22 €/m    LA 33,02 €/m    ST 65,20 €/m

**024.21013.M**    KG 334 DIN 276
Fensterbankbelag, Solnh. Naturst., poliert, > 2000 mm
EP 220,87 DM/m    LA 76,88 DM/m    ST 143,99 DM/m
EP 112,93 €/m    LA 39,31 €/m    ST 73,62 €/m

**024.23001.M**    KG 335 DIN 276
Mauerabdeckung, keramische Platte, 30 x 11,5 cm
EP 68,16 DM/m    LA 39,98 DM/m    ST 28,18 DM/m
EP 34,85 €/m    LA 20,44 €/m    ST 14,41 €/m

### Stufenbeläge

024.-----.-

|  |  |  |
|---|---|---|
| 024.27001.M | Stufenbelag, Klinker, Tritt- und Setzstufe | 204,11 DM/m2 / 104,36 €/m2 |
| 024.27002.M | Stufenbelag, Spaltplatten | 172,77 DM/m2 / 88,34 €/m2 |
| 024.27003.M | Stufenbelag, Solnh. Naturstein, bruchrauh, bis 950 mm | 157,87 DM/m2 / 80,72 €/m2 |
| 024.27004.M | Stufenbelag, Solnh. Naturstein, bruchrauh, bis 1500 mm | 210,18 DM/m2 / 107,46 €/m2 |
| 024.27005.M | Stufenbelag, Solnh. Naturstein, bruchrauh, bis 2000 mm | 242,09 DM/m2 / 123,78 €/m2 |
| 024.27006.M | Stufenbelag, Solnh. Naturstein, geschl., bis 950 mm | 167,11 DM/m2 / 85,44 €/m2 |
| 024.27007.M | Stufenbelag, Solnh. Naturstein, geschl., bis 1500 mm | 220,05 DM/m2 / 112,51 €/m2 |
| 024.27008.M | Stufenbelag, Solnh. Naturstein, geschl., bis 2000 mm | 252,82 DM/m2 / 129,27 €/m2 |
| 024.27009.M | Stufenbelag, Solnh. Naturstein, poliert bis 950 mm | 176,37 DM/m2 / 90,18 €/m2 |
| 024.27010.M | Stufenbelag, Solnh. Naturstein, poliert bis 1500 mm | 230,53 DM/m2 / 117,87 €/m2 |
| 024.27011.M | Stufenbelag, Solnh. Naturstein, poliert bis 2000 mm | 262,87 DM/m2 / 134,41 €/m2 |

**024.27001.M**    KG 352 DIN 276
Stufenbelag, Klinker, Tritt- und Setzstufe
EP 204,11 DM/m2    LA 129,16 DM/m2    ST 74,95 DM/m2
EP 104,36 €/m2    LA 66,04 €/m2    ST 38,32 €/m2

**024.27002.M**    KG 352 DIN 276
Stufenbelag, Spaltplatten
EP 172,77 DM/m2    LA 114,40 DM/m2    ST 58,37 DM/m2
EP 88,34 €/m2    LA 58,49 €/m2    ST 29,85 €/m2

**024.27003.M**    KG 352 DIN 276
Stufenbelag, Solnh. Naturstein, bruchrauh, bis 950 mm
EP 157,87 DM/m2    LA 37,51 DM/m2    ST 120,36 DM/m2
EP 80,72 €/m2    LA 19,18 €/m2    ST 61,54 €/m2

**024.27004.M**    KG 352 DIN 276
Stufenbelag, Solnh. Naturstein, bruchrauh, bis 1500 mm
EP 210,18 DM/m2    LA 60,27 DM/m2    ST 149,91 DM/m2
EP 107,46 €/m2    LA 30,82 €/m2    ST 76,64 €/m2

**024.27005.M**    KG 352 DIN 276
Stufenbelag, Solnh. Naturstein, bruchrauh, bis 2000 mm
EP 242,09 DM/m2    LA 79,95 DM/m2    ST 162,14 DM/m2
EP 123,78 €/m2    LA 40,88 €/m2    ST 82,90 €/m2

**024.27006.M**    KG 352 DIN 276
Stufenbelag, Solnh. Naturstein, geschl., bis 950 mm
EP 167,11 DM/m2    LA 38,75 DM/m2    ST 128,36 DM/m2
EP 85,44 €/m2    LA 19,81 €/m2    ST 65,63 €/m2

**024.27007.M**    KG 352 DIN 276
Stufenbelag, Solnh. Naturstein, geschl., bis 1500 mm
EP 220,05 DM/m2    LA 62,11 DM/m2    ST 157,94 DM/m2
EP 112,51 €/m2    LA 31,76 €/m2    ST 80,75 €/m2

**024.27008.M**    KG 352 DIN 276
Stufenbelag, Solnh. Naturstein, geschl., bis 2000 mm
EP 252,82 DM/m2    LA 81,80 DM/m2    ST 171,02 DM/m2
EP 129,27 €/m2    LA 41,83 €/m2    ST 87,44 €/m2

**024.27009.M**    KG 352 DIN 276
Stufenbelag, Solnh. Naturstein, poliert bis 950 mm
EP 176,37 DM/m2    LA 39,98 DM/m2    ST 136,39 DM/m2
EP 90,18 €/m2    LA 20,44 €/m2    ST 69,74 €/m2

**024.27010.M**    KG 352 DIN 276
Stufenbelag, Solnh. Naturstein, poliert bis 1500 mm
EP 230,53 DM/m2    LA 64,58 DM/m2    ST 165,95 DM/m2
EP 117,87 €/m2    LA 33,02 €/m2    ST 84,85 €/m2

**024.27011.M**    KG 352 DIN 276
Stufenbelag, Solnh. Naturstein, poliert bis 2000 mm
EP 262,87 DM/m2    LA 84,26 DM/m2    ST 178,61 DM/m2
EP 134,41 €/m2    LA 43,08 €/m2    ST 91,33 €/m2

AW 024

## LB 024 Fliesen- und Plattenarbeiten
### Sonstige Leistungen, Zulagen

Preise 06.01

Sämtliche Preise sind **Mittelpreise ohne Mehrwertsteuer** zum Zeitpunkt des Ausgabedatums.
**Korrekturfaktoren** für Regionaleinfluss, Mengeneinfluss, Konjunktureinfluss siehe Vorspann.
**Abkürzungen:** EP = Einheitspreis, LA = Lohnanteil, ST = Stoffanteil

### Sonstige Leistungen, Zulagen

024.-----.-

|  |  |  |
|---|---|---|
| 024.43001.M | Zulage Dekorfliesen 10 x 10 cm (nur verlegen) | 3,08 DM/St / 1,57 €/St |
| 024.43002.M | Zulage Dekorfliesen 15 x 15 cm (nur verlegen) | 3,69 DM/St / 1,89 €/St |
| 024.43101.M | Zulage Dekorbänder 10 x 10 cm (nur verlegen) | 11,07 DM/m / 5,66 €/m |
| 024.43102.M | Zulage Dekorbänder 15 x 15 cm (nur verlegen) | 12,30 DM/m / 6,29 €/m |
| 024.43501.M | Zulage Innen- und Außenecken des Kehlsockels | 14,63 DM/St / 7,48 €/St |
| 024.45201.M | Zulage Seifen-/Schwammschale, Keramik | 37,56 DM/St / 19,21 €/St |
| 024.45202.M | Zulage Seifen-/Schwammschale, Glas | 45,97 DM/St / 23,50 €/St |
| 024.44201.M | Zulage Revisionsöffnung, 300 x 300 mm | 41,60 DM/St / 21,27 €/St |
| 024.44202.M | Zulage Revisionsöffnung, 400 x 400 mm | 56,77 DM/St / 29,03 €/St |
| 024.44203.M | Zulage Revisionstür 302 x 151 mm | 24,41 DM/St / 12,48 €/St |
| 024.44204.M | Zulage Revisionstür 302 x 302 mm | 29,97 DM/St / 15,32 €/St |
| 024.44501.M | Zulage waager. Drückerplatte für WC-Spülung | 12,29 DM/St / 6,29 €/St |
| 024.44601.M | Zulage Wannenschräge | 65,28 DM/St / 33,38 €/St |
| 024.46101.M | Löcher für Elektro/Sanitär in der Wand | 6,10 DM/St / 3,12 €/St |
| 024.46102.M | Löcher für Elektro/Sanitär im Boden | 4,88 DM/St / 2,49 €/St |
| 024.46401.M | Abschneiden Randdämmstreifen | 2,43 DM/m / 1,24 €/m |
| 024.48001.M | Elt. Fußbodenheizung einbauen | 20,36 DM/m2 / 10,41 €/m2 |

**024.43001.M**    KG 340 DIN 276
Zulage Dekorfliesen 10 x 10 cm (nur verlegen)
EP 3,08 DM/St    LA 3,08 DM/St    ST 0,00 DM/St
EP 1,57 €/St    LA 1,57 €/St    ST 0,00 €/St

**024.43002.M**    KG 340 DIN 276
Zulage Dekorfliesen 15 x 15 cm (nur verlegen)
EP 3,69 DM/St    LA 3,69 DM/St    ST 0,00 DM/St
EP 1,89 €/St    LA 1,89 €/St    ST 0,00 €/St

**024.43101.M**    KG 340 DIN 276
Zulage Dekorbänder 10 x 10 cm (nur verlegen)
EP 11,07 DM/m    LA 11,07 DM/m    ST 0,00 DM/m
EP 5,66 €/m    LA 5,66 €/m    ST 0,00 €/m

**024.43102.M**    KG 340 DIN 276
Zulage Dekorbänder 15 x 15 cm (nur verlegen)
EP 12,30 DM/m    LA 12,30 DM/m    ST 0,00 DM/m
EP 6,29 €/m    LA 6,29 €/m    ST 0,00 €/m

**024.43501.M**    KG 340 DIN 276
Zulage Innen- und Außenecken des Kehlsockels
EP 14,63 DM/St    LA 11,07 DM/St    ST 3,56 DM/St
EP 7,48 €/St    LA 5,66 €/St    ST 1,82 €/St

**024.45201.M**    KG 340 DIN 276
Zulage Seifen-/Schwammschale, Keramik
EP 37,56 DM/St    LA 9,23 DM/St    ST 28,33 DM/St
EP 19,21 €/St    LA 4,72 €/St    ST 14,49 €/St

**024.45202.M**    KG 340 DIN 276
Zulage Seifen-/Schwammschale, Glas
EP 45,97 DM/St    LA 9,23 DM/St    ST 36,74 DM/St
EP 23,50 €/St    LA 4,72 €/St    ST 18,78 €/St

**024.44201.M**    KG 345 DIN 276
Zulage Revisionsöffnung, 300 x 300 mm
EP 41,60 DM/St    LA 27,44 DM/St    ST 14,16 DM/St
EP 21,27 €/St    LA 14,03 €/St    ST 7,24 €/St

**024.44202.M**    KG 345 DIN 276
Zulage Revisionsöffnung, 400 x 400 mm
EP 56,77 DM/St    LA 39,65 DM/St    ST 17,12 DM/St
EP 29,03 €/St    LA 20,27 €/St    ST 8,76 €/St

**024.44203.M**    KG 340 DIN 276
Zulage Revisionstür 302 x 151 mm
EP 24,41 DM/St    LA 14,15 DM/St    ST 10,26 DM/St
EP 12,48 €/St    LA 7,23 €/St    ST 5,25 €/St

**024.44204.M**    KG 340 DIN 276
Zulage Revisionstür 302 x 302 mm
EP 29,97 DM/St    LA 17,22 DM/St    ST 12,75 DM/St
EP 15,32 €/St    LA 8,81 €/St    ST 6,51 €/St

**024.44501.M**    KG 345 DIN 276
Zulage waager. Drückerplatte für WC-Spülung
EP 12,29 DM/St    LA 12,19 DM/St    ST 0,10 DM/St
EP 6,29 €/St    LA 6,23 €/St    ST 0,06 €/St

**024.44601.M**    KG 345 DIN 276
Zulage Wannenschräge
EP 65,28 DM/St    LA 54,89 DM/St    ST 10,39 DM/St
EP 33,38 €/St    LA 28,06 €/St    ST 5,32 €/St

**024.46101.M**    KG 345 DIN 276
Löcher für Elektro/Sanitär in der Wand
EP 6,10 DM/St    LA 6,10 DM/St    ST 0,00 DM/St
EP 3,12 €/St    LA 3,12 €/St    ST 0,00 €/St

**024.46102.M**    KG 352 DIN 276
Löcher für Elektro/Sanitär im Boden
EP 4,88 DM/St    LA 4,88 DM/St    ST 0,00 DM/St
EP 2,29 €/St    LA 2,29 €/St    ST 0,00 €/St

**024.46401.M**    KG 345 DIN 276
Abschneiden Randdämmstreifen
EP 2,43 DM/m    LA 2,43 DM/m    ST 0,00 DM/m
EP 1,24 €/m    LA 1,24 €/m    ST 0,00 €/m

**024.48001.M**    KG 352 DIN 276
Elt. Fußbodenheizung einbauen
EP 20,36 DM/m2    LA 18,30 DM/m2    ST 2,06 DM/m2
EP 10,41 €/m2    LA 9,35 €/m2    ST 1,06 €/m2

# LB 024 Fliesen- und Plattenarbeiten
## Trennschienen, Fugen

AW 024

Preise 06.01

Sämtliche Preise sind **Mittelpreise ohne Mehrwertsteuer** zum Zeitpunkt des Ausgabedatums.
**Korrekturfaktoren** für Regionaleinfluss, Mengeneinfluss, Konjunktureinfluss siehe Vorspann.
**Abkürzungen:** EP = Einheitspreis, LA = Lohnanteil, ST = Stoffanteil

### Trennschienen, Fugen

024.-----.-

|  |  |  |
|---|---|---|
| 024.47101.M | Stoßschiene, Messing, 25 x 3 mm | 24,18 DM/m / 12,36 €/m |
| 024.47102.M | Stoßschiene, Messing, 30 x 3 mm | 26,82 DM/m / 13,71 €/m |
| 024.47201.M | Trennschiene, Aluminium, h = 8 mm | 10,36 DM/m / 5,30 €/m |
| 024.47202.M | Trennschiene, Aluminium, h = 10 mm | 11,04 DM/m / 5,65 €/m |
| 024.47203.M | Trennschiene, Aluminium, h = 15 mm | 12,69 DM/m / 6,49 €/m |
| 024.47204.M | Trennschiene, Aluminium, h = 20 mm | 14,39 DM/m / 7,36 €/m |
| 024.47205.M | Trennschiene, Aluminium, h = 25 mm | 15,71 DM/m / 8,03 €/m |
| 024.47206.M | Trennschiene, Messing, h = 6,0 mm | 11,34 DM/m / 5,80 €/m |
| 024.47207.M | Trennschiene, Messing, h = 8,0 mm | 11,96 DM/m / 6,12 €/m |
| 024.47208.M | Trennschiene, Messing, h = 10,0 mm | 12,50 DM/m / 6,39 €/m |
| 024.47209.M | Trennschiene, Messing, h = 12,5 mm | 13,42 DM/m / 6,86 €/m |
| 024.47210.M | Trennschiene, Messing, h = 15,0 mm | 14,33 DM/m / 7,33 €/m |
| 024.47211.M | Trennschiene, Messing, h = 17,5 mm | 15,06 DM/m / 7,70 €/m |
| 024.47212.M | Trennschiene, Messing, h = 20,0 mm | 15,86 DM/m / 8,11 €/m |
| 024.47213.M | Trennschiene, Messing, h = 25,0 mm | 16,83 DM/m / 8,61 €/m |
| 024.47214.M | Trennschiene, nichtrost. Stahl, h = 15 mm | 15,35 DM/m / 7,85 €/m |
| 024.47215.M | Trennschiene, nichtrost. Stahl, h = 20 mm | 17,57 DM/m / 8,98 €/m |
| 024.47216.M | Trennschiene, nichtrost. Stahl, h = 25 mm | 19,67 DM/m / 10,06 €/m |
| 024.47301.M | Kantenschutzschiene, Stahl, 40 x 40 x 4 mm | 17,10 DM/m / 8,75 €/m |
| 024.47601.M | Mattenrahmen 60 x 60 cm, Messingwinkel | 105,90 DM/St / 54,15 €/St |
| 024.47602.M | Mattenrahmen 60 x 90 cm, Messingwinkel | 121,34 DM/St / 62,04 €/St |
| 024.93501.M | Fuge herstellen und füllen, Breite 5 mm | 7,35 DM/m / 3,76 €/m |
| 024.93502.M | Fuge herstellen und füllen, Breite 10 mm | 9,52 DM/m / 4,87 €/m |
| 024.93503.M | Fuge herstellen und füllen, Breite 15 mm | 12,75 DM/m / 6,52 €/m |
| 024.93504.M | Fuge herstellen und füllen, Breite 20 mm | 17,28 DM/m / 8,84 €/m |

024.47101.M    KG 350 DIN 276
Stoßschiene, Messing, 25 x 3 mm
EP 24,18 DM/m    LA 11,07 DM/m    ST 13,11 DM/m
EP 12,36 €/m    LA 5,66 €/m    ST 6,70 €/m

024.47102.M    KG 350 DIN 276
Stoßschiene, Messing, 30 x 3 mm
EP 26,82 DM/m    LA 11,07 DM/m    ST 15,75 DM/m
EP 13,71 €/m    LA 5,66 €/m    ST 8,05 €/m

024.47201.M    KG 340 DIN 276
Trennschiene, Aluminium, h = 8 mm
EP 10,36 DM/m    LA 4,55 DM/m    ST 5,81 DM/m
EP 5,30 €/m    LA 2,33 €/m    ST 2,97 €/m

024.47202.M    KG 340 DIN 276
Trennschiene, Aluminium, h = 10 mm
EP 11,04 DM/m    LA 5,17 DM/m    ST 5,87 DM/m
EP 5,65 €/m    LA 2,64 €/m    ST 3,01 €/m

024.47203.M    KG 340 DIN 276
Trennschiene, Aluminium, h = 15 mm
EP 12,69 DM/m    LA 5,53 DM/m    ST 7,16 DM/m
EP 6,49 €/m    LA 2,83 €/m    ST 3,66 €/m

024.47204.M    KG 340 DIN 276
Trennschiene, Aluminium, h = 20 mm
EP 14,39 DM/m    LA 5,84 DM/m    ST 8,55 DM/m
EP 7,36 €/m    LA 2,99 €/m    ST 4,37 €/m

024.47205.M    KG 340 DIN 276
Trennschiene, Aluminium, h = 25 mm
EP 15,71 DM/m    LA 6,15 DM/m    ST 9,56 DM/m
EP 8,03 €/m    LA 3,15 €/m    ST 4,88 €/m

024.47206.M    KG 340 DIN 276
Trennschiene, Messing, h = 6,0 mm
EP 11,34 DM/m    LA 3,63 DM/m    ST 7,71 DM/m
EP 5,80 €/m    LA 1,85 €/m    ST 3,95 €/m

024.47207.M    KG 340 DIN 276
Trennschiene, Messing, h = 8,0 mm
EP 11,96 DM/m    LA 3,88 DM/m    ST 8,08 DM/m
EP 6,12 €/m    LA 1,98 €/m    ST 4,14 €/m

024.47208.M    KG 340 DIN 276
Trennschiene, Messing, h = 10,0 mm
EP 12,50 DM/m    LA 4,00 DM/m    ST 8,50 DM/m
EP 6,39 €/m    LA 2,04 €/m    ST 4,35 €/m

024.47209.M    KG 340 DIN 276
Trennschiene, Messing, h = 12,5 mm
EP 13,42 DM/m    LA 4,18 DM/m    ST 9,24 DM/m
EP 6,86 €/m    LA 2,14 €/m    ST 4,72 €/m

024.47210.M    KG 340 DIN 276
Trennschiene, Messing, h = 15,0 mm
EP 14,33 DM/m    LA 4,49 DM/m    ST 9,84 DM/m
EP 7,33 €/m    LA 2,30 €/m    ST 5,03 €/m

024.47211.M    KG 340 DIN 276
Trennschiene, Messing, h = 17,5 mm
EP 15,06 DM/m    LA 4,49 DM/m    ST 10,57 DM/m
EP 7,70 €/m    LA 2,30 €/m    ST 5,40 €/m

024.47212.M    KG 340 DIN 276
Trennschiene, Messing, h = 20,0 mm
EP 15,86 DM/m    LA 4,61 DM/m    ST 11,25 DM/m
EP 8,11 €/m    LA 2,36 €/m    ST 5,75 €/m

024.47213.M    KG 340 DIN 276
Trennschiene, Messing, h = 25,0 mm
EP 16,83 DM/m    LA 4,92 DM/m    ST 11,91 DM/m
EP 8,61 €/m    LA 2,52 €/m    ST 6,09 €/m

024.47214.M    KG 340 DIN 276
Trennschiene, nichtrost. Stahl, h = 15 mm
EP 15,35 DM/m    LA 6,15 DM/m    ST 9,20 DM/m
EP 7,85 €/m    LA 3,15 €/m    ST 4,70 €/m

024.47215.M    KG 340 DIN 276
Trennschiene, nichtrost. Stahl, h = 20 mm
EP 17,57 DM/m    LA 6,76 DM/m    ST 10,81 DM/m
EP 8,98 €/m    LA 3,46 €/m    ST 5,52 €/m

024.47216.M    KG 340 DIN 276
Trennschiene, nichtrost. Stahl, h = 25 mm
EP 19,67 DM/m    LA 7,38 DM/m    ST 12,29 DM/m
EP 10,06 €/m    LA 3,78 €/m    ST 6,28 €/m

024.47301.M    KG 350 DIN 276
Kantenschutzschiene, Stahl, 40 x 40 x 4 mm
EP 17,10 DM/m    LA 11,07 DM/m    ST 6,03 DM/m
EP 8,75 €/m    LA 5,66 €/m    ST 3,09 €/m

024.47601.M    KG 350 DIN 276
Mattenrahmen 60 x 60 cm, Messingwinkel
EP 105,90 DM/St    LA 68,89 DM/St    ST 37,01 DM/St
EP 54,15 €/St    LA 35,22 €/St    ST 18,93 €/St

024.47602.M    KG 350 DIN 276
Mattenrahmen 60 x 90 cm, Messingwinkel
EP 121,34 DM/St    LA 75,03 DM/St    ST 46,31 DM/St
EP 62,04 €/St    LA 38,36 €/St    ST 23,68 €/St

024.93501.M    KG 350 DIN 276
Fuge herstellen und füllen, Breite 5 mm
EP 7,35 DM/m    LA 5,23 DM/m    ST 2,12 DM/m
EP 3,76 €/m    LA 2,67 €/m    ST 1,09 €/m

024.93502.M    KG 350 DIN 276
Fuge herstellen und füllen, Breite 10 mm
EP 9,52 DM/m    LA 5,23 DM/m    ST 4,29 DM/m
EP 4,87 €/m    LA 2,67 €/m    ST 2,20 €/m

024.93503.M    KG 350 DIN 276
Fuge herstellen und füllen, Breite 15 mm
EP 12,75 DM/m    LA 6,76 DM/m    ST 5,99 DM/m
EP 6,52 €/m    LA 3,46 €/m    ST 3,06 €/m

024.93504.M    KG 350 DIN 276
Fuge herstellen und füllen, Breite 20 mm
EP 17,28 DM/m    LA 9,23 DM/m    ST 8,05 DM/m
EP 8,84 €/m    LA 4,72 €/m    ST 4,12 €/m

AW 024

Preise 06.01

## LB 024 Fliesen- und Plattenarbeiten
### Bauteile für Schwimmbecken

Sämtliche Preise sind **Mittelpreise ohne Mehrwertsteuer** zum Zeitpunkt des Ausgabedatums.
**Korrekturfaktoren** für Regionaleinfluss, Mengeneinfluss, Konjunktureinfluss siehe Vorspann.
**Abkürzungen:** EP = Einheitspreis, LA = Lohnanteil, ST = Stoffanteil

### Bauteile für Schwimmbecken

024.-----.-

|  |  |  |
|---|---|---|
| 024.51101.M | Überlaufrinne, Normalrinne, L=240 mm, weiß | 37,22 DM/St / 19,03 €/St |
| 024.51102.M | Überlaufrinne, Normalrinne, L=240 mm, türkis | 39,53 DM/St / 20,21 €/St |
| 024.51103.M | Überlaufrinne, Eckstein, weiß | 73,15 DM/St / 37,40 €/St |
| 024.51104.M | Überlaufrinne, Eckstein, türkis | 76,51 DM/St / 39,12 €/St |
| 024.51105.M | Überlaufrinne, Endstein, weiß | 49,26 DM/St / 25,19 €/St |
| 024.51106.M | Überlaufrinne, Endstein, türkis | 52,51 DM/St / 26,85 €/St |
| 024.51107.M | Überlaufrinne, Ablaufrinne, weiß | 49,56 DM/St / 25,34 €/St |
| 024.51108.M | Überlaufrinne, Ablaufrinne, türkis | 52,82 DM/St / 27,00 €/St |
| 024.51109.M | Kleinrinne, Normalrinne, L=240 mm, weiß | 26,27 DM/St / 13,43 €/St |
| 024.51110.M | Kleinrinne, Normalrinne, L=240 mm, türkis | 28,00 DM/St / 14,31 €/St |
| 024.51111.M | Kleinrinne, Eckstein, weiß | 49,86 DM/St / 25,49 €/St |
| 024.51112.M | Kleinrinne, Eckstein, türkis | 52,11 DM/St / 26,65 €/St |
| 024.51113.M | Kleinrinne, Endstein, weiß | 36,21 DM/St / 18,52 €/St |
| 024.51114.M | Kleinrinne, Endstein, türkis | 38,87 DM/St / 19,87 €/St |
| 024.51115.M | Kleinrinne, Ablaufrinne, weiß | 36,52 DM/St / 18,67 €/St |
| 024.51116.M | Kleinrinne, Ablaufrinne, türkis | 38,79 DM/St / 19,83 €/St |
| 024.51201.M | Beckenrandstein, Normalstein, L=240 mm, weiß | 27,60 DM/St / 14,11 €/St |
| 024.51202.M | Beckenrandstein, Normalstein, L=240 mm, türkis | 28,18 DM/St / 14,41 €/St |
| 024.51203.M | Beckenrandstein, Innenecke, weiß | 15,54 DM/St / 7,95 €/St |
| 024.51204.M | Beckenrandstein, Innenecke, türkis | 16,20 DM/St / 8,28 €/St |
| 024.51205.M | Beckenrandstein, Außenecke, weiß | 48,68 DM/St / 24,89 €/St |
| 024.51206.M | Beckenrandstein, Außenecke, türkis | 49,79 DM/St / 25,46 €/St |
| 024.51207.M | Beckenrandstein, Normalst., Griffrand, L=240 mm, weiß | 37,31 DM/St / 19,08 €/St |
| 024.51208.M | Beckenrandstein, Normalst., Griffrand, L=240 mm, türkis | 38,43 DM/St / 19,65 €/St |
| 024.51209.M | Beckenrandstein, Innenecke, Griffrand, weiß | 20,75 DM/St / 10,61 €/St |
| 024.51210.M | Beckenrandstein, Innenecke, Griffrand, türkis | 22,07 DM/St / 11,29 €/St |
| 024.51211.M | Beckenrandstein, Außenecke, Griffrand, weiß | 72,49 DM/St / 37,07 €/St |
| 024.51212.M | Beckenrandstein, Außenecke, Griffrand, türkis | 74,71 DM/St / 38,20 €/St |

024.51101.M KG 350 DIN 276
Überlaufrinne, Normalrinne, L=240 mm, weiß
EP 37,22 DM/St   LA 3,20 DM/St   ST 34,02 DM/St
EP 19,03 €/St    LA 1,63 €/St    ST 17,40 €/St

024.51102.M KG 350 DIN 276
Überlaufrinne, Normalrinne, L=240 mm, türkis
EP 39,53 DM/St   LA 3,20 DM/St   ST 36,33 DM/St
EP 20,21 €/St    LA 1,63 €/St    ST 18,58 €/St

024.51103.M KG 350 DIN 276
Überlaufrinne, Eckstein, weiß
EP 73,15 DM/St   LA 4,92 DM/St   ST 68,23 DM/St
EP 37,40 €/St    LA 2,52 €/St    ST 34,88 €/St

024.51104.M KG 350 DIN 276
Überlaufrinne, Eckstein, türkis
EP 76,51 DM/St   LA 4,92 DM/St   ST 71,59 DM/St
EP 39,12 €/St    LA 2,52 €/St    ST 36,60 €/St

024.51105.M KG 350 DIN 276
Überlaufrinne, Endstein, weiß
EP 49,26 DM/St   LA 3,39 DM/St   ST 45,87 DM/St
EP 25,19 €/St    LA 1,73 €/St    ST 23,46 €/St

024.51106.M KG 350 DIN 276
Überlaufrinne, Endstein, türkis
EP 52,51 DM/St   LA 3,39 DM/St   ST 49,12 DM/St
EP 26,85 €/St    LA 1,73 €/St    ST 25,12 €/St

024.51107.M KG 350 DIN 276
Überlaufrinne, Ablaufrinne, weiß
EP 49,56 DM/St   LA 3,69 DM/St   ST 45,87 DM/St
EP 25,34 €/St    LA 1,89 €/St    ST 23,45 €/St

024.51108.M KG 350 DIN 276
Überlaufrinne, Ablaufrinne, türkis
EP 52,82 DM/St   LA 3,69 DM/St   ST 49,13 DM/St
EP 27,00 €/St    LA 1,89 €/St    ST 25,11 €/St

024.51109.M KG 350 DIN 276
Kleinrinne, Normalrinne, L=240 mm, weiß
EP 26,27 DM/St   LA 3,08 DM/St   ST 23,19 DM/St
EP 13,43 €/St    LA 1,57 €/St    ST 11,86 €/St

024.51110.M KG 350 DIN 276
Kleinrinne, Normalrinne, L=240 mm, türkis
EP 28,00 DM/St   LA 3,08 DM/St   ST 24,92 DM/St
EP 14,31 €/St    LA 1,57 €/St    ST 12,74 €/St

024.51111.M KG 350 DIN 276
Kleinrinne, Eckstein, weiß
EP 49,86 DM/St   LA 4,61 DM/St   ST 45,25 DM/St
EP 25,49 €/St    LA 2,36 €/St    ST 23,13 €/St

024.51112.M KG 350 DIN 276
Kleinrinne, Eckstein, türkis
EP 52,11 DM/St   LA 4,61 DM/St   ST 47,50 DM/St
EP 26,65 €/St    LA 2,36 €/St    ST 24,29 €/St

024.51113.M KG 350 DIN 276
Kleinrinne, Endstein, weiß
EP 36,21 DM/St   LA 3,08 DM/St   ST 33,13 DM/St
EP 18,52 €/St    LA 1,57 €/St    ST 16,95 €/St

024.51114.M KG 350 DIN 276
Kleinrinne, Endstein, türkis
EP 38,87 DM/St   LA 3,08 DM/St   ST 35,79 DM/St
EP 19,87 €/St    LA 1,57 €/St    ST 18,30 €/St

024.51115.M KG 350 DIN 276
Kleinrinne, Ablaufrinne, weiß
EP 36,52 DM/St   LA 3,39 DM/St   ST 33,13 DM/St
EP 18,67 €/St    LA 1,73 €/St    ST 16,94 €/St

024.51116.M KG 350 DIN 276
Kleinrinne, Ablaufrinne, türkis
EP 38,79 DM/St   LA 3,39 DM/St   ST 35,40 DM/St
EP 19,83 €/St    LA 1,73 €/St    ST 18,10 €/St

024.51201.M KG 340 DIN 276
Beckenrandstein, Normalstein, L=240 mm, weiß
EP 27,60 DM/St   LA 2,77 DM/St   ST 24,83 DM/St
EP 14,11 €/St    LA 1,41 €/St    ST 12,70 €/St

024.51202.M KG 340 DIN 276
Beckenrandstein, Normalstein, L=240 mm, türkis
EP 28,18 DM/St   LA 2,77 DM/St   ST 25,41 DM/St
EP 14,41 €/St    LA 1,41 €/St    ST 13,00 €/St

024.51203.M KG 340 DIN 276
Beckenrandstein, Innenecke, weiß
EP 15,54 DM/St   LA 3,39 DM/St   ST 12,15 DM/St
EP  7,95 €/St    LA 1,73 €/St    ST  6,22 €/St

024.51204.M KG 340 DIN 276
Beckenrandstein, Innenecke, türkis
EP 16,20 DM/St   LA 3,39 DM/St   ST 12,81 DM/St
EP  8,28 €/St    LA 1,73 €/St    ST  6,55 €/St

# LB 024 Fliesen- und Plattenarbeiten
## Bauteile für Schwimmbecken; Wandbekleidung, chemisch beständig

AW 024

Preise 06.01

Sämtliche Preise sind **Mittelpreise ohne Mehrwertsteuer** zum Zeitpunkt des Ausgabedatums.
**Korrekturfaktoren** für Regionaleinfluss, Mengeneinfluss, Konjunktureinfluss siehe Vorspann.
**Abkürzungen:** EP = Einheitspreis, LA = Lohnanteil, ST = Stoffanteil

024.51205.M     KG 340 DIN 276
Beckenrandstein, Außenecke, weiß
EP 48,68 DM/St    LA 3,39 DM/St    ST 45,29 DM/St
EP 24,89 €/St     LA 1,73 €/St     ST 23,16 €/St

024.51206.M     KG 340 DIN 276
Beckenrandstein, Außenecke, türkis
EP 49,79 DM/St    LA 3,39 DM/St    ST 46,40 DM/St
EP 25,46 €/St     LA 1,73 €/St     ST 23,73 €/St

024.51207.M     KG 340 DIN 276
Beckenrandstein, Normalst., Griffrand, L=240 mm, weiß
EP 37,31 DM/St    LA 3,08 DM/St    ST 34,23 DM/St
EP 19,08 €/St     LA 1,57 €/St     ST 17,51 €/St

024.51208.M     KG 340 DIN 276
Beckenrandstein, Normalst., Griffrand, L=240 mm, türkis
EP 38,43 DM/St    LA 3,08 DM/St    ST 35,35 DM/St
EP 19,65 €/St     LA 1,57 €/St     ST 18,08 €/St

024.51209.M     KG 340 DIN 276
Beckenrandstein, Innenecke, Griffrand, weiß
EP 20,75 DM/St    LA 3,08 DM/St    ST 17,67 DM/St
EP 10,61 €/St     LA 1,57 €/St     ST 9,04 €/St

024.51210.M     KG 340 DIN 276
Beckenrandstein, Innenecke, Griffrand, türkis
EP 22,07 DM/St    LA 3,08 DM/St    ST 18,99 DM/St
EP 11,29 €/St     LA 1,57 €/St     ST 9,72 €/St

024.51211.M     KG 340 DIN 276
Beckenrandstein, Außenecke, Griffrand, weiß
EP 72,49 DM/St    LA 4,00 DM/St    ST 68,49 DM/St
EP 37,07 €/St     LA 2,04 €/St     ST 35,03 €/St

024.51212.M     KG 340 DIN 276
Beckenrandstein, Außenecke, Griffrand, türkis
EP 74,71 DM/St    LA 4,00 DM/St    ST 70,71 DM/St
EP 38,20 €/St     LA 2,04 €/St     ST 36,16 €/St

### Wandbekleidung, chemisch beständig

024.-----.-

|  |  |  |
|---|---|---|
| 024.56001.M | Wandbekleid. chem. beständ., 10x10 cm, Dickbett, n.v. | 145,72 DM/m2<br>74,51 €/m2 |
| 024.56002.M | Wandbekleid. chem. beständ., 10x10 cm, Dünnbett, n.v. | 111,83 DM/m2<br>57,18 €/m2 |
| 024.56003.M | Wandbekleid. chem. beständ., 10x20 cm, Dickbett, n.v. | 125,20 DM/m2<br>64,01 €/m2 |
| 024.56004.M | Wandbekleid. chem. beständ., 10x20 cm, Dünnbett, n.v. | 95,20 DM/m2<br>48,67 €/m2 |
| 024.56005.M | Wandbekleid. chem. beständ., 15x15 cm, Dickbett, n.v. | 123,30 DM/m2<br>63,04 €/m2 |
| 024.56006.M | Wandbekleid. chem. beständ., 15x15 cm, Dünnbett, n.v. | 91,97 DM/m2<br>47,03 €/m2 |
| 024.56007.M | Wandbekleid. chem. beständ., 10x10 cm, Dickbett | 198,91 DM/m2<br>101,70 €/m2 |
| 024.56008.M | Wandbekleid. chem. beständ., 10x10 cm, Dünnbett | 165,02 DM/m2<br>84,37 €/m2 |
| 024.56009.M | Wandbekleid. chem. beständ., 10x20 cm, Dickbett | 173,96 DM/m2<br>88,94 €/m2 |
| 024.56010.M | Wandbekleid. chem. beständ., 10x20 cm, Dünnbett | 143,96 DM/m2<br>73,60 €/m2 |
| 024.56011.M | Wandbekleid. chem. beständ., 15x15 cm, Dickbett | 176,46 DM/m2<br>90,22 €/m2 |
| 024.56012.M | Wandbekleid. chem. beständ., 15x15 cm, Dünnbett | 145,15 DM/m2<br>74,21 €/m2 |

**Hinweis:**
Preisgruppen für chemisch beständige Wandfliesen und
Wandplatten ergeben sich aus Format, Oberfläche und Farbton.
Sie liegen zwischen 35 und 70 DM/m2.

In den Positionen für chem. best. Wandbeläge sind mittlere
Preisgruppen verwendet:
    Format 10 x 10 cm Preisgruppe 54,00 DM/m2    28,00 €/m2
    Format 10 x 20 cm Preisgruppe 50,00 DM/m2    26,00 €/m2
    Format 15 x 15 cm Preisgruppe 54,00 DM/m2    28,00 €/m2

Die Kosten des Mörtelbettes, Klebers, Fugenmörtels sind in den
Verlegekosten enthalten.

Der Leistungsbeschreibung sind ggf. der genaue Einbauort und
die erschwerenden Bedingungen sowie Angaben über die
chemische, thermische und mechanische Belastung
voranzustellen.

024.56001.M     KG 345 DIN 276
Wandbekleid. chem. beständ., 10x10 cm, Dickbett, n.v.
EP 145,72 DM/m2    LA 110,70 DM/m2    ST 35,02 DM/m2
EP 74,51 €/m2     LA 56,60 €/m2     ST 17,91 €/m2

024.56002.M     KG 345 DIN 276
Wandbekleid. chem. beständ., 10x10 cm, Dünnbett, n.v.
EP 111,83 DM/m2    LA 83,03 DM/m2    ST 28,80 DM/m2
EP 57,18 €/m2     LA 42,45 €/m2     ST 14,73 €/m2

024.56003.M     KG 345 DIN 276
Wandbekleid. chem. beständ., 10x20 cm, Dickbett, n.v.
EP 125,20 DM/m2    LA 95,33 DM/m2    ST 29,87 DM/m2
EP 64,01 €/m2     LA 48,74 €/m2     ST 15,27 €/m2

024.56004.M     KG 345 DIN 276
Wandbekleid. chem. beständ., 10x20 cm, Dünnbett, n.v.
EP 95,20 DM/m2    LA 69,50 DM/m2    ST 25,70 DM/m2
EP 48,67 €/m2     LA 35,53 €/m2     ST 13,14 €/m2

024.56005.M     KG 345 DIN 276
Wandbekleid. chem. beständ., 15x15 cm, Dickbett, n.v.
EP 123,30 DM/m2    LA 92,25 DM/m2    ST 31,05 DM/m2
EP 63,04 €/m2     LA 47,17 €/m2     ST 15,87 €/m2

024.56006.M     KG 345 DIN 276
Wandbekleid. chem. beständ., 15x15 cm, Dünnbett, n.v.
EP 91,97 DM/m2    LA 65,81 DM/m2    ST 26,16 DM/m2
EP 47,03 €/m2     LA 33,65 €/m2     ST 13,38 €/m2

024.56007.M     KG 345 DIN 276
Wandbekleid. chem. beständ., 10x10 cm, Dickbett
EP 198,91 DM/m2    LA 110,70 DM/m2    ST 88,21 DM/m2
EP 101,70 €/m2     LA 56,60 €/m2     ST 45,10 €/m2

024.56008.M     KG 345 DIN 276
Wandbekleid. chem. beständ., 10x10 cm, Dünnbett
EP 165,02 DM/m2    LA 83,03 DM/m2    ST 81,99 DM/m2
EP 84,37 €/m2     LA 42,45 €/m2     ST 41,92 €/m2

024.56009.M     KG 345 DIN 276
Wandbekleid. chem. beständ., 10x20 cm, Dickbett
EP 173,96 DM/m2    LA 95,33 DM/m2    ST 78,63 DM/m2
EP 88,94 €/m2     LA 48,74 €/m2     ST 40,20 €/m2

024.56010.M     KG 345 DIN 276
Wandbekleid. chem. beständ., 10x20 cm, Dünnbett
EP 143,96 DM/m2    LA 69,50 DM/m2    ST 74,46 DM/m2
EP 73,60 €/m2     LA 35,53 €/m2     ST 38,07 €/m2

024.56011.M     KG 345 DIN 276
Wandbekleid. chem. beständ., 15x15 cm, Dickbett
EP 176,46 DM/m2    LA 92,25 DM/m2    ST 84,21 DM/m2
EP 90,22 €/m2     LA 47,17 €/m2     ST 43,05 €/m2

024.56012.M     KG 345 DIN 276
Wandbekleid. chem. beständ., 15x15 cm, Dünnbett
EP 145,15 DM/m2    LA 65,81 DM/m2    ST 79,34 DM/m2
EP 74,21 €/m2     LA 33,65 €/m2     ST 40,56 €/m2

AW 024

Preise 06.01

## LB 024 Fliesen- und Plattenarbeiten
### Bodenbeläge, chemisch beständig

Sämtliche Preise sind **Mittelpreise ohne Mehrwertsteuer** zum Zeitpunkt des Ausgabedatums.
**Korrekturfaktoren** für Regionaleinfluss, Mengeneinfluss, Konjunktureinfluss siehe Vorspann.
**Abkürzungen:** EP = Einheitspreis, LA = Lohnanteil, ST = Stoffanteil

### Bodenbeläge, chemisch beständig

024.-----.-

| Position | Beschreibung | Preis |
|---|---|---|
| 024.60001.M | Bodenbelag, chem. beständ., 10x10 cm, Dickbett, n.v. | 122,75 DM/m2 / 62,76 €/m2 |
| 024.60002.M | Bodenbelag, chem. beständ., 10x10 cm, Dünnbett, n.v. | 110,86 DM/m2 / 56,68 €/m2 |
| 024.60003.M | Bodenbelag, chem. beständ., 10x20 cm, Dickbett, n.v. | 112,18 DM/m2 / 57,36 €/m2 |
| 024.60004.M | Bodenbelag, chem. beständ., 10x20 cm, Dünnbett, n.v. | 99,44 DM/m2 / 50,84 €/m2 |
| 024.60005.M | Bodenbelag, chem. beständ., 15x15 cm, Dickbett, n.v. | 115,36 DM/m2 / 58,98 €/m2 |
| 024.60006.M | Bodenbelag, chem. beständ., 15x15 cm, Dünnbett, n.v. | 103,40 DM/m2 / 52,87 €/m2 |
| 024.60007.M | Bodenbelag, chem. beständ., 20x20 cm, Dickbett, n.v. | 107,00 DM/m2 / 54,71 €/m2 |
| 024.60008.M | Bodenbelag, chem. beständ., 20x20 cm, Dünnbett, n.v. | 96,62 DM/m2 / 49,40 €/m2 |
| 024.60009.M | Bodenbelag, chem. beständ., 10x10 cm, Dickbett | 155,77 DM/m2 / 89,87 €/m2 |
| 024.60010.M | Bodenbelag, chem. beständ., 10x10 cm, Dünnbett | 163,89 DM/m2 / 83,79 €/m2 |
| 024.60011.M | Bodenbelag, chem. beständ., 10x20 cm, Dickbett | 160,79 DM/m2 / 82,21 €/m2 |
| 024.60012.M | Bodenbelag, chem. beständ., 10x20 cm, Dünnbett | 148,05 DM/m2 / 75,69 €/m2 |
| 024.60013.M | Bodenbelag, chem. beständ., 15x15 cm, Dickbett | 168,39 DM/m2 / 86,09 €/m2 |
| 024.60014.M | Bodenbelag, chem. beständ., 15x15 cm, Dünnbett | 156,41 DM/m2 / 79,97 €/m2 |
| 024.60015.M | Bodenbelag, chem. beständ., 20x20 cm, Dickbett | 160,04 DM/m2 / 81,83 €/m2 |
| 024.60016.M | Bodenbelag, chem. beständ., 20x20 cm, Dünnbett | 149,64 DM/m2 / 76,51 €/m2 |

**Hinweis:**
Preisgruppen für chemisch beständige Bodenfliesen und Bodenplatten ergeben sich aus Format, Oberfläche und Farbton. Sie liegen zwischen 35 und 70 DM/m2.

In den Positionen für chem. best. Bodenbeläge sind mittlere Preisgruppen verwendet:
- Format 10 x 10 cm Preisgruppe 54,00 DM/m2   28,00 €/m2
- Format 10 x 20 cm Preisgruppe 50,00 DM/m2   26,00 €/m2
- Format 15 x 15 cm Preisgruppe 54,00 DM/m2   28,00 €/m2
- Format 20 x 20 cm Preisgruppe 54,00 DM/m2   28,00 €/m2

Die Kosten des Mörtelbettes, Klebers, Fugenmörtels sind in den Verlegekosten enthalten.

Der Leistungsbeschreibung sind ggf. der genaue Einbauort und die erschwerenden Bedingungen sowie Angaben über die chemische, thermische und mechanische Belastung voranzustellen.

024.60001.M   KG 352 DIN 276
Bodenbelag, chem. beständ., 10x10 cm, Dickbett, n.v.
EP 122,75 DM/m2   LA 92,25 DM/m2   ST 30,50 DM/m2
EP  62,76 €/m2    LA 47,17 €/m2    ST 15,59 €/m2

024.60002.M   KG 352 DIN 276
Bodenbelag, chem. beständ., 10x10 cm, Dünnbett, n.v.
EP 110,86 DM/m2   LA 83,03 DM/m2   ST 27,83 DM/m2
EP  56,68 €/m2    LA 42,45 €/m2    ST 14,23 €/m2

024.60003.M   KG 352 DIN 276
Bodenbelag, chem. beständ., 10x20 cm, Dickbett, n.v.
EP 112,18 DM/m2   LA 83,03 DM/m2   ST 29,15 DM/m2
EP  57,36 €/m2    LA 42,45 €/m2    ST 14,91 €/m2

024.60004.M   KG 352 DIN 276
Bodenbelag, chem. beständ., 10x20 cm, Dünnbett, n.v.
EP 99,44 DM/m2    LA 73,81 DM/m2   ST 25,63 DM/m2
EP 50,84 €/m2     LA 37,74 €/m2    ST 13,10 €/m2

024.60005.M   KG 352 DIN 276
Bodenbelag, chem. beständ., 15x15 cm, Dickbett, n.v.
EP 115,36 DM/m2   LA 84,87 DM/m2   ST 30,49 DM/m2
EP  58,98 €/m2    LA 43,39 €/m2    ST 15,59 €/m2

024.60006.M   KG 352 DIN 276
Bodenbelag, chem. beständ., 15x15 cm, Dünnbett, n.v.
EP 103,40 DM/m2   LA 76,88 DM/m2   ST 26,52 DM/m2
EP  52,87 €/m2    LA 39,31 €/m2    ST 13,56 €/m2

024.60007.M   KG 352 DIN 276
Bodenbelag, chem. beständ., 20x20 cm, Dickbett, n.v.
EP 107,00 DM/m2   LA 78,73 DM/m2   ST 28,27 DM/m2
EP  54,71 €/m2    LA 40,25 €/m2    ST 14,46 €/m2

024.60008.M   KG 352 DIN 276
Bodenbelag, chem. beständ., 20x20 cm, Dünnbett, n.v.
EP 96,62 DM/m2    LA 70,11 DM/m2   ST 26,51 DM/m2
EP 49,40 €/m2     LA 35,85 €/m2    ST 13,55 €/m2

024.60009.M   KG 352 DIN 276
Bodenbelag, chem. beständ., 10x10 cm, Dickbett
EP 155,77 DM/m2   LA 92,25 DM/m2   ST 83,52 DM/m2
EP  89,87 €/m2    LA 47,17 €/m2    ST 42,70 €/m2

024.60010.M   KG 352 DIN 276
Bodenbelag, chem. beständ., 10x10 cm, Dünnbett
EP 163,89 DM/m2   LA 83,03 DM/m2   ST 80,86 DM/m2
EP  83,79 €/m2    LA 42,45 €/m2    ST 41,34 €/m2

024.60011.M   KG 352 DIN 276
Bodenbelag, chem. beständ., 10x20 cm, Dickbett
EP 160,79 DM/m2   LA 83,03 DM/m2   ST 77,76 DM/m2
EP  82,21 €/m2    LA 42,45 €/m2    ST 39,76 €/m2

024.60012.M   KG 352 DIN 276
Bodenbelag, chem. beständ., 10x20 cm, Dünnbett
EP 148,05 DM/m2   LA 73,81 DM/m2   ST 74,24 DM/m2
EP  75,69 €/m2    LA 37,74 €/m2    ST 37,95 €/m2

024.60013.M   KG 352 DIN 276
Bodenbelag, chem. beständ., 15x15 cm, Dickbett
EP 168,39 DM/m2   LA 84,87 DM/m2   ST 83,52 DM/m2
EP  86,09 €/m2    LA 43,39 €/m2    ST 42,70 €/m2

024.60014.M   KG 352 DIN 276
Bodenbelag, chem. beständ., 15x15 cm, Dünnbett
EP 156,41 DM/m2   LA 76,88 DM/m2   ST 79,53 DM/m2
EP  79,97 €/m2    LA 39,31 €/m2    ST 40,66 €/m2

024.60015.M   KG 352 DIN 276
Bodenbelag, chem. beständ., 20x20 cm, Dickbett
EP 160,04 DM/m2   LA 78,73 DM/m2   ST 81,31 DM/m2
EP  81,83 €/m2    LA 40,25 €/m2    ST 41,58 €/m2

024.60016.M   KG 352 DIN 276
Bodenbelag, chem. beständ., 20x20 cm, Dünnbett
EP 149,64 DM/m2   LA 70,11 DM/m2   ST 79,53 DM/m2
EP  76,51 €/m2    LA 35,85 €/m2    ST 40,66 €/m2

# LB 024 Fliesen- und Plattenarbeiten
## Sockel, chemisch beständig; Instandsetzungsarbeiten

AW 024

Preise 06.01

Sämtliche Preise sind **Mittelpreise ohne Mehrwertsteuer** zum Zeitpunkt des Ausgabedatums.
**Korrekturfaktoren** für Regionaleinfluss, Mengeneinfluss, Konjunktureinfluss siehe Vorspann.
**Abkürzungen:** EP = Einheitspreis, LA = Lohnanteil, ST = Stoffanteil

## Sockel, chemisch beständig

024.-----.-

|  |  |  |
|---|---|---|
| 024.72101.M | Kehlsockel, chem. beständig, 60 mm, Dickbett, n.v. | 12,31 DM/m / 6,30 €/m |
| 024.72102.M | Kehlsockel, chem. beständig, 60 mm, Dünnbett, n.v. | 10,11 DM/m / 5,17 €/m |
| 024.72103.M | Kehlsockel, chem. beständig, 80 mm, Dickbett, n.v. | 13,12 DM/m / 6,71 €/m |
| 024.72104.M | Kehlsockel, chem. beständig, 80 mm, Dünnbett, n.v. | 10,92 DM/m / 5,58 €/m |
| 024.72105.M | Kehlsockel, chem. beständig, 100 mm, Dickbett, n.v. | 13,22 DM/m / 6,76 €/m |
| 024.72106.M | Kehlsockel, chem. beständig, 100 mm, Dünnbett, n.v. | 11,78 DM/m / 6,02 €/m |
| 024.72107.M | Kehlsockel, chem. beständig, 60 mm, Dickbett | 35,41 DM/m / 18,11 €/m |
| 024.72108.M | Kehlsockel, chem. beständig, 60 mm, Dünnbett | 33,21 DM/m / 16,98 €/m |
| 024.72109.M | Kehlsockel, chem. beständig, 80 mm, Dickbett | 38,66 DM/m / 19,77 €/m |
| 024.72110.M | Kehlsockel, chem. beständig, 80 mm, Dünnbett | 36,32 DM/m / 18,57 €/m |
| 024.72111.M | Kehlsockel, chem. beständig, 100 mm, Dickbett | 41,10 DM/m / 21,02 €/m |
| 024.72112.M | Kehlsockel, chem. beständig, 100 mm, Dünnbett | 39,48 DM/m / 20,19 €/m |

**024.72101.M  KG 345 DIN 276**
Kehlsockel, chem. beständig, 60 mm, Dickbett, n.v.
EP 12,31 DM/m  LA 9,53 DM/m  ST 2,78 DM/m
EP  6,30 €/m   LA 4,87 €/m   ST 1,43 €/m

**024.72102.M  KG 345 DIN 276**
Kehlsockel, chem. beständig, 60 mm, Dünnbett, n.v.
EP 10,11 DM/m  LA 7,50 DM/m  ST 2,61 DM/m
EP  5,17 €/m   LA 3,84 €/m   ST 1,33 €/m

**024.72103.M  KG 345 DIN 276**
Kehlsockel, chem. beständig, 80 mm, Dickbett, n.v.
EP 13,12 DM/m  LA 10,21 DM/m  ST 2,91 DM/m
EP  6,71 €/m   LA  5,22 €/m   ST 1,49 €/m

**024.72104.M  KG 345 DIN 276**
Kehlsockel, chem. beständig, 80 mm, Dünnbett, n.v.
EP 10,92 DM/m  LA 8,18 DM/m  ST 2,74 DM/m
EP  5,58 €/m   LA 4,18 €/m   ST 1,40 €/m

**024.72105.M  KG 345 DIN 276**
Kehlsockel, chem. beständig, 100 mm, Dickbett, n.v.
EP 13,22 DM/m  LA 10,21 DM/m  ST 3,01 DM/m
EP  6,76 €/m   LA  5,22 €/m   ST 1,54 €/m

**024.72106.M  KG 345 DIN 276**
Kehlsockel, chem. beständig, 100 mm, Dünnbett, n.v.
EP 11,78 DM/m  LA 8,86 DM/m  ST 2,91 DM/m
EP  6,02 €/m   LA 4,53 €/m   ST 1,49 €/m

**024.72107.M  KG 345 DIN 276**
Kehlsockel, chem. beständig, 60 mm, Dickbett
EP 35,41 DM/m  LA 9,53 DM/m  ST 25,88 DM/m
EP 18,11 €/m   LA 4,87 €/m   ST 13,24 €/m

**024.72108.M  KG 345 DIN 276**
Kehlsockel, chem. beständig, 60 mm, Dünnbett
EP 33,21 DM/m  LA 7,50 DM/m  ST 25,71 DM/m
EP 16,98 €/m   LA 3,84 €/m   ST 13,14 €/m

**024.72109.M  KG 345 DIN 276**
Kehlsockel, chem. beständig, 80 mm, Dickbett
EP 38,66 DM/m  LA 10,21 DM/m  ST 28,45 DM/m
EP 19,77 €/m   LA  5,22 €/m   ST 14,55 €/m

**024.72110.M  KG 345 DIN 276**
Kehlsockel, chem. beständig, 80 mm, Dünnbett
EP 36,32 DM/m  LA 8,18 DM/m  ST 28,14 DM/m
EP 18,57 €/m   LA 4,18 €/m   ST 14,39 €/m

**024.72111.M  KG 345 DIN 276**
Kehlsockel, chem. beständig, 100 mm, Dickbett
EP 41,10 DM/m  LA 10,21 DM/m  ST 30,89 DM/m
EP 21,02 €/m   LA  5,22 €/m   ST 15,80 €/m

**024.72112.M  KG 345 DIN 276**
Kehlsockel, chem. beständig, 100 mm, Dünnbett
EP 39,48 DM/m  LA 8,86 DM/m  ST 30,62 DM/m
EP 20,19 €/m   LA 4,53 €/m   ST 15,66 €/m

## Instandsetzungsarbeiten

024.-----.-

|  |  |  |
|---|---|---|
| 024.97001.M | Entfernen von Kalkmörtelputz | 25,15 DM/m2 / 12,86 €/m2 |
| 024.97002.M | Entfernen von Gipsmörtelputz | 26,98 DM/m2 / 13,80 €/m2 |
| 024.97003.M | Entfernen von Zementmörtelputz | 36,74 DM/m2 / 18,79 €/m2 |
| 024.97101.M | Entf. Fliesen-/Plattenbelag, Wand, ohne Mörtelbett | 54,64 DM/m2 / 27,94 €/m2 |
| 024.97102.M | Entf. Fliesen-/Plattenbelag, Wand, einschl. Mörtelbett | 66,06 DM/m2 / 33,78 €/m2 |
| 024.97201.M | Entf. Fliesen-/Plattenbelag, Boden, ohne Mörtelbett | 50,36 DM/m2 / 25,75 €/m2 |
| 024.97202.M | Entf. Fliesen-/Plattenbelag, Boden, einschl. Mörtelbett | 59,97 DM/m2 / 30,66 €/m2 |
| 024.97401.M | Entfernen Sockelplatten, ohne Mörtelbett | 17,74 DM/m / 9,07 €/m |
| 024.97402.M | Entfernen Sockelplatten, einschl. Mörtelbett | 19,79 DM/m / 10,12 €/m |
| 024.97501.M | Fugendichtung entfernen u. Fuge reinigen | 4,00 DM/m / 2,04 €/m |

**024.97001.M  KG 395 DIN 276**
Entfernen von Kalkmörtelputz
EP 25,15 DM/m2  LA 24,09 DM/m2  ST 1,06 DM/m2
EP 12,86 €/m2   LA 12,32 €/m2   ST 0,54 €/m2

**024.97002.M  KG 395 DIN 276**
Entfernen von Gipsmörtelputz
EP 26,98 DM/m2  LA 25,92 DM/m2  ST 1,06 DM/m2
EP 13,80 €/m2   LA 13,25 €/m2   ST 0,55 €/m2

**024.97003.M  KG 395 DIN 276**
Entfernen von Zementmörtelputz
EP 36,74 DM/m2  LA 35,68 DM/m2  ST 1,06 DM/m2
EP 18,79 €/m2   LA 18,24 €/m2   ST 0,55 €/m2

**024.97101.M  KG 395 DIN 276**
Entf. Fliesen-/Plattenbelag, Wand, ohne Mörtelbett
EP 54,64 DM/m2  LA 53,68 DM/m2  ST 0,96 DM/m2
EP 27,94 €/m2   LA 27,44 €/m2   ST 0,50 €/m2

**024.97102.M  KG 395 DIN 276**
Entf. Fliesen-/Plattenbelag, Wand, einschl. Mörtelbett
EP 66,06 DM/m2  LA 64,04 DM/m2  ST 2,02 DM/m2
EP 33,78 €/m2   LA 32,74 €/m2   ST 1,04 €/m2

**024.97201.M  KG 395 DIN 276**
Entf. Fliesen-/Plattenbelag, Boden, ohne Mörtelbett
EP 50,36 DM/m2  LA 49,40 DM/m2  ST 0,96 DM/m2
EP 25,75 €/m2   LA 25,26 €/m2   ST 0,49 €/m2

**024.97202.M  KG 395 DIN 276**
Entf. Fliesen-/Plattenbelag, Boden, einschl. Mörtelbett
EP 59,97 DM/m2  LA 57,95 DM/m2  ST 2,02 DM/m2
EP 30,66 €/m2   LA 29,63 €/m2   ST 1,03 €/m2

**024.97401.M  KG 395 DIN 276**
Entfernen Sockelplatten, ohne Mörtelbett
EP 17,74 DM/m  LA 16,77 DM/m  ST 0,97 DM/m
EP  9,07 €/m   LA  8,78 €/m   ST 0,49 €/m

**024.97402.M  KG 395 DIN 276**
Entfernen Sockelplatten, einschl. Mörtelbett
EP 19,79 DM/m  LA 17,69 DM/m  ST 2,10 DM/m
EP 10,12 €/m   LA  9,04 €/m   ST 1,08 €/m

**024.97501.M  KG 395 DIN 276**
Fugendichtung entfernen u. Fuge reinigen
EP 4,00 DM/m  LA 4,00 DM/m  ST 0,00 DM/m
EP 2,04 €/m   LA 2,04 €/m   ST 0,00 €/m

AW 024

Preise 06.01

## LB 024 Fliesen- und Plattenarbeiten
### Schutzabdeckungen

Sämtliche Preise sind **Mittelpreise ohne Mehrwertsteuer** zum Zeitpunkt des Ausgabedatums.
**Korrekturfaktoren** für Regionaleinfluss, Mengeneinfluss, Konjunktureinfluss siehe Vorspann.
**Abkürzungen:** EP = Einheitspreis, LA = Lohnanteil, ST = Stoffanteil

### Schutzabdeckungen

024.-----.-

| | |
|---|---|
| 024.94001.M Schutzabdeckung Wandbekleidung, Kunststofffolie | 4,38 DM/m2 |
| | 2,24 €/m2 |
| 024.95001.M Schutzabdeckung Bodenbelag, Kunststofffolie, begehbar | 3,77 DM/m2 |
| | 1,93 €/m2 |
| 024.95002.M Schutzabdeckung Bodenbelag, Filzpappe/Folie, begehbar | 8,40 DM/m2 |
| | 4,29 €/m2 |
| 024.96001.M Schutzabdeckung Bodenbelag, Hartfaserpl., befahrbar | 8,90 DM/m2 |
| | 4,55 €/m2 |
| 024.96002.M Schutzabdeckung Bodenbelag, Bohlen, befahrbar | 17,39 DM/m2 |
| | 8,89 €/m2 |

024.94001.M KG 398 DIN 276
Schutzabdeckung Wandbekleidung, Kunststofffolie
EP 4,38 DM/m2　　LA 2,75 DM/m2　　ST 1,63 DM/m2
EP 2,24 €/m2　　　LA 1,40 €/m2　　　ST 0,84 €/m2

024.95001.M KG 398 DIN 276
Schutzabdeckung Bodenbelag, Kunststofffolie, begehbar
EP 3,77 DM/m2　　LA 2,14 DM/m2　　ST 1,63 DM/m2
EP 1,93 €/m2　　　LA 1,09 €/m2　　　ST 0,84 €/m2

024.95002.M KG 398 DIN 276
Schutzabdeckung Bodenbelag, Filzpappe/Folie, begehbar
EP 8,40 DM/m2　　LA 5,00 DM/m2　　ST 3,40 DM/m2
EP 4,29 €/m2　　　LA 2,56 €/m2　　　ST 1,73 €/m2

024.96001.M KG 398 DIN 276
Schutzabdeckung Bodenbelag, Hartfaserpl., befahrbar
EP 8,90 DM/m2　　LA 4,58 DM/m2　　ST 4,32 DM/m2
EP 4,55 €/m2　　　LA 2,34 €/m2　　　ST 2,21 €/m2

024.96002.M KG 398 DIN 276
Schutzabdeckung Bodenbelag, Bohlen, befahrbar
EP 17,39 DM/m2　　LA 8,85 DM/m2　　ST 8,54 DM/m2
EP　8,89 €/m2　　　LA 4,52 €/m2　　　ST 4,37 €/m2

# LB 025 Estricharbeiten
## Vorbereiten des Untergrundes

STLB 025

Ausgabe 06.01

010 **Bearbeiten des Untergrundes,**
**Einzelangaben nach DIN 18353**
- Art des Untergrundes
  - – aus Beton,
  - – aus ....... ,
- Art der Bearbeitung
  - – durch Kugelstrahlen,
  - – durch Fräsen,
  - – durch Hochdruckwasserstrahlen über 100 bar,
  - – durch ....... ,
- Abtrag
  - – Abtrag bis 1 mm,
  - – Abtrag bis 2 mm,
  - – Abtrag bis 5 mm,
  - – Abtrag in mm ....... ,
- Verbleib Abfall
  - – einschl. Abfallbeseitigung,
  - – Abfallbeseitigung wird gesondert vergütet,
    **Hinweis:** siehe Pos. 011
- Berechnungseinheit m²

011 **Abfall aus der Untergrundvorbereitung beseitigen,**
**Einzelangaben nach DIN 18353**
- Schadstoffbelastung des Abfalls
  - – belastet mit ....... ,
  - – unbelastet,
- Leistungsumfang
  - – aufnehmen und in vom AG gestellten Containern sammeln,
  - – aufnehmen und in Containern sammeln, einschl. Containerstellung,
  - – aufnehmen und getrennt in vom AG gestellten Containern sammeln,
  - – aufnehmen und getrennt in Containern sammeln, einschl. Containerstellung,
- Transport
  - – Transport zur Recyclinganlage in ....... , oder einer gleichwertigen Recyclinganlage in ....... (vom Bieter einzutragen),
  - – Transport zur zugelassenen Deponie/Entsorgungsstelle in ....... , oder einer gleichwertigen Deponie/Entsorgungsstelle in ....... (vom Bieter einzutragen),
    - – – Transportentfernung in km ....... ,
      - – – – der Nachweis der geordneten Entsorgung ist unmittelbar zu erbringen,
      - – – – der Nachweis der geordneten Entsorgung ist zu erbringen durch ....... ,
        - – – – – die Gebühren der Entsorgung werden vom AG übernommen,
        - – – – – die Gebühren werden gegen Nachweis vergütet,
        - – – – – die Gebühren ....... ,
- Berechnungseinheit m³, t
  Stück Container, Fassungsvermögen in m³

030 **Aufbringen einer Haftbrücke,**
**Einzelangaben nach DIN 18353**
- auf Beton – ....... ,
  - – nach besonderer Anordnung des AG,
- Erzeugnis ....... (sofern nicht vorgeschrieben, vom Bieter einzutragen, sofern vorgeschrieben, mit Hinweis "oder gleichwertiger Art")
- Berechnungseinheit m²

**Beispiel für Ausschreibungstext zu Position 030**
Aufbringen einer Haftbrücke für Beton,
Erzeugnis PCI-Repahaft, oder gleichwertiger Art.
Einheit m²

050 **Sperrschicht, gegen Restfeuchte aus der Rohdecke,**
**Einzelangaben nach DIN 18353**
- Werkstoff, Verlegeart
  - – aus PE-Folie, Dicke 0,2 mm, Stöße 8 cm überlappen,
  - – aus Glasvlies-Bitumendachbahnen DIN 52143 – V 13, lose verlegen, Nähte verschweißen,
  - – aus ....... ,
- Berechnungseinheit m²

052 **Sperrschicht gegen Dampfdiffusion,**
**Einzelangaben nach DIN 18353**
- aus .......
- Ausführung .......
- Berechnungseinheit m²

053 **Sperrschicht als Rieselschutz,**
**Einzelangaben nach DIN 18353**
- Werkstoff
  - – aus Rohfilzpappe,
  - – aus PE-Folie, Dicke 0,1 mm,
  - – aus ....... ,
- Berechnungseinheit m²

070 **Ausgleichen des Untergrundes,**
**Einzelangaben nach DIN 18353**
- Art des Untergrundes
  - – aus Beton,
  - – aus ....... ,
- Zweck der Ausgleichsschicht
  - – bei größeren Unebenheiten,
  - – bei Gefälleabweichungen,
  - – bei Änderung der Konstruktionshöhe,
  - – bei vorhandenen Rohren/Kabeln bis Oberkante,
  - – bei ....... ,
- Werkstoff für die Ausgleichsschicht
  - – durch Schüttung mit Stoffen nach Wahl des AN,
  - – durch Schüttung ....... ,
    **Hinweis:** Schüttungen aus losem Sand dürfen nicht verwendet werden.
    - – – Ausgleichsschüttung abdecken mit ....... , (Sofern nicht vorgeschrieben, vom Bieter einzutragen),
  - – durch Ausgleichsschicht aus Polystyrol PS 20,
  - – durch Ausgleichsschicht aus Dämmstoffplatten ....... (vom Bieter einzutragen),
  - – durch Ausgleichsschicht aus Leichtestrich ....... , Rohdichte in kg/m³ ....... (vom Bieter einzutragen)
  - – durch Ausgleichsschicht aus ....... ,
  - – durch Ausgleichsestrich,
  - – durch Beton,
  - – durch ....... ,
- Ausführung nach besonderer Anordnung des AG
- Dicke der Ausgleichsschicht
  - – Dicke über  3 bis  5 mm,
  - – Dicke über  5 bis 10 mm,
  - – Dicke über 10 bis 15 mm,
  - – Dicke über 15 bis 20 mm,
  - – Dicke über 20 bis 25 mm,
  - – Dicke über 25 bis 30 mm,
  - – Dicke im Mittel in mm ....... ,
  - – Dicke in mm ....... ,
- einschl. Randstreifen nach Wahl des AN – .......
- Berechnungseinheit m², m³ (bei Abrechnung nach loser Masse)

**Beispiel für Ausschreibungstext zu Position 070**
Ausgleichen des Untergrundes aus Beton
mit Ausgleichsestrich, Dicke über 20 bis 25 mm,
einschl. Randstreifen nach Wahl des AN.
Einheit m²

# LB 025 Estricharbeiten
## Dämmschichten für schwimmende Estriche

**STLB 025**
Ausgabe 06.01

**100** Trittschalldämmschicht als Unterlage für schwimmenden Estrich,
Einzelangaben nach DIN 18353
- Art des Dämmstoffes
  - – aus Polystyrol–Hartschaum als Partikelschaum DIN 18164–2, Typ TK,
    - – – Steifigkeitsgruppe 30 – 20 – 15 – 10 – ....... ,
  - – aus mineralischem Faserdämmstoff DIN 18165–2, Typ T,
  - – aus mineralischem Faserdämmstoff DIN 18165–2, Typ TK,
  - – aus pflanzlichem Faserdämmstoff DIN 18165–2, Typ T,
    - – – Steifigkeitsgruppe 50 – 40 – 30 – 20 – 15 – 10 – ....... ,
  - – aus ....... ,
- Wärmeleitfähigkeitsgruppe .......
- Baustoffklasse .......
- Lieferform
  - – in Platten,
  - – in Bahnen,
  - – in Matten,
  - – als Filz,
- Verlegeart
  - – einlagig verlegen,
  - – ....... ,
- Dämmschichtdicke unter Belastung
  - – Dämmschichtdicke unter Belastung 10 mm,
  - – Dämmschichtdicke unter Belastung 15 mm,
  - – Dämmschichtdicke unter Belastung 20 mm,
  - – Dämmschichtdicke unter Belastung 25 mm,
  - – Dämmschichtdicke unter Belastung 30 mm,
  - – Dämmschichtdicke unter Belastung 40 mm,
  - – Dämmschichtdicke unter Belastung in mm ....... ,
- Erzeugnis
  - – Erzeugnis /Typ ....... (vom Bieter einzutragen),
  - – Erzeugnis /Typ ....... oder gleichwertiger Art,
- Berechnungseinheit m²

**Beispiel für Ausschreibungstext zu Position 100**
Trittschalldämmschicht als Unterlage für schwimmenden Estrich,
aus mineralischem Faserdämmstoff DIN 18165 Teil 2,
Typ T, Steifigkeitsgruppe 30
Wärmeleitfähigkeitsgruppe 040, Baustoffklasse A 1 (nicht brennbar)
in Bahnen, einlagig verlegen,
Dämmschichtdicke unter Belastung 25 mm,
Erzeugnis ....... (vom Bieter einzutragen)
Einheit m²

**Hinweis:** Abdeckungen siehe Pos. 221, Randstreifen siehe Pos. 222.

**130** Wärmedämmschicht als Unterlage für schwimmenden Estrich,
**131** Wärmedämmschicht als Unterlage für schwimmenden Estrich auf Trittschalldämmung,
Einzelangaben nach DIN 18353 zu Pos. 130, 131
- Art des Dämmstoffs
  - – aus Polystryrol–Hartschaum als Partikelschaum DIN 18164–1,
  - – aus Polystryrol–Hartschaum als Extruderschaum DIN 18164–1,
  - – aus Polyurethan–Hartschaum DIN 18164–1,
    - – – Typ WD,
    - – – Typ WS,
  - – aus mineralischem Faserdämmstoff DIN 18165–1,
  - – aus pflanzlichem Faserdämmstoff DIN 18165–1,
    - – – Typ WD,
  - – aus Weichholzfaserplatte, Dicke 20 mm, für Gussasphalt–Heizestrich,
  - – aus Schaumglas DIN 18174,
  - – aus geblähtem Mineralstoff,
  - – aus ....... ,
- Wärmeleitfähigkeitsgruppe 025 – 030 – 035 – 040 – .......
- Baustoffklasse .......
- Lieferform
  - – in Platten,
  - – in Bahnen

- Verlegeart
  - – einlagig verlegen,
  - – zweilagig mit versetzten Fugen verlegen,
  - – ....... ,
- Dämmschichtdicke 20 mm – 30 mm – 40 mm – 50 mm – 60 mm – 80 mm – 100 mm – 120 mm – in mm .......
- Erzeugnis
  - – Erzeugnis /Typ ....... (vom Bieter einzutragen),
  - – Erzeugnis /Typ ....... oder gleichwertiger Art,
- Berechnungseinheit m²

**Hinweis:** Abdeckungen siehe Pos. 221, Randstreifen siehe Pos. 222.

**Beispiel für Ausschreibungstext zu Position 131**
Wärmedämmschicht als Unterlage für schwimmenden Estrich,
aus mineralischem Faserdämmstoff DIN 18165 Teil 1,
Typ WD (druckbelastbar),
in Platten, einlagig verlegen, Dämmschichtdicke 50 mm,
Wärmeleitfähigkeitsgruppe 040,
Baustoffklasse A 1 (nicht brennbar),
Erzeugnis ....... (vom Bieter einzutragen)
Einheit m²

**160** Kombinierte Trittschall– und Wärmedämmschicht,
Einzelangaben nach DIN 18353
- Trittschalldämmschicht
  - – Art des Dämmstoffes,
    - – – Trittschalldämmschicht aus Polystyrol–Hartschaum als Partikelschaum DIN 18164–2, Typ TK,
      - – – – Steifigkeitsgruppe 30 – 20 – 15 – 10 – ....... ,
    - – – Trittschalldämmschicht aus mineralischem Faserdämmstoff DIN 18165–2, Typ T,
    - – – Trittschalldämmschicht aus mineralischem Faserdämmstoff DIN 18165–2, Typ TK,
    - – – Trittschalldämmschicht aus pflanzlichem Faserdämmstoff DIN 18165–2, Typ T,
      - – – – Steifigkeitsgruppe 50 – 40 – 30 – 20 – 15 – 10 – ....... ,
    - – – Trittschalldämmschicht ....... ,
    - – – – Dämmschichtdicke unter Belastung 10 mm – 15 mm – 20 mm – 25 mm – 30 mm – 40 mm – in mm ....... ,
      - – – – – Wärmedämmschicht aus Polystyrol–Hartschaum als Partikelschaum DIN 18164–1, Typ WD,
      - – – – – Wärmedämmschicht aus Polystyrol–Hartschaum als Extruderschaum DIN 18164–1, Typ WD,
      - – – – – Wärmedämmschicht aus Polyurethan–Hartschaum DIN 18164–1, Typ WD,
      - – – – – Wärmedämmschicht aus mineralischem Faserdämmstoff DIN 18165–1, Typ WD,
      - – – – – Wärmedämmschicht aus Schaumglas DIN 18174,
      - – – – – Wärmedämmschicht aus geblähtem Mineralstoff,
      - – – – – Wärmedämmschicht aus ....... ,
      - – – – – Dämmschichtdicke 20 mm – 30 mm – 40 mm – 50 mm – 60 mm – 80 mm – 100 mm – in mm ....... ,
- Trittschalldämmschicht, Wärmeleitfähigkeitsgruppe ....... ,
  Wärmedämmschicht, Wärmeleitfähigkeitsgruppe ....... ,
- Lieferform
  - – in Platten – in Bahnen – in Matten – als Filz,
- Erzeugnis
  - – Erzeugnis /Typ ....... (vom Bieter einzutragen),
  - – Erzeugnis /Typ ....... oder gleichwertiger Art,
- Berechnungseinheit m²

**Hinweis:** Abdeckungen siehe Pos. 221, Randstreifen siehe Pos. 222.

# LB 025 Estricharbeiten
## Dämmschichten für schwimmende Estriche

STLB 025

Ausgabe 06.01

**Beispiel für Ausschreibungstext zu Position 160**
Kombinierte Trittschall- und Wärmedämmschicht,
Trittschalldämmschicht aus mineralischem
Faserdämmstoff DIN 18165 Teil 2, Typ T,
Dämmschichtdicke unter Belastung 25 mm:
Wärmedämmschicht aus mineralischem Faserdämmstoff
DIN 18165 Teil 1, Typ WD,
Dämmschichtdicke 50 mm,
Trittschallsdämmschicht, Wärmeleitfähigkeitsgruppe 040,
Wärmedämmschicht, Wärmeleitfähigkeitsgruppe 035,
in Platten,
Erzeugnis ....... (vom Bieter einzutragen)
Einheit m²

190 **Schüttung,**
**Einzelangaben nach DIN 18353**
- Werkstoff
  -- aus Perlite,
  -- aus Schaumglas-Granulat,
  -- aus ....... ,
- Dicke 10 mm - 20 mm - 30 mm - 40 mm - 50 mm - in mm ....... ,
- Leistungsumfang
  -- verdichten,
  -- ....... ,
- Abdeckung
  -- mit 8 mm dicker Weichholzfaserplatte abdecken,
  -- Abdeckung ....... ,
- Erzeugnis
  -- Erzeugnis /Typ ....... (vom Bieter einzutragen),
  -- Erzeugnis /Typ ....... oder gleichwertiger Art,
- Berechnungseinheit m²

191 **Mehrdicke der Schüttung,**
192 **Minderdicke der Schüttung,**
**Einzelangaben nach DIN 18353**
- Dicke
  -- von 5 mm,
  -- von 10 mm,
  -- ....... ,
- Berechnungseinheit m²

220 **Trennschicht,**
**Einzelangaben nach DIN 18353**
- Untergrund
  -- auf vorhandener Abdichtung,
  -- auf ....... ,
- Ausführung
  -- aus PE-Folie, Dicke 0,1 mm,
  -- aus PE-Folie, Dicke 0,2 mm,
  -- aus kunststoffbeschichtetem Papier, mind. 100 g/m²,
    --- einlagig,
    --- zweilagig,
    ---- Stöße 8 cm überlappen,
    ---- Stöße verkleben oder verschweißen,
    ---- Stöße der oberen Lage verkleben oder verschweißen,
  -- aus bitumengetränktem Papier, mind. 100 g/m²,
  -- aus Rohglasvlies mind. 50 g/m²,
  -- aus Rohfilzpappe,
  -- aus ....... ,
    --- einlagig,
    --- zweilagig,
    ---- Stöße 8 cm überlappen,
- Berechnungseinheit m²

221 **Abdeckung,**
**Einzelangaben nach DIN 18353**
- Abdeckung von
  -- Dämmschichten,
  -- Schüttungen
- Ausführung
  -- aus PE-Folie, Dicke 0,1 mm,
  -- aus PE-Folie, Dicke 0,2 mm,
  -- aus kunststoffbeschichtetem Papier, mind. 100 g/m²,
    --- Stöße 8 cm überlappen,
    --- Stöße verkleben oder verschweißen,
  -- aus bitumengetränktem Papier, mind. 100 g/m²,
  -- aus Rippenpappe,
  -- aus Rohfilzpappe,
  -- aus ....... ,
    --- Stöße 8 cm überlappen,
- Berechnungseinheit m²

222 **Randstreifen,**
**Einzelangaben nach DIN 18353**
- Werkstoff
  -- aus PE-Schaum,
  -- aus Mineralwolle,
  -- aus Rippenpappe,
  -- aus Rippenpappe mit Polystyrolschaum,
  -- aus Rippenpappe mit PE-Schaum,
  -- aus Rohfilzpappe,
  -- aus ....... ,
- Form
  -- mit Fuß,
  -- mit Folienlasche,
  -- mit Fuß und Folienlasche,
- Dicke 3 mm - 5 mm - 8 mm - 10 mm - 12 mm - 15 mm - in mm ....... .
- Höhe (ohne Fuß) 50 mm - 80 mm - 100 mm - 120 mm - 130 mm - 150 mm - in mm ....... .
- Berechnungseinheit m

**Hinweis:** Abschneiden von Überständen der Randstreifen nach Verlegen der Bodenbeläge siehe LB 036 Bodenbelagarbeiten.

## LB 025 Estricharbeiten
### Anhydritestrich, Calciumsulfatestrich; Gussasphaltestrich; Magnesiaestrich

300 Anhydritestrich DIN 18560, Calciumsulfatestrich,
301 Anhydritfließestrich DIN 18560, Calciumsulfatestrich,
Einzelangaben nach DIN 18353 zu Pos. 300, 301
- Estrichart
  - - als Estrich auf Dämmschicht Verkehrslast bis 1,5 kN/m²,
  - - als Estrich auf Dämmschicht Verkehrslast in kN/m² ....... ,
    - - - Festigkeitsklasse AE 12-20,
    - - - Festigkeitsklasse ....... ,
  - - als Verbundestrich,
  - - als Verbundestrich auf vorhandenem Ausgleichsestrich aus ....... ,
  - - als Estrich auf Trennschicht,
    - - - Festigkeitsklasse AE 20,
    - - - Festigkeitsklasse AE 30,
    - - - Festigkeitsklasse ....... ,
- Estrichnenndicke
  - - Estrichnenndicke 30 mm,
  - - Estrichnenndicke 35 mm,
  - - Estrichnenndicke 40 mm,
  - - Estrichnenndicke 45 mm,
  - - Estrichnenndicke 50 mm,
  - - Estrichnenndicke in mm ....... ,
- Art des Oberbodens
  - - zur Aufnahme von elastischen/textilen Belägen,
  - - zur Aufnahme von Parkett,
  - - zur Aufnahme von Holzpflaster,
  - - zur Aufnahme von Fliesen– und Plattenbelägen,
  - - zur Aufnahme von Natur– und Betonwerksteinbelägen,
  - - zur Aufnahme von Imprägnierungen,
  - - zur Aufnahme von Versiegelungen und Beschichtungen,
  - - zur ....... ,
- Oberflächenbearbeitung
  - - Oberfläche maschinell glätten,
  - - Oberfläche von Hand glätten,
  - - Oberfläche ....... ,
- Ausführung gemäß Zeichnung Nr....... , Einzelbeschreibung Nr. .......
- Berechnungseinheit m², m² in Einzelflächen, Maße in m .......

**Beispiel für Ausschreibungstext zu Position 300**
Anhydritestrich DIN 18560
als Estrich auf Dämmschicht, Verkehrslast bis 1,5 kN/m²,
Festigkeitsklasse AE 20,
Estrichnenndicke 35 mm,
zur Aufnahme von elastischen/textilen Belägen.
Einheit m²

320 Gussasphaltestrich DIN 18560,
Einzelangaben nach DIN 18353
- Untergrund
  - - auf Trennschicht,
  - - auf vorhandener Abdichtung,
  - - als Verbundestrich auf bitumengebundenen Schichten,
  - - ....... ,
  - - als Estrich auf Dämmschicht,
- Härteklasse GE 10 – 15 – 40 – 100
  (Hinweis: für Estrich auf Dämmschicht GE 10 und GE 15)
- Estrichnenndicke 25 mm – 30 mm – 35 mm – 40 mm – ....... ,
- Gefälle
  - - auf vorhandenem einseitigen Gefälle,
  - - auf vorhandenem zweiseitigen Gefälle,
  - - auf vorhandenem vierseitigen Gefälle,
  - - auf Rampen, Neigung ....... ,
  - - ....... ,
- Art des Oberbodens
  - - als Nutzestrich,
    - - - Oberfläche mit Sand abreiben,
    - - - Oberfläche mit Splitt einstreuen, Körnung in mm ....... ,
    - - - Oberfläche mit Splitt einstreuen, Körnung in mm ....... und walzen,
    - - - Oberfläche ....... ,
  - - zur Aufnahme von elastischen/textilen Belägen,
  - - zur Aufnahme von Parkett,
  - - zur Aufnahme von Holzpflaster,
  - - zur Aufnahme von Fliesen– und Plattenbelägen,
  - - zur Aufnahme von Natur– und Betonwerksteinbelägen,
  - - zur Aufnahme von Versiegelungen und Beschichtungen,
  - - zur Aufnahme ....... ,
- Ausführung gemäß Zeichnung Nr....... , Einzelbeschreibung Nr. .......
- Berechnungseinheit m², m² in Einzelflächen, Maße in m .......

**Beispiel für Ausschreibungstext zu Position 320**
Gussasphaltestrich DIN 18560
als Estrich auf Dämmschicht,
Härteklasse GE 15, Estrichnenndicke 30 mm
auf vorhandenem einseitigen Gefälle,
zur Aufnahme von Parkett.
Einheit m²

360 Magnesiaestrich DIN 18560, einschichtig,
361 Magnesiaestrich DIN 18560, mehrschichtig,
362 Magnesiaestrich ....... ,
Einzelangaben nach DIN 18353 zu Pos. 360 bis 362
- Estrichart
  - - als Verbundestrich,
    - - - Festigkeitsklasse ME 5 – 7 – 10 – 20,
    - - - - Estrichnenndicke 15 mm – 20 mm – 25 mm – 30 mm – 35 mm – in mm ....... ,
  - - als hochbeanspruchbarer Verbundestrich,
    - - - Festigkeitsklasse ME 30, Oberflächenhärte 100 N/mm², Beanspruchungsgruppe III leicht,
    - - - Festigkeitsklasse ME 40, Oberflächenhärte 150 N/mm², Beanspruchungsgruppe II, mittel,
    - - - Festigkeitsklasse ME 50, Oberflächenhärte 200 N/mm², Beanspruchungsgruppe I, schwer,
    - - - - Estrichnenndicke 15 mm – 20 mm – 25 mm – in mm ....... ,
  - - als Estrich auf Trennschicht
    - - - Festigkeitsklasse ME 7 – 10 – 20,
    - - - - Estrichnenndicke 30 mm – 35 mm – 40 mm – in mm ....... ,
  - - als Estrich auf Dämmschicht, Festigkeitsklasse ME 7,
    - - - Estrichnenndicke 35 mm – 40 mm – 45 mm – in mm ....... ,
  - - als ....... ,
- Art des Oberbodens
  - - als Nutzestrich,
  - - zur Aufnahme von elastischen/textilen Belägen,
  - - zur Aufnahme von Parkett,
  - - zur Aufnahme von Holzpflaster,
  - - zur Aufnahme von Fliesen– und Plattenbelägen,
  - - zur Aufnahme von Imprägnierungen,
  - - zur ....... ,
- Oberfläche
  - - Oberfläche maschinell glätten,
  - - Oberfläche von Hand glätten,
  - - Oberfläche ....... ,
- Farbton
  - - Farbton grau,
  - - Farbton rot,
  - - Farbton gelb,
  - - Farbton ....... ,
- Ausführung gemäß Zeichnung Nr....... , Einzelbeschreibung Nr. .......
- Berechnungseinheit m², m² in Einzelflächen, Maße in m .......

**Beispiel für Ausschreibungstext zu Position 360**
Magnesiaestrich DIN 18560, einschichtig
als Verbundestrich,
Festigkeitsklasse ME 7,
Estrichnenndicke 30 mm,
als Nutzestrich,
Oberfläche maschinell glätten,
Farbton rot.
Einheit m²

## LB 025 Estricharbeiten
### Zementestrich

STLB 025

Ausgabe 06.01

400 Zementestrich DIN 18560,
401 Zementestrich DIN 18560, einschichtig,
402 Zementestrich DIN 18560, mehrschichtig,
  Einzelangaben nach DIN 18353 zu Pos. 400 bis 402
  - Estrichart
    -- als Verbundestrich,
      --- Festigkeitsklasse ZE 12 – 20 – 30 – 40 –
          50 – ....... ,
      ---- Estrichnenndicke 25 mm – 30 mm –
           35 mm – 40 mmm – 45 mm – 50 mm –
           in mm ....... ,
    -- als Estrich auf Trennschicht
      --- Festigkeitsklasse ZE 20 – 30 – 40,
      ---- Estrichnenndicke 30 mm – 35 mm –
           40 mm – 45 mm – 50 mm – in mm ....... ,
    -- als Estrich auf Dämmschicht, Verkehrslast
       bis 1,5 kN/m²,
    -- als Estrich auf Dämmschicht, Verkehrslast
       in kN/m² ....... ,
      --- Festigkeitsklasse ZE 20 – 30,
      ---- Estrichnenndicke 35 mm – 40 mm –
           45 mm – 50 mm – in mm ....... ,
  - Untergrund
    -- auf vorhandenem einseitigen Gefälle,
    -- auf vorhandenem zweiseitigen Gefälle,
    -- auf vorhandenem vierseitigen Gefälle,
    -- auf Trittstufen,
    -- auf Tritt– und Setzstufen,
    -- auf Rampen, Neigung ....... ,
    -- als Schwellen,
    -- ....... ,
  - Art des Oberbodens
    -- als Nutzestrich,
    -- zur Aufnahme von elastischen/textilen Belägen,
    -- zur Aufnahme von Parkett,
    -- zur Aufnahme von Holzpflaster,
    -- zur Aufnahme von Fliesen– und Plattenbelägen,
    -- zur Aufnahme von Natur– und Betonwerkstein-
       belägen,
    -- zur Aufnahme von Kunstharzestrich,
    -- zur Aufnahme von Imprägnierungen,
    -- zur Aufnahme von Versiegelungen und
       Beschichtungen,
  - Oberfläche
    -- Oberfläche reiben,
    -- Oberfläche maschinell glätten,
    -- Oberfläche von Hand glätten,
    -- Oberfläche riffeln,
    -- Oberfläche mit Besen aufrauen,
    -- Oberfläche ....... ,
  - Ausführung gemäß Zeichnung Nr....... ,
    Einzelbeschreibung Nr. .......
  - Berechnungseinheit m², m² in Einzelflächen,
    Maße in m .......
    Stück Trittstufen, Maße in cm .......
    Stück Tritt– und Setzstufen, Breite in cm ....... ,
    Steigungsverhältnis .......

403 Hartstoffeinstreuung aus Zement und Hartstoff als
    trockene Mischung,
    Einzelangaben nach DIN 18353
  - Verwendungsbereich
    -- in frischen Tragbeton einarbeiten,
    -- in frischen Estrich einarbeiten,
  - Beanspruchungsgruppe
    -- Beanspruchungsgruppe III leicht,
    -- Beanspruchungsgruppe ....... ,
  - Menge/Dicke
    -- Menge des Hartstoffgemisches in kg/m² ....... ,
    -- Dicke der Einstreuschicht 2 mm,
    -- Dicke der Einstreuschicht 3 mm,
    -- Dicke der Einstreuschicht 4 mm ,
    -- Dicke der Einstreuschicht in mm ....... ,
  - Untergrund
    -- auf vorhandenem einseitigen Gefälle,
    -- auf vorhandenem zweiseitigen Gefälle,
    -- auf vorhandenem vierseitigen Gefälle,
    -- auf Trittflächen,
    -- auf Tritt– und Setzstufen,
    -- auf Rampen, Neigung ....... ,
    -- als Schwellen,
    -- ....... ,
  - Oberfläche
    -- Oberfläche reiben,
    -- Oberfläche maschinell glätten,
    -- Oberfläche von Hand glätten,
    -- Oberfläche riffeln,
    -- Oberfläche ....... ,
  - Ausführung gemäß Zeichnung Nr....... ,
    Einzelbeschreibung Nr. .......
  - Berechnungseinheit m², m² in Einzelflächen,
    Maße in m .......
    Stück Trittstufen, Maße in cm .......
    Stück Tritt– und Setzstufen, Breite in cm ....... ,
    Steigungsverhältnis .......

**Beispiel für Ausschreibungstext zu Position 401**
Zementestrich DIN 18560, einschichtig,
als Verbundestrich,
Festigkeitsklasse ZE 40,
Estrichnenndicke 45 mm,
auf Rampen, Neigung 10 %,
als Nutzestrich,
Oberfläche riffeln.
Einheit m²

**STLB 025**

Ausgabe 06.01

# LB 025 Estricharbeiten
## Hartstoffestrich; Bitumenemulsionsestrich

430 Hartstoffestrich DIN 18560, einschichtig, als Verbundestrich,
431 Hartstoffestrich DIN 18560, einschichtig, als ....... ,
440 Hartstoffestrich DIN 18560, zweischichtig, als Verbundestrich,
441 Hartstoffestrich DIN 18560, zweischichtig, als ....... ,
450 Hartstoffestrich DIN 18560, einschichtig, auf vakuumbehandeltem frischen Trägerbeton, **Einzelangaben nach DIN 18353** zu Pos. 430 bis 450
- Beanspruchungsgruppe
  - – Beanspruchungsgruppe I schwer,
  - – Beanspruchungsgruppe II mittel,
  - – Beanspruchungsgruppe III leicht,
- Festigkeitsklasse
  - – Festigkeitsklasse ZE 65 A,
  - – Festigkeitsklasse ZE 55 M,
  - – Festigkeitsklasse ZE 65 KS,
- Estrichnenndicke 15 mm – 20 mm – 25 mm – 30 mm – 35 mm – 40 mm – 45 mm – 50 mm – in mm ....... ,
- Nenndicke der Hartstoffschicht 4 mm – 5 mm – 6 mm – 8 mm – 10 mm – 15 mm – 20 mm – in mm ....... ,
  Hinweis: Bei zweischichtigen Hartstoffestrichen Übergangsschicht mind. 25 mm.
- Untergrund
  - – auf vorhandenem einseitigen Gefälle,
  - – auf vorhandenem zweiseitigen Gefälle,
  - – auf vorhandenem vierseitigen Gefälle,
  - – auf Trittflächen,
  - – auf Tritt– und Setzstufen,
  - – auf Rampen, Neigung ....... ,
  - – als Schwellen,
  - – ....... ,
- Oberfläche
  - – Oberfläche reiben,
  - – Oberfläche maschinell glätten,
  - – Oberfläche von Hand glätten,
  - – Oberfläche riffeln,
  - – Oberfläche mit Besen aufrauen,
  - – Oberfläche ....... ,
- Ausführung gemäß Zeichnung Nr....... , Einzelbeschreibung Nr. .......
- Berechnungseinheit m², m² in Einzelflächen, Maße in m .......
  Stück Trittstufen, Maße in cm .......
  Stück Tritt– und Setzstufen, Breite in cm ....... , Steigungsverhältnis .......

**Beispiel für Ausschreibungstext zu Position 430**
Hartstoffestrich DIN 18560, einschichtig als Verbundestrich,
Beanspruchungsgruppe II mittel,
Festigkeitsklasse ZE 55 M,
Estrichnenndicke 35 mm,
auf vorhandenem einseitigen Gefälle,
Oberfläche maschinell glätten,
Einheit m²

480 Bitumenemulsionsestrich als Verbundestrich, **Einzelangaben nach DIN 18353**
- Untergrund
  - – auf Beton,
  - – auf bitumengebundenen Schichten,
  - – auf ....... ,
- Art der Nutzung .......
  Art der Belastung .......
  Flächenlasten in kN/m² .......
  Einzellasten in kN .......
- Estrichnenndicke
  - – Estrichnenndicke 10 mm,
  - – Estrichnenndicke 15 mm,
  - – Estrichnenndicke 20 mm,
  - – Estrichnenndicke in mm ....... ,
- Untergrund
  - – auf vorhandenem einseitigen Gefälle,
  - – auf vorhandenem zweiseitigen Gefälle,
  - – auf vorhandenem vierseitigen Gefälle,
  - – auf ....... ,
- Oberfläche
  - – Oberfläche von Hand glätten,
  - – Oberfläche maschinell glätten,
  - – Oberfläche ....... ,
- Ausführung gemäß Zeichnung Nr....... , Einzelbeschreibung Nr. .......
- Berechnungseinheit m², m² in Einzelflächen, Maße in m .......

**Beispiel für Ausschreibungstext zu Position 480**
Bitumenemulsionsestrich als Verbundestrich,
auf Beton,
Flächenlasten bis 1,5 kN/m²,
Estrichnenndicke 15 mm,
auf vorhandenem einseitigen Gefälle,
Oberfläche maschinell glätten,
Einheit m²

# LB 025 Estricharbeiten
## Kunstharzmodifizierte Zementestriche; Kunstharzestrich

Ausgabe 06.01

**510** Kunstharzmodifizierter Zementestrich mit Zuschlag aus Kiessandgemisch,
**520** Kunstharzmodifizierter Zementestrich mit ……. ,
Einzelangaben nach DIN 18353 zu Pos. 510, 520
- Estrichart
  - – als Verbundestrich,
  - – als ……. ,
- Festigkeitsklasse
  - – ZE 20, Biegefestigkeit über 6 N/mm²,
  - – ZE 30, Biegefestigkeit über 8 N/mm²,
  - – ZE ……. , Biegefestigkeit in N/mm² ……. ,
- Estrichnenndicke 10 mm – 15 mm – 20 mm – 25 mm – 30 mm – in mm …….
- Untergrund
  - – auf vorhandenem einseitigen Gefälle,
  - – auf vorhandenem zweiseitigen Gefälle,
  - – auf vorhandenem vierseitigen Gefälle,
  - – auf Trittstufen,
  - – auf Tritt– und Setzstufen,
  - – auf Rampen, Neigung ……. ,
  - – als Schwellen,
  - – ……. ,
- Art des Oberbodens
  - – als Nutzestrich,
  - – zur Aufnahme von elastischen/textilen Belägen,
  - – zur Aufnahme von Parkett,
  - – zur Aufnahme von Holzpflaster,
  - – zur Aufnahme von Fliesen– und Plattenbelägen,
  - – zur Aufnahme von Kunstharzestrich,
  - – zur Aufnahme von Imprägnierungen,
  - – zur Aufnahme von Versiegelungen und Beschichtungen,
- Oberfläche
  - – Oberfläche reiben,
  - – Oberfläche maschinell glätten,
  - – Oberfläche von Hand glätten,
  - – Oberfläche riffeln,
  - – Oberfläche ……. ,
- Kunstharzerzeugnis
  - – Kunstharzerzeugnis /Typ ……. (vom Bieter einzutragen),
  - – Kunstharzerzeugnis /Typ ……. oder gleichwertiger Art,
  
  **Hinweis:** Das Kunstharzerzeugnis muss auf die Fußbodenkonstruktion abgestimmt sein.
- Feststoffmenge bezogen auf das Zementgewicht in % …….
- Ausführung gemäß Zeichnung Nr……. , Einzelbeschreibung Nr. …….
- Berechnungseinheit m², m² in Einzelflächen, Maße in m …….
  Stück Trittstufen, Maße in cm …….
  Stück Tritt– und Setzstufen, Breite in cm ……. ,
  Steigungsverhältnis …….

**Beispiel für Ausschreibungstext zu Position 510**
Kunstharzmodifizierter Zementestrich
mit Zuschlag aus Kiessandgemisch,
als Verbundestrich,
ZE 30, Biegezugfestigkeit über 8 N/mm²,
Estrichnenndicke 25 mm,
auf vorhandenem einseitigen Gefälle
als Nutzestrich,
Oberfläche maschinell glätten,
Kunstharz-Erzeugnis ……. (vom Bieter einzutragen).
Einheit m²

**550** Kunstharzestrich,
**560** Kunstharzestrich ……. ,
Einzelangaben nach DIN 18353 zu Pos. 550, 560
- Bindemittel
  - – Bindemittel Epoxidharz (EP),
  - – Bindemittel Methacrylatharz (MMA),
  - – Bindemittel ungesättigtes Polyesterharz (UP),
  - – Bindemittel Polyurethanharz (PUR),
- Zuschlag
  - – Zuschlag Quarzsand,
  - – Zuschlag Hartstoff,
  - – Zuschlag ……. ,
- Festigkeitsklasse
  - – Biegezugfestigkeit 10 N/mm², DIN 18555–3,
  - – Biegezugfestigkeit 12 N/mm², DIN 18555–3,
  - – Biegezugfestigkeit 15 N/mm², DIN 18555–3,
  - – Biegezugfestigkeit in N/mm² ……. ,
- Estrichnenndicke 5 mm – 8 mm – 10 mm – 12 mm – 15 mm – 18 mm – 20 mm – in mm …….
- Untergrund
  - – auf vorhandenem einseitigen Gefälle,
  - – auf vorhandenem zweiseitigen Gefälle,
  - – auf vorhandenem vierseitigen Gefälle,
  - – auf vorhandenem ……. ,
- Oberfläche, Nutzung
  - – Oberfläche glätten als Nutzestrich,
  - – Oberfläche glätten zur Aufnahme von Beschichtungen,
  - – Oberfläche glätten ……. ,
- Farbton …….
- Ausführung gemäß Zeichnung Nr……. , Einzelbeschreibung Nr. …….
- Berechnungseinheit m², m² in Einzelflächen, Maße in m …….
  Stück Trittstufen, Maße in cm …….
  Stück Tritt– und Setzstufen, Breite in cm ……. ,
  Steigungsverhältnis …….

**Beispiel für Ausschreibungstext zu Position 560**
Kunstharzestrich als Verbundestrich,
Bindemittel Epoxidharz (EP),
Zuschlag Quarzsand,
Biegezugfestigkeit 15 N/mm², DIN 18555–3
Estrichnenndicke 15 mm,
Oberfläche glätten als Nutzestrich,
Farbton grau,
Einheit m²

STLB 025
Ausgabe 06.01

## LB 025 Estricharbeiten
### Heizestrich

600 Heizestrich auf Dämmschicht DIN 18560–2,
Einzelangaben nach DIN 18353
- Estrichart, Bauart
  -- mit Anhydritestrich der Festigkeitsklasse AE 20,
  -- mit Anhydritfließestrich der Festigkeitsklasse AE 20,
  -- mit Zementestrich der Festigkeitsklasse ZE 20,
    --- Bauart A1, Heizelementdurchmesser in mm ....... ,
    --- Bauart A2, Heizelementdurchmesser in mm ....... ,
    --- Bauart A3, Heizelementdurchmesser in mm ....... ,
      ---- Gesamtdicke in mm ....... ,
      ---- auf vorhandenem einseitigen Gefälle,
      ---- auf vorhandenem zweiseitigen Gefälle,
      ---- auf vorhandenem vierseitigen Gefälle,
      ---- auf ....... ,
    --- Bauart B,
    --- Bauart C,
      ---- Estrichnenndicke 45 mm,
      ---- Estrichnenndicke in mm ....... ,
        ----- auf vorhandenem einseitigen Gefälle,
        ----- auf vorhandenem zweiseitigen Gefälle,
        ----- auf vorhandenem vierseitigen Gefälle,
        ----- auf ....... ,
- Art des Oberbodens
  -- zur Aufnahme von elastischen/textilen Belägen,
  -- zur Aufnahme von Parkett,
  -- zur Aufnahme von Holzpflaster,
  -- zur Aufnahme von Fliesen– und Plattenbelägen,
  -- zur Aufnahme von Natur– und Werksteinbelägen,
  -- zur Aufnahme von Kunstharzestrich,
  -- zur Aufnahme von Imprägnierungen,
  -- zur Aufnahme von Versiegelungen und Beschichtungen,
- Oberfläche
  -- Oberfläche reiben,
  -- Oberfläche maschinell glätten,
  -- Oberfläche von Hand glätten,
  -- Oberfläche abziehen
  -- Oberfläche schleifen,
  -- Oberfläche ....... ,
- Ausführung gemäß Zeichnung Nr....... ,
  Einzelbeschreibung Nr. .......
- Berechnungseinheit m², m² in Einzelflächen,
  Maße in m .......

601 Gussasphaltheizestrich auf Dämmschicht DIN 18560–2,
Einzelangaben nach DIN 18353
- Bauart
  -- Bauart A1, Heizrohrdurchmesser 15 mm,
  -- Bauart A1, Heizrohrdurchmesser in mm ....... ,
- Estrichnenndicke
  -- Estrichnenndicke 35 mm,
  -- Estrichnenndicke 40 mm,
- Untergrund
  -- auf vorhandenem einseitigen Gefälle,
  -- auf vorhandenem zweiseitigen Gefälle,
  -- auf vorhandenem vierseitigen Gefälle,
  -- auf ....... ,
- Oberfläche
  -- Oberfläche mit Quarzsand abreiben,
  -- Oberfläche ....... ,
- Art des Oberbodens
  -- zur Aufnahme von elastischen/textilen Belägen,
  -- zur Aufnahme von Parkett,
  -- zur Aufnahme von Holzpflaster,
  -- zur Aufnahme von Fliesen– und Plattenbelägen,
  -- zur Aufnahme von Natur– und Betonwerksteinbelägen,
  -- zur Aufnahme von Kunstharzbelägen,
  -- zur Aufnahme von Versiegelungen,
  -- zur Aufnahme von Beschichtungen,
  -- zur Aufnahme von ....... ,
- Ausführung gemäß Zeichnung Nr....... ,
  Einzelbeschreibung Nr. .......
- Berechnungseinheit m², m² in Einzelflächen,
  Maße in m .......

**Beispiel für Ausschreibungstext zu Position 600**
Heizestrich auf Dämmschicht DIN 18560–2,
als Zementestrich der Festigkeitsklasse ZE 20,
Bauart A1, Heizrohrdurchmesser 15 mm,
Gesamtdicke 45 mm,
auf vorhandenem einseitigen Gefälle,
zur Aufnahme von elastischen/textilen Belägen,
Oberfläche maschinell glätten.
Einheit m²

## LB 025 Estricharbeiten
### Fertigteilestrich/Trockenunterböden; Estrichmehrdicken, -minderdicken; Sockel

STLB 025

Ausgabe 06.01

650 Fertigteilestrich/Trockenunterboden aus Gipskartonplatten DIN 18180,
651 Fertigteilestrich/Trockenunterboden aus Spanplatten DIN 68763,
652 Fertigteilestrich/Trockenunterboden aus Gipsfaserplatten,
653 Fertigteilestrich/Trockenunterboden aus ....... ,
Einzelangaben nach DIN 18353 zu Pos. 650 bis 653
- Nenndicke 19 mm – 20 mm – 22 mm – 25 mm – 28 mm – 36 mm – in mm .......
- als Verbundelement,
- Art der Dämmschicht
  - - mit Wärmedämmschicht aus Schaumkunststoff DIN 18164–1, Typ ....... ,
    Wärmeleitfähigkeitsgruppe ....... ,
    Mindestdämmschichtdicke in mm ....... ,
    Gesamtdicke in mm ....... ,
  - - mit Trittschalldämmschicht aus Schaumkunststoff DIN 18164–2, Typ TK,
    dynamische Steifigkeit in MN/m³ ....... ,
    Mindestdämmschichtdicke unter Belastung in mm ....... ,
    Gesamtdicke in mm ....... ,
  - - mit Trittschalldämmschicht aus Faserdämmstoffen DIN 18165–2, Typ TK,
    dynamische Steifigkeit in MN/m³ ....... ,
    Mindestdämmschichtdicke unter Belastung in mm ....... ,
    Gesamtdicke in mm ....... ,
  - - mit Wärmedämmschicht ....... , Wärmeleitfähigkeitsgruppe ....... ,
    Mindestdämmschichtdicke in mm ....... ,
    Gesamtdicke in mm ....... ,
  - - mit Trittschalldämmschicht ....... , dynamische Steifigkeit in MN/m³ ....... ,
    Mindestdämmschichtdicke unter Belastung in mm ....... ,
    Gesamtdicke in mm ....... ,
- Untergrund
  - - auf Beton,
  - - auf Holzbalkendecke,
  - - auf Ausgleichsschicht,
  - - auf Dämmschicht,
  - - auf Fußbodenheizung,
  - - auf ....... ,
- Stöße
  - - Stöße spachteln,
  - - Stöße ....... ,
- Art des Oberbodens
  - - zur Aufnahme von elastischen/textilen Belägen,
  - - zur Aufnahme von Parkett,
  - - zur Aufnahme von Holzpflaster,
  - - zur Aufnahme von Fliesen– und Plattenbelägen im Dünnbett,
  - - zur Aufnahme von Kunstharzestrich,
  - - zur Aufnahme von Versiegelungen und Beschichtungen,
  - - zur Aufnahme von ....... ,
- Erzeugnis
  - - Erzeugnis /Typ ....... (vom Bieter einzutragen),
  - - Erzeugnis /Typ ....... oder gleichwertiger Art,
- Ausführung gemäß Zeichnung Nr....... ,
  Einzelbeschreibung Nr. .......
- Berechnungseinheit m², m² in Einzelflächen,
  Maße in m .......

**Beispiel für Ausschreibungstext zu Position 652**
Fertigteilestrich aus Gipsfaserplatten,
mit Trittschalldämmschicht
aus Schaumkunststoff DIN 18164 Teil 2, Typ TK,
Mindestdämmschichtdicke unter Belastung 30 mm,
Gesamtdicke 50 mm,
auf Ausgleichsschicht,
Stöße spachteln,
zur Aufnahme von elastischen / textilen Belägen,
Erzeugnis ....... (vom Bieter einzutragen).
Einheit m²

700 Mehrdicke des Estrichs,
701 Minderdicke des Estrichs,
Einzelangaben nach DIN 18353 zu Pos. 700, 701
- Mehrdicke/Minderdicke
  - - je 1 mm Dicke,
  - - je 5 mm Dicke,
  - - je 10 mm Dicke,
  - - je ....... ,
- Ausführung nach besonderer Anordnung des AG,
- Berechnungseinheit m²

**Hinweis:**
Estrichmehrdicken/–minderdicken sind den Beschreibungen der Estriche unmittelbar zuzuordnen.

740 Sockel,
741 Kehlsockel,
742 Dreikantsockel,
Einzelangaben nach DIN 18353 zu Pos. 740 bis 742
- Werkstoff
  - - aus Estrichmörtel,
  - - aus Asphaltdreikantleiste,
  - - aus ....... ,
- Oberfläche
  - - obere Fläche gerade, Oberfläche glätten,
  - - obere Fläche schräg, Oberfläche glätten,
  - - obere Fläche ....... ,
- Sockelhöhe 25 mm – 30 mm – 35 mm – 40 mm – 50 mm – 60 mm – 80 mm – 100 mm – in mm .......
- Dicke 8 mm – 10 mm – 12 mm – 15 mm – 20 mm – 25 mm – in mm .......
- Radius .......
  **Hinweis:** z.B. der Kehle
- Ausführung gemäß Zeichnung Nr....... ,
  Einzelbeschreibung Nr. .......
- Berechnungseinheit
  m
  m, Einzellängen in m .......
  m, im Grundriss gekrümmt

**Beispiel für Ausschreibungstext zu Position 741**
Kehlsockel,
aus Estrichmörtel,
obere Fläche gerade,
Oberfläche glätten,
Sockelhöhe 80 mm, Dicke 15 mm, Radius 50 mm.
Einheit m

**STLB 025**

Ausgabe 06.01

## LB 025 Estricharbeiten
### Aussparungen, Anschlüsse Durchdringungen; Fugen

**Hinweis:** Herstellen der Kanten und Anarbeiten an Durchdringungen von mehr als 0,1 m² Einzelgröße sind nach DIN 18353 besondere Leistungen.

780 Herstellen der Kanten offenbleibender Aussparungen in Estrich,
781 Nachträgliches Anarbeiten des Estrichs an angrenzende Bauteile,
782 Nachträgliches Anarbeiten des Estrichs an Einbauteile,
783 Nachträgliches Anarbeiten des Estrichs an Rohrdurchführungen,
784 Nachträgliches Anarbeiten des Estrichs an ....... ,
785 Schließen von Aussparungen in Estrich,
Einzelangaben nach DIN 18353 zu Pos. 780 bis 785
- Querschnittsform
-- Querschnitt rund,
-- Querschnitt rechteckig,
-- Querschnitt ....... ,
- Maße in cm .......
- Ausführung gemäß Zeichnung Nr....... ,
Einzelbeschreibung Nr. .......
- Berechnungseinheit m, m², Stück

785 Anarbeiten an Durchdringungen,
- Berechnungseinheit
m
Stück, Einzelgröße, Maße in cm .......

**Hinweis:** Fugenabdichtungen siehe LB 018 Abdichtungsarbeiten gegen Wasser.

810 Herstellen der Bewegungsfuge in Estrich,
811 Herstellen der Bewegungsfuge in Heizestrich,
812 Herstellen der Bewegungsfuge in ....... ,
Einzelangaben nach DIN 18353 zu Pos. 810 bis 812
- Einlage
-- durch Einlegen von Schaumkunststoffplatten DIN 18164,
-- durch Einlegen von mineralischen Faserdämmstoffplatten DIN 18165,
-- durch Einlegen von PE-Schaumstreifen,
-- durch Einlegen von Fugenband,
-- durch ....... ,
- Fugenprofil
-- Fugenprofil aus PVC-weich,
-- Fugenprofil aus PVC-hart,
-- Fugenprofil aus Stahl,
-- Fugenprofil aus verzinktem Stahl,
-- Fugenprofil aus Stahl, kunststoffbeschichtet,
-- Fugenprofil aus Messing,
-- Fugenprofil aus Aluminium,
-- Fugenprofil ....... ,
- Besondere Anforderungen
-- widerstandsfähig gegen Öle und Fette,
-- widerstandsfähig gegen ....... ,
- Fugenbreite 5 mm – 10 mm – 15 mm – 20 mm – 25 mm – 30 mm – 35 mm – in mm .......
- Fugentiefe 10 mm – 20 mm – 30 mm – 40 mm – 50 mm – 60 mm – 70 mm – 80 mm – in mm .......
- Erzeugnis
-- Erzeugnis /Typ ....... (vom Bieter einzutragen),
-- Erzeugnis /Typ ....... oder gleichwertiger Art,
- Ausführung gemäß Zeichnung Nr....... ,
Einzelbeschreibung Nr. .......
- Berechnungseinheit m, m in Einzellängen in m ....... ,

**Beispiel für Ausschreibungstext zu Position 810**
Herstellen der Bewegungsfuge in Estrich
durch Einlegen von Schaumkunststoffplatten DIN 18164,
Fugenprofil auf PVC-hart,
widerstandsfähig gegen Öle und Fette,
Fugenbreite 15 mm, Fugentiefe 50 mm,
Erzeugnis ....... (vom Bieter einzutragen).
Einheit m

820 Herstellen von Scheinfugen in Estrich,
Einzelangaben nach DIN 18353
- Ausführung gemäß Zeichnung Nr....... ,
Einzelbeschreibung Nr. .......
- Berechnungseinheit m

821 Schließen von Fugen,
Einzelangaben nach DIN 18353
- Fugenart
-- als Bewegungsfuge,
-- als Randfuge,
-- als Bewegungs- und Randfuge,
- Füllstoff
-- mit bitumengebundener Vergussmasse,
-- mit elastischer Fugenmasse, Fugenvorbehandlung und Fugenunterfüllung nach Vorschrift des Herstellers,
-- mit ....... ,
--- widerstandsfähig gegen Öle und Fette,
--- widerstandsfähig gegen ....... ,
- Fugenbreite in mm .......
- Fugentiefe in mm .......
- Erzeugnis
-- Erzeugnis /Typ ....... (vom Bieter einzutragen),
-- Erzeugnis /Typ ....... oder gleichwertiger Art,
- Ausführung gemäß Zeichnung Nr....... ,
Einzelbeschreibung Nr. .......
- Berechnungseinheit m, m in Einzellängen in m .......

822 Kraftschlüssiges Schließen von Schein- und Arbeitsfugen,
- Berechnungseinheit m

# LB 025 Estricharbeiten
## Einbauteile; Oberflächenbehandlung

860 **Schiene,**
861 **Stoßschiene,**
862 **Trennschiene,**
863 **Kantenschutzschiene,**
864 **Anschlagschiene,**
865 **Schiene .......,**
Einzelangaben nach DIN 18353 zu Pos. 860 bis 865
- Werkstoff
  - – aus Stahl
  - – aus Stahl verzinkt
  - – aus Stahl kunststoffbeschichtet
  - – aus nichtrostendem Stahl
  - – aus Messing
  - – aus Aluminium
  - – aus PVC hart
  - – aus .......
- Querschnitt .......
- Profil ....... (alternativ zum Querschnitt)
- Länge, Befestigungsmittel
  - – Einzellänge bis 1 m,
  - – Einzellänge in m ....... ,
  - – Einzellänge bis 1 m, einschl. Befestigungsmittel,
  - – Einzellänge in m ....... , einschl. Befestigungsmittel,
- Befestigungsart .......
- Erzeugnis
  - – Erzeugnis /Typ ....... (vom Bieter einzutragen),
  - – Erzeugnis /Typ ....... oder gleichwertiger Art,
- Leistungsumfang
  - – liefern und einsetzen
  - – vom AG beigestellt, einsetzen
  - – auf der Baustelle gelagert, einsetzen
  - – .......
- Berechnungseinheit m, Stück, kg

865 **Mattenrahmen,**
866 **Mattenrahmen einschl. Ausgleich des Mattenbodens,**
867 **Revisionsrahmen,**
868 **Rahmen .......,**
869 **Einbauteil .......,**
Einzelangaben nach DIN 18353 zu Pos. 865 bis 869
- Werkstoff
  - – aus Stahl,
  - – aus verzinktem Stahl,
  - – aus Stahl kunststoffbeschichtet,
  - – aus Stahl mit Messingabdeckwinkel,
  - – aus nichtrostendem Stahl,
  - – aus Messing,
  - – aus Aluminium,
  - – aus .......,
- Profil / Abmessungen .......
- Befestigungsanker
  - – einschließlich Befestigungsanker
  - – einschließlich .......
- Erzeugnis
  - – Erzeugnis /Typ ....... (vom Bieter einzutragen),
  - – Erzeugnis /Typ ....... oder gleichwertiger Art,
- Leistungsumfang
  - – liefern und einsetzen
  - – vom AG beigestellt, einsetzen
  - – auf der Baustelle gelagert, einsetzen
  - – .......
- Berechnungseinheit m, Stück, m², kg

870 **Estrichbewehrung,**
Einzelangaben nach DIN 18353
- Art der Bewehrung
  - – mit Baustahlgitter 50/50/2,
  - – mit Baustahlgitter 50/50/2, verzinkt,
  - – mit Baustahlgitter 75/75/3,
  - – mit Baustahlgitter 75/75/3, verzinkt,
  - – mit Baustahlmatten N 141,
  - – mit Baustahlmatten N 94,
  - – nach Wahl des AN,
  - – mit ....... ,
- Berechnungseinheit m²

900 **Vorbereiten der Estrichoberfläche,**
Einzelangaben nach DIN 18353
- Art der Vorbereitung
  - – für Imprägnierung,
  - – für Versiegelung,
    - – – durch Schleifen und Absaugen,
    - – – durch mechanisches Bürsten und Absaugen,
    - – – durch ....... ,
  - – für Beschichtung,
    - – – durch Schleifen und Absaugen,
    - – – durch mechanisches Bürsten und Absaugen,
    - – – durch Kugelstrahlen,
    - – – durch ....... ,
- Berechnungseinheit m², m² in Einzelflächen, Maße in m ....... ,

901 **Imprägnierung der Oberfläche,**
Einzelangaben nach DIN 18353
- Imprägnierungsmittel
  - – mit Imprägnierungsmittel,
  - – mit Einkomponenten–Kunstharz,
  - – mit Zweikomponenten–Kunstharz,
  - – mit ....... ,
    - – – lösemittelfrei – lösemittelhaltig,
- Auftragsmenge in g/m² .......
- Farbton .......
- Erzeugnis
  - – Erzeugnis /Typ ....... (vom Bieter einzutragen),
  - – Erzeugnis /Typ ....... oder gleichwertiger Art,
- Berechnungseinheit m², m² in Einzelflächen, Maße in m ....... ,

902 **Versiegelung einschl. Grundierung der Estrichoberfläche,**
Einzelangaben nach DIN 18353
- Versiegelungsmittel
  - – mit Versiegelungsmittel,
  - – mit Einkomponenten–Kunstharz,
  - – mit Mehrkomponenten–Kunstharz,
  - – mit ....... ,
    - – – lösemittelfrei – lösemittelhaltig,
- Auftragsmenge des Grundierungsmittels in g/m² .......
- Auftragsmenge des Versiegelungsmittels in g/m² .......
- Farbton .......
- Erzeugnis
  - – Erzeugnis /Typ ....... (vom Bieter einzutragen),
  - – Erzeugnis /Typ ....... oder gleichwertiger Art,
- Berechnungseinheit m², m² in Einzelflächen, Maße in m ....... ,

903 **Beschichtung einschl. Grundierung der Estrichoberfläche,**
Einzelangaben nach DIN 18353
- Beschichtungsmittel
  - – mit Mehrkomponenten–Epoxidharz,
  - – mit Mehrkomponenten–Polymethacrylharz,
  - – mit Mehrkomponenten–Polyesterharz,
  - – mit Mehrkomponenten–Polyurethanharz,
  - – mit ....... ,
- Dicke 0,5 mm – 1 mm – 1,5 mm – 2 mm – 3 mm – in mm .......
  - – einschl. Quarzsand einstreuen,
- Beanspruchung
  - – Beanspruchung mechanisch ....... ,
  - – Beanspruchung chemisch ....... ,
  - – Beanspruchung thermisch ....... ,
  - – Beanspruchung ....... ,
- Farbton
- Erzeugnis
  - – Erzeugnis /Typ ....... (vom Bieter einzutragen),
  - – Erzeugnis /Typ ....... oder gleichwertiger Art,
- Berechnungseinheit m², m² in Einzelflächen, Maße in m ....... ,

904 **Schleifen und wachsen,**
905 **Schleifen, wachsen und polieren,**
906 **Oberflächenbehandlung .......,**
Einzelangaben nach DIN 18353 zu Pos. 904 bis 906
- Farbton
- Erzeugnis
  - – Erzeugnis /Typ ....... (vom Bieter einzutragen),
  - – Erzeugnis /Typ ....... oder gleichwertiger Art,
- Berechnungseinheit m², m² in Einzelflächen, Maße in m ....... ,

# LB 025 Estricharbeiten
## Schutzabdeckungen

**93_** **Abdeckung,**
**94_** **Abdeckung begehbar,**
**95_** **Abdeckung befahrbar,**
   **Art des zu schützenden Bauteiles**
   (als 3. Stelle zu 93_ bis 95_)
   1 als besonderer Schutz des Estrichs
   2 als besonderer Schutz des Estrichs auf Treppen
   3 als besonderer Schutz des Estrichs .......
   **Einzelangaben nach DIN 18353** zu Pos. 931 bis 953
   – Umfang der Leistung
     – – liefern und herstellen,
     – – liefern, herstellen und vorhalten,
         – – – einschl. der späteren Beseitigung, die Abdeckung wird Eigentum des AG,
           – – – – einschl. der laufenden Unterhaltung, Vorhaltedauer ....... ,
           – – – – die Unterhaltung wird nach den vertraglich vereinbarten Stundenlohnsätzen und Materialkosten vergütet, Ausführung der Unterhaltung nur nach besonderer Anforderung des AG,
   – Art der Abdeckung
     – – Abdeckung nach Wahl des AN,
     – – Abdeckung aus Kunststoff – Folie
         Dicke 0,15 mm – 0,2 mm – 0,3 mm – 0,5 mm – ....... ,
     – – Abdeckung aus Pappe
         Gewicht 200 g/m$^2$ – 250 g/m$^2$ – 300 g/m$^2$ – ....... ,
     – – Abdeckung aus Rohfilzpappe
         Gewicht 200 g/m$^2$ – 250 g/m$^2$ – 300 g/m$^2$ – ....... ,
     – – Abdeckung ....... ,
   – Anzahl der Lagen
     – – einlagig,
     – – zweilagig,
     – – zweilagig, 2. Lage aus ....... ,
   – Ausführung der Stöße
     – – Stöße lose überlappen,
     – – Stöße lose überlappen, Ränder kleben,
     – – Stöße überlappen, Ränder hochziehen und kleben,
     – – Stöße ....... ,
   – Zusätzliche Abdeckung
     – – zusätzlich mit Brettern abdecken,
     – – zusätzlich mit Bohlen abdecken,
     – – zusätzlich mit Bohlen und Kanthölzern abdecken,
     – – zusätzlich ....... ,
   – Berechnungseinheit m$^2$

# LB 025 Estricharbeiten
## Vorbereiten des Untergrundes

AW 025

Preise 06.01

Sämtliche Preise sind **Mittelpreise ohne Mehrwertsteuer** zum Zeitpunkt des Ausgabedatums.
**Korrekturfaktoren** für Regionaleinfluss, Mengeneinfluss, Konjunktureinfluss siehe Vorspann.
**Abkürzungen:** EP = Einheitspreis, LA = Lohnanteil, ST = Stoffanteil

### Vorbereiten des Untergrundes

025.-----.-

|  |  |  |
|---|---|---|
| 025.01001.M | Untergrund reinigen, Bauschutt | 1,38 DM/m2 / 0,71 €/m2 |
| 025.01002.M | Untergrund reinigen, grobe Verschmutzung | 1,73 DM/m2 / 0,89 €/m2 |
| 025.01003.M | Untergrund reinigen, Feinreinigung | 2,46 DM/m2 / 1,26 €/m2 |
| 025.01004.M | Untergrund reinigen, Dampfstrahlen | 8,88 DM/m2 / 4,54 €/m2 |
| 025.01005.M | Untergrund reinigen, Wasserstrahlen | 9,46 DM/m2 / 4,83 €/m2 |
| 025.01006.M | Aufrauen des Betonuntergrundes | 4,01 DM/m2 / 2,05 €/m2 |
| 025.01007.M | Aufrauen des Betonuntergrundes, Fräsen | 10,47 DM/m2 / 5,35 €/m2 |
| 025.01008.M | Aufrauen des Betonuntergrundes, Strahlen | 17,83 DM/m2 / 9,12 €/m2 |
| 025.02001.M | Putzüberstand beseitigen, Mörtel MG IIa, h= 5 cm | 0,56 DM/m / 0,29 €/m |
| 025.02002.M | Putzüberstand beseitigen, Mörtel MG IIa, h=10 cm | 0,99 DM/m / 0,51 €/m |
| 025.02003.M | Putzüberstand beseitigen, Mörtel MG III, h= 5 cm | 0,94 DM/m / 0,48 €/m |
| 025.02004.M | Putzüberstand beseitigen, Mörtel MG III, h=10 cm | 1,69 DM/m / 0,87 €/m |
| 025.03001.M | Haftbrücke | 4,83 DM/m2 / 2,47 €/m2 |
| 025.03002.M | Haftbrücke, 2-Komp. Epoxidharz | 4,60 DM/m2 / 2,35 €/m2 |
| 025.03003.M | Haftbrücke, Kunststoff/ Spezialzement | 7,58 DM/m2 / 3,88 €/m2 |
| 025.05001.M | Sperrschicht, PE-Folie 0,2 mm | 1,83 DM/m2 / 0,94 €/m2 |
| 025.05002.M | Sperrschicht, Bitumendachbahn V 13 | 8,33 DM/m2 / 4,26 €/m2 |
| 025.05003.M | Sperrschicht, Bitumendachbahn G 200 DD | 9,78 DM/m2 / 5,00 €/m2 |
| 025.07001.M | Untergrund ausgl., Fließmörtel, Dicke bis 5 mm | 21,59 DM/m2 / 11,04 €/m2 |
| 025.07002.M | Untergrund ausgl., Fließmörtel, Dicke 6 mm | 25,25 DM/m2 / 12,91 €/m2 |
| 025.07003.M | Untergrund ausgl., Fließmörtel, Dicke 8 mm | 32,04 DM/m2 / 16,38 €/m2 |
| 025.07004.M | Untergrund ausgl., Fließmörtel, Dicke 10 mm | 40,11 DM/m2 / 20,51 €/m2 |
| 025.07005.M | Untergrund, Ausgleichsestrich, Dicke über 5 bis 10 mm | 12,07 DM/m2 / 6,17 €/m2 |
| 025.07006.M | Untergrund, Ausgleichsestrich, Dicke über 10 bis 15 mm | 13,36 DM/m2 / 6,83 €/m2 |
| 025.07007.M | Untergrund, Ausgleichsestrich, Dicke über 15 bis 20 mm | 15,39 DM/m2 / 7,87 €/m2 |
| 025.07008.M | Untergrund, Ausgleichsestrich, Dicke über 20 bis 25 mm | 16,86 DM/m2 / 8,62 €/m2 |
| 025.07009.M | Untergrund, Ausgleichsestrich, Dicke über 25 bis 30 mm | 18,45 DM/m2 / 9,43 €/m2 |
| 025.07010.M | Untergrund, Ausgleichsestrich, Dicke über 30 bis 35 mm | 19,91 DM/m2 / 10,18 €/m2 |
| 025.07011.M | Untergrund, Ausgleichsestrich, Dicke über 35 bis 40 mm | 21,23 DM/m2 / 10,85 €/m2 |

**025.01001.M**    KG 350 DIN 276
Untergrund reinigen, Bauschutt
EP 1,38 DM/m2    LA 1,38 DM/m2    ST 0,00 DM/m2
EP 0,71 €/m2    LA 0,71 €/m2    ST 0,00 €/m2

**025.01002.M**    KG 350 DIN 276
Untergrund reinigen, grobe Verschmutzung
EP 1,72 DM/m2    LA 1,73 DM/m2    ST 0,00 DM/m2
EP 0,89 €/m2    LA 0,89 €/m2    ST 0,00 €/m2

**025.01003.M**    KG 350 DIN 276
Untergrund reinigen, Feinreinigung
EP 2,46 DM/m2    LA 2,46 DM/m2    ST 0,00 DM/m2
EP 1,26 €/m2    LA 1,26 €/m2    ST 0,00 €/m2

**025.01004.M**    KG 350 DIN 276
Untergrund reinigen, Dampfstrahlen
EP 8,88 DM/m2    LA 7,25 DM/m2    ST 1,63 DM/m2
EP 4,54 €/m2    LA 3,71 €/m2    ST 0,83 €/m2

**025.01005.M**    KG 350 DIN 276
Untergrund reinigen, Wasserstrahlen
EP 9,46 DM/m2    LA 7,96 DM/m2    ST 1,50 DM/m2
EP 4,83 €/m2    LA 4,07 €/m2    ST 0,76 €/m2

**025.01006.M**    KG 350 DIN 276
Aufrauen des Betonuntergrundes
EP 4,01 DM/m2    LA 3,77 DM/m2    ST 0,24 DM/m2
EP 2,05 €/m2    LA 1,93 €/m2    ST 0,12 €/m2

**025.01007.M**    KG 350 DIN 276
Aufrauen des Betonuntergrundes, Fräsen
EP 10,47 DM/m2    LA 7,37 DM/m2    ST 3,10 DM/m2
EP 5,35 €/m2    LA 3,77 €/m2    ST 1,58 €/m2

**025.01008.M**    KG 350 DIN 276
Aufrauen des Betonuntergrundes, Strahlen
EP 17,83 DM/m2    LA 10,18 DM/m2    ST 7,65 DM/m2
EP 9,12 €/m2    LA 5,21 €/m2    ST 3,91 €/m2

**025.02001.M**    KG 350 DIN 276
Putzüberstand beseitigen, Mörtel MG IIa, h= 5 cm
EP 0,56 DM/m    LA 0,42 DM/m    ST 0,14 DM/m
EP 0,29 €/m    LA 0,22 €/m    ST 0,07 €/m

**025.02002.M**    KG 350 DIN 276
Putzüberstand beseitigen, Mörtel MG IIa, h=10 cm
EP 0,99 DM/m    LA 0,78 DM/m    ST 0,21 DM/m
EP 0,51 €/m    LA 0,40 €/m    ST 0,11 €/m

**025.02003.M**    KG 350 DIN 276
Putzüberstand beseitigen, Mörtel MG III, h= 5 cm
EP 0,94 DM/m    LA 0,59 DM/m    ST 0,35 DM/m
EP 0,48 €/m    LA 0,30 €/m    ST 0,18 €/m

**025.02004.M**    KG 350 DIN 276
Putzüberstand beseitigen, Mörtel MG III, h=10 cm
EP 1,69 DM/m    LA 1,26 DM/m    ST 0,43 DM/m
EP 0,87 €/m    LA 0,64 €/m    ST 0,23 €/m

**025.03001.M**    KG 350 DIN 276
Haftbrücke
EP 4,83 DM/m2    LA 2,87 DM/m2    ST 1,96 DM/m2
EP 2,47 €/m2    LA 1,47 €/m2    ST 1,00 €/m2

**025.03002.M**    KG 350 DIN 276
Haftbrücke, 2-Komp. Epoxidharz
EP 4,60 DM/m2    LA 3,60 DM/m2    ST 1,00 DM/m2
EP 2,35 €/m2    LA 1,84 €/m2    ST 0,51 €/m2

**025.03003.M**    KG 350 DIN 276
Haftbrücke, Kunststoff/ Spezialzement
EP 7,58 DM/m2    LA 3,60 DM/m2    ST 3,98 DM/m2
EP 3,88 €/m2    LA 1,84 €/m2    ST 2,04 €/m2

**025.05001.M**    KG 350 DIN 276
Sperrschicht, PE-Folie 0,2 mm
EP 1,83 DM/m2    LA 1,00 DM/m2    ST 0,83 DM/m2
EP 0,94 €/m2    LA 0,51 €/m2    ST 0,43 €/m2

**025.05002.M**    KG 350 DIN 276
Sperrschicht, Bitumendachbahn V 13
EP 8,33 DM/m2    LA 3,42 DM/m2    ST 4,91 DM/m2
EP 4,26 €/m2    LA 1,75 €/m2    ST 2,51 €/m2

**025.05003.M**    KG 350 DIN 276
Sperrschicht, Bitumendachbahn G 200 DD
EP 9,78 DM/m2    LA 3,42 DM/m2    ST 6,36 DM/m2
EP 5,00 €/m2    LA 1,75 €/m2    ST 3,25 €/m2

**025.07001.M**    KG 350 DIN 276
Untergrund ausgl., Fließmörtel, Dicke bis 5 mm
EP 21,59 DM/m2    LA 7,13 DM/m2    ST 14,46 DM/m2
EP 11,04 €/m2    LA 3,64 €/m2    ST 7,40 €/m2

**025.07002.M**    KG 350 DIN 276
Untergrund ausgl., Fließmörtel, Dicke 6 mm
EP 25,25 DM/m2    LA 7,84 DM/m2    ST 17,41 DM/m2
EP 12,91 €/m2    LA 4,01 €/m2    ST 8,90 €/m2

## LB 025 Estricharbeiten
### Vorbereiten des Untergrundes; Trennschichten

Preise 06.01

Sämtliche Preise sind **Mittelpreise ohne Mehrwertsteuer** zum Zeitpunkt des Ausgabedatums.
**Korrekturfaktoren** für Regionaleinfluss, Mengeneinfluss, Konjunktureinfluss siehe Vorspann.
**Abkürzungen:** EP = Einheitspreis, LA = Lohnanteil, ST = Stoffanteil

025.07003.M KG 350 DIN 276
Untergrund ausgl., Fließmörtel, Dicke 8 mm
EP 32,04 DM/m2   LA 8,86 DM/m2   ST 23,18 DM/m2
EP 16,38 €/m2    LA 4,53 €/m2    ST 11,85 €/m2

025.07004.M KG 350 DIN 276
Untergrund ausgl., Fließmörtel, Dicke 10 mm
EP 40,11 DM/m2   LA 11,08 DM/m2  ST 29,03 DM/m2
EP 20,51 €/m2    LA  5,66 €/m2   ST 14,85 €/m2

025.07005.M KG 350 DIN 276
Untergrund, Ausgleichsestrich, Dicke über 5 bis 10 mm
EP 12,07 DM/m2   LA 9,47 DM/m2   ST 2,60 DM/m2
EP  6,17 €/m2    LA 4,84 €/m2    ST 1,33 €/m2

025.07006.M KG 350 DIN 276
Untergrund, Ausgleichsestrich, Dicke über 10 bis 15 mm
EP 13,36 DM/m2   LA 10,12 DM/m2  ST 3,24 DM/m2
EP  6,83 €/m2    LA  5,17 €/m2   ST 1,66 €/m2

025.07007.M KG 350 DIN 276
Untergrund, Ausgleichsestrich, Dicke über 15 bis 20 mm
EP 15,39 DM/m2   LA 11,14 DM/m2  ST 4,25 DM/m2
EP  7,87 €/m2    LA  5,69 €/m2   ST 2,18 €/m2

025.07008.M KG 350 DIN 276
Untergrund, Ausgleichsestrich, Dicke über 20 bis 25 mm
EP 16,86 DM/m2   LA 11,44 DM/m2  ST 5,42 DM/m2
EP  8,62 €/m2    LA  5,85 €/m2   ST 2,77 €/m2

025.07009.M KG 350 DIN 276
Untergrund, Ausgleichsestrich, Dicke über 25 bis 30 mm
EP 18,45 DM/m2   LA 11,91 DM/m2  ST 6,54 DM/m2
EP  9,43 €/m2    LA  6,09 €/m2   ST 3,34 €/m2

025.07010.M KG 350 DIN 276
Untergrund, Ausgleichsestrich, Dicke über 30 bis 35 mm
EP 19,91 DM/m2   LA 12,34 DM/m2  ST 7,57 DM/m2
EP 10,18 €/m2    LA  6,31 €/m2   ST 3,87 €/m2

025.07011.M KG 350 DIN 276
Untergrund, Ausgleichsestrich, Dicke über 35 bis 40 mm
EP 21,23 DM/m2   LA 12,58 DM/m2  ST 8,65 DM/m2
EP 10,85 €/m2    LA  6,43 €/m2   ST 4,42 €/m2

**Trennschichten**

025.-----.-

|  |  |  |
|---|---|---|
| 025.22001.M | Trennschicht, PE-Folie, Dicke 0,2 mm | 1,97 DM/m2 / 1,00 €/m2 |
| 025.22002.M | Trennschicht, PVC-Weichfolie, Dicke 0,2 mm | 5,33 DM/m2 / 2,73 €/m2 |
| 025.22003.M | Trennschicht, PVC-Weichfolie, Dicke 0,3 mm | 5,76 DM/m2 / 2,94 €/m2 |
| 025.22004.M | Trennschicht, PVC-Weichfolie, Dicke 0,4 mm | 6,03 DM/m2 / 3,08 €/m2 |
| 025.22005.M | Trennschicht, PVC-Weichfolie, Dicke 0,5 mm | 6,52 DM/m2 / 3,33 €/m2 |
| 025.22006.M | Trennschicht, Ölpapier | 3,40 DM/m2 / 1,74 €/m2 |
| 025.22007.M | Trennschicht, Bitumenpapier B 150 | 2,88 DM/m2 / 1,47 €/m2 |
| 025.22008.M | Trennschicht, Bitumenbahn R 333 N | 10,01 DM/m2 / 5,12 €/m2 |
| 025.22009.M | Trennschicht, Bitumenbahn R 500 N | 10,75 DM/m2 / 5,49 €/m2 |
| 025.22010.M | Trennschicht, Rohglasvlies | 3,44 DM/m2 / 1,76 €/m2 |
| 025.22101.M | Abdeckung, Rippenpappe | 3,93 DM/m2 / 2,01 €/m2 |
| 025.22102.M | Abdeckung, Bitumenfilz | 9,57 DM/m2 / 4,89 €/m2 |
| 025.22103.M | Abdeckung, Holzfaserplatte, Dicke 8 mm | 6,59 DM/m2 / 3,37 €/m2 |

025.22001.M KG 350 DIN 276
Trennschicht, PE-Folie, Dicke 0,2 mm
EP 1,97 DM/m2   LA 1,06 DM/m2   ST 0,91 DM/m2
EP 1,00 €/m2    LA 0,54 €/m2    ST 0,46 €/m2

025.22002.M KG 350 DIN 276
Trennschicht, PVC-Weichfolie, Dicke 0,2 mm
EP 5,33 DM/m2   LA 4,48 DM/m2   ST 0,85 DM/m2
EP 2,73 €/m2    LA 2,29 €/m2    ST 0,44 €/m2

025.22003.M KG 350 DIN 276
Trennschicht, PVC-Weichfolie, Dicke 0,3 mm
EP 5,76 DM/m2   LA 4,60 DM/m2   ST 1,16 DM/m2
EP 2,94 €/m2    LA 2,35 €/m2    ST 0,59 €/m2

025.22004.M KG 350 DIN 276
Trennschicht, PVC-Weichfolie, Dicke 0,4 mm
EP 6,03 DM/m2   LA 4,66 DM/m2   ST 1,37 DM/m2
EP 3,08 €/m2    LA 2,38 €/m2    ST 0,70 €/m2

025.22005.M KG 350 DIN 276
Trennschicht, PVC-Weichfolie, Dicke 0,5 mm
EP 6,52 DM/m2   LA 4,83 DM/m2   ST 1,69 DM/m2
EP 3,33 €/m2    LA 2,47 €/m2    ST 0,86 €/m2

025.22006.M KG 350 DIN 276
Trennschicht, Ölpapier
EP 3,40 DM/m2   LA 1,18 DM/m2   ST 2,22 DM/m2
EP 1,74 €/m2    LA 0,60 €/m2    ST 1,14 €/m2

025.22007.M KG 350 DIN 276
Trennschicht, Bitumenpapier B 150
EP 2,88 DM/m2   LA 1,12 DM/m2   ST 1,76 DM/m2
EP 1,47 €/m2    LA 0,57 €/m2    ST 0,90 €/m2

025.22008.M KG 350 DIN 276
Trennschicht, Bitumenbahn R 333 N
EP 10,01 DM/m2  LA 5,24 DM/m2   ST 4,77 DM/m2
EP  5,12 €/m2   LA 2,68 €/m2    ST 2,44 €/m2

025.22009.M KG 350 DIN 276
Trennschicht, Bitumenbahn R 500 N
EP 10,75 DM/m2  LA 5,42 DM/m2   ST 5,33 DM/m2
EP  5,49 €/m2   LA 2,77 €/m2    ST 2,72 €/m2

025.22010.M KG 350 DIN 276
Trennschicht, Rohglasvlies
EP 3,44 DM/m2   LA 2,07 DM/m2   ST 1,37 DM/m2
EP 1,76 €/m2    LA 1,06 €/m2    ST 0,70 €/m2

025.22101.M KG 350 DIN 276
Abdeckung, Rippenpappe
EP 3,93 DM/m2   LA 2,30 DM/m2   ST 1,63 DM/m2
EP 2,01 €/m2    LA 1,18 €/m2    ST 0,83 €/m2

025.22102.M KG 350 DIN 276
Abdeckung, Bitumenfilz
EP 9,57 DM/m2   LA 3,36 DM/m2   ST 6,21 DM/m2
EP 4,89 €/m2    LA 1,72 €/m2    ST 3,17 €/m2

025.22103.M KG 350 DIN 276
Abdeckung, Holzfaserplatte, Dicke 8 mm
EP 6,59 DM/m2   LA 3,83 DM/m2   ST 2,76 DM/m2
EP 3,37 €/m2    LA 1,96 €/m2    ST 1,41 €/m2

# LB 025 Estricharbeiten
## Randstreifen

AW 025

Preise 06.01

Sämtliche Preise sind **Mittelpreise ohne Mehrwertsteuer** zum Zeitpunkt des Ausgabedatums.
**Korrekturfaktoren** für Regionaleinfluss, Mengeneinfluss, Konjunktureinfluss siehe Vorspann.
**Abkürzungen:** EP = Einheitspreis, LA = Lohnanteil, ST = Stoffanteil

### Randstreifen

025.-----.-

|  |  |  |
|---|---|---|
| 025.22201.M | Randstreifen, PE-Schaum 5/100 mm | 1,94 DM/m / 0,99 €/m |
| 025.22202.M | Randstreifen, PE-Schaum 5/120 mm | 2,10 DM/m / 1,07 €/m |
| 025.22203.M | Randstreifen, PE-Schaum 5/150 mm | 2,18 DM/m / 1,11 €/m |
| 025.22204.M | Randstreifen, PE-Schaum 8/100 mm | 2,32 DM/m / 1,19 €/m |
| 025.22205.M | Randstreifen, PE-Schaum 8/120 mm | 2,41 DM/m / 1,23 €/m |
| 025.22206.M | Randstreifen, PE-Schaum 8/150 mm | 2,63 DM/m / 1,35 €/m |
| 025.22207.M | Randstreifen, PE-Schaum 10/100 mm | 2,72 DM/m / 1,39 €/m |
| 025.22208.M | Randstreifen, PE-Schaum 10/120 mm | 2,87 DM/m / 1,47 €/m |
| 025.22209.M | Randstreifen, PE-Schaum 10/150 mm | 3,20 DM/m / 1,63 €/m |
| 025.22210.M | Randstreifen, PE-Schaum 5/ 80 mm, mit Fuß | 2,16 DM/m / 1,10 €/m |
| 025.22211.M | Randstreifen, PE-Schaum 5/100 mm, mit Fuß | 2,29 DM/m / 1,17 €/m |
| 025.22212.M | Randstreifen, PE-Schaum 5/120 mm, mit Fuß | 2,53 DM/m / 1,29 €/m |
| 025.22213.M | Randstreifen, Mineralfaser 8/80 mm | 2,35 DM/m / 1,20 €/m |
| 025.22214.M | Randstreifen, Mineralfaser 10/100 mm | 2,83 DM/m / 1,45 €/m |
| 025.22215.M | Randstreifen, Mineralfaser 10/150 mm | 3,04 DM/m / 1,56 €/m |
| 025.22216.M | Randstreifen, Rippenpappe 4/70 mm | 1,74 DM/m / 0,89 €/m |
| 025.22217.M | Randstreifen, Rippenpappe 4/100 mm | 1,88 DM/m / 0,96 €/m |
| 025.22218.M | Randstreifen, Rippenpappe 4/150 mm | 2,06 DM/m / 1,05 €/m |

**025.22201.M** KG 350 DIN 276
Randstreifen, PE-Schaum 5/100 mm
EP 1,94 DM/m  LA 1,76 DM/m  ST 0,18 DM/m
EP 0,99 €/m  LA 0,90 €/m  ST 0,09 €/m

**025.22202.M** KG 350 DIN 276
Randstreifen, PE-Schaum 5/120 mm
EP 2,10 DM/m  LA 1,88 DM/m  ST 0,22 DM/m
EP 1,07 €/m  LA 0,96 €/m  ST 0,11 €/m

**025.22203.M** KG 350 DIN 276
Randstreifen, PE-Schaum 5/150 mm
EP 2,18 DM/m  LA 1,95 DM/m  ST 0,23 DM/m
EP 1,11 €/m  LA 0,99 €/m  ST 0,12 €/m

**025.22204.M** KG 350 DIN 276
Randstreifen, PE-Schaum 8/100 mm
EP 2,32 DM/m  LA 2,07 DM/m  ST 0,25 DM/m
EP 1,19 €/m  LA 1,06 €/m  ST 0,13 €/m

**025.22205.M** KG 350 DIN 276
Randstreifen, PE-Schaum 8/120 mm
EP 2,41 DM/m  LA 2,12 DM/m  ST 0,29 DM/m
EP 1,23 €/m  LA 1,08 €/m  ST 0,15 €/m

**025.22206.M** KG 350 DIN 276
Randstreifen, PE-Schaum 8/150 mm
EP 2,63 DM/m  LA 2,30 DM/m  ST 0,33 DM/m
EP 1,35 €/m  LA 1,18 €/m  ST 0,17 €/m

**025.22207.M** KG 350 DIN 276
Randstreifen, PE-Schaum 10/100 mm
EP 2,72 DM/m  LA 2,42 DM/m  ST 0,30 DM/m
EP 1,39 €/m  LA 1,24 €/m  ST 0,15 €/m

**025.22208.M** KG 350 DIN 276
Randstreifen, PE-Schaum 10/120 mm
EP 2,87 DM/m  LA 2,53 DM/m  ST 0,34 DM/m
EP 1,47 €/m  LA 1,29 €/m  ST 0,18 €/m

**025.22209.M** KG 350 DIN 276
Randstreifen, PE-Schaum 10/150 mm
EP 3,20 DM/m  LA 2,77 DM/m  ST 0,43 DM/m
EP 1,63 €/m  LA 1,42 €/m  ST 0,21 €/m

**025.22210.M** KG 350 DIN 276
Randstreifen, PE-Schaum 5/ 80 mm, mit Fuß
EP 2,16 DM/m  LA 1,70 DM/m  ST 0,46 DM/m
EP 1,10 €/m  LA 0,87 €/m  ST 0,23 €/m

**025.22211.M** KG 350 DIN 276
Randstreifen, PE-Schaum 5/100 mm, mit Fuß
EP 2,29 DM/m  LA 1,76 DM/m  ST 0,53 DM/m
EP 1,17 €/m  LA 0,90 €/m  ST 0,27 €/m

**025.22212.M** KG 350 DIN 276
Randstreifen, PE-Schaum 5/120 mm, mit Fuß
EP 2,53 DM/m  LA 1,95 DM/m  ST 0,58 DM/m
EP 1,29 €/m  LA 0,99 €/m  ST 0,30 €/m

**025.22213.M** KG 350 DIN 276
Randstreifen, Mineralfaser 8/80 mm
EP 2,35 DM/m  LA 1,95 DM/m  ST 0,40 DM/m
EP 1,20 €/m  LA 0,99 €/m  ST 0,21 €/m

**025.22214.M** KG 350 DIN 276
Randstreifen, Mineralfaser 10/100 mm
EP 2,83 DM/m  LA 2,36 DM/m  ST 0,47 DM/m
EP 1,45 €/m  LA 1,21 €/m  ST 0,24 €/m

**025.22215.M** KG 350 DIN 276
Randstreifen, Mineralfaser 10/150 mm
EP 3,04 DM/m  LA 2,47 DM/m  ST 0,57 DM/m
EP 1,56 €/m  LA 1,26 €/m  ST 0,30 €/m

**025.22216.M** KG 350 DIN 276
Randstreifen, Rippenpappe 4/70 mm
EP 1,74 DM/m  LA 1,65 DM/m  ST 0,09 DM/m
EP 0,89 €/m  LA 0,85 €/m  ST 0,04 €/m

**025.22217.M** KG 350 DIN 276
Randstreifen, Rippenpappe 4/100 mm
EP 1,88 DM/m  LA 1,76 DM/m  ST 0,12 DM/m
EP 0,96 €/m  LA 0,90 €/m  ST 0,06 €/m

**025.22218.M** KG 350 DIN 276
Randstreifen, Rippenpappe 4/150 mm
EP 2,06 DM/m  LA 1,88 DM/m  ST 0,18 DM/m
EP 1,05 €/m  LA 0,96 €/m  ST 0,09 €/m

AW 025

Preise 06.01

## LB 025 Estricharbeiten
### Trittschalldämmschichten

Sämtliche Preise sind **Mittelpreise ohne Mehrwertsteuer** zum Zeitpunkt des Ausgabedatums.
**Korrekturfaktoren** für Regionaleinfluss, Mengeneinfluss, Konjunktureinfluss siehe Vorspann.
**Abkürzungen:** EP = Einheitspreis, LA = Lohnanteil, ST = Stoffanteil

### Trittschalldämmschichten

025.-----.-

|  |  |  |
|---|---|---|
| 025.10001.M | Trittschalldämmschicht f.Trockenestrich, Dicke 12/11 mm | 16,48 DM/m2 / 8,43 €/m2 |
| 025.10002.M | Trittschalldämmschicht f.Trockenestrich, Dicke 23/20 mm | 31,18 DM/m2 / 15,94 €/m2 |
| 025.10003.M | Trittschalldämmschicht f.Trockenestrich, Dicke 28/25 mm | 36,53 DM/m2 / 18,68 €/m2 |
| 025.10004.M | Trittschalldämmschicht f.Trockenestrich, Dicke 33/30 mm | 42,54 DM/m2 / 21,75 €/m2 |
| 025.10005.M | Trittschalldämmschicht, HWL-Verbundpl., Dicke 50/45 mm | 35,70 DM/m2 / 18,25 €/m2 |
| 025.10006.M | Trittschalldämmschicht, HWL-Verbundpl., Dicke 60/55 mm | 38,51 DM/m2 / 19,69 €/m2 |
| 025.10007.M | Trittschalldämmschicht, HWL-Verbundpl., Dicke 65/60 mm | 41,40 DM/m2 / 21,17 €/m2 |
| 025.10008.M | Trittschalldämmschicht, Heralan-TP 13/10 mm | 12,45 DM/m2 / 6,36 €/m2 |
| 025.10009.M | Trittschalldämmschicht, Heralan-TP 20/15 mm | 16,00 DM/m2 / 8,18 €/m2 |
| 025.10010.M | Trittschalldämmschicht, Heralan-TP 25/20 mm | 19,57 DM/m2 / 10,00 €/m2 |
| 025.10011.M | Trittschalldämmschicht, Heralan-TP 30/25 mm | 23,18 DM/m2 / 11,85 €/m2 |
| 025.10012.M | Trittschalldämmschicht, Heralan-TP 35/30 mm | 29,38 DM/m2 / 15,02 €/m2 |
| 025.10013.M | Trittschalldämmschicht, Heralan-TP 40/35 mm | 33,07 DM/m2 / 16,91 €/m2 |
| 025.10014.M | Trittschalldämmschicht, Kokosfasermatte, Dicke 12/6 mm | 9,65 DM/m2 / 4,93 €/m2 |
| 025.10015.M | Trittschalldämmschicht, Kokosfasermatte, Dicke 17/10 mm | 10,74 DM/m2 / 5,49 €/m2 |
| 025.10016.M | Trittschalldämmschicht, Kokosfasermatte, Dicke 22/15 mm | 12,52 DM/m2 / 6,40 €/m2 |
| 025.10017.M | Trittschalldämmschicht, PE-Schaumfolie, Dicke 3 mm | 7,71 DM/m2 / 3,94 €/m2 |
| 025.10018.M | Trittschalldämmschicht, PE-Schaumfolie, Dicke 6/5 mm | 9,53 DM/m2 / 4,87 €/m2 |
| 025.10019.M | Trittschalldämmschicht, Polystyrol, Dicke 17/15 mm | 8,92 DM/m2 / 4,56 €/m2 |
| 025.10020.M | Trittschalldämmschicht, Polystyrol, Dicke 22/20 mm | 9,47 DM/m2 / 4,84 €/m2 |
| 025.10021.M | Trittschalldämmschicht, Polystyrol, Dicke 27/25 mm | 9,96 DM/m2 / 5,09 €/m2 |
| 025.10022.M | Trittschalldämmschicht, Polystyrol, Dicke 33/30 mm | 10,61 DM/m2 / 5,43 €/m2 |
| 025.10023.M | Trittschalldämmschicht, Polystyrol, Dicke 38/35 mm | 11,24 DM/m2 / 5,75 €/m2 |
| 025.10024.M | Trittschalldämmschicht, Polystyrol, Dicke 43/40 mm | 14,04 DM/m2 / 7,18 €/m2 |
| 025.10025.M | Trittschalldämmschicht, Mineralfaser, Dicke 12/10 mm | 16,08 DM/m2 / 8,22 €/m2 |
| 025.10026.M | Trittschalldämmschicht, Mineralfaser, Dicke 22/20 mm | 23,89 DM/m2 / 12,21 €/m2 |
| 025.10027.M | Trittschalldämmschicht, Mineralfaser, Dicke 27/25 mm | 27,74 DM/m2 / 14,18 €/m2 |
| 025.10028.M | Trittschalldämmschicht, Mineralfaser, Dicke 32/30 mm | 31,66 DM/m2 / 16,19 €/m2 |
| 025.10029.M | Trittschalldämmschicht, Mineralfaser, Dicke 42/40 mm | 39,11 DM/m2 / 20,00 €/m2 |
| 025.10030.M | Trittschalldämmschicht, Mineralfaser, Dicke 52/50 mm | 46,14 DM/m2 / 23,59 €/m2 |
| 025.10031.M | Trittschalldämmschicht, Mineralfaser, Dicke 62/60 mm | 54,11 DM/m2 / 27,67 €/m2 |
| 025.10032.M | Trittschalldämmschicht, Mineralfaser, Dicke 72/70 mm | 61,46 DM/m2 / 31,42 €/m2 |

025.10001.M KG 350 DIN 276
Trittschalldämmschicht f.Trockenestrich, Dicke 12/11 mm
EP 16,48 DM/m2  LA 4,31 DM/m2  ST 12,17 DM/m2
EP  8,43 €/m2   LA 2,21 €/m2   ST  6,22 €/m2

025.10002.M KG 350 DIN 276
Trittschalldämmschicht f.Trockenestrich, Dicke 23/20 mm
EP 31,18 DM/m2  LA 4,37 DM/m2  ST 26,81 DM/m2
EP 15,94 €/m2   LA 2,24 €/m2   ST 13,70 €/m2

025.10003.M KG 350 DIN 276
Trittschalldämmschicht f.Trockenestrich, Dicke 28/25 mm
EP 36,53 DM/m2  LA 4,50 DM/m2  ST 32,03 DM/m2
EP 18,68 €/m2   LA 2,30 €/m2   ST 16,38 €/m2

025.10004.M KG 350 DIN 276
Trittschalldämmschicht f.Trockenestrich, Dicke 33/30 mm
EP 42,54 DM/m2  LA 4,62 DM/m2  ST 37,92 DM/m2
EP 21,75 €/m2   LA 2,36 €/m2   ST 19,39 €/m2

025.10005.M KG 350 DIN 276
Trittschalldämmschicht, HWL-Verbundpl., Dicke 50/45 mm
EP 35,70 DM/m2  LA 7,67 DM/m2  ST 28,03 DM/m2
EP 18,25 €/m2   LA 3,92 €/m2   ST 14,33 €/m2

025.10006.M KG 350 DIN 276
Trittschalldämmschicht, HWL-Verbundpl., Dicke 60/55 mm
EP 38,51 DM/m2  LA 7,84 DM/m2  ST 30,67 DM/m2
EP 19,69 €/m2   LA 4,01 €/m2   ST 15,68 €/m2

025.10007.M KG 350 DIN 276
Trittschalldämmschicht, HWL-Verbundpl., Dicke 65/60 mm
EP 41,40 DM/m2  LA 7,96 DM/m2  ST 33,44 DM/m2
EP 21,17 €/m2   LA 4,07 €/m2   ST 17,10 €/m2

025.10008.M KG 350 DIN 276
Trittschalldämmschicht, Heralan-TP 13/10 mm
EP 12,45 DM/m2  LA 3,42 DM/m2  ST 9,03 DM/m2
EP  6,36 €/m2   LA 1,75 €/m2   ST 4,61 €/m2

025.10009.M KG 350 DIN 276
Trittschalldämmschicht, Heralan-TP 20/15 mm
EP 16,00 DM/m2  LA 3,89 DM/m2  ST 12,11 DM/m2
EP  8,18 €/m2   LA 1,99 €/m2   ST  6,19 €/m2

025.10010.M KG 350 DIN 276
Trittschalldämmschicht, Heralan-TP 25/20 mm
EP 19,57 DM/m2  LA 4,67 DM/m2  ST 14,90 DM/m2
EP 10,00 €/m2   LA 2,39 €/m2   ST  7,61 €/m2

025.10011.M KG 350 DIN 276
Trittschalldämmschicht, Heralan-TP 30/25 mm
EP 23,18 DM/m2  LA 5,21 DM/m2  ST 17,97 DM/m2
EP 11,85 €/m2   LA 2,66 €/m2   ST  9,19 €/m2

025.10012.M KG 350 DIN 276
Trittschalldämmschicht, Heralan-TP 35/30 mm
EP 29,38 DM/m2  LA 6,29 DM/m2  ST 23,09 DM/m2
EP 15,02 €/m2   LA 3,22 €/m2   ST 11,80 €/m2

025.10013.M KG 350 DIN 276
Trittschalldämmschicht, Heralan-TP 40/35 mm
EP 33,07 DM/m2  LA 7,19 DM/m2  ST 25,88 DM/m2
EP 16,91 €/m2   LA 3,67 €/m2   ST 13,24 €/m2

025.10014.M KG 350 DIN 276
Trittschalldämmschicht, Kokosfasermatte, Dicke 12/6 mm
EP 9,65 DM/m2   LA 4,44 DM/m2  ST 5,21 DM/m2
EP 4,93 €/m2    LA 2,27 €/m2   ST 2,66 €/m2

025.10015.M KG 350 DIN 276
Trittschalldämmschicht, Kokosfasermatte, Dicke 17/10 mm
EP 10,74 DM/m2  LA 4,67 DM/m2  ST 6,07 DM/m2
EP  5,49 €/m2   LA 2,39 €/m2   ST 3,10 €/m2

025.10016.M KG 350 DIN 276
Trittschalldämmschicht, Kokosfasermatte, Dicke 22/15 mm
EP 12,52 DM/m2  LA 4,79 DM/m2  ST 7,73 DM/m2
EP  6,40 €/m2   LA 2,45 €/m2   ST 3,95 €/m2

025.10017.M KG 350 DIN 276
Trittschalldämmschicht, PE-Schaumfolie, Dicke 3 mm
EP 7,71 DM/m2   LA 5,21 DM/m2  ST 2,50 DM/m2
EP 3,94 €/m2    LA 2,66 €/m2   ST 1,28 €/m2

025.10018.M KG 350 DIN 276
Trittschalldämmschicht, PE-Schaumfolie, Dicke 6/5 mm
EP 9,53 DM/m2   LA 5,39 DM/m2  ST 4,14 DM/m2
EP 4,87 €/m2    LA 2,76 €/m2   ST 2,11 €/m2

025.10019.M KG 350 DIN 276
Trittschalldämmschicht, Polystyrol, Dicke 17/15 mm
EP 8,92 DM/m2   LA 7,01 DM/m2  ST 1,91 DM/m2
EP 4,56 €/m2    LA 3,58 €/m2   ST 0,98 €/m2

025.10020.M KG 350 DIN 276
Trittschalldämmschicht, Polystyrol, Dicke 22/20 mm
EP 9,47 DM/m2   LA 7,13 DM/m2  ST 2,34 DM/m2
EP 4,84 €/m2    LA 3,64 €/m2   ST 1,20 €/m2

025.10021.M KG 350 DIN 276
Trittschalldämmschicht, Polystyrol, Dicke 27/25 mm
EP 9,96 DM/m2   LA 7,19 DM/m2  ST 2,77 DM/m2
EP 5,09 €/m2    LA 3,67 €/m2   ST 1,42 €/m2

# LB 025 Estricharbeiten
## Trittschalldämmschichten; Wärmedämmschichten

AW 025

Preise 06.01

Sämtliche Preise sind **Mittelpreise ohne Mehrwertsteuer** zum Zeitpunkt des Ausgabedatums.
**Korrekturfaktoren** für Regionaleinfluss, Mengeneinfluss, Konjunktureinfluss siehe Vorspann.
Abkürzungen: EP = Einheitspreis, LA = Lohnanteil, ST = Stoffanteil

025.10022.M      KG 350 DIN 276
Trittschalldämmschicht, Polystyrol, Dicke 33/30 mm
EP 10,61 DM/m2   LA 7,31 DM/m2   ST 3,30 DM/m2
EP  5,43 €/m2    LA 3,74 €/m2    ST 1,69 €/m2

025.10023.M      KG 350 DIN 276
Trittschalldämmschicht, Polystyrol, Dicke 38/35 mm
EP 11,24 DM/m2   LA 7,43 DM/m2   ST 3,81 DM/m2
EP  5,75 €/m2    LA 3,80 €/m2    ST 1,95 €/m2

025.10024.M      KG 350 DIN 276
Trittschalldämmschicht, Polystyrol, Dicke 43/40 mm
EP 14,04 DM/m2   LA 7,61 DM/m2   ST 6,43 DM/m2
EP  7,18 €/m2    LA 3,89 €/m2    ST 3,29 €/m2

025.10025.M      KG 350 DIN 276
Trittschalldämmschicht, Mineralfaser, Dicke 12/10 mm
EP 16,08 DM/m2   LA 6,71 DM/m2   ST 9,37 DM/m2
EP  8,22 €/m2    LA 3,43 €/m2    ST 4,79 €/m2

025.10026.M      KG 350 DIN 276
Trittschalldämmschicht, Mineralfaser, Dicke 22/20 mm
EP 23,89 DM/m2   LA 7,13 DM/m2   ST 16,76 DM/m2
EP 12,21 €/m2    LA 3,64 €/m2    ST  8,57 €/m2

025.10027.M      KG 350 DIN 276
Trittschalldämmschicht, Mineralfaser, Dicke 27/25 mm
EP 27,74 DM/m2   LA 7,31 DM/m2   ST 20,43 DM/m2
EP 14,18 €/m2    LA 3,74 €/m2    ST 10,44 €/m2

025.10028.M      KG 350 DIN 276
Trittschalldämmschicht, Mineralfaser, Dicke 32/30 mm
EP 31,66 DM/m2   LA 7,49 DM/m2   ST 24,17 DM/m2
EP 16,19 €/m2    LA 3,83 €/m2    ST 12,36 €/m2

025.10029.M      KG 350 DIN 276
Trittschalldämmschicht, Mineralfaser, Dicke 42/40 mm
EP 39,11 DM/m2   LA 7,67 DM/m2   ST 31,44 DM/m2
EP 20,00 €/m2    LA 3,92 €/m2    ST 16,08 €/m2

025.10030.M      KG 350 DIN 276
Trittschalldämmschicht, Mineralfaser, Dicke 52/50 mm
EP 46,14 DM/m2   LA 7,78 DM/m2   ST 38,36 DM/m2
EP 23,59 €/m2    LA 3,98 €/m2    ST 19,61 €/m2

025.10031.M      KG 350 DIN 276
Trittschalldämmschicht, Mineralfaser, Dicke 62/60 mm
EP 54,11 DM/m2   LA 7,90 DM/m2   ST 46,21 DM/m2
EP 27,67 €/m2    LA 4,04 €/m2    ST 23,63 €/m2

025.10032.M      KG 350 DIN 276
Trittschalldämmschicht, Mineralfaser, Dicke 72/70 mm
EP 61,46 DM/m2   LA 8,02 DM/m2   ST 53,44 DM/m2
EP 31,42 €/m2    LA 4,10 €/m2    ST 27,32 €/m2

## Wärmedämmschichten

025.-----.-

|  |  |  |
|---|---|---|
| 025.13001.M | Wärmedämmschicht, Mineralfaser, Dicke 20 mm | 22,48 DM/m2 / 11,49 €/m2 |
| 025.13002.M | Wärmedämmschicht, Mineralfaser, Dicke 30 mm | 31,79 DM/m2 / 16,26 €/m2 |
| 025.13003.M | Wärmedämmschicht, Mineralfaser, Dicke 40 mm | 35,75 DM/m2 / 18,28 €/m2 |
| 025.13004.M | Wärmedämmschicht, Mineralfaser, Dicke 50 mm | 39,90 DM/m2 / 20,40 €/m2 |
| 025.13005.M | Wärmedämmschicht, Mineralfaser, Dicke 60 mm | 48,56 DM/m2 / 24,83 €/m2 |
| 025.13006.M | Wärmedämmschicht, Mineralfaser, Dicke 70 mm | 57,29 DM/m2 / 29,29 €/m2 |
| 025.13007.M | Wärmedämmschicht, Polystyrol, Dicke 20 mm | 10,32 DM/m2 / 5,28 €/m2 |
| 025.13008.M | Wärmedämmschicht, Polystyrol, Dicke 30 mm | 11,53 DM/m2 / 5,90 €/m2 |
| 025.13009.M | Wärmedämmschicht, Polystyrol, Dicke 40 mm | 12,75 DM/m2 / 6,52 €/m2 |
| 025.13010.M | Wärmedämmschicht, Polystyrol, Dicke 50 mm | 14,00 DM/m2 / 7,16 €/m2 |
| 025.13011.M | Wärmedämmschicht, Polystyrol, Dicke 60 mm | 15,31 DM/m2 / 7,83 €/m2 |
| 025.13012.M | Wärmedämmschicht, Polystyrol, Dicke 80 mm | 17,68 DM/m2 / 9,04 €/m2 |
| 025.13013.M | Wärmedämmschicht, Polystyrol, Dicke 100 mm | 20,15 DM/m2 / 10,30 €/m2 |
| 025.13014.M | Wärmedämmschicht, Schaumglas, Dicke 30 mm | 31,29 DM/m2 / 16,00 €/m2 |
| 025.13015.M | Wärmedämmschicht, Schaumglas, Dicke 40 mm | 36,63 DM/m2 / 18,73 €/m2 |
| 025.13016.M | Wärmedämmschicht, Schaumglas, Dicke 50 mm | 42,36 DM/m2 / 21,66 €/m2 |
| 025.13017.M | Wärmedämmschicht, Schaumglas, Dicke 60 mm | 47,95 DM/m2 / 24,52 €/m2 |
| 025.13018.M | Wärmedämmschicht, Schaumglas, Dicke 80 mm | 60,20 DM/m2 / 30,78 €/m2 |
| 025.13019.M | Wärmedämmschicht, Schaumglas, Dicke 100 mm | 70,47 DM/m2 / 36,03 €/m2 |
| 025.13020.M | Wärmedämmschicht, Styrodur, Dicke 20 mm | 20,14 DM/m2 / 10,30 €/m2 |
| 025.13021.M | Wärmedämmschicht, Styrodur, Dicke 30 mm | 26,39 DM/m2 / 13,49 €/m2 |
| 025.13022.M | Wärmedämmschicht, Styrodur, Dicke 40 mm | 32,64 DM/m2 / 16,69 €/m2 |
| 025.13023.M | Wärmedämmschicht, Styrodur, Dicke 50 mm | 38,83 DM/m2 / 19,85 €/m2 |
| 025.13024.M | Wärmedämmschicht, Styrodur, Dicke 60 mm | 45,12 DM/m2 / 23,07 €/m2 |
| 025.13025.M | Wärmedämmschicht, Styrodur, Dicke 80 mm | 57,51 DM/m2 / 29,40 €/m2 |
| 025.13026.M | Wärmedämmschicht, Styrodur, Dicke 100 mm | 69,70 DM/m2 / 35,64 €/m2 |
| 025.13027.M | Wärmedämmschicht, PUR, Dicke 20 mm | 19,09 DM/m2 / 9,76 €/m2 |
| 025.13028.M | Wärmedämmschicht, PUR, Dicke 30 mm | 21,75 DM/m2 / 11,12 €/m2 |
| 025.13029.M | Wärmedämmschicht, PUR, Dicke 40 mm | 24,42 DM/m2 / 12,49 €/m2 |
| 025.13030.M | Wärmedämmschicht, PUR, Dicke 50 mm | 26,91 DM/m2 / 13,76 €/m2 |
| 025.13031.M | Wärmedämmschicht, PUR, Dicke 60 mm | 29,50 DM/m2 / 15,09 €/m2 |
| 025.13032.M | Wärmedämmschicht, PUR, Dicke 80 mm | 34,52 DM/m2 / 17,65 €/m2 |
| 025.13033.M | Wärmedämmschicht, PUR, Dicke 100 mm | 40,73 DM/m2 / 20,83 €/m2 |
| 025.13034.M | Wärmedämmschicht, PUR, Dicke 120 mm | 46,94 DM/m2 / 24,00 €/m2 |
| 025.13035.M | Wärmedämmschicht, PUR, Dicke 140 mm | 52,84 DM/m2 / 27,02 €/m2 |
| 025.13036.M | Wärmedämmschicht, PUR, Zulage für Falz | 0,65 DM/m2 / 0,33 €/m2 |
| 025.13037.M | Wärmedämmschicht, PUR-Al, Dicke 20 mm | 22,65 DM/m2 / 11,58 €/m2 |
| 025.13038.M | Wärmedämmschicht, PUR-Al, Dicke 25 mm | 23,18 DM/m2 / 11,85 €/m2 |
| 025.13039.M | Wärmedämmschicht, PUR-Al, Dicke 30 mm | 26,42 DM/m2 / 13,51 €/m2 |
| 025.13040.M | Wärmedämmschicht, PUR-Al, Dicke 40 mm | 28,45 DM/m2 / 14,54 €/m2 |
| 025.13041.M | Wärmedämmschicht, PUR-Al, Dicke 50 mm | 35,40 DM/m2 / 18,10 €/m2 |
| 025.13042.M | Wärmedämmschicht, PUR-Al, Dicke 60 mm | 36,66 DM/m2 / 18,74 €/m2 |
| 025.13043.M | Wärmedämmschicht, PUR-Al, Dicke 80 mm | 51,00 DM/m2 / 26,08 €/m2 |
| 025.13044.M | Wärmedämmschicht, PUR-Al, Dicke 100 mm | 61,13 DM/m2 / 31,25 €/m2 |
| 025.13045.M | Wärmedämmschicht, PUR-Al, Zulage für Falz, D bis 40 mm | 0,70 DM/m2 / 0,36 €/m2 |
| 025.13046.M | Wärmedämmschicht, PUR-Al, Zulage für Falz, D ab 50 mm | 1,11 DM/m2 / 0,57 €/m2 |
| 025.13047.M | Wärmedämmschicht, PUR-Al, Zulage für Nut und Feder | 1,16 DM/m2 / 0,59 €/m2 |
| 025.13048.M | Wärmedämmschicht, Kork, Dicke 20 mm | 11,47 DM/m2 / 5,87 €/m2 |
| 025.13049.M | Wärmedämmschicht, Kork, Dicke 30 mm | 15,09 DM/m2 / 7,72 €/m2 |
| 025.13050.M | Wärmedämmschicht, Kork, Dicke 40 mm | 18,78 DM/m2 / 9,60 €/m2 |
| 025.13051.M | Wärmedämmschicht, Kork, Dicke 50 mm | 22,45 DM/m2 / 11,48 €/m2 |
| 025.13052.M | Wärmedämmschicht, Kork, Dicke 60 mm | 26,23 DM/m2 / 13,41 €/m2 |
| 025.13053.M | Wärmedämmschicht, Kork, Dicke 80 mm | 34,11 DM/m2 / 17,44 €/m2 |
| 025.13054.M | Wärmedämmschicht, Kork, Dicke 100 mm | 41,76 DM/m2 / 21,35 €/m2 |
| 025.13055.M | Wärmedämmschicht, Weichholzfaser, Dicke 10 mm | 7,42 DM/m2 / 3,79 €/m2 |
| 025.13056.M | Wärmedämmschicht, Weichholzfaser, Dicke 15 mm | 8,51 DM/m2 / 4,35 €/m2 |
| 025.13057.M | Wärmedämmschicht, Weichholzfaser, Dicke 20 mm | 9,03 DM/m2 / 4,62 €/m2 |
| 025.13058.M | Wärmedämmschicht, Weichholzfaser, Dicke 25 mm | 12,00 DM/m2 / 6,13 €/m2 |

025.13001.M      KG 350 DIN 276
Wärmedämmschicht, Mineralfaser, Dicke 20 mm
EP 22,48 DM/m2   LA 7,13 DM/m2   ST 15,35 DM/m2
EP 11,49 €/m2    LA 3,64 €/m2    ST  7,85 €/m2

AW 025

## LB 025 Estricharbeiten
### Wärmedämmschichten

Preise 06.01

Sämtliche Preise sind **Mittelpreise ohne Mehrwertsteuer** zum Zeitpunkt des Ausgabedatums.
**Korrekturfaktoren** für Regionaleinfluss, Mengeneinfluss, Konjunktureinfluss siehe Vorspann.
**Abkürzungen:** EP = Einheitspreis, LA = Lohnanteil, ST = Stoffanteil

025.13002.M KG 350 DIN 276
Wärmedämmschicht, Mineralfaser, Dicke 30 mm
EP 31,79 DM/m2   LA 7,31 DM/m2   ST 24,48 DM/m2
EP 16,26 €/m2    LA 3,74 €/m2    ST 12,52 €/m2

025.13003.M KG 350 DIN 276
Wärmedämmschicht, Mineralfaser, Dicke 40 mm
EP 35,75 DM/m2   LA 7,49 DM/m2   ST 28,26 DM/m2
EP 18,28 €/m2    LA 3,83 €/m2    ST 14,45 €/m2

025.13004.M KG 350 DIN 276
Wärmedämmschicht, Mineralfaser, Dicke 50 mm
EP 39,90 DM/m2   LA 7,61 DM/m2   ST 32,29 DM/m2
EP 20,40 €/m2    LA 3,89 €/m2    ST 16,51 €/m2

025.13005.M KG 350 DIN 276
Wärmedämmschicht, Mineralfaser, Dicke 60 mm
EP 48,56 DM/m2   LA 7,67 DM/m2   ST 40,89 DM/m2
EP 24,83 €/m2    LA 3,92 €/m2    ST 20,91 €/m2

025.13006.M KG 350 DIN 276
Wärmedämmschicht, Mineralfaser, Dicke 70 mm
EP 57,29 DM/m2   LA 7,84 DM/m2   ST 49,45 DM/m2
EP 29,29 €/m2    LA 4,01 €/m2    ST 25,28 €/m2

025.13007.M KG 350 DIN 276
Wärmedämmschicht, Polystyrol, Dicke 20 mm
EP 10,32 DM/m2   LA 7,07 DM/m2   ST 3,25 DM/m2
EP  5,28 €/m2    LA 3,61 €/m2    ST 1,67 €/m2

025.13008.M KG 350 DIN 276
Wärmedämmschicht, Polystyrol, Dicke 30 mm
EP 11,53 DM/m2   LA 7,19 DM/m2   ST 4,34 DM/m2
EP  5,90 €/m2    LA 3,67 €/m2    ST 2,23 €/m2

025.13009.M KG 350 DIN 276
Wärmedämmschicht, Polystyrol, Dicke 40 mm
EP 12,75 DM/m2   LA 7,31 DM/m2   ST 5,44 DM/m2
EP  6,52 €/m2    LA 3,74 €/m2    ST 2,78 €/m2

025.13010.M KG 350 DIN 276
Wärmedämmschicht, Polystyrol, Dicke 50 mm
EP 14,00 DM/m2   LA 7,43 DM/m2   ST 6,57 DM/m2
EP  7,16 €/m2    LA 3,80 €/m2    ST 3,36 €/m2

025.13011.M KG 350 DIN 276
Wärmedämmschicht, Polystyrol, Dicke 60 mm
EP 15,31 DM/m2   LA 7,61 DM/m2   ST 7,70 DM/m2
EP  7,83 €/m2    LA 3,89 €/m2    ST 3,94 €/m2

025.13012.M KG 350 DIN 276
Wärmedämmschicht, Polystyrol, Dicke 80 mm
EP 17,68 DM/m2   LA 7,78 DM/m2   ST 9,90 DM/m2
EP  9,04 €/m2    LA 3,98 €/m2    ST 5,06 €/m2

025.13013.M KG 350 DIN 276
Wärmedämmschicht, Polystyrol, Dicke 100 mm
EP 20,15 DM/m2   LA 8,02 DM/m2   ST 12,13 DM/m2
EP 10,30 €/m2    LA 4,10 €/m2    ST  6,20 €/m2

025.13014.M KG 350 DIN 276
Wärmedämmschicht, Schaumglas, Dicke 30 mm
EP 31,29 DM/m2   LA 7,78 DM/m2   ST 23,51 DM/m2
EP 16,00 €/m2    LA 3,98 €/m2    ST 12,02 €/m2

025.13015.M KG 350 DIN 276
Wärmedämmschicht, Schaumglas, Dicke 40 mm
EP 36,63 DM/m2   LA 8,08 DM/m2   ST 28,55 DM/m2
EP 18,73 €/m2    LA 4,13 €/m2    ST 14,60 €/m2

025.13016.M KG 350 DIN 276
Wärmedämmschicht, Schaumglas, Dicke 50 mm
EP 42,36 DM/m2   LA 8,33 DM/m2   ST 34,03 DM/m2
EP 21,66 €/m2    LA 4,26 €/m2    ST 17,40 €/m2

025.13017.M KG 350 DIN 276
Wärmedämmschicht, Schaumglas, Dicke 60 mm
EP 47,95 DM/m2   LA 8,63 DM/m2   ST 39,32 DM/m2
EP 24,52 €/m2    LA 4,41 €/m2    ST 20,11 €/m2

025.13018.M KG 350 DIN 276
Wärmedämmschicht, Schaumglas, Dicke 80 mm
EP 60,20 DM/m2   LA 9,22 DM/m2   ST 50,98 DM/m2
EP 30,78 €/m2    LA 4,72 €/m2    ST 26,06 €/m2

025.13019.M KG 350 DIN 276
Wärmedämmschicht, Schaumglas, Dicke 100 mm
EP 70,47 DM/m2   LA 10,48 DM/m2   ST 59,99 DM/m2
EP 36,03 €/m2    LA  5,36 €/m2    ST 30,67 €/m2

025.13020.M KG 350 DIN 276
Wärmedämmschicht, Styrodur, Dicke 20 mm
EP 20,14 DM/m2   LA 7,19 DM/m2   ST 12,95 DM/m2
EP 10,30 €/m2    LA 3,67 €/m2    ST  6,63 €/m2

025.13021.M KG 350 DIN 276
Wärmedämmschicht, Styrodur, Dicke 30 mm
EP 26,39 DM/m2   LA 7,37 DM/m2   ST 19,02 DM/m2
EP 13,49 €/m2    LA 3,77 €/m2    ST  9,72 €/m2

025.13022.M KG 350 DIN 276
Wärmedämmschicht, Styrodur, Dicke 40 mm
EP 32,64 DM/m2   LA 7,55 DM/m2   ST 25,09 DM/m2
EP 16,69 €/m2    LA 3,86 €/m2    ST 12,83 €/m2

025.13023.M KG 350 DIN 276
Wärmedämmschicht, Styrodur, Dicke 50 mm
EP 38,83 DM/m2   LA 7,73 DM/m2   ST 31,10 DM/m2
EP 19,85 €/m2    LA 3,95 €/m2    ST 15,90 €/m2

025.13024.M KG 350 DIN 276
Wärmedämmschicht, Styrodur, Dicke 60 mm
EP 45,12 DM/m2   LA 7,96 DM/m2   ST 37,16 DM/m2
EP 23,07 €/m2    LA 4,07 €/m2    ST 19,00 €/m2

025.13025.M KG 350 DIN 276
Wärmedämmschicht, Styrodur, Dicke 80 mm
EP 57,51 DM/m2   LA 8,27 DM/m2   ST 49,24 DM/m2
EP 29,40 €/m2    LA 4,23 €/m2    ST 25,17 €/m2

025.13026.M KG 350 DIN 276
Wärmedämmschicht, Styrodur, Dicke 100 mm
EP 69,70 DM/m2   LA 8,51 DM/m2   ST 61,19 DM/m2
EP 35,64 €/m2    LA 4,35 €/m2    ST 31,29 €/m2

025.13027.M KG 350 DIN 276
Wärmedämmschicht, PUR, Dicke 20 mm
EP 19,09 DM/m2   LA 7,19 DM/m2   ST 11,90 DM/m2
EP  9,76 €/m2    LA 3,67 €/m2    ST  6,09 €/m2

025.13028.M KG 350 DIN 276
Wärmedämmschicht, PUR, Dicke 30 mm
EP 21,75 DM/m2   LA 7,37 DM/m2   ST 14,38 DM/m2
EP 11,12 €/m2    LA 3,77 €/m2    ST  7,35 €/m2

025.13029.M KG 350 DIN 276
Wärmedämmschicht, PUR, Dicke 40 mm
EP 24,42 DM/m2   LA 7,55 DM/m2   ST 16,87 DM/m2
EP 12,49 €/m2    LA 3,86 €/m2    ST  8,63 €/m2

025.13030.M KG 350 DIN 276
Wärmedämmschicht, PUR, Dicke 50 mm
EP 26,91 DM/m2   LA 7,73 DM/m2   ST 19,18 DM/m2
EP 13,76 €/m2    LA 3,95 €/m2    ST  9,81 €/m2

025.13031.M KG 350 DIN 276
Wärmedämmschicht, PUR, Dicke 60 mm
EP 29,50 DM/m2   LA 7,96 DM/m2   ST 21,54 DM/m2
EP 15,09 €/m2    LA 4,07 €/m2    ST 11,02 €/m2

# LB 025 Estricharbeiten
## Wärmedämmschichten

AW 025

Preise 06.01

Sämtliche Preise sind **Mittelpreise ohne Mehrwertsteuer** zum Zeitpunkt des Ausgabedatums.
**Korrekturfaktoren** für Regionaleinfluss, Mengeneinfluss, Konjunktureinfluss siehe Vorspann.
Abkürzungen: EP = Einheitspreis, LA = Lohnanteil, ST = Stoffanteil

025.13032.M KG 350 DIN 276
Wärmedämmschicht, PUR, Dicke 80 mm
EP 34,52 DM/m2  LA 8,27 DM/m2  ST 26,25 DM/m2
EP 17,65 €/m2   LA 4,23 €/m2   ST 13,42 €/m2

025.13033.M KG 350 DIN 276
Wärmedämmschicht, PUR, Dicke 100 mm
EP 40,73 DM/m2  LA 8,45 DM/m2  ST 32,28 DM/m2
EP 20,83 €/m2   LA 4,32 €/m2   ST 16,51 €/m2

025.13034.M KG 350 DIN 276
Wärmedämmschicht, PUR, Dicke 120 mm
EP 46,94 DM/m2  LA 8,57 DM/m2  ST 38,37 DM/m2
EP 24,00 €/m2   LA 4,38 €/m2   ST 19,62 €/m2

025.13035.M KG 350 DIN 276
Wärmedämmschicht, PUR, Dicke 140 mm
EP 52,84 DM/m2  LA 8,57 DM/m2  ST 44,27 DM/m2
EP 27,02 €/m2   LA 4,38 €/m2   ST 22,64 €/m2

025.13036.M KG 350 DIN 276
Wärmedämmschicht, PUR, Zulage für Falz
EP 0,65 DM/m2   LA 0,00 DM/m2  ST 0,65 DM/m2
EP 0,33 €/m2    LA 0,00 €/m2   ST 0,33 €/m2

025.13037.M KG 350 DIN 276
Wärmedämmschicht, PUR-Al, Dicke 20 mm
EP 22,65 DM/m2  LA 7,19 DM/m2  ST 15,46 DM/m2
EP 11,58 €/m2   LA 3,67 €/m2   ST  7,91 €/m2

025.13038.M KG 350 DIN 276
Wärmedämmschicht, PUR-Al, Dicke 25 mm
EP 23,18 DM/m2  LA 7,25 DM/m2  ST 15,93 DM/m2
EP 11,85 €/m2   LA 3,71 €/m2   ST  8,14 €/m2

025.13039.M KG 350 DIN 276
Wärmedämmschicht, PUR-Al, Dicke 30 mm
EP 26,42 DM/m2  LA 7,37 DM/m2  ST 19,05 DM/m2
EP 13,51 €/m2   LA 3,77 €/m2   ST  9,74 €/m2

025.13040.M KG 350 DIN 276
Wärmedämmschicht, PUR-Al, Dicke 40 mm
EP 28,45 DM/m2  LA 7,55 DM/m2  ST 20,90 DM/m2
EP 14,54 €/m2   LA 3,86 €/m2   ST 10,68 €/m2

025.13041.M KG 350 DIN 276
Wärmedämmschicht, PUR-Al, Dicke 50 mm
EP 35,40 DM/m2  LA 7,73 DM/m2  ST 27,67 DM/m2
EP 18,10 €/m2   LA 3,95 €/m2   ST 14,15 €/m2

025.13042.M KG 350 DIN 276
Wärmedämmschicht, PUR-Al, Dicke 60 mm
EP 36,66 DM/m2  LA 7,96 DM/m2  ST 28,70 DM/m2
EP 18,74 €/m2   LA 4,07 €/m2   ST 14,67 €/m2

025.13043.M KG 350 DIN 276
Wärmedämmschicht, PUR-Al, Dicke 80 mm
EP 51,00 DM/m2  LA 8,27 DM/m2  ST 42,73 DM/m2
EP 26,08 €/m2   LA 4,23 €/m2   ST 21,85 €/m2

025.13044.M KG 350 DIN 276
Wärmedämmschicht, PUR-Al, Dicke 100 mm
EP 61,13 DM/m2  LA 8,45 DM/m2  ST 52,68 DM/m2
EP 31,25 €/m2   LA 4,32 €/m2   ST 26,93 €/m2

025.13045.M KG 350 DIN 276
Wärmedämmschicht, PUR-Al, Zulage für Falz, D bis 40 mm
EP 0,70 DM/m2   LA 0,00 DM/m2  ST 0,70 DM/m2
EP 0,36 €/m2    LA 0,00 €/m2   ST 0,36 €/m2

025.13046.M KG 350 DIN 276
Wärmedämmschicht, PUR-Al, Zulage für Falz, D ab 50 mm
EP 1,11 DM/m2   LA 0,00 DM/m2  ST 1,11 DM/m2
EP 0,57 €/m2    LA 0,00 €/m2   ST 0,57 €/m2

025.13047.M KG 350 DIN 276
Wärmedämmschicht, PUR-Al, Zulage für Nut und Feder
EP 1,16 DM/m2   LA 0,00 DM/m2  ST 1,16 DM/m2
EP 0,59 €/m2    LA 0,00 €/m2   ST 0,59 €/m2

025.13048.M KG 350 DIN 276
Wärmedämmschicht, Kork, Dicke 20 mm
EP 11,47 DM/m2  LA 4,67 DM/m2  ST 6,80 DM/m2
EP  5,87 €/m2   LA 2,39 €/m2   ST 3,48 €/m2

025.13049.M KG 350 DIN 276
Wärmedämmschicht, Kork, Dicke 30 mm
EP 15,09 DM/m2  LA 5,27 DM/m2  ST 9,82 DM/m2
EP  7,72 €/m2   LA 2,70 €/m2   ST 5,02 €/m2

025.13050.M KG 350 DIN 276
Wärmedämmschicht, Kork, Dicke 40 mm
EP 18,78 DM/m2  LA 6,11 DM/m2  ST 12,67 DM/m2
EP  9,60 €/m2   LA 3,12 €/m2   ST  6,48 €/m2

025.13051.M KG 350 DIN 276
Wärmedämmschicht, Kork, Dicke 50 mm
EP 22,45 DM/m2  LA 6,59 DM/m2  ST 15,86 DM/m2
EP 11,48 €/m2   LA 3,37 €/m2   ST  8,11 €/m2

025.13052.M KG 350 DIN 276
Wärmedämmschicht, Kork, Dicke 60 mm
EP 26,23 DM/m2  LA 7,19 DM/m2  ST 19,04 DM/m2
EP 13,41 €/m2   LA 3,67 €/m2   ST  9,74 €/m2

025.13053.M KG 350 DIN 276
Wärmedämmschicht, Kork, Dicke 80 mm
EP 34,11 DM/m2  LA 8,69 DM/m2  ST 25,42 DM/m2
EP 17,44 €/m2   LA 4,44 €/m2   ST 13,00 €/m2

025.13054.M KG 350 DIN 276
Wärmedämmschicht, Kork, Dicke 100 mm
EP 41,76 DM/m2  LA 10,06 DM/m2 ST 31,70 DM/m2
EP 21,35 €/m2   LA  5,14 €/m2  ST 16,21 €/m2

025.13055.M KG 350 DIN 276
Wärmedämmschicht, Weichholzfaser, Dicke 10 mm
EP 7,42 DM/m2   LA 4,31 DM/m2  ST 3,11 DM/m2
EP 3,79 €/m2    LA 2,21 €/m2   ST 1,58 €/m2

025.13056.M KG 350 DIN 276
Wärmedämmschicht, Weichholzfaser, Dicke 15 mm
EP 8,51 DM/m2   LA 4,37 DM/m2  ST 4,14 DM/m2
EP 4,35 €/m2    LA 2,24 €/m2   ST 2,11 €/m2

025.13057.M KG 350 DIN 276
Wärmedämmschicht, Weichholzfaser, Dicke 20 mm
EP 9,03 DM/m2   LA 4,56 DM/m2  ST 4,47 DM/m2
EP 4,62 €/m2    LA 2,33 €/m2   ST 2,29 €/m2

025.13058.M KG 350 DIN 276
Wärmedämmschicht, Weichholzfaser, Dicke 25 mm
EP 12,00 DM/m2  LA 4,67 DM/m2  ST 7,33 DM/m2
EP  6,13 €/m2   LA 2,39 €/m2   ST 3,74 €/m2

AW 025

Preise 06.01

## LB 025 Estricharbeiten
### Trittschall- und Wärmedämmschichten

Sämtliche Preise sind **Mittelpreise ohne Mehrwertsteuer** zum Zeitpunkt des Ausgabedatums.
**Korrekturfaktoren** für Regionaleinfluss, Mengeneinfluss, Konjunktureinfluss siehe Vorspann.
**Abkürzungen:** EP = Einheitspreis, LA = Lohnanteil, ST = Stoffanteil

### Trittschall- und Wärmedämmschichten

025.-----.-

|  |  |  |
|---|---|---|
| 025.16001.M | Trittschall.- u. Wärmedämmsch., MIN 20/15 mm, MIN 20 mm | 35,30 DM/m2 / 18,05 €/m2 |
| 025.16002.M | Trittschall.- u. Wärmedämmsch., MIN 20/15 mm, MIN 30 mm | 40,70 DM/m2 / 20,81 €/m2 |
| 025.16003.M | Trittschall.- u. Wärmedämmsch., MIN 20/15 mm, MIN 40 mm | 44,57 DM/m2 / 22,79 €/m2 |
| 025.16004.M | Trittschall.- u. Wärmedämmsch., MIN 20/15 mm, MIN 50 mm | 48,71 DM/m2 / 24,90 €/m2 |
| 025.16005.M | Trittschall.- u. Wärmedämmsch., MIN 20/15 mm, MIN 60 mm | 57,70 DM/m2 / 29,50 €/m2 |
| 025.16006.M | Trittschall.- u. Wärmedämmsch., MIN 20/15 mm, MIN 70 mm | 66,56 DM/m2 / 34,03 €/m2 |
| 025.16007.M | Trittschall.- u. Wärmedämmsch., MIN 20/15 mm, PS 30 mm | 20,72 DM/m2 / 10,60 €/m2 |
| 025.16008.M | Trittschall.- u. Wärmedämmsch., MIN 20/15 mm, PS 40 mm | 22,00 DM/m2 / 11,25 €/m2 |
| 025.16009.M | Trittschall.- u. Wärmedämmsch., MIN 20/15 mm, PS 50 mm | 23,29 DM/m2 / 11,91 €/m2 |
| 025.16010.M | Trittschall.- u. Wärmedämmsch., MIN 20/15 mm, PS 60 mm | 24,54 DM/m2 / 12,55 €/m2 |
| 025.16011.M | Trittschall.- u. Wärmedämmsch., MIN 25/20 mm, MIN 20 mm | 36,42 DM/m2 / 18,62 €/m2 |
| 025.16012.M | Trittschall.- u. Wärmedämmsch., MIN 25/20 mm, MIN 30 mm | 41,77 DM/m2 / 21,36 €/m2 |
| 025.16013.M | Trittschall.- u. Wärmedämmsch., MIN 25/20 mm, MIN 40 mm | 45,73 DM/m2 / 23,38 €/m2 |
| 025.16014.M | Trittschall.- u. Wärmedämmsch., MIN 25/20 mm, MIN 50 mm | 49,79 DM/m2 / 25,45 €/m2 |
| 025.16015.M | Trittschall.- u. Wärmedämmsch., MIN 25/20 mm, MIN 60 mm | 58,48 DM/m2 / 29,90 €/m2 |
| 025.16016.M | Trittschall.- u. Wärmedämmsch., MIN 25/20 mm, MIN 70 mm | 67,33 DM/m2 / 34,43 €/m2 |
| 025.16017.M | Trittschall.- u. Wärmedämmsch., MIN 25/20 mm, PS 30 mm | 21,89 DM/m2 / 11,19 €/m2 |
| 025.16018.M | Trittschall.- u. Wärmedämmsch., MIN 25/20 mm, PS 40 mm | 23,11 DM/m2 / 11,82 €/m2 |
| 025.16019.M | Trittschall.- u. Wärmedämmsch., MIN 25/20 mm, PS 50 mm | 24,41 DM/m2 / 12,48 €/m2 |
| 025.16020.M | Trittschall.- u. Wärmedämmsch., MIN 25/20 mm, PS 60 mm | 25,75 DM/m2 / 13,17 €/m2 |
| 025.16021.M | Trittschall.- u. Wärmedämmsch., MIN 35/30 mm, MIN 20 mm | 38,75 DM/m2 / 19,81 €/m2 |
| 025.16022.M | Trittschall.- u. Wärmedämmsch., MIN 35/30 mm, MIN 30 mm | 44,11 DM/m2 / 22,55 €/m2 |
| 025.16023.M | Trittschall.- u. Wärmedämmsch., MIN 35/30 mm, MIN 40 mm | 48,06 DM/m2 / 24,57 €/m2 |
| 025.16024.M | Trittschall.- u. Wärmedämmsch., MIN 35/30 mm, MIN 50 mm | 52,21 DM/m2 / 26,70 €/m2 |
| 025.16025.M | Trittschall.- u. Wärmedämmsch., MIN 35/30 mm, MIN 60 mm | 60,91 DM/m2 / 31,14 €/m2 |
| 025.16026.M | Trittschall.- u. Wärmedämmsch., MIN 35/30 mm, MIN 70 mm | 68,70 DM/m2 / 35,12 €/m2 |
| 025.16027.M | Trittschall.- u. Wärmedämmsch., MIN 35/30 mm, PS 30 mm | 24,17 DM/m2 / 12,36 €/m2 |
| 025.16028.M | Trittschall.- u. Wärmedämmsch., MIN 35/30 mm, PS 40 mm | 25,39 DM/m2 / 12,98 €/m2 |
| 025.16029.M | Trittschall.- u. Wärmedämmsch., MIN 35/30 mm, PS 50 mm | 26,64 DM/m2 / 13,62 €/m2 |
| 025.16030.M | Trittschall.- u. Wärmedämmsch., MIN 35/30 mm, PS 60 mm | 27,90 DM/m2 / 14,27 €/m2 |

**025.16001.M** KG 350 DIN 276
Trittschall.- u. Wärmedämmsch., MIN 20/15 mm, MIN 20 mm
EP 35,30 DM/m2   LA 11,50 DM/m2   ST 23,80 DM/m2
EP 18,05 €/m2    LA  5,88 €/m2    ST 12,17 €/m2

**025.16002.M** KG 350 DIN 276
Trittschall.- u. Wärmedämmsch., MIN 20/15 mm, MIN 30 mm
EP 40,70 DM/m2   LA 11,62 DM/m2   ST 29,08 DM/m2
EP 20,81 €/m2    LA  5,94 €/m2    ST 14,87 €/m2

**025.16003.M** KG 350 DIN 276
Trittschall.- u. Wärmedämmsch., MIN 20/15 mm, MIN 40 mm
EP 44,57 DM/m2   LA 11,74 DM/m2   ST 32,83 DM/m2
EP 22,79 €/m2    LA  6,00 €/m2    ST 16,79 €/m2

**025.16004.M** KG 350 DIN 276
Trittschall.- u. Wärmedämmsch., MIN 20/15 mm, MIN 50 mm
EP 48,71 DM/m2   LA 11,86 DM/m2   ST 36,85 DM/m2
EP 24,90 €/m2    LA  6,07 €/m2    ST 18,83 €/m2

**025.16005.M** KG 350 DIN 276
Trittschall.- u. Wärmedämmsch., MIN 20/15 mm, MIN 60 mm
EP 57,70 DM/m2   LA 12,28 DM/m2   ST 45,42 DM/m2
EP 29,50 €/m2    LA  6,28 €/m2    ST 23,22 €/m2

**025.16006.M** KG 350 DIN 276
Trittschall.- u. Wärmedämmsch., MIN 20/15 mm, MIN 70 mm
EP 66,56 DM/m2   LA 12,58 DM/m2   ST 53,98 DM/m2
EP 34,03 €/m2    LA  6,43 €/m2    ST 27,60 €/m2

**025.16007.M** KG 350 DIN 276
Trittschall.- u. Wärmedämmsch., MIN 20/15 mm, PS 30 mm
EP 20,72 DM/m2   LA 11,56 DM/m2   ST  9,16 DM/m2
EP 10,60 €/m2    LA  5,91 €/m2    ST  4,69 €/m2

**025.16008.M** KG 350 DIN 276
Trittschall.- u. Wärmedämmsch., MIN 20/15 mm, PS 40 mm
EP 22,00 DM/m2   LA 11,74 DM/m2   ST 10,26 DM/m2
EP 11,25 €/m2    LA  6,00 €/m2    ST  5,25 €/m2

**025.16009.M** KG 350 DIN 276
Trittschall.- u. Wärmedämmsch., MIN 20/15 mm, PS 50 mm
EP 23,29 DM/m2   LA 11,86 DM/m2   ST 11,43 DM/m2
EP 11,91 €/m2    LA  6,07 €/m2    ST  5,84 €/m2

**025.16010.M** KG 350 DIN 276
Trittschall.- u. Wärmedämmsch., MIN 20/15 mm, PS 60 mm
EP 24,54 DM/m2   LA 12,04 DM/m2   ST 12,50 DM/m2
EP 12,55 €/m2    LA  6,15 €/m2    ST  6,40 €/m2

**025.16011.M** KG 350 DIN 276
Trittschall.- u. Wärmedämmsch., MIN 25/20 mm, MIN 20 mm
EP 36,42 DM/m2   LA 11,50 DM/m2   ST 24,92 DM/m2
EP 18,62 €/m2    LA  5,88 €/m2    ST 12,74 €/m2

**025.16012.M** KG 350 DIN 276
Trittschall.- u. Wärmedämmsch., MIN 25/20 mm, MIN 30 mm
EP 41,77 DM/m2   LA 11,62 DM/m2   ST 30,15 DM/m2
EP 21,36 €/m2    LA  5,94 €/m2    ST 15,42 €/m2

**025.16013.M** KG 350 DIN 276
Trittschall.- u. Wärmedämmsch., MIN 25/20 mm, MIN 40 mm
EP 45,73 DM/m2   LA 11,80 DM/m2   ST 33,93 DM/m2
EP 23,38 €/m2    LA  6,04 €/m2    ST 17,34 €/m2

**025.16014.M** KG 350 DIN 276
Trittschall.- u. Wärmedämmsch., MIN 25/20 mm, MIN 50 mm
EP 49,79 DM/m2   LA 11,86 DM/m2   ST 37,93 DM/m2
EP 25,45 €/m2    LA  6,07 €/m2    ST 19,38 €/m2

**025.16015.M** KG 350 DIN 276
Trittschall.- u. Wärmedämmsch., MIN 25/20 mm, MIN 60 mm
EP 58,48 DM/m2   LA 11,98 DM/m2   ST 46,50 DM/m2
EP 29,90 €/m2    LA  6,12 €/m2    ST 23,78 €/m2

**025.16016.M** KG 350 DIN 276
Trittschall.- u. Wärmedämmsch., MIN 25/20 mm, MIN 70 mm
EP 67,33 DM/m2   LA 12,22 DM/m2   ST 55,11 DM/m2
EP 34,43 €/m2    LA  6,25 €/m2    ST 28,18 €/m2

**025.16017.M** KG 350 DIN 276
Trittschall.- u. Wärmedämmsch., MIN 25/20 mm, PS 30 mm
EP 21,89 DM/m2   LA 11,62 DM/m2   ST 10,27 DM/m2
EP 11,19 €/m2    LA  5,94 €/m2    ST  5,25 €/m2

**025.16018.M** KG 350 DIN 276
Trittschall.- u. Wärmedämmsch., MIN 25/20 mm, PS 40 mm
EP 23,11 DM/m2   LA 11,74 DM/m2   ST 11,37 DM/m2
EP 11,82 €/m2    LA  6,00 €/m2    ST  5,82 €/m2

**025.16019.M** KG 350 DIN 276
Trittschall.- u. Wärmedämmsch., MIN 25/20 mm, PS 50 mm
EP 24,41 DM/m2   LA 11,86 DM/m2   ST 12,55 DM/m2
EP 12,48 €/m2    LA  6,07 €/m2    ST  6,41 €/m2

# LB 025 Estricharbeiten
## Trittschall- und Wärmedämmschichten; Schüttungen

AW 025

Preise 06.01

Sämtliche Preise sind **Mittelpreise ohne Mehrwertsteuer** zum Zeitpunkt des Ausgabedatums.
**Korrekturfaktoren** für Regionaleinfluss, Mengeneinfluss, Konjunktureinfluss siehe Vorspann.
**Abkürzungen:** EP = Einheitspreis, LA = Lohnanteil, ST = Stoffanteil

025.16020.M KG 350 DIN 276
Trittschall.- u. Wärmedämmsch., MIN 25/20 mm, PS 60 mm
EP 25,75 DM/m2  LA 12,10 DM/m2  ST 13,65 DM/m2
EP 13,17 €/m2   LA  6,18 €/m2   ST  6,99 €/m2

025.16021.M KG 350 DIN 276
Trittschall.- u. Wärmedämmsch., MIN 35/30 mm, MIN 20 mm
EP 38,75 DM/m2  LA 11,62 DM/m2  ST 27,13 DM/m2
EP 19,81 €/m2   LA  5,94 €/m2   ST 13,87 €/m2

025.16022.M KG 350 DIN 276
Trittschall.- u. Wärmedämmsch., MIN 35/30 mm, MIN 30 mm
EP 44,11 DM/m2  LA 11,74 DM/m2  ST 32,37 DM/m2
EP 22,55 €/m2   LA  6,00 €/m2   ST 16,55 €/m2

025.16023.M KG 350 DIN 276
Trittschall.- u. Wärmedämmsch., MIN 35/30 mm, MIN 40 mm
EP 48,06 DM/m2  LA 11,91 DM/m2  ST 36,15 DM/m2
EP 24,57 €/m2   LA  6,09 €/m2   ST 18,48 €/m2

025.16024.M KG 350 DIN 276
Trittschall.- u. Wärmedämmsch., MIN 35/30 mm, MIN 50 mm
EP 52,21 DM/m2  LA 12,04 DM/m2  ST 40,17 DM/m2
EP 26,70 €/m2   LA  6,15 €/m2   ST 20,55 €/m2

025.16025.M KG 350 DIN 276
Trittschall.- u. Wärmedämmsch., MIN 35/30 mm, MIN 60 mm
EP 60,91 DM/m2  LA 12,16 DM/m2  ST 48,75 DM/m2
EP 31,14 €/m2   LA  6,22 €/m2   ST 24,92 €/m2

025.16026.M KG 350 DIN 276
Trittschall.- u. Wärmedämmsch., MIN 35/30 mm, MIN 70 mm
EP 68,70 DM/m2  LA 12,34 DM/m2  ST 56,36 DM/m2
EP 35,12 €/m2   LA  6,31 €/m2   ST 28,81 €/m2

025.16027.M KG 350 DIN 276
Trittschall.- u. Wärmedämmsch., MIN 35/30 mm, PS 30 mm
EP 24,17 DM/m2  LA 11,68 DM/m2  ST 12,49 DM/m2
EP 12,36 €/m2   LA  5,97 €/m2   ST  6,39 €/m2

025.16028.M KG 350 DIN 276
Trittschall.- u. Wärmedämmsch., MIN 35/30 mm, PS 40 mm
EP 25,39 DM/m2  LA 11,80 DM/m2  ST 13,59 DM/m2
EP 12,98 €/m2   LA  6,04 €/m2   ST  6,94 €/m2

025.16029.M KG 350 DIN 276
Trittschall.- u. Wärmedämmsch., MIN 35/30 mm, PS 50 mm
EP 26,64 DM/m2  LA 11,91 DM/m2  ST 14,73 DM/m2
EP 13,62 €/m2   LA  6,09 €/m2   ST  7,53 €/m2

025.16030.M KG 350 DIN 276
Trittschall.- u. Wärmedämmsch., MIN 35/30 mm, PS 60 mm
EP 27,90 DM/m2  LA 12,10 DM/m2  ST 15,80 DM/m2
EP 14,27 €/m2   LA  6,18 €/m2   ST  8,09 €/m2

## Schüttungen

025.-----.-

|  |  |  |
|---|---|---|
| 025.19001.M | Schüttung Bituperl, Dicke 10 mm | 6,79 DM/m2 / 3,47 €/m2 |
| 025.19002.M | Schüttung Bituperl, Dicke 20 mm | 10,91 DM/m2 / 5,58 €/m2 |
| 025.19003.M | Schüttung Bituperl, Dicke 30 mm | 14,80 DM/m2 / 7,57 €/m2 |
| 025.19004.M | Schüttung Bituperl, Dicke 40 mm | 19,70 DM/m2 / 10,07 €/m2 |
| 025.19101.M | Schüttung Bituperl, Mehrdicke je 10 mm | 5,33 DM/m2 / 2,73 €/m2 |
| 025.19005.M | Schüttung Terralit-LS, Dicke 10 mm | 7,39 DM/m2 / 3,78 €/m2 |
| 025.19006.M | Schüttung Terralit-LS, Dicke 20 mm | 11,34 DM/m2 / 5,80 €/m2 |
| 025.19007.M | Schüttung Terralit-LS, Dicke 30 mm | 16,78 DM/m2 / 8,58 €/m2 |
| 025.19008.M | Schüttung Terralit-LS, Dicke 40 mm | 20,95 DM/m2 / 10,71 €/m2 |
| 025.19009.M | Schüttung Terralit-LS, Dicke 50 mm | 25,08 DM/m2 / 12,82 €/m2 |
| 025.19010.M | Schüttung Terralit-LS, Dicke 60 mm | 31,09 DM/m2 / 15,89 €/m2 |
| 025.19102.M | Schüttung Terralit-LS, Mehrdicke je 10 mm | 5,50 DM/m2 / 2,81 €/m2 |
| 025.19011.M | Schüttung Korkschrot, Dicke 10 mm | 9,97 DM/m2 / 5,10 €/m2 |
| 025.19012.M | Schüttung Korkschrot, Dicke 20 mm | 14,20 DM/m2 / 7,26 €/m2 |
| 025.19013.M | Schüttung Korkschrot, Dicke 30 mm | 18,81 DM/m2 / 9,62 €/m2 |
| 025.19014.M | Schüttung Korkschrot, Dicke 40 mm | 21,98 DM/m2 / 11,24 €/m2 |
| 025.19015.M | Schüttung Korkschrot, Dicke 50 mm | 25,30 DM/m2 / 12,94 €/m2 |
| 025.19016.M | Schüttung Korkschrot, Dicke 60 mm | 28,44 DM/m2 / 14,54 €/m2 |
| 025.19103.M | Schüttung Korkschrot, Mehrdicke je 10 mm | 5,81 DM/m2 / 2,97 €/m2 |

025.19001.M KG 350 DIN 276
Schüttung Bituperl, Dicke 10 mm
EP 6,79 DM/m2  LA 2,28 DM/m2  ST 4,51 DM/m2
EP 3,47 €/m2   LA 1,16 €/m2   ST 2,31 €/m2

025.19002.M KG 350 DIN 276
Schüttung Bituperl, Dicke 20 mm
EP 10,91 DM/m2  LA 2,81 DM/m2  ST 8,10 DM/m2
EP  5,58 €/m2   LA 1,44 €/m2   ST 4,14 €/m2

025.19003.M KG 350 DIN 276
Schüttung Bituperl, Dicke 30 mm
EP 14,80 DM/m2  LA 3,36 DM/m2  ST 11,44 DM/m2
EP  7,57 €/m2   LA 1,72 €/m2   ST  5,85 €/m2

025.19004.M KG 350 DIN 276
Schüttung Bituperl, Dicke 40 mm
EP 19,70 DM/m2  LA 4,01 DM/m2  ST 15,69 DM/m2
EP 10,07 €/m2   LA 2,05 €/m2   ST  8,02 €/m2

025.19101.M KG 350 DIN 276
Schüttung Bituperl, Mehrdicke je 10 mm
EP 5,33 DM/m2  LA 1,61 DM/m2  ST 3,72 DM/m2
EP 2,73 €/m2   LA 0,82 €/m2   ST 1,91 €/m2

025.19005.M KG 350 DIN 276
Schüttung Terralit-LS, Dicke 10 mm
EP 7,39 DM/m2  LA 2,34 DM/m2  ST 5,05 DM/m2
EP 3,78 €/m2   LA 1,20 €/m2   ST 2,58 €/m2

025.19006.M KG 350 DIN 276
Schüttung Terralit-LS, Dicke 20 mm
EP 11,34 DM/m2  LA 3,18 DM/m2  ST 8,16 DM/m2
EP  5,80 €/m2   LA 1,62 €/m2   ST 4,18 €/m2

025.19007.M KG 350 DIN 276
Schüttung Terralit-LS, Dicke 30 mm
EP 16,78 DM/m2  LA 4,73 DM/m2  ST 12,05 DM/m2
EP  8,58 €/m2   LA 2,42 €/m2   ST  6,16 €/m2

AW 025

## LB 025 Estricharbeiten
### Schüttungen; Anhydritestrich

Preise 06.01

Sämtliche Preise sind **Mittelpreise ohne Mehrwertsteuer** zum Zeitpunkt des Ausgabedatums.
**Korrekturfaktoren** für Regionaleinfluss, Mengeneinfluss, Konjunktureinfluss siehe Vorspann.
**Abkürzungen:** EP = Einheitspreis, LA = Lohnanteil, ST = Stoffanteil

025.19008.M KG 350 DIN 276
Schüttung Terralit-LS, Dicke 40 mm
EP 20,95 DM/m2  LA 4,85 DM/m2  ST 16,10 DM/m2
EP 10,71 €/m2   LA 2,48 €/m2   ST 8,23 €/m2

025.19009.M KG 350 DIN 276
Schüttung Terralit-LS, Dicke 50 mm
EP 25,08 DM/m2  LA 5,03 DM/m2  ST 20,05 DM/m2
EP 12,82 €/m2   LA 2,57 €/m2   ST 10,25 €/m2

025.19010.M KG 350 DIN 276
Schüttung Terralit-LS, Dicke 60 mm
EP 31,09 DM/m2  LA 5,21 DM/m2  ST 25,88 DM/m2
EP 15,89 €/m2   LA 2,66 €/m2   ST 13,23 €/m2

025.19102.M KG 350 DIN 276
Schüttung Terralit-LS, Mehrdicke je 10 mm
EP 5,50 DM/m2   LA 1,55 DM/m2  ST 3,95 DM/m2
EP 2,81 €/m2    LA 0,79 €/m2   ST 2,02 €/m2

025.19011.M KG 350 DIN 276
Schüttung Korkschrot, Dicke 10 mm
EP 9,97 DM/m2   LA 4,67 DM/m2  ST 5,30 DM/m2
EP 5,10 €/m2    LA 2,39 €/m2   ST 2,71 €/m2

025.19012.M KG 350 DIN 276
Schüttung Korkschrot, Dicke 20 mm
EP 14,20 DM/m2  LA 5,33 DM/m2  ST 8,87 DM/m2
EP 7,26 €/m2    LA 2,73 €/m2   ST 4,53 €/m2

025.19013.M KG 350 DIN 276
Schüttung Korkschrot, Dicke 30 mm
EP 18,81 DM/m2  LA 7,01 DM/m2  ST 11,80 DM/m2
EP 9,62 €/m2    LA 3,58 €/m2   ST 6,04 €/m2

025.19014.M KG 350 DIN 276
Schüttung Korkschrot, Dicke 40 mm
EP 21,98 DM/m2  LA 7,25 DM/m2  ST 14,73 DM/m2
EP 11,24 €/m2   LA 3,71 €/m2   ST 7,53 €/m2

025.19015.M KG 350 DIN 276
Schüttung Korkschrot, Dicke 50 mm
EP 25,30 DM/m2  LA 7,55 DM/m2  ST 17,75 DM/m2
EP 12,94 €/m2   LA 3,86 €/m2   ST 9,08 €/m2

025.19016.M KG 350 DIN 276
Schüttung Korkschrot, Dicke 60 mm
EP 28,44 DM/m2  LA 7,84 DM/m2  ST 20,60 DM/m2
EP 14,54 €/m2   LA 4,01 €/m2   ST 10,53 €/m2

025.19103.M KG 350 DIN 276
Schüttung Korkschrot, Mehrdicke je 10 mm
EP 5,81 DM/m2   LA 1,67 DM/m2  ST 4,14 DM/m2
EP 2,97 €/m2    LA 0,86 €/m2   ST 2,11 €/m2

### Anhydritestrich

025.-----.-

|  |  |  |
|---|---|---|
| 025.30101.M | Anhydritestrich AE 20, Dicke 25 mm | 23,02 DM/m2 / 11,77 €/m2 |
| 025.30102.M | Anhydritestrich AE 20, Dicke 30 mm | 26,84 DM/m2 / 13,72 €/m2 |
| 025.30103.M | Anhydritestrich AE 20, Dicke 35 mm | 30,65 DM/m2 / 15,67 €/m2 |
| 025.30104.M | Anhydritestrich AE 20, Dicke 40 mm | 34,87 DM/m2 / 17,83 €/m2 |
| 025.30105.M | Anhydritestrich AE 20, Dicke 45 mm | 37,47 DM/m2 / 19,16 €/m2 |
| 025.30106.M | Anhydritestrich AE 20, Dicke 50 mm | 39,98 DM/m2 / 20,44 €/m2 |
| 025.30107.M | Anhydritestrich AE 30, Dicke 25 mm | 23,77 DM/m2 / 11,95 €/m2 |
| 025.30108.M | Anhydritestrich AE 30, Dicke 30 mm | 27,26 DM/m2 / 13,94 €/m2 |
| 025.30109.M | Anhydritestrich AE 30, Dicke 35 mm | 31,22 DM/m2 / 15,96 €/m2 |
| 025.30110.M | Anhydritestrich AE 30, Dicke 40 mm | 35,42 DM/m2 / 18,11 €/m2 |
| 025.30111.M | Anhydritestrich AE 30, Dicke 45 mm | 38,17 DM/m2 / 19,52 €/m2 |
| 025.30112.M | Anhydritestrich AE 30, Dicke 50 mm | 40,66 DM/m2 / 20,79 €/m2 |
| 025.30113.M | Anhydritestrich AE 40, Dicke 30 mm | 33,28 DM/m2 / 17,02 €/m2 |
| 025.30114.M | Anhydritestrich AE 40, Dicke 35 mm | 36,71 DM/m2 / 18,77 €/m2 |
| 025.30115.M | Anhydritestrich AE 40, Dicke 40 mm | 40,33 DM/m2 / 20,62 €/m2 |
| 025.30116.M | Anhydritestrich AE 40, Dicke 45 mm | 43,88 DM/m2 / 22,43 €/m2 |
| 025.30117.M | Anhydritestrich AE 40, Dicke 50 mm | 47,42 DM/m2 / 24,24 €/m2 |

025.30101.M KG 350 DIN 276
Anhydritestrich AE 20, Dicke 25 mm
EP 23,02 DM/m2  LA 12,77 DM/m2  ST 10,25 DM/m2
EP 11,77 €/m2   LA 6,53 €/m2    ST 5,24 €/m2

025.30102.M KG 350 DIN 276
Anhydritestrich AE 20, Dicke 30 mm
EP 26,84 DM/m2  LA 14,60 DM/m2  ST 12,24 DM/m2
EP 13,72 €/m2   LA 7,46 €/m2    ST 6,26 €/m2

025.30103.M KG 350 DIN 276
Anhydritestrich AE 20, Dicke 35 mm
EP 30,65 DM/m2  LA 16,42 DM/m2  ST 14,23 DM/m2
EP 15,67 €/m2   LA 8,40 €/m2    ST 7,27 €/m2

025.30104.M KG 350 DIN 276
Anhydritestrich AE 20, Dicke 40 mm
EP 34,87 DM/m2  LA 18,55 DM/m2  ST 16,32 DM/m2
EP 17,83 €/m2   LA 9,48 €/m2    ST 8,35 €/m2

025.30105.M KG 350 DIN 276
Anhydritestrich AE 20, Dicke 45 mm
EP 37,47 DM/m2  LA 19,16 DM/m2  ST 18,31 DM/m2
EP 19,16 €/m2   LA 9,80 €/m2    ST 9,36 €/m2

025.30106.M KG 350 DIN 276
Anhydritestrich AE 20, Dicke 50 mm
EP 39,98 DM/m2  LA 19,59 DM/m2  ST 20,39 DM/m2
EP 20,44 €/m2   LA 10,01 €/m2   ST 10,43 €/m2

025.30107.M KG 350 DIN 276
Anhydritestrich AE 30, Dicke 25 mm
EP 23,37 DM/m2  LA 12,77 DM/m2  ST 10,60 DM/m2
EP 11,95 €/m2   LA 6,53 €/m2    ST 5,42 €/m2

025.30108.M KG 350 DIN 276
Anhydritestrich AE 30, Dicke 30 mm
EP 27,26 DM/m2  LA 14,60 DM/m2  ST 12,66 DM/m2
EP 13,94 €/m2   LA 7,46 €/m2    ST 6,48 €/m2

# LB 025 Estricharbeiten
## Anhydritestrich; Gußasphaltestrich

AW 025

Preise 06.01

Sämtliche Preise sind **Mittelpreise ohne Mehrwertsteuer** zum Zeitpunkt des Ausgabedatums.
**Korrekturfaktoren** für Regionaleinfluss, Mengeneinfluss, Konjunktureinfluss siehe Vorspann.
**Abkürzungen:** EP = Einheitspreis, LA = Lohnanteil, ST = Stoffanteil

025.30109.M KG 350 DIN 276
Anhydritestrich AE 30, Dicke 35 mm
EP 31,22 DM/m2  LA 16,42 DM/m2  ST 14,80 DM/m2
EP 15,96 €/m2   LA  8,40 €/m2   ST  7,56 €/m2

025.30110.M KG 350 DIN 276
Anhydritestrich AE 30, Dicke 40 mm
EP 35,42 DM/m2  LA 18,55 DM/m2  ST 16,87 DM/m2
EP 18,11 €/m2   LA  9,48 €/m2   ST  8,63 €/m2

025.30111.M KG 350 DIN 276
Anhydritestrich AE 30, Dicke 45 mm
EP 38,17 DM/m2  LA 19,16 DM/m2  ST 19,01 DM/m2
EP 19,52 €/m2   LA  9,80 €/m2   ST  9,72 €/m2

025.30112.M KG 350 DIN 276
Anhydritestrich AE 30, Dicke 50 mm
EP 40,66 DM/m2  LA 19,59 DM/m2  ST 21,07 DM/m2
EP 20,79 €/m2   LA 10,01 €/m2   ST 10,78 €/m2

025.30113.M KG 350 DIN 276
Anhydritestrich AE 40, Dicke 30 mm
EP 33,28 DM/m2  LA 16,96 DM/m2  ST 16,32 DM/m2
EP 17,02 €/m2   LA  8,67 €/m2   ST  8,35 €/m2

025.30114.M KG 350 DIN 276
Anhydritestrich AE 40, Dicke 35 mm
EP 36,71 DM/m2  LA 17,70 DM/m2  ST 19,01 DM/m2
EP 18,77 €/m2   LA  9,05 €/m2   ST  9,72 €/m2

025.30115.M KG 350 DIN 276
Anhydritestrich AE 40, Dicke 40 mm
EP 40,33 DM/m2  LA 18,55 DM/m2  ST 21,78 DM/m2
EP 20,62 €/m2   LA  9,48 €/m2   ST 11,14 €/m2

025.30116.M KG 350 DIN 276
Anhydritestrich AE 40, Dicke 45 mm
EP 43,88 DM/m2  LA 19,46 DM/m2  ST 24,42 DM/m2
EP 22,43 €/m2   LA  9,95 €/m2   ST 12,48 €/m2

025.30117.M KG 350 DIN 276
Anhydritestrich AE 40, Dicke 50 mm
EP 47,42 DM/m2  LA 20,25 DM/m2  ST 27,17 DM/m2
EP 24,24 €/m2   LA 10,35 €/m2   ST 13,89 €/m2

## Gussasphaltestrich

025.-----.-

|  |  |  |
|---|---|---|
| 025.32001.M | Gussasphaltestrich GE 10, Dicke 25 mm | 34,33 DM/m2<br>17,55 €/m2 |
| 025.32002.M | Gussasphaltestrich GE 10, Dicke 30 mm | 39,66 DM/m2<br>20,28 €/m2 |
| 025.32003.M | Gussasphaltestrich GE 10, Dicke 35 mm | 46,85 DM/m2<br>23,95 €/m2 |
| 025.32004.M | Gussasphaltestrich GE 10, Dicke 40 mm | 53,03 DM/m2<br>27,11 €/m2 |
| 025.32005.M | Gussasphaltestrich GE 15, Dicke 20 mm | 29,67 DM/m2<br>15,17 €/m2 |
| 025.32006.M | Gussasphaltestrich GE 15, Dicke 25 mm | 36,40 DM/m2<br>18,61 €/m2 |
| 025.32007.M | Gussasphaltestrich GE 15, Dicke 30 mm | 42,97 DM/m2<br>21,97 €/m2 |
| 025.32008.M | Gussasphaltestrich GE 15, Dicke 35 mm | 49,46 DM/m2<br>25,29 €/m2 |
| 025.32009.M | Gussasphaltestrich GE 15, Dicke 40 mm | 55,87 DM/m2<br>28,57 €/m2 |

025.32001.M KG 350 DIN 276
Gussasphaltestrich GE 10, Dicke 25 mm
EP 34,33 DM/m2  LA 26,04 DM/m2  ST 8,29 DM/m2
EP 17,55 €/m2   LA 13,31 €/m2   ST 4,24 €/m2

025.32002.M KG 350 DIN 276
Gussasphaltestrich GE 10, Dicke 30 mm
EP 39,66 DM/m2  LA 29,99 DM/m2  ST 9,67 DM/m2
EP 20,28 €/m2   LA 15,33 €/m2   ST 4,95 €/m2

025.32003.M KG 350 DIN 276
Gussasphaltestrich GE 10, Dicke 35 mm
EP 46,85 DM/m2  LA 34,06 DM/m2  ST 12,79 DM/m2
EP 23,95 €/m2   LA 17,41 €/m2   ST  6,54 €/m2

025.32004.M KG 350 DIN 276
Gussasphaltestrich GE 10, Dicke 40 mm
EP 53,03 DM/m2  LA 39,11 DM/m2  ST 13,92 DM/m2
EP 27,11 €/m2   LA 20,00 €/m2   ST  7,11 €/m2

025.32005.M KG 350 DIN 276
Gussasphaltestrich GE 15, Dicke 20 mm
EP 29,67 DM/m2  LA 22,20 DM/m2  ST 7,47 DM/m2
EP 15,17 €/m2   LA 11,35 €/m2   ST 3,82 €/m2

025.32006.M KG 350 DIN 276
Gussasphaltestrich GE 15, Dicke 25 mm
EP 36,40 DM/m2  LA 26,16 DM/m2  ST 10,24 DM/m2
EP 18,61 €/m2   LA 13,37 €/m2   ST  5,24 €/m2

025.32007.M KG 350 DIN 276
Gussasphaltestrich GE 15, Dicke 30 mm
EP 42,97 DM/m2  LA 31,02 DM/m2  ST 11,95 DM/m2
EP 21,97 €/m2   LA 15,86 €/m2   ST  6,11 €/m2

025.32008.M KG 350 DIN 276
Gussasphaltestrich GE 15, Dicke 35 mm
EP 49,46 DM/m2  LA 34,67 DM/m2  ST 14,81 DM/m2
EP 25,29 €/m2   LA 17,72 €/m2   ST  7,57 €/m2

025.32009.M KG 350 DIN 276
Gussasphaltestrich GE 15, Dicke 40 mm
EP 55,87 DM/m2  LA 39,65 DM/m2  ST 16,22 DM/m2
EP 28,57 €/m2   LA 20,28 €/m2   ST  8,29 €/m2

AW 025

Preise 06.01

## LB 025 Estricharbeiten
### Magnesiaestrich

Sämtliche Preise sind **Mittelpreise ohne Mehrwertsteuer** zum Zeitpunkt des Ausgabedatums.
**Korrekturfaktoren** für Regionaleinfluss, Mengeneinfluss, Konjunktureinfluss siehe Vorspann.
**Abkürzungen:** EP = Einheitspreis, LA = Lohnanteil, ST = Stoffanteil

### Magnesiaestrich

025.------.-

|  |  |  |
|---|---|---|
| 025.36001.M | Magnesiaestrich ME 7, Dicke 15 mm | 16,79 DM/m2 / 8,59 €/m2 |
| 025.36002.M | Magnesiaestrich ME 7, Dicke 20 mm | 19,96 DM/m2 / 10,20 €/m2 |
| 025.36003.M | Magnesiaestrich ME 7, Dicke 25 mm | 23,04 DM/m2 / 11,78 €/m2 |
| 025.36004.M | Magnesiaestrich ME 7, Dicke 30 mm | 26,36 DM/m2 / 13,48 €/m2 |
| 025.36005.M | Magnesiaestrich ME 7, Dicke 35 mm | 29,28 DM/m2 / 14,97 €/m2 |
| 025.36006.M | Magnesiaestrich ME 7, Dicke 40 mm | 31,42 DM/m2 / 16,06 €/m2 |
| 025.36007.M | Magnesiaestrich ME 7, Dicke 45 mm | 34,63 DM/m2 / 17,71 €/m2 |
| 025.36008.M | Magnesiaestrich ME 20, Dicke 15 mm | 21,01 DM/m2 / 10,74 €/m2 |
| 025.36009.M | Magnesiaestrich ME 20, Dicke 20 mm | 25,58 DM/m2 / 13,08 €/m2 |
| 025.36010.M | Magnesiaestrich ME 20, Dicke 25 mm | 30,11 DM/m2 / 15,39 €/m2 |
| 025.36011.M | Magnesiaestrich ME 20, Dicke 30 mm | 34,81 DM/m2 / 17,80 €/m2 |
| 025.36012.M | Magnesiaestrich ME 50, Dicke 15 mm | 23,93 DM/m2 / 12,24 €/m2 |
| 025.36013.M | Magnesiaestrich ME 50, Dicke 20 mm | 29,69 DM/m2 / 15,18 €/m2 |
| 025.36014.M | Magnesiaestrich ME 50, Dicke 25 mm | 35,51 DM/m2 / 18,16 €/m2 |
| 025.36015.M | Magnesiaestrich, Zulage für Durchfärbung | 6,36 DM/m2 / 3,25 €/m2 |

**025.36001.M**    KG 350 DIN 276
Magnesiaestrich ME 7, Dicke 15 mm
EP 16,79 DM/m2   LA 10,95 DM/m2   ST 5,84 DM/m2
EP  8,59 €/m2   LA  5,60 €/m2   ST 2,99 €/m2

**025.36002.M**    KG 350 DIN 276
Magnesiaestrich ME 7, Dicke 20 mm
EP 19,96 DM/m2   LA 12,17 DM/m2   ST 7,79 DM/m2
EP 10,20 €/m2   LA  6,22 €/m2   ST 3,98 €/m2

**025.36003.M**    KG 350 DIN 276
Magnesiaestrich ME 7, Dicke 25 mm
EP 23,04 DM/m2   LA 13,38 DM/m2   ST 9,66 DM/m2
EP 11,78 €/m2   LA  6,84 €/m2   ST 4,94 €/m2

**025.36004.M**    KG 350 DIN 276
Magnesiaestrich ME 7, Dicke 30 mm
EP 26,36 DM/m2   LA 14,60 DM/m2   ST 11,76 DM/m2
EP 13,48 €/m2   LA  7,46 €/m2   ST  6,02 €/m2

**025.36005.M**    KG 350 DIN 276
Magnesiaestrich ME 7, Dicke 35 mm
EP 29,28 DM/m2   LA 15,21 DM/m2   ST 14,07 DM/m2
EP 14,97 €/m2   LA  7,78 €/m2   ST  7,19 €/m2

**025.36006.M**    KG 350 DIN 276
Magnesiaestrich ME 7, Dicke 40 mm
EP 31,42 DM/m2   LA 15,82 DM/m2   ST 15,60 DM/m2
EP 16,06 €/m2   LA  8,09 €/m2   ST  7,97 €/m2

**025.36007.M**    KG 350 DIN 276
Magnesiaestrich ME 7, Dicke 45 mm
EP 34,63 DM/m2   LA 17,04 DM/m2   ST 17,59 DM/m2
EP 17,71 €/m2   LA  8,71 €/m2   ST  9,00 €/m2

**025.36008.M**    KG 350 DIN 276
Magnesiaestrich ME 20, Dicke 15 mm
EP 21,01 DM/m2   LA 10,95 DM/m2   ST 10,06 DM/m2
EP 10,74 €/m2   LA  5,60 €/m2   ST  5,14 €/m2

**025.36009.M**    KG 350 DIN 276
Magnesiaestrich ME 20, Dicke 20 mm
EP 25,58 DM/m2   LA 12,17 DM/m2   ST 13,41 DM/m2
EP 13,08 €/m2   LA  6,22 €/m2   ST  6,86 €/m2

**025.36010.M**    KG 350 DIN 276
Magnesiaestrich ME 20, Dicke 25 mm
EP 30,11 DM/m2   LA 13,38 DM/m2   ST 16,73 DM/m2
EP 15,39 €/m2   LA  6,84 €/m2   ST  8,55 €/m2

**025.36011.M**    KG 350 DIN 276
Magnesiaestrich ME 20, Dicke 30 mm
EP 34,81 DM/m2   LA 14,60 DM/m2   ST 20,21 DM/m2
EP 17,80 €/m2   LA  7,46 €/m2   ST 10,34 €/m2

**025.36012.M**    KG 350 DIN 276
Magnesiaestrich ME 50, Dicke 15 mm
EP 23,93 DM/m2   LA 10,95 DM/m2   ST 12,98 DM/m2
EP 12,24 €/m2   LA  5,60 €/m2   ST  6,64 €/m2

**025.36013.M**    KG 350 DIN 276
Magnesiaestrich ME 50, Dicke 20 mm
EP 29,69 DM/m2   LA 12,17 DM/m2   ST 17,52 DM/m2
EP 15,18 €/m2   LA  6,22 €/m2   ST  8,96 €/m2

**025.36014.M**    KG 350 DIN 276
Magnesiaestrich ME 50, Dicke 25 mm
EP 35,51 DM/m2   LA 13,99 DM/m2   ST 21,52 DM/m2
EP 18,16 €/m2   LA  7,15 €/m2   ST 11,01 €/m2

**025.36015.M**    KG 350 DIN 276
Magnesiaestrich, Zulage für Durchfärbung
EP  6,36 DM/m2   LA 0,60 DM/m2   ST 5,76 DM/m2
EP  3,25 €/m2   LA 0,31 €/m2   ST 2,94 €/m2

# LB 025 Estricharbeiten
## Zementestrich

AW 025

Preise 06.01

Sämtliche Preise sind **Mittelpreise ohne Mehrwertsteuer** zum Zeitpunkt des Ausgabedatums.
**Korrekturfaktoren** für Regionaleinfluss, Mengeneinfluss, Konjunktureinfluss siehe Vorspann.
**Abkürzungen:** EP = Einheitspreis, LA = Lohnanteil, ST = Stoffanteil

### Zementestrich

025.-----.-

|  |  |  |
|---|---|---|
| 025.40001.M | Zementestrich ZE 20, Dicke 20 mm | 15,49 DM/m2 / 7,92 €/m2 |
| 025.40002.M | Zementestrich ZE 20, Dicke 25 mm | 16,97 DM/m2 / 8,68 €/m2 |
| 025.40003.M | Zementestrich ZE 20, Dicke 30 mm | 18,43 DM/m2 / 9,42 €/m2 |
| 025.40004.M | Zementestrich ZE 20, Dicke 35 mm | 19,96 DM/m2 / 10,20 €/m2 |
| 025.40005.M | Zementestrich ZE 20, Dicke 40 mm | 21,49 DM/m2 / 10,99 €/m2 |
| 025.40006.M | Zementestrich ZE 20, Dicke 45 mm | 22,96 DM/m2 / 11,74 €/m2 |
| 025.40007.M | Zementestrich ZE 20, Dicke 65 mm | 28,97 DM/m2 / 14,81 €/m2 |
| 025.40008.M | Zementestrich ZE 20, Dicke 70 mm | 30,43 DM/m2 / 15,56 €/m2 |
| 025.40009.M | Zementestrich ZE 20, Dicke 35 mm, + MIN 25/20 | 39,71 DM/m2 / 20,30 €/m2 |
| 025.40010.M | Zementestrich ZE 20, Dicke 35 mm, + MIN 40/35 | 48,38 DM/m2 / 24,74 €/m2 |
| 025.40011.M | Zementestrich ZE 20, Dicke 40 mm, + MIN 25/20 | 41,24 DM/m2 / 21,08 €/m2 |
| 025.40012.M | Zementestrich ZE 20, Dicke 40 mm, + MIN 40/35 | 49,90 DM/m2 / 25,51 €/m2 |
| 025.40013.M | Zementestrich ZE 20, Dicke 45 mm, + MIN 25/20 | 42,70 DM/m2 / 21,83 €/m2 |
| 025.40014.M | Zementestrich ZE 20, Dicke 45 mm, + MIN 40/35 | 51,32 DM/m2 / 26,24 €/m2 |
| 025.40015.M | Zementestrich ZE 20, 45 mm + Bstg.50/50/2 + MIN 25/20 | 47,06 DM/m2 / 24,06 €/m2 |
| 025.40016.M | Zementestrich ZE 20, 65 mm + Bstg.50/50/2 + MIN 25/20 | 50,12 DM/m2 / 25,62 €/m2 |
| 025.40017.M | Zementestrich Verbund ZE 20, Dicke 35 mm | 26,07 DM/m2 / 13,33 €/m2 |
| 025.40018.M | Zementestrich Verbund ZE 20, Dicke 40 mm | 27,86 DM/m2 / 14,25 €/m2 |
| 025.40019.M | Zementestrich Verbund ZE 20, Dicke 45 mm | 29,60 DM/m2 / 15,14 €/m2 |
| 025.40020.M | Zementestrich Verbund ZE 20, Dicke 65 mm | 37,04 DM/m2 / 18,94 €/m2 |
| 025.40021.M | Zement-Schnellestrich ZE 20, Dicke 30 mm | 70,68 DM/m2 / 36,14 €/m2 |
| 025.40022.M | Zement-Schnellestrich ZE 20, Dicke 35 mm | 81,88 DM/m2 / 41,86 €/m2 |
| 025.40023.M | Zement-Schnellestrich ZE 20, Dicke 40 mm | 91,90 DM/m2 / 46,99 €/m2 |
| 025.40024.M | Zement-Schnellestrich ZE 20, Dicke 45 mm | 102,80 DM/m2 / 52,56 €/m2 |
| 025.40025.M | Zement-Schnellestrich ZE 20, Dicke 65 mm+Bstg. 50/50/2 | 156,78 DM/m2 / 80,16 €/m2 |
| 025.40026.M | Rampenestrich ZE 30, Dicke 30/50 mm | 60,97 DM/m2 / 31,18 €/m2 |
| 025.40027.M | Stufenestrich ZE 30, Dicke 30 mm | 41,20 DM/m2 / 21,06 €/m2 |

**025.40001.M** KG 350 DIN 276
Zementestrich ZE 20, Dicke 20 mm
EP 15,49 DM/m2   LA 10,64 DM/m2   ST 4,85 DM/m2
EP  7,92 €/m2    LA  5,44 €/m2    ST 2,48 €/m2

**025.40002.M** KG 350 DIN 276
Zementestrich ZE 20, Dicke 25 mm
EP 16,97 DM/m2   LA 11,13 DM/m2   ST 5,84 DM/m2
EP  8,68 €/m2    LA  5,69 €/m2    ST 2,99 €/m2

**025.40003.M** KG 350 DIN 276
Zementestrich ZE 20, Dicke 30 mm
EP 18,43 DM/m2   LA 11,43 DM/m2   ST 7,00 DM/m2
EP  9,42 €/m2    LA  5,84 €/m2    ST 3,58 €/m2

**025.40004.M** KG 350 DIN 276
Zementestrich ZE 20, Dicke 35 mm
EP 19,96 DM/m2   LA 11,86 DM/m2   ST 8,10 DM/m2
EP 10,20 €/m2    LA  6,07 €/m2    ST 4,13 €/m2

**025.40005.M** KG 350 DIN 276
Zementestrich ZE 20, Dicke 40 mm
EP 21,49 DM/m2   LA 12,35 DM/m2   ST 9,14 DM/m2
EP 10,99 €/m2    LA  6,31 €/m2    ST 4,68 €/m2

**025.40006.M** KG 350 DIN 276
Zementestrich ZE 20, Dicke 45 mm
EP 22,96 DM/m2   LA 12,77 DM/m2   ST 10,19 DM/m2
EP 11,74 €/m2    LA  6,53 €/m2    ST  5,21 €/m2

**025.40007.M** KG 350 DIN 276
Zementestrich ZE 20, Dicke 65 mm
EP 28,97 DM/m2   LA 14,17 DM/m2   ST 14,80 DM/m2
EP 14,81 €/m2    LA  7,25 €/m2    ST  7,56 €/m2

**025.40008.M** KG 350 DIN 276
Zementestrich ZE 20, Dicke 70 mm
EP 30,43 DM/m2   LA 14,60 DM/m2   ST 15,83 DM/m2
EP 15,56 €/m2    LA  7,46 €/m2    ST  8,10 €/m2

**025.40009.M** KG 350 DIN 276
Zementestrich ZE 20, Dicke 35 mm, + MIN 25/20
EP 39,71 DM/m2   LA 22,81 DM/m2   ST 16,90 DM/m2
EP 20,30 €/m2    LA 11,66 €/m2    ST  8,64 €/m2

**025.40010.M** KG 350 DIN 276
Zementestrich ZE 20, Dicke 35 mm, + MIN 40/35
EP 48,38 DM/m2   LA 27,67 DM/m2   ST 20,71 DM/m2
EP 24,74 €/m2    LA 14,15 €/m2    ST 10,59 €/m2

**025.40011.M** KG 350 DIN 276
Zementestrich ZE 20, Dicke 40 mm, + MIN 25/20
EP 41,24 DM/m2   LA 23,72 DM/m2   ST 17,52 DM/m2
EP 21,08 €/m2    LA 12,13 €/m2    ST  8,95 €/m2

**025.40012.M** KG 350 DIN 276
Zementestrich ZE 20, Dicke 40 mm, + MIN 40/35
EP 49,90 DM/m2   LA 28,28 DM/m2   ST 21,62 DM/m2
EP 25,51 €/m2    LA 14,46 €/m2    ST 11,05 €/m2

**025.40013.M** KG 350 DIN 276
Zementestrich ZE 20, Dicke 45 mm, + MIN 25/20
EP 42,70 DM/m2   LA 24,33 DM/m2   ST 18,37 DM/m2
EP 21,83 €/m2    LA 12,44 €/m2    ST  9,39 €/m2

**025.40014.M** KG 350 DIN 276
Zementestrich ZE 20, Dicke 45 mm, + MIN 40/35
EP 51,32 DM/m2   LA 28,77 DM/m2   ST 22,55 DM/m2
EP 26,24 €/m2    LA 14,71 €/m2    ST 11,53 €/m2

**025.40015.M** KG 350 DIN 276
Zementestrich ZE 20, 45 mm + Bstg.50/50/2 + MIN 25/20
EP 47,06 DM/m2   LA 26,46 DM/m2   ST 20,60 DM/m2
EP 24,06 €/m2    LA 13,53 €/m2    ST 10,53 €/m2

**025.40016.M** KG 350 DIN 276
Zementestrich ZE 20, 65 mm + Bstg.50/50/2 + MIN 25/20
EP 50,12 DM/m2   LA 27,98 DM/m2   ST 22,14 DM/m2
EP 25,62 €/m2    LA 14,31 €/m2    ST 11,31 €/m2

**025.40017.M** KG 350 DIN 276
Zementestrich Verbund ZE 20, Dicke 35 mm
EP 26,07 DM/m2   LA 18,55 DM/m2   ST 7,52 DM/m2
EP 13,33 €/m2    LA  9,48 €/m2    ST 3,85 €/m2

**025.40018.M** KG 350 DIN 276
Zementestrich Verbund ZE 20, Dicke 40 mm
EP 27,86 DM/m2   LA 19,77 DM/m2   ST 8,09 DM/m2
EP 14,25 €/m2    LA 10,11 €/m2    ST 4,14 €/m2

**025.40019.M** KG 350 DIN 276
Zementestrich Verbund ZE 20, Dicke 45 mm
EP 29,60 DM/m2   LA 20,99 DM/m2   ST 8,61 DM/m2
EP 15,14 €/m2    LA 10,73 €/m2    ST 4,41 €/m2

**025.40020.M** KG 350 DIN 276
Zementestrich Verbund ZE 20, Dicke 65 mm
EP 37,04 DM/m2   LA 23,72 DM/m2   ST 13,32 DM/m2
EP 18,94 €/m2    LA 12,13 €/m2    ST  6,81 €/m2

**025.40021.M** KG 350 DIN 276
Zement-Schnellestrich ZE 20, Dicke 30 mm
EP 70,68 DM/m2   LA 9,86 DM/m2   ST 60,82 DM/m2
EP 36,14 €/m2    LA 5,04 €/m2    ST 31,10 €/m2

**025.40022.M** KG 350 DIN 276
Zement-Schnellestrich ZE 20, Dicke 35 mm
EP 81,88 DM/m2   LA 10,40 DM/m2   ST 71,48 DM/m2
EP 41,86 €/m2    LA  5,32 €/m2    ST 36,54 €/m2

# LB 025 Estricharbeiten
## Zementestrich; Hartstoffestrich

Sämtliche Preise sind **Mittelpreise ohne Mehrwertsteuer** zum Zeitpunkt des Ausgabedatums.
**Korrekturfaktoren** für Regionaleinfluss, Mengeneinfluss, Konjunktureinfluss siehe Vorspann.
**Abkürzungen:** EP = Einheitspreis, LA = Lohnanteil, ST = Stoffanteil

025.40023.M  KG 350 DIN 276
Zement-Schnellestrich ZE 20, Dicke 40 mm
EP 91,90 DM/m2   LA 11,19 DM/m2   ST 80,71 DM/m2
EP 46,99 €/m2    LA  5,72 €/m2    ST 41,27 €/m2

025.40024.M  KG 350 DIN 276
Zement-Schnellestrich ZE 20, Dicke 45 mm
EP 102,80 DM/m2  LA 11,61 DM/m2   ST 91,19 DM/m2
EP  52,56 €/m2   LA  5,94 €/m2    ST 46,62 €/m2

025.40025.M  KG 350 DIN 276
Zement-Schnellestrich ZE 20, Dicke 65 mm+Bstg. 50/50/2
EP 156,78 DM/m2  LA 16,48 DM/m2   ST 140,36 DM/m2
EP  80,16 €/m2   LA  8,43 €/m2    ST  71,73 €/m2

025.40026.M  KG 350 DIN 276
Rampenestrich ZE 30, Dicke 30/50 mm
EP 60,97 DM/m2   LA 47,75 DM/m2   ST 13,22 DM/m2
EP 31,18 €/m2    LA 24,41 €/m2    ST  6,77 €/m2

025.40027.M  KG 350 DIN 276
Stufenestrich ZE 30, Dicke 30 mm
EP 41,20 DM/m2   LA 32,54 DM/m2   ST 8,66 DM/m2
EP 21,06 €/m2    LA 16,64 €/m2    ST 4,42 €/m2

## Hartstoffestrich

025.-----.-

|  |  |  |
|---|---|---|
| 025.43001.M | Hartstoffestrich ZE 55 M, Dicken 6 + 25 mm | 36,60 DM/m2 / 18,71 €/m2 |
| 025.43002.M | Hartstoffestrich ZE 55 M, Dicken 8 + 25 mm | 40,54 DM/m2 / 20,73 €/m2 |
| 025.43003.M | Hartstoffestrich ZE 55 M, Dicken 10 + 25 mm | 45,42 DM/m2 / 23,22 €/m2 |
| 025.43004.M | Hartstoffestrich ZE 55 M, Dicken 8 + 30 mm | 43,81 DM/m2 / 22,40 €/m2 |
| 025.43005.M | Hartstoffestrich ZE 55 M, Dicken 10 + 30 mm | 47,89 DM/m2 / 24,49 €/m2 |
| 025.43006.M | Hartstoffestrich ZE 55 M, Dicken 15 + 30 mm | 57,49 DM/m2 / 29,39 €/m2 |
| 025.43007.M | Hartstoffestrich ZE 55 M, Dicken 8 + 35 mm | 46,36 DM/m2 / 23,70 €/m2 |
| 025.43008.M | Hartstoffestrich ZE 55 M, Dicken 10 + 35 mm | 51,23 DM/m2 / 26,19 €/m2 |
| 025.43009.M | Hartstoffestrich ZE 55 M, Dicken 15 + 35 mm | 60,85 DM/m2 / 31,11 €/m2 |
| 025.43010.M | Hartstoffestrich ZE 55 M, Dicken 10 + 40 mm | 53,19 DM/m2 / 27,20 €/m2 |
| 025.43011.M | Hartstoffestrich ZE 55 M, Dicken 15 + 40 mm | 63,24 DM/m2 / 32,34 €/m2 |
| 025.43012.M | Hartstoffestrich ZE 55 M, Dicken 20 + 40 mm | 72,15 DM/m2 / 36,89 €/m2 |

025.43001.M  KG 350 DIN 276
Hartstoffestrich ZE 55 M, Dicken 6 + 25 mm
EP 36,60 DM/m2   LA 19,46 DM/m2   ST 17,14 DM/m2
EP 18,71 €/m2    LA  9,95 €/m2    ST  8,76 €/m2

025.43002.M  KG 350 DIN 276
Hartstoffestrich ZE 55 M, Dicken 8 + 25 mm
EP 40,54 DM/m2   LA 20,07 DM/m2   ST 20,47 DM/m2
EP 20,73 €/m2    LA 10,26 €/m2    ST 10,47 €/m2

025.43003.M  KG 350 DIN 276
Hartstoffestrich ZE 55 M, Dicken 10 + 25 mm
EP 45,42 DM/m2   LA 21,29 DM/m2   ST 24,13 DM/m2
EP 23,22 €/m2    LA 10,88 €/m2    ST 12,34 €/m2

025.43004.M  KG 350 DIN 276
Hartstoffestrich ZE 55 M, Dicken 8 + 30 mm
EP 43,81 DM/m2   LA 22,20 DM/m2   ST 21,61 DM/m2
EP 22,40 €/m2    LA 11,35 €/m2    ST 11,05 €/m2

025.43005.M  KG 350 DIN 276
Hartstoffestrich ZE 55 M, Dicken 10 + 30 mm
EP 47,89 DM/m2   LA 22,63 DM/m2   ST 25,26 DM/m2
EP 24,49 €/m2    LA 11,57 €/m2    ST 12,92 €/m2

025.43006.M  KG 350 DIN 276
Hartstoffestrich ZE 55 M, Dicken 15 + 30 mm
EP 57,49 DM/m2   LA 23,29 DM/m2   ST 34,20 DM/m2
EP 29,39 €/m2    LA 11,91 €/m2    ST 17,48 €/m2

025.43007.M  KG 350 DIN 276
Hartstoffestrich ZE 55 M, Dicken 8 + 35 mm
EP 46,36 DM/m2   LA 23,72 DM/m2   ST 22,64 DM/m2
EP 23,70 €/m2    LA 12,13 €/m2    ST 11,57 €/m2

025.43008.M  KG 350 DIN 276
Hartstoffestrich ZE 55 M, Dicken 10 + 35 mm
EP 51,23 DM/m2   LA 24,94 DM/m2   ST 26,29 DM/m2
EP 26,19 €/m2    LA 12,75 €/m2    ST 13,44 €/m2

025.43009.M  KG 350 DIN 276
Hartstoffestrich ZE 55 M, Dicken 15 + 35 mm
EP 60,85 DM/m2   LA 25,54 DM/m2   ST 35,31 DM/m2
EP 31,11 €/m2    LA 13,06 €/m2    ST 18,05 €/m2

025.43010.M  KG 350 DIN 276
Hartstoffestrich ZE 55 M, Dicken 10 + 40 mm
EP 53,19 DM/m2   LA 25,85 DM/m2   ST 27,34 DM/m2
EP 27,20 €/m2    LA 13,21 €/m2    ST 13,99 €/m2

025.43011.M  KG 350 DIN 276
Hartstoffestrich ZE 55 M, Dicken 15 + 40 mm
EP 63,24 DM/m2   LA 26,88 DM/m2   ST 36,36 DM/m2
EP 32,34 €/m2    LA 13,75 €/m2    ST 18,59 €/m2

025.43012.M  KG 350 DIN 276
Hartstoffestrich ZE 55 M, Dicken 20 + 40 mm
EP 72,15 DM/m2   LA 26,76 DM/m2   ST 45,39 DM/m2
EP 36,89 €/m2    LA 13,68 €/m2    ST 23,21 €/m2

# LB 025 Estricharbeiten
## Kunstharzestrich

AW 025

Preise 06.01

Sämtliche Preise sind **Mittelpreise ohne Mehrwertsteuer** zum Zeitpunkt des Ausgabedatums.
**Korrekturfaktoren** für Regionaleinfluss, Mengeneinfluss, Konjunktureinfluss siehe Vorspann.
**Abkürzungen:** EP = Einheitspreis, LA = Lohnanteil, ST = Stoffanteil

### Kunstharzestrich

025.-----.-

|  |  |  |
|---|---|---|
| 025.55001.M | Kunstharz- Verbundestrich, Dicke 10 mm | 62,43 DM/m2 / 31,92 €/m2 |
| 025.55002.M | Kunstharz- Verbundestrich, Dicke 12 mm | 73,45 DM/m2 / 37,56 €/m2 |
| 025.55003.M | Kunstharz- Verbundestrich, Dicke 15 mm | 89,47 DM/m2 / 45,75 €/m2 |
| 025.55004.M | Kunstharz- Verbundestrich, Dicke 18 mm | 105,58 DM/m2 / 53,98 €/m2 |
| 025.55005.M | Kunstharz- Verbundestrich, Dicke 20 mm | 116,30 DM/m2 / 59,46 €/m2 |
| 025.56001.M | Kunstharz- Leichtestrich, Dicke 20 mm | 122,61 DM/m2 / 62,69 €/m2 |
| 025.56002.M | Kunstharz- Leichtestrich, Dicke 25 mm | 148,94 DM/m2 / 76,15 €/m2 |
| 025.56003.M | Kunstharz- Leichtestrich, Dicke 30 mm | 180,23 DM/m2 / 92,15 €/m2 |
| 025.56004.M | Kunstharz- Leichtestrich, Dicke 35 mm | 206,53 DM/m2 / 105,60 €/m2 |
| 025.56005.M | Kunstharz- Stahlfaserestrich, Dicke 10 mm | 79,40 DM/m2 / 40,60 €/m2 |
| 025.56006.M | Kunstharz- Stahlfaserestrich, Dicke 12 mm | 93,41 DM/m2 / 47,76 €/m2 |
| 025.56007.M | Kunstharz- Stahlfaserestrich, Dicke 15 mm | 114,58 DM/m2 / 58,58 €/m2 |
| 025.56008.M | Kunstharz- Stahlfaserestrich, Dicke 18 mm | 135,37 DM/m2 / 69,22 €/m2 |
| 025.56009.M | Kunstharz- Stahlfaserestrich, Dicke 20 mm | 149,83 DM/m2 / 76,61 €/m2 |

**025.55001.M** KG 350 DIN 276
Kunstharz- Verbundestrich, Dicke 10 mm
EP 62,43 DM/m2  LA 9,61 DM/m2  ST 52,82 DM/m2
EP 31,92 €/m2   LA 4,91 €/m2   ST 27,01 €/m2

**025.55002.M** KG 350 DIN 276
Kunstharz- Verbundestrich, Dicke 12 mm
EP 73,45 DM/m2  LA 9,98 DM/m2  ST 63,47 DM/m2
EP 37,56 €/m2   LA 5,10 €/m2   ST 32,46 €/m2

**025.55003.M** KG 350 DIN 276
Kunstharz- Verbundestrich, Dicke 15 mm
EP 89,47 DM/m2  LA 10,28 DM/m2  ST 79,19 DM/m2
EP 45,75 €/m2   LA  5,26 €/m2   ST 40,49 €/m2

**025.55004.M** KG 350 DIN 276
Kunstharz- Verbundestrich, Dicke 18 mm
EP 105,58 DM/m2  LA 10,58 DM/m2  ST 95,00 DM/m2
EP  53,98 €/m2   LA  5,41 €/m2   ST 48,57 €/m2

**025.55005.M** KG 350 DIN 276
Kunstharz- Verbundestrich, Dicke 20 mm
EP 116,30 DM/m2  LA 11,13 DM/m2  ST 105,17 DM/m2
EP  59,46 €/m2   LA  5,69 €/m2   ST  53,77 €/m2

**025.56001.M** KG 350 DIN 276
Kunstharz- Leichtestrich, Dicke 20 mm
EP 122,61 DM/m2  LA 10,40 DM/m2  ST 112,21 DM/m2
EP  62,69 €/m2   LA  5,32 €/m2   ST  57,37 €/m2

**025.56002.M** KG 350 DIN 276
Kunstharz- Leichtestrich, Dicke 25 mm
EP 148,94 DM/m2  LA 11,13 DM/m2  ST 137,81 DM/m2
EP  76,15 €/m2   LA  5,69 €/m2   ST  70,46 €/m2

**025.56003.M** KG 350 DIN 276
Kunstharz- Leichtestrich, Dicke 30 mm
EP 180,23 DM/m2  LA 11,86 DM/m2  ST 168,37 DM/m2
EP  92,15 €/m2   LA  6,07 €/m2   ST  86,08 €/m2

**025.56004.M** KG 350 DIN 276
Kunstharz- Leichtestrich, Dicke 35 mm
EP 206,53 DM/m2  LA 12,65 DM/m2  ST 193,88 DM/m2
EP 105,60 €/m2   LA  6,47 €/m2   ST  99,13 €/m2

**025.56005.M** KG 350 DIN 276
Kunstharz- Stahlfaserestrich, Dicke 10 mm
EP 79,40 DM/m2  LA 10,10 DM/m2  ST 69,30 DM/m2
EP 40,60 €/m2   LA  5,16 €/m2   ST 35,44 €/m2

**025.56006.M** KG 350 DIN 276
Kunstharz- Stahlfaserestrich, Dicke 12 mm
EP 93,41 DM/m2  LA 10,28 DM/m2  ST 83,13 DM/m2
EP 47,76 €/m2   LA  5,26 €/m2   ST 42,50 €/m2

**025.56007.M** KG 350 DIN 276
Kunstharz- Stahlfaserestrich, Dicke 15 mm
EP 114,58 DM/m2  LA 10,64 DM/m2  ST 103,94 DM/m2
EP  58,58 €/m2   LA  5,44 €/m2   ST  53,14 €/m2

**025.56008.M** KG 350 DIN 276
Kunstharz- Stahlfaserestrich, Dicke 18 mm
EP 135,37 DM/m2  LA 10,89 DM/m2  ST 124,48 DM/m2
EP  69,22 €/m2   LA  5,57 €/m2   ST  63,65 €/m2

**025.56009.M** KG 350 DIN 276
Kunstharz- Stahlfaserestrich, Dicke 20 mm
EP 149,83 DM/m2  LA 11,25 DM/m2  ST 138,58 DM/m2
EP  76,61 €/m2   LA  5,75 €/m2   ST  70,86 €/m2

AW 025

## LB 025 Estricharbeiten
### Heizestrich; Fertigteilestrich

Preise 06.01

Sämtliche Preise sind **Mittelpreise ohne Mehrwertsteuer** zum Zeitpunkt des Ausgabedatums.
**Korrekturfaktoren** für Regionaleinfluss, Mengeneinfluss, Konjunktureinfluss siehe Vorspann.
**Abkürzungen:** EP = Einheitspreis, LA = Lohnanteil, ST = Stoffanteil

### Heizestrich

025.-----.-

|  |  |  |
|---|---|---|
| 025.60001.M | Anhydritestrich AE 20, Dicke 55 mm, Heizestrich, 2 lag. | 48,27 DM/m2 / 24,68 €/m2 |
| 025.60002.M | Anhydritestrich AE 20, Dicke 60 mm, Heizestrich, 2 lag. | 52,03 DM/m2 / 26,60 €/m2 |
| 025.60003.M | Anhydritestrich AE 30, Dicke 35 mm, Heizestrich | 40,03 DM/m2 / 20,47 €/m2 |
| 025.60004.M | Anhydritestrich AE 30, Dicke 40 mm, Heizestrich | 44,93 DM/m2 / 22,97 €/m2 |
| 025.60005.M | Anhydritestrich AE 30, Dicke 45 mm, Heizestrich | 49,45 DM/m2 / 25,28 €/m2 |
| 025.60006.M | Anhydritestrich AE 30, Dicke 50 mm, Heizestrich | 53,16 DM/m2 / 27,18 €/m2 |
| 025.60007.M | Anhydritestrich AE 30, Dicke 55 mm, Heizestrich, 2 lag. | 63,24 DM/m2 / 32,34 €/m2 |
| 025.60008.M | Anhydritestrich AE 30, Dicke 60 mm, Heizestrich, 2 lag. | 68,71 DM/m2 / 35,13 €/m2 |
| 025.60009.M | Heizestrich ZE 20, Dicke 65 mm + Bstg. 50/50/2 | 36,96 DM/m2 / 18,90 €/m2 |

025.60001.M  KG 350 DIN 276
Anhydritestrich AE 20, Dicke 55 mm, Heizestrich, 2 lag.
EP 48,27 DM/m2   LA 25,85 DM/m2   ST 22,43 DM/m2
EP 24,68 €/m2    LA 13,21 €/m2    ST 11,47 €/m2

025.60002.M  KG 350 DIN 276
Anhydritestrich AE 20, Dicke 60 mm, Heizestrich, 2 lag.
EP 52,03 DM/m2   LA 27,49 DM/m2   ST 24,54 DM/m2
EP 26,60 €/m2    LA 14,05 €/m2    ST 12,55 €/m2

025.60003.M  KG 350 DIN 276
Anhydritestrich AE 30, Dicke 35 mm, Heizestrich
EP 40,03 DM/m2   LA 16,42 DM/m2   ST 23,61 DM/m2
EP 20,47 €/m2    LA  8,40 €/m2    ST 12,07 €/m2

025.60004.M  KG 350 DIN 276
Anhydritestrich AE 30, Dicke 40 mm, Heizestrich
EP 44,93 DM/m2   LA 17,94 DM/m2   ST 26,99 DM/m2
EP 22,97 €/m2    LA  9,17 €/m2    ST 13,80 €/m2

025.60005.M  KG 350 DIN 276
Anhydritestrich AE 30, Dicke 45 mm, Heizestrich
EP 49,45 DM/m2   LA 19,16 DM/m2   ST 30,29 DM/m2
EP 25,28 €/m2    LA  9,80 €/m2    ST 15,48 €/m2

025.60006.M  KG 350 DIN 276
Anhydritestrich AE 30, Dicke 50 mm, Heizestrich
EP 53,16 DM/m2   LA 19,59 DM/m2   ST 33,57 DM/m2
EP 27,18 €/m2    LA 10,01 €/m2    ST 17,17 €/m2

025.60007.M  KG 350 DIN 276
Anhydritestrich AE 30, Dicke 55 mm, Heizestrich, 2 lag.
EP 63,24 DM/m2   LA 25,85 DM/m2   ST 37,39 DM/m2
EP 32,34 €/m2    LA 13,21 €/m2    ST 19,13 €/m2

025.60008.M  KG 350 DIN 276
Anhydritestrich AE 30, Dicke 60 mm, Heizestrich, 2 lag.
EP 68,71 DM/m2   LA 27,49 DM/m2   ST 41,22 DM/m2
EP 35,13 €/m2    LA 14,05 €/m2    ST 21,08 €/m2

025.60009.M  KG 350 DIN 276
Heizestrich ZE 20, Dicke 65 mm + Bstg. 50/50/2
EP 36,96 DM/m2   LA 23,11 DM/m2   ST 13,85 DM/m2
EP 18,90 €/m2    LA 11,82 €/m2    ST  7,08 €/m2

### Fertigteilestrich

025.-----.-

|  |  |  |
|---|---|---|
| 025.65001.M | Fertigteilestr. 25 mm, GK-Platte | 43,37 DM/m2 / 22,18 €/m2 |
| 025.65002.M | Fertigteilestr. 45 mm, GK-Platte + PS 20 mm | 47,71 DM/m2 / 24,39 €/m2 |
| 025.65003.M | Fertigteilestr. 55 mm, GK-Platte + PS 30 mm | 50,99 DM/m2 / 26,07 €/m2 |
| 025.65004.M | Fertigteilestr. 25 mm, GK-Platten, 2x 12,5 mm | 44,09 DM/m2 / 22,54 €/m2 |
| 025.65101.M | Fertigteilestr. 40 mm, V 100 G + Heralan-TTP 25/22,5mm | 45,06 DM/m2 / 23,04 €/m2 |
| 025.65102.M | Fertigteilestr. 50 mm, V 100 G + Heralan-TTP 30/27,5mm | 53,24 DM/m2 / 27,22 €/m2 |
| 025.65103.M | Fertigteilestr. 60 mm, V 100 G + Heralan-TTP 35/32,5mm | 60,61 DM/m2 / 30,99 €/m2 |
| 025.65104.M | Fertigteilestr. 50 mm, V 100 E1 + PS 32/30 mm | 43,71 DM/m2 / 22,35 €/m2 |
| 025.65105.M | Fertigteilestr. 60 mm, V 100 E1 + PS 42/40 mm | 46,19 DM/m2 / 23,61 €/m2 |
| 025.65106.M | Fertigteilestr. 70 mm, V 100 E1 + PS 52/50 mm | 48,41 DM/m2 / 24,75 €/m2 |
| 025.65107.M | Fertigteilestr. 80 mm, V 100 E1 + PS 62/60 mm | 50,87 DM/m2 / 26,01 €/m2 |
| 025.65201.M | Fertigteilestr. 20 mm, GF-Platte, 2x10 mm | 37,76 DM/m2 / 19,31 €/m2 |
| 025.65202.M | Fertigteilestr. 25 mm, GF-Platte, 2x12,5 mm | 40,60 DM/m2 / 20,76 €/m2 |
| 025.65203.M | Fertigteilestr. 30 mm, GF-Platte, 2x10 mm + MIN 12/10mm | 44,71 DM/m2 / 22,86 €/m2 |
| 025.65204.M | Fertigteilestr. 40 mm, GF-Platte, 2x10 mm + PS 20 mm | 43,15 DM/m2 / 22,06 €/m2 |
| 025.65205.M | Fertigteilestr. 50 mm, GF-Platte, 2x10 mm + PS 30 mm | 44,13 DM/m2 / 22,56 €/m2 |
| 025.65301.M | Fertigteilestr. 25 mm, ZE-Platten, 2x 10,5 mm | 77,77 DM/m2 / 39,76 €/m2 |

**Hinweis:**
GF  = Gipsfaser
GK  = Gipskarton
ZE  = zementgebundene Platte
V   = Verlege-Spanplatte
MIN = Mineralfaser
PS  = Polystyrol

025.65001.M  KG 350 DIN 276
Fertigteilestr. 25 mm, GK-Platte
EP 43,37 DM/m2   LA 17,22 DM/m2   ST 26,15 DM/m2
EP 22,18 €/m2    LA  8,80 €/m2    ST 13,38 €/m2

025.65002.M  KG 350 DIN 276
Fertigteilestr. 45 mm, GK-Platte + PS 20 mm
EP 47,71 DM/m2   LA 17,40 DM/m2   ST 30,31 DM/m2
EP 24,39 €/m2    LA  8,90 €/m2    ST 15,49 €/m2

025.65003.M  KG 350 DIN 276
Fertigteilestr. 55 mm, GK-Platte + PS 30 mm
EP 50,99 DM/m2   LA 17,82 DM/m2   ST 33,17 DM/m2
EP 26,07 €/m2    LA  9,11 €/m2    ST 16,96 €/m2

025.65004.M  KG 350 DIN 276
Fertigteilestr. 25 mm, GK-Platten, 2x 12,5 mm
EP 44,09 DM/m2   LA 26,04 DM/m2   ST 18,05 DM/m2
EP 22,54 €/m2    LA 13,31 €/m2    ST  9,23 €/m2

025.65101.M  KG 350 DIN 276
Fertigteilestr. 40 mm, V 100 G + Heralan-TTP 25/22,5mm
EP 45,06 DM/m2   LA 16,42 DM/m2   ST 28,64 DM/m2
EP 23,04 €/m2    LA  8,40 €/m2    ST 14,64 €/m2

025.65102.M  KG 350 DIN 276
Fertigteilestr. 50 mm, V 100 G + Heralan-TTP 30/27,5mm
EP 53,24 DM/m2   LA 17,94 DM/m2   ST 35,30 DM/m2
EP 27,22 €/m2    LA  9,17 €/m2    ST 18,05 €/m2

025.65103.M  KG 350 DIN 276
Fertigteilestr. 60 mm, V 100 G + Heralan-TTP 35/32,5mm
EP 60,61 DM/m2   LA 18,55 DM/m2   ST 42,06 DM/m2
EP 30,99 €/m2    LA  9,48 €/m2    ST 21,51 €/m2

# LB 025 Estricharbeiten
## Fertigteilestrich; Sockel, Aussparungen, Anschlüsse

AW 025

Preise 06.01

Sämtliche Preise sind **Mittelpreise ohne Mehrwertsteuer** zum Zeitpunkt des Ausgabedatums.
**Korrekturfaktoren** für Regionaleinfluss, Mengeneinfluss, Konjunktureinfluss siehe Vorspann.
Abkürzungen: EP = Einheitspreis, LA = Lohnanteil, ST = Stoffanteil

025.65104.M KG 350 DIN 276
Fertigteilestr. 50 mm, V 100 E1 + PS 32/30 mm
EP 43,71 DM/m2   LA 18,12 DM/m2   ST 25,59 DM/m2
EP 22,35 €/m2    LA  9,27 €/m2    ST 13,08 €/m2

025.65105.M KG 350 DIN 276
Fertigteilestr. 60 mm, V 100 E1 + PS 42/40 mm
EP 46,19 DM/m2   LA 18,73 DM/m2   ST 27,46 DM/m2
EP 23,61 €/m2    LA  9,58 €/m2    ST 14,03 €/m2

025.65106.M KG 350 DIN 276
Fertigteilestr. 70 mm, V 100 E1 + PS 52/50 mm
EP 48,41 DM/m2   LA 19,34 DM/m2   ST 29,07 DM/m2
EP 24,75 €/m2    LA  9,89 €/m2    ST 14,86 €/m2

025.65107.M KG 350 DIN 276
Fertigteilestr. 80 mm, V 100 E1 + PS 62/60 mm
EP 50,87 DM/m2   LA 19,95 DM/m2   ST 30,92 DM/m2
EP 26,01 €/m2    LA 10,20 €/m2    ST 15,81 €/m2

025.65201.M KG 350 DIN 276
Fertigteilestr. 20 mm, GF-Platte, 2x10 mm
EP 37,76 DM/m2   LA 16,30 DM/m2   ST 21,46 DM/m2
EP 19,31 €/m2    LA  8,33 €/m2    ST 10,98 €/m2

025.65202.M KG 350 DIN 276
Fertigteilestr. 25 mm, GF-Platte, 2x12,5 mm
EP 40,60 DM/m2   LA 16,96 DM/m2   ST 23,64 DM/m2
EP 20,76 €/m2    LA  8,67 €/m2    ST 12,09 €/m2

025.65203.M KG 350 DIN 276
Fertigteilestr. 30 mm, GF-Platte, 2x10 mm + MIN 12/10mm
EP 44,71 DM/m2   LA 17,16 DM/m2   ST 27,55 DM/m2
EP 22,86 €/m2    LA  8,77 €/m2    ST 14,09 €/m2

025.65204.M KG 350 DIN 276
Fertigteilestr. 40 mm, GF-Platte, 2x10 mm + PS 20 mm
EP 43,15 DM/m2   LA 17,40 DM/m2   ST 25,75 DM/m2
EP 22,06 €/m2    LA  8,90 €/m2    ST 13,16 €/m2

025.65205.M KG 350 DIN 276
Fertigteilestr. 50 mm, GF-Platte, 2x10 mm + PS 30 mm
EP 44,13 DM/m2   LA 17,58 DM/m2   ST 26,55 DM/m2
EP 22,56 €/m2    LA  8,99 €/m2    ST 13,57 €/m2

025.65301.M KG 350 DIN 276
Fertigteilestr. 25 mm, ZE-Platten, 2x 10,5 mm
EP 77,77 DM/m2   LA 25,54 DM/m2   ST 52,23 DM/m2
EP 39,76 €/m2    LA 13,06 €/m2    ST 26,70 €/m2

### Sockel, Aussparungen, Anschlüsse

025.------.-

|  |  |  |
|---|---|---|
| 025.74101.M | Kehlsockel | 3,61 DM/m / 1,85 €/m |
| 025.78501.M | Zementestrich, Aussparung schließen, bis 1 dm3 | 10,49 DM/St / 5,36 €/St |
| 025.78502.M | Zementestrich, Aussparung schließen, über 1 bis 5 dm3 | 28,14 DM/St / 14,39 €/St |
| 025.78503.M | Zementestrich, Aussparung schließen, über 5 bis 10 dm3 | 39,72 DM/St / 20,31 €/St |
| 025.78504.M | Zementestrich, Aussparung schließen, über 10 bis 25 dm3 | 54,03 DM/St / 27,62 €/St |
| 025.78505.M | Zementestrich, Aussparung schließen, über 25 bis 50 dm3 | 71,06 DM/St / 36,33 €/St |
| 025.79001.M | Zementestrich, Aussparung herst., bis 1 dm3 | 19,69 DM/St / 10,07 €/St |
| 025.79002.M | Zementestrich, Aussparung herst., über 1 bis 5 dm3 | 25,91 DM/St / 13,25 €/St |
| 025.79003.M | Zementestrich, Aussparung herst., über 5 bis 10 dm3 | 36,34 DM/St / 18,58 €/St |
| 025.79004.M | Zementestrich, Aussparung herst., über 10 bis 25 dm3 | 44,11 DM/St / 22,55 €/St |
| 025.79005.M | Zementestrich, Aussparung herst., über 25 bis 50 dm3 | 51,21 DM/St / 26,18 €/St |

025.74101.M   KG 350 DIN 276
Kehlsockel
EP 3,61 DM/m    LA 2,52 DM/m    ST 1,09 DM/m
EP 1,85 €/m     LA 1,29 €/m     ST 0,56 €/m

025.78501.M   KG 350 DIN 276
Zementestrich, Aussparung schließen, bis 1 dm3
EP 10,49 DM/St   LA 10,06 DM/St   ST 0,43 DM/St
EP  5,36 €/St    LA  5,14 €/St    ST 0,22 €/St

025.78502.M   KG 350 DIN 276
Zementestrich, Aussparung schließen, über 1 bis 5 dm3
EP 28,14 DM/St   LA 27,01 DM/St   ST 1,13 DM/St
EP 14,39 €/St    LA 13,81 €/St    ST 0,58 €/St

025.78503.M   KG 350 DIN 276
Zementestrich, Aussparung schließen, über 5 bis 10 dm3
EP 39,72 DM/St   LA 36,66 DM/St   ST 3,05 DM/St
EP 20,31 €/St    LA 18,74 €/St    ST 1,56 €/St

025.78504.M   KG 350 DIN 276
Zementestrich, Aussparung schließen, über 10 bis 25 dm3
EP 54,03 DM/St   LA 46,60 DM/St   ST 7,44 DM/St
EP 27,62 €/St    LA 23,82 €/St    ST 3,80 €/St

025.78505.M   KG 350 DIN 276
Zementestrich, Aussparung schließen, über 25 bis 50 dm3
EP 71,06 DM/St   LA 56,19 DM/St   ST 14,88 DM/St
EP 36,33 €/St    LA 28,73 €/St    ST  7,61 €/St

025.79001.M   KG 350 DIN 276
Zementestrich, Aussparung herst., bis 1 dm3
EP 19,69 DM/St   LA 16,11 DM/St   ST 3,58 DM/St
EP 10,07 €/St    LA  8,24 €/St    ST 1,83 €/St

025.79002.M   KG 350 DIN 276
Zementestrich, Aussparung herst., über 1 bis 5 dm3
EP 25,91 DM/St   LA 19,89 DM/St   ST 6,02 DM/St
EP 13,25 €/St    LA 10,17 €/St    ST 3,08 €/St

025.79003.M   KG 350 DIN 276
Zementestrich, Aussparung herst., über 5 bis 10 dm3
EP 36,34 DM/St   LA 28,63 DM/St   ST 7,71 DM/St
EP 18,58 €/St    LA 14,64 €/St    ST 3,94 €/St

025.79004.M   KG 350 DIN 276
Zementestrich, Aussparung herst., über 10 bis 25 dm3
EP 44,11 DM/St   LA 34,80 DM/St   ST 9,31 DM/St
EP 22,55 €/St    LA 17,79 €/St    ST 4,76 €/St

025.79005.M   KG 350 DIN 276
Zementestrich, Aussparung herst., über 25 bis 50 dm3
EP 51,21 DM/St   LA 40,01 DM/St   ST 11,20 DM/St
EP 26,18 €/St    LA 20,46 €/St    ST  5,73 €/St

AW 025

Preise 06.01

## LB 025 Estricharbeiten
### Bewegungsfugen

Sämtliche Preise sind **Mittelpreise ohne Mehrwertsteuer** zum Zeitpunkt des Ausgabedatums.
**Korrekturfaktoren** für Regionaleinfluss, Mengeneinfluss, Konjunktureinfluss siehe Vorspann.
**Abkürzungen:** EP = Einheitspreis, LA = Lohnanteil, ST = Stoffanteil

### Bewegungsfugen

025.-----.-

| | | |
|---|---|---|
| 025.81001.M Fugenprofil, Stahl verzinkt, H 32,5 mm | | 12,65 DM/m |
| | | 6,47 €/m |
| 025.81002.M Fugenprofil Fußboden-Dehnungsanschluss, Migua FV 35/7590 | | 91,91 DM/m |
| | | 46,99 €/m |
| 025.81101.M Fugenprofil Heizestr., Stahl verzinkt, 60/29 mm | | 15,64 DM/m |
| | | 8,00 €/m |
| 025.82101.M Bewegungsfuge vorbehandeln, Kunstharz (EP) | | 10,40 DM/m |
| | | 5,32 €/m |
| 025.82102.M Bewegungsfuge B 10 mm, T 30 mm, bitum. Vergussmasse | | 6,26 DM/m |
| | | 3,20 €/m |
| 025.82103.M Bewegungsfuge B 10 mm, T 30 mm, plast. Fugendichtmasse | | 13,35 DM/m |
| | | 6,82 €/m |
| 025.82104.M Bewegungsfuge B 10 mm, T 10 mm, elast. Fugendichtmasse | | 9,21 DM/m |
| | | 4,71 €/m |
| 025.82105.M Bewegungsfuge B 10 mm, T 20 mm, elast. Fugendichtmasse | | 12,65 DM/m |
| | | 6,47 €/m |
| 025.82106.M Bewegungsfuge B 15 mm, T 20 mm, elast. Fugendichtmasse | | 18,10 DM/m |
| | | 9,26 €/m |
| 025.82107.M Bewegungsfuge B 15 mm, T 30 mm, elast. Fugendichtmasse | | 23,53 DM/m |
| | | 12,03 €/m |
| 025.82108.M Bewegungsfuge B 20 mm, T 30 mm, elast. Fugendichtmasse | | 30,58 DM/m |
| | | 15,64 €/m |
| 025.82109.M Bewegungsfuge B 20 mm, T 40 mm, elast. Fugendichtmasse | | 38,45 DM/m |
| | | 19,66 €/m |

025.81001.M KG 350 DIN 276
Fugenprofil, Stahl verzinkt, H 32,5 mm
EP 12,65 DM/m   LA 10,06 DM/m   ST 2,59 DM/m
EP  6,47 €/m    LA  5,14 €/m    ST 1,33 €/m

025.81002.M KG 350 DIN 276
Fugenprofil Fußboden-Dehnungsanschluss, Migua FV 35/7590
EP 91,91 DM/m   LA 6,29 DM/m    ST 85,62 DM/m
EP 46,99 €/m    LA 3,22 €/m     ST 43,77 €/m

025.81101.M KG 350 DIN 276
Fugenprofil Heizestr., Stahl verzinkt, 60/29 mm
EP 15,64 DM/m   LA 10,60 DM/m   ST 5,04 DM/m
EP  8,00 €/m    LA  5,42 €/m    ST 2,58 €/m

025.82101.M KG 350 DIN 276
Bewegungsfuge vorbehandeln, Kunstharz (EP)
EP 10,40 DM/m   LA 5,51 DM/m    ST 4,89 DM/m
EP  5,32 €/m    LA 2,82 €/m     ST 2,50 €/m

025.82102.M KG 350 DIN 276
Bewegungsfuge B 10 mm, T 30 mm, bitum. Vergussmasse
EP 6,26 DM/m    LA 5,09 DM/m    ST 1,17 DM/m
EP 3,20 €/m     LA 2,60 €/m     ST 0,60 €/m

025.82103.M KG 350 DIN 276
Bewegungsfuge B 10 mm, T 30 mm, plast. Fugendichtmasse
EP 13,35 DM/m   LA 8,98 DM/m    ST 4,37 DM/m
EP  6,82 €/m    LA 4,59 €/m     ST 2,23 €/m

025.82104.M KG 350 DIN 276
Bewegungsfuge B 10 mm, T 10 mm, elast. Fugendichtmasse
EP 9,21 DM/m    LA 5,63 DM/m    ST 3,58 DM/m
EP 4,71 €/m     LA 2,88 €/m     ST 1,83 €/m

025.82105.M KG 350 DIN 276
Bewegungsfuge B 10 mm, T 20 mm, elast. Fugendichtmasse
EP 12,65 DM/m   LA 5,87 DM/m    ST 6,78 DM/m
EP  6,47 €/m    LA 3,00 €/m     ST 3,47 €/m

025.82106.M KG 350 DIN 276
Bewegungsfuge B 15 mm, T 20 mm, elast. Fugendichtmasse
EP 18,10 DM/m   LA 7,61 DM/m    ST 10,49 DM/m
EP  9,26 €/m    LA 3,89 €/m     ST  5,37 €/m

025.82107.M KG 350 DIN 276
Bewegungsfuge B 15 mm, T 30 mm, elast. Fugendichtmasse
EP 23,53 DM/m   LA 8,27 DM/m    ST 15,26 DM/m
EP 12,03 €/m    LA 4,23 €/m     ST  7,80 €/m

025.82108.M KG 350 DIN 276
Bewegungsfuge B 20 mm, T 30 mm, elast. Fugendichtmasse
EP 30,58 DM/m   LA 10,24 DM/m   ST 20,34 DM/m
EP 15,64 €/m    LA  5,24 €/m    ST 10,40 €/m

025.82109.M KG 350 DIN 276
Bewegungsfuge B 20 mm, T 40 mm, elast. Fugendichtmasse
EP 38,45 DM/m   LA 11,32 DM/m   ST 27,13 DM/m
EP 19,66 €/m    LA  5,79 €/m    ST 13,87 €/m

# LB 025 Estricharbeiten
## Einbauteile

AW 025

Preise 06.01

Sämtliche Preise sind **Mittelpreise ohne Mehrwertsteuer** zum Zeitpunkt des Ausgabedatums.
**Korrekturfaktoren** für Regionaleinfluss, Mengeneinfluss, Konjunktureinfluss siehe Vorspann.
**Abkürzungen:** EP = Einheitspreis, LA = Lohnanteil, ST = Stoffanteil

### Einbauteile

025.-----.-

|  |  |  |
|---|---|---|
| 025.86201.M | Trennschiene, verz. Stahl 30/5 mm | 23,61 DM/m / 12,07 €/m |
| 025.86202.M | Trennschiene, Messing 50/30/4 mm | 26,58 DM/m / 13,59 €/m |
| 025.86301.M | Treppenschiene, Edelstahl, Breite 20 mm | 24,16 DM/m / 12,35 €/m |
| 025.86302.M | Treppenschiene, Edelstahl, Breite 25 mm | 24,86 DM/m / 12,71 €/m |
| 025.86303.M | Treppenschiene, Edelstahl, Breite 30 mm | 26,01 DM/m / 13,30 €/m |
| 025.86304.M | Treppenschiene, Edelstahl, Breite 30 mm, mit Gleitsch. | 27,38 DM/m / 14,00 €/m |
| 025.86501.M | Mattenrahmen, Aluminium 20/20/3 mm | 33,74 DM/m / 17,25 €/m |
| 025.86502.M | Mattenrahmen, Aluminium 25/25/3 mm | 38,21 DM/m / 19,54 €/m |
| 025.86503.M | Mattenrahmen, Aluminium 30/30/3 mm | 45,61 DM/m / 23,32 €/m |
| 025.86504.M | Mattenrahmen, Messing 20/20/3 mm | 52,78 DM/m / 26,99 €/m |
| 025.86505.M | Mattenrahmen, Messing 25/25/3 mm | 62,50 DM/m / 31,95 €/m |
| 025.86506.M | Mattenrahmen, Messing 30/30/3 mm | 70,76 DM/m / 36,18 €/m |
| 025.86507.M | Mattenrahmen, Messing 40/40/4 mm | 89,72 DM/m / 45,87 €/m |
| 025.86508.M | Mattenrahmen, Messing 50/50/5 mm | 125,80 DM/m / 64,32 €/m |
| 025.86509.M | Mattenrahmen, Edelstahl 25/25/3 mm | 82,06 DM/m / 41,96 €/m |
| 025.86510.M | Mattenrahmen, Edelstahl 30/30/3 mm | 88,17 DM/m / 45,08 €/m |
| 025.86511.M | Mattenrahmen, Edelstahl 38/25/3 mm | 96,61 DM/m / 49,39 €/m |
| 025.86801.M | Rostrahmen 20/240 cm einsetzen | 47,94 DM/St / 24,51 €/St |
| 025.86901.M | Tropf-Kantenprofil, Hart-PVC 33/15 mm | 13,56 DM/m / 6,93 €/m |
| 025.87001.M | Estrichbewehrung, Baustahlgitter 50/50/2 | 6,57 DM/m2 / 3,36 €/m2 |
| 025.87002.M | Estrichbewehrung, Baustahlgitter 50/50/2, verzinkt | 7,47 DM/m2 / 3,82 €/m2 |
| 025.87003.M | Estrichbewehrung, Baustahlgitter 50/50/2, Edelstahl | 10,60 DM/m2 / 5,42 €/m2 |
| 025.87004.M | Estrichbewehrung, Baustahlmatte N 94 | 7,04 DM/m2 / 3,60 €/m2 |

---

**025.86201.M**    KG 350 DIN 276
Trennschiene, verz. Stahl 30/5 mm
EP 23,61 DM/m    LA 19,46 DM/m    ST 4,15 DM/m
EP 12,07 €/m    LA 9,95 €/m    ST 2,12 €/m

**025.86202.M**    KG 350 DIN 276
Trennschiene, Messing 50/30/4 mm
EP 26,58 DM/m    LA 19,77 DM/m    ST 6,81 DM/m
EP 13,59 €/m    LA 10,11 €/m    ST 3,48 €/m

**025.86301.M**    KG 350 DIN 276
Treppenschiene, Edelstahl, Breite 20 mm
EP 24,16 DM/m    LA 14,86 DM/m    ST 9,30 DM/m
EP 12,35 €/m    LA 7,60 €/m    ST 4,75 €/m

**025.86302.M**    KG 350 DIN 276
Treppenschiene, Edelstahl, Breite 25 mm
EP 24,86 DM/m    LA 14,86 DM/m    ST 10,00 DM/m
EP 12,71 €/m    LA 7,60 €/m    ST 5,11 €/m

**025.86303.M**    KG 350 DIN 276
Treppenschiene, Edelstahl, Breite 30 mm
EP 26,01 DM/m    LA 14,98 DM/m    ST 11,03 DM/m
EP 13,30 €/m    LA 7,66 €/m    ST 5,64 €/m

**025.86304.M**    KG 350 DIN 276
Treppenschiene, Edelstahl, Breite 30 mm, mit Gleitsch.
EP 27,38 DM/m    LA 14,98 DM/m    ST 12,40 DM/m
EP 14,00 €/m    LA 7,66 €/m    ST 6,34 €/m

**025.86501.M**    KG 350 DIN 276
Mattenrahmen, Aluminium 20/20/3 mm
EP 33,74 DM/m    LA 18,57 DM/m    ST 15,17 DM/m
EP 17,25 €/m    LA 9,49 €/m    ST 7,76 €/m

**025.86502.M**    KG 350 DIN 276
Mattenrahmen, Aluminium 25/25/3 mm
EP 38,21 DM/m    LA 19,77 DM/m    ST 18,44 DM/m
EP 19,54 €/m    LA 10,11 €/m    ST 9,43 €/m

**025.86503.M**    KG 350 DIN 276
Mattenrahmen, Aluminium 30/30/3 mm
EP 45,61 DM/m    LA 21,56 DM/m    ST 24,05 DM/m
EP 23,32 €/m    LA 11,02 €/m    ST 12,30 €/m

**025.86504.M**    KG 350 DIN 276
Mattenrahmen, Messing 20/20/3 mm
EP 52,78 DM/m    LA 18,57 DM/m    ST 34,21 DM/m
EP 26,99 €/m    LA 9,49 €/m    ST 17,50 €/m

**025.86505.M**    KG 350 DIN 276
Mattenrahmen, Messing 25/25/3 mm
EP 62,50 DM/m    LA 19,77 DM/m    ST 42,73 DM/m
EP 31,95 €/m    LA 10,11 €/m    ST 21,84 €/m

**025.86506.M**    KG 350 DIN 276
Mattenrahmen, Messing 30/30/3 mm
EP 70,76 DM/m    LA 21,56 DM/m    ST 49,20 DM/m
EP 36,18 €/m    LA 11,02 €/m    ST 25,16 €/m

**025.86507.M**    KG 350 DIN 276
Mattenrahmen, Messing 40/40/4 mm
EP 89,72 DM/m    LA 22,76 DM/m    ST 66,96 DM/m
EP 45,87 €/m    LA 11,64 €/m    ST 34,23 €/m

**025.86508.M**    KG 350 DIN 276
Mattenrahmen, Messing 50/50/5 mm
EP 125,80 DM/m    LA 24,55 DM/m    ST 101,25 DM/m
EP 64,32 €/m    LA 12,55 €/m    ST 51,77 €/m

**025.86509.M**    KG 350 DIN 276
Mattenrahmen, Edelstahl 25/25/3 mm
EP 82,06 DM/m    LA 19,77 DM/m    ST 62,29 DM/m
EP 41,96 €/m    LA 10,11 €/m    ST 31,85 €/m

**025.86510.M**    KG 350 DIN 276
Mattenrahmen, Edelstahl 30/30/3 mm
EP 88,17 DM/m    LA 21,56 DM/m    ST 66,61 DM/m
EP 45,08 €/m    LA 11,02 €/m    ST 34,06 €/m

**025.86511.M**    KG 350 DIN 276
Mattenrahmen, Edelstahl 38/25/3 mm
EP 96,61 DM/m    LA 22,76 DM/m    ST 73,85 DM/m
EP 49,39 €/m    LA 11,64 €/m    ST 37,75 €/m

**025.86801.M**    KG 350 DIN 276
Rostrahmen 20/240 cm einsetzen
EP 47,94 DM/St    LA 45,22 DM/St    ST 2,72 DM/St
EP 24,51 €/St    LA 23,12 €/St    ST 1,39 €/St

**025.86901.M**    KG 350 DIN 276
Tropf-Kantenprofil, Hart-PVC 33/15 mm
EP 13,56 DM/m    LA 10,18 DM/m    ST 3,38 DM/m
EP 6,93 €/m    LA 5,21 €/m    ST 1,72 €/m

**025.87001.M**    KG 350 DIN 276
Estrichbewehrung, Baustahlgitter 50/50/2
EP 6,57 DM/m2    LA 4,67 DM/m2    ST 1,90 DM/m2
EP 3,36 €/m2    LA 2,39 €/m2    ST 0,97 €/m2

**025.87002.M**    KG 350 DIN 276
Estrichbewehrung, Baustahlgitter 50/50/2, verzinkt
EP 7,47 DM/m2    LA 4,79 DM/m2    ST 2,68 DM/m2
EP 3,82 €/m2    LA 2,45 €/m2    ST 1,37 €/m2

**025.87003.M**    KG 350 DIN 276
Estrichbewehrung, Baustahlgitter 50/50/2, Edelstahl
EP 10,60 DM/m2    LA 4,73 DM/m2    ST 5,87 DM/m2
EP 5,42 €/m2    LA 2,42 €/m2    ST 3,00 €/m2

**025.87004.M**    KG 350 DIN 276
Estrichbewehrung, Baustahlmatte N 94
EP 7,04 DM/m2    LA 4,79 DM/m2    ST 2,25 DM/m2
EP 3,60 €/m2    LA 2,45 €/m2    ST 1,15 €/m2

# LB 025 Estricharbeiten
## Oberflächenbehandlung

Sämtliche Preise sind **Mittelpreise ohne Mehrwertsteuer** zum Zeitpunkt des Ausgabedatums.
**Korrekturfaktoren** für Regionaleinfluss, Mengeneinfluss, Konjunktureinfluss siehe Vorspann.
**Abkürzungen:** EP = Einheitspreis, LA = Lohnanteil, ST = Stoffanteil

### Oberflächenbehandlung

025.-----.-

|  |  |  |
|---|---|---|
| 025.90101.M | Estrich vorbehandeln, Kunstharz | 8,89 DM/m2 / 4,55 €/m2 |
| 025.90102.M | Estrich vorbehandeln, Kunstharz- Kratzspachtel (EP) | 21,51 DM/m2 / 11,00 €/m2 |
| 025.90103.M | Fertigteilestrich grundieren | 4,85 DM/m2 / 2,48 €/m2 |
| 025.90104.M | Estrich imprägnieren, Einkomponenten- Kunstharz | 6,40 DM/m2 / 3,27 €/m2 |
| 025.90105.M | Estrich imprägnieren, Zweikomponenten-Kunstharz (EP) | 16,83 DM/m2 / 8,61 €/m2 |
| 025.90201.M | Estrich grund. und versiegeln, Mehrkomp.-Kunstharz (EP) | 28,39 DM/m2 / 14,51 €/m2 |
| 025.90202.M | Estrich versiegeln, Einkomponenten- Kunstharz | 9,19 DM/m2 / 4,70 €/m2 |
| 025.90203.M | Estrich versiegeln, Mehrkomponenten- Kunstharz (EP) | 13,07 DM/m2 / 6,68 €/m2 |
| 025.90301.M | Belag (EP), lebensmittelneutral, rutschfest, Dicke 2 mm | 103,00 DM/m2 / 52,66 €/m2 |
| 025.90302.M | Belag (EP), lebensmittelneutral, rutschfest, Dicke 3 mm | 126,60 DM/m2 / 64,73 €/m2 |
| 025.90303.M | Belag (EP), lebensmittelneutral, rutschfest, Dicke 4 mm | 140,46 DM/m2 / 71,82 €/m2 |
| 025.90304.M | Belag (EP), lebensmittelneutral, rutschfest, Dicke 5 mm | 156,32 DM/m2 / 79,93 €/m2 |
| 025.90305.M | Beschichtung, Epoxidharz, Dicke 2 mm | 29,42 DM/m2 / 15,04 €/m2 |
| 025.90306.M | Beschichtung, Teer- Epoxidharz, Dicke 1 mm | 39,41 DM/m2 / 20,15 €/m2 |
| 025.90307.M | Beschichtung, Teer- Epoxidharz, Dicke 2 mm | 64,10 DM/m2 / 32,77 €/m2 |
| 025.90308.M | Beschichtung, Teer- Epoxidharz, Dicke 3 mm | 86,90 DM/m2 / 44,43 €/m2 |
| 025.90309.M | Beschichtung, Teer- Epoxidharz, Dicke 4 mm | 110,55 DM/m2 / 56,52 €/m2 |
| 025.90310.M | Dünnbesch. (EP), Einstreubelag, Dicke ca. 1 mm | 27,81 DM/m2 / 14,22 €/m2 |
| 025.90311.M | Dünnbesch. (EP), lebensmittelneutral, Dicke ca. 1 mm | 60,16 DM/m2 / 30,76 €/m2 |
| 025.90312.M | Gießbeschichtung (EP), glatter Belag, Dicke 2 mm | 74,06 DM/m2 / 37,87 €/m2 |
| 025.90313.M | Gießbeschichtung (EP), glatter Belag, Dicke 3 mm | 103,03 DM/m2 / 52,68 €/m2 |
| 025.90314.M | Gießbeschichtung (EP), glatter Belag, Dicke 4 mm | 132,91 DM/m2 / 67,96 €/m2 |
| 025.90315.M | Gießbeschichtung (EP), glatter Belag, Dicke 5 mm | 159,17 DM/m2 / 81,38 €/m2 |
| 025.90316.M | Gießbeschichtung (EP), leitfähiger Belag, Dicke 2 mm | 128,33 DM/m2 / 65,61 €/m2 |
| 025.90317.M | Gießbeschichtung (EP), leitfähiger Belag, Dicke 3 mm | 171,63 DM/m2 / 87,75 €/m2 |
| 025.90318.M | Gießbeschichtung (EP), leitfähiger Belag, Dicke 4 mm | 214,93 DM/m2 / 109,89 €/m2 |
| 025.90319.M | Gießbeschichtung (EP), rutschfester Belag, Dicke 2 mm | 87,94 DM/m2 / 44,96 €/m2 |
| 025.90320.M | Gießbeschichtung (EP), rutschfester Belag, Dicke 3 mm | 111,07 DM/m2 / 56,79 €/m2 |
| 025.90321.M | Gießbeschichtung (EP), rutschfester Belag, Dicke 4 mm | 147,24 DM/m2 / 75,28 €/m2 |
| 025.90322.M | Gießbeschichtung (EP), rutschfester Belag, Dicke 5 mm | 172,49 DM/m2 / 88,19 €/m2 |
| 025.90323.M | Gießbeschichtung (EP/PUR), elast. Belag, Dicke 2mm | 110,97 DM/m2 / 56,74 €/m2 |
| 025.90324.M | Gießbeschichtung (EP/PUR), elast. Belag, Dicke 3mm | 142,81 DM/m2 / 73,02 €/m2 |
| 025.90325.M | Gießbeschichtung (EP/PUR), elast. Belag, Dicke 4mm | 173,11 DM/m2 / 88,51 €/m2 |
| 025.90326.M | Rollbeschicht. (EP), rutschfester Belag, Dicke 2 mm | 37,55 DM/m2 / 19,20 €/m2 |
| 025.90327.M | Fertigteilestrich, min. Feinspachtel, Dicke bis 2 mm | 14,50 DM/m2 / 7,41 €/m2 |
| 025.90328.M | Fertigteilestrich, min. Feinspachtel, Dicke >2- 5 mm | 17,60 DM/m2 / 9,00 €/m2 |

**025.90101.M** KG 350 DIN 276
Estrich vorbehandeln, Kunstharz
EP 8,89 DM/m2   LA 3,11 DM/m2   ST 5,78 DM/m2
EP 4,55 €/m2    LA 1,59 €/m2    ST 2,96 €/m2

**025.90102.M** KG 350 DIN 276
Estrich vorbehandeln, Kunstharz- Kratzspachtel (EP)
EP 21,51 DM/m2  LA 7,96 DM/m2   ST 13,55 DM/m2
EP 11,00 €/m2   LA 4,07 €/m2    ST  6,93 €/m2

**025.90103.M** KG 350 DIN 276
Fertigteilestrich grundieren
EP 4,85 DM/m2   LA 4,07 DM/m2   ST 0,78 DM/m2
EP 2,48 €/m2    LA 2,08 €/m2    ST 0,40 €/m2

**025.90104.M** KG 350 DIN 276
Estrich imprägnieren, Einkomponenten- Kunstharz
EP 6,40 DM/m2   LA 4,67 DM/m2   ST 1,73 DM/m2
EP 3,27 €/m2    LA 2,39 €/m2    ST 0,88 €/m2

**025.90105.M** KG 350 DIN 276
Estrich imprägnieren, Zweikomponenten-Kunstharz (EP)
EP 16,83 DM/m2  LA 9,59 DM/m2   ST 7,24 DM/m2
EP  8,61 €/m2   LA 4,90 €/m2    ST 3,71 €/m2

**025.90201.M** KG 350 DIN 276
Estrich grund. und versiegeln, Mehrkomp.-Kunstharz (EP)
EP 28,39 DM/m2  LA 12,10 DM/m2  ST 16,29 DM/m2
EP 14,51 €/m2   LA  6,18 €/m2   ST  8,33 €/m2

**025.90202.M** KG 350 DIN 276
Estrich versiegeln, Einkomponenten- Kunstharz
EP 9,19 DM/m2   LA 4,91 DM/m2   ST 4,28 DM/m2
EP 4,70 €/m2    LA 2,51 €/m2    ST 2,19 €/m2

**025.90203.M** KG 350 DIN 276
Estrich versiegeln, Mehrkomponenten- Kunstharz (EP)
EP 13,07 DM/m2  LA 5,45 DM/m2   ST 7,62 DM/m2
EP  6,68 €/m2   LA 2,79 €/m2    ST 3,89 €/m2

**025.90301.M** KG 350 DIN 276
Belag (EP), lebensmittelneutral, rutschfest, Dicke 2 mm
EP 103,00 DM/m2 LA 18,03 DM/m2  ST 84,97 DM/m2
EP  52,66 €/m2  LA  9,22 €/m2   ST 43,44 €/m2

**025.90302.M** KG 350 DIN 276
Belag (EP), lebensmittelneutral, rutschfest, Dicke 3 mm
EP 126,60 DM/m2 LA 18,63 DM/m2  ST 107,97 DM/m2
EP  64,73 €/m2  LA  9,52 €/m2   ST  55,21 €/m2

**025.90303.M** KG 350 DIN 276
Belag (EP), lebensmittelneutral, rutschfest, Dicke 4 mm
EP 140,46 DM/m2 LA 18,93 DM/m2  ST 121,53 DM/m2
EP  71,82 €/m2  LA  9,68 €/m2   ST  62,14 €/m2

**025.90304.M** KG 350 DIN 276
Belag (EP), lebensmittelneutral, rutschfest, Dicke 5 mm
EP 156,32 DM/m2 LA 24,43 DM/m2  ST 131,89 DM/m2
EP  79,93 €/m2  LA 12,49 €/m2   ST  67,44 €/m2

**025.90305.M** KG 350 DIN 276
Beschichtung, Epoxidharz, Dicke 2 mm
EP 29,42 DM/m2  LA 9,28 DM/m2   ST 20,14 DM/m2
EP 15,04 €/m2   LA 4,75 €/m2    ST 10,29 €/m2

**025.90306.M** KG 350 DIN 276
Beschichtung, Teer- Epoxidharz, Dicke 1 mm
EP 39,41 DM/m2  LA 11,08 DM/m2  ST 28,33 DM/m2
EP 20,15 €/m2   LA  5,66 €/m2   ST 14,49 €/m2

**025.90307.M** KG 350 DIN 276
Beschichtung, Teer- Epoxidharz, Dicke 2 mm
EP 64,10 DM/m2  LA 11,56 DM/m2  ST 52,54 DM/m2
EP 32,77 €/m2   LA  5,91 €/m2   ST 26,86 €/m2

**025.90308.M** KG 350 DIN 276
Beschichtung, Teer- Epoxidharz, Dicke 3 mm
EP 86,90 DM/m2  LA 12,34 DM/m2  ST 74,56 DM/m2
EP 44,43 €/m2   LA  6,31 €/m2   ST 38,12 €/m2

# LB 025 Estricharbeiten
## Oberflächenbehandlung

AW 025

Preise 06.01

Sämtliche Preise sind **Mittelpreise ohne Mehrwertsteuer** zum Zeitpunkt des Ausgabedatums.
**Korrekturfaktoren** für Regionaleinfluss, Mengeneinfluss, Konjunktureinfluss siehe Vorspann.
Abkürzungen: EP = Einheitspreis, LA = Lohnanteil, ST = Stoffanteil

025.90309.M KG 350 DIN 276
Beschichtung, Teer- Epoxidharz, Dicke 4 mm
EP 110,55 DM/m2  LA 12,82 DM/m2  ST 97,73 DM/m2
EP  56,52 €/m2   LA  6,56 €/m2   ST 49,96 €/m2

025.90310.M KG 350 DIN 276
Dünnbesch. (EP), Einstreubelag, Dicke ca. 1 mm
EP 27,81 DM/m2  LA 10,48 DM/m2  ST 17,33 DM/m2
EP 14,22 €/m2   LA  5,36 €/m2   ST  8,86 €/m2

025.90311.M KG 350 DIN 276
Dünnbesch. (EP), lebensmittelneutral, Dicke ca. 1 mm
EP 60,16 DM/m2  LA 15,82 DM/m2  ST 44,34 DM/m2
EP 30,76 €/m2   LA  8,09 €/m2   ST 22,67 €/m2

025.90312.M KG 350 DIN 276
Gießbeschichtung (EP), glatter Belag, Dicke 2 mm
EP 74,06 DM/m2  LA 11,44 DM/m2  ST 62,62 DM/m2
EP 37,87 €/m2   LA  5,85 €/m2   ST 32,02 €/m2

025.90313.M KG 350 DIN 276
Gießbeschichtung (EP), glatter Belag, Dicke 3 mm
EP 103,03 DM/m2  LA 12,28 DM/m2  ST 90,75 DM/m2
EP  52,68 €/m2   LA  6,28 €/m2   ST 46,40 €/m2

025.90314.M KG 350 DIN 276
Gießbeschichtung (EP), glatter Belag, Dicke 4 mm
EP 132,91 DM/m2  LA 13,17 DM/m2  ST 119,74 DM/m2
EP  67,96 €/m2   LA  6,74 €/m2   ST  61,22 €/m2

025.90315.M KG 350 DIN 276
Gießbeschichtung (EP), glatter Belag, Dicke 5 mm
EP 159,17 DM/m2  LA 13,72 DM/m2  ST 145,45 DM/m2
EP  81,38 €/m2   LA  7,01 €/m2   ST  74,37 €/m2

025.90316.M KG 350 DIN 276
Gießbeschichtung (EP), leitfähiger Belag, Dicke 2 mm
EP 128,33 DM/m2  LA 18,08 DM/m2  ST 110,25 DM/m2
EP  65,61 €/m2   LA  9,25 €/m2   ST  56,36 €/m2

025.90317.M KG 350 DIN 276
Gießbeschichtung (EP), leitfähiger Belag, Dicke 3 mm
EP 171,63 DM/m2  LA 18,57 DM/m2  ST 153,06 DM/m2
EP  87,75 €/m2   LA  9,49 €/m2   ST  78,26 €/m2

025.90318.M KG 350 DIN 276
Gießbeschichtung (EP), leitfähiger Belag, Dicke 4 mm
EP 214,93 DM/m2  LA 18,99 DM/m2  ST 195,94 DM/m2
EP 109,89 €/m2   LA  9,71 €/m2   ST 100,18 €/m2

025.90319.M KG 350 DIN 276
Gießbeschichtung (EP), rutschfester Belag, Dicke 2 mm
EP 87,94 DM/m2  LA 14,31 DM/m2  ST 73,63 DM/m2
EP 44,96 €/m2   LA  7,32 €/m2   ST 37,64 €/m2

025.90320.M KG 350 DIN 276
Gießbeschichtung (EP), rutschfester Belag, Dicke 3 mm
EP 111,07 DM/m2  LA 14,86 DM/m2  ST 96,21 DM/m2
EP  56,79 €/m2   LA  7,60 €/m2   ST 49,19 €/m2

025.90321.M KG 350 DIN 276
Gießbeschichtung (EP), rutschfester Belag, Dicke 4 mm
EP 147,24 DM/m2  LA 15,82 DM/m2  ST 131,42 DM/m2
EP  75,28 €/m2   LA  8,09 €/m2   ST  67,19 €/m2

025.90322.M KG 350 DIN 276
Gießbeschichtung (EP), rutschfester Belag, Dicke 5 mm
EP 172,49 DM/m2  LA 16,11 DM/m2  ST 156,38 DM/m2
EP  88,19 €/m2   LA  8,24 €/m2   ST  79,95 €/m2

025.90323.M KG 350 DIN 276
Gießbeschichtung (EP/PUR), elastischer Belag, Dicke 2mm
EP 110,97 DM/m2  LA 25,10 DM/m2  ST 85,87 DM/m2
EP  56,74 €/m2   LA 12,83 €/m2   ST 43,91 €/m2

025.90324.M KG 350 DIN 276
Gießbeschichtung (EP/PUR), elastischer Belag, Dicke 3mm
EP 142,81 DM/m2  LA 25,51 DM/m2  ST 117,30 DM/m2
EP  73,02 €/m2   LA 13,04 €/m2   ST  59,98 €/m2

025.90325.M KG 350 DIN 276
Gießbeschichtung (EP/PUR), elastischer Belag, Dicke 4mm
EP 173,11 DM/m2  LA 26,06 DM/m2  ST 147,05 DM/m2
EP  88,51 €/m2   LA 13,32 €/m2   ST  75,19 €/m2

025.90326.M KG 350 DIN 276
Rollbeschicht. (EP), rutschfester Belag, Dicke 2 mm
EP 37,55 DM/m2  LA 10,90 DM/m2  ST 26,65 DM/m2
EP 19,20 €/m2   LA  5,57 €/m2   ST 13,63 €/m2

025.90327.M KG 350 DIN 276
Fertigteilestrich, min. Feinspachtel, Dicke bis 2 mm
EP 14,50 DM/m2  LA 11,20 DM/m2  ST 3,30 DM/m2
EP  7,41 €/m2   LA  5,73 €/m2   ST 1,68 €/m2

025.90328.M KG 350 DIN 276
Fertigteilestrich, min. Feinspachtel, Dicke >2- 5 mm
EP 17,60 DM/m2  LA 11,56 DM/m2  ST 6,04 DM/m2
EP  9,00 €/m2   LA  5,91 €/m2   ST 3,09 €/m2

AW 025

Preise 06.01

## LB 025 Estricharbeiten
### Besonderer Schutz der Beläge; Instandsetzungsarbeiten

Sämtliche Preise sind **Mittelpreise ohne Mehrwertsteuer** zum Zeitpunkt des Ausgabedatums.
**Korrekturfaktoren** für Regionaleinfluss, Mengeneinfluss, Konjunktureinfluss siehe Vorspann.
**Abkürzungen:** EP = Einheitspreis, LA = Lohnanteil, ST = Stoffanteil

### Besonderer Schutz der Beläge

025.-----.-

|  |  |  |
|---|---|---|
| 025.93101.M | Abdeckung, Rohfilzpappe | 5,48 DM/m2 / 2,80 €/m2 |
| 025.93102.M | Abdeckung, Kunststoff-Folie, Dicke 0,2 mm | 6,27 DM/m2 / 3,21 €/m2 |
| 025.93103.M | Abdeckung, Kunststoff-Folie, Dicke 0,3 mm | 7,59 DM/m2 / 3,88 €/m2 |
| 025.93104.M | Abdeckung, Kunststoff-Folie, Dicke 0,5 mm | 8,70 DM/m2 / 4,45 €/m2 |
| 025.94101.M | Abdeckung begehbar, Folie/Hartfaserplatte | 18,16 DM/m2 / 9,29 €/m2 |
| 025.94102.M | Abdeckung begehbar, Rohfilzpappe/Bretter | 23,15 DM/m2 / 11,84 €/m2 |
| 025.95101.M | Abdeckung befahrbar, Rohfilzpappe/Bohlen | 29,33 DM/m2 / 15,00 €/m2 |

025.93101.M    KG 350 DIN 276
Abdeckung, Rohfilzpappe
EP 5,48 DM/m2    LA 3,48 DM/m2    ST 2,01 DM/m2
EP 2,80 €/m2     LA 1,78 €/m2     ST 1,03 €/m2

025.93102.M    KG 350 DIN 276
Abdeckung, Kunststoff-Folie, Dicke 0,2 mm
EP 6,27 DM/m2    LA 4,91 DM/m2    ST 1,36 DM/m2
EP 3,21 €/m2     LA 2,51 €/m2     ST 0,70 €/m2

025.93103.M    KG 350 DIN 276
Abdeckung, Kunststoff-Folie, Dicke 0,3 mm
EP 7,59 DM/m2    LA 5,15 DM/m2    ST 2,44 DM/m2
EP 3,88 €/m2     LA 2,63 €/m2     ST 1,25 €/m2

025.93104.M    KG 350 DIN 276
Abdeckung, Kunststoff-Folie, Dicke 0,5 mm
EP 8,70 DM/m2    LA 5,51 DM/m2    ST 3,19 DM/m2
EP 4,45 €/m2     LA 2,82 €/m2     ST 1,63 €/m2

025.94101.M    KG 350 DIN 276
Abdeckung begehbar, Folie/Hartfaserplatte
EP 18,16 DM/m2   LA 13,17 DM/m2   ST 4,99 DM/m2
EP  9,29 €/m2    LA  6,74 €/m2    ST 2,55 €/m2

025.94102.M    KG 350 DIN 276
Abdeckung begehbar, Rohfilzpappe/Bretter
EP 23,15 DM/m2   LA 16,77 DM/m2   ST 6,38 DM/m2
EP 11,84 €/m2    LA  8,58 €/m2    ST 3,26 €/m2

025.95101.M    KG 350 DIN 276
Abdeckung befahrbar, Rohfilzpappe/Bohlen
EP 29,33 DM/m2   LA 20,36 DM/m2   ST 8,97 DM/m2
EP 15,00 €/m2    LA 10,41 €/m2    ST 4,59 €/m2

### Instandsetzungsarbeiten

025.-----.-

|  |  |  |
|---|---|---|
| 025.40028.M | Zementestrich, Einzelfl. bis 0,25 m2, d bis 60 mm | 60,90 DM/m2 / 31,14 €/m2 |
| 025.40029.M | Zementestrich, Einzelfl. bis 0,5 m2, d bis 60 mm | 52,48 DM/m2 / 26,83 €/m2 |
| 025.40030.M | Zementestrich, Einzelfl. bis 1,0 m2, d bis 60 mm | 32,88 DM/m2 / 16,81 €/m2 |
| 025.40031.M | Zementestrich, Streifen bis 0,5 m breit, d bis 60 mm | 38,70 DM/m2 / 19,79 €/m2 |

025.40028.M    KG 350 DIN 276
Zementestrich, Einzelfl. bis 0,25 m2, d bis 60 mm
EP 60,90 DM/m2   LA 54,19 DM/m2   ST 6,71 DM/m2
EP 31,14 €/m2    LA 27,71 €/m2    ST 3,43 €/m2

025.40029.M    KG 350 DIN 276
Zementestrich, Einzelfl. bis 0,5 m2, d bis 60 mm
EP 52,48 DM/m2   LA 45,94 DM/m2   ST 6,54 DM/m2
EP 26,83 €/m2    LA 23,49 €/m2    ST 3,34 €/m2

025.40030.M    KG 350 DIN 276
Zementestrich, Einzelfl. bis 1,0 m2, d bis 60 mm
EP 32,88 DM/m2   LA 26,21 DM/m2   ST 6,67 DM/m2
EP 16,81 €/m2    LA 13,40 €/m2    ST 3,41 €/m2

025.40031.M    KG 350 DIN 276
Zementestrich, Streifen bis 0,5 m breit, d bis 60 mm
EP 38,70 DM/m2   LA 32,40 DM/m2   ST 6,30 DM/m2
EP 19,79 €/m2    LA 16,56 €/m2    ST 3,23 €/m2

## LB 027 Tischlerarbeiten
### Fenster, Fenstertüren, Fensterwände

STLB 027

Ausgabe 06.01

010 Fenster,
020 Fenstertür,
030 Fenster-, Fenstertürkombination,
040 Fensterelement,
050 Fensterwand DIN 18056,
060 Fensterband,
  **Hinweis:** Dachflächenfenster siehe LB 020 Dachdeckungsarbeiten.
  Beschläge siehe LB 029 Beschlagarbeiten, Verglasungen siehe LB 032 Verglasungsarbeiten, Beschichtungen siehe LB 034 Maler- und Lackiererarbeiten.
  **Einzelangaben nach DIN 18355** zu Pos. 010 bis 060
  - Fensterart
    - - als Einfachfenster für Einfachverglasung,
    - - als Einfachfenster für Isolierverglasung,
    - - als Verbundfenster für Einfachverglasung,
    - - als Verbundfenster für Isolierverglasung und Einfachverglasung,
    - - als Kastenfenster für Einfachverglasung,
    - - als Kastenfenster für Isolierverglasung und Einfachverglasung,
    - - als .......,
      - - - einteilig, feststehend,
      - - - einteilig, beweglich,
      - - - zweiteilig, feststehend,
      - - - zweiteilig, beweglich, mit Pfosten,
      - - - zweiteilig, beweglich, ohne Pfosten (Stulp),
      - - - ein Teil feststehend, ein Teil beweglich,
      - - - Teilung .......,
        - - - - mit glasteilenden Sprossen,
        - - - - mit aufgesetzten Sprossen,
        - - - - mit ....... ,
          - - - - - Öffnungsart drehend,
          - - - - - Öffnungsart kippend,
          - - - - - Öffnungsart drehkippend,
          - - - - - Öffnungsart ....... ,
  - Öffnungsart / Anschlag
    - - in Öffnung mit Innenanschlag,
    - - in Öffnung mit Außenanschlag,
    - - in Öffnung ohne Anschlag,
    - - in Öffnung ....... ,
  - Öffnungsmaß / Fenstermaß
    - - lichte Wandöffnung B/H in mm .......,
      Blendrahmenaußenmaß in mm ....... ,
      Maße in mm ....... ,
  - Befestigung
    - - Befestigung an Mauerwerk aus ....... ,
    - - Befestigung an Sichtmauerwerk aus ....... ,
    - - Befestigung an Beton,
    - - Befestigung an Sichtbeton,
    - - Befestigung an vorhandene Einbauzargen aus ....... ,
    - - Befestigung an mitzuliefernde Einbauzargen aus ....... ,
    - - Befestigung im Bereich der Wärmedämmung,
    - - Befestigung .......,
  - Erzeugnis
    - - Erzeugnis/Typ ....... (oder gleichwertiger Art),
    - - Erzeugnis/Typ ....... (vom Bieter einzutragen),
      **Hinweis:** Falls mit der Angabe des Erzeugnisses die statischen und bauphysikalischen Anforderungen erfüllt werden, kann auf deren Auflistung verzichtet werden. Falls mit der Angabe des Erzeugnisses die Anforderungen an Werkstoffe und Konstruktion definiert sind, kann die Leistungsbeschreibung hiermit beendet werden.
  - Statische und bauphysikalische Anforderungen an die Gesamtkonstruktion:
    **Hinweis:** Angaben hierzu i.d.R. nur bei systemoffener Ausschreibung (d.h. wenn kein bestimmtes Erzeugnis oder keine genaue Ausführungsbeschreibung vorgegeben wird).
  - Windlast
    - - Windlast DIN 1055 Teil 4, 0,6 kN/m² - 0,96 kN/m² - 1,32 kN/m² - ....... ,
      **Hinweis:** Angaben i.d.R. nur bei großen Öffnungen (> 10 m²) und Fensterwänden.
  - Verkehrslast, horizontal
    - - Verkehrslast, horizontal, DIN 1055-3, 0,5 kN/m - 1 kN/m - ....... ,
      **Hinweis:** Angaben i.d.R. nur bei Fensterwänden und Fensterbändern.
    - - Verkehrslast, vertikal, DIN 18056, 0,5 kN/m - 1 kN/m - ....... ,
  - Verkehrslast vertikal
  - Durchbiegung
    - - max. Durchbiegung der freitragenden Rahmenteile 1/300 x L,
    - - max. Durchbiegung der freitragenden Rahmenteile 1/300 x L, bei Isolierverglasung zwischen gegenüberliegenden Scheibenkanten max. 8 mm,
    - - max. Durchbiegung der freitragenden Rahmenteile ....... ,
      **Hinweis:** Angaben i.d.R. nur bei großen Öffnungen (> 10 m²) Fensterwänden und Fensterbändern.
  - Fugendurchlässigkeit und Schlagregendichtheit
    - - Fugendurchlässigkeit und Schlagregendichtheit DIN 18055, Beanspruchungsgruppe A (150 N/m²),
    - - Fugendurchlässigkeit und Schlagregendichtheit DIN 18055, Beanspruchungsgruppe B (300 N/m²),
    - - Fugendurchlässigkeit und Schlagregendichtheit DIN 18055, Beanspruchungsgruppe C (600 N/m²),
    - - Fugendurchlässigkeit und Schlagregendichtheit DIN 18055, Beanspruchungsgruppe D, Prüfdruck, längenbezogene Fugendurchlässigkeit ......., Fugendurchlasskoeffizient ....... ,
      **Hinweis:** Nach DIN 18055 gelten für die Beanspruchungsgruppen folgende Richtwerte:
  - Beanspruchungsgruppe A: Gebäudehöhe bis 8 m
  - Beanspruchungsgruppe B: Gebäudehöhe bis 20 m
  - Beanspruchungsgruppe C: Gebäudehöhe bis 100 m
  - Beanspruchungsgruppe D: Sonderregelung (mit Angaben zur Fugendurchlässigkeit, Fugendurchlasskoeffizient)
  - Wärmeschutz
    - - Wärmedurchgangskoeffizient DIN 4108 $k_F$ in W/m²K .......,
    - - Wärmedurchgangskoeffizient DIN 4108 $k_F$ in W/m²K ......., Gesamtenergiedurchlassgrad g in % ....... ,
    - - Äquivalenter Wärmedurchgang DIN 4108 und Wärmeschutzverordnung $k_{eq}$ in W/m²K .......,
    - - Äquivalenter Wärmedurchgang DIN 4108 und Wärmeschutzverordnung $k_{eq}$ in W/m²K ......., Gesamtenergiedurchlassgrad g in % ....... ,
    - - Wärmedurchgangskoeffizient $k_p$ (nichttransparente Bauteile) in W/m²K .......,
    - - .......,
      **Hinweis:** $k_F$ in der Regel zwischen 2,0 und 3,0 W/m²K, in Einzelfällen ab 1,0 W/m²K.
  - Schallschutz
    - - Schallschutz DIN 4109 und VDI 2719, SSK 1 (25 bis 29 dB),
    - - Schallschutz DIN 4109 und VDI 2719, SSK 2 (30 bis 34 dB),
    - - Schallschutz DIN 4109 und VDI 2719, SSK 3 (35 bis 39 dB),
    - - Schallschutz DIN 4109 und VDI 2719, SSK 4 (40 bis 44 dB),
    - - Schallschutz DIN 4109 und VDI 2719, SSK 5 (45 bis 49 dB),
    - - Schallschutz DIN 4109 und VDI 2719, SSK 6 (ab 50 dB),
    - - Schallschutz DIN 4109 und VDI 2719 $R_{w,R}$ in dB .......,
  - Einbruchschutz
    - - Einbruchhemmung DIN 18054 Klasse EF 0,
    - - Einbruchhemmung DIN 18054 Klasse EF 1,
    - - Einbruchhemmung DIN 18054 Klasse EF 2,
    - - Einbruchhemmung DIN 18054 Klasse EF 3,
    - - Einbruchhemmung .......,
    - - Angriffhemmung .......,
      **Hinweis:** Anforderungen an Einbruchschutz i.d.R. nur für Fenster in gefährdeter Lage.

**STLB 027**

## LB 027 Tischlerarbeiten
### Fenster, Fenstertüren, Fensterwände

Ausgabe 06.01

**Einzelangaben** zu Pos. 010 bis 060, Fortsetzung
- Brandschutz .......
  **Hinweis:** Anforderungen i.d.R. nur an geschlossene (nichttransparente) Teile in Fensterelementen, vgl. Pos. 120. Feuerwiderstandsklasse F-30, F-60, F-90, F-120, mit Zusatz F = Verhinderung Durchtritt Wärmestrahlung, G = Behinderung Durchtritt Wärmestrahlung.
- Durchbiegung des Bauwerks im Bereich der lichten Wandöffnungen in mm .......
  bei folgenden Positionen .......
- Ausführung
  - – Ausführung gemäß Zeichnung Nr. .......,
  - – Ausführung gemäß Zeichnung Nr. ....... und nachstehender Einzelbeschreibung,
  - – Ausführung wie folgt:
  - – Ausführung nach Wahl des AN, Werkstoff, Konstruktion ....... (vom Bieter einzutragen),
    **Hinweis:** Nur bei systemoffenen Ausschreibungen mit Vorgabe der statischen und bauphysikalischen Anforderungen.
- Werkstoffe und Konstruktion
  - – Holzfenster,
    - – – Rahmen und Glashalteleisten aus Fichte,
    - – – Rahmen und Glashalteleisten aus Kiefer,
    - – – Rahmen und Glashalteleisten aus Dark red Meranti,
    - – – Rahmen und Glashalteleisten aus .......,
      - – – – Holzgüte DIN EN 942 für deckende Beschichtung,
      - – – – Holzgüte DIN EN 942 für nichtdeckende Beschichtung,
      - – – – Holzgüte.......,
        - – – – – Profile DIN 68121,
        - – – – – Profile DIN 68121, Vollholz,
        - – – – – Profile DIN 68121, dickenverleimt,
        - – – – – Profile DIN 68121, dicken– und längenverleimt,
        - – – – – Profile ....... ,
          - – – – – – raumseitige Deckleisten aus Holz .......,
          - – – – – – witterungsseitige Deckleisten aus Holz .......,
          - – – – – – raum– und witterungsseitige Deckleisten aus Holz .......,
          - – – – – – Deckleisten .......,
            - – – – – – – zweiseitig,
            - – – – – – – dreiseitig,
            - – – – – – – vierseitig,
            - – – – – – – Nachweis der Qualitätssicherung ....... (vom Bieter einzutragen),
  - – Kunststofffenster,
    - – – Rahmen und Glashalteleisten aus PVC-U DIN 7748, Profilsystem ..... (Sofern nicht vorgeschrieben, vom Bieter einzutragen),
    - – – Rahmen und Glashalteleisten aus Kunststoff, Werkstoff und Profilsystem ....... (Sofern nicht vorgeschrieben, vom Bieter einzutragen)
      - – – – Farbton weiß
      - – – – Farbton .......,
        - – – – – Flügelrahmen mit Überschlag,
        - – – – – Flügelrahmen außen flächenbündig,
        - – – – – Flügelrahmen innen flächenbündig,
        - – – – – Flügelrahmen außen und innen flächenbündig,
        - – – – – Flügelrahmen ....... ,
          - – – – – – raumseitige Deckleisten/–profile aus Kunststoff .......,
          - – – – – – witterungsseitige Deckleisten/–profile aus Kunststoff .......,
          - – – – – – raum– und witterungsseitige Deckleisten/–profile aus Kunststoff .......,
          - – – – – – Deckleisten/–profile .......,
            - – – – – – – zweiseitig,
            - – – – – – – dreiseitig,
            - – – – – – – vierseitig,
            - – – – – – – Nachweis der Qualitätssicherung ....... (vom Bieter einzutragen),
  - – Holz-Aluminium-Fenster,
    - – – Rahmen aus Fichte, Profilsystem ....... (Sofern nicht vorgeschrieben, vom Bieter einzutragen)
    - – – Rahmen aus Kiefer, Profilsystem ....... (Sofern nicht vorgeschrieben, vom Bieter einzutragen)
    - – – Rahmen aus Dark red Meranti, Profilsystem ....... (Sofern nicht vorgeschrieben, vom Bieter einzutragen)
    - – – Rahmen aus ......., Profilsystem ....... (Sofern nicht vorgeschrieben, vom Bieter einzutragen)
      - – – – Holzgüte DIN EN 942 für deckende Beschichtung,
      - – – – Holzgüte DIN EN 942 für nichtdeckende Beschichtung,
      - – – – Holzgüte .......,
        - – – – – Profile in Anlehnung an DIN 68121,
        - – – – – Profile in Anlehnung an DIN 68121, Vollholz,
        - – – – – Profile in Anlehnung an DIN 68121, dickenverleimt,
        - – – – – Profile in Anlehnung an DIN 68121, dicken– und längenverleimt,
        - – – – – Profile ....... ,
          - – – – – – witterungsseitig Aluminium-Strangpressprofile DIN EN 485-2, DIN EN 754-1, DIN EN 754-2, DIN EN 755-1, DIN EN 755-2, DIN 17615-1,
          - – – – – – witterungsseitig Aluminiumprofile ........,
            - – – – – – – Rahmenverbindung Aluminium, gesteckt,
            - – – – – – – Rahmenverbindung Aluminium, geschweißt,
            - – – – – – – Rahmenverbindung Aluminium ....... ,
              - – – – – – – – Flügelrahmen mit Überschlag,
              - – – – – – – – Flügelrahmen außen flächenbündig,
              - – – – – – – – Flügelrahmen ....... ,
                - – – – – – – – – raumseitige Deckleisten aus Holz .......,
                - – – – – – – – – witterungsseitige Deckprofile aus Aluminium .......,
                - – – – – – – – – raum– und witterungsseitige Deckleisten/–profile aus .......,
                - – – – – – – – – Deckleisten/–profile .......,
                  - – – – – – – – – – zweiseitig,
                  - – – – – – – – – – dreiseitig,
                  - – – – – – – – – – vierseitig,
                  - – – – – – – – – – Nachweis der Qualitätssicherung ....... (vom Bieter einzutragen)
  **Hinweis:** Nach DIN 18355, Abs. 3.4 und 3.6.4, ist zu beachten:
  Rahmenverbindungen bei Holzfenstern sind mit Schlitz/Zapfen auszuführen. Futter– oder Zargenrahmen dürfen auch gezinkt werden. Die Verbindungen müssen vollflächig – auch an den Brüstungen – verleimt werden.
  Art und Festigkeit der Verleimung müssen nach DIN EN 204 dem Einbauort und dem Verwendungszweck des Bauteils entsprechen.
  Aluminiumrahmen von Holz-Aluminiumfenstern sind an den Ecken mechanisch zu verbinden. Kunststofffenster sind zu verschweißen.
- Füllen und Abdichten von Fugen
  - – einschl. Füllen und Abdichten der Fugen allseitig zwischen Rahmen und Bauwerk mit Füllstoff und elastisch bleibendem Dichtstoff nach Wahl des AN,
  - – Füllen und Abdichten der Fugen zwischen Rahmen und Bauwerk wird gesondert vergütet,
  **Hinweis:** Füllen und Abdichten von Fugen siehe Pos. 920 bis 922.

# LB 027 Tischlerarbeiten
## Fenster, Fenstertüren, Fensterwände

STLB 027

Ausgabe 06.01

**Einzelangaben** zu Pos. 010 bis 060, Fortsetzung
- Beschläge
  - – einschl. Beschläge verdeckt, Erzeugnis ......., (Sofern nicht vorgeschrieben, vom Bieter einzutragen, sofern vorgeschrieben, mit Hinweis "oder gleichwertiger Art")
  - – einschl. Beschläge aufliegend, Erzeugnis ......., (Sofern nicht vorgeschrieben, vom Bieter einzutragen, sofern vorgeschrieben, mit Hinweis "oder gleichwertiger Art")
  - – Beschläge verdeckt, werden gesondert vergütet,
  - – Beschläge aufliegend, werden gesondert vergütet,
  
  **Hinweis:** Beschläge siehe LB 029 Beschlagarbeiten.
- Dichtungsprofil
  - – Dichtungsprofil im Falz aus modifiziertem PVC,
  - – Dichtungsprofil im Falz aus APTK/EPDM,
  - – Dichtungsprofil im Falz .......,
  
  **Hinweis:** Nach DIN 18355, Abs. 3.6.2 und 3.6.3, ist zu beachten:
  Falzdichtungen müssen auswechselbar, in einer Ebene umlaufend und in den Ecken dicht sein. Bei Holz-Aluminium-Fenstern muss zwischen Holz und Aluminiumumrahmen ein Luftraum vorhanden sein. Dieser Luftraum muss Öffnungen zum Dampfdruckausgleich mit der Außenluft aufweisen.
- Verglasung
  - – Verglasung einschl. Abdichten der Verglasung wird gesondert vergütet,
  - – einschl. Verglasungssystem DIN 18545-1 und 2, Kurzzeichen .......,
  - – einschl. Verglasungssystem mit Dichtprofilen,
  - – einschl. Verglasungssystem .......,
  
  **Hinweis:** Kurzzeichen für Verglasungssystem nach DIN 18545-1 und 2:
  Verglasungssystem Va mit ausgefülltem Falzraum, Vf mit dichtstofffreiem Falzraum, für Beanspruchungsgruppen 1 (Va1), 2 (Va2), 3 (Va3, Vf3), 4 (Va4, Vf4), 5 (Va5, Vf5).
  - – – Glashalteleisten befestigen mit verzinkten Drahtstiften,
  - – – Glashalteleisten befestigen mit Schrauben,
  - – – Glashalteleisten .......,
  
  **Hinweis:** Nach DIN 18355, Abs. 3.6.7, ist zu beachten:
  Glashalteleisten aus Holz sind zu nageln, die aus Kunststoff einzurasten. Im übrigen gilt DIN 18545-1 und 2 "Abdichten von Verglasungen mit Dichtstoffen; Verglasungssysteme".
  - – – – Glasfalzmaße DIN 18545-1 und 2,
  - – – – Glasfalzmaße .......,
- Maler- und Lackierarbeiten,
  - – einschl. Beschichtung, oberflächenfertig, Farbton .......,
  - – Anstrich wird gesondert vergütet,
  
  **Hinweis:** Maler- und Lackiererarbeiten siehe LB 034.
- Berechnungseinheit Stück

**Beispiel 1 für Ausschreibungstext zu Position 010** (Regelfall)
Fenster als Einfachfenster für 2-Scheiben-Isolierverglasung, einteilig, beweglich, Öffnungsart drehkippend,
in Öffnung ohne Anschlag,
lichte Wandöffnung (B x H) 1126 mm x 1126 mm,
Befestigung an Mauerwerk;
Ausführung wie folgt:
Holzfenster,
Rahmen und Glashalteleisten aus Kiefer,
Holzgüte DIN EN 942 für deckenden Anstrich,
Profile und Holzdicken DIN 68161,
raum– und witterungsseitige Deckleisten aus Holz;
einschl. Füllen und Abdichten der Fugen,
allseitig zwischen Rahmen und Bauwerk
mit Füllstoff und elastisch bleibendem Dichtstoff
nach Wahl des AN;
einschl. Beschläge verdeckt,
System für Drehkippfenster mit seitlicher Ausstellvorrichtung,
Erzeugnis ....... (vom Bieter einzutragen);
Verglasung einschl. Abdichten der Verglasung
wird gesondert vergütet;
Beschichtung wird gesondert vergütet.
Einheit Stück.

**Hinweis:** In diesem Regelfall mit genauer Ausführungsbeschreibung entfallen Angaben zu den statischen und bauphysikalischen Anforderungen.

**Beispiel 2 für Ausschreibungstext zu Position 010** (systemoffene Ausschreibung)
Fenster als Einfachfenster für 2-Scheiben-Isolierverglasung, einteilig, beweglich, Öffnungsart drehkippend,
in Öffnung ohne Anschlag, lichte Wandöffnung
(B x H) 1126 mm x 1126 mm,
Befestigung an Mauerwerk;
statische und bauphysikalische Anforderungen
an die Gesamtkonstruktion:
Wärmedurchgangskoeffizient $k_F \leq 2,0$ W/m$^2$K,
Fugendurchlässigkeit und Schlagregendichtheit DIN 18055,
Beanspruchungsgruppe B (300 N/m$^2$),
Schallschutz VDI-Richtlinie 2719,
Schallschutzklasse 2 (30 bis 34 dB),
Ausführung nach Wahl des AN;
Werkstoff, Konstruktion ....... (vom Bieter einzutragen)
Füllen und Abdichten der Fugen
zwischen Rahmen und Bauwerk werden gesondert vergütet;
einschl. Beschläge verdeckt,
System für Drehkippfenster mit seitlicher Ausstellvorrichtung,
einschl. Verglasung IV 4/12/4;
einschl. Beschichtung, oberflächenfertig, Farbton weiß,
Einheit Stück.

**Hinweis:** In diesem Fall der systemoffenen Ausschreibung ist es dem AN überlassen, ob er z.B. Holzfenster oder Kunststofffenster anbietet.

**STLB 027**
Ausgabe 06.01

## LB 027 Tischlerarbeiten
### Nichttransparente Teile im Fensterelement; Rollkasten

120 **Nichttransparente Füllung,**
 **Hinweis:** Pos. 120 wird i.d.R. im Zusammenhang mit Pos. 040, verwendet. Wandbekleidungen, Bekleidungen von Brüstungen, Nischen, Leibungen und Schürzen siehe auch LB 039 Trockenbauarbeiten.
 Statische und bauphysikalische Anforderungen entsprechend Pos. 010 bis 060, können bei Bedarf der nachfolgenden Leistungsbeschreibung vorangestellt werden.
 **Einzelangaben nach DIN 18355**
 – Lage der nichttransparenten Füllung
 – – zwischen unterem Blendrahmenteil und Brüstungsriegel,
 – – zwischen unterem Blendrahmenteil und Riegel,
 – – zwischen Riegeln,
 – – zwischen Riegel und oberem Blendrahmenteil,
 – – zwischen unterem und oberem Blendrahmenteil,
 – – zwischen .......,
 – Konstruktion
 – – bestehend aus witterungsseitiger Bekleidung,
 – – bestehend aus .......,
 – – – und Dämmschicht,
 – – – Dämmschicht und Dampfsperre,
 – – – Dämmschicht, Dampfsperre und raumseitiger Bekleidung,
 – – – Dämmschicht und raumseitiger Bekleidung,
 – – – Hinterlüftung, Dämmschicht und raumseitiger Bekleidung,
 – – – Hinterlüftung, Dämmschicht, Dampfsperre und raumseitiger Bekleidung,
 – – – – einschl. Unterkonstruktion,
 – – – – einschl. Unterkonstruktion aus .......,
 – – – – – Gesamtdicke .......,
 – Wärmedurchgangskoeffizient DIN 4108 k in W/m²K .......,
 – Maße .......,
 – Ausführung
 – – Erzeugnis/Typ ....... (oder gleichwertiger Art),
 – – Ausführung gemäß nachstehender Einzelbeschreibung,
 **Hinweis:** Text ggf. nach LB 039 Trockenbauarbeiten, STLB 039.1/2
 – – Ausführung gemäß Zeichnung Nr. .......,
 **Hinweis:** Zeichnung mit Angaben zur Teilung, Maße, Befestigung, konstruktives Detail
 – – Ausführung gemäß Zeichnung Nr. ....... und nachstehender Einzelbeschreibung,
 – – Ausführung wie folgt:
 – – Ausführung nach Wahl des AN, Werkstoff, Konstruktion ....... (vom Bieter einzutragen),
 **Hinweis:** nur bei symstemoffenen Ausschreibungen mit Vorgabe der statischen und bauphysikalischen Anforderungen.
 – Berechnungseinheit Stück

130 **Rollkasten,**
131 **Rollkasten als Einzelelement,**
132 **Rollkasten als Teil des Fensters,**
133 **Rollkasten als Aufsatzelement,**
134 **Rollkasten als .......,**
 **Hinweis:** Rollladenarbeiten siehe Leistungsbereich 030, Rollladenkasten aus Beton siehe Leistungsbereich 012.
 **Einzelangaben nach DIN 18355** zu Pos. 130 bis 134
 – Rolladenform
 – – für Rollladen 1teilig,
 – – für Rollladen 2teilig,
 – – für Rollladen 3teilig,
 – – für Rollladen .......,
 – Unterkonstruktion
 – – mit Unterkonstruktion,
 – – mit Unterkonstruktion .......,
 – – auf vorhandener Unterkonstruktion,
 – – auf vorhandener Unterkonstruktion .......,
 – Rollladenführungsschienen
 – – mit Rollladenführungsschienen aus Holz,
 – – mit Rollladenführungsschienen aus Kunststoff mit Keder,
 – – mit Rollladenführungsschienen aus Aluminium mit Keder,
 – – mit Rollladenführungsschienen aus ....... ,
 – – – mit Zusatzleisten, gefalzt,
 – – – mit Zusatzleisten, genutet,
 – – – mit ....... ,
 – – – – einschl. Einlaufprofil aus Holz,
 – – – – einschl. Einlaufprofil aus Kunststoff,
 – – – – einschl. Einlaufprofil aus Aluminium,
 – – – – einschl. Einlaufprofil ....... ,
 – Frontplatte, Unterplatte
 – – witterungsseitige Frontplatte,
 – – raumseitige Frontplatte,
 – – raumseitige Frontplatte und Unterplatte,
 – – Unterplatte,
 – – Bekleidung.......,
 – – – abschraubbar,
 – – – abklappbar,
 – – – vorgerichtet .......,
 – – – – Wärmedurchgangskoeffizient DIN 4108 k in W/m²K .......,
 – Maße .......
 – Ausführung gemäß Zeichnung Nr. .......,
 Einzelbeschreibung Nr. .......
 – Erzeugnis
 – – Erzeugnis .......(oder gleichwertiger Art),
 – – Erzeugnis .......(vom Bieter einzutragen),
 – Berechnungseinheit Stück

## LB 027 Tischlerarbeiten
### Raumseitige Fensterbank; Fensterzarge

STLB 027

Ausgabe 06.01

200 **Raumseitige Fensterbank,**
    **Einzelangaben nach DIN 18355**
    - Werkstoff
        - – aus Fichte – aus Kiefer – aus Dard red Meranti –
            aus ......,
            - – – Holzgüte DIN EN 942, für deckende
                Beschichtung,
            - – – Holzgüte DIN EN 942, für
                nichtdeckende Beschichtung,
            - – – Holzgüte ......,
                - – – – Holzschutz DIN 68800,
        - – aus kunststoffbeschichteten dekorativen
            Flachpressplatten DIN 68765,
        - – aus Bau-Furnier-Sperrholz DIN 68705 Teil 3,
        - – aus Bau-Stäbchen-Sperrholz DIN 68705 Teil 4,
            - – – Deckfurnier der Rohplatte aus Kiefer,
            - – – Deckfurnier der Rohplatte aus Buche,
            - – – Deckfurnier der Rohplatte ......,
        - – aus Schichtpressstoff, Typ ......, (Sofern nicht
            vorgeschrieben, vom Bieter einzutragen),
    - Gratleisten, Schwitzwasserrinne
        - – mit Gratleisten,
        - – mit Schwitzwasserrinne,
        - – mit Schwitzwasserrinne und Gratleisten,
        - – mit ......,
    - Querschnitt/Länge ......
    - Ecken, Kanten
        - – Ecken rechtwinklig, gefast,
        - – Ecken abgeschrägt,
        - – Ecken abgerundet,
        - – Vorderkante abgerundet,
        - – Vorderkante abgerundet, Ecken rechtwinklig
            gefast,
        - – Vorderkante abgerundet, Ecken abgeschägt,
        - – Vorderkante und Ecken abgerundet,
        - – Kantenausbildung ......,
    - Sichtflächen, Sichtkanten
        - – Sichtflächen und Sichtkanten furniert,
            Ausführung ......,
        - – Sichtflächen furniert, Einleimer passend zum
            Deckfurnier,
        - – Sichtflächen furniert, Umleimer passend zum
            Deckfurnier,
        - – Sichtkanten mit Umleimer aus Kunststoff, passend
            zur Deckbeschichtung,
        - – alle sichtbaren Flächen und Kanten mit Kunststoff
            beschichtet,
        - – Behandlung der Flächen und Kanten ......,
            - – – Oberflächenausführung ......,
                **Hinweis:** Texte für Oberflächenausführung
                siehe Pos. 870, 871,
                Anstriche siehe LB 034 Maler– und
                Lackierarbeiten.
    - Unterseite
        - – Unterseite bekleidet mit Faserzementplatte,
            eingelassen,
        - – Unterseite bekleidet mit Aluminiumfolie,
        - – Unterseite bekleidet ......,
    - seitlicher Anschluss
        - – der seitliche Anschluss stumpf,
        - – der seitliche Anschluss mit Ausklinkungen,
        - – der seitliche Anschluss ......,
    - Unterlage
        - – auf Mauerwerk oder Beton,
        - – auf vorhandene Konsolen oder Stützen,
        - – auf vorhandene Konsolen oder Stützen, verdeckt
            geschraubt,
        - – auf Konsolen oder Stützen ......,
        - – auf ......,
    - Ausführung gemäß Zeichnung Nr. ......,
        Einzelbeschreibung Nr. ......
        **Hinweis:** Nach DIN 18355, Abs. 3.7, sind Fensterbänke mit dem Rahmen durch konstruktive Maßnahmen so zu verbinden, dass ein Verziehen oder Verwerfen sowie Schäden am Baukörper durch materialbedingte Längenveränderungen vermieden werden.
    - Erzeugnis
        - – Erzeugnis ......(oder gleichwertiger Art),
        - – Erzeugnis ......(vom Bieter einzutragen),
    - Berechnungseinheit Stück

300 **Fensterzarge,**
    **Einzelangaben nach DIN 18355**
    - Werkstoff
        - – aus Holz ......,
            - – – einschl. Holzschutz DIN 68800,
                Oberflächenausführung ......,
        - – aus Aluminium, Profilsystem ......, (Sofern nicht
            vorgeschrieben, vom Bieter einzutragen),
            - – – Oberflächenausführung ......,
        - – aus Stahl, Profilsystem ......, (Sofern nicht
            vorgeschrieben, vom Bieter einzutragen),
            - – – Oberflächenausführung ......,
        - – aus ......, Oberflächenausführung ......,
    - Anschlag
        - – mit Anschlag,
        - – ohne Anschlag,
    - Baurichtmaß DIN 4172 (B x H) ......
    - Befestigungsuntergrund
        - – Befestigungsuntergrund einschalige Außenwand,
        - – Befestigungsuntergrund zweischalige Außenwand,
            - – – Wandaufbau ......,
    - Fugen zwischen Wand und Zarge abdichten mit ......
    - Leistungsumfang
        - – Fensteröffnung mit Folie schließen,
        - – Fensteröffnung mit Folie schließen, Fenster später
            montieren,
    - Ausführung gemäß Zeichnung Nr. ......,
        Einzelbeschreibung Nr. ......
    - Berechnungseinheit Stück

# LB 027 Tischlerarbeiten
## Fensterläden, Türläden

320 Klappladen,
330 Schiebeladen,
340 Laden, Bauart .......,
   **Einzelangaben nach DIN 18355** zu Pos. 320 bis 340
   - Konstruktionssystem
     -- als Bretterladen mit Gratleisten,
     -- als Bretterladen mit Griffleisten,
     -- als Jalousieladen mit zurückspringenden Brettchen oder Leisten,
     -- als Jalousieladen mit bündigen Brettchen oder Leisten,
     -- als Jalousieladen mit vorspringenden Brettchen oder Leisten,
     -- mit Rahmen und eingeschobener Füllung,
     -- mit Rahmen und 1-seitiger Aufdoppelung,
     -- mit Rahmen und 2-seitiger Aufdoppelung,
     -- Ausführung .......,
   - Teilung
     -- einteilig – zweiteilig – dreiteilig – vierteilig – Teilung .......,
   - Öffnungsmaß
     -- lichtes Öffnungsmaß in mm ....... ,
     -- lichtes Öffnungsmaß in mm ....... ,
        konstruktive Querschnitte in mm ....... ,
   - Querschnitte, Profil, Holzdicke
     -- Querschnitte der Jalousiebrettchen .......,
     -- Ladenfläche aus gespundeten Fasebrettern DIN 68122, Profil .......,
     -- Ladenfläche aus Stülpschalungsbrettern DIN 68123, Profil .......,
     -- Ladenfläche aus Profilbrettern mit Schattennut DIN 68126, Profil .......,
     -- Füllung aus Vollholz, verleimt und abgeplattet, Dicke .......,
     -- Füllung aus .......,
     -- Ladenfläche aus .......,
   - Werkstoff
     -- aus Fichte,
     -- aus Kiefer,
     -- aus Dark red Meranti,
        --- Holzgüte DIN EN 942, für deckende Beschichtung,
        --- Holzgüte DIN EN 942, für nichtdeckende Beschichtung,
        --- Holzgüte .......,
          ---- einschl. Holzschutz DIN 68800,
     -- aus Kunststoff ....... ,
     -- aus ....... ,
   - Einbauart
     -- Laden vor Außenflucht,
     -- Laden in der Leibung,
     -- Laden in der Leibung, bündig mit Außenflucht,
     -- Laden .......,
   - Befestigungsart
     -- befestigen an Mauerwerk .......,
     -- befestigen an Sichtmauerwerk .......,
     -- befestigen an Beton,
     -- befestigen an Sichtbeton,
     -- befestigen an Holz,
     -- befestigen an Stahl .......,
     -- befestigen .......
     -- befestigen bei Außendämmung an .......
   - Ausführung gemäß Zeichnung Nr. .......,
     Einzelbeschreibung Nr. .......
     **Hinweis:** Nach DIN 18355, Abs. 3.8, müssen bei gestemmten Fenster- und Türläden die oberen Rahmenhölzer durchgehen. Die senkrechten Rahmenhölzer sind in die oberen Rahmenhölzer verdeckt einzuzapfen. Die Verleimung bei Außenanwendung muss Beanspruchungsgruppe D 4 nach DIN EN 204 entsprechen.
   - Erzeugnis
     -- Erzeugnis .......(oder gleichwertiger Art),
     -- Erzeugnis .......(vom Bieter einzutragen),
   - Leistungsumfang
     -- einschl. Beschlag .......,
     -- Beschläge werden gesondert vergütet,
     **Hinweis:** Beschläge siehe LB 029 Beschlagarbeiten
       --- einschl. Oberflächenbehandlung ......., Farbton .......,
       --- Beschichtung wird gesondert vergütet,
     **Hinweis:** Sichtbar bleibende Holzoberflächen siehe Pos. 870, 871;
     Beschichtungen siehe LB 034 Maler- und Lackierarbeiten.
   - Berechnungseinheit Stück

**Beispiel für Ausschreibungstext zu Position 320**
Klappladen,
als Jalousieladen mit vorspringenden Brettchen oder Leisten,
zweiteilig,
lichtes Öffnungsmaß (B x H) 1126 mm x 1126 mm,
Querschnitte der Jalousiebrettchen 80 x 15 mm,
aus Kiefer,
Holzgüte DIN EN 942 für deckenden Anstrich,
einschl. Holzschutz DIN 68800,
Laden vor Außenflucht,
befestigen bei Außendämmung an Mauerwerk;
einschl. Beschlag mit Fensterladenwinkelband,
Ladenhaken mit Gewinde-Tragbolzen und Dübel,
Fensterladenüberwurf mit Feststellvorrichtung;
Beschichtung wird gesondert vergütet.
Einheit Stück

# LB 027 Tischlerarbeiten
## Türen, Tore

STLB 027

Ausgabe 06.01

- 360 Innentür,
- 370 Außentür,
- 380 Tor,
- 390 Türblatt,
- 400 Torblatt,
  Einzelangaben nach DIN 18355 zu Pos. 360 bis 400
  - Türart/Torart
    - – als Drehflügeltür,
    - – als Schiebetür,
    - – als Pendeltür,
    - – als Drehflügeltor,
    - – als Schiebetor,
    - – als Schiebetor mit Schlupftür,
    - – als Schwingtor,
    - – als ......,
      - – – einflügelig,
      - – – zweiflügelig,
      - – – Flügelanzahl ......,
  - Einbauart
    - – mit Futter und Bekleidung,
    - – mit Zarge,
    - – mit Blendrahmen,
    - – in vorhandener Stahlzarge,
    - – einschl. Stahlzarge,
    - – ......,
  - Maße
    - – Vorzugsmaß DIN 18101 ......, Fertigwanddicke ......,
    - – Baurichtmaß DIN 4172 ......, Fertigwanddicke ......,
    - – lichtes Öffnungsmaß ......, Fertigwanddicke ......,
  - mit Oberteil (soweit zutreffend)
    - – mit Oberteil,
    - – mit Oberteil für Verglasung,
    - – mit geschlossenem Oberteil,
    - – mit ......
      - – – Maße des Oberteils ......,
  - mit Seitenteil (soweit zutreffend)
    - – mit Seitenteil,
    - – mit Seitenteil für Verglasung,
    - – mit geschlossenem Seitenteil,
    - – mit ......
      - – – Maße des Seitenteils ......,
  - Erzeugnis
    - – Erzeugnis/Typ ...... (oder gleichwertiger Art),
    - – Erzeugnis/Typ ...... (vom Bieter einzutragen),
      **Hinweis:** Falls mit der Angabe des Erzeugnisses die bautechnischen Anforderungen erfüllt werden, kann auf deren Auflistung verzichtet werden. Falls mit der Angabe des Erzeugnisses/Typs die Anforderungen an Werkstoffe und Konstruktion definiert sind, kann die Leistungsbeschreibung hiermit beendet werden.
  - Ausführung
    - – Ausführung gemäß Zeichnung Nr. ......,
    - – Ausführung gemäß Zeichnung Nr. ...... und nachstehender Einzelbeschreibung,
    - – Ausführung wie folgt: ......,
    - – Ausführung nach Wahl des AN (Werkstoff, Konstruktion ...... vom Bieter einzutragen),
      **Hinweis:** Nur bei systemoffenen Ausschreibungen mit Vorgabe der bautechnischen Anforderungen.
  - Bauphysikalische Anforderungen sowie Klassifizierung
    - – Einstufung der Türblätter für Sperrtüren nach den Einsatzempfehlungen der Gütegemeinschaft Innentüren in hygrothermische Klimaklassen und mechanische Beanspruchungsgruppen,
    - – klimatische und mechanische Beanspruchungen an Außentüren nach den Güte- und Prüfbestimmungen für Haustüren, Gütegemeinschaft Holzfenster und -türen,
    - – klimatische und mechanische Beanspruchungen an Türen und Tore,
      - – – als Innentür der Klimaklasse I,
      - – – als Innentür der Klimaklasse II,
      - – – als Innentür ......,
        - – – – Innentür mechanische Beanspruchungsgruppe N,
        - – – – Innentür mechanische Beanspruchungsgruppe M,
        - – – – Innentür mechanische Beanspruchungsgruppe S,
      - – – als Außentür der Klimaklasse III,
      - – – als Außentür ......,
        - – – – Außentür mechanische Beanspruchungsgruppe S,
        - – – – Außentür ......,
  - Wärmeschutz
    - – Wärmedurchgangskoeffizient DIN 4108 in W/m²K ......,
    - – Wärmeschutz ......,
      **Hinweis:** I.d.R. nur Anforderungen an Außentüren mit k = 2,0 bis 3,0 W/m²K
  - Schallschutz
    - – Schallschutz DIN 4109 und VDI 2719, $R_{w,R}$ = 27 dB,
    - – Schallschutz DIN 4109 und VDI 2719, $R_{w,R}$ = 32 dB,
    - – Schallschutz DIN 4109 und VDI 2719, $R_{w,R}$ = 37 dB,
    - – Schallschutz DIN 4109 und VDI 2719, $R_{w,R}$ in dB ......,
    - – Schallschutz ......,
  - Brandschutz
    - – Brandverhalten DIN 4102-5, Feuerwiderstandsklasse T 30,
    - – Brandverhalten DIN 4102-5, Feuerwiderstandsklasse ......,
    - – Rauchschutz DIN 18095-1,
  - Fugendurchlässigkeit und Schlagregendichtheit,
    - – Fugendurchlässigkeit und Schlagregendichtheit in Anlehnung an DIN 18055, Beanspruchungsgruppe A,
    - – Fugendurchlässigkeit ......,
      **Hinweis:** I.d.R. nur Anforderungen an Außentüren.
  - Windlast
    - – Windlast DIN 1055-4, 0,6 kN/m²,
    - – Windlast DIN 1055-4, 0,96 kN/m²,
    - – Windlast DIN 1055-4, 1,32 kN/m²,
    - – Windlast ......,
  - Verkehrslast
    - – Verkehrslast, horizontal, DIN 1055-3, 0,5 kN/m,
    - – Verkehrslast, horizontal, DIN 1055-3, 1 kN/m,
    - – Verkehrslast, horizontal ......,
  - Durchbiegung
    - – max. Durchbiegung der freitragenden Rahmenteile 1/300 x L,
    - – max. Durchbiegung der freitragenden Rahmenteile 1/300 x L, bei Isolierverglasung zwischen gegenüberliegenden Scheibenkanten max. 8 mm,
    - – ......,
  - Einbruchschutz
    - – Einbruchhemmung DIN 18103, Klasse ET 1,
    - – Einbruchhemmung DIN 18103, Klasse ET 2,
    - – Einbruchhemmung DIN 18103, Klasse ET 3,
    - – Einbruchhemmung ......,
      - – – Angriffhemmung ......,
      - – – Beschusshemmung ......,
      - – – ......,
  - Türblatt
  - Torblatt
  - Tür- und Torblatt
    - – sowie Seitenteile,
    - – sowie Oberteile,
    - – sowie Ober- und Seitenteile
    - – ......,
      - – – Vollholzrahmen aus Fichte,
      - – – Vollholzrahmen aus Kiefer,
      - – – Vollholzrahmen aus Dark red Meranti,
      - – – Vollholzrahmen ......,
      - – – aus Holzwerkstoffen und Vollholzprofilen
      - – – aus ......,
        - – – – Oberfläche glatt,
        - – – – Oberfläche glatt, mit aufgesetzten Profilleisten,
        - – – – Oberfläche als Rahmenblatt mit Mittelfries und eingeschobenen Füllungen aus verleimtem, abgeplattetem Vollholz, Maße/Querschnitte in mm ......,
        - – – – Oberfläche als Rahmenblatt mit ......,
        - – – – Oberfläche und Blattkonstruktion ......,
        - – – – Oberfläche
          - – – – – mit Rahmen, passend in Holzart und Farbe zum Deckfurnier,

# LB 027 Tischlerarbeiten
## Türen, Tore

STLB 027
Ausgabe 06.01

**Einzelangaben** zu Pos. 360 bis 400, Fortsetzung
- - - - - mit verdecktem Einleimer, passend in Holzart und Farbe zum Deckfurnier,
- - - - - mit Rahmen und verdecktem Einleimer mit Furnierkante in gleicher Holzart wie das Deckfurnier,
- - - - - mit Rahmen und verdecktem Einleimer mit Kunststoffkante in Struktur und Farbe passend zur Decklage,
- - - - - mit Rahmen und verdecktem Anleimer, Holzart und Farbe passend zum Deckfurnier,
- - - - - mit Rahmen und unverdecktem Anleimer, Holzart und Farbe passend zum Deckfurnier,
- - - - - mit Rahmen und unverdecktem Anleimer, Holzart und Farbe .......,
- - - - - mit .......,
- - - - - - Hohlzelleneinlage,
- - - - - - Einlage aus Röhrenspanplatte,
- - - - - - Einlage aus Vollspanplatte,
- - - - - - Einlage .......,
- - - - - - - Deckplatten aus Furnierplatten,
- - - - - - - Deckplatten aus kunststoffbeschichteten Spanplatten DIN 68765, Typ .......,
- - - - - - - Deckplatten aus Holzspanplatten,
- - - - - - - Deckplatten .......,
- - - - - - - - Decklagen aus Furnier,
- - - - - - - - Decklagen aus Furnier, Ausführung .......,
- - - - - - - - Decklagen aus Schichtpressstoffplatten DIN 16926,
- - - - - - - - Decklagen aus Schichtpressstoffplatten .......,
- - - - - - - - Decklagen aus kunststoffbeschichteten Spanplatten, Qualität .......,
- - - - - - - - Decklagen .......,
- - - - - - - - - Holzgüte DIN EN 942 für deckende Beschichtung,
- - - - - - - - - Holzgüte DIN EN 942 für nichtdeckende Beschichtung,
- - - - - - - - - Holzgüte .......,
- - - - - - - - - Blattdicke und Falzmaße DIN 68706 Teil 1,
- - - - - - - - - Blattdicke und Falzmaße .......,
- - - - - - - - - Blattdicke in mm - .......,
- Türzarge DIN 68706 Teil 3
- Torzarge
- Blendrahmen für Tür
- Blendrahmen für Tor
- Zarge
  **Hinweis:** Angabe entfällt, wenn Einbauart "in vorhandener Stahlzarge".
- Rahmen
  - - aus Vollholz Fichte,
  - - aus Vollholz Kiefer,
  - - aus Vollholz Dark red Meranti,
  - - aus Vollholz .......,
  - - aus Holzwerkstoffen,
  - - aus Holzwerkstoffen, Oberflächen furniert,
  - - aus Holzwerkstoffen mit Schichtstoffplatten (HPL), beplankt,
  - - aus Holzwerkstoffen mit Folien beschichtet aus .......,
  - - aus .......,
    - - - ohne Deckleisten,
    - - - mit Deckleisten,
    - - - mit Deckleisten, Querschnitt .......,
    - - - mit Deckleisten, profiliert .......,
    - - - mit .......,
      - - - - Oberfläche glatt,
      - - - - Oberfläche .......,
- - - - - Holzgüte DIN EN 942 für deckende Beschichtung,
- - - - - Holzgüte DIN EN 942 für nichtdeckende Beschichtung,
- - - - - Holzgüte .......,
- - - - - - Querschnitt der Zargenteile .......,
- - - - - - Maße in mm.......,
- - - - - - - Nachweis der Qualitätssicherung ....... ,
(vom Bieter einzutragen)
**Hinweis:** Nach DIN 18355, Abs. 3.9 und 3.10 dürfen Rahmenhölzer ab 100 mm Breite verleimt werden. Rahmenhölzer sind fachgerecht miteinander zu verbinden, z.B. verzapfen, verdübeln. Füllungen müssen so befestigt sein, dass materialbedingte Maßänderungen keine Schäden verursachen können. Für die Schwellen ist Hartholz zu verwenden.
- Konstruktive Anforderungen (Angaben nur soweit erforderlich)
  - - das Blatt schlägt stumpf (ungefalzt) ein, .......,
  - - das Blatt schlägt einfach gefalzt ein, .......,
  - - das Blatt schlägt doppelt gefalzt ein, ....... ,
  - - das Blatt .......,
    - - - das Blatt ist an zwei Seiten gefalzt,
    - - - das Blatt ist an drei Seiten gefalzt,
    - - - das Blatt ist allseitig gefalzt,
    - - - das Blatt .......,
      - - - - elastische Dämpfungs-/Dichtungsprofile aus modifiziertem PVC, umlaufend,
      - - - - elastische Dämpfungs-/Dichtungsprofile aus APTK/EPDM, umlaufend,
      - - - - elastische Dämpfungs-/Dichtungsprofile aus modifiziertem PVC, dreiseitig umlaufend,
      - - - - elastische Dämpfungs-/Dichtungsprofile aus APTK/EPDM, dreiseitig umlaufend,
      - - - - elastische Dämpfungs-/Dichtungsprofile .......,
    - - - - - Befestigung verdeckt,
    - - - - - Befestigung verdeckt mit .......,
    - - - - - Befestigung sichtbar,
    - - - - - Befestigung sichtbar mit Schrauben,
    - - - - - Befestigung .......,
      - - - - - - an Mauerwerk aus .......,
      - - - - - - an Sichtmauerwerk aus .......,
      - - - - - - an Beton,
      - - - - - - an Sichtbeton,
      - - - - - - an Holz,
      - - - - - - an Stahl,
      - - - - - - an .......,
    - - - - - Befestigung und Anschlüsse nach Zeichnung Nr. .......,
    - - - - - Die Türblätter sind nach dem Einpassen wieder zu entfernen, sicher zu lagern und vor der Abnahme wieder einzubauen,
    - - - - - Die Türblätter sind nach dem Einpassen wieder zu entfernen, die Oberflächen endgültig herzustellen und vor der Abnahme wieder einzubauen,
    - - - - - die Türblätter .......,
      - - - - - - Oberflächenbehandlung der eingebauten Stahlteile nach DIN 18360,
      - - - - - - Oberflächenbehandlung .......,
- Leistungsumfang
  - - einschl. Schloss und Beschlag wie folgt:
  - - Schloss und Beschlag werden gesondert vergütet,
    - - - einschl. Anstrich wie folgt:
    - - - Anstrich wird gesondert vergütet,
- Berechnungseinheit Stück

**Hinweis:** Stahlzargen siehe LB 031 Metallbauarbeiten, Schlosserarbeiten,
Beschläge siehe LB 029 Beschlagarbeiten,
Anstriche siehe LB 034 Maler- und Lackierarbeiten,
Verglasung siehe LB 032 Verglasungsarbeiten,
Holztore siehe auch LB 016 Zimmer- und Holzbauarbeiten.

# LB 027 Tischlerarbeiten
## Türen, Tore

STLB 027

Ausgabe 06.01

**Beispiel 1 für Ausschreibungstext zu Position 360**
Innentür als Zimmertür,
als Drehflügeltür, einflügelig,
in vorhandener Stahlzarge,
Baurichtmaß 875 mm x 2000 mm;
Bautechnische Anforderungen:
Klimaklasse I,
mechanische Beanspruchungsgruppe M,
Schallschutz ≥ 20 dB;
Ausführung wie folgt:
Türblatt als Sperrtür DIN 68706,
aus Holzwerkstoffen und Vollholzprofilen,
mit verdecktem Einleimer, passend in Holzart und Farbe
zum Deckfurnier,
Einlage Verbundkernlage,
Deckplatten aus Furnierplatten,
Holzgüte DIN EN 942 für deckende Beschichtung,
Blattdicke 40 mm;
Konstruktion Anforderungen:
das Blatt schlägt stumpf (ungefalzt) ein,
Falzmaße 834 mm x 1972 mm, DIN 18101;
die Türblätter sind nach dem Einpassen
wieder zu entfernen,
sicher zu lagern und vor der Abnahme wieder einzubauen;
einschl. Schloss und Beschlag wie folgt:
Türbänder als Aufschraubbänder aus Stahl, vernickelt,
Einsteckschloss DIN 18251 für Zimmertüren,
leichte Ausführung
als Buntbartschloß, 1-tourig, 2 Schlüssel, 8 mm Nuss,
Türdrückergarnitur aus Aluminium eloxiert, Farbton natur,
mit Langschild DIN 18260 Teil 1;
Anstrich wird gesondert vergütet.
Einheit Stück

**Hinweis:** LB-Texte für Schloss und Beschlag aus LB 029 Beschlagarbeiten.

**Beispiel 2 für Ausschreibungstext zu Position 360**
Innentür als Wohnungseingangstür,
als Drehflügeltür, einflügelig,
in vorhandener Stahlzarge,
Baurichtmaß 1000 mm x 2000 mm;
Bautechnische Anforderungen:
Klimaklasse II,
mechanische Beanspruchungsgruppe S,
Schallschutz ≥ 30 dB,
Einbruchhemmung DIN 18103 Klasse ET 1;
Ausführung wie folgt:
Türblatt als Sperrtür DIN 68706,
aus Holzwerkstoffen und Vollholzprofilen,
mit Rahmen und verdecktem Einleimer mit Furnierkante
in gleicher Holzart wie das Deckfurnier,
Einlage aus Vollspanplatte,
Decklage aus Edelholz-Messerfurnier,
Furnier naturbelassen,
Blattdicke 40 mm,
das Blatt schlägt einfach gefalzt ein,
Falzmaße 985 mm x 1985 mm, DIN 18101,
das Blatt ist an drei Seiten gefalzt,
elastische Dämpfungs-/Dichtungsprofile
aus modifiziertem PVC, umlaufend,
die Türblätter sind nach dem Einpassen
wieder zu entfernen,
sicher zu lagern und vor der Abnahme wieder einzubauen;
einschl. Schloss und Beschlag wie folgt:
Türbänder als Einbohrbänder aus Stahl vernickelt,
Einsteckschloss DIN 18251 für Zimmertüren, mittelschwere Ausführung, vorgerichtet für Profilzylinder,
Profilzylinder wird gesondert vergütet,
Türdrückergarnitur aus Aluminium eloxiert,
Farbton natur, mit Langschild DIN 18260, Teil 1:
einschl. Beschichtung wie folgt:
Grundbeschichtung mit Polyesterharzlackfarbe,
UV-gehärtet,
Schlussbeschichtung mit transparentem
weichmacherfestem SH-Lack.
Einheit Stück

**Hinweis:** LB-Texte für Schloss und Beschlag aus LB 029 Beschlagarbeiten;
LB-Texte für Anstrich aus LB 034 Maler– und Lackierarbeiten.

540 Ausschnitt DIN 68706 Teil 1,
541 Ausschnitt,
542 Bearbeitung,
Einzelangaben nach DIN 18355 zu Pos. 540 bis 542
– Zulage zu
 – – als Zulage zum Türblatt,
 – – als Zulage zum Torblatt,
 – – als .......,
– Art der Zulage
 – – als Lichtausschnitt,
 – – als Guckloch,
 – – als Lüftungsschlitz,
 – – als Briefschlitz, rechtwinklig,
 – – als Briefschlitz, 45 Grad schräg,
 – – als .......,
  – – – einschl. beidseitiger Glashalteleisten,
  – – – einschl. .......,
– Maße in mm.......
– Ausführung gemäß Zeichnung Nr. .......,
 Einzelbeschreibung Nr. .......
– Berechnungseinheit Stück

STLB 027

Ausgabe 06.01

## LB 027 Tischlerarbeiten
### Ausbauen Fenster, Türen, Tore; Verkleidungen Heizkörper, Klimageräte

580 Ausbauen Fenster,
581 Ausbauen Fenstertür,
582 Ausbauen Fenster-, Fenstertürkombination,
583 Ausbauen Fensterwand DIN 18056,
584 Ausbauen Fensterband,
585 Ausbauen Zargentür,
586 Ausbauen Zargentor,
587 Ausbauen Blendrahmentür,
588 Ausbauen Blendrahmentor,
589 Ausbauen Rollkasten,
590 Ausbauen Bauteil .......,
Einzelangaben nach DIN 18355 zu Pos. 580 bis 590
- Werkstoff
  -- aus Holz,
  -- aus Holzwerkstoffen,
  -- aus Kunststoff,
  -- aus Kombination von Holz und Aluminium,
  -- aus Aluminium,
  -- aus Stahl,
  -- aus .......,
- Teilung
  -- einteilig,
  -- zweiteilig,
  -- dreiteilig,
  -- vierteilig,
  -- Teilung ....... ,
- Lage
  -- in Gebäuden,
  -- in genutzten Gebäuden,
  -- ....... ,
- zusätzliche Teile
  -- einschl. Blindzarge,
  -- einschl. Fensterbank, innen,
  -- einschl. Fensterbank, außen,
  -- einschl. Fensterbank, innen und außen,
  -- einschl. Blindzarge und Fensterbank, innen,
  -- einschl. Blindzarge und Fensterbank, außen,
  -- einschl. Blindzarge und Fensterbank, innen und außen,
  -- einschl. ....... ,
- Maße
  -- lichte Wandöffnung ....... ,
  -- Blendrahmenaußenmaß ....... ,
  -- Maße ....... ,
- Art der Befestigung
- Leistungsumfang, Entsorgung
  -- ausgebaute Teile,
  -- transportieren,
  -- laden und transportieren,
  -- ....... ,
    --- zur Recyclinganlage in ....... ,
    --- zur zugelassenen Deponie/Entsorgungsstelle in ....... ,
    --- zur Recyclinganlage in ....... oder zu einer gleichwertigen Recyclinganlage in ....... (vom Bieter einzutragen),
    --- zur zugelassenen Deponie/Entsorgungsstelle in ....... , oder zu einer gleichwertigen Deponie/Entsorgungsstelle in ....... (vom Bieter einzutragen),
    --- ....... ,
      ---- der Nachweis der geordneten Entsorgung ist unmittelbar zu erbringen,
      ---- der Nachweis der geordneten Entsorgung ist zu erbringen durch ....... ,
        ----- die Gebühren der Entsorgung werden vom AG übernommen,
        ----- die Gebühren werden gegen Nachweis vergütet,
        ----- Transportentfernung in km ....... , Transportweg ....... ,
  -- einschl. des Transportes zum Lagerplatz des AG, Transportentfernung auf der Baustelle in m ....... ,
- Berechnungseinheit Stück

720 Radiatorverkleidung,
730 Konvektorverkleidung,
740 Klimageräteverkleidung,
750 Verkleidung .......,
Einzelangaben nach DIN 18355 zu Pos. 720 bis 750
- Frontteil
  -- Frontteil einteilig,
  -- Frontteil zweiteilig,
  -- Frontteil dreiteilig,
  -- Frontteil vierteilig,
  -- Frontteil ....... ,
- Bauart
  -- aus geschlossenen Platten,
  -- aus geschlitzten Platten,
  -- aus gelochten Platten,
  -- aus .......,
    --- mit Rahmen,
    --- mit oberer und unterer Halteleiste,
    --- mit seitlichen Halteleisten,
    --- mit Rahmen und Sprossen,
    --- mit Rahmen und Füllung,
    --- mit Rahmen und Unterkonstruktion,
    --- mit .......,
      ---- Werkstoff ......., Oberfläche ....... ,
- Seitenteile, Abdeckung
  -- ein Seitenteil,
  -- obere Abdeckung,
  -- zwei Seitenteile,
  -- ein Seitenteil und obere Abdeckung
  -- zwei Seitenteile und obere Abdeckung,
  -- weitere Teile ....... ,
- Befestigung
  -- befestigen am Radiator,
  -- befestigen am Konvektor,
  -- befestigen am Klimagerät,
  -- befestigen an vorhandener Unterkonstruktion,
  -- befestigen an vorhandener Einhängevorrichtung,
  -- befestigen an Mauerwerk aus ....... ,
  -- befestigen an Stahlbeton,
  -- befestigen ....... ,
- Bauteilmaße .......
- Ausführung gemäß Zeichnung Nr. ......., Einzelbeschreibung Nr. .......
- Erzeugnis
  -- Erzeugnis .......(oder gleichwertiger Art),
  -- Erzeugnis .......(vom Bieter einzutragen),
- Berechnungseinheit Stück

# LB 027 Tischlerarbeiten
## Einbauschränke, Einbauregale

STLB 027

Ausgabe 06.01

760 Einbauschrank,
770 Einbauschrankwand,
780 Einbauregal,
790 Einbauteil ......,
  **Einzelangaben nach DIN 18355** zu Pos. 760 bis 790
  - Verwendungsbereich
    - - als Aktenschrank, –regal,
    - - als Garderobenschrank,
    - - als Registraturschrank, –regal,
    - - als Multimedienschrank, –regal,
    - - als Laborschrank, –regal,
    - - als Hängeschrank, –regal,
    - - als Teeküche,
    - - als Türfront,
    - - als .......,
  - Einbauort
    - - Einbau vor einer Wand, hinterlüftet,
    - - Einbau vor einer Wand, nicht hinterlüftet,
    - - Einbau in einer Nische, hinterlüftet,
    - - Einbau in einer Nische, nicht hinterlüftet,
    - - Einbau unter geneigter Fläche (Dachschräge), hinterlüftet,
    - - Einbau unter geneigter Fläche (Dachschräge), nicht hinterlüftet,
    - - Einbau als Raumteiler, einseitig nutzbar,
    - - Einbau als Raumteiler, zweiseitig nutzbar,
    - - Einbau .......,
  - Türüberbau/Türumbau
    - - mit Türüberbau,
    - - mit Türüberbau, einschl. Tür,
    - - mit Türumbau,
    - - mit Türumbau, einschl. Tür,
    - - mit .......,
  - Anschluss
    - - Anschluss mit Schattennut,
    - - Anschluss mit Blende,
    - - Anschluss mit Deckleiste,
    - - Anschluss .......,
  - Maße B/H/T .......
  - Teilung
    - - in der Breite einteilig – zweiteilig – dreiteilig – vierteilig – fünfteilig – sechsteilig – siebenteilig – achtteilig – .......,
    - - in der Höhe einmal geteilt – zweimal geteilt – dreimal geteilt – viermal geteilt – .......,
  - Bauart
    - - Stollenbauart,
    - - Stollenbauart, zerlegbar,
    - - Plattenbauart,
    - - Plattenbauart, zerlegbar,
    - - Stollen- und Plattenbauart,
    - - Stollen- und Plattenbauart, zerlegbar,
    - - Rahmenbauart,
    - - Rahmenbauart, zerlegbar,
    - - .......,
  - Rückwand
    - - mit Rückwand, eingenutet,
    - - mit Rückwand, eingefälzt,
    - - mit Rückwand, aufgesetzt,
    - - mit Rückwand, eingeleimt,
    - - mit Sichtrückwand, eingenutet,
    - - mit Sichtrückwand, eingefälzt,
    - - mit Sichtrückwand, aufgesetzt,
    - - mit Sichtrückwand, eingeleimt,
    - - mit .......,
  - Befestigung
    - - befestigen an Wand,
    - - befestigen an Boden,
    - - befestigen an Decke,
    - - befestigen an Boden und Decke,
  - Korpus
    - - Korpuskonstruktion aus Vollholz DIN EN 942,
    - - Korpuskonstruktion aus Spanplatten DIN 68761,
    - - Korpuskonstruktion aus kunststoffbeschichteten Spanplatten DIN 68765,
    - - Korpuskonstruktion aus Bau–Stäbchensperrholz DIN 68705 Teil 4,
    - - Korpuskonstruktion aus Sperrholz DIN 68705 Teil 2,
    - - Korpuskonstruktion aus Bau–Furniersperrholz DIN 68705 Teil 3,
    - - Korpuskonstruktion aus Holzfaserplatten DIN EN 622-2 bis 4,
    - - Korpuskonstruktion aus Holzfaserplatten DIN 68754,
    - - Korpuskonstruktion aus .......,
      - - - mit Anleimer aus ....... ,
        - - - - - Furnieroberfläche,
        - - - - - HPL-Beschichtung,
        - - - - - Kunststoffbeschichtung,
        - - - - - Folienbeschichtung,
        - - - - - .......,
  - Front
    - - Front aus Vollholz DIN EN 942,
    - - Front aus Spanplatten DIN 68761,
    - - Front aus kunststoffbeschichteten Spanplatten DIN 68765,
    - - Front aus Bau–Stäbchensperrholz DIN 68705 Teil 4,
    - - Front aus Sperrholz DIN 68705 Teil 2,
    - - Front aus Bau–Furniersperrholz DIN 68705 Teil 3,
    - - Front aus mitteldichter Faserplatte (MF),
    - - Front aus Glas,
    - - Front aus Kunststoff,
    - - Front aus .......,
      - - - mit Anleimer aus ....... ,
        - - - - - Furnieroberfläche,
        - - - - - HPL-Beschichtung,
        - - - - - Melaminharzbeschichtung,
        - - - - - Folienbeschichtung,
        - - - - - .......,
        - - - - - Anschlag der Front vorschlagend,
        - - - - - Anschlag der Front überfälzt,
        - - - - - Anschlag der Front einschlagend,
        - - - - - Anschlag der Front .......,
        - - - - - - mit Drehtür,
        - - - - - - mit Klappe,
        - - - - - - mit Falttür,
        - - - - - - mit Möbelrollladen,
        - - - - - - mit Schubkasten,
        - - - - - - mit Schubkasten, verdeckt,
        - - - - - - mit Schiebetür,
        - - - - - - mit .......,
        - - - - - - - glatt,
        - - - - - - - Rahmen mit Füllung, glatt,
        - - - - - - - Rahmen mit Füllung, abgeplattet,
        - - - - - - - Rahmen mit Füllung, aufgedoppelt,
        - - - - - - - Rahmen mit Füllung .......,
        - - - - - - - mit aufgesetzten Leisten,
        - - - - - - - mit eingefräster Struktur,
        - - - - - - - mit Aufdoppelung,
        - - - - - - - mit .......,
  - Fachboden
    - - Fachboden aus Vollholz DIN EN 942,
    - - Fachboden aus Spanplatten DIN 68761,
    - - Fachboden aus kunststoffbeschichteten Spanplatten DIN 68765,
    - - Fachboden aus Bau–Stäbchensperrholz DIN 68705 Teil 4,
    - - Fachboden aus Sperrholz DIN 68705 Teil 2,
    - - Fachboden aus Bau–Furniersperrholz DIN 68705 Teil 3,
    - - Fachboden aus mitteldichten Faserplatten (MDF),
    - - Fachboden aus Glas,
    - - Fachboden aus Kunststoff,
    - - Fachboden aus .......,
      - - - mit Anleimer aus ....... ,
        - - - - Kante furniert,
        - - - - Kante HPL–beschichtet,
        - - - - Kante kunststoffbeschichtet,
        - - - - Kante PVC–beschichtet,
        - - - - Kante ....... ,
  - Erzeugnis
    - - Erzeugnis/Typ ....... (oder gleichwertiger Art),
    - - Erzeugnis/Typ ....... (vom Bieter einzutragen),
  - Ausführung gemäß Zeichnung Nr. ......., Einzelbeschreibung Nr. .......

## LB 027 Tischlerarbeiten
### Einbauschränke, Einbauregale; Verkleidungen, Schränke, Zulagen

**Einzelangaben** zu Pos. 760 bis 790, Fortsetzung
**Hinweis:** Nach DIN 18355, Abs. 3.12, gelten für Einbauschränke folgende Ausführungsregeln:
- – Für die Ausführung und den Einbau von Einbauschränken gelten:
  - Für Küchen DIN 68930 "Küchenmöbel; Anforderungen, Prüfungen",
  - für Einlegeböden DIN 68874 Teil 1 "Möbel–Einlegeböden und –Bodenträger; Anforderungen und Prüfung im Möbel".
  
  Einbauschränke vor Außenwänden und Wänden vor Feuchträumen sind so an den Baukörper anzuschließen, dass eine ausreichende Hinterlüftung sichergestellt ist.
- – Türen und Schubkästen müssen dicht schließen und leicht gangbar sein. Die Laufflächen der Schubkastenseiten müssen mit einem Laufstreifen aus Hartholz oder einem anderen geeigneten Stoff versehen sein. Tragleisten sind aus Hartholz oder einem anderen geeigneten Stoff herzustellen und anzuschrauben.
- – Rahmen–Sockelkonstruktionen und Böden von Schränken, Regalen und Schubkästen müssen so bemessen und angeordnet sein, dass sie der zu erwartenden Belastung entsprechen. Es gelten folgende Mindestdicken:
  - für Rückwände, eingeschobene Böden, Kranzböden und Füllungen aus Sperrholz mindestens 6 mm, aus Holzspanplatten mindestens 8 mm,
  - für Schubkästenböden über 0,25 m² Größe aus Sperrholz mindestens 6 mm.
- – Schiebetüren müssen in Führungen aus Hartholz laufen.
- Berechnungseinheit Stück

840 **Lüftungsöffnung,**
841 **Öffnung,**
842 **Schlitz,**
843 **Ausklinkung,**
844 **Schattenfuge,**
845 **Anpassung an gekrümmte Bauteile,**
846 **Nicht rechtwinklige Anpassung an Bauteile,**
847 **Verstärkung,**
848 **Bearbeitung .......,**
**Einzelangaben** nach DIN 18355 zu Pos. 840 bis 848
- Zulage zu
  - – – als Zulage zu vorbeschriebenem Bauteil,
  - – – als Zulage .......,
- Abdeckung Lüftungsöffnung
  - – – einschl. Lüftungssieb,
  - – – einschl. Lüftungsgitter,
  - – – einschl. .......,
    - – – – aus Aluminium,
    - – – – aus Messing,
    - – – – aus Kunststoff,
    - – – – aus .......,
- Maße
  - – – Durchmesser .......,
  - – – Größe .......,
  - – – Maße .......
- Ausführung gemäß Zeichnung Nr. .......,
  Einzelbeschreibung Nr. .......
- Berechnungseinheit Stück, m

## LB 027 Tischlerarbeiten
### Oberflächenausführungen

STLB 027

Ausgabe 06.01

**870** Sichtbar bleibende Holzoberfläche zu Pos. ......,
**871** Holzoberfläche zu Pos. ......,
  Einzelangaben nach DIN 18355 zu Pos. 870, 871
  – Oberflächenausführung
    **Hinweis:** Diese Positionen sind vor allem für Oberflächenausführungen von Einbaumöbeln bestimmt, siehe Pos. 760 bis 790.
    – – naturbelassen,
    – – furnieren, Holzart Fichte – Kiefer – Lärche – Afzelia – Sipo – Limba – Macore – Ahorn – Birke – Eiche – Nussbaum – Esche – Teak – Rüster – ......,
      – – – Messerfurnier,
      – – – Furnierart ......,
        – – – – Furnierbild gestreift,
        – – – – Furnierbild geflammt,
        – – – – Furnierbild geflammt, mit Splint,
        – – – – Furnierbild mit fortlaufender Abwicklung,
        – – – – Furnierbild ......,
          – – – – – Maserung gestürzt,
          – – – – – Maserung nicht gestürzt,
          – – – – – Maserung ......,
            – – – – – – Dicke DIN 4079,
            – – – – – – Dicke ......,
              – – – – – – – Gegenzugbelag Furnier,
              – – – – – – – Gegenzugbelag ......
                (Sofern nicht vorgeschrieben, vom Bieter einzutragen)
                – – – – – – – – Furnier naturbelassen,
                – – – – – – – – Furnier wird bauseits deckend beschichtet,
                – – – – – – – – Furnier wird bauseits nicht deckend beschichtet,
    – – färben,
      – – – durch Bleichen,
      – – – durch Räuchern,
      – – – durch Beizen mit Wasserbeize,
      – – – durch Beizen mit Lösungsmittelbeize,
      – – – durch Patinieren,
      – – – durch ......,
        – – – – behandeln der Oberfläche,
        – – – – durch Kalken,
        – – – – durch Brennen,
        – – – – durch Wachsen,
        – – – – durch ......,
          – – – – – Überzug Nitrozelluloselack,
          – – – – – Überzug Polyurethanlack (DD-Lack),
          – – – – – Überzug Acryllack,
          – – – – – Überzug UPE-Lack,
          – – – – – Überzug Lasur,
          – – – – – Überzug Metalleffektlack,
          – – – – – Überzug Brandschutzlackierung,
          – – – – – Überzug ......,
            – – – – – – Farbton ......,
              – – – – – – – matt,
              – – – – – – – seidenglänzend,
              – – – – – – – hochglänzend,
              – – – – – – – ......,
              – – – – – – – Beanspruchungsgruppe ......,
  – Berechnungseinheit wie Bezugsposition

**880** Sichtbar bleibende Stahloberfläche zu Pos. ......,
**881** Stahloberfläche zu Pos. ......,
  Einzelangaben nach DIN 18355 zu Pos. 880, 881
  – Oberflächenausführung
    – – ohne Grundbeschichtung,
    – – mit Grundbeschichtung,
    – – flammspritzverzinken,
    – – feuerverzinken,
  – Berechnungseinheit wie Bezugsposition

**882** Sichtbar bleibende Aluminiumoberfläche zu Pos. ......,
**883** Aluminiumoberfläche zu Pos. ......,
  Einzelangaben nach DIN 18355 zu Pos. 882, 883
  – Oberflächenausführung
    – – unbehandelt,
    – – pulverbeschichtet,
    – – nasslackbeschichtet,
      – – – RAL-Farbton ......,
      – – – Farbton nach Standardfächer des AN,
      – – – Farbton ......,
    – – anodisch oxidiert DIN 17611,
      – – – Einstufeneloxal, Verfahren ......,
      – – – Zweistufeneloxal, Verfahren ......,
      – – – Oberflächenbehandlung E0,
      – – – Oberflächenbehandlung E1 geschliffen,
      – – – Oberflächenbehandlung E2 gebürstet,
      – – – Oberflächenbehandlung E4 geschliffen und gebürstet,
      – – – Oberflächenbehandlung E6 chemisch vorbehandelt,
      – – – Oberflächenbehandlung ......,
        – – – – Farbton nach Farbfächer EURAS-Standard ......,
        – – – – Farbton ......,
          – – – – – Schichtdicke in mym ......,
  – Berechnungseinheit wie Bezugsposition

**STLB 027**

Ausgabe 06.01

## LB 027 Tischlerarbeiten
### Holzschutz; Füllen und Abdichten von Fugen; Abdeckungen als besonderer Schutz

900 **Holzschutz DIN 68800 zu Pos. .......,**
901 **Holzschutz zu Pos. .......,**
Einzelangaben nach DIN 18355 zu Pos. 900, 901
– Erzeugnis
– – Erzeugnis .......(oder gleichwertiger Art),
– – Erzeugnis .......(vom Bieter einzutragen),
– Berechnungseinheit wie Bezugsposition

Hinweis: Nach DIN 18355, Abs. 3.14, sind folgende Richtlinien zu beachten:

### 3.14 Konstruktiver und chemischer Holzschutz

3.14.1 Bei allen Holzbauarbeiten ist DIN 68800 Teil 2 "Holzschutz im Hochbau; Vorbeugende bauliche Maßnahmen" zu beachten.

3.14.2 Der chemische Schutz von Bauholz ist nach DIN 68800 Teil 3 "Holzschutz im Hochbau; Vorbeugender chemischer Holzschutz" und der chemische Schutz von Holzwerkstoffen nach DIN 68800 Teil 5 "Holzschutz im Hochbau; Vorbeugender chemischer Schutz von Holzwerkstoffen" auszuführen.

3.14.3 Das Verfahren der Verarbeitung der Holzschutzmittel bleibt dem Auftragnehmer überlassen.

3.14.4 Die Holzschutzmittel sind so auszuwählen, dass sie mit den in Berührung kommenden anderen Baustoffen verträglich sind.

920 **Füllen der Fuge,**
921 **Abdichten der Fuge,**
922 **Füllen und Abdichten der Fuge,**
Hinweis: ggf. zu Zusatz "zu Pos. ......."
Einzelangaben nach DIN 18355 zu Pos. 920 bis 922
– Lage der Fugen, Fugenfüllung
– – allseitig,
– – allseitig zwischen Rahmen und Bauwerk,
– – seitlich,
– – seitlich zwischen Rahmen und Bauwerk,
– – unten,
– – unten zwischen Rahmen und Bauwerk,
– – unten und seitlich,
– – unten und seitlich zwischen Rahmen und Bauwerk,
– – .......,
– Werkstoff, Füllung
– – mit Mineralwolle, eingestopft,
– – mit imprägniertem Kunststoffband,
– – mit imprägniertem Kunststoffband, geschlossenporig,
– – mit imprägniertem Kunststoffband, vorkomprimiert,
– – örtlich geschäumt,
– – .......,
– Lage der Dichtung
– – Abdichtung witterungsseitig,
– – Abdichtung raumseitig,
– – Abdichtung witterungs– und raumseitig,
– – Abdichtung .......,
– Werkstoff Dichtung
– – mit Polyisobutylen (PIB)-Kunststofffolie,
– – mit Folie .......,
– – – Dicke 1,5 mm,
– – – Dicke 2 mm,
– – – Dicke .......,
– – – – farblos,
– – – – Farbton weiß,
– – – – Farbton .......,
– – mit Dichtstoff,
– – mit Dichtprofilen,
– – – nicht überstreichbar,
– – – – farblos,
– – – – Farbton weiß,
– – – – Farbton .......,
– Ausführung gemäß Zeichnung Nr. .......,
Einzelbeschreibung Nr. .......
– Erzeugnis
– – Erzeugnis .......(oder gleichwertiger Art),
– – Erzeugnis .......(vom Bieter einzutragen),
– Berechnungseinheit m (oder wie Bezugsposition)

950 **Abdeckung als besonderer Schutz der Fenster,**
951 **Abdeckung als besonderer Schutz der Türen,**
952 **Abdeckung als besonderer Schutz der Heizkörperverkleidungen,**
953 **Abdeckung als besonderer Schutz der Fensterbänke,**
954 **Abdeckung als besonderer Schutz der Schränke, Regale,**
955 **Abdeckung als besonderer Schutz der .......,**
Einzelangaben nach DIN 18355 zu Pos. 950 bis 955
– Leistungsumfang
– – liefern und herstellen,
– – liefern, herstellen und vorhalten,
– – – einschl. der späteren Beseitigung,
– Art der Abdeckung
– – Abdeckung nach Wahl des AN,
– – Abdeckung aus Kunststofffolie,
– – – Dicke 0,2 mm,
– – – Dicke .......,
– – Abdeckung mit selbstklebender Schutzfolie,
– – Abdeckung .......,
– Art der Verlegung
– – Verlegung lose überlappt,
– – Verlegung lose überlappt, Ränder geklebt,
– – Verlegung lose überlappt, Ränder hochgezogen und geklebt,
– – Verlegung .......,
– zusätzliche Abdeckung
– – zusätzliche Abdeckung aus Brettern,
– – zusätzliche Abdeckung aus Bohlen,
– – zusätzliche Abdeckung aus Bohlen und Kanthölzern,
– – zusätzliche Abdeckung aus .......,
– laufende Unterhaltung
– – die Unterhaltung wird nach den vertraglich vereinbarten Stundenlohnsätzen und Materialkosten vergütet, Ausführung der Unterhaltung nur nach besonderer Anordnung des AG,
– – einschl. der laufenden Unterhaltung, Vorhaltedauer .......,
– Berechnungseinheit $m^2$

Hinweis:
Zum Zuständigkeitsbereich der DIN 18355 Tischlerarbeiten gehören folgende Trockenbauarbeiten:

– Innenwandbekleidungen,
– Deckenbekleidungen,
– Unterdecken,
– Schalldämmende Vorsatzschalen,
– Nichttragende Trennwände,
– Außenwandbekleidungen.

Leistungsbeschreibungen dazu siehe LB 039 Trockenbauarbeiten.

# LB 027 Tischlerarbeiten
## Einfachfenster (Holz, Kunststoff)

AW 027

Preise 06.01

Sämtliche Preise sind **Mittelpreise ohne Mehrwertsteuer** zum Zeitpunkt des Ausgabedatums.
**Korrekturfaktoren** für Regionaleinfluss, Mengeneinfluss, Konjunktureinfluss siehe Vorspann.
**Abkürzungen:** EP = Einheitspreis, LA = Lohnanteil, ST = Stoffanteil

### Einfachfenster (Holz, Kunststoff)

027----.-

|  |  |  |
|---|---|---|
| 027.01201.M | Fenster EIV, 750 x 750, Kiefer, 1-fl. Drehkipp | 308,48 DM/St / 157,72 €/St |
| 027.01202.M | Fenster EIV, 750 x 750, Eiche, 1-fl. Drehkipp | 365,12 DM/St / 186,69 €/St |
| 027.01203.M | Fenster EIV, 875 x 875, Kiefer, 1-fl. Drehkipp | 359,80 DM/St / 183,96 €/St |
| 027.01204.M | Fenster EIV, 875 x 875, Eiche, 1-fl. Drehkipp | 425,86 DM/St / 217,74 €/St |
| 027.01205.M | Fenster EIV, 1000 x 1000, Kiefer, 1-fl. Drehkipp | 411,16 DM/St / 210,22 €/St |
| 027.01206.M | Fenster EIV, 1000 x 1000, Eiche, 1-fl. Drehkipp | 486,70 DM/St / 248,85 €/St |
| 027.01207.M | Fenster EIV, 1000 x 1125, Kiefer, 2-fl. Drehkipp | 534,61 DM/St / 273,34 €/St |
| 027.01208.M | Fenster EIV, 1000 x 1125, Eiche, 2-fl. Drehkipp | 605,69 DM/St / 309,69 €/St |
| 027.01209.M | Fenster EIV, 1125 x 1125, Kiefer, 1-fl. Drehkipp | 462,68 DM/St / 236,57 €/St |
| 027.01210.M | Fenster EIV, 1125 x 1125, Kiefer, 2-fl. Drehkipp | 566,04 DM/St / 289,41 €/St |
| 027.01211.M | Fenster EIV, 1125 x 1125, Eiche, 1-fl. Drehkipp | 547,51 DM/St / 279,94 €/St |
| 027.01212.M | Fenster EIV, 1125 x 1125, Eiche, 2-fl. Drehkipp | 641,34 DM/St / 327,91 €/St |
| 027.01213.M | Fenster EIV, 1125 x 1250, Kiefer, 2-fl. Drehkipp | 597,47 DM/St / 305,48 €/St |
| 027.01214.M | Fenster EIV, 1125 x 1250, Eiche, 2-fl. Drehkipp | 676,95 DM/St / 346,12 €/St |
| 027.01215.M | Fenster EIV, 1125 x 1375, Kiefer, 2-fl. Drehkipp | 628,87 DM/St / 321,53 €/St |
| 027.01216.M | Fenster EIV, 1125 x 1375, Eiche, 2-fl. Drehkipp | 712,53 DM/St / 364,31 €/St |
| 027.01217.M | Fenster EIV, 1125 x 1500, Kiefer, 2-fl. Drehkipp | 660,32 DM/St / 337,62 €/St |
| 027.01218.M | Fenster EIV, 1125 x 1500, Eiche, 2-fl. Drehkipp | 748,11 DM/St / 382,50 €/St |
| 027.01219.M | Fenster EIV, 1250 x 1125, Kiefer, 2-fl. Drehkipp | 599,31 DM/St / 306,42 €/St |
| 027.01220.M | Fenster EIV, 1250 x 1125, Eiche, 2-fl. Drehkipp | 678,99 DM/St / 347,16 €/St |
| 027.01221.M | Fenster EIV, 1250 x 1250, Kiefer, 1-fl. Drehkipp | 514,13 DM/St / 262,87 €/St |
| 027.01222.M | Fenster EIV, 1250 x 1250, Kiefer, 2-fl. Drehkipp | 628,52 DM/St / 321,36 €/St |
| 027.01223.M | Fenster EIV, 1250 x 1250, Eiche, 1-fl. Drehkipp | 608,56 DM/St / 311,15 €/St |
| 027.01224.M | Fenster EIV, 1250 x 1250, Eiche, 2-fl. Drehkipp | 712,12 DM/St / 364,10 €/St |
| 027.01225.M | Fenster EIV, 1250 x 1375, Kiefer, 2-fl. Drehkipp | 659,26 DM/St / 337,07 €/St |
| 027.01226.M | Fenster EIV, 1250 x 1375, Eiche, 2-fl. Drehkipp | 746,94 DM/St / 381,90 €/St |
| 027.01227.M | Fenster EIV, 1250 x 1500, Kiefer, 2-fl. Drehkipp | 691,81 DM/St / 353,71 €/St |
| 027.01228.M | Fenster EIV, 1250 x 1500, Eiche, 2-fl. Drehkipp | 783,80 DM/St / 400,75 €/St |
| 027.01229.M | Fenster EIV, 750 x 750, PVC, 1-fl. Drehkipp | 293,49 DM/St / 150,06 €/St |
| 027.01230.M | Fenster EIV, 875 x 875, PVC, 1-fl. Drehkipp | 342,23 DM/St / 174,98 €/St |
| 027.01231.M | Fenster EIV, 1000 x 1000, PVC, 1-fl. Drehkipp | 391,11 DM/St / 199,97 €/St |
| 027.01232.M | Fenster EIV, 1000 x 1125, PVC, 2-fl. Drehkipp | 506,83 DM/St / 259,14 €/St |
| 027.01233.M | Fenster EIV, 1125 x 1125, PVC, 1-fl. Drehkipp | 440,11 DM/St / 225,03 €/St |
| 027.01234.M | Fenster EIV, 1125 x 1125, PVC, 2-fl. Drehkipp | 536,59 DM/St / 274,35 €/St |
| 027.01235.M | Fenster EIV, 1125 x 1250, PVC, 2-fl. Drehkipp | 566,47 DM/St / 289,63 €/St |
| 027.01236.M | Fenster EIV, 1125 x 1375, PVC, 2-fl. Drehkipp | 596,24 DM/St / 304,85 €/St |
| 027.01237.M | Fenster EIV, 1125 x 1500, PVC, 2-fl. Drehkipp | 625,98 DM/St / 320,06 €/St |
| 027.01238.M | Fenster EIV, 1250 x 1125, PVC, 2-fl. Drehkipp | 567,17 DM/St / 289,99 €/St |
| 027.01239.M | Fenster EIV, 1250 x 1250, PVC, 1-fl. Drehkipp | 489,05 DM/St / 250,05 €/St |
| 027.01240.M | Fenster EIV, 1250 x 1250, PVC, 2-fl. Drehkipp | 596,93 DM/St / 305,20 €/St |
| 027.01241.M | Fenster EIV, 1250 x 1375, PVC, 2-fl. Drehkipp | 624,80 DM/St / 319,45 €/St |
| 027.01242.M | Fenster EIV, 1250 x 1500, PVC, 2-fl. Drehkipp | 655,86 DM/St / 335,34 €/St |
| 027.01243.M | Zul. f. Sprossenteilung, echte Sprossen, Holz | 46,44 DM/m2 / 23,74 €/m2 |
| 027.01244.M | Zul. f. Sprossenteilung, aufgesetzte Sprossen, Holz | 39,44 DM/m2 / 20,16 €/m2 |
| 027.01245.M | Zul. f. Sprossenteilung, vorgesetzte Sprossen, Holz | 36,26 DM/m2 / 18,54 €/m2 |
| 027.01246.M | Zul. f. Sprossenteilung, echte Sprossen, Kunststoff | 49,09 DM/m2 / 25,10 €/m2 |
| 027.01247.M | Zul. f. Sprossenteilung, aufgesetzte Sprossen, Kunstst. | 41,39 DM/m2 / 21,16 €/m2 |
| 027.01248.M | Zul. f. Sprossenteilung, vorgesetzte Sprossen, Kunstst. | 38,03 DM/m2 / 19,45 €/m2 |

**Hinweise:**
Für Fenster mit Sprossenteilung sind die zutreffenden Zulagepositionen, bezogen auf die Fensterfläche, als Mehrpreis anzuwenden.

Preise ohne Verglasung, einschl. Beschläge, Verglasung siehe LB 032 Verglasungsarbeiten; Aluminiumfenster siehe LB 031 Metallbauarbeiten.

027.01201.M     KG 334 DIN 276
Fenster EIV, 750 x 750, Kiefer, 1-fl. Drehkipp
EP 308,48 DM/St   LA 85,80 DM/St   ST 222,68 DM/St
EP 157,72 €/St   LA 43,87 €/St   ST 113,85 €/St

027.01202.M     KG 334 DIN 276
Fenster EIV, 750 x 750, Eiche, 1-fl. Drehkipp
EP 365,12 DM/St   LA 100,41 DM/St   ST 264,71 DM/St
EP 186,69 €/St   LA 51,34 €/St   ST 135,35 €/St

027.01203.M     KG 334 DIN 276
Fenster EIV, 875 x 875, Kiefer, 1-fl. Drehkipp
EP 359,80 DM/St   LA 90,88 DM/St   ST 268,92 DM/St
EP 183,96 €/St   LA 46,47 €/St   ST 137,49 €/St

027.01204.M     KG 334 DIN 276
Fenster EIV, 875 x 875, Eiche, 1-fl. Drehkipp
EP 425,86 DM/St   LA 108,04 DM/St   ST 317,82 DM/St
EP 217,74 €/St   LA 55,24 €/St   ST 162,50 €/St

027.01205.M     KG 334 DIN 276
Fenster EIV, 1000 x 1000, Kiefer, 1-fl. Drehkipp
EP 411,16 DM/St   LA 102,96 DM/St   ST 308,20 DM/St
EP 210,22 €/St   LA 52,64 €/St   ST 157,58 €/St

027.01206.M     KG 334 DIN 276
Fenster EIV, 1000 x 1000, Eiche, 1-fl. Drehkipp
EP 486,70 DM/St   LA 122,66 DM/St   ST 364,04 DM/St
EP 248,85 €/St   LA 62,71 €/St   ST 186,14 €/St

027.01207.M     KG 334 DIN 276
Fenster EIV, 1000 x 1125, Kiefer, 2-fl. Drehkipp
EP 534,61 DM/St   LA 149,36 DM/St   ST 385,25 DM/St
EP 273,34 €/St   LA 76,36 €/St   ST 196,98 €/St

027.01208.M     KG 334 DIN 276
Fenster EIV, 1000 x 1125, Eiche, 2-fl. Drehkipp
EP 605,69 DM/St   LA 168,41 DM/St   ST 437,28 DM/St
EP 309,69 €/St   LA 86,11 €/St   ST 223,58 €/St

027.01209.M     KG 334 DIN 276
Fenster EIV, 1125 x 1125, Kiefer, 1-fl. Drehkipp
EP 462,68 DM/St   LA 122,03 DM/St   ST 340,65 DM/St
EP 236,57 €/St   LA 62,39 €/St   ST 174,18 €/St

027.01210.M     KG 334 DIN 276
Fenster EIV, 1125 x 1125, Kiefer, 2-fl. Drehkipp
EP 566,04 DM/St   LA 157,61 DM/St   ST 408,43 DM/St
EP 289,41 €/St   LA 80,58 €/St   ST 208,83 €/St

027.01211.M     KG 334 DIN 276
Fenster EIV, 1125 x 1125, Eiche, 1-fl. Drehkipp
EP 547,51 DM/St   LA 137,28 DM/St   ST 410,23 DM/St
EP 279,94 €/St   LA 70,19 €/St   ST 209,75 €/St

027.01212.M     KG 334 DIN 276
Fenster EIV, 1125 x 1125, Eiche, 2-fl. Drehkipp
EP 641,34 DM/St   LA 177,95 DM/St   ST 463,39 DM/St
EP 327,91 €/St   LA 90,98 €/St   ST 236,93 €/St

027.01213.M     KG 334 DIN 276
Fenster EIV, 1125 x 1250, Kiefer, 2-fl. Drehkipp
EP 597,47 DM/St   LA 163,96 DM/St   ST 433,51 DM/St
EP 305,48 €/St   LA 83,83 €/St   ST 221,65 €/St

027.01214.M     KG 334 DIN 276
Fenster EIV, 1125 x 1250, Eiche, 2-fl. Drehkipp
EP 676,95 DM/St   LA 186,21 DM/St   ST 490,74 DM/St
EP 346,12 €/St   LA 95,21 €/St   ST 250,91 €/St

027.01215.M     KG 334 DIN 276
Fenster EIV, 1125 x 1375, Kiefer, 2-fl. Drehkipp
EP 628,87 DM/St   LA 172,23 DM/St   ST 456,64 DM/St
EP 321,53 €/St   LA 88,06 €/St   ST 233,47 €/St

AW 027

## LB 027 Tischlerarbeiten
### Einfachfenster (Holz, Kunststoff)

Preise 06.01

Sämtliche Preise sind **Mittelpreise ohne Mehrwertsteuer** zum Zeitpunkt des Ausgabedatums.
**Korrekturfaktoren** für Regionaleinfluss, Mengeneinfluss, Konjunktureinfluss siehe Vorspann.
**Abkürzungen:** EP = Einheitspreis, LA = Lohnanteil, ST= Stoffanteil

027.01216.M KG 334 DIN 276
Fenster EIV, 1125 x 1375, Eiche, 2-fl. Drehkipp
EP 712,53 DM/St   LA 195,11 DM/St   ST 517,42 DM/St
EP 364,31 €/St    LA  99,76 €/St    ST 264,55 €/St

027.01217.M KG 334 DIN 276
Fenster EIV, 1125 x 1500, Kiefer, 2-fl. Drehkipp
EP 660,32 DM/St   LA 180,49 DM/St   ST 479,83 DM/St
EP 337,62 €/St    LA  92,28 €/St    ST 245,34 €/St

027.01218.M KG 334 DIN 276
Fenster EIV, 1125 x 1500, Eiche, 2-fl. Drehkipp
EP 748,11 DM/St   LA 203,37 DM/St   ST 544,74 DM/St
EP 382,50 €/St    LA 103,98 €/St    ST 278,52 €/St

027.01219.M KG 334 DIN 276
Fenster EIV, 1250 x 1125, Kiefer, 2-fl. Drehkipp
EP 599,31 DM/St   LA 164,61 DM/St   ST 434,70 DM/St
EP 306,42 €/St    LA  84,16 €/St    ST 222,26 €/St

027.01220.M KG 334 DIN 276
Fenster EIV, 1250 x 1125, Eiche, 2-fl. Drehkipp
EP 678,99 DM/St   LA 186,84 DM/St   ST 492,15 DM/St
EP 347,16 €/St    LA  95,53 €/St    ST 251,63 €/St

027.01221.M KG 334 DIN 276
Fenster EIV, 1250 x 1250, Kiefer, 1-fl. Drehkipp
EP 514,13 DM/St   LA 141,72 DM/St   ST 372,41 DM/St
EP 262,87 €/St    LA  72,46 €/St    ST 190,41 €/St

027.01222.M KG 334 DIN 276
Fenster EIV, 1250 x 1250, Kiefer, 2-fl. Drehkipp
EP 628,52 DM/St   LA 171,59 DM/St   ST 456,93 DM/St
EP 321,36 €/St    LA  87,73 €/St    ST 233,63 €/St

027.01223.M KG 334 DIN 276
Fenster EIV, 1250 x 1250, Eiche, 1-fl. Drehkipp
EP 608,56 DM/St   LA 169,69 DM/St   ST 438,87 DM/St
EP 311,15 €/St    LA  86,76 €/St    ST 224,39 €/St

027.01224.M KG 334 DIN 276
Fenster EIV, 1250 x 1250, Eiche, 2-fl. Drehkipp
EP 712,12 DM/St   LA 190,66 DM/St   ST 521,46 DM/St
EP 364,10 €/St    LA  97,48 €/St    ST 266,62 €/St

027.01225.M KG 334 DIN 276
Fenster EIV, 1250 x 1375, Kiefer, 2-fl. Drehkipp
EP 659,26 DM/St   LA 179,86 DM/St   ST 479,40 DM/St
EP 337,07 €/St    LA  91,96 €/St    ST 245,11 €/St

027.01226.M KG 334 DIN 276
Fenster EIV, 1250 x 1375, Eiche, 2-fl. Drehkipp
EP 746,94 DM/St   LA 203,37 DM/St   ST 543,57 DM/St
EP 381,90 €/St    LA 103,98 €/St    ST 277,92 €/St

027.01227.M KG 334 DIN 276
Fenster EIV, 1250 x 1500, Kiefer, 2-fl. Drehkipp
EP 691,81 DM/St   LA 187,49 DM/St   ST 504,32 DM/St
EP 353,71 €/St    LA  95,86 €/St    ST 287,85 €/St

027.01228.M KG 334 DIN 276
Fenster EIV, 1250 x 1500, Eiche, 2-fl. Drehkipp
EP 783,80 DM/St   LA 210,36 DM/St   ST 573,44 DM/St
EP 400,75 €/St    LA 107,55 €/St    ST 293,20 €/St

027.01229.M KG 334 DIN 276
Fenster EIV, 750 x 750, PVC, 1-fl. Drehkipp
EP 293,49 DM/St   LA 68,63 DM/St    ST 224,86 DM/St
EP 150,06 €/St    LA 35,09 €/St     ST 114,97 €/St

027.01230.M KG 334 DIN 276
Fenster EIV, 875 x 875, PVC, 1-fl. Drehkipp
EP 342,23 DM/St   LA 73,08 DM/St    ST 269,15 DM/St
EP 174,98 €/St    LA 37,37 €/St     ST 137,61 €/St

027.01231.M KG 334 DIN 276
Fenster EIV, 1000 x 1000, PVC, 1-fl. Drehkipp
EP 391,11 DM/St   LA 79,45 DM/St    ST 311,66 DM/St
EP 199,97 €/St    LA 40,62 €/St     ST 159,35 €/St

027.01232.M KG 334 DIN 276
Fenster EIV, 1000 x 1125, PVC, 2-fl. Drehkipp
EP 506,83 DM/St   LA 129,65 DM/St   ST 377,18 DM/St
EP 259,14 €/St    LA  66,29 €/St    ST 192,85 €/St

027.01233.M KG 334 DIN 276
Fenster EIV, 1125 x 1125, PVC, 1-fl. Drehkipp
EP 440,11 DM/St   LA 96,60 DM/St    ST 343,51 DM/St
EP 225,03 €/St    LA 49,39 €/St     ST 175,64 €/St

027.01234.M KG 334 DIN 276
Fenster EIV, 1125 x 1125, PVC, 2-fl. Drehkipp
EP 536,59 DM/St   LA 131,55 DM/St   ST 405,04 DM/St
EP 274,35 €/St    LA  67,26 €/St    ST 207,09 €/St

027.01235.M KG 334 DIN 276
Fenster EIV, 1125 x 1250, PVC, 2-fl. Drehkipp
EP 566,47 DM/St   LA 142,99 DM/St   ST 423,48 DM/St
EP 289,63 €/St    LA  73,11 €/St    ST 216,52 €/St

027.01236.M KG 334 DIN 276
Fenster EIV, 1125 x 1375, PVC, 2-fl. Drehkipp
EP 596,24 DM/St   LA 148,71 DM/St   ST 447,53 DM/St
EP 304,85 €/St    LA  76,04 €/St    ST 228,81 €/St

027.01237.M KG 334 DIN 276
Fenster EIV, 1125 x 1500, PVC, 2-fl. Drehkipp
EP 625,98 DM/St   LA 155,07 DM/St   ST 470,91 DM/St
EP 320,06 €/St    LA  79,28 €/St    ST 240,78 €/St

027.01238.M KG 334 DIN 276
Fenster EIV, 1250 x 1125, PVC, 2-fl. Drehkipp
EP 567,17 DM/St   LA 142,99 DM/St   ST 424,18 DM/St
EP 289,99 €/St    LA  73,11 €/St    ST 216,88 €/St

027.01239.M KG 334 DIN 276
Fenster EIV, 1250 x 1250, PVC, 1-fl. Drehkipp
EP 489,05 DM/St   LA 112,49 DM/St   ST 376,56 DM/St
EP 250,05 €/St    LA  57,51 €/St    ST 192,54 €/St

027.01240.M KG 334 DIN 276
Fenster EIV, 1250 x 1250, PVC, 2-fl. Drehkipp
EP 596,93 DM/St   LA 149,36 DM/St   ST 447,57 DM/St
EP 305,20 €/St    LA  76,36 €/St    ST 228,84 €/St

027.01241.M KG 334 DIN 276
Fenster EIV, 1250 x 1375, PVC, 2-fl. Drehkipp
EP 624,80 DM/St   LA 154,44 DM/St   ST 470,36 DM/St
EP 319,45 €/St    LA  78,96 €/St    ST 240,49 €/St

027.01242.M KG 334 DIN 276
Fenster EIV, 1250 x 1500, PVC, 2-fl. Drehkipp
EP 655,86 DM/St   LA 162,07 DM/St   ST 493,79 DM/St
EP 335,34 €/St    LA  82,86 €/St    ST 252,48 €/St

027.01243.M KG 334 DIN 276
Zul. f. Sprossenteilung, echte Sprossen, Holz
EP 46,44 DM/m2    LA 0,00 DM/m2     ST 46,44 DM/m2
EP 23,74 €/m2     LA 0,00 €/m2      ST 23,74 €/m2

027.01244.M KG 334 DIN 276
Zul. f. Sprossenteilung, aufgesetzte Sprossen, Holz
EP 39,44 DM/m2    LA 0,00 DM/m2     ST 39,44 DM/m2
EP 20,16 €/m2     LA 0,00 €/m2      ST 20,16 €/m2

027.01245.M KG 334 DIN 276
Zul. f. Sprossenteilung, vorgesetzte Sprossen, Holz
EP 36,26 DM/m2    LA 0,00 DM/m2     ST 36,26 DM/m2
EP 18,54 €/m2     LA 0,00 €/m2      ST 18,54 €/m2

027.01246.M KG 334 DIN 276
Zul. f. Sprossenteilung, echte Sprossen, Kunststoff
EP 49,49 DM/m2    LA 0,00 DM/m2     ST 49,49 DM/m2
EP 25,10 €/m2     LA 0,00 €/m2      ST 25,10 €/m2

027.01247.M KG 334 DIN 276
Zul. f. Sprossenteilung, aufgesetzte Sprossen, Kunstst.
EP 41,39 DM/m2    LA 0,00 DM/m2     ST 41,39 DM/m2
EP 21,16 €/m2     LA 0,00 €/m2      ST 21,16 €/m2

027.01248.M KG 334 DIN 276
Zul. f. Sprossenteilung, vorgesetzte Sprossen, Kunstst.
EP 38,03 DM/m2    LA 0,00 DM/m2     ST 38,03 DM/m2
EP 19,45 €/m2     LA 0,00 €/m2      ST 19,45 €/m2

# LB 027 Tischlerarbeiten
## Einfachfenster (Holz-Alu); Verbundfenster (Holz, Kunststoff)

AW 027

Preise 06.01

Sämtliche Preise sind **Mittelpreise ohne Mehrwertsteuer** zum Zeitpunkt des Ausgabedatums.
**Korrekturfaktoren** für Regionaleinfluss, Mengeneinfluss, Konjunktureinfluss siehe Vorspann.
**Abkürzungen:** EP = Einheitspreis, LA = Lohnanteil, ST = Stoffanteil

### Einfachfenster (Holz-Alu)

027----.-

|  |  |  |
|---|---|---|
| 027.01249.M | Fenster EIV, 750 x 750, Fichte-Alu, 1-fl. Drehkipp | 501,15 DM/St / 256,23 €/St |
| 027.01250.M | Fenster EIV, 875 x 875, Fichte-Alu, 1-fl. Drehkipp | 588,53 DM/St / 300,91 €/St |
| 027.01251.M | Fenster EIV, 1000 x 1000, Fichte-Alu, 1-fl. Drehkipp | 673,85 DM/St / 344,54 €/St |
| 027.01252.M | Fenster EIV, 1000 x 1125, Fichte-Alu, 2-fl. Drehkipp | 866,43 DM/St / 443,00 €/St |
| 027.01253.M | Fenster EIV, 1125 x 1125, Fichte-Alu, 1-fl. Drehkipp | 754,89 DM/St / 385,97 €/St |
| 027.01254.M | Fenster EIV, 1125 x 1125, Fichte-Alu, 2-fl. Drehkipp | 919,94 DM/St / 470,36 €/St |
| 027.01255.M | Fenster EIV, 1125 x 1250, Fichte-Alu, 2-fl. Drehkipp | 968,25 DM/St / 495,06 €/St |
| 027.01256.M | Fenster EIV, 1125 x 1375, Fichte-Alu, 2-fl. Drehkipp | 1020,23 DM/St / 521,64 €/St |
| 027.01257.M | Fenster EIV, 1125 x 1500, Fichte-Alu, 2-fl. Drehkipp | 1076,40 DM/St / 550,35 €/St |
| 027.01258.M | Fenster EIV, 1250 x 1125, Fichte-Alu, 2-fl. Drehkipp | 976,83 DM/St / 499,45 €/St |
| 027.01259.M | Fenster EIV, 1250 x 1250, Fichte-Alu, 1-fl. Drehkipp | 831,88 DM/St / 425,34 €/St |
| 027.01260.M | Fenster EIV, 1250 x 1250, Fichte-Alu, 2-fl. Drehkipp | 1024,91 DM/St / 524,03 €/St |
| 027.01261.M | Fenster EIV, 1250 x 1375, Fichte-Alu, 2-fl. Drehkipp | 1072,21 DM/St / 548,21 €/St |
| 027.01262.M | Fenster EIV, 1250 x 1500, Fichte-Alu, 2-fl. Drehkipp | 1128,88 DM/St / 577,19 €/St |

**Hinweis:**
Preise einschl. Verglasung und Beschläge,
Oberflächenbehandlung wird gesondert vergütet.

**027.01249.M** KG 334 DIN 276
Fenster EIV, 750 x 750, Fichte-Alu, 1-fl. Drehkipp
EP 501,15 DM/St  LA 102,96 DM/St  ST 398,19 DM/St
EP 256,23 €/St   LA  52,64 €/St   ST 203,59 €/St

**027.01250.M** KG 334 DIN 276
Fenster EIV, 875 x 875, Fichte-Alu, 1-fl. Drehkipp
EP 588,53 DM/St  LA 109,32 DM/St  ST 479,21 DM/St
EP 300,91 €/St   LA  55,89 €/St   ST 245,02 €/St

**027.01251.M** KG 334 DIN 276
Fenster EIV, 1000 x 1000, Fichte-Alu, 1-fl. Drehkipp
EP 673,85 DM/St  LA 123,29 DM/St  ST 550,56 DM/St
EP 344,54 €/St   LA  63,04 €/St   ST 281,50 €/St

**027.01252.M** KG 334 DIN 276
Fenster EIV, 1000 x 1125, Fichte-Alu, 2-fl. Drehkipp
EP 866,43 DM/St  LA 179,22 DM/St  ST 687,21 DM/St
EP 443,00 €/St   LA  91,64 €/St   ST 351,36 €/St

**027.01253.M** KG 334 DIN 276
Fenster EIV, 1125 x 1125, Fichte-Alu, 1-fl. Drehkipp
EP 754,89 DM/St  LA 146,17 DM/St  ST 608,72 DM/St
EP 385,97 €/St   LA  74,74 €/St   ST 311,23 €/St

**027.01254.M** KG 334 DIN 276
Fenster EIV, 1125 x 1125, Fichte-Alu, 2-fl. Drehkipp
EP 919,94 DM/St  LA 189,38 DM/St  ST 730,56 DM/St
EP 470,36 €/St   LA  96,83 €/St   ST 373,53 €/St

**027.01255.M** KG 334 DIN 276
Fenster EIV, 1125 x 1250, Fichte-Alu, 2-fl. Drehkipp
EP 968,25 DM/St  LA 197,01 DM/St  ST 771,24 DM/St
EP 495,06 €/St   LA 100,73 €/St   ST 394,33 €/St

**027.01256.M** KG 334 DIN 276
Fenster EIV, 1125 x 1375, Fichte-Alu, 2-fl. Drehkipp
EP 1020,23 DM/St LA 206,55 DM/St  ST 813,68 DM/St
EP  521,64 €/St  LA 105,61 €/St   ST 416,03 €/St

**027.01257.M** KG 334 DIN 276
Fenster EIV, 1125 x 1500, Fichte-Alu, 2-fl. Drehkipp
EP 1076,40 DM/St LA 216,71 DM/St  ST 859,69 DM/St
EP  550,35 €/St  LA 110,80 €/St   ST 439,55 €/St

**027.01258.M** KG 334 DIN 276
Fenster EIV, 1250 x 1125, Fichte-Alu, 2-fl. Drehkipp
EP 976,83 DM/St  LA 197,65 DM/St  ST 779,18 DM/St
EP 499,45 €/St   LA 101,06 €/St   ST 398,39 €/St

**027.01259.M** KG 334 DIN 276
Fenster EIV, 1250 x 1250, Fichte-Alu, 1-fl. Drehkipp
EP 831,88 DM/St  LA 170,32 DM/St  ST 661,56 DM/St
EP 425,34 €/St   LA  87,08 €/St   ST 338,26 €/St

**027.01260.M** KG 334 DIN 276
Fenster EIV, 1250 x 1250, Fichte-Alu, 2-fl. Drehkipp
EP 1024,91 DM/St LA 205,91 DM/St  ST 819,00 DM/St
EP  524,03 €/St  LA 105,28 €/St   ST 418,75 €/St

**027.01261.M** KG 334 DIN 276
Fenster EIV, 1250 x 1375, Fichte-Alu, 2-fl. Drehkipp
EP 1072,21 DM/St LA 216,08 DM/St  ST 856,13 DM/St
EP  548,21 €/St  LA 110,48 €/St   ST 437,73 €/St

**027.01262.M** KG 334 DIN 276
Fenster EIV, 1250 x 1500, Fichte-Alu, 2-fl. Drehkipp
EP 1128,88 DM/St LA 224,98 DM/St  ST 903,90 DM/St
EP  577,19 €/St  LA 115,03 €/St   ST 462,16 €/St

### Verbundfenster (Holz, Kunststoff)

027----.-

|  |  |  |
|---|---|---|
| 027.01301.M | Verbundfenster 2xEV,750x750, Kiefer, 1-fl., Drehkipp | 695,67 DM/St / 355,69 €/St |
| 027.01302.M | Verbundfenster 2xEV,1000x1000, Kiefer, 1-fl., Drehkipp | 924,70 DM/St / 472,79 €/St |
| 027.01303.M | Verbundfenster 2xEV,1250x1250, Kiefer, 1-fl., Drehkipp | 1179,82 DM/St / 603,23 €/St |
| 027.01304.M | Verbundfenster 2xEV,1250x1250, Kiefer, 2-fl., Drehkipp | 1417,88 DM/St / 724,95 €/St |
| 027.01305.M | Verbundfenster 2xEV,1500x1375, Kiefer, 2-fl., Drehkipp | 1710,25 DM/St / 874,44 €/St |
| 027.01306.M | Verbundfenster 2xEV,1800x1375, Kiefer, 2-fl., Drehkipp | 1971,52 DM/St / 1008,02 €/St |
| 027.01401.M | Verbundfenster EV/IV,750x750, Kiefer, 1-fl., Drehkipp | 867,93 DM/St / 443,76 €/St |
| 027.01402.M | Verbundfenster EV/IV,750x750, Eiche, 1-fl., Drehkipp | 994,82 DM/St / 508,65 €/St |
| 027.01403.M | Verbundfenster EV/IV,1000x1000, Kiefer, 1-fl., Drehkipp | 1138,51 DM/St / 582,11 €/St |
| 027.01404.M | Verbundfenster EV/IV,1000x1000, Eiche, 1-fl., Drehkipp | 1292,13 DM/St / 660,65 €/St |
| 027.01405.M | Verbundfenster EV/IV,1250x1250, Kiefer, 1-fl., Drehkipp | 1429,39 DM/St / 730,84 €/St |
| 027.01406.M | Verbundfenster EV/IV,1250x1250, Kiefer, 2-fl., Drehkipp | 1681,32 DM/St / 859,64 €/St |
| 027.01407.M | Verbundfenster EV/IV,1250x1250, Eiche, 1-fl., Drehkipp | 1616,44 DM/St / 826,47 €/St |
| 027.01408.M | Verbundfenster EV/IV,1250x1250, Eiche, 2-fl., Drehkipp | 1891,71 DM/St / 967,21 €/St |
| 027.01409.M | Verbundfenster EV/IV,1500x1375, Kiefer, 2-fl., Drehkipp | 2012,50 DM/St / 1028,97 €/St |
| 027.01410.M | Verbundfenster EV/IV,1500x1375, Eiche, 2-fl., Drehkipp | 2259,82 DM/St / 1155,43 €/St |
| 027.01411.M | Verbundfenster EV/IV,1800x1375, Kiefer, 2-fl., Drehkipp | 2322,29 DM/St / 1187,37 €/St |
| 027.01412.M | Verbundfenster EV/IV,1800x1375, Eiche, 2-fl., Drehkipp | 2601,64 DM/St / 1330,19 €/St |
| 027.01307.M | Verbundfenster 2xEV,750x750, PVC, 1-fl., Drehkipp | 576,11 DM/St / 294,56 €/St |
| 027.01308.M | Verbundfenster 2xEV,1000x1000, PVC, 1-fl., Drehkipp | 710,85 DM/St / 363,45 €/St |
| 027.01309.M | Verbundfenster 2xEV,1250x1250, PVC, 1-fl., Drehkipp | 870,73 DM/St / 445,20 €/St |
| 027.01310.M | Verbundfenster 2xEV,1250x1250, PVC, 2-fl., Drehkipp | 1069,40 DM/St / 546,78 €/St |
| 027.01311.M | Verbundfenster 2xEV,1500x1375, PVC, 2-fl., Drehkipp | 1254,80 DM/St / 641,57 €/St |
| 027.01312.M | Verbundfenster 2xEV,1800x1375, PVC, 2-fl., Drehkipp | 1407,85 DM/St / 719,82 €/St |
| 027.01413.M | Verbundfenster EV/IV,750x750, PVC, 1-fl., Drehkipp | 735,81 DM/St / 376,21 €/St |
| 027.01414.M | Verbundfenster EV/IV,1000x1000, PVC, 1-fl., Drehkipp | 908,25 DM/St / 464,38 €/St |
| 027.01415.M | Verbundfenster EV/IV,1250x1250, PVC, 1-fl., Drehkipp | 1097,12 DM/St / 560,95 €/St |
| 027.01416.M | Verbundfenster EV/IV,1250x1250, PVC, 2-fl., Drehkipp | 1301,80 DM/St / 665,60 €/St |
| 027.01417.M | Verbundfenster EV/IV,1500x1375, PVC, 2-fl., Drehkipp | 1542,50 DM/St / 788,67 €/St |
| 027.01418.M | Verbundfenster EV/IV,1800x1375, PVC, 2-fl., Drehkipp | 1719,78 DM/St / 879,31 €/St |

**Hinweis:**
Preise einschl. Verglasung, Oberflächenbehandlung und Beschläge.

**027.01301.M** KG 334 DIN 276
Verbundfenster 2xEV,750x750, Kiefer, 1-fl., Drehkipp
EP 695,67 DM/St  LA 98,51 DM/St  ST 597,16 DM/St
EP 355,69 €/St   LA 50,37 €/St   ST 305,32 €/St

AW 027

## LB 027 Tischlerarbeiten
### Verbundfenster (Holz, Kunststoff)

Preise 06.01

Sämtliche Preise sind **Mittelpreise ohne Mehrwertsteuer** zum Zeitpunkt des Ausgabedatums.
**Korrekturfaktoren** für Regionaleinfluss, Mengeneinfluss, Konjunktureinfluss siehe Vorspann.
**Abkürzungen:** EP = Einheitspreis, LA = Lohnanteil, ST= Stoffanteil

027.01302.M          KG 334 DIN 276
Verbundfenster 2xEV,1000x1000, Kiefer, 1-fl., Drehkipp
EP 924,70 DM/St      LA 120,75 DM/St      ST 803,95 DM/St
EP 472,79 €/St       LA 61,74 €/St        ST 411,05 €/St

027.01303.M          KG 334 DIN 276
Verbundfenster 2xEV,1250x1250, Kiefer, 1-fl., Drehkipp
EP 1179,82 DM/St     LA 165,24 DM/St      ST 1014,58 DM/St
EP 603,23 €/St       LA 84,49 €/St        ST 518,74 €/St

027.01304.M          KG 334 DIN 276
Verbundfenster 2xEV,1250x1250, Kiefer, 2-fl., Drehkipp
EP 1417,88 DM/St     LA 190,66 DM/St      ST 1227,22 DM/St
EP 724,95 €/St       LA 97,48 €/St        ST 627,47 €/St

027.01305.M          KG 334 DIN 276
Verbundfenster 2xEV,1500x1375, Kiefer, 2-fl., Drehkipp
EP 1710,25 DM/St     LA 206,55 DM/St      ST 1503,70 DM/St
EP 874,44 €/St       LA 105,61 €/St       ST 768,83 €/St

027.01306.M          KG 334 DIN 276
Verbundfenster 2xEV,1800x1375, Kiefer, 2-fl., Drehkipp
EP 1971,52 DM/St     LA 244,68 DM/St      ST 1726,84 DM/St
EP 1008,02 €/St      LA 125,11 €/St       ST 882,91 €/St

027.01401.M          KG 334 DIN 276
Verbundfenster EV/IV,750x750, Kiefer, 1-fl., Drehkipp
EP 867,93 DM/St      LA 101,69 DM/St      ST 766,24 DM/St
EP 443,76 €/St       LA 51,99 €/St        ST 391,77 €/St

027.01402.M          KG 334 DIN 276
Verbundfenster EV/IV,750x750, Eiche, 1-fl., Drehkipp
EP 994,82 DM/St      LA 108,04 DM/St      ST 886,78 DM/St
EP 508,65 €/St       LA 55,24 €/St        ST 453,41 €/St

027.01403.M          KG 334 DIN 276
Verbundfenster EV/IV,1000x1000, Kiefer, 1-fl., Drehkipp
EP 1138,51 DM/St     LA 123,92 DM/St      ST 1014,59 DM/St
EP 582,11 €/St       LA 63,36 €/St        ST 518,75 €/St

027.01404.M          KG 334 DIN 276
Verbundfenster EV/IV,1000x1000, Eiche, 1-fl., Drehkipp
EP 1292,13 DM/St     LA 130,28 DM/St      ST 1161,85 DM/St
EP 660,65 €/St       LA 66,61 €/St        ST 594,04 €/St

027.01405.M          KG 334 DIN 276
Verbundfenster EV/IV,1250x1250, Kiefer, 1-fl., Drehkipp
EP 1429,39 DM/St     LA 168,41 DM/St      ST 1260,98 DM/St
EP 730,84 €/St       LA 86,11 €/St        ST 644,73 €/St

027.01406.M          KG 334 DIN 276
Verbundfenster EV/IV,1250x1250, Kiefer, 2-fl., Drehkipp
EP 1681,32 DM/St     LA 197,01 DM/St      ST 1484,31 DM/St
EP 859,64 €/St       LA 100,73 €/St       ST 758,91 €/St

027.01407.M          KG 334 DIN 276
Verbundfenster EV/IV,1250x1250, Eiche, 1-fl., Drehkipp
EP 1616,44 DM/St     LA 177,95 DM/St      ST 1438,49 DM/St
EP 826,47 €/St       LA 90,98 €/St        ST 735,49 €/St

027.01408.M          KG 334 DIN 276
Verbundfenster EV/IV,1250x1250, Eiche, 2-fl., Drehkipp
EP 1891,71 DM/St     LA 209,73 DM/St      ST 1681,98 DM/St
EP 967,21 €/St       LA 107,23 €/St       ST 859,98 €/St

027.01409.M          KG 334 DIN 276
Verbundfenster EV/IV,1500x1375, Kiefer, 2-fl., Drehkipp
EP 2012,50 DM/St     LA 212,91 DM/St      ST 1799,59 DM/St
EP 1028,97 €/St      LA 108,86 €/St       ST 920,11 €/St

027.01410.M          KG 334 DIN 276
Verbundfenster EV/IV,1500x1375, Eiche, 2-fl., Drehkipp
EP 2259,82 DM/St     LA 225,61 DM/St      ST 2034,21 DM/St
EP 1155,43 €/St      LA 115,35 €/St       ST 1040,08 €/St

027.01411.M          KG 334 DIN 276
Verbundfenster EV/IV,1800x1375, Kiefer, 2-fl., Drehkipp
EP 2322,29 DM/St     LA 251,04 DM/St      ST 2071,25 DM/St
EP 1187,37 €/St      LA 128,35 €/St       ST 1059,02 €/St

027.01412.M          KG 334 DIN 276
Verbundfenster EV/IV,1800x1375, Eiche, 2-fl., Drehkipp
EP 2601,64 DM/St     LA 266,92 DM/St      ST 2334,72 DM/St
EP 1330,19 €/St      LA 136,48 €/St       ST 1193,71 €/St

027.01307.M          KG 334 DIN 276
Verbundfenster 2xEV,750x750, PVC, 1-fl., Drehkipp
EP 576,11 DM/St      LA 79,45 DM/St       ST 496,66 DM/St
EP 294,56 €/St       LA 40,62 €/St        ST 253,94 €/St

027.01308.M          KG 334 DIN 276
Verbundfenster 2xEV,1000x1000, PVC, 1-fl., Drehkipp
EP 710,85 DM/St      LA 95,33 DM/St       ST 615,52 DM/St
EP 363,45 €/St       LA 48,74 €/St        ST 314,71 €/St

027.01309.M          KG 334 DIN 276
Verbundfenster 2xEV,1250x1250, PVC, 1-fl., Drehkipp
EP 870,73 DM/St      LA 133,46 DM/St      ST 737,27 DM/St
EP 445,20 €/St       LA 68,24 €/St        ST 376,96 €/St

027.01310.M          KG 334 DIN 276
Verbundfenster 2xEV,1250x1250, PVC, 2-fl., Drehkipp
EP 1069,40 DM/St     LA 165,24 DM/St      ST 904,16 DM/St
EP 546,78 €/St       LA 84,49 €/St        ST 462,29 €/St

027.01311.M          KG 334 DIN 276
EP 1254,80 DM/St     LA 177,95 DM/St      ST 1076,85 DM/St
EP 641,57 €/St       LA 90,98 €/St        ST 550,59 €/St

027.01312.M          KG 334 DIN 276
Verbundfenster 2xEV,1800x1375, PVC, 2-fl., Drehkipp
EP 1407,85 DM/St     LA 209,73 DM/St      ST 1198,12 DM/St
EP 719,82 €/St       LA 107,23 €/St       ST 612,59 €/St

027.01413.M          KG 334 DIN 276
Verbundfenster EV/IV,750x750, PVC, 1-fl., Drehkipp
EP 735,81 DM/St      LA 82,62 DM/St       ST 653,19 DM/St
EP 376,21 €/St       LA 42,24 €/St        ST 333,97 €/St

027.01414.M          KG 334 DIN 276
Verbundfenster EV/IV,1000x1000, PVC, 1-fl., Drehkipp
EP 908,25 DM/St      LA 98,51 DM/St       ST 809,74 DM/St
EP 464,38 €/St       LA 50,47 €/St        ST 414,01 €/St

027.01415.M          KG 334 DIN 276
Verbundfenster EV/IV,1250x1250, PVC, 1-fl., Drehkipp
EP 1097,12 DM/St     LA 136,64 DM/St      ST 960,48 DM/St
EP 560,95 €/St       LA 69,87 €/St        ST 491,08 €/St

027.01416.M          KG 334 DIN 276
Verbundfenster EV/IV,1250x1250, PVC, 2-fl., Drehkipp
EP 1301,80 DM/St     LA 171,59 DM/St      ST 1130,21 DM/St
EP 665,60 €/St       LA 87,73 €/St        ST 577,87 €/St

027.01417.M          KG 334 DIN 276
Verbundfenster EV/IV,1500x1375, PVC, 2-fl., Drehkipp
EP 1542,50 DM/St     LA 184,30 DM/St      ST 1358,20 DM/St
EP 788,67 €/St       LA 94,23 €/St        ST 694,44 €/St

027.01418.M          KG 334 DIN 276
Verbundfenster EV/IV,1800x1375, PVC, 2-fl., Drehkipp
EP 1719,78 DM/St     LA 216,08 DM/St      ST 1503,70 DM/St
EP 879,31 €/St       LA 110,48 €/St       ST 768,83 €/St

# LB 027 Tischlerarbeiten
## Kastenfenster (Holz, Kunststoff)

AW 027

Preise 06.01

Sämtliche Preise sind **Mittelpreise ohne Mehrwertsteuer** zum Zeitpunkt des Ausgabedatums.
**Korrekturfaktoren** für Regionaleinfluss, Mengeneinfluss, Konjunktureinfluss siehe Vorspann.
**Abkürzungen:** EP = Einheitspreis, LA = Lohnanteil, ST = Stoffanteil

### Kastenfenster (Holz, Kunststoff)

027----.-

|  |  |  |
|---|---|---|
| 027.01501.M | Kastenfenster, 2xEV, 750x750, Kiefer, 1-fl., Dreh | 839,91 DM/St / 429,44 €/St |
| 027.01502.M | Kastenfenster, 2xEV, 1000x1000, Kiefer, 1-fl., Dreh | 1115,95 DM/St / 570,57 €/St |
| 027.01503.M | Kastenfenster, 2xEV, 1250x1250, Kiefer, 1-fl., Dreh | 1424,06 DM/St / 728,11 €/St |
| 027.01504.M | Kastenfenster, 2xEV, 1250x1250, Kiefer, 2-fl., Dreh | 1710,98 DM/St / 874,81 €/St |
| 027.01505.M | Kastenfenster, 2xEV, 1500x1375, Kiefer, 2-fl., Dreh | 2062,49 DM/St / 1054,53 €/St |
| 027.01506.M | Kastenfenster, 2xEV, 1800x1375, Kiefer, 2-fl., Dreh | 2377,86 DM/St / 1215,78 €/St |
| 027.01601.M | Kastenfenster, EV/IV, 750x750, Kiefer, 1-fl., Dreh | 1046,64 DM/St / 535,14 €/St |
| 027.01602.M | Kastenfenster, EV/IV, 1000x1000, Kiefer, 1-fl., Dreh | 1372,58 DM/St / 701,79 €/St |
| 027.01603.M | Kastenfenster, EV/IV, 1250x1250, Kiefer, 1-fl., Dreh | 1722,86 DM/St / 880,89 €/St |
| 027.01604.M | Kastenfenster, EV/IV, 1250x1250, Kiefer, 2-fl., Dreh | 2027,72 DM/St / 1036,76 €/St |
| 027.01605.M | Kastenfenster, EV/IV, 1500x1375, Kiefer, 2-fl., Dreh | 2425,77 DM/St / 1240,28 €/St |
| 027.01606.M | Kastenfenster, EV/IV, 1800x1375, Kiefer, 2-fl., Dreh | 2799,44 DM/St / 1431,33 €/St |
| 027.01507.M | Kastenfenster, 2xEV, 750x750, PVC, 1-fl., Dreh | 702,78 DM/St / 359,33 €/St |
| 027.01508.M | Kastenfenster, 2xEV, 1000x1000, PVC, 1-fl., Dreh | 867,66 DM/St / 443,63 €/St |
| 027.01509.M | Kastenfenster, 2xEV, 1250x1250, PVC, 1-fl., Dreh | 1065,18 DM/St / 544,62 €/St |
| 027.01510.M | Kastenfenster, 2xEV, 1250x1250, PVC, 2-fl., Dreh | 1308,04 DM/St / 668,79 €/St |
| 027.01511.M | Kastenfenster, 2xEV, 1500x1375, PVC, 2-fl., Dreh | 1532,47 DM/St / 783,54 €/St |
| 027.01512.M | Kastenfenster, 2xEV, 1800x1375, PVC, 2-fl., Dreh | 1721,22 DM/St / 880,04 €/St |
| 027.01607.M | Kastenfenster, EV/IV, 750x750, PVC, 1-fl., Dreh | 895,74 DM/St / 457,98 €/St |
| 027.01608.M | Kastenfenster, EV/IV, 1000x1000, PVC, 1-fl., Dreh | 1105,12 DM/St / 565,04 €/St |
| 027.01609.M | Kastenfenster, EV/IV, 1250x1250, PVC, 1-fl., Dreh | 1337,50 DM/St / 683,85 €/St |
| 027.01610.M | Kastenfenster, EV/IV, 1250x1250, PVC, 2-fl., Dreh | 1588,21 DM/St / 812,04 €/St |
| 027.01611.M | Kastenfenster, EV/IV, 1500x1375, PVC, 2-fl., Dreh | 1878,96 DM/St / 960,69 €/St |
| 027.01612.M | Kastenfenster, EV/IV, 1800x1375, PVC, 2-fl., Dreh | 2096,17 DM/St / 1071,76 €/St |

**Hinweis:**
Preise einschl. Verglasung, Oberflächenbehandlung und Beschläge.

**027.01501.M**    KG 334 DIN 276
Kastenfenster, 2xEV, 750x750, Kiefer, 1-fl., Dreh
EP 839,91 DM/St   LA 123,29 DM/St   ST 716,62 DM/St
EP 429,44 €/St   LA 63,04 €/St   ST 366,40 €/St

**027.01502.M**    KG 334 DIN 276
Kastenfenster, 2xEV, 1000x1000, Kiefer, 1-fl., Dreh
EP 1115,95 DM/St   LA 151,25 DM/St   ST 964,70 DM/St
EP 570,57 €/St   LA 77,33 €/St   ST 493,24 €/St

**027.01503.M**    KG 334 DIN 276
Kastenfenster, 2xEV, 1250x1250, Kiefer, 1-fl., Dreh
EP 1424,06 DM/St   LA 206,55 DM/St   ST 1217,51 DM/St
EP 728,11 €/St   LA 105,61 €/St   ST 622,50 €/St

**027.01504.M**    KG 334 DIN 276
Kastenfenster, 2xEV, 1250x1250, Kiefer, 2-fl., Dreh
EP 1710,98 DM/St   LA 238,33 DM/St   ST 1472,65 DM/St
EP 874,81 €/St   LA 121,86 €/St   ST 752,95 €/St

**027.01505.M**    KG 334 DIN 276
Kastenfenster, 2xEV, 1500x1375, Kiefer, 2-fl., Dreh
EP 2062,49 DM/St   LA 258,03 DM/St   ST 1804,46 DM/St
EP 1054,53 €/St   LA 431,93 €/St   ST 922,60 €/St

**027.01506.M**    KG 334 DIN 276
Kastenfenster, 2xEV, 1800x1375, Kiefer, 2-fl., Dreh
EP 2377,86 DM/St   LA 305,69 DM/St   ST 2072,17 DM/St
EP 1215,78 €/St   LA 156,30 €/St   ST 1059,48 €/St

**027.01601.M**    KG 334 DIN 276
Kastenfenster, EV/IV, 750x750, Kiefer, 1-fl., Dreh
EP 1046,64 DM/St   LA 127,11 DM/St   ST 919,53 DM/St
EP 535,14 €/St   LA 64,99 €/St   ST 470,15 €/St

**027.01602.M**    KG 334 DIN 276
Kastenfenster, EV/IV, 1000x1000, Kiefer, 1-fl., Dreh
EP 1372,58 DM/St   LA 155,07 DM/St   ST 1217,51 DM/St
EP 701,79 €/St   LA 79,28 €/St   ST 622,51 €/St

**027.01603.M**    KG 334 DIN 276
Kastenfenster, EV/IV, 1250x1250, Kiefer, 1-fl., Dreh
EP 1722,86 DM/St   LA 209,73 DM/St   ST 1513,13 DM/St
EP 880,89 €/St   LA 107,23 €/St   ST 773,66 €/St

**027.01604.M**    KG 334 DIN 276
Kastenfenster, EV/IV, 1250x1250, Kiefer, 2-fl., Dreh
EP 2027,72 DM/St   LA 246,58 DM/St   ST 1781,14 DM/St
EP 1036,76 €/St   LA 126,08 €/St   ST 910,68 €/St

**027.01605.M**    KG 334 DIN 276
Kastenfenster, EV/IV, 1500x1375, Kiefer, 2-fl., Dreh
EP 2425,77 DM/St   LA 266,29 DM/St   ST 2159,48 DM/St
EP 1240,28 €/St   LA 136,15 €/St   ST 1104,13 €/St

**027.01606.M**    KG 334 DIN 276
Kastenfenster, EV/IV, 1800x1375, Kiefer, 2-fl., Dreh
EP 2799,44 DM/St   LA 313,95 DM/St   ST 2485,49 DM/St
EP 1431,33 €/St   LA 160,52 €/St   ST 1270,81 €/St

**027.01507.M**    KG 334 DIN 276
Kastenfenster, 2xEV, 750x750, PVC, 1-fl., Dreh
EP 702,78 DM/St   LA 106,77 DM/St   ST 596,01 DM/St
EP 359,33 €/St   LA 54,59 €/St   ST 304,74 €/St

**027.01508.M**    KG 334 DIN 276
Kastenfenster, 2xEV, 1000x1000, PVC, 1-fl., Dreh
EP 867,66 DM/St   LA 129,01 DM/St   ST 738,65 DM/St
EP 443,63 €/St   LA 65,96 €/St   ST 377,67 €/St

**027.01509.M**    KG 334 DIN 276
Kastenfenster, 2xEV, 1250x1250, PVC, 1-fl., Dreh
EP 1065,18 DM/St   LA 180,49 DM/St   ST 884,69 DM/St
EP 544,62 €/St   LA 92,28 €/St   ST 452,34 €/St

**027.01510.M**    KG 334 DIN 276
Kastenfenster, 2xEV, 1250x1250, PVC, 2-fl., Dreh
EP 1308,04 DM/St   LA 223,07 DM/St   ST 1084,97 DM/St
EP 668,79 €/St   LA 114,05 €/St   ST 554,74 €/St

**027.01511.M**    KG 334 DIN 276
Kastenfenster, 2xEV, 1500x1375, PVC, 2-fl., Dreh
EP 1532,47 DM/St   LA 240,23 DM/St   ST 1292,24 DM/St
EP 783,54 €/St   LA 122,83 €/St   ST 660,71 €/St

**027.01512.M**    KG 334 DIN 276
Kastenfenster, 2xEV, 1800x1375, PVC, 2-fl., Dreh
EP 1721,22 DM/St   LA 283,45 DM/St   ST 1437,77 DM/St
EP 880,04 €/St   LA 144,93 €/St   ST 735,11 €/St

**027.01607.M**    KG 334 DIN 276
Kastenfenster, EV/IV, 750x750, PVC, 1-fl., Dreh
EP 895,74 DM/St   LA 111,86 DM/St   ST 783,88 DM/St
EP 457,98 €/St   LA 57,19 €/St   ST 400,79 €/St

**027.01608.M**    KG 334 DIN 276
Kastenfenster, EV/IV, 1000x1000, PVC, 1-fl., Dreh
EP 1105,12 DM/St   LA 133,46 DM/St   ST 971,66 DM/St
EP 565,04 €/St   LA 68,24 €/St   ST 496,80 €/St

**027.01609.M**    KG 334 DIN 276
Kastenfenster, EV/IV, 1250x1250, PVC, 1-fl., Dreh
EP 1337,50 DM/St   LA 184,94 DM/St   ST 1152,56 DM/St
EP 683,85 €/St   LA 94,56 €/St   ST 589,29 €/St

**027.01610.M**    KG 334 DIN 276
Kastenfenster, EV/IV, 1250x1250, PVC, 2-fl., Dreh
EP 1588,21 DM/St   LA 231,97 DM/St   ST 1356,24 DM/St
EP 812,04 €/St   LA 118,61 €/St   ST 693,43 €/St

**027.01611.M**    KG 334 DIN 276
Kastenfenster, EV/IV, 1500x1375, PVC, 2-fl., Dreh
EP 1878,96 DM/St   LA 249,13 DM/St   ST 1629,83 DM/St
EP 960,69 €/St   LA 127,38 €/St   ST 833,31 €/St

**027.01612.M**    KG 334 DIN 276
Kastenfenster, EV/IV, 1800x1375, PVC, 2-fl., Dreh
EP 2096,17 DM/St   LA 291,71 DM/St   ST 1804,46 DM/St
EP 1071,76 €/St   LA 149,15 €/St   ST 922,61 €/St

AW 027

## LB 027 Tischlerarbeiten
### Einfachfenster (Holz, Kunststoff), komplett

Preise 06.01

Sämtliche Preise sind **Mittelpreise ohne Mehrwertsteuer** zum Zeitpunkt des Ausgabedatums.
**Korrekturfaktoren** für Regionaleinfluss, Mengeneinfluss, Konjunktureinfluss siehe Vorspann.
**Abkürzungen:** EP = Einheitspreis, LA = Lohnanteil, ST= Stoffanteil

### Einfachfenster (Holz, Kunststoff), komplett mit Verglasung und Beschlag

**Hinweis**
Es gelten folgende Abkürzungen:
EIV  Einfachfenster für Isolierverglasung
MSI  Mehrscheiben-Isolierglas
ESG  Einscheiben-Sicherheitsglas
g    Gesamtenergiedurchlassgrad der Verglasung
k    Wärmedurchgangskoeffizient des Fensters
R    Schalldämm-Maß des Fensters

027----.-

|  |  |  |
|---|---|---|
| 027.01901.M | EIV, 750x750, PVC, 1-fl., Drehkipp, k=1,6 | 418,83 DM/St / 214,14 €/St |
| 027.01902.M | EIV, 750x750, PVC, 1-fl., Drehkipp, k=1,6, R=38 | 456,64 DM/St / 233,48 €/St |
| 027.01903.M | EIV, 750x750, PVC, 1-fl., Drehkipp, k=1,4 | 477,40 DM/St / 244,09 €/St |
| 027.01904.M | EIV, 1125x1125, PVC, 1-fl., Drehkipp, k=1,6 | 652,52 DM/St / 333,63 €/St |
| 027.01905.M | EIV, 1125x1125, PVC, 1-fl., Drehkipp, k=1,6, R=38 | 718,55 DM/St / 367,39 €/St |
| 027.01906.M | EIV, 1125x1125, PVC, 1-fl., Drehkipp, k=1,4 | 757,66 DM/St / 387,38 €/St |
| 027.01907.M | EIV, 750x750, Kiefer, 1-fl., Drehkipp, k=1,6 | 514,49 DM/St / 263,05 €/St |
| 027.01908.M | EIV, 750x750, Kiefer, 1-fl., Drehkipp, k=1,6, R=38 | 553,24 DM/St / 282,87 €/St |
| 027.01909.M | EIV, 750x750, Kiefer, 1-fl., Drehkipp, k=1,4 | 573,80 DM/St / 293,38 €/St |
| 027.01910.M | EIV, 1125x1125, Kiefer, 1-fl., Drehkipp, k=1,6 | 835,76 DM/St / 427,32 €/St |
| 027.01911.M | EIV, 1125x1125, Kiefer, 1-fl., Drehkipp, k=1,6, R=38 | 905,68 DM/St / 463,07 €/St |
| 027.01912.M | EIV, 1125x1125, Kiefer, 1-fl., Drehkipp, k=1,4 | 943,12 DM/St / 482,21 €/St |
| 027.01913.M | EIV, 750x750, Fichte/Alu, 1-fl., Drehkipp, k=1,6 | 548,98 DM/St / 280,69 €/St |
| 027.01914.M | EIV, 750x750, Fichte/Alu, 1-fl., Drehkipp, k=1,7, R=44 | 715,54 DM/St / 365,85 €/St |
| 027.01915.M | EIV, 1125x1125, Fichte/Alu,1-fl., Drehkipp, k=1,6 | 856,14 DM/St / 437,74 €/St |
| 027.01916.M | EIV, 1125x1125, Fichte/Alu,1-fl., Drehkipp, k=1,7, R=44 | 1183,80 DM/St / 605,27 €/St |
| 027.01917.M | EIV, 750x750, Eiche, 1-fl., Drehkipp, k=1,4, ESG | 690,11 DM/St / 352,85 €/St |
| 027.01918.M | EIV, 750x750, Eiche, 1-fl., Drehkipp, k=1,6, R=45 | 730,09 DM/St / 373,29 €/St |
| 027.01919.M | EIV, 1125x1125, Eiche, 1-fl., Drehkipp, k=1,4, ESG | 1112,10 DM/St / 568,61 €/St |
| 027.01920.M | EIV, 1125x1125, Eiche, 1-fl., Drehkipp, k=1,6, R=45 | 1238,43 DM/St / 633,20 €/St |

**027.01901.M**    KG 334 DIN 276
EIV, 750x750, PVC, 1-fl., Drehkipp, k=1,6
EP 418,83 DM/St    LA 68,63 DM/St    ST 350,20 DM/St
EP 214,14 €/St     LA 35,09 €/St     ST 179,05 €/St

**027.01902.M**    KG 334 DIN 276
EIV, 750x750, PVC, 1-fl., Drehkipp, k=1,6, R=38
EP 456,64 DM/St    LA 68,63 DM/St    ST 388,01 DM/St
EP 233,48 €/St     LA 35,09 €/St     ST 198,39 €/St

**027.01903.M**    KG 334 DIN 276
EIV, 750x750, PVC, 1-fl., Drehkipp, k=1,4
EP 477,40 DM/St    LA 68,63 DM/St    ST 408,77 DM/St
EP 244,09 €/St     LA 35,09 €/St     ST 209,00 €/St

**027.01904.M**    KG 334 DIN 276
EIV, 1125x1125, PVC, 1-fl., Drehkipp, k=1,6
EP 652,52 DM/St    LA 96,60 DM/St    ST 555,92 DM/St
EP 333,63 €/St     LA 49,39 €/St     ST 284,24 €/St

**027.01905.M**    KG 334 DIN 276
EIV, 1125x1125, PVC, 1-fl., Drehkipp, k=1,6, R=38
EP 718,55 DM/St    LA 96,60 DM/St    ST 621,95 DM/St
EP 367,39 €/St     LA 49,39 €/St     ST 318,00 €/St

**027.01906.M**    KG 334 DIN 276
EIV, 1125x1125, PVC, 1-fl., Drehkipp, k=1,4
EP 757,66 DM/St    LA 96,60 DM/St    ST 661,04 DM/St
EP 387,38 €/St     LA 49,39 €/St     ST 337,99 €/St

**027.01907.M**    KG 334 DIN 276
EIV, 750x750, Kiefer, 1-fl., Drehkipp, k=1,6
EP 514,49 DM/St    LA 85,80 DM/St    ST 428,69 DM/St
EP 263,05 €/St     LA 43,87 €/St     ST 219,18 €/St

**027.01908.M**    KG 334 DIN 276
EIV, 750x750, Kiefer, 1-fl., Drehkipp, k=1,6, R=38
EP 553,24 DM/St    LA 85,80 DM/St    ST 467,44 DM/St
EP 282,87 €/St     LA 43,87 €/St     ST 239,00 €/St

**027.01909.M**    KG 334 DIN 276
EIV, 750x750, Kiefer, 1-fl., Drehkipp, k=1,4
EP 573,80 DM/St    LA 85,80 DM/St    ST 488,00 DM/St
EP 293,38 €/St     LA 43,87 €/St     ST 249,51 €/St

**027.01910.M**    KG 334 DIN 276
EIV, 1125x1125, Kiefer, 1-fl., Drehkipp, k=1,6
EP 835,76 DM/St    LA 122,03 DM/St    ST 713,73 DM/St
EP 427,32 €/St     LA 62,39 €/St      ST 364,93 €/St

**027.01911.M**    KG 334 DIN 276
EIV, 1125x1125, Kiefer, 1-fl., Drehkipp, k=1,6, R=38
EP 905,68 DM/St    LA 122,03 DM/St    ST 783,65 DM/St
EP 463,07 €/St     LA 62,39 €/St      ST 400,68 €/St

**027.01912.M**    KG 334 DIN 276
EIV, 1125x1125, Kiefer, 1-fl., Drehkipp, k=1,4
EP 943,12 DM/St    LA 122,03 DM/St    ST 821,09 DM/St
EP 482,21 €/St     LA 62,39 €/St      ST 419,82 €/St

**027.01913.M**    KG 334 DIN 276
EIV, 750x750, Fichte/Alu, 1-fl., Drehkipp, k=1,6
EP 548,98 DM/St    LA 102,96 DM/St    ST 446,02 DM/St
EP 280,69 €/St     LA 52,64 €/St      ST 228,05 €/St

**027.01914.M**    KG 334 DIN 276
EIV, 750x750, Fichte/Alu, 1-fl., Drehkipp, k=1,7, R=44
EP 715,54 DM/St    LA 102,96 DM/St    ST 612,58 DM/St
EP 365,85 €/St     LA 52,64 €/St      ST 313,21 €/St

**027.01915.M**    KG 334 DIN 276
EIV, 1125x1125, Fichte/Alu,1-fl., Drehkipp, k=1,6
EP 856,14 DM/St    LA 146,17 DM/St    ST 709,97 DM/St
EP 437,74 €/St     LA 74,74 €/St      ST 363,00 €/St

**027.01916.M**    KG 334 DIN 276
EIV, 1125x1125, Fichte/Alu,1-fl., Drehkipp, k=1,7, R=44
EP 1183,80 DM/St   LA 146,17 DM/St    ST 1037,63 DM/St
EP 605,27 €/St     LA 74,74 €/St      ST 530,53 €/St

**027.01917.M**    KG 334 DIN 276
EIV, 750x750, Eiche, 1-fl., Drehkipp, k=1,4, ESG
EP 690,11 DM/St    LA 100,41 DM/St    ST 589,70 DM/St
EP 352,85 €/St     LA 51,34 €/St      ST 301,51 €/St

**027.01918.M**    KG 334 DIN 276
EIV, 750x750, Eiche, 1-fl., Drehkipp, k=1,6, R=45
EP 730,09 DM/St    LA 100,41 DM/St    ST 629,68 DM/St
EP 373,29 €/St     LA 51,34 €/St      ST 321,95 €/St

**027.01919.M**    KG 334 DIN 276
EIV, 1125x1125, Eiche, 1-fl., Drehkipp, k=1,4, ESG
EP 1112,10 DM/St   LA 137,28 DM/St    ST 974,82 DM/St
EP 568,61 €/St     LA 70,19 €/St      ST 498,42 €/St

**027.01920.M**    KG 334 DIN 276
EIV, 1125x1125, Eiche, 1-fl., Drehkipp, k=1,6, R=45
EP 1238,43 DM/St   LA 137,28 DM/St    ST 1101,15 DM/St
EP 633,20 €/St     LA 70,19 €/St      ST 563,01 €/St

# LB 027 Tischlerarbeiten
## Fenstertüren (Holz, Kunststoff); Fensterelemente (Holz)

AW 027

Preise 06.01

Sämtliche Preise sind **Mittelpreise ohne Mehrwertsteuer** zum Zeitpunkt des Ausgabedatums.
**Korrekturfaktoren** für Regionaleinfluss, Mengeneinfluss, Konjunktureinfluss siehe Vorspann.
Abkürzungen: EP = Einheitspreis, LA = Lohnanteil, ST = Stoffanteil

### Fenstertüren (Holz, Kunststoff)

027----.-

| | | |
|---|---|---|
| 027.02001.M | Fenstertür 1125 x 2125, Kiefer, 1-fl. Hebedreh | 871,80 DM/St |
| | | 445,75 €/St |
| 027.02002.M | Fenstertür 1875 x 2125, Kiefer, 2-fl. Hebedreh | 1694,55 DM/St |
| | | 866,41 €/St |
| 027.02003.M | Fenstertür 1125 x 2125, Eiche, 1-fl. Hebedreh | 1010,10 DM/St |
| | | 516,46 €/St |
| 027.02004.M | Fenstertür 1875 x 2125, Eiche, 2-fl. Hebedreh | 2002,02 DM/St |
| | | 1023,61 €/St |
| 027.02005.M | Fenstertür 1125 x 2125, PVC, 1-fl. Hebedreh | 889,55 DM/St |
| | | 454,82 €/St |
| 027.02006.M | Fenstertür 1875 x 2125, PVC, 2-fl. Hebedreh | 1812,91 DM/St |
| | | 926,93 €/St |
| 027.02007.M | Fenstertür-Element 2500x2250, Kiefer, 2-fl. Hebeschiebe | 2601,30 DM/St |
| | | 1330,03 €/St |
| 027.02008.M | Fenstertür-Element, 5,0 - 7,5 m2, Kiefer, Hebeschiebe | 506,53 DM/m2 |
| | | 258,98 €/m2 |
| 027.02009.M | Fenstertür-Element, 7,5 - 10,0 m2, Kiefer, Hebeschiebe | 432,63 DM/m2 |
| | | 221,20 €/m2 |

027.02001.M          KG 334 DIN 276
Fenstertür 1125 x 2125, Kiefer, 1-fl. Hebedreh
EP 871,80 DM/St    LA 258,03 DM/St    ST 613,77 DM/St
EP 445,75 €/St      LA 131,93 €/St     ST 313,82 €/St

027.02002.M          KG 334 DIN 276
Fenstertür 1875 x 2125, Kiefer, 2-fl. Hebedreh
EP 1694,55 DM/St   LA 483,64 DM/St    ST 1210,91 DM/St
EP 866,41 €/St      LA 247,28 €/St     ST  619,13 €/St

027.02003.M          KG 334 DIN 276
Fenstertür 1125 x 2125, Eiche, 1-fl. Hebedreh
EP 1010,10 DM/St   LA 285,99 DM/St    ST 724,11 DM/St
EP 516,46 €/St      LA 146,22 €/St     ST 370,24 €/St

027.02004.M          KG 334 DIN 276
Fenstertür 1875 x 2125, Eiche, 2-fl. Hebedreh
EP 2002,02 DM/St   LA 533,85 DM/St    ST 1468,17 DM/St
EP 1023,61 €/St     LA 272,95 €/St     ST  750,66 €/St

027.02005.M          KG 334 DIN 276
Fenstertür 1125 x 2125, PVC, 1-fl. Hebedreh
EP 889,55 DM/St    LA 247,86 DM/St    ST 641,69 DM/St
EP 454,82 €/St      LA 126,73 €/St     ST 328,09 €/St

027.02006.M          KG 334 DIN 276
Fenstertür 1875 x 2125, PVC, 2-fl. Hebedreh
EP 1812,91 DM/St   LA 457,58 DM/St    ST 1355,33 DM/St
EP  926,93 €/St     LA 233,96 €/St     ST  692,97 €/St

027.02007.M          KG 334 DIN 276
Fenstertür-Element 2500x2250, Kiefer, 2-fl. Hebeschiebe
EP 2601,30 DM/St   LA 732,77 DM/St    ST 1868,53 DM/St
EP 1330,03 €/St     LA 374,66 €/St     ST  955,37 €/St

027.02008.M          KG 334 DIN 276
Fenstertür-Element, 5,0 - 7,5 m2, Kiefer, Hebeschiebe
EP 506,53 DM/m2    LA 127,11 DM/m2    ST 379,42 DM/m2
EP 258,98 €/m2      LA  64,99 €/m2     ST 193,99 €/m2

027.02009.M          KG 334 DIN 276
Fenstertür-Element, 7,5 - 10,0 m2, Kiefer, Hebeschiebe
EP 432,63 DM/m2    LA 108,04 DM/m2    ST 324,59 DM/m2
EP 221,20 €/m2      LA  55,24 €/m2     ST 165,96 €/m2

### Fensterelemente (Holz)

027----.-

| | | |
|---|---|---|
| 027.04001.M | Fensterelement f. Festverglas., 2,5-5,0 m2, Nadelholz | 183,11 DM/m2 |
| | | 93,62 €/m2 |
| 027.04002.M | Fensterelement f. Festverglas., 5,0-10,0 m2, Nadelholz | 130,77 DM/m2 |
| | | 66,86 €/m2 |

**Hinweise:**
Für Fensterelemente aus Eiche und Kunststoff können aus den zutreffenden Positionen für Nadelholz die Preise unter Zugrundelegung der nachfolgenden Zulagen ermittelt werden;
  Zulage für Eiche  + 19 %,
  Zulage für Kunststoff - 2 %.

Preise ohne Verglasung,
Verglasung siehe LB 032 Verglasungsarbeiten.

027.04001.M          KG 334 DIN 276
Fensterelement f. Festverglas., 2,5-5,0 m2, Nadelholz
EP 183,11 DM/m2    LA 69,91 DM/m2    ST 113,20 DM/m2
EP  93,62 €/m2      LA 35,74 €/m2     ST  57,88 €/m2

027.04002.M          KG 334 DIN 276
Fensterelement f. Festverglas., 5,0-10,0 m2, Nadelholz
EP 130,77 DM/m2    LA 63,55 DM/m2    ST 67,22 DM/m2
EP  66,86 €/m2      LA 32,49 €/m2     ST 34,37 €/m2

AW 027

## LB 027 Tischlerarbeiten
### Fensterbänke; Fensterläden

Preise 06.01

Sämtliche Preise sind **Mittelpreise ohne Mehrwertsteuer** zum Zeitpunkt des Ausgabedatums.
**Korrekturfaktoren** für Regionaleinfluss, Mengeneinfluss, Konjunktureinfluss siehe Vorspann.
**Abkürzungen:** EP = Einheitspreis, LA = Lohnanteil, ST= Stoffanteil

### Fensterbänke

027----.-

|  |  |  |
|---|---|---|
| 027.20001.M | Fensterbank, Kiefer, Breite >100-200mm | 29,78 DM/St / 15,23 €/St |
| 027.20002.M | Fensterbank, Kiefer, Breite >200-250mm | 35,30 DM/St / 18,05 €/St |
| 027.20003.M | Fensterbank, Kiefer, Breite >250-300mm | 42,11 DM/St / 21,53 €/St |
| 027.20004.M | Fensterbank, Presspl., mit Abrund., Breite >100-200mm | 39,10 DM/St / 19,99 €/St |
| 027.20005.M | Fensterbank, Presspl., mit Abrund., Breite >200-250mm | 45,52 DM/St / 23,27 €/St |
| 027.20006.M | Fensterbank, Presspl., mit Abrund., Breite >250-300mm | 52,37 DM/St / 26,78 €/St |
| 027.20007.M | Fensterbank, Presspl., mit Abkant., Breite >100-200mm | 52,12 DM/St / 26,65 €/St |
| 027.20008.M | Fensterbank, Presspl., mit Abkant., Breite >200-250mm | 59,99 DM/St / 30,67 €/St |
| 027.20009.M | Fensterbank, Presspl., mit Abkant., Breite >250-300mm | 66,94 DM/St / 34,22 €/St |

**Hinweis:**
Die Auswahlpositionen mit der Einheit Stück (St) beziehen sich auf eine Regellänge von 1000 mm. Die Richtpreise für andere Längen können aus diesen Positionen abgeleitet werden.

027.20001.M KG 334 DIN 276
Fensterbank, Kiefer, Breite >100-200mm
EP 29,78 DM/St  LA 21,61 DM/St  ST 8,17 DM/St
EP 15,23 €/St   LA 11,05 €/St   ST 4,18 €/St

027.20002.M KG 334 DIN 276
Fensterbank, Kiefer, Breite >200-250mm
EP 35,30 DM/St  LA 25,42 DM/St  ST 9,88 DM/St
EP 18,05 €/St   LA 13,00 €/St   ST 5,05 €/St

027.20003.M KG 334 DIN 276
Fensterbank, Kiefer, Breite >250-300mm
EP 42,11 DM/St  LA 28,60 DM/St  ST 13,51 DM/St
EP 21,53 €/St   LA 14,62 €/St   ST  6,91 €/St

027.20004.M KG 334 DIN 276
Fensterbank, Presspl., mit Abrund., Breite >100-200mm
EP 39,10 DM/St  LA 25,42 DM/St  ST 13,68 DM/St
EP 19,99 €/St   LA 13,00 €/St   ST  6,99 €/St

027.20005.M KG 334 DIN 276
Fensterbank, Presspl., mit Abrund., Breite >200-250mm
EP 45,52 DM/St  LA 30,19 DM/St  ST 15,33 DM/St
EP 23,27 €/St   LA 15,44 €/St   ST  7,83 €/St

027.20006.M KG 334 DIN 276
Fensterbank, Presspl., mit Abrund., Breite >250-300mm
EP 52,37 DM/St  LA 34,96 DM/St  ST 17,41 DM/St
EP 26,78 €/St   LA 17,87 €/St   ST  8,91 €/St

027.20007.M KG 334 DIN 276
Fensterbank, Presspl., mit Abkant., Breite >100-200mm
EP 52,12 DM/St  LA 28,60 DM/St  ST 23,52 DM/St
EP 26,65 €/St   LA 14,62 €/St   ST 12,03 €/St

027.20008.M KG 334 DIN 276
Fensterbank, Presspl., mit Abkant., Breite >200-250mm
EP 59,99 DM/St  LA 31,78 DM/St  ST 28,21 DM/St
EP 30,67 €/St   LA 16,25 €/St   ST 14,42 €/St

027.20009.M KG 334 DIN 276
Fensterbank, Presspl., mit Abkant., Breite >250-300mm
EP 66,54 DM/St  LA 34,96 DM/St  ST 31,98 DM/St
EP 34,22 €/St   LA 17,87 €/St   ST 16,35 €/St

### Fensterläden

027----.-

|  |  |  |
|---|---|---|
| 027.32001.M | Klappladen Holzlamellen 625 x 1250, 1-teilig | 296,52 DM/St / 151,61 €/St |
| 027.32002.M | Klappladen Holzlamellen 1125 x 1250, 2-teilig | 357,27 DM/St / 182,67 €/St |
| 027.32003.M | Klappladen Holzlamellen 1500 x 1250, 2-teilig | 388,42 DM/St / 198,59 €/St |
| 027.32004.M | Klappladen Holzlamellen 1750 x 1250, 2-teilig | 415,24 DM/St / 212,31 €/St |
| 027.32005.M | Klappladen Kunststofflamellen 625 x 1250, 1-teilig | 277,72 DM/St / 141,99 €/St |
| 027.32006.M | Klappladen Kunststofflamellen 1125 x 1250, 2-teilig | 322,46 DM/St / 164,87 €/St |
| 027.32007.M | Klappladen Kunststofflamellen 1500 x 1250, 2-teilig | 350,03 DM/St / 178,97 €/St |
| 027.32008.M | Klappladen Kunststofflamellen 1750 x 1250, 2-teilig | 373,31 DM/St / 190,87 €/St |
| 027.32009.M | Klappladen Profilbretter 625 x 1250, 1-teilig | 223,57 DM/St / 114,31 €/St |
| 027.32010.M | Klappladen Profilbretter 1125 x 1250, 2-teilig | 260,30 DM/St / 133,09 €/St |
| 027.32011.M | Klappladen Profilbretter 1500 x 1250, 2-teilig | 282,55 DM/St / 144,46 €/St |
| 027.32012.M | Klappladen Profilbretter 1750 x 1250, 2-teilig | 302,24 DM/St / 154,53 €/St |

027.32001.M KG 338 DIN 276
Klappladen Holzlamellen 625 x 1250, 1-teilig
EP 296,52 DM/St  LA 57,20 DM/St  ST 239,32 DM/St
EP 151,61 €/St   LA 29,24 €/St   ST 122,37 €/St

027.32002.M KG 338 DIN 276
Klappladen Holzlamellen 1125 x 1250, 2-teilig
EP 357,27 DM/St  LA 69,91 DM/St  ST 287,36 DM/St
EP 182,67 €/St   LA 35,74 €/St   ST 146,93 €/St

027.32003.M KG 338 DIN 276
Klappladen Holzlamellen 1500 x 1250, 2-teilig
EP 388,42 DM/St  LA 69,91 DM/St  ST 318,51 DM/St
EP 198,59 €/St   LA 35,74 €/St   ST 162,85 €/St

027.32004.M KG 338 DIN 276
Klappladen Holzlamellen 1750 x 1250, 2-teilig
EP 415,24 DM/St  LA 76,26 DM/St  ST 338,98 DM/St
EP 212,31 €/St   LA 38,99 €/St   ST 173,32 €/St

027.32005.M KG 338 DIN 276
Klappladen Kunststofflamellen 625 x 1250, 1-teilig
EP 277,72 DM/St  LA 50,84 DM/St  ST 226,88 DM/St
EP 141,99 €/St   LA 26,00 €/St   ST 115,99 €/St

027.32006.M KG 338 DIN 276
Klappladen Kunststofflamellen 1125 x 1250, 2-teilig
EP 322,46 DM/St  LA 63,55 DM/St  ST 258,91 DM/St
EP 164,87 €/St   LA 32,49 €/St   ST 132,38 €/St

027.32007.M KG 338 DIN 276
Klappladen Kunststofflamellen 1500 x 1250, 2-teilig
EP 350,03 DM/St  LA 63,55 DM/St  ST 286,48 DM/St
EP 178,97 €/St   LA 32,49 €/St   ST 146,48 €/St

027.32008.M KG 338 DIN 276
Klappladen Kunststofflamellen 1750 x 1250, 2-teilig
EP 373,31 DM/St  LA 69,91 DM/St  ST 303,40 DM/St
EP 190,87 €/St   LA 35,74 €/St   ST 155,13 €/St

027.32009.M KG 338 DIN 276
Klappladen Profilbretter 625 x 1250, 1-teilig
EP 223,57 DM/St  LA 57,20 DM/St  ST 166,37 DM/St
EP 114,31 €/St   LA 29,24 €/St   ST  85,07 €/St

027.32010.M KG 338 DIN 276
Klappladen Profilbretter 1125 x 1250, 2-teilig
EP 260,30 DM/St  LA 69,91 DM/St  ST 190,39 DM/St
EP 133,09 €/St   LA 35,74 €/St   ST  97,35 €/St

027.32011.M KG 338 DIN 276
Klappladen Profilbretter 1500 x 1250, 2-teilig
EP 282,55 DM/St  LA 69,91 DM/St  ST 212,64 DM/St
EP 144,46 €/St   LA 35,74 €/St   ST 108,72 €/St

027.32012.M KG 338 DIN 276
Klappladen Profilbretter 1750 x 1250, 2-teilig
EP 302,24 DM/St  LA 76,26 DM/St  ST 225,98 DM/St
EP 154,53 €/St   LA 38,99 €/St   ST 115,54 €/St

# LB 027 Tischlerarbeiten
## Zimmertüren

AW 027

Preise 06.01

Sämtliche Preise sind **Mittelpreise ohne Mehrwertsteuer** zum Zeitpunkt des Ausgabedatums.
**Korrekturfaktoren** für Regionaleinfluss, Mengeneinfluss, Konjunktureinfluss siehe Vorspann.
**Abkürzungen:** EP = Einheitspreis, LA = Lohnanteil, ST = Stoffanteil

### Zimmertüren

027----.-

|  |  |  |
|---|---|---|
| 027.36001.M | Zimmertür 625x2000, ungefalzt, streichbar | 133,36 DM/St / 68,19 €/St |
| 027.36002.M | Zimmertür 625x2000, gefalzt, Dekorplatten | 182,47 DM/St / 93,29 €/St |
| 027.36003.M | Zimmertür 625x2000, gefalzt, Edelholz | 184,68 DM/St / 94,42 €/St |
| 027.36004.M | Zimmertür 750x2000, ungefalzt, streichbar | 143,61 DM/St / 73,43 €/St |
| 027.36005.M | Zimmertür 750x2000, gefalzt, Dekorplatten | 193,48 DM/St / 98,93 €/St |
| 027.36006.M | Zimmertür 750x2000, gefalzt, Edelholz | 215,49 DM/St / 110,18 €/St |
| 027.36007.M | Zimmertür 875x2000, ungefalzt, streichbar | 153,88 DM/St / 78,68 €/St |
| 027.36008.M | Zimmertür 875x2000, gefalzt, Dekorplatten | 218,28 DM/St / 111,60 €/St |
| 027.36009.M | Zimmertür 875x2000, gefalzt, Edelholz | 239,05 DM/St / 122,23 €/St |
| 027.36010.M | Zimmertür 1000x2000, ungefalzt, streichbar | 167,18 DM/St / 85,48 €/St |
| 027.36011.M | Zimmertür 1000x2000, gefalzt, Dekorplatten | 257,11 DM/St / 131,46 €/St |
| 027.36012.M | Zimmertür 1000x2000, gefalzt, Edelholz | 270,58 DM/St / 138,34 €/St |
| 027.36013.M | Zimmertür 625x2000, ungefalzt, streichbar, mit Zarge | 332,29 DM/St / 169,90 €/St |
| 027.36014.M | Zimmertür 625x2000, gefalzt, Dekorplatten, mit Zarge | 399,04 DM/St / 204,03 €/St |
| 027.36015.M | Zimmertür 625x2000, gefalzt, Edelholz, mit Zarge | 435,07 DM/St / 222,45 €/St |
| 027.36016.M | Zimmertür 750x2000, ungefalzt, streichbar, mit Zarge | 342,51 DM/St / 175,12 €/St |
| 027.36017.M | Zimmertür 750x2000, gefalzt, Dekorplatten, mit Zarge | 410,04 DM/St / 209,65 €/St |
| 027.36018.M | Zimmertür 750x2000, gefalzt, Edelholz, mit Zarge | 465,88 DM/St / 238,20 €/St |
| 027.36019.M | Zimmertür 875x2000, ungefalzt, streichbar, mit Zarge | 352,81 DM/St / 180,39 €/St |
| 027.36020.M | Zimmertür 875x2000, gefalzt, Dekorplatten, mit Zarge | 434,87 DM/St / 222,35 €/St |
| 027.36021.M | Zimmertür 875x2000, gefalzt, Edelholz, mit Zarge | 489,47 DM/St / 250,26 €/St |
| 027.36022.M | Zimmertür 1000x2000, ungefalzt, streichbar, mit Zarge | 366,12 DM/St / 187,19 €/St |
| 027.36023.M | Zimmertür 1000x2000, gefalzt, Dekorplatten, mit Zarge | 473,66 DM/St / 242,18 €/St |
| 027.36024.M | Zimmertür 1000x2000, gefalzt, Edelholz, mit Zarge | 521,03 DM/St / 266,40 €/St |
| 027.36025.M | Zimmerschiebetür, 750x2000, Fichte | 669,95 DM/St / 342,54 €/St |
| 027.36026.M | Zimmerschiebetür, 1000x2000, Fichte | 919,22 DM/St / 469,99 €/St |
| 027.36027.M | Zimmerschiebetür, 750x2000, Dekorplatten | 612,39 DM/St / 313,11 €/St |
| 027.36028.M | Zimmerschiebetür, 1000x2000, Dekorplatten | 840,17 DM/St / 429,57 €/St |

**027.36001.M** KG 344 DIN 276
Zimmertür 625x2000, ungefalzt, streichbar
EP 133,36 DM/St  LA 22,06 DM/St  ST 111,30 DM/St
EP  68,19 €/St   LA 11,28 €/St   ST  56,91 €/St

**027.36002.M** KG 344 DIN 276
Zimmertür 625x2000, gefalzt, Dekorplatten
EP 182,47 DM/St  LA 22,06 DM/St  ST 160,41 DM/St
EP  93,29 €/St   LA 11,28 €/St   ST  82,01 €/St

**027.36003.M** KG 344 DIN 276
Zimmertür 625x2000, gefalzt, Edelholz
EP 184,68 DM/St  LA 21,41 DM/St  ST 163,27 DM/St
EP  94,42 €/St   LA 10,94 €/St   ST  83,48 €/St

**027.36004.M** KG 344 DIN 276
Zimmertür 750x2000, ungefalzt, streichbar
EP 143,61 DM/St  LA 26,60 DM/St  ST 117,01 DM/St
EP  73,43 €/St   LA 13,60 €/St   ST  59,83 €/St

**027.36005.M** KG 344 DIN 276
Zimmertür 750x2000, gefalzt, Dekorplatten
EP 193,48 DM/St  LA 24,01 DM/St  ST 169,47 DM/St
EP  98,93 €/St   LA 12,27 €/St   ST  86,66 €/St

**027.36006.M** KG 344 DIN 276
Zimmertür 750x2000, gefalzt, Edelholz
EP 215,49 DM/St  LA 22,06 DM/St  ST 193,43 DM/St
EP 110,18 €/St   LA 11,28 €/St   ST  98,90 €/St

**027.36007.M** KG 344 DIN 276
Zimmertür 875x2000, ungefalzt, streichbar
EP 153,88 DM/St  LA 29,84 DM/St  ST 124,04 DM/St
EP  78,68 €/St   LA 15,26 €/St   ST  63,42 €/St

**027.36008.M** KG 344 DIN 276
Zimmertür 875x2000, gefalzt, Dekorplatten
EP 218,28 DM/St  LA 25,34 DM/St  ST 192,34 DM/St
EP 111,60 €/St   LA 13,26 €/St   ST  98,34 €/St

**027.36009.M** KG 344 DIN 276
Zimmertür 875x2000, gefalzt, Edelholz
EP 239,05 DM/St  LA 31,13 DM/St  ST 207,92 DM/St
EP 122,23 €/St   LA 15,92 €/St   ST 106,31 €/St

**027.36010.M** KG 344 DIN 276
Zimmertür 1000x2000, ungefalzt, streichbar
EP 167,18 DM/St  LA 36,32 DM/St  ST 130,86 DM/St
EP  85,48 €/St   LA 18,57 €/St   ST  66,91 €/St

**027.36011.M** KG 344 DIN 276
Zimmertür 1000x2000, gefalzt, Dekorplatten
EP 257,11 DM/St  LA 28,54 DM/St  ST 228,57 DM/St
EP 131,46 €/St   LA 14,59 €/St   ST 116,87 €/St

**027.36012.M** KG 344 DIN 276
Zimmertür 1000x2000, gefalzt, Edelholz
EP 270,58 DM/St  LA 42,17 DM/St  ST 228,41 DM/St
EP 138,34 €/St   LA 21,56 €/St   ST 116,78 €/St

**027.36013.M** KG 344 DIN 276
Zimmertür 625x2000, ungefalzt, streichbar, mit Zarge
EP 332,29 DM/St  LA 86,93 DM/St  ST 245,36 DM/St
EP 169,90 €/St   LA 44,44 €/St   ST 125,46 €/St

**027.36014.M** KG 344 DIN 276
Zimmertür 625x2000, gefalzt, Dekorplatten, mit Zarge
EP 399,04 DM/St  LA 86,93 DM/St  ST 312,11 DM/St
EP 204,03 €/St   LA 44,44 €/St   ST 159,59 €/St

**027.36015.M** KG 344 DIN 276
Zimmertür 625x2000, gefalzt, Edelholz, mit Zarge
EP 435,07 DM/St  LA 102,49 DM/St ST 332,58 DM/St
EP 222,45 €/St   LA  52,40 €/St  ST 170,05 €/St

**027.36016.M** KG 344 DIN 276
Zimmertür 750x2000, ungefalzt, streichbar, mit Zarge
EP 342,51 DM/St  LA 91,46 DM/St  ST 251,05 DM/St
EP 175,12 €/St   LA 46,77 €/St   ST 128,35 €/St

**027.36017.M** KG 344 DIN 276
Zimmertür 750x2000, gefalzt, Dekorplatten, mit Zarge
EP 410,04 DM/St  LA 88,87 DM/St  ST 321,17 DM/St
EP 209,65 €/St   LA 45,44 €/St   ST 164,21 €/St

**027.36018.M** KG 344 DIN 276
Zimmertür 750x2000, gefalzt, Edelholz, mit Zarge
EP 465,88 DM/St  LA 103,14 DM/St ST 362,74 DM/St
EP 238,20 €/St   LA  52,74 €/St  ST 185,46 €/St

**027.36019.M** KG 344 DIN 276
Zimmertür 875x2000, ungefalzt, streichbar, mit Zarge
EP 352,81 DM/St  LA 94,71 DM/St  ST 258,10 DM/St
EP 180,39 €/St   LA 48,42 €/St   ST 131,97 €/St

**027.36020.M** KG 344 DIN 276
Zimmertür 875x2000, gefalzt, Dekorplatten, mit Zarge
EP 434,87 DM/St  LA 90,81 DM/St  ST 344,06 DM/St
EP 222,35 €/St   LA 46,43 €/St   ST 175,92 €/St

**027.36021.M** KG 344 DIN 276
Zimmertür 875x2000, gefalzt, Edelholz, mit Zarge
EP 489,47 DM/St  LA 112,23 DM/St ST 377,24 DM/St
EP 250,26 €/St   LA  57,38 €/St  ST 192,88 €/St

**027.36022.M** KG 344 DIN 276
Zimmertür 1000x2000, ungefalzt, streichbar, mit Zarge
EP 366,12 DM/St  LA 101,19 DM/St ST 264,93 DM/St
EP 187,19 €/St   LA  51,74 €/St  ST 135,45 €/St

**027.36023.M** KG 344 DIN 276
Zimmertür 1000x2000, gefalzt, Dekorplatten, mit Zarge
EP 473,66 DM/St  LA 94,05 DM/St  ST 379,61 DM/St
EP 242,18 €/St   LA 48,09 €/St   ST 194,09 €/St

AW 027

## LB 027 Tischlerarbeiten
### Zimmertüren; Wohnungseingangstüren

Preise 06.01

Sämtliche Preise sind **Mittelpreise ohne Mehrwertsteuer** zum Zeitpunkt des Ausgabedatums.
**Korrekturfaktoren** für Regionaleinfluss, Mengeneinfluss, Konjunktureinfluss siehe Vorspann.
**Abkürzungen:** EP = Einheitspreis, LA = Lohnanteil, ST= Stoffanteil

027.36024.M    KG 344 DIN 276
Zimmertür 1000x2000, gefalzt, Edelholz, mit Zarge
EP 521,03 DM/St    LA 118,71 DM/St    ST 402,32 DM/St
EP 266,40 €/St     LA  60,70 €/St     ST 205,70 €/St

027.36025.M    KG 344 DIN 276
Zimmerschiebetür, 750x2000, Fichte
EP 669,95 DM/St    LA 129,74 DM/St    ST 540,21 DM/St
EP 342,54 €/St     LA  66,33 €/St     ST 276,21 €/St

027.36026.M    KG 344 DIN 276
Zimmerschiebetür, 1000x2000, Fichte
EP 919,22 DM/St    LA 136,22 DM/St    ST 783,00 DM/St
EP 469,99 €/St     LA  69,65 €/St     ST 400,34 €/St

027.36027.M    KG 344 DIN 276
Zimmerschiebetür, 750x2000, Dekorplatten
EP 612,39 DM/St    LA 123,25 DM/St    ST 489,14 DM/St
EP 313,11 €/St     LA  63,02 €/St     ST 250,09 €/St

027.36028.M    KG 344 DIN 276
Zimmerschiebetür, 1000x2000, Dekorplatten
EP 840,17 DM/St    LA 129,74 DM/St    ST 710,43 DM/St
EP 429,57 €/St     LA  66,33 €/St     ST 363,24 €/St

**Wohnungseingangstüren**

027----.-

|  |  |  |
|---|---|---|
| 027.36029.M | Wohn.Eingangstür 875x2000, gefalzt, streichbar | 327,17 DM/St / 167,28 €/St |
| 027.36030.M | Wohn.Eingangstür 875x2000, gefalzt, Dekorplatten | 334,95 DM/St / 171,26 €/St |
| 027.36031.M | Wohn.Eingangstür 875x2000, gefalzt, Edelholz | 367,69 DM/St / 188,00 €/St |
| 027.36032.M | Wohn.Eingangstür 1000x2000, gefalzt, streichbar | 337,08 DM/St / 172,35 €/St |
| 027.36033.M | Wohn.Eingangstür 1000x2000, gefalzt, Dekorplatten | 377,32 DM/St / 192,92 €/St |
| 027.36034.M | Wohn.Eingangstür 1000x2000, gefalzt, Edelholz | 410,40 DM/St / 209,83 €/St |
| 027.36035.M | Wohn.Eingangstür 875x2000, gef., streichbar, mit Zarge | 544,60 DM/St / 278,45 €/St |
| 027.36036.M | Wohn.Eingangstür 875x2000, gef., Dekorpl., mit Zarge | 574,27 DM/St / 293,62 €/St |
| 027.36037.M | Wohn.Eingangstür 875x2000, gef., Edelholz, mit Zarge | 651,67 DM/St / 333,19 €/St |
| 027.36038.M | Wohn.Eingangstür 1000x2000, gef., streichbar, mit Zarge | 554,47 DM/St / 283,50 €/St |
| 027.36039.M | Wohn.Eingangstür 1000x2000, gef., Dekorpl., mit Zarge | 616,65 DM/St / 315,29 €/St |
| 027.36040.M | Wohn.Eingangstür 1000x2000, gef., Edelholz, mit Zarge | 694,34 DM/St / 355,01 €/St |

027.36029.M    KG 344 DIN 276
Wohn.Eingangstür 875x2000, gefalzt, streichbar
EP 327,17 DM/St    LA 38,27 DM/St    ST 288,90 DM/St
EP 167,28 €/St     LA 19,57 €/St     ST 147,71 €/St

027.36030.M    KG 344 DIN 276
Wohn.Eingangstür 875x2000, gefalzt, Dekorplatten
EP 334,95 DM/St    LA 36,98 DM/St    ST 297,97 DM/St
EP 171,26 €/St     LA 18,91 €/St     ST 152,35 €/St

027.36031.M    KG 344 DIN 276
Wohn.Eingangstür 875x2000, gefalzt, Edelholz
EP 367,69 DM/St    LA 40,86 DM/St    ST 326,83 DM/St
EP 188,00 €/St     LA 20,89 €/St     ST 167,11 €/St

027.36032.M    KG 344 DIN 276
Wohn.Eingangstür 1000x2000, gefalzt, streichbar
EP 337,08 DM/St    LA 39,57 DM/St    ST 297,51 DM/St
EP 172,35 €/St     LA 20,23 €/St     ST 152,12 €/St

027.36033.M    KG 344 DIN 276
Wohn.Eingangstür 1000x2000, gefalzt, Dekorplatten
EP 377,32 DM/St    LA 41,52 DM/St    ST 335,80 DM/St
EP 192,92 €/St     LA 21,23 €/St     ST 171,69 €/St

027.36034.M    KG 344 DIN 276
Wohn.Eingangstür 1000x2000, gefalzt, Edelholz
EP 410,40 DM/St    LA 44,76 DM/St    ST 365,64 DM/St
EP 209,83 €/St     LA 22,88 €/St     ST 186,95 €/St

027.36035.M    KG 344 DIN 276
Wohn.Eingangstür 875x2000, gef., streichbar, mit Zarge
EP 544,60 DM/St    LA 106,38 DM/St    ST 438,22 DM/St
EP 278,45 €/St     LA  54,39 €/St     ST 224,06 €/St

027.36036.M    KG 344 DIN 276
Wohn.Eingangstür 875x2000, gef., Dekorpl., mit Zarge
EP 574,27 DM/St    LA 105,09 DM/St    ST 469,18 DM/St
EP 293,62 €/St     LA  53,73 €/St     ST 239,89 €/St

027.36037.M    KG 344 DIN 276
Wohn.Eingangstür 875x2000, gef., Edelholz, mit Zarge
EP 651,67 DM/St    LA 131,68 DM/St    ST 519,99 DM/St
EP 333,19 €/St     LA  67,33 €/St     ST 265,86 €/St

027.36038.M    KG 344 DIN 276
Wohn.Eingangstür 1000x2000, gef., streichbar, mit Zarge
EP 554,47 DM/St    LA 107,68 DM/St    ST 446,79 DM/St
EP 283,50 €/St     LA  55,06 €/St     ST 228,44 €/St

027.36039.M    KG 344 DIN 276
Wohn.Eingangstür 1000x2000, gef., Dekorpl., mit Zarge
EP 616,65 DM/St    LA 109,63 DM/St    ST 507,02 DM/St
EP 315,29 €/St     LA  56,05 €/St     ST 259,24 €/St

027.36040.M    KG 344 DIN 276
Wohn.Eingangstür 1000x2000, gef., Edelholz, mit Zarge
EP 694,34 DM/St    LA 135,57 DM/St    ST 558,77 DM/St
EP 355,01 €/St     LA  69,32 €/St     ST 285,69 €/St

# LB 027 Tischlerarbeiten
## Hauseingangstüren; Zulage Türen

AW 027

Preise 06.01

Sämtliche Preise sind **Mittelpreise ohne Mehrwertsteuer** zum Zeitpunkt des Ausgabedatums.
**Korrekturfaktoren** für Regionaleinfluss, Mengeneinfluss, Konjunktureinfluss siehe Vorspann.
**Abkürzungen:** EP = Einheitspreis, LA = Lohnanteil, ST = Stoffanteil

### Hauseingangstüren

027----.-

|  |  |  |
|---|---|---|
| 027.37001.M | Hauseingangstür 1000x2125, 1-fl., Holz, einf. Ausführ. | 1971,05 DM/St<br>1007,78 €/St |
| 027.37002.M | Hauseingangstür 1000x2125, 1-fl., Holz, gehob. Ausführ. | 2719,72 DM/St<br>1390,57 €/St |
| 027.37003.M | Hauseingangstür 1250x2125, 1-fl., Holz, einf. Ausführ. | 2190,13 DM/St<br>1119,79 €/St |
| 027.37004.M | Hauseingangstür 1250x2125, 1-fl., Holz, gehob. Ausführ. | 3295,26 DM/St<br>1684,84 €/St |
| 027.37005.M | Hauseingangstür 1500x2125, 2-fl., Holz, einf. Ausführ. | 2520,58 DM/St<br>1288,75 €/St |
| 027.37006.M | Hauseingangstür 1500x2125, 2-fl., Holz, gehob. Ausführ. | 3705,75 DM/St<br>1894,72 €/St |
| 027.37007.M | Hauseingangstür 1750x2125, 2-fl., Holz, einf. Ausführ. | 2898,01 DM/St<br>1481,73 €/St |
| 027.37008.M | Hauseingangstür 1750x2125, 2-fl., Holz, gehob. Ausführ. | 4208,67 DM/St<br>2151,86 €/St |
| 027.37009.M | Hauseingangstür 1000x2125, 1-fl., PVC, einf. Ausführ. | 1772,45 DM/St<br>906,24 €/St |
| 027.37010.M | Hauseingangstür 1000x2125, 1-fl., PVC, gehob. Ausführ. | 2474,13 DM/St<br>1265,00 €/St |
| 027.37011.M | Hauseingangstür 1250x2125, 1-fl., PVC, einf. Ausführ. | 1971,64 DM/St<br>1008,08 €/St |
| 027.37012.M | Hauseingangstür 1250x2125, 1-fl., PVC, gehob. Ausführ. | 2995,26 DM/St<br>1531,45 €/St |
| 027.37013.M | Hauseingangstür 1500x2125, 2-fl., PVC, einf. Ausführ. | 2267,59 DM/St<br>1159,40 €/St |
| 027.37014.M | Hauseingangstür 1500x2125, 2-fl., PVC, gehob. Ausführ. | 3369,43 DM/St<br>1722,76 €/St |
| 027.37015.M | Hauseingangstür 1750x2125, 2-fl., PVC, einf. Ausführ. | 2608,86 DM/St<br>1333,89 €/St |
| 027.37016.M | Hauseingangstür 1750x2125, 2-fl., PVC, gehob. Ausführ. | 3827,15 DM/St<br>1956,79 €/St |

**027.37001.M**     KG 334 DIN 276
Hauseingangstür 1000x2125, 1-fl., Holz, einf. Ausführ.
EP 1971,05 DM/St    LA 240,02 DM/St    ST 1731,03 DM/St
EP 1007,78 €/St    LA 122,72 €/St    ST 885,06 €/St

**027.37002.M**     KG 334 DIN 276
Hauseingangstür 1000x2125, 1-fl., Holz, gehob. Ausführ.
EP 2719,72 DM/St    LA 285,42 DM/St    ST 2434,30 DM/St
EP 1390,57 €/St    LA 145,93 €/St    ST 1244,64 €/St

**027.37003.M**     KG 334 DIN 276
Hauseingangstür 1250x2125, 1-fl., Holz, einf. Ausführ.
EP 2190,13 DM/St    LA 252,99 DM/St    ST 1937,14 DM/St
EP 1119,79 €/St    LA 129,35 €/St    ST 990,44 €/St

**027.37004.M**     KG 334 DIN 276
Hauseingangstür 1250x2125, 1-fl., Holz, gehob. Ausführ.
EP 3295,26 DM/St    LA 311,37 DM/St    ST 2983,89 DM/St
EP 1684,84 €/St    LA 159,20 €/St    ST 1525,64 €/St

**027.37005.M**     KG 334 DIN 276
Hauseingangstür 1500x2125, 2-fl., Holz, einf. Ausführ.
EP 2520,58 DM/St    LA 311,27 DM/St    ST 2209,21 DM/St
EP 1288,75 €/St    LA 159,20 €/St    ST 1129,55 €/St

**027.37006.M**     KG 334 DIN 276
Hauseingangstür 1500x2125, 2-fl., Holz, gehob. Ausführ.
EP 3705,75 DM/St    LA 389,21 DM/St    ST 3316,54 DM/St
EP 1894,72 €/St    LA 199,00 €/St    ST 1695,72 €/St

**027.37007.M**     KG 334 DIN 276
Hauseingangstür 1750x2125, 2-fl., Holz, einf. Ausführ.
EP 2898,01 DM/St    LA 330,83 DM/St    ST 2567,18 DM/St
EP 1481,73 €/St    LA 169,15 €/St    ST 1312,58 €/St

**027.37008.M**     KG 334 DIN 276
Hauseingangstür 1750x2125, 2-fl., Holz, gehob. Ausführ.
EP 4208,67 DM/St    LA 402,18 DM/St    ST 3806,49 DM/St
EP 2151,86 €/St    LA 205,63 €/St    ST 1946,23 €/St

**027.37009.M**     KG 334 DIN 276
Hauseingangstür 1000x2125, 1-fl., PVC, einf. Ausführ.
EP 1772,45 DM/St    LA 214,06 DM/St    ST 1558,39 DM/St
EP 906,24 €/St    LA 109,45 €/St    ST 796,79 €/St

**027.37010.M**     KG 334 DIN 276
Hauseingangstür 1000x2125, 1-fl., PVC, gehob. Ausführ.
EP 2474,13 DM/St    LA 259,47 DM/St    ST 2214,66 DM/St
EP 1265,00 €/St    LA 132,67 €/St    ST 1132,33 €/St

**027.37011.M**     KG 334 DIN 276
Hauseingangstür 1250x2125, 1-fl., PVC, einf. Ausführ.
EP 1971,64 DM/St    LA 227,04 DM/St    ST 1744,60 DM/St
EP 1008,08 €/St    LA 116,09 €/St    ST 891,99 €/St

**027.37012.M**     KG 334 DIN 276
Hauseingangstür 1250x2125, 1-fl., PVC, gehob. Ausführ.
EP 2995,26 DM/St    LA 278,93 DM/St    ST 2716,33 DM/St
EP 1531,45 €/St    LA 142,62 €/St    ST 1388,83 €/St

**027.37013.M**     KG 334 DIN 276
Hauseingangstür 1500x2125, 2-fl., PVC, einf. Ausführ.
EP 2267,59 DM/St    LA 278,93 DM/St    ST 1988,66 DM/St
EP 1159,40 €/St    LA 142,62 €/St    ST 1016,78 €/St

**027.37014.M**     KG 334 DIN 276
Hauseingangstür 1500x2125, 2-fl., PVC, gehob. Ausführ.
EP 3369,43 DM/St    LA 350,29 DM/St    ST 3819,14 DM/St
EP 1722,76 €/St    LA 179,10 €/St    ST 1543,66 €/St

**027.37015.M**     KG 334 DIN 276
Hauseingangstür 1750x2125, 2-fl., PVC, einf. Ausführ.
EP 2608,86 DM/St    LA 298,39 DM/St    ST 2310,47 DM/St
EP 1333,89 €/St    LA 152,56 €/St    ST 1181,33 €/St

**027.37016.M**     KG 334 DIN 276
Hauseingangstür 1750x2125, 2-fl., PVC, gehob. Ausführ.
EP 3827,15 DM/St    LA 363,27 DM/St    ST 3463,88 DM/St
EP 1956,79 €/St    LA 185,74 €/St    ST 1771,05 €/St

### Zulagen Türen

027----.-

|  |  |  |
|---|---|---|
| 027.54101.M | Ausschnitt Türblatt, Lichtausschnitt | 45,95 DM/m<br>23,50 €/m |
| 027.54102.M | Ausschnitt Türblatt, Lichtausschnitt Kathedralglas | 136,59 DM/St<br>69,84 €/St |
| 027.54103.M | Ausschnitt Türblatt, Lichtausschnitt Korbgeflecht | 164,19 DM/St<br>83,95 €/St |
| 027.54104.M | Ausschnitt Türblatt, Lichtausschnitt Butzenglas | 206,68 DM/St<br>105,68 €/St |
| 027.54105.M | Ausschnitt Türblatt, Lüftungssieb | 56,17 DM/St<br>28,72 €/St |
| 027.54106.M | Ausschnitt Türblatt, Türspion | 23,44 DM/St<br>11,99 €/St |
| 027.54201.M | Fußplatte für Türblatt | 106,97 DM/St<br>54,69 €/St |

**027.54101.M**     KG 344 DIN 276
Ausschnitt Türblatt, Lichtausschnitt
EP 45,95 DM/m    LA 35,03 DM/m    ST 10,92 DM/m
EP 23,50 €/m    LA 17,91 €/m    ST 5,59 €/m

**027.54102.M**     KG 344 DIN 276
Ausschnitt Türblatt, Lichtausschnitt Kathedralglas
EP 136,59 DM/St    LA 71,35 DM/St    ST 65,24 DM/St
EP 69,84 €/St    LA 36,48 €/St    ST 33,36 €/St

**027.54103.M**     KG 344 DIN 276
Ausschnitt Türblatt, Lichtausschnitt Korbgeflecht
EP 164,19 DM/St    LA 71,35 DM/St    ST 92,84 DM/St
EP 83,95 €/St    LA 36,48 €/St    ST 47,47 €/St

**027.54104.M**     KG 344 DIN 276
Ausschnitt Türblatt, Lichtausschnitt Butzenglas
EP 206,68 DM/St    LA 80,44 DM/St    ST 126,24 DM/St
EP 105,68 €/St    LA 41,13 €/St    ST 64,55 €/St

**027.54105.M**     KG 344 DIN 276
Ausschnitt Türblatt, Lüftungssieb
EP 56,17 DM/St    LA 44,11 DM/St    ST 12,06 DM/St
EP 28,72 €/St    LA 22,55 €/St    ST 6,17 €/St

**027.54106.M**     KG 344 DIN 276
Ausschnitt Türblatt, Türspion
EP 23,44 DM/St    LA 14,27 DM/St    ST 9,17 DM/St
EP 11,99 €/St    LA 7,29 €/St    ST 4,70 €/St

**027.54201.M**     KG 344 DIN 276
Fußplatte für Türblatt
EP 106,97 DM/St    LA 16,21 DM/St    ST 90,76 DM/St
EP 54,69 €/St    LA 8,29 €/St    ST 46,40 €/St

# LB 027 Tischlerarbeiten
## Renovierung, Instandsetzung Fenster/Türen; Ausbauen Fenster

Sämtliche Preise sind **Mittelpreise ohne Mehrwertsteuer** zum Zeitpunkt des Ausgabedatums.
**Korrekturfaktoren** für Regionaleinfluss, Mengeneinfluss, Konjunktureinfluss siehe Vorspann.
**Abkürzungen:** EP = Einheitspreis, LA = Lohnanteil, ST= Stoffanteil

### Renovierung, Instandsetzung Fenster, Türen

027----.-

| | | |
|---|---|---|
| 027.54202.M | Aufdoppelung Holzeinfachfenster, bis 0,5 m2 | 358,90 DM/St |
| | | 183,50 €/St |
| 027.54203.M | Aufdoppelung Holzeinfachfenster, bis 1,0 m2 | 478,17 DM/St |
| | | 244,48 €/St |
| 027.54204.M | Erneuerung unteres Fenster-Rahmenholz | 136,39 DM/m |
| | | 69,74 €/m |
| 027.54205.M | Erneuerung Fenster-Wetterschenkel | 63,70 DM/m |
| | | 32,57 €/m |
| 027.54206.M | Erneuerung Kämpfer, einfache Profilierung | 68,00 DM/m |
| | | 34,77 €/m |
| 027.54207.M | Erneuerung Kämpfer, mehrfache Profilierung | 94,87 DM/m |
| | | 48,51 €/m |
| 027.54208.M | Erneuerung Fenster-Profilleisten, einf. Profilierung | 34,78 DM/m |
| | | 17,78 €/m |
| 027.54209.M | Erneuerung Fenster-Profilleisten, mehrf. Profilierung | 46,91 DM/m |
| | | 23,98 €/m |
| 027.54210.M | Instandsetzung Innentür, einfach | 249,02 DM/St |
| | | 127,32 €/St |
| 027.54211.M | Instandsetzung Innentür, profiliert | 316,98 DM/St |
| | | 162,07 €/St |
| 027.54212.M | Instandsetzung Wohnungseingangstür, profiliert | 367,58 DM/St |
| | | 187,94 €/St |
| 027.54213.M | Kürzung Türblatt, innen | 44,88 DM/St |
| | | 22,95 €/St |
| 027.54214.M | Erneuerung Türfüllung, innen | 101,22 DM/St |
| | | 51,75 €/St |
| 027.54215.M | Erneuerung Profilleisten, innen | 21,99 DM/m |
| | | 11,24 €/m |

**027.54202.M**    KG 395 DIN 276
Aufdoppelung Holzeinfachfenster, bis 0,5 m2
EP 358,90 DM/St   LA 142,71 DM/St   ST 216,19 DM/St
EP 183,50 €/St   LA 72,97 €/St   ST 110,53 €/St

**027.54203.M**    KG 395 DIN 276
Aufdoppelung Holzeinfachfenster, bis 1,0 m2
EP 478,17 DM/St   LA 188,12 DM/St   ST 290,05 DM/St
EP 244,48 €/St   LA 96,18 €/St   ST 148,30 €/St

**027.54204.M**    KG 395 DIN 276
Erneuerung unteres Fenster-Rahmenholz
EP 136,39 DM/m   LA 107,04 DM/m   ST 29,35 DM/m
EP 69,74 €/m   LA 54,73 €/m   ST 15,01 €/m

**027.54205.M**    KG 395 DIN 276
Erneuerung Fenster-Wetterschenkel
EP 63,70 DM/m   LA 43,46 DM/m   ST 20,24 DM/m
EP 32,57 €/m   LA 22,22 €/m   ST 10,35 €/m

**027.54206.M**    KG 395 DIN 276
Erneuerung Kämpfer, einfache Profilierung
EP 68,00 DM/m   LA 45,41 DM/m   ST 22,59 DM/m
EP 34,77 €/m   LA 23,22 €/m   ST 11,55 €/m

**027.54207.M**    KG 395 DIN 276
Erneuerung Kämpfer, mehrfache Profilierung
EP 94,87 DM/m   LA 58,38 DM/m   ST 36,49 DM/m
EP 48,51 €/m   LA 29,85 €/m   ST 18,66 €/m

**027.54208.M**    KG 395 DIN 276
Erneuerung Fenster-Profilleisten, einf. Profilierung
EP 34,78 DM/m   LA 12,97 DM/m   ST 21,81 DM/m
EP 17,78 €/m   LA 6,63 €/m   ST 11,15 €/m

**027.54209.M**    KG 395 DIN 276
Erneuerung Fenster-Profilleisten, mehrf. Profilierung
EP 46,91 DM/m   LA 16,21 DM/m   ST 30,70 DM/m
EP 23,98 €/m   LA 8,29 €/m   ST 15,69 €/m

**027.54210.M**    KG 395 DIN 276
Instandsetzung Innentür, einfach
EP 249,02 DM/St   LA 120,01 DM/St   ST 129,01 DM/St
EP 127,32 €/St   LA 61,36 €/St   ST 65,96 €/St

**027.54211.M**    KG 395 DIN 276
Instandsetzung Innentür, profiliert
EP 316,98 DM/St   LA 162,18 DM/St   ST 154,80 DM/St
EP 162,07 €/St   LA 82,92 €/St   ST 79,15 €/St

**027.54212.M**    KG 395 DIN 276
Instandsetzung Wohnungseingangstür, profiliert
EP 367,58 DM/St   LA 181,63 DM/St   ST 185,95 DM/St
EP 187,94 €/St   LA 92,87 €/St   ST 95,07 €/St

**027.54213.M**    KG 395 DIN 276
Kürzung Türblatt, innen
EP 44,88 DM/St   LA 38,93 DM/St   ST 5,95 DM/St
EP 22,95 €/St   LA 19,90 €/St   ST 3,05 €/St

**027.54214.M**    KG 395 DIN 276
Erneuerung Türfüllung, innen
EP 101,22 DM/St   LA 61,63 DM/St   ST 39,59 DM/St
EP 51,75 €/St   LA 31,51 €/St   ST 20,24 €/St

**027.54215.M**    KG 395 DIN 276
Erneuerung Profilleisten, innen
EP 21,99 DM/m   LA 8,11 DM/m   ST 13,88 DM/m
EP 11,44 €/m   LA 4,15 €/m   ST 7,09 €/m

### Ausbauen Fenster

027----.-

| | | |
|---|---|---|
| 027.58001.M | Fenster, Holz/PVC, 1-teil., bis 0,50 m2, ausb./entsorg. | 25,42 DM/St |
| | | 13,00 €/St |
| 027.58002.M | Fenster, Holz/PVC, 1-teil., bis 1,00 m2, ausb./entsorg. | 41,31 DM/St |
| | | 21,12 €/St |
| 027.58003.M | Fenster, Holz/PVC, 1-teil., bis 1,50 m2, ausb./entsorg. | 57,20 DM/St |
| | | 29,24 €/St |
| 027.58004.M | Fenster, Holz/PVC, 2-teil., bis 1,50 m2, ausb./entsorg. | 63,55 DM/St |
| | | 32,49 €/St |
| 027.58005.M | Fenster, Holz/PVC, 2-teil., bis 2,00 m2, ausb./entsorg. | 79,45 DM/St |
| | | 40,62 €/St |
| 027.58006.M | Fenster, Holz/PVC, 2-teil., bis 2,50 m2, ausb./entsorg. | 95,33 DM/St |
| | | 48,74 €/St |

**027.58001.M**    KG 394 DIN 276
Fenster, Holz/PVC, 1-teil., bis 0,50 m2, ausb./entsorg.
EP 25,42 DM/St   LA 25,42 DM/St   ST 0,00 DM/St
EP 13,00 €/St   LA 13,00 €/St   ST 0,00 €/St

**027.58002.M**    KG 394 DIN 276
Fenster, Holz/PVC, 1-teil., bis 1,00 m2, ausb./entsorg.
EP 41,31 DM/St   LA 41,31 DM/St   ST 0,00 DM/St
EP 21,12 €/St   LA 21,12 €/St   ST 0,00 €/St

**027.58003.M**    KG 394 DIN 276
Fenster, Holz/PVC, 1-teil., bis 1,50 m2, ausb./entsorg.
EP 57,20 DM/St   LA 57,20 DM/St   ST 0,00 DM/St
EP 29,24 €/St   LA 29,24 €/St   ST 0,00 €/St

**027.58004.M**    KG 394 DIN 276
Fenster, Holz/PVC, 2-teil., bis 1,50 m2, ausb./entsorg.
EP 63,55 DM/St   LA 63,55 DM/St   ST 0,00 DM/St
EP 32,49 €/St   LA 32,49 €/St   ST 0,00 €/St

**027.58005.M**    KG 394 DIN 276
Fenster, Holz/PVC, 2-teil., bis 2,00 m2, ausb./entsorg.
EP 79,45 DM/St   LA 79,45 DM/St   ST 0,00 DM/St
EP 40,62 €/St   LA 40,62 €/St   ST 0,00 €/St

**027.58006.M**    KG 394 DIN 276
Fenster, Holz/PVC, 2-teil., bis 2,50 m2, ausb./entsorg.
EP 95,33 DM/St   LA 95,33 DM/St   ST 0,00 DM/St
EP 48,74 €/St   LA 48,74 €/St   ST 0,00 €/St

# LB 027 Tischlerarbeiten
## Ausbauen Türen; Verkleidungen Heizkörper, Klimageräte

AW 027

Preise 06.01

Sämtliche Preise sind **Mittelpreise ohne Mehrwertsteuer** zum Zeitpunkt des Ausgabedatums.
**Korrekturfaktoren** für Regionaleinfluss, Mengeneinfluss, Konjunktureinfluss siehe Vorspann.
**Abkürzungen:** EP = Einheitspreis, LA = Lohnanteil, ST = Stoffanteil

### Ausbauen Türen

027----.-

| | | |
|---|---|---|
| 027.58501.M Zargentür, Holz, 1-teil., bis 1,75 m2, ausb./entsorg. | | 74,99 DM/St |
| | | 38,34 €/St |
| 027.58701.M Blendr.-tür, Holz, 1-teil., bis 2,50 m2, ausb./entsorg. | | 94,05 DM/St |
| | | 48,09 €/St |
| 027.58702.M Blendr.-tür, Holz, 2-teil., bis 3,00 m2, ausb./entsorg. | | 117,58 DM/St |
| | | 60,12 €/St |

027.58501.M           KG 394 DIN 276
Zargentür, Holz, 1-teil., bis 1,75 m2, ausb./entsorg.
EP 74,99 DM/St     LA 74,99 DM/St     ST 0,00 DM/St
EP 38,34 €/St         LA 38,34 €/St         ST 0,00 €/St

027.58701.M           KG 394 DIN 276
Blendr.-tür, Holz, 1-teil., bis 2,50 m2, ausb./entsorg.
EP 94,05 DM/St     LA 94,05 DM/St     ST 0,00 DM/St
EP 48,09 €/St         LA 48,09 €/St         ST 0,00 €/St

027.58702.M           KG 394 DIN 276
Blendr.-tür, Holz, 2-teil., bis 3,00 m2, ausb./entsorg.
EP 117,58 DM/St   LA 117,58 DM/St   ST 0,00 DM/St
EP  60,12 €/St        LA  60,12 €/St        ST 0,00 €/St

### Verkleidungen Heizkörper, Klimageräte

027----.-

| | |
|---|---|
| 027.72001.M Radiatorverkleidung, einteilig, Alu-Gewebe | 163,76 DM/St |
| | 83,73 €/St |
| 027.72002.M Radiatorverkleidung, zweiteilig, Alu-Gewebe | 275,88 DM/St |
| | 141,05 €/St |

027.72001.M           KG 371 DIN 276
Radiatorverkleidung, einteilig, Alu-Gewebe
EP 163,76 DM/St   LA 25,94 DM/St     ST 137,82 DM/St
EP  83,73 €/St        LA 13,26 €/St        ST  70,47 €/St

027.72002.M           KG 371 DIN 276
Radiatorverkleidung, zweiteilig, Alu-Gewebe
EP 275,88 DM/St   LA 55,14 DM/St     ST 220,74 DM/St
EP 141,05 €/St       LA 28,19 €/St        ST 112,86 €/St

AW 027

## LB 027 Tischlerarbeiten
### Einbauschränke

Preise 06.01

Sämtliche Preise sind **Mittelpreise ohne Mehrwertsteuer** zum Zeitpunkt des Ausgabedatums.
**Korrekturfaktoren** für Regionaleinfluss, Mengeneinfluss, Konjunktureinfluss siehe Vorspann.
**Abkürzungen:** EP = Einheitspreis, LA = Lohnanteil, ST= Stoffanteil

**Einbauschränke**

**Hinweis**
Es gelten folgende Abkürzungen:
  EB Einlegeböden
  HR Hängerahmen
  R  offener Teil im Mittelbereich
  G  Glastüren im Mittelbereich

027----.-

|  |  |  |
|---|---|---|
| 027.76001.M | Aktenschrank, vor Wand, 1000/2070/440, Spanplatten | 939,86 DM/St<br>480,55 €/St |
| 027.76002.M | Aktenschrank, vor Wand, 800/2070/440, Spanplatten | 868,04 DM/St<br>443,82 €/St |
| 027.76003.M | Aktenschrank, vor Wand, 600/2070/440, Spanplatten | 723,40 DM/St<br>369,87 €/St |
| 027.76004.M | Aktenschrank, vor Wand, 500/2070/440, Spanplatten | 697,55 DM/St<br>356,65 €/St |
| 027.76005.M | Aktenschrank, vor Wand, 400/2070/440, Spanplatten | 671,69 DM/St<br>343,43 €/St |
| 027.76006.M | Garderobenschr., vor Wand, 1000/2070/440, Spanplatten | 916,87 DM/St<br>468,79 €/St |
| 027.76007.M | Garderobenschr., vor Wand, 600/2070/440, Spanplatten | 693,72 DM/St<br>354,70 €/St |
| 027.76008.M | Kombischr. R/EB, vor Wand, 1000/2070/440, Spanplatten | 1014,58 DM/St<br>518,75 €/St |
| 027.76009.M | Kombischr. R/EB/HR, vor Wand, 1000/2070/440, Spanpl. | 1554,85 DM/St<br>794,98 €/St |
| 027.76010.M | Kombischr. G/EB, vor Wand, 1000/2070/440, Spanplatten | 1322,09 DM/St<br>675,97 €/St |
| 027.76011.M | Kombischr. G/EB/HR, vor Wand, 1000/2070/440, Spanpl. | 1868,55 DM/St<br>955,38 €/St |
| 027.76012.M | Aktenschr., Raumteiler, 1000/2070/460, Spanplatten | 1342,22 DM/St<br>686,26 €/St |
| 027.76013.M | Aktenschr., Raumteiler, 800/2070/460, Spanplatten | 1204,30 DM/St<br>615,75 €/St |
| 027.76014.M | Aktenschr., Raumteiler, 600/2070/460, Spanplatten | 987,83 DM/St<br>505,07 €/St |
| 027.76015.M | Aktenschr., Raumteiler, 500/2070/460, Spanplatten | 923,65 DM/St<br>472,25 €/St |
| 027.76016.M | Aktenschr., Raumteiler, 400/2070/460, Spanplatten | 857,57 DM/St<br>438,47 €/St |
| 027.76017.M | Garderobenschr., Raumteiler, 1000/2070/460,Spanplatten | 1319,24 DM/St<br>674,51 €/St |
| 027.76018.M | Garderobenschr., Raumteiler, 600/2070/460,Spanplatten | 958,13 DM/St<br>489,88 €/St |
| 027.76019.M | Kombischr. R/EB, Raumteiler, 1000/2070/460,Spanplatten | 1416,92 DM/St<br>724,46 €/St |
| 027.76020.M | Kombischr. R/EB/HR, Raumteiler, 1000/2070/460, Spanpl. | 1963,38 DM/St<br>1003,86 €/St |
| 027.76021.M | Kombischr. G/EB, Raumteiler, 1000/2070/460,Spanplatten | 1730,63 DM/St<br>884,86 €/St |
| 027.76022.M | Kombischr. G/EB/HR, Raumteiler, 1000/2070/460, Spanpl. | 2282,25 DM/St<br>1166,90 €/St |

027.76001.M    KG 371 DIN 276
Aktenschrank, vor Wand, 1000/2070/440, Spanplatten
EP 939,86 DM/St   LA 16,55 DM/St   ST 923,31 DM/St
EP 480,55 €/St    LA  8,46 €/St    ST 472,09 €/St

027.76002.M    KG 371 DIN 276
Aktenschrank, vor Wand, 800/2070/440, Spanplatten
EP 868,04 DM/St   LA 16,55 DM/St   ST 851,49 DM/St
EP 443,82 €/St    LA  8,46 €/St    ST 435,36 €/St

027.76003.M    KG 371 DIN 276
Aktenschrank, vor Wand, 600/2070/440, Spanplatten
EP 723,40 DM/St   LA 16,55 DM/St   ST 706,85 DM/St
EP 369,87 €/St    LA  8,46 €/St    ST 361,41 €/St

027.76004.M    KG 371 DIN 276
Aktenschrank, vor Wand, 500/2070/440, Spanplatten
EP 697,55 DM/St   LA 16,55 DM/St   ST 681,00 DM/St
EP 356,65 €/St    LA  8,46 €/St    ST 348,19 €/St

027.76005.M    KG 371 DIN 276
Aktenschrank, vor Wand, 400/2070/440, Spanplatten
EP 671,69 DM/St   LA 16,55 DM/St   ST 655,14 DM/St
EP 343,43 €/St    LA  8,46 €/St    ST 334,97 €/St

027.76006.M    KG 371 DIN 276
Garderobenschr., vor Wand, 1000/2070/440, Spanplatten
EP 916,87 DM/St   LA 16,55 DM/St   ST 900,32 DM/St
EP 468,79 €/St    LA  8,46 €/St    ST 460,33 €/St

027.76007.M    KG 371 DIN 276
Garderobenschr., vor Wand, 600/2070/440, Spanplatten
EP 693,72 DM/St   LA 16,55 DM/St   ST 677,17 DM/St
EP 354,70 €/St    LA  8,46 €/St    ST 346,24 €/St

027.76008.M    KG 371 DIN 276
Kombischr. R/EB, vor Wand, 1000/2070/440, Spanplatten
EP 1014,58 DM/St  LA 16,55 DM/St   ST 998,03 DM/St
EP  518,75 €/St   LA  8,46 €/St    ST 510,29 €/St

027.76009.M    KG 371 DIN 276
Kombischr. R/EB/HR, vor Wand, 1000/2070/440, Spanpl.
EP 1554,85 DM/St  LA 21,41 DM/St   ST 1533,44 DM/St
EP  794,98 €/St   LA 10,94 €/St    ST  784,04 €/St

027.76010.M    KG 371 DIN 276
Kombischr. G/EB, vor Wand, 1000/2070/440, Spanplatten
EP 1322,09 DM/St  LA 21,41 DM/St   ST 1300,68 DM/St
EP  675,97 €/St   LA 10,94 €/St    ST  665,03 €/St

027.76011.M    KG 371 DIN 276
Kombischr. G/EB/HR, vor Wand, 1000/2070/440, Spanpl.
EP 1868,55 DM/St  LA 32,44 DM/St   ST 1836,11 DM/St
EP  955,38 €/St   LA 16,59 €/St    ST  938,79 €/St

027.76012.M    KG 371 DIN 276
Aktenschr., Raumteiler, 1000/2070/460, Spanplatten
EP 1342,22 DM/St  LA 21,41 DM/St   ST 1320,81 DM/St
EP  686,26 €/St   LA 10,94 €/St    ST  675,32 €/St

027.76013.M    KG 371 DIN 276
Aktenschr., Raumteiler, 800/2070/460, Spanplatten
EP 1204,30 DM/St  LA 21,41 DM/St   ST 1182,89 DM/St
EP  615,75 €/St   LA 10,94 €/St    ST  604,81 €/St

027.76014.M    KG 371 DIN 276
Aktenschr., Raumteiler, 600/2070/460, Spanplatten
EP 987,83 DM/St   LA 21,41 DM/St   ST 966,42 DM/St
EP 505,07 €/St    LA 10,94 €/St    ST 494,13 €/St

027.76015.M    KG 371 DIN 276
Aktenschr., Raumteiler, 500/2070/460, Spanplatten
EP 923,65 DM/St   LA 21,41 DM/St   ST 902,24 DM/St
EP 472,25 €/St    LA 10,94 €/St    ST 461,31 €/St

027.76016.M    KG 371 DIN 276
Aktenschr., Raumteiler, 400/2070/460, Spanplatten
EP 857,57 DM/St   LA 21,41 DM/St   ST 836,16 DM/St
EP 438,47 €/St    LA 10,94 €/St    ST 427,53 €/St

027.76017.M    KG 371 DIN 276
Garderobenschr., Raumteiler, 1000/2070/460, Spanplatten
EP 1319,24 DM/St  LA 21,41 DM/St   ST 1297,83 DM/St
EP  674,51 €/St   LA 10,94 €/St    ST  663,57 €/St

027.76018.M    KG 371 DIN 276
Garderobenschr., Raumteiler, 600/2070/460, Spanplatten
EP 958,13 DM/St   LA 21,41 DM/St   ST 936,72 DM/St
EP 489,88 €/St    LA 10,94 €/St    ST 478,94 €/St

027.76019.M    KG 371 DIN 276
Kombischr. R/EB, Raumteiler, 1000/2070/460, Spanplatten
EP 1416,92 DM/St  LA 21,41 DM/St   ST 1395,51 DM/St
EP  724,46 €/St   LA 10,94 €/St    ST  713,52 €/St

027.76020.M    KG 371 DIN 276
Kombischr. R/EB/HR, Raumteiler, 1000/2070/460, Spanpl.
EP 1963,38 DM/St  LA 32,44 DM/St   ST 1930,94 DM/St
EP 1003,86 €/St   LA 16,59 €/St    ST  987,27 €/St

027.76021.M    KG 371 DIN 276
Kombischr. G/EB, Raumteiler, 1000/2070/460, Spanplatten
EP 1730,63 DM/St  LA 32,44 DM/St   ST 1698,19 DM/St
EP  884,86 €/St   LA 16,59 €/St    ST  668,27 €/St

027.76022.M    KG 371 DIN 276
Kombischr. G/EB/HR, Raumteiler, 1000/2070/460, Spanpl.
EP 2282,25 DM/St  LA 48,65 DM/St   ST 2233,60 DM/St
EP 1166,90 €/St   LA 24,88 €/St    ST 1142,02 €/St

# LB 027 Tischlerarbeiten
## Einbauregale; Einbauschrankwände

AW 027

Preise 06.01

Sämtliche Preise sind **Mittelpreise ohne Mehrwertsteuer** zum Zeitpunkt des Ausgabedatums.
**Korrekturfaktoren** für Regionaleinfluss, Mengeneinfluss, Konjunktureinfluss siehe Vorspann.
**Abkürzungen:** EP = Einheitspreis, LA = Lohnanteil, ST = Stoffanteil

## Einbauregale

027----.-

|  |  |  |
|---|---|---|
| 027.78001.M | Aktenregal, vor Wand, 1000/2070/420, Spanplatten | 556,74 DM/St / 284,66 €/St |
| 027.78002.M | Aktenregal, vor Wand, 800/2070/420, Spanplatten | 512,69 DM/St / 262,14 €/St |
| 027.78003.M | Aktenregal, vor Wand, 600/2070/420, Spanplatten | 478,22 DM/St / 244,51 €/St |
| 027.78004.M | Aktenregal, vor Wand, 500/2070/420, Spanplatten | 456,19 DM/St / 233,24 €/St |
| 027.78005.M | Aktenregal, vor Wand, 400/2070/420, Spanplatten | 436,07 DM/St / 222,96 €/St |
| 027.78006.M | Aktenregal, Raumteiler, 1000/2070/440, Spanplatten | 959,08 DM/St / 490,37 €/St |
| 027.78007.M | Aktenregal, Raumteiler, 800/2070/440, Spanplatten | 848,95 DM/St / 434,06 €/St |
| 027.78008.M | Aktenregal, Raumteiler, 600/2070/440, Spanplatten | 742,63 DM/St / 379,70 €/St |
| 027.78009.M | Aktenregal, Raumteiler, 500/2070/440, Spanplatten | 682,29 DM/St / 348,85 €/St |
| 027.78010.M | Aktenregal, Raumteiler, 400/2070/440, Spanplatten | 621,95 DM/St / 318,00 €/St |

**027.78001.M** KG 371 DIN 276
Aktenregal, vor Wand, 1000/2070/420, Spanplatten
EP 556,74 DM/St   LA 16,55 DM/St   ST 540,19 DM/St
EP 284,66 €/St    LA  8,46 €/St    ST 276,20 €/St

**027.78002.M** KG 371 DIN 276
Aktenregal, vor Wand, 800/2070/420, Spanplatten
EP 512,69 DM/St   LA 16,55 DM/St   ST 496,14 DM/St
EP 262,14 €/St    LA  8,46 €/St    ST 253,68 €/St

**027.78003.M** KG 371 DIN 276
Aktenregal, vor Wand, 600/2070/420, Spanplatten
EP 478,22 DM/St   LA 16,55 DM/St   ST 461,67 DM/St
EP 244,51 €/St    LA  8,46 €/St    ST 236,05 €/St

**027.78004.M** KG 371 DIN 276
Aktenregal, vor Wand, 500/2070/420, Spanplatten
EP 456,19 DM/St   LA 16,55 DM/St   ST 439,64 DM/St
EP 233,24 €/St    LA  8,46 €/St    ST 224,78 €/St

**027.78005.M** KG 371 DIN 276
Aktenregal, vor Wand, 400/2070/420, Spanplatten
EP 436,07 DM/St   LA 16,55 DM/St   ST 419,52 DM/St
EP 222,96 €/St    LA  8,46 €/St    ST 214,50 €/St

**027.78006.M** KG 371 DIN 276
Aktenregal, Raumteiler, 1000/2070/440, Spanplatten
EP 959,08 DM/St   LA 21,41 DM/St   ST 937,67 DM/St
EP 490,37 €/St    LA 10,94 €/St    ST 479,43 €/St

**027.78007.M** KG 371 DIN 276
Aktenregal, Raumteiler, 800/2070/440, Spanplatten
EP 848,95 DM/St   LA 21,41 DM/St   ST 827,54 DM/St
EP 434,06 €/St    LA 10,94 €/St    ST 423,12 €/St

**027.78008.M** KG 371 DIN 276
Aktenregal, Raumteiler, 600/2070/440, Spanplatten
EP 742,63 DM/St   LA 21,41 DM/St   ST 721,22 DM/St
EP 379,70 €/St    LA 10,94 €/St    ST 368,76 €/St

**027.78009.M** KG 371 DIN 276
Aktenregal, Raumteiler, 500/2070/440, Spanplatten
EP 682,29 DM/St   LA 21,41 DM/St   ST 660,88 DM/St
EP 348,85 €/St    LA 10,94 €/St    ST 337,91 €/St

**027.78010.M** KG 371 DIN 276
Aktenregal, Raumteiler, 400/2070/440, Spanplatten
EP 621,95 DM/St   LA 21,41 DM/St   ST 600,54 DM/St
EP 318,00 €/St    LA 10,94 €/St    ST 307,06 €/St

## Einbauschrankwände

027----.-

|  |  |  |
|---|---|---|
| 027.77001.M | Schrankw./offene Teile/einf. Ausst., vor Wand, Spanpl. | 434,88 DM/m2 / 222,35 €/m2 |
| 027.77002.M | Schrankw./offene Teile/umf. Ausst., vor Wand, Spanpl. | 628,17 DM/m2 / 321,18 €/m2 |
| 027.77003.M | Schrankw./geschl. Teile/einf. Ausst., vor Wand, Spanpl. | 472,36 DM/m2 / 241,51 €/m2 |
| 027.77004.M | Schrankw./geschl. Teile/umf. Ausst., vor Wand, Spanpl. | 703,13 DM/m2 / 359,51 €/m2 |
| 027.77005.M | Schrankw./offene Teile/einf. Ausst., Raumt., Spanpl. | 632,62 DM/m2 / 323,45 €/m2 |
| 027.77006.M | Schrankw./offene Teile/umf. Ausst., Raumt., Spanpl. | 832,86 DM/m2 / 425,83 €/m2 |
| 027.77007.M | Schrankw./geschl. Teile/einf. Ausst., Raumt., Spanpl. | 669,70 DM/m2 / 342,41 €/m2 |
| 027.77008.M | Schrankw./geschl. Teile/umf. Ausst., Raumt., Spanpl. | 907,91 DM/m2 / 464,21 €/m2 |

**027.77001.M** KG 371 DIN 276
Schrankw./offene Teile/einf. Ausst., vor Wand, Spanpl.
EP 434,88 DM/m2   LA 10,12 DM/m2   ST 424,76 DM/m2
EP 222,35 €/m2    LA  5,17 €/m2    ST 217,18 €/m2

**027.77002.M** KG 371 DIN 276
Schrankw./offene Teile/umf. Ausst., vor Wand, Spanpl.
EP 628,17 DM/m2   LA 14,34 DM/m2   ST 613,83 DM/m2
EP 321,18 €/m2    LA  7,33 €/m2    ST 313,85 €/m2

**027.77003.M** KG 371 DIN 276
Schrankw./geschl. Teile/einf. Ausst., vor Wand, Spanpl.
EP 472,36 DM/m2   LA 10,12 DM/m2   ST 462,24 DM/m2
EP 241,51 €/m2    LA  5,17 €/m2    ST 236,34 €/m2

**027.77004.M** KG 371 DIN 276
Schrankw./geschl. Teile/umf. Ausst., vor Wand, Spanpl.
EP 703,13 DM/m2   LA 14,34 DM/m2   ST 688,79 DM/m2
EP 359,51 €/m2    LA  7,33 €/m2    ST 352,18 €/m2

**027.77005.M** KG 371 DIN 276
Schrankw./offene Teile/einf. Ausst., Raumt., Spanpl.
EP 632,62 DM/m2   LA 18,55 DM/m2   ST 614,07 DM/m2
EP 323,45 €/m2    LA  9,49 €/m2    ST 313,96 €/m2

**027.77006.M** KG 371 DIN 276
Schrankw./offene Teile/umf. Ausst., Raumt., Spanpl.
EP 832,86 DM/m2   LA 23,22 DM/m2   ST 809,64 DM/m2
EP 425,83 €/m2    LA 11,87 €/m2    ST 413,96 €/m2

**027.77007.M** KG 371 DIN 276
Schrankw./geschl. Teile/einf. Ausst., Raumt., Spanpl.
EP 669,70 DM/m2   LA 18,55 DM/m2   ST 651,15 DM/m2
EP 342,41 €/m2    LA  9,49 €/m2    ST 332,92 €/m2

**027.77008.M** KG 371 DIN 276
Schrankw./geschl. Teile/umf. Ausst., Raumt., Spanpl.
EP 907,91 DM/m2   LA 23,22 DM/m2   ST 884,69 DM/m2
EP 464,21 €/m2    LA 11,87 €/m2    ST 452,34 €/m2

AW 027

Preise 06.01

# LB 027 Tischlerarbeiten
## Füllen und Abdichten von Fugen; Besonderer Schutz der Bauteile

Sämtliche Preise sind **Mittelpreise ohne Mehrwertsteuer** zum Zeitpunkt des Ausgabedatums.
**Korrekturfaktoren** für Regionaleinfluss, Mengeneinfluss, Konjunktureinfluss siehe Vorspann.
**Abkürzungen:** EP = Einheitspreis, LA = Lohnanteil, ST= Stoffanteil

### Füllen und Abdichten von Fugen

027----.-

|  |  |  |
|---|---|---|
| 027.92001.M | Füllen der Fuge, Montageschaum | 4,89 DM/m |
| | | 2,50 €/m |
| 027.92002.M | Füllen der Fuge, Kunststoffband 30 / 6-15 | 9,42 DM/m |
| | | 4,82 €/m |
| 027.92003.M | Füllen der Fuge, Kunststoffband 30 / 8-20 | 9,64 DM/m |
| | | 4,93 €/m |
| 027.92004.M | Füllen der Fuge, Kunststoffband 40 / 10-30 | 12,92 DM/m |
| | | 6,61 €/m |
| 027.92005.M | Füllen der Fuge, Kunststoffband 40 / 20-50 | 14,61 DM/m |
| | | 7,47 €/m |
| 027.92201.M | Füllen und Abdichten der Fuge, Kunststoffb. 15 / 1-3 | 8,35 DM/m |
| | | 4,27 €/m |
| 027.92202.M | Füllen und Abdichten der Fuge, Kunststoffb. 20 / 3-5 | 10,05 DM/m |
| | | 5,14 €/m |
| 027.92203.M | Füllen und Abdichten der Fuge, Kunststoffb. 20 / 5-8 | 11,36 DM/m |
| | | 5,81 €/m |
| 027.92204.M | Füllen und Abdichten der Fuge, Kunststoffb. 25 / 7-10 | 14,39 DM/m |
| | | 7,36 €/m |
| 027.92205.M | Füllen und Abdichten der Fuge, Kunststoffb. 25 / 9-12 | 16,98 DM/m |
| | | 8,68 €/m |
| 027.92206.M | Füllen und Abdichten der Fuge, Kunststoffb. 30 / 12-16 | 24,52 DM/m |
| | | 12,54 €/m |
| 027.92207.M | Füllen und Abdichten der Fuge, Kunststoffb. 30 / 16-20 | 28,80 DM/m |
| | | 14,73 €/m |
| 027.92208.M | Füllen und Abdichten der Fuge, Kunststoffb. 40 / 18-24 | 37,87 DM/m |
| | | 19,36 €/m |

027.92001.M    KG 344 DIN 276
Füllen der Fuge, Montageschaum
EP 4,89 DM/m    LA 4,72 DM/m    ST 0,17 DM/m
EP 2,50 €/m    LA 2,41 €/m    ST 0,09 €/m

027.92002.M    KG 344 DIN 276
Füllen der Fuge, Kunststoffband 30 / 6-15
EP 9,42 DM/m    LA 7,55 DM/m    ST 1,87 DM/m
EP 4,82 €/m    LA 3,86 €/m    ST 0,96 €/m

027.92003.M    KG 344 DIN 276
Füllen der Fuge, Kunststoffband 30 / 8-20
EP 9,64 DM/m    LA 7,55 DM/m    ST 2,09 DM/m
EP 4,93 €/m    LA 3,86 €/m    ST 1,07 €/m

027.92004.M    KG 344 DIN 276
Füllen der Fuge, Kunststoffband 40 / 10-30
EP 12,92 DM/m    LA 9,44 DM/m    ST 3,48 DM/m
EP 6,61 €/m    LA 4,83 €/m    ST 1,78 €/m

027.92005.M    KG 344 DIN 276
Füllen der Fuge, Kunststoffband 40 / 20-50
EP 14,61 DM/m    LA 10,07 DM/m    ST 4,54 DM/m
EP 7,47 €/m    LA 5,15 €/m    ST 2,32 €/m

027.92201.M    KG 334 DIN 276
Füllen und Abdichten der Fuge, Kunststoffb. 15 / 1-3
EP 8,35 DM/m    LA 6,92 DM/m    ST 1,43 DM/m
EP 4,27 €/m    LA 3,54 €/m    ST 0,73 €/m

027.92202.M    KG 334 DIN 276
Füllen und Abdichten der Fuge, Kunststoffb. 20 / 3-5
EP 10,05 DM/m    LA 6,92 DM/m    ST 3,13 DM/m
EP 5,14 €/m    LA 3,54 €/m    ST 1,60 €/m

027.92203.M    KG 334 DIN 276
Füllen und Abdichten der Fuge, Kunststoffb. 20 / 5-8
EP 11,36 DM/m    LA 6,92 DM/m    ST 4,44 DM/m
EP 5,81 €/m    LA 3,54 €/m    ST 2,27 €/m

027.92204.M    KG 334 DIN 276
Füllen und Abdichten der Fuge, Kunststoffb. 25 / 7-10
EP 14,39 DM/m    LA 7,55 DM/m    ST 6,84 DM/m
EP 7,36 €/m    LA 3,86 €/m    ST 3,50 €/m

027.92205.M    KG 334 DIN 276
Füllen und Abdichten der Fuge, Kunststoffb. 25 / 9-12
EP 16,98 DM/m    LA 7,55 DM/m    ST 9,43 DM/m
EP 8,68 €/m    LA 3,86 €/m    ST 4,82 €/m

027.92206.M    KG 334 DIN 276
Füllen und Abdichten der Fuge, Kunststoffb. 30 / 12-16
EP 24,52 DM/m    LA 9,44 DM/m    ST 15,08 DM/m
EP 12,54 €/m    LA 4,83 €/m    ST 7,71 €/m

027.92207.M    KG 334 DIN 276
Füllen und Abdichten der Fuge, Kunststoffb. 30 / 16-20
EP 28,80 DM/m    LA 9,44 DM/m    ST 19,36 DM/m
EP 14,73 €/m    LA 4,83 €/m    ST 9,90 €/m

027.92208.M    KG 334 DIN 276
Füllen und Abdichten der Fuge, Kunststoffb. 40 / 18-24
EP 37,87 DM/m    LA 10,07 DM/m    ST 27,80 DM/m
EP 19,36 €/m    LA 5,15 €/m    ST 14,21 €/m

### Besonderer Schutz der Bauteile

027----.-

027.95501.M    Abdeckung als Schutz der Bauteile, lose    5,29 DM/m2
   2,71 €/m2

027.95501.M    KG 398 DIN 276
Abdeckung als Schutz der Bauteile, lose
EP 5,29 DM/m2    LA 4,09 DM/m2    ST 1,20 DM/m2
EP 2,71 €/m2    LA 2,09 €/m2    ST 0,62 €/m2

## LB 028 Parkett- und Holzpflasterarbeiten
### Vorbereiten des Untergrundes für Parkett

STLB 028

Ausgabe 06.01

**050** **Reinigen des Untergrundes,**
**Einzelangaben nach DIN 18356**
- Art des Untergrundes
  - – aus Beton,
  - – aus Zementestrich,
  - – aus .......,
- Art der Verschmutzung
  - – von grober Verschmutzung, Art / Umfang der Verschmutzung .......,
- Anordnungen zur Ausführung
  - – Ausführung nach besonderer Anordnung des AG,
  - – Ausführung .......,
- Disposition Schuttmassen
  - – Schuttmassen werden Eigentum des AN und sind zu beseitigen,
  - – Schuttbeseitigung wird gesondert vergütet.
- Berechnungseinheit m²

**051** **Vorbehandeln (Grundieren) des Untergrundes,**
**Einzelangaben nach DIN 18356**
- Art des Untergrundes
  - – aus Beton,
  - – aus Zementestrich,
  - – aus .......,
- Grundiermittel, Werkstoff
  - – Grundiermittel nach Wahl des AN,
  - – Grundiermittel .......,
- Erzeugnis
  - – Erzeugnis .......(oder gleichwertiger Art),
  - – Erzeugnis .......(vom Bieter einzutragen),
- Ausführung in Teilflächen, Abmessungen .......
- Berechnungseinheit m²

**052** **Schüttung,**
**Einzelangaben nach DIN 18356**
- Schüttgut, Dämmstoff
  - – aus geblähtem Mineralstoff, bituminiert,
  - – aus Pflanzenfasern (Schäben), bituminiert,
  - – aus geglühtem Sand, Körnung 0,6 mm,
  - – .......,
- Dicke der Schüttung
  - – mittlere Dicke 10 mm – 20 mm – 30 mm – .......,
- Erzeugnis
  - – Erzeugnis .......(oder gleichwertiger Art),
  - – Erzeugnis .......(vom Bieter einzutragen),
- Abdeckung der Schüttung
  - – einschl. nach Wahl des AN abdecken,
  - – einschl. mit Wollfilzpappe 800 g/m² abdecken,
  - – einschl. mit Rippenpappe abdecken,
  - – einschl. .......,
- Berechnungseinheit m²

**053** **Mehrdicke der vorbeschriebenen Schüttung,**
- je 10 mm
- .......
- Berechnungseinheit m²

**055** **Ausgleichen von Unebenheiten des Untergrundes,**
**Hinweis:** Pos. 055 vorzugsweise für Bauunterhaltungsarbeiten / Altbauerneuerung
**Einzelangaben nach DIN 18356**
- Art des Untergrundes
  - – aus .......,
- Ausgleichsmasse, Werkstoff
  - – mit Ausgleichsmasse,
  - – mit spannungsfreier Ausgleichsmasse,
  - – mit .......,
  - – Erzeugnis
    - – – Erzeugnis .......(oder gleichwertiger Art),
    - – – Erzeugnis .......(vom Bieter einzutragen),
- Anordnung der Ausführung
  - – Ausführung nach besonderer Anordnung des AG,
  - – Ausführung .......,
- Maße
  - – Dicke bis 2 mm – 2 bis 4 mm – 4 bis 6 mm – 6 bis 8 mm – 8 bis 10 mm – .......,
  - – in Teilflächen, Abmessungen .......,
- Berechnungseinheit m²

**070** **Lagerhölzer,**
**Einzelangaben nach DIN 18356**
- Holzart
  - – aus Nadelholz, mittlerer Feuchtegehalt 11 % +/– 2 %,
  - – aus Fichte/Tanne, mittlerer Feuchtegehalt 11 % +/– 2 %,
  - – aus .......,
    - – – Schnittklasse A,
    - – – Schnittklasse B,
    - – – Schnittklasse .......,
      - – – – Gütemerkmale der Normalklasse DIN 68365,
      - – – – Gütemerkmale .......,
- Querschnitt
  - – Querschnitt 4/6 cm,
  - – Querschnitt 6/6 cm,
  - – Querschnitt 6/8 cm,
  - – Querschnitt 8/8 cm,
  - – Querschnitt 8/10 cm,
  - – Querschnitt .......,
- Unterlage
  - – einschl. Dämmstreifen aus Bitumendachbahnen mit Rohfilzeinlage DIN 52128 – R 500,
  - – einschl. Dämmstreifen aus Mineralfasern DIN 18165 Teil 2,
    - – – Dicke unter Belastung 7,5 mm – 10 mm – 15 mm – 20 mm – .......,
  - – einschl. Dämmstreifen aus Pflanzenfasern DIN 18165 Teil 2,
    - – – Dicke unter Belastung 7,5 mm – 10 mm – 15 mm – 20 mm – .......,
  - – einschl. Dämmstreifen aus Bitumen-Holzfaserplatten DIN 68752 – BPH 2,
    - – – Dicke unter Belastung 13 mm – 16 mm – .......,
  - – einschl. Dämmstreifen aus .......,
    - – – Dicke unter Belastung .......,
- Untergrund
  - – Untergrund Holz,
  - – Untergrund Beton,
  - – Untergrund .......,
- Berechnungseinheit m

**075** **Auffüttern von Balken,**
**076** **Auffüttern von Lagerhölzern**
**Einzelangaben nach DIN 18356 zu Pos. 075, 076**
- Dicke über 10 bis 20 mm – über 10 bis 30 mm – .......
**Hinweis:** Auffüttern bis 10 mm Dicke ist Nebenleistung ohne besondere Vergütung.
- Berechnungseinheit m, Stück (mit Längenangaben)

**STLB 028**

Ausgabe 06.01

## LB 028 Parkett- und Holzpflasterarbeiten
### Vorbereiten des Untergrundes für Parkett

**Parkettunterlage**

080 **Blindboden,**
**Einzelangaben nach DIN 18356**
- Art der Parkettunterlage/des Blindbodens
  - – aus Holzspanplatten V 100 DIN 68763, mit Nut und Feder,
  - – aus .......,
    - – – einlagig, Dicke 10 mm – 13 mm – 16 mm – 19 mm – .......,
      - – – – schwimmend verlegen,
      - – – – aufkleben,
      - – – – aufschrauben,
      - – – – .......,
    - – – zweilagig, Gesamtdicke 20 mm – 22 mm – 26 mm – 32 mm – .......,
      - – – – schwimmend verlegen,
      - – – – aufkleben,
      - – – – aufschrauben,
      - – – – .......,
  - – aus Bitumen-Holzfaserplatten DIN 68752 – BPH 2,
    - – – einlagig, Dicke 8 mm – 10 mm – 15 mm – .......,
      - – – – schwimmend verlegen,
    - – – zweilagig, Gesamtdicke 20 mm – 25 mm – 30 mm – .......,
      - – – – schwimmend verlegen,
  - – aus bituminierten Filzbahnen,
    - – – Dicke 2 mm – 3 mm – 4 mm – .......,
      - – – – lose verlegen,
      - – – – aufkleben,
      - – – – .......,
  **Hinweis:** Schüttung für schwimmende Verlegung siehe Pos. 052,
  Trittschalldämmschicht für schwimmende Verlegung siehe Pos. 095.
- Erzeugnis
  - – Erzeugnis .......(oder gleichwertiger Art),
  - – Erzeugnis .......(vom Bieter einzutragen),
- Berechnungseinheit m²

081 **Schwingboden,**
**Einzelangaben nach DIN 18356**
- Bauart
  - – DIN 18032 Teil 2,
  - – .......,
- Einbaubereich
  - – für Sporthalle,
  - – für .......,
- Konstruktionshöhe
  - – Konstruktionshöhe einschl. Oberbelag 100 mm,
  - – Konstruktionshöhe einschl. Oberbelag 110 mm,
  - – Konstruktionshöhe einschl. Oberbelag 120 mm,
  - – Konstruktionshöhe einschl. Oberbelag 130 mm,
  - – Konstruktionshöhe einschl. Oberbelag 140 mm,
  - – Konstruktionshöhe einschl. Oberbelag 150 mm,
  - – Konstruktionshöhe einschl. Oberbelag .......,
- Ausführung gemäß Zeichnung Nr. .......,
  Einzelbeschreibung Nr. .......
- Erzeugnis
  - – Erzeugnis .......(oder gleichwertiger Art),
  - – Erzeugnis .......(vom Bieter einzutragen),
- Berechnungseinheit m²

090 **Wärmedämmschicht,**
091 **Wärmedämmschicht mit Randstreifen,**
**Hinweis:** Pos. 090, 091 vorzugsweise für Altbauerneuerung als Zwischenlage zwischen Rohdecke bzw. Estrich und Parkettunterlage / Blindboden (Pos. 080).
**Einzelangaben nach DIN 18356** zu Pos. 090, 091
- Dämmstoffart
  - – aus Schaumkunststoffen DIN 18164 Teil 1
    - – – als Phenolharz-Hartschaum,
    - – – als Polystyrol-Hartschaum (Partikelschaum),
    - – – als Polystyrol-Hartschaum (Extruderschaum),
    - – – als Polyurethan-Hartschaum,
    - – – als .......,
      - – – – Typ WD (druckbelastet),
      - – – – Typ WD (druckbelastet), SE (schwerentflammbar),
      - – – – Typ .......,
  - – aus mineralischen Dämmstoffen DIN 18165 Teil 1,
  - – aus pflanzlichen Dämmstoffen DIN 18165 Teil 1,
    - – – Typ WD (druckbelastet),
    - – – Typ WD (druckbelastet), A1 / A2 (nichtbrennbar),
    - – – Typ WD (druckbelastet), B1 (schwerentflammbar),
    - – – Typ WD (druckbelastet), B2 (normalentflammbar),
    - – – Typ .......,
  - – aus Schaumglas DIN 18174,
  - – aus Korkschrot,
  - – aus expandiertem bituminiertem Kork,
- Form
  - – in Platten,
  - – in Bahnen,
- Nenndicke 10 mm – 12,5 mm – 15 mm – 17,5 mm – 20 mm – 22,5 mm – 25 mm – .......,
- Erzeugnis
  - – Erzeugnis .......(oder gleichwertiger Art),
  - – Erzeugnis .......(vom Bieter einzutragen),
- Anzahl der Lagen
  - – einlagig verlegen,
  - – zweilagig mit versetzten Fugen verlegen,
  - – zweilagig mit versetzten Fugen verlegen, untereinander kleben,
  - – .......,
- Abdeckung der Dämmschicht
  - – abdecken nach Wahl des AN,
  - – abdecken mit nackter Bitumenbahn DIN 52129 – R 333 N,
  - – abdecken mit Kunststofffolie 0,2 mm,
  - – abdecken .......,
- Berechnungseinheit m²

# LB 028 Parkett- und Holzpflasterarbeiten
## Vorbereiten des Untergrundes für Parkett

STLB 028

Ausgabe 06.01

095 **Trittschalldämmschicht mit Randstreifen,**
   **Hinweis:** Pos. 095 vorzugsweise für Altbauerneuerung als Zwischenlage zwischen Rohdecke bzw. Estrich und Parkettunterlage/Blindboden (Pos. 080).
   **Einzelangaben nach DIN 18356**
   - Dämmstoffart
     - – aus Schaumkunststoffen DIN 18164 Teil 2,
     - – als Polystyrolschaum (Partikelschaum),
       - – – Typ T (Trittschalldämmstoff),
       - – – Typ T (Trittschalldämmstoff), SE (schwerentflammbar)
       - – – Typ ......,
         - – – – Dämmschichtgruppe I,
         - – – – Dämmschichtgruppe II,
     - – aus mineralischen Faserdämmstoffen DIN 18165 Teil 2,
     - – aus pflanzlichen Faserdämmstoffen DIN 18165 Teil 2,
       - – – Typ T (Trittschalldämmstoff),
       - – – Typ T (Trittschalldämmstoff), A1 / A2 (nichtbrennbar)
       - – – Typ T (Trittschalldämmstoff), B1 (schwerentflammbar)
       - – – Typ T (Trittschalldämmstoff), B2 (normalentflammbar)
       - – – Typ ......,
         - – – – Dämmschichtgruppe I,
         - – – – Dämmschichtgruppe II,
     - – aus Korkschrot,
     - – aus expandiertem, bituminiertem Kork,
     - – aus ......,
   - Form
     - – in Platten – in Bahnen,
   - Dicke unter Belastung 10 mm – 12,5 mm – 15 mm – 17,5 mm – 20 mm – 22,5 mm – 25 mm – 30 mm – ......,
   - Erzeugnis
     - – Erzeugnis ......(oder gleichwertiger Art),
     - – Erzeugnis ......(vom Bieter einzutragen),
   - Anzahl der Lagen
     - – einlagig verlegen,
     - – zweilagig mit versetzten Fugen verlegen,
     - – zweilagig mit versetzten Fugen verlegen, untereinander kleben,
     - – ......,
   - Abdeckung der Dämmschicht
     - – abdecken nach Wahl des AN,
     - – abdecken mit nackter Bitumenbahn DIN 52129 – R 333 N,
     - – abdecken mit Kunststofffolie 0,2 mm,
     - – abdecken ......,
   - Berechnungseinheit m$^2$

096 **Dämmstreifen aus Bitumen-Filz,**
   **Einzelangaben nach DIN 18356**
   - Dicke 2 mm – 3 mm – 4 mm – ......,
   - Breite bis 10 cm – über 10 bis 15 cm – über 15 bis 20 cm – ......,
   - Berechnungseinheit m

097 **Dämmstreifen aus Bitumen-Korkfilz,**
098 **Dämmstreifen ......,**
   **Einzelangaben nach DIN 18356** zu Pos. 097, 098
   - Dicke 5 bis 6 mm – 8 bis 10 mm – ......,
   - Breite bis 10 cm – über 10 bis 15 cm – über 15 bis 20 cm – ......,
   - Berechnungseinheit m

**STLB 028**

## LB 028 Parkett- und Holzpflasterarbeiten
### Parkett

Ausgabe 06.01

**100** Parkett aus Parkettstäben/Parkettriemen DIN 280-1, Einzelangaben nach DIN 18356
- Holzart
    - – Holzart Eiche-Natur (EI-N),
    - – Holzart Eiche-Gestreift (EI-G),
    - – Holzart Eiche-Rustikal (EI-R),
    - – Holzart Buche-Natur (BU-N), gedämpft,
    - – Holzart Buche-Natur (BU-N), ungedämpft,
    - – Holzart Buche-Rustikal- (BU-R), gedämpft,
    - – Holzart Buche-Rustikal- (BU-R), ungedämpft,
    - – Holzart .......,
- Maße
    - – Länge/Breite .......,
    **Hinweis:** Nach DIN 18356, Abs. 3.2.1.6, darf durch die Verwendung von Parkettstäben mit unterschiedlichen Maßen das Gesamtbild des Parketts nicht beeinträchtigt werden. Nebeneinander liegende Stäbe dürfen dabei nicht mehr als 50 mm in der Länge und nicht mehr als 10 mm in der Breite voneinander abweichen. Außerdem dürfen bei Parkettflächen bis zu 30 m² Stäbe in höchstens drei unterschiedlichen Maßen verwendet werden.
- Verlegeart
    - – Verlegeart parallel zur Wand,
    - – Verlegeart diagonal zur Wand,
        - – – im Verband mit regelmäßigem Stoß,
        - – – im Verband mit unregelmäßigem Stoß,
        - – – im Fischgrätmuster, einfach,
        - – – im Fischgrätmuster, zweifach,
        - – – im Fischgrätmuster, dreifach,
        - – – im Würfelmuster,
        - – – im .......
- Befestigungsart
    - – mit Nägeln befestigen und schleifen,
    - – mit Parkettklebstoff DIN 281 befestigen und schleifen,
    - – .......,
- Oberflächenbehandlung
    - – Oberfläche .......,
    - – Oberflächenbehandlung wird gesondert vergütet.
    **Hinweis:** Oberflächenbehandlung siehe Pos. 230.
- Ausführung gemäß Zeichnung Nr. ......., Einzelbeschreibung Nr. .......
- Berechnungseinheit m²

**110** Parkett aus Mosaikparkettlamellen DIN 280-2, Einzelangaben nach DIN 18356
- Holzart
    - – Holzart Eiche-Natur (EI-N),
    - – Holzart Eiche-Gestreift (EI-G),
    - – Holzart Eiche-Rustikal (EI-R),
    - – Holzart Buche-Natur (BU-N), gedämpft,
    - – Holzart Buche-Natur (BU-N), ungedämpft,
    - – Holzart Buche-Rustikal- (BU-R), gedämpft,
    - – Holzart Buche-Rustikal- (BU-R), ungedämpft,
    - – Holzart .......,
- Maße
    - – Länge/Breite .......,
- Verlegeart
    - – Verlegeart parallel zur Wand,
    - – Verlegeart diagonal zur Wand,
        - – – im Würfelmuster,
        - – – im .......
- Befestigungsart
    - – mit Parkettklebstoff DIN 281 befestigen und schleifen,
    - – .......,
- Oberflächenbehandlung
    - – Oberfläche .......,
    - – Oberflächenbehandlung wird gesondert vergütet.
    **Hinweis:** Oberflächenbehandlung siehe Pos. 230.
- Ausführung gemäß Zeichnung Nr. ......., Einzelbeschreibung Nr. .......
- Berechnungseinheit m²

**120** Parkett aus Fertigparkett-Elementen DIN 280-5, Einzelangaben nach DIN 18356
- Holzart
    - – Holzart Eiche-XXX (EI-XXX),
    - – Holzart Eiche-XX (EI-XX),
    - – Holzart Eiche-X (EI-X),
    - – Holzart .......,
- Maße
    - – (Dicke/Breite/Länge) .......,
- Verlegeart
    - – Verlegeart parallel zur Wand,
    - – Verlegeart diagonal zur Wand,
- Befestigungsart
    - – mit Nägeln befestigen,
    - – mit Parkettklebstoff DIN 281 befestigen,
    - – schwimmend verlegen,
    **Hinweis:** Schwimmende Verlegung mit Parkettunterlage siehe Pos. 080.
- Obeflächenbehandlung
    **Hinweis:** Fertigparkett-Elemente werden oberflächenfertig geliefert.
- Ausführung gemäß Zeichnung Nr. ......., Einzelbeschreibung Nr. .......
- Berechnungseinheit m²

**130** Parkett aus Hochkant-Parkettlamellen, Einzelangaben nach DIN 18356
- Holzart
    - – Holzart Eiche,
    - – Holzart .......,
- Lamellenlänge
    - – Lamellenlänge nach Wahl des AN,
    - – Lamellenlänge .......,
- Lamellendicke
    - – Dicke 18 mm,
    - – Dicke 20 mm,
    - – Dicke 23 mm,
    - – Dicke .......,
- Verlegeart
    - – Verlegeart in Reihen,
    - – Verlegeart .......,
- Befestigungsart
    - – mit Parkettklebstoff DIN 281 befestigen und schleifen,
    - – .......,
- Oberflächenbehandlung
    - – Oberfläche .......,
    - – Oberflächenbehandlung wird gesondert vergütet.
    **Hinweis:** Oberflächenbehandlung siehe Pos. 230.
- Ausführung gemäß Zeichnung Nr. ......., Einzelbeschreibung Nr. .......
- Berechnungseinheit m²

# LB 028 Parkett- und Holzpflasterarbeiten
## Parkett

STLB 028

Ausgabe 06.01

**135** **Parkett aus Mehrschichten-Parkettdielen DIN 280 Teil 4,**
  **Einzelangaben nach DIN 18356**
  – Holzart, Standard
    – – Holzart Eiche-Standard (EI-S),
    – – Holzart Eiche-Exquisit (EI-E),
    – – Holzart Eiche-Rustikal (EI-R),
  – Maße
    – – Dicke, Breite und Länge nach Wahl des AN,
    – – Dicke/Breite/Länge ......,
  – Verlegeart
    – – Verlegeart parallel zur Wand,
    – – Verlegeart diagonal zur Wand,
  – Befestigungsart
    – – mit Nägeln befestigen,
    – – mit Parkettklebstoff DIN 281 befestigen,
    – – schwimmend verlegen,
      **Hinweis:** Schwimmende Verlegung mit Parkett-
      unterlage siehe Pos. 080.
  – Obeflächenbehandlung
    – – Oberfläche ......,
    – – Oberflächenbehandlung wird gesondert vergütet,
      **Hinweis:** Oberflächenbehandlung siehe Pos. 230.
  – Ausführung gemäß Zeichnung Nr. ......,
    Einzelbeschreibung Nr. ......
  – Berechnungseinheit m²

**140** **Stufenbelag auf,**
  **Einzelangaben nach DIN 18356**
  – Stufenoberflächen
    – – Trittstufen,
    – – Trittstufen einschl. Setzstufen,
      – – – mit einer freien Kopfseite,
      – – – mit zwei freien Kopfseiten,
  – Untergrund
    – – auf Betonstufen,
    – – auf ......,
  – Belagart/Parkettart
    – – passend zu vorbeschriebenem Parkett,
    – – aus ......,
  – Maße
    – – Steigungsverhältnis ......, Länge ......,
  – Ausführung gemäß Zeichnung Nr. ......,
    Einzelbeschreibung Nr. ......
  – Berechnungseinheit Stück

**STLB 028**

Ausgabe 06.01

## LB 028 Parkett- und Holzpflasterarbeiten
### Parkett, zusätzliche Leistungen

160 Fußleiste,
170 Stuhlleiste am Boden,
180 Schutzbrett an der Wand,
Einzelangaben nach DIN 18356 zu Pos. 160 bis 180
- Form
  - - rechteckig,
  - - trapezförmig,
  - - .......,
    - - - Oberkante abgerundet – gefast,
- Werkstoff
  - - aus Eiche,
  - - aus Buche,
  - - farblich passend zu vorbeschriebenem Parkett,
  - - aus .......,
Fortsetzung Einzelangaben siehe Pos. 191

190 Fußleiste gekehlt,
Einzelangaben nach DIN 18356
- Werkstoff
  - - aus Eiche,
  - - aus Buche,
  - - farblich passend zu vorbeschriebenem Parkett,
  - - aus .......,
Fortsetzung Einzelangaben siehe Pos. 191

191 Deckleiste,
Einzelangaben nach DIN 18356
- Form
  - - als Viertelstab,
  - - als Kehlstab,
  - - als Rechteckprofil,
  - - als Winkelprofil,
  - - als .......,
- Werkstoff
  - - aus Eiche,
  - - aus Buche,
  - - farblich passend zu vorbeschriebenem Parkett,
  - - aus .......,
Fortsetzung Einzelangaben zu Pos. 160 bis 191
- Oberfläche
  - - Oberfläche unbehandelt,
  - - Oberfläche gewachst,
  - - Oberfläche versiegelt,
  - - Oberfläche .......,
- Maße
  - - Querschnitt .......,
  - - Maße .......,
- Befestigungsart
  - - mit Nägeln befestigen,
  - - mit Schrauben aus Messing, befestigen,
  - - mit verchromten Schrauben befestigen,
  - - mit .......,
- Schalldämmung
  - - mit Schallschutzstreifen unterlegen,
  - - mit Schallschutzstreifen hinterlegen,
- Untergrund
  - - Untergrund Sichtmauerwerk,
  - - Untergrund Mauerwerk, verputzt,
  - - Untergrund Sichtbeton,
  - - Untergrund Beton, verputzt,
  - - Untergrund Holz,
  - - Untergrund Gipskartonplatten,
  - - Untergrund .......,
- Ausführung gemäß Zeichnung Nr. .......,
  Einzelbeschreibung Nr. .......
- Berechnungseinheit m

200 Wandfries als Zulage zur Teilleistung (Position) .......,
201 Umfassungsfries als Zulage zur Teilleistung (Position) .......,
202 Zwischenfries als Zulage zur Teilleistung (Position) .......,
203 Zwischeneinlage (Ader) als Zulage zur Teilleistung (Position) .......,
204 Fußbodengestaltung als Zulage zur Teilleistung (Position) .......,
Hinweis: Markierungen durch Beschichten siehe LB 034 Anstricharbeiten.
Einzelangaben nach DIN 18356 zu Pos. 200 bis 204
- Holzart .......
- Maße .......
  - - Breite .......,
  - - Maße .......,
- Ausführung gemäß Zeichnung Nr. .......,
  Einzelbeschreibung Nr. .......
- Berechnungseinheit m, St, m²

220 Randstreifenüberstand von Dämmschichten anderer AN nach Verlegen des Parketts oberflächenbündig abschneiden
- Berechnungseinheit m
Hinweis: Das Entfernen von Randstreifenüberständen ist nach DIN 18353, Abs. 4.1.5 (Estricharbeiten), und nach DIN 18354, Abs. 4.1.6 (Asphaltbelagarbeiten) Nebenleistung ohne besondere Vergütung. Die vorstehende Pos. 220 ist deshalb nur dann anzuwenden, wenn die AN der vorgenannten Leistungsbereiche ihre Leistung nicht vollständig erbracht haben. In solchen Fällen ist das Entfernen von Randstreifenüberständen gemäß DIN 18356, Abs. 4.2.13, Besondere Leistung gegen Vergütung (auf Anordnung des AG).

230 Oberfläche des vorbeschriebenen Parkettfußbodens,
Einzelangaben nach DIN 18356
- Art der Oberflächenbehandlung
  - - ölen,
  - - warmwachsen,
  - - heiß einbrennen,
  - - grundieren und mit Ölkunstharzsiegel nach Herstellervorschrift versiegeln,
  - - grundieren und mit Polyurethan(PUR)-Siegel nach Herstellervorschrift versiegeln,
  - - grundieren und mit Wasserlack nach Herstellervorschrift versiegeln,
  - - .......,
    - - - Oberfläche matt,
    - - - Oberfläche glänzend,
    - - - Oberfläche .......,
- Maße (bei Berechnungseinheit Stück, Größe Teilflächen
  - - Ausführung in Teilflächen, Maße .......,
  - - Maße .......,
- Erzeugnis
  - - Erzeugnis .......(oder gleichwertiger Art),
  - - Erzeugnis .......(vom Bieter einzutragen),
- die schriftliche Pflegeanleitung ist in ....... Ausfertigungen zu übergeben
- Berechnungseinheit m², Stück (mit Maßangaben)

# LB 028 Parkett- und Holzpflasterarbeiten
## Parkett, zusätzliche Leistungen

STLB 028

Ausgabe 06.01

**240** Anpassen des vorbeschriebenen Parkettfußbodens,
**Hinweis:** Nach DIN 18356, Abs. 4.1.3, ist das Anschließen des Parketts an alle angrenzenden Bauteile, z.B. Rohrleitungen, Zargen, Bekleidungen, Anschlussschienen, Vorstoßschienen, Säulen, Schwellen, Nebenleistung ohne besondere Vergütung; ausgenommen ist als "Besondere Leistung" gegen Vergütung nach DIN 18356, Abs. 4.2.6, das Anarbeiten des Parketts an Einbauteile und Einrichtungsgegenstände in Räumen mit besonderer Installation und das Anschließen des Parketts an Einbauteile und Wände, für die keine Leistungsbeschreibung vorgesehen ist. Als Besondere Leistung gegen Vergütung gilt auch das Anpassen des Parketts an schräg und gekrümmt angrenzende Bauteile, mit dem der AN bei Abgabe des Angebotes nicht rechnen konnte (z.B. fehlende Ausführungszeichnungen).
**Einzelangaben nach DIN 18356**
- Art des Bauteils
  - – an schräg angrenzende Bauteile,
  - – an gekrümmt angrenzende Bauteile,
  - – an .......,
- abgewickelte Einzellänge ....... (bei Berechnungseinheit Stück)
- Berechnungseinheit m, Stück

**241** Aussparung in vorbeschriebenem Parkettfußboden,
**Hinweis:** Nach DIN 18356, Abs. 4.2.6, ist das Herstellen von Aussparungen im Parkett für Rohrdurchführungen u.dgl. in Räumen mit besonderer Installation "Besondere Leistung" gegen Vergütung. Der Begriff "Räume mit besonderer Installation" ist in DIN 18356 nicht näher definiert. Besondere Installationen sind i.d.R. für nutzungsspezifische Anlagen (Kostengruppe 470 in DIN 276) erforderlich.
**Einzelangaben nach DIN 18356**
- Maße
  - – Durchmesser .......,
  - – Maße .......,
- Leistungsumfang
  - – herstellen,
  - – herstellen und schließen,
    - – – Ausführung einschl. Abdeckleisten,
- besondere Anforderungen .......
- Berechnungseinheit Stück (mit Maßangaben), m²

**260** Trennschiene,
**Einzelangaben nach DIN 18356**
- Werkstoff
  - – aus Messing,
  - – aus .......,
- Profile, Maße
  - – als Winkelprofil, Maße 10/3 mm,
  - – als Winkelprofil, Maße 22/3 mm,
  - – als Winkelprofil, Maße .......,
  - – .......,
- Befestigungsart
  - – kleben,
  - – schrauben,
  - – .......,
- Untergrund
  - – Untergrund Beton – Zementestrich – Holz – .......,
- Ausführung gemäß Zeichnung Nr. .......,
  Einzelbeschreibung Nr. .......
- Berechnungseinheit m

**265** Übergangsprofil,
**Einzelangaben nach DIN 18356**
- Werkstoff
  - – aus Messing,
  - – aus .......,
- Form gewölbt – keilförmig – .......,
- sichtbare Breite 30 mm – .......,
- Anordnung
  - – auf den Parkettfußboden aufsetzen,
  - – .......,
- Befestigung
  - – mit Schrauben befestigen,
  - – mit Schrauben und Dübeln befestigen,
  - – durch Kleben befestigen
  - – .......,
- Untergrund Beton – Zementestrich – Holz – .......,
- Ausführung gemäß Zeichnung Nr. .......,
  Einzelbeschreibung Nr. .......
- Berechnungseinheit m

**270** Bewegungsfuge aus Aluminiumprofilen,
**Einzelangaben nach DIN 18356**
- Profileinlage
  - – mit Einlage aus PVC,
  - – mit Einlage aus synthetischem Kautschuk,
  - – mit Einlage .......,
- sichtbare Profilbreite 35 mm – 50 mm – 75 mm – .......,
- Einzellänge bis 1 m – bis 1,5 m – bis 2 m – .......,
- Untergrund Beton – Zementestrich – Holz – .......,
- Ausführung gemäß Zeichnung Nr. .......,
  Einzelbeschreibung Nr. .......
- Erzeugnis
  - – Erzeugnis .......(oder gleichwertiger Art),
  - – Erzeugnis .......(vom Bieter einzutragen),
- Berechnungseinheit m

**271** Randfuge,
**Einzelangaben nach DIN 18356**
- Breite 10 mm – 15 mm – 20 mm – .......,
- nach Vorschrift des Herstellers des Fugenfüllmaterials vorbehandeln, unterfüllen und
  - – füllen mit Fugenprofil aus PVC,
  - – füllen mit Fugenprofil aus synthetischem Kautschuk,
  - – füllen mit Fugenfüllmasse .......
- Ausführung gemäß Zeichnung Nr. .......,
  Einzelbeschreibung Nr. .......
- Erzeugnis
  - – Erzeugnis .......(oder gleichwertiger Art),
  - – Erzeugnis .......(vom Bieter einzutragen),
- Berechnungseinheit m

**290** Abdeckung des Parkettfußbodens,
**291** Abdeckung der Parkettstufe,
**Hinweis:** Besonderer Schutz von fertigen Fußböden n u r bei vorzeitiger Benutzung auf V e r l a n g e n   d e s   A G .
**Einzelangaben nach DIN 18356 zu Pos. 290, 291**
- Ausführung .......
- Leistungsumfang
  - – einschl. der späteren Beseitigung,
  - –
    - – – einschl. der laufenden Unterhaltung, Vorhaltedauer .......,
- Berechnungseinheit m, m², Stück

# LB 028 Parkett- und Holzpflasterarbeiten
## Parkett, Instandsetzungsarbeiten

310 Oberfläche des Parkettfußbodens,
311 Trittfläche der Parkettstufe,
312 Trittfläche der Vollholzstufe,
  Einzelangaben nach DIN 18356 zu Pos. 310 bis 312
  - Art der Oberfläche
    - - geölt,
    - - gewachst,
    - - heiß eingebrannt,
    - - versiegelt,
      - - - mit Ölkunstharzsiegel,
      - - - mit Polyurethan(PUR)-Siegel,
      - - - mit Wasserlack,
  - Leistungsumfang
    - - in drei Schleifgängen abschleifen,
    - - in vier Schleifgängen abschleifen,
    - - .......,
      - - - ohne kitten,
      - - - und kitten, Anzahl der Arbeitsgänge .......,
      - - - - einschl. Vorderkante, Stufe,
      - - - - einschl. Setzstufe,
      - - - - einschl. .......,
  - Ausführung
    - - Ausführung in Teilflächen, Maße .......,
    - - Ausführung .......,
  - Berechnungseinheit m², m, Stück

313 Zusätzlicher Schleifgang zu vorbeschriebener Leistung auf besondere Anordnung des AG,
  - Berechnungseinheit m², m, Stück

314 Aufnehmen des Parkettfußbodens
  Einzelangaben nach DIN 18356
  - Parkettart/Holzart
    - - aus Parkettstäben/-riemen,
    - - aus Mosaikparkettlamellen,
    - - aus Fertigparkett-Elementen,
    - - aus Hochkant-Parkettlamellen,
      - - - Holzart Eiche,
      - - - Holzart Buche,
      - - - Holzart .......,
  - Befestigungsart
    - - genagelt,
    - - geklebt,
    - - schwimmend verlegt,
  - Maße, Ausführung
    - - Maße .......,
    - - Ausführung in Teilflächen, Maße .......,
    - - Ausführung .......,
  - Verfügung über Abbruchmaterial
    - - anfallendes Material beseitigen,
    - - wiederverwendbares Material reinigen und seitlich lagerrn, restliches Material beseitigen,
      **Hinweis:** Unter "seitlich" sind Entfernungen bis zu 50 m zu verstehen.
    - - anfallendes Material .......,
  - Berechnungseinheit m²

315 Ausbauen der Fußleiste,
316 Ausbauen der Deckleiste,
317 Ausbauen der Fuß- und Deckleiste,
318 Ausbauen des Schutzbrettes,
319 Ausbauen der Stuhlleiste,
320 Ausbauen der Trennschiene,
321 Ausbauen des Bewegungsfugenprofils,
322 Aufnehmen der Lagerhölzer,
  Einzelangaben nach DIN 18356 zu Pos. 315 bis 322
  - Befestigungsart
    - - genagelt,
    - - geschraubt,
    - - geklebt,
    - - lose verlegt,
    - - verankert,
  - Maße
    - - Maße .......,
    - - Querschnitt .......,
  - Verfügung über Abbruchmaterial
    - - anfallendes Material beseitigen,
    - - wiederverwendbares Material reinigen und seitlich lagerrn, restliches Material beseitigen,
      **Hinweis:** Unter "seitlich" sind Entfernungen bis zu 50 m zu verstehen.
    - - anfallendes Material .......,
  - Ausführung in Teillängen von .......
  - Berechnungseinheit m

323 Aufnehmen der Parkettunterlage,
  Einzelangaben nach DIN 18356
  - Werkstoff
    - - aus Holzspanplatten,
    - - aus Bitumen-Holzfaserplatten,
    - - aus bituminierten Filzbahnen,
    - - aus Bitumenbahnen,
    - - aus Korkment,
    - - aus Brettern,
    - - aus .......,
  - Verlegeart/Befestigungsart
    - - lose verlegt,
    - - genagelt,
    - - geschraubt,
    - - geklebt,
  - Verfügung über Abbruchmaterial
    - - anfallendes Material beseitigen,
    - - wiederverwendbares Material reinigen und seitlich lagerrn, restliches Material beseitigen,
      **Hinweis:** Unter "seitlich" sind Entfernungen bis zu 50 m zu verstehen.
    - - anfallendes Material .......,
  - Ausführung in Teilflächen, Maße .......
  - Berechnungseinheit m²

324 Aufnehmen der Schüttung,
  Einzelangaben nach DIN 18356
  - Werkstoff
    - - aus geblähtem Mineralstoff,
    - - aus Pflanzenfasern (Schäben),
    - - aus Korkschrot,
    - - aus Sand,
    - - aus .......,
      - - - einschl. Abdeckung,
  - Dicke
  - Verfügung über Abbruchmaterial
    - - anfallendes Material beseitigen,
    - - wiederverwendbares Material reinigen und seitlich lagerrn, restliches Material beseitigen,
      **Hinweis:** Unter "seitlich" sind Entfernungen bis zu 50 m zu verstehen.
    - - anfallendes Material .......,
  - Ausführung in Teilflächen, Maße .......
  - Berechnungseinheit m²

## LB 028 Parkett- und Holzpflasterarbeiten
### Vorbereiten des Untergrundes für Holzpflaster

STLB 028

Ausgabe 06.01

**Vorbereiten des Untergrundes** siehe **Hinweis** vor Pos. 050.

**400** Reinigen des Untergrundes von grober Verschmutzung,
Einzelangaben nach DIN 18367
- Art des Untergrundes
  - – aus Beton,
  - – aus Zementestrich,
  - – aus ......,
- Art/Umfang der Verschmutzung
- Ausführungsanordnung
  - – Ausführung nach besonderer Anordnung des AG,
  - – Ausführung .......,
  **Hinweis:** Nach DIN 18367, Abs. 4.1.1, ist das Reinigen des Untergrundes von normaler Verschmutzung Nebenleistung ohne besondere Vergütung. Grobe Verschmutzungen, soweit diese von anderen Unternehmern herrühren, sind nach DIN 18367, Abs. 4.2.3, als "Besondere Leistungen" zusätzlich zu vergüten.
- Berechnungseinheit m$^2$

**401** Vorbehandeln (Grundieren) des Untergrundes
Einzelangaben nach DIN 18367
- Art des Untergrundes
  - – aus Beton,
  - – aus Zementestrich,
  - – aus ......,
- Grundiermittel nach Wahl des AN
- Ausführung in Teilflächen, Maße .......
- Berechnungseinheit m$^2$

# LB 028 Parkett- und Holzpflasterarbeiten
## Holzpflaster

**410** **Holzpflaster GE DIN 68701 für gewerbliche Zwecke,**
**Hinweis:** Nach DIN 18367, Abs. 3.2, ist pressverlegtes Holzpflaster GE ohne Fugenleisten mit heißflüssiger Klebemasse auf Unterlagsbahnen auszuführen und mit Quarzsand abzukehren.
**Einzelangaben nach DIN 18367**
- Holzart Kiefer – Lärche – Fichte – Eiche – .......
- Klotzhöhe 50 mm – 60 mm – 80 mm – 100 mm – .......,
- Art der Imprägnierung
  - – imprägniert mit geruchsschwachem Holzschutzmittel nach Herstellervorschrift im Sprühverfahren, Oberfläche nach dem Verlegen mit heißem paraffinhaltigem Schutzmittel nachbehandeln,
  - – imprägniert mit geruchsschwachem Holzschutzmittel nach Herstellervorschrift im Tauchverfahren, Oberfläche nach dem Verlegen mit heißem paraffinhaltigem Schutzmittel nachbehandeln,
  - – imprägniert .......,
- Vorbehandlung Untergrund
  - – Voranstrich mit kalter Bitumenlösung, Unterlage aus Bitumenbahn DIN 52129 R 500 N heiß kleben,
  - – Voranstrich mit kalter Steinkohlenteerpechlösung, Unterlage aus nackter Teerbahn, Flächengewicht 500 g/m², heiß kleben,
  - – Voranstrich .......,
    **Hinweis:** Nach DIN 18367, Abs. 3.1.4, ist bei Verlegung auf Betonuntergrund ein Voranstrich aufzubringen.
- Verlegeart
  - – verlegen im Verband mit Pressfugen,
  - – verlegen im Verband mit Pressfugen, Fugenanordnung diagonal,
  - – verlegen im Verband mit Fugenleisten,
  - – verlegen im Verband mit Fugenleisten, Fugenanordnung diagonal,
  - – verlegen .......,
    - – – ohne Kleben der Klötze,
    - – – mit Kleben der Klötze,
    - – – .......,
      **Hinweis:** Nach DIN 18367, Abs. 3.1.5 sind die Klötze im Verband mit geradlinig durchgehenden Längsfugen zu verlegen. Sie müssen parallel zur Schmalseite der zu pflasternden Fläche verlaufen.
- Oberfläche, Fugenverguss
  - – Der nach dem Abkehren auf den Flächen verbleibende Quarzsand wird bauseits beseitigt,
  - – Fugen mit Heißvergussmasse auf Steinkohlenteerpechbasis vergießen,
  - – Fugen mit Heißvergussmasse auf Steinkohlenteerpechbasis vergießen. Der nach dem Abkehren auf den Flächen verbleibende Quarzsand wird bauseits beseitigt,
  - – .......,
- Ausführung
  - – Ausführung gemäß Zeichnung Nr. ......., Einzelbeschreibung Nr. .......
  - – Ausführung: in Teilflächen, Abmessungen .......,
- Berechnungseinheit m²

**430** **Holzpflaster RE-V DIN 68702 als repräsentativer Fußboden,**
**Einzelangaben nach DIN 18367**
- Holzart Kiefer – Lärche – Fichte – Eiche – .......
- Klotzhöhe 22 mm – 25 mm – 30 mm – 40 mm – 50 mm – 60 mm – 80 mm – .......,
- Vorbehandlung Untergrund
  - – kalter Voranstrich nach Wahl des AN,
  - – Voranstrich .......,
    **Hinweis:** Nach DIN 18367, Abs. 3.1.4, ist bei Verlegung auf Betonuntergrund ein Voranstrich aufzubringen.
- Verlegeart
  - – im Verband mit Pressfugen verlegen,
  - – verlegen .......,
- Oberfläche schleifen, Oberflächenbehandlung wird gesondert vergütet.
  **Hinweis:** Nach DIN 18367 ist zu beachten:
  **3.3.1** Holzpflaster RE-V ist sofort nach dem Abschleifen zu versiegeln.
  **3.3.2** Der Auftragnehmer hat die Versiegelungsart und das Versiegelungsmittel entsprechend dem Verwendungszweck des Raumes und der vorgesehenen Beanspruchung auszuwählen (siehe Pos. 490, 491).
  **3.3.3** Die Versiegelung ist so auszuführen, dass eine gleichmäßige Oberfläche entsteht.
- Ausführung
  - – Ausführung gemäß Zeichnung Nr. ......., Einzelbeschreibung Nr. .......
  - – Ausführung: in Teilflächen, Abmessungen .......,
- Berechnungseinheit m²

**431** **Holzpflaster RE-W DIN 68702 als repräsentativer Fußboden,**
**Einzelangaben nach DIN 18367**
- Holzart Kiefer – Lärche – Fichte – Eiche – .......
- Klotzhöhe 30 mm – 40 mm – 50 mm – 60 mm – 80 mm – .......,
- Vorbehandlung Untergrund
  - – kalter Voranstrich nach Wahl des AN,
  - – Voranstrich .......,
    **Hinweis:** Nach DIN 18367, Abs. 3.1.4, ist bei Verlegung auf Betonuntergrund ein Voranstrich aufzubringen.
- Verlegeart
  - – im Verband mit Pressfugen verlegen,
  - – verlegen .......,
- Oberfläche schleifen, Oberflächenbehandlung wird gesondert vergütet.
  **Hinweis:** Nach DIN 18367 ist zu beachten:
  **3.4.1** Holzpflaster RE-W ohne Oberflächenschutz ist nach dem Verlegen mit einem öligen, paraffinhaltigen Mittel, zur Verzögerung der Feuchteaufnahme, zu behandeln.
- Ausführung
  - – Ausführung gemäß Zeichnung Nr. ......., Einzelbeschreibung Nr. .......
  - – Ausführung: in Teilflächen, Abmessungen .......,
- Berechnungseinheit m²

**432** **Stufenbelag,**
**Einzelangaben nach DIN 18367**
- Stufenoberflächen
  - – Trittstufen,
  - – Trittstufen einschl. Setzstufen,
    - – – mit einer freien Kopfseite,
    - – – mit zwei freien Kopfseiten,
- Untergrund
  - – auf Betonstufen,
  - – auf .......
- Belagart/Holzpflasterart
  - – passend zu vorbeschriebenem Holzpflaster RE,
  - – aus .......,
- Maße
  - – Steigungsverhältnis ......., Länge .......,
- Ausführung gemäß Zeichnung Nr. ......., Einzelbeschreibung Nr. .......
- Berechnungseinheit Stück

**433** **Gleitschutzprofil für Vorderkante der vorbeschriebenen Stufe,**
**Einzelangaben nach DIN 18367**
- Werkstoff
  - – aus thermoplastischem Kunststoff,
  - – aus Elastomeren,
  - – aus Metall .......,
- Stufenlänge ....... (Angaben nur bei Berechnungseinheit Stück)
- Berechnungseinheit m, Stück

**434** **Optische Markierung für Vorderkante der vorbeschriebenen Stufe aus Hartholzleiste in kontrastierendem Farbton**
**Einzelangaben nach DIN 18367**
- Stufenlänge ....... (Angaben nur bei Berechnungseinheit Stück)
- Berechnungseinheit m, Stück

# LB 028 Parkett- und Holzpflasterarbeiten
## Holzpflaster, zusätzliche Leistungen

STLB 028

Ausgabe 06.01

**450** Fußleiste,
**460** Schutzbrett an der Wand,
**470** Stuhlleiste am Boden,
**480** Deckleiste,
Einzelangaben nach DIN 18367 zu Pos. 450 bis 480
- Holzart
  - - Holzart passend zu vorbeschriebenem Holzpflaster,
  - - Holzart .......,
- Form
  - - rechteckig,
  - - trapezförmig,
    - - - Oberkante abgerundet,
    - - - Oberkante gefast,
  - - als Viertelstab,
  - - .......,
- Maße
  - - Querschnitt .......,
  - - Maße .......,
- Oberfläche
  - - Oberfläche unbehandelt,
  - - Oberfläche .......,
- Befestigungsart
  - - mit Nägeln befestigen,
  - - mit Schrauben aus Messing befestigen,
  - - mit verchromten Schrauben befestigen,
  - - .......,
- Schalldämmung
  - - mit Schallschutzstreifen unterlegen,
  - - mit .......
- Untergrund
  - - Untergrund Sichtmauerwerk,
  - - Untergrund Mauerwerk, verputzt,
  - - Untergrund Sichtbeton,
  - - Untergrund Beton, verputzt,
  - - Untergrund Holz,
  - - Untergrund Gipskartonplatten,
  - - Untergrund .......,
- Ausführung gemäß Zeichnung Nr. .......,
  Einzelbeschreibung Nr. .......
- Berechnungseinheit m

**490** Oberfläche des Holzpflasterbodens RE-V DIN 68702,
**491** Oberfläche des Holzpflasterbodens RE-W DIN 68702,
Einzelangaben nach DIN 18367 zu Pos. 490, 491
- beizen
- Beschichtungsart
  - - ölen, einmal – zweimal – dreimal,
  - - kaltwachsen, einmal – zweimal – dreimal,
  - - warmwachsen, einmal – zweimal – dreimal,
  - - einbrennen,
  - - mit Ölkunstharzsiegel versiegeln nach Herstellervorschrift,
  - - mit säurehärtendem Siegel versiegeln nach Herstellervorschrift,
  - - mit Polyurethan(PUR)-Siegel versiegeln nach Herstellervorschrift,
  - - mit Ölparaffinemulsion behandeln nach Herstellervorschrift (heiß zu verarbeiten),
  - - .......,
- Erzeugnis
  - - Erzeugnis .......(oder gleichwertiger Art),
  - - Erzeugnis .......(vom Bieter einzutragen),
- Oberfläche
  - - Oberfläche matt,
  - - Oberfläche glänzend,
  - - Oberfläche .......,
- die schriftliche Pflegeanleitung ist in ....... Ausfertigungen zu übergeben
- Ausführung in Teilflächen, Maße .......,
- Berechnungseinheit $m^2$

**500** Anpassen des vorbeschriebenen Holzpflasterbodens,
Hinweis: Anpassen des Holzpflasters an angrenzende Bauteile gilt nach DIN 18367, Abs. 4.1.2 als Nebenleistung ohne besondere Vergütung. Nach DIN 18367, Abs. 4.2.4 sind davon ausgenommen Anpassungen an schräg oder gekrümmt zum Fugenverlauf angrenzende Bauteile, mit denen der AN bei Abgabe des Angebotes nicht rechnen konnte (z.B. fehlende Ausführungszeichnungen); derartige Anpassungen sind als "Besondere Leistungen" zusätzlich zu vergüten.
Einzelangaben nach DIN 18367
- Art des Bauteils
  - - an schräg angrenzende Bauteile,
  - - an gekrümmt angrenzende Bauteile,
  - - an .......
- abgewickelte Einzellänge ....... (bei Berechnungseinheit Stück)
- Berechnungseinheit m, Stück

**501** Aussparung in vorbeschriebenem Holzpflasterboden,
Hinweis: Nach DIN 18367, Abs. 4.2.4, gilt als "Besondere Leistungen" gegen zusätzliche Vergütung das Herstellen von Aussparungen, mit denen der AN bei Abgabe des Angebotes nicht rechnen konnte (z.B. fehlende Ausführungszeichnungen).
Einzelangaben nach DIN 18367
- Maße
  - - Durchmesser .......,
  - - Maße .......,
- Leistungsumfang
  - - herstellen,
  - - herstellen und schließen
- besondere Anforderungen .......
- Berechnungseinheit Stück (mit Maßangaben), $m^2$

**520** Übergangsprofil,
Einzelangaben nach DIN 18367
- Form
  - - gewölbt,
  - - keilförmig,
  - - .......,
- sichtbare Breite 30 mm – .......
Fortsetzung Einzelangaben siehe Pos. 521

**521** Trennschiene,
Einzelangaben nach DIN 18367
- Profil, Maße
  - - als Flachprofil, Querschnitt 5/10 mm – 5/22 mm – 5/30 mm – .......,
  - - als Winkelprofil, Maße 10/3 mm – 22/3 mm – 30/4 mm – 40/5 mm – .......,
  - - .......,
- Werkstoff
  - - aus Aluminium,
  - - aus Messing,
  - - aus nichtrostendem Stahl,
  - - .......,
- Befestigungsart
  - - mit Ankern befestigen,
  - - mit Schrauben befestigen,
  - - mit Schrauben aus ....... befestigen,
  - - mit Schrauben und Dübeln befestigen,
  - - mit Schrauben aus ....... und Dübeln befestigen,
  - - befestigen .......
- Anschlussart
  - - für einseitigen Anschluss an Holzpflaster,
  - - für zweiseitigen Anschluss an Holzpflaster,
  - - für .......,
- Untergrund
  - - Untergrund Beton – Zementestrich – Holz – .......
- Ausführung gemäß Zeichnung Nr. .......,
  Einzelbeschreibung Nr. .......
- Berechnungseinheit m

## LB 028 Parkett- und Holzpflasterarbeiten
### Holzpflaster, zusätzliche Leistungen; Instandsetzungsarbeiten

530 Bewegungsfugen aus Aluminiumprofilen,
Einzelangaben nach DIN 18367
- Profileinlage
  - – mit Einlage aus PVC,
  - – mit Einlage aus synthetischem Kautschuk,
  - – mit Einlage .......,
- sichtbare Profilbreite 35 mm – 50 mm – 75 mm – .......,
- Einzellänge bis 1 m – bis 1,5 m – bis 2 m – .......,
- Untergrund Beton – Zementestrich – Holz – .......,
- Ausführung gemäß Zeichnung Nr. .......,
  Einzelbeschreibung Nr. .......
- Erzeugnis
  - – Erzeugnis .......(oder gleichwertiger Art),
  - – Erzeugnis .......(vom Bieter einzutragen),
- Berechnungseinheit m

531 Randfuge,
Einzelangaben nach DIN 18367
- Breite 10 mm – 15 mm – 20 mm – .......,
- nach Vorschrift des Herstellers des Fugenfüllmaterials vorbehandeln, unterfüllen und
  - – füllen mit Fugenprofil aus PVC,
  - – füllen mit Fugenprofil aus synthetischem Kautschuk,
  - – füllen mit Fugenfüllmasse .......
- Ausführung gemäß Zeichnung Nr. .......,
  Einzelbeschreibung Nr. .......
- Erzeugnis
  - – Erzeugnis .......(oder gleichwertiger Art),
  - – Erzeugnis .......(vom Bieter einzutragen),
- Berechnungseinheit m

550 Abdeckung des Holzpflasterfußbodens,
551 Abdeckung der Holzpflasterstufe,
Hinweis: Besonderer Schutz von fertigen Fußböden n u r bei vorzeitiger Benutzung a u f  V e r l a n g e n  d e s  A G .
Einzelangaben nach DIN 18367 zu Pos. 550, 551
- Ausführung .......
- Leistungsumfang
  - – einschl. der späteren Beseitigung,
  - – .......,
    - – – einschl. der laufenden Unterhaltung, Vorhaltedauer .......,
- Berechnungseinheit m, m², Stück

570 Oberfläche des Holzpflasterfußbodens,
571 Trittfläche der Holzpflasterstufe,
572 Trittfläche der Vollholzstufe,
Einzelangaben nach DIN 18367 zu Pos. 570 bis 572
- Art der Oberfläche
  - – geölt,
  - – versiegelt,
  - – gewachst,
- Leistungsumfang
  - – in drei Schleifgängen abschleifen,
  - – .......,
    - – – einschl. Vorderkante,
    - – – einschl. Setzstufe,
    - – – einschl. .......,
- Ausführung
  - – Ausführung in Teilflächen, Maße .......,
  - – Ausführung .......,
- Berechnungseinheit m², m, Stück

573 Zusätzlicher Schleifgang zu vorbeschriebener Leistung auf besondere Anordnung des AG
- Berechnungseinheit m², m, Stück

574 Aufnehmen des Holzpflasterfußbodens,
Einzelangaben nach DIN 18367
- Pflasterart
  - – GE DIN 68701,
  - – RE-V DIN 68702,
  - – RE-W DIN 68702,
- Holzart
  - – Holzart Kiefer,
  - – Holzart Lärche,
  - – Holzart Fichte,
  - – Holzart Eiche,
  - – Holzart .......,
- Klotzhöhe 22 mm – 25 mm – 30 mm – 40 mm – 50 mm – 60 mm – 80 mm – 100 mm – .......,
- Verlegeart
  - – pressverlegt,
  - – mit Fugenleisten verlegt, nicht geklebt,
  - – mit Fugenleisten verlegt, geklebt,
- Maße, Ausführung
  - – Ausführung in Teilflächen, Maße .......,
  - – Ausführung .......,
- Verfügung über Abbruchmaterial
  - – anfallendes Material beseitigen,
  - – wiederverwendbares Material reinigen und seitlich lagern, restliches Material beseitigen,
    Hinweis: Unter "seitlich" sind Entfernungen bis zu 50 m zu verstehen.
  - – anfallendes Material .......,
- Berechnungseinheit m²

575 Ausbauen der Fußleiste,
576 Ausbauen der Deckleiste,
577 Ausbauen der Fuß– und Deckleiste,
578 Ausbauen des Übergangsprofils,
579 Ausbauen des Bewegungsfugenprofils,
580 Ausbauen des Schutzbrettes,
581 Ausbauen der Stuhlleiste,
582 Ausbauen des Gleitschutzprofils der Stufenvorderkante,
Einzelangaben nach DIN 18367 zu Pos. 575 bis 582
- Befestigungsart
  - – verankert,
  - – genagelt,
  - – geschraubt,
  - – geklebt,
- Maße .......
- Verfügung über Abbruchmaterial
  - – anfallendes Material beseitigen,
  - – wiederverwendbares Material reinigen und seitlich lagern, restliches Material beseitigen,
    Hinweis: Unter "seitlich" sind Entfernungen bis zu 50 m zu verstehen.
  - – anfallendes Material .......,
- Ausführung in Teillängen von .......
- Berechnungseinheit m

# LB 028 Parkettarbeiten, Holzpflasterarbeiten
## Vorbereiten des Untergrundes; Schüttungen, Dämmschichten

AW 028

Preise 06.01

Sämtliche Preise sind **Mittelpreise ohne Mehrwertsteuer** zum Zeitpunkt des Ausgabedatums.
**Korrekturfaktoren** für Regionaleinfluss, Mengeneinfluss, Konjunktureinfluss siehe Vorspann.
**Abkürzungen:** EP = Einheitspreis, LA = Lohnanteil, ST = Stoffanteil

## Vorbereiten des Untergrundes

028-----.-

|  |  |  |
|---|---|---|
| 028.05001.M | Untergrund reinigen, Bauschutt | 1,49 DM/m2 / 0,76 €/m2 |
| 028.05002.M | Untergrund reinigen, Feinreinigung | 3,05 DM/m2 / 1,56 €/m2 |
| 028.05003.M | Untergrund reinigen, grobe Verschmutzung | 2,06 DM/m2 / 1,05 €/m2 |
| 028.05101.M | Grundieren des Untergrundes | 2,13 DM/m2 / 1,09 €/m2 |
| 028.05501.M | Ausgleichen, D bis 5 mm | 5,12 DM/m2 / 2,62 €/m2 |
| 028.07001.M | Lagerhölzer, Nadelholz, 4/6 | 8,01 DM/m / 4,10 €/m |
| 028.07002.M | Lagerhölzer, Nadelholz, 6/6 | 8,63 DM/m / 4,41 €/m |
| 028.07003.M | Lagerhölzer, Fichte/Tanne, 8/8 | 11,00 DM/m / 5,62 €/m |
| 028.07004.M | Lagerhölzer, Fichte/Tanne, 8/10 | 12,24 DM/m / 6,26 €/m |
| 028.07601.M | Auffüttern, D 10 bis 30 mm | 2,11 DM/m / 1,08 €/m |

**028.05001.M**    KG 352 DIN 276
Untergrund reinigen, Bauschutt
EP 1,49 DM/m2    LA 1,46 DM/m2    ST 0,03 DM/m2
EP 0,76 €/m2    LA 0,74 €/m2    ST 0,02 €/m2

**028.05002.M**    KG 352 DIN 276
Untergrund reinigen, Feinreinigung
EP 3,05 DM/m2    LA 2,59 DM/m2    ST 0,46 DM/m2
EP 1,56 €/m2    LA 1,33 €/m2    ST 0,23 €/m2

**028.05003.M**    KG 352 DIN 276
Untergrund reinigen, grobe Verschmutzung
EP 2,06 DM/m2    LA 1,84 DM/m2    ST 0,22 DM/m2
EP 1,05 €/m2    LA 0,94 €/m2    ST 0,11 €/m2

**028.05101.M**    KG 352 DIN 276
Grundieren des Untergrundes
EP 2,13 DM/m2    LA 1,08 DM/m2    ST 1,05 DM/m2
EP 1,09 €/m2    LA 0,55 €/m2    ST 0,54 €/m2

**028.05501.M**    KG 352 DIN 276
Ausgleichen, D bis 5 mm
EP 5,12 DM/m2    LA 4,11 DM/m2    ST 1,01 DM/m2
EP 2,62 €/m2    LA 2,10 €/m2    ST 0,52 €/m2

**028.07001.M**    KG 352 DIN 276
Lagerhölzer, Nadelholz, 4/6
EP 8,01 DM/m    LA 4,43 DM/m    ST 3,58 DM/m
EP 4,10 €/m    LA 2,27 €/m    ST 1,83 €/m

**028.07002.M**    KG 352 DIN 276
Lagerhölzer, Nadelholz, 6/6
EP 8,63 DM/m    LA 4,75 DM/m    ST 3,88 DM/m
EP 4,41 €/m    LA 2,43 €/m    ST 1,98 €/m

**028.07003.M**    KG 352 DIN 276
Lagerhölzer, Fichte/Tanne, 8/8
EP 11,00 DM/m    LA 5,38 DM/m    ST 5,62 DM/m
EP 5,62 €/m    LA 2,75 €/m    ST 2,87 €/m

**028.07004.M**    KG 352 DIN 276
Lagerhölzer, Fichte/Tanne, 8/10
EP 12,24 DM/m    LA 5,70 DM/m    ST 6,54 DM/m
EP 6,26 €/m    LA 2,91 €/m    ST 3,35 €/m

**028.07601.M**    KG 352 DIN 276
Auffüttern, D 10 bis 30 mm
EP 2,11 DM/m    LA 1,97 DM/m    ST 0,14 DM/m
EP 1,08 €/m    LA 1,01 €/m    ST 0,07 €/m

## Schüttungen, Dämmschichten

028-----.-

|  |  |  |
|---|---|---|
| 028.05201.M | Schüttung, Perlite, Dicke 5 mm | 4,95 DM/m2 / 2,53 €/m2 |
| 028.05202.M | Schüttung, Perlite, Dicke 10 mm | 7,32 DM/m2 / 3,74 €/m2 |
| 028.05203.M | Schüttung, Perlite, Dicke 15 mm | 9,55 DM/m2 / 4,88 €/m2 |
| 028.05204.M | Schüttung, Perlite, Dicke 20 mm | 12,62 DM/m2 / 6,45 €/m2 |
| 028.05205.M | Schüttung, Korkschrot (natur), Dicke 30 mm | 15,32 DM/m2 / 7,83 €/m2 |
| 028.05206.M | Schüttung, Korkschrot (expandiert), Dicke 60 mm | 25,49 DM/m2 / 13,03 €/m2 |
| 028.05301.M | Mehrdicke Schüttung, Perlite, je 5 mm | 3,94 DM/m2 / 2,02 €/m2 |
| 028.09001.M | Wärmedämmschicht, Polyurethan-Hartschaum, 40 mm | 27,55 DM/m2 / 14,09 €/m2 |
| 028.09002.M | Wärmedämmschicht, Polyurethan-Hartschaum, 80 mm | 63,80 DM/m2 / 32,62 €/m2 |
| 028.09003.M | Wärmedämmschicht, Polyester, 50 mm | 25,45 DM/m2 / 13,01 €/m2 |
| 028.09004.M | Wärmedämmschicht, Korkschrot, 30 mm | 23,97 DM/m2 / 12,26 €/m2 |
| 028.09005.M | Wärmedämmschicht, Korkschrot, 80 mm | 44,21 DM/m2 / 22,60 €/m2 |
| 028.09101.M | Wärmedämmschicht, Mineralfaser, 20 mm | 23,42 DM/m2 / 11,98 €/m2 |
| 028.09102.M | Wärmedämmschicht, Polystyrol-Partikelsch., 10 mm | 10,97 DM/m2 / 5,61 €/m2 |
| 028.09103.M | Wärmedämmschicht, Polystyrol-Partikelsch., 20 mm | 14,27 DM/m2 / 7,30 €/m2 |
| 028.09104.M | Wärmedämmschicht, Polystyrol-Extruderschaum, 30 mm | 21,12 DM/m2 / 10,80 €/m2 |
| 028.09105.M | Wärmedämmschicht, Polystyrol-Extruderschaum, 60 mm | 45,23 DM/m2 / 23,13 €/m2 |
| 028.09106.M | Wärmedämmschicht, Schaumglas, 30 mm | 32,67 DM/m2 / 16,71 €/m2 |
| 028.09501.M | Trittschalldämmschicht, Kokosfasermatte, Dicke 6 mm | 10,12 DM/m2 / 5,17 €/m2 |
| 028.09502.M | Trittschalldämmschicht, Kokosfasermatte, Dicke 10 mm | 11,30 DM/m2 / 5,78 €/m2 |
| 028.09503.M | Trittschalldämmschicht, Kokosfasermatte, Dicke 15 mm | 13,03 DM/m2 / 6,66 €/m2 |
| 028.09504.M | Trittschalldämmschicht, Mineralfaser, 10 mm | 12,78 DM/m2 / 6,54 €/m2 |
| 028.09505.M | Trittschalldämmschicht, Mineralfaser, 20 mm | 20,41 DM/m2 / 10,44 €/m2 |
| 028.09506.M | Trittschalldämmschicht, Mineralfaser, 30 mm | 30,44 DM/m2 / 15,56 €/m2 |
| 028.09507.M | Trittschalldämmschicht, Polystyrol, Dicke 15 mm | 9,29 DM/m2 / 4,75 €/m2 |
| 028.09508.M | Trittschalldämmschicht, Polystyrol, Dicke 25 mm | 10,49 DM/m2 / 5,36 €/m2 |
| 028.09601.M | Dämmstreifen Bitumen-Filz, 3 mm | 2,12 DM/m / 1,08 €/m |
| 028.09701.M | Dämmstreifen Bitumen-Korkfilz, 5 bis 6 mm | 2,34 DM/m / 1,19 €/m |

**Hinweis:**
Weitere Positionen für
Schüttungen, Dämmschichten, Parkettunterlagen
und Fertigteilestrich aus Holzspanplatten siehe
LB 025 Estricharbeiten.

**028.05201.M**    KG 352 DIN 276
Schüttung, Perlite, Dicke 5 mm
EP 4,95 DM/m2    LA 2,84 DM/m2    ST 2,11 DM/m2
EP 2,53 €/m2    LA 1,45 €/m2    ST 1,08 €/m2

**028.05202.M**    KG 352 DIN 276
Schüttung, Perlite, Dicke 10 mm
EP 7,32 DM/m2    LA 3,10 DM/m2    ST 4,22 DM/m2
EP 3,74 €/m2    LA 1,59 €/m2    ST 2,15 €/m2

**028.05203.M**    KG 352 DIN 276
Schüttung, Perlite, Dicke 15 mm
EP 9,55 DM/m2    LA 3,22 DM/m2    ST 6,33 DM/m2
EP 4,88 €/m2    LA 1,65 €/m2    ST 3,23 €/m2

**028.05204.M**    KG 352 DIN 276
Schüttung, Perlite, Dicke 20 mm
EP 12,62 DM/m2    LA 3,79 DM/m2    ST 8,83 DM/m2
EP 6,45 €/m2    LA 1,94 €/m2    ST 4,51 €/m2

# LB 028 Parkettarbeiten, Holzpflasterarbeiten
## Schüttungen, Dämmschichten

Preise 06.01

Sämtliche Preise sind **Mittelpreise ohne Mehrwertsteuer** zum Zeitpunkt des Ausgabedatums.
**Korrekturfaktoren** für Regionaleinfluss, Mengeneinfluss, Konjunktureinfluss siehe Vorspann.
**Abkürzungen:** EP = Einheitspreis, LA = Lohnanteil, ST = Stoffanteil

028.05205.M KG 352 DIN 276
Schüttung, Korkschrot (natur), Dicke 30 mm
EP 15,32 DM/m2   LA 4,43 DM/m2   ST 10,89 DM/m2
EP  7,83 €/m2    LA 2,27 €/m2    ST  5,56 €/m2

028.05206.M KG 352 DIN 276
Schüttung, Korkschrot (expandiert), Dicke 60 mm
EP 25,49 DM/m2   LA 7,91 DM/m2   ST 17,58 DM/m2
EP 13,03 €/m2    LA 4,05 €/m2    ST  8,98 €/m2

028.05301.M KG 352 DIN 276
Mehrdicke Schüttung, Perlite, je 5 mm
EP 3,94 DM/m2    LA 1,84 DM/m2   ST 2,10 DM/m2
EP 2,02 €/m2     LA 0,94 €/m2    ST 1,08 €/m2

028.09001.M KG 352 DIN 276
Wärmedämmschicht, Polyurethan-Hartschaum, 40 mm
EP 27,55 DM/m2   LA 7,59 DM/m2   ST 19,96 DM/m2
EP 14,09 €/m2    LA 3,88 €/m2    ST 10,21 €/m2

028.09002.M KG 352 DIN 276
Wärmedämmschicht, Polyurethan-Hartschaum, 80 mm
EP 63,80 DM/m2   LA 7,97 DM/m2   ST 55,83 DM/m2
EP 32,62 €/m2    LA 4,08 €/m2    ST 28,54 €/m2

028.09003.M KG 352 DIN 276
Wärmedämmschicht, Polyester, 50 mm
EP 25,45 DM/m2   LA 9,36 DM/m2   ST 16,09 DM/m2
EP 13,01 €/m2    LA 4,79 €/m2    ST  8,22 €/m2

028.09004.M KG 352 DIN 276
Wärmedämmschicht, Korkschrot, 30 mm
EP 23,97 DM/m2   LA 8,54 DM/m2   ST 15,43 DM/m2
EP 12,26 €/m2    LA 4,37 €/m2    ST  7,89 €/m2

028.09005.M KG 352 DIN 276
Wärmedämmschicht, Korkschrot, 80 mm
EP 44,21 DM/m2   LA 10,12 DM/m2  ST 34,09 DM/m2
EP 22,60 €/m2    LA  5,17 €/m2   ST 17,43 €/m2

028.09101.M KG 352 DIN 276
Wärmedämmschicht, Mineralfaser, 20 mm
EP 23,42 DM/m2   LA 7,59 DM/m2   ST 15,83 DM/m2
EP 11,98 €/m2    LA 3,88 €/m2    ST  8,10 €/m2

028.09102.M KG 352 DIN 276
Wärmedämmschicht, Polystyrol-Partikelsch., 10 mm
EP 10,97 DM/m2   LA 7,59 DM/m2   ST 3,38 DM/m2
EP  5,61 €/m2    LA 3,88 €/m2    ST 1,73 €/m2

028.09103.M KG 352 DIN 276
Wärmedämmschicht, Polystyrol-Partikelsch., 20 mm
EP 14,27 DM/m2   LA 7,47 DM/m2   ST 6,80 DM/m2
EP  7,30 €/m2    LA 3,82 €/m2    ST 3,48 €/m2

028.09104.M KG 352 DIN 276
Wärmedämmschicht, Polystyrol-Extruderschaum, 30 mm
EP 21,12 DM/m2   LA 8,41 DM/m2   ST 12,71 DM/m2
EP 10,80 €/m2    LA 4,30 €/m2    ST  6,50 €/m2

028.09105.M KG 352 DIN 276
Wärmedämmschicht, Polystyrol-Extruderschaum, 60 mm
EP 45,23 DM/m2   LA 9,62 DM/m2   ST 35,61 DM/m2
EP 23,13 €/m2    LA 4,92 €/m2    ST 18,21 €/m2

028.09106.M KG 352 DIN 276
Wärmedämmschicht, Schaumglas, 30 mm
EP 32,67 DM/m2   LA 8,22 DM/m2   ST 24,45 DM/m2
EP 16,71 €/m2    LA 4,20 €/m2    ST 12,51 €/m2

028.09501.M KG 352 DIN 276
Trittschalldämmschicht, Kokosfasermatte, Dicke 6 mm
EP 10,12 DM/m2   LA 4,75 DM/m2   ST 5,37 DM/m2
EP  5,17 €/m2    LA 2,43 €/m2    ST 2,74 €/m2

028.09502.M KG 352 DIN 276
Trittschalldämmschicht, Kokosfasermatte, Dicke 10 mm
EP 11,30 DM/m2   LA 5,06 DM/m2   ST 6,24 DM/m2
EP  5,78 €/m2    LA 2,59 €/m2    ST 3,19 €/m2

028.09503.M KG 352 DIN 276
Trittschalldämmschicht, Kokosfasermatte, Dicke 15 mm
EP 13,03 DM/m2   LA 5,06 DM/m2   ST 7,97 DM/m2
EP  6,66 €/m2    LA 2,59 €/m2    ST 4,07 €/m2

028.09504.M KG 352 DIN 276
Trittschalldämmschicht, Mineralfaser, 10 mm
EP 12,78 DM/m2   LA 3,48 DM/m2   ST 9,30 DM/m2
EP  6,54 €/m2    LA 1,78 €/m2    ST 4,76 €/m2

028.09505.M KG 352 DIN 276
Trittschalldämmschicht, Mineralfaser, 20 mm
EP 20,41 DM/m2   LA 5,06 DM/m2   ST 15,35 DM/m2
EP 10,44 €/m2    LA 2,59 €/m2    ST  7,85 €/m2

028.09506.M KG 352 DIN 276
Trittschalldämmschicht, Mineralfaser, 30 mm
EP 30,44 DM/m2   LA 6,65 DM/m2   ST 23,79 DM/m2
EP 15,56 €/m2    LA 3,40 €/m2    ST 12,16 €/m2

028.09507.M KG 352 DIN 276
Trittschalldämmschicht, Polystyrol, Dicke 15 mm
EP 9,29 DM/m2    LA 7,28 DM/m2   ST 2,01 DM/m2
EP 4,75 €/m2     LA 3,72 €/m2    ST 1,03 €/m2

028.09508.M KG 352 DIN 276
Trittschalldämmschicht, Polystyrol, Dicke 25 mm
EP 10,49 DM/m2   LA 7,59 DM/m2   ST 2,90 DM/m2
EP  5,36 €/m2    LA 3,88 €/m2    ST 1,48 €/m2

028.09601.M KG 352 DIN 276
Dämmstreifen Bitumen-Filz, 3 mm
EP 2,12 DM/m     LA 1,08 DM/m    ST 1,04 DM/m
EP 1,08 €/m      LA 0,55 €/m     ST 0,53 €/m

028.09701.M KG 352 DIN 276
Dämmstreifen Bitumen-Korkfilz, 5 bis 6 mm
EP 2,34 DM/m     LA 1,14 DM/m    ST 1,20 DM/m
EP 1,19 €/m      LA 0,58 €/m     ST 0,61 €/m

# LB 028 Parkettarbeiten, Holzpflasterarbeiten
## Parkettunterlagen; Schwingboden

AW 028

Preise 06.01

Sämtliche Preise sind **Mittelpreise ohne Mehrwertsteuer** zum Zeitpunkt des Ausgabedatums.
**Korrekturfaktoren** für Regionaleinfluss, Mengeneinfluss, Konjunktureinfluss siehe Vorspann.
**Abkürzungen:** EP = Einheitspreis, LA = Lohnanteil, ST = Stoffanteil

### Parkettunterlagen

028-----.-

|  |  |  |
|---|---|---|
| 028.08001.M | Parkettunterlage, Holzspanplatten bis 22 mm, einlag. | 23,37 DM/m2 / 11,95 €/m2 |
| 028.08002.M | Parkettunterlage, Bitumen-Holzfaserplatten, 12 mm | 15,06 DM/m2 / 7,70 €/m2 |
| 028.08003.M | Parkettunterlage, Bitumen-Holzfaserplatten, 20 mm | 18,90 DM/m2 / 9,66 €/m2 |
| 028.08004.M | Parkettunterlage, Bitumenbahn | 5,08 DM/m2 / 2,60 €/m2 |
| 028.08005.M | Parkettunterlage, Jutefilzbahn | 9,89 DM/m2 / 5,06 €/m2 |
| 028.08006.M | Parkettunterlage, Korkschrotpappe | 8,36 DM/m2 / 4,28 €/m2 |
| 028.08007.M | Parkettunterlage, Polyäthylen-Baufolie | 2,53 DM/m2 / 1,30 €/m2 |
| 028.08008.M | Parkettunterlage, Holzspanplatten 32 mm, zweilag. | 40,59 DM/m2 / 20,75 €/m2 |

**028.08001.M** KG 352 DIN 276
Parkettunterlage, Holzspanplatten bis 22 mm, einlag.
EP 23,37 DM/m2   LA 11,39 DM/m2   ST 11,98 DM/m2
EP 11,95 €/m2    LA  5,82 €/m2    ST  6,13 €/m2

**028.08002.M** KG 352 DIN 276
Parkettunterlage, Bitumen-Holzfaserplatten, 12 mm
EP 15,06 DM/m2   LA 9,49 DM/m2   ST 5,57 DM/m2
EP  7,70 €/m2    LA 4,85 €/m2    ST 2,85 €/m2

**028.08003.M** KG 352 DIN 276
Parkettunterlage, Bitumen-Holzfaserplatten, 20 mm
EP 18,90 DM/m2   LA 9,49 DM/m2   ST 9,41 DM/m2
EP  9,66 €/m2    LA 4,85 €/m2    ST 4,81 €/m2

**028.08004.M** KG 352 DIN 276
Parkettunterlage, Bitumenbahn
EP 5,08 DM/m2   LA 3,16 DM/m2   ST 1,92 DM/m2
EP 2,60 €/m2    LA 1,62 €/m2    ST 0,98 €/m2

**028.08005.M** KG 352 DIN 276
Parkettunterlage, Jutefilzbahn
EP 9,89 DM/m2   LA 1,39 DM/m2   ST 8,50 DM/m2
EP 5,06 €/m2    LA 0,71 €/m2    ST 4,35 €/m2

**028.08006.M** KG 352 DIN 276
Parkettunterlage, Korkschrotpappe
EP 8,36 DM/m2   LA 1,27 DM/m2   ST 7,09 DM/m2
EP 4,28 €/m2    LA 0,65 €/m2    ST 3,63 €/m2

**028.08007.M** KG 352 DIN 276
Parkettunterlage, Polyäthylen-Baufolie
EP 2,53 DM/m2   LA 1,27 DM/m2   ST 1,26 DM/m2
EP 1,30 €/m2    LA 0,65 €/m2    ST 0,65 €/m2

**028.08008.M** KG 352 DIN 276
Parkettunterlage, Holzspanplatten 32 mm, zweilag.
EP 40,59 DM/m2   LA 20,25 DM/m2   ST 20,34 DM/m2
EP 20,75 €/m2    LA 10,35 €/m2    ST 10,40 €/m2

### Schwingboden

028-----.-

|  |  |  |
|---|---|---|
| 028.08101.M | Schwingboden Hallensport, PVC, Höhe 38 mm | 101,61 DM/m2 / 51,95 €/m2 |
| 028.08102.M | Schwingboden Hallensport, Parkett, Höhe 44 mm | 142,23 DM/m2 / 72,72 €/m2 |
| 028.08103.M | Schwingboden Hallensport, Parkett, Höhe 60 mm | 179,52 DM/m2 / 91,79 €/m2 |
| 028.08104.M | Schwingboden Hallensport, Parkett, unged., Höhe 80mm | 187,27 DM/m2 / 95,75 €/m2 |
| 028.08105.M | Schwingboden Hallensport, Parkett, ged., Höhe 125 mm | 220,52 DM/m2 / 112,75 €/m2 |
| 028.08106.M | Hallensportboden, Lüftungsleisten 16/60 mm | 17,25 DM/m / 8,82 €/m |
| 028.08107.M | Hallensportboden, Spielfeldmarkierungen | 6,35 DM/m / 3,25 €/m |

**028.08101.M** KG 352 DIN 276
Schwingboden Hallensport, PVC, Höhe 38 mm
EP 101,61 DM/m2   LA 43,34 DM/m2   ST 58,27 DM/m2
EP  51,95 €/m2    LA 22,16 €/m2    ST 29,79 €/m2

**028.08102.M** KG 352 DIN 276
Schwingboden Hallensport, Parkett, Höhe 44 mm
EP 142,23 DM/m2   LA 66,12 DM/m2   ST 76,11 DM/m2
EP  72,72 €/m2    LA 33,81 €/m2    ST 38,91 €/m2

**028.08103.M** KG 352 DIN 276
Schwingboden Hallensport, Parkett, Höhe 60 mm
EP 179,52 DM/m2   LA 71,50 DM/m2   ST 108,02 DM/m2
EP  91,79 €/m2    LA 36,56 €/m2    ST  55,23 €/m2

**028.08104.M** KG 352 DIN 276
Schwingboden Hallensport, Parkett, ungedämmt, Höhe 80mm
EP 187,27 DM/m2   LA 100,61 DM/m2   ST 86,66 DM/m2
EP  95,75 €/m2    LA  51,44 €/m2    ST 44,31 €/m2

**028.08105.M** KG 352 DIN 276
Schwingboden Hallensport, Parkett, gedämmt, Höhe 125 mm
EP 220,52 DM/m2   LA 124,14 DM/m2   ST 96,38 DM/m2
EP 112,75 €/m2    LA  63,47 €/m2    ST 49,28 €/m2

**028.08106.M** KG 352 DIN 276
Hallensportboden, Lüftungsleisten 16/60 mm
EP 17,25 DM/m   LA 5,38 DM/m   ST 11,87 DM/m
EP  8,82 €/m    LA 2,75 €/m    ST  6,07 €/m

**028.08107.M** KG 352 DIN 276
Hallensportboden, Spielfeldmarkierungen
EP 6,35 DM/m   LA 4,75 DM/m   ST 1,60 DM/m
EP 3,25 €/m    LA 2,43 €/m    ST 0,82 €/m

AW 028

Preise 06.01

# LB 028 Parkettarbeiten, Holzpflasterarbeiten
## Parkettfußboden

Sämtliche Preise sind **Mittelpreise ohne Mehrwertsteuer** zum Zeitpunkt des Ausgabedatums.
**Korrekturfaktoren** für Regionaleinfluss, Mengeneinfluss, Konjunktureinfluss siehe Vorspann.
**Abkürzungen:** EP = Einheitspreis, LA = Lohnanteil, ST = Stoffanteil

**Parkettfußboden**

028-----.-

|  |  |  |
|---|---|---|
| 028.10001.M | Parkettstäbe BU-N | 137,38 DM/m2 / 70,24 €/m2 |
| 028.10002.M | Parkettstäbe BU-R | 102,59 DM/m2 / 52,46 €/m2 |
| 028.10003.M | Parkettstäbe EI-N | 155,78 DM/m2 / 79,65 €/m2 |
| 028.10004.M | Parkettstäbe EI-G | 139,06 DM/m2 / 71,10 €/m2 |
| 028.10005.M | Parkettstäbe EI-R | 92,70 DM/m2 / 47,40 €/m2 |
| 028.10006.M | Parkettstäbe, Tafelparkett, EI-N | 170,02 DM/m2 / 86,93 €/m2 |
| 028.10007.M | Parkettriemen, Schiffsboden, EI-N | 156,87 DM/m2 / 80,20 €/m2 |
| 028.11001.M | Mosaiklamellen EI-N | 81,38 DM/m2 / 41,61 €/m2 |
| 028.11002.M | Mosaiklamellen EI-G | 58,53 DM/m2 / 29,93 €/m2 |
| 028.11003.M | Mosaiklamellen EI-R | 71,57 DM/m2 / 36,59 €/m2 |
| 028.11004.M | Mosaiklamellen EI-N, Tafel-Dessin | 133,54 DM/m2 / 68,28 €/m2 |
| 028.12001.M | Fertigparkett Buche | 138,58 DM/m2 / 70,86 €/m2 |
| 028.12002.M | Fertigparkett EI-XXX | 151,99 DM/m2 / 77,71 €/m2 |
| 028.12003.M | Fertigparkett EI-XX | 137,00 DM/m2 / 70,04 €/m2 |
| 028.12004.M | Fertigparkett EI-X | 107,81 DM/m2 / 55,12 €/m2 |
| 028.12005.M | Fertigparkett Kastanie | 112,97 DM/m2 / 57,76 €/m2 |
| 028.12006.M | Fertigparkett Eukalyptus Mosaik | 87,24 DM/m2 / 44,60 €/m2 |
| 028.12007.M | Fertigparkett, Tafel, EI-G, 13 mm | 133,71 DM/m2 / 68,32 €/m2 |
| 028.12008.M | Fertigparkett, Holzpflaster, Lärche, 14 mm | 214,00 DM/m2 / 109,42 €/m2 |
| 028.12009.M | Fertigparkett, Fischgrät, Ei-E, 10 mm | 153,22 DM/m2 / 78,34 €/m2 |
| 028.12010.M | Fertigparkett, Fischgrät, Can. Ah-E, 13 mm | 163,06 DM/m2 / 83,37 €/m2 |
| 028.12011.M | Fertigparkett, Schiffsboden, Nussbaum, 7 mm | 106,89 DM/m2 / 54,65 €/m2 |
| 028.12012.M | Fertigparkett, Schiffsboden, Ahorn, 10 mm | 153,45 DM/m2 / 78,46 €/m2 |
| 028.12013.M | Fertigparkett, Schiffsboden, Ei-XX, 22 mm | 144,20 DM/m2 / 73,73 €/m2 |
| 028.12014.M | Fertigparkett, Landhausdiele, Kiefer, 13 mm | 120,68 DM/m2 / 61,70 €/m2 |
| 028.12015.M | Fertigparkett, Landhausdiele, Lärche, 14 mm | 173,52 DM/m2 / 88,72 €/m2 |
| 028.12016.M | Fertigparkett, Landhausdiele, Kiefer, 22 mm | 182,93 DM/m2 / 93,53 €/m2 |
| 028.12017.M | Fertigparkett, Squashboden, Buche, 22 mm | 166,88 DM/m2 / 85,32 €/m2 |
| 028.12501.M | Fertigparkett Kork | 82,24 DM/m2 / 42,05 €/m2 |
| 028.12502.M | Fertigparkett Kork, mit Echtholzfurnier | 115,99 DM/m2 / 59,30 €/m2 |
| 028.12503.M | Fertigparkett Kork, mit eingefärbtem Eichenfurnier | 130,21 DM/m2 / 66,57 €/m2 |
| 028.13001.M | Hochkant-Parkettlamellen, Eiche, D = 23 mm | 87,34 DM/m2 / 44,66 €/m2 |
| 028.13002.M | Hochkant-Parkettlamellen, Esche, D = 23 mm | 86,21 DM/m2 / 44,08 €/m2 |
| 028.13501.M | Massiv-Parkettdielen BU-E | 117,48 DM/m2 / 60,07 €/m2 |
| 028.13502.M | Massiv-Parkettdielen BU-S | 109,55 DM/m2 / 56,01 €/m2 |
| 028.13503.M | Massiv-Parkettdielen EI-E | 132,40 DM/m2 / 67,70 €/m2 |
| 028.13504.M | Massiv-Parkettdielen EI-S | 115,51 DM/m2 / 59,06 €/m2 |
| 028.13505.M | Massiv-Parkettdielen EI-R | 100,61 DM/m2 / 51,44 €/m2 |
| 028.14001.M | Stufenbelag, Trittstufe, Ei-XX | 61,03 DM/St / 31,20 €/St |
| 028.14002.M | Stufenbelag, Trittstufe einschl. Setzstufe, BU-N | 87,03 DM/St / 44,50 €/St |

028.10001.M KG 352 DIN 276
Parkettstäbe BU-N
EP 137,38 DM/m2 LA 54,89 DM/m2 ST 82,49 DM/m2
EP  70,24 €/m2  LA 28,06 €/m2  ST 42,18 €/m2

028.10002.M KG 352 DIN 276
Parkettstäbe BU-R
EP 102,59 DM/m2 LA 54,89 DM/m2 ST 47,70 DM/m2
EP  52,46 €/m2  LA 28,06 €/m2  ST 24,40 €/m2

028.10003.M KG 352 DIN 276
Parkettstäbe EI-N
EP 155,78 DM/m2 LA 61,35 DM/m2 ST 94,43 DM/m2
EP  79,65 €/m2  LA 31,37 €/m2  ST 48,28 €/m2

028.10004.M KG 352 DIN 276
Parkettstäbe EI-G
EP 139,06 DM/m2 LA 61,35 DM/m2 ST 77,71 DM/m2
EP  71,10 €/m2  LA 31,37 €/m2  ST 39,73 €/m2

028.10005.M KG 352 DIN 276
Parkettstäbe EI-R
EP 92,70 DM/m2 LA 54,89 DM/m2 ST 37,81 DM/m2
EP 47,40 €/m2  LA 28,06 €/m2  ST 19,34 €/m2

028.10006.M KG 352 DIN 276
Parkettstäbe, Tafelparkett, EI-N
EP 170,02 DM/m2 LA 72,97 DM/m2 ST 97,05 DM/m2
EP  86,93 €/m2  LA 37,31 €/m2  ST 49,62 €/m2

028.10007.M KG 352 DIN 276
Parkettriemen, Schiffsboden, EI-N
EP 156,87 DM/m2 LA 67,81 DM/m2 ST 89,06 DM/m2
EP  80,20 €/m2  LA 34,67 €/m2  ST 45,53 €/m2

028.11001.M KG 352 DIN 276
Mosaiklamellen EI-N
EP 81,38 DM/m2 LA 35,52 DM/m2 ST 45,86 DM/m2
EP 41,61 €/m2  LA 18,16 €/m2  ST 23,45 €/m2

028.11002.M KG 352 DIN 276
Mosaiklamellen EI-G
EP 58,53 DM/m2 LA 32,29 DM/m2 ST 26,24 DM/m2
EP 29,93 €/m2  LA 16,51 €/m2  ST 13,42 €/m2

028.11003.M KG 352 DIN 276
Mosaiklamellen EI-R
EP 71,57 DM/m2 LA 47,79 DM/m2 ST 23,78 DM/m2
EP 36,59 €/m2  LA 24,44 €/m2  ST 12,15 €/m2

028.11004.M KG 352 DIN 276
Mosaiklamellen EI-N, Tafel-Dessin
EP 133,54 DM/m2 LA 53,60 DM/m2 ST 79,94 DM/m2
EP  68,28 €/m2  LA 27,41 €/m2  ST 40,87 €/m2

028.12001.M KG 352 DIN 276
Fertigparkett Buche
EP 138,58 DM/m2 LA 43,91 DM/m2 ST 94,67 DM/m2
EP  70,86 €/m2  LA 22,45 €/m2  ST 48,41 €/m2

028.12002.M KG 352 DIN 276
Fertigparkett EI-XXX
EP 151,99 DM/m2 LA 50,37 DM/m2 ST 101,62 DM/m2
EP  77,71 €/m2  LA 25,75 €/m2  ST  51,96 €/m2

028.12003.M KG 352 DIN 276
Fertigparkett EI-XX
EP 137,00 DM/m2 LA 41,98 DM/m2 ST 95,02 DM/m2
EP  70,04 €/m2  LA 21,46 €/m2  ST 48,58 €/m2

028.12004.M KG 352 DIN 276
Fertigparkett EI-X
EP 107,81 DM/m2 LA 41,98 DM/m2 ST 65,83 DM/m2
EP  55,12 €/m2  LA 21,46 €/m2  ST 33,66 €/m2

## LB 028 Parkettarbeiten, Holzpflasterarbeiten
### Parkettfußboden; Randstreifenüberstände

AW 028

Preise 06.01

Sämtliche Preise sind **Mittelpreise ohne Mehrwertsteuer** zum Zeitpunkt des Ausgabedatums.
**Korrekturfaktoren** für Regionaleinfluss, Mengeneinfluss, Konjunktureinfluss siehe Vorspann.
**Abkürzungen:** EP = Einheitspreis, LA = Lohnanteil, ST = Stoffanteil

028.12005.M KG 352 DIN 276
Fertigparkett Kastanie
EP 112,97 DM/m2   LA 42,62 DM/m2   ST 70,35 DM/m2
EP  57,76 €/m2    LA 21,79 €/m2    ST 35,97 €/m2

028.12006.M KG 352 DIN 276
Fertigparkett Eukalyptus Mosaik
EP 87,24 DM/m2   LA 41,33 DM/m2   ST 45,91 DM/m2
EP 44,60 €/m2    LA 21,13 €/m2    ST 23,47 €/m2

028.12007.M KG 352 DIN 276
Fertigparkett, Tafel, EI-G, 13 mm
EP 133,71 DM/m2   LA 43,91 DM/m2   ST 89,80 DM/m2
EP  68,37 €/m2    LA 22,45 €/m2    ST 45,92 €/m2

028.12008.M KG 352 DIN 276
Fertigparkett, Holzpflaster, Lärche, 14 mm
EP 214,00 DM/m2   LA 41,33 DM/m2   ST 172,67 DM/m2
EP 109,42 €/m2    LA 21,13 €/m2    ST  88,29 €/m2

028.12009.M KG 352 DIN 276
Fertigparkett, Fischgrät, Ei-E, 10 mm
EP 153,22 DM/m2   LA 51,67 DM/m2   ST 101,55 DM/m2
EP  78,34 €/m2    LA 26,42 €/m2    ST  51,92 €/m2

028.12010.M KG 352 DIN 276
Fertigparkett, Fischgrät, Can. Ah-E, 13 mm
EP 163,06 DM/m2   LA 46,50 DM/m2   ST 116,56 DM/m2
EP  83,37 €/m2    LA 23,77 €/m2    ST  59,60 €/m2

028.12011.M KG 352 DIN 276
Fertigparkett, Schiffsboden, Nussbaum, 7 mm
EP 106,89 DM/m2   LA 51,02 DM/m2   ST 55,87 DM/m2
EP  54,65 €/m2    LA 26,08 €/m2    ST 28,57 €/m2

028.12012.M KG 352 DIN 276
Fertigparkett, Schiffsboden, Ahorn, 10 mm
EP 153,45 DM/m2   LA 54,25 DM/m2   ST 99,20 DM/m2
EP  78,46 €/m2    LA 27,74 €/m2    ST 50,72 €/m2

028.12013.M KG 352 DIN 276
Fertigparkett, Schiffsboden, Ei-XX, 22 mm
EP 144,20 DM/m2   LA 40,36 DM/m2   ST 103,84 DM/m2
EP  73,73 €/m2    LA 20,64 €/m2    ST  53,09 €/m2

028.12014.M KG 352 DIN 276
Fertigparkett, Landhausdiele, Kiefer, 13 mm
EP 120,68 DM/m2   LA 41,33 DM/m2   ST 79,35 DM/m2
EP  61,70 €/m2    LA 21,13 €/m2    ST 40,57 €/m2

028.12015.M KG 352 DIN 276
Fertigparkett, Landhausdiele, Lärche, 14 mm
EP 173,52 DM/m2   LA 46,50 DM/m2   ST 127,02 DM/m2
EP  88,72 €/m2    LA 23,77 €/m2    ST  64,95 €/m2

028.12016.M KG 352 DIN 276
Fertigparkett, Landhausdiele, Kiefer, 22 mm
EP 182,93 DM/m2   LA 44,56 DM/m2   ST 138,37 DM/m2
EP  93,53 €/m2    LA 22,78 €/m2    ST  70,75 €/m2

028.12017.M KG 352 DIN 276
Fertigparkett, Squashboden, Buche, 22 mm
EP 166,88 DM/m2   LA 46,82 DM/m2   ST 120,06 DM/m2
EP  85,32 €/m2    LA 23,94 €/m2    ST  61,38 €/m2

028.12501.M KG 352 DIN 276
Fertigparkett Kork
EP 82,24 DM/m2   LA 31,00 DM/m2   ST 51,24 DM/m2
EP 42,05 €/m2    LA 15,85 €/m2    ST 26,20 €/m2

028.12502.M KG 352 DIN 276
Fertigparkett Kork, mit Echtholzfurnier
EP 115,99 DM/m2   LA 32,29 DM/m2   ST 83,70 DM/m2
EP  59,30 €/m2    LA 16,51 €/m2    ST 42,79 €/m2

028.12503.M KG 352 DIN 276
Fertigparkett Kork, mit eingefärbtem Eichenfurnier
EP 130,21 DM/m2   LA 32,29 DM/m2   ST 97,92 DM/m2
EP  66,57 €/m2    LA 16,51 €/m2    ST 50,06 €/m2

028.13001.M KG 352 DIN 276
Hochkant-Parkettlamellen, Eiche, D = 23 mm
EP 87,34 DM/m2   LA 50,37 DM/m2   ST 36,97 DM/m2
EP 44,66 €/m2    LA 25,75 €/m2    ST 18,91 €/m2

028.13002.M KG 352 DIN 276
Hochkant-Parkettlamellen, Esche, D = 23 mm
EP 86,21 DM/m2   LA 41,33 DM/m2   ST 44,88 DM/m2
EP 44,08 €/m2    LA 21,13 €/m2    ST 22,95 €/m2

028.13501.M KG 352 DIN 276
Massiv-Parkettdielen BU-E
EP 117,48 DM/m2   LA 54,89 DM/m2   ST 62,59 DM/m2
EP  60,07 €/m2    LA 28,06 €/m2    ST 32,01 €/m2

028.13502.M KG 352 DIN 276
Massiv-Parkettdielen BU-S
EP 109,55 DM/m2   LA 54,89 DM/m2   ST 54,66 DM/m2
EP  56,01 €/m2    LA 28,06 €/m2    ST 27,95 €/m2

028.13503.M KG 352 DIN 276
Massiv-Parkettdielen EI-E
EP 132,40 DM/m2   LA 54,89 DM/m2   ST 77,51 DM/m2
EP  67,70 €/m2    LA 28,06 €/m2    ST 39,64 €/m2

028.13504.M KG 352 DIN 276
Massiv-Parkettdielen EI-S
EP 115,51 DM/m2   LA 54,89 DM/m2   ST 60,62 DM/m2
EP  59,06 €/m2    LA 28,06 €/m2    ST 31,00 €/m2

028.13505.M KG 352 DIN 276
Massiv-Parkettdielen EI-R
EP 100,61 DM/m2   LA 54,89 DM/m2   ST 45,72 DM/m2
EP  51,44 €/m2    LA 28,06 €/m2    ST 23,38 €/m2

028.14001.M KG 352 DIN 276
Stufenbelag, Trittstufe, Ei-XX
EP 61,03 DM/St   LA 31,32 DM/St   ST 29,71 DM/St
EP 31,20 €/St    LA 16,01 €/St    ST 15,19 €/St

028.14002.M KG 352 DIN 276
Stufenbelag, Trittstufe einschl. Setzstufe, BU-N
EP 87,03 DM/St   LA 47,46 DM/St   ST 39,57 DM/St
EP 44,50 €/St    LA 24,27 €/St    ST 20,23 €/St

**Randstreifenüberstände**

028-----.-

028.22001.M  Streifen abschneiden                0,75 DM/m
                                                 0,38 €/m

028.22001.M KG 352 DIN 276
Streifen abschneiden
EP 0,75 DM/m   LA 0,71 DM/m   ST 0,04 DM/m
EP 0,38 €/m    LA 0,36 €/m    ST 0,02 €/m

AW 028

## LB 028 Parkettarbeiten, Holzpflasterarbeiten
### Parkett: Oberflächenbehandlung - Zusätzliche Leistungen - Bauunterhaltung; Leisten; Einbauteile;

Preise 06.01

Sämtliche Preise sind **Mittelpreise ohne Mehrwertsteuer** zum Zeitpunkt des Ausgabedatums.
**Korrekturfaktoren** für Regionaleinfluss, Mengeneinfluss, Konjunktureinfluss siehe Vorspann.
**Abkürzungen:** EP = Einheitspreis, LA = Lohnanteil, ST = Stoffanteil

### Oberflächenbehandlung Parkett

028-----.-

|  |  |  |
|---|---|---|
| 028.23001.M | Parkett 2-mal versiegeln | 16,49 DM/m2 / 8,43 €/m2 |
| 028.23002.M | Parkett schleifen, 2-mal versiegeln | 24,52 DM/m2 / 12,54 €/m2 |
| 028.23003.M | Parkett schleifen und entstauben | 18,08 DM/m2 / 9,25 €/m2 |
| 028.23004.M | Parkettoberflächenbehandlung mit Hartöl | 17,58 DM/m2 / 8,99 €/m2 |
| 028.23005.M | Parkett wachsen | 12,39 DM/m2 / 6,33 €/m2 |

**028.23001.M**  KG 352 DIN 276
Parkett 2-mal versiegeln
EP 16,49 DM/m2   LA 9,04 DM/m2   ST 7,45 DM/m2
EP  8,43 €/m2    LA 4,62 €/m2    ST 3,81 €/m2

**028.23002.M**  KG 352 DIN 276
Parkett schleifen, 2-mal versiegeln
EP 24,52 DM/m2   LA 16,79 DM/m2  ST 7,73 DM/m2
EP 12,54 €/m2    LA  8,58 €/m2   ST 3,96 €/m2

**028.23003.M**  KG 352 DIN 276
Parkett schleifen und entstauben
EP 18,08 DM/m2   LA 18,08 DM/m2  ST 0,00 DM/m2
EP  9,25 €/m2    LA  9,25 €/m2   ST 0,00 €/m2

**028.23004.M**  KG 352 DIN 276
Parkettoberflächenbehandlung mit Hartöl
EP 17,58 DM/m2   LA 11,63 DM/m2  ST 5,95 DM/m2
EP  8,99 €/m2    LA  5,94 €/m2   ST 3,05 €/m2

**028.23005.M**  KG 352 DIN 276
Parkett wachsen
EP 12,39 DM/m2   LA 8,39 DM/m2   ST 4,00 DM/m2
EP  6,33 €/m2    LA 4,29 €/m2    ST 2,04 €/m2

### Zusätzliche Leistungen Parkett

028-----.-

|  |  |  |
|---|---|---|
| 028.24001.M | Anpassen an schräg angrenzende Bauteile | 13,24 DM/m / 6,77 €/m |
| 028.24002.M | Anpassen an gekrümmt angrenzende Bauteile | 17,76 DM/m / 9,08 €/m |

**028.24001.M**  KG 352 DIN 276
Anpassen an schräg angrenzende Bauteile
EP 13,24 DM/m    LA 13,24 DM/m   ST 0,00 DM/m
EP  6,77 €/m     LA  6,77 €/m    ST 0,00 €/m

**028.24002.M**  KG 352 DIN 276
Anpassen an gekrümmt angrenzende Bauteile
EP 17,76 DM/m    LA 17,76 DM/m   ST 0,00 DM/m
EP  9,08 €/m     LA  9,08 €/m    ST 0,00 €/m

### Leisten

028-----.-

|  |  |  |
|---|---|---|
| 028.16001.M | Fußleiste Eiche 60/15 | 9,40 DM/m / 4,81 €/m |
| 028.19001.M | Fußleiste, gekehlt, Eiche 25/25 | 9,81 DM/m / 5,02 €/m |
| 028.19101.M | Deckleiste Eiche, Viertelstab | 7,01 DM/m / 3,58 €/m |

**028.16001.M**  KG 352 DIN 276
Fußleiste Eiche 60/15
EP 9,40 DM/m     LA 6,14 DM/m    ST 3,26 DM/m
EP 4,81 €/m      LA 3,14 €/m     ST 1,67 €/m

**028.19001.M**  KG 352 DIN 276
Fußleiste, gekehlt, Eiche 25/25
EP 9,81 DM/m     LA 3,23 DM/m    ST 6,58 DM/m
EP 5,02 €/m      LA 1,65 €/m     ST 3,37 €/m

**028.19101.M**  KG 352 DIN 276
Deckleiste Eiche, Viertelstab
EP 7,01 DM/m     LA 5,17 DM/m    ST 1,84 DM/m
EP 3,58 €/m      LA 2,64 €/m     ST 0,94 €/m

### Einbauteile

028-----.-

|  |  |  |
|---|---|---|
| 028.26001.M | Trennschiene aus Messing | 16,54 DM/m / 8,46 €/m |
| 028.26501.M | Übergangsprofil aus Messing | 51,54 DM/m / 26,35 €/m |
| 028.27101.M | Randfuge, füllen mit Fugenfüllmasse | 6,76 DM/m / 3,45 €/m |

**028.26001.M**  KG 352 DIN 276
Trennschiene aus Messing
EP 16,54 DM/m    LA 12,27 DM/m   ST 4,27 DM/m
EP  8,46 €/m     LA  6,27 €/m    ST 2,19 €/m

**028.26501.M**  KG 352 DIN 276
Übergangsprofil aus Messing
EP 51,54 DM/m    LA 14,85 DM/m   ST 36,69 DM/m
EP 26,35 €/m     LA  7,59 €/m    ST 18,76 €/m

**028.27101.M**  KG 352 DIN 276
Randfuge, füllen mit Fugenfüllmasse
EP 6,76 DM/m     LA 3,74 DM/m    ST 3,02 DM/m
EP 3,45 €/m      LA 1,91 €/m     ST 1,54 €/m

### Bauunterhaltung Parkett

028-----.-

|  |  |  |
|---|---|---|
| 028.31401.M | Parkettfußboden aufnehmen, Wiederverwendung | 19,37 DM/m2 / 9,90 €/m2 |
| 028.31402.M | Parkettfußboden aufnehmen, keine Wiederverwendung | 8,39 DM/m2 / 4,29 €/m2 |
| 028.31501.M | Ausbauen der Fußleiste | 1,94 DM/m / 0,99 €/m |
| 028.32201.M | Aufnehmen der Lagerhölzer | 2,46 DM/m / 1,26 €/m |
| 028.32401.M | Aufnehmen der Schüttung | 7,43 DM/m / 3,80 €/m |
| 028.32501.M | Vorhandene Lagerhölzer auffüttern und vorbereiten | 6,96 DM/m / 3,56 €/m |
| 028.32502.M | Zur Wiederverwend. vorbereit. Parkettfußboden verlegen | 39,75 DM/m2 / 20,32 €/m2 |

**028.31401.M**  KG 352 DIN 276
Parkettfußboden aufnehmen, Wiederverwendung
EP 19,37 DM/m2   LA 19,37 DM/m2  ST 0,00 DM/m2
EP  9,90 €/m2    LA  9,00 €/m2   ST 0,00 €/m2

**028.31402.M**  KG 352 DIN 276
Parkettfußboden aufnehmen, keine Wiederverwendung
EP 8,39 DM/m2    LA 8,39 DM/m2   ST 0,00 DM/m2
EP 4,29 €/m2     LA 4,29 €/m2    ST 0,00 €/m2

**028.31501.M**  KG 352 DIN 276
Ausbauen der Fußleiste
EP 1,94 DM/m     LA 1,94 DM/m    ST 0,00 DM/m
EP 0,99 €/m      LA 0,99 €/m     ST 0,00 €/m

**028.32201.M**  KG 352 DIN 276
Aufnehmen der Lagerhölzer
EP 2,46 DM/m     LA 2,46 DM/m    ST 0,00 DM/m
EP 1,26 €/m      LA 1,26 €/m     ST 0,00 €/m

**028.32401.M**  KG 352 DIN 276
Aufnehmen der Schüttung
EP 7,43 DM/m     LA 7,43 DM/m    ST 0,00 DM/m
EP 3,80 €/m      LA 3,80 €/m     ST 0,00 €/m

**028.32501.M**  KG 352 DIN 276
Vorhandene Lagerhölzer auffüttern und vorbereiten
EP 6,96 DM/m     LA 6,46 DM/m    ST 0,50 DM/m
EP 3,56 €/m      LA 3,30 €/m     ST 0,26 €/m

**028.32502.M**  KG 352 DIN 276
Zur Wiederverwend. vorbereit. Parkettfußboden verlegen
EP 39,75 DM/m2   LA 38,75 DM/m2  ST 1,08 DM/m2
EP 20,32 €/m2    LA 19,81 €/m2   ST 0,51 €/m2

# LB 028 Parkettarbeiten, Holzpflasterarbeiten
## Schutzabdeckungen; Holzpflaster

AW 028

Preise 06.01

Sämtliche Preise sind **Mittelpreise ohne Mehrwertsteuer** zum Zeitpunkt des Ausgabedatums.
**Korrekturfaktoren** für Regionaleinfluss, Mengeneinfluss, Konjunktureinfluss siehe Vorspann.
**Abkürzungen:** EP = Einheitspreis, LA = Lohnanteil, ST = Stoffanteil

## Schutzabdeckungen Parkett

028-----.-

|  |  |  |
|---|---|---|
| 028.29001.M | Abdeckung Parkettfußboden, Kunststofffolie, begehbar | 4,00 DM/m2<br>2,05 €/m2 |
| 028.29002.M | Abdeckung Parkettfußboden, Filzpappe/Folie, begehbar | 8,92 DM/m2<br>4,56 €/m2 |
| 028.29003.M | Abdeckung Parkettfußboden, Hartfaserplatten, befahrbar | 9,44 DM/m2<br>4,83 €/m2 |
| 028.29004.M | Abdeckung Parkettfußboden, Bohlen, befahrbar | 18,47 DM/m2<br>9,45 €/m2 |

### Hinweis:
Besonderer Schutz von fertigen Fußböden n u r bei vorzeitiger Benutzung auf Verlangen des AG.
Den Positionen ist jeweils eine Vorhaltedauer von 4 Wochen zugrundegelegt.
Diese Positionen sind, soweit zutreffend, sinngemäß auch für die Abdeckung von Holzpflaster unter 028.550/028.551 anzuwenden.

**028.29001.M**    KG 398 DIN 276
Abdeckung Parkettfußboden, Kunststofffolie, begehbar
EP 4,00 DM/m2    LA 2,26 DM/m2    ST 1,74 DM/m2
EP 2,05 €/m2    LA 1,15 €/m2    ST 0,90 €/m2

**028.29002.M**    KG 398 DIN 276
Abdeckung Parkettfußboden, Filzpappe/Folie, begehbar
EP 8,92 DM/m2    LA 5,20 DM/m2    ST 3,62 DM/m2
EP 4,56 €/m2    LA 2,71 €/m2    ST 1,85 €/m2

**028.29003.M**    KG 398 DIN 276
Abdeckung Parkettfußboden, Hartfaserplatten, befahrbar
EP 9,44 DM/m2    LA 4,84 DM/m2    ST 4,60 DM/m2
EP 4,83 €/m2    LA 2,47 €/m2    ST 2,36 €/m2

**028.29004.M**    KG 398 DIN 276
Abdeckung Parkettfußboden, Bohlen, befahrbar
EP 18,47 DM/m2    LA 9,36 DM/m2    ST 9,11 DM/m2
EP 9,45 €/m2    LA 4,79 €/m2    ST 4,66 €/m2

## Holzpflaster

028-----.-

|  |  |  |
|---|---|---|
| 028.40101.M | Grundieren des Untergrundes für Holzpflaster | 3,45 DM/m2<br>1,77 €/m2 |
| 028.41001.M | Holzpflaster GE, Kiefer, d = 50 mm, Pressverlegung | 115,14 DM/m2<br>58,87 €/m2 |
| 028.41002.M | Holzpflaster GE, Kiefer, d = 80 mm, Pressverlegung | 144,94 DM/m2<br>74,11 €/m2 |
| 028.41003.M | Holzpflaster GE, Kiefer, d = 50 mm, Lättchenverlegung | 126,56 DM/m2<br>64,71 €/m2 |
| 028.41004.M | Holzpflaster GE, Kiefer, d = 80 mm, Lättchenverlegung | 158,16 DM/m2<br>80,87 €/m2 |
| 028.41005.M | Stirnholzplatten, Kiefer, 40 x 40 cm, d = 35 mm | 111,00 DM/m2<br>56,75 €/m2 |
| 028.41006.M | Stirnholzplatten, Kiefer, 40 x 40 cm, d = 50 mm | 139,99 DM/m2<br>71,58 €/m2 |
| 028.41007.M | Stirnholzplatten, Eiche, 40 x 40 cm, d = 35 mm | 133,76 DM/m2<br>68,39 €/m2 |
| 028.41008.M | Stirnholzplatten, Eiche, 40 x 40 cm, d = 50 mm | 169,38 DM/m2<br>86,60 €/m2 |
| 028.43001.M | Holzpflaster RE-V, Kiefer, d = 25 mm | 147,17 DM/m2<br>75,24 €/m2 |
| 028.43002.M | Holzpflaster RE-V, Kiefer, d = 50 mm | 182,34 DM/m2<br>93,23 €/m2 |
| 028.43003.M | Holzpflaster RE-V, Lärche, d = 25 mm | 151,64 DM/m2<br>77,53 €/m2 |
| 028.43004.M | Holzpflaster RE-V, Lärche, d = 50 mm | 187,52 DM/m2<br>95,88 €/m2 |
| 028.43005.M | Holzpflaster RE-V, Eiche, d = 25 mm | 179,92 DM/m2<br>91,99 €/m2 |
| 028.43006.M | Holzpflaster RE-V, Eiche, d = 50 mm | 222,62 DM/m2<br>113,83 €/m2 |
| 028.43101.M | Holzpflaster RE-W, Kiefer, d = 30 mm | 111,66 DM/m2<br>57,09 €/m2 |
| 028.43102.M | Holzpflaster RE-W, Kiefer, d = 50 mm | 137,19 DM/m2<br>70,14 €/m2 |
| 028.43103.M | Holzpflaster RE-W, Lärche, d = 30 mm | 114,96 DM/m2<br>58,78 €/m2 |
| 028.43104.M | Holzpflaster RE-W, Lärche, d = 50 mm | 141,43 DM/m2<br>72,31 €/m2 |
| 028.43105.M | Holzpflaster RE-W, Eiche, d = 30 mm | 136,36 DM/m2<br>69,72 €/m2 |
| 028.43106.M | Holzpflaster RE-W, Eiche, d = 50 mm | 167,29 DM/m2<br>85,54 €/m2 |
| 028.43201.M | Stufenbelag, Holzpflaster, Kiefer | 365,46 DM/St<br>186,86 €/St |
| 028.43301.M | Gleitschutzprofil für Stufenbelag, Holzpflaster | 15,56 DM/m<br>7,96 €/m |

### Hinweis nach DIN 18367:
- Pressverlegtes Holzpflaster GE ohne Fugenleisten mit heißflüssiger Klebemasse ist auf Unterlagsbahnen auszuführen und mit Quarzsand abzukehren. (3.2)
- Holzpflaster RE-V ist sofort nach dem Abschleifen zu versiegeln. Das Versieglungsmittel ist entsprechend Verwendungszweck des Raumes auszuwählen. Die Versieglung ist so auszuführen, dass eine gleichmäßige Oberfläche entsteht. (3.3)
- Holzpflaster RE-W ohne Oberflächenschutz ist nach dem Verlegen mit einem Mittel zur Verzögerung der Feuchteaufnahme zu behandeln.
Schleifen und Oberflächenbehandlung sind besonders zu vereinbaren. (3.4)

Für Holzpflaster aus Fichtenholz gelten die gleichen Preise wie für Kiefer.

**028.40101.M**    KG 352 DIN 276
Grundieren des Untergrundes für Holzpflaster
EP 3,45 DM/m2    LA 1,62 DM/m2    ST 1,83 DM/m2
EP 1,77 €/m2    LA 0,83 €/m2    ST 0,94 €/m2

**028.41001.M**    KG 352 DIN 276
Holzpflaster GE, Kiefer, d = 50 mm, Pressverlegung
EP 115,14 DM/m2    LA 54,25 DM/m2    ST 60,89 DM/m2
EP 58,87 €/m2    LA 27,74 €/m2    ST 31,13 €/m2

**028.41002.M**    KG 352 DIN 276
Holzpflaster GE, Kiefer, d = 80 mm, Pressverlegung
EP 144,94 DM/m2    LA 56,19 DM/m2    ST 88,75 DM/m2
EP 74,11 €/m2    LA 28,73 €/m2    ST 45,38 €/m2

**028.41003.M**    KG 352 DIN 276
Holzpflaster GE, Kiefer, d = 50 mm, Lättchenverlegung
EP 126,56 DM/m2    LA 64,58 DM/m2    ST 61,98 DM/m2
EP 64,71 €/m2    LA 33,02 €/m2    ST 31,69 €/m2

**028.41004.M**    KG 352 DIN 276
Holzpflaster GE, Kiefer, d = 80 mm, Lättchenverlegung
EP 158,16 DM/m2    LA 67,81 DM/m2    ST 90,35 DM/m2
EP 80,87 €/m2    LA 34,67 €/m2    ST 46,20 €/m2

**028.41005.M**    KG 352 DIN 276
Stirnholzplatten, Kiefer, 40 x 40 cm, d = 35 mm
EP 111,00 DM/m2    LA 61,35 DM/m2    ST 49,65 DM/m2
EP 56,75 €/m2    LA 31,37 €/m2    ST 25,38 €/m2

**028.41006.M**    KG 352 DIN 276
Stirnholzplatten, Kiefer, 40 x 40 cm, d = 50 mm
EP 139,99 DM/m2    LA 65,87 DM/m2    ST 74,12 DM/m2
EP 71,58 €/m2    LA 33,68 €/m2    ST 37,90 €/m2

**028.41007.M**    KG 352 DIN 276
Stirnholzplatten, Eiche, 40 x 40 cm, d = 35 mm
EP 133,76 DM/m2    LA 62,00 DM/m2    ST 71,76 DM/m2
EP 68,39 €/m2    LA 31,70 €/m2    ST 36,69 €/m2

**028.41008.M**    KG 352 DIN 276
Stirnholzplatten, Eiche, 40 x 40 cm, d = 50 mm
EP 169,38 DM/m2    LA 71,04 DM/m2    ST 98,34 DM/m2
EP 86,60 €/m2    LA 36,32 €/m2    ST 50,28 €/m2

**028.43001.M**    KG 352 DIN 276
Holzpflaster RE-V, Kiefer, d = 25 mm
EP 147,17 DM/m2    LA 94,93 DM/m2    ST 52,24 DM/m2
EP 75,24 €/m2    LA 48,54 €/m2    ST 26,70 €/m2

**028.43002.M**    KG 352 DIN 276
Holzpflaster RE-V, Kiefer, d = 50 mm
EP 182,34 DM/m2    LA 96,23 DM/m2    ST 86,11 DM/m2
EP 93,23 €/m2    LA 49,20 €/m2    ST 44,03 €/m2

**028.43003.M**    KG 352 DIN 276
Holzpflaster RE-V, Lärche, d = 25 mm
EP 151,64 DM/m2    LA 94,93 DM/m2    ST 56,71 DM/m2
EP 77,53 €/m2    LA 48,54 €/m2    ST 28,99 €/m2

AW 028

## LB 028 Parkettarbeiten, Holzpflasterarbeiten
### Holzpflaster: Oberflächenbehandlung; Zusätzliche Leistungen; Bauunterhaltung

Preise 06.01

Sämtliche Preise sind **Mittelpreise ohne Mehrwertsteuer** zum Zeitpunkt des Ausgabedatums.
**Korrekturfaktoren** für Regionaleinfluss, Mengeneinfluss, Konjunktureinfluss siehe Vorspann.
Abkürzungen: EP = Einheitspreis, LA = Lohnanteil, ST = Stoffanteil

028.43004.M   KG 352 DIN 276
Holzpflaster RE-V, Lärche, d = 50 mm
EP 187,52 DM/m2   LA 96,23 DM/m2   ST 91,29 DM/m2
EP  95,88 €/m2   LA 49,20 €/m2   ST 46,68 €/m2

028.43005.M   KG 352 DIN 276
Holzpflaster RE-V, Eiche, d = 25 mm
EP 179,92 DM/m2   LA 99,45 DM/m2   ST 80,47 DM/m2
EP  91,99 €/m2   LA 50,85 €/m2   ST 41,14 €/m2

028.43006.M   KG 352 DIN 276
Holzpflaster RE-V, Eiche, d = 50 mm
EP 222,62 DM/m2   LA 100,75 DM/m2   ST 121,87 DM/m2
EP 113,83 €/m2   LA  51,51 €/m2   ST  62,32 €/m2

028.43101.M   KG 352 DIN 276
Holzpflaster RE-W, Kiefer, d = 30 mm
EP 111,66 DM/m2   LA 54,25 DM/m2   ST 57,41 DM/m2
EP  57,09 €/m2   LA 27,74 €/m2   ST 29,35 €/m2

028.43102.M   KG 352 DIN 276
Holzpflaster RE-W, Kiefer, d = 50 mm
EP 137,19 DM/m2   LA 55,54 DM/m2   ST 81,65 DM/m2
EP  70,14 €/m2   LA 28,40 €/m2   ST 41,74 €/m2

028.43103.M   KG 352 DIN 276
Holzpflaster RE-W, Lärche, d = 30 mm
EP 114,96 DM/m2   LA 54,25 DM/m2   ST 60,71 DM/m2
EP  58,78 €/m2   LA 27,74 €/m2   ST 31,04 €/m2

028.43104.M   KG 352 DIN 276
Holzpflaster RE-W, Lärche, d = 50 mm
EP 141,43 DM/m2   LA 55,54 DM/m2   ST 85,89 DM/m2
EP  72,31 €/m2   LA 28,40 €/m2   ST 43,91 €/m2

028.43105.M   KG 352 DIN 276
Holzpflaster RE-W, Eiche, d = 30 mm
EP 136,36 DM/m2   LA 56,83 DM/m2   ST 79,53 DM/m2
EP  69,72 €/m2   LA 29,05 €/m2   ST 40,67 €/m2

028.43106.M   KG 352 DIN 276
Holzpflaster RE-W, Eiche, d = 50 mm
EP 167,29 DM/m2   LA 58,12 DM/m2   ST 109,17 DM/m2
EP  85,54 €/m2   LA 29,72 €/m2   ST  55,82 €/m2

028.43201.M   KG 352 DIN 276
Stufenbelag, Holzpflaster, Kiefer
EP 365,46 DM/St   LA 54,89 DM/St   ST 310,57 DM/St
EP 186,86 €/St   LA 28,06 €/St   ST 158,80 €/St

028.43301.M   KG 352 DIN 276
Gleitschutzprofil für Stufenbelag, Holzpflaster
EP 15,56 DM/m   LA 7,75 DM/m   ST 7,81 DM/m
EP  7,96 €/m   LA 3,96 €/m   ST 4,00 €/m

### Oberflächenbehandlung Holzpflaster

028-----.-

| | |
|---|---|
| 028.49001.M Oberflächenbehandl. Holzpflaster RE, wachsen | 5,30 DM/m2 |
| | 2,71 €/m2 |
| 028.49101.M Oberflächenbehandl. Holzpflaster RE, versiegeln | 15,21 DM/m2 |
| | 7,78 €/m2 |

028.49001.M   KG 352 DIN 276
Oberflächenbehandl. Holzpflaster RE, wachsen
EP 5,30 DM/m2   LA 3,74 DM/m2   ST 1,56 DM/m2
EP 2,71 €/m2   LA 1,91 €/m2   ST 0,80 €/m2

028.49101.M   KG 352 DIN 276
Oberflächenbehandl. Holzpflaster RE, versiegeln
EP 15,21 DM/m2   LA 11,63 DM/m2   ST 3,58 DM/m2
EP  7,78 €/m2   LA  5,94 €/m2   ST 1,84 €/m2

### Zusätzliche Leistungen Holzpflaster

028-----.-

| | |
|---|---|
| 028.50001.M Anpassen Holzpflasterb. an schräg angrenzende Bauteile | 11,63 DM/m |
| | 5,94 €/m |
| 028.50101.M Aussparung in Holzpflasterboden | 12,27 DM/St |
| | 6,27 €/St |

028.50001.M   KG 352 DIN 276
Anpassen Holzpflasterb. an schräg angrenzende Bauteile
EP 11,63 DM/m   LA 11,63 DM/m   ST 0,00 DM/m
EP  5,94 €/m   LA  5,94 €/m   ST 0,00 €/m

028.50101.M   KG 352 DIN 276
Aussparung in Holzpflasterboden
EP 12,27 DM/St   LA 12,27 DM/St   ST 0,00 DM/St
EP  6,27 €/St   LA  6,27 €/St   ST 0,00 €/St

### Bauunterhaltung Holzpflaster

028-----.-

| | |
|---|---|
| 028.57301.M Zusätzlicher Schleifgang für Holzpflaster | 7,48 DM/m2 |
| | 3,82 €/m2 |
| 028.57401.M Aufnehmen Holzpflasterfußboden | 8,39 DM/m2 |
| | 4,29 €/m2 |

Unter "seitlicher" Lagerung des Materials sind
Entfernungen bis zu 50 m zu verstehen.

028.57301.M   KG 352 DIN 276
Zusätzlicher Schleifgang für Holzpflaster
EP 7,48 DM/m2   LA 7,11 DM/m2   ST 0,37 DM/m2
EP 3,82 €/m2   LA 3,63 €/m2   ST 0,19 €/m2

028.57401.M   KG 352 DIN 276
Aufnehmen Holzpflasterfußboden
EP 8,39 DM/m2   LA 8,39 DM/m2   ST 0,00 DM/m2
EP 4,29 €/m2   LA 4,29 €/m2   ST 0,00 €/m2

# LB 029 Beschlagarbeiten
## Bänder für Türen und Tore

STLB 029

Ausgabe 06.01

**Hinweis:** Türbänder können als komplette Bänder (Rahmen- und Flügelteil) oder als Einzelteile (Rahmen- oder Flügelteil) ausgeschrieben werden. Grundsätzlich ist nach Einbohr- und Aufschraubbändern mit und ohne Aufnahmeelement zu unterscheiden, wobei der Türanschlag (gefälzt oder ungefälzt) zu berücksichtigen ist.

01_ **Türband als Einbohrband,**
02_ **Türband-Flügelteil als Einbohrband,**
03_ **Türband-Rahmenteil als Einbohrband,**
    1 für Holztüren und Holzzargen,
    2 für Holzzarge mit Aufnahmeelement,
    3 für Stahlzarge mit Aufnahmeelement,

04_ **Türband als Aufschraubband,**
05_ **Türband-Flügelteil als Aufschraubband,**
06_ **Türband-Rahmenteil als Aufschraubband,**
    1 für Holztüren und Holzzargen,
    2 für Holzzarge mit Aufnahmeelement,
    3 für Stahlzarge mit Aufnahmeelement,
    4 für Holzzarge mit 3-D-verstellbarem Aufnahmeelement,
    5 für Stahlzarge mit 3-D-vestellbarem Aufnahmeelement,
    6 für Aluminium-/Kunststofftüren und –rahmen mit Aufnahmeelement,
    7 für Aluminium-/Kunststofftüren und –rahmen mit 3-D-verstellbarem Aufnahmeelement,
**Einzelangaben nach DIN 18357 zu Pos. 011 bis 067**
– aus Stahl, verzinkt,
– aus Stahl, vernickelt,
– aus Stahl, vermessingt,
– aus Stahl, brüniert,
– aus Stahl, verchromt,
– aus Stahl, kunststoffbeschichtet, Farbton ....... ,
– aus Stahl, kunststoffummantelt, Farbton ....... ,
– aus Stahl mit Hülse ....... ,
– aus Stahl ....... ,
– aus nichtrostendem Stahl, matt geschliffen,
– aus nichtrostendem Stahl, poliert,
– aus Aluminium, eloxiert,
– aus Aluminium, eloxiert, Farbton ....... ,
– aus Aluminium, beschichtet, Farbton ....... ,
– aus Aluminium ....... ,
– aus Messing, poliert – vernickelt – verchromt,
– aus Messing, ....... ,
– aus ....... ,
   – – – Türanschlag gefälzt,
   – – – Türanschlag ungefälzt,
   – – – zweiteilig – dreiteilig,
   – – – Türanschlag gefälzt, zweiteilig,
   – – – Türanschlag gefälzt, dreiteilig,
   – – – Türanschlag ungefälzt, zweiteilig,
   – – – Türanschlag ungefälzt, dreiteilig,
    – – – – mit Tragzapfen,
    – – – – mit Stiftsicherung,
    – – – – mit losem Steckstift,
    – – – – mit Schraubstift,
     – – – – – Flachkopf,
     – – – – – Zierkopf,
      – – – – – – mit stiftlaufender Lagerung.
      – – – – – – mit Kugellagerring.
      – – – – – – mit Kunststoffgleitlager.
       – – – – – – – Bandhöhe bis 100 mm.
       – – – – – – – Bandhöhe bis 100 mm, Anzahl der Bänder je Bauteil ....... .
       – – – – – – – Bandhöhe bis 120 mm.
       – – – – – – – Bandhöhe bis 120 mm, Anzahl der Bänder je Bauteil ....... .
       – – – – – – – Bandhöhe bis 160 mm.
       – – – – – – – Bandhöhe bis 160 mm, Anzahl der Bänder je Bauteil ....... .
       – – – – – – – Bandhöhe in mm ....... ,
       – – – – – – – Bandhöhe in mm ....... , Anzahl der Bänder je Bauteil ....... .
        – – – – – – – – Erzeugnis ....... ,
        (Sofern nicht vorgeschrieben, vom Bieter einzutragen.)
        – – – – – – – – Erzeugnis ....... , oder gleichwertiger Art,
        Erzeugnis ....... , (Vom Bieter einzutragen.)

– Berechnungseinheit St

070 **Pendeltürband,**
071 **Spiralfedertürband,**
072 **Spiralfedertürband mit Offenhaltung,**
**Einzelangaben nach DIN 18357 zu Pos. 070 bis 072**
– aus Stahl,
– aus Stahl, lackiert,
– aus Stahl, verzinkt,
– aus Stahl, vernickelt,
– aus Stahl, vermessingt,
– aus Stahl, brüniert,
– aus Stahl, verchromt,
– aus Messing, poliert,
– aus Messing, matt gebürstet,
– aus Messing, vernickelt,
– aus Messing, verchromt,
– aus nichtrostendem Stahl,
– aus ....... ,
   – – – Normalkopf,
   – – – Kopfform ....... ,
    – – – – – Bandhöhe in mm ....... ,
    – – – – – Anzahl der Bänder je Bauteil ....... 
     – – – – – – Erzeugnis ....... ,
     (Sofern nicht vorgeschrieben, vom Bieter einzutragen.)
     – – – – – – Erzeugnis ....... , oder gleichwertiger Art,
     Erzeugnis ....... , (Vom Bieter einzutragen.)

– Berechnungseinheit St

073 **Haken für Gehänge (Kloben),**
**Einzelangaben nach DIN 18357**
– zum Einschlagen,
  – – mit Stütze,
  – – ohne Stütze,
– zum Einmörteln,
– zum Einmörteln, mit senkrechter Wellenklaue,
– zum Aufschrauben, mit Platte und Stütze,
– zum Einschrauben,
– zum Durchschrauben,
– zum Durchschrauben, mit Platte ohne Stütze,
– zum Durchschrauben, mit Platte und Stütze,
   – – – Dorndurchmesser in mm ....... ,

074 **Ladenband (Langband),**
**Einzelangaben nach DIN 18357**
– Länge in mm ....... ,

075 **Winkelband,**
**Einzelangaben nach DIN 18357**
– Schenkellängen in mm ....... ,
   – – – Querschnitt in mm ....... ,

076 **Kistenband,**
**Einzelangaben nach DIN 18357**
– gleichschenkelig,
– ungleichschenkelig,
  – – mit Nagellöchern,
  – – mit versenkten Schraublöchern,

077 **Überfalle (Überwurf),**
**Einzelangaben nach DIN 18357**
– aus Blech,
– aus ....... ,
  – – mit verdeckt liegender Befestigung,
   – – – Länge in mm ....... ,
   – – – – mit Krampe,
    – – – – zum Aufschrauben,
    – – – – zum Einschlagen,
     – – – – – aus Stahl,
     – – – – – aus Stahl, lackiert,
     – – – – – aus Stahl, verzinkt,
     – – – – – aus ....... ,
      – – – – – – Anzahl der Bänder je Bauteil ....... ,
      – – – – – – Anzahl je Bauteil ....... ,
      – – – – – – Erzeugnis ....... ,
      (Sofern nicht vorgeschrieben, vom Bieter einzutragen.)
      – – – – – – Erzeugnis ....... , oder gleichwertiger Art,
      Erzeugnis ....... , (Vom Bieter einzutragen.)

– Berechnungseinheit St

# LB 029 Beschlagarbeiten
## Schlösser für Türen und Tore

**Hinweis** zu Pos. 100 bis 103

Anwendungsbereiche für Klasse 1:
- leichte Innentüren.

Anwendungsbereiche für Klasse 2:
- Innentüren.

Anwendungsbereiche für Klasse 3:
- Wohnungsabschlusstüren,
- Haustüren,
- Türen im Objekt- und Behördenbereich,
- Innentüren mit besonderer Beanspruchung.

Anwendungsbereiche für Klasse 4:
- Türen für besondere Bereiche,
- Behördenbereich,
- Einbruchhemmung in Verbindung mit dem Türenprüfzeugnis DIN 18103,

**100** Einsteckschloss DIN 18251 Klasse 1,
**101** Einsteckschloss DIN 18251 Klasse 2,
**102** Einsteckschloss DIN 18251 Klasse 3,
**103** Einsteckschloss DIN 18251 Klasse 4,
 **Einzelangaben nach DIN 18357** zu Pos. 100 bis 103
 – als Buntbartschloss,
 – als Zuhaltungsschloss,
 – als Badschloss,
 – vorgerichtet für Profilzylinder,
 – ....... ,
  – – mit Nuss 8 mm,
  – – mit Nuss 9 mm,
  – – mit Nuss in mm ....... ,
  – – mit Nuss 8 mm, mit Wechsel,
  – – mit Nuss 9 mm, mit Wechsel,
  – – mit Nuss in mm ....... , mit Wechsel,
   – – – Dornmaß 55 mm,
   – – – Dornmaß 60 mm,
   – – – Dornmaß 65 mm,
   – – – Dornmaß in mm ....... ,
    – – – – Stulpbreite 20 mm,
    – – – – Stulpbreite 24 mm,
    – – – – Stulpbreite in mm ....... ,
     – – – – – Stulp aus Stahl, korrosionsgeschützt,
     – – – – – Stulp aus Stahl, lackiert, Farbton ....... , (Sofern nicht vorgeschrieben, vom Bieter einzutragen.)
     – – – – – Stulp aus nichtrostendem Stahl,
     – – – – – Stulp ....... ,
      – – – – – – Schließblech, zargenabhängig, aus Stahl,
      – – – – – – Schließblech, zargenabhängig, aus Stahl, auf Anforderung der Schlossklasse abgestimmt,
      – – – – – – Schließblech, zargenabhängig, aus nichtrostendem Stahl,
      – – – – – – Schließblech, zargenabhängig, aus nichtrostendem Stahl, auf Anforderung der Schlossklasse abgestimmt,
      – – – – – – Schließblech, zargenabhängig, aus ....... ,
      – – – – – – Schließblech, zargenabhängig, aus ....... , auf Anforderung der Schlossklasse abgestimmt,
       – – – – – – – Falle und Riegel aus Stahl, korrosionsgeschützt,
       – – – – – – – Falle und Riegel aus Stahl, poliert und vernickelt,
       – – – – – – – Falle und Riegel ....... ,
       – – – – – – – Falle ....... , Riegel ....... ,
        – – – – – – – – Erzeugnis ....... , (Sofern nicht vorgeschrieben, vom Bieter einzutragen.)
        – – – – – – – – Erzeugnis ....... , oder gleichwertiger Art, Erzeugnis ....... , (Vom Bieter einzutragen.)
– Berechnungseinheit St

**104** Einsteck-Riegelschloss,
 **Einzelangaben nach DIN 18357**
 – Maße DIN 18251
  – – als Buntbartschloss,
  – – als Zuhaltungsschloss,
  – – als Zuhaltungsschloss ....... ,
  – – als Badschloß, 8 mm Olivennuss,
  – – vorgerichtet für Profilzylinder,
  – – ....... ,
   – – – eintourig,
   – – – zweitourig,
   – – – Ausführung ....... ,
    – – – – Dornmaß 55 mm,
    – – – – Dornmaß 60 mm,
    – – – – Dornmaß 65 mm,
    – – – – Dornmaß in mm ....... ,
     – – – – – Stulpbreite 20 mm,
     – – – – – Stulpbreite 24 mm,
     – – – – – Stulpbreite in mm ....... ,
      – – – – – – Schließblech zargenabhängig,
      – – – – – – – Stulp aus Stahl, korrosionsgeschützt,
      – – – – – – – Stulp aus Stahl, lackiert, Farbton ....... , (Sofern nicht vorgeschrieben, vom Bieter einzutragen.)
      – – – – – – – Stulp aus nichtrostendem Stahl,
      – – – – – – – Stulp ....... ,
       – – – – – – – – Riegel aus Stahl, korrosionsgeschützt,
       – – – – – – – – Riegel aus Stahl, poliert und vernickelt,
       – – – – – – – – Riegel ....... ,
        – – – – – – – – Erzeugnis ....... , (Sofern nicht vorgeschrieben, vom Bieter einzutragen.)
        – – – – – – – – Erzeugnis ....... , oder gleichwertiger Art, Erzeugnis ....... , (Vom Bieter einzutragen.)
– Berechnungseinheit St

**106** Einsteck-Fallenschloss,
**107** Einsteck-Fallenschloss mit Drückerbetätigung,
**108** Einsteck-Fallenschloss mit Schlüsselbetätigung,
**107** Einsteck-Fallenschloss mit Drücker- und Schlüsselbetätigung,
**110** Einsteck-Pendeltür-Fallenschloss ohne Schließwerk,
**111** Einsteck-Pendeltürschloss,
 **Einzelangaben nach DIN 18357** zu Pos. 106 bis 111
 – Maße DIN 18251,
  – – als Buntbartschloss,
  – – als Zuhaltungsschloss,
  – – vorgerichtet für Profilzylinder,
  – – ....... ,

**Fortsetzung Einzelangaben** siehe Pos. 112

# LB 029 Beschlagarbeiten
## Schlösser für Türen und Tore

STLB 029

Ausgabe 06.01

112 **Einsteck-Schiebetürschloss,**
**Einzelangaben nach DIN 18357**
– ohne Schließwerk,
– als Buntbartschloss,
– als Zuhaltungsschloss,
– vorgerichtet für Profilzylinder,
– ....... ,
– – mit Zirkelriegel und Gegenkasten für zweiflügelige Tür mit Springgriff,
– – mit Zirkelriegel und Schließblech für einflügelige Tür,
– – mit Zirkelriegel, Springgriff und Gegenkasten für zweiflügelige Tür mit Springgriff,
– – mit Zirkelriegel, Springgriff und Schließblech für einflügelige Tür,
– – mit Hakenriegel,
– – mit ....... ,

Einzelangaben zu Pos. 106 bis 112, Fortsetzung
– – – Dornmaß 45 mm,
– – – Dornmaß 50 mm,
– – – Dornmaß 55 mm,
– – – Dornmaß 60 mm,
– – – Dornmaß 65 mm,
– – – Dornmaß in mm ....... ,
– – – – Stulpenbreite 20 mm, Schließblech zargenabhängig,
– – – – Stulpenbreite 20 mm, Schließblech zargenabhängig, mit Nuß 8 mm,
– – – – Stulpenbreite 24 mm, Schließblech zargenabhängig,
– – – – Stulpenbreite 24 mm, Schließblech zargenabhängig, mit Nuß 9 mm,
– – – – Stulpenbreite in mm ....... , Schließblech zargenabhängig,
– – – – Stulpenbreite in mm ....... , Schließblech zargenabhängig, mit Nuß in mm ....... ,
– – – – – Stulp aus Stahl, korrosionsgeschützt,
– – – – – Stulp aus Stahl, lackiert, Farbton ....... , (Sofern nicht vorgeschrieben, vom Bieter einzutragen.)
– – – – – Stulp aus nichtrostendem Stahl,
– – – – – Stulp ....... ,
– – – – – – Riegel,
– – – – – – Zirkelriegel,
– – – – – – Hakenriegel,
– – – – – – Falle,
– – – – – – Rollfalle,
– – – – – – ....... ,
– – – – – – – aus Stahl, korrosionsgeschützt,
– – – – – – – aus Stahl, poliert und vernickelt,
– – – – – – – aus ....... ,
– – – – – – – – Erzeugnis ....... , (Sofern nicht vorgeschrieben, vom Bieter einzutragen.)
– – – – – – – – Erzeugnis ....... , oder gleichwertiger Art, Erzeugnis ....... , (Vom Bieter einzutragen.)
– Berechnungseinheit St

113 **Einsteckschloß, Einfallenschloß,**
**Einzelangaben nach DIN 18357**
– für Stahltüren,
– für Stahltore,
– für ....... ,
– – als Buntbartschloß,
– – als Buntbartschloß mit Wechsel,
– – als Zuhaltungsschloß,
– – als Zuhaltungsschloß mit Wechsel,
– – vorgerichtet für Profilzylinder,
– – vorgerichtet für Profilzylinder mit Wechsel,
– – ....... ,
– – – Dornmaß 55 mm,
– – – Dornmaß 65 mm,
– – – Dornmaß in mm ....... ,
Fortsetzung Einzelangaben siehe Pos. 114 bis 119

114 **Rohrrahmen-Einsteckschloss mit Falle und Riegel,**
115 **Rohrrahmen-Einsteckschloss mit Rollfalle und Riegel,**
116 **Rohrrahmen-Einsteckschloss mit ....... ,**
117 **Rohrrahmen-Einsteckriegelschloss,**
118 **Rohrrahmen-Einsteckfallenschloss,**
119 **Rohrrahmen-Einsteck-Schwenkriegelschloss,**
**Einzelangaben nach DIN 18357 zu Pos. 114 bis 119**
– als Zuhaltungsschloss, eintourig,
– als Zuhaltungsschloss, zweitourig,
– vorgerichtet für Profilzylinder, eintourig,
– vorgerichtet für Profilzylinder, zweitourig,
– ....... ,
– – mit Nuss 8 mm,
– – mit Nuss 9 mm,
– – mit Nuss in mm ....... ,
– – mit Nuss 8 mm mit Wechsel,
– – mit Nuss 9 mm mit Wechsel,
– – mit Nuss mm ....... , mit Wechsel,
– – – Dornmaß 25 mm,
– – – Dornmaß 30 mm,
– – – Dornmaß 35 mm,
– – – Dornmaß 40 mm,
– – – Dornmaß 45 mm,
– – – – Entfernung 72 mm,
– – – – Entfernung 92 mm,
– – – – Entfernung in mm ....... ,

Einzelangaben zu Pos. 113 bis 119, Fortsetzung
– – – – – Stulpbreite 20 mm,
– – – – – Stulpbreite 24 mm,
– – – – – Stulpbreite 24 mm, U-Profil,
– – – – – Stulpbreite in mm ....... ,
– – – – – – Stulp aus Stahl, korrosionsgeschützt,
– – – – – – Stulp aus Stahl, korrosionsgeschützt, Falle und Riegel korrosionsgeschützt,
– – – – – – Stulp aus Stahl, korrosionsgeschützt, Falle und Riegel 5 mm vorstehend,
– – – – – – Stulp aus Stahl, korrosionsgeschützt, Falle und Riegel korrosionsgeschützt, 5 mm vorstehend,
– – – – – – Stulp aus nichtrostendem Stahl,
– – – – – – Stulp aus nichtrostendem Stahl, Falle und Riegel korrosionsgeschützt,
– – – – – – Stulp aus nichtrostendem Stahl, Falle und Riegel 5 mm vorstehend,
– – – – – – Stulp aus nichtrostendem Stahl, Falle und Riegel korrosionsgeschützt, 5 mm vorstehend,
– – – – – – ....... ,
Fortsetzung Einzelangaben siehe Pos. 122

120 **Schloss für Ganzglastüren, Schlosssitz DIN 18101,**
**Einzelangaben nach DIN 18357**
– mit Drückergarnitur, Farbton ....... ,
– mit Drückergarnitur, ....... ,
– mit ....... ,
– – als Buntbartschloss,
– – vorgerichtet für Profilzylinder,
– – – mit verriegelbarar Falle ....... ,
Fortsetzung Einzelangaben siehe Pos. 122

121 **Schloss für Ganzglas-Schiebetüren, Schlosssitz DIN 18101,**
**Einzelangaben nach DIN 18357**
– als Buntbartschloss,
– als Buntbartschloss mit Hakenriegel,
Fortsetzung Einzelangaben siehe Pos. 122

**STLB 029**

Ausgabe 06.01

## LB 029 Beschlagarbeiten
### Schlösser für Türen und Tore

122 Einsteckschloss für Fluchttüren von Starkstromanlagen, Einfallenschloss, Einzelangaben nach DIN 18357
– vorgerichtet für Profilzylinder,
– ....... ,

**Einzelangaben zu Pos. 113 bis 122, Fortsetzung**
– – – – Ausführung ....... ,
– – – – – – Erzeugnis ....... , (Sofern nicht vorgeschrieben, vom Bieter einzutragen.)
– – – – – – Erzeugnis ....... , oder gleichwertiger Art, Erzeugnis ....... , (Vom Bieter einzutragen.)
– Berechnungseinheit St

140 Panikverschluss für Feuerschutzabschlüsse, Einfallenschloss,
141 Panikverschluss für Feuerschutzabschlüsse ....... , Einzelangaben nach DIN 18357 zu Pos. 140 bis 141
– als einfach wirkendes Panikschloss, zweitourig,
– als doppelt wirkendes Panikschloss, zweitourig,
– als Rohrrahmen-Panikschloss,
– als doppelt wirkendes Rohrrahmen-Panikschloß,
– – eintourig, 20 mm Riegelausschluß,
– als ....... ,
– – – vorgerichtet für Profilzylinder,
– – – vorgerichtet für Profilzylinder mit Wechsel,
– – – bestehend aus Hauptschloß für Gehflügel, vorgerichtet für Profilzylinder, Treibriegelschloß für feststehenden Türflügel,
– – – ....... ,
– – – – als abgebogene Panikdrückergarnitur mit Langschild
– – – – als abgebogene Panikdrückergarnitur mit Rosette
– – – – als Wechselgarnitur mit Langschild
– – – – als .......
– – – – – und Blindrosette
– – – – – und Blindlangschild
– – – – – und Panik-Schwenkhebel, mit Aufschraubplatte
– – – – – und Panik-Schwenkhebel, mit Aufschraubplatte und Umlenkgetriebe
– – – – – und Panik-Stangengriff mit Aufschraubplatten, Hochhaltefedern und Umlenkgetriebe
– – – – – und Panik-Stangengriff mit Aufschraubplatten, Klemmfedern und Umlenkgetriebe
– – – – – und .......
– – – – – – aus Aluminium eloxiert, Farbton ....... .
– – – – – – aus nichtrostendem Stahl.
– – – – – – aus Kunststoff, Farbton ....... .
– – – – – – aus ....... .
– – – – – – – Ausführung ....... .
– – – – – – – Erzeugnis ....... , (Sofern nicht vorgeschrieben, vom Bieter einzutragen.)
– – – – – – – Erzeugnis ....... , oder gleichwertiger Art, Erzeugnis ....... , (Vom Bieter einzutragen.)
– Berechnungseinheit St

15_ Mehrpunktschloss,
16_ Mehrpunktschloss für Abschlusstüren,
17_ Hauptschloß,
1 vorgerichtet für Profilzylinder, eintourig, schlüsselbetätigt,
2 vorgerichtet für Profilzylinder, eintourig, drückerbetätigt,
3 vorgerichtet für Profilzylinder, zweitourig, schlüsselbetätigt, Form ....... ,
4 vorgerichtet für Profilzylinder, eintourig, drückerbetätigt, Form ....... ,
**Einzelangaben nach DIN 18357 zu Pos. 151 bis 174**
– mit Nuss 8 mm,
– mit Nuss 9 mm,
– mit Nuss in mm ....... ,
– mit Nuss 8 mm mit Wechsel,
– mit Nuss 9 mm mit Wechsel,
– mit Nuss in mm ....... , mit Wechsel,
– – Dornmaß 30 mm,
– – Dornmaß 35 mm,
– – Dornmaß 40 mm,
– – Dornmaß 45 mm,
– – Dornmaß 50 mm,
– – Dornmaß 55 mm,
– – Dornmaß 65 mm,
– – Dornmaß in mm ....... ,
– – – Entfernung 72 mm,
– – – Entfernung 92 mm,
– – – Entfernung in mm ....... ,
– – – – Stulpbreite 16 mm, Schließblech/-teile profilabhängig,
– – – – Stulpbreite 20 mm, Schließblech/-teile profilabhängig,
– – – – Stulpbreite 24 mm, Schließblech/-teile profilabhängig,
– – – – Stulpbreite 24 mm, U-Profil, Schließblech/-teile profilabhängig,
– – – – – Stulpschiene mit Zapfenverschlüssen an 4 Stellen,
– – – – – Stulpschiene mit Zapfenverschlüssen Anzahl ....... ,
– – – – – Stulpschiene mit Verriegelung an 2 Stellen,
– – – – – Stulpschiene mit Verriegelung an 4 Stellen,
– – – – – Stulpschiene mit Verriegelung, Anzahl ....... ,
– – – – – Stulpschiene mit Verriegelung, Anzahl ....... , und zusätzlicher Verriegelung oben und unten,
– – – – – – aus Stahl, korrosionsgeschützt,
– – – – – – aus nichtrostendem Stahl,
– – – – – – aus ....... ,
– – – – – – – Falle und Riegel des Hauptschlosses aus Stahl, korrosionsgeschützt,
– – – – – – – Falle und Riegel des Hauptschlosses aus Zinkdruckguss,
– – – – – – – Falle und Riegel des Hauptschlosses aus ....... ,
– – – – – – – Falle ....... , Riegel ....... ,
– – – – – – – Erzeugnis ....... , (Sofern nicht vorgeschrieben, vom Bieter einzutragen.)
– – – – – – – Erzeugnis ....... , oder gleichwertiger Art, Erzeugnis ....... , (Vom Bieter einzutragen.)
– Berechnungseinheit St

# LB 029 Beschlagarbeiten
## Schließanlagen

STLB 029

Ausgabe 06.01

200 Zentralschlüsselanlage,
201 Zentralschlüsselanlage mit Hauptschlüssel,
202 Hauptschlüsselanlage,
203 Kombinierte Haupt-/ Zentralschlüsselanlage,
204 Generalhauptschlüsselanlage,
 Einzelangaben nach DIN 18357 zu Pos. 200 bis 204
 – Anzahl der Obergruppen ....... ,
 – – Anzahl der Gruppen ....... ,
 – – – Anzahl der Untergruppen ....... ,
 – – – – in vorgerichtete Schlösser,
 – – – – in vorgerichtete Türschlösser,
 – – – – in vorgerichtete Schlösser von Einrichtungsgegenständen,
 – – – – in vorgerichtete Schlösser von Schaltarmaturen,
 – – – – in vorgerichtete Schlösser....... ,
 – – – – – einbauen.
 – – – – – einbauen einschl. schließbar machen.
 – – – – – einbauen ....... .
 – – – – – – Schließplan mit Bezeichnung der Türen, Räume und Schließzylinder, Oberflächenbeschaffenheit, Farbton der Schließzylinder, Zylinderverlängerungen bei erhöhten Türblattdicken, Schlüsselanzahl je Schließzylinder, Schlüsselanzahl der übergeordneten Schlüssel, Zuordnung einzelner Schließgruppen dem AG zur Genehmigung vorlegen.
 – – – – – – ....... ,
 – – – – – – – Erzeugnis ....... ,
  (Sofern nicht vorgeschrieben, vom Bieter einzutragen.)
 – – – – – – – Erzeugnis ....... , oder gleichwertiger Art,
  Erzeugnis ....... , (Vom Bieter einzutragen.)
 – Berechnungseinheit St

**Hinweis:** Die Leistungsbeschreibung der Schließanlage kann hier abgeschlossen werden, wenn alle für die Kalkulation notwendigen Angaben in den Textergänzungen enthalten sind. Andernfalls ist der nächste Anstrich zu wählen und die Beschreibung mit Pos. 230 ff. fortzusetzen.

 – – – – – – – Bestehend aus:
 – Berechnungseinheit St

205 Leihschließanlage ein – und ausbauen, einschl. schließbar machen,
 Einzelangaben nach DIN 18357
 – Art ....... , Anzahl der Schließgruppen ....... ,
 – – Anzahl der Schließzylinder ....... ,
 – – – je Schließzylinder 3 Schlüssel ....... ,
 – – – ....... ,
 – – – – Anzahl der übergeordneten Schlüssel ....... ,
 – – – – – Dauer der Gebrauchsüberlassung ....... ,
 – – – – – Dauer ....... ,
 – – – – – – Erzeugnis ....... ,
  (Sofern nicht vorgeschrieben, vom Bieter einzutragen.)
 – – – – – – Erzeugnis ....... , oder gleichwertiger Art,
  Erzeugnis ....... , (Vom Bieter einzutragen.)
 – – – – – – Abrechnung nach Anzahl der Schließzylinder,
 – Berechnungseinheit psch, St

206 Schlüsselschrank, abschließbar,
 Einzelangaben nach DIN 18357
 – Erzeugnis ....... ,
  (Sofern nicht vorgeschrieben, vom Bieter einzutragen.)
 – Erzeugnis ....... , oder gleichwertiger Art,
  Erzeugnis ....... , (Vom Bieter einzutragen.)
 – Berechnungseinheit St

207 Schließanlagen-Verwaltungsbuch,
208 PC-gesteuertes Schießanlagen-Verwaltungsprogramm auf Datenträger,

**Hinweis:** Zusätzliche Funktionen können sein: Änderung, Ergänzung und Erweiterung vorhandener Schließanlagen.

**Einzelangaben nach DIN 18357** zu Pos. 207 bis 208
 – Ausführung ....... ,
 – – – Funktionen:
  - Überspielen der beim Hersteller gespeicherten Schließanlagendaten per Diskette,
  - Ausdruck von kompletten Schließplänen,
  - Verwalten der ausgegebenen Schlüssel je Person einschließlich Ausgabedatum,
  - Druck von Schlüsselausgabequittungen, Rückgabebelegen und Schlüsselrückforderungen,
  - Anzeigen von Zugangsberechtigungen der übergeordneten Schlüssel,
  - Anzeige und Ausdruck der ausgegebenen Schlüssel, sortiert nach Namen, Personal- und Schlüsselnummer,
  - Aufnahme und Druck neuer Bestellungen von Zylindern und Schlüsseln einschl. Bestandsführung,
  - Verwalten von neuen Bestellungen,
  - hierarchisch gesteuerte Passwortcodierung,
  - Verwalten von mehreren Schließanlagen.
 – Berechnungseinheit St

**STLB 029**

## LB 029 Beschlagarbeiten
### Schließanlagen

Ausgabe 06.01

230 Profildoppelzylinder DIN EN 1303 Klasse 1,
231 Profildoppelzylinder DIN EN 1303 Klasse 2,
232 Profildoppelzylinder DIN EN 1303 Klasse 3,
233 Profildoppelzylinder DIN EN 1303 Klasse 2, mit Bohrschutz,
234 Profildoppelzylinder DIN EN 1303 Klasse 2, mit Bohr- und Ziehschutz,
235 Profildoppelzylinder DIN EN 1303 Klasse 3, mit Bohrschutz,
236 Profildoppelzylinder DIN EN 1303 Klasse 3, mit Bohr- und Ziehschutz,
237 Profilhalbzylinder DIN EN 1303 Klasse 1,
238 Profilhalbzylinder DIN EN 1303 Klasse 2,
239 Profilhalbzylinder DIN EN 1303 Klasse 3,
240 Profilhalbzylinder für Elektroschalter und Aufzugssteuerungen,
241 Knaufprofilzylinder DIN EN 1303 Klasse 1,
242 Knaufprofilzylinder DIN EN 1303 Klasse 2,
243 Knaufprofilzylinder DIN EN 1303 Klasse 3,
244 Rundzylinder für Möbelschlösser, Schloßtyp ....... ,
245 Zylinderolive für Möbelschlösser,
246 Zylinder-Vorhangschloss,
247 Hebelzylinder,
248 Profilzylinder, elektronisch codierbar, für Zugangskontrollen, einschl. Steuereinheit und Codiergerät,

Hinweis: Schlösser mit Schließzylinder für Einrichtungsgegenstände siehe Pos. 924 ff.
Einzelangaben nach DIN 18357 zu Pos. 230 bis 248
– mit Gefahrenfunktion bei einseitig steckendem Schlüssel, Betätigung durch jeden schließungsberechtigten Schlüssel,
– mit Gefahrenschlüsseleinrichtung bei einseitig steckendem, Betätigung durch Gefahrenschlüssel,
– – einseitig schließbar, andere Seite blind,
– – einseitig schließbar, andere Seite für Steckschlüssel,
– – einseitig schließbar, andere Seite für Knauf,
– – ....... ,
– – – Anzahl der Stiftzuhaltungen ....... ,
– – – – Zylindergehäuse und Zylinderkern aus Messing, matt vernickelt,
– – – – Zylindergehäuse und Zylinderkern ....... ,
– – – – – Doppelzylinder, Länge in mm ....... ,
– – – – – Halbzylinder, Länge in mm ....... ,
– – – – – ....... ,
– – – – – – Schlüssel aus Neusilber,

Hinweis: Die nächste drei Anstriche nur anwenden, wenn Schließzylinder nicht Bestandteile der Schließanlage sind.
– – – – – – In vorgerichtete Schlösser einbauen.
– – – – – – In vorgerichtete Schlösser einbauen einschl. schließbar machen.
– – – – – – ....... ,
– – – – – – – Erzeugnis ....... , (Sofern nicht vorgeschrieben, vom Bieter einzutragen.)
– – – – – – – Erzeugnis ....... , oder gleichwertiger Art, Erzeugnis ....... , (Vom Bieter einzutragen.)
– Berechnungseinheit St

249 Zylindereinsatz
Einzelangaben nach DIN 18357
– in vorgerichtete Schlösser
– in vorgerichtete Türschlösser
– in vorgerichtete Schlösser von Einrichtungsgegenständen
– in vorgerichtete Schlösser .......
– – einbauen,
– – einbauen einschl. schließbar machen,
– – einbauen .......
– – – beidseitig blind,
– – – beidseitig für Steckschlüssel,
– – – einseitig blind,
– – – – andere Seite für Steckschlüssel,
– – – – andere Seite ....... ,
– – – einseitig mit Steckschlüssel,
– – – einseitig mit Steckschlüssel und Schauscheibe,
– – – – andere Seite mit Knauf,
– – – – ....... ,
– – – – – Zylindergehäuse und Zylinderkern aus Messing, matt vernickelt,
– – – – – Zylindergehäuse und Zylinderkern ....... ,
– – – – – – Einsatzlänge in mm ....... ,
– – – – – – – Erzeugnis ....... , (Sofern nicht vorgeschrieben, vom Bieter einzutragen.)
– – – – – – – Erzeugnis ....... , oder gleichwertiger Art, Erzeugnis ....... , (Vom Bieter einzutragen.)
– – – – – – – – Anzahl der Zylindereinsätze ....... ,
– Berechnungseinheit St

250 Verlängerung der Schließzylinders,
251 Verlängerung des Zylindereinsatzes,
Einzelangaben nach DIN 18357 zu Pos. 250 bis 251
– je angefangene 10 mm pro Zylinderseite,
– – – Gesamtlänge des Zylinders bis 100 mm,
– – – Gesamtlänge des Zylinders über 100 mm,
– – – – Anzahl der Verlängerungen ....... ,
– Berechnungseinheit St

252 Generalhauptschlüssel,
253 Hauptschlüssel,
254 Obergruppenschlüssel,
255 Gruppenschlüssel,
256 Untergruppenschlüssel,
257 Einzelschlüssel,
258 Elektronisch codierbarar Schlüssel,
Einzelangaben nach DIN 18357 zu Pos. 252 bis 258
– für Schließanlage zusätzlich liefern,
– für ....... ,
– – – Anzahl der Schlüssel ....... ,
– Berechnungseinheit St

# LB 029 Beschlagarbeiten
## Griffe für Türen und Tore

Ausgabe 06.01

300 Drückergarnitur DIN 18255,
301 Drücker DIN 18255,
302 Drückergarnitur für Feuerschutz- und Rauchschutztüren DIN 18273,
303 Wechselgarnitur,
304 Drücker-Knopfgarnitur,
305 Badtürdrückergarnitur DIN 18255,

Hinweis: Pos. 306 nur für Türblätter mit Dicken über 55 mm.

306 Drückergarnitur für Sporthallen,

Hinweis: Die Klassen ES 1 bis ES 3 entsprechen den Widerstandsklassen der einbruchhemmenden Türen DIN 18103.

307 Schutzbeschlag DIN 18257, ES 1,
308 Schutzbeschlag DIN 18257, ES 2,
309 Schutzbeschlag DIN 18257, ES 3,

Einzelangaben nach DIN 18357 zu Pos. 300 bis 309
– aus Aluminium, eloxiert, Farbton ....... ,
– aus Aluminium, eloxiert, Farbton ....... , mit Metallkern,
– aus Aluminium, kunststoffbeschichtet, Farbton ....... ,
– aus Messing,
– aus Bronze,
– aus nichtrostendem Stahl,
– – Oberfläche poliert,
– – Oberfläche matt,
– – Oberfläche ....... ,
– aus Kunststoff, Farbton ....... ,
– aus Kunststoff, Farbton ....... , mit Metallkern,
– aus Stahl mit Kunststoff ummantelt, Farbton ....... ,
– aus ....... ,

Hinweis: Die nächsten 7 Anstriche nicht für Pos. 307 bis 309.
– – – Langschild,
– – – Kurzschild,
– – – Breitschild,
– – – Muschelschild mit eingelassenem Betätigungsgriff,
– – – Drückerrosette,
– – – Schlüsselrosette,
– – – Drücker- und Schlüsselrosette,
– – – – mit Drückerstift 8 mm,
– – – – mit Drückerstift 9 mm,
– – – – mit Drückerstift in mm....... ,
– – – – – gelocht für Buntbartschlüssel,
– – – – – gelocht für Profilzylinder,
– – – – – ohne Lochung,
– – – – – mit Riegelolive, Schauscheibe, Notentriegelung,
– – – – – ....... ,
– – – – – – sichtbar verschrauben,
– – – – – – verdeckt verschrauben,
– – – – – – ....... ,
– – – – – – – Ausführung ....... ,
– – – – – – – – Erzeugnis ....... ,
(Sofern nicht vorgeschrieben, vom Bieter einzutragen.)
– – – – – – – – Erzeugnis ....... , oder gleichwertiger Art, Erzeugnis ....... , (Vom Bieter einzutragen.)

– Berechnungseinheit St

330 Stoßgriffgarnitur,
331 Stangengriffgarnitur,
332 Stoßgriff,
333 Stangengriff,

Einzelangaben nach DIN 18357 zu Pos. 330 bis 333
– aus nichtrostendem Stahl,
– aus Aluminium,
– aus Kunststoff,
– aus Messing,
– aus ....... ,
– – Oberfläche ....... ,
– – Oberfläche ....... , Farbton ....... ,
– – – Form gemäß Einzelbeschreibung Nr. ....... ,
– – – Form gemäß Zeichnung Nr. ....... ,
– – – Form gemäß Einzelbeschreibung Nr. ....... , und Zeichnung Nr. ....... ,
– – – – Maße in mm ....... ,
– – – – – Befestigung an Holz,
– – – – – Befestigung an Metall,
– – – – – Befestigung an Glas,
– – – – – – sichtbar,
– – – – – – verdeckt,
– – – – – – – Abdeckung aus nichtrostendem Stahl,
– – – – – – – Abdeckung aus Aluminium,
– – – – – – – Abdeckung aus Kunststoff,
– – – – – – – Abdeckung aus Messing,
– – – – – – – Abdeckung ....... ,
– – – – – – – – Erzeugnis ....... ,
(Sofern nicht vorgeschrieben, vom Bieter einzutragen.)
– – – – – – – – Erzeugnis ....... , oder gleichwertiger Art, Erzeugnis ....... , (Vom Bieter einzutragen.)

– Berechnungseinheit St

## LB 029 Beschlagarbeiten
### Türschließer für Innen- und Außentüren

**Obentürschließer**

**Hinweis:** Türschließer mit Elektroanschluss nur für trockene Räume.

35_ **Obentürschließer DIN EN 1154**
1 für einflügelige Türanlagen, Türbreite in mm ....... ,
**Einzelangaben nach DIN 18357** zu Pos. 351
– mit Endschlag,
– mit Endschlag und Öffnungsdämpfung,
– mit Endschlag, Öffnungsdämpfung und Schließverzögerung,
– – mit Gleitschiene ohne Feststellung,
– – mit Gleitschiene mit elektromechanischer Feststellung 24 V DC DIN 18263-5/DIN EN 1155,
– – mit Gleitschiene mit elektromechanischer Feststellung 24 V DC DIN 18263-5/DIN EN 1155 und integriertem Rauchschalter 230 V AC,
– – – Sturzmelder 230 V AC,
– – – Sturzmelder 230 V AC und Deckenmelder, Anzahl ....... ,
– – – Netzteil 230 V AC und 2 Deckenmelder,

2 für zweiflügelige Türanlagen, Gangflügelbreite in mm ....... ,
Standflügelbreite in mm ....... ,
**Einzelangaben nach DIN 18357** zu Pos. 352
– mit Endschlag,
– mit Endschlag und Öffnungsdämpfung,
– mit Endschlag, Öffnungsdämpfung und Schließverzögerung,
– – mit Gleitschiene ohne Feststellung,
– – mit Gleitschiene mit beidseitiger elektromechanischer Feststellung 24 V DC DIN 18263-5/DIN EN 1155,
– – mit Gleitschiene mit einseitiger elektromechanischer Feststellung am Gangflügel 24 V DC DIN 18263-5/DIN EN 1155,
– – mit Gleitschiene mit beidseitiger elektromechanischer Feststellung 24 V DC DIN 18263-5/DIN EN 1155 und integriertem Rauchschalter 20 V AC,
– – mit Gleitschiene mit einseitiger elektromechanischer Feststellung am Gangflügel 24 V DC DIN 18263-5/DIN EN 1155 und integriertem Rauchschalter 20 V AC,
– – – mit integrierter Schließfolgerregelung,
– – – – Sturzmelder 230 V AC,
– – – – Sturzmelder 230 V AC und Deckenmelder, Anzahl ....... ,
– – – – Netzteil 230 V AC und 2 Deckenmelder,

3 für einflügelige Türanlagen, Türbreite in mm ....... ,
**Einzelangaben nach DIN 18357** zu Pos. 353
– mit elektrohydraulischer Feststellung 24 V DC DIN 18263-5/DIN EN 1155,
– mit elektrohydraulischer Feststellung 24 V DC DIN 18263-5/DIN EN 1155 und integriertem Rauchschalter 230 V AC,
– – mit Gestänge ohne Feststellung,
– – mit Gestänge ohne Feststellung, verlängert,
– – mit Gestänge ohne Feststellung, mit Freilauffunktion,
– – – mit Öffnungsdämpfung,
– – – mit Öffnungsdämpfung und Schließverzögerung,
– – – – Sturzmelder 230 V AC,
– – – – Sturzmelder 230 V AC und Deckenmelder, Anzahl ....... ,
– – – – Netzteil 230 V AC und 2 Deckenmelder,

4 für zweiflügelige Türanlagen, Gangflügelbreite in mm ....... ,
Standflügelbreite in mm ....... ,
**Einzelangaben nach DIN 18357** zu Pos. 354
– mit elektrohydraulischer Feststellung 24 V DC DIN 18263-5/DIN EN 1155, mit Gestänge ohne Feststellung,
– mit elektrohydraulischer Feststellung 24 V DC DIN 18263-5/DIN EN 1155 Gestänge ohne Feststellung, verlängert,
– mit elektrohydraulischer Feststellung 24 V DC DIN 18263-5/DIN EN 1155 und intergiertem Rauchschalter 230 V AC, mit Gestänge ohne Feststellung,
– mit elektrohydraulischer Feststellung 24 V DC DIN 18263-5/DIN EN 1155 und intergiertem Rauchschalter 230 V AC, mit Gestänge ohne Feststellung, verlängert,
– – mit Öffnungsdämpfung,
– – mit Öffnungsdämpfung und Schließverzögerung,
– – – Schließfolgeregler aufliegend,
– – – Schließfolgeregler aufliegend, mit Haltemagnet 24 V DC,
– – – Schließfolgeregelung integriert, verdeckt liegend,
– – – – Sturzmelder 230 V AC,
– – – – Sturzmelder 230 V AC und Deckenmelder, Anzahl ....... ,
– – – – Netzteil 230 V AC und 2 Deckenmelder,
– – – – – Montage Bandseite,
– – – – – Montage Bandgegenseite,
– – – – – – Farbton silberfarbig,
– – – – – – Farbton dunkelbronze,
– – – – – – Farbton weiß RAL 9010,
– – – – – – Farbton weiß RAL 9016,
– – – – – – Farbton ....... ,
– – – – – – – Mit Abnahmeprüfung und dauerhafter Anbringung des Zulassungsschildes,
– – – – – – – Ausführung ....... ,
– – – – – – – Erzeugnis ....... ,
(Sofern nicht vorgeschrieben, vom Bieter einzutragen.)
– – – – – – – Erzeugnis ....... , oder gleichwertiger Art, Erzeugnis ....... , (Vom Bieter einzutragen.)

– Berechnungseinheit

**Bodentürschließer**

36_ **Bodentürschließer DIN DIN EN 1154,**
1 für einflügelige Türanlagen, Türbreite in mm ....... ,
**Einzelangaben nach DIN 18357** zu Pos. 361
– mit elektromechanischer oder elektrohydraulischer Feststellung 24 V DC DIN 18263-5/DIN EN 1155,
– mit elektromechanischer oder elektrohydraulischer Feststellung 24 V DC DIN 18263-5/DIN EN 1155 und Freilauffunktion,
– – mit Endschlag,
– – mit Endschlag und Öffnungsdämpfung,
– – – Deckplatte aus nichtrostendem Stahl,
– – – Deckplatte ....... ,

2 für zweiflügelige Türanlagen, Gangflügelbreite in mm ....... ,
Standflügelbreite in mm ....... ,
**Einzelangaben nach DIN 18357** zu Pos. 362
– mit elektromechanischer oder elektrohydraulischer Feststellung 24 V DC DIN 18263-5/DIN EN 1155,
– – mit Endschlag,
– – mit Endschlag und Öffnungsdämpfung,
– – – Deckplatte aus nichtrostendem Stahl,
– – – Deckplatte ....... ,
– – – – Schließfolgeregler aufliegend,
– – – – Schließfolgeregler aufliegend, mit Haltemagnet 24 V DC,
– – – – Schließfolgeregler integriert, verdeckt liegend,

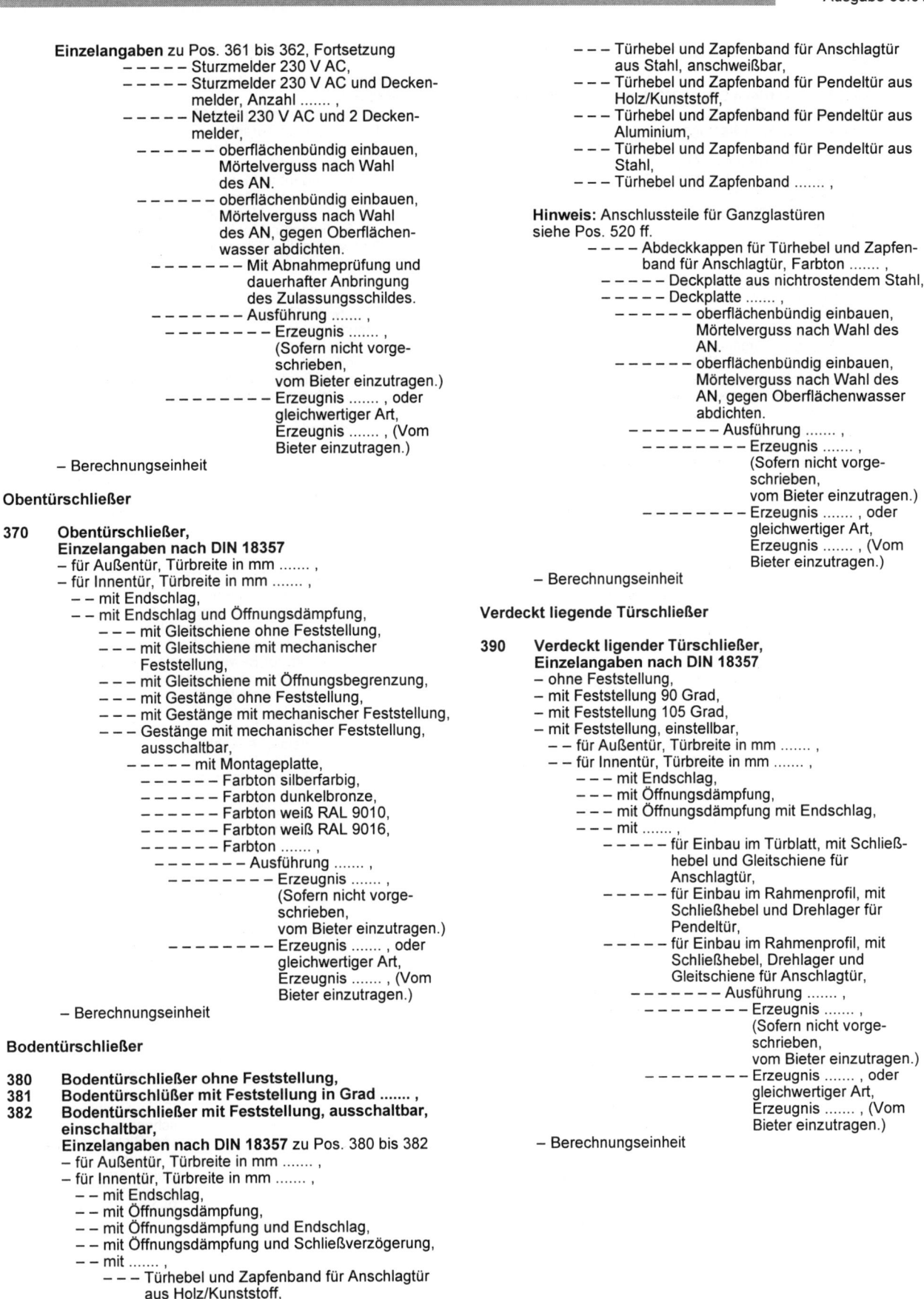

# LB 029 Beschlagarbeiten
## Türschließer für Innen- und Außentüren

STLB 029

Ausgabe 06.01

Einzelangaben zu Pos. 361 bis 362, Fortsetzung
– – – – – Sturzmelder 230 V AC,
– – – – – Sturzmelder 230 V AC und Deckenmelder, Anzahl ....... ,
– – – – – Netzteil 230 V AC und 2 Deckenmelder,
– – – – – – oberflächenbündig einbauen, Mörtelverguss nach Wahl des AN.
– – – – – – oberflächenbündig einbauen, Mörtelverguss nach Wahl des AN, gegen Oberflächenwasser abdichten.
– – – – – – Mit Abnahmeprüfung und dauerhafter Anbringung des Zulassungsschildes.
– – – – – – Ausführung ....... ,
– – – – – – – Erzeugnis ....... , (Sofern nicht vorgeschrieben, vom Bieter einzutragen.)
– – – – – – – Erzeugnis ....... , oder gleichwertiger Art, Erzeugnis ....... , (Vom Bieter einzutragen.)
– Berechnungseinheit

### Obentürschließer

370  Obentürschließer,
Einzelangaben nach DIN 18357
– für Außentür, Türbreite in mm ....... ,
– für Innentür, Türbreite in mm ....... ,
– – mit Endschlag,
– – mit Endschlag und Öffnungsdämpfung,
– – – mit Gleitschiene ohne Feststellung,
– – – mit Gleitschiene mit mechanischer Feststellung,
– – – mit Gleitschiene mit Öffnungsbegrenzung,
– – – mit Gestänge ohne Feststellung,
– – – mit Gestänge mit mechanischer Feststellung,
– – – mit Gestänge mit mechanischer Feststellung, ausschaltbar,
– – – – – mit Montageplatte,
– – – – – – Farbton silberfarbig,
– – – – – – Farbton dunkelbronze,
– – – – – – Farbton weiß RAL 9010,
– – – – – – Farbton weiß RAL 9016,
– – – – – – Farbton ....... ,
– – – – – – – Ausführung ....... ,
– – – – – – – Erzeugnis ....... , (Sofern nicht vorgeschrieben, vom Bieter einzutragen.)
– – – – – – – Erzeugnis ....... , oder gleichwertiger Art, Erzeugnis ....... , (Vom Bieter einzutragen.)
– Berechnungseinheit

### Bodentürschließer

380  Bodentürschließer ohne Feststellung,
381  Bodentürschlüßer mit Feststellung in Grad ....... ,
382  Bodentürschließer mit Feststellung, ausschaltbar, einschaltbar,
Einzelangaben nach DIN 18357 zu Pos. 380 bis 382
– für Außentür, Türbreite in mm ....... ,
– für Innentür, Türbreite in mm ....... ,
– – mit Endschlag,
– – mit Öffnungsdämpfung,
– – mit Öffnungsdämpfung und Endschlag,
– – mit Öffnungsdämpfung und Schließverzögerung,
– – mit ....... ,
– – – Türhebel und Zapfenband für Anschlagtür aus Holz/Kunststoff,
– – – Türhebel und Zapfenband für Anschlagtür aus Aluminium,
– – – Türhebel und Zapfenband für Anschlagtür aus Stahl, anschraubbar,
– – – Türhebel und Zapfenband für Anschlagtür aus Stahl, anschweißbar,
– – – Türhebel und Zapfenband für Pendeltür aus Holz/Kunststoff,
– – – Türhebel und Zapfenband für Pendeltür aus Aluminium,
– – – Türhebel und Zapfenband für Pendeltür aus Stahl,
– – – Türhebel und Zapfenband ....... ,

**Hinweis:** Anschlussteile für Ganzglastüren siehe Pos. 520 ff.
– – – – Abdeckkappen für Türhebel und Zapfenband für Anschlagtür, Farbton ....... ,
– – – – Deckplatte aus nichtrostendem Stahl,
– – – – Deckplatte ....... ,
– – – – – oberflächenbündig einbauen, Mörtelverguss nach Wahl des AN.
– – – – – oberflächenbündig einbauen, Mörtelverguss nach Wahl des AN, gegen Oberflächenwasser abdichten.
– – – – – – Ausführung ....... ,
– – – – – – – Erzeugnis ....... , (Sofern nicht vorgeschrieben, vom Bieter einzutragen.)
– – – – – – – Erzeugnis ....... , oder gleichwertiger Art, Erzeugnis ....... , (Vom Bieter einzutragen.)
– Berechnungseinheit

### Verdeckt liegende Türschließer

390  Verdeckt ligender Türschließer,
Einzelangaben nach DIN 18357
– ohne Feststellung,
– mit Feststellung 90 Grad,
– mit Feststellung 105 Grad,
– mit Feststellung, einstellbar,
– – für Außentür, Türbreite in mm ....... ,
– – für Innentür, Türbreite in mm ....... ,
– – – mit Endschlag,
– – – mit Öffnungsdämpfung,
– – – mit Öffnungsdämpfung mit Endschlag,
– – – mit ....... ,
– – – – – für Einbau im Türblatt, mit Schließhebel und Gleitschiene für Anschlagtür,
– – – – – für Einbau im Rahmenprofil, mit Schließhebel und Drehlager für Pendeltür,
– – – – – für Einbau im Rahmenprofil, mit Schließhebel, Drehlager und Gleitschiene für Anschlagtür,
– – – – – – Ausführung ....... ,
– – – – – – – Erzeugnis ....... , (Sofern nicht vorgeschrieben, vom Bieter einzutragen.)
– – – – – – – Erzeugnis ....... , oder gleichwertiger Art, Erzeugnis ....... , (Vom Bieter einzutragen.)
– Berechnungseinheit

**STLB 029**

Ausgabe 06.01

## LB 029 Beschlagarbeiten
### Automatische Türantriebe für Innen- und Außentüren

Hinweis: Automatische Türantriebe nur für trockene Räume.

42_ **Drehflügelantriebe DIN 18263-4, mit einstellbarer Offenhaltzeit, 230 V AC,**
 1 für einflügelige Türanlagen,
  Türbreite in mm ......., Leibungstiefe in mm .......,
  elektrischer Türöffner, Anzahl .......,
  **Einzelangaben nach DIN 18357**
  – Sturzmelder 230 V AC,
  – Sturzmelder 230 V AC und Deckenmelder, Anzahl .......,
  – Netzteil 230 V AC und 2 Deckenmelder,

 2 für zweiflügelige Türanlagen,
  Gangflügelbreite in mm ......., Standflügelbreite in mm .......,
  Leibungstiefe in mm .......,
  elektrischer Türöffner, Anzahl .......,
  **Einzelangaben nach DIN 18357**
  – Schließfolgeregler aufliegend,
  – Schließfolgeregler aufliegend, mit Haltemagnet 24 V DC,
  – Schließfolgeregelung integriert, verdeckt liegend,
   – – Sturzmelder 230 V AC,
   – – Sturzmelder 230 V AC und Deckenmelder, Anzahl .......,
   – – Netzteil 230 V AC und 2 Deckenmelder,
  **Einzelangaben** zu Pos. 421 bis 422, Fortsetzung
     – – – Radar-Bewegungsmelder, Anzahl .......,
     – – – Radar-Bewegungsmelder, Anzahl ....... und Wetterschutzhaube,
     – – – Infrarot-Bewegungsmelder, Anzahl .......,
     – – – Infrarot-Bewegungsmelder, Anzahl ....... und Wetterschutzhaube,
     – – – Taster, Anzahl .......,
     – – – Taster, Anzahl ....... und Radar-Bewegungsmelder, Anzahl .......,
     – – – Taster, Anzahl ....... und Infrarot-Bewegungsmelder, Anzahl .......,
     – – – .......,
        – – – – Sicherheitsvorrichtung für den Schwenkbereich der Tür als Sensor,
        – – – – Sicherheitsvorrichtung für den Schwenkbereich der Tür als .......,
          – – – – – Programmschalter extern, mit 3 Schaltstellungen, -Aus-, -Automatikbetrieb-, -Daueroffen,
          – – – – – Schlüssel-Programmschalter extern, mit 3 Schaltstellungen, -Aus-, -Automatikbetrieb-, -Daueroffen-,
          – – – – – Programmschalter .......,
           – – – – – – Farbton silberfarbig,
           – – – – – – Farbton dunkelbronze,
           – – – – – – Farbton weiß RAL 9010,
           – – – – – – Farbton weiß RAL 9016,
           – – – – – – Farbton .......,
             – – – – – – – Mit Abnahmeprüfung und dauerhafter Anbringung des Zulassungsschildes.
             – – – – – – – Ausführung .......
              – – – – – – – – Erzeugnis ....... (Sofern nicht vorgeschrieben, vom Bieter einzutragen)
              – – – – – – – – Erzeugnis ....... oder gleichwertiger Art Erzeugnis ....... (Vom Bieter einzutragen.)
 – Berechnungseinheit St

an Feuerschutz- und Rauchschutztüren

430 **Drehflügelantrieb mit einstellbarer Offenhaltzeit, 230 V AC,**
 **Einzelangaben nach DIN 18357**
 – für einflügelige Türanlagen,
  Türbreite in mm ......., Leibungstiefe in mm .......,
  Türgewicht in kg .......,
  – – für Außentür, Montage Bandseite,
  – – für Außentür, Montage Bandgegenseite,
  – – für Innentür, Montage Bandseite,
  – – für Innentür, Montage Bandgegenseite,
 – für zweiflügelige Türanlagen,
  Gangflügelbreite in mm ......., Standflügelbreite in mm .......,
  Leibungstiefe in mm .......,
  Türgewicht Gangflügel in kg ......., Türgewicht Standflügel in kg .......,
  – – für Außentür, Montage Bandseite, gleichlaufend öffnend,
  – – für Außentür, Montage Bandgegenseite, gleichlaufend öffnend,
  – – für Außentür, Montage Bandseite, gegenlaufend öffnend,
  – – für Außentür, Montage Bandgegenseite, gegenlaufend öffnend,
  – – für Innentür, Montage Bandseite, gleichlaufend öffnend,
  – – für Innentür, Montage Bandgegenseite, gleichlaufend öffnend,
  – – für Innentür, Montage Bandseite, gegenlaufend öffnend,
  – – für Innentür, Montage Bandgegenseite, gegenlaufend öffnend,
     – – – Radar-Bewegungsmelder, Anzahl .......,
     – – – Radar-Bewegungsmelder, Anzahl ....... und Wetterschutzhaube,
     – – – Infrarot-Bewegungsmelder, Anzahl .......,
     – – – Infrarot-Bewegungsmelder, Anzahl ....... und Wetterschutzhaube,
     – – – Taster, Anzahl .......,
     – – – Taster, Anzahl ....... und Radar-Bewegungsmelder, Anzahl .......,
     – – – Taster, Anzahl ....... und Infrarot-Bewegungsmelder, Anzahl .......,
     – – – .......,
        – – – – Sicherheitsvorrichtung für den Schwenkbereich der Tür als Sensor,
        – – – – Sicherheitsvorrichtung für den Schwenkbereich der Tür als .......,
          – – – – – Programmschalter extern, mit 3 Schaltstellungen, -Aus-, -Automatikbetrieb-, -Daueroffen,
          – – – – – Schlüssel-Programmschalter extern, mit 3 Schaltstellungen, -Aus-, -Automatikbetrieb-, -Daueroffen,
          – – – – – Programmschalter .......,
           – – – – – – Farbton silberfarbig,
           – – – – – – Farbton dunkelbronze,
           – – – – – – Farbton weiß RAL 9010,
           – – – – – – Farbton weiß RAL 9016,
           – – – – – – Farbton .......,
             – – – – – – – Ausführung .......
              – – – – – – – – Erzeugnis ....... (Sofern nicht vorgeschrieben, vom Bieter einzutragen)
              – – – – – – – – Erzeugnis ....... oder gleichwertiger Art Erzeugnis ....... (Vom Bieter einzutragen.)
 – Berechnungseinheit St

# LB 029 Beschlagarbeiten
## Automatische Türantriebe für Innen- und Außentüren

STLB 029

Ausgabe 06.01

**Hinweis:**
Pos. 440 nicht für Flucht- und Rettungswege.

440 **Schiebetürantrieb mit Schließkraftbegrenzung unter 150 N nach ZH 1/494, 230 V AC,**
Türgewicht je Flügel in kg ....... ,
Einzelangaben nach DIN 18357
– für Außentür, einflügelig, Öffnungsweite in mm ....... ,
– für Außentür, zweiflügelig, Öffnungsweite in mm ....... ,
– für Innentür, einflügelig, Öffnungsweite in mm ....... ,
– für Innentür, zweiflügelig, Öffnungsweite in mm ....... ,
– – Radar-Bewegungsmelder, Anzahl ....... ,
– – Infrarot-Bewegungsmelder, Anzahl ....... ,
– – Taster, Anzahl ........ ,
– – Taster, Anzahl ........ , und Radar-Bewegungs-
  melder, Anzahl ....... ,
– – Taster, Anzahl ........ , und Infrarot-
  Bewegungsmelder, Anzahl ....... ,
– – ....... ,
 – – – und Wetterschutzhaube,
  – – – – 2 Sicherheitslichtschranken,
   – – – – – Programmschalter extern, mit ....... ,
   – – – – – Schlüssel-Programmschalter extern,
    mit ....... ,
   – – – – – Programmschalter ....... ,
    – – – – – – Sturzmontage ohne Abdeckung,
    – – – – – – Sturzmontage mit Abdeckung,
     Farbton ....... ,
    – – – – – – freitragende Montage ohne
     Abdeckung,
    – – – – – – freitragende Montage mit
     Abdeckung, Farbton ....... ,
    – – – – – – Montage ....... ,
     – – – – – – – Ausführung .......
      – – – – – – – – Erzeugnis .......
       (Sofern nicht vorge-
       schrieben,
       vom Bieter einzutragen)
      – – – – – – – – Erzeugnis ....... , oder
       gleichwertiger Art
       Erzeugnis ....... (Vom
       Bieter einzutragen.)
– Berechnungseinheit St

**STLB 029**

Ausgabe 06.01

## LB 029 Beschlagarbeiten
### Verriegelungssystem in Rettungswegen; Sonderbeschläge für Türen und Tore

**Hinweis:** Elektrische Verriegelung nur für trockene Räume.

**46_** Verriegelungssystem in Rettungswegen nach **Mustererlass des DIBt**
  1 für einflügelige Türanlage
  **Einzelangaben nach DIN 18357**
  – mit elektromagnetischer Verriegelung
  – mit elektromechanischer Verriegelung
   – – für 12 V DC,
   – – für 24 V DC,
    – – – Montage Bandseite,
    – – – Montage Bandgegenseite,
    – – – Leibungsmontage,
    – – – verdeckter Einbau,
    – – – Montage .......,
     – – – – Nottaste grün RAL 6032 auf Putz,
     – – – – Nottaste grün RAL 6032 unter Putz,
     – – – – Nottaste, Farbton ......., auf Putz,
     – – – – Nottaste, Farbton ......., unter Putz,
     – – – – .......,
      – – – – – Steuerung 230 V AC,
      – – – – – Steuerung 12 V DC,
      – – – – – Steuerung 24 V DC,

  2 für zweiflügelige Türanlage
  **Einzelangaben nach DIN 18357**
  – Gangflügel mit elektromagnetischer Verriegelung
  – Gangflügel mit elektromechanischer Verriegelung
   – – für 12 V DC,
   – – für 24 V DC,
    – – – Montage Bandseite,
    – – – Montage Bandgegenseite,
    – – – Leibungsmontage,
    – – – verdeckter Einbau,
    – – – Montage .......,
     – – – – Standflügel mit elektromagnetischer Verriegelung für 12 V DC,
     – – – – Standflügel mit elektromagnetischer Verriegelung für 24 V DC,
     – – – – Standflügel mit elektromechanischer Verriegelung für 12 V DC,
     – – – – Standflügel mit elektromechanischer Verriegelung für 24 V DC,
     – – – – Standflügel mit elektrischer Überwachungseinrichtung für 12 V DC,
     – – – – Standflügel mit elektrischer Überwachungseinrichtung für 24 V DC,
      – – – – – Nottaste grün RAL 6032 auf Putz,
      – – – – – Nottaste grün RAL 6032 unter Putz,
      – – – – – Nottaste, Farbton ......., auf Putz,
      – – – – – Nottaste, Farbton ......., unter Putz,
      – – – – – .......,
       – – – – – – Steuerung mit eigenem Netzteil 230 V AC,
       – – – – – – Steuerung 12 V DC,
       – – – – – – Steuerung 24 V DC,
        – – – – – – – Ausführung.......,
        – – – – – – – Verriegelung, Farbton .......,
        – – – – – – – Ausführung.......,
           Verriegelung, Farbton .......,
         – – – – – – – – Erzeugnis.......
             (Sofern nicht vorgeschrieben, vom Bieter einzutragen)
         – – – – – – – – Erzeugnis ......., oder gleichwertiger Art
             Erzeugnis ....... (Vom Bieter einzutragen)
  – Berechnungseinheit St

**490** Schiebetürbeschlaggarnitur
  **Einzelangaben nach DIN 18357**
  – mit einpaarigem Laufwerk,
  – mit zweipaarigem Laufwerk,
  – mit ...,
   – – – Laufschiene aus Stahl, verzinkt,
   – – – Laufschiene aus Aluminium,
   – – – Laufschiene ...,
    – – – – an Decke befestigen,
    – – – – an Wand befestigen,
     – – – – – zum Anschrauben,
     – – – – – zum Anschweißen,
      – – – – – – höhen- und seitenverstellbar,
      – – – – – – ....,
       – – – – – – Erzeugnis .......
           (Sofern nicht vorgeschrieben, vom Bieter einzutragen)
       – – – – – – Erzeugnis ......., oder gleichwertiger Art
           Erzeugnis ....... (Vom Bieter einzutragen.)
  – Berechnungseinheit St

**491** Falttürbeschlag
**492** Harmonikatürbeschlag
  **Einzelangaben nach DIN 18357** zu Pos. 491 und 492
  – Ausführung
   – – – Erzeugnis.......
       (Sofern nicht vorgeschrieben vom Bieter einzutragen)
   – – – Erzeugnis ......., oder gleichwertiger Art
       Erzeugnis ....... (Vom Bieter einzutragen)
  – Berechnungseinheit St

**500** Schiebetorbeschlag
  **Einzelangaben nach DIN 18357**
  – obenlaufend,
  – untenlaufend,
   – – Laufwerk als Rollengehänge mit geradem Bügel,
   – – Laufwerk als Rollengehänge mit Winkel,
   – – Laufwerk als Rollapparat, einpaarig,
   – – Laufwerk als Rollapparat, mehrpaarig,
   – – Laufwerk für untenlaufende Schiebeflügel,
   – – Laufwerk ...,
    – – – Laufschiene aus Stahl,
    – – – Laufschiene aus Stahl, verzinkt,
    – – – Laufrohr aus Stahl,
    – – – Laufrohr aus Stahl, verzinkt,
    – – – ...,
     – – – – an Decke befestigen,
     – – – – an Wand befestigen,
      – – – – – zum Anschrauben,
      – – – – – zum Anschweißen,
       – – – – – – höhen- und seitenverstellbar,
       – – – – – – .......,
        – – – – – – – Bodenführung.
         – – – – – – – Erzeugnis .......
             (Sofern nicht vorgeschrieben, vom Bieter einzutragen)
         – – – – – – – Erzeugnis ....... oder gleichwertiger Art,
             Erzeugnis ....... (Vom Bieter einzutragen)
  – Berechnungseinheit St

**501** Falttorbeschlag,
  **Einzelangaben nach DIN 18357**
  – Ausführung ....
   – – – Erzeugnis .......
       (Sofern nicht vorgeschrieben, vom Bieter einzutragen)
   – – – Erzeugnis ......., oder gleichwertiger Art
       Erzeugnis ......., (Vom Bieter einzutragen)
  – Berechnungseinheit St

# LB 029 Beschlagarbeiten
## Sonderbeschläge für Türen und Tore

STLB 029

Ausgabe 06.01

**Eckklemmbeschläge für Glasdicken 10 bis 12 mm**

520 Unterer Eckklemmbeschlag,
521 Oberer Eckklemmbeschlag,
522 Oberlicht-Klemmbeschlag,
523 Oberlicht-Winkelklemmbeschlag für Seitenteil,
524 Oberlicht-Verbindungsklemmbeschlag,
525 Unteres Drehlager,
526 Oberes Drehlager,
  Einzelangaben nach DIN 18357 zu Pos. 520 bis 526
  – für Ganzglastür, Dicke 10 bis 12 mm,
  – – – Pendeltür, max. Flügelgewicht 100 kg,
  – – – – Drehpunktabstand 15 mm,
  – – – Anschlagtür, Falztiefe bis 25 mm,
    max. Flügelgewicht 75 kg,
  – – – – – Abdeckung aus nichtrostendem Stahl,
  – – – – – Abdeckung aus Aluminium,
  – – – – – Abdeckung aus Messing,
  – – – – – Abdeckung ........,
  – – – – – – Oberfläche ........,
  – – – – – – – Farbton ........,
  – – – – – – – – Erzeugnis ........
    (Sofern nicht vorge-
    schrieben,
    vom Bieter einzutragen)
  – – – – – – – – Erzeugnis ........, oder
    gleichwertiger Art.
    Erzeugnis ........, (Vom
    Bieter einzutragen.)
  – Berechnungseinheit St

**Schienenklemmbeschläge für Glasdicken 10 bis 12 mm**

530 Unterer Schienenklemmbeschlag,
531 Oberer Schienenklemmbeschlag,
  Einzelangaben nach DIN 18357 zu Pos. 530 und 531
  – für Ganzglastür, Dicke 10 bis 12 mm,
  – für Ganzglastür, Dicke 10 bis 12 mm,
    mit Riegelschloss und Schließblech,
    vorgerichtet für Profilzylinder,
  – für feststehendes Seitenteil, Dicke 10 bis 12 mm,
  – – Türbreite in mm ........,
  – – Seitenteilbreite in mm ........,
  – – – Pendeltür, max. Flügelgewicht 140 kg,
  – – – – Drehpunktabstand 18 mm,
  – – – Anschlagtür, Falztiefe bis 25 mm,
    max. Flügelgewicht 75 kg,
  – – – – – Sockelhöhe 76,5 mm,
  – – – – – Sockelhöhe 100 bis 105 mm,
  – – – – – – Abdeckung aus nichtrostendem Stahl,
  – – – – – – Abdeckung aus Aluminium,
  – – – – – – Abdeckung aus Messing,
  – – – – – – Abdeckung ........,
  – – – – – – – Oberfläche ........,
  – – – – – – – Farbton ........,
  – – – – – – – – Erzeugnis ........
    (Sofern nicht vorge-
    schrieben,
    vom Bieter einzutragen)
  – – – – – – – – Erzeugnis ........, oder
    gleichwertiger Art.
    Erzeugnis ........, (Vom
    Bieter einzutragen.)
  – Berechnungseinheit St

**Schlösser für Glasdicken 10 bis 12 mm**

540 Mittelaufsatzschloss
  Einzelangaben nach DIN 18357
  – für Ganzglas-Anschlagtür, Dicke 10 bis 12 mm,
  – für Ganzglas-Pendeltür, Dicke 10 bis 12 mm,
  – – vorgerichtet für Profilzylinder,
  – – als Buntbartschloss,
  – – ........,
  – – – mit Falle,
  – – – mit Falle, feststellbar,
  – – – mit Falle und Riegel,
  – – – mit Riegel,
  – – – mit ........,
  – – – – – Abdeckung aus nichtrostendem Stahl,
  – – – – – Abdeckung aus Aluminium,
  – – – – – Abdeckung aus Messing,
  – – – – – Abdeckung ........,
  – – – – – – Oberfläche ........,
  – – – – – – Farbton ........,
  – – – – – – – Erzeugnis ........
    (Sofern nicht vorge-
    schrieben,
    vom Bieter einzutragen)
  – – – – – – – Erzeugnis ........, oder
    gleichwertiger Art.
    Erzeugnis ........, (Vom
    Bieter einzutragen.)
  – Berechnungseinheit St

541 Mittel- und Eckriegelschloss
  Einzelangaben nach DIN 18357
  – für Ganzglastür, Dicke 10 bis 12 mm,
  – – vorgerichtet für Profilzylinder, Kastenbreite 70 mm,
    für Glasbohrung,
  – – vorgerichtet für Profilzylinder,
    in Sicherheitsausführung, Kastenbreite bis 55 mm,
    für Glasausschnitt
  – – für nachträgliche Montage,
    vorgerichtet für Profilhalbzylinder,
    Kastenbreite 70 mm,
  – – – mit Schließblech, einflügelig,
  – – – mit Schließblech, zweiflügelig,
  – – – mit Schloßgegenkasten, einflügelig,
  – – – mit Schloßgegenkasten, zweiflügelig,
  – – – mit ........,
  – – – – Anzahl ........,
  – – – – Oberfläche ........,
  – – – – Farbton ........,
  – – – – – – Erzeugnis ........
    (Sofern nicht vorgeschrie-
    ben, vom Bieter einzutragen)
  – – – – – – Erzeugnis ........, oder gleich-
    wertiger Art.
    Erzeugnis ........, (Vom Bieter
    einzutragen.)
  – Berechnungseinheit St

**STLB 029**

Ausgabe 06.01

## LB 029 Beschlagarbeiten
### Verriegelungssystem in Rettungswegen; Sonderbeschläge für Türen und Tore

Schlösser für Anschlagtüren, Glasdicke 8 mm

**550  Mittelfallenschloss**
Einzelangaben nach DIN 18357
- für Ganzglastür, Dicke 8 mm,
Kastenbreite 65 mm, für Glasbohrung,
  - – vorgerichtet für Profilzylinder,
  - – als Buntbartschloss,
  - – als Badschloss,
  - – unverschließbar,
  - – .......,
    - – – Abdeckung aus nichtrostendem Stahl,
    - – – Abdeckung aus Aluminium,
    - – – Abdeckung aus Messing,
    - – – Abdeckung .......,
      - – – – Oberfläche .......,
      - – – – Farbton .......,
        - – – – – Erzeugnis .......
          (Sofern nicht vorgeschrieben, vom Bieter einzutragen)
        - – – – – Erzeugnis ......., oder gleichwertiger Art.
          Erzeugnis ....... (Vom Bieter einzutragen.)
- Berechnungseinheit St

Bänder für Anschlagtüren, Glasdicke 8 mm

**560  Türbandgarnitur**
Einzelangaben nach DIN 18357
- für Ganzglastür, Dicke 8 mm, mit Glasbohrung,
- mit Rahmenteil für Ganzglastür, Dicke 8 mm, mit Glasbohrung,
  - – für Stahlzarge bis 25 mm Falztiefe,
  - – für Holzzarge bis 25 mm Falztiefe,
  - – für .......,
    - – – für Flügelgewicht bis 45 kg,
    - – – für Flügelgewicht bis 55 kg,
      - – – – Abdeckung aus nichtrostendem Stahl,
      - – – – Abdeckung aus Aluminium,
      - – – – Abdeckung aus Messing,
      - – – – Abdeckung .......,
        - – – – – Oberfläche .......,
        - – – – – Farbton .......,
          - – – – – – Erzeugnis .......
            (Sofern nicht vorgeschrieben, vom Bieter einzutragen)
          - – – – – – Erzeugnis ......., oder gleichwertiger Art.
            Erzeugnis ....... (Vom Bieter einzutragen.)
- Berechnungseinheit St

Zusatzbeschläge für Glasdicken 8 bis 12 mm

**570  Türfeststeller**
Einzelangaben nach DIN 18357
- für Ganzglastür, Dicke 8 bis 12 mm,
  - – für Bodenmontage,
  - – für Bodenmontage, mit zusätzlichem gefederten Anschlagpuffer,
  - – für Türblattmontage,
  - – für .......,
    - – – Abdeckung aus nichtrostendem Stahl,
    - – – Abdeckung aus Aluminium,
    - – – Abdeckung aus Messing,
    - – – Abdeckung .......,

**571  Bodenschloss**
Einzelangaben nach DIN 18357
- für Ganzglastür, Dicke 8 mm,
  - – – mit Deckplatte aus nichtrostendem Stahl,
  - – – mit Deckplatte .......,

**572  Schließerbefestigung für Obertürschließer**
Einzelangaben nach DIN 18357
- für Ganzglastür, Dicke 8 mm,

Einzelangaben zu Pos. 570 bis 572, Fortsetzung
- – – – – Oberfläche .......,
- – – – – Farbton .......,
  - – – – – – Erzeugnis .......
    (Sofern nicht vorgeschrieben, vom Bieter einzutragen.)
  - – – – – – Erzeugnis ......., oder gleichwertiger Art.
    Erzeugnis ....... (Vom Bieter einzutragen.)
- Berechnungseinheit St

# LB 029 Beschlagarbeiten
## Sonstige Beschläge für Türen

STLB 029

Ausgabe 06.01

**600 Türriegel**
**601 Schlossriegel**
Einzelangaben nach DIN 18357 zu Pos. 600 und 601
– aus Stahl, verzinkt,
– aus ........,
  – – – Länge bis 100 mm,
  – – – Länge bis 160 mm,
  – – – Länge bis 250 mm,
  – – – Länge bis in mm,
– Berechnungseinheit St

**602 Rohrkantriegel**
**603 Einlassriegel**
Einzelangaben nach DIN 18357 zu Pos. 602 und 603
– aus Stahl, matt vernickelt,
– aus Messing, matt,
– aus Messing, poliert,
– aus ........,
  – – mit Schließblech aus Stahl, matt vernickelt,
  – – mit Schließblech aus Messing, matt,
  – – mit Schließblech aus Messing, poliert,
  – – mit Schließblech aus ........,

**604 Treibriegel, aufliegend,**
Einzelangaben nach DIN 18357
– aus Aluminium, silbergrau gebrannt,
– aus Aluminium, silberfarbig eloxiert,
– aus ........,
Einzelangaben zu Pos. 602 bis 604, Fortsetzung
  – – – abschließbar,
  – – – nicht abschließbar,
  – – – vorgerichtet für Profilzylinder,
  – – – ........,
    – – – – – Handhebel mit Klappbetätigung.
    – – – – – Handhebel mit seitlicher Betätigung.
    – – – – – Handhebel mit ........
– Berechnungseinheit St

**605 Türfalztreibriegel mit Baskülhebel,**
Einzelangaben nach DIN 18357
– Treibstanhgen aus Aluminium.
– Treibstangen aus Stahl, verzinkt.
– Berechnungseinheit St

**620 Türbodendichtung**
Einzelangaben nach DIN 18357
– mit halbautomatischem Dichtschlussß,
– mit magnetischem Dichtschluss,
– als Auflaufdichtung mit Bodenschiene,
  – – höhenverstellbar
    – – – Halteschiene aus Stahlblech, einbrennlackiert,
    – – – Halteschiene aus Aluminium, eloxiert, Farbton ........,
    – – – ........,
      – – – – Dichtungsprofil aus EPDM,
      – – – – Dichtungsprofil aus PVC,
      – – – – Dichtungsprofil als Bürste, aus ........, Profilhöhe in mm ........,
      – – – – Dichtungsprofil ........,
        – – – – – Befestigung aufliegend.
        – – – – – Befestigung verdeckt.
        – – – – – Befestigung ........

**621 Türfalzdichtung**
Einzelangaben nach DIN 18357
– als Lippendichtung,
– als Hohlkammerprofil,
– als ........,
  – – – aus EPDM – aus PVC – aus ........,
    – – – – befestigen durch Einfräsen (Einnuten),
    – – – – befestigen durch Kleben,
      – – – – – Einzellänge in mm ........,
Einzelangaben zu Pos. 620 bis 621, Fortsetzung
      – – – – – – Erzeugnis ........
        (Sofern nicht vorgeschrieben, vom Bieter einzutragen)
      – – – – – – Erzeugnis ........, oder gleichwertiger Art.
        Erzeugnis ........, (Vom Bieter einzutragen.)
– Berechnungseinheit St, m

**Türgucker (Spione)**

**630 Türgucker (Spion)**
Einzelangaben nach DIN 18357
– mit Linsensystem,
– mit Weitwinkel-Linsensystem,
– mit ........,
  – – einschl. Deckklappe,
    – – – aus Aluminium, eloxiert, Farbton ........,
    – – – aus Messing, poliert,
    – – – aus Messing, matt vernickelt,
    – – – aus Messing ........,
    – – – aus Kunststoff, Farbton ........,
    – – – aus ........,
      – – – – – Rohrdurchmesser 13 mm,
      – – – – – Rohrdurchmesser 35 mm,
      – – – – – Rohrdurchmesser in mm ........,
        – – – – – – Erzeugnis ........
          (Sofern nicht vorgeschrieben, vom Bieter einzutragen)
        – – – – – – Erzeugnis ........, oder gleichwertiger Art.
          Erzeugnis ........, (Vom Bieter einzutragen.)
– Berechnungseinheit St

**Lüftungselemente**

**640 Bekleidung von Lüftungsöffnungen,**
Einzelangaben nach DIN 18357
– einseitig,
– zweiseitig,
  – – mit Lüftungsgitter, freier Querschnitt mind. 150 cm²,
  – – mit Lüftungsgitter, freier Querschnitt in cm² ........,
    – – – Maße B/H in cm ........,
      – – – – – aus Aluminium, eloxiert, Farbton ........,
      – – – – – aus Kunststoff, Farbton ........,
      – – – – – aus ........,
      – – – – – – befestigen mit Schrauben,
      – – – – – – befestigen ........,
        – – – – – – – Erzeugnis ........
          (Sofern nicht vorgeschrieben, vom Bieter einzutragen)
        – – – – – – – Erzeugnis ........, oder gleichwertiger Art.
          Erzeugnis ........, (Vom Bieter einzutragen.)
– Berechnungseinheit St

**650 Türschonschild**
Einzelangaben nach DIN 18357
– aus Aluminium, eloxiert, Farbton ........,
– aus Aluminium, kunststoffbeschichtet, Farbton ........,
– aus Messing, matt,
– aus Messing, poliert,
– aus Messing ........,
– aus nichtrostendem Stahl,
– aus Kunststoff, Farbton ........,
– aus ........,
  – – Dicke 0,8 mm,
  – – Dicke 1 mm,
  – – Dicke in mm ........
    – – – Maße in mm ........,
      – – – – glatt – glatt mit Abkantung – ........,
        – – – – – gelocht für Drückerrosette,
        – – – – – gelocht für Drückerrosette und Profilzylinderrosettte,
        – – – – – gelocht ........
          – – – – – – befestigen sichtbar mit Schrauben.
          – – – – – – befestigen verdeckt mit Gewindenocken.
          – – – – – – befestigen durch Kleben.
          – – – – – – befestigen ........
            – – – – – – – Erzeugnis ........
              (Sofern nicht vorgeschrieben, vom Bieter einzutragen)
            – – – – – – – Erzeugnis ........, oder gleichwertiger Art.
              Erzeugnis ........, (Vom Bieter einzutragen.)
– Berechnungseinheit St

**STLB 029**

Ausgabe 06.01

## LB 029 Beschlagarbeiten
### Sonstige Beschläge für Türen

**660 Türfeststeller**
Einzelangaben nach DIN 18357
– mit Hub-, Feststell- und Löseraste für Fußbetätigung,
– – aus Stahl, lackiert, Farbton .......,
– mit Fanghaken,
– – aus Aluminium, eloxiert, Farbton ........,
– – aus Zinkdruckguss,
– – aus nichtrostendem Stahl,
– – aus ..........,
– – – für Bodenmontage,
– – – für Wandmontage,

**661 Türstopper**
Einzelangaben nach DIN 18357
– aus Stahl, lackiert, Farbton .......,
– aus Aluminium, eloxiert, Farbton .......,
– aus nichtrostendem Stahl,
– aus Messing,
– aus Messing .......,
– aus Kunststoff, Farbton .......,
– aus .......,
– – mit Kunststoffpuffer – mit .......,
– – – mit Schlagdämpfung – mit .......,
– – – – für Bodenmontage,
– – – – für Bodenmontage mit Höhenverstellbarkeit,
– – – – für Wandmontage, Abstandsmaß in mm .......,

Einzelangaben zu Pos. 660 bis 661, Fortsetzung
– – – – – befestigen mit Schrauben,
– – – – – befestigen mit Dübeln und Schrauben,
– – – – – befestigen ........ .
– – – – – – Erzeugnis .......
(Sofern nicht vorgeschrieben, vom Bieter einzutragen)
– – – – – – Erzeugnis ......., oder gleichwertiger Art.
Erzeugnis ......., (Vom Bieter einzutragen.)
– Berechnungseinheit St

**67_ Briefeinwurfklappe DIN 32617**
1 mit verdecktem Einbaurahmen,
2 mit sichtbarem Einbaurahmen,

**680 Briefeinwurf-Gegenklappe,**
Einzelangaben nach DIN 18357 zu Pos. 671 bis 680
– aus Stahl, lackiert, Farbton .......,
– aus Stahl, verzinkt,
– aus Aluminium, lackiert, Farbton .......,
– aus Aluminium, eloxiert,
– aus Aluminium, eloxiert, Farbton .......,
– aus nichtrostendem Stahl,
– aus Messing, Oberfläche .......,
– aus Kunststoff, schlagzäh, Farbton .......,
– aus .......,
– – mit Einbaufutter,
– – mit Einbaufutter und Abdeckrahmen,
– – mit .......,
– – – nach außen aufgehend,
– – – nach innen aufgehend,
– – – nach innen einschlagend,
– – – .......,
– – – – einschl. Namenschildausschnitt,
– – – – einschl. Namenschildausschnitt und Klingelkontakt,
– – – – einschl. .......,
– – – – – Rahmengröße in mm .......,
– – – – – lichte Größe der Einwurföffnung 230 x 30 mm.
– – – – – lichte Größe der Einwurföffnung in mm .......,
– – – – – – sichtbar befestigen.
– – – – – – verdeckt befestigen.
– – – – – – .......,
– – – – – – – Erzeugnis .......
(Sofern nicht vorgeschrieben, vom Bieter einzutragen)
– – – – – – – Erzeugnis ......., oder gleichwertiger Art.
Erzeugnis ......., (Vom Bieter einzutragen.)
– Berechnungseinheit St

**690** Briefkasten DIN 32617 als Außenbriefkasten
**691** Briefkasten DIN 32617 als Innenbriefkasten
**692** Durchwurfbriefkasten DIN 32617 für Wände
**693** Durchwurfbriefkasten DIN 32617 für Türblenden
**694** Raumsparender Briefkasten
**695** Briefkastenreihenanlage
**696** Briefkasten mit Abstellfach
**697** Abstellkasten mit gesondertem Brieffach
**698** Postverteileranlage
Einzelangaben nach DIN 18357 zu Pos. 690 bis 698
– mit Einwurfschlitz,
– mit Einwurfklappe,
– mit Regendach und Einwurfklappe,
– mit Einbaurahmen und Einwurfschlitz,
– mit Einbaurahmen und Einbauklappe,
– mit Einbaurahmen, Regendach und Einwurfschlitz,
– mit Einbaurahmen, Regendach und Einwurfklappe,
– mit .......,
– – einschl. Schauglas und Namenschild-Einschubleiste,
– – einschl. Durchsichtschlitzen und Namenschild-Einschubleiste,
– – einschl. Pendelnamenschild-Vorrichtung,
– – einschl. .......,
– – – mit Entnahmetür,
– – – mit Türblende und Entnahmetür,
– – – mit .......,
– – – – aus Stahl, verzinkt,
– – – – aus Stahl, hammerschlag-lackiert, Farbton .......,
– – – – aus Stahl, pulverbeschichtet, Farbton .......,
– – – – aus nichtrostendem Stahl,
– – – – aus Aluminium, eloxiert, Farbton natur,
– – – – aus Aluminium, eloxiert, Farbton neusilber,
– – – – aus Aluminium, eloxiert, Farbton .......,
– – – – aus .......,
– – – – – Verriegelung mit Buntbartschloss,
– – – – – Verriegelung mit Zylinderschloss,
– – – – – Verriegelung für Profilzylinder vorgerichtet,
– – – – – Verriegelung für Rundzylinder vorgerichtet,
– – – – – Verriegelung mit Schnappverschluss,
– – – – – Verriegelung .......,
– – – – – – Maße in cm .......,
– – – – – – Ausführung .......,
– – – – – – auf der Wand befestigen,
– – – – – – in Wandnische einbauen,
– – – – – – in Wandaussparung einbauen,
– – – – – – in Glasbausteinwand einbauen,
– – – – – – in Tür einbauen,
– – – – – – in Tür einbauen, Briefeinwurfklappe vorhanden,
– – – – – – freistehend montieren,
– – – – – – .......,
– – – – – – – Erzeugnis ....... (Sofern nicht vorgeschrieben, vom Bieter einzutragen)
– – – – – – – Erzeugnis ......., oder gleichwertiger Art.
Erzeugnis ......., (Vom Bieter einzutragen.)
– Berechnungseinheit St

# LB 029 Beschlagarbeiten
## Beschläge für Fenster und Fenstertüren

STLB 029

Ausgabe 06.01

### Drehflügelbeschläge

**Hinweis:** Für Flügelbreite bis 1600 mm und Flügelhöhe bis 2400 mm
max. Flügelgewicht 130 kg. Für das Breiten-/Höhenverhältnis Herstellerdiagramme beachten.

71_ Drehflügelbeschlag für Drehflügelfenster und -fenstertüren aus Holz/Kunststoff, in Flügelfalz, Eingriffbedienung,

72_ Drehflügelbeschlag, bandseitig verdeckt, für Drehflügelfenster und -fenstertüren aus Holz/Kunststoff, in Flügelfalz, Eingriffbedienung,
1 Flügelgewicht bis 100 kg,
2 Flügelgewicht bis 130 kg,
3 Flügelgewicht in kg ........,
**Einzelangaben nach DIN 18357** zu Pos. 711 bis 723
– mit Kantengetriebe,
– mit Stulpgetriebe für zweiflügelige Fenster ohne Pfosten,
– mit Kantenriegeln für zweiflügelige Fenster ohne Pfosten,
– – mit Bändern, einbohrbar,
– – mit Bändern, aufschraubbar,
– – – aus Stahl, gelb chromatiert,
– – – aus Stahl, verzinkt, sichtbare Teile mit Kunststoffkappen abdecken,
– – – – waagerecht oben und unten verriegelbar,
– – – – senkrecht getriebeseitig verriegelbar, bandseitig Mittelband,
– – – – dreiseitig verriegelbar,
– – – – dreiseitig verriegelbar, bandseitig Mittelband,
– – – – Getriebe abschließbar, vorgerichtet für Profilzylinder DIN 18254,
– – – – – mit Griff,
– – – – – mit Griff, abschließbar,
– – – – – mit Griff ........,
– – – – – – aus Aluminium, eloxiert, Farbton ........ .
– – – – – – aus Aluminium, kunststoffbeschichtet, Farbton ........ .
– – – – – – aus Kunststoff, Farbton ........, mit Stahlkern.
– – – – – – aus ........ .
– – – – – – – mit Türschnäpper.
– – – – – – – mit ........,
– – – – – – – – Erzeugnis ........ .
(Sofern nicht vorgeschrieben, vom Bieter einzutragen)
– – – – – – – – Erzeugnis ........, oder gleichwertiger Art.
Erzeugnis ........, (Vom Bieter einzutragen.)
– Berechnungseinheit St

730 Olive,
731 Halbolive,
732 Griff,
**Einzelangaben nach DIN 18357** zu Pos. 730 bis 732
– abschließbar,
– abnehmbar,
– ........,
– – – aus Aluminium, eloxiert, Farbton ........,
– – – aus Kunststoff, Farbton ........,
– – – aus Messing, Oberfläche ........,
– – – aus ........,
– – – – Form ........,
Fortsetzung Einzelangaben Pos. 733.

733 Verbundfensterband,
**Einzelangaben nach DIN 18357**
– aus Stahl, gelb chromatiert,
– aus Zinkdruckguss,
– – – mit Kupplung ........,
**Einzelangaben** zu Pos. 730 bis 733, Fortsetzung
– – – – – Erzeugnis ........
(Sofern nicht vorgeschrieben, vom Bieter einzutragen)
– – – – – Erzeugnis ........, oder gleichwertiger Art.
Erzeugnis ........, (Vom Bieter einzutragen.)
– Berechnungseinheit St

### Drehkippbeschläge

**Hinweis:** Für Flügelbreite bis 1600 mm und Flügelhöhe bis 2400 mm
max. Flügelgewicht 130 kg. Für das Breiten-/Höhenverhältnis Herstellerdiagramme beachten.

74_ Drehkippbeschlag für Drehkippfenster und -fenstertüren aus Holz/Kunststoff, im Flügelfalz, Eingriffbedienung,

75_ Drehkippbeschlag, bandseitig verdeckt, für Drehkippfenster und -fenstertüren aus Holz/Kunststoff, im Flügelfalz, Eingriffbedienung,
1 Flügelgewicht bis 100 kg,
2 Flügelgewicht bis 130 kg,
3 Flügelgewicht in kg ........,
**Einzelangaben nach DIN** zu Pos. 741 bis 753
– mit Stulpgetriebe für zweiflügelige Fenster ohne Pfosten,
– mit Kantenriegeln für zweiflügelige Fenster ohne Pfosten,
– – mit zusätzlicher Schere,
– – – aus Stahl, gelb chromatiert,
– – – aus Stahl, verzinkt, sichtbare Teile mit Kunststoffkappen abdeckt,
– – – – waagerecht oben und unten verriegelbar,
– – – – senkrecht getriebe- und bandseitig verriegelbar,
– – – – dreiseitig verriegelbar,
– – – – vierseitig verriegelbar,
– – – – Getriebe abschließbar, vorgerichtet für Profilzylinder DIN 18254,
– – – – – mit Zuschlagsicherung,
– – – – – mit Drehsperre,
– – – – – mit Fehlbedienungssperre,
– – – – – mit Türschnäpper,
– – – – – mit ........,
– – – – – – mit Griff,
– – – – – – mit Griff, abschließbar,
– – – – – – mit Griff ........,
– – – – – – – aus Aluminium, eloxiert, Farbton ........ .
– – – – – – – aus Aluminium, kunststoffbeschichtet, Farbton ........ .
– – – – – – – aus Kunststoff, Farbton ........, mit Stahlkern.
– – – – – – – aus ........ .
– – – – – – – – Erzeugnis ........
(Sofern nicht vorgeschrieben, vom Bieter einzutragen)
– – – – – – – – Erzeugnis ........, oder gleichwertiger Art.
Erzeugnis ........, (Vom Bieter einzutragen.)
– Berechnungseinheit St

### Drehkippbeschläge, einbruchhemmend

760 Drehkippbeschlag für einbruchhemmende Fenster und Fenstertüren
aus Holz/Kunststoff,
**Einzelangaben nach DIN 18357**
– Einbruchhemmung DIN 18054 Klasse EF 0,
– Einbruchhemmung DIN 18054 Klasse EF 1,
– Einbruchhemmung DIN 18054 Klasse EF 2,
– – – mit Griff, abschließbar,
– – – – – aus Aluminium, eloxiert, Farbton ........,
– – – – – aus Aluminium, kunststoffbeschichtet, Farbton ........,
– – – – – aus Kunststoff, Farbton ........, mit Stahlkern,
– – – – – aus ........,
– – – – – – mit Fehlbedienungssperre.
– – – – – – Erzeugnis ........
(Sofern nicht vorgeschrieben, vom Bieter einzutragen)
– – – – – – Erzeugnis ........, oder gleichwertiger Art.
Erzeugnis ........, (Vom Bieter einzutragen.)
– Berechnungseinheit St

# LB 029 Beschlagarbeiten
## Beschläge für Fenster und Fenstertüren

**Schiebekippbeschläge**

> Hinweis: Pos. 765 nur für max. Flügelgewicht 150 kg. Für das Breiten-/Höhenverhältnis Herstellerdiagramme beachten.

765 Schiebekippbeschlag für Fenster- und Fenstertüren aus Holz/Kunststoff,
Einzelangaben nach DIN 18357
- mit zwangsweisem An- und Abstellen des Flügels,
- – Griff,
- – Griff, abschließbar,
- – Griffgarnitur,
- – Griffgarnitur, abschließbar,
- – Getriebe abschließbar, vorgerichtet für Profilzylinder DIN 18254,
- – – aus Aluminium, eloxiert, Farbton .......,
- – – aus Aluminium, kunststoffbeschichtet, Farbton .......,
- – – aus Kunststoff, Farbton ......., mit Stahlkern,
- – – aus .......,
- – – – – Abdeckprofil aus Aluminium, eloxiert, Farbton ....... .
- – – – – Abdeckprofil aus Aluminium, beschichtet, Farbton ....... .
- – – – – – – Erzeugnis .......
  (Sofern nicht vorgeschrieben, vom Bieter einzutragen)
- – – – – – – Erzeugnis ......., oder gleichwertiger Art.
  Erzeugnis ......., (Vom Bieter einzutragen.)
- Berechnungseinheit St

**Schiebefaltbeschläge**

> Hinweis: Pos. 770 nur für max. Flügelgewicht 80 kg. Für das Breiten-/Höhenverhältnis Herstellerdiagramme beachten.

770 Schiebefaltbeschlag für Fenster- und Fenstertüren aus Holz/Kunststoff,
Einzelangaben nach DIN 18357
- untenlaufend, einwärtsschlagend, mit Drehkippbeschlag,
- untenlaufend, einwärtsschlagend, mit Drehflügelbeschlag,
- untenlaufend, auswärtsschlagend, mit Drehkippbeschlag,
- obenlaufend, einwärtsschlagend, mit Drehflügelbeschlag,
- obenlaufend, auswärtsschlagend, mit Drehflügelbeschlag,
- – für Durchgangsflügel und Faltflügelverriegelungen,
- – – aus Stahl, gelb chromatiert,
- – – aus Stahl, verzinkt, sichtbare Teile mit Kunststoffkappen abgedeckt,
- – – – mit Griff,
- – – – mit Griff, abschließbar,
- – – – mit Griff, .......,
- – – – mit Griffgarnitur,
- – – – mit Griffgarnitur, abschließbar,
- – – – mit Griffgarnitur, .......,
- – – – Getriebe abschließbar, vorgerichtet für Profilzylinder DIN 18254,
- – – – – aus Aluminium, eloxiert, Farbton .......,
- – – – – aus Aluminium, kunststoffbeschichtet, Farbton .......,
- – – – – aus Kunststoff, Farbton ......., mit Stahlkern,
- – – – – aus .......,
- – – – – – Lauf- und Führungsschienen aus Aluminium, eloxiert.
- – – – – – Lauf- und Führungsschienen aus Aluminium, eloxiert, Farbton .......
- – – – – – – Erzeugnis .......
  (Sofern nicht vorgeschrieben, vom Bieter einzutragen)
- – – – – – – Erzeugnis ......., oder gleichwertiger Art.
  Erzeugnis ......., (Vom Bieter einzutragen.)
- Berechnungseinheit St

**Dichtungen**

775 Umlaufende Falzdichtung mit Dichtungsprofil
Einzelangaben nach DIN 18357
- für Fenster und Fenstertüren aus Holz,
- – – aus TPE,
- – – aus TPE, verschweißt,
- – – aus EPDM,
- – – aus EPDM, vulkanisiert,
- – – aus EPDM, geklebt,

> Hinweis: Die nächsten beiden Anstriche nur für mit Alcydharzlacken beschichtete Falze.
- – – aus PVC,
- – – aus PVC, verschweißt,
- – – aus .......,
- für Fenster und Fenstertüren aus Kunststoff,
- – – aus PVC, verschweißt,
- – – aus TPE, verschweißt,
- – – – – Farbton .......,
- – – – – – Einzellänge in m ....... .
- – – – – – – Erzeugnis .......
  (Sofern nicht vorgeschrieben, vom Bieter einzutragen)
- – – – – – – Erzeugnis ......., oder gleichwertiger Art.
  Erzeugnis ......., (Vom Bieter einzutragen.)
- Berechnungseinheit St, m

**Wetterschutzschienen für Fenster und Fenstertüren aus Holz**

780 Wetterschutzschiene,
781 Wetterschutzschiene, mit Dichtung,
782 Wetterschutzschiene, mit Rahmenabdeckung,
783 Wetterschutzschiene, mit Rahmenabdeckung und Dichtung,
Einzelangaben nach DIN 18357 zu Pos. 780 bis 783
- aus Aluminium-Strangpressprofilen,
- aus abgekanteten Aluminiumprofilen,
- aus .......,
- – eloxiert,
- – eloxiert, Farbton .......,
- – pulverlackbeschichtet, Farbton .......,
- – Oberfläche .......,
- – – einschl. seitlich anschließen,
- – – .......,
- – – – Maße in mm .......,
- – – – Einzellänge in m .......,
- – – – – mit Schrauben befestigen.
- – – – – in Nut befestigen.
- – – – – .......,
- – – – – Erzeugnis .......
  (Sofern nicht vorgeschrieben, vom Bieter einzutragen)
- – – – – Erzeugnis ......., oder gleichwertiger Art.
  Erzeugnis ......., (Vom Bieter einzutragen.)
- Berechnungseinheit St, m

# LB 029 Beschlagarbeiten
## Beschläge für Fenster und Fenstertüren

Ausgabe 06.01

**Drehflügelbeschläge**

> **Hinweis:** Für Flügelbreite bis 1600 mm und Flügelhöhe bis 2400 mm max. Flügelgewicht 130 kg.
> Für das Breiten-/Höhenverhältnis Herstellerdiagramme beachten.

**79_** Drehflügelbeschlag für Drehflügelfenster und –fenstertüren aus Metall,
im Flügelfalz, Eingriffbedienung,
1 Flügelgewicht bis 90 kg,
2 Flügelgewicht bis 130 kg,
3 Flügelgewicht in kg ........,
**Einzelangaben nach DIN 18357** zu Pos. 791 bis 793
– mit Stulpschiene und Zapfenverschlüssen, Anzahl ........,
– mit Stulpgetriebe für zweiflügelige Fenster ohne Pfosten,
– mit Kantenriegeln für zweiflügelige Fenster ohne Pfosten,
– – mit Flügelüberschlag,
– – innen flächenbündig mit sichtbaren Bändern,
– – innen flächenbündig, bandseitig verdeckt, und Öffnungsbegrenzung,
– – – aus Stahl, verzinkt und chromatiert, sichtbare Teile aus Aluminium, eloxiert, Farbton ........,
– – – aus Stahl, verzinkt und chromatiert, sichtbare Teile aus Aluminium, kunststoffbeschichtet, Farbton ........,
– – – aus ........,
– – – – waagerecht oben und unten verriegelbar,
– – – – senkrecht getriebeseitig verriegelbar, bandseitig Mittelband,
– – – – dreiseitig verriegelbar,
– – – – dreiseitig verriegelbar, bandseitig Mittelband,
– – – – Getriebe abschließbar, vorgerichtet für Profilzylinder DIN 18254,
– – – – Griffgarnitur abschließbar, vorgerichtet für Profilzylinder DIN 18254,
– – – – – Getriebegriff aufliegend,
– – – – – Getriebegriff aufliegend, abschließbar,
– – – – – Getriebegriff aufliegend, abnehmbar,
– – – – – Getriebegriff aufliegend, ........,
– – – – – Getriebe, verdeckt,
– – – – – Getriebe, verdeckt, mit Griff,
– – – – – Getriebe, verdeckt, mit Griff, abschließbar,
– – – – – Getriebe, verdeckt,, Griff abnehmbar,
– – – – – Getriebe, verdeckt, ........,
– – – – – – aus Aluminium, eloxiert, Farbton ........ .
– – – – – – aus Aluminium, kunststoffbeschichtet, Farbton ........ .
– – – – – – aus Kunststoff, Farbton ........, mit Stahlkern.
– – – – – – aus ........
– – – – – – – mit Türschnäpper.
– – – – – – – mit ........ .
– – – – – – – – Erzeugnis ........ (Sofern nicht vorgeschrieben, vom Bieter einzutragen)
– – – – – – – – Erzeugnis ........, oder gleichwertiger Art. Erzeugnis ........, (Vom Bieter einzutragen.)
– Berechnungseinheit St

**800** Zentralverschluss,
**Einzelangaben nach DIN 18357**
– waagerecht oben und unten verriegelbar,
– senkrecht getriebeseitig verriegelbar, bandseitig Mittelband,
– dreiseitig verriegelbar,
– dreiseitig verriegelbar, bandseitig Mittelband,
– – – aus Stahl, sichtbare Teile aus Aluminium eloxiert,
– – – aus ........,
– – – – – mit Griff,
– – – – – mit Griff, aus Aluminium, eloxiert,
– – – – – mit Griff, aus Aluminium, eloxiert, Farbton ........,
– – – – – mit Griff, ........,
– – – – – – abschließbar.
– – – – – – vorgerichtet für Profilzylinder.
– – – – – – ........ .

**801** Fensterband für Stahlfenster als Konstruktionsband,
**802** Fensterband für Stahlfenster als Profilrolle,
**803** Fensterband für Stahlfenster als Bandrolle,
**804** Fensterband für Stahlfenster als ........,
**Einzelangaben nach DIN 18357** zu Pos. 801 bis 804
– aus Stahl,
– aus Stahl, verzinkt,
– aus nichtrostendem Stahl,
– aus ........,
– – zweiteilig,
– – dreiteilig,
– – ........,
– – – mit festem Stift,
– – – mit losem Stift,
– – – mit losem durchgehenden Stift,
– – – mit ........,
– – – – aus Stahl,
– – – – aus Stahl, verzinkt,
– – – – aus nichtrostendem Stahl,
– – – – aus ........,
– – – – – Maße in mm ........ .

**805** Fensterband für Aluminiumfenster als Konstruktionsband,
**Einzelangaben nach DIN 18357**
– aus Aluminium, eloxiert,
– aus Aluminium, eloxiert, Farbton ........,
– aus nichtrostendem Stahl,
– aus ........,
– – zweiteilig,
– – dreiteilig,
– – ........,
– – – mit festem Stift,
– – – mit losem Stift,
– – – mit losem durchgehenden Stift,
– – – mit ........,
– – – – aus nichtrostendem Stahl,
– – – – aus ........,
– – – – – Maße in mm ........,
– – – – – verdeckt aufschrauben.
– – – – – sichtbar aufschrauben.
– – – – – befestigen.

**Einzelangaben** zu Pos. 800 bis 805, Fortsetzung
– – – – – – Anzahl der Bänder je Fensterelement ........ .
– – – – – – Erzeugnis ........ (Sofern nicht vorgeschrieben, vom Bieter einzutragen)
– – – – – – Erzeugnis ........, oder gleichwertiger Art. Erzeugnis ........, (Vom Bieter einzutragen.)

– Berechnungseinheit St

**STLB 029**

Ausgabe 06.01

## LB 029 Beschlagarbeiten
### Beschläge für Fenster und Fenstertüren

Drehkippbeschläge

    **Hinweis:** Für Flügelbreite bis 1600 mm und Flügelhöhe bis 2400 mm max. Flügelgewicht 130 kg.
Für das Breiten-/Höhenverhältnis Herstellerdiagramme beachten.

81_   **Drehkippbeschlag für Drehkippfenster und –fenstertüren aus Metall,
im Flügelfalz, Eingriffbedienung,**
1  Flügelgewicht bis 90 kg,
2  Flügelgewicht bis 130 kg,
3  Flügelgewicht in kg ......., 
**Einzelangaben nach DIN** zu Pos. 811 bis 813
– mit Stulpgetriebe für zweiflügelige Fenster ohne Pfosten,
– mit Kantenriegeln für zweiflügelige Fenster ohne Pfosten,
  – – mit Flügelüberschlag,
  – – innen flächenbündig mit sichtbaren Bändern,
  – – innen flächenbündig, bandseitig verdeckt, und Öffnungsbegrenzung,
    – – – aus Stahl, verzinkt und chromatiert, sichtbare Teile aus Aluminium, eloxiert, Farbton .......,
    – – – aus Stahl, verzinkt und chromatiert, sichtbare Teile aus Aluminium, eloxiert, Farbton ......., mit zusätzlicher Schere,
    – – – aus Stahl, verzinkt und chromatiert, sichtbare Teile aus Aluminium, kunststoffbeschichtet, Farbton .......,
    – – – aus Stahl, verzinkt und chromatiert, sichtbare Teile aus Aluminium, kunststoffbeschichtet, Farbton ......., mit zusätzlicher Schere,
    – – – aus .......,
      – – – – waagerecht oben und unten verriegelbar,
      – – – – senkrecht getriebe- und bandseitig verriegelbar,
      – – – – dreiseitig verriegelbar,
      – – – – vierseitig verriegelbar,
      – – – – Getriebe abschließbar, vorgerichtet für Profilzylinder DIN 18254,
      – – – – Griffgarnitur abschließbar, vorgerichtet für Profilzylinder DIN 18254,
        – – – – – mit Zuschlagsicherung,
        – – – – – mit Drehsperre,
        – – – – – mit Fehlbedienungssperre,
        – – – – – mit Türschnäpper,
        – – – – – mit .......,
          – – – – – – Getriebegriff aufliegend,
          – – – – – – Getriebegriff aufliegend, abschließbar,
          – – – – – – Getriebegriff aufliegend, abnehmbar,
          – – – – – – Getriebegriff aufliegend, .......,
          – – – – – – Getriebe verdeckt,
          – – – – – – Getriebe verdeckt, mit Griff,
          – – – – – – Getriebe verdeckt, mit Griff, abschließbar,
          – – – – – – Getriebe verdeckt, mit Griff, abnehmbar,
          – – – – – – Getriebe verdeckt, Griff .......,
            – – – – – – – aus Aluminium, eloxiert, Farbton ....... .
            – – – – – – – aus Aluminium, kunststoffbeschichtet, Farbton ....... .
            – – – – – – – aus Kunststoff, Farbton ......., mit Stahlkern,
            – – – – – – – aus ....... .
              – – – – – – – – Erzeugnis ....... (Sofern nicht vorgeschrieben, vom Bieter einzutragen)
              – – – – – – – – Erzeugnis ......., oder gleichwertiger Art.
Erzeugnis ......., (Vom Bieter einzutragen.)
– Berechnungseinheit St

Drehkippbeschläge, einbruchhemmend

820   **Drehkippbeschlag für einbruchhemmende Fenster und Fenstertüren aus Metall,
Einzelangaben nach DIN 18357**
– Einbruchhemmung DIN 18054 Klasse EF 0,
– Einbruchhemmung DIN 18054 Klasse EF 1,
– Einbruchhemmung DIN 18054 Klasse EF 2,
– Einbruchhemmung DIN 18054 .......,
    – – – Griff, abschließbar,
      – – – – aus Aluminium, eloxiert, Farbton .......,
      – – – – aus Aluminium, kunststoffbeschichtet, Farbton .......,
      – – – – aus Kunststoff, Farbton ......., mit Stahlkern,
      – – – – aus .......,
        – – – – – mit Fehlbedienungssperre.
          – – – – – – Erzeugnis .......
(Sofern nicht vorgeschrieben, vom Bieter einzutragen)
          – – – – – – Erzeugnis ......., oder gleichwertiger Art.
Erzeugnis ......., (Vom Bieter einzutragen.)
– Berechnungseinheit St

Schiebekippbeschläge

    **Hinweis:** Pos. 825 nur für max. Flügelgewicht 150 kg.
Für das Breiten-/Höhenverhältnis Herstellerdiagramme beachten.

825   **Schiebekippbeschlag für Fenster- und Fenstertüren aus Metall,
Einzelangaben nach DIN 18357**
– mit zwangsweisem An- und Abstellen des Flügels, Getriebe verdeckt liegend,

    **Hinweis:** Zwangsweises An- und Abstellen ist nur mit Getriebegriff aufliegend möglich.

    – – – Griff,
    – – – Getriebegriff, aufliegend,
      – – – – aus Aluminium, eloxiert, Farbton .......,
      – – – – aus Aluminium, kunststoffbeschichtet, Farbton .......,
      – – – – aus Kunststoff, Farbton ......., mit Stahlkern,
      – – – – aus .......,
        – – – – – abschließbar,
        – – – – – Abdeckprofil aus Aluminium, eloxiert, Farbton ....... .
        – – – – – Abdeckprofil aus Aluminium, beschichtet, Farbton ....... .
          – – – – – – Erzeugnis .......
(Sofern nicht vorgeschrieben, vom Bieter einzutragen)
          – – – – – – Erzeugnis ......., oder gleichwertiger Art.
Erzeugnis ......., (Vom Bieter einzutragen.)
– Berechnungseinheit St

# LB 029 Beschlagarbeiten
## Beschläge für Fenster und Fenstertüren

STLB 029

Ausgabe 06.01

**Schiebefaltbeschläge**

Hinweis: Pos. 830 nur für max. Flügelgewicht 80 kg. Für das Breiten-/Höhenverhältnis Herstellerdiagramme beachten.

830 Schiebefaltbeschlag für Fenster- und Fenstertüren aus Metall,
Einzelangaben nach DIN 18357
– untenlaufend, einwärtsschlagend, mit Drehkippbeschlag,
– untenlaufend, einwärtsschlagend, mit Drehflügelbeschlag,
– untenlaufend, auswärtsschlagend, mit Drehkippbeschlag,
– obenlaufend, einwärtsschlagend, mit Drehflügelbeschlag,
– obenlaufend, auswärtsschlagend, mit Drehflügelbeschlag,
– – für Durchgangsflügel und Faltflügelverriegelungen,
– – – aus Stahl, gelb chromatiert,
– – – aus Stahl, verzinkt, sichtbare Teile mit Kunststoffkappen abgedeckt
– – – – Getriebegriff aufliegend,
– – – – Getriebegriff aufliegend, abschließbar,
– – – – Getriebegriff aufliegend, abnehmbar,
– – – – Getriebegriff aufliegend, ........,
– – – – Getriebe verdeckt,
– – – – Getriebe verdeckt, mit Griff, ........,
– – – – Getriebe verdeckt, Griff, abschließbar,
– – – – Getriebe verdeckt, Griff abnehmbar,
– – – – Getriebe verdeckt, Griff ........,
– – – – – aus Aluminium, eloxiert, Farbton ........,
– – – – – aus Aluminium, kunststoffbeschichtet, Farbton ........,
– – – – – aus Kunststoff, Farbton ........, mit Stahlkern,
– – – – – aus ........,
– – – – – – Lauf- und Führungsschienen aus Aluminium, eloxiert.
– – – – – – Lauf- und Führungsschienen aus Aluminium, eloxiert, Farbton ........ .
– – – – – – Erzeugnis ........
(Sofern nicht vorgeschrieben, vom Bieter einzutragen)
– – – – – – Erzeugnis ........, oder gleichwertiger Art.
Erzeugnis ........, (Vom Bieter einzutragen.)
– Berechnungseinheit St

**Dichtungen**

835 Umlaufende Falzdichtung mit Dichtungsprofil für Fenster und Fenstertüren aus Metall
Einzelangaben nach DIN 18357
– aus TPE,
– aus TPE, verschweißt,
– aus EPDM,
– aus EPDM, vulkanisiert,
– aus EPDM, geklebt,
– aus ........,
– – – Farbton ........,
– – – – – Einzellänge in m ........,
– – – – – Erzeugnis ........
(Sofern nicht vorgeschrieben, vom Bieter einzutragen)
– – – – – Erzeugnis ........, oder gleichwertiger Art.
Erzeugnis ........, (Vom Bieter einzutragen.)
– Berechnungseinheit St, m

840 Beschlaggarnitur für Schwingflügelfenster, Einzelangaben nach DIN 18357
– Lager mit zwei Drehpunkten und Bremse,
– Lager mit zwei Drehpunkten, Bremse und eingebauter Öffnungssperre,
– – sichtbare Teile aus Aluminium, eloxiert, Farbton ........,
– – sichtbare Teile aus Metall, kunststoffbeschichtet, Farbton ........,
– – – mit Falzschere,
– – – mit Spreizschere,
– – – mit Putzverriegelung,
– – – mit Putzverriegelung, Falzschere,
– – – mit Putzverriegelung, Spreizschere,
– – – – mit Zentralverschluss aus Stahl, gelb chromatiert,
– – – – mit Zentralverschluss ........,
– – – – – mit oberer und unterer Verriegelung,
– – – – – – Bedienungsgriff mit Riegelnocken,
– – – – – – Bedienungsgriff mit Riegelnocken, abschließbar,
– – – – – – – aus Aluminium, eloxiert, Farbton ........ .
– – – – – – – aus ........ .
– – – – – – – Erzeugnis ........
(Sofern nicht vorgeschrieben, vom Bieter einzutragen)
– – – – – – – Erzeugnis ........, oder gleichwertiger Art.
Erzeugnis ........, (Vom Bieter einzutragen.)
– Berechnungseinheit St

STLB 029
Ausgabe 06.01

## LB 029 Beschlagarbeiten
### Beschläge für Fenster und Fenstertüren

845 **Beschlaggarnitur für Hebeschiebefenster,**
846 **Beschlaggarnitur für Hebeschiebekippfenster,**
847 **Beschlaggarnitur für Hebeschiebetür,**
848 **Beschlaggarnitur für Hebeschiebekipptür,**
Einzelangaben nach DIN 18357 zu Pos. 845 bis 848,
– mit Schiebesperre,
– Hebegetriebe vorgerichtet für Profilzylinder,
– Hebegetriebe vorgerichtet für Profilzylinder, mit Schiebesperre,
– ........,
– – aus korrosionsgeschütztem Stahl, sichtbare Teile aus Aluminium, eloxiert,
– – aus korrosionsgeschütztem Stahl, sichtbare Teile aus Aluminium, eloxiert, Farbton ........,
– – aus korrosionsgeschütztem Stahl, sichtbare Teile aus Aluminium, kunststoffbeschichtet, Farbton ........,
– – aus ........,
– – – mit unterer Rahmenabdeckung, einschl. Laufschiene,
– – – mit Rohrschwelle, einschl. Laufschiene,
– – – – aus Aluminiumprofilen, eloxiert,
– – – – aus Aluminiumprofilen, eloxiert, Farbton ........,
– – – – aus Aluminiumprofilen, eloxiert, thermisch getrennt,
– – – – aus Aluminiumprofilen, eloxiert, Farbton ........, thermisch getrennt,
– – – mit ........,
– – – – – Bedienungsgriff raumseitig,
– – – – – Bedienungsgriff raumseitig, abnehmbar,
– – – – – Bedienungsgriff raumseitig, abschließbar,
– – – – – Bedienungsgriff raum- und witterungsseitig, abschließbar,
– – – – – Bedienungsgriff ........,
– – – – – – aus Aluminium, eloxiert.
– – – – – – aus Aluminium, eloxiert, Farbton ........ .
– – – – – – aus Aluminium, kunststoffbeschichtet, Farbton ........ .
– – – – – – aus Aluminium, kunststoffbeschichtet, Farbton ........ .
– – – – – – aus nichtrostendem Stahl.
– – – – – – aus ........ .
– – – – – – oberes Führungsprofil aus Aluminium, eloxiert.
– – – – – – oberes Führungsprofil aus Aluminium, eloxiert, Farbton ........ .
– – – – – – oberes Führungsprofil aus Aluminium, eloxiert, thermisch getrennt.
– – – – – – oberes Führungsprofil aus Aluminium, eloxiert, Farbton ........, thermisch getrennt.
– – – – – – oberes Führungsprofil ........ .
– – – – – – – Erzeugnis ........ (Sofern nicht vorgeschrieben, vom Bieter einzutragen)
– – – – – – – Erzeugnis ........, oder gleichwertiger Art. Erzeugnis ........, (Vom Bieter einzutragen.)
– Berechnungseinheit St

850 **Oberlichtöffner,**
Einzelangaben nach DIN 18357
– aufliegend, für senkrecht eingebaute Fenster,
– – für Kippflügel, Anzahl ........,
– – für Klappflügel, Anzahl ........,
– verdeckt liegend, für senkrecht eingebaute Fenster,
– – für Kippflügel, Anzahl ........,
– – – mit obenliegender Schere,
– – – mit obenliegenden Scheren, Anzahl ........,
– – – mit ........,
– – – – Zusatzverriegelung seitlich,
– – – – mit zusätzlichen Fang- und Putzscheren,
– – – – Zusatzverriegelung seitlich, mit zusätzlichen Fang- und Putzscheren,
– – – – – Handbetätigung mit Hebel und Zugstange, mit Abdeckung, Länge in cm ........,
– – – – – Handbetätigung mit Getriebe und fester Kurbelstange, Länge in cm ........,
– – – – – Handbetätigung mit Getriebe und loser Kurbelstange, Länge in cm ........,
– – – – – Handbetätigung mit flexiblem Gestänge für Bogenfenster
– – – – – Handbetätigung mit flexiblem Gestänge für Simsübertragung,
– – – – – Elektroantrieb für Einzelschaltung,
– – – – – Elektroantrieb für Gruppensteuerung,
– – – – – Elektroantrieb für Gruppensteuerung, mit ........,
– – – – – – sichtbare Beschlagteile, Farbton ........ .
– – – – – – mit Handhebelsicherung.
– – – – – – – Erzeugnis ........ (Sofern nicht vorgeschrieben, vom Bieter einzutragen)
– – – – – – – Erzeugnis ........, oder gleichwertiger Art. Erzeugnis ........, (Vom Bieter einzutragen.)
– Berechnungseinheit St

# LB 029 Beschlagarbeiten
## Beschläge für Fenster und Fenstertüren

STLB 029

Ausgabe 06.01

**855** **Rauch- und Wärmeabzugsanlage,**
**Einzelangaben nach DIN 18357**
– mit Elektro-Spindelantrieb zur Direktausstellung,
– – Klappflügel, Anzahl .......,
– – Lichtkuppel, Anzahl .......,
– – .......,
– mit mechanischer Verriegelung und Elektro-Antrieb,
– – für einwärts aufgehende, vertikal eingebauten Kippflügel, Anzahl .......,
– – für einwärts aufgehende, vertikal eingebauten Drehflügel, Anzahl .......,
– – für auswärts aufgehende, vertikal eingebauten Klappflügel, Anzahl .......,
– – für auswärts aufgehende, vertikal eingebauten Schwingflügel, Anzahl .......,
– – für .......,
– – – Flügelbreite in mm .......,
– – – Flügelhöhe in mm .......,
– – – freier Lüftungsquerschnitt in m² .......,
– – – – Steuerung mit Notstromsteuerzentrale, mit automatischer Umschaltung von Netz- auf Batteriebetrieb, Notstromversorgung mit Akku 2 x 12 V DC, für mind. 72 Stunden, mit automatischem Ladegerät mit Kontrolleuchten für Netzausfall, Feueralarm, Betrieb, Fenster Auf, Störung, Störung Akku, sowie Anschlussmöglichkeiten für Netzanschluss, Taster, Motoren, Rauch- und Wärmemelder und einer potentialfreien Alarm- und Störmeldung, Feuertaster, mit Alarm- und Reset-Taste und LED-Anzeige für Feueralarm, Betrieb, Fenster Auf und Störung, in verschließbarem Aufputzgehäuse mit Aufschrift –Rauchabzug- mit Einschlagscheibe, DIN 14655 G, Anzahl .......,
– – – – – Gehäuse rot RAL 3000,
– – – – – Gehäuse blau RAL 5005,
– – – – – Gehäuse gelb RAL 1004,
– – – – – Gehäuse grau RAL 7035,
– – – – – – automatische Auslösung bei Rauchentwicklung, Rauchmelder 24 V DC mit Sockel, Anzahl .......,
– – – – – – automatische Auslösung bei Wärmeentwicklung, Rauchmelder 24 V DC mit Sockel, Anzahl .......,
– – – – – Lüftertaster – Auf – Stop – Zu -, unter Putz, Anzahl ....... .
– – – – – Lüftertaster – Auf – Stop – Zu -, auf Putz, Anzahl ....... .
– – – – – – Erzeugnis ....... (Sofern nicht vorgeschrieben, vom Bieter einzutragen)
– – – – – – Erzeugnis ......., oder gleichwertiger Art. Erzeugnis ......., (Vom Bieter einzutragen.)
– Berechnungseinheit St

**856** **Rauchabzug DIN 18232-2 für Industriebau,**
**Einzelangaben nach DIN 18357**
– Ausführung .......,
– – – Erzeugnis ....... (Sofern nicht vorgeschrieben, vom Bieter einzutragen)
– – – Erzeugnis ......., oder gleichwertiger Art. Erzeugnis ......., (Vom Bieter einzutragen.)
– Berechnungseinheit St

**Hinweis:** Beim Einsatz von Schiebelüftungen sind die Anforderungen der Wärmeschutzverordnung zu beachten.

**860** **Schiebelüftung mit Innen- und Außenschieber, thermisch getrennt,**
**861** **Klapplüftung, thermisch getrennt,**
**Einzelangaben nach DIN 18357** zu Pos. 860 bis 861,
– aus Aluminium, eloxiert, Farbton .......,
– aus Aluminium, pulverbeschichtet, Farbton .......,
– aus Kunststoff, Farbton .......,
– aus .......,
– – einschl. Insektenschutz,
– – einschl. Wetterschutz,
– – einschl. Insekten- und Wetterschutz,
– – – mit Drehgriff,
– – – mit Handhebel,
– – – mit Schiebegriff,
– – – – Gestänge aufliegend, Länge in mm .......,
– – – – Gestänge verdeckt liegend, Länge in mm .......,
– – – Schieberbetätigung über elektrischen Stellmotor mit externem Schalter,
– – mit .......,
– – – – – Bauhöhe bis 80 mm,
– – – – – Bauhöhe bis 100 mm,
– – – – – Bauhöhe bis 120 mm,
– – – – – Bauhöhe in mm .......,
– – – – – – Länge in mm .......,
– – – – – – – im Rahmenprofil waagerecht einbauen.
– – – – – – – im Rahmenprofil senkrecht einbauen.
– – – – – – – im Glasfeld waagerecht einbauen.
– – – – – – – im Glasfeld senkrecht einbauen.
– – – – – – – einbauen ....... .
– – – – – – – – Erzeugnis ....... (Sofern nicht vorgeschrieben, vom Bieter einzutragen)
– – – – – – – – Erzeugnis ......., oder gleichwertiger Art. Erzeugnis ......., (Vom Bieter einzutragen.)
– Berechnungseinheit St

**STLB 029**

## LB 029 Beschlagarbeiten
### Beschläge für Fenster und Fenstertüren

Ausgabe 06.01

Hinweis: Um die Wärmeschutzverordnung und DIN 1946-6 sinnvoll zu erfüllen, ist bei Lüftungsmaßnahmen mit Schalldämmlüftern die Kombination mit Lüftern mit und ohne Gebläse vorteilhaft.

870 Schalldämmlüfter als Zuluftelement, thermisch getrennt,
871 Schalldämmlüfter als Abluftelement, thermisch getrennt,
872 Schalldämmlüfter als Zu- und Abluftelement, thermisch getrennt,
 Einzelangaben nach DIN 18357 zu Pos. 870 bis 872,
 – aus Aluminium, eloxiert, Farbton .......,
 – aus Aluminium, pulverbeschichtet, Farbton .......,
 – aus .......,
 – – einschl. Insektenschutz,
 – – einschl. Wetterschutz,
 – – einschl. Wetter- und Insektenschutz,
 – – einschl. .......,
 – – – bewertetes Schalldämm-Maß $R_W$ in dB ......., bezogen auf eine Prüffläche von 1,9 m², Luftdurchgangsleistung durch natürliche Lüftung in m³/h x m ......., bei einem Druckunterschied 10 Pa,
 – – – – mit Drehgriff,
 – – – – mit Handhebel, Gestänge aufliegend, Länge in mm .......,
 – – – – mit Handhebel, Gestänge verdeckt liegend, Länge in mm .......,
 – – – – mit Schiebegriff, Gestänge aufliegend, Länge in mm .......,
 – – – – mit Schiebegriff, Gestänge verdeckt liegend, Länge in mm .......,
 – – – – mit elektrischem Stellmotor mit getrenntem Schalter,
 – – – – mit .......,
 – – – Luftdurchgangsleistung durch mechanische Lüftung mit elektrischer Gebläselüftung .......,
 – – – – Schieberbetätigung mit Drehgriff, Gebläsesteuerung synchron mit integriertem Drehzahlregler, Gebläseanzahl .......,
 – – – – Schieberbetätigung und Gebläsesteuerung synchron mit integriertem Drehzahlregler, Gebläse getrennt schaltbar, Gebläseanzahl .......,
 Schieberbetätigung .......,
 – – – – – als Einzelsteuerung,
 – – – – – in dezentraler Gruppensteuerung,
 – – – – – in zentraler Gruppensteuerung,
 – – – – – .......,
 – – – – – – Maße in mm .......,
 – – – – – – im Rahmenprofil waagerecht einbauen.
 – – – – – – im Rahmenprofil senkrecht einbauen.
 – – – – – – im Glasfeld waagerecht einbauen.
 – – – – – – im Glasfeld senkrecht einbauen.
 – – – – – – .......
 – – – – – – Erzeugnis ....... (Sofern nicht vorgeschrieben, vom Bieter einzutragen)
 – – – – – – Erzeugnis ......., oder gleichwertiger Art. Erzeugnis ....... (Vom Bieter einzutragen.)
 – Berechnungseinheit St

880 Außenfensterbank,
 Einzelangaben nach DIN 18357
 – aus Aluminium-Strangpressprofilen,
 – aus abgekanteten Aluminiumprofilen,
 – aus abgekanteten und abgerundeten Aluminiumprofilen,
 – aus .......,
 – – eloxiert, Farbton .......,
 – – pulverbeschichtet, Farbton .......,
 – – .......,
 – – – mit aufgesteckten seitlichen Abschlüssen,
 – – – mit aufgesteckten seitlichen Abschlüssen, Unterseite mit Antidröhnbeschichtung,
 – – – mit .......,
 – – – – Oberfläche durch Abziehfolie schützen,
 – – – – Oberfläche .......,
 – – – – – Breite 70 mm,
 – – – – – Breite 100 mm,
 – – – – – Breite 120 mm,
 – – – – – Breite 130 mm,
 – – – – – Breite 140 mm,
 – – – – – Breite 150 mm,
 – – – – – Breite 180 mm,
 – – – – – Breite 200 mm,
 – – – – – Breite in mm .......,
 – – – – – – mit Schrauben befestigen.
 – – – – – – mit Anschlussprofilen und Schrauben gleitfähig befestigen.
 – – – – – – mit Haltelaschen sichtbar befestigen.
 – – – – – – mit Haltelaschen verdeckt befestigen.
 – – – – – – mit Fassadendämmstoff unterstopfen und befestigen.
 – – – – – – mit ....... .
 – – – – – – – Erzeugnis ....... (Sofern nicht vorgeschrieben, vom Bieter einzutragen)
 – – – – – – – Erzeugnis ......., oder gleichwertiger Art. Erzeugnis ....... (Vom Bieter einzutragen.)
 – Berechnungseinheit m, St

885 Fensterladenband
 Einzelangaben nach DIN 18357
 – als Winkelband,
 – als Mittelband,
 – als Kreuzband,
 – als Langband,

886 Fensterladenkloben
 Einzelangaben nach DIN 18357
 – für Wandbefestigung,
 – für Blendrahmenbefestigung,
 – für .......,

887 Fensterladenfeststeller
 Einzelangaben nach DIN 18357
 – mit Anschlag,
 – mit Fanghaken für Wandbefestigung,
 – mit Kloben zum Aufstecken,

888 Fensterladenüberwurf
 Einzelangaben nach DIN 18357
 – mit Knopf,
 – mit Feststellvorrichtung,

889 Fensterladenaufsatzband
890 Fensterladenanschlagknopf
891 Fensterladenscharnierüberwurf
892 Fensterladenkupplung

 Einzelangaben nach DIN 18357 zu Pos. 885 bis 892, Fortsetzung,
 – – – aus Stahl, verzinkt,
 – – – aus Stahl, verzinkt, chromatiert,
 – – – aus Stahl, verzinkt, chromatiert, lackiert, Farbton .......,

893 Innenöffner für Fensterladen zum Aufschrauben,
 Einzelangaben nach DIN 18357
 – mit Winkelgetriebe,
 – mit .......,
 – – einschl. Betätigungskurbel,
 – – einschl. Elektroantrieb,
 – – befestigen auf Mauerwerk,
 – – befestigen im Mauerwerk,
 – – – Bänder für Innenöffner
 – – – Bänder für .......

Einzelangaben nach DIN zu Pos. 885 bis 893, Fortsetzung,
 – – – – Ausführung .......,
 – – – – – Erzeugnis ....... (Sofern nicht vorgeschrieben, vom Bieter einzutragen)
 – – – – – Erzeugnis ......., oder gleichwertiger Art. Erzeugnis ....... (Vom Bieter einzutragen.)
 – Berechnungseinheit St

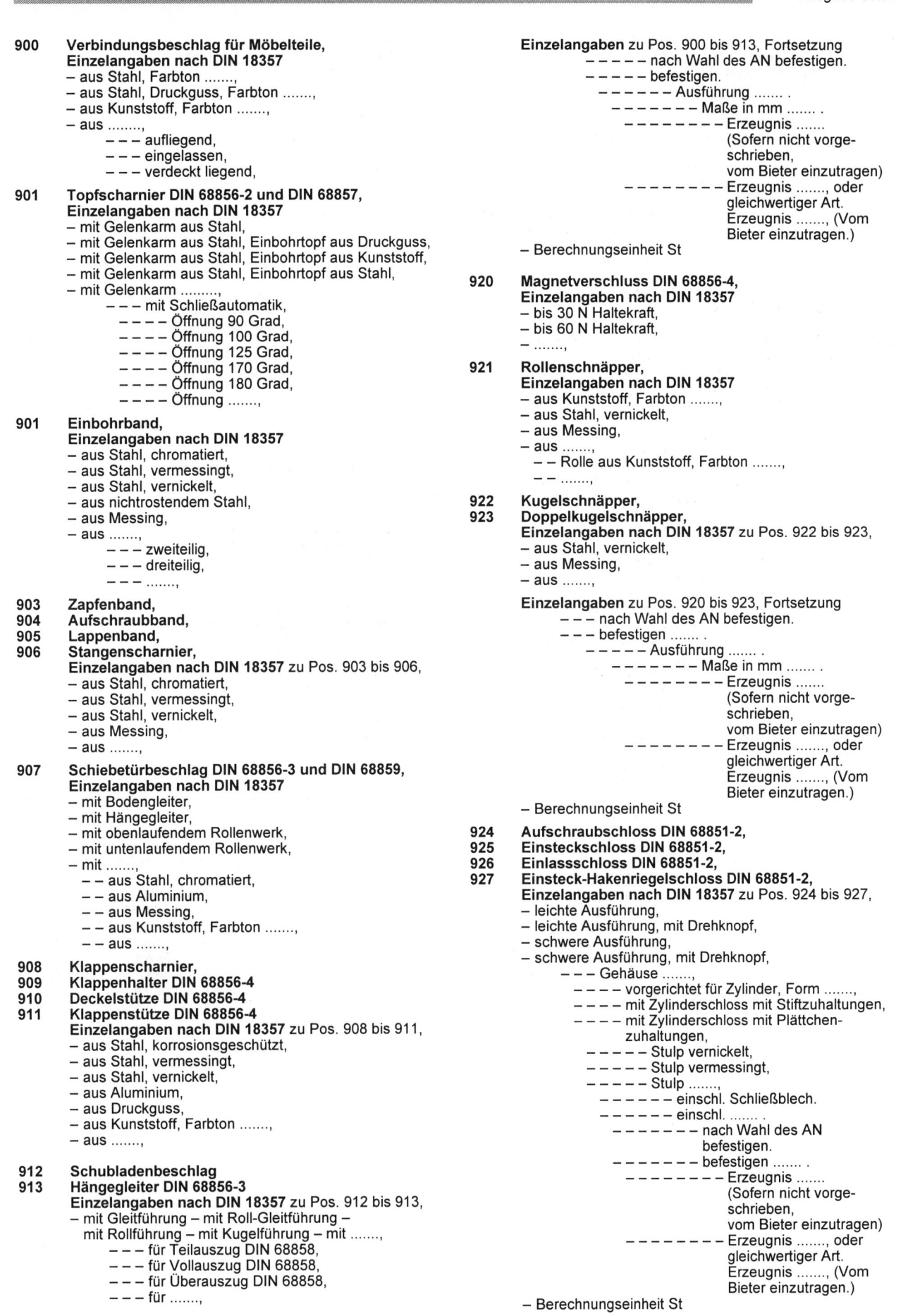

# LB 029 Beschlagarbeiten
## Beschläge für Einbaumöbel

STLB 029

Ausgabe 06.01

900  Verbindungsbeschlag für Möbelteile,
Einzelangaben nach DIN 18357
– aus Stahl, Farbton .......,
– aus Stahl, Druckguss, Farbton .......,
– aus Kunststoff, Farbton .......,
– aus .......,
– – – aufliegend,
– – – eingelassen,
– – – verdeckt liegend,

901  Topfscharnier DIN 68856-2 und DIN 68857,
Einzelangaben nach DIN 18357
– mit Gelenkarm aus Stahl,
– mit Gelenkarm aus Stahl, Einbohrtopf aus Druckguss,
– mit Gelenkarm aus Stahl, Einbohrtopf aus Kunststoff,
– mit Gelenkarm aus Stahl, Einbohrtopf aus Stahl,
– mit Gelenkarm .......,
– – – mit Schließautomatik,
– – – – Öffnung 90 Grad,
– – – – Öffnung 100 Grad,
– – – – Öffnung 125 Grad,
– – – – Öffnung 170 Grad,
– – – – Öffnung 180 Grad,
– – – – Öffnung .......,

901  Einbohrband,
Einzelangaben nach DIN 18357
– aus Stahl, chromatiert,
– aus Stahl, vermessingt,
– aus Stahl, vernickelt,
– aus nichtrostendem Stahl,
– aus Messing,
– aus .......,
– – – zweiteilig,
– – – dreiteilig,
– – – .......,

903  Zapfenband,
904  Aufschraubband,
905  Lappenband,
906  Stangenscharnier,
Einzelangaben nach DIN 18357 zu Pos. 903 bis 906,
– aus Stahl, chromatiert,
– aus Stahl, vermessingt,
– aus Stahl, vernickelt,
– aus Messing,
– aus .......,

907  Schiebetürbeschlag DIN 68856-3 und DIN 68859,
Einzelangaben nach DIN 18357
– mit Bodengleiter,
– mit Hängegleiter,
– mit obenlaufendem Rollenwerk,
– mit untenlaufendem Rollenwerk,
– mit .......,
– – aus Stahl, chromatiert,
– – aus Aluminium,
– – aus Messing,
– – aus Kunststoff, Farbton .......,
– – aus .......,

908  Klappenscharnier,
909  Klappenhalter DIN 68856-4
910  Deckelstütze DIN 68856-4
911  Klappenstütze DIN 68856-4
Einzelangaben nach DIN 18357 zu Pos. 908 bis 911,
– aus Stahl, korrosionsgeschützt,
– aus Stahl, vermessingt,
– aus Stahl, vernickelt,
– aus Aluminium,
– aus Druckguss,
– aus Kunststoff, Farbton .......,
– aus .......,

912  Schubladenbeschlag
913  Hängegleiter DIN 68856-3
Einzelangaben nach DIN 18357 zu Pos. 912 bis 913,
– mit Gleitführung – mit Roll-Gleitführung –
mit Rollführung – mit Kugelführung – mit .......,
– – – für Teilauszug DIN 68858,
– – – für Vollauszug DIN 68858,
– – – für Überauszug DIN 68858,
– – – für .......,

Einzelangaben zu Pos. 900 bis 913, Fortsetzung
– – – – – nach Wahl des AN befestigen.
– – – – – befestigen.
– – – – – – Ausführung ....... .
– – – – – – Maße in mm ....... .
– – – – – – – Erzeugnis .......
(Sofern nicht vorgeschrieben,
vom Bieter einzutragen)
– – – – – – – Erzeugnis ......., oder
gleichwertiger Art.
Erzeugnis ......., (Vom
Bieter einzutragen.)
– Berechnungseinheit St

920  Magnetverschluss DIN 68856-4,
Einzelangaben nach DIN 18357
– bis 30 N Haltekraft,
– bis 60 N Haltekraft,
– .......,

921  Rollenschnäpper,
Einzelangaben nach DIN 18357
– aus Kunststoff, Farbton .......,
– aus Stahl, vernickelt,
– aus Messing,
– aus .......,
– – Rolle aus Kunststoff, Farbton .......,
– – .......,

922  Kugelschnäpper,
923  Doppelkugelschnäpper,
Einzelangaben nach DIN 18357 zu Pos. 922 bis 923,
– aus Stahl, vernickelt,
– aus Messing,
– aus .......,

Einzelangaben zu Pos. 920 bis 923, Fortsetzung
– – – nach Wahl des AN befestigen.
– – – befestigen ....... .
– – – – – Ausführung ....... .
– – – – – – Maße in mm ....... .
– – – – – – – Erzeugnis .......
(Sofern nicht vorgeschrieben,
vom Bieter einzutragen)
– – – – – – – Erzeugnis ......., oder
gleichwertiger Art.
Erzeugnis ......., (Vom
Bieter einzutragen.)
– Berechnungseinheit St

924  Aufschraubschloss DIN 68851-2,
925  Einsteckschloss DIN 68851-2,
926  Einlassschloss DIN 68851-2,
927  Einsteck-Hakenriegelschloss DIN 68851-2,
Einzelangaben nach DIN 18357 zu Pos. 924 bis 927,
– leichte Ausführung,
– leichte Ausführung, mit Drehknopf,
– schwere Ausführung,
– schwere Ausführung, mit Drehknopf,
– – – Gehäuse .......,
– – – – vorgerichtet für Zylinder, Form .......,
– – – – mit Zylinderschloss mit Stiftzuhaltungen,
– – – – mit Zylinderschloss mit Plättchen-
zuhaltungen,
– – – – – Stulp vernickelt,
– – – – – Stulp vermessingt,
– – – – – Stulp .......,
– – – – – – einschl. Schließblech.
– – – – – – einschl. ....... .
– – – – – – – nach Wahl des AN
befestigen.
– – – – – – – befestigen ....... .
– – – – – – – – Erzeugnis .......
(Sofern nicht vorgeschrieben,
vom Bieter einzutragen)
– – – – – – – – Erzeugnis ......., oder
gleichwertiger Art.
Erzeugnis ......., (Vom
Bieter einzutragen.)
– Berechnungseinheit St

## LB 029 Beschlagarbeiten
### Beschläge für Einbaumöbel

928 **Schiebetürschloss DIN 68851-1,**
**Einzelangaben nach DIN 18357**
– mit Druckzylinder,
– mit Drehzylinder,
   – – – Gehäuse .......,
   – – – Aufschraubplatte .......,
   – – – Aufschraubplatte ......., Gehäuse .......,
   – – – .......,
      – – – – – nach Wahl des AN befestigen.
      – – – – – befestigen ....... .
         – – – – – – Erzeugnis .......
           (Sofern nicht vorgeschrieben,
           vom Bieter einzutragen)
         – – – – – – Erzeugnis ......., oder gleich-
           wertiger Art.
           Erzeugnis ......., (Vom Bieter
           einzutragen.)
– Berechnungseinheit St

929 **Drehstangenschloss DIN 68851-1 und DIN 68852,**
**Einzelangaben nach DIN 18357**
– leichte Ausführung,
– schwere Ausführung,
– Ausführung .......,
   – – – mit Mittelverschluss,
   – – – – Schloss mit drei Zuhaltungen
   – – – – vorgerichtet für Zylinder, Form .......,
   – – – – mit Zylinderschloss mit Stiftzuhaltungen,
   – – – – mit Zylinderschloss mit Plättchen-
     zuhaltungen,
   – – – mit Vierkantnuss und Olive,
   – – – mit Vierkantnuss und Zylinderolive mit
     Stiftzuhaltungen,
   – – – mit Vierkantnuss und Zylinderolive mit
     Plättchenzuhaltungen,
   – – – vorgerichtet für Zylinder, Form .......,
      – – – – – Drehstange mit Befestigung,
        Stangenlänge in mm .......,
      – – – – – Drehstange mit Befestigung,
        Stangenlänge in mm .......,
        Oberflächenausführung,
         – – – – – – Schließhaken mit Schelle,
           Schließbolzen und
           Stangenführung.
         – – – – – mit zwei Schlüsseln ....... .
         – – – – – – Schließhaken mit Schelle,
           Schließbolzen und
           Stangenführung, mit zwei
           Schlüsseln ....... .
      – – – – – – nach Wahl des AN
        befestigen.
      – – – – – – befestigen ....... .
         – – – – – – – Erzeugnis .......
           (Sofern nicht vorge-
           schrieben,
           vom Bieter einzutragen)
         – – – – – – – Erzeugnis ......., oder
           gleichwertiger Art.
           Erzeugnis ......., (Vom
           Bieter einzutragen.)
– Berechnungseinheit St

935 **Möbelgriff DIN 68856-7,**
**Einzelangaben nach DIN 18357**
– als Bügelgriff,
– als Ringgriff,
– als Knopfgriff,
– als Hohlgriff,
– als Muschelgriff,
– als Profilgriff,
– als Blockmuschelgriff,
– als Einlaßmuschel,
– als .......,
   – – – aus .......,
   – – – aus ......., Farbton .......,
   – – – – aufliegend,
   – – – – eingelassen,
   – – – .......,
      – – – – – nach Wahl des AN befestigen
      – – – – – befestigen ....... .
         – – – – – – Erzeugnis .......
           (Sofern nicht vorgeschrieben,
           vom Bieter einzutragen)
         – – – – – – Erzeugnis ......., oder gleich-
           wertiger Art.
           Erzeugnis ......., (Vom Bieter
           einzutragen.)
– Berechnungseinheit St

940 **Bodenträgerhülse DIN 68856-6,**
**Einzelangaben nach DIN 18357**
– Anzahl je Schrankboden .......,

941 **Bodenträgerschiene DIN 68874-1,**
**Einzelangaben nach DIN 18357**
– eingelassen,
– aufgeschraubt,

942 **Bodenträger DIN 68874-1,**
**Einzelangaben nach DIN 18357**
– zum Einschlagen,
– zum Einstecken,
– zum Einschrauben,
   – – Anzahl je Schrankboden .......,

943 **Garderobenhalter, ausziehbar,**
**Einzelangaben nach DIN 18357**
– Anzahl .......,
   – – Führung .......,

**Einzelangaben** zu Pos. 940 bis 943, Fortsetzung
   – – – aus .......,
   – – – aus ......., Oberfläche .......,
      – – – – Farbton .......,
      – – – – – nach Wahl des AN befestigen
      – – – – – befestigen ....... .
         – – – – – – Erzeugnis .......
           (Sofern nicht vorgeschrieben,
           vom Bieter einzutragen)
         – – – – – – Erzeugnis ......., oder gleich-
           wertiger Art.
           Erzeugnis ......., (Vom Bieter
           einzutragen.)
– Berechnungseinheit St

# LB 029 Beschlagarbeiten
## Beschilderungen

STLB 029

Ausgabe 06.01

**950** **Schilderrahmen**
**951** **Türbeschriftungsfeld**
**952** **Hinweistafel**
   **Einzelangaben nach DIN 18357** zu Pos. 950 bis 952
   – aus ......., 
   – aus ......., Oberfläche,
   – – Farbton ........,
   – – – Ausführung .......,
   – – – – Maße L/B in mm .......,
   – – – – – Deckplatte aus farblosem Acryl,
   – – – – – Deckplatte ........,
   – – – – – – nach Wahl des AN befestigen.
   – – – – – – sichtbar befestigen.
   – – – – – – verdeckt befestigen.
   – – – – – – befestigen ........ .
   – – – – – – – Erzeugnis .......
     (Sofern nicht vorgeschrieben, vom Bieter einzutragen)
   – – – – – – – Erzeugnis ......., oder gleichwertiger Art.
     Erzeugnis ......., (Vom Bieter einzutragen.)
   – Berechnungseinheit St

**953** **Einzelbuchstabe/Ziffer,**
   **Einzelangaben nach DIN 18357**
   – zum Einschieben in Etikettrahmen,
   – zum Einstecken auf Hinweistafeln,
   – graviert,
   – .......,

**954** **Filmtextstreifen,**
**955** **Gravurstreifen,**
   **Einzelangaben nach DIN 18357** zu Pos. 954 bis 955
   – Buchstaben-/Ziffernanzahl .......,

**956** **Symbol,**
**957** **Pictogramm,**
   **Einzelangaben nach DIN 18357** zu Pos. 956 bis 957
   – beleuchtet,
   – reflektierend,
   – nachtleuchtend,
   – .......,
   – – für .......,
   **Einzelangaben** zu Pos. 953 bis 957, Fortsetzung
   – – – als Klebefolie,
   – – – graviert,
   – – – .......,
   – – – – aus .......,
   – – – – aus ......., Oberfläche .......,
   – – – – – Farbton .......,
   – – – – – – Ausführung ........ .
   – – – – – – Maße in mm ........ .
   – – – – – – nach Wahl des AN befestigen.
   – – – – – – befestigen ........ .
   – – – – – – – Erzeugnis ....... (Sofern nicht vorgeschrieben, vom Bieter einzutragen)
   – – – – – – – Erzeugnis ......., oder gleichwertiger Art.
     Erzeugnis ......., (Vom Bieter einzutragen.)
   – Berechnungseinheit St
   Fortsetzung Einzelangaben Pos. 961

**STLB 029**

Ausgabe 06.01

## LB 029 Beschlagarbeiten
### Garderobenanlagen; Verkürzte Beschreibungen

960 **Wandgarderobe**
**Einzelangaben nach DIN 18357**
– als Wandschiene,
– als Wandschiene, mit Blende,
– als Wand- und Doppelschiene,
– als Wand- und Doppelschiene, mit Blende,
– als ........,
– – Blende ........,
– – – Anzahl der Mantelhaken ........,
– – – Anzahl der Manteldoppelhaken ........,
– – – Anzahl der Hut-Mantelhaken ........,
– – – Anzahl der Hut-Manteldoppelhaken ........,
– – – Anzahl ........,
– – – – aus ........,
– – – – aus ........, Oberfläche ........,

961 **Hutablage**
**Einzelangaben nach DIN 18357**
– mit Kleiderbügelstange,
– mit Garderobenhaken,
– mit ........,
– – – aus ........,
– – – aus ........, Oberfläche ........,

**Einzelangaben** zu Pos. 960 bis 961, Fortsetzung
– – – – – Farbton ........,
– – – – – Maße in mm ........ .
– – – – – Ausführung ........ .
– – – – – Maße in mm ........,
Ausführung ........ .
– – – – – – nach Wahl des AN
befestigen.
– – – – – – befestigen ........ .
– – – – – – – Erzeugnis ........
(Sofern nicht vorgeschrieben,
vom Bieter einzutragen)
– – – – – – – Erzeugnis ........, oder
gleichwertiger Art.
Erzeugnis ........, (Vom
Bieter einzutragen.)
– Berechnungseinheit St

962 **Standgarderobe,**
963 **Rundstandgarderobe,**
964 **Hängegarderobe,**
965 **Schwenkgarderobe,**
966 **Beweglicher Garderobenständer,**
966 **Beweglicher Rundgarderobenständer,**
**Einzelangaben nach DIN 18357** zu Pos. 962 bis 966,
– Blende,
– – mit Hakentraversen, Anzahl ........,
– – mit Hakentraversen, Anzahl ........, und Hutablage,
– – – Anzahl der Mantelhaken ........,
– – – Anzahl der Manteldoppelhaken ........,
– – – Anzahl der Hut-Mantelhaken ........,
– – – Anzahl der Hut-Manteldoppelhaken ........,
– – – Anzahl ........,
– – – – einseitig,
– – – – zweiseitig,
– – aus Bügelkonsole mit Aufhängeknöpfen und
Hutablage,
– – – – – mit nummerierten Schildern,
– – – – – mit nummerierten Schildern,
Form ........,
– – – – – mit nummerierten Schildern und
Abgabemarken,
– – – – – mit nummerierten Schildern und
Abgabemarken, Form ........,
– – – – – Ausführung ........ .

968 **Schirmständer,**
969 **Garderoben-Schirm-Einbaugarnitur,**
**Einzelangaben nach DIN** zu Pos. 968 bis 969,
– Form ........,
– – – Einzellänge in mm ........,
– – – – Ausführung ........ .

**Einzelangaben** zu Pos. 962 bis 969, Fortsetzung
– – – – – – nach Wahl des AN
befestigen.
– – – – – – befestigen ........ .
– – – – – – – Erzeugnis ........
(Sofern nicht vorgeschrieben,
vom Bieter einzutragen)
– – – – – – – Erzeugnis ........, oder
gleichwertiger Art.
Erzeugnis ........, (Vom
Bieter einzutragen.)
– Berechnungseinheit St

**Hinweis:** Der Bezug in einer Textergänzung in Pos. 996 auf eine andere Positions–Nummer (OZ) kann bei einer Neugliederung des Leistungsverzeichnisses nicht von jedem AVA–Programm automatisch geändert werden. Wird das Verfahren der gekürzten Schreibweise gemäß den Regelungen für den Aufbau des Leistungsverzeichnisses, Ausgabe August 1991, vom eingesetzten AVA–Programm unterstützt, ist die Anwendung der Pos. 996 hinfällig.

996 **Leistung wie Position ........,**
**Einzelangaben nach DIN**
– jedoch.
– Berechnungseinheit m, psch, St

# LB 029 Beschlagarbeiten
## Bänder für Türen und Tore; Bänder für einfache Türen und Tore

AW 029

Preise 06.01

Sämtliche Preise sind **Mittelpreise ohne Mehrwertsteuer** zum Zeitpunkt des Ausgabedatums.
**Korrekturfaktoren** für Regionaleinfluss, Mengeneinfluss, Konjunktureinfluss siehe Vorspann.
**Abkürzungen:** EP = Einheitspreis, LA = Lohnanteil, ST = Stoffanteil

### Hinweise auf Beschlagarbeiten in anderen Leistungsbereichen

| | |
|---|---|
| Fenster | Holzfenster mit Beschlägen siehe LB 027 Tischlerarbeiten, Kunststofffenster mit Beschlägen siehe LB 027 Tischlerarbeiten, Beschläge für Aluminiumfenster siehe LB 031 Metallbauarbeiten, Schlosserarbeiten, Beschläge für Kellerfenster, Waschküchenfenster aus Metall siehe LB 031 Metallbauarbeiten, Schlosserarbeiten, Außenfensterbänke siehe LB 031 Metallbauarbeiten, Schlosserarbeiten, |
| Fenstertüren | Fenstertüren aus Holz mit Beschlägen siehe LB 027 Tischlerarbeiten, Fenstertüren aus Kunststoff mit Beschlägen siehe LB 027 Tischlerarbeiten, |
| Fensterläden | Fensterläden aus Holz mit Beschlägen siehe LB 027 Tischlerarbeiten, |
| Türen, Tore | Zimmertüren aus Holz mit Beschlägen siehe LB 027 Tischlerarbeiten, Wohnungseingangstüren aus Holz mit Beschlägen siehe LB 027 Tischlerarbeiten, Hauseingangstüren aus Holz mit Beschlägen siehe LB 027 Tischlerarbeiten, Beschläge für Hauseingangstüren aus Aluminium siehe LB 031 Metallbauarbeiten, Schlosserarbeiten, Beschläge für Türen in Trenngitter (Metall) siehe LB 031 Metallbauarbeiten, Schlosserarbeiten, Beschläge für Tore (Metall) siehe LB 031 Metallbauarbeiten, Schlosserarbeiten, |
| Feuerschutztüren | Beschläge für Feuerschutzabschlüsse (Metall) siehe LB 031 Metallbauarbeiten, Schlosserarbeiten. |

### Bänder für Türen und Tore

029.-----.-

| | | |
|---|---|---|
| 029.01101.M | Türband als Einbohrband | 45,04 DM/St<br>23,03 €/St |
| 029.01301.M | Türband als Lappen-Einbohrband | 78,44 DM/St<br>40,11 €/St |
| 029.01601.M | Türband als Aufschraubband | 86,06 DM/St<br>44,00 €/St |
| 029.04701.M | Pendeltürband, Türgewicht bis 22 kg | 92,56 DM/St<br>47,32 €/St |
| 029.04702.M | Pendeltürband, Türgewicht bis 40 kg | 124,48 DM/St<br>63,64 €/St |
| 029.04703.M | Pendeltürband, Türgewicht bis 55 kg | 148,35 DM/St<br>75,85 €/St |

**029.01101.M** KG 344 DIN 276
Türband als Einbohrband
EP 45,04 DM/St   LA 25,95 DM/St   ST 19,09 DM/St
EP 23,03 €/St    LA 13,27 €/St    ST  9,76 €/St

**029.01301.M** KG 344 DIN 276
Türband als Lappen-Einbohrband
EP 78,44 DM/St   LA 25,95 DM/St   ST 52,49 DM/St
EP 40,11 €/St    LA 13,27 €/St    ST 26,84 €/St

**029.01601.M** KG 344 DIN 276
Türband als Aufschraubband
EP 86,06 DM/St   LA 9,73 DM/St    ST 76,33 DM/St
EP 44,00 €/St    LA 4,97 €/St     ST 39,03 €/St

**029.04701.M** KG 344 DIN 276
Pendeltürband, Türgewicht bis 22 kg
EP 92,56 DM/St   LA 16,22 DM/St   ST 76,34 DM/St
EP 47,32 €/St    LA  8,30 €/St    ST 39,02 €/St

**029.04702.M** KG 344 DIN 276
Pendeltürband, Türgewicht bis 40 kg
EP 124,48 DM/St  LA 21,42 DM/St   ST 103,06 DM/St
EP  63,64 €/St   LA 10,95 €/St    ST  52,69 €/St

**029.04703.M** KG 344 DIN 276
Pendeltürband, Türgewicht bis 55 kg
EP 148,35 DM/St  LA 21,42 DM/St   ST 126,93 DM/St
EP  75,85 €/St   LA 10,95 €/St    ST  64,90 €/St

### Bänder für einfache Türen und Tore

029.-----.-

| | | |
|---|---|---|
| 029.01602.M | Türband als Einstemmband, Bandhöhe 140 mm | 26,24 DM/St<br>13,42 €/St |
| 029.01603.M | Türband als Einstemmband, Bandhöhe 160 mm | 27,30 DM/St<br>13,96 €/St |
| 029.01604.M | Türband als Aufschraubband, Bandhöhe 120 mm | 21,76 DM/St<br>11,12 €/St |
| 029.01605.M | Türband als Aufschraubband, Bandhöhe 160 mm | 27,20 DM/St<br>13,91 €/St |
| 029.05101.M | Ladenband (Langband), 400 mm | 16,03 DM/St<br>8,20 €/St |
| 029.05102.M | Ladenband (Langband), 600 mm | 24,05 DM/St<br>12,29 €/St |
| 029.05103.M | Ladenband (Langband), 1000 mm | 37,11 DM/St<br>18,97 €/St |
| 029.05201.M | Winkelband, 600/400 mm | 41,90 DM/St<br>21,42 €/St |

**029.01602.M** KG 334 DIN 276
Türband als Einstemmband, Bandhöhe 140 mm
EP 26,24 DM/St   LA 16,22 DM/St   ST 10,02 DM/St
EP 13,42 €/St    LA  8,30 €/St    ST  5,12 €/St

**029.01603.M** KG 334 DIN 276
Türband als Einstemmband, Bandhöhe 160 mm
EP 27,30 DM/St   LA 16,22 DM/St   ST 11,08 DM/St
EP 13,96 €/St    LA  8,30 €/St    ST  5,66 €/St

**029.01604.M** KG 334 DIN 276
Türband als Aufschraubband, Bandhöhe 120 mm
EP 21,76 DM/St   LA 6,49 DM/St    ST 15,27 DM/St
EP 11,12 €/St    LA 3,32 €/St     ST  7,80 €/St

**029.01605.M** KG 334 DIN 276
Türband als Aufschraubband, Bandhöhe 160 mm
EP 27,20 DM/St   LA 8,11 DM/St    ST 19,09 DM/St
EP 13,91 €/St    LA 4,15 €/St     ST  9,76 €/St

**029.05101.M** KG 334 DIN 276
Ladenband (Langband), 400 mm
EP 16,03 DM/St   LA 6,49 DM/St    ST 9,54 DM/St
EP  8,20 €/St    LA 3,32 €/St     ST 4,88 €/St

**029.05102.M** KG 334 DIN 276
Ladenband (Langband), 600 mm
EP 24,05 DM/St   LA 9,73 DM/St    ST 14,32 DM/St
EP 12,29 €/St    LA 4,97 €/St     ST  7,32 €/St

**029.05103.M** KG 334 DIN 276
Ladenband (Langband), 1000 mm
EP 37,11 DM/St   LA 11,36 DM/St   ST 25,75 DM/St
EP 18,97 €/St    LA  5,81 €/St    ST 13,16 €/St

**029.05201.M** KG 334 DIN 276
Winkelband, 600/400 mm
EP 41,90 DM/St   LA 11,36 DM/St   ST 30,54 DM/St
EP 21,42 €/St    LA  5,81 €/St    ST 15,61 €/St

AW 029

Preise 06.01

## LB 029 Beschlagarbeiten
### Schlösser

Sämtliche Preise sind **Mittelpreise ohne Mehrwertsteuer** zum Zeitpunkt des Ausgabedatums.
**Korrekturfaktoren** für Regionaleinfluss, Mengeneinfluss, Konjunktureinfluss siehe Vorspann.
**Abkürzungen:** EP = Einheitspreis, LA = Lohnanteil, ST = Stoffanteil

**Schlösser**

029.-----.-

|  |  |  |
|---|---|---|
| 029.06101.M | Einsteckschloss DIN 18251, leicht, Buntbart | 35,24 DM/St / 18,02 €/St |
| 029.06401.M | Einsteckschloss DIN 18251, leicht, Zuhalt. für Zyl. | 49,56 DM/St / 25,34 €/St |
| 029.06501.M | Einsteckschloss DIN 18251, leicht, Zuhalt. m. 5 Zuhaltg. | 57,27 DM/St / 29,28 €/St |
| 029.07101.M | Einsteckschloss DIN 18251, mittel, Buntbart | 54,69 DM/St / 27,96 €/St |
| 029.07401.M | Einsteckschloss DIN 18251, mittel, Zuhalt. für Zyl. | 65,26 DM/St / 33,37 €/St |
| 029.07501.M | Einsteckschloss DIN 18251, mittel, Zuhalt. m. 5 Zuhaltg. | 72,31 DM/St / 36,97 €/St |
| 029.08101.M | Einsteckschloss DIN 18251, schwer, Buntbart | 68,93 DM/St / 35,25 €/St |
| 029.08401.M | Einsteckschloss DIN 18251, schwer, Zuhalt. für Zyl. | 69,27 DM/St / 35,42 €/St |
| 029.08501.M | Einsteckschloss DIN 18251, schwer, Zuhalt. m. 5 Zuhaltg. | 79,73 DM/St / 40,76 €/St |
| 029.09201.M | Haustür- Einsteckschloss DIN 18251, schwer, Buntbart | 87,19 DM/St / 44,58 €/St |
| 029.09401.M | Haustür- Einsteckschloss DIN 18251, schwer, Zuh. f. Zyl. | 87,75 DM/St / 44,87 €/St |
| 029.09501.M | Haustür- Einsteckschloss DIN 18251, schwer, Zuh.m.5 Zuh | 108,11 DM/St / 55,28 €/St |
| 029.14201.M | Einsteck-Schiebetürschloss, mittel, Buntbart, 1-fl. | 79,37 DM/St / 40,58 €/St |
| 029.14202.M | Einsteck- Schiebetürschloss, mittel, Buntbart, 2-fl. | 137,31 DM/St / 70,20 €/St |
| 029.14203.M | Einsteck- Schiebetürschloss, schwer, Buntbart | 86,38 DM/St / 44,17 €/St |
| 029.14301.M | Einsteck- Schiebetürschloss, mittel, Zuhalt., 1-fl. | 94,14 DM/St / 48,13 €/St |
| 029.14302.M | Einsteck- Schiebetürschloss, mittel, Zuhalt., 2-fl. | 152,09 DM/St / 77,76 €/St |
| 029.14303.M | Einsteck- Schiebetürschloss, schwer, Zuhalt. m. 5 Zuh. | 106,19 DM/St / 54,30 €/St |
| 029.15201.M | Rohrrahmen- Einsteckschloss, Buntbart | 84,15 DM/St / 43,02 €/St |
| 029.15202.M | Rohrrahmen- Einsteckschloss, Zuhalt. für Zyl. | 80,07 DM/St / 40,94 €/St |
| 029.15203.M | Rohrrahmen- Einsteckschloss, Zuhalt. m. 5 Zuhaltg. | 131,94 DM/St / 67,46 €/St |
| 029.15401.M | Rohrrahmen- Einsteckriegelschloss, Buntbart | 77,21 DM/St / 39,48 €/St |
| 029.15402.M | Rohrrahmen-Einsteckriegelschloss, Zuhalt. für Zyl. | 70,17 DM/St / 35,88 €/St |
| 029.15403.M | Rohrrahmen- Einsteckriegelschloss, Zuhalt. m. 5 Zuhaltg. | 107,03 DM/St / 54,72 €/St |
| 029.23101.M | Treibriegel, Treibstange 4-kant 13 mm | 85,82 DM/St / 43,88 €/St |
| 029.23102.M | Treibriegel, Treibstange 4-kant 16 mm | 96,88 DM/St / 49,53 €/St |
| 029.23103.M | Tortreibriegel, Treibstange 4-kant 13 mm, bis 2,5 m | 84,63 DM/St / 43,27 €/St |
| 029.23104.M | Tortreibriegel, Treibstange 4-kant 16 mm, bis 2,5 m | 102,55 DM/St / 52,43 €/St |
| 029.23105.M | Tortreibriegel, Treibstange 4-kant 16 mm, > 2,5 bis 3 m | 103,37 DM/St / 52,85 €/St |
| 029.23201.M | Einlasstreibriegel | 145,15 DM/St / 74,21 €/St |

**029.06101.M**  KG 344 DIN 276
Einsteckschloss DIN 18251, leicht, Buntbart
EP 35,24 DM/St   LA 29,20 DM/St   ST 6,04 DM/St
EP 18,02 €/St    LA 14,93 €/St    ST 3,09 €/St

**029.06401.M**  KG 344 DIN 276
Einsteckschloss DIN 18251, leicht, Zuhalt. für Zyl.
EP 49,56 DM/St   LA 29,20 DM/St   ST 20,36 DM/St
EP 25,34 €/St    LA 14,93 €/St    ST 10,41 €/St

**029.06501.M**  KG 344 DIN 276
Einsteckschloss DIN 18251, leicht, Zuhalt. m. 5 Zuhaltg.
EP 57,27 DM/St   LA 29,20 DM/St   ST 28,07 DM/St
EP 29,28 €/St    LA 14,93 €/St    ST 14,35 €/St

**029.07101.M**  KG 344 DIN 276
Einsteckschloss DIN 18251, mittel, Buntbart
EP 54,69 DM/St   LA 32,45 DM/St   ST 22,24 DM/St
EP 27,96 €/St    LA 16,59 €/St    ST 11,37 €/St

**029.07401.M**  KG 344 DIN 276
Einsteckschloss DIN 18251, mittel, Zuhalt. für Zyl.
EP 65,26 DM/St   LA 32,45 DM/St   ST 32,81 DM/St
EP 33,37 €/St    LA 16,59 €/St    ST 16,78 €/St

**029.07501.M**  KG 344 DIN 276
Einsteckschloss DIN 18251, mittel, Zuhalt. m. 5 Zuhaltg.
EP 72,31 DM/St   LA 32,45 DM/St   ST 39,86 DM/St
EP 36,97 €/St    LA 16,59 €/St    ST 20,38 €/St

**029.08101.M**  KG 344 DIN 276
Einsteckschloss DIN 18251, schwer, Buntbart
EP 68,93 DM/St   LA 35,69 DM/St   ST 33,24 DM/St
EP 35,25 €/St    LA 18,25 €/St    ST 17,00 €/St

**029.08401.M**  KG 344 DIN 276
Einsteckschloss DIN 18251, schwer, Zuhalt. für Zyl.
EP 69,27 DM/St   LA 35,69 DM/St   ST 33,58 DM/St
EP 35,42 €/St    LA 18,25 €/St    ST 17,17 €/St

**029.08501.M**  KG 344 DIN 276
Einsteckschloss DIN 18251, schwer, Zuhalt. m. 5 Zuhaltg.
EP 79,73 DM/St   LA 35,69 DM/St   ST 44,04 DM/St
EP 40,76 €/St    LA 18,25 €/St    ST 22,51 €/St

**029.09201.M**  KG 344 DIN 276
Haustür- Einsteckschloss DIN 18251, schwer, Buntbart
EP 87,19 DM/St   LA 48,66 DM/St   ST 38,53 DM/St
EP 44,58 €/St    LA 24,88 €/St    ST 19,70 €/St

**029.09401.M**  KG 344 DIN 276
Haustür- Einsteckschloss DIN 18251, schwer, Zuh. f. Zyl.
EP 87,75 DM/St   LA 48,66 DM/St   ST 39,09 DM/St
EP 44,87 €/St    LA 24,88 €/St    ST 19,99 €/St

**029.09501.M**  KG 344 DIN 276
Haustür- Einsteckschloss DIN 18251, schwer, Zuh. m. 5 Zuh
EP 108,11 DM/St  LA 48,66 DM/St   ST 59,45 DM/St
EP  55,28 €/St   LA 24,88 €/St    ST 30,40 €/St

**029.14201.M**  KG 344 DIN 276
Einsteck-Schiebetürschloss, mittel, Buntbart, 1-fl.
EP 79,37 DM/St   LA 29,20 DM/St   ST 50,17 DM/St
EP 40,58 €/St    LA 14,93 €/St    ST 25,65 €/St

**029.14202.M**  KG 344 DIN 276
Einsteck- Schiebetürschloss, mittel, Buntbart, 2-fl.
EP 137,31 DM/St  LA 58,40 DM/St   ST 78,91 DM/St
EP  70,20 €/St   LA 29,86 €/St    ST 40,34 €/St

**029.14203.M**  KG 344 DIN 276
Einsteck- Schiebetürschloss, schwer, Buntbart
EP 86,38 DM/St   LA 32,45 DM/St   ST 53,93 DM/St
EP 44,17 €/St    LA 16,59 €/St    ST 27,58 €/St

**029.14301.M**  KG 344 DIN 276
Einsteck- Schiebetürschloss, mittel, Zuhalt., 1-fl.
EP 94,14 DM/St   LA 29,20 DM/St   ST 64,94 DM/St
EP 48,13 €/St    LA 14,93 €/St    ST 33,20 €/St

**029.14302.M**  KG 344 DIN 276
Einsteck- Schiebetürschloss, mittel, Zuhalt., 2-fl.
EP 152,09 DM/St  LA 58,40 DM/St   ST 93,69 DM/St
EP  77,76 €/St   LA 29,86 €/St    ST 47,90 €/St

**029.14303.M**  KG 344 DIN 276
Einsteck- Schiebetürschloss, schwer, Zuhalt. m. 5 Zuh.
EP 106,19 DM/St  LA 32,45 DM/St   ST 73,74 DM/St
EP  54,30 €/St   LA 16,59 €/St    ST 37,71 €/St

**029.15201.M**  KG 344 DIN 276
Rohrrahmen-Einsteckschloss, Buntbart
EP 84,15 DM/St   LA 53,21 DM/St   ST 30,94 DM/St
EP 43,02 €/St    LA 27,21 €/St    ST 15,81 €/St

# LB 029 Beschlagarbeiten
## Schlösser; Türdrücker, Türschilder

AW 029

Preise 06.01

Sämtliche Preise sind **Mittelpreise ohne Mehrwertsteuer** zum Zeitpunkt des Ausgabedatums.
**Korrekturfaktoren** für Regionaleinfluss, Mengeneinfluss, Konjunktureinfluss siehe Vorspann.
**Abkürzungen:** EP = Einheitspreis, LA = Lohnanteil, ST = Stoffanteil

029.15202.M    KG 344 DIN 276
Rohrrahmen- Einsteckschloss, Zuhalt. für Zyl.
EP 80,07 DM/St    LA 53,21 DM/St    ST 26,86 DM/St
EP 40,94 €/St    LA 27,21 €/St    ST 13,73 €/St

029.15203.M    KG 344 DIN 276
Rohrrahmen- Einsteckschloss, Zuhalt. m. 5 Zuhaltg.
EP 131,94 DM/St    LA 53,21 DM/St    ST 78,73 DM/St
EP 67,46 €/St    LA 27,21 €/St    ST 40,25 €/St

029.15401.M    KG 344 DIN 276
Rohrrahmen-Einsteckriegelschloss, Buntbart
EP 77,21 DM/St    LA 47,37 DM/St    ST 29,84 DM/St
EP 39,48 €/St    LA 24,22 €/St    ST 15,26 €/St

029.15402.M    KG 344 DIN 276
Rohrrahmen- Einsteckriegelschloss, Zuhalt. für Zyl.
EP 70,17 DM/St    LA 47,37 DM/St    ST 22,80 DM/St
EP 35,88 €/St    LA 24,22 €/St    ST 11,66 €/St

029.15403.M    KG 344 DIN 276
Rohrrahmen- Einsteckriegelschloss, Zuhalt. m. 5 Zuhaltg.
EP 107,03 DM/St    LA 47,37 DM/St    ST 59,66 DM/St
EP 54,72 €/St    LA 24,22 €/St    ST 30,50 €/St

029.23101.M    KG 344 DIN 276
Treibriegel, Treibstange 4-kant 13 mm
EP 85,82 DM/St    LA 36,33 DM/St    ST 49,49 DM/St
EP 43,88 €/St    LA 18,58 €/St    ST 25,30 €/St

029.23102.M    KG 344 DIN 276
Treibriegel, Treibstange 4-kant 16 mm
EP 96,88 DM/St    LA 36,33 DM/St    ST 60,55 DM/St
EP 49,53 €/St    LA 18,58 €/St    ST 30,95 €/St

029.23103.M    KG 344 DIN 276
Tortreibriegel, Treibstange 4-kant 13 mm, bis 2,5 m
EP 84,63 DM/St    LA 42,83 DM/St    ST 41,80 DM/St
EP 43,27 €/St    LA 21,90 €/St    ST 21,37 €/St

029.23104.M    KG 344 DIN 276
Tortreibriegel, Treibstange 4-kant 16 mm, bis 2,5 m
EP 102,55 DM/St    LA 42,83 DM/St    ST 59,72 DM/St
EP 52,43 €/St    LA 21,90 €/St    ST 30,53 €/St

029.23105.M    KG 344 DIN 276
Tortreibriegel, Treibstange 4-kant 16 mm, > 2,5 bis 3 m
EP 103,37 DM/St    LA 42,83 DM/St    ST 60,54 DM/St
EP 52,85 €/St    LA 21,90 €/St    ST 30,95 €/St

029.23201.M    KG 344 DIN 276
Einlasstreibriegel
EP 145,15 DM/St    LA 57,10 DM/St    ST 88,05 DM/St
EP 74,21 €/St    LA 29,19 €/St    ST 45,02 €/St

### Türdrücker, Türschilder

029.-----.-

|  |  |  |
|---|---|---|
| 029.19001.M | Türdrückergarnitur, Messing, Schutzgarnitur | 204,14 DM/St<br>104,38 €/St |
| 029.19002.M | Türdrückergarnitur, Stahl, Schutzgarnitur | 114,70 DM/St<br>58,64 €/St |
| 029.19601.M | Türdrücker-Türknopfgarnitur, Messing | 199,15 DM/St<br>101,83 €/St |
| 029.19602.M | Türdrücker-Türknopfgarnitur, Stahl | 121,28 DM/St<br>62,01 €/St |

029.19001.M    KG 344 DIN 276
Türdrückergarnitur, Messing, Schutzgarnitur
EP 204,14 DM/St    LA 19,47 DM/St    ST 184,67 DM/St
EP 104,38 €/St    LA 9,95 €/St    ST 94,43 €/St

029.19002.M    KG 344 DIN 276
Türdrückergarnitur, Stahl, Schutzgarnitur
EP 114,70 DM/St    LA 19,47 DM/St    ST 95,23 DM/St
EP 58,64 €/St    LA 9,95 €/St    ST 48,69 €/St

029.19601.M    KG 344 DIN 276
Türdrücker-Türknopfgarnitur, Messing
EP 199,15 DM/St    LA 19,47 DM/St    ST 179,68 DM/St
EP 101,83 €/St    LA 9,95 €/St    ST 91,88 €/St

029.19602.M    KG 344 DIN 276
Türdrücker-Türknopfgarnitur, Stahl
EP 121,28 DM/St    LA 19,47 DM/St    ST 101,81 DM/St
EP 62,01 €/St    LA 9,95 €/St    ST 52,06 €/St

AW 029

Preise 06.01

## LB 029 Beschlagarbeiten
### Türzubehör

Sämtliche Preise sind **Mittelpreise ohne Mehrwertsteuer** zum Zeitpunkt des Ausgabedatums.
**Korrekturfaktoren** für Regionaleinfluss, Mengeneinfluss, Konjunktureinfluss siehe Vorspann.
**Abkürzungen:** EP = Einheitspreis, LA = Lohnanteil, ST = Stoffanteil

### Türzubehör

029.-----.-

|  |  |  |
|---|---|---|
| 029.24501.M | Türgucker (Spion) | 23,44 DM/St / 11,99 €/St |
| 029.24601.M | Türkette | 29,46 DM/St / 15,06 €/St |
| 029.25001.M | Bekleidung von Lüftungsöffnungen, einseitig, 300 cm2 | 29,96 DM/St / 15,32 €/St |
| 029.25002.M | Bekleidung von Lüftungsöffnungen, einseitig, 500 cm2 | 39,74 DM/St / 20,32 €/St |
| 029.26001.M | Bekleidung von Lüftungsöffnungen, zweiseitig, 300 cm2 | 58,31 DM/St / 29,81 €/St |
| 029.26002.M | Bekleidung von Lüftungsöffnungen, zweiseitig, 500 cm2 | 76,26 DM/St / 38,99 €/St |
| 029.27001.M | Türschonschild | 30,55 DM/St / 15,62 €/St |
| 029.27101.M | Türsockelschild | 42,47 DM/St / 21,71 €/St |
| 029.27501.M | Türfeststeller, Alu, mit Abzug, am Boden | 52,06 DM/St / 26,62 €/St |
| 029.27502.M | Türfeststeller, Alu, mit Taste, am Boden | 58,40 DM/St / 29,86 €/St |
| 029.27503.M | Türfeststeller, Alu, Fanghaken/abschließbar, am Boden | 134,02 DM/St / 68,53 €/St |
| 029.27504.M | Türfeststeller, Temperguss, Fanghaken, am Boden | 49,72 DM/St / 25,42 €/St |
| 029.27505.M | Türfeststeller, Kunststoff, mit Magnet, am Boden | 48,25 DM/St / 24,67 €/St |
| 029.27506.M | Türfeststeller, Kunststoff, mit Magnet, an der Wand | 45,87 DM/St / 23,45 €/St |
| 029.27601.M | Türstopper, Messing, Befestigung am Boden | 32,62 DM/St / 16,68 €/St |
| 029.27602.M | Türstopper, Edelstahl, Befestigung am Boden | 31,28 DM/St / 16,00 €/St |
| 029.27603.M | Türstopper, Kunststoff, Befestigung am Boden | 19,75 DM/St / 10,10 €/St |
| 029.27604.M | Türstopper, Messing, Befestigung an der Wand | 25,94 DM/St / 13,26 €/St |
| 029.27605.M | Türstopper, Edelstahl, Befestigung an der Wand | 24,75 DM/St / 12,65 €/St |
| 029.27606.M | Türstopper, Kunststoff, Befestigung an der Wand | 16,78 DM/St / 8,58 €/St |
| 029.28101.M | Briefeinwurfklappe mit sichtb. Einbaurahmen, Alu | 85,21 DM/St / 43,57 €/St |
| 029.28102.M | Briefeinwurfklappe mit sichtb. Einbaurahmen, Messing | 146,73 DM/St / 75,02 €/St |

029.24501.M    KG 344 DIN 276
Türgucker (Spion)
EP 23,44 DM/St     LA 14,28 DM/St     ST 9,16 DM/St
EP 11,99 €/St      LA  7,30 €/St      ST 4,69 €/St

029.24601.M    KG 344 DIN 276
Türkette
EP 29,46 DM/St     LA 6,49 DM/St     ST 22,97 DM/St
EP 15,06 €/St      LA 3,32 €/St      ST 11,74 €/St

029.25001.M    KG 344 DIN 276
Bekleidung von Lüftungsöffnungen, einseitig, 300 cm2
EP 29,96 DM/St     LA 6,49 DM/St     ST 23,47 DM/St
EP 15,32 €/St      LA 3,32 €/St      ST 12,00 €/St

029.25002.M    KG 344 DIN 276
Bekleidung von Lüftungsöffnungen, einseitig, 500 cm2
EP 39,74 DM/St     LA 8,11 DM/St     ST 31,63 DM/St
EP 20,32 €/St      LA 4,15 €/St      ST 16,17 €/St

029.26001.M    KG 344 DIN 276
Bekleidung von Lüftungsöffnungen, zweiseitig, 300 cm2
EP 58,31 DM/St     LA 11,36 DM/St     ST 46,95 DM/St
EP 29,81 €/St      LA  5,81 €/St      ST 24,00 €/St

029.26002.M    KG 344 DIN 276
Bekleidung von Lüftungsöffnungen, zweiseitig, 500 cm2
EP 76,26 DM/St     LA 12,98 DM/St     ST 63,28 DM/St
EP 38,99 €/St      LA  6,64 €/St      ST 32,35 €/St

029.27001.M    KG 344 DIN 276
Türschonschild
EP 30,55 DM/St     LA 5,51 DM/St     ST 25,04 DM/St
EP 15,62 €/St      LA 2,82 €/St      ST 12,80 €/St

029.27101.M    KG 344 DIN 276
Türsockelschild
EP 42,47 DM/St     LA 8,11 DM/St     ST 34,36 DM/St
EP 21,71 €/St      LA 4,15 €/St      ST 17,56 €/St

029.27501.M    KG 334 DIN 276
Türfeststeller, Alu, mit Abzug, am Boden
EP 52,06 DM/St     LA 27,25 DM/St     ST 24,81 DM/St
EP 26,62 €/St      LA 13,93 €/St      ST 12,69 €/St

029.27502.M    KG 334 DIN 276
Türfeststeller, Alu, mit Taste, am Boden
EP 58,40 DM/St     LA 16,22 DM/St     ST 42,18 DM/St
EP 29,86 €/St      LA  8,30 €/St      ST 21,56 €/St

029.27503.M    KG 334 DIN 276
Türfeststeller, Alu, Fanghaken/abschließbar, am Boden
EP 134,02 DM/St    LA 37,64 DM/St     ST 96,38 DM/St
EP  68,53 €/St     LA 19,25 €/St      ST 49,28 €/St

029.27504.M    KG 334 DIN 276
Türfeststeller, Temperguss, Fanghaken, am Boden
EP 49,72 DM/St     LA 32,45 DM/St     ST 17,27 DM/St
EP 25,42 €/St      LA 16,59 €/St      ST  8,83 €/St

029.27505.M    KG 334 DIN 276
Türfeststeller, Kunststoff, mit Magnet, am Boden
EP 48,25 DM/St     LA 27,25 DM/St     ST 21,00 DM/St
EP 24,67 €/St      LA 13,93 €/St      ST 10,74 €/St

029.27506.M    KG 334 DIN 276
Türfeststeller, Kunststoff, mit Magnet, an der Wand
EP 45,87 DM/St     LA 27,25 DM/St     ST 18,62 DM/St
EP 23,45 €/St      LA 13,93 €/St      ST  9,52 €/St

029.27601.M    KG 334 DIN 276
Türstopper, Messing, Befestigung am Boden
EP 32,62 DM/St     LA 8,76 DM/St     ST 23,86 DM/St
EP 16,68 €/St      LA 4,48 €/St      ST 12,20 €/St

029.27602.M    KG 334 DIN 276
Türstopper, Edelstahl, Befestigung am Boden
EP 31,28 DM/St     LA 8,76 DM/St     ST 22,52 DM/St
EP 16,00 €/St      LA 4,48 €/St      ST 11,52 €/St

029.27603.M    KG 334 DIN 276
Türstopper, Kunststoff, Befestigung am Boden
EP 19,75 DM/St     LA 8,76 DM/St     ST 10,99 DM/St
EP 10,10 €/St      LA 4,48 €/St      ST  5,62 €/St

029.27604.M    KG 334 DIN 276
Türstopper, Messing, Befestigung an der Wand
EP 25,94 DM/St     LA 8,76 DM/St     ST 17,18 DM/St
EP 13,26 €/St      LA 4,48 €/St      ST  8,78 €/St

029.27605.M    KG 334 DIN 276
Türstopper, Edelstahl, Befestigung an der Wand
EP 24,75 DM/St     LA 8,76 DM/St     ST 15,99 DM/St
EP 12,65 €/St      LA 4,48 €/St      ST  8,17 €/St

029.27606.M    KG 334 DIN 276
Türstopper, Kunststoff, Befestigung an der Wand
EP 16,78 DM/St     LA 8,76 DM/St     ST 8,02 DM/St
EP  8,58 €/St      LA 4,48 €/St      ST 4,10 €/St

029.28101.M    KG 334 DIN 276
Briefeinwurfklappe mit sichtb. Einbaurahmen, Alu
EP 85,21 DM/St     LA 48,66 DM/St     ST 36,55 DM/St
EP 43,57 €/St      LA 24,88 €/St      ST 18,69 €/St

029.28102.M    KG 334 DIN 276
Briefeinwurfklappe mit sichtb. Einbaurahmen, Messing
EP 146,73 DM/St    LA 51,91 DM/St     ST 94,82 DM/St
EP  75,02 €/St     LA 26,54 €/St      ST 48,48 €/St

# LB 029 Beschlagarbeiten
## Türdichtungen; Türschließer

Preise 06.01

Sämtliche Preise sind **Mittelpreise ohne Mehrwertsteuer** zum Zeitpunkt des Ausgabedatums.
**Korrekturfaktoren** für Regionaleinfluss, Mengeneinfluss, Konjunktureinfluss siehe Vorspann.
Abkürzungen: EP = Einheitspreis, LA = Lohnanteil, ST = Stoffanteil

### Türdichtungen

029.-----.-

|  |  |  |
|---|---|---|
| 029.24001.M | Tür-Bodendichtung, Zimmertür, PVC-Lippe/Halteschiene | 21,09 DM/St / 10,79 €/St |
| 029.24002.M | Tür-Bodendichtung, Zimmertür, Perlonbürste/Halteschiene | 28,29 DM/St / 14,47 €/St |
| 029.24003.M | Tür-Bodendichtung, Zimmertür, Magnetdichtung | 74,54 DM/St / 38,11 €/St |
| 029.24004.M | Tür-Bodendichtung, Wohn.tür, PVC-Lippe/Halteschiene | 26,49 DM/St / 13,54 €/St |
| 029.24005.M | Tür-Bodendichtung, Wohn.tür, Perlonbürste/Halteschiene | 36,11 DM/St / 18,46 €/St |
| 029.24006.M | Tür-Bodendichtung, Wohn.tür, Magnetdichtung | 96,57 DM/St / 49,38 €/St |
| 029.24007.M | Tür-Bodendichtung, Haustür, PVC-Lippe/Halteschiene | 35,64 DM/St / 18,22 €/St |
| 029.24008.M | Tür-Bodendichtung, Haustür, Perlonbürste/Halteschiene | 50,10 DM/St / 25,62 €/St |
| 029.24101.M | Tür-Bodendichtung mit autom. Verschluss, Zimmertür | 69,39 DM/St / 35,48 €/St |
| 029.24102.M | Tür-Bodendichtung mit autom. Verschluss, Wohn.tür | 79,54 DM/St / 40,67 €/St |
| 029.24103.M | Tür-Bodendichtung mit autom. Verschluss, Haustür | 92,81 DM/St / 47,45 €/St |
| 029.24201.M | Tür-Falzdichtung, Zimmertür, Dicht.profil/Halteleiste | 92,95 DM/St / 47,52 €/St |
| 029.24202.M | Tür-Falzdichtung, Wohn.tür, Dicht.profil/Halteleiste | 98,38 DM/St / 50,30 €/St |
| 029.24203.M | Tür-Falzdichtung, Haustür, Dicht.profil/Halteleiste | 107,69 DM/St / 55,06 €/St |

**029.24001.M**   KG 344 DIN 276
Tür-Bodendichtung, Zimmertür, PVC-Lippe/Halteschiene
EP 21,09 DM/St   LA 9,73 DM/St   ST 11,36 DM/St
EP 10,79 €/St   LA 4,97 €/St   ST 5,82 €/St

**029.24002.M**   KG 344 DIN 276
Tür-Bodendichtung, Zimmertür, Perlonbürste/Halteschiene
EP 28,29 DM/St   LA 9,73 DM/St   ST 18,56 DM/St
EP 14,47 €/St   LA 4,97 €/St   ST 9,50 €/St

**029.24003.M**   KG 344 DIN 276
Tür-Bodendichtung, Zimmertür, Magnetdichtung
EP 74,54 DM/St   LA 19,47 DM/St   ST 55,07 DM/St
EP 38,11 €/St   LA 9,95 €/St   ST 28,16 €/St

**029.24004.M**   KG 344 DIN 276
Tür-Bodendichtung, Wohn.tür, PVC-Lippe/Halteschiene
EP 26,49 DM/St   LA 11,36 DM/St   ST 15,13 DM/St
EP 13,54 €/St   LA 5,81 €/St   ST 7,73 €/St

**029.24005.M**   KG 344 DIN 276
Tür-Bodendichtung, Wohn.tür, Perlonbürste/Halteschiene
EP 36,11 DM/St   LA 11,36 DM/St   ST 24,75 DM/St
EP 18,46 €/St   LA 5,81 €/St   ST 12,65 €/St

**029.24006.M**   KG 344 DIN 276
Tür-Bodendichtung, Wohn.tür, Magnetdichtung
EP 96,57 DM/St   LA 25,95 DM/St   ST 70,62 DM/St
EP 49,38 €/St   LA 13,27 €/St   ST 36,11 €/St

**029.24007.M**   KG 334 DIN 276
Tür-Bodendichtung, Haustür, PVC-Lippe/Halteschiene
EP 35,64 DM/St   LA 12,98 DM/St   ST 22,66 DM/St
EP 18,22 €/St   LA 6,64 €/St   ST 11,58 €/St

**029.24008.M**   KG 334 DIN 276
Tür-Bodendichtung, Haustür, Perlonbürste/Halteschiene
EP 50,10 DM/St   LA 12,98 DM/St   ST 37,12 DM/St
EP 25,62 €/St   LA 6,64 €/St   ST 18,98 €/St

**029.24101.M**   KG 344 DIN 276
Tür-Bodendichtung mit autom. Verschluss, Zimmertür
EP 69,39 DM/St   LA 19,47 DM/St   ST 49,92 DM/St
EP 35,48 €/St   LA 9,95 €/St   ST 25,53 €/St

**029.24102.M**   KG 344 DIN 276
Tür-Bodendichtung mit autom. Verschluss, Wohn.tür
EP 79,54 DM/St   LA 25,95 DM/St   ST 53,59 DM/St
EP 40,67 €/St   LA 13,27 €/St   ST 27,40 €/St

**029.24103.M**   KG 334 DIN 276
Tür-Bodendichtung mit autom. Verschluss, Haustür
EP 92,81 DM/St   LA 32,45 DM/St   ST 60,36 DM/St
EP 47,45 €/St   LA 16,59 €/St   ST 30,86 €/St

**029.24201.M**   KG 344 DIN 276
Tür-Falzdichtung, Zimmertür, Dicht.profil/Halteleiste
EP 92,95 DM/St   LA 35,69 DM/St   ST 57,26 DM/St
EP 47,52 €/St   LA 18,25 €/St   ST 29,27 €/St

**029.24202.M**   KG 344 DIN 276
Tür-Falzdichtung, Wohn.tür, Dicht.profil/ Halteleiste
EP 98,38 DM/St   LA 37,31 DM/St   ST 61,07 DM/St
EP 50,30 €/St   LA 19,08 €/St   ST 31,22 €/St

**029.24203.M**   KG 334 DIN 276
Tür-Falzdichtung, Haustür, Dicht.profil/ Halteleiste
EP 107,69 DM/St   LA 40,88 DM/St   ST 66,81 DM/St
EP 55,06 €/St   LA 20,90 €/St   ST 34,16 €/St

### Türschließer

029.-----.-

|  |  |  |
|---|---|---|
| 029.42001.M | Obentürschließer mit Gleitschiene, Schließergröße 2-3 | 252,13 DM/St / 128,91 €/St |
| 029.42002.M | Obentürschließer mit Gleitschiene, Schließergröße 4-5 | 296,41 DM/St / 151,55 €/St |
| 029.42003.M | Obentürschließer mit Zubringerfeder, Schließergröße 3 | 151,93 DM/St / 77,68 €/St |
| 029.42004.M | Obentürschließer mit Zubringerfeder, Schließergröße 4 | 188,57 DM/St / 96,41 €/St |
| 029.43001.M | Bodentürschließer für Anschlagtüren, Schließergröße 4 | 696,84 DM/St / 356,29 €/St |
| 029.48201.M | Rahmentürschließer, Schließergröße 3 | 203,85 DM/St / 104,23 €/St |
| 029.48202.M | Rahmentürschließer, Schließergröße 4 | 223,31 DM/St / 114,18 €/St |

**029.42001.M**   KG 334 DIN 276
Obentürschließer mit Gleitschiene, Schließergröße 2-3
EP 252,13 DM/St   LA 42,18 DM/St   ST 209,95 DM/St
EP 128,91 €/St   LA 21,57 €/St   ST 107,34 €/St

**029.42002.M**   KG 334 DIN 276
Obentürschließer mit Gleitschiene, Schließergröße 4-5
EP 296,41 DM/St   LA 45,42 DM/St   ST 250,99 DM/St
EP 151,55 €/St   LA 23,22 €/St   ST 128,33 €/St

**029.42003.M**   KG 334 DIN 276
Obentürschließer mit Zubringerfeder, Schließergröße 3
EP 151,93 DM/St   LA 42,18 DM/St   ST 109,75 DM/St
EP 77,68 €/St   LA 21,57 €/St   ST 56,11 €/St

**029.42004.M**   KG 334 DIN 276
Obentürschließer mit Zubringerfeder, Schließergröße 4
EP 188,57 DM/St   LA 45,42 DM/St   ST 143,15 DM/St
EP 96,41 €/St   LA 23,22 €/St   ST 73,19 €/St

**029.43001.M**   KG 334 DIN 276
Bodentürschließer für Anschlagtüren, Schließergröße 4
EP 696,84 DM/St   LA 90,84 DM/St   ST 606,00 DM/St
EP 356,29 €/St   LA 46,45 €/St   ST 309,84 €/St

**029.48201.M**   KG 334 DIN 276
Rahmentürschließer, Schließergröße 3
EP 203,85 DM/St   LA 45,42 DM/St   ST 158,43 DM/St
EP 104,23 €/St   LA 23,22 €/St   ST 81,01 €/St

**029.48202.M**   KG 334 DIN 276
Rahmentürschließer, Schließergröße 4
EP 223,31 DM/St   LA 48,66 DM/St   ST 174,65 DM/St
EP 114,18 €/St   LA 24,88 €/St   ST 89,30 €/St

AW 029

Preise 06.01

## LB 029 Beschlagarbeiten
### Schließzylinder; Drehkippbeschläge Holz-/Kunststoffenster

Sämtliche Preise sind **Mittelpreise ohne Mehrwertsteuer** zum Zeitpunkt des Ausgabedatums.
**Korrekturfaktoren** für Regionaleinfluss, Mengeneinfluss, Konjunktureinfluss siehe Vorspann.
**Abkürzungen:** EP = Einheitspreis, LA = Lohnanteil, ST = Stoffanteil

### Schließzylinder

029.-----.-

| | | |
|---|---|---|
| 029.51001.M | Profilzylinder, Länge 61 mm | 87,30 DM/St |
| | | 44,63 €/St |
| 029.51002.M | Profilzylinder, Länge 61 mm, mit Aufbohrschutz | 127,63 DM/St |
| | | 65,26 €/St |
| 029.51003.M | Profilzylinder, Türblatt 35 mm | 97,40 DM/St |
| | | 49,80 €/St |
| 029.51004.M | Profilzylinder, Türblatt 40 mm | 104,06 DM/St |
| | | 53,21 €/St |
| 029.51101.M | Profilhalbzylinder für Garagentor | 70,38 DM/St |
| | | 35,98 €/St |
| 029.51102.M | Profilhalbzylinder, Länge 40 mm | 87,34 DM/St |
| | | 44,66 €/St |
| 029.51401.M | Knaufprofilzylinder, Länge 61 mm | 118,59 DM/St |
| | | 60,64 €/St |

029.51001.M KG 344 DIN 276
Profilzylinder, Länge 61 mm
EP 87,30 DM/St   LA 35,04 DM/St   ST 52,26 DM/St
EP 44,63 €/St    LA 17,92 €/St    ST 26,71 €/St

029.51002.M KG 344 DIN 276
Profilzylinder, Länge 61 mm, mit Aufbohrschutz
EP 127,63 DM/St  LA 35,04 DM/St   ST 92,59 DM/St
EP  65,26 €/St   LA 17,92 €/St    ST 47,34 €/St

029.51003.M KG 344 DIN 276
Profilzylinder, Türblatt 35 mm
EP 97,40 DM/St   LA 29,53 DM/St   ST 67,87 DM/St
EP 49,80 €/St    LA 15,10 €/St    ST 34,70 €/St

029.51004.M KG 344 DIN 276
Profilzylinder, Türblatt 40 mm
EP 104,06 DM/St  LA 29,85 DM/St   ST 74,21 DM/St
EP  53,21 €/St   LA 15,26 €/St    ST 37,95 €/St

029.51101.M KG 334 DIN 276
Profilhalbzylinder für Garagentor
EP 70,38 DM/St   LA 25,95 DM/St   ST 44,43 DM/St
EP 35,98 €/St    LA 13,27 €/St    ST 22,71 €/St

029.51102.M KG 344 DIN 276
Profilhalbzylinder, Länge 40 mm
EP 87,34 DM/St   LA 25,95 DM/St   ST 61,39 DM/St
EP 44,66 €/St    LA 13,27 €/St    ST 31,39 €/St

029.51401.M KG 344 DIN 276
Knaufprofilzylinder, Länge 61 mm
EP 118,59 DM/St  LA 37,64 DM/St   ST 80,95 DM/St
EP  60,64 €/St   LA 19,25 €/St    ST 41,39 €/St

### Drehkippbeschläge, Holz-/Kunststofffenster

029.-----.-

| | | |
|---|---|---|
| 029.67001.M | DK-Beschlag Fenster, 2fachverriegelung | 138,56 DM/St |
| | | 70,85 €/St |
| 029.67002.M | DK-Beschlag Fenster, 2fachverriegel., Sicherh.verschl. | 202,51 DM/St |
| | | 103,54 €/St |
| 029.67003.M | DK-Beschlag Fenster, 4fachverriegelung | 228,11 DM/St |
| | | 116,63 €/St |
| 029.67004.M | DK-Beschlag Fenster, 4fachverriegel., Sicherh.verschl. | 292,02 DM/St |
| | | 149,31 €/St |

029.67001.M KG 334 DIN 276
DK-Beschlag Fenster, 2fachverriegelung
EP 138,56 DM/St  LA 64,89 DM/St   ST 73,67 DM/St
EP  70,85 €/St   LA 33,18 €/St    ST 37,67 €/St

029.67002.M KG 334 DIN 276
DK-Beschlag Fenster, 2fachverriegel., Sicherh.verschl.
EP 202,51 DM/St  LA 81,11 DM/St   ST 121,40 DM/St
EP 103,54 €/St   LA 41,47 €/St    ST  62,07 €/St

029.67003.M KG 334 DIN 276
DK-Beschlag Fenster, 4fachverriegelung
EP 228,11 DM/St  LA 71,37 DM/St   ST 156,74 DM/St
EP 116,63 €/St   LA 36,49 €/St    ST  80,14 €/St

029.67004.M KG 334 DIN 276
DK-Beschlag Fenster, 4fachverriegel., Sicherh.verschl.
EP 292,02 DM/St  LA 87,60 DM/St   ST 204,42 DM/St
EP 149,31 €/St   LA 44,79 €/St    ST 104,52 €/St

# LB 029 Beschlagarbeiten
## Beschläge Holz-/Kunststoff-Fenstertüren; Belüftungen für Fenster; Fensterdichtungen

Preise 06.01

Sämtliche Preise sind **Mittelpreise ohne Mehrwertsteuer** zum Zeitpunkt des Ausgabedatums.
**Korrekturfaktoren** für Regionaleinfluss, Mengeneinfluss, Konjunktureinfluss siehe Vorspann..
**Abkürzungen:** EP = Einheitspreis, LA = Lohnanteil, ST = Stoffanteil

### Beschläge, Holz-/Kunststoff-Fenstertüren

029.-----.-

|  |  |  |
|---|---|---|
| 029.69001.M | DK-Beschlag Fenstertür, 2fachverriegelung | 188,46 DM/St / 96,36 €/St |
| 029.69002.M | DK-Beschlag Fenstertür, 2fachverrieg., Sicherh.verschl. | 252,42 DM/St / 129,06 €/St |
| 029.69003.M | DK-Beschlag Fenstertür, 4fachverriegelung | 302,47 DM/St / 154,65 €/St |
| 029.69004.M | DK-Beschlag Fenstertür, 4fachverrieg., Sicherh.verschl. | 366,42 DM/St / 187,35 €/St |

**029.69001.M** KG 334 DIN 276
DK-Beschlag Fenstertür, 2fachverriegelung
EP 188,46 DM/St  LA 84,36 DM/St  ST 104,10 DM/St
EP  96,36 €/St   LA 43,13 €/St   ST  53,23 €/St

**029.69002.M** KG 334 DIN 276
DK-Beschlag Fenstertür, 2fachverrieg., Sicherh.verschl.
EP 252,42 DM/St  LA 100,58 DM/St  ST 151,84 DM/St
EP 129,06 €/St   LA  51,43 €/St   ST  77,63 €/St

**029.69003.M** KG 334 DIN 276
DK-Beschlag Fenstertür, 4fachverriegelung
EP 302,47 DM/St  LA 90,84 DM/St  ST 211,63 DM/St
EP 154,65 €/St   LA 46,45 €/St   ST 108,20 €/St

**029.69004.M** KG 334 DIN 276
DK-Beschlag Fenstertür, 4fachverrieg., Sicherh.verschl.
EP 366,42 DM/St  LA 107,07 DM/St  ST 259,35 DM/St
EP 187,35 €/St   LA  54,74 €/St   ST 132,61 €/St

### Belüftungen für Fenster

029.-----.-

|  |  |  |
|---|---|---|
| 029.84001.M | Schiebelüftung im Blendrahmen, Höhe bis 70 mm | 166,82 DM/St / 85,30 €/St |
| 029.84002.M | Schiebelüftung im Blendrahmen, Höhe bis 100 mm | 218,35 DM/St / 111,64 €/St |
| 029.84003.M | Schiebelüftung unter Fensterbank, Höhe 100 mm | 373,34 DM/St / 190,88 €/St |
| 029.84004.M | Schiebelüftung unter Fensterbank, Höhe 155 mm | 449,09 DM/St / 229,62 €/St |
| 029.84005.M | Schiebelüftung unter Fensterbank, Höhe 190 mm | 525,83 DM/St / 268,86 €/St |

**029.84001.M** KG 334 DIN 276
Schiebelüftung im Blendrahmen, Höhe bis 70 mm
EP 166,82 DM/St  LA 38,94 DM/St  ST 127,88 DM/St
EP  85,30 €/St   LA 19,91 €/St   ST  65,39 €/St

**029.84002.M** KG 334 DIN 276
Schiebelüftung im Blendrahmen, Höhe bis 100 mm
EP 218,35 DM/St  LA 38,94 DM/St  ST 179,41 DM/St
EP 111,64 €/St   LA 19,91 €/St   ST  91,73 €/St

**029.84003.M** KG 334 DIN 276
Schiebelüftung unter Fensterbank, Höhe 100 mm
EP 373,34 DM/St  LA 25,95 DM/St  ST 347,39 DM/St
EP 190,88 €/St   LA 13,27 €/St   ST 177,61 €/St

**029.84004.M** KG 334 DIN 276
Schiebelüftung unter Fensterbank, Höhe 155 mm
EP 449,09 DM/St  LA 29,20 DM/St  ST 419,89 DM/St
EP 229,62 €/St   LA 14,93 €/St   ST 214,69 €/St

**029.84005.M** KG 334 DIN 276
Schiebelüftung unter Fensterbank, Höhe 190 mm
EP 525,83 DM/St  LA 32,45 DM/St  ST 493,38 DM/St
EP 268,86 €/St   LA 16,59 €/St   ST 252,27 €/St

### Fensterdichtungen

029.-----.-

|  |  |  |
|---|---|---|
| 029.85001.M | Umlaufende Falzabdichtung aus PP | 21,92 DM/St / 11,21 €/St |
| 029.85002.M | Umlaufende Falzabdichtung aus PVC | 21,92 DM/St / 11,21 €/St |
| 029.85003.M | Umlaufende Falzabdichtung aus EPDM | 22,53 DM/St / 11,52 €/St |
| 029.85101.M | Wetterschutzschiene ohne Rahmenabdeckung, Alum. | 14,22 DM/St / 7,27 €/St |
| 029.85301.M | Wetterschutzschiene mit Rahmenabdeckung, Aluminium | 24,65 DM/St / 12,29 €/St |

**029.85001.M** KG 334 DIN 276
Umlaufende Falzabdichtung aus PP
EP 21,92 DM/St  LA 15,57 DM/St  ST 6,35 DM/St
EP 11,21 €/St   LA  7,96 €/St   ST 3,25 €/St

**029.85002.M** KG 334 DIN 276
Umlaufende Falzabdichtung aus PVC
EP 21,92 DM/St  LA 15,57 DM/St  ST 6,35 DM/St
EP 11,21 €/St   LA  7,96 €/St   ST 3,25 €/St

**029.85003.M** KG 334 DIN 276
Umlaufende Falzabdichtung aus EPDM
EP 22,53 DM/St  LA 15,57 DM/St  ST 6,96 DM/St
EP 11,52 €/St   LA  7,96 €/St   ST 3,56 €/St

**029.85101.M** KG 334 DIN 276
Wetterschutzschiene ohne Rahmenabdeckung, Aluminium
EP 14,22 DM/St  LA 6,49 DM/St  ST 7,73 DM/St
EP  7,27 €/St   LA 3,32 €/St   ST 3,95 €/St

**029.85301.M** KG 334 DIN 276
Wetterschutzschiene mit Rahmenabdeckung, Aluminium
EP 24,05 DM/St  LA 9,73 DM/St  ST 14,32 DM/St
EP 12,29 €/St   LA 4,97 €/St   ST  7,32 €/St

# LB 029 Beschlagarbeiten
## Fensterbänke, Fensterladenbeschläge

Sämtliche Preise sind **Mittelpreise ohne Mehrwertsteuer** zum Zeitpunkt des Ausgabedatums.
**Korrekturfaktoren** für Regionaleinfluss, Mengeneinfluss, Konjunktureinfluss siehe Vorspann.
**Abkürzungen:** EP = Einheitspreis, LA = Lohnanteil, ST = Stoffanteil

### Fensterbänke

029.-----.-

|  |  |  |
|---|---|---|
| 029.86001.M | Außenfensterbank, Alu eloxiert, Breite 70 mm | 73,48 DM/St / 37,57 €/St |
| 029.86002.M | Außenfensterbank, Alu eloxiert, Breite 100 mm | 75,02 DM/St / 38,36 €/St |
| 029.86003.M | Außenfensterbank, Alu eloxiert, Breite 140 mm | 81,46 DM/St / 41,65 €/St |
| 029.86004.M | Außenfensterbank, Alu eloxiert, Breite 180 mm | 86,61 DM/St / 44,28 €/St |
| 029.86005.M | Außenfensterbank, Alu eloxiert, Breite 240 mm | 98,78 DM/St / 50,51 €/St |
| 029.86006.M | Außenfensterbank, Alu eloxiert, Breite 300 mm | 109,32 DM/St / 55,89 €/St |
| 029.86007.M | Außenfensterbank, Alu einbrennlackiert, Breite 70 mm | 75,11 DM/St / 38,40 €/St |
| 029.86008.M | Außenfensterbank, Alu einbrennlackiert, Breite 100 mm | 76,84 DM/St / 39,29 €/St |
| 029.86009.M | Außenfensterbank, Alu einbrennlackiert, Breite 140 mm | 83,63 DM/St / 42,76 €/St |
| 029.86010.M | Außenfensterbank, Alu einbrennlackiert, Breite 180 mm | 88,95 DM/St / 45,48 €/St |
| 029.86011.M | Außenfensterbank, Alu einbrennlackiert, Breite 240 mm | 101,58 DM/St / 51,94 €/St |
| 029.86012.M | Außenfensterbank, Alu einbrennlackiert, Breite 300 mm | 112,49 DM/St / 57,51 €/St |

**029.86001.M** KG 334 DIN 276
Außenfensterbank, Alu eloxiert, Breite 70 mm
EP 73,48 DM/St   LA 33,74 DM/St   ST 39,74 DM/St
EP 37,57 €/St    LA 17,25 €/St    ST 20,32 €/St

**029.86002.M** KG 334 DIN 276
Außenfensterbank, Alu eloxiert, Breite 100 mm
EP 75,02 DM/St   LA 30,50 DM/St   ST 44,52 DM/St
EP 38,36 €/St    LA 15,60 €/St    ST 22,76 €/St

**029.86003.M** KG 334 DIN 276
Außenfensterbank, Alu eloxiert, Breite 140 mm
EP 81,46 DM/St   LA 28,55 DM/St   ST 52,91 DM/St
EP 41,65 €/St    LA 14,60 €/St    ST 27,05 €/St

**029.86004.M** KG 334 DIN 276
Außenfensterbank, Alu eloxiert, Breite 180 mm
EP 86,61 DM/St   LA 27,90 DM/St   ST 58,71 DM/St
EP 44,28 €/St    LA 14,27 €/St    ST 30,01 €/St

**029.86005.M** KG 334 DIN 276
Außenfensterbank, Alu eloxiert, Breite 240 mm
EP 98,78 DM/St   LA 27,90 DM/St   ST 70,88 DM/St
EP 50,51 €/St    LA 14,27 €/St    ST 36,24 €/St

**029.86006.M** KG 334 DIN 276
Außenfensterbank, Alu eloxiert, Breite 300 mm
EP 109,32 DM/St  LA 29,85 DM/St   ST 79,47 DM/St
EP  55,89 €/St   LA 15,26 €/St    ST 40,63 €/St

**029.86007.M** KG 334 DIN 276
Außenfensterbank, Alu einbrennlackiert, Breite 70 mm
EP 75,11 DM/St   LA 33,74 DM/St   ST 41,37 DM/St
EP 38,40 €/St    LA 17,25 €/St    ST 21,15 €/St

**029.86008.M** KG 334 DIN 276
Außenfensterbank, Alu einbrennlackiert, Breite 100 mm
EP 76,84 DM/St   LA 30,50 DM/St   ST 46,34 DM/St
EP 39,29 €/St    LA 15,60 €/St    ST 23,69 €/St

**029.86009.M** KG 334 DIN 276
Außenfensterbank, Alu einbrennlackiert, Breite 140 mm
EP 83,63 DM/St   LA 28,55 DM/St   ST 55,08 DM/St
EP 42,76 €/St    LA 14,60 €/St    ST 28,16 €/St

**029.86010.M** KG 334 DIN 276
Außenfensterbank, Alu einbrennlackiert, Breite 180 mm
EP 88,95 DM/St   LA 27,90 DM/St   ST 61,05 DM/St
EP 45,48 €/St    LA 14,27 €/St    ST 31,21 €/St

**029.86011.M** KG 334 DIN 276
Außenfensterbank, Alu einbrennlackiert, Breite 240 mm
EP 101,58 DM/St  LA 27,90 DM/St   ST 73,68 DM/St
EP  51,94 €/St   LA 14,27 €/St    ST 37,67 €/St

**029.86012.M** KG 334 DIN 276
Außenfensterbank, Alu einbrennlackiert, Breite 300 mm
EP 112,49 DM/St  LA 29,85 DM/St   ST 82,64 DM/St
EP  57,51 €/St   LA 15,26 €/St    ST 42,25 €/St

### Fensterladenbeschläge

029.-----.-

|  |  |  |
|---|---|---|
| 029.86501.M | Fensterladenwinkelband, 600/400 mm | 41,90 DM/St / 21,42 €/St |
| 029.86801.M | Fensterladenband (Langband), 400 mm | 16,03 DM/St / 8,20 €/St |
| 029.86802.M | Fensterladenband (Langband), 600 mm | 24,05 DM/St / 12,29 €/St |
| 029.86803.M | Fensterladenband (Langband), 1000 mm | 37,11 DM/St / 18,97 €/St |

**029.86501.M** KG 334 DIN 276
Fensterladenwinkelband, 600/400 mm
EP 41,90 DM/St   LA 11,36 DM/St   ST 30,54 DM/St
EP 21,42 €/St    LA  5,81 €/St    ST 15,61 €/St

**029.86801.M** KG 334 DIN 276
Fensterladenband (Langband), 400 mm
EP 16,03 DM/St   LA 6,49 DM/St    ST 9,54 DM/St
EP  8,20 €/St    LA 3,32 €/St     ST 4,88 €/St

**029.86802.M** KG 334 DIN 276
Fensterladenband (Langband), 600 mm
EP 24,05 DM/St   LA 9,73 DM/St    ST 14,32 DM/St
EP 12,29 €/St    LA 4,97 €/St     ST  7,32 €/St

**029.86803.M** KG 334 DIN 276
Fensterladenband (Langband), 1000 mm
EP 37,11 DM/St   LA 11,36 DM/St   ST 25,75 DM/St
EP 18,97 €/St    LA  5,81 €/St    ST 13,16 €/St

# LB 030 Rollladenarbeiten, Rollabschlüsse, Sonnenschutz- und Verdunkelungsanlagen
## Rollläden

STLB 030

Ausgabe 06.01

- 020 Rollladen DIN 18073, vertikal,
- 021 Rollladen DIN 18073, horizontal,
- 022 Rolladen DIN 18073, geneigt, Neigung in Grad ....... ,
- 023 Rollladen mit wendbaren Stäben, vertikal,
- 024 Rollladen mit wendbaren Stäben, horizontal,
- 025 Rollladen mit wendbaren Stäben, geneigt, Neigung in Grad ....... ,
- 025 Rollladen ....... ,
  Einzelangaben nach DIN 18358 zu Pos. 020 bis 026
  - Fabrikat/Typ, Erzeugnis
    - – Fabrikat/Typ ....... oder gleichwertiger Art,
    - – Fabrikat/Typ ....... (vom Bieter einzutragen),
    - – als Fertigteil, Fabrikat/Typ ....... oder gleichwertiger Art,
    - – als Fertigteil, Fabrikat/Typ ....... (vom Bieter einzutragen),
  - Gliederung
    - – als Einzelanlage,
    - – als Gruppe mit 2 Rollläden,
    - – als Gruppe mit 3 Rollläden,
    - – als Gruppe mit 4 Rollläden,
    - – als Gruppe ....... ,
  - Anordnung des Rollraumes
    - – Rollraum oberhalb der Öffnung in der Wand,
    - – Rollraum innerhalb der Öffnung,
    - – Rollraum oberhalb der Öffnung vor der Wand,
    - – Rollraum ....... ,
  - Welleneinbauhöhe
    - – Welleneinbauhöhe ab Standfläche bis 3 m – über 3 bis 4 m – über 4 bis 5 m – über 5 bis 6 m – ....... .
  - Rollkasten
    - – Rollkasten bauseits eingebaut,
    - – Rollkasten mit Lager bauseits eingebaut,
    - – Rollkasten mit Lager und Welle bauseits eingebaut,
    - – Rollkasten, Ausführung ....... ,
    - – Rollkasten für nachträglichen Einbau, Ausführung ....... ,
      - – – liefern und einsetzen,
      - – – liefern, einsetzen erfolgt durch AG,
  - Einbauöffnung
    - – Richtmaß der Einbauöffnung B x H 635 mm – 885 mm – 1010 mm – 1135 mm – 1260 mm – 1635 mm – 1760 mm – 2135 mm,
      - – – x 875 mm bis UK Rollraum,
      - – – x 1000 mm bis UK Rollraum,
      - – – x 1125 mm bis UK Rollraum,
      - – – x 1250 mm bis UK Rollraum,
      - – – x 1375 mm bis UK Rollraum,
      - – – x 1500 mm bis UK Rollraum,
      - – – x 2000 mm bis UK Rollraum,
      - – – x 2125 mm bis UK Rollraum,
      - – – x 2250 mm bis UK Rollraum,
    - – Richtmaß der Einbauöffnung B x H in mm ....... bis UK Rollraum,
    - – Einbauöffnung B/H in mm .......
  - Anforderungen
    - – Wärmeschutz gemäß DIN 18073,
    - – Wärmeschutz ....... ,
    - – Einbruchschutz gemäß DIN 18073,
    - – Einbruchschutz ....... ,
    - – Schallschutz gemäß VDI 2719,
    - – Schallschutz ....... ,
    - – Wärmeschutz ....... ,
      Schallschutz ....... ,
    - – Wärmeschutz ....... ,
      Schallschutz ....... ,
      Einbruchschutz ....... ,
    **Hinweis:** DIN 18073 siehe Teil 4, Kapitel 4.030.3, Abs. 5.2 (Wärmeschutz) und Abs. 5.3 (Einbruchschutz).
  - Ausführung gemäß Zeichnung Nr. ....... , Einzelbeschreibung Nr. .......
    **Hinweis:** Die Leistungsbeschreibung kann mit der Vorschreibung eines bestimmten Fabrikats/Typs (als Einzelbeschreibung) beendet werden. Wenn die Wahl des Fabrikats/Typs dem Bieter überlassen bleibt, sind ergänzende Angaben notwendig, z.B. zum Rollladenpanzer, zur Welle, zu den Führungsschienen, zum Antrieb. Die Leistungsbeschreibung ist dann wie folgt fortzusetzen:
  - Ausführung wie folgt:
  - Rollladenpanzer
    - – Rollladenpanzer, Stäbe aus Kiefernholz,
    - – Rollladenpanzer, Stäbe aus Holz, Holzart ....... ,
      - – – Stabverbindung mit Ketten aus verzinktem Stahldraht,
      - – – Stabverbindung mit Ketten aus nichtrostendem Stahldraht,
      - – – Stabverbindung ....... (Sofern nicht vorgeschrieben, vom Bieter einzutragen),
        - – – – Oberfläche grundiert,
        - – – – – geeignet für bauseitige offenporige Beschichtung,
        - – – – – geeignet für bauseitige farblose Lackbeschichtung,
        - – – – – geeignet für bauseitige deckende Lackbeschichtung,
        - – – – – fertig behandelt, Ausführung ....... (Sofern nicht vorgeschrieben, vom Bieter einzutragen),
        - – – – – ....... ,
          - – – – – – Stabnenndicke mind. 11 mm – 14 mm – ....... ,
            - – – – – – – Stabbreite 35 mm – 47 mm – ....... ,
              - – – – – – – – Schlussstab aus Hartholz,
              - – – – – – – – Schlussstab aus Hartholz mit elastischem Profil,
              - – – – – – – – Schlussstab aus Hartholz mit Metallprofil,
              - – – – – – – – Schlussstab aus Hartholz mit ....... ,
              - – – – – – – – Schlussstab ....... ,
                - – – – – – – – – Schlussstab vorgerichtet zum Einbau einer Schließkantensicherung,
                  - – – – – – – – – mit Anschlägen aus Kunststoff,
                  - – – – – – – – – mit Anschlägen aus Aluminium,
                  - – – – – – – – – mit Anschlägen aus verzinktem Stahl,
                  - – – – – – – – – mit Anschlägen aus ....... ,
    - – Rollladenpanzer, Hohlkammerstäbe aus PVC hart,
    - – Rollladenpanzer, Hohlkammerstäbe ....... ,
      - – – Stäbe mit Einschiebeverbindung,
      - – – Stäbe ....... ,
        - – – – ohne Lüftungsschlitze,
        - – – – mit transluzenten Stegen,
        - – – – mit transluzenten Stegen, ohne Lüftungsschlitze,
        - – – – ....... ,
          - – – – – Farbton grau,
          - – – – – Farbton ....... ,
          - – – – – Farbton RAL ....... ,
          - – – – – lichtdurchlässig,
          - – – – – ....... ,
            - – – – – – Stabnenndicke mind. 7 mm – 8 mm – 11 mm – 14 mm – ....... ,
              - – – – – – – Stabdeckbreite
                über 25 bis 35 mm –
                über 35 bis 55 mm –
                über 55 bis 70 mm – ....... ,
                - – – – – – – – Schlussstab aus PVC hart mit Anschlägen,
                - – – – – – – – Schlussstab aus Aluminium mit Anschlägen,
                - – – – – – – – Schlussstab ....... ,
                  - – – – – – – – – Schlussstab vorgerichtet zum Einbau einer Schließkantensicherung,
    - – Rollladenpanzer, Hohlkammerstäbe aus Aluminium, stranggepresst,
    - – Rollladenpanzer, Hohlkammerstäbe aus Aluminium, stranggepresst, und FCKW-frei ausgeschäumt,
    - – Rollladenpanzer, Hohlkammerstäbe aus Aluminium, rollgeformt,

**STLB 030**

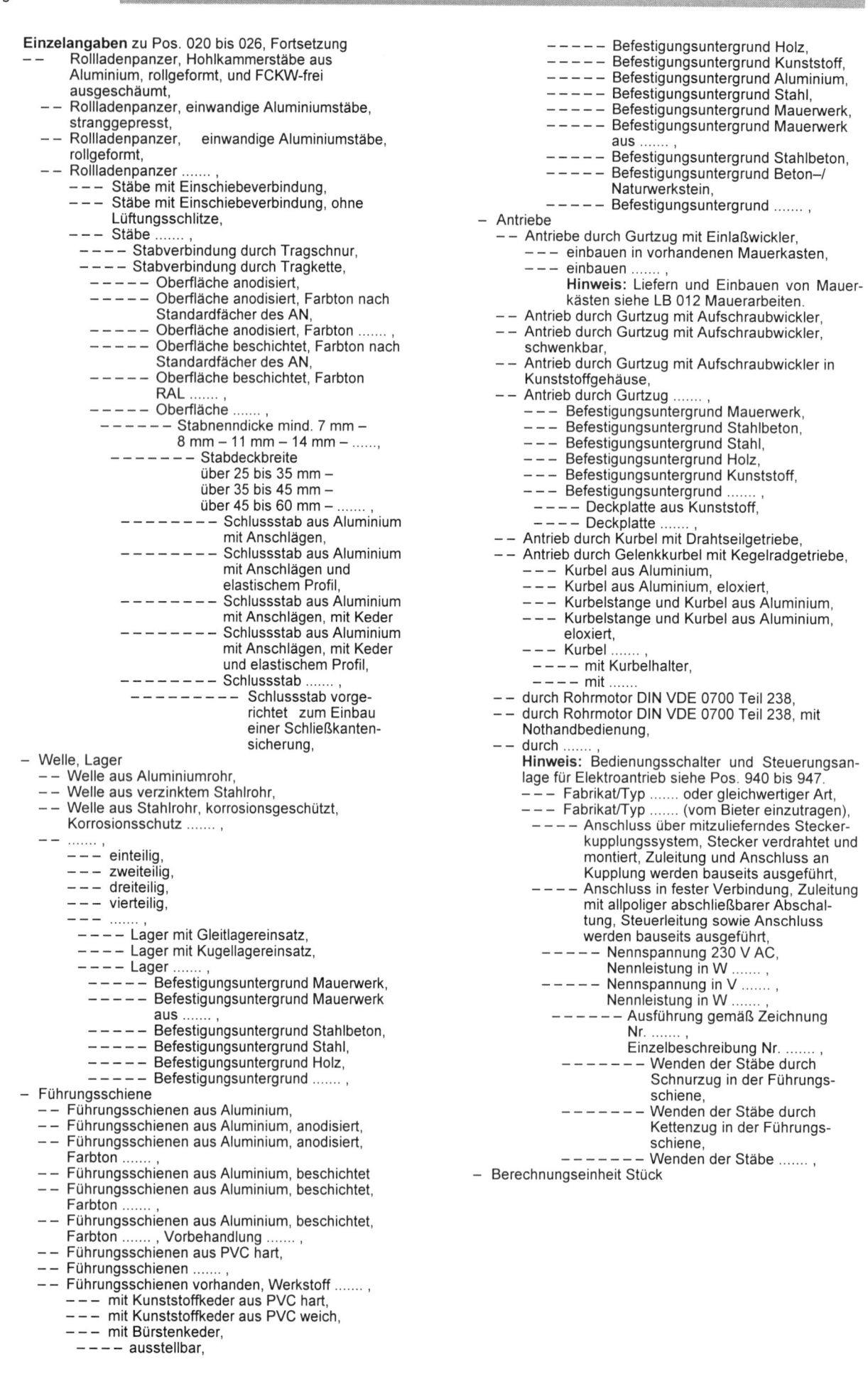

**LB 030 Rollladenarbeiten, Rollabschlüsse, Sonnenschutz- und Verdunkelungsanlagen**
**Rollläden**

Ausgabe 06.01

Einzelangaben zu Pos. 020 bis 026, Fortsetzung
– – Rollladenpanzer, Hohlkammerstäbe aus Aluminium, rollgeformt, und FCKW-frei ausgeschäumt,
– – Rollladenpanzer, einwandige Aluminiumstäbe, stranggepresst,
– – Rollladenpanzer, einwandige Aluminiumstäbe, rollgeformt,
– – Rollladenpanzer ....... ,
– – – Stäbe mit Einschiebeverbindung,
– – – Stäbe mit Einschiebeverbindung, ohne Lüftungsschlitze,
– – – Stäbe ....... ,
– – – – Stabverbindung durch Tragschnur,
– – – – Stabverbindung durch Tragkette,
– – – – – Oberfläche anodisiert,
– – – – – Oberfläche anodisiert, Farbton nach Standardfächer des AN,
– – – – – Oberfläche anodisiert, Farbton ....... ,
– – – – – Oberfläche beschichtet, Farbton nach Standardfächer des AN,
– – – – – Oberfläche beschichtet, Farbton RAL ....... ,
– – – – – Oberfläche ....... ,
– – – – – – Stabnenndicke mind. 7 mm – 8 mm – 11 mm – 14 mm – ....... ,
– – – – – – – Stabdeckbreite über 25 bis 35 mm – über 35 bis 45 mm – über 45 bis 60 mm – ....... ,
– – – – – – – – Schlussstab aus Aluminium mit Anschlägen,
– – – – – – – – Schlussstab aus Aluminium mit Anschlägen und elastischem Profil,
– – – – – – – – Schlussstab aus Aluminium mit Anschlägen, mit Keder,
– – – – – – – – Schlussstab aus Aluminium mit Anschlägen, mit Keder und elastischem Profil,
– – – – – – – – Schlussstab ....... ,
– – – – – – – – – Schlussstab vorgerichtet zum Einbau einer Schließkantensicherung,
– Welle, Lager
– – Welle aus Aluminiumrohr,
– – Welle aus verzinktem Stahlrohr,
– – Welle aus Stahlrohr, korrosionsgeschützt, Korrosionsschutz ....... ,
– – ....... ,
– – – einteilig,
– – – zweiteilig,
– – – dreiteilig,
– – – vierteilig,
– – – ....... ,
– – – – Lager mit Gleitlagereinsatz,
– – – – Lager mit Kugellagereinsatz,
– – – – Lager ....... ,
– – – – – Befestigungsuntergrund Mauerwerk,
– – – – – Befestigungsuntergrund Mauerwerk aus ....... ,
– – – – – Befestigungsuntergrund Stahlbeton,
– – – – – Befestigungsuntergrund Stahl,
– – – – – Befestigungsuntergrund Holz,
– – – – – Befestigungsuntergrund ....... ,
– Führungsschiene
– – Führungsschienen aus Aluminium,
– – Führungsschienen aus Aluminium, anodisiert,
– – Führungsschienen aus Aluminium, anodisiert, Farbton ....... ,
– – Führungsschienen aus Aluminium, beschichtet
– – Führungsschienen aus Aluminium, beschichtet, Farbton ....... ,
– – Führungsschienen aus Aluminium, beschichtet, Farbton ....... , Vorbehandlung ....... ,
– – Führungsschienen aus PVC hart,
– – Führungsschienen ....... ,
– – Führungsschienen vorhanden, Werkstoff ....... ,
– – – mit Kunststoffkeder aus PVC hart,
– – – mit Kunststoffkeder aus PVC weich,
– – – mit Bürstenkeder,
– – – – ausstellbar,
– – – – – Befestigungsuntergrund Holz,
– – – – – Befestigungsuntergrund Kunststoff,
– – – – – Befestigungsuntergrund Aluminium,
– – – – – Befestigungsuntergrund Stahl,
– – – – – Befestigungsuntergrund Mauerwerk,
– – – – – Befestigungsuntergrund Mauerwerk aus ....... ,
– – – – – Befestigungsuntergrund Stahlbeton,
– – – – – Befestigungsuntergrund Beton–/Naturwerkstein,
– – – – – Befestigungsuntergrund ....... ,
– Antriebe
– – Antriebe durch Gurtzug mit Einlaßwickler,
– – – einbauen in vorhandenen Mauerkasten,
– – – einbauen ....... ,
Hinweis: Liefern und Einbauen von Mauerkästen siehe LB 012 Mauerarbeiten.
– – Antrieb durch Gurtzug mit Aufschraubwickler,
– – Antrieb durch Gurtzug mit Aufschraubwickler, schwenkbar,
– – Antrieb durch Gurtzug mit Aufschraubwickler in Kunststoffgehäuse,
– – Antrieb durch Gurtzug ....... ,
– – – Befestigungsuntergrund Mauerwerk,
– – – Befestigungsuntergrund Stahlbeton,
– – – Befestigungsuntergrund Stahl,
– – – Befestigungsuntergrund Holz,
– – – Befestigungsuntergrund Kunststoff,
– – – Befestigungsuntergrund ....... ,
– – – – Deckplatte aus Kunststoff,
– – – – Deckplatte ....... ,
– – Antrieb durch Kurbel mit Drahtseilgetriebe,
– – Antrieb durch Gelenkkurbel mit Kegelradgetriebe,
– – – Kurbel aus Aluminium,
– – – Kurbel aus Aluminium, eloxiert,
– – – Kurbelstange und Kurbel aus Aluminium,
– – – Kurbelstange und Kurbel aus Aluminium, eloxiert,
– – – Kurbel ....... ,
– – – – mit Kurbelhalter,
– – – – mit ....... ,
– – durch Rohrmotor DIN VDE 0700 Teil 238,
– – durch Rohrmotor DIN VDE 0700 Teil 238, mit Nothandbedienung,
– – durch ....... ,
Hinweis: Bedienungsschalter und Steuerungsanlage für Elektroantrieb siehe Pos. 940 bis 947.
– – – Fabrikat/Typ ....... oder gleichwertiger Art,
– – – Fabrikat/Typ ....... (vom Bieter einzutragen),
– – – – Anschluss über mitzulieferndes Steckerkupplungssystem, Stecker verdrahtet und montiert, Zuleitung und Anschluss an Kupplung werden bauseits ausgeführt,
– – – – Anschluss in fester Verbindung, Zuleitung mit allpoliger abschließbarer Abschaltung, Steuerleitung sowie Anschluss werden bauseits ausgeführt,
– – – – – Nennspannung 230 V AC, Nennleistung in W ....... ,
– – – – – Nennspannung in V ....... , Nennleistung in W ....... ,
– – – – – – Ausführung gemäß Zeichnung Nr. ....... , Einzelbeschreibung Nr. ....... ,
– – – – – – Wenden der Stäbe durch Schnurzug in der Führungsschiene,
– – – – – – Wenden der Stäbe durch Kettenzug in der Führungsschiene,
– – – – – – Wenden der Stäbe ....... ,
– Berechnungseinheit Stück

# LB 030 Rollladenarbeiten, Rollabschlüsse, Sonnenschutz- und Verdunkelungsanlagen
## Rolltore, Rollgitter

Ausgabe 06.01

**100** Rolltor DIN 18073,
**110** Rolltor DIN 18073, mit schwenkbarem Seitenteil,
**120** Rolltor DIN 18073, mit Schlupftür im schwenkbaren Seitenteil,
    Einzelangaben nach DIN 18358 zu Pos. 100 bis 120
- Art der Anlage
  - - als Einzelanlage,
  - - als Gruppe mit ....... ,
- Erzeugnis
  - - Fabrikat/Typ ....... (vom Bieter einzutragen),
  - - Fabrikat/Typ ....... oder gleichwertiger Art,
- Art der Anordnung
  - - an Außenwandöffnung,
  - - an Außenwandöffnung einschl. Rollkasten, Ausführung des Rollkastens ....... , (Sofern nicht vorgeschrieben, vom Bieter einzutragen),
  - - an Außenwandöffnung einschl. Blende, Ausführung der Blende ....... , (Sofern nicht vorgeschrieben, vom Bieter einzutragen),
  - - an Innenwandöffnung,
  - - an Innenwandöffnung einschl. Rollkasten, Ausführung des Rollkastens ....... , (Sofern nicht vorgeschrieben, vom Bieter einzutragen),
  - - an Innenwandöffnung einschl. Blende, Ausführung der Blende ....... , (Sofern nicht vorgeschrieben, vom Bieter einzutragen),
  - - ....... ,
- mit Bürste zur Spaltabdeckung am Sturz, Ausführung ....... , (Sofern nicht vorgeschrieben, vom Bieter einzutragen),
- Abmessungen
  - - Maße der lichten Toröffnung B/H in mm ....... ,
  - - Rohbaurichtmaß der Einbauöffnung B/H in mm ....... ,
  - - Maße der lichten Toröffnung B/H in mm ....... , Rohbaurichtmaß der Einbauöffnung B/H in mm ....... ,
  - - Maße der lichten Toröffnung B/H in mm ....... , Rohbaurichtmaß der Einbauöffnung B/H in mm ....... , Maße der Schlupftür im schwenkbaren Seitenteil B/H in mm ....... ,
- Welleneinbauhöhe, Lage Rollräume
  - - Welleneinbauhöhe in m ....... ,
  - - Rollraum oberhalb der Öffnung vor der Wand,
  - - Rollraum innerhalb der Öffnung,
  - - Rollraum ....... ,
  - - Welleneinbauhöhe in m ....... , innerhalb der Öffnung,
  - - Welleneinbauhöhe in m ....... , Rollraum oberhalb der Öffnung vor der Wand,
  - - Welleneinbauhöhe in m ....... , Rollraum ....... ,
- Feuerwiderstandsklasse T 30 DIN 4102 Teil 5 – 60 DIN 4102 Teil 5 – 90 DIN 4102 Teil 5 – 120 DIN 4102 Teil 5 – ....... 
- Schallschutz –2 VDI 3728 – 1 VDI 3728 – 0 VDI 3728 – 1 VDI 3728 – VDI 3728 – 3 VDI 3728 – 4 VDI 3728 – 5 VDI 3728
- Wärmedurchgangskoeffizient DIN 4108, k–Wert in W/m²K .......
- Windbelastung .......
- Einbruchhemmung .......
- Sonstige Anforderungen .......
- Ausführung gemäß Zeichnung Nr. ....... , Einzelbeschreibung Nr. .......

**Hinweis:** Die Leistungsbeschreibung kann mit der Vorschreibung eines bestimmten Fabrikats/Typs (als Einzelbeschreibung) beendet werden. Wenn die Wahl des Fabrikats/Typs dem Bieter überlassen bleibt, sind ergänzende Angaben notwendig, z.B. zum Rolltorpanzer, zur Welle, der Lager, der Führungsschienen, zum Antrieb. Die Leistungsbeschreibung ist dann wie folgt fortzusetzen:

- Ausführung wie folgt:
- Rolltorpanzer
  - - Rolltorpanzer, Profile aus Stahl,
  - - Rolltorpanzer, Profile aus Aluminium, kaltgewalzt,
  - - Rolltorpanzer, Profile aus Aluminium, stranggepreßt,
  - - Rolltorpanzer, Profile aus nichtrostendem Stahl, Werkstoff–Nr. ....... (Sofern nicht vorgeschrieben, vom Bieter einzutragen),
  - - Rolltorpanzer ....... ,
    - - - einwandig, Profilnenndicke in mm ....... , (Sofern nicht vorgeschrieben, vom Bieter einzutragen),
    - - - mehrwandig, Profilnenndicke in mm ....... , (Sofern nicht vorgeschrieben, vom Bieter einzutragen),
    - - - als Hohlprofil, Profilnenndicke in mm ....... , (Sofern nicht vorgeschrieben, vom Bieter einzutragen),
    - - - ....... ,
      - - - - Oberfläche sendzimierverzinkt,
      - - - - Oberfläche anodisiert,
      - - - - Oberfläche beschichtet,
      - - - - Oberfläche ....... ,
        - - - - - Farbton nach Standardfächer des AN,
        - - - - - Farbton RAL ....... ,
        - - - - - Farbton ....... ,
  - - Rolltorpanzer, Hohlkammerprofile aus PVC hart,
  - - Rolltorpanzer, ....... ,
    - - - Profilnenndicke in mm ....... , (Sofern nicht vorgeschrieben, vom Bieter einzutragen),
      - - - - Farbton nach Standardfächer des AN,
      - - - - Farbton RAL ....... ,
      - - - - Farbton ....... ,
        - - - - - Profildeckbreite über 50 bis 60 mm – über 60 bis 70 mm – über 70 bis 80 mm – über 80 bis 90 mm – über 90 bis 100 mm – über 100 bis 110 mm – über 110 bis 120 mm – in mm ....... .
        - - - - - - Werkstoffdicke in mm ....... , (Sofern nicht vorgeschrieben, vom Bieter einzutragen),
          - - - - - - mit Sichtfenster, Ausführung ....... , (Sofern nicht vorgeschrieben, vom Bieter einzutragen),
          - - - - - - mit Lüftungsöffnung, Ausführung ....... , (Sofern nicht vorgeschrieben, vom Bieter einzutragen),
          - - - - - - mit ....... ,
  - - Rolltorpanzer aus transparenter Kunststofffolie,
  - - Rolltorpanzer aus Polyestergewebe,
  - - Rolltorpanzer aus .......
    - - - Dicke 4 mm ....... ,
      - - - - Schlussprofil aus verzinktem Stahl,
      - - - - Schlussprofil aus verzinktem Stahl, beschichtet,
      - - - - Schlussprofil aus Aluminium,
      - - - - Schlussprofil aus Aluminium, beschichtet,
      - - - - Schlussprofil aus nichtrostendem Stahl,
      - - - - Schlussprofil aus Kunststoff,
      - - - - Schlussprofil ....... ,
        - - - - - mit elastischem Profil,
        - - - - - mit .......
          - - - - - - Schlussstab vorgerichtet zum Einbau einer Schließkantensicherung,
- Welle, Lager (wie Pos. 140)
- Führungsschienen (wie Pos. 140)
- Antriebe (wie Pos. 140)
- Berechnungseinheit Stück

STLB 030

## LB 030 Rollladenarbeiten, Rollabschlüsse, Sonnenschutz- und Verdunkelungsanlagen
### Rolltore, Rollgitter

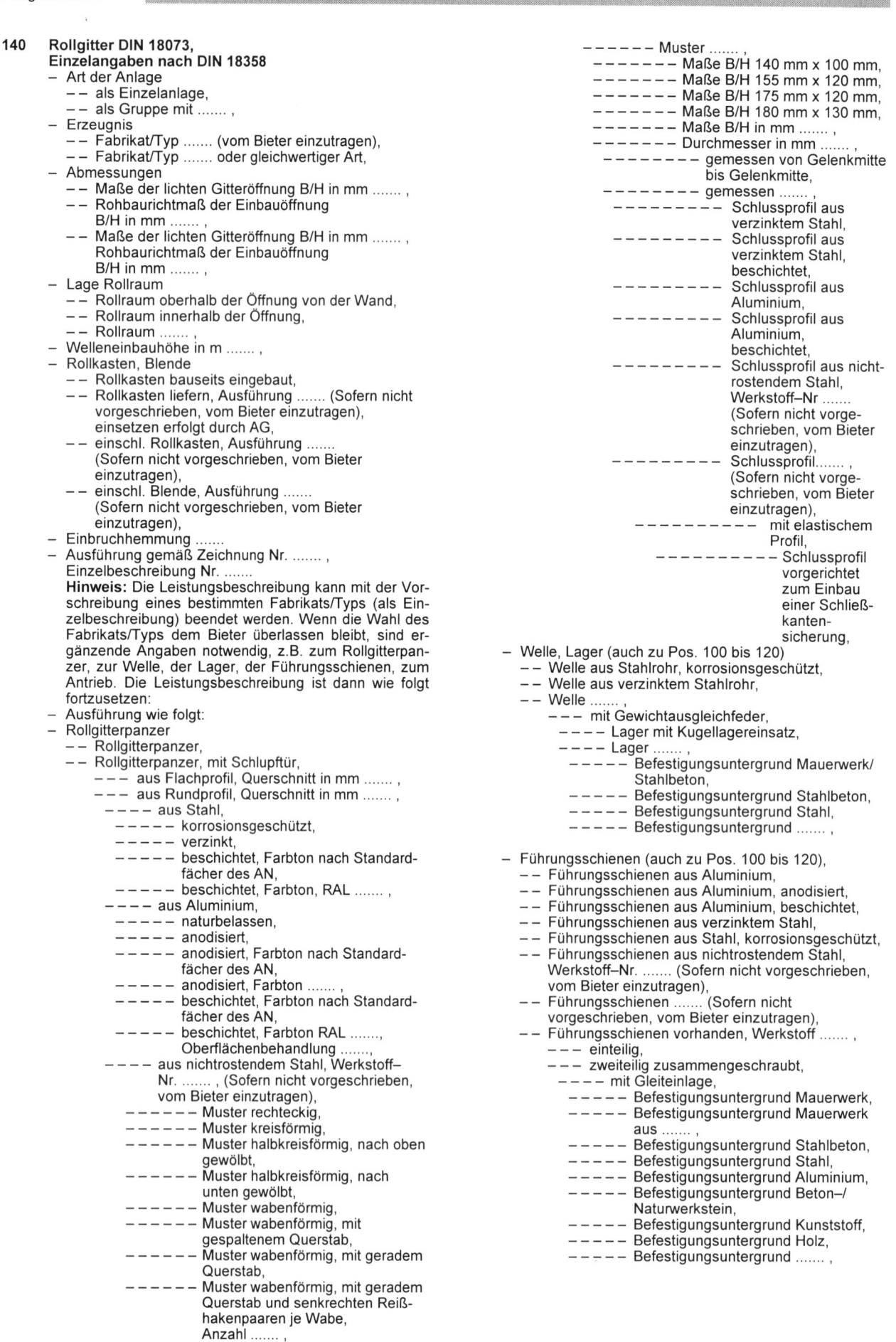

Ausgabe 06.01

**140 Rollgitter DIN 18073,**
 **Einzelangaben nach DIN 18358**
- Art der Anlage
  - – als Einzelanlage,
  - – als Gruppe mit ....... ,
- Erzeugnis
  - – Fabrikat/Typ ....... (vom Bieter einzutragen),
  - – Fabrikat/Typ ....... oder gleichwertiger Art,
- Abmessungen
  - – Maße der lichten Gitteröffnung B/H in mm ....... ,
  - – Rohbaurichtmaß der Einbauöffnung B/H in mm ....... ,
  - – Maße der lichten Gitteröffnung B/H in mm ....... , Rohbaurichtmaß der Einbauöffnung B/H in mm ....... ,
- Lage Rollraum
  - – Rollraum oberhalb der Öffnung von der Wand,
  - – Rollraum innerhalb der Öffnung,
  - – Rollraum ....... ,
- Welleneinbauhöhe in m ....... ,
- Rollkasten, Blende
  - – Rollkasten bauseits eingebaut,
  - – Rollkasten liefern, Ausführung ....... (Sofern nicht vorgeschrieben, vom Bieter einzutragen), einsetzen erfolgt durch AG,
  - – einschl. Rollkasten, Ausführung ....... (Sofern nicht vorgeschrieben, vom Bieter einzutragen),
  - – einschl. Blende, Ausführung ....... (Sofern nicht vorgeschrieben, vom Bieter einzutragen),
- Einbruchhemmung ....... 
- Ausführung gemäß Zeichnung Nr. ....... ,
  Einzelbeschreibung Nr. ....... 
  **Hinweis:** Die Leistungsbeschreibung kann mit der Vorschreibung eines bestimmten Fabrikats/Typs (als Einzelbeschreibung) beendet werden. Wenn die Wahl des Fabrikats/Typs dem Bieter überlassen bleibt, sind ergänzende Angaben notwendig, z.B. zum Rollgitterpanzer, zur Welle, der Lager, der Führungsschienen, zum Antrieb. Die Leistungsbeschreibung ist dann wie folgt fortzusetzen:
- Ausführung wie folgt:
- Rollgitterpanzer
  - – Rollgitterpanzer,
  - – Rollgitterpanzer, mit Schlupftür,
    - – – aus Flachprofil, Querschnitt in mm ....... ,
    - – – aus Rundprofil, Querschnitt in mm ....... ,
      - – – – aus Stahl,
        - – – – – korrosionsgeschützt,
        - – – – – verzinkt,
        - – – – – beschichtet, Farbton nach Standardfächer des AN,
        - – – – – beschichtet, Farbton, RAL ....... ,
      - – – – aus Aluminium,
        - – – – – naturbelassen,
        - – – – – anodisiert,
        - – – – – anodisiert, Farbton nach Standardfächer des AN,
        - – – – – anodisiert, Farbton ....... ,
        - – – – – beschichtet, Farbton nach Standardfächer des AN,
        - – – – – beschichtet, Farbton RAL ....... , Oberflächenbehandlung ....... ,
      - – – – aus nichtrostendem Stahl, Werkstoff–Nr. ....... , (Sofern nicht vorgeschrieben, vom Bieter einzutragen),
        - – – – – Muster rechteckig,
        - – – – – Muster kreisförmig,
        - – – – – Muster halbkreisförmig, nach oben gewölbt,
        - – – – – Muster halbkreisförmig, nach unten gewölbt,
        - – – – – Muster wabenförmig,
        - – – – – Muster wabenförmig, mit gespaltenem Querstab,
        - – – – – Muster wabenförmig, mit geradem Querstab,
        - – – – – Muster wabenförmig, mit geradem Querstab und senkrechten Reißhakenpaaren je Wabe, Anzahl ....... ,
        - – – – – Muster ....... ,
        - – – – – Maße B/H 140 mm x 100 mm,
        - – – – – Maße B/H 155 mm x 120 mm,
        - – – – – Maße B/H 175 mm x 120 mm,
        - – – – – Maße B/H 180 mm x 130 mm,
        - – – – – Maße B/H in mm ....... ,
        - – – – – Durchmesser in mm ....... ,
          - – – – – – gemessen von Gelenkmitte bis Gelenkmitte,
          - – – – – – gemessen ....... ,
            - – – – – – – Schlussprofil aus verzinktem Stahl,
            - – – – – – – Schlussprofil aus verzinktem Stahl, beschichtet,
            - – – – – – – Schlussprofil aus Aluminium,
            - – – – – – – Schlussprofil aus Aluminium, beschichtet,
            - – – – – – – Schlussprofil aus nichtrostendem Stahl, Werkstoff–Nr ....... (Sofern nicht vorgeschrieben, vom Bieter einzutragen),
            - – – – – – – Schlussprofil ....... , (Sofern nicht vorgeschrieben, vom Bieter einzutragen),
            - – – – – – – mit elastischem Profil,
            - – – – – – – Schlussprofil vorgerichtet zum Einbau einer Schließkantensicherung,
- Welle, Lager (auch zu Pos. 100 bis 120)
  - – Welle aus Stahlrohr, korrosionsgeschützt,
  - – Welle aus verzinktem Stahlrohr,
  - – Welle ....... ,
    - – – mit Gewichtausgleichfeder,
      - – – – Lager mit Kugellagereinsatz,
      - – – – Lager ....... ,
        - – – – – Befestigungsuntergrund Mauerwerk/Stahlbeton,
        - – – – – Befestigungsuntergrund Stahlbeton,
        - – – – – Befestigungsuntergrund Stahl,
        - – – – – Befestigungsuntergrund ....... ,
- Führungsschienen (auch zu Pos. 100 bis 120),
  - – Führungsschienen aus Aluminium,
  - – Führungsschienen aus Aluminium, anodisiert,
  - – Führungsschienen aus Aluminium, beschichtet,
  - – Führungsschienen aus verzinktem Stahl,
  - – Führungsschienen aus Stahl, korrosionsgeschützt,
  - – Führungsschienen aus nichtrostendem Stahl, Werkstoff–Nr. ....... (Sofern nicht vorgeschrieben, vom Bieter einzutragen),
  - – Führungsschienen ....... (Sofern nicht vorgeschrieben, vom Bieter einzutragen),
  - – Führungsschienen vorhanden, Werkstoff ....... ,
    - – – einteilig,
    - – – zweiteilig zusammengeschraubt,
      - – – – mit Gleiteinlage,
        - – – – – Befestigungsuntergrund Mauerwerk,
        - – – – – Befestigungsuntergrund Mauerwerk aus ....... ,
        - – – – – Befestigungsuntergrund Stahlbeton,
        - – – – – Befestigungsuntergrund Stahl,
        - – – – – Befestigungsuntergrund Aluminium,
        - – – – – Befestigungsuntergrund Beton–/Naturwerkstein,
        - – – – – Befestigungsuntergrund Kunststoff,
        - – – – – Befestigungsuntergrund Holz,
        - – – – – Befestigungsuntergrund ....... ,

# LB 030 Rollladenarbeiten, Rollabschlüsse, Sonnenschutz- und Verdunkelungsanlagen
## Rolltore, Rollgitter

Ausgabe 06.01

**Einzelangaben zu Pos. 140,** Fortsetzung
- Antriebe (auch zu Pos. 100 bis 120)
  - - Antrieb handbetätigt mit Stangengetriebe,
  - - Antrieb handbetätigt als Selbstroller,
  - - Antrieb handbetätigt mit Drahtseilgetriebe,
  - - Antrieb handbetätigt ....... ,
    - - - mit Verschluss in Handhöhe,
    - - - mit Verschluss in Handhöhe, als Chubbschloß,
    - - - mit Verschluss in Handhöhe, als Buntbartschloss,
    - - - mit Verschluss im Schlußprofil,
    - - - mit Verschluss im Schlußprofil, als Kastenschloss,
    - - - mit Verschluss im Schlussprofil, als Kastenschloss, vorgerichtet für Profilzylinder,
    - - - mit Verschluss im Schlussprofil, als Riegel,
    - - - mit Verschluss im Schlussprofil, als Buntbartschloss,
    - - - mit Verschluss....... ,
      - - - - schließbar von außen,
      - - - - schließbar von innen,
      - - - - schließbar von innen und außen,
  - - Antrieb durch Elektromotor DIN VDE 0700 Teil 238, an der Welle angeflanscht,
  - - Antrieb durch Elektromotor DIN VDE 0700 Teil 238, getrennt angeordnet,
  - - Antrieb durch Elektromotor DIN VDE 0700 Teil 238, Antriebsanordnung ..... ,
  - - Antrieb durch Rohrmotor DIN VDE 0700 Teil 238,
  - - Antrieb durch ....... ,
    **Hinweis:** Bedienungsschalter und Steuerungsanlage für Elektroantrieb siehe Pos. 940 bis 947.
    - - - Fabrikat/Typ ....... oder gleichwertiger Art,
    - - - Fabrikat/Typ ....... (vom Bieter einzutragen),
      - - - - Notbetätigung durch abnehmbare Kurbel,
      - - - - Notbetätigung durch Haspelkette,
      - - - - Notbetätigung ....... ,
        - - - - - Anschluss in fester Verbindung, Zuleitung mit allpoliger abschließbarer Abschaltung, Steuerleitung sowie Anschluss werden bauseits ausgeführt,
        - - - - - Anschluss über mitzuliefernden Stecker, Stecker verdrahtet und montiert, Zuleitung und Steckdose oder Kupplung sowie Anschluss werden bauseits ausgeführt,
          - - - - - - Nennspannung 230/400 V AC, Nennleistung in kW ....... , (Sofern nicht vorgeschrieben, vom Bieter einzutragen),
          - - - - - - Nennspannung 230 V AC, Nennleistung in kW ....... , (Sofern nicht vorgeschrieben, vom Bieter einzutragen),
          - - - - - - Nennspannung in V ....... , Nennleistung in kW ....... , (Sofern nicht vorgeschrieben, vom Bieter einzutragen),
            - - - - - - - mittlere Geschwindigkeit für Öffnungsvorgang 10 cm/s,
            - - - - - - - mittlere Geschwindigkeit für Öffnungsvorgang 15 cm/s,
            - - - - - - - mittlere Geschwindigkeit für Öffnungsvorgang 20 cm/s,
            - - - - - - - mittlere Geschwindigkeit für Öffnungsvorgang 25 cm/s,
            - - - - - - - mittlere Geschwindigkeit für Öffnungsvorgang 30 cm/s,
            - - - - - - - mittlere Geschwindigkeit für Öffnungsvorgang 35 cm/s,
            - - - - - - - mittlere Geschwindigkeit für Öffnungsvorgang in cm/s ......,
            - - - - - - - mittlere Geschwindigkeit für Schließvorgang 10 cm/s,
            - - - - - - - mittlere Geschwindigkeit für Schließvorgang 15 cm/s,
            - - - - - - - mittlere Geschwindigkeit für Schließvorgang 20 cm/s,
            - - - - - - - mittlere Geschwindigkeit für Schließvorgang 25 cm/s,
            - - - - - - - mittlere Geschwindigkeit für Schließvorgang 30 cm/s,
            - - - - - - - mittlere Geschwindigkeit für Schließvorgang 35 cm/s,
            - - - - - - - mittlere Geschwindigkeit für Schließvorgang in cm/s ......,
- Berechnungseinheit Stück

**STLB 030**

## LB 030 Rollladenarbeiten, Rollabschlüsse, Sonnenschutz- und Verdunkelungsanlagen
### Sektionaltore

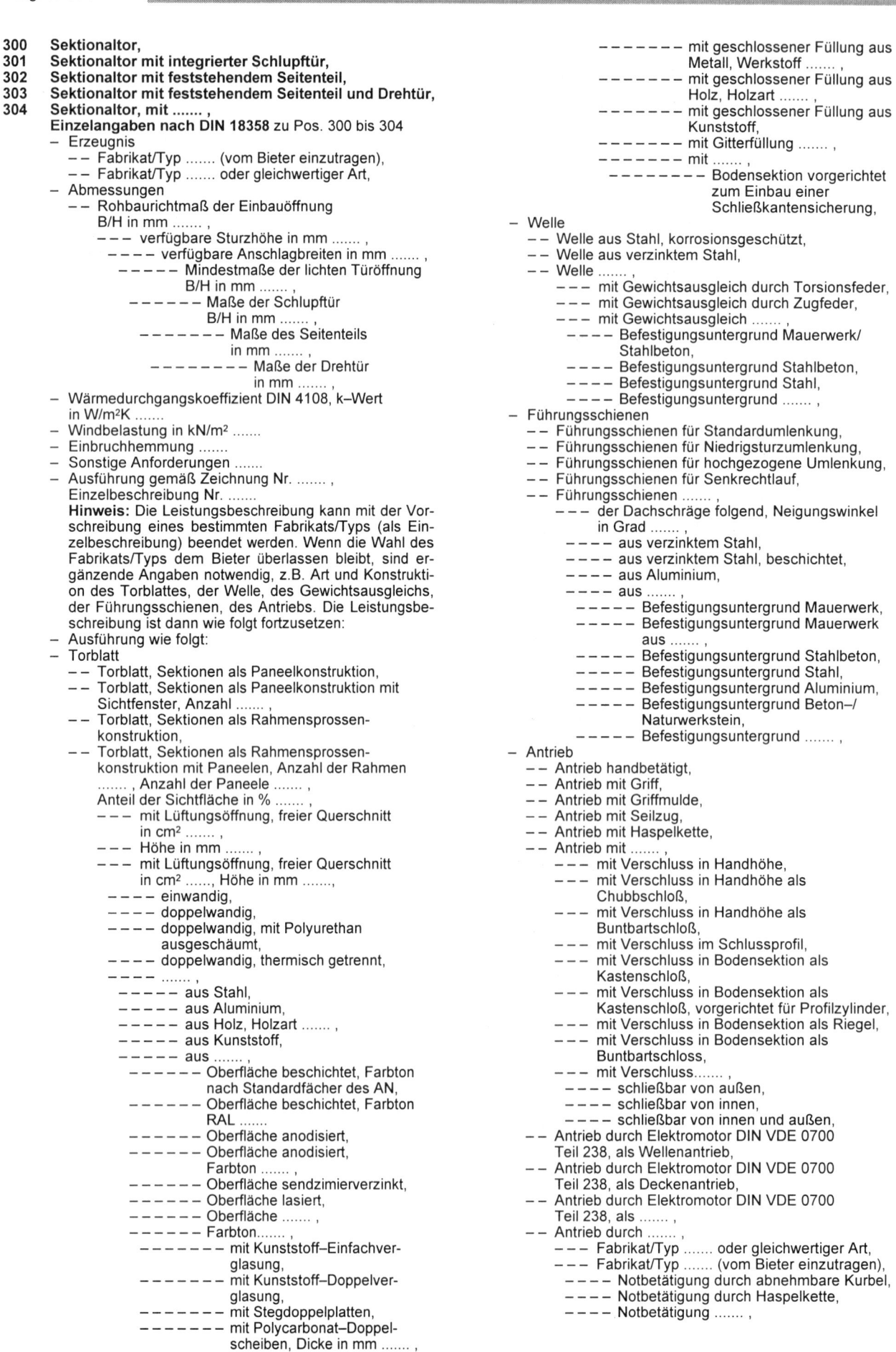

Ausgabe 06.01

300 Sektionaltor,
301 Sektionaltor mit integrierter Schlupftür,
302 Sektionaltor mit feststehendem Seitenteil,
303 Sektionaltor mit feststehendem Seitenteil und Drehtür,
304 Sektionaltor, mit ....... ,
**Einzelangaben nach DIN 18358 zu Pos. 300 bis 304**
- Erzeugnis
  - – Fabrikat/Typ ....... (vom Bieter einzutragen),
  - – Fabrikat/Typ ....... oder gleichwertiger Art,
- Abmessungen
  - – Rohbaurichtmaß der Einbauöffnung
    B/H in mm ....... ,
    - – – verfügbare Sturzhöhe in mm ....... ,
      - – – – verfügbare Anschlagbreiten in mm ....... ,
        - – – – – Mindestmaße der lichten Türöffnung
          B/H in mm ....... ,
          - – – – – – Maße der Schlupftür
            B/H in mm ....... ,
            - – – – – – – Maße des Seitenteils
              in mm ....... ,
              - – – – – – – – Maße der Drehtür
                in mm ....... ,
- Wärmedurchgangskoeffizient DIN 4108, k-Wert
  in W/m²K .......
- Windbelastung in kN/m² .......
- Einbruchhemmung .......
- Sonstige Anforderungen .......
- Ausführung gemäß Zeichnung Nr. ....... ,
  Einzelbeschreibung Nr. .......
  **Hinweis:** Die Leistungsbeschreibung kann mit der Vorschreibung eines bestimmten Fabrikats/Typs (als Einzelbeschreibung) beendet werden. Wenn die Wahl des Fabrikats/Typs dem Bieter überlassen bleibt, sind ergänzende Angaben notwendig, z.B. Art und Konstruktion des Torblattes, der Welle, des Gewichtsausgleichs, der Führungsschienen, des Antriebs. Die Leistungsbeschreibung ist dann wie folgt fortzusetzen:
- Ausführung wie folgt:
- Torblatt
  - – Torblatt, Sektionen als Paneelkonstruktion,
  - – Torblatt, Sektionen als Paneelkonstruktion mit
    Sichtfenster, Anzahl ....... ,
  - – Torblatt, Sektionen als Rahmensprossenkonstruktion,
  - – Torblatt, Sektionen als Rahmensprossenkonstruktion mit Paneelen, Anzahl der Rahmen
    ....... , Anzahl der Paneele ....... ,
    Anteil der Sichtfläche in % ....... ,
    - – – mit Lüftungsöffnung, freier Querschnitt
      in cm² ....... ,
      - – – Höhe in mm ....... ,
    - – – mit Lüftungsöffnung, freier Querschnitt
      in cm² ....... , Höhe in mm ....... ,
      - – – – einwandig,
      - – – – doppelwandig,
      - – – – doppelwandig, mit Polyurethan
        ausgeschäumt,
      - – – – doppelwandig, thermisch getrennt,
      - – – – ....... ,
        - – – – – aus Stahl,
        - – – – – aus Aluminium,
        - – – – – aus Holz, Holzart ....... ,
        - – – – – aus Kunststoff,
        - – – – – aus ....... ,
          - – – – – – Oberfläche beschichtet, Farbton
            nach Standardfächer des AN,
          - – – – – – Oberfläche beschichtet, Farbton
            RAL .......
          - – – – – – Oberfläche anodisiert,
          - – – – – – Oberfläche anodisiert,
            Farbton ....... ,
          - – – – – – Oberfläche sendzimierverzinkt,
          - – – – – – Oberfläche lasiert,
          - – – – – – Oberfläche ....... ,
          - – – – – – Farbton....... ,
            - – – – – – – mit Kunststoff-Einfachverglasung,
            - – – – – – – mit Kunststoff-Doppelverglasung,
            - – – – – – – mit Stegdoppelplatten,
            - – – – – – – mit Polycarbonat-Doppelscheiben, Dicke in mm ....... ,
            - – – – – – – mit geschlossener Füllung aus
              Metall, Werkstoff ....... ,
            - – – – – – – mit geschlossener Füllung aus
              Holz, Holzart ....... ,
            - – – – – – – mit geschlossener Füllung aus
              Kunststoff,
            - – – – – – – mit Gitterfüllung ....... ,
            - – – – – – – mit ....... ,
              - – – – – – – – Bodensektion vorgerichtet
                zum Einbau einer
                Schließkantensicherung,
- Welle
  - – Welle aus Stahl, korrosionsgeschützt,
  - – Welle aus verzinktem Stahl,
  - – Welle ....... ,
    - – – mit Gewichtsausgleich durch Torsionsfeder,
    - – – mit Gewichtsausgleich durch Zugfeder,
    - – – mit Gewichtsausgleich ....... ,
      - – – – Befestigungsuntergrund Mauerwerk/
        Stahlbeton,
      - – – – Befestigungsuntergrund Stahlbeton,
      - – – – Befestigungsuntergrund Stahl,
      - – – – Befestigungsuntergrund ....... ,
- Führungsschienen
  - – Führungsschienen für Standardumlenkung,
  - – Führungsschienen für Niedrigsturzumlenkung,
  - – Führungsschienen für hochgezogene Umlenkung,
  - – Führungsschienen für Senkrechtlauf,
  - – Führungsschienen ....... ,
    - – – der Dachschräge folgend, Neigungswinkel
      in Grad ....... ,
    - – – – aus verzinktem Stahl,
    - – – – aus verzinktem Stahl, beschichtet,
    - – – – aus Aluminium,
    - – – – aus ....... ,
      - – – – – Befestigungsuntergrund Mauerwerk,
      - – – – – Befestigungsuntergrund Mauerwerk
        aus ....... ,
      - – – – – Befestigungsuntergrund Stahlbeton,
      - – – – – Befestigungsuntergrund Stahl,
      - – – – – Befestigungsuntergrund Aluminium,
      - – – – – Befestigungsuntergrund Beton-/
        Naturwerkstein,
      - – – – – Befestigungsuntergrund ....... ,
- Antrieb
  - – Antrieb handbetätigt,
  - – Antrieb mit Griff,
  - – Antrieb mit Griffmulde,
  - – Antrieb mit Seilzug,
  - – Antrieb mit Haspelkette,
  - – Antrieb mit ....... ,
    - – – mit Verschluss in Handhöhe,
    - – – mit Verschluss in Handhöhe als
      Chubbschloß,
    - – – mit Verschluss in Handhöhe als
      Buntbartschloß,
    - – – mit Verschluss im Schlussprofil,
    - – – mit Verschluss in Bodensektion als
      Kastenschloß,
    - – – mit Verschluss in Bodensektion als
      Kastenschloß, vorgerichtet für Profilzylinder,
    - – – mit Verschluss in Bodensektion als Riegel,
    - – – mit Verschluss in Bodensektion als
      Buntbartschloss,
    - – – mit Verschluss....... ,
      - – – – schließbar von außen,
      - – – – schließbar von innen,
      - – – – schließbar von innen und außen,
  - – Antrieb durch Elektromotor DIN VDE 0700
    Teil 238, als Wellenantrieb,
  - – Antrieb durch Elektromotor DIN VDE 0700
    Teil 238, als Deckenantrieb,
  - – Antrieb durch Elektromotor DIN VDE 0700
    Teil 238, als ....... ,
  - – Antrieb durch ....... ,
    - – – Fabrikat/Typ ....... oder gleichwertiger Art,
    - – – Fabrikat/Typ ....... (vom Bieter einzutragen),
      - – – – Notbetätigung durch abnehmbare Kurbel,
      - – – – Notbetätigung durch Haspelkette,
      - – – – Notbetätigung ....... ,

# LB 030 Rollladenarbeiten, Rollabschlüsse, Sonnenschutz- und Verdunkelungsanlagen
## Sektionaltore

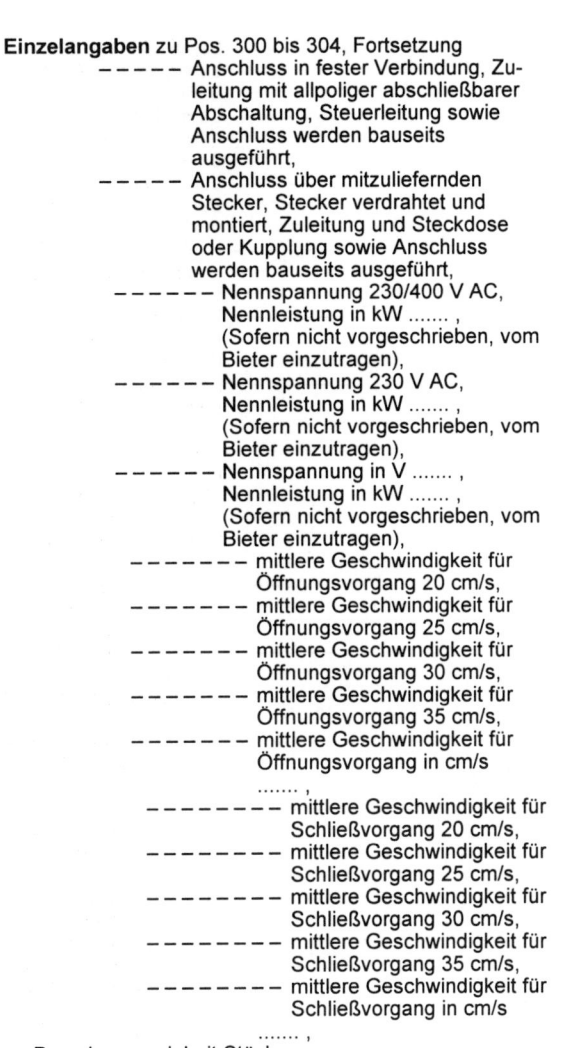

**Einzelangaben** zu Pos. 300 bis 304, Fortsetzung
- ----- Anschluss in fester Verbindung, Zuleitung mit allpoliger abschließbarer Abschaltung, Steuerleitung sowie Anschluss werden bauseits ausgeführt,
- ----- Anschluss über mitzuliefernden Stecker, Stecker verdrahtet und montiert, Zuleitung und Steckdose oder Kupplung sowie Anschluss werden bauseits ausgeführt,
- ----- Nennspannung 230/400 V AC, Nennleistung in kW ......., (Sofern nicht vorgeschrieben, vom Bieter einzutragen),
- ----- Nennspannung 230 V AC, Nennleistung in kW ......., (Sofern nicht vorgeschrieben, vom Bieter einzutragen),
- ----- Nennspannung in V ......., Nennleistung in kW ......., (Sofern nicht vorgeschrieben, vom Bieter einzutragen),
- ------ mittlere Geschwindigkeit für Öffnungsvorgang 20 cm/s,
- ------ mittlere Geschwindigkeit für Öffnungsvorgang 25 cm/s,
- ------ mittlere Geschwindigkeit für Öffnungsvorgang 30 cm/s,
- ------ mittlere Geschwindigkeit für Öffnungsvorgang 35 cm/s,
- ------ mittlere Geschwindigkeit für Öffnungsvorgang in cm/s ......., 
- ------- mittlere Geschwindigkeit für Schließvorgang 20 cm/s,
- ------- mittlere Geschwindigkeit für Schließvorgang 25 cm/s,
- ------- mittlere Geschwindigkeit für Schließvorgang 30 cm/s,
- ------- mittlere Geschwindigkeit für Schließvorgang 35 cm/s,
- ------- mittlere Geschwindigkeit für Schließvorgang in cm/s ......., 
- Berechnungseinheit Stück

**STLB 030**

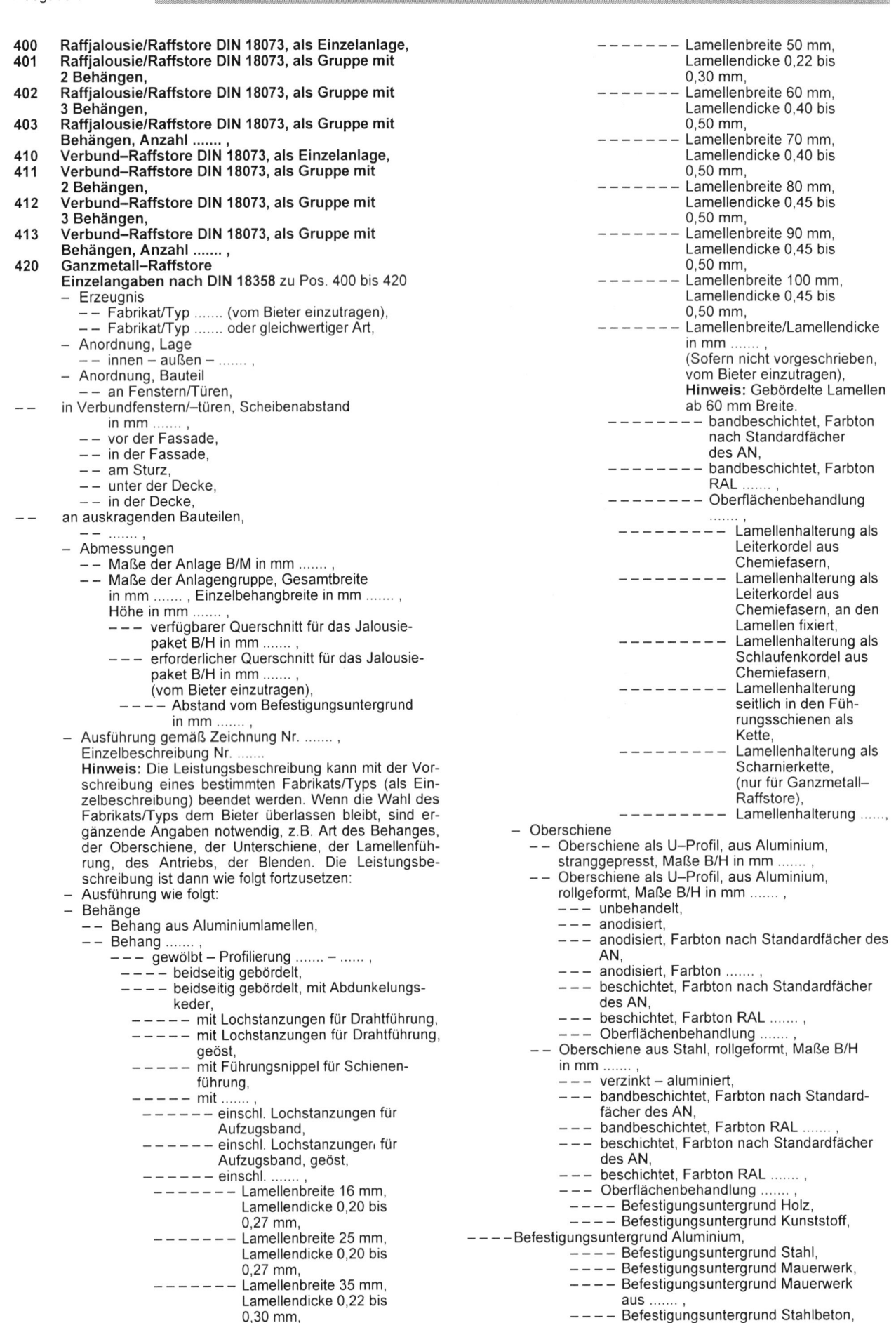

**LB 030 Rollladenarbeiten, Rollabschlüsse, Sonnenschutz- und Verdunkelungsanlagen**
**Jalousien**

Ausgabe 06.01

- 400 Raffjalousie/Raffstore DIN 18073, als Einzelanlage,
- 401 Raffjalousie/Raffstore DIN 18073, als Gruppe mit 2 Behängen,
- 402 Raffjalousie/Raffstore DIN 18073, als Gruppe mit 3 Behängen,
- 403 Raffjalousie/Raffstore DIN 18073, als Gruppe mit Behängen, Anzahl ....... ,
- 410 Verbund–Raffstore DIN 18073, als Einzelanlage,
- 411 Verbund–Raffstore DIN 18073, als Gruppe mit 2 Behängen,
- 412 Verbund–Raffstore DIN 18073, als Gruppe mit 3 Behängen,
- 413 Verbund–Raffstore DIN 18073, als Gruppe mit Behängen, Anzahl ....... ,
- 420 Ganzmetall–Raffstore
  **Einzelangaben nach DIN 18358** zu Pos. 400 bis 420
  - Erzeugnis
    - – Fabrikat/Typ ....... (vom Bieter einzutragen),
    - – Fabrikat/Typ ....... oder gleichwertiger Art,
  - Anordnung, Lage
    - – innen – außen – ....... ,
  - Anordnung, Bauteil
    - – an Fenstern/Türen,
  - – in Verbundfenstern/–türen, Scheibenabstand in mm ....... ,
    - – vor der Fassade,
    - – in der Fassade,
    - – am Sturz,
    - – unter der Decke,
    - – in der Decke,
  - – an auskragenden Bauteilen,
    - – ....... ,
  - Abmessungen
    - – Maße der Anlage B/M in mm ....... ,
    - – Maße der Anlagengruppe, Gesamtbreite in mm ....... , Einzelbehangbreite in mm ....... , Höhe in mm ....... ,
      - – – verfügbarer Querschnitt für das Jalousiepaket B/H in mm ....... ,
      - – – erforderlicher Querschnitt für das Jalousiepaket B/H in mm ....... , (vom Bieter einzutragen),
        - – – – Abstand vom Befestigungsuntergrund in mm ....... ,
  - Ausführung gemäß Zeichnung Nr. ....... , Einzelbeschreibung Nr. .......
    **Hinweis:** Die Leistungsbeschreibung kann mit der Vorschreibung eines bestimmten Fabrikats/Typs (als Einzelbeschreibung) beendet werden. Wenn die Wahl des Fabrikats/Typs dem Bieter überlassen bleibt, sind ergänzende Angaben notwendig, z.B. Art des Behanges, der Oberschiene, der Unterschiene, der Lamellenführung, des Antriebs, der Blenden. Die Leistungsbeschreibung ist dann wie folgt fortzusetzen:
  - Ausführung wie folgt:
  - Behänge
    - – Behang aus Aluminiumlamellen,
    - – Behang ....... ,
      - – – gewölbt – Profilierung ....... – ....... ,
        - – – – beidseitig gebördelt,
        - – – – beidseitig gebördelt, mit Abdunkelungskeder,
          - – – – – mit Lochstanzungen für Drahtführung,
          - – – – – mit Lochstanzungen für Drahtführung, geöst,
          - – – – – mit Führungsnippel für Schienenführung,
          - – – – – mit ....... ,
            - – – – – – einschl. Lochstanzungen für Aufzugsband,
            - – – – – – einschl. Lochstanzungen für Aufzugsband, geöst,
            - – – – – – einschl. ....... ,
              - – – – – – – Lamellenbreite 16 mm, Lamellendicke 0,20 bis 0,27 mm,
              - – – – – – – Lamellenbreite 25 mm, Lamellendicke 0,20 bis 0,27 mm,
              - – – – – – – Lamellenbreite 35 mm, Lamellendicke 0,22 bis 0,30 mm,
              - – – – – – – Lamellenbreite 50 mm, Lamellendicke 0,22 bis 0,30 mm,
              - – – – – – – Lamellenbreite 60 mm, Lamellendicke 0,40 bis 0,50 mm,
              - – – – – – – Lamellenbreite 70 mm, Lamellendicke 0,40 bis 0,50 mm,
              - – – – – – – Lamellenbreite 80 mm, Lamellendicke 0,45 bis 0,50 mm,
              - – – – – – – Lamellenbreite 90 mm, Lamellendicke 0,45 bis 0,50 mm,
              - – – – – – – Lamellenbreite 100 mm, Lamellendicke 0,45 bis 0,50 mm,
              - – – – – – – Lamellenbreite/Lamellendicke in mm ....... , (Sofern nicht vorgeschrieben, vom Bieter einzutragen),
                **Hinweis:** Gebördelte Lamellen ab 60 mm Breite.
              - – – – – – – bandbeschichtet, Farbton nach Standardfächer des AN,
              - – – – – – – bandbeschichtet, Farbton RAL ....... ,
              - – – – – – – Oberflächenbehandlung ....... ,
                - – – – – – – – Lamellenhalterung als Leiterkordel aus Chemiefasern,
                - – – – – – – – Lamellenhalterung als Leiterkordel aus Chemiefasern, an den Lamellen fixiert,
                - – – – – – – – Lamellenhalterung als Schlaufenkordel aus Chemiefasern,
                - – – – – – – – Lamellenhalterung seitlich in den Führungsschienen als Kette,
                - – – – – – – – Lamellenhalterung als Scharnierkette, (nur für Ganzmetall–Raffstore),
                - – – – – – – – Lamellenhalterung ....... ,
  - Oberschiene
    - – Oberschiene als U–Profil, aus Aluminium, stranggepresst, Maße B/H in mm ....... ,
    - – Oberschiene als U–Profil, aus Aluminium, rollgeformt, Maße B/H in mm ....... ,
      - – – unbehandelt,
      - – – anodisiert,
      - – – anodisiert, Farbton nach Standardfächer des AN,
      - – – anodisiert, Farbton ....... ,
      - – – beschichtet, Farbton nach Standardfächer des AN,
      - – – beschichtet, Farbton RAL ....... ,
      - – – Oberflächenbehandlung ....... ,
    - – Oberschiene aus Stahl, rollgeformt, Maße B/H in mm ....... ,
      - – – verzinkt – aluminiert,
      - – – bandbeschichtet, Farbton nach Standardfächer des AN,
      - – – bandbeschichtet, Farbton RAL ....... ,
      - – – beschichtet, Farbton nach Standardfächer des AN,
      - – – beschichtet, Farbton RAL ....... ,
      - – – Oberflächenbehandlung ....... ,
        - – – – Befestigungsuntergrund Holz,
        - – – – Befestigungsuntergrund Kunststoff,
        - – – – Befestigungsuntergrund Aluminium,
        - – – – Befestigungsuntergrund Stahl,
        - – – – Befestigungsuntergrund Mauerwerk,
        - – – – Befestigungsuntergrund Mauerwerk aus ....... ,
        - – – – Befestigungsuntergrund Stahlbeton,

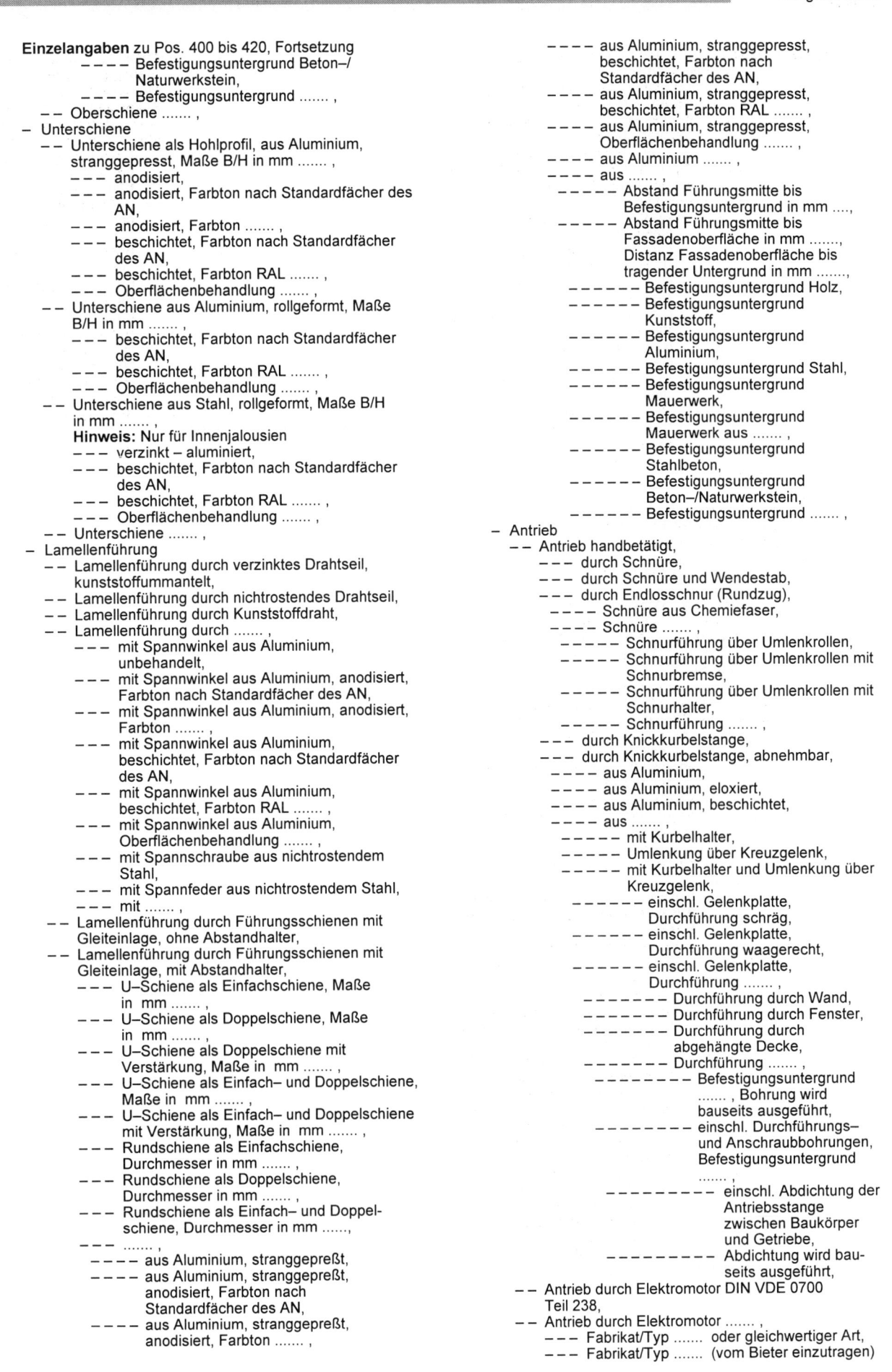

# LB 030 Rollladenarbeiten, Rollabschlüsse, Sonnenschutz- und Verdunkelungsanlagen
## Jalousien

STLB 030

Ausgabe 06.01

Einzelangaben zu Pos. 400 bis 420, Fortsetzung
– – – – Befestigungsuntergrund Beton–/ Naturwerkstein,
– – – – Befestigungsuntergrund ....... ,
– – Oberschiene ....... ,
– Unterschiene
– – Unterschiene als Hohlprofil, aus Aluminium, stranggepresst, Maße B/H in mm ....... ,
– – – anodisiert,
– – – anodisiert, Farbton nach Standardfächer des AN,
– – – anodisiert, Farbton ....... ,
– – – beschichtet, Farbton nach Standardfächer des AN,
– – – beschichtet, Farbton RAL ....... ,
– – – Oberflächenbehandlung ....... ,
– – Unterschiene aus Aluminium, rollgeformt, Maße B/H in mm ....... ,
– – – beschichtet, Farbton nach Standardfächer des AN,
– – – beschichtet, Farbton RAL ....... ,
– – – Oberflächenbehandlung ....... ,
– – Unterschiene aus Stahl, rollgeformt, Maße B/H in mm ....... ,
   **Hinweis:** Nur für Innenjalousien
– – – verzinkt – aluminiert,
– – – beschichtet, Farbton nach Standardfächer des AN,
– – – beschichtet, Farbton RAL ....... ,
– – – Oberflächenbehandlung ....... ,
– – Unterschiene ....... ,
– Lamellenführung
– – Lamellenführung durch verzinktes Drahtseil, kunststoffummantelt,
– – Lamellenführung durch nichtrostendes Drahtseil,
– – Lamellenführung durch Kunststoffdraht,
– – Lamellenführung durch ....... ,
– – – mit Spannwinkel aus Aluminium, unbehandelt,
– – – mit Spannwinkel aus Aluminium, anodisiert, Farbton nach Standardfächer des AN,
– – – mit Spannwinkel aus Aluminium, anodisiert, Farbton ....... ,
– – – mit Spannwinkel aus Aluminium, beschichtet, Farbton nach Standardfächer des AN,
– – – mit Spannwinkel aus Aluminium, beschichtet, Farbton RAL ....... ,
– – – mit Spannwinkel aus Aluminium, Oberflächenbehandlung ....... ,
– – – mit Spannschraube aus nichtrostendem Stahl,
– – – mit Spannfeder aus nichtrostendem Stahl,
– – – mit ....... ,
– – Lamellenführung durch Führungsschienen mit Gleiteinlage, ohne Abstandhalter,
– – Lamellenführung durch Führungsschienen mit Gleiteinlage, mit Abstandhalter,
– – – U–Schiene als Einfachschiene, Maße in mm ....... ,
– – – U–Schiene als Doppelschiene, Maße in mm ....... ,
– – – U–Schiene als Doppelschiene mit Verstärkung, Maße in mm ....... ,
– – – U–Schiene als Einfach– und Doppelschiene, Maße in mm ....... ,
– – – U–Schiene als Einfach– und Doppelschiene mit Verstärkung, Maße in mm ....... ,
– – – Rundschiene als Einfachschiene, Durchmesser in mm ....... ,
– – – Rundschiene als Doppelschiene, Durchmesser in mm ....... ,
– – – Rundschiene als Einfach– und Doppel-schiene, Durchmesser in mm ....... ,
– – – ....... ,
– – – – aus Aluminium, stranggepreßt,
– – – – aus Aluminium, stranggepreßt, anodisiert, Farbton nach Standardfächer des AN,
– – – – aus Aluminium, stranggepreßt, anodisiert, Farbton ....... ,
– – – – aus Aluminium, stranggepresst, beschichtet, Farbton nach Standardfächer des AN,
– – – – aus Aluminium, stranggepresst, beschichtet, Farbton RAL ....... ,
– – – – aus Aluminium, stranggepresst, Oberflächenbehandlung ....... ,
– – – – aus Aluminium ....... ,
– – – – aus ....... ,
– – – – – Abstand Führungsmitte bis Befestigungsuntergrund in mm ....,
– – – – – Abstand Führungsmitte bis Fassadenoberfläche in mm ......., Distanz Fassadenoberfläche bis tragender Untergrund in mm ....... ,
– – – – – – Befestigungsuntergrund Holz,
– – – – – – Befestigungsuntergrund Kunststoff,
– – – – – – Befestigungsuntergrund Aluminium,
– – – – – – Befestigungsuntergrund Stahl,
– – – – – – Befestigungsuntergrund Mauerwerk,
– – – – – – Befestigungsuntergrund Mauerwerk aus ....... ,
– – – – – – Befestigungsuntergrund Stahlbeton,
– – – – – – Befestigungsuntergrund Beton–/Naturwerkstein,
– – – – – – Befestigungsuntergrund ....... ,
– Antrieb
– – Antrieb handbetätigt,
– – – durch Schnüre,
– – – durch Schnüre und Wendestab,
– – – durch Endlosschnur (Rundzug),
– – – – Schnüre aus Chemiefaser,
– – – – Schnüre ....... ,
– – – – – Schnurführung über Umlenkrollen,
– – – – – Schnurführung über Umlenkrollen mit Schnurbremse,
– – – – – Schnurführung über Umlenkrollen mit Schnurhalter,
– – – – – Schnurführung ....... ,
– – – durch Knickkurbelstange,
– – – durch Knickkurbelstange, abnehmbar,
– – – – aus Aluminium,
– – – – aus Aluminium, eloxiert,
– – – – aus Aluminium, beschichtet,
– – – – aus ....... ,
– – – – – mit Kurbelhalter,
– – – – – Umlenkung über Kreuzgelenk,
– – – – – mit Kurbelhalter und Umlenkung über Kreuzgelenk,
– – – – – – einschl. Gelenkplatte, Durchführung schräg,
– – – – – – einschl. Gelenkplatte, Durchführung waagerecht,
– – – – – – einschl. Gelenkplatte, Durchführung ....... ,
– – – – – – – Durchführung durch Wand,
– – – – – – – Durchführung durch Fenster,
– – – – – – – Durchführung durch abgehängte Decke,
– – – – – – – Durchführung ....... ,
– – – – – – – – Befestigungsuntergrund ....... , Bohrung wird bauseits ausgeführt,
– – – – – – – – einschl. Durchführungs– und Anschraubbohrungen, Befestigungsuntergrund ....... ,
– – – – – – – – einschl. Abdichtung der Antriebsstange zwischen Baukörper und Getriebe,
– – – – – – – – Abdichtung wird bau-seits ausgeführt,
– – Antrieb durch Elektromotor DIN VDE 0700 Teil 238,
– – Antrieb durch Elektromotor ....... ,
– – – Fabrikat/Typ ....... oder gleichwertiger Art,
– – – Fabrikat/Typ ....... (vom Bieter einzutragen)

**STLB 030**

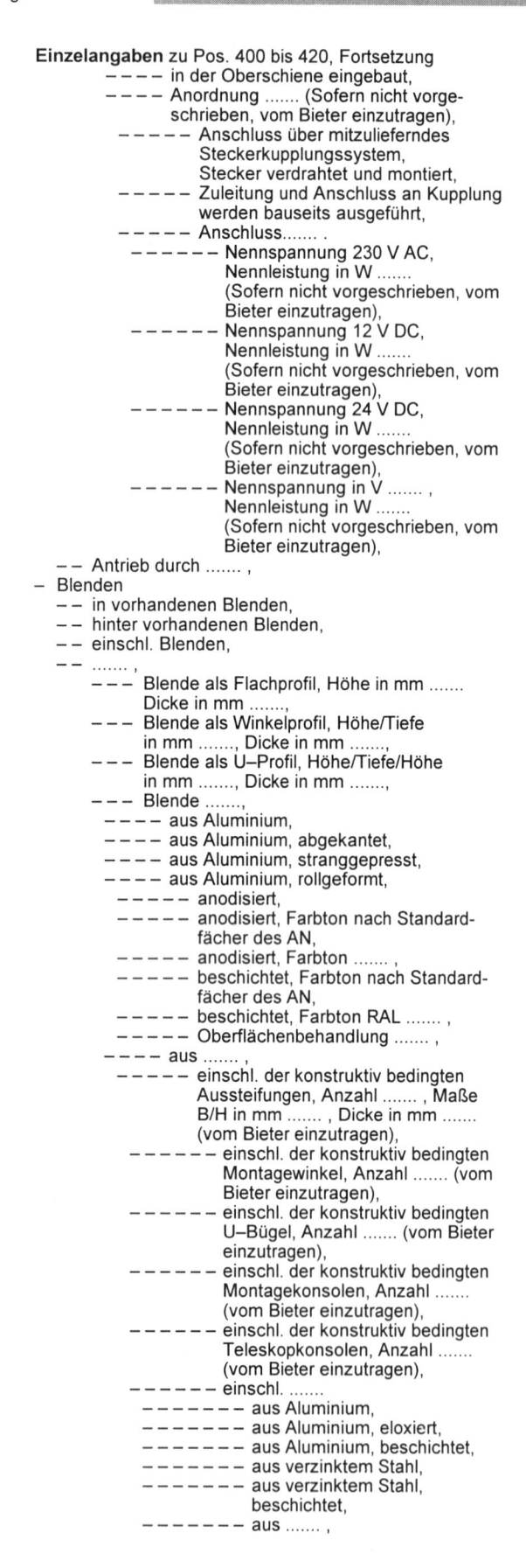

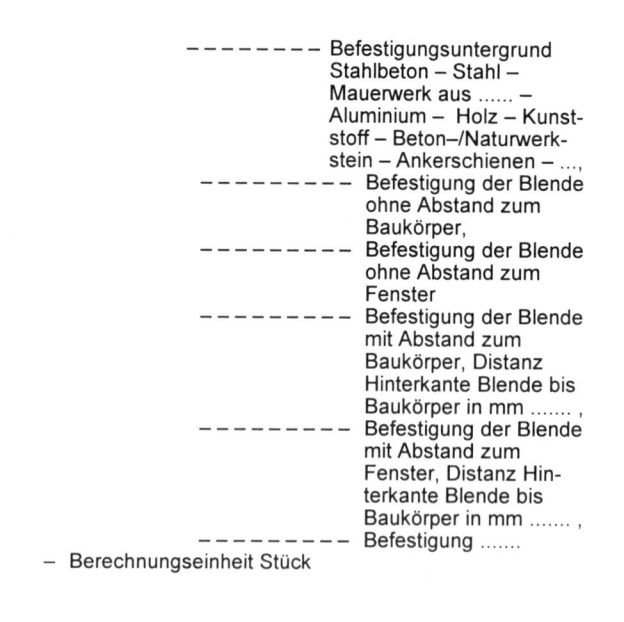

## LB 030 Rollladenarbeiten, Rollabschlüsse, Sonnenschutz- und Verdunkelungsanlagen
### Jalousien

Ausgabe 06.01

**Einzelangaben** zu Pos. 400 bis 420, Fortsetzung
- – – – in der Oberschiene eingebaut,
- – – – Anordnung ....... (Sofern nicht vorgeschrieben, vom Bieter einzutragen),
- – – – – Anschluss über mitzulieferndes Steckerkupplungssystem, Stecker verdrahtet und montiert,
- – – – – Zuleitung und Anschluss an Kupplung werden bauseits ausgeführt,
- – – – – Anschluss........ .
  - – – – – – Nennspannung 230 V AC, Nennleistung in W ....... (Sofern nicht vorgeschrieben, vom Bieter einzutragen),
  - – – – – – Nennspannung 12 V DC, Nennleistung in W ....... (Sofern nicht vorgeschrieben, vom Bieter einzutragen),
  - – – – – – Nennspannung 24 V DC, Nennleistung in W ....... (Sofern nicht vorgeschrieben, vom Bieter einzutragen),
  - – – – – – Nennspannung in V ....... , Nennleistung in W ....... (Sofern nicht vorgeschrieben, vom Bieter einzutragen),
- – – Antrieb durch ....... ,
- – Blenden
  - – – in vorhandenen Blenden,
  - – – hinter vorhandenen Blenden,
  - – – einschl. Blenden,
  - – – ....... ,
    - – – – Blende als Flachprofil, Höhe in mm ....... Dicke in mm ....... ,
    - – – – Blende als Winkelprofil, Höhe/Tiefe in mm ....... , Dicke in mm ....... ,
    - – – – Blende als U–Profil, Höhe/Tiefe/Höhe in mm ....... , Dicke in mm ....... ,
    - – – – Blende ....... ,
      - – – – – aus Aluminium,
      - – – – – aus Aluminium, abgekantet,
      - – – – – aus Aluminium, stranggepresst,
      - – – – – aus Aluminium, rollgeformt,
        - – – – – – anodisiert,
        - – – – – – anodisiert, Farbton nach Standardfächer des AN,
        - – – – – – anodisiert, Farbton ....... ,
        - – – – – – beschichtet, Farbton nach Standardfächer des AN,
        - – – – – – beschichtet, Farbton RAL ....... ,
        - – – – – – Oberflächenbehandlung ....... ,
      - – – – aus ....... ,
      - – – – – einschl. der konstruktiv bedingten Aussteifungen, Anzahl ....... , Maße B/H in mm ....... , Dicke in mm ....... (vom Bieter einzutragen),
        - – – – – – einschl. der konstruktiv bedingten Montagewinkel, Anzahl ....... (vom Bieter einzutragen),
        - – – – – – einschl. der konstruktiv bedingten U–Bügel, Anzahl ....... (vom Bieter einzutragen),
        - – – – – – einschl. der konstruktiv bedingten Montagekonsolen, Anzahl ....... (vom Bieter einzutragen),
        - – – – – – einschl. der konstruktiv bedingten Teleskopkonsolen, Anzahl ....... (vom Bieter einzutragen),
        - – – – – – einschl. .......
          - – – – – – – aus Aluminium,
          - – – – – – – aus Aluminium, eloxiert,
          - – – – – – – aus Aluminium, beschichtet,
          - – – – – – – aus verzinktem Stahl,
          - – – – – – – aus verzinktem Stahl, beschichtet,
          - – – – – – – aus ....... ,
- – – – – – – – Befestigungsuntergrund Stahlbeton – Stahl – Mauerwerk aus ...... – Aluminium – Holz – Kunststoff – Beton-/Naturwerkstein – Ankerschienen – ...,
- – – – – – – – Befestigung der Blende ohne Abstand zum Baukörper,
- – – – – – – – Befestigung der Blende ohne Abstand zum Fenster
- – – – – – – – Befestigung der Blende mit Abstand zum Baukörper, Distanz Hinterkante Blende bis Baukörper in mm ....... ,
- – – – – – – – Befestigung der Blende mit Abstand zum Fenster, Distanz Hinterkante Blende bis Baukörper in mm ....... ,
- – – – – – – – Befestigung ....... 
- Berechnungseinheit Stück

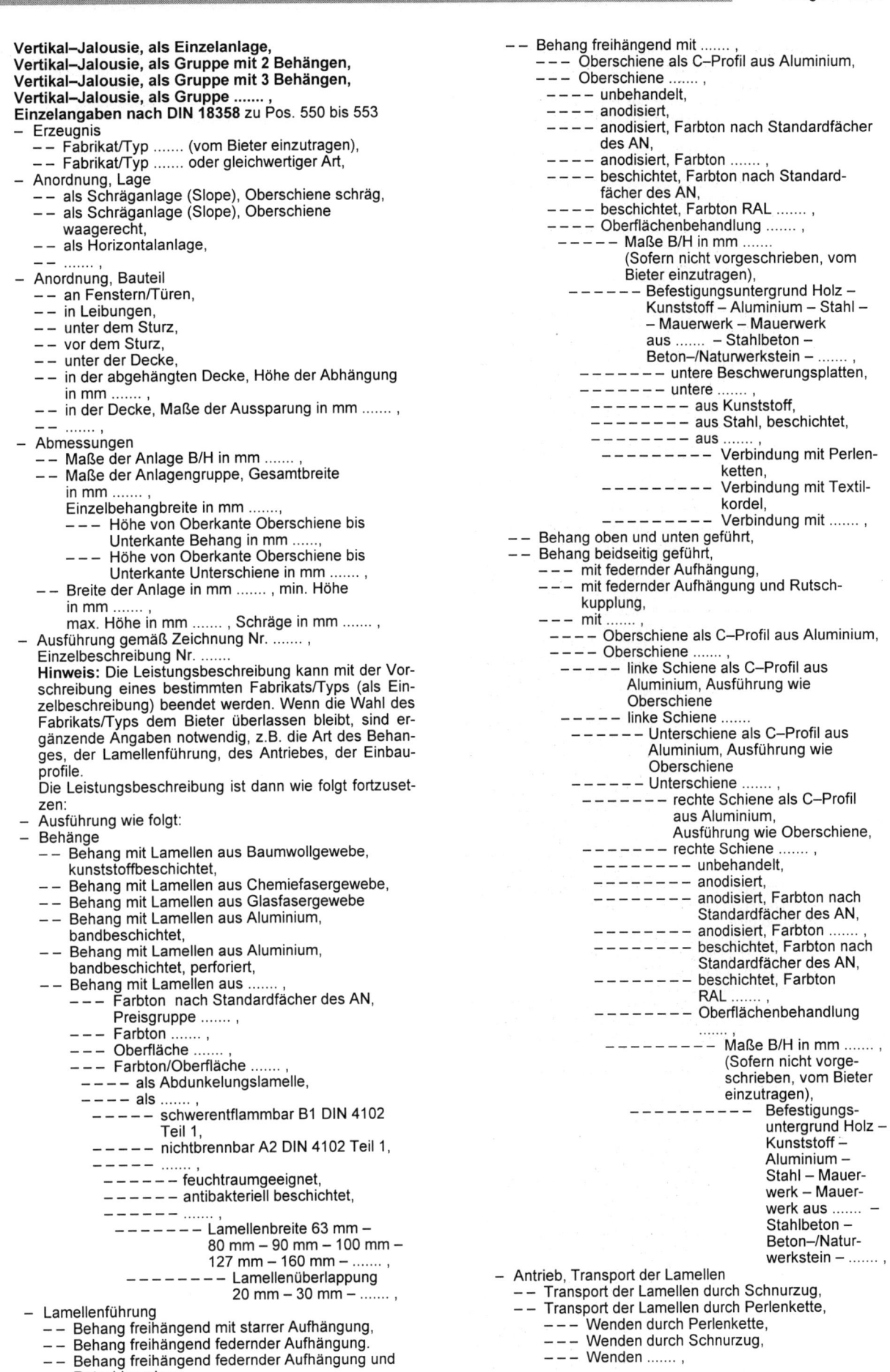

# LB 030 Rollladenarbeiten, Rollabschlüsse, Sonnenschutz- und Verdunkelungsanlagen
## Jalousien

STLB 030

Ausgabe 06.01

550 Vertikal–Jalousie, als Einzelanlage,
551 Vertikal–Jalousie, als Gruppe mit 2 Behängen,
551 Vertikal–Jalousie, als Gruppe mit 3 Behängen,
553 Vertikal–Jalousie, als Gruppe ....... ,
 **Einzelangaben nach DIN 18358 zu Pos. 550 bis 553**
 – Erzeugnis
  – – Fabrikat/Typ ....... (vom Bieter einzutragen),
  – – Fabrikat/Typ ....... oder gleichwertiger Art,
 – Anordnung, Lage
  – – als Schräganlage (Slope), Oberschiene schräg,
  – – als Schräganlage (Slope), Oberschiene waagerecht,
  – – als Horizontalanlage,
  – – ....... ,
 – Anordnung, Bauteil
  – – an Fenstern/Türen,
  – – in Leibungen,
  – – unter dem Sturz,
  – – vor dem Sturz,
  – – unter der Decke,
  – – in der abgehängten Decke, Höhe der Abhängung in mm ....... ,
  – – in der Decke, Maße der Aussparung in mm ....... ,
  – – ....... ,
 – Abmessungen
  – – Maße der Anlage B/H in mm ....... ,
  – – Maße der Anlagengruppe, Gesamtbreite in mm ....... ,
   Einzelbehangbreite in mm ....... ,
   – – – Höhe von Oberkante Oberschiene bis Unterkante Behang in mm ....... ,
   – – – Höhe von Oberkante Oberschiene bis Unterkante Unterschiene in mm ....... ,
  – – Breite der Anlage in mm ....... , min. Höhe in mm ....... ,
   max. Höhe in mm ....... , Schräge in mm ....... ,
 – Ausführung gemäß Zeichnung Nr. ....... ,
   Einzelbeschreibung Nr. .......
 **Hinweis:** Die Leistungsbeschreibung kann mit der Vorschreibung eines bestimmten Fabrikats/Typs (als Einzelbeschreibung) beendet werden. Wenn die Wahl des Fabrikats/Typs dem Bieter überlassen bleibt, sind ergänzende Angaben notwendig, z.B. die Art des Behanges, der Lamellenführung, des Antriebes, der Einbauprofile.
 Die Leistungsbeschreibung ist dann wie folgt fortzusetzen:
 – Ausführung wie folgt:
 – Behänge
  – – Behang mit Lamellen aus Baumwollgewebe, kunststoffbeschichtet,
  – – Behang mit Lamellen aus Chemiefasergewebe,
  – – Behang mit Lamellen aus Glasfasergewebe,
  – – Behang mit Lamellen aus Aluminium, bandbeschichtet,
  – – Behang mit Lamellen aus Aluminium, bandbeschichtet, perforiert,
  – – Behang mit Lamellen aus ....... ,
   – – – Farbton nach Standardfächer des AN, Preisgruppe ....... ,
   – – – Farbton ....... ,
   – – – Oberfläche ....... ,
   – – – Farbton/Oberfläche ....... ,
    – – – – als Abdunkelungslamelle,
    – – – – als ....... ,
     – – – – – schwerentflammbar B1 DIN 4102 Teil 1,
     – – – – – nichtbrennbar A2 DIN 4102 Teil 1,
     – – – – – ....... ,
      – – – – – – feuchtraumgeeignet,
      – – – – – – antibakteriell beschichtet,
      – – – – – – ....... ,
       – – – – – – – Lamellenbreite 63 mm – 80 mm – 90 mm – 100 mm – 127 mm – 160 mm – ....... ,
        – – – – – – – – Lamellenüberlappung 20 mm – 30 mm – ....... ,
 – Lamellenführung
  – – Behang freihängend mit starrer Aufhängung,
  – – Behang freihängend federnder Aufhängung,
  – – Behang freihängend federnder Aufhängung und Rutschkupplung,
  – – Behang freihängend mit ....... ,
   – – – Oberschiene als C–Profil aus Aluminium,
   – – – Oberschiene ....... ,
    – – – – unbehandelt,
    – – – – anodisiert,
    – – – – anodisiert, Farbton nach Standardfächer des AN,
    – – – – anodisiert, Farbton ....... ,
    – – – – beschichtet, Farbton nach Standardfächer des AN,
    – – – – beschichtet, Farbton RAL ....... ,
    – – – – Oberflächenbehandlung ....... ,
     – – – – – Maße B/H in mm ....... 
      (Sofern nicht vorgeschrieben, vom Bieter einzutragen),
      – – – – – – Befestigungsuntergrund Holz – Kunststoff – Aluminium – Stahl – – Mauerwerk – Mauerwerk aus ....... – Stahlbeton – Beton-/Naturwerkstein – ....... ,
   – – – – – – untere Beschwerungsplatten,
   – – – – – – – untere ....... ,
    – – – – – – – – aus Kunststoff,
    – – – – – – – – aus Stahl, beschichtet,
    – – – – – – – – aus ....... 
     – – – – – – – – – Verbindung mit Perlenketten,
     – – – – – – – – – Verbindung mit Textilkordel,
     – – – – – – – – – Verbindung mit ....... ,
  – – Behang oben und unten geführt,
  – – Behang beidseitig geführt,
   – – – mit federnder Aufhängung,
   – – – mit federnder Aufhängung und Rutschkupplung,
   – – – mit ....... ,
    – – – – Oberschiene als C–Profil aus Aluminium,
    – – – – Oberschiene ....... ,
    – – – – linke Schiene als C–Profil aus Aluminium, Ausführung wie Oberschiene
    – – – – linke Schiene ....... ,
     – – – – – Unterschiene als C–Profil aus Aluminium, Ausführung wie Oberschiene
     – – – – – Unterschiene ....... ,
      – – – – – – rechte Schiene als C–Profil aus Aluminium, Ausführung wie Oberschiene,
      – – – – – – rechte Schiene ....... ,
       – – – – – – – unbehandelt,
       – – – – – – – anodisiert,
       – – – – – – – anodisiert, Farbton nach Standardfächer des AN,
       – – – – – – – anodisiert, Farbton ....... ,
       – – – – – – – beschichtet, Farbton nach Standardfächer des AN,
       – – – – – – – beschichtet, Farbton RAL ....... ,
       – – – – – – – Oberflächenbehandlung ....... ,
        – – – – – – – – Maße B/H in mm ....... ,
         (Sofern nicht vorgeschrieben, vom Bieter einzutragen),
         – – – – – – – – – Befestigungsuntergrund Holz – Kunststoff – Aluminium – Stahl – Mauerwerk – Mauerwerk aus ....... – Stahlbeton – Beton-/Naturwerkstein – ....... ,
 – Antrieb, Transport der Lamellen
  – – Transport der Lamellen durch Schnurzug,
  – – Transport der Lamellen durch Perlenkette,
   – – – Wenden durch Perlenkette,
   – – – Wenden durch Schnurzug,
   – – – Wenden ....... ,

**STLB 030**

**LB 030 Rollladenarbeiten, Rollabschlüsse, Sonnenschutz- und Verdunkelungsanlagen**
**Jalousien**

Ausgabe 06.01

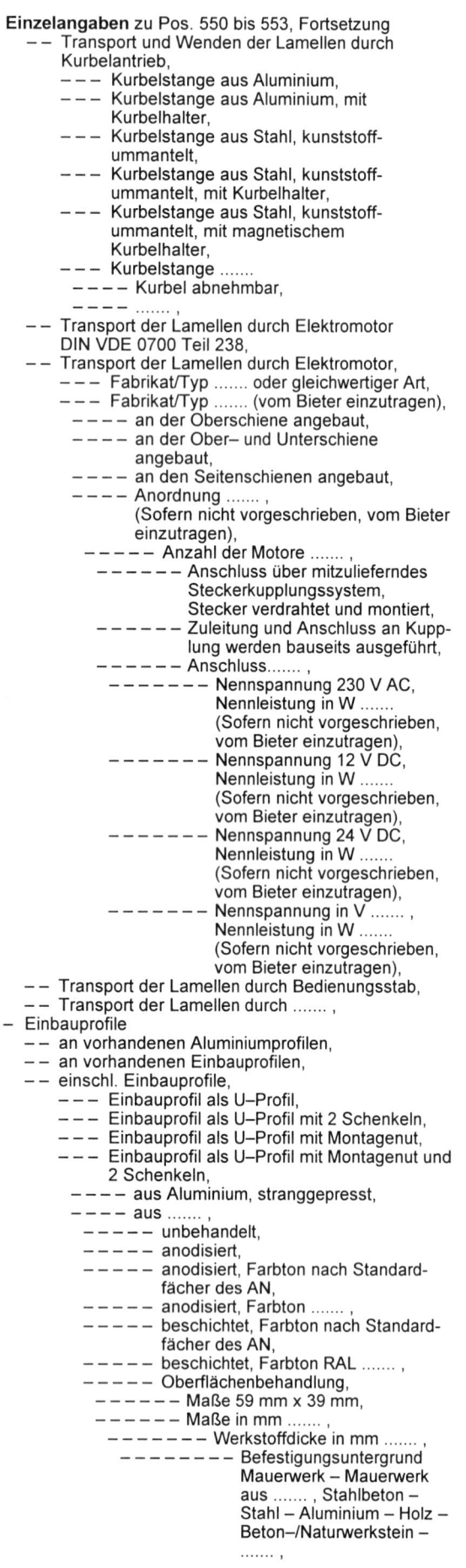

**Einzelangaben** zu Pos. 550 bis 553, Fortsetzung
– – Transport und Wenden der Lamellen durch Kurbelantrieb,
   – – – Kurbelstange aus Aluminium,
   – – – Kurbelstange aus Aluminium, mit Kurbelhalter,
   – – – Kurbelstange aus Stahl, kunststoffummantelt,
   – – – Kurbelstange aus Stahl, kunststoffummantelt, mit Kurbelhalter,
   – – – Kurbelstange aus Stahl, kunststoffummantelt, mit magnetischem Kurbelhalter,
   – – – Kurbelstange ........
    – – – – Kurbel abnehmbar,
    – – – – ........ ,
– – Transport der Lamellen durch Elektromotor DIN VDE 0700 Teil 238,
– – Transport der Lamellen durch Elektromotor,
   – – – Fabrikat/Typ ........ oder gleichwertiger Art,
   – – – Fabrikat/Typ ........ (vom Bieter einzutragen),
    – – – – an der Oberschiene angebaut,
    – – – – an der Ober- und Unterschiene angebaut,
    – – – – an den Seitenschienen angebaut,
    – – – – Anordnung ........ ,
       (Sofern nicht vorgeschrieben, vom Bieter einzutragen),
     – – – – – Anzahl der Motore ........ ,
      – – – – – – Anschluss über mitzulieferndes Steckerkupplungssystem, Stecker verdrahtet und montiert,
      – – – – – – Zuleitung und Anschluss an Kupplung werden bauseits ausgeführt,
      – – – – – – Anschluss ........ ,
       – – – – – – – Nennspannung 230 V AC, Nennleistung in W ........
        (Sofern nicht vorgeschrieben, vom Bieter einzutragen),
       – – – – – – – Nennspannung 12 V DC, Nennleistung in W ........
        (Sofern nicht vorgeschrieben, vom Bieter einzutragen),
       – – – – – – – Nennspannung 24 V DC, Nennleistung in W ........
        (Sofern nicht vorgeschrieben, vom Bieter einzutragen),
       – – – – – – – Nennspannung in V ........ , Nennleistung in W ........
        (Sofern nicht vorgeschrieben, vom Bieter einzutragen),
– – Transport der Lamellen durch Bedienungsstab,
– – Transport der Lamellen durch ........ ,
– Einbauprofile
– – an vorhandenen Aluminiumprofilen,
– – an vorhandenen Einbauprofilen,
– – einschl. Einbauprofile,
   – – – Einbauprofil als U-Profil,
   – – – Einbauprofil als U-Profil mit 2 Schenkeln,
   – – – Einbauprofil als U-Profil mit Montagenut,
   – – – Einbauprofil als U-Profil mit Montagenut und 2 Schenkeln,
    – – – – aus Aluminium, stranggepresst,
    – – – – aus ........ ,
     – – – – – unbehandelt,
     – – – – – anodisiert,
     – – – – – anodisiert, Farbton nach Standardfächer des AN,
     – – – – – anodisiert, Farbton ........ ,
     – – – – – beschichtet, Farbton nach Standardfächer des AN,
     – – – – – beschichtet, Farbton RAL ........ ,
     – – – – – Oberflächenbehandlung,
      – – – – – – Maße 59 mm x 39 mm,
      – – – – – – Maße in mm ........ ,
       – – – – – – – Werkstoffdicke in mm ........ ,
        – – – – – – – – Befestigungsuntergrund Mauerwerk – Mauerwerk aus ........ , Stahlbeton – Stahl – Aluminium – Holz – Beton-/Naturwerkstein – ........ ,
        – – – – – – – – Befestigung an bauseits vorhandenen Ankerschienen,
        – – – – – – – – Befestigung ........ ,
– Berechnungseinheit Stück

# LB 030 Rollladenarbeiten, Rollabschlüsse, Sonnenschutz- und Verdunkelungsanlagen
## Außenrollos DIN 18073

STLB 030

Ausgabe 06.01

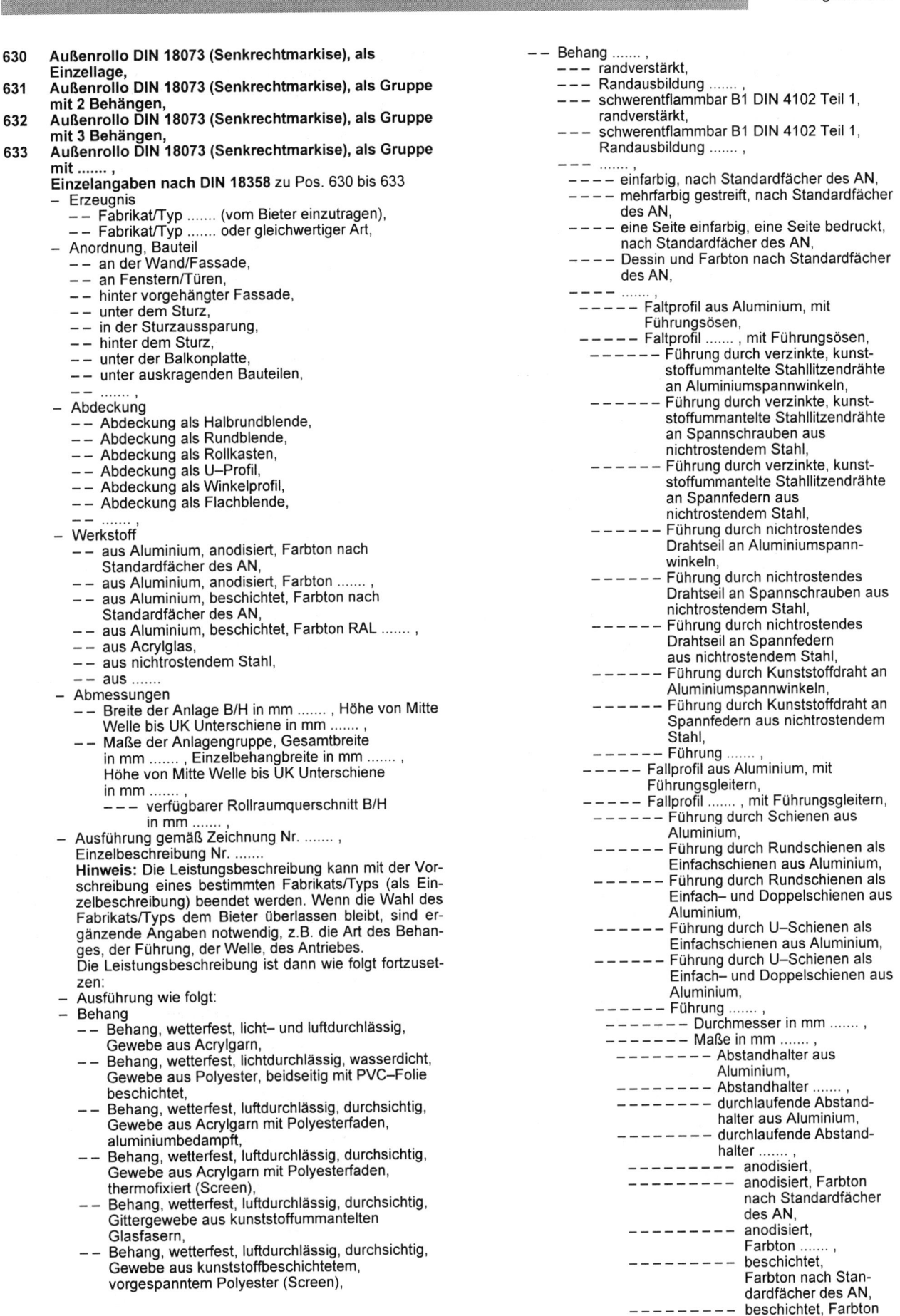

630  Außenrollo DIN 18073 (Senkrechtmarkise), als Einzellage,
631  Außenrollo DIN 18073 (Senkrechtmarkise), als Gruppe mit 2 Behängen,
632  Außenrollo DIN 18073 (Senkrechtmarkise), als Gruppe mit 3 Behängen,
633  Außenrollo DIN 18073 (Senkrechtmarkise), als Gruppe mit ....... ,
Einzelangaben nach DIN 18358 zu Pos. 630 bis 633
- Erzeugnis
  - - Fabrikat/Typ ....... (vom Bieter einzutragen),
  - - Fabrikat/Typ ....... oder gleichwertiger Art,
- Anordnung, Bauteil
  - - an der Wand/Fassade,
  - - an Fenstern/Türen,
  - - hinter vorgehängter Fassade,
  - - unter dem Sturz,
  - - in der Sturzaussparung,
  - - hinter dem Sturz,
  - - unter der Balkonplatte,
  - - unter auskragenden Bauteilen,
  - - ....... ,
- Abdeckung
  - - Abdeckung als Halbrundblende,
  - - Abdeckung als Rundblende,
  - - Abdeckung als Rollkasten,
  - - Abdeckung als U–Profil,
  - - Abdeckung als Winkelprofil,
  - - Abdeckung als Flachblende,
  - - ....... ,
- Werkstoff
  - - aus Aluminium, anodisiert, Farbton nach Standardfächer des AN,
  - - aus Aluminium, anodisiert, Farbton ....... ,
  - - aus Aluminium, beschichtet, Farbton nach Standardfächer des AN,
  - - aus Aluminium, beschichtet, Farbton RAL ....... ,
  - - aus Acrylglas,
  - - aus nichtrostendem Stahl,
  - - aus .......
- Abmessungen
  - - Breite der Anlage B/H in mm ....... , Höhe von Mitte Welle bis UK Unterschiene in mm ....... ,
  - - Maße der Anlagengruppe, Gesamtbreite in mm ....... , Einzelbehangbreite in mm ....... , Höhe von Mitte Welle bis UK Unterschiene in mm ....... ,
    - - - verfügbarer Rollraumquerschnitt B/H in mm ....... ,
- Ausführung gemäß Zeichnung Nr. ....... , Einzelbeschreibung Nr. .......
  **Hinweis:** Die Leistungsbeschreibung kann mit der Vorschreibung eines bestimmten Fabrikats/Typs (als Einzelbeschreibung) beendet werden. Wenn die Wahl des Fabrikats/Typs dem Bieter überlassen bleibt, sind ergänzende Angaben notwendig, z.B. die Art des Behanges, der Führung, der Welle, des Antriebes.
  Die Leistungsbeschreibung ist dann wie folgt fortzusetzen:
- Ausführung wie folgt:
- Behang
  - - Behang, wetterfest, licht- und luftdurchlässig, Gewebe aus Acrylgarn,
  - - Behang, wetterfest, lichtdurchlässig, wasserdicht, Gewebe aus Polyester, beidseitig mit PVC–Folie beschichtet,
  - - Behang, wetterfest, luftdurchlässig, durchsichtig, Gewebe aus Acrylgarn mit Polyesterfaden, aluminiumbedampft,
  - - Behang, wetterfest, luftdurchlässig, durchsichtig, Gewebe aus Acrylgarn mit Polyesterfaden, thermofixiert (Screen),
  - - Behang, wetterfest, luftdurchlässig, durchsichtig, Gittergewebe aus kunststoffummantelten Glasfasern,
  - - Behang, wetterfest, luftdurchlässig, durchsichtig, Gewebe aus kunststoffbeschichtetem, vorgespanntem Polyester (Screen),
  - - Behang ....... ,
    - - - randverstärkt,
    - - - Randausbildung ....... ,
    - - - schwerentflammbar B1 DIN 4102 Teil 1, randverstärkt,
    - - - schwerentflammbar B1 DIN 4102 Teil 1, Randausbildung ....... ,
    - - - - einfarbig, nach Standardfächer des AN,
    - - - - mehrfarbig gestreift, nach Standardfächer des AN,
    - - - - eine Seite einfarbig, eine Seite bedruckt, nach Standardfächer des AN,
    - - - - Dessin und Farbton nach Standardfächer des AN,
    - - - - ....... ,
    - - - - - Faltprofil aus Aluminium, mit Führungsösen,
    - - - - - Faltprofil ....... , mit Führungsösen,
      - - - - - - Führung durch verzinkte, kunststoffummantelte Stahllitzendrähte an Aluminiumspannwinkeln,
      - - - - - - Führung durch verzinkte, kunststoffummantelte Stahllitzendrähte an Spannschrauben aus nichtrostendem Stahl,
      - - - - - - Führung durch verzinkte, kunststoffummantelte Stahllitzendrähte an Spannfedern aus nichtrostendem Stahl,
      - - - - - - Führung durch nichtrostendes Drahtseil an Aluminiumspannwinkeln,
      - - - - - - Führung durch nichtrostendes Drahtseil an Spannschrauben aus nichtrostendem Stahl,
      - - - - - - Führung durch nichtrostendes Drahtseil an Spannfedern aus nichtrostendem Stahl,
      - - - - - - Führung durch Kunststoffdraht an Aluminiumspannwinkeln,
      - - - - - - Führung durch Kunststoffdraht an Spannfedern aus nichtrostendem Stahl,
      - - - - - - Führung ....... ,
    - - - - - Fallprofil aus Aluminium, mit Führungsgleitern,
    - - - - - Fallprofil ....... , mit Führungsgleitern,
      - - - - - - Führung durch Schienen aus Aluminium,
      - - - - - - Führung durch Rundschienen als Einfachschienen aus Aluminium,
      - - - - - - Führung durch Rundschienen als Einfach– und Doppelschienen aus Aluminium,
      - - - - - - Führung durch U–Schienen als Einfachschienen aus Aluminium,
      - - - - - - Führung durch U–Schienen als Einfach– und Doppelschienen aus Aluminium,
      - - - - - - Führung ....... ,
        - - - - - - - Durchmesser in mm ....... ,
        - - - - - - - Maße in mm ....... ,
          - - - - - - - - Abstandhalter aus Aluminium,
          - - - - - - - - Abstandhalter ....... ,
          - - - - - - - - durchlaufende Abstandhalter aus Aluminium,
          - - - - - - - - durchlaufende Abstandhalter ....... ,
            - - - - - - - - - anodisiert,
            - - - - - - - - - anodisiert, Farbton nach Standardfächer des AN,
            - - - - - - - - - anodisiert, Farbton ....... ,
            - - - - - - - - - beschichtet, Farbton nach Standardfächer des AN,
            - - - - - - - - - beschichtet, Farbton RAL ....... ,

STLB 030

## LB 030 Rollladenarbeiten, Rollabschlüsse, Sonnenschutz- und Verdunkelungsanlagen
### Außenrollos DIN 18073; Verdunkelungen

Ausgabe 06.01

Einzelangaben zu Pos. 630 bis 633, Fortsetzung
Oberflächenbehandlung ....... ,
– Welle, Lager
– – Welle aus verzinktem Stahlrohr,
– – Welle aus Aluminiumrohr,
– – Welle ....... ,
– – – einteilig,
– – – zweiteilig,
– – – dreizeilig,
– – – ....... ,
– – – – Lager ....... ,
– – – – – Befestigungsuntergrund Mauerwerk –
Mauerwerk aus ....... , Stahlbeton –
Stahl – Aluminium – Holz –
Kunststoff – ....... ,
– Antrieb
– – Antrieb durch Gurtzug mit Einlasswickler,
– – Antrieb durch Gurtzug mit Aufschraubwickler,
– – Antrieb durch Gurtzug mit Aufschraubwickler, schwenkbar,
– – Antrieb durch Gurtzug mit Aufschraubwickler, in Kunststoffgehäuse,
– – Antrieb durch Gurtzug ....... ,
– – – einbauen in vorhandenen Mauerkasten,
– – – einbauen ....... ,
– – – Befestigungsuntergrund Mauerwerk –
Mauerwerk aus ....... , Stahlbeton – Stahl –
Holz – Kunststoff – ....... ,
– – – – Deckplatte aus Kunststoff,
– – – – Deckplatte ....... ,
– – Antrieb durch Kurbel,
– – Antrieb durch Kurbel, mit Spindelsperre
– – – mit Kurbelhalter,
– – – mit magnetischem Kurbelhalter,
– – – – mit Kegelradgetriebe,
– – – – mit Kegelradgetriebe, Kurbel abnehmbar,
– – – – mit ....... ,
– – – – – Kurbel aus Aluminium,
– – – – – Kurbel aus Aluminium, eloxiert,
– – – – – Kurbel und Kurbelstange aus Aluminium,
– – – – – Kurbel und Kurbelstange aus Aluminium, eloxiert,
– – – – – Kurbel ....... ,
– – Antrieb durch Rohrmotor DIN VDE 0700 Teil 238,
– – Antrieb durch Rohrmotor ....... ,
– – – Fabrikat/Typ ....... oder gleichwertiger Art,
– – – Fabrikat/Typ ....... (vom Bieter einzutragen),
– – – – Anschluß über mitzulieferndes Steckerkupplungssystem, Stecker verdrahtet und montiert, Zuleitung und Anschluß an Kupplung werden bauseits ausgeführt,
– – – – Anschluß ....... ,
– – – – – Nennspannung 230 V AC,
Nennleistung in W .......
(Sofern nicht vorgeschrieben, vom Bieter einzutragen),
– – – – – Nennspannung 12 V DC,
Nennleistung in W .......
(Sofern nicht vorgeschrieben, vom Bieter einzutragen),
– – – – – Nennspannung 24 V DC,
Nennleistung in W .......
(Sofern nicht vorgeschrieben, vom Bieter einzutragen),
– – – – – Nennspannung in V ....... ,
Nennleistung in W .......
(Sofern nicht vorgeschrieben, vom Bieter einzutragen),
– – Antrieb ....... ,
– Berechnungseinheit Stück

730 Verdunkelung DIN 18073, vertikal,
731 Verdunkelung DIN 18073, horizontal,
732 Verdunkelung DIN 18073, geneigt, Neigung in Grad ....... ,
Einzelangaben nach DIN 18358 zu Pos. 730 bis 732
– Erzeugnis
– – Fabrikat/Typ ....... (vom Bieter einzutragen),
– – Fabrikat/Typ ....... oder gleichwertiger Art,
– Art der Anlage
– – als Einzelanlage,
– – als Gruppe mit 2 Behängen,
– – als Gruppe mit 3 Behängen,
– – als Gruppe mit ....... ,
– Rollraum, Anordnung
– – Rollraum oberhalb der Öffnung in der Wand,
– – Rollraum innerhalb der Öffnung,
– – Rollraum oberhalb der Öffnung vor der Wand,
– – Rollraum unter der Decke,
– – Rollraum in der Decke,
– – Rollraum in der Wand,
– – Rollraum ....... ,
– Behang, Anordnung
– – Behang in der Leibung laufend, Abstand der Führungsschiene vom Fenster in mm ....... ,
– – Behang vor der Wand laufend, Abstand der Führungsschiene von der Wand in mm ....... ,
– Welleneinbauhöhe ab Standfläche in m ....... ,
– Rollkasten
– – einschl. Rollkasten, Ausführung ....... ,
(Sofern nicht vorgeschrieben, vom Bieter einzutragen),
– – Rollkasten bauseits eingebaut,
– – Rollkasten mit Lager bauseits eingebaut,
– Abmessungen
– – Maße der Verdunkelung, Breite in mm ....... ,
Höhe/Länge von Mitte Welle bis UK Schlussstab in mm ....... ,
– – Maße der Verdunkelungsgruppe, Gesamtbreite in mm ....... , Einzelbehangbreite in mm ....... ,
Höhe/Länge von Mitte Welle bis UK Schlussstab in mm ....... ,
– – Maße des Fertigteiles, Breite in mm ....... ,
Höhe/Länge von OK Rollkasten bis UK Schlussstab in mm ....... ,
– – Maße der Fertigteilgruppe, Gesamtbreite in mm ....... , Einzelbehangbreite in mm ....... ,
Höhe/Länge von OK Rollkasten bis UK Schlussstab in mm ....... ,
– Ausführung gemäß Zeichnung Nr. ....... ,
Einzelbeschreibung Nr. .......
**Hinweis:** Die Leistungsbeschreibung kann mit der Vorschreibung eines bestimmten Fabrikats/Typs (als Einzelbeschreibung) beendet werden. Wenn die Wahl des Fabrikats/Typs dem Bieter überlassen bleibt, sind ergänzende Angaben notwendig, z.B. die Art des Behanges, der Welle, der Führungsschienen, des Antriebes. Die Leistungsbeschreibung ist dann wie folgt fortzusetzen:
– Ausführung wie folgt:
– Behang
– – Behang aus Holzdrahtgewebe,
– – Behang aus Kunststoffdrahtgewebe,
– – – einseitig kaschiert, lichtdicht und alterungsbeständig,
– – – einseitig kaschiert, lichtdicht, ultrarotsicher und alterungsbeständig,
– – – ....... ,
– – Behang mit Trägergewebe aus synthetischen Fasern, lichtdicht, ultrarotsicher und alterungsbeständig,
– – – mit eingearbeiteter korrosionsgeschützter Aussteifung,
– – – mit aufgesetzter korrosionsgeschützter Aussteifung,
– – – mit ....... ,
– – Behang ....... ,
– – – Farbton nach Standardfächer des AN,
– – – Farbton RAL ....... ,
– – – schwerentflammbar B1 DIN 4102 Teil 1, Farbton nach Standardfächer des AN,
– – – schwerentflammbar B1 DIN 4102 Teil 1, Farbton RAL ....... ,

## LB 030 Rollladenarbeiten, Rollabschlüsse, Sonnenschutz- und Verdunkelungsanlagen
### Verdunkelungen

Ausgabe 06.01

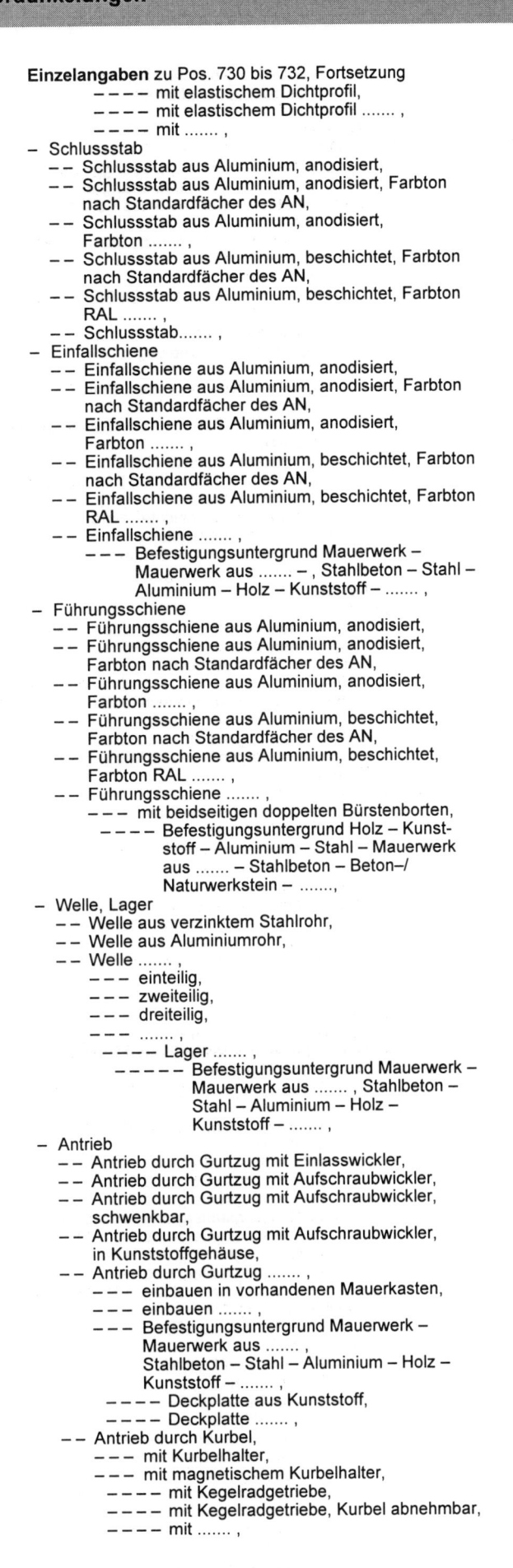

STLB 030

**Einzelangaben** zu Pos. 730 bis 732, Fortsetzung
- – – – mit elastischem Dichtprofil,
- – – – mit elastischem Dichtprofil ....... ,
- – – – mit ....... ,
- Schlussstab
  - – – Schlussstab aus Aluminium, anodisiert,
  - – – Schlussstab aus Aluminium, anodisiert, Farbton nach Standardfächer des AN,
  - – – Schlussstab aus Aluminium, anodisiert, Farbton ....... ,
  - – – Schlussstab aus Aluminium, beschichtet, Farbton nach Standardfächer des AN,
  - – – Schlussstab aus Aluminium, beschichtet, Farbton RAL ....... ,
  - – – Schlussstab....... ,
- Einfallschiene
  - – – Einfallschiene aus Aluminium, anodisiert,
  - – – Einfallschiene aus Aluminium, anodisiert, Farbton nach Standardfächer des AN,
  - – – Einfallschiene aus Aluminium, anodisiert, Farbton ....... ,
  - – – Einfallschiene aus Aluminium, beschichtet, Farbton nach Standardfächer des AN,
  - – – Einfallschiene aus Aluminium, beschichtet, Farbton RAL ....... ,
  - – – Einfallschiene ....... ,
    - – – – Befestigungsuntergrund Mauerwerk – Mauerwerk aus ....... – , Stahlbeton – Stahl – Aluminium – Holz – Kunststoff – ....... ,
- Führungsschiene
  - – – Führungsschiene aus Aluminium, anodisiert,
  - – – Führungsschiene aus Aluminium, anodisiert, Farbton nach Standardfächer des AN,
  - – – Führungsschiene aus Aluminium, anodisiert, Farbton ....... ,
  - – – Führungsschiene aus Aluminium, beschichtet, Farbton nach Standardfächer des AN,
  - – – Führungsschiene aus Aluminium, beschichtet, Farbton RAL ....... ,
  - – – Führungsschiene ....... ,
    - – – – mit beidseitigen doppelten Bürstenborten,
      - – – – – Befestigungsuntergrund Holz – Kunststoff – Aluminium – Stahl – Mauerwerk aus ....... – Stahlbeton – Beton–/ Naturwerkstein – ....... ,
- Welle, Lager
  - – – Welle aus verzinktem Stahlrohr,
  - – – Welle aus Aluminiumrohr,
  - – – Welle ....... ,
    - – – – einteilig,
    - – – – zweiteilig,
    - – – – dreiteilig,
    - – – – ....... ,
      - – – – – Lager ....... ,
        - – – – – – Befestigungsuntergrund Mauerwerk – Mauerwerk aus ....... , Stahlbeton – Stahl – Aluminium – Holz – Kunststoff – ....... ,
- Antrieb
  - – – Antrieb durch Gurtzug mit Einlasswickler,
  - – – Antrieb durch Gurtzug mit Aufschraubwickler,
  - – – Antrieb durch Gurtzug mit Aufschraubwickler, schwenkbar,
  - – – Antrieb durch Gurtzug mit Aufschraubwickler, in Kunststoffgehäuse,
  - – – Antrieb durch Gurtzug ....... ,
    - – – – einbauen in vorhandenen Mauerkasten,
    - – – – einbauen ....... ,
    - – – – Befestigungsuntergrund Mauerwerk – Mauerwerk aus ....... , Stahlbeton – Stahl – Aluminium – Holz – Kunststoff – ....... ,
      - – – – – Deckplatte aus Kunststoff,
      - – – – – Deckplatte ....... ,
  - – – Antrieb durch Kurbel,
    - – – – mit Kurbelhalter,
    - – – – mit magnetischem Kurbelhalter,
      - – – – – mit Kegelradgetriebe,
      - – – – – mit Kegelradgetriebe, Kurbel abnehmbar,
    - – – – mit ....... ,
      - – – – – Kurbel aus Aluminium,
      - – – – – Kurbel aus Aluminium, eloxiert,
      - – – – – Kurbel und Kurbelstange aus Aluminium,
      - – – – – Kurbel und Kurbelstange aus Aluminium, eloxiert,
      - – – – – Kurbel ....... ,
  - – – Antrieb durch Rohrmotor DIN VDE 0700 Teil 238,
  - – – Antrieb durch Rohrmotor ....... ,
    - – – – Fabrikat/Typ ....... oder gleichwertiger Art,
    - – – – Fabrikat/Typ ....... (vom Bieter einzutragen),
      - – – – Anschluss über mitzulieferndes Steckerkupplungssystem, Stecker verdrahtet und montiert, Zuleitung und Anschluss an Kupplung werden bauseits ausgeführt,
    - – – – Anschluss ....... ,
      - – – – – Nennspannung 230 V AC, Nennleistung in W ....... (Sofern nicht vorgeschrieben, vom Bieter einzutragen),
      - – – – – Nennspannung in V ....... , Nennleistung in W ....... (Sofern nicht vorgeschrieben, vom Bieter einzutragen),
  - – – Antrieb ....... ,
- Berechnungseinheit Stück

STLB 030

# LB 030 Rollladenarbeiten, Rollabschlüsse, Sonnenschutz- und Verdunkelungsanlagen
## Markisen

Ausgabe 06.01

**Hinweis:** Senkrechtmarkisen siehe Pos. 550 bis 553

- 820 Gelenkarmmarkise DIN 18073,
- 821 Gelenkarmmarkise DIN 18073, mit Kippgelenk,
- 830 Kasten-/Kassettenmarkise DIN 18073,
- 831 Kasten-/Kassettenmarkise DIN 18073, mit Kippgelenk,
- 840 Fallarmmarkise DIN 18073,
- 841 Scherenarmmarkise DIN 18073,
- 842 Markisolette DIN 18073,
- 843 Fassadenmarkise DIN 18073,
- 844 Wintergarten-/Pergolamarkise DIN 18073,
- 845 Markise ....... ,

  **Einzelangaben nach DIN 18358** zu Pos. 820 bis 845
  - Erzeugnis
    - – Fabrikat/Typ ....... (vom Bieter einzutragen),
    - – Fabrikat/Typ ....... oder gleichwertiger Art,
  - Art der Anlage
    - – als gekuppelte Anlage aus 2 Markisen,
    - – als gekuppelte Anlage aus 3 Markisen,
    - – als gekuppelte Anlage aus 4 Markisen,
    - – als gekuppelte Anlage ....... ,
  - Anordnung, Bauteil
    - – an der Wand,
    - – in der Wand,
    - – unter der Decke,
    - – an der Fassade,
    - – in der Fassade,
    - – an Dachsparren,
    - – in vorhandener Deckenaussparung,
    - – ....... ,
  - Abmessungen
    - – Markisenbreite in cm ....... ,
    - – Anlagenbreite in cm ....... ,
    - – Markisenbreite in cm ....... , Anlagenbreite in cm ....... ,
  - Ausfallmaß
    - – Ausfallmaß, in der Schräge gemessen, in cm ......,
      Einbauhöhe der Tuchwelle ab Standfläche in cm ....... ,
    - – Ausfallmaß, im Radius gemessen, über 50 bis 60 cm ,
      **Hinweis:** nur für Markisoletten
  - Durchgangshöhe in cm ....... ,
  - Anforderungen ....... ,
    **Hinweis:** z.B. Verwendungszweck
  - Ausführung gemäß Zeichnung Nr. ....... ,
    Einzelbeschreibung Nr. ....... ,
    **Hinweis:** Die Leistungsbeschreibung kann mit der Vorschreibung eines bestimmten Fabrikats/Typs (als Einzelbeschreibung) beendet werden. Wenn die Wahl des Fabrikats/Typs dem Bieter überlassen bleibt, sind ergänzende Angaben notwendig, z.B. Markisengestell, Markisentuch, Antrieb, Volantausbildung.
    Die Leistungsbeschreibung ist dann wie folgt fortzusetzen:
  - Ausführung wie folgt:
  - Markisengestell
    - – Markisengestell,
    - – Markisengestell mit Neigungswinkelverstellgetriebe,
    - – Markisengestell mit zweistufiger Tuchschräge,
    - – Markisengestell ....... ,
      - – – Welle aus verzinktem Stahlrohr,
      - – – Welle ....... ,
  - Arme, Scheren (für frei auskragende Markisen)
    - – Arme aus Aluminium,
      - – – anodisiert,
      - – – anodisiert, Farbton nach Standardfächer des AN,
      - – – anodisiert, Farbton ....... ,
      - – – beschichtet, Farbton nach Standardfächer des AN,
      - – – beschichtet, Farbton RAL ....... ,
      - – – ....... ,
    - – Arme aus Stahl,
    - – Scheren aus Stahl,
    - – Scheren aus nichtrostendem Stahl,
      - – – verzinkt,
      - – – beschichtet, Farbton nach Standardfächer des AN,
      - – – beschichtet, Farbton RAL ....... ,
      - – – verzinkt und beschichtet, Farbton nach Standardfächer des AN,
      - – – verzinkt und beschichtet, Farbton RAL ....... ,
      - – – Oberflächenbehandlung ....... ,
    - – Arme ....... ,
    - – Scheren ....... ,
  - Ausfallprofil
    - – Ausfallprofil aus Aluminium, stranggepresst,
    - – Ausfallprofil aus Aluminium, stranggepresst, vorgerichtet für Aufnahme eines Volantrollos,
      - – – anodisiert,
      - – – anodisiert, Farbton nach Standardfächer des AN,
      - – – anodisiert, Farbton ....... ,
      - – – beschichtet, Farbton nach Standardfächer des AN,
      - – – beschichtet, Farbton RAL ....... ,
      - – – Oberflächenbehandlung ....... ,
    - – Ausfallprofil aus Stahl,
    - – Ausfallprofil aus nichtrostendem Stahl,
      - – – verzinkt,
      - – – beschichtet, Farbton nach Standardfächer des AN,
      - – – beschichtet, Farbton RAL ....... ,
      - – – verzinkt und beschichtet, Farbton nach Standardfächer des AN,
      - – – verzinkt und beschichtet, Farbton RAL ....... ,
      - – – Oberflächenbehandlung ....... ,
    - – Ausfallprofil passend zum Schutzkasten, Schutzkasten wird gesondert vergütet,
    - – Ausfallprofil ....... ,
  - Federn
    - – Federn innenliegend, aus verzinktem Stahl,
    - – Federn innenliegend, aus verzinktem Stahl, mit Gleit- und Schwingschutz,
    - – Federn innenliegend, aus nichtrostendem Stahl,
    - – Federn innenliegend, aus nichtrostendem Stahl, mit Gleit- und Schwingschutz,
    - – Federn außenliegend, aus verzinktem Stahl,
    - – Federn außenliegend, aus nichtrostendem Stahl,
    - – Federn ....... ,
  - Tragrohr
    - – Tragrohr aus verzinktem Stahl,
    - – Tragrohr aus Aluminium,
    - – Tragrohr aus Aluminium, anodisiert,
    - – Tragrohr aus Aluminium, anodisiert, Farbton nach Standardfächer des AN,
    - – Tragrohr aus Aluminium, anodisiert, Farbton ....... ,
    - – Tragrohr aus Aluminium, beschichtet, Farbton nach Standardfächer des AN,
    - – Tragrohr aus Aluminium, beschichtet, Farbton RAL ....... ,
    - – Tragrohr ....... ,
  - Befestigungskonsolen
    - – Befestigungskonsolen aus Aluminium,
    - – Befestigungskonsolen aus verzinktem Stahl,
    - – Befestigungskonsolen ....... ,
      - – – Befestigungsuntergrund Mauerwerk aus ....... ,
      - – – Befestigungsuntergrund Mauerwerk, zweischalig, mit Dämm-/Luftschicht,
      - – – Befestigungsuntergrund Stahlbeton,
      - – – Befestigungsuntergrund Stahl,
      - – – Befestigungsuntergrund Ankerschienen,
      - – – Befestigungsuntergrund Aluminium,
      - – – Befestigungsuntergrund Holz,
      - – – Befestigungsuntergrund ....... ,
  - Führungsprofil (für geführt auskragende Markisen)
    - – rundes Führungsprofil,
    - – C-förmiges Führungsprofil,
    - – Führungsprofil,
      - – – Durchmesser in mm ....... ,
      - – – Maße in mm ....... ,
        - – – – aus Aluminium,
        - – – – aus Aluminium, anodisiert,
        - – – – aus Aluminium, anodisiert, Farbton nach Standardfächer des AN,
        - – – – aus Aluminium, anodisiert, Farbton ....... ,
        - – – – aus Aluminium, beschichtet, Farbton nach Standardfächer des AN,
        - – – – aus Aluminium, beschichtet, Farbton RAL ....... ,
        - – – – aus nichtrostendem Stahl,
        - – – – aus ....... ,

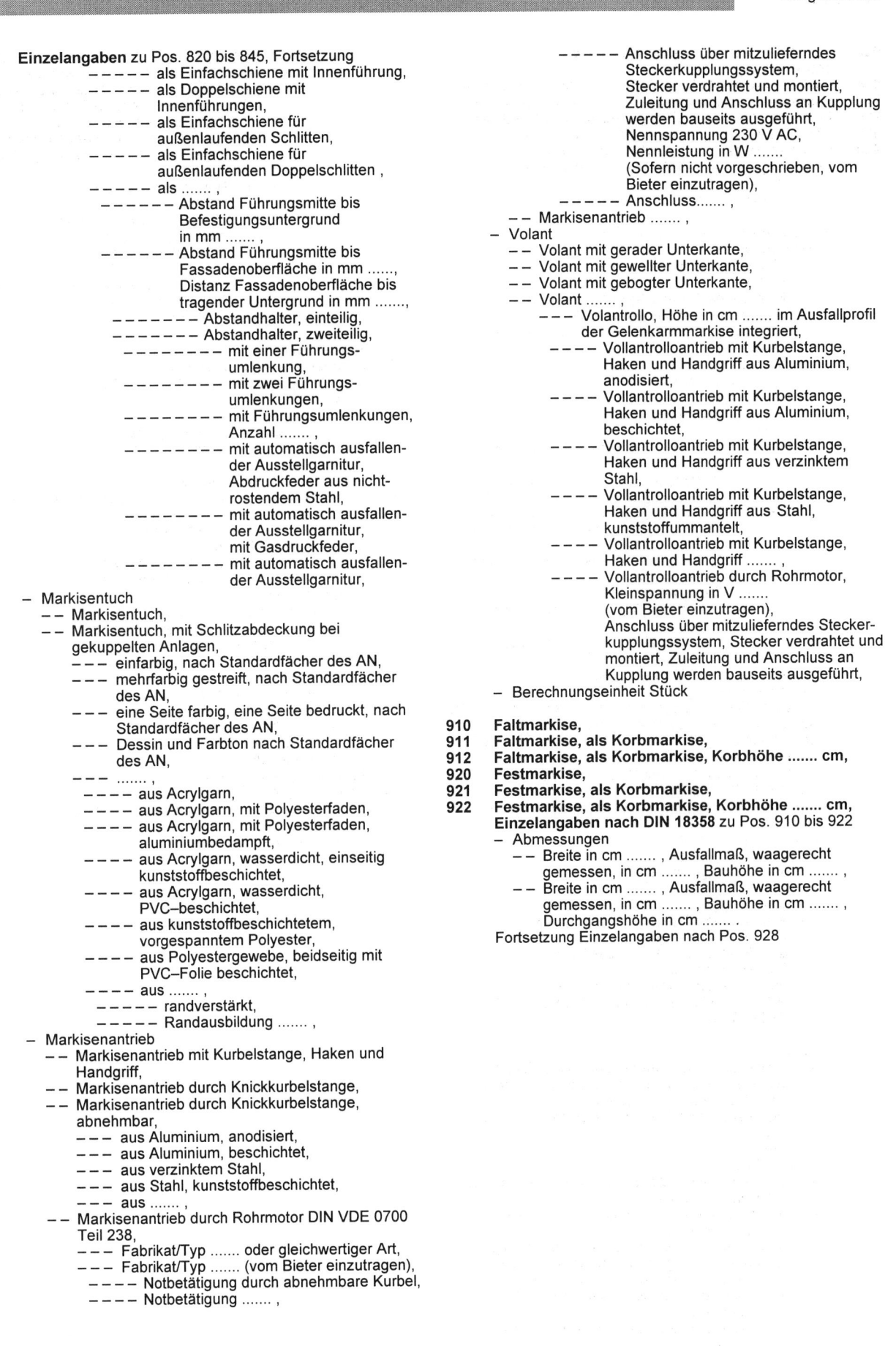

# LB 030 Rollladenarbeiten, Rollabschlüsse, Sonnenschutz- und Verdunkelungsanlagen
## Markisen

STLB 030

Ausgabe 06.01

**Einzelangaben** zu Pos. 820 bis 845, Fortsetzung
- – – – – als Einfachschiene mit Innenführung,
- – – – – als Doppelschiene mit Innenführungen,
- – – – – als Einfachschiene für außenlaufenden Schlitten,
- – – – – als Einfachschiene für außenlaufenden Doppelschlitten ,
- – – – – als ....... ,
- – – – – – Abstand Führungsmitte bis Befestigungsuntergrund in mm ....... ,
- – – – – – Abstand Führungsmitte bis Fassadenoberfläche in mm ......, Distanz Fassadenoberfläche bis tragender Untergrund in mm ......., 
- – – – – – – Abstandhalter, einteilig,
- – – – – – – Abstandhalter, zweiteilig,
- – – – – – – – mit einer Führungsumlenkung,
- – – – – – – – mit zwei Führungsumlenkungen,
- – – – – – – – mit Führungsumlenkungen, Anzahl ....... ,
- – – – – – – – mit automatisch ausfallender Ausstellgarnitur, Abdruckfeder aus nichtrostendem Stahl,
- – – – – – – – mit automatisch ausfallender Ausstellgarnitur, mit Gasdruckfeder,
- – – – – – – – mit automatisch ausfallender Ausstellgarnitur,
- Markisentuch
  - – – Markisentuch,
  - – – Markisentuch, mit Schlitzabdeckung bei gekuppelten Anlagen,
    - – – – einfarbig, nach Standardfächer des AN,
    - – – – mehrfarbig gestreift, nach Standardfächer des AN,
    - – – – eine Seite farbig, eine Seite bedruckt, nach Standardfächer des AN,
    - – – – Dessin und Farbton nach Standardfächer des AN,
    - – – – ....... ,
      - – – – – aus Acrylgarn,
      - – – – – aus Acrylgarn, mit Polyesterfaden,
      - – – – – aus Acrylgarn, mit Polyesterfaden, aluminiumbedampft,
      - – – – – aus Acrylgarn, wasserdicht, einseitig kunststoffbeschichtet,
      - – – – – aus Acrylgarn, wasserdicht, PVC–beschichtet,
      - – – – – aus kunststoffbeschichtetem, vorgespanntem Polyester,
      - – – – – aus Polyestergewebe, beidseitig mit PVC–Folie beschichtet,
      - – – – – aus ....... ,
        - – – – – – randverstärkt,
        - – – – – – Randausbildung ....... ,
- Markisenantrieb
  - – – Markisenantrieb mit Kurbelstange, Haken und Handgriff,
  - – – Markisenantrieb durch Knickkurbelstange,
  - – – Markisenantrieb durch Knickkurbelstange, abnehmbar,
    - – – – aus Aluminium, anodisiert,
    - – – – aus Aluminium, beschichtet,
    - – – – aus verzinktem Stahl,
    - – – – aus Stahl, kunststoffbeschichtet,
    - – – – aus ....... ,
  - – – Markisenantrieb durch Rohrmotor DIN VDE 0700 Teil 238,
    - – – – Fabrikat/Typ ....... oder gleichwertiger Art,
    - – – – Fabrikat/Typ ....... (vom Bieter einzutragen),
      - – – – – Notbetätigung durch abnehmbare Kurbel,
      - – – – – Notbetätigung ....... ,
        - – – – – – Anschluss über mitzulieferndes Steckerkupplungssystem, Stecker verdrahtet und montiert, Zuleitung und Anschluss an Kupplung werden bauseits ausgeführt, Nennspannung 230 V AC, Nennleistung in W ....... (Sofern nicht vorgeschrieben, vom Bieter einzutragen),
        - – – – – – Anschluss....... ,
  - – – Markisenantrieb ....... ,
- Volant
  - – – Volant mit gerader Unterkante,
  - – – Volant mit gewellter Unterkante,
  - – – Volant mit gebogter Unterkante,
  - – – Volant ....... ,
    - – – – Volantrollo, Höhe in cm ....... im Ausfallprofil der Gelenkarmmarkise integriert,
    - – – – Vollantrolloantrieb mit Kurbelstange, Haken und Handgriff aus Aluminium, anodisiert,
    - – – – Vollantrolloantrieb mit Kurbelstange, Haken und Handgriff aus Aluminium, beschichtet,
    - – – – Vollantrolloantrieb mit Kurbelstange, Haken und Handgriff aus verzinktem Stahl,
    - – – – Vollantrolloantrieb mit Kurbelstange, Haken und Handgriff aus Stahl, kunststoffummantelt,
    - – – – Vollantrolloantrieb mit Kurbelstange, Haken und Handgriff ....... ,
    - – – – Vollantrolloantrieb durch Rohrmotor, Kleinspannung in V ....... (vom Bieter einzutragen), Anschluss über mitzulieferndes Steckerkupplungssystem, Stecker verdrahtet und montiert, Zuleitung und Anschluss an Kupplung werden bauseits ausgeführt,
- Berechnungseinheit Stück

| | |
|---|---|
| 910 | Faltmarkise, |
| 911 | Faltmarkise, als Korbmarkise, |
| 912 | Faltmarkise, als Korbmarkise, Korbhöhe ....... cm, |
| 920 | Festmarkise, |
| 921 | Festmarkise, als Korbmarkise, |
| 922 | Festmarkise, als Korbmarkise, Korbhöhe ....... cm, |

**Einzelangaben nach DIN 18358** zu Pos. 910 bis 922
- Abmessungen
  - – – Breite in cm ....... , Ausfallmaß, waagerecht gemessen, in cm ....... , Bauhöhe in cm ....... ,
  - – – Breite in cm ....... , Ausfallmaß, waagerecht gemessen, in cm ....... , Bauhöhe in cm ....... , Durchgangshöhe in cm ....... .

Fortsetzung Einzelangaben nach Pos. 928

**STLB 030**

## LB 030 Rollladenarbeiten, Rollabschlüsse, Sonnenschutz- und Verdunkelungsanlagen
### Markisen

Ausgabe 06.01

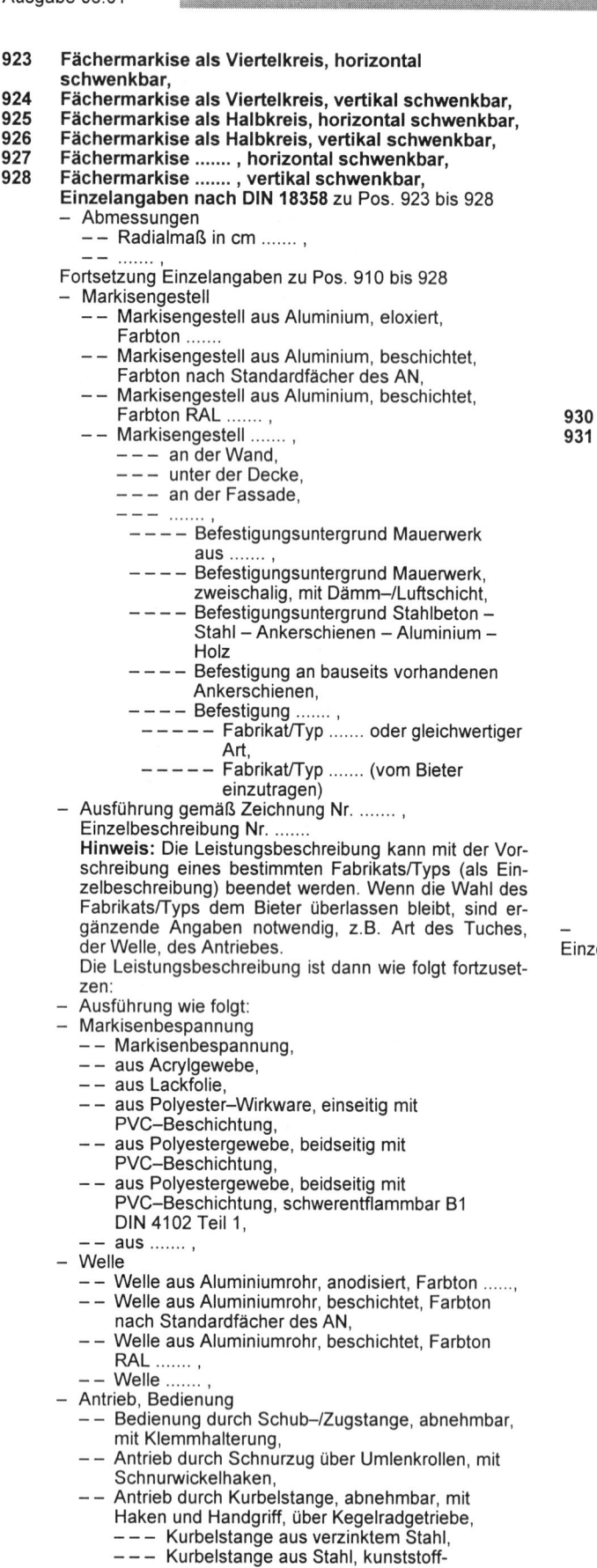

923 Fächermarkise als Viertelkreis, horizontal schwenkbar,
924 Fächermarkise als Viertelkreis, vertikal schwenkbar,
925 Fächermarkise als Halbkreis, horizontal schwenkbar,
926 Fächermarkise als Halbkreis, vertikal schwenkbar,
927 Fächermarkise ....... , horizontal schwenkbar,
928 Fächermarkise ....... , vertikal schwenkbar,
Einzelangaben nach DIN 18358 zu Pos. 923 bis 928
- Abmessungen
  - - Radialmaß in cm ....... ,
  - - ....... ,
Fortsetzung Einzelangaben zu Pos. 910 bis 928
- Markisengestell
  - - Markisengestell aus Aluminium, eloxiert, Farbton ....... 
  - - Markisengestell aus Aluminium, beschichtet, Farbton nach Standardfächer des AN,
  - - Markisengestell aus Aluminium, beschichtet, Farbton RAL ....... ,
  - - Markisengestell ....... ,
    - - - an der Wand,
    - - - unter der Decke,
    - - - an der Fassade,
    - - - ....... ,
      - - - - Befestigungsuntergrund Mauerwerk aus ....... ,
      - - - - Befestigungsuntergrund Mauerwerk, zweischalig, mit Dämm-/Luftschicht,
      - - - - Befestigungsuntergrund Stahlbeton – Stahl – Ankerschienen – Aluminium – Holz
      - - - - Befestigung an bauseits vorhandenen Ankerschienen,
      - - - - Befestigung ....... ,
        - - - - - Fabrikat/Typ ....... oder gleichwertiger Art,
        - - - - - Fabrikat/Typ ....... (vom Bieter einzutragen)
- Ausführung gemäß Zeichnung Nr. ....... , Einzelbeschreibung Nr. .......
  **Hinweis:** Die Leistungsbeschreibung kann mit der Vorschreibung eines bestimmten Fabrikats/Typs (als Einzelbeschreibung) beendet werden. Wenn die Wahl des Fabrikats/Typs dem Bieter überlassen bleibt, sind ergänzende Angaben notwendig, z.B. Art des Tuches, der Welle, des Antriebes.
  Die Leistungsbeschreibung ist dann wie folgt fortzusetzen:
- Ausführung wie folgt:
- Markisenbespannung
  - - Markisenbespannung,
  - - aus Acrylgewebe,
  - - aus Lackfolie,
  - - aus Polyester-Wirkware, einseitig mit PVC-Beschichtung,
  - - aus Polyestergewebe, beidseitig mit PVC-Beschichtung,
  - - aus Polyestergewebe, beidseitig mit PVC-Beschichtung, schwerentflammbar B1 DIN 4102 Teil 1,
  - - aus ....... ,
- Welle
  - - Welle aus Aluminiumrohr, anodisiert, Farbton ....... ,
  - - Welle aus Aluminiumrohr, beschichtet, Farbton nach Standardfächer des AN,
  - - Welle aus Aluminiumrohr, beschichtet, Farbton RAL ....... ,
  - - Welle ....... ,
- Antrieb, Bedienung
  - - Bedienung durch Schub-/Zugstange, abnehmbar, mit Klemmhalterung,
  - - Antrieb durch Schnurzug über Umlenkrollen, mit Schnurwickelhaken,
  - - Antrieb durch Kurbelstange, abnehmbar, mit Haken und Handgriff, über Kegelradgetriebe,
    - - - Kurbelstange aus verzinktem Stahl,
    - - - Kurbelstange aus Stahl, kunststoffummantelt,
    - - - Kurbelstange aus Aluminium, anodisiert,
    - - - Kurbelstange ....... ,
  - - Antrieb durch Rohrmotor DIN VDE 0700 Teil 238,
    - - - Fabrikat/Typ ....... oder gleichwertiger Art,
    - - - Fabrikat/Typ ....... (vom Bieter einzutragen),
    - - - - Anschluss über mitzulieferndes Steckerkupplungssystem, Stecker verdrahtet und montiert, Zuleitung und Anschluss an Kupplung werden bauseits ausgeführt,
    - - - - Anschluss....... ,
      - - - - - Nennspannung 230 V AC, Nennleistung in W .......
        (Sofern nicht vorgeschrieben, vom Bieter einzutragen),
      - - - - - Nennspannung in V ....... , Nennleistung in W .......
        (Sofern nicht vorgeschrieben, vom Bieter einzutragen),
- Berechnungseinheit Stück

930 Schutzdach,
931 Schutzdach mit Kopfstücken,
Einzelangaben nach DIN 18358 zu Pos. 930, 931
- Werkstoff
  - - aus Aluminium,
  - - aus Aluminium, stranggepresst,
  - - aus Aluminium, abgekantet,
  - - aus ....... ,
    - - - Werkstoffdicke in mm ....... ,
      - - - - anodisiert, Farbton nach Standardfächer des AN,
      - - - - anodisiert, Farbton ....... ,
      - - - - beschichtet, Farbton nach Standardfächer des AN,
      - - - - beschichtet, Farbton RAL ....... ,
- Befestigung
  - - an vorhandenem Tragrohr befestigen,
  - - an vorhandener Konsole befestigen,
  - - an Mauerwerk befestigen,
  - - an Mauerwerk aus ....... befestigen,
  - - an Stahlbeton befestigen,
  - - an Stahl befestigen,
  - - an Aluminium befestigen,
  - - an Holz befestigen,
  - - befestigen ....... ,
- Abmessungen .......
- Ausführung gemäß Zeichnung Nr. ....... , Einzelbeschreibung Nr. ....... ,
  - Berechnungseinheit Stück (mit Angabe der Abmessungen),
    m (mit Angabe Breite/Höhe)

# LB 030 Rollladenarbeiten, Rollabschlüsse, Sonnenschutz- und Verdunkelungsanlagen
## Steuerungsanlagen

STLB 030

Ausgabe 06.01

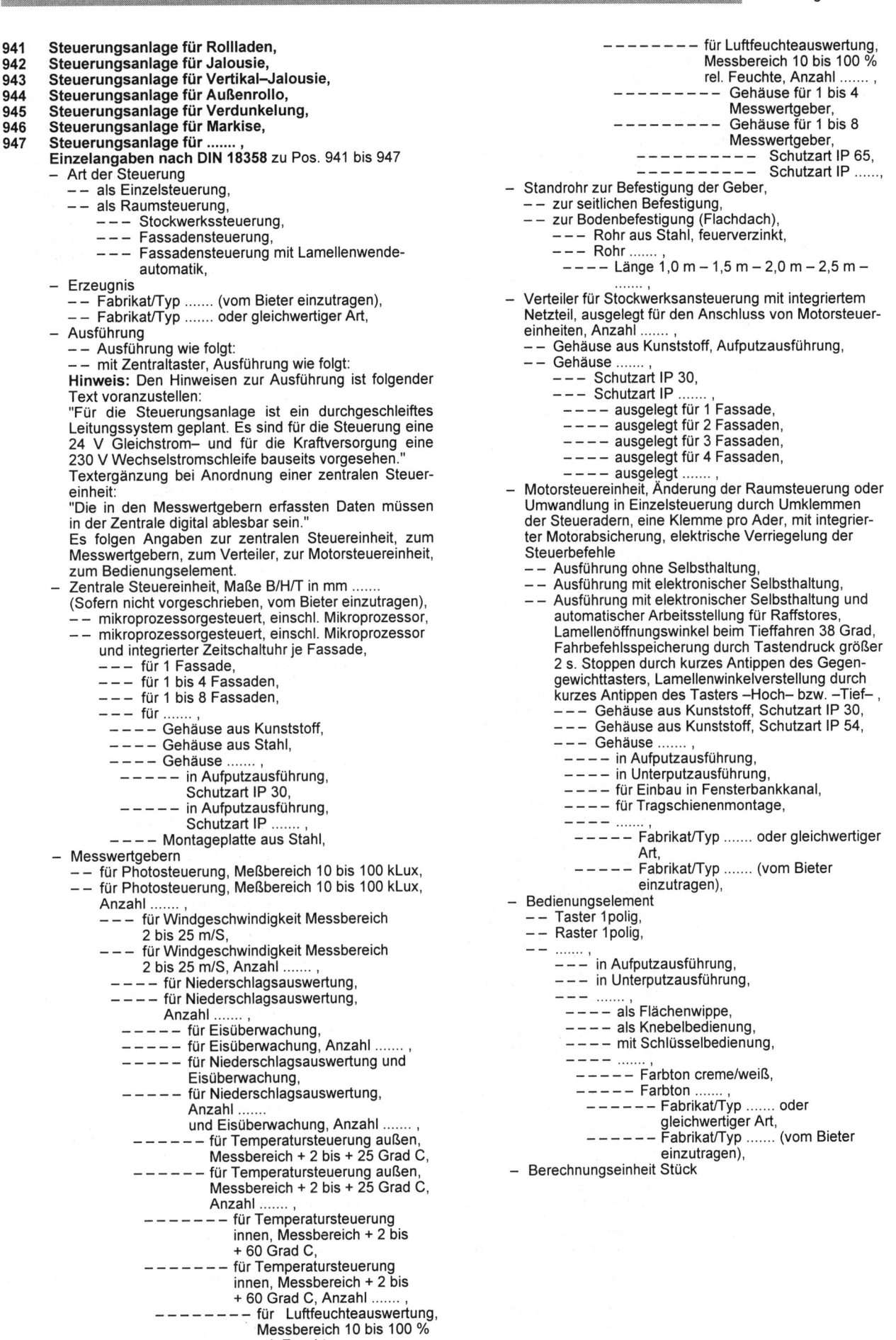

941 Steuerungsanlage für Rollladen,
942 Steuerungsanlage für Jalousie,
943 Steuerungsanlage für Vertikal–Jalousie,
944 Steuerungsanlage für Außenrollo,
945 Steuerungsanlage für Verdunkelung,
946 Steuerungsanlage für Markise,
947 Steuerungsanlage für ....... ,
Einzelangaben nach DIN 18358 zu Pos. 941 bis 947
– Art der Steuerung
– – als Einzelsteuerung,
– – als Raumsteuerung,
– – – Stockwerkssteuerung,
– – – Fassadensteuerung,
– – – Fassadensteuerung mit Lamellenwende-
automatik,
– Erzeugnis
– – Fabrikat/Typ ....... (vom Bieter einzutragen),
– – Fabrikat/Typ ....... oder gleichwertiger Art,
– Ausführung
– – Ausführung wie folgt:
– – mit Zentraltaster, Ausführung wie folgt:
**Hinweis:** Den Hinweisen zur Ausführung ist folgender Text voranzustellen:
"Für die Steuerungsanlage ist ein durchgeschleiftes Leitungssystem geplant. Es sind für die Steuerung eine 24 V Gleichstrom– und für die Kraftversorgung eine 230 V Wechselstromschleife bauseits vorgesehen."
Textergänzung bei Anordnung einer zentralen Steuer-
einheit:
"Die in den Messwertgebern erfassten Daten müssen in der Zentrale digital ablesbar sein."
Es folgen Angaben zur zentralen Steuereinheit, zum Messwertgebern, zum Verteiler, zur Motorsteuereinheit, zum Bedienungselement.
– Zentrale Steuereinheit, Maße B/H/T in mm .......
(Sofern nicht vorgeschrieben, vom Bieter einzutragen),
– – mikroprozessorgesteuert, einschl. Mikroprozessor,
– – mikroprozessorgesteuert, einschl. Mikroprozessor
und integrierter Zeitschaltuhr je Fassade,
– – – für 1 Fassade,
– – – für 1 bis 4 Fassaden,
– – – für 1 bis 8 Fassaden,
– – – für ....... ,
– – – – Gehäuse aus Kunststoff,
– – – – Gehäuse aus Stahl,
– – – – Gehäuse ....... ,
– – – – – in Aufputzausführung,
Schutzart IP 30,
– – – – – in Aufputzausführung,
Schutzart IP ....... ,
– – – – Montageplatte aus Stahl,
– Messwertgebern
– – für Photosteuerung, Meßbereich 10 bis 100 kLux,
– – für Photosteuerung, Meßbereich 10 bis 100 kLux,
Anzahl ....... ,
– – – für Windgeschwindigkeit Messbereich
2 bis 25 m/S,
– – – für Windgeschwindigkeit Messbereich
2 bis 25 m/S, Anzahl ....... ,
– – – – für Niederschlagsauswertung,
– – – – für Niederschlagsauswertung,
Anzahl ....... ,
– – – – – für Eisüberwachung,
– – – – – für Eisüberwachung, Anzahl ....... ,
– – – – – für Niederschlagsauswertung und
Eisüberwachung,
– – – – – für Niederschlagsauswertung
und Eisüberwachung, Anzahl ....... ,
– – – – – – für Temperatursteuerung außen,
Messbereich + 2 bis + 25 Grad C,
– – – – – – für Temperatursteuerung außen,
Messbereich + 2 bis + 25 Grad C,
Anzahl ....... ,
– – – – – – – für Temperatursteuerung
innen, Messbereich + 2 bis
+ 60 Grad C,
– – – – – – – für Temperatursteuerung
innen, Messbereich + 2 bis
+ 60 Grad C, Anzahl ....... ,
– – – – – – – – für Luftfeuchteauswertung,
Messbereich 10 bis 100 %
rel. Feuchte,
– – – – – – – – für Luftfeuchteauswertung,
Messbereich 10 bis 100 %
rel. Feuchte, Anzahl ....... ,
– – – – – – – – Gehäuse für 1 bis 4
Messwertgeber,
– – – – – – – – Gehäuse für 1 bis 8
Messwertgeber,
– – – – – – – – – Schutzart IP 65,
– – – – – – – – – Schutzart IP ....... ,
– Standrohr zur Befestigung der Geber,
– – zur seitlichen Befestigung,
– – zur Bodenbefestigung (Flachdach),
– – – Rohr aus Stahl, feuerverzinkt,
– – – Rohr ....... ,
– – – – Länge 1,0 m – 1,5 m – 2,0 m – 2,5 m –
....... ,
– Verteiler für Stockwerksansteuerung mit integriertem Netzteil, ausgelegt für den Anschluss von Motorsteuereinheiten, Anzahl ....... ,
– – Gehäuse aus Kunststoff, Aufputzausführung,
– – Gehäuse ....... ,
– – – Schutzart IP 30,
– – – Schutzart IP ....... ,
– – – – ausgelegt für 1 Fassade,
– – – – ausgelegt für 2 Fassaden,
– – – – ausgelegt für 3 Fassaden,
– – – – ausgelegt für 4 Fassaden,
– – – – ausgelegt ....... ,
– Motorsteuereinheit, Änderung der Raumsteuerung oder Umwandlung in Einzelsteuerung durch Umklemmen der Steueradern, eine Klemme pro Ader, mit integrierter Motorabsicherung, elektrische Verriegelung der Steuerbefehle
– – Ausführung ohne Selbsthaltung,
– – Ausführung mit elektronischer Selbsthaltung,
– – Ausführung mit elektronischer Selbsthaltung und automatischer Arbeitsstellung bei Raffstores, Lamellenöffnungswinkel beim Tieffahren 38 Grad, Fahrbefehlsspeicherung durch Tastendruck größer 2 s. Stoppen durch kurzes Antippen des Gegengewichttasters, Lamellenwinkelverstellung durch kurzes Antippen des Tasters –Hoch– bzw. –Tief–,
– – – Gehäuse aus Kunststoff, Schutzart IP 30,
– – – Gehäuse aus Kunststoff, Schutzart IP 54,
– – – Gehäuse ....... ,
– – – – in Aufputzausführung,
– – – – in Unterputzausführung,
– – – – für Einbau in Fensterbankkanal,
– – – – für Tragschienenmontage,
– – – – ....... ,
– – – – – Fabrikat/Typ ....... oder gleichwertiger Art,
– – – – – Fabrikat/Typ ....... (vom Bieter einzutragen),
– Bedienungselement
– – Taster 1polig,
– – Raster 1polig,
– – ....... ,
– – – in Aufputzausführung,
– – – in Unterputzausführung,
– – – ....... ,
– – – – als Flächenwippe,
– – – – als Knebelbedienung,
– – – – mit Schlüsselbedienung,
– – – – ....... ,
– – – – – Farbton creme/weiß,
– – – – – Farbton ....... ,
– – – – – – Fabrikat/Typ ....... oder
gleichwertiger Art,
– – – – – – Fabrikat/Typ ....... (vom Bieter
einzutragen),
– Berechnungseinheit Stück

**STLB 030**

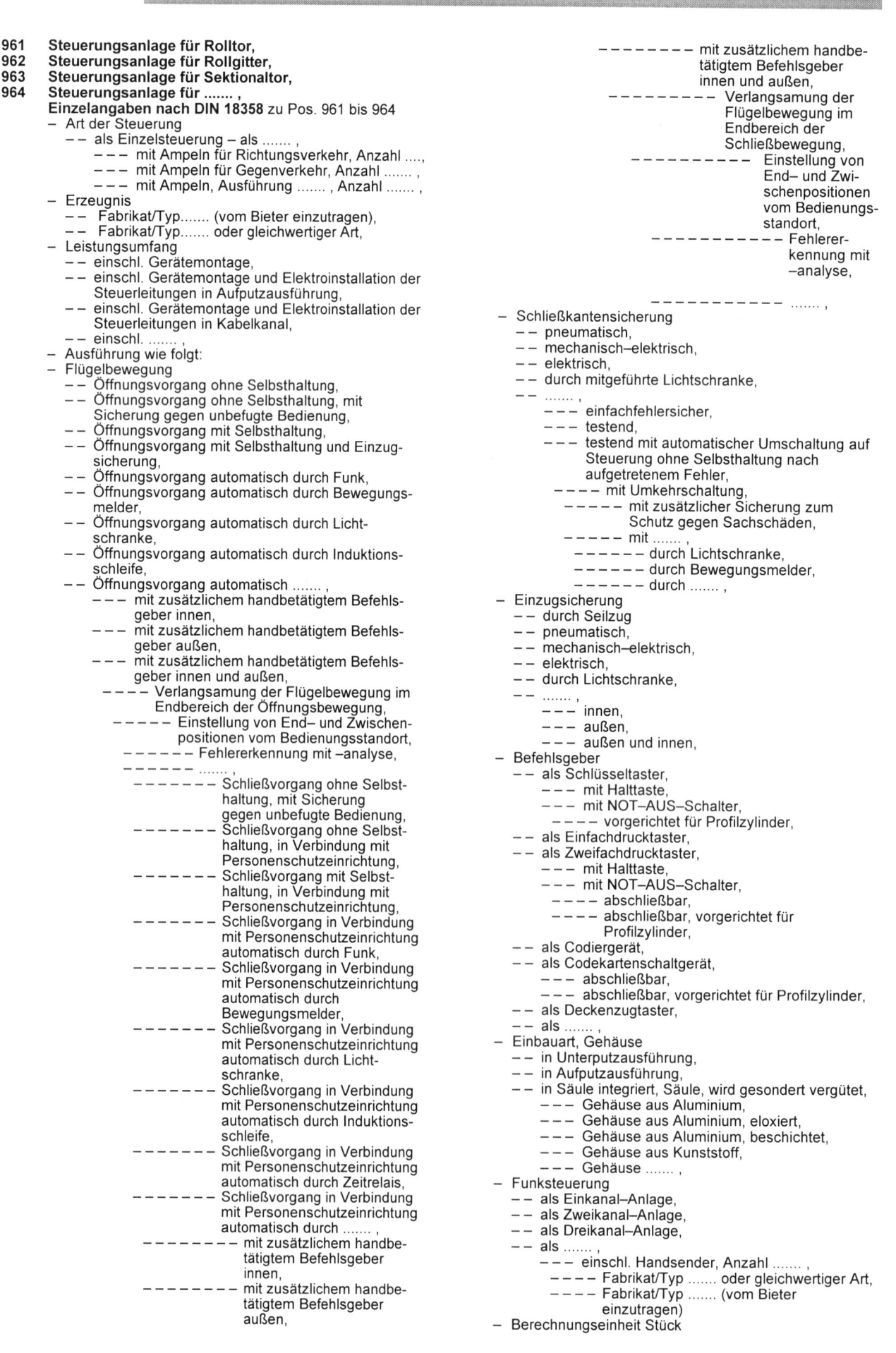

**LB 030 Rollladenarbeiten, Rollabschlüsse, Sonnenschutz- und Verdunkelungsanlagen**
Steuerungsanlagen

Ausgabe 06.01

961 Steuerungsanlage für Rolltor,
962 Steuerungsanlage für Rollgitter,
963 Steuerungsanlage für Sektionaltor,
964 Steuerungsanlage für ....... ,
   **Einzelangaben nach DIN 18358 zu Pos. 961 bis 964**
   - Art der Steuerung
     - - als Einzelsteuerung – als ....... ,
       - - - mit Ampeln für Richtungsverkehr, Anzahl .... ,
       - - - mit Ampeln für Gegenverkehr, Anzahl ....... ,
       - - - mit Ampeln, Ausführung ....... , Anzahl ....... ,
   - Erzeugnis
     - - Fabrikat/Typ....... (vom Bieter einzutragen),
     - - Fabrikat/Typ....... oder gleichwertiger Art,
   - Leistungsumfang
     - - einschl. Gerätemontage,
     - - einschl. Gerätemontage und Elektroinstallation der Steuerleitungen in Aufputzausführung,
     - - einschl. Gerätemontage und Elektroinstallation der Steuerleitungen in Kabelkanal,
     - - einschl. ....... ,
   - Ausführung wie folgt:
   - Flügelbewegung
     - - Öffnungsvorgang ohne Selbsthaltung,
     - - Öffnungsvorgang ohne Selbsthaltung, mit Sicherung gegen unbefugte Bedienung,
     - - Öffnungsvorgang mit Selbsthaltung,
     - - Öffnungsvorgang mit Selbsthaltung und Einzugsicherung,
     - - Öffnungsvorgang automatisch durch Funk,
     - - Öffnungsvorgang automatisch durch Bewegungsmelder,
     - - Öffnungsvorgang automatisch durch Lichtschranke,
     - - Öffnungsvorgang automatisch durch Induktionsschleife,
     - - Öffnungsvorgang automatisch ....... ,
       - - - mit zusätzlichem handbetätigtem Befehlsgeber innen,
       - - - mit zusätzlichem handbetätigtem Befehlsgeber außen,
       - - - mit zusätzlichem handbetätigtem Befehlsgeber innen und außen,
         - - - - Verlangsamung der Flügelbewegung im Endbereich der Öffnungsbewegung,
         - - - - - Einstellung von End- und Zwischenpositionen vom Bedienungsstandort,
         - - - - - - Fehlererkennung mit -analyse,
         - - - - - - ....... ,
           - - - - - - Schließvorgang ohne Selbsthaltung, mit Sicherung gegen unbefugte Bedienung,
           - - - - - - Schließvorgang ohne Selbsthaltung, in Verbindung mit Personenschutzeinrichtung,
           - - - - - - Schließvorgang mit Selbsthaltung, in Verbindung mit Personenschutzeinrichtung,
           - - - - - - Schließvorgang in Verbindung mit Personenschutzeinrichtung automatisch durch Funk,
           - - - - - - Schließvorgang in Verbindung mit Personenschutzeinrichtung automatisch durch Bewegungsmelder,
           - - - - - - Schließvorgang in Verbindung mit Personenschutzeinrichtung automatisch durch Lichtschranke,
           - - - - - - Schließvorgang in Verbindung mit Personenschutzeinrichtung automatisch durch Induktionsschleife,
           - - - - - - Schließvorgang in Verbindung mit Personenschutzeinrichtung automatisch durch Zeitrelais,
           - - - - - - Schließvorgang in Verbindung mit Personenschutzeinrichtung automatisch durch ....... ,
             - - - - - - mit zusätzlichem handbetätigtem Befehlsgeber innen,
             - - - - - - mit zusätzlichem handbetätigtem Befehlsgeber außen,
             - - - - - - - mit zusätzlichem handbetätigtem Befehlsgeber innen und außen,
             - - - - - - - - Verlangsamung der Flügelbewegung im Endbereich der Schließbewegung,
             - - - - - - - - - Einstellung von End- und Zwischenpositionen vom Bedienungsstandort,
             - - - - - - - - - Fehlererkennung mit -analyse,
             - - - - - - - - - - ....... ,
   - Schließkantensicherung
     - - pneumatisch,
     - - mechanisch-elektrisch,
     - - elektrisch,
     - - durch mitgeführte Lichtschranke,
     - - ....... ,
       - - - einfachfehlersicher,
       - - - testend,
       - - - testend mit automatischer Umschaltung auf Steuerung ohne Selbsthaltung nach aufgetretenem Fehler,
         - - - - mit Umkehrschaltung,
           - - - - - mit zusätzlicher Sicherung zum Schutz gegen Sachschäden,
           - - - - - mit ....... ,
             - - - - - - durch Lichtschranke,
             - - - - - - durch Bewegungsmelder,
             - - - - - - durch ....... ,
   - Einzugsicherung
     - - durch Seilzug
     - - pneumatisch,
     - - mechanisch-elektrisch,
     - - elektrisch,
     - - durch Lichtschranke,
     - - ....... ,
       - - - innen,
       - - - außen,
       - - - außen und innen,
   - Befehlsgeber
     - - als Schlüsseltaster,
       - - - mit Halttaste,
       - - - mit NOT-AUS-Schalter,
         - - - - vorgerichtet für Profilzylinder,
     - - als Einfachdrucktaster,
     - - als Zweifachdrucktaster,
       - - - mit Halttaste,
       - - - mit NOT-AUS-Schalter,
         - - - - abschließbar,
         - - - - abschließbar, vorgerichtet für Profilzylinder,
     - - als Codiergerät,
     - - als Codekartenschaltgerät,
       - - - abschließbar,
       - - - abschließbar, vorgerichtet für Profilzylinder,
     - - als Deckenzugtaster,
     - - als ....... ,
   - Einbauart, Gehäuse
     - - in Unterputzausführung,
     - - in Aufputzausführung,
     - - in Säule integriert, Säule, wird gesondert vergütet,
       - - - Gehäuse aus Aluminium,
       - - - Gehäuse aus Aluminium, eloxiert,
       - - - Gehäuse aus Aluminium, beschichtet,
       - - - Gehäuse aus Kunststoff,
       - - - Gehäuse ....... ,
   - Funksteuerung
     - - als Einkanal-Anlage,
     - - als Zweikanal-Anlage,
     - - als Dreikanal-Anlage,
     - - als ....... ,
       - - - einschl. Handsender, Anzahl ....... ,
         - - - - Fabrikat/Typ ....... oder gleichwertiger Art,
         - - - - Fabrikat/Typ ....... (vom Bieter einzutragen)
   - Berechnungseinheit Stück

# LB 030 Rollladenarbeiten, Rollabschlüsse, Sonnenschutz- und Verdunkelungsanlagen
## Rollläden (Holzpanzer); Rollläden (PVC-Panzer)

AW 030

Preise 06.01

Sämtliche Preise sind **Mittelpreise ohne Mehrwertsteuer** zum Zeitpunkt des Ausgabedatums.
**Korrekturfaktoren** für Regionaleinfluss, Mengeneinfluss, Konjunktureinfluss siehe Vorspann.
**Abkürzungen:** EP = Einheitspreis, LA = Lohnanteil, ST = Stoffanteil

### Rollläden (Holzpanzer)

030.-----.-

|  |  |  |
|---|---|---|
| 030.02001.M | Rollladen 750 x 750, Holzpanzer Profil 1 | 181,60 DM/St / 92,85 €/St |
| 030.02002.M | Rollladen 875 x 875, Holzpanzer Profil 1 | 247,34 DM/St / 126,46 €/St |
| 030.02003.M | Rollladen 1000 x 1000, Holzpanzer Profil 1 | 297,54 DM/St / 152,13 €/St |
| 030.02004.M | Rollladen 1000 x 1125, Holzpanzer Profil 1 | 334,71 DM/St / 171,14 €/St |
| 030.02005.M | Rollladen 1000 x 2125, Holzpanzer Profil 1 | 518,49 DM/St / 265,10 €/St |
| 030.02006.M | Rollladen 1125 x 1125, Holzpanzer Profil 1 | 340,14 DM/St / 173,91 €/St |
| 030.02007.M | Rollladen 1125 x 1250, Holzpanzer Profil 1 | 377,81 DM/St / 193,17 €/St |
| 030.02008.M | Rollladen 1125 x 1375, Holzpanzer Profil 1 | 414,99 DM/St / 212,18 €/St |
| 030.02009.M | Rollladen 1250 x 1250, Holzpanzer Profil 1 | 419,74 DM/St / 214,61 €/St |
| 030.02010.M | Rollladen 1250 x 1375, Holzpanzer Profil 1 | 461,76 DM/St / 236,09 €/St |
| 030.02011.M | Rollladen 1250 x 1500, Holzpanzer Profil 1 | 502,76 DM/St / 257,06 €/St |
| 030.02012.M | Rollladen 2125 x 2000, Holzpanzer Profil 1 | 996,94 DM/St / 509,73 €/St |

**Hinweis:**
Mittelpreise für andere Öffnungsgrößen
(Rohbaurichtmaß RR)

| | DM/m2 | €/m2 |
|---|---|---|
| Fläche aus RR bis 1,00 m2 | 323,80 | 165,60 |
| RR über 1,00 bis 2,00 m2 | 269,60 | 137,80 |
| RR über 2,00 m2 | 245,50 | 125,50 |

**030.02001.M** KG 338 DIN 276
Rollladen 750 x 750, Holzpanzer Profil 1
EP 181,60 DM/St   LA 68,35 DM/St   ST 113,25 DM/St
EP  92,85 €/St    LA 34,95 €/St    ST  57,90 €/St

**030.02002.M** KG 338 DIN 276
Rollladen 875 x 875, Holzpanzer Profil 1
EP 247,34 DM/St   LA 92,86 DM/St   ST 154,48 DM/St
EP 126,46 €/St    LA 47,48 €/St    ST  78,98 €/St

**030.02003.M** KG 338 DIN 276
Rollladen 1000 x 1000, Holzpanzer Profil 1
EP 297,54 DM/St   LA 110,92 DM/St   ST 186,62 DM/St
EP 152,13 €/St    LA  56,71 €/St    ST  95,42 €/St

**030.02004.M** KG 338 DIN 276
Rollladen 1000 x 1125, Holzpanzer Profil 1
EP 334,71 DM/St   LA 125,11 DM/St   ST 209,60 DM/St
EP 171,14 €/St    LA  63,97 €/St    ST 107,17 €/St

**030.02005.M** KG 338 DIN 276
Rollladen 1000 x 2125, Holzpanzer Profil 1
EP 518,49 DM/St   LA 194,75 DM/St   ST 323,74 DM/St
EP 265,10 €/St    LA  99,57 €/St    ST 165,53 €/St

**030.02006.M** KG 338 DIN 276
Rollladen 1125 x 1125, Holzpanzer Profil 1
EP 340,14 DM/St   LA 127,04 DM/St   ST 213,10 DM/St
EP 173,91 €/St    LA  64,95 €/St    ST 108,96 €/St

**030.02007.M** KG 338 DIN 276
Rollladen 1125 x 1250, Holzpanzer Profil 1
EP 377,81 DM/St   LA 141,88 DM/St   ST 235,93 DM/St
EP 193,17 €/St    LA  72,54 €/St    ST 120,63 €/St

**030.02008.M** KG 338 DIN 276
Rollladen 1125 x 1375, Holzpanzer Profil 1
EP 414,99 DM/St   LA 156,70 DM/St   ST 258,29 DM/St
EP 212,18 €/St    LA  80,12 €/St    ST 132,06 €/St

**030.02009.M** KG 338 DIN 276
Rollladen 1250 x 1250, Holzpanzer Profil 1
EP 419,74 DM/St   LA 157,99 DM/St   ST 261,75 DM/St
EP 214,61 €/St    LA  80,78 €/St    ST 133,83 €/St

**030.02010.M** KG 338 DIN 276
Rollladen 1250 x 1375, Holzpanzer Profil 1
EP 461,76 DM/St   LA 181,21 DM/St   ST 280,55 DM/St
EP 236,09 €/St    LA  92,65 €/St    ST 143,44 €/St

**030.02011.M** KG 338 DIN 276
Rollladen 1250 x 1500, Holzpanzer Profil 1
EP 502,76 DM/St   LA 192,82 DM/St   ST 309,94 DM/St
EP 257,06 €/St    LA  98,59 €/St    ST 158,47 €/St

**030.02012.M** KG 338 DIN 276
Rollladen 2125 x 2000, Holzpanzer Profil 1
EP 996,94 DM/St   LA 366,93 DM/St   ST 630,01 DM/St
EP 509,73 €/St    LA 187,61 €/St    ST 322,12 €/St

### Rollläden (PVC-Panzer)

030.-----.-

|  |  |  |
|---|---|---|
| 030.02013.M | Rollladen 750 x 750, PVC-Panzer 8 mm, mit Kasten | 184,59 DM/St / 94,38 €/St |
| 030.02014.M | Rollladen 750 x 750, PVC-Panzer 8 mm, ohne Kasten | 161,84 DM/St / 82,75 €/St |
| 030.02015.M | Rollladen 875 x 875, PVC-Panzer 8 mm, mit Kasten | 251,80 DM/St / 128,74 €/St |
| 030.02016.M | Rollladen 875 x 875, PVC-Panzer 8 mm, ohne Kasten | 220,83 DM/St / 112,91 €/St |
| 030.02017.M | Rollladen 1000 x 1000, PVC-Panzer 8 mm, mit Kasten | 305,24 DM/St / 156,06 €/St |
| 030.02018.M | Rollladen 1000 x 1000, PVC-Panzer 8 mm, ohne Kasten | 268,01 DM/St / 137,03 €/St |
| 030.02019.M | Rollladen 1000 x 1125, PVC-Panzer 8 mm, mit Kasten | 345,48 DM/St / 176,64 €/St |
| 030.02020.M | Rollladen 1000 x 1125, PVC-Panzer 8 mm, ohne Kasten | 301,63 DM/St / 154,22 €/St |
| 030.02021.M | Rollladen 1000 x 2125, PVC-Panzer 8 mm, mit Kasten | 540,80 DM/St / 276,51 €/St |
| 030.02022.M | Rollladen 1000 x 2125, PVC-Panzer 8 mm, ohne Kasten | 474,83 DM/St / 242,78 €/St |
| 030.02023.M | Rollladen 1125 x 1125, PVC-Panzer 8 mm, mit Kasten | 359,03 DM/St / 183,57 €/St |
| 030.02024.M | Rollladen 1125 x 1125, PVC-Panzer 8 mm, ohne Kasten | 315,19 DM/St / 161,15 €/St |
| 030.02025.M | Rollladen 1125 x 1250, PVC-Panzer 8 mm, mit Kasten | 397,97 DM/St / 203,48 €/St |
| 030.02026.M | Rollladen 1125 x 1250, PVC-Panzer 8 mm, ohne Kasten | 349,14 DM/St / 178,51 €/St |
| 030.02027.M | Rollladen 1125 x 1375, PVC-Panzer 8 mm, mit Kasten | 437,20 DM/St / 223,54 €/St |
| 030.02028.M | Rollladen 1125 x 1375, PVC-Panzer 8 mm, ohne Kasten | 384,12 DM/St / 196,40 €/St |
| 030.02029.M | Rollladen 1250 x 1250, PVC-Panzer 8 mm, mit Kasten | 442,47 DM/St / 226,23 €/St |
| 030.02030.M | Rollladen 1250 x 1250, PVC-Panzer 8 mm, ohne Kasten | 387,72 DM/St / 198,24 €/St |
| 030.02031.M | Rollladen 1250 x 1375, PVC-Panzer 8 mm, mit Kasten | 486,66 DM/St / 248,82 €/St |
| 030.02032.M | Rollladen 1250 x 1375, PVC-Panzer 8 mm, ohne Kasten | 426,96 DM/St / 218,30 €/St |
| 030.02033.M | Rollladen 1250 x 1500, PVC-Panzer 8 mm, mit Kasten | 531,16 DM/St / 271,58 €/St |
| 030.02034.M | Rollladen 1250 x 1500, PVC-Panzer 8 mm, ohne Kasten | 465,54 DM/St / 238,03 €/St |
| 030.02035.M | Rollladen 2125 x 2000, PVC-Panzer 8 mm, mit Kasten | 963,02 DM/St / 492,38 €/St |
| 030.02036.M | Rollladen 2125 x 2000, PVC-Panzer 8 mm, ohne Kasten | 842,99 DM/St / 431,01 €/St |

**Hinweis:**
Mittelpreise für andere Öffnungsgrößen
(Rohbaurichtmaß RR; R.-kasten Rollladenkasten)

| | DM/m2 mit R.-kasten | DM/m2 ohne R.-kasten |
|---|---|---|
| Fläche aus RR bis 1,00m2 | 328,00 | 288,00 |
| RR über 1,00 bis 2,00m2 | 283,00 | 248,00 |
| RR über 2,00m2 | 226,50 | 198,50 |

| | €/m2 mit R.-kasten | €/m2 ohne R.-kasten |
|---|---|---|
| Fläche aus RR bis 1,00m2 | 328,00 | 288,00 |
| RR über 1,00 bis 2,00m2 | 283,00 | 248,00 |
| RR über 2,00m2 | 226,50 | 198,50 |

**030.02013.M** KG 338 DIN 276
Rollladen 750 x 750, PVC-Panzer 8 mm, mit Kasten
EP 184,59 DM/St   LA 31,60 DM/St   ST 152,99 DM/St
EP  94,38 €/St    LA 16,15 €/St    ST  78,23 €/St

AW 030

## LB 030 Rollladenarbeiten, Rollabschlüsse, Sonnenschutz- und Verdunkelungsanlagen
### Rollläden (PVC-Panzer)

Preise 06.01

Sämtliche Preise sind **Mittelpreise ohne Mehrwertsteuer** zum Zeitpunkt des Ausgabedatums.
**Korrekturfaktoren** für Regionaleinfluss, Mengeneinfluss, Konjunktureinfluss siehe Vorspann.
**Abkürzungen:** EP = Einheitspreis, LA = Lohnanteil, ST = Stoffanteil

030.02014.M KG 338 DIN 276
Rollladen 750 x 750, PVC-Panzer 8 mm, ohne Kasten
EP 161,84 DM/St   LA 27,73 DM/St   ST 134,11 DM/St
EP  82,75 €/St    LA 14,18 €/St    ST  68,57 €/St

030.02015.M KG 338 DIN 276
Rollladen 875 x 875, PVC-Panzer 8 mm, mit Kasten
EP 251,80 DM/St   LA 43,20 DM/St   ST 208,60 DM/St
EP 128,74 €/St    LA 22,09 €/St    ST 106,65 €/St

030.02016.M KG 338 DIN 276
Rollladen 875 x 875, PVC-Panzer 8 mm, ohne Kasten
EP 220,83 DM/St   LA 38,05 DM/St   ST 182,78 DM/St
EP 112,91 €/St    LA 19,46 €/St    ST  93,45 €/St

030.02017.M KG 338 DIN 276
Rollladen 1000 x 1000, PVC-Panzer 8 mm, mit Kasten
EP 305,24 DM/St   LA 50,94 DM/St   ST 254,30 DM/St
EP 156,06 €/St    LA 26,05 €/St    ST 130,01 €/St

030.02018.M KG 338 DIN 276
Rollladen 1000 x 1000, PVC-Panzer 8 mm, ohne Kasten
EP 268,01 DM/St   LA 44,50 DM/St   ST 223,51 DM/St
EP 137,03 €/St    LA 22,75 €/St    ST 114,28 €/St

030.02019.M KG 338 DIN 276
Rollladen 1000 x 1125, PVC-Panzer 8 mm, mit Kasten
EP 345,48 DM/St   LA 57,39 DM/St   ST 288,09 DM/St
EP 176,64 €/St    LA 29,34 €/St    ST 147,30 €/St

030.02020.M KG 338 DIN 276
Rollladen 1000 x 1125, PVC-Panzer 8 mm, ohne Kasten
EP 301,63 DM/St   LA 50,30 DM/St   ST 251,33 DM/St
EP 154,22 €/St    LA 25,72 €/St    ST 128,50 €/St

030.02021.M KG 338 DIN 276
Rollladen 1000 x 2125, PVC-Panzer 8 mm, mit Kasten
EP 540,80 DM/St   LA 83,83 DM/St   ST 456,97 DM/St
EP 276,51 €/St    LA 42,86 €/St    ST 233,65 €/St

030.02022.M KG 338 DIN 276
Rollladen 1000 x 2125, PVC-Panzer 8 mm, ohne Kasten
EP 474,83 DM/St   LA 73,51 DM/St   ST 401,32 DM/St
EP 242,78 €/St    LA 37,59 €/St    ST 205,19 €/St

030.02023.M KG 338 DIN 276
Rollladen 1125 x 1125, PVC-Panzer 8 mm, mit Kasten
EP 359,03 DM/St   LA 58,04 DM/St   ST 300,99 DM/St
EP 183,57 €/St    LA 29,68 €/St    ST 153,89 €/St

030.02024.M KG 338 DIN 276
Rollladen 1125 x 1125, PVC-Panzer 8 mm, ohne Kasten
EP 315,19 DM/St   LA 50,94 DM/St   ST 264,25 DM/St
EP 161,15 €/St    LA 26,05 €/St    ST 135,10 €/St

030.02025.M KG 338 DIN 276
Rollladen 1125 x 1250, PVC-Panzer 8 mm, mit Kasten
EP 397,97 DM/St   LA 63,20 DM/St   ST 334,77 DM/St
EP 203,48 €/St    LA 32,31 €/St    ST 171,17 €/St

030.02026.M KG 338 DIN 276
Rollladen 1125 x 1250, PVC-Panzer 8 mm, ohne Kasten
EP 349,14 DM/St   LA 56,10 DM/St   ST 293,04 DM/St
EP 178,51 €/St    LA 28,69 €/St    ST 149,82 €/St

030.02027.M KG 338 DIN 276
Rollladen 1125 x 1375, PVC-Panzer 8 mm, mit Kasten
EP 437,20 DM/St   LA 69,65 DM/St   ST 367,55 DM/St
EP 223,54 €/St    LA 35,61 €/St    ST 187,93 €/St

030.02028.M KG 338 DIN 276
Rollladen 1125 x 1375, PVC-Panzer 8 mm, ohne Kasten
EP 384,12 DM/St   LA 61,26 DM/St   ST 322,86 DM/St
EP 196,40 €/St    LA 31,32 €/St    ST 165,08 €/St

030.02029.M KG 338 DIN 276
Rollladen 1250 x 1250, PVC-Panzer 8 mm, mit Kasten
EP 442,47 DM/St   LA 70,93 DM/St   ST 371,54 DM/St
EP 226,23 €/St    LA 36,27 €/St    ST 189,96 €/St

030.02030.M KG 338 DIN 276
Rollladen 1250 x 1250, PVC-Panzer 8 mm, ohne Kasten
EP 387,72 DM/St   LA 61,91 DM/St   ST 325,81 DM/St
EP 198,24 €/St    LA 31,65 €/St    ST 166,59 €/St

030.02031.M KG 338 DIN 276
Rollladen 1250 x 1375, PVC-Panzer 8 mm, mit Kasten
EP 486,66 DM/St   LA 77,39 DM/St   ST 409,27 DM/St
EP 248,82 €/St    LA 39,57 €/St    ST 209,25 €/St

030.02032.M KG 338 DIN 276
Rollladen 1250 x 1375, PVC-Panzer 8 mm, ohne Kasten
EP 426,96 DM/St   LA 68,35 DM/St   ST 358,61 DM/St
EP 218,30 €/St    LA 34,95 €/St    ST 183,35 €/St

030.02033.M KG 338 DIN 276
Rollladen 1250 x 1500, PVC-Panzer 8 mm, mit Kasten
EP 531,16 DM/St   LA 85,12 DM/St   ST 446,04 DM/St
EP 271,58 €/St    LA 43,52 €/St    ST 228,06 €/St

030.02034.M KG 338 DIN 276
Rollladen 1250 x 1500, PVC-Panzer 8 mm, ohne Kasten
EP 465,54 DM/St   LA 74,16 DM/St   ST 391,38 DM/St
EP 238,03 €/St    LA 37,92 €/St    ST 200,11 €/St

030.02035.M KG 338 DIN 276
Rollladen 2125 x 2000, PVC-Panzer 8 mm, mit Kasten
EP 963,02 DM/St   LA 144,46 DM/St  ST 818,56 DM/St
EP 492,38 €/St    LA  73,86 €/St   ST 418,52 €/St

030.02036.M KG 338 DIN 276
Rollladen 2125 x 2000, PVC-Panzer 8 mm, ohne Kasten
EP 842,99 DM/St   LA 125,75 DM/St  ST 717,24 DM/St
EP 431,01 €/St    LA  64,30 €/St   ST 366,71 €/St

# LB 030 Rollladenarbeiten, Rollabschlüsse, Sonnenschutz- und Verdunkelungsanlagen
## Rollläden (ALU-Panzer)

**AW 030**

Preise 06.01

Sämtliche Preise sind **Mittelpreise ohne Mehrwertsteuer** zum Zeitpunkt des Ausgabedatums.
**Korrekturfaktoren** für Regionaleinfluss, Mengeneinfluss, Konjunktureinfluss siehe Vorspann.
**Abkürzungen:** EP = Einheitspreis, LA = Lohnanteil, ST = Stoffanteil

### Rollläden (ALU-Panzer)

030.-----.-

|  |  |  |
|---|---|---|
| 030.02037.M | Rollladen 750x750, Alu, einw., m. Kasten | 229,28 DM/St / 117,23 €/St |
| 030.02038.M | Rollladen 750x750, Alu, einw., o. Kasten | 201,56 DM/St / 103,06 €/St |
| 030.02039.M | Rollladen 750x750, Alu, doppelw., 3,6kg/m2, m. Kasten | 261,07 DM/St / 133,48 €/St |
| 030.02040.M | Rollladen 750x750, Alu, doppelw., 3,6kg/m2, o. Kasten | 229,38 DM/St / 117,28 €/St |
| 030.02041.M | Rollladen 750x750, Alu, doppelw., 5,0kg/m2, o. Kasten | 246,12 DM/St / 125,84 €/St |
| 030.02042.M | Rollladen 875x875, Alu, einw., m. Kasten | 312,40 DM/St / 159,73 €/St |
| 030.02043.M | Rollladen 875x875, Alu, einw., o. Kasten | 274,48 DM/St / 140,34 €/St |
| 030.02044.M | Rollladen 875x875, Alu, doppelw., 3,6kg/m2, m. Kasten | 355,12 DM/St / 181,57 €/St |
| 030.02045.M | Rollladen 875x875, Alu, doppelw., 3,6kg/m2, o. Kasten | 312,22 DM/St / 159,64 €/St |
| 030.02046.M | Rollladen 875x875, Alu, doppelw., 5,0kg/m2, o. Kasten | 334,20 DM/St / 170,87 €/St |
| 030.02047.M | Rollladen 1000x1000, Alu, einw., m. Kasten | 373,80 DM/St / 191,12 €/St |
| 030.02048.M | Rollladen 1000x1000, Alu, einw., o. Kasten | 327,61 DM/St / 167,50 €/St |
| 030.02049.M | Rollladen 1000x1125, Alu, einw., m. Kasten | 420,97 DM/St / 215,24 €/St |
| 030.02050.M | Rollladen 1000x1125, Alu, einw., o. Kasten | 368,18 DM/St / 188,25 €/St |
| 030.02051.M | Rollladen 1000x2125, Alu, einw., m. Kasten | 650,07 DM/St / 332,38 €/St |
| 030.02052.M | Rollladen 1000x2125, Alu, einw., o. Kasten | 570,21 DM/St / 291,54 €/St |
| 030.02053.M | Rollladen 1000x1000, Alu, doppelw., 3,6kg/m2, m. Kasten | 415,52 DM/St / 212,45 €/St |
| 030.02054.M | Rollladen 1000x1000, Alu, doppelw., 3,6kg/m2, o. Kasten | 364,37 DM/St / 186,30 €/St |
| 030.02055.M | Rollladen 1000x1000, Alu, doppelw., 5,0kg/m2, o. Kasten | 390,58 DM/St / 199,70 €/St |
| 030.02056.M | Rollladen 1000x1125, Alu, doppelw., 3,6kg/m2, m. Kasten | 468,65 DM/St / 239,62 €/St |
| 030.02057.M | Rollladen 1000x1125, Alu, doppelw., 3,6kg/m2, o. Kasten | 410,90 DM/St / 210,09 €/St |
| 030.02058.M | Rollladen 1000x1125, Alu, doppelw., 5,0kg/m2, o. Kasten | 438,75 DM/St / 224,33 €/St |
| 030.02059.M | Rollladen 1000x2125, Alu, doppelw., 3,6kg/m2, m. Kasten | 703,70 DM/St / 359,80 €/St |
| 030.02060.M | Rollladen 1000x2125, Alu, doppelw., 3,6kg/m2, o. Kasten | 616,90 DM/St / 315,41 €/St |
| 030.02061.M | Rollladen 1000x2125, Alu, doppelw., 5,0kg/m2, o. Kasten | 659,04 DM/St / 336,96 €/St |
| 030.02062.M | Rollladen 1125x1125, Alu, einw., m. Kasten | 430,56 DM/St / 220,14 €/St |
| 030.02063.M | Rollladen 1125x1125, Alu, einw., o. Kasten | 377,78 DM/St / 193,15 €/St |
| 030.02064.M | Rollladen 1125x1250, Alu, einw., m. Kasten | 477,45 DM/St / 244,12 €/St |
| 030.02065.M | Rollladen 1125x1250, Alu, einw., o. Kasten | 419,68 DM/St / 214,58 €/St |
| 030.02066.M | Rollladen 1125x1375, Alu, einw., m. Kasten | 525,62 DM/St / 268,75 €/St |
| 030.02067.M | Rollladen 1125x1375, Alu, einw., o. Kasten | 460,61 DM/St / 235,50 €/St |
| 030.02068.M | Rollladen 1125x1125, Alu, doppelw., 3,6kg/m2, m. Kasten | 493,13 DM/St / 252,14 €/St |
| 030.02069.M | Rollladen 1125x1125, Alu, doppelw., 3,6kg/m2, o. Kasten | 433,40 DM/St / 221,59 €/St |
| 030.02070.M | Rollladen 1125x1125, Alu, doppelw., 5,0kg/m2, o. Kasten | 459,90 DM/St / 235,14 €/St |
| 030.02071.M | Rollladen 1125x1250, Alu, doppelw., 3,6kg/m2, m. Kasten | 517,18 DM/St / 264,43 €/St |
| 030.02072.M | Rollladen 1125x1250, Alu, doppelw., 3,6kg/m2, o. Kasten | 454,44 DM/St / 232,35 €/St |
| 030.02073.M | Rollladen 1125x1250, Alu, doppelw., 5,0kg/m2, o. Kasten | 481,90 DM/St / 246,39 €/St |
| 030.02074.M | Rollladen 1125x1375, Alu, doppelw., 3,6kg/m2, m. Kasten | 569,32 DM/St / 291,09 €/St |
| 030.02075.M | Rollladen 1125x1375, Alu, doppelw., 3,6kg/m2, o. Kasten | 499,34 DM/St / 255,31 €/St |
| 030.02076.M | Rollladen 1125x1375, Alu, doppelw., 5,0kg/m2, o. Kasten | 529,71 DM/St / 270,84 €/St |
| 030.02077.M | Rollladen 1250x1250, Alu, einw., m. Kasten | 530,87 DM/St / 271,43 €/St |
| 030.02078.M | Rollladen 1250x1250, Alu, einw., o. Kasten | 465,21 DM/St / 237,86 €/St |
| 030.02079.M | Rollladen 1250x1375, Alu, einw., m. Kasten | 584,01 DM/St / 298,60 €/St |
| 030.02080.M | Rollladen 1250x1375, Alu, einw., o. Kasten | 512,40 DM/St / 261,99 €/St |
| 030.02081.M | Rollladen 1250x1500, Alu, einw., m. Kasten | 637,43 DM/St / 325,91 €/St |
| 030.02082.M | Rollladen 1250x1500, Alu, einw., o. Kasten | 558,94 DM/St / 285,78 €/St |
| 030.02083.M | Rollladen 1250x1250, Alu, doppelw., 3,6kg/m2, m. Kasten | 575,57 DM/St / 294,29 €/St |
| 030.02084.M | Rollladen 1250x1250, Alu, doppelw., 3,6kg/m2, o. Kasten | 503,97 DM/St / 257,67 €/St |
| 030.02085.M | Rollladen 1250x1250, Alu, doppelw., 5,0kg/m2, o. Kasten | 535,33 DM/St / 273,71 €/St |
| 030.02086.M | Rollladen 1250x1375, Alu, doppelw., 3,6kg/m2, m. Kasten | 631,70 DM/St / 322,98 €/St |
| 030.02087.M | Rollladen 1250x1375, Alu, doppelw., 3,6kg/m2, o. Kasten | 555,10 DM/St / 283,82 €/St |
| 030.02088.M | Rollladen 1250x1375, Alu, doppelw., 5,0kg/m2, o. Kasten | 588,77 DM/St / 301,03 €/St |
| 030.02089.M | Rollladen 1250x1500, Alu, doppelw., 3,6kg/m2, m. Kasten | 690,10 DM/St / 352,84 €/St |
| 030.02090.M | Rollladen 1250x1500, Alu, doppelw., 3,6kg/m2, o. Kasten | 604,62 DM/St / 309,14 €/St |
| 030.02091.M | Rollladen 1250x1500, Alu, doppelw., 5,0kg/m2, o. Kasten | 642,21 DM/St / 328,36 €/St |
| 030.02092.M | Rollladen 2125x2000, Alu, einw., m. Kasten | 1155,73 DM/St / 590,92 €/St |
| 030.02093.M | Rollladen 2125x2000, Alu, einw., o. Kasten | 1013,49 DM/St / 518,19 €/St |
| 030.02094.M | Rollladen 2125x2000, Alu, doppelw., 3,6kg/m2, m. Kasten | 1251,08 DM/St / 639,67 €/St |
| 030.02095.M | Rollladen 2125x2000, Alu, doppelw., 3,6kg/m2, o. Kasten | 1096,93 DM/St / 560,85 €/St |
| 030.02096.M | Rollladen 2125x2000, Alu, doppelw., 5,0kg/m2, o. Kasten | 1182,21 DM/St / 604,45 €/St |

**Hinweis:**
Mittelpreise für andere Öffnungsgrößen
(Rohbaurichtmaß RR; R.-kasten Rollladenkasten)

| | DM/m2 mit R.-kasten | DM/m2 ohne R.-kasten |
|---|---|---|
| - einwandig | | |
| Fläche aus RR bis 1,00m2 | 409,00 | 359,00 |
| Fläche aus RR über 1,00 bis 2,00m2 | 341,00 | 299,00 |
| Fläche aus RR über 2,00m2 | 273,00 | 238,50 |
| - doppelwandig (3,6kg/m2) | | |
| Fläche aus RR bis 1,00m2 | 465,50 | 408,50 |
| Fläche aus RR über 1,00 bis 2,00m2 | 369,00 | 322,50 |
| Fläche aus RR über 2,00m2 | 295,50 | 259,50 |
| - doppelwandig (5,0kg/m2) | | |
| Fläche aus RR bis 1,00m2 | 500,00 | 438,50 |
| Fläche aus RR über 1,00 bis 2,00m2 | 391,50 | 344,50 |
| Fläche aus RR über 2,00 m2 | 318,00 | 279,50 |

| | €/m2 mit R.-kasten | €/m2 ohne R.-kasten |
|---|---|---|
| - einwandig | | |
| Fläche aus RR bis 1,00m2 | 209,00 | 183,50 |
| Fläche aus RR über 1,00 bis 2,00m2 | 174,50 | 153,00 |
| Fläche aus RR über 2,00m2 | 139,50 | 122,00 |
| - doppelwandig (3,6kg/m2) | | |
| Fläche aus RR bis 1,00m2 | 238,00 | 209,00 |
| Fläche aus RR über 1,00 bis 2,00m2 | 188,50 | 165,00 |
| Fläche aus RR über 2,00m2 | 151,00 | 132,50 |
| - doppelwandig (5,0kg/m2) | | |
| Fläche aus RR bis 1,00m2 | 255,50 | 224,00 |
| Fläche aus RR über 1,00 bis 2,00m2 | 200,00 | 176,00 |
| Fläche aus RR über 2,00 m2 | 162,50 | 143,00 |

**030.02037.M** KG 338 DIN 276
Rollladen 750x750, Alu, einw., m. Kasten
EP 229,28 DM/St  LA 31,60 DM/St  ST 197,68 DM/St
EP 117,23 €/St  LA 16,15 €/St  ST 101,08 €/St

**030.02038.M** KG 338 DIN 276
Rollladen 750x750, Alu, einw., o. Kasten
EP 201,56 DM/St  LA 27,73 DM/St  ST 173,83 DM/St
EP 103,06 €/St  LA 14,18 €/St  ST 88,88 €/St

**030.02039.M** KG 338 DIN 276
Rollladen 750x750, Alu, doppelw., 3,6kg/m2, m. Kasten
EP 261,07 DM/St  LA 31,60 DM/St  ST 229,47 DM/St
EP 133,48 €/St  LA 16,15 €/St  ST 117,33 €/St

**030.02040.M** KG 338 DIN 276
Rollladen 750x750, Alu, doppelw., 3,6kg/m2, o. Kasten
EP 229,38 DM/St  LA 27,73 DM/St  ST 201,65 DM/St
EP 117,28 €/St  LA 14,18 €/St  ST 103,10 €/St

## LB 030 Rollladenarbeiten, Rollabschlüsse, Sonnenschutz- und Verdunkelungsanlagen
### Rollläden (ALU-Panzer)

Preise 06.01

Sämtliche Preise sind **Mittelpreise ohne Mehrwertsteuer** zum Zeitpunkt des Ausgabedatums.
**Korrekturfaktoren** für Regionaleinfluss, Mengeneinfluss, Konjunktureinfluss siehe Vorspann.
**Abkürzungen:** EP = Einheitspreis, LA = Lohnanteil, ST = Stoffanteil

030.02041.M KG 338 DIN 276
Rollladen 750x750, Alu, doppelw., 5,0kg/m2, o. Kasten
EP 246,12 DM/St   LA 33,53 DM/St   ST 212,59 DM/St
EP 125,84 €/St    LA 17,15 €/St    ST 108,69 €/St

030.02042.M KG 338 DIN 276
Rollladen 875x875, Alu, einw., m. Kasten
EP 312,40 DM/St   LA 43,20 DM/St   ST 269,20 DM/St
EP 159,73 €/St    LA 22,09 €/St    ST 137,64 €/St

030.02043.M KG 338 DIN 276
Rollladen 875x875, Alu, einw., o. Kasten
EP 274,48 DM/St   LA 38,05 DM/St   ST 236,43 DM/St
EP 140,34 €/St    LA 19,46 €/St    ST 120,88 €/St

030.02044.M KG 338 DIN 276
Rollladen 875x875, Alu, doppelw., 3,6kg/m2, m. Kasten
EP 355,12 DM/St   LA 43,20 DM/St   ST 311,92 DM/St
EP 181,57 €/St    LA 22,09 €/St    ST 159,48 €/St

030.02045.M KG 338 DIN 276
Rollladen 875x875, Alu, doppelw., 3,6kg/m2, o. Kasten
EP 312,22 DM/St   LA 38,05 DM/St   ST 274,17 DM/St
EP 159,64 €/St    LA 19,46 €/St    ST 140,18 €/St

030.02046.M KG 338 DIN 276
Rollladen 875x875, Alu, doppelw., 5,0kg/m2, o. Kasten
EP 334,20 DM/St   LA 45,14 DM/St   ST 289,06 DM/St
EP 170,87 €/St    LA 23,08 €/St    ST 147,79 €/St

030.02047.M KG 338 DIN 276
Rollladen 1000x1000, Alu, einw., m. Kasten
EP 373,80 DM/St   LA 50,94 DM/St   ST 322,86 DM/St
EP 191,12 €/St    LA 26,05 €/St    ST 165,07 €/St

030.02048.M KG 338 DIN 276
Rollladen 1000x1000, Alu, einw., o. Kasten
EP 327,61 DM/St   LA 44,50 DM/St   ST 283,11 DM/St
EP 167,50 €/St    LA 22,75 €/St    ST 144,75 €/St

030.02049.M KG 338 DIN 276
Rollladen 1000x1125, Alu, einw., m. Kasten
EP 420,97 DM/St   LA 57,39 DM/St   ST 363,58 DM/St
EP 215,24 €/St    LA 29,34 €/St    ST 185,90 €/St

030.02050.M KG 338 DIN 276
Rollladen 1000x1125, Alu, einw., o. Kasten
EP 368,18 DM/St   LA 50,30 DM/St   ST 317,88 DM/St
EP 188,25 €/St    LA 25,72 €/St    ST 162,53 €/St

030.02051.M KG 338 DIN 276
Rollladen 1000x2125, Alu, einw., m. Kasten
EP 650,07 DM/St   LA 83,83 DM/St   ST 566,24 DM/St
EP 332,38 €/St    LA 42,86 €/St    ST 289,52 €/St

030.02052.M KG 338 DIN 276
Rollladen 1000x2125, Alu, einw., o. Kasten
EP 570,21 DM/St   LA 73,51 DM/St   ST 496,70 DM/St
EP 291,54 €/St    LA 37,59 €/St    ST 253,95 €/St

030.02053.M KG 338 DIN 276
Rollladen 1000x1000, Alu, doppelw., 3,6kg/m2, m. Kasten
EP 415,52 DM/St   LA 50,94 DM/St   ST 364,58 DM/St
EP 212,45 €/St    LA 26,05 €/St    ST 186,40 €/St

030.02054.M KG 338 DIN 276
Rollladen 1000x1000, Alu, doppelw., 3,6kg/m2, o. Kasten
EP 364,37 DM/St   LA 44,50 DM/St   ST 319,87 DM/St
EP 186,30 €/St    LA 22,75 €/St    ST 163,55 €/St

030.02055.M KG 338 DIN 276
Rollladen 1000x1000, Alu, doppelw., 5,0kg/m2, o. Kasten
EP 390,58 DM/St   LA 54,82 DM/St   ST 335,76 DM/St
EP 199,70 €/St    LA 28,03 €/St    ST 171,67 €/St

030.02056.M KG 338 DIN 276
Rollladen 1000x1125, Alu, doppelw., 3,6kg/m2, m. Kasten
EP 468,65 DM/St   LA 57,39 DM/St   ST 411,26 DM/St
EP 239,62 €/St    LA 29,34 €/St    ST 210,28 €/St

030.02057.M KG 338 DIN 276
Rollladen 1000x1125, Alu, doppelw., 3,6kg/m2, o. Kasten
EP 410,90 DM/St   LA 50,30 DM/St   ST 360,60 DM/St
EP 210,09 €/St    LA 25,72 €/St    ST 184,37 €/St

030.02058.M KG 338 DIN 276
Rollladen 1000x1125, Alu, doppelw., 5,0kg/m2, o. Kasten
EP 438,75 DM/St   LA 61,26 DM/St   ST 377,49 DM/St
EP 224,33 €/St    LA 31,32 €/St    ST 193,01 €/St

030.02059.M KG 338 DIN 276
Rollladen 1000x2125, Alu, doppelw., 3,6kg/m2, m. Kasten
EP 703,70 DM/St   LA 83,83 DM/St   ST 619,87 DM/St
EP 359,80 €/St    LA 42,86 €/St    ST 316,94 €/St

030.02060.M KG 338 DIN 276
Rollladen 1000x2125, Alu, doppelw., 3,6kg/m2, o. Kasten
EP 616,90 DM/St   LA 73,51 DM/St   ST 543,39 DM/St
EP 315,41 €/St    LA 37,59 €/St    ST 277,82 €/St

030.02061.M KG 338 DIN 276
Rollladen 1000x2125, Alu, doppelw., 5,0kg/m2, o. Kasten
EP 659,04 DM/St   LA 94,80 DM/St   ST 564,24 DM/St
EP 336,96 €/St    LA 48,47 €/St    ST 288,49 €/St

030.02062.M KG 338 DIN 276
Rollladen 1125x1125, Alu, einw., m. Kasten
EP 430,56 DM/St   LA 58,04 DM/St   ST 372,52 DM/St
EP 220,14 €/St    LA 29,68 €/St    ST 190,46 €/St

030.02063.M KG 338 DIN 276
Rollladen 1125x1125, Alu, einw., o. Kasten
EP 377,78 DM/St   LA 50,94 DM/St   ST 326,84 DM/St
EP 193,15 €/St    LA 26,05 €/St    ST 167,10 €/St

030.02064.M KG 338 DIN 276
Rollladen 1125x1250, Alu, einw., m. Kasten
EP 477,45 DM/St   LA 63,20 DM/St   ST 414,25 DM/St
EP 244,12 €/St    LA 32,31 €/St    ST 211,81 €/St

030.02065.M KG 338 DIN 276
Rollladen 1125x1250, Alu, einw., o. Kasten
EP 419,68 DM/St   LA 56,10 DM/St   ST 363,58 DM/St
EP 214,58 €/St    LA 28,69 €/St    ST 185,89 €/St

030.02066.M KG 338 DIN 276
Rollladen 1125x1375, Alu, einw., m. Kasten
EP 525,62 DM/St   LA 69,65 DM/St   ST 455,97 DM/St
EP 268,75 €/St    LA 35,61 €/St    ST 233,14 €/St

030.02067.M KG 338 DIN 276
Rollladen 1125x1375, Alu, einw., o. Kasten
EP 460,61 DM/St   LA 61,26 DM/St   ST 399,35 DM/St
EP 235,50 €/St    LA 31,32 €/St    ST 204,18 €/St

030.02068.M KG 338 DIN 276
Rollladen 1125x1125, Alu, doppelw., 3,6kg/m2, m. Kasten
EP 493,13 DM/St   LA 58,04 DM/St   ST 435,09 DM/St
EP 252,14 €/St    LA 29,68 €/St    ST 222,46 €/St

030.02069.M KG 338 DIN 276
Rollladen 1125x1125, Alu, doppelw., 3,6kg/m2, o. Kasten
EP 433,40 DM/St   LA 50,94 DM/St   ST 382,46 DM/St
EP 221,59 €/St    LA 26,05 €/St    ST 195,54 €/St

030.02070.M KG 338 DIN 276
Rollladen 1125x1125, Alu, doppelw., 5,0kg/m2, o. Kasten
EP 459,90 DM/St   LA 62,55 DM/St   ST 397,35 DM/St
EP 235,14 €/St    LA 31,98 €/St    ST 203,16 €/St

# LB 030 Rollladenarbeiten, Rollabschlüsse, Sonnenschutz- und Verdunkelungsanlagen
## Rollläden (ALU-Panzer)

AW 030

Preise 06.01

Sämtliche Preise sind **Mittelpreise ohne Mehrwertsteuer** zum Zeitpunkt des Ausgabedatums.
**Korrekturfaktoren** für Regionaleinfluss, Mengeneinfluss, Konjunktureinfluss siehe Vorspann.
**Abkürzungen:** EP = Einheitspreis, LA = Lohnanteil, ST = Stoffanteil

030.02071.M KG 338 DIN 276
Rollladen 1125x1250, Alu, doppelw., 3,6kg/m2, m. Kasten
EP 517,18 DM/St LA 63,20 DM/St ST 453,98 DM/St
EP 264,43 €/St LA 32,31 €/St ST 232,12 €/St

030.02072.M KG 338 DIN 276
Rollladen 1125x1250, Alu, doppelw., 3,6kg/m2, o. Kasten
EP 454,44 DM/St LA 56,10 DM/St ST 398,34 DM/St
EP 232,35 €/St LA 28,69 €/St ST 203,66 €/St

030.02073.M KG 338 DIN 276
Rollladen 1125x1250, Alu, doppelw., 5,0kg/m2, o. Kasten
EP 481,90 DM/St LA 69,65 DM/St ST 412,25 DM/St
EP 246,39 €/St LA 35,61 €/St ST 210,78 €/St

030.02074.M KG 338 DIN 276
Rollladen 1125x1375, Alu, doppelw., 3,6kg/m2, m. Kasten
EP 569,32 DM/St LA 69,65 DM/St ST 499,67 DM/St
EP 291,09 €/St LA 35,61 €/St ST 255,48 €/St

030.02075.M KG 338 DIN 276
Rollladen 1125x1375, Alu, doppelw., 3,6kg/m2, o. Kasten
EP 499,34 DM/St LA 61,26 DM/St ST 438,08 DM/St
EP 255,31 €/St LA 31,32 €/St ST 223,99 €/St

030.02076.M KG 338 DIN 276
Rollladen 1125x1375, Alu, doppelw., 5,0kg/m2, o. Kasten
EP 529,71 DM/St LA 76,74 DM/St ST 452,97 DM/St
EP 270,84 €/St LA 39,23 €/St ST 231,61 €/St

030.02077.M KG 338 DIN 276
Rollladen 1250x1250, Alu, einw., m. Kasten
EP 530,87 DM/St LA 70,93 DM/St ST 459,94 DM/St
EP 271,43 €/St LA 36,27 €/St ST 235,16 €/St

030.02078.M KG 338 DIN 276
Rollladen 1250x1250, Alu, einw., o. Kasten
EP 465,21 DM/St LA 61,91 DM/St ST 403,30 DM/St
EP 237,86 €/St LA 31,65 €/St ST 206,21 €/St

030.02079.M KG 338 DIN 276
Rollladen 1250x1375, Alu, einw., m. Kasten
EP 584,01 DM/St LA 77,39 DM/St ST 506,62 DM/St
EP 298,60 €/St LA 39,57 €/St ST 259,03 €/St

030.02080.M KG 338 DIN 276
Rollladen 1250x1375, Alu, einw., o. Kasten
EP 512,40 DM/St LA 68,35 DM/St ST 444,05 DM/St
EP 261,99 €/St LA 34,95 €/St ST 227,04 €/St

030.02081.M KG 338 DIN 276
Rollladen 1250x1500, Alu, einw., m. Kasten
EP 637,43 DM/St LA 85,12 DM/St ST 552,31 DM/St
EP 325,91 €/St LA 43,52 €/St ST 282,39 €/St

030.02082.M KG 338 DIN 276
Rollladen 1250x1500, Alu, einw., o. Kasten
EP 558,94 DM/St LA 74,16 DM/St ST 484,78 DM/St
EP 285,78 €/St LA 37,92 €/St ST 247,86 €/St

030.02083.M KG 338 DIN 276
Rollladen 1250x1250, Alu, doppelw., 3,6kg/m2, m. Kasten
EP 575,57 DM/St LA 70,93 DM/St ST 504,64 DM/St
EP 294,29 €/St LA 36,27 €/St ST 258,02 €/St

030.02084.M KG 338 DIN 276
Rollladen 1250x1250, Alu, doppelw., 3,6kg/m2, o. Kasten
EP 503,97 DM/St LA 61,91 DM/St ST 442,06 DM/St
EP 257,67 €/St LA 31,65 €/St ST 226,02 €/St

030.02085.M KG 338 DIN 276
Rollladen 1250x1250, Alu, doppelw., 5,0kg/m2, o. Kasten
EP 535,33 DM/St LA 77,39 DM/St ST 457,94 DM/St
EP 273,71 €/St LA 39,57 €/St ST 234,14 €/St

030.02086.M KG 338 DIN 276
Rollladen 1250x1375, Alu, doppelw., 3,6kg/m2, m. Kasten
EP 631,70 DM/St LA 77,39 DM/St ST 554,31 DM/St
EP 322,98 €/St LA 39,57 €/St ST 283,41 €/St

030.02087.M KG 338 DIN 276
Rollladen 1250x1375, Alu, doppelw., 3,6kg/m2, o. Kasten
EP 555,10 DM/St LA 68,35 DM/St ST 486,75 DM/St
EP 283,82 €/St LA 34,95 €/St ST 248,87 €/St

030.02088.M KG 338 DIN 276
Rollladen 1250x1375, Alu, doppelw., 5,0kg/m2, o. Kasten
EP 588,77 DM/St LA 85,12 DM/St ST 503,65 DM/St
EP 301,03 €/St LA 43,52 €/St ST 257,51 €/St

030.02089.M KG 338 DIN 276
Rollladen 1250x1500, Alu, doppelw., 3,6kg/m2, m. Kasten
EP 690,10 DM/St LA 85,12 DM/St ST 604,98 DM/St
EP 352,84 €/St LA 43,52 €/St ST 309,32 €/St

030.02090.M KG 338 DIN 276
Rollladen 1250x1500, Alu, doppelw., 3,6kg/m2, o. Kasten
EP 604,62 DM/St LA 74,16 DM/St ST 530,46 DM/St
EP 309,14 €/St LA 37,92 €/St ST 271,22 €/St

030.02091.M KG 338 DIN 276
Rollladen 1250x1500, Alu, doppelw., 5,0kg/m2, o. Kasten
EP 642,21 DM/St LA 92,86 DM/St ST 549,35 DM/St
EP 328,36 €/St LA 47,48 €/St ST 280,88 €/St

030.02092.M KG 338 DIN 276
Rollladen 2125x2000, Alu, einw., m. Kasten
EP 1155,73 DM/St LA 144,46 DM/St ST 1011,27 DM/St
EP 590,92 €/St LA 73,86 €/St ST 517,06 €/St

030.02093.M KG 338 DIN 276
Rollladen 2125x2000, Alu, einw., o. Kasten
EP 1013,49 DM/St LA 126,39 DM/St ST 887,10 DM/St
EP 518,19 €/St LA 64,62 €/St ST 453,57 €/St

030.02094.M KG 338 DIN 276
Rollladen 2125x2000, Alu, doppelw., 3,6kg/m2, m. Kasten
EP 1251,08 DM/St LA 144,46 DM/St ST 1106,62 DM/St
EP 639,67 €/St LA 73,86 €/St ST 565,81 €/St

030.02095.M KG 338 DIN 276
Rollladen 2125x2000, Alu, doppelw., 3,6kg/m2, o. Kasten
EP 1096,93 DM/St LA 126,39 DM/St ST 970,54 DM/St
EP 560,85 €/St LA 64,62 €/St ST 496,23 €/St

030.02096.M KG 338 DIN 276
Rollladen 2125x2000, Alu, doppelw., 5,0kg/m2, o. Kasten
EP 1182,21 DM/St LA 168,95 DM/St ST 1013,26 DM/St
EP 604,45 €/St LA 86,38 €/St ST 518,07 €/St

# LB 030 Rollladenarbeiten, Rollabschlüsse, Sonnenschutz- und Verdunkelungsanlagen
## Rollläden, Zulagen; Rolltore; Rollgitter

Preise 06.01

Sämtliche Preise sind **Mittelpreise ohne Mehrwertsteuer** zum Zeitpunkt des Ausgabedatums.
**Korrekturfaktoren** für Regionaleinfluss, Mengeneinfluss, Konjunktureinfluss siehe Vorspann.
**Abkürzungen:** EP = Einheitspreis, LA = Lohnanteil, ST = Stoffanteil

### Rollläden, Zulagen

030.-----.-

|  |  |  |
|---|---|---|
| 030.02601.M | Rollladen, Zulage Ausstellvorrichtung, mittelgroß | 109,23 DM/St / 55,85 €/St |
| 030.02602.M | Rollladen, Zulage Riegelverschluss | 43,32 DM/St / 22,15 €/St |
| 030.02603.M | Rollladen, Zulage Sicherheitsverschluss | 86,87 DM/St / 44,41 €/St |

**Hinweis:**
Mittelpreise für ergänzende Antriebs- und Steuergeräte
(ohne Elt.-Anschlußarbeiten)

| | DM/St | €/ST |
|---|---|---|
| - Kurbelgetriebe mit Untersetzung | 95,50 | 49,00 |
| - Elektrischer Antrieb mit Tastschalter (bis 40 kg Rollladenpanzergewicht) | 191,00 | 97,50 |
| - Elektrischer Antrieb mit Tastschalter (bis 60 kg Rollladenpanzergewicht) | 238,00 | 121,50 |
| - Elektronische Einzelsteuerung | 65,00 | 33,00 |
| - Elektronische Zentralsteuerung | 610,50 | 312,00 |

Rollkasten und Gurtroller-Mauerkasten
siehe Leistungsbereich 012 Mauerarbeiten.

030.02601.M  KG 338 DIN 276
Rollladen, Zulage Ausstellvorrichtung, mittelgroß
EP 109,23 DM/St   LA 45,78 DM/St   ST 63,45 DM/St
EP  55,85 €/St    LA 23,41 €/St    ST 32,44 €/St

030.02602.M  KG 338 DIN 276
Rollladen, Zulage Riegelverschluss
EP 43,32 DM/St   LA 27,09 DM/St   ST 16,23 DM/St
EP 22,15 €/St    LA 13,85 €/St    ST  8,30 €/St

030.02603.M  KG 338 DIN 276
Rollladen, Zulage Sicherheitsverschluss
EP 86,87 DM/St   LA 30,95 DM/St   ST 55,92 DM/St
EP 44,41 €/St    LA 15,83 €/St    ST 28,58 €/St

### Rolltore

030.-----.-

|  |  |  |
|---|---|---|
| 030.10001.M | Rolltor 2250 x 2125 | 3312,26 DM/St / 1693,53 €/St |

030.10001.M  KG 334 DIN 276
Rolltor 2250 x 2125
EP 3312,26 DM/St   LA 479,82 DM/St   ST 2832,44 DM/St
EP 1693,53 €/St    LA 245,33 €/St    ST 1448,20 €/St

**Hinweis:**
Mittelpreise für ergänzende Bauteile für Torbedienung
mit Elektromotor

| | | DM/St | €/St |
|---|---|---|---|
| - Elektromotor für Rolltore, je nach Torgröße | von | 1743,00 | 891,00 |
| | bis | 2103,00 | 1075,00 |
| - Schlüsselstandsäule freistehend, mit Druckknopfschalter HALT (in wasserdichter Ausführung) | | 223,00 | 114,00 |
| - Fernsteuerung mit 2 Sendern | | 1756,00 | 898,00 |
| - Ampelanlage für Garageneinfahrten, 2 x rot/grün, Fotozellen | | 2402,00 | 1228,00 |

### Rollgitter

030.-----.-

|  |  |  |
|---|---|---|
| 030.14001.M | Rollgitter, 2000 x 2000, Stahl | 3865,60 DM/St / 1976,45 €/St |
| 030.14002.M | Rollgitter, 2000 x 2500, Stahl | 4478,23 DM/St / 2289,68 €/St |
| 030.14003.M | Rollgitter, 2000 x 3000, Stahl | 4994,88 DM/St / 2553,84 €/St |
| 030.14004.M | Rollgitter, 2000 x 3500, Stahl | 5433,11 DM/St / 2777,90 €/St |
| 030.14005.M | Rollgitter, 3000 x 2000, Stahl | 4896,05 DM/St / 2503,31 €/St |
| 030.14006.M | Rollgitter, 3000 x 2500, Stahl | 5551,97 DM/St / 2838,68 €/St |
| 030.14007.M | Rollgitter, 3000 x 3000, Stahl | 6108,25 DM/St / 3123,10 €/St |
| 030.14008.M | Rollgitter, 3000 x 3500, Stahl | 6591,84 DM/St / 3370,36 €/St |

**Hinweis:**
Mittelpreise für ergänzende Antriebs- und Steuergeräte
(ohne Elt-Anschlussarbeiten)
Elektromotor einschl.
Schalter, Steuerung und Notkurbel   550,00 DM/St   281,00 €/St

030.14001.M  KG 334 DIN 276
Rollgitter, 2000 x 2000, Stahl
EP 3865,60 DM/St   LA 366,08 DM/St   ST 3499,52 DM/St
EP 1976,45 €/St    LA 187,17 €/St    ST 1789,28 €/St

030.14002.M  KG 334 DIN 276
Rollgitter, 2000 x 2500, Stahl
EP 4478,23 DM/St   LA 457,59 DM/St   ST 4020,64 DM/St
EP 2289,68 €/St    LA 233,96 €/St    ST 2055,72 €/St

030.14003.M  KG 334 DIN 276
Rollgitter, 2000 x 3000, Stahl
EP 4994,88 DM/St   LA 529,50 DM/St   ST 4465,38 DM/St
EP 2553,84 €/St    LA 270,73 €/St    ST 2283,11 €/St

030.14004.M  KG 334 DIN 276
Rollgitter, 2000 x 3500, Stahl
EP 5433,11 DM/St   LA 594,87 DM/St   ST 4838,24 DM/St
EP 2777,90 €/St    LA 304,15 €/St    ST 2473,75 €/St

030.14005.M  KG 334 DIN 276
Rollgitter, 3000 x 2000, Stahl
EP 4896,05 DM/St   LA 529,50 DM/St   ST 4366,55 DM/St
EP 2503,31 €/St    LA 270,73 €/St    ST 2232,58 €/St

030.14006.M  KG 334 DIN 276
Rollgitter, 3000 x 2500, Stahl
EP 5551,97 DM/St   LA 637,36 DM/St   ST 4914,61 DM/St
EP 2838,68 €/St    LA 325,88 €/St    ST 2512,80 €/St

030.14007.M  KG 334 DIN 276
Rollgitter, 3000 x 3000, Stahl
EP 6108,25 DM/St   LA 735,42 DM/St   ST 5372,83 DM/St
EP 3123,10 €/St    LA 376,01 €/St    ST 2747,09 €/St

030.14008.M  KG 334 DIN 276
Rollgitter, 3000 x 3500, Stahl
EP 6591,84 DM/St   LA 859,62 DM/St   ST 5732,22 DM/St
EP 3370,36 €/St    LA 439,52 €/St    ST 2930,84 €/St

# LB 030 Rollladenarbeiten, Rollabschlüsse, Sonnenschutz- und Verdunkelungsanlagen
## Sektionaltore; Jalousien, innen

Preise 06.01

Sämtliche Preise sind **Mittelpreise ohne Mehrwertsteuer** zum Zeitpunkt des Ausgabedatums.
**Korrekturfaktoren** für Regionaleinfluss, Mengeneinfluss, Konjunktureinfluss siehe Vorspann.
Abkürzungen: EP = Einheitspreis, LA = Lohnanteil, ST = Stoffanteil

### Sektionaltore

030.-----.-

|  |  |  |
|---|---|---|
| 030.30001.M | Sektionaltor, 2375 x 2125, Leichtmetall | 2291,71 DM/St / 1171,73 €/St |
| 030.30002.M | Sektionaltor, 2500 x 2500, Leichtmetall | 3332,77 DM/St / 1704,02 €/St |
| 030.30003.M | Sektionaltor, 2800 x 2500, Leichtmetall | 3588,48 DM/St / 1834,76 €/St |
| 030.30004.M | Sektionaltor, 3000 x 2800, Leichtmetall | 4056,53 DM/St / 2074,07 €/St |
| 030.30005.M | Sektionaltor, 3200 x 3000, Leichtmetall | 4474,78 DM/St / 2287,92 €/St |
| 030.30006.M | Sektionaltor, 3500 x 3000, Leichtmetall | 4722,29 DM/St / 2414,47 €/St |
| 030.30007.M | Sektionaltor, 4000 x 3500, Leichtmetall | 5909,20 DM/St / 3021,33 €/St |
| 030.30008.M | Seiten-Sektionaltor, 2500 x 2500, Leichtmetall | 4484,80 DM/St / 2293,05 €/St |
| 030.30009.M | Seiten-Sektionaltor, 3500 x 3000, Leichtmetall | 7361,28 DM/St / 3763,76 €/St |
| 030.30010.M | Sektionaltor, 2500 x 2500, Stahl | 3045,26 DM/St / 1557,02 €/St |
| 030.30011.M | Sektionaltor, 2800 x 2500, Stahl | 3278,49 DM/St / 1676,27 €/St |
| 030.30012.M | Sektionaltor, 3000 x 2800, Stahl | 3710,61 DM/St / 1897,21 €/St |
| 030.30013.M | Sektionaltor, 3200 x 3000, Stahl | 4106,41 DM/St / 2099,57 €/St |
| 030.30014.M | Sektionaltor, 3500 x 3000, Stahl | 4331,47 DM/St / 2214,64 €/St |
| 030.30015.M | Sektionaltor, 4000 x 3000, Stahl | 5424,02 DM/St / 2773,26 €/St |

**030.30001.M** KG 334 DIN 276
Sektionaltor, 2375 x 2125, Leichtmetall
EP 2291,71 DM/St    LA 490,28 DM/St    ST 1801,43 DM/St
EP 1171,73 €/St     LA 250,68 €/St     ST  921,05 €/St

**030.30002.M** KG 334 DIN 276
Sektionaltor, 2500 x 2500, Leichtmetall
EP 3332,77 DM/St    LA 673,31 DM/St    ST 2659,46 DM/St
EP 1704,02 €/St     LA 344,26 €/St     ST 1359,76 €/St

**030.30003.M** KG 334 DIN 276
Sektionaltor, 2800 x 2500, Leichtmetall
EP 3588,48 DM/St    LA 758,30 DM/St    ST 2830,18 DM/St
EP 1834,76 €/St     LA 387,71 €/St     ST 1447,05 €/St

**030.30004.M** KG 334 DIN 276
Sektionaltor, 3000 x 2800, Leichtmetall
EP 4056,53 DM/St    LA 875,96 DM/St    ST 3180,57 DM/St
EP 2074,07 €/St     LA 447,87 €/St     ST 1626,20 €/St

**030.30005.M** KG 334 DIN 276
Sektionaltor, 3200 x 3000, Leichtmetall
EP 4474,78 DM/St    LA 1006,70 DM/St   ST 3468,08 DM/St
EP 2287,92 €/St     LA  514,72 €/St    ST 1773,20 €/St

**030.30006.M** KG 334 DIN 276
Sektionaltor, 3500 x 3000, Leichtmetall
EP 4722,29 DM/St    LA 1065,54 DM/St   ST 3656,75 DM/St
EP 2414,47 €/St     LA  544,80 €/St    ST 1869,67 €/St

**030.30007.M** KG 334 DIN 276
Sektionaltor, 4000 x 3500, Leichtmetall
EP 5909,20 DM/St    LA 1327,02 DM/St   ST 4582,18 DM/St
EP 3021,33 €/St     LA  678,49 €/St    ST 2342,84 €/St

**030.30008.M** KG 334 DIN 276
Seiten-Sektionaltor, 2500 x 2500, Leichtmetall
EP 4484,80 DM/St    LA 571,99 DM/St    ST 3912,81 DM/St
EP 2293,05 €/St     LA 292,45 €/St     ST 2000,60 €/St

**030.30009.M** KG 334 DIN 276
Seiten-Sektionaltor, 3500 x 3000, Leichtmetall
EP 7361,28 DM/St    LA 928,26 DM/St    ST 6433,02 DM/St
EP 3763,76 €/St     LA 474,61 €/St     ST 3289,15 €/St

**030.30010.M** KG 334 DIN 276
Sektionaltor, 2500 x 2500, Stahl
EP 3045,26 DM/St    LA 673,31 DM/St    ST 2371,95 DM/St
EP 1557,02 €/St     LA 344,26 €/St     ST 1212,76 €/St

**030.30011.M** KG 334 DIN 276
Sektionaltor, 2800 x 2500, Stahl
EP 3278,49 DM/St    LA 758,30 DM/St    ST 2520,19 DM/St
EP 1676,27 €/St     LA 387,71 €/St     ST 1288,56 €/St

**030.30012.M** KG 334 DIN 276
Sektionaltor, 3000 x 2800, Stahl
EP 3710,61 DM/St    LA 875,96 DM/St    ST 2834,65 DM/St
EP 1897,21 €/St     LA 447,87 €/St     ST 1449,34 €/St

**030.30013.M** KG 334 DIN 276
Sektionaltor, 3200 x 3000, Stahl
EP 4106,41 DM/St    LA 1006,70 DM/St   ST 3099,71 DM/St
EP 2099,57 €/St     LA  514,72 €/St    ST 1584,85 €/St

**030.30014.M** KG 334 DIN 276
Sektionaltor, 3500 x 3000, Stahl
EP 4331,47 DM/St    LA 1065,54 DM/St   ST 3265,93 DM/St
EP 2214,64 €/St     LA  544,80 €/St    ST 1669,84 €/St

**030.30015.M** KG 334 DIN 276
Sektionaltor, 4000 x 3000, Stahl
EP 5424,02 DM/St    LA 1327,02 DM/St   ST 4097,00 DM/St
EP 2773,26 €/St     LA  678,49 €/St    ST 2094,77 €/St

### Jalousien, innen

030.-----.-

|  |  |  |
|---|---|---|
| 030.40001.M | L.-jalousie innen, Alu 25mm; bis 1,0m2 | 232,66 DM/m2 / 118,96 €/m2 |
| 030.40002.M | L.-jalousie innen, Alu 25mm; über 1,0-2,0m2 | 183,25 DM/m2 / 93,69 €/m2 |
| 030.40003.M | L.-jalousie innen, Alu 25mm; versp., bis 1,0m2 | 270,74 DM/m2 / 138,43 €/m2 |
| 030.40004.M | L.-jalousie innen, Alu 25mm; versp., über 1,0-2,0m2 | 218,07 DM/m2 / 111,50 €/m2 |

**Hinweis:**
Zur Erfüllung der Vorgabe nach VOB/C DIN 18358 können
aus den Positionen mit der Abrechnungseinheit DM/m2
für konkrete Abmessungen die Positionen mit der
geforderten Abrechnungseinheit DM/St gebildet werden.

**030.40001.M** KG 338 DIN 276
L.-jalousie innen, Alu 25mm; bis 1,0m2
EP 232,66 DM/m2    LA 33,35 DM/m2    ST 199,31 DM/m2
EP 118,96 €/m2     LA 17,05 €/m2     ST 101,91 €/m2

**030.40002.M** KG 338 DIN 276
L.-jalousie innen, Alu 25mm; über 1,0-2,0m2
EP 183,25 DM/m2    LA 27,69 DM/m2    ST 155,56 DM/m2
EP  93,69 €/m2     LA 14,16 €/m2     ST  79,53 €/m2

**030.40003.M** KG 338 DIN 276
L.-jalousie innen, Alu 25mm; versp., bis 1,0m2
EP 270,74 DM/m2    LA 38,38 DM/m2    ST 262,36 DM/m2
EP 138,43 €/m2     LA 19,62 €/m2     ST 118,81 €/m2

**030.40004.M** KG 338 DIN 276
L.-jalousie innen, Alu 25mm; versp., über 1,0-2,0m2
EP 218,07 DM/m2    LA 33,35 DM/m2    ST 184,72 DM/m2
EP 111,50 €/m2     LA 17,05 €/m2     ST  94,45 €/m2

# LB 030 Rollladenarbeiten, Rollabschlüsse, Sonnenschutz- und Verdunkelungsanlagen
## Jalousien, außen; Vertikallamellenstores

Preise 06.01

Sämtliche Preise sind **Mittelpreise ohne Mehrwertsteuer** zum Zeitpunkt des Ausgabedatums.
**Korrekturfaktoren** für Regionaleinfluss, Mengeneinfluss, Konjunktureinfluss siehe Vorspann.
**Abkürzungen:** EP = Einheitspreis, LA = Lohnanteil, ST = Stoffanteil

### Jalousien, außen

030.-----.-

|  |  |  |
|---|---|---|
| 030.40005.M | L.-jalousie außen, Alu 50mm; bis 2,0m2 | 321,77 DM/m2 / 164,52 €/m2 |
| 030.40006.M | L.-jalousie außen, Alu 50mm; über 2,0-4,0m2 | 220,99 DM/m2 / 112,99 €/m2 |
| 030.40007.M | L.-jalousie außen, Alu 50mm; über 4,0-6,0m2 | 268,29 DM/m2 / 137,17 €/m2 |
| 030.40008.M | L.-jalousie außen, Alu 80mm; über 2,00-4,00m2 | 107,19 DM/m2 / 54,80 €/m2 |
| 030.40009.M | L.-jalousie außen, Alu 80mm; über 4,00-6,00m2 | 95,99 DM/m2 / 49,08 €/m2 |
| 030.40010.M | L.-jalousie außen, Alu 80mm; über 6,00-8,00m2 | 84,69 DM/m2 / 43,80 €/m2 |
| 030.40011.M | L.-jalousie außen, Alu 80mm; über 8,00m2 | 73,32 DM/m2 / 37,49 €/m2 |

**Hinweise:**
Zur Erfüllung der Vorgabe nach VOB/C DIN 18358 können aus den Positionen mit der Abrechnungseinheit DM/m2 für konkrete Abmessungen die Positionen mit der geforderten Abrechnungseinheit DM/St gebildet werden.

Mittelpreise für ergänzende Antriebs- und Steuergeräte
(ohne Elt-Anschlussarbeiten)

| | DM/St | €/St |
|---|---|---|
| - Elektroantrieb mit Tastschalter | 238,00 | 121,50 |
| - Elektronische Einzelsteuerung | 65,00 | 33,00 |
| - Elektronische Zentralsteuerung | 610,50 | 312,00 |
| - Elektronische Zentralsteuerung mit Windwarnanlage | 1715,00 | 877,00 |

**030.40005.M** KG 338 DIN 276
L.-jalousie außen, Alu 50mm; bis 2,0m2
EP 321,77 DM/m2  LA 55,38 DM/m2  ST 266,39 DM/m2
EP 164,52 €/m2  LA 28,32 €/m2  ST 136,20 €/m2

**030.40006.M** KG 338 DIN 276
L.-jalousie außen, Alu 50mm; über 2,0-4,0m2
EP 220,99 DM/m2  LA 44,06 DM/m2  ST 176,93 DM/m2
EP 112,99 €/m2  LA 22,53 €/m2  ST 90,46 €/m2

**030.40007.M** KG 338 DIN 276
L.-jalousie außen, Alu 50mm; über 4,0-6,0m2
EP 268,29 DM/m2  LA 55,38 DM/m2  ST 212,91 DM/m2
EP 137,17 €/m2  LA 28,32 €/m2  ST 108,85 €/m2

**030.40008.M** KG 338 DIN 276
L.-jalousie außen, Alu 80mm; über 2,00-4,00m2
EP 107,19 DM/m2  LA 12,59 DM/m2  ST 94,60 DM/m2
EP 54,80 €/m2  LA 6,44 €/m2  ST 48,36 €/m2

**030.40009.M** KG 338 DIN 276
L.-jalousie außen, Alu 80mm; über 4,00-6,00m2
EP 95,99 DM/m2  LA 11,33 DM/m2  ST 84,66 DM/m2
EP 49,08 €/m2  LA 5,79 €/m2  ST 43,29 €/m2

**030.40010.M** KG 338 DIN 276
L.-jalousie außen, Alu 80mm; über 6,00-8,00m2
EP 84,69 DM/m2  LA 10,07 DM/m2  ST 74,62 DM/m2
EP 43,30 €/m2  LA 5,15 €/m2  ST 38,15 €/m2

**030.40011.M** KG 338 DIN 276
L.-jalousie außen, Alu 80mm; über 8,00m2
EP 73,32 DM/m2  LA 8,18 DM/m2  ST 65,14 DM/m2
EP 37,49 €/m2  LA 4,18 €/m2  ST 33,31 €/m2

### Vertikallamellenstores

030.-----.-

|  |  |  |
|---|---|---|
| 030.55001.M | Vertikallamellenst., Glasseide, LB = 89mm; bis 2,0m2 | 254,10 DM/m2 / 129,92 €/m2 |
| 030.55002.M | Vertikallamellenst., Glasseide, LB = 89mm; 2,0-4,0m2 | 209,82 DM/m2 / 107,28 €/m2 |
| 030.55003.M | Vertikallamellenst., Glasseide, LB = 89mm; 4,0-6,0m2 | 189,84 DM/m2 / 97,06 €/m2 |
| 030.55004.M | Vertikallamellenst., Glasseide, LB = 89mm; über 6,0m2 | 152,20 DM/m2 / 77,82 €/m2 |
| 030.55005.M | Vertikallamellenst., Glasseide, LB = 127mm; bis 2,0m2 | 221,14 DM/m2 / 113,07 €/m2 |
| 030.55006.M | Vertikallamellenst., Glasseide, LB = 127mm; 2,0-4,0m2 | 182,18 DM/m2 / 93,15 €/m2 |
| 030.55007.M | Vertikallamellenst., Glasseide, LB = 127mm; 4,0-6,0m2 | 165,68 DM/m2 / 84,71 €/m2 |
| 030.55008.M | Vertikallamellenst., Glasseide, LB = 127mm; über 6,0m2 | 132,71 DM/m2 / 67,85 €/m2 |
| 030.55009.M | Vertikallamellenst., Textil, LB = 89mm; bis 2,0m2 | 346,17 DM/m2 / 176,99 €/m2 |
| 030.55010.M | Vertikallamellenst., Textil, LB = 89mm; 2,0-4,0m2 | 282,52 DM/m2 / 144,45 €/m2 |
| 030.55011.M | Vertikallamellenst., Textil, LB = 89mm; 4,0-6,0m2 | 256,67 DM/m2 / 131,23 €/m2 |
| 030.55012.M | Vertikallamellenst., Textil, LB = 89mm; über 6,0m2 | 206,98 DM/m2 / 105,83 €/m2 |
| 030.55013.M | Vertikallamellenst., Textil, LB = 127mm; bis 2,0m2 | 298,68 DM/m2 / 152,71 €/m2 |
| 030.55014.M | Vertikallamellenst., Textil, LB = 127mm; 2,0 bis 4,0m2 | 242,78 DM/m2 / 124,13 €/m2 |
| 030.55015.M | Vertikallamellenst., Textil, LB = 127mm; 4,0 bis 6,0m2 | 220,47 DM/m2 / 112,72 €/m2 |
| 030.55016.M | Vertikallamellenst., Textil, LB = 127mm; über 6,0m2 | 177,28 DM/m2 / 90,64 €/m2 |

**Hinweise:**
Zur Erfüllung der Vorgabe nach VOB/C DIN 18358 können aus den Positionen mit der Abrechnungseinheit DM/m2 für konkrete Abmessungen die Positionen mit der geforderten Abrechnungseinheit DM/St gebildet werden.

Mittelpreise für ergänzende Antriebs- und Steuergeräte
(ohne Elt-Anschlussarbeiten)
Elektromotor einschl. Schalter
und Steuerung für Anlagenflächen

| | DM/St | €/St |
|---|---|---|
| - über 4,00 bis 6,00 m2 | 847,50 | 433,00 |
| - über 6,00 m2 | 954,00 | 487,50 |

**030.55001.M** KG 338 DIN 276
Vertikallamellenst., Glasseide, LB = 89mm; bis 2,0m2
EP 254,10 DM/m2  LA 55,38 DM/m2  ST 198,72 DM/m2
EP 129,92 €/m2  LA 28,32 €/m2  ST 101,60 €/m2

**030.55002.M** KG 338 DIN 276
Vertikallamellenst., Glasseide, LB = 89mm; 2,0-4,0m2
EP 209,82 DM/m2  LA 44,06 DM/m2  ST 165,76 DM/m2
EP 107,28 €/m2  LA 22,53 €/m2  ST 84,75 €/m2

**030.55003.M** KG 338 DIN 276
Vertikallamellenst., Glasseide, LB = 89mm; 4,0-6,0m2
EP 189,84 DM/m2  LA 44,06 DM/m2  ST 145,78 DM/m2
EP 97,06 €/m2  LA 22,53 €/m2  ST 74,53 €/m2

**030.55004.M** KG 338 DIN 276
Vertikallamellenst., Glasseide, LB = 89mm; über 6,0m2
EP 152,20 DM/m2  LA 33,35 DM/m2  ST 118,85 DM/m2
EP 77,82 €/m2  LA 17,05 €/m2  ST 60,77 €/m2

**030.55005.M** KG 338 DIN 276
Vertikallamellenst., Glasseide, LB = 127mm; bis 2,0m2
EP 221,14 DM/m2  LA 55,38 DM/m2  ST 165,76 DM/m2
EP 113,07 €/m2  LA 28,32 €/m2  ST 84,75 €/m2

**030.55006.M** KG 338 DIN 276
Vertikallamellenst., Glasseide, LB = 127mm; 2,0-4,0m2
EP 182,18 DM/m2  LA 44,06 DM/m2  ST 138,12 DM/m2
EP 93,15 €/m2  LA 22,53 €/m2  ST 70,62 €/m2

# LB 030 Rollladenarbeiten, Rollabschlüsse, Sonnenschutz- und Verdunkelungsanlagen
## Vertikallamellenstores; Faltstores

AW 030

Preise 06.01

Sämtliche Preise sind **Mittelpreise ohne Mehrwertsteuer** zum Zeitpunkt des Ausgabedatums.
**Korrekturfaktoren** für Regionaleinfluss, Mengeneinfluss, Konjunktureinfluss siehe Vorspann.
**Abkürzungen:** EP = Einheitspreis, LA = Lohnanteil, ST = Stoffanteil

030.55007.M  KG 338 DIN 276
Vertikallamellenst., Glasseide, LB = 127mm; 4,0-6,0m2
EP 165,68 DM/m2   LA 44,06 DM/m2   ST 121,62 DM/m2
EP  84,71 €/m2    LA 22,53 €/m2    ST  62,18 €/m2

030.55008.M  KG 338 DIN 276
Vertikallamellenst., Glasseide, LB = 127mm; über 6,0m2
EP 132,71 DM/m2   LA 33,35 DM/m2   ST 99,36 DM/m2
EP  67,85 €/m2    LA 17,05 €/m2    ST 50,80 €/m2

030.55009.M  KG 338 DIN 276
Vertikallamellenst., Textil, LB = 89mm; bis 2,0m2
EP 346,17 DM/m2   LA 55,38 DM/m2   ST 290,79 DM/m2
EP 176,99 €/m2    LA 28,32 €/m2    ST 148,67 €/m2

030.55010.M  KG 338 DIN 276
Vertikallamellenst., Textil, LB = 89mm; 2,0-4,0m2
EP 282,52 DM/m2   LA 44,06 DM/m2   ST 238,46 DM/m2
EP 144,45 €/m2    LA 22,53 €/m2    ST 121,92 €/m2

030.55011.M  KG 338 DIN 276
Vertikallamellenst., Textil, LB = 89mm; 4,0-6,0m2
EP 256,67 DM/m2   LA 44,06 DM/m2   ST 212,61 DM/m2
EP 131,23 €/m2    LA 22,53 €/m2    ST 108,70 €/m2

030.55012.M  KG 338 DIN 276
Vertikallamellenst., Textil, LB = 89mm; über 6,0m2
EP 206,98 DM/m2   LA 33,35 DM/m2   ST 173,63 DM/m2
EP 105,83 €/m2    LA 17,05 €/m2    ST  88,78 €/m2

030.55013.M  KG 338 DIN 276
Vertikallamellenst., Textil, LB = 127mm; bis 2,0m2
EP 298,68 DM/m2   LA 55,38 DM/m2   ST 243,30 DM/m2
EP 152,71 €/m2    LA 28,32 €/m2    ST 124,39 €/m2

030.55014.M  KG 338 DIN 276
Vertikallamellenst., Textil, LB = 127mm; 2,0 bis 4,0m2
EP 242,78 DM/m2   LA 44,06 DM/m2   ST 198,72 DM/m2
EP 124,13 €/m2    LA 22,53 €/m2    ST 101,60 €/m2

030.55015.M  KG 338 DIN 276
Vertikallamellenst., Textil, LB = 127mm; 4,0 bis 6,0m2
EP 220,47 DM/m2   LA 44,06 DM/m2   ST 176,41 DM/m2
EP 112,72 €/m2    LA 22,53 €/m2    ST  90,19 €/m2

030.55016.M  KG 338 DIN 276
Vertikallamellenst., Textil, LB = 127mm; über 6,0m2
EP 177,28 DM/m2   LA 33,35 DM/m2   ST 143,93 DM/m2
EP  90,64 €/m2    LA 17,05 €/m2    ST  73,59 €/m2

**Faltstores**

| 030.-----.- | | |
|---|---|---|
| 030.40012.M Faltstores innen, einf., verspannt, bis 2,0m2 | | 210,14 DM/m2 107,44 €/m2 |
| 030.40013.M Faltstores innen, einf., bis 2,0m2 | | 182,12 DM/m2 93,11 €/m2 |
| 030.40014.M Faltstores innen, einf., über 2,0-4,0m2 | | 144,18 DM/m2 73,72 €/m2 |
| 030.40015.M Faltstores innen, einf., Rundbogen; bis 2,0m2 | | 361,62 DM/m2 184,89 €/m2 |
| 030.40016.M Faltstores innen, einf., Rundbogen; über 2,0-4,0m2 | | 267,66 DM/m2 136,85 €/m2 |
| 030.40017.M Faltstores innen, exkl., verspannt, bis 2,0m2 | | 283,05 DM/m2 144,72 €/m2 |
| 030.40018.M Faltstores innen, exkl., bis 2,0m2 | | 254,05 DM/m2 129,89 €/m2 |
| 030.40019.M Faltstores innen, exkl., über 2,0-4,0m2 | | 199,61 DM/m2 102,06 €/m2 |
| 030.40020.M Faltstores innen, exkl., Rundbogen; bis 2,0m2 | | 526,90 DM/m2 269,40 €/m2 |
| 030.40021.M Faltstores innen, exkl., Rundbogen; über 2,0-4,0m2 | | 379,47 DM/m2 194,02 €/m2 |

**Hinweis:**
Zur Erfüllung der Vorgabe nach VOB/C DIN 18358 können aus den Positionen mit der Abrechnungseinheit DM/m2 für konkrete Abmessungen die Positionen mit der geforderten Abrechnungseinheit DM/St gebildet werden.

030.40012.M  KG 338 DIN 276
Faltstores innen, einf., verspannt, bis 2,0m2
EP 210,14 DM/m2   LA 49,72 DM/m2   ST 160,42 DM/m2
EP 107,44 €/m2    LA 25,42 €/m2    ST  82,02 €/m2

030.40013.M  KG 338 DIN 276
Faltstores innen, einf., bis 2,0m2
EP 182,12 DM/m2   LA 44,06 DM/m2   ST 138,06 DM/m2
EP  93,11 €/m2    LA 22,53 €/m2    ST  70,58 €/m2

030.40014.M  KG 338 DIN 276
Faltstores innen, einf., über 2,0-4,0m2
EP 144,18 DM/m2   LA 33,35 DM/m2   ST 110,83 DM/m2
EP  73,72 €/m2    LA 17,05 €/m2    ST  56,67 €/m2

030.40015.M  KG 338 DIN 276
Faltstores innen, einf., Rundbogen; bis 2,0m2
EP 361,62 DM/m2   LA 55,38 DM/m2   ST 306,24 DM/m2
EP 184,89 €/m2    LA 28,32 €/m2    ST 156,57 €/m2

030.40016.M  KG 338 DIN 276
Faltstores innen, einf., Rundbogen; über 2,0-4,0m2
EP 267,66 DM/m2   LA 44,06 DM/m2   ST 223,60 DM/m2
EP 136,85 €/m2    LA 22,53 €/m2    ST 114,32 €/m2

030.40017.M  KG 338 DIN 276
Faltstores innen, exkl., verspannt, bis 2,0m2
EP 283,05 DM/m2   LA 49,72 DM/m2   ST 233,33 DM/m2
EP 144,72 €/m2    LA 25,42 €/m2    ST 119,30 €/m2

030.40018.M  KG 338 DIN 276
Faltstores innen, exkl., bis 2,0m2
EP 254,05 DM/m2   LA 44,06 DM/m2   ST 209,99 DM/m2
EP 129,89 €/m2    LA 22,53 €/m2    ST 107,36 €/m2

030.40019.M  KG 338 DIN 276
Faltstores innen, exkl., über 2,0-4,0m2
EP 199,61 DM/m2   LA 33,35 DM/m2   ST 166,26 DM/m2
EP 102,06 €/m2    LA 17,05 €/m2    ST  85,01 €/m2

030.40020.M  KG 338 DIN 276
Faltstores innen, exkl., Rundbogen; bis 2,0m2
EP 526,90 DM/m2   LA 55,38 DM/m2   ST 471,52 DM/m2
EP 269,40 €/m2    LA 28,32 €/m2    ST 241,08 €/m2

030.40021.M  KG 338 DIN 276
Faltstores innen, exkl., Rundbogen; über 2,0-4,0m2
EP 379,47 DM/m2   LA 44,06 DM/m2   ST 335,41 DM/m2
EP 194,02 €/m2    LA 22,53 €/m2    ST 171,49 €/m2

# LB 030 Rollladenarbeiten, Rollabschlüsse, Sonnenschutz- und Verdunkelungsanlagen
## Verdunkelungen; Rollmarkisen

Preise 06.01

Sämtliche Preise sind **Mittelpreise ohne Mehrwertsteuer** zum Zeitpunkt des Ausgabedatums.
**Korrekturfaktoren** für Regionaleinfluss, Mengeneinfluss, Konjunktureinfluss siehe Vorspann.
**Abkürzungen:** EP = Einheitspreis, LA = Lohnanteil, ST = Stoffanteil

## Verdunklungen

030.-----.-

| | | |
|---|---|---|
| 030.73001.M | Verdunkelung, metall. Gewebe, über 1,00-2,00m2 | 271,52 DM/m2<br>138,83 €/m2 |
| 030.73002.M | Verdunkelung, metall. Gewebe, über 2,00-4,00m2 | 248,99 DM/m2<br>127,31 €/m2 |
| 030.73003.M | Verdunkelung, metall. Gewebe, über 4,00m2 | 237,67 DM/m2<br>121,52 €/m2 |

**Hinweise:**
Zur Erfüllung der Vorgabe nach VOB/C DIN 18358 können aus den Positionen mit der Abrechnungseinheit DM/m2 für konkrete Abmessungen die Positionen mit der geforderten Abrechnungseinheit DM/St gebildet werden.

Mittelpreise für ergänzende Antriebs- und Steuergeräte
(ohne Elt-Anschlussarbeiten)   DM/St   €/St
Elektroantrieb mit Tastschalter   202,50   103,50

030.73001.M     KG 338 DIN 276
Verdunkelung, metall. Gewebe, über 1,00-2,00m2
EP 271,52 DM/m2    LA 32,10 DM/m2    ST 239,42 DM/m2
EP 138,83 €/m2     LA 16,41 €/m2     ST 122,42 €/m2

030.73002.M     KG 338 DIN 276
Verdunkelung, metall. Gewebe, über 2,00-4,00m2
EP 248,99 DM/m2    LA 29,58 DM/m2    ST 219,41 DM/m2
EP 127,31 €/m2     LA 15,12 €/m2     ST 112,19 €/m2

030.73003.M     KG 338 DIN 276
Verdunkelung, metall. Gewebe, über 4,00m2
EP 237,67 DM/m2    LA 28,32 DM/m2    ST 209,35 DM/m2
EP 121,52 €/m2     LA 14,48 €/m2     ST 107,04 €/m2

## Rollmarkisen

030.-----.-

| | | |
|---|---|---|
| 030.82001.M | Rollmark., Gelenkarme, Breite bis 4,0m; bis 4,0m2 | 579,93 DM/m2<br>296,51 €/m2 |
| 030.82002.M | Rollmark., Gelenkarme, Breite bis 4,0m; 4,0-6,0m2 | 453,94 DM/m2<br>232,10 €/m2 |
| 030.82003.M | Rollmark., Gelenkarme, Breite bis 6,0m; bis 4,0m2 | 580,29 DM/m2<br>296,70 €/m2 |
| 030.82004.M | Rollmark., Gelenkarme, Breite bis 6,0m; 4,0-6,0m2 | 475,92 DM/m2<br>243,33 €/m2 |
| 030.82005.M | Rollmark., Gelenkarme, Breite bis 6,0m; über 6,0m2 | 423,29 DM/m2<br>216,42 €/m2 |
| 030.84001.M | Rollmark., Fallarme, Breite bis 2,0m2 | 471,41 DM/m2<br>241,03 €/m2 |

**Hinweise:**
Zur Erfüllung der Vorgabe nach VOB/C DIN 18358 können aus den Positionen mit der Abrechnungseinheit DM/m2 für konkrete Abmessungen die Positionen mit der geforderten Abrechnungseinheit DM/St gebildet werden.

Mittelpreise für ergänzende Antriebs- und Steuergeräte
(ohne Elt-Anschlussarbeiten)
Elektromotor einschl. Schalter und Steuerung,
Anlagenbreite 4,00 bis 6,00 m
für Anlagenflächen
                    DM/St    €/St
- bis 6,00 m2        818,50   418,50
- über 6,00 m2      1032,00   528,00

030.82001.M     KG 338 DIN 276
Rollmark., Gelenkarme, Breite bis 4,0m; bis 4,0m2
EP 579,93 DM/m2    LA 90,28 DM/m2    ST 489,65 DM/m2
EP 296,51 €/m2     LA 46,16 €/m2     ST 250,35 €/m2

030.82002.M     KG 338 DIN 276
Rollmark., Gelenkarme, Breite bis 4,0m; 4,0-6,0m2
EP 453,94 DM/m2    LA 79,32 DM/m2    ST 374,62 DM/m2
EP 232,10 €/m2     LA 40,55 €/m2     ST 191,55 €/m2

030.82003.M     KG 338 DIN 276
Rollmark., Gelenkarme, Breite bis 6,0m; bis 4,0m2
EP 580,29 DM/m2    LA 90,28 DM/m2    ST 490,01 DM/m2
EP 296,70 €/m2     LA 46,16 €/m2     ST 250,54 €/m2

030.82004.M     KG 338 DIN 276
Rollmark., Gelenkarme, Breite bis 6,0m; 4,0-6,0m2
EP 475,92 DM/m2    LA 79,32 DM/m2    ST 396,60 DM/m2
EP 243,33 €/m2     LA 40,55 €/m2     ST 202,78 €/m2

030.82005.M     KG 338 DIN 276
Rollmark., Gelenkarme, Breite bis 6,0m; über 6,0m2
EP 324,29 DM/m2    LA 67,71 DM/m2    ST 355,58 DM/m2
EP 216,42 €/m2     LA 34,62 €/m2     ST 181,80 €/m2

030.84001.M     KG 338 DIN 276
Rollmark., Fallarme, Breite bis 2,0m2
EP 471,41 DM/m2    LA 67,71 DM/m2    ST 403,70 DM/m2
EP 241,03 €/m2     LA 34,62 €/m2     ST 206,41 €/m2

# LB 031 Metallbauarbeiten, Schlosserarbeiten
## Sicherheitseinrichtungen

STLB 031

Ausgabe 06.01

**Hinweis:**
Sicherheitseinrichtungen für die Leistungen des AN gelten als Nebenleistungen ohne besondere Vergütung.

Nach Abschnitt 4.2.3 der ATV DIN 18299 – Ausgabe Juni 1996 – sind Sicherheitseinrichtungen auszuschreiben, wenn sie für Leistungen anderer AN erforderlich sind, z.B. Gebrauchsüberlassung über die Grundeinsatzzeit hinaus.

Während der Grundeinsatzzeit (= Dauer der eigenen Nutzung) dürfen die Sicherheitseinrichtungen von anderen Unternehmern mitbenutzt werden.
Sicherheitseinrichtungen werden in der Regel nur dann ausgeschrieben, wenn sie über die Grundeinsatzzeit hinaus von anderen Unternehmern benötigt werden.

002 **Absturzsicherung als Seitenschutz DIN 4420 einschl. Geländer, Zwischenholm und Bordbrett, Einzelangaben nach DIN 18360**
  – Werkstoff, Bauteile
    – – aus Stahlrohr,
    – – aus Holz,
    – – aus Bauteilen, System ......,
  – Befestigungsart
    – – befestigen an freier Deckenkante,
    – – befestigen an Ortgang,
    – – befestigen an Traufe,
    – – befestigen an Attika,
    – – befestigen ......,
      – – – aus Holz,
      – – – aus Mauerwerk,
      – – – aus Beton,
      – – – aus Leichtbeton,
      – – – aus Stahl,
      – – – aus ......,
  – Leistungsumfang
    – – Gebrauchsüberlassung bis 4 Wochen (Grundeinsatzzeit),
    – – Gebrauchsüberlassung über 4 Wochen (Grundeinsatzzeit) hinaus,
    – – Gebrauchsüberlassung ......,
  – Berechnungsart
    – – Abrechnung nach Meter x Tage (md),
    – – Abrechnung nach Meter x Wochen (mWo),
    – – Abrechnung nach Meter x Monate (mMt).

**Beispiel für Ausschreibungstext zu Position 002**
Absturzsicherung als Seitenschutz DIN 4420
einschl. Geländer,
Zwischenholm und Bordbrett,
aus Stahlrohr,
befestigen an Traufe aus Beton,
Gebrauchsüberlassung über 4 Wochen
(Grundeinsatzzeit) hinaus,
Abrechnung nach Meter x Wochen (mWo),

003 **Dachflächenöffnung abdecken, Einzelangaben nach DIN 18360**
  – Art der Abdeckung, Werkstoff
    – – mit Bohlenbelag,
    – – mit ......,
      – – – aus Nadelholz DIN 4074, Sortierklasse S 10,
      – – – aus ......,
  – Belastung
    – – Lastaufnahme mind. 1 kN/m²,
    – – Lastaufnahme in kN/m² ......,
  – Öffnungsgröße in m² ......,
  – Befestigungsart
    – – Abdeckung unverschiebbar befestigen,
    – – Abdeckung ......,
    – – auf Holz,
    – – auf Beton,
    – – auf Stahl,
    – – auf ......,
  – Leistungsumfang
    – – Gebrauchsüberlassung bis 4 Wochen (Grundeinsatzzeit),
    – – Gebrauchsüberlassung über 4 Wochen (Grundeinsatzzeit) hinaus,
    – – Gebrauchsüberlassung ......,
  – Berechnungsart
    – – Berechnungseinheit m², Stück,
    – – Abrechnung nach Quadratmeter x Tage (m²d),
    – – Abrechnung nach Quadratmeter x Wochen (m²Wo),
    – – Abrechnung nach Quadratmeter x Monate (m²Mt),
    – – Abrechnung nach Stück x Tage (Std),
    – – Abrechnung nach Stück x Wochen (StWo),
    – – Abrechnung nach Stück x Monate (StMt).

**Beispiel für Ausschreibungstext zu Position 003**
Dachflächenöffnung abdecken,
mit Bohlenbelag,
aus Nadelholz DIN 4074, Sortierklasse S 10,
Öffnungsgröße 12 m² (3*4m),
Abdeckung unverschiebbar befestigen auf Beton,
Gebrauchsüberlassung bis 4 Wochen (Grundeinsatzzeit),
Berechnungseinheit Stück

004 **Schutzwand an Traufe nach BBG-Sicherheitsregeln ZH 1/584, Einzelangaben nach DIN 18360**
  – Befestigungsart
    – – befestigen an Holz,
    – – befestigen an Mauerwerk,
    – – befestigen an Beton,
    – – befestigen an Stahl,
    – – befestigen ......,
  – Leistungsumfang
    – – Gebrauchsüberlassung bis 4 Wochen (Grundeinsatzzeit),
    – – Gebrauchsüberlassung über 4 Wochen (Grundeinsatzzeit) hinaus,
    – – Gebrauchsüberlassung ......,
  – Berechnungsart
    – – Berechnungseinheit m,
    – – Abrechnung nach Meter x Tage (md),
    – – Abrechnung nach Meter x Wochen (mWo),
    – – Abrechnung nach Meter x Monate (mMt),
    – – Abrechnung nach Quadratmeter x Tage (m²d),
    – – Abrechnung nach Quadratmeter x Wochen (m²Wo),
    – – Abrechnung nach Quadratmeter x Monate (m²Mt),

**Beispiel für Ausschreibungstext zu Position 004**
Schutzwand an Traufe nach BBG-Sicherheitsregeln
ZH 1/584,
befestigen an Mauerwerk,
Gebrauchsüberlassung bis 4 Wochen (Grundeinsatzzeit),
Berechnungseinheit m

**STLB 031**

Ausgabe 06.01

## LB 031 Metallbauarbeiten, Schlosserarbeiten
### Sicherheitseinrichtungen

005 **Lastverteilender Belag,**
Einzelangaben nach DIN 18360
- Werkstoff, Bauteile
  - – als Bohlenbelag,
  - – als ......,
    - – – – aus Nadelholz DIN 4074, Sortierklasse S 10,
    - – – – aus ......,
- Belastung
  - – – Lastaufnahme mind. 1 kN/m²,
  - – – Lastaufnahme in kN/m² ......,
- Maße
  - – – Breite bis 0,5 m,
  - – – Breite in m ......,
  - – – Maße in m ......,
- Untergrund
  - – – auf Dachdeckung aus Faserzementwellplatten,
  - – – auf Dachdeckung aus Bitumenwellplatten,
  - – – auf Dachdeckung ......,
- Leistungsumfang
  - – – Gebrauchsüberlassung bis 4 Wochen (Grundeinsatzzeit),
  - – – Gebrauchsüberlassung über 4 Wochen (Grundeinsatzzeit) hinaus,
  - – – Gebrauchsüberlassung ......,
- Berechnungsart
  - – – Berechnungseinheit m²,
  - – – Abrechnung nach Quadratmeter x Tage (m²d),
  - – – Abrechnung nach Quadratmeter x Wochen (m²Wo),
  - – – Abrechnung nach Quadratmeter x Monate (m²Mt),
  - – – Abrechnung nach Stück x Tage (Std),
  - – – Abrechnung nach Stück x Wochen (StWo),
  - – – Abrechnung nach Stück x Monate (StMt).

**Beispiel für Ausschreibungstext zu Position 005**
Lastverteilender Belag,
mit Bohlenbelag,
aus Nadelholz DIN 4074, Sortierklasse S 10,
Breite bis 1,0 m,
auf Unterlage aus Stahltrapezprofilen,
Abdeckung unverschiebbar befestigen auf Beton,
Gebrauchsüberlassung bis 4 Wochen (Grundeinsatzzeit),
Berechnungseinheit m²

006 **Auffangnetz DIN EN 1263-1**
Einzelangaben nach DIN 18360
- Art der Anordnung
  - – – unter der Gesamtfläche in m² ......,
  - – – unter der Teilfläche in m² ......,
- Leistungsumfang
  - – – Gebrauchsüberlassung bis 4 Wochen (Grundeinsatzzeit),
  - – – Gebrauchsüberlassung über 4 Wochen (Grundeinsatzzeit) hinaus,
  - – – Gebrauchsüberlassung ......,
    - – – – einschl. Umhängen, Anzahl ......,
- Berechnungsart
  - – – Berechnungseinheit m²,
  - – – Abrechnung nach Quadratmeter x Tage (m²d),
  - – – Abrechnung nach Quadratmeter x Wochen (m²Wo),
  - – – Abrechnung nach Quadratmeter x Monate (m²Mt),

**Beispiel für Ausschreibungstext zu Position 006**
Auffangnetz DIN EN 1263-1,
unter der Teilfläche von 200 m²,
Gebrauchsüberlassung bis 4 Wochen (Grundeinsatzzeit),
Berechnungseinheit m²

# LB 031 Metallbauarbeiten, Schlosserarbeiten
## Fenster, nichttransparente Bauteile, Zargen, Fensterbänke

STLB 031

Ausgabe 06.01

- 01_ **Fenster,**
- 02_ **Fenstertür,**
- 03_ **Fenster-Fenstertürkombination,**
- 04_ **Fensterwand,**
- 05_ **Fensterband,**
- 06_ **Schaufenster,**
- 07_ **Fenster, Fensterart .......,**
  Fensterart, Verglasung
  (als 3. Stelle zu Pos. 01_ bis 07_)
  1 als Einfachfenster für Isolierverglasung,
  2 als Einfachfenster für Einfachverglasung,
  3 als ......., 
  Einzelangaben nach DIN 18360 zu Pos. 01_ bis 07:
  - Einbauort
    - – – Einbauort .......,
    - – – Einbauhöhe in m .......,
    - – – Einbauort ......., Einbauhöhe in m .......,
      - – – – in Öffnung mit Innenanschlag,
      - – – – in Öffnung mit Außenanschlag,
      - – – – in Öffnung ohne Anschlag,
      - – – – vor der tragenden Konstruktion,
      - – – – vor der tragenden Konstruktion im Abstand von mm .......,
  - Rohbaurichtmaß
    - – – lichte Öffnungsmaße B/H in mm .......,
    - – – Blendrahmenaußenmaße B/H in mm .......,
    - – – Maße in mm .......,
  - Teilung
    - – – einteilig feststehend,
    - – – einteilig beweglich,
    - – – zweiteilig, feststehend,
    - – – zweiteilig, beweglich, mit Pfosten,
    - – – zweiteilig, beweglich, ohne Pfosten,
    - – – ein Teil feststehend, ein Teil beweglich,
    - – – Teilung .......,
      - – – – mit glasteilenden Sprossen,
      - – – – mit aufgesetzten Sprossen,
  - Öffnungsart
    - – – Öffnungsart drehend,
    - – – Öffnungsart kippend,
    - – – Öffnungsart drehkippend,
    - – – Öffnungsart .......,
  - Erzeugnis ....... (Sofern nicht vorgeschrieben, vom Bieter einzutragen, sofern vorgeschrieben, mit Hinweis "oder gleichwertiger Art")
  - Ausführung .......
    - – – Ausführung gemäß Zeichnung Nr. .......,
    - – – Ausführung gemäß Einzelbeschreibung Nr. .......,
    - – – Ausführung wie folgt:
  - Berechnungseinheit Stück (St)

- 085 **Rahmen aus Aluminium-Strangpreßprofilen**
  DIN EN 485-2, DIN EN 754-1, DIN EN 754-2,
  DIN EN 755-1, DIN EN 755-2, DIN 17615-1,
- 086 **Rahmen aus Stahlrohr,**
- 087 **Rahmen aus .......,**
  Einzelangaben nach DIN 18360 zu Pos. 085 bis 087
  - Rahmenprofil
    (Sofern nicht vorgeschrieben, vom Bieter einzutragen, sofern vorgeschrieben, mit Hinweis "oder gleichwertiger Art")
    - – – Profilsystem .......,
    - – – Profil .......,
  - Rahmenaufbau
    - – – mit Unterbrechung der Wärmebrücke,
  - Rahmenmaterialgruppe
    - – – Rahmenmaterialgruppe 1 DIN 4108–4,
    - – – Rahmenmaterialgruppe 2.1 DIN 4108–4,
    - – – Rahmenmaterialgruppe 2.2 DIN 4108–4,
    - – – Rahmenmaterialgruppe 2.3 DIN 4108–4,
    - – – Rahmenmaterialgruppe .......,
  - Flügelrahmen
    - – – einschl. Flügelrahmen außen flächenversetzt,
    - – – einschl. Flügelrahmen innen flächenversetzt,
    - – – einschl. Flügelrahmen außen und innen flächenversetzt,
    - – – einschl. Flügelrahmen außen flächenbündig,
    - – – einschl. Flügelrahmen innen flächenbündig,
    - – – einschl. Flügelrahmen innen und außen flächenbündig,
    - – – einschl. Flügelrahmen .......,
      - – – – mit Pfosten,
      - – – – mit Pfosten, Anzahl .......,
      - – – – mit Riegel,
      - – – – mit Riegel, Anzahl .......,
      - – – – mit Pfosten und Riegel,
      - – – – mit Pfosten, Anzahl ....... und Riegel, Anzahl .......,
  - Rahmenverbindung
    - – – Eckverbindung der Rahmen mechanisch,
    - – – Eckverbindung der Rahmen geschweißt,
    - – – Eckverbindung der Rahmen .......,
  - Befestigungsuntergrund
    - – – Befestigungsuntergrund Beton,
    - – – Befestigungsuntergrund Mauerwerk,
    - – – Befestigungsuntergrund Mauerwerk aus .......,
    - – – Befestigungsuntergrund Stahl,
    - – – Befestigungsuntergrund Holz,
    - – – Befestigungsuntergrund leichte Trennwand aus .......,
    - – – Befestigungsuntergrund Einbauzarge aus .......,
    - – – Befestigungsuntergrund .......,
  - Ausführung
    - – – Ausführung und Verarbeitung .......,
    - – – Ausführung und Verarbeitung ....., Nachweis der Qualitätssicherung .....,

**STLB 031**
Ausgabe 06.01

## LB 031 Metallbauarbeiten, Schlosserarbeiten
### Fenster, nichttransparente Bauteile, Zargen, Fensterbänke

**090 Weitere Anforderungen,**
   **Einzelangaben nach DIN 18360**
   - Beschläge
     - – Beschläge verdeckt,
     - – Beschläge verdeckt, Hersteller/Typ .......,
     - – Beschläge verdeckt, Hersteller/Typ ....... oder gleichwertiger Art,
     - – Beschläge aufliegend,
     - – Beschläge .......,
   - Dichtungsprofil
     - – Dichtungsprofil im Falz aus thermoplastischen Elastomeren (TPE),
     - – Dichtungsprofil im Falz aus thermoplastischen Elastomeren (TPE), verschweißt,
     - – Dichtungsprofil im Falz aus EPDM,
     - – Dichtungsprofil im Falz aus EPDM, vulkanisiert,
     - – Dichtungsprofil im Falz aus EPDM, geklebt,
     - – Dichtungsprofil im Falz .......,
   - Glashalteprofil
     - – Glashalteprofil aus Aluminium,
     - – Glashalteprofil aus Stahl,
     - – Glashalteprofil aus Stahl, verzinkt DIN EN ISO 1461,
     - – Glashalteprofil aus nichtrostendem Stahl, Werkstoff-Nr. ........,
     - – Glashalteprofil .......,
     - – klemmen,
     - – sichtbar schrauben,
     - – verdeckt befestigen,
     - – befestigen .......,
   - Wetterschenkel
     - – Wetterschenkel aus Aluminium,
     - – Wetterschenkel aus Stahl,
     - – Wetterschenkel aus Stahl, verzinkt DIN EN ISO 1461,
     - – Wetterschenkel aus nichtrostendem Stahl, Werkstoff-Nr. ........,
     - – Wetterschenkel .......,
   - Rollladenführungsschienen
     - – Rollladenführungsschienen aus Aluminium,
     - – Rollladenführungsschienen aus Stahl,
     - – Rollladenführungsschienen aus nichtrostendem Stahl, Werkstoff-Nr. .......,
     - – Rollladenführungsschienen .......,
   - Wandanschlussprofil
     - – Wandanschlussprofil aus Aluminium,
     - – Wandanschlussprofil aus Stahl,
     - – Wandanschlussprofil aus Stahl, verzinkt DIN EN ISO 1461,
     - – Wandanschlussprofil aus nichtrostendem Stahl, Werkstoff-Nr. .......,
     - – Wandanschlussprofil .......,
       - – – raumseitig,
       - – – witterungsseitig,
       - – – raum- und witterungsseitig,
   - Verglasungssystem
     - – Verglasungssystem DIN 18545–1, DIN 18545-2, Kurzzeichen .......,
     - – Verglasungssystem mit Dichtprofilen,
     - – Verglasungssystem .......,
     - – Verglasung .......,

**Beispiel für Ausschreibungstext zu Position 091**
Weitere Anforderungen, Beschläge verdeckt,
Dichtungsprofil im Falz aus EPDM, Glashalteprofil
aus Aluminium, klemmen,
Rollladenführungsschienen aus Aluminium,
Wandanschlussprofil aus Aluminium, raumseitig,
Verglasungssystem mit Dichtprofilen.

**Beispiel für Ausschreibungstext zu Position 091**
Weitere Anforderungen, Beschläge verdeckt,
Dichtungsprofil im Falz aus EPDM, Glashalteprofil
aus Aluminium, klemmen,
Rollladenführungsschienen aus Aluminium,
Wandanschlussprofil aus Aluminium, raumseitig,
Verglasungssystem mit Dichtprofilen.

**120 Nichttransparente Füllung,**
   **Einzelangaben nach DIN 18360**
   - Lage
     - – zwischen unterem Blendrahmenteil und Brüstungsriegel,
     - – zwischen unterem Blendrahmenteil und Riegel,
     - – zwischen Riegeln,
     - – zwischen Riegel und oberem Blendrahmenteil,
     - – zwischen unterem und oberem Blendrahmenteil,
     - – zwischen .......,
   - Konstruktiver Aufbau
     - – witterungsseitige Bekleidung aus Aluminium,
     - – witterungsseitige Bekleidung aus Stahl,
     - – witterungsseitige Bekleidung aus Stahl, verzinkt DIN EN ISO 1461,
     - – witterungsseitige Bekleidung aus nichtrostendem Stahl, Werkstoff-Nr. ...,
     - – witterungsseitige Bekleidung aus Glas,
     - – witterungsseitige Bekleidung aus Acryl,
     - – witterungsseitige Bekleidung aus Kunststoff,
     - – witterungsseitige Bekleidung .......
       - – – mit Dämmschicht,
       - – – mit Dämmschicht .......,
       - – – mit Dämmschicht und Dampfsperre,
       - – – mit Dämmschicht ....... und Dampfsperre,
       - – – mit Hinterlüftung und Dämmschicht,
       - – – mit Hinterlüftung und Dämmschicht .......,
       - – – mit Hinterlüftung, Dämmschicht und Dampfsperre,
       - – – mit Hinterlüftung, Dämmschicht ....... und Dampfsperre,
       - – – mit raumseitiger Bekleidung aus Aluminium,
       - – – mit raumseitiger Bekleidung aus Stahl,
       - – – mit raumseitiger Bekleidung aus Stahl, verzinkt DIN EN ISO 1461,
       - – – mit raumseitiger Bekleidung aus nichtrostendem Stahl, Werkstoff-Nr. ....,
       - – – mit raumseitiger Bekleidung aus Glas,
       - – – mit raumseitiger Bekleidung aus Acryl,
       - – – mit raumseitiger Bekleidung aus Kunststoff,
       - – – mit raumseitiger Bekleidung .......,
   - Unterkonstruktion
     - – einschl. Unterkonstruktion,
     - – einschl. Unterkonstruktion .......,
   - Gesamtdicke
     - – Gesamtdicke in mm .......,
   - Maße B/H in mm .......
     - – Maße B/H in mm .......,
   - Wärmeschutz DIN 4108, Wärmedurchgangskoeffizient k in W/m²K .......,
   - Erzeugnis .......
     (Sofern nicht vorgeschrieben, vom Bieter einzutragen, sofern vorgeschrieben, mit Hinweis "oder gleichwertiger Art")

# LB 031 Metallbauarbeiten, Schlosserarbeiten
## Fenster, nichttransparente Bauteile, Zargen, Fensterbänke

Ausgabe 06.01

130 **Fensterzarge,**
 **Einzelangaben nach DIN 18360**
 – Zargenmaterial
  – – aus Aluminium, Profilsystem ......,
  – – aus Aluminium, Profilsystem ......, oder gleichwertiger Art, Profilsystem ......,
  – – aus Stahl, Profilsystem ......,
  – – aus Stahl, Profilsystem ......, oder gleichwertiger Art, Profilsystem ......,
  – – aus Stahl,
  – – aus Stahl, verzinkt DIN EN ISO 1461,
  – – aus ......, (Sofern nicht vorgeschrieben, vom Bieter einzutragen, sofern vorgeschrieben, mit Hinweis "oder gleichwertiger Art")
 – Anschlag
  – – mit Anschlag, fertige Wanddicke in mm ......,
  – – ohne Anschlag, fertige Wanddicke in mm ......,
  – – mit Anschlag, vor der tragenden Unterkonstruktion,
  – – ohne Anschlag, vor der tragenden Unterkonstruktion,
  – – mit Anschlag, vor der tragenden Unterkonstruktion im Abstand von mm ......,
  – – ohne Anschlag, vor der tragenden Unterkonstruktion im Abstand von mm ......,
 – Abmessungen
  – – lichte Öffnungsmaße B/H in mm ......,
  – – Zargenaußenmaße B/H in mm ......,
  – – Maße in mm ......
 – Befestigungsuntergrund
  – – Befestigungsuntergrund Beton,
  – – Befestigungsuntergrund Mauerwerk,
  – – Befestigungsuntergrund Mauerwerk aus ......,
  – – Befestigungsuntergrund Betonwerkstein,
  – – Befestigungsuntergrund Naturwerkstein,
  – – Befestigungsuntergrund Stahl,
  – – Befestigungsuntergrund Holz,
  – – Befestigungsuntergrund leichte Trennwand aus ......,
  – – Befestigungsuntergrund ......,
   – – – Fuge zwischen Wand und Zarge abdichten mit ......,
 – Witterungsschutz
  – – Fensteröffnung mit Folie schließen,
  – – Fensteröffnung mit Folie schließen, Fenster später montieren,
 – Ausführung
  – – Ausführung gemäß Zeichnung Nr. ......,
  – – Ausführung gemäß Einzelbeschreibung Nr. ......,
 – Berechnungseinheit Stück (St)

140 **Außenfensterbank,**
141 **Innenfensterbank,**
 **Einzelangaben nach DIN 18360 zu Pos. 140 bis 141**
 – Werkstoff, Bauart
  – – aus Aluminium-Strangpressprofilen DIN EN 485-2, DIN EN 754-1, DIN EN 754-2, DIN EN 755-1, DIN EN 755-2, DIN 17615-1
  – – aus Aluminium,
  – – aus Stahl,
  – – aus Stahl, verzinkt DIN EN ISO 1461,
  – – aus nichtrostendem Stahl, Werkstoff-Nr. ......,
  – – aus ......,
   – – – mit seitlichen Abschlusskantungen,
   – – – mit seitlichen Aufsteckprofilen,
   – – – einschl. Entdröhnungsschicht,
   – – – einschl. Entdröhnungsschicht, Dicke in mm ......,
 – Abmessungen
  – – Maße L/B in mm ......, Abwicklung L/B in mm ......,
  – – Maße L/B in mm ......, Abwicklung L/B in mm ......, mit Längskantungen, Anzahl ......,
 – Befestigung
  – – verdeckt befestigen,
  – – sichtbar befestigen mit Schrauben,
  – – verdeckt befestigen mit Anschlussprofilen, Dehnung zulassen,
  – – befestigen ......,
  – – unterstopfen mit Faserdämmstoff,
 – Ausführung
  – – Ausführung gemäß Zeichnung Nr. ......,
  – – Ausführung gemäß Einzelbeschreibung Nr. ......,

 – Erzeugnis (Sofern nicht vorgeschrieben, vom Bieter einzutragen, sofern vorgeschrieben, mit Hinweis "oder gleichwertiger Art")
 – Berechnungseinheit m (m) Stück (St)

15_ **Aluminiumoberfläche Oberflächenausführung, Oberflächenausführung, Fensterteil**
 (als 3. Stelle zu Pos. 15_)
 1 der Fensterrahmen
 2 der Fensterflügel
 3 der nichttransparenten Füllungen,
 4 der Fensterzargen,
 5 der Fensterbänke,
 **Einzelangaben nach DIN 18360 zu Pos. 15_**
 – unbehandelt,
 – anodisch oxidiert DIN 17611 –
  – – E0 ohne Vorbehandlung,
  – – E1 geschliffen,
  – – E2 gebürstet,
  – – E3 poliert,
  – – E4 geschliffen und gebürstet,
  – – E5 geschliffen und poliert,
  – – E6 chemisch vorbehandelt,
 – Farbton
  – – Farbton EV1 natur,
  – – Farbton EV2 neusilber,
  – – Farbton EV3 gold,
  – – Farbton EV4 mittelbronze,
  – – Farbton EV5 dunkelbronze,
  – – Farbton EV6 schwarz,
  – – Farbton ......,
 – Beschichtungsart
  – – pulverbeschichtet,
  – – nasslackbeschichtet,
  – – beschichtet,
   – – – mit ......,
   – – – Mindestschichtdicke in mym ......,
   – – – Farbton RAL ......,
   – – – Farbton ......,

**Beispiel für Ausschreibungstext zu Position 150**
Aluminiumoberfläche der Fensterrahmen anodisch oxidiert
DIN 17611 – E6
chemisch vorbehandelt, Farbton EV6 schwarz.

STLB 031

Ausgabe 06.01

## LB 031 Metallbauarbeiten, Schlosserarbeiten
### Fenster, nichttransparente Bauteile, Zargen, Fensterbänke; Schaukästen, Vitrinen

16_ Stahloberfläche Oberfläche,
17_ Oberfläche .......,
   **Bauteil** (als 3. Stelle zu Pos. 16_ bis 17_)
   1 der Fensterrahmen
   2 der Fensterflügel
   3 der nichttransparenten Füllungen,
   4 der Fensterzargen,
   5 der Fensterbänke,
   6 .......,
   **Einzelangaben nach DIN 18360 zu Pos. 16_ bis 17_**
   – ohne Grundanstrich,
   – mit Grundbeschichtung,
       – – aus Alkydharz,
       – – aus Alkydharz .......,
       – – aus Epoxidharzester,
       – – aus Epoxidharzester .......,
       – – aus Polyvinylchlorid .......,
       – – aus Chlorkautschuk .......,
       – – aus Epoxidharz .......,
   – Auftrag
       – – Auftrag durch Beschichten,
       – – Auftrag durch Rollen,
       – – Auftrag durch Spritzen,
       – – Auftrag durch Tauchen,
       – – Auftrag .......,
   – Sollschichtdicke
       – – Sollschichtdicke DIN EN ISO 12944-4/7,
       – – Schichtdicke
           – – – 40 mym,
           – – – 60 mym,
           – – – 80 mym,
           – – – in mym .......,
   – Farbton
       – – Farbton rotbraun,
       – – Farbton graugrün,
       – – Farbton grau,
       – – Farbton RAL .......,
       – – Farbton .......,
   – Verzinkung
       – – verzinkt DIN EN ISO 1461,
       – – Verzinkung in g/m² .......,
   – Haftgrund
       – – mit Haftgrund,
   – Art der Beschichtung,
       – – mit Pulverbeschichtung,
       – – mit Pulverbeschichtung .......,
       – – mit Nasslackbeschichtung,
       – – mit Nasslackbeschichtung .......,
       – – mit Beschichtung,
       – – mit Beschichtung .......,
           – – – Mindestschichtdicke in mym .......,
           – – – Farbton RAL .......,
           – – – Farbton .......,

**Hinweis:** Weitere Beschichtungen siehe LB 034 Maler- und Lackierarbeiten und LB 035 Korrosionsschutzarbeiten an Stahl- und Aluminiumbaukonstruktionen.

190 Schaukasten,
191 Vitrine
   **Einzelangaben nach DIN 18360 zu Pos. 190 bis 191**
   – Maße L/B/H in mm .......
   – Material
       – – aus Aluminium,
       – – aus Stahl,
       – – aus Stahl/Aluminium,
   – Verglasung
       – – für Einfachverglasung, Dicke in mm .......,
   – Montage
       – – für Montage auf vorhandener Unterkonstruktion,
       – – einschl. Sockel aus Stahl,
       – – einschl. Sockel aus Stahl .......,
       – – einschl. Unterkonstruktion .......,
       – – für Wandmontage,
   – Profilsystem .......,
       (Sofern nicht vorgeschrieben, vom Bieter einzutragen, sofern vorgeschrieben, mit Hinweis "oder gleichwertiger Art")
   – Anzahl der zu öffnenden Teile ......., Öffnungsart .......,
       – – abschließbar,
       – – Anforderungen .......,
   – Erzeugnis .......,
       (Sofern nicht vorgeschrieben, vom Bieter einzutragen, sofern vorgeschrieben, mit Hinweis "oder gleichwertiger Art")
   – Ausführung
       – – Ausführung gemäß Zeichnung Nr. .......,
       – – Ausführung gemäß Einzelbeschreibung Nr. .......,
   – Berechnungseinheit Stück (St)

# LB 031 Metallbauarbeiten, Schlosserarbeiten
## Türen, Tore, Zargen, Hausbriefkästen

STLB 031

Ausgabe 06.01

200 Drehtür,
201 Hebedrehtür,
202 Schiebetür,
203 Hebeschiebetür,
204 Pendeltür,
205 Karusselltür,
206 Falttür,
207 Türanlage,
208 Rauchschutztür DIN 18095,
209 Rauchschutztür mit Prüfzeugnis,
210 Tür ......,
211 Drehtor,
212 Drehtor mit Schlupftür,
213 Schiebetor,
214 Schiebetor mit Schlupftür,
215 Falttor,
216 Falttor mit Schlupftür,
217 Faltschiebetor,
218 Faltschiebetor mit Schlupftür,
219 Hubtor,
220 Hubtor mit Schlupftür,
221 Schwingtor,
222 Schwingtor ......,
223 Toranlage,
224 Tor,
 Einzelangaben nach DIN 18360 zu Pos. 200 bis 224
 – Türart
  – – als Rahmentür,
  – – als Rahmentür, mit Schwelle,
  – – als Rahmentür, mit ......,
  – – als Rahmentür, mit Sockel, Höhe in mm ......,
  – – als Rahmentor,
  – – als Rahmentor, mit Schwelle,
  – – als Rahmentor, mit ......,
  – – als Rahmentor, mit Sockel, Höhe in mm ......,
  – – als ......,
   – – – für Isolierverglasung,
   – – – für Einfachverglasung,
   – – – mit Füllung,
   – – – mit Bekleidung,
  – – als Gittertür,
  – – als Gittertür ......,
  – – als Gittertor,
  – – als Gittertor ......,
 – Einbauort
  – – Einbauort ......,
  – – Einbauhöhe in m ......,
   – – – in Öffnung mit Innenanschlag,
   – – – in Öffnung mit Außenanschlag,
   – – – in Öffnung ohne Anschlag,
   – – – vor der tragenden Konstruktion,
   – – – vor der tragenden Konstruktion im Abstand von mm ......,
 – Rohbaurichtmaß
  – – lichte Öffnungsmaße B/H in mm ......,
  – – Blendrahmenaußenmaße B/H in mm ......,
  – – Maße in mm ......,
 – Anzahl der Teile
  – – einteilig,
  – – zweiteilig,
  – – Teilung ......,
  – – Teilung ......, Anzahl der Flügel ......,
  – – Teilung ......, Anzahl der Flügel ......, Anzahl der Oberlichter ......,
  – – Teilung ......, Anzahl der Flügel ......, Anzahl der feststehenden Seitenteile ......,
  – – Teilung ....., Anzahl der Flügel ....., Anzahl der feststehenden Teile .....,
 – Erzeugnis ......
 (Sofern nicht vorgeschrieben, vom Bieter einzutragen, sofern vorgeschrieben, mit Hinweis "oder gleichwertiger Art")
 – Ausführung
  – – Ausführung gemäß Zeichnung Nr. ......,
  – – Ausführung gemäß Einzelbeschreibung Nr. ......,
 – Berechnungseinheit Stück (St)

**Hinweis:** Die Leistungsbeschreibung kann beendet werden, wenn bereits durch Nennung des Erzeugnisses oder durch entsprechende Angaben in den benannten Zeichnungen oder Einzelbeschreibungen eine eindeutige Beschreibung erfolgt. Anderenfalls ist die Beschreibung weiterer Einzelheiten mit den zutreffenden Unterbeschreibungen 270 bis 286 fortzusetzen. Geschlossene Teile siehe 107 bis 190 – Oberflächenausführung siehe 107 bis 190, Füllen und Abdichten von Fugen siehe 210 bis 230.

230 Technische/statische und bauphysikalische Anforderungen an die Gesamtkonstruktion, Einzelangaben nach DIN 18360
 – Windlast
  – – Windlast, DIN 1055 Teil 4, 0,6 kN/m$^2$,
  – – Windlast, DIN 1055 Teil 4, 0,96 kN/m$^2$,
  – – Windlast, DIN 1055 Teil 4, 1,32 kN/m$^2$,
  – – Windlast ......,
 – Waagerechte Verkehrslast
  – – Verkehrslast horizontal, DIN 1055 Teil 3, 0,5 kN/m,
  – – Verkehrslast horizontal, DIN 1055 Teil 3, 1 kN/m,
  – – Verkehrslast horizontal ......,
 – Durchbiegung der freitragenden Rahmenteile
  – – max. Durchbiegung der freitragenden Rahmenteile 1/300 x L,
  – – max. Durchbiegung der freitragenden Rahmenteile 1/300 x L, bei Isolierverglasung zwischen gegenüberliegenden Scheibenkanten max. 8 mm,
  – – max. Durchbiegung der freitragenden Rahmenteile ......,
  max. Flügelgewicht in kg/m$^2$ ......,
 – Fugendurchlässigkeit und Schlagregendichtheit
  – – Fugendurchlässigkeit und Schlagregendichtheit DIN 18055, Beanspruchungsgruppe A,
  – – Fugendurchlässigkeit und Schlagregendichtheit DIN 18055, Beanspruchungsgruppe B,
  – – Fugendurchlässigkeit und Schlagregendichtheit DIN 18055, Beanspruchungsgruppe C,
  – – Fugendurchlässigkeit und Schlagregendichtheit DIN 18055, Beanspruchungsgruppe D, Prüfdruck in bar ......, längenbezogene Fugendurchlässigkeit ......, Fugendurchlasskoeffizient ......,
  – – längenbezogene Fugendurchlässigkeit ......, Fugendurchlasskoeffizient ......,
 – Wärmeschutz
  – – Wärmeschutz DIN 4108, Wärmedurchgangskoeffizient kT 1,8 W/m$^2$K,
  – – Wärmeschutz DIN 4108, Wärmedurchgangskoeffizient kT 1,8 W/m$^2$K, Gesamtenergiedurchlassgrad gF in % ......,
  – – Wärmeschutz DIN 4108, Wärmedurchgangskoeffizient kT in W/m$^2$K ......,
  – – Wärmeschutz DIN 4108, Wärmedurchgangskoeffizient kT in W/m$^2$K ......, Gesamtenergiedurchlassgrad gT in % ......,
  – – Wärmeschutz DIN 4108 und Wärmeschutzverordnung, äquivalenter Wärmedurchgang keq in W/m$^2$K ......,
  – – Wärmeschutz DIN 4108 und Wärmeschutzverordnung, äquivalenter Wärmedurchgang keq in W/m$^2$K ......, Gesamtenergiedurchlassgrad gT in % ......,
  – – Wärmedurchgangskoeffizient kp (nichttransparente Bauteile) in W/m$^2$K ......,
 – Schallschutz
  – – Schallschutz DIN 4109 und VDI 2719 SSK 1,
  – – Schallschutz DIN 4109 und VDI 2719 SSK 2,
  – – Schallschutz DIN 4109 und VDI 2719 SSK 3,
  – – Schallschutz DIN 4109 und VDI 2719 SSK 4,
  – – Schallschutz DIN 4109 und VDI 2719 SSK 5,
  – – Schallschutz DIN 4109 und VDI 2719 SSK 6,
  – – Schallschutz DIN 4109 und VDI 2719 Rw, R = 27 dB,
  – – Schallschutz DIN 4109 und VDI 2719 Rw, R = 32 dB,
  – – Schallschutz DIN 4109 und VDI 2719 Rw, R in dB ......,

**STLB 031**

Ausgabe 06.01

## LB 031 Metallbauarbeiten, Schlosserarbeiten
### Türen, Tore, Zargen, Hausbriefkästen

**Einzelangaben** zu Pos. 230, Fortsetzung
- Einbruchhemmung
  - – Einbruchhemmung DIN 18054 Klasse ET 1,
  - – Einbruchhemmung DIN 18054 Klasse ET 2,
  - – Einbruchhemmung DIN 18054 Klasse ET 3,
  - – Einbruchhemmung .......,
  - – Durchwurfhemmung DIN 52290–4,
  - – Durchbruchhemmung DIN 52290–3,
  - – Durchschusshemmung DIN 52290–2,
  - – Angriffhemmung .......,
    - – – besondere Anforderungen .......,
    - – – Durchbiegung im Bereich der lichten Wandöffnungen in mm .......,

**235** Rahmen aus Aluminium-Strangpressprofilen DIN EN 485-2, DIN EN 754-1, EIN EN 754-2, DIN EN 755-1, DIN EN 755-2, DIN EN 17615-1,
**236** Rahmen aus Stahl,
**237** Rahmen aus .......,

Einzelangaben nach DIN 18360 zu Pos. 235 bis 237
- Profilsystem
  (Sofern nicht vorgeschrieben, vom Bieter einzutragen, sofern vorgeschrieben, mit Hinweis "oder gleichwertiger Art")
  - – mit Unterbrechung der Wärmebrücke,
- Rahmenmaterialgruppe
  - – Rahmenmaterialgruppe 1 DIN 4108-4,
  - – Rahmenmaterialgruppe 2.1 DIN 4108-4,
  - – Rahmenmaterialgruppe 2.2 DIN 4108-4,
  - – Rahmenmaterialgruppe 2.3 DIN 4108-4,
  - – Rahmenmaterialgruppe .......,
- Flügelrahmen
  - – einschl. Flügelrahmen mit Anschlag,
  - – einschl. Flügelrahmen außen flächenbündig,
  - – einschl. Flügelrahmen innen flächenbündig,
  - – einschl. Flügelrahmen innen und außen flächenbündig,
  - – einschl. Flügelrahmen .......,
    - – – mit Pfosten,
    - – – mit Pfosten, Anzahl .......,
    - – – mit Riegel,
    - – – mit Riegel, Anzahl .......,
    - – – mit Pfosten und Riegel,
    - – – mit Pfosten, Anzahl ....... und Riegel, Anzahl .......,
    - – – mit Stulp,
- Rahmenverbindung
  - – Eckverbindung der Rahmen mechanisch,
  - – Eckverbindung der Rahmen geschweißt,
  - – Eckverbindung der Rahmen .......,
- Befestigungsuntergrund
  - – Befestigungsuntergrund Beton,
  - – Befestigungsuntergrund Mauerwerk,
  - – Befestigungsuntergrund Mauerwerk aus .......,
  - – Befestigungsuntergrund Stahl,
  - – Befestigungsuntergrund Holz,
  - – Befestigungsuntergrund leichte Trennwand aus .......,
  - – Befestigungsuntergrund Einbauzarge aus .......,
  - – Befestigungsuntergrund .......,
- Ausführung
  - – Ausführung und Verarbeitung .......,
  - – Ausführung und Verarbeitung ....., Nachweis der Qualitätssicherung .....,

**24_** Türflügel mit geschlossener Oberfläche,
**25_** Torflügel mit geschlossener Oberfläche,
Bauart (als 3. Stelle zu Pos. 24_ bis 25_),
1 einwandig, Gesamtdicke in mm .......,
2 doppelwandig, Gesamtdicke in mm .......,

Einzelangaben nach DIN 18360 zu Pos. 24_ bis 25_
- Material
  - – aus Aluminium,
    - – – Dicke 1,5 mm,
    - – – Dicke 2 mm,
    - – – Dicke in mm .......,
  - – aus Stahl,
  - – aus Stahl, verzinkt DIN EN ISO 1461,
    - – – Dicke 1 mm,
    - – – Dicke 1,5 mm,
    - – – Dicke in mm .......,
  - – aus nichtrostendem Stahl, Werkstoff-Nr. .......,
    - – – Dicke 0,8 mm,
    - – – Dicke 1 mm,
    - – – Dicke in mm .......,
- Rohbaurichtmaß
  - – Außenmaße B/H in mm ......., mit Anschlagfalz,
  - – lichte Durchgangsmaße des Gehflügels B/H in mm ......., mit Anschlagfalz,
  - – Außenmaße B/H in mm ......., lichte Durchgangsmaße des Gehflügels B/H in mm ......., Standflügel mit Anschlagfalz,
  - – Außenmaße B/H in mm ......., stumpf einschlagend,
  - – lichte Durchgangsmaße des Gehflügels B/H in mm ......., stumpf einschlagend,
  - – Außenmaße B/H in mm ......., lichte Durchgangsmaße des Gehflügels B/H in mm ......., Standflügel stumpf einschlagend,
- Bänder
  - – mit 2 Zapfenbändern,
  - – mit 2 Konstruktionsbändern, 2teilig,
  - – mit 2 Konstruktionsbändern, 3teilig,
  - – mit 2 Konstruktionsbändern, 2teilig, kugelgelagert,
  - – mit 2 Konstruktionsbändern, 3teilig, kugelgelagert,
  - – mit 2 Konstruktionsbändern, 2teilig, kugelgelagert, dreidimensional verstellbar,
  - – mit 2 Konstruktionsbändern, 3teilig, kugelgelagert, dreidimensional verstellbar,
  - – mit 3 Konstruktionsbändern je Flügel .......,
- Einbau
  - – Einbau in Blendrahmen,
  - – Einbau in Eckzarge,
  - – Einbau in Umfassungszarge,
  - – Einbau .......,
  - – Einbau in Blendrahmen, mit Ausschnitt, Maße in mm .......,
  - – Einbau in Eckzarge, mit Ausschnitt, Maße in mm .......,
  - – Einbau in Umfassungszarge, mit Ausschnitt, Maße in mm .......,
  - – Einbau ......., mit Ausschnitt, Maße in mm .......,
- Schloss
  - – Buntbartschloss,
  - – Einsteckschloss, vorgerichtet für Profilzylinder,
  - – Einsteckschloss, vorgerichtet für Rundzylinder,
  - – Einsteckschloss, mit Panikfunktion DIN 18251, vorgerichtet für Profilzylinder,
  - – Einsteckschloss, mit Panikfunktion DIN 18251, vorgerichtet für Rundzylinder,
  - – Schloss .......,
    - – – vorgerichtet für Obentürschließer,
    - – – vorgerichtet für Bodentürschließer,
    - – – vorgerichtet für Treibriegel,
    - – – vorgerichtet für Kantenriegel,
    - – – vorgerichtet für Blockschloss,
    - – – vorgerichtet .......,
- Ausführung
  - – Ausführung gemäß Zeichnung Nr. .......,
  - – Ausführung gemäß Einzelbeschreibung Nr. .......,

# LB 031 Metallbauarbeiten, Schlosserarbeiten
## Türen, Tore, Zargen, Hausbriefkästen

Ausgabe 06.01

**260 Nichttransparente Füllung**
Einzelangaben nach DIN 18360
- Einbauort
  - – zwischen unterem Blendrahmenteil und Brüstungsriegel,
  - – zwischen unterem Blendrahmenteil und Riegel,
  - – zwischen Riegeln,
  - – zwischen Riegel und oberem Blendrahmenteil,
  - – zwischen unterem und oberem Blendrahmenteil,
- witterungsseitige Bekleidung
  - – witterungsseitige Bekleidung aus Aluminium,
  - – witterungsseitige Bekleidung aus Stahl,
  - – witterungsseitige Bekleidung aus Stahl, verzinkt DIN EN ISO 1461,
  - – witterungsseitige Bekleidung aus nichtrostendem Stahl, Werkstoff-Nr. ....,
  - – witterungsseitige Bekleidung aus Glas,
  - – witterungsseitige Bekleidung aus Acryl,
  - – witterungsseitige Bekleidung aus Kunststoff,
  - – witterungsseitige Bekleidung .......
  - – mit Dämmschicht,
  - – mit Dämmschicht .......,
  - – mit Dämmschicht und Dampfsperre,
  - – mit Dämmschicht ....... und Dampfsperre,
  - – mit Hinterlüftung und Dämmschicht,
  - – mit Hinterlüftung und Dämmschicht .......,
  - – mit Hinterlüftung, Dämmschicht und Dampfsperre,
  - – mit Hinterlüftung, Dämmschicht ....... und Dampfsperre,
- raumseitige Bekleidung
  - – mit raumseitiger Bekleidung aus Aluminium,
  - – mit raumseitiger Bekleidung aus Stahl,
  - – mit raumseitiger Bekleidung aus Stahl, verzinkt DIN EN ISO 1461,
  - – mit raumseitiger Bekleidung aus nichtrostendem Stahl, Werkstoff-Nr. ....,
  - – mit raumseitiger Bekleidung aus Glas,
  - – mit raumseitiger Bekleidung aus Acryl,
  - – mit raumseitiger Bekleidung aus Kunststoff,
  - – mit raumseitiger Bekleidung .......,
  - – mit .......,
  - – einschl. Unterkonstruktion,
- Gesamtdicke in mm .......,
- Maße B/H in mm .......
- Türspion
  - – mit Türspion,
  - – mit Bohrung, Durchmesser in mm .......,
  - – mit Bohrung, Durchmesser in mm ....... Anzahl .......,
- Erzeugnis ....... (Sofern nicht vorgeschrieben, vom Bieter einzutragen, sofern vorgeschrieben, mit Hinweis "oder gleichwertiger Art")

**27_ Weitere Anforderungen,**
Weitere Anforderungen (als 3. Stelle zu Pos. 27_)
1 Beschläge verdeckt,
2 Beschläge verdeckt, Hersteller/Typ .......,
3 Beschläge verdeckt, Hersteller/Typ ....... oder gleichwertiger Art,
4 Beschläge aufliegend, Beschläge .......,
5 Beschläge ....... ,
Einzelangaben nach DIN 18360
- Dichtungsprofil
  - – Dämpfungs-/Dichtungsprofil im Falz aus thermoplastischen Elastomeren (TPE),
  - – Dämpfungs-/Dichtungsprofil im Falz aus thermoplastischen Elastomeren (TPE), verschweißt,
  - – Dämpfungs-/Dichtungsprofil im Falz aus EPDM,
  - – Dämpfungs-/Dichtungsprofil im Falz aus EPDM, vulkanisiert,
  - – Dämpfungs-/Dichtungsprofil im Falz aus EPDM, geklebt,
- dreiseitiges Dichtungsprofil
  - – dreiseitig mit Dämpfungs-/Dichtungsprofil im Falz,
  - – dreiseitig mit Dämpfungs-/Dichtungsprofil im Falz aus thermoplastischen Elastomeren (TPE), verschweißt,
  - – dreiseitig mit Dämpfungs-/Dichtungsprofil im Falz aus EPDM,
  - – dreiseitig mit Dämpfungs-/Dichtungsprofil im Falz aus EPDM, vulkanisiert,
  - – dreiseitig mit Dämpfungs-/Dichtungsprofil im Falz aus EPDM, geklebt,
    - – – und Lippenauflaufdichtung,
    - – – mit absenkbarer Bodendichtung,
- Dichtungsprofil im Falz .......,
- Wetterschenkel
  - – Wetterschenkel aus Aluminium,
  - – Wetterschenkel aus Stahl,
  - – Wetterschenkel aus Stahl, verzinkt DIN EN ISO 1461,
  - – Wetterschenkel aus nichtrostendem Stahl, Werkstoff-Nr. .......,
  - – Wetterschenkel .......,
- Rollladenführungsschienen
  - – Rollladenführungsschienen aus Aluminium,
  - – Rollladenführungsschienen aus Stahl,
  - – Rollladenführungsschienen aus Stahl, verzinkt DIN EN ISO 1461,
  - – Rollladenführungsschienen aus nichtrostendem Stahl, Werkstoff-Nr. .......,
  - – Rollladenführungsschienen .......,
- Wandanschlussprofil
  - – Wandanschlussprofil aus Aluminium,
  - – Wandanschlussprofil aus Stahl,
  - – Wandanschlussprofil aus Stahl, verzinkt DIN EN ISO 1461,
  - – Wandanschlussprofil aus nichtrostendem Stahl, Werkstoff-Nr. .......,
  - – Wandanschlussprofil .......,
    - – – raumseitig,
    - – – witterungsseitig,
    - – – raum- und witterungsseitig,
- Verglasungssystem
  - – Verglasungssystem DIN 18545-1, DIN 18545-2 Kurzzeichen .......,
  - – Verglasungssystem mit Dichtprofilen,
  - – Verglasungssystem .......,
  - – Verglasung .......,
- Glashalteprofil
  - – Glashalteprofil aus Aluminium,
  - – Glashalteprofil aus Stahl,
  - – Glashalteprofil aus Stahl, verzinkt DIN EN ISO 1461,
  - – Glashalteprofil aus nichtrostendem Stahl, Werkstoff-Nr. .......,
  - – Glashalteprofil .......,
    - – – klemmen,
    - – – sichtbar schrauben,
    - – – verdeckt befestigen,
    - – – befestigen .......,

**STLB 031**

Ausgabe 06.01

## LB 031 Metallbauarbeiten, Schlosserarbeiten
### Türen, Tore, Zargen, Hausbriefkästen

**280 Antrieb durch Elektromotor,**
**Einzelangaben nach DIN 18360**
- Antriebsanordnung
  - – getrennt angeordnet,
  - – Antriebsanordnung .......,
- Fabrikat/Typ
  (Sofern nicht vorgeschrieben, vom Bieter einzutragen, sofern vorgeschrieben, mit Hinweis "oder gleichwertiger Art")
- Notbetätigung
  - – Notbetätigung durch abnehmbare Kurbel,
  - – Notbetätigung durch Haspelkette,
  - – Notbetätigung .......,
- Anschluss
  - – Anschluss in fester Verbindung, Zuleitung mit allpoliger abschließbarer Abschaltung, Steuerleitung sowie Anschluss werden von anderen AN ausgeführt,
  - – Anschluss über mitzulieferndem Stecker, Stecker verdrahtet und montiert, Zuleitung und Steckdose oder Kupplung sowie Anschluss werden von anderen AN ausgeführt,
- Nennspannung
  - – Nennspannung 230/400 V AC, Nennleistung in kW .......,
  - – Nennspannung 230 V AC, Nennleistung in kW .......,
  - – Nennspannung in V ......., Nennleistung in kW .......,
- Öffnungsvorgang
  - – mittlere Geschwindigkeit für Öffnungsvorgang 10 cm/s,
  - – mittlere Geschwindigkeit für Öffnungsvorgang 15 cm/s,
  - – mittlere Geschwindigkeit für Öffnungsvorgang 20 cm/s,
  - – mittlere Geschwindigkeit für Öffnungsvorgang 25 cm/s,
  - – mittlere Geschwindigkeit für Öffnungsvorgang 30 cm/s,
  - – mittlere Geschwindigkeit für Öffnungsvorgang 35 cm/s,
  - – mittlere Geschwindigkeit für Öffnungsvorgang cm/s .......,
- Schließvorgang
  - – mittlere Geschwindigkeit für Schließvorgang 10 cm/s,
  - – mittlere Geschwindigkeit für Schließvorgang 15 cm/s,
  - – mittlere Geschwindigkeit für Schließvorgang 20 cm/s,
  - – mittlere Geschwindigkeit für Schließvorgang 25 cm/s,
  - – mittlere Geschwindigkeit für Schließvorgang 30 cm/s,
  - – mittlere Geschwindigkeit für Schließvorgang 35 cm/s,
  - – mittlere Geschwindigkeit für Schließvorgang cm/s .......,
- Berechnungseinheit Stück (St)

**281 Steuerungsanlage mit Hauptschalter,**
**Einzelangaben nach DIN 18360**
- Steuerungsanlage
  - – für Drehtür,
  - – für Schiebetür,
  - – für Pendeltür,
  - – für Karusselltür,
  - – für Falttür,
  - – für Drehtor,
  - – für Schiebetor,
  - – für Falttor,
  - – für Faltschiebetor,
  - – für Hubtor,
  - – für Schwingtor,
  - – für .......,
    - – – als Einzelsteuerung,
    - – – als .......,
- Fabrikat/Typ (Sofern nicht vorgeschrieben, vom Bieter einzutragen, sofern vorgeschrieben, mit Hinweis "oder gleichwertiger Art")

- Ampeln
  - – mit Ampeln für Richtungsverkehr, Anzahl .......,
  - – mit Ampeln für Gegenverkehr, Anzahl .......,
  - – mit Ampeln, Ausführung ......., Anzahl .......,
    - – – einschl. Gerätemontage,
    - – – einschl. Gerätemontage und Elektroinstallation der Steuerleitungen in Aufputzausführung,
    - – – einschl. Gerätemontage und Elektroinstallation der Steuerleitungen in Unterputzausführung,
    - – – einschl. Gerätemontage und Elektroinstallation der Steuerleitungen in Kabelkanal,
    - – – einschl. .......,
- Berechnungseinheit Stück (St)

**282 Flügelbewegung,**
**Einzelangaben nach DIN 18360**
- Öffnungsvorgang
  - – Öffnungsvorgang ohne Selbsthaltung,
  - – Öffnungsvorgang ohne Selbsthaltung, mit Sicherung gegen unbefugte Bedienung,
  - – Öffnungsvorgang mit Selbsthaltung,
  - – Öffnungsvorgang mit Selbsthaltung und Einzugsicherung,
  - – Öffnungsvorgang automatisch durch Funk,
  - – Öffnungsvorgang automatisch durch Bewegungsmelder,
  - – Öffnungsvorgang automatisch durch Lichtschranke,
  - – Öffnungsvorgang automatisch durch Induktionsschleife,
  - – Öffnungsvorgang automatisch .......,
    - – – mit zusätzlichem handbetätigtem Befehlsgeber innen,
    - – – mit zusätzlichem handbetätigtem Befehlsgeber außen,
    - – – mit zusätzlichem handbetätigtem Befehlsgeber innen und außen,
    - – – Verlangsamung der Flügelbewegung im Endbereich der Öffnungsbewegung,
    - – – Einstellung von End– und Zwischenpositionen vom Bedienungsstandort,
- Schließvorgang
  - – Schließvorgang ohne Selbsthaltung, mit Sicherung gegen unbefugte Bedienung,
  - – Schließvorgang ohne Selbsthaltung, in Verbindung mit Personenschutzeinrichtung,
  - – Schließvorgang mit Selbsthaltung, in Verbindung mit Personenschutzeinrichtung,
  - – Schließvorgang in Verbindung mit Personenschutzeinrichtung automatisch durch Funk,
  - – Schließvorgang in Verbindung mit Personenschutzeinrichtung automatisch durch Bewegungsmelder,
  - – Schließvorgang in Verbindung mit Personenschutzeinrichtung automatisch durch Lichtschranke,
  - – Schließvorgang in Verbindung mit Personenschutzeinrichtung automatisch durch Induktionsschleife,
  - – Schließvorgang in Verbindung mit Personenschutzeinrichtung automatisch durch Zeitrelais,
  - – Schließvorgang in Verbindung mit Personenschutzeinrichtung automatisch durch .......,
    - – – mit zusätzlichem handbetätigtem Befehlsgeber innen,
    - – – mit zusätzlichem handbetätigtem Befehlsgeber außen,
    - – – mit zusätzlichem handbetätigtem Befehlsgeber innen und außen,
    - – – Verlangsamung der Flügelbewegung im Endbereich der Schließbewegung,
    - – – Einstellung von End– und Zwischenpositionen vom Bedienungsstandort,
  - – Verlangsamung der Flügelbewegung im Endbereich der Schließbewegung und Einstellung von End– und Zwischenpositionen vom Bedienungsstandort,
- Fehlererkennung mit –analyse
- mit Umschaltung auf Handbetrieb

# LB 031 Metallbauarbeiten, Schlosserarbeiten
## Türen, Tore, Zargen, Hausbriefkästen

STLB 031

Ausgabe 06.01

283 Schließkantensicherung,
   Einzelangaben nach DIN 18360
   - Sicherungsart
     -- pneumatisch,
     -- mechanisch-elektrisch,
     -- elektrisch,
     -- durch mitgeführte Lichtschranke,
       --- einfachfehlersicher,
       --- testend,
   - mit automatischer Umschaltung auf Steuerung ohne Selbsthaltung nach aufgetretenem Fehler,
   - mit Umkehrschaltung,
     -- mit zusätzlicher Sicherung zum Schutz gegen Sachschäden,
     -- mit ........,
       --- durch Lichtschranke,
       --- durch Bewegungsmelder,
       --- durch ........,

284 Einzugsicherung,
   Einzelangaben nach DIN 18360
   - Sicherungsart
     -- durch Seilzug,
     -- pneumatisch,
     -- mechanisch-elektrisch,
     -- elektrisch,
     -- durch Lichtschranke,
       --- innen,
       --- außen,

285 Befehlsgeber,
   Einzelangaben nach DIN 18360
   - als Schlüsseltaster,
     -- mit Halttaste,
     -- mit NOT-AUS-Schalter,
       --- vorgerichtet für Profilzylinder,
   - als Einfachdrucktaster,
   - als Zweifachdrucktaster,
     -- mit Haltetaster,
     -- mit NOT-AUS-Schalter,
   - als Codiergerät,
   - als Codekartenschaltgerät,
     -- abschließbar,
     -- abschließbar, vorgerichtet für Profilzylinder,
   - als Deckenzugtaster

286 NOT-AUS-Schalter,
   Einzelangaben nach DIN 18360
   - Ausführung
     -- in Unterputzausführung,
     -- in Aufputzausführung,
     -- in Säule, integriert, Säule wird gesondert vergütet,
       --- Gehäuse aus Aluminium,
       --- Gehäuse aus Aluminium, eloxiert,
       --- Gehäuse aus Aluminium, beschichtet,
       --- Gehäuse aus Kunststoff,
       --- Gehäuse ........,

287 Funksteuerung,
   Einzelangaben nach DIN 18360
   - als Einkanal-Anlage,
   - als Zweikanal-Anlage,
   - als Dreikanal-Anlage,
   - als ........,
     -- einschl. Handsender, Anzahl ........,
   - Ausführung
     -- Ausführung gemäß Zeichnung Nr. ........,
     -- Ausführung gemäß Einzelbeschreibung Nr. ........,

29_ Eckzarge DIN 18111-1,
30_ Eckzarge DIN 18111-1 mit Kämpfer,
31_ Eckzarge DIN 18111-1 mit Gegenzarge,
32_ Eckzarge DIN 18111-1 mit Gegenzarge und Kämpfer,
33_ Umfassungszarge DIN 18111-1,
34_ Umfassungszarge DIN 18111-1 mit Kämpfer,
Material (als 3. Stelle zu Pos. 29_ bis 34_)
1 aus Stahlblech, Dicke 1,5 mm
2 aus Stahlblech, Dicke in mm ........,
3 aus Stahlblech, verzinkt DIN EN ISO 1461, Dicke 1,5 mm,
4 aus Stahlblech, verzinkt DIN EN ISO 1461, Dicke in mm ........,
5 aus nichtrostendem Stahl, Werkstoff-Nr. ........, Dicke 0,8 mm,
6 aus nichtrostendem Stahl, Werkstoff-Nr. ........, Dicke in mm ........,
7 aus ........, Dicke in mm ........,
Einzelangaben nach DIN 18360 zu Pos. 29_ bis 34_
- Korrosionsschutz
  -- Korrosionsschutz mit Grundbeschichtung,
  -- mit Haftgrund,
- Rohbaurichtmaß
  -- lichte Öffnungsmaße B/H in mm ........,
  -- lichte Öffnungsmaße B/H in mm ........, fertige Wanddicke in mm ........,
- Ausführung
  -- für gefälzten Türflügel,
  -- für gefälzten Türflügel, vorgerichtet für Bänder, Anzahl ........,
  -- für stumpf einschlagenden Türflügel,
  -- für stumpf einschlagenden Türflügel, vorgerichtet für Bänder, Anzahl ........,
  -- ohne Band- und Schlosstaschen,
- Dichtungsprofil
  -- Dämpfungs-/Dichtungsprofil im Falz aus thermo-plastischen Elastomeren (TPE),
  -- Dämpfungs-/Dichtungsprofil im Falz aus thermo-plastischen Elastomeren (TPE), verschweißt,
  -- Dämpfungs-/Dichtungsprofil im Falz aus EPDM,
  -- Dämpfungs-/Dichtungsprofil im Falz aus EPDM, vulkanisiert,
  -- Dämpfungs-/Dichtungsprofil im Falz aus EPDM, geklebt,
  -- mit Dämpfungs-/Dichtungsprofil ........,
    --- mit umlaufender Schattennut, einseitig,
    --- mit umlaufender Schattennut, zweiseitig,
    --- als Sonderzarge ........,
    --- mit umlaufender Schattennut, einseitig, vorgerichtet für elektrischen Türöffner,
    --- mit umlaufender Schattennut, zweiseitig, vorgerichtet für elektrischen Türöffner,
    --- als Sonderzarge ........, vorgerichtet für elektrischen Türöffner,
    --- vorgerichtet für elektrischen Türöffner,
- Boden
  -- mit Schwelle,
  -- mit Schwelle ........,
  -- mit Distanzprofil,
  -- mit Distanzprofil ........,
  -- mit Bodeneinstand,
  -- ohne Bodeneinstand,
- Befestigungsuntergrund
  -- Befestigungsuntergrund Beton,
  -- Befestigungsuntergrund Beton ........,
  -- Befestigungsuntergrund Mauerwerk,
  -- Befestigungsuntergrund Mauerwerk aus ........,
  -- Befestigungsuntergrund Stahl,
  -- Befestigungsuntergrund Holz,
  -- Befestigungsuntergrund leichte Trennwand aus ........,
  -- Befestigungsuntergrund ........,
- Ausführung
  -- Ausführung gemäß Zeichnung Nr. ........,
  -- Ausführung gemäß Einzelbeschreibung Nr. ........,
- Berechnungseinheit Stück (St)

**STLB 031**

## LB 031 Metallbauarbeiten, Schlosserarbeiten
### Türen, Tore, Zargen, Hausbriefkästen

Ausgabe 06.01

350 Hausbriefkasten,
36_ Hausbriefkastenanlage,
   Anzahl der Kästen (als 3. Stelle zu Pos. 36_)
   1 davon ein Leerkasten für Klingel- und Sprechanlage,
   2 davon ein Leerkasten für .......,
   3 davon Leerkästen, Anzahl .......,
   Einzelangaben nach DIN 18360 zu Pos. 350 bis 36_
   - Bauart
     -- DIN 32617 Form A 1,
     -- DIN 32617 Form A 2,
     -- DIN 32617 Form B,
     -- DIN 32617 Form C,
     -- Form .......,
     -- Form ......., vorgerichtet für .......,
   - Material
     -- aus Aluminium,
     -- aus Stahl,
     -- aus Stahl, verzinkt DIN EN ISO 1461,
     -- aus nichtrostendem Stahl, Werkstoff-Nr. .......,
     -- aus Kupfer-Zink-Legierung,
   - Ausführung
     -- als Türblende,
     -- in Unterputzausführung,
     -- in Einmauerausführung,
     -- in Aufputzausführung,
     -- freistehend, mit Unterkonstruktion .......,
   - Einwurfschlitz
     -- Einwurfschlitz B/H 230 mm x 30 mm,
     -- Einwurfschlitz B/H 325 mm x 30 mm,
     -- Einwurfschlitz B/H in mm .......,
   - Kennzeichnung
     -- mit Sichtfenster, Maße in mm .......,
     -- mit Namensschild, Maße 60 mm x 15 mm,
     -- mit Namensschild, Maße in mm .......,
     -- mit Sichtfenster, Maße in mm .......,
        und Namensschild, Maße 60 mm x 15 mm,
     -- mit Sichtfenster, Maße in mm .......,
        und Namensschild, Maße in mm .......,
   - Abdeckung
     -- Abdeckung aus .......,
     -- Blende aus .......,
   - Erzeugnis
     (Sofern nicht vorgeschrieben, vom Bieter einzutragen,
     sofern vorgeschrieben, mit Hinweis "oder gleichwertiger
     Art")
   - Ausführung
     -- Ausführung gemäß Zeichnung Nr. .......,
     -- Ausführung gemäß Einzelbeschreibung Nr. .......,
   - Berechnungseinheit Stück (St)

370 Aluminiumoberfläche,
    Einzelangaben nach DIN 18360
    - Bauteil
      -- der Türflügel,
      -- der Torflügel,
      -- der Rahmen,
      -- der nichttransparenten Füllungen,
      -- der Zargen,
    - unbehandelt
    - anodisch oxidiert DIN 17611
      -- E0 ohne Vorbehandlung,
      -- E1 geschliffen,
      -- E2 gebürstet,
      -- E3 poliert,
      -- E4 geschliffen und gebürstet,
      -- E5 geschliffen und poliert,
      -- E6 chemisch vorbehandelt,
    - Farbton
      -- Farbton EV1 natur,
      -- Farbton EV2 neusilber,
      -- Farbton EV3 gold,
      -- Farbton EV4 mittelbronze,
      -- Farbton EV5 dunkelbronze,
      -- Farbton EV6 schwarz,
    - Beschichtung
      -- pulverbeschichtet,
      -- nasslackbeschichtet,
      -- beschichtet,
         --- mit .......,
    - Mindestschichtdicke in mym .......,
    - Farbton
      -- Farbton RAL .......,
      -- Farbton .......,

38_ Stahloberfläche Oberfläche,
39_ Oberfläche .......,
    Bauteil (als 3. Stelle zu Pos. 38_ bis 39_)
    1 der Türflügel,
    2 der Torflügel,
    3 der Rahmen,
    4 der nichttransparenten Füllungen,
    5 der Zargen,
    6 .......,
    Einzelangaben nach DIN 18360 zu Pos. 38_ bis 39_
    - mit Grundbeschichtung,
      -- aus Alkydharz,
      -- aus Alkydharz .......,
      -- aus Epoxidharzester,
      -- aus Epoxidharzester .......,
      -- aus Polyvinylchlorid .......,
      -- aus Chlorkautschuk .......,
      -- aus Epoxidharz .......,
    - Auftrag
      -- Auftrag durch Beschichten,
      -- Auftrag durch Rollen,
      -- Auftrag durch Spritzen,
      -- Auftrag durch Tauchen,
      -- Auftrag .......,
    - Sollschichtdicke
      -- Sollschichtdicke DIN EN ISO 12944-4/7,
      -- Schichtdicke
         --- 40 mym,
         --- 60 mym,
         --- 80 mym,
         --- in mym .......,
    - Farbton
      -- Farbton rotbraun,
      -- Farbton graugrün,
      -- Farbton grau,
      -- Farbton RAL .......,
      -- Farbton .......,
    - verzinkt DIN EN ISO 1461,
    - Verzinkung in g/m² .......,
      -- mit Haftgrund,
         --- mit Pulverbeschichtung,
         --- mit Pulverbeschichtung .......,
         --- mit Nasslackbeschichtung,
         --- mit Nasslackbeschichtung .......,
         --- mit Beschichtung,
         --- mit Beschichtung .......,
    - Ausführung
      -- Mindestschichtdicke in mym .......,
      -- Farbton RAL .......,
      -- Farbton .......,
      -- Mindestschichtdicke in mym .......,
         Farbton RAL .......,
      -- Mindestschichtdicke in mym ......., Farbton .......,

**Hinweis:** Weitere Beschichtungen siehe LB 034 Maler- und Lackierarbeiten und LB 035 Korrosionsschutzarbeiten an Stahl- und Aluminiumbaukonstruktionen. Feuerschutztüren, -tore, Strahlenschutztüren.

## LB 031 Metallbauarbeiten, Schlosserarbeiten
### Feuerschutztüren, -tore, Strahlenschutztüren

STLB 031

Ausgabe 06.01

**Hinweis:**
Detaillierte Beschreibungen für Schließer, Melder, Schlösser und Beschläge siehe LB 029 Beschlagarbeiten, Feuerschutztüren, -klappen

**40_ Feuerhemmende Stahltür,**
Teilung (als 3. Stelle zu Pos. 40_)
1 einflügelig nach DIN 18082-1, Bauart A, T 30-1,
2 einflügelig nach DIN 18082-3, Bauart B, T 30-1,
3 einflügelig, T 30-1 DIN 4102-5, mit bauaufsichtlicher Zulassung,
4 einflügelig, T 30-1 DIN 4102-5, mit bauaufsichtlicher Zulassung, Erzeugnis .......,
5 einflügelig, T 30-1 DIN 4102-5, mit bauaufsichtlicher Zulassung, Erzeugnis ....... oder gleichwertiger Art,
6 zweiflügelig, T 30-2 DIN 4102-5, mit bauaufsichtlicher Zulassung,
7 zweiflügelig, T 30-2 DIN 4102-5, mit bauaufsichtlicher Zulassung, Erzeugnis .......,
8 zweiflügelig, T 30-2 DIN 4102-5, mit bauaufsichtlicher Zulassung, Erzeugnis ....... oder gleichwertiger Art,
**Einzelangaben nach DIN 18360**
- lichte Öffnungsmaße B/H in mm .......,

**41_ Feuerbeständige Stahltür,**
Teilung (als 3. Stelle zu Pos. 41_)
1 einflügelig, T 90-1 DIN 4102-5, mit bauaufsichtlicher Zulassung,
2 einflügelig, T 90-1 DIN 4102-5, mit bauaufsichtlicher Zulassung, Erzeugnis .......,
3 einflügelig, T 90-1 DIN 4102-5, mit bauaufsichtlicher Zulassung, Erzeugnis ....... oder gleichwertiger Art,
4 zweiflügelig, T 90-2 DIN 4102-5, mit bauaufsichtlicher Zulassung,
5 zweiflügelig, T 90-2 DIN 4102-5, mit bauaufsichtlicher Zulassung, Erzeugnis .......,
6 zweiflügelig, T 90-2 DIN 4102-5, mit bauaufsichtlicher Zulassung, Erzeugnis ....... oder gleichwertiger Art,
**Einzelangaben nach DIN 18360**
- lichte Öffnungsmaße B/H in mm .......,
- Teilung
  -- mit gleichbreiten Türflügeln,
  -- mit ungleichbreiten Türflügeln, Breite des Gehflügels in mm ...............,
- Boden
  -- mit Schwelle,
  -- mit Schwelle .......,
  -- mit Distanzprofil,
  -- mit Distanzprofil .......,
  -- mit Anschlagschiene,
  -- mit Anschlagschiene .......,
  -- mit automatischer Bodenabdichtung,
  -- mit automatischer Bodenabdichtung .......,

**420 Feuerhemmende Klappe, einflügelig, T 30-1 DIN 4102-5, mit bauaufsichtlicher Zulassung,**
**421 Feuerbeständige Klappe, einflügelig, T 90-1 DIN 4102-5, mit bauaufsichtlicher Zulassung,**
**Einzelangaben nach DIN 18360 zu Pos. 420, 421**
- Rohbaurichtmaß
  -- lichte Öffnungsmaße B/H in mm .......,
- Erzeugnis
  (Sofern nicht vorgeschrieben, vom Bieter einzutragen, sofern vorgeschrieben, mit Hinweis "oder gleichwertiger Art")
  -- mit einstellbarem Federband,
  -- mit Obentürschließer,
  -- mit Bodentürschließer,
  -- mit Gleitschienen-Türschließer,
  -- mit .......,
    --- mit elektromagnetischem Feststeller und Rauchmeldern,
    --- mit elektromagnetischem Feststeller und integriertem Rauchmelder,

- Schloss
  -- Buntbartschloss,
  -- Einsteckschloss, vorgerichtet für Profilzylinder,
  -- Einsteckschloss, vorgerichtet für Rundzylinder,
  -- Einsteckschloss mit Panikfunktion, vorgerichtet für Profilzylinder,
  -- Einsteckschloss mit Panikfunktion, vorgerichtet für Rundzylinder,
  -- Schloss .......,
- Drücker
  -- Drücker aus Guss, mit Rosetten,
  -- Drücker aus Guss, mit Langschildern,
  -- Drücker aus Aluminium, mit Rosetten,
  -- Drücker aus Aluminium, mit Langschildern,
  -- Drücker aus nichtrostendem Stahl, mit Rosetten,
  -- Drücker aus nichtrostendem Stahl, mit Langschildern,
  -- Drücker aus Kunststoff mit Stahlkern, mit Rosetten,
  -- Drücker aus Kunststoff mit Stahlkern, mit Langschildern,
  -- Drücker aus .......,
- Befestigungsuntergrund
  -- Befestigungsuntergrund Beton,
  -- Befestigungsuntergrund Beton .......,
  -- Befestigungsuntergrund Mauerwerk,
  -- Befestigungsuntergrund Mauerwerk .......,
  -- Befestigungsuntergrund leichte Trennwand aus .......,
  -- Befestigungsuntergrund .......,
- Ausführung
  -- Ausführung gemäß Zeichnung Nr. .......,
  -- Ausführung gemäß Einzelbeschreibung Nr. .......,
- Berechnungseinheit Stück (St)

**430 Eckzarge,**
**431 Eckzarge mit Gegenzarge,**
**432 Umfassungszarge,**
**433 Zarge .......,**
**Einzelangaben nach DIN 18360 zu Pos. 430 bis 433**
- Material
  -- aus Stahlblech,
  -- aus Stahlblech, verzinkt DIN EN ISO 1461,
  -- aus nichtrostendem Stahl, Werkstoff-Nr. .......,
- Korrosionsschutz
  -- Korrosionsschutz mit Grundbeschichtung,
  -- mit Haftgrund,
- Wanddicke
  -- fertige Wanddicke in mm .......,
    --- für gefälzten Türflügel,
    --- für gefälzten Türflügel, mit Bändern,
- Dämpfungsprofil
  -- mit Dämpfungs-/Dichtungsprofil,
  -- mit .......,
    --- mit umlaufender Schattennut, einseitig,
    --- mit umlaufender Schattennut, zweiseitig,
    --- mit umlaufender Schattennut, einseitig, vorgerichtet für elektrischen Türöffner,
    --- mit umlaufender Schattennut, zweiseitig, vorgerichtet für elektrischen Türöffner,
    --- vorgerichtet für elektrischen Türöffner,
- Boden
  -- mit Schwelle,
  -- mit Schwelle .......,
  -- mit Distanzprofil,
  -- mit Distanzprofil .......,
  -- mit Bodeneinstand,
  -- ohne Bodeneinstand,
  -- mit Anschlagschiene,
  -- mit Aschlagschiene .......,
- Ausführung
  -- Ausführung gemäß Zeichnung Nr. .......,
  -- Ausführung gemäß Einzelbeschreibung Nr. .......,

**STLB 031**

Ausgabe 06.01

## LB 031 Metallbauarbeiten, Schlosserarbeiten
### Feuerschutztüren, -tore, Strahlenschutztüren

**440 Weitere Anforderungen,**
 **Einzelangaben nach DIN 18360**
- rauchdicht DIN 18095-1 und DIN 18094-2,
- Öffnungen
  - – Ausschnitt für Lichtöffnung, Maße in mm ......,
  - – Oberlicht, Maße in mm ......,
    - – – einschl. Verglasung,
    - – – einschl. Verglasung ......,
    - – – einschl. ......,
      - – – – mit Türspion,
      - – – – mit Oberblende, Maße in mm ......,
      - – – – mit ......,
- Verriegelung
  - – mit Schlosskasten, vorgerichtet für Blockschloss,
  - – mit Schlosskasten, einschl. Blockschloss,
    - – – mit Treibriegelschloss und Umlenkgetriebe im Standflügel,
    - – – mit oberer Verriegelung mit Drücker,
    - – – mit oberer Verriegelung mit Panikfunktion,
      - – – – mit Panikstangengriff ......,

**445 Feuerschutzwand–/fensteranlage mit bauaufsichtlicher Zulassung,**
 **Einzelangaben nach DIN 18360**
- Bauart
  - – als Rahmenkonstruktion,
  - – als Rahmenkonstruktion, mit Schwelle,
  - – als Rahmenkonstruktion, mit ......,
  - – als Rahmenkonstruktion, mit Sockel, Höhe in mm ......,
- Erzeugnis
 (Sofern nicht vorgeschrieben, vom Bieter einzutragen, sofern vorgeschrieben, mit Hinweis "oder gleichwertiger Art")
- Öffnungen
  - – für Brandschutzverglasung,
  - – mit Füllung ......,
  - – mit Bekleidung,
  - – mit Füllung und Bekleidung ......,
- Einbauort
  - – Einbauhöhe in m ......,
  - – Einbauort ......, Einbauhöhe in m ......,
  - – in Öffnung mit Innenanschlag,
  - – in Öffnung mit Außenanschlag,
  - – in Öffnung ohne Anschlag,
- Rohbaurichtmaß
  - – lichte Öffnungsmaße B/H in mm ......,
  - – Blendrahmenaußenmaße B/H in mm ......,
  - – Maße in mm ......,
- Teilung
  - – einteilig,
  - – zweiteilig,
  - – Teilung ......,
  - – Teilung ......, Anzahl der Türflügel ......,
  - – Teilung ......, Anzahl der Türflügel ......, Anzahl der feststehenden Oberlichter,
  - – Teilung ......, Anzahl der Türflügel ......, Anzahl der feststehenden Seitenteile
  - – Teilung ......, Anzahl der Türflügel ......, Anzahl der feststehenden Teile ......,
- Ausführung
  - – Ausführung gemäß Zeichnung Nr. ......,
  - – Ausführung gemäß Einzelbeschreibung Nr. ......,
- Berechnungseinheit Stück (St)

**45_ Feuerschutz–Türanlage mit bauaufsichtlicher Zulassung,**
 **Türart** (als 3. Stelle zu Pos. 45_)
 0 als Rahmentür,
 1 als Rahmentür, mit Schwelle,
 2 als Rahmentür, mit Schwelle ......, als Rahmentür ......,
 3 als Rahmentür mit ......, als Rahmentür mit Sockel, Höhe in mm ......,
 4 als Rahmentür mit Sockel, Höhe in mm ......
 **Einzelangaben nach DIN 18360**
- lichte Öffnungsmaße B/H in mm ......,
- Erzeugnis
 (Sofern nicht vorgeschrieben, vom Bieter einzutragen, sofern vorgeschrieben, mit Hinweis "oder gleichwertiger Art")
- Öffnungen
  - – für Brandschutzverglasung,
  - – mit Füllung ......,
  - – mit Bekleidung ......,
  - – mit Füllung und Bekleidung ......,
    - – – mit Obentürschließer,
    - – – mit Bodentürschließer,
    - – – mit Gleitschienen-Türschließer,
    - – – mit elektromagnetischem Feststeller und Rauchmeldern,
    - – – mit elektromagnetischem Feststeller und integriertem Rauchmelder,
- Schloss
  - – Buntbartschloss,
  - – Einsteckschloss, vorgerichtet für Profilzylinder,
  - – Einsteckschloss, vorgerichtet für Rundzylinder,
  - – Einsteckschloss mit Panikfunktion, vorgerichtet für Profilzylinder,
  - – Einsteckschloss mit Panikfunktion, vorgerichtet für Rundzylinder,
  - – Schloss ......,
- Drücker
  - – Drücker aus Guss, mit Rosetten,
  - – Drücker aus Guss, mit Langschildern,
  - – Drücker aus Aluminium, mit Rosetten,
  - – Drücker aus Aluminium, mit Langschildern,
  - – Drücker aus nichtrostendem Stahl, mit Rosetten,
  - – Drücker aus nichtrostendem Stahl, mit Langschildern,
  - – Drücker aus Kunststoff mit Stahlkern, mit Rosetten,
  - – Drücker aus Kunststoff mit Stahlkern, mit Langschildern,
  - – Drücker aus ......,
- Teilung
  - – Teilung ......, Anzahl der Flügel ......,
  - – Teilung ......, Anzahl der Flügel ......, Anzahl der feststehenden Oberlichter ......,
  - – Teilung ......, Anzahl der Flügel ......, Anzahl der feststehenden Seitenteile ......,
  - – Teilung ......, Anzahl der Flügel ......, Anzahl der feststehenden Teile .....,
- Ausführung
  - – Ausführung gemäß Zeichnung Nr. ......,
  - – Ausführung gemäß Einzelbeschreibung Nr. ......,
- Berechnungseinheit Stück (St)

# LB 031 Metallbauarbeiten, Schlosserarbeiten
## Feuerschutztüren, -tore, Strahlenschutztüren

Ausgabe 06.01

460 **Rahmen aus Aluminium–Strangpressprofilen**
DIN EN 485-2, DIN EN 754-1, DIN EN 754-2,
DIN EN 755-1, DIN EN 755-2, DIN EN 17615-1
461 **Rahmen aus Stahlrohr,**
462 **Rahmen aus .......,**
Einzelangaben nach DIN 18360 zu Pos. 460 bis 462
- Rahmenprofil (Sofern nicht vorgeschrieben, vom Bieter einzutragen, sofern vorgeschrieben, mit Hinweis "oder gleichwertiger Art")
  - – Profilsystem .......,
  - – Profilsystem ....... oder gleichwertiger Art, Profilsystem .......,
  - – Profil .......,
    - – – vorgerichtet für elektrischen Türöffner,
      - – – – einschl. Türflügelrahmen mit Anschlag,
      - – – – einschl. Türflügelrahmen .......,
- Bauart
  - – mit Pfosten,
  - – mit Pfosten, Anzahl .......,
  - – mit Riegel,
  - – mit Riegel, Anzahl .......,
  - – mit Pfosten und Riegel,
  - – mit Pfosten, Anzahl ....... und Riegel, Anzahl .......,
    - – – Eckverbindung der Rahmen mechanisch,
    - – – Eckverbindung der Rahmen geschweißt,
    - – – Eckverbindung der Rahmen .......,
- Befestigungsuntergrund
  - – Befestigungsuntergrund Beton,
  - – Befestigungsuntergrund Mauerwerk,
  - – Befestigungsuntergrund Mauerwerk aus .......,
  - – Befestigungsuntergrund leichte Trennwand aus .......,
  - – Befestigungsuntergrund Einbauzarge aus .......,
  - – Befestigungsuntergrund .......,
- Ausführung
  - – Ausführung gemäß Zeichnung Nr. .......,
  - – Ausführung gemäß Einzelbeschreibung Nr. .......,

465 **Weitere Anforderungen,**
- rauchdicht DIN 18095-1 und DIN 18095-2,
- Verriegelung
  - – mit Schlosskasten, vorgerichtet für Blockschloss,
  - – mit Schlosskasten, einschl. Blockschloss,
    - – – mit Treibriegelschloss und Umlenkgetriebe im Standflügel,
    - – – mit oberer Verriegelung mit Drücker,
    - – – mit oberer Verriegelung mit Panikfunktion,
      - – – – mit Panikstangengriff .......,
      - – – – mit .......,

47_ **Feuerhemmendes Stahlschiebetor,**
**Teilung** (als 3. Stelle zu Pos. 47_)
lichte Öffnungsmaße B/H in mm .......,
1 einflügelig, T 30-1 DIN 4102-5, mit bauaufsichtlicher Zulassung,
2 einflügelig, T 30-1 DIN 4102-5, mit bauaufsichtlicher Zulassung, Erzeugnis .......,
3 einflügelig, T 30-1 DIN 4102-5, mit bauaufsichtlicher Zulassung, Erzeugnis ....... oder gleichwertiger Art,
4 zweiflügelig, T 30-2 DIN 4102-5, mit bauaufsichtlicher Zulassung,
5 zweiflügelig, T 30-2 DIN 4102-5, mit bauaufsichtlicher Zulassung, Erzeugnis .......,
6 zweiflügelig, T 30-2 DIN 4102-5, mit bauaufsichtlicher Zulassung, Erzeugnis ....... oder gleichwertiger Art,
Einzelangaben nach DIN 18360
- Erzeugnis ....... (Sofern nicht vorgeschrieben, vom Bieter einzutragen, sofern vorgeschrieben, mit Hinweis "oder gleichwertiger Art")

48_ **Feuerbeständiges Stahlschiebetor,**
**Teilung** (als 3. Stelle zu Pos. 48_)
lichte Öffnungsmaße B/H in mm .......,
1 einflügelig, T 90-1 DIN 4102-5, mit bauaufsichtlicher Zulassung,
2 einflügelig, T 90-1 DIN 4102-5, mit bauaufsichtlicher Zulassung, Erzeugnis .......,
3 einflügelig, T 90-1 DIN 4102-5, mit bauaufsichtlicher Zulassung, Erzeugnis ....... oder gleichwertiger Art,
4 zweiflügelig, T 90-2 DIN 4102-5, mit bauaufsichtlicher Zulassung,
5 zweiflügelig, T 90-2 DIN 4102-5, mit bauaufsichtlicher Zulassung, Erzeugnis .......,
6 zweiflügelig, T 90-2 DIN 4102-5, mit bauaufsichtlicher Zulassung, Erzeugnis ....... oder gleichwertiger Art,

Einzelangaben nach DIN 18360
- Erzeugnis ....... (Sofern nicht vorgeschrieben, vom Bieter einzutragen, sofern vorgeschrieben, mit Hinweis "oder gleichwertiger Art")
- Bauart
  - – mit gleichbreiten Torflügeln,
  - – mit ungleichbreiten Torflügeln, lichte Durchgangsmaße des Gehflügels B/H in mm .......,
    - – – mit Aufhängung mit gefedertem Kugellager–Vierrollenlaufwerk, verstellbarer Röhrenlaufschiene, unterer Rollenführung und 3seitiger Dichtung,
    - – – mit Laufschiene,
    - – – mit .......,
      - – – – mit Radialdämpfer als Schließgeschwindigkeitsregler,
- Steuerung
  - – mit elektromagnetischem Feststeller und Rauchmeldern,
  - – mit elektromagnetischem Feststeller und integriertem Rauchmelder,
- Schloss
  - – Buntbartschloss,
  - – Einsteckschloss, vorgerichtet für Profilzylinder,
  - – Einsteckschloss, vorgerichtet für Rundzylinder,
  - – Einsteckschloss mit Panikfunktion, vorgerichtet für Profilzylinder,
  - – Einsteckschloss mit Panikfunktion, vorgerichtet für Rundzylinder,
  - – Schloss .......,
- Drücker
  - – Drücker aus Guss, mit Rosetten,
  - – Drücker aus Guss, mit Langschildern,
  - – Drücker aus Aluminium, mit Rosetten,
  - – Drücker aus Aluminium, mit Langschildern,
  - – Drücker aus nichtrostendem Stahl, mit Rosetten,
  - – Drücker aus nichtrostendem Stahl, mit Langschildern,
  - – Drücker aus Kunststoff mit Stahlkern, mit Rosetten,
  - – Drücker aus Kunststoff mit Stahlkern, mit Langschildern,
  - – Drücker aus .......,
- Befestigungsuntergrund
  - – Befestigungsuntergrund Beton,
  - – Befestigungsuntergrund Beton .......,
  - – Befestigungsuntergrund Mauerwerk,
  - – Befestigungsuntergrund Mauerwerk .......,
  - – Befestigungsuntergrund leichte Trennwand aus .......,
  - – Befestigungsuntergrund .......,
- Ausführung
  - – Ausführung gemäß Zeichnung Nr. .......,
  - – Ausführung gemäß Einzelbeschreibung Nr. .......,
- Berechnungseinheit Stück (St)

490 **Eckzarge,**
491 **Eckzarge mit Gegenzarge,**
492 **Zarge,**
Einzelangaben nach DIN 18360 zu Pos. 490 bis 492
- Material
  - – aus Stahlblech,
  - – aus Stahlblech, verzinkt DIN EN ISO 1461,
  - – aus nichtrostendem Stahl, Werkstoff-Nr. .......,
- Korrosionsschutz
  - – Korrosionsschutz mit Grundbeschichtung,
  - – mit Haftgrund,
- Wanddicke
  - – fertige Wanddicke in mm .......,
    - – – mit Dämpfungs-/Dichtungsprofil,
- Boden
  - – mit Schwelle,
  - – mit Schwelle .......,
  - – mit Distanzprofil,
  - – mit Distanzprofil .......,
  - – obere Führungsschiene mit Laufrollen,
  - – mit Anschlagschiene,
  - – mit Anschlagschiene .......,
- Ausführung
  - – Ausführung gemäß Zeichnung Nr. .......,
  - – Ausführung gemäß Einzelbeschreibung Nr. .......,

**STLB 031**

Ausgabe 06.01

## LB 031 Metallbauarbeiten, Schlosserarbeiten
### Feuerschutztüren, -tore, Strahlenschutztüren

500 **Weitere Anforderungen,**
**Einzelangaben nach DIN 18360**
- rauchdicht DIN 18095-1 und DIN 18095-2,
- Öffnungen
  - – Ausschnitt für Lichtöffnung, Maße in mm ......,
    - – – einschl. Verglasung und Glashalteprofilen,
    - – – einschl. Verglasung und Glashalteprofilen ......,
      - – – – mit Schlupftür, Maße B/H in mm ......,
      - – – – mit Schlupftür ......,
      - – – – mit Oberblende, Maße in mm ......,
      - – – – mit ......,
- Verriegelung
  - – – mit Schlosskasten, vorgerichtet für Blockschloss,
  - – – mit Schlosskasten, einschl. Blockschloss,
    - – – – mit Treibriegelschloss und Umlenkgetriebe im Standflügel, mit Panikfunktion,
    - – – – mit Verriegelung mit Drücker, mit Panikfunktion,

52_ **Strahlenschutztür DIN 6834 als Drehflügeltür,**
53_ **Strahlenschutztür DIN 6834 als Schiebetür,**
**Bleigleichwert** (als 3. Stelle zu Pos. 52_ bis 53)
1 Bleigleichwert ......, lichte Öffnungsmaße B/H in mm ......, mit Stahlumfassungszarge, fertige Wanddicke in mm ......,
**Einzelangaben nach DIN 18360 zu Pos. 52_ bis 53_**
- Nutzung
  - – – für medizinisch genutzte Räume,
  - – – für Röntgenräume mit Anlagen bis 200 kV Röhren-Nennspannung,
  - – – für Röntgenräume mit Anlagen über 200 kV Röhren-Nennspannung,
  - – – für Arbeitsräume,
  - – – für Lagerräume,
- Teilung
  - – – einflügelig,
  - – – zweiflügelig mit gleichbreiten Türflügeln,
  - – – zweiflügelig mit unleichbreiten Türflügeln, lichte Durchgangsmaße des Gehflügels B/H in mm ......,
- Türflügel
  - – – Türflügel aus Stahlblech, innen ausgesteift,
  - – – Türflügel ......,
    - – – – mit abgeschirmtem Fenster, Größe ......,
    - – – – mit abgeschirmtem Schlitz für Sprechverbindung,
    - – – – mit ......,
      - – – – – Flügelbewegung von Hand,
      - – – – – Flügelbewegung von Hand, selbsttätig schließende Bodendichtung,
      - – – – – Flügelbewegung elektrisch,
      - – – – – Flügelbewegung elektrisch, selbsttätig schließende Bodendichtung,
      - – – – – Türflügelbewegung ......,
      - – – – – einschl. Beschläge,
      - – – – – einschl. Beschläge ......,
- Erzeugnis (Sofern nicht vorgeschrieben, vom Bieter einzutragen, sofern vorgeschrieben, mit Hinweis "oder gleichwertiger Art")
- Ausführung
  - – – Ausführung gemäß Zeichnung Nr. ......,
  - – – Ausführung gemäß Einzelbeschreibung Nr. ......,
- Berechnungseinheit Stück (St)

550 **Aluminiumoberfläche,**
**Einzelangaben nach DIN 18360**
- Bauteil
  - – – der Türflügel,
  - – – der Torflügel,
  - – – der Rahmen,
  - – – der nichttransparenten Füllungen,
  - – – der Zargen,
  - – – ......,
- unbehandelt
- anodisch oxidiert DIN 17611
  - – – E0 ohne Vorbehandlung,
  - – – E1 geschliffen,
  - – – E2 gebürstet,
  - – – E3 poliert,
  - – – E4 geschliffen und gebürstet,
  - – – E5 geschliffen und poliert,
  - – – E6 chemisch vorbehandelt,
- Farbton
  - – – Farbton EV1 natur,
  - – – Farbton EV2 neusilber,
  - – – Farbton EV3 gold,
  - – – Farbton EV4 mittelbronze,
  - – – Farbton EV5 dunkelbronze,
  - – – Farbton EV6 schwarz,
- Beschichtung
  - – – pulverbeschichtet,
  - – – nasslackbeschichtet,
  - – – beschichtet,
    - – – – mit ......,
- Mindestschichtdicke in mym ......,
- Farbton
  - – – Farbton RAL ......,
  - – – Farbton ......,

56_ **Stahloberfläche Oberfläche,**
57_ **Oberfläche ......,**
**Bauteil** (als 3. Stelle zu Pos. 56_ bis 57_)
1 der Türflügel, der Torflügel
2 der Torflügel, der Rahmen
3 der Rahmen der nichttransparenten Füllungen,
4 der nichttransparenten Füllungen der Zargen,
5 der Zargen ......,
6 ......
**Einzelangaben nach DIN 18360 zu Pos. 56_ bis 57_**
- mit Grundbeschichtung,
  - – – aus Alkydharz,
  - – – aus Alkydharz ......,
  - – – aus Epoxidharzester,
  - – – aus Epoxidharzester ......,
  - – – aus Polyvinylchlorid ......,
  - – – aus Chlorkautschuk ......,
  - – – aus Epoxidharz ......,
  - – – aus ......,
- Auftrag
  - – – Auftrag durch Beschichten,
  - – – Auftrag durch Rollen,
  - – – Auftrag durch Spritzen,
  - – – Auftrag durch Tauchen,
  - – – Auftrag ......,
- Sollschichtdicke
  - – – Sollschichtdicke DIN EN ISO 12944-4/7,
  - – – Schichtdicke
    - – – – 40 mym,
    - – – – 60 mym,
    - – – – 80 mym,
    - – – – in mym ......,
- Farbton
  - – – Farbton rotbraun,
  - – – Farbton graugrün,
  - – – Farbton grau,
  - – – Farbton RAL ......,
  - – – Farbton ......,
- verzinkt DIN EN ISO 1461,
- Verzinkung in g/m² ......,
  - – – mit Haftgrund,
    - – – – mit Pulverbeschichtung,
    - – – – mit Pulverbeschichtung ......,
    - – – – mit Nasslackbeschichtung,
    - – – – mit Nasslackbeschichtung ......,
    - – – – mit Beschichtung,
    - – – – mit Beschichtung ......,
- Ausführung
  - – – Mindestschichtdicke in mym ......,
  - – – Farbton RAL ......,
  - – – Farbton ......,
  - – – Mindestschichtdicke in mym ......,
    Farbton RAL ......,
  - – – Mindestschichtdicke in mym ......, Farbton ......,

## LB 031 Metallbauarbeiten, Schlosserarbeiten
### Feuerschutztüren, -tore, Strahlenschutztüren

580 Füllen der Fuge,
581 Abdichten der Fuge,
582 Füllen und Abdichten der Fuge,
   Einzelangaben nach DIN 18360 zu Pos. 580 bis 582
   - Lage der Fuge
     - - allseitig,
     - - oben,
     - - seitlich,
     - - unten,
     - - oben und seitlich,
     - - unten und seitlich,
     - - oben und unten,
   - Fugenbreite
     - - Fugenbreite in mm ......,
     - - Fugenbreite in mm ......, Gesamtfugentiefe in mm ......,
     - - zurückliegende Fuge ......,
   - Füllstoff
     - - mit Mineralwolle, ausgestopft,
     - - mit imprägniertem Schaumstoffprofil,
     - - mit imprägniertem Schaumstoffprofil, geschlossenporig,
     - - mit imprägniertem Schaumstoffprofil, vorkomprimiert,
     - - mit Ortschaum,
   - Lage der Dichtung
     - - Dichtung raumseitig,
     - - Dichtung witterungsseitig,
     - - Dichtung witterungs- und raumseitig,
     - - Dichtung ......,
   - Dichtstoff
     - - mit dauerelastischem Dichtstoff,
       - - - Dichtstoffbasis Polysulfid (PSU),
       - - - Dichtstoffbasis Polyurethan (PUR),
       - - - Dichtstoffbasis ......,
     - - mit Polyisobutylen (PIB)-Folie, Breite in mm ......,
       - - - Dicke 1,5 mm,
       - - - Dicke 2,0 mm,
     - - mit Dichtstoff ......,
       - - - für max. Fugendehnung ......,
       - - - Dichtstoffbasis ......,
       - - - für max. Fugendehnung ......, Dichtstoffbasis ......,
     - - mit Kunststoffprofil,
     - - mit Hohlkammerprofil,
     - - mit Vakuumprofil,
     - - mit ......,
   - Farbe
     - - farblos,
     - - Farbton weiß,
     - - Farbton grau,
     - - Farbton schwarz,
     - - Farbton braun,
     - - Farbton ......,
   - Erzeugnis ......
     (Sofern nicht vorgeschrieben, vom Bieter einzutragen, sofern vorgeschrieben, mit Hinweis "oder gleichwertiger Art")
   - Ausführung
     - - Ausführung gemäß Zeichnung Nr. ......,
     - - Ausführung gemäß Einzelbeschreibung Nr. ......,
   - Berechnungseinheit Meter (m)

**STLB 031**
Ausgabe 06.01

## LB 031 Metallbauarbeiten, Schlosserarbeiten
### Füllen und Abdichten von Fugen

60_ Sonnenschutz, feststehend, waagerecht auskragend,
61_ Sonnenschutz, feststehend, waagerecht auskragend, begehbar,
   **Konstruktion** (als. 3 Stelle zu Pos. 60_ bis 61_)
   1 Auskragung: 750 mm – 1000 mm – 1200 mm – 1250 mm – 1500 mm – 1750 mm – 1800 mm – 2000 mm – .......,
   2 Trägerabstand: 1500 mm – 1750 mm – 1800 mm – 2000 mm – 2250 mm – 2400 mm – 2500 mm – 2750 mm – .......,

62_ Sonnenschutz, feststehend, senkrecht vor der Fassade,
63_ Sonnenschutz, feststehend, senkrecht vor der Fassade, Einbauhöhe in mm .......,
   **Sonnenschutz** (als. 3. Stelle zu Pos. 62_ bis 63_)
   0 Maße L/T in mm .......,
   1 Abstand vor der Fassade in mm .......

**Einzelangaben nach DIN 18360 zu Pos. 62_ bis 63_**
- Tragkonstruktion
  - – Tragkonstruktion aus Stahl DIN EN 10027-1, S235JG2 (RSt 37-2)
  - – Tragkonstruktion aus Stahl DIN EN 10027-1, S355J2 (Profil St 52-3)
  - – Tragkonstruktion aus Stahl DIN EN 10027-1, S355K2G3 (Blech St 52-3),
  - – Tragkonstruktion aus Stahl DIN EN 10027-1, S235J0 (Profil St 37-3)
  - – Tragkonstruktion aus Stahl DIN EN 10027-1, S235J2G3 (Blech St 37-3)
  - – Tragkonstruktion aus Stahl DIN EN 10027-1, .......,
  - – Tragkonstruktion aus Aluminium,
  - – Tragkonstruktion aus nichtrostendem Stahl, Werkstoff–Nr. .......,
  - – Tragkonstruktion .......,
- Befestigung
  - – geschraubt,
  - – geschraubt, Baustellenstöße geschraubt,
  - – geschweißt,
  - – geschweißt, Baustellenstöße geschweißt,
  - – geschweißt, Baustellenstöße geschraubt,

**Hinweis:**
Detaillierte Beschreibungen für Korrosionsschutz siehe LB 035 Korrosionsschutzarbeiten an Stahl– und Aluminiumbaukonstruktionen.

- Korrosionsschutz
  - – Korrosionsschutz durch Grundbeschichtung,
  - – Korrosionsschutz durch Feuerverzinkung,
  - – Korrosionsschutz durch Flammspritzverzinkung mit Schutzbeschichtung,
  - – Korrosionsschutz durch Pulverbeschichtung,
  - – Korrosionsschutz .......,
  - – Oberflächenbehandlung,
- Befestigung
  - – an der Decke befestigen,
  - – an der Wand befestigen,
  - – an der Stütze befestigen,
  - – an Konsolen befestigen,
  - – auf Konsolen befestigen,
  - – befestigen .......,
- Befestigungsuntergrund
  - – Befestigungsuntergrund Beton,
  - – Befestigungsuntergrund Mauerwerk,
  - – Befestigungsuntergrund Mauerwerk aus .......,
  - – Befestigungsuntergrund Betonwerkstein,
  - – Befestigungsuntergrund Naturwerkstein,
  - – Befestigungsuntergrund Stahl,
  - – Befestigungsuntergrund Holz,
  - – Befestigungsuntergrund .......,
- Erzeugnis
  (Sofern nicht vorgeschrieben, vom Bieter einzutragen, sofern vorgeschrieben, mit Hinweis "oder gleichwertiger Art")
- Ausführung
  - – Ausführung gemäß Zeichnung Nr. .......,
  - – Ausführung gemäß Einzelbeschreibung Nr. .......,
- Berechnungseinheit Stück (St)

640 Lamelle,
   **Einzelangaben nach DIN 18360**
   - Bauart
     - – waagerecht – senkrecht,
     - – – feststehend – verstellbar,
   - Maße
     - – Breite in mm .......,
     - – Breite in mm ......., Dicke in mm .......,
     - – Breite in mm ......., Form .......,
   - Material
     - – aus Stahl,
     - – aus Aluminium,
     - – aus nichtrostendem Stahl,
     - – aus .......,

**Hinweis:**
Detaillierte Beschreibungen für Korrosionsschutz siehe LB 035 Korrosionsschutzarbeiten an Stahl– und Aluminiumbaukonstruktionen.

- Korrosionsschutz
  - – Korrosionsschutz durch Grundbeschichtung,
  - – Korrosionsschutz durch Feuerverzinkung,
  - – Korrosionsschutz durch Flammspritzverzinkung mit Schutzbeschichtung,
  - – Korrosionsschutz durch Pulverbeschichtung,
  - – Korrosionsschutz .......,
  - – Oberfläche anodisch oxidiert DIN 17611,
  - – Oberfläche anodisch oxidiert DIN 17611, mechanische Vorbehandlung .......,
  - – Oberflächenbehandlung .......,
- Bedienung
  - – Bedienung mit Kurbel,
  - – Bedienung mit Kette,
  - – Bedienung mit Elektromotor,
  - – Bedienung mit Elektromotor einschl. Steuerung .......,

**Hinweis:**
Detaillierte Beschreibungen für Steuerungsanlagen siehe LB 030 Rolladenarbeiten; Rollabschlüsse, Sektionaltore, Sonnenschutz- und Verdunkelungsanlagen.

641 Gitterrost,
   **Einzelangaben nach DIN 18360**
   - Bauart
     - – waagerecht – senkrecht,
   - Maschenweite
     - – Maschenweite in mm .......,
     - – Maschenweite in mm ......., Tragstabdicke in mm .......,
   - Material
     - – aus Stahl – aus Aluminium – aus nichtrostendem Stahl,

**Hinweis:**
Detaillierte Beschreibungen für Korrosionsschutz siehe LB 035 Korrosionsschutzarbeiten an Stahl– und Aluminiumbaukonstruktionen.

- Korrosionsschutz
  - – Korrosionsschutz durch Grundbeschichtung,
  - – Korrosionsschutz durch Feuerverzinkung,
  - – Korrosionsschutz durch Flammspritzverzinkung mit Schutzbeschichtung,
  - – Korrosionsschutz durch Pulverbeschichtung,
  - – Korrosionsschutz .......,
  - – Oberfläche anodisch oxidiert DIN 17611,
  - – Oberfläche anodisch oxidiert DIN 17611, mechanische Vorbehandlung .......,
  - – Oberflächenbehandlung .......,
- Einbau
  - – geschraubt,
  - – geklemmt,
    - – – mit Absturzsicherung als 3-seitiges Geländer,
    - – – mit Absturzsicherung als feste Anschlageinrichtung DIN 4426,
    - – – mit Absturzsicherung als bewegliche Anschlageinrichtung,
    - – – mit Absturzsicherung .......,
      - – – – einschl. Außenecken, Anzahl .......,
      - – – – einschl. Außenecken ......., Anzahl .......,
      - – – – einschl. Innenecken, Anzahl .......,
      - – – – einschl. Innenecken ......., Anzahl .......,
      - – – – einschl. .......,

# LB 031 Metallbauarbeiten, Schlosserarbeiten
## Feststehender Sonnenschutz

STLB 031

Ausgabe 06.01

650 Vordach, Maße L/T in mm ......., 
651 Vordach, Maße L/T in mm ......., Einbauhöhe in m ......., 
652 Überdachung, Maße L/T in mm ......., 
653 Überdachung, Maße L/T in mm ......., 
Einbauhöhe in m ......., 
Einzelangaben nach DIN 18360 zu Pos. 650 bis 653
- Auskragung
  - - Breite der Auskragung in mm .......,
  - - begehbar, nicht begehbar .......,
  - - waagerecht auskragend,
  - - geneigt auskragend,
  - - geneigt auskragend, Neigung in Grad .......,
- Tragwerk
  - - Stahl DIN EN 10027-1, S235JG2 (RSt 37-2)
  - - Stahl DIN EN 10027-1, S355J2 (Profil St 52-3)
  - - Stahl DIN EN 10027-1, S355K2G3 (Blech St 52-3),
  - - Stahl DIN EN 10027-1, S235J0 (Profil St 37-3)
  - - Stahl DIN EN 10027-1, S235J2G3 (Blech St 37-3)
  - - Stahl DIN EN 10027-1, .......,
  - - Aluminium,
  - - nichtrostender Stahl, Werkstoff-Nr. .......,
- Einbau
  - - geschraubt,
  - - geschraubt, Baustellenstöße geschraubt,
  - - geschweißt,
  - - geschweißt, Baustellenstöße geschweißt,
  - - geschweißt, Baustellenstöße geschraubt,

Hinweis:
Detaillierte Beschreibungen für Korrosionsschutz siehe LB 035 Korrosionsschutzarbeiten an Stahl- und Aluminiumbaukonstruktionen.

- Korrosionsschutz
  - - Korrosionsschutz durch Grundbeschichtung,
  - - Korrosionsschutz durch Feuerverzinkung,
  - - Korrosionsschutz durch Flammspritzverzinkung mit Schutzbeschichtung,
  - - Korrosionsschutz durch Pulverbeschichtung,
  - - Korrosionsschutz .......,
  - - Oberflächenbehandlung,
- Witterungsschutz
  - - einschl. Abdeckung aus ......., an Konstruktion befestigen,
  - - einschl. Entwässerung .......
  - - vorgerichtet für Entwässerung .......
  - - einschl. Abdeckung aus ......., an Konstruktion befestigen und Entwässerung .......,
  - - einschl. Abdeckung aus ......., an Konstruktion befestigen sowie vorgerichtet für Entwässerung .......,
  - - einschl. .......,
- Befestigungsuntergrund
  - - Befestigungsuntergrund Beton,
  - - Befestigungsuntergrund Mauerwerk,
  - - Befestigungsuntergrund Mauerwerk aus .......,
  - - Befestigungsuntergrund Betonwerkstein,
  - - Befestigungsuntergrund Naturwerkstein,
  - - Befestigungsuntergrund Stahl,
  - - Befestigungsuntergrund Holz,
  - - Befestigungsuntergrund .......,
- Ausführung
  - - Ausführung gemäß Zeichnung Nr. .......,
  - - Ausführung gemäß Einzelbeschreibung Nr. .......,
- Berechnungseinheit Stück (St)

# LB 031 Metallbauarbeiten, Schlosserarbeiten
## Treppen, Leitern

STLB 031
Ausgabe 06.01

67_ Innentreppe im Trockenbereich,
68_ Innentreppe im Feuchtbereich,
69_ Außentreppe,
   **Material** (als 3. Stelle zu Pos. 67_ bis 69_)
   1 aus Stahl,
   2 aus Aluminium,
   3 aus nichtrostendem Stahl, Werkstoff–Nr. .......,
   4 aus Stahl, mit Belag aus .......,
   5 aus Aluminium, mit Belag aus .......,
   6 aus nichtrostendem Stahl, Werkstoff–Nr. ......., mit Belag aus .......,
   7 aus ......., Belag wird von anderen AN verlegt,
   **Einzelangaben nach DIN 18360 zu Pos. 67_ bis 69_**
   - Maße
     - – Treppengesamthöhe ohne Geländer in mm ......., Treppenlauflänge in cm .......,
     - – Treppengesamthöhe ohne Geländer in mm .......,
     - – Treppenlauflänge in mm ...............
       - – – nutzbare Treppenlaufbreite in mm .......,
   - Teilung
     - – einläufig,
     - – einläufig mit einem Podest,
     - – einläufig mit 2 Podesten,
     - – zweiläufig,
     - – zweiläufig mit einem Podest,
     - – zweiläufig mit 2 Podesten,
   - Treppenart
     - – gerade
     - – im Antritt gewendelt,
     - – im Austritt gewendelt,
     - – im An– und Austritt gewendelt,
     - – zwischengewendelt,
     - – gewendelt mit Treppenauge,
     - – gewendelt mit Treppenspindel,
     - – gewunden,
   - Steigungen
     - – Steigungsanzahl .......,
     - – Steigungsanzahl 1. Lauf .......,
     - – Steigungsanzahl 2. Lauf .......,
     - – Steigungsanzahl 1./2. Lauf .......,
       - – – Steigungshöhe/Auftrittsbreite in mm .......,
       - – – Steigungshöhe/Auftrittsbreite 1. Lauf in mm .......,
       - – – Steigungshöhe/Auftrittsbreite 2. Lauf in mm .......,
       - – – Steigungshöhe/Auftrittsbreite 1./2. Lauf in mm .......,
   - Erzeugnis (Sofern nicht vorgeschrieben, vom Bieter einzutragen, sofern vorgeschrieben, mit Hinweis "oder gleichwertiger Art")
   - Ausführung
     - – Ausführung gemäß Zeichnung Nr. .......,
     - – Ausführung gemäß Einzelbeschreibung Nr. .......,
   - Berechnungseinheit Stück (St)

700 Technische/statische Anforderungen an die Gesamtkonstruktion,
   **Einzelangaben nach DIN 18360**
   - Brandverhalten
     - – Brandverhalten DIN 4102–5, Feuerwiderstandsklasse .......,
     - – Brandverhalten DIN 18230 .......,
   - Verkehrslasten
     - – Verkehrslasten vertikal DIN 1055–3,
     - – Verkehrslasten vertikal .......,
   - max. Durchbiegung
     - – max. Durchbiegung DIN 18800-1 .......,
   - Schallschutz
     - – Schallschutz DIN 4109 ....... an den Befestigungspunkten zu den angrenzenden Bauteilen,
   - rutschhemmend
   - Schwingungen

**Beispiel für Ausschreibungstext zu Pos. 700**
Technische/statische Anforderungen an die Gesamtkonstruktion,
Verkehrslasten vertikal DIN 1055–3, rutschhemmend.

701 Konstruktion als Wangentreppe,
702 Konstruktion als Zweiholmtreppe,
703 Konstruktion als Einholmtreppe,
704 Konstruktion als Wendeltreppe,
705 Konstruktion als Spindeltreppe,
706 Konstruktion als .......,
   **Einzelangaben nach DIN 18360 zu Pos. 701 bis 706**
   - Bauart
     - – – als Vollwandträger,
     - – – als Fachwerkträger,
     - – – als Gitterträger,
     - – – als Wabenträger,
     - – – als Raumtragwerk,
   - Material
     - – – aus Stabstahl – aus Formstahl – aus Hohlprofilen – aus Schweißprofilen – aus Abkantprofilen,
   - Maße
     - – – Maße B/H in mm .......,
     - – – Maße B/H in mm ......., Dicke in mm .......,
     - – – Profil .......,
   - Werkstoff
     - – – Stahl DIN EN 10027–1, S235JG2 (RSt 37-2)
     - – – Stahl DIN EN 10027–1, S355J2 (Profil St 52-3)
     - – – Stahl DIN EN 10027–1, S355K2G3 (Blech St 52-3),
     - – – Stahl DIN EN 10027–1, S235J0 (Profil St 37-3)
     - – – Stahl DIN EN 10027–1, S235J2G3 (Blech St 37-3)
     - – – Stahl DIN EN 10027–1, .......,
     - – – Aluminium,
     - – – nichtrostender Stahl, Werkstoff–Nr. .......,
   - Montage
     - – – geschraubt,
     - – – geschraubt, Baustellenstöße geschraubt,
     - – – geschweißt,
     - – – geschweißt, Baustellenstöße geschweißt,
     - – – geschweißt, Baustellenstöße geschraubt,

**Hinweis:**
Detaillierte Beschreibungen für Korrosionsschutz siehe LB 035 Korrosionsschutzarbeiten an Stahl– und Aluminiumbaukonstruktionen.

   - Korrosionsschutz
     - – – Korrosionsschutz durch Grundbeschichtung,
     - – – Korrosionsschutz durch Feuerverzinkung,
     - – – Korrosionsschutz durch Flammspritzverzinkung mit Schutzbeschichtung,
     - – – Korrosionsschutz durch Pulverbeschichtung,
     - – – Korrosionsschutz .......,
     - – – Oberflächenbehandlung,
   - Befestigung
     - – – am Boden befestigen,
     - – – an der Decke befestigen,
     - – – am Boden und an der Decke befestigen,
     - – – am Boden und am Podest befestigen,
     - – – an der Wand befestigen,
     - – – am Podest befestigen,
     - – – an Konsolen befestigen,
     - – – auf Konsolen befestigen,
     - – – befestigen .......,
   - Befestigungsuntergrund
     - – – Befestigungsuntergrund Beton,
     - – – Befestigungsuntergrund Mauerwerk,
     - – – Befestigungsuntergrund Mauerwerk aus .......,
     - – – Befestigungsuntergrund Betonwerkstein,
     - – – Befestigungsuntergrund Naturwerkstein,
     - – – Befestigungsuntergrund Stahl,
     - – – Befestigungsuntergrund Holz,
     - – – Befestigungsuntergrund .......,

## LB 031 Metallbauarbeiten, Schlosserarbeiten
### Treppen, Leitern

STLB 031

Ausgabe 06.01

707 **Trittstufe,**
708 **Setzstufe,**
709 **Tritt- und Setzstufe,**
   **Einzelangaben nach DIN 18360 zu Pos. 707 bis 709**
   - Form
     - - rechteckig,
     - - Vorderfläche gekrümmt,
     - - Vorderfläche und Seitenfläche gekrümmt,
     - - trapezförmig,
     - - Form ........,

   **Fortsetzung Einzelbeschreibung –**
   **Material wie Pos. 710**

   **Beispiel für Ausschreibungstext zu Pos. 707**
   Trittstufe trapezförmig, aus Riffelblech, Grunddicke in mm,
   Stahl DIN EN 10027-1, S235JG2 (RSt 37-2), geschweißt,
   Korrosionsschutz durch Feuerverzinkung.
   Auf Unterkonstruktion aus Formstahl.

710 **Podest,**
   **Einzelangaben nach DIN 18360**
   - Form
     - - Maße in mm ........,
     - - kleinstes umschreibendes Rechteck in mm ........,
     - - mit äußerem Halbkreisbogen, Maße in mm ........,
     - - mit äußerem Viertelkreisbogen, Maße in mm ........,
     - - mit äußeren Viertelkreisbögen, Anzahl ........,
       Maße in mm ........,
     - - im Grundriss keilförmig, Maße in mm ........,
     - - im Grundriss trapezförmig, Maße in mm ........,
     - - Form ........, Maße in mm ........,
   - Material
     - - aus Riffelblech, Grunddicke in mm ........,
     - - aus Tränenblech, Grunddicke in mm ........,
     - - aus Stahlblech, Dicke in mm ........,
     - - aus Lochblech, Dicke in mm ........, Lochdurch-
       messer in mm ........, Lochabstand in mm ........,
     - - aus Gitterrost nach DIN 24531, Maschenmaße
       in mm ........, Tragstabdicke in mm ........,
     - - aus ........,
       - - - Stahl DIN EN 10027-1, S235JG2
         (RSt 37-2)
       - - - Stahl DIN EN 10027-1, S355J2
         (Profil St 52-3)
       - - - Stahl DIN EN 10027-1, S355K2G3
         (Blech St 52-3),
       - - - Stahl DIN EN 10027-1, S235J0
         (Profil St 37-3)
       - - - Stahl DIN EN 10027-1, S235J2G3
         (Blech St 37-3)
       - - - Stahl DIN EN 10027-1, ........,
       - - - Aluminium,
       - - - nichtrostendem Stahl, Werkstoff-Nr. ........,
     - - aus Holz ........,
     - - aus Glas ........,
     - - aus Acryl ........,
     - - aus Kunststoff ........,
     - - aus Betonwerkstein ........,
     - - aus Naturwerkstein ........,
   - Montage
     - - geschraubt,
     - - geschweißt,
     - - geklemmt,

   **Hinweis:**
   Detaillierte Beschreibungen für Korrosionsschutz siehe LB 035
   Korrosionsschutzarbeiten an Stahl- und Aluminiumbaukonstruk-
   tionen.
   - Korrosionsschutz
     - - Korrosionsschutz durch Grundbeschichtung,
     - - Korrosionsschutz durch Feuerverzinkung,
     - - Korrosionsschutz durch Flammspritzverzinkung mit
       Schutzbeschichtung,
     - - Korrosionsschutz durch Pulverbeschichtung,
     - - Korrosionsschutz ........,
     - - Oberflächenbehandlung,
   - Befestigung
     - - auf Unterkonstruktion aus Stabstahl,
     - - auf Unterkonstruktion aus Formstahl,
     - - auf Unterkonstruktion aus Hohlprofil,
     - - auf Unterkonstruktion aus Schweißprofil,
     - - auf Unterkonstruktion aus Abkantprofil,
     - - auf Unterkonstruktion ........,

730 **Senkrechte ortsfeste Leitern aus Stahl**
   **nach DIN 25532,**
   **Einzelangaben nach DIN 18360**
   - Lage
     - - innen,
     - - außen,
   - Material
     - - aus Stahl,
     - - aus Stahl, Stahlgüte ........,
     - - aus Aluminium,
     - - aus nichtrostendem Stahl,
     - - aus nichtrostendem Stahl, Werkstoff-Nr. ........,
     - - aus ........,
   - Maße
     - - Steighöhe in m ........,
     - - Breite in mm ........, Sprossenabstand 280 mm,
       Wandabstand 150 mm,
     - - Breite in mm ........, Sprossenabstand 280 mm,
       Wandabstand in mm ........,
     - - Breite in mm ........, Sprossenabstand in mm ........,
       Wandabstand in mm ........,
   - Schutzeinrichtungen
     - - mit Rückenschutz,
     - - mit Rückenschutz und Umsteigebühne,
     - - mit Rückenschutz und Umsteigebühnen,
       Anzahl ........,
     - - mit Steigschutzeinrichtung,
     - - mit Steigschutzeinrichtung und Ruhebühne,
     - - mit Steigschutzeinrichtung und Ruhebühnen,
       Anzahl ........,
       - - - Austrittsstelle mit beidseitigen
         Haltevorrichtungen,
       - - - Austrittsstelle mit beidseitigen
         Haltevorrichtungen und durchgehendem
         Rückenschutz
       - - - Vorrichtungen für den gesicherten
         Austritt ........,
   - Werkstoff der Holme
     - - Holme aus rundem Rohr,
     - - Holme aus rundem Rohr, Durchmesser
       in mm ........,
     - - Holme aus reckteckigem Rohr,
     - - Holme aus reckteckigem Rohr, Maße B/H
       in mm ........,
     - - Holme ........,
       - - - Dicke in mm ........,
   - Werkstoff der Sprossen
     - - Sprossen aus rundem Rohr,
     - - Sprossen aus rundem Rohr, Durchmesser
       in mm ........,
     - - Sprossen aus reckteckigem Rohr,
     - - Sprossen aus reckteckigem Rohr, Maße B/H
       in mm ........,
     - - Sprossen ........,
       - - - Dicke in mm ........,
       - - - Profilierung ........,
   - Korrosionsschutz
     - - Korrosionsschutz durch Grundbeschichtung,
     - - Korrosionsschutz durch Feuerverzinkung,
     - - Korrosionsschutz,
     - - Oberflächenbehandlung,
   - Befestigung
     - - an vorhandene Metallteile anschweißen,
     - - an vorhandene Teile anschrauben,
     - - mit nichtrostenden Verbindungsmitteln befestigen,
   - Befestigungsuntergrund
     - - Befestigungsuntergrund Beton,
     - - Befestigungsuntergrund Mauerwerk,
     - - Befestigungsuntergrund Mauerwerk aus ........,
     - - Befestigungsuntergrund Stahl,
     - - Befestigungsuntergrund Holz,
     - - Befestigungsuntergrund ........,
   - Erzeugnis
     (Sofern nicht vorgeschrieben, vom Bieter einzutragen,
     sofern vorgeschrieben, mit Hinweis "oder gleichwertiger
     Art")
   - Ausführung
     - - Ausführung gemäß Zeichnung Nr. ........,
     - - Ausführung gemäß Einzelbeschreibung Nr. ........,
   - Berechnungseinheit Stück (St), Meter (m)

## LB 031 Metallbauarbeiten, Schlosserarbeiten
### Geländer, Umwehrungen

STLB 031
Ausgabe 06.01

750 Stabgeländer,
751 Gurtgeländer,
752 Geländer mit Füllung,
753 Geländer mit Bekleidung,
   Einzelangaben nach DIN 18360 zu Pos. 750 bis 753
   – Maße
     – – Geländerhöhe in mm ......,
     – – einschl. Handlauf, Geländerhöhe in mm ......,
   – Bauteil
     – – für Treppen mit geradem Lauf,
     – – für Wendeltreppen,
     – – für Spindeltreppen,
     – – für Podeste,
     – – für Balkone, Loggien,
     – – für Rampen,
     – – für Außengeländer,
     – – als Umwehrung,

754 Handlauf
   Einzelangaben nach DIN 18360
   – Maße
     – – Maße in mm ......,
   – Bauteil
     – – für Treppen mit geradem Lauf,
     – – für Wendeltreppen,
     – – für Spindeltreppen,
     – – für Podeste,
     – – für Balkone, Loggien,
     – – für Rampen,
     – – für Außengeländer,
     – – als Umwehrung,
   – Abstände
     – – max. Stababstand in mm ......,
     – – max. Pfostenabstand in mm ......,
   – Material
     – – aus Stahl,
     – – aus Stahl, Stahlgüte ......,
     – – aus Aluminium,
     – – aus nichtrostendem Stahl,
     – – aus nichtrostendem Stahl, Werkstoff–Nr. ......,
       – – – mit PVC–Handlaufprofil,
       – – – mit ......,
   – Verkehrslast
     – – Verkehrslast horizontal DIN 1055-3, 0,5 kN/m,
     – – Verkehrslast horizontal DIN 1055-3, 1 kN/m,
     – – Verkehrslast horizontal ......,
   – Erzeugnis
     (Sofern nicht vorgeschrieben, vom Bieter einzutragen, sofern vorgeschrieben, mit Hinweis "oder gleichwertiger Art")
   – Ausführung
     – – Ausführung gemäß Zeichnung Nr. ......,
     – – Ausführung gemäß Einzelbeschreibung Nr. ......,
   – Berechnungseinheit Stück (St), Meter (m)

755 Konstruktion Handlauf, Geländer
   Einzelangaben nach DIN 18360
   – Maße
     – – Stabquerschnitt in mm ......,
     – – Stabquerschnitt in mm ......, mit Rosetten,
     – – Stabquerschnitt in mm ......, mit Rosetten ......,
     – – Pfostenquerschnitt in mm ......,
     – – Handlaufquerschnit in mm ......,
     – – Obergurt, Querschnitt in mm ......, Untergurt, Querschnitt in mm ......,
     – – Handlaufquerschnitt in mm ......, Obergurt, Querschnitt in mm ......, Untergurt Querschnitt in mm ......,
       – – – einschl. Füllung aus ......, an Geländer befestigen,
       – – – einschl. Bekleidung aus ......,
   – Montage
     – – geschraubt,
     – – geschraubt, Baustellenstöße geschraubt,
     – – geschweißt,
     – – geschweißt, Baustellenstöße geschweißt,
     – – geschweißt, Baustellenstöße geschraubt,

Hinweis:
Detaillierte Beschreibungen für Korrosionsschutz siehe LB 035 Korrosionsschutzarbeiten an Stahl– und Aluminiumbaukonstruktionen.

   – Korrosionsschutz
     – – Korrosionsschutz durch Grundbeschichtung,
     – – Korrosionsschutz durch Feuerverzinkung,
     – – Korrosionsschutz durch Flammspritzverzinkung mit Schutzbeschichtung,
     – – Korrosionsschutz durch Pulverbeschichtung,
     – – Korrosionsschutz ......,
     – – Oberfläche anodisch oxidiert DIN 17611,
     – – Oberfläche anodisch oxidiert DIN 17611, mechanische Vorbehandlung,
     – – Oberflächenbehandlung,
   – Befestigung
     – – seitlich am Treppenlauf befestigen,
     – – seitlich an Stufen befestigen,
     – – in Stufen befestigen,
     – – auf Stufen befestigen,
     – – auf Wangen befestigen,
     – – an vorhandenen Befestigungsteilen befestigen,
     – – befestigen ......,
   – Befestigungsuntergrund
     – – Befestigungsuntergrund Beton,
     – – Befestigungsuntergrund Mauerwerk,
     – – Befestigungsuntergrund Mauerwerk aus ......,
     – – Befestigungsuntergrund Betonwerkstein,
     – – Befestigungsuntergrund Naturwerkstein,
     – – Befestigungsuntergrund Stahl,
     – – Befestigungsuntergrund Holz,
     – – Befestigungsuntergrund ......,

756 Krümmling,
   Einzelangaben nach DIN 18360
   – Zulage
     – – als Zulage zum Handlauf,
     – – als Zulage zum Untergurt,
     – – als Zulage zum Obergurt,
     – – als Zulage ......,
   – Winkel
     – – Krümmung 45 Grad,
     – – Krümmung 90 Grad,
     – – Krümmung 180 Grad,
     – – Krümmung in Grad ......,
   – Ausführung
     – – Ausführung gemäß Zeichnung Nr. ......,
     – – Ausführung gemäß Einzelbeschreibung Nr. ......,
   – Berechnungseinheit Stück (St)

# LB 031 Metallbauarbeiten, Schlosserarbeiten
## Rammschutz, Anfahrschutz

STLB 031

Ausgabe 06.01

**760 Rammschutz,**
**761 Rammschutz, Form .......,**
**762 Anfahrschutz,**
**763 Anfahrschutz, Form ..............,**
  **Einzelangaben nach DIN 18360** zu Pos. 760 bis 763
  – Lage
    – – an Wänden,
    – – an Türen,
    – – an Einzelbauteilen
      – – – gegen Beschädigungen durch Flurförderzeuge,
      – – – gegen Beschädigungen durch Lkw,
      – – – gegen Beschädigungen durch Pkw,
      – – – gegen Beschädigungen durch .......,
  – Material
    – – aus Aluminium, Profil .......,
    – – aus Stahl, Profil .......,
    – – aus Stahl, verzinkt DIN EN ISO 1461, Profil .......,
    – – aus Aluminium, Profil ......., Korrosionsschutz .......,
    – – aus Stahl, Profil ......., Korrosionsschutz .......,
    – – aus Stahl, verzinkt DIN EN ISO 1461, Profil ......., Korrosionsschutz .......,
    – – aus nichtrostendem Stahl, Werkstoff–Nr. ......., Profil .......,
  – Maße
    – – Maße B/H in mm .......,
    – – Maße L/B/H in mm .......,
    – – Maße B/H in mm ......., Abstand vom Boden in mm .......,
    – – Maße L/B/H in mm ......., Abstand vom Boden in mm .......,
  – Montage
    – – geschraubt,
    – – geschweißt,
    – – geklebt,
  – Befestigung
    – – befestigen am Boden,
    – – befestigen am Boden im horizontalen Abstand von mm .......,
    – – befestigen an der Wand im Abstand von mm .......,
    – – befestigen an der Decke im Abstand von mm .......,
    – – befestigen .......,
  – Erzeugnis
    (Sofern nicht vorgeschrieben, vom Bieter einzutragen, sofern vorgeschrieben, mit Hinweis "oder gleichwertiger Art")
  – Ausführung
    – – Ausführung gemäß Zeichnung Nr. .......,
    – – Ausführung gemäß Einzelbeschreibung Nr. .......,
  – Berechnungseinheit Stück, (St) Meter (m)

**STLB 031**

## LB 031 Metallbauarbeiten, Schlosserarbeiten
### Gitter, Gitterroste, Abdeckungen

Ausgabe 06.01

77_ Gitter,
78_ Gitter mit Rahmen,
79_ Wetterschutzgitter,
80_ Lüftungsgitter,
  – Maße der lichten Öffnung B/H in mm ......,
81_ Gitter,
82_ Gitter mit Rahmen,
83_ Wetterschutzgitter,
84_ Lüftungsgitter,
  Lage (als 3. Stelle zu Pos. 77_ bis 84)
  0 an der Außenwand,
  1 an der Außenwand, in der Außenwand,
  2 in der Außenwand, vor dem Fenster,
  3 vor dem Fenster, vor der Tür,
  4 vor der Tür, ......,
  5 ......,
  **Einzelangaben nach DIN 18360 zu Pos. 77_ bis 84_**
  – Maße in mm ......,
  – Material
    – – Gitter aus Stahl,
    – – Gitter aus nichtrostendem Stahl, Werkstoff–Nr. ......,
    – – Gitter aus Aluminium,
    – – Gitter aus ......,
    – – Rahmen und Gitter aus Stahl,
    – – Rahmen und Gitter aus nichtrostendem Stahl, Werkstoff–Nr. ......,
    – – Rahmen und Gitter aus Aluminium,
    – – Rahmen und Gitter aus ......,
    – – Rahmen ......, Gitter ......,
  – Maße
    – – Querschnitt Rahmen in mm ......,
    – – Querschnitt Stäbe in mm ......,
    – – Querschnitt Rahmen in mm ......, Querschnitt Stäbe in mm ......,
    – – Stäbe senkrecht, Stababstand in mm ......,
    – – Stäbe waagerecht, Stababstand in mm ......,
    – – Stäbe waagerecht und senkrecht, Stababstand in mm ......,
    – – Stäbe ......, Stababstand in mm ......,
  – Montage
    – – geschraubt,
    – – geschweißt,
    – – genietet,

**Hinweis:**
Detaillierte Beschreibungen für Korrosionsschutz siehe LB 035 Korrosionsschutzarbeiten an Stahl– und Aluminiumbaukonstruktionen.

  – Korrosionsschutz
    – – Korrosionsschutz durch Grundbeschichtung,
    – – Korrosionsschutz durch Feuerverzinkung,
    – – Korrosionsschutz durch Flammspritzverzinkung mit Schutzbeschichtung,
    – – Korrosionsschutz durch Pulverbeschichtung,
    – – Korrosionsschutz ......,
    – – Oberfläche anodisch oxidiert DIN 17611,
    – – Oberfläche anodisch oxidiert DIN 17611, mechanische Vorbehandlung,
    – – Oberflächenbehandlung,
  – Befestigung
    – – in vorhandene Aussparung einsetzen,
    – – mit Schrauben befestigen,
    – – mit Schrauben und Laschen befestigen,
    – – mit Abstand von mm ......, befestigen,
    – – befestigen ......,
  – Befestigungsuntergrund
    – – Befestigungsuntergrund Beton,
    – – Befestigungsuntergrund Mauerwerk,
    – – Befestigungsuntergrund Mauerwerk aus ......,
    – – Befestigungsuntergrund Betonwerkstein,
    – – Befestigungsuntergrund Naturwerkstein,
    – – Befestigungsuntergrund Stahl,
    – – Befestigungsuntergrund Holz,
    – – Befestigungsuntergrund ......,
  – Erzeugnis
    (Sofern nicht vorgeschrieben, vom Bieter einzutragen, sofern vorgeschrieben, mit Hinweis "oder gleichwertiger Art")
  – Ausführung
    – – Ausführung gemäß Zeichnung Nr. ......,
    – – Ausführung gemäß Einzelbeschreibung Nr. ......,
  – Berechnungseinheit Stück (St), Meter (m)

85_ Gitterrost,
  – Maße der lichten Öffnung L/B in mm ......,
    Maschenweite in mm ......
86_ Gitterrost,
  – Außenmaße in mm ......, Maschenweite in mm ......
87_ Gitterrost,
  – Maße der lichten Öffnung L/B in mm ......,
    Maschenweite in mm ......
    Tragstäbe in Querrichtung
88_ Gitterrost,
  – Außenmaße in mm ......, Maschenweite in mm ......
    Tragstäbe in Querrichtung
89_ Gitterrost,
  – Maße der lichten Öffnung L/B in mm ......,
    Maschenweite in mm ......,
    Tragstäbe in Längsrichtung
90_ Gitterrost,
  – Außenmaße in mm ......, Maschenweite in mm ......
    Tragstäbe in Längsrichtung
91_ Gitterrost,
  – Maße der lichten Öffnung L/B in mm ......,
    Maschenweite in mm ......, Tragstäbe ......
92_ Gitterrost,
  – Außenmaße in mm ......, Maschenweite in mm ......,
    Tragstäbe ......
  Bauart (als 3. Stelle zu Pos. 85_ bis 92_)
  1 als Lichtschachtabdeckung, als begehbare Rinnenabdeckung,
  2 als begehbare Rinnenabdeckung, als befahrbare Rinnenabdeckung,
  3 als befahrbare Rinnenabdeckung, als Podestabdeckung,
  4 als Podestabdeckung, als Laufstegabdeckung,
  5 als Laufstegabdeckung, als Trittstufe,
  6 als Trittstufe, als Fußabstreifer,
  7 als Fußabstreifer, als ......,
  8 als ......
  **Einzelangaben nach DIN 18360 zu Pos. 85_ bis 92_**
  – Werkstoff
    – – aus Stahl DIN EN 10027–1, S235JG2 (RSt 37–2)
    – – aus Stahl DIN EN 10027–1, S355J2 (Profil St 52–3)
    – – aus Stahl DIN EN 10027–1, S355K2G3 (Blech St 52–3),
    – – aus Stahl DIN EN 10027–1, S235J0 (Profil St 37–3)
    – – aus Stahl DIN EN 10027–1, S235J2G3 (Blech St 37–3)
    – – aus Stahl DIN EN 10027–1, ......,
    – – aus Aluminium,
    – – aus nichtrostendem Stahl, Werkstoff–Nr. ......,

**Hinweis:**
Detaillierte Beschreibungen für Korrosionsschutz siehe LB 035 Korrosionsschutzarbeiten an Stahl– und Aluminiumbaukonstruktionen.

  – Korrosionsschutz
    – – Korrosionsschutz durch Grundbeschichtung,
    – – Korrosionsschutz durch Feuerverzinkung,
    – – Korrosionsschutz durch Flammspritzverzinkung mit Schutzbeschichtung,
    – – Korrosionsschutz durch Pulverbeschichtung,
    – – Korrosionsschutz ......,
    – – Oberflächenbehandlung,

# LB 031 Metallbauarbeiten, Schlosserarbeiten
## Gitter, Gitterroste, Abdeckungen

93_ Schachtabdeckung, begehbar,
94_ Schachtabdeckung, befahrbar,
   **Material** (als. 3. Stelle zu Pos. 93_ bis 94_)
   1 aus Riffelblech, Grunddicke in mm .......,
   2 aus Tränenblech, Grunddicke in mm .......,
   3 aus Stahlblech, Dicke in mm .......,
   4 aus Lochblech, Dicke in mm ......., Lochdurchmesser
     in mm ......., Lochabstand in mm .......,
   5 aus Gitterrost, Maschenweite in mm .......,
     Tragstabdicke in mm .......,
   6 aus .......,
   **Einzelangaben nach DIN 18360 zu Pos. 93_ bis 94_**
   – Maße der lichten Öffnung L/B in mm .......,
     – – Stahl DIN EN 10027-1, S235JG2 (RSt 37-2),
     – – Stahl DIN EN 10027-1, S355J2 (Profil St 52-3),
     – – Stahl DIN EN 10027-1, S355K2G3
         (Blech St 52-3),
     – – Stahl DIN EN 10027-1, S235J0 (Profil St 37-3),
     – – Stahl DIN EN 10027-1, S235J2G3 (Blech St 37-3),
     – – Stahl DIN EN 10027-1, .......,
     – – Aluminium,
     – – nichtrostender Stahl, Werkstoff-Nr. .......,

**Hinweis:**
Detaillierte Beschreibungen für Korrosionsschutz siehe LB 035 Korrosionsschutzarbeiten an Stahl- und Aluminiumbaukonstruktionen.

   – Korrosionsschutz
     – – Korrosionsschutz durch Grundbeschichtung,
     – – Korrosionsschutz durch Feuerverzinkung,
     – – Korrosionsschutz durch Flammspritzverzinkung mit
         Schutzbeschichtung,
     – – Korrosionsschutz durch Pulverbeschichtung,
     – – Korrosionsschutz .......,
     – – Oberflächenbehandlung,
   – Belastung
     – – belastbar bis     5 kN/m²,
     – – belastbar bis   10 kN/m²,
     – – belastbar bis   25 kN/m²,
     – – belastbar bis   35 kN/m²,
     – – belastbar bis   50 kN/m²,
     – – belastbar bis   75 kN/m²,
     – – belastbar bis 100 kN/m²,
     – – belastbar bis kN/m² .......,
     – – sichern gegen Herausheben,
     – – sichern gegen Verschieben,
     – – sichern gegen Durchbiegen, AGI-Arbeitsblatt H 10,
     – – sichern .......,
     – – lose eingelebt,
     – – Verschraubung .......,
     – – Verschluss .......,
     – – Anhebevorrichtung .......,
       – – – mit Winkelzarge,
       – – – mit Winkelzarge und Fußleiste,
       – – – mit Winkelzarge und Klappeinrichtung,
       – – – mit Winkelzarge, Klappeinrichtung und
             Fußleiste,
       – – – ohne Winkelzarge,
   – Befestigung
     – – in vorhandene Aussparung einsetzen,
     – – mit Schrauben befestigen,
     – – mit Schrauben und Laschen befestigen,
     – – verdeckt befestigen,
     – – befestigen .......,
   – Befestigungsuntergrund
     – – Befestigungsuntergrund Beton,
     – – Befestigungsuntergrund Mauerwerk,
     – – Befestigungsuntergrund Mauerwerk aus .......,
     – – Befestigungsuntergrund Betonwerkstein,
     – – Befestigungsuntergrund Naturwerkstein,
     – – Befestigungsuntergrund Stahl,
     – – Befestigungsuntergrund Holz,
     – – Befestigungsuntergrund .......,
   – Erzeugnis
     (Sofern nicht vorgeschrieben, vom Bieter einzutragen,
     sofern vorgeschrieben, mit Hinweis "oder gleichwertiger
     Art")
   – Ausführung
     – – Ausführung gemäß Zeichnung Nr. .......,
     – – Ausführung gemäß Einzelbeschreibung Nr. .......,
   – Berechnungseinheit Stück (St), Meter (m)

950 **Ausschnitt als Zulage,**
    **Einzelangaben nach DIN 18360**
    – Art
      – – rechteckig,
      – – rund,
        – – – einschl. der erforderlichen Einfassungen,
        – – – als Randaussparung,
        – – – als Aussparung innerhalb der Fläche,
    – Maße
      – – Maße in mm .......,
    – Ausführung
      – – Ausführung gemäß Zeichnung Nr. .......,
      – – Ausführung gemäß Einzelbeschreibung Nr. .......,
    – Berechnungseinheit Stück (St)

951 **Trennschnitt**
    **Einzelangaben nach DIN 18360**
    – Art
      – – gerade,
      – – gekrümmt,
      – – rund,
        – – – einschl. der erforderlichen Einfassungen,
    – Ausführung
      – – Ausführung gemäß Zeichnung Nr. .......,
      – – Ausführung gemäß Einzelbeschreibung Nr. .......,
    – Berechnungseinheit Meter (m)

**STLB 031**

## LB 031 Metallbauarbeiten, Schlosserarbeiten
### Schmiedearbeiten; Demontage, Entsorgung

Ausgabe 06.01

960 Tür, geschmiedet,
961 Tor, geschmiedet,
962 Geländer, geschmiedet,
963 Handlauf, geschmiedet,
964 Gitter, geschmiedet,
965 Bauteil, geschmiedet,
  Einzelangaben nach DIN 18360 zu Pos. 960 bis 965
  – Lage
    – – innen im Trockenbereich,
    – – innen im Feuchtbereich,
    – – außen,
  – Maße
    – – Maße in mm .......,
  – Korrosionsschutz
    – – Korrosionsschutz .......,
    – – Oberflächenbehandlung .......,
  – Erzeugnis
    (Sofern nicht vorgeschrieben, vom Bieter einzutragen, sofern vorgeschrieben, mit Hinweis "oder gleichwertiger Art")
  – Ausführung
    – – Ausführung gemäß Zeichnung Nr. .......,
    – – Ausführung gemäß Einzelbeschreibung Nr. .......,
  – Berechnungseinheit Stück (St), Meter (m), Quadratmeter (m²)

970 Demontieren,
971 Demontieren, trennen und sortieren nach Werkstoffen, einschl. Auf- und Abladen,
972 Demontieren und zur Wiederverwendung zwischenlagern,
973 Demontieren und zur Wiederverwendung zwischenlagern, einschl. Auf- und Abladen,
  Einzelangaben nach DIN 18360 zu Pos. 970 bis 973
  – Bauteil
    – – von Fensterelementen,
    – – von Fensterbänken,
    – – von Türen,
    – – von Toren,
    – – von Zargen,
    – – von feststehendem Sonnenschutz,
    – – von Überdachungen,
    – – von Vordächern,
    – – von Treppen,
    – – von Leitern,
    – – von Geländern,
    – – von Umwehrungen,
    – – von Gittern,
    – – von Gitterrosten,
    – – von Abdeckungen,
  – Material
    – – aus Stahl,
    – – aus nichtrostendem Stahl,
    – – aus Aluminium,
    – – aus Messing,
    – – aus Holz,
    – – aus Glas,
    – – aus Faserzement,
    – – aus Kunststoff,

**Hinweis:**
Demontage und Entsorgung von Bauteilen aus Asbestzement siehe LB 383 Bauen im Bestand; Entfernen und Entsorgen asbesthaltiger Bauteile.

  – Maße
    – – Maße in mm .......,
    – – mit Wärmedämmung .......,
    – – Maße in mm ......., mit Wärmedämmung .......,
  – Lage
    – – in Technikzentralen,
    – – in Gebäuden,
    – – in genutzten Gebäuden,
  – Arbeitshöhe
    – – Arbeitshöhe über Gelände/Fußboden bis 3,5 m,
    – – Arbeitshöhe über Gelände/Fußboden über 3,5 bis 5 m,
    – – Arbeitshöhe über Gelände/Fußboden über 5 bis 10 m,
    – – Arbeitshöhe in m .......,
    – – Erschwernisse .......,

  – Demontageort .......,
    – – einschl. des Transportes zum Lagerplatz des AG, Transportentfernung auf der Baustelle in m .......,
  – Berechnungseinheit Stück (St), Meter (m), Quadratmeter (m²), Kilogramm (kg), Tonne (t), Pauschal (psch)

974 Stoffe,
975 Stoffe, schadstoffbelastet,
976 Bauteile,
977 Bauteile, schadstoffbelastet,
  Einzelangaben nach DIN 18360 zu Pos. 974 bis 977
  – Art/Zusammensetzung
    – – Art/Zusammensetzung .......,
    – – Art/Zusammensetzung ......., Art und Umfang der Schadstoffbelastung .......,
    – – Art/Zusammensetzung ......., Art und Umfang der Schadstoffbelastung ......., Abfallschlüssel .......,
      – – – transportieren,
      – – – laden und transportieren,
  – Ziel
    – – zur Recyclinganlage in .......,
    – – zur zugelassenen Deponie/Entsorgungsstelle in .......,
    – – zur Baustellenabfallsortieranlage in .......,
    – – zur Recyclinganlage in ....... oder zu einer gleichwertigen Recyclinganlage in .......,
    – – zur zugelassenen Deponie/Entsorgungsstelle in ....... oder zu einer gleichwertigen Deponie/Entsorgungsstelle in .......,
    – – zur Baustellenabfallsortieranlage in ....... oder zu einer gleichwertigen Baustellenabfallsortieranlage in ....... ,

**Hinweis:**
Besondere Vorschriften können z.B. sein:
– Angaben zum Arbeitsschutz
– Angaben zum Immissionsschutz usw.
Detaillierte Beschreibungen siehe LB 000 Baustelleneinrichtung.

  – besondere Vorschriften
    – – Vorschriften bei der Bearbeitung .......,
    – – Vorschriften bei der Bearbeitung ....... Der Nachweis der geordneten Entsorgung ist unmittelbar zu erbringen,
    – – Der Nachweis der geordneten Entsorgung ist unmittelbar zu erbringen,
    – – Der Nachweis der geordneten Entsorgung ist zu erbringen durch .......,
  – Gebühren
    – – die Gebühren der Entsorgung werden vom AG übernommen,
    – – die Gebühren werden gegen Nachweis vergütet,
  – Transportentfernung
    – – Transportentfernung in km .......,
    – – Transportentfernung in km ....... Die Beförderungsgenehmigung ist vor Auftragserteilung einzureichen,
    – – Transportentfernung in km ......., Transportweg .......,
    – – Transportentfernung in km ......., Transportweg ....... Die Beförderungsgenehmigung ist vor Auftragserteilung einzureichen,
  – Berechnungseinheit Stück Behälter, Fassungsvermögen in m³ (St), Meter (m), Kubikmeter (m³), Kilogramm (kg), Tonne (t), Pauschal (pschl)

# LB 031 Metallbauarbeiten, Schlosserarbeiten
## Einfachfenster für Isolierverglasung, Aluminium

AW 031

Preise 06.01

Sämtliche Preise sind **Mittelpreise ohne Mehrwertsteuer** zum Zeitpunkt des Ausgabedatums.
**Korrekturfaktoren** für Regionaleinfluss, Mengeneinfluss, Konjunktureinfluss siehe Vorspann.
**Abkürzungen:** EP = Einheitspreis, LA = Lohnanteil, ST = Stoffanteil

In DIN 18366 "Metallarbeiten" ist u.a. festgelegt:
- bei Ausschreibungen muss ein besonderer Korrosionsschutz für Verbindungsmittel nicht mehr angegeben werden, da dies in der ATV geregelt ist.
- Konstruktionen für Verglasungen sind so auszubilden, dass jede Scheibe einzeln ausgewechselt werden kann.
- Metallbauleistungen umfassen auch die Oberflächenvorbereitung und das Aufbringen einer Grundbeschichtung gemäß ATV DIN 18363 (Maler- u. Lackierarbeiten).
- Oberflächenvorbereitung und Grundbeschichtung auf Bauteilen aus Stahl und Aluminium, die einer Festigkeitsberechnung oder baulichen Zulassung bedürfen, sind nach ATV DIN 18 364 (Korrosionsschutzarbeiten an Stahl- und Aluminiumbauten) auszuführen.
- der Auftragnehmer ist verpflichtet, v o r Fertigungsbeginn Konstruktionsunterlagen zu erbringen, aus denen auch Bauanschlüsse und Einbaufolge erkennbar sind.

### Einfachfenster für Isolierverglasung, Aluminium

031.-----.-

|  |  |  |
|---|---|---|
| 031.01201.M | Fenster EIV 875 x 875, Alu, 1-fl. Drehkipp | 650,68 DM/St<br>332,69 €/St |
| 031.01202.M | Fenster EIV 875 x 1000, Alu, 1-fl. Drehkipp | 694,73 DM/St<br>355,21 €/St |
| 031.01203.M | Fenster EIV 875 x 1250, Alu, 1-fl. Drehkipp | 789,19 DM/St<br>403,51 €/St |
| 031.01204.M | Fenster EIV 875 x 1375, Alu, 1-fl. Drehkipp | 832,91 DM/St<br>425,86 €/St |
| 031.01205.M | Fenster EIV 875 x 1500, Alu, 1-fl. Drehkipp | 881,66 DM/St<br>450,78 €/St |
| 031.01206.M | Fenster EIV 1000 x 1000, Alu, 1-fl. Drehkipp | 743,72 DM/St<br>380,26 €/St |
| 031.01207.M | Fenster EIV 1000 x 1250, Alu, 1-fl. Drehkipp | 846,92 DM/St<br>433,02 €/St |
| 031.01208.M | Fenster EIV 1000 x 1375, Alu, 1-fl. Drehkipp | 895,67 DM/St<br>457,95 €/St |
| 031.01209.M | Fenster EIV 1000 x 1500, Alu, 1-fl. Drehkipp | 933,71 DM/St<br>477,40 €/St |
| 031.01210.M | Fenster EIV 1125 x 1125, Alu, 1-fl. Drehkipp | 836,65 DM/St<br>427,77 €/St |
| 031.01211.M | Fenster EIV 1250 x 1250, Alu, 1-fl. Drehkipp | 929,58 DM/St<br>475,29 €/St |
| 031.01212.M | Fenster EIV 1250 x 1250, Alu, 2-fl. Drehkipp | 1062,85 DM/St<br>543,42 €/St |
| 031.01213.M | Fenster EIV 1375 x 1375, Alu, 2-fl. Drehkipp | 1173,75 DM/St<br>600,13 €/St |
| 031.01214.M | Fenster EIV 1500 x 1500, Alu, 2-fl. Drehkipp | 1276,58 DM/St<br>652,71 €/St |
| 031.01215.M | Fenster EIV 1625 x 1625, Alu, 2-fl. Drehkipp | 1402,79 DM/St<br>717,24 €/St |
| 031.01216.M | Fenster EIV 1750 x 1750, Alu, 2-fl. Drehkipp | 1513,62 DM/St<br>773,90 €/St |
| 031.01217.M | Fenster EIV 2250 x 1375, Alu, 1-fest + 1 Drehkipp | 1448,35 DM/St<br>740,53 €/St |

**Hinweis:** EP ohne Verglasung, einschl. Beschlag Sonderkonstruktionen aus Stahlprofilen, Edelstahlprofilen und Aluminiumprofilen siehe auch LB 017 Stahlbauarbeiten, Pos. 017.611 - Sonderkonstruktionen.

031.01201.M KG 334 DIN 276
Fenster EIV 875 x 875, Alu, 1-fl. Drehkipp
EP 650,68 DM/St  LA 92,47 DM/St  ST 558,21 DM/St
EP 332,69 €/St  LA 47,28 €/St  ST 285,41 €/St

031.01202.M KG 334 DIN 276
Fenster EIV 875 x 1000, Alu, 1-fl. Drehkipp
EP 694,73 DM/St  LA 102,38 DM/St  ST 592,35 DM/St
EP 355,21 €/St  LA 52,35 €/St  ST 302,86 €/St

031.01203.M KG 334 DIN 276
Fenster EIV 875 x 1250, Alu, 1-fl. Drehkipp
EP 789,19 DM/St  LA 121,54 DM/St  ST 667,65 DM/St
EP 403,51 €/St  LA 62,14 €/St  ST 341,37 €/St

031.01204.M KG 334 DIN 276
Fenster EIV 875 x 1375, Alu, 1-fl. Drehkipp
EP 832,91 DM/St  LA 130,12 DM/St  ST 702,79 DM/St
EP 425,86 €/St  LA 66,53 €/St  ST 359,33 €/St

031.01205.M KG 334 DIN 276
Fenster EIV 875 x 1500, Alu, 1-fl. Drehkipp
EP 881,66 DM/St  LA 138,71 DM/St  ST 742,95 DM/St
EP 450,78 €/St  LA 70,92 €/St  ST 379,86 €/St

031.01206.M KG 334 DIN 276
Fenster EIV 1000 x 1000, Alu, 1-fl. Drehkipp
EP 743,72 DM/St  LA 118,24 DM/St  ST 625,48 DM/St
EP 380,26 €/St  LA 60,45 €/St  ST 319,81 €/St

031.01207.M KG 334 DIN 276
Fenster EIV 1000 x 1250, Alu, 1-fl. Drehkipp
EP 846,92 DM/St  LA 134,09 DM/St  ST 712,83 DM/St
EP 433,02 €/St  LA 68,56 €/St  ST 364,46 €/St

031.01208.M KG 334 DIN 276
Fenster EIV 1000 x 1375, Alu, 1-fl. Drehkipp
EP 895,67 DM/St  LA 142,67 DM/St  ST 753,00 DM/St
EP 457,95 €/St  LA 72,95 €/St  ST 385,00 €/St

031.01209.M KG 334 DIN 276
Fenster EIV 1000 x 1500, Alu, 1-fl. Drehkipp
EP 933,71 DM/St  LA 150,61 DM/St  ST 783,10 DM/St
EP 477,40 €/St  LA 77,00 €/St  ST 400,40 €/St

031.01210.M KG 334 DIN 276
Fenster EIV 1125 x 1125, Alu, 1-fl. Drehkipp
EP 836,65 DM/St  LA 124,84 DM/St  ST 711,81 DM/St
EP 427,77 €/St  LA 63,83 €/St  ST 363,94 €/St

031.01211.M KG 334 DIN 276
Fenster EIV 1250 x 1250, Alu, 1-fl. Drehkipp
EP 929,58 DM/St  LA 133,43 DM/St  ST 796,15 DM/St
EP 475,29 €/St  LA 68,22 €/St  ST 407,07 €/St

031.01212.M KG 334 DIN 276
Fenster EIV 1250 x 1250, Alu, 2-fl. Drehkipp
EP 1062,85 DM/St  LA 153,25 DM/St  ST 909,60 DM/St
EP 543,42 €/St  LA 78,35 €/St  ST 465,07 €/St

031.01213.M KG 334 DIN 276
Fenster EIV 1375 x 1375, Alu, 2-fl. Drehkipp
EP 1173,75 DM/St  LA 169,76 DM/St  ST 1003,99 DM/St
EP 600,13 €/St  LA 86,80 €/St  ST 513,33 €/St

031.01214.M KG 334 DIN 276
Fenster EIV 1500 x 1500, Alu, 2-fl. Drehkipp
EP 1276,58 DM/St  LA 186,27 DM/St  ST 1090,31 DM/St
EP 652,71 €/St  LA 95,24 €/St  ST 557,47 €/St

031.01215.M KG 334 DIN 276
Fenster EIV 1625 x 1625, Alu, 2-fl. Drehkipp
EP 1402,79 DM/St  LA 208,07 DM/St  ST 1194,72 DM/St
EP 717,24 €/St  LA 106,39 €/St  ST 610,85 €/St

031.01216.M KG 334 DIN 276
Fenster EIV 1750 x 1750, Alu, 2-fl. Drehkipp
EP 1513,62 DM/St  LA 228,54 DM/St  ST 1285,08 DM/St
EP 773,90 €/St  LA 116,85 €/St  ST 657,05 €/St

031.01217.M KG 334 DIN 276
Fenster EIV 2250 x 1375, Alu, 1-fest + 1 Drehkipp
EP 1448,35 DM/St  LA 205,43 DM/St  ST 1242,92 DM/St
EP 740,53 €/St  LA 105,03 €/St  ST 635,50 €/St

AW 031

Preise 06.01

## LB 031 Metallbauarbeiten, Schlosserarbeiten
### Einfachfenster für Isolierverglasung, Stahl

Sämtliche Preise sind **Mittelpreise ohne Mehrwertsteuer** zum Zeitpunkt des Ausgabedatums.
**Korrekturfaktoren** für Regionaleinfluss, Mengeneinfluss, Konjunktureinfluss siehe Vorspann.
**Abkürzungen:** EP = Einheitspreis, LA = Lohnanteil, ST = Stoffanteil

### Einfachfenster für Isolierverglasung, Stahl

031.-----.-

|  |  |  |
|---|---|---|
| 031.01218.M | Fenster EIV 875 x 875, Stahl, 1-fl. Drehkipp | 533,38 DM/St / 272,71 €/St |
| 031.01219.M | Fenster EIV 875 x 1000, Stahl, 1-fl. Drehkipp | 569,84 DM/St / 291,36 €/St |
| 031.01220.M | Fenster EIV 875 x 1250, Stahl, 1-fl. Drehkipp | 656,50 DM/St / 335,66 €/St |
| 031.01221.M | Fenster EIV 875 x 1375, Stahl, 1-fl. Drehkipp | 703,01 DM/St / 359,44 €/St |
| 031.01222.M | Fenster EIV 875 x 1500, Stahl, 1-fl. Drehkipp | 764,64 DM/St / 390,95 €/St |
| 031.01223.M | Fenster EIV 1000 x 1000, Stahl, 1-fl. Drehkipp | 609,65 DM/St / 311,71 €/St |
| 031.01224.M | Fenster EIV 1000 x 1250, Stahl, 1-fl. Drehkipp | 716,40 DM/St / 366,29 €/St |
| 031.01225.M | Fenster EIV 1000 x 1375, Stahl, 1-fl. Drehkipp | 778,02 DM/St / 397,80 €/St |
| 031.01226.M | Fenster EIV 1000 x 1500, Stahl, 1-fl. Drehkipp | 818,83 DM/St / 418,66 €/St |
| 031.01227.M | Fenster EIV 1125 x 1125, Stahl, 1-fl. Drehkipp | 685,76 DM/St / 350,62 €/St |
| 031.01228.M | Fenster EIV 1250 x 1250, Stahl, 1-fl. Drehkipp | 761,97 DM/St / 389,59 €/St |
| 031.01229.M | Fenster EIV 1250 x 1250, Stahl, 2-fl. Dreh | 948,05 DM/St / 484,73 €/St |
| 031.01230.M | Fenster EIV 1375 x 1375, Stahl, 2-fl. Dreh | 1042,88 DM/St / 533,21 €/St |
| 031.01231.M | Fenster EIV 1500 x 1500, Stahl, 2-fl. Dreh | 1138,72 DM/St / 582,22 €/St |
| 031.01232.M | Fenster EIV 1625 x 1625, Stahl, 2-fl. Dreh | 1244,46 DM/St / 636,28 €/St |
| 031.01233.M | Fenster EIV 1750 x 1750, Stahl, 2-fl. Dreh | 1351,01 DM/St / 690,76 €/St |
| 031.01234.M | Fenster EIV 2250 x 1375, Stahl, 1-fest + 1 Drehkipp | 1375,90 DM/St / 703,49 €/St |

031.01218.M  KG 334 DIN 276
Fenster EIV 875 x 875, Stahl, 1-fl. Drehkipp
EP 533,38 DM/St   LA 107,01 DM/St   ST 426,37 DM/St
EP 272,71 €/St    LA 54,71 €/St     ST 218,00 €/St

031.01219.M  KG 334 DIN 276
Fenster EIV 875 x 1000, Stahl, 1-fl. Drehkipp
EP 569,84 DM/St   LA 116,25 DM/St   ST 453,59 DM/St
EP 291,36 €/St    LA 59,44 €/St     ST 231,92 €/St

031.01220.M  KG 334 DIN 276
Fenster EIV 875 x 1250, Stahl, 1-fl. Drehkipp
EP 656,50 DM/St   LA 137,39 DM/St   ST 519,11 DM/St
EP 335,66 €/St    LA 70,25 €/St     ST 265,41 €/St

031.01221.M  KG 334 DIN 276
Fenster EIV 875 x 1375, Stahl, 1-fl. Drehkipp
EP 703,01 DM/St   LA 148,62 DM/St   ST 554,39 DM/St
EP 359,44 €/St    LA 75,99 €/St     ST 283,45 €/St

031.01222.M  KG 334 DIN 276
Fenster EIV 875 x 1500, Stahl, 1-fl. Drehkipp
EP 764,64 DM/St   LA 159,85 DM/St   ST 604,79 DM/St
EP 390,95 €/St    LA 81,73 €/St     ST 309,22 €/St

031.01223.M  KG 334 DIN 276
Fenster EIV 1000 x 1000, Stahl, 1-fl. Drehkipp
EP 609,65 DM/St   LA 126,83 DM/St   ST 482,82 DM/St
EP 311,71 €/St    LA 64,85 €/St     ST 246,86 €/St

031.01224.M  KG 334 DIN 276
Fenster EIV 1000 x 1250, Stahl, 1-fl. Drehkipp
EP 716,40 DM/St   LA 151,93 DM/St   ST 564,47 DM/St
EP 366,29 €/St    LA 77,68 €/St     ST 288,61 €/St

031.01225.M  KG 334 DIN 276
Fenster EIV 1000 x 1375, Stahl, 1-fl. Drehkipp
EP 778,02 DM/St   LA 163,15 DM/St   ST 614,87 DM/St
EP 397,80 €/St    LA 83,42 €/St     ST 314,38 €/St

031.01226.M  KG 334 DIN 276
Fenster EIV 1000 x 1500, Stahl, 1-fl. Drehkipp
EP 818,83 DM/St   LA 173,72 DM/St   ST 645,11 DM/St
EP 418,66 €/St    LA 88,82 €/St     ST 329,84 €/St

031.01227.M  KG 334 DIN 276
Fenster EIV 1125 x 1125, Stahl, 1-fl. Drehkipp
EP 685,76 DM/St   LA 154,57 DM/St   ST 531,19 DM/St
EP 350,62 €/St    LA 79,03 €/St     ST 271,59 €/St

031.01228.M  KG 334 DIN 276
Fenster EIV 1250 x 1250, Stahl, 1-fl. Drehkipp
EP 761,97 DM/St   LA 159,19 DM/St   ST 602,78 DM/St
EP 389,59 €/St    LA 81,39 €/St     ST 308,20 €/St

031.01229.M  KG 334 DIN 276
Fenster EIV 1250 x 1250, Stahl, 2-fl. Dreh
EP 948,05 DM/St   LA 180,99 DM/St   ST 767,06 DM/St
EP 484,73 €/St    LA 92,54 €/St     ST 392,19 €/St

031.01230.M  KG 334 DIN 276
Fenster EIV 1375 x 1375, Stahl, 2-fl. Dreh
EP 1042,88 DM/St  LA 196,18 DM/St   ST 846,70 DM/St
EP 533,21 €/St    LA 100,30 €/St    ST 432,91 €/St

031.01231.M  KG 334 DIN 276
Fenster EIV 1500 x 1500, Stahl, 2-fl. Dreh
EP 1138,72 DM/St  LA 211,38 DM/St   ST 927,34 DM/St
EP 582,22 €/St    LA 108,08 €/St    ST 474,14 €/St

031.01232.M  KG 334 DIN 276
Fenster EIV 1625 x 1625, Stahl, 2-fl. Dreh
EP 1244,46 DM/St  LA 236,48 DM/St   ST 1007,98 DM/St
EP 636,28 €/St    LA 120,91 €/St    ST 515,37 €/St

031.01233.M  KG 334 DIN 276
Fenster EIV 1750 x 1750, Stahl, 2-fl. Dreh
EP 1351,01 DM/St  LA 252,32 DM/St   ST 1098,69 DM/St
EP 690,76 €/St    LA 129,01 €/St    ST 561,75 €/St

031.01234.M  KG 334 DIN 276
Fenster EIV 2250 x 1375, Stahl, 1-fest + 1 Drehkipp
EP 1375,90 DM/St  LA 251,00 DM/St   ST 1124,90 DM/St
EP 703,49 €/St    LA 128,34 €/St    ST 575,15 €/St

# LB 031 Metallbauarbeiten, Schlosserarbeiten
## Hauseingangstüren: Einfachverglasung, Alu; mit Füllung, Aluminium

AW 031

Preise 06.01

Sämtliche Preise sind **Mittelpreise ohne Mehrwertsteuer** zum Zeitpunkt des Ausgabedatums.
**Korrekturfaktoren** für Regionaleinfluss, Mengeneinfluss, Konjunktureinfluss siehe Vorspann.
**Abkürzungen:** EP = Einheitspreis, LA = Lohnanteil, ST = Stoffanteil

### Hauseingangstüren Einfachverglasung, Aluminium

031.-----.-

|  |  |  |
|---|---|---|
| 031.25001.M | Hauseingangstür EV 1000 x 2125, Alu, 1-fl. Dreh | 1628,46 DM/St / 832,62 €/St |
| 031.25002.M | Hauseingangstür EV 1500 x 2100, Alu, 1-fest + 1 Dreh | 2464,70 DM/St / 1260,18 €/St |
| 031.25003.M | Hauseingangstür EV 1500 x 2125, Alu, 1-fest + 1 Dreh | 2219,19 DM/St / 1134,66 €/St |
| 031.25004.M | Hauseingangstür EV 1500 x 2125, Alu, 2-fl. Dreh | 2357,56 DM/St / 1205,40 €/St |
| 031.25005.M | Hauseingangstür EV 1700 x 2100, Alu, 1-fest + 1 Dreh | 2554,86 DM/St / 1306,28 €/St |
| 031.25006.M | Hauseingangstür EV 1900 x 2100, Alu, 1-fest + 1 Dreh | 2634,92 DM/St / 1347,21 €/St |
| 031.25007.M | Hauseingangstür EV 2100 x 2100, Alu, 1-fest + 1 Dreh | 2728,36 DM/St / 1394,99 €/St |
| 031.25008.M | Hauseingangstür EV 2300 x 2100, Alu, 1-fest + 1 Dreh | 2818,35 DM/St / 1441,00 €/St |
| 031.25009.M | Pendeltür 1000 x 2125, Alu, 1-teilig | 2608,07 DM/St / 1333,48 €/St |

**031.25001.M** KG 334 DIN 276
Hauseingangstür EV 1000 x 2125, Alu, 1-fl. Dreh
EP 1628,46 DM/St   LA 140,03 DM/St   ST 1488,43 DM/St
EP  832,62 €/St    LA  71,60 €/St    ST  761,02 €/St

**031.25002.M** KG 334 DIN 276
Hauseingangstür EV 1500 x 2100, Alu, 1-fest + 1 Dreh
EP 2464,70 DM/St   LA 158,53 DM/St   ST 2306,17 DM/St
EP 1260,18 €/St    LA  81,05 €/St    ST 1179,13 €/St

**031.25003.M** KG 334 DIN 276
Hauseingangstür EV 1500 x 2125, Alu, 1-fest + 1 Dreh
EP 2219,19 DM/St   LA 165,80 DM/St   ST 2053,39 DM/St
EP 1134,66 €/St    LA  84,77 €/St    ST 1049,89 €/St

**031.25004.M** KG 334 DIN 276
Hauseingangstür EV 1500 x 2125, Alu, 2-fl. Dreh
EP 2357,56 DM/St   LA 182,31 DM/St   ST 2175,25 DM/St
EP 1205,40 €/St    LA  93,21 €/St    ST 1112,19 €/St

**031.25005.M** KG 334 DIN 276
Hauseingangstür EV 1700 x 2100, Alu, 1-fest + 1 Dreh
EP 2554,86 DM/St   LA 188,25 DM/St   ST 2366,61 DM/St
EP 1306,28 €/St    LA  96,25 €/St    ST 1210,03 €/St

**031.25006.M** KG 334 DIN 276
Hauseingangstür EV 1900 x 2100, Alu, 1-fest + 1 Dreh
EP 2634,92 DM/St   LA 217,98 DM/St   ST 2416,94 DM/St
EP 1347,21 €/St    LA 111,45 €/St    ST 1235,76 €/St

**031.25007.M** KG 334 DIN 276
Hauseingangstür EV 2100 x 2100, Alu, 1-fest + 1 Dreh
EP 2728,36 DM/St   LA 251,00 DM/St   ST 2477,36 DM/St
EP 1394,99 €/St    LA 128,34 €/St    ST 1266,65 €/St

**031.25008.M** KG 334 DIN 276
Hauseingangstür EV 2300 x 2100, Alu, 1-fest + 1 Dreh
EP 2818,35 DM/St   LA 290,64 DM/St   ST 2527,71 DM/St
EP 1441,00 €/St    LA 148,60 €/St    ST 1292,40 €/St

**031.25009.M** KG 334 DIN 276
Pendeltür 1000 x 2125, Alu, 1-teilig
EP 2608,07 DM/St   LA 361,32 DM/St   ST 2246,75 DM/St
EP 1333,48 €/St    LA 184,74 €/St    ST 1148,74 €/St

### Hauseingangstüren mit Füllung, Aluminium

031.-----.-

|  |  |  |
|---|---|---|
| 031.25201.M | Hauseingangstür 1000 x 2000, Alu, silber, 1-fl. Dreh | 1540,38 DM/St / 787,58 €/St |
| 031.25202.M | Hauseingangstür 1000 x 2000, Alu, mittelbr., 1-fl.,Dreh | 1667,82 DM/St / 852,74 €/St |
| 031.25203.M | Hauseingangstür 1000 x 2000, Alu, dunkelbr., 1-fl.,Dreh | 1815,41 DM/St / 928,20 €/St |
| 031.25204.M | Hauseingangstür 1200 x 2300, Alu, silber, 1-fl. Dreh | 1921,10 DM/St / 982,24 €/St |
| 031.25205.M | Hauseingangstür 1200 x 2300, Alu, mittelbr., 1-fl.,Dreh | 2075,31 DM/St / 1061,09 €/St |
| 031.25206.M | Hauseingangstür 1200 x 2300, Alu, dunkelbr., 1-fl.,Dreh | 2249,64 DM/St / 1150,22 €/St |
| 031.25207.M | Hauseingangstür 1800 x 2150, Alu, silber, 2-fl. Dreh | 3452,04 DM/St / 1765,00 €/St |
| 031.25208.M | Hauseingangstür 1800 x 2150, Alu, mittelbr., 2-fl.,Dreh | 3874,69 DM/St / 1981,10 €/St |
| 031.25209.M | Hauseingangstür 1800 x 2150, Alu, dunkelbr., 2-fl.,Dreh | 4267,12 DM/St / 2181,74 €/St |

**031.25201.M** KG 334 DIN 276
Hauseingangstür 1000 x 2000, Alu, silber, 1-fl. Dreh
EP 1540,38 DM/St   LA 231,19 DM/St   ST 1309,19 DM/St
EP  787,58 €/St    LA 118,21 €/St    ST  669,37 €/St

**031.25202.M** KG 334 DIN 276
Hauseingangstür 1000 x 2000, Alu, mittelbr., 1-fl.,Dreh
EP 1667,82 DM/St   LA 237,80 DM/St   ST 1430,02 DM/St
EP  852,74 €/St    LA 121,58 €/St    ST  731,16 €/St

**031.25203.M** KG 334 DIN 276
Hauseingangstür 1000 x 2000, Alu, dunkelbr., 1-fl.,Dreh
EP 1815,41 DM/St   LA 244,40 DM/St   ST 1571,01 DM/St
EP  928,20 €/St    LA 124,96 €/St    ST  803,24 €/St

**031.25204.M** KG 334 DIN 276
Hauseingangstür 1200 x 2300, Alu, silber, 1-fl. Dreh
EP 1921,10 DM/St   LA 350,19 DM/St   ST 1571,01 DM/St
EP  982,24 €/St    LA 179,00 €/St    ST  803,24 €/St

**031.25205.M** KG 334 DIN 276
Hauseingangstür 1200 x 2300, Alu, mittelbr., 1-fl.,Dreh
EP 2075,31 DM/St   LA 363,30 DM/St   ST 1712,01 DM/St
EP 1061,09 €/St    LA 185,75 €/St    ST  875,34 €/St

**031.25206.M** KG 334 DIN 276
Hauseingangstür 1200 x 2300, Alu, dunkelbr., 1-fl.,Dreh
EP 2249,64 DM/St   LA 376,51 DM/St   ST 1873,13 DM/St
EP 1150,22 €/St    LA 192,51 €/St    ST  957,71 €/St

**031.25207.M** KG 334 DIN 276
Hauseingangstür 1800 x 2150, Alu, silber, 2-fl. Dreh
EP 3452,04 DM/St   LA 541,65 DM/St   ST 2910,39 DM/St
EP 1765,00 €/St    LA 276,94 €/St    ST 1488,06 €/St

**031.25208.M** KG 334 DIN 276
Hauseingangstür 1800 x 2150, Alu, mittelbr., 2-fl.,Dreh
EP 3874,69 DM/St   LA 561,47 DM/St   ST 3313,22 DM/St
EP 1981,10 €/St    LA 287,07 €/St    ST 1694,03 €/St

**031.25209.M** KG 334 DIN 276
Hauseingangstür 1800 x 2150, Alu, dunkelbr., 2-fl.,Dreh
EP 4267,12 DM/St   LA 581,27 DM/St   ST 3685,84 DM/St
EP 2181,74 €/St    LA 297,20 €/St    ST 1884,54 €/St

AW 031

Preise 06.01

## LB 031 Metallbauarbeiten, Schlosserarbeiten
### Rahmentüren mit Isolierverglasung; Rahmentüren als Kühlraumtüren, Edelstahl

Sämtliche Preise sind **Mittelpreise ohne Mehrwertsteuer** zum Zeitpunkt des Ausgabedatums.
**Korrekturfaktoren** für Regionaleinfluss, Mengeneinfluss, Konjunktureinfluss siehe Vorspann.
**Abkürzungen:** EP = Einheitspreis, LA = Lohnanteil, ST = Stoffanteil

### Rahmentüren mit Isolierverglasung

031.-----.-

|  |  |  |
|---|---|---|
| 031.25101.M | Mehrzwecktür 625 x 1875, Stahl, 1-flüg., Drehflügel | 1626,75 DM/St / 831,74 €/St |
| 031.25102.M | Mehrzwecktür 750 x 2000, Stahl, 1-flüg., Drehflügel | 1663,44 DM/St / 850,50 €/St |
| 031.25103.M | Mehrzwecktür 875 x 2125, Stahl, 1-flüg., Drehflügel | 1734,99 DM/St / 887,09 €/St |
| 031.25104.M | Mehrzwecktür 1000 x 2125, Stahl, 1-flüg., Drehflügel | 1805,65 DM/St / 923,21 €/St |
| 031.25105.M | Mehrzwecktür 1250 x 2125, Stahl, 1-flüg., Drehflügel | 1868,52 DM/St / 955,36 €/St |
| 031.25106.M | Mehrzwecktür 1250 x 2500, Stahl, 1-flüg., Drehflügel | 1925,49 DM/St / 984,49 €/St |
| 031.25107.M | Mehrzwecktür 1250 x 2000, Stahl, 2-flüg., Drehflügel | 3041,78 DM/St / 1555,24 €/St |
| 031.25108.M | Mehrzwecktür 1500 x 2125, Stahl, 2-flüg., Drehflügel | 3138,61 DM/St / 1604,75 €/St |
| 031.25109.M | Mehrzwecktür 1750 x 2250, Stahl, 2-flüg., Drehflügel | 3232,65 DM/St / 1652,83 €/St |
| 031.25110.M | Mehrzwecktür 2000 x 2000, Stahl, 2-flüg., Drehflügel | 3201,39 DM/St / 1636,84 €/St |
| 031.25111.M | Mehrzwecktür 2250 x 2125, Stahl, 2-flüg., Drehflügel | 3302,48 DM/St / 1688,53 €/St |
| 031.25112.M | Mehrzwecktür 2500 x 2250, Stahl, 2-flüg., Drehflügel | 3422,61 DM/St / 1749,95 €/St |

**031.25101.M**    KG 344 DIN 276
Mehrzwecktür 625 x 1875, Stahl, 1-flüg., Drehflügel
EP 1626,75 DM/St   LA 161,83 DM/St   ST 1464,92 DM/St
EP   831,74 €/St    LA   82,74 €/St    ST   749,00 €/St

**031.25102.M**    KG 344 DIN 276
Mehrzwecktür 750 x 2000, Stahl, 1-flüg., Drehflügel
EP 1663,44 DM/St   LA 171,74 DM/St   ST 1491,70 DM/St
EP   850,50 €/St    LA   87,81 €/St    ST   762,69 €/St

**031.25103.M**    KG 344 DIN 276
Mehrzwecktür 875 x 2125, Stahl, 1-flüg., Drehflügel
EP 1734,99 DM/St   LA 181,65 DM/St   ST 1553,34 DM/St
EP   887,09 €/St    LA   92,88 €/St    ST   794,21 €/St

**031.25104.M**    KG 344 DIN 276
Mehrzwecktür 1000 x 2125, Stahl, 1-flüg., Drehflügel
EP 1805,65 DM/St   LA 191,56 DM/St   ST 1614,09 DM/St
EP   923,21 €/St    LA   97,94 €/St    ST   825,27 €/St

**031.25105.M**    KG 344 DIN 276
Mehrzwecktür 1250 x 2125, Stahl, 1-flüg., Drehflügel
EP 1868,52 DM/St   LA 198,16 DM/St   ST 1670,36 DM/St
EP   955,36 €/St    LA 101,32 €/St    ST   854,04 €/St

**031.25106.M**    KG 344 DIN 276
Mehrzwecktür 1250 x 2500, Stahl, 1-flüg., Drehflügel
EP 1925,49 DM/St   LA 211,38 DM/St   ST 1714,11 DM/St
EP   984,49 €/St    LA 108,08 €/St    ST   876,41 €/St

**031.25107.M**    KG 344 DIN 276
Mehrzwecktür 1250 x 2000, Stahl, 2-flüg., Drehflügel
EP 3041,78 DM/St   LA 323,67 DM/St   ST 2718,11 DM/St
EP 1555,24 €/St    LA 165,49 €/St    ST 1389,75 €/St

**031.25108.M**    KG 344 DIN 276
Mehrzwecktür 1500 x 2125, Stahl, 2-flüg., Drehflügel
EP 3138,61 DM/St   LA 330,27 DM/St   ST 2808,34 DM/St
EP 1604,75 €/St    LA 168,86 €/St    ST 1435,89 €/St

**031.25109.M**    KG 344 DIN 276
Mehrzwecktür 1750 x 2250, Stahl, 2-flüg., Drehflügel
EP 3232,65 DM/St   LA 360,00 DM/St   ST 2872,65 DM/St
EP 1652,83 €/St    LA 184,06 €/St    ST 1468,77 €/St

**031.25110.M**    KG 344 DIN 276
Mehrzwecktür 2000 x 2000, Stahl, 2-flüg., Drehflügel
EP 3201,39 DM/St   LA 360,00 DM/St   ST 2841,39 DM/St
EP 1636,84 €/St    LA 184,06 €/St    ST 1452,78 €/St

**031.25111.M**    KG 344 DIN 276
Mehrzwecktür 2250 x 2125, Stahl, 2-flüg., Drehflügel
EP 3302,48 DM/St   LA 379,81 DM/St   ST 2922,67 DM/St
EP 1688,53 €/St    LA 194,20 €/St    ST 1494,33 €/St

**031.25112.M**    KG 344 DIN 276
Mehrzwecktür 2500 x 2250, Stahl, 2-flüg., Drehflügel
EP 3422,61 DM/St   LA 396,33 DM/St   ST 3026,28 DM/St
EP 1749,95 €/St    LA 202,64 €/St    ST 1547,31 €/St

### Rahmentüren als Kühlraumtüren, Edelstahl

031.-----.-

|  |  |  |
|---|---|---|
| 031.25210.M | Kühlraumtür 875 x 2000, Edelstahl, 1-flüg., Drehflügel | 2565,64 DM/St / 1311,79 €/St |
| 031.25211.M | Kühlraumtür 1000 x 2000, Edelstahl, 1-flüg., Drehflügel | 2641,93 DM/St / 1350,80 €/St |
| 031.25212.M | Kühlraumtür 1250 x 2000, Edelstahl, 1-flüg., Drehflügel | 3025,83 DM/St / 1547,08 €/St |
| 031.25213.M | Kühlraumtür 1500 x 2000, Edelstahl, 1-flüg., Drehflügel | 3540,69 DM/St / 1810,33 €/St |
| 031.25214.M | Kühlraumtür 1500 x 2000, Edelstahl, 2-flüg., Drehflügel | 5547,40 DM/St / 2836,34 €/St |
| 031.25215.M | Kühlraumtür 1750 x 2000, Edelstahl, 2-flüg., Drehflügel | 5778,02 DM/St / 2954,25 €/St |
| 031.25216.M | Kühlraumtür 2000 x 2000, Edelstahl, 2-flüg., Drehflügel | 6335,55 DM/St / 3239,32 €/St |

**031.25210.M**    KG 334 DIN 276
Kühlraumtür 875 x 2000, Edelstahl, 1-flüg., Drehflügel
EP 2565,64 DM/St   LA 389,72 DM/St   ST 2175,92 DM/St
EP 1311,79 €/St    LA 199,26 €/St    ST 1112,53 €/St

**031.25211.M**    KG 334 DIN 276
Kühlraumtür 1000 x 2000, Edelstahl, 1-flüg., Drehflügel
EP 2641,93 DM/St   LA 396,33 DM/St   ST 2245,60 DM/St
EP 1350,80 €/St    LA 202,64 €/St    ST 1148,16 €/St

**031.25212.M**    KG 334 DIN 276
Kühlraumtür 1250 x 2000, Edelstahl, 1-flüg., Drehflügel
EP 3025,83 DM/St   LA 409,54 DM/St   ST 2616,29 DM/St
EP 1547,08 €/St    LA 209,39 €/St    ST 1337,69 €/St

**031.25213.M**    KG 334 DIN 276
Kühlraumtür 1500 x 2000, Edelstahl, 1-flüg., Drehflügel
EP 3540,69 DM/St   LA 416,14 DM/St   ST 3124,55 DM/St
EP 1810,33 €/St    LA 212,77 €/St    ST 1597,56 €/St

**031.25214.M**    KG 334 DIN 276
Kühlraumtür 1500 x 2000, Edelstahl, 2-flüg., Drehflügel
EP 5547,40 DM/St   LA 475,59 DM/St   ST 5071,81 DM/St
EP 2836,34 €/St    LA 243,17 €/St    ST 2593,17 €/St

**031.25215.M**    KG 334 DIN 276
Kühlraumtür 1750 x 2000, Edelstahl, 2-flüg., Drehflügel
EP 5778,02 DM/St   LA 495,41 DM/St   ST 5282,61 DM/St
EP 2954,25 €/St    LA 253,30 €/St    ST 2700,95 €/St

**031.25216.M**    KG 334 DIN 276
Kühlraumtür 2000 x 2000, Edelstahl, 2-flüg., Drehflügel
EP 6335,55 DM/St   LA 515,22 DM/St   ST 5820,33 DM/St
EP 3239,32 €/St    LA 263,43 €/St    ST 2975,89 €/St

# LB 031 Metallbauarbeiten, Schlosserarbeiten
## Rahmentüren mit Füllung, Edelstahl; Garagen-Schwingtore mit Füllung, Rolltore

AW 031

Preise 06.01

Sämtliche Preise sind **Mittelpreise ohne Mehrwertsteuer** zum Zeitpunkt des Ausgabedatums.
**Korrekturfaktoren** für Regionaleinfluss, Mengeneinfluss, Konjunktureinfluss siehe Vorspann.
**Abkürzungen:** EP = Einheitspreis, LA = Lohnanteil, ST = Stoffanteil

### Rahmentüren mit Füllung, Edelstahl

031.-----.-

|  |  |  |
|---|---|---|
| 031.25217.M | Rahmentür 875 x 1875, Edelstahl, 1-flüg., Drehflügel | 2515,89 DM/St / 1286,35 €/St |
| 031.25218.M | Rahmentür 1000 x 2000, Edelstahl, 1-flüg., Drehflügel | 2627,35 DM/St / 1343,34 €/St |
| 031.25219.M | Rahmentür 1250 x 2000, Edelstahl, 1-flüg., Drehflügel | 3330,75 DM/St / 1702,99 €/St |
| 031.25220.M | Rahmentür 1500 x 2000, Edelstahl, 1-flüg., Drehflügel | 4110,62 DM/St / 2101,73 €/St |
| 031.25221.M | Rahmentür 1350 x 2000, Edelstahl, 2-flüg., Drehflügel | 4241,57 DM/St / 2168,68 €/St |
| 031.25222.M | Rahmentür 1500 x 2000, Edelstahl, 2-flüg., Drehflügel | 4997,05 DM/St / 2554,95 €/St |
| 031.25223.M | Rahmentür 1875 x 2000, Edelstahl, 2-flüg., Drehflügel | 5912,44 DM/St / 3022,98 €/St |
| 031.25224.M | Rahmentür 2000 x 2000, Edelstahl, 2-flüg., Drehflügel | 6195,06 DM/St / 3167,48 €/St |

**031.25217.M**  KG 334 DIN 276
Rahmentür 875 x 1875, Edelstahl, 1-flüg., Drehflügel
EP 2515,89 DM/St   LA 277,43 DM/St   ST 2238,46 DM/St
EP 1286,35 €/St    LA 141,85 €/St    ST 1144,50 €/St

**031.25218.M**  KG 334 DIN 276
Rahmentür 1000 x 2000, Edelstahl, 1-flüg., Drehflügel
EP 2627,35 DM/St   LA 290,64 DM/St   ST 2336,72 DM/St
EP 1343,34 €/St    LA 148,60 €/St    ST 1194,74 €/St

**031.25219.M**  KG 334 DIN 276
Rahmentür 1250 x 2000, Edelstahl, 1-flüg., Drehflügel
EP 3330,75 DM/St   LA 307,15 DM/St   ST 3023,60 DM/St
EP 1702,99 €/St    LA 157,04 €/St    ST 1545,95 €/St

**031.25220.M**  KG 334 DIN 276
Rahmentür 1500 x 2000, Edelstahl, 1-flüg., Drehflügel
EP 4110,62 DM/St   LA 317,06 DM/St   ST 3793,56 DM/St
EP 2101,73 €/St    LA 162,11 €/St    ST 1939,62 €/St

**031.25221.M**  KG 334 DIN 276
Rahmentür 1350 x 2000, Edelstahl, 2-flüg., Drehflügel
EP 4241,57 DM/St   LA 343,49 DM/St   ST 3898,08 DM/St
EP 2168,68 €/St    LA 175,62 €/St    ST 1993,06 €/St

**031.25222.M**  KG 334 DIN 276
Rahmentür 1500 x 2000, Edelstahl, 2-flüg., Drehflügel
EP 4997,05 DM/St   LA 356,69 DM/St   ST 4640,36 DM/St
EP 2554,95 €/St    LA 182,37 €/St    ST 2372,58 €/St

**031.25223.M**  KG 334 DIN 276
Rahmentür 1875 x 2000, Edelstahl, 2-flüg., Drehflügel
EP 5912,44 DM/St   LA 369,91 DM/St   ST 5542,53 DM/St
EP 3022,98 €/St    LA 189,13 €/St    ST 2833,85 €/St

**031.25224.M**  KG 334 DIN 276
Rahmentür 2000 x 2000, Edelstahl, 2-flüg., Drehflügel
EP 6195,06 DM/St   LA 376,51 DM/St   ST 5818,55 DM/St
EP 3167,48 €/St    LA 192,51 €/St    ST 2974,97 €/St

### Garagen-Schwingtore mit Füllung, Rolltore

031.-----.-

|  |  |  |
|---|---|---|
| 031.25701.M | Garagen-Schwingtor 2250 x 2125, Stahlblechfüllung | 915,07 DM/St / 467,87 €/St |
| 031.25702.M | Garagen-Schwingtor 2250 x 2125, Holzfüllung | 1216,59 DM/St / 622,03 €/St |
| 031.25703.M | Garagen-Schwingtor 2375 x 2125, Stahlblechfüllung | 1282,33 DM/St / 655,64 €/St |
| 031.25704.M | Garagen-Schwingtor 2375 x 2125, Stahlblechf., 2-sch. | 2727,71 DM/St / 1394,66 €/St |
| 031.25705.M | Garagen-Schwingtor 2375 x 2125, Kupfer-/Aluf., 2-sch. | 3604,59 DM/St / 1843,00 €/St |
| 031.25706.M | Garagen-Schwingtor 2500 x 2500, Stahlblechfüllung | 1608,51 DM/St / 822,42 €/St |
| 031.25707.M | Garagen-Schwingtor 2500 x 2500, Stahlblechf., 2-sch. | 3128,04 DM/St / 1599,67 €/St |
| 031.25708.M | Garagen-Schwingtor 2500 x 2500, Kupfer-/Aluf., 2-sch. | 4336,66 DM/St / 2217,30 €/St |
| 031.25709.M | Garagen-Schwingtor 3000 x 2125, Stahlblechfüllung | 1194,81 DM/St / 610,90 €/St |
| 031.25710.M | Garagen-Schwingtor 3000 x 2125, Holzfüllung | 1494,16 DM/St / 763,95 €/St |
| 031.25711.M | Garagen-Schwingtor 3000 x 2125, Holzfg., Schlupftür | 1699,97 DM/St / 869,80 €/St |
| 031.25712.M | Garagen-Schwingtor 3000 x 2125, Stahlblfg., Schlupftür | 1722,62 DM/St / 880,76 €/St |
| 031.25713.M | Garagen-Schwingtor 4500 x 2125, Stahlblechfüllung | 4503,84 DM/St / 2302,78 €/St |
| 031.25714.M | Garagen-Schwingtor 4500 x 2125, Stahlblechf., 2-sch. | 5809,50 DM/St / 2970,35 €/St |
| 031.25715.M | Garagen-Schwingtor 4500 x 2125, Kupfer-/Aluf., 2-sch. | 8108,38 DM/St / 4145,74 €/St |
| 031.26501.M | Garagen-Rolltor 2250 x 2125, Stahlpanzer | 3344,88 DM/St / 1710,21 €/St |

**Hinweis:** Rolltore siehe auch Leistungsbereich 030 Rollladenarbeiten.

Ergänzende Bauteile für Torbedienung mit Elektromotor

– Elektromotor für Rolltore, je nach Torgröße,
  Mittelpreis 1744,00 DM/Stück bis 2104,00 DM/Stück
  Mittelpreis  891,50 €/Stück bis 1075,50 €/Stück

– Schlüsselstandsäule, freistehend, mit Druckknopfschalter
  HALT, in wasserdichter Ausführung,
  Mittelpreis 223,00 DM/Stück, 114,00 €/Stück

– Fernsteuerung, mit 2 Sendern,
  Mittelpreis 1757,50 DM/Stück, 898,50 €/Stück

– Ampelanlage für Garageneinfahrten, 2 x rot / grün,
  Fotozellen, Mittelpreis 2404,00 DM/Stück, 1229,00 €/Stück

– Elektroanschluss je nach örtlichen Gegebenheiten
  177,50 DM/Stück bis 420,50 DM/Stück.
   90,50 €/Stück bis 215,00 €/Stück

**031.25701.M**  KG 334 DIN 276
Garagen-Schwingtor 2250 x 2125, Stahlblechfüllung
EP 915,07 DM/St   LA 321,68 DM/St   ST 593,39 DM/St
EP 467,87 €/St    LA 164,47 €/St    ST 303,40 €/St

**031.25702.M**  KG 334 DIN 276
Garagen-Schwingtor 2250 x 2125, Holzfüllung
EP 1216,59 DM/St  LA 358,01 DM/St   ST 858,58 DM/St
EP  622,03 €/St   LA 183,05 €/St    ST 438,98 €/St

**031.25703.M**  KG 334 DIN 276
Garagen-Schwingtor 2375 x 2125, Stahlblechfüllung
EP 1282,33 DM/St  LA 317,06 DM/St   ST 965,27 DM/St
EP  655,64 €/St   LA 162,11 €/St    ST 493,53 €/St

**031.25704.M**  KG 334 DIN 276
Garagen-Schwingtor 2375 x 2125, Stahlblechf., 2-sch.
EP 2727,71 DM/St  LA 350,09 DM/St   ST 2377,62 DM/St
EP 1394,66 €/St   LA 179,00 €/St    ST 1215,66 €/St

**031.25705.M**  KG 334 DIN 276
Garagen-Schwingtor 2375 x 2125, Kupfer-/Aluf., 2-sch.
EP 3604,59 DM/St  LA 363,30 DM/St   ST 3241,29 DM/St
EP 1843,00 €/St   LA 185,75 €/St    ST 1657,25 €/St

AW 031

Preise 06.01

## LB 031 Metallbauarbeiten, Schlosserarbeiten
### Garagen-Schwingtore mit Füllung, Rolltore; Drehflügeltore, Stahl

Sämtliche Preise sind **Mittelpreise ohne Mehrwertsteuer** zum Zeitpunkt des Ausgabedatums.
**Korrekturfaktoren** für Regionaleinfluss, Mengeneinfluss, Konjunktureinfluss siehe Vorspann.
**Abkürzungen:** EP = Einheitspreis, LA = Lohnanteil, ST = Stoffanteil

031.25706.M  KG 334 DIN 276
Garagen-Schwingtor 2500 x 2500, Stahlblechfüllung
EP 1608,51 DM/St  LA 409,54 DM/St  ST 1198,97 DM/St
EP  822,42 €/St   LA 209,39 €/St   ST  613,03 €/St

031.25707.M  KG 334 DIN 276
Garagen-Schwingtor 2500 x 2500, Stahlblechf., 2-sch.
EP 3128,04 DM/St  LA 455,78 DM/St  ST 2672,26 DM/St
EP 1599,34 €/St   LA 233,04 €/St   ST 1366,30 €/St

031.25708.M  KG 334 DIN 276
Garagen-Schwingtor 2500 x 2500, Kupfer-/Aluf., 2-sch.
EP 4336,66 DM/St  LA 475,59 DM/St  ST 3861,07 DM/St
EP 2217,30 €/St   LA 243,17 €/St   ST 1974,13 €/St

031.25709.M  KG 334 DIN 276
Garagen-Schwingtor 3000 x 2125, Stahlblechfüllung
EP 1194,81 DM/St  LA 415,48 DM/St  ST 779,33 DM/St
EP  610,90 €/St   LA 212,43 €/St   ST 398,47 €/St

031.25710.M  KG 334 DIN 276
Garagen-Schwingtor 3000 x 2125, Holzfüllung
EP 1494,16 DM/St  LA 470,97 DM/St  ST 1023,19 DM/St
EP  763,95 €/St   LA 240,80 €/St   ST  523,15 €/St

031.25711.M  KG 334 DIN 276
Garagen-Schwingtor 3000 x 2125, Holzfg., Schlupftür
EP 1699,97 DM/St  LA 528,43 DM/St  ST 1171,54 DM/St
EP  869,18 €/St   LA 270,18 €/St   ST  599,00 €/St

031.25712.M  KG 334 DIN 276
Garagen-Schwingtor 3000 x 2125, Stahlblfg., Schlupftür
EP 1722,62 DM/St  LA 490,12 DM/St  ST 1232,50 DM/St
EP  880,76 €/St   LA 250,59 €/St   ST  630,17 €/St

031.25713.M  KG 334 DIN 276
Garagen-Schwingtor 4500 x 2125, Stahlblechfüllung
EP 4503,84 DM/St  LA 693,57 DM/St  ST 3810,27 DM/St
EP 2302,78 €/St   LA 354,62 €/St   ST 1948,16 €/St

031.25714.M  KG 334 DIN 276
Garagen-Schwingtor 4500 x 2125, Stahlblechf., 2-sch.
EP 5809,50 DM/St  LA 759,63 DM/St  ST 5049,87 DM/St
EP 2970,35 €/St   LA 388,39 €/St   ST 2581,96 €/St

031.25715.M  KG 334 DIN 276
Garagen-Schwingtor 4500 x 2125, Kupfer-/Aluf., 2-sch.
EP 8108,38 DM/St  LA 792,65 DM/St  ST 7315,73 DM/St
EP 4145,74 €/St   LA 405,28 €/St   ST 3740,46 €/St

031.26501.M  KG 334 DIN 276
Garagen-Rolltor 2250 x 2125, Stahlpanzer
EP 3344,88 DM/St  LA 484,84 DM/St  ST 2860,04 DM/St
EP 1710,21 €/St   LA 247,89 €/St   ST 1462,32 €/St

**Drehflügeltore, Stahl**

031.-----.-

|  |  |  |
|---|---|---|
| 031.25801.M | Drehflügeltor, Stahl, ohne Wärmedämmg., 3000x2500 mm | 2132,82 DM/St  1090,49 €/St |
| 031.25802.M | Drehflügeltor, Stahl, ohne Wärmedämmg., 4500x3000 mm | 3072,79 DM/St  1571,09 €/St |
| 031.25803.M | Drehflügeltor, Stahl, mit Wärmedämmg., 3000x2500 mm | 3645,52 DM/St  1863,93 €/St |
| 031.25804.M | Drehflügeltor, Stahl, mit Wärmedämmung, 4500x3000 mm | 5249,32 DM/St  2683,94 €/St |
| 031.25805.M | Drehflügeltor, Stahl, feuerhemmend T 30, 3000x2500 mm | 4354,18 DM/St  2226,26 €/St |
| 031.25806.M | Drehflügeltor, Stahl, feuerhemmend T 30, 4500x3000 mm | 6241,70 DM/St  3206,52 €/St |

031.25801.M  KG 334 DIN 276
Drehflügeltor, Stahl, ohne Wärmedämmung, 3000x2500 mm
EP 2132,82 DM/St  LA 545,54 DM/St  ST 1587,28 DM/St
EP 1090,49 €/St   LA 278,93 €/St   ST  811,56 €/St

031.25802.M  KG 334 DIN 276
Drehflügeltor, Stahl, ohne Wärmedämmung, 4500x3000 mm
EP 3072,79 DM/St  LA 680,36 DM/St  ST 2392,43 DM/St
EP 1571,09 €/St   LA 347,86 €/St   ST 1223,23 €/St

031.25803.M  KG 334 DIN 276
Drehflügeltor, Stahl, mit Wärmedämmung, 3000x2500 mm
EP 3645,52 DM/St  LA 604,40 DM/St  ST 3041,12 DM/St
EP 1863,93 €/St   LA 309,02 €/St   ST 1554,91 €/St

031.25804.M  KG 334 DIN 276
Drehflügeltor, Stahl, mit Wärmedämmung, 4500x3000 mm
EP 5249,32 DM/St  LA 749,72 DM/St  ST 4499,60 DM/St
EP 2683,94 €/St   LA 383,33 €/St   ST 2300,61 €/St

031.25805.M  KG 334 DIN 276
Drehflügeltor, Stahl, feuerhemmend T 30, 3000x2500 mm
EP 4354,18 DM/St  LA 627,52 DM/St  ST 3726,66 DM/St
EP 2226,26 €/St   LA 320,85 €/St   ST 1905,41 €/St

031.25806.M  KG 334 DIN 276
Drehflügeltor, Stahl, feuerhemmend T 30, 4500x3000 mm
EP 6241,70 DM/St  LA 759,63 DM/St  ST 5511,77 DM/St
EP 3206,52 €/St   LA 388,39 €/St   ST 2818,13 €/St

# LB 031 Metallbauarbeiten, Schlosserarbeiten
## Decken-Sektionaltore

AW 031

Preise 06.01

Sämtliche Preise sind **Mittelpreise ohne Mehrwertsteuer** zum Zeitpunkt des Ausgabedatums.
**Korrekturfaktoren** für Regionaleinfluss, Mengeneinfluss, Konjunktureinfluss siehe Vorspann.
**Abkürzungen:** EP = Einheitspreis, LA = Lohnanteil, ST = Stoffanteil

### Decken-Sektionaltore

031.-----.-

|  |  |  |
|---|---|---|
| 031.25901.M | Decken-Sektionaltor, 2250 x 2125, Stahl, einwandig | 2435,60 DM/St<br>1245,30 €/St |
| 031.25902.M | Decken-Sektionaltor, 2500 x 2250, Stahl, einwandig | 2613,95 DM/St<br>1336,49 €/St |
| 031.25903.M | Decken-Sektionaltor, 2750 x 2125, Stahl, einwandig | 2911,26 DM/St<br>1488,50 €/St |
| 031.25904.M | Decken-Sektionaltor, 3000 x 2250, Stahl, einwandig | 3217,00 DM/St<br>1644,82 €/St |
| 031.25905.M | Decken-Sektionaltor, 4000 x 2125, Stahl, einwandig | 3775,71 DM/St<br>1930,49 €/St |
| 031.25906.M | Decken-Sektionaltor, 4500 x 2250, Stahl, einwandig | 4447,61 DM/St<br>2274,03 €/St |
| 031.25907.M | Decken-Sektionaltor, 5000 x 2250, Stahl, einwandig | 4638,33 DM/St<br>2371,54 €/St |
| 031.25908.M | Decken-Sektionaltor, 2250 x 2125, Stahl, doppelwandig | 3288,46 DM/St<br>1681,36 €/St |
| 031.25909.M | Decken-Sektionaltor, 2500 x 2250, Stahl, doppelwandig | 3493,30 DM/St<br>1786,10 €/St |
| 031.25910.M | Decken-Sektionaltor, 2750 x 2125, Stahl, doppelwandig | 3701,04 DM/St<br>1892,31 €/St |
| 031.25911.M | Decken-Sektionaltor, 3000 x 2250, Stahl, doppelwandig | 4243,20 DM/St<br>2169,51 €/St |
| 031.25912.M | Decken-Sektionaltor, 4000 x 2125, Stahl, doppelwandig | 5481,68 DM/St<br>2802,74 €/St |
| 031.25913.M | Decken-Sektionaltor, 4500 x 2250, Stahl, doppelwandig | 6175,55 DM/St<br>3157,51 €/St |
| 031.25914.M | Decken-Sektionaltor, 5000 x 2250, Stahl, doppelwandig | 6567,79 DM/St<br>3358,06 €/St |
| 031.25915.M | Decken-Sektionaltor, 2375 x 2125, Alu/Kupfer, einwandig | 5222,88 DM/St<br>2670,42 €/St |
| 031.25916.M | Decken-Sektionaltor, 2500 x 2125, Alu/Kupfer, einwandig | 5367,28 DM/St<br>2744,25 €/St |
| 031.25917.M | Decken-Sektionaltor, 2500 x 2250, Alu/Kupfer, einwandig | 5645,51 DM/St<br>2886,50 €/St |
| 031.25918.M | Decken-Sektionaltor, 4500 x 2125, Alu/Kupfer, einwandig | 9633,36 DM/St<br>4925,46 €/St |
| 031.25919.M | Decken-Sektionaltor, 2375 x 2125, Alu/Alu, doppelwandig | 7433,16 DM/St<br>3800,52 €/St |
| 031.25920.M | Decken-Sektionaltor, 2500 x 2125, Alu/Alu, doppelwandig | 7684,34 DM/St<br>3928,94 €/St |
| 031.25921.M | Decken-Sektionaltor, 2500 x 2250, Alu/Alu, doppelwandig | 8110,94 DM/St<br>4147,06 €/St |
| 031.25922.M | Decken-Sektionaltor, 4500 x 2125, Alu/Alu, doppelwandig | 13851,62 DM/St<br>7082,22 €/St |

**031.25901.M** KG 334 DIN 276
Decken-Sektionaltor, 2250 x 2125, Stahl, einwandig
EP 2435,60 DM/St  LA 284,03 DM/St  ST 2151,57 DM/St
EP 1245,30 €/St   LA 145,22 €/St   ST 1100,08 €/St

**031.25902.M** KG 334 DIN 276
Decken-Sektionaltor, 2500 x 2250, Stahl, einwandig
EP 2613,95 DM/St  LA 396,33 DM/St  ST 2217,62 DM/St
EP 1336,49 €/St   LA 202,64 €/St   ST 1133,85 €/St

**031.25903.M** KG 334 DIN 276
Decken-Sektionaltor, 2750 x 2125, Stahl, einwandig
EP 2911,26 DM/St  LA 409,54 DM/St  ST 2501,72 DM/St
EP 1488,50 €/St   LA 209,39 €/St   ST 1279,11 €/St

**031.25904.M** KG 334 DIN 276
Decken-Sektionaltor, 3000 x 2250, Stahl, einwandig
EP 3217,00 DM/St  LA 495,41 DM/St  ST 2721,59 DM/St
EP 1644,82 €/St   LA 253,30 €/St   ST 1391,52 €/St

**031.25905.M** KG 334 DIN 276
Decken-Sektionaltor, 4000 x 2125, Stahl, einwandig
EP 3775,71 DM/St  LA 660,54 DM/St  ST 3115,17 DM/St
EP 1930,49 €/St   LA 337,73 €/St   ST 1592,76 €/St

**031.25906.M** KG 334 DIN 276
Decken-Sektionaltor, 4500 x 2250, Stahl, einwandig
EP 4447,61 DM/St  LA 805,87 DM/St  ST 3641,74 DM/St
EP 2274,03 €/St   LA 412,03 €/St   ST 1862,00 €/St

**031.25907.M** KG 334 DIN 276
Decken-Sektionaltor, 5000 x 2250, Stahl, einwandig
EP 4638,33 DM/St  LA 845,49 DM/St  ST 3792,84 DM/St
EP 2371,54 €/St   LA 432,29 €/St   ST 1939,25 €/St

**031.25908.M** KG 334 DIN 276
Decken-Sektionaltor, 2250 x 2125, Stahl, doppelwandig
EP 3288,46 DM/St  LA 297,25 DM/St  ST 2991,21 DM/St
EP 1681,36 €/St   LA 151,98 €/St   ST 1529,38 €/St

**031.25909.M** KG 334 DIN 276
Decken-Sektionaltor, 2500 x 2250, Stahl, doppelwandig
EP 3493,30 DM/St  LA 416,14 DM/St  ST 3077,16 DM/St
EP 1786,10 €/St   LA 212,77 €/St   ST 1573,33 €/St

**031.25910.M** KG 334 DIN 276
Decken-Sektionaltor, 2750 x 2125, Stahl, doppelwandig
EP 3701,04 DM/St  LA 429,36 DM/St  ST 3271,68 DM/St
EP 1892,31 €/St   LA 219,53 €/St   ST 1672,78 €/St

**031.25911.M** KG 334 DIN 276
Decken-Sektionaltor, 3000 x 2250, Stahl, doppelwandig
EP 4243,20 DM/St  LA 521,83 DM/St  ST 3721,37 DM/St
EP 2169,51 €/St   LA 266,81 €/St   ST 1902,70 €/St

**031.25912.M** KG 334 DIN 276
Decken-Sektionaltor, 4000 x 2125, Stahl, doppelwandig
EP 5481,68 DM/St  LA 693,57 DM/St  ST 4788,11 DM/St
EP 2802,74 €/St   LA 354,62 €/St   ST 2448,12 €/St

**031.25913.M** KG 334 DIN 276
Decken-Sektionaltor, 4500 x 2250, Stahl, doppelwandig
EP 6175,55 DM/St  LA 845,49 DM/St  ST 5330,06 DM/St
EP 3157,51 €/St   LA 432,29 €/St   ST 2725,22 €/St

**031.25914.M** KG 334 DIN 276
Decken-Sektionaltor, 5000 x 2250, Stahl, doppelwandig
EP 6567,79 DM/St  LA 878,52 DM/St  ST 5689,27 DM/St
EP 3358,06 €/St   LA 449,18 €/St   ST 2908,88 €/St

**031.25915.M** KG 334 DIN 276
Decken-Sektionaltor, 2375 x 2125, Alu/Kupfer, einwandig
EP 5222,88 DM/St  LA 363,30 DM/St  ST 4859,58 DM/St
EP 2670,42 €/St   LA 185,75 €/St   ST 2484,67 €/St

**031.25916.M** KG 334 DIN 276
Decken-Sektionaltor, 2500 x 2125, Alu/Kupfer, einwandig
EP 5367,28 DM/St  LA 376,51 DM/St  ST 4990,77 DM/St
EP 2744,25 €/St   LA 192,51 €/St   ST 2551,74 €/St

**031.25917.M** KG 334 DIN 276
Decken-Sektionaltor, 2500 x 2250, Alu/Kupfer, einwandig
EP 5645,51 DM/St  LA 409,54 DM/St  ST 5235,97 DM/St
EP 2886,50 €/St   LA 209,39 €/St   ST 2677,11 €/St

**031.25918.M** KG 334 DIN 276
Decken-Sektionaltor, 4500 x 2125, Alu/Kupfer, einwandig
EP 9633,36 DM/St  LA 772,83 DM/St  ST 8860,53 DM/St
EP 4925,46 €/St   LA 395,14 €/St   ST 4530,32 €/St

**031.25919.M** KG 334 DIN 276
Decken-Sektionaltor, 2375 x 2125, Alu/Alu, doppelwandig
EP 7433,16 DM/St  LA 383,11 DM/St  ST 7050,05 DM/St
EP 3800,52 €/St   LA 195,88 €/St   ST 3604,64 €/St

**031.25920.M** KG 334 DIN 276
Decken-Sektionaltor, 2500 x 2125, Alu/Alu, doppelwandig
EP 7684,34 DM/St  LA 396,33 DM/St  ST 7288,01 DM/St
EP 3928,94 €/St   LA 202,64 €/St   ST 3726,30 €/St

**031.25921.M** KG 334 DIN 276
Decken-Sektionaltor, 2500 x 2250, Alu/Alu, doppelwandig
EP 8110,94 DM/St  LA 429,36 DM/St  ST 7681,58 DM/St
EP 4147,06 €/St   LA 219,53 €/St   ST 3927,53 €/St

**031.25922.M** KG 334 DIN 276
Decken-Sektionaltor, 4500 x 2125, Alu/Alu, doppelwandig
EP 13851,62 DM/St  LA 799,25 DM/St  ST 13052,37 DM/St
EP  7082,22 €/St   LA 408,65 €/St   ST  6673,57 €/St

# LB 031 Metallbauarbeiten, Schlosserarbeiten
## Außenfensterbänke, Aluminium

Sämtliche Preise sind **Mittelpreise ohne Mehrwertsteuer** zum Zeitpunkt des Ausgabedatums.
**Korrekturfaktoren** für Regionaleinfluss, Mengeneinfluss, Konjunktureinfluss siehe Vorspann.
**Abkürzungen:** EP = Einheitspreis, LA = Lohnanteil, ST = Stoffanteil

### Außenfensterbänke, Aluminium

031.-----.- 

|  |  |  |
|---|---|---|
| 031.29001.M | Außenfensterbank, Aluminium natur, b = 70 mm | 61,89 DM/St / 31,64 €/St |
| 031.29002.M | Außenfensterbank, Aluminium natur, b = 100 mm | 62,79 DM/St / 32,10 €/St |
| 031.29003.M | Außenfensterbank, Aluminium natur, b = 120 mm | 63,09 DM/St / 32,26 €/St |
| 031.29004.M | Außenfensterbank, Aluminium natur, b = 140 mm | 64,68 DM/St / 33,07 €/St |
| 031.29005.M | Außenfensterbank, Aluminium natur, b = 180 mm | 68,28 DM/St / 34,91 €/St |
| 031.29006.M | Außenfensterbank, Aluminium natur, b = 195 mm | 72,63 DM/St / 37,13 €/St |
| 031.29007.M | Außenfensterbank, Aluminium natur, b = 210 mm | 74,06 DM/St / 37,87 €/St |
| 031.29008.M | Außenfensterbank, Aluminium natur, b = 240 mm | 77,14 DM/St / 39,44 €/St |
| 031.29009.M | Außenfensterbank, Aluminium natur, b = 280 mm | 81,48 DM/St / 41,66 €/St |
| 031.29010.M | Außenfensterbank, Aluminium natur, b = 300 mm | 84,36 DM/St / 43,13 €/St |
| 031.29011.M | Außenfensterbank, Aluminium natur, b = 320 mm | 88,66 DM/St / 45,33 €/St |
| 031.29012.M | Außenfensterbank, Aluminium natur, b = 340 mm | 91,37 DM/St / 46,71 €/St |
| 031.29013.M | Außenfensterbank, Aluminium natur, b = 360 mm | 93,82 DM/St / 47,97 €/St |
| 031.29014.M | Außenfensterbank, Aluminium eloxiert, b = 70 mm | 73,16 DM/St / 37,41 €/St |
| 031.29015.M | Außenfensterbank, Aluminium eloxiert, b = 100 mm | 75,15 DM/St / 38,42 €/St |
| 031.29016.M | Außenfensterbank, Aluminium eloxiert, b = 120 mm | 76,75 DM/St / 39,24 €/St |
| 031.29017.M | Außenfensterbank, Aluminium eloxiert, b = 140 mm | 81,28 DM/St / 41,56 €/St |
| 031.29018.M | Außenfensterbank, Aluminium eloxiert, b = 180 mm | 86,44 DM/St / 44,19 €/St |
| 031.29019.M | Außenfensterbank, Aluminium eloxiert, b = 195 mm | 92,52 DM/St / 47,31 €/St |
| 031.29020.M | Außenfensterbank, Aluminium eloxiert, b = 210 mm | 94,46 DM/St / 48,30 €/St |
| 031.29021.M | Außenfensterbank, Aluminium eloxiert, b = 240 mm | 99,00 DM/St / 50,62 €/St |
| 031.29022.M | Außenfensterbank, Aluminium eloxiert, b = 280 mm | 105,66 DM/St / 54,02 €/St |
| 031.29023.M | Außenfensterbank, Aluminium eloxiert, b = 300 mm | 109,27 DM/St / 55,87 €/St |
| 031.29024.M | Außenfensterbank, Aluminium eloxiert, b = 320 mm | 114,69 DM/St / 58,64 €/St |
| 031.29025.M | Außenfensterbank, Aluminium eloxiert, b = 340 mm | 118,60 DM/St / 60,64 €/St |
| 031.29026.M | Außenfensterbank, Aluminium eloxiert, b = 360 mm | 129,18 DM/St / 66,05 €/St |

**031.29001.M** KG 334 DIN 276
Außenfensterbank, Aluminium natur, b = 70 mm
EP 61,89 DM/St    LA 32,71 DM/St    ST 29,18 DM/St
EP 31,64 €/St     LA 16,72 €/St     ST 14,92 €/St

**031.29002.M** KG 334 DIN 276
Außenfensterbank, Aluminium natur, b = 100 mm
EP 62,79 DM/St    LA 30,14 DM/St    ST 32,65 DM/St
EP 32,10 €/St     LA 15,41 €/St     ST 16,69 €/St

**031.29003.M** KG 334 DIN 276
Außenfensterbank, Aluminium natur, b = 120 mm
EP 63,09 DM/St    LA 28,54 DM/St    ST 34,55 DM/St
EP 32,26 €/St     LA 14,59 €/St     ST 17,67 €/St

**031.29004.M** KG 334 DIN 276
Außenfensterbank, Aluminium natur, b = 140 mm
EP 64,68 DM/St    LA 27,89 DM/St    ST 36,79 DM/St
EP 33,07 €/St     LA 14,26 €/St     ST 18,81 €/St

**031.29005.M** KG 334 DIN 276
Außenfensterbank, Aluminium natur, b = 180 mm
EP 68,28 DM/St    LA 27,26 DM/St    ST 41,02 DM/St
EP 34,91 €/St     LA 13,94 €/St     ST 20,97 €/St

**031.29006.M** KG 334 DIN 276
Außenfensterbank, Aluminium natur, b = 195 mm
EP 72,63 DM/St    LA 26,93 DM/St    ST 45,70 DM/St
EP 37,13 €/St     LA 13,77 €/St     ST 23,36 €/St

**031.29007.M** KG 334 DIN 276
Außenfensterbank, Aluminium natur, b = 210 mm
EP 74,06 DM/St    LA 27,26 DM/St    ST 46,80 DM/St
EP 37,87 €/St     LA 13,94 €/St     ST 23,93 €/St

**031.29008.M** KG 334 DIN 276
Außenfensterbank, Aluminium natur, b = 240 mm
EP 77,14 DM/St    LA 27,58 DM/St    ST 49,56 DM/St
EP 39,44 €/St     LA 14,10 €/St     ST 25,34 €/St

**031.29009.M** KG 334 DIN 276
Außenfensterbank, Aluminium natur, b = 280 mm
EP 81,48 DM/St    LA 28,21 DM/St    ST 53,27 DM/St
EP 41,66 €/St     LA 14,43 €/St     ST 27,23 €/St

**031.29010.M** KG 334 DIN 276
Außenfensterbank, Aluminium natur, b = 300 mm
EP 84,36 DM/St    LA 28,86 DM/St    ST 55,50 DM/St
EP 43,13 €/St     LA 14,76 €/St     ST 28,37 €/St

**031.29011.M** KG 334 DIN 276
Außenfensterbank, Aluminium natur, b = 320 mm
EP 88,66 DM/St    LA 29,50 DM/St    ST 59,16 DM/St
EP 45,33 €/St     LA 15,09 €/St     ST 30,24 €/St

**031.29012.M** KG 334 DIN 276
Außenfensterbank, Aluminium natur, b = 340 mm
EP 91,37 DM/St    LA 30,14 DM/St    ST 61,23 DM/St
EP 46,71 €/St     LA 15,41 €/St     ST 31,30 €/St

**031.29013.M** KG 334 DIN 276
Außenfensterbank, Aluminium natur, b = 360 mm
EP 93,82 DM/St    LA 30,46 DM/St    ST 63,36 DM/St
EP 47,97 €/St     LA 15,57 €/St     ST 32,40 €/St

**031.29014.M** KG 334 DIN 276
Außenfensterbank, Aluminium eloxiert, b = 70 mm
EP 73,16 DM/St    LA 33,34 DM/St    ST 39,82 DM/St
EP 37,41 €/St     LA 17,05 €/St     ST 20,36 €/St

**031.29015.M** KG 334 DIN 276
Außenfensterbank, Aluminium eloxiert, b = 100 mm
EP 75,15 DM/St    LA 30,46 DM/St    ST 44,69 DM/St
EP 38,42 €/St     LA 15,57 €/St     ST 22,85 €/St

**031.29016.M** KG 334 DIN 276
Außenfensterbank, Aluminium eloxiert, b = 120 mm
EP 76,75 DM/St    LA 29,18 DM/St    ST 47,57 DM/St
EP 39,24 €/St     LA 14,92 €/St     ST 24,32 €/St

**031.29017.M** KG 334 DIN 276
Außenfensterbank, Aluminium eloxiert, b = 140 mm
EP 81,28 DM/St    LA 28,21 DM/St    ST 53,07 DM/St
EP 41,56 €/St     LA 14,43 €/St     ST 27,13 €/St

**031.29018.M** KG 334 DIN 276
Außenfensterbank, Aluminium eloxiert, b = 180 mm
EP 86,44 DM/St    LA 27,58 DM/St    ST 58,86 DM/St
EP 44,19 €/St     LA 14,10 €/St     ST 30,09 €/St

**031.29019.M** KG 334 DIN 276
Außenfensterbank, Aluminium eloxiert, b = 195 mm
EP 92,52 DM/St    LA 27,26 DM/St    ST 65,26 DM/St
EP 47,31 €/St     LA 13,94 €/St     ST 33,37 €/St

**031.29020.M** KG 334 DIN 276
Außenfensterbank, Aluminium eloxiert, b = 210 mm
EP 94,46 DM/St    LA 27,58 DM/St    ST 66,88 DM/St
EP 48,30 €/St     LA 14,10 €/St     ST 34,20 €/St

**031.29021.M** KG 334 DIN 276
Außenfensterbank, Aluminium eloxiert, b = 240 mm
EP 99,00 DM/St    LA 27,89 DM/St    ST 71,11 DM/St
EP 50,62 €/St     LA 14,26 €/St     ST 36,36 €/St

**031.29022.M** KG 334 DIN 276
Außenfensterbank, Aluminium eloxiert, b = 280 mm
EP 105,66 DM/St   LA 28,86 DM/St    ST 76,80 DM/St
EP  54,02 €/St    LA 14,76 €/St     ST 39,26 €/St

**031.29023.M** KG 334 DIN 276
Außenfensterbank, Aluminium eloxiert, b = 300 mm
EP 109,27 DM/St   LA 29,18 DM/St    ST 80,09 DM/St
EP  55,87 €/St    LA 14,92 €/St     ST 40,95 €/St

**031.29024.M** KG 334 DIN 276
Außenfensterbank, Aluminium eloxiert, b = 320 mm
EP 114,69 DM/St   LA 29,82 DM/St    ST 84,87 DM/St
EP  58,64 €/St    LA 15,25 €/St     ST 43,39 €/St

# LB 031 Metallbauarbeiten, Schlosserarbeiten
## Außenfensterbänke, Aluminium; Gitter mit Rahmen als Wetterschutzgitter

Preise 06.01

Sämtliche Preise sind **Mittelpreise ohne Mehrwertsteuer** zum Zeitpunkt des Ausgabedatums.
**Korrekturfaktoren** für Regionaleinfluss, Mengeneinfluss, Konjunktureinfluss siehe Vorspann.
**Abkürzungen:** EP = Einheitspreis, LA = Lohnanteil, ST = Stoffanteil

**031.29025.M** KG 334 DIN 276
Außenfensterbank, Aluminium eloxiert, b = 340 mm
EP 118,60 DM/St   LA 30,46 DM/St   ST 88,14 DM/St
EP  60,64 €/St    LA 15,57 €/St    ST 45,07 €/St

**031.29026.M** KG 334 DIN 276
Außenfensterbank, Aluminium eloxiert, b = 360 mm
EP 129,18 DM/St   LA 31,11 DM/St   ST 98,07 DM/St
EP  66,05 €/St    LA 15,90 €/St    ST 50,15 €/St

### Gitter mit Rahmen als Wetterschutzgitter

031.-----.-

|  |  |  |
|---|---|---|
| 031.33001.M | Wetterschutzgitter 200 x 200, Aluminium-Lamellen,abgek. | 121,00 DM/St<br>61,87 €/St |
| 031.33002.M | Wetterschutzgitter 300 x 200, Aluminium-Lamellen,abgek. | 135,50 DM/St<br>69,28 €/St |
| 031.33003.M | Wetterschutzgitter 300 x 300, Aluminium-Lamellen,abgek. | 161,29 DM/St<br>82,47 €/St |
| 031.33004.M | Wetterschutzgitter 400 x 200, Aluminium-Lamellen,abgek. | 153,55 DM/St<br>78,51 €/St |
| 031.33005.M | Wetterschutzgitter 400 x 300, Aluminium-Lamellen,abgek. | 180,72 DM/St<br>92,40 €/St |
| 031.33006.M | Wetterschutzgitter 400 x 400, Aluminium-Lamellen,abgek. | 211,70 DM/St<br>108,24 €/St |
| 031.33007.M | Wetterschutzgitter 500 x 300, Aluminium-Lamellen,abgek. | 204,42 DM/St<br>104,52 €/St |
| 031.33008.M | Wetterschutzgitter 500 x 400, Aluminium-Lamellen,abgek. | 236,84 DM/St<br>121,09 €/St |
| 031.33009.M | Wetterschutzgitter 500 x 500, Aluminium-Lamellen,abgek. | 266,76 DM/St<br>136,39 €/St |
| 031.33010.M | Wetterschutzgitter 600 x 300, Aluminium-Lamellen,abgek. | 222,92 DM/St<br>113,98 €/St |
| 031.33011.M | Wetterschutzgitter 600 x 400, Aluminium-Lamellen,abgek. | 257,20 DM/St<br>131,50 €/St |
| 031.33012.M | Wetterschutzgitter 600 x 600, Aluminium-Lamellen,abgek. | 328,90 DM/St<br>168,16 €/St |
| 031.33013.M | Wetterschutzgitter 700 x 700, Aluminium-Lamellen,abgek. | 393,46 DM/St<br>201,17 €/St |
| 031.33014.M | Wetterschutzgitter 200 x 200, Aluminium-V-Lamellen | 152,42 DM/St<br>77,93 €/St |
| 031.33015.M | Wetterschutzgitter 300 x 300, Aluminium-V-Lamellen | 201,84 DM/St<br>103,20 €/St |
| 031.33016.M | Wetterschutzgitter 400 x 300, Aluminium-V-Lamellen | 225,71 DM/St<br>115,40 €/St |
| 031.33017.M | Wetterschutzgitter 600 x 400, Aluminium-V-Lamellen | 317,88 DM/St<br>162,53 €/St |
| 031.33018.M | Wetterschutzgitter 225 x 225, vor d. Wand, Alu-Lamellen | 220,03 DM/St<br>112,50 €/St |
| 031.33019.M | Wetterschutzgitter 325 x 325, vor d. Wand, Alu-Lamellen | 290,93 DM/St<br>148,75 €/St |
| 031.33020.M | Wetterschutzgitter 425 x 425, vor d. Wand, Alu-Lamellen | 384,32 DM/St<br>196,50 €/St |
| 031.33021.M | Wetterschutzgitter 525 x 525, vor d. Wand, Alu-Lamellen | 486,43 DM/St<br>248,71 €/St |

**Hinweis:**
- Ausführung ohne Insektenschutzgitter: 90% der Stoffkosten
- Zuschläge zu den Stoffkosten für abweichende Oberflächenbehandlungen für Aluminium-Wetterschutzgitter:
  Pulverbeschichtung PES
  - RAL 9010 und 8019       28 bis 30%
  - sonstige RAL-Farben     45 bis 50%
  
  C 34 (dunkelbronze)       14 bis 15%

**031.33001.M** KG 339 DIN 276
Wetterschutzgitter 200 x 200, Aluminium-Lamellen,abgek.
EP 121,00 DM/St   LA 29,73 DM/St   ST 91,27 DM/St
EP  61,87 €/St    LA 15,20 €/St    ST 46,67 €/St

**031.33002.M** KG 339 DIN 276
Wetterschutzgitter 300 x 200, Aluminium-Lamellen,abgek.
EP 135,50 DM/St   LA 36,99 DM/St   ST 98,51 DM/St
EP  69,28 €/St    LA 18,91 €/St    ST 50,37 €/St

**031.33003.M** KG 339 DIN 276
Wetterschutzgitter 300 x 300, Aluminium-Lamellen,abgek.
EP 161,29 DM/St   LA 41,61 DM/St   ST 119,68 DM/St
EP  82,47 €/St    LA 21,27 €/St    ST  61,20 €/St

**031.33004.M** KG 339 DIN 276
Wetterschutzgitter 400 x 200, Aluminium-Lamellen,abgek.
EP 153,55 DM/St   LA 44,26 DM/St   ST 109,29 DM/St
EP  78,51 €/St    LA 22,63 €/St    ST  55,88 €/St

**031.33005.M** KG 339 DIN 276
Wetterschutzgitter 400 x 300, Aluminium-Lamellen,abgek.
EP 180,72 DM/St   LA 46,24 DM/St   ST 134,48 DM/St
EP  92,40 €/St    LA 23,64 €/St    ST  68,76 €/St

**031.33006.M** KG 339 DIN 276
Wetterschutzgitter 400 x 400, Aluminium-Lamellen,abgek.
EP 211,70 DM/St   LA 52,84 DM/St   ST 158,86 DM/St
EP 108,24 €/St    LA 27,02 €/St    ST  81,22 €/St

**031.33007.M** KG 339 DIN 276
Wetterschutzgitter 500 x 300, Aluminium-Lamellen,abgek.
EP 204,42 DM/St   LA 55,49 DM/St   ST 148,93 DM/St
EP 104,52 €/St    LA 28,37 €/St    ST  76,15 €/St

**031.33008.M** KG 339 DIN 276
Wetterschutzgitter 500 x 400, Aluminium-Lamellen,abgek.
EP 236,84 DM/St   LA 57,47 DM/St   ST 179,37 DM/St
EP 121,09 €/St    LA 29,38 €/St    ST  91,71 €/St

**031.33009.M** KG 339 DIN 276
Wetterschutzgitter 500 x 500, Aluminium-Lamellen,abgek.
EP 266,76 DM/St   LA 58,79 DM/St   ST 207,97 DM/St
EP 136,39 €/St    LA 30,06 €/St    ST 106,33 €/St

**031.33010.M** KG 339 DIN 276
Wetterschutzgitter 600 x 300, Aluminium-Lamellen,abgek.
EP 222,92 DM/St   LA 57,80 DM/St   ST 165,12 DM/St
EP 113,98 €/St    LA 29,55 €/St    ST  84,43 €/St

**031.33011.M** KG 339 DIN 276
Wetterschutzgitter 600 x 400, Aluminium-Lamellen,abgek.
EP 257,20 DM/St   LA 59,45 DM/St   ST 197,75 DM/St
EP 131,50 €/St    LA 30,40 €/St    ST 101,10 €/St

**031.33012.M** KG 339 DIN 276
Wetterschutzgitter 600 x 600, Aluminium-Lamellen,abgek.
EP 328,90 DM/St   LA 66,05 DM/St   ST 262,85 DM/St
EP 168,16 €/St    LA 33,77 €/St    ST 134,39 €/St

**031.33013.M** KG 339 DIN 276
Wetterschutzgitter 700 x 700, Aluminium-Lamellen,abgek.
EP 393,46 DM/St   LA 68,04 DM/St   ST 325,42 DM/St
EP 201,17 €/St    LA 34,79 €/St    ST 166,38 €/St

**031.33014.M** KG 339 DIN 276
Wetterschutzgitter 200 x 200, Aluminium-V-Lamellen
EP 152,42 DM/St   LA 32,37 DM/St   ST 120,05 DM/St
EP  77,93 €/St    LA 16,55 €/St    ST  61,38 €/St

**031.33015.M** KG 339 DIN 276
Wetterschutzgitter 300 x 300, Aluminium-V-Lamellen
EP 201,84 DM/St   LA 44,92 DM/St   ST 156,92 DM/St
EP 103,20 €/St    LA 22,97 €/St    ST  80,23 €/St

**031.33016.M** KG 339 DIN 276
Wetterschutzgitter 400 x 300, Aluminium-V-Lamellen
EP 225,71 DM/St   LA 50,20 DM/St   ST 175,51 DM/St
EP 115,40 €/St    LA 25,67 €/St    ST  89,73 €/St

**031.33017.M** KG 339 DIN 276
Wetterschutzgitter 600 x 400, Aluminium-V-Lamellen
EP 317,88 DM/St   LA 62,75 DM/St   ST 255,13 DM/St
EP 162,53 €/St    LA 32,08 €/St    ST 130,45 €/St

**031.33018.M** KG 339 DIN 276
Wetterschutzgitter 225 x 225, vor d. Wand, Alu-Lamellen
EP 220,03 DM/St   LA 36,33 DM/St   ST 183,70 DM/St
EP 112,50 €/St    LA 18,57 €/St    ST  93,93 €/St

**031.33019.M** KG 339 DIN 276
Wetterschutzgitter 325 x 325, vor d. Wand, Alu-Lamellen
EP 290,93 DM/St   LA 48,88 DM/St   ST 242,05 DM/St
EP 148,75 €/St    LA 24,99 €/St    ST 123,76 €/St

**031.33020.M** KG 339 DIN 276
Wetterschutzgitter 425 x 425, vor d. Wand, Alu-Lamellen
EP 384,32 DM/St   LA 62,75 DM/St   ST 321,57 DM/St
EP 196,50 €/St    LA 32,08 €/St    ST 164,42 €/St

**031.33021.M** KG 339 DIN 276
Wetterschutzgitter 525 x 525, vor d. Wand, Alu-Lamellen
EP 486,43 DM/St   LA 70,02 DM/St   ST 416,41 DM/St
EP 248,71 €/St    LA 35,80 €/St    ST 212,91 €/St

AW 031

Preise 06.01

## LB 031 Metallbauarbeiten, Schlosserarbeiten
### Gitter; Vordächer, Überdachungen

Sämtliche Preise sind **Mittelpreise ohne Mehrwertsteuer** zum Zeitpunkt des Ausgabedatums.
**Korrekturfaktoren** für Regionaleinfluss, Mengeneinfluss, Konjunktureinfluss siehe Vorspann.
**Abkürzungen:** EP = Einheitspreis, LA = Lohnanteil, ST = Stoffanteil

### Gitter

031.-----.-

| | | |
|---|---|---|
| 031.33901.M | Lüftungsgitter 600 x 400, Stahlblech-Lamellen | 224,34 DM/St |
| | | 114,70 €/St |
| 031.33902.M | Lüftungsgitter 800 x 800, Stahlblech-Lamellen | 413,92 DM/St |
| | | 211,63 €/St |

**031.33901.M**      KG 339 DIN 276
Lüftungsgitter 600 x 400, Stahlblech-Lamellen
EP 224,34 DM/St    LA 82,08 DM/St    ST 142,26 DM/St
EP 114,70 €/St     LA 41,97 €/St     ST  72,73 €/St

**031.33902.M**      KG 339 DIN 276
Lüftungsgitter 800 x 800, Stahlblech-Lamellen
EP 413,92 DM/St    LA 128,90 DM/St   ST 285,02 DM/St
EP 211,63 €/St     LA  65,91 €/St    ST 145,72 €/St

### Vordächer, Überdachungen

031.-----.-

| | | |
|---|---|---|
| 031.34001.M | Überdachung, Breite 1500 mm, Länge 4000 mm | 4846,17 DM/St |
| | | 2477,81 €/St |
| 031.34002.M | Überdachung, Breite 2000 mm, Länge 5000 mm | 7194,40 DM/St |
| | | 3678,44 €/St |
| 031.34003.M | Überdachung, Breite 2500 mm, Länge 6000 mm | 10559,92 DM/St |
| | | 5399,20 €/St |
| 031.34101.M | Vordach pultförmig, Breite 800 mm, Länge 1600 mm | 2694,15 DM/St |
| | | 1377,50 €/St |
| 031.34102.M | Vordach pultförmig, Breite 800 mm, Länge 2000 mm | 2814,38 DM/St |
| | | 1438,97 €/St |
| 031.34103.M | Vordach pultförmig, Breite 800 mm, Länge 2400 mm | 3355,73 DM/St |
| | | 1715,76 €/St |
| 031.34104.M | Vordach pultförmig, Breite 1000 mm, Länge 1600 mm | 2770,95 DM/St |
| | | 1416,77 €/St |
| 031.34105.M | Vordach pultförmig, Breite 1000 mm, Länge 2000 mm | 2873,33 DM/St |
| | | 1469,11 €/St |
| 031.34106.M | Vordach pultförmig, Breite 1000 mm, Länge 2400 mm | 3408,20 DM/St |
| | | 1742,58 €/St |
| 031.34107.M | Vordach pultförmig, Breite 1200 mm, Länge 1600 mm | 2852,64 DM/St |
| | | 1458,53 €/St |
| 031.34108.M | Vordach pultförmig, Breite 1200 mm, Länge 2000 mm | 2958,87 DM/St |
| | | 1512,85 €/St |
| 031.34109.M | Vordach pultförmig, Breite 1200 mm, Länge 2400 mm | 3547,02 DM/St |
| | | 1813,56 €/St |
| 031.34110.M | Vordach waagerecht, Breite 2000 mm, Länge 2500 mm | 3083,10 DM/St |
| | | 1576,36 €/St |
| 031.34111.M | Vordach waagerecht, Breite 2500 mm, Länge 3000 mm | 4632,29 DM/St |
| | | 2368,45 €/St |
| 031.34112.M | Vordach waagerecht, Breite 2500 mm, Länge 4000 mm | 5935,32 DM/St |
| | | 3034,68 €/St |

**031.34001.M**      KG 339 DIN 276
Überdachung, Breite 1500 mm, Länge 4000 mm
EP 4846,17 DM/St   LA 1420,17 DM/St   ST 3426,00 DM/St
EP 2477,81 €/St    LA  726,12 €/St    ST 1751,69 €/St

**031.34002.M**      KG 339 DIN 276
Überdachung, Breite 2000 mm, Länge 5000 mm
EP 7194,40 DM/St   LA 2080,71 DM/St   ST 5113,69 DM/St
EP 3678,44 €/St    LA 1063,85 €/St    ST 2614,59 €/St

**031.34003.M**      KG 339 DIN 276
Überdachung, Breite 2500 mm, Länge 6000 mm
EP 10559,92 DM/St  LA 3071,53 DM/St   ST 7488,39 DM/St
EP  5399,20 €/St   LA 1570,45 €/St    ST 3828,75 €/St

**031.34101.M**      KG 339 DIN 276
Vordach pultförmig, Breite 800 mm, Länge 1600 mm
EP 2694,15 DM/St   LA 406,23 DM/St    ST 2287,92 DM/St
EP 1377,50 €/St    LA 207,70 €/St     ST 1169,80 €/St

**031.34102.M**      KG 339 DIN 276
Vordach pultförmig, Breite 800 mm, Länge 2000 mm
EP 2814,38 DM/St   LA 423,41 DM/St    ST 2390,97 DM/St
EP 1438,97 €/St    LA 216,49 €/St     ST 1222,48 €/St

**031.34103.M**      KG 339 DIN 276
Vordach pultförmig, Breite 800 mm, Länge 2400 mm
EP 3355,73 DM/St   LA 504,66 DM/St    ST 2851,07 DM/St
EP 1715,76 €/St    LA 258,03 €/St     ST 1457,73 €/St

**031.34104.M**      KG 339 DIN 276
Vordach pultförmig, Breite 1000 mm, Länge 1600 mm
EP 2770,95 DM/St   LA 416,14 DM/St    ST 2354,81 DM/St
EP 1416,77 €/St    LA 212,77 €/St     ST 1204,00 €/St

**031.34105.M**      KG 339 DIN 276
Vordach pultförmig, Breite 1000 mm, Länge 2000 mm
EP 2873,33 DM/St   LA 432,65 DM/St    ST 2440,68 DM/St
EP 1469,11 €/St    LA 221,21 €/St     ST 1247,90 €/St

**031.34106.M**      KG 339 DIN 276
Vordach pultförmig, Breite 1000 mm, Länge 2400 mm
EP 3408,20 DM/St   LA 511,92 DM/St    ST 2896,28 DM/St
EP 1742,58 €/St    LA 261,74 €/St     ST 1480,84 €/St

**031.34107.M**      KG 339 DIN 276
Vordach pultförmig, Breite 1200 mm, Länge 1600 mm
EP 2852,64 DM/St   LA 429,36 DM/St    ST 2423,28 DM/St
EP 1458,53 €/St    LA 219,53 €/St     ST 1239,00 €/St

**031.34108.M**      KG 339 DIN 276
Vordach pultförmig, Breite 1200 mm, Länge 2000 mm
EP 2958,87 DM/St   LA 445,87 DM/St    ST 2513,00 DM/St
EP 1512,85 €/St    LA 227,97 €/St     ST 1284,88 €/St

**031.34109.M**      KG 339 DIN 276
Vordach pultförmig, Breite 1200 mm, Länge 2400 mm
EP 3547,02 DM/St   LA 535,04 DM/St    ST 3011,98 DM/St
EP 1813,56 €/St    LA 273,56 €/St     ST 1540,00 €/St

**031.34110.M**      KG 339 DIN 276
Vordach waagerecht, Breite 2000 mm, Länge 2500 mm
EP 3083,10 DM/St   LA 371,23 DM/St    ST 2711,87 DM/St
EP 1576,36 €/St    LA 189,80 €/St     ST 1386,56 €/St

**031.34111.M**      KG 339 DIN 276
Vordach waagerecht, Breite 2500 mm, Länge 3000 mm
EP 4632,29 DM/St   LA 558,16 DM/St    ST 4074,13 DM/St
EP 2368,45 €/St    LA 285,38 €/St     ST 2083,07 €/St

**031.34112.M**      KG 339 DIN 276
Vordach waagerecht, Breite 2500 mm, Länge 4000 mm
EP 5935,32 DM/St   LA 713,38 DM/St    ST 5221,94 DM/St
EP 3034,68 €/St    LA 364,75 €/St     ST 2669,93 €/St

# LB 031 Metallbauarbeiten, Schlosserarbeiten
## Schaukästen und Vitrinen; Sonnenschutzanlagen

AW 031

Preise 06.01

Sämtliche Preise sind **Mittelpreise ohne Mehrwertsteuer** zum Zeitpunkt des Ausgabedatums.
**Korrekturfaktoren** für Regionaleinfluss, Mengeneinfluss, Konjunktureinfluss siehe Vorspann.
Abkürzungen: EP = Einheitspreis, LA = Lohnanteil, ST = Stoffanteil

### Schaukästen und Vitrinen

031.-----.-

| Nummer | Beschreibung | Preis |
|---|---|---|
| 031.37001.M | Schaukasten für Einfachverglas. 1teilig, 640x520 mm | 612,76 DM/St / 313,30 €/St |
| 031.37002.M | Schaukasten für Einfachverglas. 1teilig, 960x815 mm | 715,62 DM/St / 365,89 €/St |
| 031.37003.M | Schaukasten für Einfachverglas. 1teilig, 1000x550 mm | 682,28 DM/St / 348,85 €/St |
| 031.37004.M | Schaukasten für Einfachverglas. 1teilig, 1200x800 mm | 857,28 DM/St / 438,32 €/St |
| 031.37005.M | Schaukasten für Einfachverglas. 1teilig, 1310x1060 mm | 991,92 DM/St / 507,16 €/St |
| 031.39001.M | Vitrine, Sicherheitsglas, Größe 620 x 820 x 300 mm | 1214,31 DM/St / 620,87 €/St |
| 031.39002.M | Vitrine, Sicherheitsglas, Größe 850 x 1350 x 350 mm | 3156,57 DM/St / 1613,93 €/St |
| 031.39003.M | Vitrine, Sicherheitsglas, Größe 1070 x 1820 x 400 mm | 4589,90 DM/St / 2346,78 €/St |
| 031.37006.M | Schaukasten, Zulage für Ständerpaar aus Stahl, verzinkt | 232,36 DM/St / 118,81 €/St |
| 031.37007.M | Schaukasten, Zulage für Ständerpaar aus Aluminium | 265,53 DM/St / 135,76 €/St |

**031.37001.M** KG 339 DIN 276
Schaukasten für Einfachverglas. 1teilig, 640 x 520 mm
EP 612,76 DM/St  LA 50,20 DM/St  ST 562,56 DM/St
EP 313,30 €/St   LA 25,67 €/St   ST 287,63 €/St

**031.37002.M** KG 339 DIN 276
Schaukasten für Einfachverglas. 1teilig, 960 x 815 mm
EP 715,62 DM/St  LA 51,62 DM/St  ST 664,10 DM/St
EP 365,89 €/St   LA 26,34 €/St   ST 339,55 €/St

**031.37003.M** KG 339 DIN 276
Schaukasten für Einfachverglas. 1teilig, 1000 x 550 mm
EP 682,28 DM/St  LA 50,20 DM/St  ST 632,08 DM/St
EP 348,85 €/St   LA 25,67 €/St   ST 323,18 €/St

**031.37004.M** KG 339 DIN 276
Schaukasten für Einfachverglas. 1teilig, 1200 x 800 mm
EP 857,28 DM/St  LA 54,16 DM/St  ST 803,12 DM/St
EP 438,32 €/St   LA 27,69 €/St   ST 410,63 €/St

**031.37005.M** KG 339 DIN 276
Schaukasten für Einfachverglas. 1teilig, 1310 x 1060 mm
EP 991,92 DM/St  LA 56,15 DM/St  ST 935,77 DM/St
EP 507,16 €/St   LA 28,71 €/St   ST 478,45 €/St

**031.39001.M** KG 339 DIN 276
Vitrine, Sicherheitsglas, Größe 620 x 820 x 300 mm
EP 1214,31 DM/St  LA 89,18 DM/St  ST 1125,13 DM/St
EP  620,87 €/St   LA 45,60 €/St   ST  575,27 €/St

**031.39002.M** KG 339 DIN 276
Vitrine, Sicherheitsglas, Größe 850 x 1350 x 350 mm
EP 3156,57 DM/St  LA 128,80 DM/St  ST 3027,77 DM/St
EP 1613,93 €/St   LA  65,86 €/St   ST 1548,07 €/St

**031.39003.M** KG 339 DIN 276
Vitrine, Sicherheitsglas, Größe 1070 x 1820 x 400 mm
EP 4589,90 DM/St  LA 171,74 DM/St  ST 4418,16 DM/St
EP 2346,78 €/St   LA  87,81 €/St   ST 2258,97 €/St

**031.37006.M** KG 339 DIN 276
Schaukasten, Zulage für Ständerpaar aus Stahl, verzinkt
EP 232,36 DM/St  LA 23,12 DM/St  ST 209,24 DM/St
EP 118,81 €/St   LA 11,82 €/St   ST 106,99 €/St

**031.37007.M** KG 339 DIN 276
Schaukasten, Zulage für Ständerpaar aus Aluminium
EP 265,53 DM/St  LA 23,12 DM/St  ST 242,41 DM/St
EP 135,76 €/St   LA 11,82 €/St   ST 123,94 €/St

### Sonnenschutzanlagen

031.-----.-

| Nummer | Beschreibung | Preis |
|---|---|---|
| 031.41001.M | Sonnenschutzanlage, waagerecht, Auskragung 750 mm | 264,44 DM/St / 135,21 €/St |
| 031.41002.M | Sonnenschutzanlage, waagerecht, Auskragung 1000 mm | 333,41 DM/St / 170,47 €/St |
| 031.41003.M | Sonnenschutzanlage, waagerecht, Auskragung 1250 mm | 397,43 DM/St / 203,20 €/St |
| 031.41004.M | Sonnenschutzanlage, waagerecht, Auskragung 1500 mm | 485,60 DM/St / 248,29 €/St |
| 031.41005.M | Sonnenschutzanlage, waagerecht, Auskragung 2000 mm | 678,37 DM/St / 346,85 €/St |

**031.41001.M** KG 339 DIN 276
Sonnenschutzanlage, waagerecht, Auskragung 750 mm
EP 264,44 DM/St  LA 75,96 DM/St  ST 188,48 DM/St
EP 135,21 €/St   LA 38,84 €/St   ST  96,37 €/St

**031.41002.M** KG 339 DIN 276
Sonnenschutzanlage, waagerecht, Auskragung 1000 mm
EP 333,41 DM/St  LA 82,57 DM/St  ST 250,84 DM/St
EP 170,47 €/St   LA 42,21 €/St   ST 128,26 €/St

**031.41003.M** KG 339 DIN 276
Sonnenschutzanlage, waagerecht, Auskragung 1250 mm
EP 397,43 DM/St  LA 89,18 DM/St  ST 308,25 DM/St
EP 203,20 €/St   LA 45,60 €/St   ST 157,60 €/St

**031.41004.M** KG 339 DIN 276
Sonnenschutzanlage, waagerecht, Auskragung 1500 mm
EP 485,60 DM/St  LA 70,02 DM/St  ST 415,58 DM/St
EP 248,29 €/St   LA 35,80 €/St   ST 212,49 €/St

**031.41005.M** KG 339 DIN 276
Sonnenschutzanlage, waagerecht, Auskragung 2000 mm
EP 678,37 DM/St  LA 138,71 DM/St  ST 539,66 DM/St
EP 346,85 €/St   LA  70,92 €/St   ST 275,93 €/St

AW 031

Preise 06.01

## LB 031 Metallbauarbeiten, Schlosserarbeiten
### Türzargen, Stahl

Sämtliche Preise sind **Mittelpreise ohne Mehrwertsteuer** zum Zeitpunkt des Ausgabedatums.
**Korrekturfaktoren** für Regionaleinfluss, Mengeneinfluss, Konjunktureinfluss siehe Vorspann.
Abkürzungen: EP = Einheitspreis, LA = Lohnanteil, ST = Stoffanteil

**Türzargen, Stahl**

031.-----.-

|  |  |  |
|---|---|---|
| 031.46101.M | Stahlzarge gepr. 625 x 2000, E 42 | 109,67 DM/St / 56,07 €/St |
| 031.46102.M | Stahlzarge gepr. 625 x 2000, U 42/145 | 203,36 DM/St / 103,98 €/St |
| 031.46103.M | Stahlzarge gepr. 625 x 2000, U 42/205 | 223,40 DM/St / 114,22 €/St |
| 031.46104.M | Stahlzarge gepr. 625 x 2000, U 42/240 | 233,12 DM/St / 119,19 €/St |
| 031.46105.M | Stahlzarge gepr. 625 x 2000, U 42/270 | 240,36 DM/St / 122,89 €/St |
| 031.46106.M | Stahlzarge gepr. 875 x 2000, E 42 | 118,19 DM/St / 60,43 €/St |
| 031.46107.M | Stahlzarge gepr. 875 x 2000, U 42/145 | 221,26 DM/St / 113,13 €/St |
| 031.46108.M | Stahlzarge gepr. 875 x 2000, U 42/205 | 241,86 DM/St / 123,66 €/St |
| 031.46109.M | Stahlzarge gepr. 875 x 2000, U 42/240 | 249,87 DM/St / 127,76 €/St |
| 031.46110.M | Stahlzarge gepr. 875 x 2000, U 42/270 | 258,94 DM/St / 132,39 €/St |
| 031.46111.M | Stahlzarge gepr. 1000 x 2000, E 42 | 121,56 DM/St / 62,16 €/St |
| 031.46112.M | Stahlzarge gepr. 1000 x 2000, U 42/145 | 229,35 DM/St / 117,26 €/St |
| 031.46113.M | Stahlzarge gepr. 1000 x 2000, U 42/205 | 251,46 DM/St / 128,57 €/St |
| 031.46114.M | Stahlzarge gepr. 1000 x 2000, U 42/240 | 259,92 DM/St / 132,90 €/St |
| 031.46115.M | Stahlzarge gepr. 1000 x 2000, U 42/270 | 266,40 DM/St / 136,21 €/St |
| 031.46116.M | Stahlzarge gepr. 1250 x 2000, E 42 | 131,18 DM/St / 67,07 €/St |
| 031.46117.M | Stahlzarge gepr. 1250 x 2000, U 42/145 | 246,06 DM/St / 125,81 €/St |
| 031.46118.M | Stahlzarge gepr. 1250 x 2000, U 42/205 | 271,11 DM/St / 138,62 €/St |
| 031.46119.M | Stahlzarge gepr. 1250 x 2000, U 42/240 | 277,99 DM/St / 142,13 €/St |
| 031.46120.M | Stahlzarge gepr. 1250 x 2000, U 42/270 | 285,15 DM/St / 145,80 €/St |

---

**031.46101.M**    KG 344 DIN 276
Stahlzarge gepr. 625 x 2000, E 42
EP 109,67 DM/St   LA 52,59 DM/St   ST 57,08 DM/St
EP   56,07 €/St    LA 26,89 €/St     ST 29,18 €/St

**031.46102.M**    KG 344 DIN 276
Stahlzarge gepr. 625 x 2000, U 42/145
EP 203,36 DM/St   LA 108,38 DM/St   ST 94,98 DM/St
EP 103,98 €/St    LA  55,41 €/St     ST 48,57 €/St

**031.46103.M**    KG 344 DIN 276
Stahlzarge gepr. 625 x 2000, U 42/205
EP 223,40 DM/St   LA 119,28 DM/St   ST 104,12 DM/St
EP 114,22 €/St    LA  60,99 €/St     ST 53,23 €/St

**031.46104.M**    KG 344 DIN 276
Stahlzarge gepr. 625 x 2000, U 42/240
EP 233,12 DM/St   LA 134,03 DM/St   ST 99,09 DM/St
EP 119,19 €/St    LA  68,53 €/St     ST 50,66 €/St

**031.46105.M**    KG 344 DIN 276
Stahlzarge gepr. 625 x 2000, U 42/270
EP 240,36 DM/St   LA 126,98 DM/St   ST 113,38 DM/St
EP 122,89 €/St    LA  64,92 €/St     ST 57,97 €/St

**031.46106.M**    KG 344 DIN 276
Stahlzarge gepr. 875 x 2000, E 42
EP 118,19 DM/St   LA 57,97 DM/St   ST 60,22 DM/St
EP   60,43 €/St    LA 29,64 €/St     ST 30,79 €/St

**031.46107.M**    KG 344 DIN 276
Stahlzarge gepr. 875 x 2000, U 42/145
EP 221,26 DM/St   LA 120,57 DM/St   ST 100,69 DM/St
EP 113,13 €/St    LA  61,64 €/St     ST 51,49 €/St

**031.46108.M**    KG 344 DIN 276
Stahlzarge gepr. 875 x 2000, U 42/205
EP 241,86 DM/St   LA 129,54 DM/St   ST 112,32 DM/St
EP 123,66 €/St    LA  66,23 €/St     ST 57,43 €/St

**031.46109.M**    KG 344 DIN 276
Stahlzarge gepr. 875 x 2000, U 42/240
EP 249,87 DM/St   LA 143,65 DM/St   ST 106,22 DM/St
EP 127,76 €/St    LA  73,45 €/St     ST 54,31 €/St

**031.46110.M**    KG 344 DIN 276
Stahlzarge gepr. 875 x 2000, U 42/270
EP 258,94 DM/St   LA 138,52 DM/St   ST 120,42 DM/St
EP 132,39 €/St    LA  70,82 €/St     ST 61,57 €/St

**031.46111.M**    KG 344 DIN 276
Stahlzarge gepr. 1000 x 2000, E 42
EP 121,56 DM/St   LA 59,64 DM/St   ST 61,92 DM/St
EP   62,16 €/St    LA 30,50 €/St     ST 31,66 €/St

**031.46112.M**    KG 344 DIN 276
Stahlzarge gepr. 1000 x 2000, U 42/145
EP 229,35 DM/St   LA 127,61 DM/St   ST 101,74 DM/St
EP 117,26 €/St    LA  65,25 €/St     ST 52,01 €/St

**031.46113.M**    KG 344 DIN 276
Stahlzarge gepr. 1000 x 2000, U 42/205
EP 251,46 DM/St   LA 135,31 DM/St   ST 116,15 DM/St
EP 128,57 €/St    LA  69,18 €/St     ST 59,39 €/St

**031.46114.M**    KG 344 DIN 276
Stahlzarge gepr. 1000 x 2000, U 42/240
EP 259,92 DM/St   LA 149,42 DM/St   ST 110,50 DM/St
EP 132,90 €/St    LA  76,40 €/St     ST 56,50 €/St

**031.46115.M**    KG 344 DIN 276
Stahlzarge gepr. 1000 x 2000, U 42/270
EP 266,40 DM/St   LA 142,37 DM/St   ST 124,03 DM/St
EP 136,21 €/St    LA  72,79 €/St     ST 63,42 €/St

**031.46116.M**    KG 344 DIN 276
Stahlzarge gepr. 1250 x 2000, E 42
EP 131,18 DM/St   LA 69,26 DM/St   ST 61,92 DM/St
EP   67,07 €/St    LA 35,41 €/St     ST 31,66 €/St

**031.46117.M**    KG 344 DIN 276
Stahlzarge gepr. 1250 x 2000, U 42/145
EP 246,06 DM/St   LA 143,65 DM/St   ST 102,41 DM/St
EP 125,81 €/St    LA  73,45 €/St     ST 52,36 €/St

**031.46118.M**    KG 344 DIN 276
Stahlzarge gepr. 1250 x 2000, U 42/205
EP 271,11 DM/St   LA 155,84 DM/St   ST 115,27 DM/St
EP 138,62 €/St    LA  79,68 €/St     ST 58,94 €/St

**031.46119.M**    KG 344 DIN 276
Stahlzarge gepr. 1250 x 2000, U 42/240
EP 277,99 DM/St   LA 160,32 DM/St   ST 117,67 DM/St
EP 142,13 €/St    LA  81,97 €/St     ST 60,16 €/St

**031.46120.M**    KG 344 DIN 276
Stahlzarge gepr. 1250 x 2000, U 42/270
EP 285,15 DM/St   LA 164,17 DM/St   ST 120,98 DM/St
EP 145,80 €/St    LA  83,94 €/St     ST 61,86 €/St

# LB 031 Metallbauarbeiten, Schlosserarbeiten
## Türzargen, Alu; Türblätter Stahl

AW 031

Preise 06.01

Sämtliche Preise sind **Mittelpreise ohne Mehrwertsteuer** zum Zeitpunkt des Ausgabedatums.
**Korrekturfaktoren** für Regionaleinfluss, Mengeneinfluss, Konjunktureinfluss siehe Vorspann.
**Abkürzungen:** EP = Einheitspreis, LA = Lohnanteil, ST = Stoffanteil

### Türzargen, Aluminium

031.-----.-

| | | |
|---|---|---|
| 031.48201.M | Alu-Umfassungszarge, 1000 x 2125 mm, Wanddicke 90 mm | 618,49 DM/St |
| | | 316,23 €/St |
| 031.48202.M | Alu-Umfassungszarge, 1000 x 2125 mm, W-dicke 125 mm | 685,04 DM/St |
| | | 350,25 €/St |
| 031.48203.M | Alu-Umfassungszarge, 1000 x 2125 mm, W-dicke 150 mm | 731,36 DM/St |
| | | 373,94 €/St |
| 031.48204.M | Alu-Umfassungszarge, 1000 x 2125 mm, W-dicke 175 mm | 778,42 DM/St |
| | | 398,00 €/St |
| 031.48205.M | Alu-Umfassungszarge, 1000 x 2125 mm, W-dicke 190 mm | 809,33 DM/St |
| | | 413,81 €/St |
| 031.48206.M | Alu-Umfassungszarge, 1000 x 2125 mm, W-dicke 210 mm | 848,74 DM/St |
| | | 433,95 €/St |
| 031.48207.M | Alu-Umfassungszarge, 1000 x 2125 mm, W-dicke 240 mm | 907,56 DM/St |
| | | 464,03 €/St |

**Hinweis**
Diese Türzargen sind erst nach Fertigstellung von Wänden und Fußböden einzubauen, Ausgleich von Mauerdifferenzen bis 25 mm möglich.

031.48201.M KG 344 DIN 276
Alu-Umfassungszarge, 1000 x 2125 mm, Wanddicke 90 mm
EP 618,49 DM/St   LA 41,68 DM/St   ST 576,81 DM/St
EP 316,23 €/St    LA 21,31 €/St    ST 294,92 €/St

031.48202.M KG 344 DIN 276
Alu-Umfassungszarge, 1000 x 2125 mm, Wanddicke 125 mm
EP 685,04 DM/St   LA 44,89 DM/St   ST 640,15 DM/St
EP 350,25 €/St    LA 22,95 €/St    ST 327,30 €/St

031.48203.M KG 344 DIN 276
Alu-Umfassungszarge, 1000 x 2125 mm, Wanddicke 150 mm
EP 731,36 DM/St   LA 46,18 DM/St   ST 685,18 DM/St
EP 373,94 €/St    LA 23,61 €/St    ST 350,33 €/St

031.48204.M KG 344 DIN 276
Alu-Umfassungszarge, 1000 x 2125 mm, Wanddicke 175 mm
EP 778,42 DM/St   LA 48,10 DM/St   ST 730,32 DM/St
EP 398,00 €/St    LA 24,59 €/St    ST 373,41 €/St

031.48205.M KG 344 DIN 276
Alu-Umfassungszarge, 1000 x 2125 mm, Wanddicke 190 mm
EP 809,33 DM/St   LA 51,94 DM/St   ST 757,39 DM/St
EP 413,81 €/St    LA 25,56 €/St    ST 387,25 €/St

031.48206.M KG 344 DIN 276
Alu-Umfassungszarge, 1000 x 2125 mm, Wanddicke 210 mm
EP 848,74 DM/St   LA 55,15 DM/St   ST 793,59 DM/St
EP 433,95 €/St    LA 28,20 €/St    ST 405,75 €/St

031.48207.M KG 344 DIN 276
Alu-Umfassungszarge, 1000 x 2125 mm, Wanddicke 240 mm
EP 907,56 DM/St   LA 59,32 DM/St   ST 848,24 DM/St
EP 464,03 €/St    LA 30,33 €/St    ST 433,70 €/St

### Türblätter, Stahl

031.-----.-

| | | |
|---|---|---|
| 031.50201.M | Stahltürblatt 875 x 2000, doppelw., Eckzarge | 402,79 DM/St |
| | | 205,94 €/St |
| 031.50202.M | Stahltürblatt 1000 x 2000, doppelw., Eckzarge | 460,31 DM/St |
| | | 235,35 €/St |
| 031.50203.M | Stahltürblatt 1000 x 2125, doppelw., Eckzarge | 489,07 DM/St |
| | | 250,06 €/St |

031.50201.M KG 344 DIN 276
Stahltürblatt 875 x 2000, doppelw., Eckzarge
EP 402,79 DM/St   LA 105,69 DM/St   ST 297,10 DM/St
EP 205,94 €/St    LA  54,04 €/St    ST 151,90 €/St

031.50202.M KG 344 DIN 276
Stahltürblatt 1000 x 2000, doppelw., Eckzarge
EP 460,31 DM/St   LA 124,19 DM/St   ST 336,12 DM/St
EP 235,35 €/St    LA  63,50 €/St    ST 171,85 €/St

031.50203.M KG 344 DIN 276
Stahltürblatt 1000 x 2125, doppelw., Eckzarge
EP 489,07 DM/St   LA 130,12 DM/St   ST 358,95 DM/St
EP 250,06 €/St    LA  66,53 €/St    ST 183,53 €/St

AW 031

Preise 06.01

## LB 031 Metallbauarbeiten, Schlosserarbeiten
### Feuerschutztüren, einflügelig, T 90

Sämtliche Preise sind **Mittelpreise ohne Mehrwertsteuer** zum Zeitpunkt des Ausgabedatums.
**Korrekturfaktoren** für Regionaleinfluss, Mengeneinfluss, Konjunktureinfluss siehe Vorspann.
**Abkürzungen:** EP = Einheitspreis, LA = Lohnanteil, ST = Stoffanteil

**Feuerschutztüren, einflügelig, T 90**

031.-----.-

|  |  |  |
|---|---|---|
| 031.53001.M | Stahltür T 90 875 x 1875, einschl. Zarge | 1872,14 DM/St / 957,21 €/St |
| 031.53002.M | Stahltür T 90 875 x 2000, einschl. Zarge | 1985,96 DM/St / 1015,41 €/St |
| 031.53003.M | Stahltür T 90 875 x 2125, einschl. Zarge | 2035,40 DM/St / 1040,69 €/St |
| 031.53004.M | Stahltür T 90 1000 x 2000, einschl. Zarge | 2108,13 DM/St / 1077,87 €/St |
| 031.53005.M | Stahltür T 90 1000 x 2125, einschl. Zarge | 2268,19 DM/St / 1159,71 €/St |
| 031.53006.M | Stahltür T 90 1125 x 2125, einschl. Zarge | 2507,39 DM/St / 1282,01 €/St |
| 031.53007.M | Stahltür T 90 1250 x 2250, einschl. Zarge | 2955,24 DM/St / 1510,99 €/St |
| 031.53008.M | Stahltür T 90 Sondergrößen, einschl. Zarge | 1408,00 DM/m2 / 719,90 €/m2 |
| 031.53009.M | Stahltür T 90 875 x 1875, gasdicht, einschl. Zarge | 2111,00 DM/St / 1079,34 €/St |
| 031.53010.M | Stahltür T 90 875 x 2125, gasdicht, einschl. Zarge | 2509,16 DM/St / 1282,92 €/St |
| 031.53011.M | Stahltür T 90 1000 x 2000, gasdicht, einschl. Zarge | 2643,27 DM/St / 1351,48 €/St |
| 031.53101.M | Stahlklappe T 90 400 x 500, gasdicht, einschl. Zarge | 1142,79 DM/St / 584,30 €/St |
| 031.53102.M | Stahlklappe T 90 650 x 850, gasdicht, einschl. Zarge | 1508,76 DM/St / 771,42 €/St |

031.53001.M KG 344 DIN 276
Stahltür T 90 875 x 1875, einschl. Zarge
EP 1872,14 DM/St  LA 250,35 DM/St  ST 1621,79 DM/St
EP  957,21 €/St   LA 128,00 €/St   ST  829,21 €/St

031.53002.M KG 344 DIN 276
Stahltür T 90 875 x 2000, einschl. Zarge
EP 1985,96 DM/St  LA 264,22 DM/St  ST 1721,74 DM/St
EP 1015,41 €/St   LA 135,09 €/St   ST  880,31 €/St

031.53003.M KG 344 DIN 276
Stahltür T 90 875 x 2125, einschl. Zarge
EP 2035,40 DM/St  LA 270,82 DM/St  ST 1764,58 DM/St
EP 1040,69 €/St   LA 138,47 €/St   ST  902,22 €/St

031.53004.M KG 344 DIN 276
Stahltür T 90 1000 x 2000, einschl. Zarge
EP 2108,13 DM/St  LA 283,37 DM/St  ST 1824,76 DM/St
EP 1077,87 €/St   LA 144,88 €/St   ST  932,99 €/St

031.53005.M KG 344 DIN 276
Stahltür T 90 1000 x 2125, einschl. Zarge
EP 2268,19 DM/St  LA 291,96 DM/St  ST 1976,23 DM/St
EP 1159,71 €/St   LA 149,28 €/St   ST 1010,43 €/St

031.53006.M KG 344 DIN 276
Stahltür T 90 1125 x 2125, einschl. Zarge
EP 2507,39 DM/St  LA 303,19 DM/St  ST 2204,20 DM/St
EP 1282,01 €/St   LA 155,02 €/St   ST 1126,99 €/St

031.53007.M KG 344 DIN 276
Stahltür T 90 1250 x 2250, einschl. Zarge
EP 2955,24 DM/St  LA 323,67 DM/St  ST 2631,57 DM/St
EP 1510,99 €/St   LA 165,49 €/St   ST 1345,50 €/St

031.53008.M KG 344 DIN 276
Stahltür T 90 Sondergrößen, einschl. Zarge
EP 1408,00 DM/m2  LA 147,30 DM/m2  ST 1260,70 DM/m2
EP  719,90 €/m2   LA  75,31 €/m2   ST  644,59 €/m2

031.53009.M KG 344 DIN 276
Stahltür T 90 875 x 1875, gasdicht, einschl. Zarge
EP 2111,00 DM/St  LA 297,25 DM/St  ST 1813,75 DM/St
EP 1079,34 €/St   LA 151,98 €/St   ST  927,36 €/St

031.53010.M KG 344 DIN 276
Stahltür T 90 875 x 2125, gasdicht, einschl. Zarge
EP 2509,16 DM/St  LA 317,06 DM/St  ST 2192,10 DM/St
EP 1282,92 €/St   LA 162,11 €/St   ST 1120,81 €/St

031.53011.M KG 344 DIN 276
Stahltür T 90 1000 x 2000, gasdicht, einschl. Zarge
EP 2643,27 DM/St  LA 330,27 DM/St  ST 2313,00 DM/St
EP 1351,48 €/St   LA 168,86 €/St   ST 1182,62 €/St

031.53101.M KG 344 DIN 276
Stahlklappe T 90 400 x 500, gasdicht, einschl. Zarge
EP 1142,79 DM/St  LA 118,89 DM/St  ST 1023,90 DM/St
EP  584,30 €/St   LA  60,79 €/St   ST  523,51 €/St

031.53102.M KG 344 DIN 276
Stahlklappe T 90 650 x 850, gasdicht, einschl. Zarge
EP 1508,76 DM/St  LA 138,71 DM/St  ST 1370,05 DM/St
EP  771,42 €/St   LA  70,92 €/St   ST  700,50 €/St

# LB 031 Metallbauarbeiten, Schlosserarbeiten
## Feuerschutztüren: einflügelig, T 30; zweiflügelig, T 30

AW 031

Preise 06.01

Sämtliche Preise sind **Mittelpreise ohne Mehrwertsteuer** zum Zeitpunkt des Ausgabedatums.
**Korrekturfaktoren** für Regionaleinfluss, Mengeneinfluss, Konjunktureinfluss siehe Vorspann.
**Abkürzungen:** EP = Einheitspreis, LA = Lohnanteil, ST = Stoffanteil

### Feuerschutztüren, einflügelig, T 30

031.-----.-

|  |  |  |
|---|---|---|
| 031.54001.M | Stahltür T 30  750 x 1750, einschl. Zarge | 519,11 DM/St / 265,42 €/St |
| 031.54002.M | Stahltür T 30  750 x 1875, einschl. Zarge | 546,53 DM/St / 279,44 €/St |
| 031.54003.M | Stahltür T 30  750 x 2000, einschl. Zarge | 572,16 DM/St / 292,54 €/St |
| 031.54004.M | Stahltür T 30  875 x  875, einschl. Zarge | 305,56 DM/St / 156,23 €/St |
| 031.54005.M | Stahltür T 30  875 x 2000, einschl. Zarge | 597,17 DM/St / 305,33 €/St |
| 031.54006.M | Stahltür T 30  875 x 2125, einschl. Zarge | 618,78 DM/St / 316,38 €/St |
| 031.54007.M | Stahltür T 30 1000 x 2000, einschl. Zarge | 653,18 DM/St / 333,97 €/St |
| 031.54008.M | Stahltür T 30 1000 x 2125, einschl. Zarge | 683,66 DM/St / 349,55 €/St |
| 031.54009.M | Stahltür T 30 1125 x 2125, einschl. Zarge | 719,53 DM/St / 367,89 €/St |
| 031.54010.M | Stahltür T 30 1250 x 2250, einschl. Zarge | 926,63 DM/St / 473,78 €/St |
| 031.54011.M | Stahltür T 30 Sondergrößen, einschl. Zarge | 516,37 DM/m2 / 264,01 €/m2 |
| 031.54012.M | Stahltür T 30  875 x 2125, gasdicht, einschl. Zarge | 3605,34 DM/St / 1843,38 €/St |
| 031.54013.M | Stahltür T 30 1000 x 2000, gasdicht, einschl. Zarge | 3794,07 DM/St / 1939,88 €/St |
| 031.54014.M | Stahltür T 30 1250 x 2250, gasdicht, einschl. Zarge | 4500,48 DM/St / 2301,06 €/St |

**031.54001.M**    KG 344 DIN 276
Stahltür T 30  750 x 1750, einschl. Zarge
EP 519,11 DM/St   LA 180,99 DM/St   ST 338,12 DM/St
EP 265,42 €/St    LA  92,54 €/St    ST 172,88 €/St

**031.54002.M**    KG 344 DIN 276
Stahltür T 30  750 x 1875, einschl. Zarge
EP 546,53 DM/St   LA 202,79 DM/St   ST 343,74 DM/St
EP 279,44 €/St    LA 103,68 €/St    ST 175,76 €/St

**031.54003.M**    KG 344 DIN 276
Stahltür T 30  750 x 2000, einschl. Zarge
EP 572,16 DM/St   LA 221,29 DM/St   ST 350,87 DM/St
EP 292,54 €/St    LA 113,14 €/St    ST 179,40 €/St

**031.54004.M**    KG 344 DIN 276
Stahltür T 30  875 x  875, einschl. Zarge
EP 305,56 DM/St   LA  75,30 DM/St   ST 230,26 DM/St
EP 156,23 €/St    LA  38,50 €/St    ST 117,73 €/St

**031.54005.M**    KG 344 DIN 276
Stahltür T 30  875 x 2000, einschl. Zarge
EP 597,17 DM/St   LA 225,90 DM/St   ST 371,27 DM/St
EP 305,33 €/St    LA 115,50 €/St    ST 189,83 €/St

**031.54006.M**    KG 344 DIN 276
Stahltür T 30  875 x 2125, einschl. Zarge
EP 618,78 DM/St   LA 231,19 DM/St   ST 387,59 DM/St
EP 316,38 €/St    LA 118,21 €/St    ST 198,17 €/St

**031.54007.M**    KG 344 DIN 276
Stahltür T 30 1000 x 2000, einschl. Zarge
EP 653,18 DM/St   LA 234,49 DM/St   ST 418,69 DM/St
EP 333,97 €/St    LA 119,89 €/St    ST 214,08 €/St

**031.54008.M**    KG 344 DIN 276
Stahltür T 30 1000 x 2125, einschl. Zarge
EP 683,66 DM/St   LA 245,06 DM/St   ST 438,60 DM/St
EP 349,55 €/St    LA 125,30 €/St    ST 224,25 €/St

**031.54009.M**    KG 344 DIN 276
Stahltür T 30 1125 x 2125, einschl. Zarge
EP 719,53 DM/St   LA 268,18 DM/St   ST 451,35 DM/St
EP 367,89 €/St    LA 137,12 €/St    ST 230,77 €/St

**031.54010.M**    KG 344 DIN 276
Stahltür T 30 1250 x 2250, einschl. Zarge
EP 926,63 DM/St   LA 284,03 DM/St   ST 642,60 DM/St
EP 473,78 €/St    LA 145,22 €/St    ST 328,56 €/St

**031.54011.M**    KG 344 DIN 276
Stahltür T 30 Sondergrößen, einschl. Zarge
EP 516,37 DM/m2   LA 124,19 DM/m2   ST 392,18 DM/m2
EP 264,01 €/m2    LA  63,50 €/m2    ST 200,51 €/m2

**031.54012.M**    KG 344 DIN 276
Stahltür T 30  875 x 2125, gasdicht, einschl. Zarge
EP 3605,34 DM/St   LA 284,03 DM/St   ST 3321,31 DM/St
EP 1843,38 €/St    LA 145,22 €/St    ST 1698,16 €/St

**031.54013.M**    KG 344 DIN 276
Stahltür T 30 1000 x 2000, gasdicht, einschl. Zarge
EP 3794,07 DM/St   LA 297,25 DM/St   ST 3496,82 DM/St
EP 1939,88 €/St    LA 151,98 €/St    ST 1787,90 €/St

**031.54014.M**    KG 344 DIN 276
Stahltür T 30 1250 x 2250, gasdicht, einschl. Zarge
EP 4500,48 DM/St   LA 343,49 DM/St   ST 4156,99 DM/St
EP 2301,06 €/St    LA 175,62 €/St    ST 2125,44 €/St

### Feuerschutztüren, zweiflügelig, T 30

031.-----.-

|  |  |  |
|---|---|---|
| 031.55001.M | Stahltür T 30 1500 x 2000, 2-fl., einschl. Zarge | 1058,17 DM/St / 541,03 €/St |
| 031.55002.M | Stahltür T 30 1500 x 2125, 2-fl., einschl. Zarge | 1092,25 DM/St / 558,46 €/St |
| 031.55003.M | Stahltür T 30 1750 x 2000, 2-fl., einschl. Zarge | 1246,84 DM/St / 637,50 €/St |
| 031.55004.M | Stahltür T 30 1750 x 2125, 2-fl., einschl. Zarge | 1359,30 DM/St / 695,00 €/St |
| 031.55005.M | Stahltür T 30 2000 x 2000, 2-fl., einschl. Zarge | 1497,92 DM/St / 765,87 €/St |
| 031.55006.M | Stahltür T 30 2000 x 2125, 2-fl., einschl. Zarge | 1626,33 DM/St / 831,53 €/St |
| 031.55007.M | Stahltür T 30 2250 x 2000, 2-fl., einschl. Zarge | 1764,96 DM/St / 902,41 €/St |
| 031.55008.M | Stahltür T 30 2250 x 2125, 2-fl., einschl. Zarge | 1923,97 DM/St / 983,71 €/St |

**031.55001.M**    KG 344 DIN 276
Stahltür T 30 1500 x 2000, 2-fl., einschl. Zarge
EP 1058,17 DM/St   LA 297,25 DM/St   ST 760,92 DM/St
EP  541,03 €/St    LA 151,98 €/St    ST 389,05 €/St

**031.55002.M**    KG 344 DIN 276
Stahltür T 30 1500 x 2125, 2-fl., einschl. Zarge
EP 1092,25 DM/St   LA 317,06 DM/St   ST 775,19 DM/St
EP  558,46 €/St    LA 162,11 €/St    ST 396,35 €/St

**031.55003.M**    KG 344 DIN 276
Stahltür T 30 1750 x 2000, 2-fl., einschl. Zarge
EP 1246,84 DM/St   LA 344,14 DM/St   ST 902,70 DM/St
EP  637,50 €/St    LA 175,96 €/St    ST 461,54 €/St

**031.55004.M**    KG 344 DIN 276
Stahltür T 30 1750 x 2125, 2-fl., einschl. Zarge
EP 1359,30 DM/St   LA 369,91 DM/St   ST 989,39 DM/St
EP  695,00 €/St    LA 189,13 €/St    ST 505,87 €/St

**031.55005.M**    KG 344 DIN 276
Stahltür T 30 2000 x 2000, 2-fl., einschl. Zarge
EP 1497,92 DM/St   LA 396,33 DM/St   ST 1101,59 DM/St
EP  765,87 €/St    LA 202,64 €/St    ST  563,23 €/St

**031.55006.M**    KG 344 DIN 276
Stahltür T 30 2000 x 2125, 2-fl., einschl. Zarge
EP 1626,33 DM/St   LA 422,75 DM/St   ST 1203,58 DM/St
EP  831,53 €/St    LA 216,15 €/St    ST  615,38 €/St

**031.55007.M**    KG 344 DIN 276
Stahltür T 30 2250 x 2000, 2-fl., einschl. Zarge
EP 1764,96 DM/St   LA 449,16 DM/St   ST 1315,80 DM/St
EP  902,41 €/St    LA 229,65 €/St    ST  672,76 €/St

**031.55008.M**    KG 344 DIN 276
Stahltür T 30 2250 x 2125, 2-fl., einschl. Zarge
EP 1923,97 DM/St   LA 475,59 DM/St   ST 1448,38 DM/St
EP  983,71 €/St    LA 243,17 €/St    ST  740,54 €/St

AW 031

Preise 06.01

## LB 031 Metallbauarbeiten, Schlosserarbeiten
### Feuerschutztüren, zweiflügelig, T 90; Feuerschutztore; Drucktüren

Sämtliche Preise sind **Mittelpreise ohne Mehrwertsteuer** zum Zeitpunkt des Ausgabedatums.
**Korrekturfaktoren** für Regionaleinfluss, Mengeneinfluss, Konjunktureinfluss siehe Vorspann.
**Abkürzungen:** EP = Einheitspreis, LA = Lohnanteil, ST = Stoffanteil

### Feuerschutztüren, zweiflügelig, T 90

031.-----.-

|  |  |  |
|---|---|---|
| 031.56001.M | Stahltür T 90 1500 x 2000, 2-fl., einschl. Zarge | 5616,36 DM/St — 2871,60 €/St |
| 031.56002.M | Stahltür T 90 1500 x 2125, 2-fl., einschl. Zarge | 5927,18 DM/St — 3030,52 €/St |
| 031.56003.M | Stahltür T 90 1750 x 2000, 2-fl., einschl. Zarge | 6215,50 DM/St — 3177,93 €/St |
| 031.56004.M | Stahltür T 90 1750 x 2125, 2-fl., einschl. Zarge | 6415,61 DM/St — 3280,25 €/St |
| 031.56005.M | Stahltür T 90 2000 x 2000, 2-fl., einschl. Zarge | 6598,63 DM/St — 3373,83 €/St |
| 031.56006.M | Stahltür T 90 2000 x 2125, 2-fl., einschl. Zarge | 6693,43 DM/St — 3422,30 €/St |
| 031.56007.M | Stahltür T 90 2250 x 2000, 2-fl., einschl. Zarge | 6778,05 DM/St — 3465,56 €/St |
| 031.56008.M | Stahltür T 90 2250 x 2125, 2-fl., einschl. Zarge | 6862,65 DM/St — 3508,81 €/St |

**031.56001.M** KG 344 DIN 276
Stahltür T 90 1500 x 2000, 2-fl., einschl. Zarge
EP 5616,36 DM/St   LA 509,28 DM/St   ST 5107,08 DM/St
EP 2871,60 €/St    LA 260,39 €/St    ST 2611,21 €/St

**031.56002.M** KG 344 DIN 276
Stahltür T 90 1500 x 2125, 2-fl., einschl. Zarge
EP 5927,18 DM/St   LA 541,65 DM/St   ST 5385,53 DM/St
EP 3030,52 €/St    LA 276,94 €/St    ST 2753,58 €/St

**031.56003.M** KG 344 DIN 276
Stahltür T 90 1750 x 2000, 2-fl., einschl. Zarge
EP 6215,50 DM/St   LA 564,76 DM/St   ST 5650,74 DM/St
EP 3177,93 €/St    LA 288,76 €/St    ST 2889,17 €/St

**031.56004.M** KG 344 DIN 276
Stahltür T 90 1750 x 2125, 2-fl., einschl. Zarge
EP 6415,61 DM/St   LA 581,27 DM/St   ST 5834,34 DM/St
EP 3280,25 €/St    LA 297,20 €/St    ST 2983,05 €/St

**031.56005.M** KG 344 DIN 276
Stahltür T 90 2000 x 2000, 2-fl., einschl. Zarge
EP 6598,63 DM/St   LA 601,09 DM/St   ST 5997,54 DM/St
EP 3373,83 €/St    LA 307,33 €/St    ST 3066,50 €/St

**031.56006.M** KG 344 DIN 276
Stahltür T 90 2000 x 2125, 2-fl., einschl. Zarge
EP 6693,43 DM/St   LA 614,31 DM/St   ST 6079,12 DM/St
EP 3422,30 €/St    LA 314,09 €/St    ST 3108,21 €/St

**031.56007.M** KG 344 DIN 276
Stahltür T 90 2250 x 2000, 2-fl., einschl. Zarge
EP 6778,05 DM/St   LA 627,52 DM/St   ST 6150,53 DM/St
EP 3465,56 €/St    LA 320,85 €/St    ST 3144,71 €/St

**031.56008.M** KG 344 DIN 276
Stahltür T 90 2250 x 2125, 2-fl., einschl. Zarge
EP 6862,65 DM/St   LA 640,73 DM/St   ST 6221,92 DM/St
EP 3508,81 €/St    LA 327,60 €/St    ST 3181,21 €/St

### Feuerschutztore

031.-----.-

|  |  |  |
|---|---|---|
| 031.56101.M | Feuerschutztor 4250 x 2125 | 12612,77 DM/St — 6448,81 €/St |

**031.56101.M** KG 344 DIN 276
Feuerschutztor 4250 x 2125
EP 12612,77 DM/St   LA 660,54 DM/St   ST 11952,23 DM/St
EP  6448,81 €/St    LA 337,73 €/St    ST  6111,08 €/St

### Drucktüren

031.-----.-

|  |  |  |
|---|---|---|
| 031.56501.M | Drucktür 3 at 875 x 1875, einschl. Zarge | 2839,27 DM/St — 1451,70 €/St |
| 031.56502.M | Drucktür 3 at 1000 x 2000, einschl. Zarge | 3738,84 DM/St — 1911,64 €/St |
| 031.56503.M | Drucktür 3 at 1250 x 2125, einschl. Zarge | 4161,69 DM/St — 2127,84 €/St |
| 031.56504.M | Drucktür 9 at 875 x 1875, einschl. Zarge | 3644,13 DM/St — 1863,21 €/St |
| 031.56505.M | Drucktür 9 at 1000 x 2000, einschl. Zarge | 5446,20 DM/St — 2784,60 €/St |
| 031.56506.M | Drucktür 9 at 1250 x 2125, einschl. Zarge | 6374,42 DM/St — 3259,19 €/St |
| 031.56507.M | Lukenverschluss 3 at 750 x 875, einschl. Zarge | 1385,95 DM/St — 708,62 €/St |
| 031.56508.M | Lukenverschluss 9 at 750 x 875, einschl. Zarge | 2027,03 DM/St — 1036,40 €/St |

**031.56501.M** KG 344 DIN 276
Drucktür 3 at 875 x 1875, einschl. Zarge
EP 2839,27 DM/St   LA 197,50 DM/St   ST 2641,77 DM/St
EP 1451,70 €/St    LA 100,98 €/St    ST 1350,72 €/St

**031.56502.M** KG 344 DIN 276
Drucktür 3 at 1000 x 2000, einschl. Zarge
EP 3738,84 DM/St   LA 210,71 DM/St   ST 3528,13 DM/St
EP 1911,64 €/St    LA 107,74 €/St    ST 1803,90 €/St

**031.56503.M** KG 344 DIN 276
Drucktür 3 at 1250 x 2125, einschl. Zarge
EP 4161,69 DM/St   LA 226,57 DM/St   ST 3935,12 DM/St
EP 2127,84 €/St    LA 115,84 €/St    ST 2012,00 €/St

**031.56504.M** KG 344 DIN 276
Drucktür 9 at 875 x 1875, einschl. Zarge
EP 3644,13 DM/St   LA 229,21 DM/St   ST 3414,92 DM/St
EP 1863,21 €/St    LA 117,19 €/St    ST 1746,02 €/St

**031.56505.M** KG 344 DIN 276
Drucktür 9 at 1000 x 2000, einschl. Zarge
EP 5446,20 DM/St   LA 295,26 DM/St   ST 5150,94 DM/St
EP 2784,60 €/St    LA 150,97 €/St    ST 2633,63 €/St

**031.56506.M** KG 344 DIN 276
Drucktür 9 at 1250 x 2125, einschl. Zarge
EP 6374,42 DM/St   LA 317,72 DM/St   ST 6056,70 DM/St
EP 3259,19 €/St    LA 162,45 €/St    ST 3096,74 €/St

**031.56507.M** KG 344 DIN 276
Lukenverschluss 3 at 750 x 875, einschl. Zarge
EP 1385,95 DM/St   LA 110,97 DM/St   ST 1274,98 DM/St
EP  708,62 €/St    LA  56,74 €/St    ST  651,88 €/St

**031.56508.M** KG 344 DIN 276
Lukenverschluss 9 at 750 x 875, einschl. Zarge
EP 2027,03 DM/St   LA 162,49 DM/St   ST 1864,54 DM/St
EP 1036,40 €/St    LA  83,08 €/St    ST  953,32 €/St

# LB 031 Metallbauarbeiten, Schlosserarbeiten
## Strahlenschutztüren für Zivilschutzräume; Stahltreppen als Geschoßtreppe

AW 031

Preise 06.01

Sämtliche Preise sind **Mittelpreise ohne Mehrwertsteuer** zum Zeitpunkt des Ausgabedatums.
**Korrekturfaktoren** für Regionaleinfluss, Mengeneinfluss, Konjunktureinfluss siehe Vorspann.
**Abkürzungen:** EP = Einheitspreis, LA = Lohnanteil, ST = Stoffanteil

### Strahlenschutztüren für Zivilschutzräume

031.-----.-

|  |  |  |
|---|---|---|
| 031.57901.M | Strahlenschutztür, 625 x 2000, einflügelig, d = 300 mm | 6856,72 DM/St  3505,78 €/St |
| 031.57902.M | Strahlenschutztür, 750 x 2000, einflügelig, d = 300 mm | 7660,11 DM/St  3916,55 €/St |
| 031.57903.M | Strahlenschutztür, 875 x 2000, einflügelig, d = 300 mm | 8375,73 DM/St  4282,44 €/St |
| 031.57904.M | Strahlenschutztür, 1000 x 2000, einflügelig, d = 300 mm | 8486,45 DM/St  4339,05 €/St |
| 031.57905.M | Strahlenschutztür, 1125 x 2000, einflügelig, d = 300 mm | 8623,30 DM/St  4409,02 €/St |
| 031.57906.M | Strahlenschutztür, 1250 x 2000, einflügelig, d = 300 mm | 8977,80 DM/St  4590,28 €/St |
| 031.57907.M | Strahlenschutztür, 625 x 2125, einflügelig, d = 400 mm | 7220,99 DM/St  3692,03 €/St |
| 031.57908.M | Strahlenschutztür, 750 x 2125, einflügelig, d = 400 mm | 7972,47 DM/St  4076,26 €/St |
| 031.57909.M | Strahlenschutztür, 875 x 2125, einflügelig, d = 400 mm | 8697,85 DM/St  4447,14 €/St |
| 031.57910.M | Strahlenschutztür, 1000 x 2125, einflügelig, d = 400 mm | 8896,33 DM/St  4548,62 €/St |
| 031.57911.M | Strahlenschutztür, 1125 x 2125, einflügelig, d = 400 mm | 9198,94 DM/St  4703,34 €/St |
| 031.57912.M | Strahlenschutztür, 1250 x 2125, einflügelig, d = 400 mm | 9533,94 DM/St  4874,62 €/St |

**031.57901.M**    KG 344 DIN 276
Strahlenschutztür, 625 x 2000, einflügelig, d = 300 mm
EP 6856,72 DM/St   LA 508,62 DM/St   ST 6348,10 DM/St
EP 3505,78 €/St   LA 260,05 €/St   ST 3245,73 €/St

**031.57902.M**    KG 344 DIN 276
Strahlenschutztür, 750 x 2000, einflügelig, d = 300 mm
EP 7660,11 DM/St   LA 541,65 DM/St   ST 7118,46 DM/St
EP 3916,55 €/St   LA 276,94 €/St   ST 3639,61 €/St

**031.57903.M**    KG 344 DIN 276
Strahlenschutztür, 875 x 2000, einflügelig, d = 300 mm
EP 8375,73 DM/St   LA 574,67 DM/St   ST 7801,06 DM/St
EP 4282,44 €/St   LA 293,82 €/St   ST 3988,62 €/St

**031.57904.M**    KG 344 DIN 276
Strahlenschutztür, 1000 x 2000, einflügelig, d = 300 mm
EP 8486,45 DM/St   LA 587,89 DM/St   ST 7898,56 DM/St
EP 4339,05 €/St   LA 300,58 €/St   ST 4038,47 €/St

**031.57905.M**    KG 344 DIN 276
Strahlenschutztür, 1125 x 2000, einflügelig, d = 300 mm
EP 8623,30 DM/St   LA 607,70 DM/St   ST 8015,60 DM/St
EP 4409,02 €/St   LA 310,71 €/St   ST 4098,31 €/St

**031.57906.M**    KG 344 DIN 276
Strahlenschutztür, 1250 x 2000, einflügelig, d = 300 mm
EP 8977,80 DM/St   LA 620,91 DM/St   ST 8356,89 DM/St
EP 4590,28 €/St   LA 317,47 €/St   ST 4272,81 €/St

**031.57907.M**    KG 344 DIN 276
Strahlenschutztür, 625 x 2125, einflügelig, d = 400 mm
EP 7220,99 DM/St   LA 521,83 DM/St   ST 6699,16 DM/St
EP 3692,03 €/St   LA 266,81 €/St   ST 3425,22 €/St

**031.57908.M**    KG 344 DIN 276
Strahlenschutztür, 750 x 2125, einflügelig, d = 400 mm
EP 7972,47 DM/St   LA 561,47 DM/St   ST 7411,00 DM/St
EP 4076,26 €/St   LA 287,07 €/St   ST 3789,19 €/St

**031.57909.M**    KG 344 DIN 276
Strahlenschutztür, 875 x 2125, einflügelig, d = 400 mm
EP 8697,85 DM/St   LA 594,49 DM/St   ST 8103,36 DM/St
EP 4447,14 €/St   LA 303,96 €/St   ST 4143,18 €/St

**031.57910.M**    KG 344 DIN 276
Strahlenschutztür, 1000 x 2125, einflügelig, d = 400 mm
EP 8896,33 DM/St   LA 607,70 DM/St   ST 8288,63 DM/St
EP 4548,62 €/St   LA 310,71 €/St   ST 4237,91 €/St

**031.57911.M**    KG 344 DIN 276
Strahlenschutztür, 1125 x 2125, einflügelig, d = 400 mm
EP 9198,94 DM/St   LA 627,52 DM/St   ST 8571,42 DM/St
EP 4703,34 €/St   LA 320,85 €/St   ST 4382,49 €/St

**031.57912.M**    KG 344 DIN 276
Strahlenschutztür, 1250 x 2125, einflügelig, d = 400 mm
EP 9533,94 DM/St   LA 640,73 DM/St   ST 8893,21 DM/St
EP 4874,62 €/St   LA 327,60 €/St   ST 4547,02 €/St

### Stahltreppen als Geschosstreppe

031.-----.-

|  |  |  |
|---|---|---|
| 031.58101.M | Stahltreppe gewendelt, 16 Stg., Laufbreite 700-800 mm | 8010,65 DM/St  4095,78 €/St |

**031.58101.M**    KG 351 DIN 276
Stahltreppe gewendelt, 16 Stg., Laufbreite 700-800 mm
EP 8010,65 DM/St   LA 799,25 DM/St   ST 7211,40 DM/St
EP 4095,78 €/St   LA 408,65 €/St   ST 3687,13 €/St

AW 031

Preise 06.01

# LB 031 Metallbauarbeiten, Schlosserarbeiten
## Stahltreppen als Industrietreppe, gerade

Sämtliche Preise sind **Mittelpreise ohne Mehrwertsteuer** zum Zeitpunkt des Ausgabedatums.
**Korrekturfaktoren** für Regionaleinfluss, Mengeneinfluss, Konjunktureinfluss siehe Vorspann.
**Abkürzungen:** EP = Einheitspreis, LA = Lohnanteil, ST = Stoffanteil

### Stahltreppen als Industrietreppe, gerade

031.-----.-

|  |  |  |
|---|---|---|
| 031.58501.M | Stahltreppe gerade, 6 Steigg., Laufbreite bis 60 cm | 1537,44 DM/St<br>786,08 €/St |
| 031.58502.M | Stahltreppe gerade, 8 Steigg., Laufbreite bis 60 cm | 1875,07 DM/St<br>958,71 €/St |
| 031.58503.M | Stahltreppe gerade, 10 Steigg., Laufbreite bis 60 cm | 2214,09 DM/St<br>1132,05 €/St |
| 031.58504.M | Stahltreppe gerade, 12 Steigg., Laufbreite bis 60 cm | 2554,05 DM/St<br>1305,87 €/St |
| 031.58505.M | Stahltreppe gerade, 14 Steigg., Laufbreite bis 60 cm | 2888,39 DM/St<br>1476,81 €/St |
| 031.58506.M | Stahltreppe gerade, 16 Steigg., Laufbreite bis 60 cm | 3235,94 DM/St<br>1654,51 €/St |
| 031.58507.M | Stahltreppe gerade, 18 Steigg., Laufbreite bis 60 cm | 3573,98 DM/St<br>1827,35 €/St |
| 031.58508.M | Stahltreppe gerade, 20 Steigg., Laufbreite bis 60 cm | 3915,87 DM/St<br>2002,15 €/St |
| 031.58509.M | Stahltreppe gerade, 6 Steigg., Laufbreite > 70-80 cm | 1706,69 DM/St<br>872,61 €/St |
| 031.58510.M | Stahltreppe gerade, 8 Steigg., Laufbreite > 70-80 cm | 2082,35 DM/St<br>1064,69 €/St |
| 031.58511.M | Stahltreppe gerade, 10 Steigg., Laufbreite > 70-80 cm | 2458,98 DM/St<br>1257,25 €/St |
| 031.58512.M | Stahltreppe gerade, 12 Steigg., Laufbreite > 70-80 cm | 2831,75 DM/St<br>1447,85 €/St |
| 031.58513.M | Stahltreppe gerade, 14 Steigg., Laufbreite > 70-80 cm | 3211,29 DM/St<br>1641,90 €/St |
| 031.58514.M | Stahltreppe gerade, 16 Steigg., Laufbreite > 70-80 cm | 3590,27 DM/St<br>1835,68 €/St |
| 031.58515.M | Stahltreppe gerade, 18 Steigg., Laufbreite > 70-80 cm | 3970,19 DM/St<br>2029,93 €/St |
| 031.58516.M | Stahltreppe gerade, 20 Steigg., Laufbreite > 70-80 cm | 4348,76 DM/St<br>2223,49 €/St |
| 031.58517.M | Stahltreppe gerade, 10 Steigg., Laufbreite > 95-100 cm | 2739,29 DM/St<br>1400,58 €/St |
| 031.58518.M | Stahltreppe gerade, 12 Steigg., Laufbreite > 95-100 cm | 3166,89 DM/St<br>1619,21 €/St |
| 031.58519.M | Stahltreppe gerade, 14 Steigg., Laufbreite > 95-100 cm | 3590,12 DM/St<br>1835,60 €/St |
| 031.58520.M | Stahltreppe gerade, 16 Steigg., Laufbreite > 95-100 cm | 4019,10 DM/St<br>2054,93 €/St |
| 031.58521.M | Stahltreppe gerade, 18 Steigg., Laufbreite > 95-100 cm | 4445,76 DM/St<br>2273,08 €/St |
| 031.58522.M | Stahltreppe gerade, 20 Steigg., Laufbreite > 95-100 cm | 4877,91 DM/St<br>2494,04 €/St |
| 031.58523.M | Stahltreppe gerade, 10 Steigg., Laufbreite > 115-120 cm | 3062,47 DM/St<br>1565,81 €/St |
| 031.58524.M | Stahltreppe gerade, 12 Steigg., Laufbreite > 115-120 cm | 3543,39 DM/St<br>1811,71 €/St |
| 031.58525.M | Stahltreppe gerade, 14 Steigg., Laufbreite > 115-120 cm | 4017,17 DM/St<br>2053,95 €/St |
| 031.58526.M | Stahltreppe gerade, 16 Steigg., Laufbreite > 115-120 cm | 4492,88 DM/St<br>2297,17 €/St |
| 031.58527.M | Stahltreppe gerade, 18 Steigg., Laufbreite > 115-120 cm | 4969,54 DM/St<br>2540,89 €/St |
| 031.58528.M | Stahltreppe gerade, 20 Steigg., Laufbreite > 115-120 cm | 5474,76 DM/St<br>2788,98 €/St |

**Hinweis:**
– die Auswahlpositionen für Industrietreppen enthalten im Materialanteil (Stoff) industriell vorgefertigte, maßgenaue Stahlbauteile, die auf der Baustelle lediglich zu montieren sind (Lohnanteil).

031.58501.M    KG 351 DIN 276
Stahltreppe gerade, 6 Steigg., Laufbreite bis 60 cm
EP 1537,44 DM/St    LA 82,57 DM/St    ST 1454,87 DM/St
EP   786,08 €/St    LA 42,21 €/St    ST   743,87 €/St

031.58502.M    KG 351 DIN 276
Stahltreppe gerade, 8 Steigg., Laufbreite bis 60 cm
EP 1875,07 DM/St    LA 105,69 DM/St    ST 1769,38 DM/St
EP   958,71 €/St    LA  54,04 €/St    ST   904,67 €/St

031.58503.M    KG 351 DIN 276
Stahltreppe gerade, 10 Steigg., Laufbreite bis 60 cm
EP 2214,09 DM/St    LA 132,11 DM/St    ST 2081,98 DM/St
EP 1132,05 €/St    LA  67,55 €/St    ST 1064,50 €/St

031.58504.M    KG 351 DIN 276
Stahltreppe gerade, 12 Steigg., Laufbreite bis 60 cm
EP 2554,05 DM/St    LA 158,53 DM/St    ST 2395,52 DM/St
EP 1305,87 €/St    LA  81,05 €/St    ST 1224,82 €/St

031.58505.M    KG 351 DIN 276
Stahltreppe gerade, 14 Steigg., Laufbreite bis 60 cm
EP 2888,39 DM/St    LA 178,35 DM/St    ST 2710,04 DM/St
EP 1476,81 €/St    LA  91,19 €/St    ST 1385,62 €/St

031.58506.M    KG 351 DIN 276
Stahltreppe gerade, 16 Steigg., Laufbreite bis 60 cm
EP 3235,94 DM/St    LA 211,38 DM/St    ST 3024,56 DM/St
EP 1654,51 €/St    LA 108,08 €/St    ST 1546,43 €/St

031.58507.M    KG 351 DIN 276
Stahltreppe gerade, 18 Steigg., Laufbreite bis 60 cm
EP 3573,98 DM/St    LA 237,80 DM/St    ST 3336,18 DM/St
EP 1827,35 €/St    LA 121,58 €/St    ST 1705,77 €/St

031.58508.M    KG 351 DIN 276
Stahltreppe gerade, 20 Steigg., Laufbreite bis 60 cm
EP 3915,87 DM/St    LA 264,22 DM/St    ST 3651,65 DM/St
EP 2002,15 €/St    LA 135,09 €/St    ST 1867,06 €/St

031.58509.M    KG 351 DIN 276
Stahltreppe gerade, 6 Steigg., Laufbreite > 70-80 cm
EP 1706,69 DM/St    LA 85,87 DM/St    ST 1620,82 DM/St
EP   872,61 €/St    LA 43,91 €/St    ST   828,70 €/St

031.58510.M    KG 351 DIN 276
Stahltreppe gerade, 8 Steigg., Laufbreite > 70-80 cm
EP 2082,35 DM/St    LA 112,29 DM/St    ST 1970,06 DM/St
EP 1064,69 €/St    LA  57,41 €/St    ST 1007,28 €/St

031.58511.M    KG 351 DIN 276
Stahltreppe gerade, 10 Steigg., Laufbreite > 70-80 cm
EP 2458,98 DM/St    LA 138,71 DM/St    ST 2320,27 DM/St
EP 1257,25 €/St    LA  70,92 €/St    ST 1186,33 €/St

031.58512.M    KG 351 DIN 276
Stahltreppe gerade, 12 Steigg., Laufbreite > 70-80 cm
EP 2831,75 DM/St    LA 165,13 DM/St    ST 2666,62 DM/St
EP 1447,85 €/St    LA  84,43 €/St    ST 1363,42 €/St

031.58513.M    KG 351 DIN 276
Stahltreppe gerade, 14 Steigg., Laufbreite > 70-80 cm
EP 3211,29 DM/St    LA 191,56 DM/St    ST 3019,73 DM/St
EP 1641,90 €/St    LA  97,94 €/St    ST 1543,96 €/St

031.58514.M    KG 351 DIN 276
Stahltreppe gerade, 16 Steigg., Laufbreite > 70-80 cm
EP 3590,27 DM/St    LA 221,29 DM/St    ST 3368,98 DM/St
EP 1835,68 €/St    LA 113,14 €/St    ST 1722,54 €/St

031.58515.M    KG 351 DIN 276
Stahltreppe gerade, 18 Steigg., Laufbreite > 70-80 cm
EP 3970,19 DM/St    LA 251,00 DM/St    ST 3719,19 DM/St
EP 2029,93 €/St    LA 128,34 €/St    ST 1901,59 €/St

031.58516.M    KG 351 DIN 276
Stahltreppe gerade, 20 Steigg., Laufbreite > 70-80 cm
EP 4348,76 DM/St    LA 277,43 DM/St    ST 4071,33 DM/St
EP 2223,49 €/St    LA 141,85 €/St    ST 2081,64 €/St

031.58517.M    KG 351 DIN 276
Stahltreppe gerade, 10 Steigg., Laufbreite > 95-100 cm
EP 2739,29 DM/St    LA 158,53 DM/St    ST 2580,76 DM/St
EP 1400,58 €/St    LA  81,05 €/St    ST 1319,53 €/St

031.58518.M    KG 351 DIN 276
Stahltreppe gerade, 12 Steigg., Laufbreite > 95-100 cm
EP 3166,89 DM/St    LA 191,56 DM/St    ST 2975,33 DM/St
EP 1619,21 €/St    LA  97,94 €/St    ST 1521,27 €/St

031.58519.M    KG 351 DIN 276
Stahltreppe gerade, 14 Steigg., Laufbreite > 95-100 cm
EP 3590,12 DM/St    LA 227,89 DM/St    ST 3362,23 DM/St
EP 1835,60 €/St    LA 116,52 €/St    ST 1719,08 €/St

# LB 031 Metallbauarbeiten, Schlosserarbeiten
## Stahltreppen als Industrietreppe, gerade; Industrietreppen Stahl, gewendelt

AW 031

Preise 06.01

Sämtliche Preise sind **Mittelpreise ohne Mehrwertsteuer** zum Zeitpunkt des Ausgabedatums.
**Korrekturfaktoren** für Regionaleinfluss, Mengeneinfluss, Konjunktureinfluss siehe Vorspann.
**Abkürzungen:** EP = Einheitspreis, LA = Lohnanteil, ST = Stoffanteil

031.58520.M           KG 351 DIN 276
Stahltreppe gerade, 16 Steigg., Laufbreite > 95-100 cm
EP 4019,10 DM/St    LA 264,22 DM/St    ST 3754,88 DM/St
EP 2054,93 €/St     LA 135,09 €/St     ST 1919,84 €/St

031.58521.M           KG 351 DIN 276
Stahltreppe gerade, 18 Steigg., Laufbreite > 95-100 cm
EP 4445,76 DM/St    LA 297,25 DM/St    ST 4148,51 DM/St
EP 2273,08 €/St     LA 151,98 €/St     ST 2121,10 €/St

031.58522.M           KG 351 DIN 276
Stahltreppe gerade, 20 Steigg., Laufbreite > 95-100 cm
EP 4877,91 DM/St    LA 343,49 DM/St    ST 4534,42 DM/St
EP 2494,04 €/St     LA 175,62 €/St     ST 2318,42 €/St

031.58523.M           KG 351 DIN 276
Stahltreppe gerade, 10 Steigg., Laufbreite > 115-120 cm
EP 3062,47 DM/St    LA 181,65 DM/St    ST 2880,82 DM/St
EP 1565,81 €/St     LA  92,88 €/St     ST 1472,93 €/St

031.58524.M           KG 351 DIN 276
Stahltreppe gerade, 12 Steigg., Laufbreite > 115-120 cm
EP 3543,39 DM/St    LA 224,58 DM/St    ST 3318,81 DM/St
EP 1811,71 €/St     LA 114,83 €/St     ST 1696,88 €/St

031.58525.M           KG 351 DIN 276
Stahltreppe gerade, 14 Steigg., Laufbreite > 115-120 cm
EP 4017,17 DM/St    LA 264,22 DM/St    ST 3752,95 DM/St
EP 2053,95 €/St     LA 135,09 €/St     ST 1918,86 €/St

031.58526.M           KG 351 DIN 276
Stahltreppe gerade, 16 Steigg., Laufbreite > 115-120 cm
EP 4492,88 DM/St    LA 303,85 DM/St    ST 4189,03 DM/St
EP 2297,17 €/St     LA 155,36 €/St     ST 2141,81 €/St

031.58527.M           KG 351 DIN 276
Stahltreppe gerade, 18 Steigg., Laufbreite > 115-120 cm
EP 4969,54 DM/St    LA 343,49 DM/St    ST 4626,05 DM/St
EP 2540,89 €/St     LA 175,62 €/St     ST 2365,27 €/St

031.58528.M           KG 351 DIN 276
Stahltreppe gerade, 20 Steigg., Laufbreite > 115-120 cm
EP 5454,76 DM/St    LA 389,72 DM/St    ST 5065,04 DM/St
EP 2788,98 €/St     LA 199,26 €/St     ST 2589,72 €/St

### Industrietreppen Stahl, gewendelt

031.-----.- 

|  |  |  |
|---|---|---|
| 031.58529.M | Stahltreppe gewendelt, 16 Stg., Laufbreite < 70 cm | 6675,67 DM/St<br>3413,22 €/St |
| 031.58530.M | Stahltreppe gewendelt, 18 Stg., Laufbreite < 70 cm | 7458,17 DM/St<br>3813,30 €/St |
| 031.58531.M | Stahltreppe gewendelt, 20 Stg., Laufbreite < 70 cm | 9329,38 DM/St<br>4770,04 €/St |
| 031.58532.M | Stahltreppe gewendelt, 22 Stg., Laufbreite < 70 cm | 10174,60 DM/St<br>5202,19 €/St |
| 031.58533.M | Stahltreppe gewendelt, 16 Stg., Laufbreite > 70-80 cm | 7220,03 DM/St<br>3691,54 €/St |
| 031.58534.M | Stahltreppe gewendelt, 18 Stg., Laufbreite > 70-80 cm | 8070,07 DM/St<br>4126,16 €/St |
| 031.58535.M | Stahltreppe gewendelt, 20 Stg., Laufbreite > 70-80 cm | 9984,70 DM/St<br>5105,09 €/St |
| 031.58536.M | Stahltreppe gewendelt, 22 Stg., Laufbreite > 70-80 cm | 10882,96 DM/St<br>5564,37 €/St |
| 031.58537.M | Stahltreppe gewendelt, 16 Stg., Laufbreite > 80-90 cm | 7699,89 DM/St<br>3936,89 €/St |
| 031.58538.M | Stahltreppe gewendelt, 18 Stg., Laufbreite > 80-90 cm | 8602,99 DM/St<br>4398,64 €/St |
| 031.58539.M | Stahltreppe gewendelt, 20 Stg., Laufbreite > 80-90 cm | 10691,81 DM/St<br>5466,63 €/St |
| 031.58540.M | Stahltreppe gewendelt, 22 Stg., Laufbreite > 80-90 cm | 11651,01 DM/St<br>5957,07 €/St |
| 031.58541.M | Stahltreppe gewendelt, 16 Stg., Laufbreite > 90-100 cm | 10000,12 DM/St<br>5112,98 €/St |
| 031.58542.M | Stahltreppe gewendelt, 18 Stg., Laufbreite > 90-100 cm | 11187,83 DM/St<br>5720,25 €/St |
| 031.58543.M | Stahltreppe gewendelt, 20 Stg., Laufbreite > 90-100 cm | 13927,85 DM/St<br>7121,20 €/St |
| 031.58544.M | Stahltreppe gewendelt, 22 Stg., Laufbreite > 90-100 cm | 15192,75 DM/St<br>7767,93 €/St |
| 031.58545.M | Stahltreppe gewendelt, 16 Stg., Laufbreite > 100-110 cm | 12642,12 DM/St<br>6463,82 €/St |
| 031.58546.M | Stahltreppe gewendelt, 18 Stg., Laufbreite > 100-110 cm | 14153,02 DM/St<br>7236,32 €/St |
| 031.58547.M | Stahltreppe gewendelt, 20 Stg., Laufbreite > 100-110 cm | 17942,87 DM/St<br>9174,05 €/St |
| 031.58548.M | Stahltreppe gewendelt, 22 Stg., Laufbreite > 100-110 cm | 19600,28 DM/St<br>10021,46 €/St |
| 031.58549.M | Stahltreppe gewendelt, 16 Stg., Laufbreite > 110-120 cm | 14019,21 DM/St<br>7167,91 €/St |
| 031.58550.M | Stahltreppe gewendelt, 18 Stg., Laufbreite > 110-120 cm | 15705,56 DM/St<br>8030,12 €/St |
| 031.58551.M | Stahltreppe gewendelt, 20 Stg., Laufbreite > 110-120 cm | 19754,12 DM/St<br>10100,12 €/St |
| 031.58552.M | Stahltreppe gewendelt, 22 Stg., Laufbreite > 110-120 cm | 21549,63 DM/St<br>11018,15 €/St |
| 031.58553.M | Stahltreppe gewendelt, 16 Stg., Laufbreite > 120-130 cm | 15402,93 DM/St<br>7875,39 €/St |
| 031.58554.M | Stahltreppe gewendelt, 18 Stg., Laufbreite > 120-130 cm | 17262,93 DM/St<br>8826,39 €/St |
| 031.58555.M | Stahltreppe gewendelt, 20 Stg., Laufbreite > 120-130 cm | 25058,35 DM/St<br>12812,13 €/St |
| 031.58556.M | Stahltreppe gewendelt, 22 Stg., Laufbreite > 120-130 cm | 27712,51 DM/St<br>14169,18 €/St |
| 031.58557.M | Stahltreppe gewendelt, 16 Stg., Laufbreite > 130-140 cm | 19726,13 DM/St<br>10085,81 €/St |
| 031.58558.M | Stahltreppe gewendelt, 18 Stg., Laufbreite > 130-140 cm | 22100,51 DM/St<br>11299,81 €/St |
| 031.58559.M | Stahltreppe gewendelt, 20 Stg., Laufbreite > 130-140 cm | 27577,45 DM/St<br>14100,13 €/St |
| 031.58560.M | Stahltreppe gewendelt, 22 Stg., Laufbreite > 130-140 cm | 30132,08 DM/St<br>15406,29 €/St |

**Hinweis:**
– die Auswahlpositionen für gewendelte Industrietreppen enthalten im Materialanteil (Stoff) industriell vorgefertigte, maßgenaue Stahlbauteile, die auf der Baustelle lediglich zu montieren sind (Lohnanteil).

– bei Ausführung dichterer Geländer als e i n Stab je Stufe betragen die Stoffkosten 41,10 DM/Stab, 21,01 €/Stab.

– Zulage für Stoffkosten Kniegurte aus Flachstahl 40/3 mm 20,26 DM/Stufe, 10,36 €/Stufe.

031.58529.M           KG 351 DIN 276
Stahltreppe gewendelt, 16 Stg., Laufbreite < 70 cm
EP 6675,67 DM/St    LA 713,38 DM/St    ST 5962,29 DM/St
EP 3413,22 €/St     LA 364,75 €/St     ST 3048,47 €/St

031.58530.M           KG 351 DIN 276
Stahltreppe gewendelt, 18 Stg., Laufbreite < 70 cm
EP 7458,17 DM/St    LA 753,02 DM/St    ST 6705,15 DM/St
EP 3813,30 €/St     LA 385,01 €/St     ST 3428,29 €/St

AW 031

## LB 031 Metallbauarbeiten, Schlosserarbeiten
### Industrietreppen Stahl, gewendelt

Preise 06.01

Sämtliche Preise sind **Mittelpreise ohne Mehrwertsteuer** zum Zeitpunkt des Ausgabedatums.
**Korrekturfaktoren** für Regionaleinfluss, Mengeneinfluss, Konjunktureinfluss siehe Vorspann.
**Abkürzungen:** EP = Einheitspreis, LA = Lohnanteil, ST = Stoffanteil

031.58531.M KG 351 DIN 276
Stahltreppe gewendelt, 20 Stg., Laufbreite < 70 cm
EP 9329,38 DM/St LA 858,71 DM/St ST 8470,67 DM/St
EP 4770,04 €/St LA 439,05 €/St ST 4330,99 €/St

031.58532.M KG 351 DIN 276
Stahltreppe gewendelt, 22 Stg., Laufbreite < 70 cm
EP 10174,60 DM/St LA 898,34 DM/St ST 9276,26 DM/St
EP 5202,19 €/St LA 459,31 €/St ST 4742,88 €/St

031.58533.M KG 351 DIN 276
Stahltreppe gewendelt, 16 Stg., Laufbreite > 70-80 cm
EP 7220,03 DM/St LA 746,41 DM/St ST 6473,62 DM/St
EP 3691,54 €/St LA 381,64 €/St ST 3309,90 €/St

031.58534.M KG 351 DIN 276
Stahltreppe gewendelt, 18 Stg., Laufbreite > 70-80 cm
EP 8070,07 DM/St LA 786,05 DM/St ST 7284,02 DM/St
EP 4126,16 €/St LA 401,90 €/St ST 3724,26 €/St

031.58535.M KG 351 DIN 276
Stahltreppe gewendelt, 20 Stg., Laufbreite > 70-80 cm
EP 9984,70 DM/St LA 891,74 DM/St ST 9092,96 DM/St
EP 5105,09 €/St LA 455,94 €/St ST 4649,15 €/St

031.58536.M KG 351 DIN 276
Stahltreppe gewendelt, 22 Stg., Laufbreite > 70-80 cm
EP 10882,96 DM/St LA 931,36 DM/St ST 9951,60 DM/St
EP 5564,37 €/St LA 476,20 €/St ST 5088,17 €/St

031.58537.M KG 351 DIN 276
Stahltreppe gewendelt, 16 Stg., Laufbreite > 80-90 cm
EP 7699,89 DM/St LA 772,83 DM/St ST 6927,06 DM/St
EP 3936,89 €/St LA 395,14 €/St ST 3541,75 €/St

031.58538.M KG 351 DIN 276
Stahltreppe gewendelt, 18 Stg., Laufbreite > 80-90 cm
EP 8602,99 DM/St LA 812,47 DM/St ST 7790,52 DM/St
EP 4398,64 €/St LA 415,41 €/St ST 3983,23 €/St

031.58539.M KG 351 DIN 276
Stahltreppe gewendelt, 20 Stg., Laufbreite > 80-90 cm
EP 10691,81 DM/St LA 937,97 DM/St ST 9753,84 DM/St
EP 5466,63 €/St LA 479,58 €/St ST 4987,05 €/St

031.58540.M KG 351 DIN 276
Stahltreppe gewendelt, 22 Stg., Laufbreite > 80-90 cm
EP 11651,01 DM/St LA 971,00 DM/St ST 10680,01 DM/St
EP 5957,07 €/St LA 496,46 €/St ST 5460,61 €/St

031.58541.M KG 351 DIN 276
Stahltreppe gewendelt, 16 Stg., Laufbreite > 90-100 cm
EP 10000,12 DM/St LA 805,87 DM/St ST 9194,25 DM/St
EP 5112,98 €/St LA 412,03 €/St ST 4700,95 €/St

031.58542.M KG 351 DIN 276
Stahltreppe gewendelt, 18 Stg., Laufbreite > 90-100 cm
EP 11187,83 DM/St LA 845,49 DM/St ST 10342,34 DM/St
EP 5720,25 €/St LA 432,29 €/St ST 5287,96 €/St

031.58543.M KG 351 DIN 276
Stahltreppe gewendelt, 20 Stg., Laufbreite > 90-100 cm
EP 13927,85 DM/St LA 971,00 DM/St ST 12956,85 DM/St
EP 7121,20 €/St LA 496,46 €/St ST 6624,74 €/St

031.58544.M KG 351 DIN 276
Stahltreppe gewendelt, 22 Stg., Laufbreite > 90-100 cm
EP 15192,75 DM/St LA 1010,63 DM/St ST 14182,12 DM/St
EP 7767,93 €/St LA 516,73 €/St ST 7251,20 €/St

031.58545.M KG 351 DIN 276
Stahltreppe gewendelt, 16 Stg., Laufbreite > 100-110 cm
EP 12642,12 DM/St LA 871,82 DM/St ST 11770,20 DM/St
EP 6463,82 €/St LA 445,81 €/St ST 6018,01 €/St

031.58546.M KG 351 DIN 276
Stahltreppe gewendelt, 18 Stg., Laufbreite > 100-110 cm
EP 14153,02 DM/St LA 911,54 DM/St ST 13241,48 DM/St
EP 7236,32 €/St LA 466,07 €/St ST 6770,25 €/St

031.58547.M KG 351 DIN 276
Stahltreppe gewendelt, 20 Stg., Laufbreite > 100-110 cm
EP 17942,87 DM/St LA 1030,45 DM/St ST 16912,42 DM/St
EP 9174,05 €/St LA 526,86 €/St ST 8647,19 €/St

031.58548.M KG 351 DIN 276
Stahltreppe gewendelt, 22 Stg., Laufbreite > 100-110 cm
EP 19600,28 DM/St LA 1076,69 DM/St ST 18523,59 DM/St
EP 10021,46 €/St LA 550,50 €/St ST 9470,96 €/St

031.58549.M KG 351 DIN 276
Stahltreppe gewendelt, 16 Stg., Laufbreite > 110-120 cm
EP 14019,21 DM/St LA 898,34 DM/St ST 13120,87 DM/St
EP 7167,91 €/St LA 459,31 €/St ST 6708,60 €/St

031.58550.M KG 351 DIN 276
Stahltreppe gewendelt, 18 Stg., Laufbreite > 110-120 cm
EP 15705,56 DM/St LA 944,58 DM/St ST 14760,98 DM/St
EP 8030,12 €/St LA 482,95 €/St ST 7547,17 €/St

031.58551.M KG 351 DIN 276
Stahltreppe gewendelt, 20 Stg., Laufbreite > 110-120 cm
EP 19754,12 DM/St LA 1056,87 DM/St ST 18697,25 DM/St
EP 10100,12 €/St LA 540,37 €/St ST 9559,75 €/St

031.58552.M KG 351 DIN 276
Stahltreppe gewendelt, 22 Stg., Laufbreite > 110-120 cm
EP 21549,63 DM/St LA 1096,50 DM/St ST 20453,13 DM/St
EP 11018,15 €/St LA 560,63 €/St ST 10457,52 €/St

031.58553.M KG 351 DIN 276
Stahltreppe gewendelt, 16 Stg., Laufbreite > 120-130 cm
EP 15402,93 DM/St LA 931,36 DM/St ST 14471,57 DM/St
EP 7875,39 €/St LA 476,20 €/St ST 7399,19 €/St

031.58554.M KG 351 DIN 276
Stahltreppe gewendelt, 18 Stg., Laufbreite > 120-130 cm
EP 17262,93 DM/St LA 977,60 DM/St ST 16285,33 DM/St
EP 8826,39 €/St LA 499,84 €/St ST 8326,55 €/St

031.58555.M KG 351 DIN 276
Stahltreppe gewendelt, 20 Stg., Laufbreite > 120-130 cm
EP 25058,35 DM/St LA 1103,10 DM/St ST 23955,25 DM/St
EP 12812,13 €/St LA 564,01 €/St ST 12248,12 €/St

031.58556.M KG 351 DIN 276
Stahltreppe gewendelt, 22 Stg., Laufbreite > 120-130 cm
EP 27712,51 DM/St LA 1142,74 DM/St ST 25569,77 DM/St
EP 14169,18 €/St LA 584,27 €/St ST 13584,91 €/St

031.58557.M KG 351 DIN 276
Stahltreppe gewendelt, 16 Stg., Laufbreite > 130-140 cm
EP 19726,13 DM/St LA 971,00 DM/St ST 18755,13 DM/St
EP 10085,81 €/St LA 496,46 €/St ST 9589,35 €/St

031.58558.M KG 351 DIN 276
Stahltreppe gewendelt, 18 Stg., Laufbreite > 130-140 cm
EP 22100,51 DM/St LA 1010,63 DM/St ST 21089,88 DM/St
EP 11299,81 €/St LA 516,73 €/St ST 10783,08 €/St

031.58559.M KG 351 DIN 276
Stahltreppe gewendelt, 20 Stg., Laufbreite > 130-140 cm
EP 27577,45 DM/St LA 1142,74 DM/St ST 26434,71 DM/St
EP 14100,13 €/St LA 584,27 €/St ST 13515,86 €/St

031.58560.M KG 351 DIN 276
Stahltreppe gewendelt, 22 Stg., Laufbreite > 130-140 cm
EP 30132,08 DM/St LA 1188,98 DM/St ST 28943,10 DM/St
EP 15406,29 €/St LA 607,91 €/St ST 14798,38 €/St

# LB 031 Metallbauarbeiten, Schlosserarbeiten
## Zwischenpodest Spindeltreppen, Viertelkreis; Gurtgeländer außen, vorgefertigt

AW 031

Preise 06.01

Sämtliche Preise sind **Mittelpreise ohne Mehrwertsteuer** zum Zeitpunkt des Ausgabedatums.
**Korrekturfaktoren** für Regionaleinfluss, Mengeneinfluss, Konjunktureinfluss siehe Vorspann.
**Abkürzungen:** EP = Einheitspreis, LA = Lohnanteil, ST = Stoffanteil

### Zwischenpodest Spindeltreppen, Viertelkreis

031.-----.-

|  |  |  |
|---|---|---|
| 031.63201.M | Zwischenpodest Stahl, Viertelkreisbogen, d < 140 cm | 767,03 DM/St / 392,17 €/St |
| 031.63202.M | Zwischenpodest Stahl, Viertelkreisbogen, d > 140-160 cm | 796,72 DM/St / 407,36 €/St |
| 031.63203.M | Zwischenpodest Stahl, Viertelkreisbogen, d > 160-180 cm | 862,97 DM/St / 441,23 €/St |
| 031.63204.M | Zwischenpodest Stahl, Viertelkreisbogen, d > 180-200 cm | 1133,91 DM/St / 579,76 €/St |
| 031.63205.M | Zwischenpodest Stahl, Viertelkreisbogen, d > 200-220 cm | 1439,60 DM/St / 736,05 €/St |
| 031.63206.M | Zwischenpodest Stahl, Viertelkreisbogen, d > 220-240 cm | 1547,50 DM/St / 791,23 €/St |
| 031.63207.M | Zwischenpodest Stahl, Viertelkreisbogen, d > 240-260 cm | 1666,83 DM/St / 852,24 €/St |
| 031.63208.M | Zwischenpodest Stahl, Viertelkreisbogen, d > 260-280 cm | 2107,58 DM/St / 1077,59 €/St |

**Hinweis:**
- die Auswahlpositionen für Spindeltreppen-Zwischenpodeste enthalten im Materialanteil (Stoff) industriell vorgefertigte, maßgenaue Stahlbauteile, die im Zuge der Treppenmontage auf der Baustelle lediglich zu montieren sind (Lohnanteil).

- Zwischenpodeste bei hohen Treppen (i.d.R. bei mehr als 18 Steigungen) und Austrittspodeste werden quadratisch, rechteckig, als Kreisausschnitt oder nach Zeichnung gefertigt.

031.63201.M KG 351 DIN 276
Zwischenpodest Stahl, Viertelkreisbogen, d < 140 cm
EP 767,03 DM/St  LA 50,20 DM/St  ST 716,83 DM/St
EP 392,17 €/St   LA 25,67 €/St   ST 366,50 €/St

031.63202.M KG 351 DIN 276
Zwischenpodest Stahl, Viertelkreisbogen, d > 140-160 cm
EP 796,72 DM/St  LA 54,83 DM/St  ST 741,89 M/St
EP 407,36 €/St   LA 28,03 €/St   ST 379,33 €/St

031.63203.M KG 351 DIN 276
Zwischenpodest Stahl, Viertelkreisbogen, d > 160-180 cm
EP 862,97 DM/St  LA 66,05 DM/St  ST 796,92 DM/St
EP 441,23 €/St   LA 33,77 €/St   ST 407,46 €/St

031.63204.M KG 351 DIN 276
Zwischenpodest Stahl, Viertelkreisbogen, d > 180-200 cm
EP 1133,91 DM/St LA 72,66 DM/St  ST 1061,25 DM/St
EP  579,76 €/St  LA 37,15 €/St   ST  542,61 €/St

031.63205.M KG 351 DIN 276
Zwischenpodest Stahl, Viertelkreisbogen, d > 200-220 cm
EP 1439,60 DM/St LA 79,27 DM/St  ST 1360,33 DM/St
EP  736,05 €/St  LA 40,53 €/St   ST  695,52 €/St

031.63206.M KG 351 DIN 276
Zwischenpodest Stahl, Viertelkreisbogen, d > 220-240 cm
EP 1547,50 DM/St LA 85,87 DM/St  ST 1461,63 DM/St
EP  791,23 €/St  LA 43,91 €/St   ST  747,32 €/St

031.63207.M KG 351 DIN 276
Zwischenpodest Stahl, Viertelkreisbogen, d > 240-260 cm
EP 1666,83 DM/St LA 99,09 DM/St  ST 1567,74 DM/St
EP  852,24 €/St  LA 50,66 €/St   ST  801,58 €/St

031.63208.M KG 351 DIN 276
Zwischenpodest Stahl, Viertelkreisbogen, d > 260-280 cm
EP 2107,58 DM/St LA 105,69 DM/St ST 2001,89 DM/St
EP 1077,59 €/St  LA  54,04 €/St  ST 1023,55 €/St

### Gurtgeländer, innen, vorgefertigt

031.-----.-

|  |  |  |
|---|---|---|
| 031.70101.M | Gurtgeländer, Stahlr., 200N/m, h=1,05m, l=2,55m, innen | 428,32 DM/St / 219,00 €/St |
| 031.70102.M | Gurtgeländer, Stahlr., 200N/m, h=1,05m, l=3,85m, innen | 623,08 DM/St / 318,57 €/St |
| 031.70103.M | Gurtgeländer, Stahlr., 300N/m, h=1,05m, l=2,55m, innen | 480,54 DM/St / 245,70 €/St |
| 031.70104.M | Gurtgeländer, Stahlr., 300N/m, h=1,05m, l=3,85m, innen | 696,43 DM/St / 356,08 €/St |
| 031.70105.M | Gurtgeländer, Stahlr., 500N/m, h=1,15m, l=2,55m, innen | 637,35 DM/St / 325,87 €/St |
| 031.70106.M | Gurtgeländer, Stahlr., 500N/m, h=1,15m, l=3,85m, innen | 928,34 DM/St / 474,65 €/St |

031.70101.M KG 359 DIN 276
Gurtgeländer, Stahlr., 200N/m, h=1,05m, l=2,55m, innen
EP 428,32 DM/St  LA 109,98 DM/St ST 319,34 DM/St
EP 219,00 €/St   LA  55,72 €/St  ST 163,28 €/St

031.70102.M KG 359 DIN 276
Gurtgeländer, Stahlr., 200N/m, h=1,05m, l=3,85m, innen
EP 623,08 DM/St  LA 158,53 DM/St ST 464,55 DM/St
EP 318,57 €/St   LA  81,05 €/St  ST 237,52 €/St

031.70103.M KG 359 DIN 276
Gurtgeländer, Stahlr., 300N/m, h=1,05m, l=2,55m, innen
EP 480,54 DM/St  LA 125,51 DM/St ST 355,03 DM/St
EP 245,70 €/St   LA  64,17 €/St  ST 181,53 €/St

031.70104.M KG 359 DIN 276
Gurtgeländer, Stahlr., 300N/m, h=1,05m, l=3,85m, innen
EP 696,43 DM/St  LA 178,35 DM/St ST 518,08 DM/St
EP 356,08 €/St   LA  91,19 €/St  ST 264,89 €/St

031.70105.M KG 359 DIN 276
Gurtgeländer, Stahlr., 500N/m, h=1,15m, l=2,55m, innen
EP 637,35 DM/St  LA 145,32 DM/St ST 492,03 DM/St
EP 325,87 €/St   LA  74,30 €/St  ST 251,57 €/St

031.70106.M KG 359 DIN 276
Gurtgeländer, Stahlr., 500N/m, h=1,15m, l=3,85m, innen
EP 928,34 DM/St  LA 204,77 DM/St ST 723,57 DM/St
EP 474,65 €/St   LA 104,69 €/St  ST 369,96 €/St

AW 031

Preise 06.01

## LB 031 Metallbauarbeiten, Schlosserarbeiten
### Gurtgeländer Industrietreppen, vorgefertigt; Gurt- und Füllungsgeländer

Sämtliche Preise sind **Mittelpreise ohne Mehrwertsteuer** zum Zeitpunkt des Ausgabedatums.
**Korrekturfaktoren** für Regionaleinfluss, Mengeneinfluss, Konjunktureinfluss siehe Vorspann.
**Abkürzungen:** EP = Einheitspreis, LA = Lohnanteil, ST = Stoffanteil

### Gurtgeländer, außen, vorgefertigt

031.-----.-

|  |  |  |
|---|---|---|
| 031.70107.M | Gurtgeländer, Stahlr., 200N/m, h=1,05m, l=2,55m, außen | 506,96 DM/St / 259,21 €/St |
| 031.70108.M | Gurtgeländer, Stahlr., 200N/m, h=1,05m, l=3,85m, außen | 726,15 DM/St / 371,28 €/St |
| 031.70109.M | Gurtgeländer, Stahlr., 300N/m, h=1,05m, l=2,55m, außen | 569,62 DM/St / 291,24 €/St |
| 031.70110.M | Gurtgeländer, Stahlr., 300N/m, h=1,05m, l=3,85m, außen | 815,69 DM/St / 417,06 €/St |
| 031.70111.M | Gurtgeländer, Stahlr., 500N/m, h=1,15m, l=2,55m, außen | 745,03 DM/St / 380,93 €/St |
| 031.70112.M | Gurtgeländer, Stahlr., 500N/m, h=1,15m, l=3,85m, außen | 1068,14 DM/St / 546,13 €/St |

**031.70107.M**    KG 359 DIN 276
Gurtgeländer, Stahlr., 200N/m, h=1,05m, l=2,55m, außen
EP 506,96 DM/St    LA 151,93 DM/St    ST 355,03 DM/St
EP 259,21 €/St    LA 77,68 €/St    ST 181,53 €/St

**031.70108.M**    KG 359 DIN 276
Gurtgeländer, Stahlr., 200N/m, h=1,05m, l=3,85m, außen
EP 726,15 DM/St    LA 208,07 DM/St    ST 518,08 DM/St
EP 371,28 €/St    LA 106,39 €/St    ST 264,89 €/St

**031.70109.M**    KG 359 DIN 276
Gurtgeländer, Stahlr., 300N/m, h=1,05m, l=2,55m, außen
EP 569,62 DM/St    LA 175,04 DM/St    ST 394,58 DM/St
EP 291,24 €/St    LA 89,50 €/St    ST 201,74 €/St

**031.70110.M**    KG 359 DIN 276
Gurtgeländer, Stahlr., 300N/m, h=1,05m, l=3,85m, außen
EP 815,69 DM/St    LA 237,80 DM/St    ST 577,89 DM/St
EP 417,06 €/St    LA 121,58 €/St    ST 295,48 €/St

**031.70111.M**    KG 359 DIN 276
Gurtgeländer, Stahlr., 500N/m, h=1,15m, l=2,55m, außen
EP 745,03 DM/St    LA 204,77 DM/St    ST 540,26 DM/St
EP 380,93 €/St    LA 104,69 €/St    ST 276,24 €/St

**031.70112.M**    KG 359 DIN 276
Gurtgeländer, Stahlr., 500N/m, h=1,15m, l=3,85m, außen
EP 1068,14 DM/St    LA 274,13 DM/St    ST 794,01 DM/St
EP 546,13 €/St    LA 140,16 €/St    ST 405,97 €/St

### Gurt- und Füllungsgeländer

031.-----.-

|  |  |  |
|---|---|---|
| 031.70201.M | Füllungsgeländer, quadr. Stahlrohr, Rundstahlstäbe | 252,62 DM/m / 129,17 €/m |
| 031.70202.M | Füllungsgeländer, rundes Stahlrohr, Rundstahlstäbe | 271,43 DM/m / 138,78 €/m |
| 031.70203.M | Füllungsgeländer, rundes Alu-Rohr, Alustäbe | 360,78 DM/m / 184,47 €/m |
| 031.70204.M | Füllungsgeländer, rundes Alu-Rohr, Drahtglas | 382,98 DM/m / 195,81 €/m |
| 031.70205.M | Füllungsgeländer, Rechteckstahlstäbe, handgeschmiedet | 469,74 DM/m / 240,17 €/m |
| 031.70301.M | Füllungsgeländer, rundes Edelstahlrohr, -flachstahl | 365,49 DM/m / 186,87 €/m |

**Hinweis:**
– Bei Abrechnung nach Gewicht
   Mittelpreis Stahlbauteile 8,95 DM/kg, 4,55 €/kg
– Einfache Treppengeländer und Außengeländer
   in Flachstahlausführung ab 197,35 DM/m (22,0 kg/m)
   100,90 €/m
– Einfache Treppengeländer und Außengeländer
   in Aluminiumausführung ab 262,45 DM/m, 134,20 €/m

**031.70201.M**    KG 359 DIN 276
Füllungsgeländer, quadr. Stahlrohr, Rundstahlstäbe
EP 252,62 DM/m    LA 163,81 DM/m    ST 88,81 DM/m
EP 129,17 €/m    LA 83,75 €/m    ST 45,42 €/m

**031.70202.M**    KG 359 DIN 276
Füllungsgeländer, rundes Stahlrohr, Rundstahlstäbe
EP 271,43 DM/m    LA 200,80 DM/m    ST 70,63 DM/m
EP 138,78 €/m    LA 102,67 €/m    ST 36,11 €/m

**031.70203.M**    KG 359 DIN 276
Füllungsgeländer, rundes Alu-Rohr, Alustäbe
EP 360,78 DM/m    LA 226,57 DM/m    ST 134,21 DM/m
EP 184,47 €/m    LA 115,84 €/m    ST 68,63 €/m

**031.70204.M**    KG 359 DIN 276
Füllungsgeländer, rundes Alu-Rohr, Drahtglas
EP 382,98 DM/m    LA 226,57 DM/m    ST 156,41 DM/m
EP 195,81 €/m    LA 115,84 €/m    ST 79,97 €/m

**031.70205.M**    KG 359 DIN 276
Füllungsgeländer, Rechteckstahlstäbe, handgeschmiedet
EP 469,74 DM/m    LA 337,54 DM/m    ST 132,20 DM/m
EP 240,17 €/m    LA 172,58 €/m    ST 67,59 €/m

**031.70301.M**    KG 359 DIN 276
Füllungsgeländer, rundes Edelstahlrohr, -flachstahl
EP 365,49 DM/m    LA 263,55 DM/m    ST 101,94 DM/m
EP 186,87 €/m    LA 134,75 €/m    ST 52,12 €/m

# LB 031 Metallbauarbeiten, Schlosserarbeiten
## Handläufe; Leitern: aus Stahl; aus Aluminium

AW 031

Preise 06.01

Sämtliche Preise sind **Mittelpreise ohne Mehrwertsteuer** zum Zeitpunkt des Ausgabedatums.
**Korrekturfaktoren** für Regionaleinfluss, Mengeneinfluss, Konjunktureinfluss siehe Vorspann.
**Abkürzungen:** EP = Einheitspreis, LA = Lohnanteil, ST = Stoffanteil

### Handläufe

031.-----.-

|  |  |  |
|---|---|---|
| 031.72101.M | Handlauf mit Konsolen, Stahlrohr, feuerverzinkt | 82,29 DM/m / 42,08 €/m |
| 031.73101.M | Handlauf Flachstahl + PVC-Profil | 53,68 DM/m / 27,44 €/m |
| 031.73102.M | Handlauf Stahlrohr | 56,37 DM/m / 28,82 €/m |
| 031.73103.M | Handlauf V2A-Stahl | 236,04 DM/m / 120,69 €/m |

**031.72101.M** KG 359 DIN 276
Handlauf mit Konsolen, Stahlrohr, feuerverzinkt
EP 82,29 DM/m   LA 34,35 DM/m   ST 47,94 DM/m
EP 42,08 €/m    LA 17,56 €/m    ST 24,52 €/m

**031.73101.M** KG 359 DIN 276
Handlauf Flachstahl + PVC-Profil
EP 53,68 DM/m   LA 25,63 DM/m   ST 28,05 DM/m
EP 27,44 €/m    LA 13,11 €/m    ST 14,33 €/m

**031.73102.M** KG 359 DIN 276
Handlauf Stahlrohr
EP 56,37 DM/m   LA 29,33 DM/m   ST 27,04 DM/m
EP 28,82 €/m    LA 15,00 €/m    ST 13,82 €/m

**031.73103.M** KG 359 DIN 276
Handlauf V2A-Stahl
EP 236,04 DM/m  LA 59,45 DM/m   ST 176,59 DM/m
EP 120,69 €/m   LA 30,40 €/m    ST  90,29 €/m

### Leitern aus Stahl

031.-----.-

|  |  |  |
|---|---|---|
| 031.76101.M | Kaminkehrerleiter mit Rückenschutz, 5 m | 1252,50 DM/St / 640,39 €/St |
| 031.76102.M | Notabstiegsleiter mit Rückenschutz, 5 m | 1941,13 DM/St / 992,48 €/St |

**Hinweis:** Bei anderen Längen von Notabstiegsleitern mit Rückenschutz kann mit einem Mittelpreis von 390,30 DM/m, 199,56 €/m gerechnet werden.

**Hinweis:** Bei anderen Längen von Kaminkehrerleitern mit Rückenschutz kann mit einem Mittelpreis von 251,70 DM/m, 128,70 €/m gerechnet werden.

**031.76101.M** KG 359 DIN 276
Kaminkehrerleiter mit Rückenschutz, 5 m
EP 1252,50 DM/St  LA 808,02 DM/St   ST 444,48 DM/St
EP  640,39 €/St   LA 413,14 €/St    ST 227,25 €/St

**031.76102.M** KG 359 DIN 276
Notabstiegsleiter mit Rückenschutz, 5 m
EP 1941,13 DM/St  LA 1333,89 DM/St  ST 607,24 DM/St
EP  992,48 €/St   LA  682,01 €/St   ST 310,47 €/St

### Leitern aus Aluminium

031.-----.-

|  |  |  |
|---|---|---|
| 031.76201.M | Steigleiter aus Aluminium, ohne Rückensch., 1,80-2,00 m | 310,75 DM/St / 158,88 €/St |
| 031.76202.M | Steigleiter aus Aluminium, ohne Rückensch., 2,80-3,00 m | 477,45 DM/St / 244,12 €/St |
| 031.76203.M | Steigleiter aus Aluminium, ohne Rückensch., 3,80-4,20 m | 642,35 DM/St / 328,43 €/St |
| 031.76204.M | Steigleiter aus Aluminium, mit Rückensch., 5,00 m | 1209,31 DM/St / 618,31 €/St |
| 031.76205.M | Steigleiter aus Aluminium, mit Rückensch., 10,00 m | 3311,95 DM/St / 1693,37 €/St |
| 031.76206.M | Steigleiter aus Aluminium, mit Rückensch., 15,00 m | 6053,46 DM/St / 3095,09 €/St |
| 031.79001.M | Rückenschutz f. ortsfeste Leiter, Aluminium, 2,00 m | 505,75 DM/St / 258,59 €/St |
| 031.79002.M | Rückenschutz f. ortsfeste Leiter, Aluminium, 2,80-3,00m | 735,44 DM/St / 376,02 €/St |
| 031.79003.M | Rückenschutz f. ortsfeste Leiter, Aluminium, 3,80-4,20m | 1017,20 DM/St / 520,09 €/St |
| 031.79004.M | Rückenschutz f. ortsfeste Leiter, Aluminium, 5,00 m | 1330,76 DM/St / 680,41 €/St |
| 031.79005.M | Rückenschutz f. ortsfeste Leiter, Aluminium, 10,00 m | 2770,42 DM/St / 1416,49 €/St |
| 031.79006.M | Rückenschutz f. ortsfeste Leiter, Aluminium, 15,00 m | 4162,73 DM/St / 2128,37 €/St |

**Hinweis:** Bei anderen Längen von Rückenschutz für ortsfeste Leiter aus Aluminium kann mit einem Mittelpreis von 278,80 DM/m, 142,55 €/m gerechnet werden.

**031.76201.M** KG 359 DIN 276
Steigleiter aus Aluminium, ohne Rückensch., 1,80-2,00 m
EP 310,75 DM/St   LA 51,31 DM/St   ST 259,44 DM/St
EP 158,88 €/St    LA 26,23 €/St    ST 132,65 €/St

**031.76202.M** KG 359 DIN 276
Steigleiter aus Aluminium, ohne Rückensch., 2,80-3,00 m
EP 477,45 DM/St   LA 89,78 DM/St   ST 387,67 DM/St
EP 244,12 €/St    LA 45,91 €/St    ST 198,21 €/St

**031.76203.M** KG 359 DIN 276
Steigleiter aus Aluminium, ohne Rückensch., 3,80-4,20 m
EP 642,35 DM/St   LA 109,02 DM/St  ST 533,33 DM/St
EP 328,43 €/St    LA  55,74 €/St   ST 272,69 €/St

**031.76204.M** KG 359 DIN 276
Steigleiter aus Aluminium, mit Rückensch., 5,00 m
EP 1209,31 DM/St  LA 147,50 DM/St  ST 1061,81 DM/St
EP  618,31 €/St   LA  75,42 €/St   ST  542,89 €/St

**031.76205.M** KG 359 DIN 276
Steigleiter aus Aluminium, mit Rückensch., 10,00 m
EP 3311,95 DM/St  LA 609,23 DM/St  ST 2702,72 DM/St
EP 1693,37 €/St   LA 311,49 €/St   ST 1381,88 €/St

**031.76206.M** KG 359 DIN 276
Steigleiter aus Aluminium, mit Rückensch., 15,00 m
EP 6053,46 DM/St  LA 1026,06 DM/St ST 5027,40 DM/St
EP 3095,09 €/St   LA  524,62 €/St  ST 2570,47 €/St

**031.79001.M** KG 359 DIN 276
Rückenschutz f. ortsfeste Leiter, Aluminium, 2,00 m
EP 505,75 DM/St   LA 96,19 DM/St   ST 409,56 DM/St
EP 258,59 €/St    LA 49,18 €/St    ST 209,41 €/St

**031.79002.M** KG 359 DIN 276
Rückenschutz f. ortsfeste Leiter, Aluminium, 2,80-3,00m
EP 735,44 DM/St   LA 141,08 DM/St  ST 594,36 DM/St
EP 376,02 €/St    LA  72,13 €/St   ST 303,89 €/St

**031.79003.M** KG 359 DIN 276
Rückenschutz f. ortsfeste Leiter, Aluminium, 3,80-4,20m
EP 1017,20 DM/St  LA 198,80 DM/St  ST 818,40 DM/St
EP  520,09 €/St   LA 101,64 €/St   ST 418,45 €/St

**031.79004.M** KG 359 DIN 276
Rückenschutz f. ortsfeste Leiter, Aluminium, 5,00 m
EP 1330,76 DM/St  LA 307,82 DM/St  ST 1022,94 DM/St
EP  680,41 €/St   LA 157,39 €/St   ST  523,02 €/St

**031.79005.M** KG 359 DIN 276
Rückenschutz f. ortsfeste Leiter, Aluminium, 10,00 m
EP 2770,42 DM/St  LA 724,66 DM/St  ST 2045,76 DM/St
EP 1416,49 €/St   LA 370,51 €/St   ST 1045,98 €/St

**031.79006.M** KG 359 DIN 276
Rückenschutz f. ortsfeste Leiter, Aluminium, 15,00 m
EP 4162,73 DM/St  LA 1090,19 DM/St ST 3072,54 DM/St
EP 2128,37 €/St   LA  557,41 €/St  ST 1570,96 €/St

# LB 031 Metallbauarbeiten, Schlosserarbeiten
## Kellerfenster, einflügelig, Stahl

Sämtliche Preise sind **Mittelpreise ohne Mehrwertsteuer** zum Zeitpunkt des Ausgabedatums.
**Korrekturfaktoren** für Regionaleinfluss, Mengeneinfluss, Konjunktureinfluss siehe Vorspann..
**Abkürzungen:** EP = Einheitspreis, LA = Lohnanteil, ST = Stoffanteil

### Kellerfenster, einflügelig, Stahl

031.-----.-

|  |  |  |
|---|---|---|
| 031.80301.M | Kellerfenster 500 x 375, Stahl, 1-fl. | 93,44 DM/St / 47,78 €/St |
| 031.80302.M | Kellerfenster 500 x 500, Stahl, 1-fl. | 104,90 DM/St / 53,64 €/St |
| 031.80303.M | Kellerfenster 500 x 500, 1-fl., Meaplast B | 124,40 DM/St / 63,60 €/St |
| 031.80304.M | Kellerfenster 500 x 500, 1-fl., Schöck-Inset | 202,50 DM/St / 103,54 €/St |
| 031.80305.M | Kellerfenster 600 x 500, Stahl, 1-fl. | 120,50 DM/St / 61,61 €/St |
| 031.80306.M | Kellerfenster 625 x 375, Stahl, 1-fl. | 103,28 DM/St / 52,81 €/St |
| 031.80307.M | Kellerfenster 625 x 500, Stahl, 1-fl. | 124,81 DM/St / 63,81 €/St |
| 031.80308.M | Kellerfenster 750 x 500, Stahl, 1-fl. | 141,25 DM/St / 72,22 €/St |
| 031.80309.M | Kellerfenster 750 x 500, 1-fl., Meaplast B | 164,21 DM/St / 83,96 €/St |
| 031.80310.M | Kellerfenster 750 x 500, 1-fl., Schöck-Inset | 243,94 DM/St / 124,72 €/St |
| 031.80311.M | Kellerfenster 800 x 400, 1-fl., Meaplast B | 147,15 DM/St / 75,24 €/St |
| 031.80312.M | Kellerfenster 800 x 400, 1-fl., Schöck-Inpor S 2000 | 183,96 DM/St / 94,06 €/St |
| 031.80313.M | Kellerfenster 800 x 500, 1-fl., Schöck-Inpor S 2000 | 218,12 DM/St / 111,52 €/St |
| 031.80314.M | Kellerfenster 800 x 600, Stahl, 1-fl. | 175,84 DM/St / 89,90 €/St |
| 031.80315.M | Kellerfenster 800 x 600, 1-fl., Meaplast B | 202,60 DM/St / 103,59 €/St |
| 031.80316.M | Kellerfenster 800 x 600, 1-fl., Schöck-Inpor S 2000 | 239,94 DM/St / 122,68 €/St |
| 031.80317.M | Kellerfenster 875 x 500, Stahl, 1-fl. | 156,88 DM/St / 80,21 €/St |
| 031.80318.M | Kellerfenster 875 x 625, Stahl, 1-fl. | 187,94 DM/St / 96,09 €/St |

**Hinweise:**
EP einschl. Verglasung und Gitter

Kellerfenster und Waschküchenfenster aus Stahl siehe auch LB 012 Mauerarbeiten.

**Hinweis** zu Pos. 031.80304 und 031.80310: Der Rahmen aus Glasfaserbeton vereinfacht den Einbau und ergibt Einsparungen in den Leistungsbereichen 012 Mauerarbeiten und 023 Putzarbeiten.

**Hinweis** zu Pos. 031.80312, 031.80313 und 031.80316: Die Einbettung des Fensters in Styroporschalung vereinfacht den Einbau und ergibt fix-fertig ausgeformte Leibungen samt unterer Fensterbank. Dadurch ergeben sich Einsparungen im Leistungsbereich Beton- und Stahlbetonarbeiten. Das Stahlfenster ist in einer Schutzfolie eingeschweißt.

**Hinweis:** F = Verglasung mit Fensterglas F,
IV = Verglasung mit Mehrscheiben-Isolierglas aus 2 x F

031.80301.M KG 334 DIN 276
Kellerfenster 500 x 375, Stahl, 1-fl.
EP 93,44 DM/St   LA 15,78 DM/St   ST 77,66 DM/St
EP 47,78 €/St    LA  8,07 €/St    ST 39,71 €/St

031.80302.M KG 334 DIN 276
Kellerfenster 500 x 500, Stahl, 1-fl.
EP 104,90 DM/St  LA 17,83 DM/St   ST 87,07 DM/St
EP  53,64 €/St   LA  9,12 €/St    ST 44,52 €/St

031.80303.M KG 334 DIN 276
Kellerfenster 500 x 500, 1-fl., Meaplast B
EP 124,40 DM/St  LA 14,56 DM/St   ST 109,84 DM/St
EP  63,60 €/St   LA  7,44 €/St    ST  56,16 €/St

031.80304.M KG 334 DIN 276
Kellerfenster 500 x 500, 1-fl., Schöck-Inset
EP 202,50 DM/St  LA 21,42 DM/St   ST 181,08 DM/St
EP 103,54 €/St   LA 10,95 €/St    ST  92,59 €/St

031.80305.M KG 334 DIN 276
Kellerfenster 600 x 500, Stahl, 1-fl.
EP 120,50 DM/St  LA 20,07 DM/St   ST 100,43 DM/St
EP  61,61 €/St   LA 10,26 €/St    ST  51,35 €/St

031.80306.M KG 334 DIN 276
Kellerfenster 625 x 375, Stahl, 1-fl.
EP 103,28 DM/St  LA 17,19 DM/St   ST 86,09 DM/St
EP  52,81 €/St   LA  8,79 €/St    ST 44,02 €/St

031.80307.M KG 334 DIN 276
Kellerfenster 625 x 500, Stahl, 1-fl.
EP 124,81 DM/St  LA 20,91 DM/St   ST 103,90 DM/St
EP  63,81 €/St   LA 10,69 €/St    ST  53,12 €/St

031.80308.M KG 334 DIN 276
Kellerfenster 750 x 500, Stahl, 1-fl.
EP 141,25 DM/St  LA 22,51 DM/St   ST 118,74 DM/St
EP  72,22 €/St   LA 11,51 €/St    ST  60,71 €/St

031.80309.M KG 334 DIN 276
Kellerfenster 750 x 500, 1-fl., Meaplast B
EP 164,21 DM/St  LA 17,76 DM/St   ST 146,45 DM/St
EP  83,96 €/St   LA  9,08 €/St    ST  74,88 €/St

031.80310.M KG 334 DIN 276
Kellerfenster 750 x 500, 1-fl., Schöck-Inset
EP 243,94 DM/St  LA 23,27 DM/St   ST 220,67 DM/St
EP 124,72 €/St   LA 11,90 €/St    ST 112,82 €/St

031.80311.M KG 334 DIN 276
Kellerfenster 800 x 400, 1-fl., Meaplast B
EP 147,15 DM/St  LA 16,54 DM/St   ST 130,61 DM/St
EP  75,24 €/St   LA  8,46 €/St    ST  66,78 €/St

031.80312.M KG 334 DIN 276
Kellerfenster 800 x 400, 1-fl., Schöck-Inpor S 2000
EP 183,96 DM/St  LA 30,59 DM/St   ST 153,37 DM/St
EP  94,06 €/St   LA 15,64 €/St    ST  78,42 €/St

031.80313.M KG 334 DIN 276
Kellerfenster 800 x 500, 1-fl., Schöck-Inpor S 2000
EP 218,12 DM/St  LA 31,61 DM/St   ST 186,51 DM/St
EP 111,52 €/St   LA 16,16 €/St    ST  95,36 €/St

031.80314.M KG 334 DIN 276
Kellerfenster 800 x 600, Stahl, 1-fl.
EP 175,84 DM/St  LA 26,42 DM/St   ST 149,42 DM/St
EP  89,90 €/St   LA 13,51 €/St    ST  76,39 €/St

031.80315.M KG 334 DIN 276
Kellerfenster 800 x 600, 1-fl., Meaplast B
EP 202,60 DM/St  LA 22,51 DM/St   ST 180,09 DM/St
EP 103,59 €/St   LA 11,51 €/St    ST  92,08 €/St

031.80316.M KG 334 DIN 276
Kellerfenster 800 x 600, 1-fl., Schöck-Inpor S 2000
EP 239,94 DM/St  LA 34,12 DM/St   ST 205,82 DM/St
EP 122,68 €/St   LA 17,45 €/St    ST 105,23 €/St

031.80317.M KG 334 DIN 276
Kellerfenster 875 x 500, Stahl, 1-fl.
EP 156,88 DM/St  LA 25,27 DM/St   ST 131,61 DM/St
EP  80,21 €/St   LA 12,92 €/St    ST  67,29 €/St

031.80318.M KG 334 DIN 276
Kellerfenster 875 x 625, Stahl, 1-fl.
EP 187,94 DM/St  LA 29,63 DM/St   ST 158,31 DM/St
EP  96,09 €/St   LA 15,15 €/St    ST  80,94 €/St

# LB 031 Metallbauarbeiten, Schlosserarbeiten
## Kellerfenster, einflügelig, Kunststoff

AW 031

Preise 06.01

Sämtliche Preise sind **Mittelpreise ohne Mehrwertsteuer** zum Zeitpunkt des Ausgabedatums.
**Korrekturfaktoren** für Regionaleinfluss, Mengeneinfluss, Konjunktureinfluss siehe Vorspann.
**Abkürzungen:** EP = Einheitspreis, LA = Lohnanteil, ST = Stoffanteil

### Kellerfenster, einflügelig, Kunststoff

031.-----.-

|  |  |  |
|---|---|---|
| 031.80319.M | Kellerfenster 750 x 500, 1-fl., Kipp, Mealuxit F | 234,91 DM/St<br>120,11 €/St |
| 031.80320.M | Kellerfenster 750 x 500, 1-fl., Kipp, Mealuxit IV | 272,64 DM/St<br>139,40 €/St |
| 031.80321.M | Kellerfenster 800 x 600, 1-fl., Kipp, Meadur F | 184,01 DM/St<br>94,08 €/St |
| 031.80322.M | Kellerfenster 800 x 600, 1-fl., Kipp, Meadur IV | 221,18 DM/St<br>113,09 €/St |
| 031.80323.M | Kellerfenster 1000 x 500, 1-fl., Kipp, Meadur F | 188,84 DM/St<br>96,55 €/St |
| 031.80324.M | Kellerfenster 1000 x 500, 1-fl., Kipp, Meadur IV | 233,62 DM/St<br>119,45 €/St |
| 031.80325.M | Kellerfenster 1000 x 500, 1-fl., Kipp, Mealuxit F | 275,87 DM/St<br>141,05 €/St |
| 031.80326.M | Kellerfenster 1000 x 500, 1-fl., Kipp, Mealuxit IV | 322,37 DM/St<br>164,82 €/St |
| 031.80327.M | Kellerfenster 1000 x 750, 1-fl., Kipp, Mealuxit F | 328,20 DM/St<br>167,81 €/St |
| 031.80328.M | Kellerfenster 1000 x 750, 1-fl., Kipp, Mealuxit IV | 383,39 DM/St<br>196,03 €/St |
| 031.80329.M | Kellerfenster 1000 x 750, 1-fl., Drehkipp, Mealuxit IV | 534,93 DM/St<br>273,50 €/St |
| 031.80330.M | Kellerfenster 1000 x 1000, 1-fl., Kipp, Meadur F | 244,88 DM/St<br>125,21 €/St |
| 031.80331.M | Kellerfenster 1000 x 1000, 1-fl., Kipp, Meadur IV | 322,45 DM/St<br>164,87 €/St |
| 031.80332.M | Kellerfenster 1000 x 1000, 1-fl., Drehkipp, Meadur IV | 432,78 DM/St<br>221,28 €/St |
| 031.80333.M | Kellerfenster 1000 x 1000, 1-fl., Drehkipp, Mealuxit IV | 562,73 DM/St<br>287,72 €/St |
| 031.80334.M | Kellerfenster 1250 x 1000, 1-fl., Drehkipp, Meadur IV | 514,77 DM/St<br>263,20 €/St |
| 031.80335.M | Kellerfenster 1250 x 1000, 1-fl., Drehkipp, Mealuxit IV | 635,79 DM/St<br>325,07 €/St |

---

**031.80319.M** KG 334 DIN 276
Kellerfenster 750 x 500, 1-fl., Kipp, Mealuxit F
EP 234,91 DM/St  LA 18,21 DM/St  ST 216,70 DM/St
EP 120,11 €/St  LA 9,31 €/St  ST 110,80 €/St

**031.80320.M** KG 334 DIN 276
Kellerfenster 750 x 500, 1-fl., Kipp, Mealuxit IV
EP 272,64 DM/St  LA 18,35 DM/St  ST 254,29 DM/St
EP 139,40 €/St  LA 9,38 €/St  ST 130,22 €/St

**031.80321.M** KG 334 DIN 276
Kellerfenster 800 x 600, 1-fl., Kipp, Meadur F
EP 184,01 DM/St  LA 26,68 DM/St  ST 157,33 DM/St
EP 94,08 €/St  LA 13,64 €/St  ST 80,44 €/St

**031.80322.M** KG 334 DIN 276
Kellerfenster 800 x 600, 1-fl., Kipp, Meadur IV
EP 221,18 DM/St  LA 26,74 DM/St  ST 194,44 DM/St
EP 113,09 €/St  LA 13,67 €/St  ST 99,42 €/St

**031.80323.M** KG 334 DIN 276
Kellerfenster 1000 x 500, 1-fl., Kipp, Meadur F
EP 188,84 DM/St  LA 30,52 DM/St  ST 158,32 DM/St
EP 96,55 €/St  LA 15,61 €/St  ST 80,94 €/St

**031.80324.M** KG 334 DIN 276
Kellerfenster 1000 x 500, 1-fl., Kipp, Meadur IV
EP 233,62 DM/St  LA 30,78 DM/St  ST 202,84 DM/St
EP 119,45 €/St  LA 15,74 €/St  ST 103,71 €/St

**031.80325.M** KG 334 DIN 276
Kellerfenster 1000 x 500, 1-fl., Kipp, Mealuxit F
EP 275,87 DM/St  LA 20,58 DM/St  ST 255,29 DM/St
EP 141,05 €/St  LA 10,52 €/St  ST 130,53 €/St

**031.80326.M** KG 334 DIN 276
Kellerfenster 1000 x 500, 1-fl., Kipp, Mealuxit IV
EP 322,37 DM/St  LA 20,58 DM/St  ST 301,79 DM/St
EP 164,82 €/St  LA 10,52 €/St  ST 154,30 €/St

**031.80327.M** KG 334 DIN 276
Kellerfenster 1000 x 750, 1-fl., Kipp, Mealuxit F
EP 328,20 DM/St  LA 26,41 DM/St  ST 301,79 DM/St
EP 167,81 €/St  LA 13,51 €/St  ST 154,30 €/St

**031.80328.M** KG 334 DIN 276
Kellerfenster 1000 x 750, 1-fl., Kipp, Mealuxit IV
EP 383,39 DM/St  LA 26,68 DM/St  ST 356,71 DM/St
EP 196,03 €/St  LA 13,64 €/St  ST 182,39 €/St

**031.80329.M** KG 334 DIN 276
Kellerfenster 1000 x 750, 1-fl., Drehkipp, Mealuxit IV
EP 534,93 DM/St  LA 27,32 DM/St  ST 507,61 DM/St
EP 273,50 €/St  LA 13,97 €/St  ST 259,53 €/St

**031.80330.M** KG 334 DIN 276
Kellerfenster 1000 x 1000, 1-fl., Kipp, Meadur F
EP 244,88 DM/St  LA 34,12 DM/St  ST 210,76 DM/St
EP 125,21 €/St  LA 17,45 €/St  ST 107,76 €/St

**031.80331.M** KG 334 DIN 276
Kellerfenster 1000 x 1000, 1-fl., Kipp, Meadur IV
EP 322,45 DM/St  LA 34,50 DM/St  ST 287,95 DM/St
EP 164,87 €/St  LA 17,64 €/St  ST 147,23 €/St

**031.80332.M** KG 334 DIN 276
Kellerfenster 1000 x 1000, 1-fl., Drehkipp, Meadur IV
EP 432,78 DM/St  LA 35,02 DM/St  ST 397,76 DM/St
EP 221,28 €/St  LA 17,90 €/St  ST 203,38 €/St

**031.80333.M** KG 334 DIN 276
Kellerfenster 1000 x 1000, 1-fl., Drehkipp, Mealuxit IV
EP 562,73 DM/St  LA 40,27 DM/St  ST 522,46 DM/St
EP 287,72 €/St  LA 20,59 €/St  ST 267,13 €/St

**031.80334.M** KG 334 DIN 276
Kellerfenster 1250 x 1000, 1-fl., Drehkipp, Meadur IV
EP 514,77 DM/St  LA 37,84 DM/St  ST 476,93 DM/St
EP 263,20 €/St  LA 19,35 €/St  ST 243,85 €/St

**031.80335.M** KG 334 DIN 276
Kellerfenster 1250 x 1000, 1-fl., Drehkipp, Mealuxit IV
EP 635,79 DM/St  LA 43,09 DM/St  ST 592,70 DM/St
EP 325,07 €/St  LA 22,03 €/St  ST 303,04 €/St

AW 031

Preise 06.01

## LB 031 Metallbauarbeiten, Schlosserarbeiten
### Kellerfenster, zweiflügelig, Stahl

Sämtliche Preise sind **Mittelpreise ohne Mehrwertsteuer** zum Zeitpunkt des Ausgabedatums.
**Korrekturfaktoren** für Regionaleinfluss, Mengeneinfluss, Konjunktureinfluss siehe Vorspann.
**Abkürzungen:** EP = Einheitspreis, LA = Lohnanteil, ST = Stoffanteil

### Kellerfenster, zweiflügelig, Stahl

031.-----.-

|  |  |  |
|---|---|---|
| 031.80601.M | Kellerfenster 800 x 400, Stahl, 2-fl. | 157,91 DM/St / 80,74 €/St |
| 031.80602.M | Kellerfenster 800 x 500, 2-fl., Meaplast | 200,40 DM/St / 102,46 €/St |
| 031.80603.M | Kellerfenster 875 x 500, Stahl, 2-fl. | 171,26 DM/St / 87,56 €/St |
| 031.80604.M | Kellerfenster 875 x 625, Stahl, 2-fl. | 197,41 DM/St / 100,93 €/St |
| 031.80605.M | Kellerfenster 1000 x 500, Stahl, 2-fl. | 192,37 DM/St / 98,36 €/St |
| 031.80606.M | Kellerfenster 1000 x 500, 2-fl., Meaplast | 229,37 DM/St / 117,28 €/St |
| 031.80607.M | Kellerfenster 1000 x 500, 2-fl., Schöck-Inpor S 2000 | 251,83 DM/St / 128,76 €/St |
| 031.80608.M | Kellerfenster 1000 x 500, 2-fl., Schöck-Inset | 274,41 DM/St / 140,30 €/St |
| 031.80609.M | Kellerfenster 1000 x 600, 2-fl., Schöck-Inpor S 2000 | 295,39 DM/St / 151,03 €/St |
| 031.80610.M | Kellerfenster 1000 x 625, Stahl, 2-fl. | 224,47 DM/St / 114,77 €/St |
| 031.80611.M | Kellerfenster 1000 x 750, Stahl, 2-fl. | 277,35 DM/St / 141,81 €/St |
| 031.80612.M | Kellerfenster 1000 x 750, 2-fl., Schöck-Inset | 344,69 DM/St / 176,23 €/St |
| 031.80613.M | Kellerfenster 1000 x 800, 2-fl., Schöck-Inpor S 2000 | 321,55 DM/St / 164,41 €/St |
| 031.80614.M | Kellerfenster 1000 x 800, 2-fl., Meaplast | 322,80 DM/St / 165,05 €/St |
| 031.80615.M | Kellerfenster 1000 x 1000, Stahl, 2-fl. | 346,31 DM/St / 177,06 €/St |
| 031.80616.M | Kellerfenster 1000 x 1000, 2-fl., Meaplast | 414,67 DM/St / 212,02 €/St |
| 031.80617.M | Kellerfenster 1000 x 1000, 2-fl., Schöck-Inset | 490,05 DM/St / 250,56 €/St |

**Hinweise:**
EP einschl. Verglasung und Gitter

Kellerfenster und Waschküchenfenster aus Stahl
siehe auch LB 012 Mauerarbeiten.

**Hinweis** zu Pos. 031.80608, 031.80612 und 031.80617:
Der Rahmen aus Glasfaserbeton vereinfacht den Einbau und
ergibt Einsparungen in den Leistungsbereichen 012 Mauerarbeiten und 023 Putzarbeiten.

**Hinweis** zu Pos. 031.80607, 031.80609 und 031.80613:
Die Einbettung des Fensters in Styroporschalung vereinfacht den
Einbau und ergibt fix-fertig ausgeformte Leibungen samt unterer
Fensterbank. Dadurch ergeben sich Einsparungen im
Leistungsbereich Beton- und Stahlbetonarbeiten. Das
Stahlfenster ist in einer Schutzfolie eingeschweißt.

031.80601.M KG 334 DIN 276
Kellerfenster 800 x 400, Stahl, 2-fl.
EP 157,91 DM/St  LA 25,33 DM/St  ST 132,58 DM/St
EP  80,74 €/St   LA 12,95 €/St   ST  67,79 €/St

031.80602.M KG 334 DIN 276
Kellerfenster 800 x 500, 2-fl., MeaplaST
EP 200,40 DM/St  LA 16,35 DM/St  ST 184,05 DM/St
EP 102,46 €/St   LA  8,36 €/St   ST  94,10 €/St

031.80603.M KG 334 DIN 276
Kellerfenster 875 x 500, Stahl, 2-fl.
EP 171,26 DM/St  LA 26,29 DM/St  ST 144,97 DM/St
EP  87,56 €/St   LA 13,44 €/St   ST  74,12 €/St

031.80604.M KG 334 DIN 276
Kellerfenster 875 x 625, Stahl, 2-fl.
EP 197,41 DM/St  LA 29,18 DM/St  ST 168,23 DM/St
EP 100,93 €/St   LA 14,92 €/St   ST  86,01 €/St

031.80605.M KG 334 DIN 276
Kellerfenster 1000 x 500, Stahl, 2-fl.
EP 192,37 DM/St  LA 27,13 DM/St  ST 165,24 DM/St
EP  98,36 €/St   LA 13,87 €/St   ST  84,49 €/St

031.80606.M KG 334 DIN 276
Kellerfenster 1000 x 500, 2-fl., MeaplaST
EP 229,37 DM/St  LA 20,58 DM/St  ST 208,79 DM/St
EP 117,28 €/St   LA 10,52 €/St   ST 106,76 €/St

031.80607.M KG 334 DIN 276
Kellerfenster 1000 x 500, 2-fl., Schöck-Inpor S 2000
EP 251,83 DM/St  LA 34,62 DM/St  ST 217,21 DM/St
EP 128,76 €/St   LA 17,70 €/St   ST 111,06 €/St

031.80608.M KG 334 DIN 276
Kellerfenster 1000 x 500, 2-fl., Schöck-Inset
EP 274,41 DM/St  LA 26,04 DM/St  ST 248,37 DM/St
EP 140,30 €/St   LA 13,31 €/St   ST 126,99 €/St

031.80609.M KG 334 DIN 276
Kellerfenster 1000 x 600, 2-fl., Schöck-Inpor S 2000
EP 295,39 DM/St  LA 35,65 DM/St  ST 259,74 DM/St
EP 151,03 €/St   LA 18,23 €/St   ST 132,80 €/St

031.80610.M KG 334 DIN 276
Kellerfenster 1000 x 625, Stahl, 2-fl.
EP 224,47 DM/St  LA 32,52 DM/St  ST 191,95 DM/St
EP 114,77 €/St   LA 16,63 €/St   ST  98,14 €/St

031.80611.M KG 334 DIN 276
Kellerfenster 1000 x 750, Stahl, 2-fl.
EP 277,35 DM/St  LA 35,92 DM/St  ST 241,43 DM/St
EP 141,81 €/St   LA 18,36 €/St   ST 123,45 €/St

031.80612.M KG 334 DIN 276
Kellerfenster 1000 x 750, 2-fl., Schöck-Inset
EP 344,69 DM/St  LA 32,00 DM/St  ST 312,69 DM/St
EP 176,23 €/St   LA 16,36 €/St   ST 159,87 €/St

031.80613.M KG 334 DIN 276
Kellerfenster 1000 x 800, 2-fl., Schöck-Inpor S 2000
EP 321,55 DM/St  LA 37,06 DM/St  ST 284,49 DM/St
EP 164,41 €/St   LA 18,95 €/St   ST 145,46 €/St

031.80614.M KG 334 DIN 276
Kellerfenster 1000 x 800, 2-fl., MeaplaST
EP 322,80 DM/St  LA 23,98 DM/St  ST 298,82 DM/St
EP 165,05 €/St   LA 12,26 €/St   ST 152,79 €/St

031.80615.M KG 334 DIN 276
Kellerfenster 1000 x 1000, Stahl, 2-fl.
EP 346,31 DM/St  LA 37,58 DM/St  ST 308,73 DM/St
EP 177,06 €/St   LA 19,21 €/St   ST 157,85 €/St

031.80616.M KG 334 DIN 276
Kellerfenster 1000 x 1000, 2-fl., MeaplaST
EP 414,67 DM/St  LA 38,67 DM/St  ST 376,00 DM/St
EP 212,02 €/St   LA 19,77 €/St   ST 192,25 €/St

031.80617.M KG 334 DIN 276
Kellerfenster 1000 x 1000, 2-fl., Schöck-Inset
EP 490,05 DM/St  LA 39,83 DM/St  ST 450,22 DM/St
EP 250,56 €/St   LA 20,36 €/St   ST 230,20 €/St

# LB 031 Metallbauarbeiten, Schlosserarbeiten
## Waschküchenfenster: zweiflügelig, Stahl; Kunststoff; Gitterroste

AW 031

Preise 06.01

Sämtliche Preise sind **Mittelpreise ohne Mehrwertsteuer** zum Zeitpunkt des Ausgabedatums.
**Korrekturfaktoren** für Regionaleinfluss, Mengeneinfluss, Konjunktureinfluss siehe Vorspann.
**Abkürzungen:** EP = Einheitspreis, LA = Lohnanteil, ST = Stoffanteil

### Waschküchenfenster, zweiflügelig, Stahl

031.-----.- 

|  |  |  |
|---|---|---|
| 031.81601.M | Waschküchenfenster 800 x 600, Stahl, 2-fl. | 162,40 DM/St / 83,03 €/St |
| 031.81602.M | Waschküchenfenster 800 x 800, Stahl, 2-fl. | 248,16 DM/St / 126,88 €/St |
| 031.81603.M | Waschküchenfenster 875 x 625, Stahl, 2-fl. | 203,77 DM/St / 104,18 €/St |
| 031.81604.M | Waschküchenfenster 875 x 875, Stahl, 2-fl. | 249,51 DM/St / 127,57 €/St |
| 031.81605.M | Waschküchenfenster 1000 x 625, Stahl, 2-fl. | 232,50 DM/St / 118,87 €/St |
| 031.81606.M | Waschküchenfenster 1000 x 875, Stahl, 2-fl. | 286,08 DM/St / 146,27 €/St |
| 031.81607.M | Waschküchenfenster 1000 x 1000, Stahl, 2-fl. | 354,64 DM/St / 181,33 €/St |

**031.81601.M** KG 334 DIN 276
Waschküchenfenster 800 x 600, Stahl, 2-fl.
EP 162,40 DM/St  LA 34,76 DM/St  ST 127,64 DM/St
EP  83,03 €/St   LA 17,77 €/St   ST  65,26 €/St

**031.81602.M** KG 334 DIN 276
Waschküchenfenster 800 x 800, Stahl, 2-fl.
EP 248,16 DM/St  LA 39,37 DM/St  ST 208,79 DM/St
EP 126,88 €/St   LA 20,13 €/St   ST 106,75 €/St

**031.81603.M** KG 334 DIN 276
Waschküchenfenster 875 x 625, Stahl, 2-fl.
EP 203,77 DM/St  LA 36,55 DM/St  ST 167,22 DM/St
EP 104,18 €/St   LA 18,69 €/St   ST  85,49 €/St

**031.81604.M** KG 334 DIN 276
Waschküchenfenster 875 x 875, Stahl, 2-fl.
EP 249,51 DM/St  LA 44,69 DM/St  ST 204,82 DM/St
EP 127,57 €/St   LA 22,85 €/St   ST 104,72 €/St

**031.81605.M** KG 334 DIN 276
Waschküchenfenster 1000 x 625, Stahl, 2-fl.
EP 232,50 DM/St  LA 37,06 DM/St  ST 195,44 DM/St
EP 118,87 €/St   LA 18,95 €/St   ST  99,92 €/St

**031.81606.M** KG 334 DIN 276
Waschküchenfenster 1000 x 875, Stahl, 2-fl.
EP 286,08 DM/St  LA 50,09 DM/St  ST 235,99 DM/St
EP 146,27 €/St   LA 25,61 €/St   ST 120,66 €/St

**031.81607.M** KG 334 DIN 276
Waschküchenfenster 1000 x 1000, Stahl, 2-fl.
EP 354,64 DM/St  LA 61,76 DM/St  ST 292,88 DM/St
EP 181,33 €/St   LA 31,58 €/St   ST 149,75 €/St

### Waschküchenfenster, zweiflügelig, Kunststoff

031.-----.-

|  |  |  |
|---|---|---|
| 031.81608.M | Waschküchenfenster 800 x 800, 2-fl., Meaplast | 275,29 DM/St / 140,76 €/St |
| 031.81609.M | Waschküchenfenster 1000 x 800, 2-fl., Meaplast | 300,38 DM/St / 153,58 €/St |
| 031.81610.M | Waschküchenfenster 1000 x 1000, 2-fl., Meaplast | 404,03 DM/St / 206,58 €/St |

**031.81608.M** KG 334 DIN 276
Waschküchenfenster 800 x 800, 2-fl., MeaplaST
EP 275,29 DM/St  LA 28,15 DM/St  ST 247,14 DM/St
EP 140,76 €/St   LA 14,39 €/St   ST 126,37 €/St

**031.81609.M** KG 334 DIN 276
Waschküchenfenster 1000 x 800, 2-fl., MeaplaST
EP 300,38 DM/St  LA 29,11 DM/St  ST 271,27 DM/St
EP 153,58 €/St   LA 14,88 €/St   ST 138,70 €/St

**031.81610.M** KG 334 DIN 276
Waschküchenfenster 1000 x 1000, 2-fl., MeaplaST
EP 404,03 DM/St  LA 39,12 DM/St  ST 364,91 DM/St
EP 206,58 €/St   LA 20,00 €/St   ST 186,58 €/St

### Gitterroste

031.-----.-

|  |  |  |
|---|---|---|
| 031.82101.M | Gitterrost Lichtschacht 300 x 600, Stahl 20/2 | 110,91 DM/St / 56,71 €/St |
| 031.82102.M | Gitterrost Lichtschacht 300 x 800, Stahl 20/2 | 123,26 DM/St / 63,02 €/St |
| 031.82103.M | Gitterrost Lichtschacht 300 x 1000, Stahl 20/2 | 137,69 DM/St / 70,40 €/St |
| 031.82104.M | Gitterrost Lichtschacht 400 x 600, Stahl 20/2 | 115,93 DM/St / 59,27 €/St |
| 031.82105.M | Gitterrost Lichtschacht 400 x 600, Stahl 25/2 | 103,31 DM/St / 52,82 €/St |
| 031.82106.M | Gitterrost Lichtschacht 400 x 600, Stahl 30/3 | 170,76 DM/St / 87,31 €/St |
| 031.82107.M | Gitterrost Lichtschacht 400 x 600, Stahl 50/4 | 208,66 DM/St / 106,68 €/St |
| 031.82108.M | Gitterrost Lichtschacht 400 x 800, Stahl 20/2 | 129,57 DM/St / 66,25 €/St |
| 031.82109.M | Gitterrost Lichtschacht 400 x 1000, Stahl 20/2 | 150,24 DM/St / 76,82 €/St |
| 031.82110.M | Gitterrost Lichtschacht 500 x 700, Stahl 20/2 | 137,25 DM/St / 70,17 €/St |
| 031.82111.M | Gitterrost Lichtschacht 500 x 800, Stahl 20/2 | 144,86 DM/St / 74,07 €/St |
| 031.82112.M | Gitterrost Lichtschacht 500 x 900, Stahl 20/2 | 153,94 DM/St / 78,71 €/St |
| 031.82113.M | Gitterrost Lichtschacht 500 x 1000, Stahl 20/2 | 165,25 DM/St / 84,49 €/St |
| 031.82114.M | Gitterrost Lichtschacht 500 x 1200, Stahl 20/2 | 185,21 DM/St / 94,70 €/St |
| 031.82115.M | Gitterrost Lichtschacht 500 x 800, Stahl 25/2 | 157,62 DM/St / 80,59 €/St |
| 031.82116.M | Gitterrost Lichtschacht 500 x 900, Stahl 25/2 | 166,79 DM/St / 85,28 €/St |
| 031.82117.M | Gitterrost Lichtschacht 500 x 1000, Stahl 25/2 | 176,68 DM/St / 90,34 €/St |
| 031.82118.M | Gitterrost Lichtschacht 500 x 1200, Stahl 25/2 | 196,13 DM/St / 100,28 €/St |
| 031.82119.M | Gitterrost Lichtschacht 600 x 800, Stahl 25/2 | 172,85 DM/St / 88,38 €/St |
| 031.82120.M | Gitterrost Lichtschacht 600 x 900, Stahl 25/2 | 184,62 DM/St / 94,39 €/St |
| 031.82121.M | Gitterrost Lichtschacht 600 x 1000, Stahl 25/2 | 195,89 DM/St / 100,16 €/St |
| 031.82122.M | Gitterrost Lichtschacht 600 x 1200, Stahl 25/2 | 216,73 DM/St / 110,81 €/St |
| 031.82123.M | Gitterrost Lichtschacht 500 x 1000, Stahl 30/2 | 187,13 DM/St / 95,68 €/St |
| 031.82124.M | Gitterrost Lichtschacht 600 x 1000, Stahl 30/2 | 204,59 DM/St / 104,61 €/St |
| 031.82125.M | Gitterrost Lichtschacht 600 x 1200, Stahl 30/2 | 227,80 DM/St / 116,47 €/St |
| 031.82201.M | Gitterrost Fußabstreifer 400 x 600, Stahl 20/2 | 69,20 DM/St / 35,38 €/St |
| 031.82301.M | Gitterrost Rinnenabdeckung 200 x 1000, Stahl 30/3 | 122,27 DM/St / 62,52 €/St |
| 031.82302.M | Gitterrost Rinnenabdeckung 200 x 1000, Stahl 50/4 | 264,81 DM/St / 135,40 €/St |

**Hinweis:**
Mittelpreise bei Abrechnung nach Flächenmaß:
- nicht befahrbare Roste 299,40 DM/m2, 153,10 €/m2
- befahrbare Roste 407,95 DM/m2, 208,60 €/m2

Zulagen für ergänzende Bauteile:
- für Sicherungsvorrichtung gegen Herausnehmen 39,80 DM/Stück, 20,35 €/Stück
- für Klappvorrichtung 57,05 DM/Stück, 29,15 €/Stück
- für Klappvorrichtung, verschließbar 119,80 DM/Stück, 61,25 €/Stück

**Hinweis:** Bei anderen Abmessungen für Fußabstreifer kann mit einem Flächen-Mittelpreis von 280,80 DM/m2, 143,60 €/m2, gerechnet werden.

**031.82101.M** KG 359 DIN 276
Gitterrost Lichtschacht 300 x 600, Stahl 20/2
EP 110,91 DM/St  LA 32,06 DM/St  ST 78,85 DM/St
EP  56,71 €/St   LA 16,39 €/St   ST 40,32 €/St

**031.82102.M** KG 359 DIN 276
Gitterrost Lichtschacht 300 x 800, Stahl 20/2
EP 123,26 DM/St  LA 35,92 DM/St  ST 87,34 DM/St
EP  63,02 €/St   LA 18,36 €/St   ST 44,66 €/St

# LB 031 Metallbauarbeiten, Schlosserarbeiten
## Gitterroste; Gitterroste als Garagenvorlageroste

Preise 06.01

Sämtliche Preise sind **Mittelpreise ohne Mehrwertsteuer** zum Zeitpunkt des Ausgabedatums.
**Korrekturfaktoren** für Regionaleinfluss, Mengeneinfluss, Konjunktureinfluss siehe Vorspann.
Abkürzungen: EP = Einheitspreis, LA = Lohnanteil, ST = Stoffanteil

031.82103.M KG 359 DIN 276
Gitterrost Lichtschacht 300 x 1000, Stahl 20/2
EP 137,69 DM/St   LA 41,05 DM/St   ST 96,64 DM/St
EP  70,40 €/St    LA 20,99 €/St    ST 49,41 €/St

031.82104.M KG 359 DIN 276
Gitterrost Lichtschacht 400 x 600, Stahl 20/2
EP 115,93 DM/St   LA 33,34 DM/St   ST 82,59 DM/St
EP  59,27 €/St    LA 17,05 €/St    ST 42,22 €/St

031.82105.M KG 359 DIN 276
Gitterrost Lichtschacht 400 x 600, Stahl 25/2
EP 103,31 DM/St   LA 28,80 DM/St   ST 74,51 DM/St
EP  52,82 €/St    LA 14,72 €/St    ST 38,10 €/St

031.82106.M KG 359 DIN 276
Gitterrost Lichtschacht 400 x 600, Stahl 30/3
EP 170,76 DM/St   LA 44,57 DM/St   ST 126,19 DM/St
EP  87,31 €/St    LA 22,79 €/St    ST  64,52 €/St

031.82107.M KG 359 DIN 276
Gitterrost Lichtschacht 400 x 600, Stahl 50/4
EP 208,66 DM/St   LA 51,18 DM/St   ST 157,48 DM/St
EP 106,68 €/St    LA 26,17 €/St    ST  80,51 €/St

031.82108.M KG 359 DIN 276
Gitterrost Lichtschacht 400 x 800, Stahl 20/2
EP 129,57 DM/St   LA 38,48 DM/St   ST 91,09 DM/St
EP  66,25 €/St    LA 19,67 €/St    ST 46,58 €/St

031.82109.M KG 359 DIN 276
Gitterrost Lichtschacht 400 x 1000, Stahl 20/2
EP 150,24 DM/St   LA 44,25 DM/St   ST 105,99 DM/St
EP  76,82 €/St    LA 22,63 €/St    ST  54,19 €/St

031.82110.M KG 359 DIN 276
Gitterrost Lichtschacht 500 x 700, Stahl 20/2
EP 137,25 DM/St   LA 38,48 DM/St   ST 98,77 DM/St
EP  70,17 €/St    LA 19,67 €/St    ST 50,50 €/St

031.82111.M KG 359 DIN 276
Gitterrost Lichtschacht 500 x 800, Stahl 20/2
EP 144,86 DM/St   LA 41,05 DM/St   ST 103,81 DM/St
EP  74,07 €/St    LA 20,99 €/St    ST  53,08 €/St

031.82112.M KG 359 DIN 276
Gitterrost Lichtschacht 500 x 900, Stahl 20/2
EP 153,94 DM/St   LA 44,25 DM/St   ST 109,69 DM/St
EP  78,71 €/St    LA 22,63 €/St    ST  56,08 €/St

031.82113.M KG 359 DIN 276
Gitterrost Lichtschacht 500 x 1000, Stahl 20/2
EP 165,25 DM/St   LA 46,81 DM/St   ST 118,44 DM/St
EP  84,49 €/St    LA 23,93 €/St    ST  60,56 €/St

031.82114.M KG 359 DIN 276
Gitterrost Lichtschacht 500 x 1200, Stahl 20/2
EP 185,21 DM/St   LA 51,94 DM/St   ST 133,27 DM/St
EP  94,70 €/St    LA 26,56 €/St    ST  68,14 €/St

031.82115.M KG 359 DIN 276
Gitterrost Lichtschacht 500 x 800, Stahl 25/2
EP 157,62 DM/St   LA 44,89 DM/St   ST 112,73 DM/St
EP  80,59 €/St    LA 22,95 €/St    ST  57,64 €/St

031.82116.M KG 359 DIN 276
Gitterrost Lichtschacht 500 x 900, Stahl 25/2
EP 166,79 DM/St   LA 47,78 DM/St   ST 119,01 DM/St
EP  85,28 €/St    LA 24,43 €/St    ST  60,85 €/St

031.82117.M KG 359 DIN 276
Gitterrost Lichtschacht 500 x 1000, Stahl 25/2
EP 176,68 DM/St   LA 51,31 DM/St   ST 125,37 DM/St
EP  90,34 €/St    LA 26,23 €/St    ST  64,11 €/St

031.82118.M KG 359 DIN 276
Gitterrost Lichtschacht 500 x 1200, Stahl 25/2
EP 196,13 DM/St   LA 57,07 DM/St   ST 139,06 DM/St
EP 100,28 €/St    LA 29,18 €/St    ST  71,10 €/St

031.82119.M KG 359 DIN 276
Gitterrost Lichtschacht 600 x 800, Stahl 25/2
EP 172,85 DM/St   LA 49,38 DM/St   ST 123,47 DM/St
EP  88,38 €/St    LA 25,25 €/St    ST  63,13 €/St

031.82120.M KG 359 DIN 276
Gitterrost Lichtschacht 600 x 900, Stahl 25/2
EP 184,62 DM/St   LA 52,59 DM/St   ST 132,03 DM/St
EP  94,39 €/St    LA 26,89 €/St    ST  67,50 €/St

031.82121.M KG 359 DIN 276
Gitterrost Lichtschacht 600 x 1000, Stahl 25/2
EP 195,89 DM/St   LA 55,79 DM/St   ST 140,10 DM/St
EP 100,16 €/St    LA 28,53 €/St    ST  71,63 €/St

031.82122.M KG 359 DIN 276
Gitterrost Lichtschacht 600 x 1200, Stahl 25/2
EP 216,73 DM/St   LA 62,20 DM/St   ST 154,53 DM/St
EP 110,81 €/St    LA 31,80 €/St    ST  79,01 €/St

031.82123.M KG 359 DIN 276
Gitterrost Lichtschacht 500 x 1000, Stahl 30/2
EP 187,13 DM/St   LA 51,31 DM/St   ST 135,82 DM/St
EP  95,68 €/St    LA 26,23 €/St    ST  69,45 €/St

031.82124.M KG 359 DIN 276
Gitterrost Lichtschacht 600 x 1000, Stahl 30/2
EP 204,59 DM/St   LA 54,51 DM/St   ST 150,08 DM/St
EP 104,61 €/St    LA 27,87 €/St    ST  76,74 €/St

031.82125.M KG 359 DIN 276
Gitterrost Lichtschacht 600 x 1200, Stahl 30/2
EP 227,80 DM/St   LA 60,92 DM/St   ST 166,88 DM/St
EP 116,47 €/St    LA 31,15 €/St    ST  85,32 €/St

031.82201.M KG 359 DIN 276
Gitterrost Fußabstreifer 400 x 600, Stahl 20/2
EP 69,20 DM/St    LA 27,06 DM/St   ST 42,14 DM/St
EP 35,38 €/St     LA 13,84 €/St    ST 21,54 €/St

031.82301.M KG 359 DIN 276
Gitterrost Rinnenabdeckung 200 x 1000, Stahl 30/3
EP 122,27 DM/St   LA 33,34 DM/St   ST 88,93 DM/St
EP  62,52 €/St    LA 17,05 €/St    ST 45,47 €/St

031.82302.M KG 359 DIN 276
Gitterrost Rinnenabdeckung 200 x 1000, Stahl 50/4
EP 264,81 DM/St   LA 58,16 DM/St   ST 206,65 DM/St
EP 135,40 €/St    LA 29,74 €/St    ST 105,66 €/St

# LB 031 Metallbauarbeiten, Schlosserarbeiten
## Gitterroste für Treppenstufen

AW 031

Preise 06.01

Sämtliche Preise sind **Mittelpreise ohne Mehrwertsteuer** zum Zeitpunkt des Ausgabedatums.
**Korrekturfaktoren** für Regionaleinfluss, Mengeneinfluss, Konjunktureinfluss siehe Vorspann.
**Abkürzungen:** EP = Einheitspreis, LA = Lohnanteil, ST = Stoffanteil

### Gitterroste für Treppenstufen
031.-----.-

|  |  |  |
|---|---|---|
| 031.83701.M | Gitterrost Stufenabdeckung 600 x 195, Stahl 30/3 | 61,50 DM/St / 31,44 €/St |
| 031.83702.M | Gitterrost Stufenabdeckung 600 x 240, Stahl 30/3 | 64,44 DM/St / 32,95 €/St |
| 031.83703.M | Gitterrost Stufenabdeckung 600 x 270, Stahl 30/3 | 68,56 DM/St / 35,06 €/St |
| 031.83704.M | Gitterrost Stufenabdeckung 600 x 305, Stahl 30/3 | 71,40 DM/St / 36,50 €/St |
| 031.83705.M | Gitterrost Stufenabdeckung 800 x 240, Stahl 30/3 | 78,95 DM/St / 40,36 €/St |
| 031.83706.M | Gitterrost Stufenabdeckung 800 x 270, Stahl 30/3 | 84,43 DM/St / 43,17 €/St |
| 031.83707.M | Gitterrost Stufenabdeckung 800 x 305, Stahl 30/3 | 89,19 DM/St / 45,60 €/St |
| 031.83708.M | Gitterrost Stufenabdeckung 1000 x 240, Stahl 30/3 | 96,24 DM/St / 49,21 €/St |
| 031.83709.M | Gitterrost Stufenabdeckung 1000 x 270, Stahl 30/3 | 103,24 DM/St / 52,79 €/St |
| 031.83710.M | Gitterrost Stufenabdeckung 1000 x 305, Stahl 30/3 | 108,33 DM/St / 55,39 €/St |
| 031.83711.M | Gitterrost Stufenabdeckung 1200 x 240, Stahl 30/3 | 113,55 DM/St / 58,06 €/St |
| 031.83712.M | Gitterrost Stufenabdeckung 1200 x 270, Stahl 30/3 | 121,46 DM/St / 62,10 €/St |
| 031.83713.M | Gitterrost Stufenabdeckung 1200 x 305, Stahl 30/3 | 127,61 DM/St / 65,25 €/St |
| 031.83714.M | Gitterrost Stufenabdeckung 600 x 200, Aluminium 30/3 | 88,86 DM/St / 45,43 €/St |
| 031.83715.M | Gitterrost Stufenabdeckung 600 x 235, Aluminium 30/3 | 94,18 DM/St / 48,15 €/St |
| 031.83716.M | Gitterrost Stufenabdeckung 600 x 270, Aluminium 30/3 | 100,85 DM/St / 51,56 €/St |
| 031.83717.M | Gitterrost Stufenabdeckung 800 x 235, Aluminium 30/3 | 117,42 DM/St / 60,04 €/St |
| 031.83718.M | Gitterrost Stufenabdeckung 800 x 270, Aluminium 30/3 | 125,66 DM/St / 64,25 €/St |
| 031.83719.M | Gitterrost Stufenabdeckung 800 x 305, Aluminium 30/3 | 132,63 DM/St / 67,81 €/St |
| 031.83720.M | Gitterrost Stufenabdeckung 1000 x 235, Aluminium 30/3 | 142,95 DM/St / 73,09 €/St |
| 031.83721.M | Gitterrost Stufenabdeckung 1000 x 270, Aluminium 30/3 | 154,05 DM/St / 78,77 €/St |
| 031.83722.M | Gitterrost Stufenabdeckung 1000 x 305, Aluminium 30/3 | 162,24 DM/St / 82,95 €/St |
| 031.83723.M | Gitterrost Stufenabdeckung 1200 x 235, Aluminium 30/3 | 170,24 DM/St / 87,04 €/St |
| 031.83724.M | Gitterrost Stufenabdeckung 1200 x 270, Aluminium 30/3 | 182,54 DM/St / 93,33 €/St |
| 031.83725.M | Gitterrost Stufenabdeckung 1200 x 305, Aluminium 30/3 | 192,21 DM/St / 98,27 €/St |

**Hinweis:** Zuschläge zu den Stoffkosten für Oberflächenbehandlung von Aluminium-Gitterrosten:

- beizen: 8 bis 10%
- Pulverbeschichtung auf Chromatierung, Farben nach RAL: 35 bis 40%
- Eloxal Euras Norm (2-Stufen-Verfahren)
  - C 0 (naturfarben): 18 bis 20%
  - C 31 (leichtbronze): 24 bis 26%
  - C 32 (hellbronze): 28 bis 30%
  - C 33 (mittelbronze): 30 bis 33%
  - C 34 (dunkelbronze): 30 bis 33%
  - C 35 (schwarz): 28 bis 30%

031.83701.M KG 359 DIN 276
Gitterrost Stufenabdeckung 600 x 195, Stahl 30/3
EP 61,50 DM/St  LA 10,58 DM/St  ST 50,92 DM/St
EP 31,44 €/St  LA 5,41 €/St  ST 26,03 €/St

031.83702.M KG 359 DIN 276
Gitterrost Stufenabdeckung 600 x 240, Stahl 30/3
EP 64,44 DM/St  LA 10,58 DM/St  ST 53,86 DM/St
EP 32,95 €/St  LA 5,41 €/St  ST 27,54 €/St

031.83703.M KG 359 DIN 276
Gitterrost Stufenabdeckung 600 x 270, Stahl 30/3
EP 68,56 DM/St  LA 10,91 DM/St  ST 57,65 DM/St
EP 35,06 €/St  LA 5,58 €/St  ST 29,48 €/St

031.83704.M KG 359 DIN 276
Gitterrost Stufenabdeckung 600 x 305, Stahl 30/3
EP 71,40 DM/St  LA 10,91 DM/St  ST 60,49 DM/St
EP 36,50 €/St  LA 5,58 €/St  ST 30,92 €/St

031.83705.M KG 359 DIN 276
Gitterrost Stufenabdeckung 800 x 240, Stahl 30/3
EP 78,95 DM/St  LA 11,22 DM/St  ST 67,73 DM/St
EP 40,36 €/St  LA 5,74 €/St  ST 34,62 €/St

031.83706.M KG 359 DIN 276
Gitterrost Stufenabdeckung 800 x 270, Stahl 30/3
EP 84,43 DM/St  LA 11,86 DM/St  ST 72,57 DM/St
EP 43,17 €/St  LA 6,07 €/St  ST 37,10 €/St

031.83707.M KG 359 DIN 276
Gitterrost Stufenabdeckung 800 x 305, Stahl 30/3
EP 89,19 DM/St  LA 12,82 DM/St  ST 76,37 DM/St
EP 45,60 €/St  LA 6,56 €/St  ST 39,04 €/St

031.83708.M KG 359 DIN 276
Gitterrost Stufenabdeckung 1000 x 240, Stahl 30/3
EP 96,24 DM/St  LA 13,79 DM/St  ST 82,45 DM/St
EP 49,21 €/St  LA 7,05 €/St  ST 42,16 €/St

031.83709.M KG 359 DIN 276
Gitterrost Stufenabdeckung 1000 x 270, Stahl 30/3
EP 103,24 DM/St  LA 14,42 DM/St  ST 88,82 DM/St
EP 52,79 €/St  LA 7,38 €/St  ST 45,41 €/St

031.83710.M KG 359 DIN 276
Gitterrost Stufenabdeckung 1000 x 305, Stahl 30/3
EP 108,33 DM/St  LA 15,07 DM/St  ST 93,26 DM/St
EP 55,39 €/St  LA 7,70 €/St  ST 47,69 €/St

031.83711.M KG 359 DIN 276
Gitterrost Stufenabdeckung 1200 x 240, Stahl 30/3
EP 113,55 DM/St  LA 15,71 DM/St  ST 97,84 DM/St
EP 58,06 €/St  LA 8,03 €/St  ST 50,03 €/St

031.83712.M KG 359 DIN 276
Gitterrost Stufenabdeckung 1200 x 270, Stahl 30/3
EP 121,46 DM/St  LA 16,04 DM/St  ST 105,42 DM/St
EP 62,10 €/St  LA 8,20 €/St  ST 53,90 €/St

031.83713.M KG 359 DIN 276
Gitterrost Stufenabdeckung 1200 x 305, Stahl 30/3
EP 127,61 DM/St  LA 16,67 DM/St  ST 110,94 DM/St
EP 65,25 €/St  LA 8,52 €/St  ST 56,73 €/St

031.83714.M KG 359 DIN 276
Gitterrost Stufenabdeckung 600 x 200, Aluminium 30/3
EP 88,86 DM/St  LA 8,98 DM/St  ST 79,88 DM/St
EP 45,43 €/St  LA 4,59 €/St  ST 40,84 €/St

031.83715.M KG 359 DIN 276
Gitterrost Stufenabdeckung 600 x 235, Aluminium 30/3
EP 94,18 DM/St  LA 8,98 DM/St  ST 85,20 DM/St
EP 48,15 €/St  LA 4,59 €/St  ST 43,56 €/St

031.83716.M KG 359 DIN 276
Gitterrost Stufenabdeckung 600 x 270, Aluminium 30/3
EP 100,85 DM/St  LA 9,29 DM/St  ST 91,56 DM/St
EP 51,56 €/St  LA 4,75 €/St  ST 46,81 €/St

031.83717.M KG 359 DIN 276
Gitterrost Stufenabdeckung 800 x 235, Aluminium 30/3
EP 117,42 DM/St  LA 9,62 DM/St  ST 107,80 DM/St
EP 60,04 €/St  LA 4,92 €/St  ST 55,12 €/St

031.83718.M KG 359 DIN 276
Gitterrost Stufenabdeckung 800 x 270, Aluminium 30/3
EP 125,66 DM/St  LA 10,26 DM/St  ST 115,40 DM/St
EP 64,25 €/St  LA 5,25 €/St  ST 59,00 €/St

031.83719.M KG 359 DIN 276
Gitterrost Stufenabdeckung 800 x 305, Aluminium 30/3
EP 132,63 DM/St  LA 10,58 DM/St  ST 122,05 DM/St
EP 67,81 €/St  LA 5,41 €/St  ST 62,40 €/St

AW 031

## LB 031 Metallbauarbeiten, Schlosserarbeiten
### Gitterroste für Treppenstufen; Zulage Gitterroste

Preise 06.01

Sämtliche Preise sind **Mittelpreise ohne Mehrwertsteuer** zum Zeitpunkt des Ausgabedatums.
**Korrekturfaktoren** für Regionaleinfluss, Mengeneinfluss, Konjunktureinfluss siehe Vorspann.
**Abkürzungen:** EP = Einheitspreis, LA = Lohnanteil, ST = Stoffanteil

031.83720.M     KG 359 DIN 276
Gitterrost Stufenabdeckung 1000 x 235, Aluminium 30/3
EP 142,95 DM/St    LA 11,22 DM/St    ST 131,73 DM/St
EP  73,09 €/St     LA  5,74 €/St      ST  67,35 €/St

031.83721.M     KG 359 DIN 276
Gitterrost Stufenabdeckung 1000 x 270, Aluminium 30/3
EP 154,05 DM/St    LA 11,86 DM/St    ST 142,19 DM/St
EP  78,77 €/St     LA  6,07 €/St      ST  72,70 €/St

031.83722.M     KG 359 DIN 276
Gitterrost Stufenabdeckung 1000 x 305, Aluminium 30/3
EP 162,24 DM/St    LA 12,82 DM/St    ST 149,42 DM/St
EP  82,95 €/St     LA  6,56 €/St      ST  76,39 €/St

031.83723.M     KG 359 DIN 276
Gitterrost Stufenabdeckung 1200 x 235, Aluminium 30/3
EP 170,24 DM/St    LA 13,14 DM/St    ST 157,10 DM/St
EP  87,04 €/St     LA  6,72 €/St      ST  80,32 €/St

031.83724.M     KG 359 DIN 276
Gitterrost Stufenabdeckung 1200 x 270, Aluminium 30/3
EP 182,54 DM/St    LA 13,47 DM/St    ST 169,07 DM/St
EP  93,33 €/St     LA  6,89 €/St      ST  86,44 €/St

031.83725.M     KG 359 DIN 276
Gitterrost Stufenabdeckung 1200 x 305, Aluminium 30/3
EP 192,21 DM/St    LA 14,11 DM/St    ST 178,10 DM/St
EP  98,27 €/St     LA  7,22 €/St      ST  91,05 €/St

### Zulagen Gitterroste

**Hinweis:** Bei Ausschnitten und Abschnitten ist die volle rechtwinklige Rostfläche zu berechnen. Formschnitte mit Flacheisenumrandung sind als Zulagepositionen gesondert auszuweisen und zu berechnen.

031.-----.-

|  |  |  |
|---|---|---|
| 031.90101.M | Zulage Gitterrost, Ausschnitt 30x30 cm, Rosthöhe 25 mm | 58,84 DM/St / 30,08 €/St |
| 031.90102.M | Zulage Gitterrost, Ausschnitt 30x30 cm, Rosthöhe 30 mm | 64,52 DM/St / 32,99 €/St |
| 031.90103.M | Zulage Gitterrost, Ausschnitt 30x30 cm, Rosthöhe 40 mm | 71,97 DM/St / 36,80 €/St |
| 031.90104.M | Zulage Gitterrost, Ausschnitt 30x30 cm, Rosthöhe 50 mm | 90,27 DM/St / 46,15 €/St |
| 031.90105.M | Zulage Gitterrost, Ausschnitt 30x30 cm, Rosthöhe 60 mm | 105,54 DM/St / 53,96 €/St |
| 031.90106.M | Zulage Gitterrost, Ausschnitt 30x30 cm, Rosthöhe 80 mm | 128,64 DM/St / 65,77 €/St |
| 031.90107.M | Zulage Gitterrost, Ausschnitt 30x30 cm, Rosthöhe 100 mm | 173,32 DM/St / 88,61 €/St |
| 031.90108.M | Zulage Gitterrost, Ausschnitt 40x40 cm, Rosthöhe 25 mm | 78,20 DM/St / 39,98 €/St |
| 031.90109.M | Zulage Gitterrost, Ausschnitt 40x40 cm, Rosthöhe 30 mm | 86,04 DM/St / 43,99 €/St |
| 031.90110.M | Zulage Gitterrost, Ausschnitt 40x40 cm, Rosthöhe 40 mm | 96,35 DM/St / 49,27 €/St |
| 031.90111.M | Zulage Gitterrost, Ausschnitt 40x40 cm, Rosthöhe 50 mm | 120,72 DM/St / 61,72 €/St |
| 031.90112.M | Zulage Gitterrost, Ausschnitt 40x40 cm, Rosthöhe 60 mm | 143,36 DM/St / 73,30 €/St |
| 031.90113.M | Zulage Gitterrost, Ausschnitt 40x40 cm, Rosthöhe 80 mm | 174,17 DM/St / 89,05 €/St |
| 031.90114.M | Zulage Gitterrost, Ausschnitt 40x40 cm, Rosthöhe 100 mm | 230,01 DM/St / 117,60 €/St |
| 031.90115.M | Zulage Gitterrost, runder Ausschnitt 100 cm2, h= 25 mm | 22,49 DM/St / 11,50 €/St |
| 031.90116.M | Zulage Gitterrost, runder Ausschnitt 100 cm2, h= 30 mm | 24,61 DM/St / 12,58 €/St |
| 031.90117.M | Zulage Gitterrost, runder Ausschnitt 100 cm2, h= 40 mm | 27,63 DM/St / 14,13 €/St |
| 031.90118.M | Zulage Gitterrost, runder Ausschnitt 100 cm2, h= 50 mm | 34,84 DM/St / 17,81 €/St |
| 031.90119.M | Zulage Gitterrost, runder Ausschnitt 100 cm2, h= 60 mm | 41,16 DM/St / 21,04 €/St |
| 031.90120.M | Zulage Gitterrost, runder Ausschnitt 100 cm2, h= 80 mm | 52,79 DM/St / 26,99 €/St |
| 031.90121.M | Zulage Gitterrost, runder Ausschnitt 100 cm2, h=100 mm | 65,81 DM/St / 33,65 €/St |
| 031.90122.M | Zulage Gitterrost, runder Ausschnitt 200 cm2, h= 25 mm | 32,12 DM/St / 16,43 €/St |
| 031.90123.M | Zulage Gitterrost, runder Ausschnitt 200 cm2, h= 30 mm | 35,17 DM/St / 17,98 €/St |
| 031.90124.M | Zulage Gitterrost, runder Ausschnitt 200 cm2, h= 40 mm | 39,35 DM/St / 20,12 €/St |
| 031.90125.M | Zulage Gitterrost, runder Ausschnitt 200 cm2, h= 50 mm | 49,78 DM/St / 25,45 €/St |
| 031.90126.M | Zulage Gitterrost, runder Ausschnitt 200 cm2, h= 60 mm | 58,96 DM/St / 30,14 €/St |
| 031.90127.M | Zulage Gitterrost, runder Ausschnitt 200 cm2, h= 80 mm | 75,70 DM/St / 38,71 €/St |
| 031.90128.M | Zulage Gitterrost, runder Ausschnitt 200 cm2, h=100 mm | 94,24 DM/St / 48,18 €/St |

031.90101.M     KG 359 DIN 276
Zulage Gitterrost, Ausschnitt 30x30 cm, Rosthöhe 25 mm
EP 58,84 DM/St    LA 46,49 DM/St    ST 12,35 DM/St
EP 30,08 €/St     LA 23,77 €/St     ST  6,31 €/St

031.90102.M     KG 359 DIN 276
Zulage Gitterrost, Ausschnitt 30x30 cm, Rosthöhe 30 mm
EP 64,52 DM/St    LA 51,94 DM/St    ST 12,58 DM/St
EP 32,99 €/St     LA 26,56 €/St     ST  6,43 €/St

031.90103.M     KG 359 DIN 276
Zulage Gitterrost, Ausschnitt 30x30 cm, Rosthöhe 40 mm
EP 71,97 DM/St    LA 53,54 DM/St    ST 18,43 DM/St
EP 36,80 €/St     LA 27,38 €/St     ST  9,42 €/St

031.90104.M     KG 359 DIN 276
Zulage Gitterrost, Ausschnitt 30x30 cm, Rosthöhe 50 mm
EP 90,27 DM/St    LA 54,84 DM/St    ST 35,43 DM/St
EP 46,15 €/St     LA 28,04 €/St     ST 18,11 €/St

# LB 031 Metallbauarbeiten, Schlosserarbeiten
## Zulage Gitterroste; Geländer und Gitter, handgeschmiedet

AW 031

Preise 06.01

Sämtliche Preise sind **Mittelpreise ohne Mehrwertsteuer** zum Zeitpunkt des Ausgabedatums.
**Korrekturfaktoren** für Regionaleinfluss, Mengeneinfluss, Konjunktureinfluss siehe Vorspann..
**Abkürzungen:** EP = Einheitspreis, LA = Lohnanteil, ST = Stoffanteil

**031.90105.M**    KG 359 DIN 276
Zulage Gitterrost, Ausschnitt 30x30 cm, Rosthöhe 60 mm
EP 105,54 DM/St    LA 64,13 DM/St    ST 41,41 DM/St
EP  53,96 €/St    LA 32,79 €/St    ST 21,17 €/St

**031.90106.M**    KG 359 DIN 276
Zulage Gitterrost, Ausschnitt 30x30 cm, Rosthöhe 80 mm
EP 128,64 DM/St    LA 73,75 DM/St    ST 54,89 DM/St
EP  65,77 €/St    LA 37,71 €/St    ST 28,06 €/St

**031.90107.M**    KG 359 DIN 276
Zulage Gitterrost, Ausschnitt 30x30 cm, Rosthöhe 100 mm
EP 173,32 DM/St    LA 83,37 DM/St    ST 89,95 DM/St
EP  88,61 €/St    LA 42,63 €/St    ST 45,98 €/St

**031.90108.M**    KG 359 DIN 276
Zulage Gitterrost, Ausschnitt 40x40 cm, Rosthöhe 25 mm
EP 78,20 DM/St    LA 63,48 DM/St    ST 14,72 DM/St
EP 39,98 €/St    LA 32,46 €/St    ST  7,52 €/St

**031.90109.M**    KG 359 DIN 276
Zulage Gitterrost, Ausschnitt 40x40 cm, Rosthöhe 30 mm
EP 86,04 DM/St    LA 67,33 DM/St    ST 18,71 DM/St
EP 43,99 €/St    LA 34,43 €/St    ST  9,56 €/St

**031.90110.M**    KG 359 DIN 276
Zulage Gitterrost, Ausschnitt 40x40 cm, Rosthöhe 40 mm
EP 96,35 DM/St    LA 73,75 DM/St    ST 22,60 DM/St
EP 49,27 €/St    LA 37,71 €/St    ST 11,56 €/St

**031.90111.M**    KG 359 DIN 276
Zulage Gitterrost, Ausschnitt 40x40 cm, Rosthöhe 50 mm
EP 120,72 DM/St    LA 80,16 DM/St    ST 40,56 DM/St
EP  61,72 €/St    LA 40,98 €/St    ST 20,74 €/St

**031.90112.M**    KG 359 DIN 276
Zulage Gitterrost, Ausschnitt 40x40 cm, Rosthöhe 60 mm
EP 143,36 DM/St    LA 89,78 DM/St    ST 53,58 DM/St
EP  73,30 €/St    LA 45,91 €/St    ST 27,39 €/St

**031.90113.M**    KG 359 DIN 276
Zulage Gitterrost, Ausschnitt 40x40 cm, Rosthöhe 80 mm
EP 174,17 DM/St    LA 96,19 DM/St    ST 77,98 DM/St
EP  89,05 €/St    LA 49,18 €/St    ST 39,87 €/St

**031.90114.M**    KG 359 DIN 276
Zulage Gitterrost, Ausschnitt 40x40 cm, Rosthöhe 100 mm
EP 230,01 DM/St    LA 112,23 DM/St    ST 117,78 DM/St
EP 117,60 €/St    LA  57,38 €/St    ST  60,22 €/St

**031.90115.M**    KG 359 DIN 276
Zulage Gitterrost, runder Ausschnitt 100 cm2, h= 25 mm
EP 22,49 DM/St    LA 18,60 DM/St    ST 3,89 DM/St
EP 11,50 €/St    LA  9,51 €/St    ST 1,99 €/St

**031.90116.M**    KG 359 DIN 276
Zulage Gitterrost, runder Ausschnitt 100 cm2, h= 30 mm
EP 24,61 DM/St    LA 20,20 DM/St    ST 4,41 DM/St
EP 12,58 €/St    LA 10,33 €/St    ST 2,25 €/St

**031.90117.M**    KG 359 DIN 276
Zulage Gitterrost, runder Ausschnitt 100 cm2, h= 40 mm
EP 27,63 DM/St    LA 21,16 DM/St    ST 6,47 DM/St
EP 14,13 €/St    LA 10,82 €/St    ST 3,31 €/St

**031.90118.M**    KG 359 DIN 276
Zulage Gitterrost, runder Ausschnitt 100 cm2, h= 50 mm
EP 34,84 DM/St    LA 22,45 DM/St    ST 12,39 DM/St
EP 17,81 €/St    LA 11,48 €/St    ST  6,33 €/St

**031.90119.M**    KG 359 DIN 276
Zulage Gitterrost, runder Ausschnitt 100 cm2, h= 60 mm
EP 41,16 DM/St    LA 25,01 DM/St    ST 16,15 DM/St
EP 21,04 €/St    LA 12,79 €/St    ST  8,25 €/St

**031.90120.M**    KG 359 DIN 276
Zulage Gitterrost, runder Ausschnitt 100 cm2, h= 80 mm
EP 52,79 DM/St    LA 28,86 DM/St    ST 23,93 DM/St
EP 26,99 €/St    LA 14,76 €/St    ST 12,23 €/St

**031.90121.M**    KG 359 DIN 276
Zulage Gitterrost, runder Ausschnitt 100 cm2, h=100 mm
EP 65,81 DM/St    LA 33,34 DM/St    ST 32,47 DM/St
EP 33,65 €/St    LA 17,05 €/St    ST 16,60 €/St

**031.90122.M**    KG 359 DIN 276
Zulage Gitterrost, runder Ausschnitt 200 cm2, h= 25 mm
EP 32,12 DM/St    LA 26,61 DM/St    ST 5,51 DM/St
EP 16,43 €/St    LA 13,61 €/St    ST 2,82 €/St

**031.90123.M**    KG 359 DIN 276
Zulage Gitterrost, runder Ausschnitt 200 cm2, h= 30 mm
EP 35,17 DM/St    LA 28,86 DM/St    ST 6,31 DM/St
EP 17,98 €/St    LA 14,76 €/St    ST 3,22 €/St

**031.90124.M**    KG 359 DIN 276
Zulage Gitterrost, runder Ausschnitt 200 cm2, h= 40 mm
EP 39,35 DM/St    LA 30,14 DM/St    ST 9,21 DM/St
EP 20,12 €/St    LA 15,41 €/St    ST 4,71 €/St

**031.90125.M**    KG 359 DIN 276
Zulage Gitterrost, runder Ausschnitt 200 cm2, h= 50 mm
EP 49,78 DM/St    LA 32,06 DM/St    ST 17,72 DM/St
EP 25,45 €/St    LA 16,39 €/St    ST  9,06 €/St

**031.90126.M**    KG 359 DIN 276
Zulage Gitterrost, runder Ausschnitt 200 cm2, h= 60 mm
EP 58,96 DM/St    LA 35,92 DM/St    ST 23,04 DM/St
EP 30,14 €/St    LA 18,36 €/St    ST 11,78 €/St

**031.90127.M**    KG 359 DIN 276
Zulage Gitterrost, runder Ausschnitt 200 cm2, h= 80 mm
EP 75,70 DM/St    LA 41,05 DM/St    ST 34,65 DM/St
EP 38,71 €/St    LA 20,99 €/St    ST 17,72 €/St

**031.90128.M**    KG 359 DIN 276
Zulage Gitterrost, runder Ausschnitt 200 cm2, h=100 mm
EP 94,24 DM/St    LA 48,41 DM/St    ST 45,83 DM/St
EP 48,18 €/St    LA 24,75 €/St    ST 23,43 €/St

**Geländer und Gitter, handgeschmiedet**

031.-----.-

| | |
|---|---|
| 031.91101.M  Geländer handgeschmiedet | 462,87 DM/m |
| | 236,66 €/m |
| 031.91201.M  Gitter handgeschmiedet | 259,95 DM/m2 |
| | 132,91 €/m2 |

**Hinweis:** Hochwertige handgeschmiedete Geländer als Stabgeländer und Gurtgeländer mit durchgesteckten Stäben und Ornamenten bis 646,35 DM/m, 330,46 €/m und mehr, Lohnanteil bis 90 % und mehr.

**Hinweis:** Hochwertige handgeschmiedete Gitter mit durchgesteckten Stäben und Ornamenten bis 397,65 DM/m2, 203,30 €/m2 und mehr, Lohnanteil bis 90 % und mehr.

**031.91101.M**    KG 359 DIN 276
Geländer handgeschmiedet
EP 462,87 DM/m    LA 341,17 DM/m    ST 121,70 DM/m
EP 236,66 €/m    LA 174,44 €/m    ST  62,22 €/m

**031.91201.M**    KG 339 DIN 276
Gitter handgeschmiedet
EP 259,95 DM/m2    LA 196,87 DM/m2    ST 63,08 DM/m2
EP 132,91 €/m2    LA 100,66 €/m2    ST 32,25 €/m2

AW 031

## LB 031 Metallbauarbeiten, Schlosserarbeiten
### Kleinteile: Einbauteile; Winkelrahmen für Gitterroste

Preise 06.01

Sämtliche Preise sind **Mittelpreise ohne Mehrwertsteuer** zum Zeitpunkt des Ausgabedatums.
**Korrekturfaktoren** für Regionaleinfluss, Mengeneinfluss, Konjunktureinfluss siehe Vorspann.
**Abkürzungen:** EP = Einheitspreis, LA = Lohnanteil, ST = Stoffanteil

### Kleinteile, Einbauteile

031.-----.-

|  |  |  |
|---|---|---|
| 031.93101.M | Schiene Breitflachstahl | 7,59 DM/kg<br>3,88 €/kg |
| 031.93401.M | Kantenschutzschiene, Winkelstahl bis 5 kg/m | 9,91 DM/kg<br>5,07 €/kg |
| 031.93402.M | Kantenschutzschiene, Winkelstahl über 5 - 10 kg/m | 8,47 DM/kg<br>4,33 €/kg |
| 031.93403.M | Kantenschutzschiene, Winkelstahl über 10 - 20 kg/m | 7,31 DM/kg<br>3,74 €/kg |
| 031.93404.M | Kantenschutzschiene, Winkelstahl über 20 kg/m | 6,23 DM/kg<br>3,19 €/kg |
| 031.93405.M | Kantenschutzschiene, Edelstahl L 40x40x1,5, aufgeklebt | 43,50 DM/m<br>22,24 €/m |
| 031.93406.M | Kantenschutzschiene, Edelstahl L 40x40x1,5, mit Anker | 56,49 DM/m<br>28,88 €/m |
| 031.93407.M | Kantenschutzschiene, Edelstahl L 40x40x1,5, geschraubt | 60,77 DM/m<br>31,07 €/m |
| 031.93408.M | Kantenschutzschiene, Edelstahl L 40x40x1,5, mit Borden | 72,37 DM/m<br>37,00 €/m |

**031.93101.M**    KG 349 DIN 276
Schiene Breitflachstahl
EP 7,59 DM/kg    LA 4,81 DM/kg    ST 2,78 DM/kg
EP 3,88 €/kg    LA 2,46 €/kg    ST 1,42 €/kg

**031.93401.M**    KG 345 DIN 276
Kantenschutzschiene, Winkelstahl bis 5 kg/m
EP 9,91 DM/kg    LA 7,38 DM/kg    ST 2,53 DM/kg
EP 5,07 €/kg    LA 3,77 €/kg    ST 1,30 €/kg

**031.93402.M**    KG 345 DIN 276
Kantenschutzschiene, Winkelstahl über 5 - 10 kg/m
EP 8,47 DM/kg    LA 5,84 DM/kg    ST 2,63 DM/kg
EP 4,33 €/kg    LA 2,98 €/kg    ST 1,35 €/kg

**031.93403.M**    KG 345 DIN 276
Kantenschutzschiene, Winkelstahl über 10 - 20 kg/m
EP 7,31 DM/kg    LA 4,68 DM/kg    ST 2,63 DM/kg
EP 3,74 €/kg    LA 2,39 €/kg    ST 1,35 €/kg

**031.93404.M**    KG 345 DIN 276
Kantenschutzschiene, Winkelstahl über 20 kg/m
EP 6,23 DM/kg    LA 3,40 DM/kg    ST 2,83 DM/kg
EP 3,19 €/kg    LA 1,74 €/kg    ST 1,45 €/kg

**031.93405.M**    KG 345 DIN 276
Kantenschutzschiene, Edelstahl L 40x40x1,5, aufgeklebt
EP 43,50 DM/m    LA 10,91 DM/m    ST 32,59 DM/m
EP 22,24 €/m    LA 5,58 €/m    ST 16,66 €/m

**031.93406.M**    KG 345 DIN 276
Kantenschutzschiene, Edelstahl L 40x40x1,5, mit Anker
EP 56,49 DM/m    LA 18,60 DM/m    ST 37,89 DM/m
EP 28,88 €/m    LA 9,51 €/m    ST 19,37 €/m

**031.93407.M**    KG 345 DIN 276
Kantenschutzschiene, Edelstahl L 40x40x1,5, geschraubt
EP 60,77 DM/m    LA 16,04 DM/m    ST 44,73 DM/m
EP 31,07 €/m    LA 8,20 €/m    ST 22,87 €/m

**031.93408.M**    KG 345 DIN 276
Kantenschutzschiene, Edelstahl L 40x40x1,5, mit Borden
EP 72,37 DM/m    LA 20,52 DM/m    ST 51,85 DM/m
EP 37,00 €/m    LA 10,49 €/m    ST 26,51 €/m

### Kleinteile, Winkelrahmen für Gitterroste

031.-----.-

|  |  |  |
|---|---|---|
| 031.94001.M | Winkelrahmen für Gitterroste, Stahl verzinkt, 25x25x3 | 26,35 DM/m<br>13,47 €/m |
| 031.94002.M | Winkelrahmen für Gitterroste, Stahl verzinkt, 30x30x3 | 28,16 DM/m<br>14,40 €/m |
| 031.94003.M | Winkelrahmen für Gitterroste, Stahl verzinkt, 35x35x4 | 30,27 DM/m<br>15,48 €/m |
| 031.94004.M | Winkelrahmen für Gitterroste, Stahl verzinkt, 40x40x4 | 36,60 DM/m<br>18,71 €/m |
| 031.94005.M | Winkelrahmen für Gitterroste, Stahl verzinkt, 45x45x4 | 38,07 DM/m<br>19,47 €/m |
| 031.94006.M | Winkelrahmen für Gitterroste, Stahl verzinkt, 50x50x5 | 42,17 DM/m<br>21,56 €/m |
| 031.94007.M | Winkelrahmen für Gitterroste, Stahl verzinkt, 55x55x6 | 47,75 DM/m<br>24,41 €/m |
| 031.94008.M | Winkelrahmen für Gitterroste, Stahl verzinkt, 65x50x5 | 51,76 DM/m<br>26,46 €/m |
| 031.94009.M | Winkelrahmen für Gitterroste, Stahl verzinkt, 75x50x5 | 55,65 DM/m<br>28,45 €/m |
| 031.94010.M | Winkelrahmen für Gitterroste, Stahl verzinkt, 90x60x8 | 79,33 DM/m<br>40,56 €/m |
| 031.94011.M | Winkelrahmen für Gitterroste, Stahl verzinkt, 100x50x10 | 93,08 DM/m<br>47,59 €/m |

**Hinweis:** Bei Berechnung nach m wird der Rahmen in seiner Abwicklung gemessen.

**031.94001.M**    KG 359 DIN 276
Winkelrahmen für Gitterroste, Stahl verzinkt, 25x25x3
EP 26,35 DM/m    LA 16,04 DM/m    ST 10,31 DM/m
EP 13,47 €/m    LA 8,20 €/m    ST 5,27 €/m

**031.94002.M**    KG 359 DIN 276
Winkelrahmen für Gitterroste, Stahl verzinkt, 30x30x3
EP 28,16 DM/m    LA 16,67 DM/m    ST 11,49 DM/m
EP 14,40 €/m    LA 8,52 €/m    ST 5,88 €/m

**031.94003.M**    KG 359 DIN 276
Winkelrahmen für Gitterroste, Stahl verzinkt, 35x35x4
EP 30,27 DM/m    LA 17,64 DM/m    ST 12,63 DM/m
EP 15,48 €/m    LA 9,02 €/m    ST 6,46 €/m

**031.94004.M**    KG 359 DIN 276
Winkelrahmen für Gitterroste, Stahl verzinkt, 40x40x4
EP 36,60 DM/m    LA 18,28 DM/m    ST 18,32 DM/m
EP 18,71 €/m    LA 9,34 €/m    ST 9,37 €/m

**031.94005.M**    KG 359 DIN 276
Winkelrahmen für Gitterroste, Stahl verzinkt, 45x45x4
EP 38,07 DM/m    LA 18,60 DM/m    ST 19,47 DM/m
EP 19,47 €/m    LA 9,51 €/m    ST 9,96 €/m

**031.94006.M**    KG 359 DIN 276
Winkelrahmen für Gitterroste, Stahl verzinkt, 50x50x5
EP 42,17 DM/m    LA 19,24 DM/m    ST 22,93 DM/m
EP 21,56 €/m    LA 9,84 €/m    ST 11,72 €/m

**031.94007.M**    KG 359 DIN 276
Winkelrahmen für Gitterroste, Stahl verzinkt, 55x55x6
EP 47,75 DM/m    LA 20,20 DM/m    ST 27,55 DM/m
EP 24,41 €/m    LA 10,33 €/m    ST 14,08 €/m

**031.94008.M**    KG 359 DIN 276
Winkelrahmen für Gitterroste, Stahl verzinkt, 65x50x5
EP 51,76 DM/m    LA 23,08 DM/m    ST 28,68 DM/m
EP 26,46 €/m    LA 11,80 €/m    ST 14,66 €/m

**031.94009.M**    KG 359 DIN 276
Winkelrahmen für Gitterroste, Stahl verzinkt, 75x50x5
EP 55,65 DM/m    LA 24,69 DM/m    ST 30,96 DM/m
EP 28,45 €/m    LA 12,62 €/m    ST 15,83 €/m

**031.94010.M**    KG 359 DIN 276
Winkelrahmen für Gitterroste, Stahl verzinkt, 90x60x8
EP 79,33 DM/m    LA 26,61 DM/m    ST 52,72 DM/m
EP 40,56 €/m    LA 13,61 €/m    ST 26,95 €/m

**031.94011.M**    KG 359 DIN 276
Winkelrahmen für Gitterroste, Stahl verzinkt, 100x50x10
EP 93,08 DM/m    LA 28,86 DM/m    ST 64,22 DM/m
EP 47,59 €/m    LA 14,76 €/m    ST 32,83 €/m

# LB 032 Verglasungsarbeiten
## Anforderungen an Verglasungen; Glasarten

STLB 032

Ausgabe 06.01

Vorspann zur Leistungsbeschreibung

000 Statische und bauphysikalische Anforderungen, Einzelangaben nach DIN 18361
- Windlast
  - – Windlast DIN 1055 Teil 4, 0,6 kN/m$^2$,
  - – Windlast DIN 1055 Teil 4, 0,96 kN/m$^2$,
  - – Windlast DIN 1055 Teil 4, 1,32 kN/m$^2$,
  - – ........,
- Verkehrslast
  - – Schneelast DIN 1055 Teil 5, Rechenwerte S in kN/m$^2$ .......
  - – dynamische Verkehrslast DIN 52337, weicher Stoßkörper,
    - – – Fallhöhe 300 mm – 700 mm – 1200 mm – in mm .......,
  - – dynamische Verkehrslast DIN 52337, harter Stoßkörper,
    - – – Fallhöhe 100 mm – 200 mm – 300 mm – 500 mm – 700 mm – 900 mm – in mm .......,
- Durchbiegung
  - – max. Durchbiegung der Glaskante 1/300 x L,
  - – Durchbiegungsbegrenzung bei Isolierglas max. 8 mm,
- Anforderungen an den Wärmeschutz
  - – Wärmedurchgangskoeffizient DIN 4108 Teil 4, $k_v$–Wert in W/m$^2$K .......,
  - – .......,
- Anforderungen an die Energetik
  - – Gesamtenergiedurchlass DIN 67507, g in % .......,
- Anforderungen an den Schallschutz
  - – Schallschutz DIN 4109 $R_{wP}$ .......,
  - – Schallschutz .......,
- Sicherheitstechnische Anforderungen
  - – Ballwurfsicherheit DIN 18032,
  - – angriffhemmende Verglasung DIN 52290,
    - – – durchwurfhemmende Eigenschaft Klasse A 1 – A 2 – A 3,
    - – – durchbruchhemmende Eigenschaft Klasse B 1 – B 2 – B 3,
    - – – durchschußhemmende Eigenschaf Klasse C 1 SF – C 2 SF – C 3 SF – C 4 SF – C 5 SF – C 1 SA – C 3 SA – C 4 SA – C 5 SA,
    - – – sprengwirkungshemmende Eigenschaft D 1 – D 2 – D 3,
- Brandschutz
  - – Brandschutz DIN 4102 Teil 13,
  - – Brandschutz DIN 4102 Teil 13 .......,
    - – – feuerwiderstandsfähige Eigenschaft F 30 – F 60 – F 90 – F 120 – G 30 – G 60 – G 90 – G 120 – .......,

Glasarten
Für Verglasungsarbeiten werden vorzugsweise verwendet:
- **Fensterglas** DIN 1249 Teil 1, Kurzzeichen –F– Glasdicken 3 – 4 – 5 – 6 – 8 – 10 – 12 – 15 – 19 mm Breite bis 3180 mm, Länge bis 3620 mm,
- **Spiegelglas** DIN 1249, Teil 3, Kurzzeichen –S– Glasdicken 3 – 4 – 5 – 6 – 8 – 10 – 12 – 15 – 19 mm Breite bis 3180 mm, Länge bis 9000 mm,
- **Gussglas** DIN 1249 Teil 4, Kurzzeichen D für **Drahtglas,** Dicken 7 – 9 mm Kurzzeichen DO für **Drahtornamentglas,** Dicken 7 – 9 mm Kurzzeichen O für **Ornamentglas,** Dicken 4 – 6 – 8 mm Breite bis 2520 mm, Länge bis 4500 mm,
- **Profilbauglas** DIN 1249, Teil 5 Kurzzeichen (Profil) PA – PB – PC – PD – PE – PF – PG, mit Zusatz Dn für Drahtnetz Glasdicken 6 – 7 mm Stegbreiten 232 – 262 – 331 – 498 mm Flanschhöhe 41 – 60 mm Längen 4000 bis 7000 mm
- **Einscheiben-Sicherheitsglas** DIN 1249, Teil 12 Kurzzeichen ESG Glasdicken 4 – 5 – 6 – 8 – 10 – 12 – 15 mm Länge und Breite wie Basisprodukt
- **Mehrscheiben-Isolierglas** DIN 1286, Teile 1 und 2 aus 2x oder 3x Fensterglas/Spiegelglas

Für untergeordnete Zwecke (z.B. in Gewächshäusern) auch
- **Gartenbauglas** DIN 11525 Dicke 3 – 4 – 5 mm Breite bis 997 mm, Länge bis 2080 mm

Frühere Bezeichnungen:
- MD (Mittlere Dicke) für Nenndicke 3 mm
- DD (Doppelte Dicke) für Nenndicke 4 mm
- Dickglas für Nenndicken 5 – 6 – 8 – 10 – 12 – 16 – 19 mm

**STLB 032**

## LB 032 Verglasungsarbeiten
### Verglasungen

Ausgabe 06.01

**100** Verglasung mit Fensterglas,
**101** Reparaturverglasung mit Fensterglas,
 Einzelangaben nach DIN 18361 zu Pos. 100, 101
- Glasart
  -- DIN 1249 Teil 1,
  -- .......,
- Glasdicke
  -- Nenndicke 3 mm – 4 mm – 5 mm – 6 mm – 8 mm – 10 mm – 12 mm – 15 mm – 19 mm
    **Hinweis:** Es genügt die Kurzbezeichnung, z.B. F 4

**Fortsetzung der Einzelangaben** zu Pos. 100 bis 271
- Bauteil
  -- des Einfachfensters,
  -- der Einfachfenstertür,
  -- der Fensterwand DIN 18056,
  -- des Verbundfensters,
  -- der Verbundfenstertür,
  -- des Kastenfensters,
  -- der Kastenfenstertür,
  -- des Dachausstiegfensters,
  -- des Dachflächenfensters,
  -- des Sheddachfensters,
  -- der Schaufensteranlage,
  -- der Innentür,
  -- der Außentür,
  -- des Treppengeländers,
  -- des Balkongeländers,
  -- der Brüstung,
  -- der inneren Trennwand,
  -- der Decke,
  -- der Aufzuganlage,
  -- des Daches,
  -- des Gewächshauses,
  -- der Schalteranlage
  -- der Vitrine,
  -- des Wintergartens,
  -- .......,
- Rahmen
  -- Rahmen aus Holz – Holz-Aluminium – Aluminium – Kunststoff – Stahl – Beton – .......,
- Sprossen
  -- mit glasteilenden Sprossen,
  -- mit glasteilenden Sprossen außen,
  -- mit glasteilenden Sprossen innen,
  -- mit glasteilenden Sprossen außen und innen,
  -- mit aufgesetzten Sprossen,
  -- mit aufgesetzten Sprossen außen,
  -- mit aufgesetzten Sprossen innen,
  -- mit aufgesetzten Sprossen außen und innen,
  -- mit aufgesetzten Sprossen außen, innen und im Scheibenzwischenraum
    **Hinweis:** bei Abrechnung von Verglasungen mit Profilbauglas und Leichtplatten aus Kunststoff nach m² werden Sprossen übermessen.
- Neigung der Verglasungsflächen
  -- Neigung der Verglasungsfläche gegen die Senkrechte 8 bis 25 Grad,
  -- Neigung der Verglasungsfläche gegen die Senkrechte über 25 bis 35 Grad,
  -- Neigung der Verglasungsfläche gegen die Senkrechte über 35 bis 55 Grad,
  -- Neigung der Verglasungsfläche gegen die Senkrechte über 55 Grad,
  -- Neigung der Verglasungsfläche gegen die Senkrechte in Grad .......,
    **Hinweis:** Neigung der Verglasungsfläche bei Fensterwänden siehe DIN 18056.
- Einsetzen und Abdichten der Verglasung
  -- Einsetzen und Abdichten der Verglasung mit Dichtstoffen,
    --- Farbton des Dichtstoffes .......,
      ---- Erzeugnis ....... oder gleichwertiger Art,
        (Sofern nicht vorgeschrieben, vom Bieter einzutragen)
    --- Dichtstoff nach Wahl des AN
      ---- vorhandene raumseitige Glashalteleisten,
      ---- vorhandene witterungsseitige Glashalteleisten,
      ---- vorhandene beidseitige Glashalteleisten,
      ---- .......,
        ------ aus Holz befestigen mit Stiften,
        ------ aus Holz befestigen mit Schrauben,
        ------ aus Aluminium befestigen mit Klemmen,
        ------ aus Aluminium befestigen mit Schrauben,
        ------ aus Stahl befestigen mit Klemmen,
        ------ aus Stahl befestigen mit Schrauben,
        ------ aus Kunststoff befestigen mit Klemmen,
        ------ aus Kunststoff befestigen mit Schrauben,
        ------ aus .......,
      ------ Verglasungssystem DIN 18545-1 und 2
        Va 1 – Va 2 – Va 3 – Va 4 – Va 5 – Vf 3 – Vf 4 – Vf 5 – .......
  -- Einsetzen und Abdichten der Verglasung mit vorhandenen Dichtprofilen
    **Hinweis:** Systemfenster werden z.T. mit Dichtprofilen geliefert.
    --- und vorhandenen raumseitigen Glashalteleisten,
    --- und vorhandenen witterungsseitigen Glashalteleisten,
    --- und vorhandenen beidseitigen Glashalteleisten,
    --- und vorhandenen .......,
      ---- Dichtprofile beidseitig zu Rahmen vulkanisiert,
      ---- Dichtprofile außen zu einem Rahmen vulkanisiert,
      ----- innen an den Ecken überlappt,
      ----- innen auf Gehrung geschnitten,
      ----- innen stumpf gestoßen,
      ------ Dichtprofile auf Gehrung geschnitten,
      ------ Dichtprofile an den Ecken überlappt,
      ------ Dichtprofile stumpf gestoßen,
      ------- Einbau nach Vorschrift des Herstellers
  -- Einsetzen und Abdichten der Verglasung mit Dichtstoff und Dichtprofil,
    --- Erzeugnis des Dichtstoffes ....... oder gleichwertiger Art,
      (Sofern nicht vorgeschrieben, vom Bieter einzutragen)
    ---- Farbton des Dichtstoffes .......,
    ---- Dichtprofile,
      ------ vorhandene,
      ----- Erzeugnis ....... oder gleichwertiger Art,
        (Sofern nicht vorgeschrieben, vom Bieter einzutragen)
      ------ und vorhandene raumseitige Glashalteleisten,
      ------ und .......,
        ------- innen auf Gehrung geschnitten,
        ------- innen stumpf gestoßen,
        ------- innen .......,
          -------- aus Ethylen-Propylen-Terpolymer-Kautschuk (EPDM),
          -------- aus Silikonkautschuk,
          -------- aus Polyvinylchlorid (PVC),
          -------- aus .......,
          -------- Einbau nach Vorschrift des Herstellers,
  -- Einsetzen und Abdichten der Verglasung,
    --- gemäß Zeichnung Nr. .......,
      Einzelbeschreibung Nr. .......,
- Ausführung der Verglasung
  -- verglasen wie folgt:
  -- verglasen von außen wie folgt:
  -- verglasen .......,

# LB 032 Verglasungsarbeiten
## Verglasungen

STLB 032

Ausgabe 06.01

Fortsetzung der Einzelangaben zu Pos. 100 bis 271
- Leistungsumfang (bei Reparaturverglasung)
  - – einschl. reinigen der Glasfalze und Entsorgen Glasbruch,
- Scheibenmaße
  - – Scheibenmaße B/H in cm ......,
  - – Durchmesser in cm .......,
    Hinweis: bei Abrechnung nach m² wird mit den Maßen des kleinsten umschriebenen Rechtecks gerechnet.
    Bei Abrechnung nach m² genügt statt Angabe der Scheiben-Einzelmaße eine Zusammenfassung in Maßsprünge, z.B. bis 0,5 m² – über 0,5 bis 1 m² – über 1 bis 2 m² – über 2 bis 4 m² – über 4 m² .
  - – Scheibenmaße nach Glasleisten,
- Berechnungseinheit Stück, m²
  Hinweis: Mehrscheibenisolierglas nicht nach Flächenmaß sondern nach Stück mit Angabe der Maße abrechnen.

**Beispiel für Ausschreibungstext zu Position 100**
Verglasung mit Fensterglas
DIN 1249 Teil 1, F 4,
des Einfachfensters,
Rahmen aus Holz,
mit glasteilenden Sprossen,
Einsetzen und Abdichten der Verglasung mit Dichtstoffen,
Dichtstoff nach Wahl des AN,
Verglasungssystem DIN 18545-1 und 2, 3 Va 1,
Scheibengrößen über 0,5 bis 1 m².
Einheit m²

110 Verglasung mit Spiegelglas,
111 Reparaturverglasung mit Spiegelglas,
**Einzelangaben** nach **DIN 18361** zu Pos. 110, 111
- Glasart
  - – DIN 1249 Teil 3,
  - – ......,
- Glasdicke
  - – Nenndicke 3 mm – 4 mm – 5 mm – 6 mm – 8 mm – 10 mm – 12 mm – 15 mm – 19 mm – in mm ......,
    Hinweis: Es genügt die Kurzbezeichnung, z.B. S 6.
**Fortsetzung Einzelangaben** siehe Pos. 100, ab
- Bauteil ......

**Beispiel für Ausschreibungstext zu Position 110**
Verglasung mit Spiegelglas
DIN 1249 Teil 3, S 10,
der Schaufensteranlage,
Rahmen aus Aluminium,
Einsetzen und Abdichten der Verglasung mit vorhandenen Dichtprofilen,
und vorhandenen beidseitigen Glashalteleisten,
Dichtprofile beidseitig zu Rahmen vulkanisiert,
Einbau nach Vorschrift des Herstellers,
Scheibenmaße nach Glasliste.
Einheit m²

120 Verglasung mit Gartenblankglas,
121 Reparaturverglasung mit Gartenblankglas,
**Einzelangaben** nach **DIN 18361** zu Pos. 120, 121
- Glasart
  - – DIN 11525,
  - – ......,
- Glasdicke
  - – Nenndicke 3 mm – 4 mm,
**Fortsetzung Einzelangaben** siehe Pos. 100, ab
- Bauteil ......

130 Verglasung mit Gartenklarglas,
131 Reparaturverglasung mit Gartenklarglas,
**Einzelangaben** nach **DIN 18361** zu Pos. 130, 131
- Glasart
  - – DIN 11525,
  - – ......,
- Glasdicke
  - – Nenndicke 3 mm – 4 mm – 5 mm,
**Fortsetzung Einzelangaben** siehe Pos. 100, ab
- Bauteil ......

140 Verglasung mit Gussglas,
141 Reparaturverglasung mit Gussglas,
**Einzelangaben** nach **DIN 18361** zu Pos. 140, 141
- Glasart, Glasdicke
  - – als Ornamentglas DIN 1249 Teil 4, Struktur/Farbe ......,
    - – – Nenndicke 4 mm – 6 mm – 8 mm,
  - – als Drahtglas DIN 1249 Teil 4,
    - – – Nenndicke 7 mm – 9 mm,
  - – als Drahtornamentglas DIN 1249 Teil 4, Struktur/Farbe ......,
    - – – Nenndicke 7 mm – 9 mm,
**Fortsetzung Einzelangaben** siehe Pos. 100, ab
- Bauteil ......

150 Verglasung mit Drahtspiegelglas,
151 Reparaturverglasung mit Drahtspiegelglas,
**Einzelangaben** nach **DIN 18361** zu Pos. 150, 151
- Nenndicke 7 mm – ......,
**Fortsetzung Einzelangaben** siehe Pos. 100, ab
- Bauteil ......

160 Verglasung mit Überfangglas,
161 Reparaturverglasung mit Überfangglas,
**Einzelangaben** nach **DIN 18361** zu Pos. 160, 161
- Nenndicke 6 mm – ......,
**Fortsetzung Einzelangaben** siehe Pos. 100, ab
- Bauteil ......

170 Verglasung mit Spiegelglas, farbig,
171 Reparaturverglasung mit Spiegelglas, farbig,
**Einzelangaben** nach **DIN 18361** zu Pos. 170, 171
- Nenndicke 4 mm – 6 mm – ......
- Farbton grau – bronze – grün – gelb – violett – blau ......
**Fortsetzung Einzelangaben** siehe Pos. 100, ab
- Bauteil ......

180 Verglasung mit Einscheiben-Sicherheitsglas,
181 Reparaturverglasung mit Einscheiben-Sicherheitsglas,
**Einzelangaben** nach **DIN 18361** zu Pos. 180, 181
- Glasart
  - – DIN 1249 Teil 12,
    - – – aus Spiegelglas ......,
    - – – aus ......,
  - – ......,
- Glasdicke
  - – Nenndicke 4 mm – 6 mm – 8 mm – 10 mm – 12 mm – 15 mm – 19 mm,
- Farbton ......
- Struktur ......
**Fortsetzung Einzelangaben** siehe Pos. 100, ab
- Bauteil ......

190 Verglasung mit Verbundglas,
191 Reparaturverglasung mit Verbundglas,
**Einzelangaben** nach **DIN 18361** zu Pos. 190, 191
- Glasart
  - – aus Spiegelglas,
  - – aus ......,
    - – – 2-scheibig,
    - – – 3-scheibig,
    - – – 4-scheibig,
    - – – Anzahl der Scheiben ......,
- Glasdicke
  - – Gesamtnenndicke 6 mm – 8 mm – 10 mm – 12 mm – 16 mm – 20 mm – ......,
- Farbton ......
- Zwischenlage, Zwischenschicht
  - – mit Zwischenlage ......,
  - – mit Zwischenschicht verstärkt,
  - – mit Zwischenschicht eingetrübt,
  - – mit Zwischenschicht ......,
**Fortsetzung Einzelangaben** siehe Pos. 100, ab
- Bauteil ......

**STLB 032**

Ausgabe 06.01

## LB 032 Verglasungsarbeiten
### Verglasungen

200 Verglasung mit Verbund-Sicherheitsglas,
201 Reparaturverglasung mit Verbund-Sicherheitsglas,
Einzelangaben nach DIN 18361 zu Pos. 200, 201
- Glasart
  - – aus Spiegelglas,
  - – aus ......,
    - – – 2-scheibig,
    - – – 3-scheibig,
    - – – 4-scheibig,
    - – – Anzahl der Scheiben ......,
- Glasdicke
  - – Gesamtnenndicke 6 mm – 8 mm – 10 mm – 12 mm – 16 mm – 20 mm – ......,
- Farbton ......
- Zwischenschicht
  - – mit Zwischenschicht verstärkt,
  - – mit Zwischenschicht eingetrübt,
  - – mit Zwischenschicht ......,

**Fortsetzung Einzelangaben** siehe Pos. 100, ab
- Bauteil ......

210 Verglasung mit Alarmglas,
211 Reparaturverglasung mit Alarmglas,
Einzelangaben nach DIN 18361 zu Pos. 210, 211
- Glasart, Glasdicke
  - – aus Einscheiben-Sicherheitsglas,
    - – – Nenndicke 4 mm – 6 mm – 8 mm – 10 mm – 12 mm – 15 mm – 19 mm – ......,
  - – aus Verbundglas,
  - – aus Verbund-Sicherheitsglas,
    - – – 2-scheibig,
    - – – 3-scheibig,
    - – – 4-scheibig,
    - – – Anzahl der Scheiben ......,
    - – – – Gesamtnenndicke 6 mm – 8 mm – 10 mm – 12 mm – 16 mm – 20 mm – ......,
        - – – – – mit Zwischenschicht verstärkt,
        - – – – – mit Zwischenschicht eingetrübt,
        - – – – – mit Zwischenschicht ......,
  - – aus ......,
- Alarmeinrichtung
  - – mit Alarmgeber,
  - – mit Alarmdrahteinlage,
  - – mit ......,
    - – – mit Flächenanschluss,
    - – – mit Randanschluss,
    - – – mit Eckanschluss,
    - – – mit ......,
- Farbton ......
- Struktur ......

**Fortsetzung Einzelangaben** siehe Pos. 100, ab
- Bauteil ......

220 Verglasung mit Profilbauglas,
221 Reparaturverglasung mit Profilbauglas,
Einzelangaben nach DIN 18361 zu Pos. 220, 221
- Glasart
  - – DIN 1249 Teil 5
  - – ......,
- Profiltyp A – B – C – D – E – F – G, ADn – BDn – CDn – DDn – EDn – FDn – GDn
**Hinweis:** Zusatz Dn = mit Drahtnetzeinlage

**Fortsetzung Einzelangaben** siehe Pos. 100, ab
- Bauteil ......

230 Verglasung mit Spiegel,
231 Reparaturverglasung mit Spiegel,
Einzelangaben nach DIN 18361 zu Pos. 230, 231
- Spiegelart
  - – aus Spiegelglas, silberbeschichtet DIN EN 1036,
  - – aus ......,
    - – – Typ ......,
  - – aus beschichtetem Spiegelglas mit Schutzbeschichtung,
    - – – Antikspiegel,
    - – – Spionspiegel,
    - – – Heizspiegel,
    - – – Beobachtungsspiegel,
    - – – ......,

**Fortsetzung Einzelangaben** siehe Pos. 100, ab
- Bauteil ......

240 Verglasung mit Sonderglaserzeugnis,
241 Reparaturverglasung mit Sonderglaserzeugnis,
Einzelangaben nach DIN 18361 zu Pos. 240, 241
- Glasart ......
- Ornamentierung ......
- Farbton ......

**Fortsetzung Einzelangaben** siehe Pos. 100, ab
- Bauteil ......

# LB 032 Verglasungsarbeiten
## Verglasungen

Ausgabe 06.01

**250** Verglasung mit Mehrscheiben-Isolierglas,
**251** Reparaturverglasung mit Mehrscheiben-Isolierglas,
**Einzelangaben nach DIN 18361** zu Pos. 250, 251
- Glasart
  - – DIN 1286, Teil 1,
  - – DIN 1286, Teil 2,
  - – .......,
- Erzeugnis ....... oder gleichwertiger Art,
  (Sofern nicht vorgeschrieben, vom Bieter einzutragen)
- Anzahl der Scheiben
  - – zweifach,
  - – dreifach,
  - – .......,
- Scheibenzwischenraum
  - – Scheibenzwischenraum 6 mm
  - – Scheibenzwischenraum 12 mm
  - – Scheibenzwischenraum 16 mm
  - – Scheibenzwischenraum 20 mm
  - – Scheibenzwischenraum in mm
  - – Scheibenzwischenräume in mm
- Innenscheibe
  - – Innenscheibe, Nenndicke 3 mm – 4 mm – 5 mm – 6 mm – 8 mm – ....... mm,
    **Hinweis:** Verbundglas ab 8 mm Dicke
    - – – aus Spiegelglas DIN 1249 Teil 3,
      - – – – Farbton .......,
    - – – aus Fensterglas DIN 1249 Teil 1,
    - – – aus Ornamentglas DIN 1249 Teil 4,
      - – – – Farbton .......,
      - – – – – Struktur .......,
    - – – aus Drahtglas DIN 1249 Teil 4,
      - – – – Farbton .......,
      - – – – – Struktur .......,
    - – – aus Einscheiben-Sicherheitsglas DIN 1249 Teil 12, aus Spiegelglas,
      - – – – Farbton .......,
      - – – – – Struktur .......,
    - – – aus Verbundglas aus Spiegelglas,
    - – – aus Verbund-Sicherheitsglas aus Spiegelglas,
      - – – – 2-scheibig,
      - – – – 3-scheibig,
      - – – – 4-scheibig,
      - – – – Anzahl der Scheiben .......,
        - – – – – Farbton .......,
          - – – – – – mit Zwischenlage .......,
          - – – – – – mit Zwischenschicht verstärkt,
          - – – – – – mit Zwischenschicht eingetrübt,
          - – – – – – mit Zwischenschicht .......,
    - – – aus .......,
- Außenscheibe
  - – Außenscheibe, Nenndicke 3 mm – 4 mm – 5 mm – 6 mm – 8 mm – .......,
    **Hinweis:** Verbundglas ab 8 mm Dicke
    - – – aus Spiegelglas DIN 1249 Teil 3,
      - – – – Farbton .......,
    - – – aus Fensterglas DIN 1249 Teil 1,
    - – – aus Ornamentglas DIN 1249 Teil 4,
      - – – – Farbton .......,
      - – – – – Struktur .......,
    - – – aus Drahtglas DIN 1249 Teil 4,
      - – – – Farbton .......,
      - – – – – Struktur .......,
    - – – aus Einscheiben-Sicherheitsglas DIN 1249 Teil 12, aus Spiegelglas,
      - – – – Farbton .......,
      - – – – – Struktur .......,
    - – – aus Verbund-Sicherheitsglas aus Spiegelglas,
      - – – – 2-scheibig,
      - – – – 3-scheibig,
      - – – – 4-scheibig,
      - – – – Anzahl der Scheiben .......,
        - – – – – Farbton .......,
          - – – – – – mit Zwischenlage .......,
          - – – – – – mit Zwischenschicht verstärkt,
          - – – – – – mit Zwischenschicht eingetrübt,
          - – – – – – mit Zwischenschicht .......,
    - – – aus .......,
- mittlere Scheibe (bei 3-scheibigem Isolierglas)
  - – – mittlere Scheibe, Nenndicke 3 mm – 4 mm – 5 mm – 6 mm – 8 mm – .......,
    - – – – aus Spiegelglas DIN 1249 Teil 3,
      - – – – – Farbton .......,
    - – – – aus Fensterglas DIN 1249 Teil 1,
    - – – – aus .......,

**Hinweis:** Häufige Glaskombinationen sind:
2 x F 4 – F 6 + F 4 – 2 x F 6 – F 8 + F 4 – F 10 + F 4
3 x F 6
2 x S 4 – S 6 + S 4 – 2 x S 6 – S 8 + S 4 – S 10 + S 4
3 x S 6
Es genügt die Angabe der Kurzbezeichnungen.
**Fortsetzung Einzelangaben** siehe Pos. 100, ab
- Bauteil .......

**Beispiel für Ausschreibungstext zu Position 250**
Verglasung mit Mehrscheiben-Isolierglas
DIN 1286, Teil 1, zweifach S 6 + S 4,
des Einfachfensters,
Rahmen aus Kunststoff,
Einsetzen und Abdichten der Verglasung mit Dichtstoffen,
vorhandene raumseitige Glashalteleisten
aus Aluminium befestigen mit Schrauben,
Verglasungssystem Vf 4,
Scheibenmaße B/H 120 x 120 cm.
Einheit Stück

**260** Kunstverglasung,
**261** Reparatur-Kunstverglasung,
**Einzelangaben nach DIN 18361** zu Pos. 260, 261
- Verglasungsart
  - – als Einfachverglasung,
  - – als Einfachverglasung im Scheibenzwischenraum des Isolierglases,
- Sprossen
  - – Sprossen aus Blei,
  - – Sprossen aus Messing,
  - – Sprossen aus Aluminium, anodisiert,
  - – Sprossen .......,
- Glasart
  - – Verglasung mit Gussantik-Glas,
  - – Verglasung mit Echtantik-Glas,
  - – Verglasung .......,
**Fortsetzung Einzelangaben** siehe Pos. 100, ab
- Bauteil .......

**270** Verglasung mit Kunststoff-Lichtplatte,
**271** Reparaturverglasung mit Kunststoff-Lichtplatte,
**Einzelangaben nach DIN 18361** zu Pos. 270, 271
- Werkstoff
  - – aus PC, Baustoffklasse .......,
  - – aus PMMA, Baustoffklasse .......,
  - – aus .......,
- Erzeugnis ....... oder gleichwertiger Art,
  (Sofern nicht vorgeschrieben, vom Bieter einzutragen)
- Farbe, Struktur
  - – farblos,
    - – – weiß, Lichtdurchlässigkeit in % .......,
    - – – einseitig strukturiert,
    - – – zweiseitig strukturiert,
  - – farbig,
    - – – einseitig strukturiert,
    - – – zweiseitig strukturiert,
    - – – .......,
- Dicke
  - – einschalig
    - – – Plattendicke 3 mm – 4 mm – 5 mm – 6 mm – .......,
  - – doppelschalig, mit Innenstegen,
  - – mehrschalig, mit Innenstegen,
    - – – Gesamtdicke 6 mm – 8 mm – 10 mm – 16 mm – .......,
**Fortsetzung Einzelangaben** siehe Pos. 100, ab
- Bauteil .......

STLB 032
Ausgabe 06.01

## LB 032 Verglasungsarbeiten
### Sonderverglasungen

**400 Profilbauverglasung,**
Hinweis: als Sonderform der Verglasung mit Profilbauglas, vgl. Pos. 220, 221.
**Einzelangaben nach DIN 18361**
- Bauteil
  - – der Wände,
  - – der Lichtbänder,
  - – der Brüstungen,
  - – der Aufzugschächte,
  - – der Raumtrennwände,
  - – der Dachflächen,
  - – der Sheddächer,
  - – der Dachoberlichter,
  - – der .......,
- Glasart
  - – mit Profilbauglas DIN 1249 Teil 5,
    - – – Profil A, Querschnitt 232 x 41 x 6 mm,
    - – – Profil B, Querschnitt 232 x 60 x 7 mm,
    - – – Profil C, Querschnitt 262 x 41 x 6 mm,
    - – – Profil D, Querschnitt 262 x 60 x 7 mm,
    - – – Profil E, Querschnitt 331 x 41 x 6 mm,
    - – – Profil F, Querschnitt 331 x 60 x 7 mm,
    - – – Profil G, Querschnitt 498 x 41 x 6 mm,
      Hinweis: Bezeichnungsbeispiel nach DIN 1249 Teil 5 für Profilbauglas (P) Profil C mit Drahtnetzeinlage (Dn) und 4500 mm Länge: Profilbauglas DIN 1249 –PCDn– 4500
- Drahteinlage
  - – ohne Einlage – mit Drahtnetzeinlage –Dn– – mit Längsdrahteinlage –Dl–
    Hinweis: Für Dachflächen nur Profilbauglas mit Drahtnetzeinlage verwenden.
- Farbe
  - – farblos (weiß) – leicht gefärbt – farbig (in der Masse eingefärbt), Farbton .......,
- Struktur
  - – ohne Angaben (= ornamentiert) – asymmetrisch gerippt,
- Anzahl der Schalen
  - – einschalig, kammartig gestoßen, Schenkel innen,
  - – einschalig, kammartig gestoßen, Schenkel außen,
  - – einschalig, spundwandartig gestoßen,
  - – einschalig, spundwandartig verhakt,
  - – zweischalig, 2 Lagen kammartig gestoßen,
  - – zweischalig, 2 Lagen kammartig gestoßen, Schenkel versetzt,
  - – Anzahl der Schalen .......,
- Einbau
  - – Einbau in Rahmen,
  - – aus Aluminium- Strangpressprofilen, anodisiert,
  - – aus Aluminium- Strangpressprofilen, farbig anodisiert,
  - – aus Aluminium-Strangpreßprofilen, wärmegedämmt,
  - – aus .......,
- Befestigung
  - – Befestigung in Mauerwerk,
  - – Befestigung in Beton,
  - – Befestigung in Metallkonstruktion,
  - – Befestigung im Mauerwerk einschl. Abdichten der Anschlussfugen mit elastisch bleibendem Dichtstoff,
  - – Befestigung .......,
- Ausführung gemäß Zeichnung Nr. ......., Einzelbeschreibung Nr. .......
- Rohbaumaße der verglasten Fläche in cm .......,
- Erzeugnis ....... oder gleichwertiger Art
  (Sofern nicht vorgeschrieben, vom Bieter einzutragen)
- Berechnungseinheit Stück
  Abrechnung nach Rohbaumaßen (Einbauteile übermessen).

**410 U–Profilrahmen,**
**411 U–Profilrahmen mit äußerer Metallsohlbank,**
**Einzelangaben nach DIN 18361 zu Pos. 410, 411**
- Rahmen für Bauteil
  - – für vorbeschriebene Verglasung mit Profilbauglas,
  - – für Tür in vorbeschriebener Verglasung mit Profilbauglas,
  - – für Fenster in vorbeschriebener Verglasung mit Profilbauglas,
  - – .......,
- Werkstoff für Rahmen
  - – aus gekantetem Stahlblech, Dicke mind. 2,5 mm,
  - – aus U–Stahl DIN 1026 St 33,
    - – – feuerverzinkt,
  - – aus Aluminium–Strangpressprofilen, anodisiert,
  - – aus Aluminium–Strangpressprofilen, farbig anodisiert,
    - – – Eloxalvorbehandlung E0 (keine Vorbehandlung),
    - – – Eloxalvorbehandlung E1 (geschliffen),
    - – – Eloxalvorbehandlung E2 (gebürstet),
    - – – Eloxalvorbehandlung E3 (poliert),
    - – – Eloxalvorbehandlung E4 (geschliffen / gebürstet),
    - – – Eloxalvorbehandlung E5 (geschliffen / poliert),
    - – – Eloxalvorbehandlung E6 (gebeizt),
  - – aus ....... (Sofern nicht vorgeschrieben, vom Bieter einzutragen),
- Befestigung des Rahmens
  - – Befestigung in Mauerwerk,
  - – Befestigung in Beton,
  - – Befestigung an Metallkonstruktion,
    - – – einschl. Abdichten der Anschlussfugen mit elastisch bleibendem Dichtstoff,
- Maße
  - – Rohbaumaß .......,
  - – Sohlbankbreite .......,
- Ausführung gemäß Zeichnung Nr. ......., Einzelbeschreibung Nr. .......
- Statischer Nachweis
  - – Der statische Nachweis ist vom Auftragnehmer gegen Vergütung zu erbringen.
  - – Der statische Nachweis ist vom Auftragnehmer zu erbringen. Eine gesonderte Vergütung wird hierfür nicht gewährt.
- Berechnungseinheit Stück

# LB 032 Verglasungsarbeiten
## Sonderverglasungen

**420 Verglasung mit Welldrahtglas, Einzelangaben nach DIN 18361**
- Pfetten
  - – auf Holzpfetten,
  - – auf Stahlpfetten, U–Profil,
  - – auf Stahlpfetten, I–Profil,
  - – auf Betonpfetten,
  - – .......,
- Befestigung
  - – Befestigung nach Herstellervorschrift,
  - – Befestigung .......,
- Neigung und Form der Verglasungsfläche
  - – Neigung der Verglasungsfläche über 10 bis 17 Grad,
  - – Neigung der Verglasungsfläche über 17 bis 25 Grad,
  - – Neigung der Verglasungsfläche über 25 bis 30 Grad,
  - – Neigung der Verglasungsfläche über 30 bis 35 Grad,
  - – Neigung der Verglasungsfläche über 35 bis 40 Grad,
  - – Neigung der Verglasungsfläche über 40 bis 45 Grad,
  - – Neigung der Verglasungsfläche über 45 bis 50 Grad,
  - – Neigung der Verglasungsfläche über 50 bis 55 Grad,
  - – Neigung der Verglasungsfläche über 55 bis 60 Grad,
  - – Neigung der Verglasungsfläche über 60 bis 75 Grad,
  - – Neigung der Verglasungsfläche über 75 Grad,
  - – Verglasungsfläche senkrecht,
  - – Form der verglasten Fläche gemäß Zeichnung Nr. .......,
- Glasdicke, Plattenabmessungen
  - – Glasdicke 6 bis 8 mm,
    - – – Plattenabmessungen (L x B) 1250 x 920 mm,
    - – – Plattenabmessungen (L x B) 1350 x 920 mm,
    - – – Plattenabmessungen (L x B) 1600 x 920 mm,
    - – – Plattenabmessungen (L x B) .......,
  - – Glasdicke 6 bis 7 mm,
    - – – Plattenabmessungen (L x B) 1750 x 826 mm,
    - – – Plattenabmessungen (L x B) 2000 x 826 mm,
    - – – Plattenabmessungen (L x B) 2250 x 826 mm,
    - – – Plattenabmessungen (L x B) 2500 x 826 mm,
    - – – Plattenabmessungen (L x B) 2750 x 826 mm,
    - – – Plattenabmessungen (L x B) 3000 x 826 mm,
    - – – Plattenabmessungen (L x B) .......,
- Oberflächen
  - – obere Seite feuerpoliert, untere Seite gerippt,
  - – .......,
- Berechnungseinheit m$^2$

**430 Verspiegelung, Einzelangaben nach DIN 18361**
- Bauteil
  - – der Wände,
  - – der Decken,
  - – der Rolltreppenwangen,
  - – der Türen,
  - – der Möbelteile,
  - – .......,
    - – – im Feuchtraum,
    - – – im Außenbereich,
- Befestigung
  - – mechanisch befestigen,
  - – kleben,
  - – mechanisch befestigen und kleben,
  - – befestigen nach Herstellervorschrift,
  - – befestigen,
- Ausführung gemäß Zeichnung Nr. ......., Einzelbeschreibung Nr. .......
- Maße ....... (bei Berechnung nach Stück)
- Berechnungseinheit Stück, m$^2$

STLB 032
Ausgabe 06.01

## LB 032 Verglasungsarbeiten
### Anschlüsse zum Baukörper; Bearbeiten der Gläser

500 Abdichten,
Einzelangaben nach DIN 18361
- Bauteil
  - – der Fuge,
  - – der Bewegungsfuge im Außenbereich,
  - – der Bewegungsfuge im Innenbereich,
  - – der Anschlussfuge im Außenbereich,
  - – der Anschlussfuge im Innenbereich,
  - – Fugenart .......
- Dichtstoff
  - – mit Dichtstoff,
  - – mit Dichtungsband,
  - – mit .......,
    - – – Farbton .......,
    - – – farblos,
      - – – – Erzeugnis ....... oder gleichwertiger Art,
        (Sofern nicht vorgeschrieben, vom Bieter einzutragen)
- Fugenmaße
  - – Fugenbreite in mm .......,
    - – – Fugentiefe in mm .......,
  - – Fugenquerschnitt in mm .......,
- Ausführung gemäß Zeichnung Nr. .......,
  Einzelbeschreibung Nr. .......
- Berechnungseinheit m

550 Kantenbearbeitung DIN 1249 Teil 1,
Einzelangaben nach DIN 18361
- der Scheibe aus .......
- Dicke 3 – 4 – 5 – 6 – 7 – 8 – 9 – 10 – 12 – 15 – 19 – 20 – 21 – 23 – 24 – 25 – 27 – ....... mm
- Kantenbearbeitung
  - – Kanten gesäumt mit angeschliffener Fase,
  - – Kanten grobgeschliffen,
  - – Kanten feingeschliffen,
  - – Kanten poliert,
  - – Kanten auf 20 Grad Gehrung geschliffen mit Fase,
  - – Kanten auf 30 Grad Gehrung geschliffen mit Fase,
  - – Kanten auf 45 Grad Gehrung geschliffen mit Fase,
  - – Kanten auf 60 Grad Gehrung geschliffen mit Fase,
  - – Kanten .......,
- Ausführung gemäß Zeichnung Nr. .......,
  Einzelbeschreibung Nr. .......
- Berechnungseinheit m

551 Bohrung,
Einzelangaben nach DIN 18361
- der Scheibe aus .......
- Dicke 3 – 4 – 5 – 6 – 7 – 8 – 9 – 10 – 12 – 15 – 19 – 20 – 21 – 27 – ....... mm
- Durchmesser der Bohrung
  - – Durchmesser bis 10 mm,
  - – Durchmesser über 10 bis 15 mm,
  - – Durchmesser über 15 bis 20 mm,
  - – Durchmesser über 20 bis 25 mm,
  - – Durchmesser über 25 bis 30 mm,
  - – Durchmesser .......,
- Ausführung gemäß Zeichnung Nr. .......,
  Einzelbeschreibung Nr. .......
- Berechnungseinheit Stück

552 Ausschnitt,
Einzelangaben nach DIN 18361
- in Scheibe aus .......
- Dicke 3 – 4 – 5 – 6 – 7 – 8 – 9 – 10 – 12 – 15 – 19 – 20 – 21 – 27 – ....... mm
- Form des Ausschnittes
  - – rechteckig,
  - – rund,
  - – halbrund,
  - – oval,
  - – .......,
    - – – als Randausschnitt,
    - – – innerhalb der Scheibe,
    - – – als Eckausschnitt,
    - – – .......,
- Ausschnittgröße ......., Ausschnittdurchmesser .......
- Ausführung gemäß Zeichnung Nr. .......,
  Einzelbeschreibung Nr. .......
- Berechnungseinheit Stück

553 Eckabrundung,
Einzelangaben nach DIN 18361
- an Scheibe aus .......
- Dicke 3 – 4 – 5 – 6 – 7 – 8 – 9 – 10 – 12 – 15 – 19 – 20 – 21 – 27 – ....... mm
- Eckradius .......
- Ausführung gemäß Zeichnung Nr. .......,
  Einzelbeschreibung Nr. .......
- Berechnungseinheit Stück

554 Eckabschnitt,
Einzelangaben nach DIN 18361
- an Scheibe aus .......
- Dicke 3 – 4 – 5 – 6 – 7 – 8 – 9 – 10 – 12 – 15 – 19 – 20 – 21 – 27 – ....... mm
- Einzellänge .......
- Ausführung gemäß Zeichnung Nr. .......,
  Einzelbeschreibung Nr. .......
- Berechnungseinheit Stück

555 Verspiegeln,
556 Biegen,
557 Wölben,
558 Gravieren,
559 Mattieren,
560 Sandstrahlen,
561 Ätzen mit Flußsäure,
562 Verformen,
563 Kleben,
564 Bemalen,
565 Bedrucken,
566 Einschleifen von Muschelgriffen,
567 Bearbeitung .......
Einzelangaben nach DIN 18361 zu Pos. 555 bis 567
- Scheibenart/Glasart
  - – der Scheibe aus Fensterglas DIN 1249 Teil 1,
  - – der Scheibe aus Spiegelglas DIN 1249 Teil 3,
  - – der Scheibe aus Ornamentglas DIN 1249 Teil 4,
  - – der Scheibe aus .......,
    - – – Farbton .......,
      - – – – Struktur .......,
- Nenndicke 6 mm – 8 mm – 10 mm – 12 mm – .......,
- Scheibengröße in cm .......,
- Ausführung gemäß Zeichnung Nr. .......,
  Einzelbeschreibung Nr. .......
- Berechnungseinheit m, m², Stück

# LB 032 Verglasungsarbeiten
## Ganzglastüren; Ganzglaskonstruktionen; Glasstabilisierungsstreifen

STLB 032

Ausgabe 06.01

**600** Ganzglastür, einflügelig,
**601** Ganzglastür, zweiflügelig,
**602** Ganzglastür .......,
**Einzelangaben nach DIN 18361 zu Pos. 600 bis 602**
- Türart
  - – als Drehtür,
  - – als Pendeltür,
  - – als Schiebetür,
  - – als ......,
- Zargenart
  - – Einbau in vorhandene Holzzarge,
  - – Einbau in vorhandene Stahlzarge,
  - – Einbau ......,
- Maße
  - – Zargenfalzmaße 716 x 1983 mm –
    841 x 1983 mm – 966 x 1983 mm –
    950 x 2100 mm – 1000 x 2100 mm –
    1216 x 1983 mm – 1466 x 1983 mm –
    1716 x 1983 mm – ......,
  - – Rohbaurichtmaß 625 x 2000 mm –
    750 x 2000 mm – 875 x 2000 mm –
    1000 x 2000 mm – 1250 x 2000 mm –
    1500 x 2000 mm – ......,
- Flügel, Glasart
  - – Flügel aus Einscheibensicherheitsglas, Spiegelglas DIN 1249 Teil 3,
  - – Flügel aus Einscheibensicherheitsglas, farbiges Spiegelglas DIN 1249 Teil 3,
  - – Flügel aus Einscheibensicherheitsglas, Spiegelrohglas, Struktur ......,
  - – Flügel aus Einscheibensicherheitsglas, Sonderglas ......,
  - – Flügel aus Einscheibensicherheitsglas, ......,
  - – Flügel aus ......,
- Einbau
  - – Einbau rahmenlos,
  - – Einbau ......,
- Glasdicke 8 mm – 10 mm – 12 mm – ......
- Beschlag
  - – Der Beschlag wird gesondert vergütet,
  - – Beschlag ......,
  **Hinweis:** Beschlag siehe LB 029 Beschlagarbeiten
- Erzeugnis ...... oder gleichwertiger Art,
  (Sofern nicht vorgeschrieben, vom Bieter einzutragen)
- Ausführung gemäß Zeichnung Nr. ......,
  Einzelbeschreibung Nr. ......
- Berechnungseinheit Stück

**700** Ganzglaskonstruktion,
**Einzelangaben nach DIN 18361**
- Rohbaumaß ......
- Tür
  - – mit einer einflügeligen,
  - – mit zwei einflügeligen,
  - – mit einer zweiflügeligen,
  - – mit zwei zweiflügeligen,
  - – mit ......,
    - – – Anschlagtür,
    - – – Anschlagtüren,
    - – – Pendeltür,
    - – – Pendeltüren,
    - – – Schiebetür,
    - – – Schiebetüren,
    - – – Falttür,
    - – – ......,
      - – – – Türflügel aus Einscheiben-Sicherheitsglas, Spiegelglas DIN 1249 Teil 3,
      - – – – Türflügel aus Einscheiben-Sicherheitsglas, farbiges Spiegelglas DIN 1249 Teil 3,
      - – – – Türflügel aus Einscheiben-Sicherheitsglas, Spiegelrohglas, Struktur ......,
      - – – – Türflügel ......,
        - – – – – Glasdicke 8 mm – 10 mm – 12 mm – ......,
      - – – – – – Beschlag wird gesondert vergütet,
      - – – – – – Beschlag ......,
        **Hinweis:** Beschlag siehe LB 029 Beschlagarbeiten.
- Einbau
  - – Einbau mit Klemmrahmen auf Putz,
  - – Einbau mit Klemmrahmen unter Putz,
  - – Einbau mit Klemmrahmen und U-Profilen auf Putz,
  - – Einbau mit Klemmrahmen und U-Profilen unter Putz,
  - – Einbau mit U-Profilen,
  - – Einbau mit U-Profilen, rahmenlos,
  - – Einbau ......,
- Verbindung der Scheiben
  - – Verbindung der Scheiben nach Wahl des AN,
  - – Verbindung der Scheiben ......,
- zusätzliche Seitenteile, Mittelteile, Oberlichter
  - – ......,
- Ausführung gemäß Zeichnung Nr. ......,
  Einzelbeschreibung Nr. ......
- Berechnungseinheit Stück

# LB 032 Verglasungsarbeiten
## Verglasung: gezogenes Flachglas

AW 032

Preise 06.01

Sämtliche Preise sind **Mittelpreise ohne Mehrwertsteuer** zum Zeitpunkt des Ausgabedatums.
**Korrekturfaktoren** für Regionaleinfluss, Mengeneinfluss, Konjunktureinfluss siehe Vorspann.
**Abkürzungen:** EP = Einheitspreis, LA = Lohnanteil, ST = Stoffanteil

Glasarten
Für Verglasungsarbeiten werden vorzugsweise verwendet:
- Gezogenes Flachglas nach DIN EN 572 Teil 4,
  frühere Bezeichnung Fensterglas (F),
  Nenndicke: 3, 4, 5, 6, 8, 10, 12 mm
  Länge: 1600 mm bis 2160 mm
  Breite: 2440 mm bis 2880 mm
- Floatglas nach DIN EN 572 Teil 2,
  frühere Bezeichnung Spiegelglas (S),
  Nenndicke: 3, 4, 5, 6, 8, 10, 12, 15, 19, 25 mm
  Länge: 4500, 5100, 6000 mm
  Breite: 3210 mm, Sonderbreite 3150 mm
- Poliertes Drahtglas nach DIN EN 572 Teil 3,
  frühere Bezeichnung Gussglas, Drahtglas (D)
  Nenndicke: 6, 10 mm
  Länge: 1650 mm bis 3820 mm
  Breite: 1980 mm bis 2540 mm
- Ornamentglas nach DIN EN 572 Teil 5,
  frühere Bezeichnung Gußglas, Ornamentglas (O),
  Nenndicke: 3, 4, 5, 6, 8, 10 mm
  Länge: 2100 mm bis 4500 mm
  Breite: 1260 mm bis 2520 mm
- Drahtornamentglas nach DIN EN 572 Teil 6,
  frühere Bezeichnung Gußglas, Drahtornamentglas (DO),
  Nenndicke: 6, 7, 8, 9 mm
  Länge: 2100 mm bis 4500 mm
  Breite: 1260 mm bis 2520 mm

Abrechnungseinheiten nach DIN 18361 (Auszug)
- Flächenmaß (m2), getrennt nach Glaserzeugnissen, Glasdicken und Scheibenmaßen für:
  Verglasung von Fenstern, Türen, Fensterwänden,
  Dachoberlichter und Dächer,
  Ganzglaskonstruktionen u.a.m.
- Anzahl (Stück), getrennt nach Glaserzeugnissen,
  Glasdicken, Scheibengrößen und Größe des verglasten Bauteiles für:
  Verglasung mit Mehrscheiben-Isolierglas,
  Verglasung von Fenstern, Türen und Fensterwänden,
  Brüstungen und Umwehrungen,
  Ganzglaskonstruktionen u.a.m.
- Längenmaß (m), getrennt nach Glaserzeugnissen,
  Glasdicken und Scheibengrößen für
  Bearbeitung von Glaskanten.

032.10002.M KG 334 DIN 276
Verglasung Gezogenes Flachglas, 4 mm, Va1
EP 78,62 DM/m2   LA 24,28 DM/m2   ST 54,34 DM/m2
EP 40,20 €/m2    LA 12,41 €/m2    ST 27,79 €/m2

032.10003.M KG 334 DIN 276
Verglasung Gezogenes Flachglas, 5 mm, Va1
EP 87,76 DM/m2   LA 24,28 DM/m2   ST 63,48 DM/m2
EP 44,87 €/m2    LA 12,41 €/m2    ST 32,46 €/m2

032.10004.M KG 334 DIN 276
Verglasung Gezogenes Flachglas, 5 mm, Va2
EP 90,24 DM/m2   LA 25,26 DM/m2   ST 64,98 DM/m2
EP 46,14 €/m2    LA 12,92 €/m2    ST 33,22 €/m2

032.10005.M KG 334 DIN 276
Verglasung Gezogenes Flachglas, 6 mm, Va2
EP 101,29 DM/m2  LA 25,92 DM/m2   ST 75,37 DM/m2
EP 51,79 €/m2    LA 13,25 €/m2    ST 38,53 €/m2

032.10006.M KG 334 DIN 276
Verglasung Gezogenes Flachglas, 8 mm, Va2
EP 123,07 DM/m2  LA 28,21 DM/m2   ST 94,86 DM/m2
EP 62,92 €/m2    LA 14,42 €/m2    ST 48,50 €/m2

032.10007.M KG 334 DIN 276
Verglasung Gezogenes Flachglas, 10 mm, Va2
EP 159,39 DM/m2  LA 29,52 DM/m2   ST 129,87 DM/m2
EP 81,49 €/m2    LA 15,09 €/m2    ST 66,40 €/m2

032.10008.M KG 334 DIN 276
Verglasung Gezogenes Flachglas, 12 mm, Va2
EP 185,56 DM/m2  LA 29,52 DM/m2   ST 156,04 DM/m2
EP 94,87 €/m2    LA 15,09 €/m2    ST 79,78 €/m2

**Verglasung, gezogenes Flachglas**

032.-----.-

|  |  |  |
|---|---|---|
| 032.10001.M | Verglasung Gezogenes Flachglas, 3 mm, Va1 | 68,04 DM/m2<br>34,79 €/m2 |
| 032.10002.M | Verglasung Gezogenes Flachglas, 4 mm, Va1 | 78,62 DM/m2<br>40,20 €/m2 |
| 032.10003.M | Verglasung Gezogenes Flachglas, 5 mm, Va1 | 87,76 DM/m2<br>44,87 €/m2 |
| 032.10004.M | Verglasung Gezogenes Flachglas, 5 mm, Va2 | 90,24 DM/m2<br>46,14 €/m2 |
| 032.10005.M | Verglasung Gezogenes Flachglas, 6 mm, Va2 | 101,29 DM/m2<br>51,79 €/m2 |
| 032.10006.M | Verglasung Gezogenes Flachglas, 8 mm, Va2 | 123,07 DM/m2<br>62,92 €/m2 |
| 032.10007.M | Verglasung Gezogenes Flachglas, 10 mm, Va2 | 159,39 DM/m2<br>81,49 €/m2 |
| 032.10008.M | Verglasung Gezogenes Flachglas, 12 mm, Va2 | 185,56 DM/m2<br>94,87 €/m2 |

032.10001.M KG 334 DIN 276
Verglasung Gezogenes Flachglas, 3 mm, Va1
EP 68,04 DM/m2   LA 24,28 DM/m2   ST 43,76 DM/m2
EP 34,79 €/m2    LA 12,41 €/m2    ST 22,38 €/m2

# LB 032 Verglasungsarbeiten
## Verglasung: Floatglas; Gartenbauglas

Sämtliche Preise sind **Mittelpreise ohne Mehrwertsteuer** zum Zeitpunkt des Ausgabedatums.
**Korrekturfaktoren** für Regionaleinfluss, Mengeneinfluss, Konjunktureinfluss siehe Vorspann.
**Abkürzungen:** EP = Einheitspreis, LA = Lohnanteil, ST = Stoffanteil

## Verglasung, Floatglas

032.-----.-

|  |  |  |
|---|---|---|
| 032.11001.M | Verglasung Floatglas, 3 mm, Va2 | 126,00 DM/m2 / 64,42 €/m2 |
| 032.11002.M | Verglasung Floatglas, 4 mm, Va2 | 148,84 DM/m2 / 76,10 €/m2 |
| 032.11003.M | Verglasung Floatglas, 5 mm, Va2 | 178,91 DM/m2 / 91,48 €/m2 |
| 032.11004.M | Verglasung Floatglas, 6 mm, Va2 | 203,73 DM/m2 / 104,16 €/m2 |
| 032.11005.M | Verglasung Floatglas, 8 mm, Va2 | 253,63 DM/m2 / 129,68 €/m2 |
| 032.11006.M | Verglasung Floatglas, 10 mm, Va2 | 310,63 DM/m2 / 158,82 €/m2 |
| 032.11007.M | Verglasung Floatglas, 12 mm, Va2 | 442,70 DM/m2 / 226,35 €/m2 |
| 032.11008.M | Verglasung Floatglas, 15 mm, Va2 | 837,31 DM/m2 / 428,11 €/m2 |
| 032.11009.M | Verglasung Floatglas, 19 mm, Va2 | 963,83 DM/m2 / 492,80 €/m2 |
| 032.11010.M | Verglasung Floatglas, 5 mm, Schaufenster, bis 15 m2 | 220,78 DM/m2 / 112,88 €/m2 |
| 032.11011.M | Verglasung Floatglas, 6 mm, Schaufenster, bis 15 m2 | 249,61 DM/m2 / 127,62 €/m2 |
| 032.11012.M | Verglasung Floatglas, 8 mm, Schaufenster, bis 15 m2 | 309,45 DM/m2 / 158,22 €/m2 |
| 032.11013.M | Verglasung Floatglas, 10 mm, Schaufenster, bis 15 m2 | 384,51 DM/m2 / 196,60 €/m2 |
| 032.11014.M | Verglasung Floatglas, 12 mm, Schaufenster, bis 15 m2 | 513,75 DM/m2 / 262,67 €/m2 |
| 032.11015.M | Verglasung Floatglas, 15 mm, Schaufenster, bis 15 m2 | 953,37 DM/m2 / 487,45 €/m2 |
| 032.11016.M | Verglasung Floatglas, 19 mm, Schaufenster, bis 15 m2 | 1105,60 DM/m2 / 565,28 €/m2 |

**032.11001.M**    KG 334 DIN 276
Verglasung Floatglas, 3 mm, Va2
EP 126,00 DM/m2   LA 38,06 DM/m2   ST 87,94 DM/m2
EP  64,42 €/m2    LA 19,46 €/m2    ST 44,96 €/m2

**032.11002.M**    KG 334 DIN 276
Verglasung Floatglas, 4 mm, Va2
EP 148,84 DM/m2   LA 38,71 DM/m2   ST 110,13 DM/m2
EP  76,10 €/m2    LA 19,79 €/m2    ST  56,31 €/m2

**032.11003.M**    KG 334 DIN 276
Verglasung Floatglas, 5 mm, Va2
EP 178,91 DM/m2   LA 38,71 DM/m2   ST 140,20 DM/m2
EP  91,48 €/m2    LA 19,79 €/m2    ST  71,69 €/m2

**032.11004.M**    KG 334 DIN 276
Verglasung Floatglas, 6 mm, Va2
EP 203,73 DM/m2   LA 39,37 DM/m2   ST 164,36 DM/m2
EP 104,16 €/m2    LA 20,13 €/m2    ST  84,03 €/m2

**032.11005.M**    KG 334 DIN 276
Verglasung Floatglas, 8 mm, Va2
EP 253,63 DM/m2   LA 39,37 DM/m2   ST 214,26 DM/m2
EP 129,68 €/m2    LA 20,13 €/m2    ST 109,55 €/m2

**032.11006.M**    KG 334 DIN 276
Verglasung Floatglas, 10 mm, Va2
EP 310,63 DM/m2   LA 41,33 DM/m2   ST 269,30 DM/m2
EP 158,82 €/m2    LA 21,13 €/m2    ST 137,69 €/m2

**032.11007.M**    KG 334 DIN 276
Verglasung Floatglas, 12 mm, Va2
EP 442,70 DM/m2   LA 41,99 DM/m2   ST 400,71 DM/m2
EP 226,35 €/m2    LA 21,47 €/m2    ST 204,88 €/m2

**032.11008.M**    KG 334 DIN 276
Verglasung Floatglas, 15 mm, Va2
EP 837,31 DM/m2   LA 47,89 DM/m2   ST 789,42 DM/m2
EP 428,11 €/m2    LA 24,49 €/m2    ST 403,62 €/m2

**032.11009.M**    KG 334 DIN 276
Verglasung Floatglas, 19 mm, Va2
EP 963,83 DM/m2   LA 49,21 DM/m2   ST 914,62 DM/m2
EP 492,80 €/m2    LA 25,16 €/m2    ST 467,64 €/m2

**032.11010.M**    KG 334 DIN 276
Verglasung Floatglas, 5 mm, Schaufenster, bis 15 m2
EP 220,78 DM/m2   LA 52,49 DM/m2   ST 168,29 DM/m2
EP 112,88 €/m2    LA 26,84 €/m2    ST  86,04 €/m2

**032.11011.M**    KG 334 DIN 276
Verglasung Floatglas, 6 mm, Schaufenster, bis 15 m2
EP 249,61 DM/m2   LA 52,49 DM/m2   ST 197,12 DM/m2
EP 127,62 €/m2    LA 26,84 €/m2    ST 100,78 €/m2

**032.11012.M**    KG 334 DIN 276
Verglasung Floatglas, 8 mm, Schaufenster, bis 15 m2
EP 309,45 DM/m2   LA 52,49 DM/m2   ST 256,96 DM/m2
EP 158,22 €/m2    LA 26,84 €/m2    ST 131,38 €/m2

**032.11013.M**    KG 334 DIN 276
Verglasung Floatglas, 10 mm, Schaufenster, bis 15 m2
EP 384,51 DM/m2   LA 61,35 DM/m2   ST 323,16 DM/m2
EP 196,60 €/m2    LA 31,37 €/m2    ST 165,23 €/m2

**032.11014.M**    KG 334 DIN 276
Verglasung Floatglas, 12 mm, Schaufenster, bis 15 m2
EP 513,75 DM/m2   LA 61,35 DM/m2   ST 452,40 DM/m2
EP 262,67 €/m2    LA 31,37 €/m2    ST 231,30 €/m2

**032.11015.M**    KG 334 DIN 276
Verglasung Floatglas, 15 mm, Schaufenster, bis 15 m2
EP 953,37 DM/m2   LA 61,35 DM/m2   ST 892,02 DM/m2
EP 487,45 €/m2    LA 31,87 €/m2    ST 456,08 €/m2

**032.11016.M**    KG 334 DIN 276
Verglasung Floatglas, 19 mm, Schaufenster, bis 15 m2
EP 1105,60 DM/m2   LA 72,17 DM/m2   ST 1033,43 DM/m2
EP  565,28 €/m2    LA 36,90 €/m2    ST  528,38 €/m2

## Verglasung, Gartenbauglas

032.-----.-

|  |  |  |
|---|---|---|
| 032.13001.M | Verglasung Gartenblankglas 3 mm, Va2 | 50,74 DM/m2 / 25,94 €/m2 |
| 032.13002.M | Verglasung Gartenblankglas 4 mm, Va2 | 57,92 DM/m2 / 29,62 €/m2 |
| 032.13003.M | Verglasung Gartenklarglas 3 mm, Va1 | 58,37 DM/m2 / 29,84 €/m2 |
| 032.13004.M | Verglasung Gartenklarglas 3 mm, Va2 | 59,79 DM/m2 / 30,57 €/m2 |
| 032.13005.M | Verglasung Gartenklarglas 4 mm, Va2 | 69,11 DM/m2 / 35,34 €/m2 |

**032.13001.M**    KG 334 DIN 276
Verglasung Gartenblankglas 3 mm, Va2
EP 50,74 DM/m2   LA 23,62 DM/m2   ST 27,12 DM/m2
EP 25,94 €/m2    LA 12,08 €/m2    ST 13,86 €/m2

**032.13002.M**    KG 334 DIN 276
Verglasung Gartenblankglas 4 mm, Va2
EP 57,92 DM/m2   LA 24,28 DM/m2   ST 33,64 DM/m2
EP 29,62 €/m2    LA 12,41 €/m2    ST 17,21 €/m2

**032.13003.M**    KG 334 DIN 276
Verglasung Gartenklarglas 3 mm, Va1
EP 58,37 DM/m2   LA 22,97 DM/m2   ST 35,40 DM/m2
EP 29,84 €/m2    LA 11,74 €/m2    ST 18,10 €/m2

**032.13004.M**    KG 334 DIN 276
Verglasung Gartenklarglas 3 mm, Va2
EP 59,79 DM/m2   LA 23,62 DM/m2   ST 36,17 DM/m2
EP 30,57 €/m2    LA 12,08 €/m2    ST 18,49 €/m2

**032.13005.M**    KG 334 DIN 276
Verglasung Gartenklarglas 4 mm, Va2
EP 69,11 DM/m2   LA 24,28 DM/m2   ST 44,83 DM/m2
EP 35,34 €/m2    LA 12,41 €/m2    ST 22,93 €/m2

AW 032
Preise 06.01

# LB 032 Verglasungsarbeiten
## Verglasung: Ornamentglas; Drahspiegelglas; Floatglas, farbig

AW 032

Preise 06.01

Sämtliche Preise sind **Mittelpreise ohne Mehrwertsteuer** zum Zeitpunkt des Ausgabedatums.
**Korrekturfaktoren** für Regionaleinfluss, Mengeneinfluss, Konjunktureinfluss siehe Vorspann.
**Abkürzungen:** EP = Einheitspreis, LA = Lohnanteil, ST = Stoffanteil

### Verglasung, Ornamentglas

032.-----.-

|  |  |  |
|---|---|---|
| 032.14001.M | Verglasung Ornamentglas, Kathedralglas weiß, 4 mm | 128,37 DM/m2 / 65,64 €/m2 |
| 032.14002.M | Verglasung Ornamentglas, Korbgeflecht weiß, 4 mm | 183,36 DM/m2 / 93,75 €/m2 |
| 032.14003.M | Verglasung Ornamentglas, Korbgeflecht gelb, 4 mm | 208,63 DM/m2 / 106,67 €/m2 |
| 032.14004.M | Verglasung Ornamentglas, Butzenglas weiß, 4 mm | 215,67 DM/m2 / 110,27 €/m2 |
| 032.14005.M | Verglasung Ornamentglas, Butzenglas gelb, 4 mm | 243,10 DM/m2 / 124,29 €/m2 |
| 032.14006.M | Verglasung Ornamentglas, Altdeutsch weiß, 4 mm | 200,81 DM/m2 / 102,67 €/m2 |
| 032.14007.M | Verglasung Ornamentglas, Altdeutsch bronze, 4 mm | 256,39 DM/m2 / 131,09 €/m2 |
| 032.14008.M | Verglasung Drahtornamentglas, 7 mm | 214,47 DM/m2 / 109,66 €/m2 |

**032.14001.M**    KG 334 DIN 276
Verglasung Ornamentglas, Kathedralglas weiß, 4 mm
EP 128,37 DM/m2   LA 40,68 DM/m2   ST 87,59 DM/m2
EP   65,64 €/m2   LA 20,80 €/m2   ST 44,84 €/m2

**032.14002.M**    KG 334 DIN 276
Verglasung Ornamentglas, Korbgeflecht weiß, 4 mm
EP 183,36 DM/m2   LA 40,68 DM/m2   ST 142,68 DM/m2
EP   93,75 €/m2   LA 20,80 €/m2   ST 72,95 €/m2

**032.14003.M**    KG 334 DIN 276
Verglasung Ornamentglas, Korbgeflecht gelb, 4 mm
EP 208,63 DM/m2   LA 40,68 DM/m2   ST 167,95 DM/m2
EP 106,67 €/m2   LA 20,80 €/m2   ST 85,87 €/m2

**032.14004.M**    KG 334 DIN 276
Verglasung Ornamentglas, Butzenglas weiß, 4 mm
EP 215,67 DM/m2   LA 55,12 DM/m2   ST 160,55 DM/m2
EP 110,27 €/m2   LA 28,18 €/m2   ST 82,09 €/m2

**032.14005.M**    KG 334 DIN 276
Verglasung Ornamentglas, Butzenglas gelb, 4 mm
EP 243,10 DM/m2   LA 55,12 DM/m2   ST 187,98 DM/m2
EP 124,29 €/m2   LA 28,18 €/m2   ST 96,11 €/m2

**032.14006.M**    KG 334 DIN 276
Verglasung Ornamentglas, Altdeutsch weiß, 4 mm
EP 200,81 DM/m2   LA 39,37 DM/m2   ST 161,44 DM/m2
EP 102,67 €/m2   LA 20,13 €/m2   ST 82,54 €/m2

**032.14007.M**    KG 334 DIN 276
Verglasung Ornamentglas, Altdeutsch bronze, 4 mm
EP 256,39 DM/m2   LA 39,37 DM/m2   ST 217,02 DM/m2
EP 131,09 €/m2   LA 20,13 €/m2   ST 110,96 €/m2

**032.14008.M**    KG 334 DIN 276
Verglasung Drahtornamentglas, 7 mm
EP 214,47 DM/m2   LA 40,68 DM/m2   ST 173,79 DM/m2
EP 109,66 €/m2   LA 20,80 €/m2   ST 88,86 €/m2

### Verglasung, Drahtspiegelglas

032.-----.-

|  |  |  |
|---|---|---|
| 032.15001.M | Verglasung Drahtspiegelglas 7 mm | 213,52 DM/m2 / 109,17 €/m2 |

**032.15001.M**    KG 334 DIN 276
Verglasung Drahtspiegelglas 7 mm
EP 213,52 DM/m2   LA 35,43 DM/m2   ST 178,09 DM/m2
EP 109,17 €/m2   LA 18,12 €/m2   ST 91,05 €/m2

### Verglasung, Floatglas, farbig

032.-----.-

|  |  |  |
|---|---|---|
| 032.17001.M | Verglasung Floatglas farbig, bronze/grau/grün, 3 mm | 156,26 DM/m2 / 79,89 €/m2 |
| 032.17002.M | Verglasung Floatglas farbig, bronze/grau/grün, 4 mm | 183,03 DM/m2 / 93,58 €/m2 |
| 032.17003.M | Verglasung Floatglas farbig, blau, 4 mm | 227,50 DM/m2 / 116,32 €/m2 |
| 032.17004.M | Verglasung Floatglas farbig, bronze/grau/grün, 5 mm | 214,12 DM/m2 / 109,48 €/m2 |
| 032.17005.M | Verglasung Floatglas farbig, bronze/grau/grün, 6 mm | 245,81 DM/m2 / 125,68 €/m2 |
| 032.17006.M | Verglasung Floatglas farbig, blau, 6 mm | 303,54 DM/m2 / 155,20 €/m2 |
| 032.17007.M | Verglasung Floatglas farbig, bronze/grau/grün, 8 mm | 274,77 DM/m2 / 140,49 €/m2 |
| 032.17008.M | Verglasung Floatglas farbig, blau, 8 mm | 429,27 DM/m2 / 219,48 €/m2 |
| 032.17009.M | Verglasung Floatglas farbig, bronze/grau/grün, 10 mm | 341,35 DM/m2 / 174,53 €/m2 |
| 032.17010.M | Verglasung Floatglas farbig, bronze/grau/grün, 12 mm | 502,78 DM/m2 / 257,07 €/m2 |

**032.17001.M**    KG 334 DIN 276
Verglasung Floatglas farbig, bronze/grau/grün, 3 mm
EP 156,26 DM/m2   LA 38,06 DM/m2   ST 118,20 DM/m2
EP   79,89 €/m2   LA 19,46 €/m2   ST 60,43 €/m2

**032.17002.M**    KG 334 DIN 276
Verglasung Floatglas farbig, bronze/grau/grün, 4 mm
EP 183,03 DM/m2   LA 38,71 DM/m2   ST 144,32 DM/m2
EP   93,58 €/m2   LA 19,79 €/m2   ST 73,79 €/m2

**032.17003.M**    KG 334 DIN 276
Verglasung Floatglas farbig, blau, 4 mm
EP 227,50 DM/m2   LA 38,71 DM/m2   ST 188,79 DM/m2
EP 116,32 €/m2   LA 19,79 €/m2   ST 96,53 €/m2

**032.17004.M**    KG 334 DIN 276
Verglasung Floatglas farbig, bronze/grau/grün, 5 mm
EP 214,12 DM/m2   LA 38,71 DM/m2   ST 175,41 DM/m2
EP 109,48 €/m2   LA 19,79 €/m2   ST 89,69 €/m2

**032.17005.M**    KG 334 DIN 276
Verglasung Floatglas farbig, bronze/grau/grün, 6 mm
EP 245,81 DM/m2   LA 39,37 DM/m2   ST 206,44 DM/m2
EP 125,68 €/m2   LA 20,13 €/m2   ST 105,55 €/m2

**032.17006.M**    KG 334 DIN 276
Verglasung Floatglas farbig, blau, 6 mm
EP 303,54 DM/m2   LA 39,37 DM/m2   ST 264,17 DM/m2
EP 155,20 €/m2   LA 20,13 €/m2   ST 135,07 €/m2

**032.17007.M**    KG 334 DIN 276
Verglasung Floatglas farbig, bronze/grau/grün, 8 mm
EP 274,77 DM/m2   LA 39,37 DM/m2   ST 235,40 DM/m2
EP 140,49 €/m2   LA 20,13 €/m2   ST 120,36 €/m2

**032.17008.M**    KG 334 DIN 276
Verglasung Floatglas farbig, blau, 8 mm
EP 429,27 DM/m2   LA 39,37 DM/m2   ST 389,90 DM/m2
EP 219,48 €/m2   LA 20,13 €/m2   ST 199,35 €/m2

**032.17009.M**    KG 334 DIN 276
Verglasung Floatglas farbig, bronze/grau/grün, 10 mm
EP 341,35 DM/m2   LA 41,33 DM/m2   ST 300,02 DM/m2
EP 174,53 €/m2   LA 21,13 €/m2   ST 153,40 €/m2

**032.17010.M**    KG 334 DIN 276
Verglasung Floatglas farbig, bronze/grau/grün, 12 mm
EP 502,78 DM/m2   LA 41,99 DM/m2   ST 460,79 DM/m2
EP 257,78 €/m2   LA 21,47 €/m2   ST 235,60 €/m2

AW 032

Preise 06.01

## LB 032 Verglasungsarbeiten
### Verglasung: Struktur-Spiegelglas; Einscheiben-Sicherheitsglas

Sämtliche Preise sind **Mittelpreise ohne Mehrwertsteuer** zum Zeitpunkt des Ausgabedatums.
**Korrekturfaktoren** für Regionaleinfluss, Mengeneinfluss, Konjunktureinfluss siehe Vorspann.
**Abkürzungen:** EP = Einheitspreis, LA = Lohnanteil, ST = Stoffanteil

### Verglasung, Struktur-Spiegelglas

032.-----.-

| | | |
|---|---|---|
| 032.17011.M | Verglasung Struktur-Floatglas weiß, 6 mm | 217,59 DM/m2 |
| | | 111,25 €/m2 |
| 032.17012.M | Verglasung Struktur-Floatglas bronze, 6 mm | 292,06 DM/m2 |
| | | 149,33 €/m2 |
| 032.17013.M | Verglasung Struktur-Floatglas weiß, 8 mm | 270,11 DM/m2 |
| | | 138,11 €/m2 |
| 032.17014.M | Verglasung Struktur-Floatglas bronze, 8 mm | 353,25 DM/m2 |
| | | 180,61 €/m2 |
| 032.17015.M | Verglasung Struktur-Floatglas weiß, 10 mm | 319,86 DM/m2 |
| | | 163,54 €/m2 |
| 032.17016.M | Verglasung Struktur-Floatglas bronze, 10 mm | 503,37 DM/m2 |
| | | 257,37 €/m2 |

032.17011.M KG 334 DIN 276
Verglasung Struktur-Floatglas weiß, 6 mm
EP 217,59 DM/m2  LA 41,33 DM/m2  ST 176,26 DM/m2
EP 111,25 €/m2   LA 21,13 €/m2   ST  90,12 €/m2

032.17012.M KG 334 DIN 276
Verglasung Struktur-Floatglas bronze, 6 mm
EP 292,06 DM/m2  LA 41,33 DM/m2  ST 250,73 DM/m2
EP 149,33 €/m2   LA 21,13 €/m2   ST 128,20 €/m2

032.17013.M KG 334 DIN 276
Verglasung Struktur-Floatglas weiß, 8 mm
EP 270,11 DM/m2  LA 41,33 DM/m2  ST 228,78 DM/m2
EP 138,11 €/m2   LA 21,13 €/m2   ST 116,98 €/m2

032.17014.M KG 334 DIN 276
Verglasung Struktur-Floatglas bronze, 8 mm
EP 353,25 DM/m2  LA 41,33 DM/m2  ST 311,92 DM/m2
EP 180,61 €/m2   LA 21,13 €/m2   ST 159,48 €/m2

032.17015.M KG 334 DIN 276
Verglasung Struktur-Floatglas weiß, 10 mm
EP 319,86 DM/m2  LA 43,30 DM/m2  ST 276,56 DM/m2
EP 163,54 €/m2   LA 22,14 €/m2   ST 141,40 €/m2

032.17016.M KG 334 DIN 276
Verglasung Struktur-Floatglas bronze, 10 mm
EP 503,37 DM/m2  LA 43,30 DM/m2  ST 460,07 DM/m2
EP 257,37 €/m2   LA 22,14 €/m2   ST 235,23 €/m2

### Verglasung, Einscheiben-Sicherheitsglas

032.-----.-

| | | |
|---|---|---|
| 032.18001.M | Verglasung ESG, 6 mm, bis 8 m2 | 178,36 DM/m2 |
| | | 91,19 €/m2 |
| 032.18002.M | Verglasung ESG, farbig, 6 mm, bis 8 m2 | 205,96 DM/m2 |
| | | 105,31 €/m2 |
| 032.18003.M | Verglasung ESG, 8 mm, bis 8 m2 | 224,36 DM/m2 |
| | | 114,71 €/m2 |
| 032.18004.M | Verglasung ESG, farbig, 8 mm, bis 8 m2 | 263,48 DM/m2 |
| | | 134,71 €/m2 |
| 032.18005.M | Verglasung ESG, 10 mm, bis 8 m2 | 312,47 DM/m2 |
| | | 159,77 €/m2 |
| 032.18006.M | Verglasung ESG, farbig, 10 mm, bis 8 m2 | 358,48 DM/m2 |
| | | 183,29 €/m2 |
| 032.18007.M | Verglasung ESG, 12 mm, bis 8 m2 | 391,07 DM/m2 |
| | | 199,95 €/m2 |
| 032.18008.M | Verglasung ESG, farbig, 12 mm, bis 8 m2 | 463,34 DM/m2 |
| | | 236,90 €/m2 |
| 032.18009.M | Verglasung ESG, 15 mm, bis 8 m2 | 607,95 DM/m2 |
| | | 310,84 €/m2 |
| 032.18010.M | Verglasung Struktur-ESG, klar, 6 mm, bis 7,5 m2 | 276,68 DM/m2 |
| | | 141,46 €/m2 |
| 032.18011.M | Verglasung Struktur-ESG, klar, 8 mm, bis 8 m2 | 314,65 DM/m2 |
| | | 160,88 €/m2 |
| 032.18012.M | Verglasung Struktur-ESG, klar, 10 mm, bis 8 m2 | 371,66 DM/m2 |
| | | 190,03 €/m2 |

### Hinweis
Es gilt folgende Abkürzung:
  ESG Einscheiben-Sicherheitsglas

032.18001.M KG 334 DIN 276
Verglasung ESG, 6 mm, bis 8 m2
EP 178,36 DM/m2  LA 50,19 DM/m2  ST 128,17 DM/m2
EP  91,19 €/m2   LA 25,66 €/m2   ST  65,53 €/m2

032.18002.M KG 334 DIN 276
Verglasung ESG, farbig, 6 mm, bis 8 m2
EP 205,96 DM/m2  LA 50,19 DM/m2  ST 155,77 DM/m2
EP 105,31 €/m2   LA 25,66 €/m2   ST  79,65 €/m2

032.18003.M KG 334 DIN 276
Verglasung ESG, 8 mm, bis 8 m2
EP 224,36 DM/m2  LA 50,19 DM/m2  ST 174,17 DM/m2
EP 114,71 €/m2   LA 25,66 €/m2   ST  89,05 €/m2

032.18004.M KG 334 DIN 276
Verglasung ESG, farbig, 8 mm, bis 8 m2
EP 263,48 DM/m2  LA 50,19 DM/m2  ST 213,29 DM/m2
EP 134,71 €/m2   LA 25,66 €/m2   ST 109,05 €/m2

032.18005.M KG 334 DIN 276
Verglasung ESG, 10 mm, bis 8 m2
EP 312,47 DM/m2  LA 55,77 DM/m2  ST 256,70 DM/m2
EP 159,77 €/m2   LA 28,52 €/m2   ST 131,25 €/m2

032.18006.M KG 334 DIN 276
Verglasung ESG, farbig, 10 mm, bis 8 m2
EP 358,48 DM/m2  LA 55,77 DM/m2  ST 302,71 DM/m2
EP 183,29 €/m2   LA 28,52 €/m2   ST 154,77 €/m2

032.18007.M KG 334 DIN 276
Verglasung ESG, 12 mm, bis 8 m2
EP 391,07 DM/m2  LA 55,77 DM/m2  ST 335,30 DM/m2
EP 199,95 €/m2   LA 28,52 €/m2   ST 171,43 €/m2

032.18008.M KG 334 DIN 276
Verglasung ESG, farbig, 12 mm, bis 8 m2
EP 463,34 DM/m2  LA 55,77 DM/m2  ST 407,57 DM/m2
EP 236,90 €/m2   LA 28,52 €/m2   ST 208,38 €/m2

032.18009.M KG 334 DIN 276
Verglasung ESG, 15 mm, bis 8 m2
EP 607,95 DM/m2  LA 55,77 DM/m2  ST 552,18 DM/m2
EP 310,84 €/m2   LA 28,52 €/m2   ST 282,32 €/m2

032.18010.M KG 334 DIN 276
Verglasung Struktur-ESG, klar, 6 mm, bis 7,5 m2
EP 276,68 DM/m2  LA 52,49 DM/m2  ST 224,19 DM/m2
EP 141,46 €/m2   LA 26,84 €/m2   ST 114,62 €/m2

032.18011.M KG 334 DIN 276
Verglasung Struktur-ESG, klar, 8 mm, bis 8 m2
EP 314,65 DM/m2  LA 52,49 DM/m2  ST 262,16 DM/m2
EP 160,88 €/m2   LA 26,84 €/m2   ST 134,04 €/m2

032.18012.M KG 334 DIN 276
Verglasung Struktur-ESG, klar, 10 mm, bis 8 m2
EP 371,66 DM/m2  LA 59,04 DM/m2  ST 312,62 DM/m2
EP 190,03 €/m2   LA 30,19 €/m2   ST 159,84 €/m2

# LB 032 Verglasungsarbeiten
## Verglasung: Verbund-Sicherheitsglas, Widerstandsklasse A + B; Alarmglas

AW 032

Preise 06.01

Sämtliche Preise sind **Mittelpreise ohne Mehrwertsteuer** zum Zeitpunkt des Ausgabedatums.
**Korrekturfaktoren** für Regionaleinfluss, Mengeneinfluss, Konjunktureinfluss siehe Vorspann.
**Abkürzungen:** EP = Einheitspreis, LA = Lohnanteil, ST = Stoffanteil

### Verglasung, Verbund-Sicherheitsglas Widerstandstklasse A

032.-----.-

| | | |
|---|---|---|
| 032.20001.M | Verglasung VSG, Wkl. A1, bis 0,5 m2 | 504,71 DM/m2 |
| | | 258,05 €/m2 |
| 032.20002.M | Verglasung VSG, Wkl. A1, über 0,5 m2 | 431,79 DM/m2 |
| | | 220,77 €/m2 |
| 032.20003.M | Verglasung VSG, Wkl. A2, bis 0,5 m2 | 575,73 DM/m2 |
| | | 294,37 €/m2 |
| 032.20004.M | Verglasung VSG, Wkl. A2, über 0,5 m2 | 491,92 DM/m2 |
| | | 251,51 €/m2 |
| 032.20005.M | Verglasung VSG, Wkl. A3, bis 0,5 m2 | 632,23 DM/m2 |
| | | 323,25 €/m2 |
| 032.20006.M | Verglasung VSG, Wkl. A3, über 0,5 m2 | 539,86 DM/m2 |
| | | 276,02 €/m2 |

**Hinweis**
Es gelten folgende Abkürzungen:
  VSG    Verbund-Sicherheitsglas
  Wkl. A  Widerstandsklasse durchwurfhemmend

032.20001.M    KG 334 DIN 276
Verglasung VSG, Wkl. A1, bis 0,5 m2
EP 504,71 DM/m2  LA 46,58 DM/m2  ST 458,13 DM/m2
EP 258,05 €/m2    LA 23,82 €/m2    ST 234,23 €/m2

032.20002.M    KG 334 DIN 276
Verglasung VSG, Wkl. A1, über 0,5 m2
EP 431,79 DM/m2  LA 42,64 DM/m2  ST 389,15 DM/m2
EP 220,77 €/m2    LA 21,80 €/m2    ST 198,97 €/m2

032.20003.M    KG 334 DIN 276
Verglasung VSG, Wkl. A2, bis 0,5 m2
EP 575,73 DM/m2  LA 47,24 DM/m2  ST 528,49 DM/m2
EP 294,37 €/m2    LA 24,15 €/m2    ST 270,22 €/m2

032.20004.M    KG 334 DIN 276
Verglasung VSG, Wkl. A2, über 0,5 m2
EP 491,92 DM/m2  LA 42,64 DM/m2  ST 449,28 DM/m2
EP 251,51 €/m2    LA 21,80 €/m2    ST 229,71 €/m2

032.20005.M    KG 334 DIN 276
Verglasung VSG, Wkl. A3, bis 0,5 m2
EP 632,23 DM/m2  LA 47,24 DM/m2  ST 584,99 DM/m2
EP 323,25 €/m2    LA 24,15 €/m2    ST 299,10 €/m2

032.20006.M    KG 334 DIN 276
Verglasung VSG, Wkl. A3, über 0,5 m2
EP 539,86 DM/m2  LA 42,64 DM/m2  ST 497,22 DM/m2
EP 276,02 €/m2    LA 21,80 €/m2    ST 254,22 €/m2

### Verglasung, Verbund-Sicherheitsglas Widerstandstklasse B

032.-----.-

| | | |
|---|---|---|
| 032.20007.M | Verglasung VSG, Wkl. B1/EH1, bis 0,5 m2 | 2651,80 DM/m2 |
| | | 1355,84 €/m2 |
| 032.20008.M | Verglasung VSG, Wkl. B1/EH1, über 0,5 m2 | 2050,27 DM/m2 |
| | | 1048,29 €/m2 |
| 032.20009.M | Verglasung VSG, Wkl. B1/EH2, bis 0,5 m2 | 3387,48 DM/m2 |
| | | 1731,99 €/m2 |
| 032.20010.M | Verglasung VSG, Wkl. B1/EH2, über 0,5 m2 | 2619,96 DM/m2 |
| | | 1339,56 €/m2 |
| 032.20011.M | Verglasung VSG, Wkl. B1/EH3, bis 0,5 m2 | 3726,56 DM/m2 |
| | | 1905,36 €/m2 |
| 032.20012.M | Verglasung VSG, Wkl. B1/EH3, über 0,5 m2 | 2880,83 DM/m2 |
| | | 1472,95 €/m2 |

**Hinweis**
Es gelten folgende Abkürzungen:
  VSG    Verbund-Sicherheitsglas
  Wkl. B  Widerstandsklasse durchbruchhemmend

032.20007.M    KG 334 DIN 276
Verglasung VSG, Wkl. B1/EH1, bis 0,5 m2
EP 2651,80 DM/m2  LA 118,76 DM/m2  ST 2533,04 DM/m2
EP 1355,84 €/m2    LA 60,72 €/m2    ST 1295,12 €/m2

032.20008.M    KG 334 DIN 276
Verglasung VSG, Wkl. B1/EH1, über 0,5 m2
EP 2050,27 DM/m2  LA 74,79 DM/m2  ST 1975,48 DM/m2
EP 1048,29 €/m2    LA 38,24 €/m2    ST 1010,05 €/m2

032.20009.M    KG 334 DIN 276
Verglasung VSG, Wkl. B1/EH2, bis 0,5 m2
EP 3387,48 DM/m2  LA 131,22 DM/m2  ST 3256,26 DM/m2
EP 1731,99 €/m2    LA 67,09 €/m2    ST 1664,90 €/m2

032.20010.M    KG 334 DIN 276
Verglasung VSG, Wkl. B1/EH2, über 0,5 m2
EP 2619,96 DM/m2  LA 87,26 DM/m2  ST 2532,70 DM/m2
EP 1339,56 €/m2    LA 44,62 €/m2    ST 1294,94 €/m2

032.20011.M    KG 334 DIN 276
Verglasung VSG, Wkl. B1/EH3, bis 0,5 m2
EP 3726,56 DM/m2  LA 143,68 DM/m2  ST 3582,88 DM/m2
EP 1905,36 €/m2    LA 73,46 €/m2    ST 1831,90 €/m2

032.20012.M    KG 334 DIN 276
Verglasung VSG, Wkl. B1/EH3, über 0,5 m2
EP 2880,83 DM/m2  LA 94,48 DM/m2  ST 2786,35 DM/m2
EP 1472,95 €/m2    LA 48,30 €/m2    ST 1924,65 €/m2

### Verglasung, Alarmglas

032.-----.-

| | | |
|---|---|---|
| 032.21001.M | Verglasung Alarmglas, ESG | 439,28 DM/m2 |
| | | 224,60 €/m2 |
| 032.21002.M | Verglasung Alarmglas, VSG | 517,19 DM/m2 |
| | | 264,44 €/m2 |

**Hinweis**
Es gelten folgende Abkürzungen:
  ESG  Einscheiben-Sicherheitsglas
  VSG  Verbund-Sicherheitsglas

032.21001.M    KG 334 DIN 276
Verglasung Alarmglas, ESG
EP 439,28 DM/m2  LA 72,83 DM/m2  ST 366,45 DM/m2
EP 224,60 €/m2    LA 37,24 €/m2    ST 187,36 €/m2

032.21002.M    KG 334 DIN 276
Verglasung Alarmglas, VSG
EP 517,19 DM/m2  LA 72,83 DM/m2  ST 444,36 DM/m2
EP 264,44 €/m2    LA 37,24 €/m2    ST 227,20 €/m2

AW 032

Preise 06.01

## LB 032 Verglasungsarbeiten
### Verglasung Brandschutzglas; Mehrscheiben-Isolierglas, Wärmeschutz

Sämtliche Preise sind **Mittelpreise ohne Mehrwertsteuer** zum Zeitpunkt des Ausgabedatums.
**Korrekturfaktoren** für Regionaleinfluss, Mengeneinfluss, Konjunktureinfluss siehe Vorspann.
**Abkürzungen:** EP = Einheitspreis, LA = Lohnanteil, ST = Stoffanteil

### Verglasung, Brandschutzglas

032.-----.-

|  |  |  |
|---|---|---|
| 032.24001.M | Verglasung Brandschutzglas, G 30, Drahtglas | 137,49 DM/m2 / 70,30 €/m2 |
| 032.24002.M | Verglasung Brandschutzglas, G 30, Drahtspiegelglas | 257,12 DM/m2 / 131,46 €/m2 |
| 032.24003.M | Verglasung Brandschutzglas, G 60, Sonderglas | 677,74 DM/m2 / 346,52 €/m2 |
| 032.24004.M | Verglasung Brandschutzglas, G 90, Sonderglas | 834,11 DM/m2 / 426,47 €/m2 |
| 032.24005.M | Verglasung Brandschutzglas, F 30, Sonderglas | 1337,25 DM/m2 / 683,73 €/m2 |
| 032.24006.M | Verglasung Brandschutzglas, F 60, Sonderglas | 2003,53 DM/m2 / 1024,39 €/m2 |
| 032.24007.M | Verglasung Brandschutzglas, F 90, Sonderglas | 2540,12 DM/m2 / 1298,74 €/m2 |

#### Hinweis
Es gelten folgende Abkürzungen:
- G  Verhinderung des Flammen- und Brandgasdurchtrittes während einer bestimmten Zeitdauer (in Minuten)
- F  Verhinderung des Flammen-, Brandgas- und Hitzedurchtrittes während einer bestimmten Zeitdauer (in Minuten)

**032.24001.M**  KG 344 DIN 276
Verglasung Brandschutzglas, G 30, Drahtglas
EP 137,49 DM/m2   LA 52,49 DM/m2   ST 85,00 DM/m2
EP  70,30 €/m2    LA 26,84 €/m2    ST 43,46 €/m2

**032.24002.M**  KG 344 DIN 276
Verglasung Brandschutzglas, G 30, Drahtspiegelglas
EP 257,12 DM/m2   LA 52,49 DM/m2   ST 204,63 DM/m2
EP 131,46 €/m2    LA 26,84 €/m2    ST 104,62 €/m2

**032.24003.M**  KG 344 DIN 276
Verglasung Brandschutzglas, G 60, Sonderglas
EP 677,74 DM/m2   LA 52,49 DM/m2   ST 625,25 DM/m2
EP 346,52 €/m2    LA 26,84 €/m2    ST 319,68 €/m2

**032.24004.M**  KG 344 DIN 276
Verglasung Brandschutzglas, G 90, Sonderglas
EP 834,11 DM/m2   LA 52,49 DM/m2   ST 781,62 DM/m2
EP 426,47 €/m2    LA 26,84 €/m2    ST 399,63 €/m2

**032.24005.M**  KG 344 DIN 276
Verglasung Brandschutzglas, F 30, Sonderglas
EP 1337,25 DM/m2  LA 52,49 DM/m2   ST 1284,76 DM/m2
EP  683,73 €/m2   LA 26,84 €/m2    ST  656,89 €/m2

**032.24006.M**  KG 344 DIN 276
Verglasung Brandschutzglas, F 60, Sonderglas
EP 2003,53 DM/m2  LA 98,41 DM/m2   ST 1905,12 DM/m2
EP 1024,39 €/m2   LA 50,32 €/m2    ST  974,07 €/m2

**032.24007.M**  KG 344 DIN 276
Verglasung Brandschutzglas, F 90, Sonderglas
EP 2540,12 DM/m2  LA 236,20 DM/m2  ST 2303,92 DM/m2
EP 1298,74 €/m2   LA 120,77 €/m2   ST 1177,97 €/m2

### Mehrschicht-Isolierglas, Wärmeschutz

032.-----.-

|  |  |  |
|---|---|---|
| 032.25001.M | MSI 4/16/4, besch.,luftg., k=1,8, g=72, Holz, 65x65 | 128,33 DM/St / 65,61 €/St |
| 032.25002.M | MSI 4/16/4, besch.,luftg., k=1,8, g=72, PVC/Alu, 65x65 | 114,95 DM/St / 58,77 €/St |
| 032.25003.M | MSI 4/16/4, besch.,luftg., k=1,8, g=72, Holz, 92x101 | 205,75 DM/St / 105,20 €/St |
| 032.25004.M | MSI 4/16/4, besch.,luftg., k=1,8, g=72, PVC/Alu, 92x101 | 185,68 DM/St / 94,94 €/St |
| 032.25005.M | MSI 6/14/4, besch.,luftg., k=1,9, g=72, Holz, 65x65 | 142,75 DM/St / 72,99 €/St |
| 032.25006.M | MSI 6/14/4, besch.,luftg., k=1,9, g=72, PVC/Alu, 65x65 | 128,61 DM/St / 65,76 €/St |
| 032.25007.M | MSI 6/14/4, besch.,luftg., k=1,9, g=72, Holz, 92x101 | 237,74 DM/St / 121,56 €/St |
| 032.25008.M | MSI 6/14/4, besch.,luftg., k=1,9, g=72, PVC/Alu, 92x101 | 217,35 DM/St / 111,13 €/St |
| 032.25009.M | MSI 6/14/6, besch.,luftg., k=1,9, g=72, Holz, 65x65 | 155,16 DM/St / 79,33 €/St |
| 032.25010.M | MSI 6/14/6, besch.,luftg., k=1,9, g=72, PVC/Alu, 65x65 | 140,45 DM/St / 71,81 €/St |
| 032.25011.M | MSI 6/14/6, besch.,luftg., k=1,9, g=72, Holz, 92x101 | 264,50 DM/St / 135,24 €/St |
| 032.25012.M | MSI 6/14/6, besch.,luftg., k=1,9, g=72, PVC/Alu, 92x101 | 242,84 DM/St / 124,16 €/St |
| 032.25013.M | MSI 6/16/6, besch.,luftg., k=1,8, g=72, Holz, 65x65 | 155,16 DM/St / 79,33 €/St |
| 032.25014.M | MSI 6/16/6, besch.,luftg., k=1,8, g=72, PVC/Alu, 65x65 | 140,45 DM/St / 71,81 €/St |
| 032.25015.M | MSI 6/16/6, besch.,luftg., k=1,8, g=72, Holz, 92x101 | 264,50 DM/St / 135,24 €/St |
| 032.25016.M | MSI 6/16/6, besch.,luftg., k=1,8, g=72, PVC/Alu, 92x101 | 242,84 DM/St / 124,16 €/St |
| 032.25017.M | MSI 4/16/4, besch.,gasg., k=1,6, g=72, Holz, 65x65 | 141,42 DM/St / 72,31 €/St |
| 032.25018.M | MSI 4/16/4, besch.,gasg., k=1,6, g=72, PVC/Alu, 65x65 | 127,26 DM/St / 65,07 €/St |
| 032.25019.M | MSI 4/16/4, besch.,gasg., k=1,6, g=72, Holz, 92x101 | 235,95 DM/St / 120,64 €/St |
| 032.25020.M | MSI 4/16/4, besch.,gasg., k=1,6, g=72, PVC/Alu, 92x101 | 215,65 DM/St / 110,26 €/St |
| 032.25021.M | MSI 4/16/4, besch.,gasg., k=1,3, g=62, Holz, 65x65 | 141,42 DM/St / 72,31 €/St |
| 032.25022.M | MSI 4/16/4, besch.,gasg., k=1,3, g=62, PVC/Alu, 65x65 | 127,26 DM/St / 65,07 €/St |
| 032.25023.M | MSI 4/16/4, besch.,gasg., k=1,3, g=62, Holz, 92x101 | 235,95 DM/St / 120,64 €/St |
| 032.25024.M | MSI 4/16/4, besch.,gasg., k=1,3, g=62, PVC/Alu, 92x101 | 215,65 DM/St / 110,26 €/St |
| 032.25025.M | MSI 6/14/4, besch.,gasg., k=1,6, g=72, Holz, 65x65 | 155,78 DM/St / 79,65 €/St |
| 032.25026.M | MSI 6/14/4, besch.,gasg., k=1,6, g=72, PVC/Alu, 65x65 | 140,99 DM/St / 72,08 €/St |
| 032.25027.M | MSI 6/14/4, besch.,gasg., k=1,6, g=72, Holz, 92x101 | 267,10 DM/St / 136,57 €/St |
| 032.25028.M | MSI 6/14/4, besch.,gasg., k=1,6, g=72, PVC/Alu, 92x101 | 245,35 DM/St / 125,45 €/St |
| 032.25029.M | MSI 6/14/4, besch.,gasg., k=1,3, g=62, Holz, 65x65 | 155,78 DM/St / 79,65 €/St |
| 032.25030.M | MSI 6/14/4, besch.,gasg., k=1,3, g=62, PVC/Alu, 65x65 | 140,99 DM/St / 72,08 €/St |
| 032.25031.M | MSI 6/14/4, besch.,gasg., k=1,3, g=62, Holz, 92x101 | 267,10 DM/St / 136,57 €/St |
| 032.25032.M | MSI 6/14/4, besch.,gasg., k=1,3, g=62, PVC/Alu, 92x101 | 245,35 DM/St / 125,45 €/St |
| 032.25033.M | MSI 6/14/6, besch.,gasg., k=1,6, g=72, Holz, 65x65 | 167,71 DM/St / 85,75 €/St |
| 032.25034.M | MSI 6/14/6, besch.,gasg., k=1,6, g=72, PVC/Alu, 65x65 | 152,48 DM/St / 77,96 €/St |
| 032.25035.M | MSI 6/14/6, besch.,gasg., k=1,6, g=72, Holz, 92x101 | 293,04 DM/St / 149,83 €/St |
| 032.25036.M | MSI 6/14/6, besch.,gasg., k=1,6, g=72, PVC/Alu, 92x101 | 270,04 DM/St / 138,07 €/St |
| 032.25037.M | MSI 6/14/6, besch.,gasg., k=1,3, g=62, Holz, 65x65 | 167,71 DM/St / 85,75 €/St |
| 032.25038.M | MSI 6/14/6, besch.,gasg., k=1,3, g=62, PVC/Alu, 65x65 | 152,48 DM/St / 77,96 €/St |
| 032.25039.M | MSI 6/14/6, besch.,gasg., k=1,3, g=62, Holz, 92x101 | 293,04 DM/St / 149,83 €/St |
| 032.25040.M | MSI 6/14/6, besch.,gasg., k=1,3, g=62, PVC/Alu, 92x101 | 270,04 DM/St / 138,07 €/St |
| 032.25041.M | MSI 6/16/6, besch.,gasg., k=1,3, g=62, Holz, 65x65 | 167,71 DM/St / 85,75 €/St |
| 032.25042.M | MSI 6/16/6, besch.,gasg., k=1,3, g=62, PVC/Alu, 65x65 | 152,48 DM/St / 77,96 €/St |
| 032.25043.M | MSI 6/16/6, besch.,gasg., k=1,3, g=62, Holz, 92x101 | 293,04 DM/St / 149,83 €/St |
| 032.25044.M | MSI 6/16/6, besch.,gasg., k=1,3, g=62, PVC/Alu, 92x101 | 270,04 DM/St / 138,07 €/St |

# LB 032 Verglasungsarbeiten
## Mehrscheiben-Isolierglas, Wärmeschutz

AW 032

Preise 06.01

Sämtliche Preise sind **Mittelpreise ohne Mehrwertsteuer** zum Zeitpunkt des Ausgabedatums.
**Korrekturfaktoren** für Regionaleinfluß, Mengeneinfluß, Konjunktureinfluß siehe **Korrekturfaktoren** für Regionaleinfluss, Mengeneinfluss, Konjunktureinfluss siehe Vorspann.= Einheitspreis, LA = Lohnanteil, ST = Stoffanteil

**Hinweis**
Es gelten folgende Abkürzungen:
- MSI   Mehrscheiben-Isolierglas
- besch.   beschichtet
- luftg.   luftgefüllt
- gasg.   gasgefüllt
- k   Wärmedurchgangskoeffizient in W/m2K
- g   Gesamtenergiedurchlassgrad in %

032.25001.M   KG 334 DIN 276
MSI 4/16/4, besch.,luftg., k=1,8, g=72, Holz, 65x65
EP 128,33 DM/St   LA 26,24 DM/St   ST 102,09 DM/St
EP  65,01 €/St   LA 13,42 €/St   ST  52,19 €/St

032.25002.M   KG 334 DIN 276
MSI 4/16/4, besch.,luftg., k=1,8, g=72, PVC/Alu, 65x65
EP 114,95 DM/St   LA 17,38 DM/St   ST  97,57 DM/St
EP  58,77 €/St   LA  8,89 €/St   ST 49,88 €/St

032.25003.M   KG 334 DIN 276
MSI 4/16/4, besch.,luftg., k=1,8, g=72, Holz, 92x101
EP 205,75 DM/St   LA 32,80 DM/St   ST 172,95 DM/St
EP 105,20 €/St   LA 16,77 €/St   ST  88,43 €/St

032.25004.M   KG 334 DIN 276
MSI 4/16/4, besch.,luftg., k=1,8, g=72, PVC/Alu, 92x101
EP 185,68 DM/St   LA 21,65 DM/St   ST 164,03 DM/St
EP  94,94 €/St   LA 11,07 €/St   ST  83,87 €/St

032.25005.M   KG 334 DIN 276
MSI 6/14/4, besch.,luftg., k=1,9, g=72, Holz, 65x65
EP 142,75 DM/St   LA 26,24 DM/St   ST 116,51 DM/St
EP  72,99 €/St   LA 13,42 €/St   ST  59,57 €/St

032.25006.M   KG 334 DIN 276
MSI 6/14/4, besch.,luftg., k=1,9, g=72, PVC/Alu, 65x65
EP 128,61 DM/St   LA 17,38 DM/St   ST 111,23 DM/St
EP  65,76 €/St   LA  8,89 €/St   ST  56,87 €/St

032.25007.M   KG 334 DIN 276
MSI 6/14/4, besch.,luftg., k=1,9, g=72, Holz, 92x101
EP 237,74 DM/St   LA 32,80 DM/St   ST 204,94 DM/St
EP 121,56 €/St   LA 16,77 €/St   ST 104,79 €/St

032.25008.M   KG 334 DIN 276
MSI 6/14/4, besch.,luftg., k=1,9, g=72, PVC/Alu, 92x101
EP 217,35 DM/St   LA 21,65 DM/St   ST 195,70 DM/St
EP 111,13 €/St   LA 11,07 €/St   ST 100,06 €/St

032.25009.M   KG 334 DIN 276
MSI 6/14/6, besch.,luftg., k=1,9, g=72, Holz, 65x65
EP 155,16 DM/St   LA 26,24 DM/St   ST 128,92 DM/St
EP  79,33 €/St   LA 13,42 €/St   ST  65,91 €/St

032.25010.M   KG 334 DIN 276
MSI 6/14/6, besch.,luftg., k=1,9, g=72, PVC/Alu, 65x65
EP 140,45 DM/St   LA 17,38 DM/St   ST 123,07 DM/St
EP  71,81 €/St   LA  8,89 €/St   ST  62,92 €/St

032.25011.M   KG 334 DIN 276
MSI 6/14/6, besch.,luftg., k=1,9, g=72, Holz, 92x101
EP 264,50 DM/St   LA 32,80 DM/St   ST 231,70 DM/St
EP 135,24 €/St   LA 16,77 €/St   ST 118,47 €/St

032.25012.M   KG 334 DIN 276
MSI 6/14/6, besch.,luftg., k=1,9, g=72, PVC/Alu, 92x101
EP 242,84 DM/St   LA 21,65 DM/St   ST 221,19 DM/St
EP 124,16 €/St   LA 11,07 €/St   ST 113,09 €/St

032.25013.M   KG 334 DIN 276
MSI 6/16/6, besch.,luftg., k=1,8, g=72, Holz, 65x65
EP 155,16 DM/St   LA 26,24 DM/St   ST 128,92 DM/St
EP  79,33 €/St   LA 13,42 €/St   ST  65,91 €/St

032.25014.M   KG 334 DIN 276
MSI 6/16/6, besch.,luftg., k=1,8, g=72, PVC/Alu, 65x65
EP 140,45 DM/St   LA 17,38 DM/St   ST 123,07 DM/St
EP  71,81 €/St   LA  8,89 €/St   ST  62,92 €/St

032.25015.M   KG 334 DIN 276
MSI 6/16/6, besch.,luftg., k=1,8, g=72, Holz, 92x101
EP 264,50 DM/St   LA 32,80 DM/St   ST 231,70 DM/St
EP 135,24 €/St   LA 16,77 €/St   ST 118,47 €/St

032.25016.M   KG 334 DIN 276
MSI 6/16/6, besch.,luftg., k=1,8, g=72, PVC/Alu, 92x101
EP 242,84 DM/St   LA 21,65 DM/St   ST 221,19 DM/St
EP 124,16 €/St   LA 11,07 €/St   ST 113,09 €/St

032.25017.M   KG 334 DIN 276
MSI 4/16/4, besch.,gasg., k=1,6, g=72, Holz, 65x65
EP 141,42 DM/St   LA 26,24 DM/St   ST 115,18 DM/St
EP  72,31 €/St   LA 13,42 €/St   ST  58,89 €/St

032.25018.M   KG 334 DIN 276
MSI 4/16/4, besch.,gasg., k=1,6, g=72, PVC/Alu, 65x65
EP 127,26 DM/St   LA 17,38 DM/St   ST 109,88 DM/St
EP  65,07 €/St   LA  8,89 €/St   ST  56,18 €/St

032.25019.M   KG 334 DIN 276
MSI 4/16/4, besch.,gasg., k=1,6, g=72, Holz, 92x101
EP 235,95 DM/St   LA 32,80 DM/St   ST 203,15 DM/St
EP 120,64 €/St   LA 16,77 €/St   ST 103,87 €/St

032.25020.M   KG 334 DIN 276
MSI 4/16/4, besch.,gasg., k=1,6, g=72, PVC/Alu, 92x101
EP 215,65 DM/St   LA 21,65 DM/St   ST 194,00 DM/St
EP 110,26 €/St   LA 11,07 €/St   ST  99,19 €/St

032.25021.M   KG 334 DIN 276
MSI 4/16/4, besch.,gasg., k=1,3, g=62, Holz, 65x65
EP 141,42 DM/St   LA 26,24 DM/St   ST 115,18 DM/St
EP  72,31 €/St   LA 13,42 €/St   ST  58,89 €/St

032.25022.M   KG 334 DIN 276
MSI 4/16/4, besch.,gasg., k=1,3, g=62, PVC/Alu, 65x65
EP 127,26 DM/St   LA 17,38 DM/St   ST 109,88 DM/St
EP  65,07 €/St   LA  8,89 €/St   ST  56,18 €/St

032.25023.M   KG 334 DIN 276
MSI 4/16/4, besch.,gasg., k=1,3, g=62, Holz, 92x101
EP 235,95 DM/St   LA 32,80 DM/St   ST 203,15 DM/St
EP 120,64 €/St   LA 16,77 €/St   ST 103,87 €/St

032.25024.M   KG 334 DIN 276
MSI 4/16/4, besch.,gasg., k=1,3, g=62, PVC/Alu, 92x101
EP 215,65 DM/St   LA 21,65 DM/St   ST 194,00 DM/St
EP 110,26 €/St   LA 11,07 €/St   ST  99,19 €/St

032.25025.M   KG 334 DIN 276
MSI 6/14/4, besch.,gasg., k=1,6, g=72, Holz, 65x65
EP 155,78 DM/St   LA 26,24 DM/St   ST 129,54 DM/St
EP  79,65 €/St   LA 13,42 €/St   ST  66,23 €/St

032.25026.M   KG 334 DIN 276
MSI 6/14/4, besch.,gasg., k=1,6, g=72, PVC/Alu, 65x65
EP 140,99 DM/St   LA 17,38 DM/St   ST 123,61 DM/St
EP  72,08 €/St   LA  8,89 €/St   ST  63,19 €/St

032.25027.M   KG 334 DIN 276
MSI 6/14/4, besch.,gasg., k=1,6, g=72, Holz, 92x101
EP 267,10 DM/St   LA 32,80 DM/St   ST 234,30 DM/St
EP 136,57 €/St   LA 16,77 €/St   ST 119,80 €/St

032.25028.M   KG 334 DIN 276
MSI 6/14/4, besch.,gasg., k=1,6, g=72, PVC/Alu, 92x101
EP 245,35 DM/St   LA 21,65 DM/St   ST 223,70 DM/St
EP 125,45 €/St   LA 11,07 €/St   ST 114,38 €/St

032.25029.M   KG 334 DIN 276
MSI 6/14/4, besch.,gasg., k=1,3, g=62, Holz, 65x65
EP 155,78 DM/St   LA 26,24 DM/St   ST 129,54 DM/St
EP  79,65 €/St   LA 13,42 €/St   ST  66,23 €/St

032.25030.M   KG 334 DIN 276
MSI 6/14/4, besch.,gasg., k=1,3, g=62, PVC/Alu, 65x65
EP 140,99 DM/St   LA 17,38 DM/St   ST 123,61 DM/St
EP  72,08 €/St   LA  8,89 €/St   ST  63,19 €/St

AW 032

Preise 06.01

## LB 032 Verglasungsarbeiten
### Mehrscheiben-Isolierglas: Wärmeschutz; Wärme-/Schallschutz

Sämtliche Preise sind **Mittelpreise ohne Mehrwertsteuer** zum Zeitpunkt des Ausgabedatums.
**Korrekturfaktoren** für Regionaleinfluss, Mengeneinfluss, Konjunktureinfluss siehe Vorspann.
**Abkürzungen:** EP = Einheitspreis, LA = Lohnanteil, ST = Stoffanteil

032.25031.M    KG 334 DIN 276
MSI 6/14/4, besch., gasg, k=1,3, g=62, Holz, 92x101
EP 267,10 DM/St    LA 32,80 DM/St    ST 234,30 DM/St
EP 136,57 €/St    LA 16,77 €/St    ST 119,80 €/St

032.25032.M    KG 334 DIN 276
MSI 6/14/4, besch.,gasg., k=1,3, g=62, PVC/Alu, 92x101
EP 245,35 DM/St    LA 21,65 DM/St    ST 223,70 DM/St
EP 125,45 €/St    LA 11,07 €/St    ST 114,38 €/St

032.25033.M    KG 334 DIN 276
MSI 6/14/6, besch.,gasg., k=1,6, g=72, Holz, 65x65
EP 167,71 DM/St    LA 26,24 DM/St    ST 141,47 DM/St
EP  85,75 €/St    LA 13,42 €/St    ST  72,33 €/St

032.25034.M    KG 334 DIN 276
MSI 6/14/6, besch.,gasg., k=1,6, g=72, PVC/Alu, 65x65
EP 152,48 DM/St    LA 17,38 DM/St    ST 135,10 DM/St
EP  77,96 €/St    LA  8,89 €/St    ST  69,07 €/St

032.25035.M    KG 334 DIN 276
MSI 6/14/6, besch.,gasg., k=1,6, g=72, Holz, 92x101
EP 293,04 DM/St    LA 32,80 DM/St    ST 260,24 DM/St
EP 149,89 €/St    LA 16,77 €/St    ST 133,06 €/St

032.25036.M    KG 334 DIN 276
MSI 6/14/6, besch.,gasg., k=1,6, g=72, PVC/Alu, 92x101
EP 270,04 DM/St    LA 21,65 DM/St    ST 248,39 DM/St
EP 138,07 €/St    LA 11,07 €/St    ST 127,00 €/St

032.25037.M    KG 334 DIN 276
MSI 6/14/6, besch.,gasg., k=1,3, g=62, Holz, 65x65
EP 167,71 DM/St    LA 26,24 DM/St    ST 141,47 DM/St
EP  85,75 €/St    LA 13,42 €/St    ST  72,33 €/St

032.25038.M    KG 334 DIN 276
MSI 6/14/6, besch.,gasg., k=1,3, g=62, PVC/Alu, 65x65
EP 152,48 DM/St    LA 17,38 DM/St    ST 135,10 DM/St
EP  77,96 €/St    LA  8,89 €/St    ST  69,07 €/St

032.25039.M    KG 334 DIN 276
MSI 6/14/6, besch.,gasg., k=1,3, g=62, Holz, 92x101
EP 293,04 DM/St    LA 32,80 DM/St    ST 260,24 DM/St
EP 149,89 €/St    LA 16,77 €/St    ST 133,06 €/St

032.25040.M    KG 334 DIN 276
MSI 6/14/6, besch.,gasg., k=1,3, g=62, PVC/Alu, 92x101
EP 270,04 DM/St    LA 21,65 DM/St    ST 248,39 DM/St
EP 138,07 €/St    LA 11,07 €/St    ST 127,00 €/St

032.25041.M    KG 334 DIN 276
MSI 6/16/6, besch.,gasg., k=1,3, g=62, Holz, 65x65
EP 167,71 DM/St    LA 26,24 DM/St    ST 141,47 DM/St
EP  85,75 €/St    LA 13,42 €/St    ST  72,33 €/St

032.25042.M    KG 334 DIN 276
MSI 6/16/6, besch.,gasg., k=1,3, g=62, PVC/Alu, 65x65
EP 152,48 DM/St    LA 17,38 DM/St    ST 135,10 DM/St
EP  77,96 €/St    LA  8,89 €/St    ST  69,07 €/St

032.25043.M    KG 334 DIN 276
MSI 6/16/6, besch.,gasg., k=1,3, g=62, Holz, 92x101
EP 293,04 DM/St    LA 32,80 DM/St    ST 260,24 DM/St
EP 149,89 €/St    LA 16,77 €/St    ST 133,06 €/St

032.25044.M    KG 334 DIN 276
MSI 6/16/6, besch.,gasg., k=1,3, g=62, PVC/Alu, 92x101
EP 270,04 DM/St    LA 21,65 DM/St    ST 248,39 DM/St
EP 138,07 €/St    LA 11,07 €/St    ST 127,00 €/St

### Verglasung, Mehrschicht-Isolierglas, Wärme-/ Schallschutz

032.-----.-

|  |  |  |
|---|---|---|
| 032.25045.M | MSI 6/16/4, besch.,gasg., k=1,8, Rw=38, Holz, 65x65 | 169,85 DM/St<br>86,84 €/St |
| 032.25046.M | MSI 6/16/4, besch.,gasg., k=1,8, Rw=38, PVC/Alu, 65x65 | 154,61 DM/St<br>79,05 €/St |
| 032.25047.M | MSI 6/16/4, besch.,gasg., k=1,8, Rw=38, Holz, 92x101 | 281,83 DM/St<br>144,10 €/St |
| 032.25048.M | MSI 6/16/4, besch.,gasg., k=1,8, Rw=38, PVC/A, 92x101 | 257,85 DM/St<br>131,84 €/St |
| 032.25049.M | MSI 6/16/4, besch.,gasg., k=1,5, Rw=38, Holz, 65x65 | 169,46 DM/St<br>86,64 €/St |
| 032.25050.M | MSI 6/16/4, besch.,gasg., k=1,5, Rw=38, PVC/Alu, 65x65 | 154,23 DM/St<br>78,86 €/St |
| 032.25051.M | MSI 6/16/4, besch.,gasg., k=1,5, Rw=38, Holz, 92x101 | 289,62 DM/St<br>148,08 €/St |
| 032.25052.M | MSI 6/16/4, besch.,gasg., k=1,5, Rw=38, PVC/A, 92x101 | 265,23 DM/St<br>135,61 €/St |
| 032.25053.M | MSI 10/14/4, besch.,gasg., k=1,8, Rw=40, Holz, 65x65 | 184,97 DM/St<br>94,57 €/St |
| 032.25054.M | MSI 10/14/4, besch.,gasg., k=1,8, Rw=40, PVC/A, 65x65 | 168,04 DM/St<br>85,92 €/St |
| 032.25055.M | MSI 10/14/4, besch.,gasg., k=1,8, Rw=40, Holz, 92x101 | 319,57 DM/St<br>163,40 €/St |
| 032.25056.M | MSI 10/14/4, besch.,gasg., k=1,8, Rw=40, PVC/A, 92x101 | 294,51 DM/St<br>150,58 €/St |
| 032.25057.M | MSI 6/12/9, besch.,gasg., k=1,7, Rw=44, Holz, 65x65 | 271,05 DM/St<br>138,59 €/St |
| 032.25058.M | MSI 6/12/9, besch.,gasg., k=1,7, Rw=44, PVC/Alu, 65x65 | 250,18 DM/St<br>127,91 €/St |
| 032.25059.M | MSI 6/12/9, besch.,gasg., k=1,7, Rw=44, Holz, 92x101 | 511,23 DM/St<br>261,39 €/St |
| 032.25060.M | MSI 6/12/9, besch.,gasg., k=1,7, Rw=44, PVC/Alu, 92x101 | 477,46 DM/St<br>244,12 €/St |
| 032.25061.M | MSI 6/16/9, besch.,gasg., k=1,5, Rw=45, Holz, 65x65 | 280,39 DM/St<br>143,36 €/St |
| 032.25062.M | MSI 6/16/9, besch.,gasg., k=1,5, Rw=45, PVC/Alu, 65x65 | 259,37 DM/St<br>132,61 €/St |
| 032.25063.M | MSI 6/16/9, besch.,gasg., k=1,5, Rw=45, Holz, 92x101 | 526,37 DM/St<br>269,13 €/St |
| 032.25064.M | MSI 6/16/9, besch.,gasg., k=1,5, Rw=45, PVC/Alu, 92x101 | 488,95 DM/St<br>250,00 €/St |

**Hinweis**
Es gelten folgende Abkürzungen:
MSI    Mehrscheiben-Isolierglas
besch.    beschichtet
gasg.    gasgefüllt
k    Wärmedurchgangskoeffizient in W/m2K
Rw    bewertetes Schalldämm-Maß in dB

032.25045.M    KG 334 DIN 276
MSI 6/16/4, besch.,gasg., k=1,8, Rw=38, Holz, 65x65
EP 169,85 DM/St    LA 26,24 DM/St    ST 143,61 DM/St
EP  86,84 €/St    LA 13,42 €/St    ST  73,42 €/St

032.25046.M    KG 334 DIN 276
MSI 6/16/4, besch.,gasg., k=1,8, Rw=38, PVC/Alu, 65x65
EP 154,61 DM/St    LA 17,38 DM/St    ST 137,23 DM/St
EP  79,05 €/St    LA  8,89 €/St    ST  70,16 €/St

032.25047.M    KG 334 DIN 276
MSI 6/16/4, besch.,gasg., k=1,8, Rw=38, Holz, 92x101
EP 281,83 DM/St    LA 32,80 DM/St    ST 249,03 DM/St
EP 144,10 €/St    LA 16,77 €/St    ST 127,33 €/St

032.25048.M    KG 334 DIN 276
MSI 6/16/4, besch.,gasg., k=1,8, Rw=38, PVC/A, 92x101
EP 257,85 DM/St    LA 21,65 DM/St    ST 236,20 DM/St
EP 131,84 €/St    LA 11,07 €/St    ST 120,77 €/St

032.25049.M    KG 334 DIN 276
MSI 6/16/4, besch.,gasg., k=1,5, Rw=38, Holz, 65x65
EP 169,46 DM/St    LA 26,24 DM/St    ST 143,22 DM/St
EP  86,64 €/St    LA 13,42 €/St    ST  73,22 €/St

032.25050.M    KG 334 DIN 276
MSI 6/16/4, besch.,gasg., k=1,5, Rw=38, PVC/Alu, 65x65
EP 154,23 DM/St    LA 17,38 DM/St    ST 136,85 DM/St
EP  78,86 €/St    LA  8,89 €/St    ST  69,97 €/St

# LB 032 Verglasungsarbeiten
## Mehrscheiben-Isolierglas: Wärme-/Schallschutz; Wärme/Sicherheit

AW 032

Preise 06.01

Sämtliche Preise sind **Mittelpreise ohne Mehrwertsteuer** zum Zeitpunkt des Ausgabedatums.
**Korrekturfaktoren** für Regionaleinfluss, Mengeneinfluss, Konjunktureinfluss siehe Vorspann.
**Abkürzungen:** EP = Einheitspreis, LA = Lohnanteil, ST = Stoffanteil

032.25051.M    KG 334 DIN 276
MSI 6/16/4, besch., gasg., k=1,5, Rw=38, Holz, 92x101
EP 289,62 DM/St    LA 32,80 DM/St    ST 256,82 DM/St
EP 148,08 €/St     LA 16,77 €/St     ST 131,31 €/St

032.25052.M    KG 334 DIN 276
MSI 6/16/4, besch., gasg., k=1,5, Rw=38, PVC/A, 92x101
EP 265,23 DM/St    LA 21,65 DM/St    ST 243,58 DM/St
EP 135,61 €/St     LA 11,07 €/St     ST 124,54 €/St

032.25053.M    KG 334 DIN 276
MSI 10/14/4, besch., gasg., k=1,8, Rw=40, Holz, 65x65
EP 184,97 DM/St    LA 28,87 DM/St    ST 156,10 DM/St
EP  94,57 €/St     LA 14,76 €/St     ST  79,81 €/St

032.25054.M    KG 334 DIN 276
MSI 10/14/4, besch., gasg., k=1,8, Rw=40, PVC/A, 65x65
EP 168,04 DM/St    LA 19,03 DM/St    ST 149,01 DM/St
EP  85,92 €/St     LA  9,73 €/St     ST  76,19 €/St

032.25055.M    KG 334 DIN 276
MSI 10/14/4, besch., gasg., k=1,8, Rw=40, Holz, 92x101
EP 319,57 DM/St    LA 36,09 DM/St    ST 283,48 DM/St
EP 163,40 €/St     LA 18,45 €/St     ST 144,95 €/St

032.25056.M    KG 334 DIN 276
MSI 10/14/4, besch., gasg., k=1,8, Rw=40, PVC/A, 92x101
EP 294,51 DM/St    LA 23,95 DM/St    ST 270,56 DM/St
EP 150,58 €/St     LA 12,24 €/St     ST 138,34 €/St

032.25057.M    KG 334 DIN 276
MSI 6/12/9, besch., gasg., k=1,7, Rw=44, Holz, 65x65
EP 271,05 DM/St    LA 28,87 DM/St    ST 242,18 DM/St
EP 138,59 €/St     LA 14,76 €/St     ST 123,83 €/St

032.25058.M    KG 334 DIN 276
MSI 6/12/9, besch., gasg., k=1,7, Rw=44, PVC/Alu, 65x65
EP 250,18 DM/St    LA 19,03 DM/St    ST 231,15 DM/St
EP 127,91 €/St     LA  9,73 €/St     ST 118,18 €/St

032.25059.M    KG 334 DIN 276
MSI 6/12/9, besch., gasg., k=1,7, Rw=44, Holz, 92x101
EP 511,23 DM/St    LA 36,09 DM/St    ST 475,14 DM/St
EP 261,39 €/St     LA 18,45 €/St     ST 242,94 €/St

032.25060.M    KG 334 DIN 276
MSI 6/12/9, besch., gasg., k=1,7, Rw=44, PVC/Alu, 92x101
EP 477,46 DM/St    LA 23,95 DM/St    ST 453,51 DM/St
EP 244,12 €/St     LA 12,24 €/St     ST 231,88 €/St

032.25061.M    KG 334 DIN 276
MSI 6/16/9, besch., gasg., k=1,5, Rw=45, Holz, 65x65
EP 280,39 DM/St    LA 28,87 DM/St    ST 251,52 DM/St
EP 143,36 €/St     LA 14,76 €/St     ST 128,60 €/St

032.25062.M    KG 334 DIN 276
MSI 6/16/9, besch., gasg., k=1,5, Rw=45, PVC/Alu, 65x65
EP 259,37 DM/St    LA 19,03 DM/St    ST 240,34 DM/St
EP 132,61 €/St     LA  9,73 €/St     ST 122,88 €/St

032.25063.M    KG 334 DIN 276
MSI 6/16/9, besch., gasg., k=1,5, Rw=45, Holz, 92x101
EP 526,37 DM/St    LA 36,09 DM/St    ST 490,28 DM/St
EP 269,13 €/St     LA 18,45 €/St     ST 250,68 €/St

032.25064.M    KG 334 DIN 276
MSI 6/16/9, besch., gasg., k=1,5, Rw=45, PVC/Alu, 92x101
EP 488,95 DM/St    LA 23,95 DM/St    ST 465,00 DM/St
EP 250,00 €/St     LA 12,24 €/St     ST 237,76 €/St

**Verglasung, Mehrschicht-Isolierglas, Wärmeschutz/ Sicherheit**

032.-----.-

|  |  |  |
|---|---|---|
| 032.25065.M | MSI 4/16/4 ESG, besch.,luftg., k=1,8, Holz, 65x65 | 190,29 DM/St / 97,30 €/St |
| 032.25066.M | MSI 4/16/4 ESG, besch.,luftg., k=1,8, PVC/Alu, 65x65 | 171,71 DM/St / 87,79 €/St |
| 032.25067.M | MSI 4/16/4 ESG, besch.,luftg., k=1,8, Holz, 92x101 | 302,13 DM/St / 154,48 €/St |
| 032.25068.M | MSI 4/16/4 ESG, besch.,luftg., k=1,8, PVC/Alu, 92x101 | 272,69 DM/St / 139,42 €/St |
| 032.25069.M | MSI 4/16/4 ESG, besch.,gasg., k=1,3, Holz, 65x65 | 202,32 DM/St / 103,45 €/St |
| 032.25070.M | MSI 4/16/4 ESG, besch.,gasg., k=1,3, PVC/Alu, 65x65 | 183,21 DM/St / 93,68 €/St |
| 032.25071.M | MSI 4/16/4 ESG, besch.,gasg., k=1,3, Holz, 92x101 | 330,67 DM/St / 169,07 €/St |
| 032.25072.M | MSI 4/16/4 ESG, besch.,gasg., k=1,3, PVC/Alu, 92x101 | 299,76 DM/St / 153,26 €/St |
| 032.25073.M | MSI 4/16/6 ESG, besch.,gasg., k=1,3, Holz, 65x65 | 226,40 DM/St / 115,76 €/St |
| 032.25074.M | MSI 4/16/6 ESG, besch.,gasg., k=1,3, PVC/Alu, 65x65 | 206,21 DM/St / 105,43 €/St |
| 032.25075.M | MSI 4/16/6 ESG, besch.,gasg., k=1,3, Holz, 92x101 | 377,36 DM/St / 192,94 €/St |
| 032.25076.M | MSI 4/16/6 ESG, besch.,gasg., k=1,3, PVC/Alu, 92x101 | 344,04 DM/St / 175,90 €/St |
| 032.25077.M | MSI 6/16/6 VSG, besch.,gasg., k=1,3, Holz, 65x65 | 223,38 DM/St / 114,21 €/St |
| 032.25078.M | MSI 6/16/6 VSG, besch.,gasg., k=1,3, PVC/Alu, 65x65 | 203,33 DM/St / 103,96 €/St |
| 032.25079.M | MSI 6/16/6 VSG, besch.,gasg., k=1,3, Holz, 92x101 | 382,56 DM/St / 195,60 €/St |
| 032.25080.M | MSI 6/16/6 VSG, besch.,gasg., k=1,3, PVC/Alu, 92x101 | 348,97 DM/St / 178,42 €/St |

**Hinweis**
Es gelten folgende Abkürzungen:
MSI    Mehrscheiben-Isolierglas
ESG    Einscheiben-Sicherheitsglas
VSG    Verbund-Sicherheitsglas
besch. beschichtet
luftg. luftgefüllt
gasg.  gasgefüllt
k      Wärmedurchgangskoeffizient in W/m2K

032.25065.M    KG 334 DIN 276
MSI 4/16/4 ESG, besch., luftg., k=1,8, Holz, 65x65
EP 190,29 DM/St    LA 38,06 DM/St    ST 152,23 DM/St
EP  97,30 €/St     LA 19,46 €/St     ST  77,84 €/St

032.25066.M    KG 334 DIN 276
MSI 4/16/4 ESG, besch., luftg., k=1,8, PVC/Alu, 65x65
EP 171,71 DM/St    LA 26,24 DM/St    ST 145,47 DM/St
EP  87,79 €/St     LA 13,42 €/St     ST  74,37 €/St

032.25067.M    KG 334 DIN 276
MSI 4/16/4 ESG, besch., luftg., k=1,8, Holz, 92x101
EP 302,13 DM/St    LA 49,21 DM/St    ST 252,92 DM/St
EP 154,48 €/St     LA 25,16 €/St     ST 129,32 €/St

032.25068.M    KG 334 DIN 276
MSI 4/16/4 ESG, besch., luftg., k=1,8, PVC/Alu, 92x101
EP 272,69 DM/St    LA 32,80 DM/St    ST 239,89 DM/St
EP 139,42 €/St     LA 16,77 €/St     ST 122,65 €/St

032.25069.M    KG 334 DIN 276
MSI 4/16/4 ESG, besch., gasg., k=1,3, Holz, 65x65
EP 202,32 DM/St    LA 38,06 DM/St    ST 164,26 DM/St
EP 103,45 €/St     LA 19,46 €/St     ST  83,99 €/St

032.25070.M    KG 334 DIN 276
MSI 4/16/4 ESG, besch., gasg., k=1,3, PVC/Alu, 65x65
EP 183,21 DM/St    LA 26,24 DM/St    ST 156,97 DM/St
EP  93,68 €/St     LA 13,42 €/St     ST  80,26 €/St

032.25071.M    KG 334 DIN 276
MSI 4/16/4 ESG, besch., gasg., k=1,3, Holz, 92x101
EP 330,67 DM/St    LA 49,21 DM/St    ST 281,46 DM/St
EP 169,07 €/St     LA 25,16 €/St     ST 143,91 €/St

AW 032

## LB 032 Verglasungsarbeiten
### Mehrscheiben-Isolierglas: Wärme/Sicherheit; Sonnenschutz; Verglasung Kunststoff-Lichtplatten

Preise 06.01

Sämtliche Preise sind **Mittelpreise ohne Mehrwertsteuer** zum Zeitpunkt des Ausgabedatums.
**Korrekturfaktoren** für Regionaleinfluss, Mengeneinfluss, Konjunktureinfluss siehe Vorspann..
**Abkürzungen:** EP = Einheitspreis, LA = Lohnanteil, ST = Stoffanteil

032.25072.M KG 334 DIN 276
MSI 4/16/4 ESG, besch.,gasg., k=1,3, PVC/Alu, 92x101
EP 299,76 DM/St    LA 32,80 DM/St    ST 266,96 DM/St
EP 153,26 €/St     LA 16,77 €/St     ST 136,49 €/St

032.25073.M KG 334 DIN 276
MSI 4/16/6 ESG, besch.,gasg., k=1,3, Holz, 65x65
EP 226,40 DM/St    LA 38,06 DM/St    ST 188,34 DM/St
EP 115,76 €/St     LA 19,46 €/St     ST  96,30 €/St

032.25074.M KG 334 DIN 276
MSI 4/16/6 ESG, besch.,gasg., k=1,3, PVC/Alu, 65x65
EP 206,21 DM/St    LA 26,24 DM/St    ST 179,97 DM/St
EP 105,43 €/St     LA 13,42 €/St     ST  92,01 €/St

032.25075.M KG 334 DIN 276
MSI 4/16/6 ESG, besch.,gasg., k=1,3, Holz, 92x101
EP 377,36 DM/St    LA 49,21 DM/St    ST 328,15 DM/St
EP 192,94 €/St     LA 25,16 €/St     ST 167,78 €/St

032.25076.M KG 334 DIN 276
MSI 4/16/6 ESG, besch.,gasg., k=1,3, PVC/Alu, 92x101
EP 344,04 DM/St    LA 32,80 DM/St    ST 311,24 DM/St
EP 175,90 €/St     LA 16,77 €/St     ST 159,13 €/St

032.25077.M KG 334 DIN 276
MSI 6/16/6 VSG, besch.,gasg., k=1,3, Holz, 65x65
EP 223,38 DM/St    LA 38,06 DM/St    ST 185,32 DM/St
EP 114,21 €/St     LA 19,46 €/St     ST  94,75 €/St

032.25078.M KG 334 DIN 276
MSI 6/16/6 VSG, besch.,gasg., k=1,3, PVC/Alu, 65x65
EP 203,33 DM/St    LA 26,24 DM/St    ST 177,09 DM/St
EP 103,96 €/St     LA 13,42 €/St     ST  90,54 €/St

032.25079.M KG 334 DIN 276
MSI 6/16/6 VSG, besch.,gasg., k=1,3, Holz, 92x101
EP 382,56 DM/St    LA 49,21 DM/St    ST 333,35 DM/St
EP 195,60 €/St     LA 25,16 €/St     ST 170,44 €/St

032.25080.M KG 334 DIN 276
MSI 6/16/6 VSG, besch.,gasg., k=1,3, PVC/Alu, 92x101
EP 348,97 DM/St    LA 32,80 DM/St    ST 316,17 DM/St
EP 178,42 €/St     LA 16,77 €/St     ST 161,65 €/St

### Verglasung, Mehrschicht-Isolierglas, Sonnenschutz

032.-----.-

|  |  |  |
|---|---|---|
| 032.25081.M | MSI 4/14/4, Sonnenschutzglas | 254,34 DM/m2 |
| | | 130,04 €/m2 |
| 032.25082.M | MSI 6/14/6, Sonnenschutzglas | 302,30 DM/m2 |
| | | 154,57 €/m2 |
| 032.25083.M | MSI 4/20/8, Sonnenschutzglas | 323,11 DM/m2 |
| | | 165,20 €/m2 |
| 032.25084.M | MSI 4/24/12, Sonnenschutzglas | 365,87 DM/m2 |
| | | 187,07 €/m2 |

032.25081.M KG 334 DIN 276
MSI 4/14/4, Sonnenschutzglas
EP 254,34 DM/m2    LA 42,64 DM/m2    ST 211,70 DM/m2
EP 130,04 €/m2     LA 21,80 €/m2     ST 108,24 €/m2

032.25082.M KG 334 DIN 276
MSI 6/14/6, Sonnenschutzglas
EP 302,30 DM/m2    LA 42,64 DM/m2    ST 259,66 DM/m2
EP 154,57 €/m2     LA 21,80 €/m2     ST 132,77 €/m2

032.25083.M KG 334 DIN 276
MSI 4/20/8, Sonnenschutzglas
EP 323,11 DM/m2    LA 42,64 DM/m2    ST 280,47 DM/m2
EP 165,20 €/m2     LA 21,80 €/m2     ST 143,40 €/m2

032.25084.M KG 334 DIN 276
MSI 4/24/12, Sonnenschutzglas
EP 365,87 DM/m2    LA 49,21 DM/m2    ST 316,66 DM/m2
EP 187,07 €/m2     LA 25,16 €/m2     ST 161,91 €/m2

### Verglasung, Kunststoff-Lichtplatten

032.-----.-

|  |  |  |
|---|---|---|
| 032.27001.M | Verglasung Kunststoffplatte, PC, 6 mm | 310,29 DM/m2 |
| | | 158,65 €/m2 |
| 032.27002.M | Verglasung Kunststoffplatte, PC, 8 mm | 396,23 DM/m2 |
| | | 202,59 €/m2 |
| 032.27003.M | Verglasung Kunststoffplatte, PC, 10 mm | 462,96 DM/m2 |
| | | 236,71 €/m2 |
| 032.27004.M | Verglasung Kunststoffplatte, PC, 13 mm | 589,31 DM/m2 |
| | | 301,31 €/m2 |
| 032.27005.M | Verglasung Kunststoffplatte, PC, vergütet, 4 mm | 242,44 DM/m2 |
| | | 123,96 €/m2 |
| 032.27006.M | Verglasung Kunststoffplatte, PC, vergütet, 6 mm | 340,59 DM/m2 |
| | | 174,14 €/m2 |
| 032.27007.M | Verglasung Kunststoffplatte, PC, vergütet, 8 mm | 438,09 DM/m2 |
| | | 223,99 €/m2 |
| 032.27008.M | Verglasung Kunststoffplatte, PC, vergütet, 10 mm | 535,58 DM/m2 |
| | | 273,84 €/m2 |
| 032.27009.M | Verglasung Kunststoffplatte, PC, vergütet, 13 mm | 711,46 DM/m2 |
| | | 363,77 €/m2 |
| 032.27010.M | Verglasung Kunststoffplatte, SDP, PC, 16 mm | 104,10 DM/m2 |
| | | 53,23 €/m2 |
| 032.27011.M | Verglasung Kunststoffplatte, SDP, PC, vergütet, 16 mm | 112,83 DM/m2 |
| | | 57,69 €/m2 |
| 032.27012.M | Verglasung Kunststoffplatte, PMMA, gegossen, 3 mm | 119,33 DM/m2 |
| | | 61,01 €/m2 |
| 032.27013.M | Verglasung Kunststoffplatte, PMMA, gegossen, 5 mm | 147,23 DM/m2 |
| | | 75,28 €/m2 |
| 032.27014.M | Verglasung Kunststoffplatte, PMMA, gegossen, 8 mm | 211,56 DM/m2 |
| | | 108,17 €/m2 |
| 032.27015.M | Verglasung Kunststoffplatte, PMMA, gegossen, 12 mm | 314,27 DM/m2 |
| | | 160,68 €/m2 |
| 032.27016.M | Verglasung Kunststoffplatte, PMMA, gegossen, 15 mm | 383,00 DM/m2 |
| | | 195,83 €/m2 |
| 032.27017.M | Verglasung Kunststoffplatte, PMMA, extrudiert, 3 mm | 78,94 DM/m2 |
| | | 40,36 €/m2 |
| 032.27018.M | Verglasung Kunststoffplatte, PMMA, extrudiert, 6 mm | 124,18 DM/m2 |
| | | 63,49 €/m2 |
| 032.27019.M | Verglasung Kunststoffplatte, SDP, PMMA, 16 mm | 129,13 DM/m2 |
| | | 66,02 €/m2 |

**Hinweis**
Es gelten folgende Abkürzungen:
PC      Polycarbonat
PMMA    Polymethylmethacrylat (Acrylglas)
SDP     Stegdoppelplatte

032.27001.M KG 334 DIN 276
Verglasung Kunststoffplatte, PC, 6 mm
EP 310,29 DM/m2    LA 40,03 DM/m2    ST 270,26 DM/m2
EP 158,65 €/m2     LA 20,47 €/m2     ST 138,18 €/m2

032.27002.M KG 334 DIN 276
Verglasung Kunststoffplatte, PC, 8 mm
EP 396,23 DM/m2    LA 41,33 DM/m2    ST 354,90 DM/m2
EP 202,59 €/m2     LA 21,13 €/m2     ST 181,46 €/m2

032.27003.M KG 334 DIN 276
Verglasung Kunststoffplatte, PC, 10 mm
EP 462,96 DM/m2    LA 42,64 DM/m2    ST 420,32 DM/m2
EP 236,71 €/m2     LA 21,80 €/m2     ST 214,91 €/m2

032.27004.M KG 334 DIN 276
Verglasung Kunststoffplatte, PC, 13 mm
EP 589,31 DM/m2    LA 43,96 DM/m2    ST 545,356 DM/m2
EP 301,31 €/m2     LA 22,47 €/m2     ST 278,84 €/m2

032.27005.M KG 334 DIN 276
Verglasung Kunststoffplatte, PC, vergütet, 4 mm
EP 242,44 DM/m2    LA 38,06 DM/m2    ST 204,38 DM/m2
EP 123,96 €/m2     LA 19,46 €/m2     ST 104,50 €/m2

032.27006.M KG 334 DIN 276
Verglasung Kunststoffplatte, PC, vergütet, 6 mm
EP 340,59 DM/m2    LA 40,03 DM/m2    ST 300,56 DM/m2
EP 174,14 €/m2     LA 20,47 €/m2     ST 153,67 €/m2

032.27007.M KG 334 DIN 276
Verglasung Kunststoffplatte, PC, vergütet, 8 mm
EP 438,09 DM/m2    LA 41,33 DM/m2    ST 396,76 DM/m2
EP 223,99 €/m2     LA 21,13 €/m2     ST 202,86 €/m2

# LB 032 Verglasungsarbeiten
## Verglasung Kunststoff-Lichtplatten; Ganzglastüren; Bearbeitung der Gläser

AW 032

Preise 06.01

Sämtliche Preise sind **Mittelpreise ohne Mehrwertsteuer** zum Zeitpunkt des Ausgabedatums.
**Korrekturfaktoren** für Regionaleinfluss, Mengeneinfluss, Konjunktureinfluss siehe Vorspann.
**Abkürzungen:** EP = Einheitspreis, LA = Lohnanteil, ST = Stoffanteil

032.27008.M   KG 334 DIN 276
Verglasung Kunststoffplatte, PC, vergütet, 10 mm
EP 535,58 DM/m2   LA 42,64 DM/m2   ST 492,94 DM/m2
EP 273,84 €/m2    LA 21,80 €/m2    ST 252,04 €/m2

032.27009.M   KG 334 DIN 276
Verglasung Kunststoffplatte, PC, vergütet, 13 mm
EP 711,46 DM/m2   LA 43,96 DM/m2   ST 667,50 DM/m2
EP 363,77 €/m2    LA 22,47 €/m2    ST 341,30 €/m2

032.27010.M   KG 334 DIN 276
Verglasung Kunststoffplatte, SDP, PC, 16 mm
EP 104,10 DM/m2   LA 45,92 DM/m2   ST 58,18 DM/m2
EP 53,23 €/m2     LA 23,48 €/m2    ST 29,75 €/m2

032.27011.M   KG 334 DIN 276
Verglasung Kunststoffplatte, SDP, PC, vergütet, 16 mm
EP 112,83 DM/m2   LA 45,92 DM/m2   ST 66,91 DM/m2
EP 57,69 €/m2     LA 23,48 €/m2    ST 34,21 €/m2

032.27012.M   KG 334 DIN 276
Verglasung Kunststoffplatte, PMMA, gegossen, 3 mm
EP 119,33 DM/m2   LA 38,06 DM/m2   ST 81,27 DM/m2
EP 61,01 €/m2     LA 19,46 €/m2    ST 41,55 €/m2

032.27013.M   KG 334 DIN 276
Verglasung Kunststoffplatte, PMMA, gegossen, 5 mm
EP 147,23 DM/m2   LA 38,06 DM/m2   ST 109,17 DM/m2
EP 75,28 €/m2     LA 19,46 €/m2    ST 55,82 €/m2

032.27014.M   KG 334 DIN 276
Verglasung Kunststoffplatte, PMMA, gegossen, 8 mm
EP 211,56 DM/m2   LA 41,33 DM/m2   ST 170,23 DM/m2
EP 108,17 €/m2    LA 21,13 €/m2    ST 87,04 €/m2

032.27015.M   KG 334 DIN 276
Verglasung Kunststoffplatte, PMMA, gegossen, 12 mm
EP 314,27 DM/m2   LA 43,96 DM/m2   ST 270,31 DM/m2
EP 160,68 €/m2    LA 22,47 €/m2    ST 138,21 €/m2

032.27016.M   KG 334 DIN 276
Verglasung Kunststoffplatte, PMMA, gegossen, 15 mm
EP 383,00 DM/m2   LA 43,96 DM/m2   ST 339,04 DM/m2
EP 195,83 €/m2    LA 22,47 €/m2    ST 173,36 €/m2

032.27017.M   KG 334 DIN 276
Verglasung Kunststoffplatte, PMMA, extrudiert, 3 mm
EP 78,94 DM/m2    LA 38,06 DM/m2   ST 40,88 DM/m2
EP 40,36 €/m2     LA 19,46 €/m2    ST 20,90 €/m2

032.27018.M   KG 334 DIN 276
Verglasung Kunststoffplatte, PMMA, extrudiert, 6 mm
EP 124,18 DM/m2   LA 40,03 DM/m2   ST 84,15 DM/m2
EP 63,49 €/m2     LA 20,47 €/m2    ST 43,02 €/m2

032.27019.M   KG 334 DIN 276
Verglasung Kunststoffplatte, SDP, PMMA, 16 mm
EP 129,13 DM/m2   LA 45,92 DM/m2   ST 83,21 DM/m2
EP 66,02 €/m2     LA 23,48 €/m2    ST 42,54 €/m2

### Ganzglastüren

032.-----.-

|  |  |  |
|---|---|---|
| 032.60001.M | Ganzglastür, Drehtür, bronze, 1000 x 2000 mm | 698,45 DM/St / 357,11 €/St |
| 032.60002.M | Ganzglastür, Drehtür, weiß, 1000 x 2000 mm | 783,58 DM/St / 400,64 €/St |
| 032.60003.M | Ganzglastür, Schiebetür, 1000 x 2000 mm | 861,79 DM/St / 440,63 €/St |
| 032.60004.M | Ganzglastür, Schiebetür, Rillenschliff, 1000 x 2000 mm | 1157,07 DM/St / 591,60 €/St |

**Hinweis:** EP ohne Zarge, ohne Beschläge.

032.60001.M   KG 344 DIN 276
Ganzglastür, Drehtür, bronze, 1000 x 2000 mm
EP 698,45 DM/St   LA 78,73 DM/St   ST 619,72 DM/St
EP 357,11 €/St    LA 40,25 €/St    ST 316,86 €/St

032.60002.M   KG 344 DIN 276
Ganzglastür, Drehtür, weiß, 1000 x 2000 mm
EP 783,58 DM/St   LA 82,01 DM/St   ST 701,57 DM/St
EP 400,64 €/St    LA 41,93 €/St    ST 358,71 €/St

032.60003.M   KG 344 DIN 276
Ganzglastür, Schiebetür, 1000 x 2000 mm
EP 861,79 DM/St   LA 190,26 DM/St  ST 671,53 DM/St
EP 440,63 €/St    LA 97,28 €/St    ST 343,35 €/St

032.60004.M   KG 344 DIN 276
Ganzglastür, Schiebetür, Rillenschliff, 1000 x 2000 mm
EP 1157,07 DM/St  LA 209,95 DM/St  ST 947,12 DM/St
EP 591,60 €/St    LA 107,35 €/St   ST 484,25 €/St

### Bearbeitung der Gläser

032.-----.-

|  |  |  |
|---|---|---|
| 032.55001.M | Kantenbearbeitung Glas, gesäumt, bis 4 mm | 7,22 DM/m / 3,69 €/m |
| 032.55002.M | Kantenbearbeitung Glas, gesäumt, über 4 bis 12 mm | 13,78 DM/m / 7,04 €/m |
| 032.55003.M | Kantenbearbeitung Glas, feingeschl., bis 4 mm | 8,86 DM/m / 4,53 €/m |
| 032.55004.M | Kantenbearbeitung Glas, feingeschl., über 4 bis 12 mm | 21,98 DM/m / 11,24 €/m |
| 032.55005.M | Kantenbearbeitung Glas, Gehrung mit Fase | 32,15 DM/m / 16,44 €/m |
| 032.55101.M | Bohrung Glas, Durchm. bis 10 mm, Dicke bis 4 mm | 9,84 DM/St / 5,03 €/St |
| 032.55102.M | Bohrung Glas, Durchm. bis 10 mm, Dicke über 4 mm | 15,09 DM/St / 7,72 €/St |
| 032.55103.M | Bohrung Kunstst., Durchm. bis 10 mm, Dicke bis 13 mm | 4,92 DM/St / 2,51 €/St |
| 032.55104.M | Bohrung Glas, Durchm. 10 bis 20 mm, Dicke bis 4 mm | 21,00 DM/St / 10,74 €/St |
| 032.55105.M | Bohrung Glas, Durchm. 10 bis 20 mm, Dicke über 4 mm | 29,52 DM/St / 15,09 €/St |
| 032.55106.M | Bohrung Kunstst., Durchm. 10 bis 20 mm, Dicke bis 13 mm | 10,49 DM/St / 5,37 €/St |
| 032.55107.M | Bohrung Glas, Durchm. über 20 mm, Dicke bis 4 mm | 43,96 DM/St / 22,47 €/St |
| 032.55108.M | Bohrung Glas, Durchm. über 20 mm, Dicke über 4 mm | 57,73 DM/St / 29,52 €/St |
| 032.55109.M | Bohrung Kunstst., Durchm. über 20 mm, Dicke bis 13 mm | 22,63 DM/St / 11,57 €/St |
| 032.55301.M | Eckabrundung Glasscheibe, Eckradius bis 30 mm | 9,84 DM/St / 5,03 €/St |
| 032.55302.M | Eckabrundung Glasscheibe, Eckradius über 30 mm | 14,77 DM/St / 7,55 €/St |

032.55001.M   KG 334 DIN 276
Kantenbearbeitung Glas, gesäumt, bis 4 mm
EP 7,22 DM/m     LA 7,22 DM/m     ST 0,00 DM/m
EP 3,69 €/m      LA 3,69 €/m      ST 0,00 €/m

032.55002.M   KG 334 DIN 276
Kantenbearbeitung Glas, gesäumt, über 4 bis 12 mm
EP 13,78 DM/m    LA 13,78 DM/m    ST 0,00 DM/m
EP 7,04 €/m      LA 7,04 €/m      ST 0,00 €/m

032.55003.M   KG 334 DIN 276
Kantenbearbeitung Glas, feingeschl., bis 4 mm
EP 8,86 DM/m     LA 8,86 DM/m     ST 0,00 DM/m
EP 4,53 €/m      LA 4,53 €/m      ST 0,00 €/m

032.55004.M   KG 334 DIN 276
Kantenbearbeitung Glas, feingeschl., über 4 bis 12 mm
EP 21,98 DM/m    LA 21,98 DM/m    ST 0,00 DM/m
EP 11,24 €/m     LA 11,24 €/m     ST 0,00 €/m

032.55005.M   KG 334 DIN 276
Kantenbearbeitung Glas, Gehrung mit Fase
EP 32,15 DM/m    LA 32,15 DM/m    ST 0,00 DM/m
EP 16,44 €/m     LA 16,44 €/m     ST 0,00 €/m

032.55101.M   KG 334 DIN 276
Bohrung Glas, Durchm. bis 10 mm, Dicke bis 4 mm
EP 9,84 DM/St    LA 9,84 DM/St    ST 0,00 DM/St
EP 5,03 €/St     LA 5,03 €/St     ST 0,00 €/St

032.55102.M   KG 334 DIN 276
Bohrung Glas, Durchm. bis 10 mm, Dicke über 4 mm
EP 15,09 DM/St   LA 15,09 DM/St   ST 0,00 DM/St
EP 7,72 €/St     LA 7,72 €/St     ST 0,00 €/St

# LB 032 Verglasungsarbeiten
## Bearbeitung der Gläser; Instandsetzungsarbeiten

AW 032
Preise 06.01

Sämtliche Preise sind **Mittelpreise ohne Mehrwertsteuer** zum Zeitpunkt des Ausgabedatums.
**Korrekturfaktoren** für Regionaleinfluss, Mengeneinfluss, Konjunktureinfluss siehe Vorspann.
Abkürzungen: EP = Einheitspreis, LA = Lohnanteil, ST = Stoffanteil

032.55103.M  KG 334 DIN 276
Bohrung Kunstst., Durchm. bis 10 mm, Dicke bis 13 mm
EP 4,92 DM/St   LA 4,92 DM/St   ST 0,00 DM/St
EP 2,51 €/St    LA 2,51 €/St    ST 0,00 €/St

032.55104.M  KG 334 DIN 276
Bohrung Glas, Durchm. 10 bis 20 mm, Dicke bis 4 mm
EP 21,00 DM/St  LA 21,00 DM/St  ST 0,00 DM/St
EP 10,74 €/St   LA 10,74 €/St   ST 0,00 €/St

032.55105.M  KG 334 DIN 276
Bohrung Glas, Durchm. 10 bis 20 mm, Dicke über 4 mm
EP 29,52 DM/St  LA 29,52 DM/St  ST 0,00 DM/St
EP 15,09 €/St   LA 15,09 €/St   ST 0,00 €/St

032.55106.M  KG 334 DIN 276
Bohrung Kunstst., Durchm. 10 bis 20 mm, Dicke bis 13 mm
EP 10,49 DM/St  LA 10,49 DM/St  ST 0,00 DM/St
EP 5,37 €/St    LA 5,37 €/St    ST 0,00 €/St

032.55107.M  KG 334 DIN 276
Bohrung Glas, Durchm. über 20 mm, Dicke bis 4 mm
EP 43,96 DM/St  LA 43,96 DM/St  ST 0,00 DM/St
EP 22,47 €/St   LA 22,47 €/St   ST 0,00 €/St

032.55108.M  KG 334 DIN 276
Bohrung Glas, Durchm. über 20 mm, Dicke über 4 mm
EP 57,73 DM/St  LA 57,73 DM/St  ST 0,00 DM/St
EP 29,52 €/St   LA 29,52 €/St   ST 0,00 €/St

032.55109.M  KG 334 DIN 276
Bohrung Kunstst., Durchm. über 20 mm, Dicke bis 13 mm
EP 22,63 DM/St  LA 22,63 DM/St  ST 0,00 DM/St
EP 11,57 €/St   LA 11,57 €/St   ST 0,00 €/St

032.55301.M  KG 334 DIN 276
Eckabrundung Glasscheibe, Eckradius bis 30 mm
EP 9,84 DM/St   LA 9,84 DM/St   ST 0,00 DM/St
EP 5,03 €/St    LA 5,03 €/St    ST 0,00 €/St

032.55302.M  KG 334 DIN 276
Eckabrundung Glasscheibe, Eckradius über 30 mm
EP 14,77 DM/St  LA 14,77 DM/St  ST 0,00 DM/St
EP 7,55 €/St    LA 7,55 €/St    ST 0,00 €/St

### Instandsetzungsarbeiten

032.-----.-

| Pos. | Leistung | Preis |
|---|---|---|
| 032.80001.M | Scheibe/Scheibenreste bis 4 mm, ausbauen | 32,80 DM/m2 / 16,77 €/m2 |
| 032.80002.M | Scheibe/Scheibenreste über 4 bis 12 mm, ausbauen | 45,92 DM/m2 / 23,48 €/m2 |
| 032.80003.M | Mehrscheiben-Isolierglas, 2 x 4 mm, ausbauen | 62,33 DM/m2 / 31,87 €/m2 |
| 032.80004.M | Glasfalz/Glashalteleisten reinigen, Falz dichtstofffrei | 10,17 DM/m / 5,20 €/m |
| 032.80005.M | Glasfalz/Glashalteleisten reinigen, Falz mit Dichtstoff | 13,78 DM/m / 7,04 €/m |
| 032.80006.M | Verkittung erneuern | 5,70 DM/m / 2,91 €/m |
| 032.80007.M | Kittfalz erneuern | 7,55 DM/m / 3,86 €/m |
| 032.80008.M | Glasdichtung, Dichtprofile, erneuern | 8,50 DM/m / 4,35 €/m |
| 032.80009.M | Glashalteleisten, Holz, erneuern | 15,64 DM/m / 8,00 €/m |
| 032.80010.M | Glashalteleisten, Kunststoff, erneuern | 16,99 DM/m / 8,69 €/m |
| 032.80011.M | Glashalteleisten, Alu, erneuern | 20,03 DM/m / 10,24 €/m |
| 032.80012.M | Versiegelung erneuern | 7,36 DM/m / 3,76 €/m |

032.80001.M  KG 394 DIN 276
Scheibe/Scheibenreste bis 4 mm, ausbauen
EP 32,80 DM/m2  LA 32,80 DM/m2  ST 0,00 DM/m2
EP 16,77 €/m2   LA 16,77 €/m2   ST 0,00 €/m2

032.80002.M  KG 394 DIN 276
Scheibe/Scheibenreste über 4 bis 12 mm, ausbauen
EP 45,92 DM/m2  LA 45,92 DM/m2  ST 0,00 DM/m2
EP 23,48 €/m2   LA 23,48 €/m2   ST 0,00 €/m2

032.80003.M  KG 394 DIN 276
Mehrscheiben-Isolierglas, 2 x 4 mm, ausbauen
EP 62,33 DM/m2  LA 62,33 DM/m2  ST 0,00 DM/m2
EP 31,87 €/m2   LA 31,87 €/m2   ST 0,00 €/m2

032.80004.M  KG 395 DIN 276
Glasfalz/Glashalteleisten reinigen, Falz dichtstofffrei
EP 10,17 DM/m   LA 10,17 DM/m   ST 0,00 DM/m
EP 5,20 €/m     LA 5,20 €/m     ST 0,00 €/m

032.80005.M  KG 395 DIN 276
Glasfalz/Glashalteleisten reinigen, Falz mit Dichtstoff
EP 13,78 DM/m   LA 13,78 DM/m   ST 0,00 DM/m
EP 7,04 €/m     LA 7,04 €/m     ST 0,00 €/m

032.80006.M  KG 395 DIN 276
Verkittung erneuern
EP 5,70 DM/m    LA 5,25 DM/m    ST 0,45 DM/m
EP 2,91 €/m     LA 2,69 €/m     ST 0,22 €/m

032.80007.M  KG 395 DIN 276
Kittfalz erneuern
EP 7,55 DM/m    LA 6,57 DM/m    ST 0,98 DM/m
EP 3,86 €/m     LA 3,36 €/m     ST 0,50 €/m

032.80008.M  KG 395 DIN 276
Glasdichtung, Dichtprofile, erneuern
EP 8,50 DM/m    LA 5,25 DM/m    ST 3,25 DM/m
EP 4,35 €/m     LA 2,69 €/m     ST 1,66 €/m

032.80009.M  KG 395 DIN 276
Glashalteleisten, Holz, erneuern
EP 15,64 DM/m   LA 11,81 DM/m   ST 3,83 DM/m
EP 8,00 €/m     LA 6,04 €/m     ST 1,96 €/m

032.80010.M  KG 395 DIN 276
Glashalteleisten, Kunststoff, erneuern
EP 16,99 DM/m   LA 11,81 DM/m   ST 5,18 DM/m
EP 8,69 €/m     LA 6,04 €/m     ST 2,65 €/m

032.80011.M  KG 395 DIN 276
Glashalteleisten, Alu, erneuern
EP 20,03 DM/m   LA 11,81 DM/m   ST 8,22 DM/m
EP 10,24 €/m    LA 6,04 €/m     ST 4,20 €/m

032.80012.M  KG 395 DIN 276
Versiegelung erneuern
EP 7,36 DM/m    LA 6,57 DM/m    ST 0,79 DM/m
EP 3,76 €/m     LA 3,36 €/m     ST 0,40 €/m

# LB 033 Gebäudereinigungsarbeiten
## Schuttsammelbehälter, -abwurfschächte; Reinigen während der Bauzeit; Feinreinigung

AW 033

Preise 06.01

Sämtliche Preise sind **Mittelpreise ohne Mehrwertsteuer** zum Zeitpunkt des Ausgabedatums.
**Korrekturfaktoren** für Regionaleinfluss, Mengeneinfluss, Konjunktureinfluss siehe Vorspann.
Abkürzungen: EP = Einheitspreis, LA = Lohnanteil, ST = Stoffanteil

### Schuttsammelbehälter, Schuttabwurfschächte

033.-----.-

|  |  |  |
|---|---|---|
| 033.01201.M | Schuttcontainer, Bauschutt, Größe bis 5 m3 | 156,60 DM/St / 80,07 €/St |
| 033.01202.M | Schuttcontainer, Bauschutt, Größe 7 m3 | 201,83 DM/St / 103,20 €/St |
| 033.01203.M | Schuttcontainer, Bauschutt, Größe 10 m3 | 263,39 DM/St / 134,67 €/St |
| 033.01204.M | Schuttcontainer, Sonderabfall, Größe bis 5 m3 | 474,58 DM/St / 242,65 €/St |
| 033.01205.M | Schuttcontainer, Sonderabfall, Größe 7 m3 | 734,26 DM/St / 375,42 €/St |
| 033.01206.M | Schuttcontainer, Sonderabfall, Größe 10 m3 | 976,04 DM/St / 499,04 €/St |
| 033.01207.M | Schuttcontainer vorhalten, Größe bis 5 m3 | 74,51 DM/StMo / 38,10 €/StMo |
| 033.01208.M | Schuttcontainer vorhalten, Größe 7 m3 | 97,79 DM/StMo / 50,00 €/StMo |
| 033.01209.M | Schuttcontainer vorhalten, Größe 10 m3 | 109,43 DM/StMo / 55,95 €/StMo |
| 033.01501.M | Schuttabwurfschacht aufst. u. beseit., Höhe bis 8 m | 26,13 DM/m / 13,36 €/m |
| 033.01502.M | Schuttabwurfschacht aufst. u. beseit., Höhe >8-16 m | 27,33 DM/m / 13,97 €/m |
| 033.01503.M | Schuttabwurfschacht umsetzen, Höhe bis 8 m | 13,08 DM/m / 6,69 €/m |
| 033.01504.M | Schuttabwurfschacht umsetzen, Höhe >8-16 m | 14,36 DM/m / 7,34 €/m |
| 033.01505.M | Schuttabwurfschacht vorhalten, Höhe bis 16 m | 11,45 DM/mMo / 5,85 €/mMo |
| 033.01701.M | Bauschutt aufladen | 70,64 DM/m3 / 36,12 €/m3 |

**033.01201.M**  KG 398 DIN 276
Schuttcontainer, Bauschutt, Größe bis 5 m3
EP 156,60 DM/St   LA 0,00 DM/St   ST 156,60 DM/St
EP 80,07 €/St     LA 0,00 €/St    ST 80,07 €/St

**033.01202.M**  KG 398 DIN 276
Schuttcontainer, Bauschutt, Größe 7 m3
EP 201,83 DM/St   LA 0,00 DM/St   ST 201,83 DM/St
EP 103,20 €/St    LA 0,00 €/St    ST 103,20 €/St

**033.01203.M**  KG 398 DIN 276
Schuttcontainer, Bauschutt, Größe 10 m3
EP 263,39 DM/St   LA 0,00 DM/St   ST 263,39 DM/St
EP 134,67 €/St    LA 0,00 €/St    ST 134,67 €/St

**033.01204.M**  KG 398 DIN 276
Schuttcontainer, Sonderabfall, Größe bis 5 m3
EP 474,58 DM/St   LA 0,00 DM/St   ST 474,58 DM/St
EP 242,65 €/St    LA 0,00 €/St    ST 242,65 €/St

**033.01205.M**  KG 398 DIN 276
Schuttcontainer, Sonderabfall, Größe 7 m3
EP 734,26 DM/St   LA 0,00 DM/St   ST 734,26 DM/St
EP 375,42 €/St    LA 0,00 €/St    ST 375,42 €/St

**033.01206.M**  KG 398 DIN 276
Schuttcontainer, Sonderabfall, Größe 10 m3
EP 976,04 DM/St   LA 0,00 DM/St   ST 976,04 DM/St
EP 499,04 €/St    LA 0,00 €/St    ST 499,04 €/St

**033.01207.M**  KG 398 DIN 276
Schuttcontainer vorhalten, Größe bis 5 m3
EP 74,51 DM/StMo  LA 0,00 DM/StMo  ST 74,51 DM/StMo
EP 38,10 €/StMo   LA 0,00 €/StMo   ST 38,10 €/StMo

**033.01208.M**  KG 398 DIN 276
Schuttcontainer vorhalten, Größe 7 m3
EP 97,79 DM/StMo  LA 0,00 DM/StMo  ST 97,79 DM/StMo
EP 50,00 €/StMo   LA 0,00 €/StMo   ST 50,00 €/StMo

**033.01209.M**  KG 398 DIN 276
Schuttcontainer vorhalten, Größe 10 m3
EP 109,43 DM/StMo LA 0,00 DM/StMo  ST 109,43 DM/StMo
EP 55,95 €/StMo   LA 0,00 €/StMo   ST 55,95 €/StMo

**033.01501.M**  KG 398 DIN 276
Schuttabwurfschacht aufst. u. beseit., Höhe bis 8 m
EP 26,13 DM/m   LA 13,18 DM/m   ST 12,95 DM/m
EP 13,36 €/m    LA 6,74 €/m     ST 6,62 €/m

**033.01502.M**  KG 398 DIN 276
Schuttabwurfschacht aufst. u. beseit., Höhe >8-16 m
EP 27,33 DM/m   LA 14,25 DM/m   ST 13,08 DM/m
EP 13,97 €/m    LA 7,29 €/m     ST 6,68 €/m

**033.01503.M**  KG 398 DIN 276
Schuttabwurfschacht umsetzen, Höhe bis 8 m
EP 13,08 DM/m   LA 10,18 DM/m   ST 2,90 DM/m
EP 6,69 €/m     LA 5,21 €/m     ST 1,48 €/m

**033.01504.M**  KG 398 DIN 276
Schuttabwurfschacht umsetzen, Höhe >8-16 m
EP 14,36 DM/m   LA 11,38 DM/m   ST 2,98 DM/m
EP 7,34 €/m     LA 5,82 €/m     ST 1,52 €/m

**033.01505.M**  KG 398 DIN 276
Schuttabwurfschacht vorhalten, Höhe bis 16 m
EP 11,45 DM/StMo  LA 0,00 DM/StMo  ST 11,45 DM/StMo
EP 5,84 €/mMo     LA 0,00 €/mMo    ST 5,85 €/mMo

**033.01701.M**  KG 398 DIN 276
Bauschutt aufladen
EP 70,64 DM/m3  LA 70,64 DM/m3  ST 0,00 DM/m3
EP 36,12 €/m3   LA 36,12 €/m3   ST 0,00 €/m3

### Reinigen während der Bauzeit

033.-----.-

|  |  |  |
|---|---|---|
| 033.03101.M | Reinigen Böden, Rohbau | 0,83 DM/m2 / 0,43 €/m2 |
| 033.03102.M | Reinigen Wände, Rohbau | 2,01 DM/m2 / 1,03 €/m2 |

**033.03101.M**  KG 398 DIN 276
Reinigen Böden, Rohbau
EP 0,83 DM/m2   LA 0,83 DM/m2   ST 0,00 DM/m2
EP 0,43 €/m2    LA 0,43 €/m2    ST 0,00 €/m2

**033.03102.M**  KG 398 DIN 276
Reinigen Wände, Rohbau
EP 2,01 DM/m2   LA 1,92 DM/m2   ST 0,09 DM/m2
EP 1,03 €/m2    LA 0,98 €/m2    ST 0,05 €/m2

### Feinreinigung zur Bauübergabe

033.-----.-

|  |  |  |
|---|---|---|
| 033.10001.M | Feinreinigung Außenflächen | 0,60 DM/m2 / 0,31 €/m2 |
| 033.10002.M | Feinreinigung Funktionsflächen | 3,17 DM/m2 / 1,62 €/m2 |
| 033.10003.M | Feinreinigung Hauptnutzflächen | 3,83 DM/m2 / 1,96 €/m2 |
| 033.10004.M | Feinreinigung Nebennutzflächen | 2,11 DM/m2 / 1,08 €/m2 |
| 033.10005.M | Feinreinigung Sanitärräume | 7,69 DM/m2 / 3,93 €/m2 |
| 033.10006.M | Feinreinigung Verkehrsflächen | 2,44 DM/m2 / 1,25 €/m2 |

**033.10001.M**  KG 398 DIN 276
Feinreinigung Außenflächen
EP 0,60 DM/m2   LA 0,60 DM/m2   ST 0,00 DM/m2
EP 0,31 €/m2    LA 0,31 €/m2    ST 0,00 €/m2

**033.10002.M**  KG 398 DIN 276
Feinreinigung Funktionsflächen
EP 3,17 DM/m2   LA 2,87 DM/m2   ST 0,30 DM/m2
EP 1,62 €/m2    LA 1,47 €/m2    ST 0,15 €/m2

**033.10003.M**  KG 398 DIN 276
Feinreinigung Hauptnutzflächen
EP 3,83 DM/m2   LA 3,59 DM/m2   ST 0,24 DM/m2
EP 1,96 €/m2    LA 1,83 €/m2    ST 0,13 €/m2

**033.10004.M**  KG 398 DIN 276
Feinreinigung Nebennutzflächen
EP 2,11 DM/m2   LA 1,98 DM/m2   ST 0,13 DM/m2
EP 1,08 €/m2    LA 1,01 €/m2    ST 0,07 €/m2

**033.10005.M**  KG 398 DIN 276
Feinreinigung Sanitärräume
EP 7,69 DM/m2   LA 7,19 DM/m2   ST 0,50 DM/m2
EP 3,93 €/m2    LA 3,67 €/m2    ST 0,26 €/m2

**033.10006.M**  KG 398 DIN 276
Feinreinigung Verkehrsflächen
EP 2,44 DM/m2   LA 2,15 DM/m2   ST 0,29 DM/m2
EP 1,25 €/m2    LA 1,10 €/m2    ST 0,15 €/m2

AW 033

## LB 033 Gebäudereinigungsarbeiten
### Feinreinigung Fassaden

Preise 06.01

Sämtliche Preise sind **Mittelpreise ohne Mehrwertsteuer** zum Zeitpunkt des Ausgabedatums.
**Korrekturfaktoren** für Regionaleinfluss, Mengeneinfluss, Konjunktureinfluss siehe Vorspann.
**Abkürzungen:** EP = Einheitspreis, LA = Lohnanteil, ST = Stoffanteil

### Feinreinigung Fassaden

033.-----.-

|  |  |  |
|---|---|---|
| 033.13001.M | Reinigung Fassade, Glas | 7,12 DM/m2 / 3,64 €/m2 |
| 033.13002.M | Reinigung Fassade, Metall eloxiert | 7,45 DM/m2 / 3,81 €/m2 |
| 033.13003.M | Reinigung Fassade, Metall-Lamellen | 7,89 DM/m2 / 4,03 €/m2 |
| 033.13004.M | Reinigung Fassade, Putz, abbürsten | 2,94 DM/m2 / 1,51 €/m2 |
| 033.13005.M | Reinigung Fassade, Putz, Wasserstrahlen | 6,48 DM/m2 / 3,31 €/m2 |
| 033.13006.M | Reinigung Fassade, Putz, Dampfstrahlen | 7,06 DM/m2 / 3,61 €/m2 |
| 033.13007.M | Reinigung Fassade, Stein/Beton, abwaschen | 11,15 DM/m2 / 5,70 €/m2 |
| 033.13008.M | Reinigung Fassade, Stein/Beton, Wasserstrahlen | 11,16 DM/m2 / 5,70 €/m2 |
| 033.13009.M | Reinigung Fassade, Stein/Beton, Dampfstrahlen | 5,71 DM/m2 / 2,92 €/m2 |
| 033.13010.M | Reinigung Fassade, Stein/Beton, Wasser-Sandstrahlen | 16,50 DM/m2 / 8,44 €/m2 |
| 033.13011.M | Reinigung Fassade, Stein/Beton, Sandstrahlen | 15,93 DM/m2 / 8,14 €/m2 |
| 033.13012.M | Steinfassade, Fugen reinigen | 6,04 DM/m2 / 3,09 €/m2 |
| 033.13013.M | Steinfassade, Oberfläche verfestigen | 31,23 DM/m2 / 15,97 €/m2 |
| 033.13014.M | Steinfassade, Oberflächenschutz (Hydrophobierung) | 16,02 DM/m2 / 8,19 €/m2 |
| 033.13015.M | Zulage für Einfassungen, Wasserstrahlen | 5,49 DM/m / 2,81 €/m |
| 033.13016.M | Zulage für Einfassungen, Dampfstrahlen | 3,08 DM/m / 1,57 €/m |
| 033.13017.M | Zulage für Einfassungen, Wasser-Sandstrahlen | 8,27 DM/m / 4,23 €/m |
| 033.13018.M | Zulage für Einfassungen, Sandstrahlen | 7,99 DM/m / 4,09 €/m |
| 033.13019.M | Zulage für Einfassungen, Steinfassade verfestigen | 15,57 DM/m / 7,96 €/m |
| 033.13020.M | Zulage für Einfassungen, Steinfassade hydrophobieren | 8,02 DM/m / 4,10 €/m |
| 033.13021.M | Gerüstschutz mit Plane | 7,23 DM/m2 / 3,69 €/m2 |
| 033.13022.M | Fensterfläche abdecken | 6,23 DM/m2 / 3,19 €/m2 |

**033.13001.M** KG 398 DIN 276
Reinigung Fassade, Glas
EP 7,12 DM/m2  LA 6,40 DM/m2  ST 0,72 DM/m2
EP 3,64 €/m2   LA 3,27 €/m2   ST 0,37 €/m2

**033.13002.M** KG 398 DIN 276
Reinigung Fassade, Metall eloxiert
EP 7,45 DM/m2  LA 6,64 DM/m2  ST 0,81 DM/m2
EP 3,81 €/m2   LA 3,40 €/m2   ST 0,41 €/m2

**033.13003.M** KG 398 DIN 276
Reinigung Fassade, Metall-Lamellen
EP 7,89 DM/m2  LA 6,94 DM/m2  ST 0,95 DM/m2
EP 4,03 €/m2   LA 3,55 €/m2   ST 0,48 €/m2

**033.13004.M** KG 398 DIN 276
Reinigung Fassade, Putz, abbürsten
EP 2,94 DM/m2  LA 2,81 DM/m2  ST 0,13 DM/m2
EP 1,51 €/m2   LA 1,44 €/m2   ST 0,07 €/m2

**033.13005.M** KG 398 DIN 276
Reinigung Fassade, Putz, Wasserstrahlen
EP 6,48 DM/m2  LA 5,81 DM/m2  ST 0,67 DM/m2
EP 3,31 €/m2   LA 2,97 €/m2   ST 0,34 €/m2

**033.13006.M** KG 398 DIN 276
Reinigung Fassade, Putz, Dampfstrahlen
EP 7,06 DM/m2  LA 6,11 DM/m2  ST 0,95 DM/m2
EP 3,61 €/m2   LA 3,12 €/m2   ST 0,49 €/m2

**033.13007.M** KG 398 DIN 276
Reinigung Fassade, Stein/Beton, abwaschen
EP 11,15 DM/m2  LA 11,01 DM/m2  ST 0,14 DM/m2
EP  5,70 €/m2   LA  5,63 €/m2   ST 0,07 €/m2

**033.13008.M** KG 398 DIN 276
Reinigung Fassade, Stein/Beton, Wasserstrahlen
EP 11,16 DM/m2  LA 9,10 DM/m2  ST 2,06 DM/m2
EP  5,70 €/m2   LA 4,65 €/m2   ST 1,05 €/m2

**033.13009.M** KG 398 DIN 276
Reinigung Fassade, Stein/Beton, Dampfstrahlen
EP 5,71 DM/m2  LA 4,01 DM/m2  ST 1,70 DM/m2
EP 2,92 €/m2   LA 2,05 €/m2   ST 0,87 €/m2

**033.13010.M** KG 398 DIN 276
Reinigung Fassade, Stein/Beton, Wasser-Sandstrahlen
EP 16,50 DM/m2  LA 8,80 DM/m2  ST 7,70 DM/m2
EP  8,44 €/m2   LA 4,50 €/m2   ST 3,94 €/m2

**033.13011.M** KG 398 DIN 276
Reinigung Fassade, Stein/Beton, Sandstrahlen
EP 15,93 DM/m2  LA 8,50 DM/m2  ST 7,43 DM/m2
EP  8,14 €/m2   LA 4,35 €/m2   ST 3,79 €/m2

**033.13012.M** KG 398 DIN 276
Steinfassade, Fugen reinigen
EP 6,04 DM/m2  LA 5,51 DM/m2  ST 0,53 DM/m2
EP 3,09 €/m2   LA 2,82 €/m2   ST 0,27 €/m2

**033.13013.M** KG 398 DIN 276
Steinfassade, Oberfläche verfestigen
EP 31,23 DM/m2  LA 11,26 DM/m2  ST 19,97 DM/m2
EP 15,97 €/m2   LA  5,76 €/m2   ST 10,21 €/m2

**033.13014.M** KG 398 DIN 276
Steinfassade, Oberflächenschutz (Hydrophobierung)
EP 16,02 DM/m2  LA 11,01 DM/m2  ST 5,01 DM/m2
EP  8,19 €/m2   LA  5,63 €/m2   ST 2,56 €/m2

**033.13015.M** KG 398 DIN 276
Zulage für Einfassungen, Wasserstrahlen
EP 5,49 DM/m  LA 4,49 DM/m  ST 1,00 DM/m
EP 2,81 €/m   LA 2,30 €/m   ST 0,51 €/m

**033.13016.M** KG 398 DIN 276
Zulage für Einfassungen, Dampfstrahlen
EP 3,08 DM/m  LA 2,27 DM/m  ST 0,81 DM/m
EP 1,57 €/m   LA 1,16 €/m   ST 0,41 €/m

**033.13017.M** KG 398 DIN 276
Zulage für Einfassungen, Wasser-Sandstrahlen
EP 8,27 DM/m  LA 4,43 DM/m  ST 3,84 DM/m
EP 4,23 €/m   LA 2,27 €/m   ST 1,96 €/m

**033.13018.M** KG 398 DIN 276
Zulage für Einfassungen, Sandstrahlen
EP 7,99 DM/m  LA 4,31 DM/m  ST 3,68 DM/m
EP 4,09 €/m   LA 2,20 €/m   ST 1,89 €/m

**033.13019.M** KG 398 DIN 276
Zulage für Einfassungen, Steinfassade verfestigen
EP 15,57 DM/m  LA 5,63 DM/m  ST 9,94 DM/m
EP  7,96 €/m   LA 2,88 €/m   ST 5,08 €/m

**033.13020.M** KG 398 DIN 276
Zulage für Einfassungen, Steinfassade hydrophobieren
EP 8,02 DM/m  LA 5,50 DM/m  ST 2,52 DM/m
EP 4,10 €/m   LA 2,82 €/m   ST 1,28 €/m

**033.13021.M** KG 398 DIN 276
Gerüstschutz mit Plane
EP 7,23 DM/m2  LA 3,12 DM/m2  ST 4,11 DM/m2
EP 3,69 €/m2   LA 1,59 €/m2   ST 2,10 €/m2

**033.13022.M** KG 398 DIN 276
Fensterfläche abdecken
EP 6,23 DM/m2  LA 4,61 DM/m2  ST 1,62 DM/m2
EP 3,19 €/m2   LA 2,36 €/m2   ST 0,83 €/m2

# LB 033 Gebäudereinigungsarbeiten
## Feinreinigung: Fenster, Glaswände; Böden

AW 033

Preise 06.01

Sämtliche Preise sind **Mittelpreise ohne Mehrwertsteuer** zum Zeitpunkt des Ausgabedatums.
**Korrekturfaktoren** für Regionaleinfluss, Mengeneinfluss, Konjunktureinfluss siehe Vorspann.
**Abkürzungen:** EP = Einheitspreis, LA = Lohnanteil, ST = Stoffanteil

### Feinreinigung Fenster, Glaswände

033.-----.-

| Pos | Beschreibung | Preis |
|---|---|---|
| 033.13023.M | Reinigung Fensterbänke, Breite bis 150 mm | 0,77 DM/m / 0,40 €/m |
| 033.13024.M | Reinigung Fensterbänke, Breite über 150 bis 350 mm | 1,11 DM/m / 0,57 €/m |
| 033.15301.M | Reinigung Fenster | 3,73 DM/m2 / 1,91 €/m2 |
| 033.15701.M | Reinigung verglaste Trennwände | 3,06 DM/m2 / 1,56 €/m2 |
| 033.15801.M | Reinigung Lichtkuppeln | 18,23 DM/m2 / 9,32 €/m2 |

**033.13023.M**    KG 398 DIN 276
Reinigung Fensterbänke, Breite bis 150 mm
EP 0,77 DM/m   LA 0,71 DM/m   ST 0,06 DM/m
EP 0,40 €/m   LA 0,36 €/m   ST 0,04 €/m

**033.13024.M**    KG 398 DIN 276
Reinigung Fensterbänke, Breite über 150 bis 350 mm
EP 1,11 DM/m   LA 1,02 DM/m   ST 0,09 DM/m
EP 0,57 €/m   LA 0,52 €/m   ST 0,05 €/m

**033.15301.M**    KG 398 DIN 276
Reinigung Fenster
EP 3,73 DM/m2   LA 3,36 DM/m2   ST 0,37 DM/m2
EP 1,91 €/m2   LA 1,72 €/m2   ST 0,19 €/m2

**033.15701.M**    KG 398 DIN 276
Reinigung verglaste Trennwände
EP 3,06 DM/m2   LA 2,81 DM/m2   ST 0,25 DM/m2
EP 1,56 €/m2   LA 1,44 €/m2   ST 0,12 €/m2

**033.15801.M**    KG 398 DIN 276
Reinigung Lichtkuppeln
EP 18,23 DM/m2   LA 16,76 DM/m2   ST 1,47 DM/m2
EP  9,32 €/m2   LA  8,57 €/m2   ST 0,75 €/m2

### Feinreinigung Böden

033.-----.-

| Pos | Beschreibung | Preis |
|---|---|---|
| 033.16101.M | Reinigung Böden, PVC- Belag | 1,21 DM/m2 / 0,62 €/m2 |
| 033.16102.M | Reinigung Böden, Textilbelag | 1,62 DM/m2 / 0,83 €/m2 |
| 033.16103.M | Reinigung Böden, Parkett, unversiegelt | 5,25 DM/m2 / 2,68 €/m2 |
| 033.16104.M | Reinigung Böden, Parkett, versiegelt | 1,47 DM/m2 / 0,75 €/m2 |
| 033.16105.M | Reinigung Böden, Zementestrich | 0,81 DM/m2 / 0,42 €/m2 |
| 033.16106.M | Reinigung Böden, keram. Platten | 1,21 DM/m2 / 0,62 €/m2 |
| 033.16107.M | Reinigung Böden, Naturstein | 2,28 DM/m2 / 1,17 €/m2 |
| 033.16108.M | Reinigung Böden, Werkstein | 1,83 DM/m2 / 0,94 €/m2 |
| 033.16109.M | Reinigung Böden, Klinkerplatten, unglasiert | 2,79 DM/m2 / 1,43 €/m2 |
| 033.16110.M | Reinigung Böden, Klinkerplatten, glasiert | 1,71 DM/m2 / 0,87 €/m2 |

**033.16101.M**    KG 398 DIN 276
Reinigung Böden, PVC- Belag
EP 1,21 DM/m2   LA 1,08 DM/m2   ST 0,13 DM/m2
EP 0,62 €/m2   LA 0,55 €/m2   ST 0,07 €/m2

**033.16102.M**    KG 398 DIN 276
Reinigung Böden, Textilbelag
EP 1,62 DM/m2   LA 1,38 DM/m2   ST 0,24 DM/m2
EP 0,83 €/m2   LA 0,70 €/m2   ST 0,13 €/m2

**033.16103.M**    KG 398 DIN 276
Reinigung Böden, Parkett, unversiegelt
EP 5,25 DM/m2   LA 4,96 DM/m2   ST 0,29 DM/m2
EP 2,68 €/m2   LA 2,54 €/m2   ST 0,14 €/m2

**033.16104.M**    KG 398 DIN 276
Reinigung Böden, Parkett, versiegelt
EP 1,47 DM/m2   LA 1,38 DM/m2   ST 0,09 DM/m2
EP 0,75 €/m2   LA 0,70 €/m2   ST 0,05 €/m2

**033.16105.M**    KG 398 DIN 276
Reinigung Böden, Zementestrich
EP 0,81 DM/m2   LA 0,77 DM/m2   ST 0,04 DM/m2
EP 0,42 €/m2   LA 0,40 €/m2   ST 0,02 €/m2

**033.16106.M**    KG 398 DIN 276
Reinigung Böden, keram. Platten
EP 1,21 DM/m2   LA 1,08 DM/m2   ST 0,13 DM/m2
EP 0,62 €/m2   LA 0,55 €/m2   ST 0,07 €/m2

**033.16107.M**    KG 398 DIN 276
Reinigung Böden, Naturstein
EP 2,28 DM/m2   LA 2,15 DM/m2   ST 0,13 DM/m2
EP 1,17 €/m2   LA 1,10 €/m2   ST 0,07 €/m2

**033.16108.M**    KG 398 DIN 276
Reinigung Böden, Werkstein
EP 1,83 DM/m2   LA 1,74 DM/m2   ST 0,09 DM/m2
EP 0,94 €/m2   LA 0,89 €/m2   ST 0,05 €/m2

**033.16109.M**    KG 398 DIN 276
Reinigung Böden, Klinkerplatten, unglasiert
EP 2,79 DM/m2   LA 2,51 DM/m2   ST 0,28 DM/m2
EP 1,43 €/m2   LA 1,28 €/m2   ST 0,15 €/m2

**033.16110.M**    KG 398 DIN 276
Reinigung Böden, Klinkerplatten, glasiert
EP 1,71 DM/m2   LA 1,62 DM/m2   ST 0,09 DM/m2
EP 0,87 €/m2   LA 0,83 €/m2   ST 0,04 €/m2

AW 033

Preise 06.01

# LB 033 Gebäudereinigungsarbeiten
## Feinreinigung: Treppen; Wände, Stützen

Sämtliche Preise sind **Mittelpreise ohne Mehrwertsteuer** zum Zeitpunkt des Ausgabedatums.
**Korrekturfaktoren** für Regionaleinfluss, Mengeneinfluss, Konjunktureinfluss siehe Vorspann.
Abkürzungen: EP = Einheitspreis, LA = Lohnanteil, ST = Stoffanteil

## Feinreinigung Treppen

033.-----.-

| Pos. | Beschreibung | Preis |
|---|---|---|
| 033.16401.M | Reinigung Treppen, PVC- Belag | 1,81 DM/m2 / 0,93 €/m2 |
| 033.16402.M | Reinigung Treppen, Textilbelag | 1,67 DM/m2 / 0,85 €/m2 |
| 033.16403.M | Reinigung Treppen, Naturstein | 3,00 DM/m2 / 1,54 €/m2 |
| 033.16404.M | Reinigung Treppen, Werkstein | 2,56 DM/m2 / 1,31 €/m2 |
| 033.16405.M | Reinigung Treppen, Klinkerplatten, unglasiert | 3,36 DM/m2 / 1,77 €/m2 |
| 033.16406.M | Reinigung Treppen, Klinkerplatten, glasiert | 2,01 DM/m2 / 1,03 €/m2 |

**033.16401.M**    KG 398 DIN 276
Reinigung Treppen, PVC- Belag
EP 1,81 DM/m2    LA 1,68 DM/m2    ST 0,13 DM/m2
EP 0,93 €/m2    LA 0,86 €/m2    ST 0,07 €/m2

**033.16402.M**    KG 398 DIN 276
Reinigung Treppen, Textilbelag
EP 1,67 DM/m2    LA 1,44 DM/m2    ST 0,23 DM/m2
EP 0,85 €/m2    LA 0,73 €/m2    ST 0,12 €/m2

**033.16403.M**    KG 398 DIN 276
Reinigung Treppen, Naturstein
EP 3,00 DM/m2    LA 2,87 DM/m2    ST 0,13 DM/m2
EP 1,54 €/m2    LA 1,47 €/m2    ST 0,07 €/m2

**033.16404.M**    KG 398 DIN 276
Reinigung Treppen, Werkstein
EP 2,56 DM/m2    LA 2,27 DM/m2    ST 0,29 DM/m2
EP 1,31 €/m2    LA 1,16 €/m2    ST 0,15 €/m2

**033.16405.M**    KG 398 DIN 276
Reinigung Treppen, Klinkerplatten, unglasiert
EP 3,46 DM/m2    LA 3,18 DM/m2    ST 0,28 DM/m2
EP 1,77 €/m2    LA 1,62 €/m2    ST 0,15 €/m2

**033.16406.M**    KG 398 DIN 276
Reinigung Treppen, Klinkerplatten, glasiert
EP 2,01 DM/m2    LA 1,92 DM/m2    ST 0,09 DM/m2
EP 1,03 €/m2    LA 0,98 €/m2    ST 0,05 €/m2

## Feinreinigung Wände, Stützen

033.-----.-

| Pos. | Beschreibung | Preis |
|---|---|---|
| 033.17101.M | Reinigung Wände, Sichtbeton | 3,45 DM/m2 / 1,76 €/m2 |
| 033.17102.M | Reinigung Wände, Sichtbeton, u. Oberfl. imprägn. | 9,52 DM/m2 / 4,87 €/m2 |
| 033.17103.M | Reinigung Wände, Sichtmauerwerk | 4,22 DM/m2 / 2,16 €/m2 |
| 033.17104.M | Reinigung Wände, Sichtmauerwerk, u. Oberfl. imprägn. | 8,88 DM/m2 / 4,54 €/m2 |
| 033.17105.M | Reinigung Wände, Putz | 3,06 DM/m2 / 1,56 €/m2 |
| 033.17106.M | Reinigung Wände, Anstrich, Dispersionsfarbe | 2,72 DM/m2 / 1,39 €/m2 |
| 033.17107.M | Reinigung Wände, Holz | 3,30 DM/m2 / 1,69 €/m2 |
| 033.17108.M | Reinigung Wände, keram. Platten | 1,28 DM/m2 / 0,65 €/m2 |
| 033.17109.M | Reinigung Wände, Naturstein | 3,83 DM/m2 / 1,96 €/m2 |
| 033.17110.M | Reinigung Wände, Werkstein | 3,00 DM/m2 / 1,54 €/m2 |

**033.17101.M**    KG 398 DIN 276
Reinigung Wände, Sichtbeton
EP 3,45 DM/m2    LA 3,36 DM/m2    ST 0,09 DM/m2
EP 1,76 €/m2    LA 1,72 €/m2    ST 0,04 €/m2

**033.17102.M**    KG 398 DIN 276
Reinigung Wände, Sichtbeton, u. Oberfl. imprägn.
EP 9,52 DM/m2    LA 7,90 DM/m2    ST 1,62 DM/m2
EP 4,87 €/m2    LA 4,04 €/m2    ST 0,83 €/m2

**033.17103.M**    KG 398 DIN 276
Reinigung Wände, Sichtmauerwerk
EP 4,22 DM/m2    LA 4,13 DM/m2    ST 0,09 DM/m2
EP 2,16 €/m2    LA 2,11 €/m2    ST 0,05 €/m2

**033.17104.M**    KG 398 DIN 276
Reinigung Wände, Sichtmauerwerk, u. Oberfl. imprägn.
EP 8,88 DM/m2    LA 8,08 DM/m2    ST 0,80 DM/m2
EP 4,54 €/m2    LA 4,13 €/m2    ST 0,41 €/m2

**033.17105.M**    KG 398 DIN 276
Reinigung Wände, Putz
EP 3,06 DM/m2    LA 2,87 DM/m2    ST 0,19 DM/m2
EP 1,56 €/m2    LA 1,47 €/m2    ST 0,09 €/m2

**033.17106.M**    KG 398 DIN 276
Reinigung Wände, Anstrich, Dispersionsfarbe
EP 2,72 DM/m2    LA 2,63 DM/m2    ST 0,09 DM/m2
EP 1,39 €/m2    LA 1,35 €/m2    ST 0,04 €/m2

**033.17107.M**    KG 398 DIN 276
Reinigung Wände, Holz
EP 3,30 DM/m2    LA 3,12 DM/m2    ST 0,18 DM/m2
EP 1,69 €/m2    LA 1,59 €/m2    ST 0,10 €/m2

**033.17108.M**    KG 398 DIN 276
Reinigung Wände, keram. Platten
EP 1,28 DM/m2    LA 1,08 DM/m2    ST 0,20 DM/m2
EP 0,65 €/m2    LA 0,55 €/m2    ST 0,10 €/m2

**033.17109.M**    KG 398 DIN 276
Reinigung Wände, Naturstein
EP 3,83 DM/m2    LA 3,65 DM/m2    ST 0,18 DM/m2
EP 1,96 €/m2    LA 1,87 €/m2    ST 0,09 €/m2

**033.17110.M**    KG 398 DIN 276
Reinigung Wände, Werkstein
EP 3,00 DM/m2    LA 2,87 DM/m2    ST 0,13 DM/m2
EP 1,54 €/m2    LA 1,47 €/m2    ST 0,07 €/m2

# LB 033 Gebäudereinigungsarbeiten
## Feinreinigung Türen, Klappen

AW 033

Preise 06.01

Sämtliche Preise sind **Mittelpreise ohne Mehrwertsteuer** zum Zeitpunkt des Ausgabedatums.
**Korrekturfaktoren** für Regionaleinfluss, Mengeneinfluss, Konjunktureinfluss siehe Vorspann.
**Abkürzungen:** EP = Einheitspreis, LA = Lohnanteil, ST = Stoffanteil

### Feinreinigung Türen, Klappen

033.-----.-

| Pos. | Beschreibung | Preis |
|---|---|---|
| 033.18101.M | Reinigung Türen, Holz, 1-flüg., 750 x 2000 mm | 2,75 DM/St / 1,41 €/St |
| 033.18102.M | Reinigung Türen, Holz, 1-flüg., 875 x 2000 mm | 3,31 DM/St / 1,69 €/St |
| 033.18103.M | Reinigung Türen, Holz, 1-flüg., 1000 x 2000 mm | 3,85 DM/St / 1,97 €/St |
| 033.18104.M | Reinigung Türen, Holz, 2-flüg., 1750 x 2000 mm | 8,01 DM/St / 4,10 €/St |
| 033.18105.M | Reinigung Türen, Holz, 2-flüg., 2000 x 2000 mm | 9,42 DM/St / 4,81 €/St |
| 033.18106.M | Reinigung Türen, Glas, 1-flüg., 875 x 2000 mm | 4,04 DM/St / 2,07 €/St |
| 033.18107.M | Reinigung Türen, Glas, 1-flüg., 1000 x 2000 mm | 4,80 DM/St / 2,46 €/St |
| 033.18108.M | Reinigung Türen, Glas, 1-flüg., 1125 x 2125 mm | 6,31 DM/St / 3,23 €/St |
| 033.18109.M | Reinigung Türen, Glas, 2-flüg., 1750 x 2000 mm | 9,24 DM/St / 4,72 €/St |
| 033.18110.M | Reinigung Türen, Glas, 2-flüg., 2000 x 2000 mm | 11,91 DM/St / 6,09 €/St |
| 033.18111.M | Reinigung Türen, Stahl, 1-flüg., 750 x 1875 mm | 2,81 DM/St / 1,44 €/St |
| 033.18112.M | Reinigung Türen, Stahl, 1-flüg., 875 x 2000 mm | 3,75 DM/St / 1,92 €/St |
| 033.18113.M | Reinigung Türen, Stahl, 1-flüg., 1000 x 2000 mm | 4,38 DM/St / 2,24 €/St |
| 033.18114.M | Reinigung Türen, Stahl, 1-flüg., 1125 x 2125 mm | 5,43 DM/St / 2,77 €/St |
| 033.18115.M | Reinigung Türen, Stahl, 2-flüg., 1750 x 2000 mm | 8,28 DM/St / 4,23 €/St |
| 033.18116.M | Reinigung Türen, Stahl, 2-flüg., 2000 x 2000 mm | 10,30 DM/St / 5,27 €/St |
| 033.18117.M | Reinigung Türen, Stahl, 2-flüg., 2500 x 2125 mm | 11,89 DM/St / 6,08 €/St |
| 033.18118.M | Reinigung Türen, Zulage für Glasausschnitt, H<425 mm | 0,98 DM/St / 0,50 €/St |
| 033.18119.M | Reinigung Türen, Zulage für Glasausschnitt, H<1000 mm | 2,31 DM/St / 1,18 €/St |
| 033.18120.M | Reinigung Türen, Zulage für Glasausschnitt, H<1350 mm | 3,54 DM/St / 1,81 €/St |
| 033.18121.M | Reinigung Klappen, Stahl, 400 x 500 mm | 0,46 DM/St / 0,24 €/St |
| 033.18122.M | Reinigung Klappen, Stahl, 650 x 850 mm | 1,21 DM/St / 0,62 €/St |

033.18101.M  KG 398 DIN 276
Reinigung Türen, Holz, 1-flüg., 750 x 2000 mm
EP 2,75 DM/St   LA 2,45 DM/St   ST 0,30 DM/St
EP 1,41 €/St    LA 1,25 €/St    ST 0,16 €/St

033.18102.M  KG 398 DIN 276
Reinigung Türen, Holz, 1-flüg., 875 x 2000 mm
EP 3,31 DM/St   LA 2,93 DM/St   ST 0,38 DM/St
EP 1,69 €/St    LA 1,50 €/St    ST 0,19 €/St

033.18103.M  KG 398 DIN 276
Reinigung Türen, Holz, 1-flüg., 1000 x 2000 mm
EP 3,85 DM/St   LA 3,42 DM/St   ST 0,43 DM/St
EP 1,97 €/St    LA 1,75 €/St    ST 0,22 €/St

033.18104.M  KG 398 DIN 276
Reinigung Türen, Holz, 2-flüg., 1750 x 2000 mm
EP 8,01 DM/St   LA 7,37 DM/St   ST 0,64 DM/St
EP 4,10 €/St    LA 3,77 €/St    ST 0,33 €/St

033.18105.M  KG 398 DIN 276
Reinigung Türen, Holz, 2-flüg., 2000 x 2000 mm
EP 9,42 DM/St   LA 8,68 DM/St   ST 0,74 DM/St
EP 4,81 €/St    LA 4,44 €/St    ST 0,37 €/St

033.18106.M  KG 398 DIN 276
Reinigung Türen, Glas, 1-flüg., 875 x 2000 mm
EP 4,04 DM/St   LA 3,65 DM/St   ST 0,39 DM/St
EP 2,07 €/St    LA 1,87 €/St    ST 0,20 €/St

033.18107.M  KG 398 DIN 276
Reinigung Türen, Glas, 1-flüg., 1000 x 2000 mm
EP 4,80 DM/St   LA 4,37 DM/St   ST 0,43 DM/St
EP 2,46 €/St    LA 2,24 €/St    ST 0,22 €/St

033.18108.M  KG 398 DIN 276
Reinigung Türen, Glas, 1-flüg., 1125 x 2125 mm
EP 6,31 DM/St   LA 5,75 DM/St   ST 0,56 DM/St
EP 3,23 €/St    LA 2,94 €/St    ST 0,29 €/St

033.18109.M  KG 398 DIN 276
Reinigung Türen, Glas, 2-flüg., 1750 x 2000 mm
EP 9,24 DM/St   LA 8,50 DM/St   ST 0,74 DM/St
EP 4,72 €/St    LA 4,35 €/St    ST 0,37 €/St

033.18110.M  KG 398 DIN 276
Reinigung Türen, Glas, 2-flüg., 2000 x 2000 mm
EP 11,91 DM/St  LA 10,95 DM/St  ST 0,96 DM/St
EP  6,09 €/St   LA  5,60 €/St   ST 0,49 €/St

033.18111.M  KG 398 DIN 276
Reinigung Türen, Stahl, 1-flüg., 750 x 1875 mm
EP 2,81 DM/St   LA 2,51 DM/St   ST 0,30 DM/St
EP 1,44 €/St    LA 1,28 €/St    ST 0,16 €/St

033.18112.M  KG 398 DIN 276
Reinigung Türen, Stahl, 1-flüg., 875 x 2000 mm
EP 3,75 DM/St   LA 3,36 DM/St   ST 0,39 DM/St
EP 1,92 €/St    LA 1,72 €/St    ST 0,20 €/St

033.18113.M  KG 398 DIN 276
Reinigung Türen, Stahl, 1-flüg., 1000 x 2000 mm
EP 4,38 DM/St   LA 3,95 DM/St   ST 0,43 DM/St
EP 2,24 €/St    LA 2,02 €/St    ST 0,22 €/St

033.18114.M  KG 398 DIN 276
Reinigung Türen, Stahl, 1-flüg., 1125 x 2125 mm
EP 5,43 DM/St   LA 4,90 DM/St   ST 0,53 DM/St
EP 2,77 €/St    LA 2,51 €/St    ST 0,26 €/St

033.18115.M  KG 398 DIN 276
Reinigung Türen, Stahl, 2-flüg., 1750 x 2000 mm
EP 8,28 DM/St   LA 7,55 DM/St   ST 0,73 DM/St
EP 4,23 €/St    LA 3,86 €/St    ST 0,37 €/St

033.18116.M  KG 398 DIN 276
Reinigung Türen, Stahl, 2-flüg., 2000 x 2000 mm
EP 10,30 DM/St  LA 9,40 DM/St   ST 0,90 DM/St
EP  5,27 €/St   LA 4,80 €/St    ST 0,47 €/St

033.18117.M  KG 398 DIN 276
Reinigung Türen, Stahl, 2-flüg., 2500 x 2125 mm
EP 11,89 DM/St  LA 10,89 DM/St  ST 1,00 DM/St
EP  6,08 €/St   LA  5,57 €/St   ST 0,51 €/St

033.18118.M  KG 398 DIN 276
Reinigung Türen, Zulage für Glasausschnitt, H<425 mm
EP 0,98 DM/St   LA 0,89 DM/St   ST 0,09 DM/St
EP 0,50 €/St    LA 0,46 €/St    ST 0,04 €/St

033.18119.M  KG 398 DIN 276
Reinigung Türen, Zulage für Glasausschnitt, H<1000 mm
EP 2,31 DM/St   LA 2,09 DM/St   ST 0,22 DM/St
EP 1,18 €/St    LA 1,07 €/St    ST 0,11 €/St

033.18120.M  KG 398 DIN 276
Reinigung Türen, Zulage für Glasausschnitt, H<1350 mm
EP 3,54 DM/St   LA 3,24 DM/St   ST 0,30 DM/St
EP 1,81 €/St    LA 1,65 €/St    ST 0,16 €/St

033.18121.M  KG 398 DIN 276
Reinigung Klappen, Stahl, 400 x 500 mm
EP 0,46 DM/St   LA 0,42 DM/St   ST 0,04 DM/St
EP 0,24 €/St    LA 0,22 €/St    ST 0,02 €/St

033.18122.M  KG 398 DIN 276
Reinigung Klappen, Stahl, 650 x 850 mm
EP 1,21 DM/St   LA 1,08 DM/St   ST 0,13 DM/St
EP 0,62 €/St    LA 0,55 €/St    ST 0,07 €/St

AW 033

Preise 06.01

## LB 033 Gebäudereinigungsarbeiten
### Feinreinigung: Heizkörper, Kanäle; Raumausstattungen; Schutzabdeckungen, Schutzwände

Sämtliche Preise sind **Mittelpreise ohne Mehrwertsteuer** zum Zeitpunkt des Ausgabedatums.
**Korrekturfaktoren** für Regionaleinfluss, Mengeneinfluss, Konjunktureinfluss siehe Vorspann.
**Abkürzungen:** EP = Einheitspreis, LA = Lohnanteil, ST = Stoffanteil

### Feinreinigung Heizkörper, Rohrleitungen, Kanäle

033.-----.-

| Pos. | Beschreibung | Preis |
|---|---|---|
| 033.21201.M | Reinigung Plattenheizkörper | 2,74 DM/m2 |
| | | 1,40 €/m2 |
| 033.21202.M | Reinigung Rippenheizkörper | 6,05 DM/m2 |
| | | 3,09 €/m2 |
| 033.23101.M | Reinigung Luftkanal, 100x100 mm | 3,57 DM/m |
| | | 4,89 €/m |
| 033.23102.M | Reinigung Luftkanal, 200x200 mm | 12,74 DM/m |
| | | 6,52 €/m |
| 033.23103.M | Reinigung Luftkanal, 300x300 mm | 16,33 DM/m |
| | | 8,35 €/m |

**033.21201.M** KG 398 DIN 276
Reinigung Plattenheizkörper
EP 2,74 DM/m2   LA 2,45 DM/m2   ST 0,29 DM/m2
EP 1,40 €/m2    LA 1,25 €/m2    ST 0,15 €/m2

**033.21202.M** KG 398 DIN 276
Reinigung Rippenheizkörper
EP 6,05 DM/m2   LA 5,81 DM/m2   ST 0,24 DM/m2
EP 3,09 €/m2    LA 2,97 €/m2    ST 0,12 €/m2

**033.23101.M** KG 398 DIN 276
Reinigung Luftkanal, 100x100 mm
EP 9,57 DM/m    LA 9,40 DM/m    ST 0,17 DM/m
EP 4,89 €/m     LA 4,80 €/m     ST 0,09 €/m

**033.23102.M** KG 398 DIN 276
Reinigung Luftkanal, 200x200 mm
EP 12,74 DM/m   LA 12,57 DM/m   ST 0,17 DM/m
EP  6,52 €/m    LA  6,43 €/m    ST 0,09 €/m

**033.23103.M** KG 398 DIN 276
Reinigung Luftkanal, 300x300 mm
EP 16,33 DM/m   LA 16,16 DM/m   ST 0,17 DM/m
EP  8,35 €/m    LA  8,26 €/m    ST 0,09 €/m

### Feinreinigung Raumausstattungen

033.-----.-

| Pos. | Beschreibung | Preis |
|---|---|---|
| 033.24101.M | Reinigung Schränke, eingebaut | 5,33 DM/m2 |
| | | 2,72 €/m2 |
| 033.24301.M | Reinigung Schränke, freistehend | 5,75 DM/m2 |
| | | 2,94 €/m2 |
| 033.25201.M | Reinigung abgehängte Decken, Holz | 6,46 DM/m2 |
| | | 3,30 €/m2 |
| 033.25202.M | Reinigung abgehängte Decken, Dekorplatten glatt | 5,01 DM/m2 |
| | | 2,56 €/m2 |
| 033.25203.M | Reinigung abgehängte Decken, Dekorplatten profiliert | 5,50 DM/m2 |
| | | 2,81 €/m2 |
| 033.25204.M | Reinigung abgehängte Decken, Dekorplatten perforiert | 5,95 DM/m2 |
| | | 3,04 €/m2 |
| 033.26201.M | Reinigung Einbau-Deckenleuchte | 10,86 DM/St |
| | | 5,55 €/St |
| 033.26202.M | Reinigung Aufbau-Deckenleuchte | 13,31 DM/St |
| | | 6,80 €/St |

**033.24101.M** KG 398 DIN 276
Reinigung Schränke, eingebaut
EP 5,33 DM/m2   LA 5,15 DM/m2   ST 0,18 DM/m2
EP 2,72 €/m2    LA 2,63 €/m2    ST 0,09 €/m2

**033.24301.M** KG 398 DIN 276
Reinigung Schränke, freistehend
EP 5,75 DM/m2   LA 5,57 DM/m2   ST 0,18 DM/m2
EP 2,94 €/m2    LA 2,85 €/m2    ST 0,09 €/m2

**033.25201.M** KG 398 DIN 276
Reinigung abgehängte Decken, Holz
EP 6,46 DM/m2   LA 6,23 DM/m2   ST 0,23 DM/m2
EP 3,30 €/m2    LA 3,19 €/m2    ST 0,11 €/m2

**033.25202.M** KG 398 DIN 276
Reinigung abgehängte Decken, Dekorplatten glatt
EP 5,01 DM/m2   LA 4,79 DM/m2   ST 0,22 DM/m2
EP 2,56 €/m2    LA 2,45 €/m2    ST 0,11 €/m2

**033.25203.M** KG 398 DIN 276
Reinigung abgehängte Decken, Dekorplatten profiliert
EP 5,50 DM/m2   LA 5,27 DM/m2   ST 0,23 DM/m2
EP 2,81 €/m2    LA 2,69 €/m2    ST 0,12 €/m2

**033.25204.M** KG 398 DIN 276
Reinigung abgehängte Decken, Dekorplatten perforiert
EP 5,95 DM/m2   LA 5,69 DM/m2   ST 0,26 DM/m2
EP 3,04 €/m2    LA 2,91 €/m2    ST 0,13 €/m2

**033.26201.M** KG 398 DIN 276
Reinigung Einbau-Deckenleuchte
EP 10,86 DM/St  LA 10,77 DM/St  ST 0,09 DM/St
EP  5,55 €/St   LA  5,51 €/St   ST 0,04 €/St

**033.26202.M** KG 398 DIN 276
Reinigung Aufbau-Deckenleuchte
EP 13,31 DM/St  LA 13,18 DM/St  ST 0,13 DM/St
EP  6,80 €/St   LA  6,74 €/St   ST 0,06 €/St

### Schutzabdeckungen, Schutzwände

033.-----.-

| Pos. | Beschreibung | Preis |
|---|---|---|
| 033.62201.M | Staubschutzwand, Kantholz u. Gitterfolie | 45,49 DM/m2 |
| | | 23,26 €/m2 |
| 033.62202.M | Staubschutzwand, Kantholz u. Hartfaserplatten | 64,77 DM/m2 |
| | | 33,12 €/m2 |
| 033.62203.M | Staubschutzwand, Schaltafeln u. Folie | 81,89 DM/m2 |
| | | 41,87 €/m2 |
| 033.62204.M | Staubschutzwand, Metallständer u. Zementfaserplatten | 128,93 DM/m2 |
| | | 65,92 €/m2 |
| 033.65001.M | Abdeckung, Kunststofffolie | 3,50 DM/m2 |
| | | 1,79 €/m2 |
| 033.65002.M | Abdeckung, Rohfilzpappe | 4,62 DM/m2 |
| | | 2,36 €/m2 |
| 033.65101.M | Abdeckung, Hartfaserplatten | 8,78 DM/m2 |
| | | 4,49 €/m2 |
| 033.65201.M | Abdeckung, Holzbohlen | 13,09 DM/m2 |
| | | 6,69 €/m2 |

**033.62201.M** KG 398 DIN 276
Staubschutzwand, Kantholz u. Gitterfolie
EP 45,49 DM/m2  LA 26,34 DM/m2  ST 19,15 DM/m2
EP 23,26 €/m2   LA 13,47 €/m2   ST  9,79 €/m2

**033.62202.M** KG 398 DIN 276
Staubschutzwand, Kantholz u. Hartfaserplatten
EP 64,77 DM/m2  LA 30,53 DM/m2  ST 34,24 DM/m2
EP 33,12 €/m2   LA 15,61 €/m2   ST 17,51 €/m2

**033.62203.M** KG 398 DIN 276
Staubschutzwand, Schaltafeln u. Folie
EP 81,89 DM/m2  LA 36,52 DM/m2  ST 45,37 DM/m2
EP 41,87 €/m2   LA 18,67 €/m2   ST 23,20 €/m2

**033.62204.M** KG 398 DIN 276
Staubschutzwand, Metallständer u. Zementfaserplatten
EP 128,93 DM/m2 LA 44,30 DM/m2  ST 84,63 DM/m2
EP  65,92 €/m2  LA 22,65 €/m2   ST 43,27 €/m2

**033.65001.M** KG 398 DIN 276
Abdeckung, Kunststofffolie
EP 3,50 DM/m2   LA 1,98 DM/m2   ST 1,52 DM/m2
EP 1,79 €/m2    LA 1,01 €/m2    ST 0,78 €/m2

**033.65002.M** KG 398 DIN 276
Abdeckung, Rohfilzpappe
EP 4,62 DM/m2   LA 2,87 DM/m2   ST 1,75 DM/m2
EP 2,36 €/m2    LA 1,47 €/m2    ST 0,89 €/m2

**033.65101.M** KG 398 DIN 276
Abdeckung, Hartfaserplatten
EP 8,78 DM/m2   LA 4,55 DM/m2   ST 4,23 DM/m2
EP 4,49 €/m2    LA 2,33 €/m2    ST 2,16 €/m2

**033.65201.M** KG 398 DIN 276
Abdeckung, Holzbohlen
EP 13,09 DM/m2  LA 5,99 DM/m2   ST 7,10 DM/m2
EP  6,69 €/m2   LA 3,06 €/m2    ST 3,63 €/m2

# LB 034 Maler- und Lackierarbeiten
## Besondere Schutzmaßnahmen

**Hinweis:**
Korrosionsschutzarbeiten an Stahl- und Aluminiumbaukonstruktionen siehe Leistungsbereich 035

**Hinweis:**
Die Leitbeschreibung ist i.d.R. wie folgt zu gliedern:
- Leistungsbeschreibung Bauteil (Pos. 010 bis 517)
  mit ergänzenden Angaben (Pos. 520 bis 529)
- Unterbeschreibung Ausführung (Pos. 540 bis 890)
  - – Vorbereiten der Oberfläche (Pos. 540 bis 666)
  - – Spachtel, Kitten, Dichtstoffe verarbeiten
    (Pos. 670 bis 689)
  - – Imprägnierungen, Beschichtungen (Pos. 700 bis 782)
  - – Beschichtungen für besondere Beanspruchungen
    (Pos. 841 bis 890)

001 Schutz der umgebenden Anwesen,
002 Schutz des Fußgängerverkehrs,
003 Schutz des Gewässers,
004 Schutz ....... ,
Einzelangaben nach DIN 18363 zu Pos. 001 bis 004
- Zeitpunkt der Ausführung
  - – vor der Belastung durch Strahlarbeiten,
  - – vor der Belastung durch Reinigungsarbeiten,
  - – vor der Belastung durch Beschichtungsarbeiten,
  - – vor ....... ,
- Art der Ausführung
  - – nach Wahl des AN, Ausführung ....... (vom Bieter
    einzutragen),
  - – durch allseitig dichte Einhausung,
  - – durch allseitig dichte Abhängung mit Planen,
  - – durch allseitig dichte Abhängung mit Planen,
    einschl. Auffangvorrichtung,
  - – durch Abhängung mit Planen,
  - – durch Abhängung mit Netzen,
  - – durch Auffangvorrichtung ....... ,
  - – durch ....... ,
- Maße
  - – Fläche der Schutzmaßnahme ....... ,
    (Beschreibung mit Maßen, nach Zeichnung
    Nr. ....... );
- Berechnungseinheit pauschal, m²

**STLB 034**

## LB 034 Maler- und Lackierarbeiten
### Art, Oberfläche der Bauteile

Ausgabe 06.01

Decken, Wände, Fassadenbekleidungen, Unterzüge, Stützen, Böden, Treppen

- 010 Decke,
- 011 Rippendecke,
- 012 Balkendecke,
- 013 Kassettendecke,
- 014 Kragplatte,
- 015 Dachuntersicht,
- 016 Dachüberstand,
- 017 Decke,
- 018 Wand,
- 019 Fassade,
- 020 Fassadenbekleidung,
- 021 Unterzug,
- 022 Deckenbalken,
- 023 Nische,
- 024 Gesims,
- 025 Sockel,
- 026 Leibung,
- 027 Fasche,
- 028 Umrahmung,
- 029 Vorlage (Lisene),
- 030 Stütze,
- 031 Boden,
- 032 Auffangwanne,
- 033 Fachwerk,
- 034 Fachwerkkonstruktion,
- 035 Ausfachung,
- 036 Brüstung,
- 037 Attika,
- 038 Treppenuntersicht,
- 039 Falttreppenuntersicht,
- 040 Podestuntersicht,
- 041 Treppenlaufbalken,
- 042 Treppenwange,
- 043 Trittstufe,
- 044 Setzstufe,
- 045 Tritt- und Setzstufe,
- 046 Blockstufe,
- 047 Podest,
- 048 Bauteil .......,

  Einzelangaben zu Pos. 010 bis 048
  - Form
    - – schräg (zu Pos. 010 bis 017),
    - – gewölbt (zu Pos. 010 bis 017),
    - – mit Wandschrägen (zu Pos. 018 bis 025),
    - – mit Deckenschrägen (zu Pos. 018 bis 025),
    - – mit Wand- und Deckenschrägen (zu Pos. 018 bis 025),
    - – gekrümmt (zu Pos. 018 bis 025),
    - – kantig (zu Pos. 029 bis 037),
    - – rund (zu Pos. 029 bis 037),
    - – gewendelt (zu Pos. 038 bis 047),
    - – gewendelt einschl. Wange (zu Pos. 038 bis 047),
    - – einschl. Wange (zu Pos. 038 bis 047),
    - – .......,
  - Lage
    - – in Treppenhäusern (zu Pos. 010 bis 037),
    - – in Schächten (zu Pos. 010 bis 025),
    - – von Balkonen (zu Pos. 029 bis 037),
    - – an Fenstern (zu Pos. 026 bis 028),
    - – an Türen (zu Pos. 026 bis 028),
    - – in Wandflächen (zu Pos. 026 bis 028),
    - – .......,
  - Oberfläche
    - – mit geriebenem / gefilztem Putz,
    - – mit geglättetem Putz,
    - – mit gestucktem Putz,
    - – mit Kratzputz,
    - – mit Spritzputz,
    - – mit Putz .......,
      - – – Mörtelgruppe: P I a/b – P I c – P II – P III – P IV a/b/c – P IV d – P V – .......,
    - – mit Zementestrich,
    - – mit Asphaltestrich,
    - – mit Reaktionsharzestrich,
    - – mit Estrich, beschichtet mit .......,
      - – – gerieft – ....... – Struktur ....... ,
    - – aus Gipsbauplatten,
    - – aus Gipskartonplatten,
    - – aus Gipsfaserplatten,
      - – – glatt,
      - – – gelocht,
      - – – gelocht, Lochung .......,
      - – – geschlitzt,
      - – – geschlitzt, Schlitze .......,
      - – – profiliert, Profil .......,
      - – – Oberfläche....... ,
    - – aus Beton,
    - – aus Leichtbeton,
    - – aus Faserzement,
    - – aus Faserzement, beschichtet mit ....... ,
      - – – glatt,
      - – – schalungsrau,
      - – – profiliert, Profil .......,
      - – – Oberfläche ....... ,
    - – aus Porenbeton,
    - – aus Ziegel – als Vormauerziegel,
    - – aus Kalksandstein – als Vormauerstein,
    - – aus Naturstein – Gesteinsart .......,
      - – – bündig verfugt,
      - – – Fugen .......,
      - – – .......,
    - – tapeziert mit Raufaser,
    - – tapeziert mit Relieftapete,
    - – tapeziert mit Prägetapete,
    - – tapeziert mit Glasfasergewebe,
    - – tapeziert mit .......,
      - – – fein, mittel,
      - – – grob,
      - – – Struktur ....... ,
        - – – – beschichtet mit ....... ,
    - – aus Nadelholz,
    - – aus Laubholz,
    - – aus tropischem Laubholz,
    - – aus ....... ,
      - – – Holzart ....... , beschichtet mit ....... ,
        imprägniert mit ....... ,
        - – – – Bretter,
        - – – – Bretter gestoßen,
        - – – – Bretter gestülpt / gespundet,
        - – – – Bretter mit Nut und Feder,
        - – – – Bretter mit Zwischenräumen,
        - – – – Bretter .......,
          - – – – – gehobelt,
          - – – – – ungehobelt,
          - – – – – profiliert und gehobelt,
        - – – – furnierte Platten,
        - – – – furnierte Platten glatt,
        - – – – furnierte Platten profiliert,
        - – – – furnierte Platten .......,
    - – aus Holzwerkstoff,
    - – aus Stahl,
    - – aus Stahl, grundbeschichtet mit .......,
    - – aus Stahl, beschichtet mit .......,
    - – aus Stahl, verzinkt,
    - – aus Aluminium,
    - – aus Aluminium, anodisch oxidiert,
    - – aus Aluminium, beschichtet mit .......,
    - – aus Aluminium .......,
    - – aus Polyvinylchlorid (PVC) hart,
    - – aus Kunststoff .......,
    - – aus .......,
      - – – als Paneele – als Kassetten – als Tafeln,
      - – – als .......,
        - – – – glatt - gelocht, gelocht, Lochung .......,
        - – – – profiliert, Profil .......,
        - – – – Oberfläche ....... ,
  - Abmessungen
    - – Kassettenmaße L / B / T .......,
    - – Nischentiefe .......,
    - – Gesimsmaße: Höhe / Ausladung .......,
    - – Sockelmaße: Höhe / Ausladung .......,
    - – Abwicklung .......,
    - – Maße .......,
    - – Maße gemäß Zeichnung Nr. .......,
    - – Maße gemäß Einzelbeschreibung Nr. .......,
  - Ausführungsart:
    - – wie folgt behandeln:
    **Hinweis:** Unterbeschreibungen entsprechend Pos. 540 bis 890 einfügen.
  - Berechnungseinheit $m^2$, m, Stück (mit Maßangaben)

# LB 034 Maler- und Lackierarbeiten
## Art, Oberfläche der Bauteile

STLB 034

Ausgabe 06.01

**Fenster, Fenstertüren, Fensterelemente**

050 Einfachfenster,
051 Verbundfenster,
052 Kastenfenster,
053 Fenstertür,
054 Fenstertürelement,
055 Fensterelement, –wand,
056 Fensterelement mit Füllung,
057 Dachflächenfenster,
058 Dachflächenfenster mit Futter und Bekleidung,
059 Kellerfenster mit Glasflügel,
060 Kellerfenster mit Glas– und Gitterflügel,
061 Fensterbank,
062 Wetterschenkel,
063 Bauteil .......,
   Einzelangaben nach DIN 18363 zu Pos. 050 bis 063
   - Werkstoff
     -- aus Nadelholz,
     -- aus Nadelholz, Holzart ....... ,
     -- aus Laubholz,
     -- aus Laubholz, Holzart ....... ,
     -- aus tropischem Laubholz,
     -- aus tropischem Laubholz, Holzart ....... ,
     -- aus ....... 
       --- beschichtet mit ....... ,
       --- imprägniert mit ....... ,
       --- wetterseitig mit Aluminium bekleidet,
       --- wetterseitig mit Kunststoff bekleidet,
     -- aus Holzwerkstoff,
     -- aus Stahl,
     -- aus Stahl, grundbeschichtet mit ....... ,
     -- aus Stahl, beschichtet mit ....... ,
     -- aus Stahl, verzinkt,
     -- aus Stahl ....... ,
     -- aus Aluminium,
     -- aus Aluminium, anodisch oxidiert,
     -- aus Aluminium, beschichtet mit ....... ,
     -- aus Aluminium ....... ,
     -- aus Zink,
     -- aus Zink, beschichtet mit ....... ,
     -- aus Beton,
     -- aus Faserzement,
     -- aus Faserzement, beschichtet mit ....... ,
     -- aus Polyvinylchlorid (PVC) hart,
     -- aus Kunststoff ....... ,
     -- aus ....... ,
   - Verglasung
     -- unverglast,
     -- unverglast: einteilig – zweiteilig – dreiteilig – ....... ,
     -- unverglast: Anzahl der Teile ....... ,
     -- verglast,
     -- verglast: einteilig – zweiteilig – dreiteilig – ....... ,
     -- unverglast: Anzahl der Teile ....... ,
   - Flügel
     -- feststehend,
     -- ein Teil beweglich,
     -- zwei Teile beweglich,
     -- ....... ,
     -- als Drehflügel,
     -- als Drehkippflügel,
     -- als Kippflügel,
     -- als Klappflügel,
     -- als Wendeflügel,
     -- als Schwingflügel,
     -- als Schiebeelement,
     -- als ....... ,
       --- mit einem Riegel (Kämpfer),
       --- mit einem Pfosten (Setzholz),
       --- mit zwei Pfosten (Setzhölzer),
       --- mit Kreuzstock,
       --- mit Sprossen,
       --- mit Rollladenführungsleisten,
       --- mit Rollladenführungsleisten und Ausstellvorrichtung,
       --- mit ....... ,
   - Maße
     -- Einzelfläche des Bauteils: bis 0,25 m² – über 0,25 bis 0,5 m² – über 0,5 bis 1,0 m² – .......
        **Hinweis:** Bei Abrechnung nach Flächenmaß (m²) Angaben zur Einzelgröße des Bauteils über 1 m² i.d.R. nicht erforderlich.
     -- Maße .......

   - Ausführungsart
     -- wie folgt behandeln:
     -- Behandlung der Füllungen wird gesondert vergütet.
     **Hinweis:** Unterbeschreibungen entsprechend Pos. 540 bis 890 einfügen.
   - Berechnungseinheit m², Stück (mit Maßangaben)

**Roll–, Klapp–, Falt–, Schiebeläden, Sonnenschutz**

070 Rollladen,
071 Klappladen,
072 Faltladen,
073 Schiebeladen,
074 Sonnenschutz, feststehend, mit Lamellen,
075 Bauteil .......,
   Einzelangaben nach DIN 18363 zu Pos. 070 bis 075
   - Werkstoff
     -- aus Nadelholz,
     -- aus Nadelholz, Holzart ....... ,
     -- aus Laubholz,
     -- aus Laubholz, Holzart ....... ,
     -- aus tropischem Laubholz,
     -- aus tropischem Laubholz, Holzart ....... ,
     -- aus .......
       --- beschichtet mit ....... ,
       --- imprägniert mit ....... ,
     -- aus Holzwerkstoff,
     -- aus Stahl,
     -- aus Stahl, grundbeschichtet mit ....... ,
     -- aus Stahl, beschichtet mit ....... ,
     -- aus Stahl, verzinkt,
     -- aus Stahl ....... ,
     -- aus Aluminium,
     -- aus Aluminium, anodisch oxidiert,
     -- aus Aluminium, beschichtet mit ....... ,
     -- aus Aluminium ....... ,
     -- aus Polyvinylchlorid (PVC) hart,
     -- aus Kunststoff ....... ,
     -- aus ....... ,
   - Oberflächen, Profilierung, Jalousien
     -- glatt,
     -- Bretter profiliert,
     -- mit Rahmen und glatter Füllung,
     -- mit Rahmen und feststehenden Jalousiebrettern
     -- mit Rahmen und beweglichen Jalousiebrettern,
     -- mit Rahmen und ausstellbarer Jalousie,
     -- mit Ausstellvorrichtung,
     -- ....... ,
   - Beschläge, ergänzende Bauteile
     -- mit Beschlägen,
     -- mit Führungsschienen,
     -- mit Ausstellgestänge,
     -- mit Rahmen ....... ,
     -- mit ....... ,
       --- aus Stahl,
       --- aus Stahl, grundbeschichtet mit ....... ,
       --- aus Stahl, beschichtet mit ....... ,
       --- aus verzinktem Stahl,
       --- aus Stahl ....... ,
       --- aus Aluminium,
       --- aus Aluminium, anodisch oxidiert,
       --- aus Aluminium, beschichtet mit ....... ,
       --- aus Aluminium ....... ,
       --- aus Polyvinylchlorid (PVC) hart,
       --- aus Kunststoff ....... ,
       --- aus ....... ,
   - Maße
     -- Einzelfläche des Bauteils: bis 0,25 m² – über 0,25 bis 0,5 m² – über 0,5 bis 1,0 m² – .......
        **Hinweis:** Bei Abrechnung nach Flächenmaß (m²) Angaben zur Einzelgröße des Bauteils über 1 m² i.d.R. nicht erforderlich.
     -- Maße .......
   - Ausführungsart
     -- wie folgt behandeln:
     **Hinweis:** Unterbeschreibungen entsprechend Pos. 540 bis 890 einfügen.
   - Berechnungseinheit m², Stück (mit Maßangaben)

# LB 034 Maler- und Lackierarbeiten
## Art, Oberfläche der Bauteile

STLB 034
Ausgabe 06.01

Türen, Tore, Trennwände, Füllungen, Bekleidungen, Verkleidungen, Futter, Zargen, Rahmen

- 08_ Tür,
- 09_ Haustür,
- 10_ Türelement zweiteilig,
- 11_ Türelement .......,

    Ergänzende Angaben (als 3. Stelle zu 08_ bis 11_)
    - 0 keine weiteren Angaben
    - 1 mit Futter
    - 2 mit Futter und Bekleidung
    - 3 mit Zarge
    - 4 mit Oberteil
    - 5 mit Seitenteil
    - 6 mit .......
- 12_ Tor,
- 13_ Tor ....... ,
- 14_ Garagentor,
- 15_ Garagentor als Schwingtor,
- 16_ Falttor
- 17_ Sektionaltor
- 18_ Rolltor

    Ergänzende Angaben (als 3. Stelle zu 12_ bis 18_)
    - 0 ohne weitere Angaben
    - 1 mit Führungskonstrukion
    - 2 mit Beschlägen
    - 3 mit Schlupftür
    - 4 mit .......
- 190 Türblatt,
- 191 Torflügel,
- 192 Trennwand,
- 193 Faltwand,
- 194 Schrankwand,
- 195 Einbauschrank,
- 196 Einlegeboden,
- 197 Regal,
- 198 Geländerfüllung,
- 199 Brüstungsfüllung,
- 200 Trennwandfüllung,
- 201 Füllung .......,
- 202 Heizkörperverkleidung,
- 203 Konvektorenverkleidung,
- 204 Rollladenkasten,
- 205 Deckenbekleidung,
- 206 Wandbekleidung,
- 207 Stützenbekleidung,
- 208 Bekleidung .......,
- 209 Bauteil .......,

    Einzelangaben nach DIN 18363 zu Pos. 080 bis 209
    - Werkstoff
        - – – aus Nadelholz,
        - – – aus Nadelholz, Holzart ....... ,
        - – – aus Laubholz,
        - – – aus Laubholz, Holzart ....... ,
        - – – aus tropischem Laubholz,
        - – – aus tropischem Laubholz, Holzart ....... ,
        - – – aus ....... ,
            - – – – beschichtet mit ....... ,
            - – – – imprägniert mit ....... ,
        - – – aus Holzwerkstoff,
        - – – aus Stahl,
        - – – aus Stahl, grundbeschichtet mit ......,
        - – – aus Stahl, beschichtet mit ....... ,
        - – – aus Stahl, verzinkt,
        - – – aus Stahl ....... ,
        - – – aus Aluminium,
        - – – aus Aluminium, anodisch oxidiert,
        - – – aus Aluminium, beschichtet mit ....... ,
        - – – aus Aluminium ....... ,
        - – – aus Faserzement,
        - – – aus Faserzement, beschichtet mit ....... ,
        - – – aus Polyvinylchlorid (PVC) hart,
        - – – aus Kunststoff ....... ,
        - – – aus ....... ,
    - Form
        - – – glatt,
        - – – profiliert, Profil .......,
        - – – mit Ausschnitt, verglast,
        - – – mit Ausschnitt, unverglast,
        - – – mit Füllungen aus Holz,
        - – – mit Füllungen aus Holzwerkstoff,
        - – – .......,
    - Anschlag
        - – – stumpf einschlagend,
        - – – mit: Falz – Doppelfalz,
        - – – .......,
    - Platten
        - – – furnierte Platten,
        - – – furnierte Platten, glatt,
        - – – furnierte Platten, profiliert, Profil ....... ,
        - – – furnierte Platten .......,
    - Bretter, Bohlen
        - – – Bretter,
        - – – Bretter gestoßen,
        - – – Bretter: gestülpt – gespundet,
        - – – Bretter mit Nut und Feder,
        - – – Bretter profiliert, Profil .......,
        - – – Bretter mit Zwischenräumen,
        - – – Bretter mit Riegel und Strebe,
        - – – Bretter .......,
        - – – Bohlen,
        - – – Bohlen mit Riegel und Strebe,
        - – – Bohlen .......,
        - – – .......,
            - – – – ungehobelt,
            - – – – gehobelt,
    - Maße
        - – – Maße in cm ....... ,
        - – – Maße gemäß Zeichnung Nr. ....... ,
        - – – Maße gemäß Einzelbeschreibung Nr ....... ,
        - – – Maße gemäß Einzelbeschreibung Nr ....... und Zeichnung Nr. ....... ,
    - Leistungsumfang
        - – – Behandlung des Futters wird gesondert vergütet,
        - – – Behandlung des Futters und der Bekleidung wird gesondert vergütet,
        - – – Behandlung der Zarge wird gesondert vergütet,
        - – – Behandlung des Rahmens wird gesondert vergütet,
        - – – Behandlung der Beschläge wird gesondert vergütet,
        - – – Behandlung der Führungskonstruktion wird gesondert vergütet,
    - Ausführung
        - – – wie folgt behandeln:

        **Hinweis:** Unterbeschreibungen entsprechend Pos. 540 bis 890 einfügen.
    - Berechnungseinheit m², m, Stück (mit Maßangaben)

# LB 034 Maler- und Lackierarbeiten
## Art, Oberfläche der Bauteile

STLB 034

Ausgabe 06.01

| | |
|---|---|
| 210 | Türfutter, |
| 211 | Türbekleidung, |
| 212 | Türfutter und –bekleidung, |
| 213 | Blendrahmen, |
| 214 | Blockrahmen (Stock), |
| 215 | Eckzarge, |
| 216 | Umfassungszarge, |
| 217 | Trennwandrahmen, |
| 218 | Bauteil ......., |

Einzelangaben nach DIN 18363 zu Pos. 210 bis 218
- Werkstoff
  - – aus Nadelholz,
  - – aus Nadelholz, Holzart ....... ,
  - – aus Laubholz,
  - – aus Laubholz, Holzart ....... ,
  - – aus tropischem Laubholz,
  - – aus tropischem Laubholz, Holzart ....... ,
  - – aus ....... ,
    - – – beschichtet mit ....... ,
    - – – imprägniert mit ....... ,
  - – aus Holzwerkstoff,
  - – aus Stahl,
  - – aus Stahl, grundbeschichtet mit ......., 
  - – aus Stahl, beschichtet mit ......., 
  - – aus Stahl, verzinkt,
  - – aus Stahl ....... ,
  - – aus Aluminium,
  - – aus Aluminium, anodisch oxidiert,
  - – aus Aluminium, beschichtet mit ......., 
  - – aus Aluminium ....... ,
  - – aus Faserzement,
  - – aus Faserzement, beschichtet mit ......., 
  - – aus Polyvinylchlorid (PVC) hart,
  - – aus Kunststoff ....... ,
  - – aus ....... ,
- Schwelle, Anschlagschiene
  - – einschl. Schwelle,
  - – einschl. Anschlagschiene,
  - – einschl. ....... ,
    - – – aus Stahl,
    - – – aus Stahl, grundbeschichtet mit ......., 
    - – – aus Stahl, beschichtet mit ......., 
    - – – aus Stahl, verzinkt,
    - – – aus Stahl ......., 
    - – – aus Aluminium,
    - – – aus Aluminium ....... ,
    - – – aus ......., 
- Maße
  - – Maße in cm ....... ,
  - – Maße gemäß Zeichnung Nr. ....... ,
  - – Maße gemäß Einzelbeschreibung Nr ....... ,
  - – Maße gemäß Einzelbeschreibung Nr ....... und Zeichnung Nr. ....... ,
- Leistungsumfang
  - – Behandlung der Anschlagschiene wird gesondert vergütet,
  - – Behandlung der Schwelle wird gesondert vergütet,
  - – Behandlung ....... ,
- Ausführungsart
  - – wie folgt behandeln:
  
  **Hinweis:** Unterbeschreibungen entsprechend Pos. 540 bis 890 einfügen.
- Berechnungseinheit m², m, Stück (mit Maßangaben)

**Gitter, Zäune, Geländer, Gitterroste**

| | |
|---|---|
| 22_ | Gitter, |
| 23_ | Fenstergitter, |
| 24_ | Gittertür, |
| 25_ | Gittertor, |
| 26_ | Scherengitter, |
| 27_ | Rollgitter, |
| 28_ | Lüftungsgitter, |
| 29_ | Lüftungsgitter mit Lamellen, |
| 30_ | Zaun, |
| 31_ | Sichtschutzzaun, |
| 32_ | Gitter ......., |

Ergänzende Angaben (als 3. Stelle zu 22_ bis 32_)
0 ohne weitere Angaben
1 Stabanordnung parallel
2 Stabanordnung gekreuzt
3 Stabanordnung in Zierform
4 Stabanordnung unregelmäßig
5 Stabanordnung .......
6 mit Drahtbespannung
7 mit Welldrahtbespannung
8 .......

Einzelangaben nach DIN 18363 zu Pos. 220 bis 329
- Werkstoff
  - – aus Nadelholz,
  - – aus Nadelholz, Holzart ....... ,
  - – aus Laubholz,
  - – aus Laubholz, Holzart ....... ,
  - – aus tropischem Laubholz,
  - – aus tropischem Laubholz, Holzart ....... ,
  - – aus ....... ,
    - – – beschichtet mit ....... ,
    - – – imprägniert mit ....... ,
    - – – ungehobelt,
    - – – gehobelt,
    - – – ungehobelt, beschichtet mit ....... ,
    - – – gehobelt, beschichtet mit ....... ,
    - – – ungehobelt, imprägniert mit ....... ,
    - – – gehobelt, imprägniert mit ....... ,
    - – – ....... ,
  - – aus Stahl,
  - – aus Stahl, grundbeschichtet mit ......., 
  - – aus Stahl, beschichtet mit ......., 
  - – aus Stahl, verzinkt,
  - – aus Stahl ....... ,
  - – aus Aluminium,
  - – aus Aluminium, beschichtet mit ......., 
  - – aus Aluminium ......., 
  - – aus Beton,
  - – aus ......., 
- Stäbe, Rahmen, Querstäbe
  - – Stäbe: rund – kantig – in Zierform – ....... ,
  - – Achsabstand der Stäbe: bis 3 cm – über 3 bis 5 cm – über 5 bis 7 cm – über 7 bis 9 cm – über 9 bis 11 cm – über 11 bis 13 cm – über 13 bis 15 cm – ....... ,
  - – Achsabstand der gekreuzten Stäbe ....... ,
  - – Stababwicklung: bis 60 mm – über 60 bis 90 mm – über 90 bis 120 mm – über 120 bis 150 mm – ....... ,
  - – umlaufender Rahmen, Abwicklung: bis 100 mm – über 100 bis 150 mm – über 150 bis 200 mm – ....... ,
  - – mit zwei Querstäben (Gurten) – mit drei Querstäben (Gurten) – ....... ,
    - – – Abwicklung der Querstäbe: bis 100 mm – über 100 bis 150 mm – ....... ,
  - – gemäß Zeichnung Nr. ......., Einzelbeschreibung Nr. ......., 
- Gittermaße .......
- Ausführungsart
  - – wie folgt behandeln:
  
  Hinweis: Unterbeschreibungen entsprechend Pos. 540 bis 890 einfügen.
- Berechnungseinheit
  - – m² einseitig gerechnet nach Flächenmaß
  - – m (mit Gitterbreiten, Zaunhöhen)
  - – Stück (mit Gittermaßen, Zaunmaßen)

**STLB 034**

Ausgabe 06.01

## LB 034 Maler- und Lackierarbeiten
### Art, Oberfläche der Bauteile

330 Geländer,
331 Balkongeländer,
332 Brüstungsgeländer,
333 Treppengeländer,
334 Geländer .......,

**Hinweis:** Pfosten, Handläufe siehe Einzelbauteile Pos. 395 bis 397

**Einzelangaben nach DIN 18363 zu Pos. 330 bis 334**
- Werkstoff
  - - aus Nadelholz,
  - - aus Nadelholz, Holzart ....... ,
  - - aus Laubholz,
  - - aus Laubholz, Holzart ....... ,
  - - aus tropischem Laubholz,
  - - aus tropischem Laubholz, Holzart ....... ,
  - - aus ....... ,
    - - - beschichtet mit ....... ,
    - - - imprägniert mit ....... ,
    - - - ungehobelt,
    - - - gehobelt,
    - - - ungehobelt, beschichtet mit ....... ,
    - - - gehobelt, beschichtet mit ....... ,
    - - - ungehobelt, imprägniert mit ....... ,
    - - - gehobelt, imprägniert mit ....... ,
    - - - ....... ,
  - - aus Stahl,
  - - aus Stahl, grundbeschichtet mit ....... ,
  - - aus Stahl, beschichtet mit ....... ,
  - - aus Stahl, verzinkt,
  - - aus Stahl ....... ,
  - - aus Aluminium,
  - - aus Aluminium, beschichtet mit ....... ,
  - - aus Aluminium ....... ,
  - - aus Beton,
  - - aus ....... ,
- Bauart
  - - als Stabgeländer,
  - - als Rohrgeländer, Durchmesser in cm ....... ,
  - - mit Pfosten, Achsabstand in cm ....... ,
  - - mit Pfosten, Achsabstand in cm ....... und einem Gurt,
  - - mit Pfosten, Achsabstand in cm ....... und zwei Gurten,
  - - mit Pfosten, Achsabstand in cm ....... und drei Gurten,
  - - mit ....... ,
    - - - und runden Füllstäben,
    - - - und kantigen Füllstäben,
    - - - und Füllstäben in Zierform,
    - - - und Füllstäben ....... ,
    - - - und Füllungen, die Behandlung der Füllungen wird gesondert vergütet,
    - - - ....... ,
- Maße
  - - Maße in cm ....... ,
  - - Maße gemäß Zeichnung Nr. ....... ,
  - - Maße gemäß Einzelbeschreibung Nr ....... ,
  - - Maße gemäß Einzelbeschreibung Nr ....... und Zeichnung Nr. ....... ,
    - - - Achsabstand der Stäbe bis 3 cm,
    - - - Achsabstand der Stäbe über 3 bis 5 cm,
    - - - Achsabstand der Stäbe über 5 bis 7 cm,
    - - - Achsabstand der Stäbe über 7 bis 9 cm,
    - - - Achsabstand der Stäbe über 9 bis 11 cm,
    - - - Achsabstand der Stäbe über 11 bis 13 cm,
    - - - Achsabstand der Stäbe in cm ....... ,
      - - - - Abwicklung der Stäbe in cm ....... ,
      - - - - Abwicklung der Pfosten in cm ....... und der Gurte in cm ....... ,
      - - - - Abwicklung der Pfosten in cm ....... , der Gurte in cm ....... und der Stäbe in cm ....... ,
      - - - - Abwicklung in cm ....... ,
- Ausführungsart
  - - wie folgt behandeln:
  **Hinweis:** Unterbeschreibungen entsprechend Pos. 540 bis 890 einfügen.
- Berechnungseinheit
  - - m², einseitig gerechnet nach Flächenmaß
  - - m (Geländerhöhe .......)
  - - Stück (Geländermaße .......)

Installationen

340 Heizkesselverkleidung,
341 Gliederheizkörper,
342 Plattenheizkörper,
343 Plattenheizkörper mit profilierter Oberfläche,
344 Plattenheizkörper, mit profilierter Oberfläche, mehrlagig,
345 Plattenheizkörper, mehrlagig,
346 Röhrenheizkörper,
347 Rippenrohrheizkörper,
348 Heizkörper ....... ,
349 Ausdehnungsgefäß,
350 Warmwasserbehälter,
351 Heizöllagerbehälter,
352 Behälter ....... ,
353 Luftkanal,
354 Kabelkanal,
355 Kanal ...... ,
356 Schaltschrank,
357 Kabelpritsche,
358 Installationsteil ......,

**Hinweis:** Sonstige Installationsteile siehe LB 035 Korrosionsschutzarbeiten an Stahl- und Aluminiumbaukonstruktionen.

**Einzelangaben nach DIN 18363 zu Pos. 340 bis 358**
- Werkstoff
  - - aus Stahl,
  - - aus Stahl, grundbeschichtet mit ....... ,
  - - aus Stahl, beschichtet mit ....... ,
  - - aus Stahl, verzinkt,
  - - aus Stahl ....... ,
  - - aus Gusseisen,
  - - aus Aluminium,
  - - aus Aluminium, beschichtet mit ....... ,
  - - aus Aluminium ....... ,
  - - aus Faserzement,
  - - aus Faserzement, beschichtet mit ....... ,
  - - aus Polyvinylchlorid (PVC) hart,
  - - aus Kunststoff ....... ,
  - - aus ....... ,
- Beanspruchungsart
  - - Beanspruchung durch Kondenswasser,
  - - Beanspruchung durch Betriebstemperaturen,
    - - - von + 5 bis + 80 °C,
    - - - von + 5 bis + 120 °C,
  - - Beanspruchung ....... ,
- Maße
  - - Maße in cm ....... ,
  - - Maße gemäß Zeichnung Nr. ....... ,
  - - Maße gemäß Einzelbeschreibung Nr ....... ,
  - - Maße gemäß Einzelbeschreibung Nr ....... und Zeichnung Nr. ....... ,
    - - - Abwicklung bis 10 cm,
    - - - Abwicklung über 10 bis 30 cm,
    - - - Abwicklung über 30 bis 50 cm,
    - - - Abwicklung über 50 bis 100 cm,
    - - - Abwicklung in cm ....... ,
- Montagezustand
  - - die Heizkörper sind für die Beschichtungsarbeiten ausgebaut,
  - - die Heizkörper bleiben eingebaut,
  - - ....... ,
- Ausführungsart
  - - wie folgt behandeln:
  **Hinweis:** Unterbeschreibungen entsprechend Pos. 540 bis 890 einfügen.
- Berechnungseinheit m², m, Stück (mit Maßangaben)
  **Hinweis:** Flächenberechnung i.d.R. nach Tabellen; soweit Tabellen nicht vorhanden sind, wird nach abgewickelter Fläche gerechnet.

# LB 034 Maler- und Lackierarbeiten
## Art, Oberfläche der Bauteile

STLB 034

Ausgabe 06.01

- 359 Rohrleitung,
- 360 Rohr .......,
- 361 Einzelflansch,
- 362 Doppelflansch,
- 363 Blindflansch,
- 364 Ventil,
- 365 Ventil mit Flanschen,
- 366 Schieber,
- 367 Schieber mit Flanschen,
- 368 Handrad,
- 369 Griff,
- 370 Armatur .......,
  Einzelangaben nach DIN 18363 zu Pos. 359 bis 370
  - Werkstoff
    - – – aus Stahl,
    - – – aus Stahl, grundbeschichtet mit .......,
    - – – aus Stahl, beschichtet mit .......,
    - – – aus Stahl, verzinkt,
    - – – aus Stahl .......,
    - – – aus Gusseisen,
    - – – aus Aluminium,
    - – – aus Aluminium, beschichtet mit .......,
    - – – aus Kupfer,
    - – – aus Faserzement,
    - – – aus Faserzement, beschichtet mit ....... ,
    - – – aus Polyvinylchlorid (PVC) hart,
    - – – aus Kunststoff .......,
    - – – aus ....... ,
      - – – – mit Hartmantel
      - – – – mit Hartmantel aus mineralischen Stoffen,
      - – – – mit Hartmantel aus mineralischen Stoffen, beschichtet mit .......
      - – – – mit Hartmantel aus .......
      - – – – mit Ummantelung aus Stahl
      - – – – mit Ummantelung aus Stahl, verzinkt,
      - – – – mit Ummantelung aus Stahl, beschichtet mit .......
      - – – – mit Ummantelung aus Aluminium
      - – – – mit Ummantelung aus Kunststoff .......
      - – – – mit Ummantelung aus .......
  - Beanspruchungsart
    - – – Beanspruchung durch Kondenswasser,
    - – – Beanspruchung durch Betriebstemperaturen,
      - – – – von + 5 bis + 80 °C,
      - – – – von + 5 bis + 120 °C,
    - – – Beanspruchung .......,
  - Maße
    - – – Abwicklung bis 10 cm,
    - – – Abwicklung über 10 bis 30 cm,
    - – – Abwicklung über 30 bis 50 cm,
    - – – Abwicklung in cm ....... ,
      - – – – Außendurchmesser bis 5 cm,
      - – – – Außendurchmesser über 5 bis 7,5 cm,
      - – – – Außendurchmesser 7,5 bis 10 cm,
      - – – – Außendurchmesser in cm ....... ,
        - – – – – bis DN 80,
        - – – – – über DN 80 bis DN 120,
        - – – – – über DN 120 bis DN 150,
        - – – – – über DN 150 bis DN 200,
        - – – – – DN ....... ,
  - Ausführungsart
    - – – wie folgt behandeln:
      **Hinweis:** Unterbeschreibungen entsprechend Pos. 540 bis 890 einfügen.
  - Berechnungseinheit m², m, Stück

- 371 Heizkörperkonsole,
- 372 Heizköperhalter,
- 373 Befestigung für Rohrleitungen,
- 374 Befestigung .......,
- 375 Pumpengehäuse,
- 376 Motorgehäuse,
- 377 Bauteil .......,
  Einzelangaben nach DIN 18363 zu Pos. 371 bis 377
  - Werkstoff
    - – – aus Stahl,
    - – – aus Stahl, grundbeschichtet mit .......,
    - – – aus Stahl, beschichtet mit .......,
    - – – aus Stahl, verzinkt,
    - – – aus Stahl .......,
    - – – aus Gusseisen,
    - – – aus Kupfer,
    - – – aus Aluminium,
    - – – aus Aluminium, beschichtet mit .......,
    - – – aus Polyvinylchlorid (PVC) hart,
    - – – aus Kunststoff .......,
    - – – aus ....... ,
  - Maße
    - – – Maße in cm ....... ,
    - – – Maße gemäß Zeichnung Nr. ....... ,
    - – – Maße gemäß Einzelbeschreibung Nr ....... ,
    - – – Maße gemäß Einzelbeschreibung Nr ....... und Zeichnung Nr. ....... ,
  - Ausführungsart
    - – – wie folgt behandeln:
      **Hinweis:** Unterbeschreibungen entsprechend Pos. 540 bis 890 einfügen.
  - Berechnungseinheit m², Stück

**STLB 034**

**LB 034 Maler- und Lackierarbeiten**
**Art, Oberfläche der Bauteile**

Ausgabe 06.01

380 Rahmen,
381 Zarge,
382 Futter und Bekleidung,
383 Abdeckung,
384 Abdeckung mit Rahmen,
385 Revisionsklappe,
386 Kantenschutz / Eckschutzschiene,
387 Anschlagschiene,
388 Konsole,
389 Ankerschiene,
390 Anker,
391 Profilstütze,
392 Profilträger,
393 Fußleiste,
394 Leiste .......,
395 Handlauf mit Befestigungen,
396 Handlauf .......,
397 Pfosten,
398 Mast,
399 Mast .......,
400 Leiter,
401 Leiter mit Rückenschutz,
402 Leiter .......,
403 Steigeisen,
404 Leitplanke,
405 Blumenkasten,
406 Sitzbank,
407 Garderobe,
408 Beschlagteil .......,
409 Führungskonstruktion .......,
410 Profil .......,
411 Bauteil .......,
**Einzelangaben nach DIN 18363** zu Pos. 380 bis 411
- Werkstoff
  -- aus Nadelholz,
  -- aus Nadelholz, Holzart .......,
  -- aus Laubholz,
  -- aus Laubholz, Holzart .......,
  -- aus tropischem Laubholz,
  -- aus tropischem Laubholz, Holzart .......,
  -- aus ....... ,
    --- beschichtet mit ....... ,
    --- imprägniert mit ....... ,
    --- ungehobelt,
    --- gehobelt,
    --- ungehobelt, beschichtet mit ....... ,
    --- gehobelt, beschichtet mit ....... ,
    --- ungehobelt, imprägniert mit ....... ,
    --- gehobelt, imprägniert mit ....... ,
    --- ....... ,
  -- aus Stahl,
  -- aus Stahl, grundbeschichtet mit .......,
  -- aus Stahl, beschichtet mit .......,
  -- aus Stahl, verzinkt,
  -- aus Stahl .......,
  -- aus Gusseisen,
  -- aus Kupfer,
  -- aus Beton,
  -- aus Faserzement,
  -- aus Faserzement, beschichtet mit .......,
  -- aus Aluminium
  -- aus Aluminium, anodisch oxidiert
  -- aus Aluminium, beschichtet mit .......
  -- aus Aluminium .......
  -- aus Polyvinylchlorid (PVC) hart,
  -- aus Kunststoff .......,
  -- aus ....... ,
- Form
  -- rechteckig,
  -- rund,
  -- gedreht,
  -- aus Winkelprofil,
  -- aus Kastenprofil,
  -- aus T-Profil,
  -- aus I-Profil,
  -- aus U-Profil,
  -- aus .......,

- Oberfläche
  -- Oberfläche glatt,
  -- Oberfläche schalungsrau,
  -- Oberfläche gelocht,
  -- Oberfläche profiliert, Profil ....... ,
  -- Oberfläche ....... ,
- Maße
  -- Maße in cm ....... ,
  -- Maße gemäß Zeichnung Nr. ....... ,
  -- Maße gemäß Einzelbeschreibung Nr ....... ,
  -- Maße gemäß Einzelbeschreibung Nr ....... und Zeichnung Nr. ....... ,
    --- Einzellänge in cm ....... ,
      ---- Abwicklung bis 10 cm,
      ---- Abwicklung über 10 bis 15 cm,
      ---- Abwicklung über 15 bis 20 cm,
      ---- Abwicklung über 20 bis 25 cm,
      ---- Abwicklung über 25 bis 30 cm,
      ---- Abwicklung über 30 cm,
      ---- Abwicklung in cm ....... ,
- Rahmen
  -- Behandlung des Rahmens wird gesondert vergütet,
  -- einschl. Rahmen Abwicklung bis 10 cm – über 10 bis 15 cm – über 15 bis 20 cm – in cm ....... ,
- Ausführungsart
  -- wie folgt behandeln:
**Hinweis:** Unterbeschreibungen entsprechend Pos. 540 bis 890 einfügen.
- Berechnungseinheit m², m, Stück

# LB 034 Maler- und Lackierarbeiten
## Art, Oberfläche der Bauteile

STLB 034

Ausgabe 06.01

**Dachrinnen, Regenfallrohre, Deckungen, Einfassungen, Abdeckungen**

| | |
|---|---|
| 420 | Dachrinne, |
| 421 | Dachrinne an Dachaufbauten, |
| 422 | Traufblech, |
| 423 | Kehle, |
| 424 | Dachrinnenkessel, |
| 425 | Wasserspeier, |
| 426 | Dachrinnenblende, |
| 427 | Regenfallrohr, |
| 428 | Standrohr, |
| 429 | Entlüftungsrohr, |
| 430 | Entlüftungsrohr mit Haube, |
| 431 | Schneefang, |
| 432 | Haken, |
| 433 | Laufbrett, |
| 434 | Laufbrettstütze, |
| 435 | Bauteil ......., |

**Einzelangaben nach DIN 18363** zu Pos. 420 bis 435
- Werkstoff
  - – aus Stahl,
  - – aus Stahl, verzinkt,
  - – aus Stahl ......,
  - – aus Gusseisen,
  - – aus Zink,
  - – aus Kupfer,
  - – aus Aluminium
  - – aus Aluminium, anodisch oxidiert,
  - – aus Aluminium, beschichtet mit .......
  - – aus Aluminium ......
  - – aus Polyvinylchlorid (PVC) hart,
  - – aus Kunststoff .......,
  - – aus Faserzement,
  - – aus Faserzement, beschichtet mit ....... ,
  - – aus Nadelholz,
  - – aus ....... ,
- Form
  - – halbrund – kastenförmig – rund – kantig – gitterförmig – .......,
- Befestigungsmittel
  - – einschl. Dachrinnenhaken,
  - – einschl. Rohrschellen,
  - – einschl. Halteplatten,
  - – einschl. .......,
- Maße
  - – Maße in cm ....... ,
    - – – Abwicklung bis 25 cm,
    - – – Abwicklung über 25 bis 33,3 cm,
    - – – Abwicklung über 33,3 bis 40 cm,
    - – – Abwicklung über 40 bis 50 cm,
    - – – Abwicklung in cm ....... ,
  - – gemäß Zeichnung Nr. ....... , Einzelbeschreibung Nr. ....... ,
- Ausführungsart
  - – wie folgt behandeln:
  **Hinweis:** Unterbeschreibungen entsprechend Pos. 540 bis 890 einfügen.
- Berechnungseinheit m, Stück

| | |
|---|---|
| 44_ | Deckung, |
| 45_ | Einfassung, |
| 46_ | Einfassung von Dachaufbauten, |
| 47_ | Wandanschluss, |
| 48_ | Dachrandabschluss, |
| 49_ | Abdeckung von Bewegungsfugen |

**Ergänzende Angaben** (als 3. Stelle zu 44_ bis 49_)
0 ohne weitere Angaben
1 auf Flachdächern
2 auf Dächern, Dachneigung .......
3 an Dachgaupen
4 an senkrechten Flächen

| | |
|---|---|
| 500 | Mauerabdeckung, |
| 501 | Attikaabdeckung, |
| 502 | Gesimsabdeckung, |
| 503 | Fensterbankabdeckung, |
| 504 | Abdeckung ......., |

**Einzelangaben nach DIN 18363** zu Pos. 440 bis 504
- Werkstoff
  - – aus Stahl,
  - – aus Stahl, verzinkt,
  - – aus Stahl .......,
  - – aus Zink,
  - – aus Kupfer,
  - – aus Aluminium,
  - – aus Aluminium, anodisch oxidiert,
  - – aus Aluminium, beschichtet mit .......,
  - – aus Aluminium ....... ,
  - – aus Polyvinylchlorid (PVC) hart,
  - – aus Kunststoff .......,
  - – aus Beton,
  - – aus Faserzement,
  - – aus Faserzement, beschichtet mit ....... ,
  - – aus ......., 
- Deckungsart
  - – gefalzt,
  - – gefalzt, Falzhöhe .......,
    - – – Falzabstand bis 55 cm,
    - – – Falzabstand über 55 bis 65 cm,
    - – – Falzabstand über 65 bis 75 cm,
    - – – Falzabstand in cm ....... ,
  - – gewellt,
  - – trapezförmig,
    - – – Höhe .......,
    - – – Profilabstand .......,
    - – – Profilbezeichnung .......,
- Maße
  - – Maße in cm ....... ,
    - – – Abwicklung bis 25 cm,
    - – – Abwicklung über 25 bis 33,3 cm,
    - – – Abwicklung über 33,3 bis 40 cm,
    - – – Abwicklung über 40 bis 50 cm,
    - – – Abwicklung über 50 bis 60 cm,
    - – – Abwicklung über 60 bis 75 cm,
    - – – Abwicklung über 75 bis 100 m,
    - – – Abwicklung in cm ....... ,
  - – gemäß Zeichnung Nr. ......., Einzelbeschreibung Nr. .......
- Zusatzleistungen
  - – einschl. Kappleiste (Überhangstreifen),
  - – einschl. vertieft liegender Rinne,
  - – einschl. ....... ,
- Ausführungsart
  - – wie folgt behandeln:
  **Hinweis:** Unterbeschreibungen entsprechend Pos. 540 bis 890 einfügen.
- Berechnungseinheit $m^2$, m

**Sonstiges**

| | |
|---|---|
| 510 | Markierung, |
| 511 | Markierung als Linie ......., |
| 512 | Markierung als Fläche ......., |
| 513 | Nummerierung, |
| 514 | Abschluss- / Wischstreifen, |
| 515 | Kennzeichen ......., |
| 516 | Beschriftung, |
| 517 | Symbol / Piktogramm ......., |

**Einzelangaben nach DIN 18363** zu Pos. 510 bis 517
- unterbrochen
- .......
- auf / an .......
- Ausführungsart
  - – ausgeführt als Beschichtung,
    - – – zweifarbig,
    - – – dreifarbig,
    - – – .......
  - – ausgeführt als Klebefolie
- Maße in cm .......
  - – Ausführung ....... ,
  - – Ausführung gemäß Zeichnung Nr. ....... ,
  - – Ausführung Einzelbeschreibung Nr. ....... ,
  - – Ausführung Einzelbeschreibung Nr. ....... und Zeichnung Nr. ....... ,
  - – wie folgt behandeln:
  **Hinweis:** Unterbeschreibungen entsprechend Pos. 540 bis 890 einfügen.
- Berechnungseinheit m, Stück, $m^2$

## LB 034 Maler- und Lackierarbeiten
### Ergänzende Angaben

520 **Erstbeschichtung,**
521 **Überholungsbeschichtung,**
522 **Erneuerungsbeschichtung,**
523 **Ausführung als .......,**
 **Einzelangaben** in Ergänzung zur Leitbeschreibung
 – Lage der Beschichtung
 – – im Innenbereich,
 – – im Außenbereich,
 – – im Innen– und Außenbereich,
 – – ....... ,
 – – – einseitig,
 – – – beidseitig,
 – – – allseitig,
 – – – ....... ,

524 **Vorhandene Fuge,**
525 **Vorhandene Bewegungsfuge,**
526 **Vorhandene Anschlussfuge,**
527 **Vorhandene Sanitärfuge,**
528 **Vorhandene Fensterversiegelung,**
529 **Vorhandener Glasfalz,**
 **Einzelangaben** in Ergänzung zur Leitbeschreibung
 – Lage der Beschichtung
 – – im Innenbereich,
 – – im Außenbereich,
 – – im Innen– und Außenbereich,
 – – ....... ,
 – Werkstoff Fuge/Versiegelung/Falz
 – – aus Acrylatdispersion,
 – – aus Acrylat, lösemittelhaltig,
 – – aus Polyurethan,
 – – aus Polysulfid,
 – – aus Siliconkautschuk,
 – – aus ....... ,
 – – – einkomponentig,
 – – – einkomponentig ....... ,
 – – – zweikomponentig,
 – – – aus reinem Leinölkitt,
 – – – aus vergütetem Leinölkitt Gruppe B
   DIN 18545–2,

530 **Vorhandenes Dichtprofil,**
 **Einzelangaben** in Ergänzung zur Leitbeschreibung
 – Werkstoff Dichtprofil
 – – aus Polyvinylchlorid (PVC),
 – – aus ....... ,

# LB 034 Maler- und Lackierarbeiten
## Vorbereiten der Oberfläche

Ausgabe 06.01

**Hinweis:** Die Unterbeschreibungen Pos. 540 bis 890 können auch als selbstständige Standardleistungsbeschreibungen verwendet werden. Sie enden dann mit Angabe des Bauteiles und einer Abrechnungseinheit (m², m, Stück).
Bei der Ausschreibung der Beschichtungsarbeiten wird empfohlen, die jeweils gültigen Merkblätter des Bundesausschusses Farbe und Sachwertschutz zu beachten.
Schadstoffbehaftete Sonderabfälle siehe Pos. 971.

### Vorbereiten der Oberfläche

#### Entfernen von Schutzschichten, artfremde Verunreinigungen

| | |
|---|---|
| 540 | Haftfolie, |
| 541 | Haftpapier, |
| 542 | Abziehlack, |
| 543 | Schutzschicht ......., |
| 544 | Pilzbefall, |
| 545 | Algenbewuchs, |
| 546 | Bewuchs, |
| 547 | Ruß, |
| 548 | Mineralische Öle / Fette, |
| 549 | Tierische Öle / Fette, |
| 550 | Trennmittelrückstände, |
| 551 | Markierungen, |
| 552 | Graffiti, |
| 553 | Salze, |
| 554 | Chemikalien, |
| 555 | Verunreinigungen, |

**Hinweis:** Maßnahmen gegen Insektenbefall siehe LB 016 Zimmer- und Holzbauarbeiten.

**Einzelangaben nach DIN 18363** zu Pos. 540 bis 555
- Leistungsumfang
  - – entfernen,
  - – von später unzugänglichen Flächen entfernen,
  - – von Teilflächen entfernen, Einzelgröße .......,
  - – von Teilflächen entfernen, Anteil an der Gesamtfläche .......,
  - – entfernen .......,
- Ausführungsart ....... (Sofern nicht vorgeschrieben, vom Bieter einzutragen)
  - – durch Abbürsten,
  - – durch Schleifen,
  - – durch Abschaben,
    - – – von Hand,
    - – – maschinell,
  - – durch Absaugen,
  - – durch Abwaschen,
    - – – mit Wasser,
    - – – mit Wasser mit Netzmittel-Zusatz,
    - – – mit Wasser mit Zusatz alkalischer Industriereiniger,
    - – – mit Wasser mit Zusatz saurer Industriereiniger,
    - – – mit Lösemittel,
    - – – mit ....... ,
  - – durch Abbeizen mit lösemittelhaltigen Pasten,
  - – durch Ablaugen mit alkalischen Pasten,
  - – durch Dampfstrahlen,
  - – durch Heißwasserstrahlen,
  - – durch Heißwasserstrahlen mit Reinigerzusatz,
  - – durch Niederdruckstrahlen,
  - – durch Niederdruckstrahlen mit Strahlmittel,
  - – durch Feuchtstrahlen,
  - – durch Abbrennen,
  - – durch ....... ,
- Nachbehandlung
  - – chemisch nachbehandeln ....... ,
  - – ....... ,
- Verfügung über Abfallstoffe
  - – anfallende Stoffe getrennt in vom AG gestellten Behältern sammeln,
  - – anfallende Stoffe ....... ,
- Bauteil .......
- Berechnungseinheit m, m², Stück (mit Maßangaben) sofern als selbstständige Position ausgeschrieben

#### Entfernen von arteigenen Schichten

| | |
|---|---|
| 560 | Mineralische Sinterschicht, |
| 561 | Ausblühung, |
| 562 | Kreidende Schicht, |
| 563 | Nicht tragfähige Schicht der Holzoberfläche, |
| 564 | Nicht tragfähige mineralische Schicht, |
| 565 | Arteigene Schicht ....... , |

**Einzelangaben nach DIN 18363** zu Pos. 560 bis 565
- Oberflächenzustand .......
- Leistungsumfang
  - – entfernen,
  - – von Teilflächen entfernen, Einzelgröße in m²,
  - – von Teilflächen entfernen, Anteil der Gesamtfläche in % ....... ,
  - – entfernen ....... ,
- Ausführungsart .......
  (Sofern nicht vorgeschrieben, vom Bieter einzutragen)
- Bauteil
- Berechnungseinheit m, m², Stück (mit Maßangaben) sofern als selbstständige Position ausgeschrieben

## LB 034 Maler- und Lackierarbeiten
### Vorbereiten der Oberfläche

STLB 034
Ausgabe 06.01

566 Vorbereiten der unbeschichteten Stahloberfläche,
567 Vorbereiten der unbeschichteten Aluminiumoberfläche,
571 Vorbereiten der metallisch überzogenen Stahloberfläche, verzinkt,
572 Vorbereiten der metallisch überzogenen Stahloberfläche, aluminiert,
573 Vorbereiten der metallisch überzogenen Stahloberfläche, mit Spritzmetallisierung aus Zink,
574 Vorbereiten der metallisch überzogenen Stahloberfläche, mit Spritzmetallisierung aus Aluminium,
575 Vorbereiten der metallisch überzogenen Stahloberfläche, mit ....... ,
580 Vorbereiten schadhafter Teilflächen in der beschichteten Stahloberfläche, vorhandene Beschichtung ....... ,
590 Vorbereiten schadhafter Teilflächen in der beschichteten Aluminiumoberfläche, vorhandene Beschichtung ....... ,
Einzelangaben nach DIN 18363 zu Pos. 566 bis 590
– Rostgrad
– – Rostgrad B DIN EN ISO 12944-4 (Rostgrad von unbeschichteten Stahloberflächen),
– – Rostgrad C DIN EN ISO 12944-4 (Rostgrad von unbeschichteten Stahloberflächen),
– – Rostgrad D DIN EN ISO 12944-4 (Rostgrad von unbeschichteten Stahloberflächen),
– – Rostgrad Ri 1 DIN 53210 (Rostgrad von Anstrichen),
– – Rostgrad Ri 2 DIN 53210 (Rostgrad von Anstrichen),
– – Rostgrad Ri 3 DIN 53210 (Rostgrad von Anstrichen),
– – Rostgrad Ri 4 DIN 53210 (Rostgrad von Anstrichen),
– – Rostgrad Ri 5 DIN 53210 (Rostgrad von Anstrichen),
– – Rostgrad ....... , Oberflächenzustand ....... ,
– zusätzliche Verunreinigungen
– – Gesamtfläche zusätzlich verunreinigt durch festhaftende artfremde Ablagerungen aus ......,
– – Teilflächen zusätzlich verunreinigt durch festhaftende artfremde Ablagerungen aus ......,
Einzelgröße der verunreinigten Teilflächen ....... ,
– – Teilflächen zusätzlich verunreinigt durch festhaftende artfremde Ablagerungen aus ......,
Anteil der verunreinigten Teilflächen an der Gesamtfläche ......,
– – ......,
– Leistungsumfang
– – nicht festhaftende Überzüge und Rost entfernen,
– – nicht festhaftende Überzüge, Rost und sonstige Verunreinigungen entfernen,
– – nicht festhaftende Überzüge, Rost, Fette / Öle und sonstige Verunreinigungen entfernen,
– – nicht festhaftende Beschichtungen und Rost entfernen,
– – nicht festhaftende Beschichtungen, Rost und sonstige Verunreinigungen entfernen,
– – nicht festhaftende Beschichtungen, Rost, Fette / Öle und sonstige Verunreinigungen entfernen,
– – ......,
– Ausführungsart ....... (Sofern nicht vorgeschrieben, vom Bieter einzutragen)
– – Rost soweit entfernen, dass der Normreinheitsgrad St 2 DIN EN ISO 12944-4 erreicht wird,
– – Rost soweit entfernen, dass der Normreinheitsgrad Sa 2 1/2 DIN EN ISO 12944-4 erreicht wird,
– – Rost soweit entfernen, dass der Normreinheitsgrad PMa DIN EN ISO 12944-4 erreicht wird,
– – Rost soweit entfernen, dass der Normreinheitsgrad PSt 2 DIN EN ISO 12944-4 erreicht wird,
– – Rost soweit entfernen, dass der Normreinheitsgrad PSa 2 DIN EN ISO 12944-4 erreicht wird,
– Verfügung über Abfallstoffe
– – anfallende Stoffe getrennt in vom AG gestellten Behältern sammeln,
– – anfallende Stoffe ....... ,
– Bauteil .......
– Berechnungseinheit m, m², Stück (mit Maßangaben) sofern als selbständige Position ausgeschrieben

Reinigen, Entfernen, Aufrauhen von Beschichtungen, Entfernen schadhafter Dichtstoffe und Kitte

600 Beschichtung aus Kalkfarbe,
601 Beschichtung aus Kalk–Weißzementfarbe,
602 Beschichtung aus Dispersionssilikatfarbe,
603 Beschichtung aus Leimfarbe,
604 Beschichtung aus Leimfarbe mit Dispersionszusatz,
605 Beschichtung aus Dispersionsfarbe,
606 Beschichtung aus Dispersionslackfarbe,
607 Beschichtung aus Acryllackfarbe,
608 Beschichtung aus Einkomponentenlack,
609 Beschichtung aus Einkomponentenlackfarbe,
610 Beschichtung aus Zweikomponentenlack,
611 Beschichtung aus Zweikomponentenlackfarbe,
612 Beschichtung aus Silikatfarbe,
613 Beschichtung aus Siliconharz–Emulsionsfarbe,
614 Beschichtung aus plastoelastischer Dispersionsfarbe,
615 Beschichtung aus Mehrfarbeneffektfarbe,
616 Beschichtung aus Kunstharzputz,
617 Beschichtung aus Dispersionssilikatputz,
618 Beschichtung aus Silikatputz,
619 Beschichtung aus Acryllasurfarbe,
620 Beschichtung aus Dünnschichtlasur,
621 Beschichtung aus Dickschichtlasur,
622 Beschichtung aus Polymerisatharzlack,
623 Beschichtung aus Epoxidharzlack,
624 Beschichtung aus Polyurethanlack,
625 Beschichtung aus Alkydharzlack,
626 Beschichtung aus Nitrozelluloselack,
627 Beschichtung aus Ölfarbe,
628 Beschichtung auf Wärmedämm–Verbundsystem,
629 Beschichtung ....... ,
Einzelangaben nach DIN 18363 zu Pos. 600 bis 629
– Basis
– – Bindemittelbasis ....... ,
– – Pigmentbasis ....... ,
– – Bindemittelbasis ....... , Pigmentbasis .......
– Beschaffenheit, Schichtdicke
– – Beschaffenheit ....... ,
– – Schichtdicke in mym ......,
– – Beschaffenheit ......, Schichtdicke in mym ......,
Fortsetzung Einzelbeschreibung in Pos. 633

630 Dichtstoff defekt,
– PCB–haltig
– asbesthaltig
– ....... ,

631 Kittfase defekt,
632 Fugendichtband aus ....... ,
633 Dichtprofil aus .......
Einzelangaben nach DIN 18363 zu Pos. 630 bis 633,
Fortsetzung Einzelangaben zu Pos. 600 bis 629
– Ausführungsart
– – reinigen,
– – aufrauen,
– – entfernen,
– – bis zur tragfähigen Schicht entfernen,
– durch Dampfstrahlen,
– durch Heißwasserstrahlen,
– durch Heißwasserstrahlen mit Reinigerzusatz,
– durch Niederdruckstrahlen,
– durch Niederdruckstrahlen mit Strahlmittel,
– durch Feuchtstrahlen,
– durch Abbrennen,
– durch ....... ,
(Sofern nicht vorgeschrieben, vom Bieter einzutragen),
– Maße
– – Maße B/T in cm ....... ,
– – Querschnitt in cm ....... ,
– – Breite in cm ....... ,
– Verfügung über Abfallstoffe
– – anfallende Stoffe getrennt in vom AG gestellten Behältern sammeln,
– – anfallende Stoffe ....... ,
– Bauteil .......
– Berechnungseinheit m, m², Stück (mit Maßangaben) sofern als selbständige Position ausgeschrieben

# LB 034 Maler- und Lackierarbeiten
## Vorbereiten der Oberfläche

STLB 034

Ausgabe 06.01

### Entfernen von Wandbekleidungen (Tapeten)

**640** Raufasertapete,
**641** Wandbekleidung (Tapete),
**642** Wandbekleidung .......,
Einzelangaben nach DIN 18363 zu Pos. 640 bis 642
- Tapetenart
  - – wischbeständig,
  - – waschbeständig,
  - – scheuerbeständig,
  - – nicht wasserquellbar,
  - – beschichtet .......,
  - – Oberfläche .......,
- Anzahl Lagen
  - – 2-lagig,
  - – 3-lagig,
  - – Anzahl der Einzellagen .......,
  - – Anzahl und Beschaffenheit der Einzellagen,
- Untergrund
  - – auf Tapetenwechselgrund,
  - – spaltbar,
  - – auf Papiermakulatur,
  - – auf Streichmakulatur,
  - – auf .......,
- Leistungsumfang
  - – entfernen,
  - – entfernen für Neubeschichtung mit .......,
  - – entfernen für Erneuerung der Raufasertapete,
  - – entfernen für Neuanbringung von Wandbekleidungen,
  - – entfernen .......,
    - – – einschl. der Makulaturschicht,
    - – – einschl. aller Kleberückstände,
    - – – einschl. .......,
      - – – – und Tapetenleisten samt Leistenstifte,
      - – – – und Tapetenkordel samt Kordelstifte,
      - – – – und Tapetenleisten und –kordel samt aller Befestigungselemente,
      - – – – und .......,
- Ausführungsart ....... (Sofern nicht vorgeschrieben, vom Bieter einzutragen)
- Verfügung über Abfallstoffe
  - – anfallende Stoffe getrennt in vom AG gestellten Behältern sammeln,
  - – anfallende Stoffe .......,
- Bauteil .......
- Berechnungseinheit m, m², Stück (mit Maßangaben) sofern als selbständige Position ausgeschrieben

### Ausbessern umfangreicher Untergrundschäden

**650** Putzfehlstellen ausbessern,
**651** Gerüstankerlöcher ausbessern,
**652** Umfangreiche Untergrundschäden ausbessern, Art und Umfang der Schäden ....... ,
**653** Unebenheiten ausgleichen,
- ± 1 cm für Wärmedämm–Verbundsystem
- Toleranz .......
**654** Naturstein ausbessern,
**655** Sandstein ausbessern,
**656** Sandstein reprofilieren,
**657** Holz ausbessern,
Einzelangaben nach DIN 18363 zu Pos. 650 bis 657
- Ausführungsart ....... (Sofern nicht vorgeschrieben, vom Bieter einzutragen)
- Ausführung, Maße
  - – Ausführung ....... ,
  - – Ausführung gemäß Zeichnung Nr. ....... ,
  - – Ausführung gemäß Einzelbeschreibung Nr. ....... ,
  - – Ausführung gemäß Einzelbeschreibung Nr. ....... und Zeichnung Nr. .......,
- Bauteil .......
- Berechnungseinheit m, m², Stück, pauschal sofern als selbständige Position ausgeschrieben

### Absperren, Fluatieren

**660** Fläche absperren,
**661** Fläche aus Gipskarton absperren,
Einzelangaben nach DIN 18363 zu Pos. 660, 661
- Art des durchschlagenden Stoffes
  - – von Nikotin,
  - – von Ruß,
  - – von Rauch,
  - – von Bitumen,
  - – von Rost,
  - – von Wasserflecken,
  - – von Holzinhaltsstoffen,
  - – von ....... ,
- Absperrmittel
  - – Absperrmittel lösemittelverdünnbar,
  - – Absperrmittel wasserverdünnbar,
  - – Absperrmittel lösemittelfrei,
  - – Absperrmittel ....... ,
Fortsetzung Einzelangaben siehe Pos. 662, 663

**662** Fluatieren,
**663** Absanden und fluatieren,
Einzelangaben nach DIN 18363 zu Pos. 662, 663
- Art der Flächen
  - – neuer Putzflächen,
  - – stark/unregelmäßig saugender Flächen,
  - – ....... ,

Fortsetzung Einzelangaben zu Pos. 660 bis 663
- Ausführung
  - – Ausführung in Teilflächen, Einzelgröße in m² ....... ,
  - – Ausführung in Teilflächen, Anteil an der Gesamtfläche in % ....... ,
  - – Ausführung ....... ,
- Erzeugnis
  - – Erzeugnis /Typ ....... (oder gleichwertiger Art),
  - – Erzeugnis /Typ ....... (vom Bieter einzutragen),
- Bauteil .......
- Berechnungseinheit m, m², Stück sofern als selbständige Position ausgeschrieben

### Risse schließen

**665** Einzelriss in der Wand,
**666** Einzelriss in der Decke,
**667** Einzelriss im Boden,
**668** Einzelriss.......,
Einzelangaben nach DIN 18363 zu Pos. 665 bis 668
- Rissart .......
- Rissbreite .......
- Leistungsumfang
  - – konisch aufweiten und füllen,
  - – konisch aufweiten, grundieren und füllen,
    - – – mit Armierungsgewebe überbrücken,
      - – – – Breite der Armierung bis 10 cm,
      - – – – Breite der Armierung über 10 bis 20 cm,
      - – – – Breite der Armierung in cm ....... ,
  - – vergießen,
- Erzeugnis
  - – Erzeugnis /Typ ....... (oder gleichwertiger Art),
  - – Erzeugnis /Typ ....... (vom Bieter einzutragen),
- Berechnungseinheit m
**Hinweis:** Schließen sonstiger Fugen siehe LB 014 Naturwerksteinarbeiten, Betonwerksteinarbeiten, LB 024 Fliesen– und Plattenarbeiten, LB 025 Estricharbeiten.
Anschlüsse an Fugen siehe LB 023 Putz– und Stuckarbeiten.

# LB 034 Maler- und Lackierarbeiten
## Spachteln, Kitten, Dichtstoffe verarbeiten

STLB 034
Ausgabe 06.01

Spachteln, Kitten, Dichtstoffe verarbeiten

Spachteln, Kitten

**Hinweis:** Flächenspachtelungen sind entsprechend der ausgewählten Spachtelmasse vor oder nach der Grundbeschichtung in den Positionstext einzufügen.

670 Fleckspachteln,
671 Einmal spachteln,
672 Spachteln, Anzahl der Spachtelungen ....... ,
673 Spachteln mit Strukturangleichung, Struktur ....... ,
Einzelangaben nach DIN 18363 zu Pos. 670 bis 673
- Werkstoff
  - - mit Zementspachtelmasse,
  - - mit Gipsspachtelmasse,
  - - mit Leimspachtelmasse,
  - - mit Dispersionsspachtelmasse,
  - - mit Acrylspachtelmasse,
  - - mit Öllackspachtelmasse,
  - - mit Kunstharzspachtelmasse,
  - - mit Alkydharzspachtelmasse,
  - - mit Nitrozellulosespachtelmasse,
  - - mit Polymerisatharzspachtelmasse,
  - - mit Epoxidharzspachtelmasse,
  - - mit Polyurethanspachtelmasse,
  - - mit Polyesterspachtelmasse,
  - - mit Transparentspachtelmasse,
  - - mit eingefärbter Holzkittmasse,
  - - mit ....... ,
- Erzeugnis .......
  (Sofern nicht vorgeschrieben, vom Bieter einzutragen, sofern vorgeschrieben, mit Hinweis "oder gleichwertiger Art")
- Ausführung in Teilflächen, Einzelgröße .......
- Ausführung in Teilflächen, Anteil an der Gesamtfläche .......
- Ausführung .......
- Bauteil .......
- Berechnungseinheit m, m², Stück
  sofern als selbständige Position ausgeschrieben

Dichtstoffe verarbeiten

680 Fuge,
681 Bewegungsfuge im Außenbereich,
682 Bewegungsfuge im Innenbereich,
683 Anschlussfuge im Außenbereich,
684 Anschlussfuge im Innenbereich,
685 Sanitärfuge,
686 Fensterversiegelung,
687 Glasfalz,
688 Erneuerung von Glasfalzen,
689 Offene Eckverbindung,
Einzelangaben nach DIN 18363 zu Pos. 680 bis 689
- Lage der Fugen
  - - in der Decke füllen,
  - - in der Wand füllen,
  - - im Boden füllen,
  - - füllen am Bauteil ....... ,
- Art des Dichtstoffes
  - - mit elastischem Dichtstoff,
  - - mit elastischem Dichtstoff, fungizid ausgerüstet,
  - - mit plastischem Dichtstoff,
  - - mit härtendem Dichtstoff,
  - - mit elastischem Dichtungsband,
  - - mit plastischem Dichtungsband,
  - - mit ....... ,
    - - - aus Acrylatdispersion,
    - - - aus Acrylat, lösemittelhaltig,
    - - - aus Polyurethan,
    - - - aus Polysulfid,
    - - - aus Siliconkautschuk,
    - - - aus ....... ,
      - - - - einkomponentig,
      - - - - einkomponentig ....... ,
      - - - - zweikomponentig,
        - - - - - Farbton ....... ,
        - - - - - farblos,
    - - - aus reinem Leinölkitt,
    - - - aus vergütetem Leinölkitt Gruppe B DIN 18545-2,
      - - - - - einschl. systemgebundenem Primer und Hinterfüllung DIN 18540
- Fugenmaße
  - - Fugenbreite ....... ,
  - - Fugentiefe ....... ,
  - - Fugenquerschnitt ....... ,
  - - Fugenausbildung ....... ,
  - - Ausführung gemäß Zeichnung Nr. ....... ,
    Einzelbeschreibung Nr. ....... ,
- Erzeugnis .......
  (Sofern nicht vorgeschrieben, vom Bieter einzutragen, sofern vorgeschrieben, mit Hinweis "oder gleichwertiger Art")
- Berechnungseinheit m

# LB 034 Maler- und Lackierarbeiten
## Imprägnierungen, Holzschutz, Beschichtungen

STLB 034

Ausgabe 06.01

**Imprägnierungen, Holzschutz**

**700** Imprägnierung,
Einzelangaben nach DIN 18363 zu Pos. 700
- mit Silan,
- mit Siloxan,
- mit Siliconharz,
- mit Kieselsäureester,
- mit Epoxidharz,
- mit Polyurethanharz,
- mit ....... ,
Fortsetzung Einzelangaben siehe Pos. 701

**701** Holzschutz,
Einzelangaben nach DIN 18363 zu Pos. 701
- Holzschutzmittel
 - – mit Holzschutzmittel DIN 68800-3, für tragende Bauteile,
 - – mit Holzschutzmittel DIN 68800-3, für Fenster, Türen, mit ....... ,
Fortsetzung Einzelangaben zu Pos. 700, 701
- Eigenschaften
 - – wasserverdünnbar,
 - – lösemittelverdünnbar,
   - – – hydrophobierend,
   - – – verfestigend,
   - – – hydrophobierend und verfestigend,
- Erzeugnis .......
(Sofern nicht vorgeschrieben, vom Bieter einzutragen, sofern vorgeschrieben, mit Hinweis "oder gleichwertiger Art")
- Ausführung in Teilflächen, Einzelgröße .......
- Ausführung in Teilflächen, Anteil an der Gesamtfläche in % .......
- Ausführung .......

**Beschichtungen auf mineralischen Untergrund**

**705** Grundbeschichtung auf mineralischen Untergrund,
Einzelangaben nach DIN 18363 zu Pos. 705
- Art des Beschichtungsstoffes
 - – mit Kalkfarbe,
 - – mit Kalk–Weißzementfarbe,
 - – mit Leimfarbe,
 - – mit verdünntem Fixtativ,
 - – mit Dispersionssilikatfarbe,
 - – mit Dispersionsfarbe,
 - – mit Dispersionslackfarbe,
 - – mit Siliconharz–Emulsionsfarbe,
 - – mit Alkydharzlackfarbe,
 - – mit Bitumenlackfarbe,
 - – mit Grundbeschichtungsstoff für Dispersionssilikatfarbe,
 - – mit Grundbeschichtungsstoff für Dispersionsfarbe,
 - – mit Grundbeschichtungsstoff für Siliconharz–Emulsionsfarbe,
 - – mit ....... 
   - – – wasserverdünnbar,
   - – – lösemittelverdünnbar,
     - – – – verfestigend,
     - – – – haftvermittelnd,
     - – – – hydrophobierend,
     - – – – hydrophobierend und verfestigend,
       - – – – – mit fungizidem Zusatzstoff,
       - – – – – mit ....... ,
       - – – – – Farbton ....... ,
- Erzeugnis .......
(Sofern nicht vorgeschrieben, vom Bieter einzutragen, sofern vorgeschrieben, mit Hinweis "oder gleichwertiger Art")
- Ausführung in Teilflächen, Einzelgröße .......
- Ausführung in Teilflächen, Anteil an der Gesamtfläche in % .......
- Ausführung .......

**706** Eine Zwischenbeschichtung für mineralischen Untergrund,

**707** Zwei Zwischenbeschichtungen für mineralischen Untergrund,

**708** 1. Zwischenbeschichtung für mineralischen Untergrund,

**709** 2. Zwischenbeschichtung für mineralischen Untergrund,

**710** Zwischenbeschichtung ....... für mineralischen Untergrund,
Einzelangaben nach DIN 18363 zu Pos. 706 bis 710
- Art des Beschichtungsstoffes
 - – mit Kalkfarbe,
 - – mit Kalk–Weißzementfarbe,
 - – mit Leimfarbe,
 - – mit Silikatfarbe,
 - – mit Dispersionssilikatfarbe,
 - – mit Dispersionsfarbe,
 - – mit Dispersionslackfarbe,
 - – mit Siliconharz–Emulsionsfarbe,
 - – mit Alkydharzlackfarbe,
 - – mit Bitumenlackfarbe,
 - – mit Epoxidharzlackfarbe,
 - – mit Dispersionslasurfarbe,
 - – mit Polyurethanlackfarbe,
 - – mit plastoelastischer Dispersionsfarbe,
 - – mit plastoelastischer Dispersionsfarbe und Armierungsgewebe,
 - – mit Chlorkautschuklackfarbe,
 - – mit Cyclokautschuklackfarbe,
 - – mit pastöser Kunststoffdispersionsfarbe ,
 - – mit pastöser Kunststoffdispersionsfarbe, gestupft,
 - – mit pastöser Kunststoffdispersionsfarbe, gerollt,
 - – mit pastöser Kunststoffdispersionsfarbe, Oberflächenstruktur nach Muster des AG,
 - – mit pastöser Kunststoffdispersionsfarbe ....... ,
   - – – wasserverdünnbar,
   - – – lösemittelverdünnbar,
     - – – – gefüllt,
     - – – – faserhaltig,
     - – – – ....... ,
       - – – – – mit fungizidem Zusatzstoff,
       - – – – – mit ....... ,
       - – – – – Farbton ....... ,
- Erzeugnis .......
(Sofern nicht vorgeschrieben, vom Bieter einzutragen, sofern vorgeschrieben, mit Hinweis "oder gleichwertiger Art")
- Ausführung in Teilflächen, Einzelgröße .......
- Ausführung in Teilflächen, Anteil an der Gesamtfläche in % .......
- Ausführung .......

**STLB 034**

## LB 034 Maler- und Lackierarbeiten
### Imprägnierungen, Holzschutz, Beschichtungen

Ausgabe 06.01

**711** Schlussbeschichtung für mineralischen Untergrund
Einzelangaben nach DIN 18363 zu Pos. 711
- Art des Beschichtungsstoffes
  - - mit Kalkfarbe,
  - - mit Kalk-Weißzementfarbe,
  - - mit Leimfarbe,
  - - mit Silikatfarbe,
  - - mit Dispersionssilikatfarbe,
  - - mit Dispersionsfarbe,
  - - mit Dispersionslackfarbe,
  - - mit Siliconharz-Emulsionsfarbe,
  - - mit Alkydharzlackfarbe,
  - - mit Bitumenlackfarbe,
  - - mit Epoxidharzlackfarbe,
  - - mit Dispersionslasurfarbe,
  - - mit Polyurethanlackfarbe,
  - - mit plastoelastischer Dispersionsfarbe,
  - - mit Chlorkautschuklackfarbe,
  - - mit Cyclokautschuklackfarbe,
  - - mit pastöser Kunststoffdispersionsfarbe ,
  - - mit pastöser Kunststoffdispersionsfarbe, gestupft,
  - - mit pastöser Kunststoffdispersionsfarbe, gerollt,
  - - mit pastöser Kunststoffdispersionsfarbe, Oberflächenstruktur nach Muster des AG,
  - - mit pastöser Kunststoffdispersionsfarbe ....... ,
  - - mit Mehrfarbeneffektlackfarbe,
  - - mit Mehrfarbeneffektfarbe,
  - - mit Kunstharzputz DIN 18558, Füllstoff ....... , Körnung in mm ....... ,
  - - mit Silikatputz, Füllstoff ......., Körnung in mm ......,
  - - mit Dispersionssilikatputz, Füllstoff ....... , Körnung in mm ....... ,
  - - mit
    - - - lösemittelverdünnbar,
    - - - wasserverdünnbar,
    - - - lösemittelfrei,
      - - - - mit fungizidem Zusatzstoff,
        - - - - - wischbeständig,
        - - - - - waschbeständig DIN 53778,
        - - - - - scheuerbeständig DIN 53778,
        - - - - - wetterbeständig,
        - - - - - beständig gegen ....... ,
- Farbe
  - - farblos,
  - - lasierend,
  - - hellgetönt,
  - - mittelgetönt,
  - - sattgetönt,
  - - im Vollton,
  - - Hellbezugswert ....... ,
    - - - hochglänzend,
    - - - glänzend,
    - - - seidenglänzend,
    - - - seidenmatt,
    - - - matt,
    - - - Glanzgrad ....... ,
      - - - - Farbton ....... ,
      - - - - Farbton nach Muster des AG,
      - - - - Farbton nach RAL 840 HR, Nr. ....... ,
      - - - - Flächen mehrfarbig ....... ,
      - - - - Flächen ....... ,
- Erzeugnis .......
(Sofern nicht vorgeschrieben, vom Bieter einzutragen, sofern vorgeschrieben, mit Hinweis "oder gleichwertiger Art")

Beschichtungen auf Untergrund aus Holz und Holzwerkstoffen

**720** Grundbeschichtung auf Untergrund aus Holz,
**721** Grundbeschichtung auf Untergrund aus Holzwerkstoff,
Einzelangaben nach DIN 18363 zu Pos. 720, 721
- Art des Beschichtungsstoffes
  - - mit Alkydharzlackfarbe,
  - - mit Alkydharzlack,
  - - mit Alkydharzlasur, als Dünnschicht,
  - - mit Alkydharzlasur, als Dickschicht,
  - - mit Acrylharzlackfarbe,
  - - mit Acrylharzlack,
  - - mit Acrylharzlasur, als Dünnschicht,
  - - mit Acrylharzlasur, als Dickschicht,
  - - mit High-Solid-Alkydharzlackfarbe,
  - - mit High-Solid-Alkydharzlasur,
  - - mit Polyurethanlackfarbe,
  - - mit Polyurethanlack,
  - - mit Epoxidharzlackfarbe,
  - - mit Epoxidharzlack,
  - - mit Dispersionslackfarbe,
  - - mit Dispersionslasur,
  - - mit Nitrozelluloselack,
  - - mit Kunststoffdispersion haftvermittelnd,
  - - mit ....... ,
    - - - wasserverdünnbar,
    - - - lösemittelverdünnbar,
      - - - - mit fungizidem Zusatzstoff,
      - - - - ohne fungiziden Zusatzstoff,
      - - - - mit fungizidem und insektizidem Zusatzstoff,
      - - - - ohne fungiziden und insektiziden Zusatzstoff,
        - - - - - absperrend gegen verfärbende Inhaltsstoffe,
        - - - - - absperrend gegen ....... ,
        - - - - - - Farbton ....... ,
- Erzeugnis
  - - Erzeugnis /Typ ....... (oder gleichwertiger Art),
  - - Erzeugnis /Typ ....... (vom Bieter einzutragen),
- Ausführung
  - - Ausführung in Teilflächen, Einzelgröße in m² ....... ,
  - - Ausführung in Teilflächen, Anteil an der Gesamtfläche in % ....... ,
  - - Ausführung ....... ,

# LB 034 Maler- und Lackierarbeiten
## Imprägnierungen, Holzschutz, Beschichtungen

STLB 034

Ausgabe 06.01

722 Eine Zwischenbeschichtung für Untergrund aus Holz,
723 Zwei Zwischenbeschichtungen für Untergrund aus Holz,
724 1. Zwischenbeschichtung für Untergrund aus Holz,
725 2. Zwischenbeschichtung für Untergrund aus Holz,
726 Zwischenbeschichtung ....... , für Untergrund aus Holz,
727 Eine Zwischenbeschichtung für Untergrund aus Holzwerkstoff,
728 Zwei Zwischenbeschichtungen für Untergrund aus Holzwerkstoff,
729 1. Zwischenbeschichtung für Untergrund aus Holzwerkstoff,
730 2. Zwischenbeschichtung für Untergrund aus Holzwerkstoff,
731 Zwischenbeschichtung ....... , für Untergrund aus Holzwerkstoff,
  Einzelangaben nach DIN 18363 zu Pos. 722 bis 731
  - Art des Beschichtungsstoffes
    - - mit Alkydharzlackfarbe,
    - - mit Alkydharzlack,
    - - mit Alkydharzlasur, als Dünnschicht,
    - - mit Alkydharzlasur, als Dickschicht,
    - - mit Acrylharzlackfarbe,
    - - mit Acrylharzlack,
    - - mit Acrylharzlasur, als Dünnschicht,
    - - mit Acrylharzlasur, als Dickschicht,
    - - mit High-Solid-Alkydharzlackfarbe,
    - - mit High-Solid-Alkydharzlasur,
    - - mit Polyurethanlackfarbe,
    - - mit Polyurethanlack,
    - - mit Epoxidharzlackfarbe,
    - - mit Epoxidharzlack,
    - - mit Dispersionsfarbe,
    - - mit Dispersionslackfarbe,
    - - mit Dispersionslasur,
    - - mit Nitrozelluloselack,
    - - mit Kunststoffdispersion haftvermittelnd,
    - - mit ....... ,
      - - - wasserverdünnbar,
      - - - lösemittelverdünnbar,
        - - - - absperrend gegen verfärbende Inhaltsstoffe,
        - - - - absperrend gegen ....... ,
          - - - - - füllend,
            - - - - - - Farbton ....... ,
  - Erzeugnis
    - - Erzeugnis /Typ ....... (oder gleichwertiger Art),
    - - Erzeugnis /Typ ....... (vom Bieter einzutragen),

732 Schlussbeschichtung für Untergrund aus Holz,
733 Schlussbeschichtung für Untergrund aus Holzwerkstoff,
  Einzelangaben nach DIN 18363 zu Pos. 732, 733
  - Art des Beschichtungsstoffes
    - - mit Alkydharzlackfarbe,
    - - mit Alkydharzlack,
    - - mit Alkydharzlasur, als Dünnschicht,
    - - mit Alkydharzlasur, als Dickschicht,
    - - mit Acrylharzlackfarbe,
    - - mit Acrylharzlack,
    - - mit Acrylharzlasur, als Dünnschicht,
    - - mit Acrylharzlasur, als Dickschicht,
    - - mit High-Solid-Alkydharzlackfarbe,
    - - mit High-Solid-Alkydharzlasur,
    - - mit Polyurethanlackfarbe,
    - - mit Polyurethanlack,
    - - mit Epoxidharzlackfarbe,
    - - mit Epoxidharzlack,
    - - mit Dispersionsfarbe,
    - - mit Dispersionslackfarbe,
    - - mit Dispersionslasur,
    - - mit Nitrozelluloselack,
    - - mit Kunststoffdispersion,
    - - mit Kunstharzputz DIN 18558, Füllstoff ....... , Körnung ....... ,
    - - mit Mehrfarbeneffektlackfarbe,
    - - mit Mehrfarbeneffektfarbe,
    - - mit ....... ,
      - - - wasserverdünnbar,
      - - - lösemittelverdünnbar,
      - - - ....... ,
        - - - - farblos,
        - - - - lasierend,
        - - - - hellgetönt,
        - - - - mittelgetönt,
        - - - - sattgetönt,
        - - - - im Vollton,
        - - - - Hellbezugswert ....... ,
          - - - - - hochglänzend,
          - - - - - glänzend,
          - - - - - seidenglänzend,
          - - - - - seidenmatt,
          - - - - - matt,
          - - - - - Glanzgrad ....... ,
            - - - - - - Farbton ....... ,
            - - - - - - Farbton nach Muster des AG,
            - - - - - - Farbton nach RAL 840 HR, Nr. ....... ,
            - - - - - - Flächen mehrfarbig ....... ,
            - - - - - - Flächen ....... ,
  - Erzeugnis
    - - Erzeugnis /Typ ....... (oder gleichwertiger Art),
    - - Erzeugnis /Typ ....... (vom Bieter einzutragen),

**Hinweis:** Beschichtungen besonders beanspruchter Metallteile siehe LB 035 Korrosionsschutzarbeiten an Stahl- und Aluminiumbauten.

**Beschichtungen auf Untergrund aus Metall**

740 Korrosionsschutz-Grundbeschichtung auf Untergrund aus Stahl,
741 Grundbeschichtung auf Untergrund aus verzinktem Stahl/Zink,
742 Grundbeschichtung auf Untergrund aus Aluminium,
743 Grundbeschichtung auf Untergrund aus Kupfer,
744 Grundbeschichtung auf Untergrund aus Metall ....... ,
  Einzelangaben nach DIN 18363 zu Pos. 740 bis 744
  - Art des Beschichtungsstoffes
    - - mit Alkydharzlackfarbe,
    - - mit High-Solid-Alkydharzlackfarbe,
    - - mit Epoxidharzlackfarbe,
    - - mit Polyurethanharzlackfarbe,
    - - mit Acryllackfarbe,
    - - mit Alkydharz-Zinkphosphatfarbe,
    - - mit Expoxidharz-Zinkphosphatfarbe,
    - - mit Epoxidester-Zinkstaubfarbe,
    - - mit Epoxidharz-Zinkstaubfarbe,
    - - mit Bitumenlackfarbe,
    - - mit Bitumen-Öl-Kombination,
    - - mit Vinylchlorid-Copolymerisat,
    - - mit Chlorkautschuklackfarbe,
    - - mit Dispersionsfarbe,
    - - mit ....... ,
      - - - als Dickschicht,
      - - - wasserverdünnbar,
      - - - lösemittelverdünnbar,
        - - - - mit Eisenglimmer,
        - - - - mit ....... ,
          - - - - - Farbton ....... ,
  - Erzeugnis
    - - Erzeugnis /Typ ....... (oder gleichwertiger Art),
    - - Erzeugnis /Typ ....... (vom Bieter einzutragen),
  - Ausführung
    - - Ausführung in Teilflächen, Einzelgröße in m² ....... ,
    - - Ausführung in Teilflächen, Anteil an der Gesamtfläche in % ....... ,
    - - Ausführung ....... ,
  - Ausführung

**STLB 034**

Ausgabe 06.01

## LB 034 Maler- und Lackierarbeiten
### Imprägnierungen, Holzschutz, Beschichtungen

745 Eine Zwischenbeschichtung für Untergrund aus Stahl,
746 Zwei Zwischenbeschichtungen für Untergrund aus Stahl,
747 1. Zwischenbeschichtung für Untergrund aus Stahl,
748 2. Zwischenbeschichtung für Untergrund aus Stahl,
749 Zwischenbeschichtung ....... , für Untergrund aus Stahl,
750 Eine Zwischenbeschichtung für Untergrund aus verzinktem Stahl/Zink,
751 Zwei Zwischenbeschichtungen für Untergrund aus verzinktem Stahl/Zink,
752 1. Zwischenbeschichtung für Untergrund aus verzinktem Stahl/Zink,
753 2. Zwischenbeschichtung für Untergrund aus verzinktem Stahl/Zink,
754 Zwischenbeschichtung ....... , für Untergrund aus verzinktem Stahl/Zink,
755 Eine Zwischenbeschichtung für Untergrund aus Aluminium,
756 Zwei Zwischenbeschichtungen für Untergrund aus Aluminium,
757 1. Zwischenbeschichtung für Untergrund aus Aluminium,
758 2. Zwischenbeschichtung für Untergrund aus Aluminium,
759 Zwischenbeschichtung ....... , für Untergrund aus Aluminium,
760 Eine Zwischenbeschichtung für Untergrund aus Kupfer,
761 Zwei Zwischenbeschichtungen für Untergrund aus Kupfer,
762 1. Zwischenbeschichtung für Untergrund aus Kupfer,
763 2. Zwischenbeschichtung für Untergrund aus Kupfer,
764 Zwischenbeschichtung ....... , für Untergrund aus Kupfer,
765 Eine Zwischenbeschichtung für Untergrund aus Metall ....... ,
766 Zwei Zwischenbeschichtungen für Untergrund aus Metall ....... ,
767 1. Zwischenbeschichtung für Untergrund aus Metall ....... ,
768 2. Zwischenbeschichtung für Untergrund aus Metall ....... ,
769 Zwischenbeschichtung ....... , für Untergrund aus Metall ....... ,
  Einzelangaben nach DIN 18363 zu Pos. 745 bis 769
  - Art des Beschichtungsstoffes
    - - mit Alkydharzlackfarbe,
    - - mit Epoxidharzlackfarbe,
    - - mit Polyurethanharzlackfarbe,
    - - mit Acryllackfarbe,
    - - mit Alkydharz–Zinkphosphatfarbe,
    - - mit Expoxidharz–Zinkphosphatfarbe,
    - - mit Epoxidester–Zinkstaubfarbe,
    - - mit Epoxidharz–Zinkstaubfarbe,
    - - mit Bitumenlackfarbe,
    - - mit Bitumen–Öl–Kombination,
    - - mit Vinylchlorid–Copolymerisat,
    - - mit Chlorkautschuklackfarbe,
    - - mit Dispersionsfarbe,
    - - mit Alkydharzlack,
    - - mit Acrylharzlackfarbe,
    - - mit Acrylharzlack,
    - - mit High–Solid–Alkydharzlackfarbe,
    - - mit Polyurethanlackfarbe,
    - - mit Polyurethanlack,
    - - mit Epoxidharzlack,
    - - mit Dispersionslackfarbe,
    - - mit Nitrozelluloselack,
    - - mit ....... ,
      - - - als Dickschicht,
      - - - wasserverdünnbar,
      - - - lösemittelverdünnbar,
        - - - - mit Eisenglimmer,
        - - - - mit ....... ,
          - - - - Farbton ....... ,
  - Erzeugnis
    - - Erzeugnis /Typ ....... (oder gleichwertiger Art),
    - - Erzeugnis /Typ ....... (vom Bieter einzutragen),

770 Schlussbeschichtung für Untergrund aus Stahl,
771 Schlussbeschichtung für Untergrund aus verzinktem Stahl/Zink,
772 Schlussbeschichtung für Untergrund aus Aluminium,
773 Schlussbeschichtung für Untergrund aus Kupfer,
774 Schlussbeschichtung für Untergrund aus Metall ....... ,
  Einzelangaben nach DIN 18363 zu Pos. 770 bis 774
  - Art des Beschichtungsstoffes
    - - mit Alkydharzlackfarbe,
    - - mit Epoxidharzlackfarbe,
    - - mit Polyurethanharzlackfarbe,
    - - mit Acryllackfarbe,
    - - mit Alkydharz–Zinkphosphatfarbe,
    - - mit Expoxidharz–Zinkphosphatfarbe,
    - - mit Epoxidester–Zinkstaubfarbe,
    - - mit Epoxidharz–Zinkstaubfarbe,
    - - mit Bitumenlackfarbe,
    - - mit Bitumen–Öl–Kombination,
    - - mit Vinylchlorid–Copolymerisat,
    - - mit Chlorkautschuklackfarbe,
    - - mit Dispersionsfarbe,
    - - mit Alkydharzlack,
    - - mit Acrylharzlackfarbe,
    - - mit Acrylharzlack,
    - - mit High–Solid–Alkydharzlackfarbe,
    - - mit Polyurethanlackfarbe,
    - - mit Polyurethanlack,
    - - mit Epoxidharzlack,
    - - mit Dispersionslackfarbe,
    - - mit Nitrozelluloselack,
    - - mit ....... ,
      - - - als Dickschicht,
      - - - mit Eisenglimmer,
      - - - als Dickschicht, mit Eisenglimmer,
        - - - - wasserverdünnbar,
        - - - - lösemittelverdünnbar,
  - Farbton
    - - farblos,
    - - lasierend,
    - - hellgetönt,
    - - mittelgetönt,
    - - sattgetönt,
    - - im Vollton,
    - - Hellbezugswert ....... ,
      - - - hochglänzend,
      - - - glänzend,
      - - - seidenglänzend,
      - - - seidenmatt,
      - - - matt,
      - - - Glanzgrad ....... ,
        - - - - Farbton ....... ,
        - - - - Farbton nach Muster des AG,
        - - - - Farbton nach RAL 840 HR, Nr. ....... ,
        - - - - Flächen mehrfarbig ....... ,
        - - - - Flächen ....... ,
  - Erzeugnis ....... (Sofern nicht vorgeschrieben, vom Bieter einzutragen, sofern vorgeschrieben, mit Hinweis "oder gleichwertiger Art")

### Beschichtungen auf Untergrund aus Kunststoff

780 Grundbeschichtung auf Untergrund aus Kunststoff,
  Einzelangaben nach DIN 18363 zu Pos. 780
  - Art des Beschichtungsstoffes
    - - mit Alkydharzlackfarbe,
    - - mit Polymerisatharzlackfarbe,
    - - mit Polyurethanlackfarbe,
    - - mit Epoxidharzlackfarbe,
    - - mit Acryllackfarbe,
    - - mit Dispersionslackfarbe,
    - - mit Dispersionsfarbe,
    - - mit ....... ,
      - - - wasserverdünnbar,
      - - - lösemittelverdünnbar,
        - - - - Farbton ....... ,
  - Erzeugnis
    - - Erzeugnis /Typ ....... (oder gleichwertiger Art),
    - - Erzeugnis /Typ ....... (vom Bieter einzutragen),
  - Ausführung
    - - Ausführung in Teilflächen, Einzelgröße in m² ....... ,
    - - Ausführung in Teilflächen, Anteil an der Gesamtfläche in % ....... ,
    - - Ausführung ....... ,

# LB 034 Maler- und Lackierarbeiten
## Imprägnierungen, Holzschutz, Beschichtungen

STLB 034

Ausgabe 06.01

781 **Zwischenbeschichtung für Untergrund aus Kunststoff,**
Einzelangaben nach DIN 18363 zu Pos. 781
- Art des Beschichtungsstoffes
  - – mit Alkydharzlackfarbe,
  - – mit Polymerisatharzlackfarbe,
  - – mit Polyurethanlackfarbe,
  - – mit Epoxidharzlackfarbe,
  - – mit Acryllackfarbe,
  - – mit Dispersionslackfarbe,
  - – mit Dispersionsfarbe,
  - – mit ....... ,
    - – – wasserverdünnbar,
    - – – lösemittelverdünnbar,
      - – – – Farbton ....... ,
- Erzeugnis
  - – Erzeugnis /Typ ....... (oder gleichwertiger Art),
  - – Erzeugnis /Typ ....... (vom Bieter einzutragen),

782 **Schlussbeschichtung für Untergrund aus Kusntstoff,**
Einzelangaben nach DIN 18363 zu Pos. 782
- Art des Beschichtungsstoffes
  - – mit Alkydharzlackfarbe,
  - – mit Polymerisatharzlackfarbe,
  - – mit Polyurethanlackfarbe,
  - – mit Epoxidharzlackfarbe,
  - – mit Acryllackfarbe,
  - – mit Dispersionslackfarbe,
  - – mit Dispersionsfarbe,
  - – mit ....... ,
    - – – beständig gegen ....... ,
    - – – – wasserverdünnbar,
    - – – – lösemittelverdünnbar,
- Farbton
  - – farblos,
  - – lasierend,
  - – hellgetönt,
  - – mittelgetönt,
  - – sattgetönt,
  - – im Vollton,
  - – Hellbezugswert ....... ,
    - – – hochglänzend,
    - – – glänzend,
    - – – seidenglänzend,
    - – – seidenmatt,
    - – – matt,
    - – – Glanzgrad ....... ,
      - – – – Farbton ....... ,
      - – – – Farbton nach Muster des AG,
      - – – – Farbton nach RAL 840 HR, Nr. ....... ,
      - – – – Flächen mehrfarbig ....... ,
      - – – – Flächen ....... ,
- Erzeugnis
  - – Erzeugnis /Typ ....... (oder gleichwertiger Art),
  - – Erzeugnis /Typ ....... (vom Bieter einzutragen),

**Beschichtungen für besondere Beanspruchungen**

**Vorbemerkungen zu den besonderen Anforderungen**
- Art des Prüfbescheides/der Zulassung
  - – Der Prüfbescheid des Dämmschichtbildners für Holz und Holzwerkstoffe ist dem Angebot beizufügen.
  - – Der Zulassungsbescheid des Dämmschichtbildners für Stahlschutz F 30 innen ist dem Angebot beizufügen.
  - – Der Zulassungsbescheid des Dämmschichtbildners für Stahlschutz F 30 außen ist dem Angebot beizufügen.
  - – Das Prüfzeichen PA für Heizöl EL und Dieselkraftstoff ist dem Angebot beizufügen.
  - – Der Nachweis der Leitfähigkeit ist nach Ausführung der Arbeiten zu erbringen.
  - – .......

**Hinweis:** Bei Erstverarbeitung von Brandschutzbeschichtungen ist eine Bescheinigung über die Einweisung durch den Systemhersteller vorzulegen.
- Hinweise auf Altbeschichtung/Grundbeschichtung
  - – Vorhandene Altbeschichtung besteht aus ....... , Zustand
  - – Eignung und Tragfähigkeit der Altbeschichtung sind entsprechend den vom Systemhersteller vorgesehenen Prüfmethoden zu ermitteln.
  - – Vorhandene Grundbeschichtung besteht aus .......
  - – Eignung und Tragfähigkeit der Grundbeschichtung sind entsprechend den vom Systemhersteller vorgesehenen Prüfmethoden zu ermitteln.
- Hinweise auf Vorbehandlung
  - – Beschichtung entfernen durch ....... (Sofern nicht vorgeschrieben, vom Bieter einzutragen)
  - – Der Beschichtungsträger wird bauseits gestrahlt, Reinheitsgrad .......
  - – Beschichtungsträger vorbereiten durch .......
- Hinweise auf Ausführungserschwernis
  - – Das Beschichtungssystem kann wegen der örtlichen Verhältnisse nicht im Spritzverfahren aufgebracht werden.
  - – .......
- Hinweise auf Berechnungsgrundlagen
  - – Grundlage der Brandschutzberechnung ist der Profilfaktor .......
  - – vorgegebener Stahlprofilfaktor U/A 300
  - – vorgegebener Stahlprofilfaktor U/A 200
  - – vorgegebener Stahlprofilfaktor U/A 160
  - – vorgegebener Stahlprofilfaktor .......

# LB 034 Maler- und Lackierarbeiten
## Beschichtungen für besondere Beanspruchungen

STLB 034
Ausgabe 06.01

### Dämmschichtbildende Brandschutzbeschichtungen

840 Dämmschichtbildendes Brandschutzsystem mit allgemeiner bauaufsichtlicher Zulassung, der Bescheid ist dem Angebot beizulegen, Einzelangaben nach DIN 18363 zu Pos. 840
- zu schützender Baustoff
  - - für Holz,
    - - - Baustoffe B1 DIN 4102-1,
    - - - Baustoffe ....... ,
      - - - - innen,
      - - - - innen, Oberfläche glatt,
      - - - - innen, Oberfläche ....... ,
  - - für Stahl,
    - - - Feuerwiderstandsklasse F 30 DIN 4102-2,
    - - - Feuerwiderstandsklasse F 60 DIN 4102-2,
    - - - Feuerwiderstandsklasse F 90 DIN 4102-2,
    - - - Feuerwiderstandsklasse
      - - - - innen,
      - - - - innen, Oberfläche glatt,
      - - - - innen, Oberfläche ....... ,
      - - - - außen,
      - - - - außen, Oberfläche glatt,
      - - - - außen, Oberfläche ....... ,
- Eigenschaften
  - - lösemittelhaltig,
  - - wasserverdünnbar,
  - - ....... ,
    - - - farblos,
    - - - pigmentiert,
- Oberfläche
  - - mit Schutzlack,
  - - mit Schutzlack, Farbton ....... ,
    - - - hochglänzend,
    - - - glänzend,
    - - - seidenglänzend,
    - - - seidenmatt,
    - - - matt,
    - - - Glanzgrad ....... ,
- Erzeugnis
  - - Erzeugnis /Typ ....... (oder gleichwertiger Art),
  - - Erzeugnis /Typ ....... (vom Bieter einzutragen),
- Bauteil .......
- Berechnungseinheit m, m², Stück
  sofern als selbständige Position ausgeschrieben

### Beschichtungen zum Schutz von Auffangwannen und Auffangräumen für Heizöl EL und Dieselkraftstoff

850 Heizöl-/dieselkraftstoffbeständiges Beschichtungssystem,
Einzelangaben nach DIN 18363 zu Pos. 850
- Zulassung
  - - mit Zulassungsbescheid, der Bescheid ist dem Angebot beizulegen,
  - - mit ....... ,
- Anwendungsbereich
  - - für Beton innen,
  - - für Beton außen,
  - - für Putz innen,
  - - für Putz außen,
  - - für Estrich innen,
  - - für ....... ,
- Bindemittelbasis
  - - wasserverdünnbar,
  - - lösemittelfrei,
  - - lösemittelhaltig,
  - - Bindemittelbasis ....... (Sofern nicht vorgeschrieben, vom Bieter einzutragen),
- Farbe
  - - deckend, Farbton ....... ,
  - - im Farbwechsel auftragen (Kontrollfarben),
- Erzeugnis .......
  (Sofern nicht vorgeschrieben, vom Bieter einzutragen, sofern vorgeschrieben, mit Hinweis "oder gleichwertiger Art")
- Bauteil .......
- Berechnungseinheit m, m², Stück
  sofern als selbständige Position ausgeschrieben

### Boden-, Wandbeschichtungen, Imprägnierungen

861 Imprägnierung des Bodens,
862 Imprägnierung des Bodens einschl. Sockel, Höhe ....... ,
863 Imprägnierung der Wand,
871 Versiegelung des Bodens,
872 Versiegelung des Bodens einschl. Sockel, Höhe ....... ,
873 Versiegelung der Wand,
881 Beschichtung des Bodens,
882 Beschichtung des Bodens einschl. Sockel, Höhe ....... ,
883 Beschichtung der Wand,
Einzelangaben nach DIN 18363 zu Pos. 861 bis 883
- Art des Beschichtungsstoffes
  - - Beschichtungsstoff auf Epoxidharzbasis,
  - - Beschichtungsstoff auf Einkomponenten-Polyurethanharzbasis,
  - - Beschichtungsstoff auf Zweikomponenten-Polyurethanharzbasis,
  - - Beschichtungsstoff auf Polymerisatharzbasis,
  - - Beschichtungsstoff auf Chlorkautschukbasis,
  - - Beschichtungsstoff auf Basis ....... ,
- Farbe
  - - farblos,
  - - lasierend,
  - - deckend,
  - - deckend, Farbton ....... ,
- Eigenschaften
  - - rutschhemmend,
  - - befahrbar,
  - - ....... ,
    - - - wasserverdünnbar,
    - - - lösemittelfrei,
    - - - lösemittelhaltig,
- Schichtdicke des Beschichtungssystems .......
  - - Gesamtdicke in mym ....... ,
- Untergrund
  - - auf Beton,
  - - auf Zementestrich,
  - - auf magnesitgebundenem Estrich (Steinholzboden),
  - - auf bituminösem Estrich, Asphaltplatten,
  - - auf Fliesen und Plattenbelägen,
  - - auf Holz,
  - - auf Stahl,
  - - auf ....... ,
- Erzeugnis .......
  (Sofern nicht vorgeschrieben, vom Bieter einzutragen, sofern vorgeschrieben, mit Hinweis "oder gleichwertiger Art")

# LB 034 Maler- und Lackierarbeiten
## Graffiti- und Beklebungsschutzbeschichtungen; Markierungen, Beschriftungen

STLB 034

Ausgabe 06.01

Graffiti- und Beklebungsschutzbeschichtungen

**890 Graffiti- und Beklebungsschutzbeschichtungen,**
Einzelangaben nach DIN 18363 zu Pos. 890
- Art des Beschichtungsstoffes
  - - auf Polysaccharidbasis,
  - - auf Wachsbasis,
  - - auf Basis ....... ,
    - - - wetterbeständig,
    - - - wetterbeständig ....... ,
- Anordnung
  - - auf senkrechte Flächen,
  - - auf senkrechte Flächen, Höhe in m ....... ,
- Untergrund
  - - Untergrund Neuputz, unbeschichtet,
  - - Untergrund Altputz, unbeschichtet, normal saugend,
  - - Untergrund Altputz, unbeschichtet, stark saugend,
  - - Untergrund Altputz, beschichtet mit Silikatfarbe,
  - - Untergrund Altputz, beschichtet mit Dispersionsfarbe,
  - - Untergrund Altputz, beschichtet mit Dispersionssilikatfarbe,
  - - Untergrund Altputz, beschichtet ....... ,
    - - - Glattputz,
    - - - Kratzputz,
    - - - Strukturputz, mittel strukturiert,
    - - - Strukturputz, stark strukturiert,
  - - Untergrund Beton, normal saugend,
  - - Untergrund Beton, stark saugend,
  - - Untergrund Beton, beschichtet,
  - - Untergrund ....... ,
    - - - glatt,
    - - - mittel strukturiert,
    - - - stark strukturiert,
    - - - Waschbetonstruktur, rundkörnig,
    - - - Waschbetonstruktur, gebrochenkörnig,
- Schichtdicke der Beschichtung .......
  - - Gesamtdicke in mym ....... ,
- Erzeugnis
  - - Erzeugnis /Typ ....... (oder gleichwertiger Art),
  - - Erzeugnis /Typ ....... (vom Bieter einzutragen),

**900 Markierung,**
**901 Markierung als Linie ....... ,**
**902 Markierung als Fläche ....... ,**
**903 Markierung ....... ,**
**910 Nummerierung,**
**911 Abschluss- / Wischstreifen,**
**912 Kennzeichen ....... ,**
**913 Beschriftung,**
**914 Symbol / Piktogramm,**
Einzelangaben nach DIN 18363 zu Pos. 900 bis 914
- Werkstoff
  - - aus Kunststofffolie,
  - - aus Kunststoff,
  - - aus ....... ,
- Maße
  - - Schichtdicke in mym ....... ,
  - - Maße in cm ....... ,
  - - Schichtdicke in mym ....... , Maße in cm ....... ,
- Eigenschaften
  - - rutschhemmend,
  - - reflektierend,
  - - ....... ,
- Farbe
  - - Farbton ....... ,
  - - mehrfarbig ....... ,
- Ausführungshinweise
  - - Ausführung ....... ,
  - - Ausführung gemäß Zeichnung Nr. ....... ,
  - - Ausführung gemäß Einzelbeschreibung Nr. ....... ,
  - - Ausführung gemäß Einzelbeschreibung Nr. ....... und Zeichnung Nr. ...... ,
- Beschichtungsart ....... (Sofern nicht vorgeschrieben, vom Bieter einzutragen)
- Befestigungsart ....... (Sofern nicht vorgeschrieben, vom Bieter einzutragen)
- Erzeugnis ......
  (Sofern nicht vorgeschrieben, vom Bieter einzutragen, sofern vorgeschrieben, mit Hinweis "oder gleichwertiger Art")
- Berechnungseinheit m, m², Stück

## LB 034 Maler- und Lackierarbeiten
### Bronzieren, Vergolden, Belegen mit Blattmetall; Dekorationstechniken

920 **Bronzieren,**
 – mit Farbbronze
 – mit Aluminiumbronze
 – mit Kupferbronze
 – mit Silberbronze
 – mit Goldbronze
   mit Bronzetinktur aus .......
 – mit Bronzelack aus .......
921 **Belegen mit Blattmetall,**
 – aus Schlagmetall
 – aus Schlagmetall, Tönung .......
 – aus Blattaluminium
 – aus .......
922 **Versilbern,**
 – mit Blattsilber
 – mit Pudersilber
923 **Vergolden,**
924 **Hinterglasvergolden,**
 – mit Blattgold
 – mit Blattgold, Einfachgold
 – mit Blattgold, Doppelgold
 – mit Blattgold, Dreifachgold
 – mit Pudergold
 – mit .......
   – – Karatzahl und Tönung ......., 
 **Einzelangaben nach DIN 18363** zu Pos. 920 bis 924
 – Art der Übertragung
   – – auf Übertragungspapier, Einzelblatt,
   – – auf Übertragungspapier, Rollen,
 – Anwendungsbereich, Ausführungsart
   – – für außen,
   – – für innen,
   – – für innen, polierfähig,
   – – auf Anlegeöl,
   – – als Polimentvergoldung,
   – – als Polimentvergoldung, auf Kreidegrund,
   – – auf Gelantinelösung,
   – – auf Mordentgrund,
   – – Ausführungsart ....... (Sofern nicht vorgeschrieben, vom Bieter einzutragen),
 – Farbe / Tönung
   – – Metall– / Bronzetönung: weißgold – citron – gelb – natur – orange – rotgold – altgold – ....... – mit Goldlack auf Silber,
 – Grundton
   – – rotgrundig – gelbgrundig – weißgrundig – graugrundig – blaugrundig – schwarzgrundig – .......,
 – Oberfläche
   – – stumpfmatt – matt – halbmatt – glänzend – .......,
   – – poliert,
   – – poliert und durchgerieben,
   – – durchgerieben und getönt,
   – – mit farblosem Schutzlacküberzug,
   – – Oberfläche .......,
 – Berechnungseinheit m², m, Stück (mit Maßangaben)

930 **Dekorative Oberflächengestaltung,**
 **Einzelangaben nach DIN 18363** zu Pos. 930
 – Technik
   – – durch Glättetechnik,
   – – durch Schabloniertechnik,
   – – durch Lasurtechnik,
   – – durch Graniertechnik,
   – – durch Maseriertechnik,
   – – durch Marmoriertechnik,
   – – durch Wickeltechnik,
   – – durch Stupftechnik,
   – – durch Wischtechnik,
   – – durch Kammzugtechnik,
   – – durch Schleiflacktechnik,
   – – durch Reißlacktechnik,
   – – durch Lacktechnik ....... ,
   – – durch Sgraffitotechnik,
   – – durch Putzintarsientechnik,
   – – durch Relieftechnik,
   – – durch ....... ,
     – – – einfarbig,
     – – – mehrfarbig,
     – – – mehrfarbig ....... ,
       – – – – geglättet,
       – – – – strukturiert, Struktur ....... ,
       – – – – Oberfläche ....... ,
 – Ausführung
   – – nach Muster des AG,
   – – Ausführung ....... ,
   – – Ausführung gemäß Zeichnung Nr. ....... ,
   – – Ausführung gemäß Einzelbeschreibung Nr. ....... ,
   – – Ausführung gemäß Einzelbeschreibung Nr. ....... und Zeichnung Nr. ....... ,
 – Erzeugnis
   – – Erzeugnis /Typ ....... (oder gleichwertiger Art),
   – – Erzeugnis /Typ ....... (vom Bieter einzutragen),
 – Bauteil .......
 – Berechnungseinheit m², m, Stück

# LB 034 Maler- und Lackierarbeiten
## Sonstige Leistungen

STLB 034

Ausgabe 06.01

**Vorbereitungsarbeiten**

940 Fenster,
941 Fensterladen,
942 Tür,
943 Gitter,
944 Heizkörper,
945 Bauteil ....... ,
  Einzelangaben nach DIN 18363 zu Pos. 940 bis 945
  – Leistungsart
    – – ausbauen, transportieren und wieder einbauen, Maße in cm .......
  – Bearbeitungsort
    – – Bearbeitungsort ....... ,
    – – Bearbeitungsort nach Wahl des AN,
  – Berechnungseinheit Stück, m², pauschal

946 Dichtungsprofil,
  Einzelangaben nach DIN 18363 zu Pos. 946
  – Bauteil
    – – der Fenster,
    – – der Zargen,
    – – der Türen,
    – – ....... ,
  – Leistungsumfang
    – – ausbauen, lagern und wieder einbauen,
  – Berechnungseinheit m, Stück (mit Angabe Bauteilmaße)

947 Abnehmen,
  Einzelangaben nach DIN 18363 zu Pos. 947
  – Bauteil / Einrichtungsteil
    – – der Gardinen,
    – – der Leuchten,
    – – der Vorhangschienen,
    – – der ....... ,
  – Leistungsumfang
    – – lagern und wieder montieren, Lagerstelle ....... ,
    – – besondere Einzelheiten ....... ,
  – Maße in cm .......
  – Berechnungseinheit Stück, m

948 Mobiliar, bestehend aus ....... ,
  Einzelangaben nach DIN 18363 zu Pos. 948
  – Leistungsumfang
    – – in der Raummitte zusammenstellen,
    – – ausräumen,
    – – ausräumen ....... ,
      – – – und wieder einräumen,
      – – – und am alten Platz wieder aufstellen,
        – – – – einschl. Teppiche aufnehmen,
        – – – – einschl. ....... ,
  – Raumgröße in m² ....... ,
  – Berechnungseinheit pauschal, m², h
    (nach Zeitaufwand)

**Besonderer Schutz von Bauteilen**

950 Ganzflächiger Schutz des Bodenbelages,
  Einzelangaben nach DIN 18363 zu Pos. 950
  – Belagart
    – – aus Linoleum,
    – – aus Kunststoff,
    – – aus Laminat,
    – – aus Parkett/Holz,
    – – aus Textilien,
    – – aus Keramik,
    – – aus Naturwerkstein,
    – – aus Betonwerkstein,
    – – aus .......
  – Schutzart
    – – mit Kunststofffolie,
    – – mit Textilien,
    – – mit Papier,
    – – mit Wellpappe,
    – – mit ....... ,
      – – – einschl. verkleben,
      – – – einschl. verkleben ....... ,
      – – – einschl. unterhalten und wieder beseitigen,
  – Ausführung .......
  – Berechnungseinheit pauschal, m²

951 Besondere Schutzabdeckung
  Einzelangaben nach DIN 18363 zu Pos. 951
  – Art der Gegenstände
    – – der Einrichtungsgegenstände,
    – – der Möbel,
    – – der Maschinen,
    – – der technischen Geräte,
    – – ....... ,
  – Schutzart
    – – mit Kunststofffolie,
    – – mit Textilien,
    – – mit Papier,
    – – mit Wellpappe,
    – – mit ....... ,
      – – – einschl. verkleben,
      – – – einschl. verkleben ....... ,
      – – – einschl. unterhalten und wieder beseitigen,
  – Ausführung .......
  – Berechnungseinheit pauschal, m²

Hinweis: Staubschutzwände siehe LB 000 Baustelleneinrichtung.

952 Abkleben,
  Einzelangaben nach DIN 18363 zu Pos. 952
  – Bauteil
    – – der Fenster,
    – – der Türen,
    – – der Fenster und Türen,
    – – der eloxierten Teile,
    – – der nicht entfernbaren Dichtungsprofile,
    – – ....... ,
      – – – einschl. unterhalten und wieder beseitigen,
  – Ausführung .......
  – Berechnungseinheit m², m, Stück (mit Angabe Bauteilmaße)

Hinweis: Entfernen und Wiederanbringen von Abdeckplatten, Laufflächenabdeckungen, Bekleidungen und Schutzvorrichtungen siehe LB 035 Korrosionsschutzarbeiten an Stahl– und Aluminiumbaukonstruktionen.

**Farbiges Absetzen**

960 Farbiges Absetzen der Beschlagteile,
  – von Fenstern,
  – von Fensterläden,
  – von Türen,
  – von Toren,
  – von ....... ,
961 Einfarbiges Absetzen,
962 Mehrfarbiges Absetzen,
  – von Flächen,
  – von Gesimsen,
  – von Vorlagen (Lisenen),
  – von Profilen,
  – von Friesen,
  – von ....... ,
  – in der Fläche von Wänden,
  – in der Fläche von Nischen,
  – in der Fläche von Brüstungen,
  – in der Fläche von Stützen,
  – in der Fläche von Balken,
  – in der Fläche von Decken,
  – in der Fläche von Füllungen,
  – in der Fläche von Leibungen,
  – in der Fläche von Ausfachungen,
  – in der Fläche von ....... ,

963 Abschlussstrich
  – am Anschluss an Fliesen– zur Begrenzung von Sockeln
  – .......
  Einzelangaben nach DIN 18363 zu Pos. 960 bis 963
  – Farbe
    – – hellgetönt – mittelgetönt – sattgetönt – im Vollton,
      – – – Farbton nach Muster des AG,
      – – – Farbton nach RAL 840 HR, Nr. ....... ,
      – – – Farbton ....... ,
  – Maße
    – – Breite ....... – Maße ....... ,
  – Ausführung gemäß Zeichnung Nr. ....... ,
    Einzelbeschreibung Nr. .......
  – Berechnungseinheit m², m, Stück (mit Angabe Bauteilmaße)

**STLB 034**

Ausgabe 06.01

## LB 034 Maler- und Lackierarbeiten
### Verwertung, Entsorgung

**970 Stoffe,**
**971 Stoffe, schadstoffbelastet,**
  **Einzelangaben nach DIN 18363** zu Pos. 970, 971
  – Art der Schadstoffe
    – – Art/Zusammensetzung ....... ,
    – – Art/Zusammensetzung ....... , Art und Umfang der
        Schadstoffbelastung ....... ,
    – – Art/Zusammensetzung ....... , Art und Umfang der
        Schadstoffbelastung ....... , Abfallschlüssel gemäß
        TA–Abfall ....... ,
    – – ....... ,
      – – – Deponieklasse ....... ,
  – Transportart, Entsorgungsstelle
    – – in Behälter geladen, transportieren,
    – – ....... ,
      – – – zur Recyclinganlage in ....... ,
      – – – zur zugelassenen Deponie/Entsorgungs-
            stelle in ....... ,
      – – – zur Baustellenabfallsortieranlage in ....... ,
      – – – zur Recyclinganlage in ....... , oder einer
            gleichwertigen Recyclinganlage in ....... ,
            (vom Bieter einzutragen),
      – – – zur zugelassenen Deponie/Entsorgungs-
            stelle in ....... , oder einer gleichwertigen
            Deponie/Entsorgungsstelle in ....... ,
            (vom Bieter einzutragen),
      – – – zur Baustellenabfallsortieranlage in ....... ,
            oder einer gleichwertigen Baustellenabfall-
            sortieranlage in ....... ,
            (vom Bieter einzutragen),
      – – – ....... ,
  – Vorschriften, Nachweise
    – – besondere Vorschriften bei der Bearbeitung ....... ,
    – – besondere Vorschriften bei der Bearbeitung ....... ,
        der Nachweis der geordneten Entsorgung ist
        unmittelbar zu erbringen,
    – – der Nachweis der geordneten Entsorgung ist
        unmittelbar zu erbringen,
    – – der Nachweis der geordneten Entsorgung ist zu
        erbringen durch ....... ,
  – Gebühren der Entsorgung
    – – die Gebühren der Entsorgung werden vom AG
        übernommen,
    – – die Gebühren werden gegen Nachweis vergütet,
  – Transportweg
    – – Transportentfernung in km ....... ,
    – – Transportentfernung in km ....... ,
        die Beförderungsgenehmigung ist vor
        Auftragserteilung einzureichen,
    – – Transportentfernung in km ....... ,
        Transportweg ....... ,
    – – Transportentfernung in km ....... ,
        Transportweg ....... , die Beförderungs-
        genehmigung ist vor Auftragserteilung
        einzureichen,
  – Berechnungseinheit m³, t, kg, Stück
    (Behälter, Fassungsvermögen in m³ ....... )

# LB 034 Maler- und Lackierarbeiten
## Reinigen Oberflächen, allgemein; Beschichtungen auf Putz entfernen

AW 034

Preise 06.01

Sämtliche Preise sind **Mittelpreise ohne Mehrwertsteuer** zum Zeitpunkt des Ausgabedatums.
**Korrekturfaktoren** für Regionaleinfluss, Mengeneinfluss, Konjunktureinfluss siehe Vorspann.
Abkürzungen: EP = Einheitspreis, LA = Lohnanteil, ST = Stoffanteil

### Reinigen Oberflächen, allgemein

034.-----.-

|  |  |  |
|---|---|---|
| 034.67401.M | Trennmittelrückstände entfernen, Betonflächen | 3,85 DM/m2 / 1,97 €/m2 |
| 034.67801.M | Verunreinigungen auf mineral. Untergründen entfernen | 1,65 DM/m2 / 0,85 €/m2 |
| 034.67802.M | Verunreinigungen auf Dispersionsanstrichen entfernen | 2,27 DM/m2 / 1,16 €/m2 |
| 034.67803.M | Verunreinigungen sandstrahlen | 6,08 DM/m2 / 3,11 €/m2 |
| 034.67804.M | Verunreinigungen druckstrahlen | 7,73 DM/m2 / 3,95 €/m2 |
| 034.67805.M | Verunreinigungen dampfstrahlen | 8,75 DM/m2 / 4,47 €/m2 |

**034.67401.M** KG 335 DIN 276
Trennmittelrückstände entfernen, Betonflächen
EP 3,85 DM/m2   LA 3,76 DM/m2   ST 0,09 DM/m2
EP 1,97 €/m2    LA 1,92 €/m2    ST 0,05 €/m2

**034.67801.M** KG 335 DIN 276
Verunreinigungen auf mineral. Untergründen entfernen
EP 1,65 DM/m2   LA 1,61 DM/m2   ST 0,04 DM/m2
EP 0,85 €/m2    LA 0,82 €/m2    ST 0,03 €/m2

**034.67802.M** KG 335 DIN 276
Verunreinigungen auf Dispersionsanstrichen entfernen
EP 2,27 DM/m2   LA 2,13 DM/m2   ST 0,14 DM/m2
EP 1,16 €/m2    LA 1,09 €/m2    ST 0,07 €/m2

**034.67803.M** KG 335 DIN 276
Verunreinigungen sandstrahlen
EP 6,08 DM/m2   LA 4,47 DM/m2   ST 1,61 DM/m2
EP 3,11 €/m2    LA 2,28 €/m2    ST 0,83 €/m2

**034.67804.M** KG 335 DIN 276
Verunreinigungen druckstrahlen
EP 7,73 DM/m2   LA 6,79 DM/m2   ST 0,94 DM/m2
EP 3,95 €/m2    LA 3,47 €/m2    ST 0,48 €/m2

**034.67805.M** KG 335 DIN 276
Verunreinigungen dampfstrahlen
EP 8,75 DM/m2   LA 7,64 DM/m2   ST 1,11 DM/m2
EP 4,47 €/m2    LA 3,90 €/m2    ST 0,57 €/m2

### Beschichtungen auf Putz entfernen

034.-----.-

|  |  |  |
|---|---|---|
| 034.66701.M | Beseitigen Pilzbefall auf Putz | 8,22 DM/m2 / 4,20 €/m2 |
| 034.66901.M | Beseitigen Algenbewuchs auf Putz | 4,95 DM/m2 / 2,53 €/m2 |
| 034.67601.M | Beseitigen Salze auf Putz | 5,04 DM/m2 / 2,58 €/m2 |
| 034.76001.M | Entfernen Kalkfarbe auf Putz, locker haftend | 4,67 DM/m2 / 2,39 €/m2 |
| 034.76002.M | Entfernen Kalkfarbe auf Putz, fest haftend | 6,39 DM/m2 / 3,27 €/m2 |
| 034.76201.M | Entfernen Dispers.-silikatf. auf Putz, kleine Flächen | 7,08 DM/m2 / 3,62 €/m2 |
| 034.76202.M | Entfernen Dispers.-silikatf. auf Putz, mittlere Flächen | 8,47 DM/m2 / 4,33 €/m2 |
| 034.76301.M | Abbürsten Anstrich auf Putz | 3,36 DM/m2 / 1,72 €/m2 |
| 034.76302.M | Entfernen Leimfarbe auf Putz, ohne Dispersionszusatz | 6,15 DM/m2 / 3,15 €/m2 |
| 034.76303.M | Entfernen Leimfarbe auf Putz | 8,71 DM/m2 / 4,45 €/m2 |
| 034.76501.M | Entfernen Dispersionsfarbe auf Putz, kleine Flächen | 4,67 DM/m2 / 2,39 €/m2 |
| 034.76502.M | Entfernen Dispersionsfarbe auf Putz, mittlere Flächen | 7,49 DM/m2 / 3,83 €/m2 |
| 034.77301.M | Entfernen Plastikfarbe auf Putz, anschleifen | 4,15 DM/m2 / 2,12 €/m2 |
| 034.77302.M | Entfernen Plastikfarbe auf Putz, glattschleifen | 6,96 DM/m2 / 3,56 €/m2 |
| 034.77303.M | Entfernen Plastikfarbe auf Putz, kleine Flächen | 9,10 DM/m2 / 4,65 €/m2 |
| 034.77304.M | Entfernen Plastikfarbe auf Putz, große Flächen | 12,13 DM/m2 / 6,20 €/m2 |
| 034.77305.M | Entfernen Plastikfarbe auf Putz, abbeizen | 33,61 DM/m2 / 17,18 €/m2 |
| 034.77306.M | Kunstharzputz reinigen + beiputzen | 8,72 DM/m2 / 4,46 €/m2 |
| 034.77307.M | Kunstharzputz abstoßen, kleine Flächen | 11,68 DM/m2 / 5,97 €/m2 |
| 034.77308.M | Kunstharzputz abstoßen, große Flächen | 15,38 DM/m2 / 7,86 €/m2 |
| 034.77309.M | Kunstharzputz abbeizen | 36,56 DM/m2 / 18,69 €/m2 |
| 034.77310.M | Entfernen Ölfarbe auf Putz | 16,13 DM/m2 / 7,74 €/m2 |

**034.66701.M** KG 335 DIN 276
Beseitigen Pilzbefall auf Putz
EP 8,22 DM/m2   LA 7,44 DM/m2   ST 0,78 DM/m2
EP 4,20 €/m2    LA 3,81 €/m2    ST 0,39 €/m2

**034.66901.M** KG 335 DIN 276
Beseitigen Algenbewuchs auf Putz
EP 4,95 DM/m2   LA 3,88 DM/m2   ST 1,07 DM/m2
EP 2,53 €/m2    LA 1,98 €/m2    ST 0,55 €/m2

**034.67601.M** KG 335 DIN 276
Beseitigen Salze auf Putz
EP 5,04 DM/m2   LA 4,21 DM/m2   ST 0,83 DM/m2
EP 2,58 €/m2    LA 2,15 €/m2    ST 0,43 €/m2

**034.76001.M** KG 335 DIN 276
Entfernen Kalkfarbe auf Putz, locker haftend
EP 4,67 DM/m2   LA 4,53 DM/m2   ST 0,14 DM/m2
EP 2,39 €/m2    LA 2,32 €/m2    ST 0,07 €/m2

**034.76002.M** KG 335 DIN 276
Entfernen Kalkfarbe auf Putz, fest haftend
EP 6,39 DM/m2   LA 6,15 DM/m2   ST 0,24 DM/m2
EP 3,27 €/m2    LA 3,15 €/m2    ST 0,12 €/m2

**034.76201.M** KG 335 DIN 276
Entfernen Dispers.-silikatf. auf Putz, kleine Flächen
EP 7,08 DM/m2   LA 6,79 DM/m2   ST 0,29 DM/m2
EP 3,62 €/m2    LA 3,47 €/m2    ST 0,15 €/m2

**034.76202.M** KG 335 DIN 276
Entfernen Dispers.-silikatf. auf Putz, mittlere Flächen
EP 8,47 DM/m2   LA 8,09 DM/m2   ST 0,38 DM/m2
EP 4,33 €/m2    LA 4,13 €/m2    ST 0,20 €/m2

AW 034
Preise 06.01

## LB 034 Maler- und Lackierarbeiten
### Beschichtungen auf Putz entfernen; Reinigen von Stahloberflächen

Sämtliche Preise sind **Mittelpreise ohne Mehrwertsteuer** zum Zeitpunkt des Ausgabedatums.
**Korrekturfaktoren** für Regionaleinfluss, Mengeneinfluss, Konjunktureinfluss siehe Vorspann.
**Abkürzungen:** EP = Einheitspreis, LA = Lohnanteil, ST = Stoffanteil

034.76301.M  KG 345 DIN 276
Abbürsten Anstrich auf Putz
EP 3,36 DM/m2   LA 2,98 DM/m2   ST 0,38 DM/m2
EP 1,72 €/m2    LA 1,52 €/m2    ST 0,20 €/m2

034.76302.M  KG 345 DIN 276
Entfernen Leimfarbe auf Putz, ohne Dispersionszusatz
EP 6,15 DM/m2   LA 5,95 DM/m2   ST 0,20 DM/m2
EP 3,15 €/m2    LA 3,04 €/m2    ST 0,11 €/m2

034.76303.M  KG 345 DIN 276
Entfernen Leimfarbe auf Putz
EP 8,71 DM/m2   LA 8,42 DM/m2   ST 0,29 DM/m2
EP 4,45 €/m2    LA 4,30 €/m2    ST 0,15 €/m2

034.76501.M  KG 345 DIN 276
Entfernen Dispersionsfarbe auf Putz, kleine Flächen
EP 4,67 DM/m2   LA 4,53 DM/m2   ST 0,14 DM/m2
EP 2,39 €/m2    LA 2,32 €/m2    ST 0,07 €/m2

034.76502.M  KG 345 DIN 276
Entfernen Dispersionsfarbe auf Putz, mittlere Flächen
EP 7,49 DM/m2   LA 7,11 DM/m2   ST 0,38 DM/m2
EP 3,83 €/m2    LA 3,64 €/m2    ST 0,19 €/m2

034.77301.M  KG 345 DIN 276
Entfernen Plastikfarbe auf Putz, anschleifen
EP 4,15 DM/m2   LA 3,88 DM/m2   ST 0,27 DM/m2
EP 2,12 €/m2    LA 1,98 €/m2    ST 0,14 €/m2

034.77302.M  KG 345 DIN 276
Entfernen Plastikfarbe auf Putz, glattschleifen
EP 6,96 DM/m2   LA 6,47 DM/m2   ST 0,49 DM/m2
EP 3,56 €/m2    LA 3,31 €/m2    ST 0,25 €/m2

034.77303.M  KG 345 DIN 276
Entfernen Plastikfarbe auf Putz, kleine Flächen
EP 9,10 DM/m2   LA 8,74 DM/m2   ST 0,36 DM/m2
EP 4,65 €/m2    LA 4,47 €/m2    ST 0,18 €/m2

034.77304.M  KG 345 DIN 276
Entfernen Plastikfarbe auf Putz, große Flächen
EP 12,13 DM/m2  LA 11,32 DM/m2  ST 0,81 DM/m2
EP  6,20 €/m2   LA  5,79 €/m2   ST 0,41 €/m2

034.77305.M  KG 345 DIN 276
Entfernen Plastikfarbe auf Putz, abbeizen
EP 33,61 DM/m2  LA 29,12 DM/m2  ST 4,49 DM/m2
EP 17,18 €/m2   LA 14,89 €/m2   ST 2,29 €/m2

034.77306.M  KG 345 DIN 276
Kunstharzputz reinigen + beiputzen
EP 8,72 DM/m2   LA 8,42 DM/m2   ST 0,30 DM/m2
EP 4,46 €/m2    LA 4,30 €/m2    ST 0,16 €/m2

034.77307.M  KG 345 DIN 276
Kunstharzputz abstoßen, kleine Flächen
EP 11,68 DM/m2  LA 11,00 DM/m2  ST 0,68 DM/m2
EP  5,97 €/m2   LA  5,63 €/m2   ST 0,34 €/m2

034.77308.M  KG 345 DIN 276
Kunstharzputz abstoßen, große Flächen
EP 15,38 DM/m2  LA 14,24 DM/m2  ST 1,14 DM/m2
EP  7,86 €/m2   LA  7,28 €/m2   ST 0,58 €/m2

034.77309.M  KG 345 DIN 276
Kunstharzputz abbeizen
EP 36,56 DM/m2  LA 31,70 DM/m2  ST 4,86 DM/m2
EP 18,69 €/m2   LA 16,21 €/m2   ST 2,48 €/m2

034.77310.M  KG 345 DIN 276
Entfernen Ölfarbe auf Putz
EP 15,13 DM/m2  LA 9,71 DM/m2   ST 5,42 DM/m2
EP  7,74 €/m2   LA 4,96 €/m2    ST 2,78 €/m2

### Reinigen von Stahloberflächen

034.-----.-

| | | |
|---|---|---|
| 034.68701.M | Entrosten R 2 | 6,55 DM/m2 |
| | | 3,35 €/m2 |
| 034.68702.M | Entrosten R 3 | 9,28 DM/m2 |
| | | 4,74 €/m2 |
| 034.68703.M | Entrosten R 5 | 12,24 DM/m2 |
| | | 6,26 €/m2 |
| 034.70001.M | Abstoßen Farbanstriche auf Stahl, Schäden bis 20% | 6,02 DM/m2 |
| | | 3,08 €/m2 |
| 034.70002.M | Abstoßen Farbanstriche auf Stahl, Schäden über 20-50% | 6,71 DM/m2 |
| | | 3,43 €/m2 |
| 034.70003.M | Abstoßen Farbanstriche auf Stahl, Schäden über 50% | 8,06 DM/m2 |
| | | 4,12 €/m2 |
| 034.70004.M | Anlaugen Farbanstriche auf Stahl | 7,35 DM/m2 |
| | | 3,76 €/m2 |
| 034.70005.M | Abbeizen Farbanstriche auf Stahl, einschichtig | 31,91 DM/m2 |
| | | 16,32 €/m2 |
| 034.70006.M | Abbeizen Farbanstriche auf Stahl, mehrschichtig | 44,07 DM/m2 |
| | | 22,53 €/m2 |

034.68701.M  KG 349 DIN 276
Entrosten R 2
EP 6,55 DM/m2   LA 6,21 DM/m2   ST 0,34 DM/m2
EP 3,35 €/m2    LA 3,18 €/m2    ST 0,17 €/m2

034.68702.M  KG 349 DIN 276
Entrosten R 3
EP 9,28 DM/m2   LA 8,74 DM/m2   ST 0,54 DM/m2
EP 4,74 €/m2    LA 4,47 €/m2    ST 0,27 €/m2

034.68703.M  KG 349 DIN 276
Entrosten R 5
EP 12,24 DM/m2  LA 11,26 DM/m2  ST 0,98 DM/m2
EP  6,26 €/m2   LA  5,76 €/m2   ST 0,50 €/m2

034.70001.M  KG 349 DIN 276
Abstoßen Farbanstriche auf Stahl, Schäden bis 20%
EP 6,02 DM/m2   LA 5,82 DM/m2   ST 0,20 DM/m2
EP 3,08 €/m2    LA 2,98 €/m2    ST 0,10 €/m2

034.70002.M  KG 349 DIN 276
Abstoßen Farbanstriche auf Stahl, Schäden über 20-50%
EP 6,71 DM/m2   LA 6,47 DM/m2   ST 0,24 DM/m2
EP 3,43 €/m2    LA 3,31 €/m2    ST 0,12 €/m2

034.70003.M  KG 349 DIN 276
Abstoßen Farbanstriche auf Stahl, Schäden über 50%
EP 8,06 DM/m2   LA 7,77 DM/m2   ST 0,29 DM/m2
EP 4,12 €/m2    LA 3,97 €/m2    ST 0,15 €/m2

034.70004.M  KG 349 DIN 276
Anlaugen Farbanstriche auf Stahl
EP 7,35 DM/m2   LA 7,11 DM/m2   ST 0,24 DM/m2
EP 3,76 €/m2    LA 3,64 €/m2    ST 0,12 €/m2

034.70005.M  KG 349 DIN 276
Abbeizen Farbanstriche auf Stahl, einschichtig
EP 31,91 DM/m2  LA 23,62 DM/m2  ST 8,29 DM/m2
EP 16,32 €/m2   LA 12,08 €/m2   ST 4,24 €/m2

034.70006.M  KG 349 DIN 276
Abbeizen Farbanstriche auf Stahl, mehrschichtig
EP 44,07 DM/m2  LA 32,35 DM/m2  ST 11,72 DM/m2
EP 22,53 €/m2   LA 16,54 €/m2   ST  5,99 €/m2

# LB 034 Maler- und Lackierarbeiten
## Reinigen von Holzoberflächen; Reinigen von Holz-Fensterflächen

AW 034

Preise 06.01

Sämtliche Preise sind **Mittelpreise ohne Mehrwertsteuer** zum Zeitpunkt des Ausgabedatums.
**Korrekturfaktoren** für Regionaleinfluss, Mengeneinfluss, Konjunktureinfluss siehe Vorspann.
**Abkürzungen:** EP = Einheitspreis, LA = Lohnanteil, ST = Stoffanteil

### Reinigen von Holzoberflächen

034.-----.-

|  |  |  |
|---|---|---|
| 034.68601.M | Abwaschen mit Lösungsmittel Anstrich auf Holz | 3,14 DM/m2 / 1,60 €/m2 |
| 034.68602.M | Reinigen Anstrich auf Holz | 3,97 DM/m2 / 2,03 €/m2 |
| 034.68603.M | Reinigen Lasur auf Holz | 6,82 DM/m2 / 3,49 €/m2 |
| 034.68604.M | Anbeizen und Nachwaschen Anstrich auf Holz | 5,83 DM/m2 / 2,98 €/m2 |
| 034.68605.M | Anschleifen Anstrich auf Holz | 6,16 DM/m2 / 3,15 €/m2 |
| 034.68606.M | Abbrennen Lackfarbe auf Holztüren / Holzbekleidungen | 6,50 DM/m2 / 3,32 €/m2 |
| 034.68607.M | Anlaugen und Nachwaschen Lasur auf Holz | 7,35 DM/m2 / 3,76 €/m2 |
| 034.68608.M | Abstoßen Farbanstrich auf Holz, geringe Schäden | 7,40 DM/m2 / 3,79 €/m2 |
| 034.68609.M | Abstoßen Farbanstrich auf Holz, große Schäden | 9,55 DM/m2 / 4,88 €/m2 |
| 034.68610.M | Abschleifen Lasur auf Holz | 11,15 DM/m2 / 5,70 €/m2 |
| 034.68611.M | Abschleifen verwittertes Holz | 14,51 DM/m2 / 7,42 €/m2 |
| 034.68612.M | Abschleifen Anstrich auf Holz | 14,72 DM/m2 / 7,53 €/m2 |
| 034.68613.M | Abbeizen Lackfarbe auf Holztüren / Holzbekleidungen | 14,69 DM/m2 / 7,51 €/m2 |
| 034.68614.M | Abbeizen und Nachwaschen Lasur auf Holz | 31,12 DM/m2 / 15,91 €/m2 |

**034.68601.M** KG 345 DIN 276
Abwaschen mit Lösungsmittel Anstrich auf Holz
EP 3,14 DM/m2  LA 2,85 DM/m2  ST 0,29 DM/m2
EP 1,60 €/m2  LA 1,45 €/m2  ST 0,15 €/m2

**034.68602.M** KG 345 DIN 276
Reinigen Anstrich auf Holz
EP 3,97 DM/m2  LA 3,88 DM/m2  ST 0,09 DM/m2
EP 2,03 €/m2  LA 1,98 €/m2  ST 0,05 €/m2

**034.68603.M** KG 345 DIN 276
Reinigen Lasur auf Holz
EP 6,82 DM/m2  LA 6,73 DM/m2  ST 0,09 DM/m2
EP 3,49 €/m2  LA 3,44 €/m2  ST 0,05 €/m2

**034.68604.M** KG 345 DIN 276
Anbeizen und Nachwaschen Anstrich auf Holz
EP 5,83 DM/m2  LA 5,63 DM/m2  ST 0,20 DM/m2
EP 2,98 €/m2  LA 2,88 €/m2  ST 0,10 €/m2

**034.68605.M** KG 345 DIN 276
Anschleifen Anstrich auf Holz
EP 6,16 DM/m2  LA 5,82 DM/m2  ST 0,34 DM/m2
EP 3,15 €/m2  LA 2,98 €/m2  ST 0,17 €/m2

**034.68606.M** KG 345 DIN 276
Abbrennen Lackfarbe auf Holztüren / Holzbekleidungen
EP 6,50 DM/m2  LA 6,21 DM/m2  ST 0,29 DM/m2
EP 3,32 €/m2  LA 3,18 €/m2  ST 0,14 €/m2

**034.68607.M** KG 345 DIN 276
Anlaugen und Nachwaschen Lasur auf Holz
EP 7,35 DM/m2  LA 7,11 DM/m2  ST 0,24 DM/m2
EP 3,76 €/m2  LA 3,64 €/m2  ST 0,12 €/m2

**034.68608.M** KG 345 DIN 276
Abstoßen Farbanstrich auf Holz, geringe Schäden
EP 7,40 DM/m2  LA 6,47 DM/m2  ST 0,93 DM/m2
EP 3,79 €/m2  LA 3,31 €/m2  ST 0,48 €/m2

**034.68609.M** KG 345 DIN 276
Abstoßen Farbanstrich auf Holz, große Schäden
EP 9,55 DM/m2  LA 8,09 DM/m2  ST 1,46 DM/m2
EP 4,88 €/m2  LA 4,13 €/m2  ST 0,75 €/m2

**034.68610.M** KG 345 DIN 276
Abschleifen Lasur auf Holz
EP 11,15 DM/m2  LA 10,68 DM/m2  ST 0,47 DM/m2
EP 5,70 €/m2  LA 5,46 €/m2  ST 0,24 €/m2

**034.68611.M** KG 335 DIN 276
Abschleifen verwittertes Holz
EP 14,51 DM/m2  LA 12,95 DM/m2  ST 1,56 DM/m2
EP 7,42 €/m2  LA 6,62 €/m2  ST 0,80 €/m2

**034.68612.M** KG 345 DIN 276
Abschleifen Anstrich auf Holz
EP 14,72 DM/m2  LA 14,04 DM/m2  ST 0,68 DM/m2
EP 7,53 €/m2  LA 7,18 €/m2  ST 0,35 €/m2

**034.68613.M** KG 345 DIN 276
Abbeizen Lackfarbe auf Holztüren / Holzbekleidungen
EP 14,69 DM/m2  LA 10,35 DM/m2  ST 4,34 DM/m2
EP 7,51 €/m2  LA 5,29 €/m2  ST 2,22 €/m2

**034.68614.M** KG 345 DIN 276
Abbeizen und Nachwaschen Lasur auf Holz
EP 31,12 DM/m2  LA 19,41 DM/m2  ST 11,71 DM/m2
EP 15,91 €/m2  LA 9,92 €/m2  ST 5,99 €/m2

### Reinigen von Holz-Fensterflächen

034.-----.-

|  |  |  |
|---|---|---|
| 034.68615.M | Reinigen Anstrich auf Holzfenster | 2,88 DM/m2 / 1,47 €/m2 |
| 034.68616.M | Anbeizen und Nachwaschen Anstrich auf Holzfenster | 6,01 DM/m2 / 3,07 €/m2 |
| 034.68617.M | Anlaugen und Nachwaschen Lasur auf Holzfenster | 8,06 DM/m2 / 4,12 €/m2 |
| 034.68618.M | Abstoßen Farbanstrich auf Holzfenster, geringe Schäden | 9,45 DM/m2 / 4,83 €/m2 |
| 034.68619.M | Abstoßen Farbanstrich auf Holzfenster, große Schäden | 11,59 DM/m2 / 5,93 €/m2 |
| 034.68620.M | Abbeizen Lackfarbe auf Holzfenster | 17,99 DM/m2 / 9,20 €/m2 |
| 034.68621.M | Abbeizen und Nachwaschen Lasur auf Holzfenster | 36,30 DM/m2 / 18,56 €/m2 |

**034.68615.M** KG 335 DIN 276
Reinigen Anstrich auf Holzfenster
EP 2,88 DM/m2  LA 2,79 DM/m2  ST 0,09 DM/m2
EP 1,47 €/m2  LA 1,42 €/m2  ST 0,05 €/m2

**034.68616.M** KG 335 DIN 276
Anbeizen und Nachwaschen Anstrich auf Holzfenster
EP 6,01 DM/m2  LA 5,63 DM/m2  ST 0,38 DM/m2
EP 3,07 €/m2  LA 2,88 €/m2  ST 0,19 €/m2

**034.68617.M** KG 335 DIN 276
Anlaugen und Nachwaschen Lasur auf Holzfenster
EP 8,06 DM/m2  LA 7,77 DM/m2  ST 0,29 DM/m2
EP 4,12 €/m2  LA 3,97 €/m2  ST 0,15 €/m2

**034.68618.M** KG 335 DIN 276
Abstoßen Farbanstrich auf Holzfenster, geringe Schäden
EP 9,45 DM/m2  LA 8,42 DM/m2  ST 1,03 DM/m2
EP 4,83 €/m2  LA 4,30 €/m2  ST 0,53 €/m2

**034.68619.M** KG 335 DIN 276
Abstoßen Farbanstrich auf Holzfenster, große Schäden
EP 11,59 DM/m2  LA 10,03 DM/m2  ST 1,56 DM/m2
EP 5,93 €/m2  LA 5,13 €/m2  ST 0,80 €/m2

**034.68620.M** KG 335 DIN 276
Abbeizen Lackfarbe auf Holzfenster
EP 17,99 DM/m2  LA 12,82 DM/m2  ST 5,17 DM/m2
EP 9,20 €/m2  LA 6,55 €/m2  ST 2,65 €/m2

**034.68621.M** KG 335 DIN 276
Abbeizen und Nachwaschen Lasur auf Holzfenster
EP 36,30 DM/m2  LA 23,62 DM/m2  ST 12,68 DM/m2
EP 18,56 €/m2  LA 12,08 €/m2  ST 6,48 €/m2

# LB 034 Maler- und Lackierarbeiten
## Entfernen von Wandbekleidungen; Vorarbeiten Innenputzflächen

AW 034
Preise 06.01

Sämtliche Preise sind **Mittelpreise ohne Mehrwertsteuer** zum Zeitpunkt des Ausgabedatums.
**Korrekturfaktoren** für Regionaleinfluss, Mengeneinfluss, Konjunktureinfluss siehe Vorspann..
**Abkürzungen:** EP = Einheitspreis, LA = Lohnanteil, ST = Stoffanteil

## Entfernen von Wandbekleidungen

034.-----.-

|  |  |  |
|---|---|---|
| 034.78001.M | Raufasertapete entfernen, einfach überstrichen | 8,16 DM/m2 / 4,17 €/m2 |
| 034.78002.M | Raufasertapete entfernen, mehrfach überstrichen | 10,96 DM/m2 / 5,60 €/m2 |
| 034.78101.M | Tapete entfernen, wischbeständig, 2lagig | 11,55 DM/m2 / 5,91 €/m2 |
| 034.78102.M | Tapete entfernen, waschbeständig, 3lagig | 12,51 DM/m2 / 6,40 €/m2 |
| 034.78103.M | Tapete entfernen, mit Papiermakulatur | 13,10 DM/m2 / 6,70 €/m2 |
| 034.78201.M | Kunststoff-Wandplatten entfernen | 12,63 DM/m2 / 6,46 €/m2 |
| 034.78202.M | Kunststoff-Deckenplatten entfernen | 14,25 DM/m2 / 7,29 €/m2 |

**034.78001.M** KG 345 DIN 276
Raufasertapete entfernen, einfach überstrichen
EP 8,16 DM/m2   LA 7,77 DM/m2   ST 0,39 DM/m2
EP 4,17 €/m2    LA 3,97 €/m2    ST 0,20 €/m2

**034.78002.M** KG 345 DIN 276
Raufasertapete entfernen, mehrfach überstrichen
EP 10,96 DM/m2  LA 10,35 DM/m2  ST 0,61 DM/m2
EP 5,60 €/m2    LA 5,29 €/m2    ST 0,31 €/m2

**034.78101.M** KG 345 DIN 276
Tapete entfernen, wischbeständig, 2lagig
EP 11,55 DM/m2  LA 11,00 DM/m2  ST 0,55 DM/m2
EP 5,91 €/m2    LA 5,63 €/m2    ST 0,28 €/m2

**034.78102.M** KG 345 DIN 276
Tapete entfernen, waschbeständig, 3lagig
EP 12,51 DM/m2  LA 11,64 DM/m2  ST 0,87 DM/m2
EP 6,40 €/m2    LA 5,95 €/m2    ST 0,45 €/m2

**034.78103.M** KG 345 DIN 276
Tapete entfernen, mit Papiermakulatur
EP 13,10 DM/m2  LA 12,29 DM/m2  ST 0,81 DM/m2
EP 6,70 €/m2    LA 6,29 €/m2    ST 0,41 €/m2

**034.78201.M** KG 345 DIN 276
Kunststoff-Wandplatten entfernen
EP 12,63 DM/m2  LA 11,64 DM/m2  ST 0,99 DM/m2
EP 6,46 €/m2    LA 5,95 €/m2    ST 0,51 €/m2

**034.78202.M** KG 353 DIN 276
Kunststoff-Deckenplatten entfernen
EP 14,25 DM/m2  LA 13,27 DM/m2  ST 0,98 DM/m2
EP 7,29 €/m2    LA 6,78 €/m2    ST 0,51 €/m2

## Vorarbeiten Innenputzflächen

034.-----.-

|  |  |  |
|---|---|---|
| 034.79501.M | Durchschlagende Stoffe absperren, ein Anstrich | 9,95 DM/m2 / 5,09 €/m2 |
| 034.79502.M | Durchschlagende Stoffe absperren, zwei Anstriche | 15,09 DM/m2 / 7,72 €/m2 |
| 034.79503.M | Aluminiumfolie kleben | 13,93 DM/m2 / 7,12 €/m2 |
| 034.79601.M | Fluatieren Innenputz | 3,08 DM/m2 / 1,57 €/m2 |
| 034.79602.M | Fluatieren Innenputz, zwei Anstriche | 6,20 DM/m2 / 3,17 €/m2 |
| 034.80301.M | Einzelriss, armieren und beispachteln, Breite bis 10 cm | 6,32 DM/m / 3,23 €/m |
| 034.80302.M | Einzelriss, armieren und beispachteln | 7,77 DM/m / 3,97 €/m |
| 034.80501.M | Malergewebe, als Zulage zum Spachteln 100 % | 9,17 DM/m2 / 4,69 €/m2 |
| 034.82501.M | Spachteln Innenputz, Dispersionsspachtel 10 % | 2,87 DM/m2 / 1,47 €/m2 |
| 034.82502.M | Spachteln Innenputz, Dispersionsspachtel 30 % | 6,31 DM/m2 / 3,23 €/m2 |
| 034.82503.M | Spachteln Innenputz, Dispersionsspachtel 100 % | 16,85 DM/m2 / 8,62 €/m2 |

**034.79501.M** KG 353 DIN 276
Durchschlagende Stoffe absperren, ein Anstrich
EP 9,95 DM/m2   LA 7,11 DM/m2   ST 2,84 DM/m2
EP 5,09 €/m2    LA 3,64 €/m2    ST 1,45 €/m2

**034.79502.M** KG 353 DIN 276
Durchschlagende Stoffe absperren, zwei Anstriche
EP 15,09 DM/m2  LA 10,68 DM/m2  ST 4,41 DM/m2
EP 7,72 €/m2    LA 5,46 €/m2    ST 2,26 €/m2

**034.79503.M** KG 345 DIN 276
Aluminiumfolie kleben
EP 13,93 DM/m2  LA 11,32 DM/m2  ST 2,61 DM/m2
EP 7,12 €/m2    LA 5,79 €/m2    ST 1,33 €/m2

**034.79601.M** KG 353 DIN 276
Fluatieren Innenputz
EP 3,08 DM/m2   LA 2,39 DM/m2   ST 0,69 DM/m2
EP 1,57 €/m2    LA 1,22 €/m2    ST 0,35 €/m2

**034.79602.M** KG 353 DIN 276
Fluatieren Innenputz, zwei Anstriche
EP 6,20 DM/m2   LA 5,37 DM/m2   ST 0,83 DM/m2
EP 3,17 €/m2    LA 2,75 €/m2    ST 0,42 €/m2

**034.80301.M** KG 353 DIN 276
Einzelriss, armieren und beispachteln, Breite bis 10 cm
EP 6,32 DM/m    LA 5,05 DM/m    ST 1,27 DM/m
EP 3,23 €/m     LA 2,58 €/m     ST 0,65 €/m

**034.80302.M** KG 353 DIN 276
Einzelriss, armieren und beispachteln
EP 7,77 DM/m    LA 5,43 DM/m    ST 2,34 DM/m
EP 3,97 €/m     LA 2,78 €/m     ST 1,19 €/m

**034.80501.M** KG 353 DIN 276
Malergewebe, als Zulage zum Spachteln 100 %
EP 9,17 DM/m2   LA 4,34 DM/m2   ST 4,83 DM/m2
EP 4,69 €/m2    LA 2,22 €/m2    ST 2,47 €/m2

**034.82501.M** KG 345 DIN 276
Spachteln Innenputz, Dispersionsspachtel 10 %
EP 2,87 DM/m2   LA 2,53 DM/m2   ST 0,34 DM/m2
EP 1,47 €/m2    LA 1,29 €/m2    ST 0,18 €/m2

**034.82502.M** KG 345 DIN 276
Spachteln Innenputz, Dispersionsspachtel 30 %
EP 6,31 DM/m2   LA 5,63 DM/m2   ST 0,68 DM/m2
EP 3,23 €/m2    LA 2,88 €/m2    ST 0,35 €/m2

**034.82503.M** KG 345 DIN 276
Spachteln Innenputz, Dispersionsspachtel 100 %
EP 16,85 DM/m2  LA 13,59 DM/m2  ST 3,26 DM/m2
EP 8,62 €/m2    LA 6,96 €/m2    ST 1,67 €/m2

# LB 034 Maler- und Lackierarbeiten
## Vorarbeiten: Außenputzflächen; Beton-; Metall-; Holzoberflächen

AW 034

Preise 06.01

Sämtliche Preise sind **Mittelpreise ohne Mehrwertsteuer** zum Zeitpunkt des Ausgabedatums.
**Korrekturfaktoren** für Regionaleinfluss, Mengeneinfluss, Konjunktureinfluss siehe Vorspann.
**Abkürzungen:** EP = Einheitspreis, LA = Lohnanteil, ST = Stoffanteil

### Vorarbeiten Außenputzflächen

034.-----.-

| | | |
|---|---|---|
| 034.79603.M Fluatieren Außenputz | | 4,59 DM/m2 |
| | | 2,35 €/m2 |
| 034.79604.M Fluatieren Außenputz, zwei Anstriche | | 7,78 DM/m2 |
| | | 3,98 €/m2 |
| 034.82504.M Spachteln Außenputz, Dispersionsspachtel 10 % | | 2,57 DM/m2 |
| | | 1,31 €/m2 |
| 034.82505.M Spachteln Außenputz, Dispersionsspachtel 30 % | | 6,01 DM/m2 |
| | | 3,07 €/m2 |
| 034.82506.M Spachteln Außenputz, Dispersionsspachtel 100 % | | 13,93 DM/m2 |
| | | 7,12 €/m2 |

034.79603.M   KG 335 DIN 276
Fluatieren Außenputz
EP 4,59 DM/m2   LA 3,76 DM/m2   ST 0,83 DM/m2
EP 2,35 €/m2    LA 1,92 €/m2    ST 0,43 €/m2

034.79604.M   KG 335 DIN 276
Fluatieren Außenputz, zwei Anstriche
EP 7,78 DM/m2   LA 6,79 DM/m2   ST 0,99 DM/m2
EP 3,98 €/m2    LA 3,47 €/m2    ST 0,51 €/m2

034.82504.M   KG 335 DIN 276
Spachteln Außenputz, Dispersionsspachtel 10 %
EP 2,57 DM/m2   LA 2,13 DM/m2   ST 0,44 DM/m2
EP 1,31 €/m2    LA 1,09 €/m2    ST 0,22 €/m2

034.82505.M   KG 335 DIN 276
Spachteln Außenputz, Dispersionsspachtel 30 %
EP 6,01 DM/m2   LA 4,98 DM/m2   ST 1,03 DM/m2
EP 3,07 €/m2    LA 2,55 €/m2    ST 0,52 €/m2

034.82506.M   KG 335 DIN 276
Spachteln Außenputz, Dispersionsspachtel 100 %
EP 13,93 DM/m2  LA 10,55 DM/m2  ST 3,38 DM/m2
EP  7,12 €/m2   LA  5,39 €/m2   ST 1,73 €/m2

**Hinweis:** Beim Fluatieren sind Glas- und andere Bauteile wirksam gegen Fluatspritzer zu schützen.

### Vorarbeiten Betonoberflächen

034.-----.-

| | | |
|---|---|---|
| 034.82507.M Spachteln Betonoberfläche, Feinspachtel 10% | | 2,67 DM/m2 |
| | | 1,36 €/m2 |
| 034.82508.M Spachteln Betonoberfläche, Feinspachtel 30% | | 6,35 DM/m2 |
| | | 3,25 €/m2 |
| 034.82509.M Spachteln Betonoberfläche, Feinspachtel 100% | | 15,82 DM/m2 |
| | | 8,09 €/m2 |

034.82507.M   KG 345 DIN 276
Spachteln Betonoberfläche, Feinspachtel 10%
EP 2,67 DM/m2   LA 1,94 DM/m2   ST 0,73 DM/m2
EP 1,36 €/m2    LA 0,99 €/m2    ST 0,37 €/m2

034.82508.M   KG 345 DIN 276
Spachteln Betonoberfläche, Feinspachtel 30%
EP 6,35 DM/m2   LA 4,21 DM/m2   ST 2,14 DM/m2
EP 3,25 €/m2    LA 2,15 €/m2    ST 1,10 €/m2

034.82509.M   KG 345 DIN 276
Spachteln Betonoberfläche, Feinspachtel 100%
EP 15,82 DM/m2  LA 8,74 DM/m2   ST 7,08 DM/m2
EP  8,09 €/m2   LA 4,47 €/m2    ST 3,62 €/m2

### Vorarbeiten Metalloberflächen

034.-----.-

| | | |
|---|---|---|
| 034.82510.M Spachteln Metall 30 % und schleifen | | 10,33 DM/m2 |
| | | 5,28 €/m2 |
| 034.82511.M Spachteln Metall 50 % und schleifen | | 13,60 DM/m2 |
| | | 6,95 €/m2 |
| 034.82512.M Spachteln Metall 100 % und schleifen | | 19,92 DM/m2 |
| | | 10,18 €/m2 |

034.82510.M   KG 349 DIN 276
Spachteln Metall 30 % und schleifen
EP 10,33 DM/m2  LA 8,29 DM/m2   ST 2,04 DM/m2
EP  5,28 €/m2   LA 4,24 €/m2    ST 1,04 €/m2

034.82511.M   KG 349 DIN 276
Spachteln Metall 50 % und schleifen
EP 13,60 DM/m2  LA 10,22 DM/m2  ST 3,38 DM/m2
EP  6,95 €/m2   LA  5,23 €/m2   ST 1,72 €/m2

034.82512.M   KG 349 DIN 276
Spachteln Metall 100 % und schleifen
EP 19,92 DM/m2  LA 12,69 DM/m2  ST 7,23 DM/m2
EP 10,18 €/m2   LA  6,49 €/m2   ST 3,69 €/m2

### Vorarbeiten Holzoberflächen

034.-----.-

| | | |
|---|---|---|
| 034.79001.M Holzfenster, Beschlag entrosten und Rostschutz | | 5,07 DM/St |
| | | 2,59 €/St |
| 034.79002.M Holzfenster, Kittfalz ausbessern | | 7,06 DM/m |
| | | 3,61 €/m |
| 034.82513.M Spachteln Holz, Kunstharzspachtel 10 % und schleifen | | 3,89 DM/m2 |
| | | 1,99 €/m2 |
| 034.82514.M Spachteln Holz, Kunstharzspachtel 30 % und schleifen | | 10,36 DM/m2 |
| | | 5,30 €/m2 |
| 034.82515.M Spachteln Holz, Kunstharzspachtel 100 % und schleifen | | 24,15 DM/m2 |
| | | 12,35 €/m2 |

034.79001.M   KG 335 DIN 276
Holzfenster, Beschlag entrosten und Rostschutz
EP 5,07 DM/St   LA 4,53 DM/St   ST 0,54 DM/St
EP 2,59 €/St    LA 2,32 €/St    ST 0,27 €/St

034.79002.M   KG 335 DIN 276
Holzfenster, Kittfalz ausbessern
EP 7,06 DM/m    LA 5,50 DM/m    ST 1,56 DM/m
EP 3,61 €/m     LA 2,81 €/m     ST 0,80 €/m

034.82513.M   KG 335 DIN 276
Spachteln Holz, Kunstharzspachtel 10 % und schleifen
EP 3,89 DM/m2   LA 2,32 DM/m2   ST 1,57 DM/m2
EP 1,99 €/m2    LA 1,19 €/m2    ST 0,80 €/m2

034.82514.M   KG 335 DIN 276
Spachteln Holz, Kunstharzspachtel 30 % und schleifen
EP 10,36 DM/m2  LA 8,22 DM/m2   ST 2,14 DM/m2
EP  5,30 €/m2   LA 4,20 €/m2    ST 1,10 €/m2

034.82515.M   KG 335 DIN 276
Spachteln Holz, Kunstharzspachtel 100 % und schleifen
EP 24,15 DM/m2  LA 15,40 DM/m2  ST 8,75 DM/m2
EP 12,35 €/m2   LA  7,87 €/m2   ST 4,48 €/m2

# LB 034 Maler- und Lackierarbeiten
## Grundanstriche: auf Putz; auf Holz; auf Metall

Sämtliche Preise sind **Mittelpreise ohne Mehrwertsteuer** zum Zeitpunkt des Ausgabedatums.
**Korrekturfaktoren** für Regionaleinfluss, Mengeneinfluss, Konjunktureinfluss siehe Vorspann..
Abkürzungen: EP = Einheitspreis, LA = Lohnanteil, ST = Stoffanteil

### Grundanstriche auf Putz

034.-----.-

| | | |
|---|---|---|
| 034.85501.M Grundanstrich Putz, Tiefgrund, lösemittelverdünnbar | | 5,36 DM/m2 |
| | | 2,74 €/m2 |
| 034.85502.M Grundanstrich Putz, Tiefgrund, wasserverdünnbar | | 5,46 DM/m2 |
| | | 2,79 €/m2 |
| 034.85503.M Grundanstrich Putz, Putzgrund, wasserverdünnbar | | 5,78 DM/m2 |
| | | 2,96 €/m2 |
| 034.85504.M Grundanstrich Putz, pigment. Putzgrund, wasserverdünnb. | | 5,58 DM/m2 |
| | | 2,85 €/m2 |
| 034.85505.M Grundanstrich Putz, pigment. Tiefgrund, lösemittelverd. | | 6,61 DM/m2 |
| | | 3,38 €/m2 |

**034.85501.M**    KG 335 DIN 276
Grundanstrich Putz, Tiefgrund, lösemittelverdünnbar
EP 5,36 DM/m2    LA 4,53 DM/m2    ST 0,83 DM/m2
EP 2,74 €/m2    LA 2,31 €/m2    ST 0,42 €/m2

**034.85502.M**    KG 335 DIN 276
Grundanstrich Putz, Tiefgrund, wasserverdünnbar
EP 5,46 DM/m2    LA 4,53 DM/m2    ST 0,93 DM/m2
EP 2,79 €/m2    LA 2,32 €/m2    ST 0,47 €/m2

**034.85503.M**    KG 335 DIN 276
Grundanstrich Putz, Putzgrund, wasserverdünnbar
EP 5,78 DM/m2    LA 4,85 DM/m2    ST 0,93 DM/m2
EP 2,96 €/m2    LA 2,48 €/m2    ST 0,48 €/m2

**034.85504.M**    KG 335 DIN 276
Grundanstrich Putz, pigment. Putzgrund, wasserverdünnb.
EP 5,58 DM/m2    LA 4,21 DM/m2    ST 1,37 DM/m2
EP 2,85 €/m2    LA 2,15 €/m2    ST 0,70 €/m2

**034.85505.M**    KG 335 DIN 276
Grundanstrich Putz, pigment. Tiefgrund, lösemittelverd.
EP 6,61 DM/m2    LA 4,85 DM/m2    ST 1,76 DM/m2
EP 3,38 €/m2    LA 2,48 €/m2    ST 0,90 €/m2

### Grundanstriche auf Holz

034.-----.-

| | | |
|---|---|---|
| 034.85506.M Grundanstrich Holztüren/Bekleidungen, Alkydharz-Lackf. | | 10,18 DM/m2 |
| | | 5,21 €/m2 |
| 034.85507.M Grundanstrich Holztüren/Bekleidungen, Disp.-Holzprimer | | 11,15 DM/m2 |
| | | 5,70 €/m2 |
| 034.85508.M Grundanstrich Holztüren/Bekleidungen, KH-Grundierung | | 11,92 DM/m2 |
| | | 6,10 €/m2 |
| 034.85509.M Grundanstrich Holztüren/Bekleidungen, Disp.-Vorlack | | 12,40 DM/m2 |
| | | 6,34 €/m2 |
| 034.85510.M Grundanstrich Holzfenster, Bläueschutz | | 9,65 DM/m2 |
| | | 4,93 €/m2 |
| 034.85511.M Grundanstrich Holzfenster, Dispersions-Holzprimer | | 9,79 DM/m2 |
| | | 5,01 €/m2 |
| 034.85512.M Grundanstrich Holzfenster, Alkydharz-Lackfarbe | | 10,17 DM/m2 |
| | | 5,20 €/m2 |
| 034.85513.M Grundanstrich Holzfenster, Dispersions-Lackfarbe | | 11,46 DM/m2 |
| | | 5,86 €/m2 |
| 034.85514.M Grundanstrich Holzfenster, Kunstharz-Fenstergrund | | 12,70 DM/m2 |
| | | 6,49 €/m2 |

**034.85506.M**    KG 345 DIN 276
Grundanstrich Holztüren/Bekleidungen, Alkydharz-Lackf.
EP 10,18 DM/m2    LA 8,03 DM/m2    ST 2,15 DM/m2
EP 5,21 €/m2    LA 4,10 €/m2    ST 1,11 €/m2

**034.85507.M**    KG 345 DIN 276
Grundanstrich Holztüren/Bekleidungen, Disp.-Holzprimer
EP 11,15 DM/m2    LA 9,19 DM/m2    ST 1,96 DM/m2
EP 5,70 €/m2    LA 4,70 €/m2    ST 1,00 €/m2

**034.85508.M**    KG 345 DIN 276
Grundanstrich Holztüren/Bekleidungen, KH-Grundierung
EP 11,92 DM/m2    LA 10,35 DM/m2    ST 1,57 DM/m2
EP 6,10 €/m2    LA 5,29 €/m2    ST 0,81 €/m2

**034.85509.M**    KG 345 DIN 276
Grundanstrich Holztüren/Bekleidungen, Disp.-Vorlack
EP 12,40 DM/m2    LA 9,71 DM/m2    ST 2,69 DM/m2
EP 6,34 €/m2    LA 4,96 €/m2    ST 1,38 €/m2

**034.85510.M**    KG 335 DIN 276
Grundanstrich Holzfenster, Bläueschutz
EP 9,65 DM/m2    LA 9,06 DM/m2    ST 0,59 DM/m2
EP 4,93 €/m2    LA 4,63 €/m2    ST 0,30 €/m2

**034.85511.M**    KG 335 DIN 276
Grundanstrich Holzfenster, Dispersions-Holzprimer
EP 9,79 DM/m2    LA 8,61 DM/m2    ST 1,18 DM/m2
EP 5,01 €/m2    LA 4,40 €/m2    ST 0,61 €/m2

**034.85512.M**    KG 335 DIN 276
Grundanstrich Holzfenster, Alkydharz-Lackfarbe
EP 10,17 DM/m2    LA 8,80 DM/m2    ST 1,37 DM/m2
EP 5,20 €/m2    LA 4,50 €/m2    ST 0,70 €/m2

**034.85513.M**    KG 335 DIN 276
Grundanstrich Holzfenster, Dispersions-Lackfarbe
EP 11,46 DM/m2    LA 9,84 DM/m2    ST 1,62 DM/m2
EP 5,86 €/m2    LA 5,03 €/m2    ST 0,83 €/m2

**034.85514.M**    KG 335 DIN 276
Grundanstrich Holzfenster, Kunstharz-Fenstergrund
EP 12,70 DM/m2    LA 11,32 DM/m2    ST 1,38 DM/m2
EP 6,49 €/m2    LA 5,79 €/m2    ST 0,70 €/m2

### Grundanstriche auf Metall

034.-----.-

| | | |
|---|---|---|
| 034.85515.M Grundanstrich Metall, Zinkhaftfarbe | | 9,36 DM/m2 |
| | | 4,79 €/m2 |
| 034.85516.M Grundanstrich Metall, Alkydharz-Mennige | | 10,16 DM/m2 |
| | | 5,19 €/m2 |
| 034.85517.M Grundanstrich Metall, Alkydharz-Zinkchromat | | 11,37 DM/m2 |
| | | 5,81 €/m2 |
| 034.85518.M Grundanstrich Metall, Chlorkautschuk-Mennige | | 12,68 DM/m2 |
| | | 6,48 €/m2 |
| 034.85519.M Grundanstrich Metall, 1 Komponenten-Zinkstaubfarbe | | 15,14 DM/m2 |
| | | 7,74 €/m2 |

**034.85515.M**    KG 339 DIN 276
Grundanstrich Metall, Zinkhaftfarbe
EP 9,36 DM/m2    LA 5,50 DM/m2    ST 3,86 DM/m2
EP 4,79 €/m2    LA 2,81 €/m2    ST 1,98 €/m2

**034.85516.M**    KG 339 DIN 276
Grundanstrich Metall, Alkydharz-Mennige
EP 10,16 DM/m2    LA 5,31 DM/m2    ST 4,85 DM/m2
EP 5,19 €/m2    LA 2,72 €/m2    ST 2,47 €/m2

**034.85517.M**    KG 339 DIN 276
Grundanstrich Metall, Alkydharz-Zinkchromat
EP 11,37 DM/m2    LA 5,05 DM/m2    ST 6,32 DM/m2
EP 5,81 €/m2    LA 2,58 €/m2    ST 3,23 €/m2

**034.85518.M**    KG 339 DIN 276
Grundanstrich Metall, Chlorkautschuk-Mennige
EP 12,68 DM/m2    LA 5,24 DM/m2    ST 7,44 DM/m2
EP 6,48 €/m2    LA 2,68 €/m2    ST 3,80 €/m2

**034.85519.M**    KG 339 DIN 276
Grundanstrich Metall, 1 Komponenten-Zinkstaubfarbe
EP 15,14 DM/m2    LA 4,85 DM/m2    ST 10,29 DM/m2
EP 7,74 €/m2    LA 2,48 €/m2    ST 5,26 €/m2

# LB 034 Maler- und Lackierarbeiten
## Anstriche: auf Raufasertapeten; auf Innenputz

AW 034

Preise 06.01

Sämtliche Preise sind **Mittelpreise ohne Mehrwertsteuer** zum Zeitpunkt des Ausgabedatums.
**Korrekturfaktoren** für Regionaleinfluss, Mengeneinfluss, Konjunktureinfluss siehe Vorspann.
**Abkürzungen:** EP = Einheitspreis, LA = Lohnanteil, ST = Stoffanteil

### Anstriche auf Raufasertapeten

034.-----.-

|  |  |  |
|---|---|---|
| 034.86901.M | Anstrich Raufasertapete, Struktur fein, 1 x Dispers. | 4,75 DM/m2 / 2,43 €/m2 |
| 034.86902.M | Anstrich Raufasertapete, Struktur mittel, 1 x Dispers. | 6,15 DM/m2 / 3,15 €/m2 |
| 034.86903.M | Anstrich Raufasertapete, Struktur grob, 1 x Dispers. | 7,34 DM/m2 / 3,76 €/m2 |
| 034.86904.M | Anstrich Raufasertapete, Struktur fein, 2 x Dispers. | 7,77 DM/m2 / 3,97 €/m2 |
| 034.86905.M | Anstrich Raufasertapete, Struktur mittel, 2 x Dispers. | 8,85 DM/m2 / 4,52 €/m2 |
| 034.86906.M | Anstrich Raufasertapete, Struktur grob, 2 x Dispers. | 10,73 DM/m2 / 5,49 €/m2 |

**034.86901.M** KG 345 DIN 276
Anstrich Raufasertapete, Struktur fein, 1 x Dispers.
EP 4,75 DM/m2   LA 4,21 DM/m2   ST 0,54 DM/m2
EP 2,43 €/m2    LA 2,15 €/m2    ST 0,28 €/m2

**034.86902.M** KG 345 DIN 276
Anstrich Raufasertapete, Struktur mittel, 1 x Dispers.
EP 6,15 DM/m2   LA 5,50 DM/m2   ST 0,65 DM/m2
EP 3,15 €/m2    LA 2,81 €/m2    ST 0,34 €/m2

**034.86903.M** KG 345 DIN 276
Anstrich Raufasertapete, Struktur grob, 1 x Dispers.
EP 7,34 DM/m2   LA 6,47 DM/m2   ST 0,87 DM/m2
EP 3,76 €/m2    LA 3,31 €/m2    ST 0,45 €/m2

**034.86904.M** KG 345 DIN 276
Anstrich Raufasertapete, Struktur fein, 2 x Dispers.
EP 7,77 DM/m2   LA 7,11 DM/m2   ST 0,66 DM/m2
EP 3,97 €/m2    LA 3,64 €/m2    ST 0,33 €/m2

**034.86905.M** KG 345 DIN 276
Anstrich Raufasertapete, Struktur mittel, 2 x Dispers.
EP 8,85 DM/m2   LA 8,09 DM/m2   ST 0,76 DM/m2
EP 4,52 €/m2    LA 4,13 €/m2    ST 0,39 €/m2

**034.86906.M** KG 345 DIN 276
Anstrich Raufasertapete, Struktur grob, 2 x Dispers.
EP 10,73 DM/m2  LA 9,71 DM/m2   ST 1,02 DM/m2
EP  5,49 €/m2   LA 4,96 €/m2    ST 0,53 €/m2

### Anstriche auf Innenputz

034.-----.-

|  |  |  |
|---|---|---|
| 034.87001.M | Innenanstrich auf Putz, 1 x Kalkfarbe | 4,86 DM/m2 / 2,48 €/m2 |
| 034.87002.M | Innenanstrich auf Putz, 1 x Latexfarbe | 5,20 DM/m2 / 2,66 €/m2 |
| 034.87003.M | Innenanstrich auf Putz, 1 x Dispersion | 5,49 DM/m2 / 2,81 €/m2 |
| 034.87004.M | Innenanstrich auf Putz, 1 x Dispersion, sattgetönt | 7,80 DM/m2 / 3,99 €/m2 |
| 034.87005.M | Innenanstrich auf Putz, 1 x Dispersions-Silikatfarbe | 6,08 DM/m2 / 3,11 €/m2 |
| 034.87006.M | Innenanstrich auf Putz, 1 x Emulsion | 6,55 DM/m2 / 3,35 €/m2 |
| 034.87007.M | Innenanstrich auf Putz, Vorleimen + 1 x Leimfarbe | 7,77 DM/m2 / 3,97 €/m2 |
| 034.87008.M | Innenanstrich auf Putz, 1 x Kunstharzlackfarbe | 13,07 DM/m2 / 6,68 €/m2 |
| 034.87009.M | Innenanstrich auf Putz, 2 x Kalkfarbe | 9,28 DM/m2 / 4,74 €/m2 |
| 034.87010.M | Innenanstrich auf Putz, 2 x Latexfarbe | 9,63 DM/m2 / 4,92 €/m2 |
| 034.87011.M | Innenanstrich auf Putz, 2 x Dispersion | 8,40 DM/m2 / 4,29 €/m2 |
| 034.87012.M | Innenanstrich auf Putz, 2 x Dispersion, sattgetönt | 11,79 DM/m2 / 6,03 €/m2 |
| 034.87013.M | Innenanstrich auf Putz, 2 x Dispersions-Silikatfarbe | 10,85 DM/m2 / 5,55 €/m2 |
| 034.87014.M | Innenanstrich auf Putz, 2 x Emulsion | 9,88 DM/m2 / 5,05 €/m2 |
| 034.87015.M | Innenanstrich auf Putz, 2 x Kunstharzlackfarbe | 19,68 DM/m2 / 10,06 €/m2 |
| 034.87016.M | Innenanstrich auf Putz, 3 x Kalkfarbe | 13,72 DM/m2 / 7,01 €/m2 |
| 034.87017.M | Innenbeschichtung auf Putz,Tiefgrund+2x KH-Putz, 1,5 mm | 35,05 DM/m2 / 17,92 €/m2 |
| 034.87018.M | Innenbeschichtung auf Putz,Tiefgrund+2x KH-Putz, 2,5 mm | 39,60 DM/m2 / 20,25 €/m2 |

**034.87001.M** KG 345 DIN 276
Innenanstrich auf Putz, 1 x Kalkfarbe
EP 4,86 DM/m2   LA 3,88 DM/m2   ST 0,98 DM/m2
EP 2,48 €/m2    LA 1,98 €/m2    ST 0,50 €/m2

**034.87002.M** KG 345 DIN 276
Innenanstrich auf Putz, 1 x Latexfarbe
EP 5,20 DM/m2   LA 4,21 DM/m2   ST 0,99 DM/m2
EP 2,66 €/m2    LA 2,15 €/m2    ST 0,51 €/m2

**034.87003.M** KG 345 DIN 276
Innenanstrich auf Putz, 1 x Dispersion
EP 5,49 DM/m2   LA 4,60 DM/m2   ST 0,89 DM/m2
EP 2,81 €/m2    LA 2,35 €/m2    ST 0,46 €/m2

**034.87004.M** KG 345 DIN 276
Innenanstrich auf Putz, 1 x Dispersion, sattgetönt
EP 7,80 DM/m2   LA 6,47 DM/m2   ST 1,33 DM/m2
EP 3,99 €/m2    LA 3,31 €/m2    ST 0,68 €/m2

**034.87005.M** KG 345 DIN 276
Innenanstrich auf Putz, 1 x Dispersions-Silikatfarbe
EP 6,08 DM/m2   LA 4,85 DM/m2   ST 1,23 DM/m2
EP 3,11 €/m2    LA 2,48 €/m2    ST 0,63 €/m2

**034.87006.M** KG 345 DIN 276
Innenanstrich auf Putz, 1 x Emulsion
EP 6,55 DM/m2   LA 4,79 DM/m2   ST 1,76 DM/m2
EP 3,35 €/m2    LA 2,45 €/m2    ST 0,90 €/m2

**034.87007.M** KG 345 DIN 276
Innenanstrich auf Putz, Vorleimen + 1 x Leimfarbe
EP 7,77 DM/m2   LA 6,92 DM/m2   ST 0,85 DM/m2
EP 3,97 €/m2    LA 3,54 €/m2    ST 0,43 €/m2

**034.87008.M** KG 345 DIN 276
Innenanstrich auf Putz, 1 x Kunstharzlackfarbe
EP 13,07 DM/m2  LA 10,80 DM/m2  ST 2,27 DM/m2
EP  6,68 €/m2   LA  5,52 €/m2   ST 1,16 €/m2

**034.87009.M** KG 345 DIN 276
Innenanstrich auf Putz, 2 x Kalkfarbe
EP 9,28 DM/m2   LA 7,11 DM/m2   ST 2,17 DM/m2
EP 4,74 €/m2    LA 3,64 €/m2    ST 1,10 €/m2

**034.87010.M** KG 345 DIN 276
Innenanstrich auf Putz, 2 x Latexfarbe
EP 9,63 DM/m2   LA 7,77 DM/m2   ST 1,86 DM/m2
EP 4,92 €/m2    LA 3,97 €/m2    ST 0,95 €/m2

**034.87011.M** KG 345 DIN 276
Innenanstrich auf Putz, 2 x Dispersion
EP 8,40 DM/m2   LA 7,11 DM/m2   ST 1,29 DM/m2
EP 4,29 €/m2    LA 3,64 €/m2    ST 0,65 €/m2

**034.87012.M** KG 345 DIN 276
Innenanstrich auf Putz, 2 x Dispersion, sattgetönt
EP 11,79 DM/m2  LA 10,03 DM/m2  ST 1,76 DM/m2
EP  6,03 €/m2   LA  5,13 €/m2   ST 0,90 €/m2

**034.87013.M** KG 345 DIN 276
Innenanstrich auf Putz, 2 x Dispersions-Silikatfarbe
EP 10,85 DM/m2  LA 8,74 DM/m2   ST 2,11 DM/m2
EP  5,55 €/m2   LA 4,47 €/m2    ST 1,08 €/m2

**034.87014.M** KG 345 DIN 276
Innenanstrich auf Putz, 2 x Emulsion
EP 9,88 DM/m2   LA 7,37 DM/m2   ST 2,51 DM/m2
EP 5,05 €/m2    LA 3,77 €/m2    ST 1,28 €/m2

**034.87015.M** KG 345 DIN 276
Innenanstrich auf Putz, 2 x Kunstharzlackfarbe
EP 19,68 DM/m2  LA 15,85 DM/m2  ST 3,83 DM/m2
EP 10,06 €/m2   LA  8,10 €/m2   ST 1,96 €/m2

**034.87016.M** KG 345 DIN 276
Innenanstrich auf Putz, 3 x Kalkfarbe
EP 13,72 DM/m2  LA 10,68 DM/m2  ST 3,04 DM/m2
EP  7,01 €/m2   LA  5,46 €/m2   ST 1,55 €/m2

**034.87017.M** KG 345 DIN 276
Innenbeschichtung auf Putz,Tiefgrund+2x KH-Putz, 1,5 mm
EP 35,05 DM/m2  LA 25,24 DM/m2  ST 9,81 DM/m2
EP 17,92 €/m2   LA 12,91 €/m2   ST 5,01 €/m2

**034.87018.M** KG 345 DIN 276
Innenbeschichtung auf Putz,Tiefgrund+2x KH-Putz, 2,5 mm
EP 39,60 DM/m2  LA 27,83 DM/m2  ST 11,77 DM/m2
EP 20,25 €/m2   LA 14,23 €/m2   ST  6,02 €/m2

AW 034

## LB 034 Maler- und Lackierarbeiten
### Anstriche auf Außenputz

Preise 06.01

Sämtliche Preise sind **Mittelpreise ohne Mehrwertsteuer** zum Zeitpunkt des Ausgabedatums.
**Korrekturfaktoren** für Regionaleinfluss, Mengeneinfluss, Konjunktureinfluss siehe Vorspann.
**Abkürzungen:** EP = Einheitspreis, LA = Lohnanteil, ST = Stoffanteil

### Anstriche auf Außenputz

034.-----.-

| | | |
|---|---|---|
| 034.87019.M | Außenanstrich Wandputz, 1 x Silikatfarbe | 6,37 DM/m2 |
| | | 3,26 €/m2 |
| 034.87020.M | Außenanstrich Wandputz, 1 x Dispersion | 9,62 DM/m2 |
| | | 4,92 €/m2 |
| 034.87021.M | Außenanstrich Wandputz, 1 x Dispersion, sattgetönt | 13,93 DM/m2 |
| | | 7,12 €/m2 |
| 034.87022.M | Außenanstrich Wandputz, 1 x Fassaden-Füllfarbe | 9,93 DM/m2 |
| | | 5,08 €/m2 |
| 034.87023.M | Außenanstrich Wandputz, 1 x Latex-Fassadenfarbe | 10,06 DM/m2 |
| | | 5,14 €/m2 |
| 034.87024.M | Außenanstrich Wandputz, 2 x Silikatfarbe | 12,06 DM/m2 |
| | | 6,17 €/m2 |
| 034.87025.M | Außenanstrich Wandputz, 2 x Dispersion | 15,70 DM/m2 |
| | | 8,03 €/m2 |
| 034.87026.M | Außenanstrich Wandputz, 2 x Dispersion, sattgetönt | 22,59 DM/m2 |
| | | 11,55 €/m2 |
| 034.87027.M | Außenanstrich Wandputz, 2 x Fassaden-Füllfarbe | 18,75 DM/m2 |
| | | 9,59 €/m2 |
| 034.87028.M | Außenanstrich Wandputz, 2 x Latex-Fassadenfarbe | 18,80 DM/m2 |
| | | 9,61 €/m2 |
| 034.87029.M | Außenanstrich Wandputz, 2 x Acrylatanstrich | 17,70 DM/m2 |
| | | 9,05 €/m2 |
| 034.87030.M | Außenanstrich Wandputz, 2 x Kunstharzfarbe | 18,73 DM/m2 |
| | | 9,58 €/m2 |
| 034.87031.M | Außenanstrich Wandputz, 3 x Dispersion | 19,39 DM/m2 |
| | | 9,91 €/m2 |
| 034.87032.M | Außenanstrich Wandputz, 3 x Dispersion, sattgetönt | 27,41 DM/m2 |
| | | 14,02 €/m2 |
| 034.87033.M | Außenanstrich Wandputz, 3 x Kunstst.-Disp., sattgetönt | 24,17 DM/m2 |
| | | 12,36 €/m2 |
| 034.87034.M | Außenanstrich Wandputz, Silikon-Imprägnierung | 18,03 DM/m2 |
| | | 9,22 €/m2 |
| 034.87035.M | Außenanstrich Wandputz, glatt, 3 x Kunstst.-Disp., hellg. | 14,40 DM/m2 |
| | | 7,36 €/m2 |
| 034.87036.M | Außenanstrich Wandputz, rauh, 3 x Kunstst.-Disp., hellg. | 20,15 DM/m2 |
| | | 10,30 €/m2 |
| 034.87037.M | Außenbeschichtung auf Putz, Tiefgrund+2x KH-Putz, 1,5 mm | 39,78 DM/m2 |
| | | 20,34 €/m2 |
| 034.87038.M | Außenbeschichtung auf Putz, Tiefgrund+2x KH-Putz, 2,5 mm | 45,16 DM/m2 |
| | | 23,09 €/m2 |

034.87019.M  KG 335 DIN 276
Außenanstrich Wandputz, 1 x Silikatfarbe
EP 6,37 DM/m2   LA 4,66 DM/m2   ST 1,71 DM/m2
EP 3,26 €/m2    LA 2,38 €/m2    ST 0,88 €/m2

034.87020.M  KG 335 DIN 276
Außenanstrich Wandputz, 1 x Dispersion
EP 9,62 DM/m2   LA 6,92 DM/m2   ST 2,70 DM/m2
EP 4,92 €/m2    LA 3,54 €/m2    ST 1,38 €/m2

034.87021.M  KG 335 DIN 276
Außenanstrich Wandputz, 1 x Dispersion, sattgetönt
EP 13,93 DM/m2  LA 9,71 DM/m2   ST 4,22 DM/m2
EP 7,12 €/m2    LA 4,96 €/m2    ST 2,16 €/m2

034.87022.M  KG 335 DIN 276
Außenanstrich Wandputz, 1 x Fassaden-Füllfarbe
EP 9,93 DM/m2   LA 7,11 DM/m2   ST 2,82 DM/m2
EP 5,08 €/m2    LA 3,64 €/m2    ST 1,44 €/m2

034.87023.M  KG 335 DIN 276
Außenanstrich Wandputz, 1 x Latex-Fassadenfarbe
EP 10,06 DM/m2  LA 8,42 DM/m2   ST 1,64 DM/m2
EP 5,14 €/m2    LA 4,30 €/m2    ST 0,84 €/m2

034.87024.M  KG 335 DIN 276
Außenanstrich Wandputz, 2 x Silikatfarbe
EP 12,06 DM/m2  LA 9,13 DM/m2   ST 2,93 DM/m2
EP 6,17 €/m2    LA 4,67 €/m2    ST 1,50 €/m2

034.87025.M  KG 335 DIN 276
Außenanstrich Wandputz, 2 x Dispersion
EP 15,70 DM/m2  LA 12,42 DM/m2  ST 3,28 DM/m2
EP 8,03 €/m2    LA 6,35 €/m2    ST 1,68 €/m2

034.87026.M  KG 335 DIN 276
Außenanstrich Wandputz, 2 x Dispersion, sattgetönt
EP 22,59 DM/m2  LA 17,47 DM/m2  ST 5,12 DM/m2
EP 11,55 €/m2   LA 8,93 €/m2    ST 2,62 €/m2

034.87027.M  KG 335 DIN 276
Außenanstrich Wandputz, 2 x Fassaden-Füllfarbe
EP 18,75 DM/m2  LA 13,59 DM/m2  ST 5,16 DM/m2
EP 9,59 €/m2    LA 6,95 €/m2    ST 2,64 €/m2

034.87028.M  KG 335 DIN 276
Außenanstrich Wandputz, 2 x Latex-Fassadenfarbe
EP 18,80 DM/m2  LA 15,85 DM/m2  ST 2,95 DM/m2
EP 9,61 €/m2    LA 8,10 €/m2    ST 1,51 €/m2

034.87029.M  KG 335 DIN 276
Außenanstrich Wandputz, 2 x Acrylatanstrich
EP 17,70 DM/m2  LA 12,29 DM/m2  ST 5,41 DM/m2
EP 9,05 €/m2    LA 6,29 €/m2    ST 2,76 €/m2

034.87030.M  KG 335 DIN 276
Außenanstrich Wandputz, 2 x Kunstharzfarbe
EP 18,73 DM/m2  LA 14,11 DM/m2  ST 4,62 DM/m2
EP 9,58 €/m2    LA 7,21 €/m2    ST 2,37 €/m2

034.87031.M  KG 335 DIN 276
Außenanstrich Wandputz, 3 x Dispersion
EP 19,39 DM/m2  LA 15,08 DM/m2  ST 4,31 DM/m2
EP 9,91 €/m2    LA 7,71 €/m2    ST 2,20 €/m2

034.87032.M  KG 335 DIN 276
Außenanstrich Wandputz, 3 x Dispersion, sattgetönt
EP 27,41 DM/m2  LA 21,03 DM/m2  ST 6,38 DM/m2
EP 14,02 €/m2   LA 10,75 €/m2   ST 3,27 €/m2

034.87033.M  KG 335 DIN 276
Außenanstrich Wandputz, 3 x Kunstst.-Disp., sattgetönt
EP 24,17 DM/m2  LA 18,77 DM/m2  ST 5,40 DM/m2
EP 12,36 €/m2   LA 9,60 €/m2    ST 2,76 €/m2

034.87034.M  KG 335 DIN 276
Außenanstrich Wandputz, Silikon-Imprägnierung
EP 18,03 DM/m2  LA 10,22 DM/m2  ST 7,81 DM/m2
EP 9,22 €/m2    LA 5,23 €/m2    ST 3,99 €/m2

034.87035.M  KG 335 DIN 276
Außenanstrich Wandputz, glatt, 3 x Kunstst.-Disp., hellg.
EP 14,40 DM/m2  LA 11,32 DM/m2  ST 3,08 DM/m2
EP 7,36 €/m2    LA 5,79 €/m2    ST 1,57 €/m2

034.87036.M  KG 335 DIN 276
Außenanstrich Wandputz, rauh, 3 x Kunstst.-Disp., hellg.
EP 20,15 DM/m2  LA 15,53 DM/m2  ST 4,62 DM/m2
EP 10,30 €/m2   LA 7,94 €/m2    ST 2,36 €/m2

034.87037.M  KG 335 DIN 276
Außenbeschichtung auf Putz, Tiefgrund+2x KH-Putz, 1,5 mm
EP 39,78 DM/m2  LA 26,53 DM/m2  ST 13,25 DM/m2
EP 20,34 €/m2   LA 13,57 €/m2   ST 6,77 €/m2

034.87038.M  KG 335 DIN 276
Außenbeschichtung auf Putz, Tiefgrund+2x KH-Putz, 2,5 mm
EP 45,16 DM/m2  LA 28,48 DM/m2  ST 16,68 DM/m2
EP 23,09 €/m2   LA 14,56 €/m2   ST 8,53 €/m2

# LB 034 Maler- und Lackierarbeiten
## Anstriche: auf Holzbekleidungen/Holztüren; auf Fußbodenleisten aus Holz

AW 034

Preise 06.01

Sämtliche Preise sind **Mittelpreise ohne Mehrwertsteuer** zum Zeitpunkt des Ausgabedatums.
**Korrekturfaktoren** für Regionaleinfluss, Mengeneinfluss, Konjunktureinfluss siehe Vorspann.
**Abkürzungen:** EP = Einheitspreis, LA = Lohnanteil, ST = Stoffanteil

### Anstriche auf Holzbekleidungen/Holztüren

034.-----.-

|  |  |  |
|---|---|---|
| 034.87101.M | Anstrich auf Holz, 1 x Dispersions-Vorlack | 13,08 DM/m2 / 6,69 €/m2 |
| 034.87102.M | Anstrich auf Holz, 1 x Dispersions-Zwischenlack | 12,78 DM/m2 / 6,53 €/m2 |
| 034.87103.M | Anstrich auf Holz, 1 x Dispersions-Schlusslack | 16,09 DM/m2 / 8,23 €/m2 |
| 034.87104.M | Anstrich auf Holz, 1 x Dispersionslasur | 11,49 DM/m2 / 5,88 €/m2 |
| 034.87105.M | Anstrich auf Holz, 1 x Imprägnierlasur | 9,48 DM/m2 / 4,85 €/m2 |
| 034.87106.M | Anstrich auf Holz, 1 x Kunstharz-Vorlack | 10,21 DM/m2 / 5,22 €/m2 |
| 034.87107.M | Anstrich auf Holz, 1 x Kunstharz-Zwischenlack | 13,77 DM/m2 / 7,04 €/m2 |
| 034.87108.M | Anstrich auf Holz, 1 x Kunstharz-Klarlack | 9,97 DM/m2 / 5,10 €/m2 |
| 034.87109.M | Anstrich auf Holz, 1 x Kunstharz-Schlusslack | 13,01 DM/m2 / 6,65 €/m2 |
| 034.87110.M | Anstrich auf Holz, 1 x Lacklasur | 10,22 DM/m2 / 5,23 €/m2 |
| 034.87111.M | Anstrich auf Holz, 2 x Dispers.-Zwischenlack | 23,97 DM/m2 / 12,25 €/m2 |
| 034.87112.M | Anstrich auf Holz, 2 x Dispers.-Zwischenlack/ Schlusslack | 23,60 DM/m2 / 12,07 €/m2 |
| 034.87113.M | Anstrich auf Holz, 2 x Kunstharz-Vorlack/Zwischenlack | 19,41 DM/m2 / 9,92 €/m2 |
| 034.87114.M | Anstrich auf Holz, 2 x Kunstharz-Zwischenl./ Schlusslack | 26,91 DM/m2 / 13,76 €/m2 |
| 034.87115.M | Anstrich auf Holz, 2 x Kunstharz- Schlusslack | 24,84 DM/m2 / 12,70 €/m2 |

034.87101.M KG 340 DIN 276
Anstrich auf Holz, 1 x Dispersions-Vorlack
EP 13,08 DM/m2   LA 10,68 DM/m2   ST 2,40 DM/m2
EP  6,69 €/m2    LA  5,46 €/m2    ST 1,23 €/m2

034.87102.M KG 340 DIN 276
Anstrich auf Holz, 1 x Dispersions-Zwischenlack
EP 12,78 DM/m2   LA 10,03 DM/m2   ST 2,75 DM/m2
EP  6,53 €/m2    LA  5,13 €/m2    ST 1,40 €/m2

034.87103.M KG 340 DIN 276
Anstrich auf Holz, 1 x Dispersions-Schlusslack
EP 16,09 DM/m2   LA 12,95 DM/m2   ST 3,14 DM/m2
EP  8,23 €/m2    LA  6,62 €/m2    ST 1,61 €/m2

034.87104.M KG 340 DIN 276
Anstrich auf Holz, 1 x Dispersionslasur
EP 11,49 DM/m2   LA 9,38 DM/m2    ST 2,11 DM/m2
EP  5,88 €/m2    LA 4,80 €/m2     ST 1,08 €/m2

034.87105.M KG 340 DIN 276
Anstrich auf Holz, 1 x Imprägnierlasur
EP 9,48 DM/m2    LA 7,90 DM/m2    ST 1,58 DM/m2
EP 4,85 €/m2     LA 4,04 €/m2     ST 0,81 €/m2

034.87106.M KG 340 DIN 276
Anstrich auf Holz, 1 x Kunstharz-Vorlack
EP 10,21 DM/m2   LA 8,29 DM/m2    ST 1,92 DM/m2
EP  5,22 €/m2    LA 4,24 €/m2     ST 0,98 €/m2

034.87107.M KG 340 DIN 276
Anstrich auf Holz, 1 x Kunstharz-Zwischenlack
EP 13,77 DM/m2   LA 11,06 DM/m2   ST 2,71 DM/m2
EP  7,04 €/m2    LA  5,66 €/m2    ST 1,38 €/m2

034.87108.M KG 340 DIN 276
Anstrich auf Holz, 1 x Kunstharz-Klarlack
EP 9,97 DM/m2    LA 8,29 DM/m2    ST 1,68 DM/m2
EP 5,10 €/m2     LA 4,24 €/m2     ST 0,86 €/m2

034.87109.M KG 340 DIN 276
Anstrich auf Holz, 1 x Kunstharz- Schlusslack
EP 13,01 DM/m2   LA 11,13 DM/m2   ST 1,88 DM/m2
EP  6,65 €/m2    LA  5,69 €/m2    ST 0,96 €/m2

034.87110.M KG 340 DIN 276
Anstrich auf Holz, 1 x Lacklasur
EP 10,22 DM/m2   LA 8,54 DM/m2    ST 1,68 DM/m2
EP  5,23 €/m2    LA 4,36 €/m2     ST 0,87 €/m2

034.87111.M KG 340 DIN 276
Anstrich auf Holz, 2 x Dispers.-Zwischenlack
EP 23,97 DM/m2   LA 19,74 DM/m2   ST 4,23 DM/m2
EP 12,25 €/m2    LA 10,09 €/m2    ST 2,16 €/m2

034.87112.M KG 340 DIN 276
Anstrich auf Holz, 2 x Dispers.-Zwischenlack/ Schlusslack
EP 23,60 DM/m2   LA 18,77 DM/m2   ST 4,83 DM/m2
EP 12,07 €/m2    LA  9,60 €/m2    ST 2,47 €/m2

034.87113.M KG 340 DIN 276
Anstrich auf Holz, 2 x Kunstharz-Vorlack/Zwischenlack
EP 19,41 DM/m2   LA 15,92 DM/m2   ST 3,49 DM/m2
EP  9,92 €/m2    LA  8,14 €/m2    ST 1,78 €/m2

034.87114.M KG 340 DIN 276
Anstrich auf Holz, 2 x Kunstharz-Zwischenl./ Schlusslack
EP 26,91 DM/m2   LA 22,01 DM/m2   ST 4,90 DM/m2
EP 13,76 €/m2    LA 11,25 €/m2    ST 2,51 €/m2

034.87115.M KG 340 DIN 276
Anstrich auf Holz, 2 x Kunstharz- Schlusslack
EP 24,84 DM/m2   LA 21,35 DM/m2   ST 3,49 DM/m2
EP 12,70 €/m2    LA 10,92 €/m2    ST 1,78 €/m2

### Anstriche auf Fußbodenleisten aus Holz

034.-----.-

|  |  |  |
|---|---|---|
| 034.87126.M | Fußbodenleiste Holz, grundieren + 2 x lackieren | 7,18 DM/m / 3,67 €/m |

034.87126.M KG 352 DIN 276
Fußbodenleiste Holz, grundieren + 2 x lackieren
EP 7,18 DM/m    LA 5,50 DM/m    ST 1,68 DM/m
EP 3,67 €/m     LA 2,81 €/m     ST 0,86 €/m

AW 034

## LB 034 Maler- und Lackierarbeiten
### Anstriche: auf Holzfenster; auf Metall

Preise 06.01

Sämtliche Preise sind **Mittelpreise ohne Mehrwertsteuer** zum Zeitpunkt des Ausgabedatums.
**Korrekturfaktoren** für Regionaleinfluss, Mengeneinfluss, Konjunktureinfluss siehe Vorspann.
**Abkürzungen:** EP = Einheitspreis, LA = Lohnanteil, ST = Stoffanteil

### Anstriche auf Holzfenster

034.-----.-

|  |  |  |
|---|---|---|
| 034.87116.M | Anstrich Holzfenster, 1 x Dispersions-Vorlack | 12,66 DM/m2 / 6,47 €/m2 |
| 034.87117.M | Anstrich Holzfenster, 1 x Dispersions-Zwischenlack | 16,17 DM/m2 / 8,27 €/m2 |
| 034.87118.M | Anstrich Holzfenster, 1 x Dispersions-Schlusslack | 15,27 DM/m2 / 7,81 €/m2 |
| 034.87119.M | Anstrich Holzfenster, 1 x Kunstharz-Vorlack | 10,98 DM/m2 / 5,61 €/m2 |
| 034.87120.M | Anstrich Holzfenster, 1 x Kunstharz-Zwischenlack | 14,17 DM/m2 / 7,24 €/m2 |
| 034.87121.M | Anstrich Holzfenster, 1 x Kunstharz-Schlusslack | 13,19 DM/m2 / 6,74 €/m2 |
| 034.87122.M | Anstrich Holzfenster, 2 x Disp.-Zwischenlack/Schlussl. | 31,76 DM/m2 / 16,24 €/m2 |
| 034.87123.M | Anstrich Holzfenster, 2 x Kunstharz-Vorlack/Zwischenl. | 20,05 DM/m2 / 10,25 €/m2 |
| 034.87124.M | Anstrich Holzfenster, 2 x Kunstharz-Zwischenl./Schlussl. | 27,92 DM/m2 / 14,27 €/m2 |
| 034.87125.M | Anstrich Holzfenster, 2 x Kunstharz-Schlusslack | 25,75 DM/m2 / 13,17 €/m2 |

**034.87116.M**   KG 339 DIN 276
Anstrich Holzfenster, 1 x Dispersions-Vorlack
EP 12,66 DM/m2   LA 11,13 DM/m2   ST 1,53 DM/m2
EP   6,47 €/m2   LA   5,69 €/m2   ST 0,78 €/m2

**034.87117.M**   KG 339 DIN 276
Anstrich Holzfenster, 1 x Dispersions-Zwischenlack
EP 16,17 DM/m2   LA 13,91 DM/m2   ST 2,26 DM/m2
EP   8,27 €/m2   LA   7,11 €/m2   ST 1,16 €/m2

**034.87118.M**   KG 339 DIN 276
Anstrich Holzfenster, 1 x Dispersions-Schlusslack
EP 15,27 DM/m2   LA 13,59 DM/m2   ST 1,68 DM/m2
EP   7,81 €/m2   LA   6,95 €/m2   ST 0,86 €/m2

**034.87119.M**   KG 339 DIN 276
Anstrich Holzfenster, 1 x Kunstharz-Vorlack
EP 10,98 DM/m2   LA 9,06 DM/m2   ST 1,92 DM/m2
EP   5,61 €/m2   LA 4,63 €/m2   ST 0,98 €/m2

**034.87120.M**   KG 339 DIN 276
Anstrich Holzfenster, 1 x Kunstharz-Zwischenlack
EP 14,17 DM/m2   LA 11,77 DM/m2   ST 2,40 DM/m2
EP   7,24 €/m2   LA   6,02 €/m2   ST 1,22 €/m2

**034.87121.M**   KG 339 DIN 276
Anstrich Holzfenster, 1 x Kunstharz-Schlusslack
EP 13,19 DM/m2   LA 11,26 DM/m2   ST 1,93 DM/m2
EP   6,74 €/m2   LA   5,76 €/m2   ST 0,98 €/m2

**034.87122.M**   KG 339 DIN 276
Anstrich Holzfenster, 2 x Disp.-Zwischenlack/Schlussl.
EP 31,76 DM/m2   LA 27,83 DM/m2   ST 3,93 DM/m2
EP 16,24 €/m2   LA 14,23 €/m2   ST 2,01 €/m2

**034.87123.M**   KG 339 DIN 276
Anstrich Holzfenster, 2 x Kunstharz-Vorlack/Zwischenl.
EP 20,05 DM/m2   LA 17,34 DM/m2   ST 2,71 DM/m2
EP 10,25 €/m2   LA   8,87 €/m2   ST 1,38 €/m2

**034.87124.M**   KG 339 DIN 276
Anstrich Holzfenster, 2 x Kunstharz-Zwischenl./Schlussl.
EP 27,92 DM/m2   LA 23,49 DM/m2   ST 4,43 DM/m2
EP 14,27 €/m2   LA 12,01 €/m2   ST 2,26 €/m2

**034.87125.M**   KG 339 DIN 276
Anstrich Holzfenster, 2 x Kunstharz-Schlusslack
EP 25,75 DM/m2   LA 14,04 DM/m2   ST 11,71 DM/m2
EP 13,17 €/m2   LA   7,18 €/m2   ST   5,99 €/m2

### Anstriche auf Metall

034.-----.-

|  |  |  |
|---|---|---|
| 034.87201.M | Anstr. auf Metall, 1 x Korrosionsschutz-Grundbesch. | 9,41 DM/m2 / 4,81 €/m2 |
| 034.87202.M | Anstr. auf Metall, 1 x 2 Komp.-Grundierung, Grundbesch. | 12,69 DM/m2 / 6,49 €/m2 |
| 034.87203.M | Anstr. auf Metall, 1 x 2 Komp.-Grundierung, Zwischenb. | 11,21 DM/m2 / 5,73 €/m2 |
| 034.87204.M | Anstr. auf Metall, 1 x 2 Komp.-Lackfarbe, Schlussbesch. | 12,07 DM/m2 / 6,17 €/m2 |
| 034.87205.M | Anstr. auf Metall, 1 x Alkhydharz-Zwischenbeschichtung | 12,16 DM/m2 / 6,22 €/m2 |
| 034.87206.M | Anstr. auf Metall, 1 x Alkhydharz-Schlussbeschichtung | 9,83 DM/m2 / 5,03 €/m2 |
| 034.87207.M | Anstr. auf Metall, 1 x Chlorkautschuk-Schlussbeschicht. | 11,37 DM/m2 / 5,81 €/m2 |
| 034.87208.M | Anstr. auf Metall, 2 x 2 Komp.-Grundierung, Zwischenb. | 21,30 DM/m2 / 10,89 €/m2 |
| 034.87209.M | Anstr. auf Metall, 2 x Alkhydharz-Zwischenbeschichtung | 20,35 DM/m2 / 10,41 €/m2 |
| 034.87210.M | Heizkörper, grundiert, Schlussbeschichtung | 13,45 DM/m2 / 6,88 €/m2 |
| 034.87211.M | Heizkörper, grundieren und Schlussbeschichtung | 18,97 DM/m2 / 9,70 €/m2 |

**034.87201.M**   KG 349 DIN 276
Anstr. auf Metall, 1 x Korrosionsschutz-Grundbesch.
EP 9,41 DM/m2   LA 5,43 DM/m2   ST 3,98 DM/m2
EP 4,81 €/m2   LA 2,78 €/m2   ST 2,03 €/m2

**034.87202.M**   KG 349 DIN 276
Anstr. auf Metall, 1 x 2 Komp.-Grundierung, Grundbesch.
EP 12,69 DM/m2   LA 9,06 DM/m2   ST 3,63 DM/m2
EP   6,49 €/m2   LA 4,63 €/m2   ST 1,86 €/m2

**034.87203.M**   KG 349 DIN 276
Anstr. auf Metall, 1 x 2 Komp.-Grundierung, Zwischenb.
EP 11,21 DM/m2   LA 7,77 DM/m2   ST 3,44 DM/m2
EP   5,73 €/m2   LA 3,97 €/m2   ST 1,76 €/m2

**034.87204.M**   KG 349 DIN 276
Anstr. auf Metall, 1 x 2 Komp.-Lackfarbe, Schlussbesch.
EP 12,07 DM/m2   LA 7,77 DM/m2   ST 4,30 DM/m2
EP   6,17 €/m2   LA 3,97 €/m2   ST 2,20 €/m2

**034.87205.M**   KG 349 DIN 276
Anstr. auf Metall, 1 x Alkhydharz-Zwischenbeschichtung
EP 12,16 DM/m2   LA 7,90 DM/m2   ST 4,26 DM/m2
EP   6,22 €/m2   LA 4,04 €/m2   ST 2,18 €/m2

**034.87206.M**   KG 349 DIN 276
Anstr. auf Metall, 1 x Alkhydharz-Schlußbeschichtung
EP 9,83 DM/m2   LA 7,77 DM/m2   ST 2,06 DM/m2
EP 5,03 €/m2   LA 3,97 €/m2   ST 1,06 €/m2

**034.87207.M**   KG 349 DIN 276
Anstr. auf Metall, 1 x Chlorkautschuk-Schlussbeschicht.
EP 11,37 DM/m2   LA 7,44 DM/m2   ST 3,93 DM/m2
EP   5,81 €/m2   LA 3,81 €/m2   ST 2,00 €/m2

**034.87208.M**   KG 349 DIN 276
Anstr. auf Metall, 2 x 2 Komp.-Grundierung, Zwischenb.
EP 21,30 DM/m2   LA 12,95 DM/m2   ST 8,35 DM/m2
EP 10,89 €/m2   LA   6,62 €/m2   ST 4,27 €/m2

**034.87209.M**   KG 339 DIN 276
Anstr. auf Metall, 2 x Alkhydharz-Zwischenbeschichtung
EP 20,35 DM/m2   LA 13,59 DM/m2   ST 6,76 DM/m2
EP 10,41 €/m2   LA   6,95 €/m2   ST 3,46 €/m2

**034.87210.M**   KG 349 DIN 276
Heizkörper, grundiert, Schlussbeschichtung
EP 13,45 DM/m2   LA 9,58 DM/m2   ST 3,87 DM/m2
EP   6,88 €/m2   LA 4,90 €/m2   ST 1,98 €/m2

**034.87211.M**   KG 349 DIN 276
Heizkörper, grundieren und Schlussbeschichtung
EP 18,97 DM/m2   LA 12,69 DM/m2   ST 6,28 DM/m2
EP   9,70 €/m2   LA   6,49 €/m2   ST 3,21 €/m2

# LB 034 Maler- und Lackierarbeiten
## Anstriche: auf Rohrleitungen, Innenräume; außen

AW 034

Preise 06.01

Sämtliche Preise sind **Mittelpreise ohne Mehrwertsteuer** zum Zeitpunkt des Ausgabedatums.
**Korrekturfaktoren** für Regionaleinfluss, Mengeneinfluss, Konjunktureinfluss siehe Vorspann.
**Abkürzungen:** EP = Einheitspreis, LA = Lohnanteil, ST = Stoffanteil

### Anstriche auf Rohrleitungen, Innenräume

034.-----.-

|  |  |  |
|---|---|---|
| 034.46401.M | Rohrleitung innen, < 50 mm, 1 x Korrosionssch.-Grundb. | 1,60 DM/m  0,82 €/m |
| 034.46402.M | Rohrleitung innen, < 50 mm, 2 x KH-Zwischen./Schlussb. | 4,22 DM/m  2,16 €/m |
| 034.46403.M | Rohrleitung innen, 50-75 mm, 1 x Korrosionssch.-Grundb. | 2,35 DM/m  1,20 €/m |
| 034.46404.M | Rohrleitung innen, 50-75 mm, 2 x KH-Zwischen./Schlussb. | 6,59 DM/m  3,37 €/m |
| 034.46405.M | Rohrleitung innen, 75-95 mm, 1 x Korrosionssch.-Grundb. | 3,00 DM/m  1,53 €/m |
| 034.46406.M | Rohrleitung innen, 75-95 mm, 2 x KH-Zwischen./Schlussb. | 7,96 DM/m  4,07 €/m |

**034.46401.M**   KG 349 DIN 276
Rohrleitung innen, < 50 mm, 1 x Korrosionssch.-Grundb.
EP 1,60 DM/m   LA 0,97 DM/m   ST 0,63 DM/m
EP 0,82 €/m   LA 0,50 €/m   ST 0,32 €/m

**034.46402.M**   KG 349 DIN 276
Rohrleitung innen, < 50 mm, 2 x KH-Zwischen./Schlussb.
EP 4,22 DM/m   LA 3,24 DM/m   ST 0,98 DM/m
EP 2,16 €/m   LA 1,65 €/m   ST 0,51 €/m

**034.46403.M**   KG 349 DIN 276
Rohrleitung innen, 50-75 mm, 1 x Korrosionssch.-Grundb.
EP 2,35 DM/m   LA 1,42 DM/m   ST 0,93 DM/m
EP 1,20 €/m   LA 0,73 €/m   ST 0,47 €/m

**034.46404.M**   KG 349 DIN 276
Rohrleitung innen, 50-75 mm, 2 x KH-Zwischen./Schlussb.
EP 6,59 DM/m   LA 5,18 DM/m   ST 1,41 DM/m
EP 3,37 €/m   LA 2,65 €/m   ST 0,72 €/m

**034.46405.M**   KG 349 DIN 276
Rohrleitung innen, 75-95 mm, 1 x Korrosionssch.-Grundb.
EP 3,00 DM/m   LA 1,81 DM/m   ST 1,19 DM/m
EP 1,53 €/m   LA 0,93 €/m   ST 0,60 €/m

**034.46406.M**   KG 349 DIN 276
Rohrleitung innen, 75-95 mm, 2 x KH-Zwischen./Schlussb.
EP 7,96 DM/m   LA 6,15 DM/m   ST 1,81 DM/m
EP 4,07 €/m   LA 3,15 €/m   ST 0,92 €/m

### Anstriche auf Rohrleitungen, außen

034.-----.-

|  |  |  |
|---|---|---|
| 034.46407.M | Rohrleitung außen, < 50 mm, 1 x Korr.-schutz-Grundb. | 1,88 DM/m  0,96 €/m |
| 034.46408.M | Rohrleitung außen, < 50 mm, 2 x KH-Zwischenbesch. | 3,99 DM/m  2,04 €/m |
| 034.46409.M | Rohrleitung außen, < 50 mm, 1 x KH-Schlussbesch. | 2,19 DM/m  1,12 €/m |
| 034.46410.M | Rohrleitung außen, 50-75 mm, 1 x Korr.-schutz-Grundb. | 2,86 DM/m  1,46 €/m |
| 034.46411.M | Rohrleitung außen, 50-75 mm, 2 x KH-Zwischenbesch. | 5,92 DM/m  3,03 €/m |
| 034.46412.M | Rohrleitung außen, 50-75 mm, 1 x KH-Schlussbesch. | 3,32 DM/m  1,70 €/m |
| 034.46413.M | Rohrleitung außen, 75-95 mm, 1 x Korr.-schutz-Grundb. | 3,68 DM/m  1,88 €/m |
| 034.46414.M | Rohrleitung außen, 75-95 mm, 2 x KH-Zwischenbesch. | 7,56 DM/m  3,86 €/m |
| 034.46415.M | Rohrleitung außen, 75-95 mm, 1 x KH-Schlussbesch. | 4,22 DM/m  2,16 €/m |

**034.46407.M**   KG 339 DIN 276
Rohrleitung außen, < 50 mm, 1 x Korr.-schutz-Grundb.
EP 1,88 DM/m   LA 1,16 DM/m   ST 0,72 DM/m
EP 0,96 €/m   LA 0,59 €/m   ST 0,37 €/m

**034.46408.M**   KG 339 DIN 276
Rohrleitung außen, < 50 mm, 2 x KH-Zwischenbesch.
EP 3,99 DM/m   LA 2,72 DM/m   ST 1,27 DM/m
EP 2,04 €/m   LA 1,39 €/m   ST 0,65 €/m

**034.46409.M**   KG 339 DIN 276
Rohrleitung außen, < 50 mm, 1 x KH-Schlussbesch.
EP 2,19 DM/m   LA 1,42 DM/m   ST 0,77 DM/m
EP 1,12 €/m   LA 0,73 €/m   ST 0,39 €/m

**034.46410.M**   KG 339 DIN 276
Rohrleitung außen, 50-75 mm, 1 x Korr.-schutz-Grundb.
EP 2,86 DM/m   LA 1,74 DM/m   ST 1,12 DM/m
EP 1,46 €/m   LA 0,89 €/m   ST 0,57 €/m

**034.46411.M**   KG 339 DIN 276
Rohrleitung außen, 50-75 mm, 2 x KH-Zwischenbesch.
EP 5,92 DM/m   LA 4,08 DM/m   ST 1,84 DM/m
EP 3,03 €/m   LA 2,09 €/m   ST 0,94 €/m

**034.46412.M**   KG 339 DIN 276
Rohrleitung außen, 50-75 mm, 1 x KH-Schlussbesch.
EP 3,32 DM/m   LA 2,13 DM/m   ST 1,19 DM/m
EP 1,70 €/m   LA 1,09 €/m   ST 0,61 €/m

**034.46413.M**   KG 339 DIN 276
Rohrleitung außen, 75-95 mm, 1 x Korr.-schutz-Grundb.
EP 3,68 DM/m   LA 2,26 DM/m   ST 1,42 DM/m
EP 1,88 €/m   LA 1,16 €/m   ST 0,72 €/m

**034.46414.M**   KG 339 DIN 276
Rohrleitung außen, 75-95 mm, 2 x KH-Zwischenbesch.
EP 7,56 DM/m   LA 5,18 DM/m   ST 2,38 DM/m
EP 3,86 €/m   LA 2,65 €/m   ST 1,21 €/m

**034.46415.M**   KG 339 DIN 276
Rohrleitung außen, 75-95 mm, 1 x KH-Schlussbesch.
EP 4,22 DM/m   LA 2,72 DM/m   ST 1,50 DM/m
EP 2,16 €/m   LA 1,39 €/m   ST 0,77 €/m

# LB 034 Maler- und Lackierarbeiten
## Anstriche: auf Dachrinnen, Regenfallrohre

Sämtliche Preise sind **Mittelpreise ohne Mehrwertsteuer** zum Zeitpunkt des Ausgabedatums.
**Korrekturfaktoren** für Regionaleinfluss, Mengeneinfluss, Konjunktureinfluss siehe Vorspann.
Abkürzungen: EP = Einheitspreis, LA = Lohnanteil, ST = Stoffanteil

### Anstriche auf Dachrinnen, Regenfallrohre

034.-----.-

|  |  |  |
|---|---|---|
| 034.54101.M | Dachrinne, Stahl, < 250 mm, 1 x Zinkhaftfarbe Grundb. | 2,60 DM/m / 1,33 €/m |
| 034.54102.M | Dachrinne, Stahl, < 250 mm, 2 x Alkydharz-Zwischenb. | 3,96 DM/m / 2,02 €/m |
| 034.54103.M | Dachrinne, Stahl, < 250 mm, 1 x Alkydharz-Schlussb. | 2,58 DM/m / 1,32 €/m |
| 034.54104.M | Dachrinne, Stahl, 250-300 mm, 1 x Zinkhaftf. Grundb. | 3,26 DM/m / 1,67 €/m |
| 034.54105.M | Dachrinne, Stahl, 250-300 mm, 2 x Alkydharz-Zwischenb. | 5,27 DM/m / 2,69 €/m |
| 034.54106.M | Dachrinne, Stahl, 250-300 mm, 1 x Alkydharz-Schlussb. | 3,36 DM/m / 1,72 €/m |
| 034.54801.M | Regenfallrohr, Stahl, < 250 mm, 1x Zinkhaftf. Grundb. | 2,35 DM/m / 1,20 €/m |
| 034.54802.M | Regenfallrohr, Stahl, < 250 mm, 2x Alkydharz-Zwischenb. | 3,66 DM/m / 1,87 €/m |
| 034.54803.M | Regenfallrohr, Stahl, < 250 mm, 1x Alkydharz-Schlussb. | 2,33 DM/m / 1,19 €/m |
| 034.54804.M | Regenfallrohr, Stahl, 250-300 mm, 1x Zinkhaftf. Grundb. | 2,98 DM/m / 1,52 €/m |
| 034.54805.M | Regenfallrohr, Stahl, 250-300 mm, 2x Alkydharz-Zwischenb. | 4,78 DM/m / 2,44 €/m |
| 034.54806.M | Regenfallrohr, Stahl, 250-300 mm, 1x Alkydharz-Schlussb. | 3,04 DM/m / 1,55 €/m |

**034.54101.M**  KG 339 DIN 276
Dachrinne, Stahl, < 250 mm, 1 x Zinkhaftfarbe Grundb.
EP 2,60 DM/m   LA 1,61 DM/m   ST 0,99 DM/m
EP 1,33 €/m    LA 0,82 €/m    ST 0,51 €/m

**034.54102.M**  KG 339 DIN 276
Dachrinne, Stahl, < 250 mm, 2 x Alkydharz-Zwischenb.
EP 3,96 DM/m   LA 2,85 DM/m   ST 1,11 DM/m
EP 2,02 €/m    LA 1,45 €/m    ST 0,57 €/m

**034.54103.M**  KG 339 DIN 276
Dachrinne, Stahl, < 250 mm, 1 x Alkydharz-Schlussb.
EP 2,58 DM/m   LA 1,94 DM/m   ST 0,64 DM/m
EP 1,32 €/m    LA 0,99 €/m    ST 0,33 €/m

**034.54104.M**  KG 339 DIN 276
Dachrinne, Stahl, 250-300 mm, 1 x Zinkhaftf. Grundb.
EP 3,26 DM/m   LA 1,94 DM/m   ST 1,32 DM/m
EP 1,67 €/m    LA 0,99 €/m    ST 0,68 €/m

**034.54105.M**  KG 339 DIN 276
Dachrinne, Stahl, 250-300 mm, 2 x Alkydharz-Zwischenb.
EP 5,27 DM/m   LA 3,76 DM/m   ST 1,51 DM/m
EP 2,69 €/m    LA 1,92 €/m    ST 0,77 €/m

**034.54106.M**  KG 339 DIN 276
Dachrinne, Stahl, 250-300 mm, 1 x Alkydharz-Schlussb.
EP 3,36 DM/m   LA 2,53 DM/m   ST 0,83 DM/m
EP 1,72 €/m    LA 1,29 €/m    ST 0,43 €/m

**034.54801.M**  KG 339 DIN 276
Regenfallrohr, Stahl, < 250 mm, 1x Zinkhaftf. Grundb.
EP 2,35 DM/m   LA 1,42 DM/m   ST 0,93 DM/m
EP 1,20 €/m    LA 0,73 €/m    ST 0,47 €/m

**034.54802.M**  KG 339 DIN 276
Regenfallrohr, Stahl, < 250 mm, 2x Alkydharz-Zwischenb.
EP 3,66 DM/m   LA 2,59 DM/m   ST 1,07 DM/m
EP 1,87 €/m    LA 1,32 €/m    ST 0,55 €/m

**034.54803.M**  KG 339 DIN 276
Regenfallrohr, Stahl, < 250 mm, 1x Alkydharz-Schlussb.
EP 2,33 DM/m   LA 1,74 DM/m   ST 0,59 DM/m
EP 1,19 €/m    LA 0,89 €/m    ST 0,30 €/m

**034.54804.M**  KG 339 DIN 276
Regenfallrohr, Stahl, 250-300 mm, 1x Zinkhaftf. Grundb.
EP 2,98 DM/m   LA 1,74 DM/m   ST 1,24 DM/m
EP 1,52 €/m    LA 0,89 €/m    ST 0,63 €/m

**034.54805.M**  KG 339 DIN 276
Regenfallrohr, Stahl, 250-300 mm, 2x Alkydharz-Zwischb.
EP 4,78 DM/m   LA 3,37 DM/m   ST 1,41 DM/m
EP 2,44 €/m    LA 1,72 €/m    ST 0,72 €/m

**034.54806.M**  KG 339 DIN 276
Regenfallrohr, Stahl, 250-300 mm, 1x Alkydharz-Schlussb.
EP 3,04 DM/m   LA 2,26 DM/m   ST 0,78 DM/m
EP 1,55 €/m    LA 1,16 €/m    ST 0,39 €/m

# LB 034 Maler- und Lackierarbeiten
## Brandschutzbeschichtungen, Stahl

AW 034

Preise 06.01

Sämtliche Preise sind **Mittelpreise ohne Mehrwertsteuer** zum Zeitpunkt des Ausgabedatums.
**Korrekturfaktoren** für Regionaleinfluss, Mengeneinfluss, Konjunktureinfluss siehe Vorspann.
**Abkürzungen:** EP = Einheitspreis, LA = Lohnanteil, ST = Stoffanteil

### Brandschutzbeschichtungen, Stahl

034.-----.-

|  |  |  |
|---|---|---|
| 034.88001.M | Grundbesch., Einkomp.-farbe, zinkphosphathaltig, 40 mym | 7,63 DM/m2 / 3,90 €/m2 |
| 034.88002.M | Grundbesch., Einkomp.-farbe, zinkphosphathaltig, 80 mym | 10,45 DM/m2 / 5,34 €/m2 |
| 034.88003.M | Zwischenbesch., Zweikomp.-farbe, eisenglimmerhaltig | 8,76 DM/m2 / 4,48 €/m2 |
| 034.88004.M | Innenb. Stahl F30, Fachw. offen, Disp., U/A < 160/m | 39,67 DM/m2 / 20,28 €/m2 |
| 034.88005.M | Innenb. Stahl F30, Träger offen, Disp., U/A < 200/m | 41,55 DM/m2 / 21,25 €/m2 |
| 034.88006.M | Innenb. Stahl F30, Fachw. offen, Disp., U/A 200-300/m | 53,41 DM/m2 / 27,31 €/m2 |
| 034.88007.M | Innenb. Stahl F30, Fachw. geschl., Disp., U/A < 160/m | 61,61 DM/m2 / 31,50 €/m2 |
| 034.88008.M | Innenb. Stahl F30, Fachw. geschl., Disp., U/A 160-200/m | 77,27 DM/m2 / 39,51 €/m2 |
| 034.88009.M | Innenb. Stahl F30, Träger geschl., Disp., U/A < 200/m | 91,35 DM/m2 / 46,71 €/m2 |
| 034.88010.M | Innenb. Stahl F30, Fachw. geschl., Disp., U/A 200-300/m | 141,08 DM/m2 / 72,13 €/m2 |
| 034.88011.M | Innenb. Stahl F30, Fachw. geschl., lösem, U/A < 160/m | 64,83 DM/m2 / 33,15 €/m2 |
| 034.88012.M | Innenb. Stahl F30, Fachw. geschl., lösem, U/A 160-200/m | 75,95 DM/m2 / 38,83 €/m2 |
| 034.88013.M | Innenb. Stahl F30, Fachw. geschl., lösem, U/A 200-300/m | 107,21 DM/m2 / 54,82 €/m2 |
| 034.88014.M | Außenb. Stahl F30, Fachw. offen, lösem, U/A < 160/m | 44,23 DM/m2 / 22,61 €/m2 |
| 034.88015.M | Außenb. Stahl F30, Träger offen, lösem, U/A < 200/m | 46,31 DM/m2 / 23,68 €/m2 |
| 034.88016.M | Außenb. Stahl F30, Fachw. offen, lösem, U/A 200-300/m | 59,65 DM/m2 / 30,50 €/m2 |
| 034.88017.M | Außenb. Stahl F30, Fachw. geschl., lösem, U/A < 160/m | 73,43 DM/m2 / 37,54 €/m2 |
| 034.88018.M | Außenb. Stahl F30, Fachw. geschl., lösem, U/A 160-200/m | 86,16 DM/m2 / 44,05 €/m2 |
| 034.88019.M | Außenb. Stahl F30, Fachw. geschl., lösem, U/A 200-300/m | 120,78 DM/m2 / 61,75 €/m2 |
| 034.88020.M | Innen-/Außenb. Stahl F60, Fachw. offen, U/A < 160/m | 46,41 DM/m2 / 23,73 €/m2 |
| 034.88021.M | Lack innen, weiß/grau, Stahl F30/60, lösem., 150 g/m2 | 12,03 DM/m2 / 6,15 €/m2 |
| 034.88022.M | Lack innen, Sonderfarbe, Stahl F30/60, lösem., 150 g/m2 | 13,24 DM/m2 / 6,77 €/m2 |
| 034.88023.M | Lack außen, weiß/grau, Stahl F30/60, lösem., 300 g/m2 | 16,85 DM/m2 / 8,62 €/m2 |
| 034.88024.M | Lack außen, Sonderfarbe, Stahl F30/60, lösem., 300 g/m2 | 19,35 DM/m2 / 9,89 €/m2 |

**Hinweis:**
- bereits grundierte bzw. mit einem Korrosionsschutz-Anstrich behandelte Stahlbauteile müssen vor Aufbringung schaumschichtbildender Beschichtung auf Verträglichkeit geprüft und deren Schichtdicke gemessen und dokumentiert werden
- Schichtdicken von Brandschutzschichten sind nachzuweisen
- in bauaufsichtlichen Zulassungen sind Festlegungen enthalten, ob Überzugslack erforderlich ist bzw. darauf bei gleichzeitiger Erhöhung der Auftragsmenge des Dämmschichtbildners verzichtet werden kann
- nach den Zulassungsbescheiden sind nur mit den Brandschutzschichten zusammen geprüfte Überzugslacke zugelassen

034.88001.M KG 345 DIN 276
Grundbesch., Einkomp.-farbe, zinkphosphathaltig, 40 mym
EP 7,63 DM/m2    LA 6,79 DM/m2    ST 0,84 DM/m2
EP 3,90 €/m2     LA 3,47 €/m2     ST 0,43 €/m2

034.88002.M KG 345 DIN 276
Grundbesch., Einkomp.-farbe, zinkphosphathaltig, 80 mym
EP 10,45 DM/m2   LA 9,06 DM/m2    ST 1,39 DM/m2
EP  5,34 €/m2    LA 4,63 €/m2     ST 0,71 €/m2

034.88003.M KG 345 DIN 276
Zwischenbesch., Zweikomp.-farbe, eisenglimmerhaltig
EP 8,76 DM/m2    LA 7,44 DM/m2    ST 1,32 DM/m2
EP 4,48 €/m2     LA 3,81 €/m2     ST 0,67 €/m2

034.88004.M KG 345 DIN 276
Innenb. Stahl F30, Fachw. offen, Disp., U/A < 160/m
EP 39,67 DM/m2   LA 12,29 DM/m2   ST 27,38 DM/m2
EP 20,28 €/m2    LA  6,29 €/m2    ST 13,99 €/m2

034.88005.M KG 345 DIN 276
Innenb. Stahl F30, Träger offen, Disp., U/A < 200/m
EP 41,55 DM/m2   LA 12,95 DM/m2   ST 28,60 DM/m2
EP 21,25 €/m2    LA  6,62 €/m2    ST 14,63 €/m2

034.88006.M KG 345 DIN 276
Innenb. Stahl F30, Fachw. offen, Disp., U/A 200-300/m
EP 53,41 DM/m2   LA 16,82 DM/m2   ST 36,59 DM/m2
EP 27,31 €/m2    LA  8,60 €/m2    ST 18,71 €/m2

034.88007.M KG 345 DIN 276
Innenb. Stahl F30, Fachw. geschl., Disp., U/A < 160/m
EP 61,61 DM/m2   LA 16,82 DM/m2   ST 44,79 DM/m2
EP 31,50 €/m2    LA  8,60 €/m2    ST 22,90 €/m2

034.88008.M KG 345 DIN 276
Innenb. Stahl F30, Fachw. geschl., Disp., U/A 160-200/m
EP 77,27 DM/m2   LA 20,06 DM/m2   ST 57,21 DM/m2
EP 39,51 €/m2    LA 10,26 €/m2    ST 29,25 €/m2

034.88009.M KG 345 DIN 276
Innenb. Stahl F30, Träger geschl., Disp., U/A < 200/m
EP 91,35 DM/m2   LA 22,64 DM/m2   ST 68,71 DM/m2
EP 46,71 €/m2    LA 11,58 €/m2    ST 35,13 €/m2

034.88010.M KG 345 DIN 276
Innenb. Stahl F30, Fachw. geschl., Disp., U/A 200-300/m
EP 141,08 DM/m2  LA 29,12 DM/m2   ST 111,96 DM/m2
EP  72,13 €/m2   LA 14,89 €/m2    ST  57,24 €/m2

034.88011.M KG 345 DIN 276
Innenb. Stahl F30, Fachw. geschl., lösem, U/A < 160/m
EP 64,83 DM/m2   LA 18,12 DM/m2   ST 46,71 DM/m2
EP 33,15 €/m2    LA  9,26 €/m2    ST 23,89 €/m2

034.88012.M KG 345 DIN 276
Innenb. Stahl F30, Fachw. geschl., lösem, U/A 160-200/m
EP 75,95 DM/m2   LA 20,06 DM/m2   ST 55,89 DM/m2
EP 38,83 €/m2    LA 10,26 €/m2    ST 28,57 €/m2

034.88013.M KG 345 DIN 276
Innenb. Stahl F30, Fachw. geschl., lösem, U/A 200-300/m
EP 107,21 DM/m2  LA 23,30 DM/m2   ST 83,91 DM/m2
EP  54,82 €/m2   LA 11,91 €/m2    ST 42,91 €/m2

034.88014.M KG 335 DIN 276
Außenb. Stahl F30, Fachw. offen, lösem, U/A < 160/m
EP 44,23 DM/m2   LA 12,95 DM/m2   ST 31,28 DM/m2
EP 22,61 €/m2    LA  6,62 €/m2    ST 15,99 €/m2

034.88015.M KG 335 DIN 276
Außenb. Stahl F30, Träger offen, lösem, U/A < 200/m
EP 46,31 DM/m2   LA 13,59 DM/m2   ST 32,72 DM/m2
EP 23,68 €/m2    LA  6,95 €/m2    ST 16,73 €/m2

034.88016.M KG 335 DIN 276
Außenb. Stahl F30, Fachw. offen, lösem, U/A 200-300/m
EP 59,65 DM/m2   LA 17,80 DM/m2   ST 41,85 DM/m2
EP 30,50 €/m2    LA  9,10 €/m2    ST 21,40 €/m2

034.88017.M KG 335 DIN 276
Außenb. Stahl F30, Fachw. geschl., lösem, U/A < 160/m
EP 73,43 DM/m2   LA 18,77 DM/m2   ST 54,66 DM/m2
EP 37,54 €/m2    LA  9,60 €/m2    ST 27,94 €/m2

## LB 034 Maler- und Lackierarbeiten
### Brandschutzbeschichtungen: Stahl; Kabel, -leitern, -pritschen

Preise 06.01

Sämtliche Preise sind **Mittelpreise ohne Mehrwertsteuer** zum Zeitpunkt des Ausgabedatums.
**Korrekturfaktoren** für Regionaleinfluss, Mengeneinfluss, Konjunktureinfluss siehe Vorspann..
**Abkürzungen:** EP = Einheitspreis, LA = Lohnanteil, ST = Stoffanteil

034.88018.M      KG 335 DIN 276
Außenb. Stahl F30, Fachw. geschl., lösem, U/A 160-200/m
EP 86,16 DM/m2    LA 20,71 DM/m2    ST 65,45 DM/m2
EP 44,05 €/m2    LA 10,59 €/m2    ST 33,46 €/m2

034.88019.M      KG 335 DIN 276
Außenb. Stahl F30, Fachw. geschl., lösem, U/A 200-300/m
EP 120,78 DM/m2    LA 24,27 DM/m2    ST 96,51 DM/m2
EP 61,75 €/m2    LA 12,41 €/m2    ST 49,34 €/m2

034.88020.M      KG 335 DIN 276
Innen-/Außenb. Stahl F60, Fachw. offen, U/A < 160/m
EP 46,41 DM/m2    LA 26,53 DM/m2    ST 19,88 DM/m2
EP 23,73 €/m2    LA 13,57 €/m2    ST 10,16 €/m2

034.88021.M      KG 345 DIN 276
Lack innen, weiß/grau, Stahl F30/60, lösem., 150 g/m2
EP 12,03 DM/m2    LA 9,06 DM/m2    ST 2,97 DM/m2
EP 6,15 €/m2    LA 4,63 €/m2    ST 1,52 €/m2

034.88022.M      KG 345 DIN 276
Lack innen, Sonderfarbe, Stahl F30/60, lösem., 150 g/m2
EP 13,24 DM/m2    LA 9,06 DM/m2    ST 4,18 DM/m2
EP 6,77 €/m2    LA 4,63 €/m2    ST 2,14 €/m2

034.88023.M      KG 335 DIN 276
Lack außen, weiß/grau, Stahl F30/60, lösem., 300 g/m2
EP 16,85 DM/m2    LA 10,68 DM/m2    ST 6,17 DM/m2
EP 8,62 €/m2    LA 5,46 €/m2    ST 3,16 €/m2

034.88024.M      KG 335 DIN 276
Lack außen, Sonderfarbe, Stahl F30/60, lösem., 300 g/m2
EP 19,35 DM/m2    LA 10,68 DM/m2    ST 8,67 DM/m2
EP 9,89 €/m2    LA 5,46 €/m2    ST 4,43 €/m2

### Brandschutzbeschichtungen, Kabel, -leitern, -pritschen

034.-----.-

|  |  |  |
|---|---|---|
| 034.88025.M | Brandsch.-B. Kabel/-leitern, Isolationserhalt 10 Min. | 32,79 DM/m2<br>16,76 €/m2 |
| 034.88026.M | Brandsch.-B. Kabel/-leitern, Isolationserhalt 20 Min. | 55,70 DM/m2<br>28,48 €/m2 |
| 034.88027.M | Brandsch.-B. Kabel/-leitern, Isolationserhalt 30 Min. | 76,76 DM/m2<br>39,25 €/m2 |
| 034.88028.M | Brandsch.-B. Kabel/-leitern, Nichtbrandausbreitung | 39,57 DM/m2<br>20,23 €/m2 |
| 034.88029.M | Lackbesch. Kabel/-leitern, Isol.-erhalt/Nichtbrandausbr | 8,88 DM/m2<br>4,54 €/m2 |
| 034.88030.M | Brandsch.-B. + Lack, Kabel/-leitern, Isol.-erh. 10 Min. | 41,33 DM/m2<br>21,13 €/m2 |
| 034.88031.M | Brandsch.-B. + Lack, Kabel/-leitern, Isol.-erh. 20 Min. | 64,26 DM/m2<br>32,85 €/m2 |
| 034.88032.M | Brandsch.-B. + Lack, Kabel/-leitern, Isol.-erh. 30 Min. | 85,31 DM/m2<br>43,62 €/m2 |
| 034.88033.M | Brandsch.-B. + Lack, Kabel/-leitern, Nichtbrandausbr. | 48,13 DM/m2<br>24,61 €/m2 |

**Hinweis:**
- bei Brandschutzbeschichtungen für Kabel, -pritschen, -leitern, und -halterungen in ständig trockenen, sauberen Räumen kann auf Schutzlack verzichtet werden
- bei Berechnung nach Flächenaufmaß sind allseitiger Auftrag und der Krümmungsfaktor der Oberflächen von Kabellagen (ca. 1,6-fach) zu berücksichtigen

034.88025.M      KG 345 DIN 276
Brandsch.-B. Kabel/-leitern, Isolationserhalt 10 Min.
EP 32,79 DM/m2    LA 14,24 DM/m2    ST 18,55 DM/m2
EP 16,76 €/m2    LA 7,28 €/m2    ST 9,48 €/m2

034.88026.M      KG 345 DIN 276
Brandsch.-B. Kabel/-leitern, Isolationserhalt 20 Min.
EP 55,70 DM/m2    LA 19,41 DM/m2    ST 36,29 DM/m2
EP 28,48 €/m2    LA 9,92 €/m2    ST 18,56 €/m2

034.88027.M      KG 345 DIN 276
Brandsch.-B. Kabel/-leitern, Isolationserhalt 30 Min.
EP 76,76 DM/m2    LA 22,65 DM/m2    ST 54,11 DM/m2
EP 39,25 €/m2    LA 11,58 €/m2    ST 27,67 €/m2

034.88028.M      KG 345 DIN 276
Brandsch.-B. Kabel/-leitern, Nichtbrandausbreitung
EP 39,57 DM/m2    LA 16,18 DM/m2    ST 23,39 DM/m2
EP 20,23 €/m2    LA 8,27 €/m2    ST 11,96 €/m2

034.88029.M      KG 345 DIN 276
Lackbesch. Kabel/-leitern, Isol.-erhalt/Nichtbrandausbr
EP 8,88 DM/m2    LA 5,50 DM/m2    ST 3,38 DM/m2
EP 4,54 €/m2    LA 2,81 €/m2    ST 1,73 €/m2

034.88030.M      KG 345 DIN 276
Brandsch.-B. + Lack, Kabel/-leitern, Isol.-erh. 10 Min.
EP 41,33 DM/m2    LA 19,41 DM/m2    ST 21,92 DM/m2
EP 21,13 €/m2    LA 9,92 €/m2    ST 11,21 €/m2

034.88031.M      KG 345 DIN 276
Brandsch.-B. + Lack, Kabel/-leitern, Isol.-erh. 20 Min.
EP 64,26 DM/m2    LA 24,59 DM/m2    ST 39,67 DM/m2
EP 32,85 €/m2    LA 12,57 €/m2    ST 20,28 €/m2

034.88032.M      KG 345 DIN 276
Brandsch.-B. + Lack, Kabel/-leitern, Isol.-erh. 30 Min.
EP 85,31 DM/m2    LA 27,83 DM/m2    ST 57,48 DM/m2
EP 43,62 €/m2    LA 14,23 €/m2    ST 29,39 €/m2

034.88033.M      KG 345 DIN 276
Brandsch.-B. + Lack, Kabel/-leitern, Nichtbrandausbr.
EP 48,13 DM/m2    LA 21,35 DM/m2    ST 26,78 DM/m2
EP 24,61 €/m2    LA 10,92 €/m2    ST 13,69 €/m2

# LB 034 Maler- und Lackierarbeiten
## Brandschutzbeschichtungen Holz; Anstrich für besondere Anforderungen, Beton

AW 034

Preise 06.01

Sämtliche Preise sind **Mittelpreise ohne Mehrwertsteuer** zum Zeitpunkt des Ausgabedatums.
**Korrekturfaktoren** für Regionaleinfluss, Mengeneinfluss, Konjunktureinfluss siehe Vorspann..
**Abkürzungen:** EP = Einheitspreis, LA = Lohnanteil, ST = Stoffanteil

### Brandschutzbeschichtungen, Holz

034.-----.-

| Pos. | Beschreibung | EP |
|---|---|---|
| 034.88034.M | Brandsch.-B. Holz, farbl.+ Lack seid., 2 x 200+50 g/m2 | 27,47 DM/m2<br>14,05 €/m2 |
| 034.88035.M | Brandsch.-B. Holz, farbl.+ Lack seid., 2 x 250+70 g/m2 | 37,83 DM/m2<br>19,34 €/m2 |
| 034.88036.M | Brandsch.-B. Holz, farbl.+ Lack matt, 2 x 250+80 g/m2 | 38,74 DM/m2<br>19,81 €/m2 |
| 034.88037.M | Brandsch.-B. Holz, Disp. + Lack, weiß, 1 x 600+80 g/m2 | 35,06 DM/m2<br>17,93 €/m2 |
| 034.88038.M | Brandsch.-B. Holz, Disp. + Lack, weiß, 1 x 700+100 g/m2 | 46,37 DM/m2<br>23,71 €/m2 |
| 034.88039.M | Brandsch.-B. Holz, Disp. + Lack, farb, 1 x 700+100 g/m2 | 49,82 DM/m2<br>25,47 €/m2 |

**034.88034.M  KG 345 DIN 276**
Brandsch.-B. Holz, farbl.+ Lack seid., 2 x 200+50 g/m2
EP 27,47 DM/m2   LA 18,77 DM/m2   ST 8,70 DM/m2
EP 14,05 €/m2    LA  9,60 €/m2    ST 4,45 €/m2

**034.88035.M  KG 345 DIN 276**
Brandsch.-B. Holz, farbl.+ Lack seid., 2 x 250+70 g/m2
EP 37,83 DM/m2   LA 25,24 DM/m2   ST 12,59 DM/m2
EP 19,34 €/m2    LA 12,91 €/m2    ST  6,43 €/m2

**034.88036.M  KG 345 DIN 276**
Brandsch.-B. Holz, farbl.+ Lack matt, 2 x 250+80 g/m2
EP 38,74 DM/m2   LA 25,88 DM/m2   ST 12,86 DM/m2
EP 19,81 €/m2    LA 13,23 €/m2    ST  6,58 €/m2

**034.88037.M  KG 345 DIN 276**
Brandsch.-B. Holz, Disp. + Lack, weiß, 1 x 600+80 g/m2
EP 35,06 DM/m2   LA 22,00 DM/m2   ST 13,06 DM/m2
EP 17,93 €/m2    LA 11,25 €/m2    ST  6,68 €/m2

**034.88038.M  KG 345 DIN 276**
Brandsch.-B. Holz, Disp. + Lack, weiß, 1 x 700+100 g/m2
EP 46,37 DM/m2   LA 29,12 DM/m2   ST 17,25 DM/m2
EP 23,71 €/m2    LA 14,89 €/m2    ST  8,82 €/m2

**034.88039.M  KG 345 DIN 276**
Brandsch.-B. Holz, Disp. + Lack, farb, 1 x 700+100 g/m2
EP 49,82 DM/m2   LA 29,77 DM/m2   ST 20,05 DM/m2
EP 25,47 €/m2    LA 15,22 €/m2    ST 10,25 €/m2

### Anstrich für besondere Anforderungen, Beton

034.-----.-

| Pos. | Beschreibung | EP |
|---|---|---|
| 034.91101.M | Beschichtung des Bodens, 1 x Polyurethanlack | 12,97 DM/m2<br>6,63 €/m2 |
| 034.91102.M | Beschichtung des Bodens, 2 x Polyurethanlack | 22,02 DM/m2<br>11,26 €/m2 |
| 034.91103.M | Beschichtung des Bodens, Beton, 1 x Kunstst.-Lackfarbe | 8,42 DM/m2<br>4,30 €/m2 |
| 034.91104.M | Beschichtung des Bodens, Beton, 2 x Dispersionsfarbe | 14,17 DM/m2<br>7,24 €/m2 |
| 034.91105.M | Beschichtung des Bodens, Beton, 2 x Kunstst.-Lackfarbe | 15,13 DM/m2<br>7,74 €/m2 |
| 034.91106.M | Beschichtung des Bodens, Beton, 3 x Dispersionsfarbe | 19,34 DM/m2<br>9,89 €/m2 |
| 034.91301.M | Beschichtung der Wand, Beton, 2 x Chlorkautschuklack | 22,09 DM/m2<br>11,30 €/m2 |
| 034.91302.M | Beschichtung der Wand, Beton, 3 x Chlorkautschuklack | 29,74 DM/m2<br>15,21 €/m2 |

**034.91101.M  KG 349 DIN 276**
Beschichtung des Bodens, 1 x Polyurethanlack
EP 12,97 DM/m2   LA 10,03 DM/m2   ST 2,94 DM/m2
EP  6,63 €/m2    LA  5,13 €/m2    ST 1,50 €/m2

**034.91102.M  KG 349 DIN 276**
Beschichtung des Bodens, 2 x Polyurethanlack
EP 22,02 DM/m2   LA 16,82 DM/m2   ST 5,20 DM/m2
EP 11,26 €/m2    LA  8,60 €/m2    ST 2,66 €/m2

**034.91103.M  KG 349 DIN 276**
Beschichtung des Bodens, Beton, 1 x Kunstst.-Lackfarbe
EP  8,42 DM/m2   LA 6,15 DM/m2    ST 2,27 DM/m2
EP  4,30 €/m2    LA 3,15 €/m2     ST 1,15 €/m2

**034.91104.M  KG 349 DIN 276**
Beschichtung des Bodens, Beton, 2 x Dispersionsfarbe
EP 14,17 DM/m2   LA 9,06 DM/m2    ST 5,11 DM/m2
EP  7,24 €/m2    LA 4,63 €/m2     ST 2,61 €/m2

**034.91105.M  KG 349 DIN 276**
Beschichtung des Bodens, Beton, 2 x Kunstst.-Lackfarbe
EP 15,13 DM/m2   LA 11,00 DM/m2   ST 4,13 DM/m2
EP  7,74 €/m2    LA  5,63 €/m2    ST 2,11 €/m2

**034.91106.M  KG 349 DIN 276**
Beschichtung des Bodens, Beton, 3 x Dispersionsfarbe
EP 19,34 DM/m2   LA 11,97 DM/m2   ST 7,37 DM/m2
EP  9,89 €/m2    LA  6,12 €/m2    ST 3,77 €/m2

**034.91301.M  KG 335 DIN 276**
Beschichtung der Wand, Beton, 2 x Chlorkautschuklack
EP 22,09 DM/m2   LA 12,29 DM/m2   ST 9,80 DM/m2
EP 11,30 €/m2    LA  6,29 €/m2    ST 5,01 €/m2

**034.91302.M  KG 335 DIN 276**
Beschichtung der Wand, Beton, 3 x Chlorkautschuklack
EP 29,74 DM/m2   LA 16,50 DM/m2   ST 13,24 DM/m2
EP 15,21 €/m2    LA  8,44 €/m2    ST  6,77 €/m2

AW 034

Preise 06.01

## LB 034 Maler- und Lackierarbeiten
### Beschichtungen Fliesen und Platten, außen

Sämtliche Preise sind **Mittelpreise ohne Mehrwertsteuer** zum Zeitpunkt des Ausgabedatums.
**Korrekturfaktoren** für Regionaleinfluss, Mengeneinfluss, Konjunktureinfluss siehe Vorspann.
**Abkürzungen:** EP = Einheitspreis, LA = Lohnanteil, ST = Stoffanteil

**Beschichtungen Fliesen und Platten, außen**

034.-----.-

|  |  |  |
|---|---|---|
| 034.91107.M | Beschicht. Fliesen, Polyurethan, farbl., ger. Fugent. | 69,49 DM/m2 / 35,53 €/m2 |
| 034.91108.M | Beschicht. Fliesen, Polyurethan, farbl., mittl. Fugent. | 83,49 DM/m2 / 42,69 €/m2 |
| 034.91109.M | Beschicht. Fliesen, Polyurethan, farbl., große Fugent. | 94,61 DM/m2 / 48,37 €/m2 |
| 034.91110.M | Beschicht. Fliesen, Polyurethan, farbig, ger. Fugent. | 65,29 DM/m2 / 33,38 €/m2 |
| 034.91111.M | Beschicht. Fliesen, Polyurethan, farbig, mittl. Fugent. | 78,43 DM/m2 / 40,10 €/m2 |
| 034.91112.M | Beschicht. Fliesen, Polyurethan, farbig, große Fugent. | 89,15 DM/m2 / 45,58 €/m2 |
| 034.91113.M | Beschicht. Fliesen, Polyurethan + Chips, ger. Fugent. | 76,47 DM/m2 / 39,10 €/m2 |
| 034.91114.M | Beschicht. Fliesen, Polyurethan + Chips, mittl. Fugent. | 95,17 DM/m2 / 48,66 €/m2 |
| 034.91115.M | Beschicht. Fliesen, Polyurethan + Chips, große Fugent. | 109,16 DM/m2 / 55,81 €/m2 |
| 034.91116.M | Beschicht. Fliesen, Polyurethan + Quarz, rauhe Oberfl. | 100,79 DM/m2 / 51,53 €/m2 |
| 034.91117.M | Beschicht. Fliesen, Polyurethan + Quarz, glatte Oberfl. | 117,03 DM/m2 / 59,84 €/m2 |

034.91107.M    KG 352 DIN 276
Beschicht. Fliesen, Polyurethan, farbl., ger. Fugent.
EP 69,49 DM/m2    LA 17,47 DM/m2    ST 52,02 DM/m2
EP 35,53 €/m2     LA  8,93 €/m2     ST 26,60 €/m2

034.91108.M    KG 352 DIN 276
Beschicht. Fliesen, Polyurethan, farbl., mittl. Fugent.
EP 83,49 DM/m2    LA 18,45 DM/m2    ST 65,04 DM/m2
EP 42,69 €/m2     LA  9,43 €/m2     ST 33,26 €/m2

034.91109.M    KG 352 DIN 276
Beschicht. Fliesen, Polyurethan, farbl., große Fugent.
EP 94,61 DM/m2    LA 19,09 DM/m2    ST 75,52 DM/m2
EP 48,37 €/m2     LA  9,76 €/m2     ST 38,61 €/m2

034.91110.M    KG 352 DIN 276
Beschicht. Fliesen, Polyurethan, farbig, ger. Fugent.
EP 65,29 DM/m2    LA 16,82 DM/m2    ST 48,47 DM/m2
EP 33,38 €/m2     LA  8,60 €/m2     ST 24,78 €/m2

034.91111.M    KG 352 DIN 276
Beschicht. Fliesen, Polyurethan, farbig, mittl. Fugent.
EP 78,43 DM/m2    LA 17,80 DM/m2    ST 60,63 DM/m2
EP 40,10 €/m2     LA  9,10 €/m2     ST 31,00 €/m2

034.91112.M    KG 352 DIN 276
Beschicht. Fliesen, Polyurethan, farbig, große Fugent.
EP 89,15 DM/m2    LA 18,77 DM/m2    ST 70,38 DM/m2
EP 45,58 €/m2     LA  9,60 €/m2     ST 35,98 €/m2

034.91113.M    KG 352 DIN 276
Beschicht. Fliesen, Polyurethan + Chips, ger. Fugent.
EP 76,47 DM/m2    LA 21,35 DM/m2    ST 55,12 DM/m2
EP 39,10 €/m2     LA 10,92 €/m2     ST 28,18 €/m2

034.91114.M    KG 352 DIN 276
Beschicht. Fliesen, Polyurethan + Chips, mittl. Fugent.
EP 95,17 DM/m2    LA 22,32 DM/m2    ST 72,85 DM/m2
EP 48,66 €/m2     LA 11,41 €/m2     ST 37,25 €/m2

034.91115.M    KG 352 DIN 276
Beschicht. Fliesen, Polyurethan + Chips, große Fugent.
EP 109,16 DM/m2   LA 24,27 DM/m2    ST 84,89 DM/m2
EP  55,81 €/m2    LA 12,41 €/m2     ST 43,40 €/m2

034.91116.M    KG 352 DIN 276
Beschicht. Fliesen, Polyurethan + Quarz, rauhe Oberfl.
EP 100,79 DM/m2   LA 25,88 DM/m2    ST 74,91 DM/m2
EP  51,53 €/m2    LA 13,23 €/m2     ST 38,30 €/m2

034.91117.M    KG 352 DIN 276
Beschicht. Fliesen, Polyurethan + Quarz, glatte Oberfl.
EP 117,03 DM/m2   LA 22,65 DM/m2    ST 94,38 DM/m2
EP  59,84 €/m2    LA 11,58 €/m2     ST 48,26 €/m2

# LB 034 Maler- und Lackierarbeiten
## Beschichtungen Beton oder Zementestrich; Sonstige Leistungen

AW 034

Preise 06.01

Sämtliche Preise sind **Mittelpreise ohne Mehrwertsteuer** zum Zeitpunkt des Ausgabedatums.
**Korrekturfaktoren** für Regionaleinfluss, Mengeneinfluss, Konjunktureinfluss siehe Vorspann.
**Abkürzungen:** EP = Einheitspreis, LA = Lohnanteil, ST = Stoffanteil

## Beschichtungen Beton oder Zementestrich

034.-----.-

|  |  |  |
|---|---|---|
| 034.91118.M | Beschichtung Beton, wenig saugend, Polyurethan, farbig | 69,54 DM/m2 / 35,55 €/m2 |
| 034.91119.M | Beschichtung Beton, saugend, Polyurethan, farbig | 83,62 DM/m2 / 42,75 €/m2 |
| 034.91120.M | Beschichtung Beton, stark saugend, Polyurethan, farbig | 95,58 DM/m2 / 48,87 €/m2 |
| 034.91121.M | Beschichtung Beton, wenig saugend, Polyurethan+Chips | 78,31 DM/m2 / 40,04 €/m2 |
| 034.91122.M | Beschichtung Beton, saugend, Polyurethan + Chips | 97,42 DM/m2 / 49,81 €/m2 |
| 034.91123.M | Beschichtung Beton, stark saugend, Polyurethan+Chips | 111,63 DM/m2 / 57,08 €/m2 |
| 034.91124.M | Beschichtung Beton, Polyurethan + Quarz, raue Oberfl. | 101,19 DM/m2 / 51,74 €/m2 |
| 034.91125.M | Beschichtung Beton, Polyurethan + Quarz, glatte Oberfl. | 120,02 DM/m2 / 61,37 €/m2 |

**034.91118.M**    KG 352 DIN 276
Beschichtung Beton, wenig saugend, Polyurethan, farbig
EP 69,54 DM/m2    LA 17,80 DM/m2    ST 51,74 DM/m2
EP 35,55 €/m2    LA 9,10 €/m2    ST 26,45 €/m2

**034.91119.M**    KG 352 DIN 276
Beschichtung Beton, saugend, Polyurethan, farbig
EP 83,62 DM/m2    LA 18,45 DM/m2    ST 65,17 DM/m2
EP 42,75 €/m2    LA 9,43 €/m2    ST 33,32 €/m2

**034.91120.M**    KG 352 DIN 276
Beschichtung Beton, stark saugend, Polyurethan, farbig
EP 95,58 DM/m2    LA 19,41 DM/m2    ST 76,17 DM/m2
EP 48,87 €/m2    LA 9,92 €/m2    ST 38,95 €/m2

**034.91121.M**    KG 352 DIN 276
Beschichtung Beton, wenig saugend, Polyurethan + Chips
EP 78,31 DM/m2    LA 21,67 DM/m2    ST 56,64 DM/m2
EP 40,04 €/m2    LA 11,08 €/m2    ST 28,96 €/m2

**034.91122.M**    KG 352 DIN 276
Beschichtung Beton, saugend, Polyurethan + Chips
EP 97,42 DM/m2    LA 22,32 DM/m2    ST 75,10 DM/m2
EP 49,81 €/m2    LA 11,41 €/m2    ST 38,40 €/m2

**034.91123.M**    KG 352 DIN 276
Beschichtung Beton, stark saugend, Polyurethan + Chips
EP 111,63 DM/m2    LA 23,62 DM/m2    ST 88,01 DM/m2
EP 57,08 €/m2    LA 12,08 €/m2    ST 45,00 €/m2

**034.91124.M**    KG 352 DIN 276
Beschichtung Beton, Polyurethan + Quarz, raue Oberfl.
EP 101,19 DM/m2    LA 23,94 DM/m2    ST 77,25 DM/m2
EP 51,74 €/m2    LA 12,24 €/m2    ST 39,50 €/m2

**034.91125.M**    KG 352 DIN 276
Beschichtung Beton, Polyurethan + Quarz, glatte Oberfl.
EP 120,02 DM/m2    LA 23,30 DM/m2    ST 96,72 DM/m2
EP 61,37 €/m2    LA 11,91 €/m2    ST 49,46 €/m2

## Sonstige Leistungen

034.-----.-

|  |  |  |
|---|---|---|
| 034.95101.M | Abnehmen u. Anbringen Gardinen, Fensterbreite < 1 m | 13,91 DM/St / 7,11 €/St |
| 034.95102.M | Abnehmen u. Anbringen Gardinen, Fensterbreite > 1-2 m | 18,77 DM/St / 9,60 €/St |
| 034.95103.M | Abnehmen u. Anbringen Gardinen, Fensterbreite > 2-5 m | 29,77 DM/St / 15,22 €/St |
| 034.95104.M | Abnehmen u. Anbringen Gardinen, Fensterbreite > 5-10 m | 71,18 DM/St / 36,39 €/St |
| 034.95105.M | Abnehmen u. Anbringen Leuchten, < 2 Glühlampen | 19,41 DM/St / 9,92 €/St |
| 034.95106.M | Abnehmen u. Anbringen Leuchten, > 2-5 Glühlampen | 23,30 DM/St / 11,91 €/St |
| 034.95107.M | Abnehmen u. Anbringen Leuchten, > 5-10 Glühlampen | 34,94 DM/St / 17,86 €/St |
| 034.95108.M | Abnehmen u. Anbringen Leuchten, > 10 Glühlampen | 57,59 DM/St / 29,45 €/St |
| 034.95501.M | Schutz des Keramik-/PVC-Belages mit Abdeckpapier/-folie | 4,14 DM/m2 / 2,12 €/m2 |
| 034.95502.M | Schutz des Keramik-/PVC-Belages mit Filzpappe, 400 g/m2 | 4,55 DM/m2 / 2,33 €/m2 |
| 034.95503.M | Schutz des Keramik-/PVC-Belages mit Filzpappe, 500 g/m2 | 5,45 DM/m2 / 2,79 €/m2 |
| 034.95504.M | Schutz von Parkett/Textilbelägen mit Abdeckfolie | 5,99 DM/m2 / 3,06 €/m2 |
| 034.95505.M | Schutz von Parkett/Textilbelägen mit Abdeckfolie+Papier | 6,92 DM/m2 / 3,54 €/m2 |
| 034.95506.M | Schutz von Wandflächen mit Abdeckpapier/-folie | 4,87 DM/m2 / 2,49 €/m2 |
| 034.95601.M | Staubschutz von technischen Geräten mit Abdeckfolie | 4,08 DM/m2 / 2,09 €/m2 |
| 034.95602.M | Staubschutz von Maschinen mit Abdeckfolie | 4,90 DM/m2 / 2,51 €/m2 |
| 034.95603.M | Staubschutz von Möbeln mit Abdeckfolie | 5,63 DM/m2 / 2,88 €/m2 |
| 034.95701.M | Abkleben der Fenster und Türen | 7,55 DM/m2 / 3,86 €/m2 |
| 034.96301.M | Abschlußstrich, Leimfarbe, 3,00 cm | 4,02 DM/m / 2,05 €/m |
| 034.96302.M | Abschlußstrich, Leimfarbe, 5,00 cm | 5,05 DM/m / 2,58 €/m |
| 034.96303.M | Abschlußstrich, Öllackfarbe ziehen, 3,00 cm | 5,32 DM/m / 2,72 €/m |
| 034.96304.M | Abschlußstrich, Öllackfarbe ziehen, 5,00 cm | 6,67 DM/m / 3,41 €/m |

**034.95101.M**    KG 611 DIN 276
Abnehmen u. Anbringen Gardinen, Fensterbreite < 1 m
EP 13,91 DM/St    LA 13,91 DM/St    ST 0,00 DM/St
EP 7,11 €/St    LA 7,11 €/St    ST 0,00 €/St

**034.95102.M**    KG 611 DIN 276
Abnehmen u. Anbringen Gardinen, Fensterbreite > 1-2 m
EP 18,77 DM/St    LA 18,77 DM/St    ST 0,00 DM/St
EP 9,60 €/St    LA 9,60 €/St    ST 0,00 €/St

**034.95103.M**    KG 611 DIN 276
Abnehmen u. Anbringen Gardinen, Fensterbreite > 2-5 m
EP 29,77 DM/St    LA 29,77 DM/St    ST 0,00 DM/St
EP 15,22 €/St    LA 15,22 €/St    ST 0,00 €/St

**034.95104.M**    KG 611 DIN 276
Abnehmen u. Anbringen Gardinen, Fensterbreite > 5-10 m
EP 71,18 DM/St    LA 71,18 DM/St    ST 0,00 DM/St
EP 36,39 €/St    LA 36,39 €/St    ST 0,00 €/St

**034.95105.M**    KG 400 DIN 276
Abnehmen u. Anbringen Leuchten, < 2 Glühlampen
EP 19,41 DM/St    LA 19,41 DM/St    ST 0,00 DM/St
EP 9,92 €/St    LA 9,92 €/St    ST 0,00 €/St

**034.95106.M**    KG 400 DIN 276
Abnehmen u. Anbringen Leuchten, > 2-5 Glühlampen
EP 23,30 DM/St    LA 23,30 DM/St    ST 0,00 DM/St
EP 11,91 €/St    LA 11,91 €/St    ST 0,00 €/St

AW 034
Preise 06.01

## LB 034 Maler- und Lackierarbeiten
### Sonstige Leistungen

Sämtliche Preise sind **Mittelpreise ohne Mehrwertsteuer** zum Zeitpunkt des Ausgabedatums.
**Korrekturfaktoren** für Regionaleinfluss, Mengeneinfluss, Konjunktureinfluss siehe Vorspann.
**Abkürzungen:** EP = Einheitspreis, LA = Lohnanteil, ST = Stoffanteil

034.95107.M  KG 400 DIN 276
Abnehmen u. Anbringen Leuchten, > 5-10 Glühlampen
EP 34,94 DM/St   LA 34,94 DM/St   ST 0,00 DM/St
EP 17,86 €/St    LA 17,86 €/St    ST 0,00 €/St

034.95108.M  KG 400 DIN 276
Abnehmen u. Anbringen Leuchten, > 10 Glühlampen
EP 57,59 DM/St   LA 57,59 DM/St   ST 0,00 DM/St
EP 29,45 €/St    LA 29,45 €/St    ST 0,00 €/St

034.95501.M  KG 398 DIN 276
Schutz des Keramik-/PVC-Belages mit Abdeckpapier/-folie
EP 4,14 DM/m2    LA 3,76 DM/m2    ST 0,38 DM/m2
EP 2,12 €/m2     LA 1,92 €/m2     ST 0,20 €/m2

034.95502.M  KG 398 DIN 276
Schutz des Keramik-/PVC-Belages mit Filzpappe, 400 g/m2
EP 4,55 DM/m2    LA 3,88 DM/m2    ST 0,67 DM/m2
EP 2,33 €/m2     LA 1,98 €/m2     ST 0,35 €/m2

034.95503.M  KG 398 DIN 276
Schutz des Keramik-/PVC-Belages mit Filzpappe, 500 g/m2
EP 5,45 DM/m2    LA 4,72 DM/m2    ST 0,73 DM/m2
EP 2,79 €/m2     LA 2,41 €/m2     ST 0,38 €/m2

034.95504.M  KG 398 DIN 276
Schutz von Parkett/Textilbelägen mit Abdeckfolie
EP 5,99 DM/m2    LA 5,50 DM/m2    ST 0,49 DM/m2
EP 3,06 €/m2     LA 2,81 €/m2     ST 0,25 €/m2

034.95505.M  KG 398 DIN 276
Schutz von Parkett/Textilbelägen mit Abdeckfolie+Papier
EP 6,92 DM/m2    LA 6,15 DM/m2    ST 0,77 DM/m2
EP 3,54 €/m2     LA 3,15 €/m2     ST 0,39 €/m2

034.95506.M  KG 398 DIN 276
Schutz von Wandflächen mit Abdeckpapier/-folie
EP 4,87 DM/m2    LA 4,53 DM/m2    ST 0,34 DM/m2
EP 2,49 €/m2     LA 2,32 €/m2     ST 0,17 €/m2

034.95601.M  KG 398 DIN 276
Staubschutz von technischen Geräten mit Abdeckfolie
EP 4,08 DM/m2    LA 3,24 DM/m2    ST 0,84 DM/m2
EP 2,09 €/m2     LA 1,65 €/m2     ST 0,44 €/m2

034.95602.M  KG 398 DIN 276
Staubschutz von Maschinen mit Abdeckfolie
EP 4,90 DM/m2    LA 3,88 DM/m2    ST 1,02 DM/m2
EP 2,51 €/m2     LA 1,98 €/m2     ST 0,53 €/m2

034.95603.M  KG 398 DIN 276
Staubschutz von Möbeln mit Abdeckfolie
EP 5,63 DM/m2    LA 4,53 DM/m2    ST 1,10 DM/m2
EP 2,88 €/m2     LA 2,32 €/m2     ST 0,56 €/m2

034.95701.M  KG 398 DIN 276
Abkleben der Fenster und Türen
EP 7,55 DM/m2    LA 6,47 DM/m2    ST 1,08 DM/m2
EP 3,86 €/m2     LA 3,31 €/m2     ST 0,55 €/m2

034.96301.M  KG 345 DIN 276
Abschlußstrich, Leimfarbe, 3,00 cm
EP 4,02 DM/m     LA 3,88 DM/m     ST 0,14 DM/m
EP 2,05 €/m      LA 1,98 €/m      ST 0,07 €/m

034.96302.M  KG 345 DIN 276
Abschlußstrich, Leimfarbe, 5,00 cm
EP 5,05 DM/m     LA 4,85 DM/m     ST 0,20 DM/m
EP 2,58 €/m      LA 2,48 €/m      ST 0,10 €/m

034.96303.M  KG 345 DIN 276
Abschlußstrich, Öllackfarbe ziehen, 3,00 cm
EP 5,32 DM/m     LA 5,18 DM/m     ST 0,14 DM/m
EP 2,72 €/m      LA 2,65 €/m      ST 0,07 €/m

034.96304.M  KG 345 DIN 276
Abschlußstrich, Öllackfarbe ziehen, 5,00 cm
EP 6,67 DM/m     LA 6,47 DM/m     ST 0,20 DM/m
EP 3,41 €/m      LA 3,31 €/m      ST 0,10 €/m

# LB 035 Korrosionsschutzarbeiten an Stahl und Aluminiumbaukonstruktionen
## Standardbeschreibungen

STLB 035
Ausgabe 06.01

**Ausführungsort**

**000 Ohne weitere Angaben**
Einzelangaben nach DIN 18364
– Vorbereitung der Oberfäche,
– Fertigungsbeschichtung,
– Grundbeschichtung,
– Grund- und Deckbeschichtung,
– Deckbeschichtung,
– Beschichtung,
– Überzug,
– ........ ,
– – – der Bauwerke,
– – – der Anlagen,
– – – der Bauglieder,
– – – der Einzelteile,
– – – der ....... ,
– – – – – auf der Baustelle ausführen.
– – – – – im Herstellerwerk ausführen.
– – – – – in der Werkstatt des AN ausführen.
– – – – – ........ .
– – – – – – Anschrift des Herstellerwerkes ........ .
– – – – – – Anschrift ........ .

**Vorarbeiten anderer Auftragnehmer**

– Entfernen artfremder Schichten,
– Entfernen arteigener Schichten,
– Vorhandene Fertigungsbeschichtung,
– Vorhandene Grundbeschichtung,
– Vorhandene Beschichtung,
– ....... ,
– – Schichtdicke in mym ....... ,
– Vorhandener Metallüberzug
– Vorhandene ....... ,
– – – der Bauteile ....... ,
– – – – durch anderen AN.
– – – – – Verwendete Beschichtungsstoffe ....... .
– – – – – Verwendete Erzeugnisse ....... .
– – – – – – Die Vorbereitung erfolgt mit dem Oberflächenvorbereitungsgrad
– – – – – – – Sa 1 DIN EN ISO 12944-4.
– – – – – – – Sa 2 DIN EN ISO 12944-4.
– – – – – – – Sa 2 1/2 DIN EN ISO 12944-4.
– – – – – – – Sa 3 DIN EN ISO 12944-4.
– – – – – – – St 2 DIN EN ISO 12944-4.
– – – – – – – St 3 DIN EN ISO 12944-4.
– – – – – – – Fl DIN EN ISO 12944-4.
– – – – – – – Be DIN EN ISO 12944-4.
– – – – – – – PSa 2 DIN EN ISO 12944-4.
– – – – – – – PSa 2 1/2 DIN EN ISO 12944-4.
– – – – – – – PMa DIN EN ISO 12944-4.
– – – – – – – PSt 2 DIN EN ISO 12944-4.
– – – – – – – PSt 3 DIN EN ISO 12944-4.
– – – – – – – ....... .
– – – – – Die Vorbereitung erfolgt durch Sweep-Strahlen.
– – – – – Die Vorbereitung erfolgt durch Spot-Strahlen.
– – – – – Die Vorbereitung erfolgt durch ....... .

**Schichtdickenmessungen**

– Messungen zur Ermittlung der Sollschichtdicke DIN EN ISO 12944-5 und DIN EN ISO 12944-7 durch den AN,
– – – Messverfahren zerstörungsfrei,
– – – – Anzahl der Messstellen nach DIN EN ISO 12944-7.

**Kontrollflächen, Musterflächen**

– Kontrollflächen,
– Doppelkontrollflächen,
– – – DIN EN ISO 12944-7 und DIN EN ISO 12944-8
– Musterflächen
– – – der Fertigungsbeschichtung,
– – – der Grundbeschichtung,
– – – der Deckbeschichtung,
– – – – – anlegen.
– – – – – in einer Fläche anlegen.
– – – – – in Einzelflächen anlegen, Anzahl der Einzelflächen ....... .
– – – – – nach beiliegendem Korrosionschutzplan anlegen.
– – – – – – Maße in m$^2$.
– – – – – – Besondere Anforderungen.

**Zusätzliche Ausführungsbestimmungen**

– Für die Ausführung gilt DIN 18364,
**Hinweis:** Nur für Konstruktionen anwenden, die keiner Festigkeitsberechnung oder bauaufsichtlichen Zulassung bedürfen (siehe DIN 18364 Abschnitt 1.1-06/1996)

– Für die Ausführung gelten zusätzlich zur DIN 18364 und DIN EN ISO 12944,
– – – die ZTV-KOR Zusätzliche Technische Vorschriften Richtlinien für Korrosionsschutz von Stahlbauten,
– – – die ZTV-W Zusätzliche Technische Vorschriften-Wasserbau für Korrosionsschutz im Stahlwasserbau.
– – – die TL 918300 Technische Lieferbedingungen für Beschichtungsstoffe der DB.
– – – die RPB Richtlinien zur Prüfung von Beschichtungsstoffen für den Korrosionsschutz im Stahlwasserbau der Bundesanstalt für Wasserwesen.
– – – die technischen Vorschriften/Richtlinien ....... .
– – – die Angaben des beiliegenden Korrosionsschutzplanes.
– – – für trinkwasser-/lebensmittelberührte Flächen die KTW-Empfehlungen.

**Aufmaßregelungen**

**Einzelangaben** zu Pos. 000, Fortsetzung
– Zur Ermittlung der ausgeführten Leistung
– – – an nicht genormten Bauteilen,
– – – an nicht standardisierten Bauteilen,
– – – an nicht standardisierten und nicht genormten Bauteilen,
– – – an Bauteil ....... ,
– – – – – sind Zeichnungen, die der AG zur Verfügung stellt,
– – – – – sind Stücklisten, die der AG zur Verfügung stellt,
– – – – – ist die Tabelle ....... ,
– – – – – – zugrunde zu legen.
– – – – – ist aufzumessen.

**STLB 035**

Ausgabe 06.01

## LB 035 Korrosionsschutzarbeiten an Stahl und Aluminiumbaukonstruktionen
### Besondere Schutzmaßnahmen

010 Schutz der Umgebung,
011 Schutz des Verkehrs,
012 Schutz des Gewässers,
013 Schutz ....... ,
Einzelangaben nach DIN 18364 zu Pos. 010 bis 013
– vor der Belastung durch Strahlarbeiten,
– vor der Belastung durch Reinigungsarbeiten,
– vor der Belastung durch Beschichtungsarbeiten,
– vor ....... ,
– – nach Wahl des AN. Ausführung als ....... .
(Vom Bieter einzutragen.)
– Berechnungseinheit psch
– – durch allseitig dichte Einhausung,
– – durch allseitig dichte Abhängung mit Planen,
– – durch allseitig dichte Abhängung mit Planen, einschl Auffangvorrichtung,
– – durch Auffangvorrichtung ....... ,
– – durch ....... ,
– – – einschl. Absaugung und Unterdruck min. 20 Pa mit 5-fachem Luftwechsel,
– – – einschl. ....... ,
– – – – Technische Lüftungsmaßnahmen ....... .
(Sofern nicht vorgeschrieben, vom Bieter einzutragen.)
– Berechnungseinheit psch

014 Technische Staubschutzmaßnahmen:
Erfassen und Niederschlagen des Staubes an der Entstehungsstelle mit berufsgenossenschaftlich oder behördlich anerkannten Gefahren und Geräten.
– Berechnungseinheit psch

# LB 035 Korrosionsschutzarbeiten an Stahl und Aluminiumbaukonstruktionen
## Art, Oberfläche der Bauteile

STLB 035
Ausgabe 06.01

050 Brücke,
051 Behelfsbrücke,
052 Rohrbrücke,
053 Signalbrücke,
054 Schilderbrücke,
055 Verladebrücke,
056 Förderbandbrücke,
057 Kranbrücke,
　　Einzelangaben nach DIN 18364 zu Pos. 050 bis 057
　　– als Hängebrücke,
　　– als Hubbrücke,
　　– als Drehbrücke,
　　– als Klappbrücke,
　　– als ........ ,
　　　– – für Schienenverkehr, eingleisig,
　　　– – für Schienenverkehr, mehrgleisig,
　　　– – für Straßenverkehr,
　　　– – für Fußgängerverkehr,
　　　– – für ........ ,

058 Brückenkran,
059 Portalkran,
060 Hängekran,
061 Schwenkkran,
062 Containerkran,
063 Kran,
　　Einzelangaben nach DIN 18364 zu Pos. 058 bis 063
　　– ........ ,
　　　– – – über Land,
　　　– – – über Straßen,
　　　– – – über Straßen mit Oberleitungen,
　　　– – – über Gleisanlagen,
　　　– – – über Gleisanlagen mit Oberleitungen,
　　　– – – über Gewässer,
　　　– – – über Tal,
　　　– – – über Stromleitung,
　　　– – – über ........ ,
　　　　– – – – Tragwerkskonstruktion Fachwerk,
　　　　– – – – Tragwerkskonstruktion Vollwandträger,
　　　　– – – – Tragwerkskonstruktion Hohlbauteil, dichtgeschlossen,
　　　　– – – – Tragwerkskonstruktion Hohlbauteil, offen,
　　　　– – – – Tragwerkskonstruktion Stahlbeton-Verbundbauweise,
　　　　– – – – Tragwerkskonstruktion Walzträger in Beton,
　　　　– – – – Tragwerkskonstruktion Stabbögen,
　　　　– – – – Tragwerkskonstruktion ........ ,

064 Gerüst,
065 Aufzugsgerüst,
066 Apparategerüst,
067 Schachtgerüst,
068 Behältergerüst,
069 Kesselgerüst,
070 Ofengerüst,
071 Kamingerüst,
　　Einzelangaben nach DIN 18364 zu Pos. 064 bis 071
　　– mit Bühne,
　　– mit 2 Bühnen,
　　– mit 3 Bühnen,
　　– mit 4 Bühnen,
　　– mit 5 Bühnen,
　　– mit 6 Bühnen,
　　– mit 7 Bühnen,
　　– mit 8 Bühnen,
　　– mit Bühnen, Anzahl ........ ,
　　　　– – – Tragwerkskonstruktion Fachwerk,
　　　　– – – Vollwandträger,
　　　　– – – Tragwerkskonstruktion Hohlbauteil, dichtgeschlossen,
　　　　– – – Tragwerkskonstruktion Hohlbauteil, offen,
　　　　– – – Tragwerkskonstruktion Stahlbeton-Verbundbauweise,
　　　　– – – Tragwerkskonstruktion Walzträger in Beton,
　　　　– – – Tragwerkskonstruktion Stabbögen,
　　　　– – – Tragwerkskonstruktion ........ ,

Einzelangaben zu Pos. 050 bis 071, Fortsetzung
　– – – – – aus Stahl,
　– – – – – aus Stahl, feuerverzinkt,
　– – – – – aus nichtrostendem Stahl,
　– – – – – aus Aluminiumlegierung,
　– – – – – aus Gusseisen,
　– – – – – aus ........ ,
　　– – – – – – geschweißt,
　　– – – – – – geschraubt,
　　– – – – – – genietet,
　　– – – – – – geschweißt und geschraubt,
　　– – – – – – geschweißt und genietet,
　　– – – – – – geschweißt, geschraubt und genietet,
　　– – – – – – geschraubt und genietet,
　　– – – – – – ........ ,
　　　– – – – – – – Maße in mm ........ ,
　　　– – – – – – – gemäß Zeichnung Nr. ........ ,
　　　– – – – – – – gemäß Einzelbeschreibung Nr. ........ ,
　　　– – – – – – – gemäß Einzelbeschreibung Nr. ........ ,
　　　– – – – – – – und Zeichnung Nr. ........ ,
　　　– – – – – – – Maße in mm ........ , aus zusammengesetzten Profilen mit Spalt,
　　　– – – – – – – Maße in mm ........ , aus zusammengesetzten Profilen mit Spalt, Spaltbreite in mm ........ ,
　　– – – – – – wie folgt behandeln:
　　– – – – – – zu bearbeitende Fläche je t Konstruktionsgewicht in m² ........ ,
　　　　　　　wie folgt behandeln:
　　– – – – – – zu bearbeitende Fläche je t Konstruktionsgewicht in m² ........ , nicht zu bearbeitende Fläche in m² ........ , wie folgt behandeln:

– Berechnungseinheit m², St, t

080 Behälter,
081 Tank,
082 Silo,
　　Einzelangaben nach DIN 18364 zu Pos. 080 bis 082
　　– geschlossen,
　　– geschlossen, als ........ ,
　　– offen,
　　– offen, als ........ ,
　　– als ........ ,
　　　– – zylindrisch, stehend,
　　　– – zylindrisch, liegend,
　　　– – rechteckig,
　　　– – kugelförmig,
　　　– – oberirdisch, Form ........ ,
　　　– – unterirdisch, Form ........ ,

083 Rohrleitung,
084 Pumpe,
085 Ventil,
086 Schieber,
087 Reduzierstück,
088 Handrad,
089 Flansch,
090 Blindflansch,
091 Stutzen mit Deckel
092 Rohrschelle,
093 Rohrbock,
094 Formstück,
095 Rohr,
096 Rinne,
097 Bauteil,
　　Einzelangaben nach DIN 18364 zu Pos. 083 bis 097
　　– aus Stahl,
　　– aus Stahl, feuerverzinkt,
　　– aus nichtrostendem Stahl,
　　– aus Aluminiumlegierung,
　　– aus Gusseisen,
　　– aus ........ ,

**STLB 035**

Ausgabe 06.01

## LB 035 Korrosionsschutzarbeiten an Stahl und Aluminiumbaukonstruktionen
### Art, Oberfläche der Bauteile

Einzelangaben zu Pos. 080 bis 097, Fortsetzung
– – – einschl. Befestigungsteile,
– – – einschl. Befestigungsteile ....... ,
– – – – – Maße in mm ....... ,
– – – – – Abwicklung in mm ....... ,
– – – – – Nennweite ....... ,
– – – – – – – gemäß Tabelle ....... ,
– – – – – – – gemäß Stückliste ....... ,
– – – – – – – gemäß Zeichnung Nr. ....... ,
– – – – – – – gemäß Einzelbeschreibung Nr. ....... ,
– – – – – – – gemäß Einzelbeschreibung Nr. ....... und Zeichnung Nr. ....... ,
– – – – – – – – wie folgt behandeln:
– Berechnungseinheit m², m, St

| | |
|---|---|
| 12_ | Hochspannungsmast, |
| 13_ | Niederspannungsmast, |
| 14_ | Niederspannungsmast als Einzelmast, |
| 15_ | Maststation, |
| 16_ | Maststation als Einzelmast, |
| 17_ | Oberleitungsmast, |
| 18_ | Mast ....... , |
| | 1 als Tragmast |
| | 2 als Abspannmast, |
| | 3 als ....... , |
| 19_ | Stütze , |
| | 1 als ....... , |

Einzelangaben nach DIN 18364 zu Pos. 121 bis 191
– mit Traverse,
– mit 2 Traversen,
– mit 3 Traversen,
– mit 4 Traversen,
– mit Traversen, Anzahl ....... ,
– mit ....... ,
– – für Einfachleitung,
– – für Doppelleitung,
– – für ....... ,
– – – Spannung bis 10 kV,
– – – Spannung bis 20 kV,
– – – Spannung bis 30 kV,
– – – Spannung bis 60 kV,
– – – Spannung bis 110 kV,
– – – Spannung bis 150 kV,
– – – Spannung bis 220 kV,
– – – Spannung bis 380 kV,
– – – Spannung in kV ....... ,
– – – – einseitig abgeschaltet und geerdet,
– – – – doppelseitig abgeschaltet und geerdet,

| | |
|---|---|
| 200 | Funk /Antennenmast, |
| 201 | Fahnenmast, |
| 202 | Lichtmast, |
| 203 | Flutlichtmast, |
| 204 | Signalmast, |
| 205 | Lichtsignalmast, |
| 206 | Kandelabermast, |
| 207 | Pylon, |

Einzelangaben nach DIN 18364 zu Pos. 200 bis 207
– mit Traverse,
– mit 2 Traversen,
– mit 3 Traversen,
– mit Traversen, Anzahl ....... ,
– mit Ausleger,
– mit 2 Auslegern,
– mit 3 Auslegern,
– mit 4 Auslegern,
– mit 5 Auslegern,
– mit 6 Auslegern,
– mit 7 Auslegern,
– mit 8 Auslegern,
– mit Auslegern, Anzahl ....... ,
– mit Peitsche,
– mit 2 Peitschen,
– mit Peitschen, Anzahl ....... ,
– als Aufsatzmast,
– – – konisch abgesetzt,
– – – – Höhe über OK Gelände bis 4 m,
– – – – Höhe über OK Gelände bis 5 m,
– – – – Höhe über OK Gelände bis 6 m,
– – – – Höhe über OK Gelände in m ....... ,

Einzelangaben zu Pos. 121 bis 207, Fortsetzung
– – – – – aus Stahl,
– – – – – aus Stahl, feuerverzinkt,
– – – – – aus nichtrostendem Stahl,
– – – – – aus Aluminiumlegierung,
– – – – – aus Gusseisen,
– – – – – aus ....... ,
– – – – – – als Fachwerk aus Profilstäben,
– – – – – – als Fachwerk aus Rohrprofilen,
– – – – – – als Fachwerk ....... ,
– – – – – – aus Vollwandrohr, rund,
– – – – – – aus Vollwandrohr, sechseckig,
– – – – – – aus Vollwandrohr, quadratisch,
– – – – – – aus Vollwandrohr, rechteckig,
– – – – – – aus Vollwandrohr, ....... ,

| | |
|---|---|
| 208 | Mastfuß, |
| 209 | Stützenfuß, |
| 210 | Pylonfuß, |
| 211 | Schornstein, |

Einzelangaben nach DIN 18364 zu Pos. 208 bis 211
– – – Profil ....... ,
– – – aus zusammengesetzten Profilen mit Spalt,
– – – aus zusammengesetzten Profilen mit Spalt, Spaltbreite in mm ....... ,
– – – – – aus Stahl,
– – – – – aus Stahl, feuerverzinkt,
– – – – – aus nichtrostendem Stahl,
– – – – – aus Aluminiumlegierung,
– – – – – aus Gusseisen,
– – – – – aus ....... ,
– – – – – – – Maße in mm ....... ,
– – – – – – – Abwicklung in mm ....... ,
– – – – – – – gemäß Tabelle ....... ,
– – – – – – – gemäß Stückliste ....... ,
– – – – – – – gemäß Zeichnung Nr. ....... ,
– – – – – – – gemäß Einzelbeschreibung Nr. ....... ,
– – – – – – – gemäß Einzelbeschreibung Nr. ....... und Zeichnung Nr. ....... ,
– – – – – – – – wie folgt behandeln:
– – – – – – – – zu bearbeitende Fläche je t Konstruktionsgewicht in m² ....... ,
wie folgt behandeln:
– – – – – – – – zu bearbeitende Fläche je t Konstruktionsgewicht in m² ....... ,
nicht zu bearbeitende Fläche in m² ....... ,
wie folgt behandeln:
– Berechnungseinheit m², m, St, t

# LB 035 Korrosionsschutzarbeiten an Stahl und Aluminiumbaukonstruktionen
## Art, Oberfläche der Bauteile

STLB 035
Ausgabe 06.01

| | |
|---|---|
| 230 | Dachkonstruktionen, |
| 231 | Dachfläche, |
| 232 | Überdachung von ......., |
| 233 | Deckenkonstruktionen, |
| 234 | Binderkonstruktionen, |
| 235 | Obergurt, |
| 236 | Untergurt, |
| 237 | Hauptträger, |
| 238 | Längsträger, |
| 239 | Querträger, |
| 240 | Endquerträger, |
| 241 | Träger ......., |
| 242 | Windverband, |
| 243 | Pfette, |
| 244 | Profilblech, |
| 245 | Fahrbahnblech, |
| 246 | Konsole, |
| 247 | Bauteil ......., |

Einzelangaben nach **DIN 18364** zu Pos. 230 bis 247
– des Flachdaches,
– des Pultdaches, Dachneigung in Grad ......., 
– des Satteldaches, Dachneigung in Grad ......., 
– des Walmdaches, Dachneigung in Grad ......., 
– des Sheddaches, Dachneigung in Grad ......., 
– des Faltdaches, Dachneigung in Grad ......., 
– des Gewölbedaches ......., 
– der Dachgaube, Dachneigung in Grad ......., 
– ......., 
– – Tragwerkskonstruktion Fachwerk,
– – Tragwerkskonstruktion Vollwandträger,
– – Tragwerkskonstruktion Hohlbauteil, dichtgeschlossen,
– – Tragwerkskonstruktion Hohlbauteil, offen,
– – Tragwerkskonstruktion Stahlbeton-Verbundbauweise,
– – Tragwerkskonstruktion Walzträger in Beton,
– – Tragwerkskonstruktion Stabbögen,
– – Tragwerkskonstruktion ......., 

| | |
|---|---|
| 248 | Bühnenkonstruktion, |
| 249 | Laufstegkonstruktion, |
| 250 | Treppenkonstruktion, |
| 251 | Treppen- und Podestkonstruktion, |
| 252 | Treppenwangen, |
| 253 | Treppenstufen, |
| 26_ | Abdeckung, |
| | 1 fest verbunden, |
| | 2 herausnehmbar, |
| | 3 klappbar |
| 270 | Bauteil ......., |

Einzelangaben nach **DIN 18364** zu Pos. 248 bis 270
– mit Geländer,
– mit Geländer, die Behandlung des Geländers wird gesondert vergütet,
– – einschl. Lauffläche,
– – einschl. Lauffläche, die Behandlung der Lauffläche wird gesondert vergütet,
– – ohne Behandlung der Lauffläche,
– – Lauffläche fest verbunden,
– – Lauffläche herausnehmbar,

Einzelangaben zu Pos. 230 bis 270, Fortsetzung
– – – aus Stahl,
– – – aus Stahl, feuerverzinkt,
– – – aus nichtrostendem Stahl,
– – – aus Aluminiumlegierung,
– – – aus Gusseisen,
– – – aus ......., 
– – – – geschweißt,
– – – – geschraubt,
– – – – genietet,
– – – – geschweißt und geschraubt,
– – – – geschweißt und genietet,
– – – – geschweißt, geschraubt und genietet,
– – – – geschraubt und genietet,
– – – – ......., 
– – – – – aus I-Profil,
– – – – – aus Profil ......., 
– – – – – aus zusammengesetzten Profilen mit Spalt, Spaltbreite in mm ......., 
– – – – – aus profilierten Blechen, Profil ......., 
– – – – – gelocht,
– – – – – aus Gitterrosten,
– – – – – aus Stabrosten,
– – – – – aus Rohren,
– – – – – aus ......., 
– – – – – – gefalzt,
– – – – – – gefalzt, Falzhöhe in mm ......., 
– – – – – – gefalzt, Falzhöhe/Falzabstand in mm ......., 
– – – – – – trapezförmig,
– – – – – – gewellt,
– – – – – – einschl. Überhangstreifen (Kappleiste),
– – – – – – einschl. vertieft liegender Rinne,
– – – – – – einschl. Trittstufenhalterungen,
– – – – – – ......., 
– – – – – – – Maße in mm ......., 
– – – – – – – Abwicklung in mm ......., 
– – – – – – – gemäß Tabelle ......., 
– – – – – – – gemäß Stückliste ......., 
– – – – – – – gemäß Zeichnung Nr. ......., 
– – – – – – – gemäß Einzelbeschreibung Nr. ......., 
– – – – – – – gemäß Einzelbeschreibung Nr. ....... und Zeichnung Nr. ......., 
– – – – – – – – wie folgt behandeln:
– – – – – – – – zu bearbeitende Fläche je t Konstruktionsgewicht in m² ......., 
    wie folgt behandeln:
– – – – – – – – zu bearbeitende Fläche je t Konstruktionsgewicht in m² ......., 
    nicht zu bearbeitende Fläche in m² ......., 
    wie folgt behandeln:
– Berechnungseinheit m², m, St, t

| | |
|---|---|
| 29_ | Wand, |
| | 1 als Fachwerkkonstruktion, |
| | 2 als Fachwerkkonstruktion, ausgefacht mit ......., |
| | 3 mit Verglasung, |
| | 4 mit Verglasung, Sprossenraster ......., |
| | 5 als Spundwand, ......., |
| | 6 ......., |
| 30_ | Bekleidung, |
| | 1 aus Trapezblechprofilen, |
| | 2 aus Wellblechprofilen, |
| | 3 aus ......., |
| 310 | Fassadenelement, |
| 311 | Fenster, |
| 312 | Riegel, |
| 313 | Pfosten, |
| 314 | Diagonalstab, |
| 32_ | Tor, |
| 33_ | Schiebetor, |
| 34_ | Falttor, |
| 35_ | Schwingtor, |
| 36_ | Tür, |
| | 1 mit Lichtöffnung, verglast, |
| | 2 mit Lichtöffnung, ohne Verglasung, |
| | 3 mit Rahmen, |
| | 4 mit Umfassungszarge, |
| | 5 mit Eckzarge, |
| | 6 mit Antrieb, |
| | 7 profiliert, Art des Profiles ......., |
| | 8 ......., |
| 37_ | Füllung, |
| 38_ | Gitter, |
| 39_ | Schutzgitter, |
| 40_ | Fenstergitter, |
| 41_ | Türgitter, |
| 42_ | Torgitter, |
| 43_ | Rollgitter, |
| 44_ | Scherengitter, |
| 45_ | Lüftungsgitter |
| 46_ | Lüftungsgitter mit Lamellen, |
| 47_ | Zaun, |
| 48_ | Bauteil ......., |
| | 1 demontierbar, |
| | 2 nicht demontierbar, |
| | 3 mit Bespannung ......., |

**STLB 035**

Ausgabe 06.01

## LB 035 Korrosionsschutzarbeiten an Stahl und Aluminiumbaukonstruktionen
### Art, Oberfläche der Bauteile

**Einzelangaben nach DIN 18364** zu Pos. 291 bis 483
- aus Stahl,
- aus Stahl, feuerverzinkt,
- aus nichtrostendem Stahl,
- aus Aluminiumlegierung,
- aus Gusseisen,
- aus ....... ,
  - – geschweißt,
  - – geschraubt,
  - – genietet,
  - – geschweißt und geschraubt,
  - – geschweißt und genietet,
  - – geschweißt, geschraubt und genietet,
  - – geschraubt und genietet,
  - – ....... ,
    - – – mit Flügel,
    - – – mit 2 Flügeln,
    - – – mit 3 Flügeln,
    - – – mit 4 Flügeln,
    - – – mit Flügeln, Anzahl ....... ,
      - – – – und Oberlicht,
      - – – – und Oberlichte, Anzahl ....... ,
      - – – – und Seitenteil,
      - – – – und Seitenteile, Anzahl ....... ,
      - – – – und Schlupftür,
      - – – – einschl. Schwelle,
      - – – – einschl. Anschlagschiene,
      - – – – einschl. Führungskonstruktion,
      - – – – einschl. ....... ,
    - – – umlaufender Rahmen mit parallelen Füllstäben,
    - – – umlaufender Rahmen mit gekreuzten Füllstäben,
    - – – umlaufender Rahmen mit Füllstäben in Zierform,
    - – – umlaufender Rahmen ....... ,
    - – – Gitterkonstruktion ....... ,
      - – – – Maße des Trapezblechprofiles in mm ....... ,
      - – – – Maße des Wellblechprofiles in mm ....... ,
      - – – – Profilmaße in mm ....... ,
      - – – – Profilmaße der Umfassungszarge in mm ....... ,
      - – – – Profilmaße der Eckzarge in mm ...... ,
      - – – – als Stabgitter,
      - – – – als Stabgitter, Achsabstand der Füllstäbe in mm ....... ,
      - – – – ....... ,
        - – – – – mit runden Füllstäben, Durchmesser in mm ....... ,
        - – – – – mit kantigen Füllstäben, Abwicklung in mm ....... ,
        - – – – – mit ....... ,
          - – – – – – Maße in mm ....... ,
          - – – – – – gemäß Tabelle ....... ,
          - – – – – – gemäß Stückliste ....... ,
          - – – – – – gemäß Zeichnung Nr. ....... ,
          - – – – – – gemäß Einzelbeschreibung Nr. ....... ,
          - – – – – – gemäß Einzelbeschreibung Nr. ....... und Zeichnung Nr. ....... ,
            - – – – – – – wie folgt behandeln:
            - – – – – – – zu bearbeitende Fläche je t Konstruktionsgewicht in m² ....... ,
              wie folgt behandeln:
            - – – – – – – zu bearbeitende Fläche je t Konstruktionsgewicht in m² ....... ,
              nicht zu bearbeitende Fläche in m² ....... ,
              wie folgt behandeln:
- Berechnungseinheit m², m, St, t

500 **Brückengeländer,**
501 **Bühnengeländer,**
502 **Treppengeländer,**
503 **Podestgeländer,**
504 **Balkongeländer,**
505 **Brüstungsgeländer,**
506 **Laufsteggeländer,**
507 **Geländer,**

**Einzelangaben nach DIN 18364** zu Pos. 500 bis 507
- aus Stahl,
- aus Stahl, feuerverzinkt,
- aus nichtrostendem Stahl,
- aus Aluminiumlegierung,
- aus Gusseisen,
- aus ....... ,
  - – geschweißt,
  - – geschraubt,
  - – genietet,
  - – geschweißt und geschraubt,
  - – geschweißt und genietet,
  - – geschweißt, geschraubt und genietet,
  - – geschraubt und genietet,
  - – ....... ,
    - – – als Stabgeländer,
    - – – als Rohrgeländer,
    - – – mit Pfosten, Maße in mm ....... ,
      - – – – mit Gurt,
      - – – – mit 2 Gurten,
      - – – – mit 3 Gurten,
    - – – Konstruktion,
      - – – – – mit runden Füllstäben, Durchmesser in mm ....... ,
      - – – – – mit kantigen Füllstäben, Abwicklung in mm ....... ,
      - – – – – mit Füllstäben in Zierform,
      - – – – – mit runden Füllstäben, Durchmesser in mm ....... , Achsabstand in mm ...... ,
      - – – – – mit kantigen Füllstäben, Abwicklung in mm ...... , Achsabstand in mm ...... ,
      - – – – – mit Füllstäben in Zierform, Achsabstand in mm ....... ,
      - – – – – mit Füllungen ....... ,
      - – – – – mit Füllungen, ....... ,
        die Behandlung der Füllungen wird gesondert vergütet,
        - – – – – – mit ....... ,
        - – – – – – – Pfostenabstand 75 cm,
        - – – – – – – Pfostenabstand 100 cm,
        - – – – – – – Pfostenabstand 125 cm,
        - – – – – – – Pfostenabstand 150 cm,
        - – – – – – – Pfostenabstand 175 cm,
        - – – – – – – Pfostenabstand 200 cm,
        - – – – – – – Pfostenabstand 225 cm,
        - – – – – – – Pfostenabstand 250 cm,
        - – – – – – – Pfostenabstand in cm ....... ,
        - – – – – – Maße in mm ....... ,
        - – – – – – gemäß Tabelle ....... ,
        - – – – – – gemäß Stückliste ....... ,
        - – – – – – gemäß Zeichnung Nr. ....... ,
        - – – – – – gemäß Einzelbeschreibung Nr. ....... ,
        - – – – – – gemäß Einzelbeschreibung Nr. ....... und Zeichnung Nr. ....... ,
          - – – – – – – wie folgt behandeln:
          - – – – – – – zu bearbeitende Fläche je t Konstruktionsgewicht in m² ....... ,
            wie folgt behandeln:
          - – – – – – – zu bearbeitende Fläche je t Konstruktionsgewicht in m² ....... ,
            nicht zu bearbeitende Fläche in m² ....... ,
            wie folgt behandeln:
- Berechnungseinheit m², m, St, t

# LB 035 Korrosionsschutzarbeiten an Stahl und Aluminiumbaukonstruktionen
## Art, Oberfläche der Bauteile

STLB 035
Ausgabe 06.01

| | |
|---|---|
| 508 | Handlauf, |
| 509 | Leiter, |
| 510 | Stegleiter, |
| 511 | Stegleiter mit Rückenschutz, |
| 512 | Stegleiter mit Steigschutz, |
| 513 | Dachleiter, |
| 514 | Wartungsleiter, |
| 515 | Fluchtleiter, |
| 516 | Steigeisen, |
| 517 | Steigeisen mit Rückenschutz, |
| 518 | Rückenschutz, |
| 519 | Podest, |
| 520 | **Rammschutz,** |
| 521 | **Schrammbord,** |
| 522 | Bauteil ......... , |

**Einzelangaben nach DIN 18364** zu Pos. 500 bis 507
– aus Stahl,
– aus Stahl, feuerverzinkt,
– aus nichtrostendem Stahl,
– aus Aluminiumlegierung,
– aus Gusseisen,
– aus ........ ,
– – geschweißt,
– – geschraubt,
– – genietet,
– – geschweißt und geschraubt,
– – geschweißt und genietet,
– – geschweißt, geschraubt und genietet,
– – geschraubt und genietet,
– – ........ ,
– – – aus zusammengesetzten Profilen mit Spalt,
– – – aus zusammengesetzten Profilen mit Spalt, Spaltbreite in mm ........ ,
– – – – – Maße in mm ........ ,
– – – – – gemäß Tabelle ........ ,
– – – – – gemäß Stückliste ........ ,
– – – – – gemäß Zeichnung Nr. ........ ,
– – – – – gemäß Einzelbeschreibung Nr. ........ ,
– – – – – gemäß Einzelbeschreibung Nr. ........ und Zeichnung Nr. ........ ,
– – – – – – wie folgt behandeln:
– – – – – – zu bearbeitende Fläche je t Konstruktionsgewicht in m² ........ ,
wie folgt behandeln:
– – – – – – zu bearbeitende Fläche je t Konstruktionsgewicht in m² ........ ,
nicht zu bearbeitende Fläche in m² ........ ,
wie folgt behandeln:
– Berechnungseinheit m², m, St, t

| | |
|---|---|
| 540 | Schleusenkammerwand, |
| 541 | Schleusentor, |
| 542 | Trogtor, |
| 543 | Haltungstor, |

**Einzelangaben nach DIN 18364** zu Pos. 540 bis 543
– als Stammtor,
– als Klapptor,
– als Drehtor,
– als Hubtor,
– als Hubsenktor,
– als Segmenttor,
– als Schiebetor,
– als ........ ,

| | |
|---|---|
| 544 | Schleusentorwagen, |

**Einzelangaben nach DIN 18364**
– als Oberwagen,
– als Untertorwagen,
– als ........ ,

| | |
|---|---|
| 545 | Schütz, |

**Einzelangaben nach DIN 18364**
– als Rollschütz,
– als Gleitschütz,
– als Segmentschütz,
– als Zylinderschütz,
– als Strahlschütz,
– als Ringschütz,
– als Hakendoppelschütz,
– als ........ ,

| | |
|---|---|
| 546 | Schützenwehr, |
| 547 | Walzenwehr, |
| 548 | Segmentwehr, |

**Einzelangaben nach DIN 18364** zu Pos. 546 bis 548
– mit Klappe,

| | |
|---|---|
| 549 | Wehrverschluss, |
| 550 | Dachwehr, |
| 551 | Dammbalkenwehr, |
| 552 | Sektorwehr, |
| 553 | Versenkwehr, |
| 554 | Wehr ........ , |

**Einzelangaben nach DIN 18364** zu Pos. 549 bis 554
anschl. an Pos. 567

| | |
|---|---|
| 555 | Notverschluss, |

**Einzelangaben nach DIN 18364**
– mit Stautafeln,
– mit Gleitdammtafeln,
– mit Rolldammtafeln,
– aus Dammbalken,
– einschwimmbar,
– ........ ,

| | |
|---|---|
| 556 | Rechen, |
| 557 | Rechenreiniger, |
| 558 | Rechen und Rechenreiniger, |

**Einzelangaben nach DIN 18364** zu Pos. 556 bis 558
– mit Trog und Gegengewichten,
– mit 2 Trögen,
– mit 2 Trögen und Gegengewichten,
– als Schrägaufzug,
– als Schrägaufzug mit Gegengewichten,
– als ........ ,

| | |
|---|---|
| 559 | Trog, |
| 560 | Hubgerüst |
| 561 | Schwimmer, |
| 562 | Gegengewicht, |

**Einzelangaben nach DIN 18364** zu Pos. 559 bis 562
– Bauart ........ ,

| | |
|---|---|
| 563 | Dalbe, |

**Einzelangaben nach DIN 18364**
– einstielig,
– zweistielig,
– dreistielig,

| | |
|---|---|
| 564 | Spundwand, |
| 565 | Nischenpoller, |
| 566 | Plattenpoller, |
| 567 | Schwimmpoller, |

**Einzelangaben nach DIN 18364** zu Pos. 564 bis 567
– Tragwerkskonstruktion Fachwerk,
– Tragwerkskonstruktion Vollwandträger,
– Tragwerkskonstruktion Hohlkasten,
– Tragwerkskonstruktion ........ ,

**STLB 035**

Ausgabe 06.01

## LB 035 Korrosionsschutzarbeiten an Stahl und Aluminiumbaukonstruktionen
### Art, Oberfläche der Bauteile

Einzelangaben zu Pos. 540 bis 567, Fortsetzung
– – – aus Stahl,
– – – aus Stahl, feuerverzinkt,
– – – aus nichtrostendem Stahl,
– – – aus Aluminiumlegierung,
– – – aus Gusseisen,
– – – aus ....... ,
– – – – geschweißt,
– – – – geschraubt,
– – – – genietet,
– – – – geschweißt und geschraubt,
– – – – geschweißt und genietet,
– – – – geschweißt, geschraubt und genietet,
– – – – geschraubt und genietet,
– – – – ....... ,
– – – – – aus I-Profil,
– – – – – aus Profil ....... ,
– – – – – aus zusammengesetzten Profilen mit Spalt,
– – – – – aus zusammengesetzten Profilen mit Spalt, Spaltbreite in mm ....... ,
– – – – – aus glatten Blechen,
– – – – – aus profilierten Blechen, Profil ....... ,
– – – – – aus Rohren ....... ,
– – – – – aus ....... ,
– – – – – – Maße in mm ....... ,
– – – – – – Abwicklung in mm ....... ,
– – – – – – gemäß Tabelle ....... ,
– – – – – – gemäß Stückliste ....... ,
– – – – – – gemäß Zeichnung Nr. ....... ,
– – – – – – gemäß Einzelbeschreibung Nr. ....... ,
– – – – – – gemäß Einzelbeschreibung Nr. ....... und Zeichnung Nr. ....... ,
– – – – – – – wie folgt behandeln:
– – – – – – – zu bearbeitende Fläche je t Konstruktionsgewicht in m² ....... ,
 wie folgt behandeln:
– – – – – – – zu bearbeitende Fläche je t Konstruktionsgewicht in m² ....... ,
 nicht zu bearbeitende Fläche in m² ....... ,
 wie folgt behandeln:
– Berechnungseinheit m², m, St, t

58_ **Schaltanlage,**
59_ **Umspannanlage,**
 1 als Freiluftanlage,
 2 als Freiluftanlage, Spannung in kV ....... ,
 3 als Innenraumanlage,
 4 als Innenraumanlage, Spannung in kV ....... ,
 5 als ....... ,
60_ **Transformator,**
 1 mit Wellblechkessel,
 2 mit Radiatoren,
 3 mit Radiatoren, ventilatorgekühlt,
 4 mit Rohrkühler,
 5 mit ....... ,
610 Hochspannungs-Portalgroßgerüst, besteigbar,
611 Hochspannungs-Portalgroßgerüst, nicht besteigbar,
612 Trennertisch,
613 Trennmesserarm,
614 Erdmesserarm,
615 Lasttrenner,
616 Erdungstrenner,
617 Sammelschienentrenner,
618 Dachständer,
619 Sprühring,
620 Isolatorenhalter,
621 Schalter,
622 Stromschiene,
623 Fahrschiene,
624 Kabelrinne,
625 Kabelbettbühne/Kabelpritsche,
626 Schaltkasten,
627 Schaltschrank,
628 Verteilergehäuse,
629 Bauteil ....... ,

Einzelangaben nach DIN 18364 zu Pos. 581 bis 629
– einschl. der Befestigungsteile,
– einschl. der Verbindungselemente,
– einschl. der Verbindungselemente und Befestigungsteile,
– einschl. ....... ,
– – – aus Stahl,
– – – aus Stahl, feuerverzinkt,
– – – aus nichtrostendem Stahl,
– – – aus Aluminiumlegierung,
– – – aus Gusseisen,
– – – aus ....... ,
– – – – geschweißt,
– – – – geschraubt,
– – – – genietet,
– – – – geschweißt und geschraubt,
– – – – geschweißt und genietet,
– – – – geschweißt, geschraubt und genietet,
– – – – geschraubt und genietet,
– – – – als tragendes, dünnwandiges Bauteil,
– – – – ....... ,
– – – – – aus Profilen,
– – – – – aus zusammengesetzten Profilen mit Spalt,
– – – – – aus zusammengesetzten Profilen mit Spalt, Spaltbreite in mm ....... ,
– – – – – aus runden Rohren,
– – – – – aus Rechteckrohren,
– – – – – aus glatten Blechen,
– – – – – aus profilierten Blechen, Profil ....... ,
– – – – – aus Blechen als Hohlkastenkonstruktion,
– – – – – aus ....... ,
– – – – – – Profilmaße in mm ....... ,
– – – – – – Profilabwicklung in mm ....... ,
– – – – – – Außendurchmesser in mm ....... ,
– – – – – – Innendurchmesser in mm ....... ,
– – – – – – Maße in mm ....... ,
– – – – – – gemäß Tabelle ....... ,
– – – – – – gemäß Stückliste ....... ,
– – – – – – gemäß Zeichnung Nr. ....... ,
– – – – – – gemäß Einzelbeschreibung Nr. ....... ,
– – – – – – gemäß Einzelbeschreibung Nr. ....... und Zeichnung Nr. ....... ,
– – – – – – – wie folgt behandeln:
– – – – – – – zu bearbeitende Fläche je t Konstruktionsgewicht in m² ....... ,
 wie folgt behandeln:
– – – – – – – zu bearbeitende Fläche je t Konstruktionsgewicht in m² ....... ,
 nicht zu bearbeitende Fläche in m² ....... ,
 wie folgt behandeln:
– Berechnungseinheit m², m, St, t

640 Seil,
641 Seil, verschlossen,
642 Seilbündel,
643 Seilbündel, verschlossen,
Einzelangaben nach DIN 18364 zu Pos. 640 bis 643
– waagerecht abgespannt,
– senkrecht abgespannt,
– schräg abgespannt,
– schräg abgespannt, Neigungswinkel in Grad ....... ,

# LB 035 Korrosionsschutzarbeiten an Stahl und Aluminiumbaukonstruktionen
## Art, Oberfläche der Bauteile

STLB 035

Ausgabe 06.01

| | |
|---|---|
| 644 | Maschine, |
| 645 | Turbine, |
| 646 | Motor, |
| 647 | Apparat, |
| 648 | Pumpe, |
| 649 | Antrieb, |
| 650 | Ofen, |
| 651 | Mannlochdeckel, |
| 652 | Mannlochdeckel mit Scharnier und Bügel, |
| 653 | Auflagerkonstruktion, |
| 654 | Rollenlager, |
| 655 | Kipplager, |
| 656 | Fußplatte, |
| 657 | Kopfplatte, |
| 658 | Knotenblech, |
| 659 | Schraube, |
| 660 | Mutter, |
| 661 | Bolzen, |
| 662 | Berührungsschutz, |
| 663 | Gehwegkonsole, |
| 664 | Bauteil ......., |

**Einzelangaben nach DIN 18364 zu Pos. 644 bis 664**
– Bauart ......., 

665 Lager,
**Einzelangaben nach DIN 18364**
– fest,
– beweglich,
– – Bauart ......., 

**Einzelangaben zu Pos. 640 bis 665, Fortsetzung**
– – – aus Stahl,
– – – aus Stahl, feuerverzinkt,
– – – aus nichtrostendem Stahl,
– – – aus Aluminiumlegierung,
– – – aus Gusseisen,
– – – aus ......., 
– – – – geschweißt,
– – – – geschraubt,
– – – – genietet,
– – – – geschweißt und geschraubt,
– – – – geschweißt und genietet,
– – – – geschweißt, geschraubt und genietet,
– – – – geschraubt und genietet,
– – – – als tragendes, dünnwandiges Bauteil,
– – – – ......., 
– – – – – aus Profilen,
– – – – – aus zusammengesetzten Profilen mit Spalt,
– – – – – aus zusammengesetzten Profilen mit Spalt, Spaltbreite in mm ......., 
– – – – – aus runden Rohren,
– – – – – aus rechteckigen Rohren,
– – – – – aus quadratischen Rohren,
– – – – – aus profilierten Blechen, Profil ......., 
– – – – – aus Blechen als Hohlkastenkonstruktion,
– – – – – aus ......., 
– – – – – – Profilmaße in mm ......., 
– – – – – – Profilabwicklung in mm ......., 
– – – – – – Außendurchmesser in mm ......., 
– – – – – – Innendurchmesser in mm ......., 
– – – – – – Maße in mm ......., 
– – – – – – gemäß Tabelle ......., 
– – – – – – gemäß Stückliste ......., 
– – – – – – gemäß Zeichnung Nr. ......., 
– – – – – – gemäß Einzelbeschreibung Nr. ......., 
– – – – – – gemäß Einzelbeschreibung Nr. ....... und Zeichnung Nr. ......., 
– – – – – – – wie folgt behandeln:
– – – – – – – zu bearbeitende Fläche je t Konstruktionsgewicht in m² ......., 
wie folgt behandeln:
– – – – – – – zu bearbeitende Fläche je t Konstruktionsgewicht in m² ......., nicht zu bearbeitende Fläche in m² ......., 
wie folgt behandeln:
– Berechnungseinheit m², m, St, t

| | |
|---|---|
| 670 | Schadhafte Teilflächen, |
| 671 | Nachzubessernde Teilflächen, |
| 672 | Nachzubessernde Schweißnähte, |

**Einzelangaben nach DIN 18364 zu Pos. 670 bis 672**
– als Zulage,
– als Zulage für ......., 
– – – Maße L/B in cm ......., 
– – – Anteil der Teilflächen an der Gesamtfläche 5 %,
– – – Anteil der Teilflächen an der Gesamtfläche 10 %,
– – – Anteil der Teilflächen an der Gesamtfläche 15 %,
– – – Anteil der Teilflächen an der Gesamtfläche in % ......., 
– – – gemäß ......., 
– – – gemäß Zeichnung Nr. ......., 
– – – gemäß Einzelbeschreibung Nr. ......., 
– – – gemäß Einzelbeschreibung Nr. ....... und Zeichnung Nr. ......., 
– – – – – wie folgt behandeln:
– – – – – zu bearbeitende Fläche je t Konstruktionsgewicht in m² ......., 
wie folgt behandeln:
– – – – – zu bearbeitende Fläche je t Konstruktionsgewicht in m² ......., nicht zu bearbeitende Fläche in m² ......., 
wie folgt behandeln:
– Berechnungseinheit m², m, St, psch, t

**STLB 035**

Ausgabe 06.01

## LB 035 Korrosionsschutzarbeiten an Stahl und Aluminiumbaukonstruktionen
### Ergänzende Angaben

Hinweis: Die nachfolgenden Positionen sind mögliche Unterbeschreibungen und werden deshalb ohne Berechnungseinheit angegeben.

700 Erstbeschichtung,
701 Überholungsbeschichtung,
702 Überholungsbeschichtung, partiell als Erneuerungsbeschichtung,
703 Erneuerungsbeschichtung,
704 Erneuerungsbeschichtung, partiell,
705 Beschichtung als ....... ,
 Einzelangaben nach DIN 18364 zu Pos. 700 bis 705
 – vorgesehene Schutzdauer 2 bis 5 Jahre,
 – vorgesehene Schutzdauer 5 bis 15 Jahre,
 – vorgesehene Schutzdauer über 15 Jahre,
 – – innen,
 – – außen,
 – – innen und außen,
 – – – einseitig,
 – – – zweiseitig,
 – – – dreiseitig,
 – – – vierseitig,
 – – – allseitig,
 – – – an der Untersicht,
 – – – an der Berührungsfläche,
 – – – – ganzflächig,
 – – – – in Teilflächen, Maße L/B in cm ....... ,
 – – – – in Teilflächen, Anteil der Teilfläche an der Gesamtfläche in % ....... ,
 – – – – – Bauteil eingebaut,
 – – – – – Bauteil ausgebaut,
 – – – – – demontierbar,
 – – – – – nicht demontierbar,
 – – – – – Demontage ....... ,
 – – – – – – Sollschichtdicke DIN EN ISO 12944-5.
 – – – – – – – Ausführung ....... .
 – – – – – – – Ausführung gemäß Zeichnung Nr. ....... .
 – – – – – – – Ausführung gemäß Einzelbeschreibung Nr. ....... .
 – – – – – – – Ausführung gemäß Einzelbeschreibung Nr. ....... und Zeichnung Nr. ....... .

Hinweis: Die nachfolgenden Positionen sind mögliche Unterbeschreibungen und werden deshalb ohne Berechnungseinheit angegeben.

710 Korrosivitätskategorie C1 DIN EN ISO 12944-2, unbedeutend,
711 Korrosivitätskategorie C2 DIN EN ISO 12944-2, gering,
712 Korrosivitätskategorie C3 DIN EN ISO 12944-2, mäßig,
713 Korrosivitätskategorie C4 DIN EN ISO 12944-2, stark,
714 Korrosivitätskategorie C5-I DIN EN ISO 12944-2, sehr stark (Industrie),
715 Korrosivitätskategorie C5-M DIN EN ISO 12944-2, sehr stark (Meer),
 Einzelangaben nach DIN 18364 zu Pos. 710 bis 715
 – Landatmosphäre,
 – Stadtatmosphäre,
 – Industrieatmosphäre,
 – Meeratmosphäre,
 – – – extrem kalt,
 – – – kalt,
 – – – kalt gemäßigt,
 – – – warm gemäßigt,
 – – – warmtrocken,
 – – – mild warmtrocken,
 – – – extrem warmtrocken,
 – – – feuchtwarm,
 – – – gleichmäßig feuchtwarm,
 – – – – trinkwasserberührt,
 – – – – lebensmittelberührt,
 – – – – – chemische Belastung durch ....... 
 – – – – – mechanische Belastung durch ....... .
 – – – – – kombinierte erhöhte Belastung durch ....... .
 – – – – – Belastung durch Kondensfeuchte ....... ,
 – – – – – Belastung durch Betriebstemperatur in Grad C ....... .
 – – – – – Belastung durch thermische Dauerbelastung in Grad C ....... .
 – – – – – Belastung durch feuchte thermische Belastung in Grad C ....... .
 – – – – – Belastung durch thermische Wechselbelastung in Grad C ....... .
 – – – – – – Im Spritzbereich.
 – – – – – – Im Sprühbereich.
 – – – – – – Im Grenzbereich Erdreich/Luft.
 – – – – – – Im Erdreich.
 – – – – – – Im Grenzbereich Erdreich/Grundwasserspiegel.
 – – – – – – Bauten im Wasser, Unterwasserzone.
 – – – – – – Bauten im Wasser, Wasserwechselzone.
 – – – – – – Bauten im Wasser, Spritzwasserzone.
 – – – – – – Bauten im Erdreich, Spritzbereich.
 – – – – – – Bauten im Erdreich, Grenzbereich Erdreich/Luft.
 – – – – – – Bauten im Erdreich, Erdreich.
 – – – – – – Bauten im Erdreich, Grenzbereich Erdreich/Grundwasserspiegel.
 – – – – – – Bereich ....... .

# LB 035 Korrosionsschutzarbeiten an Stahl und Aluminiumbaukonstruktionen
## Ausgangszustand der zu bearbeitenden Oberflächen

STLB 035

Ausgabe 06.01

**Hinweis:** Die nachfolgenden Positionen sind mögliche Unterbeschreibungen und werden deshalb ohne Berechnungseinheit angegeben.

750 Zustand der unbeschichteten Stahloberfläche, Einzelangaben nach DIN 18364
– Rostgrad A DIN EN ISO 12944-4,
– Rostgrad B DIN EN ISO 12944-4,
– Rostgrad C DIN EN ISO 12944-4,
– Rostgrad D DIN EN ISO 12944-4,
– Walzhaut/Zunder,
– Rostgrad ........ ,

751 Zustand der unbeschichteten Aluminiumoberfläche, Einzelangaben nach DIN 18364
– metallblank,
– metallblank, nicht werkseitig chemisch nachbehandelt,
– alt, bewittert,
– alt, bewittert und korrodiert,
– anodisch oxidiert,
– werkseitig chemisch nachbehandelt,
– ........ ,

752 Zustand der beschichteten Aluminiumoberfläche, Einzelangaben nach DIN 18364
– vorhandene Grundbeschichtung ........ ,
– vorhandene Beschichtung ........ ,
– vorhandene Kaschierung mit Kunststofffolie ,
– vorhandene ........ ,

753 Zustand der metallisch überzogenen Stahloberfläche, Einzelangaben nach DIN 18364
– feuerverzinkt,
– feueraluminiert,
– Spritzmetallisierung aus Zink,
– Spritzmetallisierung aus Aluminium,
– Spritzmetallisierung aus Blei,
– Spritzmetallisierung ........ ,
– – – Dicke des Überzuges in mym ........ ,

**Hinweis:** Die nachfolgenden Positionen sind mögliche Unterbeschreibungen und werden deshalb ohne Berechnungseinheit angegeben.

754 Zustand der beschichteten Stahloberfläche,
755 Zustand der beschichteten Metalloberfläche,
756 Zustand der metallisch überzogenen Stahloberfläche, einschl. Beschichtung (Duplex-System), Einzelangaben nach DIN 18364 zu Pos. 754 bis 756
– vorhandene Fertigungsbeschichtung ........ ,
– vorhandene Grundbeschichtung ........ ,
– vorhandene Deckbeschichtung ........ ,
– vorhandene Fertigungsbeschichtung ........ ,
  und vorhandene Grundbeschichtung ........ ,
– vorhandene Grundbeschichtung ........ ,
  und vorhandene Deckbeschichtung ........ ,
– vorhandene Fertigungsbeschichtung ........ ,
  vorhandene Grundbeschichtung ........ ,
  und vorhandene Deckbeschichtung ........ ,
– vorhandene Beschichtung ........ ,
– vorhandene Beschichtung ........ ,
  Gitterschnittwert ........ ,
– – Rostgrad Ri 1 DIN 53210,
– – Rostgrad Ri 2 DIN 53210,
– – Rostgrad Ri 3 DIN 53210,
– – Rostgrad Ri 4 DIN 53210,
– – Rostgrad Ri 5 DIN 53210,
– – Rostgrad ........ ,
– – Rostgrad ........ ,
  Unterrostung ........ ,
– – – Dicke der Beschichtung in mym ........ ,
– – – – Anzahl der Beschichtungen ........ ,
– – – – – Blasengrad DIN 53209 ........ ,
– – – – – Abblätterungsgrad ISO 4628-5 ........ ,
– – – – – Blasengrad DIN 53209 ........ ,
  Abblätterungsgrad ISO 4628-5 ........ ,
– – – – – Rissgrad ISO 4628-4 ........ ,
– – – – – Blasengrad DIN 53209 ........ ,
  Rissgrad ISO 4628-4 ........ ,
– – – – – Abblätterungsgrad ISO 4628-5 ........ ,
  Rissgrad ISO 4628-4 ........ ,
– – – – – Blasengrad DIN 53209 ........ ,
  Abblätterungsgrad ISO 4628-5 ........ ,
  Rißgrad ISO 4628-4 ........ ,
– – – – – – Oberfläche unbewittert,.
– – – – – – Oberfläche bewittert,.
– – – – – – Oberfläche ........ ,
– – – – – – – Gesamtfläche zusätzlich verunreinigt durch lose artfremde Ablagerungen aus ........
– – – – – – – Gesamtfläche zusätzlich verunreinigt durch festhaftende artfremde Ablagerungen aus ........ .
– – – – – – – Teilflächen zusätzlich verunreinigt durch lose artfremde Ablagerungen aus ........ .
– – – – – – – Teilflächen zusätzlich verunreinigt durch festhaftende artfremde Ablagerungen aus ........ .
– – – – – – – Maße L/B in cm ........ ,
– – – – – – – Anteil der verunreinigten Teilflächen an der Gesamtfläche in % ........ ,

**STLB 035**
Ausgabe 06.01

## LB 035 Korrosionsschutzarbeiten an Stahl und Aluminiumbaukonstruktionen
### Vorbereiten der Oberfläche

**Hinweis:** Die nachfolgenden Positionen sind mögliche Unterbeschreibungen und werden deshalb ohne Berechnungseinheit angegeben.

770 **Ruß,**
771 **Mineralische Öle/Fette,**
772 **Tierische Öle/Fette,**
773 **Trennmittelrückstände,**
774 **Markierungen,**
775 **Salze,**
776 **Algenbewuchs,**
777 **Bewuchs,**
778 **Chemikalien,**
779 **Verunreinigung,**
780 **Beschichtung,**
  Einzelangaben nach DIN 18364 zu Pos. 770 bis 780
  – durch Abbürsten,
  – durch Schleifen,
  – durch Abschaben,
    – – von Hand,
    – – maschinell,
    – – Ausführungsart ....... ,
      (Sofern nicht vorgeschrieben, vom Bieter einzutragen.)
  – durch Absaugen,
  – durch Abwaschen,
    – – mit Wasser,
    – – mit Wasser unter Netzmittel-Zusatz,
    – – mit Wasser unter Zusatz alkalischer Industriereiniger,
    – – mit Wasser unter Zusatz saurer Industriereiniger,
    – – mit lösemittelhaltigem Industriereiniger,
  – durch Abbeizen,
  – durch Dampf- und Heißwasserstrahlen,
  – durch Dampf- und Heißwasserstrahlen mit Reinigerzusatz,
  – durch Hochdruckwasserstrahlen,
  – durch Heißluft,
  – durch Trockenstrahlen,
  – durch Feuchtstrahlen,
  – durch ....... ,
    – – – entfernen.
    – – – von Teilflächen entfernen, Maße L/B in cm ....... .
    – – – von Teilflächen entfernen, Anteil an der Gesamtfläche in % ....... .
    – – – entfernen ....... .
      – – – – – Anfallende Stoffe im Behälter des AN sammeln.
      – – – – – Anfallende Stoffe im vom AG gestellten Behälter sammeln.
      – – – – – Anfallende Stoffe ....... .

**Hinweis:** Die nachfolgenden Positionen sind mögliche Unterbeschreibungen und werden deshalb ohne Berechnungseinheit angegeben.

790 **Vorbereiten der Oberfläche,**
  Einzelangaben nach DIN 18364
  – für Oberflächenvorbereitungsgrad Sa 1 DIN EN ISO 12944-4,
  – für Oberflächenvorbereitungsgrad Sa 2 DIN EN ISO 12944-4,
  – für Oberflächenvorbereitungsgrad Sa 2 ½ DIN EN ISO 12944-4,
  – für Oberflächenvorbereitungsgrad Sa 3 DIN EN ISO 12944-4,
  – für Oberflächenvorbereitungsgrad PSa 2 DIN EN ISO 12944-4,
  – für Oberflächenvorbereitungsgrad PSa 2 ½ DIN EN ISO 12944-4,
    – – – durch Trockenstrahlen,
    – – – – Druckluftstrahlen,
    – – – – Vakuum- oder Saugkopfstrahlen,
    – – – – Sweepstrahlen,
    – – – – Spotstrahlen,
    – – – durch Feuchtstrahlen,
    – – – – Spotstrahlen,
    – – – durch Nassstrahlen,
    – – – – Nassdruckluftstrahlen,
    – – – – Schlämmstrahlen,
    – – – – Druckflüssigkeitsstrahlen,
    – – – durch Druckwasserstrahler,
    – – – – Hochdruckwasserstrahlen (70 MPa bis 170 MPa) mit körnigen Zusatzmitteln,
    – – – – Ultrahochdruckwasserstrahlen (über 170 MPa)
    – – – durch Flammstrahlen,
  – für Oberflächenvorbereitungsgrad St 2 DIN EN ISO 12944-4,
  – für Oberflächenvorbereitungsgrad St 3 DIN EN ISO 12944-4,
  – für Oberflächenvorbereitungsgrad PMa DIN EN ISO 12944-4,
  – für Oberflächenvorbereitungsgrad PSt 2 DIN EN ISO 12944-4,
  – für Oberflächenvorbereitungsgrad PSt 3 DIN EN ISO 12944-4,
    – – – – – ganzflächig.
    – – – – – in Teilflächen, Maße L/B in cm ....... .
    – – – – – in Teilflächen, Anteil an der Gesamtfläche in % ....... .
      – – – – – – Anfallende Stoffe im Behälter des AN sammeln.
      – – – – – – Anfallende Stoffe im vom AG gestellten Behälter sammeln.
      – – – – – – Anfallende Stoffe ....... .

# LB 035 Korrosionsschutzarbeiten an Stahl und Aluminiumbaukonstruktionen
## Metallüberzüge; Fertigungsschichten zum vorübergehenden Schutz

STLB 035

Ausgabe 06.01

**Hinweis:** Die nachfolgenden Positionen sind mögliche Unterbeschreibungen und werden deshalb ohne Berechnungseinheit angegeben.

**800** Metallüberzug durch Feuerverzinken,
Einzelangaben nach DIN 18364
– Stückverzinkung DIN EN ISO 1461,
– – – Werkstoffdicke des Bauteils in mm ........ ,
– – – Profil ........ ,

**801** Metallüberzug DIN EN 22063,
als thermisch gespritzter Überzug,
Einzelangaben nach DIN 18364
– aus Zink Z2 DIN EN 1179,
– aus Aluminium Al 99,5 ,
– aus Aluminium AlMn,
– aus Aluminium AlMg 1,
– aus Aluminium AlMg 3,
– aus Aluminium AlMgMn,
– aus Aluminium AlMgSi 0,5 ,
– aus Aluminium AlMgSi 1,
– aus Aluminium AlZnMg 1,
– aus ........ ,
– – – Werkstoffdicke des Bauteils in mm ........ ,
– – – Profil ........ ,
– – – – Auftragsverfahren ........ ,
(Sofern nicht vorgeschrieben, vom Bieter einzutragen.)
– – – – – Sollschichtdicke 45 mym.
– – – – – Sollschichtdicke 50 mym.
– – – – – Sollschichtdicke 60 mym.
– – – – – Sollschichtdicke 75 mym.
– – – – – Sollschichtdicke 100 mym.
– – – – – Sollschichtdicke 120 mym.
– – – – – Sollschichtdicke 150 mym.
– – – – – Sollschichtdicke 200 mym.
– – – – – Sollschichtdicke 250 mym.
– – – – – Sollschichtdicke 300 mym.
– – – – – Sollschichtdicke in mym ........ .
– – – – – – Ohne zusätzliche Oberflächenbehandlung.
– – – – – – Zusätzliche Oberflächenbehandlung Sweepen.
– – – – – – Zusätzliche Oberflächenbehandlung Poren füllen.
– – – – – – Zusätzliche Oberflächenbehandlung amoniakalische Netzmittelwäsche.
– – – – – – Zusätzliche Oberflächenbehandlung Dampf- und Heißwasserstrahlen.

**Hinweis:** Die nachfolgenden Positionen sind mögliche Unterbeschreibungen und werden deshalb ohne Berechnungseinheit angegeben.

**820** Fertigungsbeschichtung (Shop-Primer),
Einzelangaben nach DIN 18364
– aus Alkydharz/Zinkphosphat,
– aus Epoxidharzester/Zinkphosphat,
– aus Epoxidharzester/Zinkstaub,
– aus Polyvinylbutyral/Zinkphosphat,
– aus Epoxidharz/Zinkphosphat,
– aus Epoxidharz/Zinkstaub,
– aus Ethylsilikat/Zinkstaub,
– aus wasserverdünnbarem Acrylharz,
– aus wasserverdünnbarem Alkydharz,
– – Erzeugnis ........ ,
(Sofern nicht vorgeschrieben, vom Bieter einzutragen.)
– – Erzeugnis ........ ,
oder gleichwertiger Art,
Erzeugnis ........ ,
(Vom Bieter einzutragen.)
– – – Farbton ........ ,
– – – – Applikationsverfahren ........ ,
(Sofern nicht vorgeschrieben, vom Bieter einzutragen.)
– – – – – – Sollschichtdicke 15 mym.
– – – – – – Sollschichtdicke 20 mym.
– – – – – – Sollschichtdicke 25 mym.
– – – – – – Sollschichtdicke 30 mym.
– – – – – – Sollschichtdicke in mym ........ .

# LB 035 Korrosionsschutzarbeiten an Stahl und Aluminiumbaukonstruktionen
## Beschichtungen

Hinweis: Die nachfolgenden Positionen sind mögliche Unterbeschreibungen und werden deshalb ohne Berechnungseinheit angegeben.

830 Grundbeschichtung,
831 Zwei Grundbeschichtungen,
832 Erste Grundbeschichtung,
833 Zweite Grundbeschichtung,
834 Grundbeschichtung in Bereichen der Reibfläche von gleitfesten Verbindungen,

Hinweis: Pos. 835 nur in Verbindung mit den Pos. 670 bis 672.

835 Grundbeschichtung in Bereichen vorbereiteter schadhafter Teilflächen ausflecken, Anzahl der Grundbeschichtungen ....... ,
Einzelangaben nach DIN 18364 zu Pos. 830 bis 835
– aus Alkydharz/Eisenoxidrot-Zinkoxid,
– aus Alkydharz Zinkphosphat,
– aus Alkydharz- Kombination/Eisenoxidrot-Zinkoxid,
– aus Alkydharz- Kombination Zinkphosphat,
– aus Urethan-Öl/Eisenoxidrot-Zinkoxid,
– aus Urethan-Öl/ Zinkphosphat,
– aus Epoxidharzester/Zinkphosphat,
– aus Epoxidharzester/Zinkstaub,
– aus Polyvinylchlorid/Zinkphosphat,
– aus Polyvinylchlorid-Kombination/Zinkphosphat,
– aus Chlorkautschuk/Zinkphosphat,
– aus Chlorkautschuk-Kombination/Zinkphosphat,
– aus Acrylharz/Zinkphosphat,
– aus Epoxidharz/Zinkphosphat,
– aus Epoxidharz/Zinkstaub,
– aus Siliconharz/Zinkstaub,
– aus Ethylsilikat/Zinkstaub,
– aus Polyurethan/Zinkphosphat,
– aus Polyurethan/Zinkstaub,
– aus ....... ,
– – – einkomponentig,
– – – zweikomponentig,
– – – dreikomponentig,
– – – – wasserverdünnbar,
– – – – lösemittelhaltig,
– – – – lösemittelarm,
– – – – Erzeugnis ....... .
(Sofern nicht vorgeschrieben, vom Bieter einzutragen.)
– – – – Erzeugnis .......
oder gleichwertiger Art,
Erzeugnis ....... .
(Vom Bieter einzutragen.)
– – – – – Farbton ....... ,
– – – – – im Farbtonwechsel,
– – – – – im Farbtonwechsel ....... ,
– – – – – – Auftrag durch Spritzen,
– – – – – – Auftrag durch Rollen,
– – – – – – Auftrag durch Streichen,
– – – – – – Applikationsverfahren ....... ,
(Sofern nicht vorgeschrieben, vom Bieter einzutragen.)
– – – – – – – Sollschichtdicke DIN EN ISO 12944-5,
– – – – – – – Sollschichtdicke DIN EN ISO 12944-5 je Schicht,
– – – – – – – – 40 mym.
– – – – – – – – 80 mym.
– – – – – – – – 120 mym.
– – – – – – – – 160 mym.
– – – – – – – – 240 mym.
– – – – – – – – 250 mym.
– – – – – – – – 400 mym.
– – – – – – – – 500 mym.
– – – – – – – – in mym ....... .
– – – – – – – – Sollschichtdicke in mym .......

Hinweis: Die nachfolgenden Positionen sind mögliche Unterbeschreibungen und werden deshalb ohne Berechnungseinheit angegeben.

840 Deckbeschichtung,
841 Zwei Deckbeschichtungen,
842 Drei Deckbeschichtungen,
843 Erste Deckbeschichtung,
844 Zweite Deckbeschichtung,
845 Dritte Deckbeschichtung,
846 Erste und zweite Deckbeschichtung,
847 Zweite und dritte Deckbeschichtung,

Hinweis: Pos. 848 nur in Verbindung mit den Pos. 670 bis 672.

848 Deckbeschichtung in Bereichen vorbereiteter schadhafter Teilflächen ausflecken, Anzahl der Deckbeschichtungen ....... ,
Einzelangaben nach DIN 18364 zu Pos. 840 bis 848
– aus Öl/Eisenglimmer,
– aus Öl/Pigment-Kombination,
– aus Öl-Kombination/Eisenglimmer,
– aus Öl-Kombination/Pigment-Kombination,
– aus Alkydharz/Eisenglimmer,
– aus Alkydharz/Pigment-Kombination,
– aus Alkydharz-Kombination/Eisenglimmer,
– aus Alkydharz-Kombination/Pigment-Kombination,
– aus Urethan-Alkydharz/Eisenglimmer,
– aus Urethan-Alkydharz/Pigment-Kombination,
– aus Epoxidharzester/Eisenglimmer,
– aus Epoxidharzester/Pigment-Kombination,
– aus Polyvinylchlorid/Pigment-Kombination,
– aus Polyvinylchlorid-Kombination/Eisenglimmer,
– aus Polyvinylchlorid-Kombination/Pigment-Kombination,
– aus Chlorkautschuk/Eisenglimmer,
– aus Chlorkautschuk/Pigment-Kombination,
– aus Chlorkautschuk-Kombination/Eisenglimmer,
– aus Chlorkautschuk-Kombination/Pigment-Kombination,
– aus Acrylharz/Eisenglimmer,
– aus Acrylharz/Pigment-Kombination,
– aus Epoxidharz/Eisenglimmer,
– aus Epoxidharz/Pigment-Kombination,
– aus Polyurethan/Eisenglimmer,
– aus Polyurethan/Pigment-Kombination,
– aus Ethylsilikat,
– aus Siliconharz/Eisenglimmer,
– aus Bitumen-Öl-Kombination,
– aus Bitumen-Lösung,
– aus Bitumen-Lösung, gefüllt,
– aus Teerpech-Lösung,
– aus Teerpech-Lösung, gefüllt,
– aus Epoxidharz-Teerpech,
– aus Polyurethan-Teerpech,
– aus Vinyl-Teer,

Hinweis: Die folgenden Kohlenwasserstoffharze sind teerfreie Alternativharze.

– aus Epoxidharz-Kohlenwasserstoffharz,
– aus Polyurethan-Kohlenwasserstoffharz,
– aus ....... ,
– – – einkomponentig,
– – – zweikomponentig,
– – – dreikomponentig,
– – – – wasserverdünnbar,
– – – – lösemittelhaltig,
– – – – lösemittelarm,
– – – – Erzeugnis ....... .
(Sofern nicht vorgeschrieben, vom Bieter einzutragen.)
– – – – Erzeugnis .......
oder gleichwertiger Art,
Erzeugnis ....... .
(Vom Bieter einzutragen.)
– – – – – Farbton RAL 840 HR, Nr ....... ,
– – – – – Farbton ....... ,
– – – – – im Farbtonwechsel,
– – – – – im Farbtonwechsel ....... ,

# LB 035 Korrosionsschutzarbeiten an Stahl und Aluminiumbaukonstruktionen
## Beschichtungen

STLB 035
Ausgabe 06.01

**Einzelangaben** zu Pos. 840 bis 848, Fortsetzung
- – – – – – Auftrag durch Spritzen,
- – – – – – Auftrag durch Rollen,
- – – – – – Auftrag durch Streichen,
- – – – – – Auftrag durch Fluten,
- – – – – – Applikationsverfahren ........ ,
  (Sofern nicht vorgeschrieben, vom Bieter einzutragen.)
- – – – – – Sollschichtdicke DIN EN ISO 12944-5, 40 mym.
- – – – – – Sollschichtdicke DIN EN ISO 12944-5, 50 mym.
- – – – – – Sollschichtdicke DIN EN ISO 12944-5, 60 mym.
- – – – – – Sollschichtdicke DIN EN ISO 12944-5, 70 mym.
- – – – – – Sollschichtdicke DIN EN ISO 12944-5, 80 mym.
- – – – – – Sollschichtdicke DIN EN ISO 12944-5, 100 mym.
- – – – – – Sollschichtdicke DIN EN ISO 12944-5, 120 mym.
- – – – – – Sollschichtdicke DIN EN ISO 12944-5, 150 mym.
- – – – – – Sollschichtdicke DIN EN ISO 12944-5, 200 mym.
- – – – – – Sollschichtdicke DIN EN ISO 12944-5, 240 mym.
- – – – – – Sollschichtdicke DIN EN ISO 12944-5, 280 mym.
- – – – – – Sollschichtdicke DIN EN ISO 12944-5, 300 mym.
- – – – – – Sollschichtdicke DIN EN ISO 12944-5, 320 mym.
- – – – – – Sollschichtdicke DIN EN ISO 12944-5, 360 mym.
- – – – – – Sollschichtdicke DIN EN ISO 12944-5, 380 mym.
- – – – – – Sollschichtdicke DIN EN ISO 12944-5, 420 mym.
- – – – – – Sollschichtdicke DIN EN ISO 12944-5, 500 mym.
- – – – – – Sollschichtdicke DIN EN ISO 12944-5, 800 mym.
- – – – – – Sollschichtdicke DIN EN ISO 12944-5, 1000 mym.
- – – – – – Sollschichtdicke DIN EN ISO 12944-5 in mym ........ .
- – – – – – Sollschichtdicke DIN EN ISO 12944-5,
  - – – – – – – je Schicht 40 mym.
  - – – – – – – je Schicht 50 mym.
  - – – – – – – je Schicht 60 mym.
  - – – – – – – je Schicht 70 mym.
  - – – – – – – je Schicht 80 mym.
  - – – – – – – je Schicht 100 mym.
  - – – – – – – je Schicht 120 mym.
  - – – – – – – je Schicht 150 mym.
  - – – – – – – je Schicht 200 mym.
  - – – – – – – je Schicht 240 mym.
  - – – – – – – je Schicht 280 mym.
  - – – – – – – je Schicht 300 mym.
  - – – – – – – je Schicht 320 mym.
  - – – – – – – je Schicht 360 mym.
  - – – – – – – je Schicht 380 mym.
  - – – – – – – je Schicht 420 mym.
  - – – – – – – je Schicht 500 mym.
  - – – – – – – je Schicht 800 mym.
  - – – – – – – je Schicht 1000 mym.
  - – – – – – – je Schicht in mym ........ .

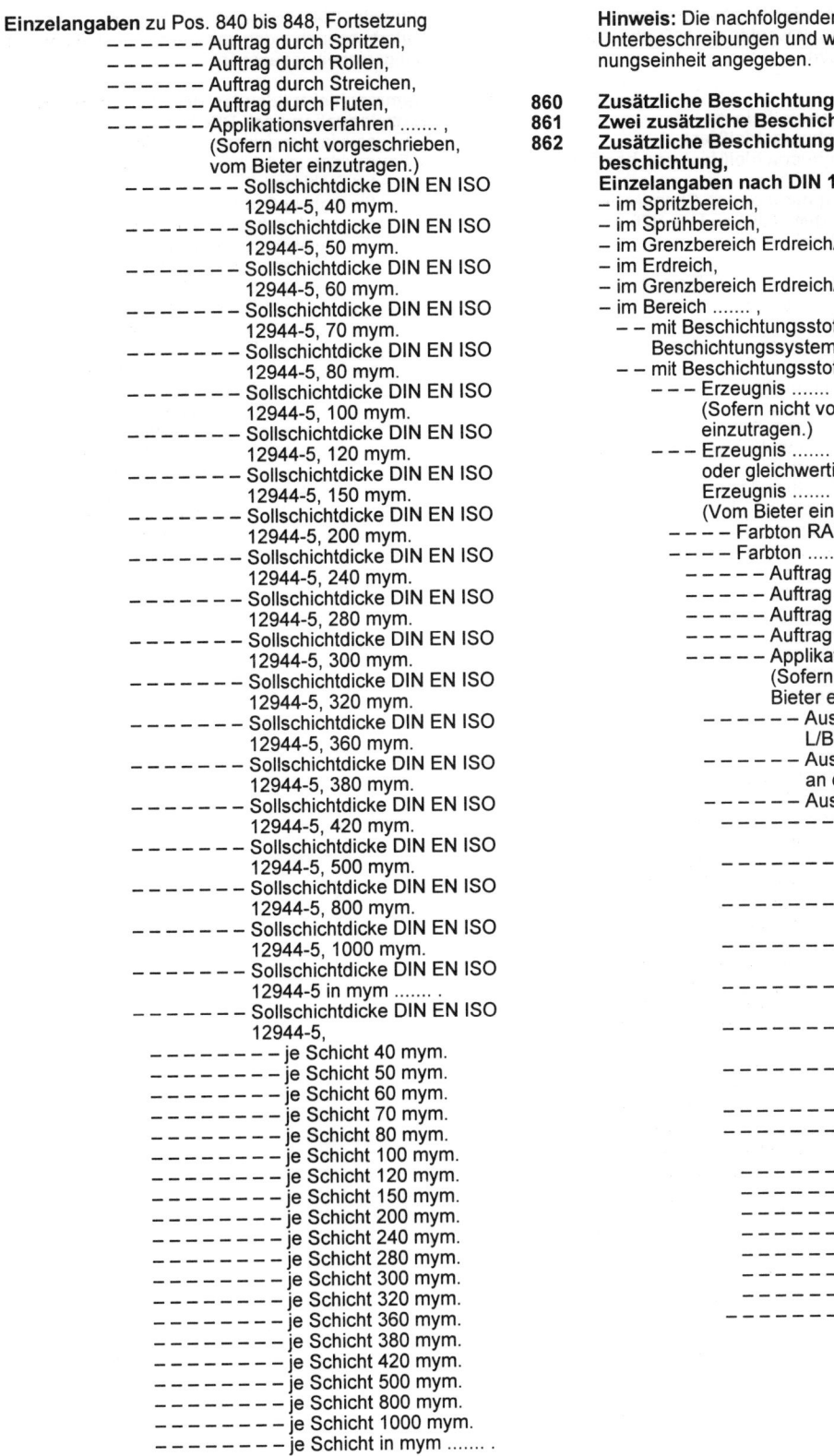

**Hinweis:** Die nachfolgenden Positionen sind mögliche Unterbeschreibungen und werden deshalb ohne Berechnungseinheit angegeben.

860 **Zusätzliche Beschichtung,**
861 **Zwei zusätzliche Beschichtungen,**
862 **Zusätzliche Beschichtung als Zwischenbeschichtung,**
Einzelangaben nach DIN 18364 zu Pos. 860 bis 862
- im Spritzbereich,
- im Sprühbereich,
- im Grenzbereich Erdreich/Luft,
- im Erdreich,
- im Grenzbereich Erdreich/Grundwasserspiegel,
- im Bereich ........ ,
  - – mit Beschichtungsstoff, abgestimmt auf das Beschichtungssystem,
  - – mit Beschichtungsstoff ........ ,
    - – – Erzeugnis ........ .
      (Sofern nicht vorgeschrieben, vom Bieter einzutragen.)
    - – – Erzeugnis ........
      oder gleichwertiger Art,
      Erzeugnis ........ .
      (Vom Bieter einzutragen.)
  - – – – Farbton RAL 840 HR, Nr ........ ,
  - – – – Farbton ........ ,
    - – – – – Auftrag durch Spritzen,
    - – – – – Auftrag durch Rollen,
    - – – – – Auftrag durch Streichen,
    - – – – – Auftrag mit Kelle,
    - – – – – Applikationsverfahren ........ ,
      (Sofern nicht vorgeschrieben, vom Bieter einzutragen.)
    - – – – – – Ausführung in Teiflächen, Maße L/B in cm ........ ,
    - – – – – – Ausführung in Teiflächen, Anteil an der Gesamtfläche in %
    - – – – – – Ausführung ........ ,
      - – – – – – – Sollschichtdicke DIN EN ISO 12944-5, 40 mym.
      - – – – – – – Sollschichtdicke DIN EN ISO 12944-5, 60 mym.
      - – – – – – – Sollschichtdicke DIN EN ISO 12944-5, 80 mym.
      - – – – – – – Sollschichtdicke DIN EN ISO 12944-5, 100 mym.
      - – – – – – – Sollschichtdicke DIN EN ISO 12944-5, 120 mym.
      - – – – – – – Sollschichtdicke DIN EN ISO 12944-5, 150 mym.
      - – – – – – – Sollschichtdicke DIN EN ISO 12944-5 in mym ........ .
      - – – – – – – Sollschichtdicke in mym ........
      - – – – – – – Sollschichtdicke DIN EN ISO 12944-5,
        - – – – – – – – je Schicht 40 mym.
        - – – – – – – – je Schicht 60 mym.
        - – – – – – – – je Schicht 80 mym.
        - – – – – – – – je Schicht 100 mym.
        - – – – – – – – je Schicht 120 mym.
        - – – – – – – – je Schicht 150 mym.
        - – – – – – – – je Schicht in mym ........ .
      - – – – – – – Sollschichtdicke je Schicht in mym ........ .

**STLB 035**

Ausgabe 06.01

## LB 035 Korrosionsschutzarbeiten an Stahl und Aluminiumbaukonstruktionen
### Beschichtungen

**Hinweis:** Die nachfolgenden Positionen sind mögliche Unterbeschreibungen und werden deshalb ohne Berechnungseinheit angegeben.

| | |
|---|---|
| 870 | Beschichtung, |
| 871 | Beschichtungen, lebensmittelecht, |
| 872 | Beschichtungen, hochverschleißfest, |
| 873 | Beschichtungen, hochverschleißfest und beständig gegen Chemikalien, |
| 874 | Beschichtungen, beständig gegen Chemikalien ......., Einzelangaben nach DIN 18364 zu Pos. 870 bis 874 |

 – als Unterlage für Asphaltbeläge,
 – Auftragsverfahren ......., 
  (Sofern nicht vorgeschrieben, vom Bieter einzutragen.)
 – als Unterlage für Asphaltbeläge,
  Auftragsverfahren ......., 
  (Sofern nicht vorgeschrieben, vom Bieter einzutragen.)
 – als Unterlage ......., 
 – – Bindemittel Chlorkautschuk,
 – – Bindemittel Epoxidharz,
 – – Bindemittel Epoxidharz-Teer,
 – – Bindemittel Epoxidharz-Kohlenwasserstoffharz,
 – – Bindemittel Polyurethan,
 – – Bindemittel Polyurethan-Teer,
 – – Bindemittel Polyurethan-Kohlenwasserstoffharz,
 – – Bindemittel ungesättigtes Polyester,
 – – Bindemittel Vinylharz-Teer,
 – – – einkomponentig,
 – – – zweikomponentig,
 – – – dreikomponentig,
 – – – – wasserverdünnbar,
 – – – – lösemittelhaltig,
 – – – – lösemittelarm,
 – – – – Erzeugnis/System ....... .
    (Sofern nicht vorgeschrieben, vom Bieter einzutragen.)
 – – – – Erzeugnis/System .......
    oder gleichwertiger Art,
    Erzeugnis/System ....... .
    (Vom Bieter einzutragen.)
 – – – – – Farbton ......., 
 – – – – – Sollschichtdicke DIN EN ISO 12944-5 der Beschichtung insgesamt in mym ....... .
 – – – – – Grundbeschichtung, Anzahl ......, Sollschichtdicke DIN EN ISO 12944-5 der Grundbeschichtung insgesamt in mym ....... .
    Deckbeschichtung, Anzahl ......., Sollschichtdicke DIN EN ISO 12944-5 der Deckbeschichtung insgesamt in mym ....... .
 – – – – – Verbrauchsmenge des Beschichtungsstoffes in l/m² ......., 
 – – – – – Verbrauchsmenge des Beschichtungsstoffes in kg/m² ......., 
 – – – – – – Grundbeschichtung mit Quarzsand abstreuen, Körnung ......., 
 – – – – – – Grundbeschichtung mit Korund abstreuen, Körnung ......., 
 – – – – – – Grundbeschichtung mit Haftbrückensplitt abstreuen, Körnung ......., 
 – – – – – – Grundbeschichtung abstreuen ......., 
 – – – – – – – Deckbeschichtung mit Quarzsand abstreuen, Körnung ......., 
 – – – – – – – Deckbeschichtung mit Korund abstreuen, Körnung ......., 
 – – – – – – – Deckbeschichtung mit Haftbrückensplitt abstreuen, Körnung ......., 
 – – – – – – – Deckbeschichtung abstreuen ......., 

**Hinweis:** Die nachfolgenden Positionen sind mögliche Unterbeschreibungen und werden deshalb ohne Berechnungseinheit angegeben.

| | |
|---|---|
| 880 | Dämmschichtbildendes Brandschutzsystem, Einzelangaben nach DIN 18364 |

 – Feuerwiderstandsklasse F 30 DIN 4102-2,
 – Feuerwiderstandsklasse F 60 DIN 4102-2,
 – – für Stahl innen,
 – – für Stahl außen,
 – – – auf vorhandene geprüfte Grundbeschichtung.
 – – – einschl. systemgebundener Grundbeschichtung.
 – – – – – Erzeugnis ....... .
    (Sofern nicht vorgeschrieben, vom Bieter einzutragen.)
 – – – – – Erzeugnis .......
    oder gleichwertiger Art,
    Erzeugnis ....... .
    (Vom Bieter einzutragen.)
 – – – – – – Auftragsmenge des Beschichtungssystems gemäß Herstellervorschrift.
 – – – – – – Sollschichtdicke des Beschichtungssystems gemäß Herstellervorschrift.
 – – – – – – – Farbton ....... .

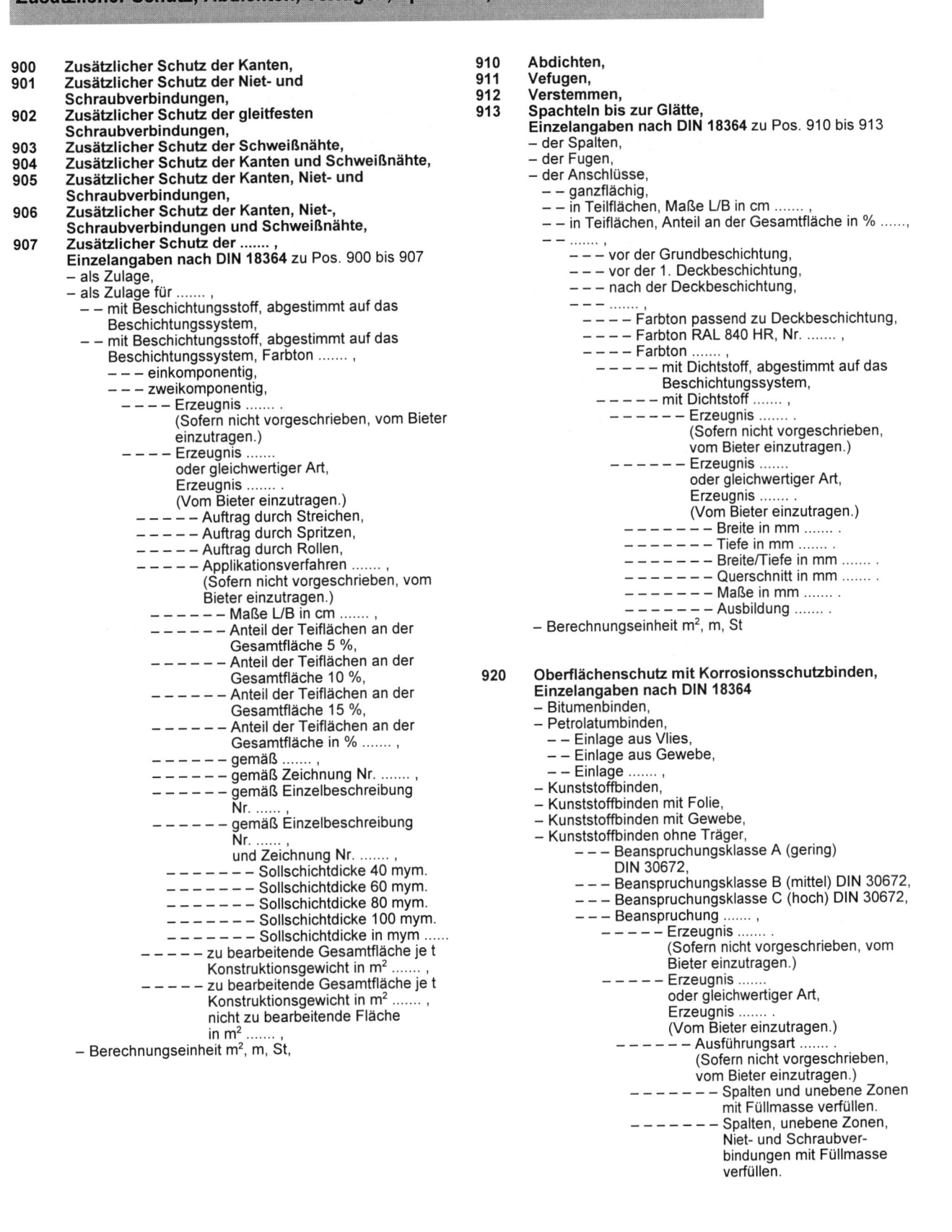

# LB 035 Korrosionsschutzarbeiten an Stahl und Aluminiumbaukonstruktionen
## Zusätzlicher Schutz; Abdichten, Verfugen, Spachteln; Oberflächenschutz

STLB 035

Ausgabe 06.01

| | |
|---|---|
| 900 | Zusätzlicher Schutz der Kanten, |
| 901 | Zusätzlicher Schutz der Niet- und Schraubverbindungen, |
| 902 | Zusätzlicher Schutz der gleitfesten Schraubverbindungen, |
| 903 | Zusätzlicher Schutz der Schweißnähte, |
| 904 | Zusätzlicher Schutz der Kanten und Schweißnähte, |
| 905 | Zusätzlicher Schutz der Kanten, Niet- und Schraubverbindungen, |
| 906 | Zusätzlicher Schutz der Kanten, Niet-, Schraubverbindungen und Schweißnähte, |
| 907 | Zusätzlicher Schutz der ....... , |

Einzelangaben nach DIN 18364 zu Pos. 900 bis 907
– als Zulage,
– als Zulage für ....... ,
– – mit Beschichtungsstoff, abgestimmt auf das Beschichtungssystem,
– – mit Beschichtungsstoff, abgestimmt auf das Beschichtungssystem, Farbton ....... ,
– – – einkomponentig,
– – – zweikomponentig,
– – – – Erzeugnis ....... .
(Sofern nicht vorgeschrieben, vom Bieter einzutragen.)
– – – – Erzeugnis .......
oder gleichwertiger Art,
Erzeugnis ....... .
(Vom Bieter einzutragen.)
– – – – – Auftrag durch Streichen,
– – – – – Auftrag durch Spritzen,
– – – – – Auftrag durch Rollen,
– – – – – Applikationsverfahren ....... ,
(Sofern nicht vorgeschrieben, vom Bieter einzutragen.)
– – – – – – Maße L/B in cm ....... ,
– – – – – – Anteil der Teilflächen an der Gesamtfläche 5 %,
– – – – – – Anteil der Teilflächen an der Gesamtfläche 10 %,
– – – – – – Anteil der Teilflächen an der Gesamtfläche 15 %,
– – – – – – Anteil der Teilflächen an der Gesamtfläche in % ....... ,
– – – – – – gemäß ....... ,
– – – – – – gemäß Zeichnung Nr. ....... ,
– – – – – – gemäß Einzelbeschreibung Nr. ....... ,
– – – – – – gemäß Einzelbeschreibung Nr. ....... ,
und Zeichnung Nr. ....... ,
– – – – – – – Sollschichtdicke 40 mym.
– – – – – – – Sollschichtdicke 60 mym.
– – – – – – – Sollschichtdicke 80 mym.
– – – – – – – Sollschichtdicke 100 mym.
– – – – – – – Sollschichtdicke in mym .......
– – – – – – zu bearbeitende Gesamtfläche je t Konstruktionsgewicht in m² ....... ,
– – – – – – zu bearbeitende Gesamtfläche je t Konstruktionsgewicht in m² ....... ,
nicht zu bearbeitende Fläche in m² ....... ,
– Berechnungseinheit m², m, St,

| | |
|---|---|
| 910 | Abdichten, |
| 911 | Vefugen, |
| 912 | Verstemmen, |
| 913 | Spachteln bis zur Glätte, |

Einzelangaben nach DIN 18364 zu Pos. 910 bis 913
– der Spalten,
– der Fugen,
– der Anschlüsse,
– – ganzflächig,
– – in Teilflächen, Maße L/B in cm ....... ,
– – in Teilflächen, Anteil an der Gesamtfläche in % ....... ,
– – ....... ,
– – – vor der Grundbeschichtung,
– – – vor der 1. Deckbeschichtung,
– – – nach der Deckbeschichtung,
– – – ....... ,
– – – – Farbton passend zu Deckbeschichtung,
– – – – Farbton RAL 840 HR, Nr. ....... ,
– – – – Farbton ....... ,
– – – – – mit Dichtstoff, abgestimmt auf das Beschichtungssystem,
– – – – – mit Dichtstoff ....... ,
– – – – – – Erzeugnis ....... .
(Sofern nicht vorgeschrieben, vom Bieter einzutragen.)
– – – – – – Erzeugnis .......
oder gleichwertiger Art,
Erzeugnis ....... .
(Vom Bieter einzutragen.)
– – – – – – – Breite in mm ....... .
– – – – – – – Tiefe in mm ....... .
– – – – – – – Breite/Tiefe in mm ....... .
– – – – – – – Querschnitt in mm ....... .
– – – – – – – Maße in mm ....... .
– – – – – – – Ausbildung ....... .
– Berechnungseinheit m², m, St

| | |
|---|---|
| 920 | Oberflächenschutz mit Korrosionsschutzbinden, Einzelangaben nach DIN 18364 |

– Bitumenbinden,
– Petrolatumbinden,
– – Einlage aus Vlies,
– – Einlage aus Gewebe,
– – Einlage ....... ,
– Kunststoffbinden,
– Kunststoffbinden mit Folie,
– Kunststoffbinden mit Gewebe,
– Kunststoffbinden ohne Träger,
– – – Beanspruchungsklasse A (gering) DIN 30672,
– – – Beanspruchungsklasse B (mittel) DIN 30672,
– – – Beanspruchungsklasse C (hoch) DIN 30672,
– – – Beanspruchung ....... ,
– – – – Erzeugnis ....... .
(Sofern nicht vorgeschrieben, vom Bieter einzutragen.)
– – – – Erzeugnis .......
oder gleichwertiger Art,
Erzeugnis ....... .
(Vom Bieter einzutragen.)
– – – – – Ausführungsart ....... .
(Sofern nicht vorgeschrieben, vom Bieter einzutragen.)
– – – – – Spalten und unebene Zonen mit Füllmasse verfüllen.
– – – – – Spalten, unebene Zonen, Niet- und Schraubverbindungen mit Füllmasse verfüllen.

**STLB 035**

Ausgabe 06.01

# LB LB 035 Korrosionsschutzarbeiten an Stahl und Aluminiumbaukonstruktionen
## Regelausführung; Entfernen und Wiederanbringen von Einzelteilen

Hinweis: Deckbeschichtungen siehe Pos. 840 ff.

**940** Korrosionsschutz in Regelausführung DIN 4113-1, Einzelangaben nach DIN 18364
- Oberfläche zur Beschichtung vorbereiten,
  - - - durch Kaltreinigung mit Nachwaschen, Schleifen, nochmals Nachwaschen,
  - - - durch Reinigen mit phosphorsaurem Spezialreiniger,
  - - - durch Dampfstrahlreinigung mit schwach saurem Phosphatreiniger, Nachwaschen,
  - - - durch Hochdruckreinigung mit schwach saurem Phosphatreiniger und neutralisierende Nachreinigung durch Dampfstrahlen,
  - - - durch Hochdruckreinigung mit schwach saurem Phosphatreiniger, heiß nachwaschen,
  - - - durch Kaltreinigung, nachwaschen, Korrosionserscheinungen ausschleifen, nachreinigen,
  - - - durch Reinigung mit Netzmittelreiniger, anschleifen und nachwaschen,
  - - - durch Reinigung mit Netzmittelreiniger, Korrosionsprodukte abschleifen, Gesamtfläche anschleifen,
  - - - durch Strahlen mit Korund (kein Regenerat),
  - - - durch Strahlen und ....... ,
  - - - durch ....... ,
    - - - - - Grundbeschichtung metallreaktiv, dünnschichtbildend, zweikomponentig,
    - - - - - Grundbeschichtung schichtbildend, einkomponentig, auf Acrylatbasis,
    - - - - - Grundbeschichtung schichtbildend, einkomponentig, auf Mischpolymerisatbasis,
    - - - - - Grundbeschichtung schichtbildend, zweikomponentig, auf Epoxidharzbasis,
    - - - - - Grundbeschichtung ....... ,
      - - - - - - Sollschichtdicke bis 8 mym.
      - - - - - - Sollschichtdicke bis 15 mym.
      - - - - - - Sollschichtdicke in mym....... .
        - - - - - - - Erzeugnis ....... . (Sofern nicht vorgeschrieben, vom Bieter einzutragen.)
        - - - - - - - Erzeugnis ....... oder gleichwertiger Art, Erzeugnis ....... . (Vom Bieter einzutragen.)
        - - - - - - - Ausführungsart ....... . (Sofern nicht vorgeschrieben, vom Bieter einzutragen.
- Berechnungseinheit m², m, St

**960** Abdeckung,
**961** Laufflächenabdeckung,
**962** Bekleidung/Verkleidung,
**963** Schutzvorrichtung,
**964** Einzelteil ....... ,

Einzelangaben nach DIN 18364 zu Pos. 960 bis 964
- aus Blechen,
- aus Lochblechen,
- aus Rosten,
- aus Bohlen,
- aus ....... ,
  - - lose eingelegt,
  - - verschraubt,
  - - ....... ,
    - - - entfernen und wiederanbringen.
    - - - entfernen, zwischenlagern und wiederanbringen.
    - - - für jeden Arbeitsgang der Beschichtung entfernen und wiederanbringen.
    - - - für jeden Arbeitsgang der Beschichtung entfernen, zwischenlagern und wiederanbringen.
    - - - ....... ,
      - - - - Breite in cm ....... ,
      - - - - Einzellänge/-breite in cm ....... ,
      - - - - Einzelmaße in cm ....... ,
      - - - - - Gewicht je Einzelteil in kg ....... .
      - - - - - Zwischenlagerstelle ....... .
      - - - - - - Länge des Transportweges zur Zwischenlagerstelle in m ....... .
- Berechnungseinheit m², m, St

Hinweis: Der Bezug in einer Textergänzung in Pos.996 auf eine andere Positions–Nummer (OZ) kann bei einer Neugliederung des Leistungsverzeichnisses nicht von jedem AVA–Programm automatisch geändert werden. Wird das Verfahren der verkürzten Schreibweise gemäß den Regelungen für den Aufbau des Leistungsverzeichnisses, Ausgabe August 1991, vom eingesetzten AVA–Programm unterstützt, ist die Anwendung der Pos. 996 hinfällig.

**996** Leistung wie Position ....... , Einzelangaben nach DIN 18364
- jedoch ....... .
- Berechnungseinheit m, m², St, t, psch

# LB 035 Korrosionsschutzarbeiten an Stahl und Aluminiumbaukonstruktionen
## Artfremde Verunreinigungen; Vorbereiten der unbeschichteten Oberfläche

AW 035
Preise 06.01

Sämtliche Preise sind **Mittelpreise ohne Mehrwertsteuer** zum Zeitpunkt des Ausgabedatums.
**Korrekturfaktoren** für Regionaleinfluss, Mengeneinfluss, Konjunktureinfluss siehe Vorspann.
**Abkürzungen:** EP = Einheitspreis, LA = Lohnanteil, ST = Stoffanteil

### Artfremde Verunreinigungen

035.-----.-

|  |  |  |
|---|---|---|
| 035.63201.M | Mineral. Öle/Fette druckwasserstrahlen, ganzflächig | 8,65 DM/m2 / 4,42 €/m2 |
| 035.63202.M | Mineral. Öle/Fette druckwasserstrahlen, Teilflächen | 9,73 DM/m2 / 4,97 €/m2 |
| 035.63301.M | Tierische Öle/Fette abbrennen | 5,90 DM/m2 / 3,02 €/m2 |
| 035.63401.M | Trennmittelrückstände abwaschen | 3,75 DM/m2 / 1,92 €/m2 |
| 035.63701.M | Chemikalien abwaschen | 7,76 DM/m2 / 3,97 €/m2 |
| 035.63702.M | Chemikalien abbeizen, Teilflächen | 17,56 DM/m2 / 8,98 €/m2 |
| 035.63703.M | Beschichtungen abbeizen, Teilflächen | 19,84 DM/m2 / 10,14 €/m2 |
| 035.63801.M | Staubablagerungen, lose, abblasen | 4,04 DM/m2 / 2,06 €/m2 |
| 035.63802.M | Staubablagerungen, lose, abfegen/abbürsten | 5,01 DM/m2 / 2,56 €/m2 |
| 035.63803.M | Staubablagerungen/Flüssigkeiten, absaugen | 6,05 DM/m2 / 3,09 €/m2 |
| 035.63804.M | Beschichtungsteile, lose, maschinell abbürsten | 5,04 DM/m2 / 2,58 €/m2 |
| 035.63805.M | Beschichtungen/Ablagerungen, festsitzend, schleifen | 13,35 DM/m2 / 6,82 €/m2 |

**035.63201.M**  KG 330 DIN 276
Mineral. Öle/Fette druckwasserstrahlen, ganzflächig
EP 8,65 DM/m2  LA 7,62 DM/m2  ST 1,03 DM/m2
EP 4,42 €/m2   LA 3,89 €/m2   ST 0,53 €/m2

**035.63202.M**  KG 330 DIN 276
Mineral. Öle/Fette druckwasserstrahlen, Teilflächen
EP 9,73 DM/m2  LA 8,61 DM/m2  ST 1,12 DM/m2
EP 4,97 €/m2   LA 4,40 €/m2   ST 0,57 €/m2

**035.63301.M**  KG 330 DIN 276
Tierische Öle/Fette abbrennen
EP 5,90 DM/m2  LA 5,63 DM/m2  ST 0,27 DM/m2
EP 3,02 €/m2   LA 2,88 €/m2   ST 0,14 €/m2

**035.63401.M**  KG 330 DIN 276
Trennmittelrückstände abwaschen
EP 3,75 DM/m2  LA 3,65 DM/m2  ST 0,10 DM/m2
EP 1,92 €/m2   LA 1,86 €/m2   ST 0,06 €/m2

**035.63701.M**  KG 330 DIN 276
Chemikalien abwaschen
EP 7,76 DM/m2  LA 6,95 DM/m2  ST 0,81 DM/m2
EP 3,97 €/m2   LA 3,56 €/m2   ST 0,41 €/m2

**035.63702.M**  KG 330 DIN 276
Chemikalien abbeizen, Teilflächen
EP 17,56 DM/m2  LA 13,25 DM/m2  ST 4,31 DM/m2
EP  8,98 €/m2   LA  6,77 €/m2   ST 2,21 €/m2

**035.63703.M**  KG 330 DIN 276
Beschichtungen abbeizen, Teilflächen
EP 19,84 DM/m2  LA 14,90 DM/m2  ST 4,94 DM/m2
EP 10,14 €/m2   LA  7,62 €/m2   ST 2,52 €/m2

**035.63801.M**  KG 330 DIN 276
Staubablagerungen, lose, abblasen
EP 4,04 DM/m2  LA 3,98 DM/m2  ST 0,06 DM/m2
EP 2,06 €/m2   LA 2,03 €/m2   ST 0,03 €/m2

**035.63802.M**  KG 330 DIN 276
Staubablagerungen, lose, abfegen/abbürsten
EP 5,01 DM/m2  LA 4,97 DM/m2  ST 0,04 DM/m2
EP 2,56 €/m2   LA 2,54 €/m2   ST 0,02 €/m2

**035.63803.M**  KG 330 DIN 276
Staubablagerungen/Flüssigkeiten, absaugen
EP 6,05 DM/m2  LA 5,96 DM/m2  ST 0,09 DM/m2
EP 3,09 €/m2   LA 3,05 €/m2   ST 0,04 €/m2

**035.63804.M**  KG 330 DIN 276
Beschichtungsteile, lose, maschinell abbürsten
EP 5,04 DM/m2  LA 4,97 DM/m2  ST 0,07 DM/m2
EP 2,58 €/m2   LA 2,54 €/m2   ST 0,04 €/m2

**035.63805.M**  KG 330 DIN 276
Beschichtungen/Ablagerungen, festsitzend, schleifen
EP 13,35 DM/m2  LA 12,59 DM/m2  ST 0,76 DM/m2
EP  6,82 €/m2   LA  6,43 €/m2   ST 0,39 €/m2

### Vorbereiten der unbeschichteten Oberfläche

035.-----.-

|  |  |  |
|---|---|---|
| 035.64101.M | Stahloberfläche RA auf Sa 2 1/2 vorbereiten | 10,35 DM/m2 / 5,29 €/m2 |
| 035.64102.M | Stahloberfläche RA auf Sa 3 vorbereiten | 16,58 DM/m2 / 8,48 €/m2 |
| 035.64103.M | Stahloberfläche RB auf Sa 2 1/2 vorbereiten | 15,16 DM/m2 / 7,75 €/m2 |
| 035.64104.M | Stahloberfläche RB auf Sa 3 vorbereiten | 24,38 DM/m2 / 12,46 €/m2 |
| 035.64105.M | Stahloberfläche RC auf Sa 2 1/2 vorbereiten | 20,30 DM/m2 / 10,38 €/m2 |
| 035.64106.M | Stahloberfläche RC auf Sa 3 vorbereiten | 32,62 DM/m2 / 16,68 €/m2 |
| 035.64107.M | Stahloberfläche RD auf Sa 2 1/2 vorbereiten | 25,33 DM/m2 / 12,95 €/m2 |
| 035.64108.M | Stahloberfläche RD auf Sa 3 vorbereiten | 40,44 DM/m2 / 20,68 €/m2 |

**Hinweis:**
Nach DIN 18364 gilt für Erst- und Erneuerungsbeschichtungen:
- Vorbereitung der Oberflächen nach Norm-Reinheitsgrad Sa 2 1/2.

**035.64101.M**  KG 330 DIN 276
Stahloberfläche RA auf Sa 2 1/2 vorbereiten
EP 10,35 DM/m2  LA 9,27 DM/m2  ST 1,08 DM/m2
EP  5,29 €/m2   LA 4,74 €/m2   ST 0,55 €/m2

**035.64102.M**  KG 330 DIN 276
Stahloberfläche RA auf Sa 3 vorbereiten
EP 16,58 DM/m2  LA 14,90 DM/m2  ST 1,68 DM/m2
EP  8,48 €/m2   LA  7,62 €/m2   ST 0,86 €/m2

**035.64103.M**  KG 330 DIN 276
Stahloberfläche RB auf Sa 2 1/2 vorbereiten
EP 15,16 DM/m2  LA 13,58 DM/m2  ST 1,58 DM/m2
EP  7,75 €/m2   LA  6,94 €/m2   ST 0,81 €/m2

**035.64104.M**  KG 330 DIN 276
Stahloberfläche RB auf Sa 3 vorbereiten
EP 24,38 DM/m2  LA 21,85 DM/m2  ST 2,53 DM/m2
EP 12,46 €/m2   LA 11,17 €/m2   ST 1,29 €/m2

**035.64105.M**  KG 330 DIN 276
Stahloberfläche RC auf Sa 2 1/2 vorbereiten
EP 20,30 DM/m2  LA 18,22 DM/m2  ST 2,08 DM/m2
EP 10,38 €/m2   LA  9,31 €/m2   ST 1,07 €/m2

**035.64106.M**  KG 330 DIN 276
Stahloberfläche RC auf Sa 3 vorbereiten
EP 32,62 DM/m2  LA 29,14 DM/m2  ST 3,48 DM/m2
EP 16,68 €/m2   LA 14,90 €/m2   ST 1,78 €/m2

**035.64107.M**  KG 330 DIN 276
Stahloberfläche RD auf Sa 2 1/2 vorbereiten
EP 25,33 DM/m2  LA 22,51 DM/m2  ST 2,82 DM/m2
EP 12,95 €/m2   LA 11,51 €/m2   ST 1,44 €/m2

**035.64108.M**  KG 330 DIN 276
Stahloberfläche RD auf Sa 3 vorbereiten
EP 40,44 DM/m2  LA 36,42 DM/m2  ST 4,02 DM/m2
EP 20,68 €/m2   LA 18,62 €/m2   ST 2,06 €/m2

AW 035

Preise 06.01

## LB 035 Korrosionsschutzarbeiten an Stahl und Aluminiumbaukonstruktionen
### Vorbereiten der beschichteten Oberfläche; Vorübergehender Schutz Metallüberzüge

Sämtliche Preise sind **Mittelpreise ohne Mehrwertsteuer** zum Zeitpunkt des Ausgabedatums.
**Korrekturfaktoren** für Regionaleinfluss, Mengeneinfluss, Konjunktureinfluss siehe Vorspann.
**Abkürzungen:** EP = Einheitspreis, LA = Lohnanteil, ST = Stoffanteil

### Vorbereiten der beschichteten Oberfläche

035.-----.-

|  |  |  |
|---|---|---|
| 035.66001.M | Stahloberfl., grundbeschichtet, strahlen, < 0,20 m2 | 7,92 DM/m2 / 4,05 €/m2 |
| 035.66002.M | Stahloberfl., grundbeschichtet, strahlen, > 0,20-0,50 m2 | 7,42 DM/m2 / 3,80 €/m2 |
| 035.66003.M | Stahloberfl., grundbeschichtet, strahlen, > 0,50 m2 | 7,03 DM/m2 / 3,59 €/m2 |
| 035.66004.M | Stahloberfl., beschichtet, strahlen, < 0,20 m2 | 9,75 DM/m2 / 4,98 €/m2 |
| 035.66005.M | Stahloberfl., beschichtet, strahlen, > 0,20-0,50 m2 | 8,70 DM/m2 / 4,45 €/m2 |
| 035.66006.M | Stahloberfl., beschichtet, strahlen, > 0,50 m2 | 7,83 DM/m2 / 4,00 €/m2 |
| 035.66007.M | Stahloberfl., beschichtet, anlaugen | 8,26 DM/m2 / 4,22 €/m2 |
| 035.66008.M | Stahloberfl., beschichtet, abschleifen | 15,11 DM/m2 / 7,73 €/m2 |
| 035.66009.M | Stahloberfl., beschichtet, abbrennen | 16,65 DM/m2 / 8,51 €/m2 |
| 035.66010.M | Stahloberfl., beschichtet, abbeizen | 38,55 DM/m2 / 19,71 €/m2 |

**035.66001.M**    KG 330 DIN 276
Stahloberfl., grundbeschichtet, strahlen, < 0,20 m2
EP 7,92 DM/m2    LA 1,98 DM/m2    ST 5,94 DM/m2
EP 4,05 €/m2    LA 1,01 €/m2    ST 3,04 €/m2

**035.66002.M**    KG 330 DIN 276
Stahloberfl., grundbeschichtet, strahlen, > 0,20-0,50 m2
EP 7,42 DM/m2    LA 1,85 DM/m2    ST 5,57 DM/m2
EP 3,80 €/m2    LA 0,95 €/m2    ST 2,85 €/m2

**035.66003.M**    KG 330 DIN 276
Stahloberfl., grundbeschichtet, strahlen, > 0,50 m2
EP 7,02 DM/m2    LA 1,72 DM/m2    ST 5,30 DM/m2
EP 3,59 €/m2    LA 0,88 €/m2    ST 2,71 €/m2

**035.66004.M**    KG 330 DIN 276
Stahloberfl., beschichtet, strahlen, < 0,20 m2
EP 9,75 DM/m2    LA 2,65 DM/m2    ST 7,10 DM/m2
EP 4,98 €/m2    LA 1,35 €/m2    ST 3,63 €/m2

**035.66005.M**    KG 330 DIN 276
Stahloberfl., beschichtet, strahlen, > 0,20-0,50 m2
EP 8,70 DM/m2    LA 2,31 DM/m2    ST 6,39 DM/m2
EP 4,45 €/m2    LA 1,18 €/m2    ST 3,27 €/m2

**035.66006.M**    KG 330 DIN 276
Stahloberfl., beschichtet, strahlen, > 0,50 m2
EP 7,83 DM/m2    LA 1,98 DM/m2    ST 5,85 DM/m2
EP 4,00 €/m2    LA 1,01 €/m2    ST 2,99 €/m2

**035.66007.M**    KG 330 DIN 276
Stahloberfl., beschichtet, anlaugen
EP 8,26 DM/m2    LA 7,95 DM/m2    ST 0,31 DM/m2
EP 4,22 €/m2    LA 4,06 €/m2    ST 0,16 €/m2

**035.66008.M**    KG 330 DIN 276
Stahloberfl., beschichtet, abschleifen
EP 15,11 DM/m2    LA 14,57 DM/m2    ST 0,54 DM/m2
EP   7,73 €/m2    LA   7,45 €/m2    ST 0,23 €/m2

**035.66009.M**    KG 330 DIN 276
Stahloberfl., beschichtet, abbrennen
EP 16,65 DM/m2    LA 15,89 DM/m2    ST 0,76 DM/m2
EP   8,51 €/m2    LA   8,13 €/m2    ST 0,38 €/m2

**035.66010.M**    KG 330 DIN 276
Stahloberfl., beschichtet, abbeizen
EP 38,55 DM/m2    LA 28,48 DM/m2    ST 10,07 DM/m2
EP 19,71 €/m2    LA 14,56 €/m2    ST   5,15 €/m2

### Vorübergehender Schutz von Metallüberzügen

035.-----.-

|  |  |  |
|---|---|---|
| 035.70501.M | Fertigungsb. Alkydharz/Zink-Phosphat-Primer, 10-15 mym | 4,22 DM/m2 / 2,16 €/m2 |
| 035.70502.M | Fertigungsb. Alkydharz/Zink-Phosphat-Primer, 15-20 mym | 4,64 DM/m2 / 2,37 €/m2 |
| 035.70503.M | Fertigungsb. Epoxidharzester/Zinkstaub, 15-20 mym | 9,52 DM/m2 / 4,87 €/m2 |
| 035.70504.M | Fertigungsb. Epoxidharzester/Zinkstaub, 20-25 mym | 10,33 DM/m2 / 5,28 €/m2 |
| 035.70505.M | Fertigungsb. Alkydharz/Zinkchromat, 15-20 mym | 9,55 DM/m2 / 4,88 €/m2 |
| 035.70506.M | Fertigungsb. Alkydharz/Zinkchromat, 20-25 mym | 10,81 DM/m2 / 5,53 €/m2 |

**035.70501.M**    KG 330 DIN 276
Fertigungsb. Alkydharz/Zink-Phosphat-Primer, 10-15 mym
EP 4,22 DM/m2    LA 3,45 DM/m2    ST 0,77 DM/m2
EP 2,16 €/m2    LA 1,76 €/m2    ST 0,40 €/m2

**035.70502.M**    KG 330 DIN 276
Fertigungsb. Alkydharz/Zink-Phosphat-Primer, 15-20 mym
EP 4,64 DM/m2    LA 3,71 DM/m2    ST 0,93 DM/m2
EP 2,37 €/m2    LA 1,90 €/m2    ST 0,47 €/m2

**035.70503.M**    KG 330 DIN 276
Fertigungsb. Epoxidharzester/Zinkstaub, 15-20 mym
EP 9,52 DM/m2    LA 4,11 DM/m2    ST 5,41 DM/m2
EP 4,87 €/m2    LA 2,10 €/m2    ST 2,77 €/m2

**035.70504.M**    KG 330 DIN 276
Fertigungsb. Epoxidharzester/Zinkstaub, 20-25 mym
EP 10,33 DM/m2    LA 4,31 DM/m2    ST 6,02 DM/m2
EP   5,28 €/m2    LA 2,20 €/m2    ST 3,08 €/m2

**035.70505.M**    KG 330 DIN 276
Fertigungsb. Alkydharz/Zinkchromat, 15-20 mym
EP 9,55 DM/m2    LA 3,58 DM/m2    ST 5,97 DM/m2
EP 4,88 €/m2    LA 1,83 €/m2    ST 3,05 €/m2

**035.70506.M**    KG 330 DIN 276
Fertigungsb. Alkydharz/Zinkchromat, 20-25 mym
EP 10,81 DM/m2    LA 3,78 DM/m2    ST 7,03 DM/m2
EP   5,53 €/m2    LA 1,93 €/m2    ST 3,60 €/m2

# LB 035 Korrosionsschutzarbeiten an Stahl und Aluminiumbaukonstruktionen
## Metallüberzüge durch Feuerverzinken

Preise 06.01

Sämtliche Preise sind **Mittelpreise ohne Mehrwertsteuer** zum Zeitpunkt des Ausgabedatums.
**Korrekturfaktoren** für Regionaleinfluss, Mengeneinfluss, Konjunktureinfluss siehe Vorspann.
**Abkürzungen:** EP = Einheitspreis, LA = Lohnanteil, ST = Stoffanteil

### Metallüberzüge durch Feuerverzinken

035.-----.-

|  |  |  |
|---|---|---|
| 035.70101.M | Feuerverzinken, Bauteildicke bis 1,0 mm | 3,68 DM/m2 / 1,88 €/m2 |
| 035.70102.M | Feuerverzinken, Bauteildicke über 1 mm bis 2 mm | 6,14 DM/m2 / 3,14 €/m2 |
| 035.70103.M | Feuerverzinken, Bauteildicke über 2 mm bis 3 mm | 8,97 DM/m2 / 4,59 €/m2 |
| 035.70104.M | Feuerverzinken, Bauteildicke über 3 mm bis 4 mm | 10,93 DM/m2 / 5,59 €/m2 |
| 035.70105.M | Feuerverzinken, Bauteildicke über 4 mm bis 6 mm | 14,25 DM/m2 / 7,29 €/m2 |
| 035.70106.M | Feuerverzinken, Bauteildicke über 6 mm bis 8 mm | 17,67 DM/m2 / 9,03 €/m2 |
| 035.70107.M | Feuerverzinken, Bauteildicke über 8 mm bis 10 mm | 18,47 DM/m2 / 9,44 €/m2 |
| 035.70108.M | Feuerverzinken, Bauteildicke über 10 mm bis 12 mm | 21,42 DM/m2 / 10,95 €/m2 |
| 035.70109.M | Feuerverzinken, Bauteildicke über 12 mm bis 14 mm | 23,76 DM/m2 / 12,15 €/m2 |
| 035.70110.M | Feuerverzinken, Bauteildicke über 14 mm bis 16 mm | 25,38 DM/m2 / 12,98 €/m2 |
| 035.70111.M | Feuerverzinken, Bauteildicke über 16 mm bis 18 mm | 28,07 DM/m2 / 14,35 €/m2 |
| 035.70112.M | Feuerverzinken, Bauteildicke über 18 mm bis 20 mm | 30,03 DM/m2 / 15,35 €/m2 |
| 035.70113.M | Feuerverzinken, Dicke über 5 bis 6 mm, 40 m2/t | 567,03 DM/t / 289,92 €/t |
| 035.70114.M | Feuerverzinken, Dicke über 6 bis 8 mm, 30 m2/t | 488,60 DM/t / 249,81 €/t |
| 035.70115.M | Feuerverzinken, Dicke über 8 bis 10 mm, 25 m2/t | 434,81 DM/t / 222,31 €/t |
| 035.70116.M | Feuerverzinken, Dicke über 10 bis 12 mm, 20 m2/t | 403,42 DM/t / 206,26 €/t |
| 035.70117.M | Feuerverzinken, Dicke über 12 bis 14 mm, 16 m2/t | 370,25 DM/t / 189,31 €/t |
| 035.70118.M | Feuerverzinken, Dicke über 14 bis 16 mm, 15 m2/t | 349,63 DM/t / 178,76 €/t |
| 035.70119.M | Feuerverzinken, Dicke über 16 bis 18 mm, 14 m2/t | 336,18 DM/t / 171,89 €/t |
| 035.70120.M | Feuerverzinken, Dicke über 18 bis 20 mm, 13 m2/t | 320,94 DM/t / 164,09 €/t |

**Hinweis:** Da das Feuerverzinken immer großtechnisch erfolgt, wird in den Auswahlpositionen nur der EP bzw. dieser als Stoffanteil erfasst.

---

**035.70101.M**    KG 330 DIN 276
Feuerverzinken, Bauteildicke bis 1,0 mm
EP 3,68 DM/m2   LA 0,00 DM/m2   ST 3,68 DM/m2
EP 1,88 €/m2   LA 0,00 €/m2   ST 1,88 €/m2

**035.70102.M**    KG 330 DIN 276
Feuerverzinken, Bauteildicke über 1 mm bis 2 mm
EP 6,14 DM/m2   LA 0,00 DM/m2   ST 6,14 DM/m2
EP 3,14 €/m2   LA 0,00 €/m2   ST 3,14 €/m2

**035.70103.M**    KG 330 DIN 276
Feuerverzinken, Bauteildicke über 2 mm bis 3 mm
EP 8,97 DM/m2   LA 0,00 DM/m2   ST 8,97 DM/m2
EP 4,59 €/m2   LA 0,00 €/m2   ST 4,59 €/m2

**035.70104.M**    KG 330 DIN 276
Feuerverzinken, Bauteildicke über 3 mm bis 4 mm
EP 10,93 DM/m2   LA 0,00 DM/m2   ST 10,93 DM/m2
EP 5,59 €/m2   LA 0,00 €/m2   ST 5,59 €/m2

**035.70105.M**    KG 330 DIN 276
Feuerverzinken, Bauteildicke über 4 mm bis 6 mm
EP 14,25 DM/m2   LA 0,00 DM/m2   ST 14,25 DM/m2
EP 7,29 €/m2   LA 0,00 €/m2   ST 7,29 €/m2

**035.70106.M**    KG 330 DIN 276
Feuerverzinken, Bauteildicke über 6 mm bis 8 mm
EP 17,67 DM/m2   LA 0,00 DM/m2   ST 17,67 DM/m2
EP 9,03 €/m2   LA 0,00 €/m2   ST 9,03 €/m2

**035.70107.M**    KG 330 DIN 276
Feuerverzinken, Bauteildicke über 8 mm bis 10 mm
EP 18,47 DM/m2   LA 0,00 DM/m2   ST 18,47 DM/m2
EP 9,44 €/m2   LA 0,00 €/m2   ST 9,44 €/m2

**035.70108.M**    KG 330 DIN 276
Feuerverzinken, Bauteildicke über 10 mm bis 12 mm
EP 21,42 DM/m2   LA 0,00 DM/m2   ST 21,42 DM/m2
EP 10,95 €/m2   LA 0,00 €/m2   ST 10,95 €/m2

**035.70109.M**    KG 330 DIN 276
Feuerverzinken, Bauteildicke über 12 mm bis 14 mm
EP 23,76 DM/m2   LA 0,00 DM/m2   ST 23,76 DM/m2
EP 12,15 €/m2   LA 0,00 €/m2   ST 12,15 €/m2

**035.70110.M**    KG 330 DIN 276
Feuerverzinken, Bauteildicke über 14 mm bis 16 mm
EP 25,38 DM/m2   LA 0,00 DM/m2   ST 25,38 DM/m2
EP 12,98 €/m2   LA 0,00 €/m2   ST 12,98 €/m2

**035.70111.M**    KG 330 DIN 276
Feuerverzinken, Bauteildicke über 16 mm bis 18 mm
EP 28,07 DM/m2   LA 0,00 DM/m2   ST 28,07 DM/m2
EP 14,35 €/m2   LA 0,00 €/m2   ST 14,35 €/m2

**035.70112.M**    KG 330 DIN 276
Feuerverzinken, Bauteildicke über 18 mm bis 20 mm
EP 30,03 DM/m2   LA 0,00 DM/m2   ST 30,03 DM/m2
EP 15,35 €/m2   LA 0,00 €/m2   ST 15,35 €/m2

**035.70113.M**    KG 330 DIN 276
Feuerverzinken, Dicke über 5 bis 6 mm, 40 m2/t
EP 567,03 DM/t   LA 0,00 DM/t   ST 567,03 DM/t
EP 289,92 €/t   LA 0,00 €/t   ST 289,92 €/t

**035.70114.M**    KG 330 DIN 276
Feuerverzinken, Dicke über 6 bis 8 mm, 30 m2/t
EP 488,60 DM/t   LA 0,00 DM/t   ST 488,60 DM/t
EP 149,81 €/t   LA 0,00 €/t   ST 249,81 €/t

**035.70115.M**    KG 330 DIN 276
Feuerverzinken, Dicke über 8 bis 10 mm, 25 m2/t
EP 434,81 DM/t   LA 0,00 DM/t   ST 434,81 DM/t
EP 222,31 €/t   LA 0,00 €/t   ST 222,31 €/t

**035.70116.M**    KG 330 DIN 276
Feuerverzinken, Dicke über 10 bis 12 mm, 20 m2/t
EP 403,42 DM/t   LA 0,00 DM/t   ST 403,42 DM/t
EP 206,26 €/t   LA 0,00 €/t   ST 206,26 €/t

**035.70117.M**    KG 330 DIN 276
Feuerverzinken, Dicke über 12 bis 14 mm, 16 m2/t
EP 370,25 DM/t   LA 0,00 DM/t   ST 370,25 DM/t
EP 189,31 €/t   LA 0,00 €/t   ST 189,31 €/t

**035.70118.M**    KG 330 DIN 276
Feuerverzinken, Dicke über 14 bis 16 mm, 15 m2/t
EP 349,63 DM/t   LA 0,00 DM/t   ST 349,63 DM/t
EP 178,76 €/t   LA 0,00 €/t   ST 178,76 €/t

**035.70119.M**    KG 330 DIN 276
Feuerverzinken, Dicke über 16 bis 18 mm, 14 m2/t
EP 336,18 DM/t   LA 0,00 DM/t   ST 336,18 DM/t
EP 171,89 €/t   LA 0,00 €/t   ST 171,89 €/t

**035.70120.M**    KG 330 DIN 276
Feuerverzinken, Dicke über 18 bis 20 mm, 13 m2/t
EP 320,94 DM/t   LA 0,00 DM/t   ST 320,94 DM/t
EP 164,09 €/t   LA 0,00 €/t   ST 164,09 €/t

AW 035

Preise 06.01

## LB 035 Korrosionsschutzarbeiten an Stahl und Aluminiumbaukonstruktionen
### Grundbeschichtungen

Sämtliche Preise sind **Mittelpreise ohne Mehrwertsteuer** zum Zeitpunkt des Ausgabedatums.
**Korrekturfaktoren** für Regionaleinfluss, Mengeneinfluss, Konjunktureinfluss siehe Vorspann.
**Abkürzungen:** EP = Einheitspreis, LA = Lohnanteil, ST = Stoffanteil

### Grundbeschichtungen

035.-----.-

|  |  |  |
|---|---|---|
| 035.71101.M | Grundbesch. 1 Komp. Alkydharz/Zinkphosphat 25 mym | 4,84 DM/m2 / 2,47 €/m2 |
| 035.71102.M | Grundbesch. 1 Komp. Alkydharz/Zinkphosphat 40 mym | 5,79 DM/m2 / 2,96 €/m2 |
| 035.71103.M | Grundbesch. 1 Komp. Alkydharz/aluminiumverst. 25 mym | 5,21 DM/m2 / 2,66 €/m2 |
| 035.71104.M | Grundbesch. 1 Komp. Alkydharz/aluminiumverst. 40 mym | 6,18 DM/m2 / 3,16 €/m2 |
| 035.71105.M | Grundbesch. Alkydharz/Zinkphosphatprimer 60 mym | 6,56 DM/m2 / 3,36 €/m2 |
| 035.71106.M | Grundbesch. Alkydharz/Zinkphosphatprimer 70 mym | 7,05 DM/m2 / 3,61 €/m2 |
| 035.71107.M | Grundbesch. Alkydharz/Zinkphosphatprimer 80 mym | 7,54 DM/m2 / 3,85 €/m2 |
| 035.71108.M | Grundbesch. 1 Komp. Ethylsilikat/Zinkstaub 30 mym | 7,92 DM/m2 / 4,05 €/m2 |
| 035.71109.M | Grundbesch. 1 Komp. Ethylsilikat/Zinkstaub 50 mym | 10,02 DM/m2 / 5,12 €/m2 |
| 035.71110.M | Grundbesch. Alkydharz-Bleimennige 25 mym | 9,52 DM/m2 / 4,87 €/m2 |
| 035.71111.M | Grundbesch. Alkydharz-Bleimennige 40 mym | 11,81 DM/m2 / 6,04 €/m2 |
| 035.71112.M | Grundbesch. Alkydharz-Zinkchromat 25 mym | 11,80 DM/m2 / 6,04 €/m2 |
| 035.71113.M | Grundbesch. Alkydharz-Zinkchromat 40 mym | 14,76 DM/m2 / 7,55 €/m2 |
| 035.71114.M | Grundbesch. 1 Komp. Polyurethan/Zinkstaub 50 mym | 10,35 DM/m2 / 5,29 €/m2 |
| 035.71115.M | Grundbesch. 1 Komp. Polyurethan/Zinkstaub 60 mym | 11,35 DM/m2 / 5,80 €/m2 |
| 035.71116.M | Grundbesch. 1 Komp. Polyurethan/Zinkstaub 70 mym | 12,76 DM/m2 / 6,52 €/m2 |
| 035.71117.M | Grundbesch. Epoxidharzester-Zinkstaub 25 mym | 10,83 DM/m2 / 5,54 €/m2 |
| 035.71118.M | Grundbesch. Epoxidharzester-Zinkstaub 40 mym | 13,45 DM/m2 / 6,88 €/m2 |
| 035.71119.M | Grundbesch. Chlorkautschuk-Bleimennige 25 mym | 13,37 DM/m2 / 6,83 €/m2 |
| 035.71120.M | Grundbesch. Chlorkautschuk-Bleimennige 40 mym | 16,58 DM/m2 / 8,48 €/m2 |
| 035.71121.M | Grundbesch. KH-Rostschutz f. Brandschutzs. 40 my | 9,04 DM/m2 / 4,62 €/m2 |
| 035.71122.M | Grundbesch. KH-Rostschutz f. Brandschutzs. 50 mym | 10,34 DM/m2 / 5,29 €/m2 |
| 035.71123.M | Haftgrund Epoxidgrundierung 40 mym | 11,53 DM/m2 / 5,90 €/m2 |
| 035.71124.M | Grundbesch. F 30, außen, 700 g/m2 | 44,87 DM/m2 / 22,94 €/m2 |
| 035.71125.M | Grundbesch. F 30, innen, 860 g/m2 | 47,40 DM/m2 / 24,24 €/m2 |

**Hinweis:**
Nach DIN 18364 gilt:
- für Erst- und Erneuerungsbeschichtungen
  - Ausführung der zwei Grund- und der zwei Deckbeschichtungen nach DIN 55928-4 auf Grundlage der durch den AG vorgegebenen Anforderungen und der Art des Beschichtungsstoffes.

- für Überholungsbeschichtungen
  - Reinigen der gesamten Beschichtungsfläche
  - Vorbereitung der beschädigten Bereiche nach Norm-Reinheitsgrad PMa
  - ganzflächige Ausführung von je zwei Grund- und Deckbeschichtungen.

- Brandschutzbeschichtungen sind entsprechend dem Zulassungsbescheid des Institutes für Brandschutztechnik, Berlin auszuführen. Mit dem Angebot hat der AN dem AG die Beschichtungsstoffe bekanntzugeben.

035.71101.M  KG 330 DIN 276
Grundbesch. 1 Komp. Alkydharz/Zinkphosphat 25 mym
EP 4,84 DM/m2   LA 3,98 DM/m2   ST 0,86 DM/m2
EP 2,47 €/m2    LA 2,03 €/m2    ST 0,44 €/m2

035.71102.M  KG 330 DIN 276
Grundbesch. 1 Komp. Alkydharz/Zinkphosphat 40 mym
EP 5,79 DM/m2   LA 4,50 DM/m2   ST 1,29 DM/m2
EP 2,96 €/m2    LA 2,30 €/m2    ST 0,66 €/m2

035.71103.M  KG 330 DIN 276
Grundbesch. 1 Komp. Alkydharz/aluminiumverst. 25 mym
EP 5,21 DM/m2   LA 4,31 DM/m2   ST 0,90 DM/m2
EP 2,66 €/m2    LA 2,20 €/m2    ST 0,46 €/m2

035.71104.M  KG 330 DIN 276
Grundbesch. 1 Komp. Alkydharz/aluminiumverst. 40 mym
EP 6,18 DM/m2   LA 4,77 DM/m2   ST 1,41 DM/m2
EP 3,16 €/m2    LA 2,44 €/m2    ST 0,72 €/m2

035.71105.M  KG 330 DIN 276
Grundbesch. Alkydharz/Zinkphosphatprimer 60 mym
EP 6,56 DM/m2   LA 5,30 DM/m2   ST 1,26 DM/m2
EP 3,36 €/m2    LA 2,71 €/m2    ST 0,65 €/m2

035.71106.M  KG 330 DIN 276
Grundbesch. Alkydharz/Zinkphosphatprimer 70 mym
EP 7,05 DM/m2   LA 5,63 DM/m2   ST 1,42 DM/m2
EP 3,61 €/m2    LA 2,88 €/m2    ST 0,73 €/m2

035.71107.M  KG 330 DIN 276
Grundbesch. Alkydharz/Zinkphosphatprimer 80 mym
EP 7,54 DM/m2   LA 5,96 DM/m2   ST 1,58 DM/m2
EP 3,85 €/m2    LA 3,05 €/m2    ST 0,80 €/m2

035.71108.M  KG 330 DIN 276
Grundbesch. 1 Komp. Ethylsilikat/Zinkstaub 30 mym
EP 7,92 DM/m2   LA 4,64 DM/m2   ST 3,28 DM/m2
EP 4,05 €/m2    LA 2,37 €/m2    ST 1,68 €/m2

035.71109.M  KG 330 DIN 276
Grundbesch. 1 Komp. Ethylsilikat/Zinkstaub 50 mym
EP 10,02 DM/m2  LA 5,30 DM/m2   ST 4,72 DM/m2
EP  5,12 €/m2   LA 2,71 €/m2    ST 2,41 €/m2

035.71110.M  KG 330 DIN 276
Grundbesch. Alkydharz-Bleimennige 25 mym
EP 9,52 DM/m2   LA 4,37 DM/m2   ST 5,15 DM/m2
EP 4,87 €/m2    LA 2,23 €/m2    ST 2,64 €/m2

035.71111.M  KG 330 DIN 276
Grundbesch. Alkydharz-Bleimennige 40 mym
EP 11,81 DM/m2  LA 4,64 DM/m2   ST 7,17 DM/m2
EP  6,04 €/m2   LA 2,37 €/m2    ST 3,67 €/m2

035.71112.M  KG 330 DIN 276
Grundbesch. Alkydharz-Zinkchromat 25 mym
EP 11,80 DM/m2  LA 3,98 DM/m2   ST 7,82 DM/m2
EP  6,04 €/m2   LA 2,03 €/m2    ST 4,01 €/m2

035.71113.M  KG 330 DIN 276
Grundbesch. Alkydharz-Zinkchromat 40 mym
EP 14,76 DM/m2  LA 4,57 DM/m2   ST 10,19 DM/m2
EP  7,55 €/m2   LA 2,34 €/m2    ST  5,21 €/m2

035.71114.M  KG 330 DIN 276
Grundbesch. 1 Komp. Polyurethan/Zinkstaub 50 mym
EP 10,35 DM/m2  LA 5,63 DM/m2   ST 4,72 DM/m2
EP  5,29 €/m2   LA 2,88 €/m2    ST 2,41 €/m2

035.71115.M  KG 330 DIN 276
Grundbesch. 1 Komp. Polyurethan/Zinkstaub 60 mym
EP 11,35 DM/m2  LA 5,96 DM/m2   ST 5,39 DM/m2
EP  5,80 €/m2   LA 3,05 €/m2    ST 2,75 €/m2

# LB 035 Korrosionsschutzarbeiten an Stahl und Aluminiumbaukonstruktionen
## Grundbeschichtungen; Zwei Grundbeschichtungen

AW 035

Preise 06.01

Sämtliche Preise sind **Mittelpreise ohne Mehrwertsteuer** zum Zeitpunkt des Ausgabedatums.
**Korrekturfaktoren** für Regionaleinfluss, Mengeneinfluss, Konjunktureinfluss siehe Vorspann.
**Abkürzungen:** EP = Einheitspreis, LA = Lohnanteil, ST = Stoffanteil

---

**035.71116.M**    KG 330 DIN 276
Grundbesch. 1 Komp. Polyurethan/Zinkstaub 70 mym
EP 12,76 DM/m2    LA 6,29 DM/m2    ST 6,47 DM/m2
EP   6,52 €/m2    LA 3,22 €/m2    ST 3,30 €/m2

**035.71117.M**    KG 330 DIN 276
Grundbesch. Epoxidharzester-Zinkstaub 25 mym
EP 10,83 DM/m2    LA 4,50 DM/m2    ST 6,33 DM/m2
EP   5,54 €/m2    LA 2,30 €/m2    ST 3,24 €/m2

**035.71118.M**    KG 330 DIN 276
Grundbesch. Epoxidharzester-Zinkstaub 40 mym
EP 13,45 DM/m2    LA 5,03 DM/m2    ST 8,42 DM/m2
EP   6,88 €/m2    LA 2,57 €/m2    ST 4,31 €/m2

**035.71119.M**    KG 330 DIN 276
Grundbesch. Chlorkautschuk-Bleimennige 25 mym
EP 13,37 DM/m2    LA 4,31 DM/m2    ST 9,06 DM/m2
EP   6,83 €/m2    LA 2,20 €/m2    ST 4,63 €/m2

**035.71120.M**    KG 330 DIN 276
Grundbesch. Chlorkautschuk-Bleimennige 40 mym
EP 16,58 DM/m2    LA 4,70 DM/m2    ST 11,88 DM/m2
EP   8,48 €/m2    LA 2,40 €/m2    ST   6,08 €/m2

**035.71121.M**    KG 330 DIN 276
Grundbesch. KH-Rostschutz f. Brandschutzs. 40 my
EP 9,04 DM/m2    LA 7,28 DM/m2    ST 1,76 DM/m2
EP 4,62 €/m2    LA 3,72 €/m2    ST 0,90 €/m2

**035.71122.M**    KG 330 DIN 276
Grundbesch. KH-Rostschutz f. Brandschutzs. 50 mym
EP 10,34 DM/m2    LA 8,28 DM/m2    ST 2,06 DM/m2
EP   5,39 €/m2    LA 4,23 €/m2    ST 1,06 €/m2

**035.71123.M**    KG 330 DIN 276
Haftgrund Epoxidgrundierung 40 mym
EP 11,53 DM/m2    LA 6,62 DM/m2    ST 4,91 DM/m2
EP   5,90 €/m2    LA 3,39 €/m2    ST 2,51 €/m2

**035.71124.M**    KG 330 DIN 276
Grundbesch. F 30, außen, 700 g/m2
EP 64,87 DM/m2    LA 9,60 DM/m2    ST 35,27 DM/m2
EP 22,94 €/m2    LA 4,91 €/m2    ST 18,03 €/m2

**035.71125.M**    KG 340 DIN 276
Grundbesch. F 30, innen, 860 g/m2
EP 47,40 DM/m2    LA 10,60 DM/m2    ST 36,80 DM/m2
EP 24,24 €/m2    LA   5,42 €/m2    ST 18,82 €/m2

---

## Zwei Grundbeschichtungen

035.-----.-

|  |  |  |
|---|---|---|
| 035.71201.M | Zwei Grundb. 1 Komp. Alkydharz/Zinkphosphat je 30 mym | 8,79 DM/m2<br>4,49 €/m2 |
| 035.71202.M | Zwei Grundb. 1 Komp. Alkydharz/Zinkphosphat je 40 mym | 10,45 DM/m2<br>5,34 €/m2 |
| 035.71203.M | Zwei Grundb. 1 Komp. Alkydharz/alumin.-verst. je 30 mym | 9,18 DM/m2<br>4,69 €/m2 |
| 035.71204.M | Zwei Grundb. 1 Komp. Alkydharz/alumin.-verst. je 40 mym | 10,88 DM/m2<br>5,56 €/m2 |
| 035.71205.M | Zwei Grundb. 1 Komp. Ethylsilikat/Zinkstaub je 35 mym | 13,50 DM/m2<br>6,90 €/m2 |
| 035.71206.M | Zwei Grundb. 1 Komp. Ethylsilikat/Zinkstaub je 40 mym | 15,00 DM/m2<br>7,67 €/m2 |
| 035.71207.M | Zwei Grundb. Alkydharz/Bleimennige je 30 mym | 16,92 DM/m2<br>8,65 €/m2 |
| 035.71208.M | Zwei Grundb. Alkydharz/Bleimennige je 40 mym | 19,43 DM/m2<br>9,93 €/m2 |
| 035.71209.M | Zwei Grundb. Alkydharz/Zinkchromat je 30 mym | 20,28 DM/m2<br>10,37 €/m2 |
| 035.71210.M | Zwei Grundb. Alkydharz/Zinkchromat je 40 mym | 23,63 DM/m2<br>12,08 €/m2 |
| 035.71211.M | Zwei Grundb. Epoxidharzester/Zinkstaub je 30 mym | 19,19 DM/m2<br>9,81 €/m2 |
| 035.71212.M | Zwei Grundb. Epoxidharzester/Zinkstaub je 40 mym | 22,07 DM/m2<br>11,29 €/m2 |
| 035.71213.M | Zwei Grundb. Chlorkautschuk/Mennige je 30 mym | 22,56 DM/m2<br>11,53 €/m2 |
| 035.71214.M | Zwei Grundb. Chlorkautschuk/Mennige je 40 mym | 25,76 DM/m2<br>13,17 €/m2 |
| 035.71215.M | Zwei Grundb. F 30, außen, 2 x 650 g/m2 | 77,12 DM/m2<br>39,43 €/m2 |
| 035.71216.M | Zwei Grundb. F 30, innen, 2 x 1050 g/m2 | 103,12 DM/m2<br>52,72 €/m2 |

---

**035.71201.M**    KG 330 DIN 276
Zwei Grundb. 1 Komp. Alkydharz/Zinkphosphat je 30 mym
EP 8,79 DM/m2    LA 6,95 DM/m2    ST 1,84 DM/m2
EP 4,49 €/m2    LA 3,56 €/m2    ST 0,93 €/m2

**035.71202.M**    KG 330 DIN 276
Zwei Grundb. 1 Komp. Alkydharz/Zinkphosphat je 40 mym
EP 10,45 DM/m2    LA 7,95 DM/m2    ST 2,50 DM/m2
EP   5,34 €/m2    LA 4,06 €/m2    ST 1,28 €/m2

**035.71203.M**    KG 330 DIN 276
Zwei Grundb. 1 Komp. Alkydharz/alumin.-verst. je 30 mym
EP 9,18 DM/m2    LA 7,28 DM/m2    ST 1,90 DM/m2
EP 4,69 €/m2    LA 3,72 €/m2    ST 0,97 €/m2

**035.71204.M**    KG 330 DIN 276
Zwei Grundb. 1 Komp. Alkydharz/alumin.-verst. je 40 mym
EP 10,88 DM/m2    LA 8,28 DM/m2    ST 2,60 DM/m2
EP   5,56 €/m2    LA 4,23 €/m2    ST 1,33 €/m2

**035.71205.M**    KG 330 DIN 276
Zwei Grundb. 1 Komp. Ethylsilikat/Zinkstaub je 35 mym
EP 13,50 DM/m2    LA 7,62 DM/m2    ST 5,88 DM/m2
EP   6,90 €/m2    LA 3,89 €/m2    ST 3,01 €/m2

**035.71206.M**    KG 330 DIN 276
Zwei Grundb. 1 Komp. Ethylsilikat/Zinkstaub je 40 mym
EP 15,00 DM/m2    LA 8,28 DM/m2    ST 6,72 DM/m2
EP   7,67 €/m2    LA 4,23 €/m2    ST 3,44 €/m2

**035.71207.M**    KG 330 DIN 276
Zwei Grundb. Alkydharz/Bleimennige je 30 mym
EP 16,92 DM/m2    LA 7,62 DM/m2    ST 9,30 DM/m2
EP   8,65 €/m2    LA 3,89 €/m2    ST 4,76 €/m2

**035.71208.M**    KG 330 DIN 276
Zwei Grundb. Alkydharz/Bleimennige je 40 mym
EP 19,43 DM/m2    LA 7,95 DM/m2    ST 11,48 DM/m2
EP   9,93 €/m2    LA 4,06 €/m2    ST   5,87 €/m2

AW 035

Preise 06.01

## LB 035 Korrosionsschutzarbeiten an Stahl und Aluminiumbaukonstruktionen
### Zwei Grundbeschichtungen; Drei Grundbeschichtungen

Sämtliche Preise sind **Mittelpreise ohne Mehrwertsteuer** zum Zeitpunkt des Ausgabedatums.
**Korrekturfaktoren** für Regionaleinfluss, Mengeneinfluss, Konjunktureinfluss siehe Vorspann..
**Abkürzungen:** EP = Einheitspreis, LA = Lohnanteil, ST = Stoffanteil

035.71209.M    KG 330 DIN 276
Zwei Grundb. Alkydharz/Zinkchromat je 30 mym
EP 20,28 DM/m2    LA 6,95 DM/m2    ST 13,33 DM/m2
EP 10,37 €/m2    LA 3,56 €/m2    ST 6,81 €/m2

035.71210.M    KG 330 DIN 276
Zwei Grundb. Alkydharz/Zinkchromat je 40 mym
EP 23,63 DM/m2    LA 7,82 DM/m2    ST 15,81 DM/m2
EP 12,08 €/m2    LA 4,00 €/m2    ST 8,08 €/m2

035.71211.M    KG 330 DIN 276
Zwei Grundb. Epoxidharzester/Zinkstaub je 30 mym
EP 19,19 DM/m2    LA 7,95 DM/m2    ST 11,24 DM/m2
EP 9,81 €/m2    LA 4,06 €/m2    ST 5,75 €/m2

035.71212.M    KG 330 DIN 276
Zwei Grundb. Epoxidharzester/Zinkstaub je 40 mym
EP 22,07 DM/m2    LA 8,61 DM/m2    ST 13,46 DM/m2
EP 11,29 €/m2    LA 4,40 €/m2    ST 6,89 €/m2

035.71213.M    KG 330 DIN 276
Zwei Grundb. Chlorkautschuk/Mennige je 30 mym
EP 22,56 DM/m2    LA 7,62 DM/m2    ST 14,94 DM/m2
EP 11,53 €/m2    LA 3,89 €/m2    ST 7,64 €/m2

035.71214.M    KG 330 DIN 276
Zwei Grundb. Chlorkautschuk/Mennige je 40 mym
EP 25,76 DM/m2    LA 7,95 DM/m2    ST 17,81 DM/m2
EP 13,17 €/m2    LA 4,06 €/m2    ST 9,11 €/m2

035.71215.M    KG 330 DIN 276
Zwei Grundb. F 30, außen, 2 x 650 g/m2
EP 77,12 DM/m2    LA 11,59 DM/m2    ST 65,53 DM/m2
EP 39,43 €/m2    LA 5,93 €/m2    ST 33,50 €/m2

035.71216.M    KG 340 DIN 276
Zwei Grundb. F 30, innen, 2 x 1050 g/m2
EP 103,12 DM/m2    LA 13,25 DM/m2    ST 89,87 DM/m2
EP 52,72 €/m2    LA 6,77 €/m2    ST 45,95 €/m2

### Drei Grundbeschichtungen

035.-----.-

|  |  |  |
|---|---|---|
| 035.71301.M | Drei Grundb. 1 Komp. Ethylsilikat/Zinkstaub je 30 mym | 17,67 DM/m2 / 9,03 €/m2 |
| 035.71302.M | Drei Grundb. 1 Komp. Ethylsilikat/Zinkstaub je 35 mym | 19,34 DM/m2 / 9,89 €/m2 |
| 035.71303.M | Drei Grundb. Alkydharz/Bleimennige je 25 mym | 21,37 DM/m2 / 10,93 €/m2 |
| 035.71304.M | Drei Grundb. Alkydharz/Bleimennige je 35 mym | 26,35 DM/m2 / 13,47 €/m2 |
| 035.71305.M | Drei Grundb. Epoxidharzester/Zinkstaub je 25 mym | 23,74 DM/m2 / 12,14 €/m2 |
| 035.71306.M | Drei Grundb. Epoxidharzester/Zinkstaub je 35 mym | 29,49 DM/m2 / 15,08 €/m2 |
| 035.71307.M | Drei Grundb. Alkydharz/Zinkchromat je 25 mym | 24,95 DM/m2 / 12,76 €/m2 |
| 035.71308.M | Drei Grundb. Alkydharz/Zinkchromat je 35 mym | 31,54 DM/m2 / 16,13 €/m2 |
| 035.71309.M | Drei Grundb. Chlorkautschuk/Mennige je 25 mym | 27,94 DM/m2 / 14,28 €/m2 |
| 035.71310.M | Drei Grundb. Chlorkautschuk/Mennige je 35 mym | 35,43 DM/m2 / 18,12 €/m2 |

035.71301.M    KG 330 DIN 276
Drei Grundb. 1 Komp. Ethylsilikat/Zinkstaub je 30 mym
EP 17,67 DM/m2    LA 10,60 DM/m2    ST 7,07 DM/m2
EP 9,03 €/m2    LA 5,42 €/m2    ST 3,61 €/m2

035.71302.M    KG 330 DIN 276
Drei Grundb. 1 Komp. Ethylsilikat/Zinkstaub je 35 mym
EP 19,34 DM/m2    LA 11,26 DM/m2    ST 8,08 DM/m2
EP 9,89 €/m2    LA 5,76 €/m2    ST 4,13 €/m2

035.71303.M    KG 330 DIN 276
Drei Grundb. Alkydharz/Bleimennige je 25 mym
EP 21,37 DM/m2    LA 10,27 DM/m2    ST 11,10 DM/m2
EP 10,93 €/m2    LA 5,25 €/m2    ST 5,68 €/m2

035.71304.M    KG 330 DIN 276
Drei Grundb. Alkydharz/Bleimennige je 35 mym
EP 26,35 DM/m2    LA 11,26 DM/m2    ST 15,09 DM/m2
EP 13,47 €/m2    LA 5,76 €/m2    ST 7,71 €/m2

035.71305.M    KG 330 DIN 276
Drei Grundb. Epoxidharzester/Zinkstaub je 25 mym
EP 23,74 DM/m2    LA 10,60 DM/m2    ST 13,14 DM/m2
EP 12,14 €/m2    LA 5,42 €/m2    ST 6,72 €/m2

035.71306.M    KG 330 DIN 276
Drei Grundb. Epoxidharzester/Zinkstaub je 35 mym
EP 29,49 DM/m2    LA 11,59 DM/m2    ST 17,90 DM/m2
EP 15,08 €/m2    LA 5,93 €/m2    ST 9,15 €/m2

035.71307.M    KG 330 DIN 276
Drei Grundb. Alkydharz/Zinkchromat je 25 mym
EP 24,95 DM/m2    LA 9,27 DM/m2    ST 15,68 DM/m2
EP 12,76 €/m2    LA 4,74 €/m2    ST 8,02 €/m2

035.71308.M    KG 330 DIN 276
Drei Grundb. Alkydharz/Zinkchromat je 35 mym
EP 31,54 DM/m2    LA 10,27 DM/m2    ST 21,27 DM/m2
EP 16,13 €/m2    LA 5,25 €/m2    ST 10,88 €/m2

035.71309.M    KG 330 DIN 276
Drei Grundb. Chlorkautschuk/Mennige je 25 mym
EP 27,94 DM/m2    LA 10,27 DM/m2    ST 17,67 DM/m2
EP 14,28 €/m2    LA 5,25 €/m2    ST 9,03 €/m2

035.71310.M    KG 330 DIN 276
Drei Grundb. Chlorkautschuk/Mennige je 35 mym
EP 35,43 DM/m2    LA 11,26 DM/m2    ST 24,17 DM/m2
EP 18,12 €/m2    LA 5,76 €/m2    ST 12,36 €/m2

# LB 035 Korrosionsschutzarbeiten an Stahl und Aluminiumbaukonstruktionen
## Deckbeschichtungen

AW 035

Preise 06.01

Sämtliche Preise sind **Mittelpreise ohne Mehrwertsteuer** zum Zeitpunkt des Ausgabedatums.
**Korrekturfaktoren** für Regionaleinfluss, Mengeneinfluss, Konjunktureinfluss siehe Vorspann.
**Abkürzungen:** EP = Einheitspreis, LA = Lohnanteil, ST = Stoffanteil

## Deckbeschichtungen

035.-----.-

|  |  |  |
|---|---|---|
| 035.74101.M | Deckbesch. Alkydharzfarbe, ölmodifiziert, grau, 60 mym | 9,04 DM/m2 / 4,62 €/m2 |
| 035.74102.M | Deckbesch. Alkydharzfarbe, ölmodifiziert, weiß, 80 mym | 10,74 DM/m2 / 5,49 €/m2 |
| 035.74103.M | Deckbesch. Alkydharz-Lackfarbe 60 mym, niedr. Preisgr. | 10,72 DM/m2 / 5,48 €/m2 |
| 035.74104.M | Deckbesch. Alkydharz-Lackfarbe 80 mym, niedr. Preisgr. | 12,41 DM/m2 / 6,35 €/m2 |
| 035.74105.M | Deckbesch. Alkydharz-Lackfarbe 60 mym, mittl. Preisgr. | 11,25 DM/m2 / 5,75 €/m2 |
| 035.74106.M | Deckbesch. Alkydharz-Lackfarbe 80 mym, mittl. Preisgr. | 13,14 DM/m2 / 6,72 €/m2 |
| 035.74107.M | Deckbesch. Alkydharz-Lackfarbe 60 mym, hohe Preisgr. | 12,46 DM/m2 / 6,37 €/m2 |
| 035.74108.M | Deckbesch. Alkydharz-Lackfarbe 80 mym, hohe Preisgr. | 14,74 DM/m2 / 7,54 €/m2 |
| 035.74109.M | Deckbesch. F 30, innen, 130 g/m2 | 13,26 DM/m2 / 6,78 €/m2 |
| 035.74110.M | Deckbesch. F 30, innen, 200 g/m2 | 13,62 DM/m2 / 6,96 €/m2 |
| 035.74111.M | Deckbesch. Öl-Pigment 60 mym | 16,49 DM/m2 / 8,43 €/m2 |
| 035.74112.M | Deckbesch. Epoxidharzester-Pigment 60 mym | 20,27 DM/m2 / 10,36 €/m2 |
| 035.74113.M | Deckbesch. Alkydharz-Pigment 60 mym | 21,57 DM/m2 / 11,03 €/m2 |
| 035.74114.M | Deckbesch. Chlorkautschuk-Pigment 60 mym | 25,20 DM/m2 / 12,88 €/m2 |
| 035.74201.M | Deckbesch. 2 x Alkydharzfarbe, ölmod., grau, je 30 mym | 9,60 DM/m2 / 4,91 €/m2 |
| 035.74202.M | Deckbesch. 2 x Alkydharzfarbe, ölmod., weiß, je 40 mym | 11,59 DM/m2 / 5,93 €/m2 |
| 035.74203.M | Deckbesch. 2 x Öl-Pigment je 40 mym | 19,97 DM/m2 / 10,21 €/m2 |
| 035.74204.M | Deckbesch. F 30, innen, 2 x 200 g/m2 | 21,93 DM/m2 / 11,21 €/m2 |
| 035.74205.M | Deckbesch. F 30, außen, 2 x 200 g/m2 | 26,75 DM/m2 / 13,68 €/m2 |
| 035.74206.M | Deckbesch. 2 x Epoxidharzester-Pigment je 40 mym | 24,71 DM/m2 / 12,63 €/m2 |
| 035.74207.M | Deckbesch. 2 x Alkydharz-Pigment je 40 mym | 26.12 DM/m2 / 13,36 €/m2 |
| 035.74208.M | Deckbesch. 2 x Chlorkautschuk-Pigment je 40 mym | 30,39 DM/m2 / 15,54 €/m2 |

**035.74101.M**    KG 330 DIN 276
Deckbesch. Alkydharzfarbe, ölmodifiziert, grau, 60 mym
EP 9,04 DM/m2    LA 7,28 DM/m2    ST 1,76 DM/m2
EP 4,62 €/m2    LA 3,72 €/m2    ST 0,90 €/m2

**035.74102.M**    KG 330 DIN 276
Deckbesch. Alkydharzfarbe, ölmodifiziert, weiß, 80 mym
EP 10,74 DM/m2    LA 7,95 DM/m2    ST 2,79 DM/m2
EP 5,49 €/m2    LA 4,06 €/m2    ST 1,43 €/m2

**035.74103.M**    KG 330 DIN 276
Deckbesch. Alkydharz-Lackfarbe 60 mym, niedr. Preisgr.
EP 10,72 DM/m2    LA 7,62 DM/m2    ST 3,10 DM/m2
EP 5,48 €/m2    LA 3,89 €/m2    ST 1,59 €/m2

**035.74104.M**    KG 330 DIN 276
Deckbesch. Alkydharz-Lackfarbe 80 mym, niedr. Preisgr.
EP 12,41 DM/m2    LA 8,28 DM/m2    ST 4,13 DM/m2
EP 6,35 €/m2    LA 4,23 €/m2    ST 2,12 €/m2

**035.74105.M**    KG 330 DIN 276
Deckbesch. Alkydharz-Lackfarbe 60 mym, mittl. Preisgr.
EP 11,25 DM/m2    LA 7,62 DM/m2    ST 3,63 DM/m2
EP 5,75 €/m2    LA 3,89 €/m2    ST 1,86 €/m2

**035.74106.M**    KG 330 DIN 276
Deckbesch. Alkydharz-Lackfarbe 80 mym, mittl. Preisgr.
EP 13,14 DM/m2    LA 8,28 DM/m2    ST 4,86 DM/m2
EP 6,72 €/m2    LA 4,23 €/m2    ST 2,49 €/m2

**035.74107.M**    KG 330 DIN 276
Deckbesch. Alkydharz-Lackfarbe 60 mym, hohe Preisgr.
EP 12,46 DM/m2    LA 7,62 DM/m2    ST 4,84 DM/m2
EP 6,37 €/m2    LA 3,89 €/m2    ST 2,48 €/m2

**035.74108.M**    KG 330 DIN 276
Deckbesch. Alkydharz-Lackfarbe 80 mym, hohe Preisgr.
EP 14,74 DM/m2    LA 8,28 DM/m2    ST 6,46 DM/m2
EP 7,54 €/m2    LA 4,23 €/m2    ST 3,31 €/m2

**035.74109.M**    KG 340 DIN 276
Deckbesch. F 30, innen, 130 g/m2
EP 13,26 DM/m2    LA 7,62 DM/m2    ST 5,64 DM/m2
EP 6,78 €/m2    LA 3,89 €/m2    ST 2,89 €/m2

**035.74110.M**    KG 340 DIN 276
Deckbesch. F 30, innen, 200 g/m2
EP 13,62 DM/m2    LA 7,95 DM/m2    ST 5,67 DM/m2
EP 6,96 €/m2    LA 4,06 €/m2    ST 2,90 €/m2

**035.74111.M**    KG 330 DIN 276
Deckbesch. Öl-Pigment 60 mym
EP 16,49 DM/m2    LA 6,49 DM/m2    ST 10,00 DM/m2
EP 8,43 €/m2    LA 3,32 €/m2    ST 5,11 €/m2

**035.74112.M**    KG 330 DIN 276
Deckbesch. Epoxidharzester-Pigment 60 mym
EP 20,27 DM/m2    LA 7,56 DM/m2    ST 12,71 DM/m2
EP 10,36 €/m2    LA 3,86 €/m2    ST 6,50 €/m2

**035.74113.M**    KG 330 DIN 276
Deckbesch. Alkydharz-Pigment 60 mym
EP 21,57 DM/m2    LA 7,82 DM/m2    ST 13,75 DM/m2
EP 11,03 €/m2    LA 4,00 €/m2    ST 7,03 €/m2

**035.74114.M**    KG 330 DIN 276
Deckbesch. Chlorkautschuk-Pigment 60 mym
EP 25,20 DM/m2    LA 8,22 DM/m2    ST 16,98 DM/m2
EP 12,88 €/m2    LA 4,20 €/m2    ST 8,68 €/m2

**035.74201.M**    KG 330 DIN 276
Deckbesch. 2 x Alkydharzfarbe, ölmod., grau, je 30 mym
EP 9,60 DM/m2    LA 7,69 DM/m2    ST 1,91 DM/m2
EP 4,91 €/m2    LA 3,93 €/m2    ST 0,98 €/m2

**035.74202.M**    KG 330 DIN 276
Deckbesch. 2 x Alkydharzfarbe, ölmod., weiß, je 40 mym
EP 11,59 DM/m2    LA 8,61 DM/m2    ST 2,98 DM/m2
EP 5,93 €/m2    LA 4,40 €/m2    ST 1,53 €/m2

**035.74203.M**    KG 330 DIN 276
Deckbesch. 2 x Öl-Pigment je 40 mym
EP 19,97 DM/m2    LA 7,48 DM/m2    ST 12,49 DM/m2
EP 10,21 €/m2    LA 3,83 €/m2    ST 6,38 €/m2

**035.74204.M**    KG 340 DIN 276
Deckbesch. F 30, innen, 2 x 200 g/m2
EP 21,93 DM/m2    LA 10,60 DM/m2    ST 11,33 DM/m2
EP 11,21 €/m2    LA 5,42 €/m2    ST 5,79 €/m2

**035.74205.M**    KG 330 DIN 276
Deckbesch. F 30, außen, 2 x 200 g/m2
EP 26,75 DM/m2    LA 11,26 DM/m2    ST 15,49 DM/m2
EP 13,68 €/m2    LA 5,76 €/m2    ST 7,92 €/m2

**035.74206.M**    KG 330 DIN 276
Deckbesch. 2 x Epoxidharzester-Pigment je 40 mym
EP 24,71 DM/m2    LA 8,08 DM/m2    ST 16,63 DM/m2
EP 12,63 €/m2    LA 4,13 €/m2    ST 8,50 €/m2

**035.74207.M**    KG 330 DIN 276
Deckbesch. 2 x Alkydharz-Pigment je 40 mym
EP 26,12 DM/m2    LA 8,61 DM/m2    ST 17,51 DM/m2
EP 13,36 €/m2    LA 4,40 €/m2    ST 8,96 €/m2

**035.74208.M**    KG 330 DIN 276
Deckbesch. 2 x Chlorkautschuk-Pigment je 40 mym
EP 30,39 DM/m2    LA 9,54 DM/m2    ST 20,85 DM/m2
EP 15,54 €/m2    LA 4,88 €/m2    ST 10,66 €/m2

AW 035

Preise 06.01

## LB 035 Korrosionsschutzarbeiten an Stahl und Aluminiumbaukonstruktionen
### Oberflächenschutz: mit Bitumenbinden; mit Petrolatumbinden

Sämtliche Preise sind **Mittelpreise ohne Mehrwertsteuer** zum Zeitpunkt des Ausgabedatums.
**Korrekturfaktoren** für Regionaleinfluss, Mengeneinfluss, Konjunktureinfluss siehe Vorspann.
Abkürzungen: EP = Einheitspreis, LA = Lohnanteil, ST = Stoffanteil

### Oberflächenschutz mit Bitumenbinden

035.-----.-

|  |  |  |
|---|---|---|
| 035.84101.M | Bitumenbinden m. PE-Folie kaschiert, b=100 mm, D= 5 cm | 26,90 DM/St / 13,76 €/St |
| 035.84102.M | Bitumenbinden m. PE-Folie kaschiert, b=100 mm, D=10 cm | 33,53 DM/St / 17,14 €/St |
| 035.84103.M | Bitumenbinden m. PE-Folie kaschiert, b=150 mm, D=15 cm | 42,22 DM/St / 21,59 €/St |
| 035.84104.M | Bitumenbinden m. PE-Folie kaschiert, b=150 mm, D=20 cm | 52,22 DM/St / 26,70 €/St |
| 035.84105.M | Bitumenbinden m. PE-Folie kaschiert, b=200 mm, D=25 cm | 59,83 DM/St / 30,59 €/St |
| 035.84106.M | Bitumenbinden m. PE-Folie kaschiert, b=200 mm, D=30 cm | 63,95 DM/St / 32,70 €/St |

**035.84101.M**    KG 330 DIN 276
Bitumenbinden m. PE-Folie kaschiert, b=100 mm, D= 5 cm
EP 26,90 DM/St    LA 25,50 DM/St    ST 1,40 DM/St
EP 13,76 €/St    LA 13,04 €/St    ST 0,72 €/St

**035.84102.M**    KG 330 DIN 276
Bitumenbinden m. PE-Folie kaschiert, b=100 mm, D=10 cm
EP 33,53 DM/St    LA 31,46 DM/St    ST 2,07 DM/St
EP 17,14 €/St    LA 16,09 €/St    ST 1,05 €/St

**035.84103.M**    KG 330 DIN 276
Bitumenbinden m. PE-Folie kaschiert, b=150 mm, D=15 cm
EP 42,22 DM/St    LA 38,42 DM/St    ST 3,80 DM/St
EP 21,59 €/St    LA 19,64 €/St    ST 1,95 €/St

**035.84104.M**    KG 330 DIN 276
Bitumenbinden m. PE-Folie kaschiert, b=150 mm, D=20 cm
EP 52,22 DM/St    LA 47,35 DM/St    ST 4,87 DM/St
EP 26,70 €/St    LA 24,21 €/St    ST 2,49 €/St

**035.84105.M**    KG 330 DIN 276
Bitumenbinden m. PE-Folie kaschiert, b=200 mm, D=25 cm
EP 59,83 DM/St    LA 52,32 DM/St    ST 7,51 DM/St
EP 30,59 €/St    LA 26,75 €/St    ST 3,84 €/St

**035.84106.M**    KG 330 DIN 276
Bitumenbinden m. PE-Folie kaschiert, b=200 mm, D=30 cm
EP 63,95 DM/St    LA 54,97 DM/St    ST 8,98 DM/St
EP 32,70 €/St    LA 28,11 €/St    ST 4,59 €/St

### Oberflächenschutz mit Petrolatumbinden

035.-----.-

|  |  |  |
|---|---|---|
| 035.84107.M | Petrolatumbinden m. PE-Folie kasch., b= 50 mm, D= 5 cm | 27,70 DM/m / 14,16 €/m |
| 035.84108.M | Petrolatumbinden m. PE-Folie kasch., b= 70 mm, D= 5 cm | 25,62 DM/m / 13,10 €/m |
| 035.84109.M | Petrolatumbinden m. PE-Folie kasch., b=100 mm, D= 5 cm | 23,90 DM/m / 12,22 €/m |
| 035.84110.M | Petrolatumbinden m. PE-Folie kasch., b=150 mm, D= 5 cm | 22,88 DM/m / 11,70 €/m |
| 035.84111.M | Petrolatumbinden m. PE-Folie kasch., b=200 mm, D= 5 cm | 22,11 DM/m / 11,31 €/m |
| 035.84112.M | Petrolatumbinden m. PE-Folie kasch., b= 50 mm, D=10 cm | 31,46 DM/m / 16,09 €/m |
| 035.84113.M | Petrolatumbinden m. PE-Folie kasch., b= 70 mm, D=10 cm | 29,43 DM/m / 15,05 €/m |
| 035.84114.M | Petrolatumbinden m. PE-Folie kasch., b=100 mm, D=10 cm | 27,61 DM/m / 14,11 €/m |
| 035.84115.M | Petrolatumbinden m. PE-Folie kasch., b=150 mm, D=10 cm | 25,88 DM/m / 13,23 €/m |
| 035.84116.M | Petrolatumbinden m. PE-Folie kasch., b=200 mm, D=10 cm | 24,34 DM/m / 12,44 €/m |
| 035.84117.M | Petrolatumbinden m. PE-Folie kasch., b=100 mm, D=20 cm | 36,63 DM/m / 18,73 €/m |
| 035.84118.M | Petrolatumbinden m. PE-Folie kasch., b=150 mm, D=20 cm | 34,51 DM/m / 17,64 €/m |
| 035.84119.M | Petrolatumbinden m. PE-Folie kasch., b=200 mm, D=20 cm | 32,49 DM/m / 16,61 €/m |
| 035.84120.M | Petrolatumbinden m. PE-Folie kasch., b=240 mm, D=20 cm | 31,48 DM/m / 16,10 €/m |
| 035.84121.M | Petrolatumbinden m. PE-Folie kasch., b=300 mm, D=20 cm | 30,89 DM/m / 15,79 €/m |

**035.84107.M**    KG 330 DIN 276
Petrolatumbinden m. PE-Folie kasch., b= 50 mm, D= 5 cm
EP 27,70 DM/m    LA 22,18 DM/m    ST 5,52 DM/m
EP 14,16 €/m    LA 11,34 €/m    ST 2,82 €/m

**035.84108.M**    KG 330 DIN 276
Petrolatumbinden m. PE-Folie kasch., b= 70 mm, D= 5 cm
EP 25,62 DM/m    LA 20,20 DM/m    ST 5,42 DM/m
EP 13,10 €/m    LA 10,33 €/m    ST 2,77 €/m

**035.84109.M**    KG 330 DIN 276
Petrolatumbinden m. PE-Folie kasch., b=100 mm, D= 5 cm
EP 23,90 DM/m    LA 18,88 DM/m    ST 5,02 DM/m
EP 12,22 €/m    LA 9,65 €/m    ST 2,57 €/m

**035.84110.M**    KG 330 DIN 276
Petrolatumbinden m. PE-Folie kasch., b=150 mm, D= 5 cm
EP 22,88 DM/m    LA 18,22 DM/m    ST 4,66 DM/m
EP 11,70 €/m    LA 9,31 €/m    ST 2,39 €/m

**035.84111.M**    KG 330 DIN 276
Petrolatumbinden m. PE-Folie kasch., b=200 mm, D= 5 cm
EP 22,11 DM/m    LA 17,89 DM/m    ST 4,22 DM/m
EP 11,31 €/m    LA 9,14 €/m    ST 2,17 €/m

**035.84112.M**    KG 330 DIN 276
Petrolatumbinden m. PE-Folie kasch., b= 50 mm, D=10 cm
EP 31,46 DM/m    LA 20,53 DM/m    ST 10,93 DM/m
EP 16,09 €/m    LA 10,50 €/m    ST 5,59 €/m

**035.84113.M**    KG 330 DIN 276
Petrolatumbinden m. PE-Folie kasch., b= 70 mm, D=10 cm
EP 29,43 DM/m    LA 18,54 DM/m    ST 10,89 DM/m
EP 15,05 €/m    LA 9,48 €/m    ST 5,57 €/m

**035.84114.M**    KG 330 DIN 276
Petrolatumbinden m. PE-Folie kasch., b=100 mm, D=10 cm
EP 27,61 DM/m    LA 17,56 DM/m    ST 10,05 DM/m
EP 14,11 €/m    LA 8,98 €/m    ST 5,13 €/m

**035.84115.M**    KG 330 DIN 276
Petrolatumbinden m. PE-Folie kasch., b=150 mm, D=10 cm
EP 25,88 DM/m    LA 16,55 DM/m    ST 9,33 DM/m
EP 13,23 €/m    LA 8,46 €/m    ST 4,77 €/m

**035.84116.M**    KG 330 DIN 276
Petrolatumbinden m. PE-Folie kasch., b=200 mm, D=10 cm
EP 24,34 DM/m    LA 15,89 DM/m    ST 8,45 DM/m
EP 12,44 €/m    LA 8,13 €/m    ST 4,31 €/m

**035.84117.M**    KG 330 DIN 276
Petrolatumbinden m. PE-Folie kasch., b=100 mm, D=20 cm
EP 36,63 DM/m    LA 16,55 DM/m    ST 20,08 DM/m
EP 18,73 €/m    LA 8,46 €/m    ST 10,27 €/m

**035.84118.M**    KG 330 DIN 276
Petrolatumbinden m. PE-Folie kasch., b=150 mm, D=20 cm
EP 34,51 DM/m    LA 15,89 DM/m    ST 18,62 DM/m
EP 17,64 €/m    LA 8,13 €/m    ST 9,51 €/m

**035.84119.M**    KG 330 DIN 276
Petrolatumbinden m. PE-Folie kasch., b=200 mm, D=20 cm
EP 32,49 DM/m    LA 15,56 DM/m    ST 16,93 DM/m
EP 16,61 €/m    LA 7,96 €/m    ST 8,65 €/m

**035.84120.M**    KG 330 DIN 276
Petrolatumbinden m. PE-Folie kasch., b=240 mm, D=20 cm
EP 31,48 DM/m    LA 15,23 DM/m    ST 16,25 DM/m
EP 16,10 €/m    LA 7,79 €/m    ST 8,31 €/m

**035.84121.M**    KG 330 DIN 276
Petrolatumbinden m. PE-Folie kasch., b=300 mm, D=20 cm
EP 30,89 DM/m    LA 14,90 DM/m    ST 15,99 DM/m
EP 15,79 €/m    LA 7,62 €/m    ST 8,17 €/m

# LB 035 Korrosionsschutzarbeiten an Stahl und Aluminiumbaukonstruktionen
## Oberflächenschutz: mit Füllmasse/Petrolatumbinden; mit Kunststoffbinden

AW 035

Preise 06.01

Sämtliche Preise sind **Mittelpreise ohne Mehrwertsteuer** zum Zeitpunkt des Ausgabedatums.
**Korrekturfaktoren** für Regionaleinfluss, Mengeneinfluss, Konjunktureinfluss siehe Vorspann.
**Abkürzungen:** EP = Einheitspreis, LA = Lohnanteil, ST = Stoffanteil

### Oberflächenschutz mit Füllmasse/Petrolatumbinden

035.-----.-

|  |  |  |
|---|---|---|
| 035.84122.M | Petrolatumbinden und Füllmasse, b= 50 mm, D= 5 cm | 47,66 DM/m / 23,37 €/m |
| 035.84123.M | Petrolatumbinden und Füllmasse, b=100 mm, D= 5 cm | 43,73 DM/m / 22,36 €/m |
| 035.84124.M | Petrolatumbinden und Füllmasse, b=150 mm, D= 5 cm | 41,15 DM/m / 21,04 €/m |
| 035.84125.M | Petrolatumbinden und Füllmasse, b=200 mm, D= 5 cm | 39,29 DM/m / 20,09 €/m |
| 035.84126.M | Petrolatumbinden und Füllmasse, b= 50 mm, D=10 cm | 62,04 DM/m / 31,72 €/m |
| 035.84127.M | Petrolatumbinden und Füllmasse, b=100 mm, D=10 cm | 57,34 DM/m / 29,32 €/m |
| 035.84128.M | Petrolatumbinden und Füllmasse, b=150 mm, D=10 cm | 53,74 DM/m / 27,48 €/m |
| 035.84129.M | Petrolatumbinden und Füllmasse, b=200 mm, D=10 cm | 50,02 DM/m / 25,57 €/m |
| 035.84130.M | Petrolatumbinden und Füllmasse, b= 50 mm, D=20 cm | 81,12 DM/m / 41,48 €/m |
| 035.84131.M | Petrolatumbinden und Füllmasse, b=100 mm, D=20 cm | 75,35 DM/m / 38,53 €/m |
| 035.84132.M | Petrolatumbinden und Füllmasse, b=150 mm, D=20 cm | 70,91 DM/m / 36,26 €/m |
| 035.84133.M | Petrolatumbinden und Füllmasse, b=200 mm, D=20 cm | 66,59 DM/m / 34,05 €/m |

**035.84122.M** KG 330 DIN 276
Petrolatumbinden und Füllmasse, b= 50 mm, D= 5 cm
EP 47,66 DM/m   LA 28,15 DM/m   ST 19,51 DM/m
EP 24,37 €/m    LA 14,39 €/m    ST  9,98 €/m

**035.84123.M** KG 330 DIN 276
Petrolatumbinden und Füllmasse, b=100 mm, D= 5 cm
EP 43,73 DM/m   LA 25,50 DM/m   ST 18,23 DM/m
EP 22,36 €/m    LA 13,04 €/m    ST  9,32 €/m

**035.84124.M** KG 330 DIN 276
Petrolatumbinden und Füllmasse, b=150 mm, D= 5 cm
EP 41,15 DM/m   LA 24,18 DM/m   ST 16,97 DM/m
EP 21,04 €/m    LA 12,36 €/m    ST  8,68 €/m

**035.84125.M** KG 330 DIN 276
Petrolatumbinden und Füllmasse, b=200 mm, D= 5 cm
EP 39,29 DM/m   LA 23,52 DM/m   ST 15,77 DM/m
EP 20,09 €/m    LA 12,02 €/m    ST  8,07 €/m

**035.84126.M** KG 330 DIN 276
Petrolatumbinden und Füllmasse, b= 50 mm, D=10 cm
EP 62,04 DM/m   LA 30,14 DM/m   ST 31,90 DM/m
EP 31,72 €/m    LA 15,41 €/m    ST 16,31 €/m

**035.84127.M** KG 330 DIN 276
Petrolatumbinden und Füllmasse, b=100 mm, D=10 cm
EP 57,34 DM/m   LA 27,48 DM/m   ST 29,86 DM/m
EP 29,32 €/m    LA 14,05 €/m    ST 15,27 €/m

**035.84128.M** KG 330 DIN 276
Petrolatumbinden und Füllmasse, b=150 mm, D=10 cm
EP 53,74 DM/m   LA 25,83 DM/m   ST 27,91 DM/m
EP 27,48 €/m    LA 13,21 €/m    ST 14,27 €/m

**035.84129.M** KG 330 DIN 276
Petrolatumbinden und Füllmasse, b=200 mm, D=10 cm
EP 50,02 DM/m   LA 24,51 DM/m   ST 25,51 DM/m
EP 25,57 €/m    LA 12,53 €/m    ST 13,04 €/m

**035.84130.M** KG 330 DIN 276
Petrolatumbinden und Füllmasse, b= 50 mm, D=20 cm
EP 81,12 DM/m   LA 31,79 DM/m   ST 49,33 DM/m
EP 41,48 €/m    LA 16,26 €/m    ST 25,22 €/m

**035.84131.M** KG 330 DIN 276
Petrolatumbinden und Füllmasse, b=100 mm, D=20 cm
EP 75,35 DM/m   LA 29,14 DM/m   ST 46,21 DM/m
EP 38,53 €/m    LA 14,90 €/m    ST 23,63 €/m

**035.84132.M** KG 330 DIN 276
Petrolatumbinden und Füllmasse, b=150 mm, D=20 cm
EP 70,91 DM/m   LA 27,82 DM/m   ST 43,09 DM/m
EP 36,26 €/m    LA 14,22 €/m    ST 22,04 €/m

**035.84133.M** KG 330 DIN 276
Petrolatumbinden und Füllmasse, b=200 mm, D=20 cm
EP 66,59 DM/m   LA 26,82 DM/m   ST 39,77 DM/m
EP 34,05 €/m    LA 13,71 €/m    ST 20,34 €/m

### Oberflächenschutz mit Kunststoffbinden

035.-----.-

|  |  |  |
|---|---|---|
| 035.84134.M | PE-Kunststoffbinden, Rohrdurchmesser bis 25 mm | 16,36 DM/m / 8,37 €/m |
| 035.84135.M | PE-Kunststoffbinden, Rohrdurchmesser über 25 bis 40 mm | 19,35 DM/m / 9,89 €/m |
| 035.84136.M | PE-Kunststoffbinden, Rohrdurchmesser über 40 bis 50 mm | 20,77 DM/m / 10,62 €/m |
| 035.84137.M | PE-Kunststoffbinden, Rohrdurchmesser über 50 bis 65 mm | 22,81 DM/m / 11,66 €/m |
| 035.84138.M | PE-Kunststoffbinden, Rohrdurchmesser über 65 bis 80 mm | 24,52 DM/m / 12,54 €/m |
| 035.84139.M | PE-Kunststoffbinden, Rohrdurchmesser über 80 bis 100 mm | 27,07 DM/m / 13,84 €/m |

**035.84134.M** KG 330 DIN 276
PE-Kunststoffbinden, Rohrdurchmesser bis 25 mm
EP 16,36 DM/m   LA 15,23 DM/m   ST 1,13 DM/m
EP  8,37 €/m    LA  7,79 €/m    ST 0,58 €/m

**035.84135.M** KG 330 DIN 276
PE-Kunststoffbinden, Rohrdurchmesser über 25 bis 40 mm
EP 19,35 DM/m   LA 17,56 DM/m   ST 1,79 DM/m
EP  9,89 €/m    LA  8,98 €/m    ST 0,91 €/m

**035.84136.M** KG 330 DIN 276
PE-Kunststoffbinden, Rohrdurchmesser über 40 bis 50 mm
EP 20,77 DM/m   LA 18,55 DM/m   ST 2,22 DM/m
EP 10,62 €/m    LA  9,48 €/m    ST 1,14 €/m

**035.84137.M** KG 330 DIN 276
PE-Kunststoffbinden, Rohrdurchmesser über 50 bis 65 mm
EP 22,81 DM/m   LA 19,87 DM/m   ST 2,94 DM/m
EP 11,66 €/m    LA 10,16 €/m    ST 1,50 €/m

**035.84138.M** KG 330 DIN 276
PE-Kunststoffbinden, Rohrdurchmesser über 65 bis 80 mm
EP 24,52 DM/m   LA 21,19 DM/m   ST 3,33 DM/m
EP 12,54 €/m    LA 10,84 €/m    ST 1,70 €/m

**035.84139.M** KG 330 DIN 276
PE-Kunststoffbinden, Rohrdurchmesser über 80 bis 100 mm
EP 27,07 DM/m   LA 22,51 DM/m   ST 4,56 DM/m
EP 13,84 €/m    LA 11,51 €/m    ST 2,33 €/m

AW 035

Preise 06.01

## LB 035 Korrosionsschutzarbeiten an Stahl und Aluminiumbaukonstruktionen
### Oberflächenschutz mit Einband-/Zweibandsystem

Sämtliche Preise sind **Mittelpreise ohne Mehrwertsteuer** zum Zeitpunkt des Ausgabedatums.
**Korrekturfaktoren** für Regionaleinfluss, Mengeneinfluss, Konjunktureinfluss siehe Vorspann.
**Abkürzungen:** EP = Einheitspreis, LA = Lohnanteil, ST = Stoffanteil

### Oberflächenschutz mit Einband-/Zweibandsystem

035.-----.-

|  |  |
|---|---|
| 035.84140.M Polyken-Einbandsystem, b= 25 mm, Rohrdurchmesser bis 25 mm | 25,62 DM/St / 13,10 €/St |
| 035.84141.M Polyken-Einbandsystem, b= 25 mm, Rohrdurchmesser über 25- 50 mm | 33,20 DM/St / 16,97 €/St |
| 035.84142.M Polyken-Einbandsystem, b= 50 mm, Rohrdurchmesser über 50- 80 mm | 38,66 DM/St / 19,77 €/St |
| 035.84143.M Polyken-Einbandsystem, b= 50 mm, Rohrdurchmesser über 80-100 mm | 43,97 DM/St / 22,48 €/St |
| 035.84144.M Polyken-Einbandsystem, b= 50 mm, Rohrdurchmesser über 100-150 mm | 54,16 DM/St / 27,69 €/St |
| 035.84145.M Polyken-Einbandsystem, b= 50 mm, Rohrdurchmesser über 150-200 mm | 62,63 DM/St / 32,02 €/St |
| 035.84146.M Polyken-Einbandsystem, b=100 mm, Rohrdurchmesser über 200-250 mm | 77,67 DM/St / 39,71 €/St |
| 035.84147.M Polyken-Einbandsystem, b=100 mm, Rohrdurchmesser über 250-300 mm | 86,08 DM/St / 44,01 €/St |
| 035.84148.M Polyken-Zweibandsystem, b= 25 mm, Rohrdurchmesser bis 2,5 cm | 27,12 DM/St / 13,87 €/St |
| 035.84149.M Polyken-Zweibandsystem, b= 25 mm, Rohrdurchmesser über 2,5-5 cm | 35,02 DM/St / 17,91 €/St |
| 035.84150.M Polyken-Zweibandsystem, b= 50 mm, Rohrdurchmesser über 5- 8 cm | 40,19 DM/St / 20,55 €/St |
| 035.84151.M Polyken-Zweibandsystem, b= 50 mm, Rohrdurchmesser über 8-10 cm | 46,62 DM/St / 23,84 €/St |
| 035.84152.M Polyken-Zweibandsystem, b= 50 mm, Rohrdurchmesser über 10-15 cm | 55,37 DM/St / 28,31 €/St |
| 035.84153.M Polyken-Zweibandsystem, b= 50 mm, Rohrdurchmesser über 15-20 cm | 63,98 DM/St / 32,71 €/St |
| 035.84154.M Polyken-Zweibandsystem, b=100 mm, Rohrdurchmesser über 20-25 cm | 73,44 DM/St / 37,55 €/St |
| 035.84155.M Polyken-Zweibandsystem, b=100 mm, Rohrdurchmesser über 25-30 cm | 80,75 DM/St / 41,29 €/St |

**035.84140.M** KG 330 DIN 276
Polyken-Einbandsystem, b= 25 mm, Rohrd. bis 25 mm
EP 25,62 DM/St   LA 20,86 DM/St   ST 4,76 DM/St
EP 13,10 €/St    LA 10,67 €/St    ST 2,43 €/St

**035.84141.M** KG 330 DIN 276
Polyken-Einbandsystem, b= 25 mm, Rohrd. über 25- 50 mm
EP 33,20 DM/St   LA 25,17 DM/St   ST 8,03 DM/St
EP 16,97 €/St    LA 12,87 €/St    ST 4,10 €/St

**035.84142.M** KG 330 DIN 276
Polyken-Einbandsystem, b= 50 mm, Rohrd. über 50- 80 mm
EP 38,66 DM/St   LA 27,15 DM/St   ST 11,51 DM/St
EP 19,77 €/St    LA 13,88 €/St    ST  5,89 €/St

**035.84143.M** KG 330 DIN 276
Polyken-Einbandsystem, b= 50 mm, Rohrd. über 80-100 mm
EP 43,97 DM/St   LA 29,47 DM/St   ST 14,50 DM/St
EP 22,48 €/St    LA 15,07 €/St    ST  7,41 €/St

**035.84144.M** KG 330 DIN 276
Polyken-Einbandsystem, b= 50 mm, Rohrd. über 100-150 mm
EP 54,16 DM/St   LA 33,12 DM/St   ST 21,04 DM/St
EP 27,69 €/St    LA 16,93 €/St    ST 10,76 €/St

**035.84145.M** KG 330 DIN 276
Polyken-Einbandsystem, b= 50 mm, Rohrd. über 150-200 mm
EP 62,63 DM/St   LA 35,43 DM/St   ST 27,20 DM/St
EP 32,02 €/St    LA 18,12 €/St    ST 13,90 €/St

**035.84146.M** KG 330 DIN 276
Polyken-Einbandsystem, b=100 mm, Rohrd. über 200-250 mm
EP 77,67 DM/St   LA 37,42 DM/St   ST 40,25 DM/St
EP 39,71 €/St    LA 19,13 €/St    ST 20,58 €/St

**035.84147.M** KG 330 DIN 276
Polyken-Einbandsystem, b=100 mm, Rohrd. über 250-300 mm
EP 86,08 DM/St   LA 38,42 DM/St   ST 47,66 DM/St
EP 44,01 €/St    LA 19,64 €/St    ST 24,37 €/St

**035.84148.M** KG 330 DIN 276
Polyken-Zweibandsystem, b= 25 mm, Rohrd. bis 2,5 cm
EP 27,12 DM/St   LA 23,19 DM/St   ST 3,93 DM/St
EP 13,87 €/St    LA 11,85 €/St    ST 2,02 €/St

**035.84149.M** KG 330 DIN 276
Polyken-Zweibandsystem, b= 25 mm, Rohrd. über 2,5-5 cm
EP 35,02 DM/St   LA 28,48 DM/St   ST 6,54 DM/St
EP 17,91 €/St    LA 14,56 €/St    ST 3,35 €/St

**035.84150.M** KG 330 DIN 276
Polyken-Zweibandsystem, b= 50 mm, Rohrd. über 5- 8 cm
EP 40,19 DM/St   LA 30,14 DM/St   ST 10,05 DM/St
EP 20,55 €/St    LA 15,41 €/St    ST  5,14 €/St

**035.84151.M** KG 330 DIN 276
Polyken-Zweibandsystem, b= 50 mm, Rohrd. über 8-10 cm
EP 46,62 DM/St   LA 33,12 DM/St   ST 13,50 DM/St
EP 23,84 €/St    LA 16,93 €/St    ST  6,91 €/St

**035.84152.M** KG 330 DIN 276
Polyken-Zweibandsystem, b= 50 mm, Rohrd. über 10-15 cm
EP 55,37 DM/St   LA 37,09 DM/St   ST 18,28 DM/St
EP 28,31 €/St    LA 18,97 €/St    ST  9,34 €/St

**035.84153.M** KG 330 DIN 276
Polyken-Zweibandsystem, b= 50 mm, Rohrd. über 15-20 cm
EP 63,98 DM/St   LA 40,40 DM/St   ST 23,58 DM/St
EP 32,71 €/St    LA 20,66 €/St    ST 12,05 €/St

**035.84154.M** KG 330 DIN 276
Polyken-Zweibandsystem, b=100 mm, Rohrd. über 20-25 cm
EP 73,44 DM/St   LA 41,06 DM/St   ST 32,38 DM/St
EP 37,55 €/St    LA 20,99 €/St    ST 16,56 €/St

**035.84155.M** KG 330 DIN 276
Polyken-Zweibandsystem, b=100 mm, Rohrd. über 25-30 cm
EP 80,75 DM/St   LA 42,38 DM/St   ST 38,37 DM/St
EP 41,29 €/St    LA 21,67 €/St    ST 19,62 €/St

# LB 036 Bodenbelagarbeiten
## Aufnehmen Bodenbelag; Vorbereiten des Untergrundes

STLB 036

Ausgabe 06.01

010 **Aufnehmen des vorhandenen Bodenbelages,**
Belag wird Eigentum des AN und ist zu beseitigen
**Einzelangaben nach DIN 18365**
- Art des Bodenbelages
  - – Bodenbelag aus PVC
  - – Bodenbelag aus synthetischem Kautschuk
    - – – ohne Träger
    - – – mit Träger
    - – – mit Träger aus Filz
    - – – mit Träger aus Korkment
    - – – mit Träger aus Synthesefaser–Filz
    - – – mit Träger aus Schaumkunststoff
    - – – mit Träger aus Asbest
    - – – mit Träger .......
  - – Bodenbelag aus Vinyl–Asbest–Platten
  - – Bodenbelag aus Linoleum
  - – Bodenbelag aus Polteppich
  - – Bodenbelag aus Nadelvlies
    - – – ohne Rückenbeschichtung
    - – – mit Rückenbeschichtung
    - – – mit Rückenbeschichtung aus Schaumkunststoff
    - – – mit Rückenbeschichtung aus .......
  - – Bodenbelag aus .......
- Art der Unterlage
  - – Unterlage aus Kork
  - – Unterlage aus Filzpappe
  - – Unterlage aus bitumierter Filzpappe
  - – Unterlage aus Schaumkunststoff
  - – Unterlage aus .......
- Art des Untergrundes (Aufnehmen des Untergrundes ist nicht Gegenstand der hier beschriebenen Leistung)
  - – vorhandener Untergrund Zementestrich
  - – vorhandener Untergrund Anhydritestrich
  - – vorhandener Untergrund Gussasphaltestrich
  - – vorhandener Untergrund Holz
  - – vorhandener Untergrund .......
- Art der Verlegung
  - – Bodenbelag lose verlegt
  - – Bodenbelag verspannt
  - – Bodenbelag verklebt
  - – Bodenbelag verklebt mit .......
  - – Bodenbelag .......
- Ergänzender Ausführungshinweis
Alle für den Neubelag hinderlichen Bestandteile sind zu entfernen.
- Berechnungseinheit m2

**Beispiel für Ausschreibungstext zu Position 010**
Aufnehmen des vorhandenen Bodenbelages,
Belag wird Eigentum des AN und ist zu beseitigen,
Bodenbelag aus Vinyl–Asbest–Platten,
Unterlage aus Filzpappe,
vorhandener Untergrund Zementestrich,
Bodenbelag verklebt.
Alle für den Neubelag hinderlichen Bestandteile sind zu entfernen.
Einheit m²

011 **Aufnehmen der vorhandenen Leisten und Profile**
**Einzelangaben nach DIN 18365**
- Werkstoff
  - – aus Holz
  - – aus PVC
  - – aus synthetischem Kautschuk
  - – aus .......
- Befestigung / Wiederverwendung
  - – sie werden Eigentum des AN und sind zu beseitigen
  - – sie sind zur Wiederverwendung gesäubert zu lagern
  - – .......
- Berechnungseinheit m, Stück (Einzellänge .......)

**Beispiel für Ausschreibungstext zu Position 011**
Aufnehmen der vorhandenen Leisten und Profile
aus PVC,
sie werden Eigentum des AN und sind zu beseitigen.
Einheit m

012 **Beseitigen der Trennschichten**
013 **Beseitigen der Schichten**
**Einzelangaben nach DIN 18365** zu Pos. 012, 013
- Art der Trennschicht
  - – aus Wachsemulsion
  - – aus .......
- Art des Bodenbelages
  - – – auf vorhandenem Bodenbelag
  - – – auf vorhandenem Bodenbelag aus PVC
  - – – auf vorhandenem Bodenbelag aus synthetischem Kautschuk
  - – – auf vorhandenem Bodenbelag aus Vinyl–Asbest–Platten
  - – – auf vorhandenem Bodenbelag aus Linoleum
  - – – auf .......
- Schichtdicke .......
- Berechnungseinheit m²

015 **Reinigen des Untergrundes von grober Verschmutzung nach besonderer Anordnung des AG**
**Einzelangaben nach DIN 18365**
- Art der Verschmutzung (Die Schuttbeseitigung wird gesondert vergütet)
- Berechnungseinheit m²

016 **Anfallender Schutt**
**Einzelangaben nach DIN 18365**
- aus vorbeschriebener Leistung
- wird Eigentum des AN und ist zu beseitigen
- .......
- Berechnungseinheit m³

020 **Spachteln und Schleifen des Untergrundes**
**Einzelangaben nach DIN 18365**
- Art des Untergrundes
  - – aus geglättetem Beton
  - – aus Zementestrich
  - – aus Anhydritestrich
  - – aus Magnesiaestrich
  - – aus Gussasphaltestrich
  - – aus Holzspanplatten
  - – aus .......
- Werkstoff für die Spachtelung
- Erzeugnis .......
(Sofern nicht vorgeschrieben, vom Bieter einzutragen, sofern vorgeschrieben, mit Hinweis "oder gleichwertiger Art")
- Abmessungen (nur bei Abrechnung nach Stück)
  - – Abmessungen .......
  - – Ausführung auf Treppenstufen, Abmessungen .......
- Berechnungseinheit m², Stück (mit Angabe der Abmessungen)

021 **Begradigen vorhandener Stufenkanten**
**Einzelangaben nach DIN 18365**
- Werkstoff der Stufen
  - – aus Holz
  - – aus Beton
  - – aus Betonwerkstein
  - – aus Naturwerkstein
  - – aus .......
- Werkstoff für die Begradigung
  - – mit Winkelprofil aus Stahl
  - – mit Winkelprofil aus Stahl, Ecke abgerundet
  - – mit vorgeschraubter Hartholzleiste
  - – mit vorgeschraubter Holzspanplatte
  - – mit aufgeschraubter Holzspanplatte
  - – mit Kunstharzmörtel
  - – mit .......
- Berechnungseinheit m, Stück (mit Angabe der Einzellänge)

## LB 036 Bodenbelagarbeiten
### Vorbereiten des Untergrundes

025 Ausgleichen von Unebenheiten des Untergrundes
Einzelangaben nach DIN 18365
- Art des Untergrundes
  - – aus geglättetem Beton
  - – aus Zementestrich
  - – aus Anhydritestrich
  - – aus Magnesiaestrich
  - – aus Gussasphaltestrich
  - – aus Holzspanplatten
  - – aus .......
- Art der Ausgleichsmasse
  - – mit Ausgleichsmasse
  - – mit rollstuhlfester Ausgleichsmasse
  - – mit .......
- Erzeugnis .......
  (Sofern nicht vorgeschrieben, vom Bieter einzutragen, sofern vorgeschrieben, mit Hinweis "oder gleichwertiger Art")
- Dicke: über 1 bis 2 mm – über 1 bis 3 mm – über 1 bis 5 mm – .......
- Ausführung nach besonderer Anordnung des AG
- Abmessungen (nur bei Abrechnung nach Stück)
  - – Abmessungen .......
  - – Ausführung auf Treppenstufen Abmessungen .......
- Berechnungseinheit $m^2$, Stück (mit Angabe der Abmessungen)

**Beispiel für Ausschreibungstext zu Position 025**
Ausgleichen von Unebenheiten des Untergrundes
aus Zementestrich,
mit rollstuhlfester Ausgleichsmasse,
Erzeugnis Betonspachtel PCI–Polycret 5
oder gleichwertiger Art,
Dicke 1 bis 3 mm,
Ausführung nach besonderer Anordnung des AG.
Einheit $m^2$

**Hinweis:** zu Pos.030 bis 042
Unterlagen für Bodenbeläge,
Schüttungen,
Dämmschichten (Trittschalldämmung),
Fußbodenverlegeplatten (Fertigteilestrich aus Holzspanplatten),
siehe auch Leistungsbereich 025 Estricharbeiten.

# LB 036 Bodenbelagarbeiten
## Unterlagen; Schüttungen unter Unterboden

STLB 036

Ausgabe 06.01

**030 Unterlage für Bodenbelag auf vorhandenem Untergrund**
Einzelangaben nach DIN 18365
- Art des Untergrundes
    - – aus geglättetem Beton
    - – aus Zementestrich
    - – aus Anhydritestrich
    - – aus Magnesiaestrich
    - – aus Gussasphaltestrich
    - – aus Holzspanplatten
    - – aus .......
- Art der Unterlage
    - – Unterlage aus Korkment aufgeklebt
    - – Unterlage aus vergütetem Korkment aufgeklebt
        - – – Dicke: 2,0 mm – 3,2 mm – .......
    - – Unterlage aus Filz, aufgeklebt
    - – Unterlage aus Filz, lose verlegt
    - – Unterlage aus Haarfilz, aufgeklebt
    - – Unterlage aus Haarfilz, lose verlegt
        - – – Dicke: 6 mm – 8 mm – 10 mm – 12 mm – .......
            **Hinweis:** Filz und Haarfilz nur für Polteppiche
    - – Unterlage aus Schaumkunststoffbahnen, aufgeklebt
    - – Unterlage aus Schaumkunststoffbahnen, lose verlegt
        - – – Dicke: 2 mm – 3 mm – 4 mm – 5 mm – .......
    - – Unterlage elastisch aus Gummigranulat, aufgeklebt
        - – – Dicke: 8 mm – 10 mm – 13 mm – .......
    - – Unterlage aus .......
        - – – Dicke .......
- Erzeugnis .......
    (Sofern nicht vorgeschrieben, vom Bieter einzutragen, sofern vorgeschrieben, mit Hinweis "oder gleichwertiger Art")
- Berechnungseinheit m$^2$

**Hinweis:** Lagerhölzer Blindböden und Schwingböden siehe Leistungsbereich 016 Zimmer– und Holzbauarbeiten

**Beispiel für Ausschreibungstext zu Position 030**
Unterlage für Bodenbelag auf vorhandenem Untergrund
aus Zementestrich,
Unterlage aus Filz, aufgeklebt,
Dicke 8 mm.
Einheit m$^2$

**033 Schüttung unter Unterlage**
Einzelangaben nach DIN 18365
- Werkstoff für die Schüttung
    - – aus Perlite, bitumiert
    - – aus Pflanzenfasern (Schäben), bitumiert
    - – aus Korkschrot, expandiert und bitumiert
    - – aus .......
        - – – Erzeugnis .......
            (Sofern nicht vorgeschrieben vom Bieter einzutragen, sofern vorgeschrieben mit Hinweis "oder gleichwertiger Art")
- Dicke der Dämmschicht
    - – Dicke
    - – mittlere Dicke: 20 mm – 25 mm – 30 mm – 35 mm – 40 mm – 45 mm – 50 mm – 55 mm – 60 mm – 65 mm – 70 mm – 75 mm – 80 mm – 85 mm – 90 mm – 95 mm – 100 mm – 105 mm – 110 mm – 115 mm – 120 mm – .......
- Abdeckung der Schüttung
    - – einschl. Abdeckung nach Wahl des AN
    - – einschl. Abdeckung aus Rippenpappe
    - – einschl. Abdeckung aus Kunststofffolie Dicke 0,1 mm
    - – einschl. Abdeckung aus Kunststofffolie Dicke 0,2 mm
    - – einschl. Abdeckung aus Rohfilzpappe 500 DIN 52117
    - – einschl. Abdeckung aus .......
- Berechnungseinheit m$^2$

**Beispiel für Ausschreibungstext zu Position 033**
Schüttung auf Unterlage
aus Perlite, bituminiert,
weitere Dicke 50 mm,
einschl. Abdeckung aus Rohfilzpappe 500 DIN 52117.
Einheit m$^2$

**034 Mehrdicken der vorbeschriebenen Schüttung**
Einzelangaben nach DIN 18365
- je 5 mm Dicke
- Berechnungseinheit m$^2$

STLB 036
Ausgabe 06.01

## LB 036 Bodenbelagarbeiten
### Dämmschichten

035 **Wärmedämmschicht DIN 4108 unter Unterlage**
036 **Wärmedämmschicht DIN 4108 unter Unterlage, einschl. Randstreifen**
Einzelangaben nach DIN 18365 zu Pos. 035, 036
- Art des Dämmstoffes
  - – aus Schaumkunststoffen DIN 18164 Teil 1
    - – – aus Phenolharz–Hartschaum
    - – – aus Polystyrol–Hartschaum (Partikelschaum)
    - – – aus Polystyrol–Hartschaum (Extruderschaum)
    - – – aus Polyurethan–Hartschaum
    - – – aus Polyvinylchlorid–Hartschaum
      - – – – Typ WD (druckbelastbar)
      - – – – Typ WD (druckbelastbar), SE (schwer entflammbar)
      - – – – Typ WDS (druckbelastbar mit bes. Formbeständigkeit)
      - – – – Typ WDS (druckbelastbar mit bes. Formbeständigkeit, SE (schwer entflammbar)
    - **Hinweis:** Typ WD SE und Typ WDS SE nur für besondere Anforderungen, z. B. Parkdecks.
  - – aus mineralischen Dämmstoffen DIN 18165 Teil 1
  - – aus pflanzlichen Dämmstoffen DIN 18165 Teil 1
    - – – Typ WD (druckbelastbar)
    - – – Typ WD (druckbelastbar), A1 / A2 (nicht brennbar)
    - – – Typ WD (druckbelastbar), B1 (schwer entflammbar)
    - – – Typ WD (druckbelastbar), B2 (normal entflammbar)
  - – aus: Schaumsilikat – .......
- Lieferform
  - – in Platten
  - – in Platten, Erzeugnis ....... (Sofern nicht vorgeschrieben, vom Bieter einzutragen, sofern vorgeschrieben, mit Hinweis "oder gleichwertiger Art")
  - – in Bahnen
  - – in Bahnen, Erzeugnis ....... (Sofern nicht vorgeschrieben, vom Bieter einzutragen, sofern vorgeschrieben, mit Hinweis "oder gleichwertiger Art")
- Anzahl der Lagen
  - – Verlegung: einlagig – zweilagig – .......
- Abdeckung der Dämmschicht
  - – Abdeckung nach Wahl des AN
  - – Abdeckung aus Rohfilzpappe 500 DIN 52117
  - – Abdeckung aus Kunststofffolie 0,2 mm
  - – Abdeckung .......
- Dämmschichtdicke unter Belastung: 10,0 mm – 12,5 mm – 15,0 mm – 17,5 mm – 20,0 mm – 22,5 mm – 25,0 mm – .......
- Berechnungseinheit m²
  **Hinweis:** in vereinfachter Form kann die Leistungsbeschreibung auf Angaben zum Wärmedurchlasswiderstand und die Art der Ausführung beschränkt werden z. B.:
- Wärmedurchlasswiderstand .......
- Ausführung ....... (Sofern nicht vorgeschrieben, vom Bieter einzutragen, sofern vorgeschrieben, mit Hinweis "oder gleichwertiger Art")
- Berechnungseinheit m²

**Beispiel für Ausschreibungstext zu Position 035**
Wärmedämmschicht DIN 4108 unter Unterlage,
aus mineralischen Dämmstoffen DIN 18165 Teil 1,
Typ WD (druckbelastbar), A1/A2 (nicht brennbar),
in Platten,
Abdeckung aus Rohfilzpappe 500 DIN 52117,
Dämmschichtdicke unter Belastung 20,0 mm.
Einheit m²

040 **Trittschalldämmschicht DIN 4109 unter Unterlage, einschl. Randstreifen**
041 **Trittschalldämmschicht entsprechend DIN 4109, unter Unterlage**
Einzelangaben nach DIN 18365 zu Pos. 040 041
- Art des Dämmstoffes
  - – aus Schaumkunststoffen DIN 18164 Teil 2, als Polystyrolschaum (Partikelschaum)
    - – – Typ T (Trittschalldämmstoff)
    - – – Typ T (Trittschalldämmstoff), SE (schwer entflammbar)
  - – aus mineralischen Faserdämmstoffen DIN 18165 Teil 2
  - – aus pflanzlichen Faserdämmstoffen DIN 18165 Teil 2
    - – – Typ T (Trittschalldämmstoff)
    - – – Typ T (Trittschalldämmstoff), A1 / A2 (nicht brennbar)
    - – – Typ T (Trittschalldämmstoff), B1 (schwer entflammbar)
    - – – Typ T (Trittschalldämmstoff), B2 (normal entflammbar)
      - – – – Dämmschichtgruppe: I – II
    - **Hinweis:** Dämmschichtgruppe I bei leichten Massivdecken, wie z. B. Stahlbetonplatten bis 14 cm Dicke, Hohlkörperdecken, Stahlbetonrippendecken, Dämmschichtgruppe II bei schweren Massivdecken, wie z. B. Stahlbetonplatten über 14 cm Dicke, Stahlbetonrippendecken mit Unterdecken
  - – aus .......
- Lieferform
  - – in Platten
  - – in Platten, Erzeugnis ....... (Sofern nicht vorgeschrieben vom Bieter einzutragen)
  - – in Bahnen
  - – in Bahnen, Erzeugnis ....... (Sofern nicht vorgeschrieben vom Bieter einzutragen)
- Anzahl der Lagen
  - – Verlegung einlagig
  - – Verlegung zweilagig
  - – Verlegung ........
- Abdeckung der Dämmschicht
  - – Abdeckung nach Wahl des AN
  - – Abdeckung aus Rohfilzpappe 500 DIN 52117
  - – Abdeckung aus Kunststofffolie 0,2 mm
  - – Abdeckung .......
- Dämmschichtdicke unter Belastung: 10,0 mm – 12,5 mm – 15,0 mm – 17,5 mm – 20,0 mm – 22,5 mm – 25,0 mm – .......
- Berechnungseinheit m²
  **Hinweis:** In vereinfachter Form kann die Leistungsbeschreibung auf Angaben zum Trittschallverbesserungsmaß und die Art der Ausführung beschränkt werden z. B.:
- Trittschallverbesserungsmaß .......
- Ausführung ....... (Sofern nicht vorgeschrieben, vom Bieter einzutragen, sofern vorgeschrieben, mit Hinweis "oder gleichwertiger Art")
- Berechnungseinheit m²

**Beispiel für Ausschreibungstext zu Position 040**
Trittschalldämmschicht DIN 4109 unter Unterlage,
einschl. Randstreifen,
aus mineralischen Faserdämmstoffen DIN 18165 Teil 2,
Typ T (Trittschalldämmstoff),
A 1 / A 2 (nicht brennbar),
Dämmschichtgruppe II,
in Bahnen, Verlegung einlagig,
Abdeckung nach Wahl des AN,
Dämmschichtdicke unter Belastung 20,0 mm.
Einheit m²

# LB 036 Bodenbelagarbeiten
## Fußbodenverlegeplatten

042 Fußbodenverlegeplatten als Unterlage für Bodenbelag
Einzelangaben nach DIN 18365
- Art des Untergrundes
  - – auf Untergrund aus Beton
  - – auf Untergrund aus Holz
  - – auf Untergrund aus Stahl
  - – auf Untergrund aus Estrich
  - – auf Untergrund aus Schüttung
  - – auf Untergrund aus Dämmschichtmatten
  - – auf Untergrund aus Dämmschichtplatten
- Art der Unterlage (Fußbodenverlegeplatten)
  - – Unterlage aus Holzspanplatten DIN 68 763 mit Nut und Feder
    - – – Verleimung: V 100 – V 100 G – .......
  - – Unterlage aus .......
- Art der Verlegung
  - – aufkleben
  - – schwimmend verlegen
  - – schrauben
- Plattendicke: 10 mm – 13 mm – 16 mm – 19 mm – 22 mm – 25 mm – 36 mm – .......
- Berechnungseinheit m$^2$

**Beispiel für Ausschreibungstext zu Pos. 042**
Fußbodenverlegeplatten als Unterlage für Bodenbelag
auf Untergrund aus Schüttung,
Unterlage aus Holzspanplatten DIN 68763,
mit Nut und Feder, Verleimung V 100,
schwimmend verlegen,
Plattendicke 25 mm.
Einheit m$^2$

# LB 036 Bodenbelagarbeiten
## Bodenbelag aus PVC

STLB 036
Ausgabe 06.01

**100** Elastischer Bodenbelag aus PVC, homogen, ohne Träger nach DIN EN 649
Einzelangaben nach DIN 18365
- Dicke: 1,5 mm – 2,0 mm – 2,5 mm – 3,0 mm – .......
- Bahnenbreite: 120 cm – 150 cm – 160 cm – .......
- Plattenabmessungen: 30 cm x 30 cm – 40 cm x 40 cm – 50 cm x 50 cm – 60 cm x 60 cm – 60 cm x 120 cm – 63 cm x 150 cm – .......
- Farbe / Musterung: einfarbig – jaspiert – moiriert – marmoriert – richtungsfrei – richtungsfrei marmoriert – richtungsfrei Ton in Ton
  - – Farbton nach Wahl des AG
  - – Farbton .......
- Oberflächenstruktur
  - – Oberfläche glatt
  - – Oberfläche strukturiert
  - – Oberfläche tief geprägt
- Fugen von Plattenbelägen
  - – Verlegung mit Kreuzfugen
  - – Verlegung mit Kreuzfugen, diagonal
  - – Verlegung mit versetzten Fugen
  - – Verlegung .......
- Art der Verlegung
  - – verkleben auf geglättetem Beton
  - – verkleben auf Zementestrich
  - – verkleben auf Anhydritestrich
  - – verkleben auf Magnesiaestrich
  - – verkleben auf Gussasphaltestrich
  - – verkleben auf Holzspanplatten
  - – verkleben auf vorhandener Unterlage
  - – verkleben auf vorhandener Unterlage aus .......
  - – verkleben auf .......
  - – Verlegung auf Treppenstufen, Abmessungen .......
  - – Verlegung auf Trittstufen, Abmessungen .......
  - – Verlegung auf Setzstufen, Abmessungen .......
  - – Verlegung auf ......., Abmessungen .......
- Erzeugnis
  - – Erzeugnis des Belages .......
    (Sofern nicht vorgeschrieben, vom Bieter einzutragen,
    sofern vorgeschrieben mit Hinweis "oder gleichwertiger Art")
  - – Erzeugnis des Klebers .......
    (Sofern nicht vorgeschrieben, vom Bieter einzutragen,
    sofern vorgeschrieben mit Hinweis "oder gleichwertiger Art")

**Hinweis:** Der Beschreibung des Bodenbelages können die technischen Anforderungen entsprechend Pos. 546, 547 als Unterbeschreibung nachgestellt werden.

**Beispiel für Ausschreibungstext zu Position 100**
Elastischer Bodenbelag aus PVC, homogen, ohne Träger, DIN EN 649,
Dicke 2,5 mm, Plattenabmessungen 50 cm x 50 cm,
einfarbig, Farbton nach Wahl des AG,
Oberfläche glatt,
Verlegung in Kreuzfugen,
verkleben auf Holzspanplatten.
Einheit m²

**200** Elastischer Bodenbelag aus PVC, heterogen (mehrschichtig), ohne Träger nach DIN EN 649
Einzelangaben nach DIN 18365
- Dicke: 1,5 mm – 2,0 mm – 2,5 mm – 3,0 mm – .......
- Nutzschichtdicke: 0,3 mm – 0,5 mm – 0,7 mm – 1,0 mm – .......
- Bahnenbreite: 150 cm – 160 cm – 200 cm – .......
- Plattenabmessungen: 30 cm x 30 cm – .......
- Farbe / Musterung: – einfarbig – jaspiert – moiriert – marmoriert – richtungsfrei – richtungsfrei marmoriert – richtungsfrei Ton in Ton
  - – Farbton nach Wahl des AG
  - – Farbton .......
- Oberflächenstruktur
  - – Oberfläche glatt
  - – Oberfläche strukturiert
  - – Oberfläche tief geprägt
- Fugen von Plattenbelägen
  - – Verlegung mit Kreuzfugen
  - – Verlegung mit Kreuzfugen diagonal
  - – Verlegung mit versetzten Fugen
  - – Verlegung .......
- Art der Verlegung
  - – verkleben auf geglättetem Beton
  - – verkleben auf Zementestrich
  - – verkleben auf Anhydritestrich
  - – verkleben auf Magnesiaestrich
  - – verkleben auf Gussasphaltestrich
  - – verkleben auf Holzspanplatten
  - – verkleben auf vorhandener Unterlage
  - – verkleben auf vorhandener Unterlage aus .......
  - – verkleben auf .......
  - – verkleben auf Treppenstufen, Abmessungen .......
  - – verkleben auf Trittstufen, Abmessungen .......
  - – verkleben auf Setzstufen, Abmessungen .......
  - – verkleben auf ......., Abmessungen .......
- Erzeugnis
  - – Erzeugnis des Belages ....... (Sofern nicht vorgeschrieben vom Bieter einzutragen sofern vorgeschrieben mit Hinweis "oder gleichwertiger Art")
  - – Erzeugnis des Klebers ....... (Sofern nicht vorgeschrieben vom Bieter einzutragen sofern vorgeschrieben mit Hinweis "oder gleichwertiger Art")
- Berechnungseinheit m², Stück (z.B. Belag auf Stufen)

**Hinweis:** Der Beschreibung des Bodenbelages können die technischen Anforderungen entsprechend Pos. 546, 547 als Unterbeschreibung nachgestellt werden.

**Beispiel für Ausschreibungstext zu Position 200**
Elastischer Bodenbelag aus PVC, heterogen (mehrschichtig), ohne Träger, DIN EN 649,
Dicke 3,0 mm, Nutzschichtdicke 0,7 mm,
Bahnenbreite 200 cm,
moiriert, Farbton nach Wahl des AG,
Oberfläche glatt,
verkleben auf vorhandener Unterlage.
Einheit m²

# LB 036 Bodenbelagarbeiten
## Bodenbelag aus PVC

STLB 036

Ausgabe 06.01

**300** **Elastischer Bodenbelag aus PVC, homogen mit Träger aus Korkment, nach DIN EN 652**
**400** **Elastischer Bodenbelag aus PVC, homogen, mit Unterschicht aus PVC–Schaumstoff nach DIN EN 651**
**Einzelangaben nach DIN 18365** zu Pos. 300, 400
- Dicke: 3,0 mm – 3,5 mm – 4,0 mm – 4,5 mm – 5,0 mm – .......
- Nutzschichtdicke: 1,0 mm – 1,5 mm – 2,0 mm – 2,5 mm – .......
- Bahnenbreite: 120 cm – 150 cm – 160 cm – .......
- Plattenabmessungen: 50 cm x 50 cm – .......
- Farbe/Musterung: einfarbig – jaspiert – moiriert – marmoriert – richtungsfrei – richtungsfrei marmoriert – richtungsfrei Ton in Ton
  – – Farbton nach Wahl des AG
  – – Farbton .......
- Oberflächenstruktur
  – – Oberfläche: glatt – strukturiert – tief geprägt
- Fugen von Plattenbelägen
  – – Verlegung mit Kreuzfugen
  – – Verlegung mit Kreuzfugen, diagonal
  – – Verlegung mit versetzten Fugen
  – – Verlegung .......
- Art der Verlegung
  – – verkleben auf geglättetem Beton
  – – verkleben auf Zementestrich
  – – verkleben auf Anhydritestrich
  – – verkleben auf Magnesiaestrich
  – – verkleben auf Gussasphaltestrich
  – – verkleben auf Holzspanplatten
  – – verkleben auf vorhandener Unterlage
  – – verkleben auf vorhandener Unterlage aus .......
  – – verkleben auf .......
  – – Verlegung auf Treppenstufen, Abmessungen .......
  – – Verlegung auf Trittstufen, Abmessungen .......
  – – Verlegung auf Setzstufen, Abmessungen .......
  – – Verlegung auf ......., Abmessungen .......
- Erzeugnis
  – – Erzeugnis des Belages ....... (Sofern nicht vorgeschrieben, vom Bieter einzutragen, sofern vorgeschrieben, mit Hinweis "oder gleichwertiger Art")
  – – Erzeugnis des Klebers ....... (Sofern nicht vorgeschrieben, vom Bieter einzutragen, sofern vorgeschrieben, mit Hinweis "oder gleichwertiger Art")
- Berechnungseinheit m², Stück (z.B. Belag auf Stufen)
  **Hinweis:** Der Beschreibung des Bodenbelages können die technischen Anforderungen entsprechend Pos. 546, 547 als Unterbeschreibung nachgestellt werden.

**Beispiel für Ausschreibungstext zu Position 300**
Elastischer Bodenbelag aus PVC, homogen, mit Träger aus Korkment, DIN EN 652,
Dicke 4,0 mm, Nutzschichtdicke 2,0 mm,
Plattenabmessungen 50 cm x 50 cm,
marmoriert, Farbton nach Wahl des AG,
Oberfläche glatt,
Verlegung in Kreuzfugen, diagonal,
verkleben auf Zementestrich.
Einheit m²

**500** **Elastischer Bodenbelag aus PVC, heterogen (mehrschichtig) mit Unterschicht aus PVC–Schaumstoff nach DIN EN 651**
**Einzelangaben nach DIN 18365**
- Dicke: 2,5 mm – 4,0 mm – .......
- Nutzschichtdicke: 0,2 mm – 0,3 mm – 0,7 mm – .......
- Bahnenbreite: 150 cm – 200 cm – .......
- Farbe/Musterung: einfarbig – jaspiert – moiriert – marmoriert – richtungsfrei – richtungsfrei marmoriert – richtungsfrei Ton in Ton
  – – Farbton nach Wahl des AG
  – – Farbton .......
- Oberflächenstruktur
  – – Oberfläche glatt
  – – Oberfläche strukturiert
  – – Oberfläche tief geprägt
- Art der Verlegung
  – – verkleben auf geglättetem Beton
  – – verkleben auf Zementestrich
  – – verkleben auf Anhydritestrich
  – – verkleben auf Magnesiaestrich
  – – verkleben auf Gussasphaltestrich
  – – verkleben auf Holzspanplatten
  – – verkleben auf vorhandener Unterlage
  – – verkleben auf vorhandener Unterlage aus .......
  – – verkleben auf .......
  – – Verlegung auf Treppenstufen, Abmessungen .......
  – – Verlegung auf Trittstufen, Abmessungen .......
  – – Verlegung auf Setzstufen, Abmessungen .......
  – – Verlegung auf ......., Abmessungen .......
- Erzeugnis
  – – Erzeugnis des Belages ....... (Sofern nicht vorgeschrieben, vom Bieter einzutragen, sofern vorgeschrieben, mit Hinweis "oder gleichwertiger Art")
  – – Erzeugnis des Klebers ....... (Sofern nicht vorgeschrieben, vom Bieter einzutragen, sofern vorgeschrieben, mit Hinweis "oder gleichwertiger Art")
- Berechnungseinheit m², Stück (z.B. Belag auf Stufen)
  **Hinweis:** Der Beschreibung des Bodenbelages können die technischen Anforderungen entsprechend Pos. 546, 547 als Unterbeschreibung nachgestellt werden.

**Beispiel für Ausschreibungstext zu Position 500**
Elastischer Bodenbelag aus PVC, heterogen (mehrschichtig), mit Untersicht aus PVC–Schaumstoff,
DIN EN 651,
Dicke 4 mm, Nutzschichtdicke 0,7 mm,
Bahnenbreite 200 cm,
moiriert, Farbton nach Wahl des AG,
Oberfläche glatt,
verkleben auf Zementestrich.
Einheit m²

**541** **Elastischer Bodenbelag aus PVC, mit Träger aus genadeltem Jutefilz, nach DIN EN 650**
**542** **Elastischer Bodenbelag aus PVC, mit Träger aus Synthesefaser–Vlies, nach DIN EN 650**
**543** **Elastischer Bodenbelag aus PVC, mit Träger aus .......**
**Einzelangaben nach DIN 18365** zu Pos. 541 bis 543
- Dicke .......
- Bahnenbreite 200 cm
- Bahnenbreite .......
- Musterung .......
- Farbton nach Wahl des AG
- Farbton .......
- Art der Verlegung
  – – verkleben auf geglättetem Beton
  – – verkleben auf Zementestrich
  – – verkleben auf Anhydritestrich
  – – verkleben auf Magnesiaestrich
  – – verkleben auf Gussasphaltestrich
  – – verkleben auf Holzspanplatten
  – – verkleben auf vorhandener Unterlage
  – – verkleben auf vorhandener Unterlage aus .......
  – – verkleben auf .......
  – – Verlegung auf Treppenstufen, Abmessungen .......
  – – Verlegung auf Trittstufen, Abmessungen .......
  – – Verlegung auf Setzstufen, Abmessungen .......
  – – Verlegung auf ......., Abmessungen .......
- Erzeugnis
  – – Erzeugnis des Belages ....... (Sofern nicht vorgeschrieben, vom Bieter einzutragen, sofern vorgeschrieben, mit Hinweis "oder gleichwertiger Art")
  – – Erzeugnis des Klebers ....... (Sofern nicht vorgeschrieben, vom Bieter einzutragen, sofern vorgeschrieben, mit Hinweis "oder gleichwertiger Art")
- Berechnungseinheit m², Stück (z.B. Belag auf Stufen)
  **Hinweis:** Der Beschreibung des Bodenbelages können die technischen Anforderungen entsprechend Pos. 546, 547 als Unterbeschreibung nachgestellt werden.

STLB 036
Ausgabe 06.01

## LB 036 Bodenbelagarbeiten
### Bodenbelag aus PVC - allgemein

**544** Elastischer Bodenbelag nach DIN EN 654
Einzelangaben nach DIN 18365
- Dicke: 1,6 mm – 1,8 mm – 2,0 mm – .......
- Plattenabmessungen: 25 cm x 25 cm –
  30 cm x 30 cm – .......
- Farbe/Musterung
  - – einfarbig
  - – moiriert
  - – tief geprägt
  - – .......
    - – – Farbton nach Wahl des AG
    - – – Farbton .......
- Art der Verlegung
  - – verkleben auf geglättetem Beton
  - – verkleben auf Zementestrich
  - – verkleben auf Anhydritestrich
  - – verkleben auf Magnesiaestrich
  - – verkleben auf Gussasphaltestrich
  - – verkleben auf Holzspanplatten
  - – verkleben auf vorhandener Unterlage
  - – verkleben auf vorhandener Unterlage aus .......
  - – verkleben auf .......
  - – Verlegung auf Treppenstufen, Abmessungen .......
  - – Verlegung auf Trittstufen, Abmessungen .......
  - – Verlegung auf Setzstufen, Abmessungen .......
  - – Verlegung auf ......., Abmessungen......
- Erzeugnis
  - – Erzeugnis des Belages ....... (Sofern nicht vorgeschrieben, vom Bieter einzutragen, sofern vorgeschrieben, mit Hinweis "oder gleichwertiger Art")
  - – Erzeugnis des Klebers ....... (Sofern nicht vorgeschrieben, vom Bieter einzutragen, sofern vorgeschrieben, mit Hinweis "oder gleichwertiger Art")
- Berechnungseinheit m$^2$, Stück (z.B. Belag auf Stufen)
**Hinweis:** Der Beschreibung des Bodenbelages können die technischen Anforderungen entsprechend Pos. 546, 547 als Unterbeschreibung nachgestellt werden.

**545** Bodenbelag aus .......
Einzelangaben nach DIN 18365
- Dicke .......
- Bahnenbreite .......
- Plattenabmessungen .......
- Farbe/Musterung
  - – Musterung.......
    - – – Farbton nach Wahl des AG
    - – – Farbton .......
- Oberflächenstruktur
  - – Oberfläche .......
- Art der Verlegung
  - – verkleben auf geglättetem Beton
  - – verkleben auf Zementestrich
  - – verkleben auf Anhydritestrich
  - – verkleben auf Magnesiaestrich
  - – verkleben auf Gussasphaltestrich
  - – verkleben auf Holzspanplatten
  - – verkleben auf vorhandener Unterlage
  - – verkleben auf vorhandener Unterlage aus .......
  - – verkleben auf .......
  - – Verlegung auf Treppenstufen, Abmessungen .......
  - – Verlegung auf Trittstufen, Abmessungen .......
  - – Verlegung auf Setzstufen, Abmessungen .......
  - – Verlegung auf ......., Abmessungen .......
- Erzeugnis
  - – Erzeugnis des Belages ....... (Sofern nicht vorgeschrieben, vom Bieter einzutragen, sofern vorgeschrieben, mit Hinweis "oder gleichwertiger Art")
  - – Erzeugnis des Klebers ....... (Sofern nicht vorgeschrieben, vom Bieter einzutragen, sofern vorgeschrieben, mit Hinweis "oder gleichwertiger Art")
- Berechnungseinheit m$^2$, Stück (z.B. Belag auf Stufen)
**Hinweis:** Der Beschreibung des Bodenbelages können die technischen Anforderungen entsprechend Pos. 546, 547 als Unterbeschreibung nachgestellt werden.

**546** Technische Anforderungen an vorbeschriebenen Bodenbelag aus PVC
**547** Technische Anforderungen an vorbeschriebenen Bodenbelag aus Vinyl–Asbest
Hinweis: Pos. 546, 547 als Fortsetzung der Einzelangaben der Pos. 100 bis 545
(Angaben soweit erforderlich)
- Relativer Verschleißwiderstand (rV) als Quotient aus Nenndicke der Nutzschicht in mm und Dickenverlust in mm bei Verschleißprüfung DIN 51963 .......
  (Sofern nicht vorgeschrieben vom Bieter einzutragen)
- Trittschallverbesserungsmaß DIN 52210 .......
  (Sofern nicht vorgeschrieben vom Bieter einzutragen)
- Wärmedurchlasswiderstand DIN 52612 .......
  (Sofern nicht vorgeschrieben vom Bieter einzutragen)
- .......

# LB 036 Bodenbelagarbeiten
## Bodenbelag aus Linoleum

STLB 036

Ausgabe 06.01

**551** Elastischer Bodenbelag aus Linoleum
nach DIN EN 548
Einzelangaben nach DIN 18365
- Dicke: 2,0 mm – 2,5 mm – 3,2 mm – 4,0 mm – .......
- Bahnenbreite: 200 cm – .......
- Plattenabmessungen: 48 cm x 48 cm –
  60 cm x 60 cm – .......
- Farbe/Musterung
  – – einfarbig
  – – jaspiert
  – – moiriert
  – – marmoriert
  – – .......
     – – – Farbton nach Wahl des AG
     – – – Farbton .......
- Fugen von Plattenbelägen
  – – Verlegung mit Kreuzfugen
  – – Verlegung mit Kreuzfugen diagonal
  – – Verlegung mit versetzten Fugen
  – – Verlegung .......
- Art der Verlegung
  – – verkleben auf geglättetem Beton
  – – verkleben auf Zementestrich
  – – verkleben auf Anhydritestrich
  – – verkleben auf Magnesiaestrich
  – – verkleben auf Gussasphaltestrich
  – – verkleben auf Holzspanplatten
  – – verkleben auf vorhandener Unterlage
  – – verkleben auf vorhandener Unterlage aus .......
  – – verkleben auf .......
  – – Verlegung auf Treppenstufen,, Abmessungen .......
  – – Verlegung auf Trittstufen,, Abmessungen .......
  – – Verlegung auf Setzstufen,, Abmessungen .......
  – – Verlegung auf .......,, Abmessungen .......
- Erzeugnis
  – – Erzeugnis des Belages ....... (Sofern nicht vorgeschrieben, vom Bieter einzutragen, sofern vorgeschrieben, mit Hinweis "oder gleichwertiger Art")
  – – Erzeugnis des Klebers ....... (Sofern nicht vorgeschrieben, vom Bieter einzutragen, sofern vorgeschrieben, mit Hinweis "oder gleichwertiger Art")
- Berechnungseinheit m², Stück (z. B. Belag auf Stufen)
**Hinweis:** Der Beschreibung des Bodenbelages können die technischen Anforderungen entsprechend Pos. 561 als Unterbeschreibung nachgestellt werden.

**Beispiel für Ausschreibungstext zu Position 551**
Elastischer Bodenbelag aus Linoleum DIN EN 548,
Dicke 3,2 mm, Bahnenbreite 200 cm,
einfarbig, Farbton nach Wahl des AG,
verkleben auf Holzspanplatten.
Einheit m²

**555** Elastischer Bodenbelag aus Verbundlinoleum nach DIN EN 687
Einzelangaben nach DIN 18365
- Dicke: 4,0 mm – .......
- Bahnenbreite: 200 cm – .......
- Farbe/Musterung
  – – moiriert
  – – marmoriert
  – – .......
     – – – Farbton nach Wahl des AG
     – – – Farbton .......
- Art der Verlegung
  – – verkleben auf geglättetem Beton
  – – verkleben auf Zementestrich
  – – verkleben auf Anhydritestrich
  – – verkleben auf Magnesiaestrich
  – – verkleben auf Gussasphaltestrich
  – – verkleben auf Holzspanplatten
  – – verkleben auf vorhandener Unterlage
  – – verkleben auf vorhandener Unterlage aus .......
  – – verkleben auf .......
  – – Verlegung auf Treppenstufen, Abmessungen .......
  – – Verlegung auf Trittstufen, Abmessungen .......
  – – Verlegung auf Setzstufen, Abmessungen .......
  – – Verlegung auf ......., Abmessungen .......
- Erzeugnis
  – – Erzeugnis des Belages ....... (Sofern nicht vorgeschrieben, vom Bieter einzutragen, sofern vorgeschrieben, mit Hinweis "oder gleichwertiger Art")
  – – Erzeugnis des Klebers ....... (Sofern nicht vorgeschrieben, vom Bieter einzutragen, sofern vorgeschrieben, mit Hinweis "oder gleichwertiger Art")
- Berechnungseinheit m², Stück (z. B. Belag auf Stufen)
**Hinweis:** Der Beschreibung des Bodenbelages können die technischen Anforderungen entsprechend Pos. 561 als Unterbeschreibung nachgestellt werden.

**561** Technische Anforderungen an vorbeschriebenen Bodenbelag aus Linoleum Hinweis: Pos. 561 als Fortsetzung der Einzelangaben der Pos. 551, 555
(Angaben soweit erforderlich)
**Einzelangaben**
- Trittschallverbesserungsmaß DIN 52210 .......
  (Sofern nicht vorgeschrieben, vom Bieter einzutragen)
- Wärmedurchlasswiderstand DIN 52612 .......
  (Sofern nicht vorgeschrieben, vom Bieter einzutragen)
- .......

STLB 036

Ausgabe 06.01

## LB 036 Bodenbelagarbeiten
### Bodenbelag aus Kautschuk

581 Elastischer Bodenbelag aus synthetischem Kautschuk, ohne Träger, DIN 16850 homogen
582 Elastischer Bodenbelag aus synthetischem Kautschuk, ohne Träger, DIN 16850 heterogen (mehrschichtig)
Einzelangaben nach DIN 18365 zu Pos. 581 582
- Dicke: 2,0 mm – 2,5 mm – 3,0 mm – .......
- Nutzschichtdicke: 1,0 mm – 1,3 mm – 1,8 mm – .......
- Bahnenbreite: 100 cm – .......
- Plattenabmessungen: 33,3 cm x 33,3 cm – 50 cm x 50 cm – 100 cm x 100 cm – .......
- Farbe/Musterung
  – – einfarbig Farbton schwarz – Farbton .......
  – – marmoriert – Farbton .......
  – – .......
- Oberflächenstruktur
  – – Oberfläche glatt – strukturiert – .......
- Fugen von Plattenbelägen
  – – Verlegung mit Kreuzfugen
  – – Verlegung mit Kreuzfugen diagonal
  – – Verlegung mit versetzten Fugen
  – – Verlegung .......
- Art der Verlegung
  – – verkleben auf geglättetem Beton
  – – verkleben auf Zementestrich
  – – verkleben auf Anhydritestrich
  – – verkleben auf Magnesiaestrich
  – – verkleben auf Gussasphaltestrich
  – – verkleben auf Holzspanplatten
  – – verkleben auf vorhandener Unterlage
  – – verkleben auf vorhandener Unterlage aus .......
  – – verkleben auf .......
  – – Verlegung auf Treppenstufen, Abmessungen .......
  – – Verlegung auf Trittstufen, Abmessungen .......
  – – Verlegung auf Setzstufen, Abmessungen .......
  – – Verlegung auf ......., Abmessungen .......
- Erzeugnis
  – – Erzeugnis des Belages ....... (Sofern nicht vorgeschrieben, vom Bieter einzutragen, sofern vorgeschrieben, mit Hinweis "oder gleichwertiger Art")
  – – Erzeugnis des Klebers ....... (Sofern nicht vorgeschrieben, vom Bieter einzutragen, sofern vorgeschrieben, mit Hinweis "oder gleichwertiger Art")
- Berechnungseinheit m², Stück (z.B. Belag auf Stufen)
  **Hinweis:** Der Beschreibung des Bodenbelages können die technischen Anforderungen entsprechend Pos. 621 als Unterbeschreibung nachgestellt werden.

**Beispiel für Ausschreibungstext zu Position 582**
Elastischer Bodenbelag aus synthetischem Kautschuk, ohne Träger, DIN 16850, heterogen (mehrschichtig), Dicke 3,0 mm, Nutzschichtdicke 1,3 mm, Plattenabmessungen 50 cm x 50 cm, einfarbig, Farbton schwarz, Oberfläche strukturiert, Verlegen mit Kreuzfugen, verkleben auf Zementestrich.
Einheit m²

590 Elastischer Bodenbelag aus synthetischem Kautschuk, homogen, mit Träger aus Weichschaum, DIN 16851
Einzelangaben nach DIN 18356
- Dicke: 4,0 mm – 4,5 mm – 5,0 mm – .......
- Nutzschichtdicke: 1,0 mm – 1,3 mm – 1,8 mm – .......
- Bahnenbreite: 100 cm – .......
- Plattenabmessungen: 50 cm x 50 cm – .......
- Farbe/Musterung
  – – einfarbig, Farbton schwarz
  – – einfarbig, Farbton .......
  – – marmoriert
  – – marmoriert, Farbton .......
  – – .......
- Oberflächenstruktur
  – – Oberfläche glatt
  – – Oberfläche strukturiert
  – – Oberfläche .......
- Fugen von Plattenbelägen
  – – Verlegung mit Kreuzfugen
  – – Verlegung mit Kreuzfugen, diagonal
  – – Verlegung mit versetzten Fugen
  – – Verlegung .......
- Art der Verlegung
  – – verkleben auf geglättetem Beton
  – – verkleben auf Zementestrich
  – – verkleben auf Anhydritestrich
  – – verkleben auf Magnesiaestrich
  – – verkleben auf Gussasphaltestrich
  – – verkleben auf Holzspanplatten
  – – verkleben auf vorhandener Unterlage
  – – verkleben auf vorhandener Unterlage aus .......
  – – verkleben auf .......
  – – Verlegung auf Treppenstufen Abmessungen .......
  – – Verlegung auf Trittstufen Abmessungen .......
  – – Verlegung auf Setzstufen Abmessungen .......
  – – Verlegung auf ....... Abmessungen .......
- Erzeugnis
  – – Erzeugnis des Belages ....... (Sofern nicht vorgeschrieben, vom Bieter einzutragen, sofern vorgeschrieben, mit Hinweis "oder gleichwertiger Art")
  – – Erzeugnis des Klebers ....... (Sofern nicht vorgeschrieben, vom Bieter einzutragen, sofern vorgeschrieben, mit Hinweis "oder gleichwertiger Art")
- Berechnungseinheit m², Stück (z. B. Belag auf Stufen)
  **Hinweis:** Der Beschreibung des Bodenbelages können die technischen Anforderungen entsprechend Pos. 621 als Unterbeschreibung nachgestellt werden.

# LB 036 Bodenbelagarbeiten
## Bodenbelag aus Kautschuk

STLB 036

Ausgabe 06.01

**601** Elastischer Bodenbelag aus synthetischem Kautschuk DIN EN 12199, Oberfläche mit Pastillen (Noppen), homogen

**605** Elastischer Bodenbelag aus synthetischem Kautschuk DIN EN 12199, Oberfläche mit Pastillen (Noppen), heterogen

**611** Elastischer Bodenbelag aus synthetischem Kautschuk DIN EN 12199, Oberfläche profiliert, Profil ......., homogen

**615** Elastischer Bodenbelag aus synthetischem Kautschuk DIN EN 12199, Oberfläche profiliert, Profil ......., heterogen
Einzelangaben nach DIN 18365 zu Pos. 601 bis 615
- Dicke: 4,0 mm – 5,0 mm – 6,0 mm – .......
- Profilhöhe: 0,5 mm – 1,0 mm – 1,5 mm – .......
- Plattenabmessungen: 50 cm x 50 cm – 60 cm x 60 cm
- 100 cm x 100 cm – .......
- Rückseite
  - – Rückseite glatt, geschliffen
  - – Rückseite mit Zäpfchen geschliffen
  - – Rückseite .......
- Farbe/Musterung
  - – einfarbig, Farbton schwarz
  - – einfarbig, Farbton .......
  - – marmoriert
  - – marmoriert, Farbton .......
  - – – .......
- Fugen von Plattenbelägen
  - – Verlegung mit Kreuzfugen
  - – Verlegung mit Kreuzfugen, diagonal
  - – Verlegung mit versetzten Fugen
  - – Verlegung .......
- Art der Verlegung
  - – verkleben auf geglättetem Beton
  - – verkleben auf Zementestrich
  - – verkleben auf Anhydritestrich
  - – verkleben auf Magnesiaestrich
  - – verkleben auf Gussasphaltestrich
  - – verkleben auf Holzspanplatten
  - – verkleben auf vorhandener Unterlage
  - – verkleben auf vorhandener Unterlage aus .......
  - – verkleben auf .......
  - – Verlegung auf Treppenstufen, Abmessungen .......
  - – Verlegung auf Trittstufen, Abmessungen .......
  - – Verlegung auf Setzstufen, Abmessungen .......
  - – Verlegung auf ......., Abmessungen .......
- Erzeugnis
  - – Erzeugnis des Belages ....... (Sofern nicht vorgeschrieben, vom Bieter einzutragen, sofern vorgeschrieben, mit Hinweis "oder gleichwertiger Art")
  - – Erzeugnis des Klebers ....... (Sofern nicht vorgeschrieben, vom Bieter einzutragen, sofern vorgeschrieben, mit Hinweis "oder gleichwertiger Art")
- Berechnungseinheit m², Stück (z.B. Belag auf Stufen)
**Hinweis:** Der Beschreibung des Bodenbelages können die technischen Anforderungen entsprechend Pos. 621 als Unterbeschreibung nachgestellt werden.

**Beispiel für Ausschreibungstext zu Position 601**
Elastischer Bodenbelag aus synthetischem Kautschuk,
DIN EN 12199, Oberfläche mit Pastillen (Noppen),
homogen,
Dicke 5,0 mm, Profil 1,0 mm,
Plattenabmessungen 50 cm x 50 cm,
Rückseite glatt, geschliffen,
einfarbig, Farbton schwarz,
Verlegen mit Kreuzfugen,
verkleben auf geglättetem Beton.
Einheit m²

**621** Technische Anforderungen an vorbeschriebenen Bodenbelag aus synthetischem Kautschuk
**Hinweis:** Pos. 621 als Fortsetzung der Einzelangaben zu Pos. 580 bis 619
**Einzelangaben nach DIN 18365**
- Abrieb mittlerer Volumenverlust DIN 53516 bei 5 N (0,5 kp) Belastung .......
  (Sofern nicht vorgeschrieben vom Bieter einzutragen)
- Trittschallverbesserungsmaß DIN 52210 .......
  (Sofern nicht vorgeschrieben vom Bieter einzutragen)
- Wärmedurchlasswiderstand DIN 52612 .......
  (Sofern nicht vorgeschrieben vom Bieter einzutragen)
- Eignung für spezielle Bereiche
  - – geeignet für Nassräume
  - – geeignet für Außenbereich
  - – geeignet für Nuklearbereich (dekontaminierbar)
  - – geeignet für .......
- Chemische Beständigkeit
  - – beständig gegen Öle und Fette
  - – beständig gegen Säuren, Laugen und Lösungsmittel
  - – beständig gegen .......
- Beständig gegen Einwirkung glimmender Tabakwaren DIN 51961 .......
- Art der Beanspruchung .......

**STLB 036**

Ausgabe 06.01

## LB 036 Bodenbelagarbeiten
### Leitfähiger Bodenbelag

631 **Leitfähiger elastischer Bodenbelag aus PVC, homogen, ohne Träger, DIN 16951**
 **Einzelangaben nach DIN 18365**
 – Dicke, Plattenabmessung/Bahnenbreite
  – – Dicke 2,0 mm, Plattenabmessung 50 cm x 50 cm
  – – Dicke 2,0 mm, Plattenabmessung 63 cm x 150 cm
  – – Dicke 2,0 mm, Plattenabmessung .......
  – – Dicke 2,5 mm, Plattenabmessung 50 cm x 50 cm
  – – Dicke 2,5 mm, Plattenabmessung 63 cm x 150 cm
  – – Dicke 2,5 mm, Plattenabmessung .......
 – Farbe/Musterung
  – – richtungsfrei
  – – richtungsfrei marmoriert
  – – richtungsorientiert
  – – richtungsorientiert marmoriert
   – – – Farbton schwarz – Farbton .......
 – Oberflächenstruktur
  – – Oberfläche glatt
  – – Oberfläche .......
 – Fugen von Plattenbelägen
  – – Verlegung mit: Kreuzfugen – Kreuzfugen diagonal – versetzten Fugen – .......
 – Art der Verlegung
  – – verkleben auf geglättetem Beton
  – – verkleben auf Zementestrich
  – – verkleben auf Anhydritestrich
  – – verkleben auf Magnesiaestrich
  – – verkleben auf Gussasphaltestrich
  – – verkleben auf Holzspanplatten
  – – verkleben auf vorhandener Unterlage
  – – verkleben auf vorhandener Unterlage aus .......
  – – verkleben auf .......
 – Art des Klebers Ableitung
  – – mit leitfähigem Kleber, Ableitung aus Kupferband 10 mm x 0,08 mm, Erdableitwiderstand DIN 51953 (fertig verlegt) maximal 1000 kOhm, Potentialanschluss erfolgt bauseits
  – – mit leitfähigem Kleber Erdableitwiderstand DIN 51953 (fertig verlegt) maximal 1000 kOhm, Potentialanschluss erfolgt bauseits
  – – mit nicht leitfähigem Kleber
 – Erzeugnis
  – – Erzeugnis des Belages ....... (Sofern nicht vorgeschrieben, vom Bieter einzutragen, sofern vorgeschrieben, mit Hinweis "oder gleichwertiger Art")
  – – Erzeugnis des Klebers ....... (Sofern nicht vorgeschrieben, vom Bieter einzutragen, sofern vorgeschrieben, mit Hinweis "oder gleichwertiger Art")
 – Berechnungseinheit m²
  **Hinweis:** Der Beschreibung des Bodenbelages können die technischen Anforderungen entsprechend Pos. 546, 547, 621 als Unterbeschreibung nachgestellt werden.

**Beispiel für Ausschreibungstext zu Position 631**
Leitfähiger elastischer Bodenbelag aus PVC, homogen, ohne Träger, DIN 16951,
Dicke 2,5 mm, Plattenabmessungen 50 cm x 50 cm,
richtungsfrei marmoriert,
Farbton nach Wahl des AG,
Verlegung mit Kreuzfugen,
verkleben auf Zementestrich,
mit leitfähigem Kleber, Ableitung aus Kupferband 10 mm x 0,08 mm, Erdableitwiderstand DIN 51953 (fertig verlegt) maximal 1000 kOhm, Potentialanschluss erfolgt bauseits.
Einheit m²

632 **Leitfähiger elastischer Bodenbelag aus synthetischem Kautschuk, homogen, DIN 16850**
 **Einzelangaben nach DIN 18365**
 – Dicke, Plattenabmessungen/Bahnenbreite
  – – Dicke: 2,5 mm – 3,0 mm – 4,5 mm – .......
  – – Plattenabmessungen: 50 cm x 50 cm – 100 cm x 100 cm – .......
  – – Bahnenbreite 100 cm
 – Farbe/Musterung
  – – Farbton schwarz – Farbton .......
 – Oberflächenstruktur
  – – Oberfläche glatt
  – – Oberfläche strukturiert
  – – Oberfläche .......

 – Fugen von Plattenbelägen
  – – Verlegung mit Kreuzfugen
  – – Verlegung mit Kreuzfugen, diagonal
  – – Verlegung mit versetzten Fugen
  – – Verlegung .......
 – Art der Verlegung
  – – verkleben auf geglättetem Beton
  – – verkleben auf Zementestrich
  – – verkleben auf Anhydritestrich
  – – verkleben auf Magnesiaestrich
  – – verkleben auf Gussasphaltestrich
  – – verkleben auf Holzspanplatten
  – – verkleben auf vorhandener Unterlage
  – – verkleben auf vorhandener Unterlage aus .......
 – Art des Klebers, Ableitung
  – – mit leitfähigem Kleber, Ableitung aus Kupferband 10 mm x 0,08 mm, Erdableitwiderstand DIN 51953 (fertig verlegt) maximal 1000 kOhm, Potentialanschluss erfolgt bauseits
  – – mit leitfähigem Kleber, Erdableitwiderstand DIN 51953 (fertig verlegt) maximal 1000 kOhm, Potentialanschluss erfolgt bauseits
  – – mit nicht leitfähigem Kleber
 – Erzeugnis
  – – Erzeugnis des Belages ....... (Sofern nicht vorgeschrieben, vom Bieter einzutragen, sofern vorgeschrieben, mit Hinweis "oder gleichwertiger Art")
  – – Erzeugnis des Klebers ....... (Sofern nicht vorgeschrieben, vom Bieter einzutragen, sofern vorgeschrieben, mit Hinweis "oder gleichwertiger Art")
 – Berechnungseinheit m²
  **Hinweis:** Der Beschreibung des Bodenbelages können die technischen Anforderungen entsprechend Pos. 546, 547 und 621 als Unterbeschreibung nachgestellt werden.

641 **Leitfähigerr elastischer Bodenbelag aus synthetischem Kautschuk, DIN EN 12199, homogen, Oberfläche mit Pastillen (Noppen)**

642 **Leitfähiger Bodenbelag aus .......**
 **Einzelangaben nach DIN 18365 zu Pos. 641 und 642**
 – Dicke Plattenabmessungen
  – – Dicke: 40 mm – 50 mm – 60 mm – .......
  – – Profilhöhe: 0,5 mm – 1,0 mm – 1,5 mm – .......
  – – Plattenabmessungen: 100 cm x 100 cm – .......
 – Farbe/Musterung
  – – Farbton schwarz – Farbton .......
 – Fugen
  – – Verlegung mit Kreuzfugen
  – – Verlegung mit Kreuzfugen, diagonal
  – – Verlegung mit versetzten Fugen
  – – Verlegung .......
 – Art der Verlegung
  – – verkleben auf geglättetem Beton
  – – verkleben auf Zementestrich
  – – verkleben auf Anhydritestrich
  – – verkleben auf Magnesiaestrich
  – – verkleben auf Gussasphaltestrich
  – – verkleben auf Holzspanplatten
  – – verkleben auf vorhandener Unterlage
  – – verkleben auf vorhandener Unterlage aus .......
 – Art des Klebers, Ableitung
  – – mit leitfähigem Kleber, Ableitung aus Kupferband 10 mm x 0,08 mm, Erdableitwiderstand DIN 51953 (fertig verlegt) maximal 1000 kOhm, Potentialanschluss erfolgt bauseits
  – – mit leitfähigem Kleber, Erdableitwiderstand DIN 51953 (fertig verlegt) maximal 1000 kOhm, Potentialanschluss erfolgt bauseits
  – – mit nicht leitfähigem Kleber
 – Erzeugnis
  – – Erzeugnis des Belages ....... (Sofern nicht vorgeschrieben, vom Bieter einzutragen, sofern vorgeschrieben, mit Hinweis "oder gleichwertiger Art")
  – – Erzeugnis des Klebers ....... (Sofern nicht vorgeschrieben, vom Bieter einzutragen, sofern vorgeschrieben, mit Hinweis "oder gleichwertiger Art")
 – Berechnungseinheit m²
  **Hinweis:** Der Beschreibung des Bodenbelages können die technischen Anforderungen entsprechend Pos. 546, 547, 621 als Unterbeschreibung nachgestellt werden.

# LB 036 Bodenbelagarbeiten
## Leitfähiger Bodenbelag

Ausgabe 06.01

651 **Verschweißen des vorbeschriebenen Bodenbelages**
  **Einzelangaben nach DIN 18365**
  - Art des Bodenbelages
    - - aus homogenem PVC
    - - aus homogenem PVC mit Träger aus Korkment
    - - aus homogenem PVC mit Unterschicht
    - - aus PVC–Schaumstoff
    - - aus .......
      - - - mit Schweißschnur aus PVC
    - - aus heterogenem PVC mit Unterschicht aus PVC–Schaumstoff
      - - - mit Flüssig–Schweißmittel in ganzer Belagdicke
    - - aus heterogenem PVC Träger aus Synthesefaser–Vlies
    - - aus heterogenem PVC Träger aus Jutefilz
    - - aus .......
      - - - mit Flüssig–Schweißmittel
  - Farbton
    - - Farbton entsprechend dem Bodenbelag
    - - Farbton nach Wahl des AG
    - - Farbton .......
  - Berechnungseinheit m, m$^2$

  **Beispiel 1 für Ausschreibungstext zu Position 651**
  Verschweißen des vorbeschriebenen Bodenbelages
  aus homogenem PVC, mit Träger aus Korkment
  mit Schweißschnur aus PVC,
  Farbton nach Wahl des AG.
  Einheit m$^2$

  **Beispiel 2 für Ausschreibungestext zu Position 651**
  Verschweißen des vorbeschriebenen Bodenbelages
  mit Schweißschnur aus PVC.
  Einheit m$^2$

  **Hinweis:** In der Regel ist die Leistungsbeschreibung entsprechend Beispiel 2 ausreichend. Die ausführlichere Leistungsbeschreibung entsprechend Beispiel 1 wird dann gewählt, wenn besondere Anforderungen vorliegen, z.B. Farbton der Fuge abweichend vom Farbton des Bodenbelages.

652 **Ausfugen des vorbeschriebenen Bodenbelages**
  **Einzelangaben nach DIN 18365**
  - Art des Bodenbelages
    - - aus Linoleum
    - - aus Verbundlinoleum
    - - aus glattem synthetischem Kautschuk
    - - aus .......
  - Fugenmasse
    - - mit geeigneter Fugenmasse
    - - mit .......
  - Farbton
    - - Farbton entsprechend dem Bodenbelag
    - - Farbton nach Wahl des AG
    - - Farbton .......
  - Berechnungseinheit m, m$^2$

**STLB 036**

Ausgabe 06.01

## LB 036 Bodenbelagarbeiten
### Textiler Bodenbelag

70_ Textiler Bodenbelag DIN EN 1470 als Webteppich
71_ Textiler Bodenbelag DIN EN 1470 als Wirk-/Strickteppich
72_ Textiler Bodenbelag DIN EN 1470 als Tuftingteppich
73_ Textiler Bodenbelag DIN EN 1470 als Nadelvlies
74_ Textiler Bodenbelag DIN EN 1470 als Klebnoppenteppich
75_ Textiler Bodenbelag DIN EN 1470 als Flockteppich
76_ Textiler Bodenbelag DIN EN 1470 als Nähwirkteppich
77_ Textiler Bodenbelag DIN EN 1470 als Vlieswirkteppich
78_ Textiler Bodenbelag .......
**Art der Oberflächengestaltung** (als 3. Stelle zu Pos. 70_ bis 78_)
0 ohne weitere Angaben
1 Oberflächengestaltung schlingenartig
2 Oberflächengestaltung schlingenartig hoch–tief
3 Oberflächengestaltung velourartig
4 Oberflächengestaltung schlingenvelourartig
5 Oberflächengestaltung schlingenvelourartig hoch–tief
6 Oberflächengestaltung nicht polartig
7 Oberflächengestaltung grobfaserig
8 Oberflächengestaltung feinfaserig
9 Oberflächengestaltung .......

| Oberflächen-gestaltung<br><br>nur möglich bei 'X' | schlingenartig | velourartig | schlingenvelourartig | schlingenartig, hoch-tief, schlingenvelourartig, hoch-tief | nicht polartig | grobfaserig | feinfaserig |
|---|---|---|---|---|---|---|---|
| Webteppich | X | X | X | X | X | | |
| Wirk-/Strickteppich | X | X | X | X | | | |
| Tuftingteppich | X | X | X | X | | | |
| Nadelvlies | X | X | X | X | X | X | X |
| Klebnoppenteppich | X | X | X | X | | | |
| Flockteppich | | X | | | | | |
| Nähwirkteppich | X | X | X | | | | |
| Vlieswirkteppich | X | X | X | | | | |

**Einzelangaben nach DIN 18365** zu Pos. 70_ bis 78_
- Farbe/Musterung
  -- einfarbig
  -- mehrfarbig ungemustert, meliert
  -- mehrfarbig ungemustert, vigoureux
  -- mehrfarbig ungemustert, mouliniert
  -- mehrfarbig gemustert, jacquard
  -- mehrfarbig gemustert, space
  -- mehrfarbig gemustert, druck
  -- mehrfarbig gemustert, scroll
  -- farbliche Gestaltung .......
- Behandlung der Rückseite
  -- Rückseite unbehandelt
  -- Rückseite appretiert
  -- Rückseite beschichtet mit Verfestigungsstrich
  -- Rückseite beschichtet mit glattem Schaumkunststoff
  -- Rückseite beschichtet mit geprägtem Schaumkunststoff
  -- Rückseite beschichtet mit Gewebe (kaschiert)
  -- Rückseite mit glatter Schwerbeschichtung
  -- Rückseite mit glatter Schwerbeschichtung und .......
  -- Gewebeabdeckung
  -- Rückseite .......
- Art (Rohstoff) der Nutzschicht
  -- Nutzschicht tierische Fasern
    --- Schurwolle, mottensicher
    --- reine Wolle, mottensicher
    --- Wolle, mottensicher (mind. 85 % Wolle)
    --- Wollemischfaser, mottensicher (mind. 50 % Wolle)
    --- Haargarn (mind. 70 % Haare und Wolle)
    --- reines Tierhaar
    --- Tierhaar (mind. 85 % Tierhaar)
    --- .......
  -- Nutzschicht zellulosische Faser (Viscose/Cupro/Acetat)
  -- Nutzschicht Polyamidfaser
  -- Nutzschicht Polyacrylfaser
  -- Nutzschicht Polyesterfaser
  -- Nutzschicht Polypropylenfaser
  -- Nutzschicht .......
    --- unvermischt – vermischt mit anderen Fasern – .......
- Bodenbelag in Bahnen
  -- Bahnenbreite: 200 cm – 400 cm – .......
  -- Art der Verlegung/Verklebung
    --- verkleben
    --- rollstuhlfest verkleben
    --- mit Band konfektionieren und über Nagelleisten verspannen
    --- mit elektrisch leitfähigem Kleber verkleben
    --- mit elektrisch leitfähigem Kleber rollstuhlfest verkleben
    --- mit elektrisch leitfähigem Kleber verkleben, Ableitung aus Kupferband 10 mm x 0,08 mm, Potentialanschluss erfolgt bauseits
    --- mit elektrisch leitfähigem Kleber verkleben, einschl. Spachtelung mit elektrisch leitfähiger Spachtelmasse, Potentialanschluss erfolgt bauseits
    --- Verlegung .......
- Bodenbelag in Platten
  -- Plattenabmessungen: 40 cm x 40 cm – 50 cm x 50 cm – 60 cm x 60 cm – .......
  -- Art der Verlegung/Verklebung
    --- verkleben
    --- rollstuhlfest verkleben
    --- lose verlegen
    --- Verlegung .......
    --- Verlegung/Fugenanordnung .......
- Untergrund/Verlegung
  -- auf geglättetem Beton
  -- auf Zementestrich
  -- auf Anhydritestrich
  -- auf Magnesiaestrich
  -- auf Gussasphaltestrich
  -- auf Holzspanplatten
  -- auf vorhandener Unterlage
  -- auf vorhandener Unterlage aus .......
  -- auf .......
  -- Verlegung auf Treppenstufen, Abmessungen .......
  -- Verlegung auf Trittstufen, Abmessungen .......
  -- Verlegung auf Setzstufen, Abmessungen .......
  -- Verlegung auf ......., Abmessungen .......
- Erzeugnis .......
  (Sofern nicht vorgeschrieben, vom Bieter einzutragen, sofern vorgeschrieben, mit Hinweis "oder gleichwertiger Art")
- Berechnungseinheit m², Stück (z.B. Belag auf Stufen)
**Hinweis:** Der Beschreibung des Bodenbelages können die technischen und bauphysikalischen Anforderungen entsprechend Pos. 791/795 als Unterbeschreibung nachgestellt werden.

**Beispiel für Ausschreibungstext zu Position 723**
Textiler Bodenbelag DIN EN 1470 als Tuftingteppich,
Oberflächengestaltung velourartig,
mehrfarbig gemustert grün 5001,
Rückseite beschichtet mit geprägtem Schaumkunststoff,
Nutzschicht Polyamidfaser, unvermischt,
Bahnbreite 200 cm,
rollstuhlfest verkleben
auf Zementestrich,
Erzeugnis CORAL Interieur oder gleichwertiger Art.
Einheit m²
**Hinweis:** Die Angaben zum Erzeugnis beziehen sich auf die Farbe und den Produkt-Markennamen.

# LB 036 Bodenbelagarbeiten
## Textiler Bodenbelag

791 **Technische Anforderungen an vorbeschriebenen textilen Bodenbelag**
Einzelangaben
- Dicke DIN 53855 Teil 3: über 3 bis 4 mm –
  über 4 bis 5 mm – über 5 bis 6 mm –
  über 6 bis 7 mm – über 7 bis 8 mm –
  über 8 bis 9 mm – über 9 bis 10 mm – .......
- Poldicke über Teppichgrund DIN 54325:
  über 2 bis 3 mm – über 3 bis 4 mm –
  über 4 bis 5 mm – über 5 bis 6 mm – .......
- Nadelvlies–Nutzschichtdicke: über 1 bis 2 mm –
  über 2 bis 3 mm – über 3 bis 4 mm – .......
- Polgewicht über Teppichgrund DIN 54325:
  über 300 bis 400 g/m$^2$ – über 400 bis 500 g/m$^2$ –
  über 500 bis 600 g/m$^2$ – .......
- Nadelvlies–Nutzschichtgewicht: über 200 bis
  350 g/m$^2$ – über 350 bis 500 g/m$^2$ –
  über 500 bis 650 g/m$^2$ – .......
- Polrohdichte, DIN 54317: über 0,06 bis 0,08 g/cm$^3$ –
  über 0,08 bis 0,10 g/cm$^3$ – über 0,10 bis 0,12 g/cm$^3$ –
  über 0,12 bis 0,14 g/cm$^3$ – .......
- Eignungsbereich: Ruhen – Wohnen – Arbeiten – .......
- Eignungsbereich nach Art der Belastung
  - – stuhlrollengeeignet DIN 54324
  - – treppengeeignet
  - – stuhlrollengeeignet DIN 54324 und
    treppengeeignet
  - – feuchtraumgeeignet
  - – geeignet für .......
- Antistatische Ausrüstung
  - – antistatisch durch Metallfasern
  - – antistatisch durch modifiziertes Polyamid
  - – antistatisch durch chemische Zusätze
  - – antistatisch durch .......
- Hygieneausrüstung: keimhemmend – keimtötend
  (mit Angaben in welchem Umfang)
- Sonstige technische Anfoderungen .......

795 **Bauphysikalische Anforderungen an vorbeschriebenen textilen Bodenbelag**
Einzelangaben
- Trittschallverbesserungsmaß DIN 52210: mindestens
  19 dB – über 19 bis 24 dB – über 24 bis 29 dB – .......
- Schallabsorptionsgrad DIN 52212 .......
- Wärmedurchlasswiderstand DIN 52612 .......
- Brennklasse DIN 66081: Ta – Tb – .......
- Sonstige bauphysikalische Anforderungen .......

**STLB 036**

**LB 036 Bodenbelagarbeiten**
Leisten; Einbauteile

Ausgabe 06.01

801 Sockelleiste aus Holz
Einzelangaben nach DIN 18365
- Werkstoff
  - – Nadelholz – Fichte/Tanne – Kiefer (Föhre) – Ramin – Eiche – Buche – .......
  - – Holzspanplatten, Furnier der Sichtflächen .......
- Profilform
  - – rechteckig
  - – rechteckig, Oberkante abgerundet
  - – rechteckig, Oberkante gefast
  - – trapezförmig
  - – trapezförmig, Oberkante abgerundet
  - – trapezförmig, Oberkante gefast
- Abmessungen
  - – Querschnitt DIN 68125: 42 mm x 19,5 mm – 42 mm x 21 mm – 58 mm x 12,5 mm – 70 mm x 12,5 mm – 73 mm x 15 mm – .......
  - – Höhe: 40 mm – 50 mm – 60 mm – 70 mm – 80 mm – 90 mm – 100 mm – .......
  - – Dicke: 10 mm – 12 mm – 15 mm – 20 mm – 25 mm – 30 mm – 35 mm – .......
- Sichtflächen
  - – streichfähig – farblos matt lackiert – farblos seidenmatt lackiert – farblos glänzend lackiert – farblos lackiert – lasiert – gebeizt – Sichtflächenbehandlung .......
- Art der Befestigung
  - – befestigen mit: Nägeln – Stahlnägeln – Schrauben – Messingschrauben – Dübeln und Schrauben – Dübeln und Messingschrauben – .......
- Befestigungsuntergrund
  - – Befestigungsuntergrund nagel- bzw. schraubbar
  - – Befestigungsuntergrund: Mauerwerk – Beton – Holz – Gipsbaustoffe – Putz – .......
- Erzeugnis .......
  (Sofern nicht vorgeschrieben, vom Bieter einzutragen, sofern vorgeschrieben, mit Hinweis "oder gleichwertiger Art")
- Ausführung
  - – gemäß Zeichnung Nr. ....... (z.B. für Profilierung)
  - – gemäß Einzelbeschreibung Nr. .......
- Berechnungseinheit m

**Beispiel für Ausschreibungstext zu Position 801**
Sockelleiste aus Holz,
Holzart Eiche,
rechteckig, Oberkante abgerundet,
Höhe 70 mm, Dicke 20 mm,
farblos seidenmatt lackiert,
befestigen mit Dübel und Messingschrauben,
Befestigungsuntergrund Mauerwerk.
Einheit m

802 Sockelleiste aus PVC hart
803 Sockelleiste aus PVC weich
804 Sockelleiste aus synthetischem Kautschuk
805 Sockelleiste aus .......
Einzelangaben nach DIN 18365 zu Pos. 802 bis 805
- Profilform
  - – als einwandiges Profil
  - – als Hohlkammerprofil
  - – als Kernsockelleiste
  - – als Teppichsockelleiste mit Klebeband
  - – als Teppichsockelleiste für Belagstreifen
    - – – ohne Hohlkehle
    - – – mit Hohlkehle
- Abmessungen
  - – Höhe: 25 mm – 45 mm – 50 mm – 60 mm – 70 mm – 75 mm – 80 mm – 100 mm – .......
- Farbe/Musterung
  - – einfarbig Farbton schwarz
  - – einfarbig Farbton .......
  - – Holzmaserung
- Anordnung der Leisten und des Bodenbelages
  - – Leiste auf den Bodenbelag aufsetzen
  - – Leiste auf dem Bodenbelag verschweißen
  - – Bodenbelag an Leiste anpassen
  - – Bodenbelag an Leiste anpassen und verfugen
  - – Bodenbelag an Leiste anpassen und verschweißen
  - – Bodenbelag in Leiste einschieben
- Art der Befestigung
  - – befestigen mit: Nägeln – Schrauben – Schrauben und Dübeln – Klemmleisten – .......
  - – befestigen durch: Kleben – .......
- Befestigungsuntergrund
  - – Befestigungsuntergrund: nagel- bzw. schraubbar Mauerwerk – Beton – Holz – Gipsbaustoffe – Putz – .......
- Erzeugnis .......
  (Sofern nicht vorgeschrieben, vom Bieter einzutragen, sofern vorgeschrieben, mit Hinweis "oder gleichwertiger Art")
- Ausführung
  - – gemäß Zeichnung Nr. .......
  - – gemäß Einzelbeschreibung Nr. .......
- Berechnungseinheit m

**Beispiel für Ausschreibungstext zu Position 802**
Sockelleiste aus PVC hart,
als einwandiges Profil,
Höhe 60 mm,
einfarbig, Farbton nach Angaben des AG,
Leiste mit dem Bodenbelag verschweißen,
befestigen durch Kleben,
Befestigungsuntergrund Putz.
Einheit m

811 Sockelstreifen aus vorbeschriebenem Bodenbelag
812 Sockelstreifen aus .......
Einzelangaben nach DIN 18365 zu Pos. 811, 812
- Art des Sockelstreifens
  - – als getrennter Streifen
  - – aus dem Bodenbelag hochziehen
  - – – .......
- Höhe: 50 mm – 60 mm – 75 mm – 80 mm – 100 mm – 120 mm – .......
- Anordnung des Sockelstreifens
  - – auf den Bodenbelag aufsetzen
  - – auf dem Bodenbelag verschweißen
  - – mit dem Bodenbelag verfugen
  - – – .......
- Ausbildung der Ecken
  - – Ecke scharfkantig
  - – Ecke als Hohlkehle mit Unterlagsprofil
  - – Ecke als Hohlkehle auf vorhandenem Unterlagsprofil
  - – Ecke .......
- Art der Befestigung
  - – befestigen durch Kleben
  - – befestigen .......
- Befestigungsuntergrund
  - – Befestigungsuntergrund Putz
  - – Befestigungsuntergrund glatter Beton
  - – Befestigungsuntergrund Holz
  - – Befestigungsuntergrund Gipsbaustoffe
  - – Befestigungsuntergrund vorhandenes Einputzprofil
  - – Befestigungsuntergrund .......
- Ausführung
- Berechnungseinheit m

**Beispiel für Ausschreibungstext zu Position 811**
Sockelstreifen aus vorbeschriebenen Bodenbelag
als getrennter Streifen,
Höhe 60 mm,
mit dem Bodenbelag verschweißen,
Ecke scharfkantig,
befestigen durch Kleben.
Befestigungsuntergrund Putz.
Einheit m

# LB 036 Bodenbelagarbeiten
## Leisten; Einbauteile; Treppenformteile

STLB 036

Ausgabe 06.01

**821** Deckleiste als Viertelstab
**822** Deckleiste als Kehlstab
**823** Deckleiste als Rechteckprofil
**824** Deckleiste als Winkelprofil
**825** Deckleiste als .......
Einzelangaben nach DIN 18365 zu Pos. 821 bis 825
- Werkstoff, Farbe, Sichtflächenbehandlung
  - – aus gleichem Material wie Sockelleiste
  - – aus Holz
    - – – aus Nadelholz
    - – – aus Fichte/Tanne
    - – – aus Kiefer (Föhre)
    - – – aus Ramin
    - – – aus Eiche
    - – – aus .......
      - – – – streichfähig
      - – – – farblos matt lackiert
      - – – – farblos seidenmatt lackiert
      - – – – farblos glänzend lackiert
      - – – – farblos lackiert
      - – – – lasiert
      - – – – gebeizt
      - – – – gebeizt .......
      - – – – Sichtflächenbehandlung .......
  - – aus PVC hart
  - – aus PVC weich
  - – aus synthetischem Kautschuk
    - – – einfarbig, schwarz
    - – – einfarbig, Farbton .......
- Abmessungen: 12 mm x 12 mm – 14 mm x 14 mm –
  15 mm x 15 mm – 20 mm x  20 mm –
  25 mm x 25 mm – 30 mm x 30 mm –
  10 mm x 20 mm – 10 mm x 30 mm –
  10 mm x 40 mm – .......
- Art der Befestigung
  - – befestigen mit Nägeln
  - – befestigen mit Schrauben
  - – befestigen durch Kleben
  - – befestigen .......
- Erzeugnis ....... (Sofern nicht vorgeschrieben, vom Bieter einzutragen, sofern vorgeschrieben, mit Hinweis "oder gleichwertiger Art")
- Ausführung
  - – gemäß Zeichnung Nr. ....... (z.B. für Profilierung)
- Berechnungseinheit m, Stück (mit Angabe der Einzellänge .......)

**831** Übergangsprofil
Einzelangaben nach DIN 18365
- Profilform
  - – gewölbt
  - – keilförmig
  - – .......
- Werkstoff
  - – aus PVC
  - – aus synthetischem Kautschuk
  - – aus Messing
  - – aus Aluminium
  - – aus .......
- Abmessungen
  - – sichtbare Breite: 15 mm – 20 mm – 30 mm –
    40 mm – 60 mm – .......
- Farbe
  - – einfarbig, schwarz
  - – einfarbig, Farbton .......
- Anordnung des Übergangsprofiles
  - – auf den Bodenbelag aufsetzen
  - – an den Bodenbelag einseitig anschließen
  - – an den Bodenbelag zweiseitig anschließen
  - – in den Bodenbelag einseitig einschieben
  - – in den Bodenbelag zweiseitig einschieben
- Art der Befestigung
  - – befestigen mit Schrauben
  - – befestigen mit Schrauben und Dübeln
  - – befestigen durch Kleben
  - – befestigen .......
- Erzeugnis ....... (Sofern nicht vorgeschrieben, vom Bieter einzutragen, sofern vorgeschrieben, mit Hinweis "oder gleichwertiger Art")
- Ausführung
- Berechnungseinheit m Stück (mit Angabe der Einzellänge .......)

**841** Treppenkantenprofil Trittfläche glatt
**842** Treppenkantenprofil Trittfläche profiliert
**850** Wangenprofil
**851** Wangenprofil vorgefertigt in Winkelform dem Treppenverlauf folgend
**860** Treppensockel
**861** Treppensockel vorgefertigt in Winkelform dem Treppenverlauf folgend
Einzelangaben nach DIN 18365 zu Pos. 841 bis 861
- Werkstoff
  - – aus PVC hart, einfarbig, schwarz
  - – aus PVC hart, einfarbig, Farbton .......
  - – aus PVC weich, einfarbig, schwarz
  - – aus PVC weich, einfarbig, Farbton .......
  - – aus synthetischem Kautschuk, einfarbig, schwarz
  - – aus synthetischem Kautschuk, einfarbig, Farbton .......
- Abmessungen
  - – für Belagdicke: bis 2 mm – über 2 bis 3 mm – über 3 bis 4 mm – über 4 bis 5 mm – über 5 bis 6 mm – .......
  - – sichtbare Breite: 20 mm – 25 mm – 30 mm – 35 mm – 45 mm – 55 mm – 60 mm – .......
  - – sichtbare Höhe: 10 mm – 15 mm – 20 mm – 25 mm – 35 mm – 40 mm – 75 mm – 175 mm – .......
- Art der Anordnung
  - – an den Belag anpassen
  - – an den Belag anschweißen
  - – an den Belag anfugen
  - – in den Belag einschieben
- Art der Befestigung
  - – befestigen mit Schrauben
  - – befestigen mit Schrauben und Dübeln
  - – befestigen durch Kleben
  - – befestigen .......
- Befestigungsuntergrund
  - – Befestigungsuntergrund Putz
  - – Befestigungsuntergrund glatter Beton
  - – Befestigungsuntergrund Holz
  - – Befestigungsuntergrund Gipsbaustoffe
  - – Befestigungsuntergrund vorhandene Einputzprofile
  - – Befestigungsuntergrund .......
- Erzeugnis .......
  (Sofern nicht vorgeschrieben, vom Bieter einzutragen, sofern vorgeschrieben, mit Hinweis "oder gleichwertiger Art")
- Ausführung
  - – gemäß Zeichnung Nr. ....... (z.B. zur Profilierung)
  - – gemäß Einzelbeschreibung Nr. .......
- Berechnungseinheit m, Stück (mit Angabe der Einzellänge .......)

**Beispiel für Ausschreibungstext zu Position 841**
Treppenkantenprofil, Trittfläche glatt,
aus PVC hart, einfarbig,
Farbton nach Wahl des AG,
für Belagdicke über 3 bis 4 mm,
sichtbare Breite 35 mm,
sichtbare Höhe 25 mm,
an Belag anpassen,
befestigen durch Kleben,
Befestigungsuntergrund Holz.
Einheit m

## LB 036 Bodenbelagarbeiten
### Treppenformteile; Fußmatten

STLB 036
Ausgabe 06.01

871 Treppenstufenbelag, vorgefertigt, bestehend aus Trittstufenbelag, Setzstufenbelag und Kantenprofil
Einzelangaben nach DIN 18365
- Werkstoff, Profilart
  - – einteilig aus synthetischem Kautschuk
  - – einteilig aus .......
    - – – Trittfläche mit Pastillen (Noppen)
    - – – Trittfläche profiliert
    - – – Trittfläche .......
  - – zweiteilig aus PVC weich
  - – zweiteilig aus .......
    - – – Kantenprofil glatt
    - – – Kantenprofil .......
- Farbe
  - – einfarbig schwarz
  - – einfarbig Farbton .......
- Art der Befestigung Befestigungsuntergrund
  - – kleben auf Holz
  - – kleben auf Beton
  - – kleben auf Estrich
  - – kleben auf Werkstein
  - – kleben auf Metall
  - – kleben auf .......
- Laufbreite: über 70 bis 80 cm – über 80 bis 90 cm – über 90 bis 100 cm – über 100 bis 110 cm – über 110 bis 120 cm – über 120 bis 130 cm – über 130 bis 140 cm – .......
- Erzeugnis .......
  (Sofern nicht vorgeschrieben, vom Bieter einzutragen, sofern vorgeschrieben, mit Hinweis "oder gleichwertiger Art")
- Ausführung
  - – gemäß Zeichnung Nr. .......
  - – gemäß Einzelbeschreibung Nr. .......
- Berechnungseinheit m, Stück (mit Angabe der Einzellänge .......)

875 Liefern und Verlegen von Fußmatten als Einzelmatten
876 Liefern und Verlegen von Fußmatten als Rollmatten
Einzelangaben nach DIN 18365 zu Pos. 875 876
- Werkstoff, Rückenausrüstung
  - – aus Kokos
  - – aus Sisal
  - – aus Baumwolle
  - – aus Polyamidfasern
  - – aus .......
    - – – Rückenausrüstung synthetischer Kautschuk, glatt
    - – – Rückenausrüstung synthetischer Kautschuk, gewaffelt
    - – – Rückenausrüstung PVC-Beschichtung, glatt
    - – – Rückenausrüstung PVC-Appretur
    - – – Rückenausrüstung Juteschutzrücken
    - – – Rückenausrüstung Juteschutzrücken mit PVC-Unterlage
    - – – Rückenausrüstung mit glatter Schwerbeschichtung
    - – – Rückenausrüstung .......
  - – aus PVC
  - – aus synthetischem Kautschuk
    - – – als Gliedermatte
    - – – .......
- Abmessungen
  - – Dicke: 8 mm – 10 mm – 12 mm – 14 mm – 16 mm – 20 mm – 25 mm – 30 mm – 35 mm – 40 mm – .......
  - – Einzelgröße: 40 cm x 60 cm – 50 cm x 75 cm – 60 cm x 80 cm – 60 cm x 90 cm – 80 cm x 120 cm – 90 cm x 120 cm – .......
  - – Breite der Rollmatten: 50 cm – 60 cm – 70 cm – 80 cm – 90 cm – 100 cm – 110 cm – 120 cm – 130 cm – 140 cm – 150 cm – .......
- Erzeugnis .......
  (Sofern nicht vorgeschrieben, vom Bieter einzutragen, sofern vorgeschrieben, mit Hinweis "oder gleichwertiger Art")
- Ausführung
- Berechnungseinheit m, Stück (mit Angabe der Einzelgröße .......)

**Beispiel für Ausschreibungstext zu Position 875**
Liefern und Verlegen von Fußmatten als Einzelmatten aus Sisal,
Rückenausrüstung Juteschutzrücken,
Dicke 30 mm,
Einzelgröße 90 cm x 120 cm.
Einheit Stück

# LB 036 Bodenbelagarbeiten
## Zulagen

STLB 036

Ausgabe 06.01

**901** Zulage zu vorbeschriebenem Bodenbelag für nachträgliches Herstellen von **Anschlüssen**
Einzelangaben nach DIN 18365
- Form des Anschlusses
  - – ohne Angaben (z.B. wenn Anschluss gerade)
  - – Anschluss gekrümmt
  - – Anschluss schiefwinklig
- Berechnungseinheit m (Abrechnung nach Anschlußlänge), Stück (mit Angabe der Einzelgröße ....... )

**902** Zulage zu vorbeschriebenem Bodenbelag für Herstellen und Belegen von **Aussparungen und Bodenkanälen**
Einzelangaben nach DIN 18365
- Art der Leistung
  - – für das Herstellen von Aussparungen in Räumen mit besonderer Installation, Einzelgröße .......
  - – für das Belegen von Deckeln
  - – für das Belegen von Abdeckungen
- Lage
  - – über Bodenkanälen
  - – über Gerätehülsen
- Abmessungen
  - – Einzelgröße .......
  - – Kanalbreite .......
- Berechnungseinheit m (z.B. für Bodenkanäle, mit Angabe der Kanalbreite),
  Stück (mit Angabe der Einzelgröße ....... )

**905** Zulage zu vorbeschriebener **Sockelleiste**
**906** Zulage zu vorbeschriebenem **Sockelstreifen**
Einzelangaben nach DIN 18365 zu Pos. 905, 906
- Art der Ecken/Zulage
  - – für vorgefertigte Außenecken
  - – für vorgefertigte Innenecken
  - – für vorgefertigte Innenecken und Außenecken
  - – für .......
- Erzeugnis .......
  (Sofern nicht vorgeschrieben, vom Bieter einzutragen, sofern vorgeschrieben, mit Hinweis "oder gleichwertiger Art")
- Ausführung
  - – gemäß Zeichnung Nr. .......
  - – gemäß Einzelbeschreibung Nr. .......
- Berechnungseinheit Stück

**903** Zulage zu vorbeschriebenem Bodenbelag für das Schließen der **Bewegungsfugen über Bauwerksfugen**
Einzelangaben nach DIN 18365
- Werkstoff/Profil für den Fugenverschluss
  - – mit bituminöser Vergussmasse
  - – mit elastischer Dichtungsmasse
  - – mit plastischer Dichtungsmasse
  - – mit Schaumkunststoffplatten DIN 18164
  - – mit mineralischen Faserdämmstoffplatten DIN 18165
  - – mit Fugenfüllprofil aus PVC weich
  - – mit Fugenfüllprofil aus synthetischem Kautschuk
  - – mit Fugenfüllprofil aus Moosgummistreifen
  - – mit .......
- Besondere Eigenschaften des Werkstoffes für den Fugenverschluss
  - – beständig gegen Öle und Fette
  - – beständig gegen Säuren und Laugen
  - – beständig gegen Lösungsmittel
  - – beständig gegen .......
- Fugenunterfüllung/Fugenvorbehandlung
  - – Fugenunterfüllung und Fugenvorbehandlung nach Vorschrift des Füllstoffherstellers
  - – Fugenunterfüllung .......
  - – Fugenvorbehandlung .......
- Fugendeckprofil
  - – Fugendeckprofil aus PVC weich
  - – Fugendeckprofil aus PVC hart
  - – Fugendeckprofil aus synthetischem Kautschuk
  - – Fugendeckprofil aus Stahl
  - – Fugendeckprofil aus Stahl, verzinkt
  - – Fugendeckprofil aus Stahl, kunststoffbeschichtet
  - – Fugendeckprofil aus Messing
  - – Fugendeckprofil aus Aluminium
  - – Fugendeckprofil aus .......
- Abmessungen
  - – Fugenbreite: 5 mm – 7,5 mm – 10 mm – 15 mm – 20 mm – 25 mm – 30 mm – 35 mm – .......
  - – Fugentiefe: 10 mm – 20 mm – 30 mm – 40 mm – 50 mm – 60 mm – 70 mm – 80 mm – .......
- Profil ......./Erzeugnis ....... (Sofern nicht vorgeschrieben, vom Bieter einzutragen, sofern vorgeschrieben, mit Hinweis "oder gleichwertiger Art")
- Ausführung
  - – gemäß Zeichnung Nr. .......
  - – gemäß Einzelbeschreibung Nr. .......
- Berechnugseinheit m
  Hinweis: Weitere Fugenabdeckungen siehe Leistungsbereich 019 Abdichung gegen nichtdrückendes Wasser.

**Beispiel für Ausschreibungstext zu Position 903**
Zulage zu vorbeschriebenem Bodenbelag
für das Schließen von Bewegungsfugen über Bauwerksfugen
mit elastischer Dichtungsmasse,
beständig gegen Lösungsmittel;
Fugendeckprofil aus Messing,
Fugenbreite 20 mm, Fugentiefe 50 mm,
Erzeugnis Dichtungsmasse ....... (vom Bieter einzutragen),
Erzeugnis Fugendeckprofil ....... (vom Bieter einzutragen).
Einheit m

**904** Zulage zu vorbeschriebenem Bodenbelag für **Friese, Intarsien, Markierungen**
Einzelangaben nach DIN 18365
- Art der Friese, Intarsien, Markierungen
  - – für Friese
  - – für Intarsien
  - – für Markierungslinien
  - – für Markierungsbahnen
  - – für unterbrochene Markierungslinien
  - – für Einzelmarkierungen
  - – für Spielfeldmarkierungen
  - – für .......
- Zweck der Markierung
  - – des Spielfeldes für Handball
  - – des Spielfeldes für Tennis
  - – des Spielfeldes für Volleyball
  - – des Spielfeldes für Basketball
  - – des Spielfeldes für Badminton
  - – des Spielfeldes für Prellball
  - – des Spielfeldes für .......
  Hinweis: Weitere Markierungen siehe Leistungsbereich 034 Anstricharbeiten.
- Werkstoff
  - – aus gleichem Material wie Bodenbelag
  - – aus PVC
  - – aus synthetischem Kautschuk
  - – aus Nadelvlies
  - – aus Selbstklebeband
  - – aus .......
- Ausführungsart
  - – in den Belag einarbeiten
  - – in den Belag einarbeiten und verschweißen
  - – in den Belag einarbeiten und verfugen
  - – auf den Belag aufbringen
- Verlauf
  - – Verlauf gerade
  - – Verlauf gekrümmt
  - – Verlauf kreisförmig
  - – Verlauf bogenförmig
  - – Verlauf wellenförmig
  - – Verlauf unregelmäßig
  - – Verlauf .......
- Erzeugnis ....... (Sofern nicht vorgeschrieben, vom Bieter einzutragen, sofern vorgeschrieben, mit Hinweis "oder gleichwertiger Art")
- Ausführung
  - – Ausführungsbreite .......
  - – Abmessungen .......
  - – gemäß Zeichnung Nr. .......
  - – gemäß Einzelbeschreibung Nr. .......
- Berechnungseinheit m, Stück (nur bei Angabe der Sportart oder Angaben in Zeichnungen und Einzelbeschreibungen)

# LB 036 Bodenbelagarbeiten
## Schutzabdeckungen; Oberflächenbehandlung

**Beispiel 1 für Ausschreibungstext zu Position 904**
Zulage zu vorbeschriebenem Bodenbelag
für Intarsien,
aus gleichem Material wie Bodenbelag,
Ausführung gemäß Zeichnung Nr. .......
Einheit Stück

**Beispiel 2 für Ausschreibungstext zu Position 904**
Zulage zu vorbeschriebenem Bodenbelag
für Friese,
aus gleichem Material wie Bodenbelag,
Verlauf gerade,
Ausführungsbreite 250 mm.
Einheit m

921 **Abdeckung, als besonderer Schutz des Bodenbelages**
Einzelangaben nach DIN 18365
- Umfang der Leistung
  - - begehbar, liefern und herstellen
  - - begehbar, liefern, herstellen und vorhalten
  - - befahrbar, liefern und herstellen
  - - befahrbar, liefern, herstellen und vorhalten
    - - - einschl. der späteren Beseitigung, das beseitigte Material wird Eigentum des AN
    - - - die Abdeckung wird Eigentum des AG, die Beseitigung wird durch andere AN ausgeführt
- Art der Abdeckung
  - - Abdeckung nach Wahl des AN
  - - Abdeckung aus Kunststofffolie
    - - - Dicke: 0,15 mm – 0,20 mm – 0,30 mm – 0,50 mm – .......
  - - Abdeckung aus Pappe
  - - Abdeckung aus Rohfilzpappe
    - - - Gewicht: 100 g/m² – 200 g/m² – 250 g/m² – 300 g/m² – .......
  - - Abdeckung aus .......
- Anzahl der Lagen
  - - einlagig
  - - zweilagig
  - - zweilagig, zweite Lage aus .......
- Art der Verlegung
  - - lose überlappen
  - - lose überlappen, Ränder kleben
  - - lose überlappen, Ränder hochziehen und kleben
  - - .......
- Zusätzliche Abdeckung
  - - zusätzliche Abdeckung aus Brettern
  - - zusätzliche Abdeckung aus Bohlen
  - - zusätzliche Abdeckung aus Bohlen und Kanthölzern
  - - zusätzliche Abdeckung aus .......
- Laufende Unterhaltung
  - - einschl. der laufenden Unterhaltung, Vorhaltedauer .......
  - - die Unterhaltung wird nach den vertraglich vereinbarten Stundenlohnsätzen und Materialkosten vergütet, Ausführung der Unterhaltung nur nach besonderer Anordnung des AG
- Berechnungseinheit m²

931 **Erste Pflege des vorbeschriebenen Bodenbelages**
Einzelangaben nach DIN 18365
- nach der vom Hersteller herausgegebenen Anleitung
- nach .......
- Ausführung unmittelbar nach Verlegung des Belages
- Ausführung .......
- Berechnungseinheit m²

# LB 036 Bodenbelagarbeiten
## Aufnehmen vorhandener Bodenbelag; Vorbereiten Untergrund

AW 036

Preise 06.01

Sämtliche Preise sind **Mittelpreise ohne Mehrwertsteuer** zum Zeitpunkt des Ausgabedatums.
**Korrekturfaktoren** für Regionaleinfluss, Mengeneinfluss, Konjunktureinfluss siehe Vorspann.
**Abkürzungen:** EP = Einheitspreis, LA = Lohnanteil, ST = Stoffanteil

### Aufnehmen vorhandener Bodenbelag

036.-----.-

| | | |
|---|---|---|
| 036.01001.M | Aufnehmen vorhand. Bodenbelag, lose verl., Wiederverw. | 4,07 DM/m2 / 2,08 €/m2 |
| 036.01002.M | Aufnehmen vorhandener Bodenbelag, lose verlegt | 3,44 DM/m2 / 1,76 €/m2 |
| 036.01003.M | Aufnehmen vorhandener Bodenbelag, verklebt | 5,62 DM/m2 / 2,88 €/m2 |
| 036.01004.M | Aufnehmen vorhandener Treppenbelag, Treppenstufen | 5,75 DM/St / 2,94 €/St |
| 036.01005.M | Aufnehmen vorhandener Treppenbelag, Trittstufen | 3,88 DM/St / 1,98 €/St |
| 036.01101.M | Aufnehmen Leisten und Profile | 1,25 DM/m / 0,64 €/m |
| 036.01102.M | Aufnehmen Leisten und Profile, Wiederverwendung | 2,50 DM/m / 1,28 €/m |

**036.01001.M**  KG 352 DIN 276
Aufnehmen vorhand. Bodenbelag, lose verl., Wiederverw.
EP 4,07 DM/m2   LA 4,07 DM/m2   ST 0,00 DM/m2
EP 2,08 €/m2    LA 2,08 €/m2    ST 0,00 €/m2

**036.01002.M**  KG 352 DIN 276
Aufnehmen vorhandener Bodenbelag, lose verlegt
EP 3,44 DM/m2   LA 3,44 DM/m2   ST 0,00 DM/m2
EP 1,76 €/m2    LA 1,76 €/m2    ST 0,00 €/m2

**036.01003.M**  KG 352 DIN 276
Aufnehmen vorhandener Bodenbelag, verklebt
EP 5,62 DM/m2   5,62 LA DM/m2   ST 0,00 DM/m2
EP 2,88 €/m2    2,88 LA €/m2    ST 0,00 €/m2

**036.01004.M**  KG 352 DIN 276
Aufnehmen vorhandener Treppenbelag, Treppenstufen
EP 5,75 DM/St   LA 5,75 DM/St   ST 0,00 DM/St
EP 2,94 €/St    LA 2,94 €/St    ST 0,00 €/St

**036.01005.M**  KG 352 DIN 276
Aufnehmen vorhandener Treppenbelag, Trittstufen
EP 3,88 DM/St   LA 3,88 DM/St   ST 0,00 DM/St
EP 1,98 €/St    LA 1,98 €/St    ST 0,00 €/St

**036.01101.M**  KG 352 DIN 276
Aufnehmen Leisten und Profile
EP 1,25 DM/m    LA 1,25 DM/m    ST 0,00 DM/m
EP 0,64 €/m     LA 0,64 €/m     ST 0,00 €/m

**036.01102.M**  KG 352 DIN 276
Aufnehmen Leisten und Profile, Wiederverwendung
EP 2,50 DM/m    LA 2,50 DM/m    ST 0,00 DM/m
EP 1,28 €/m     LA 1,28 €/m     ST 0,00 €/m

### Vorbereiten Untergrund

036.-----.-

| | | |
|---|---|---|
| 036.01501.M | Reinigen d. Untergrundes nach besonderer Anordnung AG | 2,19 DM/m2 / 1,12 €/m2 |
| 036.02001.M | Untergrund Spachteln u. Schleifen, Zementestrich | 3,74 DM/m2 / 1,91 €/m2 |
| 036.02002.M | Untergrund Spachteln u. Schleifen, Anhydritestrich | 8,33 DM/m2 / 4,26 €/m2 |
| 036.02003.M | Untergrund Spachteln u. Schleifen, Beton, Treppenstufe | 7,95 DM/St / 4,07 €/St |
| 036.02501.M | Untergrund ausgleichen bis 3 mm | 3,58 DM/m2 / 1,83 €/m2 |
| 036.02502.M | Untergrund ausgleichen bis 5 mm | 4,61 DM/m2 / 2,35 €/m2 |

**036.01501.M**  KG 352 DIN 276
Reinigen d. Untergrundes nach besonderer Anordnung AG
EP 2,19 DM/m2   LA 2,19 DM/m2   ST 0,00 DM/m2
EP 1,12 €/m2    LA 1,12 €/m2    ST 0,00 €/m2

**036.02001.M**  KG 352 DIN 276
Untergrund Spachteln u. Schleifen, Zementestrich
EP 3,74 DM/m2   LA 2,82 DM/m2   ST 0,92 DM/m2
EP 1,91 €/m2    LA 1,44 €/m2    ST 0,47 €/m2

**036.02002.M**  KG 352 DIN 276
Untergrund Spachteln u. Schleifen, Anhydritestrich
EP 8,33 DM/m2   LA 4,69 DM/m2   ST 3,64 DM/m2
EP 4,26 €/m2    LA 2,40 €/m2    ST 1,86 €/m2

**036.02003.M**  KG 352 DIN 276
Untergrund Spachteln u. Schleifen, Beton, Treppenstufe
EP 7,95 DM/St   LA 5,93 DM/St   ST 2,02 DM/St
EP 4,07 €/St    LA 3,03 €/St    ST 1,04 €/St

**036.02501.M**  KG 352 DIN 276
Untergrund ausgleichen bis 3 mm
EP 3,58 DM/m2   LA 2,50 DM/m2   ST 1,08 DM/m2
EP 1,83 €/m2    LA 1,28 €/m2    ST 0,55 €/m2

**036.02502.M**  KG 352 DIN 276
Untergrund ausgleichen bis 5 mm
EP 4,61 DM/m2   LA 3,44 DM/m2   ST 1,17 DM/m2
EP 2,35 €/m2    LA 1,76 €/m2    ST 0,59 €/m2

AW 036

## LB 036 Bodenbelagarbeiten
### Unterlagen für Bodenbeläge; Schüttungen unter Unterboden

Preise 06.01

Sämtliche Preise sind **Mittelpreise ohne Mehrwertsteuer** zum Zeitpunkt des Ausgabedatums.
**Korrekturfaktoren** für Regionaleinfluss, Mengeneinfluss, Konjunktureinfluss siehe Vorspann.
Abkürzungen: EP = Einheitspreis, LA = Lohnanteil, ST = Stoffanteil

### Unterlagen für Bodenbeläge

036.-----.-

|  |  |  |
|---|---|---|
| 036.03001.M | Unterl. f. Bodenbeläge, Filz 5 mm, geklebt | 10,26 DM/m2 / 5,25 €/m2 |
| 036.03002.M | Unterl. f. Bodenbeläge, Filz 8 mm, geklebt | 11,54 DM/m2 / 5,90 €/m2 |
| 036.03003.M | Unterl. f. Bodenbeläge, Filz 10 mm, geklebt | 15,59 DM/m2 / 7,97 €/m2 |
| 036.03004.M | Unterl. f. Bodenbeläge, Filz 12 mm, geklebt | 17,86 DM/m2 / 9,13 €/m2 |
| 036.03005.M | Unterl. f. Bodenbeläge, Korkment 3,2 mm, geklebt | 21,12 DM/m2 / 10,80 €/m2 |
| 036.03006.M | Unterl. f. Bodenbeläge, Schaumst., 6 mm, geklebt | 30,89 DM/m2 / 15,79 €/m2 |
| 036.03007.M | Unterl. f. Bodenbeläge, Schaumst., 6 mm, geklebt, prof. | 28,00 DM/m2 / 14,32 €/m2 |
| 036.03008.M | Unterl. f. Bodenbeläge, Schaumst., 8 mm, geklebt. prof. | 24,09 DM/m2 / 12,31 €/m2 |
| 036.03009.M | Unterl. f. Bodenbeläge, Gummigranulat, 4 mm, geklebt | 21,68 DM/m2 / 11,08 €/m2 |
| 036.03010.M | Unterl. f. Bodenbeläge, Gummigranulat, 6 mm, geklebt | 26,88 DM/m2 / 13,75 €/m2 |
| 036.03011.M | Unterl. f. Bodenbeläge, Rippenpappe, 2,5 mm, geklebt | 3,47 DM/m2 / 1,77 €/m2 |
| 036.03012.M | Unterl. f. Bodenbeläge, Polyethylen-Baufolie | 2,83 DM/m2 / 1,45 €/m2 |

**Hinweis:**
Weitere Unterlagen für Bodenbeläge siehe gegebenenfalls LB 025 Estricharbeiten.

036.03001.M  KG 352 DIN 276
Unterl. f. Bodenbeläge, Filz 5 mm, geklebt
EP 10,26 DM/m2   LA 7,37 DM/m2   ST 2,9 DM/m2
EP  5,25 €/m2    LA 3,77 €/m2    ST 1,48 €/m2

036.03002.M  KG 352 DIN 276
Unterl. f. Bodenbeläge, Filz 8 mm, geklebt
EP 11,54 DM/m2   LA 8,12 DM/m2   ST 3,42 DM/m2
EP  5,90 €/m2    LA 4,15 €/m2    ST 1,75 €/m2

036.03003.M  KG 352 DIN 276
Unterl. f. Bodenbeläge, Filz 10 mm, geklebt
EP 15,59 DM/m2   LA 8,75 DM/m2   ST 6,84 DM/m2
EP  7,97 €/m2    LA 4,47 €/m2    ST 3,50 €/m2

036.03004.M  KG 352 DIN 276
Unterl. f. Bodenbeläge, Filz 12 mm, geklebt
EP 17,86 DM/m2   LA 9,38 DM/m2   ST 8,48 DM/m2
EP  9,13 €/m2    LA 4,80 €/m2    ST 4,33 €/m2

036.03005.M  KG 352 DIN 276
Unterl. f. Bodenbeläge, Korkment 3,2 mm, geklebt
EP 21,12 DM/m2   LA 9,38 DM/m2   ST 11,74 DM/m2
EP 10,80 €/m2    LA 4,80 €/m2    ST  6,00 €/m2

036.03006.M  KG 352 DIN 276
Unterl. f. Bodenbeläge, Schaumst., 6 mm, geklebt
EP 30,89 DM/m2   LA 9,38 DM/m2   ST 21,51 DM/m2
EP 15,79 €/m2    LA 4,80 €/m2    ST 10,99 €/m2

036.03007.M  KG 352 DIN 276
Unterl. f. Bodenbeläge, Schaumst., 6 mm, geklebt, prof.
EP 28,00 DM/m2   LA 8,44 DM/m2   ST 19,56 DM/m2
EP 14,32 €/m2    LA 4,32 €/m2    ST 10,00 €/m2

036.03008.M  KG 352 DIN 276
Unterl. f. Bodenbeläge, Schaumst., 8 mm, geklebt. prof.
EP 24,09 DM/m2   LA 8,44 DM/m2   ST 15,65 DM/m2
EP 12,31 €/m2    LA 4,32 €/m2    ST  7,99 €/m2

036.03009.M  KG 352 DIN 276
Unterl. f. Bodenbeläge, Gummigranulat, 4 mm, geklebt
EP 21,68 DM/m2   LA 9,38 DM/m2   ST 12,30 DM/m2
EP 11,08 €/m2    LA 4,80 €/m2    ST  6,38 €/m2

036.03010.M  KG 352 DIN 276
Unterl. f. Bodenbeläge, Gummigranulat, 6 mm, geklebt
EP 26,88 DM/m2   LA 10,31 DM/m2  ST 16,57 DM/m2
EP 13,75 €/m2    LA  5,27 €/m2   ST  8,48 €/m2

036.03011.M  KG 352 DIN 276
Unterl. f. Bodenbeläge, Rippenpappe, 2,5 mm, geklebt
EP 3,47 DM/m2    LA 1,56 DM/m2   ST 1,91 DM/m2
EP 1,77 €/m2     LA 0,80 €/m2    ST 0,97 €/m2

036.03012.M  KG 352 DIN 276
Unterl. f. Bodenbeläge, Polyethylen-Baufolie
EP 2,83 DM/m2    LA 1,38 DM/m2   ST 1,45 DM/m2
EP 1,45 €/m2     LA 0,70 €/m2    ST 0,75 €/m2

### Schüttungen unter Unterboden

036.-----.-

|  |  |  |
|---|---|---|
| 036.03301.M | Schüttung, Perlite bituminiert, Dicke 20 mm | 11,97 DM/m2 / 6,12 €/m2 |
| 036.03302.M | Schüttung, Perlite bituminiert, Dicke 30 mm | 16,03 DM/m2 / 8,20 €/m2 |
| 036.03303.M | Schüttung, Perlite bituminiert, Dicke 40 mm | 21,17 DM/m2 / 10,82 €/m2 |
| 036.03304.M | Schüttung, Perlite bituminiert, Dicke 50 mm | 25,75 DM/m2 / 13,17 €/m2 |
| 036.03401.M | Schüttung, Perlite bituminiert, je 10 mm Mehrdicke | 5,50 DM/m2 / 2,81 €/m2 |
| 036.03305.M | Schüttung, Korkschrot, Dicke 20 mm | 11,20 DM/m2 / 5,73 €/m2 |
| 036.03306.M | Schüttung, Korkschrot, Dicke 30 mm | 14,71 DM/m2 / 7,52 €/m2 |
| 036.03307.M | Schüttung, Korkschrot, Dicke 40 mm | 18,32 DM/m2 / 9,37 €/m2 |
| 036.03308.M | Schüttung, Korkschrot, Dicke 50 mm | 21,75 DM/m2 / 11,12 €/m2 |
| 036.03402.M | Schüttung, Korkschrot, je 10 mm Mehrdicke | 5,05 DM/m2 / 2,58 €/m2 |

**Hinweis:**
Weitere Schüttungen für Bodenbeläge siehe gegebenenfalls LB 025 Estricharbeiten.

036.03301.M  KG 352 DIN 276
Schüttung, Perlite bituminiert, Dicke 20 mm
EP 11,97 DM/m2   LA 3,57 DM/m2   ST 8,40 DM/m2
EP  6,12 €/m2    LA 1,82 €/m2    ST 4,30 €/m2

036.03302.M  KG 352 DIN 276
Schüttung, Perlite bituminiert, Dicke 30 mm
EP 16,03 DM/m2   LA 4,13 DM/m2   ST 11,90 DM/m2
EP  8,2 €/m2     LA 2,11 €/m2    ST  6,09 €/m2

036.03303.M  KG 352 DIN 276
Schüttung, Perlite bituminiert, Dicke 40 mm
EP 21,17 DM/m2   LA 4,82 DM/m2   ST 16,35 DM/m2
EP 10,82 €/m2    LA 2,46 €/m2    ST  8,36 €/m2

036.03304.M  KG 352 DIN 276
Schüttung, Perlite bituminiert, Dicke 50 mm
EP 25,75 DM/m2   LA 5,31 DM/m2   ST 20,44 DM/m2
EP 13,17 €/m2    LA 2,72 €/m2    ST 10,45 €/m2

036.03401.M  KG 352 DIN 276
Schüttung, Perlite bituminiert, je 10 mm Mehrdicke
EP 5,50 DM/m2    LA 1,69 DM/m2   ST 3,81 DM/m2
EP 2,81 €/m2     LA 0,86 €/m2    ST 1,95 €/m2

036.03305.M  KG 352 DIN 276
Schüttung, Korkschrot, Dicke 20 mm
EP 11,20 DM/m2   LA 4,19 DM/m2   ST 7,01 DM/m2
EP  5,73 €/m2    LA 2,14 €/m2    ST 3,59 €/m2

036.03306.M  KG 352 DIN 276
Schüttung, Korkschrot, Dicke 30 mm
EP 14,71 DM/m2   LA 4,76 DM/m2   ST 9,95 DM/m2
EP  7,52 €/m2    LA 2,43 €/m2    ST 5,09 €/m2

036.03307.M  KG 352 DIN 276
Schüttung, Korkschrot, Dicke 40 mm
EP 18,32 DM/m2   LA 5,43 DM/m2   ST 12,89 DM/m2
EP  9,37 €/m2    LA 2,78 €/m2    ST  6,59 €/m2

036.03308.M  KG 352 DIN 276
Schüttung, Korkschrot, Dicke 50 mm
EP 21,75 DM/m2   LA 5,93 DM/m2   ST 15,82 DM/m2
EP 11,12 €/m2    LA 3,03 €/m2    ST  8,09 €/m2

036.03402.M  KG 352 DIN 276
Schüttung, Korkschrot, je 10 mm Mehrdicke
EP 5,05 DM/m2    LA 2,13 DM/m2   ST 2,92 DM/m2
EP 2,58 €/m2     LA 1,09 €/m2    ST 1,49 €/m2

# LB 036 Bodenbelagarbeiten
## Dämmschichten

AW 036

Preise 06.01

Sämtliche Preise sind **Mittelpreise ohne Mehrwertsteuer** zum Zeitpunkt des Ausgabedatums.
**Korrekturfaktoren** für Regionaleinfluss, Mengeneinfluss, Konjunktureinfluss siehe Vorspann.
Abkürzungen: EP = Einheitspreis, LA = Lohnanteil, ST = Stoffanteil

### Dämmschichten

036.-----.-

|  |  |  |
|---|---|---|
| 036.03501.M | Wärmedämmschicht, Holzfasern, Dicke 20 mm | 16,61 DM/m2 / 8,49 €/m2 |
| 036.03502.M | Wärmedämmschicht, Holzfasern, Dicke 30 mm | 19,93 DM/m2 / 10,19 €/m2 |
| 036.03503.M | Wärmedämmschicht, Kork, Dicke 20 mm | 18,08 DM/m2 / 9,25 €/m2 |
| 036.03504.M | Wärmedämmschicht, Kork, Dicke 30 mm | 21,86 DM/m2 / 11,18 €/m2 |
| 036.03505.M | Wärmedämmschicht, Kork, Dicke 50 mm | 28,50 DM/m2 / 14,57 €/m2 |
| 036.03506.M | Wärmedämmschicht, Kork, Dicke 80 mm | 40,78 DM/m2 / 20,85 €/m2 |
| 036.03601.M | Wärmedämmschicht, Polystyrol, Dicke 20 mm | 10,84 DM/m2 / 5,54 €/m2 |
| 036.03602.M | Wärmedämmschicht, Polystyrol, Dicke 30 mm | 12,04 DM/m2 / 6,15 €/m2 |
| 036.03603.M | Wärmedämmschicht, Polystyrol, Dicke 40 mm | 13,27 DM/m2 / 6,78 €/m2 |
| 036.03604.M | Wärmedämmschicht, Polystyrol, Dicke 50 mm | 14,60 DM/m2 / 7,46 €/m2 |
| 036.03605.M | Wärmedämmschicht, Polyuretan, Dicke 20 mm | 11,91 DM/m2 / 6,09 €/m2 |
| 036.03606.M | Wärmedämmschicht, Polyuretan, Dicke 30 mm | 13,37 DM/m2 / 6,83 €/m2 |
| 036.03607.M | Wärmedämmschicht, Polyuretan, Dicke 40 mm | 14,77 DM/m2 / 7,55 €/m2 |
| 036.03608.M | Wärmedämmschicht, Polyuretan, Dicke 50 mm | 16,33 DM/m2 / 8,35 €/m2 |
| 036.04001.M | Trittschalldämmschicht, Polystyrol, Dicke 15 mm | 9,31 DM/m2 / 4,76 €/m2 |
| 036.04002.M | Trittschalldämmschicht, Polystyrol, Dicke 20 mm | 9,89 DM/m2 / 5,06 €/m2 |
| 036.04003.M | Trittschalldämmschicht, Polystyrol, Dicke 25 mm | 10,39 DM/m2 / 5,31 €/m2 |
| 036.04004.M | Trittschalldämmschicht, Polystyrol, Dicke 30 mm | 11,04 DM/m2 / 5,64 €/m2 |
| 036.04005.M | Trittschalldämmschicht, Polystyrol, Dicke 35 mm | 11,76 DM/m2 / 6,01 €/m2 |
| 036.04006.M | Trittschalldämmschicht, Polystyrol, Dicke 40 mm | 13,72 DM/m2 / 7,01 €/m2 |
| 036.04007.M | Trittschalldämmschicht, Mineralwolle, Dicke 10 mm | 19,91 DM/m2 / 10,18 €/m2 |
| 036.04008.M | Trittschalldämmschicht, Mineralwolle, Dicke 20 mm | 28,48 DM/m2 / 14,56 €/m2 |
| 036.04009.M | Trittschalldämmschicht, Mineralwolle, Dicke 30 mm | 37,41 DM/m2 / 19,13 €/m2 |
| 036.04010.M | Trittschalldämmschicht, Kokos, Dicke 10 mm | 23,32 DM/m2 / 11,92 €/m2 |
| 036.04011.M | Trittschalldämmschicht, Kokos, Dicke 15 mm | 24,09 DM/m2 / 12,31 €/m2 |

**Hinweis:**
Weitere Dämmschichten (Wärme- und Trittschalldämmung)
siehe gegebenenfalls LB 025 Estricharbeiten

**036.03501.M** KG 352 DIN 276
Wärmedämmschicht, Holzfasern, Dicke 20 mm
EP 16,61 DM/m2  LA 5,75 DM/m2  ST 10,86 DM/m2
EP  8,49 €/m2   LA 2,94 €/m2   ST  5,55 €/m2

**036.03502.M** KG 352 DIN 276
Wärmedämmschicht, Holzfasern, Dicke 30 mm
EP 19,93 DM/m2  LA 5,75 DM/m2  ST 14,18 DM/m2
EP 10,19 €/m2   LA 2,94 €/m2   ST  7,25 €/m2

**036.03503.M** KG 352 DIN 276
Wärmedämmschicht, Kork, Dicke 20 mm
EP 18,08 DM/m2  LA 7,31 DM/m2  ST 10,77 DM/m2
EP  9,25 €/m2   LA 3,74 €/m2   ST  5,51 €/m2

**036.03504.M** KG 352 DIN 276
Wärmedämmschicht, Kork, Dicke 30 mm
EP 21,86 DM/m2  LA 7,31 DM/m2  ST 14,55 DM/m2
EP 11,18 €/m2   LA 3,74 €/m2   ST  7,44 €/m2

**036.03505.M** KG 352 DIN 276
Wärmedämmschicht, Kork, Dicke 50 mm
EP 28,50 DM/m2  LA 6,75 DM/m2  ST 21,75 DM/m2
EP 14,57 €/m2   LA 3,45 €/m2   ST 11,12 €/m2

**036.03506.M** KG 352 DIN 276
Wärmedämmschicht, Kork, Dicke 80 mm
EP 40,78 DM/m2  LA 6,75 DM/m2  ST 34,03 DM/m2
EP 20,85 €/m2   LA 3,45 €/m2   ST 17,40 €/m2

**036.03601.M** KG 352 DIN 276
Wärmedämmschicht, Polystyrol, Dicke 20 mm
EP 10,84 DM/m2  LA 7,37 DM/m2  ST 3,47 DM/m2
EP  5,54 €/m2   LA 3,77 €/m2   ST 1,77 €/m2

**036.03602.M** KG 352 DIN 276
Wärmedämmschicht, Polystyrol, Dicke 30 mm
EP 12,04 DM/m2  LA 7,50 DM/m2  ST 4,54 DM/m2
EP  6,15 €/m2   LA 3,84 €/m2   ST 2,31 €/m2

**036.03603.M** KG 352 DIN 276
Wärmedämmschicht, Polystyrol, Dicke 40 mm
EP 13,27 DM/m2  LA 7,62 DM/m2  ST 5,65 DM/m2
EP  6,78 €/m2   LA 3,90 €/m2   ST 2,88 €/m2

**036.03604.M** KG 352 DIN 276
Wärmedämmschicht, Polystyrol, Dicke 50 mm
EP 14,60 DM/m2  LA 7,75 DM/m2  ST 6,85 DM/m2
EP  7,46 €/m2   LA 3,96 €/m2   ST 3,50 €/m2

**036.03605.M** KG 352 DIN 276
Wärmedämmschicht, Polyuretan, Dicke 20 mm
EP 11,91 DM/m2  LA 7,37 DM/m2  ST 4,54 DM/m2
EP  6,09 €/m2   LA 3,77 €/m2   ST 2,32 €/m2

**036.03606.M** KG 352 DIN 276
Wärmedämmschicht, Polyuretan, Dicke 30 mm
EP 13,37 DM/m2  LA 7,50 DM/m2  ST 5,87 DM/m2
EP  6,83 €/m2   LA 3,84 €/m2   ST 2,99 €/m2

**036.03607.M** KG 352 DIN 276
Wärmedämmschicht, Polyuretan, Dicke 40 mm
EP 14,77 DM/m2  LA 7,62 DM/m2  ST 7,15 DM/m2
EP  7,55 €/m2   LA 3,90 €/m2   ST 3,65 €/m2

**036.03608.M** KG 352 DIN 276
Wärmedämmschicht, Polyuretan, Dicke 50 mm
EP 16,33 DM/m2  LA 7,75 DM/m2  ST 8,58 DM/m2
EP  8,35 €/m2   LA 3,96 €/m2   ST 4,39 €/m2

**036.04001.M** KG 352 DIN 276
Trittschalldämmschicht, Polystyrol, Dicke 15 mm
EP 9,31 DM/m2   LA 7,31 DM/m2  ST 2,00 DM/m2
EP 4,76 €/m2    LA 3,74 €/m2   ST 1,02 €/m2

**036.04002.M** KG 352 DIN 276
Trittschalldämmschicht, Polystyrol, Dicke 20 mm
EP 9,89 DM/m2   LA 7,44 DM/m2  ST 2,45 DM/m2
EP 5,06 €/m2    LA 3,81 €/m2   ST 1,25 €/m2

**036.04003.M** KG 352 DIN 276
Trittschalldämmschicht, Polystyrol, Dicke 25 mm
EP 10,39 DM/m2  LA 7,50 DM/m2  ST 2,89 DM/m2
EP  5,31 €/m2   LA 3,84 €/m2   ST 1,47 €/m2

**036.04004.M** KG 352 DIN 276
Trittschalldämmschicht, Polystyrol, Dicke 30 mm
EP 11,04 DM/m2  LA 7,62 DM/m2  ST 3,42 DM/m2
EP  5,64 €/m2   LA 3,90 €/m2   ST 1,74 €/m2

**036.04005.M** KG 352 DIN 276
Trittschalldämmschicht, Polystyrol, Dicke 35 mm
EP 11,76 DM/m2  LA 7,75 DM/m2  ST 4,01 DM/m2
EP  6,01 €/m2   LA 3,96 €/m2   ST 2,05 €/m2

**036.04006.M** KG 352 DIN 276
Trittschalldämmschicht, Polystyrol, Dicke 40 mm
EP 13,72 DM/m2  LA 7,94 DM/m2  ST 5,78 DM/m2
EP  7,01 €/m2   LA 4,06 €/m2   ST 2,95 €/m2

**036.04007.M** KG 352 DIN 276
Trittschalldämmschicht, Mineralwolle, Dicke 10 mm
EP 19,91 DM/m2  LA 7,81 DM/m2  ST 12,10 DM/m2
EP 10,18 €/m2   LA 3,99 €/m2   ST  6,19 €/m2

AW 036

Preise 06.01

## LB 036 Bodenbelagarbeiten
### Dämmschichten; Fußbodenverlegeplatten; Bodenbelag aus PVC

Sämtliche Preise sind **Mittelpreise ohne Mehrwertsteuer** zum Zeitpunkt des Ausgabedatums.
**Korrekturfaktoren** für Regionaleinfluss, Mengeneinfluss, Konjunktureinfluss siehe Vorspann.
**Abkürzungen:** EP = Einheitspreis, LA = Lohnanteil, ST = Stoffanteil

036.04008.M　　KG 352 DIN 276
Trittschalldämmschicht, Mineralwolle, Dicke 20 mm
EP 28,48 DM/m2　LA 7,81 DM/m2　ST 20,67 DM/m2
EP 14,56 €/m2　　LA 3,99 €/m2　　ST 10,57 €/m2

036.04009.M　　KG 352 DIN 276
Trittschalldämmschicht, Mineralwolle, Dicke 30 mm
EP 37,41 DM/m2　LA 8,12 DM/m2　ST 29,29 DM/m2
EP 19,13 €/m2　　LA 4,15 €/m2　　ST 14,98 €/m2

036.04010.M　　KG 352 DIN 276
Trittschalldämmschicht, Kokos, Dicke 10 mm
EP 23,32 DM/m2　LA 7,81 DM/m2　ST 15,51 DM/m2
EP 11,92 €/m2　　LA 3,99 €/m2　　ST 7,93 €/m2

036.04011.M　　KG 352 DIN 276
Trittschalldämmschicht, Kokos, Dicke 15 mm
EP 24,09 DM/m2　LA 7,81 DM/m2　ST 16,28 DM/m2
EP 12,31 €/m2　　LA 3,99 €/m2　　ST 8,32 €/m2

### Fußbodenverlegeplatten

036.-----.-

|  |  |  |
|---|---|---|
| 036.04201.M | Fußbodenverlegepl., Holzspan V 100, geklebt, 13 mm | 23,28 DM/m2 / 11,90 €/m2 |
| 036.04202.M | Fußbodenverlegepl., Holzspan V 100, geklebt, 16 mm | 25,05 DM/m2 / 12,81 €/m2 |
| 036.04203.M | Fußbodenverlegepl., Holzspan V 100, geklebt, 19 mm | 27,37 DM/m2 / 14,00 €/m2 |
| 036.04204.M | Fußbodenverlegepl., Holzspan V 100, geklebt, 22 mm | 29,61 DM/m2 / 15,14 €/m2 |
| 036.04205.M | Fußbodenverlegepl., Holzspan V 100, schwimmend, 22 mm | 25,41 DM/m2 / 12,99 €/m2 |
| 036.04206.M | Fußbodenverlegepl., Holzspan V 100, schwimmend, 25 mm | 27,23 DM/m2 / 13,92 €/m2 |

**Hinweis:**
Weitere Positionen (Trockenestrich) siehe gegebenenfalls unter LB 025 Estricharbeiten.

036.04201.M　　KG 352 DIN 276
Fußbodenverlegepl., Holzspan V 100, geklebt, 13 mm
EP 23,28 DM/m2　LA 17,50 DM/m2　ST 5,78 DM/m2
EP 11,90 €/m2　　LA 8,95 €/m2　　ST 2,95 €/m2

036.04202.M　　KG 352 DIN 276
Fußbodenverlegepl., Holzspan V 100, geklebt, 16 mm
EP 25,05 DM/m2　LA 18,13 DM/m2　ST 6,92 DM/m2
EP 12,81 €/m2　　LA 9,27 €/m2　　ST 3,54 €/m2

036.04203.M　　KG 352 DIN 276
Fußbodenverlegepl., Holzspan V 100, geklebt, 19 mm
EP 27,37 DM/m2　LA 19,38 DM/m2　ST 7,99 DM/m2
EP 14,00 €/m2　　LA 9,91 €/m2　　ST 4,09 €/m2

036.04204.M　　KG 352 DIN 276
Fußbodenverlegepl., Holzspan V 100, geklebt, 22 mm
EP 29,61 DM/m2　LA 20,63 DM/m2　ST 8,98 DM/m2
EP 15,14 €/m2　　LA 10,55 €/m2　　ST 4,59 €/m2

036.04205.M　　KG 352 DIN 276
Fußbodenverlegepl., Holzspan V 100, schwimmend, 22 mm
EP 25,41 DM/m2　LA 17,50 DM/m2　ST 7,91 DM/m2
EP 12,99 €/m2　　LA 8,95 €/m2　　ST 4,05 €/m2

036.04206.M　　KG 352 DIN 276
Fußbodenverlegepl., Holzspan V 100, schwimmend, 25 mm
EP 27,23 DM/m2　LA 18,44 DM/m2　ST 8,79 DM/m2
EP 13,92 €/m2　　LA 9,43 €/m2　　ST 4,49 €/m2

### Bodenbelag aus PVC

036.-----.-

|  |  |  |
|---|---|---|
| 036.10001.M | PVC-Bodenbelag homog., ohne Träger, D=1,5 mm, Bahnen | 26,37 DM/m2 / 13,48 €/m2 |
| 036.10002.M | PVC-Bodenbelag homog., ohne Träger, D=1,5 mm, Platten | 27,88 DM/m2 / 14,26 €/m2 |
| 036.10003.M | PVC-Bodenbelag homog., ohne Träger, D=2,0 mm, Bahnen | 34,91 DM/m2 / 17,85 €/m2 |
| 036.10004.M | PVC-Bodenbelag homog., ohne Träger, D=2,0 mm, Platten | 36,40 DM/m2 / 18,61 €/m2 |
| 036.10005.M | PVC-Bodenb. homog., o.Träger, D=2 mm, Bahnen, antistat. | 52,68 DM/m2 / 26,93 €/m2 |
| 036.10006.M | PVC-Bodenb. homog., o.Träger, D=2 mm, Platten, antistat | 54,77 DM/m2 / 28,00 €/m2 |
| 036.10007.M | PVC-Bodenbelag homog., ohne Träger, D=2,5 mm, Bahnen | 34,91 DM/m2 / 17,85 €/m2 |
| 036.10008.M | PVC-Bodenbelag homog., ohne Träger, D=3,0 mm, Bahnen | 45,91 DM/m2 / 23,48 €/m2 |
| 036.10009.M | PVC-Bodenbelag homog., ohne Träger, D=3,0 mm, Platten | 47,44 DM/m2 / 24,26 €/m2 |
| 036.10010.M | PVC-Treppenbelag homog., D = 2,0 mm, Treppenstufen | 44,24 DM/St / 22,62 €/St |
| 036.10011.M | PVC-Treppenbelag homog., D = 2,0 mm, Trittstufen | 25,79 DM/St / 13,19 €/St |
| 036.10012.M | PVC-Treppenbelag homog., D = 3,0 mm, Treppenstufen | 49,89 DM/St / 25,51 €/St |
| 036.10013.M | PVC-Treppenbelag homog., D = 3,0 mm, Trittstufen | 29,74 DM/St / 15,21 €/St |
| 036.20001.M | PVC-Bodenbelag heterog., ohne Träg., D = 1,5 mm, Bahnen | 18,35 DM/m2 / 9,38 €/m2 |
| 036.20002.M | PVC-Bodenbelag heterog., ohne Träg., D = 2,0 mm, Bahnen | 62,51 DM/m2 / 31,96 €/m2 |
| 036.20003.M | PVC-Bodenbelag heterog., ohne Träg., D=2,5 mm, Bahnen | 22,86 DM/m2 / 11,69 €/m2 |
| 036.30001.M | PVC-Bodenbelag homog., mit Kork, D = 2,0 mm, Bahnen | 39,06 DM/m2 / 19,97 €/m2 |
| 036.30002.M | PVC-Bodenbelag homog., mit Kork, D = 4,0 mm, Bahnen | 49,58 DM/m2 / 25,35 €/m2 |
| 036.40001.M | PVC-Bodenbelag homog., mit Schaum, D=3,0 mm, Bahnen | 38,55 DM/m2 / 1971 €/m2 |
| 036.40002.M | PVC-Bodenbelag homog., mit Schaum, D=5,0 mm, Bahnen | 47,57 DM/m2 / 24,32 €/m2 |
| 036.54101.M | PVC-Bodenbelag, Rücken Jute, D = 3,0 mm, Bahnen | 22,01 DM/m2 / 11,25 €/m2 |
| 036.54201.M | PVC-Bodenbelag,Rücken Polyestervlies,D=2,2 mm, Bahnen | 29,68 DM/m2 / 15,18 €/m2 |
| 036.54202.M | PVC-Bodenbelag,Rücken Polyestervlies,D=3,0 mm, Bahnen | 23,50 DM/m2 / 12,01 €/m2 |
| 036.54301.M | PCV-Bodenbelag,Träger PVC-Schaum,D=1,5 mm, Bahnen | 50,59 DM/m2 / 25,87 €/m2 |
| 036.54302.M | PCV-Bodenbelag,Träger PVC-Schaum,D=2,5 mm, Bahnen | 54,60 DM/m2 / 27,91 €/m2 |
| 036.54303.M | PCV-Bodenbelag,Träger PVC-Schaum,D=3,5 mm, Bahnen | 58,60 DM/m2 / 29,96 €/m2 |
| 036.54304.M | PCV-Treppenbelag,PVC-Schaum, D=2,5 mm,Treppenstufen | 65,31 DM/St / 33,39 €/St |
| 036.54305.M | PCV-Treppenbelag,PVC-Schaum, D = 2,5 mm, Trittstufen | 36,63 DM/St / 18,73 €/St |
| 036.63101.M | PVC-Bodenbelag, leitfähig, D = 2,0 mm, Bahnen | 105,27 DM/m2 / 53,83 €/m2 |
| 036.63102.M | PVC-Bodenbelag, leitfähig, D = 2,5 mm, Bahnen | 64,37 DM/m2 / 32,91 €/m2 |
| 036.63103.M | PVC-Bodenbelag, leitfähig, D = 2,0 mm, Platten | 108,94 DM/m2 / 55,70 €/m2 |
| 036.63104.M | PVC-Bodenbelag, leitfähig, D = 2,5 mm, Platten | 67,69 DM/m2 / 34,61 €/m2 |
| 036.63105.M | Kupferband für leitfähigen Bodenbelag | 4,02 DM/m / 2,05 €/m |
| 036.65101.M | PVC-Bodenbelag mit Schweißschnur verschweißen | 3,62 DM/m / 1,85 €/m |
| 036.65102.M | PVC-Bodenfliesen mit Schweißschnur verschweißen | 5,54 DM/m / 2,83 €/m |

036.10001.M　　KG 352 DIN 276
PVC-Bodenbelag homog., ohne Träger, D = 1,5 mm, Bahnen
EP 26,37 DM/m2　LA 11,84 DM/m2　ST 14,53 DM/m2
EP 13,48 €/m2　　LA 6,05 €/m2　　ST 7,43 €/m2

036.10002.M　　KG 352 DIN 276
PVC-Bodenbelag homog., ohne Träger, D = 1,5 mm, Platten
EP 27,88 DM/m2　LA 11,84 DM/m2　ST 16,04 DM/m2
EP 14,26 €/m2　　LA 6,05 €/m2　　ST 8,21 €/m2

036.10003.M　　KG 352 DIN 276
PVC-Bodenbelag homog., ohne Träger, D = 2,0 mm, Bahnen
EP 34,91 DM/m2　LA 11,84 DM/m2　ST 23,07 DM/m2
EP 17,85 €/m2　　LA 6,05 €/m2　　ST 11,80 €/m2

# LB 036 Bodenbelagarbeiten
## Bodenbelag aus PVC

AW 036

Preise 06.01

Sämtliche Preise sind **Mittelpreise ohne Mehrwertsteuer** zum Zeitpunkt des Ausgabedatums.
**Korrekturfaktoren** für Regionaleinfluss, Mengeneinfluss, Konjunktureinfluss siehe Vorspann.
**Abkürzungen:** EP = Einheitspreis, LA = Lohnanteil, ST = Stoffanteil

036.10004.M KG 352 DIN 276
PVC-Bodenbelag homog., ohne Träger, D = 2,0 mm, Platten
EP 36,40 DM/m2   LA 11,84 DM/m2   ST 24,56 DM/m2
EP 18,61 €/m2    LA  6,05 €/m2    ST 12,56 €/m2

036.10005.M KG 352 DIN 276
PVC-Bodenb. homog., o.Träger, D=2 mm, Bahnen, antistat.
EP 52,68 DM/m2   LA 11,84 DM/m2   ST 40,84 DM/m2
EP 26,93 €/m2    LA  6,05 €/m2    ST 20,88 €/m2

036.10006.M KG 352 DIN 276
PVC-Bodenb. homog., o.Träger, D=2 mm, Platten, antistat
EP 54,77 DM/m2   LA 13,96 DM/m2   ST 40,81 DM/m2
EP 28,00 €/m2    LA  7,14 €/m2    ST 20,86 €/m2

036.10007.M KG 352 DIN 276
PVC-Bodenbelag homog., ohne Träger, D = 2,5 mm, Bahnen
EP 34,91 DM/m2   LA 11,84 DM/m2   ST 23,07 DM/m2
EP 17,85 €/m2    LA  6,05 €/m2    ST 11,80 €/m2

036.10008.M KG 352 DIN 276
PVC-Bodenbelag homog., ohne Träger, D = 3,0 mm, Bahnen
EP 45,91 DM/m2   LA 11,84 DM/m2   ST 34,07 DM/m2
EP 23,48 €/m2    LA  6,05 €/m2    ST 17,43 €/m2

036.10009.M KG 352 DIN 276
PVC-Bodenbelag homog., ohne Träger, D = 3,0 mm, Platten
EP 47,44 DM/m2   LA 11,84 DM/m2   ST 35,60 DM/m2
EP 24,26 €/m2    LA  6,05 €/m2    ST 18,21 €/m2

036.10010.M KG 352 DIN 276
PVC-Treppenbelag homog., D = 2,0 mm, Treppenstufen
EP 44,24 DM/St   LA 24,32 DM/St   ST 19,92 DM/St
EP 22,62 €/St    LA 12,43 €/St    ST 10,19 €/St

036.10011.M KG 352 DIN 276
PVC-Treppenbelag homog., D = 2,0 mm, Trittstufen
EP 25,79 DM/St   LA 14,72 DM/St   ST 11,07 DM/St
EP 13,19 €/St    LA  7,52 €/St    ST  5,67 €/St

036.10012.M KG 352 DIN 276
PVC-Treppenbelag homog., D = 3,0 mm, Treppenstufen
EP 49,89 DM/St   LA 25,59 DM/St   ST 24,30 DM/St
EP 25,51 €/St    LA 13,09 €/St    ST 12,42 €/St

036.10013.M KG 352 DIN 276
PVC-Treppenbelag homog., D = 3,0 mm, Trittstufen
EP 29,74 DM/St   LA 15,35 DM/St   ST 14,39 DM/St
EP 15,21 €/St    LA  7,85 €/St    ST  7,36 €/St

036.20001.M KG 352 DIN 276
PVC-Bodenbelag heterog., ohne Träg., D = 1,5 mm, Bahnen
EP 18,35 DM/m2   LA 11,84 DM/m2   ST 6,51 DM/m2
EP  9,38 €/m2    LA  6,05 €/m2    ST 3,33 €/m2

036.20002.M KG 352 DIN 276
PVC-Bodenbelag heterog., ohne Träg., D = 2,0 mm, Bahnen
EP 62,51 DM/m2   LA 11,84 DM/m2   ST 50,67 DM/m2
EP 31,96 €/m2    LA  6,05 €/m2    ST 25,91 €/m2

036.20003.M KG 352 DIN 276
PVC-Bodenbelag heterog., ohne Träg., D = 2,5 mm, Bahnen
EP 22,86 DM/m2   LA 11,84 DM/m2   ST 11,02 DM/m2
EP 11,69 €/m2    LA  6,05 €/m2    ST  5,64 €/m2

036.30001.M KG 352 DIN 276
PVC-Bodenbelag homog., mit Kork, D = 2,0 mm, Bahnen
EP 39,06 DM/m2   LA 12,48 DM/m2   ST 26,58 DM/m2
EP 19,97 €/m2    LA  6,38 €/m2    ST 13,59 €/m2

036.30002.M KG 352 DIN 276
PVC-Bodenbelag homog., mit Kork, D = 4,0 mm, Bahnen
EP 49,58 DM/m2   LA 12,48 DM/m2   ST 37,10 DM/m2
EP 25,35 €/m2    LA  6,38 €/m2    ST 18,97 €/m2

036.40001.M KG 352 DIN 276
PVC-Bodenbelag homog., mit Schaum, D = 3,0 mm, Bahnen
EP 38,55 DM/m2   LA 12,48 DM/m2   ST 26,07 DM/m2
EP 19,71 €/m2    LA  6,38 €/m2    ST 13,33 €/m2

036.40002.M KG 352 DIN 276
PVC-Bodenbelag homog., mit Schaum, D = 5,0 mm, Bahnen
EP 47,57 DM/m2   LA 12,48 DM/m2   ST 35,09 DM/m2
EP 24,32 €/m2    LA  6,38 €/m2    ST 17,94 €/m2

036.54101.M KG 352 DIN 276
PVC-Bodenbelag, Rücken Jute, D = 3,0 mm, Bahnen
EP 22,01 DM/m2   LA 12,48 DM/m2   ST 9,53 DM/m2
EP 11,25 €/m2    LA  6,38 €/m2    ST 4,87 €/m2

036.54201.M KG 352 DIN 276
PVC-Bodenbelag, Rücken Polyestervlies, D=2,2 mm, Bahnen
EP 29,68 DM/m2   LA 12,48 DM/m2   ST 17,20 DM/m2
EP 15,18 €/m2    LA  6,38 €/m2    ST  8,80 €/m2

036.54202.M KG 352 DIN 276
PVC-Bodenbelag, Rücken Polyestervlies, D=3,0 mm, Bahnen
EP 23,50 DM/m2   LA 12,48 DM/m2   ST 11,02 DM/m2
EP 12,01 €/m2    LA  6,38 €/m2    ST  5,63 €/m2

036.54301.M KG 352 DIN 276
CV-Bodenbelag, Träger PVC-Schaum, D = 1,5 mm, Bahnen
EP 50,59 DM/m2   LA 12,48 DM/m2   ST 38,11 DM/m2
EP 25,87 €/m2    LA  6,38 €/m2    ST 19,49 €/m2

036.54302.M KG 352 DIN 276
CV-Bodenbelag, Träger PVC-Schaum, D = 2,5 mm, Bahnen
EP 54,60 DM/m2   LA 12,48 DM/m2   ST 42,12 DM/m2
EP 27,91 €/m2    LA  6,38 €/m2    ST 21,53 €/m2

036.54303.M KG 352 DIN 276
CV-Bodenbelag, Träger PVC-Schaum, D = 3,5 mm, Bahnen
EP 58,60 DM/m2   LA 12,48 DM/m2   ST 46,12 DM/m2
EP 29,96 €/m2    LA  6,38 €/m2    ST 23,58 €/m2

036.54304.M KG 352 DIN 276
CV-Treppenbelag, PVC-Schaum, D = 2,5 mm, Treppenstufen
EP 65,31 DM/St   LA 26,55 DM/St   ST 38,76 DM/St
EP 33,39 €/St    LA 13,58 €/St    ST 19,81 €/St

036.54305.M KG 352 DIN 276
CV-Treppenbelag, PVC-Schaum, D = 2,5 mm, Trittstufen
EP 36,63 DM/St   LA 16,00 DM/St   ST 20,63 DM/St
EP 18,73 €/St    LA  8,18 €/St    ST 10,55 €/St

036.63101.M KG 352 DIN 276
PVC-Bodenbelag, leitfähig, D = 2,0 mm, Bahnen
EP 105,27 DM/m2  LA 17,28 DM/m2   ST 87,99 DM/m2
EP  53,83 €/m2   LA  8,84 €/m2    ST 44,99 €/m2

036.63102.M KG 352 DIN 276
PVC-Bodenbelag, leitfähig, D = 2,5 mm, Bahnen
EP 64,37 DM/m2   LA 17,28 DM/m2   ST 47,09 DM/m2
EP 32,91 €/m2    LA  8,84 €/m2    ST 24,07 €/m2

036.63103.M KG 352 DIN 276
PVC-Bodenbelag, leitfähig, D = 2,0 mm, Platten
EP 108,94 DM/m2  LA 18,56 DM/m2   ST 90,38 DM/m2
EP  55,70 €/m2   LA  9,49 €/m2    ST 46,21 €/m2

036.63104.M KG 352 DIN 276
PVC-Bodenbelag, leitfähig, D = 2,5 mm, Platten
EP 67,69 DM/m2   LA 18,56 DM/m2   ST 49,13 DM/m2
EP 34,61 €/m2    LA  9,49 €/m2    ST 25,12 €/m2

036.63105.M KG 352 DIN 276
Kupferband für leitfähigen Bodenbelag
EP 4,02 DM/m     LA 2,88 DM/m     ST 1,14 DM/m
EP 2,05 €/m      LA 1,47 €/m      ST 0,58 €/m

036.65101.M KG 352 DIN 276
PVC-Bodenbelag mit Schweißschnur verschweißen
EP 3,62 DM/m     LA 2,43 DM/m     ST 1,19 DM/m
EP 1,85 €/m      LA 1,24 €/m      ST 0,61 €/m

036.65102.M KG 352 DIN 276
PVC-Bodenfliesen mit Schweißschnur verschweißen
EP 5,54 DM/m     LA 3,07 DM/m     ST 2,47 DM/m
EP 2,83 €/m      LA 1,57 €/m      ST 1,26 €/m

AW 036

## LB 036 Bodenbelagarbeiten
### Bodenbelag: allgemein; aus Linoleum

Preise 06.01

Sämtliche Preise sind **Mittelpreise ohne Mehrwertsteuer** zum Zeitpunkt des Ausgabedatums.
**Korrekturfaktoren** für Regionaleinfluss, Mengeneinfluss, Konjunktureinfluss siehe Vorspann.
**Abkürzungen:** EP = Einheitspreis, LA = Lohnanteil, ST = Stoffanteil

### Bodenbelag, allgemein

036.-----.-

| | | |
|---|---|---|
| 036.54501.M | Laminatboden, D = 7 mm, IP>5000 U. | 54,48 DM/m2 / 27,85 €/m2 |
| 036.54502.M | Laminatboden, D = 8 mm, IP>7000 U. | 51,54 DM/m2 / 26,35 €/m2 |
| 036.54503.M | Laminatboden, D = 8 mm, IP>9000 U. | 58,85 DM/m2 / 30,09 €/m2 |
| 036.54504.M | Laminatboden, D = 8 mm, IP>11000 U. | 65,53 DM/m2 / 33,51 €/m2 |
| 036.54505.M | Laminatboden, D = 8 mm, IP>14000 U. | 92,83 DM/m2 / 47,46 €/m2 |
| 036.54506.M | Korkparkett, D = 4,0 mm | 50,32 DM/m2 / 25,73 €/m2 |
| 036.54507.M | Korkparkett, D = 4,0 mm, vorgewachst | 87,55 DM/m2 / 44,76 €/m2 |
| 036.54508.M | Korkparkett, D = 6,0 mm | 60,75 DM/m2 / 31,06 €/m2 |
| 036.54509.M | Korkparkett, D = 8,0 mm | 77,14 DM/m2 / 39,44 €/m2 |

036.54501.M      KG 352 DIN 276
Laminatboden, D = 7 mm, IP>5000 U.
EP 54,48 DM/m2   LA 29,44 DM/m2   ST 25,04 DM/m2
EP 27,85 €/m2    LA 15,05 €/m2    ST 12,80 €/m2

036.54502.M      KG 352 DIN 276
Laminatboden, D = 8 mm, IP>7000 U.
EP 51,54 DM/m2   LA 27,84 DM/m2   ST 23,70 DM/m2
EP 26,35 €/m2    LA 14,24 €/m2    ST 12,11 €/m2

036.54503.M      KG 352 DIN 276
Laminatboden, D = 8 mm, IP>9000 U.
EP 58,85 DM/m2   LA 28,16 DM/m2   ST 30,69 DM/m2
EP 30,09 €/m2    LA 14,40 €/m2    ST 15,69 €/m2

036.54504.M      KG 352 DIN 276
Laminatboden, D = 8 mm, IP>11000 U.
EP 65,53 DM/m2   LA 28,48 DM/m2   ST 37,05 DM/m2
EP 33,51 €/m2    LA 14,56 €/m2    ST 18,95 €/m2

036.54505.M      KG 352 DIN 276
Laminatboden, D = 8 mm, IP>14000 U.
EP 92,83 DM/m2   LA 28,80 DM/m2   ST 64,03 DM/m2
EP 47,46 €/m2    LA 14,73 €/m2    ST 32,73 €/m2

036.54506.M      KG 352 DIN 276
Korkparkett, D = 4,0 mm
EP 50,32 DM/m2   LA 26,88 DM/m2   ST 23,44 DM/m2
EP 25,73 €/m2    LA 13,75 €/m2    ST 11,98 €/m2

036.54507.M      KG 352 DIN 276
Korkparkett, D = 4,0 mm, vorgewachST
EP 87,55 DM/m2   LA 37,76 DM/m2   ST 49,79 DM/m2
EP 44,76 €/m2    LA 19,31 €/m2    ST 25,45 €/m2

036.54508.M      KG 352 DIN 276
Korkparkett, D = 6,0 mm
EP 60,75 DM/m2   LA 26,88 DM/m2   ST 33,87 DM/m2
EP 31,06 €/m2    LA 13,75 €/m2    ST 17,31 €/m2

036.54509.M      KG 352 DIN 276
Korkparkett, D = 8,0 mm
EP 77,14 DM/m2   LA 27,52 DM/m2   ST 49,62 DM/m2
EP 39,44 €/m2    LA 14,07 €/m2    ST 25,37 €/m2

### Bodenbelag aus Linoleum

036.-----.-

| | | |
|---|---|---|
| 036.55101.M | Bodenbelag aus Linoleum, D=2,5 mm, Bahnen, einfarbig | 37,12 DM/m2 / 18,98 €/m2 |
| 036.55102.M | Bodenbelag aus Linoleum, D=2,5 mm, Bahnen, marmoriert | 73,99 DM/m2 / 37,83 €/m2 |
| 036.55103.M | Bodenbelag aus Linoleum, D = 3,2 mm, Bahnen | 46,13 DM/m2 / 23,59 €/m2 |
| 036.55104.M | Bodenbelag aus Linoleum, D = 3,2 mm, Platten | 47,64 DM/m2 / 24,36 €/m2 |
| 036.55105.M | Bodenbelag aus Linoleum, D = 4,0 mm, Bahnen | 63,16 DM/m2 / 32,29 €/m2 |
| 036.55106.M | Bodenbelag aus Linoleum, D = 4,0 mm, Platten | 64,67 DM/m2 / 33,06 €/m2 |
| 036.55107.M | Treppenbelag aus Linoleum, D = 4,0 mm, Treppenstufen | 64,63 DM/St / 33,04 €/St |
| 036.55108.M | Treppenbelag aus Linoleum, D = 4,0 mm, Trittstufen | 37,06 DM/St / 18,95 €/St |
| 036.55501.M | Bodenbelag aus Verbundlinoleum, D = 4,5 mm, Bahnen | 68,44 DM/m2 / 34,99 €/m2 |
| 036.55502.M | Bodenbelag aus Verbundlinoleum, D = 10,0 mm, Paneele | 88,26 DM/m2 / 45,13 €/m2 |
| 036.65201.M | Linoleum-Belag mit Schmelzkleber ausfugen | 4,01 DM/m / 2,05 €/m |

036.55101.M      KG 352 DIN 276
Bodenbelag aus Linoleum, D = 2,5 mm, Bahnen, einfarbig
EP 37,12 DM/m2   LA 14,08 DM/m2   ST 23,04 DM/m2
EP 18,98 €/m2    LA  7,20 €/m2    ST 11,78 €/m2

036.55102.M      KG 352 DIN 276
Bodenbelag aus Linoleum, D = 2,5 mm, Bahnen, marmoriert
EP 37,83 DM/m2   LA 14,08 DM/m2   ST 59,91 DM/m2
EP 14,08 €/m2    LA  7,20 €/m2    ST 30,63 €/m2

036.55103.M      KG 352 DIN 276
Bodenbelag aus Linoleum, D = 3,2 mm, Bahnen
EP 46,13 DM/m2   LA 14,08 DM/m2   ST 32,05 DM/m2
EP 23,59 €/m2    LA  7,20 €/m2    ST 16,39 €/m2

036.55104.M      KG 352 DIN 276
Bodenbelag aus Linoleum, D = 3,2 mm, Platten
EP 47,64 DM/m2   LA 14,08 DM/m2   ST 33,56 DM/m2
EP 24,36 €/m2    LA  7,20 €/m2    ST 17,16 €/m2

036.55105.M      KG 352 DIN 276
Bodenbelag aus Linoleum, D = 4,0 mm, Bahnen
EP 63,16 DM/m2   LA 14,08 DM/m2   ST 49,08 DM/m2
EP 32,29 €/m2    LA  7,20 €/m2    ST 25,09 €/m2

036.55106.M      KG 352 DIN 276
Bodenbelag aus Linoleum, D = 4,0 mm, Platten
EP 64,67 DM/m2   LA 14,08 DM/m2   ST 50,59 DM/m2
EP 33,06 €/m2    LA  7,20 €/m2    ST 25,86 €/m2

036.55107.M      KG 352 DIN 276
Treppenbelag aus Linoleum, D = 4,0 mm, Treppenstufen
EP 64,63 DM/St   LA 26,88 DM/St   ST 37,75 DM/St
EP 33,04 €/St    LA 1375 €/St     ST 19,29 €/St

036.55108.M      KG 352 DIN 276
Treppenbelag aus Linoleum, D = 4,0 mm, Trittstufen
EP 37,06 DM/St   LA 16,00 DM/St   ST 21,06 DM/St
EP 18,95 €/St    LA  8,18 €/St    ST 10,77 €/St

036.55501.M      KG 352 DIN 276
Bodenbelag aus Verbundlinoleum, D = 4,5 mm, Bahnen
EP 68,44 DM/m2   LA 15,35 DM/m2   ST 53,09 DM/m2
EP 34,99 €/m2    LA  7,85 €/m2    ST 27,14 €/m2

036.55502.M      KG 352 DIN 276
Bodenbelag aus Verbundlinoleum, D = 10,0 mm, Paneele
EP 88,26 DM/m2   LA 20,16 DM/m2   ST 68,10 DM/m2
EP 45,13 €/m2    LA 10,31 €/m2    ST 34,82 €/m2

036.65201.M      KG 352 DIN 276
Linoleum-Belag mit Schmelzkleber ausfugen
EP 4,01 DM/m     LA 2,69 DM/m     ST 1,32 DM/m
EP 2,05 €/m      LA 1,37 €/m      ST 0,68 €/m

# LB 036 Bodenbelagarbeiten
## Bodenbelag aus Kautschuk

AW 036

Preise 06.01

Sämtliche Preise sind **Mittelpreise ohne Mehrwertsteuer** zum Zeitpunkt des Ausgabedatums.
**Korrekturfaktoren** für Regionaleinfluss, Mengeneinfluss, Konjunktureinfluss siehe Vorspann.
**Abkürzungen:** EP = Einheitspreis, LA = Lohnanteil, ST = Stoffanteil

### Bodenbelag aus Kautschuk

036.-----.-

|  |  |  |
|---|---|---|
| 036.58101.M | Bodenbelag Kautschuk o. Träger, D = 2,5 mm, Bahnen | 56,21 DM/m2<br>28,74 €/m2 |
| 036.58102.M | Bodenbelag Kautschuk o. Träger, D = 2,5 mm, Platten | 57,21 DM/m2<br>29,25 €/m2 |
| 036.58103.M | Bodenbelag Kautschuk o. Träger, D = 4,0 mm, Bahnen | 63,24 DM/m2<br>32,33 €/m2 |
| 036.58104.M | Bodenbelag Kautschuk o. Träger, D = 4,0 mm, Platten | 64,23 DM/m2<br>32,84 €/m2 |
| 036.58105.M | Treppenbelag Kautschuk, D = 4,0 mm, Treppenstufen | 53,34 DM/St<br>27,27 €/St |
| 036.58106.M | Treppenbelag Kautschuk, D = 4,0 mm, Trittstufen | 39,52 DM/St<br>20,21 €/St |
| 036.59001.M | Bodenbelag Kautschuk, Träger Schaum, D=4,0 mm, Bahnen | 80,13 DM/m2<br>40,97 €/m2 |
| 036.59002.M | Bodenbelag Kautschuk, Träger Schaum, D=4,5 mm, Bahnen | 72,91 DM/m2<br>37,28 €/m2 |
| 036.60101.M | Bodenbelag Kautschuk-Noppen, D = 3,5 mm, Bahnen | 87,21 DM/m2<br>44,59 €/m2 |
| 036.60102.M | Bodenbelag Kautschuk-Noppen, D = 3,5 mm, Platten | 89,86 DM/m2<br>45,94 €/m2 |
| 036.60103.M | Bodenbelag Kautschuk-Noppen, D = 5,0 mm, Platten | 102,54 DM/m2<br>52,43 €/m2 |
| 036.60104.M | Bodenbel. Kautschuk-Noppen, D=5 mm, Zäpfchen, Platten | 105,13 DM/m2<br>53,74 €/m2 |
| 036.60501.M | Bodenbel. Kautschuk-Noppen, D=10,0 mm, Platten | 131,77 DM/m2<br>67,37 €/m2 |
| 036.60105.M | Treppenbelag Kautschuk-Noppen, D=3,5 mm, Treppenstufe | 60,63 DM/St<br>31,00 €/St |
| 036.60106.M | Treppenbelag Kautschuk-Noppen, D=3,5 mm, Trittstufe | 35,36 DM/St<br>18,08 €/St |
| 036.60107.M | Treppenbelag Kautschuk-Noppen, D=5,0 mm, Treppenstufe | 84,95 DM/St<br>43,44 €/St |
| 036.60108.M | Treppenbelag Kautschuk-Noppen, D=5,0 mm, Trittstufe | 49,01 DM/St<br>25,06 €/St |
| 036.60109.M | Outdoor-Bodenbel. Kautschuk-Noppen, D=5,0 mm, Platten | 106,38 DM/m2<br>54,39 €/m2 |
| 036.63201.M | Kautschukbelag, leitfähig, D = 2,5 mm, Bahnen | 70,29 DM/m2<br>35,94 €/m2 |
| 036.63202.M | Kautschukbelag, leitfähig, D = 2,5 mm, Platten | 73,55 DM/m2<br>37,60 €/m2 |
| 036.64101.M | Kautschuk-Noppen-Belag, leitfähig, D = 5,0 mm, Bahnen | 124,18 DM/m2<br>63,49 €/m2 |
| 036.64102.M | Kautschuk-Noppen-Belag, leitfähig, D = 5,0 mm, Platten | 127,90 DM/m2<br>65,40 €/m2 |
| 036.65202.M | Kautschukbelag ausfugen, Oberfläche glatt | 3,99 DM/m<br>2,04 €/m |
| 036.65203.M | Kautschukbelag ausfugen, Oberfläche profiliert | 5,79 DM/m<br>2,96 €/m |

---

**036.58101.M** KG 352 DIN 276
Bodenbelag Kautschuk o. Träger, D = 2,5 mm, Bahnen
EP 56,21 DM/m2   LA 21,12 DM/m2   ST 35,09 DM/m2
EP 28,74 €/m2    LA 10,80 €/m2    ST 17,94 €/m2

**036.58102.M** KG 352 DIN 276
Bodenbelag Kautschuk o. Träger, D = 2,5 mm, Platten
EP 57,21 DM/m2   LA 21,12 DM/m2   ST 36,09 DM/m2
EP 29,25 €/m2    LA 10,80 €/m2    ST 18,45 €/m2

**036.58103.M** KG 352 DIN 276
Bodenbelag Kautschuk o. Träger, D = 4,0 mm, Bahnen
EP 63,24 DM/m2   LA 21,12 DM/m2   ST 42,12 DM/m2
EP 32,33 €/m2    LA 10,80 €/m2    ST 21,53 €/m2

**036.58104.M** KG 352 DIN 276
Bodenbelag Kautschuk o. Träger, D = 4,0 mm, Platten
EP 64,23 DM/m2   LA 21,12 DM/m2   ST 43,11 DM/m2
EP 32,84 €/m2    LA 10,80 €/m2    ST 22,04 €/m2

**036.58105.M** KG 352 DIN 276
Treppenbelag Kautschuk, D = 4,0 mm, Treppenstufen
EP 53,34 DM/St   LA 29,76 DM/St   ST 23,58 DM/St
EP 27,27 €/St    LA 15,22 €/St    ST 12,05 €/St

**036.58106.M** KG 352 DIN 276
Treppenbelag Kautschuk, D = 4,0 mm, Trittstufen
EP 39,52 DM/St   LA 16,64 DM/St   ST 22,88 DM/St
EP 20,21 €/St    LA  8,51 €/St    ST 11,70 €/St

**036.59001.M** KG 352 DIN 276
Bodenbelag Kautschuk, Träger Schaum, D = 4,0 mm, Bahnen
EP 80,13 DM/m2   LA 21,76 DM/m2   ST 58,37 DM/m2
EP 40,97 €/m2    LA 11,12 €/m2    ST 29,85 €/m2

**036.59002.M** KG 352 DIN 276
Bodenbelag Kautschuk, Träger Schaum, D = 4,5 mm, Bahnen
EP 72,91 DM/m2   LA 21,76 DM/m2   ST 51,15 DM/m2
EP 37,28 €/m2    LA 11,12 €/m2    ST 26,16 €/m2

**036.60101.M** KG 352 DIN 276
Bodenbelag Kautschuk-Noppen, D = 3,5 mm, Bahnen
EP 87,21 DM/m2   LA 23,04 DM/m2   ST 64,17 DM/m2
EP 44,59 €/m2    LA 11,78 €/m2    ST 32,81 €/m2

**036.60102.M** KG 352 DIN 276
Bodenbelag Kautschuk-Noppen, D = 3,5 mm, Platten
EP 89,86 DM/m2   LA 23,68 DM/m2   ST 66,18 DM/m2
EP 45,94 €/m2    LA 12,11 €/m2    ST 33,83 €/m2

**036.60103.M** KG 352 DIN 276
Bodenbelag Kautschuk-Noppen, D = 5,0 mm, Platten
EP 102,54 DM/m2  LA 24,32 DM/m2   ST 78,22 DM/m2
EP  52,43 €/m2   LA 12,43 €/m2    ST 40,00 €/m2

**036.60104.M** KG 352 DIN 276
Bodenbel. Kautschuk-Noppen, D = 5 mm, Zäpfchen, Platten
EP 105,13 DM/m2  LA 24,96 DM/m2   ST 80,17 DM/m2
EP  53,74 €/m2   LA 12,76 €/m2    ST 40,98 €/m2

**036.60501.M** KG 352 DIN 276
Bodenbel. Kautschuk-Noppen, D = 10,0 mm, Platten
EP 131,77 DM/m2  LA 24,96 DM/m2   ST 106,81 DM/m2
EP  67,37 €/m2   LA 12,76 €/m2    ST  54,61 €/m2

**036.60105.M** KG 352 DIN 276
Treppenbelag Kautschuk-Noppen, D = 3,5 mm, Treppenstufe
EP 60,63 DM/St   LA 26,23 DM/St   ST 34,40 DM/St
EP 31,00 €/St    LA 13,41 €/St    ST 17,59 €/St

**036.60106.M** KG 352 DIN 276
Treppenbelag Kautschuk-Noppen, D = 3,5 mm, Trittstufe
EP 35,36 DM/St   LA 17,28 DM/St   ST 18,08 DM/St
EP 18,08 €/St    LA  8,84 €/St    ST  9,24 €/St

**036.60107.M** KG 352 DIN 276
Treppenbelag Kautschuk-Noppen, D = 5,0 mm, Treppenstufe
EP 84,95 DM/St   LA 27,52 DM/St   ST 57,43 DM/St
EP 43,44 €/St    LA 14,07 €/St    ST 29,37 €/St

**036.60108.M** KG 352 DIN 276
Treppenbelag Kautschuk-Noppen, D = 5,0 mm, Trittstufe
EP 49,01 DM/St   LA 17,92 DM/St   ST 31,09 DM/St
EP 25,06 €/St    LA  9,16 €/St    ST 15,90 €/St

**036.60109.M** KG 352 DIN 276
Outdoor-Bodenbel. Kautschuk-Noppen, D = 5,0 mm, Platten
EP 106,38 DM/m2  LA 28,16 DM/m2   ST 78,22 DM/m2
EP  54,39 €/m2   LA 14,40 €/m2    ST 39,99 €/m2

**036.63201.M** KG 352 DIN 276
Kautschukbelag, leitfähig, D = 2,5 mm, Bahnen
EP 70,29 DM/m2   LA 21,12 DM/m2   ST 49,17 DM/m2
EP 35,94 €/m2    LA 10,80 €/m2    ST 25,14 €/m2

**036.63202.M** KG 352 DIN 276
Kautschukbelag, leitfähig, D = 2,5 mm, Platten
EP 73,55 DM/m2   LA 22,40 DM/m2   ST 51,15 DM/m2
EP 37,60 €/m2    LA 11,45 €/m2    ST 26,15 €/m2

**036.64101.M** KG 352 DIN 276
Kautschuk-Noppen-Belag, leitfähig, D = 5,0 mm, Bahnen
EP 124,18 DM/m2  LA 31,36 DM/m2   ST 92,82 DM/m2
EP  63,49 €/m2   LA 16,03 €/m2    ST 47,46 €/m2

**036.64102.M** KG 352 DIN 276
Kautschuk-Noppen-Belag, leitfähig, D = 5,0 mm, Platten
EP 127,90 DM/m2  LA 32,64 DM/m2   ST 95,26 DM/m2
EP  65,40 €/m2   LA 16,69 €/m2    ST 48,71 €/m2

**036.65202.M** KG 352 DIN 276
Kautschukbelag ausfugen, Oberfläche glatt
EP 3,99 DM/m    LA 2,88 DM/m     ST 1,11 DM/m
EP 2,04 €/m     LA 1,47 €/m      ST 0,57 €/m

**036.65203.M** KG 352 DIN 276
Kautschukbelag ausfugen, Oberfläche profiliert
EP 5,79 DM/m    LA 4,61 DM/m     ST 1,18 DM/m
EP 2,96 €/m     LA 2,35 €/m      ST 0,61 €/m

AW 036

Preise 06.01

## LB 036 Bodenbelagarbeiten
### Textiler Bodenbelag, Haushalt, Bahnen

Sämtliche Preise sind **Mittelpreise ohne Mehrwertsteuer** zum Zeitpunkt des Ausgabedatums.
**Korrekturfaktoren** für Regionaleinfluss, Mengeneinfluss, Konjunktureinfluss siehe Vorspann.
**Abkürzungen:** EP = Einheitspreis, LA = Lohnanteil, ST = Stoffanteil

### Textiler Bodenbelag, Haushalt, Bahnen

036.-----.-

|  |  |  |
|---|---|---|
| 036.70001.M | Flachteppich aus Kokos, Bahnen, einf. Qualität | 35,50 DM/m2 / 18,15 €/m2 |
| 036.70002.M | Flachteppich aus Kokos, Bahnen, gute Qualität | 40,47 DM/m2 / 20,69 €/m2 |
| 036.70003.M | Flachteppich aus Sisalfasern, geklebt | 76,57 DM/m2 / 39,15 €/m2 |
| 036.70004.M | Teppichboden, Ziegenhaar (80%)/Schurwolle, verklebt | 90,02 DM/m2 / 46,03 €/m2 |
| 036.70005.M | Teppichboden, Ziegenhaar (70%), nylonverst., verklebt | 94,92 DM/m2 / 48,53 €/m2 |
| 036.72101.M | Tufting Schlinge, Schaumst., verklebt, Haushalt, K:einf. | 29,07 DM/m2 / 14,86 €/m2 |
| 036.72102.M | Tufting Schlinge, Schaumst., verklebt, Haushalt, K:gut | 38,02 DM/m2 / 19,44 €/m2 |
| 036.72103.M | Tufting Schlinge, Schaumst., verklebt, Haushalt, K:hoch | 44,99 DM/m2 / 23,01 €/m2 |
| 036.72301.M | Tufting velour, Schaumst.,verklebt,Haushalt, gute Qual. | 40,50 DM/m2 / 20,71 €/m2 |
| 036.72302.M | Tufting velour, Schaumst.,verklebt,Haushalt, hohe Qual. | 46,98 DM/m2 / 24,02 €/m2 |
| 036.72303.M | Tufting velour, Schaumst.,verklebt,Haushalt,einf. Qual. | 31,54 DM/m2 / 16,13 €/m2 |
| 036.73001.M | Nadelvlies, verkleben, Haushalt, gute Qualität | 41,47 DM/m2 / 21,20 €/m2 |
| 036.73002.M | Nadelvlies, verkleben, Haushalt, hohe Qualität | 49,43 DM/m2 / 25,27 €/m2 |
| 036.73801.M | Polvlies, verkleben, Haushalt, gute Qualität | 38,97 DM/m2 / 19,93 €/m2 |
| 036.73802.M | Polvlies, verkleben, Haushalt, hohe Qualität | 44,95 DM/m2 / 22,98 €/m2 |
| 036.73003.M | Nadelvlies, Treppenbelag, Haushalt, Treppenstufen | 53,35 DM/St / 27,28 €/St |
| 036.73004.M | Nadelvlies, Treppenbelag, Haushalt, Trittstufen | 30,27 DM/St / 15,48 €/St |

036.70001.M KG 352 DIN 276
Flachteppich aus Kokos, Bahnen, einf. Qualität
EP 35,50 DM/m2  LA 14,08 DM/m2  ST 21,42 DM/m2
EP 18,15 €/m2   LA  7,20 €/m2   ST 10,95 €/m2

036.70002.M KG 352 DIN 276
Flachteppich aus Kokos, Bahnen, gute Qualität
EP 40,47 DM/m2  LA 14,08 DM/m2  ST 26,39 DM/m2
EP 20,69 €/m2   LA  7,20 €/m2   ST 13,49 €/m2

036.70003.M KG 352 DIN 276
Flachteppich aus Sisalfasern, geklebt
EP 76,57 DM/m2  LA 26,88 DM/m2  ST 49,69 DM/m2
EP 39,15 €/m2   LA 13,75 €/m2   ST 25,40 €/m2

036.70004.M KG 352 DIN 276
Teppichboden, Ziegenhaar (80%)/Schurwolle, verklebt
EP 90,02 DM/m2  LA 28,80 DM/m2  ST 61,22 DM/m2
EP 46,03 €/m2   LA 14,73 €/m2   ST 31,30€/m2

036.70005.M KG 352 DIN 276
Teppichboden, Ziegenhaar (70%), nylonverst., verklebt
EP 94,92 DM/m2  LA 28,80 DM/m2  ST 66,12 DM/m2
EP 48,53 €/m2   LA 14,73 €/m2   ST 33,80 €/m2

036.72101.M KG 352 DIN 276
Tufting Schlinge, Schaumst., verklebt, Haushalt,K:einf.
EP 29,07 DM/m2  LA 17,60 DM/m2  ST 11,47 DM/m2
EP 14,86 €/m2   LA  9,00 €/m2   ST  5,86 €/m2

036.72102.M KG 352 DIN 276
Tufting Schlinge, Schaumst., verklebt, Haushalt, K:gut
EP 38,02 DM/m2  LA 17,60 DM/m2  ST 20,42 DM/m2
EP 19,44 €/m2   LA  9,00 €/m2   ST 10,44 €/m2

036.72103.M KG 352 DIN 276
Tufting Schlinge, Schaumst., verklebt, Haushalt, K:hoch
EP 44,99 DM/m2  LA 17,60 DM/m2  ST 27,39 DM/m2
EP 23,01 €/m2   LA  9,00 €/m2   ST 14,01 €/m2

036.72301.M KG 352 DIN 276
Tufting velour, Schaumst.,verklebt,Haushalt, gute Qual.
EP 40,50 DM/m2  LA 17,60 DM/m2  ST 22,90 DM/m2
EP 20,71 €/m2   LA  9,00 €/m2   ST 11,71 €/m2

036.72302.M KG 352 DIN 276
Tufting velour, Schaumst.,verklebt,Haushalt, hohe Qual.
EP 46,98 DM/m2  LA 17,60 DM/m2  ST 29,38 DM/m2
EP 24,02 €/m2   LA  9,00 €/m2   ST 15,02 €/m2

036.72303.M KG 352 DIN 276
Tufting velour, Schaumst.,verklebt,Haushalt,einf. Qual.
EP 31,54 DM/m2  LA 17,60 DM/m2  ST 13,94 DM/m2
EP 16,13 €/m2   LA  9,00 €/m2   ST  7,13 €/m2

036.73001.M KG 352 DIN 276
Nadelvlies, verkleben, Haushalt, gute Qualität
EP 41,47 DM/m2  LA 14,08 DM/m2  ST 27,39 DM/m2
EP 21,20 €/m2   LA  7,20 €/m2   ST 14,00 €/m2

036.73002.M KG 352 DIN 276
Nadelvlies, verkleben, Haushalt, hohe Qualität
EP 49,43 DM/m2  LA 14,08 DM/m2  ST 35,35 DM/m2
EP 25,27 €/m2   LA  7,20 €/m2   ST 18,07 €/m2

036.73801.M KG 352 DIN 276
Polvlies, verkleben, Haushalt, gute Qualität
EP 38,97 DM/m2  LA 14,08 DM/m2  ST 24,89 DM/m2
EP 19,93 €/m2   LA  7,20 €/m2   ST 12,73 €/m2

036.73802.M KG 352 DIN 276
Polvlies, verkleben, Haushalt, hohe Qualität
EP 44,95 DM/m2  LA 14,08 DM/m2  ST 30,87 DM/m2
EP 22,98 €/m2   LA  7,20 €/m2   ST 15,78 €/m2

036.73003.M KG 352 DIN 276
Nadelvlies, Treppenbelag, Haushalt, Treppenstufen
EP 53,35 DM/St  LA 33,41 DM/St  ST 19,94 DM/St
EP 27,28 €/St   LA 17,08 €/St   ST 10,20 €/St

036.73004.M KG 352 DIN 276
Nadelvlies, Treppenbelag, Haushalt, Trittstufen
EP 30,27 DM/St  LA 18,56 DM/St  ST 11,71 DM/St
EP 15,48 €/St   LA  9,49 €/St   ST  5,99 €/St

# LB 036 Bodenbelagarbeiten
## Textiler Bodenbelag, OW, Webteppich, Bahnen

AW 036

Preise 06.01

Sämtliche Preise sind **Mittelpreise ohne Mehrwertsteuer** zum Zeitpunkt des Ausgabedatums.
**Korrekturfaktoren** für Regionaleinfluss, Mengeneinfluss, Konjunktureinfluss siehe Vorspann.
**Abkürzungen:** EP = Einheitspreis, LA = Lohnanteil, ST = Stoffanteil

**Textiler Bodenbelag, OW, Webteppich, Bahnen**

Abkürzungen:
S .... Strapazierwert
K .... Komfortwert
OW ... Objektware

036.-----.-

|  |  |  |
|---|---|---|
| 036.70101.M | Webware boucle, verklebt, Objektware, S:extrem, K:einf. | 57,44 DM/m2 / 29,37 €/m2 |
| 036.70102.M | Webware boucle, verklebt, Objektware, S:extrem, K:gut | 62,92 DM/m2 / 32,17 €/m2 |
| 036.70103.M | Webware boucle, verklebt, Objektware, S:extrem, K:hoch | 68,90 DM/m2 / 35,23 €/m2 |
| 036.70104.M | Webware boucle, verklebt, Objektware, S:stark, K:gut | 45,98 DM/m2 / 23,51 €/m2 |
| 036.70105.M | Webware boucle, verklebt, Objektware, S:stark, K:hoch | 51,48 DM/m2 / 26,32 €/m2 |
| 036.70106.M | Webware boucle, verspannt, Objektware, S:extrem, K:gut | 75,90 DM/m2 / 38,81 €/m2 |
| 036.70107.M | Webware boucle, verspannt, Objektware, S:extrem,K:hoch | 81,87 DM/m2 / 41,86 €/m2 |
| 036.70108.M | Webware boucle, verspannt, Objektware, S:extrem,K:einf. | 70,43 DM/m2 / 36,01 €/m2 |
| 036.70109.M | Webware boucle, verspannt, Objektware, S:stark, K:gut | 58,96 DM/m2 / 30,15 €/m2 |
| 036.70110.M | Webware boucle, verspannt, Objektware, S:stark, K:hoch | 64,94 DM/m2 / 33,21 €/m2 |
| 036.70301.M | Webware velour, verklebt, Objektware, K:extrem, S:einf. | 65,40 DM/m2 / 33,44 €/m2 |
| 036.70302.M | Webware velour, verklebt, Objektware, K:stark, S:hoch | 59,43 DM/m2 / 30,39 €/m2 |
| 036.70303.M | Webware velour, verklebt, Objektware, S:extrem, K:gut | 70,88 DM/m2 / 36,24 €/m2 |
| 036.70304.M | Webware velour, verklebt, Objektware, S:extrem, K:hoch | 76,86 DM/m2 / 39,30 €/m2 |
| 036.70305.M | Webware velour, verklebt, Objektware, S:stark, K:gut | 53,96 DM/m2 / 27,59 €/m2 |
| 036.70306.M | Webware velour, verspannt, Objektware, S:extrem, K:gut | 83,86 DM/m2 / 42,87 €/m2 |
| 036.70307.M | Webware velour, verspannt, Objektware, S:extrem,K:hoch | 89,84 DM/m2 / 45,93 €/m2 |
| 036.70308.M | Webware velour, verspannt, Objektware, S:extrem, K:einf. | 78,38 DM/m2 / 40,08 €/m2 |
| 036.70309.M | Webware velour, verspannt, Objektware, S:stark, K:gut | 66,93 DM/m2 / 34,22 €/m2 |
| 036.70310.M | Webware velour, verspannt, Objektware, S:stark, K:hoch | 72,90 DM/m2 / 37,27 €/m2 |
| 036.70111.M | Webware, Schafschurwolle, verklebt | 114,78 DM/m2 / 58,68 €/m2 |
| 036.70112.M | Webware, Schafschurwolle, verspannt | 118,42 DM/m2 / 60,55 €/m2 |

**036.70101.M**    KG 352 DIN 276
Webware boucle, verklebt, Objektware, S:extrem, K:einf.
EP 57,44 DM/m2   LA 17,60 DM/m2   ST 39,84 DM/m2
EP 29,37 €/m2   LA 9,00 €/m2   ST 20,37 €/m2

**036.70102.M**    KG 352 DIN 276
Webware boucle, verklebt, Objektware, S:extrem, K:gut
EP 62,92 DM/m2   LA 17,60 DM/m2   ST 45,35 DM/m2
EP 32,17 €/m2   LA 9,00 €/m2   ST 23,17 €/m2

**036.70103.M**    KG 352 DIN 276
Webware boucle, verklebt, Objektware, S:extrem, K:hoch
EP 68,90 DM/m2   LA 17,60 DM/m2   ST 51,30 DM/m2
EP 35,23 €/m2   LA 9,00 €/m2   ST 26,23 €/m2

**036.70104.M**    KG 352 DIN 276
Webware boucle, verklebt, Objektware, S:stark, K:gut
EP 45,98 DM/m2   LA 17,60 DM/m2   ST 28,38 DM/m2
EP 23,51 €/m2   LA 9,00 €/m2   ST 14,51 €/m2

**036.70105.M**    KG 352 DIN 276
Webware boucle, verklebt, Objektware, S:stark, K:hoch
EP 51,48 DM/m2   LA 17,60 DM/m2   ST 33,88 DM/m2
EP 26,32 €/m2   LA 9,00 €/m2   ST 17,32 €/m2

**036.70106.M**    KG 352 DIN 276
Webware boucle, verspannt, Objektware, S:extrem, K:gut
EP 75,90 DM/m2   LA 30,08 DM/m2   ST 45,82 DM/m2
EP 38,81 €/m2   LA 15,38 €/m2   ST 23,43 €/m2

**036.70107.M**    KG 352 DIN 276
Webware boucle, verspannt, Objektware, S:extrem, K:hoch
EP 81,87 DM/m2   LA 30,08 DM/m2   ST 51,79 DM/m2
EP 41,86 €/m2   LA 15,38 €/m2   ST 26,48 €/m2

**036.70108.M**    KG 352 DIN 276
Webware boucle, verspannt, Objektware, S:extrem,K:einf.
EP 70,43 DM/m2   LA 30,08 DM/m2   ST 40,35 DM/m2
EP 36,01 €/m2   LA 15,38 €/m2   ST 20,63 €/m2

**036.70109.M**    KG 352 DIN 276
Webware boucle, verspannt, Objektware, S:stark, K:gut
EP 58,96 DM/m2   LA 30,08 DM/m2   ST 28,88 DM/m2
EP 30,15 €/m2   LA 15,38 €/m2   ST 14,77 €/m2

**036.70110.M**    KG 352 DIN 276
Webware boucle, verspannt, Objektware, S:stark, K:hoch
EP 64,94 DM/m2   LA 30,08 DM/m2   ST 34,86 DM/m2
EP 33,21 €/m2   LA 15,38 €/m2   ST 17,83 €/m2

**036.70301.M**    KG 352 DIN 276
Webware velour, verklebt, Objektware, K:extrem, S:einf.
EP 65,40 DM/m2   LA 17,60 DM/m2   ST 47,80 DM/m2
EP 33,44 €/m2   LA 9,00 €/m2   ST 24,44 €/m2

**036.70302.M**    KG 352 DIN 276
Webware velour, verklebt, Objektware, K:stark, S:hoch
EP 59,43 DM/m2   LA 17,60 DM/m2   ST 41,83 DM/m2
EP 30,39 €/m2   LA 9,00 €/m2   ST 21,39 €/m2

**036.70303.M**    KG 352 DIN 276
Webware velour, verklebt, Objektware, S:extrem, K:gut
EP 70,88 DM/m2   LA 17,60 DM/m2   ST 53,28 DM/m2
EP 36,24 €/m2   LA 9,00 €/m2   ST 27,24 €/m2

**036.70304.M**    KG 352 DIN 276
Webware velour, verklebt, Objektware, S:extrem, K:hoch
EP 76,86 DM/m2   LA 17,60 DM/m2   ST 59,26 DM/m2
EP 39,30 €/m2   LA 9,00 €/m2   ST 30,30 €/m2

**036.70305.M**    KG 352 DIN 276
Webware velour, verklebt, Objektware, S:stark, K:gut
EP 53,96 DM/m2   LA 17,60 DM/m2   ST 36,36 DM/m2
EP 27,59 €/m2   LA 9,00 €/m2   ST 18,59 €/m2

**036.70306.M**    KG 352 DIN 276
Webware velour, verspannt, Objektware, S:extrem, K:gut
EP 83,86 DM/m2   LA 30,08 DM/m2   ST 53,78 DM/m2
EP 42,87 €/m2   LA 15,38 €/m2   ST 27,49 €/m2

**036.70307.M**    KG 352 DIN 276
Webware velour, verspannt, Objektware, S:extrem, K:hoch
EP 89,84 DM/m2   LA 30,08 DM/m2   ST 59,76 DM/m2
EP 45,93 €/m2   LA 15,38 €/m2   ST 30,55 €/m2

**036.70308.M**    KG 352 DIN 276
Webware velour, verspannt, Objektware, S:extrem,K:einf.
EP 78,38 DM/m2   LA 30,08 DM/m2   ST 48,30 DM/m2
EP 40,08 €/m2   LA 15,38 €/m2   ST 24,70 €/m2

**036.70309.M**    KG 352 DIN 276
Webware velour, verspannt, Objektware, S:stark, K:gut
EP 66,93 DM/m2   LA 30,08 DM/m2   ST 36,85 DM/m2
EP 34,22 €/m2   LA 15,38 €/m2   ST 18,84 €/m2

**036.70310.M**    KG 352 DIN 276
Webware velour, verspannt, Objektware, S:stark, K:hoch
EP 72,90 DM/m2   LA 30,08 DM/m2   ST 42,82 DM/m2
EP 37,27 €/m2   LA 15,38 €/m2   ST 21,89 €/m2

**036.70111.M**    KG 352 DIN 276
Webware, Schafschurwolle, verklebt
EP 114,78 DM/m2   LA 18,56 DM/m2   ST 96,22 DM/m2
EP 58,68 €/m2   LA 9,49 €/m2   ST 49,19 €/m2

**036.70112.M**    KG 352 DIN 276
Webware, Schafschurwolle, verspannt
EP 118,42 DM/m2   LA 31,04 DM/m2   ST 87,38 DM/m2
EP 60,55 €/m2   LA 15,87 €/m2   ST 44,68 €/m2

AW 036

Preise 06.01

## LB 036 Bodenbelagarbeiten
### Textiler Bodenbelag, OW, Tufting, Bahnen

Sämtliche Preise sind **Mittelpreise ohne Mehrwertsteuer** zum Zeitpunkt des Ausgabedatums.
**Korrekturfaktoren** für Regionaleinfluss, Mengeneinfluss, Konjunktureinfluss siehe Vorspann.
**Abkürzungen:** EP = Einheitspreis, LA = Lohnanteil, ST = Stoffanteil

**Textiler Bodenbelag, OW, Tufting, Bahnen**

Abkürzungen:
S .... Strapazierwert
K .... Komfortwert
OW ... Objektware

036.-----.-

|  |  |  |
|---|---|---|
| 036.72104.M | Tufting Schlinge, verklebt, Objektw., S:extrem, K:einf. | 56,43 DM/m2 / 28,85 €/m2 |
| 036.72105.M | Tufting Schlinge, verklebt, Objektw., S:extrem, K:hoch | 67,40 DM/m2 / 34,46 €/m2 |
| 036.72106.M | Tufting Schlinge, verklebt, Objektware, S:extrem, K:gut | 61,92 DM/m2 / 31,66 €/m2 |
| 036.72107.M | Tufting Schlinge, verklebt, Objektware, S:stark, K:gut | 50,47 DM/m2 / 25,80 €/m2 |
| 036.72108.M | Tufting Schlinge, verklebt, Objektware, S:stark, K:hoch | 53,96 DM/m2 / 27,59 €/m2 |
| 036.72109.M | Tufting Schlinge, verspannt, Objektw., S:extrem, K:gut | 74,91 DM/m2 / 38,30 €/m2 |
| 036.72110.M | Tufting Schlinge, verspannt, Objektw., S:extrem, K:hoch | 80,87 DM/m2 / 41,35 €/m2 |
| 036.72111.M | Tufting Schlinge, verspannt, Objektw., S:extrem,K:einf. | 69,42 DM/m2 / 34,49 €/m2 |
| 036.72112.M | Tufting Schlinge, verspannt, Objektw., S:stark, K:hoch | 66,93 DM/m2 / 34,22 €/m2 |
| 036.72113.M | Tufting Schlinge, verspannt, Objektware, S:stark, K:gut | 63,45 DM/m2 / 32,44 €/m2 |
| 036.72114.M | Tufting Schlinge, Treppenbelag, Objektware, Treppenst. | 57,33 DM/St / 29,31 €/St |
| 036.72115.M | Tufting Schlinge, Treppenbelag, Objektware, Trittstufen | 32,70 DM/St / 16,72 €/St |
| 036.72304.M | Tufting velour, verklebt, Objektware, S:extrem, K:einf. | 63,43 DM/m2 / 32,43 €/m2 |
| 036.72305.M | Tufting velour, verklebt, Objektware, S:extrem, K:gut | 69,39 DM/m2 / 35,48 €/m2 |
| 036.72306.M | Tufting velour, verklebt, Objektware, S:extrem, K:hoch | 74,87 DM/m2 / 38,28 €/m2 |
| 036.72307.M | Tufting velour, verklebt, Objektware, S:stark, K:gut | 57,44 DM/m2 / 29,37 €/m2 |
| 036.72308.M | Tufting velour, verklebt, Objektware, S:stark, K:hoch | 61,42 DM/m2 / 31,40 €/m2 |
| 036.72309.M | Tufting velour, verspannt, Objektware, S:extrem, K:gut | 82,37 DM/m2 / 42,11 €/m2 |
| 036.72310.M | Tufting velour, verspannt, Objektware, S:extrem, K:hoch | 8785 DM/m2 / 44,92 €/m2 |
| 036.72311.M | Tufting velour, verspannt, Objektware, S:extrem,K:einf. | 76,40 DM/m2 / 39,06 €/m2 |
| 036.72312.M | Tufting velour, verspannt, Objektware, S:stark, K:gut | 70,91 DM/m2 / 36,26 €/m2 |
| 036.72313.M | Tufting velour, verspannt, Objektware, S:stark, K:hoch | 74,40 DM/m2 / 38,04 €/m2 |
| 036.72314.M | Tufting velour, Treppenbelag, Objektware, Treppenstufen | 60,32 DM/St / 30,84 €/St |
| 036.72315.M | Tufting velour, Treppenbelag, Objektware, Trittstufen | 35,10 DM/St / 17,95 €/St |

**036.72104.M**     KG 352 DIN 276
Tufting Schlinge, verklebt, Objektw., S:extrem, K:einf.
EP 56,43 DM/m2    LA 17,60 DM/m2    ST 38,83 DM/m2
EP 28,85 €/m2    LA 9,00 €/m2    ST 19,85 €/m2

**036.72105.M**     KG 352 DIN 276
Tufting Schlinge, verklebt, Objektw., S:extrem, K:hoch
EP 67,40 DM/m2    LA 17,60 DM/m2    ST 49,80 DM/m2
EP 34,46 €/m2    LA 9,00 €/m2    ST 25,46 €/m2

**036.72106.M**     KG 352 DIN 276
Tufting Schlinge, verklebt, Objektware, S:extrem, K:gut
EP 61,92 DM/m2    LA 17,60 DM/m2    ST 44,32 DM/m2
EP 31,66 €/m2    LA 9,00 €/m2    ST 22,66 €/m2

**036.72107.M**     KG 352 DIN 276
Tufting Schlinge, verklebt, Objektware, S:stark, K:gut
EP 50,47 DM/m2    LA 17,60 DM/m2    ST 32,87 DM/m2
EP 25,80 €/m2    LA 9,00 €/m2    ST 16,80 €/m2

**036.72108.M**     KG 352 DIN 276
Tufting Schlinge, verklebt, Objektware, S:stark, K:hoch
EP 53,96 DM/m2    LA 17,60 DM/m2    ST 36,36 DM/m2
EP 27,59 €/m2    LA 9,00 €/m2    ST 18,59 €/m2

**036.72109.M**     KG 352 DIN 276
Tufting Schlinge, verspannt, Objektw., S:extrem, K:gut
EP 74,91 DM/m2    LA 30,08 DM/m2    ST 44,83 DM/m2
EP 38,30 €/m2    LA 15,38 €/m2    ST 22,92 €/m2

**036.72110.M**     KG 352 DIN 276
Tufting Schlinge, verspannt, Objektw., S:extrem, K:hoch
EP 80,87 DM/m2    LA 30,08 DM/m2    ST 50,79 DM/m2
EP 41,35 €/m2    LA 15,38 €/m2    ST 25,97 €/m2

**036.72111.M**     KG 352 DIN 276
Tufting Schlinge, verspannt, Objektw., S:extrem,K:einf.
EP 69,42 DM/m2    LA 30,08 DM/m2    ST 39,34 DM/m2
EP 35,49 €/m2    LA 15,38 €/m2    ST 20,11 €/m2

**036.72112.M**     KG 352 DIN 276
Tufting Schlinge, verspannt, Objektw., S:stark, K:hoch
EP 66,93 DM/m2    LA 30,08 DM/m2    ST 36,85 DM/m2
EP 34,22 €/m2    LA 15,38 €/m2    ST 18,84 €/m2

**036.72113.M**     KG 352 DIN 276
Tufting Schlinge, verspannt, Objektware, S:stark, K:gut
EP 63,45 DM/m2    LA 30,08 DM/m2    ST 33,37 DM/m2
EP 32,44 €/m2    LA 15,38 €/m2    ST 17,06 €/m2

**036.72114.M**     KG 352 DIN 276
Tufting Schlinge, Treppenbelag, Objektware, Treppenst.
EP 57,33 DM/St    LA 33,28 DM/St    ST 24,05 DM/St
EP 29,31 €/St    LA 17,01 €/St    ST 12,30 €/St

**036.72115.M**     KG 352 DIN 276
Tufting Schlinge, Treppenbelag, Objektware, Trittstufen
EP 32,70 DM/St    LA 18,56 DM/St    ST 14,14 DM/St
EP 16,72 €/St    LA 9,49 €/St    ST 7,23 €/St

**036.72304.M**     KG 352 DIN 276
Tufting velour, verklebt, Objektware, S:extrem, K:einf.
EP 63,43 DM/m2    LA 17,60 DM/m2    ST 45,83 DM/m2
EP 32,43 €/m2    LA 9,00 €/m2    ST 23,43 €/m2

**036.72305.M**     KG 352 DIN 276
Tufting velour, verklebt, Objektware, S:extrem, K:gut
EP 69,39 DM/m2    LA 17,60 DM/m2    ST 51,79 DM/m2
EP 35,48 €/m2    LA 9,00 €/m2    ST 26,48 €/m2

**036.72306.M**     KG 352 DIN 276
Tufting velour, verklebt, Objektware, S:extrem, K:hoch
EP 7487 DM/m2    LA 17,60 DM/m2    ST 57,27 DM/m2
EP 38,28 €/m2    LA 9,00 €/m2    ST 29,28 €/m2

**036.72307.M**     KG 352 DIN 276
Tufting velour, verklebt, Objektware, S:stark, K:gut
EP 57,44 DM/m2    LA 17,60 DM/m2    ST 39,84 DM/m2
EP 29,37 €/m2    LA 9,00 €/m2    ST 20,37 €/m2

**036.72308.M**     KG 352 DIN 276
Tufting velour, verklebt, Objektware, S:stark, K:hoch
EP 61,42 DM/m2    LA 17,60 DM/m2    ST 43,82 DM/m2
EP 31,40 €/m2    LA 9,00 €/m2    ST 22,40 €/m2

**036.72309.M**     KG 352 DIN 276
Tufting velour, verspannt, Objektware, S:extrem, K:gut
EP 82,37 DM/m2    LA 30,08 DM/m2    ST 52,29 DM/m2
EP 42,11 €/m2    LA 15,38 €/m2    ST 26,73 €/m2

**036.72310.M**     KG 352 DIN 276
Tufting velour, verspannt, Objektware, S:extrem, K:hoch
EP 87,85 DM/m2    LA 30,08 DM/m2    ST 57,77 DM/m2
EP 44,92 €/m2    LA 15,38 €/m2    ST 29,54 €/m2

**036.72311.M**     KG 352 DIN 276
Tufting velour, verspannt, Objektware, S:extrem,K:einf.
EP 76,40 DM/m2    LA 30,08 DM/m2    ST 46,32 DM/m2
EP 39,06 €/m2    LA 15,38 €/m2    ST 23,68 €/m2

# LB 036 Bodenbelagarbeiten
## Textiler Bodenbelag, OW, Tufting – Nadelvlies, Bahnen; Teppichmodule

AW 036

Preise 06.01

Sämtliche Preise sind **Mittelpreise ohne Mehrwertsteuer** zum Zeitpunkt des Ausgabedatums.
**Korrekturfaktoren** für Regionaleinfluss, Mengeneinfluss, Konjunktureinfluss siehe Vorspann.
**Abkürzungen:** EP = Einheitspreis, LA = Lohnanteil, ST = Stoffanteil

036.72312.M  KG 352 DIN 276
Tufting velour, verspannt, Objektware, S:stark, K:gut
EP 70,91 DM/m2   LA 30,08 DM/m2   ST 40,83 DM/m2
EP 36,26 €/m2    LA 15,38 €/m2    ST 20,88 €/m2

036.72313.M  KG 352 DIN 276
Tufting velour, verspannt, Objektware, S:stark, K:hoch
EP 74,40 DM/m2   LA 30,08 DM/m2   ST 44,32 DM/m2
EP 38,04 €/m2    LA 15,38 €/m2    ST 22,66 €/m2

036.72314.M  KG 352 DIN 276
Tufting velour, Treppenbelag, Objektware, Treppenstufen
EP 60,32 DM/St   LA 33,28 DM/St   ST 27,04 DM/St
EP 30,84 €/St    LA 17,01 €/St    ST 13,83 €/St

036.72315.M  KG 352 DIN 276
Tufting velour, Treppenbelag, Objektware, Trittstufen
EP 35,10 DM/St   LA 18,56 DM/St   ST 16,54 DM/St
EP 17,95 €/St    LA  9,49 €/St    ST  8,46 €/St

**Textiler Bodenbelag, OW, Nadelvlies, Bahnen**

Abkürzungen:
S .... Strapazierwert
K .... Komfortwert
OW ... Objektware

036.-----.-

| | | | |
|---|---|---|---|
| 036.73005.M | Nadelvlies, verkleben, Objektware, S:extrem, K:einfach | | 59,39 DM/m2 |
| | | | 30,37 €/m2 |
| 036.73006.M | Nadelvlies, verkleben, Objektware, S:extrem, K:gut | | 64,87 DM/m2 |
| | | | 33,16 €/m2 |
| 036.73007.M | Nadelvlies, verkleben, Objektware, S:extrem, K:hoch | | 68,85 DM/m2 |
| | | | 35,20 €/m2 |
| 036.73008.M | Nadelvlies, verkleben, Objektware, S:stark, K:gut | | 52,43 DM/m2 |
| | | | 26,81 €/m2 |
| 036.73009.M | Nadelvlies, verkleben, Objektware, S:stark, K:hoch | | 55,90 DM/m2 |
| | | | 28,58 €/m2 |
| 036.73010.M | Nadelvlies, Treppenbelag, Objektware, Treppenstufen | | 65,23 DM/St |
| | | | 33,35 €/St |
| 036.73011.M | Nadelvlies, Treppenbelag, Objektware, Trittstufen | | 37,41 DM/St |
| | | | 19,13 €/St |
| 036.73803.M | Polvlies, verkleben, Objektware, S:stark, K:gut | | 47,95 DM/m2 |
| | | | 24,52 €/m2 |
| 036.73804.M | Polvlies, verkleben, Objektware, S:stark, K:hoch | | 53,92 DM/m2 |
| | | | 27,57 €/m2 |

036.73005.M  KG 352 DIN 276
Nadelvlies, verkleben, Objektware, S:extrem, K:einfach
EP 59,39 DM/m2   LA 14,08 DM/m2   ST 45,31 DM/m2
EP 30,37 €/m2    LA  7,20 €/m2    ST 23,17 €/m2

036.73006.M  KG 352 DIN 276
Nadelvlies, verkleben, Objektware, S:extrem, K:gut
EP 64,87 DM/m2   LA 14,08 DM/m2   ST 50,79 DM/m2
EP 33,16 €/m2    LA  7,20 €/m2    ST 25,96 €/m2

036.73007.M  KG 352 DIN 276
Nadelvlies, verkleben, Objektware, S:extrem, K:hoch
EP 68,85 DM/m2   LA 14,08 DM/m2   ST 54,77 DM/m2
EP 35,20 €/m2    LA  7,20 €/m2    ST 28,00 €/m2

036.73008.M  KG 352 DIN 276
Nadelvlies, verkleben, Objektware, S:stark, K:gut
EP 52,43 DM/m2   LA 14,08 DM/m2   ST 38,35 DM/m2
EP 26,81 €/m2    LA  7,20 €/m2    ST 19,61 €/m2

036.73009.M  KG 352 DIN 276
Nadelvlies, verkleben, Objektware, S:stark, K:hoch
EP 55,90 DM/m2   LA 14,08 DM/m2   ST 41,82 DM/m2
EP 28,58 €/m2    LA  7,20 €/m2    ST 21,38 €/m2

036.73010.M  KG 352 DIN 276
Nadelvlies, Treppenbelag, Objektware, Treppenstufen
EP 65,23 DM/St   LA 33,41 DM/St   ST 31,82 DM/St
EP 33,35 €/St    LA 17,08 €/St    ST 16,27 €/St

036.73011.M  KG 352 DIN 276
Nadelvlies, Treppenbelag, Objektware, Trittstufen
EP 37,41 DM/St   LA 18,56 DM/St   ST 18,85 DM/St
EP 19,13 €/St    LA  9,49 €/St    ST  9,64 €/St

036.73803.M  KG 352 DIN 276
Polvlies, verkleben, Objektware, S:stark, K:gut
EP 47,95 DM/m2   LA 14,08 DM/m2   ST 33,87 DM/m2
EP 24,52 €/m2    LA  7,20 €/m2    ST 17,32 €/m2

036.73804.M  KG 352 DIN 276
Polvlies, verkleben, Objektware, S:stark, K:hoch
EP 53,92 DM/m2   LA 14,08 DM/m2   ST 39,84 DM/m2
EP 27,57 €/m2    LA  7,20 €/m2    ST 20,37 €/m2

**Textiler Bodenbelag, OW, Teppichmodule**

Abkürzungen:
S .... Strapazierwert
K .... Komfortwert
OW ... Objektware

036.-----.-

| | | | |
|---|---|---|---|
| 036.78001.M | Teppichmodule Nadelvlies, lose verlegt, S:extrem, K:hoch | | 49,51 DM/m2 |
| | | | 25,31 €/m2 |
| 036.78002.M | Teppichmodule Schlinge, lose verlegt, S:extrem, K:einf. | | 77,40 DM/m2 |
| | | | 39,58 €/m2 |
| 036.78003.M | Teppichmodule Schlinge, lose verlegt, S:stark, K:einf. | | 52,51 DM/m2 |
| | | | 26,85 €/m2 |
| 036.78004.M | Teppichmodule Schlinge, lose verlegt, S:stark, K:hoch | | 72,42 DM/m2 |
| | | | 37,03 €/m2 |
| 036.78005.M | Teppichmodule Schmutzfang, lose verlegt, S:extrem, K:hoch | | 87,35 DM/m2 |
| | | | 44,66 €/m2 |
| 036.78006.M | Teppichmodule velour, lose verlegt, S:extrem, K:hoch | | 107,28 DM/m2 |
| | | | 54,85 €/m2 |
| 036.78007.M | Teppichmodule velour, lose verlegt, S:stark, K:hoch | | 69,43 DM/m2 |
| | | | 35,50 €/m2 |

036.78001.M  KG 352 DIN 276
Teppichmodule Nadelvlies, lose verlegt, S:extrem, K:hoch
EP 49,51 DM/m2   LA 7,68 DM/m2    ST 41,83 DM/m2
EP 25,31 €/m2    LA 3,93 €/m2     ST 21,38 €/m2

036.78002.M  KG 352 DIN 276
Teppichmodule Schlinge, lose verlegt, S:extrem, K:einf.
EP 77,40 DM/m2   LA 7,68 DM/m2    ST 69,72 DM/m2
EP 39,58 €/m2    LA 3,93 €/m2     ST 35,65 €/m2

036.78003.M  KG 352 DIN 276
Teppichmodule Schlinge, lose verlegt, S:stark, K:einf.
EP 52,51 DM/m2   LA 7,68 DM/m2    ST 44,83 DM/m2
EP 26,85 €/m2    LA 3,93 €/m2     ST 22,92 €/m2

036.78004.M  KG 352 DIN 276
Teppichmodule Schlinge, lose verlegt, S:stark, K:hoch
EP 72,42 DM/m2   LA 7,68 DM/m2    ST 64,74 DM/m2
EP 37,03 €/m2    LA 3,93 €/m2     ST 33,10 €/m2

036.78005.M  KG 352 DIN 276
Teppichmodule Schmutzfang, lose verlegt, S:extrem, K:hoch
EP 87,35 DM/m2   LA 7,68 DM/m2    ST 79,67 DM/m2
EP 44,66 €/m2    LA 3,93 €/m2     ST 40,73 €/m2

036.78006.M  KG 352 DIN 276
Teppichmodule velour, lose verlegt, S:extrem, K:hoch
EP 107,28 DM/m2  LA 7,68 DM/m2    ST 99,60 DM/m2
EP  54,85 €/m2   LA 3,93 €/m2     ST 50,92 €/m2

036.78007.M  KG 352 DIN 276
Teppichmodule velour, lose verlegt, S:stark, K:hoch
EP 69,43 DM/m2   LA 7,68 DM/m2    ST 61,75 DM/m2
EP 35,50 €/m2    LA 3,93 €/m2     ST 31,57 €/m2

# LB 036 Bodenbelagarbeiten
## Leisten, Einbauteile, Treppenformteile

Sämtliche Preise sind **Mittelpreise ohne Mehrwertsteuer** zum Zeitpunkt des Ausgabedatums.
**Korrekturfaktoren** für Regionaleinfluss, Mengeneinfluss, Konjunktureinfluss siehe Vorspann.
**Abkürzungen:** EP = Einheitspreis, LA = Lohnanteil, ST = Stoffanteil

### Leisten, Einbauteile, Treppenformteile

036.-----.-

|  |  |  |
|---|---|---|
| 036.80101.M | Sockelleiste Eiche, 60 x 12 mm | 8,92 DM/m / 4,56 €/m |
| 036.80102.M | Sockelleiste Holz, beschichtet, 60 x 12 mm | 6,82 DM/m / 3,49 €/m |
| 036.80103.M | Sockelleiste Holz, glatt, 100 bis 120 mm | 28,60 DM/m / 14,62 €/m |
| 036.80401.M | Sockelleiste synthetischer Kautschuk | 16,90 DM/m / 8,64 €/m |
| 036.80501.M | Sockelleiste für Laminatboden | 9,36 DM/m / 4,79 €/m |
| 036.80104.M | Fußleiste für Kabelverlegung | 25,28 DM/m / 12,93 €/m |
| 036.80105.M | Fußleiste für Rohrverlegung | 32,24 DM/m / 16,48 €/m |
| 036.80201.M | Sockelleiste PVC hart 70 mm | 8,95 DM/m / 4,58 €/m |
| 036.80301.M | Sockelleiste PVC weich 25 mm | 4,18 DM/m / 2,14 €/m |
| 036.80302.M | Sockelleiste PVC weich 70-80 mm | 7,29 DM/m / 3,73 €/m |
| 036.81101.M | Sockelstreifen Textil 50 mm | 7,52 DM/m / 3,85 €/m |
| 036.81201.M | Sockelstreifen Schurwolle 70 mm | 16,84 DM/m / 8,61 €/m |
| 036.81202.M | Sockelstreifen Kork 70 mm | 10,15 DM/m / 5,19 €/m |
| 036.81203.M | Sockelstreifen Kork 70 mm, gewachst | 10,68 DM/m / 5,46 €/m |
| 036.80106.M | Steckfußleiste, Holz, furniert, 60 x 25 mm | 13,49 DM/m / 6,90 €/m |
| 036.82101.M | Deckleiste, Viertelstab, Eiche, Radius 12 mm | 7,07 DM/m / 3,62 €/m |
| 036.82102.M | Deckleiste, Viertelstab, Holz beschichtet, Radius 12 mm | 5,54 DM/m / 2,83 €/m |
| 036.82103.M | Deckleiste, Kehlstab, Eiche, 28 x 28 mm | 10,55 DM/m / 5,39 €/m |
| 036.82104.M | Deckleiste, Kehlstab, Holz beschichtet, 28 x 28 mm | 8,13 DM/m / 4,16 €/m |
| 036.82105.M | Deckleiste, Rechteckprofil, Eiche, 12 x 28 mm | 7,44 DM/m / 3,81 €/m |
| 036.82106.M | Deckleiste, Rechteckprofil, Holz beschichtet, 12x28 mm | 6,42 DM/m / 3,28 €/m |
| 036.82107.M | Winkelleiste, Eiche, 28 x 28 mm | 11,75 DM/m / 6,01 €/m |
| 036.82108.M | Winkelleiste, Holz beschichtet, 35 x 35 mm | 9,01 DM/m / 4,61 €/m |
| 036.82109.M | Winkelleiste, Holz beschichtet, 28 x 28 mm | 8,23 DM/m / 4,21 €/m |
| 036.82110.M | Winkelleiste, Eiche, 35 x 35 mm | 12,44 DM/m / 6,36 €/m |
| 036.83101.M | Übergangsprofil Messing 30 mm | 15,59 DM/m / 7,97 €/m |
| 036.83102.M | Übergangsprofil PVC 30 mm | 12,62 DM/m / 6,45 €/m |
| 036.84101.M | Treppenkantenprofil Aluminium eloxiert | 41,27 DM/m / 21,10 €/m |
| 036.84102.M | Treppenkantenprofil Kautschuk, glatt | 29,13 DM/m / 14,89 €/m |
| 036.84201.M | Treppenkantenprofil PVC weich, profiliert | 10,78 DM/m / 5,51 €/m |
| 036.85101.M | Wangenprofil als Treppenwinkelpaar, Kautschuk | 28,48 DM/St / 14,56 €/St |
| 036.86101.M | Treppensockel als Treppenwinkelpaar, Kautschuk | 29,79 DM/St / 15,23 €/St |
| 036.87101.M | Treppenbelag vorgefertigt, PVC | 42,57 DM/m / 21,76 €/m |
| 036.87102.M | Treppenbelag vorgefertigt, Kautschuk, profiliert | 63,02 DM/m / 32,22 €/m |
| 036.87103.M | Treppenbelag vorgefertigt, Kautschuk, Rundnoppen | 86,62 DM/St / 44,29 €/St |
| 036.90401.M | Einarbeitung Fries, Zulage | 18,42 DM/m / 9,42 €/m |

---

**036.80101.M** KG 352 DIN 276
Sockelleiste Eiche, 60 x 12 mm
EP 8,92 DM/m   LA 4,80 DM/m   ST 4,12 DM/m
EP 4,56 €/m    LA 2,45 €/m    ST 2,11 €/m

**036.80102.M** KG 352 DIN 276
Sockelleiste Holz, beschichtet, 60 x 12 mm
EP 6,82 DM/m   LA 4,48 DM/m   ST 2,34 DM/m
EP 3,49 €/m    LA 2,29 €/m    ST 1,20 €/m

**036.80103.M** KG 352 DIN 276
Sockelleiste Holz, glatt, 100 bis 120 mm
EP 28,60 DM/m  LA 6,40 DM/m   ST 22,20 DM/m
EP 14,62 €/m   LA 3,27 €/m    ST 11,35 €/m

**036.80401.M** KG 352 DIN 276
Sockelleiste synthetischer Kautschuk
EP 16,90 DM/m  LA 2,88 DM/m   ST 14,02 DM/m
EP 8,64 €/m    LA 1,47 €/m    ST 7,17 €/m

**036.80501.M** KG 352 DIN 276
Sockelleiste für Laminatboden
EP 9,36 DM/m   LA 4,16 DM/m   ST 5,20 DM/m
EP 4,79 €/m    LA 2,12 €/m    ST 2,67 €/m

**036.80104.M** KG 352 DIN 276
Fußleiste für Kabelverlegung
EP 25,28 DM/m  LA 5,44 DM/m   ST 19,84 DM/m
EP 12,93 €/m   LA 2,78 €/m    ST 10,15 €/m

**036.80105.M** KG 352 DIN 276
Fußleiste für Rohrverlegung
EP 32,24 DM/m  LA 6,91 DM/m   ST 25,33 DM/m
EP 16,48 €/m   LA 3,53 €/m    ST 12,95 €/m

**036.80201.M** KG 352 DIN 276
Sockelleiste PVC hart 70 mm
EP 8,95 DM/m   LA 6,40 DM/m   ST 2,55 DM/m
EP 4,58 €/m    LA 3,27 €/m    ST 1,31 €/m

**036.80301.M** KG 352 DIN 276
Sockelleiste PVC weich 25 mm
EP 4,18 DM/m   LA 3,20 DM/m   ST 0,98 DM/m
EP 2,14 €/m    LA 1,63 €/m    ST 0,51 €/m

**036.80302.M** KG 352 DIN 276
Sockelleiste PVC weich 70-80 mm
EP 7,29 DM/m   LA 4,48 DM/m   ST 2,81 DM/m
EP 3,73 €/m    LA 2,29 €/m    ST 1,44 €/m

**036.81101.M** KG 352 DIN 276
Sockelstreifen Textil 50 mm
EP 7,52 DM/m   LA 4,80 DM/m   ST 2,72 DM/m
EP 3,85 €/m    LA 2,45 €/m    ST 1,40 €/m

**036.81201.M** KG 352 DIN 276
Sockelstreifen Schurwolle 70 mm
EP 16,84 DM/m  LA 5,11 DM/m   ST 11,73 DM/m
EP 8,61 €/m    LA 2,62 €/m    ST 5,99 €/m

**036.81202.M** KG 352 DIN 276
Sockelstreifen Kork 70 mm
EP 10,15 DM/m  LA 4,16 DM/m   ST 5,99 DM/m
EP 5,19 €/m    LA 2,12 €/m    ST 3,07 €/m

**036.81203.M** KG 352 DIN 276
Sockelstreifen Kork 70 mm, gewachST
EP 10,68 DM/m  LA 4,16 DM/m   ST 6,52 DM/m
EP 5,46 €/m    LA 2,12 €/m    ST 3,34 €/m

**036.80106.M** KG 352 DIN 276
Steckfußleiste, Holz, furniert, 60 x 25 mm
EP 13,49 DM/m  LA 5,76 DM/m   ST 7,73 DM/m
EP 6,90 €/m    LA 2,95 €/m    ST 3,95 €/m

**036.82101.M** KG 352 DIN 276
Deckleiste, Viertelstab, Eiche, Radius 12 mm
EP 7,07 DM/m   LA 4,16 DM/m   ST 2,91 DM/m
EP 3,62 €/m    LA 2,12 €/m    ST 1,50 €/m

**036.82102.M** KG 352 DIN 276
Deckleiste, Viertelstab, Holz beschichtet, Radius 12 mm
EP 5,54 DM/m   LA 4,16 DM/m   ST 1,38 DM/m
EP 2,83 €/m    LA 2,12 €/m    ST 0,71 €/m

**036.82103.M** KG 352 DIN 276
Deckleiste, Kehlstab, Eiche, 28 x 28 mm
EP 10,55 DM/m  LA 4,80 DM/m   ST 5,75 DM/m
EP 5,39 €/m    LA 2,45 €/m    ST 2,94 €/m

**036.82104.M** KG 352 DIN 276
Deckleiste, Kehlstab, Holz beschichtet, 28 x 28 mm
EP 8,13 DM/m   LA 4,80 DM/m   ST 3,33 DM/m
EP 4,16 €/m    LA 2,45 €/m    ST 1,71 €/m

# LB 036 Bodenbelagarbeiten
## Leisten, Einbauteile, Treppenformteile; Fußmatten

AW 036

Preise 06.01

Sämtliche Preise sind **Mittelpreise ohne Mehrwertsteuer** zum Zeitpunkt des Ausgabedatums.
**Korrekturfaktoren** für Regionaleinfluss, Mengeneinfluss, Konjunktureinfluss siehe Vorspann.
**Abkürzungen:** EP = Einheitspreis, LA = Lohnanteil, ST = Stoffanteil

036.82105.M    KG 352 DIN 276
Deckleiste, Rechteckprofil, Eiche, 12 x 28 mm
EP 7,44 DM/m    LA 4,48 DM/m    ST 2,96 DM/m
EP 3,81 €/m    LA 2,29 €/m    ST 1,52 €/m

036.82106.M    KG 352 DIN 276
Deckleiste, Rechteckprofil, Holz beschichtet, 12x28 mm
EP 6,42 DM/m    LA 4,48 DM/m    ST 1,94 DM/m
EP 3,28 €/m    LA 2,29 €/m    ST 0,99 €/m

036.82107.M    KG 352 DIN 276
Winkelleiste, Eiche, 28 x 28 mm
EP 11,75 DM/m    LA 5,11 DM/m    ST 6,64 DM/m
EP 6,01 €/m    LA 2,62 €/m    ST 3,39 €/m

036.82108.M    KG 352 DIN 276
Winkelleiste, Holz beschichtet, 35 x 35 mm
EP 9,01 DM/m    LA 5,11 DM/m    ST 3,90 DM/m
EP 4,61 €/m    LA 2,62 €/m    ST 1,99 €/m

036.82109.M    KG 352 DIN 276
Winkelleiste, Holz beschichtet, 28 x 28 mm
EP 8,23 DM/m    LA 5,11 DM/m    ST 3,12 DM/m
EP 4,21 €/m    LA 2,62 €/m    ST 1,59 €/m

036.82110.M    KG 352 DIN 276
Winkelleiste, Eiche, 35 x 35 mm
EP 12,44 DM/m    LA 5,11 DM/m    ST 7,33 DM/m
EP 6,36 €/m    LA 2,62 €/m    ST 3,74 €/m

036.83101.M    KG 352 DIN 276
Übergangsprofil Messing 30 mm
EP 15,59 DM/m    LA 10,24 DM/m    ST 5,35 DM/m
EP 7,97 €/m    LA 5,24 €/m    ST 2,73 €/m

036.83102.M    KG 352 DIN 276
Übergangsprofil PVC 30 mm
EP 12,62 DM/m    LA 9,60 DM/m    ST 3,02 DM/m
EP 6,45 €/m    LA 4,91 €/m    ST 1,54 €/m

036.84101.M    KG 352 DIN 276
Treppenkantenprofil Aluminium eloxiert
EP 41,27 DM/m    LA 5,44 DM/m    ST 35,83 DM/m
EP 21,10 €/m    LA 2,78 €/m    ST 18,32 €/m

036.84102.M    KG 352 DIN 276
Treppenkantenprofil Kautschuk, glatt
EP 29,13 DM/m    LA 4,80 DM/m    ST 24,33 DM/m
EP 14,89 €/m    LA 2,45 €/m    ST 12,44 €/m

036.84201.M    KG 352 DIN 276
Treppenkantenprofil PVC weich, profiliert
EP 10,78 DM/m    LA 6,40 DM/m    ST 4,38 DM/m
EP 5,51 €/m    LA 3,27 €/m    ST 2,24 €/m

036.85101.M    KG 352 DIN 276
Wangenprofil als Treppenwinkelpaar, Kautschuk
EP 28,48 DM/St    LA 4,04 DM/St    ST 24,44 DM/St
EP 14,56 €/St    LA 2,06 €/St    ST 12,50 €/St

036.86101.M    KG 352 DIN 276
Treppensockel als Treppenwinkelpaar, Kautschuk
EP 29,79 DM/St    LA 3,84 DM/St    ST 25,95 DM/St
EP 15,23 €/St    LA 1,96 €/St    ST 13,27 €/St

036.87101.M    KG 352 DIN 276
Treppenbelag vorgefertigt, PVC
EP 42,57 DM/m    LA 19,20 DM/m    ST 23,37 DM/m
EP 21,76 €/m    LA 9,82 €/m    ST 11,94 €/m

036.87102.M    KG 352 DIN 276
Treppenbelag vorgefertigt, Kautschuk, profiliert
EP 63,02 DM/m    LA 19,20 DM/m    ST 43,82 DM/m
EP 32,22 €/m    LA 9,82 €/m    ST 22,40 €/m

036.87103.M    KG 352 DIN 276
Treppenbelag vorgefertigt, Kautschuk, Rundnoppen
EP 86,62 DM/St    LA 19,84 DM/St    ST 66,78 DM/St
EP 44,29 €/St    LA 10,14 €/St    ST 34,15 €/St

036.90401.M    KG 352 DIN 276
Einarbeitung Fries, Zulage
EP 18,42 DM/m    LA 6,27 DM/m    ST 12,15 DM/m
EP 9,42 €/m    LA 3,21 €/m    ST 6,21 €/m

**Fußmatten**

036.-----.-

|  |  |  |
|---|---|---|
| 036.87601.M | Rollmatte, Trägerprof. PVC, Dicke 16 mm, Breite 50 cm | 193,57 DM/m / 98,97 €/m |
| 036.87602.M | Rollmatte, Trägerprof. PVC, Dicke 16 mm, Breite 80 cm | 306,22 DM/m / 156,57 €/m |
| 036.87603.M | Rollmatte, Trägerprof. PVC, Dicke 16 mm, Breite 120 cm | 456,31 DM/m / 233,31 €/m |
| 036.87604.M | Rollmatte, Trägerprof. PVC, Dicke 16 mm, Breite 150 cm | 569,16 DM/m / 291,01 €/m |
| 036.87605.M | Rollmatte, Trägerprof. PVC, Dicke 20 mm, Breite 50 cm | 209,54 DM/m / 107,14 €/m |
| 036.87606.M | Rollmatte, Trägerprof. PVC, Dicke 20 mm, Breite 80 cm | 331,04 DM/m / 169,26 €/m |
| 036.87607.M | Rollmatte, Trägerprof. PVC, Dicke 20 mm, Breite 120 cm | 492,58 DM/m / 251,85 €/m |
| 036.87608.M | Rollmatte, Trägerprof. PVC, Dicke 20 mm, Breite 150 cm | 613,67 DM/m / 313,76 €/m |
| 036.87609.M | Rollmatte, Trägerprof. PVC, Dicke 25 mm, Breite 50 cm | 262,95 DM/m / 134,44 €/m |
| 036.87610.M | Rollmatte, Trägerprof. PVC, Dicke 25 mm, Breite 80 cm | 415,53 DM/m / 212,46 €/m |
| 036.87611.M | Rollmatte, Trägerprof. PVC, Dicke 25 mm, Breite 120 cm | 618,51 DM/m / 316,24 €/m |
| 036.87612.M | Rollmatte, Trägerprof. PVC, Dicke 25 mm, Breite 150 cm | 771,01 DM/m / 394,21 €/m |
| 036.87613.M | Rollmatte, Trägerprof. PVC, Dicke 30 mm, Breite 50 cm | 270,00 DM/m / 138,05 €/m |
| 036.87614.M | Rollmatte, Trägerprof. PVC, Dicke 30 mm, Breite 80 cm | 425,71 DM/m / 217,66 €/m |
| 036.87615.M | Rollmatte, Trägerprof. PVC, Dicke 30 mm, Breite 120 cm | 632,96 DM/m / 323,63 €/m |
| 036.87616.M | Rollmatte, Trägerprof. PVC, Dicke 30 mm, Breite 150 cm | 788,37 DM/m / 403,09 €/m |
| 036.87617.M | Rollmatte, Trägerprof. Al, Dicke 25 mm, Breite 50 cm | 293,18 DM/m / 149,90 €/m |
| 036.87618.M | Rollmatte, Trägerprof. Al, Dicke 25 mm, Breite 80 cm | 462,75 DM/m / 236,60 €/m |
| 036.87619.M | Rollmatte, Trägerprof. Al, Dicke 25 mm, Breite 120 cm | 688,40 DM/m / 351,97 €/m |
| 036.87620.M | Rollmatte, Trägerprof. Al, Dicke 25 mm, Breite 150 cm | 857,88 DM/m / 438,63 €/m |
| 036.87621.M | Rollmatte, Trägerprof. Al, Dicke 30 mm, Breite 50 cm | 305,28 DM/m / 156,09 €/m |
| 036.87622.M | Rollmatte, Trägerprof. Al, Dicke 30 mm, Breite 80 cm | 481,91 DM/m / 246,40 €/m |
| 036.87623.M | Rollmatte, Trägerprof. Al, Dicke 30 mm, Breite 120 cm | 716,94 DM/m / 366,57 €/m |
| 036.87624.M | Rollmatte, Trägerprof. Al, Dicke 30 mm, Breite 150 cm | 893,07 DM/m / 456,62 €/m |

036.87601.M    KG 352 DIN 276
Rollmatte, Trägerprof. PVC, Dicke 16 mm, Breite 50 cm
EP 193,57 DM/m    LA 7,68 DM/m    ST 185,89 DM/m
EP 98,97 €/m    LA 3,93 €/m    ST 95,04 €/m

036.87602.M    KG 352 DIN 276
Rollmatte, Trägerprof. PVC, Dicke 16 mm, Breite 80 cm
EP 306,22 DM/m    LA 8,96 DM/m    ST 297,26 DM/m
EP 156,57 €/m    LA 4,58 €/m    ST 151,99 €/m

036.87603.M    KG 352 DIN 276
Rollmatte, Trägerprof. PVC, Dicke 16 mm, Breite 120 cm
EP 456,31 DM/m    LA 10,24 DM/m    ST 446,07 DM/m
EP 233,31 €/m    LA 5,24 €/m    ST 228,07 €/m

036.87604.M    KG 352 DIN 276
Rollmatte, Trägerprof. PVC, Dicke 16 mm, Breite 150 cm
EP 569,16 DM/m    LA 11,52 DM/m    ST 557,64 DM/m
EP 291,01 €/m    LA 5,89 €/m    ST 285,12 €/m

036.87605.M    KG 352 DIN 276
Rollmatte, Trägerprof. PVC, Dicke 20 mm, Breite 50 cm
EP 209,54 DM/m    LA 9,28 DM/m    ST 200,26 DM/m
EP 107,14 €/m    LA 4,75 €/m    ST 102,39 €/m

## LB 036 Bodenbelagarbeiten
### Fußmatten; Schutzabdeckungen, Oberflächenbehandlung

Sämtliche Preise sind **Mittelpreise ohne Mehrwertsteuer** zum Zeitpunkt des Ausgabedatums.
**Korrekturfaktoren** für Regionaleinfluss, Mengeneinfluss, Konjunktureinfluss siehe Vorspann.
Abkürzungen: EP = Einheitspreis, LA = Lohnanteil, ST = Stoffanteil

036.87606.M KG 352 DIN 276
Rollmatte, Trägerprof. PVC, Dicke 20 mm, Breite 80 cm
EP 331,04 DM/m LA 10,56 DM/m ST 320,48 DM/m
EP 169,26 €/m LA 5,40 €/m ST 163,86 €/m

036.87607.M KG 352 DIN 276
Rollmatte, Trägerprof. PVC, Dicke 20 mm, Breite 120 cm
EP 492,58 DM/m LA 11,84 DM/m ST 480,74 DM/m
EP 251,85 €/m LA 6,05 €/m ST 245,80 €/m

036.87608.M KG 352 DIN 276
Rollmatte, Trägerprof. PVC, Dicke 20 mm, Breite 150 cm
EP 613,67 DM/m LA 12,80 DM/m ST 600,87 DM/m
EP 313,76 €/m LA 6,54 €/m ST 307,22 €/m

036.87609.M KG 352 DIN 276
Rollmatte, Trägerprof. PVC, Dicke 25 mm, Breite 50 cm
EP 262,95 DM/m LA 10,88 DM/m ST 252,07 DM/m
EP 134,44 €/m LA 5,56 €/m ST 128,88 €/m

036.87610.M KG 352 DIN 276
Rollmatte, Trägerprof. PVC, Dicke 25 mm, Breite 80 cm
EP 415,53 DM/m LA 12,16 DM/m ST 403,37 DM/m
EP 212,46 €/m LA 6,22 €/m ST 206,24 €/m

036.87611.M KG 352 DIN 276
Rollmatte, Trägerprof. PVC, Dicke 25 mm, Breite 120 cm
EP 618,51 DM/m LA 13,44 DM/m ST 605,07 DM/m
EP 316,24 €/m LA 6,87 €/m ST 309,37 €/m

036.87612.M KG 352 DIN 276
Rollmatte, Trägerprof. PVC, Dicke 25 mm, Breite 150 cm
EP 771,01 DM/m LA 14,72 DM/m ST 756,29 DM/m
EP 394,21 €/m LA 7,52 €/m ST 386,69 €/m

036.87613.M KG 352 DIN 276
Rollmatte, Trägerprof. PVC, Dicke 30 mm, Breite 50 cm
EP 270,00 DM/m LA 12,48 DM/m ST 257,52 DM/m
EP 138,05 €/m LA 6,38 €/m ST 131,67 €/m

036.87614.M KG 352 DIN 276
Rollmatte, Trägerprof. PVC, Dicke 30 mm, Breite 80 cm
EP 425,71 DM/m LA 13,76 DM/m ST 411,96 DM/m
EP 217,66 €/m LA 7,03 €/m ST 210,63 €/m

036.87615.M KG 352 DIN 276
Rollmatte, Trägerprof. PVC, Dicke 30 mm, Breite 120 cm
EP 632,96 DM/m LA 15,03 DM/m ST 617,93 DM/m
EP 323,63 €/m LA 7,59 €/m ST 315,94 €/m

036.87616.M KG 352 DIN 276
Rollmatte, Trägerprof. PVC, Dicke 30 mm, Breite 150 cm
EP 788,37 DM/m LA 16,00 DM/m ST 772,37 DM/m
EP 403,09 €/m LA 8,18 €/m ST 394,91 €/m

036.87617.M KG 352 DIN 276
Rollmatte, Trägerprof. Al, Dicke 25 mm, Breite 50 cm
EP 293,18 DM/m LA 12,80 DM/m ST 280,38 DM/m
EP 149,90 €/m LA 6,54 €/m ST 143,36 €/m

036.87618.M KG 352 DIN 276
Rollmatte, Trägerprof. Al, Dicke 25 mm, Breite 80 cm
EP 462,75 DM/m LA 14,08 DM/m ST 448,67 DM/m
EP 236,60 €/m LA 7,20 €/m ST 229,40 €/m

036.87619.M KG 352 DIN 276
Rollmatte, Trägerprof. Al, Dicke 25 mm, Breite 120 cm
EP 688,40 DM/m LA 15,35 DM/m ST 673,05 DM/m
EP 351,97 €/m LA 7,85 €/m ST 344,12 €/m

036.87620.M KG 352 DIN 276
Rollmatte, Trägerprof. Al, Dicke 25 mm, Breite 150 cm
EP 857,88 DM/m LA 16,64 DM/m ST 841,24 DM/m
EP 438,63 €/m LA 8,51 €/m ST 430,12 €/m

036.87621.M KG 352 DIN 276
Rollmatte, Trägerprof. Al, Dicke 30 mm, Breite 50 cm
EP 305,28 DM/m LA 13,12 DM/m ST 292,16 DM/m
EP 156,09 €/m LA 6,71 €/m ST 149,38 €/m

036.87622.M KG 352 DIN 276
Rollmatte, Trägerprof. Al, Dicke 30 mm, Breite 80 cm
EP 481,91 DM/m LA 14,40 DM/m ST 467,51 DM/m
EP 246,40 €/m LA 7,36 €/m ST 239,04 €/m

036.87623.M KG 352 DIN 276
Rollmatte, Trägerprof. Al, Dicke 30 mm, Breite 120 cm
EP 716,94 DM/m LA 15,67 DM/m ST 701,27 DM/m
EP 366,57 €/m LA 8,01 €/m ST 358,56 €/m

036.87624.M KG 352 DIN 276
Rollmatte, Trägerprof. Al, Dicke 30 mm, Breite 150 cm
EP 893,07 DM/m LA 16,64 DM/m ST 876,43 DM/m
EP 456,62 €/m LA 8,51 €/m ST 448,11 €/m

**Schutzabdeckungen, Oberflächenbehandlung**

036.-----.-

036.92101.M Schutzabdeckung Bodenbelag, Kunststofffolie, begehbar 3,91 DM/m2
2,00 €/m2
036.92102.M Schutzabdeckung Bodenbelag, Filzpappe/Folie, begehbar 8,69 DM/m2
4,44 €/m2
036.92103.M Schutzabdeckung Bodenbelag, Hartfaserpl., befahrbar 9,23 DM/m2
4,72 €/m2
036.92104.M Schutzabdeckung Bodenbelag, Bohlen, befahrbar 18,05 DM/m2
9,23 €/m2
036.93101.M Erste Pflege, Laminat 2,94 DM/m2
1,50 €/m2
036.93102.M Erste Pflege, Korkbelag Schleifen u. Versiegeln 8,53 DM/m2
4,36 €/m2

036.92101.M KG 398 DIN 276
Schutzabdeckung Bodenbelag, Kunststofffolie, begehbar
EP 3,91 DM/m2 LA 2,19 DM/m2 ST 1,72 DM/m2
EP 2,00 €/m2 LA 1,12 €/m2 ST 0,88 €/m2

036.92102.M KG 398 DIN 276
Schutzabdeckung Bodenbelag, Filzpappe/Folie, begehbar
EP 8,69 DM/m2 LA 5,12 DM/m2 ST 3,57 DM/m2
EP 4,44 €/m2 LA 2,62 €/m2 ST 1,82 €/m2

036.92103.M KG 398 DIN 276
Schutzabdeckung Bodenbelag, Hartfaserpl., befahrbar
EP 9,23 DM/m2 LA 4,69 DM/m2 ST 4,54 DM/m2
EP 4,72 €/m2 LA 2,40 €/m2 ST 2,32 €/m2

036.92104.M KG 398 DIN 276
Schutzabdeckung Bodenbelag, Bohlen, befahrbar
EP 18,05 DM/m2 LA 9,06 DM/m2 ST 8,99 DM/m2
EP 9,23 €/m2 LA 4,63 €/m2 ST 4,60 €/m2

036.93101.M KG 352 DIN 276
Erste Pflege, Laminat
EP 2,94 DM/m2 LA 2,50 DM/m2 ST 0,44 DM/m2
EP 1,50 €/m2 LA 1,28 €/m2 ST 0,22 €/m2

036.93102.M KG 352 DIN 276
Erste Pflege, Korkbelag Schleifen u. Versiegeln
EP 8,53 DM/m2 LA 6,08 DM/m2 ST 2,45 DM/m2
EP 4,36 €/m2 LA 3,11 €/m2 ST 1,25 €/m2

# LB 037 Tapezierarbeiten
## Vorbereiten des Untergrundes

*STLB 037*
*Ausgabe 06.01*

**Entfernen von Tapezierungen, Wandbekleidungen, Bespannungen**

- 100 Tapezierung,
- 111 Tapezierung aus Papierwandbekleidung,
- 112 Tapezierung aus kunststoffbeschichteter Wandbekleidung,
- 113 Tapezierung aus Prägewandbekleidung,
- 114 Tapezierung aus Vinylwandbekleidung,
- 115 Tapezierung aus Vinylwandbekleidung auf Gewebe– oder Vliesträger,
- 116 Tapezierung aus Profilwandbekleidung,
- 117 Tapezierung aus Kunststoffwandbekleidung,
- 118 Tapezierung aus Textilwandbekleidung,
- 119 Tapezierung aus Velourwandbekleidung,
- 120 Tapezierung aus Metalleffekt-Wandbekleidung,
- 121 Tapezierung aus Wandbild,
- 122 Tapezierung aus Naturwerkstoff-Wandbekleidung,
- 130 Tapezierung aus beschichteter Wandbekleidung mit Papierträger,
- 131 Tapezierung aus beschichteter Wandbekleidung mit Kunststoffträger,
- 132 Tapezierung aus beschichteter Wandbekleidung mit Textilträger,
- 133 Tapezierung aus beschichteter Wandbekleidung mit Glasgewebe,
- 134 Tapezierung aus beschichteter Wandbekleidung mit ......,
- 140 Tapezierung aus ......,
- 150 Bekleidung aus ......,
- 160 Bespannung aus ......,
  Einzelangaben nach DIN 18366 zu Pos. 100 bis 160
  - Anzahl der Lagen (zu Pos. 100 bis 150)
    - – zweilagig,
    - – dreilagig,
    - – Anzahl der Lagen ......,
      - – – einschl. Tapetenunterlage,
      - – – einschl. ......,
  - Unterlage (zu Pos. 160)
    - – einschl. der geklebten Unterlage,
    - – einschl. der gespannten Unterlage,
    - – einschl. ......,
      - – – aus gewebtem Stoff.
      - – – aus Schaumstoff,
      - – – aus ......,
  - Leistungsumfang
    - – entfernen,
    - – von Wänden entfernen,
    - – von Wänden mit Wandschrägen entfernen,
    - – von Decken entfernen,
    - – von Decken mit Deckenschrägen entfernen,
    - – von Decken und Wänden entfernen,
    - – von Deckenschrägen entfernen,
    - – von Treppenuntersichten entfernen,
    - – entfernen ......,
      - – – Art der Verklebung ......,
        - – – – Untergrund Tapetenwechselgrund,
        - – – – Untergrund Makulaturpapier, spaltbar,
        - – – – Untergrund Makulaturpapier mit Abzieheffekt,
        - – – – Untergrund ......,
          - – – – – Tapetenleisten entfernen,
          - – – – – Kordeln entfernen,
          - – – – – Tapetenleisten und Kordeln entfernen,
          - – – – – ......,
            - – – – – – anfallende Stoffe ......,
  - Arbeitshöhe
    - – Höhe bis 2,50 m,
    - – Höhe ......,
  - Berechnungseinheit m²

**Entfernen, Wiederanbringen von Profilen, Ornamenten**

- 200 Profil,
- 201 Ornament,
  Einzelangaben nach DIN 18366 zu Pos. 200, 201
  - Werkstoff
    - – aus Holz,
    - – aus Kunststoff,
    - – aus Metall,
    - – aus ......,
  - Befestigungsart
    - – genagelt,
    - – geschraubt,
    - – geklemmt,
    - – geklebt,
    - – Art der Befestigung ......,
  - Breite bis 50 mm – über 50 bis 100 mm – über 100 bis 150 mm – über 150 bis 200 mm – ...... – Maße ......,
  - Leistungsumfang
    - – entfernen,
    - – nach Anordnung des AG lagern und wiederanbringen,
      - – – anfallende Stoffe ......,
  - Arbeitshöhe
    - – Höhe bis 2,5 m,
    - – Höhe ......,
  - Berechnungseinheit m (mit Angabe Breite), Stück (mit Angabe Maße)

**Entfernen von Unterlagsstoffen**

- 230 Unterlage,
  Einzelangaben nach DIN 18366
  - Art der Unterlage
    - – aus Rohpapier,
    - – aus Rohpapier, spaltbar,
    - – aus Makulaturpapier mit Abzieheffekt,
    - – aus Kunststofffolie,
    - – aus Metallfolie,
    - – aus Wollfilzpappe,
    - – aus Schaumkunststoff,
    - – aus Hartschaumkunststoff,
    - – aus ......,
  - Schichtdicke
    - – Schichtdicke bis 5 mm,
    - – Schichtdicke über 5 bis 10 mm,
    - – Schichtdicke über 10 bis 15 mm,
    - – Schichtdicke über 15 bis 20 mm,
    - – Schichtdicke über 20 bis 25 mm,
      - – – einlagig,
      - – – zweilagig,
      - – – Anzahl der Lagen ......,
  - Leistungsumfang
    - – entfernen,
    - – von Wänden entfernen,
    - – von Wänden mit Wandschrägen entfernen,
    - – von Decken entfernen,
    - – von Decken mit Deckenschrägen entfernen,
    - – von Decken und Wänden entfernen,
    - – von Deckenschrägen entfernen,
    - – von Treppenuntersichten entfernen,
    - – entfernen und wiederanbringen,
      - – – anfallende Stoffe ......,
  - Arbeitshöhe
    - – Höhe bis 2,5 m,
    - – Höhe ......,
  - Berechnungseinheit m²

**STLB 037**

**LB 037 Tapezierarbeiten**
**Vorbereiten des Untergrundes**

Ausgabe 06.01

Entfernen, Aufrauen von Beschichtungen

260 Beschichtung,
Einzelangaben nach DIN 18366
- Art der Beschichtung
  - – aus Kalkfarbe
  - – aus Kalk-Weißzementfarbe,
  - – aus Dispersionssilikatfarbe,
  - – aus Leimfarbe,
    Hinweis: Nach DIN 18366, Abs. 3.3.1.1, sind vorhandene Leimfarbenbeschichtungen zu entfernen.
  - – aus Leimfarbe mit Dispersionszusatz,
  - – aus waschbeständiger Dispersionsfarbe,
  - – aus scheuerbeständiger Dispersionsfarbe,
  - – aus wetterbeständiger Dispersionsfarbe,
  - – aus Dispersionslackfarbe,
  - – aus Einkomponentenlack,
  - – aus Einkomponentenlackfarbe,
  - – aus Zweikomponentenlack,
  - – aus Zweikomponentenlackfarbe,
  - – aus .......,
- Leistungsumfang
  Hinweis: Nach DIN 18366, Abs. 3.3.1.2, sind lose, blätternde, gerissene oder schlecht haftende Beschichtungen zu entfernen.
  - – entfernen,
  - – von Wänden entfernen,
  - – von Wänden mit Wandschrägen entfernen,
  - – von Decken entfernen,
  - – von Decken mit Deckenschrägen entfernen,
  - – von Decken und Wänden entfernen,
  - – von Deckenschrägen entfernen,
  - – von Treppenuntersichten entfernen,
    - – – anfallende Stoffe
- Ausführungsart .......(Sofern nicht vorgeschrieben, vom Bieter einzutragen)
- Arbeitshöhe
  - – Höhe bis 2,5 m,
  - – Höhe .......,
- Berechnungseinheit m²

261 Beschichtung
Einzelangaben nach DIN 18366
- Art der Beschichtung
  - – aus Einkomponentenlack,
  - – aus Einkomponentenlackfarbe,
  - – aus Zweikomponentenlack,
  - – aus Zweikomponentenlackfarbe,
  - – aus scheuerbeständiger Dispersionsfarbe .......,
  - – aus .......,
- Leistungsumfang
  Hinweis: Nach DIN 18366, Abs. 3.3.1.3 sind Öl– und Lackfarbenbeschichtungen sowie scheuerbeständige Dispersionsfarbenbeschichtungen aufzurauen und mit einer Haftbrücke zu versehen.
  - – aufrauen und mit einer Haftbrücke versehen,
  - – an Wänden aufrauen und mit einer Haftbrücke versehen,
  - – an Wänden mit Wandschrägen aufrauen und mit einer Haftbrücke versehen,
  - – an Decken aufrauen und mit einer Haftbrücke versehen,
  - – an Decken mit Deckenschrägen aufrauen und mit einer Haftbrücke versehen,
  - – an Decken und Wänden aufrauen und mit einer Haftbrücke versehen,
  - – an Deckenschrägen aufrauen und mit einer Haftbrücke versehen,
  - – an Treppenuntersichten aufrauen und mit einer Haftbrücke versehen,
    - – – anfallende Stoffe .......,
- Ausführungsart .......(Sofern nicht vorgeschrieben, vom Bieter einzutragen)
- Arbeitshöhe
  - – Höhe bis 2,5 m,
  - – Höhe .......,
- Berechnungseinheit m²

Überbrücken und Schließen von Rissen und Fugen, Flächenarmierungen

290 Risse,
291 Fugen,
Einzelangaben nach DIN 18366 zu Pos. 290, 291
- Lage der Risse/Fugen
  - – in Wänden,
  - – in Wänden mit Wandschrägen,
  - – in Decken,
  - – in Decken mit Deckenschrägen,
  - – in Decken und Wänden,
  - – in Deckenschrägen,
  - – in Treppenuntersichten,
  - – in .......,
- Art der Oberfläche
  - – verputzt mit Mörtel der Mörtelgruppe P I c – P II – P III – P IV a/b/c – P V
    - – – Oberfläche gerieben – gefilzt – geglättet – .......,
  - – aus Gipskartonplatten – aus Beton – aus Holz – aus .......
    - – – Oberfläche glatt – strukturiert – .......,
  - – .......,
- Werkstoff für überbrücken/schließen
  - – mit Armierungsgewebe
  - – mit Armierungsvlies
    - – – aus Glasfaser – aus Kunststofffaser – aus Naturfaser – aus .......
  - – mit Füllstoff,
  - – mit .......,
- Leistungsumfang
  - – überbrücken,
  - – überbrücken, Breite der Armierung 10 cm – 15 cm – 20 cm – 25 cm – 30 cm – .......,
  - – schließen,
- Arbeitshöhe
  - – Höhe bis 2,5 m,
  - – Höhe .......,
- Berechnungseinheit m

320 Flächenarmierung
Einzelangaben nach DIN 18366
- Lage der Flächenarmierung
  - – an Wänden,
  - – an Wänden mit Wandschrägen,
  - – an Decken,
  - – an Decken mit Deckenschrägen,
  - – an Decken und Wänden,
  - – an Deckenschrägen,
  - – an Treppenuntersichten,
  - – an .......,
- Art der Oberfläche
  - – verputzt mit Mörtel der Mörtelgruppe P I c,
  - – verputzt mit Mörtel der Mörtelgruppe P II,
  - – verputzt mit Mörtel der Mörtelgruppe P III,
  - – verputzt mit Mörtel der Mörtelgruppe P IV a/b/c,
  - – verputzt mit Mörtel der Mörtelgruppe P V,
    - – – Oberfläche gerieben,
    - – – Oberfläche gefilzt,
    - – – Oberfläche geglättet,
    - – – Oberfläche .......,
  - – aus Gipskartonplatten,
  - – aus Beton,
  - – aus Holz,
  - – aus .......
    - – – Oberfläche glatt – strukturiert – .......,
  - – .......,
- Werkstoff für die Armierung
  - – mit Gewebeeinlage
  - – mit Vlieseinlage
    - – – aus Glasfaser – aus Kunststofffaser – aus Naturfaser – aus .......
  - – mit .......,
- Größe der Flächen
  - – ganzflächig,
  - – Einzelflächen bis 0,5 m²,
  - – Einzelflächen über 0,5 bis 1 m²,
  - – Einzelflächen über 1 bis 2 m²,
  - – Einzelflächen .......,
- Arbeitshöhe
  - – Höhe bis 2,5 m,
  - – Höhe .......,
- Berechnungseinheit m²

# LB 037 Tapezierarbeiten
## Vorbereiten des Untergrundes

*Ausgabe 06.01*

Vorbereiten von Flächen mit Putzgrundbeschichtungsstoffen, Fluaten, Absperrmitteln

350 Wand,
351 Wand mit Wandschräge,
352 Decke,
353 Decke mit Deckenschräge,
354 Decke und Wand,
355 Deckenschräge,
356 Treppenuntersicht,
357 Fläche von .......,
  Einzelangaben nach DIN 18366 zu Pos. 350 bis 357
  – Art der Oberfläche
    – – verputzt mit Mörtel der Mörtelgruppe P I c,
    – – verputzt mit Mörtel der Mörtelgruppe P II,
    – – verputzt mit Mörtel der Mörtelgruppe P III,
    – – verputzt mit Mörtel der Mörtelgruppe P IV a/b/c,
    – – verputzt mit Mörtel der Mörtelgruppe P V,
      – – – Oberfläche gerieben,
      – – – Oberfläche gefilzt,
      – – – Oberfläche geglättet,
      – – – Oberfläche .......,
    – – aus Gipskartonplatten,
    – – aus Beton,
    – – aus Holz,
    – – aus .......
      – – – Oberfläche glatt – strukturiert – .......,
    – – .......,
  – Art der Vorbereitung
    – – mit Streichmakulatur, vorbereiten,
    – – mit wasserverdünnbarem Putzgrundbeschichtungsstoff, vorbereiten,
      **Hinweis:** Nach DIN 18366, Abs. 3.2.1 sind stark saugende Untergründe mit Putzgrundbeschichtungsstoff vorzubehandeln.
    – – mit Grundbeschichtungstoff, vorbereiten,
      **Hinweis:** Nach DIN 18366, Abs. 3.2.1 sind Holz, Holzwerkstoffe und nicht werkseitig imprägnierte Gipskartonplatten mit Grundbeschichtungsstoffen vorzubehandeln.
    – – mit Haftbrücken, vorbereiten,
      **Hinweis:** Nach DIN 18366, Abs. 3.3.1.3, sind Öl- und Lackfarbenbeschichtungen und scheuerbeständige Dispersionsfarbenbeschichtungen aufzurauen und mit einer Haftbrücke zu versehen.
    – – mit Fluat, vorbereiten,
      **Hinweis:** Nach DIN 18366, Abs. 3.2.1 sind Entschalungsmittel auf Beton durch Fluatschaumwäsche zu beseitigen. Ausblühungen und abgetrocknete Wasserflecken sind zu fluatieren.
    – – mit Absperrmittel, vorbereiten,
    – – mit Absperrmittel ......., vorbereiten,
    – – mit flüssigem Tapetenwechselgrund, vorbereiten,
    – – mit ......., vorbereiten,
      – – – Anzahl der Arbeitsgänge .......,
      – – – – Erzeugnis ....... (oder gleichwertiger Art),
      – – – – Erzeugnis ....... (vom Bieter einzutragen),
  – Arbeitshöhe
    – – Höhe bis 2,5 m – Höhe .......,
  – Berechnungseinheit m$^2$

Flächenspachtelungen

390 Flächenspachtelung,
  Einzelangaben nach DIN 18366
  – Art der Spachtelmasse
    – – mit hydraulischer Spachtelmasse,
    – – mit Dispersionsspachtelmasse,
    – – mit .......
  – Bauteil
    – – an Wänden,
    – – an Wänden mit Wandschrägen,
    – – an Decken,
    – – an Decken mit Deckenschrägen,
    – – an Decken und Wänden,
    – – an Deckenschrägen,
    – – an Treppenuntersichten,
    – – an .......,
  – Untergrund
    – – verputzt mit Mörtel der Mörtelgruppe P I c,
    – – verputzt mit Mörtel der Mörtelgruppe P II,
    – – verputzt mit Mörtel der Mörtelgruppe P III,
    – – verputzt mit Mörtel der Mörtelgruppe P IV a/b/c,
    – – verputzt mit Mörtel der Mörtelgruppe P V,
      – – – Oberfläche gerieben,
      – – – Oberfläche gefilzt,
      – – – Oberfläche geglättet,
      – – – Oberfläche .......,
    – – aus Gipskartonplatten,
    – – aus Beton,
    – – aus Holz,
    – – aus .......
      – – – Oberfläche glatt,
      – – – Oberfläche strukturiert,
      – – – Oberfläche .......,
    – – .......,
  – Größe der Flächen
    – – ganzflächig,
    – – Einzelflächen bis 0,5 m$^2$,
    – – Einzelflächen über 0,5 bis 1 m$^2$,
    – – Einzelflächen über 1 bis 2 m$^2$,
    – – Einzelflächen .......,
  – Ausführungsart ....... (Sofern nicht vorgeschrieben, vom Bieter einzutragen),
  – Arbeitshöhe
    – – Höhe bis 2,5 m,
    – – Höhe .......,
  – Berechnungseinheit m$^2$

**STLB 037**

## LB 037 Tapezierarbeiten
### Unterlagsstoffe

Ausgabe 06.01

**450** **Aufbringen einer Unterlage für Wandbekleidung**
Einzelangaben nach DIN 18366
- Werkstoff
  - – aus Rohpapier,
  - – aus Tapetenwechselgrund aus Papier,
  - – aus Stripmakulatur,
    Hinweis: Nach DIN 18366, Abs. 3.2.2.1, ist auf leicht rauen Putzuntergründen eine streichbare Tapetenunterlage (flüssige Makulatur) aufzubringen.
  - – aus Hartschaum,
  - – aus Hartschaum mit Kartonoberfläche,
  - – aus extrudiertem Polystyrol,
  - – aus Latexschäumen,
  - – aus Polyurethanplatten,
  - – aus Metallfolie,
  - – aus gewebtem Stoff,
  - – aus .......,
    - – – Dicke ....... (ergänzende Angaben, z.B. für Hartschaum),
      - – – – Erzeugnis ....... (oder gleichwertiger Art),
      - – – – Erzeugnis ....... (vom Bieter einzutragen).
- Bauteil
  - – auf Wänden,
  - – auf Wänden mit Wandschrägen,
  - – auf Decken,
  - – auf Decken mit Deckenschrägen,
  - – auf Decken und Wänden,
  - – auf Deckenschrägen,
  - – auf Treppenuntersichten,
  - – auf .......,
- Untergrund
  - – verputzt mit Mörtel der Mörtelgruppe P I c,
  - – verputzt mit Mörtel der Mörtelgruppe P II,
  - – verputzt mit Mörtel der Mörtelgruppe P III,
  - – verputzt mit Mörtel der Mörtelgruppe P IV a/b/c,
  - – verputzt mit Mörtel der Mörtelgruppe P V,
    - – – Oberfläche gerieben,
    - – – Oberfläche gefilzt,
    - – – Oberfläche geglättet,
    - – – Oberfläche .......,
  - – aus Gipskartonplatten,
  - – aus Beton,
  - – aus Holz,
  - – aus .......
    - – – Oberfläche glatt,
    - – – Oberfläche strukturiert,
    - – – Oberfläche .......,
  - – .......,
- Arbeitshöhe
  - – Höhe bis 2,5 m,
  - – Höhe .......,
- Berechnungseinheit m²

**480** **Aufbringen einer Unterlage zum Absperren,**
Einzelangaben nach DIN 18366
- Werkstoff, Dicke, Kaschierung
  - – aus Kunststofffolie,
  - – aus Kunststofffolie, Werkstoff .......,
    - – – Dicke 0,3 mm – 0,5 mm – 0,8 mm – .......,
      - – – – einseitig kaschiert,
      - – – – zweiseitig kaschiert,
  - – aus Metallfolie,
  - – aus Metallfolie, Werkstoff .......,
    - – – Dicke 0,08 mm – 0,1 mm – .......
      - – – – einseitig kaschiert,
      - – – – zweiseitig kaschiert,
- Erzeugnis
  - – Erzeugnis .......(oder gleichwertiger Art),
  - – Erzeugnis .......(vom Bieter einzutragen),
- Bauteil
  - – auf Wänden,
  - – auf Wänden mit Wandschrägen,
  - – auf Decken,
  - – auf Decken mit Deckenschrägen,
  - – auf Decken und Wänden,
  - – auf Deckenschrägen,
  - – auf Treppenuntersichten,
  - – auf .......,
- Untergrund
  - – verputzt mit Mörtel der Mörtelgruppe P I c,
  - – verputzt mit Mörtel der Mörtelgruppe P II,
  - – verputzt mit Mörtel der Mörtelgruppe P III,
  - – verputzt mit Mörtel der Mörtelgruppe P IV a/b/c,
  - – verputzt mit Mörtel der Mörtelgruppe P V,
    - – – Oberfläche gerieben,
    - – – Oberfläche gefilzt,
    - – – Oberfläche geglättet,
    - – – Oberfläche .......,
  - – aus Gipskartonplatten,
  - – aus Beton,
  - – aus Holz,
  - – aus .......
    - – – Oberfläche glatt,
    - – – Oberfläche strukturiert,
    - – – Oberfläche .......,
  - – .......,
- Arbeitshöhe
  - – Höhe bis 2,5 m,
  - – Höhe .......,
- Berechnungseinheit m²

**490** **Aufbringen einer Unterlage zum Dämmen,**
**500** **Aufbringen einer Unterlage zum Dämmen und Absperren,**
Einzelangaben nach DIN 18366 zu Pos. 490, 500
- Werkstoff
  - – aus Schaumstoff,
  - – aus Schaumstoff, Werkstoff .......,
  - – aus Hartschaumstoff,
  - – aus Hartschaumstoff, Werkstoff .......,
  - – aus .......
    - – – einlagig,
    - – – zweilagig,
- Dicke 5 mm – 10 mm – 15 mm – 20 mm – 25 mm – 30 mm – 35 mm – 40 mm – .......,
- Kaschierung
  - – einseitig kaschiert,
  - – zweiseitig kaschiert,
    - – – mit Papier,
    - – – mit Bitumenpapier,
    - – – mit Kunststofffolie,
    - – – mit Metallfolie,
    - – – mit .......,
- Erzeugnis
  - – Erzeugnis .......(oder gleichwertiger Art),
  - – Erzeugnis .......(vom Bieter einzutragen),
- Bauteil
  - – auf Wänden,
  - – auf Wänden mit Wandschrägen,
  - – auf Decken,
  - – auf Decken mit Deckenschrägen,
  - – auf Decken und Wänden,
  - – auf Deckenschrägen,
  - – auf Treppenuntersichten,
  - – auf .......,
- Untergrund
  - – verputzt mit Mörtel der Mörtelgruppe P I c,
  - – verputzt mit Mörtel der Mörtelgruppe P II,
  - – verputzt mit Mörtel der Mörtelgruppe P III,
  - – verputzt mit Mörtel der Mörtelgruppe P IV a/b/c,
  - – verputzt mit Mörtel der Mörtelgruppe P V,
    - – – Oberfläche gerieben,
    - – – Oberfläche gefilzt,
    - – – Oberfläche geglättet,
    - – – Oberfläche .......,
  - – aus Gipskartonplatten,
  - – aus Beton,
  - – aus Holz,
  - – aus .......
    - – – Oberfläche glatt,
    - – – Oberfläche strukturiert,
    - – – Oberfläche .......,
  - – .......,
- Arbeitshöhe
  - – Höhe bis 2,5 m,
  - – Höhe .......,
- Berechnungseinheit m²

# LB 037 Tapezierarbeiten
## Tapezierungen

STLB 037

Ausgabe 06.01

**Hinweis:** Nach DIN 18288, Abs. 2.1.1, umfasst die Leistung auch die Lieferung der dazugehörigen Stoffe und Bauteile. Bei Tapezierarbeiten ist es teilweise üblich, Tapetenlieferung und Tapezieren getrennt auszuschreiben. Auf die gesonderte Vergütung der Tapetenlieferung ist ausdrücklich hinzuweisen. Fehlt ein solcher Hinweis, ist davon auszugehen, dass die Leistung auch die Tapetenlieferung einschließt. Falls kein bestimmtes Erzeugnis vorgeschrieben wird, ist die Angabe einer Preisklasse zweckmäßig.

### Wandbekleidungen

550 Tapezieren,
551 Tapezieren der Wand,
552 Tapezieren der Wand in gewölbten Räumen,
553 Tapezieren der Wand mit Wandschräge,
554 Tapezieren der Wand mit Gliederung .......,
555 Tapezieren der Wand mit abgetrepptem /schrägem Bodenanschluss,
556 Tapezieren der Wand mit abgetrepptem /schrägem Boden– und Deckenanschluss,
557 Tapezieren der Decke,
558 Tapezieren der gewölbten Decke,
559 Tapezieren der Decke mit Deckenschräge,
560 Tapezieren der Decke mit Gliederung .......,
561 Tapezieren der Decke und der Wand,
562 Tapezieren der Deckenschräge,
563 Tapezieren der Treppenuntersicht,
564 Tapezieren .......,

**Einzelangaben nach DIN 18366** zu Pos. 550 bis 564
- Art der Wandbekleidung/Tapete
  -- mit Papierwandbekleidung,
  -- mit Papierwandbekleidung, kunststoffbeschichtet,
  -- mit Prägewandbekleidung,
  -- mit Vinylwandbekleidung auf Papierträger,
  -- mit Vinylwandbekleidung auf Gewebe– oder Vliesträger,
  -- mit Profilwandbekleidung geschäumt,
  -- mit Profilwandbekleidung chemisch strukturiert,
  -- mit Kunststoffwandbekleidung,
  -- mit Textilwandbekleidung,
  -- mit Velourwandbekleidung,
  -- mit Metalleffekt-Wandbekleidung,
  -- mit Wandbild,
  -- mit Naturwerkstoff-Wandbekleidung,
  -- mit Wandbekleidung für nachträgliche Behandlung,
  -- mit .......,
- Besondere Anforderungen (Angaben nur, falls zutreffend)
  -- wasserbeständig zum Zeitpunkt der Verarbeitung,
  -- waschbeständig,
  -- hoch waschbeständig,
  -- scheuerbeständig,
  -- hoch scheuerbeständig,
  -- Farbbeständigkeit gegen Licht,
  -- besondere Anforderungen .......,
- Ansatz des Musters
  -- ohne Rapport,
  -- ohne Rapport, waagerecht,
  -- mit ansatzfreiem Muster,
  -- mit ansatzfreiem Muster, waagerecht,
  -- nach Rapport der Tapete,
  -- nach Rapport der Tapete, waagerecht,
  -- waagerecht,
  -- .......,
  **Hinweis:** Ergänzende Angaben, z.B. ob Wandbekleidungen auf schmale Naht, auf Stoß oder in Doppelschnitt zu tapezieren sind.
- Verarbeitung, Verfahren für das Entfernen
  -- kleisterbeschichtet – abziehbar – spaltbar – .......,
- Erzeugnis
  -- Erzeugnis .......(oder gleichwertiger Art),
  -- Erzeugnis .......(vom Bieter einzutragen),
  -- Erzeugnis gemäß beiliegendem Muster,
- Arbeitshöhe
  -- Höhe bis 2,5 m,
  -- Höhe .......,
- Leistungsumfang (siehe Vorbemerkung)
  -- liefern und anbringen,
  -- nur anbringen, Wandbekleidung wird vom AG beigestellt,
  -- .......,
- Berechnungseinheit m²

### Spannstoffe

600 Anbringen von Spannstoff,
**Einzelangaben nach DIN 18366**
- Bauteil, Unterlage
  -- auf vorbeschriebener Unterlage,
  -- auf der Wand,
  -- auf der Wand mit Wandschräge,
  -- auf der Decke,
  -- auf der Decke mit Deckenschräge,
  -- auf der Decke und der Wand,
  -- auf der Deckenschräge,
  -- auf der Treppenuntersicht,
  -- auf .......,
- Spannstoff
  -- Spannstoff aus Bast,
  -- Spannstoff aus Rupfen,
  -- Spannstoff aus Baumwolle,
    --- uni – gemustert,
    ---- als Satin – als Rips – als Chintz – als Velour – als .......,
  -- Spannstoff aus Leinen – aus Seide – aus .....
    --- uni – gemustert,
    --- rückseitig beschichtet mit .......,
    --- uni, rückseitig beschichtet mit .......,
    --- gemustert, rückseitig beschichtet mit .......,
    --- .......,
  -- Spannstoff aus Kunststofffaser,
  -- Spannstoff aus Kunststofffaser, Werkstoff .......,
    --- uni – gemustert,
    ---- als Rips – als Velour – als .......,
  -- Spannstoff aus Filztuch,
  -- Spannstoff aus Filztuch, rückseitig beschichtet .......,
  -- Spannstoff aus Kunststoff,
    --- als Folie,
    --- als Steppfolie,
    --- als Steppfolie auf Schaumstoffunterlage,
    --- als Steppfolie auf Vliesunterlage,
    --- als .......,
- Ansatz des Musters
  -- ohne Rapport,
  -- mit ansatzfreiem Muster,
  -- mit Rapport des Spannstoffes,
  -- in Falten,
    **Hinweis:** Nach DIN 18366, Abs. 3.5.3, muß bei Bespannung in Falten die Stoffzugabe mindestens 100 % betragen.
  -- in Falten .......,
- Befestigungsuntergrund
  **Hinweis:** Nach DIN 18366, Abs. 3.5,1, sind Spannstoffe unmittelbar auf dem Untergrund zu befestigen.
  -- Untergrund Putz – Untergrund Gipskartonplatten – Untergrund Beton – Untergrund Holz – Untergrund Holzwerkstoff – Untergrund .......,
- Art der Befestigung
  -- unsichtbar befestigen,
  -- unsichtbar befestigen mit Spannprofilen aus Holz,
  -- unsichtbar befestigen mit Spannprofilen aus Kunststoff,
  -- unsichtbar befestigen .......,
  **Hinweis:** Nach DIN 18366, Abs. 3.5.2, dürfen Spannzüge nicht sichtbar sein.
  -- sichtbar befestigen,
  -- sichtbar befestigen an vorhandenen Leisten,
  -- sichtbar befestigen .......,
  **Hinweis:** Nach DIN 18366, Abs. 3.5.5, muss bei sichtbar gehefteter, unterpolsterter Bespannung die Hefteinteilung gleichmäßig sein.
  -- kleben – befestigen,
- Arbeitshöhe
  -- Höhe bis 2,5 m – Höhe .......,
- Erzeugnis
  -- Erzeugnis .......(oder gleichwertiger Art),
  -- Erzeugnis .......(vom Bieter einzutragen),
  -- Erzeugnis gemäß beiliegendem Muster,
- Leistungsumfang
  -- liefern und anbringen,
  -- nur anbringen, Spannstoff wird vom AG beigestellt,
- Berechnungseinheit m²

**STLB 037**

## LB 037 Tapezierarbeiten
### Leisten; Kordeln; Profile, Ornamente

Ausgabe 06.01

650 Leiste,
Einzelangaben nach DIN 18366
- Werkstoff
  - – aus Fichte,
  - – aus Kiefer,
  - – aus Eiche,
  - – aus .......,
    - – – naturbelassen,
    - – – lasiert,
    - – – gebeizt,
    - – – mattiert,
    - – – lackiert,
    - – – belegt mit Blattmetall, Werkstoff .......,
    - – – .......,
  - – aus Kunststoff,
  - – aus Kunststoff, beschichtet mit .......,
- Maße/Querschnitt .......
- Farbton .......
- Dekor .......
- Art der Verarbeitung
  - – aufkleben,
  - – einlegen,
  - – anbringen,
  - – .......,
  Hinweis: Nach DIN 18366, Abs. 3.4.1, sind die Leisten an und in Ecken auf Gehrung zu schneiden.
- Erzeugnis/Ausführung
  - – Erzeugnis ....... (oder gleichwertiger Art)
  - – nach Muster des AG,
  - – nach Muster des Bieters, das Muster ist vor Auftragserteilung vorzulegen,
  - – nach Muster des Bieters, das Muster ist dem Angebot beizufügen,
  - – Ausführung nach Zeichnung Nr. ......., nach Einzelbeschreibung Nr. .......,
- Berechnungseinheit m

651 Kordel
Einzelangaben nach DIN 18366
- Werkstoff, Herstellungsart
  - – aus Naturfaser,
  - – aus Kunststofffaser,
  - – aus .......,
    - – – metalldurchwirkt,
    - – – .......,
      - – – – gesponnen,
      - – – – gewebt,
      - – – – gestrickt,
      - – – – gehäkelt,
      - – – – geklöppelt,
      - – – – geflochten,
      - – – – gedreht,
      - – – – Herstellungsart .......,
- Maße
  - – Durchmesser bis 5 mm,
  - – Durchmesser über 5 bis 10 mm,
  - – Durchmesser über 10 bis 15 mm,
  - – Durchmesser .......,
- Farbton .......
- Dekor .......
- Art der Verarbeitung
  - – aufkleben,
  - – einlegen,
  - – anbringen,
  - – .......,
- Erzeugnis/Ausführung
  - – Erzeugnis ....... (oder gleichwertiger Art)
  - – nach Muster des AG,
  - – nach Muster des Bieters, das Muster ist vor Auftragserteilung vorzulegen,
  - – nach Muster des Bieters, das Muster ist dem Angebot beizufügen,
  - – Ausführung nach Zeichnung Nr. ......., nach Einzelbeschreibung Nr. .......,
- Berechnungseinheit m

652 Borte,
Einzelangaben nach DIN 18366
- Werkstoff, Herstellungsart
  - – aus Wandbekleidung,
  - – aus Naturfaser,
  - – aus Kunststofffaser,
    - – – gewebt,
    - – – gehäkelt,
    - – – metalldurchwirkt, gewebt,
    - – – metalldurchwirkt, gehäkelt,
    - – – Herstellungsart .......,
  - – aus .......,
- Maße
  - – Breite bis 5 mm,
  - – Breite über 5 bis 10 mm,
  - – Breite über 10 bis 15 mm,
  - – Breite über 15 bis 20 mm,
  - – Breite über 20 bis 25 mm,
  - – Breite über 25 bis 30 mm,
  - – Breite über 30 bis 35 mm,
  - – Breite über 35 bis 40 mm,
  - – Breite über 40 bis 45 mm,
  - – Breite über 45 bis 50 mm,
  - – Breite .......,
- Farbton .......
- Dekor .......
- Art der Verarbeitung
  - – einlegen,
  - – anbringen,
  - – .......,
  Hinweis: Nach DIN 18366, Abs. 3.4.3, dürfen Borten nicht auf anschließende Bauteile geklebt werden.
- Erzeugnis/Ausführung
  - – Erzeugnis ....... (oder gleichwertiger Art)
  - – nach Muster des AG,
  - – nach Muster des Bieters, das Muster ist vor Auftragserteilung vorzulegen,
  - – nach Muster des Bieters, das Muster ist dem Angebot beizufügen,
  - – Ausführung nach Zeichnung Nr. ......., nach Einzelbeschreibung Nr. .......,
- Berechnungseinheit m

653 Profil,
654 Ornament,
Einzelangaben nach DIN 18366 zu Pos. 653, 654
- Werkstoff, Oberfläche
  - – aus Kunststoff,
  - – aus Kunststoffschaum,
  - – aus .......,
    - – – oberflächenfertig,
    - – – .......,
- Maße .......,
- Farbton .......
- Dekor .......
- Art der Verarbeitung
  - – aufkleben,
  - – einlegen,
  - – anbringen,
  - – .......,
- Erzeugnis/Ausführung
  - – Erzeugnis ....... (oder gleichwertiger Art)
  - – nach Muster des AG,
  - – nach Muster des Bieters, das Muster ist vor Auftragserteilung vorzulegen,
  - – nach Muster des Bieters, das Muster ist dem Angebot beizufügen,
  - – Ausführung nach Zeichnung Nr. ......., nach Einzelbeschreibung Nr. .......,
- Berechnungseinheit Stück (mit Angabe Maße)

655 Gesimse, Umrahmungen, Faschen u.dgl.
als Zulage zu vorstehender Bekleidung/Bespannung,
Einzelangaben nach DIN 18366
- Art des Bauteils:
- Maße/Abwicklung/Querschnitt .......
- Berechnungseinheit m (gemessen in der größten Länge)

# LB 037 Tapezierarbeiten
## Tapezierung, Wandbekleidung, Bespannungen entfernen

Preise 06.01

Sämtliche Preise sind **Mittelpreise ohne Mehrwertsteuer** zum Zeitpunkt des Ausgabedatums.
**Korrekturfaktoren** für Regionaleinfluss, Mengeneinfluss, Konjunktureinfluss siehe Vorspann.
**Abkürzungen:** EP = Einheitspreis, LA = Lohnanteil, ST = Stoffanteil

### Tapezierung, Wandbekleidung, Bespannungen entfernen

037.-----.-

|  |  |  |
|---|---|---|
| 037.10001.M | Tapetenleisten und Kordeln entfernen | 1,19 DM/m |
| | | 0,61 €/m |
| 037.11101.M | Tapete entfernen, Papier, einlagig | 6,75 DM/m2 |
| | | 3,45 €/m2 |
| 037.11102.M | Tapete entfernen, Papier, zweilagig | 10,62 DM/m2 |
| | | 5,43 €/m2 |
| 037.11103.M | Tapete entfernen, Papier, mehrlagig | 11,98 DM/m2 |
| | | 6,13 €/m2 |
| 037.11104.M | Tapete entfernen, Papier mit Unterlage, einlagig | 8,30 DM/m2 |
| | | 4,24 €/m2 |
| 037.11105.M | Tapete entfernen, Papier mit Unterlage, zweilagig | 12,68 DM/m2 |
| | | 6,48 €/m2 |
| 037.11106.M | Tapete entfernen, Papier mit Unterlage, mehrlagig | 14,28 DM/m2 |
| | | 7,30 €/m2 |
| 037.11107.M | Tapete entfernen, von Wand, Raufaser, 2x gestrichen | 9,12 DM/m2 |
| | | 4,66 €/m2 |
| 037.11108.M | Tapete entfernen, von Wand, Raufaser, mehrfach gestr. | 9,87 DM/m2 |
| | | 5,05 €/m2 |
| 037.11109.M | Tapete entfernen, von Decke, Raufaser, mehrfach gestr. | 11,58 DM/m2 |
| | | 5,92 €/m2 |
| 037.11701.M | Tapete entfernen, Kunststoff | 9,44 DM/m2 |
| | | 4,83 €/m2 |
| 037.13201.M | Tapete entfernen, mit Textilträger | 12,70 DM/m2 |
| | | 6,50 €/m2 |
| 037.13301.M | Tapete entfernen, mit Glasgewebe | 11,31 DM/m2 |
| | | 5,78 €/m2 |
| 037.15001.M | Bekleidung entfernen, Untertapete Wand, Hartschaum | 9,78 DM/m2 |
| | | 5,05 €/m2 |
| 037.15002.M | Bekleidung entfernen, Untertapete Decke, Hartschaum | 10,82 DM/m2 |
| | | 5,53 €/m2 |
| 037.15003.M | Bekleidung entfernen, Kunststoff-Wandplatten | 11,49 DM/m2 |
| | | 5,87 €/m2 |
| 037.15004.M | Bekleidung entfernen, Kunststoff-Deckenplatten | 13,08 DM/m2 |
| | | 6,69 €/m2 |
| 037.16001.M | Bespannung entfernen, gewebter Stoff | 7,65 DM/m2 |
| | | 3,91 €/m2 |
| 037.20001.M | Profil entf., Holz genagelt, Breite < 50 mm | 1,93 DM/m |
| | | 0,99 €/m |
| 037.20002.M | Profil entf., Holz genagelt, Breite > 50 bis < 100 mm | 2,57 DM/m |
| | | 1,32 €/m |
| 037.20003.M | Profil entf., Holz geschraubt, Breite < 50 mm | 2,26 DM/m |
| | | 1,16 €/m |
| 037.20004.M | Profil entf., Holz geschraubt, Breite > 50 bis < 100 mm | 3,55 DM/m |
| | | 1,81 €/m |

**037.10001.M**    KG 345 DIN 276
Tapetenleisten und Kordeln entfernen
EP 1,19 DM/m    LA 1,15 DM/m    ST 0,04 DM/m
EP 0,61 €/m    LA 0,59 €/m    ST 0,02 €/m

**037.11101.M**    KG 345 DIN 276
Tapete entfernen, Papier, einlagig
EP 6,75 DM/m2    LA 6,66 DM/m2    ST 0,03 DM/m2
EP 3,45 €/m2    LA 3,41 €/m2    ST 0,04 €/m2

**037.11102.M**    KG 345 DIN 276
Tapete entfernen, Papier, zweilagig
EP 10,62 DM/m2    LA 10,47 DM/m2    ST 0,15 DM/m2
EP 5,43 €/m2    LA 5,35 €/m2    ST 0,08 €/m2

**037.11103.M**    KG 345 DIN 276
Tapete entfernen, Papier, mehrlagig
EP 11,98 DM/m2    LA 11,74 DM/m2    ST 0,24 DM/m2
EP 6,13 €/m2    LA 6,00 €/m2    ST 0,13 €/m2

**037.11104.M**    KG 345 DIN 276
Tapete entfernen, Papier mit Unterlage, einlagig
EP 8,30 DM/m2    LA 7,93 DM/m2    ST 0,37 DM/m2
EP 4,24 €/m2    LA 4,05 €/m2    ST 0,19 €/m2

**037.11105.M**    KG 345 DIN 276
Tapete entfernen, Papier mit Unterlage, zweilagig
EP 12,68 DM/m2    LA 12,06 DM/m2    ST 0,62 DM/m2
EP 6,48 €/m2    LA 6,17 €/m2    ST 0,31 €/m2

**037.11106.M**    KG 345 DIN 276
Tapete entfernen, Papier mit Unterlage, mehrlagig
EP 14,28 DM/m2    LA 13,33 DM/m2    ST 0,95 DM/m2
EP 7,30 €/m2    LA 6,81 €/m2    ST 0,49 €/m2

**037.11107.M**    KG 345 DIN 276
Tapete entfernen, von Wand, Raufaser, 2x gestrichen
EP 9,12 DM/m2    LA 8,57 DM/m2    ST 0,54 DM/m2
EP 4,66 €/m2    LA 4,38 €/m2    ST 0,28 €/m2

**037.11108.M**    KG 345 DIN 276
Tapete entfernen, von Wand, Raufaser, mehrfach gestr.
EP 9,87 DM/m2    LA 9,21 DM/m2    ST 0,66 DM/m2
EP 5,05 €/m2    LA 4,71 €/m2    ST 0,34 €/m2

**037.11109.M**    KG 353 DIN 276
Tapete entfernen, von Decke, Raufaser, mehrfach gestr.
EP 11,58 DM/m2    LA 10,79 DM/m2    ST 0,79 DM/m2
EP 5,92 €/m2    LA 5,52 €/m2    ST 0,40 €/m2

**037.11701.M**    KG 345 DIN 276
Tapete entfernen, Kunststoff
EP 9,44 DM/m2    LA 9,21 DM/m2    ST 0,23 DM/m2
EP 4,83 €/m2    LA 4,71 €/m2    ST 0,12 €/m2

**037.13201.M**    KG 345 DIN 276
Tapete entfernen, mit Textilträger
EP 12,70 DM/m2    LA 12,37 DM/m2    ST 0,33 DM/m2
EP 6,50 €/m2    LA 6,33 €/m2    ST 0,17 €/m2

**037.13301.M**    KG 345 DIN 276
Tapete entfernen, mit Glasgewebe
EP 11,31 DM/m2    LA 10,79 DM/m2    ST 0,52 DM/m2
EP 5,78 €/m2    LA 5,52 €/m2    ST 0,26 €/m2

**037.15001.M**    KG 345 DIN 276
Bekleidung entfernen, Untertapete Wand, Hartschaum
EP 9,87 DM/m2    LA 9,84 DM/m2    ST 0,03 DM/m2
EP 5,05 €/m2    LA 5,03 €/m2    ST 0,02 €/m2

**037.15002.M**    KG 345 DIN 276
Bekleidung entfernen, Untertapete Decke, Hartschaum
EP 10,82 DM/m2    LA 10,79 DM/m2    ST 0,03 DM/m2
EP 5,53 €/m2    LA 5,52 €/m2    ST 0,01 €/m2

**037.15003.M**    KG 345 DIN 276
Bekleidung entfernen, Kunststoff-Wandplatten
EP 11,49 DM/m2    LA 11,73 DM/m2    ST 0,06 DM/m2
EP 5,87 €/m2    LA 5,84 €/m2    ST 0,03 €/m2

**037.15004.M**    KG 345 DIN 276
Bekleidung entfernen, Kunststoff-Deckenplatten
EP 13,08 DM/m2    LA 13,01 DM/m2    ST 0,07 DM/m2
EP 6,69 €/m2    LA 6,65 €/m2    ST 0,04 €/m2

**037.16001.M**    KG 345 DIN 276
Bespannung entfernen, gewebter Stoff
EP 7,65 DM/m2    LA 7,62 DM/m2    ST 0,03 DM/m2
EP 3,91 €/m2    LA 3,89 €/m2    ST 0,02 €/m2

**037.20001.M**    KG 345 DIN 276
Profil entf., Holz genagelt, Breite < 50 mm
EP 1,93 DM/m    LA 1,90 DM/m    ST 0,03 DM/m
EP 0,99 €/m    LA 0,97 €/m    ST 0,02 €/m

**037.20002.M**    KG 345 DIN 276
Profil entf., Holz genagelt, Breite > 50 bis < 100 mm
EP 2,57 DM/m    LA 2,54 DM/m    ST 0,03 DM/m
EP 1,32 €/m    LA 1,30 €/m    ST 0,02 €/m

**037.20003.M**    KG 345 DIN 276
Profil entf., Holz geschraubt, Breite < 50 mm
EP 2,26 DM/m    LA 2,22 DM/m    ST 0,04 DM/m
EP 1,16 €/m    LA 1,14 €/m    ST 0,02 €/m

**037.20004.M**    KG 345 DIN 276
Profil entf., Holz geschraubt, Breite > 50 bis < 100 mm
EP 3,65 DM/m    LA 3,49 DM/m    ST 0,06 DM/m
EP 1,81 €/m    LA 1,78 €/m    ST 0,03 €/m

AW 037
Preise 06.01

## LB 037 Tapezierarbeiten
### Beschichtungen entfernen; Vorbereiten des Untergrundes

Sämtliche Preise sind **Mittelpreise ohne Mehrwertsteuer** zum Zeitpunkt des Ausgabedatums.
**Korrekturfaktoren** für Regionaleinfluss, Mengeneinfluss, Konjunktureinfluss siehe Vorspann.
**Abkürzungen:** EP = Einheitspreis, LA = Lohnanteil, ST = Stoffanteil

### Beschichtungen entfernen

037.-----.-

|  |  |  |
|---|---|---|
| 037.26001.M | Entfernen Kalkfarbe | 5,13 DM/m2 |
| | | 2,62 €/m2 |
| 037.26002.M | Entfernen Kalk-Weißzementfarbe | 6,24 DM/m2 |
| | | 3,19 €/m2 |
| 037.26003.M | Entfernen Leimfarbe | 6,53 DM/m2 |
| | | 3,34 €/m2 |
| 037.26004.M | Entfernen Leimfarbe mit Dispersionszusatz | 9,17 DM/m2 |
| | | 4,69 €/m2 |
| 037.26005.M | Entfernen Dispersionssilikatfarbe | 7,60 DM/m2 |
| | | 3,88 €/m2 |
| 037.26006.M | Entfernen KH-Lackfarbe, anlaugen | 8,06 DM/m2 |
| | | 4,12 €/m2 |
| 037.26007.M | Entfernen KH-Lackfarbe, abkratzen, kleinflächig | 11,18 DM/m2 |
| | | 5,71 €/m2 |
| 037.26008.M | Entfernen KH-Lackfarbe, abkratzen, großflächig | 17,14 DM/m2 |
| | | 8,76 €/m2 |
| 037.26009.M | Entfernen KH-Lackfarbe, abbeizen, einschichtig | 34,01 DM/m2 |
| | | 17,39 €/m2 |
| 037.26010.M | Entfernen KH-Lackfarbe, abbeizen, mehrschichtig | 39,39 DM/m2 |
| | | 20,14 €/m2 |
| 037.26011.M | Entfernen Einkomponentenlackfarbe | 11,96 DM/m2 |
| | | 6,11 €/m2 |
| 037.26012.M | Entfernen 2 Komp.-Lackfarbe, abkratzen, kleinflächig | 9,27 DM/m2 |
| | | 4,74 €/m2 |
| 037.26013.M | Entfernen 2 Komp.-Lackfarbe, abkratzen, großflächig | 14,27 DM/m2 |
| | | 7,30 €/m2 |
| 037.26014.M | Entfernen Dispersionsfarbe, einschichtig | 26,03 DM/m2 |
| | | 13,31 €/m2 |
| 037.26015.M | Entfernen Dispersionsfarbe, mehrschichtig | 30,16 DM/m2 |
| | | 15,42 €/m2 |

037.26001.M KG 345 DIN 276
Entfernen Kalkfarbe
EP 5,13 DM/m2   LA 4,95 DM/m2   ST 0,18 DM/m2
EP 2,62 €/m2    LA 2,53 €/m2    ST 0,09 €/m2

037.26002.M KG 345 DIN 276
Entfernen Kalk-Weißzementfarbe
EP 6,24 DM/m2   LA 6,03 DM/m2   ST 0,21 DM/m2
EP 3,19 €/m2    LA 3,08 €/m2    ST 0,11 €/m2

037.26003.M KG 345 DIN 276
Entfernen Leimfarbe
EP 6,53 DM/m2   LA 6,35 DM/m2   ST 0,18 DM/m2
EP 3,34 €/m2    LA 3,25 €/m2    ST 0,09 €/m2

037.26004.M KG 345 DIN 276
Entfernen Leimfarbe mit Dispersionszusatz
EP 9,17 DM/m2   LA 8,88 DM/m2   ST 0,29 DM/m2
EP 4,69 €/m2    LA 4,54 €/m2    ST 0,15 €/m2

037.26005.M KG 345 DIN 276
Entfernen Dispersionssilikatfarbe
EP 7,60 DM/m2   LA 7,30 DM/m2   ST 0,30 DM/m2
EP 3,88 €/m2    LA 3,73 €/m2    ST 0,15 €/m2

037.26006.M KG 345 DIN 276
Entfernen KH-Lackfarbe, anlaugen
EP 8,06 DM/m2   LA 7,62 DM/m2   ST 0,44 DM/m2
EP 4,12 €/m2    LA 3,89 €/m2    ST 0,23 €/m2

037.26007.M KG 345 DIN 276
Entfernen KH-Lackfarbe, abkratzen, kleinflächig
EP 11,18 DM/m2  LA 10,79 DM/m2  ST 0,39 DM/m2
EP 5,71 €/m2    LA 5,52 €/m2    ST 0,19 €/m2

037.26008.M KG 345 DIN 276
Entfernen KH-Lackfarbe, abkratzen, großflächig
EP 17,14 DM/m2  LA 16,18 DM/m2  ST 0,96 DM/m2
EP 8,76 €/m2    LA 8,27 €/m2    ST 0,49 €/m2

037.26009.M KG 345 DIN 276
Entfernen KH-Lackfarbe, abbeizen, einschichtig
EP 34,01 DM/m2  LA 31,09 DM/m2  ST 2,92 DM/m2
EP 17,39 €/m2   LA 15,90 €/m2   ST 1,49 €/m2

037.26010.M KG 345 DIN 276
Entfernen KH-Lackfarbe, abbeizen, mehrschichtig
EP 39,39 DM/m2  LA 35,23 DM/m2  ST 4,16 DM/m2
EP 20,14 €/m2   LA 18,01 €/m2   ST 2,13 €/m2

037.26011.M KG 345 DIN 276
Entfernen Einkomponentenlackfarbe
EP 11,96 DM/m2  LA 11,11 DM/m2  ST 0,85 DM/m2
EP 6,11 €/m2    LA 5,68 €/m2    ST 0,43 €/m2

037.26012.M KG 345 DIN 276
Entfernen 2 Komp.-Lackfarbe, abkratzen, kleinflächig
EP 9,27 DM/m2   LA 8,88 DM/m2   ST 0,39 DM/m2
EP 4,74 €/m2    LA 4,54 €/m2    ST 0,20 €/m2

037.26013.M KG 345 DIN 276
Entfernen 2 Komp.-Lackfarbe, abkratzen, großflächig
EP 14,27 DM/m2  LA 13,33 DM/m2  ST 0,94 DM/m2
EP 7,30 €/m2    LA 6,81 €/m2    ST 0,49 €/m2

037.26014.M KG 345 DIN 276
Entfernen Dispersionsfarbe, einschichtig
EP 26,03 DM/m2  LA 22,84 DM/m2  ST 3,19 DM/m2
EP 13,31 €/m2   LA 11,68 €/m2   ST 1,63 €/m2

037.26015.M KG 345 DIN 276
Entfernen Dispersionsfarbe, mehrschichtig
EP 30,16 DM/m2  LA 25,39 DM/m2  ST 4,77 DM/m2
EP 15,42 €/m2   LA 12,98 €/m2   ST 2,44 €/m2

### Vorbereiten des Untergrundes

037.-----.-

|  |  |  |
|---|---|---|
| 037.26101.M | Beschichtung aufrauen, Einkomponentenlackfarbe | 9,84 DM/m2 |
| | | 5,03 €/m2 |
| 037.26102.M | Beschichtung aufrauen, Zweikomponentenlackfarbe | 12,16 DM/m2 |
| | | 6,22 €/m2 |
| 037.26103.M | Beschichtung aufrauen, Dispersionsfarbe, scheuerbest. | 14,23 DM/m2 |
| | | 7,28 €/m2 |

037.26101.M KG 345 DIN 276
Beschichtung aufrauen, Einkomponentenlackfarbe
EP 9,84 DM/m2   LA 8,88 DM/m2   ST 0,96 DM/m2
EP 5,03 €/m2    LA 4,54 €/m2    ST 0,49 €/m2

037.26102.M KG 345 DIN 276
Beschichtung aufrauen, Zweikomponentenlackfarbe
EP 12,16 DM/m2  LA 11,11 DM/m2  ST 1,05 DM/m2
EP 6,22 €/m2    LA 5,68 €/m2    ST 0,54 €/m2

037.26103.M KG 345 DIN 276
Beschichtung aufrauen, Dispersionsfarbe, scheuerbest.
EP 14,23 DM/m2  LA 13,01 DM/m2  ST 1,22 DM/m2
EP 7,28 €/m2    LA 6,65 €/m2    ST 0,63 €/m2

# LB 037 Tapezierarbeiten
## Risse/Fugen schließen, Flächenarmierung; Putzgrundbeschichtung, Fluate, Absperrmittel

AW 037

Preise 06.01

Sämtliche Preise sind **Mittelpreise ohne Mehrwertsteuer** zum Zeitpunkt des Ausgabedatums.
**Korrekturfaktoren** für Regionaleinfluss, Mengeneinfluss, Konjunktureinfluss siehe Vorspann.
**Abkürzungen:** EP = Einheitspreis, LA = Lohnanteil, ST = Stoffanteil

## Risse/Fugen schließen, Flächenarmierung

037.-----.-

| | |
|---|---|
| 037.29001.M Putzrisse schließen, Rissspachtel | 12,58 DM/m  6,43 €/m |
| 037.29101.M Fugen schließen, Gipskartonplatten, Armierung 10 cm | 9,90 DM/m  5,06 €/m |
| 037.29102.M Fugen schließen, Gipskartonplatten, Armierung 15 cm | 11,64 DM/m  5,95 €/m |
| 037.29103.M Fugen schließen, Gipskartonplatten, Armierung 20 cm | 13,19 DM/m  6,74 €/m |
| 037.32001.M Flächenarmierung Putz, Einzelflächen bis 0,5 m2 | 22,99 DM/m2  11,76 €/m2 |
| 037.32002.M Flächenarmierung Putz, Einzelflächen über 0,5-1,0 m2 | 25,54 DM/m2  13,06 €/m2 |
| 037.32003.M Flächenarmierung Putz, Einzelflächen über 1,0-2,0 m2 | 29,21 DM/m2  14,93 €/m2 |

**037.29001.M**  KG 345 DIN 276
Putzrisse schließen, Rissspachtel
EP 12,58 DM/m   LA 8,25 DM/m   ST 4,33 DM/m
EP  6,43 €/m    LA 4,22 €/m    ST 2,21 €/m

**037.29101.M**  KG 345 DIN 276
Fugen schließen, Gipskartonplatten, Armierung 10 cm
EP 9,90 DM/m    LA 7,93 DM/m   ST 1,97 DM/m
EP 5,06 €/m     LA 4,05 €/m    ST 1,01 €/m

**037.29102.M**  KG 345 DIN 276
Fugen schließen, Gipskartonplatten, Armierung 15 cm
EP 11,64 DM/m   LA 8,57 DM/m   ST 3,07 DM/m
EP  5,95 €/m    LA 4,38 €/m    ST 1,57 €/m

**037.29103.M**  KG 345 DIN 276
Fugen schließen, Gipskartonplatten, Armierung 20 cm
EP 13,19 DM/m   LA 9,52 DM/m   ST 3,67 DM/m
EP  6,74 €/m    LA 4,87 €/m    ST 1,87 €/m

**037.32001.M**  KG 345 DIN 276
Flächenarmierung Putz, Einzelflächen bis 0,5 m2
EP 22,99 DM/m2  LA 14,59 DM/m2  ST 8,40 DM/m2
EP 11,76 €/m2   LA  7,46 €/m2   ST 4,30 €/m2

**037.32002.M**  KG 345 DIN 276
Flächenarmierung Putz, Einzelflächen über 0,5-1,0 m2
EP 25,54 DM/m2  LA 16,50 DM/m2  ST 9,04 DM/m2
EP 13,06 €/m2   LA  8,44 €/m2   ST 4,62 €/m2

**037.32003.M**  KG 345 DIN 276
Flächenarmierung Putz, Einzelflächen über 1,0-2,0 m2
EP 29,21 DM/m2  LA 19,04 DM/m2  ST 10,17 DM/m2
EP 14,93 €/m2   LA  9,74 €/m2   ST  5,19 €/m2

## Putzgrundbeschichtung, Fluate, Absperrmittel

037.-----.-

| | |
|---|---|
| 037.35701.M Fläche vorbereiten, Netzmittelzusatz | 3,47 DM/m2  1,77 €/m2 |
| 037.35702.M Fläche vorbereiten, Tapetenwechselgrund | 3,55 DM/m2  1,81 €/m2 |
| 037.35703.M Fläche vorbereiten, Fluat | 3,64 DM/m2  1,86 €/m2 |
| 037.35704.M Fläche vorbereiten, Streichmakulatur | 3,80 DM/m2  1,94 €/m2 |
| 037.35705.M Fläche vorbereiten, Kleister und 10% Dispersionskleber | 4,00 DM/m2  2,05 €/m2 |
| 037.35706.M Fläche vorbereiten, Kleister und 20% Dispersionskleber | 4,44 DM/m2  2,27 €/m2 |
| 037.35707.M Fläche vorbereiten, Grundierung farblos | 4,55 DM/m2  2,33 €/m2 |
| 037.35708.M Fläche vorbereiten, Grundierung pigmentiert | 5,01 DM/m2  2,56 €/m2 |
| 037.35709.M Fläche vorbereiten, Tiefgrund farblos, wasserverdünnbar | 5,04 DM/m2  2,57 €/m2 |
| 037.35710.M Fläche vorbereiten, Tiefgrund, lösemittelhaltig | 5,28 DM/m2  2,70 €/m2 |
| 037.35711.M Fläche vorbereiten, Tiefgrund, lösemittelhaltig, pigm. | 5,63 DM/m2  2,88 €/m2 |
| 037.35712.M Fläche vorbereiten, Haftbrücken | 5,51 DM/m2  2,82 €/m2 |
| 037.35713.M Fläche vorbereiten, Absperrfarbe, wasserverdünnbar | 5,78 DM/m2  2,95 €/m2 |
| 037.35714.M Fläche vorbereiten, Absperrfarbe, lösemittelverdünnbar | 6,03 DM/m2  3,08 €/m2 |
| 037.35715.M Fläche vorbereiten, Grundbeschichtung | 6,39 DM/m2  3,27 €/m2 |
| 037.35716.M Fläche vorbereiten, Absperrmittel | 8,94 DM/m2  4,57 €/m2 |

**037.35701.M**  KG 345 DIN 276
Fläche vorbereiten, Netzmittelzusatz
EP 3,47 DM/m2   LA 3,37 DM/m2   ST 0,10 DM/m2
EP 1,77 €/m2    LA 1,72 €/m2    ST 0,05 €/m2

**037.35702.M**  KG 345 DIN 276
Fläche vorbereiten, Tapetenwechselgrund
EP 3,55 DM/m2   LA 3,18 DM/m2   ST 0,37 DM/m2
EP 1,81 €/m2    LA 1,62 €/m2    ST 0,19 €/m2

**037.35703.M**  KG 345 DIN 276
Fläche vorbereiten, Fluat
EP 3,64 DM/m2   LA 2,85 DM/m2   ST 0,70 DM/m2
EP 1,86 €/m2    LA 1,46 €/m2    ST 0,40 €/m2

**037.35704.M**  KG 345 DIN 276
Fläche vorbereiten, Streichmakulatur
EP 3,80 DM/m2   LA 3,62 DM/m2   ST 0,18 DM/m2
EP 1,94 €/m2    LA 1,85 €/m2    ST 0,09 €/m2

**037.35705.M**  KG 345 DIN 276
Fläche vorbereiten, Kleister und 10% Dispersionskleber
EP 4,00 DM/m2   LA 3,81 DM/m2   ST 0,19 DM/m2
EP 2,05 €/m2    LA 1,95 €/m2    ST 0,10 €/m2

**037.35706.M**  KG 345 DIN 276
Fläche vorbereiten, Kleister und 20% Dispersionskleber
EP 4,44 DM/m2   LA 4,12 DM/m2   ST 0,32 DM/m2
EP 2,27 €/m2    LA 2,11 €/m2    ST 0,16 €/m2

**037.35707.M**  KG 345 DIN 276
Fläche vorbereiten, Grundierung farblos
EP 4,55 DM/m2   LA 3,81 DM/m2   ST 0,74 DM/m2
EP 2,33 €/m2    LA 1,95 €/m2    ST 0,38 €/m2

**037.35708.M**  KG 345 DIN 276
Fläche vorbereiten, Grundierung pigmentiert
EP 5,01 DM/m2   LA 4,12 DM/m2   ST 0,89 DM/m2
EP 2,56 €/m2    LA 2,11 €/m2    ST 0,45 €/m2

**037.35709.M**  KG 345 DIN 276
Fläche vorbereiten, Tiefgrund farblos, wasserverdünnbar
EP 5,04 DM/m2   LA 4,12 DM/m2   ST 0,92 DM/m2
EP 2,57 €/m2    LA 2,11 €/m2    ST 0,46 €/m2

**037.35710.M**  KG 345 DIN 276
Fläche vorbereiten, Tiefgrund, lösemittelhaltig
EP 5,28 DM/m2   LA 4,44 DM/m2   ST 0,84 DM/m2
EP 2,70 €/m2    LA 2,27 €/m2    ST 0,43 €/m2

**037.35711.M**  KG 345 DIN 276
Fläche vorbereiten, Tiefgrund, lösemittelhaltig, pigm.
EP 5,63 DM/m2   LA 4,76 DM/m2   ST 0,87 DM/m2
EP 2,88 €/m2    LA 2,44 €/m2    ST 0,44 €/m2

**037.35712.M**  KG 345 DIN 276
Fläche vorbereiten, Haftbrücken
EP 5,51 DM/m2   LA 4,44 DM/m2   ST 1,07 DM/m2
EP 2,82 €/m2    LA 2,27 €/m2    ST 0,55 €/m2

**037.35713.M**  KG 345 DIN 276
Fläche vorbereiten, Absperrfarbe, wasserverdünnbar
EP 5,78 DM/m2   LA 4,12 DM/m2   ST 1,66 DM/m2
EP 2,95 €/m2    LA 2,11 €/m2    ST 0,84 €/m2

**037.35714.M**  KG 345 DIN 276
Fläche vorbereiten, Absperrfarbe, lösemittelverdünnbar
EP 6,03 DM/m2   LA 4,76 DM/m2   ST 1,27 DM/m2
EP 3,08 €/m2    LA 2,44 €/m2    ST 0,64 €/m2

**037.35715.M**  KG 345 DIN 276
Fläche vorbereiten, Grundbeschichtung
EP 6,39 DM/m2   LA 4,31 DM/m2   ST 2,08 DM/m2
EP 3,27 €/m2    LA 2,20 €/m2    ST 1,06 €/m2

**037.35716.M**  KG 345 DIN 276
Fläche vorbereiten, Absperrmittel
EP 8,94 DM/m2   LA 6,35 DM/m2   ST 2,59 DM/m2
EP 4,57 €/m2    LA 3,25 €/m2    ST 1,32 €/m2

AW 037

Preise 06.01

## LB 037 Tapezierarbeiten
### Flächenspachtelungen

Sämtliche Preise sind **Mittelpreise ohne Mehrwertsteuer** zum Zeitpunkt des Ausgabedatums.
**Korrekturfaktoren** für Regionaleinfluss, Mengeneinfluss, Konjunktureinfluss siehe Vorspann.
**Abkürzungen:** EP = Einheitspreis, LA = Lohnanteil, ST = Stoffanteil

### Flächenspachtelungen

037.-----.-

|  |  |  |
|---|---|---|
| 037.39001.M | Spachtelung, gipsh., kleine Schäden | 1,13 DM/m2 / 0,58 €/m2 |
| 037.39002.M | Spachtelung, gipsh., Einzelflächen bis 0,50 m2 | 4,11 DM/m2 / 2,10 €/m2 |
| 037.39003.M | Spachtelung, gipsh., Einzelflächen über 0,50-1,00 m2 | 9,85 DM/m2 / 5,04 €/m2 |
| 037.39004.M | Spachtelung, gipsh., ganzflächig | 11,95 DM/m2 / 6,11 €/m2 |
| 037.39005.M | Spachtelung, zementh., kleine Schäden | 2,26 DM/m2 / 1,16 €/m2 |
| 037.39006.M | Spachtelung, zementh., Einzelflächen bis 0,50 m2 | 5,48 DM/m2 / 2,80 €/m2 |
| 037.39007.M | Spachtelung, zementh., Einzelflächen über 0,50-1,00 m2 | 13,00 DM/m2 / 6,65 €/m2 |
| 037.39008.M | Spachtelung, zementh., ganzflächig | 15,64 DM/m2 / 8,00 €/m2 |
| 037.39009.M | Spachtelung, Dispersion, kleine Schäden | 2,08 DM/m2 / 1,06 €/m2 |
| 037.39010.M | Spachtelung, Dispersion, Einzelflächen bis 0,50 m2 | 5,96 DM/m2 / 3,05 €/m2 |
| 037.39011.M | Spachtelung, Dispersion, Einzelflächen über 0,50-1,0 m2 | 13,84 DM/m2 / 7,08 €/m2 |
| 037.39012.M | Spachtelung, Dispersion, ganzflächig | 16,86 DM/m2 / 8,62 €/m2 |
| 037.39013.M | Spachtelung, Lackspachtel, kleine Schäden | 3,16 DM/m2 / 1,61 €/m2 |
| 037.39014.M | Spachtelung, Lackspachtel, Einzelfl. bis 0,50 m2 | 8,50 DM/m2 / 4,35 €/m2 |
| 037.39015.M | Spachtelung, Lackspachtel, Einzelfl. über 0,50-1,0 m2 | 15,50 DM/m2 / 7,92 €/m2 |
| 037.39016.M | Spachtelung, Lackspachtel, ganzflächig | 21,03 DM/m2 / 10,75 €/m2 |

**037.39001.M** KG 345 DIN 276
Spachtelung, gipsh., kleine Schäden
EP 1,13 DM/m2   LA 0,95 DM/m2   ST 0,18 DM/m2
EP 0,58 €/m2    LA 0,49 €/m2    ST 0,09 €/m2

**037.39002.M** KG 345 DIN 276
Spachtelung, gipsh., Einzelflächen bis 0,50 m2
EP 4,11 DM/m2   LA 3,49 DM/m2   ST 0,62 DM/m2
EP 2,10 €/m2    LA 1,78 €/m2    ST 0,32 €/m2

**037.39003.M** KG 345 DIN 276
Spachtelung, gipsh., Einzelflächen über 0,50-1,00 m2
EP 9,85 DM/m2   LA 8,45 DM/m2   ST 1,60 DM/m2
EP 5,04 €/m2    LA 4,22 €/m2    ST 0,82 €/m2

**037.39004.M** KG 345 DIN 276
Spachtelung, gipsh., ganzflächig
EP 11,95 DM/m2   LA 10,15 DM/m2   ST 1,80 DM/m2
EP  6,11 €/m2    LA  5,19 €/m2    ST 0,92 €/m2

**037.39005.M** KG 345 DIN 276
Spachtelung, zementh., kleine Schäden
EP 2,26 DM/m2   LA 1,78 DM/m2   ST 0,48 DM/m2
EP 1,14 €/m2    LA 0,91 €/m2    ST 0,25 €/m2

**037.39006.M** KG 345 DIN 276
Spachtelung, zementh., Einzelflächen bis 0,50 m2
EP 5,48 DM/m2   LA 4,00 DM/m2   ST 1,48 DM/m2
EP 2,80 €/m2    LA 2,05 €/m2    ST 0,75 €/m2

**037.39007.M** KG 345 DIN 276
Spachtelung, zementh., Einzelflächen über 0,50-1,00 m2
EP 13,00 DM/m2   LA 9,52 DM/m2   ST 3,48 DM/m2
EP  6,65 €/m2    LA 4,87 €/m2    ST 1,78 €/m2

**037.39008.M** KG 345 DIN 276
Spachtelung, zementh., ganzflächig
EP 15,64 DM/m2   LA 11,43 DM/m2   ST 4,21 DM/m2
EP  8,00 €/m2    LA  5,84 €/m2    ST 2,16 €/m2

**037.39009.M** KG 345 DIN 276
Spachtelung, Dispersion, kleine Schäden
EP 2,08 DM/m2   LA 1,78 DM/m2   ST 0,30 DM/m2
EP 1,06 €/m2    LA 0,91 €/m2    ST 0,15 €/m2

**037.39010.M** KG 345 DIN 276
Spachtelung, Dispersion, Einzelflächen bis 0,50 m2
EP 5,96 DM/m2   LA 4,95 DM/m2   ST 1,01 DM/m2
EP 3,05 €/m2    LA 2,53 €/m2    ST 0,52 €/m2

**037.39011.M** KG 345 DIN 276
Spachtelung, Dispersion, Einzelflächen über 0,50-1,0 m2
EP 13,84 DM/m2   LA 11,43 DM/m2   ST 2,41 DM/m2
EP  7,08 €/m2    LA  5,84 €/m2    ST 1,24 €/m2

**037.39012.M** KG 345 DIN 276
Spachtelung, Dispersion, ganzflächig
EP 16,86 DM/m2   LA 13,96 DM/m2   ST 2,90 DM/m2
EP  8,62 €/m2    LA  7,14 €/m2    ST 1,48 €/m2

**037.39013.M** KG 345 DIN 276
Spachtelung, Lackspachtel, kleine Schäden
EP 3,16 DM/m2   LA 2,22 DM/m2   ST 0,94 DM/m2
EP 1,61 €/m2    LA 1,14 €/m2    ST 0,47 €/m2

**037.39014.M** KG 345 DIN 276
Spachtelung, Lackspachtel, Einzelfl. bis 0,50 m2
EP 8,50 DM/m2   LA 5,40 DM/m2   ST 3,10 DM/m2
EP 4,35 €/m2    LA 2,76 €/m2    ST 1,59 €/m2

**037.39015.M** KG 345 DIN 276
Spachtelung, Lackspachtel, Einzelfl. über 0,50-1,0 m2
EP 15,50 DM/m2   LA 9,84 DM/m2   ST 5,66 DM/m2
EP  7,92 €/m2    LA 5,03 €/m2    ST 2,89 €/m2

**037.39016.M** KG 345 DIN 276
Spachtelung, Lackspachtel, ganzflächig
EP 21,03 DM/m2   LA 13,33 DM/m2   ST 7,70 DM/m2
EP 10,75 €/m2    LA  6,81 €/m2    ST 3,94 €/m2

# LB 037 Tapezierarbeiten
## Unterlagsstoffe; Tapezierungen ohne Tapetenlieferung

AW 037

Preise 06.01

Sämtliche Preise sind **Mittelpreise ohne Mehrwertsteuer** zum Zeitpunkt des Ausgabedatums.
**Korrekturfaktoren** für Regionaleinfluss, Mengeneinfluss, Konjunktureinfluss siehe Vorspann.
**Abkürzungen:** EP = Einheitspreis, LA = Lohnanteil, ST = Stoffanteil

## Unterlagsstoffe

037.-----.-

|  |  |  |
|---|---|---|
| 037.45001.M | Tapetenunterlage aufbringen, Rohpapier | 7,02 DM/m2 / 3,59 €/m2 |
| 037.45002.M | Tapetenunterlage aufbringen, Stripmakulatur | 8,27 DM/m2 / 4,23 €/m2 |
| 037.48001.M | Tapetenunterlage aufbringen, Metallfolie 0,08 mm | 8,36 DM/m2 / 4,28 €/m2 |
| 037.48002.M | Tapetenunterlage aufbringen, Metallfolie 0,10 mm | 8,96 DM/m2 / 4,58 €/m2 |
| 037.48003.M | Tapetenunterlage aufbringen, Kunststofffolie 0,3 mm | 18,60 DM/m2 / 9,51 €/m2 |
| 037.48004.M | Tapetenunterlage aufbringen, Kunststofffolie 0,5 mm | 20,40 DM/m2 / 10,43 €/m2 |
| 037.48005.M | Tapetenunterlage aufbringen, Kunststofffolie 0,8 mm | 23,20 DM/m2 / 11,86 €/m2 |
| 037.48006.M | Tapetenunterlage aufbringen, Verbundfolie 0,8 mm | 26,99 DM/m2 / 13,80 €/m2 |
| 037.49001.M | Tapetenunterlage aufbringen, Hartschaumstoff 3 mm | 16,79 DM/m2 / 8,59 €/m2 |
| 037.49002.M | Tapetenunterlage aufbringen, Hartschaumstoff 6 mm | 18,90 DM/m2 / 9,67 €/m2 |
| 037.49003.M | Tapetenunterlage aufbringen, Hartschaumstoff 10 mm | 20,62 DM/m2 / 10,54 €/m2 |

037.45001.M KG 345 DIN 276
Tapetenunterlage aufbringen, Rohpapier
EP 7,02 DM/m2   LA 6,22 DM/m2   ST 0,80 DM/m2
EP 3,59 €/m2    LA 3,18 €/m2    ST 0,41 €/m2

037.45002.M KG 345 DIN 276
Tapetenunterlage aufbringen, Stripmakulatur
EP 8,27 DM/m2   LA 6,55 DM/m2   ST 1,72 DM/m2
EP 4,23 €/m2    LA 3,35 €/m2    ST 0,88 €/m2

037.48001.M KG 345 DIN 276
Tapetenunterlage aufbringen, Metallfolie 0,08 mm
EP 8,36 DM/m2   LA 6,87 DM/m2   ST 1,49 DM/m2
EP 4,28 €/m2    LA 3,51 €/m2    ST 0,77 €/m2

037.48002.M KG 345 DIN 276
Tapetenunterlage aufbringen, Metallfolie 0,10 mm
EP 8,96 DM/m2   LA 7,21 DM/m2   ST 1,75 DM/m2
EP 4,58 €/m2    LA 3,68 €/m2    ST 0,90 €/m2

037.48003.M KG 345 DIN 276
Tapetenunterlage aufbringen, Kunststofffolie 0,3 mm
EP 18,60 DM/m2  LA 6,22 DM/m2   ST 12,38 DM/m2
EP  9,51 €/m2   LA 3,18 €/m2    ST  6,33 €/m2

037.48004.M KG 345 DIN 276
Tapetenunterlage aufbringen, Kunststofffolie 0,5 mm
EP 20,40 DM/m2  LA 6,55 DM/m2   ST 13,85 DM/m2
EP 10,43 €/m2   LA 3,35 €/m2    ST  7,08 €/m2

037.48005.M KG 345 DIN 276
Tapetenunterlage aufbringen, Kunststofffolie 0,8 mm
EP 23,20 DM/m2  LA 7,21 DM/m2   ST 15,99 DM/m2
EP 11,86 €/m2   LA 3,68 €/m2    ST  8,18 €/m2

037.48006.M KG 345 DIN 276
Tapetenunterlage aufbringen, Verbundfolie 0,8 mm
EP 26,99 DM/m2  LA 13,10 DM/m2  ST 13,89 DM/m2
EP 13,80 €/m2   LA  6,70 €/m2   ST  7,10 €/m2

037.49001.M KG 345 DIN 276
Tapetenunterlage aufbringen, Hartschaumstoff 3 mm
EP 16,79 DM/m2  LA 8,84 DM/m2   ST 7,95 DM/m2
EP  8,59 €/m2   LA 4,52 €/m2    ST 4,07 €/m2

037.49002.M KG 345 DIN 276
Tapetenunterlage aufbringen, Hartschaumstoff 6 mm
EP 18,90 DM/m2  LA 9,17 DM/m2   ST 9,73 DM/m2
EP  9,67 €/m2   LA 4,69 €/m2    ST 4,98 €/m2

037.49003.M KG 345 DIN 276
Tapetenunterlage aufbringen, Hartschaumstoff 10 mm
EP 20,62 DM/m2  LA 9,50 DM/m2   ST 11,12 DM/m2
EP 10,54 €/m2   LA 4,86 €/m2    ST  5,68 €/m2

## Tapezierungen ohne Tapetenlieferung

037.-----.-

|  |  |  |
|---|---|---|
| 037.55101.M | Tapezieren/Wand, Raufaser, Struk. fein, ohne Lief. | 7,79 DM/m2 / 3,98 €/m2 |
| 037.55102.M | Tapezieren/Wand, Raufaser, Struk. grob, ohne Lief. | 8,80 DM/m2 / 4,50 €/m2 |
| 037.55103.M | Tapezieren/Wand, Raufaser, Struk.sehr grob, ohne Lief. | 9,82 DM/m2 / 5,02 €/m2 |
| 037.55104.M | Tapezieren/Wand, Natur-Tapete auf Naht, ohne Lief. | 8,11 DM/m2 / 4,15 €/m2 |
| 037.55105.M | Tapezieren/Wand, Natur-Tapete auf Stoß, ohne Lief. | 11,06 DM/m2 / 5,65 €/m2 |
| 037.55106.M | Tapezieren/Wand, Strukturtapete, ohne Lief. | 12,16 DM/m2 / 6,22 €/m2 |
| 037.55107.M | Tapezieren/Wand, Papiert. leicht, ansatzfr., ohne Lief. | 10,52 DM/m2 / 5,38 €/m2 |
| 037.55108.M | Tapezieren/Wand, Papiert. leicht, Rapport, ohne Lief. | 11,18 DM/m2 / 5,71 €/m2 |
| 037.55109.M | Tapezieren/Wand, Papiert. schwer, ansatzfr., ohne Lief. | 12,39 DM/m2 / 6,34 €/m2 |
| 037.55110.M | Tapezieren/Wand, Papiert. schwer, Rapport, ohne Lief. | 13,38 DM/m2 / 6,84 €/m2 |
| 037.55111.M | Tapezieren/Wand, Korktapete, Platten, 3 mm, ohne Lief. | 12,34 DM/m2 / 6,31 €/m2 |
| 037.55112.M | Tapezieren/Wand, Korktapete, Platten, 4 mm, ohne Lief. | 13,08 DM/m2 / 6,69 €/m2 |
| 037.55113.M | Tapezieren/Wand, Korktapete, Rollen, 2 mm, ohne Lief. | 12,59 DM/m2 / 6,44 €/m2 |
| 037.55114.M | Tapezieren/Wand, Glasgewebetapete, ohne Lief. | 14,59 DM/m2 / 7,46 €/m2 |
| 037.55115.M | Tapezieren/Wand, Glasseidentapete, ohne Lief. | 16,03 DM/m2 / 8,20 €/m2 |
| 037.55116.M | Tapezieren/Wand, Textiltapete leicht, ohne Lief. | 15,23 DM/m2 / 7,78 €/m2 |
| 037.55117.M | Tapezieren/Wand, Textiltapete schwer, ohne Lief. | 18,27 DM/m2 / 9,34 €/m2 |
| 037.55118.M | Tapezieren/Wand, Vinyltap. m. Papierträger, ohne Lief. | 15,88 DM/m2 / 8,12 €/m2 |
| 037.55119.M | Tapezieren/Wand, Vinyltap. m. Gewebeträger, ohne Lief. | 16,86 DM/m2 / 8,62 €/m2 |
| 037.55120.M | Tapezieren/Wand, Velourstapete, ohne Lief. | 22,98 DM/m2 / 11,75 €/m2 |
| 037.55121.M | Tapezieren/Wand, Metalleffekttapete, ohne Lief. | 27,97 DM/m2 / 14,30 €/m2 |

037.55101.M KG 345 DIN 276
Tapezieren/Wand, Raufaser, Struk. fein, ohne Lief.
EP 7,79 DM/m2   LA 7,53 DM/m2   ST 0,26 DM/m2
EP 3,98 €/m2    LA 3,85 €/m2    ST 0,13 €/m2

037.55102.M KG 345 DIN 276
Tapezieren/Wand, Raufaser, Struk. grob, ohne Lief.
EP 8,80 DM/m2   LA 8,51 DM/m2   ST 0,29 DM/m2
EP 4,50 €/m2    LA 4,35 €/m2    ST 0,15 €/m2

037.55103.M KG 345 DIN 276
Tapezieren/Wand, Raufaser, Struk.sehr grob, ohne Lief.
EP 9,82 DM/m2   LA 9,50 DM/m2   ST 0,32 DM/m2
EP 5,02 €/m2    LA 4,86 €/m2    ST 0,16 €/m2

037.55104.M KG 345 DIN 276
Tapezieren/Wand, Natur-Tapete auf Naht, ohne Lief.
EP 8,11 DM/m2   LA 7,86 DM/m2   ST 0,25 DM/m2
EP 4,15 €/m2    LA 4,02 €/m2    ST 0,13 €/m2

037.55105.M KG 345 DIN 276
Tapezieren/Wand, Natur-Tapete auf Stoß, ohne Lief.
EP 11,06 DM/m2  LA 10,80 DM/m2  ST 0,26 DM/m2
EP  5,65 €/m2   LA  5,52 €/m2   ST 0,13 €/m2

037.55106.M KG 345 DIN 276
Tapezieren/Wand, Strukturtapete, ohne Lief.
EP 12,16 DM/m2  LA 11,79 DM/m2  ST 0,37 DM/m2
EP  6,22 €/m2   LA  6,03 €/m2   ST 0,13 €/m2

037.55107.M KG 345 DIN 276
Tapezieren/Wand, Papiert. leicht, ansatzfr., ohne Lief.
EP 10,52 DM/m2  LA 10,15 DM/m2  ST 0,37 DM/m2
EP  5,38 €/m2   LA  5,19 €/m2   ST 0,19 €/m2

037.55108.M KG 345 DIN 276
Tapezieren/Wand, Papiert. leicht, Rapport, ohne Lief.
EP 11,18 DM/m2  LA 10,80 DM/m2  ST 0,38 DM/m2
EP  5,71 €/m2   LA  5,52 €/m2   ST 0,19 €/m2

# LB 037 Tapezierarbeiten
## Tapezierungen ohne Tapetenlieferung; Wandtapezierung einschl. Tapetenlieferung

Sämtliche Preise sind **Mittelpreise ohne Mehrwertsteuer** zum Zeitpunkt des Ausgabedatums.
**Korrekturfaktoren** für Regionaleinfluss, Mengeneinfluss, Konjunktureinfluss siehe Vorspann.
**Abkürzungen:** EP = Einheitspreis, LA = Lohnanteil, ST = Stoffanteil

037.55109.M   KG 345 DIN 276
Tapezieren/Wand, Papiert. schwer, ansatzfr., ohne Lief.
EP 12,39 DM/m2   LA 11,79 DM/m2   ST 0,60 DM/m2
EP  6,34 €/m2    LA  6,03 €/m2    ST 0,31 €/m2

037.55110.M   KG 345 DIN 276
Tapezieren/Wand, Papiert. schwer, Rapport, ohne Lief.
EP 13,38 DM/m2   LA 12,77 DM/m2   ST 0,61 DM/m2
EP  6,84 €/m2    LA  6,53 €/m2    ST 0,31 €/m2

037.55111.M   KG 345 DIN 276
Tapezieren/Wand, Korktapete, Platten, 3 mm, ohne Lief.
EP 12,34 DM/m2   LA 10,80 DM/m2   ST 1,54 DM/m2
EP  6,31 €/m2    LA  5,52 €/m2    ST 0,79 €/m2

037.55112.M   KG 345 DIN 276
Tapezieren/Wand, Korktapete, Platten, 4 mm, ohne Lief.
EP 13,08 DM/m2   LA 11,46 DM/m2   ST 1,62 DM/m2
EP  6,69 €/m2    LA  5,86 €/m2    ST 0,83 €/m2

037.55113.M   KG 345 DIN 276
Tapezieren/Wand, Korktapete, Rollen, 2 mm, ohne Lief.
EP 12,59 DM/m2   LA 11,14 DM/m2   ST 1,45 DM/m2
EP  6,44 €/m2    LA  5,69 €/m2    ST 0,75 €/m2

037.55114.M   KG 345 DIN 276
Tapezieren/Wand, Glasgewebetapete, ohne Lief.
EP 14,59 DM/m2   LA 13,10 DM/m2   ST 1,49 DM/m2
EP  7,46 €/m2    LA  6,70 €/m2    ST 0,76 €/m2

037.55115.M   KG 345 DIN 276
Tapezieren/Wand, Glasseidentapete, ohne Lief.
EP 16,03 DM/m2   LA 14,41 DM/m2   ST 1,62 DM/m2
EP  8,20 €/m2    LA  7,37 €/m2    ST 0,83 €/m2

037.55116.M   KG 345 DIN 276
Tapezieren/Wand, Textiltapete leicht, ohne Lief.
EP 15,23 DM/m2   LA 14,08 DM/m2   ST 1,15 DM/m2
EP  7,78 €/m2    LA  7,20 €/m2    ST 0,58 €/m2

037.55117.M   KG 345 DIN 276
Tapezieren/Wand, Textiltapete schwer, ohne Lief.
EP 18,27 DM/m2   LA 17,02 DM/m2   ST 1,25 DM/m2
EP  9,34 €/m2    LA  8,70 €/m2    ST 0,64 €/m2

037.55118.M   KG 345 DIN 276
Tapezieren/Wand, Vinyltap. m. Papierträger, ohne Lief.
EP 15,88 DM/m2   LA 15,39 DM/m2   ST 0,49 DM/m2
EP  8,12 €/m2    LA  7,87 €/m2    ST 0,25 €/m2

037.55119.M   KG 345 DIN 276
Tapezieren/Wand, Vinyltap. m. Gewebeträger, ohne Lief.
EP 16,86 DM/m2   LA 16,37 DM/m2   ST 0,49 DM/m2
EP  8,62 €/m2    LA  8,37 €/m2    ST 0,25 €/m2

037.55120.M   KG 345 DIN 276
Tapezieren/Wand, Velourstapete, ohne Lief.
EP 22,98 DM/m2   LA 22,27 DM/m2   ST 0,71 DM/m2
EP 11,75 €/m2    LA 11,39 €/m2    ST 0,36 €/m2

037.55121.M   KG 345 DIN 276
Tapezieren/Wand, Metalleffekttapete, ohne Lief.
EP 27,97 DM/m2   LA 27,19 DM/m2   ST 0,78 DM/m2
EP 14,30 €/m2    LA 13,90 €/m2    ST 0,40 €/m2

### Wandtapezierung einschließlich Tapetenlieferung

037.-----.-

|  |  |  |
|---|---|---|
| 037.55122.M | Tapezieren/Wand, Raufaser, Struk. fein, mit Lief. | 9,33 DM/m2 / 4,77 €/m2 |
| 037.55123.M | Tapezieren/Wand, Raufaser, Struk. grob, mit Lief. | 10,47 DM/m2 / 5,35 €/m2 |
| 037.55124.M | Tapezieren/Wand, Raufaser, Struk.sehr grob, mit Lief. | 12,27 DM/m2 / 6,27 €/m2 |
| 037.55125.M | Tapezieren/Wand, Papiert. leicht, ansatzfr., mit Lief. | 14,59 DM/m2 / 7,46 €/m2 |
| 037.55126.M | Tapezieren/Wand, Papiert. leicht, Rapport, mit Lief. | 15,25 DM/m2 / 7,80 €/m2 |
| 037.55127.M | Tapezieren/Wand, Papiert. schwer, ansatzfr., mit Lief. | 17,52 DM/m2 / 8,96 €/m2 |
| 037.55128.M | Tapezieren/Wand, Papiert. schwer, Rapport, mit Lief. | 18,50 DM/m2 / 9,46 €/m2 |
| 037.55129.M | Tapezieren/Wand, Strukturtapete, mit Lief. | 20,58 DM/m2 / 10,52 €/m2 |
| 037.55130.M | Tapezieren/Wand, Glasgewebetapete, mit Lief. | 21,80 DM/m2 / 11,15 €/m2 |
| 037.55131.M | Tapezieren/Wand, Glasseidentapete, mit Lief. | 36,70 DM/m2 / 18,77 €/m2 |
| 037.55132.M | Tapezieren/Wand, Korktapete, Rollen, 2 mm, mit Lief. | 23,66 DM/m2 / 12,10 €/m2 |
| 037.55133.M | Tapezieren/Wand, Korktapete, Platten, 3 mm, mit Lief. | 25,44 DM/m2 / 13,01 €/m2 |
| 037.55134.M | Tapezieren/Wand, Korktapete, Platten, 4 mm, mit Lief. | 31,39 DM/m2 / 16,05 €/m2 |
| 037.55135.M | Tapezieren/Wand, Textiltapete leicht, mit Lief. | 29,66 DM/m2 / 15,16 €/m2 |
| 037.55136.M | Tapezieren/Wand, Textiltapete schwer, mit Lief. | 38,93 DM/m2 / 19,91 €/m2 |
| 037.55137.M | Tapezieren/Wand, Vinyltapete m. Papierträger, mit Lief. | 28,86 DM/m2 / 14,76 €/m2 |
| 037.55138.M | Tapezieren/Wand, Vinyltapete m. Gewebeträger, mit Lief. | 39,95 DM/m2 / 20,43 €/m2 |
| 037.55139.M | Tapezieren/Wand, Natur-Tapete, mit Lief. | 43,28 DM/m2 / 22,13 €/m2 |
| 037.55140.M | Tapezieren/Wand, Velourstapete, mit Lief. | 47,03 DM/m2 / 24,05 €/m2 |
| 037.55141.M | Tapezieren/Wand, Metalleffekttapete, mit Lief. | 72,21 DM/m2 / 36,92 €/m2 |
| 037.55301.M | Tapezieren/schräge Wand, Raufasertapete, mit Lief. | 10,19 DM/m2 / 5,21 €/m2 |
| 037.55302.M | Tapezieren/schräge Wand, Papiertap. leicht, mit Lief. | 16,83 DM/m2 / 8,61 €/m2 |
| 037.55303.M | Tapezieren/schräge Wand, Papiertap. schwer, mit Lief. | 20,09 DM/m2 / 10,27 €/m2 |
| 037.55304.M | Tapezieren/schräge Wand, Strukturtapete, mit Lief. | 23,02 DM/m2 / 11,77 €/m2 |
| 037.55305.M | Tapezieren/schräge Wand, Glasgewebetapete, mit Lief. | 23,77 DM/m2 / 12,15 €/m2 |
| 037.55306.M | Tapezieren/schräge Wand, Vinyltap./Papiertr., mit Lief. | 31,40 DM/m2 / 16,05 €/m2 |
| 037.55307.M | Tapezieren/schräge Wand, Vinyltap./Gewebetr., mit Lief. | 42,93 DM/m2 / 21,95 €/m2 |
| 037.55308.M | Tapezieren/schräge Wand, Textiltapete leicht, mit Lief. | 32,05 DM/m2 / 16,39 €/m2 |
| 037.55309.M | Tapezieren/schräge Wand, Textiltapete schwer, mit Lief. | 42,02 DM/m2 / 21,48 €/m2 |
| 037.55310.M | Tapezieren/schräge Wand, Velourstapete, mit Lief. | 50,66 DM/m2 / 25,90 €/m2 |
| 037.55601.M | Tapez./Treppenhauswand, Raufasertapete, mit Lief. | 11,21 DM/m2 / 5,73 €/m2 |
| 037.55602.M | Tapez./Treppenhauswand, Papiertapete, mit Lief. | 18,83 DM/m2 / 9,63 €/m2 |
| 037.55603.M | Tapez./Treppenhauswand, Strukturtapete, mit Lief. | 21,80 DM/m2 / 11,15 €/m2 |
| 037.55604.M | Tapez./Treppenhauswand, Glasgewebetap., mit Lief. | 25,80 DM/m2 / 13,19 €/m2 |
| 037.55605.M | Tapez./Treppenhauswand, Vinyltap./Papiertr., mit Lief. | 32,31 DM/m2 / 16,52 €/m2 |
| 037.55606.M | Tapez./Treppenhauswand, Vinyltap./Gewebetr., mit Lief. | 47,96 DM/m2 / 24,52 €/m2 |

**Hinweis:** EP für Tapezieren einschl. Tapetenlieferung zum angegebenen Mittelpreis. Abweichungen vom Mittelpreis liegen i.d.R. innerhalb der folgenden Preisspannen:

- Raufaser  1,15 DM/m2 bis 2,28 DM/m2
  0,59 €/m2 bis 1,17 €/m2
- Papiertapete leicht  2,38 DM/m2 bis 7,54 DM/m2
  1,22 €/m2 bis 3,85 €/m2
  (Mittelpreis 4,62 DM/m2)
  (Mittelpreis 2,36 €/m2)
- Papiertapete schwer  3,95 DM/m2 bis 10,25 DM/m2
  2,02 €/m2 bis 5,24 €/m2
  (Mittelpreis 6,73 DM/m2)
  (Mittelpreis 3,44 €/m2)
- Strukturtapete  4,07 DM/m2 bis 12,56 DM/m2
  2,08 €/m2 bis 6,42 €/m2
  (Mittelpreis 8,34 DM/m2)
  (Mittelpreis 4,26 €/m2)

## LB 037 Tapezierarbeiten
### Wandtapezierung einschl. Tapetenlieferung

AW 037

Preise 06.01

Sämtliche Preise sind **Mittelpreise ohne Mehrwertsteuer** zum Zeitpunkt des Ausgabedatums.
**Korrekturfaktoren** für Regionaleinfluss, Mengeneinfluss, Konjunktureinfluss siehe Vorspann.
**Abkürzungen:** EP = Einheitspreis, LA = Lohnanteil, ST = Stoffanteil

- Textiltapete  5,13 DM/m2 bis 36,78 DM/m2
  2,62 €/m2 bis 18,81 €/m2
  (Mittelpreis 10,50 DM/m2 bis 15,68 DM/m2)
  (Mittelpreis 5,37 €/m2 bis 8,02 €/m2)
- Velourstapete  18,74 DM/m2 bis 57,54 DM/m2
  9,58 €/m2 bis 29,42 €/m2
- Glasgewebetapete  5,18 DM/m2 bis 9,50 DM/m2
  2,65 €/m2 bis 4,86 €/m2
- Glasseidentapete  16,68 DM/m2 bis 26,28 DM/m2
  8,53 €/m2 bis 13,44 €/m2
- Vinyltapete m. Papiertr.  6,88 DM/m2 bis 24,37 DM/m2
  3,52 €/m2 bis 12,46 €/m2
- Vinyltapete m. Gewebetr.  14,77 DM/m2 bis 35,98 DM/m2
  7,55 €/m2 bis 18,40 €/m2
- Metalleffekttapete  37,74 DM/m2 bis 72,86 DM/m2
  19,30 €/m2 bis 37,25 €/m2
- Naturwerkstoff-Tapete  17,64 DM/m2 bis 62,71 DM/m2
  9,02 €/m2 bis 32,06 €/m2

**Hinweis:** EP-Mehraufwand für Tapezieren einschl. Tapetenlieferung im Vergleich zu Tapezierungen von Wänden:
- bei Fluren mit einem Türflächenanteil von mehr als 25% der Gesamtwandfläche 15 bis 20%

**Hinweis:** EP-Mehraufwand für Tapezieren einschl. Tapetenlieferung im Vergleich zu Tapezierungen von Wänden:
- bei Treppenhauswänden gewendelter Treppen  25 bis 30%
- bei geraden Treppen- und Podestuntersichten  20 bis 25%
- bei Untersichten gewendelter Treppen und bei Gewölben  100 bis 125%

037.55122.M   KG 345 DIN 276
Tapezieren/Wand, Raufaser, Struk. fein, mit Lief.
EP 9,33 DM/m2   LA 7,53 DM/m2   ST 1,80 DM/m2
EP 4,77 €/m2    LA 3,85 €/m2    ST 0,92 €/m2

037.55123.M   KG 345 DIN 276
Tapezieren/Wand, Raufaser, Struk. grob, mit Lief.
EP 10,47 DM/m2  LA 8,51 DM/m2   ST 1,96 DM/m2
EP 5,35 €/m2    LA 4,35 €/m2    ST 1,00 €/m2

037.55124.M   KG 345 DIN 276
Tapezieren/Wand, Raufaser, Struk.sehr grob, mit Lief.
EP 12,27 DM/m2  LA 9,50 DM/m2   ST 2,77 DM/m2
EP 6,27 €/m2    LA 4,86 €/m2    ST 1,42 €/m2

037.55125.M   KG 345 DIN 276
Tapezieren/Wand, Papiert. leicht, ansatzfr., mit Lief.
EP 14,59 DM/m2  LA 10,15 DM/m2  ST 4,44 DM/m2
EP 7,46 €/m2    LA 5,19 €/m2    ST 2,27 €/m2

037.55126.M   KG 345 DIN 276
Tapezieren/Wand, Papiert. leicht, Rapport, mit Lief.
EP 15,25 DM/m2  LA 10,80 DM/m2  ST 4,45 DM/m2
EP 7,80 €/m2    LA 5,52 €/m2    ST 2,28 €/m2

037.55127.M   KG 345 DIN 276
Tapezieren/Wand, Papiert. schwer, ansatzfr., mit Lief.
EP 17,52 DM/m2  LA 11,79 DM/m2  ST 5,73 DM/m2
EP 8,96 €/m2    LA 6,03 €/m2    ST 2,93 €/m2

037.55128.M   KG 345 DIN 276
Tapezieren/Wand, Papiert. schwer, Rapport, mit Lief.
EP 18,50 DM/m2  LA 12,77 DM/m2  ST 5,73 DM/m2
EP 9,46 €/m2    LA 6,53 €/m2    ST 2,93 €/m2

037.55129.M   KG 345 DIN 276
Tapezieren/Wand, Strukturtapete, mit Lief.
EP 20,58 DM/m2  LA 11,79 DM/m2  ST 8,79 DM/m2
EP 10,52 €/m2   LA 6,03 €/m2    ST 4,49 €/m2

037.55130.M   KG 345 DIN 276
Tapezieren/Wand, Glasgewebetapete, mit Lief.
EP 21,80 DM/m2  LA 13,10 DM/m2  ST 8,70 DM/m2
EP 11,15 €/m2   LA 6,70 €/m2    ST 4,45 €/m2

037.55131.M   KG 345 DIN 276
Tapezieren/Wand, Glasseidentapete, mit Lief.
EP 36,70 DM/m2  LA 14,41 DM/m2  ST 22,29 DM/m2
EP 18,77 €/m2   LA 7,37 €/m2    ST 11,40 €/m2

037.55132.M   KG 345 DIN 276
Tapezieren/Wand, Korktapete, Rollen, 2 mm, mit Lief.
EP 23,66 DM/m2  LA 11,14 DM/m2  ST 12,52 DM/m2
EP 12,10 €/m2   LA 5,69 €/m2    ST 6,40 €/m2

037.55133.M   KG 345 DIN 276
Tapezieren/Wand, Korktapete, Platten, 3 mm, mit Lief.
EP 25,44 DM/m2  LA 10,80 DM/m2  ST 14,64 DM/m2
EP 13,01 €/m2   LA 5,52 €/m2    ST 7,49 €/m2

037.55134.M   KG 345 DIN 276
Tapezieren/Wand, Korktapete, Platten, 4 mm, mit Lief.
EP 31,39 DM/m2  LA 11,46 DM/m2  ST 19,93 DM/m2
EP 16,05 €/m2   LA 5,86 €/m2    ST 10,19 €/m2

037.55135.M   KG 345 DIN 276
Tapezieren/Wand, Textiltapete leicht, mit Lief.
EP 29,66 DM/m2  LA 14,08 DM/m2  ST 15,58 DM/m2
EP 15,16 €/m2   LA 7,20 €/m2    ST 7,96 €/m2

037.55136.M   KG 345 DIN 276
Tapezieren/Wand, Textiltapete schwer, mit Lief.
EP 38,93 DM/m2  LA 17,02 DM/m2  ST 21,91 DM/m2
EP 19,91 €/m2   LA 8,70 €/m2    ST 11,21 €/m2

037.55137.M   KG 345 DIN 276
Tapezieren/Wand, Vinyltapete m. Papierträger, mit Lief.
EP 28,86 DM/m2  LA 15,37 DM/m2  ST 13,49 DM/m2
EP 14,76 €/m2   LA 7,87 €/m2    ST 6,89 €/m2

037.55138.M   KG 345 DIN 276
Tapezieren/Wand, Vinyltapete m. Gewebeträger, mit Lief.
EP 39,95 DM/m2  LA 16,37 DM/m2  ST 23,58 DM/m2
EP 20,43 €/m2   LA 8,37 €/m2    ST 12,06 €/m2

037.55139.M   KG 345 DIN 276
Tapezieren/Wand, Natur-Tapete, mit Lief.
EP 43,28 DM/m2  LA 10,80 DM/m2  ST 32,48 DM/m2
EP 22,13 €/m2   LA 5,52 €/m2    ST 16,61 €/m2

037.55140.M   KG 345 DIN 276
Tapezieren/Wand, Velourstapete, mit Lief.
EP 47,03 DM/m2  LA 22,27 DM/m2  ST 24,76 DM/m2
EP 24,05 €/m2   LA 11,39 €/m2   ST 12,66 €/m2

037.55141.M   KG 345 DIN 276
Tapezieren/Wand, Metalleffekttapete, mit Lief.
EP 72,21 DM/m2  LA 27,19 DM/m2  ST 45,02 DM/m2
EP 36,92 €/m2   LA 13,90 €/m2   ST 23,02 €/m2

037.55301.M   KG 345 DIN 276
Tapezieren/schräge Wand, Raufasertapete, mit Lief.
EP 10,19 DM/m2  LA 8,19 DM/m2   ST 2,00 DM/m2
EP 5,21 €/m2    LA 4,19 €/m2    ST 1,02 €/m2

037.55302.M   KG 345 DIN 276
Tapezieren/schräge Wand, Papiertap. leicht, mit Lief.
EP 16,83 DM/m2  LA 11,14 DM/m2  ST 5,69 DM/m2
EP 8,69 €/m2    LA 5,69 €/m2    ST 2,92 €/m2

037.55303.M   KG 345 DIN 276
Tapezieren/schräge Wand, Papiertap. schwer, mit Lief.
EP 20,09 DM/m2  LA 12,77 DM/m2  ST 7,32 DM/m2
EP 10,27 €/m2   LA 6,53 €/m2    ST 3,74 €/m2

037.55304.M   KG 345 DIN 276
Tapezieren/schräge Wand, Strukturtapete, mit Lief.
EP 23,02 DM/m2  LA 13,10 DM/m2  ST 9,92 DM/m2
EP 11,77 €/m2   LA 6,70 €/m2    ST 5,07 €/m2

037.55305.M   KG 345 DIN 276
Tapezieren/schräge Wand, Glasgewebetapete, mit Lief.
EP 23,77 DM/m2  LA 14,08 DM/m2  ST 9,69 DM/m2
EP 12,15 €/m2   LA 7,20 €/m2    ST 4,95 €/m2

037.55306.M   KG 345 DIN 276
Tapezieren/schräge Wand, Vinyltap./Papiertr., mit Lief.
EP 31,40 DM/m2  LA 16,70 DM/m2  ST 14,70 DM/m2
EP 16,05 €/m2   LA 8,54 €/m2    ST 7,51 €/m2

037.55307.M   KG 345 DIN 276
Tapezieren/schräge Wand, Vinyltap./Gewebetr., mit Lief.
EP 42,93 DM/m2  LA 17,69 DM/m2  ST 25,24 DM/m2
EP 21,95 €/m2   LA 9,04 €/m2    ST 12,91 €/m2

037.55308.M   KG 345 DIN 276
Tapezieren/schräge Wand, Textiltapete leicht, mit Lief.
EP 32,05 DM/m2  LA 15,06 DM/m2  ST 16,99 DM/m2
EP 16,39 €/m2   LA 7,70 €/m2    ST 8,69 €/m2

AW 037

## LB 037 Tapezierarbeiten
### Wand-/Deckentapezierung einschl. Tapetenlieferung; Deckenbekleidungen

Preise 06.01

Sämtliche Preise sind **Mittelpreise ohne Mehrwertsteuer** zum Zeitpunkt des Ausgabedatums.
**Korrekturfaktoren** für Regionaleinfluss, Mengeneinfluss, Konjunktureinfluss siehe Vorspann.
**Abkürzungen:** EP = Einheitspreis, LA = Lohnanteil, ST = Stoffanteil

037.55309.M  KG 345 DIN 276
Tapezieren/schräge Wand, Textiltapete schwer, mit Lief.
EP 42,02 DM/m2   LA 18,34 DM/m2   ST 23,68 DM/m2
EP 21,48 €/m2    LA  9,38 €/m2    ST 12,10 €/m2

037.55310.M  KG 345 DIN 276
Tapezieren/schräge Wand, Velourstapete, mit Lief.
EP 50,66 DM/m2   LA 23,91 DM/m2   ST 26,75 DM/m2
EP 25,90 €/m2    LA 12,22 €/m2    ST 13,68 €/m2

037.55601.M  KG 345 DIN 276
Tapez./Treppenhauswand, Raufasertapete, mit Lief.
EP 11,21 DM/m2   LA 9,17 DM/m2    ST 2,04 DM/m2
EP  5,73 €/m2    LA 4,69 €/m2     ST 1,04 €/m2

037.55602.M  KG 345 DIN 276
Tapez./Treppenhauswand, Papiertapete, mit Lief.
EP 18,83 DM/m2   LA 13,43 DM/m2   ST 5,40 DM/m2
EP  9,63 €/m2    LA  6,87 €/m2    ST 2,76 €/m2

037.55603.M  KG 345 DIN 276
Tapez./Treppenhauswand, Strukturtapete, mit Lief.
EP 21,80 DM/m2   LA 14,41 DM/m2   ST 7,39 DM/m2
EP 11,15 €/m2    LA  7,37 €/m2    ST 3,78 €/m2

037.55604.M  KG 345 DIN 276
Tapez./Treppenhauswand, Glasgewebetap., mit Lief.
EP 25,80 DM/m2   LA 16,05 DM/m2   ST 9,75 DM/m2
EP 13,19 €/m2    LA  8,21 €/m2    ST 4,98 €/m2

037.55605.M  KG 345 DIN 276
Tapez./Treppenhauswand, Vinyltap./Papiertr., mit Lief.
EP 32,31 DM/m2   LA 18,34 DM/m2   ST 13,97 DM/m2
EP 16,52 €/m2    LA  9,98 €/m2    ST  7,14 €/m2

037.55606.M  KG 345 DIN 276
Tapez./Treppenhauswand, Vinyltap./Gewebetr., mit Lief.
EP 47,96 DM/m2   LA 25,55 DM/m2   ST 22,41 DM/m2
EP 24,52 €/m2    LA 13,06 €/m2    ST 11,46 €/m2

### Deckentapezierung einschließlich Tapetenlieferung

037.-----.-

|  |  |  |
|---|---|---|
| 037.55701.M | Tapezieren/Decke, Raufaser fein, mit Lief. | 8,59 DM/m2 / 4,39 €/m2 |
| 037.55702.M | Tapezieren/Decke, Raufaser grob, mit Lief. | 9,41 DM/m2 / 4,81 €/m2 |
| 037.55703.M | Tapezieren/Decke, Raufaser sehr grob, mit Lief. | 10,85 DM/m2 / 5,55 €/m2 |
| 037.55704.M | Tapezieren/Decke, Papiertapete leicht, mit Lief. | 11,54 DM/m2 / 5,90 €/m2 |
| 037.55801.M | Tapezieren/gewölbte Decke, Raufaser fein, mit Lief. | 9,25 DM/m2 / 4,73 €/m2 |
| 037.55802.M | Tapezieren/gewölbte Decke, Raufaser grob, mit Lief. | 10,07 DM/m2 / 5,15 €/m2 |
| 037.55803.M | Tapezieren/gewölbte Decke, Raufaser s. grob, mit Lief. | 11,51 DM/m2 / 5,88 €/m2 |
| 037.55804.M | Tapezieren/gewölbte Decke, Papiertap. leicht, mit Lief. | 12,19 DM/m2 / 6,23 €/m2 |
| 037.55901.M | Tapezieren/Decke m.Schräge, Raufaser fein, mit Lief. | 8,86 DM/m2 / 4,53 €/m2 |
| 037.55902.M | Tapezieren/Decke m.Schräge, Raufaser grob, mit Lief. | 9,67 DM/m2 / 4,94 €/m2 |
| 037.55903.M | Tapezieren/Decke m.Schräge, Raufaser s.grob, mit Lief. | 11,10 DM/m2 / 5,67 €/m2 |
| 037.55904.M | Tapezieren/Decke m.Schräge, Papiertapete, mit Lief. | 11,76 DM/m2 / 6,01 €/m2 |

037.55701.M  KG 353 DIN 276
Tapezieren/Decke, Raufaser fein, mit Lief.
EP 8,59 DM/m2   LA 6,87 DM/m2    ST 1,72 DM/m2
EP 4,39 €/m2    LA 3,51 €/m2     ST 0,88 €/m2

037.55702.M  KG 353 DIN 276
Tapezieren/Decke, Raufaser grob, mit Lief.
EP 9,41 DM/m2   LA 7,53 DM/m2    ST 1,88 DM/m2
EP 4,81 €/m2    LA 3,85 €/m2     ST 0,96 €/m2

037.55703.M  KG 353 DIN 276
Tapezieren/Decke, Raufaser sehr grob, mit Lief.
EP 10,85 DM/m2  LA 8,19 DM/m2    ST 2,66 DM/m2
EP  5,55 €/m2   LA 4,19 €/m2     ST 1,36 €/m2

037.55704.M  KG 353 DIN 276
Tapezieren/Decke, Papiertapete leicht, mit Lief.
EP 11,54 DM/m2  LA 7,86 DM/m2    ST 3,68 DM/m2
EP  5,90 €/m2   LA 4,02 €/m2     ST 1,88 €/m2

037.55801.M  KG 353 DIN 276
Tapezieren/gewölbte Decke, Raufaser fein, mit Lief.
EP 9,25 DM/m2   LA 7,53 DM/m2    ST 1,72 DM/m2
EP 4,73 €/m2    LA 3,85 €/m2     ST 0,88 €/m2

037.55802.M  KG 353 DIN 276
Tapezieren/gewölbte Decke, Raufaser grob, mit Lief.
EP 10,07 DM/m2  LA 8,19 DM/m2    ST 1,88 DM/m2
EP  5,15 €/m2   LA 4,19 €/m2     ST 0,96 €/m2

037.55803.M  KG 353 DIN 276
Tapezieren/gewölbte Decke, Raufaser s. grob, mit Lief.
EP 11,51 DM/m2  LA 8,84 DM/m2    ST 2,67 DM/m2
EP  5,88 €/m2   LA 4,52 €/m2     ST 1,36 €/m2

037.55804.M  KG 353 DIN 276
Tapezieren/gewölbte Decke, Papiertap. leicht, mit Lief.
EP 12,19 DM/m2  LA 8,51 DM/m2    ST 3,68 DM/m2
EP  6,23 €/m2   LA 4,35 €/m2     ST 1,88 €/m2

037.55901.M  KG 353 DIN 276
Tapezieren/Decke m.Schräge, Raufaser fein, mit Lief.
EP 8,86 DM/m2   LA 7,21 DM/m2    ST 1,65 DM/m2
EP 4,53 €/m2    LA 3,68 €/m2     ST 0,85 €/m2

037.55902.M  KG 353 DIN 276
Tapezieren/Decke m.Schräge, Raufaser grob, mit Lief.
EP 9,67 DM/m2   LA 7,86 DM/m2    ST 1,81 DM/m2
EP 4,94 €/m2    LA 4,02 €/m2     ST 0,92 €/m2

037.55903.M  KG 353 DIN 276
Tapezieren/Decke m.Schräge, Raufaser s.grob, mit Lief.
EP 11,10 DM/m2  LA 8,51 DM/m2    ST 2,59 DM/m2
EP  5,67 €/m2   LA 4,35 €/m2     ST 1,32 €/m2

037.55904.M  KG 353 DIN 276
Tapezieren/Decke m.Schräge, Papiertapete, mit Lief.
EP 11,76 DM/m2  LA 8,19 DM/m2    ST 3,57 DM/m2
EP  6,01 €/m2   LA 4,19 €/m2     ST 1,82 €/m2

### Deckenbekleidungen mit PS-Hartschaumplatten

037.-----.-

|  |  |  |
|---|---|---|
| 037.56401.M | Deckenbekleidung, PS-Hartschaum 6 mm, parallel | 24,43 DM/m2 / 12,49 €/m2 |
| 037.56402.M | Deckenbekleidung, PS-Hartschaum 6 mm, diagonal | 26,19 DM/m2 / 13,39 €/m2 |
| 037.56403.M | Deckenbekleidung, PS-Hartschaum 10 mm, parallel | 27,34 DM/m2 / 13,98 €/m2 |
| 037.56404.M | Deckenbekleidung, PS-Hartschaum 10 mm, diagonal | 29,48 DM/m2 / 15,07 €/m2 |

037.56401.M  KG 353 DIN 276
Deckenbekleidung, PS-Hartschaum 6 mm, parallel
EP 24,43 DM/m2  LA 15,06 DM/m2   ST 9,37 DM/m
EP 12,49 €/m2   LA  7,70 €/m2    ST 4,79 €/m2

037.56402.M  KG 353 DIN 276
Deckenbekleidung, PS-Hartschaum 6 mm, diagonal
EP 26,19 DM/m2  LA 16,37 DM/m2   ST 9,82 DM/m2
EP 13,39 €/m2   LA  8,37 €/m2    ST 5,02 €/m2

037.56403.M  KG 353 DIN 276
Deckenbekleidung, PS-Hartschaum 10 mm, parallel
EP 27,34 DM/m2  LA 17,02 DM/m2   ST 10,31 DM/m2
EP 13,98 €/m2   LA  8,70 €/m2    ST  5,27 €/m2

037.56404.M  KG 353 DIN 276
Deckenbekleidung, PS-Hartschaum 10 mm, diagonal
EP 29,48 DM/m2  LA 18,66 DM/m2   ST 10,82 DM/m2
EP 15,07 €/m2   LA  9,54 €/m2    ST  5,53 €/m2

# LB 039 Trockenbauarbeiten
## Montagewände, freistehende Vorsatzschalen, Schachtwände

STLB 039

Ausgabe 06.01

Hinweis (1):
Brand-, Schall- und Wärmeschutz ist den jeweiligen Bauteilen zugeordnet.
Baustelleneinrichtung siehe LB 000 Baustelleneinrichtung, Gerüste siehe LB 001 Gerüstarbeiten.

Hinweis (2):
Leitbeschreibung/Unterbeschreibung:
Unterbeschreibungen können zur weiteren Erläuterung der Leistung auch Angaben von Mengen und Einheiten erhalten, jedoch in keinem Fall den Einheitspreis und den Gesamtbetrag.
Ist der Unterbeschreibung keine Mengeneinheit zugeordnet, so gilt für die Teilleistung trotzdem die der Leitbeschreibung zugeordnete Menge.

Hinweis (3):
Um die Übersichtlichkeit zu gewährleisten, wurden in verschiedenen Positionen die Inhalte zu den Punkten Ausführung, Erzeugnis und folgende Angaben vorgesetzt und wieder mit einem Anstrich begonnen. Diese Positionen sind aber stets als letzter Punkt der Ausschreibung zu betrachten.

Leitbeschreibung

01_ Nichttragende innere Trennwand DIN 4103-1 als Montagewand,
Einbaubereich 1 (= geringe Menschenansammlung),
02_ Nichttragende innere Trennwand DIN 4103-1 als Montagewand,
Einbaubereich 2 (= große Menschenansammlung),
03_ Nichttragende innere Trennwand DIN 4103-1 als Montagewand,
Einbaubereich 1, umsetzbar, Achsrastermaß in mm ........,
04_ Nichttragende innere Trennwand DIN 4103-1 als Montagewand,
Einbaubereich 1, umsetzbar, Bandrastermaß in mm ........,
05_ Nichttragende innere Trennwand DIN 4103-1 als Montagewand, Einbaubereich 2, umsetzbar, Achsrastermaß in mm ........,
06_ Nichttragende innere Trennwand DIN 4103-1 als Montagewand, Einbaubereich 2, umsetzbar, Bandrastermaß in mm ........,
07_ Freistehende Vorsatzschale DIN 4103-1,
Einbaubereich 1 (= geringe Menschenansammlung),
08_ Freistehende Vorsatzschale DIN 4103-1,
Einbaubereich (= große Menschenansammlung),
09_ Freistehende Vorsatzschale DIN 4103-1,
Einbaubereich 1, umsetzbar, Achsrastermaß in mm ........,
10_ Freistehende Vorsatzschale DIN 4103-1,
Einbaubereich 2, umsetzbar, Achsrastermaß in mm ........,
11_ Freistehende Vorsatzschale DIN 4103-1,
Einbaubereich 1, umsetzbar, Achsrastermaß in mm ........,
12_ Freistehende Vorsatzschale DIN 4103-1,
Einbaubereich 2, umsetzbar, Bandrastermaß in mm ........,
13_ Schachtwand DIN 4103-1, Einbaubereich 1 (= geringe Menschenansammlung),
14_ Schachtwand DIN 4103-1, Einbaubereich 2 (= große Menschenansammlung),
Einbauhöhe (als 3. Stelle zu 01_ bis 14_)
1 Höhe bis 2,5 m,
2 Höhe bis 3 m,
3 Höhe bis 3,5 m,
4 Höhe bis 4 m,
5 Höhe bis 4,5 m,
6 Höhe bis 5 m,
7 Höhe in m ........ ,
8 Höhe in m ........ , Beplankungs-/Bekleidungshöhe in m ........,
9 Höhe in m ........ , Beplankungs-/Bekleidungshöhe in m ........,
Hinweis:
Bei beidseitiger Beplankung mit unterschiedlichen Höhen sind diese Werte unter dem Punkt 9 anzugeben.

Wand-/Vorsatzschalendicke:
– Dicke 75 mm,
– Dicke 100 mm,
– Dicke 150 mm,
– Dicke 155 mm,
– Dicke 205 mm,
– Dicke 255 mm,
– Dicke in mm ........
– – bewertetes Schalldämmaß DIN 4109 $R_{w,R}$ in dB ........
– – Wärmedurchgangskoeffizient DIN 4108-2, k-Wert in W/(m²K) ........,
– – bewertetes Schalldämmaß DIN 4109 $R_{w,R}$ in dB ........,
Wärmedurchgangskoeffizient DIN 4108-2, k-Wert in W/(m²K) ........,
– – – Feuerwiderstandsklasse DIN 4102-2 F 30
– – – Feuerwiderstandsklasse DIN 4102-2 F 60
– – – Feuerwiderstandsklasse DIN 4102-2 F 90
– – – Feuerwiderstandsklasse DIN 4102-2 F ........
– – – – – A
– – – – – AB
– – – – – B,
– – – – – B, Beplankung/Bekleidung Baustoffkl. A DIN 4102-1,
– – – – – B, Beplankung/Bekleidung Baustoffkl. A 1 DIN 4102-1,
– – – – – B, Beplankung/Bekleidung Baustoffkl. A 2 DIN 4102-1,
– – – – – B, Beplankung/Bekleidung Baustoffkl. B 1 DIN 4102-1,
– – – Baustoffe der Baustoffklasse A DIN 4102-1
– – – Baustoffe der Baustoffklasse A 1 DIN 4102-1
– – – Baustoffe der Baustoffklasse A 2 DIN 4102-1
– – – Baustoffe der Baustoffklasse B 1 DIN 4102-1
– – – – Strahlenschutz, Bleigleichwert in mm Pb ........
– – – – besondere Anforderungen ........
Hinweis:
Besondere Anforderungen können sein: Ballwurfsicherheit, Schocksicherheit, Einbruchhemmung, Beschusssicherheit usw.
– – – – – umlaufende Anschlüsse starr.
– – – – – Vorhandener Befestigungsuntergrund ........
– – – – – umlaufende Anschlüsse starr, vorhandener Befestigungsuntergrund ........
– – – – umlaufende Anschlüsse ........

Art der Ausführung:
– Ausführung ........
– Ausführung gemäß Zeichnung Nr. ........
– Ausführung gemäß Einzelbeschreibung Nr. ........
– Ausführung gemäß Einzelbeschreibung Nr. ........ und Zeichnung Nr. ........

Erzeugnis/System
– – Erzeugnis/System ........
(Sofern nicht vorgeschrieben, vom Bieter einzutragen)
– – Erzeugnis/System ........ oder gleichwertiger Art, Erzeugnis/System ........ (Vom Bieter einzutragen)
– – Ausführung wie folgt:
– – Erzeugnis/System ........
(Sofern nicht vorgeschrieben, vom Bieter einzutragen)
Ausführung wie folgt:
– – Erzeugnis/System ........ oder gleichwertiger Art, Erzeugnis/System ........, (Vom Bieter einzutragen)
Ausführung wie folgt:
– – – Berechnungseinheit m²

**STLB 039**

Ausgabe 06.01

## LB 039 Trockenbauarbeiten
### Montagewände, freistehende Vorsatzschalen, Schachtwände

Unterkonstruktionen, Dämmschichten, Trennlagen

**155 Unterkonstruktion**
Werkstoff
- aus Holz DIN 4103-4,
- aus Holz DIN 4103-4, Querschnitt in mm ........,
- aus verzinkten Stahlblechprofilen DIN 18182-1/ DIN 18183,
- aus verzinkten Stahlblechprofilen DIN 18182-1/ DIN 18183, Profil ........,
- aus verzinkten Stahlblechprofilen, Profil ........,
- aus Aluminiumblechprofilen,
- aus Aluminium-Strangpressprofilen,
- aus ........
  - – als Einfachständerwerk.
  - – als Doppelständerwerk.
  - – als Doppelständerwerk, Ständer durch Laschen zug- und druckfest verbunden.
  - – als Doppelständerwerk, Ständer durch Distanzstreifen gegeneinander abgestützt.
  - – als Doppelständerwerk mit getrennten Ständern.
  - – als Riegelwerk.

**156 Dämmschicht**
Werkstoff:
- aus mineralischem Faserdämmstoff DIN 18165-1,
- aus mineralischem Faserdämmstoff DIN 18165-1 in Bahnen,
- aus mineralischem Faserdämmstoff DIN 18165-1 in Platten,
  - – einseitig beschichtet mit Vlies, Farbe ........,
  - – einseitig beschichtet mit Aluminiumfolie,
  - – in Kunststofffolie verschweißt, Farbe ........,
  - – aus Polystyrol-Hartschaum, Partikelschaum DIN 18164-1,
  - – aus ........,
Anzahl der Lagen:
  - – – einlagig,
  - – – einlagig, dicht stoßen,
  - – – zweilagig mit versetzten Fugen,
  - – – zweilagig mit versetzten Fugen, dicht stoßen,
  - – – mehrlagig ........
    - – – – abrutschsicher verlegen,
  - – – verlegen ........,
Wärmedämmeigenschaften:
  - – – – – Wärmeleitfähigkeitsgruppe 035,
  - – – – – Wärmeleitfähigkeitsgruppe 040,
  - – – – – Wärmeleitfähigkeitsgruppe ........,
Hinweis:
Punkt 1 gilt nur bei bei Schallschutzanforderungen:
  - – – längenspezifischer Strömungswiderstand größer 5 kN x s/m⁴,
  - – – längenspezifischer Strömungswiderstand ........,
Hinweis:
Punkt 3 gilt nur bei bei Brandschutzanforderungen:
  - – – – Rohdichte in kg/m³ ........,
  - – – – Mindestrohdichte in kg/m³ ........,
  - – – – Mindestrohdichte in kg/m³ ........, Schmelzpunkt mind. 1000 K,
Dicke/Erzeugnis:
- Dicke in mm ........,
- Gesamtdicke in mm ........,
- Dicke in mm ........,
  Erzeugnis ........ (Sofern nicht vorgeschrieben vom Bieter einzutragen)
- Dicke in mm ........
  Erzeugnis ........ oder gleichwertiger Art, Erzeugnis ........ (Vom Bieter einzutragen)
- Gesamtdicke in mm ........
  Erzeugnis ........ (Sofern nicht vorgeschrieben vom Bieter einzutragen)
- Gesamtdicke in mm ........
  Erzeugnis ........ der gleichwertiger Art, Erzeugnis ........ (Vom Bieter einzutragen)

**157 Trennlage**
- zwischen Dämmschicht und Beplankung
  - – – aus Faservlies,
  - – – aus Glasvlies,
    - – – – Farbton schwarz,
    - – – – Farbton weiß,
    - – – – Farbton ........,
    - – – – – Gewicht 60 g/m²
    - – – – – Gewicht in g/m² ........
- als Dampfsperrschicht DIN 4108
- als Dampfsperrschicht DIN 4108, $s_d$-Wert ........,
- als ........,
  - – – aus PE-Folie,
    - – – – transparent
    - – – – Farbton schwarz,
    - – – – – Dicke 0,2 mm.
    - – – – – Dicke 0,3 mm.
    - – – – – Dicke in mm ........
  - – – aus Aluminium,
  - – – aus ........,
    - – – – Farbton ........,
    - – – – – Dicke in mm ........,
    - – – – – Gewicht in g/m² ........,
Ausführung/Erzeugnis:
  - – – – – – Ausführung ........ .
  - – – – – – Erzeugnis ........ (Sofern nicht vorgeschrieben, vom Bieter einzutragen.)
  - – – – – – Erzeugnis ........, oder gleichwertiger Art, Erzeugnis ........ (Vom Bieter einzutragen.)

Gipskarton-, Gipsvliesplatten

**16_** Gipskarton-, Gipsvliesplatten – Beplankung, beidseitig,
**17_** Gipskarton-, Gipsvliesplatten – Beplankung, 1. Seite,
**18_** Gipskarton-, Gipsvliesplatten – Beplankung, 2. Seite,
**19_** Gipskarton-, Gipsvliesplatten – Beplankung, einseitig,
Einbaulage (als 3. Stelle zu 16_ bis 19_)
1 einlagig,
2 zweilagig,
3 dreilagig,
4 Anzahl der Lagen ........,
5 Verarbeitung DIN 18181, einlagig,
6 Verarbeitung DIN 18181, zweilagig,
7 Verarbeitung DIN 18181, dreilagig,
8 Verarbeitung ........,
Plattenart:
- aus Gipskarton-Bauplatten GKB DIN 18180,
- aus Gipskarton-Feuerschutzplatten GKF DIN 18180,
- aus Gipskarton-Bauplatten, imprägniert GKBI DIN 18180,
- aus Gipskarton-Feuerschutzplatten, imprägniert GKFI DIN 18180,
- aus Gipsvliesplatten,
- aus Gipskarton-Lochplatten DIN 18180, Lochung ........,
- aus ........,
Ausbildung der Sichtseite:
- Sichtseite beschichtet mit Folie, Werkstoff ........, Dekor
- Sichtseite ........,
Ausbildung der Rückseite:
  - – – Rückseite einer Lage beschichtet mit Aluminiumfolie als Dampfsperrschicht DIN 4108, sd-Wert größer gleich 1500 m,
  - – – Rückseite einer Lage beschichtet mit Dampfsperrschicht DIN 4108, sd-Wert größer gleich 1500 m,
  - – – Rückseite beschichtet mit Faservlies, Farbe ........,
  - – – Rückseite beschichtet mit Bleiblech, Dicke in mm ........, Stöße mit Bleistreifen hinterlegen,
  - – – Rückseite beschichtet
    - – – – Plattendicke 9,5 mm,
    - – – – Plattendicke 10 mm,
    - – – – Plattendicke 12,5 mm,
    - – – – Plattendicke 18 mm,
    - – – – Plattendicke 20 mm,
    - – – – Plattendicke 25 mm,
    - – – – Plattendicke in mm ........,
Plattenabmessungen:
    - – – – – Plattenbreite in mm ........,
    - – – – – Plattenlänge in mm ........,
    - – – – – Plattenbreite/-länge in mm ........,

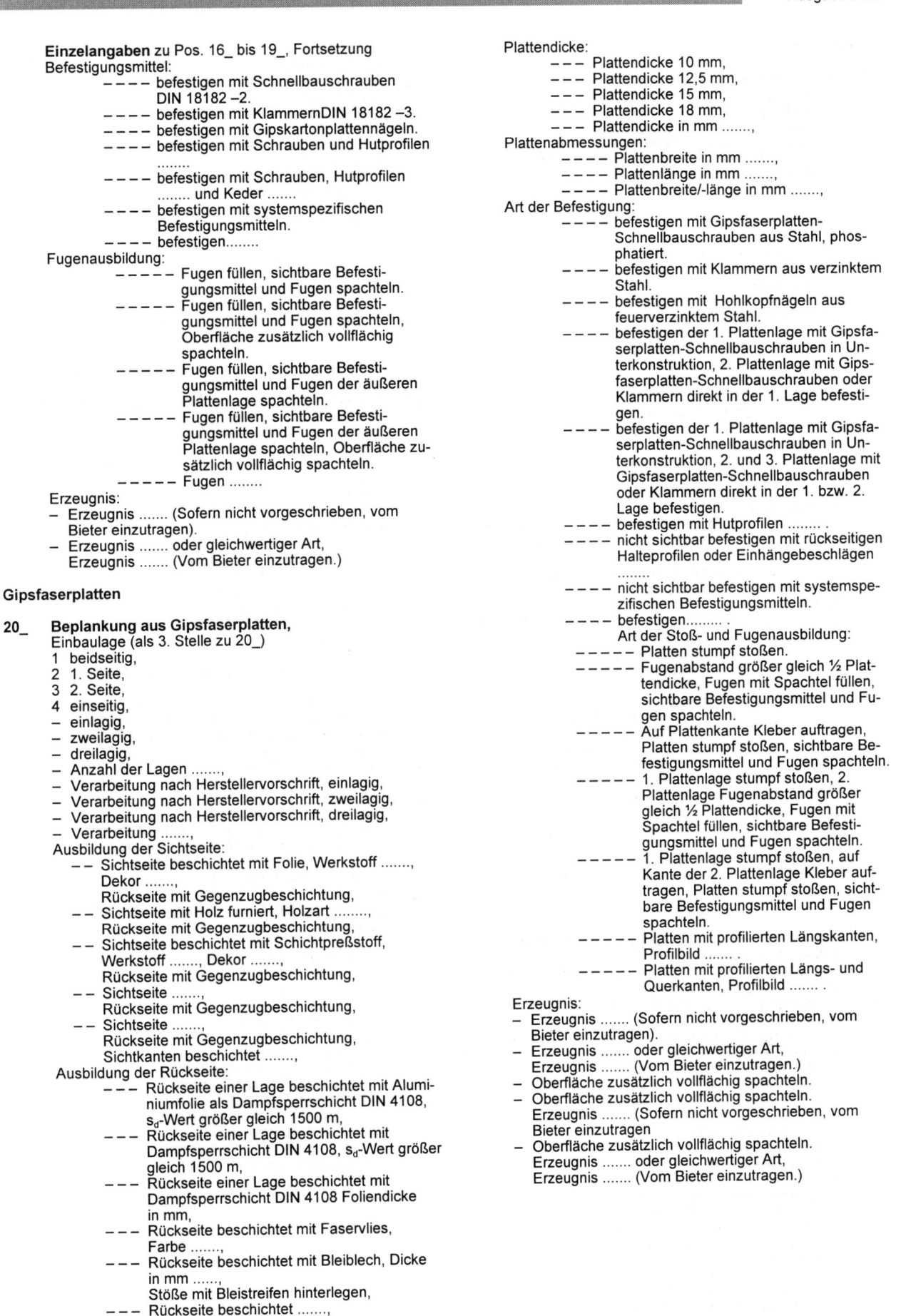

# LB 039 Trockenbauarbeiten
## Montagewände, freistehende Vorsatzschalen, Schachtwände

Ausgabe 06.01

**Einzelangaben** zu Pos. 16_ bis 19_, Fortsetzung
Befestigungsmittel:
- – – – befestigen mit Schnellbauschrauben DIN 18182 -2.
- – – – befestigen mit KlammernDIN 18182 –3.
- – – – befestigen mit Gipskartonplattennägeln.
- – – – befestigen mit Schrauben und Hutprofilen .........
- – – – befestigen mit Schrauben, Hutprofilen ......... und Keder .......
- – – – befestigen mit systemspezifischen Befestigungsmitteln.
- – – – befestigen........

Fugenausbildung:
- – – – – Fugen füllen, sichtbare Befestigungsmittel und Fugen spachteln.
- – – – – Fugen füllen, sichtbare Befestigungsmittel und Fugen spachteln, Oberfläche zusätzlich vollflächig spachteln.
- – – – – Fugen füllen, sichtbare Befestigungsmittel und Fugen der äußeren Plattenlage spachteln.
- – – – – Fugen füllen, sichtbare Befestigungsmittel und Fugen der äußeren Plattenlage spachteln, Oberfläche zusätzlich vollflächig spachteln.
- – – – – Fugen .......

Erzeugnis:
- Erzeugnis ....... (Sofern nicht vorgeschrieben, vom Bieter einzutragen).
- Erzeugnis ....... oder gleichwertiger Art, Erzeugnis ....... (Vom Bieter einzutragen.)

**Gipsfaserplatten**

20_ **Beplankung aus Gipsfaserplatten**,
Einbaulage (als 3. Stelle zu 20_)
1 beidseitig,
2 1. Seite,
3 2. Seite,
4 einseitig,
- einlagig,
- zweilagig,
- dreilagig,
- Anzahl der Lagen .......,
- Verarbeitung nach Herstellervorschrift, einlagig,
- Verarbeitung nach Herstellervorschrift, zweilagig,
- Verarbeitung nach Herstellervorschrift, dreilagig,
- Verarbeitung .......,

Ausbildung der Sichtseite:
- – – Sichtseite beschichtet mit Folie, Werkstoff ......., Dekor ......., Rückseite mit Gegenzugbeschichtung,
- – – Sichtseite mit Holz furniert, Holzart ........, Rückseite mit Gegenzugbeschichtung,
- – – Sichtseite beschichtet mit Schichtpreßstoff, Werkstoff ....... Dekor ......., Rückseite mit Gegenzugbeschichtung,
- – – Sichtseite ......., Rückseite mit Gegenzugbeschichtung,
- – – Sichtseite ......., Rückseite mit Gegenzugbeschichtung, Sichtkanten beschichtet .......,

Ausbildung der Rückseite:
- – – – Rückseite einer Lage beschichtet mit Aluminiumfolie als Dampfsperrschicht DIN 4108, $s_d$-Wert größer gleich 1500 m,
- – – – Rückseite einer Lage beschichtet mit Dampfsperrschicht DIN 4108, $s_d$-Wert größer gleich 1500 m,
- – – – Rückseite einer Lage beschichtet mit Dampfsperrschicht DIN 4108 Foliendicke in mm,
- – – – Rückseite beschichtet mit Faservlies, Farbe .......,
- – – – Rückseite beschichtet mit Bleiblech, Dicke in mm ......., Stöße mit Bleistreifen hinterlegen,
- – – – Rückseite beschichtet .......,

Plattendicke:
- – – – Plattendicke 10 mm,
- – – – Plattendicke 12,5 mm,
- – – – Plattendicke 15 mm,
- – – – Plattendicke 18 mm,
- – – – Plattendicke in mm .......,

Plattenabmessungen:
- – – – Plattenbreite in mm .......,
- – – – Plattenlänge in mm .......,
- – – – Plattenbreite/-länge in mm .......,

Art der Befestigung:
- – – – befestigen mit Gipsfaserplatten-Schnellbauschrauben aus Stahl, phosphatiert.
- – – – befestigen mit Klammern aus verzinktem Stahl.
- – – – befestigen mit Hohlkopfnägeln aus feuerverzinktem Stahl.
- – – – befestigen der 1. Plattenlage mit Gipsfaserplatten-Schnellbauschrauben in Unterkonstruktion, 2. Plattenlage mit Gipsfaserplatten-Schnellbauschrauben oder Klammern direkt in der 1. Lage befestigen.
- – – – befestigen der 1. Plattenlage mit Gipsfaserplatten-Schnellbauschrauben in Unterkonstruktion, 2. und 3. Plattenlage mit Gipsfaserplatten-Schnellbauschrauben oder Klammern direkt in der 1. bzw. 2. Lage befestigen.
- – – – befestigen mit Hutprofilen ......... .
- – – – nicht sichtbar befestigen mit rückseitigen Halteprofilen oder Einhängebeschlägen .........
- – – – nicht sichtbar befestigen mit systemspezifischen Befestigungsmitteln.
- – – – befestigen......... .

Art der Stoß- und Fugenausbildung:
- – – – – Platten stumpf stoßen.
- – – – – Fugenabstand größer gleich ½ Plattendicke, Fugen mit Spachtel füllen, sichtbare Befestigungsmittel und Fugen spachteln.
- – – – – Auf Plattenkante Kleber auftragen, Platten stumpf stoßen, sichtbare Befestigungsmittel und Fugen spachteln.
- – – – – 1. Plattenlage stumpf stoßen, 2. Plattenlage Fugenabstand größer gleich ½ Plattendicke, Fugen mit Spachtel füllen, sichtbare Befestigungsmittel und Fugen spachteln.
- – – – – 1. Plattenlage stumpf stoßen, auf Kante der 2. Plattenlage Kleber auftragen, Platten stumpf stoßen, sichtbare Befestigungsmittel und Fugen spachteln.
- – – – – Platten mit profilierten Längskanten, Profilbild ....... .
- – – – – Platten mit profilierten Längs- und Querkanten, Profilbild ....... .

Erzeugnis:
- Erzeugnis ....... (Sofern nicht vorgeschrieben, vom Bieter einzutragen).
- Erzeugnis ....... oder gleichwertiger Art, Erzeugnis ....... (Vom Bieter einzutragen.)
- Oberfläche zusätzlich vollflächig spachteln.
- Oberfläche zusätzlich vollflächig spachteln. Erzeugnis ....... (Sofern nicht vorgeschrieben, vom Bieter einzutragen
- Oberfläche zusätzlich vollflächig spachteln. Erzeugnis ....... oder gleichwertiger Art, Erzeugnis ....... (Vom Bieter einzutragen.)

# LB 039 Trockenbauarbeiten
## Montagewände, freistehende Vorsatzschalen, Schachtwände

STLB 039
Ausgabe 06.01

Kalziumsilikatplatten

207 Bekleidung aus Kalziumsilikatplatten,
  - einlagig,
  - zweilagig,
  - Anzahl der Lagen .......,
  - Verarbeitung nach Herstellervorschrift, einlagig,
  - Verarbeitung nach Herstellervorschrift, zweilagig,
  - Verarbeitung .......,
  Oberflächen:
    - - grundiert,
    - - imprägniert,
    - - Sichtseite farbgrundiert,
    - - Sichtseite beschichtet, Farbton .......,
    - - Sichtseite .......,
  Plattendicke:
    - - - Plattendicke 8 mm,
    - - - Plattendicke 9 mm,
    - - - Plattendicke 10 mm,
    - - - Plattendicke 12 mm,
    - - - Plattendicke 15 mm,
    - - - Plattendicke 20 mm,
    - - - Plattendicke 25 mm,
    - - - Plattendicke 30 mm,
    - - - Plattendicke in mm .......,
  Plattenabmessungen:
    - - - Plattenbreite in mm .......,
    - - - Plattenlänge in mm .......,
    - - - Plattenbreite/-länge in mm .......,
  Ausführung der Stöße:
    - - - - Platten stumpf stoßen, Stöße hinterlegen,
    - - - - Platten stumpf stoßen, Stöße beidseitig abdecken,
    - - - - Platten stumpf stoßen, Stöße gegeneinander versetzen,
  Befestigungsmittel:
    - - - - - befestigen mit systemspezifischen Schnellbauschrauben,
    - - - - - befestigen mit Klammern,
    - - - - - befestigen mit Nägeln,
    - - - - - befestigen,
  Art der Fugenausbildung:
    - - - - - Fugen und Befestigungsmittel spachteln.
    - - - - - Fugen mit Bewehrungsstreifen versehen, Fugen und Befestigungsmittel spachteln.
    - - - - - Fugen ....... .
  Erzeugnis:
    - Erzeugnis ....... (Sofern nicht vorgeschrieben, vom Bieter einzutragen).
    - Erzeugnis ....... oder gleichwertiger Art,
    Erzeugnis ....... (Vom Bieter einzutragen.)

Holz

211 Bekleidung, beidseitig, aus gespundeten Brettern DIN 4072 aus Nadelholz,
221 Bekleidung, 1. Seite, aus gespundeten Brettern DIN 4072 aus Nadelholz,
231 Bekleidung, 2. Seite, aus gespundeten Brettern DIN 4072 aus Nadelholz,
241 Bekleidung, einseitig, aus gespundeten Brettern DIN 4072 aus Nadelholz,
  Brettdicke:
  - Brettdicke 15,5 mm,
  - Brettdicke 19,5 mm,
  - Brettdicke 22,5 mm,
  - Brettdicke 25,5 mm,
  - Brettdicke 35,5 mm,
  - Brettdicke in mm .......,
  Brettbreite (Profilmaß):
  - Brettbreite (Profilmaß) 95 mm,
  - Brettbreite (Profilmaß) 96 mm,
  - Brettbreite (Profilmaß) 111 mm,
  - Brettbreite (Profilmaß) 115 mm,
  - Brettbreite (Profilmaß) 121 mm,
  - Brettbreite (Profilmaß) 135 mm,
  - Brettbreite (Profilmaß) 155 mm,
  - Brettbreite (Profilmaß) in mm .......,

212 Bekleidung, beidseitig, aus Fasebrettern DIN 68122 aus Nadelholz,
222 Bekleidung, 1. Seite, aus Fasebrettern DIN 68122 aus Nadelholz,
232 Bekleidung, 2. Seite, aus Fasebrettern DIN 68122 aus Nadelholz,
242 Bekleidung, einseitig, aus Fasebrettern DIN 68122 aus Nadelholz,
  Brettdicke:
  - Brettdicke 12,5 mm,
  - Brettdicke 15,5 mm,
  - Brettdicke 19,5 mm,
  - Brettdicke in mm .......,
  Brettbreite (Profilmaß):
  - Brettbreite (Profilmaß) 95 mm,
  - Brettbreite (Profilmaß) 96 mm,
  - Brettbreite (Profilmaß) 111 mm,
  - Brettbreite (Profilmaß) 115 mm,
  - Brettbreite (Profilmaß) in mm .......,

213 Bekleidung, beidseitig, aus Stülpschalungsbrettern DIN 68123, aus Nadelholz,
223 Bekleidung, 1. Seite, aus Stülpschalungsbrettern DIN 68123 aus Nadelholz,
233 Bekleidung, 2. Seite, aus Stülpschalungsbrettern DIN 68123 aus Nadelholz,
243 Bekleidung, einseitig, aus Stülpschalungsbrettern DIN 68123 aus Nadelholz,
  Brettdicke:
  - Brettdicke in mm .......,
  Brettbreite (Profilmaß):
  - Brettbreite (Profilmaß) 111 mm,
  - Brettbreite (Profilmaß) 115 mm,
  - Brettbreite (Profilmaß) 121 mm,
  - Brettbreite (Profilmaß) 135 mm,
  - Brettbreite (Profilmaß) 146 mm,
  - Brettbreite (Profilmaß) 155 mm,
  - Brettbreite (Profilmaß) in mm .......,

214 Bekleidung, beidseitig, aus Profilbrettern mit Schattennut DIN 68126-1,
215 Bekleidung, beidseitig, aus Profilbrettern mit Schattennut DIN 68126-1, Kanten gerundet, ,
224 Bekleidung, 1. Seite, aus Profilbrettern mit Schattennut DIN 68126-1,
225 Bekleidung, 1. Seite, aus Profilbrettern mit Schattennut DIN 68126-1, Kanten gerundet,
234 Bekleidung, 2. Seite, aus Profilbrettern mit Schattennut DIN 68126-1,
235 Bekleidung, 2. Seite, aus Profilbrettern mit Schattennut DIN 68126-1, Kanten gerundet,
244 Bekleidung, einseitig, aus Profilbrettern mit Schattennut DIN 68126-1,
245 Bekleidung, einseitig, aus Profilbrettern mit Schattennut DIN 68126-1, Kanten gerundet,
  Brettdicke:
  - Brettdicke 9,5 mm,
  - Brettdicke 11 mm,
  - Brettdicke 12,5 mm,
  - Brettdicke 14 mm,
  - Brettdicke 15,5 mm,
  - Brettdicke 19,5 mm,
  - Brettdicke in mm .......,
  Brettbreite (Profilmaß):
  - Brettbreite (Profilmaß) 69 mm,
  - Brettbreite (Profilmaß) 71 mm,
  - Brettbreite (Profilmaß) 94 mm,
  - Brettbreite (Profilmaß) 96 mm,
  - Brettbreite (Profilmaß) 115 mm,
  - Brettbreite (Profilmaß) 146 mm,
  - Brettbreite (Profilmaß) in mm .......,

## LB 039 Trockenbauarbeiten
### Montagewände, freistehende Vorsatzschalen, Schachtwände

Ausgabe 06.01

216 Bekleidung, beidseitig, aus Akustik-Glattkantbrettern DIN 68127,
226 Bekleidung, 1. Seite, aus Akustik-Glattkantbrettern DIN 68127,
236 Bekleidung, 2. Seite, aus Akustik-Glattkantbrettern DIN 68127,
246 Bekleidung, einseitig, aus Akustik-Glattkantbrettern DIN 68127,
Brettdicke:
- Brettdicke 16 mm,
- Brettdicke 17 mm,
- Brettdicke 19,5 mm,
- Brettdicke 21 mm,
- Brettdicke 22,5 mm,
- Brettdicke in mm .......,
Brettbreite (Profilmaß):
- Brettbreite (Profilmaß) 68 mm,
- Brettbreite (Profilmaß) 70 mm,
- Brettbreite (Profilmaß) 74 mm,
- Brettbreite (Profilmaß) 94 mm,
- Brettbreite (Profilmaß) 95 mm,
- Brettbreite (Profilmaß) in mm ........,

217 Bekleidung, beidseitig, aus Akustik-Profilbrettern DIN 68127,
227 Bekleidung, 1. Seite, aus Akustik- Profilbrettern DIN 68127,
237 Bekleidung, 2. Seite, aus Akustik - Profilbrettern DIN 68127,
247 Bekleidung, einseitig, aus Akustik- Profilbrettern DIN 68127,

218 Bekleidung, beidseitig, aus ........
228 Bekleidung, 1. Seite, aus .......,
238 Bekleidung, 2. Seite, aus .......,
248 Bekleidung, einseitig, aus .......,
- Brettdicke in mm .......,
- Brettbreite (Profilmaß) in mm ........,

Einzelangaben zu Pos. 211 bis 248, Fortsetzung
-- Holz DIN EN 942 – ID,
-- Holz DIN EN 942 – ID, Holzart .......,
-- Holz DIN EN 942 – ID, Holzart .......,
 Oberfläche ........,
-- Holz .......,
 --- Brettlängen bis 3000 mm,
 --- Brettlängen über 3000 bis 4500 mm,
 --- Brettlängen über 4500 bis 6500 mm,
 --- Brettlängen in mm .......,
Art der Fugenausbildung:
 ---- Bretter dicht stoßen,
 ---- Fugen offen,
 ---- Fugen offen, Fugenbreite in mm .......,
 ---- Fugen .......,
Art der Stoßausbildung:
 ---- Stöße regelmäßig,
 ---- Stöße regelmäßig, versetzen,
 ---- Stöße unregelmäßig,
 ---- Stöße .......,
Befestigungsmittel:
 ----- sichtbar befestigen mit Schrauben.
 ----- sichtbar befestigen mit Nägeln.
 ----- sichtbar befestigen mit Klammern.
 ----- sichtbar befestigen mit systemspezifischen Befestigungsmitteln.
 ----- befestigen ......... .
Erzeugnis:
- Erzeugnis ....... (Sofern nicht vorgeschrieben, vom Bieter einzutragen).
- Erzeugnis ....... oder gleichwertiger Art,
 Erzeugnis ....... (Vom Bieter einzutragen.)

**Holzwerkstoffe**

251 Bekleidung, beidseitig, aus Holzspanplatten, Emissionsklasse E1,
261 Bekleidung, 1. Seite, aus Holzspanplatten, Emissionsklasse E1,
271 Bekleidung, 2. Seite, aus Holzspanplatten, Emissionsklasse E1,
281 Bekleidung, einseitig, aus Holzspanplatten, Emissionsklasse E1,
- als Flachpressplatten DIN 68763 V 20,
- als Flachpressplatten DIN 68763 V 100,
- als Flachpressplatten.......,
Ausbildung der Sichtseite/Rückseite:
 -- Sichtseite beschichtet mit ......., Rückseite mit Gegenzugbeschichtung,
 -- Sichtseite mit Holz furniert, Holzart ........,
 Oberfläche ......,
 Rückseite mit Gegenzugbeschichtung
 -- Sichtseite ......., Rückseite mit Gegenzugbeschichtung,
 -- Sichtseite ......., Rückseite mit Gegenzugbeschichtung, Sichtkanten beschichtet .......,
 --- Plattendicke 13 mm,
 --- Plattendicke 16 mm,
 --- Plattendicke 19 mm,
 --- Plattendicke 22 mm,
 --- Plattendicke 25 mm,
 --- Plattendicke 28 mm,
 --- Plattendicke 32 mm,
 --- Plattendicke 36 mm,
 --- Plattendicke in mm .......,

252 Bekleidung, beidseitig, aus Bau-Furniersperrholz DIN 68705-3,
262 Bekleidung, 1. Seite, aus Bau-Furniersperrholz DIN 68705-3,
272 Bekleidung, 2. Seite, aus Bau-Furniersperrholz DIN 68705-3,
282 Bekleidung, einseitig, aus Bau-Furniersperrholz DIN 68705-3,

253 Bekleidung, beidseitig, aus Sperrholz DIN 68705-2,
263 Bekleidung, 1. Seite, aus Sperrholz DIN 68705-2,
273 Bekleidung, 2. Seite, aus Sperrholz DIN 68705-2,
283 Bekleidung, einseitig, aus Sperrholz DIN 68705-2,
Ausbildung der Sichtseite/Rückseite:
- Sichtseite beschichtet mit ......., Rückseite mit Gegenzugbeschichtung,
- Sichtseite mit Holz furniert, Holzart ........,
 Oberfläche ......,
 Rückseite mit Gegenzugbeschichtung
- Sichtseite ......., Rückseite mit Gegenzugbeschichtung,
- Sichtseite ......., Rückseite mit Gegenzugbeschichtung, Sichtkanten beschichtet .......,
 -- Plattendicke 13 mm,
 -- Plattendicke 16 mm,
 -- Plattendicke 19 mm,
 -- Plattendicke 22 mm,
 -- Plattendicke 25 mm,
 -- Plattendicke 28 mm,
 -- Plattendicke 32 mm,
 -- Plattendicke 36 mm,
 -- Plattendicke in mm .......,

**Einzelangaben** zu Pos. 251 bis 283, nach Pos. 284

**STLB 039**

Ausgabe 06.01

## LB 039 Trockenbauarbeiten
### Montagewände, freistehende Vorsatzschalen, Schachtwände

254 Bekleidung, beidseitig, aus kunststoffbeschichteten dekorativen Flachpressplatten DIN 68765, Emissionsklasse E 1,
264 Bekleidung, 1. Seite, aus kunststoffbeschichteten dekorativen Flachpressplatten DIN 68765, Emissionsklasse E 1,
274 Bekleidung, 2. Seite, aus kunststoffbeschichteten dekorativen Flachpressplatten DIN 68765, Emissionsklasse E 1,
284 Bekleidung, einseitig, aus kunststoffbeschichteten dekorativen Flachpressplatten DIN 68765, Emissionsklasse E 1,
Ausbildung der Sichtseite:
– Sichtkanten beschichtet ....... ,
– – Abriebbeanspruchung Klasse N,
– – Abriebbeanspruchung Klasse M,
– – Abriebbeanspruchung Klasse H,
– – Abriebbeanspruchung Klasse S,
– – Widerstandsfähigkeit gegen Zigarettenglut Z,
Schichtdicke:
– – – Schichtdicke bis 0,14 mm,
– – – Schichtdicke über 0,14 mm,
Plattendicke:
– – – Plattendicke 13 mm – 16 mm – 19 mm – 22 mm – in mm ....... ,

Einzelangaben zu Pos. 251 bis 284
Art der Kantenausbildung:
– – – – Kanten gebrochen,
– – – – Kanten gefast,
– – – – Kanten ....... ,
Art der Stoßausbildung:
– – – – Platten stumpf stoßen,
– – – – Platten offen, Fugenbreite in mm ....... ,
– – – – Platten mit Nut und Feder,
– – – – Platten genutet mit eingelegter Feder,
– – – – Platten mit profilierten Längskanten, Profilbild ....... ,
– – – – Platten mit profilierten Längs- und Querkanten, Profilbild ....... ,

285 aus ....... ,
– Oberfläche ....... ,
– – Plattendicke ....... ,
Besondere Anforderungen:
– – – besondere Anforderungen ....... ,
Art der Stoßausbildung:
– – – Platten stumpf stoßen,
– – – Fugen offen, Fugenbreite in mm ....... ,
– – – Platten mit Nut und Feder,
– – – Platten genutet mit eingelegter Feder,
– – – Platten mit profilierten Längskanten, Profilbild ....... ,
– – – Platten mit profilierten Längs- und Querkanten, Profilbild ....... ,

Einzelangaben zu Pos. 251 bis 285, Fortsetzung
Befestigungsmittel:
– – – – sichtbar befestigen mit Schrauben.
– – – – sichtbar befestigen mit Nägeln.
– – – – sichtbar befestigen mit Klammern.
– – – – sichtbar befestigen mit systemspezifischen Befestigungsmitteln
– – – – nicht sichtbar befestigen mit Schrauben.
– – – – nicht sichtbar befestigen mit Nägeln.
– – – – nicht sichtbar befestigen mit Klammern.
– – – – nicht sichtbar befestigen mit systemspezifischen Befestigungsmitteln.
– – – – befestigen ....... .
Erzeugnis:
– – – – Erzeugnis ....... (Sofern nicht vorgeschrieben, vom Bieter einzutragen.)
– – – – Erzeugnis ....... oder gleichwertiger Art, Erzeugnis ....... (Vom Bieter einzutragen.)
– – – – Maße in mm ....... .
– – – – Maße in mm ....... .
Erzeugnis ....... (Sofern nicht vorgeschrieben, vom Bieter einzutragen.)
– – – – Maße in mm ....... .
Erzeugnis ....... oder gleichwertiger Art, Erzeugnis ....... (Vom Bieter einzutragen.)

Zementgebundene Holzspanplatten

291 Beplankung, beidseitig, aus zementgebundenen Holzspanplatten,
292 Bekleidung, 1. Seite, aus zementgebundenen Holzspanplatten,
293 Bekleidung, 2. Seite, aus zementgebundenen Holzspanplatten,
294 Bekleidung, einseitig, aus zementgebundenen Holzspanplatten
Anzahl der Lagen:
– einlagig,
– zweilagig,
– Anzahl der Lagen ....... ,
– Verarbeitung nach Herstellervorschrift, einlagig,
– Verarbeitung nach Herstellervorschrift, zweilagig,
– Verarbeitung ....... ,
Oberfläche:
– – grundiert,
– – Sichtseite farbgrundiert,
– – Sichtseite beschichtet, Farbton ....... ,
– – Sichtseite furniert, Holzart ....... ,
– – Sichtseite melaminharzbeschichtet, Dekor ....... ,
– – Sichtseite melaminharzbeschichtet, richtungsgebunden, Dekor ....... ,
– – Sichtseite ....... ,
Plattendicke:
– – – Plattendicke 8 mm,
– – – Plattendicke 10 mm,
– – – Plattendicke 12 mm,
– – – Plattendicke 13 mm,
– – – Plattendicke 14 mm,
– – – Plattendicke 16 mm,
– – – Plattendicke 18 mm,
– – – Plattendicke 20 mm,
– – – Plattendicke in mm ....... ,
Abmessungen:
– – – Plattenbreite in mm ....... ,
– – – Plattenlänge in mm ....... ,
– – – Plattenbreite/-länge in mm ....... ,
Art der Kantenausbildung:
– – – – Kanten gefalzt,
– – – – Kanten gefast,
– – – – Kanten ....... ,
Art der Stoß- und Fugenausbildung:
– – – – Platten stumpf stoßen,
– – – – Platten stumpf stoßen, Stoßbearbeitung ....... ,
– – – – Fugen offen, Fugenbreite in mm ....... ,
– – – – Platten mit Nut und Feder,
– – – – Platten mit Nut und Feder, Stoßbearbeitung ....... ,
– – – – Platten genutet mit eingelegter Feder,
– – – – Platten genutet mit eingelegter Feder, Stoßbearbeitung ....... ,
Befestigungsmittel:
– – – – – befestigen mit Schrauben.
– – – – – befestigen mit Klammern.
– – – – – befestigen mit Hutprofilen.
– – – – – befestigen mit befestigen mit systemspezifischen Befestigungsmitteln.
– – – – – befestigen mit befestigen mit systemspezifischen Befestigungsmitteln.
– – – – – befestigen ....... .
Erzeugnis:
– Erzeugnis ....... (Sofern nicht vorgeschrieben, vom Bieter einzutragen.)
– Erzeugnis ....... oder gleichwertiger Art, Erzeugnis ....... (Vom Bieter einzutragen.)

# LB 039 Trockenbauarbeiten
## Montagewände, freistehende Vorsatzschalen, Schachtwände

STLB 039

Ausgabe 06.01

**Faserzementplatten**

297 **Beplankung aus Faserzementplatten,**
- beidseitig
- 1. Seite
- 2. Seite
- einseitig
  - – einlagig,
  - – zweilagig,
  - – Anzahl der Lagen .......,
  - – Verarbeitung nach Herstellervorschrift, einlagig,
  - – Verarbeitung nach Herstellervorschrift, zweilagig,
  - – Verarbeitung .......,

Oberfläche:
  - – – grundiert,
  - – – Sichtseite farbgrundiert,
  - – – Sichtseite beschichtet, Farbton .......,
  - – – Sichtseite .......,
    - – – – Plattendicke 6 mm,
    - – – – Plattendicke 8 mm,
    - – – – Plattendicke 10 mm,
    - – – – Plattendicke 12 mm,
    - – – – Plattendicke 15 mm,
    - – – – Plattendicke 20 mm,
    - – – – Plattendicke in mm .......,

Abmessungen:
  - – – – – Plattenbreite in mm .......,
  - – – – – Plattenlänge in mm .......,
  - – – – – Plattenbreite/-länge in mm .......,

Art der Stoß- und Fugenausbildung:
  - – – – – Platten stumpf stoßen,
  - – – – – Platten stumpf stoßen, Stoßbearbeitung .......,
  - – – – – Fugen offen, Fugenbreite in mm ....,
  - – – – – Platten mit profilierten Längskanten, Profilbild .......,
  - – – – – Platten mit profilierten Längs- und Querkanten, Profilbild .......,

Befestigungsmittel:
  - – – – – – befestigen mit Schrauben.
  - – – – – – befestigen mit Nieten.
  - – – – – – befestigen mit Hutprofilen.
  - – – – – – befestigen mit systematischen Befestigungsmitteln.
  - – – – – – befestigen mit .......

Erzeugnis:
- Erzeugnis ....... (Sofern nicht vorgeschrieben, vom Bieter einzutragen.)
- Erzeugnis ....... oder gleichwertiger Art, Erzeugnis .......(Vom Bieter einzutragen.)

**Metall**

300 **Bekleidung aus Metall, beidseitig,**
301 **Bekleidung aus Metall, 1. Seite,**
302 **Bekleidung aus Metall, 2. Seite,**
303 **Bekleidung aus Metall, einseitig,**
- aus Stahl-Profilblechen, verzinkt,
- aus Stahlblech-Elementen, verzinkt,
- aus Stahlblech-Elementen, verzinkt, demontierbar,
- aus Aluminiumblech-Elementen,
- aus Aluminiumblech-Elementen, demontierbar,
- aus nichtrostendem Stahl, Werkstoff-Nr. .......,
- aus nichtrostendem Stahl, Werkstoff-Nr. ......., demontierbar,
- aus .......,
  - – – Sichtseiten glatt, pulverbeschichtet, Farbton .......,
  - – – Sichtseiten glatt, folienbeschichtet, Farbton .......,
  - – – Sichtseiten glatt, bandbeschichtet, Farbton .......,
  - – – Sichtseiten glatt, .......,
  - – – Sichtseiten gelocht, pulverbeschichtet, Farbton .......,
  - – – Sichtseiten gelocht, bandbeschichtet, Farbton .......,
  - – – Sichtseiten gelocht, .......,
  - – – Sichtseiten .......,
    - – – – allseitig abgekantet,
    - – – – allseitig abgekantet, Rückseite vliesbeschichtet, Farbton .......,
    - – – – allseitig abgekantet, Rückseite .......,
    - – – – längsseitig abgekantet, Rückseite vliesbeschichtet, Farbton .......,
    - – – – längsseitig abgekantet, Rückseite .......,
    - – – – Kantenausbildung .......,
      - – – – – Dicke 0,6 mm,
      - – – – – Dicke 0,7 mm,
      - – – – – Dicke 0,8 mm,
      - – – – – Dicke 0,9 mm,
      - – – – – Dicke 1,0 mm,
      - – – – – Dicke 1,25 mm,
      - – – – – Dicke in mm......,

Abmessungen:
  - – – – – Breite in mm......,
  - – – – – Länge in mm......,
  - – – – – Breite in mm......, Länge in mm......,

Befestigungsmittel:
  - – – – – befestigen durch Klemmen.
  - – – – – befestigen durch Einhängen.
  - – – – – befestigen mit Schrauben und Hutprofilen......
  - – – – – befestigen mit Schrauben, Hutprofilen...... und Keder .......
  - – – – – befestigen mit Schrauben, Hutprofilen...... und Abdeckprofilen .......
  - – – – – befestigen ......

Erzeugnis:
- Erzeugnis ....... (Sofern nicht vorgeschrieben, vom Bieter einzutragen.)
- Erzeugnis ....... oder gleichwertiger Art, Erzeugnis .......(Vom Bieter einzutragen.)

**Besondere Leistungen, Zulagen**

305 **Anschluss,**
- gleitend bis 20 mm,
- gleitend .......,
- reduziert,
- reduziert und gleitend bis 20 mm,
- reduziert und gleitend .......,
- an Dachschräge,
- an .......,

306 **Ausschnitt,**

307 **Freies Wandende,**

308 **Ecke,**

309 **Innenecke,**

310 **Außenecke,**
- mit Eckschutzschiene,
- mit .......,

461

STLB 039
Ausgabe 06.01

## LB 039 Trockenbauarbeiten
### Montagewände, freistehende Vorsatzschalen, Schachtwände

311 **T-Verbindung,**

312 **Kreuzverbindung,**
- Beplankung unterbrochen,
- mit Inneneckprofilen,

313 **Fuge,**
- abdecken,
- hinterlegen,
- mit Profil .......,

314 **Bewegungsfuge,**
- mit Profil .......,

315 **Unterkonstruktion auswechseln,**

316 **Bekleidungsteil,**
- abnehmbar,
- beweglich,

317 **Unterschnittener Sockel,**

318 **Aussparung,**

319 **Durchdringung,**

**Einzelangaben** zu Pos. 305 bis 319, Seite 27

320 **Öffnung herstellen,**
- einschl. Unterkonstruktion verstärken
  - – mit UA-Profil DIN 18182-1, Dicke 2 mm,
  - – mit CW-Profil DIN 18182-1, Dicke 0,6 mm,
  - – mit .......,

321 **Verstärken der Unterkonstruktion,**
  - – mit UA-Profil DIN 18182-1, Dicke 2 mm,
  - – mit CW-Profil DIN 18182-1, Dicke 0,6 mm,
  - – mit .......,

322 **Besondere Leistung,**

**Einzelangaben** zu Pos. 305 bis 322
Wandart:
- für Montagewand,
- für freistehende Vorsatzschale,
- für Schachtwand,
- als Zulage für Montagewand,
- als Zulage für freistehende Vorsatzschale,
- als Zulage für Schachtwand,
  - – oben,
  - – unten,
  - – seitlich,
  - – umlaufend,
  - – .......,
    - – – rechtwinklig,
    - – – schiefwinklig,
    - – – geneigt,
    - – – .......,
Abmessungen:
    - – – – Breite in mm ....... .
    - – – – Länge in mm ....... .
    - – – – Durchmesser in mm ....... .
    - – – – Radius in mm ....... .
    - – – – Maße in mm ....... .
Ausführung:
      - – – – – Ausführung ....... .
      - – – – – Ausführung gemäß Zeichnung Nr. ........
      - – – – – Ausführung gemäß Einzelbeschreibung Nr. ........
      - – – – – Ausführung gemäß Einzelbeschreibung Nr. und Zeichnung Nr. ........
      - – – – – Berechnungseinheit Stück, m, m².

**Einbauteile**
- Öffnungen verstärken

325 **Türöffnung,**
326 **Verglasungs-/Oberlichtöffnung,**
- mit Sturzprofil,
- seitlich raumhoch verstärken,
- seitlich verstärken,
  - – mit Metallständerprofilen UA .......,
  - – mit Metallständerprofilen CW .......,
  - – mit Holzständern .......,
  - – mit .......,
  - – einschl. Boden- und Deckenanschluss,
    - – – einschl. Teleskopausbildung mit Deckenanschluss,
    - – – einschl. .......,
Befestigungsmittel:
      - – – – befestigen mit Winkeln, Dübeln und Schrauben.
      - – – – befestigen ....... .
Abmessungen:
      - – – – Baurichtmaße B/H in mm .......,
        Wanddicke in mm ........
        - – – – – Berechnungseinheit Stück

# LB 039 Trockenbauarbeiten
## Montagewände, freistehende Vorsatzschalen, Schachtwände

STLB 039

Ausgabe 06.01

Einbauteile

– Türzargen

328 Türzarge als Umfassungszarge,
329 Türzarge als ......
   Werkstoff:
   – aus Stahlblech, Dicke 1,5 mm,
   – aus Stahlblech, Dicke 2,0 mm,
   – aus nichtrostendem Stahl, Werkstoff-Nr. ......,
     (Sofern nicht vorgeschrieben vom Bieter einzutragen.)
     Dicke in mm ......,
   – aus Aluminium-Strangpressprofilen, Dicke 2,0 mm,
   – aus Aluminium-Strangpressprofilen, Dicke in mm ......,
   – aus Holz ......,
   – aus ......,
   Zargenteiligkeit:
   – einteilig,
   – einteilig, mit Bodeneinstand,
   – mehrteilig,
   – mehrteilig, mit Bodeneinstand,
   Türblattausbildung:
     – – für ungefälzte Türblätter DIN 68706, Bandunterkonstruktion ......, für 2 Türbänder ......,
     – – für ungefälzte Türblätter DIN 68706, Bandunterkonstruktion ......, für Türbänder Anzahl/Art ......,
     – – für gefälzte Türblätter DIN 68706, Bandunterkonstruktion ......, für 2 Türbänder ......,
     – – für gefälzte Türblätter DIN 68706, Bandunterkonstruktion ......, für Türbänder Anzahl/Art ......,
     – – für......,
   Kämpferausbildung:
     – – mit Kämpfer, vorgerichtet für Einscheibenverglasung, Glasdicke in mm ......, mit Glashalteleisten,
     – – mit Kämpfer, vorgerichtet für Doppelscheibenverglasung, Glasdicke in mm ......, mit Glashalteleisten,
     – – mit Kämpfer, vorgerichtet für Mehrscheibenverglasung, Glasdicke in mm ......, mit Glashalteleisten,
     – – mit Kämpfer, vorgerichtet für Oberblende
     – – mit Haltevorrichtung für Oberblende
     – – mit ......,
   Art der Anschlagdämpfung:
     – – – Anschlagdämpfung als Hohlkammerprofil aus PVC,
     – – – Anschlagdämpfung als Hohlkammerprofil aus APTK,
     – – – Anschlagdämpfung als Hohlkammerprofil ......,
     – – – Anschlagdämpfung als Lippendichtung aus PVC,
     – – – Anschlagdämpfung als Lippendichtung aus APTK,
     – – – Anschlagdämpfung als Lippendichtung aus ......,
     – – – Anschlagdämpfung ......,
   Ausbildung der Zargenoberfläche:
     – – – Zargenoberfläche verzinkt,
     – – – Zargenoberfläche verzinkt und grundbeschichtet,
     – – – Zargenoberfläche pulverbeschichtet, Farbton ......,
     – – – Zargenoberfläche eloxiert, Farbton ......,
     – – – Zargenoberfläche ......,
   Abmessungen:
     – – – – Baurichtmaße B/H in mm ......, Wanddicke in mm ......,
     – – – – Baurichtmaße B/H in mm ......, Wanddicke in mm ......, Hohlraumhinterfüllung ......
   Erzeugnis/System:
     – – – – Erzeugnis/System ...... (Sofern nicht vorgeschrieben vom Bieter einzutragen.)
     – – – – Erzeugnis/System ...... oder gleichwertiger Art, Erzeugnis/System ...... (Vom Bieter einzutragen.)

   Ausführung ......
     – – – – Vom AG beigestellt, einbauen.
     – – – – Vom AG beigestellt, abladen, und einbauen.
     – – – – Vom AG beigestellt, Abholplatz ......, einbauen.
     – – – – Vom AG beigestellt, Ausführung ......
       – – – – – Berechnungseinheit Stück

Hinweis:
Weitere Zargen siehe LB 027 Tischlerarbeiten und LB 031 Metallbauarbeiten.

Einbauteile

– Fenster-, Oberlichtzargen

332 Fensterzarge
   – für Oberlicht,
   – für Schiebefenster,
   – für ......,
   Werkstoff:
   – aus Stahlblech, Dicke 1,5 mm,
   – aus Stahlblech, Dicke 2,0 mm,
   – aus nichtrostendem Stahl, Werkstoff-Nr. ......,
     (Sofern nicht vorgeschrieben vom Bieter einzutragen.)
     Dicke in mm ......,
   – aus Aluminium-Strangpressprofilen, Dicke 2,0 mm,
   – aus Aluminium-Strangpressprofilen, Dicke in mm ......,
   – aus Holz ......,
   – aus ......,
   Zargenteiligkeit:
     – – einteilig,
     – – mehrteilig,
     – – einteilig, mit Kämpfer,
     – – mehrteilig, mit Kämpfer,
   Zusatzleisten:
     – – mit Glashalteleisten für Einscheibenverglasung, Glasdicke in mm ....,
     – – mit Glashalteleisten für Doppelverglasung, Glasdicken in mm ....,
     – – mit Glashalteleisten für Mehrscheibenverglasung, Glasdicken in mm ......,
     – – mit ......,
     – – – einschl. Glasdichtungsprofile,
   Oberfläche:
     – – – Zargenoberfläche verzinkt,
     – – – Zargenoberfläche verzinkt und grundbeschichtet,
     – – – Zargenoberfläche pulverbeschichtet, Farbton ......,
     – – – Zargenoberfläche eloxiert, Farbton ......,
     – – – Zargenoberfläche beschichtet, Farbton ......,
     – – – Zargenoberfläche ......,
   Abmessungen:
     – – – – Baurichtmaße B/H in mm ......, Wanddicke in mm ......,
     – – – – Baurichtmaße B/H in mm ......, Wanddicke in mm ......, Hohlraumhinterfüllung ......
   Erzeugnis/System:
     – – – – Erzeugnis/System ......
       (Sofern nicht vorgeschrieben vom Bieter einzutragen.)
     – – – – Erzeugnis/System ...... oder gleichwertiger Art, Erzeugnis/System ...... (Vom Bieter einzutragen.)
     – – – – Ausführung ......
     – – – – Vom AG beigestellt, einbauen.
     – – – – Vom AG beigestellt, abladen, und einbauen.
     – – – – Vom AG beigestellt, Abholplatz ......, einbauen.
     – – – – Vom AG beigestellt, Ausführung ......
       – – – – – Berechnungseinheit Stück

STLB 039
Ausgabe 06.01

## LB 039 Trockenbauarbeiten
### Montagewände, freistehende Vorsatzschalen, Schachtwände

Einbauteile
- Tragständer, Traversen, Revisionsklappen

335 Tragständer im Wandhohlraum, aus Stahlprofilen, verzinkt,
336 Traverse im Wandhohlraum, aus Stahlprofilen, verzinkt,
337 Traverse im Wandhohlraum, aus Mehrschichtholzplatte mit Stahlblechprofilen, verzinkt,
338 Traverse im Wandhohlraum, aus ......,
Verwendungszweck:
- für wandhängendes Klosett,
- für wandhängendes Bidet,
- für Waschtisch,
- für Urinal,
- für Wandbatterie,
- für ......,
Zubehör:
- einschl. Zubehör für Einbau-Spülkasten,
- einschl. Zubehör für Aufbau-Spülkasten,
- einschl. Zubehör für Einbau-Druckspüler,
- einschl. Zubehör für Aufbau-Druckspüler,
- einschl. ......,
Verstellbarkeit:
-- höhenverstellbar,
-- höhen- und seitenverstellbar,
Halterungen:
-- mit Halterung für Spülrohr,
-- mit Halterung für Ablaufrohr,
-- mit Halterung für Eckventile,
-- mit Halterung für Spül- und Ablaufrohr,
-- mit Halterung für Ablaufrohr und Eckventile,
-- mit Halterung für Wandbatterie,
-- mit ......,
--- Rohr-in Rohr-System,
--- Rohr-in Rohr-System ......,
--- Konsollast DIN 18183 bis 0,7 kN/m Wandlänge.
--- Konsollast DIN 18183 bis 1,5 kN/m Wandlänge.
--- Konsollast in kN/m Wandlänge ......,
Ausführungen:
---- Ausführung ....... .
---- Ausführung gemäß Zeichnung Nr. ....... .
---- Ausführung gemäß Einzelbeschreibung Nr. ....... .
---- Ausführung gemäß Einzelbeschreibung Nr. ....... und Zeichnung Nr. ....... .
Erzeugnis/System:
----- Erzeugnis/System ..... (Sofern nicht vorgeschrieben vom Bieter einzutragen.)
----- Erzeugnis/System .....oder gleichwertiger Art, Erzeugnis/System ...... (Vom Bieter einzutragen.)
----- Ausführung ......
----- Vom AG beigestellt, einbauen.
----- Vom AG beigestellt, abladen, und einbauen.
----- Vom AG beigestellt, Abholplatz ....., einbauen.
----- Vom AG beigestellt, Ausführung ......
------ Berechnungseinheit Stück

339 Rohrbefestigungsschiene
- aus Stahlprofilen, verzinkt,
- aus ......,
-- Berechnungseinheit Stück

340 Revisionsklappe
- Brandschutzanforderungen ....... ,
-- aus Stahlblech, verzinkt,
-- aus Stahlblech, beschichtet,
-- aus ....... ,
-- Rahmen aus Stahlblech, verzinkt
-- Rahmen aus Stahlblech, beschichtet,
-- Rahmen aus Aluminium,
-- aus Stahlblech, beschichtet,
--- Füllung ....... ,
Dicke:
--- Dicke 12,5 mm – 25 mm – in mm ....... ,

Abmessungen:
---- Maße 200 mm x 200 mm,
---- Maße 300 mm x 300 mm,
---- Maße 400 mm x 400 mm,
---- Maße 500 mm x 500 mm,
---- Maße 600 mm x 600 mm,
---- Maße in mm ....... ,
Ausführung:
---- Ausführung ....... .
---- Ausführung gemäß Zeichnung Nr. ....... .
---- Ausführung gemäß Einzelbeschreibung Nr. ....... .
---- Ausführung gemäß Einzelbeschreibung Nr. ....... und Zeichnung Nr. ....... .
Verwendungsort:
----- Für Montagewand.
----- Für freistehende Vorsatzschale.
----- Für Schachtwand.
Erzeugnis/System:
- Erzeugnis/System ...... (Sofern nicht vorgeschrieben vom Bieter einzutragen.)
- Erzeugnis/System ...... oder gleichwertiger Art, Erzeugnis/System ......(Vom Bieter einzutragen.)
- Vom AG beigestellt, einbauen.
- Vom AG beigestellt, abladen, und einbauen.
- Vom AG beigestellt, Abholplatz ....., einbauen.
-- Berechnungseinheit Stück

341 Nachträgliches Anarbeiten
- an Einbauteil,
- an ......,
-- Ausführung ....... .
-- Ausführung gemäß Zeichnung Nr. ....... .
-- Ausführung gemäß Einzelbeschreibung Nr. ....... .
-- Ausführung gemäß Einzelbeschreibung Nr. ....... und Zeichnung Nr. ....... .
--- Berechnungseinheit m, m², Stück

Einbauteile
- Einbauteile mit besonderen Anforderungen

345 Schiebetürelement,
346 Feuerschutztürelement,
347 Strahlenschutztürelement,
348 Schallschutztürelement,
349 Brandschutztürelement,
350 Strahlenschutzverglasung,
351 Strahlenschutzkappe,
- für eine Hohlwanddose,
- für 2 Hohlwanddosen,
- für 3 Hohlwanddosen,
352 Einbauteil ...... ,

Einzelangaben zu Pos. 345 bis 352
-- Anforderungen,
-- Maße in mm ....... ,
--- Baurichtmaße B/H in mm ...... ,
 Wanddicke in mm ...... ,
--- Hohlraumhinterfüllung
---- Ausführung ....... .
---- Ausführung gemäß Zeichnung Nr. ....... .
---- Ausführung gemäß Einzelbeschreibung Nr. ....... .
---- Ausführung gemäß Einzelbeschreibung Nr. ....... und Zeichnung Nr. ....... .
Erzeugnis/System:
----- Erzeugnis/System ..... (Sofern nicht vorgeschrieben vom Bieter einzutragen.)
----- Erzeugnis/System .....oder gleichwertiger Art, Erzeugnis/System ...... (Vom Bieter einzutragen.)
----- Ausführung ......
----- Vom AG beigestellt, einbauen.
----- Vom AG beigestellt, abladen, und einbauen.
----- Vom AG beigestellt, Abholplatz ....., einbauen.
------ Berechnungseinheit Stück

# LB 039 Trockenbauarbeiten
## Wandbekleidungen

Ausgabe 06.01

### Leitbeschreibung

36_ **Wandbekleidung, innen,**
Einbauhöhe (als 3. Stelle zu 36_)
1 Höhe bis 2,5 m,
2 Höhe bis 3 m,
3 Höhe bis 3,5 m,
4 Höhe bis 4 m,
5 Höhe bis 4,5 m,
6 Höhe bis 5 m,
7 Höhe in m ....... ,
8 Höhe von /bis in m ....... ,
– hinterlüftet,
– luftundurchlässig,
 – – Befestigungsuntergrund Stahlbeton,
 – – Befestigungsuntergrund Mauerwerk ....... ,
 – – Befestigungsuntergrund Stahl ....... ,
 – – Befestigungsuntergrund Holz ....... ,
 – – Befestigungsuntergrund Leichtbeton ....... ,
 – – Befestigungsuntergrund Trapezblech ....... ,
 – – Befestigungsuntergrund ....... ,
  – – – Baustoffe der Baustoffklasse A DIN 4102-1,
  – – – Baustoffe der Baustoffklasse A 1 DIN 4102-1,
  – – – Baustoffe der Baustoffklasse A 2 DIN 4102-1,
  – – – Baustoffe der Baustoffklasse B 1 DIN 4102-1,
   – – – – bewertets Schalldämmmaß DIN 4109 $R_{w,R}$ in dB ....... ,
    in Verbindung mit vorhandener Wand, flächenbezogene Masse in kg/m² ....... ,
   – – – – Wärmedurchgangskoeffizient DIN 4108-2,
    k-Wert in W/(m²k) ....... ,
    in Verbindung mit vorhandener Wand, flächenbezogene Masse in kg/m² ....... ,
   – – – – bewertets Schalldämmmaß DIN 4109 $R_{w,R}$ in dB ....... ,
    Wärmedurchgangskoeffizient DIN 4108-2,
    k-Wert in W/(m²k) ....... ,
    in Verbindung mit vorhandener Wand, flächenbezogene Masse in kg/m² ....... ,
   – – – – bewertets Schalldämmmaß DIN 4109 $R_{w,R}$ in dB ....... ,
    in Verbindung mit ....... ,
   – – – – Wärmedurchgangskoeffizent DIN 4108-2, k-Wert in W/(m²k) ....... ,
    in Verbindung mit ....... ,
   – – – – bewertets Schalldämmmaß DIN 4109 $R_{w,R}$ in dB ....... ,
    Wärmedurchgangskoeffizient DIN 4108-2, k-Wert in W/(m²k) ....... ,
    in Verbindung mit ....... , Eigenschaften:
     – – – – – Schallabsorptionsgrad DIN EN 20354 ....... ,
     – – – – – besondere Anforderungen ....... ,
     – – – – – Schallabsorptionsgrad DIN EN 20354 ....... , besondere Anforderungen .......

**Hinweis:**
Besondere Anforderungen können sein: Ballwurfsicherheit, Schocksicherheit, Strahlenschutz, Beschusssicherheit usw.
Ausführung:
     – – – – – Ausführung ....... .
     – – – – – Ausführung gemäß Zeichnung Nr. ....... .
     – – – – – Ausführung gemäß Einzelbeschreibung Nr. ....... .
     – – – – – Ausführung gemäß Einzelbeschreibung Nr. ....... und Zeichnung Nr. ....... .
Erzeugnis/System:
– Erzeugnis ....... (Sofern nicht vorgeschrieben, vom Bieter einzutragen.)
– Erzeugnis ....... oder gleichwertiger Art, Erzeugnis ....... (Vom Bieter einzutragen.)
 – – Ausführung wie folgt:
  – – – Berechnungseinheit m²

### Unterkonstruktionen, Dämmschichten, Trennlagen

370 **Unterkonstruktion**
Werkstoff:
– aus Holz,
 – – als Traglattung,
 – – als Traglattung, Querschnitt in mm ....... ,
 – – als Grund- und Traglattung, Querschnitte in mm ....... ,
 – – als ....... ,
– aus verzinkten Stahlblechprofilen DIN 18182-1,
– aus verzinkten Stahlblechprofilen DIN 18182-1, Profil ....... ,
– aus verzinkten Stahlblechprofilen, Profil ....... ,
– aus Aluminiumblechprofilen,
– aus Aluminium-Strangpressprofilen,
 – – als Tragprofil,
 – – als ....... ,
– aus Gipsfaserplatten-Streifen,
– aus ....... ,
 – – Querschnitt in mm ....... ,
 – – als ....... ,
Befestigungsart/-mittel:
   – – – direkt befestigen,
   – – – befestigen mit Abstandshaltern,
   – – – befestigen mit Abstandshaltern, schwingungsgedämpft,
   – – – befestigen ....... ,
    – – – – umlaufende Anschlüsse starr,
    – – – – umlaufende Anschlüsse ....... ,
     – – – – – Unterkonstruktion verdeckt.
     – – – – – Unterkonstruktion sichtbar bleibend.
     – – – – – Unterkonstruktion ....... .
      – – – – – – Oberfläche ....... .
      (Sofern nicht vorgeschrieben, vom Bieter einzutragen.)

**STLB 039**
Ausgabe 06.01

## LB 039 Trockenbauarbeiten
### Wandbekleidungen

**371 Dämmschicht**
Werkstoff:
- aus mineralischem Faserdämmstoff DIN 18165-1,
- aus mineralischem Faserdämmstoff DIN 18165-1 in Bahnen,
- aus mineralischem Faserdämmstoff DIN 18165-1 in Platten,
  - – einseitig beschichtet mit Vlies, Farbe ........ ,
  - – einseitig beschichtet mit Aluminiumfolie,
  - – in Kunststofffolie verschweißt, Farbe ........ ,
- aus Polystyrol-Hartschaum, Partikelschaum DIN 18164-1,
- aus ........ ,

Verlegeart:
  - – einlagig,
  - – einlagig, dicht stoßen,
  - – zweilagig mit versetzten Fugen,
  - – zweilagig mit versetzten Fugen, dicht stoßen,
  - – mehrlagig ........ ,
    - – – abrutschsicher verlegen,
  - – verlegen,

Wärmedämmeigenschaften:
  - – – – Wärmeleitfähigkeitsgruppe 035,
  - – – – Wärmeleitfähigkeitsgruppe 040,
  - – – – Wärmeleitfähigkeitsgruppe ........ ,

Hinweis:
Punkt 1 gilt nur bei bei Schallschutzanforderungen:
  - – – – längenspezifischer Strömungswiderstand größer 5 kN x s/m⁴,
  - – – – längenspezifischer Strömungswiderstand ........ ,

Hinweis:
Punkt 3 gilt nur bei bei Brandschutzanforderungen:
  - – – – – Rohdichte in kg/m³ ........ ,
  - – – – – Mindestrohdichte in kg/m³ ........ ,
  - – – – – Mindestrohdichte in kg/m³ ........ , Schmelzpunkt mind. 1000 K,
    - – – – – Dicke in mm ........ ,
    - – – – – Gesamtdicke in mm ........ ,
    - – – – – Dicke in mm ........ ,
    - – – – – Erzeugnis ........ (Sofern nicht vorgeschrieben, vom Bieter einzutragen.)
    - – – – – Dicke in mm ........ , Erzeugnis ........ oder gleichwertiger Art, Erzeugnis ........ (Vom Bieter einzutragen.)
    - – – – – Gesamtdicke in mm ........ , Erzeugnis ........ (Sofern nicht vorgeschrieben, vom Bieter einzutragen.)
    - – – – – Gesamtdicke in mm ........ , Erzeugnis ........ oder gleichwertiger Art, Erzeugnis ........ (Vom Bieter einzutragen.)

**372 Trennlage**
Verwendungszweck:
- zwischen Dämmschicht und Decklage
  - – aus Faservlies,
  - – aus Glasvlies,
    - – – Farbton schwarz – weiß – ........ ,
      - – – – Gewicht 60 g/m0² – in g/m² ........ ,
- als Dampfsperrschicht DIN 4108,
- als Dampfsperrschicht DIN 4108, $s_d$-Wert ........ ,
- als ........ ,
  - – aus PE-Folie,
    - – – transparent – Farbton schwarz,
      - – – – Dicke 0,2 mm – 0,3 mm – in mm ........ ,
  - – aus Aluminium,
  - – aus ........ ,
    - – – Farbton ........ ,
      - – – – Dicke in mm ........ .
      - – – – Gewicht in g/m² ........ .
        - – – – – Ausführung ........ .
        - – – – – Erzeugnis ........ (Sofern nicht vorgeschrieben, vom Bieter einzutragen.)
        - – – – – Erzeugnis ........ oder gleichwertiger Art, Erzeugnis ........ (Vom Bieter einzutragen.)

**Gipskarton-, Gipsvliesplatten**

**38_ Beplankung**
Einbaulage (als 3. Stelle zu 38_)
1 einlagig,
2 zweilagig,
3 dreilagig,
4 Anzahl der Lagen ........ ,
5 Verarbeitung DIN 18181, einlagig,
6 Verarbeitung DIN 18181, zweilagig,
7 Verarbeitung DIN 18181, dreilagig,
8 Verarbeitung ........ ,

Plattenart:
- aus Gipskarton-Bauplatten GKB DIN 18180,
- aus Gipskarton-Feuerschutzplatten GKF DIN 18180,
- aus Gipskarton-Bauplatten, imprägniert GKBI DIN 18180,
- aus Gipskarton-Feuerschutzplatten, imprägniert GKFI DIN 18180,
- aus Gipsvliesplatten,
- aus Gipskarton-Lochplatten DIN 18180, Lochung ........
- aus ........ ,

Ausbildung der Sichtseite:
  - – Sichtseite beschichtet mit Folie, Werkstoff ........ , Dekor ........ ,
  - – Sichtseite ........ ,

Ausbildung der Rückseite:
  - – – – Rückseite einer Lage beschichtet mit Aluminiumfolie als Dampfsperrschicht DIN 4108, sd-Wert größer gleich 1500 m,
  - – – – Rückseite einer Lage beschichtet mit Dampfsperrschicht DIN 4108, sd-Wert größer gleich 1500 m,
  - – – – Rückseite beschichtet mit Faservlies, Farbe ........ ,
  - – – – Rückseite beschichtet mit Bleiblech, Dicke in mm ........ , Stöße mit Bleistreifen hinterlegen,
  - – – – Rückseite beschichtet ........ ,

Plattendicke:
  - – – – Plattendicke 9,5 mm,
  - – – – Plattendicke 10 mm,
  - – – – Plattendicke 12,5 mm,
  - – – – Plattendicke 18 mm,
  - – – – Plattendicke 20 mm,
  - – – – Plattendicke 25 mm,
  - – – – Plattendicke in mm ........ ,

Abmessungen:
  - – – – Plattenbreite in mm ........ ,
  - – – – Plattenlänge in mm ........ ,
  - – – – Plattenbreite/-länge in mm ........ ,

Befestigungsmittel:
  - – – – befestigen mit Schnellbauschrauben DIN 18182 –2.
  - – – – befestigen mit Klammern DIN 18182 –3.
  - – – – befestigen mit Gipskartonplattennägeln.
  - – – – befestigen mit Schrauben und Hutprofilen ........
  - – – – befestigen mit Schrauben, Hutprofilen ........ und Keder ........
  - – – – befestigen mit systemspezifischen Befestigungsmitteln.
  - – – – befestigen........

Fugenausbildung:
  - – – – – Fugen füllen, sichtbare Befestigungsmittel und Fugen spachteln.
  - – – – – Fugen füllen, sichtbare Befestigungsmittel und Fugen spachteln, Oberfläche zusätzlich vollflächig spachteln.
  - – – – – Fugen füllen, sichtbare Befestigungsmittel und Fugen der äußeren Plattenlage spachteln.
  - – – – – Fugen füllen, sichtbare Befestigungsmittel und Fugen der äußeren Plattenlage spachteln, Oberfläche zusätzlich vollflächig spachteln.
  - – – – – Fugen ........

Erzeugnis:
- Erzeugnis ........ (Sofern nicht vorgeschrieben, vom Bieter einzutragen.)
- Erzeugnis ........ oder gleichwertiger Art, Erzeugnis ........ (Vom Bieter einzutragen.)

# LB 039 Trockenbauarbeiten
## Wandbekleidungen

STLB 039

Ausgabe 06.01

**Gipsfaserplatten**

**390 Beplankung aus Gipsfaserplatten**
- einlagig,
- zweilagig,
- dreilagig,
- Anzahl der Lagen ........ ,
- Verarbeitung nach Herstellervorschrift, einlagig,
- Verarbeitung nach Herstellervorschrift, zweilagig,
- Verarbeitung nach Herstellervorschrift, dreilagig,
- Verarbeitung ....... ,

Ausbildung der Sichtseite:
- Sichtseite beschichtet mit Folie, Werkstoff ......., Dekor ......., Rückseite mit Gegenzugbeschichtung,
- Sichtseite mit Holz furniert, Holzart ........ , Oberfläche ....... , Rückseite mit Gegenzugbeschichtung,
- Sichtseite beschichtet mit Schichtpressstoff, Werkstoff ......., Dekor ......., Rückseite mit Gegenzugbeschichtung,
- Sichtseite ......., Rückseite mit Gegenzugbeschichtung,
- Sichtseite ......., Rückseite mit Gegenzugbeschichtung, Sichtkanten beschichtet .......,

Ausbildung der Rückseite:
- – Rückseite einer Lage beschichtet mit Aluminiumfolie als Dampfsperrschicht DIN 4108, $s_d$-Wert größer gleich 1500 m,
- – Rückseite einer Lage beschichtet mit Dampfsperrschicht DIN 4108, $s_d$-Wert größer gleich 1500 m,
- – Rückseite einer Lage beschichtet mit Dampfsperrschicht DIN 4108, Foliendicke in mm ....... ,
- – Rückseite beschichtet mit Faservlies, Farbe .......,
- – Rückseite beschichtet mit Bleiblech, Dicke in mm ......., Stöße mit Bleistreifen hinterlegen,
- – Rückseite beschichtet .......,

Plattendicke:
- – Plattendicke 10 mm,
- – Plattendicke 12,5 mm,
- – Plattendicke 15 mm,
- – Plattendicke 18 mm,
- – Plattendicke in mm .......,

Abmessungen:
- – – Plattenbreite in mm .......,
- – – Plattenlänge in mm .......,
- – – Plattenbreite/-länge in mm .......,

Befestigungsmittel:
- – – – befestigen mit Gipsfaserplatten-Schnellbauschrauben aus Stahl, phosphatiert.
- – – – befestigen mit Klammern aus verzinktem Stahl.
- – – – befestigen mit Hohlkopfnägeln aus feuerverzinktem Stahl.
- – – – befestigen der 1. Plattenlage mit Gipsfaserplatten-Schnellbauschrauben in Unterkonstruktion, 2. Plattenlage mit Gipsfaserplatten-Schnellbauschrauben oder Klammern direkt in der 1. Lage befestigen.
- – – – befestigen der 1. Plattenlage mit Gipsfaserplatten-Schnellbauschrauben in Unterkonstruktion, 2. und 3. Plattenlage mit Gipsfaserplatten-Schnellbauschrauben oder Klammern direkt in der 1. bzw. 2. Lage befestigen.
- – – – befestigen mit Hutprofilen .......
- – – – nicht sichtbar befestigen mit rückseitigen Halteprofilen oder Einhängebeschlägen .......
- – – – nicht sichtbar befestigen mit systemspezifischen Befestigungsmitteln.
- – – – befestigen........

Art der Stoß-/Fugenausbildung:
- – – – – Platten stumpf stoßen.
- – – – – Fugenabstand größer gleich ½ Plattendicke, Fugen mit Spachtel füllen, sichtbare Befestigungsmittel und Fugen spachteln.
- – – – – Auf Plattenkante Kleber auftragen, Platten stumpf stoßen, sichtbare Befestigungsmittel und Fugen spachteln.
- – – – 1. Plattenlage stumpf stoßen, 2. Plattenlage Fugenabstand größer gleich ½ Plattendicke, Fugen mit Spachtel füllen, sichtbare Befestigungsmittel und Fugen spachteln.
- – – – 1. Plattenlage stumpf stoßen, auf Kante der 2. Plattenlage Kleber auftragen, Platten stumpf stoßen, sichtbare Befestigungsmittel und Fugen spachteln.
- – – – Platten mit profilierten Längskanten, Profilbild .......
- – – – Platten mit profilierten Längs- und Querkanten, Profilbild .......

Erzeugnis/Oberfläche:
- – – – – Erzeugnis ....... (Sofern nicht vorgeschrieben, vom Bieter einzutragen).
- – – – – Erzeugnis ....... oder gleichwertiger Art, Erzeugnis ....... (Vom Bieter einzutragen.)
- – – – – Oberfläche zusätzlich vollflächig spachteln.
- – – – – Oberfläche zusätzlich vollflächig spachteln. Erzeugnis ....... (Sofern nicht vorgeschrieben, vom Bieter einzutragen
- – – – – Oberfläche zusätzlich vollflächig spachteln. Erzeugnis ....... oder gleichwertiger Art, Erzeugnis ....... (Vom Bieter einzutragen.)

**Kalziumsilikatplatten**

**395 Bekleidung/Beplankung aus Kalziumsilikatplatten**
- einlagig,
- Anzahl der Lagen .......,
- Verarbeitung nach Herstellervorschrift, einlagig,
- Verarbeitung nach Herstellervorschrift, ....... ,
- Verarbeitung .......,
  - – – grundiert
  - – – imprägniert,
  - – – Sichtseite farbgrundiert,
  - – – Sichtseite beschichtet, Farbton .......,
  - – – Sichtseite .......,

Plattendicke:
- – – – Plattendicke 6 mm,
- – – – Plattendicke 8 mm,
- – – – Plattendicke 9 mm,
- – – – Plattendicke 10 mm,
- – – – Plattendicke 12 mm,
- – – – Plattendicke 15 mm,
- – – – Plattendicke in mm .......,

Abmessungen:
- – – – Plattenbreite in mm .......,
- – – – Plattenlänge in mm .......,
- – – – Plattenbreite/-länge in mm .......,

Ausbildung der Stöße:
- – – – – Platten stumpf stoßen, Stöße hinterlegen,
- – – – – Platten stumpf stoßen, Stöße beidseitig abdecken,
- – – – – Platten stumpf stoßen, Stöße gegeneinander versetzen,

Befestigungsmittel:
- – – – – befestigen mit systemspezifischen Schnellbauschrauben,
- – – – – befestigen mit Klammern,
- – – – – befestigen mit Nägeln,
- – – – – befestigen ....... ,

Fugenausbildung:
- – – – – Fugen und Befestigungsmittel spachteln.
- – – – – Fugen mit Bewehrungsstreifen versehen, Fugen und Befestigungsmittel spachteln.
- – – – – Fugen .......

Erzeugnis:
- – – – – – Erzeugnis ....... (Sofern nicht vorgeschrieben, vom Bieter einzutragen).
- – – – – – Erzeugnis ....... oder gleichwertiger Art, Erzeugnis ....... (Vom Bieter einzutragen.)

STLB 039
Ausgabe 06.01

## LB 039 Trockenbauarbeiten
### Wandbekleidungen

Holz

**400** Bekleidung aus gespundeten Brettern DIN 4072 aus Nadelholz,
Brettdicke:
- Brettdicke 15,5 mm,
- Brettdicke 19,5 mm,
- Brettdicke 22,5 mm,
- Brettdicke 25,5 mm,
- Brettdicke 35,5 mm,
- Brettdicke in mm .......,
Brettbreite (Profilmaß):
- Brettbreite (Profilmaß) 95 mm,
- Brettbreite (Profilmaß) 96 mm,
- Brettbreite (Profilmaß) 111 mm,
- Brettbreite (Profilmaß) 115 mm,
- Brettbreite (Profilmaß) 121 mm,
- Brettbreite (Profilmaß) 135 mm,
- Brettbreite (Profilmaß) 155 mm,
- Brettbreite (Profilmaß) in mm .......,

**401** Bekleidung aus Fasebrettern DIN 68122 aus Nadelholz,
Brettdicke:
- Brettdicke 12,5 mm,
- Brettdicke 15,5 mm,
- Brettdicke 19,5 mm,
- Brettdicke in mm .......,
Brettbreite (Profilmaß):
- Brettbreite (Profilmaß) 95 mm,
- Brettbreite (Profilmaß) 96 mm,
- Brettbreite (Profilmaß) 111 mm,
- Brettbreite (Profilmaß) 115 mm,
- Brettbreite (Profilmaß) in mm .......,

**402** Bekleidung aus Stülpschalungsbrettern DIN 68123 aus Nadelholz,
Brettdicke:
- Brettdicke in mm .......,
Brettbreite (Profilmaß):
- Brettbreite (Profilmaß) 111 mm,
- Brettbreite (Profilmaß) 115 mm,
- Brettbreite (Profilmaß) 121 mm,
- Brettbreite (Profilmaß) 135 mm,
- Brettbreite (Profilmaß) 146 mm,
- Brettbreite (Profilmaß) 155 mm,
- Brettbreite (Profilmaß) in mm .......,

**403** Bekleidung aus Profilbrettern mit Schattennut DIN 68126-1,
**404** Bekleidung aus Profilbrettern mit Schattennut DIN 68126-1, Kanten gerundet,
Brettdicke:
- Brettdicke 9,5 mm,
- Brettdicke 11 mm,
- Brettdicke 12,5 mm,
- Brettdicke 14 mm,
- Brettdicke 15,5 mm,
- Brettdicke 19,5 mm,
- Brettdicke in mm .......,
Brettbreite (Profilmaß):
- Brettbreite (Profilmaß) 69 mm,
- Brettbreite (Profilmaß) 71 mm,
- Brettbreite (Profilmaß) 94 mm,
- Brettbreite (Profilmaß) 96 mm,
- Brettbreite (Profilmaß) 115 mm,
- Brettbreite (Profilmaß) 146 mm,
- Brettbreite (Profilmaß) in mm .......,

**405** Bekleidung aus Akustik-Glattkantbrettern DIN 68127,
Brettdicke:
- Brettdicke 16 mm,
- Brettdicke 17 mm,
- Brettdicke 19,5 mm,
- Brettdicke 21 mm,
- Brettdicke 22,5 mm,
- Brettdicke in mm .......,
Brettbreite (Profilmaß):
- Brettbreite (Profilmaß) 68 mm,
- Brettbreite (Profilmaß) 70 mm,
- Brettbreite (Profilmaß) 74 mm,
- Brettbreite (Profilmaß) 94 mm,
- Brettbreite (Profilmaß) 95 mm,
- Brettbreite (Profilmaß) in mm .......,

**406** Bekleidung aus Akustik- Profilbrettern DIN 68127,
**407** Bekleidung aus .......,
- Brettdicke in mm .......,
Brettbreite (Profilmaß) in mm .......,

**Einzelangaben** zu Pos. 400 bis 407,
- – Holz DIN EN 942 – ID,
- – Holz DIN EN 942 – ID, Holzart .......,
- – Holz DIN EN 942 – ID, Holzart ......., Oberfläche ........,
- – Holz .......,
  - – – Brettlängen bis 3000 mm,
  - – – Brettlängen über 3000 bis 4500 mm,
  - – — Brettlängen über 4500 bis 6500 mm,
  - – — Brettlängen in mm .......,
Art der Fugenausbildung:
- – – – Bretter dicht stoßen,
- – – – Fugen offen,
- – – – Fugen offen, Fugenbreite in mm .......,
- – – – Fugen .......,
Art der Stoßausbildung:
- – – – Stöße regelmäßig,
- – – – Stöße regelmäßig, versetzen,
- – – – Stöße unregelmäßig,
- – – – Stöße .......,
Befestigungsmittel:
- – – – – sichtbar befestigen mit Schrauben.
- – – – – sichtbar befestigen mit Nägeln.
- – – – – sichtbar befestigen mit Klammern.
- – – – – sichtbar befestigen mit systemspezifischen Befestigungsmitteln.
- – – – – befestigen ........ .
- – – – – nicht sichtbar befestigen mit Schrauben.
- – – – – nicht sichtbar befestigen mit Nägeln.
- – – – – nicht sichtbar befestigen mit Klammern.
- – – – – nicht sichtbar befestigen mit systemspezifischen Befestigungsmitteln.
- – – – – befestigen ........ .
Erzeugnis:
- Erzeugnis ....... (Sofern nicht vorgeschrieben, vom Bieter einzutragen).
- Erzeugnis ....... oder gleichwertiger Art, Erzeugnis ....... (Vom Bieter einzutragen.)

Holzwerkstoffe

**410** Bekleidung aus Holzspanplatten, Emissionsklasse E 1,
- als Flachpressplatten DIN 68763 V 20,
- als Flachpressplatten DIN 68763 V 100,
- als Flachpressplatten.......,
  - – – Sichtseite beschichtet mit ......., Rückseite mit Gegenzugbeschichtung,
  - – – Sichtseite mit Holz furniert, Holzart ........, Oberfläche ......, Rückseite mit Gegenzugbeschichtung
  - – – Sichtseite ......., Rückseite mit Gegenzugbeschichtung,
  - – – Sichtseite ......., Rückseite mit Gegenzugbeschichtung, Sichtkanten beschichtet .......,

# LB 039 Trockenbauarbeiten
## Wandbekleidungen

STLB 039

Ausgabe 06.01

411 **Bekleidung aus Bau-Furniersperrholz DIN 68705-3,**
412 **Bekleidung aus Sperrholz DIN 68705-2,**
- Sichtseite beschichtet mit ......., Rückseite mit Gegenzugbeschichtung,
- Sichtseite mit Holz furniert, Holzart ........, Oberfläche ......., Rückseite mit Gegenzugbeschichtung,
- Sichtseite ......., Rückseite mit Gegenzugbeschichtung,
- Sichtseite ......., Rückseite mit Gegenzugbeschichtung, Sichtkanten beschichtet .......,

**Einzelangaben** zu Pos. 410, 411 und 412,
- – – Plattendicke 13 mm,
- – – Plattendicke 16 mm,
- – – Plattendicke 19 mm,
- – – Plattendicke 22 mm,
- – – Plattendicke 25 mm,
- – – Plattendicke 28 mm,
- – – Plattendicke 32 mm,
- – – Plattendicke 36 mm,
- – – Plattendicke in mm .......,

413 **Bekleidung aus kunststoffbeschichteten dekorativen Flachpressplatten DIN 68765, Emissionsklasse E 1,**
- Sichtkanten beschichtet ....... ,
  - – – Abriebbeanspruchung Klasse N,
  - – – Abriebbeanspruchung Klasse M,
  - – – Abriebbeanspruchung Klasse H,
  - – – Abriebbeanspruchung Klasse S,
  - – – Widerstandsfähigkeit gegen Zigarettenglut Z,

Schichtdicke:
- – – – Schichtdicke bis 0,14 mm,
- – – – Schichtdicke über 0,14 mm,

Plattendicke:
- – – – Plattendicke 13 mm,
- – – – Plattendicke 16 mm,
- – – – Plattendicke 19 mm,
- – – – Plattendicke 22 mm,
- – – – Plattendicke in mm ....... ,

Kantenausbildung:
- – – – – Kanten gebrochen,
- – – – – Kanten gefast,
- – – – – Kanten .......,

Stoßausbildung:
- – – – – Platten stumpf stoßen,
- – – – – Platten offen, Fugenbreite in mm .......,
- – – – – Platten mit Nut und Feder,
- – – – – Platten genutet mit eingelegter Feder,
- – – – – Platten mit profilierten Längskanten, Profilbild .......,
- – – – – Platten mit profilierten Längs- und Querkanten, Profilbild .......,

Befestigungsmittel:
- – – – – – sichtbar befestigen mit Schrauben.
- – – – – – sichtbar befestigen mit Nägeln.
- – – – – – sichtbar befestigen mit Klammern.
- – – – – – sichtbar befestigen mit systemspezifischenBefestigungsmitteln.
- – – – – – nicht sichtbar befestigen mit Schrauben.
- – – – – – nicht sichtbar befestigen mit Nägeln.
- – – – – – nicht sichtbar befestigen mit Klammern.
- – – – – – nicht sichtbar befestigen mit systemspezifischen Befestigungsmitteln.
- – – – – – befestigen ........

Erzeugnis:
- Erzeugnis ....... (Sofern nicht vorgeschrieben, vom Bieter einzutragen.)
- Erzeugnis ....... oder gleichwertiger Art, Erzeugnis ....... (Vom Bieter einzutragen.)
- Maße in mm ......
- Maße in mm ...... , Erzeugnis ....... (Sofern nicht vorgeschrieben, vom Bieter einzutragen.)
- Maße in mm ...... , Erzeugnis ....... oder gleichwertiger Art Erzeugnis ....... (Vom Bieter einzutragen.)

414 **Bekleidung aus .......,**
- Oberfläche ......,
  - – – Plattendicke ......,
    - – – – besondere Anforderungen ......,

Stoßfugenausbildung:
- – – – Platten stumpf stoßen,
- – – – Fugen offen, Fugenbreite in mm .......,
- – – – Platten mit Nut und Feder,
- – – – Platten genutet mit eingelegter Feder,
- – – – Platten mit profilierten Längskanten, Profilbild .......,
- – – – Platten mit profilierten Längs- und Querkanten, Profilbild .......,

Befestigungsmittel:
- – – – – sichtbar befestigen mit Schrauben.
- – – – – sichtbar befestigen mit Nägeln.
- – – – – sichtbar befestigen mit Klammern.
- – – – – sichtbar befestigen mit systemspezifischenBefestigungsmitteln.
- – – – – nicht sichtbar befestigen mit Schrauben.
- – – – – nicht sichtbar befestigen mit Nägeln.
- – – – – nicht sichtbar befestigen mit Klammern.
- – – – – nicht sichtbar befestigen mit systemspezifischen Befestigungsmitteln.
- – – – – befestigen ........

Erzeugnis:
- Erzeugnis ....... (Sofern nicht vorgeschrieben, vom Bieter einzutragen.)
- Erzeugnis ....... oder gleichwertiger Art, Erzeugnis ....... (Vom Bieter einzutragen.)
- Maße in mm ......
- Maße in mm ...... , Erzeugnis ....... (Sofern nicht vorgeschrieben, vom Bieter einzutragen.)
- Maße in mm ...... , Erzeugnis ....... oder gleichwertiger Art Erzeugnis ....... (Vom Bieter einzutragen.)

**STLB 039**

Ausgabe 06.01

## LB 039 Trockenbauarbeiten
### Wandbekleidungen

**Zementgebundene Holzspanplatten**

**420  Bekleidung aus zementgebundenen Holzspanplatten,**
- einlagig,
- zweilagig,
- Anzahl der Lagen .......,
- Verarbeitung nach Herstellervorschrift, einlagig,
- Verarbeitung nach Herstellervorschrift, zweilagig,
- Verarbeitung .......,
  - – – grundiert,
  - – – Sichtseite farbgrundiert,
  - – – Sichtseite beschichtet, Farbton .......,
  - – – Sichtseite furniert, Holzart .......,
  - – – Sichtseite melaminharzbeschichtet, Dekor .......,
  - – – Sichtseite melaminharzbeschichtet, richtungsgebunden, Dekor .......,
  - – – Sichtseite .......,

Plattendicke:
  - – – – Plattendicke 8 mm,
  - – – – Plattendicke 10 mm,
  - – – – Plattendicke 12 mm,
  - – – – Plattendicke 13 mm,
  - – – – Plattendicke 14 mm,
  - – – – Plattendicke 16 mm,
  - – – – Plattendicke 18 mm,
  - – – – Plattendicke 20 mm,
  - – – – Plattendicke in mm ....... ,

Abmessungen:
  - – – – Plattenbreite in mm .......,
  - – – – Plattenlänge in mm .......,
  - – – – Plattenbreite/-länge in mm .......,
    - – – – – Kanten gefalzt,
    - – – – – Kanten gefast,
    - – – – – Kanten .......,
      - – – – – – Platten stumpf stoßen,
      - – – – – – Platten stumpf stoßen, Stoßbearbeitung .......,
      - – – – – – Fugen offen, Fugenbreite in mm .......,
      - – – – – – Platten mit Nut und Feder,
      - – – – – – Platten mit Nut und Feder, Stoßbearbeitung ....,
      - – – – – – Platten genutet mit eingelegter Feder,
      - – – – – – Platten genutet mit eingelegter Feder, Stoßbearbeitung .......,

Befestigungsmittel:
  - – – – – – befestigen mit Schrauben.
  - – – – – – befestigen mit Klammern.
  - – – – – – befestigen mit Hutprofilen.
  - – – – – – befestigen mit systemspezifischen Befestigungsmitteln.
  - – – – – – befestigen ........

Erzeugnis:
- Erzeugnis ....... (Sofern nicht vorgeschrieben vom Bieter einzutragen.)
- Erzeugnis ....... oder gleichwertiger Art, Erzeugnis ....... (Vom Bieter einzutragen.)

**Faserzementplatten**

**425  Bekleidung aus Faserzementplatten,**
- einlagig,
- zweilagig,
- Anzahl der Lagen .......,
- Verarbeitung nach Herstellervorschrift, einlagig,
- Verarbeitung nach Herstellervorschrift, zweilagig,
- Verarbeitung .......,
  - – – grundiert,
  - – – Sichtseite farbgrundiert,
  - – – Sichtseite beschichtet, Farbton .......,
  - – – Sichtseite .......,
    - – – – Plattendicke 6 mm,
    - – – – Plattendicke 8 mm,
    - – – – Plattendicke 10 mm,
    - – – – Plattendicke 12 mm,
    - – – – Plattendicke 15 mm,
    - – – – Plattendicke 20 mm,
    - – – – Plattendicke in mm .......,

Abmessungen:
  - – – – – Plattenbreite in mm .......,
  - – – – – Plattenlänge in mm .......,
  - – – – – Plattenbreite/-länge in mm .......,

Stoßfugenausbildung:
  - – – – – Platten stumpf stoßen,
  - – – – – Platten stumpf stoßen, Stoßbearbeitung .......,
  - – – – – Fugen offen, Fugenbreite in mm ....,
  - – – – – Platten mit profilierten Längskanten, Profilbild .......,
  - – – – – Platten mit profilierten Längs- und Querkanten, Profilbild .......,

Befestigungsmittel:
  - – – – – – befestigen mit Schrauben.
  - – – – – – befestigen mit Nieten.
  - – – – – – befestigen mit Hutprofilen.
  - – – – – – befestigen mit systespezifischen Befestigungsmitteln.
  - – – – – – befestigen mit ........

Erzeugnis:
- Erzeugnis .......(Sofern nicht vorgeschrieben, vom Bieter einzutragen.)
- Erzeugnis ....... oder gleichwertiger Art, Erzeugnis .......(Vom Bieter einzutragen.)

**Metall**

**430  Bekleidung**

Werkstoff:
- aus Stahl-Profilblechen, verzinkt,
- aus Stahlblech-Elementen, verzinkt,
- aus Stahlblech-Elementen, verzinkt, demontierbar,
- aus Aluminiumblech-Elementen,
- aus Aluminiumblech-Elementen, demontierbar,
- aus nichtrostendem Stahl, Werkstoff-Nr. .......,
- aus nichtrostendem Stahl, Werkstoff-Nr. ......., demontierbar,
- aus .......,
  - – – Sichtseiten glatt, pulverbeschichtet, Farbton .......,
  - – – Sichtseiten glatt, folienbeschichtet, Farbton .......,
  - – – Sichtseiten glatt, bandbeschichtet, Farbton .......,
  - – – Sichtseiten glatt, .......,
  - – – Sichtseiten gelocht, pulverbeschichtet, Farbton .......,
  - – – Sichtseiten gelocht, bandbeschichtet, Farbton .......,
  - – – Sichtseiten gelocht, .......,
  - – – Sichtseiten .......,
    - – – – allseitig abgekantet,
    - – – – allseitig abgekantet, Rückseite vliesbeschichtet, Farbton .......,
    - – – – allseitig abgekantet, Rückseite .......,
    - – – – längsseitig abgekantet,
    - – – – längsseitig abgekantet, Rückseite vliesbeschichtet, Farbton .......,
    - – – – längsseitig abgekantet, Rückseite .......,
    - – – – Kantenausbildung .......,
      - – – – – Dicke 0,6 mm,
      - – – – – Dicke 0,7 mm,
      - – – – – Dicke 0,8 mm,
      - – – – – Dicke 0,9 mm,
      - – – – – Dicke 1,0 mm,
      - – – – – Dicke 1,25 mm,
      - – – – – Dicke in mm.......,

Abmessungen:
  - – – – – Breite in mm.......,
  - – – – – Länge in mm.......,
  - – – – – Breite in mm......, Länge in mm.......,

Befestigungsmittel:
  - – – – – befestigen durch Klemmen.
  - – – – – befestigen durch Einhängen.
  - – – – – befestigen mit Schrauben und Hutprofilen....... .
  - – – – – befestigen mit Schrauben, Hutprofilen...... und Keder ....... .
  - – – – – befestigen mit Schrauben, Hutprofilen...... und Abdeckprofilen ....... .
  - – – – – befestigen .......

Erzeugnis:
- Erzeugnis ....... (Sofern nicht vorgeschrieben, vom Bieter einzutragen.)
- Erzeugnis ....... oder gleichwertiger Art, Erzeugnis ....... (Vom Bieter einzutragen.)

# LB 039 Trockenbauarbeiten
## Wandbekleidungen

STLB 039

Ausgabe 06.01

**Besondere Leistungen, Zulagen**

435 **Anschluss**
- reduziert,
- an Dachschrägen,
- an .......,

436 **Ausschnitt,**

437 **Ecke,**

438 **Innenecke,**

439 **Außenecke,**
- mit Eckschutzschiene,
- mit ........,

440 **Fuge,**
- abdecken,
- hinterlegen,
- mit Profil .......,

441 **Bewegungsfuge,**
- mit Profil .......,

442 **Unterkonstruktion auswechseln,**

443 **Bekleidungsteil,**
- abnehmbar,
- beweglich,

444 **Unterschnittener Sockel,**

445 **Aussparung,**

446 **Durchdringung,**

447 **Öffnung herstellen,**
- einschl. Unterkonstruktion verstärken
 - - mit UA-Profil DIN 18182-1, Dicke 2 mm,
 - - mit CW-Profil DIN 18182-1, Dicke 0,6 mm,
 - - mit .......,

448 **Verstärken der Unterkonstruktion,**
 - - mit UA-Profil DIN 18182-1, Dicke 2 mm,
 - - mit CW-Profil DIN 18182-1, Dicke 0,6 mm,
 - - mit .......,

449 **Besondere Leistung ....... ,**

**Einzelangaben** zu Pos. 435 bis 449, Fortsetzung
- - für Wandbekleidung,
- - als Zulage Wandbekleidung,
 - - - oben,
 - - - unten,
 - - - seitlich,
 - - - umlaufend,
 - - - ........ ,
 - - - - rechtwinklig,
 - - - - schiefwinklig,
 - - - - geneigt,
 - - - - - Breite in mm ....... .
 - - - - - Länge in mm ....... .
 - - - - - Durchmesser in mm ....... .
 - - - - - Radius in mm ....... .
 - - - - - Maße in mm ....... .
 - - - - - - Ausführung ....... .
 - - - - - - Ausführung gemäß Zeichnung Nr. ........
 - - - - - - Ausführung gemäß Einzelbeschreibung Nr. ........
 - - - - - - Ausführung gemäß Einzelbeschreibung Nr. und Zeichnung Nr. ........
 - - - - - Berechnungseinheit Stück, m, m².

**Einbauteile**

455 **Revisionsklappe,**
- Brandschutzanforderungen ....... ,
 - - aus Stahlblech, verzinkt,
 - - aus Stahlblech, beschichtet,
 - - aus ....... ,
 - - Rahmen aus Stahlblech, verzinkt,
 - - Rahmen aus Stahlblech, beschichtet,
 - - Rahmen aus Aluminium,
 - - Rahmen ........ ,
 - - - Füllung ........ ,
 - - - Dicke 25 mm,
 - - - Dicke in mm ....... ,
Abmessungen:
 - - - - Maße 200 mm x 200 mm,
 - - - - Maße 300 mm x 300 mm,
 - - - - Maße 400 mm x 400 mm,
 - - - - Maße 500 mm x 500 mm,
 - - - - Maße 600 mm x 600 mm,
 - - - - Maße in mm ....... ,
Ausführung:
 - - - - Ausführung .........
 - - - - Ausführung gemäß Zeichnung Nr. ........
 - - - - Ausführung gemäß Einzelbeschreibung Nr. ........
 - - - - Ausführung gemäß Einzelbeschreibung Nr. und Zeichnung Nr. ........
 - - - - - Für Wandbekleidung.
Erzeugnis:
- Erzeugnis ...... (Sofern nicht vorgeschrieben vom Bieter einzutragen.)
- Erzeugnis ...... oder gleichwertiger Art,
 Erzeugnis ...... (Vom Bieter einzutragen.)
- Vom AG beigestellt, einbauen.
- Vom AG beigestellt, abladen, und einbauen
- Vom AG beigestellt, Abholplatz ....., einbauen.
 - - Berechnungseinheit Stück

456 **Nachträgliches Anarbeiten**
- an Bauteil ......,
- an ....... ,
 - - durch Spachteln,
 - - durch ....... ,
 - - - Ausführung .......
 - - - Ausführung gemäß Zeichnung Nr. ........
 - - - Ausführung gemäß Einzelbeschreibung Nr. ........ .
 - - - Ausführung gemäß Einzelbeschreibung Nr. und Zeichnung Nr. ........
 - - - - Berechnungseinheit m, m², Stück

**STLB 039**

Ausgabe 06.01

## LB 039 Trockenbauarbeiten
### Trockenputz

Leitbeschreibung

**470** Trockenputz aus Gipskarton-Bauplatten GKB DIN 18180,
**471** Trockenputz aus Gipskarton-Bauplatten, imprägniert GKBI DIN 18180,
**472** Trockenputz aus Gipskarton-Feuerschutzplatten GKF DIN 18180,
**473** Trockenputz aus Gipskarton-Feuerschutzplatten, imprägniert GKFI DIN 18180,
**474** Trockenputz aus Gipsfaserplatten,
**475** Trockenputz aus Kalziumsilikatplatten,
**476** Trockenputz aus ....... ,
  – mit Aluminiumfolie und Natronkraftpapier kaschiert,
  – mit ....... ,
Plattendicke:
  – Plattendicke 9,5 mm,
  – Plattendicke 10 mm,
  – Plattendicke 12,5 mm,
  – Plattendicke 15 mm,
  – Plattendicke 18 mm,
  – Plattendicke 25 mm,
  – Plattendicke 30 mm,
  – Plattendicke in mm ........ ,
    – – einlagig,
    – – als Verbundplatte DIN 18184 mit Dämmschicht aus Hartschaumstoff,
    – – als Verbundplatte mit Dämmschicht aus Mineralfaser DIN 18165-1,
Dämmschichtdicke:
  – – Dämmschichtdicke 20 mm,
  – – Dämmschichtdicke 30 mm,
  – – Dämmschichtdicke 40 mm,
  – – Dämmschichtdicke 60 mm,
  – – Dämmschichtdicke 80 mm,
  – – Dämmschichtdicke in mm ........ ,
Einbauort:
  – – – an Wänden ansetzen im Dünnbettverfahren auf ebenem Untergrund ....... ,
  – – – an Wänden ansetzen mit Klebemörtelbatzen auf unebenem Untergrund ....... ,
  – – – an Wänden ansetzen mit Plattenstreifen auf stark unebenem Untergrund ....... , Beplankung im Dünnbettverfahren,
  – – – an Laibungen, Tiefe bis 30 cm, ansetzen im Dünnbettverfahren auf ebenem Untergrund ....... ,
  – – – an Laibungen, Tiefe bis 30 cm, ansetzen mit Klebemörtelbatzen auf unebenem Untergrund ....... ,
  – – – an Laibungen, Tiefe bis 30 cm, ansetzen mit Plattenstreifen auf stark unebenem Untergrund ....... , Beplankung im Dünnbettverfahren,
  – – – an Laibungen, Tiefe in cm ....... , ansetzen im Dünnbettverfahren auf ebenem Untergrund ....... ,
  – – – an Laibungen, Tiefe in cm ....... , ansetzen mit Klebemörtelbatzen auf unebenem Untergrund ....... ,
  – – – an Laibungen, Tiefe in cm ....... , ansetzen mit Plattenstreifen auf stark unebenem Untergrund ....... , Beplankung im Dünnbettverfahren,
Einbauhöhe:
  – – – Einbauhöhe bis 2,5 m,
  – – – Einbauhöhe bis 3 m,
  – – – Einbauhöhe bis 3,5 m,
  – – – Einbauhöhe bis 4 m,
  – – – Einbauhöhe bis 4,5 m,
  – – – Einbauhöhe bis 5 m,
  – – – Einbauhöhe in m ....... ,
  – – – Einbauhöhe von/bis in m ....... ,
Ausführung:
  – – – – Ausführung ....... ,
  – – – – Ausführung gemäß Zeichnung Nr. ........
  – – – – Ausführung gemäß Einzelbeschreibung Nr. ........
  – – – – Ausführung gemäß Einzelbeschreibung Nr. und Zeichnung Nr. ........

Erzeugnis:
  – – – – – Erzeugnis ....... (Sofern nicht vorgeschrieben, vom Bieter einzutragen.)
  – – – – Erzeugnis ....... oder gleichwertiger Art, Erzeugnis ....... (Vom Bieter einzutragen.)
  – – – – – Berechnungseinheit m, m²

Besondere Leistungen, Zulagen

**480** Anschluss
  – reduziert,
  – an Dachschrägen,
  – an ....... ,

**481** Ausschnitt,

**482** Ecke,

**483** Innenecke,

**484** Außenecke,
  – mit Eckschutzschiene,
  – mit ....... ,

**485** Fuge,
  – abdecken,
  – hinterlegen,
  – mit Profil ....... ,

**486** Bewegungsfuge,
  – mit Profil ....... ,

**487** Unterschnittener Sockel,

**488** Aussparung,

**489** Durchdringung,

**490** 2. Plattenlage,
  – Dicke 9,5 mm,
  – Dicke 10 mm,
  – Dicke 12,5 mm,
  – Dicke in mm ........ ,
Befestigungsart:
  – mechanisch befestigen,
  – kleben,

**491** Besondere Leistung ....... ,

Einzelangaben zu Pos. 480 bis 491, Fortsetzung
  – – für Trockenputz,
  – – als Zulage für Trockenputz,
    – – – oben,
    – – – unten,
    – – – seitlich,
    – – – umlaufend,
    – – – ....... ,
Einbaulage:
  – – – – rechtwinklig,
  – – – – schiefwinklig,
  – – – – geneigt,
  – – – – ....... ,
Abmessungen:
  – – – – Breite in mm ....... ,
  – – – – Länge in mm ....... ,
  – – – – Durchmesser in mm ....... ,
  – – – – Radius in mm ....... ,
  – – – – Maße in mm ....... ,
  – – – – – Ausführung .......
  – – – – – Ausführung gemäß Zeichnung Nr. ........
  – – – – – Ausführung gemäß Einzelbeschreibung Nr. ........
  – – – – – Ausführung gemäß Einzelbeschreibung Nr. und Zeichnung Nr. ........
  – – – – – Berechnungseinheit Stück, m, m²

# LB 039 Trockenbauarbeiten
## Trockenputz

STLB 039

Ausgabe 06.01

Einbauteile

**495 Revisionsklappe**
- aus Stahlblech, verzinkt,
- aus Stahlblech, beschichtet,
- aus ....... ,
- Rahmen aus Stahlblech, verzinkt,
- Rahmen aus Stahlblech, beschichtet,
- Rahmen aus Aluminium,
- Rahmen ........ ,
  - – Füllung ........ ,
  - – Dicke 12,5 mm,
  - – Dicke 25 mm,
  - – Dicke in mm ....... ,

Abmessungen:
  - – – Maße 200 mm x 200 mm,
  - – – Maße 300 mm x 300 mm,
  - – – Maße 400 mm x 400 mm,
  - – – Maße 500 mm x 500 mm,
  - – – Maße 600 mm x 600 mm,
  - – – Maße in mm ....... ,

Ausführung:
  - – – Ausführung .........
  - – – Ausführung gemäß Zeichnung Nr. ........
  - – – Ausführung gemäß Einzelbeschreibung Nr. ........ .
  - – – Ausführung gemäß Einzelbeschreibung Nr. und Zeichnung Nr. ........
  - – – – Für Trockenputz.

Erzeugnis:
  - – – – Erzeugnis .....(Sofern nicht vorgeschrieben vom Bieter einzutragen.)
  - – – – Erzeugnis .....oder gleichwertiger Art, Erzeugnis ......(Vom Bieter einzutragen.)
  - – – – Vom AG beigestellt, einbauen.
  - – – – Vom AG beigestellt, abladen, und einbauen.
  - – – – Vom AG beigestellt, Abholplatz ....., einbauen.
    - – – – – Berechnungseinheit Stück

**496 Nachträgliches Anarbeiten**
- an Einbauteil ...... ,
- an ....... ,
  - – durch Spachteln,
  - – durch ....... ,
    - – – Ausführung .......
    - – – Ausführung gemäß Zeichnung Nr. ........
    - – – Ausführung gemäß Einzelbeschreibung Nr. ........ .
    - – – Ausführung gemäß Einzelbeschreibung Nr. und Zeichnung Nr. ........
      - – – – Berechnungseinheit m, m², Stück

**STLB 039**

Ausgabe 06.01

## LB 039 Trockenbauarbeiten
### Stützen-, Trägerbekleidungen

Leitbeschreibung

500 Stützenbekleidung, innen, einseitig,
501 Stützenbekleidung, innen, zweiseitig,
502 Stützenbekleidung, innen, dreiseitig,
503 Stützenbekleidung, innen, vierseitig,
504 Stützenbekleidung, innen, ....... ,
– Höhe bis 2,5 m,
– Höhe bis 3 m,
– Höhe bis 3,5 m,
– Höhe bis 4 m,
– Höhe bis 4,5 m,
– Höhe bis 5 m,
– Höhe in m ....... ,
– Höhe von/bis in m ....... ,
–– Stütze aus Stahl, Maße in cm ....... ,
–– Stütze aus Vollholz, Maße in cm ....... ,
–– Stütze aus Brettschichtholz, Maße in cm ....... ,
–– Stütze aus Stahlbeton, Maße in cm ....... ,
–– Stütze aus Mauerwerk, Maße in cm ....... ,
–– Stütze aus Leichtbeton, Maße in cm ....... ,
–– Stütze ......., Maße in cm ....... ,
––– Feuerwiderstandsklasse DIN 4102-2 F 30
––– Feuerwiderstandsklasse DIN 4102-2 F 60
––– Feuerwiderstandsklasse DIN 4102-2 F 90
––– Feuerwiderstandsklasse DIN 4102-2 F ....... ,
––––– A
––––– AB
––––– B,
––––– B, Beplankung/Bekleidung Baustoffkl. A DIN 4102-1,
––––– B, Beplankung/Bekleidung Baustoffkl. A 1 DIN 4102-1,
––––– B, Beplankung/Bekleidung Baustoffkl. A 2 DIN 4102-1,
––––– B, Beplankung/Bekleidung Baustoffkl. B 1 DIN 4102-1,
––– Baustoffe der Baustoffklasse A DIN 4102-1
––– Baustoffe der Baustoffklasse A 1 DIN 4102-1
––– Baustoffe der Baustoffklasse A 2 DIN 4102-1
––– Baustoffe der Baustoffklasse B 1 DIN 4102-1
––– bewertetes Schallängsdämmmaß DIN 4109 $R_{L,w,R}$ in dB ....... ,
––– besondere Anforderungen ....... ,

Hinweis:
Besondere Anforderungen können sein: Ballwurfsicherheit, Schocksicherheit, Strahlenschutz, Beschusssicherheit usw.
Abmessungen:
––––– Abwicklung in cm ....... ,
––––– Maße in cm ....... ,
Ausführung:
––––– Ausführung .......
––––– Ausführung gemäß Zeichnung Nr. ........
––––– Ausführung gemäß Einzelbeschreibung Nr. ........
––––– Ausführung gemäß Einzelbeschreibung Nr. und Zeichnung Nr. ........
Erzeugnis:
– Erzeugnis/System .....(Sofern nicht vorgeschrieben vom Bieter einzutragen.)
– Erzeugnis/System .....oder gleichwertiger Art, Erzeugnis/System ......(Vom Bieter einzutragen.)
–– Ausführung wie folgt:
––– Berechnungseinheit m, Stück

505 Trägerbekleidung, innen, einseitig,
506 Trägerbekleidung, innen, zweiseitig,
507 Trägerbekleidung, innen, dreiseitig,
508 Trägerbekleidung, innen, vierseitig,
509 Trägerbekleidung, innen, ....... ,
– Einbauhöhe der Unterkante in m ....... ,
–– Träger aus Stahl, Maße in cm ....... ,
–– Träger aus Vollholz, Maße in cm ....... ,
–– Träger aus Brettschichtholz, Maße in cm ....... ,
–– Träger aus Stahlbeton, Maße in cm ....... ,
–– Träger aus Mauerwerk, Maße in cm ....... ,
–– Träger aus Leichtbeton, Maße in cm ....... ,
–– Träger ......., Maße in cm ....... ,
––– Feuerwiderstandsklasse DIN 4102-2 F 30
––– Feuerwiderstandsklasse DIN 4102-2 F 60
––– Feuerwiderstandsklasse DIN 4102-2 F 90
––– Feuerwiderstandsklasse DIN 4102-2 F ....... ,
––––– A
––––– AB
––––– B,
––––– B, Beplankung/Bekleidung Baustoffkl. A DIN 4102-1,
––––– B, Beplankung/Bekleidung Baustoffkl. A 1 DIN 4102-1,
––––– B, Beplankung/Bekleidung Baustoffkl. A 2 DIN 4102-1,
––––– B, Beplankung/Bekleidung Baustoffkl. B 1 DIN 4102-1,
––– Baustoffe der Baustoffklasse A DIN 4102-1
––– Baustoffe der Baustoffklasse A 1 DIN 4102-1
––– Baustoffe der Baustoffklasse A 2 DIN 4102-1
––– Baustoffe der Baustoffklasse B 1 DIN 4102-1
––– bewertetes Schallängsdämmmaß DIN 4109 $R_{L,w,R}$ in dB ....... ,
––– besondere Anforderungen ....... ,

Hinweis:
Besondere Anforderungen können sein: Ballwurfsicherheit, Schocksicherheit, Strahlenschutz, Beschusssicherheit usw.
Abmessungen:
––––– Abwicklung in cm ....... ,
––––– Maße in cm ....... ,
Ausführung:
––––– Ausführung .......
––––– Ausführung gemäß Zeichnung Nr. ........
––––– Ausführung gemäß Einzelbeschreibung Nr. ........
––––– Ausführung gemäß Einzelbeschreibung Nr. und Zeichnung Nr. ........
Erzeugnis/System:
– Erzeugnis/System .....(Sofern nicht vorgeschrieben vom Bieter einzutragen.)
– Erzeugnis/System .....oder gleichwertiger Art, Erzeugnis/System ......(Vom Bieter einzutragen.)
–– Ausführung wie folgt:
––– Berechnungseinheit m, Stück

# LB 039 Trockenbauarbeiten
## Stützen-, Trägerbekleidungen

STLB 039

Ausgabe 06.01

Unterkonstruktionen, Dämmschichten

**515 Unterkonstruktion**
Werkstoff
- aus Holz,
  - - als Traglattung,
  - - als Traglattung, Querschnitt in mm ........ ,
  - - als Grund- und Traglattung,
  - - als Grund- und Traglattung, Querschnitte in mm ........ ,
  - - als ........ ,
- aus verzinkten Stahlblechprofilen,
- aus verzinkten Stahlblechprofilen, Profil ........,
- aus verzinkten Stahlblechprofilen DIN 18182-1,
- aus verzinkten Stahlblechprofilen DIN 18182-1, Profil ........,
- aus Aluminiumblechprofilen,
- aus Aluminium-Strangpressprofilen,
  - - als Tragprofil – als ........ ,
- aus Gipsfaserplatten-Streifen,
- aus ........ ,
  - - Querschnitt in mm ........ ,
  - - als ........ ,

Befestigungsart:
- - - direkt befestigen,
- - - befestigen mit Abstandshaltern,
- - - befestigen ........ ,

Ausbildung der Anschlüsse:
- - - umlaufende Anschlüsse starr,
- - - umlaufende Anschlüsse ........ ,
- - - - Unterkonstruktion verdeckt,
- - - - Unterkonstruktion sichtbar bleibend,,
- - - - Unterkonstruktion ........ ,
- - - - - Oberfläche ........ (Sofern nicht vorgeschrieben, vom Bieter einzutragen)

**516 Dämmschicht**
- aus mineralischem Faserdämmstoff DIN 18165-1,
- aus mineralischem Faserdämmstoff DIN 18165-1 in Bahnen,
- aus mineralischem Faserdämmstoff DIN 18165-1 in Platten,
- aus Polystyrol-Hartschaum, Partikelschaum DIN 18164-1,
- aus ........ ,
  - - einlagig,
  - - einlagig, dicht stoßen,
  - - zweilagig mit versetzten Fugen,
  - - zweilagig mit versetzten Fugen, dicht stoßen,
  - - mehrlagig,
    - - - abrutschsicher verlegen,
  - - verlegen ........ ,

Wärmedämmeigenschaften:
- - - Wärmeleitfähigkeitsgruppe 035,
- - - Wärmeleitfähigkeitsgruppe 040,
- - - Wärmeleitfähigkeitsgruppe ........ ,

Hinweis:
Punkt 1 gilt nur bei bei Schallschutzanforderungen:
- - - längenspezifischer Strömungswiderstand größer 5 kN x s/m$^4$,
- - - längenspezifischer Strömungswiderstand ........ ,

Hinweis:
Punkt 3 gilt nur bei bei Brandschutzanforderungen:
- - - - Rohdichte in kg/m$^3$ ........ ,
- - - - Mindestrohdichte in kg/m$^3$ ........ ,
- - - - Mindestrohdichte in kg/m$^3$ ........ , Schmelzpunkt mind. 1000 K,

Dicke/Erzeugnis:
- - - - Dicke in mm ........ ,
- - - - Gesamtdicke in mm ........ ,
- - - - Dicke in mm ........ , Erzeugnis ........ (Sofern nicht vorgeschrieben vom Bieter einzutragen)
- - - - Dicke in mm ........ Erzeugnis ........ oder gleichwertiger Art, Erzeugnis ........ (Vom Bieter einzutragen)
- - - - Gesamtdicke in mm ........ , Erzeugnis ........ (Sofern nicht vorgeschrieben vom Bieter einzutragen)
- - - - Gesamtdicke in mm ........ Erzeugnis ........ der gleichwertiger Art, Erzeugnis ........ (Vom Bieter einzutragen)

Gipskarton-, Gipsvliesplatten

**520 Beplankung/Bekleidung,**
Plattenverarbeitung:
- einlagig,
- zweilagig,
- dreilagig,
- Anzahl der Lagen ........ ,
- Verarbeitung DIN 18181, einlagig,
- Verarbeitung DIN 18181, zweilagig,
- Verarbeitung DIN 18181, dreilagig,
- Verarbeitung ........ ,

Plattenart
- aus Gipskarton-Bauplatten GKB DIN 18180,
- aus Gipskarton-Feuerschutzplatten GKF DIN 18180,
- aus Gipskarton-Bauplatten, imprägniert GKBI DIN 18180,
- aus Gipskarton-Feuerschutzplatten, imprägniert GKFI DIN 18180,
- aus Gipsvliesplatten,
- aus ........ ,

Ausbildung der Sichtseite:
- - Sichtseite beschichtet mit Folie, Werkstoff ........ , Dekor ........ ,
- - Sichtseite ........ ,

Ausbildung der Stöße:
- - Stöße mit Streifen hinterlegen,
- - Stöße ........ ,

Plattendicke:
- - - Plattendicke 9,5 mm,
- - - Plattendicke 10 mm,
- - - Plattendicke 12,5 mm,
- - - Plattendicke 15 mm,
- - - Plattendicke 18 mm,
- - - Plattendicke 20 mm,
- - - Plattendicke 25 mm,
- - - Plattendicke in mm ........ ,

Befestigungsmittel:
- - - befestigen mit Schnellbauschrauben DIN 18182 -2.
- - - befestigen mit Klammern DIN 18182-3.
- - - befestigen mit Nägeln DIN 18182-4.
- - - befestigen mit Gipskartonplattennägeln.
- - - befestigen mit systemspezifischen Befestigungsmitteln.
- - - befestigen........

Ausbildung der Fugen:
- - - - Fugen füllen, sichtbare Befestigungsmittel und Fugen spachteln.
- - - - Fugen füllen und Plattenlage vollflächig spachteln.
- - - - Fugen füllen, sichtbare Befestigungsmittel und Fugen der äußeren Plattenlage spachteln.
- - - - Fugen füllen, sichtbare Befestigungsmittel und Fugen der äußeren Plattenlage spachteln.
- - - - Fugen füllen und äußere Plattenlage vollflächig spachteln.
- - - - Fugen ........ .
- - - - - Erzeugnis ........ (Sofern nicht vorgeschrieben, vom Bieter einzutragen).
- - - - - Erzeugnis ........ oder gleichwertiger Art, Erzeugnis ........ (Vom Bieter einzutragen.)

**STLB 039**

Ausgabe 06.01

## LB 039 Trockenbauarbeiten
### Stützen-, Trägerbekleidungen

**Gipsfaserplatten**

**525** Beplankung aus Gipsfaserplatten,
- einlagig,
- zweilagig,
- dreilagig,
- Anzahl der Lagen .......,
- Verarbeitung nach Herstellervorschrift, einlagig,
- Verarbeitung nach Herstellervorschrift, zweilagig,
- Verarbeitung nach Herstellervorschrift, dreilagig,
- Verarbeitung .......,
  - – – Sichtseite beschichtet mit Folie, Werkstoff ......., Dekor .......,
    Rückseite mit Gegenzugbeschichtung,
  - – – Sichtseite mit Holz furniert, Holzart ......., Oberfläche ....... ,
    Rückseite mit Gegenzugbeschichtung,
  - – – Sichtseite beschichtet mit Schichtpressstoff, Werkstoff ......., Dekor .......,
    Rückseite mit Gegenzugbeschichtung,
  - – – Sichtseite .......,
    Rückseite mit Gegenzugbeschichtung,
  - – – Sichtseite .......,
    Rückseite mit Gegenzugbeschichtung,
    Sichtkanten beschichtet .......,

Plattendicke:
- – – – Plattendicke 10 mm,
- – – – Plattendicke 12,5 mm,
- – – – Plattendicke 15 mm,
- – – – Plattendicke 18 mm,
- – – – Plattendicke in mm .......,

Plattenabmessungen:
- – – – Plattenbreite in mm .......,
- – – – Plattenlänge in mm .......,
- – – – Plattenbreite/-länge in mm .......,

Befestigungsmittel:
- – – – – befestigen mit Gipsfaserplatten-Schnellbauschrauben aus Stahl, phosphatiert.
- – – – – befestigen mit Klammern aus verzinktem Stahl.
- – – – – befestigen mit Hohlkopfnägeln aus feuerverzinktem Stahl.
- – – – – befestigen der 1. Plattenlage mit Gipsfaserplatten-Schnellbauschrauben in Unterkonstruktion,
  2. Plattenlage mit Gipsfaserplatten-Schnellbauschrauben oder Klammern direkt in der 1. Lage befestigen.
- – – – – befestigen der 1. Plattenlage mit Gipsfaserplatten-Schnellbauschrauben in Unterkonstruktion,
  2. und 3. Plattenlage mit Gipsfaserplatten-Schnellbauschrauben oder Klammern direkt in der 1. bzw. 2. Lage befestigen.
- – – – – nicht sichtbar befestigen mit rückseitigen Halteprofilen oder Einhängebeschlägen .......
- – – – – nicht sichtbar befestigen mit systemspezifischen Befestigungsmitteln.
- – – – – befestigen........

Ausführung der Stöße und Fugen:
- – – – – Platten stumpf stoßen.
- – – – – Fugenabstand größer gleich ½ Plattendicke, Fugen mit Spachtel füllen, sichtbare Befestigungsmittel und Fugen spachteln.
- – – – – Auf Plattenkante Kleber auftragen, Platten stumpf stoßen, sichtbare Befestigungsmittel und Fugen spachteln.
- – – – – 1. Plattenlage stumpf stoßen, 2. Plattenlage Fugenabstand größer gleich ½ Plattendicke, Fugen mit Spachtel füllen, sichtbare Befestigungsmittel und Fugen spachteln.
- – – – – 1. Plattenlage stumpf stoßen, auf Kante der 2. Plattenlage Kleber auftragen, Platten stumpf stoßen, sichtbare Befestigungsmittel und Fugen spachteln.
- – – – – Platten mit profilierten Längskanten, Profilbild .......
- – – – – Platten mit profilierten Längs- und Querkanten, Profilbild .......

Erzeugnis:
- – – – – Oberfläche zusätzlich vollflächig spachteln.
- – – – – Erzeugnis ....... (Sofern nicht vorgeschrieben, vom Bieter einzutragen).
- – – – – Erzeugnis ....... oder gleichwertiger Art, Erzeugnis ....... (Vom Bieter einzutragen.)

**Kalziumsilikatplatten**

**530** Bekleidung/Beplankung aus Kalziumsilikatplatten
- einlagig,
- zweilagig,
- Anzahl der Lagen .......,
- Verarbeitung nach Herstellervorschrift, einlagig,
- Verarbeitung nach Herstellervorschrift, zweilagig,
- Verarbeitung .......,

Plattendicke:
- – – Plattendicke 12 mm,
- – – Plattendicke 15 mm,
- – – Plattendicke 20 mm,
- – – Plattendicke 25 mm,
- – – Plattendicke 30 mm,
- – – Plattendicke in mm .......,

Plattenabmessungen:
- – – Plattenbreite in mm .......,
- – – Plattenlänge in mm .......,
- – – Plattenbreite/-länge in mm .......,

Ausführung der Stöße:
- – – – Platten stumpf stoßen, Stöße hinterlegen,
- – – – Platten stumpf stoßen, Stöße gegeneinander versetzen,
- – – – Stöße mit Stufenfalz,

Befestigungsmittel:
- – – – befestigen mit systemspezifischen Schnellbauschrauben,
- – – – befestigen mit Klammern,
- – – – befestigen,

Fugenbearbeitung:
- – – – – Fugen und Befestigungsmittel spachteln.
- – – – – Fugen .......

Erzeugnis:
- – – – – Erzeugnis ....... (Sofern nicht vorgeschrieben, vom Bieter einzutragen).
- – – – – Erzeugnis ....... oder gleichwertiger Art, Erzeugnis ....... (Vom Bieter einzutragen.)

**Holz**

**535** Beplankung/Bekleidung aus gespundeten Brettern DIN 4072 aus Nadelholz,

Brettdicke:
- Brettdicke 15,5 mm,
- Brettdicke 19,5 mm,
- Brettdicke 22,5 mm,
- Brettdicke 25,5 mm,
- Brettdicke 35,5 mm,
- Brettdicke in mm .......,

Brettbreite (Profilmaß):
- Brettbreite (Profilmaß) 95 mm,
- Brettbreite (Profilmaß) 96 mm,
- Brettbreite (Profilmaß) 111 mm,
- Brettbreite (Profilmaß) 115 mm,
- Brettbreite (Profilmaß) 121 mm,
- Brettbreite (Profilmaß) 135 mm,
- Brettbreite (Profilmaß) 155 mm,
- Brettbreite (Profilmaß) in mm .......,

# LB 039 Trockenbauarbeiten
## Stützen-, Trägerbekleidungen

STLB 039

Ausgabe 06.01

**536** Beplankung/Bekleidung aus Fasebrettern DIN 68122 aus Nadelholz,
Brettdicke:
- Brettdicke 12,5 mm,
- Brettdicke 15,5 mm,
- Brettdicke 19,5 mm,
- Brettdicke in mm ........,
Brettbreite (Profilmaß):
- Brettbreite (Profilmaß) 95 mm,
- Brettbreite (Profilmaß) 96 mm,
- Brettbreite (Profilmaß) 111 mm,
- Brettbreite (Profilmaß) 115 mm,
- Brettbreite (Profilmaß) in mm ........,

**537** Beplankung/Bekleidung aus Stülpschalungsbrettern DIN 68123 aus Nadelholz,
Brettdicke:
- Brettdicke in mm ........,
Brettbreite (Profilmaß):
- Brettbreite (Profilmaß) 111 mm,
- Brettbreite (Profilmaß) 115 mm,
- Brettbreite (Profilmaß) 121 mm,
- Brettbreite (Profilmaß) 135 mm,
- Brettbreite (Profilmaß) 146 mm,
- Brettbreite (Profilmaß) 155 mm,
- Brettbreite (Profilmaß) in mm ........,

**538** Beplankung/Bekleidung aus Profilbrettern mit Schattennut DIN 68126-1,
**539** Beplankung/Bekleidung aus Profilbrettern mit Schattennut DIN 68126-1, Kanten gerundet,
Brettdicke:
- Brettdicke 9,5 mm,
- Brettdicke 11 mm,
- Brettdicke 12,5 mm,
- Brettdicke 14 mm,
- Brettdicke 15,5 mm,
- Brettdicke 19,5 mm,
- Brettdicke in mm ........,
Brettbreite (Profilmaß):
- Brettbreite (Profilmaß) 69 mm,
- Brettbreite (Profilmaß) 71 mm,
- Brettbreite (Profilmaß) 94 mm,
- Brettbreite (Profilmaß) 96 mm,
- Brettbreite (Profilmaß) 115 mm,
- Brettbreite (Profilmaß) 146 mm,
- Brettbreite (Profilmaß) in mm ........,

**540** Beplankung/Bekleidung aus Akustik-Glattkantbrettern DIN 68127,
Brettdicke:
- Brettdicke 16 mm,
- Brettdicke 17 mm,
- Brettdicke 19,5 mm,
- Brettdicke 21 mm,
- Brettdicke 22,5 mm,
- Brettdicke in mm ........,
Brettbreite (Profilmaß):
- Brettbreite (Profilmaß) 68 mm,
- Brettbreite (Profilmaß) 70 mm,
- Brettbreite (Profilmaß) 74 mm,
- Brettbreite (Profilmaß) 94 mm,
- Brettbreite (Profilmaß) 95 mm,
- Brettbreite (Profilmaß) in mm ........,

**541** Beplankung/Bekleidung aus Akustik-Profilbrettern DIN 68127,
**542** Beplankung/Bekleidung aus ....... ,
Abmessungen:
- Brettdicke in mm ........,
- Brettbreite (Profilmaß) in mm ........,

**Einzelangaben** zu Pos. 535 bis 542, Fortsetzung
-- Holz DIN EN 942 – ID,
-- Holz DIN EN 942 – ID, Holzart .......,
-- Holz DIN EN 942 – ID, Holzart .......,
 Oberfläche ........,
-- Holz .......,
-- Holz DIN EN 942 – IND,
-- Holz DIN EN 942 – IND, Holzart .......,
-- Holz DIN EN 942 – IND, Holzart .......,
 Oberfläche ........,
-- Holz .......,
--- Brettlängen bis 3000 mm,
--- Brettlängen über 3000 bis 4500 mm,
--- Brettlängen über 4500 bis 6500 mm,
--- Brettlängen in mm ........,
Ausbildung der Fugen:
---- Bretter dicht stoßen,
---- Fugen offen,
---- Fugen offen, Fugenbreite in mm ........,
---- Fugen ........,
Ausbildung der Stöße:
---- Stöße regelmäßig,
---- Stöße regelmäßig, versetzen,
---- Stöße unregelmäßig,
---- Stöße ........,
Befestigungsmittel:
----- sichtbar befestigen mit Schrauben.
----- sichtbar befestigen mit Nägeln.
----- sichtbar befestigen mit Klammern.
----- sichtbar befestigen mit systemspezifischen Befestigungsmitteln.
----- nicht sichtbar befestigen mit Schrauben.
----- nicht sichtbar befestigen mit Nägeln.
----- nicht sichtbar befestigen mit Klammern.
----- nicht sichtbar befestigen mit systemspezifischen Befestigungsmitteln.
----- befestigen ........
------ Erzeugnis ....... (Sofern nicht vorgeschrieben, vom Bieter einzutragen).
------ Erzeugnis ....... oder gleichwertiger Art, Erzeugnis ....... (Vom Bieter einzutragen.)

**Holzwerkstoffe**

**544** Beplankung/Bekleidung aus Holzspanplatten, Emissionsklasse E 1,
- als Flachpressplatten DIN 68763 V 20,
- als Flachpressplatten DIN 68763 V 100,
- als Flachpressplatten........,
 -- Sichtseite beschichtet mit ......., Rückseite mit Gegenzugbeschichtung,
 -- Sichtseite mit Holz furniert, Holzart ........, Oberfläche ......, Rückseite mit Gegenzugbeschichtung
 -- Sichtseite ......., Rückseite mit Gegenzugbeschichtung,
 -- Sichtseite ......., Rückseite mit Gegenzugbeschichtung, Sichtkanten beschichtet .......,

**STLB 039**

**LB 039 Trockenbauarbeiten**
**Stützen-, Trägerbekleidungen**

Ausgabe 06.01

545 **Beplankung/Bekleidung aus Bau-Furniersperrholz DIN 68705-3,**
546 **Beplankung/Bekleidung aus Sperrholz DIN 68705-2,**
– Sichtseite beschichtet mit ......., Rückseite mit Gegenzugbeschichtung,
– Sichtseite mit Holz furniert, Holzart ........, Oberfläche ......, Rückseite mit Gegenzugbeschichtung
– Sichtseite ......., Rückseite mit Gegenzugbeschichtung,
– Sichtseite ......., Rückseite mit Gegenzugbeschichtung, Sichtkanten beschichtet .......,

**Einzelangaben** zu Pos. 544 bis 546,
– – Plattendicke 13 mm,
– – Plattendicke 16 mm,
– – Plattendicke 19 mm,
– – Plattendicke 22 mm,
– – Plattendicke 25 mm,
– – Plattendicke 28 mm,
– – Plattendicke 32 mm,
– – Plattendicke 36 mm,
– – Plattendicke in mm .......,

547 **Beplankung/Bekleidung aus kunststoffbeschichteten dekorativen Flachpressplatten DIN 68765, Emissionsklasse E 1,**
– Sichtkanten beschichtet ....... ,
– – Abriebbeanspruchung Klasse N,
– – Abriebbeanspruchung Klasse M,
– – Abriebbeanspruchung Klasse H,
– – Abriebbeanspruchung Klasse S,
– – Widerstandsfähigkeit gegen Zigarettenglut Z,
Schicht- und Plattendicke:
– – – Schichtdicke bis 0,14 mm,
– – – Schichtdicke über 0,14 mm,
– – – Plattendicke 13 mm,
– – – Plattendicke 16 mm,
– – – Plattendicke 19 mm,
– – – Plattendicke 22 mm,
– – – Plattendicke in mm ....... ,
Kantenausbildung:
– – – – Kanten gebrochen,
– – – – Kanten gefast,
– – – – Kanten .......,
– – – – – Platten stumpf stoßen,
– – – – – Platten offen, Fugenbreite in mm .......,
– – – – – Platten mit Nut und Feder,
– – – – – Platten genutet mit eingelegter Feder,
– – – – – Platten mit profilierten Längskanten, Profilbild .......,
– – – – – Platten mit profilierten Längs- und Querkanten, Profilbild .......,

548 **Beplankung/Bekleidung aus ....... ,**
– Oberfläche ......,
– – Plattendicke ......,
– – – besondere Anforderungen ......,
– – – – Platten stumpf stoßen,
– – – – Fugen offen, Fugenbreite in mm .......,
– – – – Platten mit Nut und Feder,
– – – – Platten genutet mit eingelegter Feder,
– – – – Platten mit profilierten Längskanten, Profilbild .......,
– – – – Platten mit profilierten Längs- und Querkanten, Profilbild .......,

**Einzelangaben** zu Pos. 544 bis 548,
Befestigungsart:
– – – – – sichtbar befestigen mit Schrauben.
– – – – – sichtbar befestigen mit Nägeln.
– – – – – sichtbar befestigen mit Klammern.
– – – – – sichtbar befestigen mit systemspezifischenBefestigungsmitteln.
– – – – – nicht sichtbar befestigen mit Schrauben.
– – – – – nicht sichtbar befestigen mit Nägeln.
– – – – – nicht sichtbar befestigen mit Klammern.
– – – – – nicht sichtbar befestigen mit systemspezifischen Befestigungsmitteln.
– – – – – befestigen ........

Erzeugnis:
– Erzeugnis ....... (Sofern nicht vorgeschrieben, vom Bieter einzutragen.)
– Erzeugnis ....... oder gleichwertiger Art, Erzeugnis ....... (Vom Bieter einzutragen.)
– Maße in mm ......
– Maße in mm ...... Erzeugnis ....... (Sofern nicht vorgeschrieben, vom Bieter einzutragen.)
– Maße in mm ...... Erzeugnis ....... oder gleichwertiger Art, Erzeugnis ....... (Vom Bieter einzutragen.)

**Zementgebundene Holzspanplatten**

550 **Beplankung/Bekleidung aus zementgebundenen Holzspanplatten**
– einlagig,
– zweilagig,
– Anzahl der Lagen .......,
– Verarbeitung nach Herstellervorschrift, einlagig,
– Verarbeitung nach Herstellervorschrift, zweilagig,
– Verarbeitung .......,
– – grundiert,
– – Sichtseite farbgrundiert,
– – Sichtseite beschichtet, Farbton .......,
– – Sichtseite furniert, Holzart .......,
– – Sichtseite melaminharzbeschichtet, Dekor .......,
– – Sichtseite melaminharzbeschichtet, richtungsgebunden, Dekor .......,
– – Sichtseite .......,
Plattendicke:
– – – Plattendicke 12 mm,
– – – Plattendicke 13 mm,
– – – Plattendicke 14 mm,
– – – Plattendicke 16 mm,
– – – Plattendicke 18 mm,
– – – Plattendicke 20 mm,
– – – Plattendicke in mm ...... ,
Abmessungen:
– – – Plattenbreite in mm ......,
– – – Plattenlänge in mm ......,
– – – Plattenbreite/-länge in mm ......,
– – – – Kanten mit Gehrungsschnitt,
– – – – Kanten .......,
– – – – – Platten stumpf stoßen,
– – – – – Platten stumpf stoßen, Stoßbearbeitung .......,
– – – – – Platten .......,
Befestigungsmittel:
– – – – – – befestigen mit Schrauben.
– – – – – – befestigen mit Klammern.
– – – – – – befestigen mit systemspezifischen Befestigungsmitteln.
– – – – – – befestigen ........

Erzeugnis:
– Erzeugnis ....... (Sofern nicht vorgeschrieben vom Bieter einzutragen.)
– Erzeugnis ....... oder gleichwertiger Art, Erzeugnis ....... (Vom Bieter einzutragen.)

# LB 039 Trockenbauarbeiten
## Stützen-, Trägerbekleidungen

STLB 039

Ausgabe 06.01

**Faserzementplatten**

**555 Bekleidung aus Faserzementplatten,**
- einlagig,
- zweilagig,
- Anzahl der Lagen .......,
- Verarbeitung nach Herstellervorschrift, einlagig,
- Verarbeitung nach Herstellervorschrift, zweilagig,
- Verarbeitung .......,
  - – – grundiert,
  - – – Sichtseite farbgrundiert,
  - – – Sichtseite beschichtet, Farbton .......,
  - – – Sichtseite .......,

Abmessungen:
- – – – Plattendicke 6 mm,
- – – – Plattendicke 8 mm,
- – – – Plattendicke 10 mm,
- – – – Plattendicke 12 mm,
- – – – Plattendicke 15 mm,
- – – – Plattendicke 20 mm,
- – – – Plattendicke in mm .......,
- – – – – Plattenbreite in mm .......,
- – – – – Plattenlänge in mm .......,
- – – – – Plattenbreite/-länge in mm .......,

Stoßausbildung
- – – – – Platten stumpf stoßen,
- – – – – Platten stumpf stoßen, Stoßbearbeitung .......,
- – – – – Fugen offen, Fugenbreite in mm ....,
- – – – – Fugen .....,

Befestigungsmittel:
- – – – – befestigen mit Schrauben.
- – – – – befestigen mit Nieten.
- – – – – befestigen mit Nägeln.
- – – – – befestigen mit Hutprofilen.
- – – – – befestigen mit systespezifischen Befestigungsmitteln.
- – – – – befestigen mit .......

Erzeugnis:
- Erzeugnis ....... (Sofern nicht vorgeschrieben, vom Bieter einzutragen.)
- Erzeugnis ....... oder gleichwertiger Art, Erzeugnis ....... (Vom Bieter einzutragen.)

**Metall**

**560 Beplankung/Bekleidung**
Werkstoff:
- aus Stahl-Profilblechen, verzinkt,
- aus Stahlblech-Elementen, verzinkt,
- aus Stahlblech-Elementen, verzinkt, demontierbar,
- aus Aluminiumblech-Elementen,
- aus Aluminiumblech-Elementen, demontierbar,
- aus nichtrostendem Stahl, Werkstoff-Nr. .......,
- aus nichtrostendem Stahl, Werkstoff-Nr. ......., demontierbar,
- aus .......,
  - – – Sichtseiten glatt, pulverbeschichtet, Farbton .......,
  - – – Sichtseiten glatt, folienbeschichtet, Farbton .......,
  - – – Sichtseiten glatt, bandbeschichtet, Farbton .......,
  - – – Sichtseiten glatt,
  - – – Sichtseiten gelocht, pulverbeschichtet, Farbton .......,
  - – – Sichtseiten gelocht, bandbeschichtet, Farbton .......,
  - – – Sichtseiten gelocht, .......,
  - – – Sichtseiten .......,
    - – – – allseitig abgekantet,
    - – – – allseitig abgekantet, Rückseite vliesbeschichtet, Farbton .......,
    - – – – allseitig abgekantet, Rückseite .......,
    - – – – längsseitig abgekantet,
    - – – – längsseitig abgekantet, Rückseite vliesbeschichtet, Farbton .......,
    - – – – längsseitig abgekantet, Rückseite .......,
    - – – – Kantenausbildung .......,

Abmessungen:
- – – – Dicke 0,6 mm,
- – – – Dicke 0,7 mm,
- – – – Dicke 0,8 mm,
- – – – Dicke 0,9 mm,
- – – – Dicke 1,0 mm,
- – – – Dicke 1,25 mm,
- – – – Dicke in mm .......,
- – – – – Breite in mm .......,
- – – – – Länge in mm .......,
- – – – – Breite in mm ......., Länge in mm .......,

Befestigungsmittel:
- – – – – befestigen durch Klemmen.
- – – – – befestigen durch Einhängen.
- – – – – befestigen mit Schrauben und Hutprofilen......
- – – – – befestigen mit Schrauben, Hutprofilen...... und Keder .......
- – – – – befestigen mit Schrauben, Hutprofilen...... und Abdeckprofilen .......
- – – – – befestigen .......

Erzeugnis:
- Erzeugnis ....... (Sofern nicht vorgeschrieben, vom Bieter einzutragen.)
- Erzeugnis ....... oder gleichwertiger Art, Erzeugnis ....... (Vom Bieter einzutragen.)

**Besondere Leistungen, Zulagen**

**565 Anschluss**
- reduziert,
- an Dachschrägen,
- an .......,

**566 Ausschnitt,**

**567 Ecke,**

**568 Innenecke,**

**569 Außenecke,**
- mit Eckschutzschiene,
- mit .......,

**570 Bewegungsfuge,**
- mit Profil .......,

**571 Bekleidungsteil,**
- abnehmbar,
- beweglich,

**572 Unterschnittener Sockel,**

**573 Durchdringung,**

**574 Besondere Leistung ........ ,**

Einzelangaben zu Pos. 565 bis 574,
- – – für Stützenbekleidung,
- – – für Trägerbekleidung,
- – – als Zulage für Stützenbekleidung,
- – – als Zulage für Trägerbekleidung,
  - – – – oben,
  - – – – unten,
  - – – – seitlich,
  - – – – umlaufend,
  - – – – .......,
    - – – – – rechtwinklig,
    - – – – – schiefwinklig,
    - – – – – geneigt,
    - – – – – Breite in mm ........ .
    - – – – – Länge in mm ........ .
    - – – – – Durchmesser in mm ........ .
    - – – – – Radius in mm ........ .
    - – – – – Maße in mm ........ .
      - – – – – – Ausführung
      - – – – – – Ausführung gemäß Zeichnung Nr. ........
      - – – – – – Ausführung gemäß Einzelbeschreibung Nr. ........
      - – – – – – Ausführung gemäß Einzelbeschreibung Nr. und Zeichnung Nr. ........
      - – – – – – Berechnungseinheit Stück, m, m².

**STLB 039**

Ausgabe 06.01

## LB 039 Trockenbauarbeiten
### Brandwände

Leitbeschreibung

580 Brandwand DIN 4102-3, tragend, als Montagewand,
581 Brandwand DIN 4102-3, tragend, als Montagewand, als Komplex-Trennwand
- vertikale Belastung bis 10 kN/m,
- vertikale Belastung bis 50 kN/m,
- vertikale Belastung in kN/m ........ ,
  - – Höhe bis 2,5 m,
  - – Höhe bis 3 m,
  - – Höhe bis 3,5 m,
  - – Höhe bis 4 m,
  - – Höhe bis 4,5 m,
  - – Höhe bis 5 m,
  - – Höhe in m ........ ,

582 Brandwand DIN 4102-3, nichttragend, als Montagewand,
- Höhe bis 2,5 m,
- Höhe bis 3 m,
- Höhe bis 3,5 m,
- Höhe bis 4 m,
- Höhe bis 4,5 m,
- Höhe bis 5 m,
- Höhe in m ........ ,

Einzelangaben zu Pos. 580 bis 582, Fortsetzung
- – Feuerwiderstandsklasse DIN 4102-2 F 90-A,
- – Feuerwiderstandsklasse DIN 4102-2 F 120-A,
- – Feuerwiderstandsklasse DIN 4102-2 F 180-A,
- – Feuerwiderstandsklasse ........ ,
- – bewertetes Schalldämmmaß DIN 4109 $R_{W,R}$ in dB ........ ,
- – Wärmedurchgangskoeffizient DIN 4108-2, k-Wert in W/(m²K) ........ ,
- – bewertetes Schalldämmmaß DIN 4109 $R_{W,R}$ in dB ........ ,
  Wärmedurchgangskoeffizient DIN 4108-2, k-Wert in W/(m²K) ........ ,
  - – – Strahlenschutz, Bleigleichwert in mm Pb ........ ,
  - – – besondere Anforderungen ........ ,

Hinweis:
Besondere Anforderungen können sein: Ballwurfsicherheit, Schocksicherheit, Strahlenschutz, Beschusssicherheit usw.
- – – – umlaufende Anschlüsse starr.
- – – – vorhandener Befestigungsuntergrund ........ .
- – – – umlaufende Anschlüsse starr. vorhandener Befestigungsuntergrund ........ .
  - – – – – Ausführung ........ .
  - – – – – Ausführung gemäß Zeichnung Nr. ........ .
  - – – – – Ausführung gemäß Einzelbeschreibung Nr. ........ .
  - – – – – Ausführung gemäß Einzelbeschreibung Nr. und Zeichnung Nr. ........ .

Erzeugnis:
- Erzeugnis/System ........ (Sofern nicht vorgeschrieben, vom Bieter einzutragen.)
- Erzeugnis/System ........ oder gleichwertiger Art Erzeugnis/System ........ (Vom Bieter einzutragen.)
- – Berechnungseinheit m².

Besondere Leistungen, Zulagen

585 Anschluss
- gleitend bis 20 mm,
- gleitend ........ ,

586 Ecke,

587 Innenecke,

588 Außenecke,
- mit Eckschutzschiene,
- mit ........ ,

589 Bewegungsfuge,

590 Öffnung herstellen,

591 Besondere Leistung ........ ,

Einzelangaben zu Pos. 585 bis 591,
- – für Brandwand,
- – als Zulage für Brandwand,
  - – – oben,
  - – – unten,
  - – – seitlich,
  - – – umlaufend,
  - – – ........ ,
    - – – – rechtwinklig,
    - – – – schiefwinklig,
    - – – – geneigt,
      - – – – – Breite in mm ........ .
      - – – – – Länge in mm ........ .
      - – – – – Durchmesser in mm ........ .
      - – – – – Maße in mm ........ .
        - – – – – – Ausführung ........ .
        - – – – – – Ausführung gemäß Zeichnung Nr. ........ .
        - – – – – – Ausführung gemäß Einzelbeschreibung Nr. ........ .
        - – – – – – Ausführung gemäß Einzelbeschreibung Nr. und Zeichnung Nr. ........ .
        - – – – – – Berechnungseinheit Stück, m, m².

Einbauteile

- Öffnungen verstärken, Feuerschutztürelemente

600 Türöffnung
- mit Sturzprofil,
  - – seitlich raumhoch verstärken,
  - – seitlich verstärken,
    - – – mit Metallständerprofilen UA ........ ,
    - – – mit Metallprofilen ........ ,
      - – – – einschl. Boden- und Deckenanschluss,
      - – – – befestigen mit Winkeln, Dübeln und Schrauben.
        - – – – – befestigen
        - – – – – Baurichtmaße B/H in mm ........ , Wanddicke in mm ........ .
        - – – – – Ausführung gemäß Zulassungsbescheid
        - – – – – Berechnungseinheit Stück

601 Feuerschutztürelement mit Zulassungsbescheid,
- Feuerwiderstandsklasse DIN 4102-2 T 30,
- Feuerwiderstandsklasse DIN 4102-2 T 60,
- Feuerwiderstandsklasse DIN 4102-2 T 90,
- Feuerwiderstandsklasse ........ ,
- Anforderungen ........ ,
  - – einflüglig,
  - – zweiflüglig,
  - – Maße in mm ........ ,
    - – – Baurichtmaße B/H in mm ........ , Wanddicke in mm ........ ,
    - – – Hohlraumhinterfüllung ........ ,
      - – – – Ausführung ........ .
      - – – – Ausführung gemäß Zeichnung Nr. ........ .
      - – – – Ausführung gemäß Einzelbeschreibung Nr. ........ .
      - – – – Ausführung gemäß Einzelbeschreibung Nr. und Zeichnung Nr. ........ .
        - – – – – Erzeugnis ...... (Sofern nicht vorgeschrieben vom Bieter einzutragen.)
        - – – – – Erzeugnis ...... oder gleichwertiger Art, Erzeugnis ...... Vom Bieter einzutragen.)
        - – – – – Vom AG beigestellt, einbauen.
        - – – – – Vom AG beigestellt, abladen, und einbauen.
        - – – – – Vom AG beigestellt, Abholplatz ...... , einbauen.
        - – – – – Berechnungseinheit Stück.

# LB 039 Trockenbauarbeiten
## Decken-, Dachschrägenbekleidungen, Unterdecken, Abseitenwände/Drempel

STLB 039

Ausgabe 06.01

Leitbeschreibung

61_ Deckenbekleidung DIN 18168-1, Einbauhöhe in m ......,
62_ Unterdecke DIN 18168-1, Einbauhöhe in m ......., Abhängehöhe in cm ......,
63_ Unterdecke DIN 18168-1, freigespannt, Einbauhöhe in m ......., Abhängehöhe in cm ......,
64_ Dachschrägen-/Deckenbekleidung DIN 18168-1, Einbauhöhe in m ......,
65_ Abseitenwand/Drempel DIN 4103-1, Höhe in m ......,
Einbauort (als 3. Stelle zu 61_ bis 65_)
 1 innen
 2 innen, hinterlüftet,
 3 innen, luftundurchlässig,
 4 außen,
 5 außen, hinterlüftet,
 6 außen, sturmsicher,
 7 außen, hinterlüftet, sturmsicher,
- Feuerwiderstandsklasse DIN 4102-2 F 30,
- Feuerwiderstandsklasse DIN 4102-2 F 60,
- Feuerwiderstandsklasse DIN 4102-2 F 90,
- Feuerwiderstandsklasse ........,
  – – - A,
  – – - AB,
  – – - B,
  – – - B, Decklage/Bekleidung Baustoffklasse A DIN 4102-1,
  – – - B, Decklage/Bekleidung Baustoffklasse A 1 DIN 4102-1,
  – – - B, Decklage/Bekleidung Baustoffklasse A 2 DIN 4102-1,
  – – - B, Decklage/Bekleidung Baustoffklasse B 1 DIN 4102-1,
- Baustoffe der Baustoffklasse A DIN 4102-1,
- Baustoffe der Baustoffklasse A 1 DIN 4102-1,
- Baustoffe der Baustoffklasse A 2 DIN 4102-1,
- Baustoffe der Baustoffklasse B 1 DIN 4102-1,
  – – – in Verbindung mit der Rohdecke der Bauart ...... DIN 4102-4,
  – – – in Verbindung mit der Holzbalkendecke,
  – – – in Verbindung mit der Dachkonstruktion aus ......,
  – – – für die Deckenbekleidung allein bei Brandbeanspruchung von unten zum Schutz der Rohdecke,
  – – – für die Unterdecke allein bei Brandbeanspruchung von unten zum Schutz der Rohdecke und des Deckenzwischenraumes,
  – – – für die Unterdecke allein bei Brandbeanspruchung vom Deckenzwischenraum zum Schutz des darunterliegenden Raumes,
  – – – für die Unterdecke allein bei Brandbeanspruchung vom Deckenzwischenraum und von unten zum Schutz des darunterliegenden Raumes, der Rohdecke und des Deckenzwischenraumes,
  – – – ........,
  – – – bewertetes Schalldämmmaß DIN 4109 $R_{W,R}$ in dB .......,
  – – – Wärmedurchgangskoeffizient DIN 4108-2, k-Wert in W/(m²K) .......,
  – – – Wärmedurchgangskoeffizient DIN 4108-2, k-Wert in W/(m²K) ......., Dämmschicht belüftet,
  – – – Wärmedurchgangskoeffizient DIN 4108-2, k-Wert in W/(m²K) ......., Dämmschicht unbelüftet,
  – – – bewertetes Schalldämmmaß DIN 4109 $R_{W,R}$ in dB ......., Wärmedurchgangskoeffizient DIN 4108-2, k-Wert in W/(m²K) .......,
  – – – bewertetes Schalldämmmaß DIN 4109 $R_{W,R}$ in dB ......., Wärmedurchgangskoeffizient DIN 4108-2, k-Wert in W/(m²K) ......., Dämmschicht belüftet,
  – – – bewertetes Schalldämmmaß DIN 4109 $R_{W,R}$ in dB ......., Wärmedurchgangskoeffizient DIN 4108-2, k-Wert in W/(m²K) ......., Dämmschicht unbelüftet,

Schalldämmeigenschaften:
  – – – – bewertetes Schalllängsdämmmaß DIN 4109 $R_{L,w,R}$ in dB .......,
  – – – – Schallabsorptionsgrad DIN EN 20354 .......,
  – – – – bewertetes Schalllängsdämlmaß DIN 4109 $R_{L,w,R}$ in dB .......,
  – – – – Schallabsorptionsgrad DIN EN 20354 .......,
  – – – – besondere Anforderungen .......,
  – – – – bewertetes Schalllängsdämmmaß DIN 4109 $R_{L,w,R}$ in dB ......., besondere Anforderungen .......,
  – – – – Schallabsorptionsgrad DIN EN 20354 ......., besondere Anforderungen .......,
  – – – – bewertetes Schalllängsdämlmaß DIN 4109 $R_{L,w,R}$ in dB .......,
  Schallabsorptionsgrad DIN EN 20354 ......., besondere Anforderungen .......,

**Hinweis:**
Besondere Anforderungen können sein: Ballwurfsicherheit, Schocksicherheit, Strahlenschutz, Beschusssicherheit usw.

Befestigungsuntergrund:
  – – – – Befestigungsuntergrund Stahlbeton.
  – – – – Befestigungsuntergrund Holzbalken, Achsmaß in cm ........
  – – – – Befestigungsuntergrund Holzsparren, Kehlbalken/-zangen, Achsmaß in cm ........
  – – – – Befestigungsuntergrund Stahlträger, Profil ......., Achsmaß in cm ........
  – – – – Befestigungsuntergrund Trapezblech, Dicke in mm ........
  – – – – Befestigungsuntergrund Wand aus Beton/Mauerwerk. Auflagerkonstruktion wird gesondert vergütet.
  – – – – Befestigungsuntergrund Montagewand DIN 18183, Auflagerkonstruktion wird gesondert vergütet.
  – – – – Befestigungsuntergrund ........

Ausführung
- Ausführung ........
- Ausführung gemäß Zeichnung Nr. ........
- Ausführung gemäß Einzelbeschreibung Nr. ........
- Ausführung gemäß Einzelbeschreibung Nr. und Zeichnung Nr. ........

Erzeugnis:
  – – Erzeugnis .....(Sofern nicht vorgeschrieben vom Bieter einzutragen.)
  – – Erzeugnis .....oder gleichwertiger Art, Erzeugnis ......(Vom Bieter einzutragen.)
  – – Ausführung wie folgt:
  – – Erzeugnis .....(Sofern nicht vorgeschrieben vom Bieter einzutragen.)
  Ausführung wie folgt:
  – – Erzeugnis .....oder gleichwertiger Art, Erzeugnis ......(Vom Bieter einzutragen.)
  Ausführung wie folgt:
  – – – Berechnungseinheit m².

**STLB 039**
Ausgabe 06.01

## LB 039 Trockenbauarbeiten
### Decken-, Dachschrägenbekleidungen, Unterdecken, Abseitenwände/Drempel

Unterkonstruktionen, Dämmschichten, Trennlagen

**660 Unterkonstruktion**
Werkstoff:
- aus Holz,
  - – als Traglattung,
  - – als Traglattung, Querschnitt in mm ....... ,
  - – als Grund- und Traglattung,
  - – als Grund- und Traglattung, Querschnitte in mm ....... ,
  - – als Rahmen,
  - – als Einfachständerwerk,
  - – als ....... ,
- aus verzinkten Stahlblechprofilen,
- aus verzinkten Stahlblechprofilen, Profil ....... ,
- aus verzinkten Stahlblechprofilen DIN 18182-1,
- aus verzinkten Stahlblechprofilen DIN 18182-1, Profil ....... ,
- aus Aluminiumblechprofilen,
- aus Aluminium-Strangpressprofilen,
  - – als Tragprofil,
  - – als Grund- und Tragprofil,
  - – als Grund- und Tragprofil, niveaugleich,
  - – als ....... ,
- aus Gipsfaserplatten-Streifen,
- aus ....... ,
  - – Querschnitt in mm ....... ,
  - – als ....... ,

Abhängung
- – – – abhängen mit Schnellabhängern,
- – – – abhängen mit Noniusabhängern,
- – – – abhängen mit Direktabhängern,
- – – – abhängen mit druckensteifen Abhängern,
- – – – abhängen mit Gewindestangen,
- – – – abhängen mit Schlitzbandstahl,
- – – – abhängen mit schwingungsdämpfenden Abhängern,
- – – – abhängen mit ....... ,

Befestigungsmittel:
- – – – befestigen mit bauaufsichtlich zugelassenen Befestigungsmitteln,
- – – – befestigen ....... ,

Ausbildung der Unterkonstruktion
- – – – – Unterkonstruktion verdeckt,
- – – – – Einhängesystem.
- – – – – Klemmsystem.
- – – – – System ....... .
- – – – – Unterkonstruktion sichtbar bleibend,
- – – – – Unterkonstruktion ....... ,
- – – – – T-Profil, Breite in mm ....... .
- – – – – Bandrasterprofil, Breite in mm ....... .
- – – – – Profil ....... .
- – – – – Oberfläche ........(Sofern nicht vorgeschrieben, vom Bieter einzutragen.)

**661 Dämmschicht**
Werkstoff:
- aus mineralischem Faserdämmstoff DIN 18165-1,
- aus mineralischem Faserdämmstoff DIN 18165-1 in Bahnen,
- aus mineralischem Faserdämmstoff DIN 18165-1 in Platten,
  - – einseitig beschichtet mit Vlies, Farbe ....... ,
  - – einseitig beschichtet mit Aluminiumfolie,
  - – in Kunststofffolie verschweißt, Farbe ....... ,
  - – aus Polystyrol-Hartschaum, Partikelschaum DIN 18164-1,
  - – aus ....... ,

Ausbildung der Stöße/Verlegung
- – – – einlagig,
- – – – einlagig, dicht stoßen,
- – – – einlagig, dicht stoßen, Stöße überdecken,
- – – – zweilagig mit versetzten Fugen,
- – – – zweilagig mit versetzten Fugen, dicht stoßen,
- – – – mehrlagig .......
- – – – – abrutschsicher verlegen,
- – – – verlegen ....... ,

Wärmedämmeigenschaften:
- – – – – Wärmeleitfähigkeitsgruppe 035,
- – – – – Wärmeleitfähigkeitsgruppe 040,
- – – – – Wärmeleitfähigkeitsgruppe ........,

Hinweis:
Punkt 1 gilt nur bei bei Schallschutzanforderungen:
- – – – längenspezifischer Strömungswiderstand größer 5 kN x s/m$^4$,
- – – – längenspezifischer Strömungswiderstand ........,

Hinweis:
Punkt 3 gilt nur bei bei Brandschutzanforderungen:
- – – – – Rohdichte in kg/m³ ........,
- – – – – Mindestrohdichte in kg/m³ ........,
- – – – – Mindestrohdichte in kg/m³ ........,
  Schmelzpunkt mind. 1000 K,

Dicke/Erzeugnis:
- Dicke in mm ........,
- Gesamtdicke in mm ........,
- Dicke in mm ........,
  Erzeugnis ....... (Sofern nicht vorgeschrieben vom Bieter einzutragen)
- Dicke in mm ........,
  Erzeugnis ....... oder gleichwertiger Art,
  Erzeugnis ....... (Vom Bieter einzutragen)
- Gesamtdicke in mm ........,
  Erzeugnis ....... (Sofern nicht vorgeschrieben vom Bieter einzutragen)
- Gesamtdicke in mm .......
  Erzeugnis ........ der gleichwertiger Art,
  Erzeugnis ........ (Vom Bieter einzutragen)

**662 Trennlage**
- zwischen Dämmschicht und Decklage
  - – – aus Faservlies,
  - – – aus Glasvlies,
    - – – – Farbton schwarz,
    - – – – Farbton weiß,
    - – – – Farbton ........,
    - – – – – Gewicht 60 g/m²
    - – – – – Gewicht in g/m² ........
- als Dampfsperrschicht DIN 4108
- als Dampfsperrschicht DIN 4108, $s_d$-Wert ........,
- als ........,
  - – – aus PE-Folie,
    - – – – transparent
    - – – – Farbton schwarz,
    - – – – – Dicke 0,2 mm.
    - – – – – Dicke 0,3 mm.
    - – – – – Dicke in mm ........
  - – – aus Aluminium,
  - – – aus ........,
    - – – – Farbton ........,
    - – – – – Dicke in mm ........,
    - – – – – Gewicht in g/m² ........,

Ausführung/Erzeugnis
- – – – – Ausführung ........
- – – – – Erzeugnis ........ .
  (Sofern nicht vorgeschrieben vom Bieter einzutragen
  Erzeugnis ....... oder gleichwertiger Art. Erzeugnis ....... (Vom Bieter einzutragen.))

# LB 039 Trockenbauarbeiten
## Decken-, Dachschrägenbekleidungen, Unterdecken, Abseitenwände/Drempel

STLB 039
Ausgabe 06.01

**Gipskarton-, Gipsvliesplatten, Gipskarton-Kassetten**

**67_ Decklage/Bekleidung,**
Einbaulage (als 3. Stelle zu 67_)
1 einlagig,
2 zweilagig,
3 dreilagig,
4 Anzahl der Lagen ......,
5 Verarbeitung DIN 18181, einlagig,
6 Verarbeitung DIN 18181, zweilagig,
7 Verarbeitung DIN 18181, dreilagig,
8 Verarbeitung ......,
Werkstofff:
– aus Gipskarton-Bauplatten GKB DIN 18180,
 – – Sichtseite beschichtet mit Folie, Werkstoff ......,
  Dekor ......,
 – – Sichtseite ......,
– aus Gipskarton-Feuerschutzplatten GKF DIN 18180,
– aus Gipskarton-Bauplatten, imprägniert GKBI
 DIN 18180,
– aus Gipskarton-Feuerschutzplatten, imprägniert GKFI
 DIN 18180,
– aus Gipsvliesplatten,
– aus Gipskarton-Lochplatten DIN 18180, Lochung ......,
 – – durchlaufend gelocht, Lochreihen gerade, Lochung
  ...... ,
 – – durchlaufend gelocht, Lochreihen versetzt,
  Lochung ...... ,
 – – durchlaufend gelocht, mit Streulochung ...... ,
 – – durchlaufend gelocht, mit Streifenlochung ...... ,
 – – mit einfacher Schlitzung,
 – – mit Blockschlitzung,
 – – mit versetzter Schlitzung,
 – – Schlitzausführung ...... ,
– aus Gipskarton-Kassetten DIN 18180, Modul/Maße
 in cm ......,
 – – Oberfläche endbeschichtet, Farbton ...... ,
– aus Gipskarton-Lochkassetten DIN 18180, Modul/Maße
 in cm ...... ,
– aus Gipskarton-Lochkassetten DIN 18180, Modul/Maße
 in cm ...... , Oberfläche endbeschichtet, Farbton ...... ,
 – – umlaufender Rand ungelocht, Lochreihen gerade,
  Lochung ...... ,
 – – umlaufender Rand ungelocht, Lochreihen versetzt,
  Lochung ...... ,
 – – umlaufender Rand ungelocht, mit Streulochung
  ...... ,
 – – umlaufender Rand ungelocht, mit Streifenlochung
  ...... ,
 – – mit einfacher Schlitzung,
 – – mit Blockschlitzung,
 – – mit versetzter Schlitzung,
 – – Schlitzausführung ...... ,
– aus ...... ,
Kantenausbildung:
 – – – Längskanten scharfkantig,
 – – – Längskanten scharfkantig, mit Fase,
 – – – vierseitig scharfkantig,
 – – – vierseitig scharfkantig, mit Fase,
 – – – Kantenausbildung ...... ,
Rückseitenausbildung:
 – – – Rückseite einer Lage beschichtet mit Aluminiumfolie als Dampfsperrschicht DIN 4108,
  sd-Wert größer gleich 1500 m,
 – – – Rückseite einer Lage beschichtet mit
  Dampfsperrschicht DIN 4108, sd-Wert größer gleich 1500 m,
 – – – Rückseite beschichtet mit Faservlies,
  Farbe weiß,
 – – – Rückseite beschichtet mit Faservlies,
  Farbe grau,
 – – – Rückseite beschichtet mit Faservlies,
  Farbe schwarz,
 – – – Rückseite beschichtet mit Bleiblech,
  Dicke in mm ......,
  Stöße mit Bleistreifen hinterlegen,
 – – – Rückseite beschichtet ......,
  – – – – Plattendicke 9,5 mm,
  – – – – Plattendicke 12,5 mm,
  – – – – Plattendicke 15 mm,
  – – – – Plattendicke 18 mm,
  – – – – Plattendicke 20 mm,
  – – – – Plattendicke 25 mm,
  – – – – Plattendicke in mm ......,
Befestigungsmittel:
 – – – – befestigen mit Schnellbauschrauben
  DIN 18182 -2.
 – – – – befestigen mit Klammern DIN 18182 –3.
 – – – – befestigen mit Nägeln DIN 18182-4.
 – – – – befestigen mit Gipskartonplattennägeln.
 – – – – befestigen mit Schrauben und Hutprofilen
  ........
 – – – – befestigen mit Schrauben, Hutprofilen
  ........ und Keder ......
 – – – – befestigen mit systemspezifischen
  Befestigungsmitteln.
 – – – – befestigen........
Ausbildung der Fugen:
 – – – – – Fugen füllen, sichtbare Befestigungsmittel und Fugen spachteln.
 – – – – – Fugen füllen, sichtbare Befestigungsmittel und Fugen spachteln,
  Oberfläche zusätzlich vollflächig
  spachteln.
 – – – – – Fugen füllen, sichtbare Befestigungsmittel und Fugen der äußeren
  Plattenlage spachteln.
 – – – – – Fugen füllen, sichtbare Befestigungsmittel und Fugen der äußeren
  Plattenlage spachteln, Oberfläche zusätzlich vollflächig spachteln.
 – – – – – Fugen ........
Erzeugnis
– Erzeugnis ...... (Sofern nicht vorgeschrieben, vom
 Bieter einzutragen).
– Erzeugnis ...... oder gleichwertiger Art,
 Erzeugnis ...... (Vom Bieter einzutragen.)

**Gipsfaserplatten**

**680 Decklage/Bekleidung aus Gipsfaserplatten,**
– einlagig,
– zweilagig,
– dreilagig,
– Anzahl der Lagen ...... ,
– Verarbeitung nach Herstellervorschrift, einlagig,
– Verarbeitung nach Herstellervorschrift, zweilagig,
– Verarbeitung nach Herstellervorschrift, dreilagig,
– Verarbeitung ...... ,
Ausbildung der Sichtseite:
– Sichtseite beschichtet mit Folie, Werkstoff ......,
 Dekor ......, Rückseite mit Gegenzugbeschichtung,
– Sichtseite mit Holz furniert, Holzart ......,
 Oberfläche ...... ,
 Rückseite mit Gegenzugbeschichtung,
– Sichtseite beschichtet mit Schichtpressstoff,
 Werkstoff ......, Dekor ......,
 Rückseite mit Gegenzugbeschichtung,
– Sichtseite ......, Rückseite mit Gegenzugbeschichtung,
– Sichtseite ......, Rückseite mit Gegenzugbeschichtung,
 Sichtkanten beschichtet ......,
Ausbildung der Rückseite
 – – Rückseite einer Lage beschichtet mit Aluminiumfolie als Dampfsperrschicht DIN 4108, $s_d$-Wert größer
  gleich 1500 m,
 – – Rückseite einer Lage beschichtet mit Dampfsperrschicht DIN 4108, $s_d$-Wert größer gleich 1500 m,
 – – Rückseite einer Lage beschichtet mit Dampfsperrschicht DIN 4108, Foliendicke in mm,
 – – Rückseite beschichtet mit Faservlies, Farbe ......,
 – – Rückseite beschichtet mit Bleiblech,
  Dicke in mm ......,
  Stöße mit Bleistreifen hinterlegen,
 – – Rückseite beschichtet ......,

# LB 039 Trockenbauarbeiten
### Decken-, Dachschrägenbekleidungen, Unterdecken, Abseitenwände/Drempel

**Einzelangaben** zu Pos. 680, Fortsetzung
Plattenabmessungen
- – – Plattendicke 10 mm,
- – – Plattendicke 12,5 mm,
- – – Plattendicke 15 mm,
- – – Plattendicke 18 mm,
- – – Plattendicke in mm .......,
  - – – – Plattenbreite in mm .......,
  - – – – Plattenlänge in mm .......,
  - – – – Plattenbreite/-länge in mm .......,

Befestigungsmittel:
- – – – befestigen mit Gipsfaserplatten-Schnellbauschrauben aus Stahl, phosphatiert.
- – – – befestigen mit Klammern aus verzinktem Stahl.
- – – – befestigen mit Hohlkopfnägeln aus feuerverzinktem Stahl.
- – – – befestigen der 1. Plattenlage mit Gipsfaserplatten-Schnellbauschrauben in Unterkonstruktion, 2. Plattenlage mit Gipsfaserplatten-Schnellbauschrauben oder Klammern direkt in der 1. Lage befestigen.
- – – – befestigen der 1. Plattenlage mit Gipsfaserplatten-Schnellbauschrauben in Unterkonstruktion, 2. und 3. Plattenlage mit Gipsfaserplatten-Schnellbauschrauben oder Klammern direkt in der 1. bzw. 2. Lage befestigen.
- – – – befestigen mit Hutprofilen .......
- – – – befestigen ....... .

Stoß- und Fugenausbildung
- – – – – Platten stumpf stoßen.
- – – – – Fugenabstand größer gleich ½ Plattendicke, Fugen mit Spachtel füllen, sichtbare Befestigungsmittel und Fugen spachteln.
- – – – – Auf Plattenkante Kleber auftragen, Platten stumpf stoßen, sichtbare Befestigungsmittel und Fugen spachteln.
- – – – – 1. Plattenlage stumpf stoßen, 2. Plattenlage Fugenabstand größer gleich ½ Plattendicke, Fugen mit Spachtel füllen, sichtbare Befestigungsmittel und Fugen spachteln.
- – – – – 1. Plattenlage stumpf stoßen, auf Kante der 2. Plattenlage Kleber auftragen, Platten stumpf stoßen, sichtbare Befestigungsmittel und Fugen spachteln.
- – – – – Platten mit profilierten Längskanten, Profilbild ....... .
- – – – – Platten mit profilierten Längs- und Querkanten, Profilbild ....... .

Erzeugnis
- Erzeugnis ....... (Sofern nicht vorgeschrieben, vom Bieter einzutragen).
- Erzeugnis ....... oder gleichwertiger Art, Erzeugnis ....... (Vom Bieter einzutragen.)
- Oberfläche zusätzlich vollflächig spachteln.
- Oberfläche zusätzlich vollflächig spachteln. Erzeugnis ....... (Sofern nicht vorgeschrieben, vom Bieter einzutragen
- Oberfläche zusätzlich vollflächig spachteln. Erzeugnis ....... oder gleichwertiger Art, Erzeugnis ....... (Vom Bieter einzutragen.)

**Dekorative Platten aus mineralischen Werkstoffen**

**685** Decklage/Bekleidung aus dekorativen Mineralwolleplatten,
**686** Decklage/Bekleidung aus dekorativen Mineralwollewaben/-lamellen,
**687** Decklage/Bekleidung aus Perliteplatten,
**688** Decklage/Bekleidung aus ....... ,
- antibakteriell und pilzhemmend behandelt,
- feuchteresistent,
- Verarbeitung nach Herstellervorschrift, antibakteriell und pilzhemmend behandelt,
- Verarbeitung nach Herstellervorschrift, feuchteresistent,
- Verarbeitung ....... ,
  - – – Rohdichte mind. 300 kg/m³,
  - – – Rohdichte ....... ,

Ausbildung der Sichtseiten:
- – – – Sichtseiten glatt,
- – – – Sichtseiten genadelt,
- – – – Sichtseiten gelocht,
- – – – Sichtseiten strukturiert,
- – – – Sichtseiten strukturiert, genadelt,
- – – – Sichtseiten geschlitzt,
- – – – Sichtseiten folienbeschichtet,
- – – – Sichtseiten ....... ,

Kantenausbildung
- – – – scharfkantig,
- – – – gefast,
- – – – gefast und genutet,
- – – – gefalzt,
- – – – Kantenausbildung ....... ,

**Hinweis:** Plattendicke gilt nur für Waben
- – – – Plattendicke 15 mm,
- – – – Plattendicke 20 mm,
- – – – Plattendicke 24 mm,
- – – – Plattendicke in mm ....... ,

Maße/Rastermaße
- – – – Maße/Rastermaße 300 x 300 mm,
- – – – Maße/Rastermaße 312,5 x 312,5 mm,
- – – – Maße/Rastermaße 312,5 x 1250 mm,
- – – – Maße/Rastermaße 312,5 x 2500 mm,
- – – – Maße/Rastermaße 600 x 600 mm,
- – – – Maße/Rastermaße 600 x 1200 mm,
- – – – Maße/Rastermaße 625 x 625 mm,
- – – – Maße/Rastermaße 625 x 1250 mm,
- – – – Maße/Rastermaße in mm ....... ,

Auswechselbarkeit der Platten:
- – – – – Platten einzeln herausnehmbar.
- – – – – Platten nicht herausnehmbar.
- – – – – Farbton weiß.
- – – – – Farbton ....... .
- – – – – Platten einzeln herausnehmbar, Farbton weiß.
- – – – – Platten einzeln herausnehmbar, Farbton ....... .
- – – – – Platten nicht herausnehmbar, Farbton weiß.
- – – – – Platten nicht herausnehmbar, Farbton ....... .

Erzeugnis
- Erzeugnis ....... (Sofern nicht vorgeschrieben, vom Bieter einzutragen).
- Erzeugnis ....... oder gleichwertiger Art, Erzeugnis ....... (Vom Bieter einzutragen.)

# LB 039 Trockenbauarbeiten
## Decken-, Dachschrägenbekleidungen, Unterdecken, Abseitenwände/Drempel

STLB 039

Ausgabe 06.01

Kalziumsilikatplatten

69_ **Decklage aus Kalziumsilikatplatten,**
Einbaulage (als 3. Stelle zu 69_)
1 einlagig,
2 zweilagig,
3 Anzahl der Lagen .......,
4 Verarbeitung nach Herstellervorschrift, einlagig,
5 Verarbeitung nach Herstellervorschrift, zweilagig,
6 Verarbeitung .......,
- Sichtseite beschichtet, Oberfläche glatt,
- Sichtseite beschichtet, Oberfläche strukturiert,
- Sichtseite ........ ,
  - – Plattendicke 6 mm,
  - – Plattendicke 8 mm,
  - – Plattendicke 9 mm,
  - – Plattendicke 10 mm,
  - – Plattendicke 12 mm,
  - – Plattendicke 15 mm,
  - – Plattendicke in mm ......,
Abmessungen:
  - – – Maße/Rastermaße 300 x 300 mm,
  - – – Maße/Rastermaße 312,5 x 312,5 mm,
  - – – Maße/Rastermaße 312,5 x 1250 mm,
  - – – Maße/Rastermaße 312,5 x 2500 mm,
  - – – Maße/Rastermaße 600 x 600 mm,
  - – – Maße/Rastermaße 600 x 1200 mm,
  - – – Maße/Rastermaße 625 x 625 mm,
  - – – Maße/Rastermaße 625 x 1250 mm,
  - – – Maße/Rastermaße in mm ....... ,
    - – – – Platten einzeln herausnehmbar,
    - – – – Platten nicht herausnehmbar,
    - – – – Platten ....... ,
  - – – Plattenbreite in mm .......,
  - – – Plattenlänge in mm .......,
  - – – Plattenbreite/-länge in mm .......,
Stoßausbildung:
  - – – – – Platten stumpf stoßen, Stöße hinterlegen,
  - – – – – Platten stumpf stoßen, Stöße beidseitig abdecken,
  - – – – – Platten stumpf stoßen, Stöße gegeneinander versetzen,
Befestigungsmittel:
  - – – – – befestigen mit systemspezifischen Schnellbauschrauben,
  - – – – – befestigen mit Klammern,
  - – – – – befestigen mit Nägeln,
  - – – – – befestigen ....... ,
Fugenausbildung:
- Fugen und Befestigungsmittel spachteln.
- Fugen mit Bewehrungsstreifen versehen, Fugen und Befestigungsmittel spachteln.
- Fugen .......
  - – Erzeugnis ....... (Sofern nicht vorgeschrieben, vom Bieter einzutragen).
  - – Erzeugnis ....... oder gleichwertiger Art,
  Erzeugnis ....... (Vom Bieter einzutragen.)

Holz

701 **Decklage aus gespundeten Brettern DIN 4072 aus Nadelholz,**
Brettdicke:
- Brettdicke 15,5 mm,
- Brettdicke 19,5 mm,
- Brettdicke 22,5 mm,
- Brettdicke 25,5 mm,
- Brettdicke in mm .......,
Brettbreite (Profilmaß):
- Brettbreite (Profilmaß) 95 mm,
- Brettbreite (Profilmaß) 96 mm,
- Brettbreite (Profilmaß) 111 mm,
- Brettbreite (Profilmaß) 115 mm,
- Brettbreite (Profilmaß) 121 mm,
- Brettbreite (Profilmaß) 135 mm,
- Brettbreite (Profilmaß) 155 mm,
- Brettbreite (Profilmaß) in mm .......,

702 **Decklage aus Fasebrettern DIN 68122 aus Nadelholz,**
Brettdicke:
- Brettdicke 12,5 mm,
- Brettdicke 15,5 mm,
- Brettdicke 19,5 mm,
- Brettdicke in mm .......,
Brettbreite (Profilmaß):
- Brettbreite (Profilmaß) 95 mm,
- Brettbreite (Profilmaß) 96 mm,
- Brettbreite (Profilmaß) 111 mm,
- Brettbreite (Profilmaß) 115 mm,
- Brettbreite (Profilmaß) in mm .......,

703 **Decklage aus Profilbrettern mit Schattennut DIN 68126-1 aus Nadelholz,**
704 **Decklage aus Profilbrettern mit Schattennut DIN 68126-1 aus Nadelholz, Kanten gerundet,**
Brettdicke:
- Brettdicke 9,5 mm,
- Brettdicke 11 mm,
- Brettdicke 12,5 mm,
- Brettdicke 14 mm,
- Brettdicke 15,5 mm,
- Brettdicke 19,5 mm,
- Brettdicke in mm .......,
Brettbreite (Profilmaß):
- Brettbreite (Profilmaß) 69 mm,
- Brettbreite (Profilmaß) 71 mm,
- Brettbreite (Profilmaß) 94 mm,
- Brettbreite (Profilmaß) 96 mm,
- Brettbreite (Profilmaß) 115 mm,
- Brettbreite (Profilmaß) 146 mm,
- Brettbreite (Profilmaß) in mm .......,

705 **Decklage aus Akustik-Glattkantbrettern DIN 68127,**
Brettdicke:
- Brettdicke 16 mm,
- Brettdicke 17 mm,
- Brettdicke 19,5 mm,
- Brettdicke 21 mm,
- Brettdicke 22,5 mm,
- Brettdicke in mm .......,
Brettbreite (Profilmaß):
- Brettbreite (Profilmaß) 68 mm,
- Brettbreite (Profilmaß) 70 mm,
- Brettbreite (Profilmaß) 74 mm,
- Brettbreite (Profilmaß) 94 mm,
- Brettbreite (Profilmaß) 95 mm,
- Brettbreite (Profilmaß) in mm .......,

**STLB 039**

Ausgabe 06.01

## LB 039 Trockenbauarbeiten
### Decken-, Dachschrägenbekleidungen, Unterdecken, Abseitenwände/Drempel

706 Decklage aus Akustik-Profilbrettern DIN 68127,
707 Decklage aus ....... ,
– Brettdicke in mm ........,
Brettbreite (Profilmaß) in mm ........,

**Einzelangaben** zu Pos. 701 bis 707,
– – Holz DIN EN 942 – ID,
– – Holz DIN EN 942 – ID, Holzart .......,
– – Holz DIN EN 942 – ID, Holzart .......,
Oberfläche ........,
– – Holz DIN EN 942 – IND,
– – Holz DIN EN 942 – IND, Holzart .......,
– – Holz DIN EN 942 – IND, Holzart .......,
Oberfläche ........,
– – Holz .......,
– – – Brettlängen bis 3000 mm,
– – – Brettlängen über 3000 bis 4500 mm,
– – – Brettlängen über 4500 bis 6500 mm,
– – – Brettlängen in mm .......,
Fugenausbildung:
– – – – Bretter dicht stoßen,
– – – – Fugen offen,
– – – – Fugen offen, Fugenbreite in mm .......,
– – – – Fugen .......,
Ausbildung der Stöße:
– – – – Stöße regelmäßig,
– – – – Stöße regelmäßig, versetzen,
– – – – Stöße unregelmäßig,
– – – – Stöße .......,
Befestigungsmittel:
– – – – – sichtbar befestigen mit Schrauben.
– – – – – sichtbar befestigen mit Nägeln.
– – – – – sichtbar befestigen mit Klammern.
– – – – – sichtbar befestigen mit systemspezifischen Befestigungsmitteln.
– – – – – befestigen ........
Erzeugnis
– Erzeugnis ....... (Sofern nicht vorgeschrieben, vom Bieter einzutragen).
– Erzeugnis ....... oder gleichwertiger Art,
Erzeugnis ....... (Vom Bieter einzutragen.)

**Holzwerkstoffe**

711 Decklage aus Holzspanplatten, Emissionsklasse E 1,
– als Flachpressplatten DIN 68763 V 20,
– als Flachpressplatten DIN 68763 V 100,
– als Flachpressplatten DIN 68763 V 100 G,
– als Flachpressplatten.......,
– – Sichtseite beschichtet mit ......., Rückseite mit Gegenzugbeschichtung,
– – Sichtseite mit Holz furniert, Holzart ........ Oberfläche ......,
Rückseite mit Gegenzugbeschichtung
– – Sichtseite ......., Rückseite mit Gegenzugbeschichtung,
– – Sichtseite ......., Rückseite mit Gegenzugbeschichtung, Sichtkanten beschichtet .......,
– – – Kantenausführung ....... ,
– – – Dicke 16 mm,
– – – Dicke 19 mm,
– – – Dicke 22 mm,
– – – Dicke 25 mm,
– – – Dicke 28 mm,
– – – Dicke 32 mm,
– – – Dicke 36 mm,
– – – Dicke in mm ....... ,

712 Decklage aus kunststoffbeschichteten dekorativen Flachpressplatten DIN 68765, Emissionsklasse E 1,
– Sichtkanten beschichtet ....... ,
– – Abriebbeanspruchung Klasse N,
– – Abriebbeanspruchung Klasse M,
– – Abriebbeanspruchung Klasse H,
– – Abriebbeanspruchung Klasse S,
– – Widerstandsfähigkeit gegen Zigarettenglut Z,
Schicht- und Plattendicke:
– – – Schichtdicke bis 0,14 mm,
– – – Schichtdicke über 0,14 mm,
– – – Plattendicke 13 mm,
– – – Plattendicke 16 mm,
– – – Plattendicke 19 mm,
– – – Plattendicke 22 mm,
– – – Plattendicke in mm ....... ,

**Einzelangaben** zu Pos. 711 und 712
Bearbeitung der Kanten:
– – – – Kanten besäumt,
– – – – Kanten gebrochen,
– – – – Kanten gefast,
– – – – Kanten ....... ,
Stoßausbildung
– – – – Platten stumpf stoßen,
– – – – Fugen offen, Fugenbreite in mm .......,
– – – – Platten mit Nut und Feder,
– – – – Platten genutet,
– – – – Platten genutet, mit eingelegter Feder,
– – – – Platten genutet, mit eingelegter Feder, Farbe ....... ,
– – – – Platten genutet, mit eingelegter Feder, Ausführung ....... ,
– – – – Platten gefalzt,
– – – – Platten ....... ,

713 Decklage aus ....... ,
– Oberfläche ....... ,
– – Dicke in mm ........ ,
– – – besondere Anforderungen ....... ,
Stoß-/Fugenausbildung:
– – – – Platten stumpf stoßen,
– – – – Fugen offen, Fugenbreite in mm .......,
– – – – Platten mit Nut und Feder,
– – – – Platten genutet,
– – – – Platten genutet, mit eingelegter Feder,
– – – – Platten genutet, mit eingelegter Feder, Farbe ....... ,
– – – – Platten genutet, mit eingelegter Feder, Ausführung ....... ,
– – – – Platten gefalzt,
– – – – Platten ....... ,

**Einzelangaben** zu Pos. 711 bis 713,
Befestigungsmittel
– – – – – sichtbar befestigen mit Schrauben.
– – – – – sichtbar befestigen mit Nägeln.
– – – – – sichtbar befestigen mit Klammern.
– – – – – sichtbar befestigen mit systemspezifischen
Befestigungsmitteln.
– – – – – nicht sichtbar befestigen mit Schrauben.
– – – – – nicht sichtbar befestigen mit Nägeln.
– – – – – nicht sichtbar befestigen mit Klammern.
– – – – – nicht sichtbar befestigen mit systemspezifischen Befestigungsmitteln.
– – – – – befestigen ........ .
Erzeugnis
– Erzeugnis ....... (Sofern nicht vorgeschrieben, vom Bieter einzutragen).
– Erzeugnis ....... oder gleichwertiger Art,
Erzeugnis ....... (Vom Bieter einzutragen.)
– Maße in mm ........ .
– Maße in mm ........ .
Erzeugnis ....... (Sofern nicht vorgeschrieben, vom Bieter einzutragen).
– Maße in mm ........ .
Erzeugnis ....... oder gleichwertiger Art,
Erzeugnis ....... (Vom Bieter einzutragen.)

# LB 039 Trockenbauarbeiten
Decken-, Dachschrägenbekleidungen, Unterdecken, Abseitenwände/Drempel

STLB 039

Ausgabe 06.01

### Zementgebundene Holzspanplatten

**72_ Decklage/Bekleidung aus zementgebundenen Holzspanplatten,**
Einbaulage (als 3. Stelle zu 72_)
1 einlagig,
2 zweilagig,
3 Anzahl der Lagen ......,
4 Verarbeitung nach Herstellervorschrift, einlagig,
5 Verarbeitung nach Herstellervorschrift, zweilagig,
6 Verarbeitung ......,
– grundiert,
– Sichtseite farbgrundiert,
– Sichtseite beschichtet, Farbton ......,
– Sichtseite furniert, Holzart ......,
– Sichtseite melaminharzbeschichtet, Dekor ......,
– Sichtseite melaminharzbeschichtet, richtungsgebunden, Dekor ......,
– Sichtseite
– – Lochung
Plattendicke:
– – – Plattendicke 12 mm,
– – – Plattendicke 13 mm,
– – – Plattendicke 14 mm,
– – – Plattendicke 16 mm,
– – – Plattendicke 18 mm,
– – – Plattendicke 20 mm,
– – – Plattendicke in mm ...... ,
Abmessungen:
– – – Plattenbreite in mm ......,
– – – Plattenlänge in mm ......,
– – – Plattenbreite/-länge in mm ......,
Ausbildung der Kanten:
– – – – Kanten gefalzt – Kanten gefast ,
– – – – Kanten ......,
Stoß-/Fugenausbildung
– – – – Platten stumpf stoßen,
– – – – Platten stumpf stoßen, Stoßbearbeitung ......,
– – – – Fugen offen, Fugenbreite in mm ...... ,
– – – – Fugen ...... ,
Befestigungsmittel:
– – – – – befestigen mit Schrauben.
– – – – – befestigen mit Hutprofilen ...... .
– – – – – befestigen mit systemspezifischen Befestigungsmitteln.
– – – – – befestigen ........
Erzeugnis:
– Erzeugnis ....... (Sofern nicht vorgeschrieben vom Bieter einzutragen.)
– Erzeugnis ....... oder gleichwertiger Art, Erzeugnis ....... (Vom Bieter einzutragen.)

### Faserzementplatten

**728 Bekleidung aus Faserzementplatten,**
– einlagig,
– zweilagig,
– Anzahl der Lagen ......,
– Verarbeitung nach Herstellervorschrift, einlagig,
– Verarbeitung nach Herstellervorschrift, zweilagig,
– Verarbeitung ......,
– – grundiert,
– – Sichtseite farbgrundiert,
– – Sichtseite beschichtet, Farbton ......,
– – Sichtseite ......,
– – – Plattendicke 6 mm,
– – – Plattendicke 8 mm,
– – – Plattendicke 10 mm,
– – – Plattendicke 12 mm,
– – – Plattendicke 15 mm,
– – – Plattendicke 20 mm,
– – – Plattendicke in mm ...... ,
– – – – Plattenbreite in mm ......,
– – – – Plattenlänge in mm ......,
– – – – Plattenbreite/-länge in mm ......,
Stoß-/Fugenausbildung:
– – – – – Platten stumpf stoßen,
– – – – – Platten stumpf stoßen, Stoßbearbeitung ......,
– – – – – Fugen offen, Fugenbreite in mm ....,
– – – – – Platten mit profilierten Längskanten, Profilbild ......,
– – – – – Platten mit profilierten Längs- und Querkanten, Profilbild ......,
Befestigungsmittel:
– – – – – befestigen mit Schrauben.
– – – – – befestigen mit Nieten.
– – – – – befestigen mit Nägeln.
– – – – – befestigen mit systemspezifischen Befestigungsmitteln.
– – – – – befestigen mit ........
Erzeugnis
– Erzeugnis ....... (Sofern nicht vorgeschrieben, vom Bieter einzutragen.)
– Erzeugnis ....... oder gleichwertiger Art, Erzeugnis ....... (Vom Bieter einzutragen.)

### Metall

**730 Decklage aus Metall**
– aus Stahlblech, verzinkt,
– aus Aluminium,
– aus Aluminium, eloxiert,
– aus nichtrostendem Stahl, Werkstoff-Nr. ......,
– aus ......,
– – als Kassette,
– – als Langfeldplatte,
– – als Paneel,
– – als Lamelle,
– – als ........ ,
Ausbildung der Sichtseiten:
– – – Sichtseiten glatt, pulverbeschichtet, Farbton ......,
– – – Sichtseiten glatt, bandbeschichtet, Farbton ......,
– – – Sichtseiten glatt, vliesbeschichtet, Farbton ......,
– – – Sichtseiten ......,
– – – Sichtseiten gelocht, pulverbeschichtet, Farbton ......,
– – – Sichtseiten gelocht, bandbeschichtet, Farbton ......,
– – – Sichtseiten gelocht, vliesbeschichtet, Farbton ......,
– – – Sichtseiten gelocht, ......,
– – – Sichtseiten ......,
Ausbildung der Rückseiten:
– – – allseitig abgekantet,
– – – allseitig abgekantet, Rückseite vliesbeschichtet, Farbton ......,
– – – allseitig abgekantet, Rückseite ......,
– – – allseitig abgekantet, mit Einlage ......,
– – – längsseitig abgekantet,
– – – längsseitig abgekantet, Rückseite vliesbeschichtet, Farbton ......,
– – – längsseitig abgekantet, Rückseite ......,
– – – Kantenausbildung ......,
– – – – Dicke 0,5 mm,
– – – – Dicke 0,6 mm,
– – – – Dicke 0,7 mm,
– – – – Dicke 0,8 mm,
– – – – Dicke 1,0 mm,
– – – – Dicke in mm......,
Abmessungen:
– – – – Breite in mm......,
– – – – Länge in mm......,
– – – – Breite in mm......, Länge in mm......,
– – – – Modul ........ ,
Befestigungsmittel:
– – – – – befestigen durch Klemmen.
– – – – – befestigen durch Einhängen.
– – – – – befestigen durch Einlegen.
– – – – – befestigen ......
Erzeugnis/Ausführung:
– Erzeugnis ....... (Sofern nicht vorgeschrieben, vom Bieter einzutragen.)
– Erzeugnis ....... oder gleichwertiger Art, Erzeugnis ....... (Vom Bieter einzutragen.)
– Ausführung ......,
– Ausführung gemäß Zeichnung Nr. ......
– Ausführung gemäß Einzelbeschreibung Nr. ......
– Ausführung gemäß Einzelbeschreibung Nr. ....... und Zeichnung Nr. ......

**STLB 039**

Ausgabe 06.01

## LB 039 Trockenbauarbeiten
### Decken-, Dachschrägenbekleidungen, Unterdecken, Abseitenwände/Drempel

**Besondere Leistungen, Zulagen**

**735 Anschluss**
- als Winkelprofil,
- als Winkelprofil, beschichtet, Farbton ....... ,
- als Stufenwinkelprofil,
- als Stufenwinkelprofil, beschichtet, Farbton ....... ,
- als Fuge,
- als ........ ,
  - -- starr,
  - -- starr, Brandschutzanforderung ....... ,
  - -- gleitend,
  - -- gleitend, Brandschutzanforderung ....... ,

**736 Ausschnitt,**

**737 Freies Deckenende,**

**738 Höhenversprung,**

**739 Fuge,**
- offen,
  - -- hinterlegen,
  - -- hinterlegen mit ........ ,

**740 Bewegungsfuge,**
- Brandschutzanforderung ....... ,

**741 Bekleidungsteil,**
- abnehmbar,
- beweglich,

**742 Unterkonstruktion auswechseln,**

**743 Durchdringung,**

**744 Öffnung herstellen,**
- einschl. Unterkonstruktion verstärken, Belastung in N ....... ,
- einschl. ........ ,
  - -- zum Einbau von ....... ,

**745 Verstärken der Unterkonstruktion, Belastung in N ......,**

**746 Laibung für Dachflächenfenster,**
- einschl. Unterkonstruktion,

**747 Ummanteln von Einbauteilen, ....... ,**

**748 Besondere Leistung ........ ,**

Einzelangaben zu Pos. 735 bis 748
- --- für Deckenbekleidung,
- --- für Deckenbekleidung ........ ,
- --- für Unterdecke,
- --- für Unterdecke ........ ,
- --- für Dachschrägenbekleidung,
- --- als Zulage für Deckenbekleidung,
- --- als Zulage für Unterdecke,
- --- als Zulage für Dachschrägenbekleidung,
- --- ........ ,
  - ---- einseitig,
  - ---- zweiseitig,
  - ---- dreiseitig,
  - ---- umlaufend,
  - ---- ........ ,
    - ----- rechtwinklig,
    - ----- schiefwinklig,
    - ----- geneigt,
    - ----- ........ ,
      - ------ Breite in mm ....... .
      - ------ Länge in mm ....... .
      - ------ Durchmesser in mm ....... .
      - ------ Maße in mm ....... .

Ausführung:
- Ausführung ........ ,
- Ausführung gemäß Zeichnung Nr. ........ 
- Ausführung gemäß Einzelbeschreibung Nr. ........ .
- Ausführung gemäß Einzelbeschreibung Nr. und Zeichnung Nr. ........ 
  - -- Berechnungseinheit Stück, m, m².

**Einbauteile**

**750 Revisionsklappe,**
- Brandschutzanforderung ....... ,
  - -- aus Stahlblech, verzinkt,
  - -- aus Stahlblech, beschichtet,
  - -- aus ........ ,
  - -- Rahmen aus Stahlblech, verzinkt,
  - -- Rahmen aus Stahlblech, beschichtet,
  - -- Rahmen aus Aluminium,
  - -- Rahmen ........ ,
    - --- Füllung ........ ,
    - --- Dicke 12,5 mm,
    - --- Dicke 25 mm,
    - --- Dicke in mm ....... ,
      - ---- Maße 200 mm x 200 mm,
      - ---- Maße 300 mm x 300 mm,
      - ---- Maße 400 mm x 400 mm,
      - ---- Maße 500 mm x 500 mm,
      - ---- Maße 600 mm x 600 mm,
      - ---- Maße in mm ....... ,

Ausführung:
- ---- Ausführung ........ .
- ---- Ausführung gemäß Zeichnung Nr. ........ .
- ---- Ausführung gemäß Einzelbeschreibung Nr. ........ .
- ---- Ausführung gemäß Einzelbeschreibung Nr. ....... und Zeichnung Nr. ........ .
  - ----- Für Deckenbekleidung.
  - ----- Für Unterdecke.

Erzeugnis:
- Erzeugnis/System ...... (Sofern nicht vorgeschrieben vom Bieter einzutragen.)
- Erzeugnis/System ..... oder gleichwertiger Art, Erzeugnis/System ...... (Vom Bieter einzutragen.)
- Vom AG beigestellt, einbauen.
- Vom AG beigestellt, abladen, und einbauen.
- Vom AG beigestellt, Abholplatz ....., einbauen.
  - -- Berechnungseinheit Stück

**751 Modulplatte in Paneeldecke, vorgerichtet für ....... ,**
- -- über 2 Lamellenbreiten,
- -- über 3 Lamellenbreiten,
- -- über 4 Lamellenbreiten,
- -- über Lamellenbreiten, Anzahl ....... ,
  - --- Ausschnitt rund, Durchmesser in mm ....... ,
  - --- Ausschnitt viereckig, Maße in mm ....... ,
    - ---- aus Stahlblech, beschichtet,
    - ---- aus Aluminium, beschichtet.
    - ---- aus ........ .
      - ----- Ausführung ........ .
      - ----- Ausführung gemäß Zeichnung Nr. ........ .
      - ----- Ausführung gemäß Einzelbeschreibung Nr. ........ .
      - ----- Ausführung gemäß Einzelbeschreibung Nr. ....... und Zeichnung Nr. ........ 
      - ----- Berechnungseinheit Stück

# LB 039 Trockenbauarbeiten
## Abschottungen, Schürzen

Ausgabe 06.01

**Leitbeschreibung**

760 Abschottung im Deckenhohlraum, Einbauhöhe über Fußboden in m ......, Höhe der Abschottung in m ......,
761 Abschottung im Deckenhohlraum über Montagewänden, Einbauhöhe über Fußboden in m ......, Höhe der Abschottung in m ......,
762 Abschottung ......, Einbauhöhe über Fußboden in m ......,
Höhe der Abschottung in m ......,
Dicke:
– Dicke 75 mm,
– Dicke 100 mm,
– Dicke 125 mm,
– Dicke 150 mm,
– Dicke in mm, ......,
Hinweis:
Besondere Anforderungen können sein: Ballwurfsicherheit, Schocksicherheit, Beschusssicherheit usw.
Schalldämmmaß/Wärmedurchgangskoeffizient:
– – bewertetes Schalldämmmaß DIN 4109 $R_{w,R}$ in dB, ......,
– – Wärmedurchgangskoeffizient DIN 4108-2, k-Wert in W/(m²K) ......,
– – bewertetes Schalldämmmaß DIN 4109 $R_{w,R}$ in dB, ......, Wärmedurchgangskoeffizient DIN 4108-2, k-Wert in W/(m²K) ......,
– – besondere Anforderungen ......,
Feuerwiderstandsklasse:
– – – Feuerwiderstandsklasse DIN 4102-2 F 30,
– – – Feuerwiderstandsklasse DIN 4102-2 F 60,
– – – Feuerwiderstandsklasse DIN 4102-2 F 90,
– – – Feuerwiderstandsklasse ......,
– – – – - A,
– – – – - AB,
– – – – - B,
– – – – - B, Beplankung/Bekleidung Baustoffkl. A DIN 4102-1,
– – – – - B, Beplankung/Bekleidung Baustoffkl. A 1 DIN 4102-1,
– – – – - B, Beplankung/Bekleidung Baustoffkl. A 2 DIN 4102-1,
– – – – - B, Beplankung/Bekleidung Baustoffkl. B 1 DIN 4102-1,
Baustoffe:
– – – Baustoffe der Baustoffklasse A DIN 4102-1,
– – – Baustoffe der Baustoffklasse A 1 DIN 4102-1,
– – – Baustoffe der Baustoffklasse A 2 DIN 4102-1,
– – – Baustoffe der Baustoffklasse B 1 DIN 4102-1,
Anschlüsse/Befestigungsgrund:
– – – – umlaufende Anschlüsse starr,
– – – – vorhandener Befestigungsgrund ......,
– – – – umlaufende Anschlüsse starr, vorhandener Befestigungsgrund ......,
– – – – – Ausführung ......,
– – – – – Ausführung gemäß Zeichnung Nr .......,
– – – – – Ausführung gemäß Einzelbeschreibung Nr .... ,
– – – – – Ausführung gemäß Einzelbeschreibung Nr ..... und Zeichnung Nr ....... ,

**Einzelangaben** zu Pos. 760 bis 762
– Erzeugnis/System ......,
(Sofern nicht vorgeschrieben, vom Bieter einzutragen.),
– Erzeugnis/System ...... oder gleichwertiger Art,
Erzeugnis/System ...... (Vom Bieter einzutragen.),
– – Ausführung wie folgt:
– – – Berechnungseinheit m, m².

763 Schürze,
– oberhalb von Einbauschränken,
– unterhalb von Deckenbekleidungen,
– ......,
– – Einbauhöhe über Fußboden in m ......, Höhe der Schürze in m ......,
– – – Dicke in mm ......,
Hinweis:
Besondere Anforderungen können sein: Ballwurfsicherheit, Schocksicherheit, Beschusssicherheit usw.
– – – – besondere Anforderungen ......,
– – – – – Ausführung ......,
– – – – – Ausführung gemäß Zeichnung Nr .... ..,
– – – – – Ausführung gemäß Einzelbeschreibung Nr .... ,
– – – – – Ausführung gemäß Einzelbeschreibung Nr ...... und Zeichnung Nr ....... ,
– Erzeugnis/System ......,
(Sofern nicht vorgeschrieben, vom Bieter einzutragen.),
– Erzeugnis/System ...... oder gleichwertiger Art,
Erzeugnis/System ...... (Vom Bieter einzutragen.),
– – Ausführung wie folgt:
– – – Berechnungseinheit m.

764 Deckenversatz zwischen Unterdecken mit unterschiedlichen Abhängehöhen,
765 Deckenversatz ......,
– senkrecht,
– geneigt,
– im Grundriss gekrümmt,
– gestuft,
– profiliert ......,
– – Einbauhöhe über Fußboden in m ......, Höhe des Versatzes in m ......,
Feuerwiderstandsklasse:
– – – Feuerwiderstandsklasse DIN 4102-2 F 30,
– – – Feuerwiderstandsklasse DIN 4102-2 F 60,
– – – Feuerwiderstandsklasse DIN 4102-2 F 90,
– – – Feuerwiderstandsklasse ......,
– – – – - A,
– – – – - AB,
– – – – - B,
– – – – - B, Beplankung/Bekleidung Baustoffkl. A DIN 4102-1,
– – – – - B, Beplankung/Bekleidung Baustoffkl. A 1 DIN 4102-1,
– – – – - B, Beplankung/Bekleidung Baustoffkl. A 2 DIN 4102-1,
– – – – - B, Beplankung/Bekleidung Baustoffkl. B 1 DIN 4102-1,
Baustoffe:
– – – Baustoffe der Baustoffklasse A DIN 4102-1,
– – – Baustoffe der Baustoffklasse A 1 DIN 4102-1,
– – – Baustoffe der Baustoffklasse A 2 DIN 4102-1,
– – – Baustoffe der Baustoffklasse B 1 DIN 4102-1,
Anforderungen:
– – – – besondere Anforderungen ......,
Ausführung:
– – – – – Ausführung ......,
– – – – – Ausführung gemäß Zeichnung Nr ...... ,
– – – – – Ausführung gemäß Einzelbeschreibung Nr .... ,
– – – – – Ausführung gemäß Einzelbeschreibung Nr ...... und Zeichnung Nr ....... ,
– Erzeugnis/System ......,
(Sofern nicht vorgeschrieben, vom Bieter einzutragen.),
– Erzeugnis/System ...... oder gleichwertiger Art,
Erzeugnis/System ...... (Vom Bieter einzutragen.),
– – Ausführung wie folgt:
– – – Berechnungseinheit m, m².

## LB 039 Trockenbauarbeiten
### Abschottungen, Schürzen

Unterkonstruktionen, Dämmschichten, Trennlagen

**770 Unterkonstruktion,**
- aus Holz,
- aus Holz DIN 4103-4,
  Lattung:
  -- als Traglattung,
  -- als Traglattung, Querschnitt in mm ....... ,
  -- als Grund- und Traglattung,
  -- als Grund- und Traglattung, Querschnitt in mm ....... ,
  -- als ....... ,
- aus verzinkten Stahlblechprofilen,
- aus verzinkten Stahlblechprofilen, Profil ....... ,
- aus verzinkten Stahlblechprofilen, DIN 18182-1/ DIN 18183,
- aus verzinkten Stahlblechprofilen, DIN 18182-1/ DIN 18183, Profil ....... ,
- aus ....... ,
  Profil/Ständerwerk, ...:
  -- als Tragprofil,
  -- als Grund- und Tragprofil,
  -- als Grund- und Tragprofil, niveaugleich,
  -- als Einfachständerwerk,
  -- als Doppelständerwerk,
  -- als Riegelwerk,
  -- als ....... ,
  Befestigung:
  --- befestigen an Decke mit bauaufsichtlich zugelassenen Befestigungsmitteln,
  --- befestigen ....... ,

**771 Dämmschicht,**
  Material:
- aus mineralischem Faserdämmstoff DIN 18165-1,
- aus mineralischem Faserdämmstoff DIN 18165-1 in Bahnen,
- aus mineralischem Faserdämmstoff DIN 18165-1 in Platten,
  -- einseitig beschichtet mit Vlies, Farbe ....... ,
  -- einseitig beschichtet mit Aluminiumfolie,
  -- in Kunststofffolie verschweißt, Farbe ....... ,
- aus ....... ,
  Verlegeart:
  --- einlagig,
  --- einlagig, dicht stoßen,
  --- zweilagig mit versetzten Fugen,
  --- zweilagig mit versetzten Fugen, dicht stoßen,
  --- mehrlagig ....... ,
  --- abrutschsicher verlegen,
  --- verlegen ....... ,
  Wärmeleitfähigkeitsgruppe/Strömungswiderstand
  ---- Wärmeleitfähigkeitsgruppe 035,
  ---- Wärmeleitfähigkeitsgruppe 040,
  ---- Wärmeleitfähigkeitsgruppe ....... ,
  Hinweis:
  Angabe zum Strömungswiderstand nur bei Schallschutzanforderungen.
  ---- längenspezifischer Strömungswiderstand größer 5 kN x s/m$^4$,
  ---- längenspezifischer Strömungswiderstand ....... ,
  Hinweis: Nur bei Brandschutzanforderungen Mindestrohdichte in kg/m$^3$ und Schmelzpunkt mind. 1000 K
  Rohdichte:
  ----- Rohdichte in kg/m$^3$ ....... ,
  ----- Mindestrohdichte in kg/m$^3$ ....... ,
  ----- Mindestrohdichte in kg/m$^3$ ....... , Schmelzpunkt mind. 1000 K,
  Dicke/ Erzeugnis:
- Dicke in mm ....... ,
- Gesamtdicke in mm ....... ,
- Dicke in mm ....... ,
  Erzeugnis ....... ,
  (Sofern nicht vorgeschrieben, vom Bieter einzutragen.),
- Dicke in mm ....... ,
  Erzeugnis ....... oder gleichwertiger Art,
  Erzeugnis ....... (Vom Bieter einzutragen.),
- Gesamtdicke in mm ....... ,
  Erzeugnis ....... ,
  (Sofern nicht vorgeschrieben, vom Bieter einzutragen.),
- Gesamtdicke in mm ....... ,
  Erzeugnis ....... oder gleichwertiger Art,
  Erzeugnis ....... (Vom Bieter einzutragen.),

**772 Trennlage,**
- zwischen Dämmschicht und Beplankung,
  -- aus Faservlies,
  -- aus Glasvlies,
    --- Farbton schwarz,
    --- Farbton weiß,
    --- Farbton ....... ,
      ---- Gewicht 60 g/m²,
      ---- Gewicht in g/m² ....... ,
- als Dampfsperrschicht DIN 4108,
- als Dampfsperrschicht DIN 4108, $s_d$-Wert ....... ,
- als ....... ,
  -- aus PE-Folie,
    --- transparent, Farbton schwarz,
      ---- Dicke 0,2 mm
      ---- Dicke 0,3 mm
      ---- Dicke in mm ....... ,
  -- aus Aluminium,
  -- aus ....... ,
    --- Farbton ....... ,
      ---- Dicke in mm ....... ,
      ---- Gewicht in g/m²,
      ----- Ausführung ....... ,
- Erzeugnis ....... , (Sofern nicht vorgeschrieben, vom Bieter einzutragen.),
- Erzeugnis ....... oder gleichwertiger Art,
  Erzeugnis ....... (Vom Bieter einzutragen.),

# LB 039 Trockenbauarbeiten
## Abschottungen, Schürzen

STLB 039

Ausgabe 06.01

**Gipskarton-, Gipsvliesplatten**

775 **Beplankung/Bekleidung,**
Verlegeart/Verarbeitung:
- einlagig,
- zweilagig,
- Anzahl der Lagen ....... ,
- Verarbeitung DIN 18181, einlagig,
- Verarbeitung DIN 18181, zweilagig,
- Verarbeitung ....... ,
Material:
- – – aus Gipskarton-Bauplatten GKB DIN 18180,
- – – aus Gipskarton-Feuerschutzplatten GKF DIN 18180,
- – – aus Gipskarton-Bauplatten, imprägniert GKBI DIN 18180,
- – – aus Gipskarton-Feuerschutzplatten, imprägniert GKFI DIN 18180,
- – – aus Gipsvliesplatten,
- – – aus Gipskarton-Lochplatten DIN 18180, Lochung ....... ,
- – – aus ....... ,
Beschichtung Sichtseite/Rückseite:
- – – – Sichtseite beschichtet mit Folie, Werkstoff ....... , Dekor ....... ,
- – – – Sichtseite ....... ,
- – – – Rückseite einer Lage beschichtet mit Aluminiumfolie als Dampfsperrschicht DIN 4108, $s_d$-Wert größer gleich 1500 m,
- – – – Rückseite einer Lage beschichtet mit Dampfsperrschicht DIN 4108, $s_d$-Wert größer gleich 1500 m,
- – – – Rückseite beschichtet mit Faservlies, Farbe ....... ,
- – – – Rückseite beschichtet mit Bleiblech, Dicke in mm ....... ,
  Stöße mit Bleiblechstreifen hinterlegen,
- – – – Rückseite beschichtet ....... ,
Plattendicke:
- – – – – Plattendicke 9,5 mm,
- – – – – Plattendicke 12,5 mm,
- – – – – Plattendicke 15 mm,
- – – – – Plattendicke 18 mm,
- – – – – Plattendicke 20 mm,
- – – – – Plattendicke 25 mm,
- – – – – Plattendicke in mm ....... ,
Befestigungmittel/Fugenbehandlung:
- – – – – befestigen mit Schnellbauschrauben DIN 18182-2,
- – – – – befestigen mit Klammern DIN 18182-3,
- – – – – befestigen mit Nägeln DIN 18182-4,
- – – – – befestigen mit Gipskartonnägeln,
- – – – – befestigen mit Schrauben und Hutprofilen ....... ,
- – – – – befestigen mit Schrauben, Hutprofilen ....... und Keder,
- – – – – befestigen mit systemspezifischen Befestigungsmitteln,
- – – – – befestigen ....... ,
- – – – – Fugen füllen, sichtbare Befestigungsmittel und Fugen spachteln,
- – – – – Fugen füllen, sichtbare Befestigungsmittel und Fugen spachteln, Oberfläche zusätzlich vollflächig spachteln,
- – – – – Fugen füllen, sichtbare Befestigungsmittel und Fugen der äußeren Plattenlage spachteln,
- – – – – Fugen füllen, sichtbare Befestigungsmittel und Fugen der äußeren Plattenlage spachteln, Oberfläche zusätzlich vollflächig spachteln,
- – – – – Fugen ....... ,
- Erzeugnis ....... (Sofern nicht vorgeschrieben, vom Bieter einzutragen.),
- Erzeugnis ....... oder gleichwertiger Art, Erzeugnis ....... (Vom Bieter einzutragen.),

**Gipsfaserplatten**

780 **Beplankung/Bekleidung aus Gipsfaserplatten,**
Verlegeart/Verarbeitung:
- einlagig,
- zweilagig,
- dreilagig,
- Anzahl der Lagen ....... ,
- Verarbeitung nach Herstellervorschrift, einlagig,
- Verarbeitung nach Herstellervorschrift, zweilagig,
- Verarbeitung nach Herstellervorschrift, dreilagig,
- Verarbeitung ....... ,
Beschichtung Sichtseite/Rückseite:
- – – Sichtseite beschichtet mit Folie, Werkstoff ....... , Dekor ....... ,
  Rückseite mit Gegenzugbeschichtung,
- – – Sichtseite mit Holz furniert, Holzart ....... , Oberfläche ....... ,
  Rückseite mit Gegenzugbeschichtung,
- – – Sichtseite beschichtet mit Schichtpressstoff, Werkstoff ....... , Dekor ....... ,
  Rückseite mit Gegenzugbeschichtung,
- – – Sichtseite ....... , Rückseite mit Gegenzugbeschichtung,
- – – Sichtseite ....... , Rückseite mit Gegenzugbeschichtung, Sichtkanten beschichtet ....... ,
- – – Rückseite einer Lage beschichtet mit Aluminiumfolie als Dampfsperrschicht DIN 4108, $s_d$-Wert größer gleich 1500 m,
- – – Rückseite einer Lage beschichtet mit Dampfsperrschicht DIN 4108, $s_d$-Wert größer gleich 1500 m,
- – – Rückseite einer Lage beschichtet mit Dampfsperrschicht DIN 4108, Foliendicke in mm ....... ,
- – – Rückseite beschichtet mit Faservlies, Farbe ....... ,
- – – Rückseite beschichtet mit Bleiblech, Dicke in mm ....... ,
  Stöße mit Bleiblechstreifen hinterlegen,
- – – Rückseite beschichtet ....... ,
Abmessungen:
- – – – Plattendicke 10 mm,
- – – – Plattendicke 12,5 mm,
- – – – Plattendicke 15 mm,
- – – – Plattendicke 18 mm,
- – – – Plattendicke in mm ....... ,
- – – – Plattenbreite in mm ....... ,
- – – – Plattenlänge in mm ....... ,
- – – – Plattenbreite/-länge in mm ....... ,
Befestigungsmittel:
- – – – befestigen mit Klammern aus verzinktem Stahl,
- – – – befestigen mit Hohlkopfnägeln aus feuerverzinktem Stahl,
- – – – befestigen der 1. Plattenlage mit Gipsfaserplatten-Schnellbauschrauben in Unterkonstruktion,
  2. Plattenlage mit Gipsfaserplatten-Schnellbauschrauben oder Klammern direkt in 1. Lage befestigen,
- – – – befestigen der 1. Plattenlage mit Gipsfaserplatten-Schnellbauschrauben in Unterkonstruktion, 2. und 3. Plattenlage mit Gipsfaserplatten-Schnellbauschrauben oder Klammern direkt in 1. bzw. 2. Lage befestigen,
- – – – befestigen mit Hutprofilen ....... ,
- – – – nicht sichtbar befestigen mit rückseitigen Halteprofilen oder Einhängebeschlägen ....... ,
- – – – nicht sichtbar befestigen mit systemspezifischen Befestigungsmitteln,
- – – – befestigen ....... ,
Verlegeart:
- – – – – Platten stumpf stoßen,
- – – – – Fugenabstand größer gleich ½ Plattendicke, Fugen mit Spachtel füllen, sichtbare Befestigungsmittel und Fugen spachteln,
- – – – – auf Plattenkante Kleber auftragen, Platten stumpf stoßen, sichtbare Befestigungsmittel und Fugen spachteln,

# LB 039 Trockenbauarbeiten
## Abschottungen, Schürzen

**Einzelangaben** zu Pos. 780, Fortsetzung
- - - - - 1. Plattenlage stumpf stoßen,
  2. Plattenlage Fugenabstand größer gleich ½ Plattendicke, Fugen mit Spachtel füllen, sichtbare Befestigungsmittel und Fugen spachteln,
- - - - - 1. Plattenlage stumpf stoßen, auf Kante der 2. Plattenlage Kleber auftragen, Platten stumpf stoßen, sichtbare Befestigungsmittel und Fugen spachteln,
- - - - - Platten mit profilierten Längskanten, Profilbild ....... ,
- - - - - Platten mit profilierten Längs- und Querkanten, Profilbild ....... ,
- Erzeugnis ....... (Sofern nicht vorgeschrieben, vom Bieter einzutragen.),
- Erzeugnis ....... oder gleichwertiger Art, Erzeugnis ....... (Vom Bieter einzutragen.),
- Oberfläche zusätzlich vollflächig spachteln,
- Oberfläche zusätzlich vollflächig spachteln, Erzeugnis .......(Sofern nicht vorgeschrieben, vom Bieter einzutragen.),
- Oberfläche zusätzlich vollflächig spachteln, Erzeugnis ....... oder gleichwertiger Art, Erzeugnis ....... (Vom Bieter einzutragen.),

**Kalziumsilikatplatten**

**785** Beplankung/Bekleidung aus Kalziumsilikatplatten,
Verlegeart:
- einlagig,
- zweilagig,
- Anzahl der Lagen ....... ,
- Verarbeitung nach Herstellervorschrift, einlagig,
- Verarbeitung nach Herstellervorschrift, zweilagig,
- Verarbeitung ....... ,
Abmessungen:
- - Plattendicke 12 mm,
- - Plattendicke 15 mm,
- - Plattendicke 20 mm,
- - Plattendicke 25 mm,
- - Plattendicke in mm, ....... ,
- - Plattenbreite in mm ....... ,
- - Plattenlänge in mm ....... ,
- - Plattenbreite/-länge in mm ....... ,
Plattenstöße:
- - - Platten stumpf stoßen, Stöße hinterlegen,
- - - Platten stumpf stoßen, Stöße beidseitig abdecken,
- - - Platten stumpf stoßen, Stöße gegeneinander versetzen,
Befestigungsmittel:
- - - - befestigen m. systemspezifischen Schnellbauschrauben,
- - - - befestigen mit Klammern,
- - - - befestigen mit Nägeln,
- - - - befestigen ....... ,
Fugenbehandlung:
- - - - - Fugen und Befestigungsmittel spachteln,
- - - - - Fugen mit Bewehrungsstreifen versehen, Fugen und Befestigungsmittel spachteln,
- - - - - Fugen ....... ,
- Erzeugnis ....... (Sofern nicht vorgeschrieben, vom Bieter einzutragen.),
- Erzeugnis ....... oder gleichwertiger Art, Erzeugnis ....... (Vom Bieter einzutragen.),

**Holz**

**790** Beplankung/Bekleidung aus gespundeten Brettern DIN 4072 aus Nadelholz,
- Brettdicke 15,5 mm,
- Brettdicke 19,5 mm,
- Brettdicke 22,5 mm,
- Brettdicke 25,5 mm,
- Brettdicke 35,5 mm,
- Brettdicke in mm ....... ,
  - - Brettbreite (Profilmaß) 95 mm,
  - - Brettbreite (Profilmaß) 96 mm,
  - - Brettbreite (Profilmaß) 111 mm,
  - - Brettbreite (Profilmaß) 115 mm,
  - - Brettbreite (Profilmaß) 121 mm,
  - - Brettbreite (Profilmaß) 135 mm,
  - - Brettbreite (Profilmaß) 155 mm,
  - - Brettbreite (Profilmaß) in mm ....... ,

**791** Beplankung/Bekleidung aus Fasebrettern DIN 68122 aus Nadelholz,
- Brettdicke 12,5 mm,
- Brettdicke 15,5 mm,
- Brettdicke 19,5 mm,
- Brettdicke in mm ....... ,
  - - Brettbreite (Profilmaß) 95 mm,
  - - Brettbreite (Profilmaß) 96 mm,
  - - Brettbreite (Profilmaß) 111 mm,
  - - Brettbreite (Profilmaß) 115 mm,
  - - Brettbreite (Profilmaß) in mm ....... ,

**792** Beplankung/Bekleidung aus Stülpschalungsbrettern DIN 68123 aus Nadelholz,
- Brettdicke in mm ....... ,
  - - Brettbreite (Profilmaß) 111 mm,
  - - Brettbreite (Profilmaß) 115 mm,
  - - Brettbreite (Profilmaß) 121 mm,
  - - Brettbreite (Profilmaß) 135 mm,
  - - Brettbreite (Profilmaß) 146 mm,
  - - Brettbreite (Profilmaß) 155 mm,
  - - Brettbreite (Profilmaß) in mm ....... ,

**793** Beplankung/Bekleidung aus Profilbrettern mit Schattennut DIN 68126-1,
**794** Beplankung/Bekleidung aus Profilbrettern mit Schattennut DIN 68126-1, Kanten gerundet,
- Brettdicke 9,5 mm,
- Brettdicke 11 mm,
- Brettdicke 12,5 mm,
- Brettdicke 14 mm,
- Brettdicke 15,5 mm,
- Brettdicke 19,5 mm,
- Brettdicke in mm ....... ,

**Einzelangaben** zu Pos. 793, 794, Fortsetzung
- - Brettbreite (Profilmaß) 69 mm,
- - Brettbreite (Profilmaß) 71 mm,
- - Brettbreite (Profilmaß) 94 mm,
- - Brettbreite (Profilmaß) 96 mm,
- - Brettbreite (Profilmaß) 115 mm,
- - Brettbreite (Profilmaß) 146 mm,
- - Brettbreite (Profilmaß) in mm ....... ,

**795** Beplankung/Bekleidung aus Akustik-Glattkantbrettern DIN 68127,
- Brettdicke 16 mm,
- Brettdicke 17 mm,
- Brettdicke 19,5 mm,
- Brettdicke 21 mm,
- Brettdicke 22,5 mm,
- Brettdicke in mm ....... ,
  - - Brettbreite (Profilmaß) 68 mm,
  - - Brettbreite (Profilmaß) 70 mm,
  - - Brettbreite (Profilmaß) 74 mm,
  - - Brettbreite (Profilmaß) 94 mm,
  - - Brettbreite (Profilmaß) 95 mm,
  - - Brettbreite (Profilmaß) in mm ....... ,

# LB 039 Trockenbauarbeiten
## Abschottungen, Schürzen

STLB 039

Ausgabe 06.01

796 Beplankung/Bekleidung aus Akustik-Profilbrettern DIN 68127,
797 Beplankung/Bekleidung aus ....... ,
- Brettdicke in mm ....... ,
-- Brettbreite (Profilmaß) in mm ....... ,

**Einzelangaben** zu Pos. 790 bis 797,
--- Holz DIN EN 942-ID,
--- Holz DIN EN 942-ID, Holzart ....... ,
--- Holz DIN EN 942-ID, Holzart ....... , Oberfläche ....... ,
--- Holz DIN EN 942-IND,
--- Holz DIN EN 942-IND, Holzart ....... ,
--- Holz DIN EN 942-IND, Holzart ....... , Oberfläche ....... ,
--- Holz ....... ,
---- Brettlängen bis 3000 mm,
---- Brettlängen über 3000 bis 4500 mm,
---- Brettlängen über 4500 bis 6500 mm,
---- Brettlängen in mm ....... ,
Verlegeart/Befestigungsmittel:
----- Bretter dicht stoßen,
----- Fugen offen,
----- Fugen offen, Fugenbreite in mm ....... ,
----- Fugen ....... ,
----- Stöße regelmäßig,
----- Stöße regelmäßig versetzen,
----- Stöße unregelmäßig,
----- Stöße ....... ,
----- sichtbar befestigen mit Schrauben,
----- sichtbar befestigen mit Nägeln,
----- sichtbar befestigen mit Klammern,
----- sichtbar befestigen mit systemspezifischen Befestigungsmitteln,
----- nicht sichtbar befestigen mit Schrauben,
----- nicht sichtbar befestigen mit Nägeln,
----- nicht sichtbar befestigen mit Klammern,
----- nicht sichtbar befestigen mit systemspezifischen Befestigungsmitteln,
----- befestigen ....... ,
----- Erzeugnis ....... (Sofern nicht vorgeschrieben, vom Bieter einzutragen.).
----- Erzeugnis ....... oder gleichwertiger Art, Erzeugnis ....... (Vom Bieter einzutragen.).

**Holzwerkstoffe**

800 Beplankung/Bekleidung aus Holzspanplatten, Emissionsklasse E 1,
- als Flachpressplatten DIN 68763 V 20,
- als Flachpressplatten DIN 68763 V 100,
- als Flachpressplatten....... ,
Beschichtung Sichtseite/ Rückseite:
-- Sichtseite beschichtet mit ....... , Rückseite mit Gegenzugbeschichtung,
-- Sichtseite mit Holz furniert, Holzart ....... , Oberfläche ....... , Rückseite mit Gegenzugbeschichtung,
-- Sichtseite ....... , Rückseite mit Gegenzugbeschichtung,
-- Sichtseite ....... , Rückseite mit Gegenzugbeschichtung, Sichtkanten beschichtet ....... ,

801 Beplankung/Bekleidung aus Bau-Furniersperrholz DIN 68705-3,
802 Beplankung/Bekleidung aus Sperrholz DIN 68705-2,
- Sichtkanten beschichtet ....... ,

**Einzelangaben** zu Pos. 800 bis 802
--- Plattendicke 13 mm,
--- Plattendicke 16 mm
--- Plattendicke 19 mm
--- Plattendicke 22 mm
--- Plattendicke 25 mm
--- Plattendicke 28 mm
--- Plattendicke 32 mm
--- Plattendicke 36 mm
--- Plattendicke in mm ....... ,

803 Beplankung/Bekleidung aus kunststoffbeschichteten dekorativen Flachpreßplatten DIN 68765, Emissionsklasse E 1,
- Sichtkanten beschichtet ....... ,
Abriebbeanspruchung/Widerstandsfähigkeit:
-- Abriebbeanspruchung Klasse N,
-- Abriebbeanspruchung Klasse M,
-- Abriebbeanspruchung Klasse H,
-- Abriebbeanspruchung Klasse S,
-- Widerstandsfähigkeit gegen Zigarettenglut Z,
Schichtdicke:
--- Schichtdicke bis 0,14 mm,
--- Schichtdicke über 0,14 mm,
Plattendicke:
---- Plattendicke 13 mm,
---- Plattendicke 16 mm,
---- Plattendicke 19 mm
---- Plattendicke 22 mm
---- Plattendicke in mm ....... ,
Kantenbearbeitung:
----- Kanten gebrochen,
----- Kanten gefast,
----- Kanten ....... ,
Verlegeart:
------ Platten stumpf stoßen,
------ Fugen offen, Fugenbreite in mm ....... ,
------ Platten mit Nut und Feder,
------ Platten genutet mit eingelegter Feder,
------ Platten mit profilierten Längskanten, Profilbild ....... ,
------ Platten mit profilierten Längs- und Querkanten, Profilbild ....... ,

804 Beplankung/Bekleidung aus ....... ,
- Oberfläche ....... ,
-- Plattendicke in mm ....... ,
--- besondere Anforderungen,
---- Platten stumpf stoßen,
---- Fugen offen, Fugenbreite in mm ....... ,
---- Platten mit Nut und Feder,
---- Platten genutet mit eingelegter Feder,
---- Platten mit profilierten Längskanten, Profilbild ....... ,
---- Platten mit profilierten Längs- und Querkanten, Profilbild ....... ,

**Einzelangaben** zu Pos. 800 bis 804
Befestigungsmittel:
----- sichtbar befestigen mit Schrauben.
----- sichtbar befestigen mit Nägeln.
----- sichtbar befestigen mit Klammern.
----- sichtbar befestigen mit systemspezifischen Befestigungsmitteln.
----- sichtbar befestigen mit ....... .
----- nicht sichtbar befestigen mit Schrauben.
----- nicht sichtbar befestigen mit Nägeln.
----- nicht sichtbar befestigen mit Klammern.
----- nicht sichtbar befestigen mit systemspezifischen Befestigungsmitteln.
----- befestigen ....... .
Erzeugnis:
------ Erzeugnis ....... (Sofern nicht vorgeschrieben, vom Bieter einzutragen.).
------ Erzeugnis ....... oder gleichwertiger Art, Erzeugnis ....... (vom Bieter einzutragen.).
------ Maße in mm ....... ,
------ Maße in mm ....... , Erzeugnis ....... (Sofern nicht vorgeschrieben, vom Bieter einzutragen.).
------ Maße in mm ....... , Erzeugnis ....... oder gleichwertiger Art, Erzeugnis ....... (Vom Bieter einzutragen.).

# LB 039 Trockenbauarbeiten
## Abschottungen, Schürzen

STLB 039
Ausgabe 06.01

**Zementgebundene Holzspanplatten**

81_ Beplankung/Bekleidung aus zementgebundenen Holzspanplatten,
Einbaulage (als 3. Stelle zu 81_)
1 beidseitig,
2 1. Seite,
3 2. Seite,
4 einseitig,
– – einlagig,
– – zweilagig,
– – Anzahl der Lagen ....... ,
– – Verarbeitung nach Herstellervorschrift, einlagig,
– – Verarbeitung nach Herstellervorschrift, zweilagig,
– – Verarbeitung ....... ,
Beschichtung Sichtseite:
– – – grundiert,
– – – Sichtseite farbgrundiert,
– – – Sichtseite beschichtet, Farbton ....... ,
– – – Sichtseite furniert, Holzart ....... ,
– – – Sichtseite melaminharzbeschichtet, Dekor ....... ,
– – – Sichtseite melaminharzbeschichtet, richtungsgebunden, Dekor ....... ,
– – – Sichtseite ....... ,
Abmessungen:
– – – – Plattendicke 8 mm,
– – – – Plattendicke 10 mm,
– – – – Plattendicke 12 mm,
– – – – Plattendicke 13 mm,
– – – – Plattendicke 14 mm,
– – – – Plattendicke 16 mm,
– – – – Plattendicke 18 mm,
– – – – Plattendicke 20 mm,
– – – – Plattendicke in mm ....... ,
– – – – Plattenbreite in mm ....... ,
– – – – Plattenlänge in mm ....... ,
– – – – Plattenbreite/-länge in mm ....... ,
Kantenbearbeitung:
– – – – – Kanten gefalzt,
– – – – – Kanten gefast,
– – – – – Kanten ....... ,
Verlege-/Befestigungsart:
– – – – – – Platten stumpf stoßen,
– – – – – – Platten stumpf stoßen, Stoßbearbeitung ....... ,
– – – – – – Fugen offen, Fugenbreite in mm ...
– – – – – – Platten mit Nut und Feder,
– – – – – – Platten mit Nut und Feder, Stoßbearbeitung ....... ,
– – – – – – Platten genutet mit eingelegter Feder,
– – – – – – Platten genutet mit eingelegter Feder, Stoßbearbeitung ....... ,
– – – – – – befestigen mit Schrauben,
– – – – – – befestigen mit Klammern,
– – – – – – befestigen mit Hutprofilen ....... ,
– – – – – – befestigen mit systemspezifischen Befestigungsmitteln,
– – – – – – befestigen mit ....... ,
– – – – – – Erzeugnis .......
(Sofern nicht vorgeschrieben, vom Bieter einzutragen.).
– – – – – – Erzeugnis .......
oder gleichwertiger Art,
Erzeugnis .......
(Vom Bieter einzutragen.).

**Faserzementplatten**

818 Beplankung/Bekleidung aus Faserzementplatten,
– beidseitig,
– 1. Seite,
– 2. Seite,
– einseitig,
Verarbeitung:
– – einlagig,
– – zweilagig,
– – Anzahl der Lagen ....... ,
– – Verarbeitung nach Herstellervorschrift, einlagig,
– – Verarbeitung nach Herstellervorschrift, zweilagig,
– – Verarbeitung ....... ,
Beschichtung:
– – – grundiert,
– – – Sichtseite farbgrundiert,
– – – Sichtseite beschichtet, Farbton ....... ,
– – – Sichtseite ....... ,
Abmessungen:
– – – – Plattendicke 6 mm,
– – – – Plattendicke 8 mm,
– – – – Plattendicke 10 mm,
– – – – Plattendicke 12 mm,
– – – – Plattendicke 15 mm,
– – – – Plattendicke 20 mm,
– – – – Plattendicke in mm ....... ,
– – – – Plattenbreite in mm ....... ,
– – – – Plattenlänge in mm ....... ,
– – – – Plattenbreite/-länge in mm ....... ,
Verlege-/Befestigungsart:
– – – – – Platten stumpf stoßen,
– – – – – Platten stumpf stoßen, Stoßbearbeitung ....... ,
– – – – – Fugen offen, Fugenbreite in mm ...... ,
– – – – – Platten mit profilierten Längskanten, Profilbild ....... ,
– – – – – Platten mit profilierten Längs- und Querkanten, Profilbild ....... ,
– – – – – befestigen mit Schrauben,
– – – – – befestigen mit Nieten,
– – – – – befestigen mt Nägeln,
– – – – – befestigen mit Hutprofilen ....... ,
– – – – – befestigen mit systemspezifischen Befestigungsmitteln,
– – – – – befestigen mit .......
Erzeugnis:
– – – – – – Erzeugnis .......
(Sofern nicht vorgeschrieben, vom Bieter einzutragen.).
– – – – – – Erzeugnis .......
oder gleichwertiger Art,
Erzeugnis .......
(Vom Bieter einzutragen.).

**Besondere Leistungen, Zulagen**

820 Durchdringung,

821 Besondere Leistung ....... ,

Einzelangaben zu Pos. 820 und 821
– für Abschottung,
– für Abschottung, ....... ,
– für Schürze,
– für Schürze, ....... ,
– als Zulage für Abschottung,
– als Zulage für Schürze,
Lage:
– – oben,
– – unten,
– – seitlich,
– – umlaufend,
– – ....... ,
Neigung/Winkeligkeit:
– – – rechtwinklig,
– – – schiefwinklig,
– – – geneigt,
– – – ....... ,
Abmessungen:
– – – – Breite in mm ....... ,
– – – – Länge in mm ....... ,
– – – – Durchmesser in mm ....... ,
– – – – Maße in mm ....... ,
Ausführung:
– – – – – Ausführung ....... ,
– – – – – Ausführung gemäß Zeichnung Nr ....... ,
– – – – – Ausführung gemäß Einzelbeschreibung Nr ...,
– – – – – Ausführung gemäß Einzelbeschreibung Nr ..., und Zeichnung Nr ....... ,
– – – – – Berechnungseinheit St, m, m².

# LB 039 Trockenbauarbeiten
## Luft-, Kabelkanäle; Trockenunterböden

STLB 039

Ausgabe 06.01

Leitbeschreibung

**825 Kabelkanal,**
- Feuerwiderstandsklasse DIN 4102-11 I 30,
- Feuerwiderstandsklasse DIN 4102-11 I 90,
- Feuerwiderstandsklasse DIN 4102-12 E 30, mit Funktionserhalt,
- Feuerwiderstandsklasse DIN 4102-12 E 90, mit Funktionserhalt,
- Feuerwiderstandsklasse ....... ,

**826 Luftkanal,**
- als Bekleidung eines Stahlblechkanals,
  - – Feuerwiderstandsklasse DIN 4102-6 L 30,
  - – Feuerwiderstandsklasse DIN 4102-6 L 60,
  - – Feuerwiderstandsklasse DIN 4102-6 L 90,
  - – Feuerwiderstandsklasse DIN 4102-6 L 120,
  - – Feuerwiderstandsklasse ...... ,

Einzelangaben zu Pos. 825 und 826
Einbauhöhe/Höhe:
- – – abgehängt, Einbauhöhe in m ....... ,
  Abhängehöhe in cm ...... ,
- – – zweiseitig, Einbauhöhe der Unterkante in m ....... ,
- – – dreiseitig, Einbauhöhe der Unterkante in m ....... ,
- – – senkrecht, Höhe in m ....... ,
- – – senkrecht, zweiseitig, Höhe in m ....... ,
- – – senkrecht, dreiseitig, Höhe in m ....... ,
- – – geneigt ....... ,

Abmessungen:
- – – – Kanalmaße innen B/H in mm ....... ,

Anbringung an:
- – – – – Befestigungsgrund Stahlbeton,
- – – – – Befestigungsgrund Mauerwerk ....... ,
- – – – – Befestigungsgrund Stahl,
- – – – – Befestigungsgrund Holz,
- – – – – Befestigungsgrund Leichtbeton,
- – – – – Befestigungsgrund Trapezblech,
- – – – – Befestigungsgrund ....... ,

Ausführung:
- – – – – – Ausführung ....... ,
- – – – – – Ausführung gem. Zeichnung Nr ....
- – – – – – Ausführung gemäß Einzelbeschreibung Nr ....... ,
- – – – – – Ausführung gemäß Einzelbeschreibung Nr ....... , und Zeichnung Nr ....... ,

Erzeugnis/Berechnungseinheit
- – – – – – Erzeugnis ....... (Sofern nicht vorgeschrieben, vom Bieter einzutragen.),
- – – – – – Erzeugnis/System ....... oder gleichwertiger Art, Erzeugnis/System ....... (Vom Bieter einzutragen.),
- – – – – – Berechnungseinheit m².

Besondere Leistungen, Zulagen

**830 Kabeldurchführung,**
- lichtes Öffnungsmaß B/H in mm ....... ,
  - – Verfüllen der Restöffnung und Hinterfüttern mit Gipsmörtel DIN 4102-4,
  - – Verfüllen der Restöffnung und Hinterfüttern mit ....... ,

**831 Umlenkung,**

**832 Abzweig,**

**833 Querschnittsänderung,**

**834 Sollbruchstelle,**

**835 Besondere Leistung ....... ,**
- Maße in mm ....... ,

Einzelangaben zu Pos. 830 bis 835
- – – für Kabelkanal,
- – – für Kabelkanal ....... ,
- – – als Zulage für Kabelkanal,
Feuerwiderstandsklasse:
- – – – Feuerwiderstandsklasse DIN 4102-11 I 30,
- – – – Feuerwiderstandsklasse DIN 4102-11 I 90,
- – – – Feuerwiderstandsklasse DIN 4102-12 E 30,
- – – – Feuerwiderstandsklasse DIN 4102-12 E 90,
- – – für Luftkanal,
- – – für Luftkanal ....... ,
- – – als Zulage für Luftkanal,
Feuerwiderstandsklasse:
- – – – Feuerwiderstandsklasse DIN 4102-6 L 30,
- – – – Feuerwiderstandsklasse DIN 4102-6 L 60,
- – – – Feuerwiderstandsklasse DIN 4102-6 L 90,
- – – – Feuerwiderstandsklasse DIN 4102-6 L 120,
- – – – Feuerwiderstandsklasse ....... ,
- – – – – Ausführung ....... ,
- – – – – Ausführung gem. Zeichnung Nr ....... ,
- – – – – Ausführung gemäß Einzelbeschreibung Nr ....... ,
- – – – – Ausführung gemäß Einzelbeschreibung Nr ....... und Zeichnung Nr ....... ,
- – – – – Berechnungseinheit Stück.

Leitbeschreibung

**84_ Trockenunterboden,**
Hinweis:
Trockenunterböden nicht für Nassräume oder Räume mit Bodenabläufen verwenden.
Nenndicke (als 3. Stelle zu 84_)
1 Nenndicke 19 mm,
2 Nenndicke 20 mm,
3 Nenndicke 22 mm,
4 Nenndicke 25 mm,
5 Nenndicke 28 mm,
6 Nenndicke 36 mm,
7 Nenndicke in mm ....... ,

Materialart:
- – – aus Gipskartonplatten DIN 18189,
- – – aus Gipsfaserplatten,
- – – aus Spanplatten als Flachpressplatten DIN 68763,
- – – aus Kalziumsilikatplatten,
- – – aus zementgebundenen Holzspanplatten,
- – – aus ....... ,

Verbundelement mit Dämmschicht:
- – – – als Verbundelement mit Wärmedämmschicht aus Schaumkunststoff DIN 18164-1, Wärmeleitfähigkeitsgruppe ....... , Mindestdämmschichtdicke in mm ....... ,
- – – – als Verbundelement mit Trittschalldämmschicht aus Schaumkunststoff DIN 18164-2, Typ TK, dynamische Steifigkeit in MN/m³ ....... , Mindestdämmschichtdicke unter Belastung in mm ....... ,
- – – – als Verbundelement mit Trittschalldämmschicht aus Faserdämmstoff DIN 18165-2, Typ TK, dynamische Steifigkeit in MN/m³ ....... , Mindestdämmschichtdicke unter Belastung in mm ....... ,
- – – – als Verbundelement mit Wärmedämmschicht aus ....... , Wärmeleitfähigkeitsgruppe ....... , Mindestdämmschichtdicke in mm ....... ,
- – – – als Verbundelement mit Trittschalldämmschicht aus ....... , Typ TK, dynamische Steifigkeit in MN/m³ ....... , Mindestdämmschichtdicke unter Belastung in mm ....... ,

Unterlage/mit Ausgleich-/Dämm-/Trennschicht:
- – – – – auf Beton,
- – – – – auf Holzbalkendecke,
- – – – – auf Fußbodenheizung,
- – – – – auf ....... ,
- – – – – mit Ausgleichsschicht,
- – – – – mit Ausgleichsschicht ....... ,
- – – – – mit Dämmschicht,
- – – – – mit Dämmschicht ....... ,
- – – – – mit Trennschicht,
- – – – – mit Trennschicht ....... ,
- – – – mit ....... ,

# LB 039 Trockenbauarbeiten
## Trockenunterböden

Einzelangaben zu Pos. 841 bis 847
**Hinweis:**
Detaillierte Beschreibungen für Ausgleich-, Dämm- und Trennschichten siehe LB 025 Estricharbeiten.
Feuerwiderstands-/Brandklasse:
- – – – – Feuerwiderstandsklasse DIN 4102-2 F 30, Brandbelastung von der Deckenoberseite,
- – – – – Feuerwiderstandsklasse DIN 4102-2 F 60, Brandbelastung von der Deckenoberseite,
- – – – – Feuerwiderstandsklasse DIN 4102-2 F 90, Brandbelastung von der Deckenoberseite,
- – – – – Feuerwiderstandsklasse ......... , Brandbelastung von der Deckenoberseite,
- – – – – Baustoffe der Baustoffklasse A DIN 4102-1,
- – – – – Baustoffe der Baustoffklasse A1 DIN 4102-1,
- – – – – Baustoffe der Baustoffklasse A2 DIN 4102-1,
- – – – – Baustoffe der Baustoffklasse B1 DIN 4102-1,

zur Aufnahme von ...:
- – – – – – zur Aufnahme von elastischen/textilen Belägen,
- – – – – – zur Aufnahme von Parkett,
- – – – – – zur Aufnahme von Holzpflaster,
- – – – – – zur Aufnahme von Fliesen- und Plattenbelägen im Dünnbett,
- – – – – – zur Aufnahme von Kunstharzestrich,
- – – – – – zur Aufnahme von Versiegelungen und Beschichtungen,
- – – – – – zur Aufnahme von........ ,

Ausführung:
- stuhlrollenfest,
- Ausführung ........ ,
- Ausführung ....... gemäß Zeichnung Nr ........ ,
- Ausführung ....... gemäß Einzelbeschreibung Nr ........ ,
- Ausführung ....... gemäß Einzelbeschreibung Nr ....... und Zeichnung Nr ........ ,
- stuhlrollenfest, Ausführung ........ ,
- stuhlrollenfest, Ausführung gemäß Zeichnung Nr ........ ,
- ........ , Ausführung gemäß Einzelbeschreibung Nr ........ ,
- stuhlrollenfest, Ausführung gemäß Einzelbeschreibung Nr ....... und Zeichnung Nr ........ ,

Erzeugnis/System:
- – – Erzeugnis/System ........ (Sofern nicht vorgeschrieben, vom Bieter einzutragen.).
- – – Erzeugnis/System ........ oder gleichwertiger Art, Erzeugnis/System ........ (Vom Bieter einzutragen.).
- – – – Berechnungseinheit m².

**Besondere Leistungen, Zulagen**

850 **Anschluss,**
- an runde Stützen,
- an eckige Stützen,
- an gekrümmte Wände,
- an schräge Wände,
  - – – Berechnungseinheit m

851 Bewegungsfuge in Trockenunterboden,

852 Fuge ..... ,

Einzelangaben zu Pos. 851 und 852
Fugenbearbeitung:
- – – füllen,
- – – füllen und abdecken,
- – – einschneiden,
- – – einschneiden und füllen,
- – – einschneiden, füllen und abdecken,
- – – abdecken,

Füllstoff:
- – – – Füllstoff bitumengebundene Vergussmasse,
- – – – Füllstoff elastische Fugendichtungsmasse,
- – – – Füllstoff plastische Fugendichtungsmasse,
- – – – Füllstoff Schaumkunststoffstreifen DIN 18164-2,
- – – – Füllstoff mineralische Faserdämmstoffstreifen DIN 18165-2,
- – – – Füllstoff, Erzeugnis ....... , (Sofern nicht vorgeschrieben, vom Bieter einzutragen.),
- – – – Füllstoff, Erzeugnis ....... oder gleichwertiger Art, Erzeugnis ....... , (Vom Bieter einzutragen.),
- – – – Füllstoff ....... ,

Beständigkeit gegen .../Fugenvorbehandlung:
- – – – beständig gegen Öle und Fette,
- – – – beständig gegen Säuren,
- – – – beständig ....... ,
- – – – Fugenunterfüllung und Fugenvorbehandlung nach Vorschrift des Füllstoffherstellers,
- – – – Fugen ....... ,

Fugenprofil:
- – – – – Fugenprofil aus PVC weich,
- – – – – Fugenprofil aus PVC hart,
- – – – – Fugenprofil aus Stahl,
- – – – – Fugenprofil aus verzinktem Stahl,
- – – – – Fugenprofil aus Stahl, kunststoffbeschichtet,
- – – – – Fugenprofil aus Messing,
- – – – – Fugenprofil aus Aluminium,
- – – – – Fugenprofil, Erzeugnis/Typ ....... , (Sofern nicht vorgeschrieben, vom Bieter einzutragen.),
- – – – – Fugenprofil, oder gleichwertiger Art, Erzeugnis/Typ ....... , (Vom Bieter einzutragen.),

Fugenabmessungen:
- – – – – Fugenbreite bis 5 mm,
- – – – – Fugenbreite über 5 bis 10 mm,
- – – – – Fugenbreite über 10 bis 15 mm,
- – – – – Fugenbreite über 15 bis 20 mm,
- – – – – Fugenbreite in mm ....... ,
- – – – – Fugentiefe bis 10 mm,
- – – – – Fugentiefe über 10 bis 20 mm,
- – – – – Fugentiefe über 20 bis 30 mm,
- – – – – Fugentiefe über 30 bis 40 mm,
- – – – – Fugentiefe über 40 bis 50 mm,
- – – – – Fugentiefe in mm ....... ,

Ausführung:
- – – – – Ausführung ....... ,
- – – – – Ausführung gemäß Zeichnung Nr....... ,
- – – – – Ausführung gemäß Einzelbeschreibung Nr ....... ,
- – – – – Ausführung gemäß Einzelbeschreibung Nr ....... und Zeichnung Nr ....... ,
- – – – – Berechnungseinheit m.

# LB 039 Trockenbauarbeiten
## Doppelböden

STLB 039

Ausgabe 06.01

**Leitbeschreibung**

86_ **Doppelboden,**
Rastermaß (als 3. Stelle zu 86_)
1 Rastermaß 600 mm x 600 mm,
  geeignet für relative Luftfeuchtigkeit von 40 bis 65%,
2 Rastermaß in mm ....... ,
  geeignet für relative Luftfeuchtigkeit von 40 bis 65%,
3 Rastermaß 600 mm x 600 mm,
  geeignet für relative Luftfeuchtigkeit in% ....... ,
4 Rastermaß in mm ....... ,
  geeignet für relative Luftfeuchtigkeit in % ....... ,
Gesamtbauhöhe/lichte Höhe:
– Gesamtbauhöhe OKFF bis 100 mm,
– Gesamtbauhöhe OKFF über 100 bis 200 mm,
– Gesamtbauhöhe OKFF über 200 bis 300 mm,
– Gesamtbauhöhe OKFF über 300 bis 400 mm,
– Gesamtbauhöhe OKFF über 400 bis 500 mm,
– Gesamtbauhöhe OKFF über 500 bis 600 mm,
– Gesamtbauhöhe OKFF über 600 bis 800 mm,
– Gesamtbauhöhe OKFF in mm ....... ,
– lichte Höhe in mm ....... ,
Flächenbelastbarkeit/Einzellasttragfähigkeit:
– – Flächenbelastbarkeit 10 kN/m²,
– – Flächenbelastbarkeit 20 kN/m²,
– – Flächenbelastbarkeit 30 kN/m²,
– – Flächenbelastbarkeit in kN/m² ....... ,
  – – – statische Einzellasttragfähigkeit 2 kN,
  – – – statische Einzellasttragfähigkeit 3 kN,
  – – – statische Einzellasttragfähigkeit 4 kN,
  – – – statische Einzellasttragfähigkeit 5 kN,
  – – – statische Einzellasttragfähigkeit in kN ....... ,
Schalllängsdämmmaß/Normtrittschallpegel:
  – – – – bewertetes Schalllängsdämmmaß (ohne Belag) DIN 4109 $R_{L,w,R}$ in dB ....... ,
  – – – – bewertetes Schalllängsdämmmaß (ohne Belag), horizontal, DIN 4109 $R_{L,w,R}$ in dB ....... ,
  – – – – bewertetes Schalllängsdämmmaß (ohne Belag), vertikal, DIN 4109 $R_{L,w,R}$ in dB ....... ,
  – – – – bewertetes Schalllängsdämmmaß (ohne Belag), horizontal, DIN 4109 $R_{L,w,R}$ in dB ....... , vertikal, DIN 4109 $R_{L,w,R}$ in dB ....... ,
  – – – – bewerteter Normtrittschallpegel (ohne Belag) DIN 4109 $L_{n,w,R}$ in dB ....... ,
  – – – – bewertetes Schalllängsdämmmaß (ohne Belag) DIN 4109 $R_{L,w,R}$ in dB ....... , bewerteter Normtrittschallpegel (ohne Belag) DIN 4109 $L_{n,w,R}$ in dB ....... ,
  – – – – bewertetes Schalllängsdämmmaß (ohne Belag), horizontal, DIN 4109 $R_{L,w,R}$ in dB ....... , bewerteter Normtrittschallpegel (ohne Belag) DIN 4109 $L_{n,w,R}$ in dB ....... ,
  – – – – bewertetes Schalllängsdämmmaß (ohne Belag), vertikal, DIN 4109 $R_{L,w,R}$ in dB ....... , bewerteter Normtrittschallpegel (ohne Belag) DIN 4109 $L_{n,w,R}$ in dB ....... ,
  – – – – bewertetes Schalllängsdämmmaß (ohne Belag), horizontal, DIN 4109 $R_{L,w,R}$ in dB ....... , vertikal, DIN 4109 $R_{L,w,R}$ in dB ....... , bewerteter Normtrittschallpegel (ohne Belag) DIN 4109 $L_{n,w,R}$ in dB ....... ,
Feuerwiderstandsklasse/Baustoffklasse:
  – – – – – Feuerwiderstandsklasse DIN 4102-2 F 30-A, aus dem Hohlraum zum Schutz des darüberliegenden Raumes,
  – – – – – Feuerwiderstandsklasse DIN 4102-2 F 30-AB, aus dem Hohlraum zum Schutz des darüberliegenden Raumes,
  – – – – – Feuerwiderstandsklasse DIN 4102-2 F 30-B, aus dem Hohlraum zum Schutz des darüberliegenden Raumes,
  – – – – – Feuerwiderstandsklasse DIN 4102-2 F 60-A, aus dem Hohlraum zum Schutz des darüberliegenden Raumes,
  – – – – – Feuerwiderstandsklasse DIN 4102-2 F 60-AB, aus dem Hohlraum zum Schutz des darüberliegenden Raumes,
  – – – – – Baustoffe der Baustoffklasse A DIN 4102-1,
  – – – – – Baustoffe der Baustoffklasse 1 DIN 4102-1,
  – – – – – Baustoffe der Baustoffklasse 2 DIN 4102-1,
  – – – – – Baustoffe der Baustoffklasse B 1 DIN 4102-1,

**Hinweis:**
Besondere Anforderungen können sein: Leitfähigkeit, Isolierung, Antistatik usw.
Anforderungen/Ausführung:
– besondere Anforderungen ....... ,
– Ausführung ....... ,
– Ausführung gemäß Zeichnung Nr ....... ,
– Ausführung gemäß Einzelbeschreibung Nr ....... ,
– Ausführung gemäß Einzelbeschreibung Nr ....... und Zeichnung Nr ....... ,
– besondere Anforderungen ....... , Ausführung ....... ,
– besondere Anforderungen ....... , Ausführung gemäß Zeichnung Nr ....... ,
– besondere Anforderungen ....... , Ausführung gemäß Einzelbeschreibung Nr ....... ,
  besondere Anforderungen ....... , Ausführung gemäß Einzelbeschreibung Nr ....... und Zeichnung Nr ....... ,
Erzeugnis/System:
– – Erzeugnis/System ....... (Sofern nicht vorgeschrieben, vom Bieter einzutragen.).
– – Erzeugnis/System ....... oder gleichwertiger Art, Erzeugnis/System ....... (Vom Bieter einzutragen.).
– – Ausführung wie folgt:
– – Erzeugnis/System ....... , (Sofern nicht vorgeschrieben, vom Bieter einzutragen.), Ausführung wie folgt:
– – Erzeugnis/System ....... , oder gleichwertiger Art, Erzeugnis/System ....... (Vom Bieter einzutragen.), Ausführung wie folgt:
  – – – Berechnungseinheit m².

**Unterkonstruktionen**

870 **Unterkonstruktion,**
Material:
– aus verzinktem Stahl,
– aus ....... ,
Konstruktionsart:
– – als Einzelstützen,
– – als Einzelstützen mit Traversen,
– – als Schaltwartenkonstruktion,
– – als ....... ,
Unterlage:
– – – auf Beton,
– – – auf Holz,
– – – auf Estrich,
– – – auf ....... ,
Befestigung:
– – – – kleben,
– – – – kleben und dübeln,
– – – – befestigen ....... ,

**STLB 039**

Ausgabe 06.01

## LB 039 Trockenbauarbeiten
### Doppelböden

**Oberbeläge**

875 **Oberbelag**
 Material:
 – Velours,
 – Nadelfilz,
 – PC,
 – Linoleum,
 – Kautschuk,
 – ....... ,
  – – isolierend,
   – – – antistatisch,
    – – – – elektrostatisch leitfähig/ableitend,
    – – – – ....... ,
 Erzeugnis:
     – – – – – Erzeugnis ....... ,
     (Sofern nicht vorgeschrieben, vom Bieter einzutragen.).
     – – – – – Erzeugnis ....... oder gleichwertiger Art,
     Erzeugnis ....... (Vom Bieter einzutragen.).

**Sonstige Leistungen, Zulagen**

880 **Abschottung im Hohlraum,**
881 **Frontbekleidung,**
 – Höhe in mm ....... ,
 Schalldämmmaß/Anforderungen:
  – – bewertetes Schalldämmmaß DIN 4109 $R_{w,R}$ in dB ....... ,
  – – Wärmedurchgangskoeffizient DIN 4108-2, k-Wert in W/(m²K) ....... ,
  – – bewertetes Schalldämmmaß DIN 4109 $R_{w,R}$ in dB ....... ,
  Wärmedurchgangskoeffizient DIN 4108-2, k-Wert in W/(m²K) ....... ,
  – – besondere Anforderungen ....... ,
 Feuerwiderstandsklasse:
   – – – Feuerwiderstandsklasse DIN 4102-2 F 30,
   – – – Feuerwiderstandsklasse DIN 4102-2 F 60,
   – – – Feuerwiderstandsklasse DIN 4102-2 F 90,
   – – – Feuerwiderstandsklasse ....... ,
    – – – – - A
    – – – – - AB
    – – – – - B
    – – – – - B, Beplankung/Bekleidung Baustoffkl. A DIN 4102-1,
    – – – – - B, Beplankung/Bekleidung Baustoffkl. A 1 DIN 4102-1,
    – – – – - B, Beplankung/Bekleidung Baustoffkl. A 2 DIN 4102-1,
    – – – – - B, Beplankung/Bekleidung Baustoffkl. B 1 DIN 4102-1,
 Baustoffklasse:
    – – – – Baustoffe der Baustoffklasse A DIN 4102-1,
    – – – – Baustoffe der Baustoffklasse A 1 DIN 4102-1,
    – – – – Baustoffe der Baustoffklasse A 2 DIN 4102-1,
    – – – – Baustoffe der Baustoffklasse B 1 DIN 4102-1,
 Ausführung:
    – – – – ....... ,
     – – – – – Ausführung gemäß Zeichnung Nr ....... ,
     – – – – – Ausführung gemäß Einzelbeschreibung Nr .... ,
     – – – – – Ausführung gemäß Einzelbeschreibung Nr .... und Zeichnung Nr ....... ,
 Berechnungseinheit:
     – – – – – Berechnungseinheit m.

882 **Ausschnitt,**
 – als Zulage zum Doppelboden,
  – – Durchmesser in mm ....... ,
  – – Maße L/B in mm ....... ,
  – – Maße in mm ....... ,
   – – – Berechnungseinheit Stück.

883 **Treppe, Breite in mm** ....... ,
 – Anzahl der Steigungen ....... ,
  – – Berechnungseinheit Stück.

884 **Rampe, Breite in mm** ....... ,
 – Steigung max. 10%,
 – Steigung in % ....... ,
  – – aus Riffelgummi,
  – – Belag ....... ,
   – – – Berechnungseinheit m².

885 **Geländer,**
 – aus Aluminium,
 – aus verzinktem Stahl,
 – aus nichtrostendem Stahl,
 – aus ....... ,
  – – Berechnungseinheit m.

886 **Anschluss,**
 – an runde Stütze,
 – an eckige Stütze,
 – an gekrümmte Wände,
 – an schräge Wände,
  – – Berechnungseinheit m.

887 **Sockelleiste,**
 – aus PVC,
 – aus Aluminium,
 – aus Holz,
 – aus ....... ,
  – – mit Oberbelag aus Velours,
  – – mit Oberbelag aus Nadelfilz,
  – – mit Oberbelag aus PVC,
  – – mit Oberbelag aus Linoleum,
  – – mit Oberbelag aus Kautschuk,
  – – mit Oberbelag ....... ,
   – – – Berechnungseinheit m.

**Einbauteile, Beschichtungen**

890 **Lüftungsplatte**
 – als Schlitzplatte,
 – als Lochreihenplatte,
  – – freier Querschnitt in % ....... ,
 – als Drallauslassplatte, Anzahl der Drallauslässe ....... ,
  – – Berechnungseinheit Stück.

891 **Elektrant**
 – für 2 Einbauteile,
 – für 3 Einbauteile,
 – für 4 Einbauteile,
 – für 6 Einbauteile,
 – für 9 Einbauteile,
 – für Einbauteile, Anzahl ....... ,
  – – Deckel mit Belageinlage,
   – – – Erzeugnis ....... ,
   (Sofern nicht vorgeschrieben, vom Bieter einzutragen.),
   – – – Erzeugnis ....... oder gleichwertiger Art,
   Erzeugnis ....... (Vom Bieter einzutragen.),
    – – – – Berechnungseinheit Stück.

892 **Überbrückungsträger,**
 – zur Überbrückung von einer entfallenden Stütze,
 – zur Überbrückung von 2 entfallenden Stützen,
 – zur Überbrückung von 3 entfallenden Stützen,
 – zur Überbrückung ....... ,
  – – Berechnungseinheit Stück.

893 **Reinigen**
 – des Rohbodens durch Kehren und Saugen,
  – – Berechnungseinheit m².

894 **Versiegelung des Rohbodens,**
 – auf PU-Basis, 2 komponentig, lösemittelarm,
 – auf Dispersionsbasis,
  – – Berechnungseinheit m².

895 **Abdecken,**
 – mit PE-Folie,
 – mit PE-Folie und Hartfaserplatte,
 – mit ....... ,
  – – Fugen verkleben,
   – – – einschl. Wiederaufnehmen vor Bauübergabe,
    – – – – Berechnungseinheit m².

# LB 039 Trockenbauarbeiten
## Hohlraumböden

Ausgabe 06.01

**Leitbeschreibung**

90_ Hohlraumboden,
Material Tragschicht (als 3. Stelle zu 90_)
1 tragende Schicht aus Nassestrich,
2 tragende Schicht aus Nassestrich ....... ,
3 tragende Schicht aus Trockenunterboden,
4 tragende Schicht aus Trockenunterboden ....... ,
5 tragende Schicht ....... ,
Abmessungen:
– Stützfuß-Rastermaß 200 mm x 200 mm,
– Stützfuß-Rastermaß 600 mm x 600 mm,
– Stützfuß-Rastermaß in mm ....... ,
 – – Aufbauhöhe (ohne Bodenbelag) bis 70 mm,
 – – Aufbauhöhe (ohne Bodenbelag)
  über 70 bis 100 mm,
 – – Aufbauhöhe (ohne Bodenbelag)
  über 100 bis 130 mm,
 – – Aufbauhöhe (ohne Bodenbelag)
  über 130 bis 160 mm,
 – – Aufbauhöhe (ohne Bodenbelag) in mm ....... ,
 – – lichte Höhe in mm ....... ,
 – – lichte Höhe in mm ....... ,
  freier Querschnitt zur Gesamtkonstruktion
  in % ....... ,
 – – lichte Höhe in mm ....... ,
  freier Querschnitt zur Gesamtkonstruktion
  in % ....... ,
Installationsrichtung ....... , (Sofern nicht vorgeschrieben, vom Bieter einzutragen.),
Einzellasttragfähigkeit:
 – – – statische Einzellasttragfähigkeit 2 kN,
 – – – statische Einzellasttragfähigkeit 3 kN,
 – – – statische Einzellasttragfähigkeit 4 kN,
 – – – statische Einzellasttragfähigkeit 5 kN,
 – – – statische Einzellasttragfähigkeit in kN ....... ,
 – – – statische Einzellasttragfähigkeit in kN ....... ,
Flächenbelastbarkeit in kN/m² ....... ,
Schalllängsdämmmaß/ Normtrittschallpegel:
 – – – – bewertetes Schalllängsdämmmaß (ohne
  Belag) DIN 4109 $R_{L,w,R}$ in dB ....... ,
 – – – – bewertetes Schalllängsdämmmaß (ohne
  Belag),
  horizontal, DIN 4109 $R_{L,w,R}$ in dB ....... ,
 – – – – bewertetes Schalllängsdämmmaß (ohne
  Belag), vertikal,
  DIN 4109 $R_{L,w,R}$ in dB ....... ,
 – – – – bewertetes Schalllängsdämmmaß (ohne
  Belag), horizontal,
  DIN 4109 $R_{L,w,R}$ in dB ....... ,
  vertikal, DIN 4109 $R_{L,w,R}$ in dB ....... ,
 – – – – bewerteter Normtrittschallpegel (ohne
  Belag) DIN 4109 $L_{n,w,R}$ in dB ....... ,
 – – – – bewertetes Schalllängsdämmmaß (ohne
  Belag) DIN 4109 $R_{L,w,R}$ in dB ....... ,
  bewerteter Normtrittschallpegel (ohne
  Belag) DIN 4109 $L_{n,w,R}$ in dB ....... ,
 – – – – bewertetes Schalllängsdämmmaß (ohne
  Belag), horizontal,
  DIN 4109 $R_{L,w,R}$ in dB ....... ,
  bewerteter Normtrittschallpegel (ohne
  Belag) DIN 4109 $L_{n,w,R}$ in dB ....... ,
 – – – – bewertetes Schalllängsdämmmaß (ohne
  Belag), vertikal,
  DIN 4109 $R_{L,w,R}$ in dB ....... ,
  bewerteter Normtrittschallpegel (ohne
  Belag) DIN 4109 $L_{n,w,R}$ in dB ....... ,
 – – – – bewertetes Schalllängsdämmmaß (ohne
  Belag), horizontal,
  DIN 4109 $R_{L,w,R}$ in dB ....... ,
  vertikal, DIN 4109 $R_{L,w,R}$ in dB ....... ,
  bewerteter Normtrittschallpegel (ohne
  Belag) DIN 4109 $L_{n,w,R}$ in dB ....... ,

Hinweis:
Nur für Hohlraumböden mit einer lichten Höhe über
200 mm gelten die vorgenannten Anstriche 3 bis 5.
Baustoff-/Feuerwiderstandsklasse:
 – – – – – Baustoffe der Baustoffklasse A
  DIN 4102-1,
 – – – – – Baustoffe der Baustoffklasse B 1
  DIN 4102-1,
 – – – – – Feuerwiderstandsklasse DIN 4102-2
  F 30-AB,
  aus dem Hohlraum zum Schutz des
  darüberliegenden Raumes,
 – – – – – Feuerwiderstandsklasse DIN 4102-2
  F 60-AB,
  aus dem Hohlraum zum Schutz des
  darüberliegenden Raumes,
 – – – – – Feuerwiderstandsklasse DIN 4102-2
  F 90-AB,
  aus dem Hohlraum zum Schutz des
  darüberliegenden Raumes,
 – – – – – ....... ,
Hinweis:
Unter besonderen Anforderungen können Angaben über
Luftführung gemacht werden.
Ausführung:
 – – – – – besondere Anforderungen ....... ,
 – – – – – Ausführung ....... ,
 – – – – – Ausführung gemäß Zeichnung
  Nr ....... ,
 – – – – – Ausführung gemäß Einzelbeschreibung Nr .... ,
 – – – – – Ausführung gemäß Einzelbeschreibung Nr .... und Zeichnung Nr ....... ,
 – – – – – besondere Anforderungen ... ,
  Ausführung ....... ,
 – – – – – besondere Anforderungen ....... ,
  Ausführung gemäß Zeichnung
  Nr ....... ,
 – – – – – besondere Anforderungen ....... ,
  Ausführung gemäß Einzelbeschreibung Nr .... ,
 – – – – – besondere Anforderungen ....... ,
  Ausführung gemäß Einzelbeschreibung Nr .... und Zeichnung Nr ....... ,
– Erzeugnis/System ....... ,
 (Sofern nicht vorgeschrieben, vom Bieter einzutragen.),
– Erzeugnis/System ....... oder gleichwertiger Art,
 Erzeugnis/System ....... , (Vom Bieter einzutragen),
– Ausführung wie folgt:
– Erzeugnis/System ....... ,
 (Sofern nicht vorgeschrieben, vom Bieter einzutragen.),
 Ausführung wie folgt:
– Erzeugnis/System ....... oder gleichwertiger Art,
 Erzeugnis/System ....... , (Vom Bieter einzutragen.),
 Ausführung wie folgt:
 – – Berechnungseinheit m².

**Unterkonstruktionen**

908 Unterkonstruktion,
– aus Schalungselementen,
– aus ....... ,
 – – mit angeformten Tragfüßen,
 – – mit Einzelstützen,
  – – – auf Beton,
  – – – auf Holz,
  – – – auf Estrich,
  – – – auf ....... ,

**STLB 039**

Ausgabe 06.01

## LB 039 Trockenbauarbeiten
### Hohlraumböden

**Sonstige Leistungen, Zulagen**

**910 Abschottung im Hohlraum,**
- Höhe in mm ....... ,
Schalldämmmaß:
- – bewertetes Schalldämmmaß DIN 4109 $R_{w,R}$ in dB, ....... ,
- – Wärmedurchgangskoeffizient DIN 4108-2, k-Wert in W/(m²K) ....... ,
- – bewertetes Schalldämmmaß DIN 4109 $R_{w,R}$ in dB, ....... , Wärmedurchgangskoeffizient DIN 4108-2, k-Wert in W/(m²K) ....... ,
- – besondere Anforderungen ....... ,
Feuerwiderstandsklasse:
- – – Feuerwiderstandsklasse DIN 4102-2 F 30,
- – – Feuerwiderstandsklasse DIN 4102-2 F 60,
- – – Feuerwiderstandsklasse DIN 4102-2 F 90,
- – – Feuerwiderstandsklasse ....... ,
Ausführung:
- – – – Ausführung ....... ,
- – – – Ausführung gemäß Zeichnung Nr ....... ,
- – – – Ausführung gemäß Einzelbeschreibung Nr ....... ,
- – – – Ausführung gemäß Einzelbeschreibung Nr ....... und Zeichnung Nr ....... ,
- – – – – Berechnungseinheit m.

**911 Aussparungen durch Schalkörper,**

**912 Bohrung,**
- als Zulage zum Hohlraumboden,
Durchmesser/Maße:
- – Durchmesser 215 mm,
- – Durchmesser 305 mm,
- – Durchmesser in mm ....... ,
- – Maße L/B in mm ....... ,
- – Maße in mm ....... ,
- – – Berechnungseinheit Stück.

**913 Abstellung des Hohlraumbodens,**
- nichtbleibend (provisorisch),
- bleibend,
- – mit Winkeln aus Messing,
- – mit Winkeln aus Aluminium,
- – mit Winkeln aus verzinktem Stahl,
- – mit Winkeln aus nichtrostendem Stahl,
- – mit Winkeln ....... ,
- – – mit höhenverstellbarer Belagschutzkante,
- für Höhenversprung zur Aufnahme unterschiedlicher Beläge,

**914 Wandanschluß,**
- als Zulage zum Hohlraumboden,
- – bei schrägen Wänden,
- – bei gekrümmten Wänden,
- – zur Aufnahme von Heizungsrohren,
- – ....... ,

**Einzelangaben** zu Pos. 913 und 914
Ausführung:
- – – Ausführung ....... ,
- – – Ausführung gemäß Zeichnung Nr ....... ,
- – – Ausführung gemäß Einzelbeschreibung Nr ....... ,
- – – Ausführung gemäß Einzelbeschreibung Nr ....... und Zeichnung Nr ....... ,
- – – – Berechnungseinheit m.

**915 Bewegungsfuge in Hohlraumboden,**

**916 Fuge ....... ,**
- füllen,
- füllen und abdecken,
- einschneiden,
- einschneiden und füllen,
- einschneiden, füllen und abdecken,
- abdecken,
Füllstoff:
- – Füllstoff bitumengebundene Vergussmasse,
- – Füllstoff elastische Fugendichtungsmasse,
- – Füllstoff plastische Fugendichtungsmasse,
- – Füllstoff Schaumkunststoffstreifen DIN 18164-2,
- – Füllstoff mineralische Faserdämmstoffstreifen DIN 18165-2,
- – Füllstoff, Erzeugnis ....... , (Sofern nicht vorgeschrieben, vom Bieter einzutragen.),
- – Füllstoff, Erzeugnis ....... oder gleichwertiger Art, Erzeugnis ....... , (Vom Bieter einzutragen.),
- – Füllstoff ....... ,
Beständigkeit gegen .../Fugenvorbehandlung:
- – – beständig gegen Öle und Fette,
- – – beständig gegen Säuren,
- – – beständig ....... ,
- – – Fugenunterfüllung und Fugenvorbehandlung nach Vorschrift des Füllstoffherstellers,
- – – Fugen ....... ,
Fugenprofil:
- – – – Fugenprofil aus PVC weich,
- – – – Fugenprofil aus PVC hart,
- – – – Fugenprofil aus Stahl,
- – – – Fugenprofil aus verzinktem Stahl,
- – – – Fugenprofil aus Stahl, kunststoffbeschchtet,
- – – – Fugenprofil aus Messing,
- – – – Fugenprofil aus Aluminium,
- – – – Fugenprofil, Erzeugnis/Typ ....... , (Sofern nicht vorgeschrieben, vom Bieter einzutragen.),
- – – – Fugenprofil, Erzeugnis/Typ ....... oder gleichwertiger Art, Erzeugnis/Typ ....... (Vom Bieter einzutragen.),
Abmessungen:
- – – – – Fugenbreite bis 5 mm,
- – – – – Fugenbreite über 5 bis 10 mm,
- – – – – Fugenbreite über 10 bis 15 mm,
- – – – – Fugenbreite über 15 bis 20 mm,
- – – – – Fugenbreite in mm ....... ,
- – – – – Fugentiefe bis 10 mm,
- – – – – Fugentiefe über 10 bis 20 mm,
- – – – – Fugentiefe über 20 bis 30 mm,
- – – – – Fugentiefe über 30 bis 40 mm,
- – – – – Fugentiefe über 40 bis 50 mm,
- – – – – Fugentiefe in mm ....... ,
Ausführung:
- Ausführung ....... ,
- Ausführung gemäß Zeichnung Nr ....... ,
- Ausführung gemäß Einzelbeschreibung Nr ....... ,
- Ausführung gemäß Einzelbeschreibung Nr ....... und Zeichnung Nr ....... ,
- – Berechnungseinheit m.

**917 Anschluss,**
- an runde Stützen,
- an eckige Stützen,
- – Berechnungseinheit m.

**918 Anarbeiten des Hohlraumbodens,**
- an Rohre,
- an Rohre und Konsolen,
- – Berechnungseinheit Stück

**919 Revisionsöffnung,**
- Maße L/B 600 mm x 600 mm,
- Maße L/B 600 mm x 1200 mm,
- Maße in mm ....... ,

## LB 039 Trockenbauarbeiten
### Hohlraumböden

STLB 039

Ausgabe 06.01

920 **Revisionskanal,**
- Breite 600 mm,
- Breite 1200 mm,
- Breite in mm ....... ,
- ....... ,

**Einzelangaben** zu Pos. 917 bis 920
– – als Zulage zum Hohlraumboden,
– – – mit Abdeckplatte aus ....... und Schienen-
anschluss an den Hohlraumboden,
– – – – Ausführung ....... ,
– – – – Ausführung gemäß Zeichnung
Nr ....... ,
– – – – Ausführung gemäß Einzelbeschreibung
Nr ......., 
– – – – Ausführung gemäß Einzelbeschreibung
Nr ....... und Zeichnung Nr ....... ,
– – – – – Berechnungseinheit Stück, m, m².

**Einbauteile, Beschichtungen**

925 **Überbrückungskonstruktion,**
- als Zulage zum Hohlraumboden,
– – für einen Deckendurchbruch, Maße in mm ....... ,
– – für ....... ,
– – – Ausführung ....... ,
– – – Ausführung gemäß Zeichnung Nr ....... ,
– – – Ausführung gemäß Einzelbeschreibung
Nr ......., 
– – – Ausführung gemäß Einzelbeschreibung
Nr ....... und Zeichnung Nr ....... ,
– – – – Berechnungseinheit Stück.

926 **Reinigen des Rohbodens durch Kehren und Saugen,**
- Berechnungseinheit m².

927 **Versiegelung des Rohbodens,**
- auf PU-Basis, 2 komponentig, lösemittelarm,
- auf Dispersionsbasis,
– – Berechnungseinheit m²

**STLB 039**

Ausgabe 06.01

## LB 039 Trockenbauarbeiten
### Trennwände aus Gips-Wandbauplatten

Leitbeschreibung

93_ Nichttragende innere Trennwand DIN 4103-2, Einbaubereich 1, aus Gips- Wandbauplatten DIN 18163, Fugen abziehen,

94_ Nichttragende innere Trennwand DIN 4103-2, Einbaubereich 2, aus Gips- Wandbauplatten DIN 18163, Fugen abziehen,

  Einbauhöhe (als 3. Stelle zu 93_ bis 94_)
  1 Höhe bis 2,5 m,
  2 Höhe bis 2,75 m,
  3 Höhe bis 3 m,
  4 Höhe bis 3,5 m,
  5 Höhe bis 4 m,
  6 Höhe bis 4,5 m,
  7 Höhe in m ....... ,
  – einschalig,
  – als Vorsatzschale,
   – – Dicke 60 mm,
   – – Dicke 70 mm,
   – – Dicke 80 mm,
   – – Dicke 100 mm,
   – – Dicke 120 mm,
   – – Dicke in mm ....... ,
  – zweischalig,
  – zweischalig, mit Dämmstoffeinlage,
   – – Plattendicken in mm ....... ,
   – – Gesamtdicke in mm ....... ,
  – ....... ,
  Schalldämmmaß /Feuerwiderstandsklasse:
   – – – bewertetes Schalldämmmaß DIN 4109 $R_{w,R}$ in dB ....... ,
   – – – Wärmedurchgangskoeffizient DIN 4108-2, k-Wert in W/(m²K) ...... ,
   – – – bewertetes Schalldämmmaß DIN 4109 $R_{w,R}$ in dB ....... ,
    Wärmedurchgangskoeffizient DIN 4108-2, k-Wert in W/(m²K) ...... ,
   – – – – Feuerwiderstandsklasse DIN 4102-2 F 30-A,
   – – – – Feuerwiderstandsklasse DIN 4102-2 F 90-A,
   – – – – Feuerwiderstandsklasse DIN 4102-2 F 120-A,
   – – – – Feuerwiderstandsklasse ....... ,
  Plattenrohdichte:
   – – – – – Plattenrohdichte über 0,7 bis 0,9 kg/dm³,
   – – – – – Plattenrohdichte über 0,9 bis 1,2 kg/dm³,
   – – – – – hydrophobiert, Plattenrohdichte über 0,7 bis 0,9 kg/dm³,
   – – – – – hydrophobiert, Plattenrohdichte über 0,9 bis 1,2 kg/dm³,
   – – – – – ....... ,
  Anschlüsse:
   – – – – – – umlaufende Anschlüsse elastisch,
   – – – – – – unterer Anschluss starr, Seiten- und Deckenanschlüsse elastisch,
   – – – – – – besondere Anforderungen ....... ,
   – – – – – – umlaufende Anschlüsse elastisch, besondere Anforderungen ....... ,
   – – – – – – unterer Anschluss starr, Seiten- und Deckenanschlüsse elastisch, besondere Anforderungen ....... ,
   – – – – – – umlaufende Anschlüsse ....... ,
  Ausführung:
  – Ausführung ....... ,
  – Ausführung gemäß Zeichnung Nr ....... ,
  – Ausführung gemäß Einzelbeschreibung Nr ....... ,
  – Ausführung gemäß Einzelbeschreibung Nr ....... und Zeichnung Nr ....... ,
  Erzeugnis/System:
   – – Erzeugnis/System ....... , (Sofern nicht vorgeschrieben, vom Bieter einzutragen.)
   – – Erzeugnis/System ....... oder gleichwertiger Art, Erzeugnis/System ....... (Vom Bieter einzutragen.),
   – – – Berechnungseinheit m².

Besondere Leistungen, Zulagen

950 Anschluss
  – gleitend bis 20 mm,
  – ....... ,

951 Ausschnitt,

952 Freies Wandende,
  – ....... ,

953 Ecke,
  – mit Eckschutzschiene,
  – mit Eckschutzschiene, ....... ,
  – mit ....... ,

954 T-Verbindung,

955 Kreuzverbindung,

956 Untere Plattenreihe hydrophobiert,

957 Vollflächig spachteln,
  – ....... ,

958 Fuge,
  – ....... ,
  – abdecken,

959 Schlitz,

960 Unterschnittener Sockel,

961 Aussparung,

962 Durchdringung,
  – ....... ,

963 Öffnung,
  – ....... ,
  – mit Sturzbewehrung,
  – mit Brüstungsbewehrung,
  – mit ....... ,

964 Besondere Leistung ....... ,
  – ....... ,

  Einzelangaben zu Pos. 950 bis 964, Fortsetzung
   – – für Trennwand,
   – – als Zulage für Trennwand,
    – – – ....... ,
    – – – oben,
    – – – unten,
    – – – seitlich,
    – – – ....... ,
     – – – – ....... ,
     – – – – rechtwinklig,
     – – – – schiefwinklig,
     – – – – ....... ,
      – – – – – Breite in mm ....... ,
      – – – – – Länge in mm ....... ,
      – – – – – Durchmesser in mm ....... ,
      – – – – – Maße in mm ....... ,
       – – – – – – Ausführung ....... ,
       – – – – – – Ausführung gem. Zeichnung Nr ...,
       – – – – – – Ausführung gemäß Einzelbeschreibung Nr ....... ,
       – – – – – – Ausführung gemäß Einzelbeschreibung Nr ....... und Zeichnung Nr ....... ,
      – – – – – Berechnungseinheit Stück, m, m³.

# LB 039 Trockenbauarbeiten
## Bewegliche Trennwände

STLB 039

Ausgabe 06.01

970 Trennwandanlage, bestehend aus Einzelelementen, horizontal beweglich,
Höhe OKFF bis Unterkante Schiene in mm ....... ,
Höhe OKFF bis Rohdecke in mm ....... ,
971 Faltwand, horizontal beweglich,
Höhe OKFF bis Unterkante Schiene in mm ....... ,
Höhe OKFF bis Rohdecke in mm ....... ,
972 Elementwand, vertikal beweglich,
Höhe OKFF bis Unterkante Schiene in mm ....... ,
Höhe OKFF bis Rohdecke in mm ....... ,
Betätigungsart:
– Betätigung manuell,
– Betätigung vollautomatisch,
– Betätigung halbautomatisch,
– Betätigung ....... ,
– – ....... ,
Elementbreite/ Schalldämmmaß:
– – Elementbreite in mm ....... ,
– – bewertetes Schalldämmmaß DIN 4109 $R_{w,R}$ in dB ....... ,
– – Elementbreite in mm ....... ,
bewertetes Schalldämmmaß DIN 4109 $R_{w,R}$ in dB ....... ,
Baustoffklasse:
– – – Baustoffe der Baustoffklasse A DIN 4102-1,
– – – Baustoffe der Baustoffklasse A 1 DIN 4102-1,
– – – Baustoffe der Baustoffklasse A 2 DIN 4102-1,
– – – Baustoffe der Baustoffklasse B 1 DIN 4102-1,
– – – Baustoffe ....... ,
Rahmenmaterial:
– – – – Rahmenkonstruktion aus Stahl/Aluminium, umlaufend,
– – – – Rahmenkonstruktion aus Stahl, umlaufend,
– – – – Rahmenkonstruktion aus Holz, umlaufend,
– – – – Rahmenkonstruktion ....... ,
– – – – rahmenlos, mit punktweiser Winkelverbindung,
Bekleidung/Befestigungsuntergrund:
– – – – – Bekleidung aus Holzspanplatten, Dicke in mm ....... ,
– – – – – Bekleidung aus Stahlblech mit Gipskartonplatten, verklebt,
– – – – – Bekleidung ....... ,
– – – – – Bekleidung aus Holzspanplatten, Dicke in mm ....... , Oberfläche ....... ,
– – – – – Bekleidung aus Stahlblech mit Gipskartonplatten, verklebt, Oberfläche ....... ,
– – – – – Bekleidung ....... , Oberfläche ....... ,
– – – – – Befestigungsuntergrund Beton,
– – – – – Befestigungsuntergrund Holz,
– – – – – Befestigungsuntergrund Stahl,
– – – – – Befestigungsuntergrund ....... ,
Ausführung:
– – – – – – Ausführung ....... ,
– – – – – – Ausführung gem. Zeichnung Nr ...,
– – – – – – Ausführung gemäß Einzelbeschreibung Nr ....... ,
– – – – – – Ausführung gemäß Einzelbeschreibung Nr ....... und Zeichnung Nr ....... ,
– Erzeugnis/System ....... ,
Sofern nicht vorgeschrieben, vom Bieter einzutragen.),
– Erzeugnis/System ....... oder gleichwertiger Art,
Erzeugnis/System ....... ,
(Vom Bieter einzutragen.),
– – Berechnungseinheit Stück.

**STLB 039**

## LB 039 Trockenbauarbeiten
### Trennwandanlagen für Sanitärräume

Ausgabe 06.01

| | |
|---|---|
| 975 | Trennwandanlage für Toiletten, |
| 976 | Trennwandanlage für Duschen, |
| 977 | Trennwandanlage für Umkleideräume, |
| 978 | Trennwandanlage für Baderäume, |
| 979 | Trennwandanlage für ......., |
| 980 | Trennwand, |
| 981 | Schamwand, |

Material:
– aus Holzspanplatten DIN 68763, Verleimung V 100,
– aus Bau-Furnierholzplatten DIN 68705-3, Verleimung BFU 100,
– aus ......., 

Oberfläche:
– – geschliffen, für deckende Beschichtung geeignet,
– – belegt mit Schichtpressstoffplatten, matt, Dicke in mm ......., 
– – belegt mit Schichtpressstoffplatten, glänzend, Dicke in mm ......., 
– – kunststoffbeschichtet,
– – Oberfläche ......., 

Material:
– aus kunststoffbeschichteten dekorativen Flachpressplatten DIN 68765, Farbton ......., 
– aus Faserzementtafeln, gepresst, dampfgehärtet,

Beschichtung:
– – naturfarben, zementgrau,
– – Farbton dunkelgrau, durchgefärbt,
– – Farbton weiß, durchgefärbt,
– – Farbton rot, durchgefärbt,
– – Farbton gelb, durchgefärbt,
– – Farbton ......., 
– – einseitig farbbeschichtet, Farbton ......., 

Material:
– aus PVC-hart-Hohlkammerprofilen,
– aus PVC-hart-Hohlkammerprofilen, Grundfarbton ......., 
– aus Stahl,
– aus ......., 
– – Oberfläche ......., 

**Einzelangaben** zu Pos. 975 bis 981
mit/ohne Rahmen:
– – – rahmenlos,
– – – in sichtbarem Rahmen aus Stahlprofilen,
– – – in sichtbarem Rahmen ......., 

Beschichtung:
– – – – korrosionsgeschützt ......., 
(Sofern nicht vorgeschrieben, vom Bieter einzutragen.),
– – – – verzinkt,
– – – – grundiert,
– – – – lackiert, Farbton ......., 
– – – – kunststoffbeschichtet, Farbton ......., 
– – – – verzinkt und kunststoffbeschichtet, Farbton ......., 
– – – – Oberfläche ......., 

Rahmen:
– – – in sichtbarem Rahmen aus Aluminium-Strangpressprofilen,

Oberfläche:
– – – – anodisiert und verdichtet DIN 17611, Eloxalqualität E0 (P0) ohne Vorbehandlung, Farbton C0 (Naturton),
– – – – anodisiert und verdichtet DIN 17611, Eloxalqualität E6 (P6) chemisch vorbehandelt, Farbton C0 (Naturton),
– – – – Oberfläche ......., 

Rahmen:
– – – in sichtbarem Rahmen aus PVC-hart, Farbton ......., 
– – – in verdecktem Rahmen aus Holz, imprägniert,
– – – in verdecktem Rahmen ......., 
– – – in Rahmen ......., 

Befestigung:
– – – – befestigen auf Bodenstützen,
– – – – befestigen auf Bodenstützen und an der Wand,
– – – – befestigen auf Bodenstützen und an der Decke,
– – – – befestigen auf Bodenstützen an der Wand und Decke,
– – – – bodenfrei befestigen an der Wand,
– – – – bodenfrei befestigen an der Decke,
– – – – bodenfrei befestigen an der Wand und Decke,
– – – – befestigen ......., 

**Hinweis:**
An dieser Stelle sind Angaben über Ausführung, Anzahl und Maße der Front-, Seiten-, Rück-, Zellentrenn- und Zellenquerwände sowie über Türen, Zargen, Beschläge, Zubehör, Einbauschränke, Sitzplätze usw. erforderlich.

Abmessungen:
– – – – – Maße in mm ......., 
– – – – – Einzelteile der Anlage ......., 
– – – – – Maße in mm ......., Einzelteile der Anlage ......., 

Ausführung:
– – – – – – Ausführung ......., 
– – – – – – Ausführung gem. Zeichnung Nr ...,
– – – – – – Ausführung gemäß Einzelbeschreibung Nr ......., 
– – – – – – Ausführung gemäß Einzelbeschreibung Nr ....... und Zeichnung Nr ......., 

Erzeugnis:
– Erzeugnis ......., 
(Sofern nicht vorgeschrieben, vom Bieter einzutragen.),
– Erzeugnis ....... oder gleichwertiger Art,
Erzeugnis ....... (Vom Bieter einzutragen.),
– – Berechnungseinheit Stück.

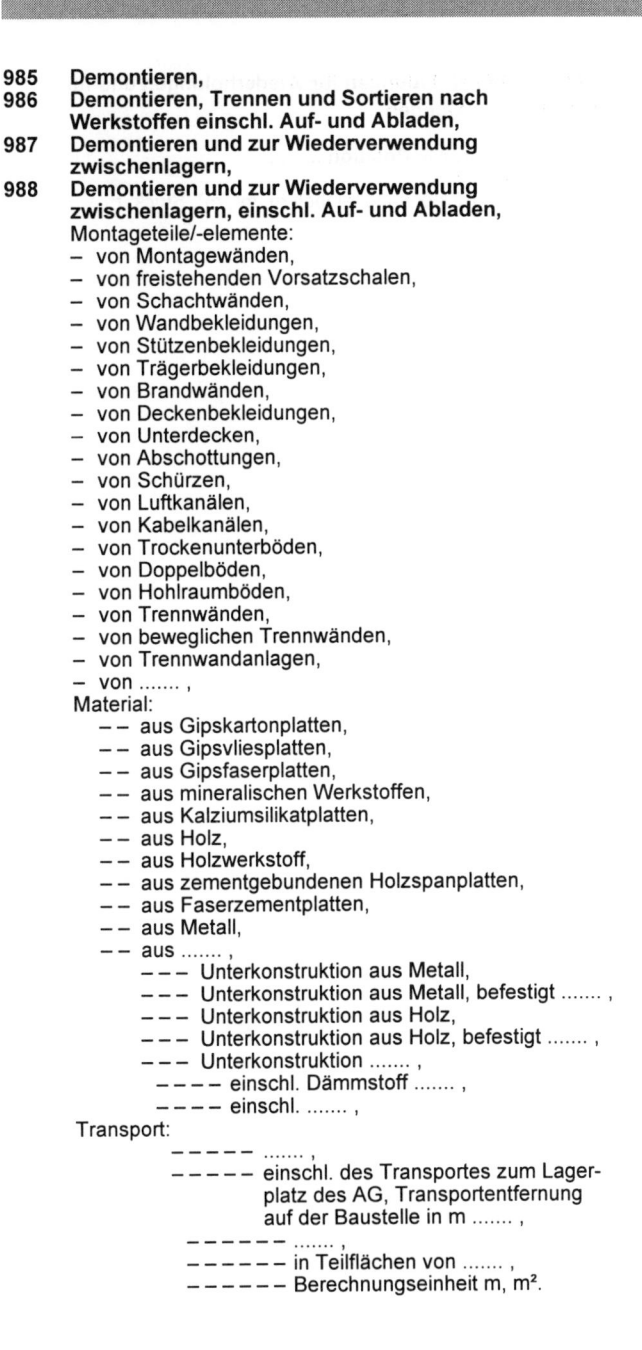

# LB 039 Trockenbauarbeiten
## Demontagen

Ausgabe 06.01

985 Demontieren,
986 Demontieren, Trennen und Sortieren nach Werkstoffen einschl. Auf- und Abladen,
987 Demontieren und zur Wiederverwendung zwischenlagern,
988 Demontieren und zur Wiederverwendung zwischenlagern, einschl. Auf- und Abladen,
Montageteile/-elemente:
- von Montagewänden,
- von freistehenden Vorsatzschalen,
- von Schachtwänden,
- von Wandbekleidungen,
- von Stützenbekleidungen,
- von Trägerbekleidungen,
- von Brandwänden,
- von Deckenbekleidungen,
- von Unterdecken,
- von Abschottungen,
- von Schürzen,
- von Luftkanälen,
- von Kabelkanälen,
- von Trockenunterböden,
- von Doppelböden,
- von Hohlraumböden,
- von Trennwänden,
- von beweglichen Trennwänden,
- von Trennwandanlagen,
- von ....... ,
Material:
-- aus Gipskartonplatten,
-- aus Gipsvliesplatten,
-- aus Gipsfaserplatten,
-- aus mineralischen Werkstoffen,
-- aus Kalziumsilikatplatten,
-- aus Holz,
-- aus Holzwerkstoff,
-- aus zementgebundenen Holzspanplatten,
-- aus Faserzementplatten,
-- aus Metall,
-- aus ....... ,
--- Unterkonstruktion aus Metall,
--- Unterkonstruktion aus Metall, befestigt ....... ,
--- Unterkonstruktion aus Holz,
--- Unterkonstruktion aus Holz, befestigt ....... ,
--- Unterkonstruktion ....... ,
---- einschl. Dämmstoff ....... ,
---- einschl. ....... ,
Transport:
----- ....... ,
----- einschl. des Transportes zum Lagerplatz des AG, Transportentfernung auf der Baustelle in m ....... ,
----- ....... ,
----- in Teilflächen von ....... ,
----- Berechnungseinheit m, m².

**STLB 039**

Ausgabe 06.01

## LB 039 Trockenbauarbeiten
### Verwertung Entsorgung; Verkürzte Beschreibungen

990 **Stoffe,**
991 **Stoffe, schadstoffbelastet,**
992 **Bauteile,**
993 **Bauteile, schadstoffbelastet,**
- Art/Zusammensetzung ....... ,
- Art/Zusammensetzung ....... , Art und Umfang der Schadstoffbelastung ....... ,
- Art/Zusammensetzung ....... , Art und Umfang der Schadstoffbelastung ....... , Abfallschlüssel ....... ,
- ....... ,
  - - Deponieklasse ....... ,
    - - - transportieren,
    - - - laden und transportieren,
    - - - in Behältern geladen, transportieren,
    - - - ....... ,
      - - - - zur Recyclinganlage in ....... ,
      - - - - zur zugelassenen Deponie/Entsorgungsstelle in ....... ,
      - - - - zur Baustellenabfallsortieranlage in ....... ,
      - - - - zur Recyclinganlage in ....... oder zu einer gleichwertigen Recyclinganlage in ....... , (Vom Bieter einzutragen.),
      - - - - zur zugelassenen Deponie/Entsorgungsstelle in ....... oder zu einer gleichwertigen Deponie/Entsorgungsstelle in ....... (Vom Bieter einzutragen.),
      - - - - zur Baustellenabfallsortieranlage in ....... oder zu einer gleichwertigen Baustellenabfall-Sortieranlage in ....... (Vom Bieter einzutragen.)
      - - - - ....... ,

**Hinweis:**
Besondere Vorschriften können z.B. sein:
Angaben zum Arbeitsschutz, Angaben zum Immissionsschutz usw.
Detaillierte Beschreibungen siehe LB 000 Baustelleneinrichtungen.

- - - - - besondere Vorschriften bei d. Bearbeitung .... ,
- - - - besondere Vorschriften bei d. Bearbeitung .... , der Nachweis der geordneten Entsorgung ist unmittelbar zu erbringen.
- - - - der Nachweis der geordneten Entsorgung ist unmittelbar zu erbringen,
- - - - der Nachweis der geordneten Entsorgung ist zu erbringen durch ....... ,

**Einzelangaben** zu Pos. 990 bis 993
- Die Gebühren der Entsorgung werden vom AG übernommen.
- Die Gebühren werden gegen Nachweis vergütet.
  - - Transportentfernung in km ....... ,
  - - Transportentfernung in km ....... . Die Beförderungsgenehmigung ist vor Auftragserteilung einzureichen.
  - - Transportentfernung in km ....... , Transportweg ....... ,
  - - Transportentfernung in km ....... , Transportweg ....... , Die Beförderungsgenehmigung ist vor Auftragserteilung einzureichen.
    - - - Behälter, Fassungsvermögen in m³ ....... ,
      - - - - Berechnungseinheit Stück, m³, t.

Verkürzte Beschreibungen für Wiederholungen und für veränderte Leistungen

996 **Leistung wie Position ....... ,**
- jedoch ....... ,
  - - Berechnungseinheit m, m², m³, Stück, t.

# LB 039 Trockenbauarbeiten
## Wandbekleidungen, komplett

AW 039

Preise 06.01

Sämtliche Preise sind **Mittelpreise ohne Mehrwertsteuer** zum Zeitpunkt des Ausgabedatums.
**Korrekturfaktoren** für Regionaleinfluss, Mengeneinfluss, Konjunktureinfluss siehe Vorspann.
**Abkürzungen:** EP = Einheitspreis, LA = Lohnanteil, ST = Stoffanteil

## Wandbekleidungen, komplett

039.-----.-

|  |  |  |
|---|---|---|
| 039.36201.M | Wandbekl., GKB 9,5, Lattung | 47,94 DM/m2 / 24,51 €/m2 |
| 039.36202.M | Wandbekl., GKB 12,5, Lattung | 48,61 DM/m2 / 24,85 €/m2 |
| 039.36203.M | Wandbekl., GKB 15, Lattung | 49,98 DM/m2 / 25,55 €/m2 |
| 039.36204.M | Wandbekl., GKB 18, Lattung | 50,70 DM/m2 / 25,92 €/m2 |
| 039.36205.M | Wandbekl., GKB 9,5, Lattenrost | 52,73 DM/m2 / 26,96 €/m2 |
| 039.36206.M | Wandbekl., GKB 12,5, Lattenrost | 53,39 DM/m2 / 27,30 €/m2 |
| 039.36207.M | Wandbekl., GKB 15, Lattenrost | 53,62 DM/m2 / 27,42 €/m2 |
| 039.36208.M | Wandbekl., GKB 18, Lattenrost | 55,00 DM/m2 / 28,12 €/m2 |
| 039.36209.M | Wandbekl., GKF 12,5, Lattenrost | 54,05 DM/m2 / 27,64 €/m2 |
| 039.36210.M | Wandbekl., Bretter gesp., Nadelholz 19,5 mm, Lattenrost | 60,39 DM/m2 / 30,88 €/m2 |
| 039.36211.M | Wandbekl., Bretter gesp., Nadelholz 22,5 mm, Lattenrost | 61,78 DM/m2 / 31,59 €/m2 |
| 039.36101.M | Bekl. Leibung, GKB 9,5, Lattung | 34,23 DM/m / 17,50 €/m |
| 039.36102.M | Bekl. Leibung, GKB 12,5, Lattung | 34,44 DM/m / 17,61 €/m |
| 039.36103.M | Bekl. Leibung, GKB 15, Lattung | 34,60 DM/m / 17,69 €/m |
| 039.36104.M | Bekl. Leibung, GKB 18, Lattung | 34,78 DM/m / 17,78 €/m |
| 039.36105.M | Bekl. Leibung, GKB 9,5, Lattenrost | 36,52 DM/m / 18,67 €/m |
| 039.36106.M | Bekl. Leibung, GKB 12,5, Lattenrost | 37,31 DM/m / 19,08 €/m |
| 039.36107.M | Bekl. Leibung, GKB 15, Lattenrost | 38,06 DM/m / 19,46 €/m |
| 039.36108.M | Bekl. Leibung, GKB 18, Lattenrost | 39,52 DM/m / 20,20 €/m |

### Hinweis
Für Wandbekleidungen, komplett gelten folgende Abkürzungen:
GKB Gipskarton-Bauplatte,
GKF Gipskarton-Feuerschutzplatte.

**039.36201.M** KG 345 DIN 276
Wandbekl., GKB 9,5, Lattung
EP 47,94 DM/m2   LA 40,27 DM/m2   ST 7,67 DM/m2
EP 24,51 €/m2    LA 20,59 €/m2    ST 3,92 €/m2

**039.36202.M** KG 345 DIN 276
Wandbekl., GKB 12,5, Lattung
EP 48,61 DM/m2   LA 40,41 DM/m2   ST 8,20 DM/m2
EP 24,85 €/m2    LA 20,66 €/m2    ST 4,19 €/m2

**039.36203.M** KG 345 DIN 276
Wandbekl., GKB 15, Lattung
EP 49,98 DM/m2   LA 40,47 DM/m2   ST 9,51 DM/m2
EP 25,55 €/m2    LA 20,69 €/m2    ST 4,86 €/m2

**039.36204.M** KG 345 DIN 276
Wandbekl., GKB 18, Lattung
EP 50,70 DM/m2   LA 40,54 DM/m2   ST 10,16 DM/m2
EP 25,92 €/m2    LA 20,73 €/m2    ST  5,19 €/m2

**039.36205.M** KG 345 DIN 276
Wandbekl., GKB 9,5, Lattenrost
EP 52,73 DM/m2   LA 43,58 DM/m2   ST 9,15 DM/m2
EP 26,96 €/m2    LA 22,28 €/m2    ST 4,68 €/m2

**039.36206.M** KG 345 DIN 276
Wandbekl., GKB 12,5, Lattenrost
EP 53,39 DM/m2   LA 43,71 DM/m2   ST 9,68 DM/m2
EP 27,30 €/m2    LA 22,35 €/m2    ST 4,95 €/m2

**039.36207.M** KG 345 DIN 276
Wandbekl., GKB 15, Lattenrost
EP 53,62 DM/m2   LA 43,84 DM/m2   ST 9,78 DM/m2
EP 27,42 €/m2    LA 22,42 €/m2    ST 5,00 €/m2

**039.36208.M** KG 345 DIN 276
Wandbekl., GKB 18, Lattenrost
EP 55,00 DM/m2   LA 44,57 DM/m2   ST 10,43 DM/m2
EP 28,12 €/m2    LA 22,79 €/m2    ST  5,33 €/m2

**039.36209.M** KG 345 DIN 276
Wandbekl., GKF 12,5, Lattenrost
EP 54,05 DM/m2   LA 43,71 DM/m2   ST 10,34 DM/m2
EP 27,64 €/m2    LA 22,35 €/m2    ST  5,29 €/m2

**039.36210.M** KG 345 DIN 276
Wandbekl., Bretter gesp., Nadelholz 19,5 mm, Lattenrost
EP 60,39 DM/m2   LA 44,50 DM/m2   ST 15,89 DM/m2
EP 30,88 €/m2    LA 22,75 €/m2    ST  8,13 €/m2

**039.36211.M** KG 345 DIN 276
Wandbekl., Bretter gesp., Nadelholz 22,5 mm, Lattenrost
EP 61,78 DM/m2   LA 44,83 DM/m2   ST 16,95 DM/m2
EP 31,59 €/m2    LA 22,92 €/m2    ST  8,67 €/m2

**039.36101.M** KG 345 DIN 276
Bekl. Leibung, GKB 9,5, Lattung
EP 34,23 DM/m   LA 32,09 DM/m   ST 2,14 DM/m
EP 17,50 €/m    LA 16,41 €/m    ST 1,09 €/m

**039.36102.M** KG 345 DIN 276
Bekl. Leibung, GKB 12,5, Lattung
EP 34,44 DM/m   LA 32,15 DM/m   ST 2,29 DM/m
EP 17,61 €/m    LA 16,44 €/m    ST 1,17 €/m

**039.36103.M** KG 345 DIN 276
Bekl. Leibung, GKB 15, Lattung
EP 34,60 DM/m   LA 32,22 DM/m   ST 2,38 DM/m
EP 17,69 €/m    LA 16,47 €/m    ST 1,21 €/m

**039.36104.M** KG 345 DIN 276
Bekl. Leibung, GKB 18, Lattung
EP 34,78 DM/m   LA 32,28 DM/m   ST 2,50 DM/m
EP 17,78 €/m    LA 16,51 €/m    ST 1,27 €/m

**039.36105.M** KG 345 DIN 276
Bekl. Leibung, GKB 9,5, Lattenrost
EP 36,52 DM/m   LA 33,67 DM/m   ST 2,85 DM/m
EP 18,67 €/m    LA 17,22 €/m    ST 1,45 €/m

**039.36106.M** KG 345 DIN 276
Bekl. Leibung, GKB 12,5, Lattenrost
EP 37,31 DM/m   LA 34,33 DM/m   ST 2,98 DM/m
EP 19,08 €/m    LA 17,56 €/m    ST 1,52 €/m

**039.36107.M** KG 345 DIN 276
Bekl. Leibung, GKB 15, Lattenrost
EP 38,06 DM/m   LA 34,99 DM/m   ST 3,07 DM/m
EP 19,46 €/m    LA 17,89 €/m    ST 1,57 €/m

**039.36108.M** KG 345 DIN 276
Bekl. Leibung, GKB 18, Lattenrost
EP 39,52 DM/m   LA 36,32 DM/m   ST 3,20 DM/m
EP 20,20 €/m    LA 18,57 €/m    ST 1,63 €/m

# LB 039 Trockenbauarbeiten
## Vorsatzschalen, komplett

Sämtliche Preise sind **Mittelpreise ohne Mehrwertsteuer** zum Zeitpunkt des Ausgabedatums.
**Korrekturfaktoren** für Regionaleinfluss, Mengeneinfluss, Konjunktureinfluss siehe Vorspann.
**Abkürzungen:** EP = Einheitspreis, LA = Lohnanteil, ST = Stoffanteil

### Vorsatzschalen, komplett

039.-----.-

|  |  |  |
|---|---|---|
| 039.07101.M | VS GKB 12,5, CW 50, WLG 040, MF 40 mm | 62,13 DM/m2 / 31,77 €/m2 |
| 039.07102.M | VS GKB 2x12,5, CW 50, WLG 040, MF 40 mm | 80,66 DM/m2 / 41,24 €/m2 |
| 039.07201.M | VS GKB 12,5, CW 75, WLG 040, MF 40 mm | 63,06 DM/m2 / 32,24 €/m2 |
| 039.07202.M | VS GKB 12,5, CW 75, WLG 040, MF 60 mm | 65,67 DM/m2 / 33,58 €/m2 |
| 039.07203.M | VS GKB 12,5, CW 75, WLG 040, MF 80 mm | 68,32 DM/m2 / 34,93 €/m2 |
| 039.07301.M | VS GKB 2x12,5, CW 75, WLG 040, MF 40 mm | 82,71 DM/m2 / 42,29 €/m2 |
| 039.07302.M | VS GKB 2x12,5, CW 75, WLG 040, MF 60 mm | 85,36 DM/m2 / 43,64 €/m2 |
| 039.07303.M | VS GKB 2x12,5, CW 75, WLG 040, MF 80 mm | 87,97 DM/m2 / 44,98 €/m2 |
| 039.07401.M | VS GKB 12,5, CW 100, WLG 040, MF 40 mm | 64,90 DM/m2 / 33,18 €/m2 |
| 039.07402.M | VS GKB 12,5, CW 100, WLG 040, MF 60 mm | 67,52 DM/m2 / 34,52 €/m2 |
| 039.07403.M | VS GKB 12,5, CW 100, WLG 040, MF 80 mm | 70,15 DM/m2 / 35,87 €/m2 |
| 039.07404.M | VS GKB 12,5, CW 100, WLG 040, MF 100 mm | 72,90 DM/m2 / 37,28 €/m2 |
| 039.07405.M | VS GKB 2x12,5, CW 100, WLG 040, MF 40 mm | 83,42 DM/m2 / 42,65 €/m2 |
| 039.07406.M | VS GKB 2x12,5, CW 100, WLG 040, MF 60 mm | 86,04 DM/m2 / 43,99 €/m2 |
| 039.07407.M | VS GKB 2x12,5, CW 100, WLG 040, MF 80 mm | 88,69 DM/m2 / 45,35 €/m2 |
| 039.07408.M | VS GKB 2x12,5, CW 100, WLG 040, MF 100 mm | 91,45 DM/m2 / 46,76 €/m2 |
| 039.07103.M | VS GKBI 12,5, CW 50, WLG 040, MF 40 mm | 62,66 DM/m2 / 32,04 €/m2 |
| 039.07204.M | VS GKBI 12,5, CW 75, WLG 040, MF 40 mm | 65,35 DM/m2 / 33,41 €/m2 |
| 039.07205.M | VS GKBI 12,5, CW 75, WLG 040, MF 60 mm | 67,98 DM/m2 / 34,76 €/m2 |
| 039.07206.M | VS GKBI 12,5, CW 75, WLG 040, MF 80 mm | 70,61 DM/m2 / 36,10 €/m2 |
| 039.07409.M | VS GKBI 12,5, CW 100, WLG 040, MF 40 mm | 67,19 DM/m2 / 34,35 €/m2 |
| 039.07410.M | VS GKBI 12,5, CW 100, WLG 040, MF 60 mm | 69,81 DM/m2 / 35,69 €/m2 |
| 039.07411.M | VS GKBI 12,5, CW 100, WLG 040, MF 80 mm | 72,44 DM/m2 / 37,04 €/m2 |
| 039.07412.M | VS GKBI 12,5, CW 100, WLG 040, MF 100 mm | 74,86 DM/m2 / 38,27 €/m2 |

### Hinweis
Für Vorsatzschalen, komplett gelten folgende Abkürzungen:
- VS    Vorsatzschale,
- GKB    Gipskarton-Bauplatte,
- GKBI    Gipskarton-Bauplatte-imprägniert,
- CW    Metallprofil,
- WLG    Wärmeleitfähigkeitsgruppe,
- MF    Mineralischer Faserdämmstoff.

**039.07101.M**    KG 345 DIN 276
VS GKB 12,5, CW 50, WLG 040, MF 40 mm
EP 62,13 DM/m2   LA 43,90 DM/m2   ST 18,23 DM/m2
EP 31,77 €/m2   LA 22,45 €/m2   ST  9,32 €/m2

**039.07102.M**    KG 345 DIN 276
VS GKB 2x12,5, CW 50, WLG 040, MF 40 mm
EP 80,66 DM/m2   LA 57,04 DM/m2   ST 23,62 DM/m2
EP 41,24 €/m2   LA 29,16 €/m2   ST 12,08 €/m2

**039.07201.M**    KG 345 DIN 276
VS GKB 12,5, CW 75, WLG 040, MF 40 mm
EP 63,06 DM/m2   LA 43,90 DM/m2   ST 19,16 DM/m2
EP 32,24 €/m2   LA 22,45 €/m2   ST  9,79 €/m2

**039.07202.M**    KG 345 DIN 276
VS GKB 12,5, CW 75, WLG 040, MF 60 mm
EP 65,67 DM/m2   LA 43,90 DM/m2   ST 21,77 DM/m2
EP 33,58 €/m2   LA 22,45 €/m2   ST 11,13 €/m2

**039.07203.M**    KG 345 DIN 276
VS GKB 12,5, CW 75, WLG 040, MF 80 mm
EP 68,32 DM/m2   LA 43,90 DM/m2   ST 24,42 DM/m2
EP 34,93 €/m2   LA 22,45 €/m2   ST 12,48 €/m2

**039.07301.M**    KG 345 DIN 276
VS GKB 2x12,5, CW 75, WLG 040, MF 40 mm
EP 82,71 DM/m2   LA 57,04 DM/m2   ST 25,67 DM/m2
EP 42,29 €/m2   LA 29,16 €/m2   ST 13,13 €/m2

**039.07302.M**    KG 345 DIN 276
VS GKB 2x12,5, CW 75, WLG 040, MF 60 mm
EP 85,36 DM/m2   LA 57,04 DM/m2   ST 28,32 DM/m2
EP 43,64 €/m2   LA 29,16 €/m2   ST 14,48 €/m2

**039.07303.M**    KG 345 DIN 276
VS GKB 2x12,5, CW 75, WLG 040, MF 80 mm
EP 87,97 DM/m2   LA 57,04 DM/m2   ST 30,93 DM/m2
EP 44,98 €/m2   LA 29,16 €/m2   ST 15,82 €/m2

**039.07401.M**    KG 345 DIN 276
VS GKB 12,5, CW 100, WLG 040, MF 40 mm
EP 64,90 DM/m2   LA 43,90 DM/m2   ST 21,00 DM/m2
EP 33,18 €/m2   LA 22,45 €/m2   ST 10,73 €/m2

**039.07402.M**    KG 345 DIN 276
VS GKB 12,5, CW 100, WLG 040, MF 60 mm
EP 67,52 DM/m2   LA 43,90 DM/m2   ST 23,62 DM/m2
EP 34,52 €/m2   LA 22,45 €/m2   ST 12,07 €/m2

**039.07403.M**    KG 345 DIN 276
VS GKB 12,5, CW 100, WLG 040, MF 80 mm
EP 70,15 DM/m2   LA 43,90 DM/m2   ST 26,25 DM/m2
EP 35,87 €/m2   LA 22,45 €/m2   ST 13,42 €/m2

**039.07404.M**    KG 345 DIN 276
VS GKB 12,5, CW 100, WLG 040, MF 100 mm
EP 72,90 DM/m2   LA 43,90 DM/m2   ST 29,00 DM/m2
EP 37,28 €/m2   LA 22,45 €/m2   ST 14,83 €/m2

**039.07405.M**    KG 345 DIN 276
VS GKB 2x12,5, CW 100, WLG 040, MF 40 mm
EP 83,42 DM/m2   LA 57,04 DM/m2   ST 26,38 DM/m2
EP 42,65 €/m2   LA 29,16 €/m2   ST 13,49 €/m2

**039.07406.M**    KG 345 DIN 276
VS GKB 2x12,5, CW 100, WLG 040, MF 60 mm
EP 86,04 DM/m2   LA 57,04 DM/m2   ST 29,00 DM/m2
EP 43,99 €/m2   LA 29,16 €/m2   ST 14,83 €/m2

**039.07407.M**    KG 345 DIN 276
VS GKB 2x12,5, CW 100, WLG 040, MF 80 mm
EP 88,69 DM/m2   LA 57,04 DM/m2   ST 31,65 DM/m2
EP 45,35 €/m2   LA 29,16 €/m2   ST 16,19 €/m2

**039.07408.M**    KG 345 DIN 276
VS GKB 2x12,5, CW 100, WLG 040, MF 100 mm
EP 91,45 DM/m2   LA 57,04 DM/m2   ST 34,41 DM/m2
EP 46,76 €/m2   LA 29,16 €/m2   ST 17,60 €/m2

**039.07103.M**    KG 345 DIN 276
VS GKBI 12,5, CW 50, WLG 040, MF 40 mm
EP 62,66 DM/m2   LA 43,90 DM/m2   ST 18,76 DM/m2
EP 32,04 €/m2   LA 22,45 €/m2   ST  9,59 €/m2

**039.07204.M**    KG 345 DIN 276
VS GKBI 12,5, CW 75, WLG 040, MF 40 mm
EP 65,35 DM/m2   LA 43,90 DM/m2   ST 21,45 DM/m2
EP 33,41 €/m2   LA 22,45 €/m2   ST 10,96 €/m2

**039.07205.M**    KG 345 DIN 276
VS GKBI 12,5, CW 75, WLG 040, MF 60 mm
EP 67,98 DM/m2   LA 43,90 DM/m2   ST 24,08 DM/m2
EP 34,76 €/m2   LA 22,45 €/m2   ST 12,31 €/m2

# LB 039 Trockenbauarbeiten
## Vorsatzschalen, komplett; Stützen-/Trägerbekleidung komplett

Preise 06.01

Sämtliche Preise sind **Mittelpreise ohne Mehrwertsteuer** zum Zeitpunkt des Ausgabedatums.
**Korrekturfaktoren** für Regionaleinfluss, Mengeneinfluss, Konjunktureinfluss siehe Vorspann.
**Abkürzungen:** EP = Einheitspreis, LA = Lohnanteil, ST = Stoffanteil

039.07206.M  KG 345 DIN 276
VS GKBI 12,5, CW 75, WLG 040, MF 80 mm
EP 70,61 DM/m2   LA 43,90 DM/m2   ST 26,71 DM/m2
EP 36,10 €/m2    LA 22,45 €/m2    ST 13,65 €/m2

039.07409.M  KG 345 DIN 276
VS GKBI 12,5, CW 100, WLG 040, MF 40 mm
EP 67,19 DM/m2   LA 43,90 DM/m2   ST 23,29 DM/m2
EP 34,35 €/m2    LA 22,45 €/m2    ST 11,90 €/m2

039.07410.M  KG 345 DIN 276
VS GKBI 12,5, CW 100, WLG 040, MF 60 mm
EP 69,81 DM/m2   LA 43,90 DM/m2   ST 25,91 DM/m2
EP 35,69 €/m2    LA 22,45 €/m2    ST 13,24 €/m2

039.07411.M  KG 345 DIN 276
VS GKBI 12,5, CW 100, WLG 040, MF 80 mm
EP 72,44 DM/m2   LA 43,90 DM/m2   ST 28,54 DM/m2
EP 37,04 €/m2    LA 22,45 €/m2    ST 14,59 €/m2

039.07412.M  KG 345 DIN 276
VS GKBI 12,5, CW 100, WLG 040, MF 100 mm
EP 74,86 DM/m2   LA 43,90 DM/m2   ST 30,96 DM/m2
EP 38,27 €/m2    LA 22,45 €/m2    ST 15,82 €/m2

### Stützen-/Trägerbekleidung, komplett

039.-----.-

|  |  |  |
|---|---|---|
| 039.50301.M | Bekl. Stützen, GKB 9,5, Lattung | 78,70 DM/m / 40,24 €/m |
| 039.50302.M | Bekl. Stützen, GKB 12,5, Lattung | 79,40 DM/m / 40,60 €/m |
| 039.50303.M | Bekl. Stützen, GKB 15, Lattung | 79,75 DM/m / 40,77 €/m |
| 039.50304.M | Bekl. Stützen, GKB 18, Lattung | 80,80 DM/m / 41,31 €/m |
| 039.50305.M | Bekl. Stützen, GKB 9,5, Lattenrost | 92,90 DM/m / 47,50 €/m |
| 039.50306.M | Bekl. Stützen, GKB 12,5, Lattenrost | 93,52 DM/m / 47,81 €/m |
| 039.50307.M | Bekl. Stützen, GKB 15, Lattenrost | 93,87 DM/m / 47,99 €/m |
| 039.50308.M | Bekl. Stützen, GKB 18, Lattenrost | 94,93 DM/m / 48,53 €/m |
| 039.50309.M | Bekl. Stahlstützen, GKF Fireboard 2x25, F60 | 129,81 DM/m / 66,37 €/m |
| 039.50310.M | Bekl. Stahlstützen, GKF Fireboard 25, CD 60, F60 | 123,65 DM/m / 63,22 €/m |
| 039.50311.M | Bekl. Holzstützen, GKF Fireboard 25, F90 | 63,21 DM/m / 32,32 €/m |
| 039.50701.M | Bekl. Stahlträger, GKF Fireboard 20, F60 | 67,09 DM/m / 34,30 €/m |
| 039.50702.M | Bekl. Stahlträger, GKF Fireboard 25, CD 60, F90 | 94,82 DM/m / 48,48 €/m |
| 039.50703.M | Bekl. Holzbalken, GKF Fireboard 15, F30 | 55,73 DM/m / 28,50 €/m |
| 039.50704.M | Bekl. Holzbalken, GKF Fireboard 25, F90 | 57,44 DM/m / 29,37 €/m |
| 039.50901.M | Bekl. Kanäle, GKB 12,5, Unterkonstr., Dämmung | 83,52 DM/m2 / 42,70 €/m2 |

**Hinweis:** GKB Gipskarton-Bauplatte
GKF Gipskarton-Feuerschutzplatte

039.50301.M  KG 345 DIN 276
Bekl. Stützen, GKB 9,5, Lattung
EP 78,70 DM/m   LA 69,32 DM/m   ST 9,38 DM/m
EP 40,24 €/m    LA 35,44 €/m    ST 4,80 €/m

039.50302.M  KG 345 DIN 276
Bekl. Stützen, GKB 12,5, Lattung
EP 79,40 DM/m   LA 69,32 DM/m   ST 10,08 DM/m
EP 40,60 €/m    LA 35,44 €/m    ST 5,16 €/m

039.50303.M  KG 345 DIN 276
Bekl. Stützen, GKB 15, Lattung
EP 79,75 DM/m   LA 69,59 DM/m   ST 10,16 DM/m
EP 40,77 €/m    LA 35,58 €/m    ST 5,19 €/m

039.50304.M  KG 345 DIN 276
Bekl. Stützen, GKB 18, Lattung
EP 80,80 DM/m   LA 69,59 DM/m   ST 11,21 DM/m
EP 41,31 €/m    LA 35,58 €/m    ST 5,73 €/m

039.50305.M  KG 345 DIN 276
Bekl. Stützen, GKB 9,5, Lattenrost
EP 92,90 DM/m   LA 80,94 DM/m   ST 11,96 DM/m
EP 47,50 €/m    LA 41,39 €/m    ST 6,11 €/m

039.50306.M  KG 345 DIN 276
Bekl. Stützen, GKB 12,5, Lattenrost
EP 93,52 DM/m   LA 80,94 DM/m   ST 12,58 DM/m
EP 47,81 €/m    LA 41,39 €/m    ST 6,42 €/m

039.50307.M  KG 345 DIN 276
Bekl. Stützen, GKB 15, Lattenrost
EP 93,87 DM/m   LA 81,20 DM/m   ST 12,67 DM/m
EP 47,99 €/m    LA 41,52 €/m    ST 6,47 €/m

039.50308.M  KG 345 DIN 276
Bekl. Stützen, GKB 18, Lattenrost
EP 94,93 DM/m   LA 81,20 DM/m   ST 13,73 DM/m
EP 48,53 €/m    LA 41,52 €/m    ST 7,01 €/m

039.50309.M  KG 345 DIN 276
Bekl. Stahlstützen, GKF Fireboard 2x25, F60
EP 129,81 DM/m  LA 73,29 DM/m   ST 56,52 DM/m
EP 66,37 €/m    LA 37,47 €/m    ST 28,90 €/m

039.50310.M  KG 345 DIN 276
Bekl. Stahlstützen, GKF Fireboard 25, CD 60, F60
EP 123,65 DM/m  LA 78,57 DM/m   ST 45,08 DM/m
EP 63,22 €/m    LA 40,17 €/m    ST 23,05 €/m

039.50311.M  KG 345 DIN 276
Bekl. Holzstützen, GKF Fireboard 25, F90
EP 63,21 DM/m   LA 39,62 DM/m   ST 23,59 DM/m
EP 32,32 €/m    LA 20,26 €/m    ST 12,06 €/m

039.50701.M  KG 353 DIN 276
Bekl. Stahlträger, GKF Fireboard 20, F60
EP 67,09 DM/m   LA 42,92 DM/m   ST 24,17 DM/m
EP 34,30 €/m    LA 21,94 €/m    ST 12,36 €/m

039.50702.M  KG 353 DIN 276
Bekl. Stahlträger, GKF Fireboard 25, CD 60, F90
EP 94,82 DM/m   LA 60,74 DM/m   ST 34,08 DM/m
EP 48,48 €/m    LA 31,06 €/m    ST 17,42 €/m

039.50703.M  KG 353 DIN 276
Bekl. Holzbalken, GKF Fireboard 15, F30
EP 55,73 DM/m   LA 34,99 DM/m   ST 20,74 DM/m
EP 28,50 €/m    LA 17,89 €/m    ST 10,61 €/m

039.50704.M  KG 353 DIN 276
Bekl. Holzbalken, GKF Fireboard 25, F90
EP 57,44 DM/m   LA 34,99 DM/m   ST 22,45 DM/m
EP 29,37 €/m    LA 17,89 €/m    ST 11,48 €/m

039.50901.M  KG 345 DIN 276
Bekl. Kanäle, GKB 12,5, Unterkonstr., Dämmung
EP 83,52 DM/m2  LA 53,94 DM/m2  ST 29,58 DM/m2
EP 42,70 €/m2   LA 27,58 €/m2   ST 15,12 €/m2

# LB 039 Trockenbauarbeiten
## Wandbekleidungen, Sonstiges und Zulagen

Sämtliche Preise sind **Mittelpreise ohne Mehrwertsteuer** zum Zeitpunkt des Ausgabedatums.
**Korrekturfaktoren** für Regionaleinfluss, Mengeneinfluss, Konjunktureinfluss siehe Vorspann.
**Abkürzungen:** EP = Einheitspreis, LA = Lohnanteil, ST = Stoffanteil

### Wandbekleidungen, Sonstiges und Zulagen

039.-----.-

|  |  |  |
|---|---|---|
| 039.43501.M | WB, Anschlussprofil, verzinkt, bis GKB 12,5, als Zulage | 7,31 DM/m / 3,74 €/m |
| 039.43502.M | WB, Anschlusprofil, verzinkt, über GKB 12,5, als Zul. | 10,03 DM/m / 5,13 €/m |
| 039.43503.M | WB, Anschluss GKB, an mass. Bauteile, als Zulage | 5,94 DM/m / 3,03 €/m |
| 039.43504.M | WB, Anschlussprofil, verzinkt, bis GKB 12,5, als Zulage | 6,79 DM/m / 3,47 €/m |
| 039.43505.M | WB, Anschlussprofil, verzinkt, GKB 15/18, als Zulage | 7,13 DM/m / 3,65 €/m |
| 039.44001.M | WB, Einfassprofil, verzinkt, GKB 9,5/12,5, als Zulage | 6,36 DM/m / 3,25 €/m |
| 039.44002.M | WB, Einfassprofil, verzinkt, GKB 15/18, als Zulage | 6,52 DM/m / 3,33 €/m |
| 039.44003.M | WB, Einfasswinkelprofil, PVC, GKB 9,5/12,5, als Zulage | 6,87 DM/m / 3,51 €/m |
| 039.44004.M | WB, Einfasswinkelprofil, PVC, GKB 15/18, als Zulage | 7,39 DM/m / 3,78 €/m |
| 039.43601.M | WB, Ausschnitt GKB, gekrümmt, als Zulage | 7,86 DM/St / 4,02 €/St |
| 039.43602.M | WB, Ausschnitt GKB, gerade, als Zulage | 5,35 DM/St / 2,74 €/St |
| 039.43603.M | WB, Schalter-Dosenausschnitt GKB, als Zulage | 5,06 DM/St / 2,59 €/St |
| 039.44101.M | WB, Dehnungsfuge herstellen | 10,72 DM/m / 5,48 €/m |
| 039.44102.M | WB, Dehnungsfugenprofil, verz., GKB 12,5, als Zulage | 24,12 DM/m / 12,33 €/m |
| 039.44901.M | WB, Unterkonstr. Lattung ausgleichen, als Zulage | 9,04 DM/m / 4,62 €/m |
| 039.44902.M | WB, Kantenverstärkung, ALU, 25/25, GKB 15, als Zulage | 5,97 DM/m / 3,05 €/m |
| 039.44903.M | WB, Kantenverstärkung, ALU, 45/45, GKB 20/25, als Zul. | 7,09 DM/m / 3,63 €/m |
| 039.44904.M | WB, Spachteln mit Papierstreifen, GKB | 6,70 DM/m2 / 3,43 €/m2 |
| 039.44905.M | WB, Spachteln mit Papierstreifen, Silikatplatten | 6,79 DM/m2 / 3,47 €/m2 |
| 039.44906.M | WB, Spachteln, GF | 6,57 DM/m2 / 3,36 €/m2 |
| 039.44907.M | WB, Flächenspachtel, 2 mm | 13,26 DM/m2 / 6,78 €/m2 |
| 039.44908.M | WB, Flächenspachtel, 3 mm | 20,50 DM/m2 / 10,48 €/m2 |
| 039.44909.M | WB, Bilderhakenleiste, GKB über 12,5, als Zulage | 5,29 DM/m / 2,71 €/m |

**Hinweis:**
- WB  Wandbekleidung
- GF  Gipsfaserplatte
- GKB  Gipskarton-Bauplatte

---

**039.43501.M**    KG 345 DIN 276
WB, Anschlussprofil, verzinkt, bis GKB 12,5, als Zulage
EP 7,31 DM/m    LA 4,69 DM/m    ST 2,62 DM/m
EP 3,74 €/m    LA 2,40 €/m    ST 1,34 €/m

**039.43502.M**    KG 345 DIN 276
WB, Anschlusprofil, verzinkt, über GKB 12,5, als Zul.
EP 10,03 DM/m    LA 4,69 DM/m    ST 5,34 DM/m
EP 5,13 €/m    LA 2,40 €/m    ST 2,73 €/m

**039.43503.M**    KG 345 DIN 276
WB, Anschluss GKB, an mass. Bauteile, als Zulage
EP 5,94 DM/m    LA 5,02 DM/m    ST 0,92 DM/m
EP 3,03 €/m    LA 2,57 €/m    ST 0,46 €/m

**039.43504.M**    KG 345 DIN 276
WB, Abschlussprofil, verzinkt, bis GKB 12,5, als Zulage
EP 6,79 DM/m    LA 4,69 DM/m    ST 2,10 DM/m
EP 3,47 €/m    LA 2,40 €/m    ST 1,07 €/m

**039.43505.M**    KG 345 DIN 276
WB, Abschlussprofil, verzinkt, GKB 15/18, als Zulage
EP 7,13 DM/m    LA 4,69 DM/m    ST 2,44 DM/m
EP 3,65 €/m    LA 2,40 €/m    ST 1,25 €/m

**039.44001.M**    KG 345 DIN 276
WB, Einfassprofil, verzinkt, GKB 9,5/12,5, als Zulage
EP 6,36 DM/m    LA 4,69 DM/m    ST 1,67 DM/m
EP 3,25 €/m    LA 2,40 €/m    ST 0,85 €/m

**039.44002.M**    KG 345 DIN 276
WB, Einfassprofil, verzinkt, GKB 15/18, als Zulage
EP 6,52 DM/m    LA 4,69 DM/m    ST 1,83 DM/m
EP 3,33 €/m    LA 2,40 €/m    ST 0,93 €/m

**039.44003.M**    KG 345 DIN 276
WB, Einfasswinkelprofil, PVC, GKB 9,5/12,5, als Zulage
EP 6,87 DM/m    LA 4,69 DM/m    ST 2,18 DM/m
EP 3,51 €/m    LA 2,40 €/m    ST 1,11 €/m

**039.44004.M**    KG 345 DIN 276
WB, Einfasswinkelprofil, PVC, GKB 15/18, als Zulage
EP 7,39 DM/m    LA 4,69 DM/m    ST 2,70 DM/m
EP 3,78 €/m    LA 2,40 €/m    ST 1,38 €/m

**039.43601.M**    KG 345 DIN 276
WB, Ausschnitt GKB, gekrümmt, als Zulage
EP 7,86 DM/St    LA 7,86 DM/St    ST 0,00 DM/St
EP 4,02 €/St    LA 4,02 €/St    ST 0,00 €/St

**039.43602.M**    KG 345 DIN 276
WB, Ausschnitt GKB, gerade, als Zulage
EP 5,35 DM/St    LA 5,35 DM/St    ST 0,00 DM/St
EP 2,74 €/St    LA 2,74 €/St    ST 0,00 €/St

**039.43603.M**    KG 345 DIN 276
WB, Schalter-Dosenausschnitt GKB, als Zulage
EP 5,06 DM/St    LA 5,02 DM/St    ST 0,04 DM/St
EP 2,59 €/St    LA 2,57 €/St    ST 0,02 €/St

**039.44101.M**    KG 345 DIN 276
WB, Dehnungsfuge herstellen
EP 10,72 DM/m    LA 6,87 DM/m    ST 3,85 DM/m
EP 5,48 €/m    LA 3,51 €/m    ST 1,97 €/m

**039.44102.M**    KG 345 DIN 276
WB, Dehnungsfugenprofil, verz., GKB 12,5, als Zulage
EP 24,12 DM/m    LA 6,87 DM/m    ST 17,25 DM/m
EP 12,33 €/m    LA 3,51 €/m    ST 8,82 €/m

**039.44901.M**    KG 345 DIN 276
WB, Unterkonstr. Lattung ausgleichen, als Zulage
EP 9,04 DM/m    LA 7,86 DM/m    ST 1,18 DM/m
EP 4,62 €/m    LA 4,02 €/m    ST 0,60 €/m

**039.44902.M**    KG 345 DIN 276
WB, Kantenverstärkung, ALU, 25/25, GKB 15, als Zulage
EP 5,97 DM/m    LA 4,69 DM/m    ST 1,28 DM/m
EP 3,05 €/m    LA 2,40 €/m    ST 0,65 €/m

**039.44903.M**    KG 345 DIN 276
WB, Kantenverstärkung, ALU, 45/45, GKB 20/25, als Zul.
EP 7,09 DM/m    LA 4,69 DM/m    ST 2,40 DM/m
EP 3,63 €/m    LA 2,40 €/m    ST 1,23 €/m

**039.44904.M**    KG 345 DIN 276
WB, Spachteln mit Papierstreifen, GKB
EP 6,70 DM/m2    LA 6,27 DM/m2    ST 0,43 DM/m2
EP 3,43 €/m2    LA 3,20 €/m2    ST 0,23 €/m2

**039.44905.M**    KG 345 DIN 276
WB, Spachteln mit Papierstreifen, Silikatplatten
EP 6,79 DM/m2    LA 6,27 DM/m2    ST 0,52 DM/m2
EP 3,47 €/m2    LA 3,20 €/m2    ST 0,27 €/m2

**039.44906.M**    KG 345 DIN 276
WB, Spachteln, GF
EP 6,57 DM/m2    LA 6,27 DM/m2    ST 0,30 DM/m2
EP 3,36 €/m2    LA 3,20 €/m2    ST 0,16 €/m2

**039.44907.M**    KG 345 DIN 276
WB, Flächenspachtel, 2 mm
EP 13,26 DM/m2    LA 11,29 DM/m2    ST 1,97 DM/m2
EP 6,78 €/m2    LA 5,77 €/m2    ST 1,01 €/m2

**039.44908.M**    KG 345 DIN 276
WB, Flächenspachtel, 3 mm
EP 20,50 DM/m2    LA 17,56 DM/m2    ST 2,94 DM/m2
EP 10,48 €/m2    LA 8,98 €/m2    ST 1,50 €/m2

**039.44909.M**    KG 345 DIN 276
WB, Bilderhakenleiste, GKB über 12,5, als Zulage
EP 5,29 DM/m    LA 2,18 DM/m    ST 3,11 DM/m
EP 2,71 €/m    LA 1,12 €/m    ST 1,59 €/m

# LB 039 Trockenbauarbeiten
## Drempel-/Dachschrägenbekleidung, komplett

AW 039

Preise 06.01

Sämtliche Preise sind **Mittelpreise ohne Mehrwertsteuer** zum Zeitpunkt des Ausgabedatums.
**Korrekturfaktoren** für Regionaleinfluss, Mengeneinfluss, Konjunktureinfluss siehe Vorspann.
**Abkürzungen:** EP = Einheitspreis, LA = Lohnanteil, ST = Stoffanteil

### Drempel-/Dachschrägenbekleidung, komplett

039.-----.-

|  |  |  |
|---|---|---|
| 039.65201.M | Drempelbekl., GKB 12,5, Kantholz | 48,45 DM/m2 / 24,77 €/m2 |
| 039.65202.M | Drempelbekl., GKB 12,5, Kantholz, MF/ALU 120mm | 68,36 DM/m2 / 34,95 €/m2 |
| 039.65203.M | Drempelbekl., GKBI 12,5, Kantholz, MF/ALU 120mm | 70,47 DM/m2 / 36,03 €/m2 |
| 039.65204.M | Drempelbekl., GKB 2x12,5, Kantholz, MF/ALU 120mm | 94,67 DM/m2 / 48,41 €/m2 |
| 039.65205.M | Drempelbekl., GKF 15, Kantholz, MF/ALU 120mm | 70,82 DM/m2 / 36,21 €/m2 |
| 039.65206.M | Drempelbekl., GKF 15+18, Kantholz | 80,00 DM/m2 / 40,90 €/m2 |
| 039.65207.M | Drempelbekl., GKB 12,5, CW 50 | 54,96 DM/m2 / 28,10 €/m2 |
| 039.65208.M | Drempelbekl., GKB 12,5, CW 50, MF/ALU 120mm | 73,89 DM/m2 / 37,78 €/m2 |
| 039.65209.M | Drempelbekl., GKBI 12,5, CW 50, MF/ALU 120mm | 76,09 DM/m2 / 38,91 €/m2 |
| 039.65210.M | Drempelbekl., GKB 2x12,5, CW 50, MF/ALU 120mm | 106,34 DM/m2 / 54,37 €/m2 |
| 039.65211.M | Drempelbekl., GKF 15, CW 50, MF/ALU 120mm | 78,78 DM/m2 / 40,28 €/m2 |
| 039.65212.M | Drempelbekl., GKF 15+18, CW 50 | 88,89 DM/m2 / 45,45 €/m2 |
| 039.65213.M | Drempelbekl., GKB 12,5, Federschiene auf MW | 58,92 DM/m2 / 30,13 €/m2 |
| 039.65214.M | Drempelbekl., GKBI 12,5, Federschiene auf MW | 61,13 DM/m2 / 31,20 €/m2 |
| 039.65215.M | Drempelbekl., GKB 2x12,5, Federschiene auf MW | 84,96 DM/m2 / 43,44 €/m2 |
| 039.65216.M | Drempelbekl., GKF 15, Federschiene auf MW | 64,04 DM/m2 / 32,74 €/m2 |
| 039.64201.M | Dachschrägenbekl., GKB 12,5, Holz 50/30 | 43,47 DM/m2 / 22,23 €/m2 |
| 039.64202.M | Dachschrägenbekl., GKBI 12,5, Holz 50/30, MF/AL 120mm | 64,91 DM/m2 / 33,19 €/m2 |
| 039.64203.M | Dachschrägenbekl., GKB 2x12,5 Holz 50/30, MF/AL 120mm | 88,59 DM/m2 / 45,29 €/m2 |
| 039.64204.M | Dachschrägenbekl., GKF 15, Holz 50/30, MF/ALU 120mm | 65,39 DM/m2 / 33,43 €/m2 |
| 039.64205.M | Dachschrägenbekl., GKF 15+18, Holz 50/30 | 75,26 DM/m2 / 38,48 €/m2 |
| 039.64206.M | Dachschrägenbekl., GKB 12,5, CD 60 | 62,83 DM/m2 / 32,13 €/m2 |
| 039.64207.M | Dachschrägenbekl., GKBI 12,5, CD 60, MF/ALU 120mm | 84,27 DM/m2 / 43,09 €/m2 |
| 039.64208.M | Dachschrägenbekl., GKB 2x12,5, CD 60, MF/ALU 120mm | 108,25 DM/m2 / 55,35 €/m2 |
| 039.64209.M | Dachschrägenbekl., GKF 15, CD 60, MF/ALU 120mm | 85,27 DM/m2 / 43,60 €/m2 |
| 039.64210.M | Dachschrägenbekl., GKF 15+18, CD 60 | 96,01 DM/m2 / 49,09 €/m2 |
| 039.64211.M | Dachschrägenbekl., GKB 12,5, Federschiene | 61,89 DM/m2 / 31,64 €/m2 |
| 039.64212.M | Dachschrägenbekl., GKBI 12,5, Federschiene | 64,09 DM/m2 / 32,77 €/m2 |
| 039.64213.M | Dachschrägenbekl., GKB 2x12,5, Federschiene | 88,22 DM/m2 / 45,10 €/m2 |
| 039.64214.M | Dachschrägenbekl., GKF 15, Federschiene | 66,65 DM/m2 / 34,08 €/m2 |

**Hinweis**
Für Drempel-/Dachschrägenbekleidung, komplett gelten folgende Abkürzungen:
- GKB  Gipskarton-Bauplatte,
- GKF  Gipskarton-Feuerschutzplatte,
- GKBI Gipskarton-Bauplatte-imprägniert,
- MF   Mineralischer Faserdämmstoff.

039.65201.M   KG 364 DIN 276
Drempelbekl., GKB 12,5, Kantholz
EP 48,45 DM/m2   LA 38,30 DM/m2   ST 10,15 DM/m2
EP 24,77 €/m2    LA 19,58 €/m2    ST  5,19 €/m2

039.65202.M   KG 364 DIN 276
Drempelbekl., GKB 12,5, Kantholz, MF/ALU 120mm
EP 68,36 DM/m2   LA 45,88 DM/m2   ST 22,48 DM/m2
EP 34,95 €/m2    LA 23,46 €/m2    ST 11,49 €/m2

039.65203.M   KG 364 DIN 276
Drempelbekl., GKBI 12,5, Kantholz, MF/ALU 120mm
EP 70,47 DM/m2   LA 45,88 DM/m2   ST 24,59 DM/m2
EP 36,03 €/m2    LA 23,46 €/m2    ST 12,57 €/m2

039.65204.M   KG 364 DIN 276
Drempelbekl., GKB 2x12,5, Kantholz, MF/ALU 120mm
EP 94,67 DM/m2   LA 66,02 DM/m2   ST 28,65 DM/m2
EP 48,41 €/m2    LA 33,76 €/m2    ST 14,65 €/m2

039.65205.M   KG 364 DIN 276
Drempelbekl., GKF 15, Kantholz, MF/ALU 120mm
EP 70,82 DM/m2   LA 45,88 DM/m2   ST 24,94 DM/m2
EP 36,21 €/m2    LA 23,46 €/m2    ST 12,75 €/m2

039.65206.M   KG 364 DIN 276
Drempelbekl., GKF 15+18, Kantholz
EP 80,00 DM/m2   LA 58,43 DM/m2   ST 21,57 DM/m2
EP 40,90 0€/m2   LA 29,87 €/m2    ST 11,03 €/m2

039.65207.M   KG 364 DIN 276
Drempelbekl., GKB 12,5, CW 50
EP 54,96 DM/m2   LA 42,25 DM/m2   ST 12,71 DM/m2
EP 28,10 €/m2    LA 21,60 €/m2    ST  6,50 €/m2

039.65208.M   KG 364 DIN 276
Drempelbekl., GKB 12,5, CW 50, MF/ALU 120mm
EP 73,89 DM/m2   LA 48,86 DM/m2   ST 25,03 DM/m2
EP 37,78 €/m2    LA 24,98 €/m2    ST 12,80 €/m2

039.65209.M   KG 364 DIN 276
Drempelbekl., GKBI 12,5, CW 50, MF/ALU 120mm
EP 76,09 DM/m2   LA 48,86 DM/m2   ST 27,23 DM/m2
EP 38,91 €/m2    LA 24,98 €/m2    ST 13,93 €/m2

039.65210.M   KG 364 DIN 276
Drempelbekl., GKB 2x12,5, CW 50, MF/ALU 120mm
EP 106,34 DM/m2  LA 75,92 DM/m2   ST 30,42 DM/m2
EP  54,37 €/m2   LA 38,82 €/m2    ST 15,55 €/m2

039.65211.M   KG 364 DIN 276
Drempelbekl., GKF 15, CW 50, MF/ALU 120mm
EP 78,78 DM/m2   LA 50,18 DM/m2   ST 28,60 DM/m2
EP 40,28 €/m2    LA 25,66 €/m2    ST 14,62 €/m2

039.65212.M   KG 364 DIN 276
Drempelbekl., GKF 15+18, CW 50
EP 88,89 DM/m2   LA 64,17 DM/m2   ST 24,72 DM/m2
EP 45,45 €/m2    LA 32,81 €/m2    ST 12,64 €/m2

039.65213.M   KG 364 DIN 276
Drempelbekl., GKB 12,5, Federschiene auf MW
EP 58,92 DM/m2   LA 43,58 DM/m2   ST 15,34 DM/m2
EP 30,13 €/m2    LA 22,28 €/m2    ST  7,85 €/m2

039.65214.M   KG 364 DIN 276
Drempelbekl., GKBI 12,5, Federschiene auf MW
EP 61,13 DM/m2   LA 43,58 DM/m2   ST 17,55 DM/m2
EP 31,26 €/m2    LA 22,28 €/m2    ST  8,98 €/m2

039.65215.M   KG 364 DIN 276
Drempelbekl., GKB 2x12,5, Federschiene auf MW
EP 84,96 DM/m2   LA 64,17 DM/m2   ST 20,79 DM/m2
EP 43,44 €/m2    LA 32,81 €/m2    ST 10,63 €/m2

039.65216.M   KG 364 DIN 276
Drempelbekl., GKF 15, Federschiene auf MW
EP 64,04 DM/m2   LA 44,90 DM/m2   ST 19,14 DM/m2
EP 32,74 €/m2    LA 22,96 €/m2    ST  9,78 €/m2

039.64201.M   KG 364 DIN 276
Dachschrägenbekl., GKB 12,5, Holz 50/30
EP 43,47 DM/m2   LA 35,65 DM/m2   ST 7,82 DM/m2
EP 22,23 €/m2    LA 18,23 €/m2    ST 4,00 €/m2

039.64202.M   KG 364 DIN 276
Dachschrägenbekl., GKBI 12,5, Holz 50/30, MF/ALU 120mm
EP 64,91 DM/m2   LA 42,58 DM/m2   ST 22,33 DM/m2
EP 33,19 €/m2    LA 21,77 €/m2    ST 11,42 €/m2

AW 039

## LB 039 Trockenbauarbeiten
### Dachschrägenbekleidung, komplett; Deckenbekleidungen, komplett

Preise 06.01

Sämtliche Preise sind **Mittelpreise ohne Mehrwertsteuer** zum Zeitpunkt des Ausgabedatums.
**Korrekturfaktoren** für Regionaleinfluss, Mengeneinfluss, Konjunktureinfluss siehe Vorspann.
**Abkürzungen:** EP = Einheitspreis, LA = Lohnanteil, ST = Stoffanteil

039.64203.M     KG 364 DIN 276
Dachschrägenbekl., GKB 2x12,5, Holz 50/30, MF/ALU 120mm
EP 88,59 DM/m2    LA 62,72 DM/m2    ST 25,87 DM/m2
EP 45,29 €/m2     LA 32,07 €/m2     ST 13,22 €/m2

039.64204.M     KG 364 DIN 276
Dachschrägenbekl., GKF 15, Holz 50/30, MF/ALU 120mm
EP 65,39 DM/m2    LA 43,25 DM/m2    ST 22,14 DM/m2
EP 33,43 €/m2     LA 22,11 €/m2     ST 11,32 €/m2

039.64205.M     KG 364 DIN 276
Dachschrägenbekl., GKF 15+18, Holz 50/30
EP 75,26 DM/m2    LA 56,78 DM/m2    ST 18,48 DM/m2
EP 38,48 €/m2     LA 29,03 €/m2     ST 9,45 €/m2

039.64206.M     KG 364 DIN 276
Dachschrägenbekl., GKB 12,5, CD 60
EP 62,83 DM/m2    LA 51,57 DM/m2    ST 11,26 DM/m2
EP 32,13 €/m2     LA 26,37 €/m2     ST 5,76 €/m2

039.64207.M     KG 364 DIN 276
Dachschrägenbekl., GKBI 12,5, CD 60, MF/ALU 120mm
EP 84,27 DM/m2    LA 58,50 DM/m2    ST 25,77 DM/m2
EP 43,09 €/m2     LA 29,91 €/m2     ST 13,18 €/m2

039.64208.M     KG 364 DIN 276
Dachschrägenbekl., GKB 2x12,5, CD 60, MF/ALU 120mm
EP 108,25 DM/m2    LA 79,23 DM/m2    ST 29,02 DM/m2
EP 55,35 €/m2     LA 40,51 €/m2     ST 14,84 €/m2

039.64209.M     KG 364 DIN 276
Dachschrägenbekl., GKF 15, CD 60, MF/ALU 120mm
EP 85,27 DM/m2    LA 58,89 DM/m2    ST 26,38 DM/m2
EP 43,60 €/m2     LA 30,11 €/m2     ST 13,49 €/m2

039.64210.M     KG 364 DIN 276
Dachschrägenbekl., GKF 15+18, CD 60
EP 96,01 DM/m2    LA 72,96 DM/m2    ST 23,05 DM/m2
EP 49,09 €/m2     LA 37,30 €/m2     ST 11,79 €/m2

039.64211.M     KG 364 DIN 276
Dachschrägenbekl., GKB 12,5, Federschiene
EP 61,89 DM/m2    LA 45,23 DM/m2    ST 16,66 DM/m2
EP 31,64 €/m2     LA 23,13 €/m2     ST 8,51 €/m2

039.64212.M     KG 364 DIN 276
Dachschrägenbekl., GKBI 12,5, Federschiene
EP 64,09 DM/m2    LA 45,23 DM/m2    ST 18,86 DM/m2
EP 32,77 €/m2     LA 23,13 €/m2     ST 9,64 €/m2

039.64213.M     KG 364 DIN 276
Dachschrägenbekl., GKB 2x12,5, Federschiene
EP 88,22 DM/m2    LA 66,02 DM/m2    ST 22,20 DM/m2
EP 45,10 €/m2     LA 33,76 €/m2     ST 11,34 €/m2

039.64214.M     KG 364 DIN 276
Dachschrägenbekl., GKF 15, Federschiene
EP 66,65 DM/m2    LA 45,88 DM/m2    ST 20,77 DM/m2
EP 34,08 €/m2     LA 23,46 €/m2     ST 10,62 €/m2

### Deckenbekleidungen, komplett

039.-----.-

|  |  |  |
|---|---|---|
| 039.61101.M | Deckenbekl. HBD, GKB 12,5, Lattung | 51,81 DM/m2<br>26,49 €/m2 |
| 039.61102.M | Deckenbekl. HBD, GKB 12,5, Lattenrost | 62,79 DM/m2<br>32,11 €/m2 |
| 039.61103.M | Deckenbekl. HBD, GKF 12,5, Lattenrost | 63,32 DM/m2<br>32,37 €/m2 |
| 039.61104.M | Deckenbekl. HBD, GKF 2x12,5, Lattenrost | 100,41 DM/m2<br>51,34 €/m2 |
| 039.61105.M | Deckenbekl. HBD, GK-Lochpl. 12,5, Lattenrost | 113,87 DM/m2<br>58,22 €/m2 |
| 039.61106.M | DB, HBD, Bretter gesp., Nadelholz 19,5 mm, Lattenrost | 99,68 DM/m2<br>50,97 €/m2 |
| 039.61107.M | DB, HBD, Bretter gesp., Nadelholz 22,5 mm, Lattenrost | 102,30 DM/m2<br>52,31 €/m2 |
| 039.61108.M | Deckenbekl. MD, GKB 12,5, 2xCD 60 | 70,14 DM/m2<br>35,86 €/m2 |
| 039.61109.M | Deckenbekl. MD, GKB 2x12,5, 2xCD 60 | 106,93 DM/m2<br>54,67 €/m2 |
| 039.61110.M | Deckenbekl. MD, GKF 12,5, 2xCD 60 | 70,66 DM/m2<br>36,13 €/m2 |
| 039.61111.M | Deckenbekl. MD, GKF 2x12,5, 2xCD 60 | 107,75 DM/m2<br>55,09 €/m2 |
| 039.61112.M | Deckenbekl. MD, GKF 15, 2xCD 60 | 71,63 DM/m2<br>36,62 €/m2 |
| 039.61113.M | Deckenbekl. MD, GKF 18+15, 2xCD 60 | 96,34 DM/m2<br>49,26 €/m2 |
| 039.61201.M | Deckenbekl. MD, GK-Lochpl. 12,5, 2xCD 60 | 121,21 DM/m2<br>61,98 €/m2 |
| 039.61114.M | Deckenbekl. MD, GKB 12,5, niv.-gl. Konstr. 2xCD 60 | 81,65 DM/m2<br>41,75 €/m2 |
| 039.61115.M | Deckenbekl. MD, GKB 2x12,5, niv.-gl. Konstr. 2xCD 60 | 118,45 DM/m2<br>60,56 €/m2 |
| 039.61116.M | Deckenbekl. MD, GKF 12,5, niv.-gl. Konstr. 2xCD 60 | 82,17 DM/m2<br>42,01 €/m2 |
| 039.61117.M | Deckenbekl. MD, GKF 2x12,5, niv.-gl. Konstr. 2xCD 60 | 119,26 DM/m2<br>60,98 €/m2 |

**Hinweis**
Für Deckenbekleidungen, komplett gelten folgende Abkürzungen:
HBD     Holzbalkendecke,
DB      Deckenbekleidung,
MD     Massivdecke,
GKB    Gipskarton-Bauplatte,
GKF    Gipskarton-Feuerschutzplatte,
GK-Lochpl.    Gipskarton-Lochplatte.

039.61101.M     KG 353 DIN 276
Deckenbekl. HBD, GKB 12,5, Lattung
EP 51,81 DM/m2    LA 44,83 DM/m2    ST 6,98 DM/m2
EP 26,49 €/m2     LA 22,92 €/m2     ST 3,57 €/m2

039.61102.M     KG 353 DIN 276
Deckenbekl. HBD, GKB 12,5, Lattenrost
EP 62,79 DM/m2    LA 54,54 DM/m2    ST 8,25 DM/m2
EP 32,11 €/m2     LA 27,88 €/m2     ST 4,23 €/m2

039.61103.M     KG 353 DIN 276
Deckenbekl. HBD, GKF 12,5, Lattenrost
EP 63,32 DM/m2    LA 54,54 DM/m2    ST 8,78 DM/m2
EP 32,37 €/m2     LA 27,88 €/m2     ST 4,49 €/m2

039.61104.M     KG 353 DIN 276
Deckenbekl. HBD, GKF 2x12,5, Lattenrost
EP 100,41 DM/m2    LA 85,89 DM/m2    ST 14,52 DM/m2
EP 51,34 €/m2     LA 43,92 €/m2     ST 7,42 €/m2

039.61105.M     KG 353 DIN 276
Deckenbekl. HBD, GK-Lochpl. 12,5, Lattenrost
EP 113,87 DM/m2    LA 80,55 DM/m2    ST 33,32 DM/m2
EP 58,22 €/m2     LA 41,18 €/m2     ST 17,04 €/m2

039.61106.M     KG 353 DIN 276
DB, HBD, Bretter gesp., Nadelholz 19,5 mm, LattenroSt
EP 99,68 DM/m2    LA 72,69 DM/m2    ST 26,99 DM/m2
EP 50,97 €/m2     LA 37,17 €/m2     ST 13,80 €/m2

**AW 039**

## LB 039 Trockenbauarbeiten
### Deckenbekleidungen, komplett; Unterdecken Gipskarton, komplett

Preise 06.01

Sämtliche Preise sind **Mittelpreise ohne Mehrwertsteuer** zum Zeitpunkt des Ausgabedatums.
**Korrekturfaktoren** für Regionaleinfluss, Mengeneinfluss, Konjunktureinfluss siehe Vorspann.
**Abkürzungen:** EP = Einheitspreis, LA = Lohnanteil, ST = Stoffanteil

```
039.61107.M          KG 353 DIN 276
DB, HBD, Bretter gesp., Nadelholz 22,5 mm, LattenroSt
EP 102,30 DM/m2     LA 72,69 DM/m2    ST 29,61 DM/m2
EP  52,31 €/m2      LA 37,17 €/m2     ST 15,14 €/m2

039.61108.M          KG 353 DIN 276
Deckenbekl. MD, GKB 12,5, 2xCD 60
EP 70,14 DM/m2      LA 56,45 DM/m2    ST 13,69 DM/m2
EP 35,86 €/m2       LA 28,86 €/m2     ST  7,00 €/m2

039.61109.M          KG 353 DIN 276
Deckenbekl. MD, GKB 2x12,5, 2xCD 60
EP 106,93 DM/m2     LA 87,81 DM/m2    ST 19,12 DM/m2
EP  54,67 €/m2      LA 44,90 €/m2     ST  9,77 €/m2

039.61110.M          KG 353 DIN 276
Deckenbekl. MD, GKF 12,5, 2xCD 60
EP 70,66 DM/m2      LA 56,45 DM/m2    ST 14,21 DM/m2
EP 36,13 €/m2       LA 28,86 €/m2     ST  7,27 €/m2

039.61111.M          KG 353 DIN 276
Deckenbekl. MD, GKF 2x12,5, 2xCD 60
EP 107,75 DM/m2     LA 87,81 DM/m2    ST 19,94 DM/m2
EP  55,09 €/m2      LA 44,90 €/m2     ST 10,19 €/m2

039.61112.M          KG 353 DIN 276
Deckenbekl. MD, GKF 15, 2xCD 60
EP 71,63 DM/m2      LA 56,45 DM/m2    ST 15,18 DM/m2
EP 36,62 €/m2       LA 28,86 €/m2     ST  7,76 €/m2

039.61113.M          KG 353 DIN 276
Deckenbekl. MD, GKF 18+15, 2xCD 60
EP 96,34 DM/m2      LA 70,25 DM/m2    ST 26,09 DM/m2
EP 49,26 €/m2       LA 35,92 €/m2     ST 13,34 €/m2

039.61201.M          KG 353 DIN 276
Deckenbekl. MD, GK-Lochpl. 12,5, 2xCD 60
EP 121,21 DM/m2     LA 82,46 DM/m2    ST 38,75 DM/m2
EP  61,98 €/m2      LA 42,16 €/m2     ST 19,82 €/m2

039.61114.M          KG 353 DIN 276
Deckenbekl. MD, GKB 12,5, niv.-gl. Konstr. 2xCD 60
EP 81,65 DM/m2      LA 65,82 DM/m2    ST 15,83 DM/m2
EP 41,75 €/m2       LA 33,65 €/m2     ST  8,10 €/m2

039.61115.M          KG 353 DIN 276
Deckenbekl. MD, GKB 2x12,5, niv.-gl. Konstr. 2xCD 60
EP 118,45 DM/m2     LA 97,19 DM/m2    ST 21,26 DM/m2
EP  60,56 €/m2      LA 49,69 €/m2     ST 10,87 €/m2

039.61116.M          KG 353 DIN 276
Deckenbekl. MD, GKF 12,5, niv.-gl. Konstr. 2xCD 60
EP 82,17 DM/m2      LA 65,82 DM/m2    ST 16,35 DM/m2
EP 42,01 €/m2       LA 33,65 €/m2     ST  8,36 €/m2

039.61117.M          KG 353 DIN 276
Deckenbekl. MD, GKF 2x12,5, niv.-gl. Konstr. 2xCD 60
EP 119,26 DM/m2     LA 97,19 DM/m2    ST 22,07 DM/m2
EP  60,98 €/m2      LA 49,69 €/m2     ST €/m2
```

### Unterdecken Gipskarton, komplett

039.-----.-

|  |  |  |
|---|---|---|
| 039.62101.M | Abgeh. Unterdecke, GKB 9,5, CD 60 Doppelr. | 65,56 DM/m2 / 33,52 €/m2 |
| 039.62102.M | Abgeh. Unterdecke, GKB 12,5, CD 60 Doppelr. | 66,12 DM/m2 / 33,81 €/m2 |
| 039.62103.M | Abgeh. Unterdecke, GKB 2x12,5, CD 60 Doppelr. | 93,59 DM/m2 / 47,85 €/m2 |
| 039.62104.M | Abgeh. Unterdecke, GKB 15, CD 60 Doppelr. | 69,14 DM/m2 / 35,35 €/m2 |
| 039.62105.M | Abgeh. Unterdecke, GKB 18, CD 60 Doppelr. | 69,46 DM/m2 / 35,52 €/m2 |
| 039.62106.M | Abgeh. Unterdecke, GKF 12,5, CD 60 Doppelr. | 66,69 DM/m2 / 34,10 €/m2 |
| 039.62107.M | Abgeh. Unterdecke, GKF 2x12,5, CD 60 Doppelr. | 95,25 DM/m2 / 48,70 €/m2 |
| 039.62108.M | Abgeh. Unterdecke, GKF 15, CD 60 Doppelr. | 68,06 DM/m2 / 34,80 €/m2 |
| 039.62109.M | Abgeh. Unterdecke, GKF 18, CD 60 Doppelr. | 70,03 DM/m2 / 35,80 €/m2 |
| 039.62110.M | Abgeh. Unterdecke, GKF 15+18, CD 60 Doppelr. | 97,83 DM/m2 / 50,02 €/m2 |
| 039.62111.M | Abgeh. Unterdecke, Fireboard 20, CD 60 Doppelr. | 93,51 DM/m2 / 47,81 €/m2 |
| 039.62112.M | Abgeh. Unterdecke, Fireboard 2x20, CD 60 Doppelr. | 147,54 DM/m2 / 75,44 €/m2 |
| 039.62113.M | Abgeh. Unterdecke, GKBI 12,5, CD 60 Doppelr. | 68,45 DM/m2 / 35,00 €/m2 |
| 039.62114.M | Abgeh. Unterdecke, GKBI+ALU 12,5, CD 60 Doppel. | 73,66 DM/m2 / 37,66 €/m2 |
| 039.62115.M | Abgeh. Unterdecke, GKBI+ALU/GKBI 2x12,5, CD 60 Dopp. | 105,68 DM/m2 / 54,03 €/m2 |
| 039.62116.M | Abgeh. Unterdecke, GKF+ALU 12,5, CD 60 Doppelr. | 71,39 DM/m2 / 36,50 €/m2 |
| 039.62117.M | Abgeh. Unterdecke, GKFI 2x12,5, CD 60 Doppelr. | 99,64 DM/m2 / 50,95 €/m2 |
| 039.62118.M | Abgeh. Unterdecke, GKFI+ALU 12,5, CD 60 Doppelr. | 74,05 DM/m2 / 37,86 €/m2 |
| 039.62119.M | Abgeh. Unterdecke, GKFI+ALU/GKFI 2x12,5, CD 60 Dopp. | 107,35 DM/m2 / 54,89 €/m2 |
| 039.62120.M | Abgeh. Unterdecke, GK-Kassette 9,5, CD 60 Doppelr. | 127,19 DM/m2 / 65,03 €/m2 |
| 039.62121.M | Abgeh. Unterdecke, GK-Kassette 12,5, CD 60 Doppelr. | 128,11 DM/m2 / 65,50 €/m2 |
| 039.62201.M | Abgeh. Unterdecke, GK-Lochpl. 9,5, CD 60 Doppelr. | 120,11 DM/m2 / 61,41 €/m2 |
| 039.62202.M | Abgeh. Unterdecke, GK-Lochkassette 9,5, CD 60 Dopp. | 130,46 DM/m2 / 66,75 €/m2 |
| 039.62203.M | Abgeh. Unterdecke, GK-Lochkassette 12,5, CD 60 Dopp. | 133,09 DM/m2 / 68,05 €/m2 |

```
039.62101.M          KG 353 DIN 276
Abgeh. Unterdecke, GKB 9,5, CD 60 Doppelr.
EP 65,56 DM/m2      LA 48,92 DM/m2    ST 16,64 DM/m2
EP 33,52 €/m2       LA 25,01 €/m2     ST  8,51 €/m2

039.62102.M          KG 353 DIN 276
Abgeh. Unterdecke, GKB 12,5, CD 60 Doppelr.
EP 66,12 DM/m2      LA 48,92 DM/m2    ST 17,20 DM/m2
EP 33,81 €/m2       LA 25,01 €/m2     ST  8,80 €/m2

039.62103.M          KG 353 DIN 276
Abgeh. Unterdecke, GKB 2x12,5, CD 60 Doppelr.
EP 93,59 DM/m2      LA 68,07 DM/m2    ST 25,52 DM/m2
EP 47,85 €/m2       LA 34,80 €/m2     ST 13,05 €/m2

039.62104.M          KG 353 DIN 276
Abgeh. Unterdecke, GKB 15, CD 60 Doppelr.
EP 69,14 DM/m2      LA 48,92 DM/m2    ST 20,22 DM/m2
EP 35,35 €/m2       LA 25,01 €/m2     ST 10,34 €/m2

039.62105.M          KG 353 DIN 276
Abgeh. Unterdecke, GKB 18, CD 60 Doppelr.
EP 69,46 DM/m2      LA 48,92 DM/m2    ST 20,54 DM/m2
EP 35,52 €/m2       LA 25,01 €/m2     ST 10,51 €/m2

039.62106.M          KG 353 DIN 276
Abgeh. Unterdecke, GKF 12,5, CD 60 Doppelr.
EP 66,69 DM/m2      LA 48,92 DM/m2    ST 11,77 DM/m2
EP 34,10 €/m2       LA 25,01 €/m2     ST  9,09 €/m2
```

AW 039

## LB 039 Trockenbauarbeiten
### Unterdecken Gipskarton, komplett

Preise 06.01

Sämtliche Preise sind **Mittelpreise ohne Mehrwertsteuer** zum Zeitpunkt des Ausgabedatums.
**Korrekturfaktoren** für Regionaleinfluss, Mengeneinfluss, Konjunktureinfluss siehe Vorspann.v
**Abkürzungen:** EP = Einheitspreis, LA = Lohnanteil, ST = Stoffanteil

039.62107.M KG 353 DIN 276
Abgeh. Unterdecke, GKF 2x12,5, CD 60 Doppelr.
EP 95,25 DM/m2  LA 68,07 DM/m2  ST 27,18 DM/m2
EP 48,70 €/m2   LA 34,80 €/m2   ST 13,90 €/m2

039.62108.M KG 353 DIN 276
Abgeh. Unterdecke, GKF 15, CD 60 Doppelr.
EP 68,06 DM/m2  LA 48,92 DM/m2  ST 19,14 DM/m2
EP 34,80 €/m2   LA 25,01 €/m2   ST  9,79 €/m2

039.62109.M KG 353 DIN 276
Abgeh. Unterdecke, GKF 18, CD 60 Doppelr.
EP 70,03 DM/m2  LA 49,85 DM/m2  ST 20,18 DM/m2
EP 35,80 €/m2   LA 25,49 €/m2   ST 10,31 €/m2

039.62110.M KG 353 DIN 276
Abgeh. Unterdecke, GKF 15+18, CD 60 Doppelr.
EP 97,83 DM/m2  LA 68,07 DM/m2  ST 29,76 DM/m2
EP 50,02 €/m2   LA 34,80 €/m2   ST 15,22 €/m2

039.62111.M KG 353 DIN 276
Abgeh. Unterdecke, Fireboard 20, CD 60 Doppelr.
EP 93,51 DM/m2  LA 49,85 DM/m2  ST 43,66 DM/m2
EP 47,81 €/m2   LA 25,49 €/m2   ST 22,32 €/m2

039.62112.M KG 353 DIN 276
Abgeh. Unterdecke, Fireboard 2x20, CD 60 Doppelr.
EP 147,54 DM/m2  LA 70,58 DM/m2  ST 76,96 DM/m2
EP  75,44 €/m2   LA 36,09 €/m2   ST 39,35 €/m2

039.62113.M KG 353 DIN 276
Abgeh. Unterdecke, GKBI 12,5, CD 60 Doppelr.
EP 68,45 DM/m2  LA 48,92 DM/m2  ST 19,53 DM/m2
EP 35,00 €/m2   LA 25,01 €/m2   ST  9,99 €/m2

039.62114.M KG 353 DIN 276
Abgeh. Unterdecke, GKBI+ALU 12,5, CD 60 Doppel.
EP 73,66 DM/m2  LA 48,92 DM/m2  ST 24,74 DM/m2
EP 37,66 €/m2   LA 25,01 €/m2   ST 12,65 €/m2

039.62115.M KG 353 DIN 276
Abgeh. Unterdecke, GKBI+ALU/GKBI 2x12,5, CD 60 Doppelr.
EP 105,68 DM/m2  LA 70,58 DM/m2  ST 35,10 DM/m2
EP  54,03 €/m2   LA 36,09 €/m2   ST 17,94 €/m2

039.62116.M KG 353 DIN 276
Abgeh. Unterdecke, GKF+ALU 12,5, CD 60 Doppelr.
EP 71,39 DM/m2  LA 48,92 DM/m2  ST 22,47 DM/m2
EP 36,50 €/m2   LA 25,01 €/m2   ST 11,49 €/m2

039.62117.M KG 353 DIN 276
Abgeh. Unterdecke, GKFI 2x12,5, CD 60 Doppelr.
EP 99,64 DM/m2  LA 70,58 DM/m2  ST 29,06 DM/m2
EP 50,95 €/m2   LA 36,09 €/m2   ST 14,86 €/m2

039.62118.M KG 353 DIN 276
Abgeh. Unterdecke, GKFI+ALU 12,5, CD 60 Doppelr.
EP 74,05 DM/m2  LA 48,92 DM/m2  ST 25,13 DM/m2
EP 37,86 €/m2   LA 25,01 €/m2   ST 12,85 €/m2

039.62119.M KG 353 DIN 276
Abgeh. Unterdecke, GKFI+ALU/GKFI 2x12,5, CD 60 Doppelr.
EP 107,35 DM/m2  LA 70,58 DM/m2  ST 36,77 DM/m2
EP  54,89 €/m2   LA 36,09 €/m2   ST 18,80 €/m2

039.62120.M KG 353 DIN 276
Abgeh. Unterdecke, GK-Kassette 9,5, CD 60 Doppelr.
EP 127,19 DM/m2  LA 93,75 DM/m2  ST 33,44 DM/m2
EP  65,03 €/m2   LA 47,93 €/m2   ST 17,10 €/m2

039.62121.M KG 353 DIN 276
Abgeh. Unterdecke, GK-Kassette 12,5, CD 60 Doppelr.
EP 128,11 DM/m2  LA 93,75 DM/m2  ST 34,36 DM/m2
EP  65,50 €/m2   LA 47,93 €/m2   ST 17,57 €/m2

039.62201.M KG 353 DIN 276
Abgeh. Unterdecke, GK-Lochpl. 9,5, CD 60 Doppelr.
EP 120,11 DM/m2  LA 81,20 DM/m2  ST 38,91 DM/m2
EP  61,41 €/m2   LA 41,52 €/m2   ST 19,89 €/m2

039.62202.M KG 353 DIN 276
Abgeh. Unterdecke, GK-Lochkassette 9,5, CD 60 Doppelr.
EP 130,56 DM/m2  LA 87,48 DM/m2  ST 43,08 DM/m2
EP  66,75 €/m2   LA 44,73 €/m2   ST 22,02 €/m2

039.62203.M KG 353 DIN 276
Abgeh. Unterdecke, GK-Lochkassette 12,5, CD 60 Doppelr.
EP 133,09 DM/m2  LA 87,48 DM/m2  ST 45,61 DM/m2
EP  68,05 €/m2   LA 44,73 €/m2   ST 23,32 €/m2

# LB 039 Trockenbauarbeiten
## Sonstige Unterdecken, komplett

AW 039

Preise 06.01

Sämtliche Preise sind **Mittelpreise ohne Mehrwertsteuer** zum Zeitpunkt des Ausgabedatums.
**Korrekturfaktoren** für Regionaleinfluss, Mengeneinfluss, Konjunktureinfluss siehe Vorspann.
**Abkürzungen:** EP = Einheitspreis, LA = Lohnanteil, ST = Stoffanteil

### Sonstige Unterdecken, komplett

039.-----.-

|  |  |  |
|---|---|---|
| 039.62122.M | Abgeh. Unterdecke, K-sililikatpl. 6 mm, CD 60 Doppelr. | 81,18 DM/m2 / 41,51 €/m2 |
| 039.62123.M | Abgeh. Unterdecke, K-silikatpl. 8 mm, CD 60 Doppelr. | 87,87 DM/m2 / 44,93 €/m2 |
| 039.62124.M | Abgeh. Unterdecke, K-silikatpl. 10 mm, CD 60 Doppelr. | 94,76 DM/m2 / 48,45 €/m2 |
| 039.62125.M | Abgeh. Unterdecke, K-silikatpl. 12 mm, CD 60 Doppelr. | 101,32 DM/m2 / 51,81 €/m2 |
| 039.62126.M | Abgeh. Unterdecke, K-silikatpl. 15 mm, CD 60 Doppelr. | 111,53 DM/m2 / 57,02 €/m2 |
| 039.62127.M | Abgeh. Unterdecke, K-silikatpl. 20 mm, CD 60 Doppelr. | 128,33 DM/m2 / 65,61 €/m2 |
| 039.62128.M | Abgeh. Unterdecke, K-silikatpl. 25 mm, CD 60 Doppelr. | 145,24 DM/m2 / 74,26 €/m2 |
| 039.62129.M | Abgeh. Unterdecke, K-silikatpl. 10 mm, für Feuchträume | 108,17 DM/m2 / 55,30 €/m2 |
| 039.62130.M | Abgeh. Unterdecke, K-silikatpl. 15+12 mm, F30 v. oben | 185,69 DM/m2 / 94,94 €/m2 |
| 039.62131.M | Abgeh. Unterdecke, K-silikatpl. 15+10 mm, F30 v. unten | 157,88 DM/m2 / 80,72 €/m2 |
| 039.62132.M | Abgeh. Unterdecke, K-silikatpl. 15 mm, 2x60 MF, F30 o/u | 149,73 DM/m2 / 76,56 €/m2 |
| 039.62133.M | Unterdecke, dekor. MF-Platte, 20 mm, UK verdeckt | 77,27 DM/m2 / 39,51 €/m2 |
| 039.62204.M | Unterdecke, dekor. MF-Platte, 20 mm, UK sichtb. | 72,58 DM/m2 / 37,11 €/m2 |
| 039.62301.M | Abgeh. Unterdecke, PS 20 SE 100 mm, Hutprofile | 71,32 DM/m2 / 36,46 €/m2 |
| 039.62302.M | Abgeh. Unterdecke, PS 20 SE 120 mm, Hutprofile | 76,05 DM/m2 / 38,89 €/m2 |

### Hinweis

Für sonstige Unterdecken, komplett gelten folgende Abkürzungen:

| | |
|---|---|
| GKB | Gipskarton-Bauplatte, |
| GKF | Gipskarton-Feuerschutzplatte, |
| GKBI | Gipskarton-Bauplatte-imprägniert, |
| GKFI | Gipskarton-Feuerschutzplatte-imprägniert, |
| GK-Lochpl. | Gipskarton-Lochplatte, |
| Doppelr. | Doppelrost. |
| K-silikatpl. | Kalziumsilikatplatte |

039.62122.M    KG 353 DIN 276
Abgeh. Unterdecke, K-sililikatpl. 6 mm, CD 60 Doppelr.
EP 81,18 DM/m2    LA 48,92 DM/m2    ST 32,26 DM/m2
EP 41,51 €/m2    LA 25,01 €/m2    ST 16,50 €/m2

039.62123.M    KG 353 DIN 276
Abgeh. Unterdecke, K-silikatpl. 8 mm, CD 60 Doppelr.
EP 87,87 DM/m2    LA 48,92 DM/m2    ST 38,95 DM/m2
EP 44,93 €/m2    LA 25,01 €/m2    ST 19,92 €/m2

039.62124.M    KG 353 DIN 276
Abgeh. Unterdecke, K-silikatpl. 10 mm, CD 60 Doppelr.
EP 94,76 DM/m2    LA 48,92 DM/m2    ST 45,84 DM/m2
EP 48,45 €/m2    LA 25,01 €/m2    ST 23,44 €/m2

039.62125.M    KG 353 DIN 276
Abgeh. Unterdecke, K-silikatpl. 12 mm, CD 60 Doppelr.
EP 101,32 DM/m2    LA 48,92 DM/m2    ST 52,40 DM/m2
EP 51,81 €/m2    LA 25,01 €/m2    ST 26,80 €/m2

039.62126.M    KG 353 DIN 276
Abgeh. Unterdecke, K-silikatpl. 15 mm, CD 60 Doppelr.
EP 111,53 DM/m2    LA 48,92 DM/m2    ST 62,61 DM/m2
EP 57,02 €/m2    LA 25,01 €/m2    ST 32,01 €/m2

039.62127.M    KG 353 DIN 276
Abgeh. Unterdecke, K-silikatpl. 20 mm, CD 60 Doppelr.
EP 128,33 DM/m2    LA 48,92 DM/m2    ST 79,41 DM/m2
EP 65,61 €/m2    LA 25,01 €/m2    ST 40,60 €/m2

039.62128.M    KG 353 DIN 276
Abgeh. Unterdecke, K-silikatpl. 25 mm, CD 60 Doppelr.
EP 145,24 DM/m2    LA 48,92 DM/m2    ST 96,32 DM/m2
EP 74,26 €/m2    LA 25,01 €/m2    ST 49,25 €/m2

039.62129.M    KG 353 DIN 276
Abgeh. Unterdecke, K-silikatpl. 10 mm, für Feuchträume
EP 108,17 DM/m2    LA 43,90 DM/m2    ST 64,27 DM/m2
EP 55,30 €/m2    LA 22,45 €/m2    ST 32,85 €/m2

039.62130.M    KG 353 DIN 276
Abgeh. Unterdecke, K-silikatpl. 15+12 mm, F30 v. oben
EP 185,69 DM/m2    LA 52,03 DM/m2    ST 133,66 DM/m2
EP 94,94 €/m2    LA 26,60 €/m2    ST 68,34 €/m2

039.62131.M    KG 353 DIN 276
Abgeh. Unterdecke, K-silikatpl. 15+10 mm, F30 v. unten
EP 157,88 DM/m2    LA 52,03 DM/m2    ST 105,85 DM/m2
EP 80,72 €/m2    LA 26,60 €/m2    ST 54,12 €/m2

039.62132.M    KG 353 DIN 276
Abgeh. Unterdecke, K-silikatpl. 15 mm, 2x60 MF, F30 o/u
EP 149,73 DM/m2    LA 56,45 DM/m2    ST 93,28 DM/m2
EP 76,56 €/m2    LA 28,86 €/m2    ST 47,70 €/m2

039.62133.M    KG 353 DIN 276
Unterdecke, dekor. MF-Platte, 20 mm, UK verdeckt
EP 77,27 DM/m2    LA 45,49 DM/m2    ST 31,78 DM/m2
EP 39,51 €/m2    LA 23,26 €/m2    ST 16,25 €/m2

039.62204.M    KG 353 DIN 276
Unterdecke, dekor. MF-Platte, 20 mm, UK sichtb.
EP 72,58 DM/m2    LA 45,49 DM/m2    ST 27,09 DM/m2
EP 37,11 €/m2    LA 23,26 €/m2    ST 13,85 €/m2

039.62301.M    KG 353 DIN 276
Abgeh. Unterdecke, PS 20 SE 100 mm, Hutprofile
EP 71,32 DM/m2    LA 45,49 DM/m2    ST 25,83 DM/m2
EP 36,46 €/m2    LA 23,26 €/m2    ST 13,20 €/m2

039.62302.M    KG 353 DIN 276
Abgeh. Unterdecke, PS 20 SE 120 mm, Hutprofile
EP 76,05 DM/m2    LA 45,49 DM/m2    ST 30,56 DM/m2
EP 38,89 €/m2    LA 23,26 €/m2    ST 15,63 €/m2

# LB 039 Trockenbauarbeiten
## Unterdecken, Einbauteile

AW 039
Preise 06.01

Sämtliche Preise sind **Mittelpreise ohne Mehrwertsteuer** zum Zeitpunkt des Ausgabedatums.
**Korrekturfaktoren** für Regionaleinfluss, Mengeneinfluss, Konjunktureinfluss siehe Vorspann.
**Abkürzungen:** EP = Einheitspreis, LA = Lohnanteil, ST = Stoffanteil

### Unterdecken, Einbauteile

039.-----.-

|  |  |  |
|---|---|---|
| 039.75001.M | Revisionsklappe, UD 12,5, 200x200 mm | 182,98 DM/St / 93,56 €/St |
| 039.75002.M | Revisionsklappe, UD 12,5, 300x600 mm | 208,54 DM/St / 106,63 €/St |
| 039.75003.M | Revisionsklappe, UD 12,5, 400x400 mm | 203,25 DM/St / 103,92 €/St |
| 039.75004.M | Revisionsklappe, UD 12,5, 400x600 mm | 213,42 DM/St / 109,12 €/St |
| 039.75005.M | Revisionsklappe, UD 12,5, 600x600 mm | 223,50 DM/St / 114,28 €/St |
| 039.75006.M | Revisionsklappe, UD 12,5, 800x800 mm | 289,57 DM/St / 148,05 €/St |
| 039.75007.M | Revisionsklappe, UD 12,5, 1000x1000 mm | 309,84 DM/St / 158,42 €/St |
| 039.75008.M | Revisionsklappe, UD 15, 200x200 mm | 193,16 DM/St / 98,76 €/St |
| 039.75009.M | Revisionsklappe, UD 15, 400x400 mm | 213,41 DM/St / 109,12 €/St |
| 039.75010.M | Revisionsklappe, UD 15, 600x600 mm | 238,79 DM/St / 122,09 €/St |
| 039.75011.M | Revisionsklappe, UD 15, 800x800 mm | 304,58 DM/St / 155,73 €/St |
| 039.75012.M | Revisionsklappe, UD 15, 1000x1000 mm | 329,92 DM/St / 168,68 €/St |
| 039.75013.M | Revisionsklappe, UD 25, 250x250 mm | 208,54 DM/St / 106,63 €/St |
| 039.75014.M | Revisionsklappe, UD 25, 400x400 mm | 238,79 DM/St / 122,09 €/St |
| 039.75015.M | Revisionsklappe, UD 25, 600x600 mm | 279,27 DM/St / 142,79 €/St |
| 039.75016.M | Revisionsklappe, UD 25, 800x800 mm | 365,36 DM/St / 186,81 €/St |
| 039.75017.M | Revisionsklappe Brandschutz, UD 20, 400x400 mm | 363,43 DM/St / 185,82 €/St |
| 039.75018.M | Revisionsklappe Brandschutz, UD 20, 600x600 mm | 398,74 DM/St / 203,87 €/St |
| 039.75019.M | Revisionsklappe Brandschutz, UD 2x20, 400x400 mm | 398,70 DM/St / 203,85 €/St |
| 039.75020.M | Revisionsklappe Brandschutz, UD 2x20, 600x600 mm | 449,35 DM/St / 229,75 €/St |
| 039.75021.M | Revisionsklappe Brandschutz, UD 25+18, 300x300 mm | 378,45 DM/St / 193,50 €/St |
| 039.75022.M | Revisionsklappe Brandschutz, UD 25+18, 400x400 mm | 404,12 DM/St / 206,62 €/St |
| 039.75023.M | Revisionsklappe Brandschutz, UD 25+18, 600x600 mm | 464,55 DM/St / 237,52 €/St |
| 039.75024.M | Revisionsrahmen, 625x625 mm | 56,62 DM/St / 28,95 €/St |

**Hinweis:** UD Unterdecke

039.75001.M KG 353 DIN 276
Revisionsklappe, UD 12,5, 200x200 mm
EP 182,98 DM/St   LA 31,36 DM/St   ST 151,62 DM/St
EP  93,56 €/St    LA 16,03 €/St    ST  77,53 €/St

039.75002.M KG 353 DIN 276
Revisionsklappe, UD 12,5, 300x600 mm
EP 208,54 DM/St   LA 31,36 DM/St   ST 177,18 DM/St
EP 106,63 €/St    LA 16,03 €/St    ST  90,60 €/St

039.75003.M KG 353 DIN 276
Revisionsklappe, UD 12,5, 400x400 mm
EP 203,25 DM/St   LA 31,36 DM/St   ST 171,89 DM/St
EP 103,92 €/St    LA 16,03 €/St    ST  87,89 €/St

039.75004.M KG 353 DIN 276
Revisionsklappe, UD 12,5, 400x600 mm
EP 213,41 DM/St   LA 31,36 DM/St   ST 182,05 DM/St
EP 109,12 €/St    LA 16,03 €/St    ST  93,09 €/St

039.75005.M KG 353 DIN 276
Revisionsklappe, UD 12,5, 600x600 mm
EP 223,50 DM/St   LA 31,36 DM/St   ST 192,14 DM/St
EP 114,28 €/St    LA 16,03 €/St    ST  98,25 €/St

039.75006.M KG 353 DIN 276
Revisionsklappe, UD 12,5, 800x800 mm
EP 289,57 DM/St   LA 31,36 DM/St   ST 258,21 DM/St
EP 148,05 €/St    LA 16,03 €/St    ST 132,02 €/St

039.75007.M KG 353 DIN 276
Revisionsklappe, UD 12,5, 1000x1000 mm
EP 309,84 DM/St   LA 31,36 DM/St   ST 278,48 DM/St
EP 158,42 €/St    LA 16,03 €/St    ST 142,39 €/St

039.75008.M KG 353 DIN 276
Revisionsklappe, UD 15, 200x200 mm
EP 193,16 DM/St   LA 31,36 DM/St   ST 161,80 DM/St
EP  98,76 €/St    LA 16,03 €/St    ST  82,73 €/St

039.75009.M KG 353 DIN 276
Revisionsklappe, UD 15, 400x400 mm
EP 213,41 DM/St   LA 31,36 DM/St   ST 182,05 DM/St
EP 109,12 €/St    LA 16,03 €/St    ST  93,09 €/St

039.75010.M KG 353 DIN 276
Revisionsklappe, UD 15, 600x600 mm
EP 238,79 DM/St   LA 31,36 DM/St   ST 207,43 DM/St
EP 122,09 €/St    LA 16,03 €/St    ST 106,06 €/St

039.75011.M KG 353 DIN 276
Revisionsklappe, UD 15, 800x800 mm
EP 304,58 DM/St   LA 31,36 DM/St   ST 273,22 DM/St
EP 155,73 €/St    LA 16,03 €/St    ST 139,70 €/St

039.75012.M KG 353 DIN 276
Revisionsklappe, UD 15, 1000x1000 mm
EP 329,92 DM/St   LA 31,36 DM/St   ST 298,56 DM/St
EP 168,68 €/St    LA 16,03 €/St    ST 152,65 €/St

039.75013.M KG 353 DIN 276
Revisionsklappe, UD 25, 250x250 mm
EP 208,54 DM/St   LA 31,36 DM/St   ST 177,18 DM/St
EP 106,63 €/St    LA 16,03 €/St    ST  90,60 €/St

039.75014.M KG 353 DIN 276
Revisionsklappe, UD 25, 400x400 mm
EP 238,79 DM/St   LA 31,36 DM/St   ST 207,43 DM/St
EP 122,09 €/St    LA 16,03 €/St    ST 106,06 €/St

039.75015.M KG 353 DIN 276
Revisionsklappe, UD 25, 600x600 mm
EP 279,27 DM/St   LA 31,36 DM/St   ST 247,91 DM/St
EP 142,79 €/St    LA 16,03 €/St    ST 126,76 €/St

039.75016.M KG 353 DIN 276
Revisionsklappe, UD 25, 800x800 mm
EP 365,36 DM/St   LA 31,36 DM/St   ST 334,00 DM/St
EP 186,81 €/St    LA 16,03 €/St    ST 170,78 €/St

039.75017.M KG 353 DIN 276
Revisionsklappe Brandschutz, UD 20, 400x400 mm
EP 363,43 DM/St   LA 31,36 DM/St   ST 332,07 DM/St
EP 185,82 €/St    LA 16,03 €/St    ST 169,79 €/St

039.75018.M KG 353 DIN 276
Revisionsklappe Brandschutz, UD 20, 600x600 mm
EP 398,74 DM/St   LA 31,36 DM/St   ST 367,38 DM/St
EP 203,87 €/St    LA 16,03 €/St    ST 187,84 €/St

039.75019.M KG 353 DIN 276
Revisionsklappe Brandschutz, UD 2x20, 400x400 mm
EP 398,70 DM/St   LA 36,38 DM/St   ST 362,32 DM/St
EP 203,85 €/St    LA 18,60 €/St    ST 185,25 €/St

039.75020.M KG 353 DIN 276
Revisionsklappe Brandschutz, UD 2x20, 600x600 mm
EP 449,35 DM/St   LA 36,38 DM/St   ST 412,97 DM/St
EP 229,75 €/St    LA 18,60 €/St    ST 211,15 €/St

039.75021.M KG 353 DIN 276
Revisionsklappe Brandschutz, UD 25+18, 300x300 mm
EP 378,45 DM/St   LA 36,38 DM/St   ST 342,07 DM/St
EP 193,50 €/St    LA 18,60 €/St    ST 174,90 €/St

039.75022.M KG 353 DIN 276
Revisionsklappe Brandschutz, UD 25+18, 400x400 mm
EP 404,12 DM/St   LA 36,38 DM/St   ST 367,74 DM/St
EP 206,62 €/St    LA 18,60 €/St    ST 188,02 €/St

039.75023.M KG 353 DIN 276
Revisionsklappe Brandschutz, UD 25+18, 600x600 mm
EP 464,55 DM/St   LA 36,38 DM/St   ST 428,17 DM/St
EP 237,52 €/St    LA 18,60 €/St    ST 218,92 €/St

039.75024.M KG 353 DIN 276
Revisionsrahmen, 625x625 mm
EP 56,62 DM/St    LA 25,09 DM/St   ST 31,53 DM/St
EP 28,95 €/St     LA 12,83 €/St    ST 16,12 €/St

# LB 039 Trockenbauarbeiten
## Deckenbekleidungen, Sonstiges und Zulagen

AW 039

Preise 06.01

Sämtliche Preise sind **Mittelpreise ohne Mehrwertsteuer** zum Zeitpunkt des Ausgabedatums.
**Korrekturfaktoren** für Regionaleinfluss, Mengeneinfluss, Konjunktureinfluss siehe Vorspann.
**Abkürzungen:** EP = Einheitspreis, LA = Lohnanteil, ST = Stoffanteil

### Deckenbekleidungen, Sonstiges und Zulagen

039.-----.-

|  |  |  |
|---|---|---|
| 039.73501.M | DB, Anschluss GKB, an mass. Bauteile, als Zulage | 8,24 DM/m |
| | | 4,21 €/m |
| 039.73601.M | UD, Ausschnitt GKB, gekrümmt, als Zulage | 9,38 DM/St |
| | | 4,79 €/St |
| 039.73602.M | UD, Ausschnitt GKB, gerade, als Zulage | 6,27 DM/St |
| | | 3,20 €/St |
| 039.74801.M | Unterkonstr. Decke, Abhäng. bis 50 cm, als Zulage | 18,32 DM/m2 |
| | | 9,37 €/m2 |
| 039.74802.M | UD, Lampenkasten | 73,79 DM/St |
| | | 37,73 €/St |
| 039.74803.M | Einbauleuchte, 4x18 W, weiß, 625x625 mm | 313,50 DM/St |
| | | 160,29 €/St |
| 039.74804.M | Einbauleuchte, 4x36 W, weiß, 625x1250 mm | 433,19 DM/St |
| | | 221,49 €/St |
| 039.74805.M | DB, Spachteln mit Streifen, GKB einlagig | 7,35 DM/m2 |
| | | 3,76 €/m2 |
| 039.74806.M | DB, Spachteln mit Streifen, GKB zweilagig | 9,99 DM/m2 |
| | | 5,11 €/m2 |
| 039.74807.M | DB, Spachteln mit Streifen, Silikatpl. einlagig | 7,44 DM/m2 |
| | | 3,81 €/m2 |
| 039.74808.M | DB, Spachteln mit Streifen, Silikatpl. zweilagig | 10,43 DM/m2 |
| | | 5,33 €/m2 |
| 039.74809.M | DB, Spachteln, GF einlagig | 7,09 DM/m2 |
| | | 3,63 €/m2 |
| 039.74810.M | DB, Spachteln, GF zweilagig | 9,95 DM/m2 |
| | | 5,09 €/m2 |
| 039.74811.M | DB, Flächenspachtel, 2 mm | 15,77 DM/m2 |
| | | 8,07 €/m2 |
| 039.74812.M | DB, Flächenspachtel, 3 mm | 23,01 DM/m2 |
| | | 11,76 €/m2 |

**Hinweis:**
- DB  Deckenbekleidung
- DU  Unterdecke
- GF  Gipsfaserplatte
- GKB  Gipskarton-Bauplatte

039.73501.M  KG 353 DIN 276
DB, Anschluss GKB, an mass. Bauteile, als Zulage
EP 8,24 DM/m   LA 6,41 DM/m   ST 1,83 DM/m
EP 4,21 €/m    LA 3,28 €/m    ST 0,93 €/m

039.73601.M  KG 353 DIN 276
UD, Ausschnitt GKB, gekrümmt, als Zulage
EP 9,38 DM/St  LA 9,38 DM/St  ST 0,00 DM/St
EP 4,79 €/St   LA 4,79 €/St   ST 0,00 €/St

039.73602.M  KG 353 DIN 276
UD, Ausschnitt GKB, gerade, als Zulage
EP 6,27 DM/St  LA 6,27 DM/St  ST 0,00 DM/St
EP 3,20 €/St   LA 3,20 €/St   ST 0,00 €/St

039.74801.M  KG 353 DIN 276
Unterkonstr. Decke, Abhäng. bis 50 cm, als Zulage
EP 18,32 DM/m2  LA 12,54 DM/m2  ST 5,78 DM/m2
EP  9,37 €/m2   LA  6,41 €/m2   ST 2,96 €/m2

039.74802.M  KG 353 DIN 276
UD, Lampenkasten
EP 73,79 DM/St  LA 12,54 DM/St  ST 61,25 DM/St
EP 37,73 €/St   LA  6,41 €/St   ST 31,32 €/St

039.74803.M  KG 353 DIN 276
Einbauleuchte, 4x18 W, weiß, 625x625 mm
EP 313,50 DM/St  LA 51,10 DM/St  ST 262,40 DM/St
EP 160,29 €/St   LA 26,13 €/St   ST 134016 €/St

039.74804.M  KG 353 DIN 276
Einbauleuchte, 4x36 W, weiß, 625x1250 mm
EP 433,19 DM/St  LA 51,10 DM/St  ST 382,09 DM/St
EP 221,49 €/St   LA 26,13 €/St   ST 195,36 €/St

039.74805.M  KG 353 DIN 276
DB, Spachteln mit Streifen, GKB einlagig
EP 7,35 DM/m2   LA 6,87 DM/m2   ST 0,48 DM/m2
EP 3,76 €/m2    LA 3,51 €/m2    ST 0,25 €/m2

039.74806.M  KG 353 DIN 276
DB, Spachteln mit Streifen, GKB zweilagig
EP 9,99 DM/m2   LA 9,38 DM/m2   ST 0,61 DM/m2
EP 5,11 €/m2    LA 4,79 €/m2    ST 0,32 €/m2

039.74807.M  KG 353 DIN 276
DB, Spachteln mit Streifen, Silikatpl. einlagig
EP 7,44 DM/m2   LA 6,87 DM/m2   ST 0,57 DM/m2
EP 3,81 €/m2    LA 3,51 €/m2    ST 0,30 €/m2

039.74808.M  KG 353 DIN 276
DB, Spachteln mit Streifen, Silikatpl. zweilagig
EP 10,43 DM/m2  LA 9,38 DM/m2   ST 1,05 DM/m2
EP  5,33 €/m2   LA 4,79 €/m2    ST 0,54 €/m2

039.74809.M  KG 353 DIN 276
DB, Spachteln, GF einlagig
EP 7,09 DM/m2   LA 6,87 DM/m2   ST 0,22 DM/m2
EP 3,63 €/m2    LA 3,51 €/m2    ST 0,12 €/m2

039.74810.M  KG 353 DIN 276
DB, Spachteln, GF zweilagig
EP 9,95 DM/m2   LA 9,38 DM/m2   ST 0,57 DM/m2
EP 5,09 €/m2    LA 4,79 €/m2    ST 0,30 €/m2

039.74811.M  KG 353 DIN 276
DB, Flächenspachtel, 2 mm
EP 15,77 DM/m2  LA 13,80 DM/m2  ST 1,97 DM/m2
EP  8,07 €/m2   LA  7,06 €/m2   ST 1,01 €/m2

039.74812.M  KG 353 DIN 276
DB, Flächenspachtel, 3 mm
EP 23,01 DM/m2  LA 20,07 DM/m2  ST 2,94 DM/m2
EP 11,76 €/m2   LA 10,26 €/m2   ST 1,50 €/m2

# LB 039 Trockenbauarbeiten
## Montagewände, komplett

AW 039
Preise 06.01

Sämtliche Preise sind **Mittelpreise ohne Mehrwertsteuer** zum Zeitpunkt des Ausgabedatums.
**Korrekturfaktoren** für Regionaleinfluss, Mengeneinfluss, Konjunktureinfluss siehe Vorspann.
**Abkürzungen:** EP = Einheitspreis, LA = Lohnanteil, ST = Stoffanteil

### Montagewände, komplett
039.-----.-

|  |  |  |
|---|---|---|
| 039.01201.M | MW EB 1,1xCW 50,WD 66 mm,KSP 8,TWF 40 mm | 132,52 DM/m2<br>67,76 €/m2 |
| 039.01202.M | MW EB 1,1xCW 50,WD 70 mm,KSP 10,TWF 40 mm | 146,52 DM/m2<br>74,92 €/m2 |
| 039.01203.M | MW EB 1,1xCW 50,WD 75 mm,GKB 12,5,TWF 40 mm | 90,26 DM/m2<br>46,15 €/m2 |
| 039.01204.M | MW EB 1,1xCW 50,WD 75 mm,GKBI 12,5 TWF 40 mm | 94,23 DM/m2<br>48,18 €/m2 |
| 039.01401.M | MW EB 1,1xCW 50,WD 100 mm,GKB 2x12,5,TWF 40 mm | 123,27 DM/m2<br>63,02 €/m2 |
| 039.01402.M | MW EB 1,1xCW 50,WD 100 mm,GKB/GKBI 12,5,TWF 40 mm | 127,07 DM/m2<br>64,97 €/m2 |
| 039.01501.M | MW EB 1,1xCW 75,WD 91 mm,KSP 8,TWF 60 mm | 135,81 DM/m2<br>69,44 €/m2 |
| 039.01502.M | MW EB 1,1xCW 75,WD 95 mm,KSP 10,TWF 60 mm | 149,80 DM/m2<br>76,59 €/m2 |
| 039.01503.M | MW EB 1,1xCW 75,WD 100 mm,GKB 12,5,TWF 60 mm | 93,55 DM/m2<br>47,83 €/m2 |
| 039.01504.M | MW EB 1,1xCW 75,WD 100 mm,GKBI 12,5,TWF 60 mm | 98,02 DM/m2<br>50,12 €/m2 |
| 039.01601.M | MW EB 1,1xCW 75,WD 125 mm,GKB 2x12,5,TWF 60 mm | 127,49 DM/m2<br>65,18 €/m2 |
| 039.01602.M | MW EB 1,1xCW 75,WD 125 mm,GKB/GKBI 12,5,TWF 60 mm | 130,36 DM/m2<br>66,65 €/m2 |
| 039.01603.M | MW EB 1,1xCW 100,WD 120 mm,KSP 10,TWF 80 mm | 153,61 DM/m2<br>78,54 €/m2 |
| 039.01604.M | MW EB 1,1xCW 100,WD 125 mm,GKB 12,5,TWF 80 mm | 97,77 DM/m2<br>49,99 €/m2 |
| 039.01605.M | MW EB 1,1xCW 100,WD 125 mm,GKBI 12,5,TWF 80 mm | 101,83 DM/m2<br>52,06 €/m2 |
| 039.01701.M | MW EB 1,1xCW 100,WD 150 mm,GKB 2x12,5,TWF 80 mm | 130,52 DM/m2<br>66,73 €/m2 |
| 039.01702.M | MW EB 1,1xCW 100,WD 150 mm,GKB/GKBI 12,5,TWF 80 mm | 134,57 DM/m2<br>68,81 €/m2 |
| 039.01205.M | MW EB 1,1xHolz 40x60,WD 85 mm,GKB 12,5,TWF 40 mm | 89,08 DM/m2<br>45,55 €/m2 |
| 039.01206.M | MW EB 1,1xHolz 40x60,WD 85 mm,GKBI 12,5,TWF 40 mm | 93,23 DM/m2<br>47,67 €/m2 |
| 039.01207.M | MW EB 1,1xHolz 60x80,WD 100 mm,SP 10,TWF 60 mm | 148,93 DM/m2<br>76,15 €/m2 |
| 039.01505.M | MW EB 1,2xCW 50,WD 155 mm,GKB 2x12,5,TWF 40 mm | 139,01 DM/m2<br>71,07 €/m2 |
| 039.01506.M | MW EB 1,2xCW 50,WD 155 mm,GKB/GKBI 12,5,TWF 40 mm | 143,66 DM/m2<br>73,45 €/m2 |
| 039.01703.M | MW EB 1,2xCW 75,WD 205 mm,GKB 2x12,5,TWF 60 mm | 143,36 DM/m2<br>73,30 €/m2 |
| 039.01704.M | MW EB 1,2xCW 75,WD 205 mm,GKB/GKBI 12,5,TWF 60 mm | 148,00 DM/m2<br>75,67 €/m2 |
| 039.01705.M | MW EB 1,2xCW 100,WD 255 mm,GKB 2x12,5,TWF 80 mm | 148,31 DM/m2<br>75,83 €/m2 |
| 039.01706.M | MW EB 1,2xCW 100,WD 255 mm,GKB/GKBI 12,5,TWF 80 mm | 152,02 DM/m2<br>77,72 €/m2 |
| 039.01403.M | MW EB 1,2xHolz 40x60,WD>150 mm,GKB 12,5,TWF 40 mm | 111,29 DM/m2<br>56,90 €/m2 |
| 039.01404.M | MW EB 1,2xHolz 40x60,WD>150 mm,GKBI 12,5,TWF 40 mm | 115,43 DM/m2<br>59,02 €/m2 |
| 039.01405.M | MW EB 1,2xHolz 40x60,WD>175 mm,GKB 2x12,5,TWF 40mm | 140,12 DM/m2<br>71,64 €/m2 |
| 039.01406.M | MW EB 1,2xHolz 40x60,WD>175 mm,GKB/GKBI 12,5,TWF 40 | 144,69 DM/m2<br>73,98 €/m2 |

### Hinweis
DIN 4103, Teil 1, legt die Anforderungen und Nachweise für Trennwände fest. Nichttragende innere Trennwände müssen außer ihrem Eigengewicht noch die Belastungen aufnehmen, die sich aus der Raumnutzung ergeben.
Dabei unterscheidet man zwei Einbaubereiche:
Einbaubereich 1 (EB 1):
"Bereiche mit geringer Menschenansammlung, wie z.B. in Wohnungen, Hotel-, Büro- und Krankenräumen und ähnlich genutzen Räumen einschließlich der Flure".
Einbaubereich 2 (EB 2):
"Bereiche mit großer Menschenansammlung, wie z.B. in größeren Versammlungsräumen, Schulräumen, Hörsälen, Ausstellungsräumen und ähnlich genutzen Räumen."

Für Montagewände gilt folgende Abkürzung:
- MW  Montagewand,
- WD  Wanddicke,
- CW  Metallprofil,
- KSP  Silikatplatte,
- GKB  Gipskarton-Bauplatte,
- GKBI  Gipskarton-Bauplatte-imprägniert,
- TWF  Mineralfaser-Trennwandfilz.

---

**039.01201.M     KG 342 DIN 276**
MW EB 1, 1xCW 50, WD 66 mm, KSP 8, TWF 40 mm
EP 132,52 DM/m2   LA 67,47 DM/m2   ST 65,05 DM/m2
EP  67,76 €/m2    LA 34,50 €/m2    ST 33,26 €/m2

**039.01202.M     KG 342 DIN 276**
MW EB 1, 1xCW 50, WD 70 mm, KSP 10, TWF 40 mm
EP 146,52 DM/m2   LA 67,47 DM/m2   ST 79,05 DM/m2
EP  74,92 €/m2    LA 34,50 €/m2    ST 40,42 €/m2

**039.01203.M     KG 342 DIN 276**
MW EB 1, 1xCW 50, WD 75 mm, GKB 12,5, TWF 40 mm
EP 90,26 DM/m2    LA 67,47 DM/m2   ST 22,79 DM/m2
EP 46,15 €/m2     LA 34,50 €/m2    ST 11,65 €/m2

**039.01204.M     KG 342 DIN 276**
MW EB 1, 1xCW 50, WD 75 mm, GKBI 12,5, TWF 40 mm
EP 94,23 DM/m2    LA 67,47 DM/m2   ST 26,76 DM/m2
EP 48,18 €/m2     LA 34,50 €/m2    ST 13,68 €/m2

**039.01401.M     KG 342 DIN 276**
MW EB 1, 1xCW 50, WD 100 mm, GKB 2x12,5, TWF 40 mm
EP 123,27 DM/m2   LA 89,46 DM/m2   ST 33,81 DM/m2
EP  63,02 €/m2    LA 45,74 €/m2    ST 17,28 €/m2

**039.01402.M     KG 342 DIN 276**
MW EB 1, 1xCW 50, WD 100 mm, GKB/GKBI 12,5, TWF 40 mm
EP 127,07 DM/m2   LA 89,46 DM/m2   ST 37,61 DM/m2
EP  64,97 €/m2    LA 45,74 €/m2    ST 19,23 €/m2

**039.01501.M     KG 342 DIN 276**
MW EB 1, 1xCW 75, WD 91 mm, KSP 8, TWF 60 mm
EP 135,81 DM/m2   LA 67,47 DM/m2   ST 68,34 DM/m2
EP  69,44 €/m2    LA 34,50 €/m2    ST 34,94 €/m2

**039.01502.M     KG 342 DIN 276**
MW EB 1, 1xCW 75, WD 95 mm, KSP 10, TWF 60 mm
EP 149,80 DM/m2   LA 67,47 DM/m2   ST 82,33 DM/m2
EP  76,59 €/m2    LA 34,50 €/m2    ST 42,09 €/m2

**039.01503.M     KG 342 DIN 276**
MW EB 1, 1xCW 75, WD 100 mm, GKB 12,5, TWF 60 mm
EP 93,55 DM/m2    LA 67,47 DM/m2   ST 26,08 DM/m2
EP 47,83 €/m2     LA 34,50 €/m2    ST 13,33 €/m2

**039.01504.M     KG 342 DIN 276**
MW EB 1, 1xCW 75, WD 100 mm, GKBI 12,5, TWF 60 mm
EP 98,02 DM/m2    LA 67,47 DM/m2   ST 30,55 DM/m2
EP 50,12 €/m2     LA 34,50 €/m2    ST 15,62 €/m2

**039.01601.M     KG 342 DIN 276**
MW EB 1, 1xCW 75, WD 125 mm, GKB 2x12,5, TWF 60 mm
EP 127,49 DM/m2   LA 89,46 DM/m2   ST 38,03 DM/m2
EP  65,18 €/m2    LA 45,74 €/m2    ST 19,44 €/m2

**039.01602.M     KG 342 DIN 276**
MW EB 1, 1xCW 75, WD 125 mm, GKB/GKBI 12,5, TWF 60 mm
EP 130,36 DM/m2   LA 89,46 DM/m2   ST 40,90 DM/m2
EP  66,65 €/m2    LA 45,74 €/m2    ST 20,91 €/m2

**039.01603.M     KG 342 DIN 276**
MW EB 1, 1xCW 100, WD 120 mm, KSP 10, TWF 80 mm
EP 153,61 DM/m2   LA 67,47 DM/m2   ST 86,14 DM/m2
EP  78,54 €/m2    LA 34,50 €/m2    ST 44,04 €/m2

**039.01604.M     KG 342 DIN 276**
MW EB 1, 1xCW 100, WD 125 mm, GKB 12,5, TWF 80 mm
EP 97,77 DM/m2    LA 67,47 DM/m2   ST 30,30 DM/m2
EP 49,99 €/m2     LA 34,50 €/m2    ST 15,49 €/m2

**039.01605.M     KG 342 DIN 276**
MW EB 1, 1xCW 100, WD 125 mm, GKBI 12,5, TWF 80 mm
EP 101,83 DM/m2   LA 67,47 DM/m2   ST 34,36 DM/m2
EP  52,06 €/m2    LA 34,50 €/m2    ST 17,56 €/m2

## LB 039 Trockenbauarbeiten
### Montagewände: komplett; Umfassungszargen

AW 039

Preise 06.01

Sämtliche Preise sind **Mittelpreise ohne Mehrwertsteuer** zum Zeitpunkt des Ausgabedatums.
**Korrekturfaktoren** für Regionaleinfluss, Mengeneinfluss, Konjunktureinfluss siehe Vorspann.
**Abkürzungen:** EP = Einheitspreis, LA = Lohnanteil, ST = Stoffanteil

039.01701.M  KG 342 DIN 276
MW EB 1, 1xCW 100, WD 150 mm, GKB 2x12,5, TWF 80 mm
EP 130,52 DM/m2   LA 89,46 DM/m2   ST 41,06 DM/m2
EP  66,73 €/m2    LA 45,74 €/m2    ST 20,99 €/m2

039.01702.M  KG 342 DIN 276
MW EB 1, 1xCW 100, WD 150 mm, GKB/GKBI 12,5, TWF 80 mm
EP 134,57 DM/m2   LA 89,46 DM/m2   ST 45,11 DM/m2
EP  68,81 €/m2    LA 45,74 €/m2    ST 23,07 €/m2

039.01205.M  KG 142 DIN 276
MW EB 1, 1xHolz 40x60, WD 85 mm, GKB 12,5, TWF 40 mm
EP  89,08 DM/m2   LA 69,19 DM/m2   ST 19,89 DM/m2
EP  45,55 €/m2    LA 35,38 €/m2    ST 10,17 €/m2

039.01206.M  KG 342 DIN 276
MW EB 1, 1xHolz 40x60, WD 85 mm, GKBI 12,5, TWF 40 mm
EP  93,23 DM/m2   LA 69,19 DM/m2   ST 24,04 DM/m2
EP  47,67 €/m2    LA 35,38 €/m2    ST 12,29 €/m2

039.01207.M  KG 342 DIN 276
MW EB 1, 1xHolz 60x80, WD 100 mm, SP 10, TWF 60 mm
EP 148,93 DM/m2   LA 69,19 DM/m2   ST 79,74 DM/m2
EP  76,15 €/m2    LA 35,38 €/m2    ST 40,77 €/m2

039.01505.M  KG 342 DIN 276
MW EB 1, 2xCW 50, WD 155 mm, GKB 2x12,5, TWF 40 mm
EP 139,01 DM/m2   LA 100,42 DM/m2  ST 38,59 DM/m2
EP  71,07 €/m2    LA  51,34 €/m2   ST 19,73 €/m2

039.01506.M  KG 342 DIN 276
MW EB 1, 2xCW 50, WD 155 mm, GKB/GKBI 12,5, TWF 40 mm
EP 143,66 DM/m2   LA 100,42 DM/m2  ST 43,24 DM/m2
EP  73,45 €/m2    LA  51,34 €/m2   ST 22,11 €/m2

039.01703.M  KG 342 DIN 276
MW EB 1, 2xCW 75, WD 205 mm, GKB 2x12,5, TWF 60 mm
EP 143,36 DM/m2   LA 100,42 DM/m2  ST 42,94 DM/m2
EP  73,30 €/m2    LA  51,34 €/m2   ST 21,96 €/m2

039.01704.M  KG 342 DIN 276
MW EB 1, 2xCW 75, WD 205 mm, GKB/GKBI 12,5, TWF 60 mm
EP 148,00 DM/m2   LA 100,42 DM/m2  ST 47,58 DM/m2
EP  75,67 €/m2    LA  51,34 €/m2   ST 24,33 €/m2

039.01705.M  KG 342 DIN 276
MW EB 1, 2xCW 100, WD 255 mm, GKB 2x12,5, TWF 80 mm
EP 148,31 DM/m2   LA 100,42 DM/m2  ST 47,89 DM/m2
EP  75,83 €/m2    LA  51,34 €/m2   ST 24,49 €/m2

039.01706.M  KG 342 DIN 276
MW EB 1, 2xCW 100, WD 255 mm, GKB/GKBI 12,5, TWF 80 mm
EP 152,02 DM/m2   LA 100,42 DM/m2  ST 51,60 DM/m2
EP  77,72 €/m2    LA  51,34 €/m2   ST 26,38 €/m2

039.01403.M  KG 342 DIN 276
MW EB 1, 2xHolz 40x60, WD>150 mm, GKB 12,5, TWF 40 mm
EP 111,29 DM/m2   LA 87,94 DM/m2   ST 23,35 DM/m2
EP  56,90 €/m2    LA 44,97 €/m2    ST 11,93 €/m2

039.01404.M  KG 342 DIN 276
MW EB 1, 2xHolz 40x60, WD>150 mm, GKBI 12,5, TWF 40 mm
EP 115,43 DM/m2   LA 87,94 DM/m2   ST 27,49 DM/m2
EP  59,02 €/m2    LA 44,97 €/m2    ST 14,05 €/m2

039.01405.M  KG 342 DIN 276
MW EB 1, 2xHolz 40x60, WD>175 mm, GKB 2x12,5, TWF 40mm
EP 140,12 DM/m2   LA 106,96 DM/m2  ST 33,16 DM/m2
EP  71,64 €/m2    LA  54,69 €/m2   ST 16,95 €/m2

039.01406.M  KG 342 DIN 276
MW EB 1, 2xHolz 40x60, WD>175 mm, GKB/GKBI 12,5, TWF 40
EP 144,69 DM/m2   LA 106,96 DM/m2  ST 37,73 DM/m2
EP  73,98 €/m2    LA  54,69 €/m2   ST 19,29 €/m2

### Montagewände, Umfassungszargen

039.-----.-

|  |  |  |
|---|---|---|
| 039.32001.M | Türöffnung herstellen, als Zulage | 42,26 DM/St / 21,61 €/St |
| 039.32002.M | Verglasungs-/Oberlichtöffnung herstellen, als Zulage | 26,48 DM/St / 13,54 €/St |
| 039.32801.M | Schnellbauzarge, Stahl, 625 x 2000, MW 75 | 139,59 DM/St / 71,37 €/St |
| 039.32802.M | Schnellbauzarge, Stahl, 750 x 2000, MW 75 | 141,81 DM/St / 72,50 €/St |
| 039.32803.M | Schnellbauzarge, Stahl, 875 x 2000, MW 75 | 143,56 DM/St / 73,40 €/St |
| 039.32804.M | Schnellbauzarge, Stahl, 1000 x 2000, MW 75 | 145,15 DM/St / 74,21 €/St |
| 039.32805.M | Schnellbauzarge, Stahl, 625 x 2000, MW 100 | 143,12 DM/St / 73,18 €/St |
| 039.32806.M | Schnellbauzarge, Stahl, 750 x 2000, MW 100 | 144,17 DM/St / 73,71 €/St |
| 039.32807.M | Schnellbauzarge, Stahl, 875 x 2000, MW 100 | 146,29 DM/St / 74,80 €/St |
| 039.32808.M | Schnellbauzarge, Stahl, 1000 x 2000, MW 100 | 149,15 DM/St / 76,26 €/St |
| 039.32809.M | Schnellbauzarge, Stahl, 625 x 2000, MW 125 | 151,70 DM/St / 77,57 €/St |
| 039.32810.M | Schnellbauzarge, Stahl, 750 x 2000, MW 125 | 154,75 DM/St / 79,12 €/St |
| 039.32811.M | Schnellbauzarge, Stahl, 875 x 2000, MW 125 | 156,78 DM/St / 80,16 €/St |
| 039.32812.M | Schnellbauzarge, Stahl, 1000 x 2000, MW 125 | 158,09 DM/St / 80,83 €/St |
| 039.32813.M | Schnellbauzarge, Stahl, 750 x 2000, MW 150 | 156,23 DM/St / 79,88 €/St |
| 039.32814.M | Schnellbauzarge, Stahl, 875 x 2000, MW 150 | 158,31 DM/St / 80,94 €/St |
| 039.32815.M | Schnellbauzarge, Stahl, 1000 x 2000, MW 150 | 159,85 DM/St / 81,73 €/St |
| 039.32816.M | Schnellbauzarge, Stahl, 875x2300, OL m. Kämpfer, MW 75 | 375,89 DM/St / 192,19 €/St |
| 039.32817.M | Schnellbauzarge, Stahl, 875x2300, OB o. Kämpfer, MW 75 | 370,60 DM/St / 189,48 €/St |
| 039.32818.M | Schnellbauzarge, Stahl, 875x2300, OL m. Kämpfer, MW 100 | 389,11 DM/St / 198,95 €/St |
| 039.32819.M | Schnellbauzarge, Stahl, 875x2300, OB o. Kämpfer, MW 100 | 383,81 DM/St / 196,24 €/St |
| 039.32820.M | Schnellbauzarge, Stahl, 875x2300, OL m. Kämpfer, MW 125 | 400,56 DM/St / 204,80 €/St |
| 039.32821.M | Schnellbauzarge, Stahl, 875x2300, OB o. Kämpfer, MW 125 | 395,28 DM/St / 202,10 €/St |
| 039.32822.M | Schnellbauzarge, Stahl, 875x2300, OL m. Kämpfer, MW 150 | 416,41 DM/St / 212,91 €/St |
| 039.32823.M | Schnellbauzarge, Stahl, 875x2300, OB o. Kämpfer, MW 150 | 410,25 DM/St / 209,76 €/St |
| 039.32901.M | Eckzarge, Stahl, 625 x 2000 | 89,73 DM/St / 45,88 €/St |
| 039.32902.M | Eckzarge, Stahl, 750 x 2000 | 91,03 DM/St / 46,54 €/St |
| 039.32903.M | Eckzarge, Stahl, 875 x 2000 | 92,35 DM/St / 47,22 €/St |
| 039.32904.M | Eckzarge, Stahl, 1000 x 2000 | 93,23 DM/St / 47,67 €/St |
| 039.32824.M | Schnellbauzarge, ALU, 875x2300, OL m. Kämpfer, MW 75 | 578,75 DM/St / 295,91 €/St |
| 039.32825.M | Schnellbauzarge, ALU, 875x2300, OB o. Kämpfer, MW 75 | 517,98 DM/St / 264,84 €/St |
| 039.32826.M | Schnellbauzarge, ALU, 875x2300, OL m. Kämpfer, MW 100 | 609,14 DM/St / 311,45 €/St |
| 039.32827.M | Schnellbauzarge, ALU, 875x2300, OB o. Kämpfer, MW 100 | 548,37 DM/St / 280,38 €/St |
| 039.32828.M | Schnellbauzarge, ALU, 875x2300, OL m. Kämpfer, MW 125 | 655,39 DM/St / 335,10 €/St |
| 039.32829.M | Schnellbauzarge, ALU, 875x2300, OB o. Kämpfer, MW 125 | 593,73 DM/St / 303,57 €/St |
| 039.32830.M | Schnellbauzarge, ALU, 875x2300, OL m. Kämpfer, MW 150 | 695,03 DM/St / 355,36 €/St |
| 039.32831.M | Schnellbauzarge, ALU, 875x2300, OB o. Kämpfer, MW 150 | 634,25 DM/St / 324,29 €/St |

**Hinweis**
Für Montagewände, Umfassungszargen gelten folgende
Abkürzungen:   MW Montagewand, OL Oberlicht,
               OB Oberblende.

039.32001.M  KG 342 DIN 276
Türöffnung herstellen, als Zulage
EP 42,26 DM/St   LA 27,40 DM/St   ST 14,86 DM/St
EP 21,61 €/St    LA 14,01 €/St    ST  7,60 €/St

039.32002.M  KG 342 DIN 276
Verglasungs-/Oberlichtöffnung herstellen, als Zulage
EP 26,48 DM/St   LA 19,14 DM/St   ST 7,34 DM/St
EP 13,54 €/St    LA  9,79 €/St    ST 3,75 €/St

039.32801.M  KG 342 DIN 276
Schnellbauzarge, Stahl, 625 x 2000, MW 75
EP 139,59 DM/St  LA 25,09 DM/St   ST 114,50 DM/St
EP  71,37 €/St   LA 12,83 €/St    ST  58,54 €/St

# LB 039 Trockenbauarbeiten
## Montagewände: Umfassungszargen

AW 039  
Preise 06.01

Sämtliche Preise sind **Mittelpreise ohne Mehrwertsteuer** zum Zeitpunkt des Ausgabedatums.  
**Korrekturfaktoren** für Regionaleinfluss, Mengeneinfluss, Konjunktureinfluss siehe Vorspann.  
**Abkürzungen:** EP = Einheitspreis, LA = Lohnanteil, ST = Stoffanteil

039.32802.M KG 342 DIN 276  
Schnellbauzarge, Stahl, 750 x 2000, MW 75  
EP 141,81 DM/St LA 25,09 DM/St ST 116,72 DM/St  
EP  72,50 €/St LA 12,83 €/St ST  59,67 €/St

039.32803.M KG 342 DIN 276  
Schnellbauzarge, Stahl, 875 x 2000, MW 75  
EP 143,56 DM/St LA 25,09 DM/St ST 118,47 DM/St  
EP  73,40 €/St LA 12,83 €/St ST  60,57 €/St

039.32804.M KG 342 DIN 276  
Schnellbauzarge, Stahl, 1000 x 2000, MW 75  
EP 145,15 DM/St LA 25,09 DM/St ST 120,06 DM/St  
EP  74,21 €/St LA 12,83 €/St ST  61,38 €/St

039.32805.M KG 342 DIN 276  
Schnellbauzarge, Stahl, 625 x 2000, MW 100  
EP 143,12 DM/St LA 25,09 DM/St ST 118,03 DM/St  
EP  73,18 €/St LA 12,83 €/St ST  60,35 €/St

039.32806.M KG 342 DIN 276  
Schnellbauzarge, Stahl, 750 x 2000, MW 100  
EP 144,17 DM/St LA 25,09 DM/St ST 119,08 DM/St  
EP  73,71 €/St LA 12,83 €/St ST  60,88 €/St

039.32807.M KG 342 DIN 276  
Schnellbauzarge, Stahl, 875 x 2000, MW 100  
EP 146,29 DM/St LA 25,09 DM/St ST 121,20 DM/St  
EP  74,80 €/St LA 12,83 €/St ST  61,97 €/St

039.32808.M KG 342 DIN 276  
Schnellbauzarge, Stahl, 1000 x 2000, MW 100  
EP 149,15 DM/St LA 25,09 DM/St ST 124,06 DM/St  
EP  76,26 €/St LA 12,83 €/St ST  63,43 €/St

039.32809.M KG 342 DIN 276  
Schnellbauzarge, Stahl, 625 x 2000, MW 125  
EP 151,70 DM/St LA 25,09 DM/St ST 126,61 DM/St  
EP  77,57 €/St LA 12,83 €/St ST  64,74 €/St

039.32810.M KG 342 DIN 276  
Schnellbauzarge, Stahl, 750 x 2000, MW 125  
EP 154,75 DM/St LA 25,09 DM/St ST 129,66 DM/St  
EP  79,12 €/St LA 12,83 €/St ST  66,29 €/St

039.32811.M KG 342 DIN 276  
Schnellbauzarge, Stahl, 875 x 2000, MW 125  
EP 176,78 DM/St LA 25,09 DM/St ST 131,69 DM/St  
EP  80,16 €/St LA 12,83 €/St ST  67,33 €/St

039.32812.M KG 342 DIN 276  
Schnellbauzarge, Stahl, 1000 x 2000, MW 125  
EP 158,09 DM/St LA 25,09 DM/St ST 133,00 DM/St  
EP  80,83 €/St LA 12,83 €/St ST  68,00 €/St

039.32813.M KG 342 DIN 276  
Schnellbauzarge, Stahl, 750 x 2000, MW 150  
EP 156,23 DM/St LA 25,09 DM/St ST 131,14 DM/St  
EP  79,88 €/St LA 12,83 €/St ST  67,05 €/St

039.32814.M KG 342 DIN 276  
Schnellbauzarge, Stahl, 875 x 2000, MW 150  
EP 158,31 DM/St LA 25,09 DM/St ST 133,22 DM/St  
EP  80,94 €/St LA 12,83 €/St ST  68,11 €/St

039.32815.M KG 342 DIN 276  
Schnellbauzarge, Stahl, 1000 x 2000, MW 150  
EP 159,85 DM/St LA 25,09 DM/St ST 134,76 DM/St  
EP  81,73 €/St LA 12,83 €/St ST  68,90 €/St

039.32816.M KG 342 DIN 276  
Schnellbauzarge, Stahl, 875x2300, OL m. Kämpfer, MW 75  
EP 375,89 DM/St LA 57,04 DM/St ST 318,85 DM/St  
EP 192,19 €/St LA 29,16 €/St ST 163,03 €/St

039.32817.M KG 342 DIN 276  
Schnellbauzarge, Stahl, 875x2300, OB o. Kämpfer, MW 75  
EP 370,60 DM/St LA 57,04 DM/St ST 313,56 DM/St  
EP 189,48 €/St LA 29,16 €/St ST 160,32 €/St

039.32818.M KG 342 DIN 276  
Schnellbauzarge, Stahl, 875x2300, OL m. Kämpfer, MW 100  
EP 389,11 DM/St LA 57,04 DM/St ST 332,07 DM/St  
EP 198,95 €/St LA 29,16 €/St ST 169,79 €/St

039.32819.M KG 342 DIN 276  
Schnellbauzarge, Stahl, 875x2300, OB o. Kämpfer, MW 100  
EP 383,81 DM/St LA 57,04 DM/St ST 326,77 DM/St  
EP 196,24 €/St LA 29,16 €/St ST 167,08 €/St

039.32820.M KG 342 DIN 276  
Schnellbauzarge, Stahl, 875x2300, OL m. Kämpfer, MW 125  
EP 400,56 DM/St LA 57,04 DM/St ST 343,52 DM/St  
EP 204,80 €/St LA 29,16 €/St ST 175,64 €/St

039.32821.M KG 342 DIN 276  
Schnellbauzarge, Stahl, 875x2300, OB o. Kämpfer, MW 125  
EP 395,28 DM/St LA 57,04 DM/St ST 338,24 DM/St  
EP 202,10 €/St LA 29,16 €/St ST 172,94 €/St

039.32822.M KG 342 DIN 276  
Schnellbauzarge, Stahl, 875x2300, OL m. Kämpfer, MW 150  
EP 416,41 DM/St LA 57,04 DM/St ST 359,37 DM/St  
EP 212,91 €/St LA 29,16 €/St ST 183,75 €/St

039.32823.M KG 342 DIN 276  
Schnellbauzarge, Stahl, 875x2300, OB o. Kämpfer, MW 150  
EP 410,25 DM/St LA 57,04 DM/St ST 353,21 DM/St  
EP 209,76 €/St LA 29,16 €/St ST 180,60 €/St

039.32901.M KG 342 DIN 276  
Eckzarge, Stahl, 625 x 2000  
EP  89,73 DM/St LA 18,81 DM/St ST  70,92 DM/St  
EP  45,88 €/St LA  9,62 €/St ST  36,26 €/St

039.32902.M KG 342 DIN 276  
Eckzarge, Stahl, 750 x 2000  
EP  91,03 DM/St LA 18,81 DM/St ST  72,22 DM/St  
EP  46,54 €/St LA  9,62 €/St ST  36,92 €/St

039.32903.M KG 342 DIN 276  
Eckzarge, Stahl, 875 x 2000  
EP  92,35 DM/St LA 18,81 DM/St ST  73,54 DM/St  
EP  47,22 €/St LA  9,62 €/St ST  37,60 €/St

039.32904.M KG 342 DIN 276  
Eckzarge, Stahl, 1000 x 2000  
EP  93,23 DM/St LA 18,81 DM/St ST  74,42 DM/St  
EP  47,67 €/St LA  9,62 €/St ST  38,05 €/St

039.32824.M KG 342 DIN 276  
Schnellbauzarge, ALU, 875x2300, OL m. Kämpfer, MW 75  
EP 578,75 DM/St LA 52,03 DM/St ST 526,72 DM/St  
EP 295,91 €/St LA 26,60 €/St ST 269,31 €/St

039.32825.M KG 342 DIN 276  
Schnellbauzarge, ALU, 875x2300, OB o. Kämpfer, MW 75  
EP 517,98 DM/St LA 52,03 DM/St ST 465,95 DM/St  
EP 264,84 €/St LA 26,60 €/St ST 238,24 €/St

039.32826.M KG 342 DIN 276  
Schnellbauzarge, ALU, 875x2300, OL m. Kämpfer, MW 100  
EP 609,14 DM/St LA 52,03 DM/St ST 557,11 DM/St  
EP 311,45 €/St LA 26,60 €/St ST 284,85 €/St

039.32827.M KG 342 DIN 276  
Schnellbauzarge, ALU, 875x2300, OB o. Kämpfer, MW 100  
EP 548,37 DM/St LA 52,03 DM/St ST 496,34 DM/St  
EP 280,38 €/St LA 26,60 €/St ST 253,78 €/St

039.32828.M KG 342 DIN 276  
Schnellbauzarge, ALU, 875x2300, OL m. Kämpfer, MW 125  
EP 655,39 DM/St LA 52,03 DM/St ST 603,36 DM/St  
EP 335,10 €/St LA 26,60 €/St ST 308,50 €/St

039.32829.M KG 342 DIN 276  
Schnellbauzarge, ALU, 875x2300, OB o. Kämpfer, MW 125  
EP 598,73 DM/St LA 52,03 DM/St ST 541,70 DM/St  
EP 303,57 €/St LA 26,60 €/St ST 276,97 €/St

039.32830.M KG 342 DIN 276  
Schnellbauzarge, ALU, 875x2300, OL m. Kämpfer, MW 150  
EP 695,03 DM/St LA 52,03 DM/St ST 643,00 DM/St  
EP 355,36 €/St LA 26,60 €/St ST 328,76 €/St

039.32831.M KG 342 DIN 276  
Schnellbauzarge, ALU, 875x2300, OB o. Kämpfer, MW 150  
EP 634,25 DM/St LA 52,03 DM/St ST 582,22 DM/St  
EP 324,29 €/St LA 26,60 €/St ST 297,69 €/St

# LB 039 Trockenbauarbeiten
## Montagewände: Traggerüste; Sonstiges und Zulagen

AW 039

Preise 06.01

Sämtliche Preise sind **Mittelpreise ohne Mehrwertsteuer** zum Zeitpunkt des Ausgabedatums.
**Korrekturfaktoren** für Regionaleinfluss, Mengeneinfluss, Konjunktureinfluss siehe Vorspann.
**Abkürzungen:** EP = Einheitspreis, LA = Lohnanteil, ST = Stoffanteil

### Montagewände, Traggerüste

039.-----.- 

|  |  |  |
|---|---|---|
| 039.33501.M | Universaltragständer für WC/Druckspüler | 208,49 DM/St / 106,60 €/St |
| 039.33502.M | Universaltragständer für WC/Aufbauspülkasten | 196,85 DM/St / 100,65 €/St |
| 039.33503.M | Universaltragständer für WC/Einbauspülkasten | 194,27 DM/St / 99,33 €/St |
| 039.33504.M | Universaltragständer für Bidet | 212,15 DM/St / 108,47 €/St |
| 039.33601.M | Traverse für wandhängende Lasten, einseitig, CW 50 | 101,75 DM/St / 52,02 €/St |
| 039.33602.M | Traverse für wandhängende Lasten, einseitig, CW 75 | 110,99 DM/St / 56,75 €/St |
| 039.33603.M | Traverse für wandhängende Lasten, einseitig, CW 100 | 117,03 DM/St / 59,84 €/St |
| 039.33604.M | Traverse für wandhängende Lasten, zweiseitig, CW 100 | 180,22 DM/St / 92,15 €/St |
| 039.33901.M | Rohrbefestigungsschiene mit Schelle | 42,07 DM/St / 21,51 €/St |
| 039.33505.M | Tragständer für Waschtisch, einseitig | 176,27 DM/St / 90,13 €/St |
| 039.33506.M | Tragständer für Waschtisch, zweiseitig | 254,67 DM/St / 130,21 €/St |

**039.33501.M** KG 342 DIN 276
Universaltragständer für WC/Druckspüler
EP 208,49 DM/St   LA 28,19 DM/St   ST 180,30 DM/St
EP 106,60 €/St    LA 14,41 €/St    ST  92,19 €/St

**039.33502.M** KG 342 DIN 276
Universaltragständer für WC/Aufbauspülkasten
EP 196,85 DM/St   LA 25,09 DM/St   ST 171,76 DM/St
EP 100,65 €/St    LA 12,83 €/St    ST  87,82 €/St

**039.33503.M** KG 342 DIN 276
Universaltragständer für WC/Einbauspülkasten
EP 194,27 DM/St   LA 23,83 DM/St   ST 170,44 DM/St
EP  99,33 €/St    LA 12,19 €/St    ST  87,14 €/St

**039.33504.M** KG 342 DIN 276
Universaltragständer für Bidet
EP 212,15 DM/St   LA 28,85 DM/St   ST 183,30 DM/St
EP 108,47 €/St    LA 14,75 €/St    ST  93,72 €/St

**039.33601.M** KG 342 DIN 276
Traverse für wandhängende Lasten, einseitig, CW 50
EP 101,75 DM/St   LA 15,64 DM/St   ST 86,11 DM/St
EP  52,02 €/St    LA  8,00 €/St    ST 44,02 €/St

**039.33602.M** KG 342 DIN 276
Traverse für wandhängende Lasten, einseitig, CW 75
EP 110,99 DM/St   LA 18,81 DM/St   ST 92,18 DM/St
EP  56,75 €/St    LA  9,62 €/St    ST 47,13 €/St

**039.33603.M** KG 342 DIN 276
Traverse für wandhängende Lasten, einseitig, CW 100
EP 117,03 DM/St   LA 18,81 DM/St   ST 98,22 DM/St
EP  59,84 €/St    LA  9,62 €/St    ST 50,22 €/St

**039.33604.M** KG 342 DIN 276
Traverse für wandhängende Lasten, zweiseitig, CW 100
EP 180,22 DM/St   LA 31,36 DM/St   ST 148,86 DM/St
EP  92,15 €/St    LA 16,03 €/St    ST  76,12 €/St

**039.33901.M** KG 342 DIN 276
Rohrbefestigungsschiene mit Schelle
EP 42,07 DM/St   LA 15,64 DM/St   ST 26,43 DM/St
EP 21,51 €/St    LA  8,00 €/St    ST 13,51 €/St

**039.33505.M** KG 342 DIN 276
Tragständer für Waschtisch, einseitig
EP 176,27 DM/St   LA 34,47 DM/St   ST 141,80 DM/St
EP  90,13 €/St    LA 17,62 €/St    ST  72,51 €/St

**039.33506.M** KG 342 DIN 276
Tragständer für Waschtisch, zweiseitig
EP 254,67 DM/St   LA 47,01 DM/St   ST 207,66 DM/St
EP 130,21 €/St    LA 24,04 €/St    ST 106,17 €/St

### Montagewände, Sonstiges und Zulagen

039.-----.- 

|  |  |  |
|---|---|---|
| 039.30501.M | MW, Anschlussprofil, verzinkt, bis GKB 12,5, als Zulage | 7,31 DM/m / 3,74 €/m |
| 039.30502.M | MW, Anschlussprofil, verzinkt, über GKB 12,5, als Zulage | 10,03 DM/m / 5,13 €/m |
| 039.30503.M | MW, Anschlussprofil, verzinkt, bis GKB 12,5, als Zulage | 6,79 DM/m / 3,47 €/m |
| 039.30504.M | MW, Anschlussprofil, verzinkt, GKB 15/18, als Zulage | 7,13 DM/m / 3,65 €/m |
| 039.31301.M | MW, Einfassprofil, verzinkt, GKB 9,5/12,5, als Zulage | 6,36 DM/m / 3,25 €/m |
| 039.31302.M | MW, Einfassprofil, verzinkt, GKB 15/18, als Zulage | 6,52 DM/m / 3,33 €/m |
| 039.31303.M | MW, Einfasswinkelprofil, PVC, GKB 9,5/12,5, als Zulage | 6,87 DM/m / 3,51 €/m |
| 039.31304.M | MW, Einfasswinkelprofil, PVC, GKB 15/18, als Zulage | 7,39 DM/m / 3,78 €/m |
| 039.31401.M | MW, Dehnungsfuge herstellen | 10,72 DM/m / 5,48 €/m |
| 039.31402.M | MW, Dehnungsfugenprofil, verz., GKB 12,5, als Zulage | 24,12 DM/m / 12,33 €/m |
| 039.32201.M | MW, Kantenverstärkung, ALU, 25/25, GKB 15, als Zulage | 5,97 DM/m / 3,05 €/m |
| 039.32202.M | MW, Kantenverstärkung, ALU, 45/45, GKB 20/25, als Zul. | 7,09 DM/m / 3,63 €/m |
| 039.32203.M | MW, Fugenspachtel o. Streifen, GKB, 1lagig, einseitig | 5,08 DM/m2 / 2,60 €/m2 |
| 039.32204.M | MW, Fugenspachtel o. Streifen, GKB, 2lagig, einseitig | 7,32 DM/m2 / 3,74 €/m2 |
| 039.32205.M | MW, TW-Spachtel mit Streifen, GKB, 1lagig, einseitig | 6,75 DM/m2 / 3,45 €/m2 |
| 039.32206.M | MW, TW-Spachtel mit Streifen, GKB, 2lagig, einseitig | 10,03 DM/m2 / 5,13 €/m2 |
| 039.32207.M | MW, Spachteln, GF, einseitig | 6,57 DM/m2 / 3,36 €/m2 |
| 039.32208.M | MW, Spachteln, Silikatplatten, einseitig | 6,79 DM/m2 / 3,47 €/m2 |
| 039.32209.M | MW, Flächenspachtel, 2 mm, einseitig | 13,26 DM/m2 / 6,78 €/m2 |
| 039.32210.M | MW, Flächenspachtel, 3 mm, einseitig | 20,50 DM/m2 / 10,48 €/m2 |

**Hinweis:**  MW  Montagewand
           GKB  Gipskarton-Bauplatte
           GF   Gipsfaserplatte

**039.30501.M** KG 342 DIN 276
MW, Anschlussprofil, verzinkt, bis GKB 12,5, als Zulage
EP 7,31 DM/m   LA 4,69 DM/m   ST 2,62 DM/m
EP 3,74 €/m    LA 2,40 €/m    ST 1,34 €/m

**039.30502.M** KG 342 DIN 276
MW, Anschlussprofil, verzinkt, über GKB 12,5, als Zulage
EP 10,03 DM/m   LA 4,69 DM/m   ST 5,34 DM/m
EP  5,13 €/m    LA 2,40 €/m    ST 2,73 €/m

**039.30503.M** KG 342 DIN 276
MW, Anschlussprofil, verzinkt, bis GKB 12,5, als Zulage
EP 6,79 DM/m   LA 4,69 DM/m   ST 2,10 DM/m
EP 3,47 €/m    LA 2,40 €/m    ST 1,07 €/m

**039.30504.M** KG 342 DIN 276
MW, Anschlussprofil, verzinkt, GKB 15/18, als Zulage
EP 7,13 DM/m   LA 4,69 DM/m   ST 2,44 DM/m
EP 3,65 €/m    LA 2,40 €/m    ST 1,25 €/m

**039.31301.M** KG 342 DIN 276
MW, Einfassprofil, verzinkt, GKB 9,5/12,5, als Zulage
EP 6,36 DM/m   LA 4,69 DM/m   ST 1,67 DM/m
EP 3,25 €/m    LA 2,40 €/m    ST 0,85 €/m

**039.31302.M** KG 342 DIN 276
MW, Einfassprofil, verzinkt, GKB 15/18, als Zulage
EP 6,52 DM/m   LA 4,69 DM/m   ST 1,83 DM/m
EP 3,33 €/m    LA 2,40 €/m    ST 0,93 €/m

**039.31303.M** KG 342 DIN 276
MW, Einfasswinkelprofil, PVC, GKB 9,5/12,5, als Zulage
EP 6,87 DM/m   LA 4,69 DM/m   ST 2,18 DM/m
EP 3,51 €/m    LA 2,40 €/m    ST 1,11 €/m

# LB 039 Trockenbauarbeiten
## Montagewände: Sonstiges und Zulagen; Unterkonstruktion Wandbekleidung/Vorsatzschalen

Sämtliche Preise sind **Mittelpreise ohne Mehrwertsteuer** zum Zeitpunkt des Ausgabedatums.
**Korrekturfaktoren** für Regionaleinfluss, Mengeneinfluss, Konjunktureinfluss siehe Vorspann.
**Abkürzungen:** EP = Einheitspreis, LA = Lohnanteil, ST = Stoffanteil

039.31304.M   KG 342 DIN 2767
MW, Einfasswinkelprofil, PVC, GKB 15/18, als Zulage
EP 7,39 DM/m    LA 4,69 DM/m    ST 2,70 DM/m
EP 3,78 €/m     LA 2,40 €/m     ST 1,38 €/m

039.31401.M   KG 342 DIN 276
MW, Dehnungsfuge herstellen
EP 10,72 DM/m   LA 6,87 DM/m    ST 3,85 DM/m
EP  5,48 €/m    LA 3,51 €/m     ST 1,97 €/m

039.31402.M   KG 342 DIN 276
MW, Dehnungsfugenprofil, verz., GKB 12,5, als Zulage
EP 24,12 DM/m   LA 6,87 DM/m    ST 17,25 DM/m
EP 12,33 €/m    LA 3,51 €/m     ST  8,82 €/m

039.32201.M   KG 342 DIN 276
MW, Kantenverstärkung, ALU, 25/25, GKB 15, als Zulage
EP 5,97 DM/m    LA 4,69 DM/m    ST 1,28 DM/m
EP 3,05 €/m     LA 2,40 €/m     ST 0,65 €/m

039.32202.M   KG 342 DIN 276
MW, Kantenverstärkung, ALU, 45/45, GKB 20/25, als Zul.
EP 7,09 DM/m    LA 4,69 DM/m    ST 2,40 DM/m
EP 3,63 €/m     LA 2,40 €/m     ST 1,23 €/m

039.32203.M   KG 342 DIN 276
MW, Fugenspachtel o. Streifen, GKB, 1lagig, einseitig
EP 5,08 DM/m2   LA 4,43 DM/m2   ST 0,65 DM/m2
EP 2,60 €/m2    LA 2,26 €/m2    ST 0,34 €/m2

039.32204.M   KG 342 DIN 276
MW, Fugenspachtel o. Streifen, GKB, 2lagig, einseitig
EP 7,32 DM/m2   LA 6,27 DM/m2   ST 1,05 DM/m2
EP 3,74 €/m2    LA 3,20 €/m2    ST 0,54 €/m2

039.32205.M   KG 342 DIN 276
MW, TW-Spachtel mit Streifen, GKB, 1lagig, einseitig
EP 6,75 DM/m2   LA 6,27 DM/m2   ST 0,48 DM/m2
EP 3,45 €/m2    LA 3,20 €/m2    ST 0,25 €/m2

039.32206.M   KG 342 DIN 276
MW, TW-Spachtel mit Streifen, GKB, 2lagig, einseitig
EP 10,03 DM/m2  LA 9,38 DM/m2   ST 0,65 DM/m2
EP  5,13 €/m2   LA 4,79 €/m2    ST 0,34 €/m2

039.32207.M   KG 342 DIN 276
MW, Spachteln, GF, einseitig
EP 6,57 DM/m2   LA 6,27 DM/m2   ST 0,30 DM/m2
EP 3,36 €/m2    LA 3,20 €/m2    ST 0,16 €/m2

039.32208.M   KG 342 DIN 276
MW, Spachteln, Silikatplatten, einseitig
EP 6,79 DM/m2   LA 6,27 DM/m2   ST 0,52 DM/m2
EP 3,47 €/m2    LA 3,20 €/m2    ST 0,27 €/m2

039.32209.M   KG 342 DIN 276
MW, Flächenspachtel, 2 mm, einseitig
EP 13,26 DM/m2  LA 11,29 DM/m2  ST 1,97 DM/m2
EP  6,78 €/m2   LA  5,77 €/m2   ST 1,01 €/m2

039.32210.M   KG 342 DIN 276
MW, Flächenspachtel, 3 mm, einseitig
EP 20,50 DM/m2  LA 17,56 DM/m2  ST 2,94 DM/m2
EP 10,48 €/m2   LA  8,98 €/m2   ST 1,50 €/m2

## Unterkonstruktion Wandbekleidungen/Vorsatzschalen
039.-----.-

|  |  |  |
|---|---|---|
| 039.37001.M | UK Traglattung, Wände | 21,00 DM/m2 / 10,73 €/m2 |
| 039.37002.M | UK Traglattung, Leibungen | 12,07 DM/m / 6,17 €/m |
| 039.37003.M | UK Grundlattung, Wände | 16,01 DM/m2 / 8,18 €/m2 |
| 039.37004.M | UK Grundlattung, Leibungen | 8,31 DM/m / 4,25 €/m |
| 039.37005.M | UK Traglattung auf Grundlattung, Wände | 9,65 DM/m2 / 4,93 €/m2 |
| 039.37006.M | UK Traglattung auf Grundlattung, Leibungen | 4,47 DM/m / 2,28 €/m |
| 039.37007.M | UK Vorsatzschalen, Metallständer CW 50 | 27,60 DM/m2 / 14,11 €/m2 |
| 039.37008.M | UK Vorsatzschalen, Metallständer CW 75 | 28,96 DM/m2 / 14,81 €/m2 |
| 039.37009.M | UK Vorsatzschalen, Metallständer CW 100 | 30,79 DM/m2 / 15,74 €/m2 |
| 039.37010.M | UK Vorsatzschalen, Metallprof. UW+Justierbügel | 31,73 DM/m2 / 16,22 €/m2 |
| 039.37011.M | UK Vorsatzschalen, Traglattung+Justierbügel | 28,79 DM/m2 / 14,72 €/m2 |

**Hinweis:** UK Unterkonstruktion

039.37001.M        KG 345 DIN 276
UK Traglattung, Wände
EP 21,00 DM/m2   LA 18,81 DM/m2   ST 2,19 DM/m2
EP 10,73 €/m2    LA  9,62 €/m2    ST 1,11 €/m2

039.37002.M        KG 345 DIN 276
UK Traglattung, Leibungen
EP 12,07 DM/m    LA 11,29 DM/m    ST 0,78 DM/m
EP  6,17 €/m     LA  5,77 €/m     ST 0,40 €/m

039.37003.M        KG 345 DIN 276
UK Grundlattung, Wände
EP 16,01 DM/m2   LA 14,12 DM/m2   ST 1,89 DM/m2
EP  8,18 €/m2    LA  7,22 €/m2    ST 0,96 €/m2

039.37004.M        KG 345 DIN 276
UK Grundlattung, Leibungen
EP 8,31 DM/m     LA 7,52 DM/m     ST 0,79 DM/m
EP 4,25 €/m      LA 3,85 €/m      ST 0,40 €/m

039.37005.M        KG 345 DIN 276
UK Traglattung auf Grundlattung, Wände
EP 9,65 DM/m2    LA 7,86 DM/m2    ST 1,79 DM/m2
EP 4,93 €/m2     LA 4,02 €/m2     ST 0,91 €/m2

039.37006.M        KG 345 DIN 276
UK Traglattung auf Grundlattung, Leibungen
EP 4,47 DM/m     LA 3,76 DM/m     ST 0,71 DM/m
EP 2,28 €/m      LA 1,92 €/m      ST 0,36 €/m

039.37007.M        KG 345 DIN 276
UK Vorsatzschalen, Metallständer CW 50
EP 27,60 DM/m2   LA 20,73 DM/m2   ST 6,87 DM/m2
EP 14,11 €/m2    LA 10,60 €/m2    ST 3,51 €/m2

039.37008.M        KG 345 DIN 276
UK Vorsatzschalen, Metallständer CW 75
EP 28,96 DM/m2   LA 20,73 DM/m2   ST 8,23 DM/m2
EP 14,81 €/m2    LA 10,60 €/m2    ST 4,21 €/m2

039.37009.M        KG 345 DIN 276
UK Vorsatzschalen, Metallständer CW 100
EP 30,79 DM/m2   LA 20,73 DM/m2   ST 10,06 DM/m2
EP 15,74 €/m2    LA 10,60 €/m2    ST  5,14 €/m2

039.37010.M        KG 345 DIN 276
UK Vorsatzschalen, Metallprof. UW+Justierbügel
EP 31,73 DM/m2   LA 26,35 DM/m2   ST 5,38 DM/m2
EP 16,22 €/m2    LA 13,47 €/m2    ST 2,75 €/m2

039.37011.M        KG 345 DIN 276
UK Vorsatzschalen, Traglattung+Justierbügel
EP 28,79 DM/m2   LA 26,35 DM/m2   ST 2,44 DM/m2
EP 14,72 €/m2    LA 13,47 €/m2    ST 1,25 €/m2

# LB 039 Trockenbauarbeiten
## Unterkonstruktion: Stützen; Decken- und Deckenbekleidungen

AW 039

Preise 06.01

Sämtliche Preise sind **Mittelpreise ohne Mehrwertsteuer** zum Zeitpunkt des Ausgabedatums.
**Korrekturfaktoren** für Regionaleinfluss, Mengeneinfluss, Konjunktureinfluss siehe Vorspann.
**Abkürzungen:** EP = Einheitspreis, LA = Lohnanteil, ST = Stoffanteil

### Unterkonstruktion Stützen

039.-----.-

| | |
|---|---|
| 039.51501.M UK Traglattung, Stützen | 32,67 DM/m |
| | 16,71 €/m |
| 039.51502.M UK Grundlattung, Stützen | 27,92 DM/m |
| | 14,27 €/m |
| 039.51503.M UK Traglattung auf Grundlattung, Stützen | 13,85 DM/m |
| | 7,08 €/m |

**Hinweis:** UK Unterkonstruktion

039.51501.M          KG 345 DIN 276
UK Traglattung, Stützen
EP 32,67 DM/m     LA 30,44 DM/m     ST 2,23 DM/m
EP 16,71 €/m      LA 15,56 €/m      ST 1,15 €/m

039.51502.M          KG 345 DIN 276
UK Grundlattung, Stützen
EP 27,92 DM/m     LA 25,42 DM/m     ST 2,50 DM/m
EP 14,27 €/m      LA 13,00 €/m      ST 1,27 €/m

039.51503.M          KG 345 DIN 276
UK Traglattung auf Grundlattung, Stützen
EP 13,85 DM/m     LA 11,62 DM/m     ST 2,23 DM/m
EP 17,08 €/m      LA 5,94 €/m       ST 1,14 €/m

### Unterkonstruktion Decken/Deckenbekleidungen

039.-----.-

| | |
|---|---|
| 039.66001.M UK Deckenbekleidung, Traglattung 24x48 mm | 14,78 DM/m2 |
| | 7,56 €/m2 |
| 039.66002.M UK Deckenbekleidung, Traglattung 40x60 mm | 16,62 DM/m2 |
| | 8,50 €/m2 |
| 039.66003.M UK Deckenbekleidung, Lattenrost | 25,75 DM/m2 |
| | 13,17 €/m2 |
| 039.66004.M UK Deckenbekleidung, Grund- und Tragkonstr. 2xCD 60 | 33,11 DM/m2 |
| | 16,93 €/m2 |
| 039.66005.M UK Deckenbekleidung, niveaugl. Konstr. 2xCD 60 | 44,62 DM/m2 |
| | 22,81 €/m2 |
| 039.66006.M UK abgeh. Unterdecke, 2xCD 60, niveaugleich | 31,29 DM/m2 |
| | 16,00 €/m2 |
| 039.66007.M UK abgeh. Unterdecke, 2xCD 60, Doppelrost | 34,70 DM/m2 |
| | 17,74 €/m2 |
| 039.66008.M UK abgeh. Unterdecke, Hut-Profile | 27,29 DM/m2 |
| | 13,95 €/m2 |
| 039.66009.M UK abgeh. Unterdecke, T-Profile, MF-Platten | 31,70 DM/m2 |
| | 16,21 €/m2 |
| 039.66010.M UK abgeh. Unterdecke Kreuzbandr., MF-Großformatpl. | 39,23 DM/m2 |
| | 20,06 €/m2 |
| 039.66011.M UK abgeh. Unterdecke Parallelbandr., MF-Langfeldpl. | 32,72 DM/m2 |
| | 16,73 €/m2 |

**Hinweis:** UK Unterkonstruktion

039.66001.M          KG 353 DIN 276
UK Deckenbekleidung, Traglattung 24x48 mm
EP 14,78 DM/m2    LA 13,47 DM/m2    ST 1,31 DM/m2
EP 7,56 €/m2      LA 6,89 €/m2      ST 0,67 €/m2

039.66002.M          KG 353 DIN 276
UK Deckenbekleidung, Traglattung 40x60 mm
EP 16,62 DM/m2    LA 13,47 DM/m2    ST 3,15 DM/m2
EP 8,50 €/m2      LA 6,89 €/m2      ST 1,61 €/m2

039.66003.M          KG 353 DIN 276
UK Deckenbekleidung, Lattenrost
EP 25,75 DM/m2    LA 23,18 DM/m2    ST 2,57 DM/m2
EP 13,17 €/m2     LA 11,85 €/m2     ST 1,32 €/m2

039.66004.M          KG 353 DIN 276
UK Deckenbekleidung, Grund- und Tragkonstr. 2xCD 60
EP 33,11 DM/m2    LA 25,09 DM/m2    ST 8,02 DM/m2
EP 16,93 €/m2     LA 12,83 €/m2     ST 4,10 €/m2

039.66005.M          KG 353 DIN 276
UK Deckenbekleidung, niveaugl. Konstr. 2xCD 60
EP 44,62 DM/m2    LA 34,47 DM/m2    ST 10,15 DM/m2
EP 22,81 €/m2     LA 17,62 €/m2     ST 5,19 €/m2

039.66006.M          KG 353 DIN 276
UK abgeh. Unterdecke, 2xCD 60, niveaugleich
EP 31,29 DM/m2    LA 23,18 DM/m2    ST 8,11 DM/m2
EP 16,00 €/m2     LA 11,85 €/m2     ST 4,15 €/m2

039.66007.M          KG 353 DIN 276
UK abgeh. Unterdecke, 2xCD 60, Doppelrost
EP 34,70 DM/m2    LA 23,18 DM/m2    ST 11,52 DM/m2
EP 17,74 €/m2     LA 11,85 €/m2     ST 5,89 €/m2

039.66008.M          KG 353 DIN 276
UK abgeh. Unterdecke, Hut-Profile
EP 27,29 DM/m2    LA 22,91 DM/m2    ST 4,38 DM/m2
EP 13,95 €/m2     LA 11,71 €/m2     ST 2,24 €/m2

039.66009.M          KG 353 DIN 276
UK abgeh. Unterdecke, T-Profile, MF-Platten
EP 31,70 DM/m2    LA 22,91 DM/m2    ST 8,79 DM/m2
EP 16,21 €/m2     LA 11,71 €/m2     ST 4,50 €/m2

039.66010.M          KG 353 DIN 276
UK abgeh. Unterdecke Kreuzbandr., MF-Großformatpl.
EP 39,23 DM/m2    LA 22,91 DM/m2    ST 16,32 DM/m2
EP 20,06 €/m2     LA 11,71 €/m2     ST 8,35 €/m2

039.66011.M          KG 353 DIN 276
UK abgeh. Unterdecke Parallelbandr., MF-Langfeldpl.
EP 32,72 DM/m2    LA 22,91 DM/m2    ST 9,81 DM/m2
EP 16,73 €/m2     LA 11,71 €/m2     ST 5,02 €/m2

# LB 039 Trockenbauarbeiten
## Unterkonstruktion Montagewände; Abschottungen

Sämtliche Preise sind **Mittelpreise ohne Mehrwertsteuer** zum Zeitpunkt des Ausgabedatums.
**Korrekturfaktoren** für Regionaleinfluss, Mengeneinfluss, Konjunktureinfluss siehe Vorspann.
**Abkürzungen:** EP = Einheitspreis, LA = Lohnanteil, ST = Stoffanteil

### Unterkonstruktion Montagewände

039.-----.-

|  |  |  |
|---|---|---|
| 039.15501.M | UK, MW, Einfachständer Metall CW 50 | 26,76 DM/m2 / 13,68 €/m2 |
| 039.15502.M | UK, MW, Einfachständer Metall CW 75 | 28,09 DM/m2 / 14,36 €/m2 |
| 039.15503.M | UK, MW, Einfachständer Metall CW 100 | 29,89 DM/m2 / 15,28 €/m2 |
| 039.15504.M | UK, MW, Einfachständer Metall CW 125 | 30,83 DM/m2 / 15,77 €/m2 |
| 039.15505.M | UK, MW, Doppelständer Metall CW 50 | 58,12 DM/m2 / 29,71 €/m2 |
| 039.15506.M | UK, MW, Doppelständer Metall CW 75 | 59,90 DM/m2 / 30,62 €/m2 |
| 039.15507.M | UK, MW, Doppelständer Metall CW 100 | 62,21 DM/m2 / 31,81 €/m2 |
| 039.15508.M | UK, MW, Einfachständer Holz 40x60 mm | 36,62 DM/m2 / 18,72 €/m2 |
| 039.15509.M | UK, MW, Einfachständer Holz 60x60 mm | 38,02 DM/m2 / 19,44 €/m2 |
| 039.15510.M | UK, MW, Einfachständer Holz 60x80 mm | 39,49 DM/m2 / 20,19 €/m2 |
| 039.15511.M | UK, MW, Doppelständer Holz 40x60 mm | 57,31 DM/m2 / 29,30 €/m2 |
| 039.15512.M | UK, MW, Doppelständer Holz 60x60 mm | 60,17 DM/m2 / 30,76 €/m2 |

**Hinweis:** UK Unterkonstruktion
MW Montagewand

039.15501.M  KG 342 DIN 276
UK, MW, Einfachständer Metall CW 50
EP 26,76 DM/m2  LA 20,07 DM/m2  ST 6,69 DM/m2
EP 13,68 €/m2  LA 10,26 €/m2  ST 3,42 €/m2

039.15502.M  KG 342 DIN 276
UK, MW, Einfachständer Metall CW 75
EP 28,09 DM/m2  LA 20,07 DM/m2  ST 8,02 DM/m2
EP 14,36 €/m2  LA 10,26 €/m2  ST 4,10 €/m2

039.15503.M  KG 342 DIN 276
UK, MW, Einfachständer Metall CW 100
EP 29,89 DM/m2  LA 20,07 DM/m2  ST 9,82 DM/m2
EP 15,28 €/m2  LA 10,26 €/m2  ST 5,02 €/m2

039.15504.M  KG 342 DIN 276
UK, MW, Einfachständer Metall CW 125
EP 30,83 DM/m2  LA 20,07 DM/m2  ST 10,76 DM/m2
EP 15,77 €/m2  LA 10,26 €/m2  ST  5,51 €/m2

039.15505.M  KG 342 DIN 276
UK, MW, Doppelständer Metall CW 50
EP 58,12 DM/m2  LA 46,42 DM/m2  ST 11,70 DM/m2
EP 29,71 €/m2  LA 23,73 €/m2  ST  5,98 €/m2

039.15506.M  KG 342 DIN 276
UK, MW, Doppelständer Metall CW 75
EP 59,90 DM/m2  LA 46,42 DM/m2  ST 13,48 DM/m2
EP 30,62 €/m2  LA 23,73 €/m2  ST  6,89 €/m2

039.15507.M  KG 342 DIN 276
UK, MW, Doppelständer Metall CW 100
EP 62,21 DM/m2  LA 46,42 DM/m2  ST 15,79 DM/m2
EP 31,81 €/m2  LA 23,73 €/m2  ST  8,08 €/m2

039.15508.M  KG 342 DIN 276
UK, MW, Einfachständer Holz 40x60 mm
EP 36,62 DM/m2  LA 32,95 DM/m2  ST 3,67 DM/m2
EP 18,72 €/m2  LA 16,85 €/m2  ST 1,87 €/m2

039.15509.M  KG 342 DIN 276
UK, MW, Einfachständer Holz 60x60 mm
EP 38,02 DM/m2  LA 32,95 DM/m2  ST 5,07 DM/m2
EP 19,44 €/m2  LA 16,85 €/m2  ST 2,59 €/m2

039.15510.M  KG 342 DIN 276
UK, MW, Einfachständer Holz 60x80 mm
EP 39,49 DM/m2  LA 32,95 DM/m2  ST 6,54 DM/m2
EP 20,19 €/m2  LA 16,85 €/m2  ST 3,34 €/m2

039.15511.M  KG 342 DIN 276
UK, MW, Doppelständer Holz 40x60 mm
EP 57,31 DM/m2  LA 50,18 DM/m2  ST 7,13 DM/m2
EP 29,30 €/m2  LA 25,66 €/m2  ST 3,64 €/m2

039.15512.M  KG 342 DIN 276
UK, MW, Doppelständer Holz 60x60 mm
EP 60,17 DM/m2  LA 50,18 DM/m2  ST 9,99 DM/m2
EP 30,76 €/m2  LA 25,66 €/m2  ST 5,10 €/m2

### Abschottungen

039.-----.-

|  |  |  |
|---|---|---|
| 039.76101.M | Absorberschott TR, WLG 040 | 47,32 DM/St / 24,20 €/St |
| 039.76102.M | Absorberschott TEL, WLG 040 | 38,40 DM/St / 19,63 €/St |
| 039.76001.M | Abschottung für abgehängte Decken, GKB 12,5 | 9,14 DM/m2 / 46,09 €/m2 |
| 039.76301.M | Schürze, GKB 12,5 | 49,45 DM/m2 / 25,29 €/m2 |

039.76101.M  KG 353 DIN 276
Absorberschott TR, WLG 040
EP 47,32 DM/St  LA 5,61 DM/St  ST 41,71 DM/St
EP 24,20 €/St  LA 2,87 €/St  ST 21,33 €/St

039.76102.M  KG 353 DIN 276
Absorberschott TEL, WLG 040
EP 38,40 DM/St  LA 5,61 DM/St  ST 32,79 DM/St
EP 19,63 €/St  LA 2,87 €/St  ST 16,76 €/St

039.76001.M  KG 353 DIN 276
Abschottung für abgehängte Decken, GKB 12,5
EP 90,14 DM/m2  LA 62,72 DM/m2  ST 27,42 DM/m2
EP 46,09 €/m2  LA 32,07 €/m2  ST 14,02 €/m2

039.76301.M  KG 353 DIN 276
Schürze, GKB 12,5
EP 49,45 DM/m2  LA 33,02 DM/m2  ST 16,43 DM/m2
EP 25,29 €/m2  LA 16,88 €/m2  ST  8,41 €/m2

# LB 039 Trockenbauarbeiten
## Dämmschichten Mineral-/Naturfaser, Wände

Preise 06.01

Sämtliche Preise sind **Mittelpreise ohne Mehrwertsteuer** zum Zeitpunkt des Ausgabedatums.
**Korrekturfaktoren** für Regionaleinfluss, Mengeneinfluss, Konjunktureinfluss siehe Vorspann.
**Abkürzungen:** EP = Einheitspreis, LA = Lohnanteil, ST = Stoffanteil

### Dämmschichten Mineral-/Naturfaser, Wände

039.-----.- 

|  |  |  |
|---|---|---|
| 039.15601.M | Dämmschicht Wand, MF-Platten, WLG 040, 40 mm | 12,92 DM/m2 / 6,60 €/m2 |
| 039.15602.M | Dämmschicht Wand, MF-Platten, WLG 040, 60 mm | 15,64 DM/m2 / 8,00 €/m2 |
| 039.15603.M | Dämmschicht Wand, MF-Platten, WLG 040, 80 mm | 18,60 DM/m2 / 9,51 €/m2 |
| 039.15604.M | Dämmschicht Wand, MF-Platten, WLG 040, 100 mm | 21,32 DM/m2 / 10,90 €/m2 |
| 039.15605.M | Dämmschicht Wand, MF-Platten, WLG 040, 120 mm | 24,07 DM/m2 / 12,31 €/m2 |
| 039.15606.M | Dämmschicht Wand, BS-Platt. WLG 040, 40 mm, Rd 30 | 14,68 DM/m2 / 7,50 €/m2 |
| 039.15607.M | Dämmschicht Wand, BS-Platt. WLG 040, 60 mm, Rd 30 | 18,19 DM/m2 / 9,30 €/m2 |
| 039.15608.M | Dämmschicht Wand, BS-Platt. WLG 040, 80 mm, Rd 30 | 21,80 DM/m2 / 11,15 €/m2 |
| 039.15609.M | Dämmschicht Wand, BS-Platt. WLG 040, 100 mm Rd 30 | 25,48 DM/m2 / 13,03 €/m2 |
| 039.15610.M | Dämmschicht Wand, BS-Platt. WLG 040, 40 mm, Rd 50 | 16,12 DM/m2 / 8,24 €/m2 |
| 039.15611.M | Dämmschicht Wand, BS-Platt. WLG 040, 60 mm, Rd 50 | 20,24 DM/m2 / 10,35 €/m2 |
| 039.15612.M | Dämmschicht Wand, BS-Platt. WLG 040, 80 mm, Rd 50 | 24,51 DM/m2 / 12,53 €/m2 |
| 039.15613.M | Dämmschicht Wand, BS-Platt. WLG 040, 100 mm, Rd 50 | 27,83 DM/m2 / 14,23 €/m2 |
| 039.15614.M | Dämmschicht Wand, BS-Platt. WLG 035, 40 mm, Rd 100 | 29,16 DM/m2 / 14,91 €/m2 |
| 039.15615.M | Dämmschicht Wand, BS-Platt. WLG 035, 60 mm, Rd 100 | 40,29 DM/m2 / 20,60 €/m2 |
| 039.15616.M | Dämmschicht Wand, BS-Platt. WLG 035, 80 mm, Rd 100 | 51,56 DM/m2 / 26,36 €/m2 |
| 039.15617.M | Dämmschicht Wand, BS-Platt. WLG 035, 100 mm, Rd 100 | 62,68 DM/m2 / 32,05 €/m2 |
| 039.15618.M | Dämmschicht Wand, Schafschurwolle, 40 mm | 22,51 DM/m2 / 11,51 €/m2 |
| 039.15619.M | Dämmschicht Wand, Schafschurwolle, 80 mm | 32,57 DM/m2 / 16,65 €/m2 |
| 039.15620.M | Dämmschicht Wand, Schafschurwolle, 100 mm | 38,83 DM/m2 / 19,85 €/m2 |
| 039.15621.M | Dämmschicht Wand, Flachsfasern, 60 mm | 22,78 DM/m2 / 11,65 €/m2 |
| 039.15622.M | Dämmschicht Wand, Flachsfasern, 100 mm | 33,00 DM/m2 / 16,87 €/m2 |
| 039.15623.M | Dämmschicht Wand, Flachsfasern, 120 mm | 37,70 DM/m2 / 19,28 €/m2 |
| 039.15624.M | Dämmschicht Wand, Flachsfasern, 160 mm | 47,76 DM/m2 / 24,42 €/m2 |
| 039.15625.M | Dämmschicht Wand, Steinwolle, 50 mm | 12,04 DM/m2 / 6,16 €/m2 |
| 039.15626.M | Dämmschicht Wand, Steinwolle, 100 mm | 16,93 DM/m2 / 8,66 €/m2 |
| 039.15627.M | Dämmschicht Wand, Steinw.-Feuersch., 100 mm, Rd 40 | 21,13 DM/m2 / 10,80 €/m2 |
| 039.15628.M | Dämmschicht Wand, Steinw.-Feuersch., 100 mm, Rd 100 | 45,69 DM/m2 / 23,36 €/m2 |

### Hinweis

Die unterschiedlichen Dämmmaterialien für vertikale Bauteile sind nur in den Positionen für den Bereich "Montagewände, freistehende Vorsatzschalen, Schachtwände" aufgeführt.
Für den Bereich "Wandbekleidungen" sind die o.g. Positionen analog zu betrachten, d.h. mit den gleichen Daten zu verwenden.

Für Dämmschichten Mineralfaser, Wände gelten folgende Abkürzungen:
- MF  Mineralischer Faserdämmstoff,
- BS  Brandschutz,
- Rd  Mindestrohdichte,
- WLG  Wärmeleitfähigkeitsgruppe.

**039.15601.M**  KG 345 DIN 276
Dämmschicht Wand, MF-Platten, WLG 040, 40 mm
EP 12,92 DM/m2   LA 7,19 DM/m2   ST 5,73 DM/m2
EP  6,60 €/m2    LA 3,68 €/m2    ST 2,92 €/m2

**039.15602.M**  KG 345 DIN 276
Dämmschicht Wand, MF-Platten, WLG 040, 60 mm
EP 15,64 DM/m2   LA 7,19 DM/m2   ST 8,45 DM/m2
EP  8,00 €/m2    LA 3,68 €/m2    ST 4,32 €/m2

**039.15603.M**  KG 345 DIN 276
Dämmschicht Wand, MF-Platten, WLG 040, 80 mm
EP 18,60 DM/m2   LA 7,52 DM/m2   ST 11,08 DM/m2
EP  9,51 €/m2    LA 3,85 €/m2    ST  5,66 €/m2

**039.15604.M**  KG 345 DIN 276
Dämmschicht Wand, MF-Platten, WLG 040, 100 mm
EP 21,32 DM/m2   LA 7,52 DM/m2   ST 13,80 DM/m2
EP 10,90 €/m2    LA 3,85 €/m2    ST  7,05 €/m2

**039.15605.M**  KG 345 DIN 276
Dämmschicht Wand, MF-Platten, WLG 040, 120 mm
EP 24,07 DM/m2   LA 7,52 DM/m2   ST 16,55 DM/m2
EP 12,31 €/m2    LA 3,85 €/m2    ST  8,46 €/m2

**039.15606.M**  KG 345 DIN 276
Dämmschicht Wand, BS-Platten, WLG 040, 40 mm, Rd 30
EP 14,68 DM/m2   LA 7,19 DM/m2   ST 7,49 DM/m2
EP  7,50 €/m2    LA 3,68 €/m2    ST 3,82 €/m2

**039.15607.M**  KG 345 DIN 276
Dämmschicht Wand, BS-Platten, WLG 040, 60 mm, Rd 30
EP 18,19 DM/m2   LA 7,19 DM/m2   ST 11,00 DM/m2
EP  9,30 €/m2    LA 3,68 €/m2    ST  5,62 €/m2

**039.15608.M**  KG 345 DIN 276
Dämmschicht Wand, BS-Platten, WLG 040, 80 mm, Rd 30
EP 21,80 DM/m2   LA 7,52 DM/m2   ST 14,28 DM/m2
EP 11,15 €/m2    LA 3,85 €/m2    ST  7,30 €/m2

**039.15609.M**  KG 345 DIN 276
Dämmschicht Wand, BS-Platten, WLG 040, 100 mm, Rd 30
EP 25,48 DM/m2   LA 7,52 DM/m2   ST 17,96 DM/m2
EP 13,03 €/m2    LA 3,85 €/m2    ST  9,18 €/m2

**039.15610.M**  KG 345 DIN 276
Dämmschicht Wand, BS-Platten, WLG 040, 40 mm, Rd 50
EP 16,12 DM/m2   LA 7,19 DM/m2   ST 8,93 DM/m2
EP  8,24 €/m2    LA 3,68 €/m2    ST 4,56 €/m2

**039.15611.M**  KG 345 DIN 276
Dämmschicht Wand, BS-Platten, WLG 040, 60 mm, Rd 50
EP 20,24 DM/m2   LA 7,19 DM/m2   ST 13,05 DM/m2
EP 10,35 €/m2    LA 3,68 €/m2    ST  6,67 €/m2

**039.15612.M**  KG 345 DIN 276
Dämmschicht Wand, BS-Platten, WLG 040, 80 mm, Rd 50
EP 24,51 DM/m2   LA 7,52 DM/m2   ST 16,99 DM/m2
EP 12,53 €/m2    LA 3,85 €/m2    ST  8,68 €/m2

**039.15613.M**  KG 345 DIN 276
Dämmschicht Wand, BS-Platten, WLG 040, 100 mm, Rd 50
EP 27,83 DM/m2   LA 7,52 DM/m2   ST 20,31 DM/m2
EP 14,23 €/m2    LA 3,85 €/m2    ST 10,38 €/m2

**039.15614.M**  KG 345 DIN 276
Dämmschicht Wand, BS-Platten, WLG 035, 40 mm, Rd 100
EP 29,16 DM/m2   LA 7,19 DM/m2   ST 21,97 DM/m2
EP 14,91 €/m2    LA 3,68 €/m2    ST 11,23 €/m2

**039.15615.M**  KG 345 DIN 276
Dämmschicht Wand, BS-Platten, WLG 035, 60 mm, Rd 100
EP 40,29 DM/m2   LA 7,19 DM/m2   ST 33,10 DM/m2
EP 20,60 €/m2    LA 3,68 €/m2    ST 16,92 €/m2

**039.15616.M**  KG 345 DIN 276
Dämmschicht Wand, BS-Platten, WLG 035, 80 mm, Rd 100
EP 51,56 DM/m2   LA 7,52 DM/m2   ST 44,04 DM/m2
EP 26,36 €/m2    LA 3,85 €/m2    ST 22,51 €/m2

**039.15617.M**  KG 345 DIN 276
Dämmschicht Wand, BS-Platten, WLG 035, 100 mm, Rd 100
EP 62,68 DM/m2   LA 7,52 DM/m2   ST 55,16 DM/m2
EP 32,05 €/m2    LA 3,85 €/m2    ST 28,20 €/m2

**039.15618.M**  KG 345 DIN 276
Dämmschicht Wand, Schafschurwolle, 40 mm
EP 22,51 DM/m2   LA 7,32 DM/m2   ST 15,19 DM/m2
EP 11,51 €/m2    LA 3,74 €/m2    ST  7,77 €/m2

AW 039

## LB 039 Trockenbauarbeiten
### Dämmschichten: Mineral-/Naturfaser, Wände ; Mineralfaser, Unterdecken

Preise 06.01

Sämtliche Preise sind **Mittelpreise ohne Mehrwertsteuer** zum Zeitpunkt des Ausgabedatums.
**Korrekturfaktoren** für Regionaleinfluss, Mengeneinfluss, Konjunktureinfluss siehe Vorspann.
**Abkürzungen:** EP = Einheitspreis, LA = Lohnanteil, ST = Stoffanteil

039.15619.M    KG 345 DIN 276
Dämmschicht Wand, Schafschurwolle, 80 mm
EP 32,57 DM/m2    LA 7,52 DM/m2    ST 25,05 DM/m2
EP 16,65 €/m2    LA 3,85 €/m2    ST 12,80 €/m2

039.15620.M    KG 345 DIN 276
Dämmschicht Wand, Schafschurwolle, 100 mm
EP 38,83 DM/m2    LA 7,52 DM/m2    ST 31,31 DM/m2
EP 19,85 €/m2    LA 3,85 €/m2    ST 16,00 €/m2

039.15621.M    KG 345 DIN 276
Dämmschicht Wand, Flachsfasern, 60 mm
EP 22,78 DM/m2    LA 7,19 DM/m2    ST 15,59 DM/m2
EP 11,65 €/m2    LA 3,68 €/m2    ST 7,97 €/m2

039.15622.M    KG 345 DIN 276
Dämmschicht Wand, Flachsfasern, 100 mm
EP 33,00 DM/m2    LA 7,52 DM/m2    ST 25,48 DM/m2
EP 16,87 €/m2    LA 3,85 €/m2    ST 13,02 €/m2

039.15623.M    KG 345 DIN 276
Dämmschicht Wand, Flachsfasern, 120 mm
EP 37,70 DM/m2    LA 7,66 DM/m2    ST 30,04 DM/m2
EP 19,28 €/m2    LA 3,91 €/m2    ST 15,37 €/m2

039.15624.M    KG 345 DIN 276
Dämmschicht Wand, Flachsfasern, 160 mm
EP 47,76 DM/m2    LA 7,79 DM/m2    ST 39,97 DM/m2
EP 24,42 €/m2    LA 3,98 €/m2    ST 20,44 €/m2

039.15625.M    KG 345 DIN 276
Dämmschicht Wand, Steinwolle, 50 mm
EP 12,04 DM/m2    LA 7,32 DM/m2    ST 4,72 DM/m2
EP 6,16 €/m2    LA 3,74 €/m2    ST 2,42 €/m2

039.15626.M    KG 345 DIN 276
Dämmschicht Wand, Steinwolle, 100 mm
EP 16,93 DM/m2    LA 7,66 DM/m2    ST 9,27 DM/m2
EP 8,66 €/m2    LA 3,91 €/m2    ST 4,75 €/m2

039.15627.M    KG 345 DIN 276
Dämmschicht Wand, Steinwolle-Feuersch., 100 mm, Rd 40
EP 21,13 DM/m2    LA 7,66 DM/m2    ST 13,47 DM/m2
EP 10,80 €/m2    LA 3,91 €/m2    ST 6,89 €/m2

039.15628.M    KG 345 DIN 276
Dämmschicht Wand, Steinwolle-Feuersch., 100 mm, Rd 100
EP 45,69 DM/m2    LA 7,66 DM/m2    ST 38,03 DM/m2
EP 23,36 €/m2    LA 3,91 €/m2    ST 19,45 €/m2

### Dämmschichten Mineralfaser, Unterdecken

039.-----.-

|  |  |  |
|---|---|---|
| 039.66101.M | Dämmschicht Decke, MF-Platten, WLG 040, 40 mm | 14,17 DM/m2 / 7,25 €/m2 |
| 039.66102.M | Dämmschicht Decke, MF-Platten, WLG 040, 60 mm | 16,90 DM/m2 / 8,64 €/m2 |
| 039.66103.M | Dämmschicht Decke, MF-Platten, WLG 040, 80 mm | 19,86 DM/m2 / 10,15 €/m2 |
| 039.66104.M | Dämmschicht Decke, MF-Platten, WLG 040, 100 mm | 22,57 DM/m2 / 11,54 €/m2 |
| 039.66105.M | Dämmschicht Decke, MF-Platten, WLG 040, 120 mm | 25,33 DM/m2 / 12,95 €/m2 |
| 039.66106.M | Dämmschicht Decke, MF-Platten, WLG 040, 140 mm | 27,87 DM/m2 / 14,25 €/m2 |
| 039.66107.M | Dämmschicht Decke, BS-Platt. WLG 040, 40 mm, Rd 30 | 15,94 DM/m2 / 8,15 €/m2 |
| 039.66108.M | Dämmschicht Decke, BS-Platt. WLG 040, 60 mm, Rd 30 | 19,45 DM/m2 / 9,94 €/m2 |
| 039.66109.M | Dämmschicht Decke, BS-Platt. WLG 040, 80 mm, Rd 30 | 23,06 DM/m2 / 11,79 €/m2 |
| 039.66110.M | Dämmschicht Decke, BS-Platt. WLG 040, 100 mm, Rd 30 | 26,74 DM/m2 / 13,67 €/m2 |
| 039.66111.M | Dämmschicht Decke, BS-Platt. WLG 040, 40 mm, Rd 50 | 17,37 DM/m2 / 8,88 €/m2 |
| 039.66112.M | Dämmschicht Decke, BS-Platt. WLG 040, 60 mm, Rd 50 | 21,50 DM/m2 / 10,99 €/m2 |
| 039.66113.M | Dämmschicht Decke, BS-Platt. WLG 040, 80 mm, Rd 50 | 25,76 DM/m2 / 13,17 €/m2 |
| 039.66114.M | Dämmschicht Decke, BS-Platt. WLG 040, 100 mm, Rd 50 | 29,08 DM/m2 / 14,87 €/m2 |
| 039.66115.M | Dämmschicht Decke, BS-Platt. WLG 035, 40 mm, Rd 100 | 30,42 DM/m2 / 15,55 €/m2 |
| 039.66116.M | Dämmschicht Decke, BS-Platt. WLG 035, 60 mm, Rd 100 | 41,55 DM/m2 / 21,24 €/m2 |
| 039.66117.M | Dämmschicht Decke, BS-Platt. WLG 035, 80 mm, Rd 100 | 52,82 DM/m2 / 27,00 €/m2 |
| 039.66118.M | Dämmschicht Decke, BS-Platt. WLG 035, 100 mm, Rd 100 | 63,94 DM/m2 / 32,69 €/m2 |
| 039.66119.M | Dämmschicht Decke, Schallschluckpl., WLG 040, 20 mm | 12,92 DM/m2 / 6,60 €/m2 |
| 039.66120.M | Dämmschicht Decke, Schallschluckpl., WLG 040, 30 mm | 15,02 DM/m2 / 7,68 €/m2 |
| 039.66121.M | Dämmschicht Decke, Schallschluckpl., WLG 040, 40 mm | 18,22 DM/m2 / 9,32 €/m2 |
| 039.66122.M | Dämmschicht Decke, Schallschluckpl., WLG 040, 50 mm | 19,88 DM/m2 / 10,16 €/m2 |

**Hinweis**
Für Dämmschichten Mineralfaser, Unterdecken
gelten folgende Abkürzungen:
MF    Mineralischer Faserdämmstoff,
BS    Brandschutz,
Rd    Mindestrohdichte,
WLG    Wärmeleitfähigkeitsgruppe.

039.66101.M    KG 353 DIN 276
Dämmschicht Decke, MF-Platten, WLG 040, 40 mm
EP 14,17 DM/m2    LA 8,45 DM/m2    ST 5,72 DM/m2
EP 7,25 €/m2    LA 4,32 €/m2    ST 2,93 €/m2

039.66102.M    KG 353 DIN 276
Dämmschicht Decke, MF-Platten, WLG 040, 60 mm
EP 16,90 DM/m2    LA 8,45 DM/m2    ST 8,45 DM/m2
EP 8,64 €/m2    LA 4,32 €/m2    ST 4,32 €/m2

039.66103.M    KG 353 DIN 276
Dämmschicht Decke, MF-Platten, WLG 040, 80 mm
EP 19,86 DM/m2    LA 8,78 DM/m2    ST 11,08 DM/m2
EP 10,15 €/m2    LA 4,49 €/m2    ST 5,66 €/m2

039.66104.M    KG 353 DIN 276
Dämmschicht Decke, MF-Platten, WLG 040, 100 mm
EP 22,57 DM/m2    LA 8,78 DM/m2    ST 13,79 DM/m2
EP 11,54 €/m2    LA 4,49 €/m2    ST 7,05 €/m2

039.66105.M    KG 353 DIN 276
Dämmschicht Decke, MF-Platten, WLG 040, 120 mm
EP 25,33 DM/m2    LA 8,78 DM/m2    ST 16,55 DM/m2
EP 12,95 €/m2    LA 4,49 €/m2    ST 8,46 €/m2

039.66106.M    KG 353 DIN 276
Dämmschicht Decke, MF-Platten, WLG 040, 140 mm
EP 27,87 DM/m2    LA 8,78 DM/m2    ST 19,04 DM/m2
EP 14,25 €/m2    LA 4,49 €/m2    ST 9,76 €/m2

# LB 039 Trockenbauarbeiten
## Dämmschichten: Mineralfaser, Unterdecken; Dämmung Hartschaum, HWL-Platten, Wände

AW 039

Preise 06.01

Sämtliche Preise sind **Mittelpreise ohne Mehrwertsteuer** zum Zeitpunkt des Ausgabedatums.
**Korrekturfaktoren** für Regionaleinfluss, Mengeneinfluss, Konjunktureinfluss siehe Vorspann..
**Abkürzungen:** EP = Einheitspreis, LA = Lohnanteil, ST = Stoffanteil

039.66107.M  KG 353 DIN 276
Dämmschicht Decke, BS-Platten, WLG 040, 40 mm, Rd 30
EP 15,94 DM/m2  LA 8,45 DM/m2  ST 7,49 DM/m2
EP  8,15 €/m2  LA 4,32 €/m2  ST 3,83 €/m2

039.66108.M  KG 353 DIN 276
Dämmschicht Decke, BS-Platten, WLG 040, 60 mm, Rd 30
EP 19,45 DM/m2  LA 8,45 DM/m2  ST 11,00 DM/m2
EP  9,94 €/m2  LA 4,32 €/m2  ST  5,62 €/m2

039.66109.M  KG 353 DIN 276
Dämmschicht Decke, BS-Platten, WLG 040, 80 mm, Rd 30
EP 23,06 DM/m2  LA 8,78 DM/m2  ST 14,28 DM/m2
EP 11,79 €/m2  LA 4,49 €/m2  ST  7,30 €/m2

039.66110.M  KG 353 DIN 276
Dämmschicht Decke, BS-Platten, WLG 040, 100 mm, Rd 30
EP 26,74 DM/m2  LA 8,78 DM/m2  ST 17,96 DM/m2
EP 13,67 €/m2  LA 4,49 €/m2  ST  9,18 €/m2

039.66111.M  KG 353 DIN 276
Dämmschicht Decke, BS-Platten, WLG 040, 40 mm, Rd 50
EP 17,37 DM/m2  LA 8,45 DM/m2  ST 8,92 DM/m2
EP  8,88 €/m2  LA 4,32 €/m2  ST 4,56 €/m2

039.66112.M  KG 353 DIN 276
Dämmschicht Decke, BS-Platten, WLG 040, 60 mm, Rd 50
EP 21,50 DM/m2  LA 8,45 DM/m2  ST 13,05 DM/m2
EP 10,99 €/m2  LA 4,32 €/m2  ST  6,67 €/m2

039.66113.M  KG 353 DIN 276
Dämmschicht Decke, BS-Platten, WLG 040, 80 mm, Rd 50
EP 25,76 DM/m2  LA 8,78 DM/m2  ST 16,98 DM/m2
EP 13,17 €/m2  LA 4,49 €/m2  ST  8,68 €/m2

039.66114.M  KG 353 DIN 276
Dämmschicht Decke, BS-Platten, WLG 040, 100 mm, Rd 50
EP 29,08 DM/m2  LA 8,78 DM/m2  ST 20,30 DM/m2
EP 14,87 €/m2  LA 4,49 €/m2  ST 10,38 €/m2

039.66115.M  KG 353 DIN 276
Dämmschicht Decke, BS-Platten, WLG 035, 40 mm, Rd 100
EP 30,42 DM/m2  LA 8,45 DM/m2  ST 21,97 DM/m2
EP 15,55 €/m2  LA 4,32 €/m2  ST 11,23 €/m2

039.66116.M  KG 353 DIN 276
Dämmschicht Decke, BS-Platten, WLG 035, 60 mm, Rd 100
EP 41,55 DM/m2  LA 8,45 DM/m2  ST 33,10 DM/m2
EP 21,24 €/m2  LA 4,32 €/m2  ST 16,92 €/m2

039.66117.M  KG 353 DIN 276
Dämmschicht Decke, BS-Platten, WLG 035, 80 mm, Rd 100
EP 52,82 DM/m2  LA 8,78 DM/m2  ST 44,04 DM/m2
EP 27,00 €/m2  LA 4,49 €/m2  ST 22,51 €/m2

039.66118.M  KG 353 DIN 276
Dämmschicht Decke, BS-Platten, WLG 035, 100 mm, Rd 100
EP 63,94 DM/m2  LA 8,78 DM/m2  ST 55,16 DM/m2
EP 32,69 €/m2  LA 4,49 €/m2  ST 28,20 €/m2

039.66119.M  KG 353 DIN 276
Dämmschicht Decke, Schallschluckpl., WLG 040, 20 mm
EP 12,92 DM/m2  LA 8,45 DM/m2  ST 4,47 DM/m2
EP  6,60 €/m2  LA 4,32 €/m2  ST 2,28 €/m2

039.66120.M  KG 353 DIN 276
Dämmschicht Decke, Schallschluckpl., WLG 040, 30 mm
EP 15,02 DM/m2  LA 8,45 DM/m2  ST 6,57 DM/m2
EP  7,68 €/m2  LA 4,32 €/m2  ST 3,36 €/m2

039.66121.M  KG 353 DIN 276
Dämmschicht Decke, Schallschluckpl., WLG 040, 40 mm
EP 18,22 DM/m2  LA 8,45 DM/m2  ST 9,77 DM/m2
EP  9,32 €/m2  LA 4,32 €/m2  ST 5,00 €/m2

039.66122.M  KG 353 DIN 276
Dämmschicht Decke, Schallschluckpl., WLG 040, 50 mm
EP 19,88 DM/m2  LA 8,45 DM/m2  ST 11,43 DM/m2
EP 10,16 €/m2  LA 4,32 €/m2  ST  5,84 €/m2

## Dämmung Hartschaum, HWL-Platten, Wände

039.-----.-

|  |  |  |
|---|---|---|
| 039.37101.M | Dämmschicht Wand, HWL-Platten, 25 mm | 25,96 DM/m2 / 13,28 €/m2 |
| 039.37102.M | Dämmschicht Wand, HWL-Platten, 35 mm | 29,38 DM/m2 / 15,02 €/m2 |
| 039.37103.M | Dämmschicht Wand, HWL-Platten, 50 mm | 35,19 DM/m2 / 17,99 €/m2 |
| 039.15630.M | Dämmschicht Wand, HW-Mehrschichtpl./PS-Kern, 25 mm | 26,36 DM/m2 / 13,48 €/m2 |
| 039.15631.M | Dämmschicht Wand, HW-Mehrschichtpl./PS-Kern, 35 mm | 28,63 DM/m2 / 14,64 €/m2 |
| 039.15632.M | Dämmschicht Wand, HW-Mehrschichtpl./PS-Kern, 50 mm | 32,75 DM/m2 / 16,74 €/m2 |
| 039.15633.M | Dämmschicht Wand, HW-Mehrschichtpl./MF-Kern, 50 mm | 45,97 DM/m2 / 23,51 €/m2 |
| 039.15634.M | Dämmschicht Wand, HW-Mehrschichtpl./MF-Kern, 75 mm | 58,24 DM/m2 / 29,78 €/m2 |
| 039.37104.M | Dämmschicht Wand, PS-Hartschaum expand., 20 mm | 22,12 DM/m2 / 11,31 €/m2 |
| 039.37105.M | Dämmschicht Wand, PS-Hartschaum expand., 40 mm | 24,49 DM/m2 / 12,52 €/m2 |
| 039.37106.M | Dämmschicht Wand, PS-Hartschaum expand., 60 mm | 26,80 DM/m2 / 13,70 €/m2 |
| 039.37107.M | Dämmschicht Wand, PS-Hartschaum expand., 80 mm | 29,46 DM/m2 / 15,06 €/m2 |
| 039.37108.M | Dämmschicht Wand, PS-Hartschaum expand., 100 mm | 31,86 DM/m2 / 16,29 €/m2 |
| 039.37109.M | Dämmschicht Wand, PS-Hartschaum expand., 120 mm | 34,09 DM/m2 / 17,43 €/m2 |
| 039.37110.M | Dämmschicht Wand, PS-Hartschaum extrud., 20 mm | 33,41 DM/m2 / 17,08 €/m2 |
| 039.37111.M | Dämmschicht Wand, PS-Hartschaum extrud., 40 mm | 47,07 DM/m2 / 24,07 €/m2 |
| 039.37112.M | Dämmschicht Wand, PS-Hartschaum extrud., 60 mm | 60,03 DM/m2 / 30,69 €/m2 |
| 039.37113.M | Dämmschicht Wand, PS-Hartschaum extrud., 80 mm | 73,70 DM/m2 / 37,68 €/m2 |
| 039.37114.M | Dämmschicht Wand, PS-Hartschaum extrud., 100 mm | 87,07 DM/m2 / 44,52 €/m2 |
| 039.37115.M | Dämmschicht Wand, PS-Hartschaum extrud., 120 mm | 100,63 DM/m2 / 51,45 €/m2 |
| 039.37116.M | Dämmschicht Wand, Polyurethan-Hartschaum, 40 mm, Rd 40 | 36,47 DM/m2 / 18,65 €/m2 |
| 039.37117.M | Dämmschicht Wand, Polyurethan-Hartschaum, 60 mm, Rd 60 | 60,12 DM/m2 / 30,74 €/m2 |
| 039.37118.M | Dämmschicht Wand, Polyurethan-Hartschaum, 100mm, Rd 100 | 130,85 DM/m2 / 66,90 €/m2 |
| 039.37119.M | Dämmschicht Wand, Schaumglas, 50 mm | 49,60 DM/m2 / 25,36 €/m2 |
| 039.37120.M | Dämmschicht Wand, Schaumglas, 110 mm | 88,10 DM/m2 / 45,04 €/m2 |
| 039.37121.M | Dämmschicht Wand, Schaumglas, 180 mm | 127,15 DM/m2 / 65,01 €/m2 |

**Hinweis:** HWL Holzwolle-Leichtbauplatte
MF Mineralischer Faserdämmstoff
PS Polystyrol

Die unterschiedlichen Dämmmaterialien für vertikale Bauteile sind nur in den Positionen für den Bereich "Montagewände, freistehende Vorsatzschalen, Schachtwände" aufgeführt.
Für den Bereich "Wandbekleidungen" sind die o.g. Positionen analog zu betrachten, d.h. mit den gleichen Daten zu verwenden.

039.37101.M  KG 345 DIN 276
Dämmschicht Wand, HWL-Platten, 25 mm
EP 25,96 DM/m2  LA 13,14 DM/m2  ST 12,82 DM/m2
EP 13,28 €/m2  LA  6,72 €/m2  ST  6,56 €/m2

039.37102.M  KG 345 DIN 276
Dämmschicht Wand, HWL-Platten, 35 mm
EP 29,38 DM/m2  LA 13,14 DM/m2  ST 16,24 DM/m2
EP 15,02 €/m2  LA  6,72 €/m2  ST  8,30 €/m2

039.37103.M  KG 345 DIN 276
Dämmschicht Wand, HWL-Platten, 50 mm
EP 35,19 DM/m2  LA 13,14 DM/m2  ST 22,05 DM/m2
EP 17,99 €/m2  LA  6,72 €/m2  ST 11,27 €/m2

039.15630.M  KG 345 DIN 276
Dämmschicht Wand, HW-Mehrschichtpl./PS-Kern, 25 mm
EP 26,36 DM/m2  LA 13,14 DM/m2  ST 13,22 DM/m2
EP 13,48 €/m2  LA  6,72 €/m2  ST  6,76 €/m2

AW 039

## LB 039 Trockenbauarbeiten
### Dämmung Hartschaum, HWL-Platten, Wände

Preise 06.01

Sämtliche Preise sind **Mittelpreise ohne Mehrwertsteuer** zum Zeitpunkt des Ausgabedatums.
**Korrekturfaktoren** für Regionaleinfluss, Mengeneinfluss, Konjunktureinfluss siehe Vorspann.
**Abkürzungen:** EP = Einheitspreis, LA = Lohnanteil, ST = Stoffanteil

039.15631.M KG 345 DIN 276
Dämmschicht Wand, HW-Mehrschichtpl./PS-Kern, 35 mm
EP 28,63 DM/m2  LA 13,14 DM/m2  ST 15,49 DM/m2
EP 14,64 €/m2   LA  6,72 €/m2   ST  7,92 €/m2

039.15632.M KG 345 DIN 276
Dämmschicht Wand, HW-Mehrschichtpl./PS-Kern, 50 mm
EP 32,75 DM/m2  LA 13,14 DM/m2  ST 19,61 DM/m2
EP 16,74 €/m2   LA  6,72 €/m2   ST 10,02 €/m2

039.15633.M KG 345 DIN 276
Dämmschicht Wand, HW-Mehrschichtpl./MF-Kern, 50 mm
EP 45,97 DM/m2  LA 13,14 DM/m2  ST 32,83 DM/m2
EP 23,51 €/m2   LA  6,72 €/m2   ST 16,79 €/m2

039.15634.M KG 345 DIN 276
Dämmschicht Wand, HW-Mehrschichtpl./MF-Kern, 75 mm
EP 58,24 DM/m2  LA 13,14 DM/m2  ST 45,10 DM/m2
EP 29,78 €/m2   LA  6,72 €/m2   ST 23,06 €/m2

039.37104.M KG 345 DIN 276
Dämmschicht Wand, PS-Hartschaum expand., 20 mm
EP 22,12 DM/m2  LA 17,56 DM/m2  ST  4,56 DM/m2
EP 11,31 €/m2   LA  8,98 €/m2   ST  2,33 €/m2

039.37105.M KG 345 DIN 276
Dämmschicht Wand, PS-Hartschaum expand., 40 mm
EP 24,49 DM/m2  LA 17,56 DM/m2  ST  6,93 DM/m2
EP 12,52 €/m2   LA  8,98 €/m2   ST  3,54 €/m2

039.37106.M KG 345 DIN 276
Dämmschicht Wand, PS-Hartschaum expand., 60 mm
EP 26,80 DM/m2  LA 17,56 DM/m2  ST  9,24 DM/m2
EP 13,70 €/m2   LA  8,98 €/m2   ST  4,72 €/m2

039.37107.M KG 345 DIN 276
Dämmschicht Wand, PS-Hartschaum expand., 80 mm
EP 29,46 DM/m2  LA 17,90 DM/m2  ST 11,56 DM/m2
EP 15,06 €/m2   LA  9,15 €/m2   ST  5,91 €/m2

039.37108.M KG 345 DIN 276
Dämmschicht Wand, PS-Hartschaum expand., 100 mm
EP 31,86 DM/m2  LA 17,90 DM/m2  ST 13,96 DM/m2
EP 16,29 €/m2   LA  9,15 €/m2   ST  7,14 €/m2

039.37109.M KG 345 DIN 276
Dämmschicht Wand, PS-Hartschaum expand., 120 mm
EP 34,09 DM/m2  LA 17,90 DM/m2  ST 16,19 DM/m2
EP 17,43 €/m2   LA  9,15 €/m2   ST  8,28 €/m2

039.37110.M KG 345 DIN 276
Dämmschicht Wand, PS-Hartschaum extrud., 20 mm
EP 33,41 DM/m2  LA 17,56 DM/m2  ST 15,85 DM/m2
EP 17,08 €/m2   LA  8,98 €/m2   ST  8,10 €/m2

039.37111.M KG 345 DIN 276
Dämmschicht Wand, PS-Hartschaum extrud., 40 mm
EP 47,07 DM/m2  LA 17,56 DM/m2  ST 29,51 DM/m2
EP 24,07 €/m2   LA  8,98 €/m2   ST 15,09 €/m2

039.37112.M KG 345 DIN 276
Dämmschicht Wand, PS-Hartschaum extrud., 60 mm
EP 60,03 DM/m2  LA 17,56 DM/m2  ST 42,47 DM/m2
EP 30,69 €/m2   LA  8,98 €/m2   ST 21,71 €/m2

039.37113.M KG 345 DIN 276
Dämmschicht Wand, PS-Hartschaum extrud., 80 mm
EP 73,70 DM/m2  LA 17,90 DM/m2  ST 55,80 DM/m2
EP 37,68 €/m2   LA  9,15 €/m2   ST 28,53 €/m2

039.37114.M KG 345 DIN 276
Dämmschicht Wand, PS-Hartschaum extrud., 100 mm
EP 87,07 DM/m2  LA 17,90 DM/m2  ST 69,17 DM/m2
EP 44,52 €/m2   LA  9,15 €/m2   ST 35,37 €/m2

039.37115.M KG 345 DIN 276
Dämmschicht Wand, PS-Hartschaum extrud., 120 mm
EP 100,63 DM/m2  LA 17,90 DM/m2  ST 82,73 DM/m2
EP  51,45 €/m2   LA  9,15 €/m2   ST 42,30 €/m2

039.37116.M KG 345 DIN 276
Dämmschicht Wand, Polyurethan-Hartschaum, 40 mm, Rd 40
EP 36,47 DM/m2  LA 17,56 DM/m2  ST 18,91 DM/m2
EP 18,65 €/m2   LA  8,98 €/m2   ST  9,67 €/m2

039.37117.M KG 345 DIN 276
Dämmschicht Wand, Polyurethan-Hartschaum, 60 mm, Rd 60
EP 60,12 DM/m2  LA 17,90 DM/m2  ST 42,22 DM/m2
EP 30,74 €/m2   LA  9,15 €/m2   ST 21,59 €/m2

039.37118.M KG 345 DIN 276
Dämmschicht Wand, Polyurethan-Hartschaum, 100mm, Rd 100
EP 130,85 DM/m2  LA 18,22 DM/m2  ST 112,63 DM/m2
EP  66,90 €/m2   LA  9,32 €/m2   ST  57,58 €/m2

039.37119.M KG 345 DIN 276
Dämmschicht Wand, Schaumglas, 50 mm
EP 49,60 DM/m2  LA 19,81 DM/m2  ST 29,79 DM/m2
EP 25,36 €/m2   LA 10,13 €/m2   ST 15,23 €/m2

039.37120.M KG 345 DIN 276
Dämmschicht Wand, Schaumglas, 110 mm
EP 88,10 DM/m2  LA 20,14 DM/m2  ST 67,96 DM/m2
EP 45,04 €/m2   LA 10,30 €/m2   ST 34,74 €/m2

039.37121.M KG 345 DIN 276
Dämmschicht Wand, Schaumglas, 180 mm
EP 127,15 DM/m2  LA 20,47 DM/m2  ST 106,68 DM/m2
EP  65,01 €/m2   LA 10,47 €/m2   ST  54,54 €/m2

# LB 039 Trockenbauarbeiten
## Wandbekleidung, Holz

Preise 06.01

Sämtliche Preise sind **Mittelpreise ohne Mehrwertsteuer** zum Zeitpunkt des Ausgabedatums.
**Korrekturfaktoren** für Regionaleinfluss, Mengeneinfluss, Konjunktureinfluss siehe Vorspann.
**Abkürzungen:** EP = Einheitspreis, LA = Lohnanteil, ST = Stoffanteil

### Wandbekleidung, Holz

039.-----.-

|  |  |  |
|---|---|---|
| 039.24101.M | WB, Bretter gesp., b= 96 mm, RH <=2,50 m | 58,42 DM/m2 / 29,87 €/m2 |
| 039.24102.M | WB, Bretter gesp., b=121 mm, RH <=2,50 m | 53,89 DM/m2 / 27,55 €/m2 |
| 039.24103.M | WB, Bretter gesp., b=155 mm, RH <=2,50 m | 49,39 DM/m2 / 25,26 €/m2 |
| 039.24104.M | WB, Bretter gesp., b>155 mm, RH <=2,50 m | 46,89 DM/m2 / 23,97 €/m2 |
| 039.24105.M | WB, Bretter gesp., b= 96 mm, RH <=5,00 m | 67,33 DM/m2 / 34,43 €/m2 |
| 039.24106.M | WB, Bretter gesp., b=121 mm, RH <=5,00 m | 62,80 DM/m2 / 32,11 €/m2 |
| 039.24107.M | WB, Bretter gesp., b=155 mm, RH <=5,00 m | 57,58 DM/m2 / 29,44 €/m2 |
| 039.24108.M | WB, Bretter gesp., b>155 mm, RH <=5,00 m | 54,15 DM/m2 / 27,69 €/m2 |
| 039.24109.M | WB, Bretter gesp. m. Deckleiste, b= 96 mm, RH <=2,50 m | 76,02 DM/m2 / 38,87 €/m2 |
| 039.24110.M | WB, Bretter gesp. m. Deckleiste, b=121 mm, RH <=2,50 m | 72,24 DM/m2 / 36,94 €/m2 |
| 039.24111.M | WB, Bretter gesp. m. Deckleiste, b=155 mm, RH <=2,50 m | 63,88 DM/m2 / 32,66 €/m2 |
| 039.24112.M | WB, Bretter gesp. m. Deckleiste, b>155 mm, RH <=2,50 m | 58,74 DM/m2 / 30,03 €/m2 |
| 039.24113.M | WB, Bretter gesp. m. Deckleiste, b= 96mm, RH <=5,00 m | 88,57 DM/m2 / 45,28 €/m2 |
| 039.24114.M | WB, Bretter gesp. m. Deckleiste, b=121mm, RH <=5,00 m | 83,94 DM/m2 / 42,92 €/m2 |
| 039.24115.M | WB, Bretter gesp. m. Deckleiste, b=155mm, RH <=5,00 m | 71,80 DM/m2 / 36,71 €/m2 |
| 039.24116.M | WB, Bretter gesp. m. Deckleiste, b>155mm, RH <=5,00 m | 66,67 DM/m2 / 34,09 €/m2 |
| 039.24301.M | WB, Stülpschalungsbretter, b=111 mm, RH <=2,50 m | 72,22 DM/m2 / 36,93 €/m2 |
| 039.24302.M | WB, Stülpschalungsbretter, b=121 mm, RH <=2,50 m | 64,19 DM/m2 / 32,82 €/m2 |
| 039.24303.M | WB, Stülpschalungsbretter, b=155 mm, RH <=2,50 m | 56,74 DM/m2 / 29,01 €/m2 |
| 039.24304.M | WB, Stülpschalungsbretter, b>155 mm, RH <=2,50 m | 51,56 DM/m2 / 26,36 €/m2 |
| 039.24305.M | WB, Stülpschalungsbretter, b=111 mm, RH <=5,00 m | 81,47 DM/m2 / 41,65 €/m2 |
| 039.24306.M | WB, Stülpschalungsbretter, b=121 mm, RH <=5,00 m | 73,44 DM/m2 / 37,55 €/m2 |
| 039.24307.M | WB, Stülpschalungsbretter, b=155 mm, RH <=5,00 m | 64,66 DM/m2 / 33,06 €/m2 |
| 039.24308.M | WB, Stülpschalungsbretter, b>155 mm, RH <=5,00 m | 58,82 DM/m2 / 30,07 €/m2 |
| 039.24401.M | WB, Profilbretter, b= 96 mm, RH <=2,50 m | 75,13 DM/m2 / 38,41 €/m2 |
| 039.24402.M | WB, Profilbretter, b=115 mm, RH <=2,50 m | 69,28 DM/m2 / 35,42 €/m2 |
| 039.24403.M | WB, Profilbretter, b=146 mm, RH <=2,50 m | 64,82 DM/m2 / 33,14 €/m2 |
| 039.24404.M | WB, Profilbretter, b>146 mm, RH <=2,50 m | 53,04 DM/m2 / 27,12 €/m2 |
| 039.24405.M | WB, Profilbretter, b= 96 mm, RH <=5,00 m | 86,02 DM/m2 / 43,98 €/m2 |
| 039.24406.M | WB, Profilbretter, b=115 mm, RH <=5,00 m | 78,53 DM/m2 / 40,15 €/m2 |
| 039.24407.M | WB, Profilbretter, b=146 mm, RH <=5,00 m | 73,73 DM/m2 / 37,70 €/m2 |
| 039.24408.M | WB, Profilbretter, b>146 mm, RH <=5,00 m | 65,39 DM/m2 / 33,43 €/m2 |

**Hinweis:**
- WB  Wandbekleidung
- RH  Raumhöhe
- b  Breite

Die unterschiedlichen Beplankungsmaterialien aus Holz für vertikale Bauteile sind nur in den Positionen für den Bereich "Montagewände, freistehende Vorsatzschalen, Schachtwände" aufgeführt.
Für den Bereich "Wandbekleidungen" sind die o.g. Positionen analog zu betrachten, d.h. mit den gleichen Daten zu verwenden.

**039.24101.M** KG 345 DIN 276
WB, Bretter gesp., b= 96 mm, RH <=2,50 m
EP 58,42 DM/m2   LA 37,97 DM/m2   ST 20,45 DM/m2
EP 29,87 €/m2    LA 19,41 €/m2    ST 10,46 €/m2

**039.24102.M** KG 345 DIN 276
WB, Bretter gesp., b=121 mm, RH <=2,50 m
EP 53,89 DM/m2   LA 33,67 DM/m2   ST 20,22 DM/m2
EP 27,55 €/m2    LA 17,22 €/m2    ST 10,34 €/m2

**039.24103.M** KG 345 DIN 276
WB, Bretter gesp., b=155 mm, RH <=2,50 m
EP 49,39 DM/m2   LA 29,39 DM/m2   ST 20,00 DM/m2
EP 25,26 €/m2    LA 15,02 €/m2    ST 10,24 €/m2

**039.24104.M** KG 345 DIN 276
WB, Bretter gesp., b>155 mm, RH <=2,50 m
EP 46,89 DM/m2   LA 27,07 DM/m2   ST 19,82 DM/m2
EP 23,97 €/m2    LA 13,84 €/m2    ST 10,13 €/m2

**039.24105.M** KG 345 DIN 276
WB, Bretter gesp., b= 96 mm, RH <=5,00 m
EP 67,33 DM/m2   LA 46,88 DM/m2   ST 20,45 DM/m2
EP 34,43 €/m2    LA 23,97 €/m2    ST 10,46 €/m2

**039.24106.M** KG 345 DIN 276
WB, Bretter gesp., b=121 mm, RH <=5,00 m
EP 62,80 DM/m2   LA 42,58 DM/m2   ST 20,22 DM/m2
EP 32,11 €/m2    LA 21,77 €/m2    ST 10,34 €/m2

**039.24107.M** KG 345 DIN 276
WB, Bretter gesp., b=155 mm, RH <=5,00 m
EP 57,58 DM/m2   LA 37,63 DM/m2   ST 19,95 DM/m2
EP 29,44 €/m2    LA 19,24 €/m2    ST 10,20 €/m2

**039.24108.M** KG 345 DIN 276
WB, Bretter gesp., b>155 mm, RH <=5,00 m
EP 54,15 DM/m2   LA 34,33 DM/m2   ST 19,82 DM/m2
EP 27,69 €/m2    LA 17,56 €/m2    ST 10,13 €/m2

**039.24109.M** KG 345 DIN 276
WB, Bretter gesp. m. Deckleiste, b= 96 mm, RH <=2,50 m
EP 76,02 DM/m2   LA 46,22 DM/m2   ST 29,80 DM/m2
EP 38,87 €/m2    LA 23,63 €/m2    ST 15,24 €/m2

**039.24110.M** KG 345 DIN 276
WB, Bretter gesp. m. Deckleiste, b=121 mm, RH <=2,50 m
EP 72,24 DM/m2   LA 44,23 DM/m2   ST 28,01 DM/m2
EP 36,94 €/m2    LA 22,62 €/m2    ST 14,32 €/m2

**039.24111.M** KG 345 DIN 276
WB, Bretter gesp. m. Deckleiste, b=155 mm, RH <=2,50 m
EP 63,88 DM/m2   LA 37,63 DM/m2   ST 26,25 DM/m2
EP 32,66 €/m2    LA 19,24 €/m2    ST 13,42 €/m2

**039.24112.M** KG 345 DIN 276
WB, Bretter gesp. m. Deckleiste, b>155 mm, RH <=2,50 m
EP 58,74 DM/m2   LA 33,67 DM/m2   ST 25,07 DM/m2
EP 30,03 €/m2    LA 17,22 €/m2    ST 12,81 €/m2

**039.24113.M** KG 345 DIN 276
WB, Bretter gesp. m. Deckleiste, b= 96mm, RH <=5,00 m
EP 88,57 DM/m2   LA 58,76 DM/m2   ST 29,81 DM/m2
EP 45,28 €/m2    LA 30,04 €/m2    ST 15,24 €/m2

**039.24114.M** KG 345 DIN 276
WB, Bretter gesp. m. Deckleiste, b=121mm, RH <=5,00 m
EP 83,94 DM/m2   LA 52,82 DM/m2   ST 31,12 DM/m2
EP 42,92 €/m2    LA 27,00 €/m2    ST 15,92 €/m2

**039.24115.M** KG 345 DIN 276
WB, Bretter gesp. m. Deckleiste, b=155mm, RH <=5,00 m
EP 71,80 DM/m2   LA 45,55 DM/m2   ST 26,25 DM/m2
EP 36,71 €/m2    LA 23,29 €/m2    ST 13,42 €/m2

**039.24116.M** KG 345 DIN 276
WB, Bretter gesp. m. Deckleiste, b>155mm, RH <=5,00 m
EP 66,67 DM/m2   LA 41,60 DM/m2   ST 25,07 DM/m2
EP 34,09 €/m2    LA 21,27 €/m2    ST 12,82 €/m2

**039.24301.M** KG 345 DIN 276
WB, Stülpschalungsbretter, b=111 mm, RH <=2,50 m
EP 72,22 DM/m2   LA 48,20 DM/m2   ST 24,02 DM/m2
EP 36,93 €/m2    LA 24,64 €/m2    ST 12,29 €/m2

# LB 039 Trockenbauarbeiten
## Wandbekleidung, Holz; Deckenbekleidung, Holz

AW 039
Preise 06.01

Sämtliche Preise sind **Mittelpreise ohne Mehrwertsteuer** zum Zeitpunkt des Ausgabedatums.
**Korrekturfaktoren** für Regionaleinfluss, Mengeneinfluss, Konjunktureinfluss siehe Vorspann.
**Abkürzungen:** EP = Einheitspreis, LA = Lohnanteil, ST = Stoffanteil

---

039.24302.M    KG 345 DIN 276
WB, Stülpschalungsbretter, b=121 mm, RH <=2,50 m
EP 64,19 DM/m2    LA 40,93 DM/m2    ST 23,26 DM/m2
EP 32,82 €/m2     LA 20,93 €/m2     ST 11,89 €/m2

039.24303.M    KG 345 DIN 276
WB, Stülpschalungsbretter, b=155 mm, RH <=2,50 m
EP 56,74 DM/m2    LA 34,33 DM/m2    ST 22,41 DM/m2
EP 29,01 €/m2     LA 17,56 €/m2     ST 11,45 €/m2

039.24304.M    KG 345 DIN 276
WB, Stülpschalungsbretter, b>155 mm, RH <=2,50 m
EP 51,56 DM/m2    LA 29,71 DM/m2    ST 21,85 DM/m2
EP 26,36 €/m2     LA 15,19 €/m2     ST 11,17 €/m2

039.24305.M    KG 345 DIN 276
WB, Stülpschalungsbretter, b=111 mm, RH <=5,00 m
EP 81,47 DM/m2    LA 57,44 DM/m2    ST 24,03 DM/m2
EP 41,65 €/m2     LA 29,37 €/m2     ST 12,28 €/m2

039.24306.M    KG 345 DIN 276
WB, Stülpschalungsbretter, b=121 mm, RH <=5,00 m
EP 73,44 DM/m2    LA 50,18 DM/m2    ST 23,26 DM/m2
EP 37,55 €/m2     LA 25,66 €/m2     ST 11,89 €/m2

039.24307.M    KG 345 DIN 276
WB, Stülpschalungsbretter, b=155 mm, RH <=5,00 m
EP 64,66 DM/m2    LA 42,25 DM/m2    ST 22,41 DM/m2
EP 33,06 €/m2     LA 21,60 €/m2     ST 11,46 €/m2

039.24308.M    KG 345 DIN 276
WB, Stülpschalungsbretter, b>155 mm, RH <=5,00 m
EP 58,82 DM/m2    LA 36,97 DM/m2    ST 21,85 DM/m2
EP 30,07 €/m2     LA 18,90 €/m2     ST 11,17 €/m2

039.24401.M    KG 345 DIN 276
WB, Profilbretter, b= 96 mm, RH <=2,50 m
EP 75,13 DM/m2    LA 51,83 DM/m2    ST 23,30 DM/m2
EP 38,41 €/m2     LA 26,50 €/m2     ST 11,91 €/m2

039.24402.M    KG 345 DIN 276
WB, Profilbretter, b=115 mm, RH <=2,50 m
EP 69,28 DM/m2    LA 46,22 DM/m2    ST 23,06 DM/m2
EP 35,42 €/m2     LA 23,63 €/m2     ST 11,79 €/m2

039.24403.M    KG 345 DIN 276
WB, Profilbretter, b=146 mm, RH <=2,50 m
EP 64,82 DM/m2    LA 41,93 DM/m2    ST 22,89 DM/m2
EP 33,14 €/m2     LA 21,44 €/m2     ST 11,70 €/m2

039.24404.M    KG 345 DIN 276
WB, Profilbretter, b>146 mm, RH <=2,50 m
EP 53,04 DM/m2    LA 30,37 DM/m2    ST 22,67 DM/m2
EP 27,12 €/m2     LA 15,53 €/m2     ST 11,59 €/m2

039.24405.M    KG 345 DIN 276
WB, Profilbretter, b= 96 mm, RH <=5,00 m
EP 86,02 DM/m2    LA 62,72 DM/m2    ST 23,30 DM/m2
EP 43,98 €/m2     LA 32,07 €/m2     ST 11,91 €/m2

039.24406.M    KG 345 DIN 276
WB, Profilbretter, b=115 mm, RH <=5,00 m
EP 78,53 DM/m2    LA 55,46 DM/m2    ST 23,07 DM/m2
EP 40,15 €/m2     LA 28,36 €/m2     ST 11,79 €/m2

039.24407.M    KG 345 DIN 276
WB, Profilbretter, b=146 mm, RH <=5,00 m
EP 73,73 DM/m2    LA 50,84 DM/m2    ST 22,89 DM/m2
EP 37,70 €/m2     LA 26,00 €/m2     ST 11,70 €/m2

039.24408.M    KG 345 DIN 276
WB, Profilbretter, b>146 mm, RH <=5,00 m
EP 65,39 DM/m2    LA 44,90 DM/m2    ST 20,49 DM/m2
EP 33,43 €/m2     LA 22,96 €/m2     ST 10,47 €/m2

---

## Deckenbekleidung, Holz

039.-----.-

039.70101.M DB, Bretter gesp. m. Deckleiste, b= 96 mm, RH <=2,50 m   108,04 DM/m2
                                                                     55,24 €/m2
039.70102.M DB, Bretter gesp. m. Deckleiste, b=121 mm, RH <=2,50 m    97,33 DM/m2
                                                                     49,76 €/m2
039.70103.M DB, Bretter gesp. m. Deckleiste, b=155 mm, RH <=2,50 m    85,26 DM/m2
                                                                     43,59 €/m2
039.70104.M DB, Bretter gesp. m. Deckleiste, b>155 mm, RH <=2,50 m    74,35 DM/m2
                                                                     38,02 €/m2
039.70105.M DB, Bretter gesp. m. Deckleiste, b= 96 mm, RH <=5,00 m   118,28 DM/m2
                                                                     60,47 €/m2
039.70106.M DB, Bretter gesp. m. Deckleiste, b=121 mm, RH <=5,00 m   107,89 DM/m2
                                                                     55,17 €/m2
039.70107.M DB, Bretter gesp. m. Deckleiste, b=155 mm, RH <=5,00 m    95,24 DM/m2
                                                                     48,69 €/m2
039.70108.M DB, Bretter gesp. m. Deckleiste, b>155 mm, RH <=5,00 m    87,79 DM/m2
                                                                     44,89 €/m2
039.70701.M DB, Stülpschalungsbretter, b=111 mm, RH <=2,50 m          96,65 DM/m2
                                                                     49,41 €/m2
039.70702.M DB, Stülpschalungsbretter, b=121 mm, RH <=2,50 m          88,62 DM/m2
                                                                     45,31 €/m2
039.70703.M DB, Stülpschalungsbretter, b=155 mm, RH <=2,50 m          65,32 DM/m2
                                                                     33,40 €/m2
039.70704.M DB, Stülpschalungsbretter, b>155 mm, RH <=2,50 m          68,73 DM/m2
                                                                     35,14 €/m2
039.70705.M DB, Stülpschalungsbretter, b=111 mm, RH <=5,00 m         110,52 DM/m2
                                                                     56,51 €/m2
039.70706.M DB, Stülpschalungsbretter, b=121 mm, RH <=5,00 m          98,53 DM/m2
                                                                     50,38 €/m2
039.70707.M DB, Stülpschalungsbretter, b=155 mm, RH <=5,00 m          87,11 DM/m2
                                                                     44,54 €/m2
039.70708.M DB, Stülpschalungsbretter, b>155 mm, RH <=5,00 m          76,65 DM/m2
                                                                     39,19 €/m2
039.70301.M DB, Profilbretter, b= 96 mm, RH <=2,50 m                  94,21 DM/m2
                                                                     48,17 €/m2
039.70302.M DB, Profilbretter, b=115 mm, RH <=2,50 m                  84,76 DM/m2
                                                                     43,33 €/m2
039.70303.M DB, Profilbretter, b=146 mm, RH <=2,50 m                  78,63 DM/m2
                                                                     40,20 €/m2
039.70304.M DB, Profilbretter, b>146 mm, RH <=2,50 m                  70,49 DM/m2
                                                                     36,04 €/m2
039.70305.M DB, Profilbretter, b= 96 mm, RH <=5,00 m                 104,77 DM/m2
                                                                     53,57 €/m2
039.70306.M DB, Profilbretter, b=115 mm, RH <=5,00 m                  95,32 DM/m2
                                                                     48,74 €/m2
039.70307.M DB, Profilbretter, b=146 mm, RH <=5,00 m                  88,54 DM/m2
                                                                     45,27 €/m2
039.70308.M DB, Profilbretter, b>146 mm, RH <=5,00 m                  79,73 DM/m2
                                                                     40,76 €/m2

**Hinweis:**   DB Deckenbekleidung
               RH Raumhöhe
               b Breite

039.70101.M    KG 353 DIN 276
DB, Bretter gesp. m. Deckleiste, b= 96 mm, RH <=2,50 m
EP 108,04 DM/m2    LA 78,24 DM/m2    ST 29,80 DM/m2
EP  55,24 €/m2     LA 40,00 €/m2     ST 15,24 €/m2

039.70102.M    KG 353 DIN 276
DB, Bretter gesp. m. Deckleiste, b=121 mm, RH <=2,50 m
EP 97,33 DM/m2    LA 69,32 DM/m2    ST 28,01 DM/m2
EP 49,76 €/m2     LA 35,44 €/m2     ST 14,32 €/m2

039.70103.M    KG 353 DIN 276
DB, Bretter gesp. m. Deckleiste, b=155 mm, RH <=2,50 m
EP 85,26 DM/m2    LA 59,42 DM/m2    ST 25,84 DM/m2
EP 43,59 €/m2     LA 30,38 €/m2     ST 13,21 €/m2

039.70104.M    KG 353 DIN 276
DB, Bretter gesp. m. Deckleiste, b>155 mm, RH <=2,50 m
EP 74,35 DM/m2    LA 49,52 DM/m2    ST 24,83 DM/m2
EP 38,02 €/m2     LA 25,32 €/m2     ST 12,70 €/m2

039.70105.M    KG 353 DIN 276
DB, Bretter gesp. m. Deckleiste, b= 96 mm, RH <=5,00 m
EP 118,28 DM/m2    LA 88,47 DM/m2    ST 29,81 DM/m2
EP  60,47 €/m2     LA 45,23 €/m2     ST 15,24 €/m2

# LB 039 Trockenbauarbeiten
## Deckenbekleidung, Holz

AW 039

Preise 06.01

Sämtliche Preise sind **Mittelpreise ohne Mehrwertsteuer** zum Zeitpunkt des Ausgabedatums.
**Korrekturfaktoren** für Regionaleinfluss, Mengeneinfluss, Konjunktureinfluss siehe Vorspann.
**Abkürzungen:** EP = Einheitspreis, LA = Lohnanteil, ST = Stoffanteil

039.70106.M     KG 353 DIN 276
DB, Bretter gesp. m. Deckleiste, b=121 mm, RH <=5,00 m
EP 107,89 DM/m2    LA 79,89 DM/m2    ST 28,00 DM/m2
EP   55,17 €/m2    LA 40,85 €/m2    ST 14,32 €/m2

039.70107.M     KG 353 DIN 276
DB, Bretter gesp. m. Deckleiste, b=155 mm, RH <=5,00 m
EP 95,24 DM/m2    LA 68,99 DM/m2    ST 26,25 DM/m2
EP 48,69 €/m2    LA 35,27 €/m2    ST 13,42 €/m2

039.70108.M     KG 353 DIN 276
DB, Bretter gesp. m. Deckleiste, b>155 mm, RH <=5,00 m
EP 87,79 DM/m2    LA 62,72 DM/m2    ST 25,07 DM/m2
EP 44,89 €/m2    LA 32,07 €/m2    ST 12,82 €/m2

039.70701.M     KG 353 DIN 276
DB, Stülpschalungsbretter, b=111 mm, RH <=2,50 m
EP 95,65 DM/m2    LA 72,62 DM/m2    ST 24,03 DM/m2
EP 49,41 €/m2    LA 37,13 €/m2    ST 12,28 €/m2

039.70702.M     KG 353 DIN 276
DB, Stülpschalungsbretter, b=121 mm, RH <=2,50 m
EP 88,62 DM/m2    LA 65,36 DM/m2    ST 23,26 DM/m2
EP 45,31 €/m2    LA 33,42 €/m2    ST 11,89 €/m2

039.70703.M     KG 353 DIN 276
DB, Stülpschalungsbretter, b=155 mm, RH <=2,50 m
EP 65,32 DM/m2    LA 42,92 DM/m2    ST 22,40 DM/m2
EP 33,40 €/m2    LA 21,94 €/m2    ST 11,46 €/m2

039.70704.M     KG 353 DIN 276
DB, Stülpschalungsbretter, b>155 mm, RH <=2,50 m
EP 68,73 DM/m2    LA 46,88 DM/m2    ST 21,85 DM/m2
EP 35,14 €/m2    LA 23,07 €/m2    ST 11,17 €/m2

039.70705.M     KG 353 DIN 276
DB, Stülpschalungsbretter, b=111 mm, RH <=5,00 m
EP 110,52 DM/m2    LA 86,50 DM/m2    ST 24,02 DM/m2
EP   56,51 €/m2    LA 44,22 €/m2    ST 12,29 €/m2

039.70706.M     KG 353 DIN 276
DB, Stülpschalungsbretter, b=121 mm, RH <=5,00 m
EP 98,53 DM/m2    LA 75,27 DM/m2    ST 23,26 DM/m2
EP 50,38 €/m2    LA 38,48 €/m2    ST 11,90 €/m2

039.70707.M     KG 353 DIN 276
DB, Stülpschalungsbretter, b=155 mm, RH <=5,00 m
EP 87,11 DM/m2    LA 64,71 DM/m2    ST 22,40 DM/m2
EP 44,54 €/m2    LA 33,08 €/m2    ST 11,46 €/m2

039.70708.M     KG 353 DIN 276
DB, Stülpschalungsbretter, b>155 mm, RH <=5,00 m
EP 76,65 DM/m2    LA 54,80 DM/m2    ST 21,85 DM/m2
EP 39,19 €/m2    LA 28,02 €/m2    ST 11,17 €/m2

039.70301.M     KG 353 DIN 276
DB, Profilbretter, b= 96 mm, RH <=2,50 m
EP 94,21 DM/m2    LA 71,97 DM/m2    ST 22,24 DM/m2
EP 48,17 €/m2    LA 36,80 €/m2    ST 11,37 €/m2

039.70302.M     KG 353 DIN 276
DB, Profilbretter, b=115 mm, RH <=2,50 m
EP 84,76 DM/m2    LA 62,72 DM/m2    ST 22,04 DM/m2
EP 43,33 €/m2    LA 32,07 €/m2    ST 11,26 €/m2

039.70303.M     KG 353 DIN 276
DB, Profilbretter, b=146 mm, RH <=2,50 m
EP 78,63 DM/m2    LA 56,78 DM/m2    ST 21,85 DM/m2
EP 40,20 €/m2    LA 29,03 €/m2    ST 11,17 €/m2

039.70304.M     KG 353 DIN 276
DB, Profilbretter, b>146 mm, RH <=2,50 m
EP 70,49 DM/m2    LA 48,86 DM/m2    ST 21,63 DM/m2
EP 36,04 €/m2    LA 24,98 €/m2    ST 11,06 €/m2

039.70305.M     KG 353 DIN 276
DB, Profilbretter, b= 96 mm, RH <=5,00 m
EP 104,77 DM/m2    LA 82,53 DM/m2    ST 22,24 DM/m2
EP   53,57 €/m2    LA 42,20 €/m2    ST 11,37 €/m2

039.70306.M     KG 353 DIN 276
DB, Profilbretter, b=115 mm, RH <=5,00 m
EP 95,32 DM/m2    LA 73,29 DM/m2    ST 22,03 DM/m2
EP 48,74 €/m2    LA 37,47 €/m2    ST 11,27 €/m2

039.70307.M     KG 353 DIN 276
DB, Profilbretter, b=146 mm, RH <=5,00 m
EP 88,54 DM/m2    LA 66,69 DM/m2    ST 21,85 DM/m2
EP 45,27 €/m2    LA 34,10 €/m2    ST 11,17 €/m2

039.70308.M     KG 353 DIN 276
DB, Profilbretter, b>146 mm, RH <=5,00 m
EP 79,73 DM/m2    LA 58,10 DM/m2    ST 21,63 DM/m2
EP 40,76 €/m2    LA 29,70 €/m2    ST 11,06 €/m2

# LB 039 Trockenbauarbeiten
## Wandbekleidung, Dekor-/Edelholzpaneele

AW 039
Preise 06.01

Sämtliche Preise sind **Mittelpreise ohne Mehrwertsteuer** zum Zeitpunkt des Ausgabedatums.
**Korrekturfaktoren** für Regionaleinfluss, Mengeneinfluss, Konjunktureinfluss siehe Vorspann.
**Abkürzungen:** EP = Einheitspreis, LA = Lohnanteil, ST = Stoffanteil

### Wandbekleidung, Dekor-/Edelholzpaneele

039.-----.-

|  |  |  |
|---|---|---|
| 039.24801.M | WB, Massivholzpaneele, 20 mm, mit Nut | 105,73 DM/m2 / 54,06 €/m2 |
| 039.28101.M | WB, Dekorpaneele, 10 mm, mit Spund, Feuchtraum | 63,01 DM/m2 / 32,21 €/m2 |
| 039.28102.M | WB, Dekorpaneele, 10 mm, mit Spund, Längskante abger. | 52,46 DM/m2 / 26,82 €/m2 |
| 039.28103.M | WB, Dekorpaneele, 12 mm, mit Spund, Kanten alls. abger. | 62,77 DM/m2 / 32,10 €/m2 |
| 039.28104.M | WB, Dekorpaneele, 12 mm, mit Spund, Längskante abger. | 75,36 DM/m2 / 38,53 €/m2 |
| 039.28105.M | WB, Dekorpaneele, 12 mm, mit Nut, Kanten alls. abger. | 64,09 DM/m2 / 32,77 €/m2 |
| 039.28106.M | WB, Dekorpaneele, 15 mm, mit Nut, Längskante abger. | 66,21 DM/m2 / 33,86 €/m2 |
| 039.28107.M | WB, Dekorpaneele, 15 mm, mit Nut, Kanten alls. abger. | 61,06 DM/m2 / 31,22 €/m2 |
| 039.28108.M | WB, Echtholzpaneele, 13 mm, mit Nut, Feuchtraum | 81,88 DM/m2 / 41,86 €/m2 |
| 039.28109.M | WB, Echtholzpaneele, 13 mm, mit Nut | 68,37 DM/m2 / 34,96 €/m2 |
| 039.28110.M | WB, Echtholzpaneele, 15 mm, mit Nut | 58,20 DM/m2 / 29,76 €/m2 |
| 039.28111.M | WB, Echtholzpaneele, 17 mm, mit Nut | 66,51 DM/m2 / 34,00 €/m2 |
| 039.28112.M | WB, Edelholzpaneele, 17 mm, mit Nut, Furnier handsort. | 95,18 DM/m2 / 48,66 €/m2 |
| 039.28113.M | WB, Edelholzpaneele, 22 mm, mit Nut, Furnier handsort. | 110,73 DM/m2 / 56,62 €/m2 |

**Hinweis**
Die unterschiedlichen Bekleidungsmaterialien für vertikale Bauteile sind nur in den Positionen für den Bereich "Montagewände, freistehende Vorsatzschalen, Schachtwände" aufgeführt.
Für den Bereich "Wandbekleidungen" sind die o.g. Positionen analog zu betrachten, d.h. mit den gleichen Daten zu verwenden.

**Hinweis:** WB Wandbekleidung

039.24801.M   KG 345 DIN 276
WB, Massivholzpaneele, 20 mm, mit Nut
EP 105,73 DM/m2   LA 14,53 DM/m2   ST 91,20 DM/m2
EP  54,06 €/m2    LA  7,43 €/m2    ST 46,63 €/m2

039.28101.M   KG 345 DIN 276
WB, Dekorpaneele, 10 mm, mit Spund, Feuchtraum
EP 63,01 DM/m2   LA 37,63 DM/m2   ST 25,38 DM/m2
EP 32,21 €/m2    LA 19,24 €/m2    ST 12,97 €/m2

039.28102.M   KG 345 DIN 276
WB, Dekorpaneele, 10 mm, mit Spund, Längskante abger.
EP 52,46 DM/m2   LA 36,97 DM/m2   ST 15,49 DM/m2
EP 26,82 €/m2    LA 18,90 €/m2    ST  7,92 €/m2

039.28103.M   KG 345 DIN 276
WB, Dekorpaneele, 12 mm, mit Spund, Kanten alls. abger.
EP 62,77 DM/m2   LA 31,69 DM/m2   ST 31,08 DM/m2
EP 32,10 €/m2    LA 16,20 €/m2    ST 15,90 €/m2

039.28104.M   KG 345 DIN 276
WB, Dekorpaneele, 12 mm, mit Spund, Längskante abger.
EP 75,36 DM/m2   LA 29,71 DM/m2   ST 45,65 DM/m2
EP 38,53 €/m2    LA 15,19 €/m2    ST 23,34 €/m2

039.28105.M   KG 345 DIN 276
WB, Dekorpaneele, 12 mm, mit Nut, Kanten alls. abger.
EP 64,09 DM/m2   LA 31,69 DM/m2   ST 32,40 DM/m2
EP 32,77 €/m2    LA 16,20 €/m2    ST 16,57 €/m2

039.28106.M   KG 345 DIN 276
WB, Dekorpaneele, 15 mm, mit Nut, Längskante abger.
EP 66,21 DM/m2   LA 23,11 DM/m2   ST 43,10 DM/m2
EP 33,86 €/m2    LA 11,81 €/m2    ST 22,04 €/m2

039.28107.M   KG 345 DIN 276
WB, Dekorpaneele, 15 mm, mit Nut, Kanten alls. abger.
EP 61,06 DM/m2   LA 25,09 DM/m2   ST 35,97 DM/m2
EP 31,22 €/m2    LA 12,83 €/m2    ST 18,39 €/m2

039.28108.M   KG 345 DIN 276
WB, Echtholzpaneele, 13 mm, mit Nut, Feuchtraum
EP 81,88 DM/m2   LA 18,49 DM/m2   ST 63,39 DM/m2
EP 41,86 €/m2    LA  9,45 €/m2    ST 32,41 €/m2

039.28109.M   KG 345 DIN 276
WB, Echtholzpaneele, 13 mm, mit Nut
EP 68,37 DM/m2   LA 17,83 DM/m2   ST 50,54 DM/m2
EP 34,96 €/m2    LA  9,11 €/m2    ST 25,85 €/m2

039.28110.M   KG 345 DIN 276
WB, Echtholzpaneele, 15 mm, mit Nut
EP 58,20 DM/m2   LA 13,86 DM/m2   ST 44,34 DM/m2
EP 29,76 €/m2    LA  7,09 €/m2    ST 22,67 €/m2

039.28111.M   KG 345 DIN 276
WB, Echtholzpaneele, 17 mm, mit Nut
EP 66,51 DM/m2   LA 13,21 DM/m2   ST 53,30 DM/m2
EP 34,00 €/m2    LA  6,75 €/m2    ST 27,25 €/m2

039.28112.M   KG 345 DIN 276
WB, Edelholzpaneele, 17 mm, mit Nut, Furnier handsort.
EP 95,18 DM/m2   LA 15,18 DM/m2   ST 80,00 DM/m2
EP 48,66 €/m2    LA  7,76 €/m2    ST 40,90 €/m2

039.28113.M   KG 345 DIN 276
WB, Edelholzpaneele, 22 mm, mit Nut, Furnier handsort.
EP 110,73 DM/m2   LA 14,53 DM/m2   ST 96,20 DM/m2
EP  56,62 €/m2    LA  7,43 €/m2    ST 49,19 €/m2

# LB 039 Trockenbauarbeiten
## Deckenbekleidung, Dekor-/Edelholzpaneele

AW 039

Preise 06.01

Sämtliche Preise sind **Mittelpreise ohne Mehrwertsteuer** zum Zeitpunkt des Ausgabedatums.
**Korrekturfaktoren** für Regionaleinfluss, Mengeneinfluss, Konjunktureinfluss siehe Vorspann.
**Abkürzungen:** EP = Einheitspreis, LA = Lohnanteil, ST = Stoffanteil

### Deckenbekleidung, Dekor-/Edelholzpaneele

039.-----.-

|  |  |  |
|---|---|---|
| 039.70709.M | DB, Massivholzpaneele, 20 mm, mit Nut | 115,63 DM/m2 / 59,12 €/m2 |
| 039.71101.M | DB, Dekorpaneele, 10 mm, mit Spund, Feuchtraum | 71,59 DM/m2 / 36,60 €/m2 |
| 039.71102.M | DB, Dekorpaneele, 10 mm, mit Spund, Längskante abger. | 61,04 DM/m2 / 31,21 €/m2 |
| 039.71103.M | DB, Dekorpaneele, 12 mm, mit Spund, Kanten alls. abger. | 72,02 DM/m2 / 36,82 €/m2 |
| 039.71104.M | DB, Dekorpaneele, 12 mm, mit Spund, Längskante abger. | 85,92 DM/m2 / 43,93 €/m2 |
| 039.71105.M | DB, Dekorpaneele, 12 mm, mit Nut, Kanten alls. abger. | 74,00 DM/m2 / 37,84 €/m2 |
| 039.71106.M | DB, Dekorpaneele, 15 mm, mit Nut, Längskante abger. | 74,80 DM/m2 / 38,24 €/m2 |
| 039.71107.M | DB, Dekorpaneele, 15 mm, mit Nut, Kanten alls. abger. | 68,33 DM/m2 / 34,94 €/m2 |
| 039.71108.M | DB, Echtholzpaneele, 13 mm, mit Nut, Feuchtraum | 92,44 DM/m2 / 47,26 €/m2 |
| 039.71109.M | DB, Echtholzpaneele, 13 mm, mit Nut | 78,93 DM/m2 / 40,36 €/m2 |
| 039.71110.M | DB, Echtholzpaneele, 15 mm, mit Nut | 68,11 DM/m2 / 34,82 €/m2 |
| 039.71111.M | DB, Echtholzpaneele, 17 mm, mit Nut | 76,41 DM/m2 / 39,07 €/m2 |
| 039.71112.M | DB, Edelholzpaneele, 17 mm, mit Nut, Furnier handsort. | 105,75 DM/m2 / 54,07 €/m2 |
| 039.71113.M | DB, Edelholzpaneele, 22 mm, mit Nut, Furnier handsort. | 119,98 DM/m2 / 61,34 €/m2 |

**Hinweis:** DB Deckenbekleidung

**039.70709.M** KG 345 DIN 276
DB, Massivholzpaneele, 20 mm, mit Nut
EP 115,63 DM/m2   LA 24,43 DM/m2   ST 91,20 DM/m2
EP  59,12 €/m2    LA 12,49 €/m2    ST 46,63 €/m2

**039.71101.M** KG 345 DIN 276
DB, Dekorpaneele, 10 mm, mit Spund, Feuchtraum
EP 71,59 DM/m2   LA 46,22 DM/m2   ST 25,37 DM/m2
EP 36,60 €/m2    LA 23,68 €/m2    ST 12,97 €/m2

**039.71102.M** KG 345 DIN 276
DB, Dekorpaneele, 10 mm, mit Spund, Längskante abger.
EP 61,04 DM/m2   LA 45,55 DM/m2   ST 15,49 DM/m2
EP 31,21 €/m2    LA 23,29 €/m2    ST  7,92 €/m2

**039.71103.M** KG 345 DIN 276
DB, Dekorpaneele, 12 mm, mit Spund, Kanten alls. abger.
EP 72,02 DM/m2   LA 40,93 DM/m2   ST 31,09 DM/m2
EP 36,82 €/m2    LA 20,93 €/m2    ST 15,89 €/m2

**039.71104.M** KG 345 DIN 276
DB, Dekorpaneele, 12 mm, mit Spund, Längskante abger.
EP 85,92 DM/m2   LA 40,27 DM/m2   ST 45,65 DM/m2
EP 43,93 €/m2    LA 20,59 €/m2    ST 23,34 €/m2

**039.71105.M** KG 345 DIN 276
DB, Dekorpaneele, 12 mm, mit Nut, Kanten alls. abger.
EP 74,00 DM/m2   LA 41,60 DM/m2   ST 32,40 DM/m2
EP 37,84 €/m2    LA 21,27 €/m2    ST 16,57 €/m2

**039.71106.M** KG 345 DIN 276
DB, Dekorpaneele, 15 mm, mit Nut, Längskante abger.
EP 74,80 DM/m2   LA 31,69 DM/m2   ST 43,11 DM/m2
EP 38,24 €/m2    LA 16,20 €/m2    ST 22,04 €/m2

**039.71107.M** KG 345 DIN 276
DB, Dekorpaneele, 15 mm, mit Nut, Kanten alls. abger.
EP 68,33 DM/m2   LA 32,35 DM/m2   ST 35,98 DM/m2
EP 34,94 €/m2    LA 16,54 €/m2    ST 18,40 €/m2

**039.71108.M** KG 345 DIN 276
DB, Echtholzpaneele, 13 mm, mit Nut, Feuchtraum
EP 92,44 DM/m2   LA 29,05 DM/m2   ST 63,39 DM/m2
EP 47,26 €/m2    LA 14,85 €/m2    ST 32,41 €/m2

**039.71109.M** KG 345 DIN 276
DB, Echtholzpaneele, 13 mm, mit Nut
EP 78,93 DM/m2   LA 28,39 DM/m2   ST 50,54 DM/m2
EP 40,36 €/m2    LA 14,52 €/m2    ST 25,84 €/m2

**039.71110.M** KG 345 DIN 276
DB, Echtholzpaneele, 15 mm, mit Nut
EP 68,11 DM/m2   LA 23,77 DM/m2   ST 44,34 DM/m2
EP 34,82 €/m2    LA 12,15 €/m2    ST 22,67 €/m2

**039.71111.M** KG 345 DIN 276
DB, Echtholzpaneele, 17 mm, mit Nut
EP 76,41 DM/m2   LA 23,11 DM/m2   ST 53,30 DM/m2
EP 39,07 €/m2    LA 11,81 €/m2    ST 27,26 €/m2

**039.71112.M** KG 345 DIN 276
DB, Edelholzpaneele, 17 mm, mit Nut, Furnier handsort.
EP 105,75 DM/m2   LA 25,75 DM/m2   ST 80,00 DM/m2
EP  54,07 €/m2    LA 13,17 €/m2    ST 40,90 €/m2

**039.71113.M** KG 345 DIN 276
DB, Edelholzpaneele, 22 mm, mit Nut, Furnier handsort.
EP 119,98 DM/m2   LA 23,77 DM/m2   ST 96,21 DM/m2
EP  61,34 €/m2    LA 12,15 €/m2    ST 49,19 €/m2

AW 039

Preise 06.01

## LB 039 Trockenbauarbeiten
### Paneele, Abschlussleisten/Federn

Sämtliche Preise sind **Mittelpreise ohne Mehrwertsteuer** zum Zeitpunkt des Ausgabedatums.
**Korrekturfaktoren** für Regionaleinfluss, Mengeneinfluss, Konjunktureinfluss siehe Vorspann.
**Abkürzungen:** EP = Einheitspreis, LA = Lohnanteil, ST = Stoffanteil

### Paneele, Abschlussleisten/Federn

039.-----.-

|  |  |  |
|---|---|---|
| 039.70710.M | Massivholz-Fußleiste, 60/22 mm | 11,75 DM/m |
| | | 6,01 €/m |
| 039.70711.M | Massivholz-Deckenabschlussleiste, 46/26 mm | 19,96 DM/m |
| | | 10,20 €/m |
| 039.70712.M | Massivholz-Winkelleiste, 22/22 mm | 11,21 DM/m |
| | | 5,73 €/m |
| 039.71114.M | Dekor-Deckenabschlussleiste, 36/19 mm | 9,37 DM/m |
| | | 4,79 €/m |
| 039.71115.M | Dekor-Hohlkehlenleiste, 28/28 mm | 7,50 DM/m |
| | | 3,84 €/m |
| 039.71116.M | Dekor-Winkelleiste, 28/28 mm | 8,40 DM/m |
| | | 4,29 €/m |
| 039.71117.M | Dekor-Fußleiste, 40/22 mm | 8,17 DM/m |
| | | 4,18 €/m |
| 039.71118.M | Echtholz-Kranzleiste, 50/35 mm | 22,18 DM/m |
| | | 11,34 €/m |
| 039.71119.M | Echtholz-Deckenabschlussleiste, 36/19 mm | 11,72 DM/m |
| | | 5,99 €/m |
| 039.71120.M | Echtholz-Hohlkehlenleiste, 20/20 mm | 10,22 DM/m |
| | | 5,23 €/m |
| 039.71121.M | Spiegelfeder, Federbreite 24 mm | 5,93 DM/m |
| | | 3,03 €/m |
| 039.71122.M | Vollkunststoff-Feder, Federbreite 24 mm | 6,60 DM/m |
| | | 3,37 €/m |
| 039.71123.M | Sperrholz-Feder, Edelholz-Furnier, Federbreite 24 mm | 5,34 DM/m |
| | | 2,73 €/m |
| 039.71124.M | Hartfaser-Feder, Edelholz-Furnier, Federbreite 24 mm | 6,68 DM/m |
| | | 3,42 €/m |

**039.70710.M** KG 345 DIN 276
Massivholz-Fußleiste, 60/22 mm
EP 11,75 DM/m    LA 5,02 DM/m    ST 6,73 DM/m
EP  6,01 €/m     LA 2,57 €/m     ST 3,44 €/m

**039.70711.M** KG 345 DIN 276
Massivholz-Deckenabschlussleiste, 46/26 mm
EP 19,96 DM/m    LA 5,08 DM/m    ST 14,88 DM/m
EP 10,20 €/m     LA 2,60 €/m     ST  7,60 €/m

**039.70712.M** KG 345 DIN 276
Massivholz-Winkelleiste, 22/22 mm
EP 11,21 DM/m    LA 4,89 DM/m    ST 6,32 DM/m
EP  5,73 €/m     LA 2,50 €/m     ST 3,23 €/m

**039.71114.M** KG 345 DIN 276
Dekor-Deckenabschlussleiste, 36/19 mm
EP 9,37 DM/m     LA 3,96 DM/m    ST 5,41 DM/m
EP 4,79 €/m      LA 2,03 €/m     ST 2,76 €/m

**039.71115.M** KG 345 DIN 276
Dekor-Hohlkehlenleiste, 28/28 mm
EP 7,50 DM/m     LA 3,83 DM/m    ST 3,67 DM/m
EP 3,84 €/m      LA 1,96 €/m     ST 1,88 €/m

**039.71116.M** KG 345 DIN 276
Dekor-Winkelleiste, 28/28 mm
EP 8,40 DM/m     LA 3,76 DM/m    ST 4,64 DM/m
EP 4,29 €/m      LA 1,92 €/m     ST 2,37 €/m

**039.71117.M** KG 345 DIN 276
Dekor-Fußleiste, 40/22 mm
EP 8,17 DM/m     LA 4,30 DM/m    ST 3,87 DM/m
EP 4,18 €/m      LA 2,20 €/m     ST 1,98 €/m

**039.71118.M** KG 345 DIN 276
Echtholz-Kranzleiste, 50/35 mm
EP 22,18 DM/m    LA 4,76 DM/m    ST 17,42 DM/m
EP 11,34 €/m     LA 2,43 €/m     ST  8,91 €/m

**039.71119.M** KG 345 DIN 276
Echtholz-Deckenabschlussleiste, 36/19 mm
EP 11,72 DM/m    LA 4,69 DM/m    ST 7,03 DM/m
EP  5,99 €/m     LA 2,40 €/m     ST 3,59 €/m

**039.71120.M** KG 345 DIN 276
Echtholz-Hohlkehlenleiste, 20/20 mm
EP 10,22 DM/m    LA 4,62 DM/m    ST 5,60 DM/m
EP  5,23 €/m     LA 2,36 €/m     ST 2,87 €/m

**039.71121.M** KG 345 DIN 276
Spiegelfeder, Federbreite 24 mm
EP 5,93 DM/m     LA 3,17 DM/m    ST 2,76 DM/m
EP 3,03 €/m      LA 1,62 €/m     ST 1,41 €/m

**039.71122.M** KG 345 DIN 276
Vollkunststoff-Feder, Federbreite 24 mm
EP 6,60 DM/m     LA 3,24 DM/m    ST 3,36 DM/m
EP 3,37 €/m      LA 1,66 €/m     ST 1,71 €/m

**039.71123.M** KG 345 DIN 276
Sperrholz-Feder, Edelholz-Furnier, Federbreite 24 mm
EP 5,34 DM/m     LA 3,10 DM/m    ST 2,24 DM/m
EP 2,73 €/m      LA 1,58 €/m     ST 1,15 €/m

**039.71124.M** KG 345 DIN 276
Hartfaser-Feder, Edelholz-Furnier, Federbreite 24 mm
EP 6,68 DM/m     LA 3,17 DM/m    ST 3,51 DM/m
EP 3,42 €/m      LA 1,62 €/m     ST 1,80 €/m

# LB 039 Trockenbauarbeiten
## Wandbekleidung, Gipskarton-/Gipsvliesplatten

AW 039

Preise 06.01

Sämtliche Preise sind **Mittelpreise ohne Mehrwertsteuer** zum Zeitpunkt des Ausgabedatums.
**Korrekturfaktoren** für Regionaleinfluss, Mengeneinfluss, Konjunktureinfluss siehe Vorspann.
**Abkürzungen:** EP = Einheitspreis, LA = Lohnanteil, ST = Stoffanteil

### Wandbekleidung, Gipskarton-/Gipsvliesplatten

039.-----.-

|  |  |  |
|---|---|---|
| 039.19101.M | Wandbekleidung GKB 9,5 | 26,08 DM/m2 / 13,33 €/m2 |
| 039.19102.M | Wandbekleidung GKB 12,5 | 26,38 DM/m2 / 13,49 €/m2 |
| 039.19201.M | Wandbekleidung GKB 2x12,5 | 52,33 DM/m2 / 26,76 €/m2 |
| 039.19301.M | Wandbekleidung GKB 3x12,5 | 73,11 DM/m2 / 37,38 €/m2 |
| 039.19103.M | Wandbekleidung GKB 15 | 26,55 DM/m2 / 13,57 €/m2 |
| 039.19202.M | Wandbekleidung GKB 15/12,5 | 52,76 DM/m2 / 26,98 €/m2 |
| 039.19203.M | Wandbekleidung GKB 2x15 | 52,85 DM/m2 / 27,02 €/m2 |
| 039.19104.M | Wandbekleidung GKB 18 | 27,12 DM/m2 / 13,87 €/m2 |
| 039.19204.M | Wandbekleidung GKB 2x18 | 53,51 DM/m2 / 27,36 €/m2 |
| 039.19105.M | Wandbekleidung GKF 12,5 | 26,91 DM/m2 / 13,76 €/m2 |
| 039.19205.M | Wandbekleidung GKF 2x12,5 | 53,38 DM/m2 / 27,29 €/m2 |
| 039.19206.M | Wandbekleidung GKF+ALU/GKF 2x12,5 | 58,32 DM/m2 / 29,82 €/m2 |
| 039.19106.M | Wandbekleidung GKF 15 | 27,86 DM/m2 / 14,24 €/m2 |
| 039.19207.M | Wandbekleidung GKF 2x15 | 55,43 DM/m2 / 28,34 €/m2 |
| 039.19107.M | Wandbekleidung GKF 18 | 29,04 DM/m2 / 14,85 €/m2 |
| 039.19108.M | Wandbekleidung GKF 25 | 30,61 DM/m2 / 15,65 €/m2 |
| 039.19109.M | Wandbekleidung GKF Fireboard 15 | 50,60 DM/m2 / 25,87 €/m2 |
| 039.19208.M | Wandbekleidung GKF Fireboard 2x15 | 103,41 DM/m2 / 52,87 €/m2 |
| 039.19110.M | Wandbekleidung GKF Fireboard 20 | 52,39 DM/m2 / 26,79 €/m2 |
| 039.19111.M | Wandbekleidung GKF Fireboard 25 | 53,97 DM/m2 / 27,60 €/m2 |
| 039.19112.M | Wandbekleidung GKBI 12,5 | 28,65 DM/m2 / 14,65 €/m2 |
| 039.19209.M | Wandbekleidung GKBI/GKB 2x12,5 | 54,87 DM/m2 / 28,05 €/m2 |
| 039.19302.M | Wandbekleidung GKBI/GKB 3x12,5 | 75,46 DM/m2 / 38,58 €/m2 |
| 039.19113.M | Wandbekleidung GKBI+ALU 12,5 | 33,46 DM/m2 / 17,11 €/m2 |
| 039.19210.M | Wandbekleidung GKBI+ALU/GKBI 2x12,5 | 61,95 DM/m2 / 31,67 €/m2 |
| 039.19114.M | Wandbekleidung GKFI 12,5 | 29,52 DM/m2 / 15,09 €/m2 |
| 039.19211.M | Wandbekleidung GKFI 2x12,5 | 58,67 DM/m2 / 30,00 €/m2 |
| 039.38101.M | Bekl. Leibung, GKB 9,5 | 21,97 DM/m / 11,23 €/m |
| 039.38102.M | Bekl. Leibung, GKB 12,5 | 22,12 DM/m / 11,31 €/m |
| 039.38103.M | Bekl. Leibung, GKB 15 | 22,21 DM/m / 11,36 €/m |
| 039.38104.M | Bekl. Leibung, GKB 18 | 22,90 DM/m / 11,40 €/m |
| 039.38105.M | Bekl. Leibung, GKF 12,5 | 22,30 DM/m / 11,40 €/m |
| 039.38201.M | Bekl. Leibung, GKF 2x12,5 | 44,51 DM/m / 22,76 €/m |
| 039.38106.M | Bekl. Leibung, GKF 15 | 22,56 DM/m / 11,54 €/m |
| 039.38202.M | Bekl. Leibung, GKF 2x15 | 44,95 DM/m / 22,98 €/m |
| 039.38107.M | Bekl. Leibung, GKF 18 | 22,79 DM/m / 11,65 €/m |
| 039.38108.M | Bekl. Leibung, GKF Fireboard 15 | 28,08 DM/m / 14,36 €/m |
| 039.38109.M | Bekl. Leibung, GKF Fireboard 20 | 28,78 DM/m / 14,72 €/m |
| 039.38110.M | Bekl. Leibung, GKF Fireboard 25 | 29,13 DM/m / 14,90 €/m |
| 039.38111.M | Bekl. Leibung, GKBI 12,5 | 22,79 DM/m / 11,65 €/m |
| 039.38112.M | Bekl. Leibung, GKBI+ALU 12,5 | 23,92 DM/m / 12,23 €/m |
| 039.38113.M | Bekl. Leibung, GKFI 12,5 | 22,92 DM/m / 11,72 €/m |

**Hinweis**
Die unterschiedlichen Beplankungsmaterialien für vertikale Bauteile sind nur in den Positionen für den Bereich "Montagewände, freistehende Vorsatzschalen, Schachtwände" aufgeführt. Für den Bereich "Wandbekleidungen" sind die o.g. Positionen analog zu betrachten, d.h. mit den gleichen Daten zu verwenden.

---

Für Wandbekleidungen gelten folgende Abkürzungen:

| | |
|---|---|
| GKB | Gipskarton-Bauplatte, |
| GKF | Gipskarton-Feuerschutzplatte, |
| GKBI | Gipskarton-Bauplatte-imprägniert, |
| GKFI | Gipskarton-Feuerschutzplatte-imprägniert. |

**039.19101.M** KG 345 DIN 276
Wandbekleidung GKB 9,5
EP 26,08 DM/m2   LA 20,73 DM/m2   ST 5,35 DM/m2
EP 13,33 €/m2    LA 10,60 €/m2    ST 2,73 €/m2

**039.19102.M** KG 345 DIN 276
Wandbekleidung GKB 12,5
EP 26,38 DM/m2   LA 20,73 DM/m2   ST 5,65 DM/m2
EP 13,49 €/m2    LA 10,60 €/m2    ST 2,89 €/m2

**039.19201.M** KG 345 DIN 276
Wandbekleidung GKB 2x12,5
EP 52,33 DM/m2   LA 41,40 DM/m2   ST 10,93 DM/m2
EP 26,76 €/m2    LA 21,17 €/m2    ST  5,59 €/m2

**039.19301.M** KG 345 DIN 276
Wandbekleidung GKB 3x12,5
EP 73,11 DM/m2   LA 56,45 DM/m2   ST 16,66 DM/m2
EP 37,38 €/m2    LA 28,86 €/m2    ST  8,52 €/m2

**039.19103.M** KG 345 DIN 276
Wandbekleidung GKB 15
EP 26,55 DM/m2   LA 20,73 DM/m2   ST 5,82 DM/m2
EP 13,57 €/m2    LA 10,60 €/m2    ST 2,97 €/m2

**039.19202.M** KG 345 DIN 276
Wandbekleidung GKB 15/12,5
EP 52,76 DM/m2   LA 41,40 DM/m2   ST 11,36 DM/m2
EP 26,98 €/m2    LA 21,17 €/m2    ST  5,81 €/m2

**039.19203.M** KG 345 DIN 276
Wandbekleidung GKB 2x15
EP 52,85 DM/m2   LA 41,40 DM/m2   ST 11,45 DM/m2
EP 27,02 €/m2    LA 21,17 €/m2    ST  5,85 €/m2

**039.19104.M** KG 345 DIN 276
Wandbekleidung GKB 18
EP 27,12 DM/m2   LA 21,00 DM/m2   ST 6,12 DM/m2
EP 13,87 €/m2    LA 10,73 €/m2    ST 3,14 €/m2

**039.19204.M** KG 345 DIN 276
Wandbekleidung GKB 2x18
EP 53,51 DM/m2   LA 41,40 DM/m2   ST 12,11 DM/m2
EP 27,36 €/m2    LA 21,17 €/m2    ST  6,19 €/m2

**039.19105.M** KG 345 DIN 276
Wandbekleidung GKF 12,5
EP 26,91 DM/m2   LA 20,73 DM/m2   ST 6,18 DM/m2
EP 13,76 €/m2    LA 10,60 €/m2    ST 3,16 €/m2

**039.19205.M** KG 345 DIN 276
Wandbekleidung GKF 2x12,5
EP 53,38 DM/m2   LA 41,40 DM/m2   ST 11,98 DM/m2
EP 27,29 €/m2    LA 21,17 €/m2    ST  6,12 €/m2

**039.19206.M** KG 345 DIN 276
Wandbekleidung GKF+ALU/GKF 2x12,5
EP 58,32 DM/m2   LA 41,40 DM/m2   ST 16,92 DM/m2
EP 29,82 €/m2    LA 21,17 €/m2    ST  8,65 €/m2

**039.19106.M** KG 345 DIN 276
Wandbekleidung GKF 15
EP 27,86 DM/m2   LA 20,73 DM/m2   ST 7,13 DM/m2
EP 14,24 €/m2    LA 10,60 €/m2    ST 3,64 €/m2

**039.19207.M** KG 345 DIN 276
Wandbekleidung GKF 2x15
EP 55,43 DM/m2   LA 41,40 DM/m2   ST 14,03 DM/m2
EP 28,34 €/m2    LA 21,17 €/m2    ST  7,17 €/m2

# LB 039 Trockenbauarbeiten
## Wandbekleidung, Gipskarton-/Gipsvliesplatten

Sämtliche Preise sind **Mittelpreise ohne Mehrwertsteuer** zum Zeitpunkt des Ausgabedatums.
**Korrekturfaktoren** für Regionaleinfluss, Mengeneinfluss, Konjunktureinfluss siehe Vorspann.
**Abkürzungen:** EP = Einheitspreis, LA = Lohnanteil, ST = Stoffanteil

---

**039.19107.M**    KG 345 DIN 276
Wandbekleidung GKF 18
EP 29,04 DM/m2    LA 20,73 DM/m2    ST 8,31 DM/m2
EP 14,85 €/m2    LA 10,60 €/m2    ST 4,25 €/m2

**039.19108.M**    KG 345 DIN 276
Wandbekleidung GKF 25
EP 30,61 DM/m2    LA 21,00 DM/m2    ST 9,61 DM/m2
EP 15,65 €/m2    LA 10,73 €/m2    ST 4,92 €/m2

**039.19109.M**    KG 345 DIN 276
Wandbekleidung GKF Fireboard 15
EP 50,60 DM/m2    LA 20,73 DM/m2    ST 29,87 DM/m2
EP 25,87 €/m2    LA 10,60 €/m2    ST 15,27 €/m2

**039.19208.M**    KG 345 DIN 276
Wandbekleidung GKF Fireboard 2x15
EP 103,41 DM/m2    LA 41,40 DM/m2    ST 62,01 DM/m2
EP 52,87 €/m2    LA 21,17 €/m2    ST 31,70 €/m2

**039.19110.M**    KG 345 DIN 276
Wandbekleidung GKF Fireboard 20
EP 52,39 DM/m2    LA 21,00 DM/m2    ST 31,39 DM/m2
EP 26,79 €/m2    LA 10,73 €/m2    ST 16,06 €/m2

**039.19111.M**    KG 345 DIN 276
Wandbekleidung GKF Fireboard 25
EP 53,97 DM/m2    LA 21,00 DM/m2    ST 32,97 DM/m2
EP 27,60 €/m2    LA 10,73 €/m2    ST 16,87 €/m2

**039.19112.M**    KG 345 DIN 276
Wandbekleidung GKBI 12,5
EP 28,65 DM/m2    LA 20,73 DM/m2    ST 7,92 DM/m2
EP 14,65 €/m2    LA 10,60 €/m2    ST 4,05 €/m2

**039.19209.M**    KG 345 DIN 276
Wandbekleidung GKBI/GKB 2x12,5
EP 54,87 DM/m2    LA 41,40 DM/m2    ST 13,47 DM/m2
EP 28,05 €/m2    LA 21,17 €/m2    ST 6,88 €/m2

**039.19302.M**    KG 345 DIN 276
Wandbekleidung GKBI/GKB 3x12,5
EP 75,46 DM/m2    LA 56,45 DM/m2    ST 19,01 DM/m2
EP 38,58 €/m2    LA 28,86 €/m2    ST 9,72 €/m2

**039.19113.M**    KG 345 DIN 276
Wandbekleidung GKBI+ALU 12,5
EP 33,46 DM/m2    LA 20,73 DM/m2    ST 12,71 DM/m2
EP 17,11 €/m2    LA 10,60 €/m2    ST 6,51 €/m2

**039.19210.M**    KG 345 DIN 276
Wandbekleidung GKBI+ALU/GKBI 2x12,5
EP 61,95 DM/m2    LA 41,40 DM/m2    ST 20,55 DM/m2
EP 31,67 €/m2    LA 21,17 €/m2    ST 10,50 €/m2

**039.19114.M**    KG 345 DIN 276
Wandbekleidung GKFI 12,5
EP 29,52 DM/m2    LA 20,73 DM/m2    ST 8,79 DM/m2
EP 15,09 €/m2    LA 10,60 €/m2    ST 4,49 €/m2

**039.19211.M**    KG 345 DIN 276
Wandbekleidung GKFI 2x12,5
EP 58,67 DM/m2    LA 41,40 DM/m2    ST 17,27 DM/m2
EP 30,00 €/m2    LA 21,17 €/m2    ST 8,83 €/m2

**039.38101.M**    KG 345 DIN 276
Bekl. Leibung, GKB 9,5
EP 21,97 DM/m    LA 20,73 DM/m    ST 1,24 DM/m
EP 11,23 €/m    LA 10,60 €/m    ST 0,63 €/m

**039.38102.M**    KG 345 DIN 276
Bekl. Leibung, GKB 12,5
EP 22,12 DM/m    LA 20,73 DM/m    ST 1,39 DM/m
EP 11,31 €/m    LA 10,60 €/m    ST 0,71 €/m

**039.38103.M**    KG 345 DIN 276
Bekl. Leibung, GKB 15
EP 22,21 DM/m    LA 20,73 DM/m    ST 1,48 DM/m
EP 11,36 €/m    LA 10,60 €/m    ST 0,74 €/m

**039.38104.M**    KG 345 DIN 276
Bekl. Leibung, GKB 18
EP 22,30 DM/m    LA 20,73 DM/m    ST 1,57 DM/m
EP 11,40 €/m    LA 10,60 €/m    ST 0,80 €/m

**039.38105.M**    KG 345 DIN 276
Bekl. Leibung, GKF 12,5
EP 22,30 DM/m    LA 20,73 DM/m    ST 1,57 DM/m
EP 11,40 €/m    LA 10,60 €/m    ST 0,80 €/m

**039.38201.M**    KG 345 DIN 276
Bekl. Leibung, GKF 2x12,5
EP 44,51 DM/m    LA 41,40 DM/m    ST 3,11 DM/m
EP 22,76 €/m    LA 21,17 €/m    ST 1,59 €/m

**039.38106.M**    KG 345 DIN 276
Bekl. Leibung, GKF 15
EP 22,56 DM/m    LA 20,73 DM/m    ST 1,83 DM/m
EP 11,54 €/m    LA 10,60 €/m    ST 0,94 €/m

**039.38202.M**    KG 345 DIN 276
Bekl. Leibung, GKF 2x15
EP 44,95 DM/m    LA 41,40 DM/m    ST 3,55 DM/m
EP 22,98 €/m    LA 21,17 €/m    ST 1,81 €/m

**039.38107.M**    KG 345 DIN 276
Bekl. Leibung, GKF 18
EP 22,79 DM/m    LA 20,73 DM/m    ST 2,06 DM/m
EP 11,65 €/m    LA 10,60 €/m    ST 1,05 €/m

**039.38108.M**    KG 345 DIN 276
Bekl. Leibung, GKF Fireboard 15
EP 28,08 DM/m    LA 20,73 DM/m    ST 7,35 DM/m
EP 14,36 €/m    LA 10,60 €/m    ST 3,76 €/m

**039.38109.M**    KG 345 DIN 276
Bekl. Leibung, GKF Fireboard 20
EP 28,78 DM/m    LA 21,00 DM/m    ST 7,78 DM/m
EP 14,72 €/m    LA 10,73 €/m    ST 3,98 €/m

**039.38110.M**    KG 345 DIN 276
Bekl. Leibung, GKF Fireboard 25
EP 29,13 DM/m    LA 21,00 DM/m    ST 8,13 DM/m
EP 14,90 €/m    LA 10,73 €/m    ST 4,17 €/m

**039.38111.M**    KG 345 DIN 276
Bekl. Leibung, GKBI 12,5
EP 22,79 DM/m    LA 20,73 DM/m    ST 2,06 DM/m
EP 11,65 €/m    LA 10,60 €/m    ST 1,05 €/m

**039.38112.M**    KG 345 DIN 276
Bekl. Leibung, GKBI+ALU 12,5
EP 23,92 DM/m    LA 20,73 DM/m    ST 3,19 DM/m
EP 12,23 €/m    LA 10,60 €/m    ST 1,63 €/m

**039.38113.M**    KG 345 DIN 276
Bekl. Leibung, GKFI 12,5
EP 22,92 DM/m    LA 20,73 DM/m    ST 2,19 DM/m
EP 11,72 €/m    LA 10,60 €/m    ST 1,12 €/m

AW 039
Preise 06.01

# LB 039 Trockenbauarbeiten
## Deckenbekleidung, Gipskartonplatten

AW 039

Preise 06.01

Sämtliche Preise sind **Mittelpreise ohne Mehrwertsteuer** zum Zeitpunkt des Ausgabedatums.
**Korrekturfaktoren** für Regionaleinfluss, Mengeneinfluss, Konjunktureinfluss siehe Vorspann.
**Abkürzungen:** EP = Einheitspreis, LA = Lohnanteil, ST = Stoffanteil

### Deckenbekleidung, Gipskartonplatten

039.-----.-

|  |  |
|---|---|
| 039.67101.M Deckenbekleidung GKB 9,5 | 36,39 DM/m2 / 18,60 €/m2 |
| 039.67102.M Deckenbekleidung GKB 12,5 | 37,04 DM/m2 / 18,94 €/m2 |
| 039.67201.M Deckenbekleidung GKB 2x12,5 | 73,84 DM/m2 / 37,75 €/m2 |
| 039.67103.M Deckenbekleidung GKB 15 | 37,21 DM/m2 / 19,03 €/m2 |
| 039.67202.M Deckenbekleidung GKB 2x15 | 74,26 DM/m2 / 37,97 €/m2 |
| 039.67104.M Deckenbekleidung GKB 18 | 37,48 DM/m2 / 19,17 €/m2 |
| 039.67203.M Deckenbekleidung GKB 2x18 | 75,02 DM/m2 / 38,36 €/m2 |
| 039.67105.M Deckenbekleidung GKB+ALU 9,5 | 41,12 DM/m2 / 21,02 €/m2 |
| 039.67106.M Deckenbekleidung GKB+ALU 12,5 | 41,63 DM/m2 / 21,28 €/m2 |
| 039.67107.M Deckenbekleidung GKB+ALU 15 | 43,34 DM/m2 / 22,16 €/m2 |
| 039.67108.M Deckenbekleidung GKB+ALU 18 | 44,39 DM/m2 / 22,70 €/m2 |
| 039.67109.M Deckenbekleidung GKF 12,5 | 37,57 DM/m2 / 19,21 €/m2 |
| 039.67204.M Deckenbekleidung GKF 2x12,5 | 74,66 DM/m2 / 38,17 €/m2 |
| 039.67110.M Deckenbekleidung GKF 15 | 38,53 DM/m2 / 19,70 €/m2 |
| 039.67205.M Deckenbekleidung GKF 2x15 | 76,98 DM/m2 / 39,36 €/m2 |
| 039.67111.M Deckenbekleidung GKF 18 | 39,58 DM/m2 / 20,23 €/m2 |
| 039.67206.M Deckenbekleidung GKF 2x18 | 79,12 DM/m2 / 40,45 €/m2 |
| 039.67112.M Deckenbekleidung GKF 25 | 41,22 DM/m2 / 21,07 €/m2 |
| 039.67113.M Deckenbekleidung GKF+ALU 12,5 | 42,12 DM/m2 / 21,54 €/m2 |
| 039.67207.M Deckenbekleidung GKF+ALU/GKF 2x12,5 | 80,52 DM/m2 / 41,17 €/m2 |
| 039.67114.M Deckenbekleidung GKF Fireboard 15 | 61,00 DM/m2 / 31,19 €/m2 |
| 039.67208.M Deckenbekleidung GKF Fireboard 2x15 | 122,02 DM/m2 / 62,39 €/m2 |
| 039.67115.M Deckenbekleidung GKF Fireboard 20 | 62,63 DM/m2 / 32,02 €/m2 |
| 039.67209.M Deckenbekleidung GKF Fireboard 2x20 | 125,81 DM/m2 / 64,33 €/m2 |
| 039.67116.M Deckenbekleidung GKF Fireboard 25 | 64,53 DM/m2 / 33,00 €/m2 |
| 039.67117.M Deckenbekleidung GKBI 12,5 | 39,32 DM/m2 / 20,11 €/m2 |
| 039.67210.M Deckenbekleidung GKBI/GKB 2x12,5 | 76,28 DM/m2 / 39,00 €/m2 |
| 039.67118.M Deckenbekleidung GKBI+ALU 12,5 | 44,08 DM/m2 / 22,54 €/m2 |
| 039.67211.M Deckenbekleidung GKBI+ALU/GKBI 2x12,5 | 83,24 DM/m2 / 42,56 €/m2 |
| 039.67119.M Deckenbekleidung GKFI 12,5 | 40,02 DM/m2 / 20,46 €/m2 |
| 039.67120.M Deckenbekleidung GK-Lochpl. 9,5 | 85,06 DM/m2 / 43,49 €/m2 |
| 039.67121.M Deckenbekleidung GK-Lochpl. 12,5 | 88,12 DM/m2 / 45,05 €/m2 |

### Hinweis
Für Deckenbekleidungen gelten folgende Abkürzungen:
- GKB — Gipskarton-Bauplatte,
- GKF — Gipskarton-Feuerschutzplatte,
- GKBI — Gipskarton-Bauplatte-imprägniert,
- GKFI — Gipskarton-Feuerschutzplatte-imprägniert,
- GK-Lochpl. — Gipskarton-Lochplatte.

**039.67101.M** KG 353 DIN 276
Deckenbekleidung GKB 9,5
EP 36,39 DM/m2   LA 31,36 DM/m2   ST 5,03 DM/m2
EP 18,60 €/m2    LA 16,03 €/m2    ST 2,57 €/m2

**039.67102.M** KG 353 DIN 276
Deckenbekleidung GKB 12,5
EP 37,04 DM/m2   LA 31,36 DM/m2   ST 5,68 DM/m2
EP 18,94 €/m2    LA 16,03 €/m2    ST 2,91 €/m2

**039.67201.M** KG 353 DIN 276
Deckenbekleidung GKB 2x12,5
EP 73,84 DM/m2   LA 62,72 DM/m2   ST 11,12 DM/m2
EP 37,75 €/m2    LA 32,07 €/m2    ST 5,68 €/m2

**039.67103.M** KG 353 DIN 276
Deckenbekleidung GKB 15
EP 37,21 DM/m2   LA 31,36 DM/m2   ST 5,85 DM/m2
EP 19,03 €/m2    LA 16,03 €/m2    ST 3,00 €/m2

**039.67202.M** KG 353 DIN 276
Deckenbekleidung GKB 2x15
EP 74,26 DM/m2   LA 62,72 DM/m2   ST 11,54 DM/m2
EP 37,97 €/m2    LA 32,07 €/m2    ST 5,90 €/m2

**039.67104.M** KG 353 DIN 276
Deckenbekleidung GKB 18
EP 37,48 DM/m2   LA 31,36 DM/m2   ST 6,12 DM/m2
EP 19,17 €/m2    LA 16,03 €/m2    ST 3,14 €/m2

**039.67203.M** KG 353 DIN 276
Deckenbekleidung GKB 2x18
EP 75,02 DM/m2   LA 62,72 DM/m2   ST 12,30 DM/m2
EP 38,36 €/m2    LA 32,07 €/m2    ST 6,29 €/m2

**039.67105.M** KG 353 DIN 276
Deckenbekleidung GKB+ALU 9,5
EP 41,12 DM/m2   LA 31,36 DM/m2   ST 9,76 DM/m2
EP 21,02 €/m2    LA 16,03 €/m2    ST 4,99 €/m2

**039.67106.M** KG 353 DIN 276
Deckenbekleidung GKB+ALU 12,5
EP 41,63 DM/m2   LA 31,36 DM/m2   ST 10,27 DM/m2
EP 21,28 €/m2    LA 16,03 €/m2    ST 5,25 €/m2

**039.67107.M** KG 353 DIN 276
Deckenbekleidung GKB+ALU 15
EP 43,34 DM/m2   LA 31,36 DM/m2   ST 11,98 DM/m2
EP 22,16 €/m2    LA 16,03 €/m2    ST 6,13 €/m2

**039.67108.M** KG 353 DIN 276
Deckenbekleidung GKB+ALU 18
EP 44,39 DM/m2   LA 31,36 DM/m2   ST 13,03 DM/m2
EP 22,70 €/m2    LA 16,03 €/m2    ST 6,67 €/m2

**039.67109.M** KG 353 DIN 276
Deckenbekleidung GKF 12,5
EP 37,57 DM/m2   LA 31,36 DM/m2   ST 6,21 DM/m2
EP 19,21 €/m2    LA 16,03 €/m2    ST 3,18 €/m2

**039.67204.M** KG 353 DIN 276
Deckenbekleidung GKF 2x12,5
EP 74,66 DM/m2   LA 62,72 DM/m2   ST 11,94 DM/m2
EP 38,17 €/m2    LA 32,07 €/m2    ST 6,10 €/m2

**039.67110.M** KG 353 DIN 276
Deckenbekleidung GKF 15
EP 38,53 DM/m2   LA 31,36 DM/m2   ST 7,17 DM/m2
EP 19,70 €/m2    LA 16,03 €/m2    ST 3,67 €/m2

**039.67205.M** KG 353 DIN 276
Deckenbekleidung GKF 2x15
EP 76,98 DM/m2   LA 62,72 DM/m2   ST 14,26 DM/m2
EP 39,36 €/m2    LA 32,07 €/m2    ST 7,29 €/m2

**039.67111.M** KG 353 DIN 276
Deckenbekleidung GKF 18
EP 39,58 DM/m2   LA 31,36 DM/m2   ST 8,22 DM/m2
EP 20,23 €/m2    LA 16,03 €/m2    ST 4,20 €/m2

**039.67206.M** KG 353 DIN 276
Deckenbekleidung GKF 2x18
EP 79,12 DM/m2   LA 62,72 DM/m2   ST 16,40 DM/m2
EP 40,45 €/m2    LA 32,07 €/m2    ST 8,38 €/m2

AW 039

## LB 039 Trockenbauarbeiten
### Deckenbekleidung, Gipskartonplatten; Stützenbeplankung

Preise 06.01

Sämtliche Preise sind **Mittelpreise ohne Mehrwertsteuer** zum Zeitpunkt des Ausgabedatums.
**Korrekturfaktoren** für Regionaleinfluss, Mengeneinfluss, Konjunktureinfluss siehe Vorspann.
Abkürzungen: EP = Einheitspreis, LA = Lohnanteil, ST = Stoffanteil

039.67112.M            KG 353 DIN 276
Deckenbekleidung GKF 25
EP 41,22 DM/m2     LA 31,69 DM/m2     ST 9,53 DM/m2
EP 21,07 €/m2      LA 16,20 €/m2      ST 4,87 €/m2

039.67113.M            KG 353 DIN 276
Deckenbekleidung GKF+ALU 12,5
EP 42,12 DM/m2     LA 31,36 DM/m2     ST 10,76 DM/m2
EP 21,54 €/m2      LA 16,03 €/m2      ST  5,51 €/m2

039.67207.M            KG 353 DIN 276
Deckenbekleidung GKF+ALU/GKF 2x12,5
EP 80,52 DM/m2     LA 62,72 DM/m2     ST 17,80 DM/m2
EP 41,17 €/m2      LA 32,07 €/m2      ST  9,10 €/m2

039.67114.M            KG 353 DIN 276
Deckenbekleidung GKF Fireboard 15
EP 61,00 DM/m2     LA 31,36 DM/m2     ST 29,64 DM/m2
EP 31,19 €/m2      LA 16,03 €/m2      ST 15,16 €/m2

039.67208.M            KG 353 DIN 276
Deckenbekleidung GKF Fireboard 2x15
EP 122,02 DM/m2    LA 62,72 DM/m2     ST 59,30 DM/m2
EP  62,39 €/m2     LA 32,07 €/m2      ST 30,32 €/m2

039.67115.M            KG 353 DIN 276
Deckenbekleidung GKF Fireboard 20
EP 62,63 DM/m2     LA 31,36 DM/m2     ST 31,27 DM/m2
EP 32,02 €/m2      LA 16,03 €/m2      ST 15,99 €/m2

039.67209.M            KG 353 DIN 276
Deckenbekleidung GKF Fireboard 2x20
EP 125,81 DM/m2    LA 63,32 DM/m2     ST 62,49 DM/m2
EP  64,33 €/m2     LA 32,37 €/m2      ST 31,96 €/m2

039.67116.M            KG 353 DIN 276
Deckenbekleidung GKF Fireboard 25
EP 64,53 DM/m2     LA 31,69 DM/m2     ST 32,84 DM/m2
EP 33,00 €/m2      LA 16,20 €/m2      ST 16,80 €/m2

039.67117.M            KG 353 DIN 276
Deckenbekleidung GKBI 12,5
EP 39,32 DM/m2     LA 31,36 DM/m2     ST 7,96 DM/m2
EP 20,11 €/m2      LA 16,03 €/m2      ST 4,08 €/m2

039.67210.M            KG 353 DIN 276
Deckenbekleidung GKBI/GKB 2x12,5
EP 76,28 DM/m2     LA 62,72 DM/m2     ST 13,56 DM/m2
EP 39,00 €/m2      LA 32,07 €/m2      ST  6,93 €/m2

039.67118.M            KG 353 DIN 276
Deckenbekleidung GKBI+ALU 12,5
EP 44,08 DM/m2     LA 31,36 DM/m2     ST 12,72 DM/m2
EP 22,54 €/m2      LA 16,03 €/m2      ST  6,51 €/m2

039.67211.M            KG 353 DIN 276
Deckenbekleidung GKBI+ALU/GKBI 2x12,5
EP 83,24 DM/m2     LA 62,72 DM/m2     ST 20,52 DM/m2
EP 42,56 €/m2      LA 32,07 €/m2      ST 10,49 €/m2

039.67119.M            KG 353 DIN 276
Deckenbekleidung GKFI 12,5
EP 40,02 DM/m2     LA 31,36 DM/m2     ST 8,66 DM/m2
EP 20,46 €/m2      LA 16,03 €/m2      ST 4,43 €/m2

039.67120.M            KG 353 DIN 276
Deckenbekleidung GK-Lochpl. 9,5
EP 85,06 DM/m2     LA 57,37 DM/m2     ST 27,69 DM/m2
EP 43,49 €/m2      LA 29,33 €/m2      ST 14,16 €/m2

039.67121.M            KG 353 DIN 276
Deckenbekleidung GK-Lochpl. 12,5
EP 88,12 DM/m2     LA 57,37 DM/m2     ST 30,75 DM/m2
EP 45,05 €/m2      LA 29,33 €/m2      ST 15,72 €/m2

**Stützenbeplankung**

039.-----.-

| | |
|---|---|
| 039.52001.M Bekl. Stützen, GKB 9,5   | 39,16 DM/m<br>20,02 €/m |
| 039.52002.M Bekl. Stützen, GKB 12,5  | 40,07 DM/m<br>20,49 €/m |
| 039.52003.M Bekl. Stützen, GKB 15    | 40,43 DM/m<br>20,67 €/m |
| 039.52004.M Bekl. Stützen, GKB 18    | 40,81 DM/m<br>20,87 €/m |
| 039.52005.M Bekl. Stützen, GKF 12,5  | 40,85 DM/m<br>20,89 €/m |
| 039.52006.M Bekl. Stützen, GKF 2x12,5 | 81,31 DM/m<br>41,58 €/m |
| 039.52007.M Bekl. Stützen, GKF 15    | 42,04 DM/m<br>21,50 €/m |
| 039.52008.M Bekl. Stützen, GKF 2x15  | 82,06 DM/m<br>41,96 €/m |
| 039.52009.M Bekl. Stützen, GKF 18    | 43,62 DM/m<br>22,30 €/m |

**Hinweis:** GKB Gipskarton-Bauplatte
GKF Gipskarton-Feuerschutzplatte

039.52001.M            KG 345 DIN 276
Bekl. Stützen, GKB 9,5
EP 39,16 DM/m      LA 33,21 DM/m      ST 5,95 DM/m
EP 20,02 €/m       LA 16,98 €/m       ST 3,04 €/m

039.52002.M            KG 345 DIN 276
Bekl. Stützen, GKB 12,5
EP 40,07 DM/m      LA 33,21 DM/m      ST 6,86 DM/m
EP 20,49 €/m       LA 16,98 €/m       ST 3,51 €/m

039.52003.M            KG 345 DIN 276
Bekl. Stützen, GKB 15
EP 40,43 DM/m      LA 33,21 DM/m      ST 7,22 DM/m
EP 20,67 €/m       LA 16,98 €/m       ST 3,69 €/m

039.52004.M            KG 345 DIN 276
Bekl. Stützen, GKB 18
EP 40,81 DM/m      LA 33,21 DM/m      ST 7,60 DM/m
EP 20,87 €/m       LA 16,98 €/m       ST 3,89 €/m

039.52005.M            KG 345 DIN 276
Bekl. Stützen, GKF 12,5
EP 40,85 DM/m      LA 33,21 DM/m      ST 7,64 DM/m
EP 20,89 €/m       LA 16,98 €/m       ST 3,91 €/m

039.52006.M            KG 345 DIN 276
Bekl. Stützen, GKF 2x12,5
EP 81,31 DM/m      LA 66,49 DM/m      ST 14,82 DM/m
EP 41,58 €/m       LA 33,99 €/m       ST  7,59 €/m

039.52007.M            KG 345 DIN 276
Bekl. Stützen, GKF 15
EP 42,04 DM/m      LA 33,21 DM/m      ST 8,83 DM/m
EP 21,50 €/m       LA 16,98 €/m       ST 4,52 €/m

039.52008.M            KG 345 DIN 276
Bekl. Stützen, GKF 2x15
EP 82,06 DM/m      LA 66,49 DM/m      ST 15,57 DM/m
EP 41,96 €/m       LA 33,09 €/m       ST  7,97 €/m

039.52009.M            KG 345 DIN 276
Bekl. Stützen, GKF 18
EP 43,62 DM/m      LA 33,21 DM/m      ST 10,41 DM/m
EP 22,30 €/m       LA 16,98 €/m       ST  5,32 €/m

# LB 039 Trockenbauarbeiten
## Wandbekleidung, sonstige Platten

AW 039

Preise 06.01

Sämtliche Preise sind **Mittelpreise ohne Mehrwertsteuer** zum Zeitpunkt des Ausgabedatums.
**Korrekturfaktoren** für Regionaleinfluss, Mengeneinfluss, Konjunktureinfluss siehe Vorspann.
**Abkürzungen:** EP = Einheitspreis, LA = Lohnanteil, ST = Stoffanteil

### Wandbekleidung, sonstige Platten

039.-----.-

|  |  |  |
|---|---|---|
| 039.28501.M | Wandbekleidung Spanplatten A2, 12 mm | 65,71 DM/m2 / 33,60 €/m2 |
| 039.28502.M | Wandbekleidung Spanplatten A2, 16 mm | 73,95 DM/m2 / 37,81 €/m2 |
| 039.28503.M | Wandbekleidung Spanplatten A2, 19 mm | 78,31 DM/m2 / 40,04 €/m2 |
| 039.28504.M | Wandbekleidung Spanplatten A2, 22 mm | 80,33 DM/m2 / 41,07 €/m2 |
| 039.28505.M | Wandbekleidung Spanplatten B1, 12 mm | 35,82 DM/m2 / 18,32 €/m2 |
| 039.28506.M | Wandbekleidung Spanplatten B1, 16 mm | 37,90 DM/m2 / 19,38 €/m2 |
| 039.28507.M | Wandbekleidung Spanplatten B1, 19 mm | 40,38 DM/m2 / 20,65 €/m2 |
| 039.28508.M | Wandbekleidung Spanplatten B1, 22 mm | 40,70 DM/m2 / 20,81 €/m2 |
| 039.20401.M | Wandbekleidung GF 12,5 | 28,65 DM/m2 / 14,65 €/m2 |
| 039.39001.M | Wandbekleidung GF 12,5, Leibungen | 22,75 DM/m / 11,63 €/m |
| 039.29701.M | Wandbekleidung Faserzementtafeln, 5,0 mm | 80,63 DM/m2 / 41,23 €/m2 |
| 039.29702.M | Wandbekleidung Faserzementtafeln, 7,5 mm | 112,18 DM/m2 / 57,36 €/m2 |
| 039.20701.M | Wandbekleidung Kalziumsilikatpl. 10 mm | 55,48 DM/m2 / 28,37 €/m2 |
| 039.20702.M | Wandbekleidung Kalziumsilikatpl. 12 mm | 62,15 DM/m2 / 31,78 €/m2 |
| 039.20703.M | Wandbekleidung Kalziumsilikatpl. 15 mm | 72,45 DM/m2 / 37,04 €/m2 |
| 039.20704.M | Wandbekleidung Kalziumsilikatpl. 20 mm | 89,79 DM/m2 / 45,91 €/m2 |
| 039.20705.M | Wandbekleidung Kalziumsilikatpl. 25 mm | 107,07 DM/m2 / 54,74 €/m2 |

**Hinweis:** GF Gipsfaserplatte

---

**039.28501.M** KG 345 DIN 276
Wandbekleidung Spanplatten A2, 12 mm
EP 65,71 DM/m2 LA 14,73 DM/m2 ST 50,98 DM/m2
EP 33,60 €/m2 LA 7,53 €/m2 ST 26,07 €/m2

**039.28502.M** KG 345 DIN 276
Wandbekleidung Spanplatten A2, 16 mm
EP 73,95 DM/m2 LA 14,73 DM/m2 ST 59,22 DM/m2
EP 37,81 €/m2 LA 7,53 €/m2 ST 30,28 €/m2

**039.28503.M** KG 345 DIN 276
Wandbekleidung Spanplatten A2, 19 mm
EP 78,31 DM/m2 LA 15,05 DM/m2 ST 63,26 DM/m2
EP 40,04 €/m2 LA 7,69 €/m2 ST 32,35 €/m2

**039.28504.M** KG 345 DIN 276
Wandbekleidung Spanplatten A2, 22 mm
EP 80,33 DM/m2 LA 15,05 DM/m2 ST 65,28 DM/m2
EP 41,07 €/m2 LA 7,69 €/m2 ST 33,38 €/m2

**039.28505.M** KG 345 DIN 276
Wandbekleidung Spanplatten B1, 12 mm
EP 35,82 DM/m2 LA 14,73 DM/m2 ST 21,09 DM/m2
EP 18,32 €/m2 LA 7,53 €/m2 ST 10,79 €/m2

**039.28506.M** KG 345 DIN 276
Wandbekleidung Spanplatten B1, 16 mm
EP 37,90 DM/m2 LA 14,73 DM/m2 ST 23,17 DM/m2
EP 19,38 €/m2 LA 7,53 €/m2 ST 11,85 €/m2

**039.28507.M** KG 345 DIN 276
Wandbekleidung Spanplatten B1, 19 mm
EP 40,38 DM/m2 LA 15,05 DM/m2 ST 25,33 DM/m2
EP 20,65 €/m2 LA 7,69 €/m2 ST 12,96 €/m2

**039.28508.M** KG 345 DIN 276
Wandbekleidung Spanplatten B1, 22 mm
EP 40,70 DM/m2 LA 15,05 DM/m2 ST 25,65 DM/m2
EP 20,81 €/m2 LA 7,69 €/m2 ST 13,12 €/m2

**039.20401.M** KG 345 DIN 276
Wandbekleidung GF 12,5
EP 28,65 DM/m2 LA 20,73 DM/m2 ST 7,92 DM/m2
EP 14,65 €/m2 LA 10,60 €/m2 ST 4,05 €/m2

**039.39001.M** KG 345 DIN 276
Wandbekleidung GF 12,5, Leibungen
EP 22,75 DM/m LA 20,73 DM/m ST 2,02 DM/m
EP 11,63 €/m LA 10,60 €/m ST 1,03 €/m

**039.29701.M** KG 345 DIN 276
Wandbekleidung Faserzementtafeln, 5,0 mm
EP 80,63 DM/m2 LA 21,13 DM/m2 ST 59,50 DM/m2
EP 41,23 €/m2 LA 10,80 €/m2 ST 30,43 €/m2

**039.29702.M** KG 345 DIN 276
Wandbekleidung Faserzementtafeln, 7,5 mm
EP 112,18 DM/m2 LA 21,13 DM/m2 ST 91,05 DM/m2
EP 57,36 €/m2 LA 10,80 €/m2 ST 46,56 €/m2

**039.20701.M** KG 345 DIN 276
Wandbekleidung Kalziumsilikatpl. 10 mm
EP 55,48 DM/m2 LA 20,73 DM/m2 ST 34,75 DM/m2
EP 28,37 €/m2 LA 10,60 €/m2 ST 17,77 €/m2

**039.20702.M** KG 345 DIN 276
Wandbekleidung Kalziumsilikatpl. 12 mm
EP 62,15 DM/m2 LA 20,73 DM/m2 ST 41,42 DM/m2
EP 31,78 €/m2 LA 10,60 €/m2 ST 21,18 €/m2

**039.20703.M** KG 345 DIN 276
Wandbekleidung Kalziumsilikatpl. 15 mm
EP 72,45 DM/m2 LA 20,73 DM/m2 ST 51,72 DM/m2
EP 37,04 €/m2 LA 10,60 €/m2 ST 26,44 €/m2

**039.20704.M** KG 345 DIN 276
Wandbekleidung Kalziumsilikatpl. 20 mm
EP 89,79 DM/m2 LA 21,00 DM/m2 ST 68,79 DM/m2
EP 45,91 €/m2 LA 10,73 €/m2 ST 35,18 €/m2

**039.20705.M** KG 345 DIN 276
Wandbekleidung Kalziumsilikatpl. 25 mm
EP 107,07 DM/m2 LA 21,00 DM/m2 ST 86,07 DM/m2
EP 54,74 €/m2 LA 10,73 €/m2 ST 44,01 €/m2

AW 039

# LB 039 Trockenbauarbeiten
## Trockenputz

Preise 06.01

Sämtliche Preise sind **Mittelpreise ohne Mehrwertsteuer** zum Zeitpunkt des Ausgabedatums.
**Korrekturfaktoren** für Regionaleinfluss, Mengeneinfluss, Konjunktureinfluss siehe Vorspann.
Abkürzungen: EP = Einheitspreis, LA = Lohnanteil, ST = Stoffanteil

**Trockenputz**

039.-----.-

|  |  |  |
|---|---|---|
| 039.47001.M | Trockenputz, GKB 9,5 mm | 27,77 DM/m2 / 14,20 €/m2 |
| 039.47002.M | Trockenputz, GKB 12,5 mm | 30,29 DM/m2 / 15,49 €/m2 |
| 039.47003.M | Trockenputz, GKB 12,5 mm + MIN 20 mm | 48,60 DM/m2 / 24,85 €/m2 |
| 039.47004.M | Trockenputz, GKB 12,5 mm + MIN 30 mm | 53,33 DM/m2 / 27,27 €/m2 |
| 039.47005.M | Trockenputz, GKB 12,5 mm + MIN 50 mm | 44,54 DM/m2 / 22,77 €/m2 |
| 039.47006.M | Trockenputz, GKB 12,5 mm + MIN-Al 20 mm | 50,30 DM/m2 / 25,72 €/m2 |
| 039.47007.M | Trockenputz, GKB 12,5 mm + MIN-Al 30 mm | 55,13 DM/m2 / 28,19 €/m2 |
| 039.47008.M | Trockenputz, GKB 12,5 mm + MIN-Al 50 mm | 64,79 DM/m2 / 33,12 €/m2 |
| 039.47009.M | Trockenputz, GKB 9,5 mm + PS 20 mm | 31,76 DM/m2 / 16,24 €/m2 |
| 039.47010.M | Trockenputz, GKB 9,5 mm + PS 30 mm | 33,60 DM/m2 / 17,18 €/m2 |
| 039.47011.M | Trockenputz, GKB 12,5 mm + PS 20 mm | 34,32 DM/m2 / 17,55 €/m2 |
| 039.47012.M | Trockenputz, GKB 12,5 mm + PS 30 mm | 36,07 DM/m2 / 18,44 €/m2 |
| 039.47013.M | Trockenputz, GKB 12,5 mm + PS 40 mm | 37,43 DM/m2 / 19,14 €/m2 |
| 039.47014.M | Trockenputz, GKB 12,5 mm + PS 50 mm | 39,11 DM/m2 / 20,00 €/m2 |
| 039.47015.M | Trockenputz, GKB 12,5 mm + PS 60 mm | 40,64 DM/m2 / 20,78 €/m2 |
| 039.47016.M | Trockenputz, GKB 12,5 mm + PS 80 mm | 42,15 DM/m2 / 21,55 €/m2 |
| 039.47017.M | Trockenputz, GKB 9,5 mm + PS-Al 20 mm | 32,83 DM/m2 / 16,78 €/m2 |
| 039.47018.M | Trockenputz, GKB 9,5 mm + PS-Al 30 mm | 34,81 DM/m2 / 17,80 €/m2 |
| 039.47019.M | Trockenputz, GKB 12,5 mm + PS-Al 20 mm | 35,68 DM/m2 / 18,24 €/m2 |
| 039.47020.M | Trockenputz, GKB 12,5 mm + PS-Al 30 mm | 37,55 DM/m2 / 19,20 €/m2 |
| 039.47021.M | Trockenputz, GKB 12,5 mm + PS-Al 40 mm | 39,12 DM/m2 / 20,00 €/m2 |
| 039.47022.M | Trockenputz, GKB 12,5 mm + PS-Al 50 mm | 40,39 DM/m2 / 20,65 €/m2 |
| 039.47023.M | Trockenputz, GKB 12,5 mm + PS-Al 60 mm | 42,58 DM/m2 / 21,77 €/m2 |
| 039.47024.M | Trockenputz, GKB 12,5 mm + PS-Al 80 mm | 44,54 DM/m2 / 22,77 €/m2 |
| 039.47101.M | Trockenputz, GKBl 12,5 mm | 32,42 DM/m2 / 16,58 €/m2 |
| 039.47201.M | Trockenputz, GKF 12,5 mm | 31,33 DM/m2 / 16,02 €/m2 |
| 039.47202.M | Trockenputz, GKF 15,0 mm | 32,53 DM/m2 / 16,63 €/m2 |
| 039.47203.M | Trockenputz, GKF 18,0 mm | 34,24 DM/m2 / 17,51 €/m2 |
| 039.47301.M | Trockenputz, GKFl 12,5 mm | 33,60 DM/m2 / 17,18 €/m2 |
| 039.47302.M | Trockenputz, GKFl 15,0 mm | 34,93 DM/m2 / 17,86 €/m2 |
| 039.47303.M | Trockenputz, GKFl 18,0 mm | 35,64 DM/m2 / 18,22 €/m2 |
| 039.47401.M | Trockenputz, GF 10,0 mm | 34,36 DM/m2 / 17,57 €/m2 |
| 039.47402.M | Trockenputz, GF 12,5 mm | 36,24 DM/m2 / 18,53 €/m2 |
| 039.47403.M | Trockenputz, GF 10,0 mm + PS 15 mm | 38,30 DM/m2 / 19,58 €/m2 |
| 039.47404.M | Trockenputz, GF 10,0 mm + PS 20 mm | 39,31 DM/m2 / 20,10 €/m2 |
| 039.47405.M | Trockenputz, GF 10,0 mm + PS 30 mm | 41,44 DM/m2 / 21,19 €/m2 |
| 039.47406.M | Trockenputz, GF 10,0 mm + PS 40 mm | 42,36 DM/m2 / 21,66 €/m2 |
| 039.47407.M | Trockenputz, GF 10,0 mm + PS 40 mm | 43,36 DM/m2 / 22,17 €/m2 |
| 039.47408.M | Trockenputz, GF 10,0 mm + PS-Al 15 mm | 42,90 DM/m2 / 21,93 €/m2 |
| 039.47409.M | Trockenputz, GF 10,0 mm + PS-Al 20 mm | 45,10 DM/m2 / 23,06 €/m2 |
| 039.47410.M | Trockenputz, GF 10,0 mm + PS-Al 30 mm | 46,36 DM/m2 / 23,70 €/m2 |
| 039.47411.M | Trockenputz, GF 10,0 mm + PS-Al 40 mm | 48,23 DM/m2 / 24,66 €/m2 |
| 039.47412.M | Trockenputz, GF 10,0 mm + PS-Al 50 mm | 49,50 DM/m2 / 25,31 €/m2 |

039.47001.M   KG 345 DIN 276
Trockenputz, GKB 9,5 mm
EP 27,77 DM/m2   LA 22,58 DM/m2   ST 5,19 DM/m2
EP 14,20 €/m2    LA 11,55 €/m2    ST 2,65 €/m2

039.47002.M   KG 345 DIN 276
Trockenputz, GKB 12,5 mm
EP 30,29 DM/m2   LA 24,43 DM/m2   ST 5,86 DM/m2
EP 15,49 €/m2    LA 12,49 €/m2    ST 3,00 €/m2

039.47003.M   KG 345 DIN 276
Trockenputz, GKB 12,5 mm + MIN 20 mm
EP 48,60 DM/m2   LA 24,37 DM/m2   ST 24,23 DM/m2
EP 24,85 €/m2    LA 12,46 €/m2    ST 12,39 €/m2

039.47004.M   KG 345 DIN 276
Trockenputz, GKB 12,5 mm + MIN 30 mm
EP 53,33 DM/m2   LA 24,76 DM/m2   ST 28,57 DM/m2
EP 27,27 €/m2    LA 12,66 €/m2    ST 14,61 €/m2

039.47005.M   KG 345 DIN 276
Trockenputz, GKB 12,5 mm + MIN 50 mm
EP 44,54 DM/m2   LA 26,08 DM/m2   ST 18,46 DM/m2
EP 22,77 €/m2    LA 13,33 €/m2    ST 9,44 €/m2

039.47006.M   KG 345 DIN 276
Trockenputz, GKB 12,5 mm + MIN-Al 20 mm
EP 50,30 DM/m2   LA 24,37 DM/m2   ST 25,93 DM/m2
EP 25,72 €/m2    LA 12,46 €/m2    ST 13,26 €/m2

039.47007.M   KG 345 DIN 276
Trockenputz, GKB 12,5 mm + MIN-Al 30 mm
EP 55,13 DM/m2   LA 24,76 DM/m2   ST 30,37 DM/m2
EP 28,19 €/m2    LA 12,66 €/m2    ST 15,53 €/m2

039.47008.M   KG 345 DIN 276
Trockenputz, GKB 12,5 mm + MIN-Al 50 mm
EP 64,79 DM/m2   LA 25,42 DM/m2   ST 39,37 DM/m2
EP 33,12 €/m2    LA 13,00 €/m2    ST 20,12 €/m2

039.47009.M   KG 345 DIN 276
Trockenputz, GKB 9,5 mm + PS 20 mm
EP 31,76 DM/m2   LA 22,58 DM/m2   ST 9,18 DM/m2
EP 16,24 €/m2    LA 11,55 €/m2    ST 4,69 €/m2

039.47010.M   KG 345 DIN 276
Trockenputz, GKB 9,5 mm + PS 30 mm
EP 33,60 DM/m2   LA 23,31 DM/m2   ST 10,29 DM/m2
EP 17,18 €/m2    LA 11,92 €/m2    ST 5,26 €/m2

039.47011.M   KG 345 DIN 276
Trockenputz, GKB 12,5 mm + PS 20 mm
EP 34,32 DM/m2   LA 24,29 DM/m2   ST 10,03 DM/m2
EP 17,55 €/m2    LA 12,42 €/m2    ST 5,13 €/m2

039.47012.M   KG 345 DIN 276
Trockenputz, GKB 12,5 mm + PS 30 mm
EP 36,07 DM/m2   LA 24,76 DM/m2   ST 11,31 DM/m2
EP 18,44 €/m2    LA 12,66 €/m2    ST 5,78 €/m2

039.47013.M   KG 345 DIN 276
Trockenputz, GKB 12,5 mm + PS 40 mm
EP 37,43 DM/m2   LA 25,09 DM/m2   ST 12,34 DM/m2
EP 19,14 €/m2    LA 12,83 €/m2    ST 6,31 €/m2

039.47014.M   KG 345 DIN 276
Trockenputz, GKB 12,5 mm + PS 50 mm
EP 39,11 DM/m2   LA 25,42 DM/m2   ST 13,69 DM/m2
EP 20,00 €/m2    LA 13,00 €/m2    ST 7,00 €/m2

039.47015.M   KG 345 DIN 276
Trockenputz, GKB 12,5 mm + PS 60 mm
EP 40,64 DM/m2   LA 25,75 DM/m2   ST 14,89 DM/m2
EP 20,78 €/m2    LA 13,17 €/m2    ST 7,61 €/m2

039.47016.M   KG 345 DIN 276
Trockenputz, GKB 12,5 mm + PS 80 mm
EP 42,15 DM/m2   LA 26,08 DM/m2   ST 16,07 DM/m2
EP 21,55 €/m2    LA 13,33 €/m2    ST 8,22 €/m2

# LB 039 Trockenbauarbeiten
## Trockenputz

Preise 06.01

Sämtliche Preise sind **Mittelpreise ohne Mehrwertsteuer** zum Zeitpunkt des Ausgabedatums.
**Korrekturfaktoren** für Regionaleinfluss, Mengeneinfluss, Konjunktureinfluss siehe Vorspann.
**Abkürzungen:** EP = Einheitspreis, LA = Lohnanteil, ST = Stoffanteil

039.47017.M  KG 345 DIN 276
Trockenputz, GKB 9,5 mm + PS-Al 20 mm
EP 32,83 DM/m2   LA 22,58 DM/m2   ST 10,25 DM/m2
EP 16,78 €/m2    LA 11,55 €/m2    ST  5,23 €/m2

039.47018.M  KG 345 DIN 276
Trockenputz, GKB 9,5 mm + PS-Al 30 mm
EP 34,81 DM/m2   LA 23,24 DM/m2   ST 11,57 DM/m2
EP 17,80 €/m2    LA 11,88 €/m2    ST  5,92 €/m2

039.47019.M  KG 345 DIN 276
Trockenputz, GKB 12,5 mm + PS-Al 20 mm
EP 35,68 DM/m2   LA 24,29 DM/m2   ST 11,39 DM/m2
EP 18,24 €/m2    LA 12,42 €/m2    ST  5,82 €/m2

039.47020.M  KG 345 DIN 276
Trockenputz, GKB 12,5 mm + PS-Al 30 mm
EP 37,55 DM/m2   LA 24,76 DM/m2   ST 12,79 DM/m2
EP 19,20 €/m2    LA 12,66 €/m2    ST  6,54 €/m2

039.47021.M  KG 345 DIN 276
Trockenputz, GKB 12,5 mm + PS-Al 40 mm
EP 39,12 DM/m2   LA 25,09 DM/m2   ST 14,03 DM/m2
EP 20,00 €/m2    LA 12,83 €/m2    ST  7,17 €/m2

039.47022.M  KG 345 DIN 276
Trockenputz, GKB 12,5 mm + PS-Al 50 mm
EP 40,39 DM/m2   LA 25,42 DM/m2   ST 14,97 DM/m2
EP 20,65 €/m2    LA 13,00 €/m2    ST  7,65 €/m2

039.47023.M  KG 345 DIN 276
Trockenputz, GKB 12,5 mm + PS-Al 60 mm
EP 42,58 DM/m2   LA 25,75 DM/m2   ST 16,83 DM/m2
EP 21,77 €/m2    LA 13,17 €/m2    ST  8,60 €/m2

039.47024.M  KG 345 DIN 276
Trockenputz, GKB 12,5 mm + PS-Al 80 mm
EP 44,54 DM/m2   LA 26,08 DM/m2   ST 18,46 DM/m2
EP 22,77 €/m2    LA 13,33 €/m2    ST  9,44 €/m2

039.47101.M  KG 345 DIN 276
Trockenputz, GKBI 12,5 mm
EP 32,42 DM/m2   LA 24,43 DM/m2   ST 7,99 DM/m2
EP 16,58 €/m2    LA 12,49 €/m2    ST 4,09 €/m2

039.47201.M  KG 345 DIN 276
Trockenputz, GKF 12,5 mm
EP 31,33 DM/m2   LA 24,43 DM/m2   ST 6,90 DM/m2
EP 16,02 €/m2    LA 12,49 €/m2    ST 3,53 €/m2

039.47202.M  KG 345 DIN 276
Trockenputz, GKF 15,0 mm
EP 32,53 DM/m2   LA 24,76 DM/m2   ST 7,77 DM/m2
EP 16,63 €/m2    LA 12,66 €/m2    ST 3,97 €/m2

039.47203.M  KG 345 DIN 276
Trockenputz, GKF 18,0 mm
EP 34,24 DM/m2   LA 25,09 DM/m2   ST 9,15 DM/m2
EP 17,51 €/m2    LA 12,83 €/m2    ST 4,68 €/m2

039.47301.M  KG 345 DIN 276
Trockenputz, GKFI 12,5 mm
EP 33,60 DM/m2   LA 24,43 DM/m2   ST 9,17 DM/m2
EP 17,18 €/m2    LA 12,49 €/m2    ST 4,69 €/m2

039.47302.M  KG 345 DIN 276
Trockenputz, GKFI 15,0 mm
EP 34,93 DM/m2   LA 24,76 DM/m2   ST 10,17 DM/m2
EP 17,86 €/m2    LA 12,66 €/m2    ST  5,20 €/m2

039.47303.M  KG 345 DIN 276
Trockenputz, GKFI 18,0 mm
EP 35,64 DM/m2   LA 25,09 DM/m2   ST 10,55 DM/m2
EP 18,22 €/m2    LA 12,83 €/m2    ST  5,39 €/m2

039.47401.M  KG 345 DIN 276
Trockenputz, GF 10,0 mm
EP 34,36 DM/m2   LA 24,76 DM/m2   ST 9,60 DM/m2
EP 17,57 €/m2    LA 12,66 €/m2    ST 4,91 €/m2

039.47402.M  KG 345 DIN 276
Trockenputz, GF 12,5 mm
EP 36,24 DM/m2   LA 25,09 DM/m2   ST 11,15 DM/m2
EP 18,53 €/m2    LA 12,83 €/m2    ST  5,70 €/m2

039.47403.M  KG 345 DIN 276
Trockenputz, GF 10,0 mm + PS 15 mm
EP 38,30 DM/m2   LA 24,09 DM/m2   ST 14,21 DM/m2
EP 19,58 €/m2    LA 12,32 €/m2    ST  7,26 €/m2

039.47404.M  KG 345 DIN 276
Trockenputz, GF 10,0 mm + PS 20 mm
EP 39,31 DM/m2   LA 24,43 DM/m2   ST 14,88 DM/m2
EP 20,10 €/m2    LA 12,49 €/m2    ST  7,61 €/m2

039.47405.M  KG 345 DIN 276
Trockenputz, GF 10,0 mm + PS 30 mm
EP 41,44 DM/m2   LA 24,76 DM/m2   ST 16,68 DM/m2
EP 21,19 €/m2    LA 12,66 €/m2    ST  8,53 €/m2

039.47406.M  KG 345 DIN 276
Trockenputz, GF 10,0 mm + PS 40 mm
EP 42,36 DM/m2   LA 25,09 DM/m2   ST 17,27 DM/m2
EP 21,66 €/m2    LA 12,83 €/m2    ST  8,83 €/m2

039.47407.M  KG 345 DIN 276
Trockenputz, GF 10,0 mm + PS 40 mm
EP 43,36 DM/m2   LA 25,42 DM/m2   ST 17,94 DM/m2
EP 22,17 €/m2    LA 13,00 €/m2    ST  9,17 €/m2

039.47408.M  KG 345 DIN 276
Trockenputz, GF 10,0 mm + PS-Al 15 mm
EP 42,90 DM/m2   LA 24,09 DM/m2   ST 18,81 DM/m2
EP 21,93 €/m2    LA 12,32 €/m2    ST  9,61 €/m2

039.47409.M  KG 345 DIN 276
Trockenputz, GF 10,0 mm + PS-Al 20 mm
EP 45,10 DM/m2   LA 24,43 DM/m2   ST 20,67 DM/m2
EP 23,06 €/m2    LA 12,49 €/m2    ST 10,57 €/m2

039.47410.M  KG 345 DIN 276
Trockenputz, GF 10,0 mm + PS-Al 30 mm
EP 46,36 DM/m2   LA 24,76 DM/m2   ST 21,60 DM/m2
EP 23,70 €/m2    LA 12,66 €/m2    ST 11,04 €/m2

039.47411.M  KG 345 DIN 276
Trockenputz, GF 10,0 mm + PS-Al 40 mm
EP 48,23 DM/m2   LA 25,09 DM/m2   ST 23,14 DM/m2
EP 24,66 €/m2    LA 12,83 €/m2    ST 11,83 €/m2

039.47412.M  KG 345 DIN 276
Trockenputz, GF 10,0 mm + PS-Al 50 mm
EP 49,50 DM/m2   LA 25,42 DM/m2   ST 24,08 DM/m2
EP 25,31 €/m2    LA 13,00 €/m2    ST 12,31 €/m2

AW 039

# LB 039 Trockenbauarbeiten
## Deckenbekleidung, sonstige Platten

Preise 06.01

Sämtliche Preise sind **Mittelpreise ohne Mehrwertsteuer** zum Zeitpunkt des Ausgabedatums.
**Korrekturfaktoren** für Regionaleinfluss, Mengeneinfluss, Konjunktureinfluss siehe Vorspann.
**Abkürzungen:** EP = Einheitspreis, LA = Lohnanteil, ST = Stoffanteil

### Deckenbekleidung, sonstige Platten

039.-----.-

|  |  |  |
|---|---|---|
| 039.71301.M | Deckenbekleidung Spanplatten A2, 12 mm | 76,41 DM/m2 / 39,07 €/m2 |
| 039.71302.M | Deckenbekleidung Spanplatten A2, 16 mm | 84,64 DM/m2 / 43,28 €/m2 |
| 039.71303.M | Deckenbekleidung Spanplatten A2, 19 mm | 88,68 DM/m2 / 45,34 €/m2 |
| 039.71304.M | Deckenbekleidung Spanplatten A2, 22 mm | 90,96 DM/m2 / 46,51 €/m2 |
| 039.71305.M | Deckenbekleidung Spanplatten B1, 12 mm | 46,52 DM/m2 / 23,78 €/m2 |
| 039.71306.M | Deckenbekleidung Spanplatten B1, 16 mm | 48,59 DM/m2 / 24,84 €/m2 |
| 039.71307.M | Deckenbekleidung Spanplatten B1, 19 mm | 50,75 DM/m2 / 25,95 €/m2 |
| 039.71308.M | Deckenbekleidung Spanplatten B1, 22 mm | 51,34 DM/m2 / 26,25 €/m2 |
| 039.68001.M | Deckenbekleidung GF 10 | 32,15 DM/m2 / 16,44 €/m2 |
| 039.68002.M | Deckenbekleidung GF 12,5 | 33,34 DM/m2 / 17,05 €/m2 |
| 039.69101.M | Deckenbekleidung Kalziumsilikatpl. 6 mm | 46,31 DM/m2 / 23,68 €/m2 |
| 039.69102.M | Deckenbekleidung Kalziumsilikatpl. 8 mm | 53,11 DM/m2 / 27,15 €/m2 |
| 039.69103.M | Deckenbekleidung Kalziumsilikatpl. 10 mm | 60,17 DM/m2 / 30,76 €/m2 |
| 039.69104.M | Deckenbekleidung Kalziumsilikatpl. 12 mm | 66,84 DM/m2 / 34,17 €/m2 |
| 039.69105.M | Deckenbekleidung Kalziumsilikatpl. 15 mm | 77,14 DM/m2 / 39,44 €/m2 |
| 039.69106.M | Deckenbekleidung Kalziumsilikatpl. 20 mm | 94,47 DM/m2 / 48,30 €/m2 |
| 039.69107.M | Deckenbekleidung Kalziumsilikatpl. 25 mm | 111,76 DM/m2 / 57,14 €/m2 |
| 039.69201.M | Deckenbekleidung Kalziumsilikatpl. 2x12 mm | 133,34 DM/m2 / 68,17 €/m2 |
| 039.68501.M | Decklage dekorat. MF-Platten B1, 15 mm, verdeckt | 48,64 DM/m2 / 24,87 €/m2 |
| 039.68502.M | Decklage dekorat. MF-Platten B1, 20 mm, verdeckt | 52,49 DM/m2 / 26,84 €/m2 |
| 039.68503.M | Decklage dekorat. MF-Platten B1, 15 mm, gerastert | 45,01 DM/m2 / 23,01 €/m2 |
| 039.68504.M | Decklage dekorat. MF-Platten B1, 20 mm, gerastert | 48,90 DM/m2 / 25,00 €/m2 |
| 039.68505.M | Decklage dekorat. MF-Platten B1, 15 mm, Holzprofile | 42,34 DM/m2 / 21,65 €/m2 |
| 039.68506.M | Decklage dekorat. MF-Platten B1, 20 mm, Holzprofile | 47,02 DM/m2 / 24,04 €/m2 |
| 039.68507.M | Decklage dekorat. MF-Platten B1, 15 mm, Balkendecke | 47,49 DM/m2 / 24,28 €/m2 |
| 039.68508.M | Decklage dekorat. MF-Platten B1, 20 mm, Balkendecke | 49,91 DM/m2 / 25,52 €/m2 |
| 039.73001.M | Decklage Stahlkassette, gelocht, weiß, 625x625 mm | 59,85 DM/m2 / 30,60 €/m2 |
| 039.73002.M | Decklage Stahlkassette, gelocht, weiß, 300x1250 mm | 67,24 DM/m2 / 34,38 €/m2 |
| 039.73003.M | Decklage Stahlkassette, gelocht, weiß, 400x2500 mm | 64,66 DM/m2 / 33,06 €/m2 |
| 039.73004.M | Decklage Stahl-Langfeldplatten, weiß, 300x1200 mm | 71,04 DM/m2 / 36,32 €/m2 |
| 039.73005.M | Decklage ALU-Paneele, gelocht, weiß | 68,30 DM/m2 / 34,92 €/m2 |
| 039.73006.M | Decklage ALU-Paneele, glatt, weiß | 74,98 DM/m2 / 38,34 €/m2 |
| 039.73007.M | Decklage Stahl-Akustikplatten, weiß, 600x600 mm | 84,59 DM/m2 / 43,25 €/m2 |

**Hinweis:** GF Gipsfaserplatte
MF Mineralischer Faserdämmstoff

039.71301.M   KG 353 DIN 276
Deckenbekleidung Spanplatten A2, 12 mm
EP 76,41 DM/m2   LA 25,42 DM/m2   ST 50,99 DM/m2
EP 39,07 €/m2    LA 13,00 €/m2    ST 26,07 €/m2

039.71302.M   KG 353 DIN 276
Deckenbekleidung Spanplatten A2, 16 mm
EP 84,64 DM/m2   LA 25,42 DM/m2   ST 59,22 DM/m2
EP 43,28 €/m2    LA 13,00 €/m2    ST 30,28 €/m2

039.71303.M   KG 353 DIN 276
Deckenbekleidung Spanplatten A2, 19 mm
EP 88,68 DM/m2   LA 25,42 DM/m2   ST 63,26 DM/m2
EP 45,34 €/m2    LA 13,00 €/m2    ST 32,34 €/m2

039.71304.M   KG 353 DIN 276
Deckenbekleidung Spanplatten A2, 22 mm
EP 90,96 DM/m2   LA 25,68 DM/m2   ST 65,28 DM/m2
EP 46,51 €/m2    LA 13,13 €/m2    ST 33,38 €/m2

039.71305.M   KG 353 DIN 276
Deckenbekleidung Spanplatten B1, 12 mm
EP 46,52 DM/m2   LA 25,42 DM/m2   ST 21,10 DM/m2
EP 23,78 €/m2    LA 13,00 €/m2    ST 10,78 €/m2

039.71306.M   KG 353 DIN 276
Deckenbekleidung Spanplatten B1, 16 mm
EP 48,59 DM/m2   LA 25,42 DM/m2   ST 23,17 DM/m2
EP 24,84 €/m2    LA 13,00 €/m2    ST 11,84 €/m2

039.71307.M   KG 353 DIN 276
Deckenbekleidung Spanplatten B1, 19 mm
EP 50,75 DM/m2   LA 25,42 DM/m2   ST 25,33 DM/m2
EP 25,95 €/m2    LA 13,00 €/m2    ST 12,95 €/m2

039.71308.M   KG 353 DIN 276
Deckenbekleidung Spanplatten B1, 22 mm
EP 51,34 DM/m2   LA 25,68 DM/m2   ST 25,66 DM/m2
EP 26,25 €/m2    LA 13,13 €/m2    ST 13,12 €/m2

039.68001.M   KG 353 DIN 276
Deckenbekleidung GF 10
EP 32,15 DM/m2   LA 25,42 DM/m2   ST 6,73 DM/m2
EP 16,44 €/m2    LA 13,00 €/m2    ST 3,44 €/m2

039.68002.M   KG 353 DIN 276
Deckenbekleidung GF 12,5
EP 33,34 DM/m2   LA 25,42 DM/m2   ST 7,92 DM/m2
EP 17,05 €/m2    LA 13,00 €/m2    ST 4,05 €/m2

039.69101.M   KG 353 DIN 276
Deckenbekleidung Kalziumsilikatpl. 6 mm
EP 46,31 DM/m2   LA 25,42 DM/m2   ST 20,89 DM/m2
EP 23,68 €/m2    LA 13,00 €/m2    ST 10,68 €/m2

039.69102.M   KG 353 DIN 276
Deckenbekleidung Kalziumsilikatpl. 8 mm
EP 53,11 DM/m2   LA 25,42 DM/m2   ST 27,69 DM/m2
EP 27,15 €/m2    LA 13,00 €/m2    ST 14,15 €/m2

039.69103.M   KG 353 DIN 276
Deckenbekleidung Kalziumsilikatpl. 10 mm
EP 60,17 DM/m2   LA 25,42 DM/m2   ST 34,75 DM/m2
EP 30,76 €/m2    LA 13,00 €/m2    ST 17,76 €/m2

039.69104.M   KG 353 DIN 276
Deckenbekleidung Kalziumsilikatpl. 12 mm
EP 66,84 DM/m2   LA 25,42 DM/m2   ST 41,42 DM/m2
EP 34,17 €/m2    LA 13,00 €/m2    ST 21,17 €/m2

039.69105.M   KG 353 DIN 276
Deckenbekleidung Kalziumsilikatpl. 15 mm
EP 77,14 DM/m2   LA 25,42 DM/m2   ST 51,72 DM/m2
EP 39,44 €/m2    LA 13,00 €/m2    ST 26,44 €/m2

039.69106.M   KG 353 DIN 276
Deckenbekleidung Kalziumsilikatpl. 20 mm
EP 94,47 DM/m2   LA 25,68 DM/m2   ST 68,79 DM/m2
EP 48,30 €/m2    LA 13,13 €/m2    ST 35,17 €/m2

039.69107.M   KG 353 DIN 276
Deckenbekleidung Kalziumsilikatpl. 25 mm
EP 111,76 DM/m2  LA 25,68 DM/m2   ST 86,08 DM/m2
EP  57,14 €/m2   LA 13,13 €/m2    ST 44,01 €/m2

039.69201.M   KG 353 DIN 276
Deckenbekleidung Kalziumsilikatpl. 2x12 mm
EP 133,34 DM/m2  LA 50,77 DM/m2   ST 82,57 DM/m2
EP  68,17 €/m2   LA 25,96 €/m2    ST 42,21 €/m2

# LB 039 Trockenbauarbeiten
## Deckenbekleidung, sonstige Platten; Allgemeine Leistungen und Zulagen

AW 039

Preise 06.01

Sämtliche Preise sind **Mittelpreise ohne Mehrwertsteuer** zum Zeitpunkt des Ausgabedatums.
**Korrekturfaktoren** für Regionaleinfluss, Mengeneinfluss, Konjunktureinfluss siehe Vorspann.
**Abkürzungen:** EP = Einheitspreis, LA = Lohnanteil, ST = Stoffanteil

039.68501.M KG 353 DIN 276
Decklage dekorat. MF-Platten B1, 15 mm, verdeckt
EP 48,64 DM/m2   LA 25,42 DM/m2   ST 23,22 DM/m2
EP 24,87 €/m2    LA 13,00 €/m2    ST 11,87 €/m2

039.68502.M KG 353 DIN 276
Decklage dekorat. MF-Platten B1, 20 mm, verdeckt
EP 52,49 DM/m2   LA 25,68 DM/m2   ST 26,81 DM/m2
EP 26,84 €/m2    LA 13,13 €/m2    ST 13,71 €/m2

039.68503.M KG 353 DIN 276
Decklage dekorat. MF-Platten B1, 15 mm, gerastert
EP 45,01 DM/m2   LA 25,42 DM/m2   ST 19,59 DM/m2
EP 23,01 €/m2    LA 13,00 €/m2    ST 10,01 €/m2

039.68504.M KG 353 DIN 276
Decklage dekorat. MF-Platten B1, 20 mm, gerastert
EP 48,90 DM/m2   LA 25,68 DM/m2   ST 23,22 DM/m2
EP 25,00 €/m2    LA 13,13 €/m2    ST 11,87 €/m2

039.68505.M KG 353 DIN 276
Decklage dekorat. MF-Platten B1, 15 mm, Holzprofile
EP 42,34 DM/m2   LA 25,42 DM/m2   ST 16,92 DM/m2
EP 21,65 €/m2    LA 13,00 €/m2    ST  8,65 €/m2

039.68506.M KG 353 DIN 276
Decklage dekorat. MF-Platten B1, 20 mm, Holzprofile
EP 47,02 DM/m2   LA 25,68 DM/m2   ST 21,34 DM/m2
EP 24,04 €/m2    LA 13,13 €/m2    ST 10,91 €/m2

039.68507.M KG 353 DIN 276
Decklage dekorat. MF-Platten B1, 15 mm, Balkendecke
EP 47,49 DM/m2   LA 25,42 DM/m2   ST 22,07 DM/m2
EP 24,28 €/m2    LA 13,00 €/m2    ST 11,28 €/m2

039.68508.M KG 353 DIN 276
Decklage dekorat. MF-Platten B1, 20 mm, Balkendecke
EP 49,91 DM/m2   LA 25,68 DM/m2   ST 24,23 DM/m2
EP 25,52 €/m2    LA 13,13 €/m2    ST 12,39 €/m2

039.73001.M KG 353 DIN 276
Decklage Stahlkassette, gelocht, weiß, 625x625 mm
EP 59,85 DM/m2   LA 28,19 DM/m2   ST 31,66 DM/m2
EP 30,60 €/m2    LA 14,41 €/m2    ST 16,19 €/m2

039.73002.M KG 353 DIN 276
Decklage Stahlkassette, gelocht, weiß, 300x1250 mm
EP 67,24 DM/m2   LA 28,19 DM/m2   ST 39,05 DM/m2
EP 34,38 €/m2    LA 14,41 €/m2    ST 19,97 €/m2

039.73003.M KG 353 DIN 276
Decklage Stahlkassette, gelocht, weiß, 400x2500 mm
EP 64,66 DM/m2   LA 28,19 DM/m2   ST 36,47 DM/m2
EP 33,06 €/m2    LA 14,41 €/m2    ST 18,65 €/m2

039.73004.M KG 353 DIN 276
Decklage Stahl-Langfeldplatten, weiß, 300x1200 mm
EP 71,04 DM/m2   LA 28,19 DM/m2   ST 42,85 DM/m2
EP 36,32 €/m2    LA 14,41 €/m2    ST 21,91 €/m2

039.73005.M KG 353 DIN 276
Decklage ALU-Paneele, gelocht, weiß
EP 68,30 DM/m2   LA 28,19 DM/m2   ST 40,11 DM/m2
EP 34,92 €/m2    LA 14,41 €/m2    ST 20,51 €/m2

039.73006.M KG 353 DIN 276
Decklage ALU-Paneele, glatt, weiß
EP 74,98 DM/m2   LA 28,19 DM/m2   ST 46,79 DM/m2
EP 38,34 €/m2    LA 14,41 €/m2    ST 23,93 €/m2

039.73007.M KG 353 DIN 276
Decklage Stahl-Akustikplatten, weiß, 600x600 mm
EP 84,59 DM/m2   LA 28,19 DM/m2   ST 56,40 DM/m2
EP 43,25 €/m2    LA 14,41 €/m2    ST 28,84 €/m2

## Allgemeine Leistungen und Zulagen

039.-----.-

|  |  |
|---|---|
| 039.00501.M Untergrund reinigen, abwaschen | 2,84 DM/m2 / 1,45 €/m2 |
| 039.00502.M Altputz (Zementmörtel) entfernen | 19,23 DM/m2 / 9,83 €/m2 |
| 039.00503.M Altputz (Kalkmörtel) entfernen | 7,85 DM/m2 / 4,01 €/m2 |
| 039.00504.M Beschichtungen abbeizen | 13,84 DM/m2 / 7,08 €/m2 |
| 039.15635.M Fugen ausstopfen, Mineralwolle | 19,94 DM/m / 10,19 €/m |
| 039.15636.M Ausfüllen von Hohlräumen, Mineralwolle | 61,12 DM/m / 31,25 €/m |
| 039.15637.M Ausfüllen von Hohlräumen, Mineralwolle lose | 237,80 DM/m3 / 121,58 €/m3 |
| 039.15701.M Rieselschutz, Folie | 5,20 DM/m2 / 2,66 €/m2 |
| 039.15702.M Dampfsperre, ALU | 16,02 DM/m2 / 8,19 €/m2 |
| 039.77201.M Dampfsperre, Bitumenpapier | 7,11 DM/m2 / 3,64 €/m2 |
| 039.44910.M GKBI 12,5, als Zulage | 1,92 DM/m2 / 0,98 €/m2 |
| 039.44911.M ALU-Kaschierung, rückseitig, als Zulage | 3,93 DM/m2 / 2,01 €/m2 |
| 039.44912.M ALU-Kasch. auf Natronkraftpapier, rücks., als Zulage | 5,24 DM/m2 / 2,68 €/m2 |

**Hinweis**
Die unterschiedlichen Trennlagen für vertikale Bauteile sind nur in den Positionen für den Bereich "Montagewände, freistehende Vorsatzschalen, Schachtwände" aufgeführt.
Für den Bereich "Wandbekleidungen" sind die o.g. Positionen analog zu betrachten, d.h. mit den gleichen Daten zu verwenden.

039.00501.M KG 390 DIN 276
Untergrund reinigen, abwaschen
EP 2,84 DM/m2   LA 2,84 DM/m2   ST 0,00 DM/m2
EP 1,45 €/m2    LA 1,45 €/m2    ST 0,00 €/m2

039.00502.M KG 390 DIN 276
Altputz (Zementmörtel) entfernen
EP 19,23 DM/m2   LA 15,64 DM/m2   ST 3,59 DM/m2
EP  9,83 €/m2    LA  8,00 €/m2    ST 1,83 €/m2

039.00503.M KG 390 DIN 276
Altputz (Kalkmörtel) entfernen
EP 7,85 DM/m2   LA 6,27 DM/m2   ST 1,58 DM/m2
EP 4,01 €/m2    LA 3,20 €/m2    ST 0,81 €/m2

039.00504.M KG 390 DIN 276
Beschichtungen abbeizen
EP 13,84 DM/m2   LA 9,38 DM/m2   ST 4,46 DM/m2
EP  7,08 €/m2    LA 4,79 €/m2    ST 2,29 €/m2

039.15635.M KG 390 DIN 276
Fugen ausstopfen, Mineralwolle
EP 19,94 DM/m   LA 4,09 DM/m   ST 15,85 DM/m
EP 10,19 €/m    LA 2,09 €/m    ST  8,10 €/m

039.15636.M KG 390 DIN 276
Ausfüllen von Hohlräumen, Mineralwolle
EP 61,12 DM/m   LA 9,38 DM/m   ST 51,74 DM/m
EP 31,25 €/m    LA 4,79 €/m    ST 26,46 €/m

039.15637.M KG 390 DIN 276
Ausfüllen von Hohlräumen, Mineralwolle lose
EP 237,80 DM/m3   LA 137,99 DM/m3   ST 99,81 DM/m3
EP 121,58 €/m3    LA  70,55 €/m3    ST 51,03 €/m3

039.15701.M KG 390 DIN 276
Rieselschutz, Folie
EP 5,20 DM/m2   LA 4,09 DM/m2   ST 1,11 DM/m2
EP 2,66 €/m2    LA 2,09 €/m2    ST 0,57 €/m2

039.15702.M KG 390 DIN 276
Dampfsperre, ALU
EP 16,02 DM/m2   LA 7,52 DM/m2   ST 8,50 DM/m2
EP  8,19 €/m2    LA 3,85 €/m2    ST 4,34 €/m2

# LB 039 Trockenbauarbeiten
## Allgemeine Leistungen und Zulagen; Trockenunterböden

Preise 06.01

Sämtliche Preise sind **Mittelpreise ohne Mehrwertsteuer** zum Zeitpunkt des Ausgabedatums.
**Korrekturfaktoren** für Regionaleinfluss, Mengeneinfluss, Konjunktureinfluss siehe Vorspann.
**Abkürzungen:** EP = Einheitspreis, LA = Lohnanteil, ST = Stoffanteil

039.77201.M    KG 390 DIN 276
Dampfsperre, Bitumenpapier
EP 7,11 DM/m2    LA 4,95 DM/m2    ST 2,16 DM/m2
EP 3,64 €/m2    LA 2,53 €/m2    ST 1,11 €/m2

039.44910.M    KG 390 DIN 276
GKBI 12,5, als Zulage
EP 1,92 DM/m2    LA 0,00 DM/m2    ST 1,92 DM/m2
EP 0,98 €/m2    LA 0,00 €/m2    ST 0,98 €/m2

039.44911.M    KG 390 DIN 276
ALU-Kaschierung, rückseitig, als Zulage
EP 3,93 DM/m2    LA 0,00 DM/m2    ST 3,93 DM/m2
EP 2,01 €/m2    LA 0,00 €/m2    ST 2,01 €/m2

039.44912.M    KG 390 DIN 276
ALU-Kasch. auf Natronkraftpapier, rücks., als Zulage
EP 5,24 DM/m2    LA 0,00 DM/m2    ST 5,24 DM/m2
EP 2,68 €/m2    LA 0,00 €/m2    ST 2,68 €/m2

## Trockenunterböden

039.-----.-

|  |  |  |
|---|---|---|
| 039.84201.M | Fertigteilestr. 20 mm, GF-Platte, 2x10 mm | 39,11 DM/m2 / 20,00 €/m2 |
| 039.84401.M | Fertigteilestr. 25 mm, GF-Platte, 2x12,5 mm | 42,01 DM/m2 / 21,48 €/m2 |
| 039.84701.M | Fertigteilestr. 30 mm, GF-Platte, 2x10 mm + MIN 12/10mm | 46,13 DM/m2 / 23,58 €/m2 |
| 039.84702.M | Fertigteilestr. 40 mm, GF-Platte, 2x10 mm + PS 20 mm | 44,59 DM/m2 / 22,80 €/m2 |
| 039.84703.M | Fertigteilestr. 50 mm, GF-Platte, 2x10 mm + PS 30 mm | 45,58 DM/m2 / 23,31 €/m2 |
| 039.84402.M | Fertigteilestr. 25 mm, GK-Platte | 44,79 DM/m2 / 22,90 €/m2 |
| 039.84403.M | Fertigteilestr. 25 mm, GK-Platten, 2x 12,5 mm | 46,28 DM/m2 / 23,66 €/m2 |
| 039.84704.M | Fertigteilestr. 45 mm, GK-Platte + PS 20 mm | 49,13 DM/m2 / 25,12 €/m2 |
| 039.84705.M | Fertigteilestr. 55 mm, GK-Platte + PS 30 mm | 52,45 DM/m2 / 26,82 €/m2 |
| 039.84404.M | Fertigteilestr. 25 mm, ZE-Platten, 2x 10,5 mm | 79,85 DM/m2 / 40,82 €/m2 |
| 039.84706.M | Fertigteilestr. 40 mm, V 100 G + Heralan-TTP 25/22,5mm | 46,41 DM/m2 / 23,73 €/m2 |
| 039.84707.M | Fertigteilestr. 50 mm, V 100 G + Heralan-TTP 30/27,5mm | 54,71 DM/m2 / 27,97 €/m2 |
| 039.84708.M | Fertigteilestr. 60 mm, V 100 G + Heralan-TTP 35/32,5mm | 62,12 DM/m2 / 31,76 €/m2 |
| 039.84709.M | Fertigteilestr. 50 mm, V 100 E1 + PS 32/30 mm | 45,21 DM/m2 / 23,12 €/m2 |
| 039.84710.M | Fertigteilestr. 60 mm, V 100 E1 + PS 42/40 mm | 47,73 DM/m2 / 24,41 €/m2 |
| 039.84711.M | Fertigteilestr. 70 mm, V 100 E1 + PS 52/50 mm | 50,01 DM/m2 / 25,57 €/m2 |
| 039.84712.M | Fertigteilestr. 80 mm, V 100 E1 + PS 62/60 mm | 52,52 DM/m2 / 26,85 €/m2 |

**Hinweis:**
GF = Gipsfaser
MIN = Mineralfaser
GK = Gipskarton
PS = Polystyrol
ZE = zementgebundene Platte
V = Verlege-Spanplatte

039.84201.M    KG 350 DIN 276
Fertigteilestr. 20 mm, GF-Platte, 2x10 mm
EP 39,11 DM/m2    LA 17,70 DM/m2    ST 21,41 DM/m2
EP 20,00 €/m2    LA 9,05 €/m2    ST 10,95 €/m2

039.84401.M    KG 350 DIN 276
Fertigteilestr. 25 mm, GF-Platte, 2x12,5 mm
EP 42,01 DM/m2    LA 18,42 DM/m2    ST 23,59 DM/m2
EP 21,48 €/m2    LA 9,42 €/m2    ST 12,06 €/m2

039.84701.M    KG 350 DIN 276
Fertigteilestr. 30 mm, GF-Platte, 2x10 mm + MIN 12/10mm
EP 46,13 DM/m2    LA 18,62 DM/m2    ST 27,51 DM/m2
EP 23,58 €/m2    LA 9,52 €/m2    ST 14,06 €/m2

039.84702.M    KG 350 DIN 276
Fertigteilestr. 40 mm, GF-Platte, 2x10 mm + PS 20 mm
EP 44,59 DM/m2    LA 18,88 DM/m2    ST 25,71 DM/m2
EP 22,80 €/m2    LA 9,65 €/m2    ST 13,15 €/m2

039.84703.M    KG 350 DIN 276
Fertigteilestr. 50 mm, GF-Platte, 2x10 mm + PS 30 mm
EP 45,58 DM/m2    LA 19,08 DM/m2    ST 26,50 DM/m2
EP 23,31 €/m2    LA 9,76 €/m2    ST 13,55 €/m2

039.84402.M    KG 350 DIN 276
Fertigteilestr. 25 mm, GK-Platte
EP 44,79 DM/m2    LA 18,68 DM/m2    ST 26,11 DM/m2
EP 22,90 €/m2    LA 9,55 €/m2    ST 13,35 €/m2

039.84403.M    KG 350 DIN 276
Fertigteilestr. 25 mm, GK-Platten, 2x 12,5 mm
EP 46,28 DM/m2    LA 28,26 DM/m2    ST 18,02 DM/m2
EP 23,66 €/m2    LA 14,45 €/m2    ST 9,21 €/m2

039.84704.M    KG 350 DIN 276
Fertigteilestr. 45 mm, GK-Platte + PS 20 mm
EP 49,13 DM/m2    LA 18,88 DM/m2    ST 30,25 DM/m2
EP 25,12 €/m2    LA 9,65 €/m2    ST 15,47 €/m2

039.84705.M    KG 350 DIN 276
Fertigteilestr. 55 mm, GK-Platte + PS 30 mm
EP 52,45 DM/m2    LA 19,35 DM/m2    ST 33,10 DM/m2
EP 26,82 €/m2    LA 9,89 €/m2    ST 16,93 €/m2

039.84404.M    KG 350 DIN 276
Fertigteilestr. 25 mm, ZE-Platten, 2x 10,5 mm
EP 79,85 DM/m2    LA 27,73 DM/m2    ST 52,12 DM/m2
EP 40,82 €/m2    LA 14,18 €/m2    ST 26,64 €/m2

039.84706.M    KG 350 DIN 276
Fertigteilestr. 40 mm, V 100 G + Heralan-TTP 25/22,5mm
EP 46,41 DM/m2    LA 17,83 DM/m2    ST 28,58 DM/m2
EP 23,73 €/m2    LA 9,11 €/m2    ST 14,62 €/m2

039.84707.M    KG 350 DIN 276
Fertigteilestr. 50 mm, V 100 G + Heralan-TTP 30/27,5mm
EP 54,71 DM/m2    LA 19,48 DM/m2    ST 35,23 DM/m2
EP 27,97 €/m2    LA 9,96 €/m2    ST 18,01 €/m2

039.84708.M    KG 350 DIN 276
Fertigteilestr. 60 mm, V 100 G + Heralan-TTP 35/32,5mm
EP 62,12 DM/m2    LA 20,14 DM/m2    ST 41,98 DM/m2
EP 31,76 €/m2    LA 10,30 €/m2    ST 21,46 €/m2

039.84709.M    KG 350 DIN 276
Fertigteilestr. 50 mm, V 100 E1 + PS 32/30 mm
EP 45,21 DM/m2    LA 19,68 DM/m2    ST 25,53 DM/m2
EP 23,12 €/m2    LA 10,06 €/m2    ST 13,06 €/m2

039.84710.M    KG 350 DIN 276
Fertigteilestr. 60 mm, V 100 E1 + PS 42/40 mm
EP 47,73 DM/m2    LA 20,33 DM/m2    ST 27,40 DM/m2
EP 24,41 €/m2    LA 10,40 €/m2    ST 14,01 €/m2

039.84711.M    KG 350 DIN 276
Fertigteilestr. 70 mm, V 100 E1 + PS 52/50 mm
EP 50,01 DM/m2    LA 21,00 DM/m2    ST 29,01 DM/m2
EP 25,57 €/m2    LA 10,73 €/m2    ST 14,84 €/m2

039.84712.M    KG 350 DIN 276
Fertigteilestr. 80 mm, V 100 E1 + PS 62/60 mm
EP 52,62 DM/m2    LA 21,66 DM/m2    ST 30,86 DM/m2
EP 26,85 €/m2    LA 11,07 €/m2    ST 15,78 €/m2

# LB 039 Trockenbauarbeiten
## Allgemeine Leistungen für Trockenunterböden; Installationsdoppelböden

Preise 06.01

Sämtliche Preise sind **Mittelpreise ohne Mehrwertsteuer** zum Zeitpunkt des Ausgabedatums.
**Korrekturfaktoren** für Regionaleinfluss, Mengeneinfluss, Konjunktureinfluss siehe Vorspann.
**Abkürzungen:** EP = Einheitspreis, LA = Lohnanteil, ST = Stoffanteil

### Allgemeine Leistungen für Trockenunterböden

039.-----.-

|  |  |  |
|---|---|---|
| 039.85101.M | Fugenprofil Fußbod.-Dehnungsanschl., Migua FV 35/7590 | 92,98 DM/m / 47,54 €/m |
| 039.85201.M | Trennschiene, verz. Stahl 30/5 mm | 25,61 DM/m / 13,10 €/m |
| 039.85202.M | Trennschiene, Messing 50/30/4 mm | 28,64 DM/m / 14,64 €/m |
| 039.85203.M | Fertigteilestrich, min. Feinspachtel, Dicke bis 2 mm | 15,65 DM/m2 / 8,00 €/m2 |
| 039.85204.M | Fertigteilestrich, min. Feinspachtel, Dicke >2- 5 mm | 18,80 DM/m2 / 9,61 €/m2 |

**039.85101.M** KG 350 DIN 276
Fugenprofil Fußboden-Dehnungsanschluss, Migua FV 35/7590
EP 92,98 DM/m   LA 6,93 DM/m   ST 86,05 DM/m
EP 47,54 €/m    LA 3,54 €/m    ST 44,00 €/m

**039.85201.M** KG 350 DIN 276
Trennschiene, verz. Stahl 30/5 mm
EP 25,61 DM/m   LA 21,46 DM/m  ST 4,15 DM/m
EP 13,10 €/m    LA 10,97 €/m   ST 2,13 €/m

**039.85202.M** KG 350 DIN 276
Trennschiene, Messing 50/30/4 mm
EP 28,64 DM/m   LA 21,79 DM/m  ST 6,85 DM/m
EP 14,64 €/m    LA 11,14 €/m   ST 3,50 €/m

**039.85203.M** KG 350 DIN 276
Fertigteilestrich, min. Feinspachtel, Dicke bis 2 mm
EP 15,65 DM/m2  LA 12,34 DM/m2 ST 3,31 DM/m2
EP 8,00 €/m2    LA 6,31 €/m2   ST 1,69 €/m2

**039.85204.M** KG 350 DIN 276
Fertigteilestrich, min. Feinspachtel, Dicke >2- 5 mm
EP 18,80 DM/m2  LA 12,75 DM/m2 ST 6,05 DM/m2
EP 9,61 €/m2    LA 6,52 €/m2   ST 3,09 €/m2

### Installationsdoppelböden

039.-----.-

|  |  |  |
|---|---|---|
| 039.86401.M | Install.-doppelboden, Noppenmatte, Teppichfliesen | 110,27 DM/m2 / 56,38 €/m2 |
| 039.86301.M | Install.-doppelboden, Spezialspanplatte, PVC-Belag | 100,02 DM/m2 / 51,14 €/m2 |
| 039.86302.M | Install.-doppelboden, Holzwerkstoffpl./Alu | 96,79 DM/m2 / 49,49 €/m2 |
| 039.86303.M | Install.-doppelboden, Holzwerkstoffpl./Stahlblech | 121,96 DM/m2 / 62,36 €/m2 |
| 039.86304.M | Install.-doppelboden, Holzwerkstoffpl./Alu, F30 | 103,29 DM/m2 / 52,81 €/m2 |
| 039.86305.M | Install.-doppelboden, Holzwerkstoffpl./Stahlblech, F30 | 126,61 DM/m2 / 64,73 €/m2 |
| 039.86306.M | Install.-doppelboden, Kalziumsulfat-Pl., F30 | 126,55 DM/m2 / 64,71 €/m2 |
| 039.86307.M | Install.-doppelboden, Kalziumsulfat-Pl./Stahlblech, F30 | 148,93 DM/m2 / 76,15 €/m2 |
| 039.86308.M | Install.-doppelboden, Stahlplatten, F30 | 154,83 DM/m2 / 79,17 €/m2 |
| 039.86309.M | Install.-doppelboden, Spanpl./Stahlblech, PVC-leitf. | 192,04 DM/m2 / 98,19 €/m2 |
| 039.86310.M | Install.-doppelboden, Spanpl./Stahlblech, Nadelf.-leitf | 182,91 DM/m2 / 93,52 €/m2 |
| 039.86311.M | Install.-doppelboden, Leichtbeton-Elemente, F90 | 71,66 DM/m2 / 36,64 €/m2 |
| 039.90501.M | Hohlraumboden, Bodenpl. mit Fließestrich, 90 mm, F60 | 72,82 DM/m2 / 37,23 €/m2 |
| 039.90502.M | Hohlraumboden, Bodenpl. mit Fließestrich, 140 mm, F60 | 78,31 DM/m2 / 40,04 €/m2 |
| 039.88401.M | Rampe, l=1,5 m, b=1,25 m | 603,65 DM/St / 308,64 €/St |
| 039.88402.M | Rampe, l=2,0 m, b=1,25 m | 699,75 DM/St / 357,78 €/St |
| 039.88403.M | Rampe, l=3,0 m, b=1,25 m | 796,81 DM/St / 407,40 €/St |
| 039.89001.M | Drallauslass 40 m3/h | 67,42 DM/St / 34,47 €/St |
| 039.89002.M | Drallauslass 150 m3/h | 126,00 DM/St / 64,42 €/St |
| 039.89201.M | Überbrückungsträger - 1 Unterstützung | 59,19 DM/St / 30,26 €/St |
| 039.89202.M | Überbrückungsträger - 2 Unterstützungen | 89,26 DM/St / 45,64 €/St |
| 039.89203.M | Überbrückungsträger - 3 Unterstützungen | 119,37 DM/St / 61,03 €/St |

**039.86401.M** KG 352 DIN 276
Install.-doppelboden, Noppenmatte, Teppichfliesen
EP 110,27 DM/m2  LA 37,24 DM/m2  ST 73,03 DM/m2
EP 56,38 €/m2    LA 19,04 €/m2   ST 37,34 €/m2

**039.86301.M** KG 352 DIN 276
Install.-doppelboden, Spezialspanplatte, PVC-Belag
EP 100,02 DM/m2  LA 39,08 DM/m2  ST 60,94 DM/m2
EP 51,14 €/m2    LA 19,98 €/m2   ST 31,16 €/m2

**039.86302.M** KG 352 DIN 276
Install.-doppelboden, Holzwerkstoffpl./Alu
EP 96,79 DM/m2   LA 44,70 DM/m2  ST 52,09 DM/m2
EP 49,49 €/m2    LA 22,85 €/m2   ST 26,64 €/m2

**039.86303.M** KG 352 DIN 276
Install.-doppelboden, Holzwerkstoffpl./Stahlblech
EP 121,96 DM/m2  LA 46,61 DM/m2  ST 76,35 DM/m2
EP 62,36 €/m2    LA 23,83 €/m2   ST 38,53 €/m2

**039.86304.M** KG 352 DIN 276
Install.-doppelboden, Holzwerkstoffpl./Alu, F30
EP 103,29 DM/m2  LA 44,70 DM/m2  ST 58,59 DM/m2
EP 52,81 €/m2    LA 22,85 €/m2   ST 29,96 €/m2

**039.86305.M** KG 352 DIN 276
Install.-doppelboden, Holzwerkstoffpl./Stahlblech, F30
EP 126,61 DM/m2  LA 46,61 DM/m2  ST 80,00 DM/m2
EP 64,73 €/m2    LA 23,83 €/m2   ST 40,90 €/m2

**039.86306.M** KG 352 DIN 276
Install.-doppelboden, Kalziumsulfat-Pl., F30
EP 126,55 DM/m2  LA 44,70 DM/m2  ST 81,85 DM/m2
EP 64,71 €/m2    LA 22,85 €/m2   ST 41,86 €/m2

**039.86307.M** KG 352 DIN 276
Install.-doppelboden, Kalziumsulfat-Pl./Stahlblech, F30
EP 148,93 DM/m2  LA 46,61 DM/m2  ST 102,32 DM/m2
EP 76,15 €/m2    LA 23,83 €/m2   ST 52,32 €/m2

**039.86308.M** KG 352 DIN 276
Install.-doppelboden, Stahlplatten, F30
EP 154,83 DM/m2  LA 47,87 DM/m2  ST 106,96 DM/m2
EP 79,17 €/m2    LA 24,47 €/m2   ST 54,70 €/m2

**039.86309.M** KG 352 DIN 276
Install.-doppelboden, Spanpl./Stahlblech, PVC-leitf.
EP 192,04 DM/m2  LA 47,87 DM/m2  ST 144,17 DM/m2
EP 98,19 €/m2    LA 24,47 €/m2   ST 73,72 €/m2

**039.86310.M** KG 352 DIN 276
Install.-doppelboden, Spanpl./Stahlblech, Nadelf.-leitf
EP 182,91 DM/m2  LA 47,87 DM/m2  ST 135,04 DM/m2
EP 93,52 €/m2    LA 24,47 €/m2   ST 69,05 €/m2

**039.86311.M** KG 352 DIN 276
Install.-doppelboden, Leichtbeton-Elemente, F90
EP 71,66 DM/m2   LA 36,32 DM/m2  ST 35,34 DM/m2
EP 36,64 €/m2    LA 18,57 €/m2   ST 18,07 €/m2

**039.90501.M** KG 352 DIN 276
Hohlraumboden, Bodenpl. mit Fließestrich, 90 mm, F60
EP 72,82 DM/m2   LA 43,05 DM/m2  ST 29,77 DM/m2
EP 37,23 €/m2    LA 22,01 €/m2   ST 15,22 €/m2

**039.90502.M** KG 352 DIN 276
Hohlraumboden, Bodenpl. mit Fließestrich, 140 mm, F60
EP 78,31 DM/m2   LA 46,22 DM/m2  ST 32,09 DM/m2
EP 40,04 €/m2    LA 23,63 €/m2   ST 16,41 €/m2

**039.88401.M** KG 352 DIN 276
Rampe, l=1,5 m, b=1,25 m
EP 603,65 DM/St  LA 65,36 DM/St  ST 538,29 DM/St
EP 308,64 €/St   LA 33,42 €/St   ST 275,22 €/St

# AW 039

Preise 06.01

## LB 039 Trockenbauarbeiten
### Installationsdoppelböden; Trennwände aus Gips-Wandbauplatten

Sämtliche Preise sind **Mittelpreise ohne Mehrwertsteuer** zum Zeitpunkt des Ausgabedatums.
**Korrekturfaktoren** für Regionaleinfluss, Mengeneinfluss, Konjunktureinfluss siehe Vorspann.
**Abkürzungen:** EP = Einheitspreis, LA = Lohnanteil, ST = Stoffanteil

039.88402.M     KG 352 DIN 276
Rampe, l=2,0 m, b=1,25 m
EP 699,75 DM/St    LA 68,67 DM/St    ST 631,08 DM/St
EP 357,78 €/St     LA 35,11 €/St     ST 322,67 €/St

039.88403.M     KG 352 DIN 276
Rampe, l=3,0 m, b=1,25 m
EP 796,81 DM/St    LA 71,97 DM/St    ST 724,84 DM/St
EP 407,40 €/St     LA 36,80 €/St     ST 370,60 €/St

039.89001.M     KG 352 DIN 276
Drallauslass 40 m3/h
EP 67,42 DM/St    LA 18,81 DM/St    ST 48,61 DM/St
EP 34,47 €/St     LA 9,62 €/St     ST 24,85 €/St

039.89002.M     KG 352 DIN 276
Drallauslass 150 m3/h
EP 126,00 DM/St    LA 18,81 DM/St    ST 107,19 DM/St
EP 64,42 €/St     LA 9,62 €/St     ST 54,80 €/St

039.89201.M     KG 352 DIN 276
Überbrückungsträger - 1 Unterstützung
EP 59,19 DM/St    LA 31,36 DM/St    ST 27,83 DM/St
EP 30,26 €/St     LA 16,03 €/St     ST 14,23 €/St

039.89202.M     KG 352 DIN 276
Überbrückungsträger - 2 Unterstützungen
EP 89,26 DM/St    LA 33,67 DM/St    ST 55,59 DM/St
EP 45,64 €/St     LA 17,22 €/St     ST 28,42 €/St

039.89203.M     KG 352 DIN 276
Überbrückungsträger - 3 Unterstützungen
EP 119,37 DM/St    LA 35,98 DM/St    ST 83,39 DM/St
EP 61,03 €/St     LA 18,40 €/St     ST 42,63 €/St

### Trennwände aus Gips-Wandbauplatten

039.-----.-

|  |  |  |
|---|---|---|
| 039.93401.M | Nichttr. Innenw., Gipsplatten GW-0,9; FG, 6 cm | 65,17 DM/m2 / 33,32 €/m2 |
| 039.93402.M | Nichttr. Innenw., Gipsplatten GWHY-0,9; FG, 6 cm | 72,90 DM/m2 / 37,28 €/m2 |
| 039.93403.M | Nichttr. Innenw., Gipspl. 2 x GWHY-6-0,9; FG | 139,22 DM/m2 / 71,18 €/m2 |
| 039.93404.M | Nichttr. Innenw., Gipspl. GW-8/GW-6-0,9; FG, MF 2 cm | 142,85 DM/m2 / 73,04 €/m2 |
| 039.93405.M | Nichttr. Innenw., Gipspl. SW-8/SW-6-1,2; FG, MF 6 cm | 162,94 DM/m2 / 83,31 €/m2 |
| 039.93406.M | Nichttr. Innenw., Gipspl. GWHY-8/GW-6-0,9; FG, MF 6cm | 154,83 DM/m2 / 79,17 €/m2 |
| 039.93407.M | Nichttr. Innenw., Gipspl. GW-10/GW-6-0,9; FG, MF 8 cm | 153,96 DM/m2 / 78,72 €/m2 |
| 039.93601.M | Nichttr. Innenw., Gipsplatten GW -0,8; FG, 8 cm | 69,61 DM/m2 / 35,59 €/m2 |
| 039.93602.M | Nichttr. Innenw., Gipsplatten GWHY-0,9; FG, 8 cm | 77,38 DM/m2 / 39,56 €/m2 |
| 039.93603.M | Nichttr. Innenw., Gipsplatten SW -1,2; FG, 8 cm | 77,92 DM/m2 / 39,84 €/m2 |
| 039.93604.M | Nichttr. Innenw., Gipspl. GWHY-8-0,9/SW-8-1,2; MF 3cm | 163,59 DM/m2 / 83,64 €/m2 |
| 039.93701.M | Nichttr. Innenw., Gipsplatten GW -0,8; FG, 10 cm | 74,02 DM/m2 / 37,85 €/m2 |
| 039.93702.M | Nichttr. Innenw., Gipsplatten GWHY-0,9; FG, 10 cm | 83,01 DM/m2 / 42,44 €/m2 |
| 039.93703.M | Nichttr. Innenw., Gipsplatten SW -1,2; FG, 10 cm | 84,65 DM/m2 / 43,28 €/m2 |
| 039.93704.M | Nichttr. Innenw., Gipsplatten SW -1,0; FG, 12 cm | 88,12 DM/m2 / 45,05 €/m2 |
| 039.93705.M | Nichttr. Innenw., Gipsplatten SW -1,2; FG, 12 cm | 89,82 DM/m2 / 45,92 €/m2 |

039.93401.M     KG 342 DIN 276
Nichttrag. Innenw., Gipsplatten GW-0,9; FG, 6 cm
EP 65,17 DM/m2    LA 42,92 DM/m2    ST 22,25 DM/m2
EP 33,32 €/m2     LA 21,94 €/m2     ST 11,38 €/m2

039.93402.M     KG 342 DIN 276
Nichttrag. Innenw., Gipsplatten GWHY-0,9; FG, 6 cm
EP 72,90 DM/m2    LA 42,92 DM/m2    ST 29,98 DM/m2
EP 37,28 €/m2     LA 21,94 €/m2     ST 15,34 €/m2

039.93403.M     KG 342 DIN 276
Nichttrag. Innenw., Gipspl. 2 x GWHY-6-0,9; FG
EP 139,22 DM/m2    LA 79,23 DM/m2    ST 59,99 DM/m2
EP 71,18 €/m2     LA 40,51 €/m2     ST 30,67 €/m2

039.93404.M     KG 342 DIN 276
Nichttrag. Innenw., Gipspl. GW-8/GW-6-0,9; FG, MF 2 cm
EP 124,85 DM/m2    LA 89,80 DM/m2    ST 53,05 DM/m2
EP 73,04 €/m2     LA 45,91 €/m2     ST 27,13 €/m2

039.93405.M     KG 342 DIN 276
Nichttrag. Innenw., Gipspl. SW-8/SW-6-1,2; FG, MF 6 cm
EP 162,94 DM/m2    LA 91,11 DM/m2    ST 71,83 DM/m2
EP 83,31 €/m2     LA 46,59 €/m2     ST 36,72 €/m2

039.93406.M     KG 342 DIN 276
Nichttrag. Innenw., Gipspl. GWHY-8/GW-6-0,9; FG, MF 6cm
EP 154,83 DM/m2    LA 90,45 DM/m2    ST 64,38 DM/m2
EP 79,17 €/m2     LA 46,25 €/m2     ST 32,92 €/m2

039.93407.M     KG 342 DIN 276
Nichttrag. Innenw., Gipspl. GW-10/GW-6-0,9; FG, MF 8 cm
EP 153,96 DM/m2    LA 90,78 DM/m2    ST 63,18 DM/m2
EP 78,72 €/m2     LA 46,42 €/m2     ST 32,30 €/m2

039.93601.M     KG 342 DIN 276
Nichttrag. Innenw., Gipsplatten GW -0,8; FG, 8 cm
EP 69,61 DM/m2    LA 43,58 DM/m2    ST 26,03 DM/m2
EP 35,59 €/m2     LA 22,28 €/m2     ST 13,31 €/m2

039.93602.M     KG 342 DIN 276
Nichttrag. Innenw., Gipsplatten GWHY-0,9; FG, 8 cm
EP 77,38 DM/m2    LA 43,58 DM/m2    ST 33,80 DM/m2
EP 39,56 €/m2     LA 22,28 €/m2     ST 17,28 €/m2

039.93603.M     KG 342 DIN 276
Nichttrag. Innenw., Gipsplatten SW -1,2; FG, 8 cm
EP 77,92 DM/m2    LA 44,23 DM/m2    ST 33,69 DM/m2
EP 39,84 €/m2     LA 22,62 €/m2     ST 17,22 €/m2

039.93604.M     KG 342 DIN 276
Nichttrag. Innenw., Gipspl. GWHY-8-0,9/SW-8-1,2; MF 3cm
EP 163,59 DM/m2    LA 91,45 DM/m2    ST 72,14 DM/m2
EP 83,64 €/m2     LA 46,76 €/m2     ST 36,88 €/m2

039.93701.M     KG 342 DIN 276
Nichttrag. Innenw., Gipsplatten GW -0,8; FG, 10 cm
EP 74,02 DM/m2    LA 43,58 DM/m2    ST 30,44 DM/m2
EP 37,85 €/m2     LA 22,28 €/m2     ST 15,57 €/m2

039.93702.M     KG 342 DIN 276
Nichttrag. Innenw., Gipsplatten GWHY-0,9; FG, 10 cm
EP 83,01 DM/m2    LA 43,90 DM/m2    ST 39,11 DM/m2
EP 42,44 €/m2     LA 22,45 €/m2     ST 19,99 €/m2

039.93703.M     KG 342 DIN 276
Nichttrag. Innenw., Gipsplatten SW -1,2; FG, 10 cm
EP 84,65 DM/m2    LA 44,90 DM/m2    ST 39,75 DM/m2
EP 43,28 €/m2     LA 22,96 €/m2     ST 20,32 €/m2

039.93704.M     KG 342 DIN 276
Nichttrag. Innenw., Gipsplatten SW -1,0; FG, 12 cm
EP 88,12 DM/m2    LA 45,23 DM/m2    ST 42,89 DM/m2
EP 45,05 €/m2     LA 23,13 €/m2     ST 21,92 €/m2

039.93705.M     KG 342 DIN 276
Nichttrag. Innenw., Gipsplatten SW -1,2; FG, 12 cm
EP 89,82 DM/m2    LA 45,55 DM/m2    ST 44,27 DM/m2
EP 45,92 €/m2     LA 23,29 €/m2     ST 22,63 €/m2

# LB 039 Trockenbauarbeiten
## Trennwandanlagen für Sanitärräume; Bewegliche Trennwände; Schutzabdeckungen

AW 039

Preise 06.01

Sämtliche Preise sind **Mittelpreise ohne Mehrwertsteuer** zum Zeitpunkt des Ausgabedatums.
**Korrekturfaktoren** für Regionaleinfluss, Mengeneinfluss, Konjunktureinfluss siehe Vorspann.
**Abkürzungen:** EP = Einheitspreis, LA = Lohnanteil, ST = Stoffanteil

### Trennwandanlagen für Sanitärräume

039.-----.-

|  |  |  |
|---|---|---|
| 039.97501.M | Trennwandanlage Holzspanpl., Alu-Rahmen, 1 Kab. | 181,42 DM/m / 92,76 €/m |
| 039.97502.M | Trennwandanlage Holzspanpl., Alu-Rahmen, 2 - 3 Kab. | 150,40 DM/m / 76,90 €/m |
| 039.97503.M | Trennwandanlage Holzspanpl., Alu-Rahmen, 4 - 7 Kab. | 125,02 DM/m / 63,92 €/m |
| 039.97504.M | Trennwandanlage Holzspanpl., Alu-Rahmen, 8 - 15 Kab. | 104,89 DM/m / 53,63 €/m |
| 039.97901.M | Trennwandanlage Stahlblech, Alu-Rahmen, 2 - 3 Kab. | 314,67 DM/m / 160,89 €/m |
| 039.97902.M | Trennwandanlage Stahlblech, Alu-Rahmen, 4 - 7 Kab. | 295,95 DM/m / 151,31 €/m |
| 039.97903.M | Trennwandanlage Stahlblech, Alu-Rahmen, 8 - 15 Kab. | 267,37 DM/m / 136,71 €/m |
| 039.98101.M | Schamwand, Kunststoff | 262,79 DM/St / 134,36 €/St |

**039.97501.M** KG 342 DIN 276
Trennwandanlage Holzspanpl., Alu-Rahmen, 1 Kab.
EP 181,42 DM/m   LA 91,08 DM/m   ST 87,34 DM/m
EP  92,76 €/m    LA 48,10 €/m    ST 44,66 €/m

**039.97502.M** KG 342 DIN 276
Trennwandanlage Holzspanpl., Alu-Rahmen, 2 - 3 Kab.
EP 150,40 DM/m   LA 77,12 DM/m   ST 73,28 DM/m
EP  76,90 €/m    LA 39,43 €/m    ST 37,47 €/m

**039.97503.M** KG 342 DIN 276
Trennwandanlage Holzspanpl., Alu-Rahmen, 4 - 7 Kab.
EP 125,02 DM/m   LA 67,74 DM/m   ST 57,28 DM/m
EP  63,92 €/m    LA 34,64 €/m    ST 29,28 €/m

**039.97504.M** KG 342 DIN 276
Trennwandanlage Holzspanpl., Alu-Rahmen, 8 - 15 Kab.
EP 104,89 DM/m   LA 56,45 DM/m   ST 48,44 DM/m
EP  53,63 €/m    LA 28,86 €/m    ST 24,77 €/m

**039.97901.M** KG 342 DIN 276
Trennwandanlage Stahlblech, Alu-Rahmen, 2 - 3 Kab.
EP 314,67 DM/m   LA 139,90 DM/m  ST 174,77 DM/m
EP 160,89 €/m    LA  71,53 €/m   ST  89,36 €/m

**039.97902.M** KG 342 DIN 276
Trennwandanlage Stahlblech, Alu-Rahmen, 4 - 7 Kab.
EP 295,95 DM/m   LA 126,70 DM/m  ST 169,25 DM/m
EP 151,31 €/m    LA  64,78 €/m   ST  86,53 €/m

**039.97903.M** KG 342 DIN 276
Trennwandanlage Stahlblech, Alu-Rahmen, 8 - 15 Kab.
EP 267,37 DM/m   LA 110,39 DM/m  ST 156,98 DM/m
EP 136,71 €/m    LA  56,44 €/m   ST  80,27 €/m

**039.98101.M** KG 342 DIN 276
Schamwand, Kunststoff
EP 262,79 DM/St  LA 64,71 DM/St  ST 198,08 DM/St
EP 134,36 €/St   LA 33,08 €/St   ST 101,28 €/St

### Bewegliche Trennwände

039.-----.-

|  |  |  |
|---|---|---|
| 039.97001.M | MW, beweglich als Harmonikawand | 893,35 DM/m2 / 456,76 €/m2 |
| 039.97201.M | MW, beweglich aus Elementen, WD 100 mm | 1040,76 DM/m2 / 532,13 €/m2 |

**039.97001.M** KG 342 DIN 276
MW, beweglich als Harmonikawand
EP 893,35 DM/m2   LA 118,84 DM/m2  ST 774,51 DM/m2
EP 456,76 €/m2    LA  60,76 €/m2   ST 396,00 €/m2

**039.97201.M** KG 342 DIN 276
MW, beweglich aus Elementen, WD 100 mm
EP 1040,76 DM/m2  LA 72,62 DM/m2   ST 968,14 DM/m2
EP  532,13 €/m2   LA 37,13 €/m2    ST 495,00 €/m2

### Schutzabdeckungen

039.-----.-

|  |  |  |
|---|---|---|
| 039.32211.M | Abdeckung Wandbekleidung/Wand, Kunststofffolie | 5,02 DM/m2 / 2,57 €/m2 |
| 039.89501.M | Abdeckung Doppelboden, Kunststofffolie, begehbar | 3,90 DM/m2 / 2,00 €/m2 |
| 039.89502.M | Abdeckung Doppelboden, Filzpappe/Folie, begehbar | 8,74 DM/m2 / 4,47 €/m2 |
| 039.89503.M | Abdeckung Doppelboden, Hartfaserplatten, befahrbar | 9,25 DM/m2 / 4,73 €/m2 |
| 039.89504.M | Abdeckung Doppelboden, Bohlen, befahrbar | 18,12 DM/m2 / 9,26 €/m2 |

**Hinweis**
Besonderer Schutz von fertigen Doppelböden n u r
bei vorzeitiger Benutzung auf Verlangen des AG.

**039.32211.M** KG 398 DIN 276
Abdeckung Wandbekleidung/Wand, Kunststofffolie
EP 5,02 DM/m2   LA 2,84 DM/m2   ST 2,18 DM/m2
EP 2,57 €/m2    LA 1,45 €/m2    ST 1,12 €/m2

**039.89501.M** KG 398 DIN 276
Abdeckung Doppelboden, Kunststofffolie, begehbar
EP 3,90 DM/m2   LA 2,18 DM/m2   ST 1,72 DM/m2
EP 2,00 €/m2    LA 1,12 €/m2    ST 0,88 €/m2

**039.89502.M** KG 398 DIN 276
Abdeckung Doppelboden, Filzpappe/Folie, begehbar
EP 8,74 DM/m2   LA 5,15 DM/m2   ST 3,59 DM/m2
EP 4,47 €/m2    LA 2,63 €/m2    ST 1,84 €/m2

**039.89503.M** KG 398 DIN 276
Abdeckung Doppelboden, Hartfaserplatten, befahrbar
EP 9,25 DM/m2   LA 4,69 DM/m2   ST 4,56 DM/m2
EP 4,73 €/m2    LA 2,40 €/m2    ST 2,33 €/m2

**039.89504.M** KG 398 DIN 276
Abdeckung Doppelboden, Bohlen, befahrbar
EP 18,12 DM/m2  LA 9,11 DM/m2   ST 9,01 DM/m2
EP  9,26 €/m2   LA 4,66 €/m2    ST 4,60 €/m2

# LB 023 Putz- und Stuckarbeiten

**Vernetzung STLB mit PROD**

Zuordnung der Positionen der Standard-Leistungsbeschreibung (LB)
zu den Firmencodes der Produkthersteller

| LB 023 | Putz- und Stuckarbeiten | Firmencode PROD |
|---|---|---|
| 010 - 015 | Putzhaftbrücken, Grundierungen, Spritzbewürfe | BAYOSAN – BEECKSCH – DAGRA – DORTMUN – EPPLE – HASIT – HEIDELBA – HEYDI – KERTSCH – KNAUF – KOCH – KOESTER – KRAUTOL – MAERKER – PIERI – PORPHYR – PUFAS – QUICK_M – RAAB – SCHOENOX – SCHOMBUR – SWK – TUBAG – WANIT |
| 020 | Putzträger | DOERKEN – DOW_DEU – HERAKLIT – KERTSCH – KNAUF – PERLITE – QUICK_M – WANIT – ZGW_PAUL |
| 030 | Putzbewehrung | KOBAU – PORPHYR – QUICK_M – WANIT |
| 031 | Eckschutzschiene | BAYOSAN – HASIT – KOCH – MIGUA – PORPHYR – QUICK_M – SWK – WIEDEMAN |
| 032 | Gewebeeckschutzwinkel | BAYOSAN – KOCH |
| 033 | Putzanschlussprofil | BAYOSAN – HASIT – KOCH – MIGUA – SWK |
| 034 | Putzabschlussprofil | BAYOSAN – HASIT – KOCH – MIGUA – SWK |
| 035 | Putzleiste für erhöhte Anforderungen DIN 18202 | BAYOSAN – KOCH |
| 036 - 038 | Bewegungsfugenprofil | BAYOSAN – DICHTUNG – KOCH – MIGUA |
| 039 | Einputzsockelleiste | HASIT |
| 041 | Vorhangeinputzschiene | HASIT – SWK |
| 043 | Füllen der Hohlräume von Schlitzen | BAYOSAN – DAGRA – HASIT – KAUBIT – KOCH – KOESTER – MAERKER – PORPHYR – QUICK_M – TUBAG |
| 080 - 110 | Außenwandputzsysteme | ALLIGATO – BAYOSAN – BEECKSCH – DAGRA – DYCKERH – EPPLE – HASIT – HEYDI – ISPO – KERTSCH – KOCH – KOESTER – MAERKER – PORPHYR – QUICK_M – RAAB – SCHOMBUR – SWK – TUBAG – WANIT |
| 120 - 140 | Außendeckenputzsysteme | ALLIGATO – BAYOSAN – DYCKERH – EPPLE – HASIT – HEYDI – ISPO – KERTSCH – KOCH – MAERKER – PORPHYR – QUICK_M – RAAB – SWK – TUBAG |
| 150 - 180 | Innenwandputzsysteme | ALLIGATO – BAYOSAN – BEECKSCH – DAGRA – DYCKERH – EPPLE – FLAMRO – HASIT – HEYDI – ISPO – KERTSCH – KNAUF – KOCH – KOESTER – KRAUTOL – MAERKER – PERLITE – PORPHYR – QUICK_M – RAAB – SCHERFF – SCHOMBUR – SWK – TUBAG – WANIT |
| 190 - 220 | Innendeckenputzsysteme | ALLIGATO – BAYOSAN – BEECKSCH – DAGRA – DYCKERH – EPPLE – FLAMRO – HASIT – HEYDI – ISPO – KERTSCH – KNAUF – KOCH – KOESTER – KRAUTOL – MAERKER – PERLITE – PORPHYR – QUICK_M – RAAB – SCHERFF – SCHOMBUR – SWK – TUBAG – WANIT |
| 250 | Wischputz | BAYOSAN – RAAB – TUBAG |
| 251 | Schlämmputz | BAYOSAN – KRAUTOL – RAAB – SWK – TUBAG |
| 252 | Bestich (Rappputz) | BAYOSAN – KOCH – QUICK_M – RAAB – TUBAG |
| 300 - 302 | Wärmedämmendes Außenwand- und Außendeckenputzsystem | BAYOSAN – CORRECTA – EPPLE – HASIT – HECK – KOCH – MAERKER – PORPHYR – PUREN – QUICK_M – SWK – TUBAG |
| 350 - 360 | Wärmedämm-Verbundsystem für Außenwände und Außendecken | ALSECCO – AWA – BAYOSAN – COPRIX – EPPLE – HASIT – HECK – HEIDELD – HERAKLIT – ISOBOUW – ISPO – KERTSCH – KOCH – RYGOL – SWK – THANEX – TUBAG |
| 400 - 410 | Schallabsorbierendes Innenwand-/Innendeckenputzsystem einschl. systemzugehöriger Haftbrücke | ALLIGATO – HASIT – KNAUF – PERLITE – SCHERFF |
| 440 | Sanierputzsystem | BAYOSAN – CHEMOBAU – DAGRA – EPPLE – HASIT – HEYDI – HYDROMEN – ISPO – KOCH – KOESTER – PORPHYR – QUICK_M – RAAB – SCHERFF – SCHOMBUR – SWK – TUBAG |
| 460 | Ausgleichs-, Egalisierungsbeschichtung aus Dispersionssilikatfarbe, im Farbton des Oberputzes | PIERI |
| 480 - 501 | Hängende Drahtputzdecke, Drahtputzschürzen, Drahtputzkanäle | BAYOSAN – RAAB |
| 520 - 560 | Drahtputz als Brandschutzbekleidung DIN 18550 | BAYOSAN – RAAB |
| 600 | Putzträgerplattendecke | KNAUF – OWA |
| 660 - 665 | Trockenputz aus Gipskarton-Bauplatten/ Feuerschutzplatten | CORRECTA – FELS – HEIDELBA – KNAUF – RIGIPS |
| 700, 701 | Stuck | BAYOSAN |
| 710 | Vorgefertigter Trockenstuck | HEIDELD |
| 711 | Vorgefertigter Trockenstuck, gegossen | BENDER – STAUB |
| 850 | Schutzabdeckung als besonderen Schutz | DAGRA – HASIT – KOESTER |

| Vernetzung STLB mit PROD | LB 024 Fliesen- und Plattenarbeiten |

Zuordnung der Positionen der Standard-Leistungsbeschreibung (LB)
zu den Firmencodes der Produkthersteller

## LB 024  Fliesen- und Plattenarbeiten

| LB-Pos. | Bezeichnung | Firmencode PROD |
|---|---|---|
| 010 - 015 | Reinigungsmittel | KRAUTOL – PUREN – QUICK_M |
| 021 | Haftbrücken | AMPHIBOL – BOSTIK – HASIT – HEIDELBA – KAUBIT – KRAUTOL – PIERI – SCHOENOX – TUBAG |
| 022 | Grundiermittel | AMPHIBOL – BOSTIK – KRAUTOL – PUFAS – SCHOENOX – SCHOMBUR |
| 023 | Ausgleichsmassen | AMPHIBOL – BAYOSAN – BOSTIK – HASIT – KOESTER – KRAUTOL – PERLITE – PUFAS – SCHOENOX – SCHOMBUR |
| 035, 036 | Wärmedämmschichten | DOW_DEU – ISOBOUW – ISOFOAM – PERLITE – POLYKEM – PUREN – RYGOL – WIKA |
| 050 | Trennschichten | SCHOENOX |
| 060 - 063 | Überspannen der Innen- und Außenwandflächen | VILLEROY |
| 064 | Deckender Spritzbewurf | BAYOSAN – TUBAG |
| 070 | Stoffe für Abdichten des Untergrundes gegen Feuchtigkeit | AMPHIBOL – KAUBIT – KERTSCH – KOESTER – SANDROPL – SCHOENOX – SCHOMBUR |
| 071 | Anschlussfuge in vorbeschriebener Abdichtung verstärken mit Bändern | SCHOMBUR |
| 090 - 290 | Stoffe für Fliesen- und Plattenverlegung | HASIT – KOBAU – WEISS_C |
| | Haftmörtel, Dünnbettmörtel, Fugenmörtel, Klebstoff | BAYOSAN – BIOFA – BOSTIK – EPPLE – HASIT – HEIDELBA – HEYDI – KAUBIT – KERTSCH – KOESTER – KRAUTOL – MAERKER – PUFAS – QUICK_M – SCHOENOX – SCHOMBUR – SWK – TUBAG – UTZ_UZIN |
| 300 | Glasierte keramische Fliesen/Platten DIN EN 159 (Steinzeug, nicht frostbeständig) | BGI – BUCHTAL – VILLEROY |
| 305 | Unglasierte keramische Fliesen/Platten DIN EN 176 (Steinzeug, frostbeständig) | BUCHTAL – ROEBEN – VILLEROY |
| 310 | Glasierte keramische Fliesen/Platten DIN EN 176 (Steinzeug, frostbeständig) | BGI – BUCHTAL – VILLEROY |
| 311 | Glasierte keramische Fliesen/Platten DIN EN 176 (Steinzeug, frostbeständig) als Kehlleiste | BGI – VILLEROY |
| 312 | Glasierte keramische Fliesen/Platten DIN EN 176 (Steinzeug, frostbeständig) als Treppenfliese | BGI – VILLEROY |
| 315 | Steinzeugmosaik aus unglasierten keramischen Fliesen/Platten DIN EN 176 (frostbeständig) | VILLEROY |
| 318 | Steinzeugmosaik aus glasierten keramischen Fliesen/Platten DIN EN 176 (frostbeständig) | MAYER |
| 320 | Unglasierte keramische Fliesen/Platten DIN EN 177 (Steinzeug, frostbeständig) | BGI – VILLEROY |
| 330 | Glasierte keramische Fliesen/Platten DIN EN 177 (Steinzeug, frostbeständig) | BGI – VILLEROY |
| 331 | Glasierte keramische Fliesen/Platten DIN EN 177 (Steinzeug, frostbeständig) als Kehlleiste | BGI – VILLEROY |
| 332 | Glasierte keramische Fliesen/Platten DIN EN 177 (Steinzeug, frostbeständig) als Treppenfliese | BGI – VILLEROY |
| 340 | Unglasierte Fliesen/Platten DIN EN 178 (Steingut) | VILLEROY |
| 350 | Glasierte keramische Fliesen/Platten DIN EN 178 (Steingut) | VILLEROY |
| 365 | Unglasierte keramische Spaltplatten DIN EN 121 (Steinzeug, frostbeständig) | BGI – BUCHTAL |
| 366 | Unglasierte keramische Spaltplatten DIN EN 121 (Steinzeug, frostbeständig) | BGI – BUCHTAL |
| 368 | Glasierte keramische Spaltplatten DIN EN 121 (Steinzeug, frostbeständig) | BGI – BTS – BUCHTAL |
| 370 | Unglasierte keramische Spaltplatten DIN EN 186 (Steinzeug) | BGI – BUCHTAL |
| 380 | Glasierte keramische Spaltplatten DIN EN 186 (Steinzeug) | BGI – BUCHTAL |
| 405 | Großformatige Platten aus glasiertem Steingut (frostbeständig) | KTW – SCHWENKB |
| 415 | Naturwerksteinfliesen | GRAMA – HOLERT – JUMA – WINTERH |
| 420 | Glasierte keramische Schallschlucksteine entsprechend DIN EN 121 (frostbeständig) | BGI |
| 431 | Fries | BGI |
| 430 | Einstreuung | BGI |
| 432 | Bordüre | BGI |
| 465 | Nachträgliches Anarbeiten | PIERI |
| 473 | Kantenschutzschiene | WIEDEMAN |
| 500 - 551 | Formteile und Zubehör für Schwimmbecken | BGI – BUCHTAL – VILLEROY |
| 555 - 870 | Chemisch beständige Bekleidungen und Beläge | COLAS – VILLEROY |
| 910, 911 | Spachtelmassen | KRAUTOL – SCHOENOX |
| 920 - 923 | Elektrisch leitfähige Bekleidungen und Beläge | BGI |

# LB 025 Estricharbeiten

**Vernetzung STLB mit PROD**

Zuordnung der Positionen der Standard-Leistungsbeschreibung (LB)
zu den Firmencodes der Produkthersteller

| LB 025 | Estricharbeiten | Firmencode PROD |
|---|---|---|
| 010 | Bearbeiten des Untergrundes | KRAUTOL – PUFAS – QUICK_M – SCHOENOX |
| 030 | Aufbringen einer Haftbrücke | AMPHIBOL – BOSTIK – DAGRA – DICO_I – GLASS – HASIT – HEIDELBA – HEYDI – KERTSCH – KOESTER – KORODUR – KRAUTOL – PIERI – POSSEHL – QUICK_M – SCHOENOX – TUBAG |
| 050 | Sperrschicht, gegen Restfeuchte aus der Rohdecke | BINNE |
| 052 | Sperrschicht gegen Dampfdiffusion | WANIT |
| 070 | Ausgleichen des Untergrundes | AMPHIBOL – BAYOSAN – DAGRA – DICO_I – HEYDI – KOESTER – KRAUTOL – PERLITE – POSSEHL – PUFAS – RAAB – SCHOENOX – SCHOMBUR – SWK – UTZ_UZIN – VOEST |
| 100 | Trittschalldämmschicht als Unterlage für schwimmenden Estrich | |
| | Polystyrol-Hartschaum (PS) | HEIDELD – ISOBOUW – WIELAND |
| | Polyurethan-Hartschaum (PUR) | WIKA |
| | Mineralfaserdämmstoff (MIN) | GLASWOL – HERAKLIT – MORGAN – WIELAND |
| | Polyethylenschaumstoff | DOW_DEU – WANIT |
| | sonstige Werkstoffe | FAIST – PERLITE – WIKA |
| 130, 131 | Wärmedämmschicht als Unterlage für schwimmenden Estrich | |
| | Polystyrol-Hartschaum (PS) | DOW_DEU – HEIDELD – ISOBOUW – ISOFOAM – PFLEIDER – RYGOL – WIELAND |
| | Polyurethan-Hartschaum (PUR) | APRITHAN – BAUDER – CORRECTA – POLYKEM – PUREN – THANEX |
| | Mineralfaserdämmstoff (MIN) | MORGAN |
| | Polyethylenschaumstoff | WIKA |
| | sonstige Werkstoffe | CORRECTA – FAIST – MORGAN – PERLITE – PUREN – RAAB – WIKA |
| 160 | Kombinierte Trittschall- und Wärmedämmschicht | |
| | Polystyrol-Hartschaum (PS) | ALGOSTAT – HEIDELD – ISOBOUW – RYGOL – UNIDEK – WIKA |
| | Polyurethan-Hartschaum (PUR) | APRITHAN |
| | Mineralfaserdämmstoff (MIN) | HERAKLIT – PFLEIDER |
| | Pflanzliche Dämmstoffe (PFL) | FAIST |
| | Polyethylenschaumstoff | WIKA |
| | sonstige Werkstoffe | FAIST – PERLITE – WIKA |
| 190 | Schüttung | FCN – H_H_IND – LIAPOR – PERLITE – RAAB – TUBAG – VOEST – VTS |
| 221 | Abdeckung | PERLITE – SCHOENOX – WIKA |
| 222 | Randstreifen | SCHOENOX |
| 300, 301 | Anhydritestrich, Anhydritfließestrich DIN 18560, Calciumsulfatestrich | GLASS – HASIT – ISG – KERTSCH – KNAUF – SCHOENOX |
| 320 | Gussasphaltestrich DIN 18560 | FAIST – ISG |
| 360, 362 | Magnesiaestrich | DICO – FAMA – GLASS – ISG |
| 400 - 402 | Zementestrich DIN 18560 | AMPHIBOL – BAYOSAN – EPPLE – GLASS – HASIT – ISG – KERTSCH – KORODUR – QUICK_M – RAAB – SCHOENOX – SCHOMBUR – TUBAG – WENN |
| 403 | Hartstoffeinstreuung aus Zement und Hartstoff als trockene Mischung | HEYDI |
| 430 - 450 | Hartstoffestrich DIN 18560 | ISG – KERTSCH – KORODUR – TAUNUS – WENN |
| 480 | Bitumenemulsionsestrich als Verbundestrich | COLAS |
| 510 - 520 | Kunstharzmodifizierter Zementestrich | DEITERM – ENKE – FAMA – GLASS – KORODUR – SCHOMBUR |
| 550 - 560 | Kunstharzestrich | AMPHIBOL – COLAS – DAGRA – HASIT – ISG – KHB – KRAUTOL – POSSEHL – RESISOL – RINOL – SCHOMBUR |
| 600 | Heizestrich auf Dämmschicht DIN 18560-2 | EMCAL – HASIT – KRAUTOL – WIELAND |
| 650 | Fertigteilestrich/Trockenunterboden aus Gipskartonplatten DIN 18180 | FELS – KNAUF – RIGIPS |
| 651 | Fertigteilestrich/Trockenunterboden aus Spanplatten DIN 68763 | ALGOSTAT – ISOBOUW – LINZMEI – THANEX – UNIDEK |
| 653 | Fertigteilestrich/Trockenunterboden aus ..... | FAIST – GUTEX – HEIDELD – HOMANN – KNAUF – MOEDING – PERLITE |

| Vernetzung STLB mit PROD | LB 025 Estricharbeiten |

Zuordnung der Positionen der Standard-Leistungsbeschreibung (LB)
zu den Firmencodes der Produkthersteller

## LB 025  Estricharbeiten                     Firmencode PROD

| | | |
|---|---|---|
| 740 - 742 | Sockel, Kehlsockel, Dreikantsockel | SCHOMBUR |
| 780 - 786 | Nachträgliches Anarbeiten des Estrichs | AMPHIBOL – HEYDI – KERTSCH – SCHOENOX |
| 810 - 812 | Bewegungsfugen | DAGRA – DICHTUNG – HENKELC – KERTSCH – MIGUA – POSSEHL |
| 821 | Schließen von Fugen | |
| | bitumengebundene Vergussmasse | DEITERM |
| | elastische Fugenmasse | HEIDELBA – HEYDI – SCHOENOX |
| | Fugendichtungsmasse auf Kunststoffbasis | DEITERM – HEYDI – KOESTER – SCHOMBUR |
| | Fugen-Hinterfüllmaterial | DEITERM |
| | Voranstrich auf Kunststoffbasis | DEITERM |
| | Voranstrich auf Reaktionsharzbasis | DEITERM |
| | sonstige Fugenabdichtstoffe | AMPHIBOL – KOBAU – KOESTER – SCHOMBUR – WANIT |
| 821 | Stoßschiene | DICHTUNG |
| 862 | Trennschiene | DICHTUNG |
| 865 | Schiene ..... | DICHTUNG |
| 868 | Rahmen .... | ETERNITF |
| 900 | Vorbereiten der Estrichoberfläche | AMPHIBOL – HEYDI – KRAUTOL – POSSEHL – SCHOENOX |
| 901 | Imprägnierung der Oberfläche | |
| | mit Einkomponenten-Kunstharz | HEIDELBA – HEYDI – KRAUTOL – PIERI – SCHOENOX |
| | mit Epoxidharz | DEITERM – GLASS – HASIT – HEYDI – IRSALACK – KHB – KRAUTOL – POSSEHL – SCHOENOX |
| | mit Bitumen-Latex-Emulsion | KAUBIT |
| | mit sonstigen Werkstoffen | AMPHIBOL – DICO_I – GLASS – HASIT – KOESTER – KRAUTOL – POSSEHL – PIERI – SCHOENOX – SWK |
| 902 | Versiegelung einschl. Grundierung der Estrichoberfläche | |
| | mit Einkomponenten-Kunstharz | ALLIGATO – HEYDI – IRSALACK – KRAUTOL |
| | mit Epoxidharz | GLASS – HASIT – HEIDELBA – HEYDI – KHB – KRAUTOL – PIERI – POSSEHL – SCHOENOX |
| | mit Mehrkomponenten-Kunstharz | HEYDI – KOESTER – ULFCAR |
| | mit einkomponentiger Polyurethan-Lackfarbe | HEIDELBA – KRAUTOL – PIERI – POSSEHL |
| | mit sonstigen Werkstoffen | AMPHIBOL – COLAS – HASIT – HEYDI – KOESTER – KORODUR – KRAUTOL – SCHOENOX |
| 903 | Beschichtung einschl. Grundierung der Estrich-oberfläche | |
| | mit Mehrkomponenten-Epoxidharz | DEITERM – GLASS – HEIYDI – KOESTER – KRAUTOL – POSSEHL – SCHOENOX |
| | mit Mehrkomponenten-Polyurethanharz | DEITERM – UTZ_UZIN |
| | mit Mehrkomponenten-Polymethacrylharz | HASIT – HEIDELBA – KOESTER – POSSEHL |
| | mit Mehrkomponenten-Polymer-Zement | HEYDI |
| | mit Kunststoff-Dispersion | HEIDELBA – KRAUTOL – SCHOMBUR |
| | mit sonstigen Werkstoffen | DAGRA – KRAUTOL – SCHOENOX |
| 904 - 906 | Schleifen, wachsen, polieren | AMPHIBOL – BOSTIK – SCHOENOX – ULFCAR |

## LB 027 Tischlerarbeiten

**Vernetzung STLB mit PROD**

Zuordnung der Positionen der Standard-Leistungsbeschreibung (LB)
zu den Firmencodes der Produkthersteller

| LB 027 | Tischlerarbeiten | Firmencode PROD |
|---|---|---|
| 010 | Fenster | |
| | aus Holz | ACOSERVER – BAYERWA – EUROTEC – HAIN – MAISS – MEA_MEI – STOECKEL |
| | aus PVC | ACOSERVER – EUROTEC – KOEMMERL – KUENSTLE – MEA_MEI – OSTERMAN – STOECKEL – VEKA |
| | aus Polyurethan | MEA_MEI |
| | aus Polyester | MEA_MEI |
| | aus Polymerbeton | KUENSTLE |
| | aus Holz-Aluminium | EUROTEC |
| | Renovierungsfenster | ROTO – SCHOCK |
| | Sonderfensterkonstruktionen | HAVERKAM |
| | Befestigungsmittel und Zubehör | FISCHER – MICHSAND – VEKA |
| 020 | Fenstertür | |
| | aus Holz | BAYERWA – HAIN |
| | aus PVC | KOEMMERL – OSTERMAN – VEKA |
| | Befestigungsmittel und Zubehör | FISCHER – MICHSAND – VEKA |
| 030 | Fenster-, Fenstertürkombination | |
| | aus Holz | EGOKIEFER |
| | aus PVC | EGOKIEFER – HAIN – IMETAAL – OSTERMAN – REUSCHEN – SCHOCK – ZENKER |
| | Befestigungsmittel und Zubehör | FISCHER – MICHSAND – VEKA |
| 040 | Fensterelement | HERKULES – KOEMMERL – OSTERMAN – VEKA |
| 050 | Fensterwand DIN 18056 | OSTERMAN – VEKA |
| 060 | Fensterband | OSTERMAN – VEKA |
| 120 | Nichttransparente Füllung | BAYERWA |
| 132 | Rollkasten als Teil des Fensters | SCHOCK |
| 133 | Rollkasten als Aufsatzelement | BAYERWA – KOEMMERL – VEKA |
| 200 | Raumfertige Fensterbank | KOEMMERL – PFLEIDER – VEKA – WANIT |
| 300 | Fensterzarge | VEKA |
| 320 | Klappladen | BAYERWA – HAIN – KOEMMERL – VEKA |
| 330 | Schiebeladen | BOECKNER |
| 340 | Laden | BOECKNER – HAIN |
| 360 | Innentür | |
| | Befestigungsmittel und Zubehör | VEKA |
| | als Drehflügeltür | HAIN – MORALT – SCHOCK – VOKO |
| | als Falttür, Harmonikatür | BELDAN – NUESING |
| | als Schiebetür | MORALT |
| | als Brandschutztür | MORALT |
| | als Rauchschutztür | MORALT – PRUEM |
| | als Schallschutztür | MORALT – PRUEM |
| | als Strahlenschutztür | PRUEM |
| | als Renovierungstür | MORALT |
| 370 | Außentür | KOEMMERL – STOECKEL |
| | Befestigungsmittel und Zubehör | VEKA |
| | als Haustür, einflügelig | HAIN – HOVESTA – RUNDUM – STOECKEL – VEKA |
| | als Haustür, zweiflügelig | HOVESTA |
| | als Haustür, ein- oder zweiflügelig | EGOKIEFER – HOVESTA – KOEMMERL – MAISS – STOECKEL – VEKA |
| | als Haustüranlage | HOVESTA |
| | als Wohnungseingangstür | MORALT – PRUEM |
| 380 | Tor | |
| | als Drehflügeltor | HERKULES |
| | als Schwebetor | HERKULES |
| 390 | Türblatt | PRUEM – REPOL – VOKO – WEISS_C |
| 400 | Torblatt | WEISS_C |
| 760 | Einbauschrank | HOLZAEPF – INTERWAN – LINZMEI – META – PFLEIDER – VOKO |
| 870, 871 | Sichtbar bleibende Holzoberfläche zu Pos. ..... | BEECKSCH |
| 900, 901 | Holzschutz DIN 68800 zu Pos. ..... | BEECKSCH – DESOWAG – HASIT – IRSALACK – KRAUTOL |
| 920 - 922 | Füllen und Abdichten von Fugen | AMPHIBOL – BOSTIK – ENKE – HASIT – HEIDELBA – HENKELC – IRSALACK – KAUBIT – KERTSCH – KRAUTOL – MUELLENS – OTTO_CHE – QUICK_M |

| Vernetzung STLB mit PROD | LB 028 Parkettarbeiten, Holzpflasterarbeiten |

Zuordnung der Positionen der Standard-Leistungsbeschreibung (LB)
zu den Firmencodes der Produkthersteller

## LB 028 Parkettarbeiten, Holzpflasterarbeiten — Firmencode PROD

| Pos. | Leistung | Firmencode PROD |
|---|---|---|
| 050 | Reinigen des Untergrundes | KRAUTOL – PUREN – QUICK_M |
| 051 | Vorbehandeln (Grundieren) des Untergrundes | KRAUTOL – PUFAS – SCHOENOX |
| 052 | Schüttung | FCN – PERLITE – VOEST |
| 055 | Ausgleichen von Unebenheiten des Untergrundes | KRAUTOL – PUFAS – QUICK_M – SCHOENOX |
| 080 | Blindboden | FAIST – FAMA_MA – FULGURIT – WIKA |
| 081 | Schwingboden | TARKETT |
| 090, 091 | Wärmedämmschicht | BOSTIK – PERLITE – POLYKEM – RYGOL – VOEST |
| 095 | Trittschalldämmschicht mit Randstreifen | BOSTIK – MEYER – RYGOL – SCHOENOX – VOEST – WANIT |
| 096 - 098 | Dämmstreifen | FAIST |
| 100 | Parkett aus Parkettstäben/Parkettriemen DIN 280 Teil 1 | BEMBE – HAZET – SCHOENOX |
|  | Klebstoff | BOSTIK – PUFAS – SCHOENOX |
| 110 | Parkett aus Mosaikparkettlamellen DIN 280 Teil 2 | BEMBE – HAZET – SCHOENOX |
|  | Klebstoff | BOSTIK – PUFAS – SCHOENOX |
| 120 | Parkett aus Fertigparkett-Elementen DIN 280 Teil 5 | AICHER – BEMBE – BOSTIK – HAEUSSER – HAMBERG – HAZET – MEYER – SCHOENOX – TARKETT |
|  | Klebstoff | PUFAS – SCHOENOX |
| 130 | Parkett aus Hochkant-Parkettlamellen | AICHER – BEMBE – HAZET – SCHOENOX |
|  | Klebstoff | BOSTIK – PUFAS – SCHOENOX |
| 135 | Parkett aus Mehrschichten-Parkettdielen DIN 280 Teil 4 | HAIN – OSTERMAN – SCHOENOX – TARKETT |
|  | Klebstoff | BOSTIK – PUFAS – SCHOENOX |
| 140 | Stufenbelag auf | SCHOENOX |
| 230 | Oberfläche des vorbeschriebenen Parkettfußbodens | BEEKSCH – EUKULA |
| 271 | Randfuge | IRSALACK |
| 310 | Oberfläche des Parkettfußbodens | BEECKSCH – IRSALACK – KRAUTOL |
| 311 | Trittfläche der Parkettstufe | IRSALACK |
| 312 | Trittfläche der Vollholzstufe | IRSALACK |
| 400 | Reinigen des Untergrundes von grober Verschmutzung | QUICK_M |
| 410 | Holzpflaster GE DIN 68701 für gewerbliche Zwecke | TEKTON |
|  | Klebemittel | PUFAS |
| 430 | Holzpflaster RE-V DIN 68702 als repräsentativer Fußboden | TEKTON |
|  | Klebemittel | BOSTIK – PUFAS – SCHOENOX |
| 431 | Holzpflaster RE-W DIN 68702 als repräsentativer Fußboden | TEKTON |
|  | Klebemittel | PUFAS – SCHOENOX |
| 432 | Stufenbelag |  |
|  | Klebemittel | PUFAS |
| 570 | Oberfläche des Holzpflasterfußbodens | IRSALACK – KRAUTOL |

# LB 029 Beschlagarbeiten

**Vernetzung STLB mit PROD**

Zuordnung der Positionen der Standard-Leistungsbeschreibung (LB)
zu den Firmencodes der Produkthersteller

## LB 029    Beschlagarbeiten            Firmencode PROD

| Pos. | Beschreibung | Firmencode PROD |
|---|---|---|
| 011 - 016 | Türband | HAHN |
| 071 - 078 | Einsteckschloss DIN 18251 für Zimmertüren, mittelschwere Ausführung | IKON |
| 101 - 107 | Einsteck-Riegelschloss | IKON |
| 150 | Kastenschloss | IKON |
| 162 | Einsteck-Sicherheits-Türverschluss mit Mehrfachverriegelung durch Getriebe über Schlüsselbetätigung | ROTO |
| 190 - 200 | Türdrücker, Türschilder | HAHN – IKON |
| 205 | Schiebetürbeschlaggarnitur | ATS |
| 210 | Schiebetorbeschlag | MEA_MEI |
| 215, 216 | Falttür- und Falttorbeschlaggarnitur | ATS – SCHULER |
| 240, 241 | Tür-Bodendichtung | ATHMER – HAHN |
| 242 | Türfalzdichtung | ATHMER |
| 250 - 260 | Bekleidung von Lüftungsöffnungen, einseitig, zweiseitig | IKON |
| 280, 281 | Briefeinwurfklappe DIN 32617 | HAHN |
| 510 - 519 | Schließzylinder | IKON |
| 650 | Beschlaggarnitur für Drehkippfenster mit seitlicher Ausstellvorrichtung | BAYERWA – IKON |
| 660 | Beschlaggarnitur für Drehkippfenster im Flügelüberschlag, Zweigriffbedienung | IKON |
| 670 - 672 | Beschlaggarnitur in Standardausführung für Drehkippfenster im Flügelfalz, Eingriffbedienung mit ..... | IKON |
| 680 | Beschlaggarnitur in schwerer Ausführung für Drehkippfenster im Flügelfalz, Eingriffbedienung | IKON – ROTO |
| 700 | Beschlaggarnitur in schwerer Ausführung für Drehkipp-Fenstertüren im Flügelfalz, Eingriffbedienung | ROTO |
| 711, 712 | Beschlaggarnitur in Standardausführung für Drehkippfenster und Drehkipp-Fenstertüren mit Flügelüberschlag | ROTO |
| 721, 722 | Beschlaggarnitur in schwerer Ausführung für Drehkippfenster und Drehkipp-Fenstertüren mit Flügelüberschlag | ROTO |
| 731 - 733 | Beschlaggarnitur in Standardausführung für Drehkippfenster | ROTO |
| 741 - 743 | Beschlaggarnitur in schwerer Ausführung für Drehkippfenster | ROTO |
| 751 - 753 | Beschlaggarnitur in Standardausführung für Drehkipp-Fenstertüren | ROTO |
| 761 - 763 | Beschlaggarnitur in schwerer Ausführung für Drehkipp-Fenstertüren | ROTO |
| 771 - 774 | Beschlag für Drehflügelfenster | ROTO |
| 790, 791 | Beschlaggarnitur für Schwingflügelfenster | ROTO |
| 795 - 798 | Beschlaggarnitur für Hebeschiebefenster, -Kippfenster, -Fenstertür und -Kippfenstertür | ROTO |
| 805, 806 | Beschlaggarnitur für Schiebekippfenster und -Fenstertür | ROTO |
| 855 | Bodenschwelle | ATHMER |
| 865 - 887 | Fensterladenbeschläge | ROTO |
| 888, 889 | Innenöffner für Fensterladen zum Aufschrauben oder zum Einmauern | ROTO |
| 955 - 957 | Bewegliche Garderobenständer | META |

| Vernetzung STLB mit PROD | LB 020 Dachdeckungsarbeiten<br>LB 031 Metallbauarbeiten, Schlosserarbeiten |
|---|---|

Zuordnung der Positionen der Standard-Leistungsbeschreibung (LB)
zu den Firmencodes der Produkthersteller

## LB 030  Rollladenarbeiten

| | | Firmencode PROD |
|---|---|---|
| 020 – 022 | Rollladen DIN 18073 | ALUSINGE – KOEMMERL – SCHOCK – VEKA – WAREMA |
| 023 – 025 | Rollladen mit wendbaren Stäben | ALUSINGE |
| 026 | Rollladen ..... | IKON – REUSCHEN – SCHOCK – VEKA – WAREMA |
| 100 – 120 | Rolltor DIN 18073 | ALUSINGE – BELUTEC – BOLDT – CRAWFORD – EFAFLEX – EFFERTZ – HIT – IMETAAL – KAUFFMANN – NOVOFERM – POLYNORM – RIEXING – SCHIEFFE – SCHROFF – SCHWARZE |
| 140 | Rollgitter DIN 18073 | ALUSINGE – BELUTEC – BOLDT – EFFERTZ – NOVOFERM – RIEXING – SCHROFF |
| 300 – 304 | Sektionaltore | BELUTEC – CRAWFORD – EFFERTZ – HIT – IMETAAL – KAUFMANN – NORMSTAL – NOVOFERM – RIEXING – RUNDUM – SCHIEFFE – SCHWARZE |
| 400 – 403 | Raffjalousie/Raffstore DIN 18073 | BAVARIA – BOECKNER – BOLDT – EFAFLEX – SCHOCK – WAREMA |
| 420 – 413 | Verbund-Raffstore DIN 18073 | BOLDT – EFAFLEX |
| 550 – 553 | Vertikal-Jalousien | BOECKNER – WAREMA |
| 630 – 633 | Außenrollos DIN 18073 | BAVARIA – BOECKNER |
| 730 – 732 | Verdunkelungen DIN 18073 | BAVARIA  – WAREMA |
| 820, 821 | Gelenkarmmarkisen DIN 18073 | BAVARIA  – WAREMA |
| 830, 831 | Kasten-Kassettenmarkise DIN 18073 | BAVARIA  – WAREMA |
| 840 – 845 | Fallarm-, Scherenarm-, Fassaden-, Wintergarten-Pergolamarkise und Markisolette DIN 18073 | BAVARIA  – WAREMA |
| 910 – 912 | Faltmarkisen | WAREMA |

## LB 031 Metallbauarbeiten, Schlosserarbeiten

| | | Firmencode PROD |
|---|---|---|
| 010 – 089 | Fenster, Fenstertüren, Fensterwände | ABOPART – ACOSEVER – ALUSINGE – BUB_ALU – HUECK – IMETAAL – KOEGEL – MICHSAND – MIS – RIEXING – WIEDEMAN |
| 100 – 286 | Türen, Tore | CRAWFORD – FORSTER – GEWA – HERKULES – HIT – HUECK – IMETAAL – JORDAN – MICHSAND – NORMSTAHL – REUSCHEN – RIEXING – SCHIEFFE – SCHWARZE |
| 290 | Außenfensterbänke | BUG_ALU – POHL |
| 340 | Überdachung | GEWA |
| 530 – 561 | Feuerschutztüren | HIT – JORDAN – MIS – NOVOFERM – RIEXING – SCHWARZE |
| 581 – 739 | Treppen, Geländer | ADOMETAL – ALLENDOR – BAVEG – BRAUCKM – DSMETALL – GERO – HARK – HASENBA – KCH – MUESSIG – POPPE – ROTO – SPRENG – STADLER – THIESEN – TREBA – UNIV_SYS – WELAND |
| 801 – 819 | Kellerfenster | ACOSEVER – ADOMETAL – DENNERT – FISCHER – HASENBA – KUENSTLE – MEA_MEI |
| 821 – 829 | Gitterrost mit Quadratmaschen, Einzelabmessung | ALLENDOR – KUENSTKE – MEA_MEI – WELAND |
| 831 – 839 | Gitterrost mit Rechteckmaschen, Einzelabmessung | ACOSEVER – ALLENDOR – KUENSTLE – MEA_MEI – WELAND |
| 841 – 849 | Gitterrosr....., Einzelabmessung ..... | ACOSEVER – ALLENDOR – ARWEI – FIBROLUX – KUENSTLE – MEA_MEI – WELAND |
| 850 | Schachtabdeckung | ADOMETAL – ALUSINGE – DICHTUNG – WIEDEMAN – |
| 860 | Schachtabdeckung mit Rahmen | ALUSINGE – DICHTUNG – WIEDEMAN – |
| 870 | Rinnenabdeckung | ADOMETAL – ALUSINGE – ARWEI – HAURATON – MEA_MEI – WIEDEMAN |
| 880 | Rinnenabdeckung mit Rahmen | ALUSINGE – WIEDEMAN |
| 901 – 903 | Zulagen | ADOMETAL - ALUSINGE – WIEDEMAN |

# LB 032 Verglasungsarbeiten

**Vernetzung STLB mit PROD**

Zuordnung der Positionen der Standard-Leistungsbeschreibung (LB)
zu den Firmencodes der Produkthersteller

| LB 032 | Verglasungsarbeiten | Firmencode PROD |
|---|---|---|
| 100, 101 | Verglasung und Reparaturverglasung mit Fensterglas | BAYERWA – BRAKEL – KOEMMERL |
| 110, 111 | Verglasung und Reparaturverglasung mit Spiegelglas | BRAKEL |
| 120, 121 | Verglasung und Reparaturverglasung mit Gartenblankglas | BRAKEL |
| 130, 131 | Verglasung und Reparaturverglasung mit Gartenklarglas | BRAKEL |
| 140, 141 | Verglasung und Reparaturverglasung mit Gussglas | BAYERWA –BRAKEL |
| 150, 151 | Verglasung und Reparaturverglasung mit Drahtspiegelglas | BRAKEL |
| 160, 161 | Verglasung und Reparaturverglasung mit Überfangglas | BRAKEL – HAVERKAM |
| 170, 171 | Verglasung und Reparaturverglasung mit Spiegelglas, farbig | BRAKEL |
| 180, 181 | Verglasung und Reparaturverglasung mit Einscheiben-Sicherheitsglas | BRAKEL – HAVERKAM |
| 190, 191 | Verglasung und Reparaturverglasung mit Verbundglas | BRAKEL |
| 200, 201 | Verglasung und Reparaturverglasung mit Verbund-Sicherheitsglas | BRAKEL – GRILLO – SANCO |
| 210, 211 | Verglasung und Reparaturverglasung mit Alarmglas | BRAKEL – HAVERKAM |
| 220, 221 | Verglasung und Reparaturverglasung mit Profilbauglas | BRAKEL |
| 230, 231 | Verglasung und Reparaturverglasung mit Spiegel | BRAKEL |
| 240, 241 | Verglasung und Reparaturverglasung mit Sonderglaserzeugnis | BRAKEL – GRILLO |
| 250, 251 | Verglasung und Reparaturverglasung mit Mehrscheiben-Isolierglas | BRAKEL – GRILLO – KOEMMERL – SANCO |
| 260, 261 | Kunstverglasung und Reparatur-Kunstverglasung | BAYERWA – BRAKEL – MAYER |
| 270, 271 | Verglasung und Reparaturverglasung mit Kunststoff-Lichtplatte | BRAKEL –EVERLITE – HAVERKAM – SCOBALIT |
| 500 | Abdichten | HEIDELBA – HENKELC – KAUBIT – OTTO_CHE – QUICK_M – SCHOENOX |
| 700 | Ganzglaskonstruktion | ATS – STECKFIX |

## Vernetzung STLB mit PROD

**LB 034 Anstricharbeiten**
**LB 035 Korrosionsschutzarbeiten**

Zuordnung der Positionen der Standard-Leistungsbeschreibung (LB)
zu den Firmencodes der Produkthersteller

### LB 034  Anstricharbeiten

**Firmencode PROD**

| | | |
|---|---|---|
| 010 - 048 | Art und Oberfläche der Bauteile: Decken, Wände, Fassadenbekleidungen, Unterzüge, Stützen, Böden, Treppen | BEECKSCH – BIOFA – DAGRA – HASIT – PORPHYR – SCHOMBUR |
| 540 - 555 | Vorbereiten der Oberfläche: Schutzschichten, artfremde Verunreinigungen | ALLIGATO – BEECKSCH – HEBAU – HUPPERS – KERTSCH – PSS – PUREN – SWK |
| 560 - 590 | Vorbereiten der Oberfläche: Arteigene Schichten | BEECKSCH |
| 600 - 633 | Vorbereiten der Oberfläche: Entfernen, Aufrauen von Beschichtungen, Entfernen schadhafter Dichtstoffe und Kitte | BEECKSCH – BIOFA – ISPO – KRAUTOL – PORPHYR |
| 650 - 657 | Vorbereiten der Oberfläche: Ausbessern umfangreicher Untergrundschäden | BOSTIK – ISPO – KAUBIT – KOBAU |
| 660 - 797 | Vorbereiten der Oberfläche: Fluatieren, Absperren | ALLIGATO – AMPHIBOL – BEECKSCH – BIOFA – BOSTIK – DAGRA – DESOWAG – DICHTUNG – DICO_I – DYRUP_D – EPPLE – EUKULA – FOLLMANN – GLASER – GLASS – HAIN – HASIT – HEBAU – HEIDELBA – HEYDI – HUPPERS – IRSALACK – ISPO – KAUBIT – KERTSCH – KOBAU – KOESTER – KRAUTOL – OSTERMAN – PIERI – POSSEHL – PUFAS – QUICK_M – SCHOENOX – SCHOMBUR – SWK – TUBAG – VEDAG – WANIT |
| 840 | Dämmschichtbildendes Brandschutzsystem einschl. aller Vorarbeiten | DESOWAG |
| 850 | Heizöl-/dieselkraftstoffbeständiges Beschichtungssystem einschl. aller Vorarbeiten | HEIDELBA – HEIYDI – KERTSCH – KRAUTOL – PIERI – PSS – PUFAS – SCHOMBUR |
| 861 - 883 | Imprägnierungen, Versiegelungen, Beschichtungen | AMPHIBOL – BEECKSCH – BIOFA – DESOWAG – DICO_B – DORTMUN – DYRUP_D – EUKULA – GLASS – HASIT – HEBAU – HEIDELBA – HEYDI – IRSALACK – ISPO – KAUBIT – KOESTER – KRAUTOL – KTW – OSTERMAN – PIERI – PSS – PUFAS – SCHOENOX |
| 890 | Graffiti- und Beklebungsschutzbeschichtungen | PIERI – PSS |
| 900 - 914 | Markierungen, Beschriftungen | EUKULA – PUFAS |
| 950 | Ganzflächiger Schutz des Bodenbelages | IRSALACK – KRAUTOL |

### LB 035  Korrosionsschutzarbeiten

**Firmencode PROD**

| | | |
|---|---|---|
| 050 - 623 | Leitbeschreibungen Einzelteile | VEDAG |
| 631 - 639 | Artfremde Verunreinigungen | PIERI |
| 641 - 690 | Vorbereiten der Oberfläche | PIERI – PUFAS |
| 705 | Fertigungsbeschichtung (Shop-Primer) | KAUBIT |
| 711 - 731 | Grundbeschichtungen | BEECKSCH – DAGRA – DESOWAG – IRSALACK – KRAUTOL – PUFAS |
| 741 - 761 | Deckbeschichtungen | DESOWAG – DICO_I – IRSALACK – KRAUTOL |
| 780 - 799 | Zusätzliche Beschichtung | DESOWAG |
| 800 - 839 | Beschichtung | DAGRA – DICO_B – KOESTER – KRAUTOL |
| 841 | Oberflächenschutz mit Korrosionsschutzbinden | PIERI – SANDROPL |

# LB 036 Bodenbelagarbeiten

**Vernetzung STLB mit PROD**

Zuordnung der Positionen der Standard-Leistungsbeschreibung (LB)
zu den Firmencodes der Produkthersteller

| LB 036 | Bodenbelagarbeiten | Firmencode PROD |
|---|---|---|
| 015 | Reinigen des Untergrundes von grober Verschmutzung nach besonderer Anordnung des AG | KRAUTOL – QUICK_M |
| 020 | Spachteln und Schleifen des Untergrundes | AMPHIBOL – HASIT – KERTSCH – KOESTER – KRAUTOL – PUFAS – SCHOENOX – SWK |
| 025 | Ausgleichen von Unebenheiten des Untergrundes | AMPHIBOL – KOESTER – KRAUTOL – PUFAS – QUICK_M – SCHOENOX |
| 030 | Unterlage für Bodenbelag auf vorhandenem Untergrund | DUNLOP – KOLCKMAN – SCHOENOX – STABITEX |
| 033 | Schüttung unter Unterlage | FAIST – FCN – PERLITE – VOEST |
| 035, 036 | Wärmedämmschicht DIN 4108 unter Unterlage | BOSTIK – CORRECTA – DOW_DEU – FAIST – ISOBOUW – ISOFOAM – POLYKEM – PUREN – RYGOL – VOEST – WIKA |
| 040, 041 | Trittschalldämmschicht entsprechend DIN 4109, unter Unterlage | BOSTIK – DOW_DEU – DUNLOP – FAIST – MEYER – RYGOL – SCHOENOX – VOEST – WANIT |
| 042 | Fußbodenverlegeplatten als Unterlage für Bodenbelag | FAIST – FAMA_MA – HENKELC |
| 100 - 500 | Elastischer Bodenbelag auf PVC, homogen und heterogen | DUNLOP – TARKETT |
| 541 - 543 | Elastischer Bodenbelag auf PVC, mit Träger aus ..... | COLAS |
| | Klebstoff | BIOFA – BOSTIK – KRAUTOL – PUFAS – SCHOENOX |
| 544 | Bodenbelag aus Vinyl-Asbest-Platten DIN 16950 | |
| | Klebstoff | BOSTIK |
| 545 | Bodenbelag aus ..... | DUNLOP – FALKEN – HAMBERG – MEYER – SAAR_GUM – SYNCAF – TARKETT – ULFCAR – WELAND |
| 551 | Elastischer Bodenbelag aus Linoleum DIN 18171 | |
| 555 | Elastischer Bodenbelag aus Verbundlinoleum DIN 18173 | |
| | Klebstoff | BEECKSCH – BIOFA – BOSTIK – SCHOENOX |
| 581, 582 | Elastischer Bodenbelag aus synthetischem Kautschuk, ohne Träger, DIN 16850 homogen und heterogen | FREUDENB – SYNCAF |
| 590 | Elastischer Bodenbelag aus synthetischem Kautschuk, homogen, mit Träger aus Weichschaum, DIN 16581 | |
| 601 | Elastischer Bodenbelag aus synthetischem Kautschuk, DIN 16852, Oberfläche mit Pastillen (Noppen), homogen | ARTIGO – DUNLOP |
| 605 | Elastischer Bodenbelag aus synthetischem Kautschuk, DIN 16852, Oberfläche mit Pastillen (Noppen), heterogen | |
| 611 | Elastischer Bodenbelag aus synthetischem Kautschuk, DIN 16852, Oberfläche profiliert, Profil ....., homogen | |
| 615 | Elastischer Bodenbelag aus synthetischem Kautschuk, DIN 16852, Oberfläche profiliert, Profil ....., heterogen | |
| | Klebstoff | BIOFA – SCHOENOX |
| 631 | Leitfähiger elastischer Bodenbelag aus PVC, homogen, ohne Träger, DIN 16591 | DUNLOP – TARKETT |
| 632 | Leitfähiger elastischer Bodenbelag aus synthetischem Kautschuk, homogen, DIN 16850 | ARTIGO – FREUDENB – SYNCAF |
| 641 | Leitfähiger elastischer Bodenbelag aus synthetischem Kautschuk, DIN 16852, homogen, Oberfläche mit Pastillen (Noppen) | |
| 642 | Leitfähiger Bodenbelag aus ..... | ETERNITH |
| | Klebstoff | BIOFA – BOSTIK – KRAUTOL – SCHOENOX |
| 652 | Ausfugen des vorbeschriebenen Bodenbelages | HENKELC – SCHOENOX |
| 700 - 709 | Textiler Bodenbelag DIN 61151 als Webteppich | |
| 710 - 719 | Textiler Bodenbelag DIN 61151 als Wirk-/Strickteppich | |
| 720 - 729 | Textiler Bodenbelag DIN 61151 als Tuftingteppich | DUNLOP |
| 730 - 739 | Textiler Bodenbelag DIN 61151 als Nadelvlies | DUNLOP |
| 740 - 749 | Textiler Bodenbelag DIN 61151 als Klebnoppenteppich | |
| 750 - 759 | Textiler Bodenbelag DIN 61151 als Flockteppich | |
| 760 - 769 | Textiler Bodenbelag DIN 61151 als Nähwirkteppich | |
| 770 - 779 | Textiler Bodenbelag DIN 61151 als Vlieswirkteppich | |
| 780 - 789 | Textiler Bodenbelag ..... | |
| | Klebstoff | BEECKSCH – SCHOENOX |
| 821 - 825 | Deckleiste | BOSTIK – DICHTUNG |
| 831 | Übergangsprofil | DICHTUNG – MIGUA |
| 841, 842 | Treppenkantenprofil, Trittfläche glatt/profiliert | DICHTUNG |
| 871 | Treppenstufenbelag, vorgefertigt, bestehend aus Trittstufenbelag, Setzstufenbelag und Kantenprofil | SYNCAF |
| 875, 876 | Liefern und Verlegen von Fußmatten als Einzelmatten/Rollmatten | ARWEI – EMCO – KUENSTLE |
| 903 | Zulage zu vorbeschriebenem Bodenbelag für das Schließen der Bewegungsfugen über Bauwerksfugen | DICHTUNG |

| **Vernetzung STLB mit PROD** | **LB 037 Tapezierarbeiten** |

Zuordnung der Positionen der Standard-Leistungsbeschreibung (LB)
zu den Firmencodes der Produkthersteller

### LB 037  Tapezierarbeiten

| | |
|---|---|
| 100 - 160 | Entfernen von Tapezierungen, Wandbekleidungen, Bespannungen |
| 290 - 320 | Überbrücken und Schließen von Rissen und Fugen, Flächenarmierungen |
| 350 - 357 | Vorbereiten von Flächen mit Putzgrundbeschichtungsstoffen, Fluaten, Absperrmitteln |
| 390 | Flächenspachtelung |
| 480 | Aufbringen einer Unterlage zum Absperren |
| 490 - 500 | Aufbringen einer Unterlage zum Dämmen und Absperren |
| 550 - 564 | Tapezieren der Wand/Decke |
| 600 | Anbringen von Spannstoff |

### Firmencode PROD

HENKELC – PUFAS
AMPHIBOL – HENKELC – KOBAU – KRAUTOL – QUICK_M – SCHOENOX – WANIT
HEIDELBA – HENKELC – HEIYDI – ISPO – KAUBIT – KERTSCH – PORPHYR – PUFAS – SCHOENOX – SCHOMBUR – TRICOSAL
PUFAS – SCHOENOX
KOBAU – MOLL – SCHIERLI – WANIT – WIKA

BOSTIK
ALLIGATO – BEECKSCH – BIOFA – BOSTIK – ERFURT – HENKELC – ISPO – KRAUTOL – PUFAS

# LB 039 Trockenbauarbeiten

**Vernetzung STLB mit PROD**

Zuordnung der Positionen der Standard-Leistungsbeschreibung (LB)
zu den Firmencodes der Produkthersteller

## LB 039  Trockenbauarbeiten

| | | **Firmencode PROD** |
|---|---|---|
| 161 - 198 | Gipskarton-, Gipsvliesplatten-Beplankungen | GYPROC – HEIDELD – KNAUF – RIGIPS |
| 201 - 204 | Beplankung aus Gipsfaserplatten | FELS |
| 207 | Bekleidung aus Kalziumsilikatplatten | FULGURIT |
| 211 - 248 | Bekleidung aus verschiedenen Brettern aus Holz | EBA – HAEUSSER – HAMBERG |
| 251 - 285 | Bekleidung aus verschiedenen Platten aus Holzwerkstoffen | DEHA – SIESTA |
| 291 - 294 | Beplankung aus zementgebundenen Holzspanplatten | FULGURIT – RYGOL |
| 300 - 303 | Bekleidung aus Metall | THYSSENB |
| 313 | Fugen für Bekleidungen und Beplankungen | FELS – RIGIPS |
| 361 - 368 | Wandbekleidung, innen | KNAUF – RIGIPS |
| | Aluminium | WANIT |
| 370 | Unterkonstruktion für Wandbekleidungen | RIGIPS |
| | Profile | DONNPROD – FAIST – RISSE – STOECKEL |
| | System | GERBERIT – KOEMMERL |
| | Befestigungsmittel | FISCHER |
| 371 | Dämmschichten für Wandbekleidungen | RIGIPS |
| | aus Polystrol-Hartschaum | RIGIPS – RYGOL |
| | aus mineralischen Faserdämmstoffen | GLASWOL – HERAKLIT – PFLEIDER – RIGIPS |
| | aus sonstigen Dämmstoffen | FAIST – GUTEX – HOMANN – WILHELMI |
| 372 | Trennlagen für Wandbekleidungen | FAIST – SCHERFF |
| 381 - 389 | Gipskarton-, Gipsvliesplatten-Beplankungen | GERBERIT – GYPROC – KNAUF – RIGIPS |
| 390 | Beplankung aus Gipsfaserplatten | FELS – HEIDELD – KNAUF |
| 395 | Bekleidung/Beplankung aus Kalziumsilikatplatten | FULGURIT |
| 400 - 407 | Wandbekleidung aus verschiedenen Brettern aus Holz | AICHER – FULGURIT – HAEUSSER – OSTERMAN – RIGIPS |
| 410 - 414 | Wandbekleidung aus verschiedenen Platten aus Holzwerkstoffen | OSTERMAN – SIESTA – WILHELMI |
| 420 | Wandbekleidung aus zementgebundenen Holzspanplatten | FAMA_MA – FULGURIT – RYGOL |
| 430 | Wandbekleidung aus Metall | FISCHERP – HOESCH – THYSSENB |
| 440 | Fugen für Wandbekleidungen | FELS – RIGIPS |
| 455 | Revisionsklappen für Einbau in Wandbekleidungen | KNAUF |
| 470 - 476 | Trockenputze | FELS – KOBAU – RIGIPS |
| 480 - 491 | Anschlüsse, Ecken, Fugen ..... | FELS – RIGIPS |
| 500 - 504 | Stützenbekleidungen | RIGIPS |
| 505 - 509 | Trägerbekleidungen | RIGIPS |
| 520 | Beplankungen, Bekleidungen | OSTERMAN – RIGIPS |
| 611 - 657 | Deckenkonstruktionen, Deckenbekleidungen | FELS – OSTERMAN – RIGIPS |
| 660 | Unterkonstruktion für Deckenbekleidungen | RIGIPS |
| | Profile | DONNPROD – FAIST – FELS – RISSE |
| | System | FELS – OWA – RICHTER |
| | Befestigungsmittel | FISCHER |
| 661 | Dämmschichten für Deckenbekleidungen | RIGIPS |
| | aus Polystrol-Hartschaum | HEIDELD – ISOBOUW – RICHTER – UNIDEK |
| | aus mineralischen Faserdämmstoffen | FELS – GLASWOL – HAACKE – HERAKLIT – PFLEIDER – RIGIPS |
| | aus Polyurethan-Hartschaum | LINZMEI |
| | aus sonstigen Dämmstoffen | FAIST – FELS – GUTEX – HOMANN – WILHELMI |
| 662 | Trennlagen für Deckenbekleidungen | SCHERFF |
| 671 - 678 | Decklage/Bekleidung aus Gipskarton-, Gipsvliesplatten, Gipskarton-Kassetten | GYPROC – KNAUF – RICHTER – RIGIPS |
| 680 | Decklage/Bekleidung aus Gipsfaserplatten | FELS |
| 685 - 688 | Decklage/Bekleidung aus dekorativen Platten aus mineralischen Werkstoffen | HAACKE – HEIDELD – PFLEIDER – RICHTER – RIGIPS – ROCKFON – STOECKEL |
| 701 - 707 | Decklage aus verschiedenen Brettern aus Holz | AICHER – HAMBERG – OSTERMAN – WANIT |
| 711 - 713 | Decklage aus verschiedenen Holzwerkstoffen | KUNZ – OSTERMAN – OWA – RICHTER – SIESTA – WILHELMI |
| 721 - 726 | Decklage/Bekleidung aus zementgebundenen Holzspanplatten | FAMA_MA – FULGURIT – HERAKLIT – RYGOL |
| 728 | Decklage/Bekleidung aus Faserzementplatten | ALLIGATO |
| 730 | Decklage aus Metall | DONNPROD – DURLUM – RICHTER – RISSE – WILHELMI |
| 739 | Fugen | FELS – RIGIPS |
| 841 - 850 | Trockenunterböden | FELS – GYPROC – HEIDELD – HERAKLIT – RIGIPS – RYGOL |
| 851, 852 | Bewegungsfugen und Fugen | DICHTUNG – HENKELC – MIGUA |
| 861 - 864 | Doppelböden | DONNPROD – KALTHOFF |
| 870 | Unterkonstruktion für Doppelböden | LINZMEI |
| 875 - 887 | Oberbeläge für Doppelböden | BUCHTAL |

# Firmenverzeichnis mit Firmencode und Internet- und email-Adresen

**Hinweis:** Diese Daten unterliegen naturgemäß laufenden Veränderungen!
Dieser Datenbestand entspricht den aktuellen Daten aus dem Internet-Telefonbuch der Deutschen Post und/oder den Internet-Seiten der entsprechenden Firmen per Redaktionsschluss 14.08.2001. Es kann für die Richtigkeit dieser Daten keine Gewähr übernommen werden.

| Code | Firma | Adresse | PLZ/Ort | Internet |
|---|---|---|---|---|
| ABOPART | Abopart Viol und Partner GmbH & Co. KG<br>Tel.: 04486-9287-0  Fax: 04486-6181 | Petersfehn 1, Eichenweg 4 | D-26160 Bad Zwischenahn | http://www.abopart.de |
| ACOSEVER | Aco Severin Ahlmann GmbH & Co. KG<br>Tel.: 04331-354-0  Fax: 04331-354-130 | Am Ahlmannkai<br>email: info@aco-online.de | D-24782 Rendsburg | http://www.aco-online.de |
| ADOMETAL | ADO-Metall GmbH<br>Tel.: 05937-8121  Fax: 05937-7283 | Ölwerkstr. 66 | D-49744 Geeste | |
| AICHER | AICHER-HOLZWERK A. Aicher GmbH & Co. KG<br>Tel.: 08035-877-0 | Kapellenweg 31<br>email: aicher holzwerk@t-online.de | D-83064 Raubling | |
| ALGOSTAT | AlgoStat GmbH & Co. KG<br>Tel.: 05141-8851-0 | Postfach 3231 | D-29232 Celle | |
| ALLENDOR | Allendorfer Fabrik Ing. Herbert Panne GmbH<br>Tel.: 06478-809-0  Fax: 06478-1205 | Bahnhofstraße 41<br>email: panne@t-online.de | D-35753 Greifenstein | |
| ALLIGATO | ALLIGATOR FARBWERKE Rolf Mießner KG<br>Tel.: 05224-930-0  Fax: 05224-7881 | Postfach 220<br>email: alligatgf@aol.com | D-32122 Enger | |
| ALSECCO | alsecco GmbH & Co. KG<br>Tel.: 036922-88-0 | Kupferstraße 50<br>email: kontakt@alsecco.de | D-36208 Wildeck-Richelsdorf | http://www.alsecco.de |
| ALUSINGE | Alusuisse Singen GmbH<br>Tel.: 07731-976524 | Alusingen-Platz 1 | D-78224 Singen-Hohentwiel | |
| AMPHIBOL | Deutsche Amphibolin-Werke von Robert Murjahn GmbH & Co. KG<br>Tel.: 06154-71-0  Fax: 06154-71-222 | Postfach 1264 | D-64369 Ober-Ramstadt | |
| APRITHAN | aprithan-Schaumstoff GmbH<br>Tel.: 07366-88-0  Fax: 07366-88-20 | Postfach 20<br>email: info@aprithan.de | D-73451 Abtsgmünd | http://www.aprithan.de |
| ARTIGO | Artigo S.p.A.<br>Tel.: 0039-2-90786415  Fax: 0039-2-90786449 | Via die Tulipani 3 | I-20090 Pieve Emanuele | http://www.artigo.com |
| ARWEI | ARWEI-Bauzubehör GmbH<br>Tel.: 02739-8946-0  Fax: 02739-8946-50 | Duisburger Straße 4<br>email: arwei-gmbh@t-online.de | D-57234 Wilnsdorf | http://www.arwei.de |
| ATHMER | F. Athmer<br>Tel.: 02932-4770  Fax: 02932-47747 | Postfach 3060<br>email: info@athmer.de | D-59741 Arnsberg | http://www.athmer.de |
| ATS | Automatik-Tür-Systeme GmbH<br>Tel.: 0171-2227602 | Stahlstraße 8 | D-33378 Rheda-Wiedenbrück | |
| AWA | A.W. Andernach GmbH & Co. KG<br>Tel.: 0228-405-0  Fax: 0228-405-309 | Postfach 300161 | D-53181 Bonn | |
| BAS | B.A.S. Verkehrstechnik GmbH<br>Tel.: 05101-9281-0  Fax: 05101-9281-80 | Hoher Holzweg 17 | D-30966 Hemmingen/Hannover | |
| BASENER | Basener Industriebedarf GmbH & Co. KG<br>Tel.: 07841-1051  Fax: 07841-1052 | Meierhaltweg 21 | D-77886 Lauf | |
| BAUDER | Paul Bauder GmbH & Co.<br>Tel.: 0711-8807-0  Fax: 0711-8807-300 | Korntaler Landstraße 63 | D-70499 Stuttgart | http://www.bauder.de |
| BAVARIA | BAVARIA Sonnenschutz-Systeme GmbH<br>Tel.: 08381-920432  Fax: 08381-920443 | Postfach 1545 | D-88155 Lindenberg im Allgäu | |
| BAVEG | BAVEG GmbH & Co.<br>Tel.: 089-784041  Fax: 089-7855511 | Postfach 710268 | D-81452 München | |
| BAYERWA | Bayerwald Fenster, Türen Altenbuchinger GmbH & Co. KG<br>Tel.: 08504-4000  Fax: 08504-400-228 | Gewerbepark 7<br>email: info@bayerwald-online.com | D-94154 Neukirchen | http://www.bayerwald-online.com |
| BAYOSAN | BAYOSAN Wachter GmbH & Co. KG<br>Tel.: 08324-921-0  Fax: 08324-921-470 | Postfach 1251<br>email: info@bayosan.de | D-87539 Hindelang/Allgäu | http://www.bayosan.de |
| BECKHEUN | Beck & Heun GmbH<br>Tel.: 06476-9132-0  Fax: 06476-9132-30 | Steinstraße 4<br>email: info@beck-heun.de | D-35794 Mengerskirchen | http://www.beck-heun.de |
| BEECKSCH | Beeck'sche Farbwerke GmbH & Co. KG<br>Tel.: 0711-90020-0  Fax: 0711-90020-10 | Postfach 810224<br>email: beeck@beeck.de | D-70519 Stuttgart | http://www.beeck.de |
| BELDAN | Beldan GmbH & Co.<br>Tel.: 04122-9521-21  Fax: 04122-9521-25 | Birkenweg 21<br>email: beldan-raumsysteme@t-online.de | D-25436 Tomesch | |
| BELUTEC | BeluTec GmbH Technische Systeme<br>Tel.: 03431-7134-0  Fax: 03431-7134-50 | Am Fuchsloch 11 | D-04720 Mochau | |
| BEMBE | Bembé-Parkettfabrik Jucker GmbH & Co. KG<br>Tel.: 07931-966-0  Fax: 07931-966-150 | Postfach 1133<br>email: info@bembe.de | D-97961 Bad Mergentheim | http://www.bembe.de |
| BENDER | Stuckzentrum Bender GmbH<br>Tel.: 089-357366-0 | Schleißheimer Straße 371 | D-80935 München | |
| BGI | BOIZENBURG GAIL INAX AG<br>Tel.: 0641-703-0  Fax: 0641-703-496 | Postfach 100365<br>email: bgi.og@t-online.deonline.de | D-35333 Giessen | http://www.geil.de |
| BINNE | Binné & Sohn GmbH & Co. KG<br>Tel.: 04101-5005-0  Fax: 04101-208037 | Mühlenstraße 60 | D-25421 Pinneberg | |
| BIOFA | BIOFA-Naturprodukte GmbH<br>Tel.: 07164-9405-0  Fax: 07164-9405-96 | Postfach 1130<br>email: info@biofa.de | D-73085 Boll | http://www.biofa.de |
| BISOTHE | Bisotherm GmbH<br>Tel.: 02630-9876-0  Fax: 02630-9876-91 | Eisenbahnstraße 12<br>email: info@bisotherm.de | D-56218 Mülheim-Kärlich | http://www.bisotherm.de |
| BOECKNER | BB-LINE Bernhard Böckner GmbH & Co. KG<br>Tel.: 06404-9145-0  Fax: 06404-9145-45 | Postfach 29<br>email: obleinfernwal@t-online.de | D-35461 Fernwald | |
| BOLDT | Hermann Boldt GmbH<br>Tel.: 02336-9379-0  Fax: 02336-9379-22 | Ruhrstraße 40<br>email: boldt.gmbh@t-online.de | D-58332 Schwelm | http://www.hermann-boldt.de |

# Firmenverzeichnis mit Firmencode und Internet- und email-Adresen

**Hinweis:** Diese Daten unterliegen naturgemäß laufenden Veränderungen !
Dieser Datenbestand entspricht den aktuellen Daten aus dem Internet-Telefonbuch der Deutschen Post und/oder den Internet-Seiten der entsprechenden Firmen per Redaktionsschluss 14.08.2001. Es kann für die Richtigkeit dieser Daten keine Gewähr übernommen werden.

|  |  |  |  |  |
|---|---|---|---|---|
| BOSTIK | Bostik GmbH<br>Tel.: 05425-801-0   Fax: 05425-801-140 | | Postfach 1154<br>email: info@Bostik.de | D-33825 Borgholzhausen<br>http://www.Bostik.de |
| BRAKEL | Brakel GmbH<br>Tel.: 02823-9306-0   Fax: 02823-41668 | | Postfach 100124 | D-47561 Goch |
| BRAUCKM | Johannes Brauckmann GmbH & Co.<br>Tel.: 02555-89-0   Fax: 02555-89-115 | | Postfach 1160 | D-48620 Schöppingen |
| BRUEGGEM | Georg Brüggemann GmbH<br>Tel.: 02932-7273   Fax: 02932-25161 | | Von-Siemens-Straße 13b | D-59757 Arnsberg<br>http://www.bruegemann.de |
| BUCHTAL | Agrob Buchtal<br>Tel.: 09435-391-0   Fax: 09435-3452 | | email: info.objekt@agrob-buchtal.de | D-92521 Schwarzenfeld<br>http://www.agrob-buchtal.de |
| BUG_ALU | BUG – Alutechnik GmbH<br>Tel.: 07529-999-0   Fax: 07529-999-271 | | Bergstraße 17 | D-88267 Vogt |
| CEMTEC | Thomas Rost Cemtec Spezialbaustoffe<br>Tel.: 02351-944723   Fax: 02351-944725 | | Postfach 64 | D-58846 Herscheid |
| CHEMOBAU | CHEMO-BAUSANIERUNG GmbH<br>Tel.: 09905-1297   Fax: 09905-1355 | | Am Perlbach 25 | D-94505 Edenstetten |
| COLAS | Colas Bauchemie GmbH<br>Tel.: 040-7524960   Fax: 040-759990 | | Neuhöfer Brückenstraße 103<br>Email: keikok@colas.de | D-21107 Hamburg<br>http://www.colas.de |
| COPRIX | COPRIX Wiehofsky GmbH<br>Tel.: 08192-71-0   Fax: 08192-71-17 | | Postfach 1155 | D-86938 Schondorf |
| CORRECTA | Correcthane Dämmsysteme Vertriebs GmbH & Co. KG<br>Tel.: 05621-963874   Fax: 05621-963875 | | An der Koppe 21 | D-34537 Bad Wildungen |
| CRAWFORD | Crawford Tor GmbH Hauptverwaltung<br>Tel.: 040-54700-60   Fax: 040-54700-699 | | Fangdieckstraße 64<br>email: info@crawford.de | D-22547 Hamburg<br>http://www.crawford.de |
| DAGRA | DAGRA Bauchemische Produkte GmbH<br>Tel.: 089-7932078   Fax: 7933350 | | Postfach 248 | D-82049 Pullach |
| DEHA | DEHA Ankersysteme GmbH & Co. KG<br>Tel.: 06152-939-0   Fax: 06152-939-100 | | Breslauer Straße 3<br>email: deha@deha.com | D-64521 Groß-Gerau<br>http://www.deha.com |
| DEITERM | Deitermann Chemiewaren GmbH & Co. KG<br>Tel.: 02363-399-0   Fax: 02363-399-354 | | Lohstraße 61<br>email: info@deitermann.de | D-45711 Datteln<br>http://www.deitermann.de |
| DENNERT | Veit Dennert KG Baustoffbetriebe<br>Tel.: 09552-71-0   Fax: 09552-71-887 | | Veit-Dennert-Straße 7 | D-96132 Schlüsselfeld<br>http://www.dennert.de |
| DESOWAG | DESOWAG GmbH<br>Tel.: 0211-4567-0 | | Postfach 320220 | D-40417 Düsseldorf<br>http://www.desowag.de |
| DICHTUNG | Dichtungstechnik GmbH<br>Tel.: 0208-65922-0   Fax: 0208-65922-21 | | Brinkstraße 29 | D-46149 Oberhausen |
| DICO_B | Dico Bautenschutz- und Emulsionstechnik Dresden GmbH<br>Tel.: 0351-2547-50   Fax: 0351-2547-560 | | Gasanstaltstraße 12 | **D-01237** Dresden |
| DICO_I | Dico Isolierstoff Industrie GmbH<br>Tel.: 0351-2882058 + 2816641 | | An der Niedermühle 4 | D-01257 Dresden |
| DOERKEN | Ewald Dörken AG<br>Tel.: 02330-63-0   Fax: 02330-63-355 | | Wetterstraße 58<br>email: doerken@t-online.de | D-58313 Herdecke<br>http://www.doerken.de |
| DONNPROD | USG Deutschland / Donn Products GmbH<br>Tel.: 02162-957-0   Fax: 02162-4461 | | Postfach 110255 | D-41726 Viersen |
| DORTMUN | Dortmunder Gußasphalt GmbH & Co. Mischwerke<br>Tel.: 02921-8907-0   Fax: 02921-8907-70 | | Postfach 1255<br>email: D-G-A-@t-online.de | D-59472 Soest |
| DOW_DEU | Dow Deutschland Inc.<br>Tel.: 06196-566-0   Fax: 06196-566-444 | | Am Kronberger Hang 4 | D-65824 Schwalbach<br>http://www.dow.com |
| DSMETALL | DS METALLTREPPEN GMBH<br>Tel.: 02173-18066   Fax: 02173-12179 | | Postfach 1150 | D-40736 Langenfeld |
| DUNLOP | Dunloplan Division der Dunlop GmbH<br>Tel.: 06181-361-0   Fax: 06181-361-393 | | Postfach 1342 | D-63403 Hanau |
| DURLUM | durlum-Leuchten GmbH<br>Tel.: 07622-3905-0   Fax: 07622-3905-42 | | An der Wiese 5<br>email: info@durlum.de | D-79650 Schopfheim<br>http://www.durlum.de |
| DYCKERH | Dyckerhoff Weiss Marketing- u. Vertriebs-GmbH & Co. KG<br>Tel.: 0611-609091   Fax: 0611-609092 | | Postfach 2223 | D-65012 Wiesbaden |
| DYRUP-D | Dyrup Deutschland GmbH<br>Tel.: 02166-964-6   Fax: 02166-964-700 | | Klosterhofweg 64<br>email: j.brink@dyrup.de | D-41199 Mönchengladbach<br>http://www.dyrup.de |
| EBA | eba Paneelwerk GmbH<br>Tel.: 02564-306-01   Fax: 02564-306-20 | | Postfach 1152<br>email: eba-paneelwerk@t-online.de | D-48684 Vreden |
| EFAFLEX | EFAFLEX GmbH<br>Tel.: 08765-82-0   Fax: 08765-82-200 | | Fliederstraße 14 | D-84079 Bruckberg |
| EFFERTZ | Gebr. Effertz GmbH<br>Tel.: 02166-261-0   Fax: 02166-249153 | | Postfach 201053<br>email: info@effertz.de | D-41210 Mönchengladbach<br>http://www.effertz.de |
| EGOKIEFER | Ego Kiefer GmbH Deutschland<br>Tel.: 03302-542-0 | | Fabrikstraße 5 | D-16761 Hennigsdorf |
| EMCAL | emcal Wärmesysteme GmbH<br>Tel.: 02572-924-0   Fax: 02572-924-100 | | Postfach 1518<br>email: info@emcal.de | D-48273 Emsdetten<br>http://www.emcal.de |
| EMCO | EMCO Erwin Müller Gruppe Lingen<br>Tel.: 0591-9140-0   Fax: 0591-9140-811 | | Breslauer Straße 34-38<br>email: info@emco.de | D-49808 Lingen<br>http://www.emco.de |

# Firmenverzeichnis mit Firmencode und Internet- und email-Adresen

**Hinweis:** Diese Daten unterliegen naturgemäß laufenden Veränderungen !
Dieser Datenbestand entspricht den aktuellen Daten aus dem Internet-Telefonbuch der Deutschen Post und/oder den Internet-Seiten der entsprechenden Firmen per Redaktionsschluss 14.08.2001. Es kann für die Richtigkeit dieser Daten keine Gewähr übernommen werden.

| Code | Firma | Adresse | PLZ/Ort / Internet |
|---|---|---|---|
| ENKE | Enke-Werk Johann Enke KG<br>Tel.: 0211-304074   Fax: 0211-9306-3 | Postfach 200265 | D-40100 Düsseldorf |
| EPPLE | Karl Epple GmbH & Co.<br>Tel.: 0711-5030-0   Fax: 0711-5030-270 | Postfach 500322<br>email: info@karl-epple.de | D-70333 Stuttgart<br>http://www.karl-epple.de |
| ERFURT | Erfurt & Sohn oHG<br>Tel.: 0202-6110-0   Fax: 0202-6110-495 | Postfach 230103<br>email: info@erfurt.com | D-42391 Wuppertal<br>http://www.erfurt.com |
| ETERNITF | ETERNIT AG Flachdachelemente<br>Tel.: 02131-183-0   Fax: 02131-183-300 | Kölner Straße 102-104 | D-41464 Neuss<br>http://www.eternit.de |
| EUKULA | Eukula GmbH<br>Tel.: 07707-151-206   Fax: 07707-151-245 | Am Bahnhof 6 | D-78199 Bräunlingen-Döggingen<br>http://www.eukula.de |
| EUROTEC | eurotec Pazen GmbH<br>Tel.: 06532-69-0   Fax: 06532-3602 | Deutschherrenstraße 63<br>email: eurptcpa@aol.com | D-54492 Zeltingen-Rachting |
| EVERLITE | Deutsche Everlite GmbH<br>Tel.: 09342-9604-0   Fax: 09342-9604-50 | Postfach 1217<br>email: info@everlite.de | D-97862 Wertheim<br>http://www.everlite.de |
| FAIST | Faist GmbH & Co. KG<br>Tel.: 08282-93-0   Fax: 08282-93-299 | Postfach 1164 | D-86369 Krumbach/Schwaben<br>http://www.faist-group.de |
| FALKEN | FalkenlØwe<br>Tel.: 0045-7448-5438   0045-7448-6722 | Lontorf 9 | DK-6400 Sonderborg |
| FAMA | FAMA-Vertriebsges.mbH & Co. KG<br>Tel.: 0511-27983-0   Fax: 0511-27983-60 | Postfach 210509 | D-30405 Hannover |
| FAMA_MA | F.A.M.A. (Deutschland)<br>Tel.: 089-991902-0   Fax: 089-991902-11 | Postfach 1128 | D-85605 Aschheim bei München |
| FCN | FRANZ CARL NÜDLING Basaltwerke GmbH & Co. KG<br>Tel.: 01802-247080 + 247081 | Ruprechtstraße 24 | D-36037 Fulda |
| FELS | FELS-WERKE GmbH<br>Tel.: 05321-703-0   Fax: 05321-703-321 | Geheimrat-Ebert-Straße 12<br>email: info@fels.de | D-38640 Goslar<br>http://www.fels.de |
| FIBROLUX | Fibrolux GmbH<br>Tel.: 06122-9100-0   Fax: 06122-15001 | Hessenstraße 20 | D-65719 Hofheim |
| FISCHER | fischerwerke Artur Fischer GmbH & Co. KG<br>Tel.: 07443-12-0   Fax: 07443-12-4222 | Postfach 1152<br>email: siegfried.renner@fischerwerke.de | D-72176 Waldachtal<br>http://www.fischerwerke.de |
| FISCHERP | Fischer Profil GmbH<br>Tel.: 02737-508-0   Fax: 02737-508-118 | Waldstraße 67 | D-57250 Netphen-Deuz |
| FLAMRO | FLAMRO Brandschutz-Systeme GmbH<br>Tel.: 06746-9410-0   Fax: 06746-9410-10 | Talstraße 2<br>email: flamro@t-online.de | D-56291 Leiningen |
| FOLLMANN | Follmann GmbH & Co. KG<br>Tel.: 0571-9339-0   Fax: 0571-9339-304 | Karlstraße 59 | D-32423 Minden |
| FORSTER | Forster Stahlrohrtechnik Hermann Forster AG<br>Tel.: 0041-71-474141   Fax: 0041-71-474478 | Romanshornerstraße 4 | CH-9320 Arbon |
| FREUDENB | Freudenberg Bausysteme KG<br>Tel.: 06291-80-0 | Höhner Weg 2-4 | D-69465 Weinheim<br>http://www.freudenberg.de |
| FULGURIT | Fulgurit Baustoffe GmbH<br>Tel.: 05031-51-0   Fax: 05031-51-203 | Eichriede 1 | D-31515 Wunstorf<br>http://www.wanit-fulgurit.de |
| GEBERIT | GEBERIT GmbH<br>Tel.: 07552-934-01   Fax: 07552-934-300 | Postfach 1120<br>email: sales.de@geberit.de | D-88617 Pfullendorf<br>http://www. geberit.de |
| GERO | GERO Geländer-Systeme GmbH<br>Tel.: 06101-5263-0   Fax: 06101-7069 | Wilhelmstraße 22 | D-61118 Bad Vilbel |
| GEWA | GEWA-Stahlbau Gebr. Wahl GmbH & Co. KG<br>Tel.: 02753-66-0   Fax: 02753-66-150 | Postfach 80<br>email: webmaster@gewa.de | D-57335 Erndtebrück<br>http://www.gewa.de |
| GLASER | Süddeutsche Dachbahnen Industrie GmbH<br>Tel.: 0761-50491-0   Fax: 0761-506384 | Engesserstraße 6<br>email: glaser-freiburg@t-online.de | D-79108 Freiburg |
| GLASS | Kurt Glass GmbH Baustoffwerke<br>Tel.: 07633-95806-0 | Gewerbestraße | D-79258 Hartheim-Feldkirch |
| GLASWOL | Glaswolle Wiesbaden GmbH<br>Tel.: 0611-279-0   Fax: 0611-279-42 | Rheingaustraße 62-65 | D-65203 Wiesbaden |
| GRAMA | GRAMA BLEND Natursteinbetrieb GmbH<br>Tel.: 09661-1043-0   Fax: 09661-9233 | Industriestraße 44-46 | D-92237 Sulzbach-Rosenberg |
| GRILLO | Brakel Aero GmbH<br>Tel.: 0281-404-0   Fax: 0281-404-99 | Alte Hünxer Straße 179 | D-46555 Voerde |
| GUTEX | H. Henselmann GmbH & Co. KG GUTEX – Dämmsysteme<br>Tel.: 07441-6099-0   Fax: 07441-6099-57 | Postfach 201320<br>email: info@gutex.de | D-79753 Waldshut-Tiengen<br>http://www.gutex.de |
| GYPROC | GYPROC GmbH<br>Tel.: 02102-476-0   Fax: 02102-476-100 | Scheifenkamp 16<br>email: gyproc.info@t-online.de | D-40878 Ratingen<br>http://www.gyproc.de |
| H_H_IND | H + H Expan GmbH<br>Tel.: 01805-443973 | Sternwarder Landstraße 13 | D-22885 Barsbüttel |
| HAACKE | Haacke + Haacke GmbH & Co.<br>Tel.: 05141-805-0   Fax: 05141-805-169 | Postfach 1253 | D-29202 Celle |
| HAEUSSER | Holzwerk Häussermann GmbH & Co. KG<br>Tel.: 07193-54-0   Fax: 07193-54-49 | Ittenberger Straße 23 | D-71560 Sulzbach/Murr |
| HAHN | Dr. Hahn GmbH & Co. KG<br>Tel.: 02166-954-3   Fax: 02166-954-555 | Postfach 400109 | D-41181 Mönchengladbach |

# Firmenverzeichnis mit Firmencode und Internet- und email-Adresen

**Hinweis:** Diese Daten unterliegen naturgemäß laufenden Veränderungen !
Dieser Datenbestand entspricht den aktuellen Daten aus dem Internet-Telefonbuch der Deutschen Post und/oder den Internet-Seiten der entsprechenden Firmen per Redaktionsschluss 14.08.2001. Es kann für die Richtigkeit dieser Daten keine Gewähr übernommen werden.

|  |  |  |  |
|---|---|---|---|
| HAIN | Hain Fenster und Türen GmbH & Co. KG<br>Tel.: 08039-405-0   Fax: 08039-405-195 | Lehen 40 | D-83539 Pfaffing |
| HALLE | Halle plastic Vertriebs GmbH<br>Tel.: 034445-803-0   Fax: 034445-803-80 | Naumburger Straße 24<br>email: halleplastic@t-online.de | D-06667 Stößen |
| HAMBERG | HAMBERGER INDUSTRIEWERKE GMBH<br>Tel.: 08031-700-0   Fax: 08031-700-249 | Postfach 100353 | D-83003 Rosenheim |
| HARK | HARK GmbH & Co. KG<br>Tel.: 05221-9233-0   Fax: 05221-9233-50 | Postfach 1836 | D-32008 Herford |
| HASENBA | Hasenbach Lorenz GmbH & Co. KG Leiternwerk<br>Tel.: 06434-25-0   Fax: 06434-25-500 | Dieselstraße 2<br>email: hallo@haca.com | D-65520 Bad Camberg<br>http://www.haca.com |
| HASIT | HASIT Trockenmörtel GmbH & Co. KG<br>Tel.: 08161-62987   Fax: 08161-68522 | Landshuter Straße 30 | D-85356 Freising<br>http://www.hasit.de |
| HAURATON | Hauraton GmbH & Co. KG<br>Tel.: 07222-958-0   Fax: 07222-958-100 | Postfach 1661<br>email: marketing@hauraton.de | D-76406 Rastatt<br>http://www.hauraton.de |
| HAVERKAM | HAVERKAMP SST Sicherheitstechnik GmbH<br>Tel.: 0251-6262-0   Fax: 0251-6262-62 | Zum Kaiserbusch 28 | D-48165 Münster<br>http://www.haverkamp.de |
| HAZET | HAZET Parkett GmbH<br>Tel.: 09547-82-0   Fax: 09547-82-21 | Werkstraße 2 | D-96199 Zapfendorf |
| HEBAU | Hebau GmbH<br>Tel.: 08321-6736-0   Fax: 08321-6736-36 | Postfach 1308<br>email: mail@hebau.de | D-87517 Sonthofen<br>http://www.hebau.de |
| HECK | HECK Dämmsystem GmbH<br>Tel.: 06237-4008-0   Fax: 06237-60160 | Industriestraße 34<br>email: heck.info@t-online.de | D-67136 Fußgönheim |
| HEIDELBA | Heidelberger Baustofftechnik GmbH Compaktawerk<br>Tel.: 08669-3410-0 | Traunring 65<br>Fax: 08669-9784 | D-83301 Traunreut |
| HEIDELD | Heidelberger Dämmsysteme GmbH<br>Tel.: 06221-534-30 | Postfach 102867 | D-69018 Heidelberg |
| HENKELC | Henkel KGaA Bauchemie<br>Tel.: 0211-797-0   Fax: 0211-797-4008 | Henkelstraße 67 | D-40191 Düsseldorf<br>http://www.henkel.de |
| HERAKLIT | Deutsche Heraklith GmbH<br>Tel.: 08571-60579-0   Fax: 08571-60579-9 | Postfach 1120 | D-84353 Simbach am Inn |
| HERKULES | HERKULES – Schwebetore GmbH<br>Tel.: 02351-9549-0   Fax: 02351-9549-54 | Postfach 2630<br>email: info@herkules-schwebetore.de | D-58476 Lüdenscheid<br>http://www.herkules-schwebetore.de |
| HEYDI | Deutsche Hey´di Chemische Baustoffe GmbH<br>Tel.: 04944-91240-0   Fax: 04944-91240-2 | Postfach 1160 | D-26639 Wiesmoor |
| HIT | HIT Industrie Torbau GmbH<br>Tel.: 03501-552700 | Postfach 22 | D-01788 Pirna |
| HOESCH | Hoesch Siegerlandwerke GmbH<br>Tel.: 0271-80802   Fax: 0271-8084110 | Geisweider Straße 13 | D-57078 Siegen<br>http://www.hswsi.de |
| HOLERT | Hartsteinwerke H. Holert KG<br>Tel.: 04191-705-0   Fax: 04191-705-119 | Barmstedter Straße 14<br>email: service@holert.de | D-24568 Kaltenkirchen<br>http://www.holert.de |
| HOLZAEPF | König + Neurath AG<br>Tel.: 07451-904-0   Fax: 07451-904-118 | Liststraße 5<br>email: holzapfel@t-online.de | D-72160 Horb<br>http://www.holzapfel.com |
| HOMANN | HOMANN Dämmstoffwerk GmbH & Co. KG<br>Tel.: 034651-416-0   Fax: 034651-416-29 | Gewerbegebiet 1<br>email: homatherm@aol.com | D-06536 Berga |
| HOVESTA | hovesta GmbH & Co. KG Türen- und Treppen KG<br>Tel.: 02652-807-0   Fax: 02652-807-50 | Postfach 1140 | D-56638 Kruft<br>http://www.hovesta.de |
| HUECK | Eduard Hueck<br>Tel.: 02351-151-1   Fax: 02351-151-283 | Postfach 1868<br>email: ehl@eduard-hueck.de | D-58505 Lüdenscheid<br>http://www.eduard-hueck.de |
| HUESKER | HUESKER Synthetic GmbH & Co.<br>Tel.: 02542-701-0   Fax: 02542-701-499 | Postfach 1262 | D-48705 Gescher |
| HUPPERS | Udo Huppers GmbH<br>Tel.: 02853-9146-10   Fax: 02853-9146-13 | Postfach 1161 | D-46510 Schermbeck |
| HYDROMEN | Hydroment GmbH<br>Tel.: 08241-9678-0   Fax: 08241-9678-99 | Postfach 140 | D-86801 Buchloe |
| IKON | IKON AKTIENGESELLSCHAFT<br>Tel.: 030-8106-0   Fax: 030-8106-2388 | Postfach 370220 | D-14132 Berlin<br>http://www.ikon.de |
| INTERWAN | Interwand Bruynzeel GmbH<br>Tel.: 07937-9140-0   Fax: 07937-9140-20 | Industriestraße 12<br>email: interwand@t-online.de | D-74677 Dörzbach<br>http://www.interwand.de |
| IRSALACK | IRSA Lackfabrik Irmgard Sallinger GmbH<br>Tel.: 08282-8944-0   Fax: 08282-8944-44 | An der Günz 15 | D-86489 Deisenhausen |
| ISG | ISG Industriestein GmbH<br>Tel.: 09622-82-0   Fax: 09622-82-69 | Scharhof 1 | D-92242 Hirschau |
| ISOBOUW | IsoBouw Dämmtechnik GmbH<br>Tel.: 07062-678-0   Fax: 07062-678-199 | Etrastraße | D-74232 Abstatt<br>http://www.isobouw.de |
| ISOFOAM | ISOFOAM S.A. Vertrieb Deutschland<br>Tel.: 07367-2086   Fax: 07367-2088 | Thurn- u. Taxis-Straße 41 | D-73432 Aalen |
| ISPO | ispo GmbH<br>06192-401-0 | Postfach 1220 | D-65826 Kriftel |
| JADECOR | JaDecor Horatsch GmbH & Co. KG<br>Tel.: 02635-9520-0   Fax: 02635-9520-20 | Hauptstraße<br>email: JaDecor@t-online.de | D-56598 Rheinbrohl<br>http://www.getnet.de/JaDecorr |

# Firmenverzeichnis mit Firmencode und Internet- und email-Adresen

**Hinweis:** Diese Daten unterliegen naturgemäß laufenden Veränderungen !
Dieser Datenbestand entspricht den aktuellen Daten aus dem Internet-Telefonbuch der Deutschen Post und/oder den Internet-Seiten der entsprechenden Firmen per Redaktionsschluss 14.08.2001. Es kann für die Richtigkeit dieser Daten keine Gewähr übernommen werden.

| Code | Firma | Adresse | PLZ/Ort / Internet |
|---|---|---|---|
| JORDAN | Metallbau Jordan GmbH & Co. KG<br>Tel.: 05247-9236-0  Fax: 05247-9236-33 | Postfach 1360 | D-33418 Harsewinkel |
| JUMA | JUMA Verwaltungs-GmbH & Co. Natursteinwerk KG<br>Tel.: 08465-950-0  Fax: 08465-950-186 | Postfach 5 | D-85108 Kipfenberg |
| KALTHOFF | E. Kalthoff GmbH & Co.<br>Tel.: 02331-9482-00  Fax: 02331-9482-10 | Postfach 7265<br>email: info@kalthoff-gmbh.de | D-58123 Hagen<br>http://www.kalthoff-gmbh.de |
| KAUBIT | Kaubit-Chemie AG<br>Tel.: 04443-9669-0  Fax: 04443-9669-66 | Postfach 1148<br>email: info@kaubit.de | D-49407 Dinklage<br>http://www.kaubit.de |
| KCH | Keramchemie GmbH<br>Tel.: 02623-600-0  Fax: 02623-600-513 | Berggarten 1 | D-56427 Siershahn |
| KERTSCH | Gerhard Kertscher Chemische Baustoffe GmbH & Cie.<br>Tel.: 05251-103-600  Fax: 05251-103-640 | Postfach 1850<br>email: info@kertscher.de | D-33048 Paderborn<br>http://www.kertscher.de |
| KHB | BARIT Kunstharz-BELAGSTECHNIK GmbH<br>Tel.: 0711-939291-0  Fax: 0711-9319449 | Postfach 847<br>email: barit@t-online.de | D-73709 Esslingen<br>http://www.barit.de |
| KNAUF | Gebr. Knauf Westdeutsche Gipswerke<br>Tel.: 09323-32-0  Fax: 09323-31-277 | Am Bahnhof 7<br>email: zentrale@knauf.de | D-97346 Ipfhofen<br>http://www.knauf.de |
| KOBAU | KOBAU GmbH<br>Tel.: 0451-49838-0  Fax: 0451-49838-25 | Postfach 1128 | D-23612 Stockelsdorf |
| KOCH | Koch Marmorit GmbH<br>Tel.: 07633-810-0  Fax: 07633-810-112 | Ellighofen 6<br>email: wagner.bernd@marmorit.de | D-79283 Bollschweil<br>http://www.marmorit.de |
| KOEGEL | Metallbau Kögel GmbH<br>Tel.: 07045-982-0  Fax: 07045-982-22 | Hagenfeldstraße 4 | D-75038 Oberderdingen |
| KOEMMERL | Gebrüder Kömmerling Kunststoffwerke GmbH<br>Tel.: 06331-56-0  Fax: 06331-56-2475 | Postfach 2165<br>email: schaeferf@koemmerling.de | D-66929 Pirmasens<br>http://www.koemmerling.de |
| KOESTER | KÖSTER BAUCHEMIE GmbH<br>Tel.: 04941-9709-0  Fax: 04941-9709-40 | Dieselstraße 3-8<br>email: koester-bauchemie@t-online.de | D-26607 Aurich |
| KOLCKMAN | A. Kolckmann GmbH<br>Tel.: 07172-304-0  Fax: 07172-304-99 | Postfach 20 | D-73553 Alfdorf |
| KOMPAN | KOMPAN – Multikunst Spielgeräte GmbH<br>Tel.: 0461-72072  Fax: 0461-72263 | Gewerbegrund 7 | D-24951 Harrislee<br>http://www.kompan.de |
| KORODUR | KORODUR Westphal Hartbeton GmbH & Co.<br>Tel.: 09621-4759-0 | Postfach 1653<br>email: info@korodur.de | D-92206 Amberg<br>http://www.korodur.de |
| KRAUTOL | Krautol-Werke GmbH & Co. KG<br>Tel.: 06157-13-0  Fax: 06157-85488 | Postfach 1240 | D-64311 Pfungstadt<br>http://www.krautol.de |
| KTW | Kunsttoff-Technik-Wingst<br>Tel.: 04754-8338-0  Fax: 04754-8338-38 | Westermoor 1<br>email: vidopan@t-online.de | D-21789 Wingst |
| KUENSTLE | Eisenwerk Künstler GmbH<br>Tel.: 06028-4005-0  Fax: 06028-4005-50 | Boschstraße 3 | D-63843 Niedernberg |
| LIAPOR | Liapor Lias-Franken-Leichtbaustoffe GmbH & Co. KG<br>Tel.: 09545-448-0  Fax: 09545-448-80 | Industriestraße 2<br>email: liapor.pautzfeld@t-online.de | D-91352 Hallerndorf-Pautzfeld<br>http://www.liapor.com |
| LINZMEI | LINZMEIER Bauelemente GmbH<br>Tel.: 07371-1806-0 | Postfach 1263 | D-88492 Riedlingen |
| MAERKER | Märker Zementwerk GmbH<br>Tel.: 09080-8-0  Fax: 09080-8-303 | Postfach 20<br>email: maerkerzement@t-online.de | D-86654 Harburg |
| MAISS | KDM-Dänische Bauelemente Klaus-Dieter Maiss<br>Tel.: 030-7722247  Fax: 030-7726961 | Hochbergplatz 6 | D-12207 Berlin (Lichterfelde) |
| MAYER | Franz Mayer'sche Hofkunstanstalt GmbH<br>Tel.: 089-595484  Fax: 089-593446 | Seidlstraße 25<br>email: mayer of munic@t-online.de | D-80335 München |
| MEA_MEI | MEA MEISINGER Stahl und Kunststoff GmbH<br>Tel.: 08251-91-0  Fax: 08251-91-1380 | Sudetenstraße 1<br>email: info@mea.de | D-86543 Aichach<br>http://www.mea.de |
| META | meta – Trennwandanlagen GmbH & Co. KG<br>Tel.: 02634-66-0  Fax: 02634-66-450 | Postfach 1154<br>email: info@metatw.com | D-56579 Rengsdorf<br>http://www.metatw.com |
| MEYER | Carl Ed. Meyer GmbH & Co.<br>Tel.: 04221-59301  Fax: 04221-59350 | Postfach 1524 | D-27735 Delmenhorst |
| MICHSAND | michels + sander gmbh<br>Tel.: 02951-9809-0  Fax: 02951-9809-29 | Westring 1 | D-33142 Büren |
| MOEDING | Dachziegelwerk Möding<br>Tel.: 09951-9892-0  Fax: 09951-9892-69 | Frühlingstraße 2<br>email: moeding@argeton.de | D-94401 Landau/Isar Möding<br>http://www.argeton.de |
| MOHR | Geschw. Mohr GmbH & Co. KG<br>Tel.: 02632-701-0  Fax: 02632-701-22 | Postfach 1260 | D-56632 Plaidt |
| MOLL | B.I. Moll GmbH & Co. KG<br>Tel.: 06202-2782-0  Fax: 06202-2782-21 | Rheintalstraße 35-43 | D-68723 Schwetzingen |
| MORALT | MORALT Fertigelemente GmbH & Co.<br>Tel.: 09082-71-0  Fax: 09082-71-111 | Postfach 1254 | D-86730 Oettingen |
| MTS | MTS Metall- und Türenbau GmbH Berlin<br>Tel.: 033207-380-0  Fax: 033207-32988 | Bruchweg 3<br>email: mts.bochow@t-online.de | D-14550 Bochow/Groß Kreutz |
| MUELLENS | Dr. K.P. Müllensiefen GmbH & Co. KG<br>Tel.: 02327-73101  Fax: 02327-73193 | Auf dem Rücken 63-65 | D-44869 Bochum |
| MUELLERD | F.v.Müller Dachziegelwerke GmbH & Co. KG<br>Tel.: 06351-4990-0  Fax: 06351-8041 | Postfach 1360<br>email: info@von-mueller.com | D-67300 Eisenberg/Pfalz<br>http://www.von-mueller.com |

# Firmenverzeichnis mit Firmencode und Internet- und email-Adresen

**Hinweis:** Diese Daten unterliegen naturgemäß laufenden Veränderungen !
Dieser Datenbestand entspricht den aktuellen Daten aus dem Internet-Telefonbuch der Deutschen Post und/oder den Internet-Seiten der entsprechenden Firmen per Redaktionsschluss 14.08.2001. Es kann für die Richtigkeit dieser Daten keine Gewähr übernommen werden.

| Code | Firma | Adresse / email | PLZ / Web |
|---|---|---|---|
| MUESSIG | Wilhelm Müssig GmbH<br>Tel.: 07034-922-0   Fax: 07034-21052 | Robert-Bosch-Straße 10<br>email: info@muessig.de | D-71116 Gärtringen<br>http://www.muessig.de |
| NORMSTAHL | Normstahl-Werk Niederl. Pirna-Lohmen<br>Tel.: 03501-5814-0   Fax: 03501-5814-14 | Daubaer Straße 27 | D-01847 Lohmen |
| NOVOFERM | Novoferm GmbH<br>Tel.: 02850-910-0   Fax: 02850-910-126 | Postfach 340<br>email: vertrieb@novoferm.de | D-46454 Rees<br>http://www.novoferm.de |
| NOVOFLOR | Novoflor Raumtextil GmbH<br>Tel.: 0043-732-6982-0   Fax: 0043-732-6982-5619 | St.-Peter-Straße 5 | A-4021 Linz |
| NUESING | Franz Nüsing GmbH & Co. KG<br>Tel.: 0251-78001-0   Fax: 0251-78001-27 | Postfach 5723<br>email: axel.nuesing@nuesing.com | D-48031 Münster<br>http://www.nuesing.com |
| OSTERMAN | OSMO Ostermann & Scheiwe GmbH & Co.<br>Tel.: 0251-692-0 | Hafenweg 31<br>email: info@osmo.de | D-48155 Münster<br>http://www.osmo.de |
| OTTO_CHE | OTTO Chemie Hermann Otto GmbH<br>Tel.: 08684-908-0   Fax: 08684-908-539 | Postfach 20<br>email: info@otto-chemie.de | D-83411 Fridolfing<br>http://www.otto-chemie.de |
| OWA | OWA Odenwald Faserplattenwerk GmbH<br>Tel.: 09373-201-0   Fax: 09373-201-130 | Postfach 1120<br>email: info@owa.de | D-63912 Amorbach<br>http://www.owa.de |
| PERLITE | Perlite Dämmstoff GmbH & Co.<br>Tel.: 0231-9980-01   Fax: 0231-9980-138 | Postfach 103064<br>email: info@perlite.de | D-44030 Dortmund<br>http://www.perlite.de |
| PFLEIDER | Pfleiderer Dämmstofftechnik GmbH & Co. KG<br>Tel.: 09181-28-0   Fax: 09181-28-204 | Postfach 1480<br>email: info@pfleiderer.de | D-92304 Neumarkt<br>http://www.pfleiderer.de |
| PIERI | PIERI GmbH<br>Tel.: 07053-9290-02   Fax: 07053-9290-29 | Hauffstraße 9 | D-75385 Bad Teinach-Zavelstein<br>http://www.pieri.de |
| POLYKEM | POLYKEM Erhard Klocke KG<br>Tel.: 05733-3353   Fax: 05733-5797 | Postfach 1443 | D-32588 Vlotho |
| POLYNORM | Polynorm Bauelemente GmbH<br>Tel.: 02572-203-180   Fax: 02572-203-189 | Lütkenfelde 4 | D-48271 Emsdetten |
| POPPE | Poppe & Potthoff GmbH & Co.<br>Tel.: 05203-701-0   Fax: 05203-701-172 | Postfach 1150 | D-33819 Werther |
| PORPHYR | Porphyr-Werke GmbH<br>Tel.: 09646-801-20   Fax: 09646-801-51 | Postfach 40 | D-92271 Freihung |
| POSSEHL | Possehl Spezialbau GmbH<br>Tel.: 06701-9350-0   Fax: 06701-9350-50 | Postfach 1126<br>email: cds.drs@t-online.de | D-55572 Sprendlingen |
| PRUEM | PRÜM – Türenwerk GmbH<br>Tel.: 06551-12-01   Fax: 06551-12-550 | Andreas-Stihl-Straße | D-54595 Weinsheim |
| PSS | PSS INTERSERVICE GMBH<br>Tel.: 03302-5506-6   Fax: 03302-5506-77 | Fabrikstraße 5<br>email: germany@pss-technolgy.com | D-16761 Hennigsdorf<br>http://www.pss-technolgy.com/germany |
| PUFAS | PUFAS Werk GmbH<br>Tel.: 05541-7003-01   Fax: 05541-7003-50 | Im Schedetal 1<br>email: verkauf@pufas.de | D-34346 Hann. Münden<br>http://www.pufas.de |
| PUREN | PUREN-Schaumstoff GmbH<br>Tel.: 07551-8099-0   Fax: 07551-8099-20 | Rengoldshauser Straße 4<br>email: info@puren.com | D-88662 Überlingen-Bodensee<br>http://www.puren.com |
| QUANDT | W. Quandt Dachbahnen- und Dachstoff-Fabrik<br>Tel.: 030-682967-0   Fax: 030-6841138 | Glasower Straße 3-10 | D-12051 Berlin |
| QUICK_M | quick-mix Gruppe GmbH & Co. KG<br>Tel.: 0171-6252101   Fax: 0541-601853 | Postfach 3205<br>email: info@sievert-ag.de | D-49022 Osnabrück<br>http://www.sievert-ag.de |
| RAAB | Josef Raab GmbH & Co. KG<br>Tel.: 02631-913-0   Fax: 02631-913-145 | Postfach 2261<br>email: j.raab@t-online.de | D-56512 Neuwied |
| REPOL | Repol GmbH & Co. KG<br>Tel.: 05245-831-0   Fax: 05245-831-160 | Dieselstraße 61-63<br>email: info@repol.de | D-33442 Herzebrock-Clarholz<br>http://www.repol.de |
| RESISOL | resisol GmbH & Co. KG<br>Tel.: 0212-208403   Fax: 0212-18901 | Postfach 160186 | D-42621 Solingen |
| REUSCHEN | Reuschenbach GmbH & Co. KG<br>Tel.: 02638-9310-0   Fax: 02638-9310-50 | | D-53547 Breitscheid |
| RICHTER | Richter System GmbH & Co. KG<br>Tel.: 06155-876-0   Fax: 06155-876-281 | Postfach 1120 | D-64343 Griesheim |
| RIEXING | Riexinger Türenwerke GmbH<br>Tel.: 07135-89-0   Fax: 07135-89-239 | Industriestraße<br>email: email@riexinger.com | D-74336 Brackenheim-Hausen<br>http://www.riexinger.com |
| RIGIPS | Rigips GmbH<br>Tel.: 0211-5503-0   Fax: 01805-335670 | Schanzenstraße 84 | D-40549 Düsseldorf<br>http://www.rigips.de |
| RINOL | Rinol Aktiengesellschaft<br>Tel.: 07159-164-0   Fax: 07159-5152 | Postfach 1266<br>email: service@rinol.de | D-71265 Renningen<br>http://www.rinol.de |
| ROCKFON | ROCKWOOL/ROCKFON GMBH<br>Tel.: 0208-208535   Fax: 0208-804035 | Mülheimer Straße 16 | D-46049 Oberhausen<br>http://www.rockwool.de |
| ROEBEN | Röben Tonbaustoffe GmbH<br>Tel.: 04452-88-0   Fax: 04452-88-245 | Postfach 209<br>email: roeben@roeben.com | D-26330 Zetel<br>http://www.roeben.com |
| RUNDUM | Rundum-Meir<br>Tel.: 08252-8899-0   Fax: 08252-3328 | Gollingkreuter Weg 9<br>email: info@rundum-meir.de | D-86522 Schrobenhausen<br>http://www.rundum-meir.de |
| RYGOL | RYGOL-Dämmstoffwerk W. Rygol KG<br>Tel.: 09499-9400-0   Fax: 09499-1210 | email: painten@rygol.de | D-93351 Painten<br>http://www.rygol.de |
| SAAR_GUM | Saar-Gummiwerk GmbH<br>Tel.: 06874-69-0   Fax: 06874-69-248 | Eisenbahnstraße | D-66687 Wadem-Büschfeld |

# Firmenverzeichnis mit Firmencode und Internet- und email-Adresen

**Hinweis:** Diese Daten unterliegen naturgemäß laufenden Veränderungen!
Dieser Datenbestand entspricht den aktuellen Daten aus dem Internet-Telefonbuch der Deutschen Post und/oder den Internet-Seiten der entsprechenden Firmen per Redaktionsschluss 14.08.2001. Es kann für die Richtigkeit dieser Daten keine Gewähr übernommen werden.

|  |  |  |  |
|---|---|---|---|
| SANCO | SANCO Beratungszentrale<br>Tel.: 09081-216-0  Fax: 09081-216-89 | Reuthebogen 7 | D-86720 Nördlingen<br>http://www.sanco.de |
| SANDROPL | SANDRO-PLAST Sandrock GmbH<br>Tel.: 0202-453171  Fax: 0202-440074 | Postfach 130748<br>email: sandroplast-gmbh@t-online.de | D-42034 Wuppertal |
| SCHERFF | Scherff GmbH & Co. KG<br>Tel.: 02304-94131-0  Fax: 02304-94131-25 | Binnerheide 30<br>email: kontakt@scherff.de | D-58239 Schwerte<br>http://www.scherff.de |
| SCHIEFFE | Schieffer GmbH & Co. KG<br>Tel.: 02941-755-0  Fax: 02941-755-240 | Am Mondschein 23<br>email: info@schieffer.de | D-59557 Lippstadt<br>http://www.schieffer.de |
| SCHIERLI | Schierling KG<br>Tel.: 0201-8369-0  Fax: 0201-8369-300 | Postfach 120097 | D-45312 Essen |
| SCHOCK | Schock Fensterwerk Vertriebs GmbH<br>Tel.: 035204-5665  Fax: 035204-47871 | Fabrikstraße 2 | D-01723 Wilsdruff |
| SCHOENOX | Schönox GmbH<br>Tel.: 02547-910-0  Fax: 02547-910-101 | Postfach 1140<br>email: info@schoenox.de | D-48713 Rosendahl<br>http://www.schoenox.de |
| SCHOMBUR | SCHOMBURG GmbH<br>Tel.: 05231-953-00  Fax: 05231-953-123 | Postfach 2661 | D-32716 Detmold |
| SCHROFF | Emil Schroff GmbH & Co. KG<br>Tel.: 0711-581-668  Fax: 0711-583937 | Postfach 1948 | D-70709 Fellbach |
| SCHULER | Schuler Metalltechnik GmbH<br>Tel.: 07231-9720-0  Fax: 07231-9720-17 | Postfach 120109<br>email: schuler-metall@s-direktnet.de | D-75134 Pforzheim<br>http://www.s-direktnet.de/homepages/schuler-metall |
| SCHWARZE | Deutsche Metalltüren-Werke DMW Schwarze GmbH & Co.<br>Tel.: 0421-4599-02 | Carl-Severing-Straße 192 | D-33649 Bielefeld |
| SCHWENKB | E. Schwenk Betontechnik GmbH & Co. KG<br>Tel.: 0721-7083-0  Fax: 0721-7083-110 | Postfach 1261 | D-76339 Eggenstein-Leopoldshafen<br>http://www.schwenk.de |
| SCOBALIT | SCOBALIT WAGNER GMBH<br>Tel.: 02632-2518-0  Fax: 02632-46632 | Postfach 1862 | D-56608 Andernach |
| SIESTA | Siesta Akustik<br>Tel.: 07042-14399  Fax: 07042-17164 | Postfach 1202<br>email: siestaakustik@t-online.de | D-71655 Vaihingen/Enz |
| SPRENG | Spreng GmbH<br>Tel.: 0791-53077  Fax: 0791-51162 | August-Halm-Straße 10<br>email: spreng gmbh@t-online.de | D-74523 Schwäbisch-Hall |
| STABITEX | stabitex intakt Vertriebsges. mbH<br>Tel.: 040-7215333 | Postfach 800745 | D-21029 Hamburg |
| STADLER | Otto Stadler GmbH<br>Tel.: 07581-505-0  Fax: 07581-505-180 | Klösterle 1 | D-88348 Bad Saulgau |
| STAUB | Staub & Co. Stuck-Dekor<br>Tel.: 06205-13527 | Postfach 1546 | D-68758 Hockenheim |
| STECKFIX | STECKFIX Glassteinsystem Vertriebs GmbH<br>Tel.: 0431-589694 | Wittland 5<br>email: info@steckfix.de | D-24109 Kiel<br>http://www.steckfix.de |
| STOECKEL | G. Stöckel GmbH<br>Tel.: 05901-303-0  Fax: 05901-303-400 | Fürstenauer Straße 3<br>email: GStoeckelGmbH@t-online.de | D-49626 Vechtel<br>http://www.stoeckel-fenster.de |
| SWK | Steinwerke Deutsche Granol GmbH<br>Tel.: 0201-8488-0  Fax: 0201-8488-114 | Postfach 150355<br>email: steinwerke@tat.de | D-45243 Essen<br>http://www.steinwerke.de |
| SYNCAF | SYNCAFLEX – Bodenbeläge Hans-Peter Steinforth<br>Tel.: 02324-935252  Fax: 02324-935294 | Zum Ludwigstal 19-25<br>email: info@syncaflex.de | D-45527 Hattingen<br>http://www.syncaflex.de |
| TARKETT | Tarkett Vertriebs GmbH<br>Tel.: 06233-81-0  Fax: 06233-81-1500 | Nachtweideweg 1 | D-67227 Frankenthal<br>http://www.tarkett-sommer.com |
| TAUNUS | Taunus-Quarzit-Werke GmbH & Co. KG<br>Tel.: 0641-9684-187  Fax: 0641-9684-163 | Ludwig-Rinn-Straße 59 | D-35452 Heuchelheim |
| TEKTON | TEKTON Holzpflaster GmbH<br>Tel.: 06298-9229-0  Fax: 06298-9229-99 | Tektonweg 1 | D-74861 Neudenau-Siglingen |
| THANEX | Thanex Produkthandel GmbH & Co. KG<br>Tel.: 02162-9309-10  Fax: 02162-9309-99 | Postfach 100647 | D-41706 Viersen |
| THYSSENB | THYSSEN Bausysteme GmbH<br>Tel.: 02064-68-0  Fax: 02064-68-8725 | Postfach 100580<br>email: info@thyssen-bausysteme.com | D-46525 Dinslaken<br>http://www.thyssen-bausysteme.com |
| TREBA | Treba Bausysteme Herstellungs- und Vertriebs GmbH<br>Tel.: 09122-9789-0  Fax: 09122-9789-30 | Am Falbenholzweg 36a<br>email: verkauf@frewa.de | D-91126 Schwabach<br>http://www.frewa.de |
| TUBAG | Dyckerhoff Ausbauprodukte Service GmbH<br>Tel.: 035204-62-60  Fax: 035204-62-660 | Am Wüsteberg 2<br>email: thomas.hahn@dyas.dyckerhoff.de | D-01723 Kesselsdorf<br>http://www.dyckerhoff.de |
| ULFCAR | ULFCAR – Nord Fußbodentechnik GmbH<br>Tel.: 0461-72182  Fax: 0461-72199 | Am Oxer 31 | D-24955 Harrislee |
| UNIDEK | Unidek Vertriebsges.mbH<br>Tel.: 0421-51441-0  Fax: 0421-511150 | Postfach 100803 | D-28008 Bremen<br>http://www.unidek.de |
| UNIV_SYS | UNIV System Bauteil GmbH<br>Tel.: 0208-99958-0  Fax: 0208-99958-88 | Lutherstraße 31-33<br>email: info@univ.de | D-45478 Mülheim an der Ruhr<br>http://www.univ.de |
| UTZ_UZIN | Uzin Utz AG<br>Tel.: 0731-4097-0  Fax: 0731-4097-110 | Postfach 4080<br>email: info@uzin.de | D-89030 Ulm<br>http://www.uzin.de |
| VEDAG | Vedag GmbH<br>Tel.: 069-4084-0  Fax: 069-425824 | Postfach 600540 | D-60335 Frankfurt am Main<br>http://www.vedag.de |
| VEKA | VEKA AG<br>Tel.: 02526-29-0  Fax: 02526-29-3710 | Postfach 1262<br>email: info@veka.de | D-48319 Sendenhorst<br>http://www.veka.com |

# Firmenverzeichnis mit Firmencode und Internet- und email-Adresen

**Hinweis:** Diese Daten unterliegen naturgemäß laufenden Veränderungen !
Dieser Datenbestand entspricht den aktuellen Daten aus dem Internet-Telefonbuch der Deutschen Post und/oder den Internet-Seiten der entsprechenden Firmen per Redaktionsschluss 14.08.2001. Es kann für die Richtigkeit dieser Daten keine Gewähr übernommen werden.

| Code | Firma | Adresse | PLZ/Ort | Internet |
|---|---|---|---|---|
| VILLEROY | Villeroy & Boch AG<br>Tel.: 06864-81-0 | Postfach 1130 | D-66688 Mettlach | http://www.villeroy-boch.de |
| VOEST | VOEST-ALPINE STAHL LINZ Ges.mbH<br>Tel.: 0043-732-6585-0    Fax: 0043-732-6980-3116 | Turmstraße 45<br>email: contact@vai.at | A-4031 Linz | http://www.vai.at |
| VOKO | VOKO Franz Vogt & Co. KG<br>Tel.: 06404-929-0    Fax: 06404-929-508 | Am Pfahlgraben 4-10 | D-35415 Pohlheim | |
| VTS | VTS Vereinigte Thür. Schiefergruben GmbH<br>Tel.: 036731-25-0    Fax: 036731-25-202 | Ortsstraße 44 b | D-07330 Unterloquitz | |
| WANIT | WANIT-Universal GmbH<br>Tel.: 06074-4996-0    Fax: 06074-4996-38 | Postfach 2020 | D-63120 Dietzenbach | |
| WAREMA | WAREMA Renkhoff GmbH<br>Tel.: 09391-20-0    Fax: 09391-20-279 | Postfach 1355<br>email: info@warema.de | D-97822 Marktheidenfeld | http://www.warema.de |
| WEISS_C | Weiss Chemie + Technik GmbH & Co. KG<br>Tel.: 02773-815-0    Fax: 02773-815-200 | Hansastraße 2 | D-35708 Haiger | |
| WELAND | Weland GmbH<br>Tel.: 0451-89941-0    Fax: 0451-89941-50 | Spenglerstraße 89-91<br>email: weland-gmbh@t-online.de | D-23556 Lübeck | http://www.weland.de |
| WENN | Bau-Belag Wenn GmbH & Co. KG<br>Tel.: 02202-104-0    02202-104-21 | Hüttenstraße 36 | D-51469 Berg. Gladbach | |
| WIEDEMAN | WIEDEMANN GMBH<br>Tel.: 04841-778-0    Fax: 04841-778-1687 | Siemensstraße 16-18<br>email: info@wiedemann-technik.de | D-25813 Husum | http://www.wiedemann-technik.de |
| WIELAND | Wieland-Werke AG<br>Tel.: 0731-944-0    Fax: 0731-944-2249 | Graf-Arco-Straße<br>email: info@wieland.de | D-89070 Ulm | http://www.wieland.de |
| WIKA | WIKA-ISOLIER- UND DÄMMTECHNIK GMBH<br>Tel.: 08450-937-0    Fax: 08450-937-1647 | Bischof-Neumann-Straße 23a | D-85051 Ingolstadt | |
| WILHELMI | Wilhelmi Werke AG<br>Tel.: 06441-601-0    Fax: 06441-63439 | Postfach 55<br>email: info@wilhelmi.de | D-35631 Lahnau | http://www.wilhelmi.de |
| WINTERH | C. WINTERHELT GmbH & Co.<br>Tel.: 09371-9767-0    Fax: 09371-9767-27 | Postfach 1860<br>email: winterhelt-naturstein@t-online.de | D-63888 Miltenberg | |
| ZENKER | Zenker-Fenster GmbH & Co. KG<br>Tel.: 05271-6905-40    Fax: 05271-6905-59 | Postfach 190120 | D-37664 Höxter | |
| ZGW_PAUL | Ziegelwerk u. Baustoffe Oberfinningen Ing. H. Paul GmbH & Co.<br>Tel.: 09074-9595-0    Fax: 09074-9595-90 | | D-89435 Finningen/Dinningen | |

# Baupraxis bei Vieweg

Wolfgang Heiermann, Richard Riedl, Martin Rusam
**Handkommentar zur VOB**
Teile A und B
9., völlig neubearb. u. erw. Aufl. 2000.
XXIV, 2136 S. Geb. € 119,00
ISBN 3-528-01715-5

Wolfgang Heiermann, Richard Riedl, Martin Rusam
**Handkommentar zur VOB**
Teile A und B
2000. CD-ROM. € 149,00*
ISBN 3-528-01721-X

Wolfgang Heiermann, Liane Linke
**VOB-Musterbriefe für Auftragnehmer**
Bauunternehmen und Ausbaubetriebe. Formularbuch für die Baupraxis mit Erläuterungen zu den Formerfordernissen der VOB
9., überarb. u. erw. Aufl. 2000. 288 S. Geb. € 64,00
ISBN 3-528-01665-5

Wolfgang Heiermann, Liane Linke
**VOB-Musterbriefe für Auftraggeber**
Bauherren - Architekten - Bauingenieure. Formularbuch für die Baupraxis mit Erläuterungen zu den Formerfordernissen der VOB
4., überarb. u. erw. Aufl. 2000. 224 S. Geb. € 64,00
ISBN 3-528-01664-7

Wolfgang Heiermann, Liane Linke, Karl-Heinz Keldungs, Norbert Arbeiter
**VOB 2000 Problemlösungen für Auftragnehmer**
Heiermann/Linke, VOB-Musterbriefe. Keldungs/Arbeiter, VOB Schritt für Schritt
2000. CD-ROM. € 249,00*
ISBN 3-528-01719-8

Wolfgang Heiermann, Liane Linke, Karl-Heinz Keldungs, Norbert Arbeiter
**VOB 2000 Problemlösungen für Auftraggeber**
Heiermann/Linke, VOB-Musterbriefe. Keldungs/Arbeiter, VOB Schritt für Schritt
2000. CD-ROM. € 249,00*
ISBN 3-528-01717-1

vieweg
Abraham-Lincoln-Straße 46
65189 Wiesbaden
Fax 0611.7878-420
www.vieweg.de

Stand 1.11.2001
Änderungen vorbehalten.
*= unverbindliche Preisempfehlung.
Erhältlich im Buchhandel oder im Verlag.

# Weitere Titel aus dem Programm

Winkler, Walter / Fröhlich, Peter
**Hochbaukosten, Flächen, Rauminhalte**
Kommentar zu DIN 276, DIN 277, DIN 18022 u. DIN 18960. Mit d. Wortlaut der DIN-Normen 276, 277 Teil 1. u. 2, DIN 18022, DIN 18960 Teil 1, d. II. Berechnungsverordnung, d. Neubauvermietenverordnung sowie farb. Bilderläuterungen zu DIN 277 Teil 1
10., überarb. Aufl. 1998. 284 S. Geb. € 84,00    ISBN 3-528-68884-X

Brehmer, Ernst-Georg / Beckmann, Heinz W.
**Baukosten senken**
Sparkonzepte für Bauherren
5., vollst. überarb. Aufl. 2000. 307 S. Br. € 27,00    ISBN 3-528-48838-7

Keller, Siegbert
**Baukostenplanung für Architekten**
Norm- und praxisgerechte Kostenermittlung nach DIN 276
Kalkulation und Finanzierung
2., neubearb. Aufl. 1994. 168 S. zahlreiche Geb. € 44,00
ISBN 3-528-01671-X

Enseleit, Dieter / Osenbrück, Wolf
**HOAI: Anrechenbare Kosten für Architekten und Tragwerksplaner**
Wer darf was abrechnen? Was ist für wen anrechenbar? Mit einem ABC der anrechenbaren Kosten
Verband Beratender Ingenieure VBI, Essen, (Hrsg.)
3., überarb. und erw. Aufl. 1997. 360 S. Geb. € 49,00
ISBN 3-528-01657-4

vieweg

Abraham-Lincoln-Straße 46
65189 Wiesbaden
Fax 0611.7878-400
www.vieweg.de

Stand 1.11.2001
Änderungen vorbehalten.
Erhältlich im Buchhandel oder im Verlag.